实用阀门设计手册

第4版

陆培文　主编

机 械 工 业 出 版 社

本书是《实用阀门设计手册》（第3版）的修订版，内容更加充实和实用。

本书共10章。主要介绍了阀门基础知识（如阀门分类、名词术语、型号编制方法、标志和识别涂漆、常用标准代号、流通能力和压力损失，以及主要参数），典型阀门结构、配合精度、表面粗糙度和设计标准，设计计算数据，阀门材料，阀门的设计与计算，阀门结构要素，阀门零部件，阀门驱动装置，设计数据，阀门的检验和试验等。附录包括常用计量单位换算表、与管道连接形式的测量基准、司太立耐热耐磨硬质合金的物理-力学性能、司太立耐热耐磨硬质合金的化学成分和用途、司太立耐热耐磨硬质合金No1和No6的耐蚀性、阀门涂漆工艺规程、热喷涂、抗拉结合强度的测定及阀门型式试验装置等。全书图、表、公式、数据资料翔实，对现行国内外标准规范的解读便于读者实际应用，且查找便利。

本书可供从事阀门设计、制造、检验、安装调试、使用与维修的技术人员学习参考，也可供相关专业院校师生参考。

图书在版编目（CIP）数据

实用阀门设计手册/陆培文主编．—4版．—北京：机械工业出版社，2020.5（2023.10重印）

ISBN 978-7-111-64772-0

Ⅰ.①实…　Ⅱ.①陆…　Ⅲ.①阀门-设计-技术手册　Ⅳ.①TH134-62

中国版本图书馆CIP数据核字（2020）第027252号

机械工业出版社（北京市百万庄大街22号　邮政编码100037）
策划编辑：沈　红　责任编辑：沈　红　贺　怡　王永新
责任校对：张晓蓉　封面设计：马精明
责任印制：邓　博
盛通（廊坊）出版物印刷有限公司印刷
2023年10月第4版第3次印刷
184mm×260mm·106.25印张·2插页·3711千字
标准书号：ISBN 978-7-111-64772-0
定价：399.00元

电话服务	网络服务
客服电话：010-88361066	机　工　官　网：www.cmpbook.com
010-88379833	机　工　官　博：weibo.com/cmp1952
010-68326294	金　　书　　网：www.golden-book.com
封底无防伪标均为盗版	机工教育服务网：www.cmpedu.com

《实用阀门设计手册》（第4版）编委会

《实用阀门设计手册》（第4版）编写人员

主　编　陆培文

参　编　宁丹枫　陆兴华　孙晓霞　黄健民　邱晓来　黄光禹　汪裕凯
冠国清　曾品其　许长华　张雄飞　夏建平　刘维洲　叶建中
陈玉梅　张晓忠　宋　亮　夏许超　宗志勇　李东明　张雄杰
王希彬　施建法　严　纲　洪桥发　刘玉君　刘其斌　王军华
李　晟　夏　智　张崇彪　潘海龙　姜曰静　江丽萍　许欣平
胡展鹏　杨凯旋

主　审　杜兆年　李名章

第4版前言

《实用阀门设计手册》第3版自2012年7月出版发行，至今已有几年时间。在此期间，国际阀门标准、国外先进阀门标准及我国阀门标准在不断地修订，书中引用的标准绝大部分已更新，特别是有关阀门的逸散性检漏标准的实施，对阀门阀杆填料密封结构和中法兰垫片密封结构的设计有更加严格的要求。美国阀门标准又脱离了国际标准化组织（ISO）标准，重新回到美国石油学会（API）标准，并比ISO标准要严格得多。一些基础标准如美国ASME B16.34也有很大变化。由于世界核电、火电、石油、天然气、煤制油及煤制天然气等能源工业的发展，对阀门产品的材料和性能要求越来越高。如开采含H_2S的天然气，对阀门壳体的材料要做硫化物应力腐蚀开裂（SSC）试验和氢致开裂（HIC）试验，要求壳体材料的硬度要小于22HRC，阀杆和螺栓的硬度要小于35HRC。由于环保的要求，美国环境保护署（EPA）制定的针对阀门、水泵和法兰实施泄漏检测的方法（EPA Method 21），要求阀杆填料密封要符合API 622、API 624和API 641的要求。如API624标准要求要在常温下启闭160次、在高温260℃下启闭150次，阀体内的介质为甲烷，体内介质压力为ASME B16.34的材料在260℃时的额定压力或41.4bar（$1\text{bar}=10^5\text{Pa}$），阀杆填料部位的泄漏量小于万分之一（$100\text{mL/m}^3$）。因此，新标准的制定实施，对阀门的结构设计、材料性能、焊接、热处理、质量要求、试验与检验方面有新的和更严格的要求。同时，由于对阀门性能要求及试验方法的改变，使阀门的设计计算方法和结构设计也要做相应的改变。另外，我国已成为世界阀门的制造大国，世界上应用的通用阀门中有80%都是中国制造，在品种方面也要求越来越多，工业过程控制阀的设计计算也应纳入手册，这样才能满足广大阀门制造商的需求。

鉴于上述国内外的新变化，考虑到手册第3版出版发行已经过去多年，故需要对本手册进行全面修订，以适应阀门产品的质量要求、市场要求与科技发展，进一步满足广大读者的需要。

修订后的手册，在内容上有下列变化：

1）进行全面修订，使全部内容更符合现行标准的规定。修订面达全书篇幅近一半，过程历时一年多。

2）对阀门通用部分计算式和阀门专用部分计算式，按最新阀门标准的要求进行全面修正，按新的结构型式给出计算式。

3）对阀门阀杆密封结构按最新标准逸散性泄漏检测要求，给出新的结构型式。

4）对第4章阀门材料根据阀门制造厂的使用要求，按壳体材料、内件材料、垫片材料、填料、紧固件材料的顺序重新编写。把材料的压力－温度额定值放入第1章阀门基础知识中。

5）对阀门的壳体材料、阀杆材料、螺栓材料按抗硫要求，给出硬度要求 和SSC、HIC的检验方法。

6）给出工业过程控制阀（调节阀）的设计计算公式，如控制阀固有流量特性的计算、控制阀开度的计算、控制阀可调比的计算、控制阀可压缩流体及不可压缩流体流量系数的计算、得到不同流量特性阀瓣型面和套筒开孔的计算等。

7）对采用三角形阀座密封圈固定球球阀密封比压的计算和结构要求，如套筒O形圈和阀座三角形密封圈应具抗释压爆裂性能。

8）对计算数据根据最新标准要求进行全面修订，如壳体最小壁厚、最小阀杆直径及中法兰连接螺栓尺寸验算等。

9）对连接法兰、焊接端、结构长度、压力－温度额定值按现行标准进行修订。

10）对配合精度和表面粗糙度根据现行标准要求和逸散性检漏标准要求进行修订。

11）对阀门的试验与检验、逸散性检漏要求和阀门泄漏标准的分级，按新标准要求进行修订和补充。

12）增加了对煤制油、煤制天然气、煤化工用金属密封球阀球体喷涂 WC、Ni55、Ni60、stellite 的要求和结合强度的检验。

13）删去了一些不常用的内容。有些是属于已被新标准代替的旧标准；有些是虽然在沿用，但变化不大，有些是数据不常用，可在相关资料轻易获得的。

我们在修改过程中，也参考了国内外几种有关工具书和有关标准，并将它们作为导向，使修订后的手册更符合新版的标准要求，也更符合先进的工业理念和环保对阀门的新要求。但在内容上仍然以引用各国的技术标准原文为主。因此，未将参考的标准一一列出。对于某些存在疑问的内容，采取“宁缺毋滥”的严谨态度，予以删除。此次修订，力求全书体例的统一，但亦不强求绝对化，主要考虑以实用为主和以方便读者使用为主两个原则。本书在编写出版过程中，国际标准有更新版，如 ASME B16. 34—2020、API 6D—2021 等，请读者在阅读时参考选用。

本手册第4版仍由陆培文高级工程师主编。在修订过程中得到了国内外阀门专家与友人的热情帮助和大力支持。参加此次修订、审核、外文翻译及校对等工作的，主要有天津贝特尔流体控制阀门有限公司、超达阀门集团股份有限公司、中国保一集团有限公司、西安航天远征流体控制股份有限公司、般德阀门科技有限公司、中国寰球工程公司管道室、北京疏水阀门厂、奥工阀门有限公司、上海阀门厂股份有限公司、上海妙佳流体控制技术有限公司、浙江万龙机械有限公司、成都成高阀门有限公司、智鹏自控阀门有限公司、上海以南贸易有限公司、苏州思创科技有限公司、温州海川检验有限公司、杭州替特威阀门制造有限公司、上海增欣机电设备制造有限公司、超核阀门有限公司、苏州锦鹏机电设备制造有限公司、上海科科阀门集团有限公司、温州奇胜阀门制造有限公司等。这些公司在此次编写过程中提供了大量的技术资料、国外先进标准、国内阀门标准和有些先进的结构和计算，在此一并表示感谢。

现在，《实用阀门设计手册》第4版和广大读者见面了。由于我国标准和各国标准不断更新，手册的修订与出版过程不容许用时太久，虽然经过近一年半的努力，但仍有些仓促。本手册中存在的某些不足之处或错误，恳请广大读者批评指正。

编　者

2020. 5

第3版前言

《实用阀门设计手册》第2版自2007年8月出版发行以来，深受广大读者的欢迎。但随着时间的推移，国际标准化组织及世界各国及我国的阀门标准在不断地修订，书中引用标准有些已被新颁布的标准替代，其内容及设计要求和制造要求也随阀门使用中的问题，在不断改进和更新。特别是欧洲诸国已采用统一的欧洲标准（EN），并以全新的面貌脱离本国旧的阀门标准体系。美国部分阀门标准也逐步在向国际标准化组织（ISO）靠拢，所有基础标准如法兰、结构长度、压力-温度额定值等都改为以米制为主、以寸制为辅的共存版本。由于世界核电、石油、天然气等能源工业的发展，对阀门产品的材料和性能的要求越来越高。因此，新标准的制定在阀门的设计、材料性能、焊接、热处理、质量要求、试验与检验方面有新的和更高的要求。同时，由于对阀门的性能要求及试验方法的改变，使阀门的设计与计算方法也要相应地改变。另外，随着我国改革开放的深入，国内生产的阀门已和国际市场的阀门接轨，成为统一的大市场，这又是近年来的深刻变化之一。我国社会主义市场经济越是发展壮大，就越需要及时了解和掌握国外阀门品种和质量的情况，尤其是世界各主要生产阀门产品的国家的阀门标准变化情况。

鉴于上述国内外的新变化，考虑到本手册第2版的出版发行已经四年多了，故需进行全面修订，以适应阀门产品的质量要求、市场要求与科技的发展，并进一步满足广大读者的需要。

修订后的手册，在内容上有下列变化：

第一，进行全面修订，使全部内容更符合标准要求。修订面达全书篇幅的3/5以上，修订工作过程历时18个月，引用的各国的阀门标准文献资料以2011年为止。

第二，对阀门通用部分计算式和阀门专用部分计算式按阀门标准的要求进行了全面的修正。

第三，对计算数据根据标准的修订进行了全面的修正。

第四，对连接法兰、焊接端、结构长度、压力-温度额定值根据标准的变化进行了全面的修正。

第五，对配合精度和表面粗糙度根据标准要求和多年来的实际生产情况进行了修正。

第六，根据标准要求对材料品种和力学性能及材料化学元素质量分数、热处理规范进行了全面修正。

第七，对阀门的试验和检验按新的标准要求进行了全面修正。

第八，增添新的内容。例如，新增BS EN 12516：2000《工业阀门壳体强度设计—第2部分：钢制阀门壳体计算方法》中的最小壁厚计算、阀盖的厚度计算、内压自紧阀盖的计算；全焊接球阀考虑焊缝强度有效系数的壁厚计算；俄罗斯闸阀、截止阀、止回阀的结构长度；欧洲标准的阀门用材料及各种材料的压力-温度额定值等。

第九，删去了一些内容。有些是属于已被新标准替代的旧标准；有些虽仍在沿用且变化不大，但考虑全书篇幅有限，此次删去后，仍可从本手册第2版中查阅。

我们在修改过程中，也参考了国内外几种有关工具书，并将它们作为导向，但在内容上仍然以引用各国的技术标准原文为主，因此，未将参考标准目录一一列出。对于某些存在疑问的材料，采取“宁缺毋滥”的严谨态度。此次修订，力求全书体例的统一，但亦不强求绝对化，主要考虑以实用为主和以方便读者使用为主两个原则。

本手册第3版仍由陆培文高级工程师主编。在修订过程中得到了国内外专家与友人的热情帮助和大力支持。参加此次修订、审核、外文翻译及校对等工作的，主要有北京阀门研究所于宝萍高级工程师，保一集团有限公司张臣明，四川法拉特不锈钢铸造有限公司李伟，温州豪利达球阀有限公司项焕乐，五洲阀门有限公司王玉燕，科福龙阀门集团有限公司陈晓丽，北京高中压阀门有限公司赵秋平，环球阀门集团有限公司袁俊峰工程师，上海增欣机电设备制造有限公司姚建国高级工程师，天津富赛克流体控制设备有限公司岳志颖工程师，自贡第一高中压阀门有限公司刘联园工程师，北京市阀门总厂（集团）有限公司郭宝、孙东洋、李芳、刘张等。北京八达兆泉科贸有限公司赵军高级工程师、温州耐密特阀门有限公司潘海波工程师、上海科科阀门有限公司张大辉工程师、上海凯工阀门有限公司张雄飞工程师在此次编写过程中提供了大量的技术文献。在此一并表示感谢。

现在本手册第3版和广大读者见面了。由于各国标准不断更新，手册的修订与出版进度不容许为时太久，因而感到有些仓促。虽然经过近一年半的努力，仍然有某些不足之处，或者存在若干错误，恳切广大读者批评指正。

编　者

2012年7月

第2版前言

《实用阀门设计手册》第1版自2002年10月出版发行以来，受到广大读者的欢迎，共印刷4次，达1万册。随着时间的推移，世界各国及我国的阀门标准在不断修订，书中有些标准已被新颁布的标准替代，其内容也有不同程度的更新。特别是德、英、法等欧洲诸国正在逐步采用统一的欧洲标准（EN），并以全新的面貌脱离本国旧的阀门标准体系。美国主要的阀门标准也逐步在向国际标准化组织（ISO）靠拢，有些基础标准也改为米制和英制共存的版本。由于世界石油、天然气及电力工业的发展，对阀门产品的性能要求越来越完善。因此，新标准的制定在阀门的设计、试验与检验方面有新的和更高要求。又由于试验方法的改变，使阀门的设计与计算方法也要相应的变更。另外，随着我国改革开放的深入发展，国内外的阀门市场正在接轨，成为统一的大市场，这又是近年来的深刻变化之一。我国社会主义市场经济越是发展壮大，就更需要及时了解和掌握国内外阀门品种的发展情况，尤其是世界各主要生产阀门产品的国家的阀门标准变化情况。

鉴于上述国内外的新变化，考虑到本手册第1版的出版发行已经四年多了，故需进行全面修订，以适应阀门产品市场与科技的发展，并进一步满足广大读者的需要。

修订后的手册，在内容上有下列变化：

第一是进行全面修订。修订面约达全书篇幅的1/2以上。修订工作过程历时18个月，引用的各国阀门标准文献资料到2006年止。

第二是增添新内容。例如，新增调节阀的术语及有关调节阀阀芯的设计计算式；新增单向、双向阀，双阀座双向阀。双阀座：一个阀座单向、一个阀座双向，双截断排放阀的设计计算式；增加了美国机械工程师学会标准ASME B16.34—2004的有关壳体壁厚、中法兰连接螺栓强度及中法兰厚度的计算式；增加了双偏心蝶阀、三偏心蝶阀设计方法的论述；增加了阀门表面涂漆工艺规程等内容。

第三是删去一些内容。有些是属于已被新标准替代的旧标准；有些虽仍在沿用且变化不大，但考虑全书篇幅有限。此次删去后，仍可从本手册第1版中查阅。

我们在修订过程中，也参考了国内外几种有关工具书，并将它们作为导向，但在内容上仍然以引用各国的技术标准原文为主，因此未将参考标准目录一一列出。对于某些存在疑问的材料，采取“宁缺毋滥”的严谨态度。此次修订，力求全书体例的统一，但亦不强求绝对化，主要考虑以实用为主和以方便读者使用为主两个原则。

本手册第2版仍由陆培文高级工程师主编。在修订过程中得到了国内外专家与友人的热情帮助和支持。参加此次修订、审核、外文翻译及校对等工作的，主要有中石化配管中心站许丹高级工程师；化工部配管中心站贺安良高级工程师；方正阀门总公司的文剑翻译、付京华工程师；浙江五洲阀门有限公司的王玉燕工程师；中国环球阀门集团有限公司余雯钰高级工程师；上海科科阀门有限公司陈晓丽工程师；中国开维喜阀门集团倪忠迁工程师；浙江成达特种阀门厂赵安达工程师；中国上正阀门集团公司赵安东工程师；浙江华川阀门制造有限公司的夏焕勇高级工程师；浙江华夏阀门有限公司的王爱菊工程师；上海长征泵阀有限公司的胡德淼工程师；北京阀门研究所的宋燕琳翻译、朱敏杰高级工程师等；以及兰州理工大学、重庆大学、北京雷蒙德有限公司等单位，对他们的大力支持和辛勤劳动表示衷心感谢。

现在本手册第2版和广大读者见面了。由于各国的标准不断更新，手册的修订与出版进度不容许为时太久，因而感到有些仓促。虽经过一年半的努力，仍然有某些不足之处，或存在若干错误，恳切希望读者批评指正。

编　者

2007年7月

第 1 版前言

阀门是国民经济建设中使用极广泛的一种机械产品。随着我国改革开放、建立社会主义市场经济和开展对外贸易的需要，在石油、天然气、煤炭、冶金和矿石的开采、提炼加工和管道输送系统中；在石油化工、化工产品，医药和食品生产系统中；在水电、火电和核电的电力生产系统中；在城建的给排水、供热和供气系统中；在冶金生产系统中；在船舶、车辆、飞机、航天以及各种运动机械的使用流体系统中；在国防生产以及新技术领域里；在农业排灌系统中都需要大量的阀门新品种。

阀门分自动阀门与驱动阀门。自动阀门（如安全阀、减压阀、蒸汽疏水阀、止回阀）是靠装置或管道本身的介质压力的变化达到启闭目的的。驱动阀门（闸阀、截止阀、球阀、蝶阀等）是靠驱动装置（手动装置、电动装置、液动装置、气动装置等）驱动控制装置或管道中介质的压力、流量和方向。由于介质的压力、温度、流量和物理化学性质的不同，对装置和管道系统的控制要求和使用要求也不同，所以阀门的种类中规格非常多。据不完全统计，我国的阀门产品已达四千多个型号，近四万个规格。随着新的工艺流程和控制要求的出现、随着阀门现代技术的应用、随着技术参数和技术性能的不断发展、随着生产过程自动化要求的需要，将会对阀门产品提出新的要求。

为了适应这一形势发展的需要，我们编辑了这本《实用阀门设计手册》，供阀门行业各制造厂（公司）、阀门使用单位、设计科研院所以及大专院校参考使用。

本手册共 10 章。第 1 章概述，介绍了阀门的分类、阀门的名词术语、阀门的型号编制方法、阀门的标志和识别涂漆、阀门中的压力损失、阀门参数等。第 2 章为典型阀门结构、配合精度、表面粗糙度和设计标准，重点给出各类阀门的结构、配合尺寸精度、应达到的表面粗糙度和所采用的设计标准。第 3 章为设计参数，给出了设计过程所需的材料、密封比压、填料、垫片、螺纹等有关的参数和数据。第 4 章为阀门材料，给出了壳体、内件、连接螺栓、填料、垫片的材料及选用方法。第 5 章为阀门的设计与计算，给出了各类阀门典型设计计算项目及阀门各主要零件设计计算项目。第 6 章为阀门的零部件。第 7 章为阀门的结构要素。第 8 章为阀门的驱动装置，除了讲述我国的驱动装置外，还重点介绍了国际上四大阀门驱动装置，即美国的雷米托克、英国的罗托克、法国的伯纳德和意大利的比菲，可供用户选用。第 9 章为阀门设计数据，除给出了我国的设计数据外，还给出了美国、英国、日本、德国、法国的有关数据和标准。第 10 章为阀门的试验和检验，重点介绍了驱动阀门的试验种类、试验数据和试验方法，还讲述了自动阀门的试验类型和性能试验方法。

本手册的特点是系统性好和实用性强，系统地表述阀门最基本的设计方法和计算要求。目的是给广大用户和阀门制造厂家提供一本规范化的、资料齐全的、查找方便的工具书；强调实用，将产品和零部件的设计程序、计算项目、计算式及设计计算中所需要的技术数据，均采用图表形式表达，文字叙述从简。这样，对于无论是单项产品的设计还是系列产品设计都能适用，也有利于开发阀门设计软件。

在本手册的编写过程中，曾得到有关单位和专家提供的许多宝贵资料和意见，给手册的编写创造了条件。为本手册提供技术资料和协助出版的有中国通用机械阀门行业协会朱敏杰高级工程师；北京阀门研究所宋燕琳翻译；中石化配管中心站于浦仪高级工程师；化工部配管中心站贺安良高级工程师；成都化西化工科技股份有限公司宋兵高级工程师；浙江方正阀门厂陈蜀光高级工程师，李国华、刘德银工程师；浙江五洲阀门有限公司王玉燕、彭建宏、陈晓丽工程师；浙江超达阀门股份有限公司黄明金工程师；浙江华川阀门制造有限公司刘雪芬、应紫香工程师；浙江成达特种阀门厂林柏银工程师；上海科科阀门有限公司谢建聪工程师；北京阀门四厂刘文玲工程师；中美合资温州环球阀门制造有限公司吴光忠工程师；浙江环球电站阀门股份有限公司吴光华工程师；温州金珠球阀有限公司；苏州阀门厂；兰州高压阀门厂；甘肃工业大学；重庆大学；北京八达高技贸有限公司等。在此一并表示衷心的感谢。

编　者

2002年6月

目　　录

第 1 章　阀门基础知识

阀门是石油、化工、电站、长输管线、造纸、核工业、各种低温工程、宇航及海洋采油等流体输送系统中的控制部件，具有导流、截止、调节、节流、防止逆流、分流或溢流卸压等功能。

用于流体控制的阀门，从最简单的截断装置到极为复杂的自控系统，其品种和规格繁多。阀门的公称尺寸从十分微小的仪表阀，到公称尺寸达 DN10000、重几十吨的工业管路用阀。阀门可用于控制空气、水、蒸汽、各种腐蚀性化学介质、泥浆、油品、液态金属和放射性流体等各种类型流体的流动。阀门的工作压力可从 1.3×10^{-3}MPa 到 1000MPa，工作温度从 -269℃的超低温到1430℃的高温。阀门的控制可采用多种传动方式，如手动、电动、气动、液动、电-气或电-液联动及电磁驱动等；也可在压力、温度或其他形式传感信号的作用下，按预定的要求动作，或者只进行简单的开启或关闭。阀门就是依靠驱动或自动机构使其启闭件完成升降、滑移、旋摆或回转运动，从而改变其流道面积的大小，实现控制功能的。

1.1　阀门分类

阀门的种类繁多。随着各类成套设备工艺流程和性能的不断改进，阀门种类还在不断增加，且有多种分类方法。

1.1.1　按自动和驱动分类

（1）自动阀门　依靠介质（液体、空气、蒸汽等）本身的能力而自行动作的阀门。如安全阀、止回阀、减压阀、蒸汽疏水阀、空气疏水阀、紧急切断阀等。

（2）驱动阀门　借助手动、电力、液力或气力来操纵的阀门。如闸阀、截止阀、节流阀、蝶阀、球阀、旋塞阀等。

1.1.2　按用途和作用分类

（1）截断阀类　主要用于截断或接通管路中的介质流。如截止阀、闸阀、球阀、旋塞阀、蝶阀、隔膜阀等。

（2）止回阀类　用于阻止介质倒流。如各种不同结构的止回阀。

（3）调节阀类　主要用于调节管路中介质的压力和流量。如调节阀、节流阀、减压阀、减温减压装置等。

（4）分流阀类　用于改变管路中介质流动的方向，起分配、分流或混合介质的作用。如各种结构的分配阀、三通或四通旋塞，三通或四通球阀及各种类型的疏水阀等。

（5）安全阀类　用于超压安全保护，通过排放多余介质防止压力超过规定数值。

（6）多用阀类　用于替代两个、三个甚至更多个类型的阀门。如截止止回阀、止回球阀、截止止回安全阀等。

（7）其他特殊专用阀类　如排污阀、放空阀、清焦阀、清管阀、紧急切断阀、试验堵阀等。

1.1.3　按主要技术参数分类

1.1.3.1　按公称尺寸 DN 分类

（1）小口径阀门　公称尺寸≤DN40 的阀门。

（2）中口径阀门　公称尺寸 DN50 ~ DN300 的阀门。

（3）大口径阀门　公称尺寸 DN350 ~ DN1200 的阀门。

（4）特大口径阀门　公称尺寸≥DN1400 的阀门。

1.1.3.2　按公称压力 PN 分类

（1）真空阀　工作压力低于标准大气压的阀门。

（2）低压阀　公称压力≤PN16 的阀门。

（3）中压阀　公称压力 PN25 ~ PN63 的阀门。

（4）高压阀　公称压力 PN100 ~ PN800 的阀门。

（5）超高压阀　公称压力≥PN1000 的阀门。

1.1.3.3　按介质工作温度分类

（1）高温阀　$t>450$℃的阀门。

（2）中温阀　120℃ $<t\leqslant$ 450℃的阀门。

（3）常温阀　-29℃ $\leqslant t\leqslant$ 120℃的阀门。

（4）低温阀　-100℃ $\leqslant t<$ -29℃的阀门。

（5）超低温阀　$t<$ -100℃的阀门。

1.1.3.4　按阀体材料分类

（1）非金属材料阀门　如陶瓷阀门、玻璃钢阀门、塑料阀门。

（2）金属材料阀门　如铜合金阀门、铝合金阀门、铅合金阀门、钛合金阀门、蒙乃尔合金阀门、哈氏合金阀门、因科镍尔合金阀门、铸铁阀门、铸钢阀门、低合金钢阀门、高合金钢阀门。

（3）金属阀体衬里阀门　如衬铅阀门、衬塑料阀门、衬搪瓷阀门。

1.1.3.5　按与管道的连接方式分类

（1）法兰连接阀门　阀体上带有法兰，与管道采用法兰连接的阀门。

（2）螺纹连接阀门　阀体上带有内螺纹或外螺纹，与管道采用螺纹连接的阀门。

（3）焊接连接阀门　阀体上带有焊口，与管道采用焊接连接的阀门。

（4）夹箍连接阀门　阀体上带有夹口，与管道采用夹箍连接的阀门。

（5）卡套连接阀门　用卡套与管道连接的阀门。

1.1.3.6　按操纵方式分类

（1）手动阀门　借助手轮、手柄、杠杆或链轮等，由人力来操纵的阀门。当需传递较大的力矩时，可采用蜗轮、齿轮等减速装置。

（2）电动阀门　用电动机、电磁或其他电气装置操纵的阀门。

（3）液压或气压阀门　借助液体（水、油等液体介质）或空气的压力操纵的阀门。

1.1.4　按结构特征分类

（1）截门形　关闭件沿着阀座的中心线移动，如图1-1所示。

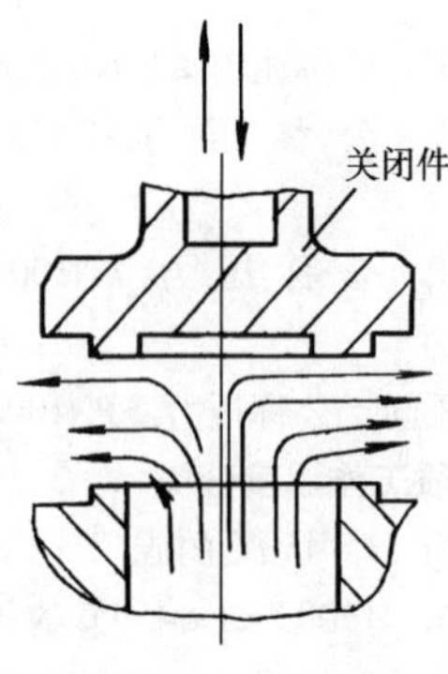

图1-1　截门形结构

（2）闸门形　关闭件沿着垂直于阀座中心线的方向移动，如图1-2所示。

（3）旋塞和球形　关闭件是柱塞、锥塞或球体，围绕本身的轴线旋转，如图1-3所示。

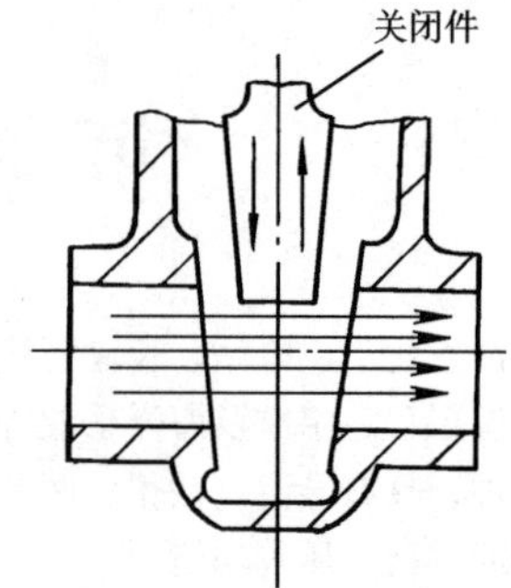

图1-2　闸门形结构

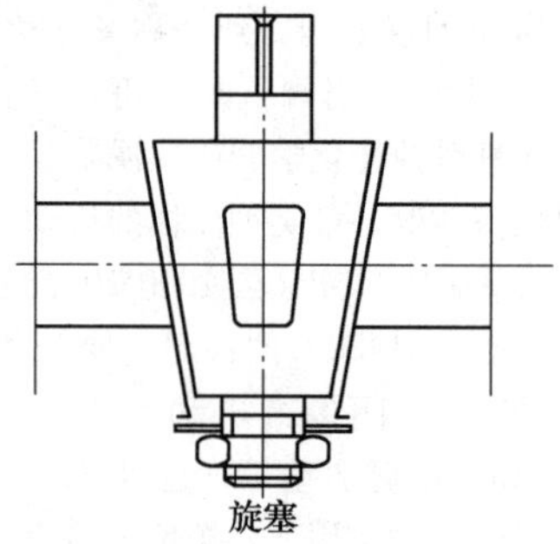

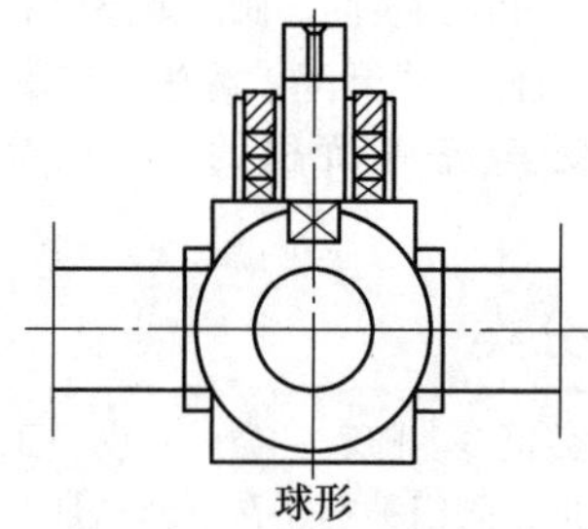

图1-3　旋塞和球形结构

（4）旋启形　关闭件围绕阀座外的轴线旋转，如图1-4所示。

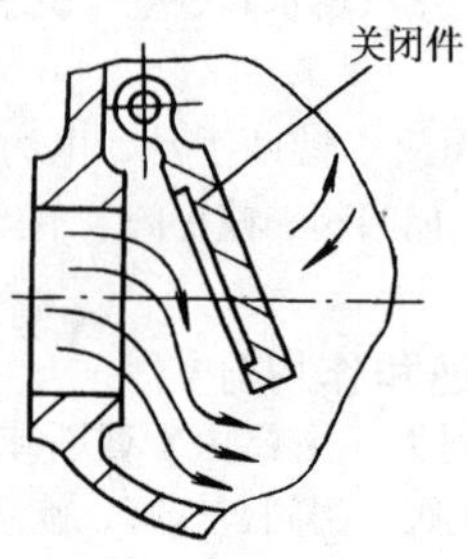

图1-4　旋启形结构

（5）蝶形　关闭件的圆盘围绕阀座内的轴线旋转（中线式），或围绕阀座外的轴线旋转（偏心式）的结构，如图1-5所示。

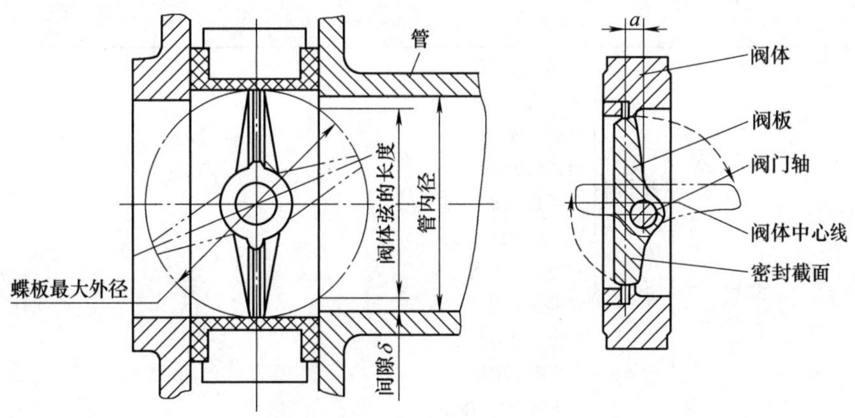

图 1-5 蝶形结构

（6）滑阀形 关闭件在垂直于通道的方向上滑动，如图 1-6 所示。

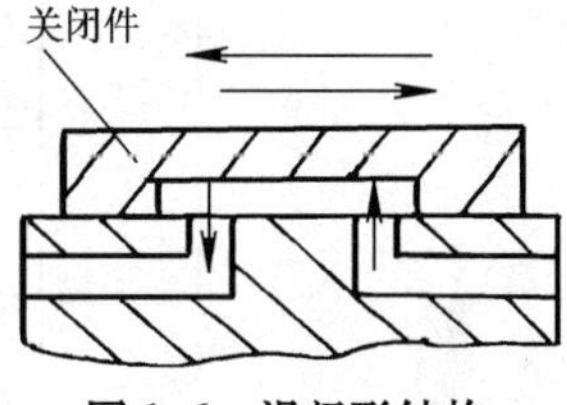

图 1-6 滑阀形结构

1.1.5 按结构原理分类

按结构原理分类，是目前国内、国际最常用的分类方法。表 1-1 为阀门按结构原理分类表。

表 1-1 按结构原理分类表

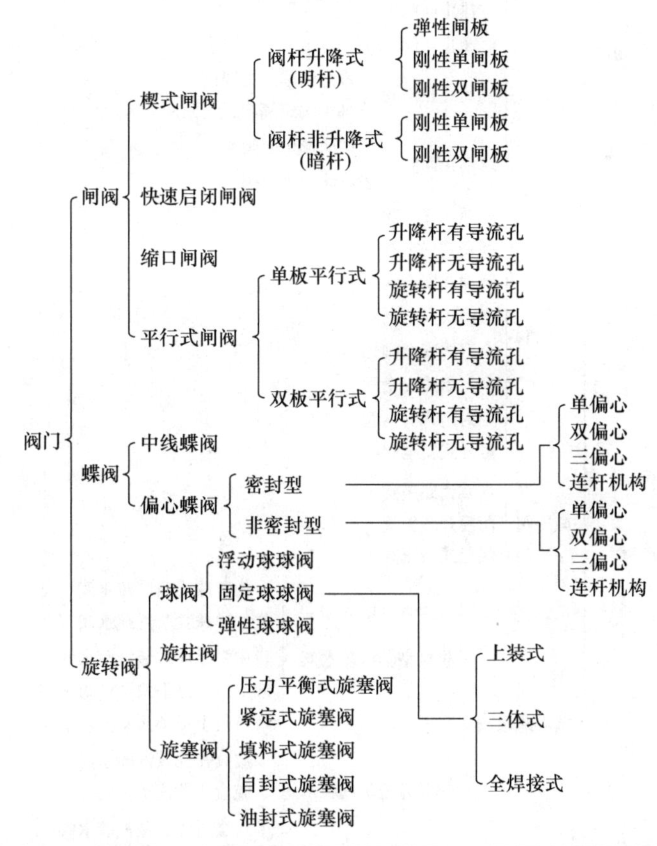

（续）

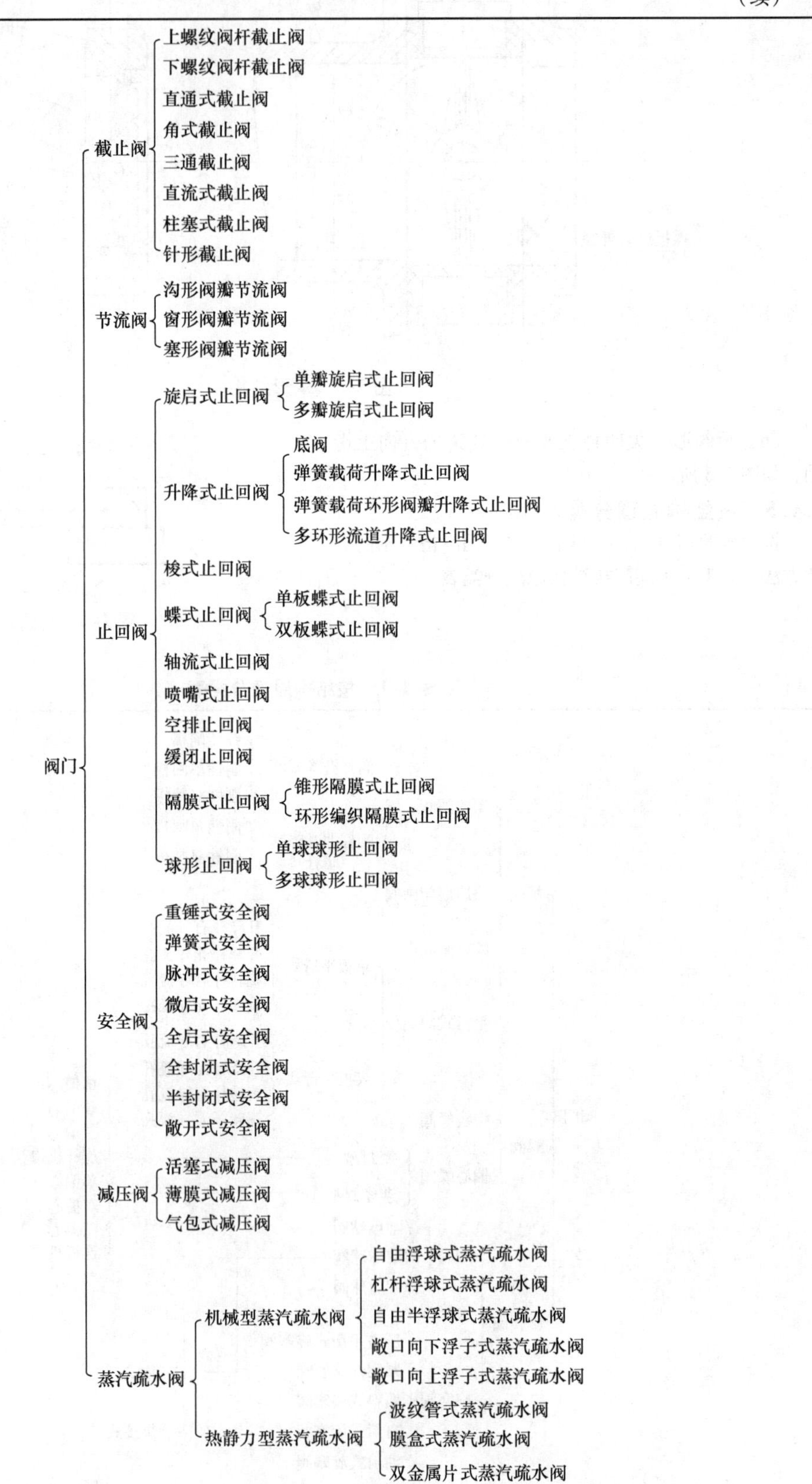
阀门
截止阀
上螺纹阀杆截止阀
下螺纹阀杆截止阀
直通式截止阀
角式截止阀
三通截止阀
直流式截止阀
柱塞式截止阀
针形截止阀
节流阀
沟形阀瓣节流阀
窗形阀瓣节流阀
塞形阀瓣节流阀
止回阀
旋启式止回阀
单瓣旋启式止回阀
多瓣旋启式止回阀
升降式止回阀
底阀
弹簧载荷升降式止回阀
弹簧载荷环形阀瓣升降式止回阀
多环形流道升降式止回阀
梭式止回阀
蝶式止回阀
单板蝶式止回阀
双板蝶式止回阀
轴流式止回阀
喷嘴式止回阀
空排止回阀
缓闭止回阀
隔膜式止回阀
锥形隔膜式止回阀
环形编织隔膜式止回阀
球形止回阀
单球球形止回阀
多球球形止回阀
安全阀
重锤式安全阀
弹簧式安全阀
脉冲式安全阀
微启式安全阀
全启式安全阀
全封闭式安全阀
半封闭式安全阀
敞开式安全阀
减压阀
活塞式减压阀
薄膜式减压阀
气包式减压阀
蒸汽疏水阀
机械型蒸汽疏水阀
自由浮球式蒸汽疏水阀
杠杆浮球式蒸汽疏水阀
自由半浮球式蒸汽疏水阀
敞口向下浮子式蒸汽疏水阀
敞口向上浮子式蒸汽疏水阀
热静力型蒸汽疏水阀
波纹管式蒸汽疏水阀
膜盒式蒸汽疏水阀
双金属片式蒸汽疏水阀

（续）

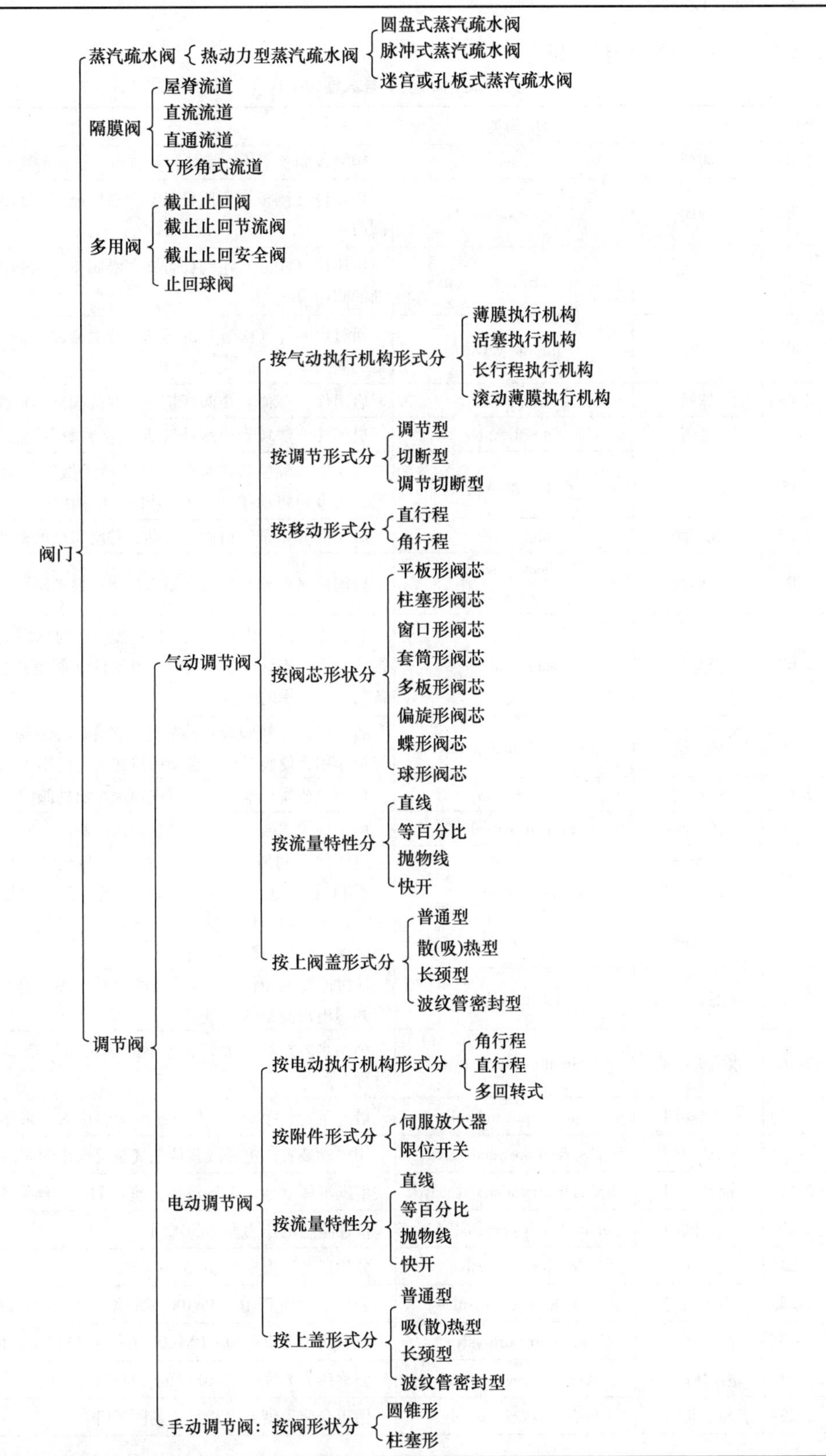

阀门
蒸汽疏水阀
热动力型蒸汽疏水阀
圆盘式蒸汽疏水阀
脉冲式蒸汽疏水阀
迷宫或孔板式蒸汽疏水阀
隔膜阀
屋脊流道
直流流道
直通流道
Y形角式流道
多用阀
截止止回阀
截止止回节流阀
截止止回安全阀
止回球阀
调节阀
气动调节阀
按气动执行机构形式分
薄膜执行机构
活塞执行机构
长行程执行机构
滚动薄膜执行机构
按调节形式分
调节型
切断型
调节切断型
按移动形式分
直行程
角行程
按阀芯形状分
平板形阀芯
柱塞形阀芯
窗口形阀芯
套筒形阀芯
多板形阀芯
偏旋形阀芯
蝶形阀芯
球形阀芯
按流量特性分
直线
等百分比
抛物线
快开
按上阀盖形式分
普通型
散(吸)热型
长颈型
波纹管密封型
电动调节阀
按电动执行机构形式分
角行程
直行程
多回转式
按附件形式分
伺服放大器
限位开关
按流量特性分
直线
等百分比
抛物线
快开
按上盖形式分
普通型
吸(散)热型
长颈型
波纹管密封型
手动调节阀：按阀形状分
圆锥形
柱塞形

1.2　阀门术语

1.2.1　阀门分类术语（表1-2）

表1-2　阀门分类术语（GB/T 21465—2008）

编号	术　语	对应的英文	定　义
1-01	阀门	valve	用来控制管道内介质的，具有可动机构的机械产品的总体
2-01	闸阀	gate valve	启闭件（闸板）由阀杆带动，沿阀座（密封面）做直线升降运动的阀门
2-02	截止阀	globe valve，stop valve	启闭件（阀瓣）由阀杆带动，沿阀座（密封面）轴线做直线升降运动的阀门
2-03	节流阀	throttle valve	通过启闭件（阀瓣）的运动，改变通路截面积，用以调节流量、压力的阀门
2-04	球阀	ball valve	启闭件（球体）由阀杆带动，并绕阀杆的轴线做旋转运动的阀门
2-05	蝶阀	butterfly valve	启闭件（蝶板）由阀杆带动，并绕阀杆的轴线做旋转运动的阀门
2-06	隔膜阀	diaphragm valve	启闭件（隔膜）在阀内沿阀杆轴线做升降运动，通过启闭件（隔膜）的变形将动作机构与介质隔开的阀门
2-07	旋塞阀	plug valve	启闭件（塞子）由阀杆带动，并绕阀杆的轴线做旋转运动的阀门
2-08	止回阀	check valve， non-return valve	启闭件（阀瓣）借助介质作用力、自动阻止介质逆流的阀门
2-09	安全阀	safety valve	当管道或设备内介质压力超过规定值时，启闭件（阀瓣）自动开启排放介质；当低于规定值时，启闭件（阀瓣）自动关闭。对管道或设备起保护作用的阀门
2-10	减压阀	pressure reducing valve	通过启闭件（阀瓣）的节流，将介质压力降低，并借助阀门压差的直接作用，使阀后压力自动保持在一定范围内的阀门
2-11	疏水阀	steam trap	自动排放凝结水并阻止蒸汽随水排出的阀门
2-12	排污阀	blow-down valve	用于锅炉、压力容器等设备排污的阀门
2-13	控制阀 （调节阀）	control valve， adjusting valve	启闭件（阀瓣）预定使用在关闭与全开启任何位置，通过启闭件（阀瓣）改变通路截面积，以调节流量、压力或温度的阀门
2-14	分配阀	dividing valve	通过改变启闭件的位置来影响自一个共同进口流量的比例以形成两个或多个出口流量的阀门
2-15	混合阀	mixing valve	通过改变启闭件的位置来影响两个或多个进口流量的比例以形成一个共同出口流量的阀门
2-16	水力控制阀	hydraulic control valve	利用水力控制原理，通过不同的构造实现多用途控制功能的阀门总称
2-17	手动阀门	manual operated valve	借助手轮、手柄、杠杆或链轮等，由人力来操作的阀门
2-18	电动阀门	electrical operated valve	用电动装置、电磁或其他电气装置操作的阀门
2-19	液动阀门	hydraulically operated valve	借助液体（水、油等液体介质）的压力操作的阀门
2-20	气动阀门	pneumatically operated valve	借助空气的压力操作的阀门
2-21	低压阀门	low pressure valve	公称压力不大于PN16的各种阀门
2-22	中压阀门	middle pressure valve	公称压力为PN16～PN100（不含PN16）的各种阀门
2-23	高压阀门	high pressure valve	公称压力为PN100～PN1000（不含PN1000）的各种阀门
2-24	超高压阀门	super high pressure valve	公称压力为大于PN1000的各种阀门
2-25	高温阀门	high temperature valve	用于介质温度$t>425$℃的各种阀门

（续）

编号	术　语	对应的英文	定　义
2-26	中温阀门	moderate temperature valve	用于介质温度为 120℃ ≤t≤425℃的各种阀门
2-27	常温阀门	normal temperature valve	用于介质温度为 −29℃ < t < 120℃的各种阀门
2-28	低温阀门	sub-zero valve	用于介质温度为 −100℃ ≤t≤ −29℃的各种阀门
2-29	超低温阀门	cryogenic valve	用于介质温度 t < −100℃的各种阀门

1.2.2 阀门结构与零部件术语（表 1-3）

表 1-3 阀门结构与零部件术语

编号	术　语	对应的英文	定　义
1-01	结构长度	face-to-face dimension end-to-end dimension face-to-centre dimension	阀门进、出口端面之间的距离；进口端面至出口轴线的距离；进口轴线至出口端面的距离
1-02	结构型式	type of construction	各类阀门在结构和几何形状上的主要特征
1-03	直通式	through way typc	进、出口轴线重合或相互平行的阀体形式
1-04	角式	angle type	进、出口轴线相互垂直的阀体形式
1-05	直流式	Y-type	通路成一直线，阀杆轴线位置与阀体通路轴线成斜角的阀体形式
1-06	三通式	three way type	具有三个通路方向的阀体形式
1-07	T 形三通式	T-pattern three way	塞子（或球体）的通路呈“T”形的三通式
1-08	L 形三通式	L-pattern three way	塞子（或球体）的通路呈“L”形的三通式
1-09	平衡式	balance type	利用介质压力平衡阀杆产生的轴向力的结构型式
1-10	杠杆式	lever type	采用杠杆原理带动启闭件的结构型式
1-11	常开式	normally open type	无外力作用时，启闭件自动处于开启位置的结构型式
1-12	常闭式	normally closed type	无外力作用时，启闭件自动处于关闭位置的结构型式
1-13	保温式	steam jacket type	带有蒸汽加热夹套的结构型式
1-14	波纹管式	bellows seal type	带有波纹管密封的结构型式
1-15	全径阀门	full-port valve	阀门内所有流道内径尺寸与管道内径尺寸相同的阀门
1-16	缩径阀门	reduced-port valve	阀门内流道孔通径按规定要求缩小的阀门
1-17	单向阀门	unidirectional valve	设计为一个介质流动方向密封的阀门
1-18	双向阀门	bidirectional valve	设计为两个介质流动方向均密封的阀门
1-19	双座双向阀门	twin-seat，both seats bi-directional，valve	阀门具有两个密封座，每个阀座的两个介质流动方向均可密封的阀门
1-20	双锁紧泄放阀（DBB）	double-block-and- bleed valve	在关闭位置时具有两个阀座面的阀门，锁紧阀门两端介质的流动，在两个阀座面之间的腔体设有泄放口和排气口
1-21	双隔离泄放阀（DIB）	double-isolation-and- bleed valve	具有两个密封副的阀门，任一方向，当处于关闭状态时，两个密封面间的体腔通大气或排空时，进入阀门体腔那端的流体应被切断的阀门
1-22	上密封	back seal	当阀门全开时，阻止介质由填料函处渗漏的一种密封结构
1-23	压力密封	pressure seal	利用介质压力使阀体与阀盖连接处实现自动密封的结构
1-24	连接形式	type of connection	阀门与管道或设备的连接所采用的各种方式（如法兰连接、螺纹连接、焊接连接等）
2-1	壳体	shell	与介质直接接触的承压部件

（续）

编号	术　语	对应的英文	定　义
2-2	阀体	body	与管道（或设备）直接连接，构成介质流通流道的零件
2-3	阀盖	bonnet	与阀体相连并与阀体（或通过其他零件，如隔膜等）构成压力腔的主要零件
2-4	启闭件	disc	用于截断或调节介质流通的零件的统称。如闸阀中的闸板、蝶阀中的蝶板、球阀中的球体等
2-5	阀座	seat	安装在阀体上，与启闭件组成密封副的零件
2-6	密封面	sealing face，surface	启闭件与阀座紧密贴合，起密封作用的两个接触面
2-7	阀杆	stem，spindle	将启闭力传递到启闭件上的零件
2-8	阀杆螺母	yoke nut	与阀杆螺纹构成运动副的零件
2-9	填料函（填料箱）	stuffing box	在阀盖（或阀体）上，充填填料，用来阻止介质由阀杆处泄漏的一种结构
2-10	填料压盖	gland，gland flange，one-piece gland	用以压紧填料以达到阻止介质沿阀杆处泄漏的零件
2-11	填料	packing，packing rings	装入填料函（填料箱）中，阻止介质沿阀杆处泄漏的填充物
2-12	填料垫	packing seat，packing washer	支承填料，保持填料密封的零件
2-13	支架	yoke	在阀盖或阀体上，用于支承阀杆螺母或驱动装置的零件
2-14	撞击手轮	impact hand wheel	利用撞击作用力以减轻阀门操作力的手轮结构
2-15	阀瓣（阀芯）	disc（valve core）	截止阀、节流阀、止回阀、控制阀等阀门中的启闭件
3-1	明杆闸阀	outside screw rising stem type gate valve	阀杆做升降运动，其传动螺纹在体腔外部的闸阀
3-2	暗杆闸阀	inside screw non-rising stem type gate valve	阀杆做旋转运动，其传动螺纹在阀体内部的闸阀
3-3	楔式闸阀	wedge gate valve	闸板的两侧密封面成楔形的闸阀
3-4	平行式闸阀	parallel gate valve，parallel slide valve	闸板的两侧密封面相互平行的闸阀
3-5	闸板	wedge	闸阀中的启闭件，其形式有单闸板（刚性闸板、弹性闸板）、双闸板
3-6	单阀板	single gate	整体制造的一种刚性或弹性的闸板结构
3-7	刚性闸板	rigid gate	不能产生弹性变形的一种单闸板结构
3-8	弹性闸板	flexible gate disc	能产生弹性变形的一种单闸板结构
3-9	双闸板	double gate	由两块闸板组成的一种闸板结构
3-10	楔式双闸板	wedge double gate	由两块楔形闸板组成的一种闸板结构
3-11	平行式双闸板	parallel double gate	由两块平行闸板组成的一种闸板结构
4-1	浮动式球阀	floating ball valve	球体不带有固定轴的球阀
4-2	固定式球阀	fixed ball valve	球体带有固定轴的球阀
4-3	球体	ball	球阀中的启闭件
5-1	垂直板式蝶阀	vertical disc type butterfly valve	蝶板与阀体通路轴线垂直的蝶阀
5-2	斜板式蝶阀	inclined disc butterfly valve	蝶板与阀体通路轴线成一倾斜角的蝶阀
5-3	蝶板	disc	蝶阀中的启闭件
6-1	屋脊式隔膜阀	weir diaphragm valve	阀体流道中以屋脊形结构与隔膜构成密封副的隔膜阀
6-2	截止式隔膜阀	globe diaphragm valve	阀体与截止阀阀体形状相似的隔膜阀

（续）

编号	术　语	对应的英文	定　义
6-3	隔膜	diaphragm	隔膜阀中的启闭件
7-1	填料式旋塞阀	gland packing plug valve	采用填料为密封圈的旋塞阀
7-2	油封式旋塞阀	lubricated plug valve	采用油脂密封的旋塞阀
7-3	塞子	plug	旋塞阀中的启闭件
8-1	升降式止回阀	lift check valve	阀瓣沿阀瓣密封面轴线做升降运动的止回阀
8-2	升降立式止回阀	vertical lift check valve	阀瓣沿阀体通路轴线做升降运动的止回阀
8-3	旋启式止回阀	swing check valve	阀瓣绕体腔内销轴做旋转运动的止回阀
8-4	底阀	foot valve, bottom valve	安装在泵进口端，保证泵进口端充满液体的一种止回阀
8-5	轴流式止回阀	axial flow check valve	阀体内腔表面、导流罩、阀瓣等过流表面应有流线型态，且前圆后尖。流体在其表面主要表现为层流，没有或很少有湍流
8-6	旋启式多瓣止回阀	multi-disc swing check valve	具有两个以上阀瓣的旋启式止回阀
8-7	蝶式止回阀	butterfly swing check valve	形状与蝶阀相似，其阀瓣绕固定轴（无摇杆）做旋转运动的止回阀
8-8	销轴	hinge pin	旋启式止回阀中，阀瓣绕其旋转的零件
8-9	摇杆	arm	旋启式止回阀中，连接阀瓣与销轴，并绕销轴旋转的零件
9-1	弹簧式安全阀	direct spring loaded safetyvalve	利用压缩弹簧的力来平衡介质对阀瓣的作用力并使其密封的安全阀
9-2	杠杆式安全阀	lever and weight loaded safety valve	利用杠杆作用力来平衡介质对阀瓣的作用力并使其密封的安全阀
9-3	先导式安全阀	pilot operated safety valve	依靠从导阀排出介质来驱动和控制主阀的安全阀
9-4	全启式安全阀	full lift safety valve	阀瓣开启高度等于或大于阀座喉径的1/4的安全阀
9-5	微启式安全阀	low lift safety valve	阀瓣开启高度为阀座喉径的1/40～1/20的安全阀
9-6	波纹管平衡式安全阀	bellows seal balance safety valve	利用波纹管平衡背压的作用，以保持开启压力稳定的安全阀
9-7	双联弹簧式安全阀	duplex safety valve	将两个弹簧式安全阀并联，具有同一进口的安全阀组
9-8	直接载荷式安全阀	direct-loaded safety valve	一种仅靠直接的机械加载装置如重锤、杠杆加重锤或弹簧来克服由阀瓣下介质压力所产生作用力的安全阀
9-9	带动力辅助装置的安全阀	assisted safety valve	该安全阀借助一个动力辅助装置，可以在压力低于正常整定压力时开启。即使该装置失灵，阀门仍能满足标准对安全阀的所有要求
9-10	带补充载荷的安全阀	supplementary loaded safety valve	这种安全阀在其进口压力达到整定压力前始终保持有一个用于增强密封的附加力。该附加力（补充载荷）可由外部能源提供，而在安全阀进口压力达到整定压力时应可靠地释放。补充载荷的大小应这样设定，即假定该载荷未能释放时，安全阀仍能在其进口压力不超过国家法规规定的整定压力百分数的前提下达到额定排量
9-11	真空安全阀	vacuum relief valve	用来补充流体以防止容器内过高真空度的安全阀，当正常状况恢复后又重新关闭而阻止介质继续流入
9-12	敞开式安全阀	openly sealed safety valve	介质会向大气排放的安全阀
9-13	调节螺母	adjusting screw	安全阀中调节弹簧压缩量的螺母
9-14	弹簧座	spring plate	安全阀中支承弹簧的零件
9-15	导向套	dise guide	安全阀中对阀瓣起导向作用的零件

（续）

编号	术　语	对应的英文	定　义
9-16	反冲盘	disc holder	安全阀中与阀瓣连接，用以改变介质流向、增加开启高度的零件
9-17	调节圈	adjusting ring	安全阀中与阀座或导向套连接，用以调节安全阀性能使其达到正常工作状态的零件
9-18	压力释放装置	pressure relief device	用来在承压设备处于异常状况时，防止其内部介质压力升高到超过预定压力的装置
9-19	重闭式压力释放装置	reclosing pressure relief device	在动作后再行关闭的压力释放装置
9-20	非重闭式压力释放装置	non-reclosing pressure relief device	在动作后保持开启的压力释放装置
9-21	爆破片装置	bursting disk device	一种由装置进出口静压差驱动的非重闭式压力释放装置，其功能是通过承压片的爆破而实现的
9-22	折断销装置	breaking pin device	一种由进口静压力驱动的非重闭式压力释放装置，其功能是通过承压件支承销承载截面的弯折而实现的
9-23	弯折销装置	buckling pin device	一种由进口静压力驱动的非重闭式压力释放装置，其功能是通过承压件支承销承载截面的弯折而实现的
9-24	剪切销装置	shear pin device	一种由进口静压力驱动的非重闭式压力释放装置，其功能是通过承压件支承销承载截面的剪切而实现的
9-25	易熔塞装置	fusible plug device	一种非重闭式压力释放装置，其功能是通过一个用具有适当熔点的材料制成的塞子的屈服或熔化而实现的
9-26	排放面积	discharge area	阀门排放时流体通道的最小截面积
9-27	流道面积	flow area	阀进口端至关闭件密封面间流道的最小横截面积，用来计算无任何阻力影响时的理论流量
9-28	流道直径	flow diameter	对应于流道面积的直径
9-29	帘面积	curtain area	当阀瓣在阀座上方升起时，在其密封面之间形成的圆柱面形或圆锥面形排放通道面积
9-30	开启高度	lift	阀瓣离开关闭位置的实际行程
9-31	额定开高	rated lift	使阀门达到其额定排量的设计开高
9-32	密封面斜角	seat angle	阀门轴线与密封面间夹角。平面密封阀门的密封面斜角为90°
9-33	密封面积	seat area	由密封面平均直径确定的面积
9-34	密封面平均直径	seat mean diameter	阀瓣与阀座接触面的平均直径
9-35	净流通面积	net flow area	非重闭式压力释放装置动作之后决定流量的面积。一个爆破片的（最小）净流通面积是其完全破裂后的计算净面积，它带有适当的允差，因为爆破片的某些结构件可能减小其净流通面积
9-36	喉径	throat diameter	安全阀阀座通路最小截面的直径
9-37	封闭式	seal type	排放介质时，不允许介质向现场大气泄漏的一种安全阀结构
9-38	非封闭式	unseal type	排放介质时，允许介质向现场大气泄漏的一种安全阀结构
10-1	薄膜式减压阀	diaphragm reducing valve	采用薄膜作为传感件来带动阀瓣升降运动的减压阀
10-2	弹簧薄膜式减压阀	spring diaphragm reducing valve	采用弹簧和薄膜作为传感件来带动阀瓣升降运动的减压阀
10-3	活塞式减压阀	piston reducing valve	采用活塞机构来带动阀瓣升降运动的减压阀
10-4	波纹管式减压阀	bellows seal reducing valve	采用波纹管机构来带动阀瓣升降运动的减压阀

（续）

编号	术　语	对应的英文	定　义
10-5	杠杆式减压阀	lever reducing valve	采用杠杆机构来带动阀瓣升降运动的减压阀
10-6	直接作用式减压阀	direct-acting reducing valve	利用出口压力变化，直接控制阀瓣运动的减压阀
10-7	先导式减压阀	pilot operated reducing valve	由主阀和导阀组成，出口压力的变化通过导阀放大控制主阀动作的减压阀
10-8	膜片	diaphragm	减压阀中起平衡阀前阀后压力作用的零件
11-1	浮球式疏水阀	ball float steam trap	利用在凝结水中浮动的空心球，作为启闭件动作的疏水阀
11-2	钟形浮子式疏水阀	inverted bucket steam trap	利用在凝结水中浮动的钟形浮子，带动启闭件动作的疏水阀
11-3	浮桶式疏水阀	open bucket steam trap	利用在凝结水中浮动的浮桶，带动启闭件动作的疏水阀
11-4	双金属片式疏水阀	bimetal elements steam trap	利用双金属片受热变形，带动启闭件动作的疏水阀
11-5	脉冲式疏水阀	impulse steam trap	利用蒸汽在两级节流中的二次蒸发，导致蒸汽和凝结水的压力变化，而使启闭件动作的疏水阀
11-6	圆盘式疏水阀	disc steam trap	利用蒸汽和凝结水的不同热力学性质，及其动压和静压的变化，而使阀片动作的疏水阀
11-7	蒸汽疏水阀	steam trap	自动排放凝结水，并阻止蒸汽泄漏的阀门
11-8	阀片	disc	疏水阀中的启闭件
11-9	钟形罩	inverted bucket	疏水阀中带动阀瓣动作的钟形罩零件
11-10	浮球	float ball	疏水阀中控制启闭的空心球体
11-11	浮桶	float bucket	疏水阀中带动阀瓣动作的桶形零件
12-1	执行机构	actuator	将信号转换成相应的运动（气动、电动、液动或它们的任何一种组合），改变阀内部调节机构位置的装置或机构
13-1	遥控浮球阀	remote float control valve	利用控制回路中浮球升降来控制主阀的开启和关闭，达到自动控制设定液位的阀门
13-2	水力控制减压阀	pressure reducing valve	通过启闭件的节流，将进口压力降至某一个需要的出口压力，并能在进口压力及流量变动时，利用本身介质能量保持出口压力基本不变的阀门
13-3	缓闭止回阀	low speed closed check valve	利用介质自身压力控制实现延时关闭功能，从而消除或缓解水锤的止回阀
13-4	持压/泄压阀	pressure sustaining, relief valve	利用阀门自动开启和关闭来稳定阀前管道压力的阀门
13-5	水泵控制阀	pump control valve	安装在水泵出口处，有助于水泵的开启和关闭并防止介质倒流的逆止类阀门
14-1	驱动装置	actuator	用来操作阀门并与阀门相连接的一种装置。该装置可以用手动、电力、气力、液力或其组合形式的动力源来驱动，其运动过程可以由行程、转矩或轴向推力的大小来控制
14-2	多回转驱动装置	multi-turn actuator	输出轴可最少旋转一圈，且能承受一定推力的驱动装置
14-3	部分回转驱动装置	part-turn actuator	驱动装置向阀门传递转矩时，输出轴的旋转圈数少于一圈。不要求一定能承受推力
14-4	电动装置	electric actuator	用电力启闭或调节阀门的驱动装置

（续）

编号	术　语	对应的英文	定　义
14-5	气动装置	pneumatic actuator	用气体压力启闭或调节阀门的驱动装置
14-6	直线型气动装置	linear pneumatic actuator	在封闭的气体回路中，依靠压缩空气的作用使气动装置输出轴做直线运动的气动装置
14-7	回转型气动装置	rotary pneumatic actuator	在封闭的气体回路中，依靠压缩空气的作用使气动装置输出轴做小于360°回转运动的气动装置
14-8	气动装置的行程	stroke of pneumatic actuator	在压缩空气的作用下，气动装置的输出轴沿其轴线方向的线位移或绕其轴线中心的角位移
14-9	液压驱动装置	hydraulic actuator	用液体压力启闭或调节阀门的驱动装置
14-10	电磁驱动装置	electro magnetic actuator	用电磁力启闭阀门的驱动装置
14-11	电-液联动装置	electro hydraulic actuator	用电力和液体压力启闭或调节阀门的驱动装置
14-12	电磁-液联动装置	electro magnetic-hydraulic actuator	用电磁力和液体压力启闭或调节阀门的驱动装置
14-13	气-液驱动装置	pneumatic-hydraulic actuator	用气体压力和液体压力启闭或调节阀门的驱动装置
14-14	蜗轮传动装置	worm gear actuator	用蜗杆蜗轮机构启闭或调节阀门的装置
14-15	正齿轮传动装置	cylindrical gear actuator	用圆柱齿轮机构启闭或调节阀门的装置
14-16	锥齿轮传动装置	conical gear actuator	用圆锥齿轮机构启闭或调节阀门的装置
14-17	位置指示器	position indicator	显示阀门启闭位置的装置
14-18	压力边界	pressure boundary	与介质接触的、承受压力的零部件总和

1.2.3 阀门性能及其他术语（表1-4）

表1-4 阀门性能及其他术语

编号	术　语	对应的英文	定　义
1-1	主要性能参数	specification	表示阀门的主要参数。如公称压力、公称尺寸、工作温度
1-2	公称压力（PN/Class）	nominal pressure	PN：与管道系统元件的力学性能和尺寸特性相关，用于参考的字母和数字组合的标识。它由字母PN或Class和后跟的无因次数字组成
1-3	公称尺寸（DN）	nominal diameter	DN：用于管道系统元件的字母和数字组合的尺寸标识。它由字母DN和后跟无因次的整数数字组成。这个无量纲数字与端部连接件的孔径或外径（用mm表示）等特征尺寸直接相关。也可使用NPS与本标准不同的标记方法
1-4	工作压力	working pressure	阀门在工作温度下的介质压力
1-5	最高工作压力	maximum operating pressure	在指定温度下介质允许的最高工作压力
1-6	工作温度	working temperature	阀门在适用介质下的温度
1-7	最高工作温度	maximum operating temperature	在指定温度下介质允许使用的最高工作压力
1-8	连接尺寸	connection dimension	阀门和管道连接部位的尺寸
1-9	泄漏量	leakage	进行阀门密封试验时，在规定的试验条件下，通过密封面的泄漏量
1-10	吻合度	percent of contact area	密封副径向最小接触宽度与密封副中的最小密封面宽度之比
1-11	最大压差	maximum pressure differential	阀门进行正常操作时，阀门进出口之间的最大压力之差
1-12	壳体试验	shell test	按规定的试验介质和试验压力，对阀门壳体进行的压力试验
1-13	壳体试验压力	shell test pressure	阀门进行壳体试验时规定的压力
1-14	密封试验	seal test	按规定的试验介质和试验压力，对阀门的密封性能进行的试验
1-15	密封试验压力	seal test pressure	阀门进行密封试验时规定的压力

（续）

编号	术　语	对应的英文	定　义
1-16	上密封试验	back seal test	按规定的试验介质和试验压力，对阀门的上密封结构的密封性能进行的试验
1-17	静压寿命试验	potential pressure life test	在试验条件下，进行从全开到全闭的循环操作的试验
1-18	耐火试验	fire test	按照试验条件，在火烧环境下，验证阀门一定性能（密封和外漏）的试验
1-19	防静电试验	anti-static test	在试验条件下，测试带有防静电结构阀门防静电性能的试验
1-20	逸散性检验	fugitive emission test	检验任何物理形态的任意化学品或化学品的混合物，从工业场所设备的阀门中发生的非预期性的或隐蔽的泄漏
2-1	整定压力	set pressure	安全阀在运行条件下开始开启的预定压力，在该压力下，在规定的运行条件下由介质压力产生的使阀门开启的力同使阀瓣保持在阀座上的力相互平衡
2-2	超过压力	overpressure	超过安全阀整定压力的压力增量，通常用整定压力的百分数表示
2-3	回座压力	reseating pressure	安全阀排放后阀瓣重新与阀座接触，即开启高度变为零的压力
2-4	启闭压差	blowdown	整定压力同回座压力之差，以整定压力的百分数或以压力单位表示
2-5	冷态试验差压力	cold differential test pressure	安全阀在试验台上调整到开始开启时的进口静压力。该压力包含了对背压力及温度等运行条件所做的修正
2-6	排放压力	relieving pressure	整定压力加超过压力
2-7	排放背压力	built-up back pressure	由于介质流经安全阀及排放系统而在阀出口处形成的压力
2-8	附加背压力	superimposed back pressure	安全阀即将动作前在其出口处存在的静压力，是由其他压力源在排放系统中引起的
2-9	理论排量	theoretical discharge capacity	流道横截面积与安全阀流道面积相等的理想喷管的计算排量，以质量流量或体积流量表示
2-10	额定排量	certified（discharge）capacity	实测排量中允许作为安全阀应用基准的那一部分。额定排量可以取下列三者之一： 1. 实测排量乘以减低系数（取0.9） 2. 理论排量乘以排量系数，再乘以减低系数（取0.9） 3. 理论排量乘以额定（即减低的）排量系数
2-11	当量计算排量	equivalent calculated capacity	当压力、温度或介质情况等使用条件与额定排量的适用条件不同时，安全阀的计算排量
2-12	频跳	chatter	安全阀阀瓣快速异常地来回运动，运动中阀瓣接触阀座
2-13	颤振	flutter	安全阀阀瓣快速异常地来回运动，运动中阀瓣不接触阀座
2-14	动作性能及排量试验	operational characteristics and flow capacity testing	用来确定压力释放装置的动作性能和实际排放能力的试验
2-15	在用试验	in-service testing	当压力释放装置安装在系统上正在对系统实施保护时，单独利用系统压力或配合使用辅助开启装置或其他压力源以确定其某些或全部工作特性的试验
2-16	工作台上定压试验	bench testing	为确定压力释放装置的整定压力和关闭件密封性而在一个加压系统上进行的试验
3-1	工作压力	operating pressure	在工作条件下，蒸汽疏水阀进口端的压力
3-2	最高工作压力	maximum operating pressure	在正确动作条件下，蒸汽疏水阀进口端的最高压力，它由制造厂给定

（续）

编号	术　语	对应的英文	定　义
3-3	最低工作压力	minimum operating pressure	在正确动作条件下，蒸汽疏水阀进口端的最低压力
3-4	工作背压	operating back pressure	在工作条件下，蒸汽疏水阀出口端的压力
3-5	最高工作背压	maximum operating back pressure	在最高工作压力下，能正确动作时蒸汽疏水阀出口端的最高压力
3-6	背压率	rate of back pressure	工作背压与工作压力的百分比
3-7	最高背压率	maximum rate of back pressure	最高工作背压与最高工作压力的百分比
3-8	工作压差	operating differential pressure	工作压力与工作背压的差值
3-9	最大压差	maximum differential pressure	工作压力与工作背压的最大差值
3-10	最小压差	minimum differential pressure	工作压力与工作背压的最小差值
3-11	开阀温度	operating valve temperature	在排水温度试验时，蒸汽疏水阀开启时的进口温度
3-12	关阀温度	closing valve temperature	在排水温度试验时，蒸汽疏水阀关闭时的进口温度
3-13	排水温度	temperature at discharging condensate	蒸汽疏水阀能连续排放热凝结水的温度
3-14	最高排水温度	maximum temperature at discharging condensate	在最高工作压力下蒸汽疏水阀能连续排放热凝结水的最高温度
3-15	过冷度	subcooled temperature	凝结水温度与相应压力下饱和温度之差的绝对值
3-16	开阀过冷度	subcooled temperature of open valve	开阀温度与相应压力下饱和温度之差的绝对值
3-17	关阀过冷度	subcooled temperature of close valve	关闭温度与相应压力下饱和温度之差的绝对值
3-18	最大过冷度	maximum subcooled temperature	开阀过冷度中的最大值
3-19	最小过冷度	minimum subcooled temperature	关阀过冷度中的最大值
3-20	冷凝结水排量	cold condensate capacity	在给定压差和20℃条件下，蒸汽疏水阀1h内能排出凝结水的最大重量
3-21	热凝结水排量	hot condensate capacity	在给定压差和温度下，蒸汽疏水阀1h内能排出凝结水的最大重量
3-22	漏汽量	steam loss	单位时间内蒸汽疏水阀漏出新鲜蒸汽的量
3-23	无负荷漏汽量	unload steam loss	蒸汽疏水阀前处于完全饱和蒸汽条件下的漏汽量
3-24	有负荷漏汽量	load steam loss	在给定负荷率下，蒸汽疏水阀的漏汽量
3-25	无负荷漏汽率	rate of unload steam loss	无负荷漏汽量与相应压力下最大热凝结水排量的百分比
3-26	有负荷漏汽率	rate of load steam loss	有负荷漏汽量与试验时间内实际热凝结水排量的百分比
3-27	负荷率	rate of load condensate	试验时间内的实际热凝结水排量与试验压力下最大热凝结水排量的百分比
4-1	基本误差	intrinsic error	调节阀的实际上升、下降特性曲线与规定的特性曲线之间的最大偏差。用调节阀额定行程的百分数表示
4-2	回差	hysteresis error	同一输入信号上升和下降的两相应行程值间的最大差值。用调节阀额定行程的百分数表示
4-3	死区	dead band	输入信号正、反方向的变化不致引起阀门流量有任何可察觉变化的有限区间。死区用调节阀输入信号量程的百分数表示

（续）

编号	术 语	对应的英文	定 义
4-4	行程	travel	阀内节流件从关闭位置标起的位移
4-5	额定行程	rated travel	节流件从关闭位置到指定全开位置上的位移
4-6	相对行程 h	relative travel	某一指定开度上的行程与额定行程之比。用额定行程的百分数表示
4-7	额定行程偏差	deviation of rated travel	实际行程与额定行程之差，用额定行程的百分数表示
4-8	额定流量 Q	rated flow	在规定的试验条件下，流体通过调节阀额定行程时的流量
4-9	泄漏量	leakage	在规定的试验条件下，流体通过安装后处于关闭状态的阀的流量
4-10	流量系数	flow coefficient	在规定条件下，即阀的两端压差为1bar，温度为5～40℃的水，某给定行程时流经调节阀以t/h或m^3/h计的流量数
4-11	额定流量系数 K_v	rated flow coefficient	额定行程时的流量系数值，调节阀通常给定的流量系数是指额定流量系数
4-12	相对流量系数 Φ	relative flow coefficient	相对行程下的流量系数与额定流量系数之比
4-13	固有流量特性	inherent flow characteristic	相对流量系数与对应的相对行程之间的关系
4-14	可调比 R	inherent rangeability	在规定的偏差内，阀门最大流量系数与最小流量系数之比
4-15	阻塞流	choked flow	不可压缩流体或可压缩流体在流过调节阀时，所能达到的极限或最大流量状态。无论何种流体，在固定的入口（上游）条件下，压差增大而流量不进一步增大就表明是阻塞流
4-16	液体压力恢复系数 F_L	liquid pressure recovery factor	在阻塞流条件下，实际最大流量与理论的非阻塞流的流量之比
4-17	液体临界压力比系数	liquid critical pressure ratio coefficient	在阻流条件下，节流处压力与调节阀入口温度下的液体饱和蒸汽压力之比
4-18	斜率偏差	slope deviation	相邻两点实际流量特性的斜率相对于固有流量特性斜率的偏差
5-1	水力控制阀最小开启压力	minimum open pressure	阀门开始流通时阀门进口压力
6-1	转矩	torque	通过驱动装置的连接法兰和驱动件所传递的转动力矩。以N·m为单位
6-2	推力	thrust	通过驱动装置连接法兰和驱动件所传递的轴向力。以N为单位

1.3 阀门型号编制方法

阀门型号通常应表示出阀门类型、驱动方式、连接形式、结构特点、密封面材料、阀体材料和公称压力等要素。阀门型号的标准化为阀门的设计、选用和经销提供了方便。

当今阀门的类型和材料越来越多，阀门型号的编制也越来越复杂。我国有阀门型号编制的统一标准，阀门制造厂一般采用统一编号方法，凡不能采用统一编号方法的，各制造厂均按自己的需要制定编号方法。

1.3.1 一般工业用阀门型号编制方法

GB/T 32808—2016《阀门 型号编制方法》适用于工业管道用闸阀、截止阀、节流阀、球阀、蝶阀、隔膜阀、旋塞阀、止回阀、安全阀、减压阀、蒸汽疏水阀、排污阀、柱塞阀。控制阀（调节阀）、排气阀、堵阀（电站用）和其他特殊用途的阀（如氧气用阀、加氢装置用阀）等。

1.3.1.1 阀门的型号编制

阀门型号由阀门类型、驱动方式、连接形式、结构型式、密封面或衬里材料类型、公称压力代号或工作温度下的工作压力、阀体材料七部分组成。其具体编制顺序按图1-7的规定。

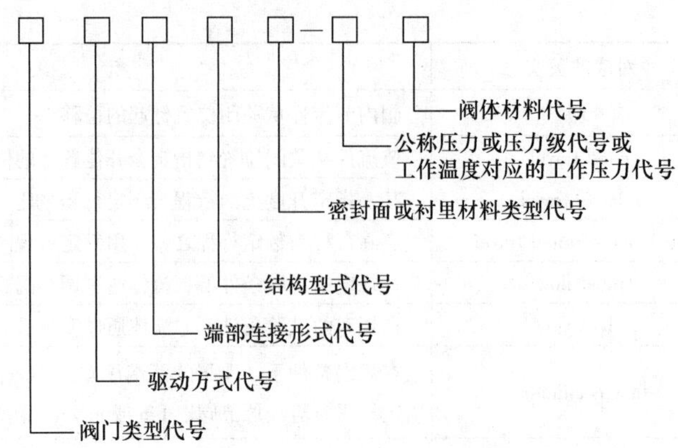

图1-7 阀门型号的编制顺序

(1) 阀门类型代号 阀门类型代号用汉语拼音字母表示，按表1-5的规定。

表1-5 阀门类型代号

阀门类型		代号
安全阀	弹簧载荷式，先导式	A
	重锤杠杆式	GA
蝶阀		D
倒流防止器		DH
隔膜阀		G
止回阀、底阀		H
截止阀		J
节流阀		L
进排气阀	单一进口排气	P
	复合型	FFP
排污阀		PW
球阀	整体球	Q
	半球	PQ
蒸汽疏水阀		S
堵阀（电站用）		SD
控制阀（调节阀）		T
柱塞阀		U
旋塞阀		X
减压阀（自力式）		Y
减温减压阀（非自力式）		WY
闸阀		Z
排渣阀		PZ

当阀门还具有其他功能作用或带有其他结构时，在阀门类型代号前再加注一个汉语拼音字母，按表1-6的规定。

(2) 驱动方式代号 驱动方式代号用阿拉伯数字表示，按表1-7的规定。

表1-6 同时具有其他功能作用或结构的阀门表示代号

其他功能作用或结构名称	代 号
保温型（夹套伴热结构）	B
低温型	D①
防火型	F
缓闭型	H
快速型	Q
波纹管阀杆密封型	W

① 指设计和使用温度低于 −46℃ 的阀门，并在D字母后面加下注，标明最低使用温度。

表1-7 阀门驱动方式代号

驱 动 方 式	代 号
电磁	0
电磁-液联动	1
电-液联动	2
蜗 轮	3
圆柱齿轮	4
锥齿轮	5
气 动	6
液 动	7
气-液驱动	8
电 动	9

注：1. 安全阀、减压阀、疏水阀无驱动方式代号，手轮和手柄直接连接阀杆操作形式的阀门，本代号省略。
2. 对于具有常开或常闭结构的执行机构，在驱动方式代号后加注汉语拼音下标K或B表示，如常开用6_K、7_K；常闭型用6_B、7_B。
3. 气动执行机构带手动操作的，在气动方式代号后加注汉语拼音下标表示，如6_S。
4. 防爆型的执行机构在驱动方式代号后加注汉语拼音B，如6B、7B、9B。
5. 对既是防爆型，还是常开或常闭型的执行机构，在驱动方式代号后加注汉语拼音B，再加注括号的下标K或B表示，如$9B_{(B)}$、$6B_{(K)}$。

(3) 连接形式代号　连接形式代号用阿拉伯数字表示，按表1-8的规定。

各种连接形式的具体结构、采用标准或方式（如法兰面形式及密封方式、焊接形式、螺纹形式及标准等），不在连接代号后加符号表示，应在产品的图样、说明书或订货合同等文件中予以详细说明。

表1-8　阀门连接端连接形式代号

连接形式	代　号
内螺纹	1
外螺纹	2
法兰式	4
焊接式	6
对　夹	7
卡　箍	8
卡　套	9

(4) 阀门结构型式代号　阀门结构型式用阿拉伯数字表示，按表1-9～表1-23的规定。

表1-9　闸阀结构型式代号

结构型式			代号
阀杆升降移动（明杆）	闸阀的两个密封面为楔式，单块闸板	具有弹性槽	0
		无弹性槽	1
	闸阀的两个密封面为楔式，双块闸板		2
	闸阀的两个密封面平行，单块闸板		3
	闸阀的两个密封面平行，双块闸板		4
阀杆仅旋转，无升降移动（暗杆）	闸阀的两个密封面为楔式	单块闸板	5
		双块闸板	6
	闸阀的两个密封面平行，双块闸板		8

闸板无导流孔的，在结构型式代号后加汉语拼音小写w表示，如3w。

表1-10　截止阀和节流阀结构型式代号

结构型式		代　号
单阀瓣	直通流道	1
	Z形流道	2
	三通流道	3
	角式流道	4
	Y形流道	5
平衡式阀瓣	直通流道	6
	角式流道	7

表1-11　柱塞阀结构型式代号

结构型式	代　号
直通流道	1
角式流道	4

表1-12　球阀结构型式代号

结构型式		代　号
浮动球	直通流道	1
	Y形三通流道	2
	L形三通流道	4
	T形三通流道	5
固定球	四通流道	6
	直通流道	7
	T形三通流道	8
	L形三通流道	9
	半球直通	0

表1-13　蝶阀结构型式代号

结构型式		代　号
密封副有密封性要求的	单偏心	0
	中心垂直板	1
	双偏心	2
	三偏心	3
	连杆机构	4
密封副无密封性要求的	单偏心	5
	中心垂直板	6
	双偏心	7
	三偏心	8
	连杆机构	9

表1-14　隔膜阀结构型式代号

结构型式	代　号
屋脊式流道	1
直流式流道	5
直通式流道	6
Y形角式流道	8

表1-15　旋塞阀结构型式代号

结构型式		代　号
填料密封型	直通流道	3
	三通T形流道	4
	四通流道	5
油封型	直通流道	7
	三通T形流道	8
	—	—

表1-16 止回阀结构型式代号

结构型式		代号
升降式阀瓣	直通流道	1
	立式结构	2
	Z形流道	3
	Y形流道	5
旋启式阀瓣	单瓣结构	4
	多瓣结构	5
	双瓣结构	6
蝶形（双瓣）结构		7

表1-17 安全阀结构型式代号

结构型式		代号
弹簧载荷弹簧封闭结构	带散热片全启式	0
	微启式	1
	全启式	2
	带扳手全启式	4
杠杆式	单杠杆	2
	双杠杆	4
弹簧载荷弹簧不封闭且带扳手结构	微启式、双联阀	3
	微启式	7
	全启式	8
	—	—
带控制机构全启式（先导式）		6
脉冲式（全冲量）		9

表1-18 减压阀（自力式）结构型式代号

结构型式	代号
薄膜式	1
弹簧薄膜式	2
活塞式	3
波纹管式	4
杠杆式	5
—	—

表1-19 蒸汽疏水阀结构型式代号

结构型式	代号
自由浮球式	1
杠杆浮球式	2
浮桶式	3
液体或固体膨胀式	4
钟形浮子式	5
蒸汽压力式或膜盒式	6
双金属式	7
脉冲式	8
圆盘热动力式	9

表1-20 排污阀结构型式代号

结构型式		代号
液面连接排放	截止型直通式	1
	截止型角式	2
液底间断排放	截止型直流式	5
	截止型直通式	6
	截止型角式	7
	浮动闸板型直通式	8

表1-21 减温减压（非自力式）结构型式代号

单座	柱塞式	1
	套筒柱塞式	2
	套筒式	3
双座或多级	套筒式	4
	柱塞式	5
	套筒柱塞式	6

表1-22 堵阀结构型式代号

结构型式	代号
闸板式	1
止回式	2

表1-23 控制阀（调节阀）结构型式代号

结构型式		代号
直行程，单级	套筒式	7
	套筒柱塞式	5
	针形式	2
	柱塞式	4
	滑板式	6
直行程，两级或多级	套筒式	8
	柱塞式	1
	套筒柱塞式	9
角行程，套筒式		0

（5）密封面或衬里材料代号 密封面或衬里材料代号以两个密封面中起密封作用的密封面材料或衬里材料硬度值较低的材料或耐蚀性较低的材料表示；金属密封面中镶嵌非金属材料的，则表示为非金属/金属，材料代号按表1-24规定的字母表示。

（6）压力代号

1）压力级代号采用PN后的数字，并应符合GB/T 1048的规定。

表1-24　密封面或衬里材料代号

密封面或衬里材料	代　号
锡基合金（巴氏合金）	B
搪瓷	C
渗氮钢	D
氟塑料	F
陶瓷	G
铁基不锈钢	H
衬胶	J
蒙乃尔合金	M
尼龙塑料	N
渗硼钢	P
衬铅	Q
塑料	S
铜合金	T
橡胶	X
硬质合金	Y
铁基合金密封面中镶嵌橡胶材料	X/H

注：阀门密封面材料均为阀门本体材料时，密封面材料代号用“W”表示。

2）当阀门工作介质温度超过425℃，采用最高工作温度和对应工作压力的形式标注时，表示顺序依次为字母P，下标标注工作温度（数值为最高工作温度的1/10），后标工作压力（MPa）的10倍，如P_{54}100。

3）阀门采用压力等级的，在型号编制时，采用字母Class，后标注压力级数字，如Class150。

（7）阀体材料代号

1）阀体材料代号一般按表1-25的规定，当阀体材料标注具体牌号时，可写明牌号，如A105、CF8、316L、ZG20CrMoV等。

2）公称压力不大于PN16的灰铸铁阀门的阀体材料代号在型号编制时可以省略；公称压力不小于PN25的碳素钢阀门的阀体材料在型号编制时可以省略。

表1-25　阀体材料代号

阀体材料	代　号
碳钢	C
Cr13系不锈钢	H
铬钼系钢（高温钢）	I
可锻铸铁	K
铝合金	L
铬镍系不锈钢	P
球墨铸铁	Q
铬镍钼系不锈钢	R
塑料	S
铜及铜合金	T
钛及钛合金	Ti
铬钼钒钢（高温钢）	V
灰铸铁	Z
镍基合金	N

1.3.1.2　型号编制示例

1）闸门采用电动装置操作，法兰连接端，明杆楔式双闸板结构，阀座密封面材料是阀体本身材料，公称压力为PN10，阀体材料为灰铸铁的闸阀，型号表示为：Z942W-10。

2）阀门为手动操作，外螺纹连接端，浮动球直通式结构，阀座密封面材料为氟塑料，压力级为Class300，阀体材料为12Cr18Ni9的球阀，型号表示为：Q21F-Class300P或Q21F-CL300P。

3）阀门采用气动装置操作，常开型，法兰连接端、屋脊式结构、阀体衬胶，公称压力为PN6，阀体材料为灰铸铁的隔膜阀，型号表示为：G6K41J-6。

4）阀门采用液动装置操作、法兰连接端，垂直板式结构，阀座密封面材料为铸铜，阀瓣密封面材料为橡胶，公称压力为PN2.5，阀体材料为灰铸铁的蝶阀，型号表示为：D741X-2.5。

5）阀门采用电动装置操作，焊接连接端，直通式结构，阀座密封面材料为堆焊硬质合金，工作温度为540℃时工作压力为17.0MPa，阀体材料为铬钼钒钢的截止阀，型号表示为：J961Y-P_{54}170V。

6）阀门采用电动装置操作，法兰连接端，固定球直通式结构，阀座密封面材料为PTFE，压力级为Class600，最低使用温度为-101℃，阀体材料为F316的球阀，型号表示为：D_{-101} Q941F-Class600F316。

1.3.2　真空阀门型号编制方法

JB/T 7673—2011《真空技术　真空设备型号编制方法》标准，适用于超高真空阀、高真空阀和低真空阀等。

1.3.2.1　真空阀门的型号编制

真空阀门的型号由基本型号和辅助型号两部分组成，中间用短横线隔开，如图1-8所示[⊖]。

⊖　此阀门是专指为核电设备设计的阀门，同样参数的一般阀门不适用。

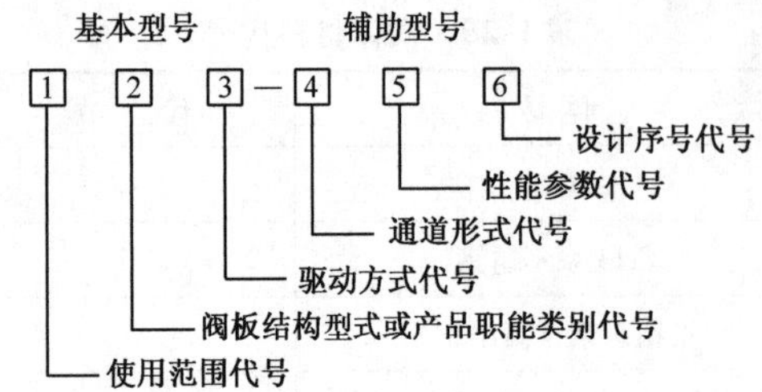

图1-8　真空阀门型号的组成及含义

（1）使用范围代号　用汉语拼音第一个字母的大写字母表示，按表1-26的规定。

表1-26　使用范围代号

代　号	使用范围
C	超高真空
G	高真空
D	低真空

（2）阀板结构型式或产品功能类别代号　用汉语拼音第一或第二个字母的大写字母表示，按表1-27的规定。

表1-27　阀板结构型式或产品功能类别代号

代　号	阀板结构型式或产品职能类别
D	挡　板
C	插　板
F	翻　板
M	隔　膜
I	蝶　形
Z	锥　形
W	微调阀
Q	充气阀

（3）驱动方式代号　用汉语拼音第一个字母的大写字母表示，按表1-28的规定。手动方式省略本代号。

表1-28　驱动方式代号

代　号	驱动方式代号
D	电　动
C	磁　动
Q	气　动
Y	液　动

（4）通道形式代号　用汉语拼音第一个字母的大写字母表示，按表1-29的规定。

表1-29　通道形式代号

代　号	产品的通道形式
S	三通式
J	直角式

（5）性能参数代号　用阿拉伯数字表示公称尺寸。对于带充气的阀门，则在性能参数前加大写字母Q。

（6）设计序号代号　从第二次设计起，用汉语拼音大写字母顺序表示。

1.3.2.2　真空阀门型号编制示例

例1：气动、挡板、高真空阀门、直角式、公称尺寸DN300：

GDQ—J300

例2：磁动、挡板、低真空阀门、直角式、带充气、公称尺寸DN50：

DDC—JQ50

例3：手动、蝶形、高真空阀门、公称尺寸DN50：

GI—50

例4：微调、低真空阀、最大公称尺寸DN2、第二次设计：

DW—2A

例5：手动、挡板、超高真空阀门、直角式、公称尺寸DN25：

CD—J25

例6：气动、插板、超高真空阀门、公称尺寸DN100：

CCQ—100

例7：液动、挡板、超高真空阀门、公称尺寸DN300：

CDY—300

1.3.3　调节阀型号编制方法

1.3.3.1　调节阀的型号编制

调节阀型号通常应表示出调节阀执行器大类、执行机构形式、执行机构结构特征、阀结构型式、公称压力、作用方式等要素。

调节阀的型号由7个单元组成：

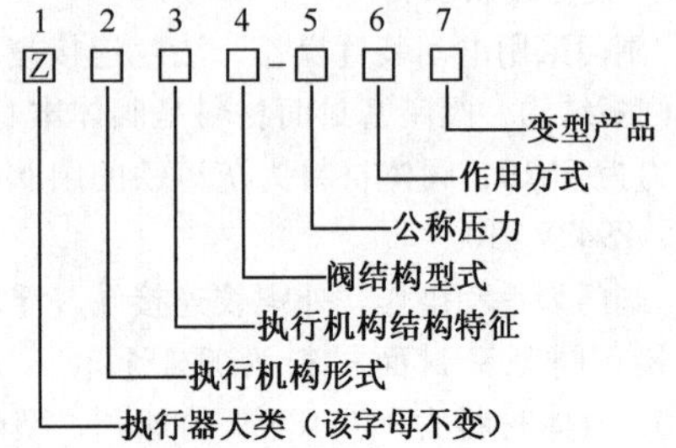

其含义如下：

1—执行器大类，字母Z代表执行器。

2—执行机构形式，用大写汉语拼音字母表示，按表1-30的规定。

表1-30 执行机构形式

形　式	代号
气动薄膜执行机构	M
气动薄膜多弹簧执行机构	H
气动深波纹执行机构	N
气动活塞执行机构	S
气动长行程执行机构	SL
电动执行机构（可逆电动机式直行程）	AZ
电动执行机构（可逆电动机式角行程）	AJ
电动执行机构（DDZ—Ⅱ型系列、直行程）	KZ
电动执行机构（DDZ—Ⅱ型系列、角行程）	KJ
电动执行机构（多转型）	FD

3—执行机构结构特征，用大写英文字母表示，按表1-31的规定。

表1-31 执行机构结构特征

执行机构结构特征	代　号
正作用	A
反作用	B

4—阀结构型式，用大写英文字母表示，按表1-32的规定。

表1-32 阀结构型式

阀结构型式		代　号
单座阀		P
单座阀（精小型）		JP
双座阀		N
套筒阀		M
套筒阀（精小型）		JM
偏心旋转阀		Z
角形阀		S
蝶　阀		W
球　阀		O
V形开口球阀		V
隔膜阀		T
阀体分离阀		U
三通阀	分流	X
	合流	Q
高压差阀		K
食品阀		F

5—公称压力，压力值用阿拉伯数字表示，单位为MPa。

6—作用方式，用大写英文字母表示，按表1-33的规定。

表1-33 作用方式

作用方式	代　号
气开（电开）	K
气关（电关）	B

7—变型产品，用大写汉语拼音字母表示，按表1-34的规定。

表1-34 变型产品

变型产品	代　号
高温型	G
低温型	D
波纹管密封	W

1.3.3.2 调节阀型号编制示例

例1：气动薄膜执行机构，执行机构特征为正作用式，阀结构型式为双座阀，公称压力为PN16，作用方式为气开，高温型调节阀：

ZMAN—16KG 气动薄膜高温双座调节阀

例2：电动执行机构（可逆电动机式、角行程），阀结构型式为V形开口球阀，公称压力为PN63，作用方式为电开（或电关），调节球阀：

ZAJV—63K（B）

例3：电动执行机构（可逆电动机式、角行程），阀结构型式为蝶阀，公称压力为PN16，作用方式为电开（或电关），调节蝶阀：

ZAJW—16K（B）

例4：气动薄膜多弹簧执行机构，执行机构结构特征为反作用式，阀结构型式为精小型套筒阀，公称压力为PN160，作用方式为气开，变形产品为波纹管密封式调节阀：

ZHBJM—160KW

例5：气动活塞执行机构，执行机构结构特征为正作用式，阀结构型式为单阀座，公称压力为PN40，作用方式为气关，变形产品为低温型的调节阀：

ZSAP—40BD

1.3.4 调压器型号编制方法

调压器的型号编制应表示出燃气调压器、调压器的工作原理、调压器公称尺寸、连接形式、最大进口压力、自定义号。

调压器的代号组成如下：

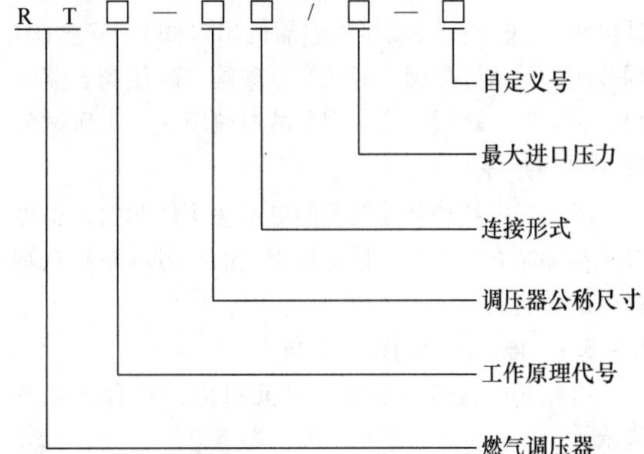

1）调压器的工作原理代号见表1-35。

表1-35　调压器工作原理代号

调压器工作原理	代　号
直接作用式	Z
间接作用式	J

2）调压器公称尺寸采用调压器进、出口的公称尺寸，常用的调压器公称尺寸系列见表1-36。

3）调压器的连接形式见表1-37。

4）最大进口压力标出时以MPa为单位，见表1-38。

5）自定义号见表1-39。

表1-36　调压器公称尺寸系列

公称尺寸													
DN15	DN20	DN25	DN40	DN50	DN80	DN100	DN150	DN200	DN250	DN300	DN350	DN400	DN500

表1-37　调压器的连接形式

调压器的连接形式	代　号
法兰连接	省略
螺纹连接	L

表1-38　调压器最大进口压力

最大进口压力 p_{1max}/MPa						
0.01	0.2	0.4	0.8	1.6	2.5	4.0

表1-39　自定义号

自定义号为A的调压器	A
自定义号为B的调压器	B
带安全切断阀的调压器	Q

示例：

RTZ-150L/1.6-A

表示直接作用式、公称尺寸为DN150、螺纹连接、最大进口压力为1.6MPa、自定义号为A的燃气调压器。

1.3.5　电站阀门型号编制方法

NB/T 47037—2013《电站阀门型号编制方法》适用于火力发电站锅炉管道系统的闸阀（快速排污阀）、截止阀（三通阀、快速启闭阀、高压加热器的进口阀）、止回阀（高压加热器的出口阀）、安全阀、调节阀、给水分配阀、旁通阀、球阀、减压阀、节流阀、旋塞阀、蝶阀、疏水阀、减温减压阀、水压试验阀（堵阀）等。

水力发电站和其他能源的电站使用的阀门，也可参照本编制方法。它包括电站阀门的型号编制和电站阀门的命名。

1.3.5.1　电站阀门的型号编制

电站阀门的型号由7个单元组成，其含义如下所示：

□ □ □ □ □—□ □

- 阀体材料代号
- 公称压力代号
- 阀座密封面或衬里材料代号
- 结构型式代号
- 连接形式代号
- 驱动方式代号
- 类型代号

1）类型代号用汉语拼音字母表示，按表1-40的规定。

表1-40　阀门类型代号

类　型	代　号
闸　阀	Z
截止阀	J
止回阀	H
安全阀	A
调节阀	T
给水分配阀	F
球　阀	Q
节流阀	L
旋塞阀	X
蝶　阀	D
疏水阀	S
减温减压阀	WY
水压试验阀（堵阀）	SD
减压阀	Y

2）驱动方式代号用阿拉伯数字表示，按表1-41的规定。

3）连接形式代号用阿拉伯数字表示，按表1-42的规定。

4）结构型式代号用阿拉伯数字表示，按表1-43～表1-55的规定。

表 1-41 阀门驱动方式代号

驱动方式	代 号
电磁	0
电磁-液联动	1
电-液联动	2
蜗 轮	3
圆柱齿轮	4
锥齿轮	5
气 动	6
液 动	7
气-液驱动	8
电 动	9

注：1. 手轮、手柄和扳手传动及自动阀门省略本代号。
2. 对手气动或液动，常开式用 6K、7K 表示；常闭式用 6B、7B 表示；气动带手动用 6S 表示；防爆电动用 9B 表示；户外耐热用 9R 表示。
3. 控制类阀门采用电动执行器的传动方式用 9 表示。

表 1-42 阀门连接形式代号

连接形式	代 号
内螺纹	1
外螺纹	2
法 兰	4
焊 接	6
对 夹	7
卡 箍	8
卡 套	9

注：焊接包括对焊和承接焊。

表 1-43 闸阀结构型式代号

闸阀结构型式				代 号
明 杆	楔 式	弹性闸板		0
		刚 性	单闸板	1
			双闸板	2
	平行式		单闸板	3
			双闸板	4
暗 杆	楔 式		单闸板	5
			双闸板	6
	平行式		双闸板	8

表 1-44 减温减压阀结构型式代号

减温减压阀结构型式		代 号
单 座	柱塞式	1
	套筒柱塞式	2
	套筒式	3
双 座	套筒式	4
	柱塞式	5
	套筒柱塞式	6

（续）

表 1-45 水压试验阀结构型式代号

水压试验阀结构型式	代 号
闸板式	1
止回式	2

表 1-46 截止阀和节流阀结构型式代号

截止阀和节流阀结构型式		代 号
直通式		1
Z 形		3
角 式		4
直流式		5
平 衡	直通式	6
	角 式	7
三通式		9

表 1-47 安全阀结构型式代号

安全阀结构型式				代 号
弹 簧	封 闭	带散热片	全启式	0
		微启式		1
		全启式		2
		带扳手	全启式	4
	不封闭		双弹簧微启式	3
			全启式	8
			微启式	7
		带控制机构	全启式	6
杠 杆	单杠杆		全启式	2
	先导式			9

注：杠杆式安全阀在阀门类型代号前加汉语拼音字母“G”。

表 1-48 止回阀结构型式代号

止回阀结构型式		代 号
升 降	直通式	1
	Z 形	3
	立 式	2
	直流式	7
	节流再循环式	8
旋 启	单瓣式	4
	多瓣式	5
	双瓣式	6

表 1-49　调节阀结构型式代号

调节阀结构型式			代　号
回　转	套筒式		0
升　降	单　级	套筒式	7
		套筒柱塞式	5
		针形式	2
		柱塞式	4
		闸板式	6
	多　级	套筒式	8
		柱塞式	1
		套筒柱塞式	9

表 1-50　给水分配阀结构型式代号

给水分配阀结构型式	代　号
柱塞式	1
回转式	2
旁通式	3

表 1-51　球阀结构型式代号

球阀结构型式			代　号
浮　动	直通式		1
	三通式	Y形	3
		L形	4
		T形	5
固　定	直通式		7
	四通式		6

表 1-52　减压阀结构型式代号

减压阀结构型式	代　号
薄膜式	1
弹簧薄膜式	2
活塞式	3
波纹管式	4
杠杆式	5

表 1-53　旋塞阀结构型式代号

旋塞阀结构型式	代　号
直通式	3
T形三通式	4
多通式	5

表 1-54　蝶阀结构型式代号

蝶阀结构型式	代　号
杠杆式	0
垂直板式	1
斜板式	3

表 1-55　疏水阀结构型式代号

疏水阀结构型式	代　号
浮球式	1
波纹管式	3
膜盒式	4
钟形浮子式	5
节流孔板式	7
脉冲式	8
圆盘式	9

5）阀座密封面或衬里材料代号用汉语拼音字母表示，按表 1-56 的规定。

表 1-56　阀座密封面或衬里材料代号

阀座密封面或衬里材料	代　号
铜合金	T
橡　胶	X
尼龙塑料	N
合金钢耐酸或不锈钢	H
锡基轴承合金（巴氏合金）	B
渗氮钢	D
渗硼钢	P
硬质合金	Y
衬　胶	J
衬　铅	Q

注：1. 由阀体直接加工的阀座密封面材料代号用“W”表示。
2. 当阀座和阀瓣（闸板）密封面材料不同时，用低硬度材料代号表示（隔膜阀除外）。

6）公称压力代号用阿拉伯数字表示。

当介质最高温度≤450℃时，标注公称压力数值。

当介质最高温度＞450℃时，标注工作温度和工作压力。工作压力用P标志并在P字的右下角附加介质最高温度数字。该数字是以10除介质最高温度数值所得的整数，例如：工作温度为540℃，工作压力为10MPa的阀门代号为$P_{54}100$。

7）阀体材料代号用汉语拼音字母表示，按表1-57的规定。

表 1-57　阀体材料代号

阀体材料	代　号
灰铸铁	H
球墨铸铁	Q
碳素钢	C
铬钼合金钢	I
铬镍系不锈钢	P
铬钼钒合金钢	V

注：公称压力≤PN16的灰铸铁阀体和公称压力≥PN25的碳素钢阀体，省略本代号。

1.3.5.2 电站阀门型号编制示例

例1：圆柱齿轮传动。焊接连接、明杆楔式双闸板、阀体密封面材料为合金钢、工作压力为10MPa、工作温度为540℃、阀体材料为铬钼钒钢的闸阀：

Z46ZH—P_{54}100V 圆柱齿轮传动楔式双闸板闸阀

例2：锥齿轮传动。焊接连接、直通式、阀座密封面材料为合金钢。公称压力为PN200，阀体材料为碳钢的高压截止阀：

J561H—200 锥齿轮传动直通式截止阀

例3：焊接连接。直流式、阀座密封面材料为合金钢、公称压力为PN40的止回阀

H67H—40 直流式止回阀

例4：内螺纹连接。三通式、阀座密封面材料为合金钢、公称压力为PN320的截止阀：

J19H—320 压力计用三通截止阀

例5：电动、焊接连接。多级套筒柱塞式、阀座密封面材料为硬质合金，公称压力为PN320的调节阀：

T969Y—320 电动高压差调节阀

1.4 阀门标志和识别涂漆

1.4.1 阀门的标志

通用阀门必须使用的标志和其他标志项目见表1-58。对手动阀门，如果手轮尺寸足够大，则手轮上应设有指示阀门关闭方向的箭头或附加“关”字。

表1-58 通用阀门的标志项目

(GB/T 12220—2015)

项　目	必须使用的标志
1	公称尺寸DN或NPS
2	公称压力PN或压力级Class
3	制造厂的名称或商标
4	阀体材料牌号
5	阀体材料成型的铸造炉号或锻造批号
6	阀盖材料牌号
7	阀盖材料成型的铸造炉号或锻造批号
8	依据的产品标准号
9	允许介质流向
10	手轮或手柄启闭标志
11	制造年月
项　目	**其他标志**
1	阀门的型号、规格
2	阀门最高使用温度（℃）和对应的最大允许工作压力（MPa）；最低使用温度（℃）或工作温度范围
3	最大允许工作压力（MPa）
4	生产厂产品编号或批号
5	密封副配对材料牌号
6	主要内件材料牌号（阀芯、阀杆）
7	法兰连接环号
8	衬里材料牌号
9	适用介质
10	流动特性
11	流量系数
12	工位号
13	最大允许工作压差
14	减压阀的进口端，出口端的工作压力范围
15	螺纹代号
16	整定压力
17	流道面积或流道直径
18	额定排量或额定排量系数
19	开启高度

注：1. 项目7适用于环形密封法兰阀门。
2. 项目8适用于衬里阀门。
3. 项目10~11适用于控制阀（调节阀）。
4. 项目13适用于有工作压差限制的阀门。
5. 项目14适用于减压阀。
6. 项目16~19适用于安全阀。

蒸汽疏水阀的标志按表1-59的规定，标志可标在阀体上，也可标在标牌上。

安全阀的标志按表1-60的规定。

表1-59 蒸汽疏水阀的标志

(GB/T 12250—2005)

项　目	必须使用的标志
1	产品型号
2	公称尺寸
3	公称压力
4	制造厂名称和商标
5	介质流动方向的指示箭头
6	最高工作压力
7	最高工作温度
8	阀体材料
9	最高允许压力
10	最高允许温度
11	最高排水温度
12	出厂编号、日期

表1-60 安全阀的标志（GB/T 12241—2005）

项目	阀体上的标志
1	公称尺寸（DN）
2	阀体材料
3	制造厂名或商标
4	指明介质流动方向的箭头
项目	标牌上的标志
1	阀门设计的允许最高工作温度（℃）
2	整定压力（MPa）
3	制造厂的产品型号
4	标明基准流体（空气用G，蒸汽用S，水用L表示）的额定排量系数或额定排量（标明单位）
5	流道面积（mm^2）
6	开启高度（mm）

1.4.1.1 标志的标记方法

1）阀体采用铸造或压铸方法成形的，其标志应与阀体同时铸造或压铸在阀体上。

2）当阀体外形是由模锻方法成形的，其标志除与阀体同时模锻或压铸成形外，也可采用压印的方法标记在阀体上；当阀体外形采用锻件加工，钢管或钢板卷制焊接成形的，其标志除采用压印的方法成形外，也可采用其他不影响阀体性能的方法。

1.4.1.2 标志的标记式样

公称尺寸数值标注、压力代号或工作压力代号、流向标志，应按表1-61规定的标记式样，公称尺寸数值标注在压力代号上方。

表1-61 标记式样（JB/T 106—2004）

阀体形式	介质流动方向	公称尺寸和公称压力	公称尺寸和工作压力	NPS公称尺寸和Class公称压力
直通式或角式	介质由一个进口方向单向流向另一个出口	DN50 → 16	DN50 → $P_{54}140$	2 → 150
三通式	介质由一个进口向两个出口流动（三通分流）	DN100 ←┴→ 16	—	4 ←┴→ 300
	介质由两个进口向一个出口流动（三通合流）	DN125 →↑ 16	—	5 →↑ 600

注：1. 介质可从任一方向流动的阀门，可不标记箭头。

2. 式样中箭头下方为公称压力代号，其数值为公称压力值（MPa）的10倍。

3. 式样中采用英制NPS单位的，上边表示阀门公称尺寸：下边表示压力级Class。

1.4.1.3 标志的标记位置

1）标志内容应标注在阀体容易观看的部位，尽可能标注在阀体垂直中心线的中腔位置。

2）当标志内容在阀体的一个面上标注位置不够时，可标注在阀体中腔对称位置的另一个面上。

3）标志应明显、清晰、排列整齐、匀称。

1.4.1.4 标志的标记尺寸

1）铸造标记尺寸、字体及箭头的排布，按图1-9所示的式样；字体及箭头的尺寸按表1-62的规定，并应制成凸出的剖面。

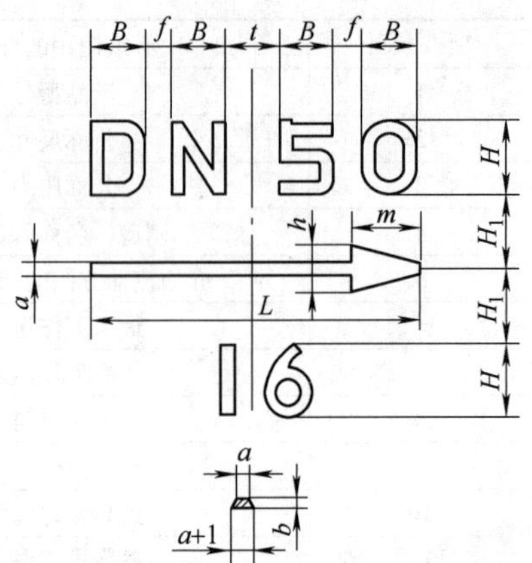

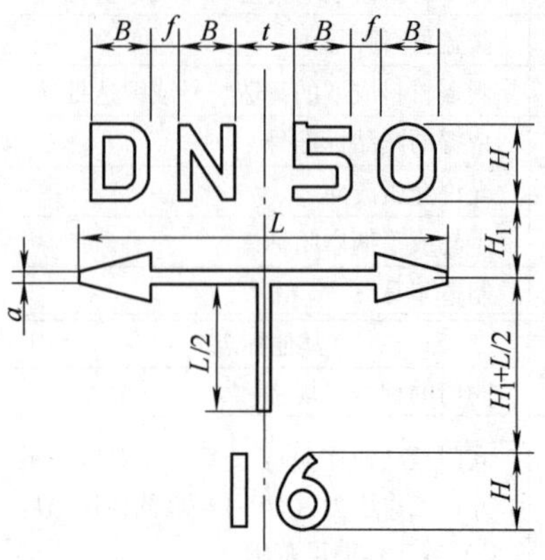

图1-9 铸造标志标记尺寸

表 1-62 铸造标志的标记尺寸（JB/T 106—2004） （单位：mm）

字体号	箭头								剖面	
	H	H_1	h	B	f	t	m	L	a	b
7	7	5	3	5	3	5	7	30	1.5	2
10	10	7	5	7		6	9	40		
14	14	10	7	10	5	10	12	65	2	2
20	20	14	10	14	7	14	16	90		
26	26	16	13	20	10	16	20	120	3	3
32	32	18	16	24	12	18	25	150		
40	40	22	20	30	15	22	35	150		
48	48	27	24	36	18	25	42	210	4	4
60	60	34	30	45	22	32	52	260	5	5

2）压印标志尺寸按表 1-63 的规定，箭头尺寸由设计图样规定。

3）每一产品标志的字体号，可按表 1-64 选用，亦可根据产品外形大小由设计图样规定。

表 1-63 压印标志尺寸（JB/T 106—2004） （单位：mm）

字 体 号		3.5	5	7	10	14
数字和字母	高度	3.5	5	7	10	14
	宽度（除 M、W 字母外）	2.5	3.5	5	7	10
	字间距	1.5	2	2	3	5
字母（M、W）的宽度		3.5	5	7	10	14
压印的深度		≥0.5				

表 1-64 字体号（JB/T 106—2004） （单位：mm）

公称尺寸		≤DN10	DN15 ~ DN25	DN32 ~ DN50	DN65 ~ DN100	DN125 ~ DN200	DN250 ~ DN300	DN350 ~ DN450	DN500 ~ DN700	DN800 ~ DN1000	≥DN1200
字体号	铸造	—	7	10	14	20	26	32	40	48	60
	压印	3.5 或 5	7	10	14	—					

1.4.2 阀门的识别涂漆

阀门外表面应涂漆出厂，涂漆层应耐久、美观，并保证标志明显清晰。

1）产品按阀体材料进行识别涂漆，其颜色按表 1-65 的规定。

表 1-65 按阀体材料进行识别涂漆颜色（JB/T 106—2004）

阀体材料	识别涂漆颜色
灰铸铁、可锻铸铁、球墨铸铁	黑 色
LCB、LCC 系列低温钢	银灰色
碳素钢	灰 色
铬-钼合金钢	中蓝色

注：1. 阀门内外表面可采用满足要求的喷塑代替。

2. 铁制阀门内表面，应涂满足使用温度范围、无毒、无污染的防锈漆、钢制阀门的内表面不涂漆。

2）为了表示产品密封面的材料，应在传动的手轮、手柄或扳手上进行识别涂漆，其颜色按表 1-66 的规定。

表 1-66 按密封面材料，在手轮、手柄或扳手上的涂漆颜色（JB/T 106—2004）

密封面材料	识别涂漆颜色
铜合金	大红色
锡基轴承合金（巴氏合金）	淡黄色
耐酸钢、不锈钢	天蓝色
渗氮钢、渗硼钢	天蓝色
硬质合金	天蓝色
蒙乃尔合金	深黄色
塑 料	紫红色
橡 胶	中绿色
铸 铁	黑 色

注：1. 阀座和启闭件密封面材料不同时，按低硬度材料涂色。

2. 止回阀涂在阀盖顶部；安全阀、减压阀、疏水阀涂在阀罩或阀帽上。

3）传动机构的涂漆颜色，按下列规定：

① 电动装置：普通型涂中灰色；三合一（户外、防爆、防腐）型涂天蓝色。

② 气动、液动、齿轮传动等其他传动机构，同产品涂色。

4）可按用户订货要求，改变涂漆的颜色。

1.5 阀门常用标准代号

1.5.1 我国标准代号（表1-67）

表1-67 我国标准代号

标准代号	名 称
GB	国家标准
GB/T	国家推荐性标准
GBn	国家标准（内部发行）
GJB	国家军用标准
ZJB	专业军用标准
JB	机械行业标准（原机械工业部标准）
JB/T	机械工业行业推荐性标准
JB/Z	原机械工业部指导性文件
EJ	原核工业部标准
YB	冶金部标准
YB/T	冶金部推荐性标准
HG	中国化工行业标准
HG/T	中国化工行业推荐性标准
SY	中国石油行业标准
DL	中国电力行业标准
MT	煤炭工业部标准
HB	航空工业部标准
QJ	航天工业部标准
QC	汽车行业标准
JZ、JG	城乡环境保护部标准
CB	中国船舶行业标准
CB/T	中国船舶行业推荐性标准
TSG	特种设备安全技术规范
CJ	城镇建设行业标准
JJC	国家计量局标准
CAS	中国标准化协会标准
Q/TH	原机械工业部化工通用机械专业标准
JC	建材行业标准
SH	中国石化行业标准
SJ	中国电子行业标准

1.5.2 国外主要标准代号（表1-68）

表1-68 国外主要标准代号

标准代号	名 称
ISO	国际标准
ANSI	美国国家标准
BS	英国国家标准
DIN	德国国家标准
NF	法国国家标准
JIS	日本工业标准
ГОСТ	苏联国家标准
ASME	美国机械工程师学会标准
ASTM	美国材料试验协会标准
AISI	美国钢铁学会标准
API	美国石油学会标准
MSS	美国阀门和管件制造厂标准化协会标准
AWS	美国焊接协会标准
AWWA	美国水道工作协会标准
MIL	美国军用标准
JPI	日本石油学会标准

1.6 阀门中的流通能力和压力损失

1.6.1 阀门的流量系数

阀门的流量系数是衡量阀门流通能力的指标，流量系数值越大说明流体流过阀门时的压力损失越小。工业发达国家的阀门生产厂家，大多把不同压力等级、不同类型和不同公称尺寸阀门的流量系数值列入产品样本，供设计部门和使用单位选用。流量系数值随阀门的尺寸、形式、结构而变化，不同类型和不同规格的阀门都要分别进行试验，才能确定该种阀门的流量系数值。

1.6.1.1 流量系数的定义

流量系数表示流体流经阀门产生单位压力损失时流体的流量。由于单位的不同，流量系数有几种不同的代号和量值。流量系数的定义为：流量系数 K_v：5～40℃的水流经阀门产生1bar的压力降时的体积流量（m^3/h）；流量系数 C_v：15.6℃（60℉）的水流经阀门时产生1psi压力降时的流量，用USgal/min表示。

C_v 和 K_v 的关系式为

$$C_v = 1.156K_v \tag{1-1}$$

1.6.1.2 控制阀流量系数及其计算

1. 控制阀流量系数计算的理论基础

计算式中的符号见表1-69。

表 1-69 计算式中的符号说明和单位

符号	说明	单位
C	流量系数（K_v、C_v）	各不相同（见 GB/T 17213.1）（见注 4）
C_i	用于反复计算的假定流量系数	各不相同（见 GB/T 17213.1）（见注 4）
d	控制阀公称尺寸（DN）	mm
D	管道内径	mm
D_1	上游管道内径	mm
D_2	下游管道内径	mm
D_o	节流孔直径	mm
F_d	控制阀类型修正系数（见 GB/T 17213.2—2017 中附录 A）	无量纲（见注 4）
F_F	液体临界压力比系数	无量纲
F_L	无附接管件控制阀的液体压力恢复系数	无量纲（见注 4）
F_{LP}	带附接管件控制阀的液体压力恢复系数和管道几何形状系数的复合系数	无量纲（见注 4）
F_P	管道几何形状系数	无量纲
F_R	雷诺数系数	无量纲
F_γ	比热比系数	无量纲
M	流体分子量	kg/kmol
N	数字常数（见表 1-71）	各不相同（见注 1）
p_1	上游取压口测得的入口绝对静压力	kPa 或 bar（见注 2）
p_2	下游取压口测得的出口绝对静压力	kPa 或 bar
p_c	绝对热力学临界压力	kPa 或 bar
p_r	对比压力（p_t/p_c）	无量纲
p_v	入口温度下液体蒸汽的绝对压力	kPa 或 bar
Δp	上、下游取压口的压力差（p_1-p_2）	kPa 或 bar
Q	体积流量（见注 5）	m^3/h
Re_v	控制阀的雷诺数	无量纲
T_1	入口绝对温度	K
T_c	绝对热力学临界温度	K
T_r	对比温度（T_1/T_c）	无量纲
t_s	标准条件下的绝对参比温度	K
W	质量流量	kg/h
x	压差与入口绝对压力之比（$\Delta p/p_1$）	无量纲
x_T	阻塞流条件下无附接管件控制阀的压差比系数	无量纲（见注 4）
x_{TP}	阻塞流条件下带附接管件控制阀的压差比系数	无量纲（见注 4）
Y	膨胀系数	无量纲
Z	压缩系数	无量纲
ν	运动黏度	m^2/s（见注 3）
ρ_1	在 p_1 和 T_1 的流体密度	kg/m^3
ρ_1/ρ_0	相对密度（对于 15℃的水，$\rho_1/\rho_0=1.0$）	无量纲

（续）

符号	说　明	单　位
γ	比热比	无量纲
ζ	控制阀或阀内件附接渐缩管、渐扩管或其他管件时的速度头损失系数	无量纲
ζ_1	管件上游速度头损失系数	无量纲
ζ_2	管件下游速度头损失系数	无量纲
ζ_{B1}	入口的伯努利系数	无量纲
ζ_{B2}	出口的伯努利系数	无量纲

注：1. 为确定常数的单位，应使用表1-71给出的单位对相应的公式进行量纲分析。

2. $1\text{bar}=10^2\text{kPa}=10^5\text{Pa}$。

3. 1厘斯 $=10^{-6}\text{m}^2/\text{s}$。

4. 这些值与行程有关，由制造商发布。

5. 体积流量 Q 以 m^3/h 为单位，标准单位是在101.325kPa和273K或288K下的值（见表1-71）。

（1）控制阀的节流原理和流量系数　控制阀和普通阀一样，是一个局部阻力可以改变的节流元件。当流体流过控制阀时，由于阀芯、阀座所造成的流通面积的局部缩小而形成局部阻力，与孔板类似，它使流体的压力和速度产生变化，如图1-10所示。

流体流过控制阀时产生的能量损失，通常用控制阀前后的压力差来表示阻力损失的大小。

如果控制阀前后的管道直径一致，流量相同，根据流体的伯努利方程，不可压缩流体流经控制阀时

$$Q=A_1v_1=A_2v_2$$

式中，Q 为体积流量；A_1、A_2 为两流通断面截面积；v_1、v_2 为流过两断面的流速。

单位时间流过两断面的压能为 p_1Q、p_2Q（p_1、p_2 为阀前后压力）。

单位时间流过两断面的动能为$\dfrac{\gamma Qv_1^2}{2g}$、$\dfrac{\gamma Qv_2^2}{2g}$（$\gamma$ 为重度）。

单位时间流过两断面的位能为 γQZ_1、γQZ_2（Z 为流体高度）。

依据能量守恒法则

$$p_1Q+\frac{\gamma Qv_1^2}{2g}+\gamma QZ_1=p_2Q+\frac{\gamma Qv_2^2}{2g}+\gamma QZ_2$$

等式两边同除以 Q 得

$$p_1+\frac{\gamma v_1^2}{2g}+\gamma Z_1=p_2=\frac{\gamma v_2^2}{2g}+\gamma Z_2$$

等式两边同除以重度 γ 得

$$\frac{p_1}{\gamma}+\frac{v_1^2}{2g}+Z_1=\frac{p_2}{\gamma}+\frac{v_2^2}{2g}+Z_2$$

实际流体恒定流量方程为

$$Z_1+\frac{p_1}{\gamma}+\frac{v_1^2}{2g}=Z_2+\frac{p_2}{\gamma}+\frac{v_2^2}{2g}+h_j$$

式中，h_j 为能量损失，$h_j=\dfrac{\zeta v^2}{2g}$。

则上式改写成

$$Z_1+\frac{p_1}{\gamma}+\frac{v_1^2}{2g}=Z_2+\frac{p_2}{\gamma}+\frac{v_2^2}{2g}+\frac{\zeta v^2}{2g}$$

当 $Z_1=Z_2$（水平管道）时，

$$\frac{p_1}{\gamma}+\frac{v_1^2}{2g}=\frac{p_2}{\gamma}+\frac{v_2^2}{2g}+\zeta\frac{v^2}{2g}$$

等式两边同乘以重度 γ

$$p_1+\frac{\gamma v_1^2}{2g}=p_2+\frac{\gamma v_2^2}{2g}+\zeta\frac{\gamma v^2}{2g}$$

移项

$$p_1-p_2=\frac{\gamma v_2^2}{2g}-\frac{\gamma v_1^2}{2g}+\zeta\frac{\gamma v^2}{2g}$$

当阀前和阀后的流速（v）相等时，

$$p_1-p_2=\zeta\frac{\gamma v^2}{2g}\text{，即 }\Delta p=\zeta\frac{\gamma v^2}{2g}$$

把速度转为体积流量 Q 和截面积 A 之比得

$$\Delta p=\zeta\frac{\gamma Q^2}{2gA^2}$$

移项

$$\frac{\Delta p\cdot 2gA^2}{\gamma\zeta}=Q^2\text{，}Q=\sqrt{\frac{\Delta p}{\gamma}}\cdot\frac{A}{\sqrt{\zeta}}\cdot\sqrt{2g}$$

式中，A 的单位为 cm^2；Δp 的单位为 $\text{kgf/cm}^2=1000\text{gf/cm}^2$；$g$ 的单位为 981cm/s^2；γ 的单位为 gf/cm^3。

则上式 Q 的单位转变成 m^3/h。

$$Q=\sqrt{\frac{\Delta p}{\gamma}}\cdot\frac{A}{\sqrt{\zeta}}\cdot\sqrt{2\times981\times1000}\times\frac{3600}{10^6}=\frac{5.04A}{\sqrt{\zeta}}\sqrt{\frac{\Delta p}{\gamma}}\tag{1-2}$$

令 $C=\dfrac{5.04A}{\sqrt{\zeta}}$

则 $Q=C\cdot\sqrt{\dfrac{\Delta p}{\gamma}}$

$$C=\frac{Q}{\sqrt{\dfrac{\Delta p}{\gamma}}}=Q\cdot\sqrt{\frac{\gamma}{\Delta p}} \tag{1-3}$$

式（1-2）是控制阀实际应用的流量方程。可见，当控制阀的公称尺寸 DN 一定，即控制阀接管的横截面积一定，并且控制阀两端的压差（p_1-p_2）不变时，阻力系数 ζ 减小，流量 Q 增大；反之，ζ 增大，流量 Q 减小。所以，控制阀的工作原理就是按照信号的大小，通过改变阀芯行程来改变流通截面积，从而改变阻力系数而达到控制流量的目的。

把式（1-2）改写成式（1-3），C 为流量系数，它与阀芯和阀座的结构，控制阀前后的压差、流体性质等因素有关。因此，它表示控制阀的流通能力，但必须以一定的条件为前提。

为了便于用不同的单位进行运算，可把式（1-3）改写成一个基本类型公式

$$C=\frac{Q}{N}\cdot\sqrt{\frac{\gamma}{\Delta p}} \tag{1-4}$$

式中，N 为单位系数。

在采用国际单位时，流量系数用 K_v 表示。

（2）压力恢复和压力恢复系数　在建立流量系数的计算公式时，都是把流体假想为理想流体，根据理想的简单条件来推导公式，没有考虑到控制阀结构对流动的影响，也就是说，只把控制阀模拟为简单的结构型式。只考虑到控制阀前、后的压差，认为压差直接从 p_1 降为 p_2。而实际上，当流体流过控制阀时，其压力变化情况如图 1-10 和图 1-11 所示。根据流体的能量守恒定律可知，在阀芯、阀座处因节流作用而在附近的下游处产生一个缩流（图 1-10），其流体流速最大，但静压最小。在远离缩流处，随着阀内流通面积的增大，流体的流速减小，由于相应摩擦，部分能量转变为内能，大部分静压被恢复，形成了控制阀压差 Δp，也就是说，流体在节流处的压力急剧下降，并在节流通道的下游逐渐恢复，但已经不能恢复到 p_1 值。

当流体为气体时，由于它具有可压缩性，当控制阀的压差达到某一临界值时，通过控制阀的流量将达到极限。这时，即使进一步增加压差，流量也不会再增加。当流体为液体时，一旦压差增加到足以引起液体气化，即产生闪蒸和空化作用时，也会出现这种极限的流量，这种极限流量称为阻塞流。由图 1-10 可知，阻塞流产生于缩流处及其下游。产生阻塞流时的压差为 Δp_T。为了说明这一特性，可用压力恢复系数

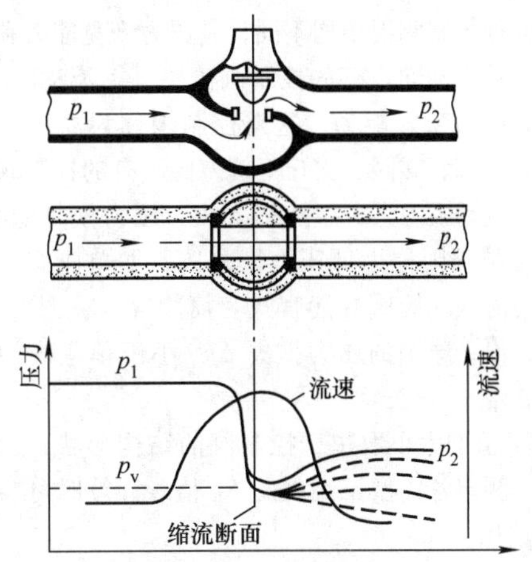

图 1-10　流体流过节流孔时压力和速度的变化

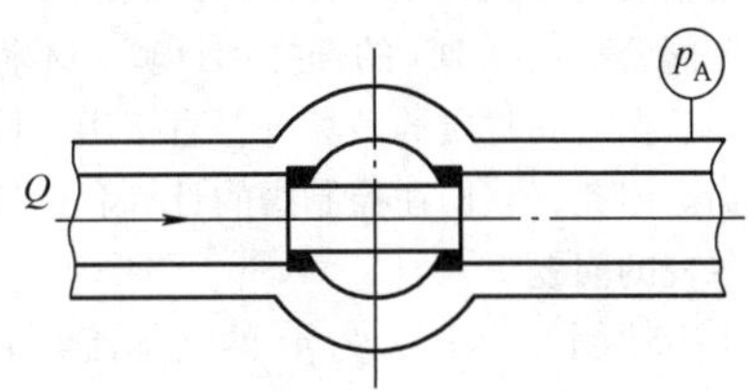

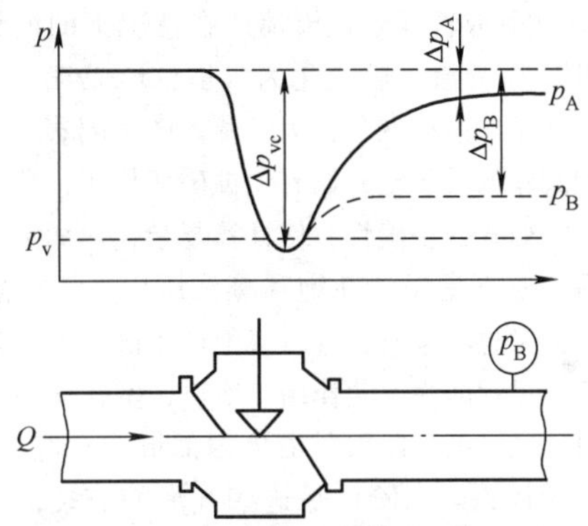

图 1-11　单座阀与球阀的压力恢复比较

F_L 来描述。

$$F_L=\sqrt{\frac{p_1-p_2}{p_1-p_{vc}}} \tag{1-5}$$

$$\Delta p_T=F_L^2(p_1-p_{vc}) \tag{1-6}$$

式中，Δp_T 为产生阻塞流时的压差，$\Delta p_T=p_1-p_2$；p_1 为控制阀前压力；p_2 为控制阀后压力；p_{vc} 为产生阻塞流时缩流断面的压力；F_L 为压力恢复系数。

F_L 值是控制阀阀体内部几何形状的函数，它表示控制阀内流体流经缩流处之后动能变为静压的恢复能力。一般，$F_L=0.5\sim0.98$，当 $F_L=1$ 时，$p_1-p_2=p_1-p_{vc}$，可以想象为 p_1 直接下降为 p_2，与原来的推导假设一样。F_L 越小，Δp 比 p_1-p_{vc} 小得多，即压力恢复越大。

各种控制阀因结构不同，其压力恢复能力和压力恢复系数也不同。有的控制阀流路好，流动阻力小，具有高压力恢复能力，这类控制阀称为高压力恢复阀。如球阀、蝶阀、文丘里旋塞阀。有的控制阀流路复杂，流动阻力大，摩擦损失大，压力恢复能力差，这类控制阀则称为低压力恢复阀，如单座阀、双座阀、轴流式套筒阀和迷宫式套筒阀等。在图1-11中可以看出，球阀的压力损失 Δp_A 小于单座阀的压力损失 Δp_B。

F_L 值的大小取决于控制阀的结构形状，通过试验可以测定各典型控制阀的 F_L 值。计算时可参照表1-70选用。

（3）闪蒸、空化及其影响　在控制阀内流动的液体，常常出现闪蒸和空化两种现象，它们的发生不但影响控制阀公称尺寸DN的选择和计算，还将导致严重的噪声、振动和材质的破坏等，直接影响控制阀的使用寿命。因此，它们在控制阀的计算和选择过程中是不可忽视的问题。

如图1-10所示，当压力为 p_1 的液体流经节流孔时，流速突然急剧增加，而静压力骤然下降，当孔后压力 p_2 达到或者低于该流体所在情况下的饱和蒸汽压 p_v 时，部分液体就汽化为气体，形成气、液两相共存的现象，这种现象称为闪蒸。产生闪蒸时，对于阀芯和阀座的材质已开始有侵蚀破坏作用，从而影响液体计算公式的正确性，使计算复杂化。如果产生闪蒸之后，p_z 不是保持在饱和蒸汽压以下，在离开节流孔之后又急骤上升，这时气泡产生破裂并转化为液态，这个过程即为空化作用。所以，空化作用是一种两阶段现象，第一阶段是液体内部形成空腔或气泡，即闪蒸阶段；第二阶段是这些气泡的破裂，即空化阶段。

图1-12所示就是一个在节流孔后产生空化作用的示意图。许多气泡集中在阀座节流孔后，自然影响了流量的增加，产生了阻塞情况。因此，闪蒸和空化作用产生前后的计算公式必然不同。

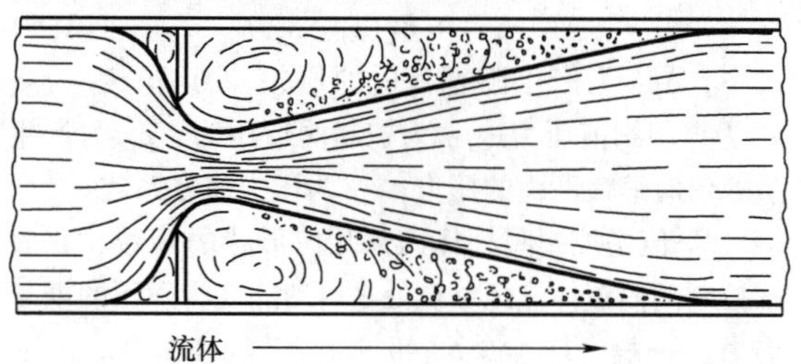

图1-12　节流孔后的空化作用

产生空化作用时，在缩流处的后面，由于压力恢复，升高的压力压缩气泡，达到临界尺寸的气泡开始变为椭圆形。接着，在上游表面开始变平，然后突然破裂，所有的能量集中在破裂点上，产生极大的冲击力，如图1-13所示。

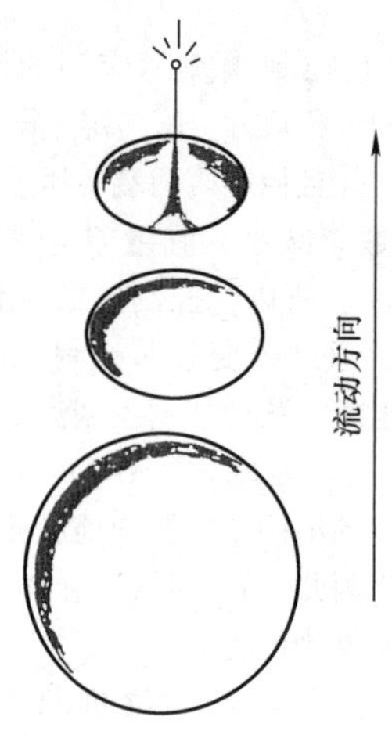

图1-13　气泡的破裂图

（4）阻塞流对计算的影响　从上面的分析可知，阻塞流是指不可压缩流体或可压缩流体在流过控制阀时所达到的最大流量状态（即极限状态）。在固定的入口条件下，当阀前压力 p_1 保持一定而逐步降低阀后压力 p_2 时，流经控制阀的流量会增加到一个最大极限值，再继续降低 p_2，流量不再增加，这个极限流量即为阻塞流。阻塞流出现之后，流量与 Δp（p_1-p_2）之间的关系已不再遵循式（1-2）的规律。

从图1-14可以看出，当按实际压差计算时，Q'_{max} 要比阻塞流量 Q_{max} 大很多。因此，为了精确求得此时的 K_v 值，只能把开始产生阻塞流时的控制阀压降 $\sqrt{\Delta p_T}$ 作为计算用的压降。

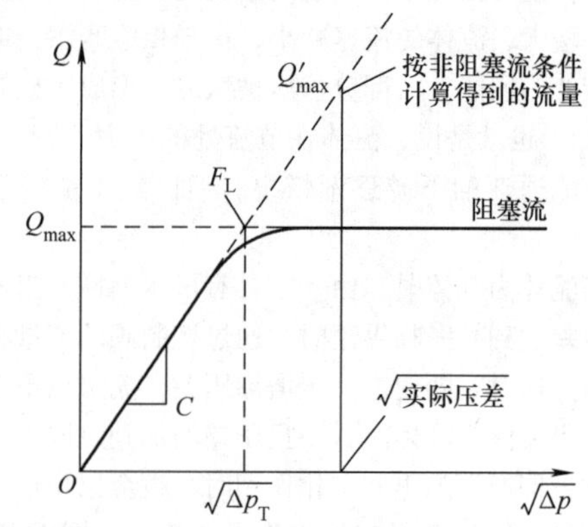

图1-14　p_T 恒定时 Q 与 $\sqrt{\Delta p}$ 的关系曲线

液体是不可压缩的流体，它在产生阻塞流时，

p_{vc}值与液体介质的物理性质有关。即

$$p_{vc}=F_F \cdot p_v$$

式中，p_v 为液体的饱和蒸汽压力；F_F 为液体的临界压力比系数。

F_F 是阻塞流条件下缩流处压力与控制阀入口温度下的液体饱和蒸汽压力 p_v 之比，是 p_v 与液体临界压力 p_c 之比的函数，可以用图 1-15 查出 F_F 值，也可以用式（1-7）进行计算：

$$F_F=0.96-0.28\sqrt{\frac{p_v}{p_c}} \tag{1-7}$$

式中，p_c 为液体临界压力，对于水 $p_c=22.565\text{MPa}$。

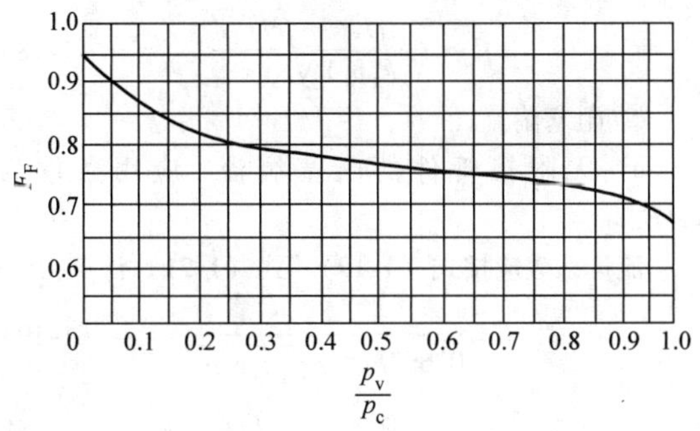

图 1-15　F_F 与 p_v/p_c 的关系

从式（1-5）可见，只要能求得 p_{vc}的值，便可得到不可压缩流体是否形成阻塞流的判断条件。显然，F_L^2（p_1-p_{vc}）即为产生阻塞流时的控制阀压降。因此，当

$$\Delta p \geqslant F_L^2(p_1-p_{vc})$$

即 $\Delta p \geqslant F_L^2(p_1-F_F p_v)$ 时，为阻塞流情况。

当

$$\Delta p < F_L^2\ (p_1-p_{vc})$$

即 $\Delta p < F_L^2(p_1-F_F p_v)$ 时，为非阻塞流情况。

对于可压缩流体，引入压差比 x 的系数，即

$$x=\frac{\Delta p}{p_1}$$

也就是说，控制阀压降 Δp 与入口压力 p_1 的比称为压差比。试验表明，若以空气作为试验流体，对于一个特定的控制阀，当产生阻塞流时，其压差比是一个固定常数，称为临界压差比 x_T。对别的可压缩气体，只要把 x_T 乘以一个比热比系数 F_K，即为产生阻塞流时的临界条件。x_T 的数值只取决于控制阀的流路情况及结构，可以用表 1-70 查出来。只要把 x 和 $F_K \cdot x_T$ 两个值进行比较，就可以判定可压缩流体是否产生阻塞流。当 $x \geqslant F_K \cdot x_T$ 时，为阻塞流情况；当 $x < F_K \cdot x_T$ 时，为非阻塞流情况。

2. 流量系数的计算

在确定控制阀的公称尺寸 DN 时，最主要的依据和工作程序就是计算流量系数。而计算流量系数的基本公式是以牛顿不可压缩流体的伯努利方程为基础的。流经控制阀的流体应该属于牛顿型流体，凡遵循牛顿内摩擦定律的流体都属于牛顿流体。

图 1-16 表示两板之间流体的流动情况，若 y 处流体层的速度为 v，在其垂直距离为 $\mathrm{d}y$ 处的邻近流体层的速度为 $v+\mathrm{d}v$，则 $\mathrm{d}v/\mathrm{d}y$ 表示速度沿法线方向的变化率，也称速度梯度。试验证明两流体层之间单位面积上的内摩擦力（或称内切应力）τ 与垂直于流动方向的速度梯度成正比，即

$$\tau=\mu\frac{\mathrm{d}v}{\mathrm{d}y}$$

式中，μ 为比例系数，或称黏性系数或动力黏度，简称黏度。

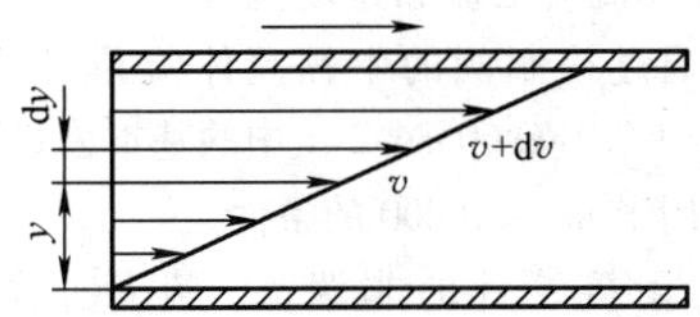

图 1-16　平板间流体速度变化图

上式所表示的关系称为牛顿黏性定律，也就是牛顿内摩擦定律。

下面讨论的流体计算公式适用于介质是牛顿型不可压缩流体、可压缩流体或上述两者的均相流体，对于泥浆和胶状液体等非牛顿型流体是不适用的。

（1）不可压缩流体　以下所列公式可确定控制阀不可压缩流体的流量、流量系数、相关安装系数和相应工作条件的关系。流量系数可以在下列公式中选择一个合适的公式来计算。

1）湍流（也称紊流，见 GB/T 17213.2—2017）。控制阀在非阻塞流条件下工作时，计算流经控制阀的牛顿流体流量公式由 GB/T 17213.2/IEC 60534-2-1 的基本公式导出。

① 非阻塞湍流。

a）无附接管件的非阻塞湍流。

应用条件：$\Delta p < F_L^2(p_1-F_F p_v)$。

流量系数应由式（1-8）确定：

$$C=\frac{Q}{N_1}\cdot\sqrt{\frac{\rho_1/\rho_0}{\Delta p}} \tag{1-8}$$

注：常数 N_1 取决于一般计算公式中使用的单位和流量系数的类型（K_v 或 C_v）。

b）带附接管件的非阻塞湍流。

应用条件：$\Delta p<[(F_{LP}/F_P)^2(p_1-F_Fp_v)]$。

流量系数应由式（1-9）确定：

$$C=\frac{Q}{N_1F_P}\cdot\sqrt{\frac{\rho_1/\rho_0}{\Delta p}} \tag{1-9}$$

② 阻塞湍流。

a）无附接管件的阻塞湍流。

应用条件：$\Delta p\geqslant F_L^2(p_1-F_Fp_v)$。

流量系数应用式（1-10）确定：

$$C=\frac{Q}{N_1F_L}\cdot\sqrt{\frac{\rho_1/\rho_0}{p_1-F_Fp_v}} \tag{1-10}$$

b）带附接管件的阻塞湍流。

应用条件：$\Delta p\geqslant(F_{LP}/F_P)^2(p_1-F_Fp_v)$。

流量系数应由式（1-11）确定：

$$C=\frac{Q}{N_1F_{LP}}\cdot\sqrt{\frac{\rho_1/\rho_0}{p_1-F_Fp_v}} \tag{1-11}$$

2）非湍流（层流和过渡流）。在非湍流条件下工作时，通过控制阀的牛顿流体流量计算公式由GB/T 17213.2/IEC 60534-2-1中的基本公式导出。这个公式适用于$Re_v<10000$的条件。

① 无附接管件的非湍流。流量系数应由式（1-12）确定：

$$C=\frac{Q}{N_1F_R}\cdot\sqrt{\frac{\rho_1/\rho_0}{\Delta p}} \tag{1-12}$$

② 带附接管件的非湍流。对于非湍流，近连式渐缩管或其他管件的影响是未知的。尽管没有安装在渐缩管之间的控制阀内的层流或过渡流状态的信息，还是要建议使用这些控制阀的用户用与管道同口径控制阀的适当计算公式来计算F_R。这样，可以得到一个保守的流量系数，这是由于渐缩管的渐扩管产生的涡流，推迟了层流的产生。因此，它将提高给定控制阀雷诺数系数F_R。

（2）可压缩流体　以下所列公式可确定控制阀可压缩流体的流量、流量系数、相关安装系数和相关工作条件的关系。可压缩流体的流量可分为质量流量和体积流量两种。因此，公式必须能处理这两种情况。流量系数可在下列公式中选择合适的公式来计算。

1）湍流。

① 非阻塞湍流。

a）无附接管件的非阻塞湍流。应用条件为$x<F_\gamma x_T$。

流量系数按式（1-13）~式（1-15）计算：

$$C=\frac{W}{N_6Y\sqrt{xp_1\rho_1}} \tag{1-13}$$

$$C=\frac{W}{N_8p_1Y}\sqrt{\frac{T_1Z}{xM}} \tag{1-14}$$

$$C=\frac{Q}{N_9p_1Y}\sqrt{\frac{MT_1Z}{x}} \tag{1-15}$$

b）带附接管件的阻塞湍流。应用条件为$x<F_\gamma x_{TP}$。

流量系数应按式（1-16）~式（1-18）计算：

$$C=\frac{W}{N_6Y\sqrt{xp_1\rho_1}} \tag{1-16}$$

$$C=\frac{W}{N_8p_1Y}\sqrt{\frac{T_1Z}{xM}} \tag{1-17}$$

$$C=\frac{Q}{N_9F_Pp_1Y}\sqrt{\frac{MT_1Z}{x}} \tag{1-18}$$

② 阻塞湍流。

a）无附接管件的阻塞湍流。应用条件为$x\geqslant F_\gamma x_T$。

流量系数应按式（1-19）~式（1-21）计算：

$$C=\frac{W}{0.667N_6\sqrt{F_\gamma x_Tp_1\rho_1}} \tag{1-19}$$

$$C=\frac{W}{0.667N_8p_1}\sqrt{\frac{T_1Z}{F_\gamma x_TM}} \tag{1-20}$$

$$C=\frac{Q}{0.667N_9p_1}\sqrt{\frac{MT_1Z}{F_\gamma x_T}} \tag{1-21}$$

b）带附接管件的阻塞湍流。应用条件为$x\geqslant F_\gamma x_{TP}$。

流量系数按式（1-22）~式（1-24）计算：

$$C=\frac{W}{0.667N_6F_P\sqrt{F_\gamma x_{TP}p_1\rho_1}} \tag{1-22}$$

$$C=\frac{W}{0.667N_8F_Pp_1}\sqrt{\frac{T_1Z}{F_\gamma x_{TP}M}} \tag{1-23}$$

$$C=\frac{Q}{0.667N_9F_Pp_1}\sqrt{\frac{MT_1Z}{F_\gamma x_{TP}}} \tag{1-24}$$

2）非湍流（层流和过渡流）。当在非湍流条件下操作时，通过控制阀的牛顿流体流量计算公式由GB/T 17213.2/IEC 60534-2-1中的基本公式导出。这些公式适用于$Re_v<10000$的条件。在下列条款中，由于是不等熵膨胀，所以用$(p_1+p_2)/2$对气体密度进行修正。

① 无附接管件的非湍流。流量系数应按式（1-25）和式（1-26）计算：

$$C=\frac{W}{N_{27}F_R}\sqrt{\frac{T_1}{\Delta p(p_1+p_2)M}} \tag{1-25}$$

$$C=\frac{Q}{N_{22}F_R}\sqrt{\frac{MT_1}{\Delta p(p_1+p_2)}} \tag{1-26}$$

②带附接管件的非湍流。对于非湍流，近连式渐缩管或其他管件的影响是未知的。尽管没有安装在渐缩管之间的控制阀内的层流或过渡流状态的信息，还是要建议使用这些控制阀的用户用与管道同口径控制阀的适当计算公式来计算 F_R。这样，可以得到一个保守的流量系数，这是由于渐缩管和渐扩管产生的涡流，推迟了层流的产生。因此它将提高给定控制阀雷诺数系数 F_R。

(3) 修正系数的确定

1) 管道几何形状系数 F_P。当控制阀阀体上、下游装有附接管件时，必须考虑管道几何形状系数 F_P。F_P 是流经带有附接管件控制阀的流量与无附接管件的流量之比。两种安装情况（图1-17）的流量均在不产生阻塞流的同一试验条件下测得。为满足系数 F_P 的精确度为 ±5% 的要求，系数 F_P 应该按 GB/T 17213.9/IEC60534-2-3 规定的试验确定。

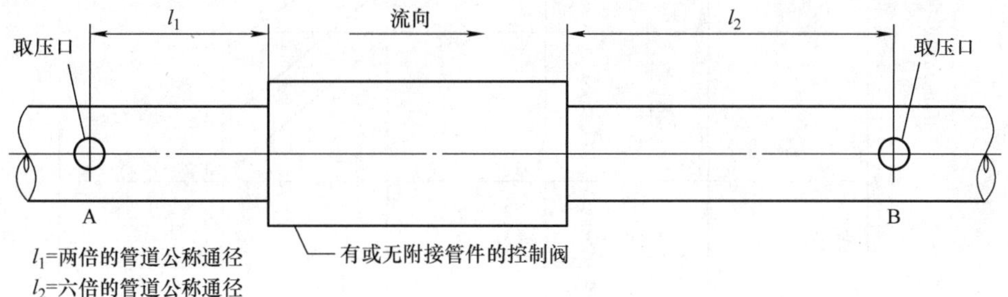

图1-17　计算用参考管段

在允许估算时，应采用式(1-27)计算：

$$F_P=\frac{1}{\sqrt{1+\frac{\Sigma\zeta}{N_2}\left(\frac{C_i}{d^2}\right)^2}} \tag{1-27}$$

在式(1-27)中 $\Sigma\zeta$ 是控制阀上所有附接管件的全部有效速度头损失系数的代数和，控制阀自身的速度头损失系数不包括在内。

$$\Sigma\zeta=\zeta_1+\zeta_2+\zeta_{B1}+\zeta_{B2} \tag{1-28}$$

当控制阀的入口处管道直径不同时，系数 ζ_B 按式(1-29)计算：

$$\zeta_B=1-\left(\frac{d}{D}\right)^4 \tag{1-29}$$

如果入口与出口管件是市场上供应的较短的同轴渐缩管，系数 ζ_1 和 ζ_2 用式(1-30)和式(1-31)估算：

入口渐缩管：$\zeta_1=0.5\left[1-\left(\frac{d}{D_1}\right)^2\right]^2$　(1-30)

出口渐缩管（渐扩管）：

$$\zeta_2=0.5\left[1-\left(\frac{d}{D_2}\right)^2\right]^2 \tag{1-31}$$

入口和出口尺寸相同的渐缩管：

$$\zeta_1+\zeta_2=1.5\left[1-\left(\frac{d}{D}\right)^2\right]^2 \tag{1-32}$$

用上述 ζ 计算出的 F_P 值，一般将导致选出的控制阀容量比所需要的稍大一些，这一计算需要迭代，通过计算非阻塞湍流的流量系数 C 来进行计算。

注：阻塞流公式和包含 F_P 的公式都不适用。

下一步按式(1-33)确定 C_i。

$$C_i=1.3C \tag{1-33}$$

用式(1-33)得出 C_i，由式(1-27)确定 F_P。如果控制阀两端的尺寸相同，则 F_P 可用图1-18确定的结果来替代。然后，确定是否有

$$\frac{C}{F_P}\leqslant C_i \tag{1-34}$$

如果满足式(1-34)的条件，那么式(1-33)估算的 C_i 可用，如果不能满足式(1-34)的条件，那么将 C_i 增加30%，再重复上述计算步骤，这样就可能需要多次重复，直至能够满足式(1-34)要求的条件。

F_P 的近似值可查阅图1-18。

2) 雷诺数系数 F_R。当通过控制阀的流体压差低、黏度高、流量系数小或者是几个条件组合会形成非湍流状态时，就需要雷诺数系数 F_R。

雷诺数系数 F_R 可以用非湍流状态下的流量除以同一安装条件在湍流状态下测得的流量来确定。

试验表明 F_R 可用式(1-35)计算的控制阀雷诺数通过图1-19中的曲线确定。

$$Re_v=\frac{N_4F_dQ}{\nu\sqrt{C_iF_L}}\left(\frac{F_L^2C_i^2}{N_2D^4}+1\right)^{\frac{1}{4}} \tag{1-35}$$

这一计算需要迭代，通过计算湍流的流量系数 C 来进行计算，控制阀类型修正系数 F_d 把节流孔的几何形状转换成等效图形的单流路。典型值见表1-70。为满足 F_d 的偏差为 ±5% 的要求，F_d 应由 GB/T 17213.9/IEC 60534-2-3 规定的试验来确定。

注：含有 F_P 的公式不适用。

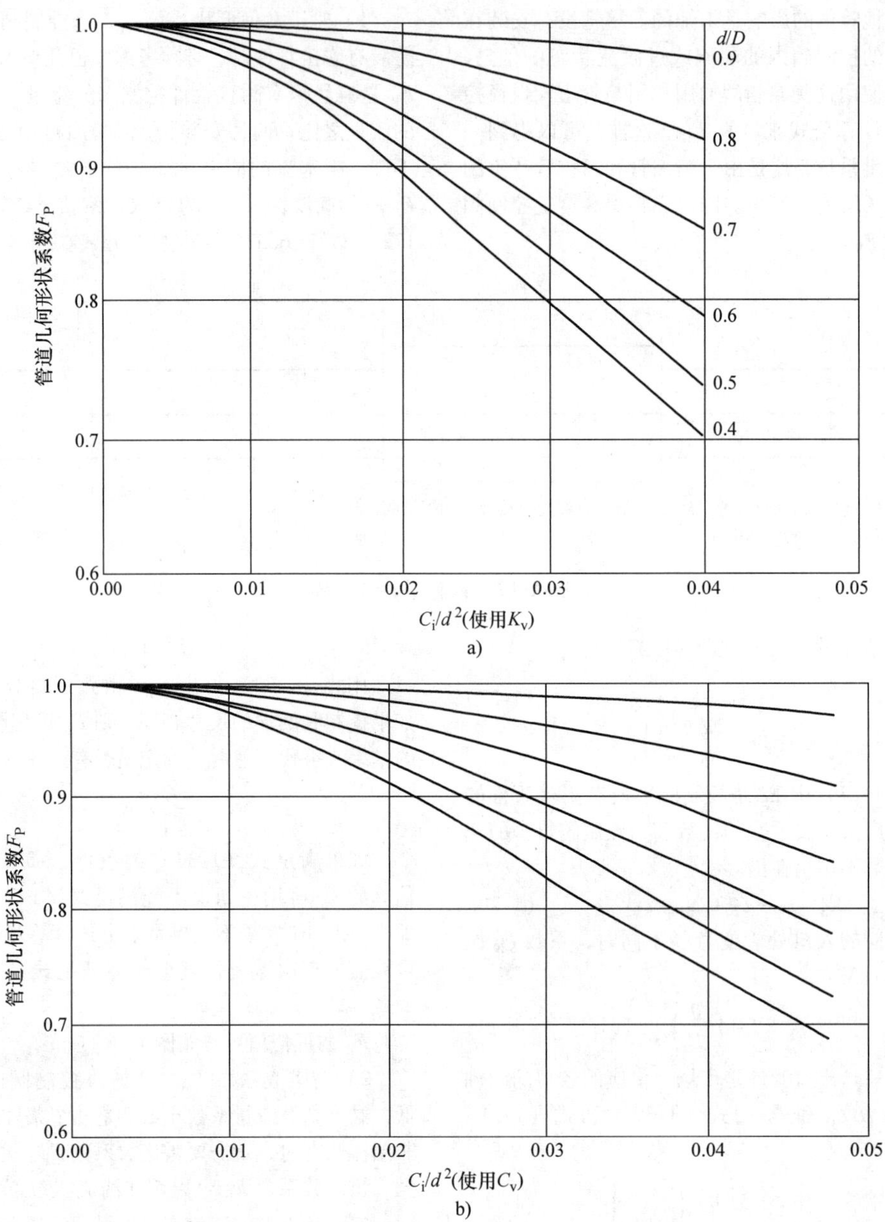

图1-18　用于K_v/d^2和C_v/d^2的管道几何形状系数F_P

a）用于K_v/d^2的管道几何形状系数F_P　b）用于C_v/d^2的管道几何形状系数F_P

注：1. 阀两端的管径D是相同的［见式（1-32）］。

2. 这些曲线的使用参见参考文献［15］。

下一步按式（1-33）确定C_i。

按式（1-33）应用C_i并通过式（1-37）和式（1-38）确定全口径型阀内件的F_R。或用式（1-39）和式（1-40）确定缩径型阀内件的F_R。在两种情况下都采用两个F_R值中较小的值来确定是否满足式（1-36）的条件：

$$\frac{C}{F_R} \leqslant C_i \tag{1-36}$$

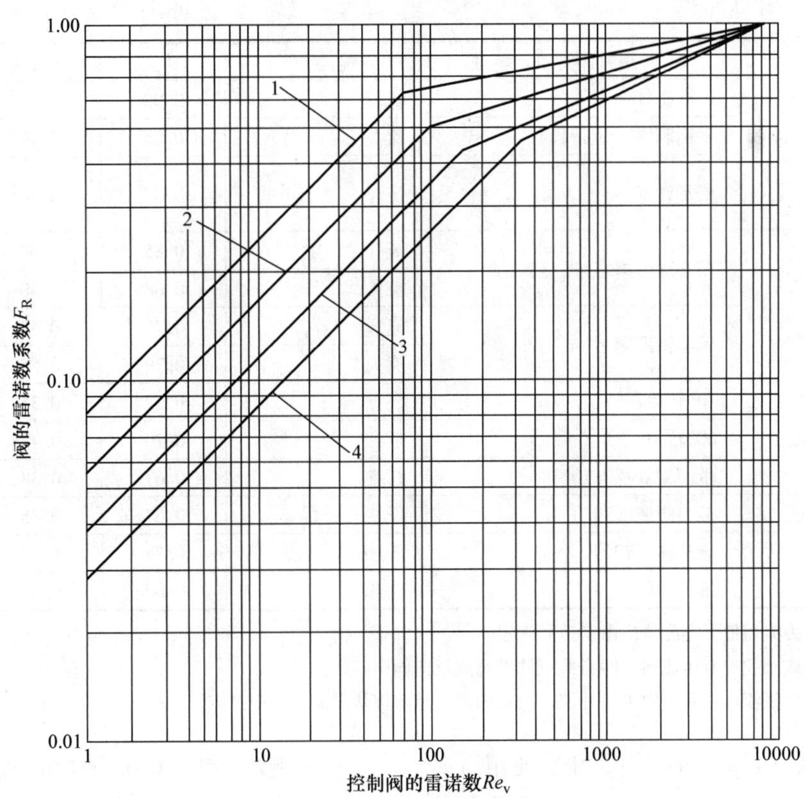

图 1-19　雷诺数系数 F_R

注：曲线以 F_L 为基准，F_L 大约为 1.0。

1—用于 $C_i/d^2=0.016N_{18}$　2—用于 $C_i/d^2=0.023N_{18}$　3—用于 $C_i/d^2=0.033N_{18}$　4—用于 $C_i/d^2=0.047N_{18}$

表 1-70　控制阀类型修正系数 F_d、液体压力恢复系数 F_L 和额定行程下的压差比系数 x_T 的典型值①

控制阀类型	阀内件类型	流向②	F_L	x_T	F_d
球形阀，单孔	3V 孔阀芯	流开或流关	0.9	0.70	0.48
	4V 孔阀芯	流开或流关	0.9	0.70	0.41
	6V 孔阀芯	流开或流关	0.9	0.70	0.30
	柱塞型阀芯（直线和等百分比）	流开	0.9	0.72	0.46
		流关	0.8	0.55	1.00
	60 个等直径孔的套筒	向外或向内③	0.9	0.68	0.13
	120 个等直径孔的套筒	向外或向内③	0.9	0.68	0.09
	特殊套筒，4 孔	向外③	0.9	0.75	0.41
		向内③	0.85	0.70	0.41
球形阀，双孔	开口阀芯	阀座间流入	0.9	0.75	0.28
	柱塞形阀芯	任意流向	0.85	0.70	0.32
球形阀，角阀	柱塞形阀芯（直线和等百分比）	流开	0.9	0.72	0.46
		流关	0.8	0.65	1.00
	特殊套筒，4 孔	向外③	0.9	0.65	0.41
		向内③	0.85	0.60	0.41
	文丘利阀	流关	0.5	0.20	1.00

（续）

控制阀类型	阀内件类型	流向②	F_L	x_T	F_d
球形阀，小流量阀内件	V形切口	流开	0.98	0.84	0.70
	平面阀座（短行程）	流关	0.85	0.70	0.30
	锥形针状	流开	0.95	0.84	$\frac{N_{19}\sqrt{C\times F_L}}{D_0}$
角行程阀	偏心球形阀芯	流开	0.85	0.60	0.42
		流关	0.68	0.40	0.42
	偏心锥形阀芯	流开	0.77	0.54	0.44
		流关	0.79	0.55	0.44
蝶阀（中心轴式）	70°转角	任意	0.62	0.35	0.57
	60°转角	任意	0.70	0.42	0.50
	带凹槽蝶板（70°）	任意	0.67	0.38	0.30
蝶阀（偏心轴式）	偏心阀座（70°）	任意	0.67	0.35	0.57
球阀	全球体（70°）	任意	0.74	0.12	0.99
	部分球体	任意	0.60	0.30	0.98

① 这些值仅为典型值，实际值应由制造商规定。

② 趋于阀开或阀关的流体流向，即将截流件推离或推向阀座。

③ 向外的意思是流体从套筒中央向外流，向内的意思是流体从套筒外向中央流。

如果满足式（1-36）的条件，那么使用由式（1-33）确定的 C_i，如果不能满足式（1-36）的条件，那么要将 C_i 增加30%，再重复上述计算步骤，这样就可能需要多次反复，直到能满足式（1-36）要求的条件。

对于 $C_i/d\geqslant 0.016N_{18}$ 且 $Re_v\geqslant 10$ 的全口径型阀内件，由式（1-37）计算 F_R：

$$F_R=1+\left(\frac{0.33F_L^{\frac{1}{2}}}{n_1^{\frac{1}{4}}}\right)\lg\left(\frac{Re_v}{10000}\right) \tag{1-37}$$

$$n_1=\frac{N_2}{\left(\frac{C_i}{d^2}\right)^2} \tag{1-37a}$$

对于层流状态

$$F_R=\frac{0.026}{F_L}\sqrt{n_1 Re_v}（F_R\text{不能超过}1） \tag{1-38}$$

注1：用式（1-37）或式（1-38）中数值较小的 F_R，如果 $Re_v<10$，则只使用式（1-38）。

注2：式（1-38）适用于完全的层流（见图1-19中的直线），式（1-37）和式（1-38）表示的关系基于控制阀额定行程内的试验数据，在控制阀行程下限值时可能不完全准确。

注3：在式（1-37a）和式（1-38）中，当使用 K_v 时 C_i/d^2 应小于0.04，当使用 C_v 时 C_i/d^2 应小于0.047。

对于额定行程下 $C_i/d^2<0.016N_{18}$ 且 $Re_v\geqslant 10$ 的缩径型阀内件，由式（1-39）计算 F_R：

$$F_R=1+\left(\frac{0.33F_L^{\frac{1}{2}}}{n_2^{\frac{1}{4}}}\right)\lg\left(\frac{Re_v}{10000}\right) \tag{1-39}$$

$$n_2=1+N_{32}\left(\frac{C_i}{d^2}\right)^{\frac{2}{3}} \tag{1-39a}$$

对于层流状态

$$F_R=\frac{0.26}{F_L}\sqrt{n_2 Re_v}（F_R\text{不能超过}1） \tag{1-40}$$

注1：选择式（1-39）或式（1-40）中数值较小者，如果 $Re_v<10$，则仅使用式（1-40）。

注2：式（1-40）适用于完全的层流（见图1-19）中的直线。

3）液体压力恢复系数 F_L 或 F_{LP}。

① 无附接管件的液体压力恢复系数 F_L。F_L 是无附接管件的液体压力恢复系数，该系数表示阻塞流条件下阀体内几何形状对阀容量的影响。它定义为阻塞流条件下的实际最大流量与理论上非阻塞流条件下的流量之比。

如果压差是阻塞流条件下的阀入口压力与明显的“缩流断面”压力之差，就要算出理论非阻塞流条件下的流量。系数 F_L 可以由符合GB/T 17213.9/IEC60534-2-3的试验来确定，F_L 的典型值与流量系数 C 百分比的关系曲线如图1-20所示。

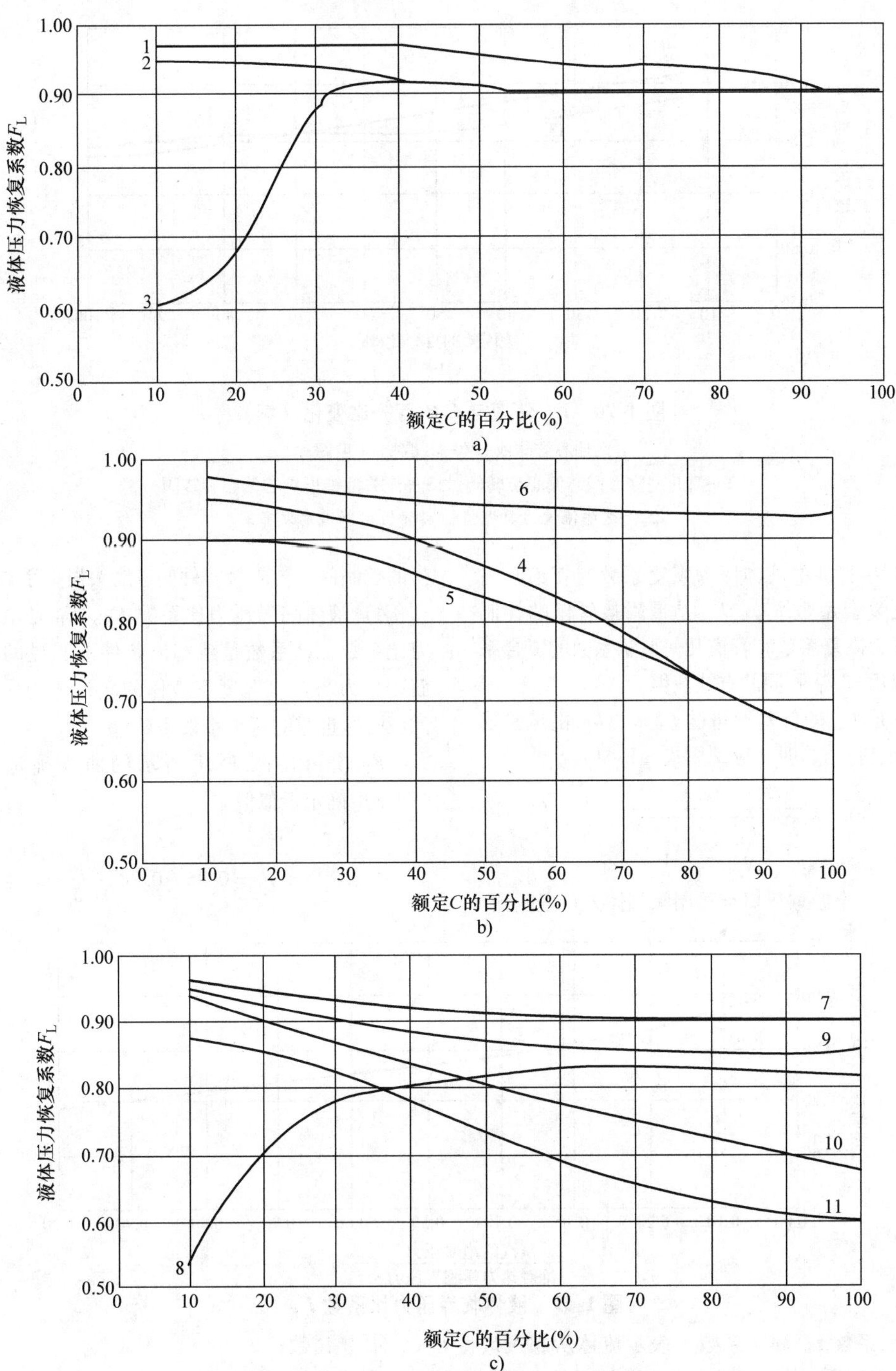

图 1-20 F_L 随额定 C 的百分比变化

a）双座球形阀和套筒球形阀（见图注） b）蝶阀和柱塞形小流量阀（见图注）

c）球形阀、偏心旋转阀（球形阀芯）和部分球体形球阀（见图注）

1—V 形阀芯双座球形阀 2—流开和流关型带孔套筒导向球形阀 3—流开和流关型柱塞型阀芯双座球形阀 4—蝶阀（偏心轴式） 5—蝶阀（中心轴式） 6—柱塞形小流量阀 7—流开型单孔、等百分比、柱塞形球形阀 8—流关型单孔、等百分比、柱塞形球形阀 9—流开型球形阀芯偏心旋转阀 10—流关型球形阀芯偏心旋转阀 11—部分球体形球阀

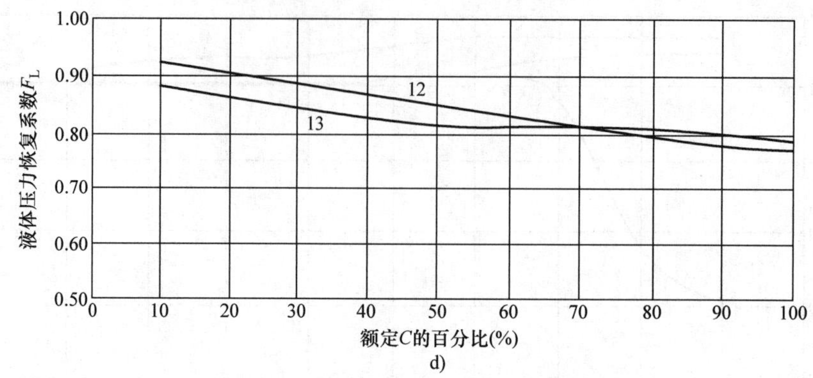

图1-20　F_L随额定C的百分比变化（续）

d）偏心旋转阀（锥形阀芯）（见图注）

12—流开型锥形阀芯偏心旋转阀　13—流关型锥形阀芯偏心旋转阀

注：这些值仅为典型值，实际值由制造商发布。

② 带附接管件的液体压力恢复系数与管道几何形状系数的复合系数 F_{LP}。F_{LP}是带附接管件的控制阀的液体压力恢复系数和管道几何形状系数的复合系数，它可以用与 F_L 相同的方式获得。

为了满足 F_{LP}的偏差不超过±5%，F_{LP}由试验确定，在允许进行估算时，应使用式（1-41）。

$$F_{LP}=\frac{F_L}{\sqrt{1+\frac{F_L^2}{N_2}(\Sigma\zeta_1)\left(\frac{C}{d^2}\right)^2}} \tag{1-41}$$

式中　$\Sigma\zeta_1$——上游取压口与控制阀阀体入口之间测得的控制阀上游附接管件的速度头损失系数$\zeta_1+\zeta_{B1}$。

4）液体临界压力比系数 F_F。F_F 是液体临界压力比系数，该系数是阻塞流条件下明显的“缩流断面”压力与入口温度下液体的蒸汽压力之比，当蒸汽压力接近零时这个系数为0.96。

F_F 值可用图1-21所示的曲线确定，或由式（1-42）确定近似值。

$$F_F=0.96-0.28\sqrt{\frac{p_v}{p_c}} \tag{1-42}$$

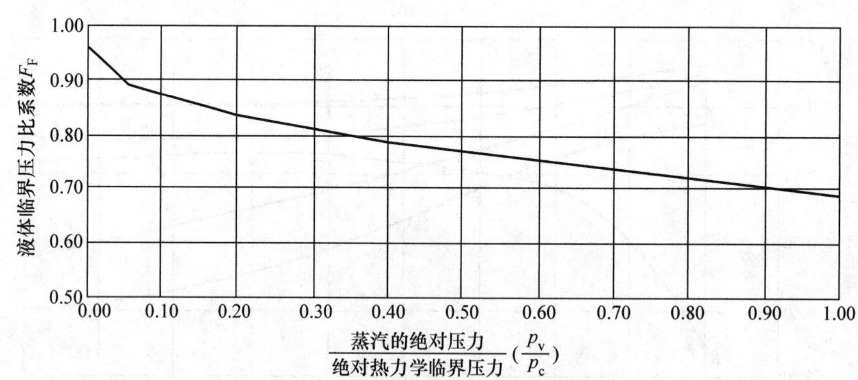

图1-21　液体临界压力比系数F_F

5）膨胀系数 Y。膨胀系数 Y 表示流体从阀入口流到“缩流断面”（其位置就在节流孔的下游，该处的射流面积最小）处时的密度变化，它还表示压差变化时“缩流断面”的体积变化。

理论上，Y受以下几个因素的影响：

① 阀孔面积与阀体入口面积之比；

② 流路的形状；

③ 压差比 x；

④ 雷诺数；

⑤ 比热比 γ。

①、②、③和⑤项的影响可用压差比系数 x_T 表示。x_T 通过空气试验确定。将在6）①中论述。

雷诺数是控制阀节流孔处惯性力与黏性力之比，在可压缩流的情况下，由于湍流几乎始终存在，因此其值不受影响。

流体比热比会影响压差比系数 x_T。

Y 可用式（1-43）计算：

$$Y=1-\frac{x}{3F_{\gamma}x_{T}} \tag{1-43}$$

代入式（1-43）的 x 值不可超过 F_{γ} 和 x_T 的积，如果 $x>F_{\gamma}x_T$ 则流体变成阻塞流并且 $Y=0.667$，x、x_T 和 F_{γ} 的介绍见6）和7）。

6）压差比系数 x_T 和 x_{TP}。

① 无附接管件的压差比系数 x_T。x_T 是无渐缩管或其他管件的控制阀的压差比系数，如果入口压力 p_1 保持恒定并且出口压力 p_2 逐渐降低，则流经控制阀的质量流量就会增大至最大极限值。进一步降低 p_2，流量不再增加，这种情况称为阻塞流。

当压差比 x 达到 $F_{\gamma}x_T$ 的值时，就达到了极限值，x 的这个极限值就定义为临界压差比，即使实际压差比更大，用于任何一个计算方程和 Y 的关系式［式（1-43）］中的 x 值也应保持在这个极限之内，Y 的数值范围是 0.667（当 $x=F_{\gamma}x_T$ 时）~1（更低压差）。

x_T 值可通过空气试验来确定。试验程序见 GB/T 17213.9/IEC 60534-2-3。

注：表1-70给出了几种控制阀装有全口径阀内件和全开时的 x_T 代表值，使用这个资料时应慎重，当要求精确值时，x_T 的值应通过试验获得。

② 带附接管件的压差比系数 x_{TP}。如果控制阀装有附接管件，x_T 值将会受到影响。

为满足 x_{TP} 的 ±5% 的允许偏差，控制阀和附接管件应作为一个整体进行试验，当允许采用估算时，可采用式（1-44）计算：

$$x_{TP}=\frac{\dfrac{x_T}{F_P^2}}{1+\dfrac{x_T\zeta_i}{N_5}\left(\dfrac{C_i}{d^2}\right)^2} \tag{1-44}$$

注：N_5 的值见表1-71。

在上述关系中，x_T 为无附接管件控制阀的压差比系数，ζ_i 是附接在控制阀入口面上的渐缩管或其他管件的控制阀入口的速度头损失系数（$\zeta_1+\zeta_{B1}$）之和。

如果入口管件是市场上供应的短尺寸同轴渐缩管，则 ζ 的值可用式（1-30）估算。

7）比热比系数 F_{γ}。系数 x_T 是以接近大气压、比热比为 1.40 的空气流体为基础的。如果流体比热比不是 1.40，可用系数 F_{γ} 调整 x_T，比热比系数用式（1-45）计算：

$$F_{\gamma}=\frac{\gamma}{1.40} \tag{1-45}$$

注：γ 和 F_{γ} 的值见表1-72。

表1-71 数字常数 N

常数	流量系数 C		公式的单位						
	K_v	C_v	W	Q	p · Δp	ρ	T	d、D	ν
N_1	1×10^{-1}	8.65×10^{-2}	—	m^3/h	kPa	kg/m^3	—	—	—
	1	8.65×10^{-1}	—	m^3/h	bar	kg/m^3	—	—	—
N_2	1.6×10^{-3}	2.14×10^{-3}	—	—	—	—	—	mm	—
N_4	7.07×10^{-2}	7.60×10^{-2}	—	m^3/h	—	—	—	—	m^2/s
N_5	1.80×10^{-3}	2.41×10^{-3}	—	—	—	—	—	mm	—
N_6	3.16	2.73	kg/h	—	kPa	kg/m^3	—	—	—
	3.16×10	2.73×10	kg/h	—	bar	kg/m^3	—	—	—
N_8	1.10	9.48×10^{-1}	kg/h	—	kPa	—	K	—	—
	1.1×10^2	9.48×10	kg/h	—	bar	—	K	—	—
N_9	2.46×10	2.12×10	—	m^3/h	kPa	—	K	—	—
（$t_s=0$℃）	2.46×10^3	2.12×10^3	—	m^3/h	bar	—	K	—	—
N_9	2.60×10	2.25×10	—	m^3/h	kPa	—	K	—	—
（$t_s=15$℃）	2.60×10^3	2.25×10^3	—	m^3/h	bar	—	K	—	—
N_{17}	1.05×10^{-3}	1.21×10^{-3}	—	—	—	—	—	mm	—
N_{18}	8.65×10^{-1}	1.00	—	—	—	—	—	mm	—
N_{19}	2.5	2.3	—	—	—	—	—	mm	—
N_{22}	1.73×10	1.50×10	—	m^3/h	kPa	—	K	—	—
（$t_s=0$℃）	1.73×10^3	1.50×10^3	—	m^3/h	bar	—	K	—	—

（续）

常数	流量系数 C		公式的单位						
	K_v	C_v	W	Q	$p \cdot \Delta p$	ρ	T	d、D	ν
N_{22}	1.84×10	1.59×10	—	m^3/h	kPa	—	K	—	—
($t_s = 15℃$)	1.84×10^3	1.59×10^3	—	m^3/h	bar	—	K	—	—
N_{27}	7.75×10^{-1}	6.70×10^{-1}	kg/h	—	kPa	—	K	—	—
	7.75×10	6.70×10	kg/h	—	bar	—	K	—	—
N_{32}	1.40×10^2	1.27×10^2	—	—	—	—	—	mm	—

注：使用表中提供的数字常数和表中规定的实际公制单位就能得出规定单位的流量系数。

表1-72　物理常数①

气体和蒸气	符号	M	γ	F_γ	p_c②	T_C③
乙炔	C_2H_2	26.04	1.30	0.929	6140	309
空气	—	28.97	1.4	1.000	3771	133
氨	NH_3	17.03	1.32	0.943	11400	406
氩	Ar	39.948	1.67	1.191	4870	151
苯	C_6H_6	78.11	1.12	0.800	4924	562
异丁烷	C_4H_{10}	58.12	1.10	0.784	3638	408
丁烷	C_4H_{10}	58.12	1.11	0.793	3800	425
异丁烯	C_4H_8	56.11	1.11	0.790	4000	418
二氧化碳	CO_2	44.01	1.30	0.929	7387	304
一氧化碳	CO	28.01	1.40	1.000	3496	133
氯气	Cl_2	70.906	1.31	0.931	7980	417
乙烷	C_2H_6	30.07	1.22	0.871	4884	305
乙烯	C_2H_4	28.05	1.22	0.871	5040	283
氟	F_2	18.998	1.36	0.970	5215	144
氟利昂11（三氯一氟甲烷）	CCl_3F	137.37	1.14	0.811	4409	471
氟利昂12（二氯二氟甲烷）	CCl_2F_2	120.91	1.13	0.807	4114	385
氟利昂13（一氯三氟代甲烷）	$CClF_3$	104.46	1.14	0.814	3869	302
氟利昂22（一氯二氟代甲烷）	$CHClF_2$	80.47	1.18	0.846	4977	369
氦	He	4.003	1.66	1.186	229	5.25
庚烷	C_7H_{16}	100.20	1.05	0.750	2736	540
氢气	H_2	2.016	1.41	1.007	1297	33.25
氯化氢	HCl	36.46	1.41	1.007	8319	325
氟化氢	HF	20.01	0.97	0.691	6485	461
甲烷	CH_4	16.04	1.32	0.943	4600	191
一氯甲烷	CH_3Cl	50.49	1.24	0.889	6677	417
天然气	—	17.74	1.27	0.907	4634	203
氖	Ne	20.179	1.64	1.171	2726	44.45
一氧化氮	NO	63.01	1.40	1.000	6485	180
氮气	N_2	28.013	1.40	1.000	3394	126
辛烷	C_8H_{18}	114.23	1.66	1.186	2513	569
氧气	O_2	32.000	1.40	1.000	5040	155
戊烷	C_5H_{12}	72.15	1.06	0.757	3374	470
丙烷	C_3H_8	44.10	1.15	0.821	4256	370
丙二醇	$C_3H_8O_2$	42.08	1.14	0.814	4600	365
饱和蒸汽	—	18.016	1.25～1.32④	0.893～0.943④	22119	647
二氧化硫	SO_2	64.06	1.26	0.900	7822	430
过热蒸汽	—	18.016	1.315	0.939	22119	647

①　环境温度和大气压力下的流体常数（不包括蒸汽）。

②　压力单位为kPa（绝对压力）。

③　温度单位K。

④　代表性值，准确的特性需要了解确切的组成成分。

8）压缩系数 Z。许多计算公式都不包含上游条件下流体的实际密度这一项，而密度则是根据理想气体定律由入口压力和温度导出的，在某些条件下，真实气体性质与理想气体偏差很大。在这种情况下，就应引入压缩系数 Z 来补偿这个偏差，Z 是对比压力和对比温度两者的函数（参考图 1-22 来确定 Z）。对比压力 p_r 定义为实际入口绝对压力与所述流体的绝对热力临界压力之比，对比温度 T_r 的定义与此类似，即

$$p_r = \frac{p_1}{p_c} \tag{1-46}$$

$$T_r = \frac{T_1}{T_C} \tag{1-47}$$

注：p_c 和 T_C 的值见表 1-72。

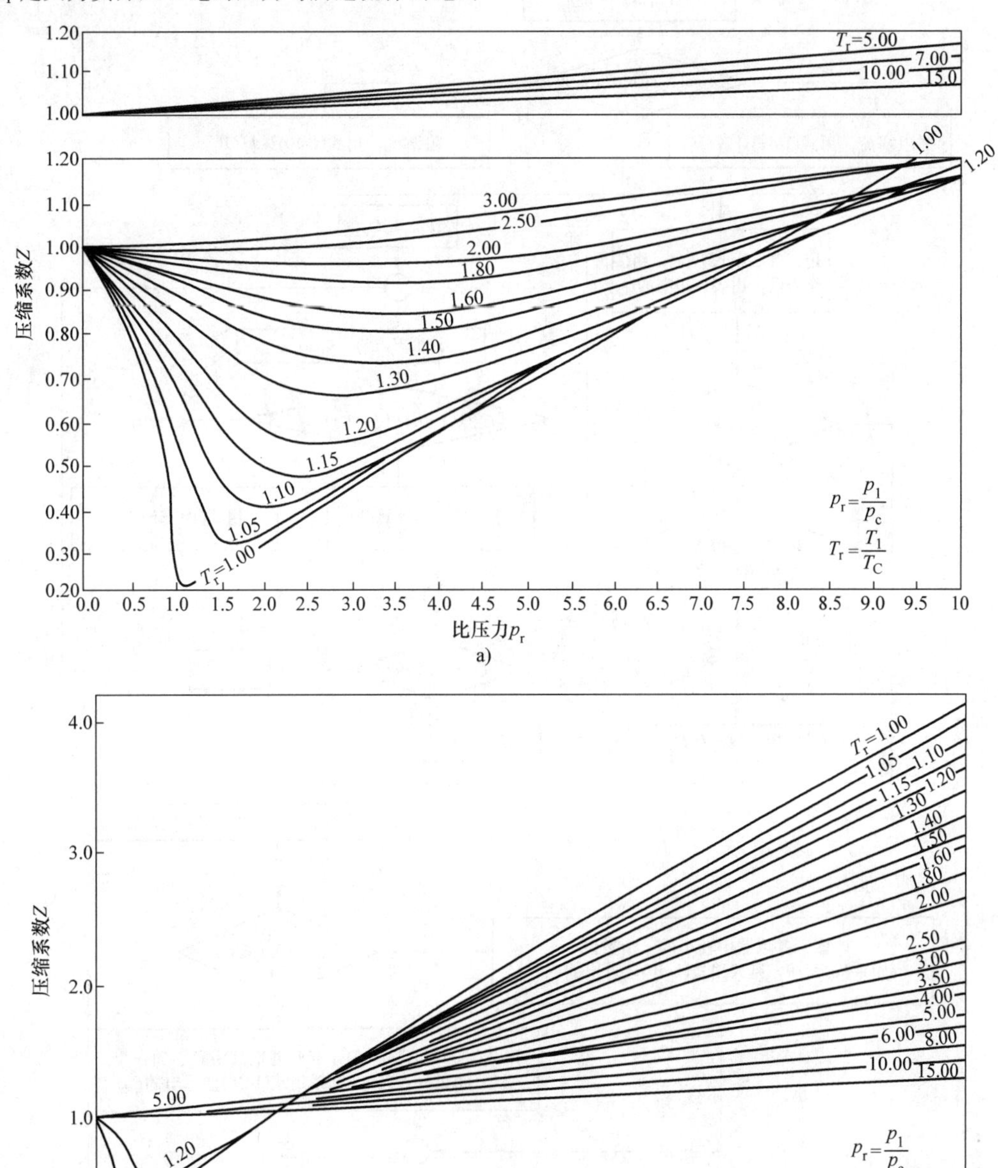

图 1-22 压缩系数图

a）比压力 p_r 为 0～10 b）比压力 p_r 为 0～40

（4）控制阀流量计算流程图

1）不可压缩流体（图1-23）。

2）可压缩流体（图1-24）。

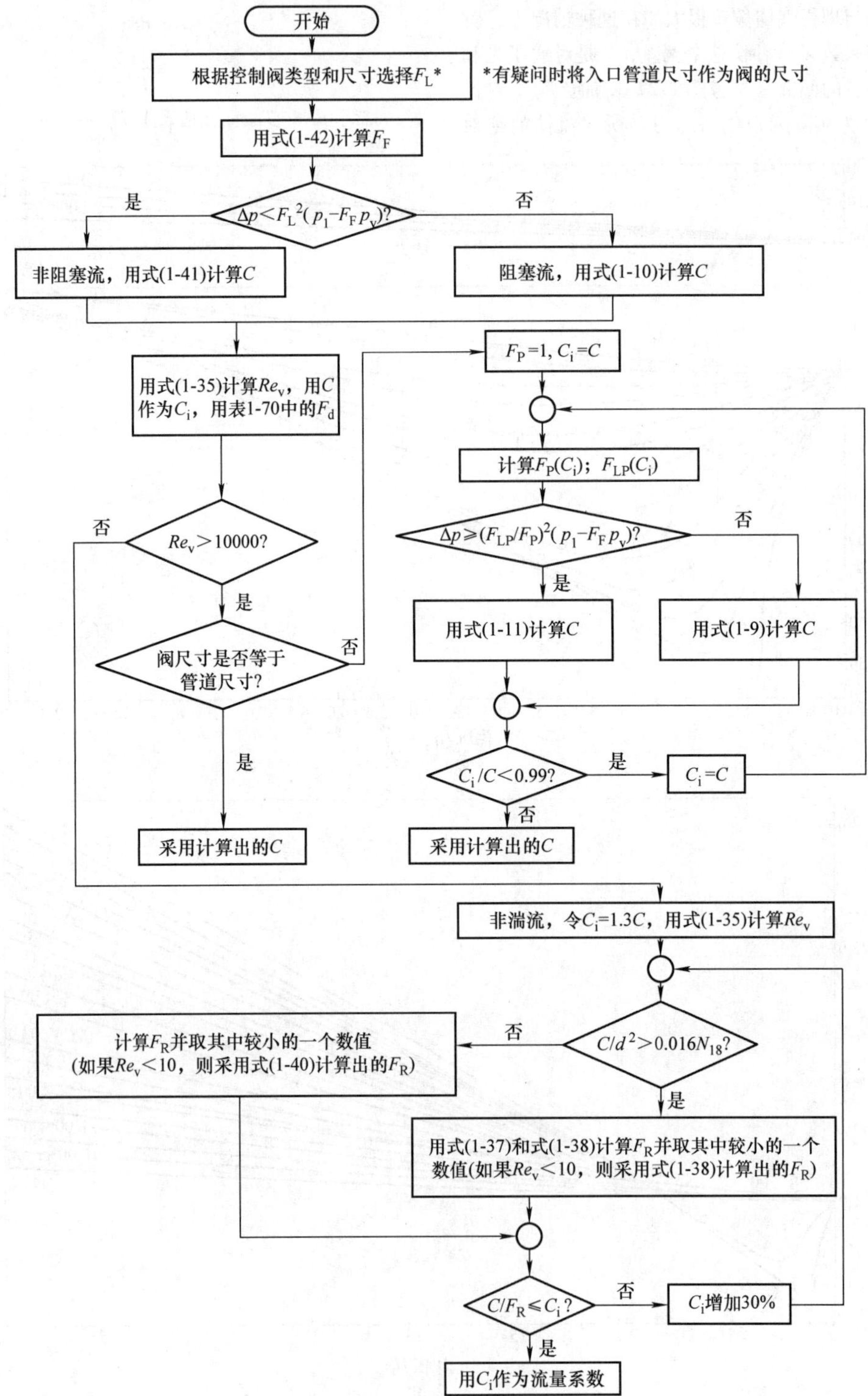

图1-23　不可压缩流体

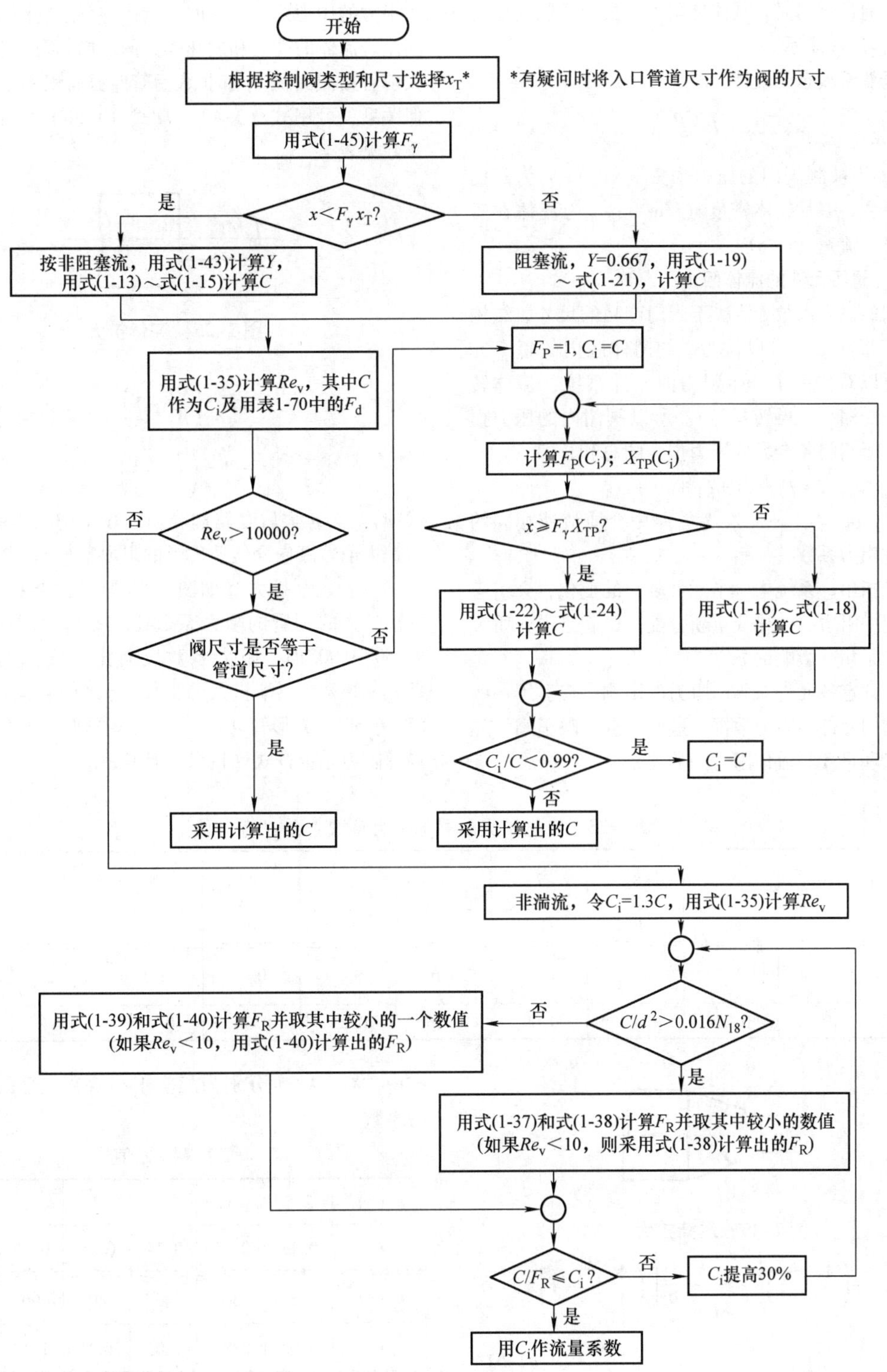
开始
根据控制阀类型和尺寸选择x_T*
*有疑问时将入口管道尺寸作为阀的尺寸
用式(1-45)计算F_γ
$x<F_\gamma x_T$?
是
否
按非阻塞流，用式(1-43)计算Y，用式(1-13)～式(1-15)计算C
阻塞流，Y=0.667，用式(1-19)～式(1-21)，计算C
用式(1-35)计算Re_v，其中C作为C_i及用表1-70中的F_d
$F_P=1$, $C_i=C$
计算$F_P(C_i)$；$X_{TP}(C_i)$
$x \geqslant F_\gamma X_{TP}$?
$Re_v>10000$?
阀尺寸是否等于管道尺寸?
用式(1-22)～式(1-24)计算C
用式(1-16)～式(1-18)计算C
$C_i/C<0.99$?
$C_i=C$
采用计算出的C
采用计算出的C
非湍流，令$C_i=1.3C$，用式(1-35)计算Re_v
$C/d^2>0.016N_{18}$?
用式(1-39)和式(1-40)计算F_R并取其中较小的一个数值(如果$Re_v<10$，用式(1-40)计算出的F_R)
用式(1-37)和式(1-38)计算F_R并取其中较小的数值(如果$Re_v<10$，则采用式(1-38)计算出的F_R)
$C/F_R \leqslant C_i$?
C_i提高30%
用C_i作流量系数

图 1-24 可压缩流体

1.6.2　阀门的流阻系数

流体通过阀门时，其流体阻力损失以阀门前后的流体压力降 Δp 表示。

对于湍流流态的液体

$$\Delta p=\zeta \frac{u^2\rho}{2} \tag{1-48}$$

式中，Δp 为被测阀门的压力损失（kPa）；ζ 为阀门的流阻系数；ρ 为流体密度（t/m^3）；u 为流体在管道内的平均流速（m/s）。

1.6.2.1　阀门元件的流体阻力

阀门的流阻系数 ζ 取决于阀门产品的尺寸、结构以及内腔形状等。可以认为，阀门体腔内的每个元件，都可以看作一个产生阻力的元件系统（流体转弯、扩大、缩小、再转弯等）。所以阀门内的压力损失，约等于阀门各个元件压力损失的总和，即

$$\zeta=\zeta_1+\zeta_2+\zeta_3+\cdots+\zeta_i$$

式中，ζ_1、ζ_2、ζ_3、…、ζ_i 为管路中介质流速相同的阀门元件阻力系数。

应该指出，系统中一个元件阻力的变化，会引起整个系统中阻力的变化或重新分配，也就是说介质流对各管段是相互影响的。

为了评定各元件对阀门阻力的影响，现引用一些常见的阀门元件的阻力数据。这些数据反映了阀门元件的形状和尺寸与流体阻力间的关系。

（1）突然扩大　如图1-25所示，突然扩大会产生很大的压力损失。这时，流体部分速度消耗在形成涡流、流体的搅动和发热等方面。局部阻力系数与扩大前管路截面积 A_1 和扩大后管路截面积 A_2 之比的近似关系，可用式（1-49）及式（1-50）表示；阻力系数见表1-73。

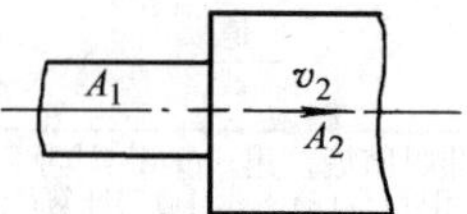

图1-25　突然扩大

$$\zeta=\left(\frac{A_2}{A_1}-1\right)^2 \tag{1-49}$$

$$\zeta'=\left(1-\frac{A_1}{A_2}\right)^2 \tag{1-50}$$

式中，ζ 为扩大后管路内介质速度下的阻力系数；ζ' 为扩大前管路内介质速度下的阻力系数。

（2）逐渐扩大　如图1-26所示，当 $\theta<40°$ 时，逐渐扩大的圆管的阻力系数比突然扩大时小，但当 $\theta=50°\sim90°$ 时，阻力系数反而比突然扩大时增大15%～20%。逐渐扩大的最佳扩张角 θ：圆形管 $\theta=5°\sim6°30'$；方形管 $\theta=7°\sim8°$；矩形管 $\theta=10°\sim12°$。局部阻力系数按式（1-51）计算：

表1-73　突然扩大的局部阻力系数 ζ 和 ζ' 值

$\frac{A_2}{A_1}$	10	9	8	7	6	5	4	3	2	—
ζ	81	64	49	36	25	16	9	4	1	—
$\frac{A_1}{A_2}$	1	0.9	0.8	0.7	0.6	0.5	0.4	0.3	0.2	0.1
ζ'	0	0.01	0.04	0.09	0.16	0.25	0.36	0.49	0.64	0.81

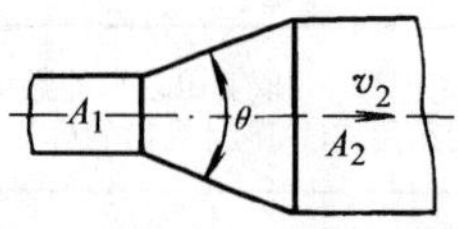

图1-26　逐渐扩大

$$\zeta=\xi\left(\frac{A_2}{A_1}-1\right)^2+\frac{\lambda_m}{8\tan\frac{\theta}{2}}\left[\left(\frac{A_2}{A_1}\right)^2-1\right] \tag{1-51}$$

式中，ξ 为系数，见表1-74；λ_m 为平均沿程阻力系数，

$$\lambda_m=\frac{1}{2}(\lambda_1+\lambda_2)$$

式中，λ_1、λ_2 为分别为相应于小管和大管的沿程阻力系数。

表1-74　ξ 值

θ/(°)	2.5	5	7.5	10	15	20
ξ	0.18	0.13	0.14	0.16	0.27	0.43
θ/(°)	25	30	40	60	90	180
ξ	0.62	0.81	1.03	1.21	1.12	1

（3）突然缩小　如图1-27所示，突然缩小的局部阻力系数见表1-75。

ζ 可按以下经验公式计算：

$$\zeta = 0.5\left(1 - \frac{A_2}{A_1}\right) \quad (1\text{-}52)$$

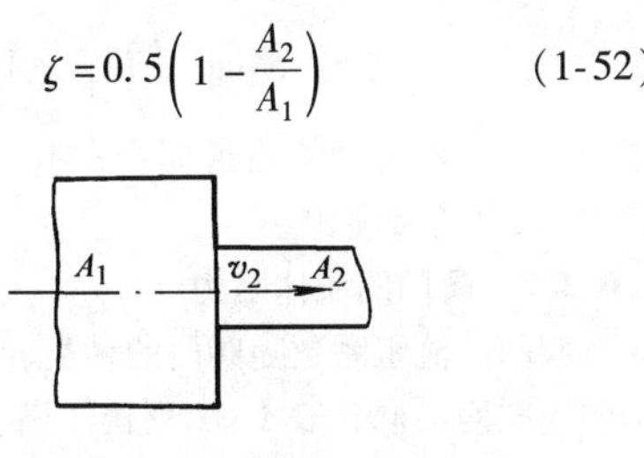

图 1-27 突然缩小

（4）逐渐缩小 如图 1-28 所示，逐渐缩小产生的压力损失不大，局部阻力系数按式（1-53）计算：

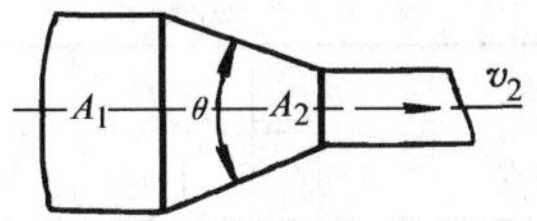

图 1-28 逐渐缩小

$$\zeta = \xi_c\left(\frac{1}{\varepsilon} - 1\right)^2 + \frac{\lambda_m}{8\tan\frac{\theta}{2}}\left[1 - \left(\frac{A_2}{A_1}\right)^2\right] \quad (1\text{-}53)$$

式中，ξ_c 为系数，见表 1-76；ε 为系数，见表 1-77。

ζ 值亦可由图 1-29 直接查得。

表 1-75 突然缩小的局部阻力系数 ζ 值

$\frac{A_2}{A_1}$	1	0.1	0.2	0.3	0.4	0.5	0.6	0.7	0.8	0.9	1.0
ζ	0.50	0.46	0.41	0.36	0.30	0.24	0.18	0.12	0.06	0.02	0

表 1-76 ξ_c 值

θ/(°)	10	20	40	60	80	100	140
ξ_c	0.40	0.25	0.20	0.20	0.30	0.40	0.60

表 1-77 ε 值

$\frac{A_2}{A_1}$	0	0.1	0.2	0.3	0.4	0.5	0.6	0.7	0.8	0.9
ε	0.661	0.612	0.616	0.622	0.633	0.644	0.662	0.687	0.722	0.781

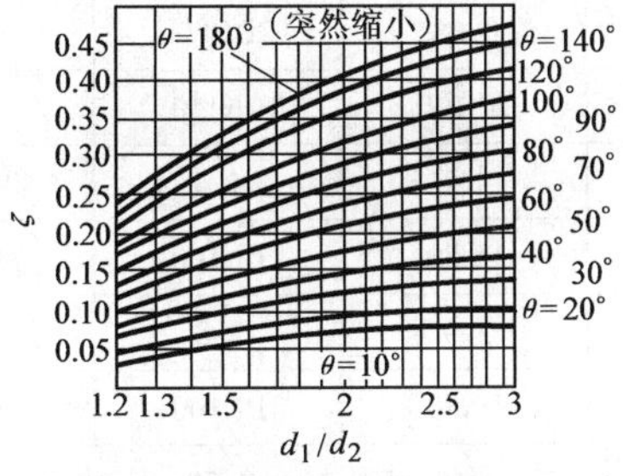

图 1-29 逐渐缩小的局部阻力系数 ζ 值

（5）平滑均匀转弯 如图 1-30 所示，当雷诺数 $Re > 10^5$ 时，局部阻力系数按式（1-54）计算：

$$\zeta = K\zeta_{90°} \quad (1\text{-}54)$$

式中，K 为系数，见表 1-78；$\zeta_{90°}$ 为转角为 90°时的局部阻力系数，见表 1-79。

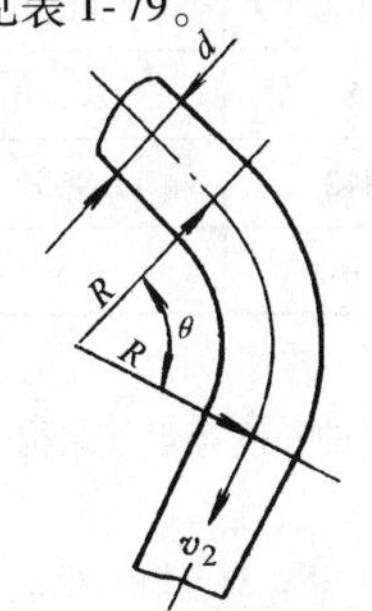

图 1-30 平滑均匀转弯

表 1-78 K 值

θ/(°)	20	30	40	50	60	70	80
K	0.40	0.55	0.65	0.75	0.83	0.88	0.95

θ/(°)	90	100	120	140	160	180
K	1.0	1.05	1.13	1.20	1.27	1.33

表 1-79 $\zeta_{90°}$ 值

$\frac{R}{d}$		1	2	4	6	10
$\zeta_{90°}$	光滑	0.22	0.14	0.11	0.08	0.11
	粗糙	0.52	0.28	0.23	0.18	0.20

（6）折角转弯 如图 1-31 所示，折角转弯主要产生在锻造阀门中，因为锻造阀门的介质通道是用钻孔方法加工的。在焊接阀门中也会产生急剧转弯。局部阻力系数可按式（1-55）计算：

$$\zeta = (1 - \cos\theta)\,\zeta_{Z90°} \quad (1\text{-}55)$$

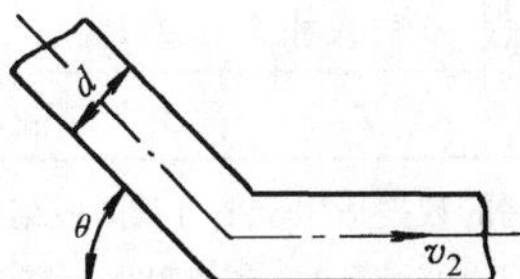

图 1-31 折角转弯

式中，$\zeta_{Z90°}$ 为折转 90°时的局部阻力系数，见表 1-80。

表 1-80　$\zeta_{Z90°}$ 值

d/mm	20	25	34	39	49
$\zeta_{Z90°}$	1.7	1.3	1.1	1.0	0.83

（7）对称的锥形接头　如图 1-32 所示，对称的锥形接头类似阀门缩口通道，其局部阻力系数可按式（1-56）确定：

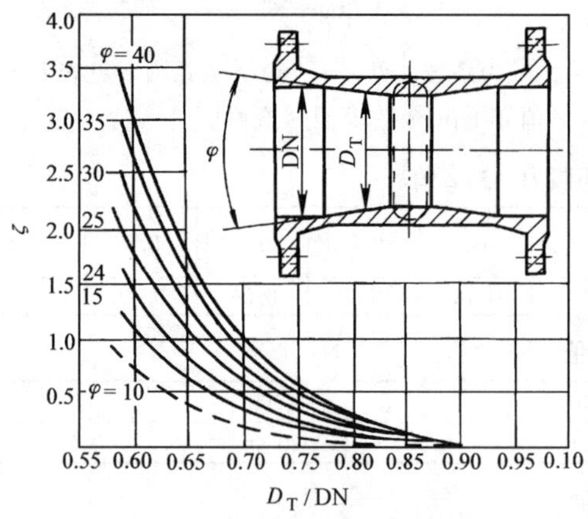

图 1-32　对称接头的局部阻力系数

$$\zeta = 2.54\tan\frac{\theta}{2}\left(\frac{A}{A_T}-1\right) \qquad (1\text{-}56)$$

式中，A 为未缩口的通道面积；A_T 为按缩口通道直径 D_T 计算的截面积。

1.6.2.2　阀门的流体阻力

阀门的流阻系数随阀门的种类、型号、尺寸和结构的不同而不同，表 1-81 列出了各类阀门流阻系数的参考值。

对于缩径闸阀，当 D_T/DN = 0.6 ~ 0.8、锥角 θ = 15° ~ 40°时，其阻力系数按式（1-57）确定：

$$\zeta = C\tan\frac{\theta}{2}\left(\frac{A}{A_T}-1\right)^2 \qquad (1\text{-}57)$$

式中，C 为系数，C = 6 ~ 8。

缩径闸阀的流阻系数亦可参见表 1-82。

阀门的流阻系数还随阀门的开度变化而变化，表 1-83 及表 1-84 分别给出了蝶阀和旋塞阀在不同开度下的流阻系数值。图 1-33 ~ 图 1-36 分别给出了截止阀、闸阀、蝶阀及隔膜阀的阀门开度与 K_1 的关系，而阀门的流阻系数 ζ 为 K_1 值与阀门全开启时的流阻系数的乘积。

表 1-81　各类阀门的流阻系数 ζ

闸　阀		公称尺寸	DN50	DN80	DN100	DN150	DN200 ~ DN250	DN300 ~ DN400	DN500 ~ DN800
		ζ	0.5	0.4	0.2	0.1	0.08	0.07	0.06
截止阀	直通式	公称尺寸	DN15	DN20	DN40	DN80	DN100	DN150	DN200
		ζ	10.8	8.0	4.9	4.0	4.1	4.4	4.7
	直角式	公称尺寸	DN25	DN32	DN50	DN65	DN80	DN100	DN150
		ζ	2.8	3.0	3.3	3.7	3.9	3.8	3.7
	直流式	公称尺寸	DN25	DN40	DN50	DN65	DN80	DN100	DN150
		ζ	1.04	0.85	0.73	0.65	0.60	0.50	0.42
止回阀	升降式	公称尺寸	DN40	DN50	DN80	DN100	DN150	DN200	—
		ζ	12	10	10	7	6	5.2	—
	旋启式	公称尺寸	DN40	DN100	DN200	DN300	DN500	—	—
		ζ	1.3	1.5	1.9	2.1	2.5	—	—
隔膜阀(堰式)		公称尺寸	DN25	DN40	DN50	DN80	DN100	DN150	DN200
		ζ	2.3	2.4	2.6	2.7	2.8	2.9	2.9
旋塞阀		公称尺寸	DN15	DN20	DN25	DN32	DN40	DN65	DN80
		ζ	0.9	0.4	0.5	1.2	1.0	1.1	1.0

注：1. 闸阀的数据适用于平行双闸板结构。

2. 球阀没有缩径时，ζ 值很小，流体阻力损失仅相当于相同通径的管道（管的长度等于其结构长度），流阻系数一般约为 0.1。

3. 蝶阀的 ζ 主要与蝶板的形状和板的相对厚度有关：对于菱形板 $\zeta\approx$0.05 ~ 0.25；对于饼形板 $\zeta\approx$0.18 ~ 0.6。

4. 直通式隔膜阀的流阻系数小于堰式隔膜阀，一般约为 0.6 ~ 0.9。

表 1-82 缩径闸阀的流阻系数 ζ

公称尺寸	D_T/DN						公称尺寸	D_T/DN					
	1/8	1/4	3/8	1/2	3/4	1		1/8	1/4	3/8	1/2	3/4	1
DN15(NPS1/2)	374	53.6	18.26	7.74	2.204	0.808	DN100(NPS4)	67.2	13.0	4.62	1.93	0.412	0.164
DN20(NPS3/4)	308	34.9	9.91	4.23	0.920	0.280	DN150(NPS6)	87.3	17.1	6.12	2.64	0.522	0.145
DN25(NPS1)	211	40.3	10.15	3.54	0.882	0.233	DN200(NPS8)	66.0	13.5	4.92	2.19	0.464	0.103
DN50(NPS2)	146	22.5	7.15	3.22	0.739	0.175	DN250(NPS10)	96.2	17.4	5.61	2.29	0.414	0.047

表 1-83 蝶阀在不同开度下的流阻系数

θ/(°)		5	10	20	30	40	50	60	70
ζ	圆管	0.24	0.52	1.54	3.91	10.8	32.6	118	751
	长方形管	0.28	0.45	1.34	3.54	9.27	24.9	77.4	368

表 1-84 旋塞阀在不同开度下的流阻系数

θ/(°)		5	10	20	30	40	50	55	60
ζ	圆管	0.05	0.29	1.56	5.47	17.3	52.6	106	206
	长方形管	0.05	0.31	1.84	6.15	20.7	95.3	275	—

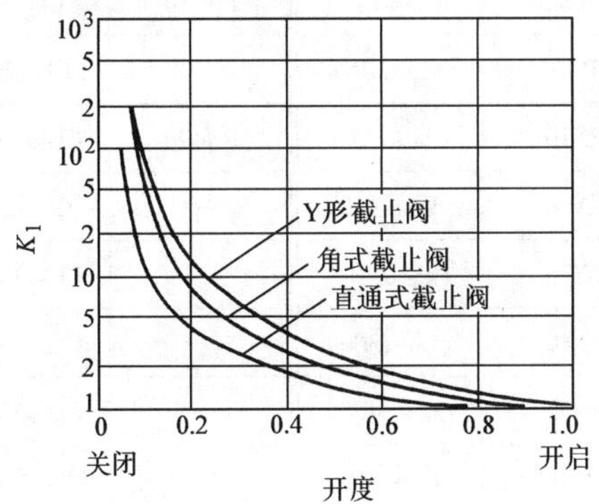

图 1-33 截止阀开度与 K_1 的关系

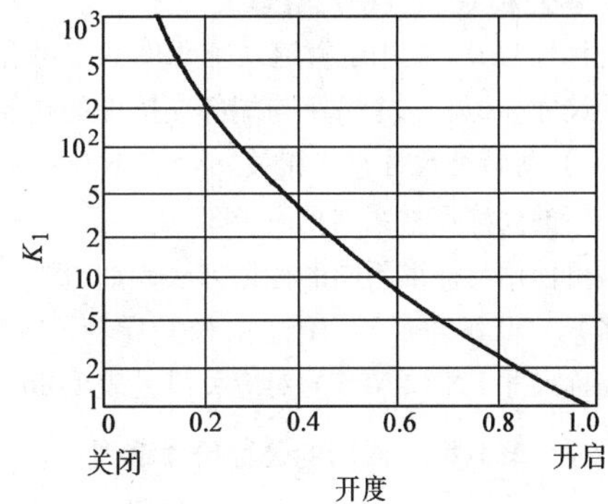

图 1-34 闸阀开度与 K_1 的关系

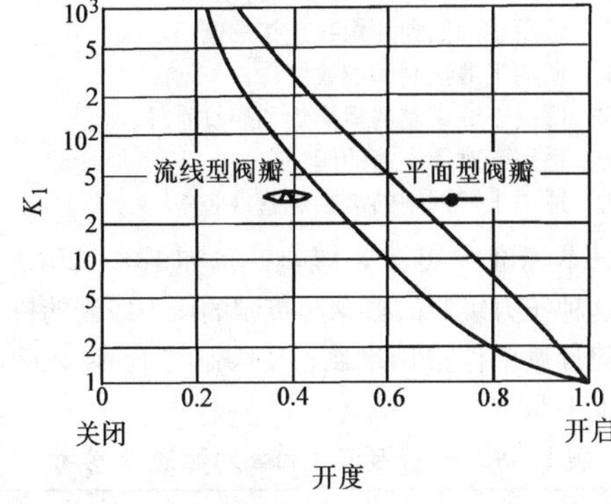

图 1-35 蝶阀开度与 K_1 的关系

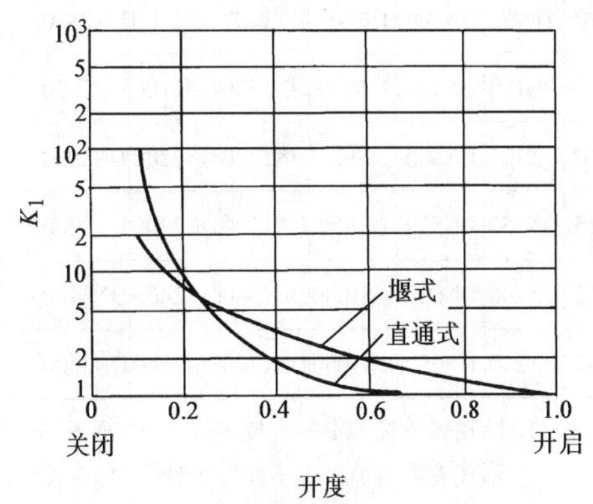

图 1-36 隔膜阀开度与 K_1 的关系

阀门对流体的阻力还可用管子的等效长度来表示。在管子的流阻计算公式中，管子的阻力系数 ζ 是沿程阻力系数 λ 与管子等效长度 $\frac{L}{D}$ 的乘积，即

$$\zeta = \lambda \frac{L}{D}$$

因此，管子等效长度可表示为

$$\frac{L}{D} = \frac{\zeta}{\lambda} \tag{1-58}$$

式中，$\frac{L}{D}$ 为管子等效长度；L 为计算沿程损失的管段长度；D 为管子的水力直径；λ 为沿程阻力系数。

如果沿程阻力系数可以近似为管路系统的沿程阻力系数，这时由于阀门的等效长度可以叠加到管子的等效长度上，所以用等效长度的方法可以简化管路系统的计算。

1.7　阀门参数

1.7.1　公称尺寸 DN/NPS

公称尺寸 DN 是用于管道系统元件的字母和数字组合的尺寸标识。这个数字与端部连接件的孔径或外径（mm）等特征尺寸直接相关。

阀门的公称尺寸系列见表 1-85。

也可使用与标准不同的标记方法，如 NPS（公称管规格）、OD（外径）、ID（内径）等标记管道元件。公称尺寸 DN 和 NPS 的对应关系见表 1-86。

表 1-85　阀门的公称尺寸系列

（GB/T 1047）

DN6	DN50	DN300	DN700	DN1100	DN1800	DN2600	DN3800
DN8	DN65	DN350	DN750	DN1150	DN1900	DN2700	DN4000
DN10	DN80	DN400	DN800	DN1200	DN2000	DN2800	
DN15	DN100	DN450	DN850	DN1300	DN2100	DN2900	
DN20	DN125	DN500	DN900	DN1400	DN2200	DN3000	
DN25	DN150	DN550	DN950	DN1500	DN2300	DN3200	
DN32	DN200	DN600	DN1000	DN1600	DN2400	DN3400	
DN40	DN250	DN650	DN1050	DN1700	DN2500	DN3600	

注：1. 除在相关标准中另有规定，字母 DN 后面的数字不代表测量值，也不能用于计算目的。

2. 采用 DN 标识系统的那些标准，应给出 DN 与管道元件的尺寸关系，例如 DN/OD 或 DN/ID（OD 为外径，ID 为内径）。

表 1-86　DN 数值和 NPS 数值的对应关系

DN	NPS	DN	NPS
6	1/8	32	1¼
8	1/4	40	1½
10	3/8	50	2
15	1/2	65	2½
20	3/4	80	3
25	1	100	4

注：DN≥100 时，NPS = DN/25。

1.7.2　公称压力 PN/Class

公称压力由字母 PN 和其后紧跟的整数数字组成。它与管道系统元件的力学性能和尺寸特性相关。

阀门的公称压力系列见表 1-87。

表 1-87　阀门的公称压力系列

（GB/T 1048）

PN 系列	Class 系列	PN 系列	Class 系列
PN2.5	Class25①	PN250	Class900
PN6	Class75	PN320	Class1500
PN10	Class125②	PN400	Class2000④
PN16	Class150	—	Class2500
PN25	Class250②	—	Class3000⑤
PN40	Class300	—	Class4500⑥
PN63	(Class400)	—	Class6000⑤
PN100	Class600	—	Class9000⑦
PN160	Class800③		

注：带括号的公称压力数值不推荐使用。

① 适用于灰铸铁法兰和法兰管件。

② 适用于铸铁法兰、法兰管件和螺纹管件。

③ 适用于承插焊和螺纹连接的阀门。

④ 适用于锻钢制的螺纹管件。

⑤ 适用于锻钢制的承插焊和螺纹管件。

⑥ 适用于对焊连接的阀门。

⑦ 适用于锻钢制的承插焊管件。

日本标准中实行 K 级制，例如 10K、20K、30K 等。这种压力级制的概念与英制的压力级制的概念相同，但计量单位采用米制，K 级制与 Class 之间的关系见表 1-88。

表 1-88　K 级制与 Class 对照表（参考）

压力级	Class 150	Class 300	Class 400	Class 600	Class 900	Class 1500	Class 2000	Class 2500	Class 3500	Class 4500
	10K	20K	30K	45K	65K	110K	140K	180K	250K	320K

1.7.3 压力-温度额定值

阀门的压力-温度额定值，是在指定温度下用表压表示的最大允许工作压力。当温度升高时，最大允许工作压力随之降低。压力-温度额定值数据是在不同工作温度和工作压力下正确选用法兰、阀门及管件的主要依据，也是工程设计和生产制造中的基本参数。

各种材料的压力-温度额定值数据见第4章。世界各主要生产阀门的国家都制订了阀门、管件、法兰的压力-温度额定值标准。

1.7.3.1 美国标准

在美国标准中，钢制阀门的压力-温度额定值按ASME B16.5—2017、ASME B16.34—2017的规定；铸铁阀门的压力-温度额定值按ASME B16.1—2015、ASME B16.4—2016、ASME B16.42—2016的规定；青铜阀门的压力温度额定值按ASME B16.15—2013、ASME B16.24—2016的规定。

1. 美国ASME B16.34—2017

（1）压力-温度额定使用Class表示　每个压力级Class又分为标准、特殊和限定级。

1）对于标准级和限定级米制单位的Class150、Class300、Class600、Class900、Class1500、Class2500和Class4500其额定位列于表3-1中，限定级额定值用1.7.3.1 1.（8）的方法来计算。

① 法兰连接的阀门只按标准级的额定值，大于NPS50的法兰端阀门也包含在内。

② Class4500仅适用焊接端的阀门。

③ 该标准的压力-温度额定值不包括大于Class2500或高于538℃的螺纹端的阀门。

④ 该标准不包括公称尺寸大于NPS2 1/2（DN65）的螺纹端和承插焊端的阀门。

⑤ 除（5）中的规定外，表3-1所列的额定值都是在所示温度下以表压所表示的最大允许工作压力。

⑥ 处于表3-1所列值中间的额定值可在一个压力级内的温度之间或在压力之间采用线性插值法确定，但对法兰端的阀门，表列Class之间插值是不允许的。对于Class400采用ASME B16.5或ASME B16.47的法兰端的阀门应使用5）的中间额定值方法。

⑦ 在所有情况下，对于指定的压力等级或压力-温度额定值，阀门的制造方法是其阀体、阀盖、中法兰连接螺栓应满足38℃时压力额定值的要求。然而，阀门的压力-温度额定值还可以受另外制造细节或材料的限制。

2）标准压力级（Class）阀门。符合该标准的阀门，除该标准中第8章对特殊压力级（Class）阀门或该标准附录Ⅴ对限定级（Class）阀门的附加要求外，就定为标准压力级（Class）阀门。其压力-温度额定值不应超过表3-1中“A”表中的数值。

3）特殊压力级（Class）阀门。符合2）中所有要求，并符合该标准中第8章所要求的检验的螺纹端或焊接端的阀门可定为特殊压力级（Class）阀门。其压力-温度额定值不应超过表3-1中“B”表中的数值。特殊压力级（Class）阀门的额定值不能应用于法兰端阀门。

4）限定压力级（Class）阀门。符合该标准中附录Ⅴ要求的公称尺寸≤NPS2½（DN65）的焊接端或螺纹端的阀门可定为限定压力级（Class）阀门。其压力-温度额定值不应超过该标准强制性附录Ⅴ所计算的值。限定压力级（Class）阀门的压力-温度额定值不能应用于法兰端的阀门。

5）中间额定值阀门。标准压力级（Class）或特殊压力级（Class）的焊接端或螺纹端的阀门或标准压力级Class400的法兰端阀门可按给定的一个中间压力-温度额定值或中间压力级，但要满足本标准的所有其他相应要求。对一些限定压力级（Class）的焊接端或螺纹端的阀门，按该标准中附录Ⅴ中的方法连同该标准中6.1.4的插值程序来确定。

6）组焊阀门。全部或部分由铸件、锻件、棒材、板材或管材组焊成的阀门，只有在下述条件下才可采用适用的压力-温度额定值。

① 阀门符合该标准所有的适用要求。

② 焊件的组焊和热处理符合ASME BPVC第Ⅷ卷第1册的规定。

③ 焊缝的无损检验按ASME BPVC第Ⅷ卷第1册的规定，其焊缝强度有效系数E不小于以下数值：

a）0.80，对于公称尺寸大于NPS6（DN150）的法兰端和标准压力级（Class）的焊接端阀门；

b）1.00，对于所有公称尺寸系列的特殊压力级（Class）的焊接端或螺纹端阀门。

此要求不适用于密封焊或连接焊，如上密封座、阀座圈、吊耳和辅助连接的焊接。

（2）额定温度　对应压力额定值所示的温度是承压壳体的温度，一般这个温度与介质的温度相同。按适用的标准和法规要求，使用与介质温度相符的压力-温度额定值是用户的责任。

（3）温度影响

1）高温。在蠕变范围的温度下使用，由于法兰、螺栓和垫片发生松弛，将导致螺栓负荷减小，温度变化同样可使法兰连接螺栓负荷减小。这会减弱法兰承受有效负荷而不泄漏的能力。在温度升高时，法兰，特别是 Class150 的法兰，可能产生泄漏，除非避免施加过大的外部载荷或过大的温度变化。

2）低温。任何工作温度低于 -29℃ 的压力额定值都不应大于表 3-1 所列的 -29℃ 的额定值。标准所列的某些材料，特别是某些碳钢，当用于低温、不能安全地抵抗冲击载荷、应力突变或高度应力集中时，其韧性可能会变差。当温度高于 -29℃ 使用时，某些法规或规范可能要求做冲击试验，当有这样的要求时，确保将这些要求在购买之前通知制造厂是用户的责任。

3）液体热膨胀。在一定条件下，有些双阀座阀门，能抵抗来自中腔与进口连接管道的压差而密封。在中腔充满或部分充有液体并温度升高的情况下，可导致中腔形成过高的压力，造成承压界破坏。例如管道系统中冷凝液、冲洗液或试验介质在关闭阀门时会积聚于中腔，这种液体的积聚，可能来自阀门进口端阀座的泄漏。如果在后续过程中没有通过部分开启阀门或其他方法把残留液体排出。则残留液体可能在系统升温中被加热，在可能发生这种情况的场合，由买方负责提出规定要求，以便在设计安装或操作过程中采用一种方法，用以保证所能达到的温度，阀门的内压压力不超过本标准允许的压力。

（4）对法兰端阀门额定值使用的说明　法兰端阀门在高温或低温下或在介质温度突然变化的工况下使用，有引起法兰连接处泄漏的危险，在 ASME B16.5 中提供了说明，更多的说明在 ASME PCC-1 中。铸铁凸面法兰螺栓连接的警惕措施在 ASME B16.5 中给出。

（5）偏差　除 1）、2）、3）的规定外，各额定值都是相应温度下的最大允许工作压力。

1）安全阀、泄放阀或安全膜的使用。在安全阀、泄放阀或安全膜的使用中，对于按本标准提供的阀门，其压力可以超过额定压力，其超过值不大于压力-温度额定值所规定压力的 10%，但必须限定持续时间。压力超出上述规定而造成的损失完全是用户的责任。

2）其他偏差。使阀门承受超过其额定值（瞬时）完全是用户的责任。

3）压力试验极限。对单独的阀门或管线系统装置施加符合标准的压力极限值对阀门进行试验，旨在为告诉阀门用户：

① 阀门在关闭位置进行高于 38℃ 时的压力额定值的压力试验，或进行压力高于阀门标牌所示的关闭压差的压力试验，阀门的任何损坏将由用户负责。

② 阀门在开启位置在超过 1.5 倍 38℃ 时的压力额定值的壳体试验压力下进行试验，阀门的任何损坏将由用户负责。

（6）多种材料牌号　阀体、阀盖的材料可参照该标准中表 1 所列的不止一项的标准要求或不只一级的标准要求。另外该标准中 5.1 所提供的这些任一标准或等级中的压力-温度额定值是适用的。材料的标记按标准中多种材料标记的规定。责任见该标准中 5.2.2。

（7）局部操作条件　当一台阀门（或一系列阀门）在一个管道系统内安装。这个管道系统在关闭阀门的两边不同的压力（或温度）下操作，使用者有责任保证被安装的阀门适合综合压力-温度额定值的最高值。

（8）限定压力级（Class）阀门压力-温度额定值的确定方法　第 1 组材料和第 2 组材料的限定压力级（Class）阀门的压力-温度额定值由下式确定：

$$p_{1d}=\frac{7000}{7000-(Y-0.04)\ p_r}\cdot p_{sp} \quad (1\text{-}59)$$

式中，p_{1d} 为指定材料在温度 T 时的限定级（Class）额定工作压力；p_r 为额定压力级（Class）数值，对于所有 Class300 ~ Class4500，p_r 等于 Class 数值；（如对于 Class300，$p_r=300$；对于 Class150，$p_r=115$；对于在 Class150 ~ Class300 之间的，需用 Class150 的 $p_r=115$ 进行插值；当大于 Class4500 时，不能用该公式。）p_{sp} 为按该标准中附录 B 的方法确定的材料在温度 T 时的特殊压力级（Class）额定工作压力，这些特殊 Class 的工作压力在带有“特殊 Class”的表中。应采用该表列数值确定限定压力级（Class）的额定值；Y 为材料系数，见表 1-89。

表 1-89　材料系数 Y

材料	适用温度/℃					
	≤480	510	538	565	595	≥620
铁素体钢	0.4	0.5	0.7	0.7	0.7	0.7
奥氏体钢	0.4	0.4	0.4	0.4	0.5	0.7
其他	0.4	0.4	0.4	0.4	0.4	0.4
可锻材料						

工作压力决不应随温度升高而增大。对于铁素体钢高于480℃、奥氏体钢高于565℃的所有额定值应经制造厂验证。

(9) 中间压力级 (Class) 额定值的确定方法

1) 概述。焊接端或螺纹端阀门可以设计为中间压力级 (Class)。在此情况下，有必要进行多次线性插值，以便确定中间压力级 (Class) 数值、中间压力-温度额定值和相关的最小壁厚。

2) 代号的定义。

d_1——给定内径；

p_C——Class数值，如对于Class150，$p_C=150$；对于Class300，$p_C=300$；

p_{CL}——在温度为T_1时，确定的p_1计算的中间压力级 (Class)；

p_r——Class数值，对于所有≥Class300，p_r等于Class数值（如对于Class300，$p_r=300$；对于Class150和在Class150～Class300之间，需按Class150的$p_r=115$插值确定）；

p_{r1}——在温度为T_1时，p_1计算的中间压力级Class数值；

p_1——在温度为T_1时，给定的中间工作压力；

T_1——与p_1相关的给定温度；

t_1——p_{C1}计算要求的最小壁厚。

3) 中间压力额定值的插值。给定在T_1温度下的p_1以及阀门材料，参考压力-温度额定值适用表格。对于给定的T_1，定位于T_a和T_b，温度高于和低于T_1。对于给定的p_1，定位于p_{aL}和p_{aH}及p_{bL}和p_{bH}，限定的压力低于和高于p_1。这些用Class额定值P_{rL}和P_{rH}表示。这些表示于表1-90中。

表1-90 压力-温度行列

T		p_{rL}	p_{r1}	p_{rH}	
T_a		p_{aL}	p_{a1}	p_{aH}	
T_1		p_{1L}	p_1	p_{1H}	
T_b		p_{bL}	p_{b1}	p_{bH}	

① 在中间温度T_1时插值求出p_{1L}和p_{1H}：

$$p_{1L}=p_{aL}-(p_{aL}-p_{bL})\left(\frac{T_a-T_1}{T_a-T_b}\right) \quad (1\text{-}60)$$

$$p_{1H}=p_{aH}-(p_{aH}-p_{bH})\left(\frac{T_a-T_1}{T_a-T_b}\right) \quad (1\text{-}61)$$

② 插值求出p_{r1}：

$$p_{r1}=p_{rL}+(p_{rH}-p_{rL})\left(\frac{p_1-p_{1L}}{p_{1H}-p_{1L}}\right) \quad (1\text{-}62)$$

③ 插值求出p_{C1}：

$$p_{C1}=p_{CL}+(p_{r1}-p_{rL})\left(\frac{p_{CH}-p_{CL}}{p_{rH}-p_{rL}}\right) \quad (1\text{-}63)$$

注：在$p_{C1}\geqslant300$时，$p_{C1}=p_{r1}$。

④ 插值求出温度高于适用于p_{r1}相关工作温度范围的中间工作压力。

当压力为38℃的额定值时，特别要求进行这种插值，因为这个压力的额定值是确定的静水试验压力并满足标准要求，还是确定的与最大限定温度相关的压力。例如：当$T=T_a$时，插值的工作压力额定值为

$$p_{a1}=p_{aL}+(p_{aH}-p_{aL})\left(\frac{p_{r1}-p_{rL}}{p_{rH}-p_{rL}}\right) \quad (1\text{-}64)$$

4) 中间额定值的壁厚。给出了阀门的内径d和计算的插值压力级Class数值p_{c1}，对于最小壁厚见相关查询表（表1-91），对于给出的内径d_1，定位于d_a和d_b，直径大于和小于d_1。对于给出的p_{C1}，定位于p_{CL}和p_{CH}，Class数值定位于低于和高于p_{C1}，范围最小壁厚正如图1-38中所示位于十字交叉点上。

表1-91 压力级Class-直径行列

d		p_{CL}	p_{c1}	p_{CH}	
d_a		t_{aL}		t_{aH}	
d_1		t_{1L}	t_1	t_{1H}	
d_b		t_{bL}		t_{bH}	

① 插值求出中间直径d_1的中间最小壁厚t_{1L}和t_{1H}：

$$t_{1L}=t_{aL}+(t_{bL}-t_{aL})\left(\frac{d_1-d_a}{d_b-d_a}\right) \quad (1\text{-}65)$$

$$t_{1H}=t_{aH}+(t_{bH}-t_{aH})\left(\frac{d_1-d_a}{d_b-d_a}\right) \quad (1\text{-}66)$$

② 插值求出中间最小壁厚：

$$t_1=t_{1L}+(t_{1H}-t_{1L})\left(\frac{p_{c1}-p_{CL}}{p_{CH}-p_{CL}}\right) \quad (1\text{-}67)$$

2. 美国ASME B16.42—2016《球墨铸铁管法兰及法兰管件》(Class150和Class300)

该标准规定了Class150和Class300 (PN20和PN50) 球墨铸铁管法兰的压力-温度额定值。在标准附录中，又规定了压力-温度额定值的制定方法。其基本原理、使用范围、限制条件及制订程序与ASME B16.5基本一致。

3. ASME B16.1—2015《灰铸铁管法兰及法兰管件 (Class25、Class125和Class250)》

该标准中给出了材料为ASTM A126—2014《阀

门、法兰和管件用灰铸铁件》的 Class25、NPS4 ~ NPS96，Class125、NPS1 ~ NPS48，Class250、NPS1 ~ NPS48 的压力-温度额定值。该额定压力为所含介质在一定温度条件下无冲击时的最大压力。所列出的与压力级对应的额定温度是指承压件的温度。可以认为材料的温度与介质的温度是相同的。当温度低于 -29℃时，应按照铸铁件低温特性（ASTM A126）中规定的技术条件确定。

4. ASME B16.24—2016《Class 150、Class300、Class600、Class900、Class1500 和 Class2500 铸铜合金管法兰和法兰管件》

（1）总则　表 3-4 所列的压力-温度额定值适用 ASTM B61、ASTM B62 的材料。所有的压力-温度额定值均与所控制的介质无关，并为在表 3-4 所示温度下的最大非冲击压力。

（2）法兰连接件的等级　该标准中的压力-温度额定值适用于满足下述条件的法兰连接件：

1）螺栓。

① 钢制螺栓。许用应力不小于 ASTM A193/A193M B7 的螺栓材料。或与其具有类似强度的材料。

ASTM A307 的碳钢螺栓不可用于 -29℃以下或 200℃以上的温度，并仅限用于 Class150 和 Class300。

② 有色金属螺栓。在限定温度范围内，表 1-92 中的有色金属材料可用于 Class150 和 Class300。

表 1-92　有色金属螺栓材料

ASTM	UNS（统一编号系统）	状态	最高工作温度/℃
B98	C65100	中硬	175
	C65500	中硬	175
	C66100	中硬	175
B150	C61400		285
	C63000		285
	C64200		285
B164	N04400	热轧	
	N04400	冷拔	285
	N04400	冷拔，消除应力	285
	N04400	冷拔，应力平衡	285
	N04405	热轧	
	N04405	冷拔	285

2）垫片。见 ASME B16 中的垫片材料或 ASME B16.21 中的垫片相关规定。金属垫片不应用于平端法兰。

（3）温度等级　所列的相应压力-温度额定值的温度为法兰或法兰管件承压壳体的温度。一般来说，此温度与所控的介质温度相同。

（4）低温使用　当采用适当的螺栓和垫片进行组装，并且符合适用的规范。符合本标准的铜合金法兰和法兰管件，可在 -196℃的温度下使用。

1.7.3.2　欧洲标准

欧洲标准 EN 12516-1：2014《工业阀门　壳体强度设计　钢制阀门壳体强度的列表法》规定了 PN2.5、PN6、PN10、PN16、PN20、PN25、PN40、PN63、PN100、PN160、PN250、PN320、PN400、Class150、Class300、Class600、Class900、Class1500、Class2500、Class4500 的钢制阀门压力-温度额定值数据。公称压力 Class 系列分为标准压力级和特殊压力级的压力-温度额定性，各级的定义和 ASME B16.34 一致。该标准列出了法兰端、螺纹端和对焊端的标准级阀力及对焊端特殊级阀门的压力-温度额定值数据表，列出的阀门材料有 92 种，分为 23 组。该标准纳入了 ASME B16.34 标准中 Class150 ~ Class4500 的压力-温度额定值数据。标准 EN12516-2：2004《工业阀门　壳体强度设计　钢制阀门壳体强度的计算方法》，标准 EN12516-3：2002《工业阀门　壳体强度设计　试验方法》，这三个标准都为欧盟的标准，是欧盟成员国应共同执行的标准。

1.7.3.3　苏联标准

苏联标准 ГОСТ 356—1980《阀门与管件的公称压力、试验压力和工作压力系列》，全部符合经互会标准 ДТЭВ253—1976（苏联标准更新情况不详，仅供参考）。

工作压力与公称压力的关系用下式表示

$$p_T = \frac{\sigma_s}{\sigma_{20}} \cdot \frac{PN}{10} \tag{1-68}$$

式中，p_T 为所规定材料在温度为 T 时的工作压力（MPa）；PN 为公称压力（MPa）；σ_{20} 为温度为 200℃时材料的许用应力（MPa）；σ_s 为温度为 T 时材料的许用应力（MPa）。

苏联标准 ГОСТ356—1980 中，对材料进行了分组。在该标准中，将 200℃以下的最大允许工作压力值，均视为常温下的工作压力，并等于 1/10 公称压力（MPa）。

1.7.3.4　国际标准 ISO 7005-1:2011《金属法兰　第 1 部分：钢法兰》

国际标准 ISO 7005-1:2011 是将美国机械工程师学会标准 ASME B16.5 和欧洲标准 EN1092-1 中公称压力 PN 表示的法兰标准合并在一起。因此，压力-温度额定值标准，也分别采用了美国机械工程师学会标准和欧洲标准中法兰压力-温度额定值标准的制定方法及相应数据。

ISO 7005—1 中表 E1 ~ 表 E4 中给出的是公称压力 PN2.5、PN6、PN10、PN16、PN25、PN40，材料组为标准附录表 D.1 中的材料，法兰类型为 05、11、12、13 和 21 的压力-温度额定值。

ISO 7005-1 中表 E5 ~ 表 E21 中给出的是公称压力为 PN20、PN50、PN110、PN150、PN260 和 PN420，材料组为标准附录表 D.2 中的材料，法兰类型为 ASME B16.5 中标准级的法兰和对焊端的管件的压力-温度额定值。

ISO 7005-1 中表 E22 中给出的是公称压力 PN20、PN50、PN110 和 PN150，材料组为标准附录表 D.3 中的材料，法兰类型为 05 和 11 的管线法兰，其公称尺寸大于和等于 DN300 的压力-温度额定值。

1.7.3.5 中国标准

1. GB/T 12224—2015《钢制阀门　一般要求》

1）GB/T 12224—2015《钢制阀门　一般要求》与美国机械工程师学会标准 ASME B16.34 和欧洲标准 EN12516—1 在技术内容上基本一致，技术水平与之相当。标准中的 Class 系列阀门的标准压力级与特殊压力级的压力-温度额定值与美国 ASME B16.34 相同。PN 系列阀门的标准压力级与特殊压力级的压力-温度额定值与欧洲标准 EN12516—1 相同。

① 标准压力级阀门。满足该标准要求的阀门，除满足对特殊压力级阀门的要求和对限定压力级阀门的要求之外的阀门，都定为标准压力级阀门，其压力-温度额定值按该标准相关的规定。

② 特殊压力级阀门。满足该标准中第 8 章所规定的检验要求的阀门，定为特殊压力级阀门，其压力-温度额定值按该标准相关的规定。特殊压力级额定值不适用于法兰端阀门。

③ 限定压力级阀门。满足标准附录 A 对限定压力级阀门的要求，其压力-温度额定值按 1.7.3.1 1.（8）的计算方法确定。其公称尺寸不大于 DN65 的焊接端或螺纹端阀门定为限定压力级阀门。

④ 中间额定值阀门。Class 系列焊接端或螺纹端阀门，其压力-温度额定值可按 1.7.3.1 1.（9）的计算方法确定。但法兰端的阀门，不允许用线性插值法确定公称压力等级。

⑤ 组焊件。全部或部分用铸件、锻件、棒材、板材或管材组焊的阀门应满足下列要求：

a）焊件的组焊按 GB/T 150.1 ~ .3—2011 的规定。

b）焊件的热处理按 GB/T 150.4—2011 的规定。

c）焊缝的检验与验收按 GB/T 150.4—2011 的规定。

d）上述要求不适用于密封焊或附着焊，如上密封座、阀座圈、吊耳和辅助连接件的焊接。

2）额定温度。额定温度是对应压力额定值所示的温度，是阀门承压壳体的最高适用温度，即允许的工作介质最高温度。

3）温度影响。

① 高温。在高温蠕变范围内的温度下，由于法兰、螺栓和垫片发生松弛，将会导致螺栓负荷减小，因而会降低法兰连接面的密封能力。在温度升高时，特别是公称压力不大于 PN25 的法兰连接面和不大于 Class150 的法兰连接面可能会产生泄漏，所以应采取有效措施避免过大的外加负荷或过大的温度梯度变化。

② 低温。对于该标准表 1A 中所列的材料，工作温度低于 −29℃ 的压力-温度额定值，应不大于该标准中对应于 −29 ~ 38℃ 的压力-温度额定值。

对于该标准表 1B 中所列的材料，工作温度低于 −10℃ 的压力-温度额定值，应不大于该标准中对应于 −10 ~ 50℃ 的压力-温度额定值。

该标准表 1A 和表 1B 中所列的某些材料，在低温下的抗冲击性能会降低，所能承受的冲击载荷、应力突然变化或高度应力集中的能力也会降低。

③ 液体热膨胀。在一定条件下，有些双阀座阀门能密封中腔。在中腔充满或部分充有液体介质，温度上升的情况下可能会导致中腔压力异常升高，造成阀门破坏。有可能发生这种情况的场合，用户应在订货合同中说明，制造厂在阀门中腔应设置泄压装置，使阀门内的压力不超过允许值。

4）法兰端阀门额定值使用说明。法兰端阀门在高温或低温下，或在介质温度快速变化的工况下使用，有可能引起法兰密封面泄漏。当 PN 系列公称压力不大于 PN25 和 Class150 的法兰端阀门，工作温度超过 200℃ 时，或当其他压力级的法兰端阀门，工作温度超过 400℃ 时，应尽量避免介质温度的急剧变化和外加载荷。法兰螺栓连接的相关技术要求按 GB/T 150.1 ~ 150.4—2011 的规定。

5）偏差。

① 安全阀和泄放阀。按本标准提供的安全阀和泄放阀，其瞬时工作压力可以大于压力-温度额定值，但不大于压力-温度额定值的 1.1 倍。

② 其他偏差。除①的规定以外，阀门的最大允许工作压力不大于压力-温度额定值（包括瞬时状态）。

③ 压力试验限制。

a）对单独阀门或安装在管道系统的阀门进行压力试验，应考虑到符合本标准阀门的压力限制。

b）处于关闭状态的阀门，在关闭状态下进行压力试验时，不允许高于38℃的压力-温度额定值或高于阀门铭牌所示的关闭压差。

c）处于开启状态的阀门，可以按38℃的压力-温度额定值的1.5倍做壳体压力试验，但是用户应确认不存在诸如驱动装置或特殊材料方面的限制。

6）多种材料等级。阀体、阀盖材料，可以是不同标准的或不同牌号的材料。无论哪一种情况，只要这些材料满足压力-温度额定值的要求就都可以使用。

7）局部运行条件。当一个阀门（或多个阀门）安装在一个管道系统内，在已关闭的阀门两侧以不同压力（或温度）运行时，所安装的阀门其压力和温度组合应符合最高额定值要求。

2. NB/T 47044—2014《电站阀门》

（1）压力级别　本标准采用PN系列15个压力级别和Class系列7个压力级别。两个系列的压力级别如下：

1）PN系列：

PN16、PN25、PN40、PN63、PN100、PN160、PN200、PN250、PN320、PN400、PN420、PN500、PN630、PN760、PN800。

2）Class系列：

Class150、Class300、Class600、Class900、Class1500、Class2500、Class4500。

（2）压力-温度额定值　压力-温度额定值用压力级别数表示，分别为PN系列压力-温度额定值和Class系列压力-温度额定值。Class系列又进一步分为标准压力级的压力-温度额定值和特殊压力级的压力-温度额定值。

（3）PN系列阀门

1）适用于法兰、焊接和螺纹端的钢制阀门和镍基合金阀门。

2）压力-温度额定值参见该标准中附录C。

3）壳体壁厚参见该标准中表3、表6的规定。

4）承压件应进行材料的化学成分分析、力学性能检测和无损检测。

5）阀门的压力试验按该标准12.7的规定。

（4）Class系列阀门

1）标准压力级阀门。

① 适用于法兰、焊接和螺纹端的钢制阀门和镍基合金阀门。

② 压力-温度额定值参见该标准中附录D。

③ 阀体壁厚参见该标准中表4、表7的规定。

④ 承压件应进行材料的化学成分、力学性能和磁粉或渗透无损检测。

⑤ 阀门压力试验应按该标准中12.7的规定。

2）特殊压力级阀门。

① 适用焊接端和螺纹端的钢制阀门和镍基合金阀门。

② 压力-温度额定值参见该标准中附录D。

③ 阀体壁厚参见该标准中表4、表7的规定。

④ 承压件应进行材料的化学成分、力学性能和磁粉、渗透、射线或超声波无损检测。

⑤ 阀门压力试验应按该标准中12.7的规定。

（5）中间额定值阀门　压力-温度额定值和壁厚的中间值可用线性插值法确定，具体见1.7.3.1 1.（9）。中间额定值阀门适用于对焊端，承插焊端和螺纹端的阀门，不适用于法兰端阀门。

（6）特殊要求的压力-温度额定值　以特殊用途为目的而制造的阀门，其压力-温度额定值可按合同或协议的要求。

（7）法兰端阀门

1）适用于PN系列阀门和Class系列的标准压力级阀门，阀门的端法兰应按该标准中7.4.2的规定。压力级不允许中间插值，但Class400除外。

2）与阀门连接的反法兰、紧固件和密封垫片，一般不属于阀门供货范围，除非另有协议要求。

3）单个法兰可不进行压力试验，但应满足与阀门压力级别相适应的压力试验。

（8）超压

1）安全阀、泄放阀。锅炉设备在运行中汽包、过热器集箱、再热器和其他压力容器等特种设备上会出现超压现象，这种情况下应遵照TSG G0001《锅炉安全技术监察规程》、TSG ZF001《安全阀安全技术监察规程》的规定，按该标准中18.2.5的要求安装安全阀或超压泄放装置。安全阀、泄放阀超压工况应限定持续时间，当压力超过标准规定的压力偏差而造成的损害，是使用单位的责任。

安全阀应保证即使部分零件损坏，安全阀仍有足够的排量，即使发生弹簧折断、杠杆脱落等事故时，阀瓣也不会飞出阀体。弹簧调整机构应有防松装置，重锤应有防止自行移动装置和限制杠杆越出导架机构。安全阀应考虑排放时反作用力的影响。

2）其他超压。阀门（除安全阀、泄压阀外）在服役时受到超出其压力-温度额定值的其他运行偏差（包括瞬时状态）而造成的损坏，是使用单位的责任。

3）压力试验限制。阀门使用单位在进行压力试验时（包括单独阀门压力试验或安装在锅炉管道系统中的阀门压力试验），压力试验限制按该标准中12.7的规定。

（9）温度的影响

1）高温。

① 高温下应考虑材料组织或性能变化对材料可靠性的影响，应综合考虑服役时材料的退化特征、碳化物的粗化和石墨化倾向、高温氧化及晶间腐蚀等因素，长期使用时应限制材料使用温度上限，阀门在服役过程中应定期进行检验。

② 在蠕变温度运行时，法兰连接处在外加负荷作用下过度变形和位移，法兰、螺栓和垫片会发生松弛，导致法兰的密封性能逐渐降低。使用单位应定期拧紧螺栓，防止泄漏引起的危害，或采取措施避免过大的外加负荷或过大的温度梯度变化。

2）液体热膨胀。在系统启动过程中，阀门还没有局部开启或其他方法未把残留的液体排掉，在中腔充满或部分充有液体，有些双阀座阀门结构能同时承受来自中腔与两端连接管道间形成的压差而密封。在系统温度升高的情况下，封堵在中腔的流体就会被介质热传递同步升高，因热膨胀使中腔流体可能汽化，导致压力急剧升高，造成承压界面及相关零件破坏。这种情况下，应由使用单位提出，并在设计、安装和操作上来取相应措施，以保证阀门中腔压力不超过在该温度下标准规定的允许值。

3. GB/T 9124.1—2019《钢制管法兰　第1部分：PN系列》和GB/T 9124.2—2019《钢制管法兰　第2部分：Class系列》

该标准修改采用欧洲标准EN 1092-1：2007和美国标准ASME B16.5—2009中压力-温度额定值的制订原则及方法，利用我国常用的法兰材料，制订出我国PN系列和Class系列法兰的压力-温度额定值。另外将ASME B16.5—2009涉及的法兰材料及法兰的压力-温度额定值作为资料性附录供参考。PN系列包括PN2.5、PN6、PN10、PN16、PN25、PN40、PN63、PN100、PN160、PN250、PN320和PN400共12个公称压力，温度范围为-29～600℃，公称尺寸为DN50～DN2000的法兰的压力-温度额定值。Class系列包括Class150、Class300、Class600、Class900、Class1500和Class2500共6个公称压力级，温度范围为-29～816℃，公称尺寸为NPS1～NPS24的法兰的压力-温度额定值。

标准规定PN系列有22组法兰材料；Class系列有24组法兰材料。

1.7.4 阀门的结构长度

1.7.4.1 中国数据

1. 结构长度基本系列

法兰连接阀门结构长度的基本系列如图1-37a、图1-38a及表1-93所示。

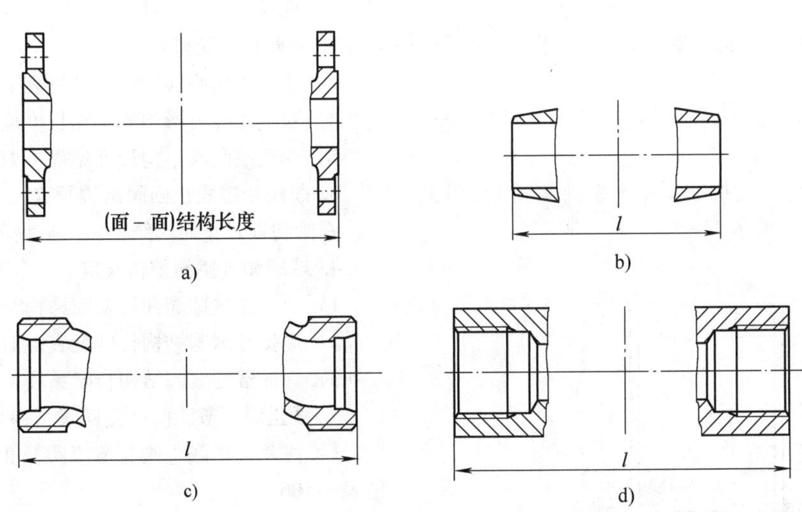

图1-37　直通式阀门结构长度

a）法兰连接　b）焊接端连接

c）外螺纹连接　d）内螺纹连接

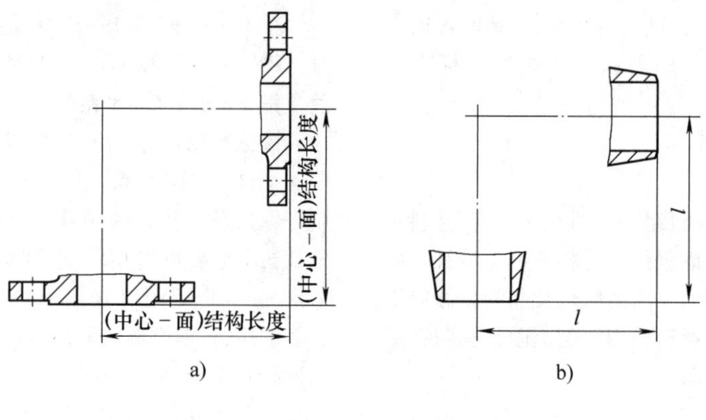

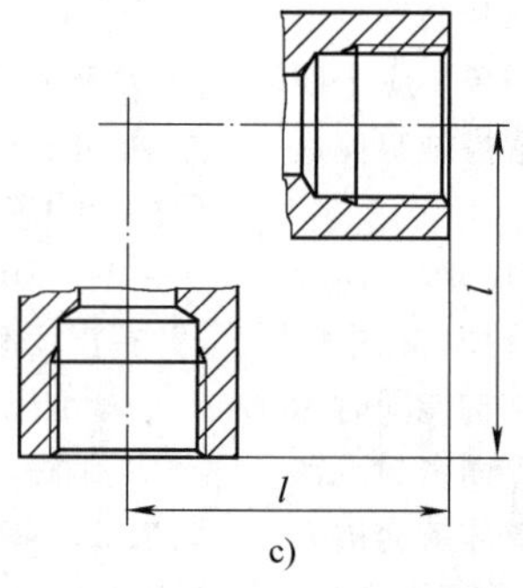

图 1-38　角式阀门结构长度

a）法兰连接　b）焊接端连接　c）内螺纹连接

直通式焊接端阀门结构长度基本系列如图 1-37b 及表 1-94 所示。

角式焊接端阀门结构长度基本系列如图 1-38b 及表 1-95 所示。

对夹连接阀门结构长度基本系列如图 1-39 及表 1-96 所示。

内螺纹连接阀门结构长度基本系列如图 1-37d、图 1-38c 及表 1-97 所示。

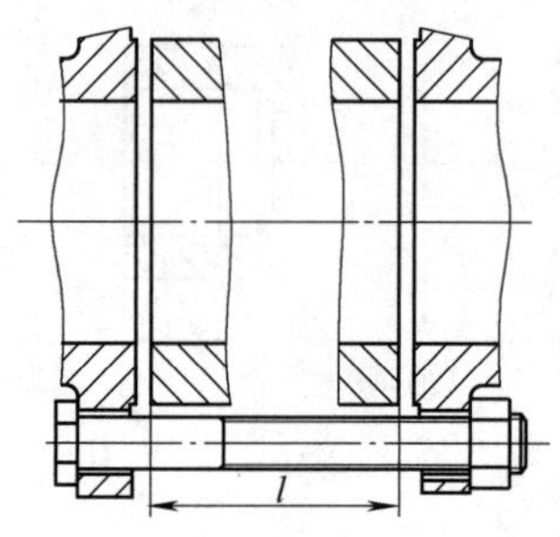

图 1-39　对夹连接阀门结构长度

外螺纹连接阀门结构长度基本系列如图 1-37c 及表 1-98 所示。

2. 闸阀结构长度

1）法兰连接闸阀结构长度见表 1-99。

2）对夹连接刀形闸阀结构长度见表 1-100。

3）焊接端闸阀结构长度见表 1-101。

3. 蝶阀和蝶式止回阀结构长度

蝶阀和蝶式止回阀结构长度见表 1-102。

4. 球阀和旋塞阀结构长度

1）法兰连接球阀和旋塞阀结构长度见表 1-103。

2）焊接端球阀结构长度见表 1-104。

3）焊接端旋塞阀结构长度见表 1-105。

5. 截止阀、节流阀及止回阀结构长度

1）法兰连接截止阀、节流阀及止回阀结构长度见表 1-106。

2）焊接端直通式截止阀、节流阀及止回阀结构长度见表 1-107。

3）焊接端角式截止阀、节流阀及止回阀结构长度见表 1-108。

表 1-93 法兰连接阀门结构长度基本系列（GB/T 12221—2005） （单位：mm）

公称尺寸	基本系列代号																			
	1	2	3	4	5	7	8*	9*	10	11*	12	13	14	15	18	19	21	22	23	24*
	结构长度																			
DN10	130	210	102	—	—	108	85	105	—	—	130				80		—		—	—
DN15	130	210	108	140	165	108	90	105	108	57	130			—	80		152		170	83
DN20	150	230	117	152	190	117	95	115	117	64	130	—	—		90	—	178	—	190	95
DN25	160	230	127	165	216	127	100	115	127	70	140			120	100		216		210	108
DN32	180	260	140	178	229	146	105	130	140	76	165			140	110		229		230	114
DN40	200	260	165	190	241	159	115	130	165	82	165	106	140	240	120		241		260	121
DN50	230	300	178	216	292	190	125	150	203	102	203	108	150	250	135	216	267	250	300	146
DN65	290	340	190	241	330	216	145	170	216	108	222	112	170	270	165	241	292	280	340	165
DN80	310	380	203	283	356	254	155	190	241	121	241	114	180	280	185	283	318	310	390	178
DN100	350	430	229	305	432	305	175	215	292	146	305	127	190	300		305	356	350	450	216
DN125	400	500	254	381	508	356	200	250	330	178	356	140	200	325		381	400	400	525	254
DN150	480	550	267	403	559	406	225	275	356	203	394	140	210	350		403	444	450	600	279
DN200	600	650	292	419	660	521	275	325	495	248	457	152	230	400		419	533	550	750	330
DN250	730	775	330	457	787	635	325		622	311	533	165	250	450		457	622	650		394
DN300	850	900	356	502	838	749	375		698	350	610	178	270	500		502	711	750		419
DN350	980	1025	381	762	889		425		787	394	686	190	290	550		572	838	850		
DN400	1100	1150	406	838	991		475		914	457	762	216	310	600		610	864	950		
DN450	1200	1275	432	914	1092				978		864	222	330	650		660	978	1050		
DN500	1250	1400	457	991	1194				978		914	229	350	700		711	1016	1150		
DN600	1450	1650	508	1143	1397				1295		1067	267	390	800	—	787	1346	1350		
DN700	1650		610	1346	1549			—	1448			292	430	900			1499	1450	—	
DN800	1850		660			—			1956			318	470	1000			1778	1650		—
DN900	2050		711				—		1956	—		330	510	1100			2083			
DN1000	2250		811									410	550	1200						
DN1200		—									—	470	630			—				
DN1400				—	—							530	710					—		
DN1600	—		—						—			600	790	—			—			
DN1800												670	870							
DN2000												760	950							

（续）

公称尺寸	基本系列代号																					
	1	2	3	4	5	7	8*	9*	10	11*	12	13	14	15	18	19	21	22	23	24*
	结构长度																			
DN2200											800	1000								
DN2400											850	1100								
DN2600											900	1200								
DN2800											950	1300								
DN3000	—	—	—	—	—	—	—	—	—	—	1000	1400	—	—	—	—	—	—	—	—
DN3200											1100									
DN3400											1200									
DN3600											1200	—								
DN3800											1200									
DN4000											1300									

注：1. 代号系列注上角标*的为角式阀门的结构长度，未注上角标的为直通式阀门的结构长度。

2. 结构长度的极限偏差见表1-113。

表1-94　直通式焊接端阀门结构长度基本系列（GB/T 12221—2005）　（单位：mm）

公称尺寸	基本系列代号																				
	H1	H2	H3	H4	H5	H6	H7	H8	H9	H10	H11	H12	H13	H14	H15	H16	H17	H18	H19	H20	H21
	结构长度																				
DN6	102	—	—	—	—	—	—	—	—	—	—	102	—	—	—	—	—	—	—	—	—
DN10																					
DN15	108	140	165		165				216		264	108	140	152	140	140					
DN20	117	152	190		190		229		229		273	117	152	178	152	152					
DN25	127	165	216	133	216	140	254	140	254	186	308	127	165	203	216	165				190	
DN32	140	178	229	146	229	165	279	165	279	232	349	140	184	216	229	178				—	
DN40	165	190	241	152	241	178	305	178	305		384	165	203	229	241	190	190			241	
DN50	216	216	292	178	292	216	368	216	368	279	451	203	229	267	267	216	216	230	267	283	
DN65	241	241	330	216	330	254	419	254	419	330	508	216	279	292	292	241	241	290	305	330	
DN80	283	283	356	254	356	305	381	305	470	368	578	241	318	318	318	283	283	310	330	387	
DN100	305	305	406	305	432	356	457	406	546	457	673	292	368	356	356	305	305	350	356	457	559
DN125	381	381	457	381	508	432	559	483	673	533	794	356	—	400	400	381	—	400	381	—	—
DN150	403	403	495	457	559	508	610	559	705	610	914	406	470	444	444	403	457	480	457	559	711
DN200	419	419	597	584	660	660	737	711	832	762	1022	495	597	559	533	419	521	600	521	686	845
DN250	457	457	673	711	787	787	838	864	991	914	1270	622	673	622	622	457	559	730	559	826	889
DN300	502	502	762	813	838	914	965	991	1130	1041	1422	698	775	711	711	502	635	850	635	965	1016
DN350	572	762	826	889	889	991	1029	1067	1257	1118	—	787	—	—	838	572	762	980	762	—	—
DN400	610	838	902	991	991	1092	1130	1194	1384	1245		914			864	610	838	1100	838		
DN450	660	914	978	1092	1092		1219	1346	1537	1397		978			978	660	914	—	914		

（续）

公称尺寸	基本系列代号																				
	H1	H2	H3	H4	H5	H6	H7	H8	H9	H10	H11	H12	H13	H14	H15	H16	H17	H18	H19	H20	H21
	结构长度																				
DN500	711	991	1054	1194	1194	—	1321	1473	1664	—	—	978	—	—	1016	711	991	—	991	—	—
DN550	762	1092	1143	—	1295		—	—	—			1067			1118	—	1092		1092		
DN600	813	1143	1232	1397	1397		1549		1943			1295			1346	813	1143		1143		
DN650	864	1245	1308	—	1448		—		—							—	1245		1245		
DN700	914	1346	1397		1549							1448			1499		1346		1346		
DN750		1397	1524		1651							1524			1594		1397		1397		
DN800	965	1524	1651		1778							—			—		1524		1524		
DN850	1016	1626	1778		1930												1626		1626		
DN900		1727	1880		2083							1996			2083		1727		1727		

注：结构长度极限偏差见表1-114。

表1-95 角式焊接端阀门结构长度基本系列（GB/T 12221—2005） （单位：mm）

公称尺寸	基本系列代号								
	H22	H23	H24	H25	H26	H27	H28	H29	H30
	结构长度								
DN6	51	—	—	—	—	—	—	—	—
DN10									
DN15	57	76	83		83		—	108	132
DN20	64	89	95		95		114	114	137
DN25	70	102	108		108		127	127	154
DN32	76	108	114		114		140	140	175
DN40	83	114	121		121		152	152	192
DN50	102	133	146	108	146		184	184	225
DN65	108	146	165	127	165		210	210	254
DN80	121	159	178	152	178	152	190	235	289
DN100	146	178	203	178	216	178	229	273	337
DN125	178	200	229	216	254	216	279	336	397
DN150	203	222	248	254	279	254	305	352	457
DN200	248	279	298	—	330	330	368	416	511
DN250	311	311	337		394	394	419	495	635
DN300	349	356	381		419	457	483	565	711
DN350	394	—	—		—	495	514	629	—
DN400	457					—	660	—	
DN450	483						737		
DN500	—						826		
DN550							—		

（续）

公称尺寸	基本系列代号								
	H22	H23	H24	H25	H26	H27	H28	H29	H30
	结　构　长　度								
DN600							991		
DN650									
DN700									
DN750	—	—	—	—	—	—	—	—	—
DN800									
DN850									
DN900									

注：结构长度极限偏差见表1-114。

表1-96　对夹连接阀门结构长度基本系列（GB/T 12221—2005）　　（单位：mm）

公称尺寸	基本系列代号																	
	J1	J2	J3	J4	J5	J6	J7	J8	J9	J10	J11	J12	J13	J14	J15	J16	J17	J18
	结　构　长　度																	
DN10												—	—	—	60			
DN15												16	25	60	65			
DN20	—		—		—	—	—	—	—	—	—	19	31.5	—	—	—	—	—
DN25		—		—								22	35.5	65	80			
DN32												28	40	80	90			
DN40	33		33									31.5	45	90	115			
DN50	43		43		60	60	60	60	70	70	70	40	56	115	140	48	40	40
DN65	46		46		66	66	66	66	83	83	83	46	63	140	160	—		
DN80		49	64	49	73	73	73	73			86	50	71	160	180	51		
DN100	52	56		56			79	79	102	102	105	60	80	—	—		50	50
DN125	56	64	70	64	—	—	—	—	—	—	—	90	110			57		
DN150		70	76	70	98	98	137	137	159	159	159	106	125				60	60
DN200	60	71	89	71	127	127	161	161	206	206	206	140	160			70		
DN250	68	76	114	76	146	146	213	213	241	248	254		200				70	70
DN300	78	83		83	181	181	229	229	292	305	305		250			76		80
DN350		92	127	127	184	222	273	273	356	356			280				80	92
DN400	102	102	140	140	190	232	305	305	384	384			—			89		120
DN450	114	114	152	160	203	264	362	362	451	468		—					90	
DN500	127	127		170	219	292	368	368		533	—					114		132
DN550	154	—	—	—	—	—	—	—	—	—						—	—	—
DN600		154	178	200	222	317	394	438	495	559						114	100	132
DN650	165	—	—	—	—	—	—	—	—	—						—	—	—
DN700			229															

（续）

公称尺寸	基本系列代号																	
	J1	J2	J3	J4	J5	J6	J7	J8	J9	J10	J11	J12	J13	J14	J15	J16	J17	J18
	结构长度																	
DN750	190	—	—	—	305	368	460	505	—	—	—	—	—	—	—	—	—	—
DN800			241		—	—	—	—										
DN900	203				368	483	635	635										
DN1000	216		300		—	—	—	—										
DN1200	254		350		524	629												
DN1400	279		90		—	—												
DN1600	318		440															
DN1800	356		490															
DN2000	406		540															

注：尺寸极限偏差≤DN900 的为 ±2mm，DN1000 ~ DN2000 的为 ±3mm。

表 1-97　内螺纹连接阀门结构长度基本系列（GB/T 12221—2005）　（单位：mm）

公称尺寸	基本系列代号																	
	N1	N2	N3	N4	N5	N6	N7	N8	N9	N10	N11	N12	N13	N14	N15	N16	N17	N18
	结构长度																	
DN6	—	—	—	—	46	—	—	—	48	—	—	—	—	—	—	—	—	—
DN8								50										
DN10					48				56				80	80	80	80	80	80
DN15	42	50	52	56	60	65	65	65	68	80	90	90	90	90	90	90	90	90
DN20	45	60	60	67	65	70	75	85	78	90	100	100	100	100	100	100	100	100
DN25	52	65	70	78	75	80	90	110	86	110	115	120	110	120	120	110	120	120
DN32	55	75	80	88	85	90	105	120	100	130	130	140	120	130	140	120	140	130
DN40	60	85	86	104	95	100	120	140	106	150	150	170	135	140	170	135	170	150
DN50	70	95	104	120	110	110	140	165	130	170	180	200	170	170	200	155	180	170
DN65	82	115	—	—	120	130	165	203	—	220	190	260	—	—	—	—	—	—
DN80	90	130			—	—	—	254		250	—	290						
DN100	110	145						—		300		—						

注：1. 适用于直通式和角式结构。

2. 结构长度的极限偏差为 ±1.6mm。

表 1-98　外螺纹连接阀门结构长度基本系列（GB/T 12221—2005）　（单位：mm）

公称尺寸	基本系列代号				公称尺寸	基本系列代号			
	W1	W2	W3	W4		W1	W2	W3	W4
	结构长度					结构长度			
	直通式		角式			直通式		角式	
DN3	70	80	35	40	DN20	110	130	55	65
DN6					DN25	130	140	65	70
DN10	90	100	45	50	DN32	145	160	—	80
DN15	100	110	50	55	DN40	150	180		90

注：结构长度的极限偏差为 ±1.6mm。

表1-99　法兰连接闸阀结构长度（GB/T 12221—2005）　　（单位：mm）

公称尺寸	公称压力							
	PN10～PN25		PN25～PN50	仅适用于PN25	PN40	PN100	PN63～PN100	PN160
	结构长度							
	短	长						
DN10	**102**	—	—	—	—	—	—	—
DN15	**108**	—	**140**	—	140	165	—	**170**
DN20	**117**	—	**152**	—	152	190	—	**190**
DN25	**127**	—	**165**	—	165	216	—	**210**
DN32	**140**	—	**178**	—	178	229	—	**230**
DN40	**165**	**240**	**190**	**240**	190	241	—	**260**
DN50	**178**	**250**	216	**250**	216	292	**250**	**300**
DN65	**190**	**270**	241	**270**	241	330	**280**	**340**
DN80	**203**	**280**	283	**280**	283	356	**310**	**390**
DN100	**229**	**300**	305	**300**	305	432	**350**	**450**
DN125	**254**	**325**	381	**325**	381	508	**400**	**525**
DN150	**267**	**350**	403	**350**	403	559	**450**	**600**
DN200	**292**	**400**	419	**400**	419	660	**550**	**750**
DN250	**330**	**450**	457	**450**	457	787	**650**	—
DN300	**356**	**500**	502	**500**	502	838	**750**	—
DN350	**381**	**550**	762	**550**	572	889	**850**	—
DN400	**406**	**600**	838	**600**	610	991	**950**	—
DN450	**432**	**650**	914	**650**	660	1092	**1050**	—
DN500	**457**	**700**	991	**700**	711	1194	**1150**	—
DN600	**508**	**800**	1143	**800**	787	1397	**1350**	—
DN700	**610**	**900**	—	—	—	—	**1450**	—
DN800	**660**	**1000**	—	—	—	—	**1650**	—
DN900	**711**	**1100**	—	—	—	—	—	—
DN1000	**811**	**1200**	—	—	—	—	—	—
DN1200	1015	—	—	—	—	—	—	—
DN1400	1080	—	—	—	—	—	—	—
DN1600	1300	—	—	—	—	—	—	—
DN1800	1500	—	—	—	—	—	—	—
DN2000	1675	—	—	—	—	—	—	—
基本系列	3	15	4	15	4/19	5	22	23

注：表中的黑体字表示的尺寸为优先选用。

表1-100　对夹连接刀形闸阀结构长度（GB/T 12221—2005）　　（单位：mm）

公称尺寸	公称压力　≤PN20		
	结构长度		
DN50	48	40	40
DN65	—	40	40
DN80	51	50	50
DN100	51	50	50
DN125	57	50	50
DN150	57	60	60
DN200	70	60	60
DN250	70	70	70

公称尺寸	公称压力　≤PN20		
	结构长度		
DN300	76	70	80
DN350	76	80	92
DN400	89	80	120
DN450	89	90	120
DN500	114	90	132
DN600	114	100	132
基本系列	J16	J17	J18

注：结构长度的极限偏差为±1.6mm。

表1-101 焊接端闸阀结构长度（GB/T 12221—2005） （单位：mm）

公称尺寸	公称压力 PN10～PN20	PN25～PN50	PN63	PN100 短	PN100 长	PN150、PN160 短	PN150、PN160 长	PN250 短	PN250 长	PN320、PN420 短	PN320、PN420 长
	结构长度										
DN6	102	—	—	—	—	—	—	—	—	—	—
DN10		—	—	—	—	—	—	—	—	—	—
DN15	108	140	165	—	165	—	—	—	—	—	264
DN20	117	152	190	—	190	—	—	—	—	—	273
DN25	127	165	216	133	216	140	254	140	254	186	308
DN32	140	178	229	146	229	165	279	165	279	232	349
DN40	165	190	241	152	241	178	305	178	305		384
DN50	216	216	292	178	292	216	368	216	368	279	451
DN65	241	241	330	216	330	254	419	254	419	330	508
DN80	283	283	356	254	356	305	381	305	470	368	578
DN100	305	305	406	305	432	356	457	406	546	457	673
DN125	381	381	457	381	508	432	559	483	673	533	794
DN150	403	403	495	457	559	508	610	559	705	610	914
DN200	419	419	597	584	660	660	737	711	832	762	1022
DN250	457	457	673	711	787	787	838	864	991	914	1270
DN300	502	502	762	813	838	914	965	991	1130	1041	1422
DN350	572	762	826	889	889	991	1029	1067	1257	1118	—
DN400	610	838	902	991	991	1092	1130	1194	1384	1245	—
DN450	660	914	978	1092	1092	—	1219	1346	1537	1397	—
DN500	711	991	1054	1194	1194	—	1321	1473	1664	—	—
DN550	762	1092	1143	—	1295	—	—	—	—	—	—
DN600	813	1143	1232	1397	1397	—	1549	—	1943	—	—
DN650	864	1245	1308	—	1448	—	—	—	—	—	—
DN700	914	1346	1397	—	1549	—	—	—	—	—	—
DN750		1397	1524	—	1651	—	—	—	—	—	—
DN800	965	1524	1651	—	1778	—	—	—	—	—	—
DN850	1016	1626	1778	—	1930	—	—	—	—	—	—
DN900		1727	1880	—	2083	—	—	—	—	—	—
基本系列	H1	H2	H3	H4	H5	H6	H7	H8	H9	H10	H11

注：结构长度的极限偏差见表1-114。

表1-102 蝶阀和蝶式止回阀结构长度（GB/T 12221—2005） （单位：mm）

公称尺寸	双法兰连接结构长度		对夹式连接结构长度			
	公称压力					
	≤PN20	≤PN25	≤PN25			≤PN40
	短	长	短	中	长	
DN40	**106**	140	33		33	—
DN50	**108**	150	43		43	
DN65	**112**	170	46		46	
DN80	**114**	180		49	64	49
DN100	**127**	190	52	56		56
DN125	**140**	200	56	64	70	64
DN150	**140**	210		70	76	70
DN200	**152**	230	60	71	89	71

（续）

<table>
<tr><th rowspan="4">公称尺寸</th><th colspan="2">双法兰连接结构长度</th><th colspan="4">对夹式连接结构长度</th></tr>
<tr><th colspan="6">公称压力</th></tr>
<tr><th>≤PN20</th><th>≤PN25</th><th colspan="3">≤PN25</th><th rowspan="2">≤PN40</th></tr>
<tr><th>短</th><th>长</th><th>短</th><th>中</th><th>长</th></tr>
<tr><td>DN250</td><td>165</td><td>250</td><td>68</td><td>76</td><td rowspan="2">114</td><td>76</td></tr>
<tr><td>DN300</td><td>178</td><td>270</td><td rowspan="2">78</td><td>83</td><td>83</td></tr>
<tr><td>DN350</td><td>190</td><td>290</td><td>92</td><td>127</td><td>127</td></tr>
<tr><td>DN400</td><td>216</td><td>310</td><td>102</td><td>102</td><td>140</td><td>140</td></tr>
<tr><td>DN450</td><td>222</td><td>330</td><td>114</td><td>114</td><td rowspan="2">152</td><td>160</td></tr>
<tr><td>DN500</td><td>229</td><td>350</td><td>127</td><td>127</td><td>170</td></tr>
<tr><td>DN550</td><td>—</td><td>—</td><td rowspan="2">154</td><td>—</td><td>—</td><td>—</td></tr>
<tr><td>DN600</td><td>267</td><td>390</td><td>154</td><td>178</td><td>200</td></tr>
<tr><td>DN650</td><td>—</td><td>—</td><td rowspan="2">165</td><td rowspan="4">—</td><td></td><td rowspan="20">—</td></tr>
<tr><td>DN700</td><td>292</td><td>430</td><td>229</td></tr>
<tr><td>DN750</td><td>—</td><td>—</td><td rowspan="2">190</td><td>—</td></tr>
<tr><td>DN800</td><td>318</td><td>470</td><td rowspan="2">241</td></tr>
<tr><td>DN900</td><td>330</td><td>510</td><td>203</td><td>200</td></tr>
<tr><td>DN1000</td><td>410</td><td>550</td><td>216</td><td>—</td><td>300</td></tr>
<tr><td>DN1200</td><td>470</td><td>630</td><td>254</td><td>276</td><td>360</td></tr>
<tr><td>DN1400</td><td>530</td><td>710</td><td>279</td><td rowspan="14">—</td><td>390</td></tr>
<tr><td>DN1600</td><td>600</td><td>790</td><td>318</td><td>440</td></tr>
<tr><td>DN1800</td><td>670</td><td>870</td><td>356</td><td>490</td></tr>
<tr><td>DN2000</td><td>760</td><td>950</td><td>406</td><td>540</td></tr>
<tr><td>DN2200</td><td>800</td><td>1000</td><td rowspan="10">—</td><td>590</td></tr>
<tr><td>DN2400</td><td>850</td><td>1100</td><td>650</td></tr>
<tr><td>DN2600</td><td>900</td><td>1200</td><td>700</td></tr>
<tr><td>DN2800</td><td>950</td><td>1300</td><td>760</td></tr>
<tr><td>DN3000</td><td>1000</td><td>1400</td><td>810</td></tr>
<tr><td>DN3200</td><td>1100</td><td rowspan="5">—</td><td>870</td></tr>
<tr><td>DN3400</td><td>1200</td><td rowspan="4">—</td></tr>
<tr><td>DN3600</td><td>1200</td></tr>
<tr><td>DN3800</td><td>1200</td></tr>
<tr><td>DN4000</td><td>1300</td></tr>
<tr><td>基本系列</td><td>13</td><td>14</td><td>J1</td><td>J2</td><td>J3</td><td>J2/J4</td></tr>
</table>

注：表中的黑体字表示的尺寸为优先选用。

表1-103 法兰连接球阀和旋塞阀结构长度（GB/T 12221—2005） （单位：mm）

<table>
<tr><th rowspan="4">公称尺寸</th><th colspan="7">公称压力</th></tr>
<tr><th colspan="3">PN10 ~ PN25</th><th colspan="2">PN25 ~ PN50</th><th>PN63</th><th>PN100</th></tr>
<tr><th colspan="7">结 构 长 度</th></tr>
<tr><th>短</th><th>中</th><th>长</th><th>短</th><th>长</th><th>②</th><th></th></tr>
<tr><td>DN10</td><td>102</td><td>130</td><td>130</td><td>—</td><td>130</td><td rowspan="6">—</td><td>—</td></tr>
<tr><td>DN15</td><td>108</td><td>130</td><td>130</td><td>140</td><td>130</td><td>165</td></tr>
<tr><td>DN20</td><td>117</td><td>130</td><td>150</td><td>152</td><td>150</td><td>190</td></tr>
<tr><td>DN25</td><td>127</td><td>140</td><td>160</td><td>165</td><td>160</td><td>216</td></tr>
<tr><td>DN32</td><td>140</td><td>165</td><td>180</td><td>178</td><td>180</td><td>229</td></tr>
<tr><td>DN40</td><td>165</td><td>165</td><td>200</td><td>190</td><td>200</td><td>241</td></tr>
<tr><td>DN50</td><td>178</td><td>203</td><td>230</td><td>216</td><td>230</td><td>292</td><td>292</td></tr>
<tr><td>DN65</td><td>190</td><td>222</td><td>290</td><td>241</td><td>290</td><td>330</td><td>330</td></tr>
<tr><td>DN80</td><td>203</td><td>241</td><td>310</td><td>283</td><td>310</td><td>356</td><td>356</td></tr>
<tr><td>DN100</td><td>229</td><td>305</td><td>350</td><td>305</td><td>350</td><td>406</td><td>432</td></tr>
</table>

（续）

公称尺寸	公称压力						
	PN10 ~ PN25			PN25 ~ PN50		PN63	PN100
	结构长度						
	短	中	长	短	长	②	
DN125	245	**356**	400	**381**	**400**	—	**508**
DN150	267	**394**	480	**403**	480	495	**559**
DN200	292	**457**	600	**419**（502）①	600	597	**660**
DN250	330	**533**	730	**457**（568）①	730	673	**787**
DN300	356	**610**	850	**502**（648）①	850	762	**838**
DN350	381	**686**	980	**762**	980	826	**889**
DN400	406	**762**	1100	**838**	1100	902	**991**
DN450	432	**864**	1200	**914**	1200	978	**1092**
DN500	457	**914**	1250	**991**	1250	1054	**1194**
DN600	508	**1067**	1450	**1143**	1450	1232	**1397**
DN700	—	—	—	—	—	1397	1700
基本系列	3	12	1	4	1	5	5

注：1. 不适用于公称尺寸大于 DN40 的上装式全通径球阀及公称尺寸大于 DN300 的旋塞阀和全通径球阀。

2. 表中的黑体字表示的尺寸为优先选用。

① 用于全通径球阀。

② 仅适用于球阀。

表 1-104 焊接端球阀结构长度（GB/T 12221—2005） （单位：mm）

公称尺寸	公称压力												
	PN10、PN16、PN20			PN25、PN40、PN50			PN63			PN100	PN150、PN160	PN250	PN320、PN420
	结构长度												
	短	中	长	短	中	长	短	中	长				
DN15	140	—	—	140	—	—	—	—	165	—	165	—	—
DN20	152	—	—	152	—	—	—	—	190	—	190	—	—
DN25	165	—	—	165	—	—	—	—	216	216	254	—	—
DN32	178	—	—	178	—	—	—	—	229	229	279	—	—
DN40	190	190	—	190	190	—	—	—	241	241	305	305	—
DN52	216	216	230	216	216	230	216	230	292	292	368	368	451
DN65	241	241	290	241	241	290	241	290	330	330	419	419	508
DN80	283	283	310	283	283	310	283	310	356	356	381	470	578
DN100	305	305	350	305	305	350	305	350	406	432	457	546	673
DN125	381	—	400	381	—	400	381	400	—	508	559	673	—
DN150	403	457	480	403	457	480	403	480	495	559	610	705	914
DN200	419	521	600	419	521	600	419	600	597	660	737	832	1022
DN250	457	559	730	457	559	730	457	730	673	787	838	991	1270
DN300	502	635	850	502	635	850	502	850	762	838	965	1130	1422
DN350	572	762	980	572	762	980	762	980	826	889	1029	1257	—
DN400	610	838	1100	610	838	1100	838	1100	902	991	1130	1384	—
DN450	660	914	—	660	914	—	—	—	978	1092	1219	—	—
DN500	711	991	—	711	991	—	—	—	1054	1194	1321	—	—
DN550	—	1092	—	—	1092	—	—	—	1143	1295	—	—	—
DN600	813	1143	—	813	1143	—	—	—	1232	1397	1549	—	—
DN650	—	1245	—	—	1245	—	—	—	1308	1448	—	—	—
DN700	—	1346	—	—	1346	—	—	—	1397	1549	—	—	—

（续）

<table>
<tr><th rowspan="3">公称尺寸</th><th colspan="13">公称压力</th></tr>
<tr><th colspan="3">PN10、PN16、PN20</th><th colspan="3">PN25、PN40、PN50</th><th colspan="3">PN63</th><th>PN100</th><th>PN150、PN160</th><th>PN250</th><th>PN320、PN420</th></tr>
<tr><th colspan="13">结 构 长 度</th></tr>
<tr><th></th><th>短</th><th>中</th><th>长</th><th>短</th><th>中</th><th>长</th><th>短</th><th>中</th><th>长</th><th colspan="4"></th></tr>
<tr><td>DN750</td><td rowspan="4">—</td><td>1397</td><td rowspan="4">—</td><td rowspan="4">—</td><td>1397</td><td rowspan="4">—</td><td rowspan="4">—</td><td rowspan="4">—</td><td>1524</td><td>1651</td><td rowspan="4">—</td><td rowspan="4">—</td><td rowspan="4">—</td></tr>
<tr><td>DN800</td><td>1524</td><td>1524</td><td>1651</td><td>1778</td></tr>
<tr><td>DN850</td><td>1626</td><td>1626</td><td>1778</td><td>1930</td></tr>
<tr><td>DN900</td><td>2083</td><td>2083</td><td>1880</td><td>2083</td></tr>
<tr><td>基本系列</td><td>H16</td><td>H17</td><td>H18</td><td>H16</td><td>H17</td><td>H18</td><td>H2</td><td>H18</td><td>H3</td><td>H5</td><td>H7</td><td>H9</td><td>H11</td></tr>
</table>

表1-105 焊接端旋塞阀结构长度（GB/T 12221—2005） （单位：mm）

<table>
<tr><th rowspan="3">公称尺寸</th><th colspan="9">公称压力</th></tr>
<tr><th>PN10～PN20</th><th colspan="2">PN25、PN40、PN50</th><th colspan="2">PN63</th><th>PN100</th><th>PN150</th><th>PN250</th><th>PN320、PN420</th></tr>
<tr><th colspan="9">结 构 长 度</th></tr>
<tr><th></th><th></th><th>短</th><th>长</th><th>短</th><th>长</th><th colspan="4"></th></tr>
<tr><td>DN15</td><td rowspan="5">—</td><td rowspan="5">—</td><td rowspan="2">—</td><td rowspan="2">—</td><td rowspan="8">—</td><td>165</td><td rowspan="2">—</td><td rowspan="2">—</td><td rowspan="2">—</td></tr>
<tr><td>DN20</td><td>190</td></tr>
<tr><td>DN25</td><td>190</td><td>216</td><td>216</td><td>254</td><td>254</td><td>308</td></tr>
<tr><td>DN32</td><td>—</td><td>229</td><td>229</td><td>279</td><td>279</td><td>349</td></tr>
<tr><td>DN40</td><td>241</td><td>241</td><td>241</td><td>305</td><td>305</td><td>384</td></tr>
<tr><td>DN50</td><td>267</td><td>267</td><td>283</td><td>292</td><td>292</td><td>368</td><td>368</td><td>451</td></tr>
<tr><td>DN65</td><td>305</td><td>305</td><td>330</td><td>330</td><td>330</td><td>419</td><td>419</td><td>508</td></tr>
<tr><td>DN80</td><td>330</td><td>330</td><td>387</td><td>356</td><td>356</td><td>381</td><td>470</td><td>578</td></tr>
<tr><td>DN100</td><td>356</td><td>356</td><td>457</td><td>406</td><td>559</td><td>432</td><td>457</td><td>546</td><td>673</td></tr>
<tr><td>DN125</td><td>381</td><td>381</td><td>—</td><td>457</td><td>—</td><td>508</td><td>559</td><td>673</td><td>794</td></tr>
<tr><td>DN150</td><td>457</td><td>457</td><td>559</td><td>495</td><td>711</td><td>559</td><td>610</td><td>705</td><td>914</td></tr>
<tr><td>DN200</td><td>521</td><td>521</td><td>686</td><td>597</td><td>845</td><td>660</td><td>737</td><td>832</td><td>1022</td></tr>
<tr><td>DN250</td><td>559</td><td>559</td><td>826</td><td>673</td><td>889</td><td>787</td><td>838</td><td>991</td><td>1270</td></tr>
<tr><td>DN300</td><td>635</td><td>635</td><td>965</td><td>762</td><td>1016</td><td>838</td><td>965</td><td>1130</td><td>1422</td></tr>
<tr><td>DN350</td><td rowspan="12">—</td><td>762</td><td rowspan="12">—</td><td>826</td><td rowspan="12">—</td><td>889</td><td>—</td><td>1257</td><td rowspan="12">—</td></tr>
<tr><td>DN400</td><td>838</td><td>902</td><td>991</td><td>1130</td><td>1384</td></tr>
<tr><td>DN450</td><td>914</td><td>978</td><td>1092</td><td>—</td><td>1537</td></tr>
<tr><td>DN500</td><td>991</td><td>1054</td><td>1194</td><td>1321</td><td>1664</td></tr>
<tr><td>DN550</td><td>1092</td><td>1143</td><td>1295</td><td rowspan="8">—</td><td>—</td></tr>
<tr><td>DN600</td><td>1143</td><td>1232</td><td>1397</td><td>1943</td></tr>
<tr><td>DN650</td><td>1245</td><td>1308</td><td>1448</td><td rowspan="6">—</td></tr>
<tr><td>DN700</td><td>1346</td><td>1397</td><td>—</td></tr>
<tr><td>DN750</td><td>1397</td><td>1524</td><td>1651</td></tr>
<tr><td>DN800</td><td>1524</td><td>1651</td><td>1778</td></tr>
<tr><td>DN850</td><td>1626</td><td>1778</td><td>1930</td></tr>
<tr><td>DN900</td><td>1727</td><td>1880</td><td>2083</td></tr>
<tr><td>基本系列</td><td>H19</td><td>H19</td><td>H20</td><td>H3</td><td>H21</td><td>H5</td><td>H7</td><td>H9</td><td>H11</td></tr>
</table>

表 1-106 法兰连接截止阀、节流阀及止回阀结构长度（GB/T 12221—2005）

（单位：mm）

公称尺寸	公称压力											
	PN10 ~ PN20		PN25 ~ PN50		PN100		PN10 ~ PN20		PN25 ~ PN63	PN100	
	直通式						角式				
	短	长	短	长	短	长	短	长		短	长
DN10	—	130	—	130	—	210	—	85	85	—	105
DN15	108	130	152	130	165		57	90	90	83	
DN20	117	150	178	150	190	230	64	95	95	95	115
DN25	127	160	216	160	216		70	100	100	108	
DN32	140	180	229	180	229	260	76	105	105	114	130
DN40	165	200	241	200	241		82	115	115	121	130
DN50	203	230	267	230	292	300	102	125	125	146	150
DN65	216	290	292	290	350	340	108	145	145	165	170
DN80	241	310	318	310	356	380	121	155	155	178	190
DN100	292	350	356	350	432	430	146	175	175	216	215
DN125	330	400	400	400	508	500	178	200	200	254	250
DN150	356	480	444	480	559	550	203	225	225	279	275
DN200	495	600	533	600	660	650	248	275	275	330	325
DN250	622	730	622	730	787	775	311	325	325	394	
DN300	698	850	711	850	838	900	350	375	375	419	
DN350	787	980	838	980	889	1025	394	425	425		
DN400	914	1100	864	1100	991	1150	457	475	475		
DN450	978	1200	978	1200	1092	1275	483	500	500		
DN500	978	1250	1016	1250	1194	1400					—
DN600	1295	1450	1346	1450	1397	1650				—	
DN700	1448（900）①	1650	1499	1650	1549	—	—	—	—		
DN800	（1000）①	1850	1778	1850	—	—					
DN900	1956（1100）①	2050	2083	2050	—	—					
DN1000	（1200）①	2250	—	2250	—	—					
基本系列	10	1	21	1	5	2	11	8	8	24	9

① 仅适用于多瓣旋启式止回阀。

表 1-107 焊接端直通式截止阀、节流阀及止回阀结构长度（GB/T 12221—2005）

（单位：mm）

公称尺寸	公称压力												
	PN10 ~ PN20		PN25 ~ PN50		PN63	PN100		PN150、PN160		PN250		PN320、PN420	
	结构长度												
	短	长	①	②	③	短	长	短	长	短	长	短	长
DN6	102	—	—	—	—		—				—		—
DN10						—			—				
DN15	108	140	152	140	165		165				216		264
DN20	117	152	178	152	190		190	—	229	—	229	—	273
DN25	127	165	203	216	216	133	216		254		254		308
DN32	140	184	216	229	229	146	229		279		279		349
DN40	165	203	229	241	241	152	241		305		305		384
DN50	203	229	267	267	292	178	292		368	216	368	279	451
DN65	216	279	292	292	330	216	330	254	419	254	419	330	508

（续）

公称尺寸	公称压力												
	PN10～PN20		PN25～PN50		PN63	PN100		PN150、PN160		PN250		PN320、PN420	
	结构长度												
	短	长	①	②	③	短	长	短	长	短	长	短	长
DN80	241	318	318	318	356	254	356	305	381	305	470	368	578
DN100	292	368	356	356	406	305	432	356	457	406	546	457	673
DN125	356	—	400	400	457	381	508	432	559	483	673	533	794
DN150	406	470	444	444	495	457	559	508	610	559	705	610	914
DN200	495	597	559	533	597	584	660	660	737	711	832	762	1022
DN250	622	673	622	622	673	711	787	787	838	864	991	914	1270
DN300	698	775	711	711	762	813	838	914	965	991	1130	1041	1422
DN350	787	—	—	838	826	—	889	991	1029	1067	1257	—	—
DN400	914			864	902		991	1092	1130	1194	1384		
DN450	978			978	978		1092	—	1219	—	1537		
DN500				1016	1054		1194		1321		1664		
DN550	1067			1118	1143		1295		—		—		
DN600	1295			1346	1232		1397		1549		1943		
DN650					1308		1448		—		—		
DN700	1448			1499	1397		1600③						
DN750	1524			1594	1524		1651						
DN800	—			2083	1651		—						
DN850				—	1778								
DN900	1996				1880		2083						
基本系列	H12	H13	H14	H15	H3	H4	H5	H6	H7	H8	H9	H10	H11

① 仅适用于截止阀和升降式止回阀。

② 仅适用于旋启式止回阀。

③ 此值与基本系列不同，仅适用于截止阀和止回阀。

表1-108　焊接端角式截止阀、节流阀及止回阀结构长度（GB/T 12221—2005）

（单位：mm）

公称尺寸	公称压力								
	PN10～PN20	PN25～PN50	PN63	PN100		PN150、PN160		PN250	PN320、PN420
	结构长度								
				短	长	短	长		
DN6	51	—	—	—	—	—	—	—	—
DN10									
DN15	57	76	83		83			108	132
DN20	64	89	95		95		114	114	137
DN25	70	102	108		108		127	127	154
DN32	76	108	114		114		140	140	175
DN40	83	114	121		121		152	152	192
DN50	102	133	146	108	146		184	184	225
DN65	108	146	165	127	165		210	210	254
DN80	121	159	178	152	178	152	190	235	289
DN100	146	178	203	178	216	178	229	273	337
DN125	178	200	229	216	254	216	279	336	397
DN150	203	222	248	254	279	254	305	352	457
DN200	248	279	298	—	330	330	368	416	511
DN250	311	311	337		394	394	419	495	635

（续）

公称尺寸	公称压力								
	PN10 ~ PN20	PN25 ~ PN50	PN63	PN100		PN150、PN160		PN250	PN320、PN420
	结构长度								
				短	长	短	长		
DN300	349	356	381	—	419	457	483	565	711
DN350	394	—	—		—	395	514	629	—
DN400	457					—	660	—	
DN450	483						737		
DN500	—						826		
DN600							991		
基本系列	H22	H23	H24	H25	H26	H27	H28	H29	H30

4）对夹连接旋启式止回阀结构长度见表1-109。

表 1-109 对夹连接旋启式止回阀结构长度

（GB/T 12221—2005）

（单位：mm）

公称尺寸	公称压力						
	PN10 ~ PN20	PN25 ~ PN50	PN63	PN100	PN150、PN160	PN250	PN320、PN420
	结构长度						
DN50	60	60	60	60	70	70	70
DN65	66	66	66	66	83	83	83
DN80	73	73	73	73			86
DN100			79	79	102	102	105
DN150	98	98	137	137	159	159	159
DN200	127	127	161	161	206	206	206
DN250	146	146	213	213	241	248	254
DN300	181	181	229	229	292	305	305
DN350	184	222	273	273	356	356	—
DN400	190	232	305	305	384	384	
DN450	203	264	362	362	451	468	
DN500	219	292	368	368		533	
DN600	222	317	394	438	495	559	
DN750	305	368	460	505	—	—	
DN900	368	483	635	635			
DN1200	524	629	—	—			
基本系列	J5	J6	J7	J8	J9	J10	J11

5）对夹连接升降式止回阀结构长度见表 1-110。

表 1-110 对夹连接升降式止回阀结构长度

（GB/T 12221—2005）（单位：mm）

公称尺寸	结构长度			
DN10	—	—	—	60
DN15	16	25	60	65
DN20	19	31.5	—	—
DN25	22	35.5	65	80
DN32	28	40	80	90
DN40	31.5	45	90	115
DN50	40	56	115	140
DN65	46	63	140	160
DN80	50	71	160	180
DN100	60	80	—	—
DN125	90	110		
DN150	106	125		
DN200	140	160		
DN250	—	200		
DN300		250		
DN350		280		
基本系列	J12	J13	J14	J15

6. 法兰连接隔膜阀结构长度

法兰连接隔膜阀结构长度见表 1-111。

表 1-111 法兰连接隔膜阀结构长度

（GB/T 12221—2005）（单位：mm）

公称尺寸	公称压力			
	PN6	PN10 ~ PN20		PN25 ~ PN50
	结构长度			
		短	长	
DN10 DN15	**108**	**108**	130	130
DN20	**117**	**117**	150	150
DN25	**127**	**127**	160	160
DN32	**146**	**146**	180	180
DN40	**159**	**159**	200	200
DN50	**190**	**190**	230	230
DN65	**216**	**216**	290	290
DN80	**254**	**254**	310	310
DN100	**305**	**305**	350	350

（续）

公称尺寸	公称压力			
	PN6	PN10 ~ PN20		PN25 ~ PN50
	结构长度			
		短	长	
DN125	**356**	**356**	400	400
DN150	**406**	**406**	480	480
DN200	**521**	**521**	600	600
DN250	**635**	**635**	730	730
DN300	**749**	**749**	850	850
基本系列	7	7	1	1

注：表中的黑体字表示的尺寸为优先选用。

7. 法兰连接铜合金的闸阀、截止阀及止回阀结构长度

法兰连接铜合金的闸阀、截止阀及止回阀结构长度见表1-112。

表1-112 法兰连接铜合金的闸阀、截止阀及止回阀结构长度（GB/T 12221—2005）

（单位：mm）

公称尺寸	公称压力		
	PN10 ~ PN25		PN40
	结 构 长 度		
	短	长	
DN10	45	80	108
DN15	55		
DN20	57	90	117
DN25	68	100	127
DN32	73	110	146
DN40	77	120	159
DN50	84	135	190
DN65	100	165	216
DN80	120	185	254
DN100	140	—	—
基本系列	—	18	7

8. 法兰连接阀门结构长度极限偏差

法兰连接阀门结构长度极限偏差见表1-113。

表1-113 法兰连接阀门结构长度极限偏差

（GB/T 12221—2005）（单位：mm）

结构长度	极限偏差
≤250	±2
>250 ~ 500	±3
>500 ~ 800	±4
>800 ~ 1000	±5
>1000 ~ 1600	±6
>1600 ~ 2250	±8
≥2250	±10

9. 焊接端阀门结构长度极限偏差

焊接端阀门结构长度极限偏差见表1-114。

表1-114 焊接端阀门结构长度极限偏差

（GB/T 12221—2005）（单位：mm）

公称尺寸	阀门类型	
	直通式	角　式
	极限偏差	
≤DN250	±1.5	±0.75
≥DN275	±3.0	±1.5

10. 调压器结构长度

1）法兰连接调压器结构长度见表1-115。

表1-115 法兰连接调压器结构长度

（单位：mm）

公称尺寸	公称压力	
	PN10（铸铁）、PN20（钢）	PN25（铸铁）、PN50（钢）
DN15	—	190
DN20	—	194
DN25	184	197
DN40	222	235
DN50	254	267
DN70（DN65）	276	292
DN80	298	318
DN100	352	368
DN150	451	473
DN200	543	568
DN250	674	708
DN300	736	774

2）内螺纹连接调压器结构长度见表1-116。

表1-116 内螺纹连接调压器结构长度

（单位：mm）

公称尺寸	结构长度		偏　差
	短系列	长系列	
DN15	65	90	+1.0 -1.5
DN20	75	100	
DN25	90	120	+1.0 -2.0
DN32	105	140	
DN40	120	170	
DN50	140	200	

11. 缩径锻钢闸阀、截止阀、节流阀、止回阀的结构长度

缩径锻钢闸阀、截止阀、节流阀、止回阀的结构长度见表1-117。

12. 铁制截止阀与升降式止回阀结构长度

铁制截止阀与升降式止回阀的结构长度见表1-118。

表1-117 缩径锻钢闸阀、截止阀、节流阀、止回阀的结构长度（GB/T 28776—2012）

（单位：mm）

公称尺寸	闸阀、旋启式止回阀			截止阀、升降式止回阀		
	PN16～PN140		PN250	PN16～PN140		PN250
	短系列	长系列	—	短系列	长系列	—
DN8	79	80	111	79	80	111
DN10	79	80	111	79	80	111
DN15	79	90	111	79	90	111
DN20	92	100	111	92	100	111
DN25	111	120	114	111	120	130
DN32	120	140	120	120	140	152
DN40	120	170	140	152	170	172
DN50	140	200	162	172	200	220
DN65	—	260	—	—	260	—

注：结构长度的偏差为±1.6mm。

表1-118 铁制截止阀与升降式止回阀的结构长度（GB/T 12233—2006）（单位：mm）

公称尺寸	结构长度		偏差	公称尺寸	结构长度		偏差
	短系列	长系列			短系列	长系列	
DN15	65	90	+1.0 -1.5	DN40	120	170	+1.0 -2.0
DN20	75	100		DN50	140	200	
DN25	90	120	+1.0 -2.0	DN65	165	260	+1.5 -2.0
DN32	105	140					

13. 法兰连接铁制旋塞阀的结构长度 法兰连接铁制旋塞阀的结构长度见表1-119。

表1-119 法兰连接铁制旋塞阀结构长度（GB/T 12240—2008） （单位：mm）

公称尺寸	PN2.5、PN6、PN10				PN16、PN20				PN25			
	短型	常规型	文丘里型	圆口全通径	短型	常规型	文丘里型	圆口全通径	短型	常规型	文丘里型	圆口全通径
DN15	108	—	—	—	—	—	—	—	—	—	—	—
DN20	117	—	—	—	—	—	—	—	—	—	—	—
DN25	127	140	—	140	140	—	—	176	165	—	—	190
DN32	140	165	—	152	—	—	—	—	—	—	—	—
DN40	165	165	—	165	165	—	—	222	190	—	—	241
DN50	178	203	—	191	178	—	178	267	216	—	216	283
DN65	191	222	—	210	191	—	—	298	241	—	241	330
DN80	203	241	—	229	203	—	203	343	283	—	283	387
DN100	229	305	—	305	229	305	229	432	305	—	305	457
DN125	245	356	—	381	254	356	—	—	—	—	—	—
DN150	267	394	394	457	267	394	394	546	403	403	403	559
DN200	292	457	457	559	292	457	457	622	419	502	419	686
DN250	330	533	533	660	330	533	533	660	457	568	457	826
DN300	356	610	610	762	356	610	610	762	502	648	502	965

（续）

公称尺寸	PN2.5、PN6、PN10				PN16、PN20				PN25			
	短型	常规型	文丘里型	圆口全通径	短型	常规型	文丘里型	圆口全通径	短型	常规型	文丘里型	圆口全通径
DN350	—	686	686	—	—	686	686	—	—	762	762	—
DN400	—	762	762	—	—	762	762	—	—	838	838	—
DN450	—	864	864	—	—	864	864	—	—	914	914	—
DN500	—	914	914	—	—	914	914	—	—	991	991	—
DN550	—	—	—	—	—	—	—	—	—	1092	1092	—
DN600	—	—	1067	—	—	1067	1067	—	—	1143	1143	—

14. 蒸汽疏水阀的结构长度

蒸汽疏水阀的结构长度见表1-120～表1-123。

表1-120　法兰连接蒸汽疏水阀的结构长度（GB/T 12250—2005）　（单位：mm）

<table>
<tr><th rowspan="2">公称尺寸</th><th colspan="8">结构长度系列</th></tr>
<tr><th>1</th><th>2</th><th>3</th><th>4</th><th>5</th><th>6</th><th>7</th><th>8</th></tr>
<tr><td>DN15</td><td rowspan="2">150</td><td rowspan="2">170</td><td>175</td><td rowspan="2">210</td><td rowspan="2">230</td><td rowspan="3">250</td><td rowspan="2">290</td><td rowspan="2">480</td></tr>
<tr><td>DN20</td><td>195</td></tr>
<tr><td>DN25</td><td>160</td><td>210</td><td>215</td><td>230</td><td>310</td><td>380</td><td rowspan="2">580</td></tr>
<tr><td>DN32</td><td rowspan="3">230</td><td rowspan="3">270</td><td>245</td><td rowspan="3">320</td><td>350</td><td>270</td><td>450</td></tr>
<tr><td>DN40</td><td>260</td><td>420</td><td>280</td><td>490</td><td rowspan="2">680</td></tr>
<tr><td>DN50</td><td>265</td><td>500</td><td>290</td><td>560</td></tr>
<tr><td>DN65</td><td>290</td><td>340</td><td>410</td><td rowspan="2">450</td><td rowspan="3">550</td><td rowspan="3">572</td><td rowspan="3">580</td><td rowspan="5">—</td></tr>
<tr><td>DN80</td><td>310</td><td>380</td><td>430</td></tr>
<tr><td>DN100</td><td>350</td><td>430</td><td>460</td><td>520</td></tr>
<tr><td>DN125</td><td>400</td><td>500</td><td rowspan="2">—</td><td>600</td><td rowspan="2">—</td><td rowspan="2">—</td><td rowspan="2">—</td></tr>
<tr><td>DN150</td><td>480</td><td>550</td><td>700</td></tr>
</table>

表1-121　法兰连接蒸汽疏水阀结构长度的极限偏差（GB/T 12250—2005）

（单位：mm）

L	极限偏差
≤250	±2
>250～500	±3
>500～800	±4

表1-122　内螺纹连接和承插焊连接蒸汽疏水阀的结构长度（GB/T 12250—2005）

（单位：mm）

<table>
<tr><th rowspan="2">公称尺寸</th><th colspan="8">结构长度系列</th></tr>
<tr><th>1</th><th>2</th><th>3</th><th>4</th><th>5</th><th>6</th><th>7</th><th>8</th></tr>
<tr><td>DN15</td><td>65</td><td>75</td><td>80</td><td>90</td><td rowspan="2">110</td><td rowspan="3">120</td><td rowspan="3">130</td><td rowspan="3">150</td></tr>
<tr><td>DN20</td><td>75</td><td>85</td><td>90</td><td>100</td></tr>
<tr><td>DN25</td><td>85</td><td>95</td><td>100</td><td>120</td><td>120</td></tr>
<tr><td>DN40</td><td>110</td><td>130</td><td>120</td><td>140</td><td>270</td><td rowspan="2" colspan="3">—</td></tr>
<tr><td>DN50</td><td>120</td><td>140</td><td>130</td><td>160</td><td>300</td></tr>
</table>

表1-123　内螺纹连接和承插焊连接蒸汽疏水阀结构长度的极限偏差（GB/T 12250—2005）

（单位：mm）

L	极限偏差
≤150	±1.6
>150～300	±2

15. 减压阀的结构长度

减压阀的结构长度见表1-124和表1-125。

表1-124　法兰连接减压阀的结构长度（JB/T 2205—2013）

公称尺寸	公称压力		
	PN10	PN16和PN25	PN40和PN63
	结构长度 L/mm		
DN20	140	160	180
DN25	160	180	200
DN32	180	200	220
DN40	200	220	240

（续）

公称尺寸	公称压力			
	PN10	PN16 和 PN25		PN40 和 PN63
	结构长度 L/mm			
DN50	230	250		270
DN65	—	280		300
DN80	—	310		330
DN100	—	350		380
DN125	—	400		450
DN150	—	450		500
DN200	—	500	550	560
DN250	—	600	650	—
DN300	—	750	800	—

表 1-125 减压阀结构长度的偏差（JB/T 2205—2013）（单位：mm）

结构长度 L	偏 差
140～200	±1.0
220～300	±1.2
310～400	±1.5
450～550	±2.0
560～650	±2.5
700～800	±3.0

16. 安全阀的结构长度

安全阀的结构长度见表 1-126 和表 1-127。

表 1-126 进口为外螺纹、出口为内螺纹连接的微启式安全阀的结构长度（JB/T 2203—2013）

（单位：mm）

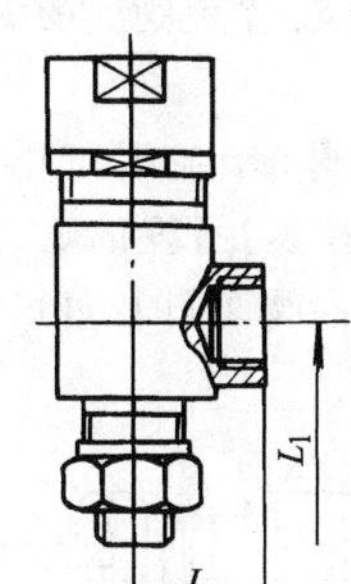

公称压力	PN10		PN16 和 PN40	
公称尺寸	结构长度			
	L	L_1	L	L_1
DN10	30	45	35	35
DN15	30	45	35	35
DN20	35	50	40	40
DN25	40	60	50	50
DN32	45	70	—	—
DN40	50	80	—	—

表 1-127 进口为法兰、出口为内螺纹连接；进出口为法兰连接；进出口为螺纹和法兰连接的微启式、双联弹簧微启式或全启式安全阀的结构长度（JB/T 2203—2013） （单位：mm）

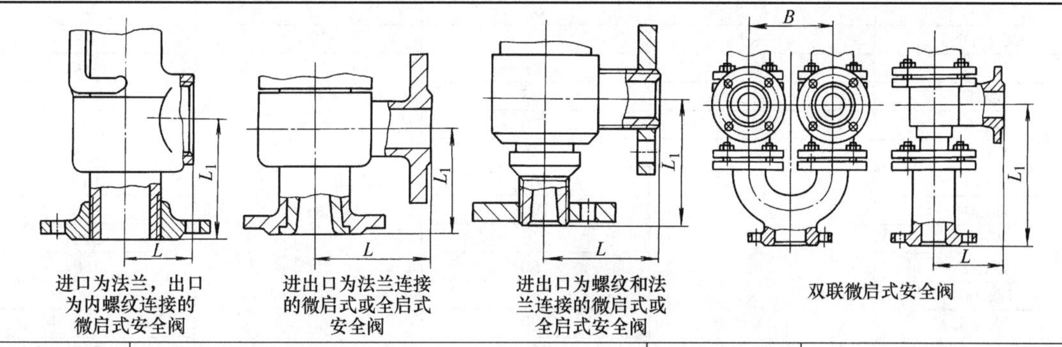

进口为法兰，出口为内螺纹连接的微启式安全阀　　进出口为法兰连接的微启式或全启式安全阀　　进出口为螺纹和法兰连接的微启式或全启式安全阀　　双联微启式安全阀

形式	微启式										双联弹簧微启式			全启式					
公称压力	PN10		PN16、PN40		PN100		PN160		PN320		PN16、PN40			PN16、PN40		PN100		PN160、PN320	
公称尺寸	结构长度																		
	L	L_1	L	L_1	L	L_1	L	L_1	L	L_1	L	L_1	B	L	L_1	L	L_1	L	L_1
DN15	—	—	—	—	—	—	42	75	95	95	—	—	—	—	—	—	—	95	95
DN25	—	—	100	85	125	100	—	—	—	—	—	—	—	—	—	—	—	—	—
DN32	—	—	115	100	140	110	130	130	130	130	—	—	—	—	—	—	—	150	150
DN40	—	—	120	110	135	120	—	—	—	—	—	—	—	120	110	135	120	180	180
DN50	65	130	135	120	160	130	—	—	—	—	—	—	—	135	120	160	130	165	155
DN80	90	150	170	135	—	—	—	—	—	—	145	310	205	170	135	175	160	195	185
DN100	—	—	—	—	—	—	—	—	—	—	160	355	255	205	160	220	200	—	—
DN150	—	—	—	—	—	—	—	—	—	—	—	—	—	250	210	—	—	—	—
DN200	—	—	—	—	—	—	—	—	—	—	—	—	—	305	260	—	—	—	—

17. PN160 ~ PN320 锻造高压阀门结构长度

PN160 ~ PN320 外螺纹角式截止阀、节流阀（图 1-40），法兰连接角式截止阀、节流阀（图 1-41），焊接连接角式截止阀、节流阀（图 1-42），其结构长度见表 1-128。

平衡角式截止阀、节流阀和升降式止回阀（图 1-43）的结构长度按表 1-129 的规定。

对夹升降式止回阀（图 1-44）的结构长度见表 1-130。

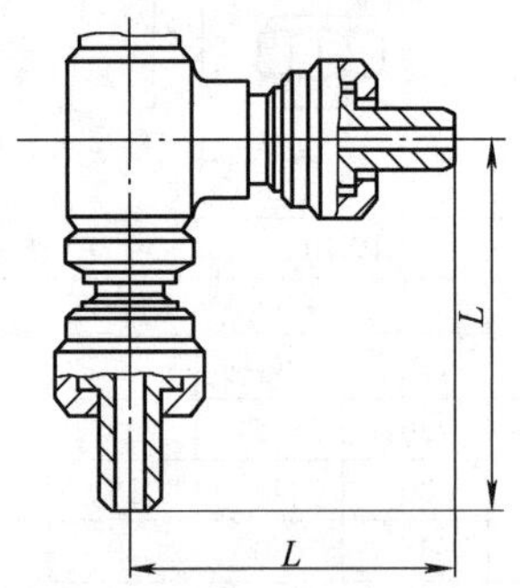

图 1-40　外螺纹连接角式截止阀、节流阀

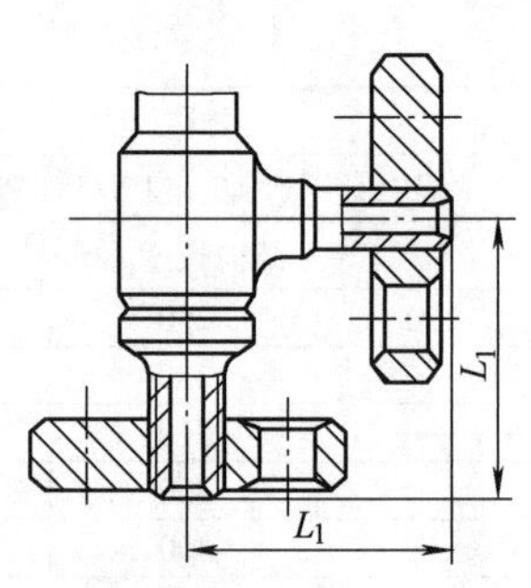

图 1-41　法兰连接角式截止阀、节流阀

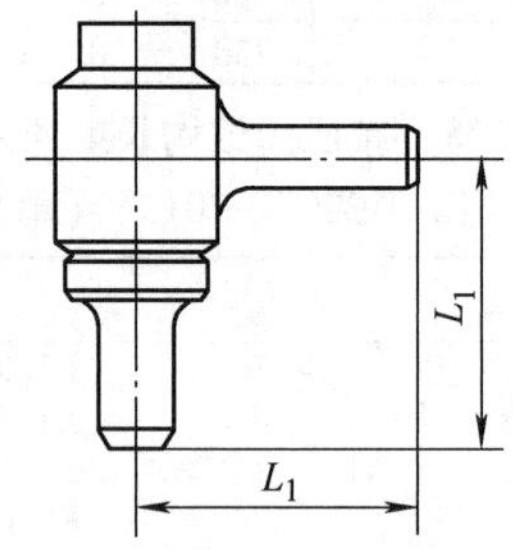

图 1-42　焊接连接角式截止阀、节流阀

表 1-128　锻造高压角式截止阀、节流阀的结构长度（JB/T 450—2008）

<table>
<tr><th rowspan="4">公称尺寸</th><th colspan="4">公称压力</th></tr>
<tr><th colspan="2">PN160、PN220</th><th colspan="2">PN250、PN320</th></tr>
<tr><th colspan="4">结构长度/mm</th></tr>
<tr><th>L</th><th>L1</th><th>L</th><th>L1</th></tr>
<tr><td>DN3、DN6</td><td>—</td><td>—</td><td>80</td><td>—</td></tr>
<tr><td>DN10</td><td>130</td><td>90</td><td rowspan="11">—</td><td>90</td></tr>
<tr><td>DN15</td><td>140</td><td>105</td><td>105</td></tr>
<tr><td>DN25</td><td>165</td><td>120</td><td>120</td></tr>
<tr><td>DN32</td><td rowspan="8">—</td><td>135</td><td>135</td></tr>
<tr><td>DN40</td><td>165</td><td>165</td></tr>
<tr><td>DN50</td><td>190</td><td>190</td></tr>
<tr><td>DN65</td><td>215</td><td>215</td></tr>
<tr><td>DN80</td><td>260</td><td>260</td></tr>
<tr><td>DN100</td><td>290</td><td>290</td></tr>
<tr><td>DN125</td><td>320</td><td>320</td></tr>
<tr><td>DN150</td><td>350</td><td>350</td></tr>
</table>

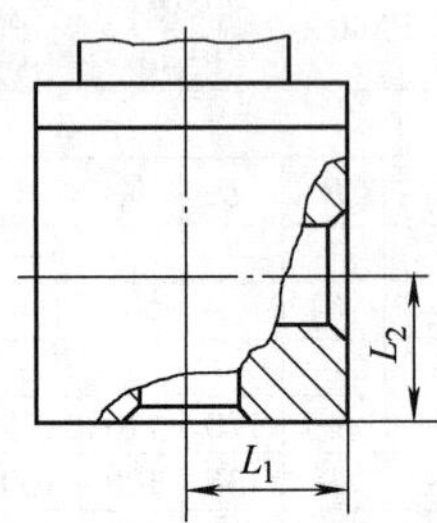

图 1-43　平衡角式截止阀、节流阀和升降式止回阀

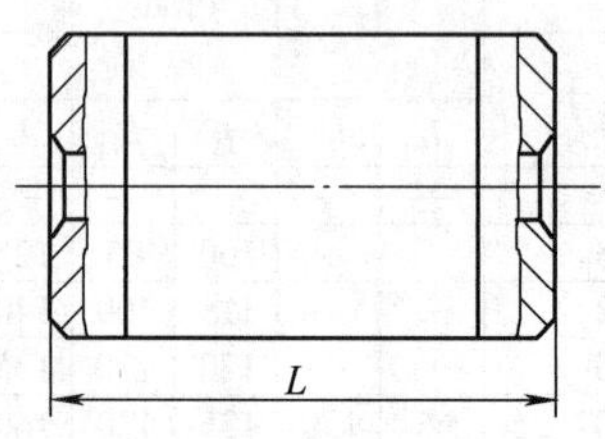

图 1-44　对夹升降式止回阀

表 1-129 平衡角式截止阀、节流阀和升降式止回阀的结构长度（JB/T 450—2008）

公称尺寸	公称压力			
	PN160、PN220		PN250、PN320	
	结构长度/mm			
	L_1	L_2	L_1	L_2
DN50	—	—	120	100
DN65	120	115	130	115
DN80	130	130	150	130
DN100	150	160	170	160
DN125	170	175	190	175
DN150	190	205	215	205
DN200	—	—	250	250

表 1-130 对夹升降式止回阀的结构长度（JB/T 450—2008）

公称尺寸	公称压力		
	PN160、PN220	PN250、PN320	PN160、PN220、PN250、PN320
	结构长度 L/mm		
	系列 1		系列 2
DN10	—	—	70
DN15	60	65	80
DN25	65	80	90
DN32	80	90	115
DN40	90	115	140
DN50	115	145	160
DN65	145	160	180
DN80	160	185	—

对夹式球阀（见图 1-45）和固定式球阀（图 1-46）的结构长度按表 1-131 的规定。

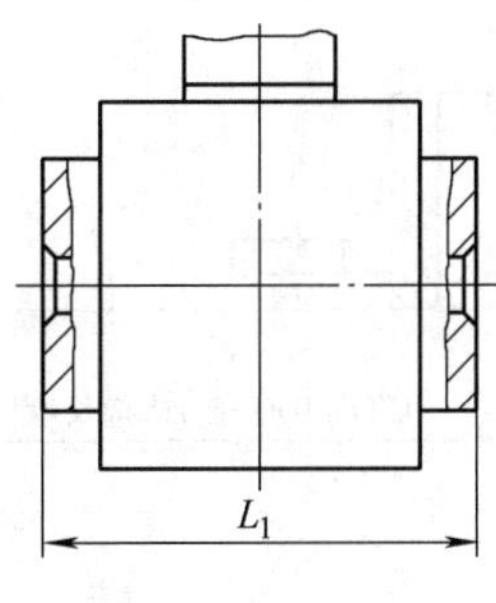

图 1-45 对夹式球阀

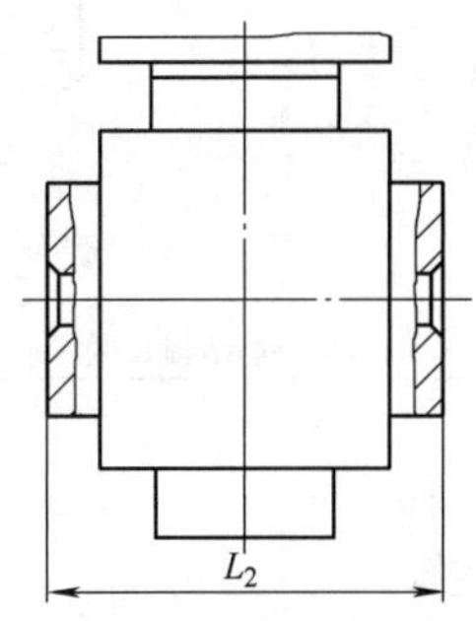

图 1-46 固定式球阀

表 1-131 对夹式球阀和固定式球阀的结构长度（JB/T 450—2008）

公称尺寸	公称压力			
	PN160、PN220		PN250、PN320	
	结构长度/mm			
	L_1	L_2	L_1	L_2
DN10	60	—	60	—
DN15	70		70	
DN25	95		95	
DN32	110		110	
DN40	120		120	
DN50	140		140	
DN65	—	240	—	240
DN80		260		260
DN100		270		290
DN125		330		360
DN150		380		400
DN200		—		510

注：结构长度的极限偏差为 ±2mm。

18. 工业过程控制阀（调节阀）的结构长度

（1）法兰连接直通球形控制阀的结构长度

1）PN 系列法兰连接直通球形控制阀的结构长度见图 1-47 和表 1-132。

2）Class 系列法兰连接直通球形控制阀结构长度见图 1-47 及表 1-133。

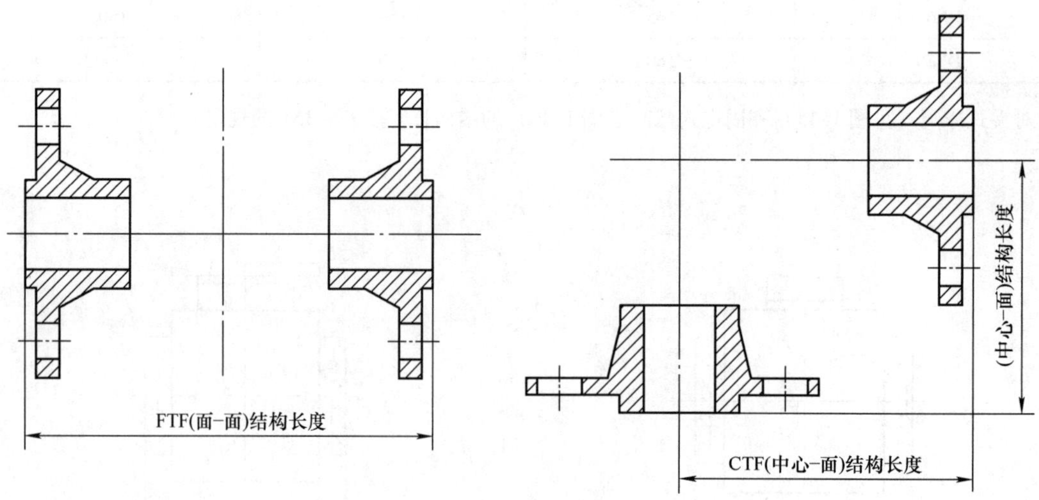

图 1-47 法兰连接直通球形控制阀的结构长度

表 1-132 PN 系列法兰连接直通球形控制阀的结构长度（GB/T 17213.3—2005/IEC 60534-3-1：2000）

（单位：mm）

公称尺寸	FTF						FTF 公差
	PN10 或 PN16		PN25 或 PN40		PN63 或 PN100		
DN15	130	—	130	—	—	210	
DN20	150		150			230	
DN25	160	184	160	197	210	230	
DN32	180	—	180	—	—	260	
DN40	200	222	200	235	251	260	
DN50	230	254	230	267	286	300	
DN65	290	—	290	—	—	340	±2
DN80	310	298	310	317	337	380	
DN100	350	352	350	368	394	430	
DN125	400	—	400	—	—	500	
DN150	480	451	480	473	508	550	
DN200	600	543	600	568	610	650	
DN250	730	673	730	708	752	775	
DN300	850	737	850	775	819	900	
DN350	980	889	980	927	972	1025	±3
DN400	1100	1016	1100	1057	1108	1150	
基础系列	1	37	1	38	39	2	

注：系列尺寸取自 EN 558。

表 1-133 Class 系列法兰连接直通球形控制阀结构长度（GB/T 17213.3—2005/IEC 60534-3-1：2000）

（单位：mm）

公称尺寸	FTF						FTF 公差
	Class125 或 Class150		Class250 或 Class300		Class600		
DN25	160	184	160	197	210	230	
DN40	200	222	200	235	251	260	
DN50	230	254	230	267	286	300	
DN80	310	298	310	317	337	380	
DN100	350	352	350	368	394	430	±2
DN150	480	451	480	473	508	550	
DN200	600	543	600	568	610	650	
DN250	730	673	730	708	752	775	
DN300	850	737	850	775	819	900	
DN350	980	889	980	927	972	1025	±3
DN400	1100	1016	1100	1057	1108	1150	
基础系列	1	37	1	38	39	2	

注：系列尺寸取自 EN 558。

（2）法兰连接角式球形控制阀结构长度

1）PN 系列角式球形控制阀结构长度如图 1-47 及表 1-134 所示。

2）Class 系列角式球形控制阀结构长度如图 1-47 及表 1-135 所示。

3）除蝶阀外角行程控制阀结构长度如图 1-48 及表 1-136 所示。

4）对焊端两通球形直通控制阀结构长度如图 1-49及表 1-137 所示。

表1-134　PN系列角式球形控制阀结构长度（GB/T 17213.3—2005/IEC 60534-3-1：2000）

（单位：mm）

公称尺寸	CTF						CTF公差
	PN10或PN16		PN25或PN40		PN63或PN100		
DN25	100	92	100	98	105	115	±2
DN40	115	111	115	117	125	130	
DN50	125	127	125	133	143	150	
DN80	155	149	155	159	168	190	
DN100	175	176	175	184	197	215	
DN150	225	225	225	236	254	275	
DN200	275	272	275	284	305	325	
DN250	325	337	325	354	376	—	
DN300	375	368	375	387	410	—	±3
DN350	425	445	425	464	486		
DN400	475	508	475	529	554		
基础系列	8	40	8	41	42	9	

注：系列尺寸取自EN 558。

表1-135　Class系列角式球形控制阀结构长度（GB/T 17213.5—2005/IEC 60534-3-1：2000）

（单位：mm）

公称尺寸	CTF						CTF公差
	Class125或Class150		Class250或Class300		Class600		
DN25	70	92	98	102	105	108	±2
DN40	83	111	117	114	125	121	
DN50	102	127	133	133	143	146	
DN80	121	149	159	159	168	178	
DN100	146	176	184	178	197	216	
DN150	203	225	236	222	254	279	
DN200	248	272	284	279	305	330	
DN250	311	337	354	311	376	394	
DN300	349	368	387	356	410	419	±3
DN350	394	445	464	—	486	—	
DN400	457	508	529		554		
基础系列	11	40	41	32	42	24	

注：系列尺寸取自EN 558。

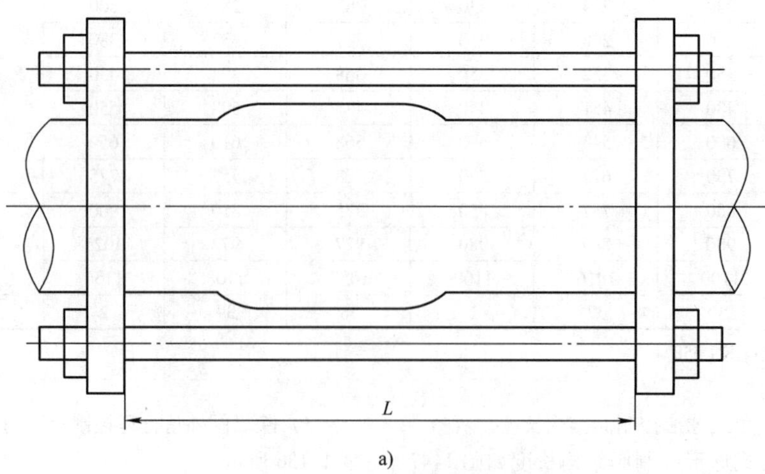

图1-48　除蝶阀外角行程控制阀结构长度

a）无法兰控制阀

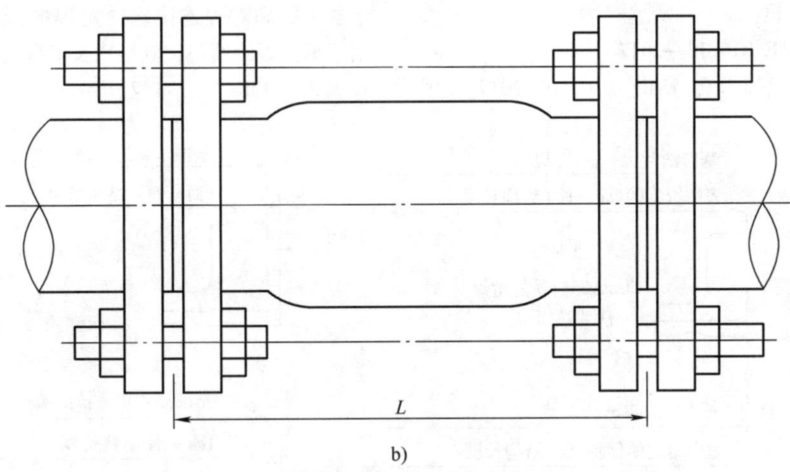

图 1-48　除蝶阀外角行程控制阀结构长度（续）

b）带法兰控制阀

表 1-136　除蝶阀外角行程控制阀结构长度

（GB/T 17213.11—2005/IEC 60534-3-2：2001）

公称尺寸	结构长度 L/mm	结构长度 L 的公差/mm
DN20	76	±2
DN25	102	
DN40	114	
DN50	124	
DN80	165	
DN100	194	
DN150	229	
DN200	243	
DN250	297	
DN300	338	±3
DN350	400	
DN400	400	

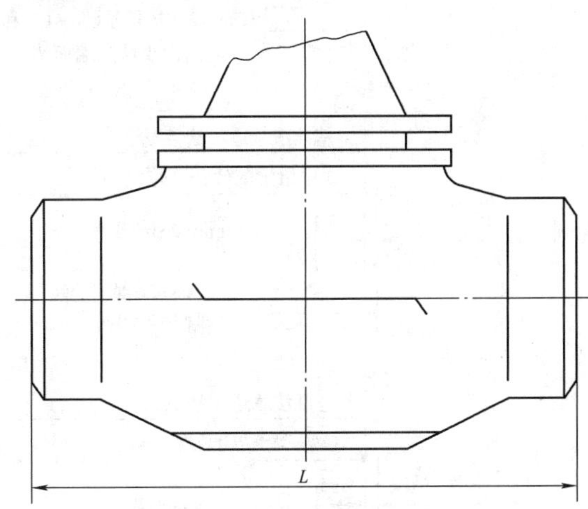

图 1-49　对焊端两通球形直通控制阀结构长度

表 1-137　对焊端两通球形直通控制阀结构长度

公称尺寸	L/mm						L 的公差/mm
	PN10，PN16，PN25，PN40，PN63，PN100 Class150、Class300、Class600		PN160，PN250 Class900、Class1500		PN420 Class2500		
	组 1	组 2	组 1	组 2	组 1	组 2	
DN15	187	203	194	279	216	318	±2
DN20	187	206	194	279	216	318	
DN25	187	210	197	279	216	318	
DN40	222	251	235	330	260	359	
DN50	254	286	292	375	318	400	
DN65	292	311	292	375	318	400	
DN80	318	337	318	460	381	498	
DN100	368	394	368	530	406	575	
DN150	451	508	508	768	610	819	
DN200	543	610	610	832	762	1029	
DN250	673	752	762	991	1016	1270	
DN300	737	819	914	1130	1118	1422	±3
DN350	851	1029	—	1257	—	1803	
DN400	1016	1108		1422		—	
DN450	1143	—		1727			

1.7.4.2　美国数据

1. 美国 ASME B16.10—2017

美国机械工程师学会 ASME B16.10—2017 适用于法兰端和对焊连接端（对焊端）的阀门，但不适用于承插焊端阀门，其结构长度数据如图 1-50、图 1-51 及表 1-138 ~ 表 1-147 所示。

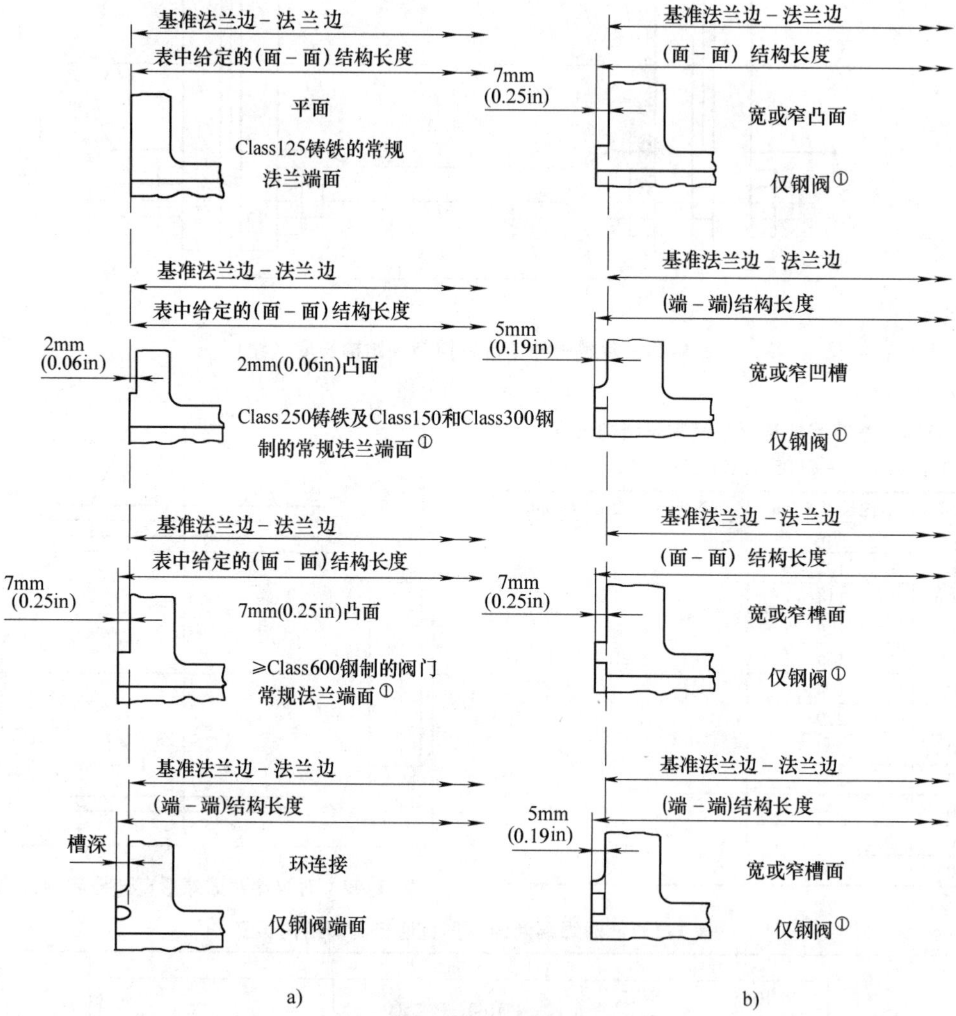

基准法兰边 - 法兰边
表中给定的(面 - 面)结构长度
平面
Class125铸铁的常规法兰端面

基准法兰边 - 法兰边
表中给定的(面 - 面)结构长度
2mm (0.06in)
2mm(0.06in)凸面
Class 250铸铁及Class150和Class300钢制的常规法兰端面①

基准法兰边 - 法兰边
表中给定的(面 - 面)结构长度
7mm (0.25in)
7mm(0.25in)凸面
≥Class600钢制的阀门常规法兰端面①

基准法兰边 - 法兰边
(端 - 端)结构长度
槽深
环连接
仅钢阀端面

a)

基准法兰边 - 法兰边
(面 - 面) 结构长度
7mm (0.25in)
宽或窄凸面
仅钢阀①

基准法兰边 - 法兰边
(端 - 端)结构长度
5mm (0.19in)
宽或窄凹槽
仅钢阀①

基准法兰边 - 法兰边
(面 - 面) 结构长度
7mm (0.25in)
宽或窄榫面
仅钢阀①

基准法兰边 - 法兰边
(端 - 端)结构长度
5mm (0.19in)
宽或窄槽面
仅钢阀①

b)

图 1-50　法兰端面及其关系

a）常规标准端面　b）其他标准端面

① 钢阀包括 ASME B16.34 中的有色金属材料。

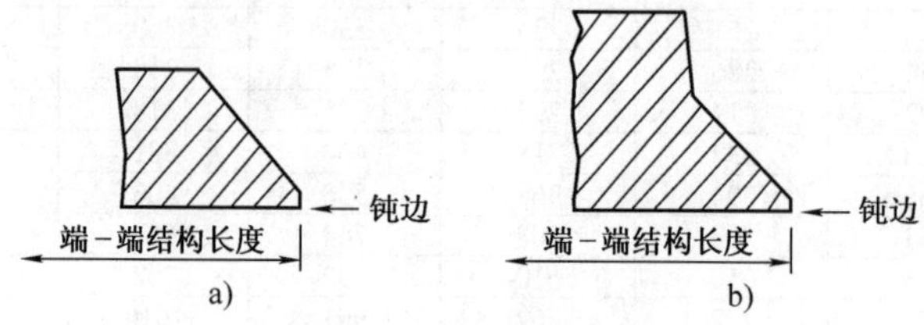

图 1-51　对焊连接端

a）单面坡口　b）复合坡口

注：图中给出的典型坡口仅作为图例。

表 1-138 Class125 法兰连接铸铁阀门和 Class150 法兰连接和对焊连接钢制阀门（面-面和端-端）结构长度①　（单位：mm）

平面　A　Class125 铸铁

凸面　A　Class150 钢

对焊端　B　Class150 钢

阀门公称尺寸		1	2	3	4	5	6	7	8	9	10	11	12
		Class125 铸铁								Class150 钢			
		法兰端（平面）								法兰端（2mm 凸面）和对焊端			
		双闸板和楔式单闸板闸阀 A	旋塞阀				截止阀、升降式和旋启式止回阀、AWWAC 508 A	截止阀、升降式和旋启式止回阀 A①	角阀、升降式止回阀 D	闸阀			旋塞阀
			短型 A	长型 AWWAC 517 A	常规型文丘里型 A	圆口全径 A				双闸板和楔式单闸板 A	水道 A	双闸板和楔式单闸板和水道 B	短型 A
NPS ¼	DN8	—	—	—	—	—	—	—	—	102	—	102	—
NPS ⅜	DN10	—	—	—	—	—	—	—	—	102	—	102	—
NPS ½	DN15	—	—	—	—	—	—	—	—	108	—	108	—
NPS ¾	DN20	—	—	—	—	—	—	—	—	117	—	117	—
NPS1	DN25	—	140	—	140③	140	—	—	—	127	—	127	140
NPS1¼	DN32	—	—	—	165③	152	—	—	—	140	—	140	—
NPS1½	DN40	—	165	—	165③	165	—	—	—	165	—	165	165
NPS2	DN50	178	178	—	190③	190	203	203	102	178	178	216	178
NPS2½	DN65	190	190	—	210③	210	254	216	108	190	190	241	190
NPS3	DN80	203	203	—	229③	229	279	241	121	203	203	282	203
NPS4	DN100	229	229	—	229③	305	330	292	146	229	229	305	229
NPS5	DN125	254	254	—	356③	381	—	330	165	254	—	381	254
NPS6	DN150	267	267	—	394	457	406	356	178	267	267	403	267
NPS8	DN200	292	292	—	457	559	495	495	248	292	292	419	292
NPS10	DN250	330	330	—	533	660	559	622	311	330	330	457	330
NPS12	DN300	356	356	—	610	762	660	698	349	356	356	502	356
NPS14	DN350	381②	—	—	686	—	672	787	394	381	381	572	—
NPS16	DN400	406②	—	610	762	—	775	914⑤	457	406	406	610	—
NPS18	DN450	432②	—	762	864	—	851	—	—	432	432	660	—
NPS20	DN500	457②	—	914	914	—	1016	—	—	457	457	711	—
NPS22	DN550	—	—	—	—	—	—	—	—	—	508	762	—
NPS24	DN600	508②	—	1067	1067④	—	1168	—	—	508	508	813	—
NPS26	DN650	—	—	—	—	—	—	—	—	559	559	864⑥	—
NPS28	DN700	—	—	—	—	—	—	—	—	610	610	914⑥	—
NPS30	DN750	—	—	1295	1295④	—	—	—	—	610	660	914⑥	—
NPS32	DN800	—	—	—	—	—	—	—	—	—	711	965⑥	—
NPS34	DN850	—	—	—	—	—	—	—	—	—	762	1016⑥	1016
NPS36	DN900	—	—	1524	1600④	—	—	—	—	711	813	1016⑥	—

（续）

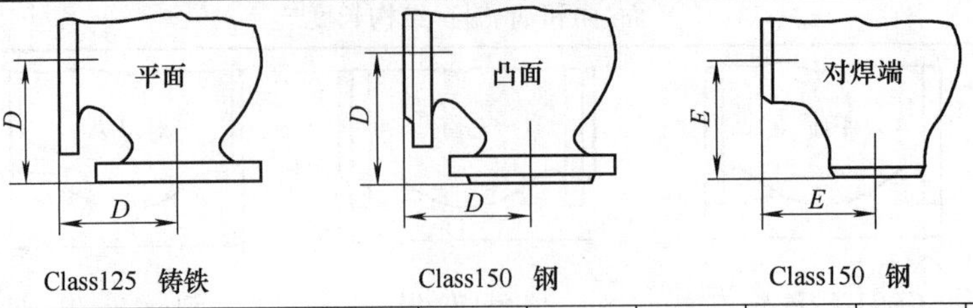

平面　凸面　对焊端

Class125 铸铁　Class150 钢　Class150 钢

阀门公称尺寸		13	14	15	16	17	18	19	20	21	22	23
		Class150 钢										
		法兰端12mm（凸面）和对焊端							法兰端		对焊端	
		旋塞阀				截止阀升降式和旋启式止回阀	角阀升降式止回阀	Y形截止阀、Y形旋启式止回阀	球　阀			
		常规型 *A*	短型常规型 *B*	文丘里型 *A*	圆口全径 *A*	*A*、*B*①	*D*、*E*	*A*、*B*	长型 *A*	短型 *A*	长型 *B*	短型 *B*
NPS ¼	DN8	—	—	—	—	102	51	—	—	—	—	—
NPS ⅜	DN10	—	—	—	—	102	51	—	—	—	—	—
NPS ½	DN15	—	—	—	—	108	57	140	108	108	—	140
NPS ¾	DN20	—	—	—	—	117	64	152	117	117	—	152
NPS1	DN25	—	—	—	176	127	70	165	127	127	—	165
NPS1¼	DN32	—	—	—	—	140	76	184	140	140	—	178
NPS1½	DN40	—	—	—	222	165	83	203	165	165	190	190
NPS2	DN50	—	267	178	267	203	102	229	178	178	216	216
NPS2½	DN65	—	305	—	298	216	108	279	190	190	241	241
NPS3	DN80	—	330	203	343	241	121	318	203	203	282	282
NPS4	DN100	305	356	229	432	292	146	368	229	229	305	305
NPS5	DN125	381	381	—	—	356⑦	178	—	—	—	—	—
NPS6	DN150	394	457	394	—	400⑦	203	470	394	267	457	403
NPS8	DN200	457	521	457	—	495	248	597	457	292	521	419
NPS10	DN250	533	559	533	—	622	311	673	533	330	559	457
NPS12	DN300	610	635	610	—	698	349	775	610	356	635	502
NPS14	DN350	686	—	686	—	787	394	—	686	381	762	572
NPS16	DN400	762	—	762	—	914⑧	457	—	762	406	838	610
NPS18	DN450	864	—	864	—	978⑨	—	—	864	—	914	660
NPS20	DN500	914	—	914	—	978⑨	—	—	914	—	991	711
NPS22	DN550	—	—	—	—	1067⑨	—	—	—	—	1092	—
NPS24	DN600	1067	—	1067	—	1295⑨	—	—	1067	—	1143	813
NPS26	DN650	—	—	—	—	1295⑨	—	—	—	—	1245	—
NPS28	DN700	—	—	—	—	1448⑨	—	—	—	—	1346	—
NPS30	DN750	—	—	—	—	1524⑨	—	—	—	—	1397	—

（续）

阀门公称尺寸		13	14	15	16	17	18	19	20	21	22	23
		Class150 钢										
		法兰端 12mm（凸面）和对焊端							法兰端		对焊端	
		旋塞阀				截止阀升降式和旋启式止回阀	角阀升降式止回阀	Y 形截止阀、Y 形旋启式止回阀	球阀			
		常规型 A	短型常规型 B	文丘里型 A	圆口全径 A	A、B[①]	D、E	A、B	长型 A	短型 A	长型 B	短型 B
NPS32	DN800	—	—	—	—	—	—	—	—	—	1524	—
NPS34	DN850	—	—	—	—	—	—	—	—	—	1626	—
NPS36	DN900	—	—	—	—	1956[⑨]	—	—	—	—	1727	—

注：对于某些法兰端面所要求表列结构长度的调整位见表 1-146。

① 这些结构长度不适用于下述止回阀：阀座与阀门通道大约成 45°、“保险器型” 或要求大间距的其他类型。

② 仅用于楔式单板闸阀。

③ 仅用于常规型。按制造厂的选择，NPS4（DN100）阀门的（面-面）结构长度可为 305mm。

④ 仅用于文丘里型。

⑤ 仅用于截止阀和水平的升降式止回阀。

⑥ 仅用于双闸板闸阀和水道闸阀。

⑦ 仅用于截止阀和水平的升降式止回阀。Class150 钢制法兰连接和对焊连接的旋启式止回阀，对于 NPS5（DN125）的，其结构长度为 330mm；对于 NPS6（DN150）的，其结构长度为 356mm。

⑧ 仅用于截止阀和水平的升降式止回阀，Class150 钢制法兰连接和对焊连接的旋启式止回阀，NPS16（DN400）的，其（面-面和端-端）结构长度为 864mm。

⑨ 仅用于旋启式止回阀。

表 1-139 Class250 法兰连接铸铁阀门和 Class300 法兰连接和对焊连接钢制阀门（面-面和端-端）的结构长度[④] （单位：mm）

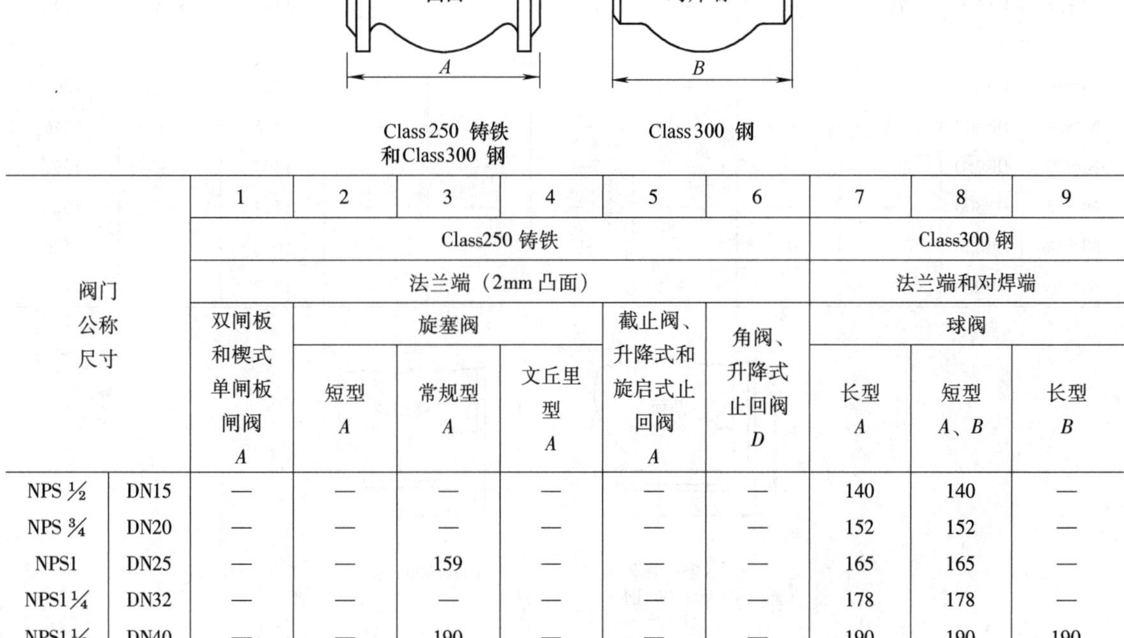

阀门公称尺寸		1	2	3	4	5	6	7	8	9
		Class250 铸铁						Class300 钢		
		法兰端（2mm 凸面）						法兰端和对焊端		
		双闸板和楔式单闸板闸阀	旋塞阀			截止阀、升降式和旋启式止回阀	角阀、升降式止回阀	球阀		
		A	短型 A	常规型 A	文丘里型 A	A	D	长型 A	短型 A、B	长型 B
NPS ½	DN15	—	—	—	—	—	—	140	140	—
NPS ¾	DN20	—	—	—	—	—	—	152	152	—
NPS1	DN25	—	—	159	—	—	—	165	165	—
NPS1¼	DN32	—	—	—	—	—	—	178	178	—
NPS1½	DN40	—	—	190	—	—	—	190	190	190

（续）

阀门公称尺寸		1	2	3	4	5	6	7	8	9
		Class250 铸铁						Class300 钢		
		法兰端（2mm 凸面）						法兰端和对焊端		
		双闸板和楔式单闸板闸阀 A	旋塞阀			截止阀、升降式和旋启式止回阀 A	角阀、升降式止回阀 D	球阀		
			短型 A	常规型 A	文丘里型 A			长型 A	短型 A、B	长型 B
NPS2	DN50	216	184	216	—	267	133	216	216	216
NPS2½	DN65	241	203	241	—	292	146	241	241	241
NPS3	DN80	282	235	282	—	318	159	282	282	282
NPS4	DN100	305	267	305	—	356	178	305	305	305
NPS5	DN125	381	—	387	—	400	200	—	—	—
NPS6	DN150	403	378	425	403	444	222	403	403	457
NPS8	DN200	419	—	502	419	533	267	502	419	521
NPS10	DN250	457	568	597	457	622	311	568	457	559
NPS12	DN300	502	648	711	502	711	356	648	502	635
NPS14	DN350	572	—	—	762	—	—	762	572	762
NPS16	DN400	610	—	—	838	—	—	838	610	838
NPS18	DN450	660	—	—	914	—	—	914	660	914
NPS20	DN500	711	—	—	991	—	—	991	711	991
NPS22	DN550	—	—	—	1118	—	—	1092	—	1092
NPS24	DN600	787	—	—	1143	—	—	1143	813	1143
NPS26	DN650	—	—	—	—	—	—	1245	—	1245
NPS28	DN700	—	—	—	—	—	—	1346	—	1346
NPS30	DN750	—	—	—	—	—	—	1397	—	1397
NPS32	DN800	—	—	—	—	—	—	1524	—	1524
NPS34	DN850	—	—	—	—	—	—	1626	—	1626
NPS36	DN900	—	—	—	—	—	—	1727	—	1727

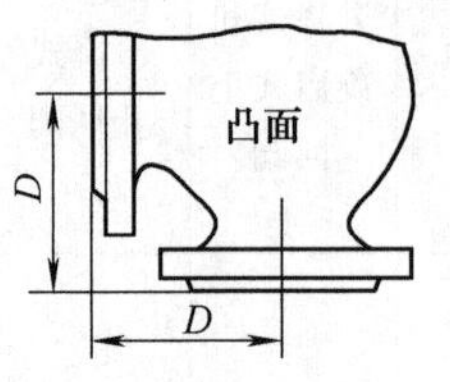

Class 250 铸铁和Class300 钢

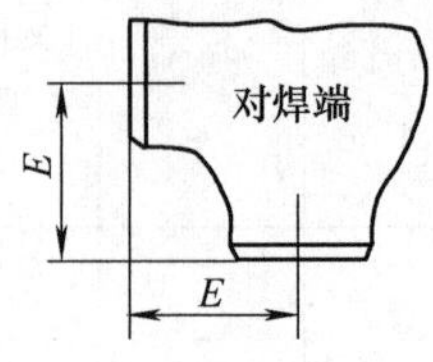

Class 300 钢

（续）

阀门公称尺寸		10	11	12	13	14	15	16	17
		Class300 钢							
		法兰端（2mm 凸面）和对焊端							
		双闸板和楔式单闸板闸阀和水道 A、B	旋塞阀 短型、文丘里型 A	旋塞阀 短型、文丘里型 B	旋塞阀 常规型 A	旋塞阀 圆口全径 A、B	截止阀、升降式止回阀 A、B	角阀、升降式止回阀 D、E	旋启式止回阀 A、B
NPS ½	DN15	140①	—	—	—	—	152	76	—
NPS ¾	DN20	152①	—	—	—	—	178	89	—
NPS1	DN25	165①	159②	—	—	190	203	102	216
NPS1¼	DN32	178①	—	—	—	—	216	108	229
NPS1½	DN40	190	190②	—	—	241	229	114	241
NPS2	DN50	216	216	267②	—	282	267	133	267
NPS2½	DN65	241	241	305②	—	330	292	146	292
NPS3	DN80	282	282	330②	—	387	318	159	318
NPS4	DN100	305	305	356②	—	457	356	178	356
NPS5	DN125	381	—	—	—	—	400	200	400
NPS6	DN150	403	403	457	403	559	444	222	444
NPS8	DN200	419	419	521	502	686	559	279	533
NPS10	DN250	457	457	559	568	826	622	311	622
NPS12	DN300	502	502	635	711	965	711	356	711
NPS14	DN350	762	762③	762③	762	—	—	—	838
NPS16	DN400	838	838③	838③	838	—	—	—	864
NPS18	DN450	914	914③	914③	914	—	—	—	978
NPS20	DN500	991	991③	991③	991	—	—	—	1016
NPS22	DN550	1092	1092③	1092③	1092	—	—	—	1118
NPS24	DN600	1143	1143③	1143③	1143	—	—	—	1346
NPS26	DN650	1245	1245③	1245③	1245	—	—	—	1346
NPS28	DN700	1346	1346③	1346③	1346	—	—	—	1499
NPS30	DN750	1397	1397③	1397③	1397	—	—	—	1594
NPS32	DN800	1524	1524③	1524③	1524	—	—	—	—
NPS34	DN850	1626	1626③	1626③	1626	—	—	—	—
NPS36	DN900	1727	1727③	1727③	1727	—	—	—	2083

注：对于某些法兰端面所要求表列结构长度的调整值见表 1-146。

① 仅用于楔式单闸板闸阀。

② 仅用于短型旋塞阀。

③ 仅用于文丘里型。

表 1-140　Class600 法兰连接和对焊连接钢制阀门（面-面和端-端）的结构长度⑦

（单位：mm）

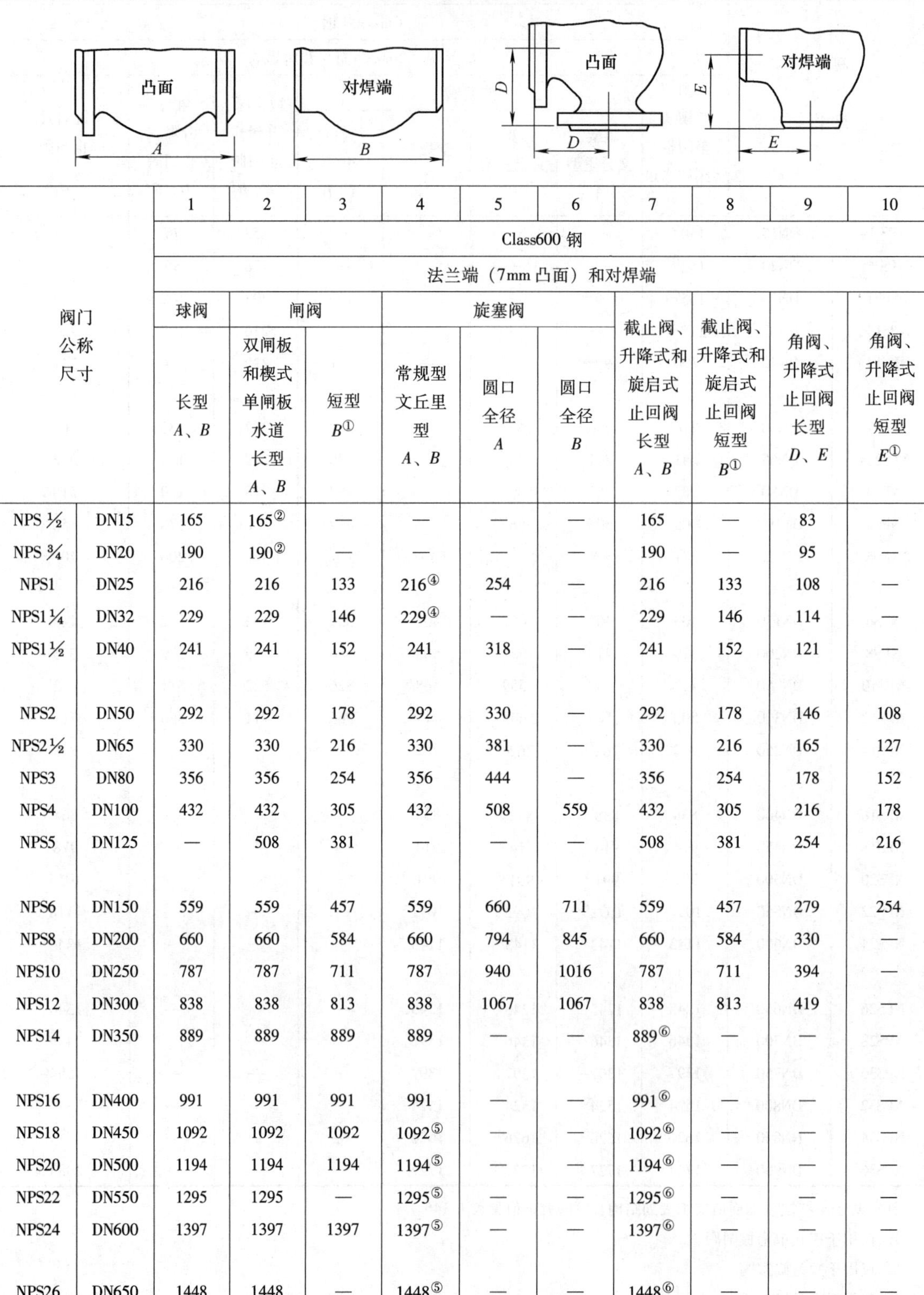

阀门公称尺寸		1	2	3	4	5	6	7	8	9	10
		Class600 钢									
		法兰端（7mm 凸面）和对焊端									
		球阀	闸阀		旋塞阀			截止阀、升降式和旋启式止回阀长型 A、B	截止阀、升降式和旋启式止回阀短型 B①	角阀、升降式止回阀长型 D、E	角阀、升降式止回阀短型 E①
		长型 A、B	双闸板和楔式单闸板水道长型 A、B	短型 B①	常规型文丘里型 A、B	圆口全径 A	圆口全径 B				
NPS ½	DN15	165	165②	—	—	—	—	165	—	83	—
NPS ¾	DN20	190	190②	—	—	—	—	190	—	95	—
NPS1	DN25	216	216	133	216④	254	—	216	133	108	—
NPS1¼	DN32	229	229	146	229④	—	—	229	146	114	—
NPS1½	DN40	241	241	152	241	318	—	241	152	121	—
NPS2	DN50	292	292	178	292	330	—	292	178	146	108
NPS2½	DN65	330	330	216	330	381	—	330	216	165	127
NPS3	DN80	356	356	254	356	444	—	356	254	178	152
NPS4	DN100	432	432	305	432	508	559	432	305	216	178
NPS5	DN125	—	508	381	—	—	—	508	381	254	216
NPS6	DN150	559	559	457	559	660	711	559	457	279	254
NPS8	DN200	660	660	584	660	794	845	660	584	330	—
NPS10	DN250	787	787	711	787	940	1016	787	711	394	—
NPS12	DN300	838	838	813	838	1067	1067	838	813	419	—
NPS14	DN350	889	889	889	889	—	—	889⑥	—	—	—
NPS16	DN400	991	991	991	991	—	—	991⑥	—	—	—
NPS18	DN450	1092	1092	1092	1092⑤	—	—	1092⑥	—	—	—
NPS20	DN500	1194	1194	1194	1194⑤	—	—	1194⑥	—	—	—
NPS22	DN550	1295	1295	—	1295⑤	—	—	1295⑥	—	—	—
NPS24	DN600	1397	1397	1397	1397⑤	—	—	1397⑥	—	—	—
NPS26	DN650	1448	1448	—	1448⑤	—	—	1448⑥	—	—	—

（续）

阀门公称尺寸		1	2	3	4	5	6	7	8	9	10
		Class600 钢									
		法兰端（7mm 凸面）和对焊端									
		球阀	闸阀		旋塞阀			截止阀、升降式和旋启式止回阀长型 A、B	截止阀、升降式和旋启式止回阀短型 B①	角阀、升降式止回阀长型 D、E	角阀、升降式止回阀短型 E①
		长型 A、B	双闸板和楔式单闸板水道长型 A、B	短型 B①	常规型文丘里型 A、B	圆口全径 A	圆口全径 B				
NPS28	DN700	1549	1549	—	—	—	—	1600⑥	—	—	—
NPS30	DN750	1651	1651	—	1651⑤	—	—	1651⑥	—	—	—
NPS32	DN800	1778	1778③	—	1778⑤	—	—	—	—	—	—
NPS34	DN850	1930	1930③	—	1930⑤	—	—	—	—	—	—
NPS36	DN900	2083	2083③	—	2083⑤	—	—	2083⑥	—	—	—

① 这些长度仅用于压力密封或无法兰阀盖的阀门。按制造厂的选择，它们可用在带法兰阀盖的阀门上。
② 仅用于楔式单板闸阀。
③ 仅用于双闸板闸阀和水道闸阀。
④ 仅用于常规型。
⑤ 仅用于文丘里型。
⑥ 仅用于旋启式止回阀。
⑦ 对于某些法兰端面所要求表列结构长度的调整值见表 1-146。

表 1-141 Class900 法兰连接和对焊连接钢制阀门（面-面和端-端）的结构长度⑦（单位：mm）

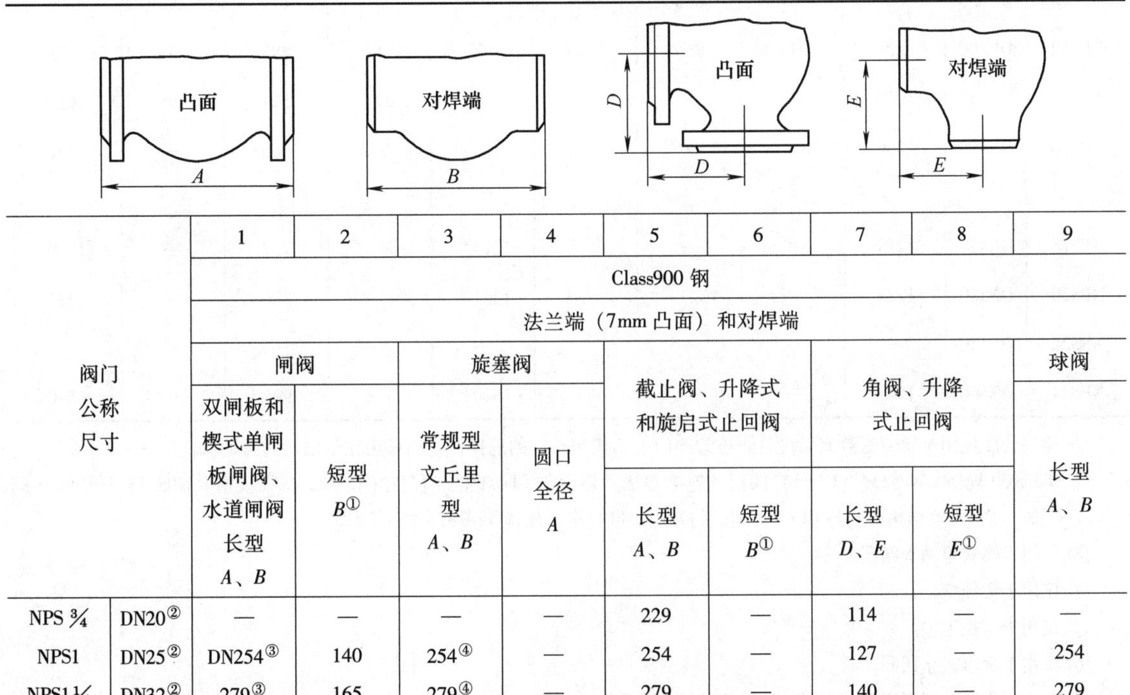

阀门公称尺寸		1	2	3	4	5	6	7	8	9
		Class900 钢								
		法兰端（7mm 凸面）和对焊端								
		闸阀		旋塞阀		截止阀、升降式和旋启式止回阀		角阀、升降式止回阀		球阀
		双闸板和楔式单闸板闸阀、水道闸阀长型 A、B	短型 B①	常规型文丘里型 A、B	圆口全径 A	长型 A、B	短型 B①	长型 D、E	短型 E①	长型 A、B
NPS ¾	DN20②	—	—	—	—	229	—	114	—	—
NPS1	DN25②	DN254③	140	254④	—	254	—	127	—	254
NPS1¼	DN32②	279③	165	279④	—	279	—	140	—	279

（续）

阀门公称尺寸		1	2	3	4	5	6	7	8	9
		Class900 钢								
		法兰端（7mm 凸面）和对焊端								
		闸阀		旋塞阀		截止阀、升降式和旋启式止回阀		角阀、升降式止回阀		球阀
		双闸板和楔式单闸板闸阀、水道闸阀长型 A、B	短型 B①	常规型文丘里型 A、B	圆口全径 A	长型 A、B	短型 B①	长型 D、E	短型 E①	长型 A、B
NPS1½	DN40②	305③	178	305④	356	305	—	152	—	305
NPS2	DN50②	368	216	368④	381	368	—	184	—	368
NPS2½	DN65②	419	254	419④	432	419	254	210	—	419
NPS3	DN80	381	305	381④	470	381	305	190	152	381
NPS4	DN100	457	356	457⑤	559	457	356	229	178	457
NPS5	DN125	559	432	—	—	559	432	279	216	—
NPS6	DN150	610	508	610	737	610	508	305	254	610
NPS8	DN200	737	660	737	813	737	660	368	330	737
NPS10	DN250	838	787	838	965	838	787	419	394	838
NPS12	DN300	965	914	965	1118	965	914	483	457	965
NPS14	DN350	1029	991	—	—	1029	991	514	495	1029
NPS16	DN400	1130	1092	1130⑤	—	1130⑥	1092	660	—	1130
NPS18	DN450	1219	—	—	—	1219⑥	—	737	—	1219
NPS20	DN500	1321	—	1321⑤	—	1321⑥	—	826	—	1321
NPS22	DN550	—	—	—	—	—	—	—	—	—
NPS24	DN600	1549	—	—	—	1549⑥	—	991	—	1540

① 这些长度仅用于压力密封或无法兰阀盖的阀门上。按制造厂的选择，它们可用在带法兰阀盖的阀门上。

② Class900 规格≤NPS2½（DN65）阀门的连接端法兰端面与 Class1500 阀门相同。Class900 规格≤NPS2½（DN65）阀门的（面-面）结构长度与 CL1500 阀门的相同。圆口全径旋塞阀（第4栏）除外。

③ 仅用于楔式单闸板闸阀。

④ 仅用于常规型。

⑤ 仅用于文丘里型。

⑥ 仅用于旋启式止回阀。

⑦ 对于某些法兰端面所要求表列结构长度的调整值见表1-146。

表 1-142 Class1500 法兰连接和对焊连接钢制阀门（面-面和端-端）的结构长度⑦ （单位：mm）

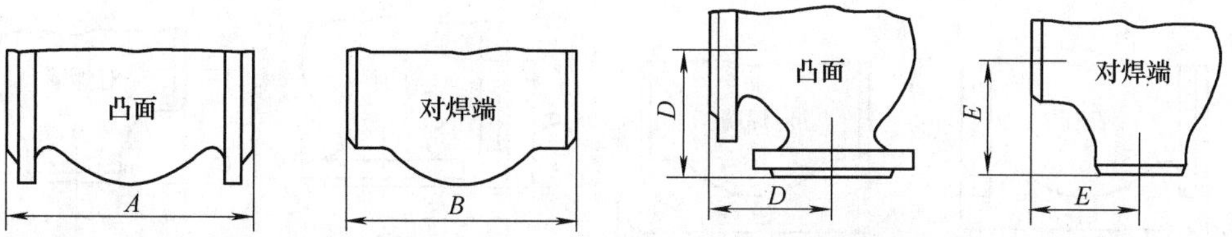

阀门公称尺寸		1	2	3	4	5	6	7	8
		Class1500 钢							
		法兰端（7mm 凸面）和对焊端							
		闸阀		旋塞阀		截止阀、升降式和旋启式止回阀长型 A、B	截止阀、升降式和旋启式止回阀短型 B①	角阀、升降式止回阀长型 D、E	球阀
		双闸板和楔式单闸板、水道长型 A、B	短型 B①	常规型文丘里型 A、B	圆口全径 A				长型 A、B
NPS ½	DN15	—	—	—	—	216⑤	—	108	—
NPS ¾	DN20	—	—	—	—	229	—	114	—
NPS1	DN25	254②	140	254③	—	254	—	127	—
NPS1¼	DN32	279②	165	279③	—	279	—	140	—
NPS1½	DN40	305②	178	305③	—	305	—	152	—
NPS2	DN50	368	216	368③	391	368	216	184	368
NPS2½	DN65	419	254	419③	454	419	254	210	419
NPS3	DN80	470	305	470③	524	470	305	235	470
NPS4	DN100	546	406	546③	625	546	406	273	546
NPS5	DN125	673	483	—	—	673	483	337	—
NPS6	DN150	705	559	705	787	705	559	353	705
NPS8	DN200	832	711	832	889	832	711	416	832
NPS10	DN250	991	864	991	1067	991	864	495	991
NPS12	DN300	1130	991	1130	1219	1130	991	565	1130
NPS14	DN350	1257	1067	—	—	1257	1067	629	1257
NPS16	DN400	1384	1194	1384④	—	1384⑥	1194	—	1384
NPS18	DN450	1537	1346	—	—	1537⑥	—	—	—
NPS20	DN500	1664	1473	—	—	1664⑥	—	—	—
NPS22	DN550	—	—	—	—	—	—	—	—
NPS24	DN600	1943	—	—	—	1943⑥	—	—	—

① 这些长度仅用于压力密封或无法兰阀盖的阀门。按制造厂的选择，它们可用在带法兰阀盖的阀门上。

② 仅用于楔式单闸板闸阀。

③ 仅用于常规型。

④ 仅用于文丘里型。

⑤ 仅用于截止阀和升降式止回阀。

⑥ 仅用于旋启式止回阀。

⑦ 对于某些法兰端面所要求表列结构长度的调整值见表 1-146。

表 1-143 Class2500 法兰连接和对焊连接钢制阀门（面-面和端-端）的结构长度③

（单位：mm）

阀门公称尺寸		1	2	3	4	5	6	7
		Class2500 钢						
		法兰端（7mm 凸面）和对焊端						
		闸阀		常规型旋塞阀 *A*、*B*	截止阀、升降式和旋启式止回阀长型 *A*、*B*	截止阀、升降式和旋启式止回阀短型 *B*①	角阀、升降式止回阀长型 *D*、*E*	球阀
		双闸板和楔式单闸板和水道闸阀长型 *A*、*B*	短型 *B*①					长型 *A*、*B*
NPS ½	DN15	264②	—	—	264	—	132	—
NPS ¾	DN20	273②	—	—	273	—	137	—
NPS1	DN25	308②	186	308	308	—	154	—
NPS1¼	DN32	349②	232	—	349	—	175	—
NPS1½	DN40	384②	232	384	384	—	192	—
NPS2	DN50	451	279	451	451	279	226	451
NPS2½	DN65	508	330	508	508	330	254	508
NPS3	DN80	578	368	578	578	368	289	578
NPS4	DN100	673	457	673	673	457	337	673
NPS5	DN125	794	533	794	794	533	397	—
NPS6	DN150	914	610	914	914	610	457	914
NPS8	DN200	1022	762	1022	1022	762	511	1022
NPS10	DN250	1270	914	1270	1270	914	635	1270
NPS12	DN300	1422	1041	1422	1422	1041	711	1422
NPS14	DN350	—	1118	—	—	—	—	—
NPS16	DN400	—	1245	—	—	—	—	—
NPS18	DN450	—	1397	—	—	—	—	—

① 这些长度仅用于压力密封或无法兰阀盖的阀门。按制造厂的选择，它们可用在带法兰阀盖的阀门上。

② 仅用于楔式单闸板闸阀。

③ 对于某些法兰端面所要求表列结构长度的调整值见表 1-146。

表 1-144 Class125 和 Class250 铸铁阀门和 Class150 ~ Class2500 对夹式钢制阀门（面-面）的结构长度⑦ （单位：mm）

阀门公称尺寸		1	2	3	4	5	6	7	8	9	10	11	12	13	14	15	16	17	18
		钢①					铸铁③		安装在 ANSI 标准法兰间的单瓣和双瓣对夹式止回阀④										
		CWP值无阀盖刀闸阀(最高150℉)①	无阀盖刀闸阀②				安装在 ANSI 标准法兰间的单瓣和双瓣旋启式止回阀		公称压力										
			短型	长型	短型	长型	Class 125	Class 250	Class 150	Class 300	Class 600	Class 900	Class 1500	Class 2500	Class 150	Class 300	Class 600	Class 900	Class 1500
			Class 150	Class 150	Class 300	Class 300			长型⑤						短型⑥				
NPS2	DN50	48	50.8	69.8	69.8	69.8	54	54	60	60	60	70	70	70	19	19	19	19	19
NPS2½	DN65	—	—	—	—	—	60	60	67	67	67	83	83	83	19	19	19	19	19
NPS3	DN80	51	50.8	107.6	69.8	101.6	67	67	73	73	73	83	83	86	19	19	19	19	22
NPS4	DN100	51	50.8	104.6	69.8	104.6	67	67	73	73	79	102	102	105	19	19	22	22	32
NPS5	DN125	57	—	—	—	—	83	83	—	—	—	—	—	—	—	—	—	—	—
NPS6	DN150	57	57.2	63.5	80	104.6	95	95	99	99	137	159	159	159	19	22	28	35	44
NPS8	DN200	70	69.8	73.2	88.9	117.6	127	127	127	127	165	206	206	206	28	28	38	44	57
NPS10	DN250	70	69.8	79.2	118.9	136.6	140	140	146	146	213	241	248	254	28	38	57	57	73
NPS12	DN300	76	76.2	82.6	127	143	181	181	181	181	229	292	305	305	38	51	60	—	—
NPS14	DN350	76	76.2	91.6	139.7	158.8	184	222	184	222	273	356	356	—	44	51	67	—	—
NPS16	DN400	89	88.9	95.2	139.7	168.4	190	232	190	232	305	384	384	—	51	51	73	—	—
NPS18	DN450	89	88.9	104.6	158.8	177.8	203	264	203	264	362	451	468	—	60	76	83	—	—
NPS20	DN500	114	114.3	114.3	189	189	213	292	219	292	368	451	533	—	64	83	92	—	—
NPS24	DN600	114	114.3	127	215.9	215.9	222	318	222	318	438	495	559	—	—	—	—	—	—
NPS30	DN750	117	187.4	209.6	266.7	266.7	305	368	305	368	505	—	—	—	—	—	—	—	—
NPS36	DN900	117	225.6	249.9	304.8	304.8	368	483	368	483	635	—	—	—	—	—	—	—	—
NPS42	DN1050	—	247.6	304.8	304.8	374.6	432	568	432	568	702	—	—	—	—	—	—	—	—
NPS48	DN1200	—	292.1	419.1	304.8	424.4	524	629	524	629	—	—	—	—	—	—	—	—	—

① CWP 值刀闸阀的这些数值取自 MSS SP-81。

② Class 标定的刀闸阀这些数据取自 MSS SP－135。

③ 铸铁旋启式止回阀数据取自 API 594。

④ Class150、Class300、Class600 规格≥NPS30（DN750）的阀门，其体表外径和垫片表面尺寸应与订单中规定的法兰标准如 ASME B16.47B 系列或 ASME B16.47A 系列（MSS SP44）标准相一致。

⑤ 规格≤NPS 24（DN600）的长型钢制旋启式止回阀的这些数据取自 API 6D 和 API 594。较大规格阀门数据取自 API 594。

⑥ 短型钢制旋启式止回阀的这些数据取自 API 6D。

⑦ 公称尺寸≤NPS 10（DN250）阀门的（面-面和端-端）结构长度公差为±1.5mm，公称尺寸≥NPS 12（DN300）。≤NPS24（DN600）的结构长度公差为±3mm。公称尺寸≥NPS30（DN750）的结构长度偏差为±6.0mm。

表 1-145　Class25 和 Class125 铸铁和 Class150 ~ Class600 钢制蝶阀的（面-面）结构长度⑥

（单位：mm）

阀门公称尺寸		1	2	3	4	5	6	7	8	9
		Class150 铸铁和钢制②、③、④					钢制槽端②、④	钢制凸耳和对夹式偏心阀座⑤、⑥		
		法兰端		凸耳和对夹式①			Class 150	Class 150	Class 300	Class 600
		窄	宽	窄	宽	超宽				
NPS1½	DN40	—	—	33	37	38	86	—	—	—
NPS2	DN50	—	—	43	44	46	81	—	—	—
NPS2½	DN65	—	—	46	49	51	97	—	—	—
NPS3	DN80	127	127	46	49	51	97	48	48	54
NPS4	DN100	127	178	52	56	57	116	54	54	64
NPS5	DN125	127	190	56	64	65	148	—	—	—
NPS6	DN150	127	203	56	70	71	148	57	59	78
NPS8	DN200	152	216	60	71	75	133	64	73	102
NPS10	DN250	203	381	68	76	79	159	71	83	117
NPS12	DN300	203	381	78	83	86	165	81	92	140
NPS14	DN350	203	406	78	92	95	178	92	117	155
NPS16	DN400	203	406	79	102	105	178	102	133	178
NPS18	DN450	203	406	102	114	117	203	114	149	200
NPS20	DN500	203	457	111	127	130	216	127	159	216
NPS24	DN600	203	457	—	154	157	254	154	181	232
NPS30	DN750	305	559	—	165	—	—	—	—	—
NPS36	DN900	305	559	—	200	—	—	—	—	—
NPS42	DN1050	305	610	—	251	—	—	—	—	—
NPS48	DN1200	381	660	—	276	—	—	—	—	—
NPS54	DN1350	381	711	—	—	—	—	—	—	—
NPS60	DN1500	381	762	—	—	—	—	—	—	—
NPS66	DN1650	457	864	—	—	—	—	—	—	—
NPS72	DN1800	457	914	—	—	—	—	—	—	—

① 安装的（面-面）结构长度是指阀门安装到管线后阀门的面-面尺寸，它不包括所使用的单独垫片的厚度。但它包括已压缩的（安装的）垫片或密封圈的厚度，它们属于阀门的整体部分。

② 这些蝶阀的常规结构是蝶板和阀座在一同心位置，其数据取自 MSS SP-67。

③ 这些阀门在尺寸上与 ASME B16.1 的 Class25 或 Class125，ASME B16.5 的 Class150，ASME B16.24 的 Class150，ASME B16-42 的 Class150，以及 AWWA C-207 中的法兰相一致。

④ 对于这些蝶阀，规格≤NPS 6（DN150）的其（面-面）结构长度公差为 ±2mm、规格≥NPS8（DN200）的其（面-面）结构长度公差为 ±3mm。但允许规格≥30（DN750）的单法兰和无法兰阀门的结构长度的公差为 ±6mm。

⑤ 对于这些阀门，所有规格和压力级的阀门其（面-面）结构长度的公差可为 ±3mm。

⑥ 偏心阀座阀门的数据，7 ~ 9 栏取自 MSS SP68 和 API 609（NPS 16 ~ NPS 24）（DN400 ~ DN600），Class600 的仅取自 MSS SP-68。

表 1-146 各种法兰端面的法兰连接阀门的（面-面和端-端）结构长度的确定 （单位：mm）

材料	公称压力	平面	面-面①、②				环连接	宽或窄	
			2mm凸面	7mm凸面	宽或窄			凹面	槽面
					凸面	榫面			
铸铁	Class125	③	—	—	—	—	—	—	—
	Class250	—	③	—	—	—	—	—	—
钢	Class125	④	③	—	+13	+13	⑥	+10	+10
	Class300	④	③	—	+13	+13	⑥	+10	+10
	Class600、Class2500	—	—	③	⑤	⑤	⑥	-3	-3

① 为确定本表所列两端均为法兰的阀门（面-面或端-端）结构长度，对于表 1-138 ~ 表 1-144 的阀门类型（闸阀、截止阀等）、材料、Class 和公称尺寸所列的（面-面）结构长度按本表所示的值调整。

② 对于角阀的（中心-面或中心-端）结构长度，使用本表所列示值的 1/2。

③ 这些（面-面）结构长度见表 1-138 ~ 表 1-144（见所需要的 Class 表）。

④ 带平面法兰的 Class150 和 Class300 钢制阀门，除另有规定外，可提供法兰的全厚度或切去 2mm 凸面后的厚度。对于法兰的全厚度，采用 2mm 凸面所列的（面-面）结构长度。使用者要切记，切去 2mm 凸面后的法兰其（面-面）结构长度为非标准的。

⑤ 这些（面-面）结构长度为表 1-140 ~ 表 1-144 中 7mm 凸面所列。

⑥ 表 1-147 中规定的 X 尺寸加到相应的凸面法兰的（面-面）结构长度后确定出带有环连接端面法兰钢制阀门的（端-端）结构长度。

表 1-147 Class150 ~ Class2500 带环连接端面的端法兰钢制阀门（端-端）结构长度（附加值） （单位：mm）

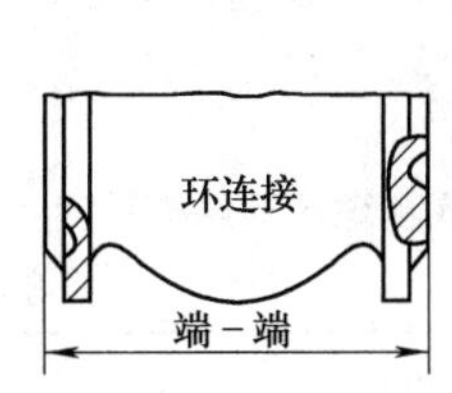

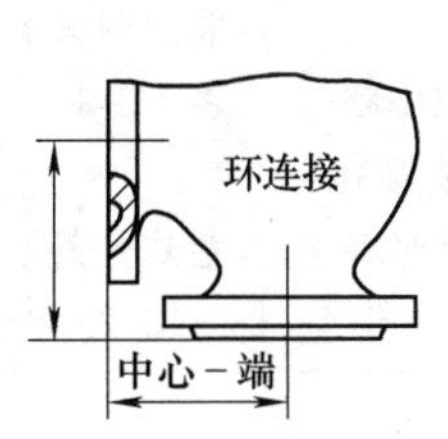

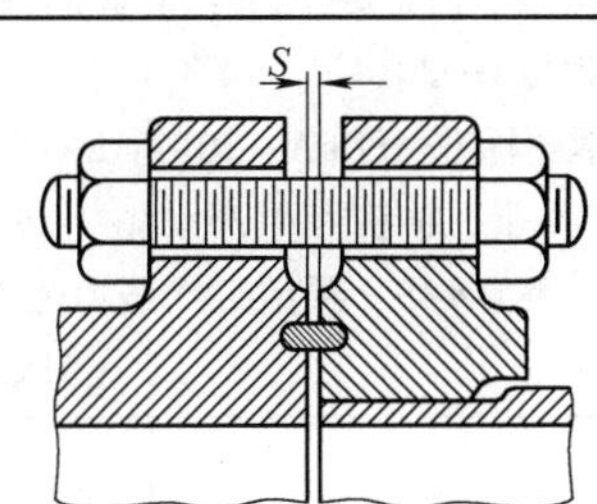

公称尺寸		1	2	3	4	5	6	7	8	9	10	11	12
		Class150		Class300		Class600		Class900		Class1500		Class2500	
		X	S	X	S	X	S	X	S	X	S	X	S
NPS ½	DN15	—	—	11	3	-2③	3	0	4	0	4	0	4
NPS ¾	DN20	—	—	13	4	0	4	0	4	0	4	0	4
NPS1	DN25	13	4	13	4	0	4	0	4	0	4	0	4
NPS1¼	DN32	13	4	13	4	0	4	0	4	0	4	3	3
NPS1½	DN40	13	4	13	4	0	4	0	4	0	4	3	3
NPS2	DN50	13	4	16	6	3	5	3	3	3	3	3	3
NPS2½	DN65	13	4	16	6	3	5	3	3	3	3	6	3
NPS3	DN80	13	4	16	6	3	5	3	4	3	3	6	3
NPS4	DN100	13	4	16	6	3	5	3	4	3	3	10	4
NPS5	DN125	13	4	16	6	3	5	3	4	3	3	13	4
NPS6	DN150	13	4	16	6	3	5	3	4	6	3	13	4
NPS8	DN200	13	4	16	6	3	5	3	4	10	4	16	5
NPS10	DN250	13	4	16	6	3	5	3	4	10	4	22	6
NPS12	DN300	13	4	16	6	3	5	3	4	16	5	22	8

（续）

公称尺寸		1	2	3	4	5	6	7	8	9	10	11	12
		Class150		Class300		Class600		Class900		Class1500		Class2500	
		X	*S*	*X*	*S*	*X*	*S*	*X*	*S*	*X*	*S*	*X*	*S*
NPS14	DN350	13	3	16	6	3	5	10	4	19	6	—	—
NPS16	DN400	13	3	16	6	3	5	10	4	22	8	—	—
NPS18	DN450	13	3	16	6	3	5	13	5	22	8	—	—
NPS20	DN500	13	3	19	6	6	5	13	5	22	10	—	—
NPS22	DN550	13①	②	22①	6	10①	6	—	—	—	—	—	—
NPS24	DN600	13	3	22	6	10	6	19	6	28	11	—	—
NPS26	DN650	—	—	25③	6	13③	6	—	—	—	—	—	—
NPS28	DN700	—	—	25③	6	13③	6	—	—	—	—	—	—
NPS30	DN750	—	—	25③	6	13③	6	—	—	—	—	—	—
NPS32	DN800	—	—	28③	①	16③	①	—	—	—	—	—	—
NPS34	DN850	—	—	28③	①	16③	①	—	—	—	—	—	—
NPS36	DN900	—	—	28③	①	16③	①	—	—	—	—	—	—

注：法兰应符合 ASME B16.5 的相应规格和压力等级要求。规格为 NPS22（DN550），规格≥NPS 26（DN650）的除外，见①。为确定带环连接端面的法兰的阀门的（端-端）结构长度，尺寸 *X* 必须加到表 1-138 ~ 表 1-144 普通凸面法兰的（面-面）结构长度上，对于角阀和角式升降式止回阀应将表中所列尺寸 *X* 之半加到（中心-端）结构长度上，对于带八角形或椭圆形连接环垫的法兰端面间大约距离，当环垫被压缩时，使用本表所列的尺寸 *S*。

① 规格为 NPS 22（DN550），规格≥NPS 26（DN650）的法兰应符合 MSS SP-44 和 ASME B16.47A 型的相应规格和压力等级。

② 不规定尺寸 *S*。

③ 该尺寸为负值，因为采用环连接面高度比凸面的高度小 1mm。

2. 美国 API 6A—2014

美国石油学会标准 API 6A—2014、ISO 10423:2009《石油和天然气工业 钻探和生产设备 井口装置和采油树设备》中闸阀、旋塞阀和球阀的结构长度见表 1-148 ~ 表 1-153。

表 1-148 额定工作压力为 13.8MPa 的法兰式闸阀、旋塞阀和球阀的结构长度

（API 6A—2014、ISO 10423:2009） （单位：mm）

公称尺寸		全孔管线阀孔 $^{+0.8}_{0}$	管线阀面至面距离，±2			
			全孔闸阀	旋塞阀		
				全孔旋塞阀	缩径旋塞阀	全孔或缩孔球阀
NPS $2\frac{1}{16}\times1\frac{13}{16}$	DN52×46	46.0	295	—	295	—
NPS $2\frac{1}{16}$	DN52	52.3	295	333	295	295
NPS $2\frac{9}{16}$	DN65	65.0	333	384	333	333
NPS $3\frac{1}{8}$	DN78	79.4	359	448	359	359
NPS $3\frac{1}{8}$	DN78	80.1	359	448	359	—
NPS $4\frac{1}{16}$	DN103	103.2	435	511	435	435
NPS $4\frac{1}{16}$	DN103	104.8	435	511	435	—
NPS $4\frac{1}{16}$	DN103	107.9	435	511	435	—
NPS $5\frac{1}{8}$	DN130	130.1	562	638	—	—
NPS $7\frac{1}{16}\times6$	DN179×152	152.4	562	727	562	562
NPS $7\frac{1}{16}\times6\frac{3}{8}$	DN179×162	155.6	562	—	—	—
NPS $7\frac{1}{16}\times6\frac{5}{8}$	DN179×168	168.3	—	—	—	—
NPS $7\frac{1}{16}$	DN179	179.4	664	740	—	—
NPS $7\frac{1}{16}$	DN179	181.0	664	740	—	—

表 1-149 额定工作压力为 20.7MPa 的法兰式闸阀、旋塞阀和球阀的结构长度

（API 6D—2014、ISO 10423:2009） （单位：mm）

公称尺寸		全孔管线阀孔 $^{+0.8}_{0}$	管线阀面至面距离，±2			
			全孔闸阀	旋塞阀		
				全孔旋塞阀	缩径旋塞阀	全孔或缩孔球阀
NPS $2\frac{1}{16}\times1\frac{13}{16}$	DN52×46	46.0	371	—	371	—
NPS $2\frac{1}{16}$	DN52	52.3	371	384	371	371
NPS $2\frac{9}{16}$	DN65	65.0	422	435	422	422
NPS $3\frac{1}{8}$	DN78	79.4	435	473	384	384
NPS $3\frac{1}{8}$	DN78	80.1	435	473	384	—
NPS $4\frac{1}{16}$	DN103	103.2	511	562	460	460
NPS $4\frac{1}{16}$	DN103	104.8	511	562	460	—
NPS $4\frac{1}{16}$	DN103	107.9	511	562	460	—
NPS $5\frac{1}{8}$	DN130	130.1	613	664	—	—
NPS $7\frac{1}{16}\times6$	DN179×152	152.4	613	765	613	613
NPS $7\frac{1}{16}\times6\frac{3}{8}$	DN179×162	155.6	613	—	—	—
NPS $7\frac{1}{16}\times6\frac{5}{8}$	DN179×168	168.3	—	—	—	—
NPS $7\frac{1}{16}$	DN179	179.4 (181.0)	714	803	—	—

表 1-150 额定工作压力为 34.5MPa 的法兰式闸阀、旋塞阀和球阀的结构长度

（API 16A—2014、ISO 10423:2009） （单位：mm）

公称尺寸		全孔管线阀孔 $^{+0.8}_{0}$	管线阀面至面距离，±2			
			全孔闸阀	旋塞阀		
				全孔旋塞阀	缩径旋塞阀	全孔或缩孔球阀
NPS $2\frac{1}{16}\times1\frac{13}{16}$	DN52×46	46.0	371	—	371	—
NPS$2\frac{1}{16}$	DN52	52.5	371	394	371	371
NPS$2\frac{9}{16}$	DN65	65.0	422	457	422	473
NPS$3\frac{1}{8}$	DN78	79.4	473	527	473	473
NPS$3\frac{1}{8}$	DN78	81.0	473	527	473	—
NPS$4\frac{1}{16}$	DN103	103.2	549	629	549	549
NPS$4\frac{1}{16}$	DN103	104.8	549	629	549	—
NPS$4\frac{1}{16}$	DN103	108.0	549	629	549	—
NPS$5\frac{1}{8}$	DN130	130.2	727	—	—	—
NPS$7\frac{1}{16}\times5^1/_8$	DN179×130	130.2	737	—	—	—
NPS$7\frac{1}{16}\times6$	DN179×152	152.4	737	—	—	711
NPS$7\frac{1}{16}\times6^1/_8$	DN179×156	155.6	737	—	—	—
NPS$7\frac{1}{16}\times6\frac{3}{8}$	DN179×162	161.9	737	—	—	—
NPS$7\frac{1}{16}\times6\frac{5}{8}$	DN179×168	168.3	737	—	—	—
NPS$7\frac{1}{16}$	DN179	179.4	813	978	—	—
NPS$7\frac{1}{16}$	DN179	181.0	813	978	—	—
NPS9	DN228	228.5	1041	—	—	—

表1-151　额定工作压力为69.0MPa的法兰式旋塞阀和闸阀的结构长度

（API 6A—2014、ISO 10423:2009）

（单位：mm）

公称尺寸		全孔管线阀	
		孔径 $^{+0.8}_{0}$	面至面距离 ±2
NPS 1 13/16	DN46	46.0	464
NPS 2 1/16	DN52	52.5	521
NPS 2 9/16	DN65	65.0	565
NPS 3 1/16	DN78	78.0	619
NPS 4 1/16	DN103	103.0	670
NPS 5 1/8	DN130	130.0	737
NPS 7 1/16 ×6 3/8	DN179×162	162.0	889
NPS 7 1/16	DN179	179.5	889

表1-152　额定工作压力为103.4MPa的法兰式旋塞阀和闸阀的结构长度

（API 6A—2014、ISO 10423:2009）

（单位：mm）

公称尺寸		全孔管线阀		
		孔径	结构长度	
		$^{+0.8}_{0}$	短结构	长结构
NPS 1 13/16	DN46	46.0	457	—
NPS 2 1/16	DN52	52.5	483	597
NPS 2 9/16	DN65	65.0	533	635
NPS 3 1/16	DN78	78.0	598	—
NPS 4 1/16	DN103	103.0	737	—

API 6A—2014、ISO 10423:2009标准的法兰式翼板、升降式止回阀、单瓣和双瓣止回阀的结构长度见表1-154和表1-155，全孔止回阀的最小孔径尺寸按表1-156的规定。

3. 美国API 6D—2014

美国石油学会标准API 6D—2014、ISO 14313:2007《石油和天然气工业　管线输送系统　管线阀门》的结构长度见表1-157～表1-161。

表1-153　额定工作压力为138.0MPa的法兰式旋塞阀和闸阀结构长度

（API 6A—2014、ISO 10423:2009）

（单位：mm）

公称尺寸		全孔管线阀	
		孔径 $^{+0.8}_{0}$	结构长度 ±2
NPS 1 13/16	DN46	46.0	533
NPS 2 1/16	DN52	52.5	584
NPS 2 9/16	DN65	65.0	673
NPS 3 1/16	DN78	78.0	775

表1-154　常规和全开孔法兰式翼板和升降式止回阀的结构长度（API 6A—2014、ISO 10423:2009）

（单位：mm）

短　型				
公称尺寸		结构长度，±2		
		额定工作压力/MPa		
		13.8	20.7	34.5
NPS 2 1/16	DN295	—	358	358
NPS 2 9/16	DN346	—	422	422
NPS 3 1/8	DN359	—	384	473
NPS 4 1/16	DN435	—	460	549
NPS 7 1/16	DN562	—	613	711
NPS 9	DN664	—	740	841
NPS 11	DN791	—	841	1000

长　型		
公称尺寸	额定工作压力/MPa	结构长度，±2
NPS 3 1/8	20.7	435
NPS 4 1/16	20.7	511
NPS 7 1/16	34.5	737

表1-155　带法兰的单瓣和双瓣止回阀的结构长度

（API 6A—2014、ISO 10423:2009）　（单位：mm）

公称尺寸		结构长度，±2					
		额定工作压力/MPa					
		13.8		20.7		34.5	
		形式		形式		形式	
		长型	短型	长型	短型	长型	短型
NPS 2 1/16	DN52	19	70	19	70	19	70
NPS 2 9/16	DN65	19	83	19	83	19	83
NPS 3 1/8	DN78	19	83	19	83	22	86
NPS 4 1/16	DN103	22	102	22	102	32	105
NPS 7 1/16	DN179	29	159	35	159	44	159
NPS 9	DN228	38	206	44	206	57	206
NPS 11	DN279	57	241	57	245	73	254

表 1-156 全孔止回阀的最小孔径尺寸（API 6A—2014、ISO 10423:2010）（单位：mm）

公称尺寸		孔径尺寸，$^{+2}_{0}$		
		额定工作压力/MPa		
		13.8	20.7	34.5
NPS $2\frac{1}{16}$	DN52	52.5	49.3	42.9
NPS $2\frac{9}{16}$	DN65	62.8	59.0	54.0
NPS $3\frac{1}{8}$	DN78	78.0	73.7	66.7
NPS $4\frac{1}{16}$	DN103	102.3	97.2	87.4
NPS $7\frac{1}{16}$	DN179	146.4	146.4	131.8
NPS 9	DN228	198.6	189.0	173.1
NPS 11	DN279	247.7	236.6	215.9

表 1-157 闸阀的结构长度（API 6D—2014、ISO 14313:2007）（单位：mm）

公称尺寸		凸面 *A*	焊接端 *B*	环接端 *C*	凸面 *A*	焊接端 *B*	环接端 *C*
		PN20（Class150）			PN50（Class300）		
DN50	NPS 2	178	216	191	216	216	232
DN65	NPS $2\frac{1}{2}$	191	241	203	241	241	257
DN80	NPS3	203	283	216	283	283	298
DN100	NPS4	229	305	241	305	305	321
DN150	NPS6	267	403	279	403	403	419
DN200	NPS8	292	419	305	419	419	435
DN250	NPS10	330	457	343	457	457	473
DN300	NPS12	356	502	368	502	502	518
DN350	NPS14	381	572	394	762	762	778
DN400	NPS16	406	610	419	838	838	854
DN450	NPS18	432	660	445	914	914	930
DN500	NPS20	457	711	470	991	991	1010
DN550	NPS22	—	—	—	1092	1092	1114
DN600	NPS24	508	813	521	1143	1143	1165
DN650	NPS26	559	864	—	1245	1245	1270
DN700	NPS28	610	914	—	1346	1346	1372
DN750	NPS30	610①	914	—	1397	1397	1422
DN800	NPS32	711	965	—	1524	1524	1553
DN850	NPS34	762	1016	—	1626	1626	1654
DN900	NPS36	711②	1016	—	1727	1727	1756
公称尺寸		PN63（Class400）			PN100（Class600）		
DN50	NPS2	292	292	295	292	292	295
DN65	NPS $2\frac{1}{2}$	330	330	333	330	330	333
DN80	NPS3	356	356	359	356	356	359
DN100	NPS4	406	406	410	432	432	435
DN150	NPS6	495	495	498	559	559	562
DN200	NPS8	597	597	600	660	660	664
DN250	NPS10	673	673	676	787	787	791
DN300	NPS12	762	762	765	838	838	841
DN350	NPS14	826	826	829	889	889	892
DN400	NPS16	902	902	905	991	991	994
DN450	NPS18	978	978	981	1092	1092	1095
DN500	NPS20	1054	1054	1060	1194	1194	1200
DN550	NPS22	1143	1143	1153	1295	1295	1305
DN600	NPS24	1232	1232	1241	1397	1397	1407
DN650	NPS26	1308	1308	1321	1448	1448	1461
DN700	NPS28	1397	1397	1410	1549	1549	1562
DN750	NPS30	1524	1524	1537	1651	1651	1664
DN800	NPS32	1651	1651	1667	1778	1778	1794
DN850	NPS34	1778	1778	1794	1930	1930	1946
DN900	NPS36	1880	1880	1895	2083	2083	2099

（续）

公称尺寸		凸面 A	焊接端 B	环接端 C	凸面 A	焊接端 B	环接端 C
		PN150（Class900）			PN250（Class1500）		
DN50	NPS2	368	368	371	368	368	371
DN65	NPS 2½	419	419	422	419	419	422
DN80	NPS3	381	381	384	470	470	473
DN100	NPS4	457	457	460	546	546	549
DN150	NPS6	610	610	613	705	705	711
DN200	NPS8	737	737	740	832	832	841
DN250	NPS10	838	838	841	991	991	1000
DN300	NPS12	965	965	968	1130	1130	1146
DN350	NPS14	1029	1029	1038	1257	1257	1276
DN400	NPS16	1130	1130	1140	1384	1384	1407
DN450	NPS18	1219	1219	1232	1537	1537	1559
DN500	NPS20	1321	1321	1334	1664	1664	1686
DN550	NPS22	—	—	—	—	—	—
DN600	NPS24	1549	1549	1568	1943	1943	1972
公称尺寸		PN420（Class2500）			—		
DN50	NPS2	451	451	454			
DN65	NPS 2½	508	508	514			
DN80	NPS3	578	578	584			
DN100	NPS4	673	673	683			
DN150	NPS6	914	914	927			
DN200	NPS8	1022	1022	1038			
DN250	NPS10	1270	1270	1292			
DN300	NPS12	1422	1422	1445			

注：1. 带导流孔的阀门应为660mm。

2. 带导流孔的阀门应为813mm。

表 1-158 旋塞阀结构长度（API 6D—2014、ISO 14313:2007） （单位：mm）

公称尺寸		短系列			缩径			文丘里			圆形出口，全孔		
		凸面 A	焊接端 B	环接端 C	凸面 A	焊接端 B	环接端 C	凸面 A	焊接端 B	环接端 C	凸面 A	焊接端 B	环接端 C
		PN20（Class150）											
DN50	NPS2	178	267	191	—	—	—	—	—	—	267	—	279
DN65	NPS 2½	191	305	203	—	—	—	—	—	—	298	—	311
DN80	NPS3	203	330	216	—	—	—	—	—	—	343	—	356
DN100	NPS4	229	356	241	—	—	—	—	—	—	432	—	445
DN150	NPS6	267	457	279	394	—	406	—	—	—	546	—	559
DN200	NPS8	292	521	305	457	—	470	—	—	—	622	—	635
DN250	NPS10	330	559	343	533	—	546	533	559	546	660	—	673
DN300	NPS12	356	635	368	610	—	622	610	635	622	762	—	775
DN350	NPS14	—	—	—	—	—	—	686	686	699	—	—	—
DN400	NPS16	—	—	—	—	—	—	762	762	775	—	—	—
DN450	NPS18	—	—	—	—	—	—	864	864	876	—	—	—
DN500	NPS20	—	—	—	—	—	—	914	914	927	—	—	—
DN600	NPS24	—	—	—	—	—	—	1067	1067	1080	—	—	—
公称尺寸		PN50（Class300）											
DN50	NPS2	216	267	232	—	—	—	—	—	—	283	283	298
DN65	NPS 2½	241	305	257	—	—	—	—	—	—	330	330	346
DN80	NPS3	283	330	298	—	—	—	—	—	—	387	387	403
DN100	NPS4	305	356	321	—	—	—	—	—	—	457	457	473

（续）

公称尺寸		短系列			缩径			文丘里			圆形出口，全孔		
		凸面 A	焊接端 B	环接端 C	凸面 A	焊接端 B	环接端 C	凸面 A	焊接端 B	环接端 C	凸面 A	焊接端 B	环接端 C
		PN50（Class300）											
DN150	NPS6	403	457	419	403	—	419	403	457	419	559	559	575
DN200	NPS8	419	521	435	502	—	518	419	521	435	686	686	702
DN250	NPS10	457	559	473	568	—	584	457	559	473	826	826	841
DN300	NPS12	502	635	518	—	—	—	502	635	518	965	965	981
DN350	NPS14	—	—	—	—	—	—	762	762	778	—	—	—
DN400	NPS16	—	—	—	—	—	—	838	838	854	—	—	—
DN450	NPS18	—	—	—	914	—	930	914	914	930	—	—	—
DN500	NPS20	—	—	—	991	—	1010	991	991	1010	—	—	—
DN550	NPS22	—	—	—	1092	—	1114	1092	1092	1114	—	—	—
DN600	NPS24	—	—	—	1143	—	1165	1143	1143	1165	—	—	—
DN650	NPS26	—	—	—	1245	—	1270	1245	1245	1270	—	—	—
DN700	NPS28	—	—	—	1346	—	1372	1346	1346	1372	—	—	—
DN750	NPS30	—	—	—	1397	—	1422	1397	1397	1422	—	—	—
DN800	NPS32	—	—	—	1524	—	1553	1524	1524	1553	—	—	—
DN850	NPS34	—	—	—	1626	—	1654	1626	1626	1654	—	—	—
DN900	NPS36	—	—	—	1727	—	1756	1727	1727	1756	—	—	—
公称尺寸		PN63（Class400）											
DN50	NPS2	—	—	—	292	292	295	—	—	—	330	—	333
DN65	NPS 2½	—	—	—	330	330	333	—	—	—	381	—	384
DN80	NPS3	—	—	—	356	356	359	—	—	—	445	—	448
DN100	NPS4	—	—	—	406	406	410	—	—	—	483	559	486
DN150	NPS6	—	—	—	495	495	498	495	495	498	610	711	613
DN200	NPS8	—	—	—	597	597	600	597	597	600	737	845	740
DN250	NPS10	—	—	—	673	673	676	673	673	676	889	889	892
DN300	NPS12	—	—	—	762	762	765	762	762	765	1016	1016	1019
DN350	NPS14	—	—	—	—	—	—	826	826	829	—	—	—
DN400	NPS16	—	—	—	—	—	—	902	902	905	—	—	—
DN450	NPS18	—	—	—	—	—	—	978	978	981	—	—	—
DN500	NPS20	—	—	—	—	—	—	1054	1054	1060	—	—	—
DN550	NPS22	—	—	—	—	—	—	1143	1143	1159	—	—	—
DN600	NPS24	—	—	—	—	—	—	1232	1232	1241	—	—	—
DN650	NPS26	—	—	—	—	—	—	1308	1308	1321	—	—	—
DN700	NPS28	—	—	—	—	—	—	1397	1397	1410	—	—	—
DN750	NPS30	—	—	—	—	—	—	1524	1524	1537	—	—	—
DN800	NPS32	—	—	—	—	—	—	1651	1651	1667	—	—	—
DN850	NPS34	—	—	—	—	—	—	1778	1775	1794	—	—	—
DN900	NPS36	—	—	—	—	—	—	1880	1880	1895	—	—	—

公称尺寸		缩径			文丘里			圆形出口，全孔		
		凸面 A	焊接端 B	环接端 C	凸面 A	焊接端 B	环接端 C	凸面 A	焊接端 B	环接端 C
		PN100（Class600）								
DN50	NPS2	292	292	295	—	—	—	330	—	333
DN65	NPS 2½	330	330	333	—	—	—	381	—	384
DN80	NPS3	356	356	359	—	—	—	445	—	448
DN100	NPS4	432	432	435	—	—	—	508	559	511
DN150	NPS6	559	559	562	559	559	562	660	711	664
DN200	NPS8	660	660	664	660	660	664	794	845	797
DN250	NPS10	787	787	791	787	787	791	940	1016	943
DN300	NPS12	—	—	—	838	838	841	1067	1067	1070
DN350	NPS14	—	—	—	889	889	892	—	—	—

（续）

公称尺寸		缩径			文丘里			圆形出口，全孔		
		凸面 A	焊接端 B	环接端 C	凸面 A	焊接端 B	环接端 C	凸面 A	焊接端 B	环接端 C
		PN100（Class600）								
DN400	NPS16	—	—	—	991	991	994	—	—	—
DN450	NPS18	—	—	—	1092	1092	1095	—	—	—
DN500	NPS20	—	—	—	1194	1194	1200	—	—	—
DN550	NPS22	—	—	—	1295	1295	1305	—	—	—
DN600	NPS24	—	—	—	1397	1397	1407	—	—	—
DN650	NPS26	—	—	—	1448	1448	1461	—	—	—
DN750	NPS30	—	—	—	1651	1651	1664	—	—	—
DN800	NPS32	—	—	—	1778	1778	1794	—	—	—
DN850	NPS34	—	—	—	1930	1930	1946	—	—	—
DN900	NPS36	—	—	—	2083	2083	2099	—	—	—
公称尺寸		PN150（Class900）								
DN50	NPS2	368	—	371	—	—	—	381	—	384
DN65	NPS 2½	419	—	422	—	—	—	432	—	435
DN80	NPS3	381	381	384	—	—	—	470	—	473
DN100	NPS4	457	457	460	—	—	—	559	—	562
DN150	NPS6	610	610	613	610	610	613	737	—	740
DN200	NPS8	737	737	740	737	737	740	813	—	816
DN250	NPS10	838	838	841	838	838	841	965	—	968
DN300	NPS12	—	—	—	965	965	968	1118	—	1121
DN400	NPS16	—	—	—	1130	1130	1140	—	—	—
公称尺寸		PN250（Class1500）								
DN50	NPS2	368	—	371	—	—	—	391	—	394
DN65	NPS 2½	419	—	422	—	—	—	454	—	457
DN80	NPS3	470	470	473	—	—	—	524	—	527
DN100	NPS4	546	546	549	—	—	—	625	—	629
DN150	NPS6	705	705	711	705	705	711	787	—	794
DN200	NPS8	832	832	841	832	832	841	889	—	899
DN250	NPS10	991	991	1000	911	911	1000	1067	—	1076
DN300	NPS12	1130	1130	1146	1130	1130	1146	1219	—	1235
公称尺寸		PN420（Class2500）								
DN50	NPS2	451	—	454	—	—	—	—	—	—
DN65	NPS 2½	508	—	514	—	—	—	—	—	—
DN80	NPS3	578	—	584	—	—	—	—	—	—
DN100	NPS4	673	—	683	—	—	—	—	—	—
DN150	NPS6	914	—	927	—	—	—	—	—	—
DN200	NPS8	1022	—	1038	—	—	—	—	—	—
DN250	NPS10	1270	—	1292	—	—	—	—	—	—
DN300	NPS12	1422	—	1445	—	—	—	—	—	—

表1-159 球阀结构长度（API 6D—2014、ISO 14313:2007） （单位：mm）

公称尺寸		全孔和缩孔			短系列、全孔和缩孔		
		凸面 A	焊接端 B	环接端 C	凸面 A	焊接端 B	环接端 C
		PN20（Class150）					
DN50	NPS2	178	216	191	—	—	—
DN65	NPS 2½	191	241	203	—	—	—
DN30	NPS3	203	283	216	—	—	—

（续）

公称尺寸		全孔和缩孔			短系列、全孔和缩孔		
		凸面 A	焊接端 B	环接端 C	凸面 A	焊接端 B	环接端 C
		PN20（Class150）					
DN100	NPS4	229	305	241	—	—	—
DN150	NPS6	394	457	406	267	403	279
DN200	NPS8	457	521	470	292	419	305
DN250	NPS10	533	559	546	330	457	343
DN300	NPS12	610	635	622	356	502	368
DN350	NPS14	686	762	699	—	—	—
DN400	NPS16	762	838	775	—	—	—
DN450	NPS18	864	914	876	—	—	—
DN500	NPS20	914	991	927	—	—	—
DN550	NPS22	—	—	—	—	—	—
DN600	NPS24	1067	1143	1080	—	—	—
DN650	NPS26	1143	1245	—	—	—	—
DN700	NPS28	1245	1346	—	—	—	—
DN750	NPS30	1295	1397	—	—	—	—
DN800	NPS32	1372	1524	—	—	—	—
DN850	NPS34	1473	1626	—	—	—	—
DN900	NPS36	1524	1727	—	—	—	—
DN950	NPS38	—	—	—	—	—	—
DN1000	NPS40	—	—	—	—	—	—
DN1100	NPS42	—	—	—	—	—	—
DN1200	NPS48	—	—	—	—	—	—
DN1400	NPS56	—	—	—	—	—	—
DN1500	NPS60	—	—	—	—	—	—
公称尺寸		PN50（Class300）					
DN50	NPS2	216	216	232	—	—	—
DN65	NPS 2½	241	241	257	—	—	—
DN80	NPS3	283	283	298	—	—	—
DN100	NPS4	305	305	321	—	—	—
DN150	NPS6	457	457	419	—	—	—
DN200	NPS8	502	521	518	419	419	435
DN250	NPS10	568	559	584	457	457	473
DN300	NPS12	648	635	664	502	502	518
DN350	NPS14	762	762	778	—	—	—
DN400	NPS16	838	838	854	—	—	—
DN450	NPS18	914	914	930	—	—	—
DN500	NPS20	991	991	1010	—	—	—
DN550	NPS22	1092	1092	1114	—	—	—
DN600	NPS24	1143	1143	1165	—	—	—
DN650	NPS26	1245	1245	1270	—	—	—
DN700	NPS28	1346	1346	1372	—	—	—
DN750	NPS30	1397	1397	1422	—	—	—
DN800	NPS32	1524	1524	1553	—	—	—
DN850	NPS34	1626	1626	1654	—	—	—
DN900	NPS36	1727	1727	1756	—	—	—
DN950	NPS38	—	—	—	—	—	—
DN1000	NPS40	—	—	—	—	—	—
DN1100	NPS42	—	—	—	—	—	—
DN1200	NPS48	—	—	—	—	—	—
DN1400	NPS56	—	—	—	—	—	—
DN1500	NPS60	—	—	—	—	—	—

（续）

公称尺寸		全孔					
		凸面 A	焊接端 B	环接端 C	凸面 A	焊接端 B	环接端 C
		PN63（Class400）			PN100（Class600）		
DN50	NPS2	—	—	—	292	292	295
DN65	NPS 2½	—	—	—	330	330	333
DN80	NPS3	—	—	—	356	356	359
DN100	NPS4	406	406	410	432	432	435
DN150	NPS6	495	495	498	559	559	562
DN200	NPS8	597	597	600	660	660	664
DN250	NPS10	673	673	676	787	787	791
DN300	NPS12	762	762	765	838	838	841
DN350	NPS14	826	826	829	889	889	892
DN400	NPS16	902	902	905	991	991	994
DN450	NPS18	978	978	981	1092	1092	1095
DN500	NPS20	1054	1054	1060	1194	1194	1200
DN550	NPS22	1143	1143	1153	1295	1295	1305
DN600	NPS24	1232	1232	1241	1397	1397	1407
DN650	NPS26	1308	1308	1321	1448	1448	1461
DN700	NPS28	1397	1397	1410	1549	1549	1562
DN750	NPS30	1524	1524	1537	1651	1651	1664
DN800	NPS32	1651	1651	1667	1778	1778	1794
DN850	NPS34	1778	1778	1794	1930	1930	1946
DN900	NPS36	1880	1880	1895	2083	2083	2099
DN950	NPS38	—	—	—	—	—	—
DN1000	NPS40	—	—	—	—	—	—
DN1100	NPS42	—	—	—	—	—	—
DN1200	NPS48	—	—	—	—	—	—

公称尺寸		全孔								
		凸面 A	焊接端 B	环接端 C	凸面 A	焊接端 B	环接端 C	凸面 A	焊接端 B	环接端 C
		PN150（Class900）			PN250（Class1500）			PN420（Class2500）		
DN50	NPS2	368	368	371	368	368	371	451	451	454
DN65	NPS 2½	419	419	422	419	419	422	508	508	540
DN80	NPS3	381	381	384	470	470	473	578	578	584
DN100	NPS4	457	457	460	546	546	549	673	673	683
DN150	NPS6	610	610	613	705	705	711	914	914	927
DN200	NPS8	737	737	740	832	832	841	1022	1022	1038
DN250	NPS10	838	838	841	991	991	1000	1270	1270	1292
DN300	NPS12	965	965	968	1130	1130	1146	1422	1422	1445
DN350	NPS14	1029	1029	1038	1257	1257	1276	—	—	—
DN400	NPS16	1130	1130	1140	1384	1384	1407	—	—	—
DN450	NPS18	1219	1219	1232	1537	—	1559	—	—	—
DN500	NPS20	1321	1321	1334	1664	—	1686	—	—	—
DN550	NPS22	—	—	—	—	—	—	—	—	—
DN600	NPS24	1549	1549	1568	—	—	1972	—	—	—
DN650	NPS26	1651	—	1673	1943	—	—	—	—	—
DN700	NPS28	—	—	—	—	—	—	—	—	—
DN750	NPS30	1880	—	1902	—	—	—	—	—	—
DN800	NPS32	—	—	—	—	—	—	—	—	—
DN850	NPS34	—	—	—	—	—	—	—	—	—
DN900	NPS36	2286	—	2315	—	—	—	—	—	—

表 1-160 缩径和全径止回阀结构长度（API 6D—2014、ISO 14313:2007）（单位：mm）

公称尺寸		PN20（Class150）			PN50（Class300）			PN63（Class400）			PN100（Class600）		
		凸面 *A*	焊接端 *B*	环接端 *C*	凸面 *A*	焊接端 *B*	环接端 *C*	凸面 *A*	焊接端 *B*	环接端 *C*	凸面 *A*	焊接端 *B*	环接端 *C*
DN50	NPS2	203	203	216	267	267	283	292	292	295	292	292	295
DN65	NPS 2½	216	216	229	292	292	308	330	330	333	330	330	333
DN80	NPS3	241	241	254	318	318	333	356	356	359	356	356	359
DN100	NPS4	292	292	305	356	356	371	406	406	410	432	432	435
DN150	NPS6	356	356	368	445	445	460	495	495	498	559	559	562
DN200	NPS8	495	495	508	533	533	549	597	597	600	660	660	664
DN250	NPS10	622	622	635	622	622	638	673	673	676	787	787	791
DN300	NPS12	699	699	711	711	711	727	762	762	765	838	838	841
DN350	NPS14	787	787	800	838	838	854	889	889	892	889	889	892
DN400	NPS16	864	864	876	864	864	879	902	902	905	991	991	994
DN450	NPS18	978	978	991	978	978	994	1016	1016	1019	1092	1092	1095
DN500	NPS20	978	978	991	1016	1016	1035	1054	1054	1060	1194	1194	1200
DN550	NPS22	1067	1067	1080	1118	1118	1140	1143	1143	1153	1295	1295	1305
DN600	NPS24	1295	1295	1308	1346	1346	1368	1397	1397	1407	1397	1397	1407
DN650	NPS26	1295	1295	—	1346	1346	1372	1397	1397	1410	1148	1148	1461
DN700	NPS28	1448	1448	—	1499	1499	1524	1600	1600	1613	1600	1600	1613
DN750	NPS30	1524	1524	—	1594	1594	1619	1651	1651	1664	1651	1651	1664
DN900	NPS36	1956	1956	—	2083	2083	—	2083	2083	—	2083	2083	—
DN950	NPS38	—	—	—	—	—	—	—	—	—	—	—	—
DN1000	NPS40	—	—	—	—	—	—	—	—	—	—	—	—
DN1100	NPS42	—	—	—	—	—	—	—	—	—	—	—	—
DN1200	NPS48	—	—	—	—	—	—	—	—	—	—	—	—
DN1400	NPS56	—	—	—	—	—	—	—	—	—	—	—	—
DN1500	NPS60	—	—	—	—	—	—	—	—	—	—	—	—

公称尺寸		PN150（Class900）			PN250（Class1500）			PN420（Class2500）		
		凸面 *A*	焊接端 *B*	环接端 *C*	凸面 *A*	焊接端 *B*	环接端 *C*	凸面 *A*	焊接端 *B*	环接端 *C*
DN50	NPS2	368	368	371	368	368	371	451	451	454
DN65	NPS 2½	419	419	422	419	419	422	508	508	514
DN80	NPS3	381	381	384	470	470	473	578	578	584
DN100	NPS4	457	457	460	546	546	549	673	673	683
DN150	NPS6	610	610	613	705	705	711	914	914	927
DN200	NPS8	737	737	740	832	832	841	1022	1022	1038
DN250	NPS10	838	838	841	991	991	1000	1270	1270	1292
DN300	NPS12	965	965	968	1130	1130	1146	1422	1422	1445
DN350	NPS14	1029	1029	1038	1257	1257	1276	—	—	—
DN400	NPS16	1130	1130	1140	1384	1384	1407	—	—	—
DN450	NPS18	1219	1219	1232	1537	1537	1559	—	—	—
DN500	NPS20	1321	1321	1334	1664	1664	1686	—	—	—
DN600	NPS24	1549	1549	1568	1943	1943	1972	—	—	—

表 1-161 单瓣和双瓣、长和短系列，对夹式止回阀结构长度（API 6D—2014、ISO 14313:2007）

（单位：mm）

公称尺寸		PN20（Class150）		PN50（Class300）		PN63（Class400）		PN100（Class600）		PN150（Class900）		PN250（Class1500）		PN420（Class2500）	
		短系列	长系列	短系列	长系列	短系列	长系列	短系列	长系列	短系列	长系列	短系列	长系列	短系列	长系列
DN50	NPS2	19	60	19	60	19	60	19	60	19	70	19	70	—	70
DN65	NPS 2½	19	67	19	67	19	67	19	67	19	83	19	83	—	83
DN80	NPS3	19	73	19	73	19	73	19	73	19	83	22	83	—	86
DN100	NPS4	19	73	19	73	22	79	22	79	22	102	32	102	—	105
DN150	NPS6	19	98	22	98	25	137	29	137	35	159	44	159	—	159
DN200	NPS8	29	127	29	127	32	165	38	165	44	206	57	206	—	206
DN250	NPS10	29	146	38	146	51	213	57	213	57	241	73	248	—	250
DN300	NPS12	38	181	51	181	57	229	60	229	—	292	—	305	—	305
DN350	NPS14	44	184	51	222	64	273	67	273	—	356	—	356	—	—
DN400	NPS16	51	191	51	232	64	305	73	305	—	384	—	384	—	—
DN450	NPS18	60	203	76	264	83	362	83	362	—	451	—	468	—	—
DN500	NPS20	64	219	83	292	89	368	92	368	—	451	—	533	—	—
DN600	NPS24	—	222	—	318	—	394	—	438	—	495	—	559	—	—
DN750	NPS30	—	—	—	—	—	—	—	—	—	—	—	—	—	—
DN900	NPS36	—	—	—	—	—	—	—	—	—	—	—	—	—	—
DN1100	NPS42	—	—	—	—	—	—	—	—	—	—	—	—	—	—
DN1200	NPS48	—	—	—	—	—	—	—	—	—	—	—	—	—	—
DN1400	NPS56	—	—	—	—	—	—	—	—	—	—	—	—	—	—
DN1600	NPS60	—	—	—	—	—	—	—	—	—	—	—	—	—	—

1.7.4.3　欧洲数据（EN 558: 2017）

该标准把 DIN、BS、ASME B16.10、IEC、NF、ANS1/ISA、API 609 七个标准汇总编排了 110 个基本系列，规定了法兰连接管道系统用金属阀门的米制系列面-面（FTF）结构长度和中心-面（CTF）结构长度。其结构长度基本系列与ISO/DIS 5752: 1993保持一致。其面-面和中心-面的结构长度如图 1-52 所示。PN 和 Class 标出的平面和凸面法兰阀门的面-面结构长度如图 1-53 所示。以 PN 标出的榫槽面和凹凸面法兰阀门的面-面结构长度如图 1-54 所示。以 Class 标出的大或小凸面、大或小凹面、大或小榫面、大或小槽面法兰阀门的面-面和中心-面结构长度如图 1-55 所示。以 Class 标出的环连接面法兰阀门的面-面/中心-面结构长度如图 1-56 所示。以 Class 标出的凸面法兰阀门的面-面/中心-面结构长度如图 1-57 所示。两法兰面的平行度和垂直度偏差如图 1-58 所示。环连接法兰的附加长度 *X* 见表 1-162。基本系列尺寸见表 1-163。面-面（FTF）或中心-面（CTF）的尺寸偏差见表 1-164。法兰平面的平行度或垂直度尺寸偏差见表 1-165。PN/Class 标出的闸阀结构长度系列见表 1-166。PN/Class 标出的蝶阀和蝶形控制阀结构长度系列见表 1-167。PN/Class 标出的球阀和旋塞阀结构长度系列见表 1-168。PN/Class 标出的隔膜阀结构长度系列见表 1-169。PN/Class 标出的直通式和直流式截止阀结构长度系列见表 1-170。PN/Class 标出的角式截止阀和角式升降式止回阀结构长度系列见表 1-171。PN/Class 标出的法兰式止回阀结构长度系列见表 1-172。PN/Class 标出的对夹式止回阀结构长度系列见表 1-173。PN/Class 标出的截止型控制阀结构长度系列见表 1-174。PN/Class 标出的法兰和对夹式偏心旋塞控制阀和扇形球控制阀结构长度系列见表 1-175。PN/Class 标出的球体控制阀结构长度系列见表 1-176。基本系列的来源见表 1-177。DN 和 NPS 两者之间的相互关系见表 1-178。

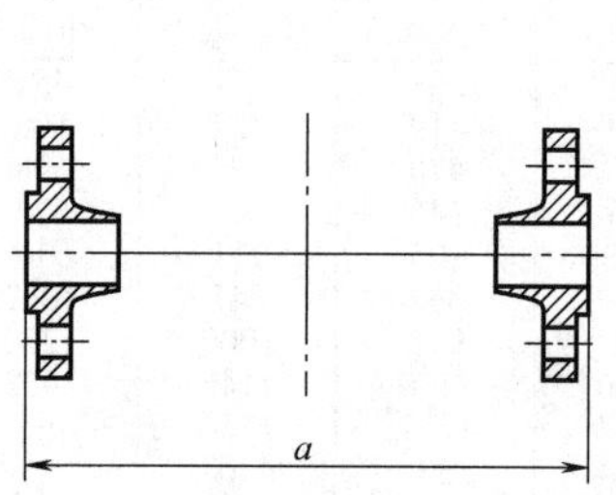

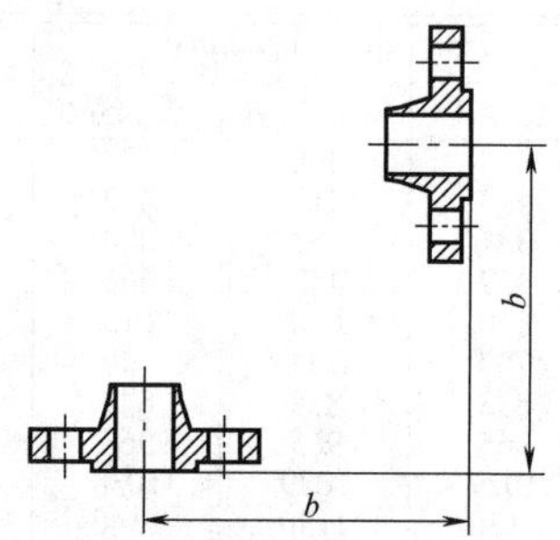

图 1-52　面-面和中心-面的结构长度

a—面-面（FTF）结构长度　*b*—中心-面（CTF）结构长度

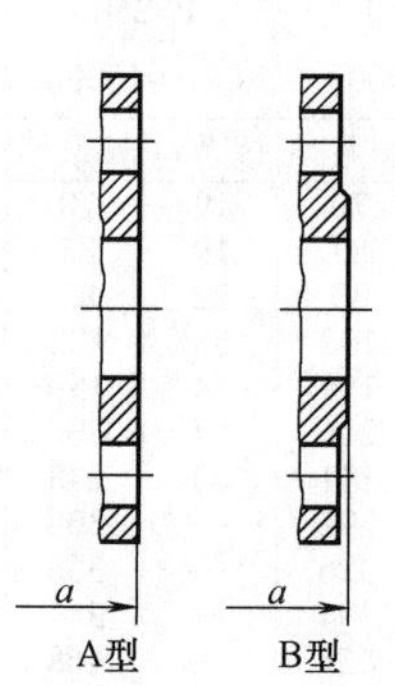

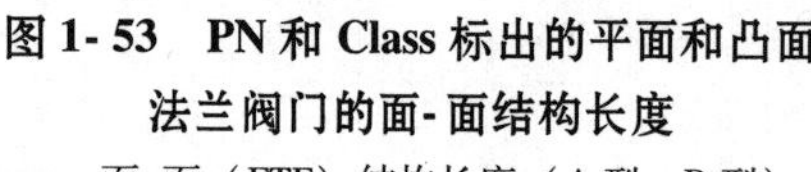

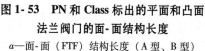

图 1-53　PN 和 Class 标出的平面和凸面法兰阀门的面-面结构长度

a—面-面（FTF）结构长度（A 型、B 型）

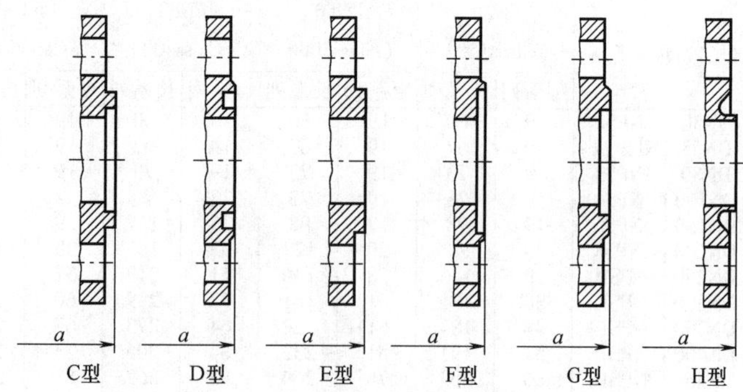

图 1-54　PN 标出的榫槽面和凹凸面法兰阀门的面-面结构长度

a—面-面（FTF）结构长度

（C 型、D 型、E 型、F 型、G 型、H 型）

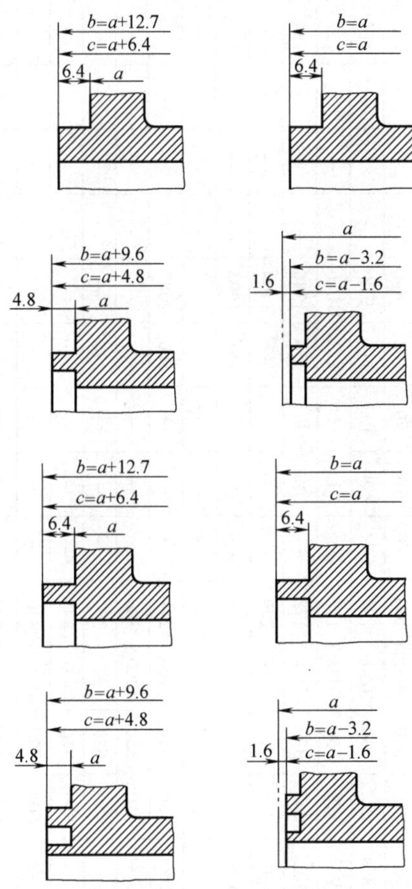

图 1-55 Class 标出的法兰阀门的面-面和中心-面结构长度

a—结构长度

b—面-面（FTF）结构长度

c—中心-面（CTF）结构长度

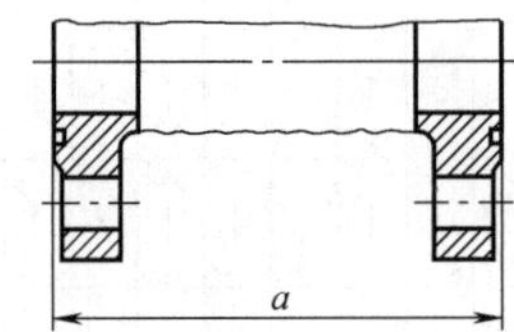

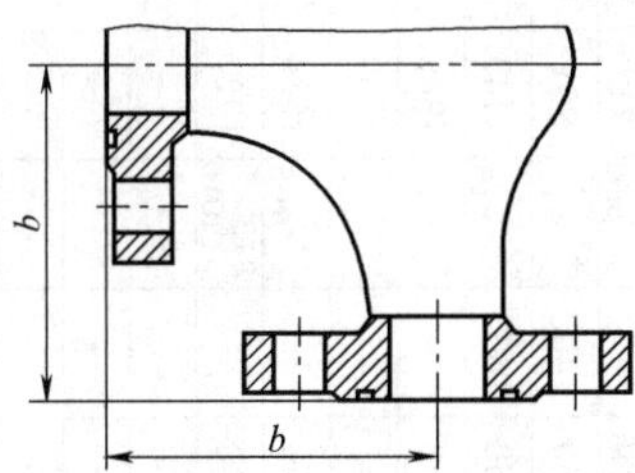

图 1-56 以 Class 标出的环连接面法兰阀门的面-面和中心-面结构长度

a—面-面（FTF）结构长度的尺寸 $+X$

b—中心-面（CTF）结构长度的尺寸 $+0.5X$

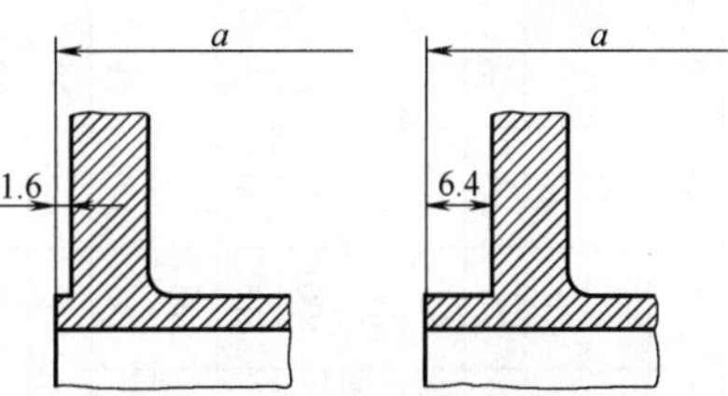

图 1-57 以 Class 标出的凸面法兰阀门的面-面和中心-面结构长度

a—面-面（FTF）和中心-面（CTF）结构长度

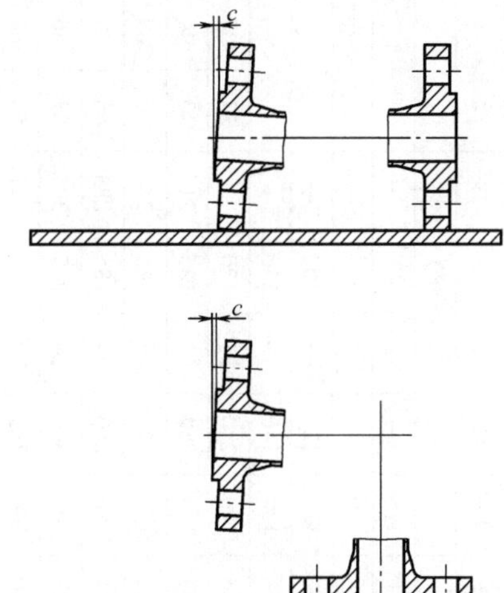

图 1-58 两法兰面的平行度和垂直度偏差

表 1-162 环连接法兰的附加长度 X

（单位：mm）

公称尺寸	环连接法兰的附加长度 X		
	Class150	Class300	Class600
DN15	11.1	11.1	−1.6
DN20 DN25 DN32 DN40	12.7	12.7	0
DN50 DN65 DN80 DN100 DN125 DN150 DN200 DN250 DN300 DN350 DN400 DN450		15.9	3.2
DN500		19.1	6.4
DN600		22.2	9.5
DN700 DN750	—	25.4	12.7
DN800 DN900 DN1000		28.6	15.9

表1-163 基本系列尺寸

（单位：mm）

公称尺寸	基本系列																							
	1	2	3	4	5	7	8①	9①	10	11①	12	13	14	15	16	18	19	20		21	22①	23①	24①	25
DN10	130	210	102	—	—	108	90	105	102	51	—	—	115	—	—	80	—	—		—	65	70	—	—
DN15	130	210	108	—	—	108	90	105	108	57	—	—	115	—	—	80	—	—		152/—	65	70	83	—
DN20	150	230	117	—	229	117	95	115	117	64	—	—	120	—	—	90	—	—		178/—	70	75	95	—
DN25	160	230	127	159	254	127	100	115	127	70	140	—	125	120	—	100	—	—		203/216	80	85	108	—
DN32	180	260	140	—	279	146	105	130	140	76	152	—	130	140	—	110	—	—		216/229	90	95	114	—
DN40	200	260	165	190	305	159	115	130	165	83	165	106	140	240	33	120	—	33	37	229/241	95	100	151	—
DN50	230	300	178/216	216	368	190	125	150	203	102	190	108	150	250	43	135	216	43	44	267	105	115	146	—
DN65	290	340	190/241	241	419	216	145	170	216	108	210	112	170	270	46	165	241	46	49	292	115	125	165	—
DN80	310	380	203/282	282	381	254	155	190	241	121	229	114	180	280	64	185	283	46	49	318	125	135	178	49
DN100	350	430	229/305	305	457	305	175	215	292	146	229	127	190	300	64	229	305	52	56	356	135	146	216	56
DN125	400	500	/381	—	559	356	200	250	330	178	356	140	200	325	70	—	381	56	64	400	—	—	254	64
DN150	480	550	267/403	403	610	406	225	275	356	203	394	140	210	350	76	—	403	56	70	444	—	—	279	70
DN200	600	650	292/419	419	737	521	275	325	495	248	457	152	230	400	89	—	419	60	71	559/533	—	—	330	71
DN250	730	775	330/457	457	838	635	325	390	622	311	533	165	250	450	114	—	457	68	76	622	—	—	394	76
DN300	850	900	356/502	502	965	749	375	450	698	349	610	178	270	500	114	—	502	78	83	711	—	—	419	83
DN350	980	1025	381/572	762	1029	—	425	515	787	394	686	190	290	550	127	—	572	78	92	838	—	—	—	92
DN400	1100	1150	406/610	838	1130	—	475	575	914	457	762	216	310	600	140	—	610	79	102	864	—	—	—	102
DN450	1200	1275	432/660	914	1219	—	500	—	978	—	864	222	330	650	152	—	660	102	114	978	—	—	—	114
DN500	1250	1400	457/711	991	1321	—	—	700	978	—	914	229	350	700	152	—	711	111	127	1016	—	—	—	127
DN600	1450	1600	508/813	1143	—	—	—	—	1295	—	1067	267	390	800	178	—	787	—	154	1346	—	—	—	154
DN700	1650	—	610/914	1346	1549	—	—	—	1448	—	—	292	430	900	229	—	—	—	—	1499	—	—	—	—
DN750	—	—	660/914	1397	—	—	—	—	1524	—	1295	—	—	—	—	—	—	—	165	1594	—	—	—	—
DN800	1850	—	711/965	1524	—	—	—	—	—	—	—	318	470	1000	241	—	—	—	—	—	—	—	—	—
DN900	2050	—	813/1016	1727	—	—	—	—	1956	—	1600	330	510	1100	241	—	—	—	200	2083	—	—	—	—
DN1000	2250	—	—	—	—	—	—	—	—	—	—	410	550	1200	300	—	—	—	—	—	—	—	—	—
DN1200	—	—	—	—	—	—	—	—	—	—	—	470	630	—	350	—	—	—	276	—	—	—	—	—
DN1400	—	—	—	—	—	—	—	—	—	—	—	530	710	—	390	—	—	—	—	—	—	—	—	—
DN1600	—	—	—	—	—	—	—	—	—	—	—	600	790	—	440	—	—	—	—	—	—	—	—	—
DN1800	—	—	—	—	—	—	—	—	—	—	—	670	870	—	490	—	—	—	—	—	—	—	—	—
DN2000	—	—	—	—	—	—	—	—	—	—	—	760	950	—	540	—	—	—	—	—	—	—	—	—

（续）

公称尺寸	基本系列																								
	26	27	28	29	30	32[①]	33	36	37	38	39	40[①]	41[①]	42[①]	43	45	46	47	48	49	50	51	52	53	54
DN10	—	115	130	108	—	—	—	—	—	—	—	—	—	—	—	—	—	—	—	—	—	—	—	—	—
DN15	—	115	130	108	150	76	—	—	—	—	—	—	—	—	90	140	165	—	—	16	—	—	25	—	—
DN20	—	120	150	117.5	160	89	—	76	—	—	—	—	—	—	100	152	250	75	—	19	—	—	31.5	—	229
DN25	—	125	160	127	160	102	133	102	184	197	210	92	98	105	115	210	255	80	—	22	—	—	35.5	—	254
DN32	—	130	180	127	180	108	146	—	—	—	—	—	—	—	130	230	265	90	—	28	—	—	40	—	279
DN40	240	140	200	136	190	114	152	114	222	235	251	111	117	125	150	240	280	100	180	31.5	—	—	45	38	305
DN50	250	150	230	142	200	133	178	124	254	267	286	127	133	143	170	250	300	110	200	40	54	54	56	40	368
DN65	290	170	290	154	215	146	216	—	—	—	—	—	—	—	—	270	340	130	240	46	54	60	63	42	419
DN80	310	180	310	160	230	159	254	165	298	317	337	149	159	168	—	280	360	150	260	50	57	67	71	44	381
DN100	350	190	350	172	250	178	305	194	352	368	394	176	184	197	—	300	400	160	300	60	64	67	80	46	457
DN125	400	325	400	186	275	200	381	—	—	—	—	—	—	—	—	350	450	200	350	90	70	83	110	48	551
DN150	450	350	450	200	300	222	457	229	451	473	508	225	236	254	—	375	500	210	400	106	76	95	125	50	610
DN200	550	400	550	228	350	279	584	243	543	568	610	272	284	305	—	425	600	—	500	140	95	127	160	60	737
DN250	650	450	650	255	400	311	711	297	673	708	752	337	354	376	—	450	700	—	600	—	108	140	200	65	838
DN300	750	500	750	285	425	356	813	338	737	775	819	368	387	410	—	500	800	—	700	—	143	181	250	75	965
DN350	850	550	850	315	475	—	889	—	889	927	972	445	464	486	—	550	—	—	800	—	184	222	280	80	1029
DN400	950	762	950	340	525	—	991	400	1016	1057	1108	508	529	554	—	600	—	—	900	—	191	232	—	95	1130
DN450	1050	—	—	360	575	—	1092	457	—	—	—	—	—	—	—	—	—	—	1000	—	203	264	—	107	1219
DN500	1150	914	1150	380	625	—	1194	508	—	—	—	—	—	—	—	—	—	—	1100	—	213	292	—	120	1321
DN600	1350	—	—	425	725	—	1397	610	—	—	—	—	—	—	—	—	—	—	1300	—	222	318	—	144	1549
DN700	1550	—	—	470	825	—	—	—	—	—	—	—	—	—	—	—	—	—	1500	—	321	381	—	160	—
DN750	—	—	—	—	—	—	—	—	—	—	—	—	—	—	—	—	—	—	—	—	—	—	—	180	—
DN800	1750	—	—	510	925	—	—	—	—	—	—	—	—	—	—	—	—	—	1700	—	356	489	—	195	—
DN900	1950	—	—	555	1025	—	—	—	—	—	—	—	—	—	—	—	—	—	1900	—	368	—	—	210	—
DN1000	2150	—	—	600	1125	—	—	—	—	—	—	—	—	—	—	—	—	—	2100	—	419	—	—	—	—

（续）

公称尺寸	基本系列																									
	55	56	57①	58①	59①	69	70	71	77	82①	91	92	93①	94	95	96	97	98	99	100	101	105	106	107	108	109	110
DN10	—	—	—	—	—	—	—	—	—	—	—	230	115	—	—	—	—	65	—	35	55	—	—	—			
DN15	216	264	—	108	132	—	—	—	318	—	—	230	115	—	—	—	—	65	—	35	55	292	292	50			
DN20	229	273	114	114	137	—	—	—	318	—	—	260	130	—	—	—	—	65	—	39	60	292	292	50			
DN25	254	308	127	127	154	140	140	186	318	—	—	260	130	25	—	—	—	65	—	44	65	292	292	60			
DN32	279	349	140	140	175	165	165	232	—	—	—	300	150	32	—	—	14	80	—	52	75	—	—	65			
DN40	305	384	152	152	193	178	178	232	381	—	310	300	150	40	—	—	14	85	270	64	85	333	333	80			
DN50	368	451	184	184	225	216	216	279	400	—	350	350	175	50	14	17	14	100	300	83	100	375	375	95			
DN65	419	508	210	210	254	254	254	330	441	—	425	400	200	65	14	20	14	130	360	105	125	410	410	110			
DN80	470	578	190	235	289	305	305	368	660	152	470	450	225	80	14	24	14	160	390	121	150	441	460	145	48	48	54
DN100	546	673	229	273	337	356	406	457	737	178	550	520	260	100	14	27	18	190	450	152	185	511	530	170	54	54	64
DN125	673	794	279	337	397	432	483	533	—	216	650	600	300	125	16	32	18	240	525	196	220	—	—				
DN150	705	914	305	352	457	508	559	610	864	254	750	700	350	150	16	32	20	250	600	236	280	714	768		57	59	78
DN200	832	1022	368	416	511	660	711	762	1022	330	950	800	400	200	18	42	22	320	750	315	—	914	972		64	73	102
DN250	991	1270	419	495	635	787	864	914	1372	394	1150	900	—	—	35	47	26	—	900	—	—	991	1067		71	83	117
DN300	1130	1422	483	565	711	914	991	1041	1575	457	1350	1050	—	—	43	52	32	—	1050	—	—	1130	1219		81	92	140
DN350	1257	—	514	629	—	991	1067	1118	1803	495	1550	—	—	—	—	—	38	—	1200	—	—	1257	1257		92	117	155
DN400	1384	—	660	—	—	1092	1194	1245	—	—	1750	—	—	—	—	—	44	—	1350	—	—	1422	1422		102	133	178
DN450	1537	—	737	—	—	—	1346	1397	—	—	1950	—	—	—	—	—	50	—	1500	—	—	1727	1727		114	149	200
DN500	1664	—	825	—	—	—	1473	—	—	—	2150	—	—	—	—	—	56	—	1650	—	—	—	—		127	159	216
DN600	1943	—	991	—	—	—	—	—	—	—	—	—	—	—	—	—	62	—	—	—	—	—	—		154	181	232
DN700	—	—	—	—	—	—	—	—	—	—	—	—	—	—	—	—	68	—	—	—	—	—	—				
DN750	—	—	—	—	—	—	—	—	—	—	—	—	—	—	—	—	—	—	—	—	—	—	—				
DN800	—	—	—	—	—	—	—	—	—	—	—	—	—	—	—	—	80	—	—	—	—	—	—				
DN900	—	—	—	—	—	—	—	—	—	—	—	—	—	—	—	—	86	—	—	—	—	—	—				
DN1000	—	—	—	—	—	—	—	—	—	—	—	—	—	—	—	—	—	—	—	—	—	—	—				

① 角式阀中心-面（CTF）结构长度。

表 1-164 FTF 或 CTF 的尺寸偏差

（单位：mm）

尺寸范围		尺寸偏差
>	≤	
0	250	±2
250	500	±3
500	800	±4
800	1000	±5
1000	1600	±6
1600	2250	±8

表 1-165 法兰平面的平行度或垂直度尺寸偏差

（单位：mm）

公称尺寸	尺寸偏差
DN10 ~ DN25	0.4
DN32 ~ DN150	0.6
DN200 ~ DN300	0.8
DN350 ~ DN500	1.0
DN600 ~ DN800	2.0
≥DN1000	3.0

表 1-166 闸阀结构长度系列

公称压力	FTF 系列																							
	3	4	5	7③	14①	15	18③	19	26	29	30	33⑤	45	46	47③	54	55	56	69	70	71	91	94④	99
PN6、PN10、PN16	×			×	×	×	×			×	×				×								×	
PN25、PN40		×		×		×	×	×	×				×		×								×	
PN63、PN100									×					×②										
PN160																								×
PN250、PN320、PN400																						×		×
Class125 ~ Class150	×			×			×																	
Class250 ~ Class300		×		×			×	×																
Class600			×									×												
Class900																×			×					
Class1500																	×			×				
Class2500																		×			×			

① 这系列用于灰铸铁闸阀同型系列（细节见有关产品标准）。

② 这系列仅用于 PN63。

③ 这系列仅用于铜合金阀，不能用于铸铁或钢制阀门。

④ 用于法兰和对夹式。

⑤ 这些尺寸用于压力密封或无法兰阀盖阀门，它们可以用于制造有选择的法兰阀盖阀门。

表 1-167 蝶阀和蝶形控制阀结构长度系列

公称压力	FTF 系列								
	法兰式		对夹式						
	13	14	16	20②	25	53①	108	109	110
							Class150	Class300	Class600
PN2.5、PN6	×	×		×		×			
PN10、PN16	×	×	×	×	×	×			
PN25、PN40	×	×	×	×③	×				
Class125 ~ Class150	×	×	×	×③	×		×		
Class300		×	×		×③			×	
Class600		×							×

① 仅用于 PN2.5、PN6、PN10。

② 此系列尺寸，DN20 用 FTF25、DN25 用 FTF25、DN32 用 FTF33。

③ 此尺寸 DN350 用 FTF92 替代 FTF78。

表 1-168　球阀和旋塞阀结构长度系列

公称压力	FTF 系列														
	1	3	4	5	12	27	28	43③	54	55	56	98	100⑦	101⑧	107
PN6、PN10、PN16	×	×①			×	×		×				×	×		×
PN25、PN40	×		×②		×	×						×	×		×
PN63、PN100	×						×					×			×
PN160												×			×
Class125 ~ Class150	×	×①			×								×		
Class250	×		×												
Class300	×		×	×									×		
Class600				×④										×	
Class900									×⑤						
Class1500										×⑥					
Class2500											×				

① 大于 DN40 这系列不能用于顶装式全通径球阀。大于 DN300 这系列不能用于全通径球阀和全通径旋塞阀。

② 此处球阀的 FTF 尺寸，DN200 用 502、DN250 用 568、DN300 用 648。

③ 这系列仅用于 PN10 球阀。

④ DN25、DN32、DN40 旋塞阀，仅常规型 DN450、DN500、DN600 旋塞阀是文丘里型。

⑤ 仅常规型 DN25、DN32、DN40、DN50、DN65、DN80、DN100 旋塞阀。

⑥ DN25、DN32、DN40、DN50、DN65、DN80、DN100 旋塞阀。仅常规型 DN400 旋塞阀是文丘里型。

⑦ 此系列仅用于对夹式，此处尺寸 DN125 用 183。

⑧ 此系列仅用于对夹式。

表 1-169　隔膜阀结构长度系列

公称压力	FTF 系列	
	1	7
PN6		×
PN10、PN16	×	×
PN25、PN40	×	
Class125、Class150	×	×

表 1-170　直通式和直流式截止阀结构长度系列

公称压力	FTF 系列															
	1	2	5	7④	10	14	18④	21	54	55	56	69	70	71	92	94⑤
PN6、PN10、PN16	×			×	×①、②	×	×									×
PN25、PN40	×			×		×	×	×③								×
PN63、PN100、PN160		×														
PN250、PN320															×	
PN400、PN500															×	
Class125、Class150	×			×	×①、②		×									
Class250、Class300	×			×			×	×③								
Class600			×													
Class900									×			×				
Class1500										×			×			
Class2500											×			×		

① PN10、PN16、Class150 钢制阀门 DN125 用 356、DN150 用 406。

② PN10、PN16、Class150 铸铁阀门 DN450 用 965。

③ PN25、PN40、Class300 钢制阀门 DN25 用 203、DN32 用 216、DN40 用 229、DN200 用 559。

④ 这系列仅用于铜合金阀门，不能用于铸铁和钢制阀门。

⑤ 用于法兰和对夹式阀门。

表 1-171　角式截止阀和角式升降式止回阀结构长度系列

公称压力	CTF 系列											
	8	9	11	22①	23①	24	32	57	58	59	82	93
PN6				×	×							
PN10、PN16	×		×②	×	×							
PN25、PN40	×			×	×							
PN63、PN100、PN160		×										
PN250、PN320												×
PN400、PN500												×
Class125 ~ Class150			×	×	×							
Class250 ~ Class300	×				×	×	×					
Class600		×				×						
Class900								×			×	
Class100									×			
Class200										×		

① 此系列仅用于铜合金阀门，不能用于铸铁和钢制阀门。

② 用于铸铁阀门：DN125 为 165、DN150 为 178。

表 1-172　法兰式止回阀结构长度系列

公称压力	FTF 系列																		
	1	2	5	7①	10	14	18①	21	26	48	54	55	56	69	70	71	91	92	99
PN6、PN10、PN16	×			×	×②、④、⑤	×	×			×									
PN25、PN40	×			×			×	×③											
PN63、PN100		×							×										
PN160																			×
PN250、PN320 ~ PN400																	×		
Class125 ~ Class150	×			×	×②、④、⑤	×	×												
Class250 ~ Class300	×			×			×	×③											
Class600			×																
Class900											×			×					
Class1500												×			×				
Class2500													×			×			

① 这系列仅用于铜合金阀门，不能用于铸铁或钢制阀门。

② PN16、Class150 钢制升降式止回阀 DN125 用 356、DN150 用 408。

③ PN40、Class300 钢制升降式止回阀 DN25 用 203、DN32 用 216、DN40 用 229、DN200 用 559。

④ PN16 铸铁阀门 DN450 用 965。

⑤ PN16 钢制旋启式止回阀 DN400 用 864。

表 1-173　对夹式止回阀结构长度系列

公称压力	FTF 系列							
	16	49	50	51	52	95	96	97
PN6、PN10、PN16	×	×	×	×		×	×	×
PN25、PN40	×	×	×	×		×	×	×①
Class125 ~ Class150	×		×	×	×			×
Class300	×		×	×	×			

① 仅用于 PN25。

表1-174　截止型控制阀结构长度系列

公称压力	FTF直通型系列											CTF角式系列									
	1	2	37	38	39	56	77	92	105	106		8	9	11	24	32	40	41	42	59	93
PN10、PN16	×		×									×		×			×				
PN25、PN40	×			×								×				×		×			
PN63、PN100		×			×								×		×				×		
PN160		×							×				×								
PN250								×		×											×
PN320								×													×
PN400						×	×													×	
Class150	×		×									×		×			×				
Class300	×			×								×				×		×			
Class600		×			×								×		×				×		
Class900		×							×				×①								×①
Class1500								×		×											×②
Class2500						×	×													×③	

① Class900 CTF用结构长度105的一半。

② Class1500 CTF用结构长度106的一半。

③ Class2500 CTF用结构长度177的一半。

表1-175　法兰和对夹式偏心旋塞控制阀和扇形球控制阀结构长度系列

公称压力	FTF系列	
	1	36
PN10、PN16、PN25、PN40	×	×
PN63、PN100	×①	×
Class150、Class300、Class600		×

① 仅适用于偏心旋塞控制阀。

表1-176　球体控制阀结构长度系列

公称压力	FTF						
	1	3	4	5	12	38	39
PN10、PN16	×	×			×		
PN25、PN40	×		×①			×	
PN63、PN100	×			×			×
Class150		×			×		
Class300			×①			×	
Class600				×			×

① DN200用502、DN250用568、DN300用648。

表1-177　基本系列的来源

基本系列	来　　源	ISO 5752	基本系列	来　　源	ISO 5752
1	DIN 3202-1—F1系列	×	11	ASME/ANSI B16.10中表1，第18列	×
2	DIN 3202-1—F2系列	×	12	ASME/ANSI B16.10中表1，第4列 BS 2080中表1，12	×
3	ASME/ANSI B16.10中表1，第10和11列	×			
4	ASME/ANSI B16.10中表2，第11列	×	13	BS 2080中表1，13系列	×
5	ASME/ANSI B16.10中表4，第5列	×	14	DIN 3202-1—F4系列	×
7	BS 2080中表1，7系列	×	15	DIN 3202-1—F5系列	×
8	DIN 3202-1—F32系列	×	16	BS 2080中表1，16系列	×
9	DIN 3202-1—F33系列	×	18	BS 2080中表1，18系列	×
10	ASME/ANSI B16.10中表1，第17列	×	19	ASME/ANSI B16.10中表2，第1列	×

（续）

基本系列	来源	ISO 5752	基本系列	来源	ISO 5752
20	ASME/ANSI B16.10 中表8，第3和4列	×	53	NF E29-305-2，FR10	—
21	ASME/ANSI B16.10 中表2，第15和17列	×	54	ASME/ANSI B16.10 中表4，第5列	—
22	BS 2080 中表1，63 系列	×	55	ASME/ANSI B16.10 中表5，第5列	—
23	BS 2080 中表1，63 系列	×	56	ASME/ANSI B16.10 中表6，第1列和第2列	—
24	ASME/ANSI B16.10 中表3，第9列	—	57	ASME/ANSI B16.10 中表4，第7列	—
25	BS 2080 中表1，64 系列	×	58	ASME/ANSI B16.10 中表5，第7列	—
26	D1N3202 PN63、PN100	—	59	ASME/ANSI B16.10 中表6，第6列	—
27	DIN 3357-2 ff	—	69	ASME/ANSI B16.10 中表4，第2和6列	—
28	DIN 3357-2 ff	—	70	ASME/ANSI B16.10 中表5，第2和6列	—
29	NF E 29-377	—	71	ASME/ANSI B16.10 中表6，第2和5列	—
30	NF E 29-377	—	77	ANSI/ISA S75.16—1994 中表1	—
32	ASME/ANSI B16.10 中表2，第16列	—	82	ASME/ANSI B16.10 中表4，第8列	—
33	ASME/ANSI B16.10 中表3，第3列	—	91	DIN 3202-1，F9 系列	—
36	IEC 60534-3-2 中表1	—	92	DIN 3202-1，F3 系列	—
37	IEC 60534-3-2 中表1	—	93	DIN 3202-1，F34 系列	—
38	IEC 60534-3-2 中表1	—	94	①	—
39	IEC 60534-3-2 中表1	—	95	①	—
40	—	—	96	①	—
41	—	—	97	①	—
42	—	—	98	①	—
43	NF E29-305-2	—	99	DIN 3202-1，F8 系列	—
45	NF E29-305-2	—	100	①	—
46	NF E29-331	—	101	①	—
47	DIN 3202-1，F19 系列	—	105	ANSI/ISA S75 16 中表1	—
48	DIN 3202-1，F6 系列	—	106	ANSI/ISA S75 16 中表1	—
49	DIN 3202-3，K4 系列	—	107	①	—
50	NF E29-377	—	108	API 609 中表2 凸 Class150	
51	NF E29-377	—	109	API 609 中表2 凸耳和对夹式 CL300	
52	DIN 3202-3，K5 系列	—	110	API 609 中表2 凸耳和对夹式 CL600	

注：参考 ASME/ANSI B16.10—2017（修订）。部分标准已作废，仅供参考。

① 按照符合欧洲标准中包括 CEN/TC 69 工作计划。

表 1-178 DN 和 NPS 两者之间的相互关系

DN	10	15	20	25	32	40	50	65	80	100	125	150	200	250	300
NPS	3/8	½	¾	1	1¼	1½	2	2½	3	4	5	6	8	10	12
DN	350	400	450	500	600	700	750	800	900	1000	1200	1400	1600	1800	2000
NPS	14	16	18	20	24	28	30	32	36	40	48	56	64	72	80

1.7.4.4 俄罗斯数据

1. 闸阀结构长度（ГОСТ3706）

1）该标准对法兰连接和对焊连接的铸铁和钢制闸阀的结构长度做出规定。该标准不适用于特殊用途的闸阀，该标准为强制性要求。

2）公称压力 PN6、PN10、PN16、PN25、PN40 法兰连接闸阀的结构长度 L 应符合图 1-59 和表 1-179 的规定。公称压力 PN20、PN50、PN63、PN100 及以上法兰连接闸阀的结构长度 L 应符合图 1-60 ~ 图 1-62 和表 1-179 的规定。

3）“同型”系列闸阀的结构长度 L 应符合图 1-58 和表 1-180 的规定。“同型”闸阀是指为满足铸造工艺要求，对于各种尺寸规定出所允许较薄壁厚的阀体（表 1-179 中是指在正常情况下，温度在 20℃ 的阀体壁厚）。

4）对焊连接闸阀的结构长度 L 应符合图 1-63 和表 1-181 的规定。

5）闸阀的结构长度 L 所允许的偏差应符合表 1-182 的规定。

6）环连接法兰的结构长度附加量 X 见表 1-183。

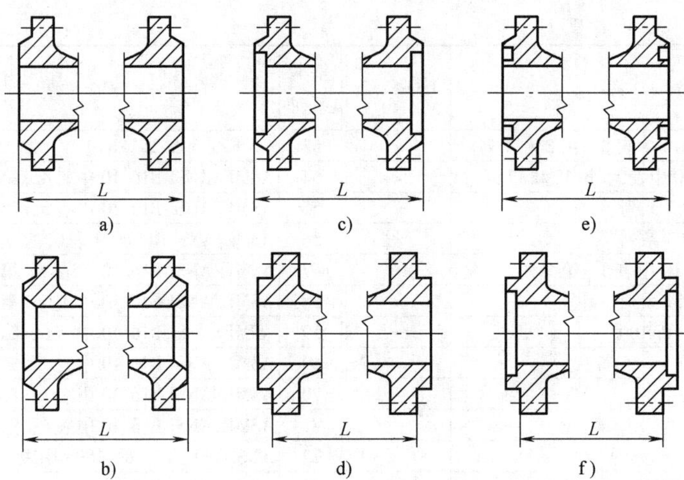

图1-59　闸阀的法兰密封面结构型式

a）凸面　b）内孔带倒角的凸面　c）凹凸面法兰凹面　d）凹凸面法兰凸面　e）榫槽面法兰槽面　f）榫槽面法兰榫面

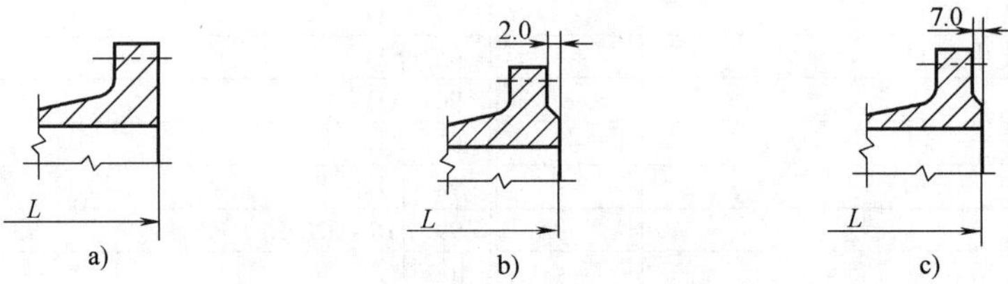

图1-60　闸阀的法兰密封面结构型式

a）平面（适用于灰铸铁PN20）　b）凸面（适用于灰铸铁、可锻铸铁和钢，公称压力为PN20、PN50）　c）凸面（适用于钢，公称压力为PN63、PN100及以上）

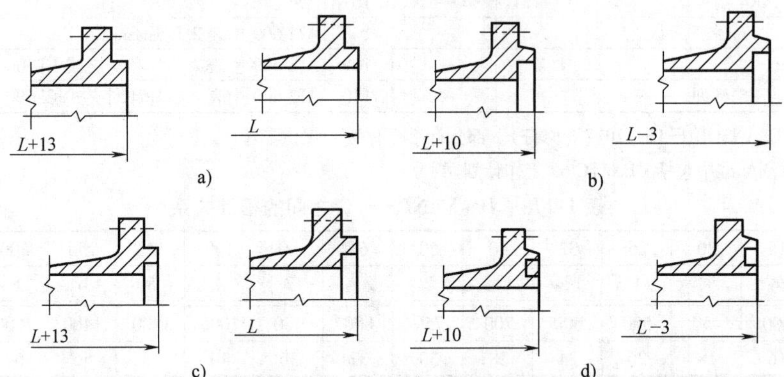

图1-61　闸阀法兰密封面的结构型式

a）凹凸面法兰凸面　b）凹凸面法兰凹面　c）榫槽面法兰榫面　d）榫槽面法兰槽面

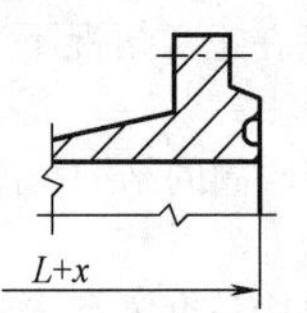

图1-62　闸阀环连接法兰密封面的结构型式

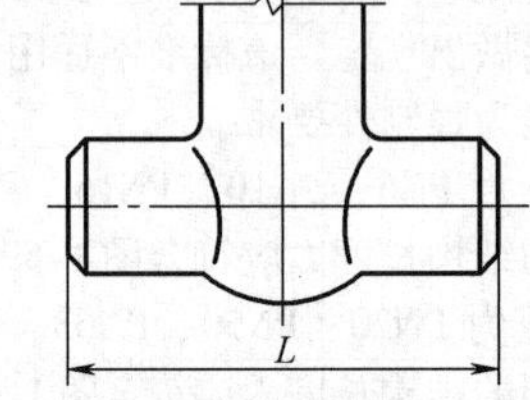

图1-63　对焊连接闸阀的结构长度

表 1-179 闸阀的结构长度系列 （单位：mm）

公称尺寸	公称压力 PN 和结构长度 L																											
	≤PN4	PN6	PN10	PN16		PN6、PN10、PN16			PN20		PN25			PN40		PN50			PN63、PN100			PN160			PN250		PN400	
	①	①	①	系列1①	系列2①	系列1	系列2	系列3②	系列1	系列2	系列1①	系列2	系列3	系列1①	系列2	系列1	系列2	系列3	系列1	系列2	系列3①	系列1	系列2①	系列3	系列1	系列2	系列1	系列2
DN10	—	—	—	—	—	—	102	—	—	102	—	—	—	—	—	—	—	—	—	—	—	—	—	—	—	—	—	—
DN15	—	—	—	—	—	—	108	—	—	108	—	—	140	—	140	152	140	140	165	152	—	216	—	—	—	—	—	—
DN20	—	—	—	—	—	—	117	—	—	117	—	—	152	—	152	178	152	152	190	178	—	229	—	—	—	—	—	—
DN25	—	—	—	—	—	120	127	125	120	127	—	120	165	—	165	216	165	165	216	216	—	254	—	—	—	—	—	—
DN32	—	—	—	—	—	140	140	130	140	140	—	130	178	—	178	229	178	178	229	229	—	280	—	—	—	—	—	—
DN40	140	140	170	240	170	240	165	140	240	165	240	240	190	240	190	241	190	190	241	241	240	305	270	241	—	—	—	310
DN50	150	180	180	250	180	250	178	150	250	178	250	250	216	250	216	267	216	216	292	267	250	368	300	292	350	368	451	350
DN65	170	170	200	270	200	270	190	170	270	190	290	270	241	290	241	292	241	241	330	292	290	419	360	330	425	419	508	425
DN80	180	210	210	280	210	280	203	180	280	203	300	280	283	310	283	318	283	283	356	318	310	381	390	356	470	470	578	470
DN100	190	230	230	330	230	300	229	190	300	229	330	300	305	350	305	356	305	305	432	356	350	457	450	432	550	546	673	550
DN125	200	255	255	360	255	325	254	200	325	254	360	325	381	400	381	400	381	381	508	400	400	—	525	508	650	—	—	650
DN150	210	280	280	400	280	350	267	210	350	267	400	350	403	450	403	444	403	403	559	444	450	610	600	559	750	705	914	750
DN200	230	330	330	460	330	400	292	230	400	292	480	400	419	550	419	533	419	419	660	533	550	737	737	660	832	832	1022	832
DN250	250	450	—	530	—	450	330	250	450	330	550	450	457	650	457	622	457	457	787	622	650	838	838	787	991	991	1270	991
DN300	270	500	—	630	—	500	356	270	500	356	630	500	502	750	502	711	502	502	838	711	750	965	965	838	1130	1130	1422	1130
DN350	290	550	—	700	—	550	381	290	550	381	700	550	762	850	762	838	762	572	889	838	850	1029	1029	889	1257	1257	—	1257
DN400	310	600	—	750	—	600	406	310	600	406	780	600	838	950	838	864	838	610	991	864	950	1130	1130	991	1384	1384	—	—
DN450	—	—	—	—	—	650	432	330	650	432	—	650	914	—	914	978	914	660	1092	978	—	1219	—	1092	1537	1537	—	—
DN500	350	700	—	880	—	700	457	350	700	457	930	700	991	1150	991	1016	991	711	1194	1016	1150	1321	—	1194	1664	1664	—	—
DN600	390	800	—	1000	—	800	508	—	800	508	—	800	1143	1350	1143	1346	1143	787	1397	1346	1350	1549	—	1397	1943	1943	—	—
DN700	—	—	—	—	—	900	610	—	900	610	—	900	1346	1550	—	1499	1346	—	1549	1499	—	—	—	1549	—	—	—	—
DN800	470	1000	—	1250	—	1000	660	—	1000	660	—	1000	—	1750	—	1778	—	—	—	—	1750	—	—	—	—	—	—	—
DN900	—	—	—	—	—	1100	711	—	1100	711	—	1100	1727	—	—	2083	1727	—	—	—	—	—	—	—	—	—	—	—
DN1000	550	1200	—	1500	—	1200	813	—	1200	813	—	1200	1981	2150	—	—	1981	—	—	—	2150	—	—	—	—	—	—	—
DN1200	700	1400	—	—	—	1400	—	—	—	—	—	—	—	—	—	—	—	—	—	—	—	—	—	—	—	—	—	—
DN1400	900	1600	—	—	—	1900	—	—	—	—	—	—	—	—	—	—	—	—	—	—	—	—	—	—	—	—	—	—
DN1600	1000	1800	—	—	—	2200	—	—	—	—	—	—	—	—	—	—	—	—	—	—	—	—	—	—	—	—	—	—
DN2000	1500	2200	—	—	—	2900	—	—	—	—	—	—	—	—	—	—	—	—	—	—	—	—	—	—	—	—	—	—

注：1. 系列 1 和系列 3②针对 PN6、PN10、PN16；系列 1 针对 PN20；系列 2 针对 PN25，以上符合 DIN 3202 的规定。

2. 其他系列（①的除外）符合 ASME B16.10 的规定。

① 新设计中不使用此系列。

② 针对楔式橡胶密封闸阀。

表 1-180　“同型”系列闸阀的结构长度　　（单位：mm）

公称尺寸	结构长度 L	20℃时允许的最高工作压力/MPa（bar）	公称尺寸	结构长度 L	20℃时允许的最高工作压力/MPa（bar）
DN40	140	1.0（10）	DN350	290	0.4（4）
DN50	150		DN400	310	
DN65	170		DN450	330	
DN80	180		DN500	350	
DN100	190		DN600	390	0.25（2.5）
DN125	200		DN700	430	
DN150	210		DN800	470	0.16（1.6）
DN200	230	0.6（6）	DN900	510	0.1（1）
DN250	250		DN1000	550	
DN300	270				

表 1-181　对焊连接闸阀的结构长度　　（单位：mm）

公称尺寸	公称压力 PN 和结构长度 L														
	≤PN25		PN40 ~ PN50		PN63 ~ PN100		PN160			PN250			PN400		
	系列 1	系列 2	系列 1	系列 2	系列 1	系列 2	系列 1	系列 2①	系列 3	系列 1	系列 2①	系列 3	系列 1	系列 2①	系列 3
DN10	—	102	—	—	—	—	—	—	—	—	—	—	—	—	—
DN15	—	108	—	140	165	—	216	—	—	216	—	—	263	—	—
DN20	—	117	—	152	190	—	229	—	—	229	—	—	273	—	—
DN25	—	127	—	165	216	—	254	—	—	254	—	—	308	—	—
DN32	—	140	—	178	229	—	280	—	—	280	—	—	349	—	—
DN40	—	165	—	190	241	—	305	—	—	305	—	—	384	—	—
DN50	250	216	250	216	292	250	368	300	216	368	350	216	451	350	279
DN65	270	241	290	241	330	290	419	360	254	419	425	254	508	425	330
DN80	280	283	310	283	356	310	381	390	305	470	470	305	578	470	368
DN100	300	305	350	305	432	350	457	450	356	546	550	406	673	550	457
DN125	325	381	400	381	508	400	—	525	—	—	650	—	—	650	—
DN150	350	403	450	403	559	450	610	600	508	705	750	559	914	750	610
DN200	400	419	550	419	660	550	737	750	660	832	950	711	1022	950	762
DN250	450	457	650	457	787	650	838	900	787	991	1150	864	1270	1150	914
DN300	500	502	750	502	838	750	965	1050	914	1130	1350	991	1422	1350	1041
DN350	550	572	850	762	889	850	1029	1200	991	1257	1500	1067	—	—	1118
DN400	600	610	950	838	991	950	1130	1350	1092	1384	1750	1194	—	—	1245
DN450	—	660	—	914	1092	—	1219	—	1181	1537	—	1346	—	—	1397
DN500	700	711	1050	991	1194	1150	1321	—	1283	1664	—	1473	—	—	1525
DN600	800	813	1350	1143	1397	1350	1549	—	1511	1943	—	1626	—	—	1829
DN700	—	914	—	1346	1549	—	—	—	—	—	—	—	—	—	—
DN800	1000	965	—	—	—	—	—	—	—	—	—	—	—	—	—
DN900	—	1026	—	1727	—	—	—	—	—	—	—	—	—	—	—
DN1000	1200	1067	—	1981	—	—	—	—	—	—	—	—	—	—	—

注：系列 2 针对于 PN25、PN40、PN50；系列 1 针对于 PN63 ~ PN100；系列 3 针对于 PN160、PN250、PN400，并符合于 ASME B16.10。

① 该系列不能用于新设计。

表 1-182 结构长度允许偏差

（单位：mm）

公称尺寸	偏差	
	法兰连接	对焊连接
≤DN250	±2	±4
>DN250～DN500	±3	±5
>DN500～DN800	±4	±6
>DN800～DN1000	±5	±8
>DN1000～DN1600	±6	±10
>DN1600～DN2250	±8	±12
>DN2250	±10	±14

表 1-183 环连接法兰的结构长度附加量 X

（单位：mm）

公称尺寸	结构长度附加量 X		
	PN20	PN50	PN63、PN100
DN15	11	11	-2
DN20	13	13	0
DN25	13	13	0
DN32	13	13	0
DN40	13	13	0
DN50	13	16	3
DN65	13	16	3
DN80	13	16	3
DN100	13	16	3
DN125	13	16	3
DN150	13	16	3
DN200	13	16	3
DN250	13	16	3
DN300	13	16	3
DN350	13	16	3
DN400	13	16	3
DN450	13	16	3
DN500	13	19	6
DN600	13	22	10
DN700	13	25	13
DN800	—	29	16
DN900	—	29	16
DN1000	—	29	16

2. 截止阀和止回阀的结构长度（ГОСТ 3326）

（1）该标准适用于通用工业管道 对下列阀门的结构长度作出规定。

1）公称压力 PN6～PN800，公称尺寸 DN3～DN400 法兰连接、螺纹连接和对焊连接的截止阀。

2）公称压力 PN6～PN320，公称尺寸 DN10～DN400 法兰连接、螺纹连接和对焊连接的升降式止回阀。

3）公称压力 PN6～PN160，公称尺寸 DN40～DN1400 法兰连接和对焊连接的旋启式止回阀。

4）本标准规定的上述结构长度中不包括焊接袖管的长度。

5）本标准不适用于带有波纹管、内衬、电磁驱动器以及专用于核电站等特殊用途的阀门。

（2）灰铸铁、可锻铸铁和铸钢螺栓连接阀盖的直通式和角式截止阀及升降式止回阀的结构长度如图 1-64 及表 1-184 所示。

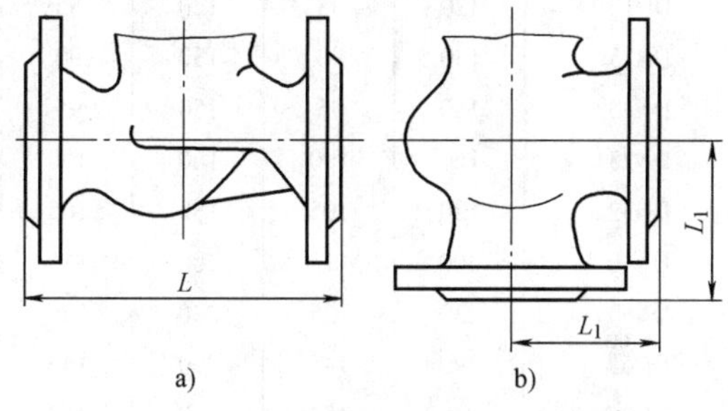

图 1-64 直通式和角式截止阀及升降式止回阀的结构长度

a）直通式截止阀和升降式止回阀

b）角式截止阀和升降式止回阀

（3）钢制锻造或锻焊结构法兰连接截止阀的结构长度 如图 1-65 及表 1-185 所示。

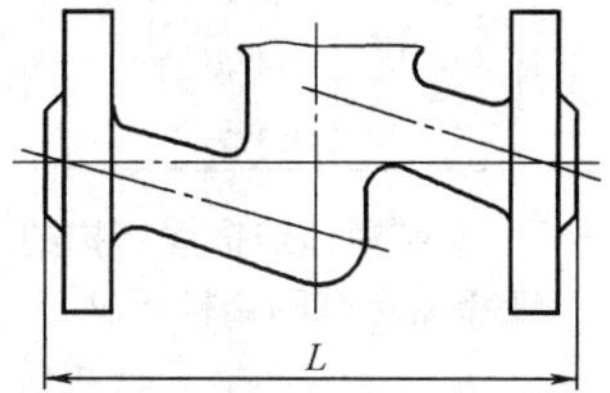

图 1-65 锻造或锻焊结构的法兰连接截止阀的结构长度

（4）锻钢制带有螺纹法兰和透镜垫密封的角式截止阀的结构长度 如图 1-66 及表 1-186 所示。

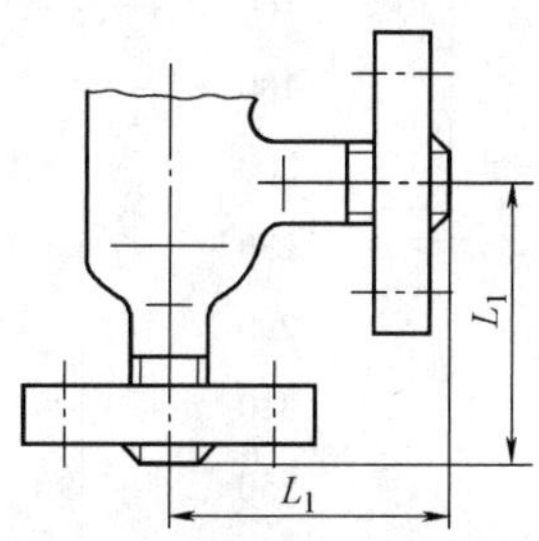

图 1-66 锻钢制带有螺纹法兰和透镜垫密封的角式截止阀的结构长度

表 1-184　直通式和角式截止阀和升降式止回阀的结构长度　（单位：mm）

公称尺寸	结构长度									
	L	L_1	L	L_1	L	L_1	L	L_1	L	L_1
	型式									
	直通	直角	直通	直角	直通	直角	直通	直角	直通	直角
	材料									
	灰铸铁		可锻铸铁		碳素钢					
	公称压力									
	PN6 ~ PN16		PN16 ~ PN40		PN16 ~ PN40		PN63 ~ PN160		PN200 ~ PN320	
DN10	120	85	120	85	120	85	210	105	230	115
DN15	130	90	130	90	130	90	210	105	230	115
DN20	150	95	150	95	150	95	230	115	260	130
DN25	160	100	160	100	160	100	230	115	260	130
DN32	180	105	180	105	180	105	260	130	300	150
DN40	200	115	200	115	200	115	260	130	300	150
DN50	230	125	230	125	230	125	300	150	350	175
DN65	290	145	290	145	290	145	340	170	400	200
DN80	310	155	310	155	310	155	380	190	450	225
DN100	350	175	—	—	350	175	430	215	520	260
DN125	400	200	—	—	400	200	500	250	600	300
DN150	480	225	—	—	480	225	550	275	700	350
DN200	600	275	—	—	600	275	650	325	800	400
DN250	730	325	—	—	730	325	—	—	—	—
DN300	850	375	—	—	850	375	—	—	—	—
DN350	980	425	—	—	980	425	—	—	—	—
DN400	1100	475	—	—	1100	475	—	—	—	—

表 1-185　钢制锻造或锻焊结构的法兰连接截止阀的结构长度

（单位：mm）

公称尺寸	结构长度 L	
	PN10 ~ PN40	PN63 ~ PN100
DN15	130	175
DN20	150	190
DN25	160	200
DN32	180	210
DN40	200	225
DN50	230	—
DN65	290	—
DN80	310	—
DN100	350	—
DN125	400	—
DN150	480	—

表 1-186　锻钢制带有螺纹法兰和透镜垫密封角式截止阀的结构长度

（单位：mm）

公称尺寸	结构长度 L_1		
	PN320	PN400	PN800
DN3	60	60	—
DN6	60	60	85
DN10	85	85	85
DN15	95	95	95
DN25	110	110	120
DN32	120	120	150
DN40	150	150	—
DN50	170	200	—
DN65	200	220	—
DN80	235	250	—
DN100	290	290	—
DN125	290	330	—
DN150	360	—	—
DN200	435	520	—

（5）灰铸铁或可锻铸铁制成的直通式法兰连接带有螺纹阀盖的截止阀和升降式止回阀、螺纹连接的螺纹或螺栓连接阀盖的截止阀和升降式止回阀的结构长度如图 1-67 ~ 图 1-69 及表 1-187 所示。

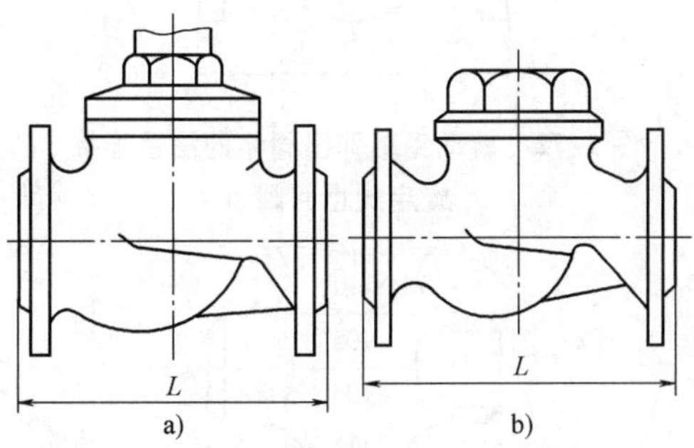

图 1-67　法兰连接带有螺纹阀盖的截止阀和升降式止回阀

a）直通式截止阀

b）直通式升降式止回阀

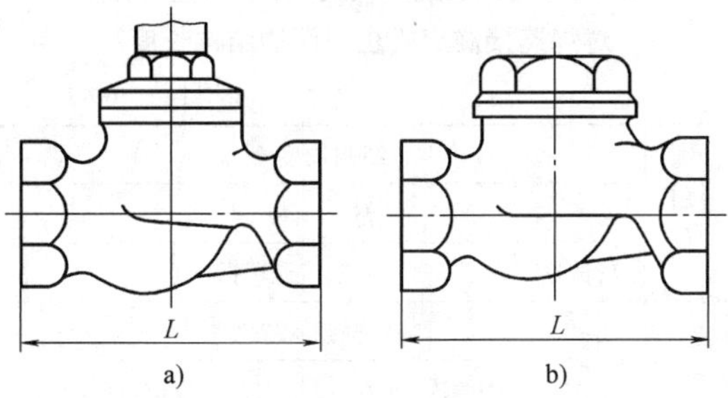

图 1-68　螺纹连接的螺纹连接阀盖截止阀和升降式止回阀

a）直通式截止阀

b）直通式升降式止回阀

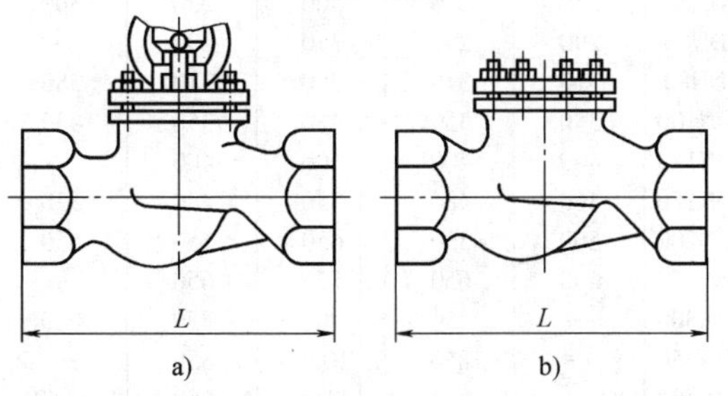

图 1-69　螺纹连接的螺栓连接阀盖直通式截止阀和升降式止回阀

a）直通式截止阀

b）直通式升降式止回阀

（6）铸钢或锻钢制成的对焊连接直通式截止阀和升降式止回阀的结构长度　如图 1-70 及表1-188所示。

表 1-187　法兰连接、螺纹连接截止阀和升降式止回阀的结构长度

（单位：mm）

公称尺寸	结构长度 L			
	连接形式			
	内螺纹		法兰	
	材　料			
	灰铸铁	可锻铸铁	灰铸铁	可锻铸铁
	公称压力			
	PN10 ~ PN16	PN16	PN10 ~ PN16	PN16 ~ PN25
	螺纹连接阀盖			
DN15	90	90	—	—
DN20	100	100	—	120
DN25	120	120	120	120
DN32	140	140	140	140
DN40	170	170	170	170
DN50	200	200	200	200
DN80	—	250	—	—
	螺栓连接阀盖			
DN65	260	210	—	—
DN80	290	250	—	—

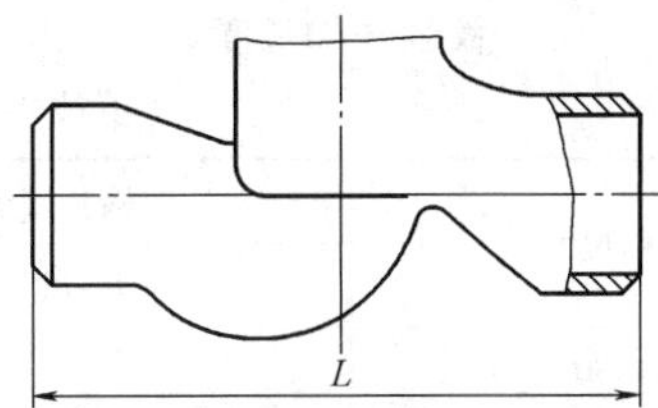

图 1-70　对焊连接直通式截止阀和升降式止回阀的结构长度

（7）钢制法兰连接、内置式的旋启式止回阀的结构长度　如图 1-71 及表 1-189 所示。

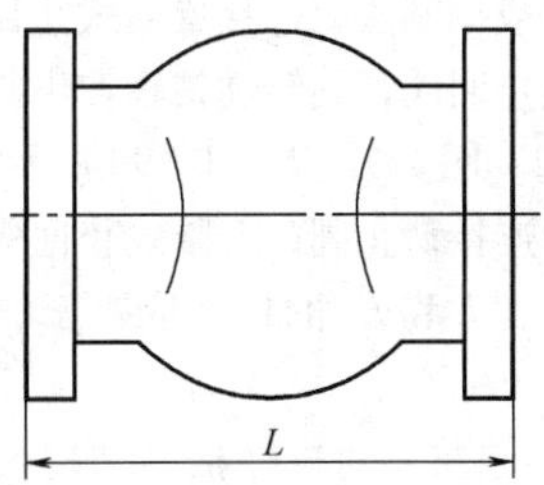

图 1-71　钢制法兰连接、内置式的旋启式止回阀的结构长度

表 1-188　对焊连接直通式截止阀和升降式止回阀的结构长度

（单位：mm）

公称尺寸	结构长度 L		
	PN25 ~ PN40	PN63 ~ PN160	PN200、PN250
DN10	—	160	160
DN15	130	175	160
DN20	150	190	160
DN25	160	200	160
DN32	180	210	230
DN40	200	225	230
DN50	230	300	300
DN65	290	340	400
DN80	310	380	450
DN100	350	430	520
DN125	400	500	600
DN150	480	550	700
DN200	600	650	800
DN250	730	790①	—
DN300	850	—	—
DN350	980	—	—

① 只限于 PN63。

表 1-189　钢制法兰连接、内置式的旋启式止回阀的结构长度

（单位：mm）

公称尺寸	结构长度 L
	PN40
DN50	150
DN80	190
DN100	215
DN150	275
DN200	375

（8）铸铁或钢制法兰连接旋启式止回阀或对焊连接钢制旋启式止回阀，其转动销轴伸出阀体的结构长度　如图 1-72、图 1-73 及表 1-190 所示。

（9）法兰连接截止阀、升降式止回阀、旋启式止回阀的结构长度 L 和 L_1 的标注取决于法兰密封面的形式　见表 1-191。

（10）法兰连接和对焊连接的结构长度偏差　见表 1-192。

（11）螺纹连接的截止阀和止回阀结构长度偏差　见表 1-193。

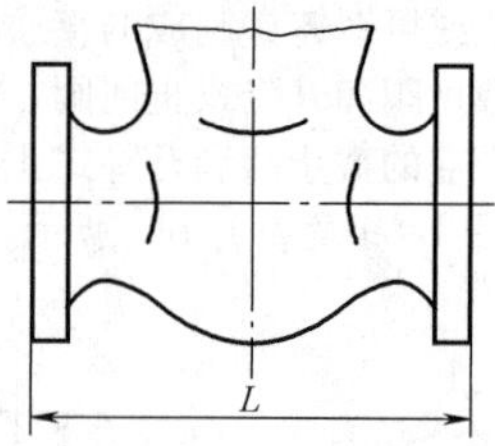

图 1-72　转动销轴伸出阀体的法兰连接旋启式止回阀

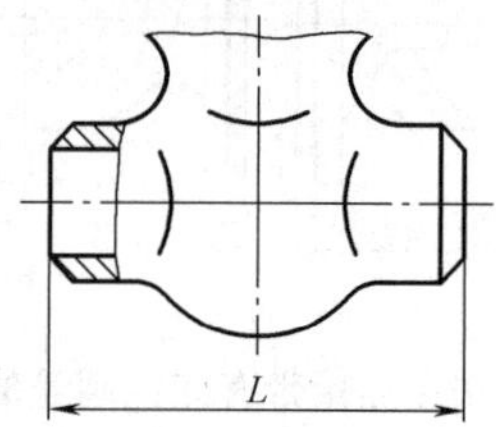

图 1-73　转动销轴伸出阀体的对焊连接旋启式止回阀

表 1-190　转动销轴伸出阀体的法兰连接和对焊连接旋启式止回阀的结构长度

（单位：mm）

公称尺寸	结构长度 L				
	材料				
	灰铸铁	碳素钢			
	连接形式				
	法兰连接			对焊连接	
	公称压力				
	PN6 ~ PN16	PN25 ~ PN40	PN63 ~ PN160	PN25 ~ PN40	PN63 ~ PN160
DN40	200	200	260	—	—
DN50	230	230	300	230	300
DN65	290	290	340	290	—
DN80	310	310	380	310	380
DN100	350	350	430	350	430
DN125	400	400	500	400	—
DN150	460	480	550	480	550
DN200	500	550	650	550	650
DN250	600	650	775	650	—
DN300	—	750	900	750	900
DN350	—	850	1025	850	—
DN400	—	950	1150	950	1150
DN500	—	1150	1140	1150	1400
DN600	—	1350	—	1350	—
DN700	—	—	—	1450①	—
DN800	—	1850	—	1850①	—
DN1000	—	2250	—	2250①	—
DN1200	—	—	—	2500①	—
DN1400	—	—	—	2800①	—

① 仅限于油气管道。

表 1-191 法兰连接截止阀、升降式止回阀、旋启式止回阀的结构长度的标注方法

法兰密封面形式	结构长度 L 和 L_1	
	直通	直角
突面	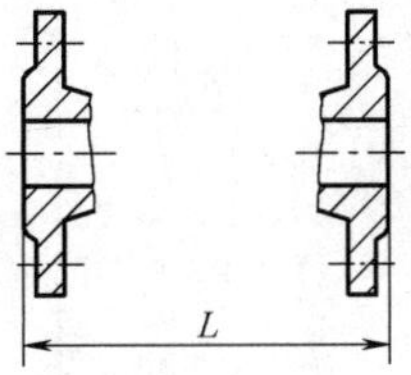 L	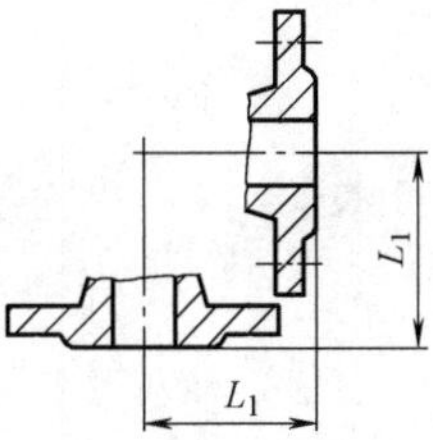 L_1 L_1
凸面	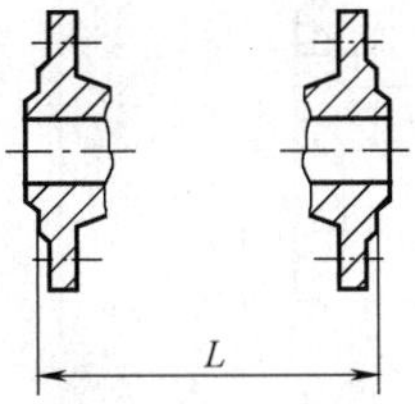 L	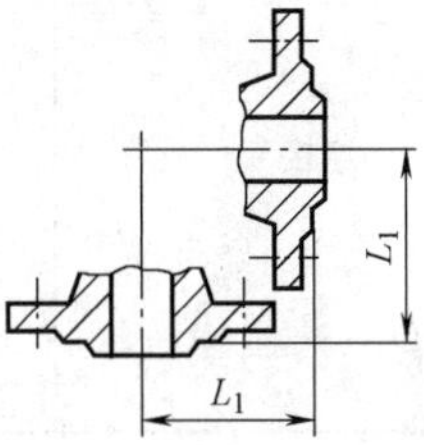 L_1 L_1
凹面	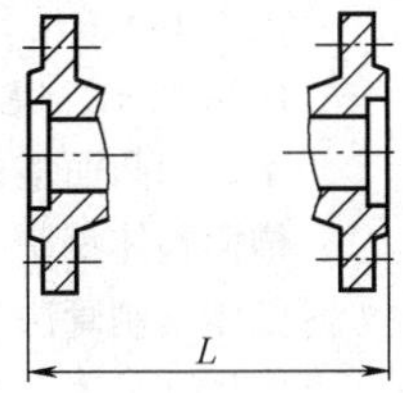 L	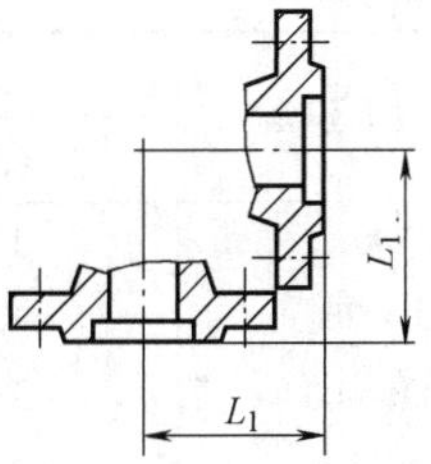 L_1 L_1
榫面	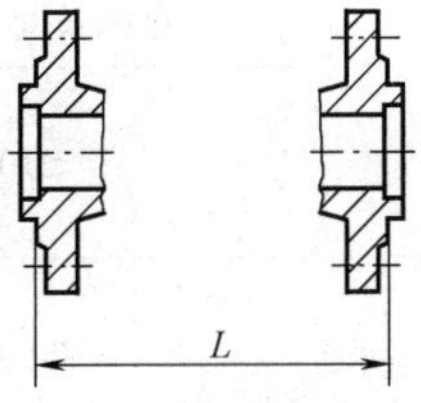 L	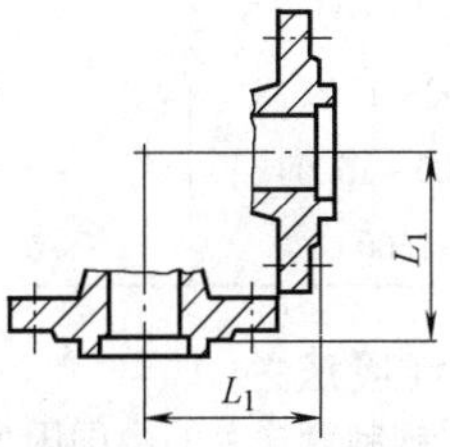 L_1 L_1
槽面	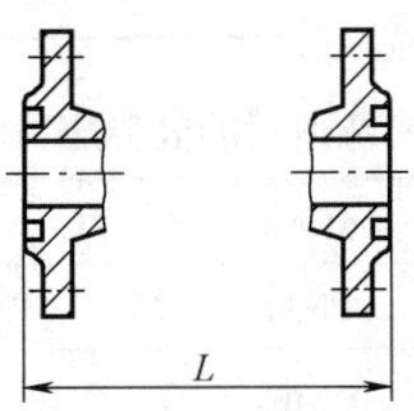 L	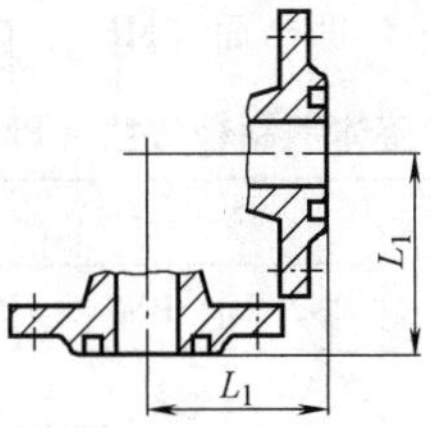 L_1 L_1

（续）

法兰密封面形式	结构长度 L 和 L_1	
	直 通	直 角
透镜垫	—	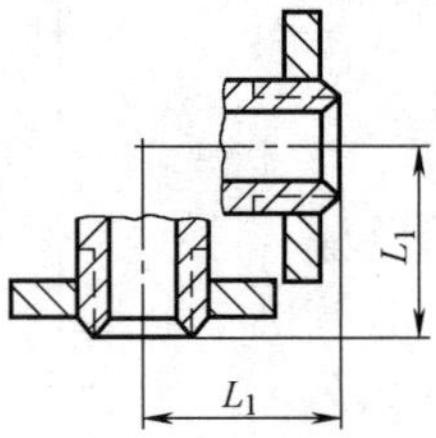
环连接	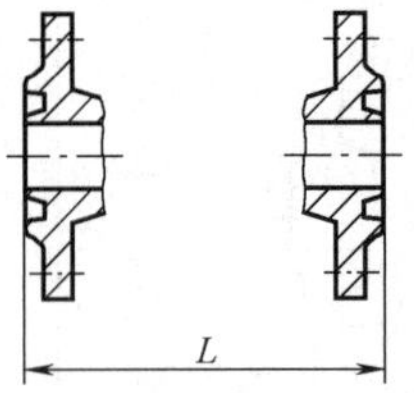	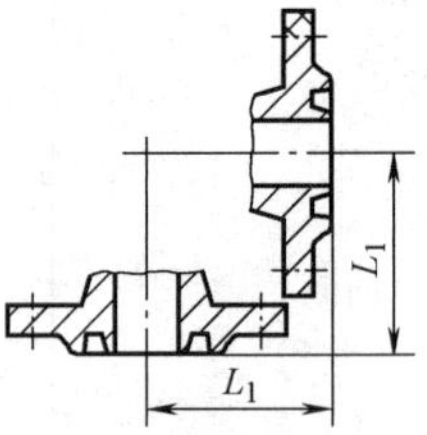

表1-192 法兰连接和对焊连接的结构长度偏差

（单位：mm）

结构长度 L 和 L_1	结构长度偏差	
	法兰连接	对焊连接
≤200	±1.0	±2.0
>200~300	±1.5	±3.0
>300~400	±2.0	±4.0
>400~500	±2.5	±5.0
>500~600	±3.0	±6.0
>600~900	±3.5	±7.0
>900~1200	±4.0	±8.0
>1200~1500	±5.0	±10.0
>1500	±7.0	±14.0

1.7.5 连接法兰

1.7.5.1 钢制管法兰的中国国家标准

1. 整体钢制管法兰的尺寸

整体钢制管法兰的法兰密封形式有平面（FF）、突面（RF）、凹凸面（MF）、榫槽面（TG）、O形圈面（OSG）和环连接面（RJ）。整体钢制管法兰的密封面形式及适用的公称压力和公称尺寸范围见表1-194、表1-195。平面整体钢制管法兰结构如图1-74所示，突面整体钢制管法兰结构如图1-75所示，凹凸面整体钢制管法兰结构如图1-76所示，榫槽面整体钢制管法兰结构如图1-77所示，O形圈面整体钢制管法兰结构如图1-78所示。整体钢制管法兰尺寸见表1-196~表1-217。

表1-193 螺纹连接的结构长度偏差

（单位：mm）

结构长度 L 和 L_1	结构长度偏差
≤100	+1.0 -1.5
>100~200	+1.0 -2.0
>200	+1.5 -2.0

表1-194 整体钢制管法兰（PN系列）的密封面形式及适用的公称压力和公称尺寸范围（GB/T 9124.1—2019）

密封面形式	公称压力											
	PN2.5	PN6	PN10	PN16	PN25	PN40	PN63	PN100	PN160	PN250	PN320	PN400
平面（FF）	DN10~DN2000					DN10~DN600	—					

（续）

密封面形式	公称压力											
	PN2.5	PN6	PN10	PN16	PN25	PN40	PN63	PN100	PN160	PN250	PN320	PN400
突面（RF）	DN10 ~ DN2000					DN10 ~ DN600	DN10 ~ DN400	DN10 ~ DN350	DN10 ~ DN300		DN10 ~ DN250	DN10 ~ DN200
凹凸面（MF）	—		DN10 ~ DN2000			DN10 ~ DN600	DN10 ~ DN400	DN10 ~ DN350	DN10 ~ DN300		DN10 ~ DN250	DN10 ~ DN200
榫槽面（TG）	—		DN10 ~ DN2000			DN10 ~ DN600	DN10 ~ DN400	DN10 ~ DN350	DN10 ~ DN300		DN10 ~ DN250	DN10 ~ DN200
O 形圈面（OSG）	—		DN10 ~ DN2000			DN10 ~ DN600	—					
环连接面（RJ）	—						DN15 ~ DN400	DN15 ~ DN350	DN15 ~ DN300		DN15 ~ DN250	DN15 ~ DN200

表 1-195　整体钢制管法兰（Class 系列）的密封面形式及适用的公称压力和公称尺寸范围（GB/T 9124.2—2019）

密封面形式	公称压力					
	Class150	Class300	Class600	Class900	Class1500	Class2500
平面（FF）	NPS½/DN15 ~ NPS24/DN600	—				
突面（RF）	NPS½/DN15 ~ NPS24/DN600					NPS½/DN15 ~ NPS12/DN300
凹凸面（MF）	—	NPS½/DN15 ~ NPS24/DN600				NPS½/DN15 ~ NPS12/DN300
榫槽面（TG）	—	NPS½/DN15 ~ NPS24/DN600				NPS½/DN15 ~ NPS12/DN300
环连接面（RJ）	NPS1/DN25 ~ NPS24/DN600	NPS½/DN15 ~ NPS24/DN600				NPS½/DN15 ~ NPS12/DN300

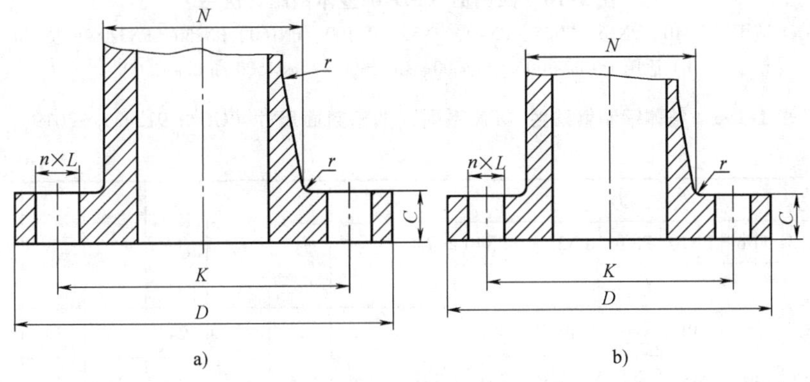

图 1-74　平面（FF）整体钢制管法兰

a）适用于 PN2.5、PN6、PN10、PN16、PN25 和 PN40　b）适用于 Class150

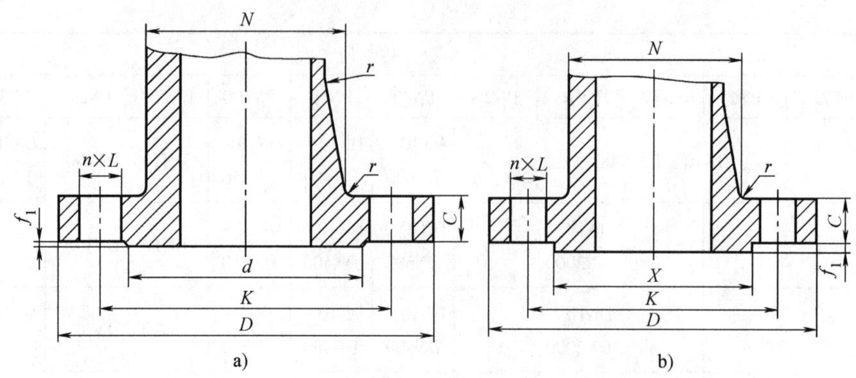

图1-75　突面（RF）整体钢制管法兰

a）适用于PN2.5、PN6、PN10、PN16、PN25、PN40、PN63、PN100、PN160、PN250、PN320和PN400

b）适用于Class150、Class300、Class600、Class900、Class1500和Class2500

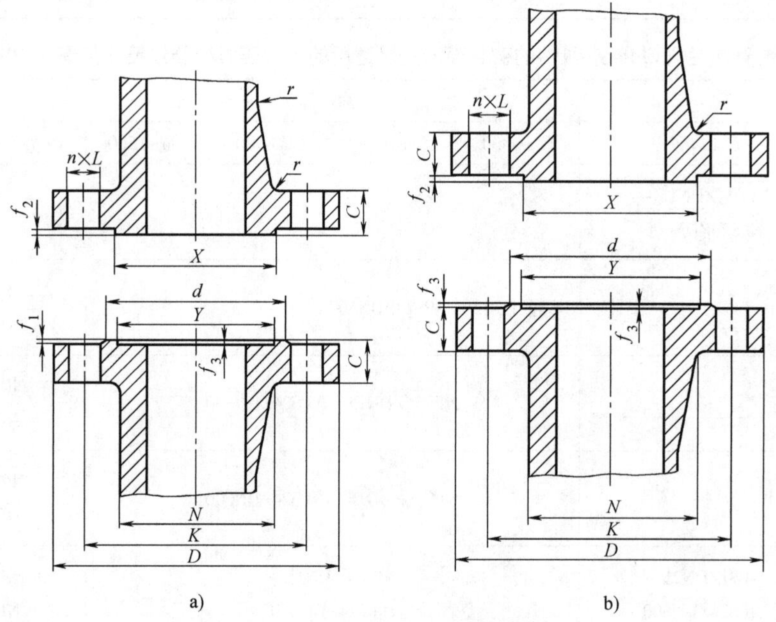

图1-76　凹凸面（MF）整体钢制管法兰

a）适用于PN10、PN16、PN25、PN40、PN63、PN100、PN160、PN250、PN320和PN400

b）适用于Class300、Class600、Class900、Class1500和Class2500

表1-196　整体钢制管法兰（PN系列）**的密封面尺寸**（GB/T 9124.1—2019）

（单位：mm）

公称尺寸	公称压力						f_1	f_2	f_3	f_4	W	X	Y	Z	α ≈	R_1
	PN2.5	PN6	PN10	PN16	PN25	≥PN40										
	d															
DN10	35	35	40	40	40	40	2	4.5	4.0	2.0	24	34	35	23	—	2.5
DN15	40	40	45	45	45	45					29	39	40	28	—	
DN20	50	50	58	58	58	58					36	50	51	35	41°	

（续）

公称尺寸	公称压力						f_1	f_2	f_3	f_4	W	X	Y	Z	α ≈	R_1
	PN2.5	PN6	PN10	PN16	PN25	≥PN40										
	d															
DN25	60	60	68	68	68	68	2	4.5	4.0	2.0	43	57	58	42	41°	2.5
DN32	70	70	78	78	78	78					51	65	66	50		
DN40	80	80	88	88	88	88	3				61	75	76	60		
DN50	90	90	102	102	102	102					73	87	88	72		
DN65	110	110	122	122	122	122					95	109	110	94		
DN80	128	128	138	138	138	138					106	120	121	105		
DN100	148	148	158	158	162	162		5.0	4.5	2.5	129	149	150	128	32°	3
DN125	178	178	188	188	188	188					155	175	176	154		
DN150	202	202	212	212	218	218					183	203	204	182		
DN（175）①	232	242	242	242	242	242					213	233	234	212		
DN200	258	258	268	268	278	285					239	259	260	238		
DN（225）①	282	282	295	295	305	315					266	286	287	265		
DN250	312	312	320	320	335	345					292	312	313	291		
DN300	365	365	370	378	395	410	4				343	363	364	342		
DN350	415	415	430	438	450	465		5.5	5.0	3.0	395	421	422	394	27°	3.5
DN400	465	465	482	490	505	535					447	473	474	446		
DN450	520	520	532	550	555	560					497	523	524	496		
DN500	570	570	585	610	615	615					549	575	576	548		
DN600	670	670	685	725	720	735	5				649	675	676	648		
DN700	775	775	800	795	820	840					751	777	778	750		
DN800	880	880	905	900	930	960					856	882	883	855		
DN900	980	980	1005	1000	1030	1070					961	987	988	960		
DN1000	1080	1080	1110	1115	1140	1180		6.5	6.0	4.0	1062	1092	1094	1060	28°	4
DN1200	1280	1295	1330	1330	1350	1380					1262	1292	1294	1260		
DN1400	1480	1510	1535	1530	1560	1600					1462	1492	1494	1460		
DN1600	1690	1710	1760	1750	1780	1815					1662	1692	1694	1660		
DN1800	1890	1920	1960	1950	1985	—					1862	1892	1894	1860		
DN2000	2090	2125	2170	2150	2210	—					2062	2092	2094	2060		

① 带括号尺寸不推荐使用，并且仅适用于船用法兰，其密封面形式仅有平面（FF）、突面（RF）和榫槽面（TG）。

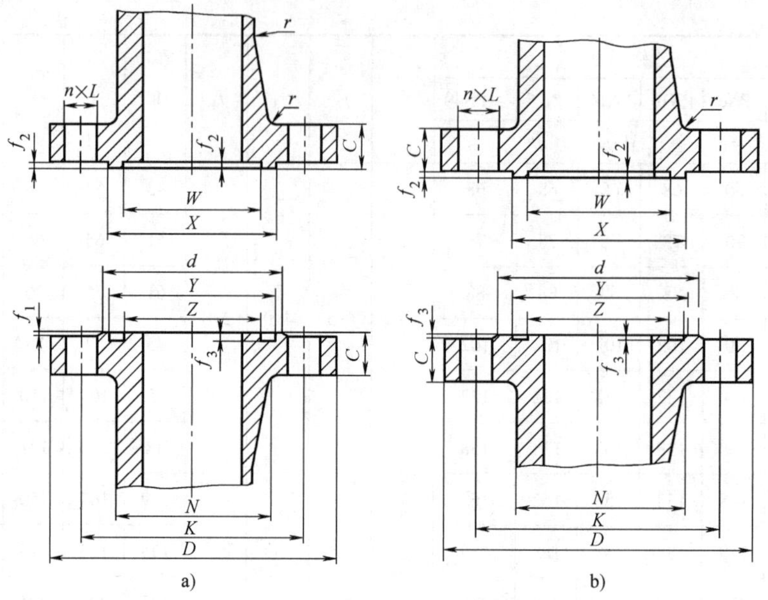

图1-77　榫槽面（TG）整体钢制管法兰

a）适用于PN10、PN16、PN25、PN40、PN63、PN100、PN160、PN250、PN320和PN400

b）适用于Class300、Class600、Class900、Class1500和Class2500

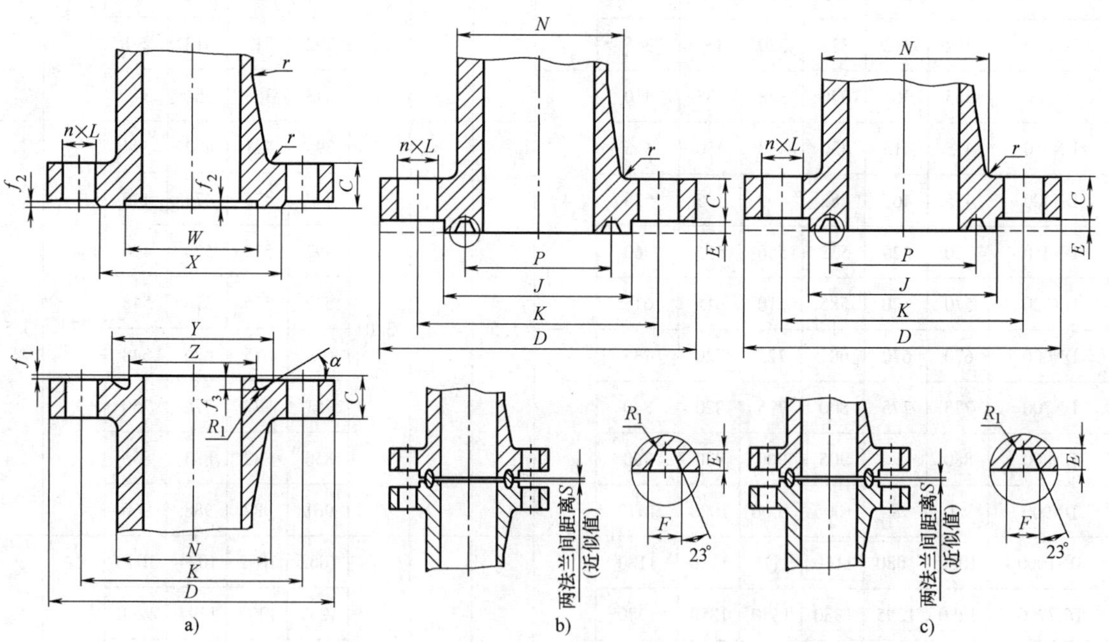

图1-78　O形圈面（OSG）、环连接面（RJ）整体钢制管法兰

a）O形圈面（适用于PN10、PN16、PN25和PN40）

b）环连接面（适用于PN63、PN100、PN160、PN250、PN320和PN400）

c）环连接面（适用于Class150、Class300、Class600、Class900、Class1500和Class2500）

注：法兰凸出部分高度与梯形槽深度尺寸E相同，但不受梯形槽深度尺寸E公差的限制。

允许采用如虚线所示轮廓的全平面形式。

表 1-197 整体钢制法兰（PN 系列）环的连接面尺寸（GB/T 9124.1—2019）

（单位：mm）

公称尺寸	PN63						PN100						PN160					
	J_{min}	P	E	F	R_{1max}	S	J_{min}	P	E	F	R_{1max}	S	J_{min}	P	E	F	R_{1max}	S
DN15	55	35	6.5	9	0.8	5	55	35	6.5	9	0.8	5	58	35	6.5	9	0.8	5
DN20	68	45	6.5	9	0.8	5	68	45	6.5	9	0.8	5	70	45	6.5	9	0.8	5
DN25	78	50	6.5	9	0.8	5	78	50	6.5	9	0.8	5	80	50	6.5	9	0.8	5
DN32	86	65	6.5	9	0.8	5	86	65	6.5	9	0.8	5	86	65	6.5	9	0.8	5
DN40	102	75	6.5	9	0.8	5	102	75	6.5	9	0.8	5	102	75	6.5	9	0.8	5
DN50	112	85	8	12	0.8	7	116	85	8	12	0.8	7	118	95	8	12	0.8	7
DN65	136	110	8	12	0.8	7	140	110	8	12	0.8	7	142	110	8	12	0.8	7
DN80	146	115	8	12	0.8	7	150	115	8	12	0.8	7	152	130	8	12	0.8	7
DN100	172	145	8	12	0.8	7	176	145	8	12	0.8	7	178	160	8	12	0.8	7
DN125	208	175	8	12	0.8	7	212	175	8	12	0.8	7	215	190	8	12	0.8	7
DN150	245	205	8	12	0.8	7	250	205	8	12	0.8	7	255	205	10	14	0.8	9
DN200	306	265	8	12	0.8	7	312	265	8	12	0.8	7	322	275	11	17	0.8	8
DN250	362	320	8	12	0.8	7	376	320	8	12	0.8	7	388	330	11	17	0.8	8
DN300	422	375	8	12	0.8	7	448	375	8	12	0.8	7	456	380	14	23	0.8	9
DN350	475	420	8	12	0.8	7	505	420	11	17	0.8	8	—	—	—	—	—	—
DN400	540	480	8	12	0.8	7	—	—	—	—	—	—	—	—	—	—	—	—
公称尺寸	PN250						PN320						PN400					
	J_{min}	P	E	F	R_{1max}	S	J_{min}	P	E	F	R_{1max}	S	J_{min}	P	E	F	R_{1max}	S
DN15	70	40	6.5	9	0.8	5	70	40	6.5	9	0.8	5	70	40	6.5	9	0.8	5
DN25	82	50	6.5	9	0.8	5	82	50	6.5	9	0.8	5	82	50	6.5	9	0.8	5
DN40	108	75	6.5	9	0.8	5	108	75	6.5	9	0.8	5	108	75	6.5	9	0.8	5
DN50	122	95	8	12	0.8	7	122	95	8	12	0.8	7	122	95	8	12	0.8	7
DN65	152	110	8	12	0.8	7	152	110	8	12	0.8	7	152	110	8	12	0.8	7
DN80	166	135	8	12	0.8	7	166	135	8	12	0.8	7	166	135	8	12	0.8	7
DN100	198	160	8	12	0.8	7	198	160	8	12	0.8	7	198	160	8	12	0.8	7
DN125	238	195	8	12	0.8	7	238	195	8	12	0.8	7	238	195	8	12	0.8	7
DN150	278	210	10	14	0.8	9	278	210	10	14	0.8	9	278	210	10	14	0.8	9
DN200	346	275	11	17	0.8	8	346	275	11	17	0.8	8	346	275	11	17	0.8	8
DN250	438	330	11	17	0.8	8	438	330	11	17	0.8	8	—	—	—	—	—	—

表 1-198 PN2.5 整体钢制管法兰尺寸（GB/T 9124.1—2019）

公称尺寸	连接尺寸					法兰厚度 C/mm	法兰颈	
	法兰外径 D/mm	螺栓孔中心圆直径 K/mm	螺栓孔径 L/mm	螺栓 数量 n/个	螺栓 螺纹规格		N/mm	r/mm
DN10	75	50	11	4	M10	12	20	4
DN15	80	55	11	4	M10	12	26	4

（续）

公称尺寸	连接尺寸					法兰厚度 C/mm	法兰颈	
	法兰外径 D/mm	螺栓孔中心圆直径 K/mm	螺栓孔径 L/mm	螺栓			N/mm	r/mm
				数量 n/个	螺纹规格			
DN20	90	65	11	4	M10	14	34	4
DN25	100	75	11	4	M10	14	44	4
DN32	120	90	14	4	M12	14	54	6
DN40	130	100	14	4	M12	14	64	6
DN50	140	110	14	4	M12	14	74	6
DN65	160	130	14	4	M12	14	94	6
DN80	190	150	18	4	M16	16	110	8
DN100	210	170	18	4	M16	16	130	8
DN125	240	200	18	8	M16	18	160	8
DN150	265	225	18	8	M16	18	182	10
（DN175）①	295	255	18	8	M16	20	210	10
DN200	320	280	18	8	M16	20	238	10
（DN225）①	345	305	18	8	M16	22	261	10
DN250	375	335	18	12	M16	22	284	12
DN300	440	395	22	12	M20	22	342	12
DN350	490	445	22	12	M20	22	392	12
DN400	540	495	22	16	M20	22	442	12
DN450	595	550	22	16	M20	22	494	12
DN500	645	600	22	20	M20	24	544	12
DN600	755	705	26	20	M24	30	642	12
DN700	860	810	26	24	M24	30	746	12
DN800	975	920	30	24	M27	30	850	12
DN900	1075	1020	30	24	M27	30	950	12
DN1000	1175	1120	30	28	M27	30	1050	16
DN1200	1375	1320	30	32	M27	32	1264	16
DN1400	1575	1520	30	36	M27	38	1480	16
DN1600	1790	1730	30	40	M27	46	1680	16
DN1800	1990	1930	30	44	M27	46	1878	16
DN2000	2190	2130	30	48	M27	50	2082	16

① 带括号尺寸不推荐使用，并且仅适用于船用法兰。

表 1-199 PN6 整体钢制管法兰尺寸（GB/T 9124.1—2019）

公称尺寸	连接尺寸					法兰厚度 C/mm	法兰颈	
	法兰外径 D/mm	螺栓孔中心圆直径 K/mm	螺栓孔径 L/mm	螺栓			N/mm	r/mm
				数量 n/个	螺纹规格			
DN10	75	50	11	4	M10	12	20	4
DN15	80	55	11	4	M10	12	26	4
DN20	90	65	11	4	M10	14	34	4
DN25	100	75	11	4	M10	14	44	4
DN32	120	90	14	4	M12	14	54	6
DN40	130	100	14	4	M12	14	64	6
DN50	140	110	14	4	M12	14	74	6
DN65	160	130	14	4	M12	14	94	6
DN80	190	150	18	4	M16	16	110	8
DN100	210	170	18	4	M16	16	130	8
DN125	240	200	18	8	M16	18	160	8
DN150	265	225	18	8	M16	18	182	10
(DN175)①	295	255	18	8	M16	20	210	10
DN200	320	280	18	8	M16	20	238	10
(DN225)①	345	305	18	8	M16	22	261	10
DN250	375	335	18	12	M16	22	284	12
DN300	440	395	22	12	M20	22	342	12
DN350	490	445	22	12	M20	22	392	12
DN400	540	495	22	16	M20	22	442	12
DN450	595	550	22	16	M20	22	494	12
DN500	645	600	22	20	M20	24	544	12
DN600	755	705	26	20	M24	30	642	12
DN700	860	810	26	24	M24	30 (26)②	746	12
DN800	975	920	30	24	M27	30 (26)②	850	12
DN900	1075	1020	30	24	M27	34 (26)②	950	12
DN1000	1175	1120	30	28	M27	38 (26)②	1050	16
DN1200	1405	1340	33	32	M30	42 (28)②	1264	16
DN1400	1630	1560	36	36	M33	56 (32)②	1480	16
DN1600	1830	1760	36	40	M33	63 (34)②	1680	16
DN1800	2045	1970	39	44	M36	69 (36)②	1878	16
DN2000	2265	2180	42	48	M39	74 (38)②	2082	16

① 带括号尺寸不推荐使用，并且仅适用于船用法兰。

② 括号内尺寸为原标准法兰厚度，对于现有设备或供需双方认可仍可采用括号内的法兰厚度尺寸。

表 1-200 PN10 整体钢制管法兰尺寸（GB/T 9124.1—2019）

公称尺寸	连接尺寸					法兰厚度 C/mm	法兰颈	
	法兰外径 D/mm	螺栓孔中心圆直径 K/mm	螺栓孔径 L/mm	螺栓 数量 n/个	螺栓 螺纹规格		N/mm	r/mm
DN10	90	60	14	4	M12	16	28	4
DN15	95	65	14	4	M12	16	32	4
DN20	105	75	14	4	M12	18	40	4
DN25	115	85	14	4	M12	18	50	4
DN32	140	100	18	4	M16	18	60	6
DN40	150	110	18	4	M16	18	70	6
DN50	165	125	18	4	M16	18	84	6
DN65	185	145	18	8①	M16	18	104	6
DN80	200	160	18	8	M16	20	120	6
DN100	220	180	18	8	M16	20	140	8
DN125	250	210	18	8	M16	22	170	8
DN150	285	240	22	8	M20	22	190	10
(DN175)③	315	270	22	8	M20	24	218	10
DN200	340	295	22	8	M20	24	246	10
(DN225)③	370	325	22	8	M20	26	272	10
DN250	395	350	22	12	M20	26	298	12
DN300	445	400	22	12	M20	26	348	12
DN350	505	460	22	16	M20	26	408	12
DN400	565	515	26	16	M24	26	456	12
DN450	615	565	26	20	M24	28	502	12
DN500	670	620	26	20	M24	28	559	12
DN600	780	725	30	20	M27	34	658	12
DN700	895	840	30	24	M27	35 (34)②	772	12
DN800	1015	950	33	24	M30	38 (36)②	876	12
DN900	1115	1050	33	28	M30	38 (38)②	976	12
DN1000	1230	1160	36	28	M33	44 (38)②	1080	16
DN1200	1455	1380	39	32	M36	55 (44)②	1292	16
DN1400	1675	1590	42	36	M39	65 (48)②	1496	16
DN1600	1915	1820	48	40	M45	75 (52)②	1712	16
DN1800	2115	2020	48	44	M45	85 (56)②	1910	16
DN2000	2325	2230	48	48	M45	90 (60)②	2120	16

注：公称尺寸 DN10 ~ DN40 的法兰使用 PN40 法兰的尺寸；公称尺寸 DN50 ~ DN150 的法兰使用 PN16 法兰的尺寸。

① 对于铸铁法兰和铜合金法兰，该规格的法兰可能是 4 个螺栓孔的，因此，当制造厂和用户协商同意后，与铸铁法兰和铜合金法兰配对使用的钢制法兰可以采用 4 个螺栓孔。

② 括号内尺寸为原标准法兰厚度，对于现有设备或供需双方认可仍可采用括号内的尺寸，用户也可以根据计算确定法兰厚度。

③ 带括号尺寸不推荐使用，并且仅适用于船用法兰。

表 1-201 PN16 整体钢制管法兰尺寸（GB/T 9124.1—2019）

公称尺寸	连接尺寸					法兰厚度 C/mm	法兰颈	
	法兰外径 D/mm	螺栓孔中心圆直径 K/mm	螺栓孔径 L/mm	螺栓				
				数量 n/个	螺纹规格		N/mm	r/mm
DN10③	90	60	14	4	M12	16	28	4
DN15③	95	65	14	4	M12	16	32	4
DN20③	105	75	14	4	M12	18	40	4
DN25③	115	85	14	4	M12	18	50	4
DN32③	140	100	18	4	M16	18	60	6
DN40③	150	110	18	4	M16	18	70	6
DN50	165	125	18	4	M16	18	84	6
DN65	185	145	18	8①	M16	18	104	6
DN80	200	160	18	8	M16	20	120	6
DN100	220	180	18	8	M16	20	140	8
DN125	250	210	18	8	M16	22	170	8
DN150	285	240	22	8	M20	22	190	10
(DN175)③	315	270	22	8	M20	24	218	10
DN200	340	295	22	12	M20	24	246	10
(DN225)③	370	325	22	12	M20	26	272	10
DN250	405	355	26	12	M24	26	296	12
DN300	460	410	26	12	M24	28	350	12
DN350	520	470	26	16	M24	30	410	12
DN400	580	525	30	16	M27	32	458	12
DN450	640	585	30	20	M27	40	516	12
DN500	715	650	33	20	M30	44	576	12
DN600	840	770	36	20	M33	54	690	12
DN700	910	840	36	24	M33	58 (40)②	760	12
DN800	1025	950	39	24	M36	62 (42)②	862	12
DN900	1125	1050	39	28	M36	64 (44)②	962	12
DN1000	1255	1170	42	28	M39	68 (46)②	1076	16
DN1200	1485	1390	48	32	M45	78 (52)②	1282	16
DN1400	1685	1590	48	36	M45	84 (58)②	1482	16
DN1600	1930	1820	56	40	M52	102 (64)②	1696	16
DN1800	2130	2020	56	44	M52	110 (68)②	1896	16
DN2000	2345	2230	62	48	M56	124 (70)②	2100	16

注：公称尺寸 DN10 ~ DN40 的法兰使用 PN40 法兰的尺寸。

① 对于铸铁法兰和铜合金法兰，该规格的法兰可能是 4 个螺栓孔的，因此，当制造厂和用户协商同意后，与铸铁法兰和铜合金法兰配对使用的钢制法兰可以采用 4 个螺栓孔。

② 括号内尺寸为原标准法兰厚度，对于现有设备或供需双方认可仍可采用括号内的尺寸，用户也可以根据计算确定法兰厚度。

③ 带括号尺寸不推荐使用，并且仅适用于船用法兰。

表1-202　PN25整体钢制管法兰尺寸（GB/T 9124.1—2019）

公称尺寸	连接尺寸					法兰厚度 C/mm	法兰颈	
	法兰外径 D/mm	螺栓孔中心圆直径 K/mm	螺栓孔径 L/mm	螺栓			N/mm	r/mm
				数量 n/个	螺纹规格			
DN10	90	60	14	4	M12	16	28	4
DN15	95	65	14	4	M12	16	32	4
DN20	105	75	14	4	M12	18	40	4
DN25	115	85	14	4	M12	18	50	4
DN32	140	100	18	4	M16	18	60	6
DN40	150	110	18	4	M16	18	70	6
DN50	165	125	18	4	M16	20	84	6
DN65	185	145	18	8	M16	22	104	6
DN80	200	160	18	8	M16	24	120	8
DN100	235	190	22	8	M20	24	142	8
DN125	270	220	26	8	M24	26	162	8
DN150	300	250	26	8	M24	28	192	10
(DN175)②	330	280	26	12	M24	28	217	10
DN200	360	310	26	12	M24	30	252	10
(DN225)②	395	340	30	12	M27	32	278	10
DN250	425	370	30	12	M27	32	304	12
DN300	485	430	30	16	M27	34	364	12
DN350	555	490	33	16	M30	38	418	12
DN400	620	550	36	16	M33	40	472	12
DN450	670	600	36	20	M33	46	520	12
DN500	730	660	36	20	M33	48	580	12
DN600	845	770	39	20	M36	58	684	12
DN700	960	875	42	24	M39	60 (50)①	780	12
DN800	1085	990	48	24	M45	66 (54)①	882	12
DN900	1185	1090	48	28	M45	70 (58)①	982	12
DN1000	1320	1210	56	28	M52	74 (62)①	1086	16
DN1200	1530	1420	56	32	M52	86 (70)①	1296	16
DN1400	1755	1640	62	36	M56	92 (76)①	1508	16
DN1600	1975	1860	62	40	M56	112 (84)①	1726	16
DN1800	2195	2070	70	44	M64	121 (90)①	1920	16
DN2000	2425	2300	70	48	M64	136 (96)①	2150	16

注：公称尺寸DN10～DN150的法兰使用PN40法兰的尺寸。

① 括号内尺寸为原标准法兰厚度，对于现有设备或供需双方认可仍可采用括号内的尺寸，用户也可以根据计算确定法兰厚度。

② 带括号尺寸不推荐使用，并且仅适用于船用法兰。

表 1-203 PN40 整体钢制管法兰尺寸（GB/T 9124.1—2019）

公称尺寸	连接尺寸					法兰厚度 C/mm	法兰颈	
	法兰外径 D/mm	螺栓孔中心圆直径 K/mm	螺栓孔直径 L/mm	螺栓			N/mm	r/mm
				数量 n/个	螺纹规格			
DN10	90	60	14	4	M12	16	28	4
DN15	95	65	14	4	M12	16	32	4
DN20	105	75	14	4	M12	18	40	4
DN25	115	85	14	4	M12	18	50	4
DN32	140	100	18	4	M16	18	60	6
DN40	150	110	18	4	M16	18	70	6
DN50	165	125	18	4	M16	20	84	6
DN65	185	145	18	8	M16	22	104	6
DN80	200	160	18	8	M16	24	120	8
DN100	235	190	22	8	M20	24	142	8
DN125	270	220	26	8	M24	26	162	8
DN150	300	250	26	8	M24	28	192	10
(DN175)①	350	295	30	12	M27	32	223	10
DN200	375	320	30	12	M27	34	254	10
(DN225)①	420	355	33	12	M30	36	283	10
DN250	450	385	33	12	M30	38	312	12
DN300	515	450	33	16	M30	42	378	12
DN350	580	510	36	16	M33	46	432	12
DN400	660	585	39	16	M36	50	498	12
DN450	685	610	39	20	M36	57	522	12
DN500	755	670	42	20	M39	57	576	12
DN600	890	795	48	20	M45	72	686	12

① 带括号尺寸不推荐使用，并且仅适用于船用法兰。

表 1-204 PN63 整体钢制管法兰尺寸（GB/T 9124.1—2019）

公称尺寸	连接尺寸					法兰厚度 C/mm	法兰颈	
	法兰外径 D/mm	螺栓孔中心圆直径 K/mm	螺栓孔直径 L/mm	螺栓			N/mm	r/mm
				数量 n/个	螺纹规格			
DN10	100	70	14	4	M12	20	40	4
DN15	105	75	14	4	M12	20	45	4
DN20	130	90	18	4	M16	22	50	4
DN25	140	100	18	4	M16	24	61	4
DN32	155	110	22	4	M20	26	68	6
DN40	170	125	22	4	M20	28	82	6

（续）

公称尺寸	连接尺寸					法兰厚度 C/mm	法兰颈	
	法兰外径 D/mm	螺栓孔中心圆直径 K/mm	螺栓孔直径 L/mm	螺栓				
				数量 n/个	螺纹规格		N/mm	r/mm
DN50	180	135	22	4	M20	26	90	6
DN65	205	160	22	8	M20	26	105	6
DN80	215	170	22	8	M20	28	122	8
DN100	250	200	26	8	M24	30	146	8
DN125	295	240	30	8	M27	34	177	8
DN150	345	280	33	8	M30	36	204	10
(DN175)①	375	310	33	12	M30	40	235	10
DN200	415	345	36	12	M33	42	264	10
(DN225)①	440	370	36	12	M33	44	292	10
DN250	470	400	36	12	M33	46	320	12
DN300	530	460	36	16	M33	52	378	12
DN350	600	525	39	16	M36	56	434	12
DN400	670	585	42	16	M39	60	490	12

注：公称尺寸 DN10 ~ DN40 的法兰使用 PN100 法兰的尺寸。

① 带括号尺寸不推荐使用，并且仅适用于船用法兰。

表 1-205 PN100 整体钢制管法兰尺寸（GB/T 9124.1—2019）

公称尺寸	连接尺寸					法兰厚度 C/mm	法兰颈	
	法兰外径 D/mm	螺栓孔中心圆直径 K/mm	螺栓孔直径 L/mm	螺栓				
				数量 n/个	螺纹规格		N/mm	r/mm
DN10	100	70	14	4	M12	20	40	4
DN15	105	75	14	4	M12	20	45	4
DN20	130	90	18	4	M16	22	50	4
DN25	140	100	18	4	M16	24	61	4
DN32	155	110	22	4	M20	26	68	6
DN40	170	125	22	4	M20	28	82	6
DN50	195	145	26	4	M24	30	96	6
DN65	220	170	26	8	M24	34	118	6
DN80	230	180	26	8	M24	36	128	8
DN100	265	210	30	8	M27	40	150	8
DN125	315	250	33	8	M30	40	185	8
DN150	355	290	33	12	M30	44	216	10
DN200	430	360	36	12	M33	52	278	10
DN250	505	430	39	12	M36	60	340	12
DN300	585	500	42	16	M39	68	402	12
DN350	655	560	48	16	M45	74	460	12

表 1-206 PN160 整体钢制管法兰尺寸（GB/T 9124.1—2019）

公称尺寸	连接尺寸					法兰厚度 C/mm	法兰颈	
	法兰外径 D/mm	螺栓孔中心圆直径 K/mm	螺栓孔直径 L/mm	螺栓			N/mm	r/mm
				数量 n/个	螺纹规格			
DN10	100	70	14	4	M12	20	40	4
DN15	105	75	14	4	M12	20	45	4
DN20	130	90	18	4	M16	24	50	4
DN25	140	100	18	4	M16	24	61	4
DN32	155	110	22	4	M20	28	68	4
DN40	170	125	22	4	M20	28	82	4
DN50	195	145	26	4	M24	30	96	4
DN65	220	170	26	8	M24	34	118	5
DN80	230	180	26	8	M24	36	128	5
DN100	265	210	30	8	M27	40	150	5
DN125	315	250	33	8	M30	44	184	6
DN150	355	290	33	12	M30	50	224	6
DN200	430	360	36	12	M33	60	288	8
DN250	515	430	42	12	M39	68	346	8
DN300	585	500	42	16	M39	78	414	10

表 1-207 PN250 整体钢制管法兰尺寸（GB/T 9124.1—2019）

公称尺寸	连接尺寸					法兰厚度 C/mm	法兰颈	
	法兰外径 D/mm	螺栓孔中心圆直径 K/mm	螺栓孔直径 L/mm	螺栓			N/mm	r/mm
				数量 n/个	螺纹规格			
DN10	125	85	18	4	M16	24	46	4
DN15	130	90	18	4	M16	26	52	4
DN20	135	95	18	4	M16	28	57	4
DN25	150	105	22	4	M20	28	63	4
DN32	165	120	22	4	M20	32	78	4
DN40	185	135	26	4	M24	34	90	4
DN50	200	150	26	8	M24	38	102	5
DN65	230	180	26	8	M24	42	125	5
DN80	255	200	30	8	M27	46	142	6
DN100	300	235	33	8	M30	54	168	6
DN125	340	275	33	12	M30	60	207	6
DN150	390	320	36	12	M33	68	246	8
DN200	485	400	42	12	M39	82	314	8
DN250	585	490	48	16	M45	100	394	10
DN300	690	590	52	16	M48	120	480	10

表1-208 PN320整体钢制管法兰尺寸（GB/T 9124.1—2019）

公称尺寸	连接尺寸					法兰厚度 C/mm	法兰颈	
	法兰外径 D/mm	螺栓孔中心圆直径 K/mm	螺栓孔直径 L/mm	螺栓				
				数量 n/个	螺纹规格		N/mm	r/mm
DN10	125	85	18	4	M16	24	46	4
DN15	130	90	18	4	M16	26	52	4
DN20	145	100	22	4	M20	30	62	4
DN25	160	115	22	4	M20	34	72	4
DN32	175	130	26	4	M24	36	84	4
DN40	195	145	26	4	M24	38	96	5
DN50	210	160	26	8	M24	42	110	5
DN65	255	200	30	8	M27	51	137	6
DN80	275	220	30	8	M27	55	160	6
DN100	335	265	36	8	M33	65	190	8
DN125	380	310	36	12	M33	75	235	8
DN150	425	350	39	12	M36	84	266	10
DN200	525	440	42	16	M39	103	350	10
DN250	640	540	52	16	M48	125	432	10

表1-209 PN400整体钢制管法兰尺寸（GB/T 9124.1—2019）

公称尺寸	连接尺寸					法兰厚度 C/mm	法兰颈	
	法兰外径 D/mm	螺栓孔中心圆直径 K/mm	螺栓孔直径 L/mm	螺栓				
				数量 n/个	螺纹规格		N/mm	r/mm
DN10	125	85	18	4	M16	28	48	4
DN15	145	100	22	4	M20	30	57	4
DN20	160	115	22	4	M20	34	69	4
DN25	180	130	26	4	M24	38	81	5
DN32	200	145	26	4	M24	43	93	5
DN40	220	165	30	4	M27	48	105	5
DN50	235	180	30	8	M27	52	120	6
DN65	290	225	33	8	M30	64	158	6
DN80	305	240	33	8	M30	68	174	8
DN100	370	295	39	8	M36	80	216	8
DN125	415	340	39	12	M36	92	259	10
DN150	475	390	42	12	M39	105	302	10
DN200	585	490	48	16	M45	130	388	10

表 1-210 突面、凹凸面、榫槽面的法兰密封面尺寸（GB/T 9124.2—2019）

（单位：mm）

公称尺寸		X	f_1		f_2	f_3	d	W	Y	Z
NPS½	DN15	34.9					46	25.4	36.5	23.8
NPS¾	DN20	42.9					54	33.3	44.4	31.8
NPS1	DN25	50.8					62	38.1	52.4	36.5
NPS1¼	DN32	63.5					75	47.6	65.1	46.0
NPS1½	DN40	73.0					84	54.0	74.6	52.4
NPS2	DN50	92.1					103	73.0	93.7	71.4
NPS2½	DN65	104.8					116	85.7	106.4	84.1
NPS3	DN80	127.0					138	108.0	128.6	106.4
NPS4	DN100	157.2					168	131.8	158.8	130.2
NPS5	DN125	185.7	2①	7②	7	5	197	160.3	187.3	158.8
NPS6	DN150	215.9					227	190.5	217.5	188.9
NPS8	DN200	269.9					281	238.1	271.5	236.5
NPS10	DN250	323.8					335	285.8	325.4	284.2
NPS12	DN300	381.0					392	342.9	382.6	341.3
NPS14	DN350	412.8					424	374.6	414.3	373.1
NPS16	DN400	469.9					481	425.4	471.5	423.9
NPS18	DN450	533.4					544	489.0	535.0	487.4
NPS20	DN500	584.2					595	533.4	585.8	531.8
NPS24	DN600	692.2					703	641.4	693.7	639.8

① Class150 和 Class300 法兰的尺寸。

② Class600、Class900、Class1500 和 Class2500 法兰的尺寸。

表 1-211 环连接面的法兰密封面尺寸（GB/T 9124.2—2019）

（单位：mm）

公称尺寸		Class150							Class300						
		环号	J_{min}	P	E	F	R_{1max}	S	环号	J_{min}	P	E	F	R_{1max}	S
NPS½	DN15	—	—	—	—	—	—	—	R11	50.5①	34.14	5.54	7.14	0.8	3
NPS¾	DN20	—	—	—	—	—	—	—	R13	63.5	42.88	6.35	8.74	0.8	4
NPS1	DN25	R15	63.0①	47.63	6.35	8.74	0.8	4	R16	69.5①	50.80	6.35	8.74	0.8	4
NPS1¼	DN32	R17	72.5①	57.15	6.35	8.74	0.8	4	R18	79.0①	60.33	6.35	8.74	0.8	4
NPS1½	DN40	R19	82.0①	65.07	6.35	8.74	0.8	4	R20	90.5	68.27	6.35	8.74	0.8	4
NPS2	DN50	R22	101①	82.55	6.35	8.74	0.8	4	R23	108	82.55	7.92	11.91	0.8	6
NPS2½	DN65	R25	120①	101.60	6.35	8.74	0.8	4	R26	127	101.60	7.92	11.91	0.8	6
NPS3	DN80	R29	133	114.30	6.35	8.74	0.8	4	R31	146	123.83	7.92	11.91	0.8	6
NPS4	DN100	R36	171	149.23	6.35	8.74	0.8	4	R37	175	149.23	7.92	11.91	0.8	6
NPS5	DN125	R40	193①	171.45	6.35	8.74	0.8	4	R41	210	180.98	7.92	11.91	0.8	6
NPS6	DN150	R43	219	193.68	6.35	8.74	0.8	4	R45	241	211.12	7.92	11.91	0.8	6
NPS8	DN200	R48	273	247.65	6.35	8.74	0.8	4	R49	302	269.88	7.92	11.91	0.8	6
NPS10	DN250	R52	330	304.80	6.35	8.74	0.8	4	R53	356	323.85	7.92	11.91	0.8	6
NPS12	DN300	R56	405①	381.00	6.35	8.74	0.8	4	R57	413	381.00	7.92	11.91	0.8	6

（续）

公称尺寸		Class150							Class300						
		环号	J_{min}	P	E	F	R_{1max}	S	环号	J_{min}	P	E	F	R_{1max}	S
NPS14	DN350	R59	425	396.88	6.35	8.74	0.8	3	R61	457	419.10	7.92	11.91	0.8	6
NPS16	DN400	R64	483	454.03	6.35	8.74	0.8	3	R65	508	469.90	7.92	11.91	0.8	6
NPS18	DN450	R68	546	517.53	6.35	8.74	0.8	3	R69	575	533.40	7.92	11.91	0.8	6
NPS20	DN500	R72	597	558.80	6.35	8.74	0.8	3	R73	635	584.20	9.53	13.49	1.5	6
NPS24	DN600	R76	711	673.10	6.35	8.74	0.8	3	R77	749	692.15	11.13	16.66	1.5	6

公称尺寸		Class600							Class900						
		环号	J_{min}	P	E	F	R_{1max}	S	环号	J_{min}	P	E	F	R_{1max}	S
NPS½	DN15	R11	50.5①	34.14	5.54	7.14	0.8	3	R12	60.5	39.67	6.35	8.74	0.8	4
NPS¾	DN20	R13	63.5	42.88	6.35	8.74	0.8	4	R14	66.5	44.45	6.35	8.74	0.8	4
NPS1	DN25	R16	69.5①	50.80	6.35	8.74	0.8	4	R16	71.5	50.80	6.35	8.74	0.8	4
NPS1¼	DN32	R18	79.0①	60.33	6.35	8.74	0.8	4	R18	81.0	60.33	6.35	8.74	0.8	4
NPS1½	DN40	R20	90.5	68.27	6.35	8.74	0.8	4	R20	92.0	68.27	6.35	8.74	0.8	4
NPS2	DN50	R23	108	82.55	7.92	11.91	0.8	5	R24	124	95.25	7.92	11.91	0.8	3
NPS2½	DN65	R26	127	101.60	7.92	11.91	0.8	5	R27	137	107.95	7.92	11.91	0.8	3
NPS3	DN80	R31	146	123.83	7.92	11.91	0.8	5	R31	156	123.83	7.92	11.91	0.8	4
NPS4	DN100	R37	175	149.23	7.92	11.91	0.8	5	R37	181	149.23	7.92	11.91	0.8	4
NPS5	DN125	R41	210	180.98	7.92	11.91	0.8	5	R41	216	180.98	7.92	11.91	0.8	4
NPS6	DN150	R45	241	211.12	7.92	11.91	0.8	5	R45	241	211.12	7.92	11.91	0.8	4
NPS8	DN200	R49	302	269.88	7.92	11.91	0.8	5	R49	308	269.88	7.92	11.91	0.8	4
NPS10	DN250	R53	356	323.85	7.92	11.91	0.8	5	R53	362	323.85	7.92	11.91	0.8	4
NPS12	DN300	R57	413	381.00	7.92	11.91	0.8	5	R57	419	381.00	7.92	11.91	0.8	4
NPS14	DN350	R61	457	419.10	7.92	11.91	0.8	5	R62	467	419.10	11.13	16.66	1.5	4
NPS16	DN400	R65	508	469.90	7.92	11.91	0.8	5	R66	524	469.90	11.13	16.66	1.5	4
NPS18	DN450	R69	575	533.40	7.92	11.91	0.8	5	R70	594	533.40	12.70	19.84	1.5	5
NPS20	DN500	R73	635	584.20	9.53	13.49	1.5	5	R74	648	584.20	12.70	19.84	1.5	5
NPS24	DN600	R77	749	692.15	11.13	16.66	1.5	6	R78	772	692.15	15.88	26.97	2.4	6

公称尺寸		Class1500							Class2500						
		环号	J_{min}	P	E	F	R_{1max}	S	环号	J_{min}	P	E	F	R_{1max}	S
NPS½	DN15	R12	60.5	39.67	6.35	8.74	0.8	4	R13	65.0	42.88	6.35	8.74	0.8	4
NPS¾	DN20	R14	66.5	44.45	6.35	8.74	0.8	4	R16	73.0	50.80	6.35	8.74	0.8	4
NPS1	DN25	R16	71.5	50.80	6.35	8.74	0.8	4	R18	82.5	60.33	6.35	8.74	0.8	4
NPS1¼	DN32	R18	81.0	60.33	6.35	8.74	0.8	4	R21	101①	72.23	7.92	11.91	0.8	3
NPS1½	DN40	R20	92.0	68.27	6.35	8.74	0.8	4	R23	114	82.55	7.92	11.91	0.8	3
NPS2	DN50	R24	124	95.25	7.92	11.91	0.8	3	R26	133	101.60	7.92	11.91	0.8	3
NPS2½	DN65	R27	137	107.95	7.92	11.91	0.8	3	R28	149	111.13	9.53	13.49	1.5	3

（续）

公称尺寸		Class1500							Class2500						
		环号	J_{min}	P	E	F	R_{1max}	S	环号	J_{min}	P	E	F	R_{1max}	S
NPS3	DN80	R35	168	136.53	7.92	11.91	0.8	3	R32	168	127.00	9.53	13.49	1.5	3
NPS4	DN100	R39	194	161.93	7.92	11.91	0.8	3	R38	203	157.18	11.13	16.66	1.5	4
NPS5	DN125	R44	229	193.68	7.92	11.91	0.8	3	R42	241	190.50	12.70	19.84	1.5	4
NPS6	DN150	R46	248	211.14	9.53	13.49	1.5	3	R47	279	228.60	12.70	19.84	1.5	4
NPS8	DN200	R50	318	269.88	11.13	16.66	1.5	4	R51	340	279.40	14.27	23.01	1.5	5
NPS10	DN250	R54	371	323.85	11.13	16.66	1.5	4	R55	425	342.90	17.48	30.18	2.4	6
NPS12	DN300	R58	438	381.00	14.27	23.01	1.5	5	R60	495	406.40	17.48	33.32	2.4	8
NPS14	DN350	R63	489	419.10	15.88	26.97	2.4	6	—	—	—	—	—	—	—
NPS16	DN400	R67	546	469.90	17.48	30.18	2.4	8	—	—	—	—	—	—	—
NPS18	DN450	R71	613	533.40	17.48	30.18	2.4	8	—	—	—	—	—	—	—
NPS20	DN500	R75	673	584.20	17.48	33.32	2.4	10	—	—	—	—	—	—	—
NPS24	DN600	R79	794	692.15	20.62	36.53	2.4	11	—	—	—	—	—	—	—

① 从 ASME B16.5—2009 的英制螺栓孔径转换成公制螺栓孔径，导致该 J 尺寸与螺栓孔径有干涉，为了避免干涉，对该 J 尺寸数据做了适当的调整，调整后的 J 尺寸与 ASME B16.5—2009 略有差异。

表 1-212 Class150 整体钢制管法兰尺寸（GB/T 9124.2—2019）

公称尺寸		连接尺寸					法兰厚度 C①/mm	法兰颈	
		法兰外径 D/mm	螺栓孔中心圆直径 K/mm	螺栓孔径 L/mm	螺栓 数量 n/个	螺栓 螺纹规格		N/mm	r/mm
NPS½	DN15	90	60.3	16	4	M14	8.0	30	≥4
NPS¾	DN20	100	69.9	16	4	M14	8.9	38	
NPS1	DN25	110	79.4	16	4	M14	9.6	49	
NPS1¼	DN32	115	88.9	16	4	M14	11.2	59	
NPS1½	DN40	125	98.4	16	4	M14	12.7	65	
NPS2	DN50	150	120.7	19	4	M16	14.3	78	
NPS2½	DN65	180	139.7	19	4	M16	15.9	90	
NPS3	DN80	190	152.4	19	4	M16	17.5	108	
NPS4	DN100	230	190.5	19	8	M16	22.3	135	
NPS5	DN125	255	215.9	22	8	M20	22.3	164	
NPS6	DN150	280	241.3	22	8	M20	23.9	192	
NPS8	DN200	345	298.5	22	8	M20	27.0	246	
NPS10	DN250	405	362.0	26	12	M24	28.6	305	
NPS12	DN300	485	431.8	26	12	M24	30.2	365	
NPS14	DN350	535	476.3	29	12	M27	33.4	400	
NPS16	DN400	595	539.8	29	16	M27	35.0	457	
NPS18	DN450	635	577.9	32	16	M30	38.1	505	
NPS20	DN500	700	635.0	32	20	M30	41.3	559	
NPS24	DN600	815	749.3	35	20	M33	46.1	663	

① 对于平面法兰，法兰厚度可以按本表规定，也可以在本表的法兰厚度数据值上加上 2mm。

表1-213　Class300整体钢制管法兰尺寸（GB/T 9124.2—2019）

公称尺寸		连接尺寸					法兰厚度 C/mm	法兰颈	
		法兰外径 D/mm	螺栓孔中心圆直径 K/mm	螺栓孔径 L/mm	螺栓			N/mm	r/mm
					数量 n/个	螺纹规格			
NPS½	DN15	95	66.7	16	4	M14	12.7	38	≥4
NPS¾	DN20	115	82.6	19	4	M16	14.3	48	
NPS1	DN25	125	88.9	19	4	M16	15.9	54	
NPS1¼	DN32	135	98.4	19	4	M16	17.5	64	
NPS1½	DN40	155	114.3	22	4	M20	19.1	70	
NPS2	DN50	165	127.0	19	8	M16	20.7	84	
NPS2½	DN65	190	149.2	22	8	M20	23.9	100	
NPS3	DN80	210	168.3	22	8	M20	27.0	117	
NPS4	DN100	255	200.0	22	8	M20	30.2	146	
NPS5	DN125	280	235.0	22	8	M20	33.4	178	
NPS6	DN150	320	269.9	22	12	M20	35.0	206	
NPS8	DN200	380	330.2	26	12	M24	39.7	260	
NPS10	DN250	445	387.4	29	16	M27	46.1	321	
NPS12	DN300	520	450.8	32	16	M30	49.3	375	
NPS14	DN350	585	514.4	32	20	M30	52.4	425	
NPS16	DN400	650	571.5	35	20	M33	55.6	483	
NPS18	DN450	710	628.6	35	24	M33	58.8	533	
NPS20	DN500	775	685.8	35	24	M33	62.0	587	
NPS24	DN600	915	812.8	42	24	M39	68.3	702	

表1-214　Class600整体钢制管法兰尺寸（GB/T 9124.2—2019）

公称尺寸		连接尺寸					法兰厚度 C/mm	法兰颈	
		法兰外径 D/mm	螺栓孔中心圆直径 K/mm	螺栓孔径 L/mm	螺栓			N/mm	r/mm
					数量 n/个	螺纹规格			
NPS½	DN15	95	66.7	16	4	M14	14.3	38	≥4
NPS¾	DN20	115	82.6	19	4	M16	15.9	48	
NPS1	DN25	125	88.9	19	4	M16	17.5	54	
NPS1¼	DN32	135	98.4	19	4	M16	20.7	64	
NPS1½	DN40	155	114.3	22	4	M20	22.3	70	
NPS2	DN50	165	127.0	19	8	M16	25.4	84	
NPS2½	DN65	190	149.2	22	8	M20	28.6	100	
NPS3	DN80	210	168.3	22	8	M20	31.8	117	
NPS4	DN100	275	215.9	26	8	M24	38.1	152	
NPS5	DN125	330	266.7	29	8	M27	44.5	189	

（续）

公称尺寸		连接尺寸					法兰厚度 C/mm	法兰颈	
		法兰外径 D/mm	螺栓孔中心圆直径 K/mm	螺栓孔径 L/mm	螺栓			N/mm	r/mm
					数量 n/个	螺纹规格			
NPS6	DN150	355	292.1	29	12	M27	47.7	222	≥4
NPS8	DN200	420	349.2	32	12	M30	55.6	273	
NPS10	DN250	510	431.8	35	16	M33	63.5	343	
NPS12	DN300	560	489.0	35	20	M33	66.7	400	
NPS14	DN350	605	527.0	39	20	M36	69.9	432	
NPS16	DN400	685	603.2	42	20	M39	76.2	495	
NPS18	DN450	745	654.0	45	20	M42	82.6	546	
NPS20	DN500	815	723.9	45	24	M42	88.9	610	
NPS24	DN600	940	838.2	51	24	M48	101.6	718	

表 1-215　Class900 整体钢制管法兰尺寸（GB/T 9124.2—2019）

公称尺寸		连接尺寸					法兰厚度 C/mm	法兰颈	
		法兰外径 D/mm	螺栓孔中心圆直径 K/mm	螺栓孔径 L/mm	螺栓			N/mm	r/mm
					数量 n/个	螺纹规格			
NPS½①	DN15	120	82.6	22	4	M20	22.3	38	≥4
NPS¾①	DN20	130	88.9	22	4	M20	25.4	44	
NPS1①	DN25	150	101.6	26	4	M24	28.6	52	
NPS1¼①	DN32	160	111.1	26	4	M24	28.6	64	
NPS1½①	DN40	180	123.8	29	4	M27	31.8	70	
NPS2①	DN50	215	165.1	26	8	M24	38.1	105	
NPS2½①	DN65	245	190.5	29	8	M27	41.3	124	
NPS3	DN80	240	190.5	26	8	M24	38.1	127	
NPS4	DN100	290	235.0	32	8	M30	44.5	159	
NPS5	DN125	350	279.4	35	8	M33	50.8	190	
NPS6	DN150	380	317.5	32	12	M30	55.6	235	
NPS8	DN200	470	393.7	39	12	M36	63.5	298	
NPS10	DN250	545	469.9	39	16	M36	69.9	368	
NPS12	DN300	610	533.4	39	20	M36	79.4	419	
NPS14	DN350	640	558.8	42	20	M39	85.8	451	
NPS16	DN400	705	616.0	45	20	M42	88.9	508	
NPS18	DN450	785	685.8	51	20	M48	101.6	565	
NPS20	DN500	855	749.3	55	20	M52	108.0	622	
NPS24	DN600	1040	901.7	67	20	M64	139.7	749	

① NPS½（DN15）~NPS2½（DN65）的法兰使用 Class1500 法兰的尺寸。

表 1-216 Class1500 整体钢制管法兰尺寸（GB/T 9124.2—2019）

<table>
<tr><th colspan="2" rowspan="3">公称尺寸</th><th colspan="5">连接尺寸</th><th rowspan="3">法兰厚度 C/mm</th><th colspan="2">法兰颈</th></tr>
<tr><th rowspan="2">法兰外径 D/mm</th><th rowspan="2">螺栓孔中心圆直径 K/mm</th><th rowspan="2">螺栓孔径 L/mm</th><th colspan="2">螺栓</th><th rowspan="2">N/mm</th><th rowspan="2">r/mm</th></tr>
<tr><th>数量 n/个</th><th>螺纹规格</th></tr>
<tr><td>NPS½</td><td>DN15</td><td>120</td><td>82.6</td><td>22</td><td>4</td><td>M20</td><td>22.3</td><td>38</td><td rowspan="19">≥4</td></tr>
<tr><td>NPS¾</td><td>DN20</td><td>130</td><td>88.9</td><td>22</td><td>4</td><td>M20</td><td>25.4</td><td>44</td></tr>
<tr><td>NPS1</td><td>DN25</td><td>150</td><td>101.6</td><td>26</td><td>4</td><td>M24</td><td>28.6</td><td>52</td></tr>
<tr><td>NPS1¼</td><td>DN32</td><td>160</td><td>111.1</td><td>26</td><td>4</td><td>M24</td><td>28.6</td><td>64</td></tr>
<tr><td>NPS1½</td><td>DN40</td><td>180</td><td>123.8</td><td>29</td><td>4</td><td>M27</td><td>31.8</td><td>70</td></tr>
<tr><td>NPS2</td><td>DN50</td><td>215</td><td>165.1</td><td>26</td><td>8</td><td>M24</td><td>38.1</td><td>105</td></tr>
<tr><td>NPS2½</td><td>DN65</td><td>245</td><td>190.5</td><td>29</td><td>8</td><td>M27</td><td>41.3</td><td>124</td></tr>
<tr><td>NPS3</td><td>DN80</td><td>265</td><td>203.2</td><td>32</td><td>8</td><td>M30</td><td>47.7</td><td>133</td></tr>
<tr><td>NPS4</td><td>DN100</td><td>310</td><td>241.3</td><td>35</td><td>8</td><td>M33</td><td>54.0</td><td>162</td></tr>
<tr><td>NPS5</td><td>DN125</td><td>375</td><td>292.1</td><td>42</td><td>8</td><td>M39</td><td>73.1</td><td>197</td></tr>
<tr><td>NPS6</td><td>DN150</td><td>395</td><td>317.5</td><td>39</td><td>12</td><td>M36</td><td>82.6</td><td>229</td></tr>
<tr><td>NPS8</td><td>DN200</td><td>485</td><td>393.7</td><td>45</td><td>12</td><td>M42</td><td>92.1</td><td>292</td></tr>
<tr><td>NPS10</td><td>DN250</td><td>585</td><td>482.6</td><td>51</td><td>12</td><td>M48</td><td>108.0</td><td>368</td></tr>
<tr><td>NPS12</td><td>DN300</td><td>675</td><td>571.5</td><td>55</td><td>16</td><td>M52</td><td>123.9</td><td>451</td></tr>
<tr><td>NPS14</td><td>DN350</td><td>750</td><td>635.0</td><td>60</td><td>16</td><td>M56</td><td>133.4</td><td>495</td></tr>
<tr><td>NPS16</td><td>DN400</td><td>825</td><td>704.8</td><td>67</td><td>16</td><td>M64</td><td>146.1</td><td>552</td></tr>
<tr><td>NPS18</td><td>DN450</td><td>915</td><td>774.7</td><td>73</td><td>16</td><td>M70</td><td>162.0</td><td>597</td></tr>
<tr><td>NPS20</td><td>DN500</td><td>985</td><td>831.8</td><td>79</td><td>16</td><td>M76</td><td>177.8</td><td>641</td></tr>
<tr><td>NPS24</td><td>DN600</td><td>1170</td><td>990.6</td><td>93</td><td>16</td><td>M90</td><td>203.2</td><td>762</td></tr>
</table>

表 1-217 Class2500 整体钢制管法兰尺寸（GB/T 9124.2—2019）

<table>
<tr><th colspan="2" rowspan="3">公称尺寸</th><th colspan="5">连接尺寸</th><th rowspan="3">法兰厚度 C/mm</th><th colspan="2">法兰颈</th></tr>
<tr><th rowspan="2">法兰外径 D/mm</th><th rowspan="2">螺栓孔中心圆直径 K/mm</th><th rowspan="2">螺栓孔径 L/mm</th><th colspan="2">螺栓</th><th rowspan="2">N/mm</th><th rowspan="2">r/mm</th></tr>
<tr><th>数量 n/个</th><th>螺纹规格</th></tr>
<tr><td>NPS½</td><td>DN15</td><td>135</td><td>88.9</td><td>22</td><td>4</td><td>M20</td><td>30.2</td><td>43</td><td rowspan="14">≥4</td></tr>
<tr><td>NPS¾</td><td>DN20</td><td>140</td><td>95.2</td><td>22</td><td>4</td><td>M20</td><td>31.8</td><td>51</td></tr>
<tr><td>NPS1</td><td>DN25</td><td>160</td><td>108.0</td><td>26</td><td>4</td><td>M24</td><td>35.0</td><td>57</td></tr>
<tr><td>NPS1¼</td><td>DN32</td><td>185</td><td>130.2</td><td>29</td><td>4</td><td>M27</td><td>38.1</td><td>73</td></tr>
<tr><td>NPS1½</td><td>DN40</td><td>205</td><td>146.0</td><td>32</td><td>4</td><td>M30</td><td>44.5</td><td>79</td></tr>
<tr><td>NPS2</td><td>DN50</td><td>235</td><td>171.4</td><td>29</td><td>8</td><td>M27</td><td>50.9</td><td>95</td></tr>
<tr><td>NPS2½</td><td>DN65</td><td>265</td><td>196.8</td><td>32</td><td>8</td><td>M30</td><td>57.2</td><td>114</td></tr>
<tr><td>NPS3</td><td>DN80</td><td>305</td><td>228.6</td><td>35</td><td>8</td><td>M33</td><td>66.7</td><td>133</td></tr>
<tr><td>NPS4</td><td>DN100</td><td>355</td><td>273.0</td><td>42</td><td>8</td><td>M39</td><td>76.2</td><td>165</td></tr>
<tr><td>NPS5</td><td>DN125</td><td>420</td><td>323.8</td><td>48</td><td>8</td><td>M45</td><td>92.1</td><td>203</td></tr>
<tr><td>NPS6</td><td>DN150</td><td>485</td><td>368.3</td><td>55</td><td>8</td><td>M52</td><td>108.0</td><td>235</td></tr>
<tr><td>NPS8</td><td>DN200</td><td>550</td><td>438.2</td><td>55</td><td>12</td><td>M52</td><td>127.0</td><td>305</td></tr>
<tr><td>NPS10</td><td>DN250</td><td>675</td><td>539.8</td><td>67</td><td>12</td><td>M64</td><td>165.1</td><td>375</td></tr>
<tr><td>NPS12</td><td>DN300</td><td>760</td><td>619.1</td><td>73</td><td>12</td><td>M70</td><td>184.2</td><td>441</td></tr>
</table>

环连接面钢制管法兰连接用八角垫环的形式和尺寸如图1-79及表1-218所示。环连接面钢制管法兰连接用椭圆形金属环垫的形式和尺寸如图1-80及表1-219所示。

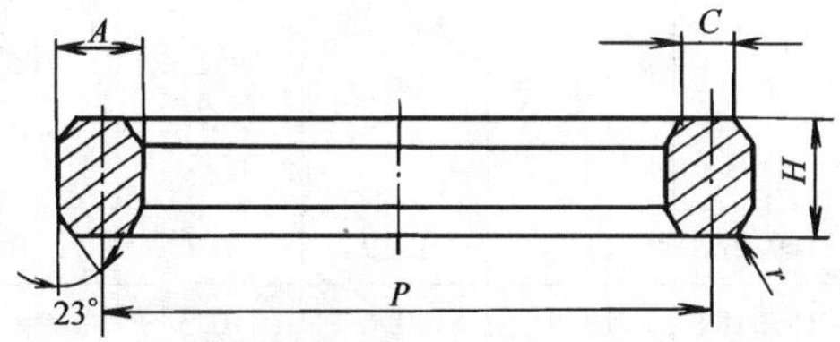

图1-79 环连接面钢制管法兰连接用八角垫环

注：$r=1.6$mm（环宽≤22.2mm）；$r=2.4$mm（环宽≥25.4mm）。

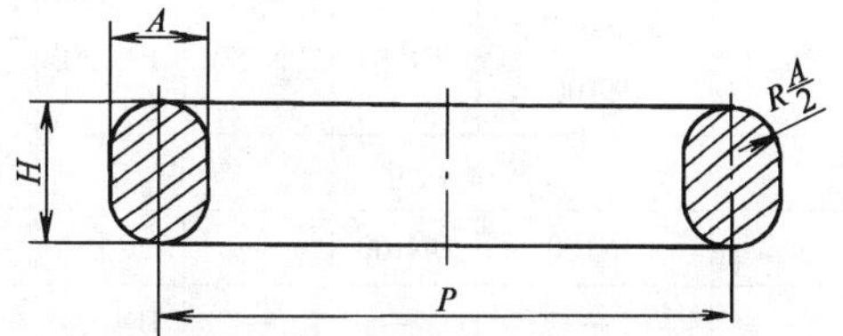

图1-80 环连接面钢制管法兰连接用椭圆形金属环垫

表1-218 钢制管法兰连接用八角环垫尺寸（GB/T 9128—2003）（单位：mm）

公称压力					环号	节径 P	环宽 A	环高 H	环的平面宽度 C	环的理论质量 /kg
PN20	PN50及PN100	PN150	PN250	PN420						
公称尺寸										
—	DN15	—	—	—	R11	34.14	6.4	9.5	4.3	0.05
—	—	DN15	DN15	—	R12	39.67	7.9	12.7	5.2	0.10
—	DN20	—	—	DN15	R13	42.88	7.9	12.7	5.2	0.10
—	—	DN20	DN20	—	R14	44.45	7.9	12.7	5.2	0.10
DN25	—	—	—	—	R15	47.62	7.9	12.7	5.2	0.11
—	DN25	DN25	DN25	DN20	R16	50.80	7.9	12.7	5.2	0.11
DN32	—	—	—	—	R17	57.15	7.9	12.7	5.2	0.13
—	DN32	DN32	DN32	DN25	R18	60.32	7.9	12.7	5.2	0.14
DN40	—	—	—	—	R19	65.07	7.9	12.7	5.2	0.15
—	DN40	DN40	DN40	—	R20	68.27	7.9	12.7	5.2	0.15
—	—	—	—	DN32	R21	72.74	11.1	15.9	7.7	0.29
DN50	—	—	—	—	R22	82.55	7.9	12.7	5.2	0.19
—	DN50	—	—	DN40	R23	82.55	11.1	15.9	7.7	0.33
—	—	DN50	DN50	—	R24	95.25	11.1	15.9	7.7	0.38
DN65	—	—	—	—	R25	101.60	7.9	12.7	5.2	0.23
—	DN65	—	—	DN50	R26	101.60	11.1	15.9	7.7	0.41
—	—	DN65	DN65	—	R27	107.95	11.1	15.9	7.7	0.43
—	—	—	—	DN65	R28	111.12	12.7	17.5	8.7	0.56
DN80	—	—	—	—	R29	114.30	7.9	12.7	5.2	0.26
—	DN80	—	—	—	R30	117.48	11.1	15.9	7.7	0.47
—	DN80	DN80	—	—	R31	123.82	11.1	15.9	7.7	0.50
—	—	—	—	DN80	R32	127.00	12.7	17.5	8.7	0.64
—	—	—	DN80	—	R35	136.52	11.1	15.9	7.7	0.55
DN100	—	—	—	—	R36	149.22	7.9	12.7	5.2	0.34

（续）

公称压力					环　号	节　径 P	环　宽 A	环　高 H	环的平面宽度 C	环的理论质量 /kg
PN20	PN50 及 PN100	PN150	PN250	PN420						
公称尺寸										
—	DN100	DN100	—	—	R37	149.22	11.1	15.9	7.7	0.60
—	—	—	—	DN100	R38	157.18	15.9	20.6	10.5	1.14
—	—	—	DN100	—	R39	161.92	11.1	15.9	7.7	0.65
DN125	—	—	—	—	R40	171.45	7.9	12.7	5.2	0.39
—	DN125	DN125	—	—	R41	180.98	11.1	15.9	7.7	0.73
—	—	—	—	DN125	R42	190.50	19.0	23.8	12.3	1.88
DN150	—	—	—	—	R43	193.68	7.9	12.7	5.2	0.44
—	—	—	DN125	—	R44	193.68	11.1	15.9	7.7	0.78
—	DN150	DN150	—	—	R45	211.14	11.1	15.9	7.7	0.85
—	—	—	DN150	—	R46	211.14	12.7	17.5	8.7	0.06
—	—	—	—	DN150	R47	228.60	19.0	23.8	12.3	2.25
DN200	—	—	—	—	R48	247.65	7.9	12.7	5.2	0.56
—	DN200	DN200	—	—	R49	269.88	11.1	15.9	7.7	1.08
—	—	—	DN200	—	R50	269.88	15.9	20.6	10.5	1.95
—	—	—	—	DN200	R51	279.40	22.2	27.0	14.8	3.69
DN250	—	—	—	—	R52	304.80	7.9	12.7	5.2	0.99
—	DN250	DN250	—	—	R53	323.85	11.1	15.9	7.7	1.30
—	—	—	DN250	—	R54	323.85	15.9	20.6	10.5	2.34
—	—	—	—	DN250	R55	342.90	28.6	34.9	19.8	7.67
DN300	—	—	—	—	R56	381.00	7.9	12.7	5.2	0.86
—	DN300	DN300	—	—	R57	381.00	11.1	15.9	7.7	1.53
—	—	—	DN300	—	R58	381.00	22.2	27.0	14.8	5.03
DN350	—	—	—	—	R59	396.88	7.9	12.7	5.2	0.90
—	—	—	—	DN300	R60	406.40	31.8	38.1	22.3	11.08
—	DN350	—	—	—	R61	419.10	11.1	15.9	7.7	1.68
—	—	DN350	—	—	R62	419.10	15.9	20.6	10.5	3.03
—	—	—	DN350	—	R63	419.10	25.4	31.8	17.3	7.55
DN400	—	—	—	—	R64	454.02	7.9	12.7	5.2	1.03
—	DN400	—	—	—	R65	469.90	11.1	15.9	7.7	1.89
—	—	DN400	—	—	R66	469.90	15.9	20.6	10.5	3.40
—	—	—	DN400	—	R67	469.90	28.6	34.9	19.8	10.51
DN450	—	—	—	—	R68	517.52	7.9	12.7	5.2	1.17
—	DN450	—	—	—	R69	533.40	11.1	15.9	7.7	2.11
—	—	DN450	—	—	R70	533.40	19.0	23.8	12.3	5.25

（续）

公称压力					环号	节径 *P*	环宽 *A*	环高 *H*	环的平面宽度 *C*	环的理论质量 /kg
PN20	PN50及PN100	PN150	PN250	PN420						
公称尺寸										
—	—	—	DN450	—	R71	533.40	28.6	34.9	19.8	11.93
DN500	—	—	—	—	R72	558.80	7.9	12.7	5.2	1.26
—	DN500	—	—	—	R72	584.20	12.7	17.5	8.7	2.93
—	—	DN500	—	—	R74	584.20	19.0	23.8	12.2	5.75
—	—	—	DN500	—	R75	584.20	31.8	38.1	22.3	15.92
DN600	—	—	—	—	R76	673.10	7.9	12.7	5.2	1.52
—	DN600	—	—	—	R77	692.15	15.9	20.6	10.5	5.00
—	—	DN600	—	—	R78	692.15	25.1	31.8	17.3	12.47
—	—	—	DN600	—	R79	692.15	31.9	41.2	24.8	22.55

表1-219 钢制管法兰连接用椭圆形金属环垫尺寸（GB/T 9128—2003）（单位：mm）

公称压力					环号	节径 *P*	环宽 *A*	环高 *H*	环的理论质量 /kg
PN20	PN50及PN100	PN150	PN250	PN420					
公称尺寸									
—	DN15	—	—	—	R11	34.14	6.4	11.1	0.05
—	—	DN15	DN15	—	R12	39.67	7.9	14.3	0.10
—	DN20	—	—	DN15	R13	42.88	7.9	14.3	0.11
—	—	DN20	DN20	—	R14	44.45	7.9	14.3	0.11
DN25	—	—	—	—	R15	47.62	7.9	14.3	0.12
—	DN25	DN25	DN25	DN20	R16	50.80	7.9	14.3	0.12
DN32	—	—	—	—	R17	57.15	7.9	14.3	0.14
—	DN32	DN32	DN32	DN25	R18	60.32	7.9	14.3	0.15
DN40	—	—	—	—	R19	65.07	7.9	14.3	0.16
—	DN40	DN40	DN40	—	R20	68.27	7.9	14.3	0.17
—	—	—	—	DN32	R21	72.74	11.1	17.5	0.30
DN50	—	—	—	—	R22	82.55	7.9	14.3	0.20
—	DN50	—	—	DN40	R23	82.55	11.1	17.5	0.34
—	—	DN50	DN50	—	R24	95.25	11.1	17.5	0.39
DN65	—	—	—	—	R25	101.60	7.9	14.3	0.25
—	DN65	—	—	DN50	R26	101.60	11.1	17.5	0.42
—	—	DN65	DN65	—	R27	107.95	11.1	17.5	0.45
—	—	—	—	DN65	R28	111.12	12.7	19.0	0.57
DN80	—	—	—	—	R29	114.30	7.9	14.3	0.28
—	DN80	—	—	—	R30	117.48	11.1	17.5	0.40

（续）

公称压力					环号	节径 P	环宽 A	环高 H	环的理论质量 /kg
PN20	PN50及PN100	PN150	PN250	PN420					
公称尺寸									
—	DN80	DN80	—	—	R31	123.82	11.1	17.5	0.51
—	—	—	—	DN80	R32	127.00	12.7	19.0	0.65
—	—	—	DN80	—	R35	136.52	11.1	17.5	0.56
DN100	—	—	—	—	R36	149.22	7.9	14.3	0.37
—	DN100	DN100	—	—	R37	149.22	11.1	17.5	0.62
—	—	—	—	DN100	R38	157.18	15.9	22.2	1.16
—	—	—	DN100	—	R39	161.92	11.1	17.5	0.67
DN125	—	—	—	—	R40	171.45	7.9	14.3	0.42
—	DN125	DN125	—	—	R41	180.98	11.1	17.5	0.75
—	—	—	—	DN125	R42	190.50	19.0	25.4	1.90
DN150	—	—	—	—	R43	193.68	7.9	14.3	0.48
—	—	—	DN125	—	R44	193.68	11.1	17.5	0.80
—	DN150	DN150	—	—	R45	211.14	11.1	17.5	0.87
—	—	—	DN150	—	R46	211.14	12.7	19.0	1.08
—	—	—	—	DN150	R47	228.60	19.0	25.4	2.28
DN200	—	—	—	—	R48	247.65	7.9	14.3	0.61
—	DN200	DN200	—	—	R49	269.88	11.1	17.5	1.12
—	—	—	DN200	—	R50	269.88	15.9	22.2	1.99
—	—	—	—	DN200	R51	279.40	22.2	28.6	3.65
DN250	—	—	—	—	R52	304.80	7.9	14.3	0.75
—	DN250	DN250	—	—	R53	323.85	11.1	17.5	1.34
—	—	—	DN250	—	R54	323.85	15.9	22.2	2.39
—	—	—	—	DN250	R55	342.90	28.6	36.5	7.34
DN300	—	—	—	—	R56	381.00	7.9	14.3	0.94
—	DN300	DN300	—	—	R57	381.00	11.1	17.5	1.58
—	—	—	DN300	—	R58	381.00	22.2	28.6	4.97
DN350	—	—	—	—	R59	396.88	7.9	14.3	0.97
—	—	—	—	DN300	R60	406.40	31.8	39.7	10.48
—	DN350	—	—	—	R61	419.10	11.1	17.5	1.73
—	—	DN350	—	—	R62	419.10	15.9	22.2	3.09
—	—	—	DN350	—	R63	419.10	25.4	33.3	7.31
DN400	—	—	—	—	R64	454.02	7.9	14.3	1.11
—	DN400	—	—	—	R65	469.90	11.1	17.5	1.94
—	—	DN400	—	—	R66	469.90	15.9	22.2	3.46
—	—	—	DN400	—	R67	469.90	28.6	36.5	10.06
DN450	—	—	—	—	R68	517.52	7.9	14.3	1.27

（续）

公称压力					环号	节径 P	环宽 A	环高 H	环的理论质量 /kg
PN20	PN50 及 PN100	PN150	PN250	PN420					
公称尺寸									
—	DN450	—	—	—	R69	533.40	11.1	17.5	2.21
—	—	DN450	—	—	R70	533.40	19.0	25.4	5.33
—	—	—	DN450	—	R71	533.40	28.6	36.5	11.42
DN500	—	—	—	—	R72	558.80	7.9	14.3	1.37
—	DN500	—	—	—	R73	584.20	12.7	19.0	2.98
—	—	DN500	—	—	R74	584.20	19.0	25.4	5.84
—	—	—	DN500	—	R75	584.20	31.8	39.7	15.06
DN600	—	—	—	—	R76	673.10	7.9	14.3	1.65
—	DN600	—	—	—	R77	692.15	15.9	22.2	5.10
—	—	DN600	—	—	R78	692.15	25.4	33.3	12.07
—	—	—	DN600	—	R79	692.15	34.9	44.4	21.99

2. 大直径碳钢管法兰（GB/T 13402—2019）

大直径碳钢管法兰的结构型式分为对焊式及整体式两种。对焊法兰的结构尺寸如图 1-81 所示。整体法兰的结构尺寸如图 1-82 所示。A 系列大直径钢制管法兰的尺寸见表 1-220 ~ 表 1-224，B 系列大直径钢制管法兰的尺寸见表 1-225 ~ 表 1-229。

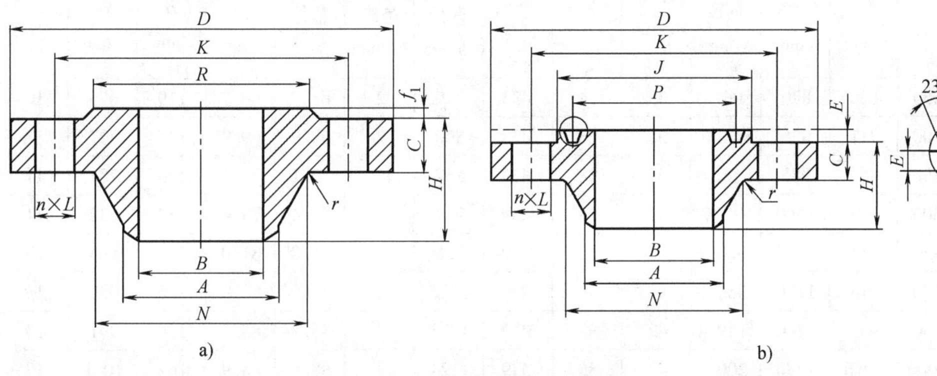

图 1-81 对焊法兰的结构

a）突面（RF） b）环连接面（RJ）

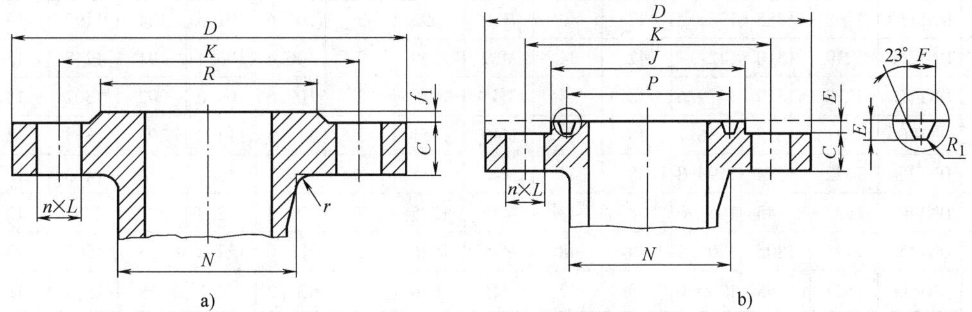

图 1-82 整体法兰的结构

a）突面（RF） b）环连接面（RJ）

表1-220 A系列大直径钢制管法兰及法兰盖的环连接面尺寸（GB/T 13402—2019）

公称压力	公称尺寸		环号	节圆直径 P/mm	深度 E/mm	宽度 F/mm	底部半径 R_{1max}/mm	凸台直径 J_{min}/mm
Class300、Class600	NPS26	DN650	R93	749.30	12.70	19.84	1.5	810
	NPS28	DN700	R94	800.10	12.70	19.84	1.5	861
	NPS30	DN750	R95	857.25	12.70	19.84	1.5	917
	NPS32	DN800	R96	914.40	14.27	23.01	1.5	984
	NPS34	DN850	R97	965.20	14.27	23.01	1.5	1035
	NPS36	DN900	R98	1022.35	14.27	23.01	1.5	1092
Class900	NPS26	DN650	R100	749.30	17.48	30.18	2.3	832
	NPS28	DN700	R101	800.10	17.48	33.32	2.3	889
	NPS30	DN750	R102	857.25	17.48	33.32	2.3	946
	NPS32	DN800	R103	914.40	17.48	33.32	2.3	1003
	NPS34	DN850	R104	965.20	20.62	36.53	2.3	1067
	NPS36	DN900	R105	1022.35	20.62	36.53	2.3	1124

注：突起部分的高度E等于垫环凹槽的深度E，但突起部分的高度E不必遵循E的公差。突起的外形也可以采用全平面。

表1-221 A系列Class150大直径钢制管法兰（GB/T 13402—2010）

公称尺寸		法兰颈焊端外径 A②/mm	连接尺寸					密封面尺寸		法兰最小厚度 C/mm		对焊法兰高度 H/mm	法兰颈部直径 N①/mm	最小半径 r/mm	法兰内径 B/mm
			法兰外径 D/mm	螺栓孔中心圆直径 K/mm	螺栓孔径 L/mm	螺栓 数量 n/个	螺栓 螺纹规格	突面直径 R/mm	突面高度 f_1/mm	对焊、整体法兰	法兰盖				
NPS26	DN650	660	870	806.4	35	24	M33	749	2	66.7	66.7	119	676	10	按用户规定或根据钢管尺寸确定
NPS28	DN700	711	925	863.6	35	28	M33	800	2	69.9	69.9	124	727	11	
NPS30	DN750	762	985	914.4	35	28	M33	857	2	73.1	73.1	135	781	11	
NPS32	DN800	813	1060	977.9	42	28	M39	914	2	79.4	79.4	143	832	11	
NPS34	DN850	864	1110	1028.7	42	32	M39	965	2	81.0	81.0	148	883	13	
NPS36	DN900	914	1170	1085.8	42	32	M39	1022	2	88.9	88.9	156	933	13	
NPS38	DN950	965	1240	1149.4	42	32	M39	1073	2	85.8	85.8	156	991	13	
NPS40	DN1000	1016	1290	1200.2	42	36	M39	1124	2	88.9	88.9	162	1041	13	
NPS42	DN1050	1067	1345	1257.3	42	36	M39	1194	2	95.3	95.3	170	1092	13	
NPS44	DN1100	1118	1405	1314.4	42	40	M39	1245	2	100.1	100.1	176	1143	13	
NPS46	DN1150	1168	1455	1365.2	42	40	M39	1295	2	101.6	101.6	184	1197	13	
NPS48	DN1200	1219	1510	1422.4	42	44	M39	1359	2	106.4	106.4	191	1248	13	
NPS50	DN1250	1270	1570	1479.6	48	44	M45	1410	2	109.6	109.6	202	1302	13	
NPS52	DN1300	1321	1625	1536.7	48	44	M45	1461	2	114.3	114.3	208	1353	13	
NPS54	DN1350	1372	1685	1593.8	48	44	M45	1511	2	119.1	119.1	214	1403	13	
NPS56	DN1400	1422	1745	1651.0	48	48	M45	1575	2	122.3	122.3	227	1457	13	
NPS58	DN1450	1473	1805	1708.2	48	48	M45	1626	2	127.0	127.0	233	1508	13	
NPS60	DN1500	1524	1855	1759.0	48	52	M45	1676	2	130.2	130.2	238	1559	13	

① 该尺寸是法兰颈部的大端尺寸，颈部可以是直的或锥形的。

② 法兰的焊接端坡口见3.5。

表 1-222 A 系列 Class300 大直径钢制管法兰（GB/T 13402—2010）

公称尺寸		法兰颈焊端外径 A② /mm	连接尺寸					密封面尺寸		法兰最小厚度 C/mm		对焊法兰高度 H /mm	法兰颈部直径 N① /mm	最小半径 r /mm	法兰内径 B /mm
			法兰外径 D /mm	螺栓孔中心圆直径 K/mm	螺栓孔径 L/mm	螺栓 数量 n/个	螺栓 螺纹规格	突面直径 R/mm	突面高度 f_1/mm	对焊、整体法兰	法兰盖				
NPS26	DN650	660	970	876.3	45	28	M42	749	2	77.8	82.6	183	721	10	按用户规定或根据钢管尺寸确定
NPS28	DN700	711	1035	939.8	45	28	M42	800	2	84.2	88.9	195	775	11	
NPS30	DN750	762	1090	997.0	48	28	M45	857	2	90.5	93.7	208	827	11	
NPS32	DN800	813	1150	1054.1	51	28	M48	914	2	96.9	98.5	221	881	11	
NPS34	DN850	864	1205	1104.9	51	28	M48	965	2	100.1	103.2	230	937	13	
NPS36	DN900	914	1270	1168.4	55	32	M52	1022	2	103.2	109.6	240	991	13	
NPS38	DN950	965	1170	1092.2	42	32	M39	1029	2	106.4	106.4	179	994	13	
NPS40	DN1000	1016	1240	1155.7	45	32	M42	1086	2	112.8	112.8	192	1048	13	
NPS42	DN1050	1067	1290	1206.5	45	32	M42	1137	2	117.5	117.5	198	1099	13	
NPS44	DN1100	1118	1355	1263.6	48	32	M45	1194	2	122.3	122.3	205	1149	13	
NPS46	DN1150	1168	1415	1320.8	51	28	M48	1245	2	127.0	127.0	214	1203	13	
NPS48	DN1200	1219	1465	1371.6	51	32	M48	1302	2	131.8	131.8	222	1254	13	
NPS50	DN1250	1270	1530	1428.8	55	32	M52	1359	2	138.2	138.2	230	1305	13	
NPS52	DN1300	1321	1580	1479.6	55	32	M52	1410	2	142.9	142.9	237	1356	13	
NPS54	DN1350	1372	1660	1549.4	60	28	M56	1467	2	150.9	150.9	251	1410	13	
NPS56	DN1400	1422	1710	1600.2	60	28	M56	1518	2	152.4	152.4	259	1464	13	
NPS58	DN1450	1473	1760	1651.0	60	32	M56	1575	2	157.2	157.2	265	1514	13	
NPS60	DN1500	1524	1810	1701.8	60	32	M56	1626	2	162.0	162.0	271	1565	13	

①、② 同表 1-221。

表 1-223 A 系列 Class600 大直径钢制管法兰（GB/T 13402—2010）

公称尺寸		法兰颈焊端外径 A② /mm	连接尺寸					密封面尺寸		法兰最小厚度 C/mm		对焊法兰高度 H /mm	法兰颈部直径 N① /mm	最小半径 r /mm	法兰内径 B /mm
			法兰外径 D /mm	螺栓孔中心圆直径 K/mm	螺栓孔径 L/mm	螺栓 数量 n/个	螺栓 螺纹规格	突面直径 R/mm	突面高度 f_1/mm	对焊、整体法兰	法兰盖				
NPS26	DN650	660	1015	914.4	51	28	M48	749	7	108.0	125.5	222	748	13	按用户规定或根据钢管尺寸确定
NPS28	DN700	711	1075	965.2	55	28	M52	800	7	111.2	131.8	235	803	13	
NPS30	DN750	762	1130	1022.4	55	28	M52	857	7	114.3	139.7	248	862	13	
NPS32	DN800	813	1195	1079.5	60	28	M56	914	7	117.5	147.7	260	918	13	
NPS34	DN850	864	1245	1130.3	60	28	M56	965	7	120.7	154.0	270	973	14	
NPS36	DN900	914	1315	1193.8	68	28	M64	1022	7	123.9	162.0	283	1032	14	
NPS38	DN950	965	1270	1162.0	60	28	M56	1054	7	152.4	155.0	254	1022	14	
NPS40	DN1000	1016	1320	1212.8	60	32	M56	1111	7	158.8	162.0	264	1073	14	

（续）

公称尺寸		法兰颈焊端外径 A② /mm	连接尺寸					密封面尺寸		法兰最小厚度 C/mm		对焊法兰高度 H /mm	法兰颈部直径 N① /mm	最小半径 r /mm	法兰内径 B /mm
			法兰外径 D /mm	螺栓孔中心圆直径 K/mm	螺栓孔径 L/mm	螺栓 数量 n/个	螺栓 螺纹规格	突面直径 R/mm	突面高度 f_1/mm	对焊、整体法兰	法兰盖				
NPS42	DN1050	1067	1405	1282.7	68	28	M64	1168	7	168.3	171.5	279	1127	14	按用户规定或根据钢管尺寸确定
NPS44	DN1100	1118	1455	1333.5	68	32	M64	1226	7	173.1	177.8	289	1181	14	
NPS46	DN1150	1168	1510	1390.6	68	32	M64	1276	7	179.4	185.8	300	1235	14	
NPS48	DN1200	1219	1595	1460.5	74	32	M70	1334	7	189.0	195.3	316	1289	14	
NPS50	DN1250	1270	1670	1524.0	80	28	M76	1384	7	196.9	203.2	329	1343	14	
NPS52	DN1300	1321	1720	1574.8	80	32	M76	1435	7	203.2	209.6	337	1394	14	
NPS54	DN1350	1372	1780	1632.0	80	32	M76	1492	7	209.6	217.5	349	1448	14	
NPS56	DN1400	1422	1855	1695.4	86	32	M82	1543	7	217.5	225.5	362	1502	16	
NPS58	DN1450	1473	1905	1746.2	86	32	M82	1600	7	222.3	231.8	370	1553	16	
NPS60	DN1500	1524	1995	1822.4	94	28	M90	1657	7	233.4	242.9	389	1610	17	

①、② 同表1-221。

表1-224 A系列Class900大直径钢制管法兰（GB/T 13402—2010）

公称尺寸		法兰颈焊端外径 A② /mm	连接尺寸					密封面尺寸		法兰最小厚度 C/mm		对焊法兰高度 H /mm	法兰颈部直径 N① /mm	最小半径 r /mm	法兰内径 B /mm
			法兰外径 D /mm	螺栓孔中心圆直径 K/mm	螺栓孔径 L/mm	螺栓 数量 n/个	螺栓 螺纹规格	突面直径 R/mm	突面高度 f_1/mm	对焊、整体法兰	法兰盖				
NPS26	DN650	660	1085	952.5	74	20	M70	749	7	139.7	160.4	286	775	11	按用户规定或根据钢管尺寸确定
NPS28	DN700	711	1170	1022.4	80	20	M76	800	7	142.9	171.5	298	832	13	
NPS30	DN750	762	1230	1085.8	80	20	M76	857	7	149.3	182.6	311	889	13	
NPS32	DN800	813	1315	1155.7	86	20	M82	914	7	158.8	193.7	330	946	13	
NPS34	DN850	864	1395	1225.6	94	20	M90	965	7	165.1	204.8	349	1006	14	
NPS36	DN900	914	1460	1289.0	94	20	M90	1022	7	171.5	214.4	362	1064	14	
NPS38	DN950	965	1460	1289.0	94	20	M90	1099	7	190.5	215.9	352	1073	19	
NPS40	DN1000	1016	1510	1339.8	94	24	M90	1162	7	196.9	223.9	364	1127	21	
NPS42	DN1050	1067	1560	1390.6	94	24	M90	1213	7	206.4	231.8	371	1176	21	
NPS44	DN1100	1118	1650	1463.7	99	24	M95	1270	7	214.4	242.9	391	1235	22	
NPS46	DN1150	1168	1735	1536.7	105	24	M100	1334	7	225.5	255.6	411	1292	22	
NPS48	DN1200	1219	1785	1587.5	105	24	M100	1384	7	233.4	263.6	419	1343	24	

①、② 同表1-221。

表 1-225 B 系列 Class75 大直径钢制管法兰（GB/T 13402—2019）

公称尺寸		法兰颈焊端外径 A② /mm	连接尺寸					密封面尺寸		法兰最小厚度 C/mm		对焊法兰高度 H /mm	法兰颈部直径 N① /mm	最小半径 r /mm	法兰内径 B /mm
			法兰外径 D /mm	螺栓孔中心圆直径 K/mm	螺栓孔径 L/mm	螺栓 数量 n/个	螺栓 螺纹规格	突面直径 R/mm	突面高度 f_1/mm	对焊、整体法兰	法兰盖				
NPS26	DN650	660	760	723.9	19	36	M16	705	2	31.9	31.9	57	676	8	按用户规定或根据钢管尺寸确定
NPS28	DN700	711	815	774.7	19	40	M16	756	2	31.9	31.9	60	727	8	
NPS30	DN750	762	865	825.5	19	44	M16	806	2	31.9	31.9	64	778	8	
NPS32	DN800	813	915	876.3	19	48	M16	857	2	33.5	35.0	68	829	8	
NPS34	DN850	864	965	927.1	19	52	M16	908	2	33.5	36.6	72	879	8	
NPS36	DN900	914	1035	992.2	22	40	M20	965	2	35.0	40.9	84	935	10	
NPS38	DN950	965	1085	1043.0	22	40	M20	1016	2	36.6	43.0	87	986	10	
NPS40	DN1000	1016	1135	1093.8	22	44	M20	1067	2	36.6	43.0	91	1037	10	
NPS42	DN1050	1067	1185	1144.6	22	48	M20	1118	2	38.2	46.3	94	1087	10	
NPS44	DN1100	1118	1250	1203.3	26	36	M24	1175	2	41.4	47.7	103	1140	10	
NPS46	DN1150	1168	1300	1254.1	26	40	M24	1226	2	43.0	49.3	106	1191	10	
NPS48	DN1200	1219	1355	1304.9	26	44	M24	1276	2	44.6	52.5	110	1241	10	
NPS50	DN1250	1270	1405	1355.7	26	44	M24	1327	2	46.2	54.1	114	1294	10	
NPS52	DN1300	1321	1455	1409.7	26	48	M24	1378	2	46.2	55.7	119	1345	10	
NPS54	DN1350	1372	1510	1460.5	26	48	M24	1429	2	47.8	58.9	124	1397	10	
NPS56	DN1400	1422	1575	1520.8	29	40	M27	1486	2	49.3	60.4	133	1451	11	
NPS58	DN1450	1473	1625	1571.6	29	44	M27	1537	2	50.9	62.0	137	1502	11	
NPS60	DN1500	1524	1675	1622.4	29	44	M27	1588	2	54.1	65.2	143	1553	11	

①、② 同表 1-221。

表 1-226 B 系列 Class150 大直径钢制管法兰（GB/T 13402—2019）

公称尺寸		法兰颈焊端外径 A② /mm	连接尺寸					密封面尺寸		法兰最小厚度 C/mm		对焊法兰高度 H /mm	法兰颈部直径 N① /mm	最小半径 r /mm	法兰内径 B /mm
			法兰外径 D /mm	螺栓孔中心圆直径 K/mm	螺栓孔径 L/mm	螺栓 数量 n/个	螺栓 螺纹规格	突面直径 R/mm	突面高度 f_1/mm	对焊、整体法兰	法兰盖				
NPS26	DN650	660	785	744.5	22	36	M20	711	2	39.8	43.0	87	684	10	按用户规定或根据钢管尺寸确定
NPS28	DN700	711	835	795.3	22	40	M20	762	2	43.0	46.2	94	735	10	
NPS30	DN750	762	885	846.1	22	44	M20	813	2	43.0	49.3	98	787	10	
NPS32	DN800	813	940	900.1	22	48	M20	864	2	44.6	52.5	106	840	10	
NPS34	DN850	865	1005	957.3	26	40	M24	921	2	47.7	55.7	109	892	10	
NPS36	DN900	914	1055	1009.6	26	44	M24	972	2	50.9	57.3	1165	945	10	
NPS38	DN950	965	1125	1070.0	29	40	M27	1022	2	52.5	62.0	122	997	10	
NPS40	DN1000	1016	1175	1120.8	29	44	M27	1080	2	54.1	65.2	127	1049	10	
NPS42	DN1050	1067	1225	1171.6	29	48	M27	1130	2	57.3	66.8	132	1102	11	

（续）

公称尺寸		法兰颈焊端外径 A②/mm	连接尺寸					密封面尺寸		法兰最小厚度 C/mm		对焊法兰高度 H/mm	法兰颈部直径 N①/mm	最小半径 r/mm	法兰内径 B/mm
			法兰外径 D/mm	螺栓孔中心圆直径 K/mm	螺栓孔径 L/mm	螺栓		突面直径 R/mm	突面高度 f_1/mm	对焊、整体法兰	法兰盖				
						数量 n/个	螺纹规格								
NPS44	DN1100	1118	1275	1222.4	29	52	M27	1181	2	58.9	70.0	135	1153	11	按用户规定或根据钢管尺寸确定
NPS46	DN1150	1168	1340	1284.3	32	40	M30	1235	2	60.4	73.1	143	1205	11	
NPS48	DN1200	1219	1390	1335.1	32	44	M30	1289	2	63.6	76.3	148	1257	11	
NPS50	DN1250	1270	1445	1385.9	32	48	M30	1340	2	66.8	79.5	152	1308	11	
NPS52	DN1300	1321	1495	1436.7	32	52	M30	1391	2	68.4	82.7	156	1360	11	
NPS54	DN1350	1372	1550	1492.2	32	56	M30	1441	2	70.0	85.8	160	1413	11	
NPS56	DN1400	1422	1600	1543.0	32	60	M30	1492	2	71.6	89.0	165	1465	14	
NPS58	DN1450	1473	1675	1611.3	35	48	M33	1543	2	73.1	91.9	173	1516	14	
NPS60	DN1500	1524	1725	1662.1	35	52	M33	1600	2	74.7	95.4	178	1570	14	

①、② 同表1-221。

表1-227 B系列Class300大直径钢制管法兰（GB/T 13402—2019）

公称尺寸		法兰颈焊端外径 A②/mm	连接尺寸					密封面尺寸		法兰最小厚度 C/mm		对焊法兰高度 H/mm	法兰颈部直径 N①/mm	最小半径 r/mm	法兰内径 B/mm
			法兰外径 D/mm	螺栓孔中心圆直径 K/mm	螺栓孔径 L/mm	螺栓		突面直径 R/mm	突面高度 f_1/mm	对焊、整体法兰	法兰盖				
						数量 n/个	螺纹规格								
NPS26	DN650	660	865	803.3	35	32	M33	737	2	87.4	87.4	143	702	14	按用户规定或根据钢管尺寸确定
NPS28	DN700	711	920	857.2	35	36	M33	787	2	87.4	87.4	148	756	14	
NPS30	DN750	762	990	920.8	39	36	M36	845	2	92.1	92.1	156	813	14	
NPS32	DN800	813	1055	977.9	42	32	M39	902	2	101.6	101.6	167	864	16	
NPS34	DN850	864	1110	1031.9	42	36	M39	953	2	101.6	101.6	171	918	16	
NPS36	DN900	914	1170	1089.0	45	32	M42	1010	2	101.6	101.6	179	965	16	
NPS38	DN950	965	1220	1139.8	45	36	M42	1060	2	109.6	109.6	191	1016	16	
NPS40	DN1000	1016	1275	1190.6	45	40	M42	1114	2	114.3	114.3	197	1067	16	
NPS42	DN1050	1067	1335	1244.6	48	36	M45	1168	2	117.5	117.5	203	1118	16	
NPS44	DN1100	1118	1385	1295.4	48	40	M45	1219	2	125.5	125.5	213	1173	16	
NPS46	DN1150	1168	1460	1365.2	51	36	M48	1270	2	127.0	128.6	221	1229	16	
NPS48	DN1200	1219	1510	1416.0	51	40	M48	1327	2	127.0	133.4	222	1278	16	
NPS50	DN1250	1270	1560	1466.8	51	44	M48	1378	2	136.6	138.2	233	1330	16	
NPS52	DN1300	1321	1615	1517.6	51	48	M48	1429	2	141.3	142.6	241	1383	16	
NPS54	DN1350	1372	1675	1578.0	51	48	M48	1480	2	135.0	147.7	238	1435	16	
NPS56	DN1400	1422	1765	1651.0	60	36	M56	1537	2	152.4	155.4	267	1494	17	
NPS58	DN1450	1473	1825	1712.9	60	40	M56	1594	2	152.4	160.4	273	1548	17	
NPS60	DN1500	1524	1880	1763.7	60	40	M56	1651	2	149.3	165.1	270	1599	17	

①、② 同表1-221。

表 1-228 B 系列 Class600 大直径钢制管法兰（GB/T 13402—2019）

公称尺寸		法兰颈焊端外径 A②/mm	连接尺寸					密封面尺寸		法兰最小厚度 C/mm		对焊法兰高度 H/mm	法兰颈部直径 N①/mm	最小半径 r/mm	法兰内径 B/mm
			法兰外径 D/mm	螺栓孔中心圆直径 K/mm	螺栓孔径 L/mm	螺栓		突面直径 R/mm	突面高度 f_1/mm	对焊、整体法兰	法兰盖				
						数量 n/个	螺纹规格								
NPS26	DN650	660	890	806.4	45	28	M42	727	7	111.2	111.3	181	698	13	按用户规定或根据钢管尺寸确定
NPS28	DN700	711	950	863.6	48	28	M45	784	7	115.9	115.9	190	752	13	
NPS30	DN750	762	1020	927.1	51	28	M48	841	7	125.5	127.0	205	806	13	
NPS32	DN800	813	1085	984.2	55	28	M52	895	7	130.2	134.9	216	860	13	
NPS34	DN850	864	1160	1054.1	60	24	M56	953	7	141.3	144.2	233	914	14	
NPS36	DN900	914	1215	1104.9	60	28	M56	1010	7	146.1	150.9	243	968	14	

①、② 同表 1-221。

表 1-229 B 系列 Class900 大直径钢制管法兰（GB/T 13402—2019）

公称尺寸		法兰颈焊端外径 A②/mm	连接尺寸					密封面尺寸		法兰最小厚度 C/mm		对焊法兰高度 H/mm	法兰颈部直径 N①/mm	最小半径 r/mm	法兰内径 B/mm
			法兰外径 D/mm	螺栓孔中心圆直径 K/mm	螺栓孔径 L/mm	螺栓		突面直径 R/mm	突面高度 f_1/mm	对焊、整体法兰	法兰盖				
						数量 n/个	螺纹规格								
NPS26	DN650	660	1020	901.7	68	20	M64	762	7	135.0	154.0	259	743	11	按用户规定或根据钢管尺寸确定
NPS28	DN700	711	1105	971.6	74	20	M70	819	7	147.7	166.7	276	797	13	
NPS30	DN750	762	1180	1035.0	80	20	M76	876	7	155.6	176.1	289	851	13	
NPS32	DN800	813	1240	1092.2	80	20	M76	927	7	160.4	186.0	303	908	13	
NPS34	DN850	864	1315	1155.7	86	20	M82	991	7	171.5	195.0	319	962	14	
NPS36	DN900	914	1345	1200.2	80	24	M76	1029	7	173.1	201.7	325	1016	14	

①、② 同表 1-221。

法兰的尺寸公差见表 1-230。

表 1-230 法兰的尺寸公差（GB/T 13402—2019）

项目	法兰形式	尺寸或尺寸范围	公差/mm
法兰厚度 C	所有法兰	$C \leqslant 25$mm	$^{+3.0}_{0}$
		25mm < $C \leqslant 50$mm	$^{+5.0}_{0}$
		50mm < $C \leqslant 75$mm	$^{+8.0}_{0}$
		$C > 75$mm	$^{+10.0}_{0}$

（续）

<table>
<tr><th>项目</th><th>法兰形式</th><th colspan="2">尺寸或尺寸范围</th><th>公差/mm</th></tr>
<tr><td rowspan="9">法兰密封面</td><td rowspan="3">突面法兰</td><td colspan="2">法兰的突面直径 R</td><td>±2.0</td></tr>
<tr><td colspan="2">2mm 的突面高度尺寸 f_1</td><td>±0.5</td></tr>
<tr><td colspan="2">7mm 的突面高度尺寸 f_1</td><td>±2.0</td></tr>
<tr><td rowspan="6">环连接面法兰</td><td colspan="2">环连接槽的深度 E</td><td>+0.4
0</td></tr>
<tr><td colspan="2">环连接槽的宽度 F</td><td>±0.2</td></tr>
<tr><td colspan="2">环连接槽的尺寸 P</td><td>±0.13</td></tr>
<tr><td rowspan="2">环连接槽的底部圆角半径 R</td><td>$R\leqslant 2$mm 时</td><td>+0.8
0</td></tr>
<tr><td>$R>2$mm 时</td><td>±0.8</td></tr>
<tr><td colspan="2">环连接槽的 23°角</td><td>±0.5°</td></tr>
<tr><td rowspan="5">焊接端部</td><td rowspan="5">对焊法兰</td><td colspan="2">公称外径 A</td><td>+5.0
-0.2</td></tr>
<tr><td rowspan="2">公称内径 B</td><td>GB/T 13402—2010 中图 5 结构</td><td>+3.0
-2.0</td></tr>
<tr><td>GB/T 13402—2010 中图 6 结构</td><td>0
-2.0</td></tr>
<tr><td colspan="2">衬环孔径 C
（见 GB/T 13402—2010 中图 6）</td><td>+0.25
0</td></tr>
<tr><td colspan="2">颈部厚度</td><td>焊接端颈部厚度不应小于与法兰连接的管子公称壁厚的 87.5%。或者在公差范围内的 12.5% 也可。或者按照购买者对管壁的最小厚度的说明进行计算</td></tr>
<tr><td>螺栓孔中心圆直径 K</td><td>所有法兰形式</td><td colspan="2">所有尺寸</td><td>±1.5</td></tr>
<tr><td>相邻螺栓孔中心距</td><td>所有法兰形式</td><td colspan="2">所有尺寸</td><td>±0.8</td></tr>
<tr><td>螺栓圆直径与加工后密封面直径的偏心度</td><td>所有法兰形式</td><td colspan="2">所有尺寸</td><td>±1.5</td></tr>
</table>

法兰压力-温度额定值见 GB/T 13402—2019 中表 16～表 37。

大直径钢制管法兰用带定位环型缠绕式垫片如图 1-83 所示，带内环和定位环型缠绕式垫片如图 1-84 所示。A、B 系列大直径法兰用缠绕式垫片尺寸见表 1-231 和表 1-232。

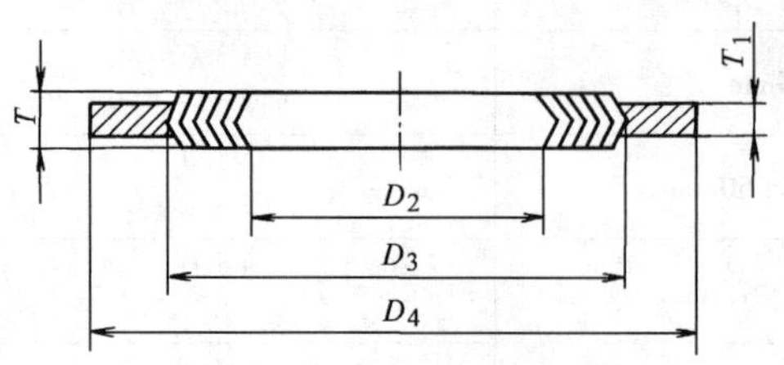

图 1-83　带定位环型缠绕式垫片

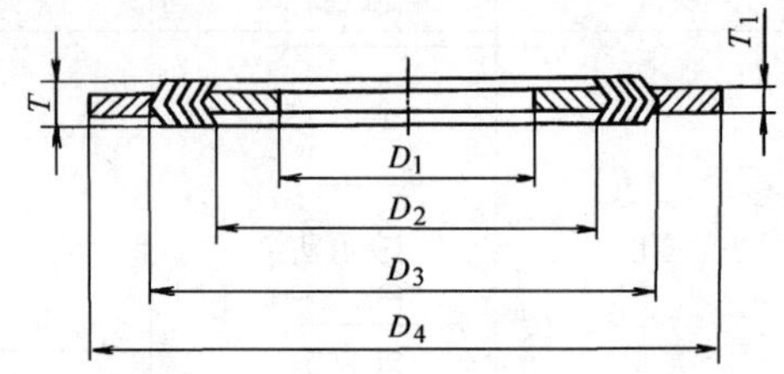

图 1-84　带内环和定位环型缠绕式垫片

表 1-231 A 系列大直径法兰用缠绕式垫片尺寸（GB/T 13403—2008）（单位：mm）

公称尺寸		公称压力																T_1	T
		Class150（PN20）				Class300（PN50）				Class600（PN110）				Class900（PN150）					
		D_1	D_2	D_3	D_4	D_1	D_2	D_3	D_4	D_1	D_2	D_3	D_4	D_1	D_2	D_3	D_4		
NPS26	DN650	654.1	673.1	704.9	771	654.1	685.8	736.6	832	647.7	685.8	736.6	863	660.4	685.8	736.6	878		
NPS28	DN700	704.9	723.9	755.7	829	704.9	736.6	787.4	895	698.5	736.6	787.4	910	711.2	736.6	784.4	943		
NPS30	DN750	755.7	774.7	806.5	879	755.7	793.8	844.6	949	755.7	793.8	844.6	967	768.4	793.8	844.6	1007		
NPS32	DN800	806.5	825.5	860.6	936	806.5	850.9	901.7	1003	812.8	850.9	901.7	1017	812.8	850.9	901.7	1067		
NPS34	DN850	857.3	876.3	911.4	987	857.3	901.7	952.2	1054	863.6	901.7	952.5	1067	863.6	901.7	952.5	1133		
NPS36	DN900	908.1	927.1	968.5	1044	908.1	955.8	1006.6	1114	917.7	955.8	1006.6	1127	920.8	958.9	1009.7	1196		
NPS38	DN950	958.9	977.9	1019.3	1108	952.5	977.9	1016.0	1051	952.5	990.6	1041.4	1099	1009.7	1035.1	1085.9	1196		
NPS40	DN1000	1009.7	1028.7	1070.1	1159	1003.3	1022.4	1070.1	1111	1009.7	1047.8	1098.6	1150	1060.5	1098.6	1149.4	1247		
NPS42	DN1050	1060.5	1079.5	1124.0	1216	1054.1	1073.2	1120.9	1162	1066.8	1104.9	1155.7	1216	1111.3	1149.4	1200.2	1298		
NPS44	DN1100	1111.3	1130.3	1178.1	1273	1104.9	1130.3	1181.1	1216	1111.3	1162.1	1212.9	1267	1155.7	1206.5	1257.3	1366		
NPS46	DN1150	1162.1	1181.1	1228.9	1324	1152.7	1178.1	1228.9	1270	1162.1	1212.9	1263.7	1324	1219.2	1270.0	1320.8	1429		
NPS48	DN1200	1212.9	1231.9	1279.7	1381	1209.8	1235.2	1286.0	1321	1219.2	1270.0	1320.8	1386	1270.0	1320.8	1371.6	1480		
NPS50	DN1250	1263.7	1282.7	1333.5	1432	1244.6	1295.4	1346.2	1374	1270.0	1320.8	1371.6	1445						
NPS52	DN1300	1314.5	1333.5	1384.3	1489	1320.8	1346.2	1397.0	1425	1320.8	1371.6	1422.4	1496						
NPS54	DN1350	1358.9	1384.3	1435.1	1546	1352.6	1403.4	1454.2	1486	1378.0	1428.8	1479.6	1553						
NPS56	DN1400	1409.7	1435.1	1485.9	1603	1403.4	1454.2	1505.0	1537	1428.8	1479.6	1530.4	1607						
NPS58	DN1450	1460.5	1485.9	1536.7	1660	1447.8	1511.3	1562.1	1588	1473.2	1536.7	1587.5	1658						
NPS60	DN1500	1511.3	1536.7	1587.5	1711	1524.0	1562.1	1612.9	1639	1530.4	1593.9	1644.7	1729						

表 1-232 B 系列大直径法兰用缠绕式垫片尺寸（GB/T 13403—2008） （单位：mm）

公称尺寸		公称压力																T_1	T
		Class150（PN20）				Class300（PN50）				Class600（PN110）				Class900（PN150）					
		D_1	D_2	D_3	D_4	D_1	D_2	D_3	D_4	D_1	D_2	D_3	D_4	D_1	D_2	D_3	D_4		
NPS26	DN650	654.1	673.1	698.5	722	654.1	673.1	711.2	768	644.7	663.7	714.5	761	666.8	692.2	749.3	835	3.0	4.5
NPS28	DN700	704.9	723.9	749.3	773	704.9	723.9	762.0	822	685.8	704.9	755.7	816	717.6	743.0	800.1	897		
NPS30	DN750	755.7	774.7	800.1	824	755.7	774.7	812.8	882	752.6	778.0	828.8	876	781.1	806.5	857.3	956		
NPS32	DN800	806.5	825.5	850.9	878	806.5	825.5	863.6	936	793.8	831.9	882.7	929	838.2	863.6	914.4	1013		
NPS34	DN850	857.3	876.3	908.1	931	857.3	876.3	914.4	990	850.9	889.0	939.8	991	895.4	920.8	971.6	1068		
NPS36	DN900	908.1	927.1	958.9	984	908.1	927.1	965.2	1044	901.7	939.8	990.6	1042	920.8	946.2	997.0	1121		
NPS38	DN950	958.9	974.6	1009.7	1041	971.6	1009.7	1047.8	1095	952.5	990.6	1041.4	1099	1009.7	1035.1	1085.9	1196		
NPS40	DN1000	1009.7	1022.4	1063.8	1092	1022.4	1060.5	1098.6	1146	1009.7	1047.8	1098.6	1150	1060.5	1098.6	1149.4	1247		
NPS42	DN1050	1060.5	1079.5	1114.6	1142	1085.9	1111.3	1149.4	1197	1066.8	1104.9	1155.7	1216	1111.3	1149.4	1200.2	1298		
NPS44	DN1100	1111.3	1124.0	1165.4	1193	1124.0	1162.1	1200.2	1247	1111.3	1162.1	1212.9	1267	1155.7	1206.5	1257.3	1366		
NPS46	DN1150	1162.1	1181.1	1224.0	1252	1178.1	1216.2	1254.3	1314	1162.1	1212.9	1263.7	1324	1219.2	1270.0	1320.8	1429		
NPS48	DN1200	1212.9	1231.9	1270.0	1303	1231.9	1263.7	1311.4	1365	1219.2	1270.0	1320.8	1386	1270.0	1320.8	1371.6	1480		
NPS50	DN1250	1263.7	1282.7	1325.6	1354	1267.0	1317.8	1355.9	1416	1270.0	1320.8	1371.6	1445						
NPS52	DN1300	1314.5	1333.5	1376.4	1405	1317.8	1368.6	1406.7	1467	1320.8	1371.6	1422.4	1496						
NPS54	DN1350	1365.3	1384.3	1422.4	1460	1365.3	1403.4	1454.2	1527	1378.0	1428.8	1479.6	1553						
NPS56	DN1400	1422.4	1444.8	1477.8	1511	1428.8	1479.6	1524.0	1588	1428.8	1479.6	1530.4	1607						
NPS58	DN1450	1478.0	1500.4	1528.8	1576	1484.4	1535.2	1573.3	1650	1473.2	1536.7	1587.5	1658						
NPS60	DN1500	1535.2	1557.3	1586.0	1627	1557.3	1589.0	1630.4	1701	1530.4	1593.9	1644.7	1729						

非金属平垫片的形式为环形平面型，垫片的结构型式如图1-85所示，尺寸见表1-233。

缠绕式垫片的技术要求应符合GB/T 4622.3—2007中第3章的规定，垫片尺寸的极限偏差见表1-234。

非金属平垫片的技术要求应符合GB/T 9129—2003中第3章的规定，垫片尺寸的极限偏差见表1-235。

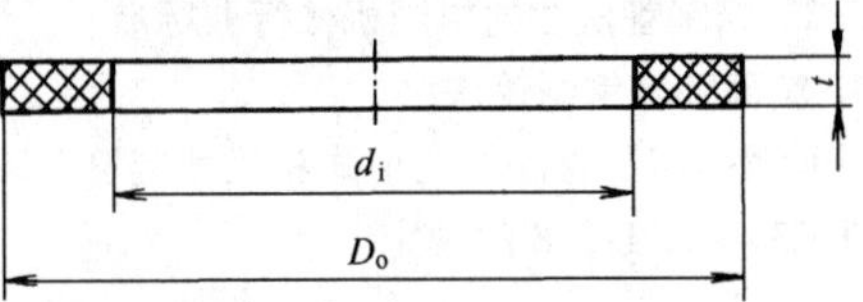

图1-85 非金属平垫片

表1-233 大直径法兰用非金属平垫片尺寸 （单位：mm）

A系列						B系列					
公称尺寸		内径 d_i	外径 D_o		厚度 t	公称尺寸		内径 d_i	外径 D_o		厚度 t
			Class150 (PN20)	Class300 (PN50)					Class150 (PN20)	Class300 (PN50)	
NPS26	DN650	660	771	832	3.0	NPS26	DN650	660	722	768	3.0
NPS28	DN700	711	829	895		NPS28	DN700	711	773	822	
NPS30	DN750	762	879	949		NPS30	DN750	762	824	882	
NPS32	DN800	813	936	1003		NPS32	DN800	813	878	936	
NPS34	DN850	864	987	1054		NPS34	DN850	864	931	990	
NPS36	DN900	914	1044	1114		NPS36	DN900	914	984	1044	
NPS38	DN950	965	1108	1051		NPS38	DN950	965	1041	1095	
NPS40	DN1000	1016	1159	1111		NPS40	DN1000	1016	1092	1146	
NPS42	DN1050	1067	1216	1162		NPS42	DN1050	1067	1142	1197	
NPS44	DN1100	1118	1273	1216		NPS44	DN1100	1118	1193	1247	
NPS46	DN1150	1168	1324	1270		NPS46	DN1150	1168	1252	1314	
NPS48	DN1200	1219	1381	1321		NPS48	DN1200	1219	1303	1365	
NPS50	DN1250	1270	1432	1374		NPS50	DN1250	1270	1354	1416	
NPS52	DN1300	1321	1489	1425		NPS52	DN1300	1321	1405	1467	
NPS54	DN1350	1372	1546	1486		NPS54	DN1350	1372	1460	1527	
NPS56	DN1400	1422	1603	1537		NPS56	DN1400	1422	1511	1588	
NPS58	DN1450	1473	1660	1588		NPS58	DN1450	1473	1576	1650	
NPS60	DN1500	1524	1711	1639		NPS60	DN1500	1524	1627	1701	

表1-234 缠绕式垫片尺寸的极限偏差 （单位：mm）

公称尺寸		内环内径 D_1	密封元件内径 D_2	密封元件外径 D_3	定位环外径 D_4	密封元件厚度 T	定位环厚度 T_1
NPS26～NPS48	DN650～DN1200	$^{+1.5}_{0}$	±1.5	±2.0	$^{0}_{-2.50}$	$^{+0.40}_{0}$	±0.20
NPS50～NPS60	DN1250～DN1500	$^{+2.0}_{0}$	±2.0	±2.5			

表1-235 非金属平垫片尺寸的极限偏差 （单位：mm）

公称尺寸		垫片内径 d_i	垫片外径 D_o	垫片厚度 t
≤NPS36	≤DN900	±3.0	±3.0	±0.20
NPS38～NPS60	DN950～DN1500	±4.0	±4.0	

1.7.5.2　钢制管法兰的中国机械行业标准

1. 突面整体钢制管法兰

凸面整体钢制管法兰的形式和尺寸应符合图1-86及表1-236～表1-238的规定。

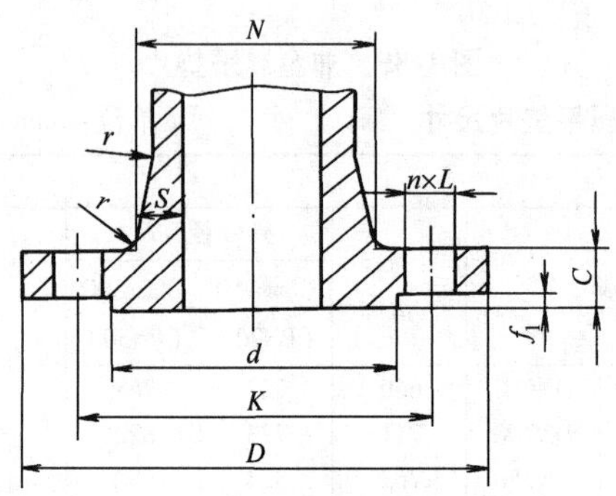

图1-86　突面整体钢制管法兰

2. 凹凸面整体钢制管法兰

凹凸面整体钢制管法兰的形式和尺寸应符合图1-87及表1-239～表1-243的规定。

3. 榫槽面整体钢制管法兰

榫槽面整体钢制管法兰的形式和尺寸应符合图1-88及表1-244～表1-246的规定。

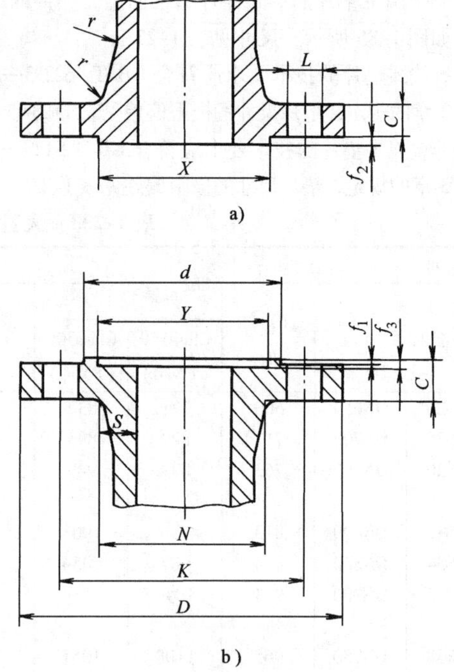

图1-87　凹凸面整体钢制管法兰

a）凸面法兰　b）凹面法兰

表1-236　PN16突面整体钢制管法兰尺寸（JB/T 79—2015）　　（单位：mm）

公称尺寸	连接尺寸					法兰厚度 C	法兰颈	
	法兰外径 D	螺栓孔中心圆直径 K	螺栓孔径 L	螺栓、螺柱			N_{max}	r
				数量 n/个	螺纹			
DN15	95（95）	65（65）	14（14）	4（4）	M12（M12）	14（14）	32（39）	4（4）
DN20	105（105）	75（75）	14（14）	4（4）	M12（M12）	14（14）	40（44）	4（4）
DN25	115（115）	85（85）	14（14）	4（4）	M12（M12）	14（14）	50（49）	4（4）
DN32	140（135）	100（100）	18（18）	4（4）	M16（M12）	18（16）	60（56）	6（4）
DN40	150（145）	110（110）	18（18）	4（4）	M16（M12）	18（16）	70（64）	6（4）
DN50	165（160）	125（125）	18（18）	4（4）	M16（M12）	18（16）	84（74）	6（5）
DN65	185（180）	145（145）	18（18）	8（4）	M16（M12）	18（18）	104（95）	6（5）
DN80	200（195）	160（160）	18（18）	8（8）	M16（M12）	20（20）	120（110）	6（5）
DN100	220（215）	180（180）	18（18）	8（8）	M16（M12）	20（20）	140（130）	8（5）
DN125	250（245）	210（210）	18（18）	8（8）	M16（M16）	22（22）	170（161）	8（6）
DN150	285（280）	240（240）	22（23）	8（8）	M20（M20）	22（24）	190（186）	10（6）
（DN175）①	（310）	（270）	（23）	（8）	（M20）	（26）	（215）	10（6）
DN200	340（335）	295（295）	22（23）	12（12）	M20（M20）	24（26）	246（240）	6
（DN225）①	（365）	（325）	（23）	（12）	（M20）	（26）	（269）	（6）
DN250	405（405）	355（355）	26（25）	12（12）	M24（M22）	26（30）	296（298）	12（8）
DN300	460（460）	410（410）	26（25）	12（12）	M24（M22）	26（30）	350（348）	12（8）

（续）

公称尺寸	连接尺寸					法兰厚度 C	法兰颈	
	法兰外径 D	螺栓孔中心圆直径 K	螺栓孔径 L	螺栓、螺柱			N_{max}	r
				数量 n/个	螺纹			
DN350	520（520）	470（470）	26（25）	16（16）	M24（M22）	30（34）	410（402）	12（8）
DN400	580（580）	525（525）	30（30）	16（16）	M27（M27）	32（36）	458（456）	12（10）
DN450	640（640）	585（585）	30（30）	20（20）	M27（M27）	40（40）	516（510）	12（10）
DN500	715（705）	650（650）	34（34）	20（20）	M30（M30）	44（44）	576（564）	12（10）
DN600	840（840）	770（770）	36（41）	20（20）	M33（M36）	54（48）	690（672）	12（10）
DN700	910（910）	840（840）	36（41）	24（24）	M33（M36）	58（50）	760（776）	12（12）
DN800	1025（1020）	950（950）	41（41）	24（24）	M36（M36）	62（52）	862（880）	12（12）
DN900	1125（1120）	1050（1050）	41（41）	28（28）	M36（M36）	64（54）	962（984）	12（12）
DN1000	1255（1255）	1170（1170）	42（48）	28（28）	M39（M42）	68（56）	1076（1084）	16（12）
DN1200	1485（1485）	1390（1390）	48（54）	32（32）	M45（M48）	78（58）	1282（1288）	16（15）
DN1400	1685（1685）	1590（1590）	48（54）	36（36）	M45（M48）	84（60）	1482（1492）	16（15）
DN1600	1930（1930）	1820（1820）	58（58）	40（40）	M52（M52）	102（68）	1696（1704）	16（18）

注：括号外为系列1，括号内为系列2。

① 不推荐使用。

表1-237 PN25 突面整体钢制管法兰尺寸（JB/T 79—2015） （单位：mm）

公称尺寸	连接尺寸					法兰厚度 C	法兰颈	
	法兰外径 D	螺栓孔中心圆直径 K	螺栓孔径 L	螺栓、螺柱			N_{max}	r
				数量 n/个	螺纹			
DN15	95（95）	65（65）	14（14）	4（4）	M12（M12）	16（16）	32（39）	4
DN20	105（105）	75（75）	14（14）	4（4）	M12（M12）	18（16）	40（44）	4（5）
DN25	115（115）	85（85）	14（14）	4（4）	M12（M12）	18（16）	50（49）	4（5）
DN32	140（135）	100（100）	18（18）	4（4）	M16（M16）	18（18）	60（62）	6（5）
DN40	150（145）	110（110）	18（18）	4（4）	M16（M16）	18（18）	70（70）	6（5）
DN50	165（160）	125（125）	18（18）	4（4）	M16（M16）	20（20）	84（80）	6（5）
DN65	185（180）	145（145）	18（18）	8（4）	M16（M16）	22（22）	104（101）	6（6）
DN80	200（195）	160（160）	18（18）	8（8）	M16（M16）	24（22）	120（116）	8（6）
DN100	230（230）	190（190）	22（23）	8（8）	M20（M20）	24（24）	142（136）	8（6）
DN125	270（270）	220（220）	26（25）	8（8）	M24（M22）	26（28）	162（169）	8（8）
DN150	300（300）	250（250）	26（25）	8（8）	M24（M22）	28（30）	192（198）	10（8）
（DN175）①	（330）	（280）	（25）	（12）	（M22）	（32）	（223）	（8）
DN200	360（360）	310（310）	26（25）	12（12）	M24（M22）	30（34）	252（252）	10（8）
（DN225）①	（395）	（340）	（30）	（12）	（M27）	（36）	（281）	（8）
DN250	425（425）	370（370）	30（30）	12（12）	M27（M27）	32（36）	304（306）	12（10）
DN300	485（485）	430（430）	30（30）	16（16）	M27（M27）	34（40）	364（360）	12（10）
DN350	555（550）	490（490）	33（34）	16（16）	M30（M30）	38（44）	418（418）	12（10）
DN400	620（610）	550（550）	36（34）	16（16）	M33（M30）	40（48）	472（472）	12（10）
DN450	670（660）	600（600）	36（34）	20（20）	M33（M30）	46（50）	520（522）	12（12）

（续）

公称尺寸	连接尺寸					法兰厚度 C	法兰颈	
	法兰外径 D	螺栓孔中心圆直径 K	螺栓孔径 L	螺栓、螺柱			N_{max}	r
				数量 n/个	螺纹			
DN500	730（730）	660（660）	36（41）	20（20）	M33（M36）	48（52）	580（580）	12（12）
DN600	845（840）	770（770）	39（41）	20（20）	M36（M36）	58（56）	684（684）	12（12）
DN700	960（955）	875（875）	42（48）	24（24）	M39（M42）	60（60）	780（792）	12（12）
DN800	1085（1070）	990（990）	48（48）	24（24）	M45（M42）	66（64）	882（896）	12（15）
DN900	1185（1180）	1090（1090）	48（54）	28（28）	M45（M48）	70（66）	982（1000）	12（15）
DN1000	1320（1305）	1210（1210）	56（58）	28（28）	M52（M52）	74（68）	1086（1104）	16（18）
DN1200	1520（1525）	1420（1420）	56（58）	32（32）	M52（M52）	86（72）	1296（1308）	16（18）
DN1400	1755（1750）	1640（1640）	62（65）	36（36）	M56（M56）	92（78）	1508（1516）	16（18）

注：括号外为系列1，括号内为系列2。

① 不推荐使用。

表1-238 PN40突面整体钢制管法兰尺寸（JB/T 79—2015） （单位：mm）

公称尺寸	连接尺寸					法兰厚度 C	法兰颈	
	法兰外径 D	螺栓孔中心圆直径 K	螺栓孔径 L	螺栓、螺柱			N_{max}	r
				数量 n/个	螺纹			
DN15	95（95）	65（65）	14（14）	4（4）	M12（M12）	16（16）	32（39）	4（4）
DN20	105（105）	75（75）	14（14）	4（4）	M12（M12）	18（16）	40（44）	4（5）
DN25	115（115）	85（85）	14（14）	4（4）	M12（M12）	18（16）	50（49）	4（5）
DN32	140（135）	100（100）	18（18）	4（4）	M16（M16）	18（18）	60（62）	6（5）
DN40	150（145）	110（110）	18（18）	4（5）	M16（M16）	18（18）	70（70）	6（5）
DN50	165（160）	125（125）	18（18）	4（4）	M16（M16）	20（20）	84（80）	6（5）
DN65	185（180）	145（145）	18（18）	8（8）	M16（M16）	22（22）	104（101）	6（6）
DN80	200（195）	160（160）	18（18）	8（8）	M16（M16）	24（22）	120（116）	8（6）
DN100	235（230）	190（190）	22（23）	8（8）	M20（M20）	24（24）	142（140）	8（6）
DN125	270（270）	220（220）	26（25）	8（8）	M24（M22）	26（28）	162（169）	8（8）
DN150	300（300）	250（250）	26（25）	8（8）	M24（M22）	28（30）	192（198）	10（8）
（DN175）①	（350）	（295）	（30）	（12）	（M27）	（34）	（231）	（10）
DN200	375（375）	320（320）	30（30）	12（12）	M27（M27）	34（38）	254（256）	10（10）
（DN225）①	（415）	（355）	（34）	（12）	（M30）	（40）	（285）	（10）
DN250	450（445）	385（385）	33（34）	12（12）	M30（M30）	38（42）	312（314）	12（10）
DN300	515（510）	450（450）	33（34）	16（16）	M30（M30）	42（46）	378（368）	12（12）
DN350	580（570）	510（510）	36（34）	16（16）	M33（M30）	46（52）	432（430）	12（12）
DN400	660（655）	585（585）	39（41）	16（16）	M36（M36）	50（58）	498（488）	12（12）

（续）

公称尺寸	连接尺寸					法兰厚度 C	法兰颈	
	法兰外径 D	螺栓孔中心圆直径 K	螺栓孔径 L	螺栓、螺柱			N_{max}	r
				数量 n/个	螺纹			
DN450	685（680）	610（610）	39（41）	20（20）	M36（M36）	57（60）	522（542）	12（14）
DN500	755（755）	670（670）	42（48）	20（20）	M39（M42）	57（62）	576（592）	12（15）
DN600	890（890）	795（795）	48（54）	20（20）	M45（M48）	72（62）	686（696）	12（15）
DN700	（995）	（900）	（54）	（24）	（M48）	（68）	（804）	（18）
DN800	（1135）	（1030）	（58）	（24）	（M52）	（76）	（920）	（18）

注：括号外为系列1，括号内为系列2。

① 不推荐使用。

表1-239 PN40凹凸面整体钢制管法兰尺寸（JB/T 79—2015） （单位：mm）

公称尺寸	密封面尺寸				
	d	X	Y	f_1	f_2、f_3
DN15	45	39	40（40）	2	4
DN20	58（55）	50	51（51）	2	4
DN25	68（65）	57	58（58）	2	4
DN32	78（78）	65	66（66）	2	4
DN40	88（85）	75	76（76）	3	4
DN50	102（100）	87	88（88）	3	4
DN65	122（120）	109	110（110）	3	4
DN80	138（135）	120	121（121）	3	4
DN100	162（160）	149	150（150）	3	4.5
DN125	188（188）	175	176（176）	3	4.5
DN150	218（218）	203	204（204）	3	4.5
（DN175）①	（258）	233	234（234）	3	4.5
DN200	285（282）	259	260（260）	3	4.5
（DN225）①	（315）	286	287（287）	3	4.5
DN250	345（345）	312	313（313）	3	4.5
DN300	410（408）	363	364（364）	4	4.5
DN350	465（465）	421	422（422）	4	5
DN400	535（535）	473	474（474）	4	5
DN450	560（560）	523	524（524）	4	5
DN500	615（612）	575	576（576）	4	5
DN600	735（730）	675	676（676）	5	5
DN700	840（835）	777	778（778）	5	5
DN800	960（960）	882	883（883）	5	5

注：连接尺寸、法兰颈尺寸、法兰厚度同表1-238。括号外为系列1，括号内为系列2。密封面尺寸未括号标出的系列1、系列2相同。

① 不推荐使用。

表1-240 PN63凹凸面整体钢制管法兰尺寸（JB/T 79—2015）（单位：mm）

公称尺寸	连接尺寸					密封面尺寸					法兰厚度 C	法兰颈	
	法兰外径 D	螺栓孔中心圆直径 K	螺栓孔径 L	双头螺柱		d	X	Y	f_1	f_2、f_3		N_{max}	r
				数量 n/个	螺纹								
DN15	105（105）	75（75）	14（14）	4（4）	M12（M12）	45（55）	39（39）	40（40）	2	4	20（18）	45（45）	4（15）
DN20	130（125）	90（90）	18（18）	4（4）	M16（M16）	58（68）	50（50）	51（51）	2	4	22（20）	50（52）	4（16）
DN25	140（135）	100（100）	18（18）	4（4）	M16（M16）	68（78）	57（57）	58（58）	2	4	24（22）	61（61）	4（18）
DN32	155（150）	110（110）	22（23）	4（4）	M20（M20）	78（82）	65（65）	66（66）	2	4	26（24）	68（68）	6（18）
DN40	170（165）	125（125）	22（23）	4（4）	M20（M20）	88（95）	75（75）	76（76）	3	4	26（24）	82（80）	6（20）
DN50	180（175）	135（135）	22（23）	4（4）	M20（M20）	102（105）	87（87）	88（88）	3	4	26（26）	90（90）	6（20）
DN65	205（200）	160（160）	22（23）	8（8）	M20（M20）	122（130）	109（109）	110（110）	3	4	26（28）	105（111）	6（23）
DN80	215（210）	170（170）	22（23）	8（8）	M20（M20）	138（140）	120（120）	121（121）	3	4	28（30）	122（128）	8（24）
DN100	250（250）	200（200）	26（25）	8（8）	M24（M22）	162（168）	149（149）	150（150）	3	4.5	30（32）	146（152）	8（26）
DN125	295（295）	240（240）	30（30）	8（8）	M27（M27）	188（202）	175（175）	176（176）	3	4.5	34（36）	177（181）	8（28）
DN150	345（340）	280（280）	33（34）	8（8）	M30（M30）	218（240）	203（203）	204（204）	3	4.5	36（38）	204（210）	10（30）
（DN175）①	（370）	（310）	（34）	（12）	（M30）	（270）	233（233）	234（234）	3	4.5	（42）	（239）	（32）
DN200	415（405）	345（345）	36（34）	12（12）	M33（M30）	285（300）	259（259）	260（260）	3	4.5	42（44）	264（268）	10（34）
（DN225）①	（430）	（370）	（34）	（12）	（M30）	（325）	286（286）	287（287）	3	4.5	（46）	（301）	（38）
DN250	470（470）	400（400）	36（41）	12（12）	M33（M36）	345（352）	312（312）	313（313）	3	4.5	46（48）	320（326）	12（38）
DN300	530（530）	460（460）	36（41）	16（16）	M33（M36）	410（412）	363（363）	364（364）	4	4.5	52（54）	378（384）	12（42）
DN350	600（595）	525（525）	39（41）	16（16）	M36（M36）	465（475）	421（421）	422（422）	4	5	56（60）	434（442）	12（46）
DN400	670（670）	585（585）	42（48）	16（16）	M39（M42）	535（525）	473（473）	474（474）	4	5	60（66）	490（500）	12（50）
DN500	（800）	（705）	（54）	（20）	（M48）	560（640）	575（575）	576（576）	4	5	（70）	（610）	（55）
DN600	（930）	（820）	（58）	（20）	（M52）	615（750）	675	676	5	5	（76）	（720）	（60）

注：括号外为系列1，括号内为系列2。

① 不推荐使用。

表 1-241 PN100 凹凸面整体钢制管法兰尺寸（JB/T 79—2015）

（单位：mm）

公称尺寸	连接尺寸					密封面尺寸					法兰厚度 C	法兰颈	
	法兰外径 D	螺栓孔中心圆直径 K	螺栓孔径 L	双头螺柱		d	X	Y	f_1	f_2、f_3		N_{max}	r
				数量 n/个	螺纹								
DN15	105（105）	75（75）	14（14）	4（4）	M12（M12）	45（55）	39	40	2	4	20（20）	45（45）	4（15）
DN20	130（125）	90（90）	18（18）	4（4）	M16（M16）	58（68）	50	51	2	4	22（22）	50（54）	4（17）
DN25	140（135）	100（100）	18（18）	4（4）	M16（M16）	68（78）	57	58	2	4	24（24）	61（61）	4（18）
DN32	155（150）	110（110）	22（23）	4（4）	M20（M20）	78（82）	65	66	2	4	26（24）	68（68）	6（18）
DN40	170（165）	125（125）	22（23）	4（4）	M20（M20）	88（95）	75	76	3	4	28（26）	82（80）	6（20）
DN50	195（195）	145（145）	26（25）	4（4）	M24（M22）	102（112）	87	88	3	4	30（28）	96（94）	6（22）
DN65	220（220）	170（170）	26（25）	8（8）	M24（M22）	122（138）	109	110	3	4	34（32）	118（115）	6（25）
DN80	230（230）	180（180）	26（25）	8（8）	M24（M22）	138（148）	120	121	3	4	36（34）	128（132）	8（26）
DN100	265（265）	210（210）	30（30）	8（8）	M27（M27）	162（172）	149	150	3	4.5	40（38）	150（160）	8（30）
DN125	315（310）	250（250）	33（34）	8（8）	M30（M30）	188（210）	175	176	3	4.5	40（42）	185（189）	8（32）
DN150	355（350）	290（290）	33（34）	12（12）	M30（M30）	218（250）	203	204	3	4.5	44（46）	216（222）	10（36）
（DN175）①	（380）	（320）	（34）	（12）	（M30）	（280）	233	234	3	4.5	（48）	（251）	（38）
DN200	430（430）	360（360）	36（41）	12（12）	M33（M36）	285（312）	259	260	3	4.5	52（54）	278（284）	10（42）
（DN225）①	（470）	（400）	（41）	（12）	（M36）	（352）	286	287	3	4.5	（56）	（313）	（44）
DN250	505（500）	430（430）	39（41）	12（12）	M36（M36）	345（382）	312	313	3	4.5	60（60）	340（346）	12（48）
DN300	585（585）	500（500）	42（48）	16（16）	M39（M42）	410（442）	363	364	4	4.5	68（70）	407（408）	12（54）
DN350	655（655）	560（560）	48（54）	16（16）	M45（M48）	465（498）	421	422	4	5	74（76）	460（466）	12（58）
DN400	（715）	（620）	（54）	（16）	（M48）	535（558）	473	474	4	5	（80）	（520）	60

注：括号外为系列 1，括号内为系列 2。密封面尺寸未标系列 1、系列 2 的值相同。

① 不推荐使用。

表 1-242 PN160 凹凸面整体钢制管法兰尺寸（JB/T 79—2015） （单位：mm）

公称尺寸	连接尺寸					密封面尺寸					法兰厚度 C	法兰颈	
	法兰外径 D	螺栓孔中心圆直径 K	螺栓孔径 L	双头螺柱		d	X	Y	f_1	f_2、f_3		N_{max}	r
				数量 n/个	螺纹								
DN15	105(110)	75(75)	14(18)	4(4)	M12(M16)	45(55)	39	40	2	4	20(24)	45(49)	4(4)
DN20	130(130)	90(90)	18(23)	4(4)	M16(M20)	58(62)	50	51	2	4	24(26)	50(58)	4(4)
DN25	140(140)	100(100)	18(23)	4(4)	M16(M20)	68(72)	57	58	2	4	24(28)	61(65)	4(4)
DN32	155(165)	110(115)	22(25)	4(4)	M20(M22)	78(85)	65	66	2	4	28(30)	68(76)	4(5)
DN40	170(175)	125(125)	22(27)	4(4)	M20(M24)	88(92)	75	76	3	4	28(32)	82(88)	4(5)
DN50	195(215)	145(165)	26(25)	4(8)	M24(M22)	102(132)	87	88	3	4	30(36)	96(102)	4(5)
DN65	220(245)	170(190)	26(30)	8(8)	M24(M27)	122(152)	109	110	3	4	34(44)	118(131)	5(8)
DN80	230(260)	180(205)	26(30)	8(8)	M24(M27)	138(168)	120	121	3	4	36(46)	128(148)	5(8)
DN100	265(300)	210(240)	30(34)	8(8)	M27(M30)	162(200)	149	150	3	4.5	40(48)	150(172)	5(8)
DN125	315(355)	250(285)	33(41)	8(8)	M30(M36)	188(238)	175	176	3	4.5	44(60)	184(213)	6(10)
DN150	355(390)	290(318)	33(41)	12(12)	M30(M36)	218(270)	203	204	3	4.5	50(66)	224(246)	6(10)
(DN175)①	(460)	(380)	(48)	(12)	(M42)	(325)	233	234	3	4.5	(74)	(287)	(10)
DN200	430(480)	360(400)	36(48)	12(12)	M33(M42)	285(345)	259	260	3	4.5	60(78)	288(316)	8(10)
(DN225)①	(545)	(450)	(54)	(12)	(M48)	(390)	286	287	3	4.5	(82)	(345)	(10)
DN250	515(580)	430(485)	42(54)	12(12)	M39(M48)	345(425)	312	313	3	4.5	68(88)	346(378)	8(10)
DN300	585(665)	500(570)	42(54)	16(16)	M39(M48)	410(510)	363	364	4	4.5	78(100)	414(452)	10(10)

注：括号外为系列 1，括号内为系列 2。密封面尺寸未标系列 1、系列 2 的值相同。

① 不推荐使用。

表 1-243 PN200 凹凸面整体钢制管法兰（系列 2）尺寸（JB/T 79—2015）（单位：mm）

公称尺寸	连接尺寸					密封面尺寸					法兰厚度 C	法兰颈		
	法兰外径 D	螺栓孔中心圆直径 K	螺栓孔径 L	双头螺柱		d	X	Y	f_1	f_2、f_3		N_{max}	S_{max}	r
				数量 n/个	螺纹									
DN15	120	82	23	4	M20	55	27	28	2	5	27	51	18	5
DN20	130	90	23	4	M20	62	34	35	2	5	28	60	20	5
DN25	150	102	25	4	M22	72	41	42	2	5	30	67	21	5
DN32	160	115	25	4	M22	85	49	50	2	5	32	78	23	5
DN40	170	124	27	4	M24	90	55	56	3	5	34	90	25	5
DN50	210	160	25	8	M22	128	69	70	3	5	40	108	29	5
DN65	260	203	30	8	M27	165	96	97	3	5	48	137	36	8
DN80	290	230	34	8	M30	190	115	116	3	5	54	160	40	8
DN100	360	292	41	8	M36	245	137	138	3	6	66	204	52	8
DN125	385	318	41	12	M36	270	169	170	3	6	76	237	56	10
DN150	440	360	48	12	M42	305	189	190	3	6	82	270	60	10
(DN175)①	475	394	48	12	M42	340	213	214	3	6	84	301	63	10
DN200	535	440	54	12	M48	380	244	245	3	6	92	340	70	10
(DN225)①	580	483	58	12	M52	418	267	268	3	6	100	377	76	10
DN250	670	572	58	16	M52	508	318	319	3	6	110	448	94	10

注：带括号的公称尺寸不推荐使用。

① 不推荐使用。

表 1-244 PN40 榫槽面整体钢制管法兰尺寸（JB/T 79—2015）

（单位：mm）

公称尺寸	连接尺寸					密封面尺寸							法兰厚度 C	法兰颈	
	法兰外径 D	螺栓孔中心圆直径 K	螺栓孔径 L	双头螺柱 数量 n/个	双头螺柱 螺纹	d	W	X	Y	Z	f_1	f_2、f_3		N_{max}	r
DN15	95（95）	65（65）	14（14）	4（4）	M12（M12）	45（45）	29	39	40	28	2	4	14（16）	32（39）	4
DN20	105（105）	75（75）	14（14）	4（4）	M12（M12）	58（55）	36	50	51	35	2	4	14（16）	40（44）	4（5）
DN25	115（115）	85（85）	14（14）	4（4）	M12（M12）	68（65）	43	57	58	42	2	4	14（16）	50（49）	4（5）
DN32	140（135）	100（100）	18（18）	4（4）	M16（M16）	78（78）	51	65	66	50	2	4	18（18）	60（62）	6（5）
DN40	150（145）	110（110）	18（18）	4（4）	M16（M16）	88（85）	61	75	76	60	3	4	18（18）	70（70）	6（5）
DN50	165（160）	125（125）	18（18）	4（4）	M16（M16）	102（100）	73	87	88	72	3	4	18（20）	84（80）	6（5）
DN65	185（180）	145（145）	18（18）	8（8）	M16（M16）	122（120）	95	109	110	94	3	4	18（22）	104（101）	6（6）
DN80	200（195）	160（160）	18（18）	8（8）	M16（M16）	138（135）	106	120	121	105	3	4	18（22）	120（116）	8（6）
DN100	235（230）	190（190）	22（23）	8（8）	M20（M20）	162（160）	129	149	150	128	3	4.5	22（24）	142（140）	8（6）
DN125	270（270）	220（220）	26（25）	8（8）	M24（M22）	188（188）	155	175	176	154	3	4.5	26（28）	162（169）	8（8）
DN150	300（300）	250（250）	26（25）	8（8）	M24（M22）	218（218）	183	203	204	182	3	4.5	26（30）	192（198）	8（8）
（DN175）①	（350）	（295）	（30）	（12）	（M27）	（258）	213	233	234	212	3	4.5	（34）	（231）	10
DN200	375（375）	320（320）	30（30）	12（12）	M27（M27）	285（282）	239	259	260	238	3	4.5	30（38）	254（256）	10（10）
（DN225）①	（415）	（355）	（34）	（12）	（M30）	（315）	266	286	287	265	3	4.5	（40）	（285）	（10）
DN250	450（445）	385（385）	33（34）	12（12）	M30（M30）	345（345）	292	312	313	291	3	4.5	33（42）	312（314）	12（10）
DN300	515（510）	450（450）	33（34）	16（16）	M30（M30）	410（408）	343	363	364	342	4	4.5	33（46）	378（368）	12（12）
DN350	580（570）	510（510）	36（34）	16（16）	M33（M30）	465（465）	395	421	422	394	4	5	36（52）	432（430）	12（12）
DN400	660（655）	585（585）	39（41）	16（16）	M36（M36）	535（535）	447	473	474	446	4	5	39（58）	498（488）	12（12）
DN450	685（680）	610（610）	39（41）	20（20）	M36（M36）	560（560）	497	523	524	496	4	5	39（60）	522（542）	12（14）
DN500	755（755）	670（670）	42（48）	20（20）	M39（M42）	615（612）	549	575	576	548	4	5	42（62）	576（592）	12（15）
DN600	890（890）	795（795）	48（54）	20（20）	M45（M48）	735（730）	649	675	676	648	5	5	48（62）	686（696）	12（15）
DN700	（995）	（900）	（54）	（24）	（M48）	840（835）	751	777	778	750	5	5	（68）	（804）	（18）
DN800	（1135）	（1030）	（58）	（24）	（M52）	960（960）	856	882	883	855	5	5	（76）	（920）	（18）

注：括号外为系列 1，括号内为系列 2。密封面尺寸未标系列 1、系列 2 的值相同。

① 不推荐使用。

表 1-245 PN63 榫槽面整体钢制管法兰尺寸（JB/T 79—2015）

（单位：mm）

公称尺寸	连接尺寸					密封面尺寸							法兰厚度	法兰颈	
	法兰外径 D	螺栓孔中心圆直径 K	螺栓孔径 L	双头螺柱		d	W	X	Y	Z	f_1	f_2、f_3	C	N_{max}	r
				数量 n/个	螺纹										
DN15	105（105）	75（75）	14（14）	4（4）	M12（M12）	45（55）	29	39	40	28	2	4	20（18）	45（45）	4（15）
DN20	130（125）	90（90）	18（18）	4（4）	M16（M16）	58（68）	36	50	51	35	2	4	22（20）	50（52）	4（16）
DN25	140（135）	100（100）	18（18）	4（4）	M16（M16）	68（78）	43	57	58	42	2	4	24（22）	61（61）	4（18）
DN32	155（150）	110（110）	22（23）	4（4）	M20（M20）	78（82）	51	65	66	50	2	4	26（24）	68（68）	6（18）
DN40	170（165）	125（125）	22（23）	4（4）	M20（M20）	88（95）	61	75	76	60	3	4	26（24）	82（80）	6（20）
DN50	180（175）	135（135）	22（23）	4（4）	M20（M20）	102（105）	73	87	88	72	3	4	26（26）	90（90）	6（20）
DN65	205（200）	160（160）	22（23）	8（8）	M20（M20）	122（130）	95	109	110	94	3	4	26（28）	105（111）	6（23）
DN80	215（210）	170（170）	22（23）	8（8）	M20（M20）	138（140）	106	120	121	105	3	4	28（30）	122（128）	8（24）
DN100	250（250）	200（200）	26（25）	8（8）	M24（M22）	162（168）	129	149	150	128	3	4.5	30（32）	146（152）	8（26）
DN125	295（295）	240（240）	30（30）	8（8）	M27（M27）	188（202）	155	175	176	154	3	4.5	34（36）	177（181）	8（28）
DN150	345（340）	280（280）	33（34）	8（8）	M30（M30）	218（240）	183	203	204	182	3	4.5	36（38）	204（210）	10（30）
（DN175）①	（370）	（310）	（34）	（12）	（M30）	（270）	213	233	234	212	3	4.5	（42）	（239）	（32）
DN200	415（405）	345（345）	36（34）	12（12）	M33（M30）	285（300）	239	259	260	238	3	4.5	42（44）	264（268）	10（34）
（DN225）①	（430）	（370）	（34）	（12）	（M30）	（325）	266	286	287	265	3	4.5	（46）	（301）	（38）
DN250	470（470）	400（400）	36（41）	12（12）	M33（M36）	345（352）	292	312	313	291	3	4.5	46（48）	300（326）	12（38）
DN300	530（530）	460（460）	36（41）	16（16）	M33（M36）	410（412）	343	363	364	342	4	5	52（54）	378（384）	12（42）
DN350	600（595）	525（525）	39（41）	16（16）	M36（M36）	465（475）	395	421	422	394	4	5	56（60）	434（442）	12（46）
DN400	670（670）	585（585）	42（48）	16（16）	M39（M42）	535（525）	447	473	474	446	4	5	60（66）	490（500）	12（50）
DN500	（800）	（705）	（54）	（20）	（M48）	615（750）	549	575	576	548	4	5	（70）	（610）	（55）
DN600	（930）	（820）	（58）	（20）	（M52）	735	649	675	676	648	5	5	（76）	（720）	（60）

注：括号外为系列1，括号内为系列2。密封面尺寸未标系列1、系列2的值相同。

① 不推荐使用。

表 1-246 PN100 榫槽面整体钢制管法兰尺寸（JB/T 79—2015） （单位：mm）

公称尺寸	连接尺寸					密封面尺寸							法兰厚度 C	法兰颈	
	法兰外径 D	螺栓孔中心圆直径 K	螺栓孔径 L	双头螺柱											
				数量 n/个	螺纹	d	W	X	Y	Z	f_1	f_2、f_3		N_{max}	r
DN15	105（105）	75（75）	14（14）	4（4）	M12（M12）	45（55）	29	39	40	28	2	4	20（20）	45（45）	4（15）
DN20	130（125）	90（90）	18（18）	4（4）	M16（M16）	58（68）	36	50	51	35	2	4	22（22）	50（54）	4（17）
DN25	140（135）	100（100）	18（18）	4（4）	M16（M16）	68（78）	43	57	58	42	2	4	24（24）	61（61）	4（18）
DN32	155（150）	110（110）	22（23）	4（4）	M20（M20）	78（82）	51	65	66	50	2	4	26（24）	68（68）	6（18）
DN40	170（165）	125（125）	22（23）	4（4）	M20（M20）	88（95）	61	75	76	60	3	4	28（26）	82（80）	6（20）
DN50	195（195）	145（145）	26（25）	4（4）	M24（M22）	102（112）	73	87	88	72	3	4	30（28）	96（94）	6（22）
DN65	220（220）	170（170）	26（25）	8（8）	M24（M22）	122（138）	95	109	110	94	3	4	34（32）	118（115）	6（25）
DN80	230（230）	180（180）	26（25）	8（8）	M24（M22）	138（148）	106	120	121	105	3	4	36（34）	128（132）	8（26）
DN100	265（265）	210（210）	30（30）	8（8）	M27（M27）	162（172）	129	149	150	128	3	4.5	40（38）	150（160）	8（30）
DN125	315（310）	250（250）	33（34）	8（8）	M30（M30）	188（210）	155	175	176	154	3	4.5	40（42）	185（189）	8（32）
DN150	355（350）	290（290）	33（34）	12（12）	M30（M30）	218（250）	183	203	204	182	3	4.5	44（46）	216（222）	10（36）
（DN175）①	（380）	（320）	（34）	（12）	（M30）	（280）	213	233	234	212	3	4.5	（48）	（251）	（38）
DN200	430（430）	360（360）	36（41）	12（12）	M33（M36）	285（312）	239	259	260	238	3	4.5	52（54）	278（284）	10（42）
（DN225）①	（470）	（400）	（41）	（12）	（M36）	（352）	266	286	287	265	3	4.5	（56）	（313）	（44）
DN250	505（500）	430（430）	39（41）	12（12）	M36（M36）	345（382）	292	312	313	291	3	4.5	60（60）	340（346）	12（48）
DN300	585（585）	500（500）	42（48）	16（16）	M39（M42）	410（442）	343	363	364	342	4	4.5	68（70）	407（408）	12（54）
DN350	655（655）	560（56）	48（54）	16（16）	M45（M48）	465（498）	395	421	422	394	4	5	74（76）	460（466）	12（58）
DN400	（715）	（620）	（54）	（16）	（M48）	535（558）	447	473	474	446	4	5	（80）	（520）	（60）

注：括号外为系列 1，括号内为系列 2。密封面尺寸未标系列 1、系列 2 的值相同。

① 不推荐使用。

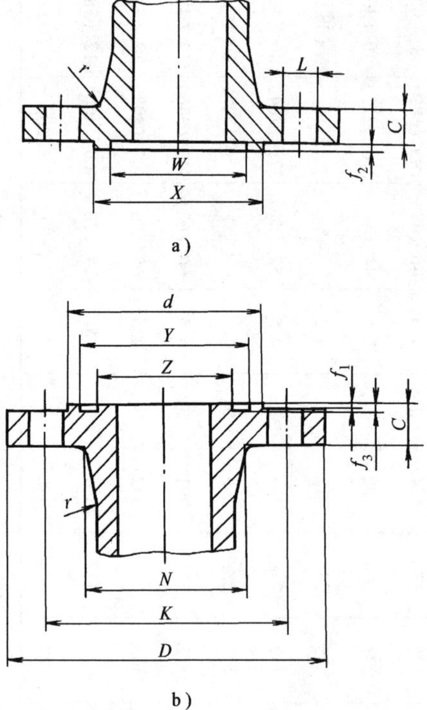

图1-88　榫槽面整体钢制管法兰

a）凸榫槽面　b）凹榫槽面

4. 环连接面整体钢制管法兰

环连接面整体钢制管法兰的形式和尺寸如图1-89及表1-247~表1-250所示。

5. 突面板式平焊钢制管法兰

突面板式平焊钢制管法兰的形式和尺寸如图1-90及表1-251~表1-255所示。

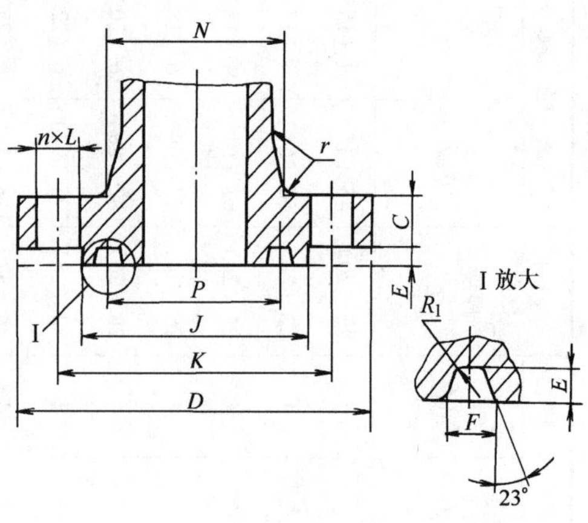

图1-89　环连接面整体钢制管法兰

注：凸出部分高度与梯形槽深度E相等，但不受尺寸E公差的限制，允许采用如虚线所示轮廓的全平面形式。

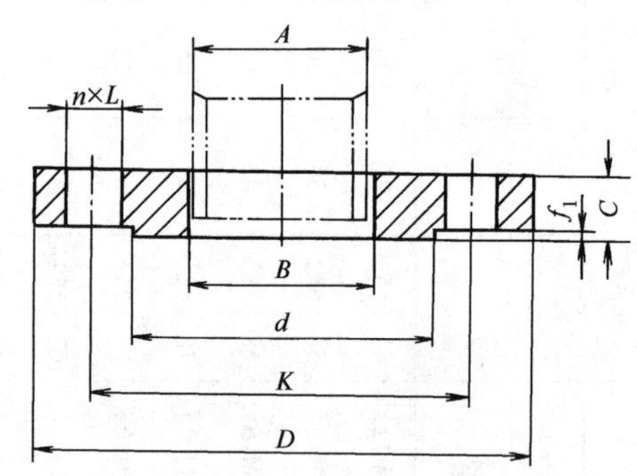

图1-90　突面板式平焊钢制管法兰

表1-247　PN63环连接面整体钢制管法兰尺寸（JB/T 79—2015）　　（单位：mm）

公称尺寸	连接尺寸					密封面尺寸					法兰厚度 C	法兰颈	
	法兰外径 D	螺栓孔中心圆直径 K	螺栓孔径 L	双头螺柱 数量 n/个	双头螺柱 螺纹Th.	J	P	F	E	R_{1max}		N_{max}	r
DN15	105(105)	75(75)	14(14)	4(4)	M12(M12)	55(55)	35	9	6.5	0.8	20(18)	45(45)	4(15)
DN20	130(125)	90(90)	18(18)	4(4)	M16(M16)	68(68)	45	9	6.5	0.8	22(20)	50(52)	4(16)
DN25	140(135)	100(100)	18(18)	4(4)	M16(M16)	78(78)	50	9	6.5	0.8	24(22)	61(61)	4(18)
DN32	155(150)	110(110)	22(23)	4(4)	M20(M20)	82(82)	65	9	6.5	0.8	26(24)	68(68)	6(18)
DN40	170(165)	125(125)	22(23)	4(4)	M20(M20)	102(95)	75	9	6.5	0.8	26(24)	82(80)	6(20)
DN50	180(175)	135(135)	22(23)	4(4)	M20(M20)	112(105)	85	12	8	0.8	26(26)	90(90)	6(20)

（续）

公称尺寸	连接尺寸					密封面尺寸					法兰厚度 C	法兰颈	
	法兰外径 D	螺栓孔中心圆直径 K	螺栓孔径 L	双头螺柱		J	P	F	E	R_{1max}		N_{max}	r
				数量 n/个	螺纹 Th.								
DN65	205(200)	160(160)	22(23)	8(8)	M20(M20)	136(130)	110	12	8	0.8	26(28)	105(111)	6(23)
DN80	215(210)	170(170)	22(23)	8(8)	M20(M20)	146(140)	115	12	8	0.8	28(30)	122(128)	8(24)
DN100	250(250)	200(200)	26(25)	8(8)	M24(M22)	172(168)	145	12	8	0.8	30(32)	146(152)	8(26)
DN125	295(295)	240(240)	30(30)	8(8)	M27(M27)	208(202)	175	12	8	0.8	34(36)	177(181)	8(28)
DN150	345(340)	280(280)	33(34)	8(8)	M30(M30)	245(240)	205	12	8	0.8	36(38)	204(210)	10(30)
(DN175)①	(370)	(310)	(34)	(12)	(M30)	(270)	235	12	8	0.8	(42)	(239)	(32)
DN200	415(405)	345(345)	36(34)	12(12)	M33(M30)	306(300)	265	12	8	0.8	42(44)	264(268)	10(34)
(DN225)①	(430)	(370)	(34)	(12)	(M30)	(325)	280	12	8	0.8	(46)	(301)	(38)
DN250	470(470)	400(400)	36(41)	12(12)	M33(M36)	362(352)	320	12	8	0.8	46(48)	320(326)	12(38)
DN300	530(530)	460(460)	36(41)	16(16)	M33(M36)	422(412)	375	12	8	0.8	52(54)	378(384)	12(42)
DN350	600(595)	525(525)	39(41)	16(16)	M36(M36)	475(475)	420	12	8	0.8	56(60)	434(442)	12(46)
DN400	670(670)	585(585)	42(48)	16(16)	M39(M42)	540(525)	480	12	8	0.8	60(66)	490(500)	12(50)
DN500	(800)	(705)	(54)	(20)	(M48)	(640)	590	14	10	0.8	(70)	(610)	(55)

注：括号外为系列 1，括号内为系列 2。密封面尺寸未标系列 1、系列 2 的值相同。

① 不推荐使用。

表 1-248 PN100 环连接面整体钢制管法兰尺寸（JB/T 79—2015） （单位：mm）

公称尺寸	连接尺寸					密封面尺寸					法兰厚度 C	法兰颈	
	法兰外径 D	螺栓孔中心圆直径 K	螺栓孔径 L	双头螺柱		J	P	F	E	R_{1max}		N_{max}	r
				数量 n/个	螺纹 Th.								
DN15	105(105)	75(75)	14(14)	4(4)	M12(M12)	55(55)	35	9	6.5	0.8	20(20)	45(45)	4(15)
DN20	130(125)	90(90)	18(18)	4(4)	M16(M16)	68(68)	45	9	6.5	0.8	22(22)	50(54)	4(17)
DN25	140(135)	100(100)	18(18)	4(4)	M16(M16)	78(78)	50	9	6.5	0.8	24(24)	61(61)	4(18)
DN32	155(150)	110(110)	22(23)	4(4)	M20(M20)	86(82)	65	9	6.5	0.8	26(24)	68(68)	4(18)
DN40	170(165)	125(125)	22(23)	4(4)	M20(M20)	102(95)	75	9	6.5	0.8	28(26)	82(80)	6(20)
DN50	195(195)	145(145)	26(25)	4(4)	M24(M22)	116(112)	85	12	8	0.8	30(28)	96(94)	6(22)
DN65	220(220)	170(170)	26(25)	8(8)	M24(M22)	140(138)	110	12	8	0.8	34(32)	118(115)	6(25)
DN80	230(230)	180(180)	26(25)	8(8)	M24(M22)	150(148)	115	12	8	0.8	36(34)	128(132)	8(26)
DN100	265(265)	210(210)	30(30)	8(8)	M27(M27)	176(172)	145	12	8	0.8	40(38)	150(160)	8(30)
DN125	315(310)	250(250)	33(34)	8(8)	M30(M30)	212(210)	175	12	8	0.8	40(42)	185(189)	8(32)
DN150	355(350)	290(290)	33(34)	12(12)	M30(M30)	250(250)	205	12	8	0.8	44(46)	216(222)	10(36)
(DN175)①	(380)	(320)	(34)	(12)	(M30)	(280)	235	12	8	0.8	(48)	(251)	(38)
DN200	430(430)	360(360)	36(41)	12(12)	M33(M36)	312(312)	265	12	8	0.8	52(54)	278(284)	10(42)
(DN225)①	(470)	(400)	(41)	(12)	(M36)	(352)	280	12	8	0.8	(56)	(313)	(44)
DN250	505(500)	430(430)	39(41)	12(12)	M36(M36)	376(382)	320	12	8	0.8	60(60)	340(346)	12(48)
DN300	585(585)	500(500)	42(48)	16(16)	M39(M42)	448(442)	375	12	8	0.8	68(70)	407(408)	12(54)
DN350	655(655)	560(560)	48(54)	16(16)	M45(M48)	505(498)	420	17	11	0.8	74(76)	460(466)	12(58)
DN400	(715)	(620)	(54)	(16)	(M48)	(558)	480	17	11	0.8	(80)	(520)	(60)

注：括号外为系列 1，括号内为系列 2。密封面尺寸未标系列 1、系列 2 的值相同。

① 不推荐使用。

表 1-249　PN160 环连接面整体钢制管法兰尺寸（JB/T 79—2015）　　（单位：mm）

公称尺寸	连接尺寸					密封面尺寸					法兰厚度	法兰颈	
	法兰外径 D	螺栓孔中心圆直径 K	螺栓孔径 L	双头螺柱									
				数量 n/个	螺纹 Th.	J	P	F	E	$R_{1\max}$	C	$N_{\max}$	r
DN15	105(110)	75(75)	14(18)	4(4)	M12(M16)	58(52)	35	9	6.5	0.8	20(24)	45(49)	4(4)
DN20	130(130)	90(90)	18(23)	4(4)	M16(M20)	70(62)	45	9	6.5	0.8	24(26)	50(58)	4(4)
DN25	140(140)	100(100)	18(23)	4(4)	M16(M20)	80(72)	50	9	6.5	0.8	24(28)	61(65)	4(4)
DN32	155(165)	110(115)	22(25)	4(4)	M20(M22)	86(85)	65	9	6.5	0.8	28(30)	68(76)	4(5)
DN40	170(175)	125(125)	22(27)	4(4)	M20(M24)	102(92)	75	9	6.5	0.8	28(32)	82(88)	4(5)
DN50	195(215)	145(165)	26(25)	4(8)	M24(M22)	118(132)	95	12	8	0.8	30(36)	96(102)	4(5)
DN65	220(245)	170(190)	26(30)	8(8)	M24(M27)	142(152)	110	12	8	0.8	34(44)	118(131)	5(8)
DN80	230(260)	180(205)	26(30)	8(8)	M24(M27)	152(168)	130	12	8	0.8	36(46)	128(148)	5(8)
DN100	265(300)	210(240)	30(34)	8(8)	M27(M30)	178(200)	160	12	8	0.8	40(48)	150(172)	5(8)
DN125	315(355)	250(285)	33(41)	8(8)	M30(M36)	215(238)	190	12	8	0.8	44(60)	184(213)	6(10)
DN150	355(390)	290(318)	33(41)	12(12)	M30(M36)	255(270)	205	14	10	0.8	50(66)	224(246)	6(10)
(DN175)①	(460)	(380)	(48)	(12)	(M42)	(325)	255	17	11	0.8	(74)	(287)	(10)
DN200	430(480)	360(400)	36(48)	12(12)	M33(M42)	322(345)	275	17	11	0.8	60(78)	288(316)	8(10)
(DN225)①	(545)	(450)	(54)	(12)	(M48)	(390)	305	17	11	0.8	(82)	(345)	(10)
DN250	515(580)	430(485)	42(54)	12(12)	M39(M48)	388(425)	330	17	11	0.8	68(88)	346(378)	8(10)
DN300	585(665)	500(570)	42(54)	16(16)	M39(M48)	456(510)	380	23	14	0.8	78(100)	414(452)	10(10)

注：括号外为系列 1，括号内为系列 2。密封面尺寸未标系列 1、系列 2 的值相同。

① 不推荐使用。

表 1-250　PN200 环连接面整体钢制管法兰（系列 2）尺寸　　（单位：mm）

公称尺寸	连接尺寸					密封面尺寸					法兰厚度	法兰颈		
	法兰外径 D	螺栓孔中心圆直径 K	螺栓孔径 L	双头螺柱										
				数量 n/个	螺纹 Th.	J	P	F	E	$R_{1\max}$	C	$N_{\max}$	$S_{\max}$	r
DN15	120	82	23	4	M20	55	40	9	6.5	0.8	26	51	18	5
DN20	130	90	23	4	M20	62	45	9	6.5	0.8	28	60	20	5
DN25	150	102	25	4	M22	72	50	9	6.5	0.8	30	67	21	5
DN32	160	115	25	4	M22	85	65	9	6.5	0.8	32	78	23	5
DN40	170	121	27	4	M24	90	75	9	6.5	0.8	34	90	25	5
DN50	210	150	25	8	M22	128	95	12	8	0.8	40	108	29	5
DN65	260	200	30	8	M27	165	110	12	8	0.8	48	137	36	8
DN80	290	230	34	8	M30	190	160	12	8	0.8	51	160	40	8
DN100	360	292	41	8	M36	245	190	12	8	0.8	66	204	52	8
DN125	385	318	41	12	M36	270	205	14	10	0.8	76	237	56	10
DN150	440	350	48	12	M42	305	240	17	11	0.8	82	270	60	10
(DN175)①	475	394	48	12	M42	340	275	17	11	0.8	84	301	63	10
DN200	535	440	54	12	M48	380	305	17	11	0.8	92	340	70	10
(DN225)①	580	483	58	12	M52	418	330	17	11	0.8	100	377	76	10
DN250	670	572	58	16	M52	508	380	23	14	0.8	110	448	94	10

① 不推荐使用。

表 1-251 PN2.5 突面板式平焊钢制管法兰尺寸（JB/T 81—2015） （单位：mm）

公称尺寸	钢管外径 A	连接尺寸					密封面尺寸		法兰厚度 C	法兰内径 B
		法兰外径 D 系列1/系列2	螺栓孔中心圆直径 K	螺栓孔径 L 系列1/系列2	螺栓、螺柱 数量 n/个	螺栓、螺柱 螺纹 系列1/系列2	d	f_1		
DN10	14	75	50	12	4	M10	32	2	10	15
DN15	18	80	55	12	4	M10	40	2	10	19
DN20	25	90	65	12	4	M10	50	2	12	26
DN25	32	100	75	12	4	M10	60	2	12	33
DN32	38	120	90	14	4	M12	70	2	12	39
DN40	45	130	100	14	4	M12	80	3	12	46
DN50	57	140	110	14	4	M12	90	3	12	59
DN65	73	160	130	14	4	M12	110	3	14	75
DN80	89	190/185	150	18	4	M16	125	3	14	91
DN100	108	210/205	170	18	4	M16	145	3	14	110
DN125	133	240/235	200	18	8	M16	175	3	14	135
DN150	159	265/260	225	18	8	M16	200	3	16	161
(DN175)①	194	—/290	255	—/18	8	—/M16	230	3	16	196
DN200	219	320/315	280	18	8	M16	255	3	18	222
(DN225)①	245	—/340	305	—/18	8	—/M16	280	3	20	248
DN250	273	375/370	335	18	12	M16	310	3	22	276
DN300	325	440/435	395	23	12	M20	362	4	22	328
DN350	377	490/485	445	23	12	M20	412	4	22	380
DN400	426	540/535	495	23	16	M20	462	4	22	430
DN450	480	595/590	550	23	16	M20	518	4	24	484
DN500	530	645/640	600	23	16	M20	568	4	24	534
DN600	630	755	705	26/25	20	M24/M22	670	5	24	634
DN700	720	860	810	26/25	24	M24/M22	775	5	26	724
DN800	820	975	920	30	24	M27	880	5	26	824
DN900	920	1075	1020	30	24	M27	980	5	28	924
DN1000	1020	1175	1120	30	28	M27	1080	5	30	1024
DN1200	1220	1375	1320	30	32	M27	1280	5	30	1224
DN1400	1420	1575	1520	30	36	M27	1480	5	32	1424
DN1600	1620	1790/1785	1730	30	40	M27	1690	5	32	1624

① 不推荐使用。

表 1-252 PN6 突面板式平焊钢制管法兰尺寸（JB/T 81—2015） （单位：mm）

公称尺寸	钢管外径 A	连接尺寸					密封面尺寸		法兰厚度 C	法兰内径 B
		法兰外径 D 系列1/系列2	螺栓孔中心圆直径 K	螺栓孔径 L 系列1/系列2	螺栓、螺柱 数量 n/个	螺栓、螺柱 螺纹 系列1/系列2	d	f_1		
DN10	14	75	50	12	4	M10	32	2	12	15
DN15	18	80	55	12	4	M10	40	2	12	19
DN20	25	90	65	12	4	M10	50	2	14	26

（续）

公称尺寸	钢管外径 A	连接尺寸					密封面尺寸		法兰厚度 C	法兰内径 B
		法兰外径 D 系列 1/系列 2	螺栓孔中心圆直径 K	螺栓孔径 L 系列 1/系列 2	螺栓、螺柱					
					数量 n/个	螺纹 系列 1/系列 2	d	f_1		
DN25	32	100	75	12	4	M10	60	2	14	33
DN32	38	120	90	14	4	M12	70	2	16	39
DN40	45	130	100	14	4	M12	80	3	16	46
DN50	57	140	110	14	4	M12	90	3	16	59
DN65	73	160	130	14	4	M12	110	3	16	75
DN80	89	190/185	150	18	4	M16	125	3	18	91
DN100	108	210/205	170	18	4	M16	145	3	18	110
DN125	133	240/235	200	18	8	M16	175	3	20	135
DN150	159	265/260	225	18	8	M16	200	3	20	161
(DN175)①	194	—/290	255	—/18	8	—/M16	230	3	22	196
DN200	219	320/315	280	18	8	M16	255	3	22	222
(DN225)①	245	—/340	305	—/18	8	—/M16	280	3	22	248
DN250	273	375/370	335	18	12	M16	310	3	24	276
DN300	325	440/435	395	23	12	M20	362	4	24	328
DN350	377	490/485	445	23	12	M20	412	4	26	380
DN400	426	540/535	495	23	16	M20	462	4	28	430
DN450	480	595/590	550	23	16	M20	518	4	28	484
DN500	530	645/640	600	23	16	M20	568	4	30	534
DN600	630	755	705	26/25	20	M24/M22	670	5	30	634
DN700	720	860	810	26/25	24	M24/M22	775	5	32	724
DN800	820	975	920	30	24	M27	880	5	32	824
DN900	920	1075	1020	30	24	M27	980	5	34	924
DN1000	1020	1175	1120	30	28	M27	1080	5	36	1024

① 不推荐使用。

表 1-253 PN10 突面板式平焊钢制管法兰尺寸（JB/T 81—2015） （单位：mm）

公称尺寸	钢管外径 A	连接尺寸					密封面尺寸		法兰厚度 C	法兰内径 B
		法兰外径 D 系列 1/系列 2	螺栓孔中心圆直径 K	螺栓孔径 L 系列 1/系列 2	螺栓、螺柱					
					数量 n/个	螺纹 系列 1/系列 2	d	f_1		
DN10	14	90	60	14	4	M12	40	2	12	15
DN15	18	95	65	14	4	M12	45	2	12	19
DN20	25	105	75	14	4	M12	55	2	14	26
DN25	32	115	85	14	4	M12	65	2	14	33
DN32	38	140/135	100	18	4	M16	78	2	16	39
DN40	45	150/145	110	18	4	M16	85	3	18	46
DN50	57	165/160	125	18	4	M16	100	3	18	59
DN65	73	185/180	145	18	4	M16	120	3	20	75
DN80	89	200/195	160	18	4	M16	135	3	20	91
DN100	108	220/215	180	18	8	M16	155	3	22	110

（续）

公称尺寸	钢管外径 A	连接尺寸					密封面尺寸		法兰厚度 C	法兰内径 B
		法兰外径 D 系列1/系列2	螺栓孔中心圆直径 K	螺栓孔径 L 系列1/系列2	螺栓、螺柱		d	f_1		
					数量 n/个	螺纹 系列1/系列2				
DN125	133	250/245	210	18	8	M16	185	3	24	135
DN150	159	285/280	240	23	8	M20	210	3	24	161
(DN175)①	194	—/310	270	—/23	8	—/M20	240	3	24	196
DN200	219	340/335	295	23	8	M20	265	3	24	222
(DN225)①	245	—/365	325	—/23	8	—/M20	295	3	24	248
DN250	273	395/390	350	23	12	M20	320	3	26	276
DN300	325	445/440	400	23	12	M20	368	4	28	328
DN350	377	505/500	460	23	16	M20	428	4	28	380
DN400	426	565	515	26/25	16	M24/M22	482	4	30	430
DN450	480	615	565	26/25	20	M24/M22	532	4	30	484
DN500	530	670	620	26/25	20	M24/M22	585	4	32	534
DN600	630	780	725	30	20	M27	685	5	36	634

① 不推荐使用。

表 1-254 PN16 突面板式平焊钢制管法兰尺寸（JB/T 81—2015） （单位：mm）

公称尺寸	钢管外径 A	连接尺寸					密封面尺寸		法兰厚度 C	法兰内径 B
		法兰外径 D 系列1/系列2	螺栓孔中心圆直径 K	螺栓孔径 L 系列1/系列2	螺栓、螺柱		d	f_1		
					数量 n/个	螺纹 系列1/系列2				
DN10	14	90	60	14	4	M12	40	2	14	15
DN15	18	95	65	14	4	M12	45	2	14	19
DN20	25	105	75	14	4	M12	55	2	16	25
DN25	32	115	85	14	4	M12	65	2	18	33
DN32	38	140/135	100	18	4	M16	78	2	18	39
DN40	45	150/145	110	18	4	M16	85	3	20	46
DN50	57	165/160	125	18	4	M16	100	3	22	59
DN65	73	185/180	145	18	4	M16	120	3	24	75
DN80	89	200/195	160	18	8	M16	135	3	24	91
DN100	108	220/215	180	18	8	M16	155	3	26	110
DN125	133	250/245	210	18	8	M16	185	3	28	135
DN150	159	285/280	240	23	8	M20	210	3	28	161
(DN175)①	194	—/310	270	—/23	8	—/M20	240	3	28	196
DN200	219	340/335	295	23	12	M20	265	3	20	222
(DN225)①	245	—/365	325	—/23	12	—/M20	295	3	30	248
DN250	273	405	355	26/25	12	M24/M22	320	3	32	276
DN300	325	460	410	26/25	12	M24/M22	375	4	32	328
DN350	377	520	470	26/25	16	M24/M22	436	4	34	380
DN400	426	580	525	30	16	M27	485	4	38	430
DN450	480	640	585	30	20	M27	515	4	42	484
DN500	530	715/705	650	34	20	M30	608	4	48	534
DN600	630	840	770	36/41	20	M33/M36	718	5	50	634

① 不推荐使用。

表1-255　PN25突面板式平焊钢制管法兰尺寸（JB/T 81—2015）　（单位：mm）

公称尺寸	钢管外径 A	连接尺寸					密封面尺寸		法兰厚度 C	法兰内径 B
		法兰外径 D 系列1/系列2	螺栓孔中心圆直径 K	螺栓孔径 L 系列1/系列2	螺栓、螺柱		d	f_1		
					数量 n/个	螺纹 系列1/系列2				
DN10	14	90	60	14	4	M12	40	2	16	15
DN15	18	95	65	14	4	M12	45	2	16	19
DN20	25	105	75	14	4	M12	55	2	18	26
DN25	32	115	85	14	4	M12	65	2	18	33
DN32	38	140/135	100	18	4	M16	78	2	20	39
DN40	45	150/145	110	18	4	M16	85	3	22	46
DN50	57	165/160	125	18	4	M16	100	3	24	59
DN65	73	185/180	145	18	8	M16	120	3	24	75
DN80	89	200/195	160	18	8	M16	135	3	26	91
DN100	108	235/230	190	23	8	M20	160	3	28	110
DN125	133	270	220	26/25	8	M24/M22	188	3	30	135
DN150	159	300	250	26/25	8	M24/M22	218	3	30	161
(DN175)①	194	—/330	280	—/25	12	—/M22	248	3	32	196
DN200	219	360	310	26/25	12	M24/M22	278	3	32	222
(DN225)①	245	—/395	340	—/30	12	—/M27	302	3	34	248
DN250	273	425	370	30	12	M27	332	3	34	276
DN300	325	485	430	30	16	M27	390	4	36	328
DN350	377	555/550	490	34	16	M30	448	4	42	380
DN400	426	620/610	550	36/34	16	M33/M30	505	4	44	430
DN450	480	670/660	600	36/34	20	M33/M30	555	4	48	484
DN500	530	730	660	36/41	20	M33/M36	610	4	52	534

注：表1-251～表1-255中列出的法兰理论质量是指系列2法兰。

① 不推荐使用。

6. 突面对焊钢制管法兰

突面对焊钢制管法兰的形式和尺寸如图1-91及表1-256～表1-261所示。

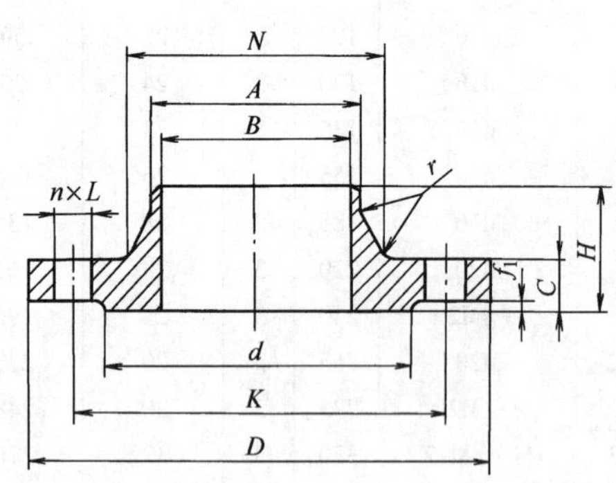

图1-91　突面对焊钢制管法兰形式

7. 凹凸面对焊钢制管法兰

凹凸面对焊钢制管法兰的形式和尺寸如图1-92及表1-262～表1-266所示。

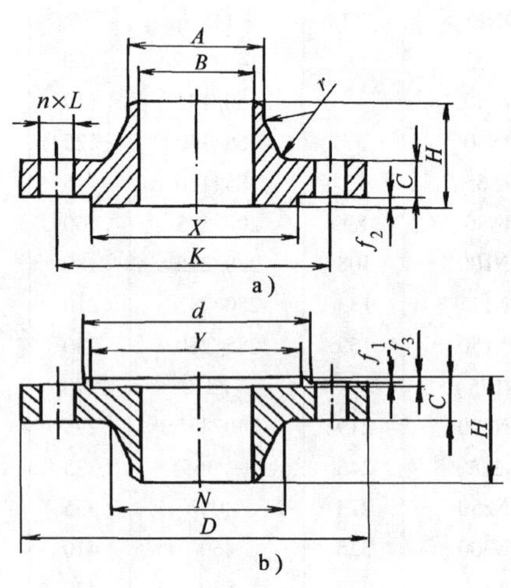

图1-92　凹凸面对焊钢制管法兰形式
a）凸面法兰A型　b）凹面法兰B型

8. 榫槽面对焊钢制管法兰

榫槽面对焊钢制管法兰的形式和尺寸如图1-93及表1-267～表1-269所示。

表 1-256 PN2.5 突面对焊钢制管法兰尺寸（JB/T 82—2015）

（单位：mm）

公称尺寸	法兰焊端外径（钢管外径）A	连接尺寸					密封面尺寸		系列1/系列2		法兰内径 B	系列1/系列2	
		法兰外径 D	螺栓孔中心圆直径 K	螺栓孔径 L	螺栓、螺柱		d	f_1	法兰厚度 C	法兰高度 H		颈部直径 N_{max}	圆角半径 r
	系列1/系列2	系列1/系列2			数量 n/个	螺纹 系列1/系列2	系列1/系列2				系列2		
DN10	14	75	50	11/12	4	M10	35/32	2	12/10	28/25	8	26/22	4
DN15	18	80	55	11/12	4	M10	40	2	12/10	30/28	12	30/28	4
DN20	25	90	65	11/12	4	M10	50	2	14/10	38/30	18	38/36	4
DN25	32	100	75	11/12	4	M10	60	2	14/10	35/30	25	42	4
DN32	38	120	90	14	4	M12	70	2	14/10	35/30	31	55/50	6/4
DN40	45	130	100	14	4	M12	80	3	14/12	38/36	38	62/60	6/4
DN50	57	140	110	14	4	M12	90	3	14/12	38/36	49	74/70	6/4
DN65	76/73	160	130	14	4	M12	110	3	14/12	38/36	66	88	6/4
DN80	89	190/185	150	18	4	M16	128/125	3	16/14	42/38	78	102	8/5
DN100	108	210/205	170	18	4	M16	148/145	3	16/14	45/40	96	130/122	8/5
DN125	133	240/235	200	18	8	M16	178/175	3	18/14	48/40	121	155/148	8/5
DN150	159	265/260	225	18	8	M16	202/200	3	18/14	48/42	146	184/172	10/5
(DN175)①	—/194	—/290	—/255	18	8	M16	—/230	3	—/16	—/46	177	—/210	—/5
DN200	219	320/315	280	18	8	M16	258/255	3	20/16	55	202	236/235	10/5
(DN225)①	—/245	—/340	—/305	18	8	M16	—/280	3	—/18	—/55	226	—/260	—/6
DN250	273	375/370	335	18	12	M16	312/310	3	22/20	60/55	254	290/288	12/6
DN300	325	440/435	395	22/23	12	M20	365/362	4	22/20	62/58	303	342/340	12/6
DN350	377	490/485	445	22/23	12	M20	415/412	4	22/20	62/58	351	390	12/6
DN400	426	540/535	495	22/23	16	M20	465/462	4	22/20	65/60	398	440	12/6
DN450	480	595/590	550	22/23	16	M20	520/518	4	22/20	65/60	450	494	12/6
DN500	530	645/640	600	22/23	16	M20	570/568	4	24/24	68/62	501	545	12/6
DN600	630	755	705	26/25	20	M24/M22	670	5	30/24	70/74	602	650	12/8
DN700	720	860	810	26/25	24	M24/M22	775	5	30/24	76/74	692	740	12/10
DN800	820	975	920	30	24	M27	880	5	30/24	76/85	792	844	12
DN900	920	1075	1020	30	24	M27	980	5	30/26	78/88	892	944	12
DN1000	1020	1175	1120	30	28	M27	1080	5	30/26	82/88	992	1045/1044	16/12
DN1200	1220	1375	1320	30	32	M27	1280	5	32/28	94/90	1192	1245/1244	16/12
DN1400	1420	1575	1520	30	36	M27	1480	5	38/28	96/90	1392	1445	16/14
DN1600	1620	1790/1785	1730	30	40	M27	1690	5	46/28	102/90	1592	1645/1646	16/14

注：未注“/”区分的值，系列1、系列2通用。

① 不推荐使用。

表 1-257 PN6 突面对焊钢制管法兰尺寸（JB/T 82—2015） （单位：mm）

公称尺寸	法兰焊端外径（钢管外径）A 系列1/系列2	连接尺寸 系列1/系列2					密封面尺寸		系列1/系列2		法兰	系列1/系列2	
		法兰外径 D	螺栓孔中心圆直径 K	螺栓孔径 L	螺栓、螺柱 数量 n/个	螺栓、螺柱 螺纹	d 系列1/系列2	f_1	法兰厚度 C	法兰高度 H	内径 B 系列2	颈部直径 N_{max}	圆角半径 r
DN10	14	75	50	12	4	M10	35/32	2	12	28/25	8	26/22	4
DN15	18	80	55	12	4	M10	40	2	12	30	12	30/28	4
DN20	25	90	65	14/12	4	M10	50	2	14/12	32	18	38/36	4
DN25	32	100	75	14/12	4	M10	60	2	14	35/32	25	42	4
DN32	38	120	90	14	4	M12	70	2	14	35	31	55/50	6/4
DN40	45	130	100	14	4	M12	80	3	14	38	38	62/60	6/4
DN50	57	140	110	14	4	M12	90	3	14	38	49	74/70	6/4
DN65	76/73	160	130	14	4	M12	110	3	14	38	66	88	6/4
DN80	89	190/185	150	16	4	M16	128/125	3	16	42/40	78	102	8/5
DN100	108	210/205	170	16	4	M16	148/145	3	16	45/42	96	130/122	8/5
DN125	133	240/235	200	18	8	M16	178/175	3	18	48/44	121	155/148	8/5
DN150	159	265/260	225	18	8	M16	202/200	3	18	48/46	146	184/172	10/5
（DN175）①	—/194	—/290	—/255	—/20	—/8	M16	—/230	3	—/20	—/50	177	—/210	—/5
DN200	219	320/315	280	20	8	M16	258/255	3	20	55	202	236/235	10/5
（DN225）①	—/245	—/340	—/305	—/20	—/8	M16	—/280	3	—/20	—/55	226	—260	—/6
DN250	273	375/370	335	22	12	M16	312/310	3	22	60	254	290/288	12/6
DN300	325	440/435	395	22	12	M20	365/362	4	22	62/60	303	342/340	12/6
DN350	377	490/485	445	22	12	M20	415/412	4	22	62/60	351	390	12/6
DN400	426	540/535	495	22	16	M20	465/462	4	22	65/62	398	440	12/6
DN450	480	595/590	550	22	16	M20	520/518	4	22	65/62	450	494	12/6
DN500	530	645/640	600	24	16	M20	570/568	4	24	68/62	501	545	12/6
DN600	630	755	705	26/25	20/16	M24/M22	670	5	30/24	70/74	602	650	12/8
DN700	720	860	810	26/25	24	M24/M22	775	5	30/24	76/74	692	740	12/10
DN800	820	975	920	30	24	M27	880	5	30/24	76/85	792	844	12
DN900	920	1075	1020	30	24	M27	980	5	34/26	78/88	892	944	12
DN1000	1020	1175	1120	30	28	M27	1080	5	38/26	82/88	992	1045/1044	16/12
DN1200	1220	1405/1400	1340	33/34	32	M30	1295	5	42/28	104/90	1192	1248	16/12
DN1400	1420	1630/1620	1560	36/34	36	M30	1510	5	56/32	114/106	1392	1452/1456	16/14

注：未注“/”系列区分的，系列1、系列2通用。

① 不推荐使用。

表 1-258 PN10 突面对焊钢制管法兰尺寸（JB/T 82—2015）（单位：mm）

公称尺寸	法兰焊端外径（钢管外径）A 系列1/系列2	连接尺寸 系列1/系列2					密封面尺寸		系列1/系列2		法兰内径 B 系列2	系列1/系列2	
		法兰外径 D	螺栓孔中心圆直径 K	螺栓孔径 L	螺栓、螺柱		d 系列1/系列2	f_1	法兰厚度 C	法兰高度 H		颈部直径 N_{max}	圆角半径 r
					数量 n/个	螺纹							
DN10	14	90	60	14	4	M12	40	2	16/12	35	8	28/25	4
DN15	18	95	65	14	4	M12	45	2	16/12	38/35	12	32/30	4
DN20	25	105	75	14	4	M12	58/55	2	18/14	40/38	18	40/38	4
DN25	32	115	85	14	4	M12	68/65	2	18/14	40	25	46/45	4
DN32	38	140/135	100	18	4	M16	78	2	18/16	42	31	56/55	6/4
DN40	45	150/145	110	18	4	M16	88/85	3	18/16	45	38	64/62	6/4
DN50	57	165/160	125	18	4	M16	102/100	3	18/16	45	49	74/76	6/4
DN65	76/73	185/180	145	18	8/4	M16	122/120	3	18	45/48	66	92/94	6/5
DN80	89	200/195	160	18	8/4	M16	138/135	3	20/18	50	78	105	6/5
DN100	108	220/215	180	18	8	M16	158/155	3	20	52	96	131/128	8/5
DN125	133	250/245	210	18	8	M16	188/185	3	22	55/60	121	156	8/6
DN150	159	285/280	240	22/23	8	M20	212/210	3	22	55/60	146	184/180	10/6
(DN175)①	—/194	—/310	—/270	—/23	—/8	—/M20	—/240	3	—/22	—/60	177	—/210	—/6
DN200	219	340/335	295	22/23	8	M20	268/265	3	24/22	62	202	234/240	10/6
(DN225)①	—/245	—/365	—/325	—/23	—/8	—/M20	—/295	3	—/22	—/65	226	—268	—/6
DN250	273	395/390	350	22/23	12	M20	320	3	26/24	68/65	254	292/290	12/8
DN300	325	445/440	400	22/23	12	M20	370/368	4	26	68/65	303	342/345	12/8
DN350	377	505/500	460	22/23	16	M20	430/428	4	26	68/65	351	400	12/8
DN400	426	565	515	26/25	16	M24/M22	482	4	26	72/65	398	445	12/10
DN450	480	615	565	26/25	20	M24/M22	582	4	28/26	72/70	450	500	12
DN500	530	670	620	26/25	20	M24/M22	585	4	28	75/78	501	550	12
DN600	630	780	725	30	20	M27	685	5	30/28	82/90	602	650	12
DN700	720	895	840	30	24	M27	800	5	35/30	85/90	692	746/744	12/14
DN800	820	1015/1010	950	34	24	M30	905	5	38/32	96/106	792	850	12/14
DN900	920	1115/1110	1050	34	28	M30	1005	5	38/34	99/108	892	950	12/14
DN1000	1020	1230/1220	1160	36/34	28	M33/M30	1110/1115	5	44/34	105/108	992	1052/1050	16/14
DN1200	1220	1455/1450	1380	41	32	M36	1330/1325	5	55/38	132/112	1192	1256	16/18

注：未注“/”系列区分的，系列1、系列2通用。

① 不推荐使用。

表 1-259 PN16 突面对焊钢制管法兰尺寸（JB/T 82—2015） （单位：mm）

公称尺寸	法兰焊端外径（钢管外径）A	连接尺寸 系列 1/系列 2					密封面尺寸		系列 1/系列 2		法兰内径 B 系列 2	系列 1/系列 2	
		法兰外径 D	螺栓孔中心圆直径 K	螺栓孔径 L	螺栓、螺柱 数量 n/个	螺栓、螺柱 螺纹	d 系列 1/系列 2	f_1	法兰厚度 C	法兰高度 H		颈部直径 N_{max}	圆角半径 r
DN10	14	90	60	14	4	M12	40	2	16/14	35	8	28/26	4
DN15	18	95	65	14	4	M12	45	2	16/14	38/35	12	32/30	4
DN20	25	105	75	14	4	M12	58/55	2	18/14	40/38	18	40/38	4
DN25	32	115	85	14	4	M12	68/65	2	18/14	40	25	46/45	4
DN32	38	140/135	100	18	4	M16	78	2	18/16	42	31	56/55	6/4
DN40	45	150/145	110	18	4	M16	88/85	3	18/16	45	38	64	6/4
DN50	57	165/160	125	18	4	M16	102/100	3	18/16	45/48	49	74/76	6/5
DN65	73	185/180	145	18	8/4	M16	122/120	3	18	45/50	66	92/94	6/5
DN80	89	200/195	160	18	8	M16	138/135	3	20	50/52	78	105/110	6/5
DN100	108	220/215	180	18	8	M16	158/155	3	20	52	96	131/130	8/5
DN125	133	250/245	210	18	8	M16	188/185	3	22	55/60	121	156	8/6
DN150	159	285/280	240	22/23	8	M20	212/210	3	22	55/60	146	184/180	10/6
（DN175）①	194	—/310	—/270	—/23	—/8	—/M20	—/240	3	—/24	—/60	177	—/210	—/6
DN200	219	340/335	295	22/23	12	M20	268/265	3	24	62	202	235/240	10/6
（DN225）①	245	—/365	—/325	—/23	—/12	—/M20	—/295	3	—/24	—/68	226	—/268	—/6
DN250	273	405	355	26/25	12	M24/M22	320	3	26	70/68	254	292	12/8
DN300	325	460	410	26/25	12	M24/M22	378/375	4	28	78/70	303	344/346	12/8
DN350	377	520	470	26/25	16	M24/M22	438/435	4	32	82/78	351	400	12/8
DN400	426	580	525	30	16	M27	490/485	4	36	85/90	398	450	12/10
DN450	480	640	585	30	20	M27	550/545	4	38	83/95	450	506	12/10
DN500	530	715/705	650	34	20	M30	610/608	4	42	84/98	501	559	12/10
DN600	630	840	770	36/41	20	M33/M36	725/718	5	46	88/105	602	660	12/10
DN700	720	910	840	36/41	24	M33/M36	795/788	5	48	104/110	692	750	12
DN800	820	1025/1020	950	41	24	M36	900/898	5	50	108/115	792	850	12
DN900	920	1125/1120	1050	41	28	M36	1000/998	5	52	118/122	892	958	12
DN1000	1020	1255	1170	42/48	28	M39/M42	1115/1110	5	54	137/125	992	1060	12
DN1200	1220	1485	1390	48/54	32	M45/M48	1330/1325	5	56	160/135	1192	1268	16/15

注：未注“/”系列区分的，系列 1、系列 2 通用。

① 不推荐使用。

表 1-260 PN25 突面对焊钢制管法兰尺寸（JB/T 82—2015）

（单位：mm）

公称尺寸	法兰焊端外径（钢管外径）A 系列1/系列2	连接尺寸 系列1/系列2					密封面尺寸		系列1/系列2		法兰内径 B	系列1/系列2	
		法兰外径 D	螺栓孔中心圆直径 K	螺栓孔径 L	螺栓、螺柱 数量 n/个	螺栓、螺柱 螺纹	d 系列1/系列2	f_1	法兰厚度 C	法兰高度 H		颈部直径 N_{max}	圆角半径 r
DN10	14	90	60	14	4	M12	40	2	16	35	8	28/26	4
DN15	18	95	65	14	4	M12	45	2	16	38/35	12	32/30	4/5
DN20	25	105	75	14	4	M12	58/55	2	18/16	40/36	18	40/38	4/5
DN25	32	115	85	14	4	M12	68/65	2	18/16	40/38	25	46/45	4/5
DN32	38	140/135	100	18	4	M16	78	2	18	42/45	31	56	6/5
DN40	45	150/145	110	18	4	M16	88/85	3	18	45/48	38	64	6/5
DN50	57	165/160	125	18	4	M16	102/100	3	20	48	49	75/76	6/5
DN65	76/73	185/180	145	18	8	M16	122/120	3	22	52	66	90/96	6
DN80	89	200/195	160	18	8	M16	138/135	3	24/22	58/55	78	105/110	8/6
DN100	108	235/230	190	22/23	8	M20	162/160	3	24	65/62	96	134/132	8/6
DN125	133	270	220	26/25	8	M24/M22	188	3	26	68	121	162/160	8
DN150	159	300	250	26/25	8	M24/M22	218	3	28	72	146	192/186	10/8
（DN175）①	194	—/330	—/280	—/25	—/12	—/M22	—/248	3	—/28	—/75	177	—/216	—/8
DN200	219	360	310	26/25	12	M24/M22	278	3	30	80	202	244/245	10/8
（DN225）①	245	—/395	—/340	—/30	—/12	—/M27	—/302	3	—/32	—/80	226	—/270	—/8
DN250	273	425	370	30	12	M27	335/332	3	32	88/85	254	298/300	12/10
DN300	325	485	430	30	16	M27	395/390	4	34/36	92	303	352	12/10
DN350	377	555/550	490	33/34	16	M30	450/448	4	38/40	100/98	351	406	12/10
DN400	426	620/610	550	36/34	16	M33/M30	505	4	40/44	110/115	398	464	12/10
DN450	480	670/660	600	36/34	20	M33/M30	555	4	46	110/115	450	514	12
DN500	530	730	660	36/41	20	M33/M36	615/610	4	48	125/120	500	570	12
DN600	630	845/840	770	39/41	20	M36	720/718	5	48/54	125/130	600	670	12
DN700	720	960/955	875	42/48	24	M39/M42	820/815	5	50/58	129/140	690	766	12
DN700	820	1085/1070	990	48	24	M45/M42	930	5	53/60	138/150	790	874	12/15

注：未注“/”系列区分的，系列1、系列2通用。

① 不推荐使用。

表 1-261 PN40 突面对焊钢制管法兰尺寸（JB/T 82—2015）

（单位：mm）

公称尺寸	法兰焊端外径（钢管外径）A 系列 1/系列 2	连接尺寸 系列 1/系列 2					密封面尺寸		系列 1/系列 2		法兰内径 B 系列 2	系列 1/系列 2	
		法兰外径 D	螺栓孔中心圆直径 K	螺栓孔径 L	螺栓、螺柱 数量 n/个	螺栓、螺柱 螺纹	d 系列 1/系列 2	f_1	法兰厚度 C	法兰高度 H		颈部直径 N_{max}	圆角半径 r
DN10	14	90	60	14	4	M12	40	2	16	35	8	28/26	4
DN15	18	95	65	14	4	M12	45	2	16	38/35	12	32/30	4/5
DN20	25	105	75	14	4	M12	58/55	2	16	40/36	18	40/38	4/5
DN25	32	115	85	14	4	M12	68/65	2	16	40/38	25	46/45	4/5
DN32	38	140/135	100	18	4	M16	78	2	18	42/45	31	56	4/5
DN40	45	150/145	110	18	4	M16	88/85	3	18	45/48	38	64	6/5
DN50	57	165/160	125	18	4	M16	102/100	3	20	48	48	75/76	6/5
DN65	73	185/180	145	18	8	M16	122/120	3	22	52	66	90/96	6
DN80	89	200/195	160	18	8	M16	138/135	3	24	58	78	105/112	8/6
DN100	108	235/230	190	22/23	8	M20	162/160	3	26	65/68	96	134/138	8/6
DN125	133	270	220	26/25	8	M24/M22	188	3	26/28	68	120	162/160	8
DN150	159	300	250	26/25	8	M24/M22	218	3	28/30	75/72	145	192/186	10/8
(DN175)①	—/194	—/350	—/295	—/30	—/12	M27	—/258	3	—/36	—/88	177	—/226	—/10
DN200	219	375	320	30	12	M27	285/282	3	34/38	88	200	244/250	10
(DN225)①	—/245	—/415	—/355	—/34	—/12	M30	—/315	3	40	—/98	226	—/280	—/10
DN250	273	450/445	385	33/34	12	M30	345	3	38/42	105/102	252	306/310	12/10
DN300	325	515/510	450	33/34	16	M30	410/408	4	42/46	115/116	301	362/368	12
DN350	377	580/570	510	36/34	16	M33/M30	465	4	46/52	125/120	351	418	12
DN400	426	660/655	585	39/41	16	M36	535	4	50/58	135/142	398	480	12
DN450	480	685/680	610	39/41	20	M36	557/60	4	57/60	135/146	448	530	12/14
DN500	530	755	670	42/48	20	M39/M42	615/612	4	57/62	140/156	495	580	12/15

注：未标“/”系列区分的，系列 1、系列 2 通用。

① 不推荐使用。

表 1-262 PN40 凹凸面对焊钢制管法兰尺寸（JB/T 82—2015）

（单位：mm）

公称尺寸	法兰焊端外径（钢管外径）A 系列1/系列2	连接尺寸 系列1/系列2					密封面尺寸					系列1/系列2		法兰	系列1/系列2	
		法兰外径 D	螺栓孔中心圆直径 K	螺栓孔径 L	螺栓、螺柱		d 系列1/系列2	X	Y	f_1 系列1/系列2	f_2、$f_3$② 系列1/系列2	法兰厚度 C	法兰高度 H	内径 B 系列2	颈部直径 N_{max}	圆角半径 r
					数量 n/个	螺纹										
DN10	14	90	60	14	4	M12	40	34	35	2	4.5/4	16	35	8	28/26	4
DN15	18	95	65	14	4	M12	45	39	40	2	4.5/4	16	38/35	12	32/30	4/5
DN20	25	105	75	14	4	M12	58/55	50	51	2	4.5/4	18/16	40/36	18	40/38	4/5
DN25	32	115	85	14	4	M12	68/65	57	58	2	4.5/4	18/16	40/38	25	46/45	4/5
DN32	38	140/135	100	18	4	M16	78	65	66	2	4.5/4	18	42/45	31	56	6/5
DN40	45	150/145	110	18	4	M16	88/85	75	76	3	4.5/4	18	45/48	38	64	6/5
DN50	57	165/160	125	18	4	M16	102/100	87	88	3	4.5/4	20	48	48	75/76	6/5
DN65	73	185/180	145	18	8	M16	122/120	109	110	3	4.5/4	22	52	66	90/96	6
DN80	89	200/195	160	18	8	M16	138/135	120	121	3	4.5/4	24	58	78	105/112	8/6
DN100	108	235/230	190	22/23	8	M20	162/160	149	150	3	5/4.5	24/26	65/68	96	134/138	8/6
DN125	133	270	220	26/25	8	M24/M22	188	175	176	3	5/4.5	26/28	68	120	162/160	8
DN150	159	300	250	26/25	8	M24/M22	218	203	204	3	5/4.5	28/30	75/72	145	192/186	10/8
(DN175)①	—/194	—/350	—/295	—/30	—/12	—/M27	—/258	233	234	3	5/4.5	—/36	—/88	177	—/226	—/10
DN200	219	375	320	30	12	M27	285/282	259	260	3	5/4.5	38	88	200	244/250	10
(DN225)①	—/245	—/415	—/355	—/34	—/12	—/M30	—/315	286	287	3	5/4.5	—/40	—/98	226	—/280	—/10
DN250	273	450/445	385	33/34	12	M30	345	312	313	3	5/4.5	38/42	105/102	252	306/310	12/10
DN300	325	515/510	450	33/34	16	M30	410/408	363	364	4	5/4.5	42/46	115/116	301	362/368	12
DN350	377	580/570	510	36/34	16	M33/M30	465	421	422	4	5.5/5	46/52	125/120	351	418	12
DN400	426	660/655	585	39/41	16	M36	535	473	474	4	5.5/5	50/58	135/142	398	480	12
DN450	480	685/680	610	39/41	20	M36	560	523	524	4	5.5/5	57/60	135/146	448	530	12/14
DN500	530	755	670	42/48	20	M39/M42	615/612	575	576	4	5.5/5	57/62	140/156	495	580	12/15

注：未标“/”区分系列的，系列 1、系列 2 通用。

① 不推荐使用。

② f_3 与 f_2 系列 2 相同。

表 1-263 PN63 凹凸面对焊钢制管法兰尺寸（JB/T 82—2015）

（单位：mm）

公称尺寸	法兰焊端外径（钢管外径）A 系列1/系列2	连接尺寸 系列1/系列2					密封面尺寸					系列1/系列2		法兰内径 B 系列2	系列1/系列2	
		法兰外径 D	螺栓孔中心圆直径 K	螺栓孔径 L	双头螺柱 数量 n/个	双头螺柱 螺纹	d 系列1/系列2	X	Y	f_1	f_2、$f_3$② 系列1/系列2	法兰厚度 C	法兰高度 H		颈部直径 N_{max}	圆角半径 r
DN10	14	100	70	14	4	M12	40/50	34	35	2	4.5/4	20/18	45/48	8	32/34	4
DN15	18	105	75	14	4	M12	45/55	39	40	2	4.5/4	20/18	45/48	12	34/38	4/5
DN20	25	130/125	90	18	4	M16	58/68	50	51	2	4.5/4	22/20	48/56	18	42/48	4/5
DN25	32	140/135	100	18	4	M16	68/78	57	58	2	4.5/4	24/22	58	25	52	4/5
DN32	38	155/150	110	22/23	4	M20	78/82	65	66	2	4.5/4	24	60/62	31	62/64	6/5
DN40	45	170/165	125	22/23	4	M20	88/95	75	76	3	4.5/4	26/24	62/68	37	70/74	6/5
DN50	57	180/175	135	22/23	4	M20	102/105	87	88	3	4.5/4	26	62/70	47	82/86	6/5
DN65	76/73	205/200	160	22/23	8	M20	122/130	109	110	3	4.5/4	26/28	68/75	64	98/106	6
DN80	89	215/210	170	22/23	8	M20	138/140	120	121	3	4.5/4	28/30	72/75	77	112/120	8/6
DN100	108	250	200	26/25	8	M24/M22	162/168	149	150	3	5/4.5	30/32	78/80	94	138/140	8/6
DN125	133	295	240	30	8	M27	188/202	175	176	3	5/4.5	34/36	88/98	118	168/172	8
DN150	159	345/340	280	33/34	8	M30	218/240	203	204	3	5/4.5	36/38	95/108	142	202/206	10/8
（DN175）①	—/194	—/370	—/310	—/34	—/12	—/M30	—/270	233	234	3	5/4.5	—/42	—/110	174	—/232	—/10
DN200	219	415/405	345	36/34	12	M33/M30	285/300	259	260	3	5/4.5	42/44	110/116	198	256/264	10
（DN225）①	—/245	—/430	—/370	—/34	—/12	—/M30	—/325	286	287	3	5/4.5	—/46	—/120	222	—/290	12/10
DN250	273	470	400	36/41	12	M33/M36	345/352	312	313	3	5/4.5	46/48	125/122	246	316	12/10
DN300	325	530	460	36/41	16	M33/M36	410/412	363	364	4	5/4.5	52/54	140/136	294	372/370	12
DN350	377	600/595	525	39/41	16	M36	465/475	421	422	4	5.5/5	56/60	150/154	342	430	12
DN400	426	670	585	42/48	16	M39/M42	535/525	473	474	4	5.5/5	60/66	160/170	386	484	12

注：未注“/”区分系列的，系列1、系列2通用。

① 不推荐使用。

② f_3 与 f_2 系列2相同。

表 1-264 PN100 凹凸面对焊钢制管法兰尺寸（JB/T 82—2015）

（单位：mm）

公称尺寸	法兰焊端外径（钢管外径）A 系列1/系列2	连接尺寸 系列1/系列2					密封面尺寸					系列1/系列2		法兰内径 B 系列2	系列1/系列2	
		法兰外径 D	螺栓孔中心圆直径 K	螺栓孔径 L	双头螺柱 数量 n/个	双头螺柱 螺纹	d 系列1/系列2	X	Y	f_1	f_2、$f_3$② 系列1/系列2	法兰厚度 C	法兰高度 H		颈部直径 N_{max}	圆角半径 r
DN10	14	100	70	14	4	M12	40/50	34	35	2	4.5/4	20/18	45	8	32/34	4
DN15	18	105	75	14	4	M12	45/55	39	40	2	4.5/4	20	45/48	12	34/38	4/5
DN20	25	130/125	90	18	4	M16	58/68	50	51	2	4.5/4	22	48/56	18	42/48	4/5
DN25	32	140/135	100	18	4	M16	68/78	57	58	2	4.5/4	24	58	25	52	4/5
DN32	38	155/150	110	22/23	4	M20	78/82	65	66	2	4.5/4	24	60/62	31	62/64	6/5
DN40	45	170/165	125	22/23	4	M20	88/95	75	76	3	4.5/4	26	62/70	37	70/76	6/5
DN50	57	195	145	26/25	4	M24/M22	102/112	87	88	3	4.5/4	28	68/72	45	90/86	6/5
DN65	76/73	220	170	26/25	8	M24/M22	122/138	109	110	3	4.5/4	30/32	76/84	62	108/110	6
DN80	89	230	180	26/25	8	M24/M22	138/148	120	121	3	5/4.5	32/34	78/90	75	120/124	8/6
DN100	108	265	210	30	8	M27	162/172	149	150	3	5/4.5	36/38	90/100	92	150/146	8/6
DN125	133	315/310	250	33/34	8	M30	188/210	175	176	3	5/4.5	40/42	105/115	112	180	8
DN150	159	355/350	290	33/34	12	M30	218/250	203	204	3	5/4.5	44/46	115/130	136	210/214	10/8
(DN175)①	—/194	—/380	—/320	—/34	—/12	—/M30	—/280	233	234	3	5/4.5	—/48	—/135	166	—/246	—/10
DN200	219	430	360	36/41	12	M33/M36	312	259	260	3	5/4.5	52/54	130/145	190	278/276	10
(DN225)①	—/245	—/470	—/400	—/41	—/12	—/M36	—/352	286	287	3	5/4.5	—/56	—/165	212	—/312	—/10
DN250	273	505/500	430	39/41	12	M36	345/382	312	313	3	5/4.5	60	157/170	236	340	12/10
DN300	325	585	500	42/48	16	M39/M42	410/442	363	364	4	5/4.5	68/70	170/195	284	400	12
DN350	377	665	560	48/54	16	M45/M48	465/498	421	422	4	5.5/5	74/76	189/210	332	460	12
DN400	—/426	—/715	—/620	—/54	—/16	—/M48	535/558	473	474	4	5.5/5	—/80	—/220	376	—/510	—/12

注：未标“/”区分系列的，系列 1、系列 2 通用。

① 不推荐使用。

② f_3 与 f_2 系列 2 相同。

表1-265 PN160凹凸面对焊钢制管法兰尺寸（JB/T 82—2015）

（单位：mm）

公称尺寸	法兰焊端外径（钢管外径）A 系列1/系列2	连接尺寸 系列1/系列2					密封面尺寸 系列1/系列2					系列1/系列2		法兰内径 B 系列2	系列1/系列2	
		法兰外径 D	螺栓孔中心圆直径 K 系列1/系列2	螺栓孔径 L	双头螺柱 数量 n/个	双头螺柱 螺纹	d	X	Y	f_1	f_2、f_3[②]	法兰厚度 C	法兰高度 H		颈部直径 N_{max}	圆角半径 r
DN15	18	105/110	75	14/18	4	M12/M16	45/55	39	40	2	4.5/4	20/24	45/50	11	34/40	4
DN20	25	130	90	18/23	4	M16/M20	58/62	50	51	2	4.5/4	24/26	52/55	18	42/45	4
DN25	32	140	100	18/23	4	M16/M20	68/72	57	58	2	4.5/4	24/28	58/55	23	52	4
DN32	38/42	155/165	110/115	22/25	4	M20/M22	78/85	65	66	2	4.5/4	28/30	60	32	60/62	5
DN40	45/48	170/175	125	22/27	4	M20/M24	88/92	75	76	3	4.5/4	28/32	64/65	37	70/74	6/5
DN50	57/60	195/215	145/165	26/25	8	M24/M22	102/132	87	88	3	4.5/4	30/36	75/90	48	90/106	6/5
DN65	76/73	220/245	170/190	26/30	8	M24/M27	122/152	109	110	3	4.5/4	34/44	82/105	62	108/128	6/8
DN80	89	230/260	180/205	26/30	8	M24/M27	138/168	120	121	3	4.5/4	36/46	96/110	70	120/138	8
DN100	108/114	265/300	210/240	30/34	8	M27/M30	162/200	149	150	3	5/4.5	40/48	100/120	90	150/170	8
DN125	133/146	315/355	250/285	33/41	8	M30/M36	188/238	175	176	3	5/4.5	44/60	115/140	118	180/206	8/10
DN150	159/168	355/390	290/318	33/41	12	M30/M36	218/270	203	204	3	5/4.5	50/66	128/155	136	210/234	10
（DN175）[①]	—/194	—/460	—/380	—/48	—/12	—/M42	—/325	233	234	3	5/4.5	—/76	—/180	158	—/270	—/10
DN200	219	430/480	360/400	36/48	12	M33/M42	285/345	259	260	3	5/4.5	60/78	140/185	178	278/298	10
（DN225）[①]	245	—/545	—/450	—/54	—/12	—/M48	—/390	286	287	3	5/4.5	—/82	—/215	200	—/346	—/10
DN250	273	515/580	430/485	42/54	12	M39/M48	345/425	312	313	3	5/4.5	68/88	155/230	224	340/380	12/10
DN300	325	585/665	500/570	42/54	16	M39/M48	410/510	363	364	4	5/4.5	78/100	175/275	268	400/460	12/10

注：未标“/”区分系列的，系列1、系列2通用。

① 不推荐使用。

② f_3 与 f_2 系列2相同。

表 1-266 PN200 凹凸面对焊钢制管法兰（系列 2）尺寸

（单位：mm）

公称尺寸	法兰焊端外径（钢管外径）A	连接尺寸					密封面尺寸					法兰厚度 C	法兰高度 H	法兰内径 B	颈部直径 N_{max}	圆角半径 r
		法兰外径 D 系列 2	螺栓孔中心圆直径 K	螺栓孔径 L	双头螺柱 数量 n/个	双头螺柱 螺纹	d	X	Y	f_1	f_2、f_3					
DN15	22	120	82	23	4	M20	55	27	28	2	5	26	50	14	40	5
DN20	28	130	90	23	4	M20	62	34	35	2	5	28	55	19	46	5
DN25	35	150	102	25	4	M22	72	41	42	2	5	30	55	25	54	5
DN32	42	160	115	25	4	M22	85	49	50	2	5	32	60	31	64	5
DN40	48	170	124	27	4	M24	90	55	56	3	5	34	70	36	74	5
DN50	60	210	160	25	8	M22	128	69	70	3	5	40	95	46	105	5
DN65	89	260	203	30	8	M27	165	96	97	3	5	48	110	68	138	8
DN80	108	290	230	34	8	M30	190	115	116	3	5	54	125	80	162	8
DN100	133	360	292	41	8	M36	245	137	138	3	6	66	165	102	208	8
DN125	168	385	318	41	12	M36	270	169	170	3	6	76	170	130	234	10
DN150	194	440	360	48	12	M42	305	189	190	3	6	82	180	150	266	10
（DN175）①	219	475	394	48	12	M42	340	213	214	3	6	84	190	170	294	10
DN200	245	535	440	54	12	M48	380	244	245	3	6	92	210	192	340	10
（DN225）①	273	580	483	58	12	M52	418	267	268	3	6	100	240	212	374	10
DN250	325	670	572	58	16	M52	508	318	319	3	6	110	290	254	460	10

① 不推荐使用。

表 1-267 PN40 榫槽面对焊钢制管法兰尺寸（JB/T 82—2015）

（单位：mm）

公称尺寸	法兰焊端外径（钢管外径）A 系列1/系列2	连接尺寸 系列1/系列2					密封面尺寸							系列1/系列2		法兰内径 B 系列2	系列1/系列2	
		法兰外径 D	螺栓孔中心圆直径 K	螺栓孔径 L	螺栓、螺柱 数量 n/个	螺栓、螺柱 螺纹	d 系列1/系列2	W	X	Y	Z	f_1	f_2、$f_3$②	法兰厚度 C	法兰高度 H		颈部直径 N_{max}	圆角半径 r
DN10	14	90	60	14	4	M12	40	24	34	35	23	2	4.5/4	16	35	8	28/26	4
DN15	18	95	65	14	4	M12	45	29	39	40	28	2	4.5/4	16	38/35	12	32/30	4/5
DN20	25	105	75	14	4	M12	58/55	36	50	51	35	2	4.5/4	18/16	40/36	18	40/38	4/5
DN25	32	115	85	14	4	M12	68/65	43	57	58	42	2	4.5/4	18/16	40/38	25	46/45	4/5
DN32	38	140/135	100	18	4	M16	78	51	65	66	50	2	4.5/4	18	42/45	31	56	6/5
DN40	45	150/145	110	18	4	M16	88/85	61	75	76	60	3	4.5/4	18	45/48	38	64	6/5
DN50	57	165/160	125	18	4	M16	102/100	73	87	88	72	3	4.5/4	20	48	48	75/76	6/5
DN65	76/73	185/180	145	18	8	M16	122/120	95	109	110	94	3	4.5/4	22	52	66	90/96	6
DN80	89	200/195	160	18	8	M16	138/135	106	120	121	105	3	4.5/4	24	58	78	105/112	8/6
DN100	108	235/230	190	23	8	M20	162/160	129	149	150	128	3	5/4.5	24/26	65/68	96	134/138	8/6
DN125	133	270	220	26/25	8	M24/M22	188	155	175	176	154	3	5/4.5	28	68	120	162/160	8
DN150	159	300	250	26/25	8	M24/M22	218	183	203	204	182	3	5/4.5	28/30	75/72	145	192/186	10/8
(DN175)①	—/194	—/350	—/295	—/30	—/12	—/M27	—/258	213	233	234	212	3	5/4.5	—/36	—/88	177	—/226	—/10
DN200	219	375	320	30	12	M27	285/282	239	259	260	238	3	5/4.5	34/38	88	200	244/250	10
(DN225)①	—/245	—/415	—/355	—/34	—/12	—/M30	—/315	266	286	287	265	3	5/4.5	—/40	—/98	226	—/280	—/10
DN250	273	450/445	385	33/34	12	M30	345	292	312	313	291	3	5/4.5	38/42	105/102	252	306/310	12/10
DN300	325	515/510	450	33/34	16	M30	410/408	343	363	364	342	4	5/4.5	42/46	115/116	301	362/368	12
DN350	377	580/570	510	36/34	16	M33/M30	465	395	421	422	394	4	5.5/5	46/52	125/120	351	418	12
DN400	426	660/655	585	39/41	16	M36	535	447	473	474	446	4	5.5/5	50/58	135/142	398	480	12
DN450	480	685/680	610	39/41	20	M36	560	497	523	524	496	4	5.5/5	57/60	135/146	448	530	12/14
DN500	530	755	670	42/48	20	M39/M42	615/612	549	575	576	548	4	5.5/5	57/62	140/156	495	580	12/15

注：未标“/”区分系列的，系列1、系列2通用。

① 不推荐使用。

② f_3 与 f_2 的系列2通用。

表 1-268 PN63 榫槽面对焊钢制管法兰尺寸（JB/T 82—2015）（单位：mm）

公称尺寸	法兰焊端外径（钢管外径）A 系列1/系列2	连接尺寸 系列1/系列2					密封面尺寸							系列1/系列2		法兰内径 B 系列2	系列1/系列2	
		法兰外径 D	螺栓孔中心圆直径 K	螺栓孔径 L	双头螺柱 数量 n/个	双头螺柱 螺纹	d 系列1/系列2	W	X	Y	Z	f_1	f_2、$f_3$②	法兰厚度 C	法兰高度 H		颈部直径 N_{max}	圆角半径 r
DN10	14	100	70	14	4	M12	40/50	24	34	35	23	2	4.5/4	20/18	45/48	8	32/34	4
DN15	18	105	75	14	4	M12	45/55	29	39	40	28	2	4.5/4	20/18	45/48	12	34/38	4/5
DN20	25	130/125	90	18	4	M16	58/68	36	50	51	35	2	4.5/4	22/20	48/56	18	42/48	4/5
DN25	32	140/135	100	18	4	M16	68/78	43	57	58	42	2	4.5/4	24/22	58/58	25	52	4/5
DN32	38	155/150	110	22/23	4	M20	78/82	51	65	66	50	2	4.5/4	24	60/62	31	62/64	6/5
DN40	45	170/165	125	22/23	4	M20	88/95	61	75	76	60	3	4.5/4	26/24	62/68	37	70/74	6/5
DN50	57	180/175	135	22/23	4	M20	102/105	73	87	88	72	3	4.5/4	26	62/70	47	82/86	6/5
DN65	76/73	205/200	160	22/23	8	M20	122/130	95	109	110	94	3	4.5/4	28/28	68/75	64	98/106	6
DN80	89	215/210	170	22/23	8	M20	138/140	106	120	121	105	3	4.5/4	28/30	78/75	77	112/120	8/6
DN100	108	250	200	26/25	8	M24/M22	162/168	129	149	150	128	3	5/4.5	30/32	78/80	94	138/140	8/6
DN125	133	295	240	30	8	M27	188/202	155	175	176	154	3	5/4.5	34/36	88/98	118	168/172	8
DN150	159	345/340	280	33/34	8	M30	218/240	183	203	204	182	3	5/4.5	36/38	95/108	142	202/206	10/8
(DN175)①	—/194	—/370	—/310	—/34	—/12	—/M30	—/270	213	233	234	212	3	5/4.5	—/42	—/110	174	—/232	—/10
DN200	219	415/405	345	36/34	12	M33/M30	285/300	239	259	260	238	3	5/4.5	42/44	110/116	198	256/264	10
(DN225)①	—/245	—/430	—/370	—/34	—/12	—/M30	—/325	266	286	287	265	3	5/4.5	—/46	—/120	222	—/290	—/10
DN250	273	470	400	36/41	12	M33/M36	345/352	292	312	313	291	3	5/4.5	46/48	125/122	246	316	12/10
DN300	325	530	460	36/41	16	M33/M36	410/412	343	363	364	342	4	5/4.5	52/54	140/136	294	372/370	12
DN350	377	600/595	525	39/41	16	M36	465/475	395	421	422	394	4	5.5/5	56/60	150/154	342	430	12
DN400	426	670	585	42/48	16	M39/M42	535/525	447	473	474	446	4	5.5/5	60/66	160/170	386	484	12

注：未标“/”区分系列的，系列 1、系列 2 通用。

① 不推荐使用。

② f_3 与 f_2 的系列 2 通用。

表 1-269 PN100 榫槽面对焊钢制管法兰尺寸（JB/T 82—2015） （单位：mm）

公称尺寸	法兰焊端外径（钢管外径）A 系列1/系列2	连接尺寸 系列1/系列2					密封面尺寸							系列1/系列2		法兰内径 B 系列2	系列1/系列2	
		法兰外径 D	螺栓孔中心圆直径 K	螺栓孔径 L	双头螺柱 数量 n/个	双头螺柱 螺纹	d 系列1/系列2	W	X	Y	Z	f_1	f_2、$f_3$②	法兰厚度 C	法兰高度 H		颈部直径 N_{max}	圆角半径 r
DN10	14	100	70	14	4	M12	40/50	24	34	35	23	2	4.5/4	20/18	45	8	32/34	4
DN15	18	105	75	14	4	M12	45/55	29	39	40	28	2	4.5/4	20	45/48	12	34/38	4/5
DN20	25	130/125	90	18	4	M16	58/68	36	50	51	35	2	4.5/4	22	48/56	18	42/48	4/5
DN25	32	140/135	100	18	4	M16	68/78	43	57	58	42	2	4.5/4	24	58	25	52	4/5
DN32	38	155/150	110	22/23	4	M20	78/82	51	65	66	50	2	4.5/4	24	60/62	31	62/64	6/5
DN40	45	170/165	125	22/23	4	M20	88/95	61	75	76	60	3	4.5/4	26	62/70	37	70/76	6/5
DN50	57	195	145	26/25	4	M24/M22	102/112	73	87	88	72	3	4.5/4	28	68/72	45	90/86	6/5
DN65	76/73	220	170	26/25	8	M24/M22	122/138	95	109	110	94	3	4.5/4	30/32	76/84	62	108/110	6
DN80	89	230	180	26/25	8	M24/M22	138/148	106	120	121	105	3	4.5/4	32/34	78/90	75	120/124	8/6
DN100	108	265	210	30	8	M27	162/172	129	149	150	128	3	5/4.5	36/38	90/100	92	150/146	8/6
DN125	133	315/310	250	33/34	8	M30	185/210	155	175	176	154	3	5/4.5	40/42	105/115	112	180	8
DN150	159	355/350	290	33/34	12	M30	218/250	183	203	204	182	3	5/4.5	44/46	115/130	136	210/214	10/8
（DN175）①	—/194	—/380	—/320	—/34	—/12	—/M30	—/280	213	233	234	212	3	5/4.5	—/48	—/135	166	—/246	—/10
DN200	219	430	360	36/41	12	M33/M36	285/312	239	259	260	238	3	5/4.5	52/54	130/145	190	278/276	10
（DN225）①	—/245	—/470	—/400	—/41	—/12	—/M36	—/352	266	286	287	265	3	5/4.5	—/56	—/165	212	—/312	—/10
DN250	273	505/500	430	39/41	12	M36	345/382	292	312	313	291	3	5/4.5	60	157/170	236	340	12/10
DN300	325	585	500	42/48	16	M39/M42	410/442	343	363	364	342	4	5/4.5	68/70	170/195	284	400	12
DN350	377	655	560	48/54	16	M45/M48	465/498	395	421	422	394	4	5.5/5	74/76	189/210	332	460	12
DN400	—/426	—/715	—/620	—/54	—/16	—/M48	535/558	447	473	474	446	4	5.5/5	—/80	—/220	376	—/510	—/12

注：未标“/”区分系列的，系列1、系列2通用。

① 不推荐使用。

② f_3 与 f_2 系列2通用。

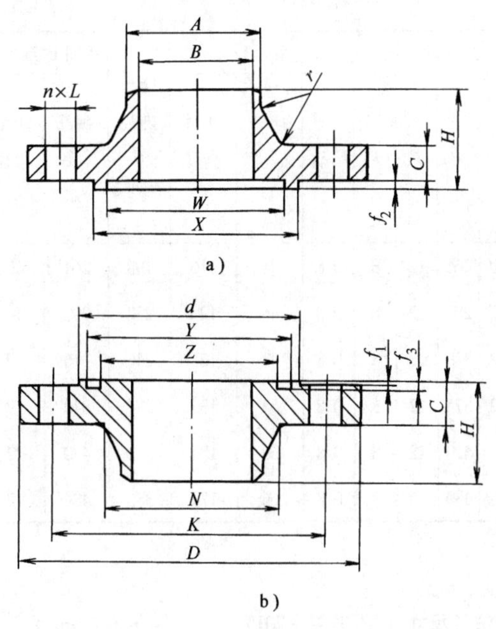

图1-93 榫槽面对焊钢制管法兰的形式

a）C型：凸面榫槽 b）D型：凹面榫槽

9. 环连接面对焊钢制管法兰

环连接面对焊钢制管法兰的形式和尺寸如图1-94及表1-270～表1-273所示。

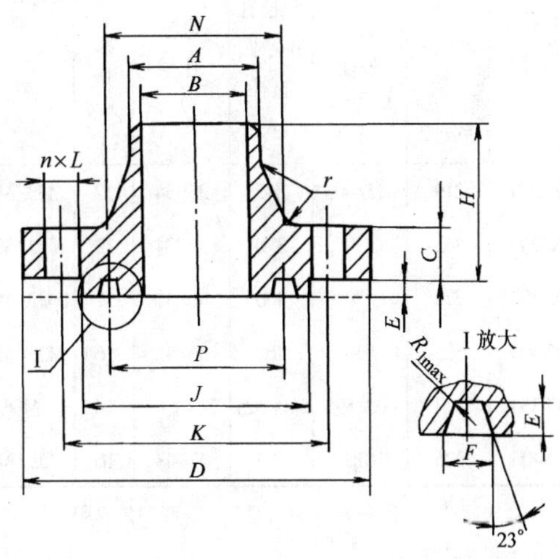

图1-94 环连接面对焊钢制管法兰的形式

注：凸出部分高度与梯形槽深度 E 相等，但不受尺寸 E 公差的限制。允许采用如虚线所示轮廓的全平面形式。

表1-270 PN63环连接面对焊钢制管法兰尺寸（JB/T 82—2015） （单位：mm）

公称尺寸	法兰焊端外径（钢管外径）A 系列1/系列2	连接尺寸 系列1/系列2					密封面尺寸					系列1/系列2		法兰内径 B 系列2	系列1/系列2	
		法兰外径 D	螺栓孔中心圆直径 K	螺栓孔径 L	双头螺柱 数量 n/个	双头螺柱 螺纹	J 系列1/系列2	P	F	E	R_{1max}	法兰厚度 C	法兰高度 H		颈部直径 N_{max}	圆角半径 r
DN10	14	100	70	14	4	M12	50	35	9	6.5	0.8	20/18	45/48	8	32/34	4
DN15	18	105	75	14	4	M12	55	35	9	6.5	0.8	20/18	45/48	12	34/38	4/5
DN20	25	130/125	90	18	4	M16	68	45	9	6.5	0.8	22/20	48/56	18	42/48	4/5
DN25	32	140/135	100	18	4	M16	78	50	9	6.5	0.8	24/22	58	25	52	4/5
DN32	38	155/150	110	22/23	4	M20	86/82	65	9	6.5	0.8	24	60/62	31	62/64	6/5
DN40	45	170/165	125	22/23	4	M20	102/95	75	9	6.5	0.8	26/24	62/68	37	70/74	6/5
DN50	57	180/175	135	22/23	4	M20	112/105	85	12	8	0.8	26	62/70	47	82/86	6/5
DN65	76/73	205/200	160	22/23	8	M20	136/130	110	12	8	0.8	26/28	68/75	64	98/106	6
DN80	89	215/210	170	22/23	8	M20	146/140	115	12	8	0.8	28/30	72/75	77	112/120	8/6
DN100	108	250	200	26/25	8	M24/M22	172/168	145	12	8	0.8	30/32	78/80	94	138/140	8/6
DN125	133	295	240	30	8	M27	208/202	175	12	8	0.8	34/36	88/98	118	168/172	8
DN150	159	345/340	280	34	8	M30	245/240	205	12	8	0.8	36/38	95/108	142	202/206	10/8
(DN175)①	—/194	—/370	—/310	—/34	—/12	—/M30	—/270	235	12	8	0.8	—/42	—/111	174	—/232	—/10

（续）

公称尺寸	法兰焊端外径（钢管外径）*A* 系列1/系列2	连接尺寸　系列1/系列2					密封面尺寸					系列1/系列2		法兰内径 *B* 系列2	系列1/系列2	
		法兰外径 *D*	螺栓孔中心圆直径 *K*	螺栓孔径 *L*	双头螺柱		*J* 系列1/系列2	*P*	*F*	*E*	R_{1max}	法兰厚度 *C*	法兰高度 *H*		颈部直径 N_{max}	圆角半径 *r*
					数量 *n*/个	螺纹										
DN200	219	415/405	345	36/34	12	M33/M30	306/300	265	12	8	0.8	44	116	198	264	10
（DN225）①	245	430	370	36/34	12	M33/M30	—/325	280	12	8	0.8	46	120	222	290	10
DN250	273	470	400	36/41	12	M33/M36	362/352	320	12	8	0.8	48	122	246	316	10
DN300	325	530	460	36/41	16	M33/M36	422/412	375	12	8	0.8	54	136	294	370	12
DN350	377	600/595	540/525	41	16	M36	475	420	12	8	0.8	60	154	342	430	12
DN400	426	670	585	42/48	16	M39/M42	540/525	480	12	8	0.8	66	170	386	484	12

注：未标“/”区分系列的，系列1、系列2通用。

① 不推荐使用。

表1-271　PN100环连接面对焊钢制管法兰尺寸（JB/T 82—2015）　　（单位：mm）

公称尺寸	法兰焊端外径（钢管外径）*A* 系列1/系列2	连接尺寸　系列1/系列2					密封面尺寸					系列1/系列2		法兰内径 *B* 系列2	系列1/系列2	
		法兰外径 *D*	螺栓孔中心圆直径 *K*	螺栓孔径 *L*	双头螺柱		*J* 系列1/系列2	*P*	*F*	*E*	R_{1max}	法兰厚度 *C*	法兰高度 *H*		颈部直径 N_{max}	圆角半径 *r*
					数量 *n*/个	螺纹										
DN10	14	100	70	14	4	M12	50	35	9	6.5	0.8	20/18	45	8	32/34	4
DN15	18	105	75	14	4	M12	55	35	9	6.5	0.8	20	45/48	12	34/38	5
DN20	25	130/125	90	18	4	M16	68	45	9	6.5	0.8	22	48/56	18	42/48	5
DN25	32	140/135	100	18	4	M16	78	50	9	6.5	0.8	24	58	25	52	5
DN32	38	155/150	110	22/23	4	M20	86/82	65	9	6.5	0.8	24	60/62	31	62/64	5
DN40	45	170/165	125	22/23	4	M20	102/95	75	9	6.5	0.8	26	62/70	37	70/76	5
DN50	57	195	145	26/25	4	M24/M22	116/112	85	12	8	0.8	28	68/72	45	90/86	5
DN65	76/73	220	170	26/25	8	M24/M22	140/138	110	12	8	0.8	30/32	76/84	62	108/110	6
DN80	89	230	180	26/25	8	M24/M22	150/148	115	12	8	0.8	32/34	78/90	75	120/124	6
DN100	108	265	210	30	8	M27	176/172	145	12	8	0.8	36/38	90/100	92	150/146	6
DN125	133	315/310	250	33/34	8	M30	212/210	175	12	8	0.8	40/42	105/115	112	180	8
DN150	159	355/350	290	33/34	12	M30	250	205	12	8	0.8	44/46	115/130	136	210/214	8
（DN175）①	—/194	—/380	—/320	—/34	—/12	—/M30	—/280	235	12	8	0.8	—/48	—/135	—/166	—/246	—/10
DN200	219	430	360	36/41	12	M33/M36	312	265	12	8	0.8	52/54	130/145	190	278/276	10
（DN225）①	—/245	—/470	—/400	—/41	—/12	—/M36	—/352	280	12	8	0.8	—/56	—/165	—/212	—/312	—/10
DN250	273	505/500	430	39/41	12	M36	376/382	320	12	8	0.8	60	157/170	236	340	
DN300	325	585	500	42/48	16	M39/M42	448/442	375	12	8	0.8	68/70	170/195	284	400	12
DN350	377	665	560	48/54	16	M45/M48	505/498	420	17	11	0.8	74/76	189/210	332	460	12
DN400	—/426	—/715	—/620	—/54	—/16	—/M48	—/558	480	17	11	0.8	—/80	—/220	—/376	—/510	—/12

注：未标“/”区分系列的，系列1、系列2通用。

① 不推荐使用。

表 1-272 PN160 环连接面对焊钢制管法兰尺寸（JB/T 82—2015） （单位：mm）

公称尺寸	法兰焊端外径（钢管外径）A	连接尺寸 系列1/系列2 法兰外径 D	螺栓孔中心圆直径 K	螺栓孔径 L	双头螺柱 数量 n/个	双头螺柱 螺纹	密封面尺寸 J 系列1/系列2	P	F	E	R_{1max}	系列1/系列2 法兰厚度 C	法兰高度 H	法兰内径 B 系列2	系列1/系列2 颈部直径 N_{max}	圆角半径 r
DN15	18	105/110	75	14/18	4	M12/M16	55/52	35	9	6.5	0.8	20/24	45/50	11	34/40	4
DN20	25	130	90	18/23	4	M16/M20	68/62	45	9	6.5	0.8	24/26	52/55	18	42/45	4
DN25	32	140	100	18/23	4	M16/M20	78/72	50	9	6.5	0.8	24/28	58/55	23	52	4
DN32	38/42	155/165	110/115	22/25	4	M20/M22	86/85	65	9	6.5	0.8	28/30	60	32	60/62	5
DN40	45/48	170/175	125	22/27	4	M20/M24	102/92	75	9	6.5	0.8	28/32	64/65	37	70/74	6/5
DN50	57/60	195/215	145/165	26/25	8	M24/M22	112/132	95	12	8	0.8	30/36	75/90	48	90/106	6/5
DN65	76/73	220/245	170/190	26/30	8	M24/M27	136/152	110	12	8	0.8	34/44	83/105	62	108/128	6/8
DN80	89	230/260	180/205	26/30	8	M24/M27	146/168	130	12	8	0.8	36/46	86/110	70	120/138	8
DN100	108/114	265/300	210/240	30/34	8	M27/M30	172/200	160	12	8	0.8	40/48	100/120	90	150/170	8
DN125	133/146	315/355	250/285	33/41	8	M30/M36	208/238	190	12	8	0.8	44/60	115/140	118	180/206	8/10
DN150	159/168	355/390	290/318	33/41	12	M30/M36	245/270	205	14	10	0.8	50/66	128/155	136	210/234	10
(DN175)①	—/194	—/460	—/380	—/48	—/12	—/M42	—/325	255	17	11	0.8	—/76	—/180	158	—/270	—/10
DN200	219	430/480	360/400	36/48	12	M33/M42	306/345	275	17	11	0.8	60/78	140/185	178	278/298	10
(DN225)①	245	—/545	—/450	—/54	—/12	—/M48	—/390	305	17	11	0.8	—/82	—/215	200	—/346	—/10
DN250	273	515/580	430/485	42/54	12	M39/M48	362/425	330	17	11	0.8	68/88	155/230	224	340/380	12/10
DN300	325	585/665	500/570	42/54	16	M39/M48	422/510	380	23	14	0.8	78/100	175/275	268	400/460	12/10

注：未标“/”区分系列的，系列1、系列2通用。

① 不推荐使用。

表 1-273 PN200 环连接面对焊钢制管法兰（系列2）尺寸（JB/T 82—2015） （单位：mm）

公称尺寸	法兰焊端外径（钢管外径）A	连接尺寸 法兰外径 D	螺栓孔中心圆直径 K	螺栓孔径 L	双头螺柱 数量 n/个	双头螺柱 螺纹	密封面尺寸 J	P	F	E	R_{1max}	法兰厚度 C	法兰高度 H	法兰内径 B	颈部直径 N_{max}	圆角半径 r
DN15	22	120	82	23	4	M20	55	40	9	6.5	0.8	26	50	14	40	5
DN20	28	130	90	23	4	M20	62	45	9	6.5	0.8	28	55	19	46	5
DN25	35	150	102	25	4	M22	72	50	9	6.5	0.8	30	55	25	54	5
DN32	42	160	115	25	4	M22	85	65	9	6.5	0.8	32	60	31	64	5
DN40	48	170	124	27	4	M24	90	75	9	6.5	0.8	34	70	36	74	5
DN50	60	210	160	25	8	M22	128	95	12	8	0.8	40	95	46	105	5
DN65	89	260	203	30	8	M27	165	110	12	8	0.8	48	110	68	138	8
DN80	108	290	230	34	8	M30	190	160	12	8	0.8	54	125	80	162	8
DN100	133	360	292	41	8	M36	245	190	12	8	0.8	66	165	102	208	8
DN125	168	385	318	41	12	M36	270	205	14	10	0.8	76	170	130	234	10
DN150	194	440	360	48	12	M42	305	240	17	11	0.8	82	180	150	266	10
(DN175)①	219	475	394	48	12	M42	340	275	17	11	0.8	84	190	170	294	10
DN200	245	535	440	54	12	M48	380	305	17	11	0.8	92	210	192	340	10
(DN225)①	273	580	483	58	12	M52	418	330	17	11	0.8	100	240	212	374	10
DN250	325	670	572	58	16	M52	508	380	23	14	0.8	110	290	254	460	10

① 不推荐使用。

10. 管路法兰用金属齿形垫片

管路法兰用金属齿形垫片的形式及尺寸如图1-95及表1-274和表1-275所示。其材料见表1-276，垫片尺寸的极限偏差见表1-277。

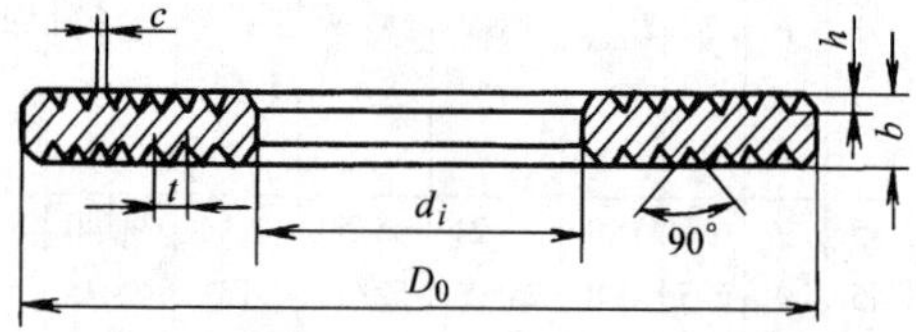

图1-95　管路法兰用金属齿形垫片的形式

表1-274　PN40、PN63、PN100、PN160管路法兰用金属齿形垫片的尺寸（JB/T 88—2014）

（单位：mm）

公称尺寸	公称压力PN40、PN63、PN100、PN160						
	垫片外径 D_0	垫片内径 d_i	齿距 t	齿顶宽度 c	垫片厚度 b	齿高 h	齿数 n/个
DN10	34	13	1.5	0.2	3	0.65	7
DN15	39	18	1.5	0.2	3	0.65	7
DN20	50	23	1.5	0.2	3	0.65	9
DN25	57	27	1.5	0.2	3	0.65	10
DN32	65	35	1.5	0.2	3	0.65	10
DN40	75	45	1.5	0.2	3	0.65	10
DN50	87	57	1.5	0.2	3	0.65	10
DN65	109	76	1.5	0.2	3	0.65	11
DN80	120	87	1.5	0.2	3	0.65	11
DN100	149	105	2	0.3	4	0.85	11
DN125	175	131	2	0.3	4	0.85	11
DN150	203	155	2	0.3	4	0.85	12
DN175	233	185	2	0.3	4	0.85	12
DN200	259	211	2	0.3	4	0.85	12
DN225	286	234	2	0.3	4	0.85	13
DN250	312	260	2	0.3	4	0.85	13
DN300	363	311	2	0.3	4	0.85	13
DN350	421	361	2	0.3	4	0.85	15
DN400	473	413	2	0.3	4	0.85	15
DN450	523	463	2	0.3	4	0.85	15
DN500	575	515	2	0.3	5	0.85	15
DN600	675/677	613	2	0.3	5	0.85	16
DN700	777/767	703	2	0.3	5	0.85	16
DN800	882/875	811	2	0.3	5	0.85	16

表1-275　PN200管路法兰用金属齿形垫片的尺寸（JB/T 88—2014）（单位：mm）

公称尺寸	公称压力PN200						
	垫片外径 D_0	垫片内径 d_i	齿距 t	齿顶宽度 c	垫片厚度 b	齿高 h	齿数 n/个
DN15	27	15	1.5	0.2	3	0.65	4
DN20	34	22	1.5	0.2	3	0.65	4
DN25	41	26	1.5	0.2	3	0.65	5
DN32	49	34	1.5	0.2	3	0.65	5

（续）

公称尺寸	公称压力PN200						
	垫片外径 D_0	垫片内径 d_i	齿距 t	齿顶宽度 c	垫片厚度 b	齿高 h	齿数 n/个
DN40	55	40	1.5	0.2	3	0.65	5
DN50	69	51	1.5	0.2	3	0.65	6
DN65	96	72	1.5	0.2	3	0.65	8
DN80	115	88	1.5	0.2	3	0.65	9
DN100	137	105	2	0.3	4	0.85	8
DN125	169	133	2	0.3	4	0.85	9
DN150	189	153	2	0.3	4	0.85	9
DN175	213	177	2	0.3	4	0.85	9
DN200	244	204	2	0.3	4	0.85	10
DN225	267	227	2	0.3	4	0.85	10
DN250	318	258	2	0.3	4	0.85	15

表1-276　管路法兰用金属齿形垫片的材料（JB/T 88—2014）（单位：mm）

材料名称	标　准	最高工作温度/°C
08或10	GB/T 711—2017	450
06Cr13	GB/T 4237—2015	540
06Cr19Ni10	GB/T 4237—2015	600
022Cr17Ni12Mo2	GB/T 4237—2015	450

表1-277　管路法兰用金属齿形垫片尺寸的极限偏差（JB/T 88—2014）

（单位：mm）

垫片内径 d_i 极限偏差	垫片外径 D_0 极限偏差	垫片厚度 t 极限偏差
+1.0 0	0 −1.0	+0.25 0

11. 管路法兰用金属环垫

管路法兰用金属环垫的形式和尺寸如图1-96及表1-278所示。材料及适用温度范围见表1-279，金属环垫尺寸的极限偏差见表1-280。

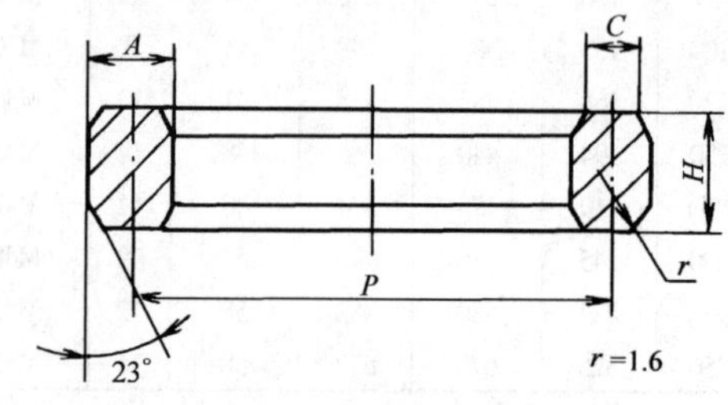

图1-96　管路法兰用金属环垫的形式

表 1-278 管路法兰用金属环垫的尺寸（JB/T 89—2015） （单位：mm）

公称尺寸	PN63				PN100				PN160				PN200			
	P	*A*	*C*	*H*	*P*	*A*	*C*	*H*	*P*	*A*	*C*	*H*	*P*	*A*	*C*	*H*
DN10	35	8	5.5	13	35	8	5.5	13	35	8	5.5	13	40	8	5.5	13
DN15	35	8	5.5	13	35	8	5.5	13	35	8	5.5	13	40	8	5.5	13
DN20	45	8	5.5	13	45	8	5.5	13	45	8	5.5	13	45	8	5.5	13
DN25	50	8	5.5	13	50	8	5.5	13	50	8	5.5	13	50	8	5.5	13
DN32	65	8	5.5	13	65	8	5.5	13	65	8	5.5	13	65	8	5.5	13
DN40	75	8	5.5	13	75	8	5.5	13	75	8	5.5	13	75	8	5.5	13
DN50	85	11	8	16	85	11	8	16	95	11	8	16	95	11	8	16
DN65	110	11	8	16	110	11	8	16	110	11	8	16	110	11	8	16
DN80	115	11	8	16	115	11	8	16	130	11	8	16	160	11	8	16
DN100	145	11	8	16	145	11	8	16	160	11	8	16	190	11	8	16
DN125	175	11	8	16	175	11	8	16	190	11	8	16	205	13	9	20
DN150	205	11	8	16	205	11	8	16	205	13	9	20	240	15.5	10.5	22
（DN175）	235	11	8	16	235	11	8	16	255	15.5	10.5	22	275	15.5	10.5	22
DN200	265	11	8	16	265	11	8	16	275	15.5	10.5	22	305	15.5	10.5	22
（DN225）	280	11	8	16	280	11	8	16	305	15.5	10.5	22	330	15.5	10.5	22
DN250	320	11	8	16	320	11	8	16	330	15.5	10.5	22	380	21	14	28
DN300	375	11	8	16	375	11	8	16	380	21	14	28	—	—	—	—
DN350	420	11	8	16	420	15.5	10.5	22	—	—	—	—	—	—	—	—
DN400	480	11	8	16	480	15.5	10.5	22	—	—	—	—	—	—	—	—
DN450	540	11	8	16	—	—	—	—	—	—	—	—	—	—	—	—
DN500	590	13	8	20	—	—	—	—	—	—	—	—	—	—	—	—

表 1-279 管路法兰用金属环垫的材料及温度范围（JB/T 89—2015）

材料名称	标　准	最高工作温度/°C
08 或 10	GB/T 699—2015	450
06Cr13	GB/T 1220—2007	540
06Cr19Ni10、06Cr17Ni12Mo2N	GB/T 1220—2007	600

表 1-280 管路法兰用金属环垫尺寸的极限偏差（JB/T 89—2015）（单位：mm）

名　称	极限偏差
节距 *P*	±0.18
环宽 *A*	±0.20
环高 *H*	±0.40
环平面宽度 *C*	±0.20

（续）

名　称	极限偏差
角度 23°	±0.50
圆角半径 *r*	±0.40

12. 管路法兰用缠绕式垫片

管路法兰用缠绕式垫片的形式如图 1-97 所示，适用密封面形式见表 1-281，其尺寸见表 1-282、表 1-283。

表 1-281 管路法兰用缠绕式垫片适用密封面形式（JB/T 90—2015）

垫片形式	代　号	适用密封面形式
基本型	A	榫槽面
带内环型	B	凹凸面
带外环型	C	突面
带内外环型	D	

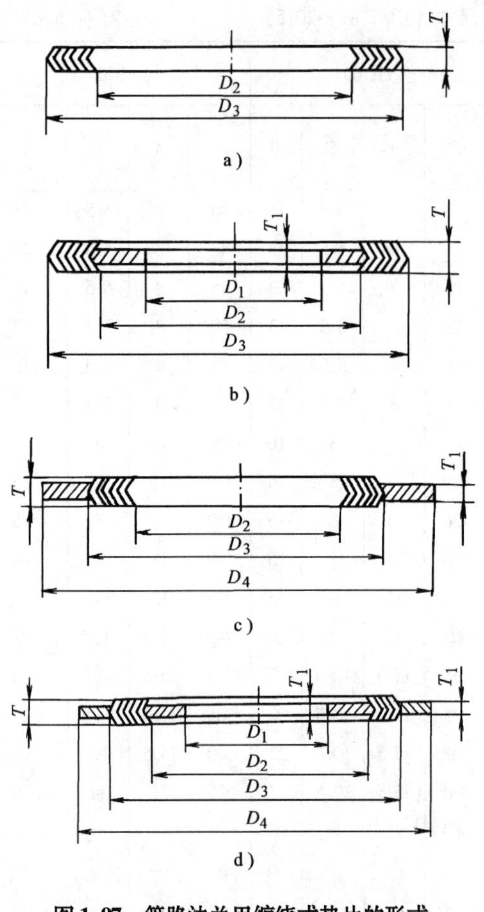

图1-97 管路法兰用缠绕式垫片的形式

a）基本型（A型） b）带内环型（B型）

c）带外环型（C型） d）带内外环型（D型）

表1-282 管路法兰用缠绕式垫片的尺寸

（JB/T 90—2015）（单位：mm）

公称尺寸	公称压力PN40、PN63、PN100、PN160				
	内环内径 D_1	缠绕垫内径 D_2	缠绕垫外径 D_3	缠绕垫厚度 T	内环厚度 T_1
DN10	14	24	34	3.2及4.5	2及3
DN15	18	29	39		
DN20	25	36	50		
DN25	32	43	57		
DN32	38	51	65		
DN40	45	61	75		
DN50	57	73	87		
DN65	76	95	109		
DN80	89	106	120		
DN100	108	129	149		
DN125	133	155	175		
DN150	159	183	203		
DN200	219	239	259		
DN250	273	292	312		
DN300	325	343	363		
DN350	377	395	421		
DN400	426	447	473		
DN450	480	497	523		
DN500	530	549	575		

表1-283 管路法兰用缠绕式垫片的尺寸（JB/T 90—2015）（单位：mm）

公称尺寸	公称压力PN25、PN40						
	内环内径 D_1	缠绕垫内径 D_2	缠绕垫外径 D_3	外环外径 D_4		缠绕垫厚度 T	外环厚度 T_1
				PN25	PN40		
DN10	14	24	36	46	46	3.2及4.5	2及3
DN15	18	29	40	51	51		
DN20	25	36	50	61	61		
DN25	32	43	57	71	71		
DN32	38	51	67	82	82		
DN40	45	58	74	92	92		
DN50	57	73	91	107	107		
DN65	76	89	109	127	127		
DN80	89	102	122	142	142		
DN100	108	127	147	167	167		

（续）

公称尺寸	公称压力 PN 25、PN40						
	内环内径 D_1	缠绕垫内径 D_2	缠绕垫外径 D_3	外环外径 D_4		缠绕垫厚度 T	外环厚度 T_1
				PN25	PN40		
*DN*125	133	152	174	195	195	3.2 及 4.5	2 及 3
*DN*150	159	179	201	225	225		
*DN*200	219	228	254	285	290		
*DN*250	273	282	310	340	351		
*DN*300	325	334	362	400	416		
*DN*350	377	387	417	456	476		
*DN*400	426	436	468	516	544		
*DN*450	480	491	527	566	569		
*DN*500	530	541	577	519	628		
*DN*600	630	642	678	731	741		

1.7.5.3 钢制管法兰中国化工行业标准

1. 钢制管法兰（PN 系列）（HG/T 20592—2009）

（1）钢制管法兰（PN 系列）的密封面形式及其代号 按图 1-98 和表 1-284 的规定。

法兰的密封面形式包括突面、凹面/凸面、榫面/槽面、全平面和环连接面。

（2）各种类型法兰密封面形式及其适用范围 按表 1-285 的规定。

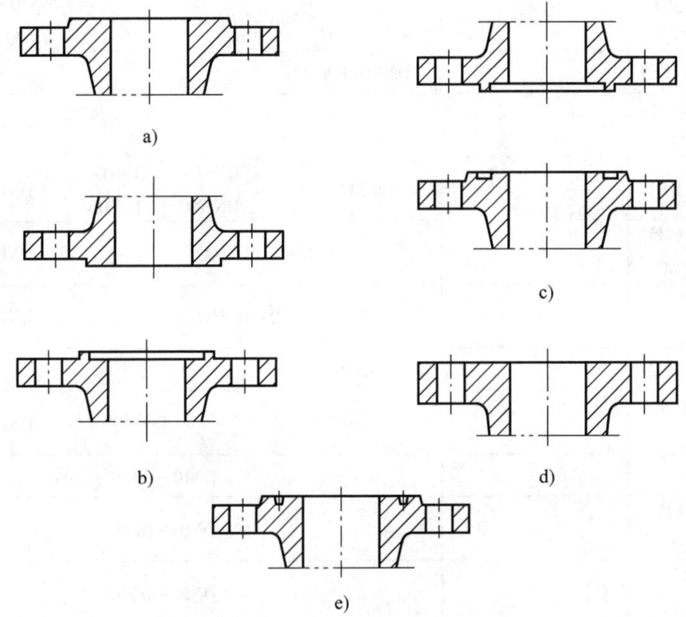

图 1-98 钢制管法兰（PN 系列）的密封面形式及其代号

a）突面（RF） b）凹面/凸面（MFM） c）榫面/槽面（TG） d）全平面（FF） e）环连接面（RJ）

表 1-284 钢制管法兰（PN 系列）的密封面形式及代号

密封面形式	突面	凹面	凸面	榫面	槽面	全平面	环连接面
代号	RF	FM	M	T	G	FF	RJ

表 1-285 各种类型法兰的密封面形式及其适用范围

<table>
<tr><th rowspan="2">法兰类型</th><th rowspan="2">密封面形式</th><th colspan="9">公称压力</th></tr>
<tr><th>PN2.5</th><th>PN6</th><th>PN10</th><th>PN16</th><th>PN25</th><th>PN40</th><th>PN63</th><th>PN100</th><th>PN160</th></tr>
<tr><td rowspan="2">板式平焊法兰
(PL)</td><td>突面(RF)</td><td>DN10 ~ DN2000</td><td colspan="5">DN10 ~ DN600</td><td colspan="3">—</td></tr>
<tr><td>全平面(FF)</td><td>DN10 ~ DN2000</td><td colspan="3">DN10 ~ DN600</td><td colspan="6">—</td></tr>
<tr><td rowspan="4">带颈平焊法兰
(SO)</td><td>突面(RF)</td><td>—</td><td>DN10 ~ DN300</td><td colspan="4">DN10 ~ DN600</td><td colspan="3">—</td></tr>
<tr><td>凹面(FM)
凸面(M)</td><td colspan="2">—</td><td colspan="3">DN10 ~ DN600</td><td colspan="4">—</td></tr>
<tr><td>榫面(T)
槽面(G)</td><td colspan="2">—</td><td colspan="3">DN10 ~ DN600</td><td colspan="4">—</td></tr>
<tr><td>全平面(FF)</td><td>—</td><td>DN10 ~ DN300</td><td colspan="2">DN10 ~ DN600</td><td colspan="5">—</td></tr>
<tr><td rowspan="5">带颈对焊法兰
(WN)</td><td>突面(RF)</td><td colspan="2">—</td><td colspan="2">DN10 ~ DN2000</td><td colspan="2">DN10 ~ DN600</td><td>DN10 ~ DN400</td><td>DN10 ~ DN350</td><td>DN10 ~ DN300</td></tr>
<tr><td>凹面(FM)
凸面(M)</td><td colspan="2">—</td><td colspan="4">DN10 ~ DN600</td><td>DN10 ~ DN400</td><td>DN10 ~ DN350</td><td>DN10 ~ DN300</td></tr>
<tr><td>榫面(T)
槽面(G)</td><td colspan="2">—</td><td colspan="4">DN10 ~ DN600</td><td>DN10 ~ DN400</td><td>DN10 ~ DN350</td><td>DN10 ~ DN300</td></tr>
<tr><td>全平面(FF)</td><td colspan="2">—</td><td colspan="2">DN10 ~ DN2000</td><td colspan="5">—</td></tr>
<tr><td>环连接面
(RJ)</td><td colspan="6">—</td><td colspan="2">DN15 ~ DN400</td><td>DN15 ~ DN300</td></tr>
<tr><td rowspan="5">整体法兰
(IF)</td><td>突面(RF)</td><td>—</td><td colspan="3">DN10 ~ DN2000</td><td>DN10 ~ DN1200</td><td>DN10 ~ DN600</td><td colspan="2">DN10 ~ DN400</td><td>DN10 ~ DN300</td></tr>
<tr><td>凹面(FM)
凸面(M)</td><td colspan="2">—</td><td colspan="4">DN10 ~ DN600</td><td colspan="2">DN10 ~ DN400</td><td>DN10 ~ DN300</td></tr>
<tr><td>榫面(T)
槽面(G)</td><td colspan="2">—</td><td colspan="4">DN10 ~ DN600</td><td colspan="2">DN10 ~ DN400</td><td>DN10 ~ DN300</td></tr>
<tr><td>全平面(FF)</td><td>—</td><td colspan="3">DN10 ~ DN2000</td><td colspan="5">—</td></tr>
<tr><td>环连接面
(RJ)</td><td colspan="6">—</td><td colspan="2">DN15 ~ DN400</td><td>DN15 ~ DN300</td></tr>
<tr><td rowspan="3">承插焊法兰
(SW)</td><td>突面(RF)</td><td colspan="2">—</td><td colspan="6">DN10 ~ DN50</td><td>—</td></tr>
<tr><td>凹面(FM)
凸面(M)</td><td colspan="2">—</td><td colspan="6">DN10 ~ DN50</td><td>—</td></tr>
<tr><td>榫面(T)
槽面(G)</td><td colspan="2">—</td><td colspan="6">DN10 ~ DN50</td><td>—</td></tr>
<tr><td rowspan="2">螺纹法兰
(Th)</td><td>突面(RF)</td><td>—</td><td colspan="5">DN10 ~ DN150</td><td colspan="3">—</td></tr>
<tr><td>全平面(FF)</td><td>—</td><td colspan="3">DN10 ~ DN150</td><td colspan="5">—</td></tr>
<tr><td>对焊环松套法兰
(FJ/SE)</td><td>突面(RF)</td><td>—</td><td colspan="5">DN10 ~ DN600</td><td colspan="3">—</td></tr>
<tr><td rowspan="3">平焊环松套法兰
(PJ/RJ)</td><td>突面(RF)</td><td>—</td><td colspan="3">DN10 ~ DN600</td><td colspan="5">—</td></tr>
<tr><td>凹面(FM)
凸面(M)</td><td colspan="2">—</td><td colspan="2">DN10 ~ DN600</td><td colspan="5">—</td></tr>
<tr><td>榫面(T)
槽面(G)</td><td colspan="2">—</td><td colspan="2">DN10 ~ DN600</td><td colspan="5">—</td></tr>
</table>

（续）

法兰类型	密封面形式	公称压力								
		PN2.5	PN6	PN10	PN16	PN25	PN40	PN63	PN100	PN160
法兰盖（BL）	突面(RF)	DN10 ~ DN2000		DN10 ~ DN1200		DN10 ~ DN600		DN10 ~ DN400		DN10 ~ DN300
	凹面(FM) 凸面(M)	—		DN10 ~ DN600				DN10 ~ DN400		DN10 ~ DN300
	榫面(T) 槽面(G)	—		DN10 ~ DN600				DN10 ~ DN400		DN10 ~ DN300
	全平面(FF)	DN10 ~ DN2000		DN10 ~ DN1200		—				
	环连接面(RJ)	—						DN15 ~ DN400		DN15 ~ DN300
衬里法兰盖[BL(S)]	突面(RF)	—	DN40 ~ DN600					—		
	凸面(M)	—		DN40 ~ DN600				—		
	槽面(T)	—		DN40 ~ DN600				—		

（3）法兰密封面表面粗糙度

1）法兰密封面应进行机械加工，表面粗糙度按表1-286的规定。用户有特殊要求时应在订货时注明。

表1-286 法兰密封面的表面粗糙度

密封面形式	密封面代号	Ra/μm	
		最小	最大
全平面 凹面/凸面 突面	FF FM/M RF	3.2	6.3
榫面/槽面	T/G	0.8	3.2
环连接面	RJ	0.4	1.6

注：突面、凹面/凸面及全平面密封面是采用加工刀具加工时自然形成的一种锯齿形同心圆或螺旋齿槽。加工刀具的圆角半径应不小于1.5mm，形成的锯齿形同心圆或螺旋齿槽深度约为0.05mm，节距约为0.45～0.55mm。

2）法兰密封面缺陷不得超过表1-287规定的范围。任意两相邻缺陷之间的距离应大于或等于4倍缺陷最大径向尺寸，不允许有凸出法兰密封面的缺陷。

表1-287 法兰密封面缺陷的允许尺寸

（突面、凹面/凸面、全平面）

（单位：mm）

公称尺寸	缺陷的最大径向投影尺寸（缺陷深度≤h）	缺陷的最大深度和径向投影尺寸（缺陷深度>h）
DN15	3.0	1.5
DN20	3.0	1.5
DN25	3.0	1.5
DN32	3.0	1.5
DN40	3.0	1.5
DN50	3.0	1.5
DN65	3.0	1.5
DN80	4.5	3.0
DN100	6.0	3.0
DN125	6.0	3.0
DN150	6.0	3.0
DN200	8.0	4.5
DN250	8.0	4.5
DN300	8.0	4.5
DN350	8.0	4.5
DN400	10.0	4.5
DN450	12.0	6.0
DN500	12.0	6.0
DN600	12.0	6.0
DN700 ~ DN900	12.5	6.0
DN1000 ~ DN1400	14.0	7.0
DN1600 ~ DN2000	15.5	7.5

注：1. 缺陷的径向投影尺寸为缺陷离开法兰孔中心最大半径和最小半径之差。

2. h为法兰密封面的锯齿形同心圆或螺旋齿槽深。

（4）螺栓支承面

1）螺栓支承面应进行机械加工或锪孔。锪孔尺寸按 GB/T 152.4—1998 的规定。螺栓支承面与密封面的平行度应符合 HG/T 20592—2009 中表 10.0.1 的规定。

2）螺栓支承面机械加工或锪孔后，应保证法兰的厚度符合 HG/T 20592—2009 中表 10.0.1 规定的尺寸公差要求。

3）下列采用 B 系列钢管外径的法兰，应在法兰的螺栓支承面，以螺栓孔为中心，锪出表 1-288 所列直径的平面，以适用于紧固件的装配。锪平面应与法兰的螺栓支承面齐平，允许与法兰颈部大端直径 *N* 或转角 *R* 相交。

4）DN350～DN600 为带颈平焊钢制管法兰。

5）DN350～DN900 为带颈对焊钢制管法兰。

（5）密封面尺寸

1）突面、凹面或凸面、榫面或槽面法兰的密封面尺寸按图 1-99 和表 1-289 的规定。

2）环连接面法兰的密封面尺寸按图 1-100 和表 1-290 的规定。

表 1-288　螺栓锪孔

（单位：mm）

螺栓尺寸	螺栓孔径 *L*	锪平面直径
M20	22	40
M24	26	48
M27	30	53
M30	33	61
M33	36	66
M36	39	71
M39	42	76
M45	48	89

3）突面、凹面或凸面、榫面或槽面法兰的密封面尺寸 f_1、f_2 包括在法兰厚度 *C* 内（图 1-99），环连接面法兰的突台高度 *E* 未包括在法兰厚度 *C* 内（图 1-100）。

（6）整体钢制管法兰的形式及尺寸如图 1-101 及表 1-291～表 1-298 所示。

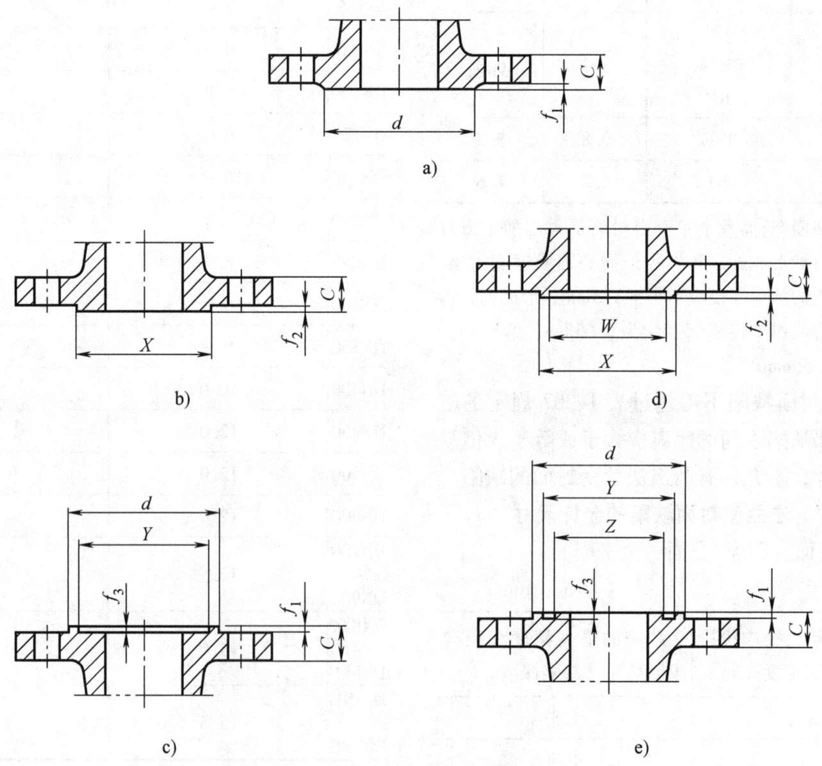

图 1-99　突面、凹面或凸面、榫面或槽面的密封面尺寸

a）突面（RF）　b）凸面（M）　c）凹面（FM）　d）榫面（T）　e）槽面（G）

表1-289 密封面尺寸（突面、凹面或凸面、榫面或槽面）（单位：mm）

公称尺寸	d						f_1	f_2	f_3	W	X	Y	Z
	公称压力												
	PN2.5	PN6	PN10	PN16	PN25	≥PN40							
DN10	35	35	40	40	40	40	2	4.5	4.0	24	34	35	23
DN15	40	40	45	45	45	45	2	4.5	4.0	29	39	40	28
DN20	50	50	58	58	58	58	2	4.5	4.0	36	50	51	35
DN25	60	60	68	68	68	68	2	4.5	4.0	43	57	58	42
DN32	70	70	78	78	78	78	2	4.5	4.0	51	65	66	50
DN40	80	80	88	88	88	88	2	4.5	4.0	61	75	76	60
DN50	90	90	102	102	102	102	2	4.5	4.0	73	87	88	72
DN65	110	110	122	122	122	122	2	4.5	4.0	95	109	110	94
DN80	128	128	138	138	138	138	2	4.5	4.0	106	120	121	105
DN100	148	148	158	158	162	162	2	5.0	4.5	129	149	150	128
DN125	178	178	188	188	188	188	2	5.0	4.5	155	175	176	154
DN150	202	202	212	212	218	218	2	5.0	4.5	183	203	204	182
DN200	258	258	268	268	278	285	2	5.0	4.5	239	259	260	238
DN250	312	312	320	320	335	345	2	5.0	4.5	292	312	313	291
DN300	365	365	370	378	395	410	2	5.0	4.5	343	363	364	342
DN350	415	415	430	428	450	465	2	5.5	5.0	395	421	422	394
DN400	465	465	482	490	505	535	2	5.5	5.0	447	473	474	446
DN450	520	520	532	550	555	560	2	5.5	5.0	497	523	524	496
DN500	570	570	585	610	615	615	2	5.5	5.0	549	575	576	548
DN600	670	670	685	725	720	735	2	5.5	5.0	649	675	676	648
DN700	775	775	800	795	820	—	2	—	—	—	—	—	—
DN800	880	880	905	900	930	—	2	—	—	—	—	—	—
DN900	980	980	1005	1000	1030	—	2	—	—	—	—	—	—
DN1000	1080	1080	1110	1115	1140	—	2	—	—	—	—	—	—
DN1200	1280	1295	1330	1330	1350	—	2	—	—	—	—	—	—
DN1400	1480	1510	1535	1530		—	2	—	—	—	—	—	—
DN1600	1690	1710	1760	1750		—	2	—	—	—	—	—	—
DN1800	1890	1920	1960	1950		—	2	—	—	—	—	—	—
DN2000	2090	2125	2170	2150		—	2	—	—	—	—	—	—

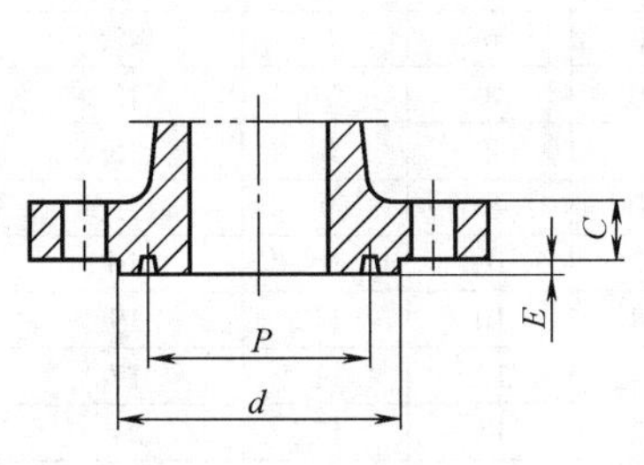

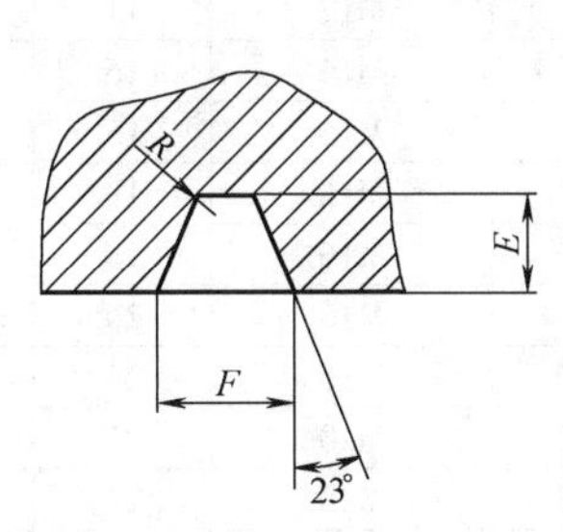

图1-100 环连接面的密封面尺寸

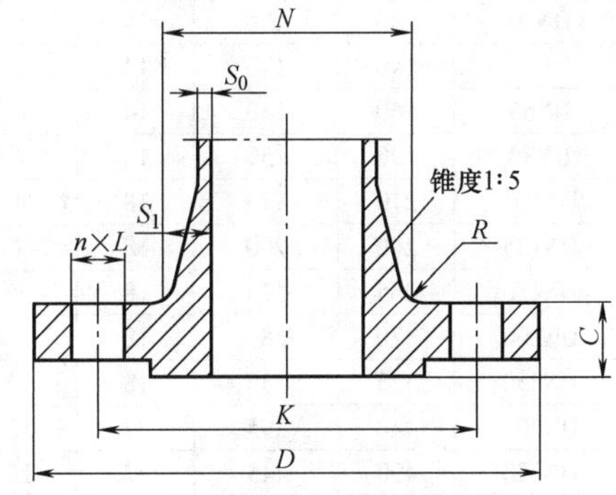

图1-101 整体钢制管法兰

表 1-290 环连接法兰的密封面尺寸 （单位：mm）

<table>
<tr><th rowspan="3">公称尺寸</th><th colspan="15">公称压力</th></tr>
<tr><th colspan="5">PN63</th><th colspan="5">PN100</th><th colspan="5">PN160</th></tr>
<tr><th>d</th><th>P</th><th>E</th><th>F</th><th>R_{max}</th><th>d</th><th>P</th><th>E</th><th>F</th><th>R_{max}</th><th>d</th><th>P</th><th>E</th><th>F</th><th>R_{max}</th></tr>
<tr><td>DN15</td><td>55</td><td>35</td><td rowspan="5">6.5</td><td rowspan="5">9</td><td rowspan="16">0.8</td><td>55</td><td>35</td><td rowspan="5">6.5</td><td rowspan="5">9</td><td rowspan="16">0.8</td><td>58</td><td>35</td><td rowspan="5">6.5</td><td rowspan="5">9</td><td rowspan="14">0.8</td></tr>
<tr><td>DN20</td><td>68</td><td>45</td><td>68</td><td>45</td><td>70</td><td>45</td></tr>
<tr><td>DN25</td><td>78</td><td>50</td><td>78</td><td>50</td><td>80</td><td>50</td></tr>
<tr><td>DN32</td><td>86</td><td>65</td><td>86</td><td>65</td><td>86</td><td>65</td></tr>
<tr><td>DN40</td><td>102</td><td>75</td><td>102</td><td>75</td><td>102</td><td>75</td></tr>
<tr><td>DN50</td><td>112</td><td>85</td><td rowspan="11">8</td><td rowspan="11">12</td><td>116</td><td>85</td><td rowspan="9">8</td><td rowspan="9">12</td><td>118</td><td>95</td><td rowspan="5">8</td><td rowspan="5">12</td></tr>
<tr><td>DN65</td><td>136</td><td>110</td><td>140</td><td>100</td><td>142</td><td>110</td></tr>
<tr><td>DN80</td><td>146</td><td>115</td><td>150</td><td>115</td><td>152</td><td>130</td></tr>
<tr><td>DN100</td><td>172</td><td>145</td><td>176</td><td>145</td><td>178</td><td>160</td></tr>
<tr><td>DN125</td><td>208</td><td>175</td><td>212</td><td>175</td><td>215</td><td>190</td></tr>
<tr><td>DN150</td><td>245</td><td>205</td><td>250</td><td>205</td><td>255</td><td>205</td><td>10</td><td>14</td></tr>
<tr><td>DN200</td><td>306</td><td>265</td><td>312</td><td>265</td><td>322</td><td>275</td><td rowspan="2">11</td><td rowspan="2">17</td></tr>
<tr><td>DN250</td><td>362</td><td>320</td><td>376</td><td>320</td><td>388</td><td>330</td></tr>
<tr><td>DN300</td><td>422</td><td>375</td><td>448</td><td>375</td><td>456</td><td>380</td><td>14</td><td>23</td></tr>
<tr><td>DN350</td><td>475</td><td>420</td><td>505</td><td>420</td><td rowspan="2">11</td><td rowspan="2">17</td><td colspan="5" rowspan="2">—</td></tr>
<tr><td>DN400</td><td>540</td><td>480</td><td>565</td><td>480</td></tr>
</table>

表 1-291 PN6 整体钢制管法兰 （单位：mm）

公称尺寸	连接尺寸					法兰厚度 C	法兰颈			
	法兰外径 D	螺栓孔中心圆直径 K	螺栓孔径 L	螺栓孔数量 n/个	螺栓 Th.		N	R	S_0	S_1
DN10	75	50	11	4	M10	12	20	4	3	5
DN15	80	55	11	4	M10	12	26	4	3	5.5
DN20	90	65	11	4	M10	14	34	4	3.5	7
DN25	100	75	11	4	M10	14	44	4	4	9.5
DN32	120	90	14	4	M12	14	54	6	4	11
DN40	130	100	14	4	M12	14	64	6	4.5	12
DN50	140	110	14	4	M12	14	74	6	5	12
DN65	160	130	14	4	M12	14	94	6	6	14.5
DN80	190	150	18	4	M16	16	110	8	7	15
DN100	210	170	18	4	M16	16	130	8	8	15
DN125	240	200	18	8	M16	18	160	8	9	17.5
DN150	265	225	18	8	M16	18	182	10	10	16
DN200	320	280	18	8	M16	20	238	10	11	19
DN250	375	335	18	12	M16	22	284	12	11	17
DN300	440	395	22	12	M20	22	342	12	12	21
DN350	490	445	22	12	M20	22	392	12	14	21
DN400	540	495	22	16	M20	22	442	12	15	21
DN450	595	550	22	16	M20	22	494	12	16	22

（续）

公称尺寸	连接尺寸					法兰厚度 C	法兰颈			
	法兰外径 D	螺栓孔中心圆直径 K	螺栓孔径 L	螺栓孔数量 n/个	螺栓 Th.		N	R	S_0	S_1
DN500	645	600	22	20	M20	24	544	12	16	22
DN600	755	705	26	20	M24	30	642	12	17	21
DN700	860	810	26	24	M24	24	746	12	17	23
DN800	975	920	30	24	M27	24	850	12	18	25
DN900	1075	1020	30	24	M27	26	950	12	18	25
DN1000	1175	1120	30	28	M27	26	1050	16	19	25
DN1200	1405	1340	33	32	M30	28	1264	16	20	32
DN1400	1630	1560	36	36	M33	32	1480	16	22	40
DN1600	1830	1760	36	40	M33	34	1680	16	24	40
DN1800	2045	1970	39	44	M36×3	36	1878	16	26	39
DN2000	2265	2180	42	48	M39×3	38	2082	16	28	41

表 1-292 PN10 整体钢制管法兰 （单位：mm）

公称尺寸	连接尺寸					法兰厚度 C	法兰颈			
	法兰外径 D	螺栓孔中心圆直径 K	螺栓孔径 L	螺栓孔数量 n/个	螺栓 Th.		N	R	S_0	S_1
DN10	90	60	14	4	M12	16	28	4	6	10
DN15	95	65	14	4	M12	16	32	4	6	11
DN20	105	75	14	4	M12	18	40	4	6.5	12
DN25	115	85	14	4	M12	18	50	4	7	14
DN32	140	100	18	4	M16	18	60	6	7	14
DN40	150	110	18	4	M16	18	70	6	7.5	14
DN50	165	125	18	4	M16	18	84	5	8	15
DN65	185	145	18	8	M16	18	104	6	8	14
DN80	200	160	18	8	M16	20	120	6	8.5	15
DN100	220	180	18	8	M16	20	140	8	9.5	15
DN125	250	210	18	8	M16	22	170	8	10	17
DN150	285	240	22	8	M20	22	190	10	11	17
DN200	340	295	22	8	M20	24	246	10	12	23
DN250	395	350	22	12	M20	26	298	12	14	24
DN300	445	400	22	12	M20	26	348	12	15	24
DN350	505	460	22	16	M20	26	408	12	16	29
DN400	565	515	26	16	M24	26	456	12	18	28
DN450	615	565	26	20	M24	28	502	12	20	26
DN500	670	620	26	20	M24	28	559	12	21	29.5
DN600	780	725	30	20	M27	34	658	12	23	29
DN700	895	840	30	24	M27	34	772	12	24	36
DN800	1015	950	33	24	M30	36	876	12	26	38
DN900	1115	1050	33	28	M30	38	976	12	27	38
DN1000	1230	1160	36	28	M33	38	1080	16	29	40
DN1200	1455	1380	39	32	M36×3	44	1292	16	32	46
DN1400	1675	1590	42	36	M39×3	48	1496	16	34	48

（续）

公称尺寸	连接尺寸					法兰厚度 C	法兰颈			
	法兰外径 D	螺栓孔中心圆直径 K	螺栓孔径 L	螺栓孔数量 n/个	螺栓 Th.		N	R	S_0	S_1
DN1600	1915	1820	48	40	M45×3	52	1712	16	36	56
DN1800	2115	2020	48	44	M45×3	56	1910	16	39	55
DN2000	2325	2230	48	48	M45×3	60	2120	16	41	60

表 1-293 PN16 整体钢制管法兰 （单位：mm）

公称尺寸	连接尺寸					法兰厚度 C	法兰颈			
	法兰外径 D	螺栓孔中心圆直径 K	螺栓孔径 L	螺栓孔数量 n/个	螺栓 Th.		N	R	S_0	S_1
DN10	90	60	14	4	M12	16	28	4	6	10
DN15	95	65	14	4	M12	16	32	4	6	11
DN20	105	75	14	4	M12	18	40	4	6.5	12
DN25	115	85	14	4	M12	18	50	4	7	14
DN32	140	100	18	4	M16	18	60	6	7	14
DN40	150	110	18	4	M16	18	70	6	7.5	14
DN50	165	125	18	4	M16	18	84	5	8	15
DN65	185	145	18	8	M16	18	104	6	8	14
DN80	200	160	18	8	M16	20	120	6	8.5	15
DN100	220	180	18	8	M16	20	140	8	9.5	15
DN125	250	210	18	8	M16	22	170	8	10	17
DN150	285	240	22	8	M20	22	190	10	11	17
DN200	340	295	22	12	M20	24	246	10	12	18
DN250	405	355	26	12	M24	26	296	12	14	20
DN300	460	410	26	12	M24	28	350	12	15	21
DN350	520	470	26	16	M24	30	410	12	16	23
DN400	580	525	30	16	M27	32	458	12	18	24
DN450	640	585	30	20	M27	40	516	12	20	27
DN500	715	650	33	20	M30	44	576	12	21	30
DN600	840	770	36	20	M33	54	690	12	23	30
DN700	910	840	36	24	M33	42	760	12	24	32
DN800	1025	950	39	24	M36×3	42	862	12	26	33
DN900	1125	1050	39	28	M36×3	44	962	12	27	35
DN1000	1255	1170	42	28	M39×3	46	1076	16	29	39
DN1200	1485	1390	48	32	M45×3	52	1282	16	32	44
DN1400	1685	1590	48	36	M45×3	58	1482	16	34	48
DN1600	1930	1820	56	40	M52×4	64	1696	16	36	51
DN1800	2130	2020	56	44	M52×4	68	1896	16	39	53
DN2000	2345	2230	62	48	M56×4	70	2100	16	41	56

表 1-294 PN25 整体钢制管法兰 (单位：mm)

公称尺寸	连接尺寸					法兰厚度 C	法兰颈			
	法兰外径 D	螺栓孔中心圆直径 K	螺栓孔径 L	螺栓孔数量 n/个	螺栓 Th.		N	R	S_0	S_1
DN10	90	60	14	4	M12	16	28	4	6	10
DN15	95	65	14	4	M12	16	32	4	6	11
DN20	105	75	14	4	M12	18	40	4	6.5	12
DN25	115	85	14	4	M12	18	50	4	7	14
DN32	140	100	18	4	M16	18	60	6	7	14
DN40	150	110	18	4	M16	18	70	6	7.5	14
DN50	165	125	18	4	M16	20	84	6	8	15
DN65	185	145	18	8	M16	22	104	6	8.5	17
DN80	200	160	18	8	M16	24	120	8	9	18
DN100	235	190	22	8	M20	24	142	8	10	18
DN125	270	220	26	8	M24	26	162	8	11	20
DN150	300	250	26	8	M24	28	192	10	12	21
DN200	360	310	26	12	M24	30	252	10	12	23
DN250	425	370	30	12	M27	32	304	12	14	24
DN300	485	430	30	16	M27	34	364	12	15	26
DN350	555	490	33	16	M30	38	118	12	16	29
DN400	620	550	36	16	M33	40	472	12	18	30
DN450	670	600	36	20	M33	46	520	12	19	31
DN500	730	660	36	20	M33	48	580	12	21	33
DN600	845	770	39	20	M36×3	58	684	12	23	35
DN700	960	875	42	24	M39×3	50	780	12	24	38
DN800	1085	990	48	24	M45×3	54	882	12	26	41
DN900	1185	1090	48	28	M45×3	58	982	12	27	44
DN1000	1320	1210	55	28	M52×4	62	1086	16	29	47
DN1200	1530	1420	55	32	M52×4	70	1296	18	32	53

表 1-295 PN40 整体钢制管法兰 (单位：mm)

公称尺寸	连接尺寸					法兰厚度 C	法兰颈			
	法兰外径 D	螺栓孔中心圆直径 K	螺栓孔径 L	螺栓孔数量 n/个	螺栓 Th.		N	R	S_0	S_1
DN10	90	60	14	4	M12	16	28	4	6	10
DN15	95	65	14	4	M12	16	32	4	6	11
DN20	105	75	14	4	M12	18	40	4	6.5	12
DN25	115	85	14	4	M12	18	50	4	7	14
DN32	140	100	18	4	M16	18	60	6	7	14

（续）

公称尺寸	连接尺寸					法兰厚度 C	法兰颈			
	法兰外径 D	螺栓孔中心圆直径 K	螺栓孔径 L	螺栓孔数量 n/个	螺栓 Th.		N	R	S_0	S_1
DN40	150	110	18	4	M16	18	70	6	7.5	14
DN50	165	125	18	4	M16	20	84	6	8	15
DN65	185	145	18	8	M16	22	104	6	8.5	17
DN80	200	160	18	8	M16	24	120	8	9	18
DN100	235	190	22	8	M20	24	142	8	10	18
DN125	270	220	26	8	M24	26	162	8	11	20
DN150	300	250	26	8	M24	28	192	10	12	21
DN200	375	320	30	12	M27	34	254	10	14	26
DN250	450	385	33	12	M30	38	312	12	16	29
DN300	515	450	33	16	M30	42	378	12	17	32
DN350	580	510	36	16	M33	46	432	12	19	35
DN400	660	585	39	16	M36×3	50	498	12	21	38
DN450	685	610	39	20	M36×3	57	522	12	21	38
DN500	755	670	42	20	M39×3	57	576	12	21	39
DN600	890	795	48	20	M45×3	72	686	12	24	45

表1-296 PN63 整体钢制管法兰 （单位：mm）

公称尺寸	连接尺寸					法兰厚度 C	法兰颈			
	法兰外径 D	螺栓孔中心圆直径 K	螺栓孔径 L	螺栓孔数量 n/个	螺栓 Th.		N	R	S_0	S_1
DN10	100	70	14	4	M12	20	40	4	10	15
DN15	105	75	14	4	M12	20	45	4	10	15
DN20	130	90	18	4	M16	22	50	4	10	15
DN25	140	100	18	4	M16	24	61	4	10	18
DN32	155	110	22	4	M20	26	68	6	10	18
DN40	170	125	22	4	M20	28	82	6	10	21
DN50	180	135	22	4	M20	26	90	6	10	20
DN65	205	160	22	8	M20	26	105	6	10	20
DN80	215	170	22	8	M20	28	122	8	11	21
DN100	250	200	26	8	M24	30	146	8	12	23
DN125	295	240	30	8	M27	34	177	8	13	26
DN150	345	280	33	8	M30	36	204	10	14	27
DN200	415	345	36	12	M33	42	264	10	16	32
DN250	470	400	36	12	M33	46	320	12	19	35
DN300	530	460	36	16	M33	52	378	12	21	39
DN350	600	525	39	16	M36×3	56	434	12	23	42
DN400	670	585	42	16	M39×3	60	490	12	26	45

表 1-297 PN100 整体钢制管法兰 （单位：mm）

公称尺寸	连接尺寸					法兰厚度 C	法兰颈			
	法兰外径 D	螺栓孔中心圆直径 K	螺栓孔径 L	螺栓孔数量 n/个	螺栓 Th.		N	R	S_0	S_1
DN10	100	70	14	4	M12	20	40	4	10	15
DN15	105	75	14	4	M12	20	45	4	10	15
DN20	130	90	18	4	M16	22	50	4	10	15
DN25	140	100	18	4	M16	24	61	4	10	18
DN32	155	110	22	4	M20	26	68	6	10	18
DN40	170	125	22	4	M20	28	82	6	10	21
DN50	195	145	26	4	M24	30	96	6	10	23
DN65	220	170	26	8	M24	34	118	6	11	24
DN80	230	180	26	8	M24	36	128	8	12	24
DN100	265	210	30	8	M27	40	150	8	14	25
DN125	315	250	33	8	M30	40	185	8	16	30
DN150	355	290	33	12	M30	44	216	10	18	33
DN200	430	360	36	12	M33	52	278	10	21	39
DN250	505	430	39	12	M36×3	60	340	12	25	45
DN300	585	500	42	16	M39×3	68	407	12	29	51
DN350	655	560	48	16	M45×3	74	460	12	32	55
DN400	715	620	48	16	M45×3	78	518	12	36	59

表 1-298 PN160 整体钢制管法兰 （单位：mm）

公称尺寸	连接尺寸					法兰厚度 C	法兰颈			
	法兰外径 D	螺栓孔中心圆直径 K	螺栓孔径 L	螺栓孔数量 n/个	螺栓 Th.		N	R	S_0	S_1
DN10	100	70	14	4	M12	20	40	4	10	15
DN15	105	75	14	4	M12	20	45	4	10	15
DN20	130	90	18	4	M16	24	50	4	10	15
DN25	140	100	18	4	M16	24	61	4	10	18
DN32	155	110	22	4	M20	28	68	4	10	18
DN40	170	125	22	4	M20	28	82	4	10	21
DN50	195	145	26	4	M24	30	96	4	10	23
DN65	220	170	26	8	M24	34	118	5	11	24
DN80	230	180	26	8	M24	36	128	5	12	24
DN100	265	210	30	8	M27	40	150	5	14	25
DN125	315	250	33	8	M30	44	184	6	16	29.5

（续）

公称尺寸	连接尺寸					法兰厚度 C	法兰颈			
	法兰外径 D	螺栓孔中心圆直径 K	螺栓孔径 L	螺栓孔数量 n/个	螺栓 Th.		N	R	S_0	S_1
DN150	355	290	33	12	M30	50	224	6	18	37
DN200	430	360	36	12	M33	60	288	8	21	44
DN250	515	430	42	12	M39×3	68	346	8	31	48
DN300	585	500	42	16	M39×3	78	414	10	46	57

2. 钢制管法兰（Class系列）（HG/T 20615—2009）

（1）法兰类型

1）法兰类型及其代号按图1-102和表1-299的规定。法兰类型包括：带颈平焊法兰（SO）、带颈对焊法兰（WN）、整体法兰（IF）、承插焊法兰（SW）、螺纹法兰（Th）、对焊环松套法兰（LF/SE）、长高颈法兰（LWN）、法兰盖（BL）。

2）用于流量的孔板法兰按HG/T 20615—2009附录A的规定。

3）用于全夹套管道连接的夹套法兰可参照HG/T 20615—2009中附录B的规定。

4）各种法兰类型适用的公称尺寸和公称压力按表1-300的规定。

表1-299　法兰类型代号

法兰类型代号	法兰类型
SO	带颈平焊法兰
WN	带颈对焊法兰
LWN	长高颈法兰
IF	整体法兰
SW	承插焊法兰
Th	螺纹法兰
LF/SE	对焊环松套法兰
BL	法兰盖

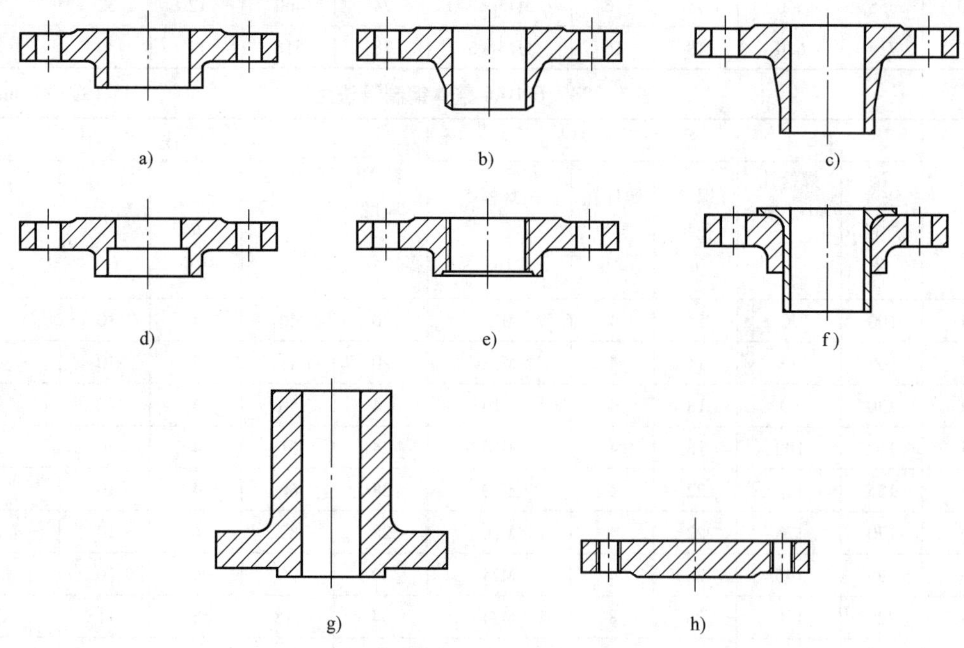

图1-102　法兰类型

a）带颈平焊法兰（SO）　b）带颈对焊法兰（WN）　c）整体法兰（IF）　d）承插焊法兰（SW）　e）螺纹法兰（Th）　f）对焊环松套法兰（LF/SE）　g）长高颈法兰（LWN）　h）法兰盖（BL）

表 1-300 管法兰类型和适用范围

法兰类型		带颈平焊法兰（SO）					带颈对焊法兰（WN）和长高颈法兰（LWN）						整体法兰（IF）					
公称尺寸		公称压力																
		Class150（PN20）	Class300（PN50）	Class600（PN110）	Class900（PN150）	Class1500（PN260）	Class150（PN20）	Class300（PN50）	Class600（PN110）	Class900（PN150）	Class1500（PN260）	Class2500（PN420）	Class150（PN20）	Class300（PN50）	Class600（PN110）	Class900（PN150）	Class1500（PN260）	Class2500（PN420）
DN15	NPS½	×	×	×	×	×	×	×	×	×	×	×	×	×	×	×	×	×
DN20	NPS¾	×	×	×	×	×	×	×	×	×	×	×	×	×	×	×	×	×
DN25	NPS1	×	×	×	×	×	×	×	×	×	×	×	×	×	×	×	×	×
DN32	NPS1¼	×	×	×	×	×	×	×	×	×	×	×	×	×	×	×	×	×
DN40	NPS1½	×	×	×	×	×	×	×	×	×	×	×	×	×	×	×	×	×
DN50	NPS2	×	×	×	×	×	×	×	×	×	×	×	×	×	×	×	×	×
DN65	NPS2½	×	×	×	×	×	×	×	×	×	×	×	×	×	×	×	×	×
DN80	NPS3	×	×	×	×	—	×	×	×	×	×	×	×	×	×	×	×	×
DN100	NPS4	×	×	×	×	—	×	×	×	×	×	×	×	×	×	×	×	×
DN125	NPS5	×	×	×	×	—	×	×	×	×	×	×	×	×	×	×	×	×
DN150	NPS6	×	×	×	×	—	×	×	×	×	×	×	×	×	×	×	×	×
DN200	NPS8	×	×	×	×	—	×	×	×	×	×	×	×	×	×	×	×	×
DN250	NPS10	×	×	×	×	—	×	×	×	×	×	×	×	×	×	×	×	×
DN300	NPS12	×	×	×	×	—	×	×	×	×	×	×	×	×	×	×	×	×
DN350	NPS14	×	×	×	×	—	×	×	×	×	×	—	×	×	×	×	×	—
DN400	NPS16	×	×	×	×	—	×	×	×	×	×	—	×	×	×	×	×	—
DN450	NPS18	×	×	×	×	—	×	×	×	×	×	—	×	×	×	×	×	—
DN500	NPS20	×	×	×	×	—	×	×	×	×	×	—	×	×	×	×	×	—
DN600	NPS24	×	×	×	×	—	×	×	×	×	×	—	×	×	×	×	×	—

（续）

法兰类型		承插焊法兰（SW）					螺纹法兰（Th）		对焊环松套法兰（LF/SE）			法兰盖（BL）					
公称尺寸		公称压力															
		Class150（PN20）	Class300（PN50）	Class600（PN110）	Class900（PN150）	Class1500（PN260）	Class150（PN20）	Class300（PN50）	Class150（PN20）	Class300（PN50）	Class600（PN110）	Class150（PN20）	Class300（PN50）	Class600（PN110）	Class900（PN150）	Class1500（PN260）	Class2500（PN420）
DN15	NPS½	×	×	×	×	×	×	×	×	×	×	×	×	×	×	×	×
DN20	NPS¾	×	×	×	×	×	×	×	×	×	×	×	×	×	×	×	×
DN25	NPS1	×	×	×	×	×	×	×	×	×	×	×	×	×	×	×	×
DN32	NPS1¼	×	×	×	×	×	×	×	×	×	×	×	×	×	×	×	×
DN40	NPS1½	×	×	×	×	×	×	×	×	×	×	×	×	×	×	×	×
DN50	NPS2	×	×	×	×	×	×	×	×	×	×	×	×	×	×	×	×
DN65	NPS2½	×	×	×	×	×	×	×	×	×	×	×	×	×	×	×	×
DN80	NPS3	×	×	×	×	—	×	×	×	×	×	×	×	×	×	×	×
DN100	NPS4	—	—	—	—	—	×	×	×	×	×	×	×	×	×	×	×
DN125	NPS5	—	—	—	—	—	×	×	×	×	×	×	×	×	×	×	×
DN150	NPS6	—	—	—	—	—	×	×	×	×	×	×	×	×	×	×	×
DN200	NPS8	—	—	—	—	—	—	—	×	×	×	×	×	×	×	×	×
DN250	NPS10	—	—	—	—	—	—	—	×	×	×	×	×	×	×	×	×
DN300	NPS12	—	—	—	—	—	—	—	×	×	×	×	×	×	×	×	×
DN350	NPS14	—	—	—	—	—	—	—	×	×	×	×	×	×	×	×	—
DN400	NPS16	—	—	—	—	—	—	—	×	×	×	×	×	×	×	×	—
DN450	NPS18	—	—	—	—	—	—	—	×	×	×	×	×	×	×	×	—
DN500	NPS20	—	—	—	—	—	—	—	×	×	×	×	×	×	×	×	—
DN600	NPS24	—	—	—	—	—	—	—	×	×	×	×	×	×	×	×	—

（2）法兰密封面

1）法兰的密封面形式及其代号见图 1-103 和表 1-301。法兰的密封面形式包括突面、凹面/凸面、榫面/槽面、全平面和环连接面。

2）各种类型法兰密封面形式的适用范围见表 1-302。

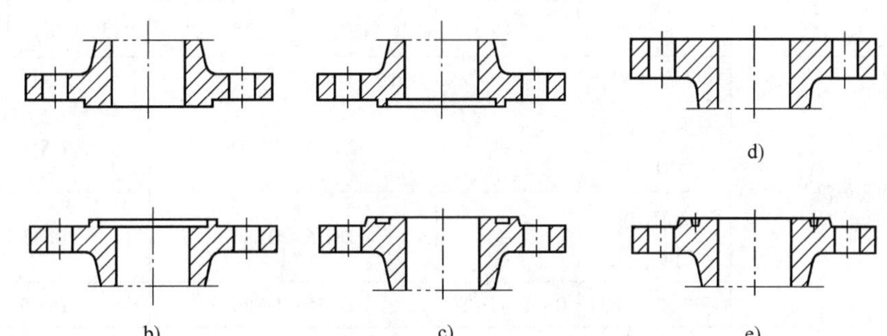

图 1-103 密封面形式

a）突面（RF） b）凹面/凸面（FM/M） c）榫面/槽面（T/G） d）全平面（FF） e）环连接面（RJ）

表 1-301 密封面形式代号

密封面形式	突面	凹面	凸面	榫面	槽面	全平面	环连接面
代号	RF	FM	M	T	G	FF	RJ

表 1-302 各种类型法兰的密封面形式及其适用范围

<table>
<tr><th rowspan="2">法兰类型</th><th rowspan="2">密封面形式</th><th colspan="6">公称压力</th></tr>
<tr><th>Class150
（PN20）</th><th>Class300
（PN50）</th><th>Class600
（PN110）</th><th>Class900
（PN150）</th><th>Class1500
（PN260）</th><th>Class2500
（PN420）</th></tr>
<tr><td rowspan="4">带颈平焊法兰
（SO）</td><td>突面（RF）</td><td colspan="4">DN15 ~ DN600</td><td>DN15 ~ DN65</td><td rowspan="4">—</td></tr>
<tr><td>凹面（FM）
凸面（M）</td><td>—</td><td colspan="2">DN15 ~ DN600</td><td colspan="2">DN15 ~ DN65</td></tr>
<tr><td>榫面（T）
槽面（G）</td><td>—</td><td colspan="2">DN15 ~ DN600</td><td colspan="2">DN15 ~ DN65</td></tr>
<tr><td>全平面（FF）</td><td>DN15 ~ DN600</td><td colspan="4">—</td></tr>
<tr><td rowspan="5">带颈对焊法兰
（WN）
长高颈法兰
（LWN）</td><td>突面（RF）</td><td colspan="5">DN15 ~ DN600</td><td>DN15 ~ DN300</td></tr>
<tr><td>凹面（FM）
凸面（M）</td><td>—</td><td colspan="4">DN15 ~ DN600</td><td>DN15 ~ DN300</td></tr>
<tr><td>榫面（T）
槽面（G）</td><td>—</td><td colspan="4">DN15 ~ DN600</td><td>DN15 ~ DN300</td></tr>
<tr><td>全平面（FF）</td><td>DN15 ~ DN600</td><td colspan="5">—</td></tr>
<tr><td>环连接面（RJ）</td><td>DN25 ~ DN300</td><td colspan="4">DN15 ~ DN600</td><td>DN15 ~ DN300</td></tr>
<tr><td rowspan="5">整体法兰（IF）</td><td>突面（RF）</td><td colspan="5">DN15 ~ DN600</td><td>DN15 ~ DN300</td></tr>
<tr><td>凹面（FM）
凸面（M）</td><td>—</td><td colspan="4">DN15 ~ DN600</td><td>DN15 ~ DN300</td></tr>
<tr><td>榫面（T）
槽面（G）</td><td>—</td><td colspan="4">DN15 ~ DN600</td><td>DN15 ~ DN300</td></tr>
<tr><td>全平面（FF）</td><td>DN15 ~ DN600</td><td colspan="5">—</td></tr>
<tr><td>环连接面（RJ）</td><td>DN25 ~ DN600</td><td colspan="4">DN15 ~ DN600</td><td>DN15 ~ DN300</td></tr>
</table>

（续）

<table>
<tr><th rowspan="2">法兰类型</th><th rowspan="2">密封面形式</th><th colspan="6">公称压力</th></tr>
<tr><th>Class150
（PN20）</th><th>Class300
（PN50）</th><th>Class600
（PN110）</th><th>Class900
（PN150）</th><th>Class1500
（PN260）</th><th>Class2500
（PN420）</th></tr>
<tr><td rowspan="4">承插焊法兰（SW）</td><td>突面（RF）</td><td colspan="3">DN15～DN80</td><td colspan="2">DN15～DN65</td><td rowspan="4">—</td></tr>
<tr><td>凹面（FM）
凸面（M）</td><td>—</td><td colspan="2">DN15～DN80</td><td colspan="2">DN15～DN65</td></tr>
<tr><td>榫面（T）
槽面（G）</td><td>—</td><td colspan="2">DN15～DN80</td><td colspan="2">DN15～DN65</td></tr>
<tr><td>环连接面（RJ）</td><td>DN25～DN80</td><td colspan="2">DN15～DN80</td><td colspan="2">DN15～DN65</td></tr>
<tr><td rowspan="2">螺纹法兰（Th）</td><td>突面（RF）</td><td colspan="2">DN15～DN150</td><td colspan="4" rowspan="2">—</td></tr>
<tr><td>全平面（FF）</td><td>DN15～DN150</td><td>—</td></tr>
<tr><td>对焊环松套法兰
（LF/SE）</td><td>突面（RF）</td><td colspan="3">DN15～DN600</td><td colspan="3">—</td></tr>
<tr><td rowspan="5">法兰盖（BL）</td><td>突面（RF）</td><td colspan="5">DN15～DN600</td><td>DN15～DN300</td></tr>
<tr><td>凹面（FM）
凸面（M）</td><td>—</td><td colspan="4">DN15～DN600</td><td>DN15～DN300</td></tr>
<tr><td>榫面（T）
槽面（G）</td><td>—</td><td colspan="4">DN15～DN600</td><td>DN15～DN300</td></tr>
<tr><td>全平面（FF）</td><td>DN15～DN600</td><td colspan="5">—</td></tr>
<tr><td>环连接面（RJ）</td><td>DN25～DN600</td><td colspan="4">DN15～DN600</td><td>DN15～DN300</td></tr>
</table>

（3）法兰密封面的表面粗糙度

1）法兰密封面应进行机械加工，表面粗糙度按表1-303的规定。用户若有特殊要求应在订货时注明。

表1-303　法兰密封面的表面粗糙度

<table>
<tr><th rowspan="2">密封面形式</th><th rowspan="2">密封面代号</th><th colspan="2">Ra/μm</th></tr>
<tr><th>最小</th><th>最大</th></tr>
<tr><td>突面
凹面/凸面
全平面</td><td>RF
FM/M
FF</td><td>3.2</td><td>6.3</td></tr>
<tr><td>榫面/槽面</td><td>T/G</td><td>0.8</td><td>3.2</td></tr>
<tr><td>环连接面</td><td>RJ</td><td>0.4</td><td>1.6</td></tr>
</table>

注：突面、凹面/凸面及全平面密封面是采用加工刀具加工时自然形成的一种锯齿形同心圆或螺旋齿槽。加工刀具的圆角半径应不小于1.5mm，形成的锯齿形同心圆或螺旋齿槽深度约为0.05mm，节距约为0.45～0.55mm。

2）法兰密封面缺陷的尺寸不得超过表1-304规定的范围。任意两相邻缺陷之间的距离应大于或等于4倍缺陷最大径向投影尺寸，不允许有凸出法兰密封面的缺陷。

表1-304　法兰密封面缺陷的允许尺寸

（突面、凹面/凸面、全平面）

（单位：mm）

公称尺寸	缺陷的最大径向投影尺寸（缺陷深度≤h）	缺陷的最大深度和径向投影尺寸（缺陷深度＞h）
DN15	3.0	1.5
DN20	3.0	1.5
DN25	3.0	1.5
DN32	3.0	1.5
DN40	3.0	1.5
DN50	3.0	1.5
DN65	3.0	1.5
DN80	4.5	3.0
DN100	6.0	3.0
DN125	6.0	3.0
DN150	6.0	3.0
DN200	8.0	4.5

（续）

公称尺寸	缺陷的最大径向投影尺寸（缺陷深度≤h）	缺陷的最大深度和径向投影尺寸（缺陷深度＞h）
DN250	8.0	4.5
DN300	8.0	4.5
DN350	8.0	4.5
DN400	10.0	4.5
DN450	12.0	6.0
DN500	12.0	6.0
DN600	12.0	6.0

注：1. 缺陷的径向投影尺寸为缺陷离开法兰孔中心的最大半径和最小半径之差。

2. h 为法兰密封面的锯齿形同心圆或螺旋齿槽深。

（4）螺栓支承面

1）螺栓支承面应进行机械加工或锪孔。锪孔尺寸按 GB/T 152.4 的规定。螺栓支承面与密封面的平行度应符合 HG/T 20615—2009 表 10.0.1-1 的规定。

2）螺栓支承面经机械加工或锪孔后，应保证法兰的厚度符合 HG/T 20615—2009 中表 10.0.1-1 规定的尺寸公差要求。

（5）密封面尺寸

1）突面法兰的密封面尺寸按图 1-104 和表 1-305 的规定。

2）Class300 ~ Class2500 的凹面（FM）或凸面（M）、榫面（T）或槽面（G）法兰的密封面尺寸按图 1-105 和表 1-306 的规定。

3）环连接面法兰的密封面尺寸按图 1-106 和表 1-307 的规定。

4）突台高度 f_1、f_2 及 E 未包括在法兰厚度 C 内。

5）Class150 的全平面法兰的厚度与突面法兰相同（$f_1=0$）。

（6）整体钢制管法兰的结构型式及尺寸如图 1-107 及表 1-308 ~ 表 1-313 所示。

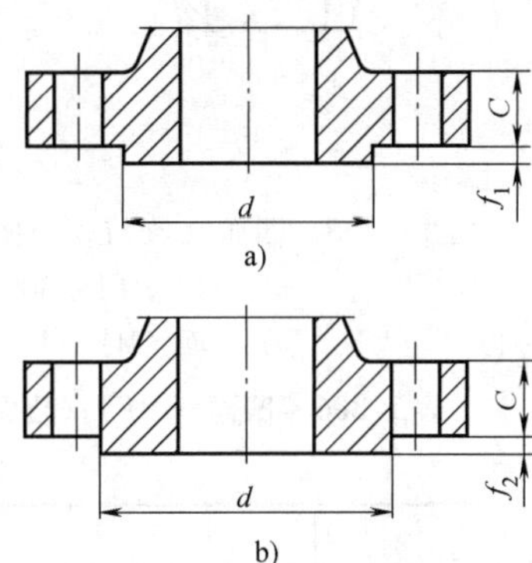

图 1-104 突面（RF）法兰的密封面尺寸

a）≤Class300（PN50）

b）≥Class600（PN100）

表 1-305 突面法兰的密封面尺寸（单位：mm）

公称尺寸		突台外径 d	突台高度 f_1 ≤Class300（PN50）	突台高度 f_2 ≥Class600（PN110）	公称尺寸		突台外径 d	突台高度 f_1 ≤Class300（PN50）	突台高度 f_2 ≥Class600（PN110）
DN15	NPS½	34.9	2	7	DN150	NPS6	215.9	2	7
DN20	NPS¾	42.9			DN200	NPS8	269.9		
DN25	NPS1	50.8			DN250	NPS10	323.8		
DN32	NPS1¼	63.5			DN300	NPS12	381.0		
DN40	NPS1½	73.0			DN350	NPS14	412.8		
DN50	NPS2	92.1			DN400	NPS16	469.9		
DN65	NPS2½	104.8			DN450	NPS18	533.4		
DN80	NPS3	127.0			DN500	NPS20	584.2		
DN100	NPS4	157.2			DN600	NPS24	692.2		
DN125	NPS5	185.7							

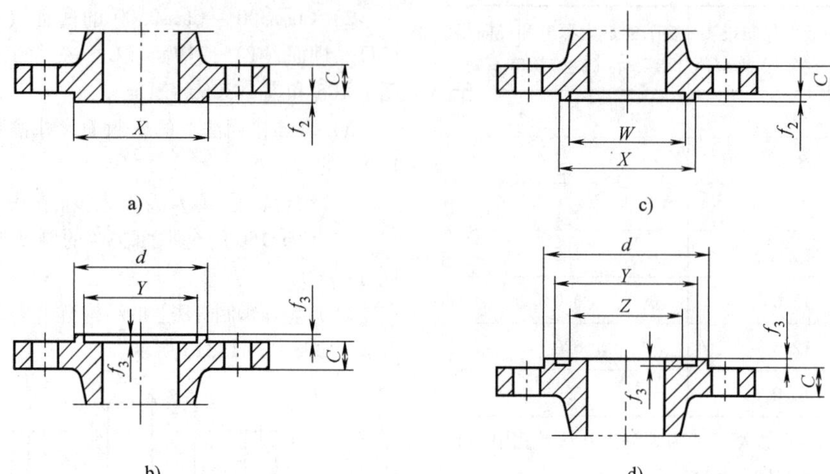

图 1-105　凹面（FM）/凸面（M）、榫面（T）/槽面（G）法兰的密封面尺寸

Class300（PN50）~ Class2500（PN420）

a）凸面（M）　b）凹面（FM）　c）榫面（T）　d）槽面（G）

表 1-306　凹面（MF）/凸面（M）、榫面（T）/槽面（G）法兰的密封面尺寸

（单位：mm）

公称尺寸		Class300（PN50）~ Class2500（PN420）						
		d	W	X	Y	Z	f_2	f_3
DN15	NPS½	46	25.4	34.9	36.5	23.8		
DN20	NPS¾	54	33.3	42.9	44.4	31.8		
DN25	NPS1	62	38.1	50.8	52.4	36.5		
DN32	NPS1¼	75	47.6	63.5	65.1	46.0		
DN40	NPS1½	84	54.0	73.0	74.6	52.4		
DN50	NPS2	103	73.0	92.1	93.7	71.4		
DN65	NPS2½	116	85.7	104.8	106.4	84.1		
DN80	NPS3	138	108.0	127.0	128.6	106.4		
DN100	NPS4	168	131.8	157.2	158.8	130.2		
DN125	NPS5	197	160.3	185.7	187.3	158.8	7	5
DN150	NPS6	227	190.5	215.9	217.5	188.9		
DN200	NPS8	281	238.1	269.9	271.5	236.5		
DN250	NPS10	335	285.8	323.8	325.4	284.2		
DN300	NPS12	392	342.9	381.0	382.6	341.3		
DN350	NPS14	424	374.6	412.8	414.3	373.1		
DN400	NPS16	481	425.4	469.9	471.5	423.9		
DN450	NPS18	544	489.0	533.4	535.0	487.4		
DN500	NPS20	595	533.4	584.2	585.8	531.8		
DN600	NPS24	703	641.4	692.2	693.7	639.8		

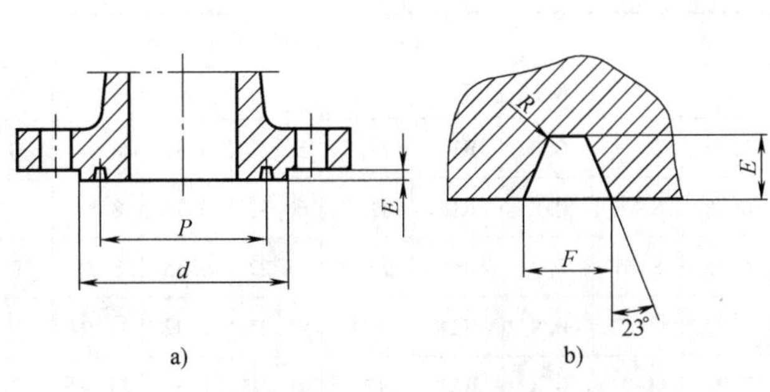

图 1-106 环连接面（RJ）法兰的密封面尺寸

a）环连接面尺寸 b）槽的结构型式和尺寸

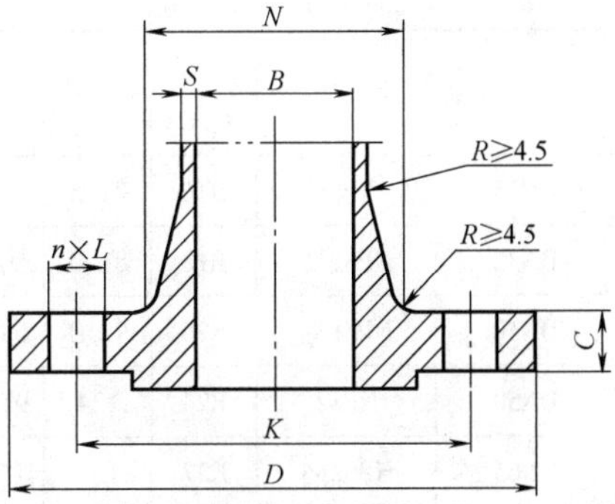

图 1-107 整体钢制管法兰（IF）的尺寸

表 1-307 环连接面法兰的密封面尺寸 （单位：mm）

公称尺寸		Class150（PN20）						Class300（PN50）和 Class600（PN110）					
		环号	d_{min}	P	E	F	R_{max}	环号	d_{min}	P	E	F	R_{max}
DN15	NPS½	—						R11	51.0	34.14	5.54	7.14	0.8
DN20	NPS¾							R13	63.5	42.88	6.35	8.74	0.8
DN25	NPS1	R15	63.5	47.63	6.35	8.74	0.8	R16	70.0	50.80	6.35	8.74	0.8
DN32	NPS1¼	R17	73.0	57.15	6.35	8.74	0.8	R18	79.5	60.33	6.35	8.74	0.8
DN40	NPS1½	R19	82.5	65.07	6.35	8.74	0.8	R20	90.5	68.27	6.35	8.74	0.8
DN50	NPS2	R22	102	82.55	6.35	8.74	0.8	R23	108	82.55	7.92	11.91	0.8
DN65	NPS2½	R25	121	101.6	6.35	8.74	0.8	R26	127	101.60	7.92	11.91	0.8
DN80	NPS3	R29	133	114.3	6.35	8.74	0.8	R31	146	123.83	7.92	11.91	0.8
DN100	NPS4	R36	171	149.23	6.35	8.74	0.8	R37	175	149.23	7.92	11.91	0.8
DN125	NPS5	R40	194	171.45	6.35	8.74	0.8	R41	210	180.98	7.92	11.91	0.8
DN150	NPS6	R43	219	193.68	6.35	8.74	0.8	R45	241	211.12	7.92	11.91	0.8
DN200	NPS8	R48	273	247.65	6.35	8.74	0.8	R49	302	269.88	7.92	11.91	0.8
DN250	NPS10	R52	330	304.80	6.35	8.74	0.8	R53	356	323.85	7.92	11.91	0.8
DN300	NPS12	R56	406	381.00	6.35	8.74	0.8	R57	413	381.00	7.92	11.91	0.8
DN350	NPS14	R59	425	396.88	6.35	8.74	0.8	R61	457	419.10	7.92	11.91	0.8
DN400	NPS16	R64	483	454.03	6.35	8.74	0.8	R65	508	469.90	7.92	11.91	0.8
DN450	NPS18	R68	546	517.53	6.35	8.74	0.8	R69	575	533.40	7.92	11.91	0.8
DN500	NPS20	R72	597	558.80	6.35	8.74	0.8	R73	635	584.20	9.53	13.49	1.5
DN600	NPS24	R76	711	673.10	6.35	8.74	0.8	R77	749	692.15	11.13	16.66	1.5
公称尺寸		Class900（PN150）						Class1500（PN260）					
		环号	d_{min}	P	E	F	R_{max}	环号	d_{min}	P	E	F	R_{max}
DN15	NPS½	R12	60.5	39.67	6.35	8.74	0.8	R12	60.5	39.67	6.35	8.74	0.8
DN20	NPS¾	R14	66.5	44.45	6.35	8.74	0.8	R14	66.5	44.45	6.35	8.74	0.8

（续）

公称尺寸		Class900（PN150）						Class1500（PN260）					
		环号	d_{min}	P	E	F	R_{max}	环号	d_{min}	P	E	F	R_{max}
DN25	NPS1	R16	71.5	50.80	6.35	8.74	0.8	R16	71.5	50.80	6.35	8.74	0.8
DN32	NPS1¼	R18	81.0	60.33	6.35	8.74	0.8	R18	81.0	60.33	6.35	8.74	0.8
DN40	NPS1½	R20	92.0	68.27	6.35	8.74	0.8	R20	92.0	68.27	6.35	8.74	0.8
DN50	NPS2	R24	124	95.25	7.92	11.91	0.8	R24	124	95.25	7.92	11.91	0.8
DN65	NPS2½	R27	137	107.95	7.92	11.91	0.8	R27	137	107.95	7.92	11.91	0.8
DN80	NPS3	R31	156	123.83	7.92	11.91	0.8	R35	168	136.53	7.92	11.91	0.8
DN100	NPS4	R37	181	149.23	7.92	11.91	0.8	R39	194	161.93	7.92	11.91	0.8
DN125	NPS5	R41	216	180.98	7.92	11.91	0.8	R44	229	193.68	7.92	11.91	0.8
DN150	NPS6	R45	241	211.12	7.92	11.91	0.8	R46	248	211.14	9.53	13.49	1.5
DN200	NPS8	R49	308	269.88	7.92	11.91	0.8	R50	318	269.88	11.13	16.66	1.5
DN250	NPS10	R53	362	323.85	7.92	11.91	0.8	R54	371	323.85	11.13	16.66	1.5
DN300	NPS12	R57	419	381.00	7.92	11.91	0.8	R58	438	381.00	14.27	23.01	1.5
DN350	NPS14	R62	467	419.10	11.13	16.66	1.5	R63	489	419.10	15.88	26.97	2.4
DN400	NPS16	R66	524	469.90	11.13	16.66	1.5	R67	546	469.90	17.48	30.18	2.4
DN450	NPS18	R70	594	533.40	12.70	19.84	1.5	R71	613	533.40	17.48	30.18	2.4
DN500	NPS20	R74	648	584.20	12.70	19.84	1.5	R75	673	584.20	17.48	33.32	2.4
DN600	NPS24	R78	772	692.15	15.88	26.97	2.4	R79	794	692.15	20.62	36.53	2.4

公称尺寸		Class2500（PN420）					
		环号	d_{min}	P	E	F	R_{max}
DN15	NPS½	R13	65.0	42.88	6.35	8.74	0.8
DN20	NPS¾	R16	73.0	50.80	6.35	8.74	0.8
DN25	NPS1	R18	82.5	60.33	6.35	8.74	0.8
DN32	NPS1¼	R21	102	72.23	7.92	11.91	0.8
DN40	NPS1½	R23	114	82.55	7.92	11.91	0.8
DN50	NPS2	R26	133	101.60	7.92	11.91	0.8
DN65	NPS2½	R28	149	111.13	9.52	13.49	1.5
DN80	NPS3	R32	168	127.00	9.53	13.49	1.5
DN100	NPS4	R38	203	157.18	11.13	16.66	1.5
DN125	NPS5	R42	241	190.50	12.70	19.84	1.5
DN150	NPS6	R47	279	228.60	12.70	19.84	1.5
DN200	NPS8	R51	340	279.40	14.27	23.01	1.5
DN250	NPS10	R55	425	342.90	17.48	30.18	2.4
DN300	NPS12	R60	495	406.40	17.48	33.32	2.4

表 1-308 Class150（PN20）整体钢制管法兰 （单位：mm）

公称尺寸		连接尺寸					法兰厚度 C	法兰颈大端 N	颈部最小壁厚 S	法兰内径 B
		法兰外径 D	螺栓孔中心圆直径 K	螺栓孔径 L	螺栓	螺栓孔数量 n/个				
DN15	NPS½	90	60.3	16	M14	4	9.6(8.0)	80	2.8	13
DN20	NPS¾	100	69.9	16	M14	4	11.2(8.9)	38	3.2	19
DN25	NPS1	110	79.4	16	M14	4	12.7(9.6)	49	4.0	25
DN32	NPS1¼	115	88.9	16	M14	4	14.3(11.2)	59	4.8	32
DN40	NPS1½	125	98.4	16	M14	4	15.9(12.7)	65	4.8	38
DN50	NPS2	150	120.7	18	M16	4	17.5(14.3)	78	5.6	51
DN65	NPS2½	180	139.7	18	M16	4	20.7(15.9)	90	5.6	64
DN80	NPS3	190	152.4	18	M16	4	22.3	108	5.6	76
DN100	NPS4	230	190.5	18	M16	8	22.3	135	6.4	102
DN125	NPS5	255	215.9	22	M20	8	22.3	164	7.1	127
DN150	NPS6	280	241.3	22	M20	8	23.9	192	7.1	152
DN200	NPS8	345	298.5	22	M20	8	27.0	246	7.9	203
DN250	NPS10	405	362.0	26	M24	12	28.6	305	8.7	254
DN300	NPS12	485	431.8	26	M24	12	30.2	365	9.5	305
DN350	NPS14	535	476.3	30	M27	12	33.4	400	10.3	337
DN400	NPS16	595	539.8	30	M27	16	35.0	457	11.1	387
DN450	NPS18	635	577.9	33	M30	16	38.1	505	11.9	438
DN500	NPS20	700	635.0	33	M30	20	41.3	559	12.7	489
DN600	NPS24	815	749.3	36	M33	20	46.1	663	14.5	591

注：括号内尺寸为整体法兰允许的最小厚度，适用于阀门两端的法兰。

表 1-309 Class300（PN50）整体钢制管法兰 （单位：mm）

公称尺寸		连接尺寸					法兰厚度 C	法兰颈大端 N	颈部最小壁厚 S	法兰内径 B
		法兰外径 D	螺栓孔中心圆直径 K	螺栓孔径 L	螺栓	螺栓孔数量 n/个				
DN15	NPS½	95	66.7	16	M14	4	12.7	38	3.2	13
DN20	NPS¾	115	82.6	18	M16	4	14.3	48	4.0	19
DN25	NPS1	125	88.9	18	M16	4	15.9	54	4.8	25
DN32	NPS1¼	135	98.4	18	M16	4	17.5	64	4.8	32
DN40	NPS1½	155	114.3	22	M20	4	19.1	70	4.8	38
DN50	NPS2	165	127.0	18	M16	8	20.7	84	6.4	51
DN65	NPS2½	190	149.2	22	M20	8	23.9	100	6.4	64
DN80	NPS3	210	168.3	22	M20	8	27.0	117	7.1	76
DN100	NPS4	255	200.0	22	M20	8	30.2	146	7.9	102

（续）

公称尺寸		连接尺寸					法兰厚度 *C*	法兰颈大端 *N*	颈部最小壁厚 *S*	法兰内径 *B*
		法兰外径 *D*	螺栓孔中心圆直径 *K*	螺栓孔径 *L*	螺栓	螺栓孔数量 *n*/个				
DN125	NPS5	280	235.0	22	M20	8	33.4	178	9.5	127
DN150	NPS6	320	269.9	22	M20	12	35.0	206	9.5	152
DN200	NPS8	380	330.2	26	M24	12	39.7	260	11.1	203
DN250	NPS10	445	387.4	30	M27	16	46.1	321	12.7	254
DN300	NPS12	520	450.8	33	M30	16	49.3	375	14.3	305
DN350	NPS14	585	514.4	33	M30	20	52.4	425	15.9	337
DN400	NPS16	650	571.5	36	M33	20	55.6	483	17.5	387
DN450	NPS18	710	628.6	36	M33	24	58.8	533	19.0	432
DN500	NPS20	775	685.8	36	M33	24	62.0	587	20.6	483
DN600	NPS24	915	812.8	42	M39×3	24	68.3	702	23.8	584

表1-310 Class600（PN110）整体钢制管法兰 （单位：mm）

公称尺寸		连接尺寸					法兰厚度 *C*	法兰颈大端 *N*	颈部最小壁厚 *S*	法兰内径 *B*
		法兰外径 *D*	螺栓孔中心圆直径 *K*	螺栓孔径 *L*	螺栓	螺栓孔数量 *n*/个				
DN15	NPS½	95	66.7	16	M14	4	14.3	38	4.1	13
DN20	NPS¾	115	82.6	18	M16	4	15.9	48	4.1	19
DN25	NPS1	125	88.9	18	M16	4	17.5	54	4.8	25
DN32	NPS1¼	135	98.4	18	M16	4	20.7	64	4.8	32
DN40	NPS1½	155	114.3	22	M20	4	22.3	70	5.6	38
DN50	NPS2	165	127.0	18	M16	8	25.4	84	6.4	51
DN65	NPS2½	190	149.2	22	M20	8	28.6	100	7.1	64
DN80	NPS3	210	168.3	22	M20	8	31.8	117	7.9	76
DN100	NPS4	275	215.9	26	M24	8	38.1	152	9.7	102
DN125	NPS5	330	266.7	30	M27	8	44.5	189	11.2	127
DN150	NPS6	355	292.1	30	M27	12	47.7	222	12.7	152
DN200	NPS8	420	349.2	33	M30	12	55.6	273	15.7	200
DN250	NPS10	510	431.8	36	M33	16	63.5	343	19.1	248
DN300	NPS12	560	489.0	36	M33	20	66.7	400	23.1	298
DN350	NPS14	605	527.0	39	M36×3	20	69.9	432	24.6	327
DN400	NPS16	685	603.2	42	M39×3	20	76.2	495	27.7	375
DN450	NPS18	745	654.0	45	M42×3	20	82.6	546	31.0	419
DN500	NPS20	815	723.9	45	M42×3	24	88.9	610	34.0	464
DN600	NPS24	940	838.2	51	M48×3	24	101.6	718	40.4	559

表 1-311 Class900（PN150）整体钢制管法兰 （单位：mm）

公称尺寸		连接尺寸					法兰厚度 *C*	法兰颈大端 *N*	颈部最小壁厚 *S*	法兰内径 *B*
		法兰外径 *D*	螺栓孔中心圆直径 *K*	螺栓孔径 *L*	螺栓	螺栓孔数量 *n*/个				
DN15	NPS½	120	82.6	22	M20	4	22.3	38	4.1	13
DN20	NPS¾	130	88.9	22	M20	4	25.4	44	4.8	17
DN25	NPS1	150	101.6	26	M24	4	28.6	52	5.6	22
DN32	NPS1¼	160	111.1	26	M24	4	28.6	64	6.4	28
DN40	NPS1½	180	123.8	30	M27	4	31.8	70	7.1	35
DN50	NPS2	215	165.1	26	M24	8	38.1	105	7.9	48
DN65	NPS2½	245	190.5	30	M27	8	41.3	124	8.6	57
DN80	NPS3	240	190.5	26	M24	8	38.1	127	10.4	73
DN100	NPS4	290	235.0	33	M30	8	44.5	159	12.7	98
DN125	NPS5	350	279.4	36	M33	8	50.8	190	15.0	121
DN150	NPS6	380	317.5	33	M30	12	55.6	235	18.3	146
DN200	NPS8	470	393.7	39	M36×3	12	63.5	298	22.4	191
DN250	NPS10	545	469.9	39	M36×3	16	69.9	368	26.9	238
DN300	NPS12	610	533.4	39	M36×3	20	79.4	419	31.8	282
DN350	NPS14	640	558.8	42	M39×3	20	85.8	451	35.1	311
DN400	NPS16	705	616.0	45	M42×3	20	88.9	508	39.6	356
DN450	NPS18	785	685.8	51	M48×3	20	101.6	565	44.5	400
DN500	NPS20	855	749.3	55	M52×3	20	108.0	622	48.5	445
DN600	NPS24	1040	901.7	68	M64×3	20	139.7	749	57.9	533

表 1-312 Class1500（PN260）整体钢制管法兰 （单位：mm）

公称尺寸		连接尺寸					法兰厚度 *C*	法兰颈大端 *N*	颈部最小壁厚 *S*	法兰内径 *B*
		法兰外径 *D*	螺栓孔中心圆直径 *K*	螺栓孔径 *L*	螺栓	螺栓孔数量 *n*/个				
DN15	NPS½	120	82.6	22	M20	4	22.3	38	4.8	13
DN20	NPS¾	130	88.9	22	M20	4	25.4	44	5.8	17
DN25	NPS1	150	101.6	26	M24	4	28.6	52	6.6	22
DN32	NPS1¼	160	111.1	26	M24	4	28.6	64	7.9	28
DN40	NPS1½	180	123.8	30	M27	4	31.8	70	9.7	35
DN50	NPS2	215	165.1	26	M24	8	38.1	105	11.2	48
DN65	NPS2½	245	190.5	30	M27	8	41.3	124	12.7	57
DN80	NPS3	265	203.2	33	M30	8	47.7	133	15.7	70
DN100	NPS4	310	241.3	36	M33	8	54.0	162	19.1	92

（续）

公称尺寸		连接尺寸					法兰厚度 C	法兰颈大端 N	颈部最小壁厚 S	法兰内径 B
		法兰外径 D	螺栓孔中心圆直径 K	螺栓孔径 L	螺栓	螺栓孔数量 n/个				
DN125	NPS5	375	292.1	42	M39×3	8	73.1	197	23.1	111
DN150	NPS6	395	317.5	39	M36×3	12	82.6	229	27.7	136
DN200	NPS8	485	393.7	45	M42×3	12	92.1	292	35.8	178
DN250	NPS10	585	482.6	51	M48×3	12	108.0	368	43.7	222
DN300	NPS12	675	571.5	55	M52×3	16	123.9	451	50.8	264
DN350	NPS14	750	635.0	60	M56×3	16	133.4	495	55.6	289
DN400	NPS16	825	704.8	68	M64×3	16	146.1	552	63.5	330
DN450	NPS18	915	774.7	74	M70×3	16	162.0	597	71.4	371
DN500	NPS20	985	831.8	80	M76×3	16	177.8	641	79.2	416
DN600	NPS24	1170	990.6	94	M90×3	16	203.2	762	94.5	498

表1-313 Class2500（PN420）整体钢制管法兰 （单位：mm）

公称尺寸		连接尺寸					法兰厚度 C	法兰颈大端 N	颈部最小壁厚 S	法兰内径 B
		法兰外径 D	螺栓孔中心圆直径 K	螺栓孔径 L	螺栓	螺栓孔数量 n/个				
DN15	NPS½	135	88.9	22	M20	4	30.2	43	6.4	11
DN20	NPS¾	140	95.2	22	M20	4	31.8	51	7.1	14
DN25	NPS1	160	108.0	26	M24	4	35.0	57	8.6	19
DN32	NPS1¼	185	130.2	30	M27	4	38.1	73	11.2	25
DN40	NPS1½	205	146.0	33	M30	4	44.5	79	12.7	28
DN50	NPS2	235	171.4	30	M27	8	50.9	95	15.7	38
DN65	NPS2½	265	196.8	33	M30	8	57.2	114	19.1	47
DN80	NPS3	305	228.6	36	M33	8	66.7	133	22.4	57
DN100	NPS4	355	273.0	42	M39×3	8	76.2	165	27.7	73
DN125	NPS5	420	323.8	48	M45×3	8	92.1	203	34.0	92
DN150	NPS6	485	368.3	55	M52×3	8	108.0	235	40.4	111
DN200	NPS8	550	438.2	55	M52×3	12	127.0	305	52.3	146
DN250	NPS10	675	539.8	68	M64×3	12	165.1	375	65.8	184
DN300	NPS12	760	619.1	74	M70×3	12	184.2	441	77.0	219

3. 大直径钢制管法兰（Class系列）（HG/T 20623—2009）

（1）法兰类型 法兰类型及适用的公称尺寸和公称压力按表1-314的规定。

表 1-314 大直径钢制管法兰的类型和适用范围

法兰类型		带颈对焊法兰（WN）、法兰盖（BL）							
公称尺寸		公称压力							
		A 系列				B 系列			
		Class150 (PN20)	Class300 (PN50)	Class600 (PN110)	Class900 (PN150)	Class150 (PN20)	Class300 (PN50)	Class600 (PN110)	Class900 (PN150)
DN650	NPS26	×	×	×	×	×	×	×	×
DN700	NPS28	×	×	×	×	×	×	×	×
DN750	NPS30	×	×	×	×	×	×	×	×
DN800	NPS32	×	×	×	×	×	×	×	×
DN850	NPS34	×	×	×	×	×	×	×	×
DN900	NPS36	×	×	×	×	×	×	×	×
DN950	NPS38	×	×	×	×	×	×	—	—
DN1000	NPS40	×	×	×	×	×	×	—	—
DN1050	NPS42	×	×	×	—	×	×	—	—
DN1100	NPS44	×	×	×	—	×	×	—	—
DN1150	NPS46	×	×	×	—	×	×	—	—
DN1200	NPS48	×	×	×	—	×	×	—	—
DN1250	NPS50	×	×	×	—	×	×	—	—
DN1300	NPS52	×	×	×	—	×	×	—	—
DN1350	NPS54	×	×	×	—	×	×	—	—
DN1400	NPS56	×	×	×	—	×	×	—	—
DN1450	NPS58	×	×	×	—	×	×	—	—
DN1500	NPS60	×	×	×	—	×	×	—	—

（2）法兰密封面

1）A 尺寸系列大直径钢制管法兰的密封面形式为突面（RF）和环连接面（RJ），B 尺寸系列大直径钢制管法兰的密封面形式为突面（RF），如图 1-108 所示。

2）法兰密封面形式的适用范围按表 1-315 的规定。

表 1-315 法兰密封面形式的适用范围

密封面形式		公称压力			
		Class150 (PN20)	Class300 (PN50)	Class600 (PN110)	Class900 (PN150)
突面(RF)	A 系列	DN650 ~ DN1500			DN650 ~ DN1000
	B 系列	DN650 ~ DN1500		DN650 ~ DN900	
环连接面 (RJ)	A 系列	—	DN650 ~ DN900		

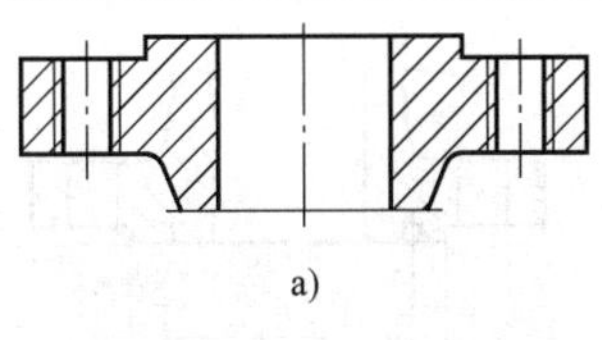

a)

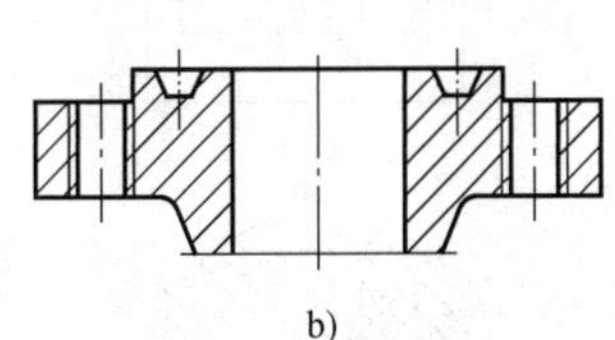

b)

图 1-108 法兰密封面形式

a）突面（RF） b）环连接面（RJ）

3）法兰密封面应进行机械加工，表面粗糙度按表 1-316 的规定。用户若有特殊要求应在订货时注明。

4）法兰密封面缺陷的尺寸不得超过表 1-317 规定的范围。任意两相邻缺陷之间的距离应大于或等于 4 倍缺陷最大径向尺寸，不允许有凸出法兰密封面的缺陷。

表 1-316　法兰密封面的表面粗糙度

密封面形式	密封面代号	Ra/μm	
		最小	最大
突面	RF	3.2	6.3
环连接面	RJ	0.4	1.6

注：突面密封面是采用加工刀具加工时自然形成的一种锯齿形同心圆或螺旋齿槽。加工刀具的圆角半径应不小于1.5mm，形成的锯齿形同心圆或螺旋齿槽深度约为0.05mm，节距为0.45～0.55mm。

5）法兰的螺栓支承面应进行机械加工或锪孔。锪孔尺寸按 GB/T 152.4 的规定。螺栓支承面与法兰密封面的平行度应不大于1°。

6）法兰的螺栓支承面经机械加工或锪孔后，应保证法兰的厚度符合 HG/T 20623—2009 中表 10-1 的尺寸公差要求。

7）密封面尺寸

① 突面法兰的密封面尺寸按图 1-109 和表 1-318、表 1-319 的规定。环连接面法兰的密封面尺寸按图 1-110 和表 1-320 的规定。

② 突台高度 f_1、f_2 未包括在法兰厚度 C 内。

（3）尺寸　管法兰和法兰盖的尺寸按图 1-111 和表 1-321～表 1-328 的规定，螺栓孔应等间距分布，并成对跨骑中心线布置。

表 1-317　法兰密封面缺陷的允许尺寸

（单位：mm）

公称尺寸	缺陷的最大径向投影尺寸（缺陷深度≤h）	缺陷的最大深度和径向投影尺寸（缺陷深度>h）
DN650～DN900	12.5	6.0
DN950～DN1200	14.0	7.0
DN1250～DN1500	16.0	8.0

注：1. 缺陷的径向投影尺寸为缺陷离开法兰孔中心最大半径和最小半径之差。

2. h 为法兰密封面的锯齿形同心圆或螺旋齿槽深。

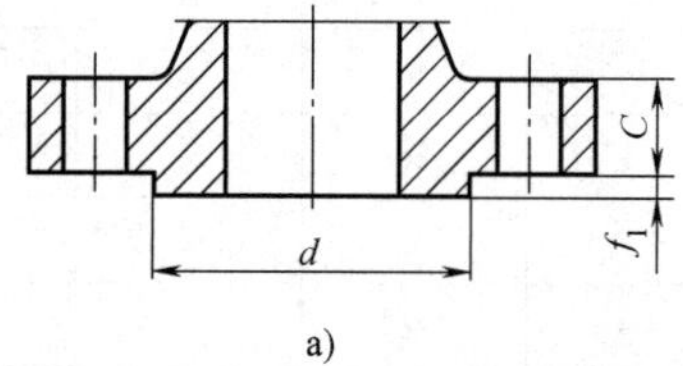

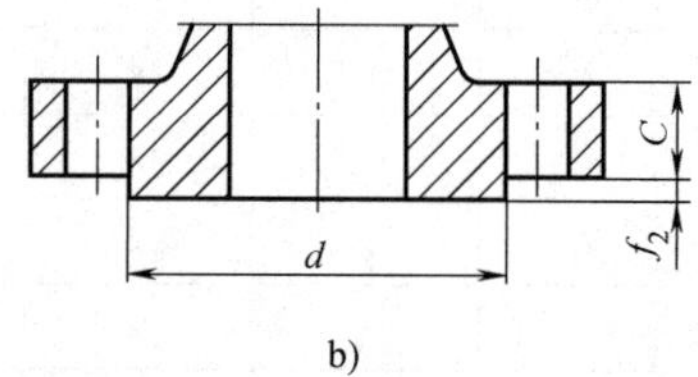

图 1-109　突面法兰的密封面尺寸

a）≤Class300（PN50）　b）≥Class600（PN100）

图 1-110　环连接面（RJ）法兰密封面尺寸

a）法兰密封面尺寸　b）槽尺寸

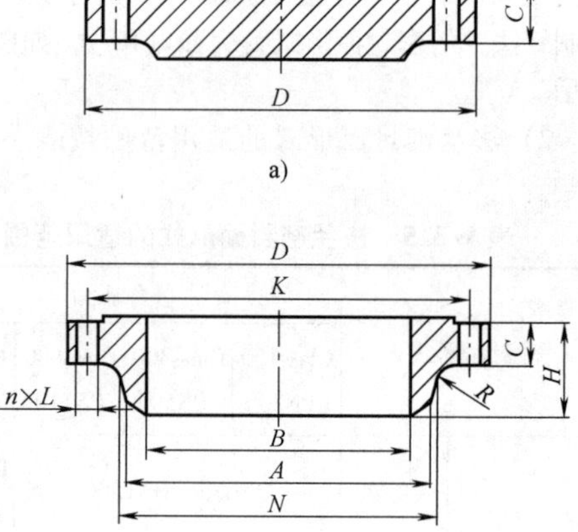

图 1-111　大直径法兰和法兰盖尺寸

a）法兰盖　b）法兰

表 1-318 A 系列大直径法兰的密封面尺寸［突面（RF）］ （单位：mm）

公称尺寸		突台外径 d				f_1	f_2
		Class150（PN20）	Class300（PN50）	Class600（PN110）	Class900（PN150）	≤Class300（PN50）	≥Class600（PN50）
DN650	NPS26	749	749	749	749	2	7
DN700	NPS28	800	800	800	800		
DN750	NPS30	857	857	857	857		
DN800	NPS32	914	914	914	914		
DN850	NPS34	965	965	965	965		
DN900	NPS36	1022	1022	1022	1022		
DN950	NPS38	1073	1029	1054	1099		
DN1000	NPS40	1124	1086	1111	1162		
DN1050	NPS42	1194	1137	1168	—		
DN1100	NPS44	1245	1194	1226	—		
DN1150	NPS46	1295	1245	1276	—		
DN1200	NPS48	1359	1302	1334	—		
DN1250	NPS50	1410	1359	1384	—		
DN1300	NPS52	1461	1410	1435	—		
DN1350	NPS54	1511	1467	1492	—		
DN1400	NPS56	1575	1518	1543	—		
DN1450	NPS58	1626	1575	1600	—		
DN1500	NPS60	1676	1626	1657	—		

表 1-319 B 系列大直径法兰的密封面尺寸［突面（RF）］ （单位：mm）

公称尺寸		公称压力				突台高度	
		Class150（PN20）	Class300（PN50）	Class600（PN110）	Class900（PN150）	≤Class300（PN50）	≥Class300（PN50）
		突台外径 d				f_1	f_2
DN650	NPS26	711	737	727	762	2	7
DN700	NPS28	762	787	784	819		
DN750	NPS30	813	845	841	876		
DN800	NPS32	864	902	895	927		
DN850	NPS34	921	953	953	991		
DN900	NPS36	972	1010	1010	1029		
DN950	NPS38	1022	1060	—	—		
DN1000	NPS40	1080	1114	—	—		
DN1050	NPS42	1130	1168	—	—		
DN1100	NPS44	1181	1219	—	—		
DN1150	NPS46	1235	1270	—	—		
DN1200	NPS48	1289	1327	—	—		
DN1250	NPS50	1340	1378	—	—		
DN1300	NPS52	1391	1429	—	—		
DN1350	NPS54	1441	1480	—	—		
DN1400	NPS56	1492	1537	—	—		
DN1450	NPS58	1543	1594	—	—		
DN1500	NPS60	1600	1651	—	—		

表 1-320 环连接面法兰的密封面尺寸 （单位：mm）

公称尺寸		Class300（PN50） Class600（PN110）						Class900（PN150）					
		环号	d_{min}	P	E	F	R_{max}	环号	d_{min}	P	E	F	R_{max}
DN650	NPS26	R93	810	749.30	12.70	19.84	1.5	R100	832	749.30	17.48	30.18	2.3
DN700	NPS28	R94	861	800.10	12.70	19.84	1.5	R101	889	800.10	17.48	33.32	2.3
DN750	NPS30	R95	917	857.25	12.70	19.84	1.5	R102	946	857.25	17.48	33.32	2.3
DN800	NPS32	R96	984	914.40	14.27	23.01	1.5	R103	1003	914.40	17.48	33.32	2.3
DN850	NPS34	R97	1035	965.20	14.27	23.01	1.5	R104	1067	965.20	20.62	36.53	2.3
DN900	NPS36	R98	1092	1022.35	14.27	23.01	1.5	R105	1124	1022.35	20.62	36.53	2.3

表 1-321 Class150（PN20）大直径钢制管法兰和法兰盖（A 系列） （单位：mm）

公称尺寸		法兰焊端外径 A	连接尺寸					厚度		法兰内径 B	法兰颈		法兰高度 H
			法兰外径 D	螺栓孔中心圆直径 K	螺栓孔径 L	螺栓	螺栓孔数量 n/个	法兰 C	法兰盖 C		N	R	
DN650	NPS26	660.4	870	806.4	36	M33	24	66.7	66.7	与钢管内径一致	676	10	119
DN700	NPS28	711.2	925	863.6	36	M33	28	69.9	69.9		727	11	124
DN750	NPS30	762.0	985	914.4	36	M33	28	73.1	73.1		781	11	135
DN800	NPS32	812.8	1060	977.9	42	M39	28	79.4	79.4		832	11	143
DN850	NPS34	863.6	1110	1028.7	42	M39	32	81.0	81.0		883	13	148
DN900	NPS36	914.4	1170	1085.8	42	M39	32	88.9	88.9		933	13	156
DN950	NPS38	965.2	1240	1149.4	42	M39	32	85.8	85.8		991	13	156
DN1000	NPS40	1016.0	1290	1200.2	42	M39	36	88.9	88.9		1041	13	162
DN1050	NPS42	1066.8	1345	1257.3	42	M39	36	95.3	95.3		1092	13	170
DN1100	NPS44	1117.6	1405	1314.4	42	M39	40	100.1	100.1		1143	13	176
DN1150	NPS46	1168.4	1455	1365.2	42	M39	40	101.6	101.6		1197	13	184
DN1200	NPS48	1219.2	1510	1422.4	42	M39	44	106.4	106.4		1248	13	191
DN1250	NPS50	1270.0	1570	1479.6	48	M45	44	109.6	109.6		1302	13	202
DN1300	NPS52	1320.8	1625	1536.7	48	M45	44	114.3	114.3		1353	13	208
DN1350	NPS54	1371.6	1685	1593.8	48	M45	44	119.1	119.1		1403	13	214
DN1400	NPS56	1422.4	1745	1651.0	48	M45	48	122.3	122.3		1457	13	227
DN1450	NPS58	1473.2	1805	1708.2	48	M45	48	127.0	127.0		1508	13	233
DN1500	NPS60	1524.0	1855	1759.0	48	M45	52	130.2	130.2		1559	13	238

注：法兰内径 B 由钢管壁厚确定，用户应在订货时注明或按 HG/T 20615 中附录 C 确定。

表 1-322 Class300（PN50）大直径钢制管法兰和法兰盖（A 系列） （单位：mm）

公称尺寸		法兰焊端外径 A	连接尺寸					厚度		法兰内径 B	法兰颈		法兰高度 H
			法兰外径 D	螺栓孔中心圆直径 K	螺栓孔径 L	螺栓	螺栓孔数量 n/个	法兰 C	法兰盖 C		N	R	
DN650	NPS26	660.4	970	876.3	45	M42	28	77.8	82.6	与钢管内径一致	721	10	183
DN700	NPS28	711.2	1035	939.8	45	M42	28	84.2	88.9		775	11	195
DN750	NPS30	762.0	1090	997.0	48	M45	28	90.5	93.7		827	11	208
DN800	NPS32	812.8	1150	1054.1	51	M48	28	96.9	98.5		881	11	221
DN850	NPS34	863.6	1205	1104.9	51	M48	28	100.1	103.2		937	13	230
DN900	NPS36	914.4	1270	1168.4	55	M52	32	103.2	109.6		991	13	240
DN950	NPS38	965.2	1170	1092.2	42	M39	32	106.4	106.4		994	13	179
DN1000	NPS40	1016.0	1240	1155.7	45	M42	32	112.8	112.8		1048	13	192
DN1050	NPS42	1066.8	1290	1206.5	45	M42	32	117.5	117.5		1099	13	198
DN1100	NPS44	1117.6	1355	1263.6	48	M45	32	122.3	122.3		1149	13	205
DN1150	NPS46	1168.4	1415	1320.8	51	M48	28	127.0	127.0		1203	13	214
DN1200	NPS48	1219.2	1465	1371.6	51	M48	32	131.8	131.8		1254	13	222
DN1250	NPS50	1270.0	1530	1428.8	55	M52	32	138.2	138.2		1305	13	230
DN1300	NPS52	1320.8	1580	1479.6	55	M52	32	142.9	142.9		1356	13	237
DN1350	NPS54	1371.6	1660	1549.4	60	M56	28	150.9	150.9		1410	13	251
DN1400	NPS56	1422.4	1710	1600.2	60	M56	28	152.4	152.4		1464	13	259
DN1450	NPS58	1473.2	1760	1651.0	60	M56	32	157.2	157.2		1514	13	265
DN1500	NPS60	1524.0	1810	1701.8	60	M56	32	162.0	162.0		1565	13	271

注：法兰内径 B 由钢管壁厚确定，用户应在订货时注明或按 HG/T 20615 中附录 C 确定。

表 1-323 Class600（PN110）大直径钢制管法兰和法兰盖（A 系列） （单位：mm）

公称尺寸		法兰焊端外径 A	连接尺寸					厚度		法兰内径 B	法兰颈		法兰高度 H
			法兰外径 D	螺栓孔中心圆直径 K	螺栓孔径 L	螺栓	螺栓孔数量 n/个	法兰 C	法兰盖 C		N	R	
DN650	NPS26	660.4	1015	914.4	51	M48	28	108.0	125.5	与钢管内径一致	748	13	222
DN700	NPS28	711.2	1075	965.2	55	M52	28	111.2	131.8		803	13	235
DN750	NPS30	762.0	1130	1022.4	55	M52	28	114.3	139.7		862	13	248
DN800	NPS32	812.8	1195	1079.5	60	M56	28	117.5	147.7		918	13	260
DN850	NPS34	863.6	1245	1130.3	60	M56	28	120.7	154.0		973	14	270
DN900	NPS36	914.4	1315	1193.8	68	M64	28	123.9	162.0		1032	14	283
DN950	NPS38	965.2	1270	1162.0	60	M56	28	152.4	155.0		1022	14	254
DN1000	NPS40	1016.0	1320	1212.8	60	M56	32	158.8	162.0		1073	14	264
DN1050	NPS42	1066.8	1405	1282.7	68	M64	28	168.3	171.5		1127	14	279
DN1100	NPS44	1117.6	1455	1333.5	68	M64	32	173.1	177.8		1181	14	289

（续）

公称尺寸		法兰焊端外径 A	连接尺寸					厚度		法兰内径 B	法兰颈		法兰高度 H
			法兰外径 D	螺栓孔中心圆直径 K	螺栓孔径 L	螺栓	螺栓孔数量 n/个	法兰 C	法兰盖 C		N	R	
DN1150	NPS46	1168.4	1510	1390.6	68	M64	32	179.4	185.8	与钢管内径一致	1235	14	300
DN1200	NPS48	1219.2	1595	1460.5	74	M70	32	189.0	195.3		1289	14	316
DN1250	NPS50	1270.0	1670	1524.0	80	M76	28	196.9	203.2		1343	14	329
DN1300	NPS52	1320.8	1720	1574.8	80	M76	32	203.2	209.6		1394	14	337
DN1350	NPS54	1371.6	1780	1632.0	80	M76	32	209.6	217.5		1448	14	349
DN1400	NPS56	1422.4	1855	1695.4	86	M82	32	217.5	225.5		1502	16	362
DN1450	NPS58	1473.2	1905	1746.2	86	M82	32	222.3	231.8		1553	16	370
DN1500	NPS60	1524.0	1995	1822.4	94	M90	28	233.4	242.9		1610	17	389

注：法兰内径 B 由钢管壁厚确定，用户应在订货时注明或按 HG/T 20615 中附录 C 确定。

表 1-324 Class900（PN150）大直径钢制管法兰和法兰盖（A 系列） （单位：mm）

公称尺寸		法兰焊端外径 A	连接尺寸					厚度		法兰内径 B	法兰颈		法兰高度 H
			法兰外径 D	螺栓孔中心圆直径 K	螺栓孔径 L	螺栓	螺栓孔数量 n/个	法兰 C	法兰盘 C		N	R	
DN650	NPS26	660.4	1085	952.5	74	M70	20	139.7	160.4	与钢管内径一致	775	11	286
DN700	NPS28	711.2	1170	1022.4	80	M76	20	142.9	171.5		832	13	298
DN750	NPS30	762.0	1230	1085.9	80	M76	20	149.3	182.6		889	13	311
DN800	NPS32	812.8	1315	1155.7	86	M82	20	158.8	193.7		946	13	330
DN850	NPS34	863.6	1395	1225.6	94	M90	20	165.1	204.8		1006	14	349
DN900	NPS36	914.4	1460	1289.1	94	M90	20	171.5	214.4		1064	14	362
DN950	NPS38	965.2	1460	1289.1	94	M90	20	190.5	215.9		1073	19	352
DN1000	NPS40	1016.0	1510	1339.9	94	M90	24	196.9	223.9		1127	21	364

注：法兰内径 B 由钢管壁厚确定，用户应在订货时注明或按 HG/T 20615 中附录 C 确定。

表 1-325 Class150（PN20）大直径钢制管法兰和法兰盖（B 系列） （单位：mm）

公称尺寸		法兰焊端外径 A	连接尺寸					厚度		法兰内径 B	法兰颈		法兰高度 H
			法兰外径 D	螺栓孔中心圆直径 K	螺栓孔径 L	螺栓孔数量 n/个	螺栓	法兰 C	法兰盖 C		N	R	
DN650	NPS26	661.9	785	744.5	22	36	M20	39.8	43.0	与钢管内径一致	684	10	87
DN700	NPS28	712.7	835	795.3	22	40	M20	43.0	46.2		735	10	94
DN750	NPS30	763.5	885	846.1	22	44	M20	43.0	49.3		787	10	98
DN800	NPS32	814.3	940	900.1	22	48	M20	44.6	52.5		840	10	106
DN850	NPS34	865.1	1005	957.3	26	40	M24	47.7	55.7		892	10	109
DN900	NPS36	915.9	1055	1009.6	26	44	M24	50.9	57.3		945	10	116

（续）

公称尺寸		法兰焊端外径 A	连接尺寸					厚度		法兰内径 B	法兰颈		法兰高度 H
			法兰外径 D	螺栓孔中心圆直径 K	螺栓孔径 L	螺栓孔数量 n/个	螺栓	法兰 C	法兰盖 C		N	R	
DN950	NPS38	968.2	1125	1070.0	30	40	M27	52.5	62.0	与钢管内径一致	997	10	122
DN1000	NPS40	1019.0	1175	1120.8	30	44	M27	54.1	65.2		1049	10	127
DN1050	NPS42	1069.8	1225	1171.6	30	48	M27	57.3	66.8		1102	11	132
DN1100	NPS44	1120.6	1275	1222.4	30	52	M27	58.9	70.0		1153	11	135
DN1150	NPS46	1171.4	1340	1284.3	33	40	M30	60.4	73.1		1205	11	143
DN1200	NPS48	1222.2	1390	1335.1	33	44	M30	63.6	76.3		1257	11	148
DN1250	NPS50	1273.0	1445	1385.9	33	48	M30	66.8	79.5		1308	11	152
DN1300	NPS52	1323.8	1495	1436.7	33	52	M30	68.4	82.7		1360	11	156
DN1350	NPS54	1374.6	1550	1492.2	33	56	M30	70.0	85.8		1413	11	160
DN1400	NPS56	1425.4	1600	1543.0	33	60	M30	71.6	89.0		1465	14	165
DN1450	NPS58	1476.2	1675	1611.3	36	48	M33	73.1	91.9		1516	14	173
DN1500	NPS60	1527.0	1725	1662.1	36	52	M33	74.7	95.4		1570	14	178

注：法兰内径 B 由钢管壁厚确定，用户应在订货时注明或按 HG/T 20615 中附录 C 确定。

表 1-326 Class300（PN50）大直径钢制管法兰（B 系列） （单位：mm）

公称尺寸		法兰焊端外径 A	连接尺寸					厚度		法兰内径 B	法兰颈		法兰高度 H
			法兰外径 D	螺栓孔中心圆直径 K	螺栓孔径 L	螺栓孔数量 n/个	螺栓	法兰 C	法兰盖 C		N	R	
DN650	NPS26	665.2	865	803.3	36	32	M33	87.4	87.4	与钢管内径一致	702	14	143
DN700	NPS28	716.0	920	857.2	36	36	M33	87.4	87.4		756	14	148
DN750	NPS30	768.4	990	920.8	39	36	M36×3	92.1	92.1		813	14	156
DN800	NPS32	819.2	1055	977.9	42	32	M39×3	101.6	101.6		864	16	167
DN850	NPS34	870.0	1110	1031.9	42	36	M39×3	101.6	101.6		918	16	171
DN900	NPS36	920.8	1170	1089.0	45	32	M42×3	101.6	101.6		965	16	179
DN950	NPS38	971.6	1220	1139.8	45	36	M42×3	109.6	109.6		1016	16	191
DN1000	NPS40	1022.4	1275	1190.6	45	40	M42×3	114.3	114.3		1067	16	197
DN1050	NPS42	1074.7	1335	1244.6	48	36	M45×3	117.5	117.5		1118	16	203
DN1100	NPS44	1125.5	1385	1295.4	48	40	M45×3	125.5	125.5		1173	16	213
DN1150	NPS46	1176.3	1460	1365.2	51	36	M48×3	127.0	128.6		1229	16	221
DN1200	NPS48	1227.1	1510	1416.0	51	40	M48×3	127.0	133.4		1278	16	222
DN1250	NPS50	1277.9	1560	1466.8	51	44	M48×3	136.6	138.2		1330	16	233
DN1300	NPS52	1328.7	1615	1517.6	51	48	M48×3	141.3	142.6		1383	16	241
DN1350	NPS54	1379.5	1675	1578.0	51	48	M48×3	145.0	147.7		1435	16	238
DN1400	NPS56	1430.3	1765	1651.0	60	36	M56×3	152.4	155.4		1494	17	267
DN1450	NPS58	1481.1	1825	1712.9	60	40	M56×3	152.4	160.4		1548	17	273
DN1500	NPS60	1557.3	1880	1763.7	60	40	M56×3	149.3	165.1		1599	17	270

注：法兰内径 B 由钢管壁厚确定，用户应在订货时注明或按 HG/T 20615 中附录 C 确定。

表 1-327 Class600（PN110）大直径钢制管法兰（B 系列） （单位：mm）

公称尺寸		法兰焊端外径 A	连接尺寸					厚度		法兰内径 B	法兰颈		法兰高度 H
			法兰外径 D	螺栓孔中心圆直径 K	螺栓孔径 L	螺栓孔数量 n/个	螺栓	法兰 C	法兰盘 C		N	R	
DN650	NPS26	660.4	890	806.4	45	28	M42×3	111.2	111.3	与钢管内径一致	698	13	181
DN700	NPS28	711.2	950	863.6	48	28	M45×3	115.9	115.9		752	13	190
DN750	NPS30	762.0	1020	927.1	51	28	M48×3	125.5	127.0		806	13	205
DN800	NPS32	812.8	1085	984.2	55	28	M52×3	130.2	134.9		860	13	216
DN850	NPS34	863.6	1160	1054.1	60	24	M56×3	141.3	144.2		914	14	233
DN900	NPS36	914.4	1215	1104.9	60	28	M56×3	146.1	150.9		968	14	243

注：法兰内径 B 由钢管壁厚确定，用户应在订货时注明或按 HG/T 20615 中附录 C 确定。

表 1-328 Class900（PN150）大直径钢制管法兰（B 系列） （单位：mm）

公称尺寸		法兰焊端外径 A	连接尺寸					厚度		法兰内径 B	法兰颈		法兰高度 H
			法兰外径 D	螺栓孔中心圆直径 K	螺栓孔径 L	螺栓孔数量 n/个	螺栓	法兰 C	法兰盘 C		N	R	
DN650	NPS26	660.4	1020	901.7	68	20	M64×3	135.0	154.0	与钢管内径一致	743	11	259
DN700	NPS28	711.2	1105	971.6	74	20	M70×3	147.7	166.7		797	13	276
DN750	NPS30	762.0	1180	1035.0	80	20	M76×3	155.6	176.1		851	13	289
DN800	NPS32	812.8	1240	1092.2	80	20	M76×3	160.4	186.0		908	13	303
DN850	NPS34	863.6	1315	1155.7	86	20	M82×3	171.5	195.0		962	14	319
DN900	NPS36	914.4	1345	1200.2	80	24	M76×3	173.1	201.7		1016	14	325

注：法兰内径 B 由钢管壁厚确定，用户应在订货时注明或按 HG/T 20615 中附录 C 确定。

1.7.5.4 钢制管法兰中国石油化工行业标准

（1）各公称压力级的公称尺寸范围 见表 1-329。

（2）公称尺寸≤DN600 的法兰连接和密封面形式 法兰连接形式见表 1-330，法兰密封面形式见表 1-331。

（3）公称尺寸≤DN600 的法兰结构及尺寸 如图 1-112～图 1-118 及表 1-332～表 1-338 所示。

表 1-329 各公称压力级的公称尺寸范围

公称尺寸	公称压力							
	PN10	PN20	PN50	PN68	PN100	PN150	PN250	PN420
DN15～DN300		▨	▨	▨	▨	▨	▨	▨
DN350～DN600		▨	▨	▨	▨	▨	▨	
DN650～DN1500	▨	▨	▨					

表 1-330 公称尺寸≤DN600 的法兰连接形式及代号

<table>
<tr><th rowspan="2">形式及代号</th><th colspan="7">公称压力</th></tr>
<tr><th>PN20</th><th>PN50</th><th>PN68</th><th>PN100</th><th>PN150</th><th>PN250</th><th>PN420</th></tr>
<tr><td>对 焊（WN）</td><td colspan="6">DN15 ~ DN600</td><td>DN15 ~ DN300</td></tr>
<tr><td>平 焊（SO）</td><td colspan="6">DN15 ~ DN600</td><td></td></tr>
<tr><td>承插焊（SW）</td><td colspan="6">DN15 ~ DN80</td><td></td></tr>
<tr><td>松 套（LJ）</td><td colspan="2">DN15 ~ DN300</td><td></td><td></td><td></td><td></td><td></td></tr>
<tr><td>螺 纹（PT）</td><td>DN15 ~ DN80</td><td></td><td></td><td></td><td></td><td></td><td></td></tr>
</table>

表 1-331 公称尺寸≤DN600 的法兰密封面形式及代号

形式及代号	公称压力						
	PN20	PN50	PN68	PN100	PN150	PN250	PN420
凸台面（RF）	▨	▨	▨	▨	▨	▨	▨
环槽面（RJ）	▨	▨	▨	▨	▨	▨	▨
凹凸面（MF）		▨	▨	▨	▨	▨	▨
榫槽面（TG）		▨	▨	▨	▨	▨	▨
全平面（FF）	▨	▨					

表 1-332 PN20 法兰尺寸（SH/T 3406—2013）③④⑥⑦⑧ （单位：mm）

公称尺寸	法兰外径 O	管子插入孔 $B_0$①	法兰内径 B①②	法兰颈部尺寸		密封面 R	法兰厚度 Q	法兰高度		承插深度 D	螺栓、螺柱			
				X⑨	H①			对焊型 Y	其余 Y		中心圆 C	孔径 h	螺纹	数量/个
DN15	90	23.0	16.5	30.0	22.0	35.0	11.5	48.0	16.0	10.0	60.5	16	M14	4
DN20	100	28.0	21.0	38.0	27.0	43.0	13.0	52.0	16.0	11.0	70.0	16	M14	4
DN25	110	35.0	27.0	49.0	34.0	51.0	14.5	56.0	17.0	13.0	79.5	16	M14	4
(DN32)	120	43.0	35.0	59.0	42.0	63.5	16.0	57.0	21.0	14.0	89.0	16	M14	4
DN40	130	49.0	41.0	65.0	48.0	73.0	17.5	62.0	22.0	16.0	98.5	16	M14	4
DN50	150	61.0	52.0	78.0	60.0	92.0	19.5	64.0	25.0	17.0	120.5	18	M16	4
(DN65)	180	77.5	66.0	90.0	76.0	105.0	22.5	70.0	29.0	19.0	139.5	18	M16	4
DN80	190	90.5	78.0	108.0	89.0	127.0	24.0	70.0	30.0	21.0	152.5	18	M16	4
DN100	230	116.0	102.0	135.0	114.0	157.5	24.0	76.0	33.0	—	190.5	18	M16	8
(DN125)	255	142.0	127.0	164.0	140.0	186.0	24.0	89.0	36.0		216.0	22	M20	8
DN150	280	170.5	154.0	192.0	168.0	216.0	25.5	89.0	40.0	—	241.5	22	M20	8
DN200	345	221.5	203.0	246.0	219.0	270.0	29.0	102.0	44.0		298.5	22	M20	8

（续）

公称尺寸	法兰外径 O	管子插入孔 $B_0$①	法兰内径 B①②	法兰颈部尺寸 X⑨	法兰颈部尺寸 H①	密封面 R	法兰厚度 Q	法兰高度 对焊型 Y	法兰高度 其余 Y	承插深度 D	螺栓、螺柱 中心圆 C	孔径 h	螺纹	数量/个
DN250	405	276.0	254.0	305.0	273.0	324.0	30.5	102.0	49.0	—	362.0	26	M24	12
DN300	485	328.0	305.0	365.0	325.0	381.0	32.0	114.0	56.0		432.0	26	M24	12
DN350	535	359.0	—	400.0	356.0	413.0	35.0	127.0	57.0		476.0	30	M27	12
DN400	600	410.0	—	457.0	406.0	470.0	37.0	127.0	64.0	—	540.0	30	M27	16
DN450	635	462.0		505.0	457.0	533.5	40.0	140.0	68.0		578.0	33	M30	16
DN500	700	513.0		559.0	508.0	584.0	43.0	145.0	73.0		635.0	33	M30	20
DN550	750	565.0		610.0	559.0	641.0	46.0	149.0	—		692.0	36	M33	20
DN600	815	616.0		664.0	610.0	692.0	48.0	152.0	83.0		749.5	36	M33	20

环槽面法兰用螺栓及环槽面尺寸 金属环垫号	环槽面尺寸 P	E	F	r	K	两法兰间近似尺寸 S⑤	近似质量/kg 对焊法兰	平焊法兰	承插焊法兰	法兰盖
—	—	—	—	—	—	—	0.5	0.4	0.5	0.5
—	—	—	—	—	—	—	0.8	0.6	0.6	0.9
R15	47.62	6.35	8.74	0.8	63.5	4.0	1.1	0.8	0.8	0.9
R17	57.15	6.35	8.74	0.8	73.0	4.0	1.4	1.0	1.1	1.4
R19	65.10	6.35	8.74	0.8	82.5	4.0	1.9	1.3	1.4	1.8
R22	82.55	6.35	8.74	0.8	102.0	4.0	2.8	2.1	2.3	2.3
R25	101.60	6.35	8.74	0.8	121.0	4.0	4.3	3.2	3.2	3.2
R29	114.30	6.35	8.74	0.8	133.0	4.0	5.2	3.9	3.9	4.1
R36	149.22	6.35	8.74	0.8	171.0	4.0	7.4	5.3	—	7.7
R40	171.45	6.35	8.74	0.8	194.0	4.0	9.6	6.2	—	9.1
R43	193.68	6.35	8.74	0.8	219.0	4.0	12.1	7.7		11.8
R48	247.65	6.35	8.74	0.8	273.0	4.0	20.1	12.5		20.4
R52	304.80	6.35	8.74	0.8	330.0	4.0	28.3	17.5	—	31.8
R56	381.00	6.35	8.74	0.8	406.0	4.0	43.0	27.4		49.9
R59	396.88	6.35	8.74	0.8	425.0	3.0	56.2	34.7		63.5
R64	454.03	6.35	8.74	0.8	483.0	3.0	73.2	44.4	—	81.6
R68	517.53	6.35	8.74	0.8	546.0	3.0	86.1	51.9		99.8
R72	558.80	6.35	8.74	0.8	597.0	3.0	109.7	61.7		129.3
R76	673.10	6.35	8.74	0.8	711.0	3.0	157.5	87.4		195.0

① 法兰与接管连接尺寸 H、B、B_0 按 SH/T 3405—2017《石油化工企业钢管尺寸系列》的要求确定。若与其他尺寸系列的管子连接，应在订货时规定法兰与接管连接尺寸 H、B、B_0。

② 未规定的法兰内径 B 按订货要求或表 1-342 和表 1-343 确定。

③ 法兰与接管焊接部结构尺寸按图 1-126～图 1-128 及表 1-348 确定。

④ 环槽面法兰密封面高度 W 与环槽深度 E 的尺寸相同，但环槽深度 E 的尺寸允许偏差不适用于密封面高度 W。

⑤ 环槽面法兰两法兰间的近似尺寸 S 是指两法兰装配后的尺寸。

⑥ 法兰螺孔及鱼眼坑的加工要求按表 1-347 确定。

⑦ 密封面为全平面 FF 时，法兰厚度 Q 及高度 Y 按表列尺寸，但不加工 1.6mm 的凸台。

⑧ 螺纹连接法兰的锥管螺纹按 GB/T 7306.1—2000、GB/T 7306.2—2000 的规定。

⑨ X 为颈部大端尺寸，颈部斜度应不大于 7°。

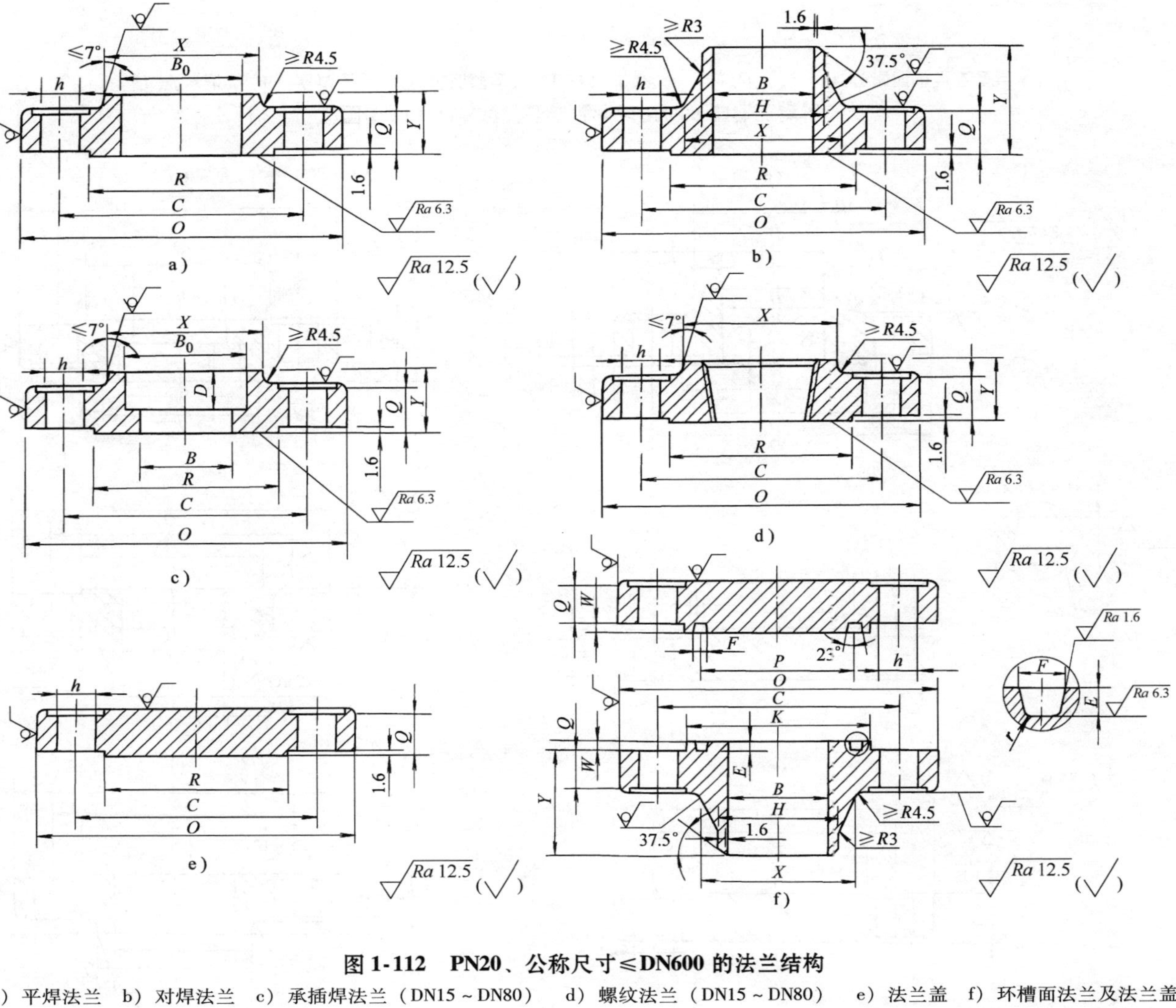

图 1-112 PN20、公称尺寸≤DN600 的法兰结构

a）平焊法兰 b）对焊法兰 c）承插焊法兰（DN15～DN80） d）螺纹法兰（DN15～DN80） e）法兰盖 f）环槽面法兰及法兰盖

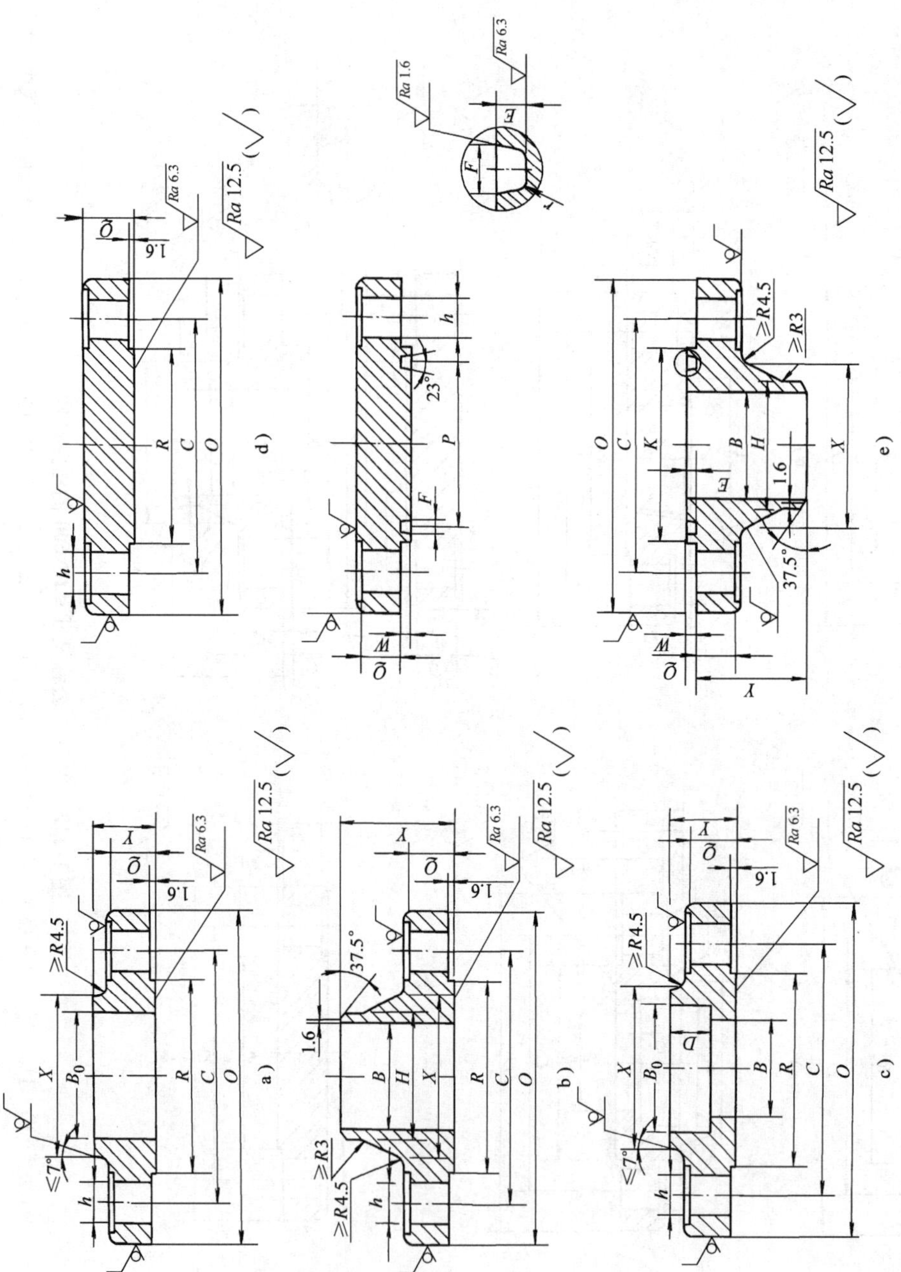

图 1-113 PN50、公称尺寸≤DN600 的法兰结构

a）平焊法兰 b）对焊法兰 c）承插焊法兰（DN15～DN80） d）法兰盖 e）环槽面法兰及法兰盖

表 1-333 PN50 法兰尺寸（SH/T 3406—2013）③⑥⑦ （单位：mm）

公称尺寸	法兰外径 O	管子插入孔 $B_0$①	法兰内径 B①②	法兰颈部尺寸 X⑧	H①	密封面 R	法兰厚度 Q	法兰高度 对焊型 Y	其余 Y	承插深度 D	螺栓、螺柱 中心圆 C	孔径 h	螺纹	数量/个
DN15	95	23.0	16.5	38.0	22.0	35.0	14.5	52.0	22.0	10.0	66.5	16	M14	4
DN20	120	28.0	21.0	48.0	27.0	43.0	16.0	57.0	25.0	11.0	82.5	18	M16	4
DN25	125	35.0	27.0	54.0	34.0	51.0	17.5	62.0	27.0	13.0	89.0	18	M16	4
(DN32)	135	43.0	35.0	64.0	42.0	63.5	19.5	65.0	27.0	14.0	98.5	18	M16	4
DN40	155	49.0	41.0	70.0	48.0	73.0	21.0	68.0	30.0	16.0	114.5	22	M20	4
DN50	165	61.0	52.0	84.0	60.0	92.0	22.5	70.0	33.0	17.0	127.0	18	M16	8
(DN65)	190	77.5	66.0	100.0	76.0	105.0	25.5	76.0	38.0	19.0	149.0	22	M20	8
DN80	210	90.5	78.0	118.0	89.0	127.0	29.0	79.0	43.0	21.0	168.5	22	M20	8
DN100	255	116.0	102.0	146.0	114.0	157.5	32.0	86.0	48.0	—	200.0	22	M20	8
(DN125)	280	142.0	127.0	178.0	140.0	186.0	35.0	98.0	51.0		235.0	22	M20	8
DN150	320	170.5	154.0	206.0	168.0	216.0	37.0	98.0	52.0	—	270.0	22	M20	12
DN200	380	221.5	203.0	260.0	219.0	270.0	41.5	111.0	62.0		330.0	26	M24	12
DN250	445	276.0	254.0	321.0	273.0	324.0	48.0	117.0	67.0		387.0	30	M27	16
DN300	520	328.0	305.0	375.0	325.0	381.0	51.0	130.0	73.0	—	451.0	33	M30	16
DN350	585	359.0	—	426.0	356.0	413.0	54.0	143.0	76.0		514.5	33	M30	20
DN400	650	410.0		483.0	406.0	470.0	57.5	146.0	83.0		571.5	36	M33	20
DN450	710	462.0		533.0	457.0	533.5	60.5	159.0	89.0		628.5	36	M33	24
DN500	775	513.0	—	587.0	508.0	584.0	63.5	162.0	95.0	—	686.0	36	M33	24
DN550	840	565.0		640.0	559.0	641.0	66.5	165.0	—		743.0	42	M39	24
DN600	915	616.0		702.0	610.0	692.0	70.0	168.0	106.0		813.0	42	M39	24

环槽面法兰用螺栓及环槽面尺寸							近似质量/kg			
金属环垫号	环槽面尺寸 P	E④	F	r	K	两法兰间近似尺寸 S⑤	对焊法兰	平焊法兰	承插焊法兰	法兰盖
R11	34.14	5.56	7.14	0.8	51.0	3.0	0.8	0.6	0.9	0.9
R13	42.88	6.35	8.74	0.8	63.5	4.0	1.3	1.1	1.4	1.4
R16	50.80	6.35	8.74	0.8	70.0	4.0	1.7	1.4	1.4	1.4
R18	60.32	6.35	8.74	0.8	79.5	4.0	2.1	1.7	2.0	2.0
R20	68.27	6.35	8.74	0.8	90.5	4.0	3.0	2.5	2.7	2.7
R23	82.55	7.92	11.91	0.8	108.0	6.0	3.6	2.9	3.2	3.6
R26	101.60	7.92	11.91	0.8	127.0	6.0	5.3	4.2	4.5	5.4
R31	123.82	7.92	11.91	0.8	146.0	6.0	7.2	5.9	5.9	7.3
R37	149.22	7.92	11.91	0.8	175.0	6.0	11.9	9.7	—	12.3
R41	180.98	7.92	11.91	0.8	210.0	6.0	16.0	12.3		17.1
R45	211.15	7.92	11.91	0.8	241.0	6.0	20.8	15.9	—	22.7
R49	269.88	7.92	11.91	0.8	302.0	6.0	32.2	24.7		36.7
R53	323.85	7.92	11.91	0.8	356.0	6.0	46.6	35.7		56.7
R57	381.00	7.92	11.91	0.8	413.0	6.0	69.0	51.6	—	83.9
R61	419.10	7.92	11.91	0.8	457.0	6.0	93.4	69.8		113.4
R65	469.90	7.92	11.91	0.8	508.0	6.0	119.6	87.6		133.8
R69	533.40	7.92	11.91	0.8	575.0	6.0	150.5	108.7	—	179.2
R73	584.20	9.52	13.49	1.5	635.0	6.0	184.4	134.5		229.1
R77	692.15	11.13	16.66	1.5	749.0	6.0	274.7	203.0		358.3

① 法兰与接管连接尺寸 H、B、B_0 按 SH/T 3405—2017 的要求确定。若与其他尺寸系列的管子连接，应在订货时规定法兰与接管连接尺寸 H、B、B_0。

② 未规定的法兰内径 B 按订货要求或表 1-342 和表 1-343 确定。

③ 法兰与接管焊接部结构尺寸按图 1-126 ~ 图 1-128 及表 1-348 确定。

④ 环槽面法兰密封面高度 W 与环槽深度 E 的尺寸相同，但环槽深度 E 的尺寸允许偏差不适用于密封面高度 W。

⑤ 环槽面法兰两法兰间的近似尺寸 S 是指两法兰装配后的尺寸。

⑥ 法兰螺孔及鱼眼坑的加工要求按表 1-347 确定。

⑦ 密封面为全平面 FF 时，法兰厚度 Q 及高度 Y 按表列尺寸，但不加工 1.6mm 的凸台。

⑧ X 为颈部大端尺寸，颈部斜度应不大于 7°。

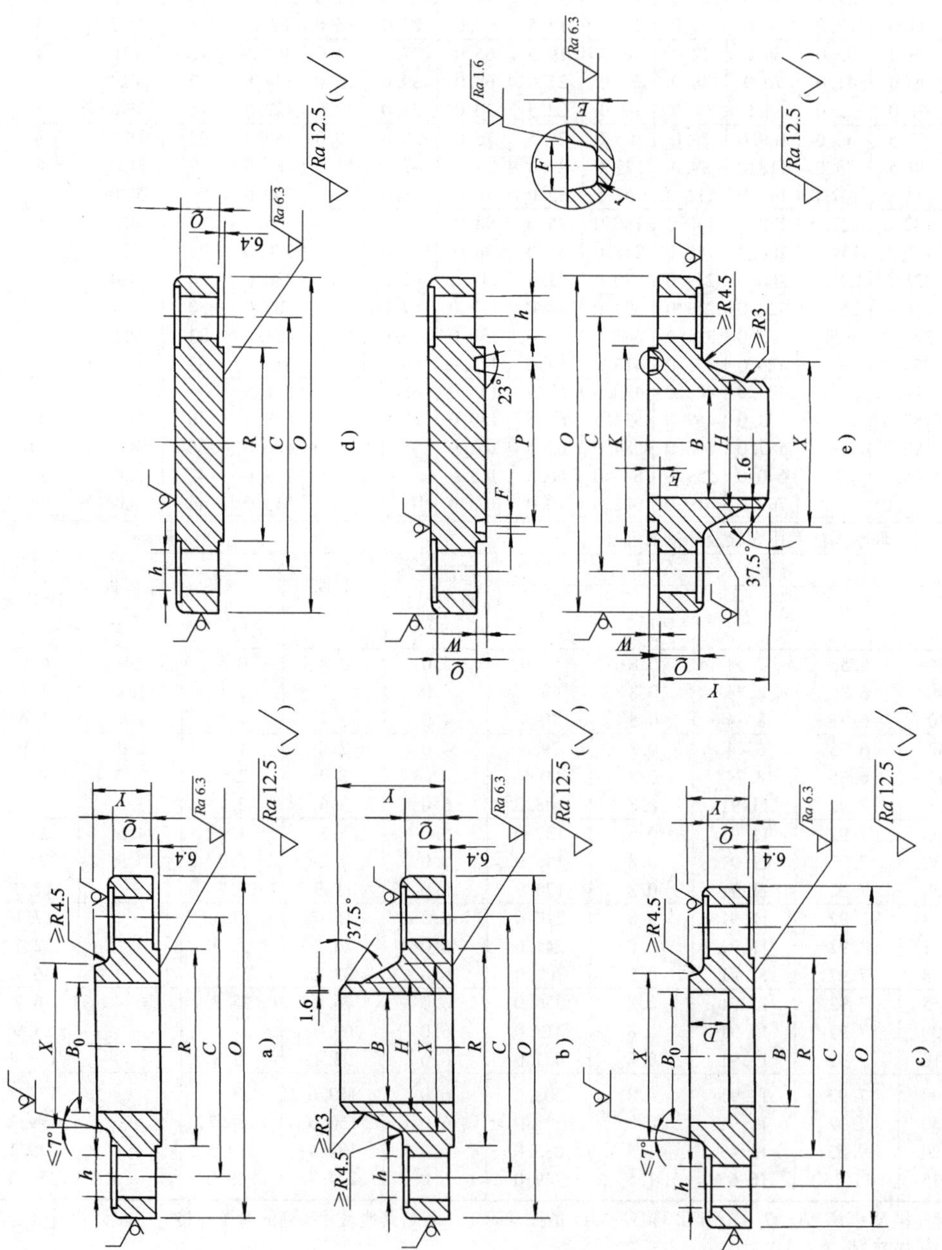

图 1-114　PN68、公称尺寸≤DN600 的法兰结构

a）平焊法兰　b）对焊法兰　c）承插焊法兰（DN15～DN80）　d）法兰盖　e）环槽面法兰及法兰盖

表 1-334 PN68 法兰尺寸（SH/T 3406—2013）③④⑥ （单位：mm）

公称尺寸	法兰外径 O	管子插入孔 $B_0$①	法兰内径 B②	法兰颈部尺寸 X⑦	法兰颈部尺寸 H①	密封面 R	法兰厚度 Q	法兰高度 对焊型 Y	法兰高度 其余 Y	承插深度 D	螺栓、螺柱 中心圆 C	螺栓、螺柱 孔径 h	螺栓、螺柱 螺纹	螺栓、螺柱 数量/个
DN15	95	23.0		38.0	22.0	35.0	14.5	52.0	22.0	10.0	66.5	16	M14	4
DN20	120	28.0		48.0	27.0	43.0	16.0	57.0	25.0	11.0	82.5	18	M16	4
DN25	125	35.0		54.0	34.0	51.0	17.5	62.0	27.0	13.0	89.0	18	M16	4
(DN32)	135	43.0		64.0	42.0	63.5	21.0	67.0	29.0	14.0	98.5	18	M16	4
DN40	155	49.0		70.0	48.0	73.0	22.5	70.0	32.0	16.0	114.5	22	M20	4
DN50	165	61.0		84.0	60.0	92.0	25.5	73.0	37.0	17.0	127.0	18	M16	8
(DN65)	190	77.5		100.0	76.0	105.0	29.0	79.0	41.0	19.0	149.0	22	M20	8
DN80	210	90.5		117.0	89.0	127.0	32.0	83.0	46.0	21.0	168.5	22	M20	8
DN100	255	116.0		146.0	114.0	157.5	35.0	89.0	51.0	—	200.0	26	M24	8
(DN125)	280	142.0		178.0	140.0	186.0	38.5	102.0	54.0		235.0	26	M24	8
DN150	320	170.5		206.0	168.0	216.0	41.5	103.0	57.0	—	270.0	26	M24	12
DN200	380	221.5		260.0	219.0	270.0	48.0	118.0	68.0		330.0	30	M27	12
DN250	445	276.0		321.0	273.0	324.0	54.0	124.0	73.0		387.5	33	M30	16
DN300	520	328.0		375.0	325.0	381.0	57.5	136.0	79.0	—	451.0	36	M33	16
DN350	585	359.0		426.0	356.0	413.0	60.5	149.0	84.0		514.5	36	M33	20
DN400	650	410.0		483.0	406.0	470.0	63.5	152.0	94.0		571.5	39	M36	20
DN450	710	462.0		533.0	457.0	533.5	67.0	165.0	98.0	—	628.5	39	M36	24
DN500	775	513.0		587.0	508.0	584.0	70.0	168.0	102.0		686.0	42	M39	24
DN600	915	616.0		702.0	610.0	692.0	76.5	175.0	114.0		813.0	48	M45	24

金属环垫号	环槽面法兰用螺栓及环槽面尺寸 环槽面尺寸 P	E	F	r	K	两法兰间近似尺寸 S⑤	近似质量/kg 对焊法兰	平焊法兰	承插焊法兰	法兰盖
R11	34.14	5.56	7.14	0.8	51.0	3.0	1.4	1.3	0.8	1.0
R13	42.88	6.35	8.74	0.8	63.5	4.0	1.8	1.4	1.3	1.4
R16	50.80	6.35	8.74	0.8	70.0	4.0	2.3	1.8	1.6	1.8
R18	60.32	6.35	8.74	0.8	79.5	4.0	3.2	2.7	2.1	2.7
R20	68.27	6.35	8.74	0.8	90.5	4.0	4.5	3.2	3.1	3.6
R23	82.55	7.92	11.91	0.8	108.0	5.0	5.4	4.1	3.8	4.5
R26	101.60	7.92	11.91	0.8	127.0	5.0	8.2	5.9	5.6	6.8
R31	123.82	7.92	11.91	0.8	146.0	5.0	10.4	7.3	7.6	9.1
R37	149.22	7.92	11.91	0.8	175.0	6.0	15.9	11.8	—	15.0
R41	180.98	7.92	11.91	0.8	210.0	6.0	19.3	14.1		20.0
R45	211.15	7.92	11.91	0.8	241.0	6.0	25.9	20.1	—	27.7
R49	269.88	7.92	11.91	0.8	302.0	6.0	40.4	30.4		45.0
R53	323.85	7.92	11.91	0.8	356.0	6.0	57.0	41.3		70.0
R57	381.00	7.92	11.91	0.8	413.0	6.0	80.0	59.0	—	103.0
R61	419.10	7.92	11.91	0.8	457.0	6.0	106.0	87.0		141.0
R65	469.90	7.92	11.91	0.8	508.0	6.0	133.0	115.0		181.0
R69	533.40	7.92	11.91	0.8	575.0	6.0	163.0	141.0	—	225.0
R73	584.20	9.25	13.49	1.5	635.0	6.0	202.0	172.0		268.0
R77	692.15	11.13	16.66	1.5	749.0	6.0	290.0	254.0		425.0

① 法兰与接管连接尺寸 H、B_0 按 SH/T 3405—2017 的要求确定。若与其他尺寸系列的管子连接，应在订货时规定法兰与接管连接尺寸 H、B、B_0。

② 法兰内径 B 按订货要求或表 1-342 和表 1-343 确定。

③ 法兰与接管焊接部结构尺寸按图 1-126 ~ 图 1-128 及表 1-348 确定。

④ 环槽面法兰密封面高度 W 与环槽深度 E 的尺寸相同，但环槽深度 E 的尺寸允许偏差不适用于密封高度 W。

⑤ 环槽面法兰两法兰间的近似尺寸 S 是指两法兰装配后的尺寸。

⑥ 法兰螺孔及鱼眼坑的加工要求按表 1-347 确定。

⑦ X 为颈部大端尺寸，颈部斜度应不大于 7°。

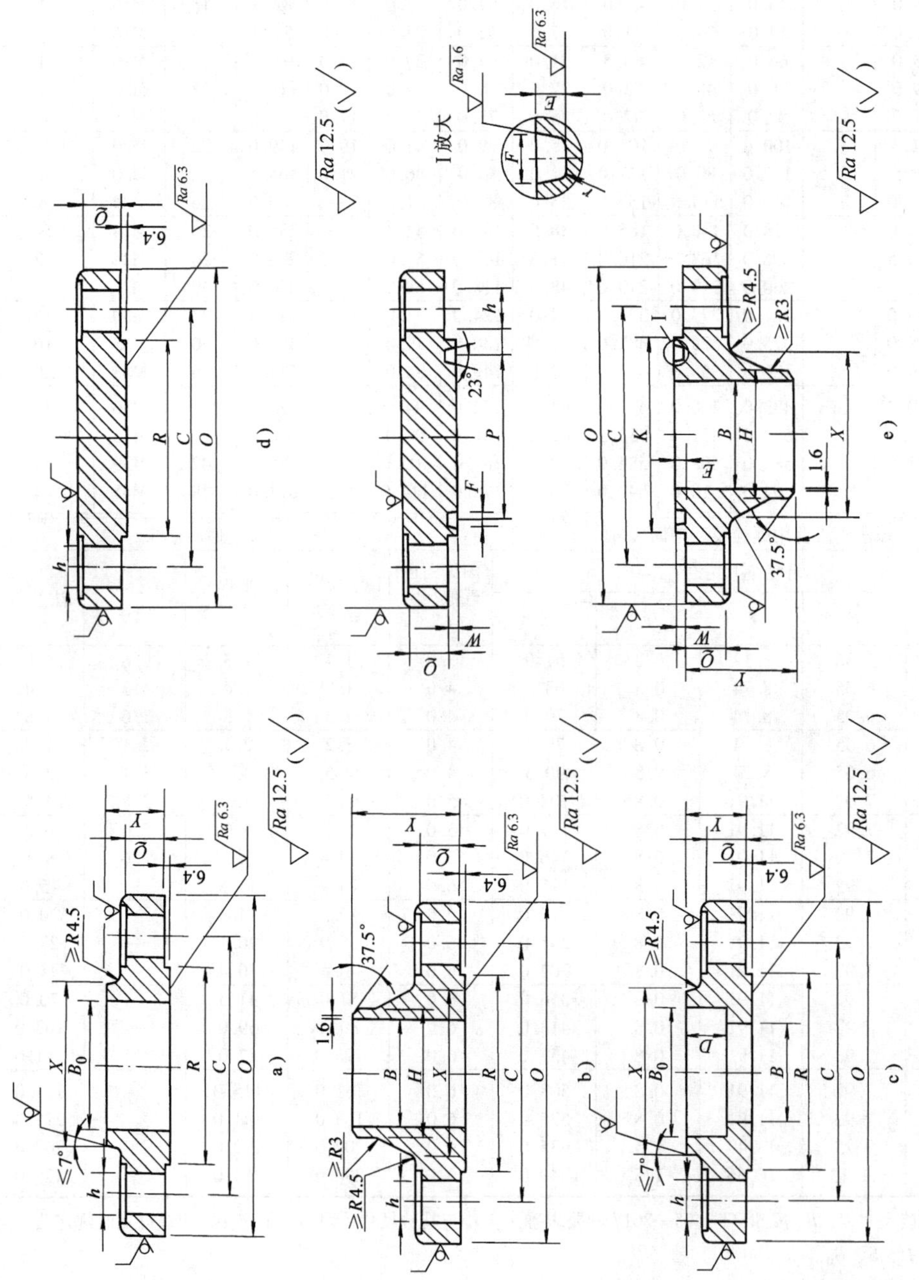

图1-115　PN100、公称尺寸≤DN600 的法兰结构

a）平焊法兰　b）对焊法兰　c）承插焊法兰（DN15～DN80）　d）法兰盖　e）环槽面法兰及法兰盖

表 1-335 PN100 法兰尺寸（SH/T 3406—2013）③④⑥ （单位：mm）

公称尺寸	法兰外径 O	管子插入孔 $B_0$①	法兰内径 B②	法兰颈部尺寸 X⑦	法兰颈部尺寸 H①	密封面 R	法兰厚度 Q	法兰高度 对焊型 Y	法兰高度 其余 Y	承插深度 D	螺栓、螺柱 中心圆 C	螺栓、螺柱 孔径 h	螺栓、螺柱 螺纹	螺栓、螺柱 数量/个
DN15	95	23.0		38.0	22.0	35.0	14.5	52.0	22.0	10.0	66.5	16	M14	4
DN20	120	28.0		48.0	27.0	43.0	16.0	57.0	25.0	11.0	82.5	18	M16	4
DN25	125	35.0		54.0	34.0	51.0	17.5	62.0	27.0	13.0	89.0	18	M16	4
(DN32)	135	43.0		64.0	42.0	63.5	21.0	67.0	29.0	14.0	98.5	18	M16	4
DN40	155	49.0		70.0	48.0	73.0	22.5	70.0	32.0	16.0	114.5	22	M20	4
DN50	165	61.0		84.0	60.0	92.0	25.5	73.0	37.0	17.0	127.0	18	M16	8
(DN65)	190	77.5		100.0	76.0	105.0	29.0	79.0	41.0	19.0	149.0	22	M20	8
DN80	210	90.5		117.0	89.0	127.0	32.0	83.0	46.0	21.0	168.5	22	M20	8
DN100	275	116.0		152.0	114.0	157.5	38.5	102.0	54.0	—	216.0	26	M24	8
(DN125)	330	142.0		189.0	140.0	186.0	44.5	114.0	60.0		267.0	30	M27	8
DN150	355	170.5		222.0	168.0	216.0	48.0	117.0	67.0	—	292.0	30	M27	12
DN200	420	221.5		273.0	219.0	270.0	55.5	133.0	76.0		349.0	33	M30	12
DN250	510	276.0		343.0	273.0	324.0	63.5	152.0	86.0		432.0	36	M33	16
DN300	560	328.0		400.0	325.0	381.0	66.5	156.0	92.0	—	489.0	36	M33	20
DN350	605	359.0		432.0	356.0	413.0	70.0	165.0	94.0		527.0	39	M36	20
DN400	685	410.0		495.0	406.0	470.0	76.5	178.0	106.0		603.0	42	M39	20
DN450	745	462.0		546.0	457.0	533.5	83.0	184.0	117.0		654.0	45	M42	20
DN500	815	513.0		610.0	508.0	584.5	89.0	190.0	127.0	—	724.0	45	M42	24
DN550	870	565.0		665.0	559.0	641.0	95.0	197.0	—		778.0	48	M45	24
DN600	940	616.0		718.0	610.0	692.0	102.0	203.0	140.0		838.0	52	M48	24

环槽面法兰用螺栓及环槽面尺寸							近似质量/kg			
金属环垫号	环槽面尺寸 P	环槽面尺寸 E	环槽面尺寸 F	环槽面尺寸 r	环槽面尺寸 K	两法兰间近似尺寸 S⑤	对焊法兰	平焊法兰	承插焊法兰	法兰盖
R11	34.14	5.56	7.14	0.8	51.0	3.0	1.4	1.3	1.3	1.0
R13	42.88	6.35	8.74	0.8	63.5	4.0	1.8	1.4	1.4	1.4
R16	50.80	6.35	8.74	0.8	70.0	4.0	2.3	1.8	1.8	1.8
R18	60.32	6.35	8.74	0.8	79.5	4.0	3.2	2.7	2.7	2.7
R20	68.27	6.35	8.74	0.8	90.5	4.0	4.5	3.2	3.2	3.6
R23	82.55	7.92	11.91	0.8	108.0	5.0	5.4	4.1	4.1	4.5
R26	101.60	7.92	11.91	0.8	127.0	5.0	8.2	5.9	5.9	6.8
R31	123.82	7.92	11.91	0.8	146.0	5.0	10.4	7.3	7.3	9.1
R37	149.22	7.92	11.91	0.8	175.0	5.0	19.1	16.8	—	18.6
R41	180.98	7.92	11.91	0.8	210.0	5.0	30.9	28.6		30.9
R45	211.15	7.92	11.91	0.8	241.0	5.0	37.0	36.0	—	39.0
R49	269.88	7.92	11.91	0.8	302.0	5.0	53.0	52.0		63.0
R53	323.85	7.92	11.91	0.8	356.0	5.0	86.0	80.0		105.0
R57	381.00	7.92	11.91	0.8	413.0	5.0	103.0	98.0	—	134.0
R61	419.10	7.92	11.91	0.8	457.0	5.0	158.0	118.0		172.0
R65	469.90	7.92	11.91	0.8	508.0	5.0	218.0	166.0		239.0
R69	533.40	7.92	11.91	0.8	575.0	5.0	252.0	216.0	—	302.0
R73	584.20	9.52	13.49	1.5	635.0	5.0	313.0	278.0		388.0
R77	692.15	11.13	16.66	1.5	749.0	6.0	444.0	398.0		533.0

① 法兰与接管连接尺寸 H、B_0 按 SH/T 3405—2017 的要求确定。若与其他尺寸系列的管子连接，应在订货时规定法兰与接管连接尺寸 H、B、B_0。

② 法兰内径 B 按订货要求或表 1-342 和表 1-343 确定。

③ 法兰与接管焊接部结构尺寸按图 1-126～图 1-128 及表 1-348 确定。

④ 环槽面法兰密封面高度 W 与环槽深度 E 的尺寸相同，但环槽深度 E 的尺寸允许偏差不适用于密封面高度 W。

⑤ 环槽面法兰两法兰间的近似尺寸 S 是指两法兰装配后的尺寸。

⑥ 法兰螺孔及鱼眼坑的加工要求按表 1-347 确定。

⑦ X 为颈部大端尺寸，颈部斜度应不大于 7°。

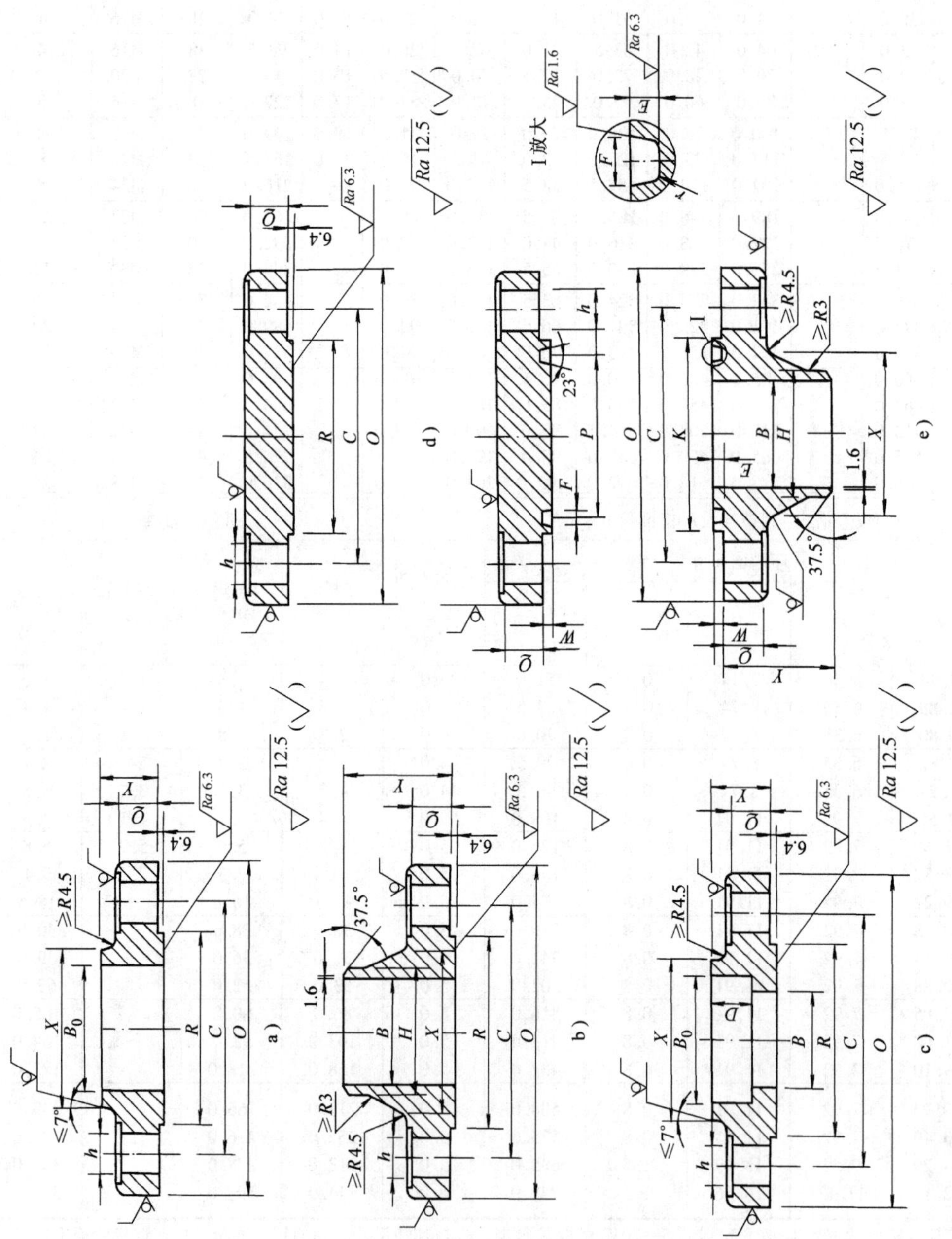

图 1-116　PN150、公称尺寸≤DN600 的法兰结构

a）平焊法兰　b）对焊法兰　c）承插焊法兰（DN15～DN80）　d）法兰盖　e）环槽面法兰及法兰盖

表 1-336 PN150 法兰尺寸（SH/T 3406—2013）③④⑥ （单位：mm）

公称尺寸	法兰外径	管子插入孔	法兰内径	法兰颈部尺寸		密封面	法兰厚度	法兰高度		承插深度	螺栓、螺柱			
	O	$B_0$①	B②	X⑦	H①	R	Q	对焊型 Y	其余 Y	D	中心圆 C	孔径 h	螺纹	数量/个
DN15	120	23.0		38.0	22.0	35.0	22.5	60.0	32.0	10.0	82.5	22	M20	4
DN20	130	28.0		44.0	27.0	43.0	25.5	70.0	35.0	11.0	89.0	22	M20	4
DN25	150	35.0		52.0	34.0	51.0	29.0	73.0	41.0	13.0	101.5	26	M24	4
(DN32)	160	43.0		64.0	42.0	63.5	29.0	73.0	41.0	14.0	111.0	26	M24	4
DN40	180	49.0		70.0	48.0	73.0	32.0	83.0	44.0	16.0	124.0	30	M27	4
DN50	215	61.0		105.0	60.0	92.0	38.5	102.0	57.0	17.0	165.0	26	M24	8
(DN65)	245	77.5		124.0	76.0	105.0	41.5	105.0	64.0	19.0	190.5	30	M27	8
DN80	240	90.5		127.0	89.0	127.0	38.5	102.0	54.0	—	190.5	26	M24	8
DN100	295	116.0		159.0	114.0	157.5	44.5	114.0	70.0	—	235.0	33	M30	8
(DN125)	350	142.0		190.0	140.0	186.0	51.0	127.0	79.0		279.5	36	M33	8
DN150	380	170.5		235.0	168.0	216.0	56.0	140.0	86.0	—	317.5	33	M30	12
DN200	470	221.5		298.0	219.0	270.0	63.5	162.0	102.0		393.5	39	M36	12
DN250	545	276.0		368.0	273.0	324.0	70.0	184.0	108.0		470.0	39	M36	16
DN300	610	328.0		419.0	325.0	381.0	79.5	200.0	117.0	—	533.5	39	M36	20
DN350	640	359.0		451.0	356.0	413.0	86.0	213.0	130.0		559.0	42	M39	20
DN400	705	410.0		508.0	406.0	470.0	89.0	216.0	133.0		616.0	45	M42	20
DN450	785	462.0		565.0	457.0	533.5	102.0	229.0	152.0	—	686.0	52	M48	20
DN500	855	513.0		622.0	508.0	584.0	108.0	248.0	159.0		749.5	56	M52	20
DN600	1040	616.0		749.0	610.0	692.0	140.0	292.0	203.0		901.5	68	M64	20

环槽面法兰用螺栓及环槽面尺寸							近似质量/kg			
金属环垫号	环槽面尺寸					两法兰间近似尺寸	对焊法兰	平焊法兰	承插焊法兰	法兰盖
	P	E	F	r	K	S⑤				
R12	39.70	6.35	8.74	0.8	60.5	4.0	1.9	1.8	1.8	1.8
R14	44.45	6.35	8.74	0.8	66.5	4.0	2.7	2.3	2.7	2.7
R16	50.80	6.35	8.74	0.8	71.5	4.0	3.8	3.4	3.6	3.6
R18	60.32	6.35	8.74	0.8	81.0	4.0	4.4	4.0	4.1	4.7
R20	68.27	6.35	8.74	0.8	92.0	4.0	6.0	5.4	5.5	5.9
R24	95.25	7.92	11.91	0.8	124.0	3.0	11.0	10.0	11.4	11.3
R27	107.95	7.92	11.91	0.8	137.0	3.0	15.2	13.6	16.4	15.9
R31	123.82	7.92	11.91	0.8	156.0	4.0	14.0	11.7	—	13.2
R37	149.22	7.92	11.91	0.8	181.0	4.0	22.8	20.0	—	24.5
R41	180.98	7.92	11.91	0.8	216.0	4.0	37.0	32.3		38.0
R45	211.15	7.92	11.91	0.8	241.0	4.0	48.4	41.8	—	52.2
R49	269.88	7.92	11.91	0.8	308.0	4.0	83.3	72.3		90.7
R53	323.85	7.92	11.91	0.8	362.0	4.0	123.8	102.7		131.5
R57	381.00	7.92	11.91	0.8	419.0	4.0	167.0	136.7	—	188.3
R62	419.10	11.13	16.66	1.5	467.0	4.0	189.3	154.0		236.0
R66	469.90	11.13	16.66	1.5	524.0	4.0	234.7	184.8		272.2
R70	533.40	12.70	19.84	1.5	594.0	5.0	319.0	216.0	—	385.6
R74	584.20	12.70	19.84	1.5	648.0	5.0	399.3	318.0		487.6
R78	692.15	15.88	26.97	2.4	772.0	6.0	730.5	607.7		918.3

① 法兰与接管连接尺寸 H、B_0 按 SH/T 3405—2017 的要求确定。若与其他尺寸系列的管子连接，应在订货时规定法兰与接管连接尺寸 H、B、B_0。

② 法兰内径 B 按订货要求或表 1-342 和表 1-343 确定。

③ 法兰与接管焊接部结构尺寸按图 1-126 ~ 图 1-128 及表 1-348 确定。

④ 环槽面法兰密封面高度 W 与环槽深度 E 的尺寸相同，但环槽深度 E 的尺寸允许偏差不适用于密封面高度 W。

⑤ 环槽面法兰两法兰间的近似尺寸 S 是指两法兰装配后的尺寸。

⑥ 法兰螺孔及鱼眼坑的加工要求按表 1-347 确定。

⑦ X 为颈部大端尺寸，颈部斜度应不大于 7°。

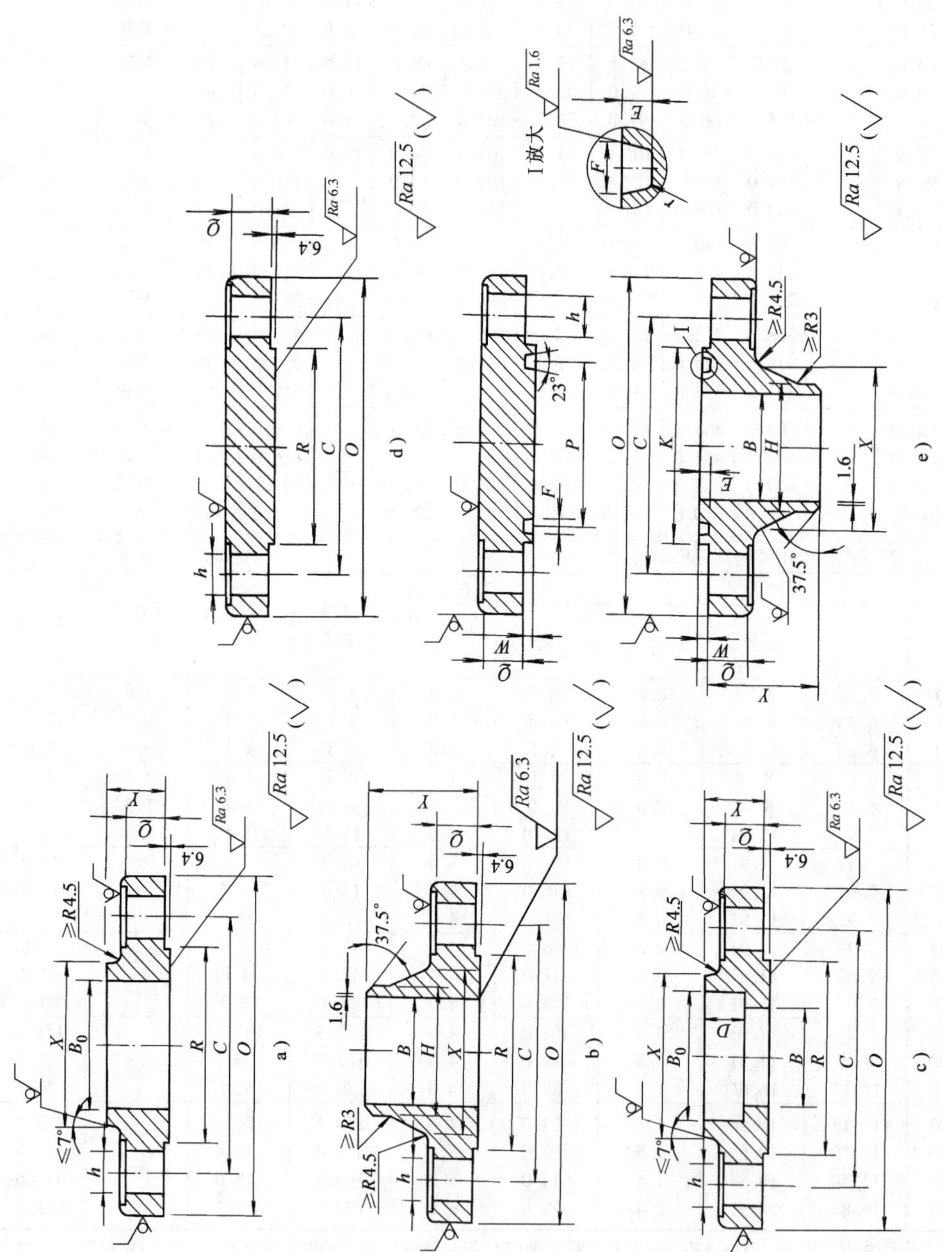

图 1-117 PN250、公称尺寸≤DN600 的法兰结构

a）平焊法兰 b）对焊法兰 c）承插焊法兰（DN15～DN80） d）法兰盖 e）环槽面法兰及法兰盖

表 1-337 PN250 法兰尺寸（SH/T 3406—2013）③④⑥ （单位：mm）

公称尺寸	法兰外径 O	管子插入孔 $B_0$①	法兰内径 B②	法兰颈部尺寸 X⑦	法兰颈部尺寸 H①	密封面 R	法兰厚度 Q	法兰高度 对焊型 Y	法兰高度 其余 Y	承插深度 D	螺栓、螺柱 中心圆 C	螺栓、螺柱 孔径 h	螺栓、螺柱 螺纹	螺栓、螺柱 数量/个
DN15	120	23.0		38.0	22.0	35.0	22.5	60.0	32.0	10.0	82.5	22	M20	4
DN20	130	28.0		44.0	27.0	43.0	25.5	70.0	35.0	11.0	89.0	22	M20	4
DN25	150	35.0		52.0	34.0	51.0	29.0	73.0	41.0	13.0	101.5	26	M24	4
(DN32)	160	43.0		64.0	42.0	63.5	29.0	73.0	41.0	14.0	111.0	26	M24	4
DN40	180	49.0		70.0	48.0	73.0	32.0	83.0	44.0	16.0	124.0	30	M27	4
DN50	215	61.0		105.0	60.0	92.0	38.5	102.0	57.0	17.0	165.0	26	M24	8
(DN65)	245	77.5		124.0	76.0	105.0	41.5	105.0	64.0	19.0	190.5	30	M27	8
DN80	265	90.5		133.0	89.0	127.0	48.0	118.0	73.0	—	203.0	33	M30	8
DN100	310	116.0		162.0	114.0	157.5	54.0	124.0	90.0	—	241.5	36	M33	8
(DN125)	375	142.0		197.0	140.0	186.0	73.5	155.0	105.0	—	292.0	42	M39	8
DN150	395	170.5		229.0	168.0	216.0	83.0	171.0	119.0	—	317.5	39	M36	12
DN200	485	221.5		292.0	219.0	270.0	92.0	213.0	143.0	—	393.5	45	M42	12
DN250	585	276.0		368.0	273.0	324.0	108.0	254.0	159.0	—	482.5	52	M48	12
DN300	675	328.0		451.0	325.0	381.0	124.0	283.0	181.0	—	571.5	56	M52	16
DN350	750	359.0		495.0	356.0	413.0	133.5	298.0	—	—	635.0	60	M56	16
DN400	825	410.0		552.0	406.0	470.0	146.5	311.0	—	—	705.0	68	M64	16
DN450	915	462.0		597.0	457.0	533.5	162.0	327.0	—	—	774.5	76	M72	16
DN500	985	513.0		641.0	508.0	584.0	178.0	356.0	—	—	832.0	80	M76	16
DN600	1170	616.0		762.0	610.0	692.0	203.5	406.0	—	—	990.5	94	M90	16

金属环垫号	环槽面尺寸 P	环槽面尺寸 E	环槽面尺寸 F	环槽面尺寸 r	环槽面尺寸 K	两法兰间近似尺寸 S⑤	近似质量/kg 对焊法兰	近似质量/kg 平焊法兰	近似质量/kg 承插焊法兰	近似质量/kg 法兰盖
	环槽面法兰用螺栓及环槽面尺寸									
R12	39.70	6.35	8.74	0.8	60.5	4.0	1.9	1.8	1.8	1.8
R14	44.45	6.35	8.74	0.8	66.5	4.0	2.7	2.3	2.7	2.7
R16	50.80	6.35	8.74	0.8	71.5	4.0	3.8	3.4	3.6	3.6
R18	60.32	6.35	8.74	0.8	81.0	4.0	4.4	4.0	4.1	4.7
R20	68.27	6.35	8.74	0.8	92.0	4.0	6.0	5.4	5.5	5.9
R24	95.25	7.92	11.91	0.8	124.0	3.0	11.0	10.0	11.4	11.3
R27	107.95	7.92	11.91	0.8	137.0	3.0	15.2	13.6	16.4	15.9
R35	136.52	7.92	11.91	0.8	168.0	3.0	20.1	18.0	—	21.8
R39	161.92	7.92	11.91	0.8	194.0	3.0	30.0	27.8	—	33.1
R44	193.68	7.92	11.91	0.8	229.0	3.0	57.1	52.6	—	60.4
R46	211.15	9.52	13.49	1.5	248.0	3.0	69.0	62.2	—	72.6
R50	269.88	11.13	16.66	1.5	318.0	4.0	118.4	104.5	—	136.1
R54	323.85	11.13	16.66	1.5	371.0	4.0	208.2	178.6	—	231.3
R58	381.00	14.27	23.01	1.5	438.0	5.0	312.1	267.8	—	313.0
R63	419.10	15.88	26.97	2.4	489.0	6.0	406.5	—	—	442.3
R67	469.10	17.48	30.18	2.4	546.0	8.0	525.0	—	—	589.7
R71	533.40	17.48	30.18	2.4	613.0	8.0	687.2	—	—	793.7
R75	584.20	17.48	33.32	2.4	673.0	10.0	852.6	—	—	1009.3
R79	692.15	20.62	36.53	2.4	794.0	11.0	1366.8	—	—	1644.3

① 法兰与接管连接尺寸 H、B_0 按 SH/T 3405—2017 的要求确定。若与其他尺寸系列的管子连接，应在订货时规定法兰与接管连接尺寸 H、B、B_0。

② 法兰内径 B 按订货要求或表 1-342 和表 1-343 确定。

③ 法兰与接管焊接部结构尺寸按图 1-126～图 1-128 及表 1-348 确定。

④ 环槽面法兰密封面高度 W 与环槽深度 E 的尺寸相同，但环槽深度 E 的尺寸允许偏差不适用于密封面高度 W。

⑤ 环槽面法兰两法兰间的近似尺寸 S 是指两法兰装配后的尺寸。

⑥ 法兰螺孔及鱼眼坑的加工要求按表 1-347 确定。

⑦ X 为颈部大端尺寸，颈部斜度应不大于 7°。

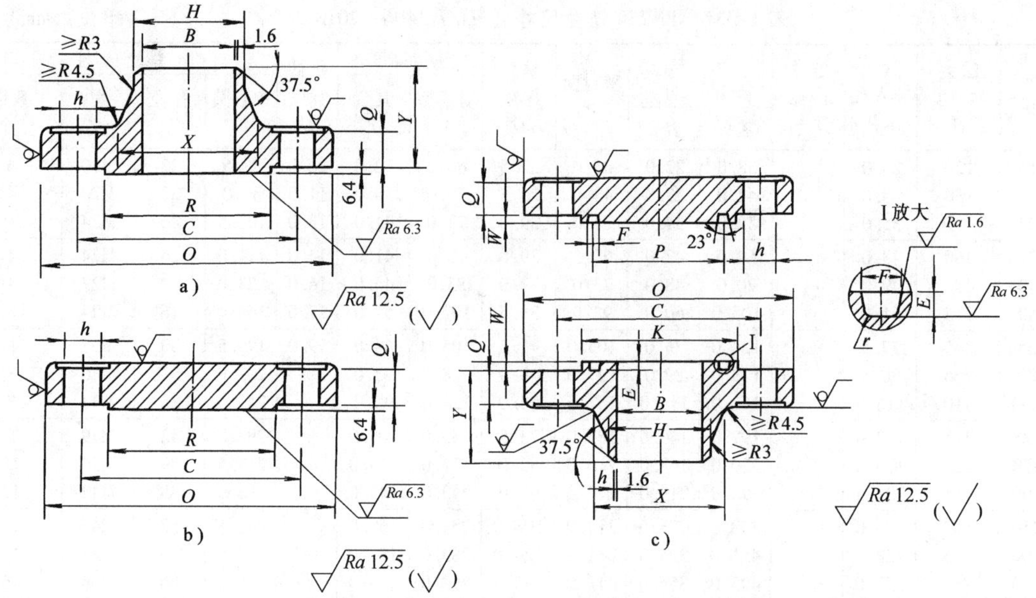

图1-118　PN420、公称尺寸≤DN600的法兰结构

a）对焊法兰　b）法兰盖　c）环槽面法兰及法兰盖

表1-338　PN420的法兰尺寸（SH/T 3406—2013）③④⑥　　（单位：mm）

公称尺寸	法兰外径 O	管子插入孔 $B_0$①	法兰内径 B②	法兰颈部尺寸 X⑦	法兰颈部尺寸 H①	密封面 R	法兰厚度 Q	法兰高度 对焊型 Y	法兰高度 其余 Y	承插深度 D	螺栓、螺柱 中心圆 C	螺栓、螺柱 孔径 h	螺栓、螺柱 螺纹	螺栓、螺柱 数量/个
DN15	135	23.0		43.0	22.0	35.0	30.5	73.0			89.0	22	M20	4
DN20	140	28.0		51.0	27.0	43.0	32.0	79.0			95.0	22	M20	4
DN25	160	35.0		57.0	34.0	51.0	35.0	89.0			108.0	26	M24	4
(DN32)	185	43.0		73.0	42.0	63.5	38.5	95.0			130.0	30	M27	4
DN40	205	49.0		79.0	48.0	73.0	44.5	111.0			146.0	33	M30	4
DN50	235	61.0		95.0	60.0	92.0	51.0	127.0			171.5	30	M27	8
(DN65)	265	77.5		114.0	76.0	105.0	57.5	143.0			197.0	33	M30	8
DN80	305	90.5		133.0	89.0	127.0	67.0	168.0			228.5	36	M33	8
DN100	355	116.0		165.0	114.0	157.5	76.5	190.0			273.0	42	M39	8
(DN125)	420	142.0		203.0	140.0	186.0	92.5	229.0			324.0	48	M45	8
DN150	485	170.5		235.0	168.0	216.0	108.0	273.0			368.5	55	M52	8
DN200	550	221.5		305.0	219.0	270.0	127.0	318.0			438.0	55	M52	12
DN250	675	276.0		375.0	273.0	324.0	165.5	419.0			539.5	68	M64	12
DN300	760	328.0		441.0	325.0	381.0	184.5	464.0			619.0	76	M72	12

（续）

环槽面法兰用螺栓及环槽面尺寸							近似质量/kg			
金属环垫号	环槽面尺寸					两法兰间近似尺寸 S⑤	对焊法兰	平焊法兰	承插焊法兰	法兰盖
	P	E	F	r	K					
R13	42.88	6.35	8.74	0.8	65.0	4.0	3.6			3.2
R16	50.80	6.35	8.74	0.8	73.0	4.0	4.1			4.5
R18	60.32	6.35	8.74	0.8	82.5	4.0	5.9			5.4
R21	72.24	7.92	11.91	0.8	102.0	3.0	9.1			8.2
R23	82.55	7.92	11.91	0.8	114.0	3.0	12.7			11.3
R26	101.60	7.92	11.91	0.8	133.0	3.0	19.1			17.7
R28	111.12	9.52	13.49	1.5	149.0	3.0	23.6			25.4
R32	127.00	9.52	13.49	1.5	168.0	3.0	43.0			39.0
R38	157.18	11.13	16.66	1.5	203.0	3.0	66.0			60.0
R42	190.50	12.70	19.84	1.5	241.0	4.0	111.0			101.0
R47	228.60	12.70	19.84	1.5	279.0	4.0	172.0			157.0
R51	279.40	14.27	23.01	1.5	340.0	5.0	262.0			242.0
R55	342.90	17.48	30.18	2.4	425.0	6.0	485.0			465.0
R60	406.40	17.48	33.32	2.4	495.0	8.0	730.0			665.0

① 法兰与接管连接尺寸 H、B_0 按 SH/T 3405—2017 的要求确定。若与其他尺寸系列的管子连接，应在订货时规定法兰与接管连接尺寸 H、B、B_0。

② 法兰内径 B 按订货要求或表 1-342 和表 1-343 确定。

③ 法兰与接管焊接部结构尺寸按图 1-126～图 1-128 及表 1-348 确定。

④ 环槽面法兰密封面高度 W 与环槽深度 E 的尺寸相同，但环槽深度 E 的尺寸允许偏差不适用于密封面高度 W。

⑤ 环槽面法兰两法兰间的近似尺寸 S 是指两法兰装配后的尺寸。

⑥ 法兰螺孔及鱼眼坑的加工要求按表 1-347 确定。

⑦ X 为颈部大端尺寸，颈部斜度应不大于 7°。

（4）松套法兰　公称压力为 PN20、PN50 的松套法兰的结构及尺寸如图 1-119 及表 1-339 所示。松套法兰用翻边短节的结构及尺寸如图 1-120 及表 1-340 所示。

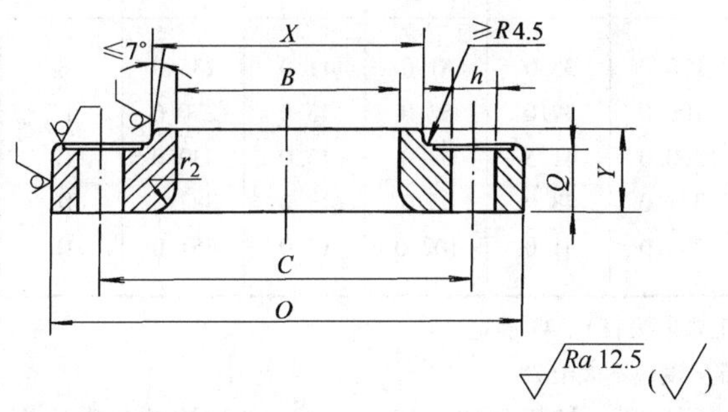

图 1-119　PN20、PN50 的松套法兰的结构

表 1-339 PN20、PN50 的松套法兰的尺寸（SH/T 3406—2013）① （单位：mm）

公称尺寸	外径 O	内径 B	颈部尺寸 X②	法兰厚度 Q	法兰高度 Y	圆角半径 r_2	螺柱、螺栓 中心圆 C	孔数 N/个	孔径 h	螺纹	法兰近似质量 /kg
PN20											
DN15	90.0	23.5	30.0	11.5	16.0	3.0	60.5	4	16	M14	0.47
DN20	100.0	28.5	38.0	13.0	16.0	3.0	70.0	4	16	M14	0.64
DN25	110.0	35.5	49.0	14.5	17.0	3.0	79.5	4	16	M14	0.88
(DN32)	120.0	43.5	59.0	16.0	21.0	5.0	89.0	4	16	M14	1.11
DN40	130.0	50.0	65.0	17.5	22.0	6.0	98.5	4	16	M14	1.41
DN50	150.0	62.0	78.0	19.5	25.0	8.0	120.5	4	18	M16	2.20
(DN65)	180.0	78.0	90.0	22.5	29.0	8.0	139.5	4	18	M16	3.41
DN80	190.0	91.5	108.0	24.0	30.0	10.0	152.5	4	18	M16	4.06
DN100	230.0	117.0	135.0	24.0	33.0	11.0	190.5	8	18	M16	5.55
(DN125)	255.0	143.0	164.0	24.0	36.0	11.0	216.0	8	22	M20	6.41
DN150	280.0	171.5	192.0	25.5	40.0	13.0	241.5	8	22	M20	7.93
DN200	345.0	222.5	246.0	29.0	44.0	13.0	298.5	8	22	M20	12.90
DN250	405.0	277.5	305.0	30.5	49.0	13.0	362.0	12	26	M24	17.90
DN300	485.0	329.5	365.0	32.0	56.0	13.0	432.0	12	26	M24	28.30
PN50											
DN15	95.0	23.5	38.0	14.5	22.0	3.0	66.5	4	16	M14	0.72
DN20	120.0	28.5	48.0	16.0	25.0	3.0	82.5	4	18	M16	1.21
DN25	125.0	35.5	54.0	17.5	27.0	3.0	89.0	4	18	M16	1.46
(DN32)	135.0	43.5	64.0	19.5	27.0	5.0	98.5	4	18	M16	1.81
DN40	155.0	50.0	70.0	21.0	30.0	6.0	114.5	4	22	M20	2.70
DN50	165.0	62.0	84.0	22.5	33.0	8.0	127.0	8	18	M16	3.11
(DN65)	190.0	78.0	100.0	25.5	38.0	8.0	149.0	8	22	M20	4.43
DN80	210.0	91.5	118.0	29.0	43.0	10.0	168.5	8	22	M20	6.14
DN100	255.0	117.0	146.0	32.0	48.0	11.0	200.0	8	22	M20	10.00
(DN125)	280.0	143.0	178.0	35.0	51.0	11.0	235.0	8	22	M20	12.60
DN150	320.0	171.5	206.0	37.0	52.0	13.0	270.0	12	22	M20	16.50
DN200	380.0	222.5	260.0	41.5	62.0	13.0	330.0	12	26	M24	25.30
DN250	445.0	277.5	321.0	48.0	95.0	13.0	387.5	16	30	M27	41.40
DN300	520.0	329.5	375.0	51.0	102.0	13.0	451.0	16	33	M30	58.70

① 法兰螺孔及鱼眼坑的加工要求按表 1-347 确定。

② X 为颈部大端尺寸，颈部斜度应不大于 7°。

（5）公称压力≥PN50 的凹凸面、榫槽面法兰密封面的形式及尺寸 如图 1-121 及表 1-341 所示。

（6）法兰与碳素钢、低合金钢及不锈钢的接管连接尺寸 见表 1-342 和表 1-343。

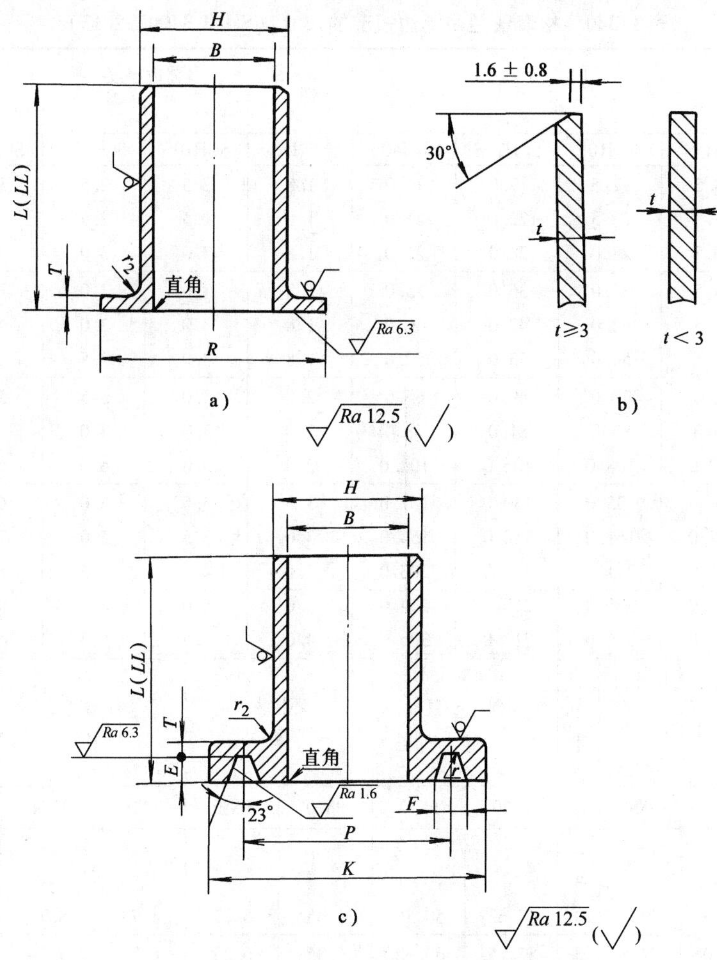

图 1-120 松套法兰用翻边短节的结构

a）凸台面 b）焊接端坡口尺寸 c）环槽面

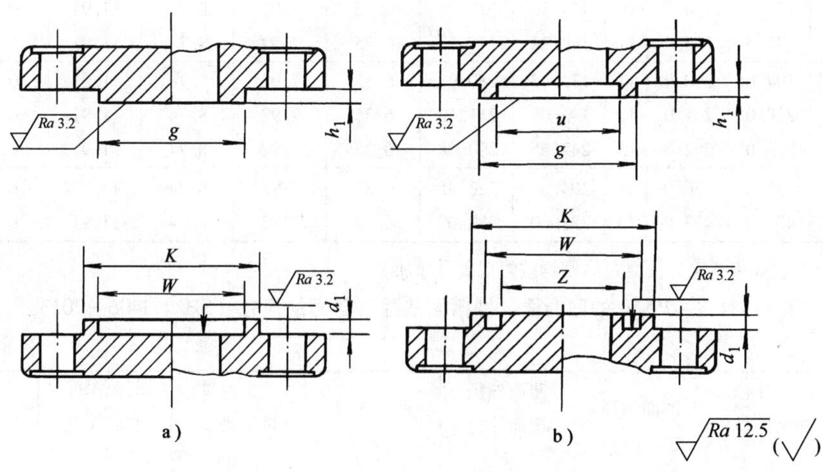

图 1-121 ≥PN50 的凹凸面、榫槽面法兰密封面的形式

a）凹凸面法兰及法兰盖 b）榫槽面法兰及法兰盖

表 1-340　松套法兰用翻边短节的尺寸（SH/T 3406—2013）　　（单位：mm）

公称尺寸	短节外径 H	内径 B				翻边厚度 T				长度	
		SCH5S	SCH10S	SCH20S	SCH40S	SCH5S	SCH10S	SCH20S	SCH40S	LL	L
DN15	22	18.5	17.5	17.0	16.0	1.8	2.5	2.5	3.0	100	50
DN20	27	23.5	22.5	22.0	21.0	1.8	2.5	2.5	3.0	100	50
DN25	34	30.5	28.0	28.0	27.0	1.8	3.0	3.0	3.5	100	50
(DN32)	42	38.5	36.0	36.0	35.0	1.8	3.0	3.0	3.5	100	50
DN40	48	44.5	42.0	42.0	40.0	1.8	3.0	3.0	4.0	100	50
DN50	60	56.5	54.0	53.0	52.0	1.8	3.0	3.5	4.0	150	65
(DN65)	76	72.0	70.0	69.0	65.0	2.0	3.0	3.5	5.5	150	65
DN80	89	85.0	83.0	81.0	78.0	2.0	3.0	4.0	5.5	150	65
DN100	114	110.0	108.0	106.0	102.0	2.0	3.0	4.0	6.0	150	75
(DN125)	140	134.0	133.0	130.0	127.0	3.0	3.5	5.0	6.5	200	75
DN150	168	162.0	161.0	158.0	154.0	3.0	3.5	5.0	7.0	200	90
DN200	219	213.0	211.0	206.0	203.0	3.0	4.0	6.5	8.0	200	100
DN250	273.0	266.0	265.0	260.0	254.0	3.6	4.0	6.5	9.5	250	125
DN300	325	317.0	316.0	312.0	306.0	4.0	4.5	6.5	10.0	250	150

公称尺寸	翻边短节密封面尺寸 凸台面 R	环槽面 K		圆角半径 r_2	环槽中心直径 P		环槽深 E		环槽宽 F		环槽圆角 r	
		PN20	PN50		PN20	PN50	PN20	PN50	PN20	PN50	PN20	PN50
DN15	35.0	—	—	3	—	—	—	—	—	—	—	—
DN20	43.0	—	—	3	—	—	—	—	—	—	—	—
DN25	51.0	63.5	70.0	3	47.62	50.80	6.35	6.35	8.74	8.74	0.8	0.8
(DN32)	63.5	73.0	79.5	5	57.15	60.32	6.35	6.35	8.74	8.74	0.8	0.8
DN40	73.0	82.5	90.5	6	65.07	68.28	6.35	6.35	8.74	8.74	0.8	0.8
DN50	92.0	102.0	108.0	8	82.55	82.55	6.35	7.92	8.74	11.91	0.8	0.8
(DN65)	105.0	121.0	127.0	8	101.60	101.60	6.35	7.92	8.74	11.91	0.8	0.8
DN80	127.0	133.0	146.0	10	114.30	117.48	6.35	7.92	8.74	11.91	0.8	0.8
DN100	157.5	171.0	175.0	11	149.22	149.22	6.35	7.92	8.74	11.91	0.8	0.8
(DN125)	186.0	194.0	210.0	11	171.45	180.98	6.35	7.92	8.74	11.91	0.8	0.8
DN150	216.0	219.0	241.0	13	193.68	211.12	6.35	7.92	8.74	11.91	0.8	0.8
DN200	270.0	273.0	302.0	13	247.65	269.88	6.35	7.92	8.74	11.91	0.8	0.8
DN250	324.0	330.0	356.0	13	304.80	323.85	6.35	7.92	8.74	11.91	0.8	0.8
DN300	381.0	406.0	413.0	13	381.00	381.00	6.35	7.92	8.74	11.91	0.8	0.8

注：翻边短节长度如未指定为长型 LL，则均按短型 L 尺寸加工。

表 1-341　≥PN50 的凹凸面、榫槽面法兰密封面的尺寸（SH/T 3406—2013）

（单位：mm）

公称尺寸	凸面外径 榫面外径 g	榫面内径 u	凹面外径 槽面外径 W	槽面内径 Z	凸面高度 榫面高度 h_1	凹面深度 槽面深度 d_1	凸台外径 K
DN15	35.0	25.5	36.5	24.0	6.5	5.0	46.0
DN20	43.0	33.5	44.5	32.0	6.5	5.0	54.0
DN25	51.0	38.0	52.5	36.5	6.5	5.0	62.0

（续）

公称尺寸	凸面外径 榫面外径 g	榫面内径 u	凹面外径 槽面外径 W	槽面内径 Z	凸面高度 榫面高度 h_1	凹面深度 槽面深度 d_1	凸台外径 K
（DN32）	63.5	47.5	65.0	46.0	6.5	5.0	75.0
DN40	73.0	54.0	74.5	52.5	6.5	5.0	84.0
DN50	92.0	73.0	93.5	71.5	6.5	5.0	103.0
（DN65）	105.0	85.0	106.5	84.0	6.5	5.0	116.0
DN80	127.0	108.0	128.5	106.5	6.5	5.0	138.0
DN100	157.5	132.0	159.0	130.5	6.5	5.0	168.0
（DN125）	186.0	160.5	187.5	159.0	6.5	5.0	197.0
DN150	216.0	190.5	217.5	189.0	6.5	5.0	227.0
DN200	270.0	238.0	271.5	236.5	6.5	5.0	281.0
DN250	324.0	286.0	325.5	284.0	6.5	5.0	335.0
DN300	381.0	343.0	382.5	341.5	6.5	5.0	392.0
DN350	413.0	375.5	414.5	373.0	6.5	5.0	424.0
DN400	470.0	425.5	471.5	424.0	6.5	5.0	481.0
DN450	533.5	489.0	535.0	487.5	6.5	5.0	544.0
DN500	584.5	533.5	586.0	532.0	6.5	5.0	595.0
DN600	692.0	641.5	694.0	640.0	6.5	5.0	703.5

表 1-342 法兰与碳素钢及低合金钢的接管连接尺寸（单位：mm）

公称尺寸	接管外径 D_0	法兰内径 B										法兰颈部尺寸 H	管子插入孔 B_0
		SCH20	SCH30	SCH40	SCH60	SCH80	SCH100	SCH120	SCH140	SCH160	XXS		
DN15	22.0			16.0		14.0				12.0	7.0	22.0	23.0
DN20	27.0	—	—	21.0	—	19.0	—	—	—	16.0	11.0	27.0	28.0
DN25	34.0			27.0		25.0				21.0	16.0	34.0	35.0
（DN32）	42.0	—		35.0	—	32.0		—		29.0	22.0	42.0	43.0
DN40	48.0	—	—	40.0	—	38.0	—	—	—	34.0	28.0	48.0	49.0
DN50	60.0	53.0		52.0	50.0	49.0		46.0		41.0	38.0	60.0	61.0
（DN65）	76.0	67.0		66.0	64.0	62.0		60.0		57.0	48.0	76.0	77.5
DN80	89.0	80.0	—	78.0	76.0	74.0	—	71.0	—	67.0	59.0	89.0	90.5
DN100	114.0	104.0		102.0	100.0	97.0		92.0		86.0	80.0	114.0	116.0
（DN125）	140.0	130.0	—	127.0	124.0	121.0	—	114.0	—	108.0	102.0	140.0	142.0
DN150	168.0	157.0	—	154.0	149.0	146.0	—	140.0	—	132.0	124.0	168.0	170.5
DN200	219.0	206.0	205.0	203.0	199.0	193.0	189.0	183.0	179.0	171.0	173.0	219.0	221.5
DN250	273.0	260.0	257.0	254.0	247.0	243.0	237.0	229.0	223.0	217.0	223.0	273.0	276.0
DN300	325.0	312.0	308.0	305.0	297.0	291.0	281.0	275.0	269.0	257.0	273.0	325.0	328.0
DN350	356.0	340.0	337.0	334.0	326.0	318.0	308.0	300.0	292.0	284.0	—	356.0	359.0
DN400	406.0	390.0	387.0	380.0	372.0	362.0	354.0	342.0	334.0	326.0		406.0	410.0
DN450	457.0	441.0	435.0	429.0	419.0	409.0	397.0	387.0	377.0	367.0		457.0	462.0
DN500	508.0	489.0	482.0	478.0	468.0	456.0	444.0	432.0	418.0	408.0	—	508.0	513.0
DN550	559.0	540.0	533.0	525.0	515.0	503.0	489.0	—	—	—		559.0	565.0
DN600	610.0	591.0	582.0	574.0	560.0	546.0	534.0	—	—	—		610.0	616.0

表 1-343 法兰与不锈钢的接管连接尺寸 （单位：mm）

公称尺寸	接管外径 D_0	法兰内径 B					法兰颈部尺寸 H	管子插入孔 B_0
		SCH5S	SCH10S	SCH20S	SCH40S	SCH80S		
DN15	22.0	18.5	17.5	17.0	16.0	14.0	22.0	23.0
DN20	27.0	23.5	22.5	22.0	21.0	19.0	27.0	28.0
DN25	34.0	30.0	28.5	28.0	27.0	25.0	34.0	35.0
(DN32)	42.0	39.0	36.5	36.0	35.0	32.0	42.0	43.0
DN40	48.0	45.0	42.5	42.0	41.0	38.0	48.0	49.0
DN50	60.0	57.0	54.5	53.0	52.0	49.0	60.0	61.0
(DN65)	76.0	72.0	70.0	69.0	65.0	62.0	76.0	77.5
DN80	89.0	85.0	83.0	81.0	78.0	74.0	89.0	90.5
DN100	114.0	110.0	108.0	106.0	102.0	97.0	114.0	116.0
(DN125)	140.0	134.5	133.0	130.0	127.0	121.0	140.0	142.0
DN150	168.0	162.5	161.0	158.0	154.0	146.0	168.0	170.5
DN200	219.0	213.5	211.0	206.0	203.0	193.0	219.0	221.5
DN250	273.0	266.0	265.0	260.0	254.0	243.0	273.0	276.0
DN300	325.0	317.0	316.0	312.0	306.0	291.0	325.0	328.0
DN350	356.0	348.0	346.0	340.0	—	—	356.0	359.0
DN400	406.0	397.0	396.0	390.0	—	—	406.0	410.0

（7）公称尺寸＞DN600 的法兰结构型式及尺寸如图 1-122～图 1-124 及表 1-344～表 1-346 所示。

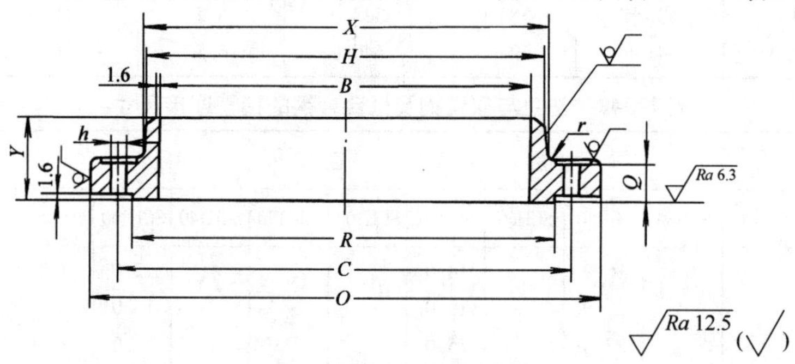

图 1-122 PN10 的法兰结构型式

表 1-344 PN10 的法兰尺寸（SH/T 3406—2013） （单位：mm）

公称尺寸	法兰外径 O	法兰厚度 Q	密封面外径 R	法兰内径 B	法兰颈部尺寸		法兰高度 Y	圆角 r	螺栓、螺柱				法兰近似质量 /kg
					X	H			中心圆 C	孔数 N	孔径 h	螺纹	
(DN650)	762	33.5	705	与接管内径一致	676	662	59	8	724	36	18	M16	36
DN700	813	33.5	756		727	713	62	8	775	40	18	M16	40
(DN750)	864	33.5	806		778	764	65	8	826	44	18	M16	44
DN800	914	35.0	857		829	815	70	8	876	48	18	M16	50
(DN850)	965	35.0	908		879	866	73	8	927	52	18	M16	54
DN900	1033	36.5	965		935	916	86	10	992	40	22	M20	70
(DN950)	1084	38.0	1016		986	967	89	10	1043	40	22	M20	80
DN1000	1135	38.0	1067		1037	1018	92	10	1094	44	22	M20	86
(DN1100)	1251	43.0	1175		1140	1119	105	10	1203	36	26	M24	113
DN1200	1353	46.0	1276		1241	1221	111	10	1305	44	26	M24	133
(DN1300)	1457	48.0	1378		1345	1322	121	10	1410	48	26	M24	154
DN1400	1575	51.0	1486		1451	1422	135	11	1521	40	30	M27	204
(DN1500)	1676	56.0	1588		1553	1526	145	11	1623	44	30	M27	235

注：法兰螺孔及划孔的加工要求按表 1-347 确定。

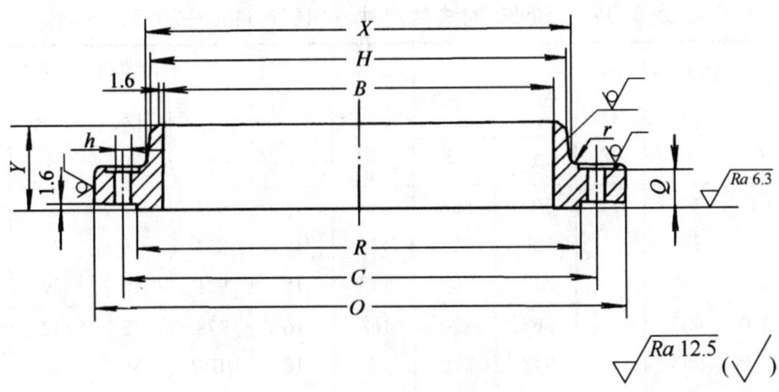

图 1-123 PN20 的法兰结构型式

表 1-345 PN20 的法兰尺寸(SH/T 3406—2013) (单位:mm)

公称尺寸	法兰外径 O	法兰厚度 Q	密封面外径 R	法兰内径 B	法兰颈部尺寸		法兰高度 Y	圆角 r	螺栓、螺柱				法兰近似质量 /kg
					X	H			中心圆 C	孔数 N	孔径 h	螺纹	
(DN650)	786	41.5	711	与接管内径一致	684	662	89	10	745	36	22	M20	59
DN700	837	44.5	762		735	713	95	10	795	40	22	M20	68
(DN750)	887	44.5	813		787	764	100	10	846	44	22	M20	75
DN800	941	46.0	864		840	815	108	10	900	48	22	M20	86
(DN850)	1005	49.0	921		892	866	110	10	957	40	26	M24	105
DN900	1057	52.5	972		945	916	117	10	1010	44	26	M24	121
(DN950)	1124	54.0	1022		997	968	124	10	1070	40	30	M27	144
DN1000	1175	56.0	1080		1049	1019	129	10	1121	44	30	M27	162
(DN1100)	1276	60.0	1181		1153	1121	137	12	1222	52	30	M27	193
DN1200	1392	65.0	1289		1257	1222	149	12	1335	44	33	M30	249
(DN1300)	1494	70.0	1391		1370	1324	157	12	1437	52	33	M30	273
DN1400	1600	73.0	1492		1465	1424	167	14	1543	60	33	M30	315
(DN1500)	1726	76.5	1600		1570	1527	179	14	1662	52	36	M33	390

注：法兰螺孔及鱼眼坑的加工要求按表 1-347 确定。

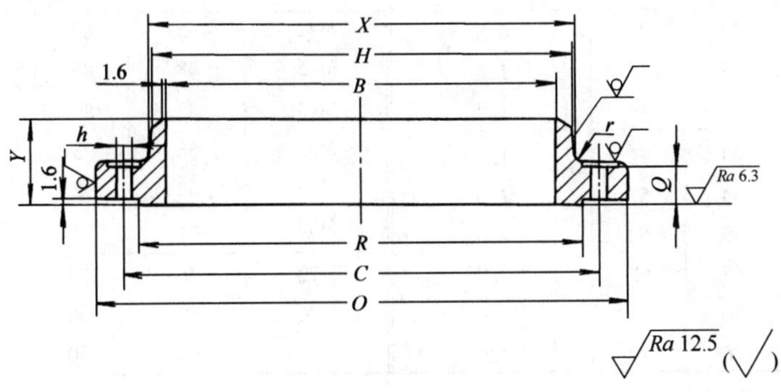

图 1-124 PN50 的法兰结构型式

表 1-346 PN50 的法兰尺寸（SH/T 3406—2013） （单位：mm）

公称尺寸	法兰外径 O	法兰厚度 Q	密封面外径 R	法兰内径 B	法兰颈部尺寸		法兰高度 Y	圆角 r	螺栓、螺柱				法兰近似质量 /kg
					X	H			中心圆 C	孔数 N	孔径 h	螺纹	
(DN650)	867	89.0	737	与接管内径一致	702	666	144	15	803	32	36	M33	179
DN700	921	89.0	787		756	716	149	15	857	36	36	M33	190
(DN750)	991	94.0	845		813	769	158	15	921	36	39	M36	238
DN800	1054	103.0	902		864	820	168	16	978	32	42	M39	290
(DN850)	1108	103.0	953		918	870	173	16	1032	36	42	M39	315
DN900	1172	103.0	1010		965	921	181	16	1089	32	45	M42	356
(DN950)	1222	111.0	1060		1016	972	192	16	1140	36	45	M42	400
DN1000	1273	116.0	1114		1067	1022	198	16	1191	40	45	M42	432
(DN1100)	1384	127.0	1219		1173	1126	214	16	1295	40	48	M45	540
DN1200	1511	128.5	1327		1278	1226	224	16	1416	40	52	M48	658
(DN1300)	1613	143.0	1429		1383	1329	243	16	1518	48	52	M48	780
DN1400	1765	154.0	1537		1494	1428	268	18	1651	36	60	M56	1096
(DN1500)	1878	151.0	1651		1599	1532	272	18	1764	40	60	M56	1285

注：法兰螺孔及鱼眼坑的加工要求按表 1-347 确定。

（8）法兰螺孔及鱼眼坑的结构型式及尺寸 如图 1-125 及表 1-347 所示。

（9）法兰与接管焊接部的结构型式及尺寸 公称尺寸≤DN600 的对焊法兰颈部及焊接端坡口尺寸如图 1-126 及表 1-348 所示；公称尺寸 > DN600 的对焊法兰焊接端坡口尺寸如图 1-127 所示；承插焊及平焊法兰与接管焊接部的结构及尺寸如图 1-128 所示。

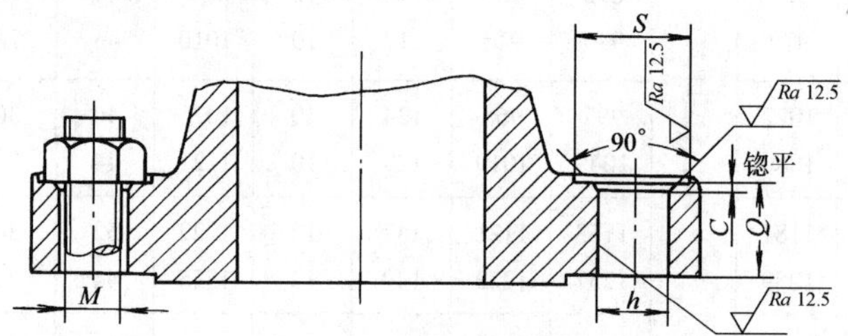

图 1-125 法兰螺孔及鱼眼坑的结构型式

表 1-347 法兰螺孔及鱼眼坑的尺寸（SH/T 3406—2013） （单位：mm）

螺栓或螺柱规格	螺孔直径 h	鱼眼坑直径 S		螺孔倒角 C	螺栓或螺柱规格	螺孔直径 h	鱼眼坑直径 S		螺孔倒角 C
		最小	最大				最小	最大	
M14	16	30	31	0.8	M42	45	80	84	2.0
M16	18	33	36	1.5	M45	48	83	87	2.0
M20	22	41	44	1.5	M48	52	89	93	2.0
M24	26	49	52	1.5	M52	56	93	98	2.5
M27	30	54	57	2.0	M56	60	98	103	2.5
M30	33	59	62	2.0	M64	68	110	115	2.5
M33	36	64	68	2.0	M72	76	122	127	3.0
M36	39	70	74	2.0	M76	80	130	135	3.0
M39	42	76	80	2.0	M90	94	150	155	3.0

注：背面加工的法兰不锪平。

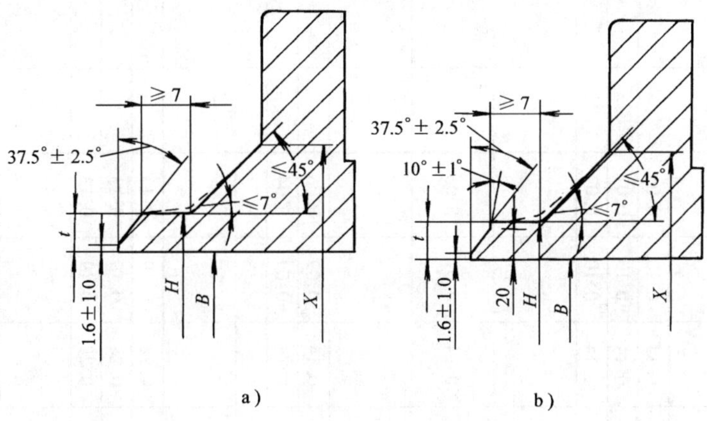

图1-126 公称尺寸≤DN600的对焊法兰颈部及焊接端坡口尺寸

a）$t=5\sim22$mm b）$t>22$mm

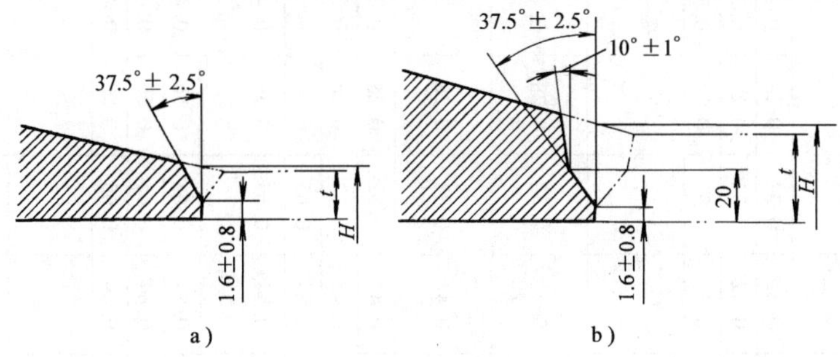

图1-127 公称尺寸>DN600的对焊法兰焊接端坡口尺寸

a）$t=5\sim22$mm b）$t>22$mm

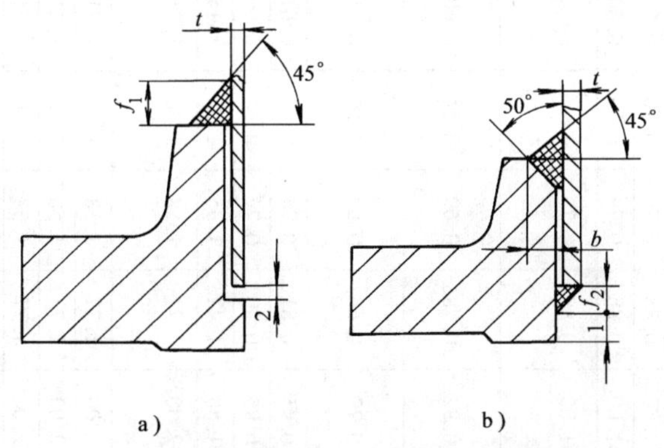

图1-128 承插焊及平焊法兰与接管焊接部的结构及尺寸

a）承插焊法兰 b）平焊法兰

注：$f_1\geqslant1.4t$，但不超过颈厚；$f_2\geqslant1.0t$。

表1-348 坡口尺寸 （单位：mm）

公称尺寸	≤DN25	DN32～DN50	DN65～DN150	DN200	DN250	DN300	DN350～DN600
坡口宽度	4	5	6	8	10	11	12

（10）法兰压力-温度额定值 法兰在不同工作温度下允许使用的最高无冲击压力按表1-349确定，中间数值可用内插法确定。

表1-349 法兰在不同工作温度下允许使用的最高无冲击压力（SH/T 3406—2013）

公称压力	法兰材料	工作温度/℃															
		20	100	150	200	250	300	350	400	425	450	475	500	525	550	575	600
		最高无冲击压力/MPa															
PN10	20，20D	0.79	0.71	0.68	0.64	0.58	0.51	0.42	0.32	0.28							
	Q345B，Q345BDR Q345BD	1.00	0.88	0.79	0.70	0.60	0.51	0.42	0.32	0.28	0.23	0.18					
	15CrMo	1.00	0.88	0.79	0.70	0.60	0.51	0.42	0.32	0.28	0.23	0.18	0.14	0.10	0.06		
	12Cr1MoV	1.00	0.88	0.79	0.70	0.60	0.51	0.42	0.32	0.28	0.23	0.18	0.14	0.10	0.07		
	12Cr5Mo	1.00	0.88	0.79	0.70	0.60	0.51	0.42	0.32	0.28	0.23	0.18	0.14	0.10	0.07		
	09Mn2VDR 09Mn2VD	1.00	0.88	0.79													
	06Cr19Ni10 12Cr18Ni9	0.92	0.78	0.69	0.64	0.60	0.51	0.42	0.32	0.28	0.23	0.18	0.14	0.09	0.06		
	022Cr19Ni10 022Cr17Ni12Mo2	0.79	0.66	0.60	0.55	0.51	0.48	0.42	0.33	0.28	0.24						
	06Cr17Ni12Mo2	0.95	0.81	0.74	0.68	0.61	0.51	0.42	0.32	0.28	0.23	0.18	0.14	0.09	0.06		
	06Cr18Ni11Ti	0.95	0.80	0.72	0.66	0.60	0.51	0.42	0.32	0.28	0.23	0.18	0.14	0.09	0.04		
PN20	20，20D	1.58	1.42	1.35	1.27	1.15	1.03	0.84	0.65	0.56							
	Q345B，Q345BDR Q345BD	2.00	1.77	1.58	1.40	1.21	1.02	0.84	0.65	0.56	0.47	0.37					
	15CrMo	2.00	1.77	1.58	1.40	1.21	1.02	0.84	0.65	0.56	0.47	0.37	0.28	0.19	0.13		
	12Cr1MoV	2.00	1.77	1.58	1.40	1.21	1.02	0.84	0.65	0.56	0.47	0.37	0.28	0.19	0.13		
	12Cr5Mo	2.00	1.77	1.58	1.40	1.21	1.02	0.84	0.65	0.56	0.47	0.37	0.28	0.19	0.13		
	09Mn2VDR 09Mn2VD	2.00	1.77	1.58													
	06Cr19Ni10 12Cr18Ni9	1.90	1.57	1.39	1.26	1.17	1.02	0.84	0.65	0.56	0.47	0.37	0.28	0.19	0.13		
	022Cr19Ni10 022Cr17Ni12Mo2	1.59	1.32	1.20	1.10	1.02	0.97	0.84	0.65	0.56	0.47						
	06Cr17Ni12Mo2	1.90	1.62	1.48	1.37	1.21	1.02	0.84	0.65	0.56	0.47	0.37	0.28	0.19	0.13		
	06Cr18Ni11Ti	1.90	1.59	1.44	1.32	1.19	1.02	0.83	0.64	0.56	0.46	0.36	0.28	0.18	0.09		

PN50	20，20D	3.95	3.56	3.39	3.18	2.88	2.57	2.39	2.19	2.12							
	Q345B，Q345BDR Q345BD	5.17	4.96	4.77	4.37	4.17	3.77	3.57	3.37	3.14	2.21	1.42					
	15CrMo	5.17	4.88	4.64	4.55	4.45	4.24	4.02	3.66	3.51	3.38	3.17	2.78	1.54	0.84		
	12Cr1MoV	5.17	4.88	4.64	4.55	4.45	4.24	4.02	3.66	3.51	3.38	3.17	2.78	2.03	1.28	0.85	
	12Cr5Mo	5.17	5.15	5.02	4.88	4.63	4.24	4.02	3.66	3.45	3.09	2.59	2.03	1.54	1.17	0.88	0.65
	09Mn2VDR 09Mn2VD	5.17	5.15	5.02													
	06Cr19Ni10 12Cr18Ni9	4.96	4.09	3.63	3.28	3.05	2.91	2.81	2.75	2.72	2.69	2.66	2.61	2.39	2.18	2.01	1.67
	022Cr19Ni10 022Cr17Ni12Mo2	4.14	3.45	3.12	2.87	2.67	2.52	2.40	2.32	2.27	2.23						
	06Cr17Ni12Mo2	4.96	4.22	3.85	3.57	3.34	3.16	3.04	2.91	2.87	2.81	2.74	2.68	2.58	2.50	2.41	2.14
	06Cr18Ni11Ti	4.96	4.15	3.75	3.41	3.21	3.05	2.93	2.86	2.85	2.82	2.80	2.78	2.58	2.50	2.28	1.98
PN68	20，20D	5.37	4.85	4.62	4.33	3.92	3.74	3.25	2.98	2.88							
	Q345B，Q345BDR Q345BD	6.90	6.75	6.48	5.94	5.67	5.13	4.80	4.59	4.28	3.01	1.93					
	15CrMo	6.90	6.50	6.18	6.06	5.93	5.66	5.36	4.88	4.68	4.51	4.22	3.71	2.05	1.11		
	12Cr1MoV	6.90	6.50	6.18	6.06	5.93	5.66	5.36	4.88	4.68	4.51	4.22	3.71	2.70	1.70	1.13	
	12Cr5Mo	6.90	6.87	6.69	6.50	6.18	5.66	5.36	4.88	4.60	4.12	3.45	2.70	2.06	1.56	1.17	0.87
	09Mn2VDR 09Mn2VD	6.90	6.87	6.69													
	06Cr19Ni10 12Cr18Ni9	6.62	5.45	4.84	4.37	4.07	3.87	3.74	3.66	3.62	3.58	3.54	3.47	3.18	2.91	2.68	2.23
	022Cr19Ni10 022Cr17Ni12Mo2	5.51	4.60	4.16	3.83	3.56	3.37	3.21	3.09	3.03	2.97						
	06Cr17Ni12Mo2	6.62	5.63	5.13	4.76	4.45	4.22	4.06	3.88	3.82	3.74	3.65	3.58	3.44	3.33	3.21	2.86
	06Cr18Ni11Ti	6.62	5.53	5.00	4.58	4.27	4.07	3.91	3.82	3.80	3.76	3.74	3.71	3.44	3.33	3.04	2.64

（续）

公称压力	法兰材料	工作温度/℃															
		20	100	150	200	250	300	350	400	425	450	475	500	525	550	575	600
		最高无冲击压力/MPa															
PN100	20，20D	7.90	7.12	6.78	6.36	5.76	5.14	4.78	4.38	4.24							
	Q345B，Q345BDR Q345BD	10.34	9.92	9.54	8.74	8.34	7.54	7.14	6.74	6.28	4.42	2.82					
	15CrMo	10.34	9.75	9.23	9.10	8.89	8.49	8.05	7.32	7.02	6.76	6.33	5.56	3.07	1.68		
	12Cr1MoV	10.34	9.75	9.27	9.10	8.89	8.49	8.05	7.32	7.02	6.76	6.33	5.56	4.05	2.55	1.70	
	12Cr5Mo	10.34	10.31	10.04	9.76	9.27	8.49	8.05	7.32	6.90	6.18	5.18	4.05	3.08	2.34	1.76	1.31
	09Mn2VDR 09Mn2VD	10.34	10.31	10.04													
	06Cr19Ni10 12Cr18Ni9	9.92	8.18	7.27	6.55	6.11	5.81	5.61	5.49	5.43	5.37	5.31	5.21	4.78	4.36	4.01	3.34
	022Cr19Ni10 022Cr17Ni12Mo2	8.20	6.90	6.25	5.74	5.34	5.05	4.81	4.63	4.54	4.45						
	06Cr17Ni12Mo2	9.93	8.44	7.70	7.13	6.68	6.33	6.08	5.82	5.73	5.62	5.47	5.37	5.16	4.99	4.82	4.29
	06Cr18Ni11Ti	9.93	8.30	7.50	6.87	6.41	6.11	5.87	5.73	5.70	5.64	5.60	5.56	5.16	4.99	4.56	3.96
PN150	20，20D	11.85	10.68	10.17	9.54	8.64	7.71	7.17	6.57	6.36							
	Q345B，Q345BDR Q345BD	15.52	14.88	14.31	13.11	12.51	11.31	10.71	10.11	9.42	6.63	4.26					
	15CrMo	15.52	14.63	13.91	13.64	13.34	12.73	12.07	10.98	10.53	10.14	9.50	8.34	4.62	2.50		
	12Cr1MoV	15.52	14.63	13.91	13.64	13.34	12.73	12.07	10.98	10.53	10.14	9.50	8.34	6.08	3.83	2.55	
	12Cr5Mo	15.51	15.46	15.06	14.64	13.90	12.73	12.07	10.98	10.35	9.27	7.77	6.08	4.63	3.50	2.64	1.96
	09Mn2VDR 09Mn2VD	15.51	15.46	15.06													
	06Cr19Ni10 12Cr18Ni9	14.89	12.26	10.90	9.83	9.16	8.72	8.42	8.24	8.15	8.06	7.97	7.82	7.16	6.54	6.02	5.01
	022Cr19Ni10 022Cr17Ni12Mo2	12.41	10.35	9.37	8.61	8.01	7.57	7.21	6.95	6.81	6.68						
	06Cr17Ni12Mo2	14.86	12.66	11.55	10.70	10.02	9.49	9.13	8.73	8.60	8.42	8.21	8.05	7.74	7.49	7.21	6.43
	06Cr18Ni11Ti	14.89	12.45	11.25	10.31	9.62	9.16	8.80	8.59	8.54	8.46	8.40	8.34	7.74	7.49	6.84	5.94

PN250	20，20D	19.75	17.80	16.90	15.90	14.35	12.85	11.95	10.90	10.60							
	Q345B，Q345BDR Q345BD	25.86	24.80	23.85	21.85	20.85	18.85	17.85	16.85	15.70	11.05	7.10					
	15CrMo	25.86	24.38	23.19	22.74	22.23	21.21	20.12	18.29	17.55	16.90	15.83	13.90	7.94	4.18		
	12Cr1MoV	25.86	24.38	23.19	22.74	22.23	21.21	20.12	18.29	17.55	16.90	15.83	13.90	10.13	6.38	4.25	
	12Cr5Mo	25.86	25.77	25.10	24.39	23.17	21.21	20.12	18.29	17.25	15.45	12.95	10.13	7.71	5.84	4.41	3.26
	09Mn2VDR 09Mn2VD	25.84	25.57	25.10													
	06Cr19Ni10 12Cr18Ni9	24.82	20.44	18.17	16.38	15.27	14.53	14.03	13.73	13.58	13.43	13.28	13.03	11.94	10.91	10.04	8.36
	022Cr19Ni10 022Cr17Ni12Mo2	20.68	17.24	15.51	14.35	13.35	12.62	12.02	11.58	11.35	11.13						
	06Cr17Ni12Mo2	24.82	21.10	19.25	17.84	16.69	15.81	15.21	14.56	14.33	14.04	13.68	13.41	12.90	12.48	12.05	10.72
	06Cr18Ni11Ti	24.82	20.75	18.75	17.19	16.03	15.27	14.67	14.31	14.24	14.10	14.01	13.90	12.90	12.48	11.39	9.90
PN420	20，20D	33.15	29.95	28.40	26.70	24.15	21.00	20.05	18.35	17.80							
	Q345B，Q345BDR Q345BD	43.10	41.66	40.06	36.70	35.02	31.66	29.98	28.30	26.37	18.56	11.92					
	15CrMo	43.10	40.64	38.64	37.90	37.06	35.35	33.53	30.49	29.25	28.17	26.38	23.16	12.82	6.95	5.44	
	12Cr1MoV	43.10	40.64	38.64	37.90	37.06	35.35	33.53	30.49	29.25	28.17	26.38	23.16	16.89	10.64	7.08	
	12Cr5Mo	43.09	42.95	41.83	40.66	38.61	35.35	33.53	30.49	28.75	25.76	21.58	16.89	12.85	9.73	7.34	5.44
	09Mn2VDR 09Mn2VD	43.10	42.95	41.83													
	06Cr19Ni10 12Cr18Ni9	41.36	34.07	30.28	27.30	25.45	24.21	23.38	22.89	22.64	22.39	22.14	21.72	19.90	18.18	16.73	13.93
	022Cr19Ni10 022Cr17Ni12Mo2	34.46	28.74	26.02	23.91	22.25	21.04	20.04	19.29	18.92	18.55						
	06Cr17Ni12Mo2	41.36	35.17	32.09	29.73	27.82	26.36	25.38	24.26	23.89	23.40	22.80	22.36	21.49	20.80	20.08	17.86
	06Cr18Ni11Ti	41.36	34.59	31.25	28.65	26.72	25.45	24.45	23.86	23.73	23.49	23.35	23.16	21.49	20.80	18.99	16.51

注：Q345BD、Q345BDR 推荐使用温度 $t \leq 150℃$。

（11）法兰尺寸极限偏差　公称尺寸≤DN600 的法兰尺寸极限偏差见表 1-350。对焊法兰、平焊法兰、承插焊法兰、螺纹法兰及松套法兰尺寸的极限偏差见表 1-350；松套法兰用翻边短节尺寸的极限偏差见表 1-351；环槽密封面尺寸的极限偏差见表 1-352。公称尺寸＞DN600 的法兰尺寸的极限偏差见表 1-353。

表 1-350　公称尺寸≤DN600 的法兰尺寸的极限偏差
（SH/T 3406—2013）

（单位：mm）

法兰尺寸				极限偏差
外径	*O*	法兰外径≤610mm		±1.6
		法兰外径＞610mm		±3.2
内径	*B*	对焊法兰	≤DN250	±0.8
			DN350～DN400	±1.6
			≥DN500	+3.2 −1.6
	B_0	平焊法兰	≤DN250	+0.8 0
	B	松套法兰	≥DN300	+1.6 0
	B_0	承插焊法兰	DN15～DN50	+0.3 0
			DN65～DN80	+0.4 0
	B		DN15～DN50	±0.4
			DN65～DN80	±0.8
法兰颈部	*X*	对焊法兰	*X*≤610	±1.6
			X＞610	±3.2
		平焊法兰、松套法兰、螺纹法兰、承插焊法兰	≤DN300	+1.6 −0.8
			≥DN350	+3.2 −1.6
对焊端部外径	*H*	≤DN125		+2.4 −0.8
		≥DN150		+4.0 −0.8
密封面	*R*	密封面凸台高度为1.6mm时		±0.8
		密封面凸台高度为6.4mm时		±0.5
凹凸面、榫槽面	*K*	所有公称直径		±0.5
	g、*u*、*Z*、*W*	所有公称直径		±0.5
	d_1	所有公称直径		0 −0.4
	h_1	所有公称直径		+0.4 0
厚度	*Q*	公称尺寸≤DN450		+3.2 0
		公称尺寸≥DN500		+4.8 0
法兰高度	*Y*	对焊法兰	≤DN250	±1.6
			≥DN300	±3.2
		平焊法兰、松套法兰、螺纹法兰、承插焊法兰	≤DN450	+3.2 −0.8
			≥DN500	+4.8 −1.6
螺孔	*C*	螺栓孔中心圆直径	≤DN300	±0.8
			≥DN350	±1.6
	间距		所有公称尺寸	±0.8
	h	直径	所有公称尺寸	±0.5
法兰内径对螺栓孔中心圆的偏心				＜0.8
法兰内径对密封面中心圆的偏心				＜0.8

表 1-351　松套法兰用翻边短节尺寸的极限偏差（SH/T 3406—2013）

（单位：mm）

短节尺寸			极限偏差
对焊端部外径	*H*	DN15～DN65	+1.6 −0.8
		DN80～DN100	±1.6
		DN125～DN200	+2.4 −1.6
		≥DN250	+4.0 −3.2
短节内径①	*B*	DN15～DN65	±0.8
		DN80～DN200	±1.6
		≥DN250	±3.2
短节长度	*L* *LL*	DN15～DN200	±1.6
		≥DN250	±2.4
短节密封面外径	*R*	DN15～DN200	0 −0.8
		≥DN250	0 −1.6
圆角半径	r_2	DN15～DN90	0 −0.8
		≥DN100	0 −1.6
翻边或槽底厚度	*T*	所有公称尺寸	+1.6 0

① 短节厚度的下偏差不应超过名义厚度的12.5%。

表 1-352　环槽密封面尺寸的极限偏差
（SH/T 3406—2013）

（单位：mm）

环 槽 尺 寸		极限偏差
环槽深度	*E*	+0.4 0
环槽顶宽度	*F*	±0.2
环槽中心圆直径	*P*	±0.13
环槽角度	23°	±0.5°
环槽圆角	*r*	±0.1
密封面外径	*K*	±0.5

表 1-353　公称尺寸＞DN600 的法兰尺寸的极限偏差（SH/T 3406—2013）

（单位：mm）

法 兰 尺 寸		极限偏差
外径	*O*	±4.0
内径	*B*	+4.0 −2.4
厚度	*Q*	+4.8 0
密封面外径	*R*	±0.8
全长	*Y*	±3.2
法兰颈部	*X*	±4.0
法兰颈端部外径	*H*	+4.0 −0.8
螺栓孔中心圆直径	*C*	±1.6
螺栓孔间距		±0.8

（续）

法 兰 尺 寸		极限偏差
螺栓孔直径	*h*	±0.5
法兰内径对螺栓孔中心圆的偏心		<1.0
法兰内径对密封面中心圆的偏心		<1.0

（12）金属环垫的结构型式及尺寸　椭圆形金属环垫的结构型式及尺寸如图 1-129 及表 1-354 所示；八角形金属环垫的结构型式及尺寸如图 1-130 及表 1-355 所示；金属环垫尺寸的极限偏差见表 1-356。

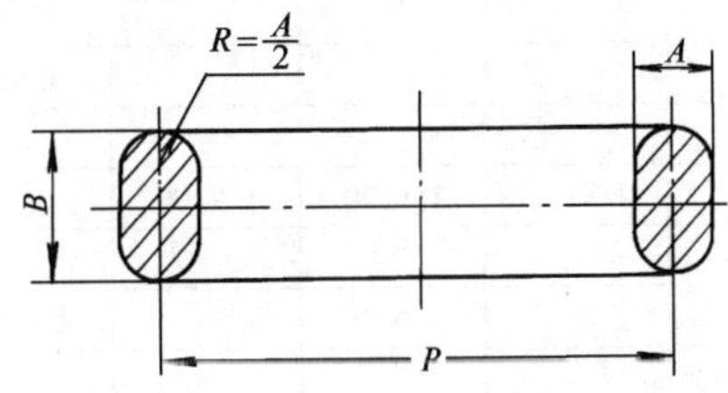

图 1-129　椭圆形金属环垫的结构型式

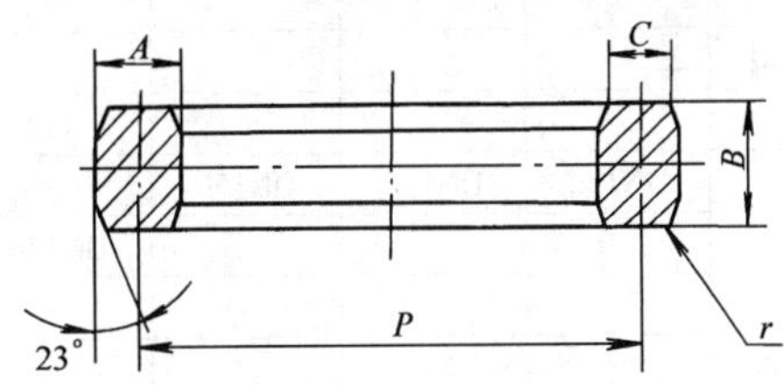

图 1-130　八角形金属环垫的结构型式

表 1-354　椭圆形金属环垫的尺寸（SH/T 3403—2013）　　（单位：mm）

公称压力						环号	节径 *P*	环宽 *A*	环高 *B*	环的近似质量 /kg
PN20	PN50 PN100	PN68	PN150	PN250	PN420					
公称尺寸										
	DN15	DN15				R11	34.14	6.4	11.1	0.05
			DN15	DN15		R12	39.70	7.9	14.3	0.10
	DN20	DN20			DN15	R13	42.88	7.9	14.3	0.11
			DN20	DN20		R14	44.45	7.9	14.3	0.11
DN25						R15	47.62	7.9	14.3	0.12
	DN25	DN25	DN25	DN25	DN20	R16	50.80	7.9	14.3	0.12
（DN32）						R17	57.15	7.9	14.3	0.14
	（DN32）	（DN32）	（DN32）	（DN32）	DN25	R18	60.32	7.9	14.3	0.15
DN40						R19	65.10	7.9	14.3	0.16
	DN40	DN40	DN40	DN40		R20	68.27	7.9	14.3	0.17
					（DN32）	R21	72.24	11.1	17.5	0.30
DN50						R22	82.55	7.9	14.3	0.20
	DN50	DN50			DN40	R23	82.55	11.1	17.5	0.34
			DN50	DN50		R24	95.25	11.1	17.5	0.39
（DN65）						R25	101.60	7.9	14.3	0.25
	（DN65）	（DN65）			DN50	R26	101.60	11.1	17.5	0.42

（续）

公称压力						环号	节径 P	环宽 A	环高 B	环的近似质量 /kg
PN20	PN50 PN100	PN68	PN150	PN250	PN420					
公称尺寸										
			(DN65)	(DN65)		R27	107.95	11.1	17.5	0.45
					(DN65)	R28	111.12	12.7	19.0	0.57
DN80						R29	114.30	7.9	14.3	0.28
	DN80					R30	117.48	11.1	17.5	0.49
	DN80	DN80	DN80			R31	123.82	11.1	17.5	0.51
					DN80	R32	127.00	12.7	19.0	0.65
				DN80		R35	136.52	11.1	17.5	0.56
DN100						R36	149.22	7.9	14.3	0.37
	DN100	DN100	DN100			R37	149.22	11.1	17.5	0.62
					DN100	R38	157.18	15.9	22.2	1.16
				DN100		R39	161.92	11.1	17.5	0.67
(DN125)						R40	171.45	7.9	14.3	0.42
	(DN125)	(DN125)	(DN125)			R41	180.98	11.1	17.5	0.75
					(DN125)	R42	190.50	19.0	25.4	1.90
DN150						R43	193.68	7.9	14.3	0.48
				(DN125)		R44	193.68	11.1	17.5	0.80
	DN150	DN150	DN150			R45	211.15	11.1	17.5	0.87
				DN150		R46	211.15	12.7	19.0	1.08
					DN150	R47	228.60	19.0	25.4	2.28
DN200						R48	247.65	7.9	14.3	0.61
	DN200	DN200	DN200			R49	269.88	11.1	17.5	1.12
				DN200		R50	269.88	15.9	22.2	1.99
					DN200	R51	279.40	22.2	28.6	3.65
DN250						R52	304.80	7.9	14.3	0.75
	DN250	DN250	DN250			R53	323.85	11.1	17.5	1.34
				DN250		R54	323.85	15.9	22.2	2.39
					DN250	R55	342.90	28.6	36.5	7.34
DN300						R56	381.00	7.9	14.3	0.94
	DN300	DN300	DN300			R57	381.00	11.1	17.5	1.58
				DN300		R58	381.00	22.2	28.6	4.97
DN350						R59	396.88	7.9	14.3	0.97
					DN300	R60	406.40	31.8	39.7	10.48
	DN350	DN350				R61	419.10	11.1	17.5	1.73
			DN350			R62	419.10	15.9	22.2	3.09
				DN350		R63	419.10	25.4	33.3	7.31
DN400						R64	454.03	7.9	14.3	1.11
	DN400	DN400				R65	469.90	11.1	17.5	1.94
			DN400			R66	469.90	15.9	22.2	3.46
				DN400		R67	469.90	28.6	36.5	10.06
DN450						R68	517.53	7.9	14.3	1.27
	DN450	DN450				R69	533.40	11.1	17.5	2.21
			DN450			R70	533.40	19.0	25.4	5.33
				DN450		R71	533.40	28.6	36.5	11.42

（续）

公称压力						环号	节径 P	环宽 A	环高 B	环的近似质量/kg
PN20	PN50 PN100	PN68	PN150	PN250	PN420					
公称尺寸										
DN500						R72	558.80	7.9	14.3	1.37
	DN500	DN500				R73	584.20	12.7	19.0	2.98
			DN500			R74	584.20	19.0	25.4	5.84
				DN500		R75	584.20	31.8	39.7	15.06
DN600						R76	673.10	7.9	14.3	1.65
	DN600	DN600				R77	692.15	15.9	22.2	5.10
			DN600			R78	692.15	25.4	33.3	12.07
				DN600		R79	692.15	34.9	44.4	21.99

注：1. 环号 R30 用于 DN80、PN50 带环槽面的翻边短节中。

2. 带括号的尺寸不推荐使用。

表 1-355 八角形金属环垫的尺寸（SH/T 3403—2013） （单位：mm）

公称压力						环号	节径 P	环宽 A	环高 B	环的平面宽度 C	环的近似质量/kg
PN20	PN50 PN100	PN68	PN150	PN250	PN420						
公称尺寸											
	DN15	DN15				R11	34.14	6.4	9.5	4.3	0.05
			DN15	DN15		R12	39.70	7.9	12.7	5.2	0.10
	DN20	DN20			DN15	R13	42.88	7.9	12.7	5.2	0.10
			DN20	DN20		R14	44.45	7.9	12.7	5.2	0.10
DN25						R15	47.62	7.9	12.7	5.2	0.11
	DN25	DN25	DN25	DN25	DN20	R16	50.80	7.9	12.7	5.2	0.11
(DN32)						R17	57.15	7.9	12.7	5.2	0.13
	(DN32)	(DN32)	(DN32)	(DN32)	DN25	R18	60.32	7.9	12.7	5.2	0.14
DN40						R19	65.10	7.9	12.7	5.2	0.15
	DN40	DN40	DN40	DN40		R20	68.27	7.9	12.7	5.2	0.15
					(DN32)	R21	72.24	11.1	15.9	7.7	0.29
DN50						R22	82.55	7.9	12.7	5.2	0.19
	DN50	DN50			DN40	R23	82.55	11.1	15.9	7.7	0.33
			DN50	DN50		R24	95.25	11.1	15.9	7.7	0.38
(DN65)						R25	101.60	7.9	12.7	5.2	0.23
	(DN65)	(DN65)			DN50	R26	101.60	11.1	15.9	7.7	0.41
			(DN65)	(DN65)		R27	107.95	11.1	15.9	7.7	0.43
					(DN65)	R28	111.12	12.7	17.5	8.7	0.56
DN80						R29	114.30	7.9	12.7	5.2	0.26
	DN80					R30	117.48	11.1	15.9	7.7	0.47
	DN80	DN80	DN80			R31	123.82	11.1	15.9	7.7	0.50
					DN80	R32	127.00	12.7	17.5	8.7	0.64
				DN80		R35	136.52	11.1	15.9	7.7	0.55
DN100						R36	149.22	7.9	12.7	5.2	0.34

（续）

公称压力						环号	节径 P	环宽 A	环高 B	环的平面宽度 C	环的近似质量/kg
PN20	PN50 PN100	PN68	PN150	PN250	PN420						
公称尺寸											
	DN100	DN100	DN100			R37	149.22	11.1	15.9	7.7	0.60
					DN100	R38	157.18	15.9	20.6	10.5	1.14
				DN100		R39	161.92	11.1	15.9	7.7	0.65
(DN125)						R40	171.45	7.9	12.7	5.2	0.39
	(DN125)	(DN125)	(DN125)			R41	180.98	11.1	15.9	7.7	0.73
					(DN125)	R42	190.50	19.0	23.8	12.3	1.88
DN150						R43	193.68	7.9	12.7	5.2	0.44
				(DN125)		R44	193.68	11.1	15.9	7.7	0.78
	DN150	DN150	DN150			R45	211.15	11.1	15.9	7.7	0.85
				DN150		R46	211.15	12.7	17.5	8.7	1.06
					DN150	R47	228.60	19.0	23.8	12.3	2.25
DN200						R48	247.65	7.9	12.7	5.2	0.56
	DN200	DN200	DN200			R49	269.88	11.1	15.9	7.7	1.08
				DN200		R50	269.88	15.9	20.6	10.5	1.95
					DN200	R51	279.40	22.2	27.0	14.8	3.69
DN250						R52	304.80	7.9	12.7	5.2	0.99
	DN250	DN250	DN250			R53	323.85	11.1	15.9	7.7	1.30
				DN250		R54	323.85	15.9	20.6	10.5	2.34
					DN250	R55	342.90	28.6	34.9	19.8	7.67
DN300						R56	381.00	7.9	12.7	5.2	0.86
	DN300	DN300	DN300			R57	381.00	11.1	15.9	7.7	1.53
				DN300		R58	381.00	22.2	27.0	14.8	5.03
DN350						R59	396.88	7.9	12.7	5.2	0.90
					DN300	R60	406.40	31.8	38.1	22.3	11.08
	DN350	DN350				R61	419.10	11.1	15.9	7.7	1.68
			DN350			R62	419.10	15.9	20.6	10.5	3.03
				DN350		R63	419.10	25.4	31.8	17.3	7.55
DN400						R64	454.03	7.9	12.7	5.2	1.03
	DN400	DN400				R65	469.90	11.1	15.9	7.7	1.89
			DN400			R66	469.90	15.9	20.6	10.5	3.40
				DN400		R67	469.90	28.6	34.9	19.8	10.51
DN450						R68	517.53	7.9	12.7	5.2	1.17
	DN450	DN450				R69	533.40	11.1	15.9	7.7	2.14
			DN450			R70	533.40	19.0	23.8	12.3	5.25
				DN450		R71	533.40	28.6	34.9	19.8	11.93
DN500						R72	558.80	7.9	12.7	5.2	1.26
	DN500	DN500				R73	584.20	12.7	17.5	8.7	2.93
			DN500			R74	584.20	19.0	23.8	12.3	5.75
				DN500		R75	584.20	31.8	38.1	22.3	15.92
DN600						R76	673.10	7.9	12.7	5.2	1.52

（续）

公称压力						环号	节径 P	环宽 A	环高 B	环的平面宽度 C	环的近似质量 /kg
PN20	PN50 PN100	PN68	PN150	PN250	PN420						
公称尺寸											
	DN600	DN600				R77	692.15	15.9	20.6	10.5	5.00
			DN600			R78	692.15	25.4	31.8	17.3	12.47
				DN600		R79	692.15	34.9	41.3	24.8	22.55

注：1. 环号 R30 用于 DN80、PN50 带环槽面的翻边短节中。

2. 带括号的尺寸不推荐使用。

3. 当环宽 $A \leqslant 22.2$mm 时，$r = 1.6$mm；当环宽 $A > 22.2$mm 时，$r = 2.4$mm。

表 1-356　金属环垫尺寸的极限偏差（SH/T 3403—2013）　（单位：mm）

尺寸名称	代号	极限偏差	尺寸名称	代号	极限偏差
节径	P	±0.18	环的平面宽度	C	±0.2
环宽	A	±0.2	斜面角度/（°）	α	±0.5
环高	B	±0.4	环垫圆角半径	r	±0.5

注：当金属环垫的任意两点相对高度差不超过 0.4mm 时，环高 B 的极限偏差可为 $^{+1.2}_{0}$mm。

（13）缠绕式垫片　缠绕式垫片的结构型式及尺寸如图 1-131 及表 1-357～表 1-362 所示；垫片尺寸的极限偏差见表 1-363。

表 1-357　基本型缠绕式垫片尺寸

（SH/T 3407—2013）（单位：mm）

公称尺寸	公称压力 PN50～PN250		T
	D_2	D_3	
DN15	24.5	36.0	4.5
DN20	32.5	44.0	
DN25	37	52.0	
（DN32）	46.5	64.5	
DN40	53	74.0	
DN50	72	93.0	
（DN65）	84.5	106.0	
DN80	107	128.0	
DN100	131	158.5	
（DN125）	159.5	187	
DN150	189.5	217.0	
DN200	237	271.0	
DN250	284.5	325.0	
DN300	342	382.0	
DN350	373.5	414.0	
DN400	424.5	471.0	
DN450	488	534.5	
DN500	532.5	585.5	
DN600	640.5	693.0	

注：带括号的尺寸不推荐使用。

表 1-358　带内环形缠绕式垫片尺寸

（SH/T 3407—2013）（单位：mm）

公称尺寸	公称压力 PN50～PN250			T	T_1
	D_1	D_2	D_3		
DN15	16.0	24.5	36.0	4.5	3.0
DN20	22.0	32.5	44.0		
DN25	28.0	37.0	52.0		
（DN32）	36.0	46.5	64.5		
DN40	42.0	53.0	74.0		
DN50	53.0	72.0	93.0		
（DN65）	67.0	84.5	106.0		
DN80	78.0	107.0	128.0		
DN100	103.0	131.0	158.5		
（DN125）	128.0	159.5	187.0		
DN150	155.0	189.5	217.0		
DN200	204.0	237.0	271.0		
DN250	256.0	284.5	325.0		
DN300	304.0	342.0	382.0		
DN350	334.0	373.5	414.0		
DN400	391.0	424.5	471.0		
DN450	442.0	488.0	534.5		
DN500	490.0	532.5	585.5		
DN600	586.0	640.5	693.0		

注：带括号的尺寸不推荐使用。

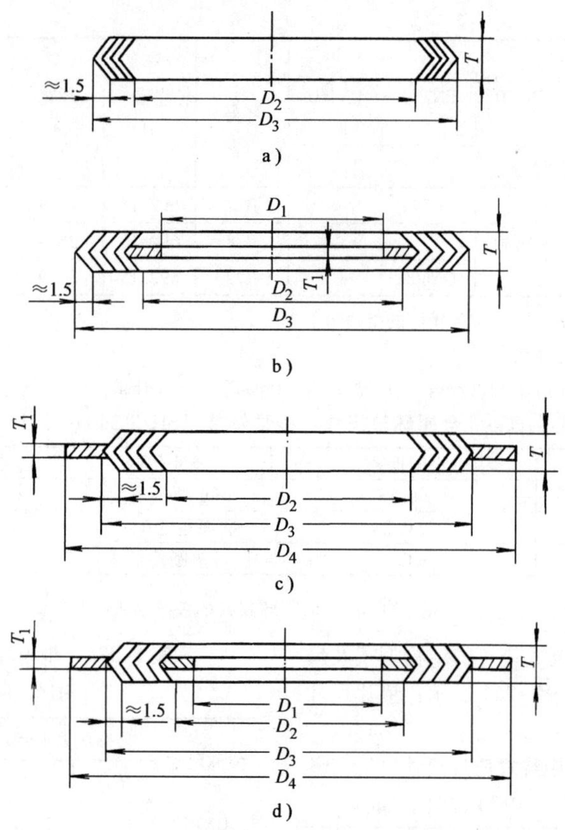

图1-131 缠绕式垫片的结构型式

a)基本型 b)带内环形 c)带外环形 d)带内、外环形

表1-359 公称尺寸≤DN600的带外环形缠绕式垫片尺寸（SH/T 3407—2013）

（单位：mm）

公称尺寸	公称压力								
	PN20			PN50			PN68		
	D_2	D_3	D_4	D_2	D_3	D_4	D_2	D_3	D_4
DN15	20	32	46	20	32	52	20	32	52
DN20	28	40	56	28	40	66	28	40	66
DN25	33	46	65	33	46	73	33	46	73
（DN32）	44	57	75	44	57	82	44	57	82
DN40	50	66	84	50	66	94	50	66	94
DN50	66	82	104	66	82	111	66	82	111
（DN65）	81	97	123	81	97	129	81	97	129
DN80	101	117	136	101	117	148	99	117	148
DN100	127	146	174	127	146	180	121	146	176
（DN125）	153	175	196	153	175	215	147	175	211

（续）

公称尺寸	公称压力								
	PN20			PN50			PN68		
	D_2	D_3	D_4	D_2	D_3	D_4	D_2	D_3	D_4
DN150	182	206	221	182	206	250	174	206	246
DN200	236	260	278	236	260	306	225	260	303
DN250	287	314	338	287	314	360	274	314	357
DN300	341	371	408	341	371	421	329	371	418
DN350	371	403	449	371	403	484	359	403	481
DN400	422	460	513	422	460	538	412	460	535
DN450	480	523	548	480	523	595	473	523	592
DN500	529	574	605	529	574	653	520	574	647
DN550	585	631	659	585	631	704	—	—	—
DN600	635	682	716	635	682	774	628	682	768

公称尺寸	公称压力									T	T_1
	PN100			PN150			PN250				
	D_2	D_3	D_4	D_2	D_3	D_4	D_2	D_3	D_4		
DN15	20	32	52	20	32	62	20	32	62	4.5	3.0
DN20	28	40	66	27	40	69	27	40	69		
DN25	33	46	73	33	46	77	33	46	77		
(DN32)	44	57	82	40	57	87	40	57	87		
DN40	50	66	94	47	66	97	47	66	97		
DN50	66	82	111	58	82	141	58	82	141		
(DN65)	81	97	129	72	97	163	72	97	163		
DN80	99	117	148	99	117	166	92	117	173		
DN100	121	146	192	121	146	205	117	146	208		
(DN125)	147	175	240	147	175	246	143	175	253		
DN150	174	206	265	174	206	287	171	206	281		
DN200	225	260	319	225	260	357	220	260	351		
DN250	274	314	399	274	314	434	270	314	434		
DN300	329	371	456	329	371	497	323	371	519		
DN350	359	403	491	359	403	520	353	403	579		
DN400	412	460	564	412	460	574	408	460	641		
DN450	473	523	612	463	523	638	463	523	702		
DN500	520	574	682	514	574	697	514	574	756		
DN550	577	631	733	—	—	—	—	—	—		
DN600	628	682	790	615	682	837	615	682	900		

注：1. 粗线右侧推荐采用带内外环形垫片。

2. 带括号的尺寸不推荐使用。

表 1-360 公称尺寸为 DN650 ~ DN1500 的带外环形缠绕式垫片尺寸（SH/T 3407—2013）

（单位：mm）

公称尺寸	公称压力									T	T_1
	PN10			PN20			PN50				
	D_2	D_3	D_4	D_2	D_3	D_4	D_2	D_3	D_4		
(DN650)	669	689	708	673	699	725	673	711	770	4.5	3.0
DN700	720	740	759	724	749	775	724	762	824		
(DN750)	770	790	810	775	800	826	775	813	885		
DN800	821	841	860	826	851	880	826	864	939		
(DN850)	872	892	911	876	908	933	876	914	993		
DN900	929	949	972	927	959	986	927	965	1047		
(DN950)	980	1000	1023	975	1010	1043	1010	1048	1098		
DN1000	1031	1051	1074	1022	1064	1094	1061	1099	1149		
(DN1100)	1132	1152	1179	1124	1165	1195	1162	1200	1250		
DN1200	1240	1260	1281	1232	1270	1305	1263	1311	1368		
(DN1300)	1344	1364	1386	1334	1376	1407	1369	1407	1470		
DN1400	1451	1471	1494	1435	1470	1513	1480	1524	1595		
(DN1500)	1552	1572	1595	1537	1573	1629	1587	1625	1708		

注：带括号的尺寸不推荐使用。

表 1-361 公称尺寸≤DN600 的带内、外环形缠绕式垫片尺寸（SH/T 3407—2013）

（单位：mm）

公称尺寸	公称压力											
	PN20				PN50				PN68			
	D_1	D_2	D_3	D_4	D_1	D_2	D_3	D_4	D_1	D_2	D_3	D_4
DN15	16	20	32	46	16	20	32	52	16	20	32	52
DN20	22	28	40	56	22	28	40	66	22	28	40	66
DN25	28	33	46	65	28	33	46	73	28	33	46	73
(DN32)	36	44	57	75	36	44	57	82	36	44	57	82
DN40	42	50	66	84	42	50	66	94	42	50	66	94
DN50	53	66	82	104	53	66	82	111	53	66	82	111
(DN65)	67	81	97	123	67	81	97	129	67	81	97	129
DN80	78	101	117	136	78	101	117	148	78	99	117	148
DN100	103	127	146	174	103	127	146	180	103	121	146	176
(DN125)	128	153	175	196	128	153	175	215	128	147	175	211
DN150	155	182	206	221	155	182	206	250	155	174	206	246
DN200	204	236	260	278	204	236	260	306	204	225	260	303
DN250	256	287	314	338	256	287	314	360	256	274	314	357
DN300	304	341	371	408	304	341	371	421	304	329	371	418

（续）

公称尺寸	公称压力											
	PN20				PN50				PN68			
	D_1	D_2	D_3	D_4	D_1	D_2	D_3	D_4	D_1	D_2	D_3	D_4
DN350	334	371	403	449	334	371	403	484	334	359	403	481
DN400	391	422	460	513	391	422	460	538	391	412	460	535
DN450	442	480	523	548	442	480	523	595	442	473	523	592
DN500	490	529	574	605	490	529	574	653	490	520	574	647
DN550	541	585	631	659	541	585	631	704	—	—	—	—
DN600	586	635	682	716	586	635	682	774	586	628	682	768

公称尺寸	公称压力												T	T_1
	PN100				PN150				PN250					
	D_1	D_2	D_3	D_4	D_1	D_2	D_3	D_4	D_1	D_2	D_3	D_4		
DN15	16	20	32	52	14	20	32	62	14	20	32	62	4.5	3.0
DN20	22	28	40	66	19	27	40	69	19	27	40	69		
DN25	28	33	46	73	25	33	46	77	25	33	46	77		
(DN32)	36	44	57	82	34	40	57	87	33	40	57	87		
DN40	42	50	66	94	39	47	66	97	39	47	66	97		
DN50	53	66	82	111	50	58	82	141	50	58	82	141		
(DN65)	67	81	97	129	62	72	97	163	62	72	97	163		
DN80	78	99	117	148	74	99	117	166	74	92	117	173		
DN100	103	121	146	192	97	121	146	205	97	117	146	208		
(DN125)	128	147	175	240	120	147	175	246	120	143	175	253		
DN150	155	174	206	265	147	174	206	287	147	171	206	281		
DN200	204	225	260	319	195	225	260	357	195	220	260	351		
DN250	256	274	314	399	241	274	314	434	241	270	314	434		
DN300	304	329	371	456	289	329	371	497	289	323	371	519		
DN350	334	359	403	491	316	359	403	520	316	353	403	579		
DN400	391	412	460	564	362	412	460	574	362	408	460	641		
DN450	442	473	523	612	407	463	523	638	407	463	523	702		
DN500	490	520	574	682	452	514	574	697	452	514	574	756		
DN550	541	577	631	733	—	—	—	—	—	—	—	—		
DN600	586	628	682	790	548	615	682	837	548	615	682	900		

注：带括号的尺寸不推荐使用。

表1-362　公称尺寸为DN650～DN1500的带内、外环形缠绕式垫片尺寸（SH/T 3407—2013）

（单位：mm）

公称尺寸	公称压力												T	T_1
	PN10				PN20				PN50					
	D_1	D_2	D_3	D_4	D_1	D_2	D_3	D_4	D_1	D_2	D_3	D_4		
（DN650）	648	669	689	708	648	673	699	725	648	673	711	770	4.5	3.0
DN700	698	720	740	759	698	724	749	775	698	724	762	824		
（DN750）	748	770	790	810	748	775	800	826	748	775	813	885		
DN800	799	821	841	860	799	826	851	880	799	826	864	939		
（DN850）	848	872	892	911	848	876	908	933	848	876	914	993		
DN900	897	929	949	972	897	927	959	986	897	927	965	1047		
（DN950）	948	980	1000	1023	948	975	1010	1043	948	1010	1048	1098		
DN1000	997	1031	1051	1074	997	1022	1064	1094	997	1061	1099	1149		
（DN1100）	1100	1132	1152	1179	1100	1124	1165	1195	1100	1162	1200	1250		
DN1200	1197	1240	1260	1281	1197	1232	1270	1305	1197	1232	1270	1368		
（DN1300）	1297	1344	1364	1386	1297	1334	1376	1407	1297	1369	1407	1470		
DN1400	1397	1451	1471	1494	1397	1435	1470	1513	1397	1480	1524	1595		
（DN1500）	1500	1552	1572	1595	1500	1537	1573	1629	1500	1587	1625	1708		

注：带括号的尺寸不推荐使用。

表1-363　垫片尺寸的极限偏差

（单位：mm）

公称尺寸	垫片本体			内外环		
	D_2	D_3	T	D_1	D_4	T_1
≤DN200	±5.0	±0.8	+0.3 0	+0.8 0	0 -0.8	±0.3
DN250～DN600	±0.8	±1.3	+0.3 0	+0.8 0	0 -0.8	±0.3
≥DN650	±1.3	±1.8	+0.3 0	+0.8 0	0 -0.8	±0.3

注：基本型和带内环形垫片本体外径尺寸不应为正偏差，基本型垫片内径尺寸不应为负偏差。

1.7.5.5　美国ASME B16.5—2017《管法兰和法兰管件（NPS $\frac{1}{2}$～NPS24）》

1. 法兰端面

端法兰密封面的形式和它们与法兰厚度及中心至端和端至端尺寸（结构长度）之间的关系（图1-132①②），如图1-132及表1-364所示，环连接密封面的尺寸如图1-133及表1-365所示。

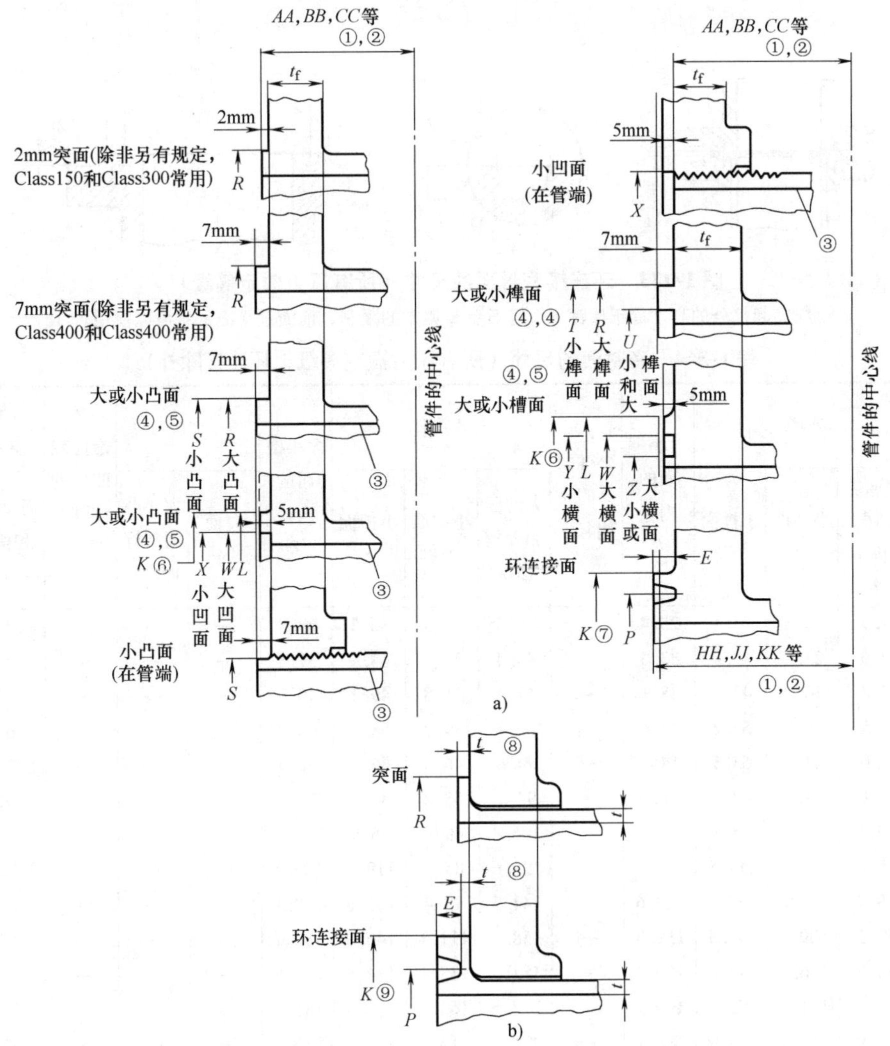

图1-132 端法兰密封面的形式和它们与法兰厚度及中心至端和端至端尺寸之间的关系

a）Class150 ~ Class2500 法兰厚度和中心至端尺寸 b）松套连接法兰厚度和端至端尺寸

① 该标准的设计原则是管件的法兰面相对于本体保持固定位置。Class150 和 Class300 管法兰和管件配对法兰通常有 2mm 的凸面，该值不包括在法兰最小厚度 t_f 之内。Class400、Class600、Class900、Class1500、Class2500 的管法兰和管件配对法兰通常有 7mm 的凸面，该值也不包括在法兰最小厚度 t_f 之内。法兰密封面的表面粗糙度，对于榫槽面和小凹凸面，与垫片接触的表面粗糙度不应超过 3.2μm。对于环垫面，环垫槽的侧面的表面粗糙度不应超过 1.6μm。其他法兰密封面，应提供同心圆式或螺旋式的锯齿表面，其平均表面粗糙度为 3.2 ~ 6.3μm，所用车削刀具应有约 1.5mm 或更大些的半径，齿槽为 1.8 ~ 2.2mm（45 ~ 55 条/in）。

② 见表 1-366 ~ 表 1-381。

③ 对于小凹凸面连接，在用这些尺寸时应注意，确保管道或管件内径足够的小，以提供足够的支承面积，防止垫片被挤碎（表 1-364），这特别适用于管端连接的管道。对于小凹凸面连接，螺纹配对法兰带有平垫的平面，螺纹为美国标准锁紧螺母用直管螺纹（NPSL）。

④ 密封面尺寸见表 1-364（环连接除外），环连接面尺寸见表 1-365。

⑤ 因为尺寸差有矛盾，所以 Class150 不适用于大凹凸面和大榫槽面。

⑥ 见表 1-364。

⑦ 见表 1-365。

⑧ 松套法兰密封面应提供平面，见表 1-366 ~ 表 1-381。突面：加工后焊接环的厚度不应小于公称管壁厚度；大凹凸面：加工后的凸面高度应是所用管子的壁厚或 7mm 的较大者，凹面加工成形后剩余的焊接环的厚度应不小于所用管子的公称壁厚；环连接面：环槽加工成形后剩余的焊接环的厚度应不小于所用管子的公称壁厚；焊接环密封面的外径：环连接面的外径尺寸 K 列于表 1-365 中，大凹面、大榫槽面、小榫槽面的外径列于表 1-364 中，小凹凸面的焊接环不适用于该标准。

⑨ 环连接密封面外径：环连接面的外径尺寸 K 列于表 1-365 中，大凹面、大榫槽面、小榫槽面的外径列于表 1-364 中，小凹凸面的焊接环不适用于该标准和表 1-365。

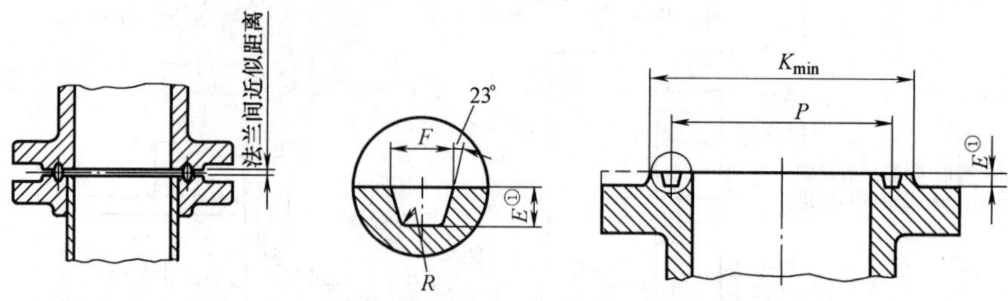

图1-133　环连接密封面的尺寸（所有压力额定等级）

① 突起部分的高度等于槽深 E，但不受 E 偏差的限制，前面全平面形状可以使用。

表1-364　密封面的尺寸（所有压力额定等级，环连接除外）

公称尺寸	外径			大小榫面的内径 U	小榫面的内径①	外 径			大小槽面的内径 Z	高度		槽面或凹面的深度①、⑤	凸起部分的最小外径⑥、⑦	
	突面、大凸面、大榫面 R	小凸面 S①	小榫面 T			大凹面和大槽面 W	小凹面 X①	小槽面 Y		突面②、③	大小凸面和榫面②、④		小凹面和槽面 K	大凹面和槽面 L
NPS½	34.9	18.3	35.1	25.4	—	36.5	19.9	36.5	23.8	—	—	—	44	46
NPS¾	42.9	23.8	42.9	33.3	—	44.4	25.4	44.4	31.8	—	—	—	52	54
NPS1	50.8	30.2	47.8	38.1	—	52.4	31.8	49.2	36.5	—	—	—	57	62
NPS1¼	63.5	38.1	57.2	47.6	—	65.1	39.7	58.7	46.0	—	—	—	67	75
NPS1½	73.0	44.4	63.5	54.0	—	74.6	46.0	65.1	52.4	—	—	—	73	84
NPS2	92.1	57.2	82.6	73.0	—	93.7	58.8	84.1	71.4	—	—	—	92	103
NPS2½	104.8	68.3	95.2	85.7	—	106.4	69.8	96.8	84.1	—	—	—	105	116
NPS3	127.0	84.1	117.5	108.0	—	128.6	85.7	119.1	106.4	—	—	—	127	138
NPS3½	139.7	96.8	130.2	120.6	—	141.3	98.4	131.8	119.1	—	—	—	140	151
NPS4	157.2	109.5	144.5	131.8	—	158.8	111.1	146.0	130.2	—	—	—	157	168
NPS5	185.7	136.5	173.0	160.3	—	187.3	138.1	174.6	158.8	—	—	—	186	197
NPS6	215.9	161.9	203.2	190.5	—	217.5	163.5	204.8	188.9	—	—	—	216	227
NPS8	269.9	212.7	254.0	238.1	—	271.5	214.3	255.6	236.5	—	—	—	270	281
NPS10	323.8	266.7	304.8	285.8	—	325.4	268.3	306.4	284.2	—	—	—	324	335
NPS12	381.0	317.5	362.0	342.9	—	382.6	319.1	363.5	341.3	—	—	—	381	392
NPS14	412.8	349.2	393.7	374.6	—	414.3	350.8	395.3	373.1	—	—	—	413	424
NPS16	469.9	400.0	447.5	425.4	—	471.5	401.6	449.3	423.9	—	—	—	470	481
NPS18	533.4	450.8	511.2	489.0	—	535.0	452.4	512.8	487.4	—	—	—	533	544
NPS20	584.2	501.6	558.8	533.4	—	585.8	503.2	560.4	531.8	—	—	—	584	595
NPS22	641.4	—	—	—	—	—	—	—	—	—	—	—	—	—
NPS24	692.2	603.2	666.8	641.4	—	693.7	604.8	668.3	639.8	—	—	—	692	703

① 对于小凹凸面连接，使用这些尺寸时应注意，保证管道或管件内径较小，以提供足够的支承面，防止垫片被压碎。这特别适用于管端连接的管道。根据用户的要求，管件的内径与管子的内径相匹配。对于小凹凸面连接的螺纹配对法兰，应提供平垫的接触面，螺纹应为美国标准锁紧螺母用直管螺纹（NPSL）。

② 搭接的外径尺寸和厚度如图1-132⑧所示。

③ 凸面的高度尺寸是2mm或7mm。

④ 大凸面和大榫面的高度尺寸是7mm。

⑤ 槽面或凹面的深度为5mm。

⑥ 除订单另有规定外，突起部分可以是全平面。

⑦ 大凹凸面和大榫槽面不适用于Class150，可能存在尺寸矛盾。

表1-365 环连接密封面的尺寸（所有压力额定等级）②③④

公称尺寸							槽号	槽尺寸/mm			槽底半径 R/mm
Class 150	Class 300	Class 400	Class 600	Class 900	Class 1500	Class 2500		节圆尺寸 P	槽深 E①	槽宽 F	
—	NPS½	—	NPS½	—	—	—	R11	34.14	5.54	7.14	0.8
—	—	—	—	—	NPS½	—	R12	39.67	6.35	8.74	0.8
—	NPS¾	—	NPS¾	—	—	NPS½	R13	42.88	6.35	8.74	0.8
—	—	—	—	—	NPS¾	—	R14	44.45	6.35	8.74	0.8
NPS1	—	—	—	—	—	—	R15	47.63	6.35	8.74	0.8
—	NPS1	—	NPS1	—	NPS1	NPS¾	R16	50.80	6.35	8.74	0.8
NPS1¼	—	—	—	—	—	—	R17	57.15	6.35	8.74	0.8
—	NPS1¼	—	NPS1¼	—	NPS1¼	1	R18	60.33	6.35	8.74	0.8
NPS1½	—	—	—	—	—	—	R19	65.07	6.35	8.74	0.8
—	NPS1½	—	NPS1½	—	NPS1½	—	R20	68.27	6.35	8.74	0.8
—	—	—	—	—	—	NPS1¼	R21	72.23	7.92	11.91	0.8
NPS2	—	—	—	—	—	—	R22	82.55	6.35	8.74	0.8
—	NPS2	—	NPS2	—	—	NPS1½	R23	82.55	7.92	11.91	0.8
—	—	—	—	—	NPS2	—	R24	95.25	7.92	11.91	0.8
NPS2½	—	—	—	—	—	—	R25	101.60	6.35	8.74	0.8
—	NPS2½	—	NPS2½	—	—	NPS2	R26	101.60	7.92	11.91	0.8
—	—	—	—	—	NPS2½	—	R27	107.95	7.92	11.91	0.8
—	—	—	—	—	—	NPS2½	R28	111.13	9.52	13.49	0.8
NPS3	—	—	—	—	—	—	R29	114.30	6.35	8.74	0.8
—	②	—	②	—	—	—	R30	117.48	7.92	11.91	0.8
—	NPS3②	—	NPS3②	NPS3	—	—	R31	123.83	7.92	11.91	0.8
—	—	—	—	—	—	NPS3	R32	127.00	9.53	13.49	1.5
NPS3½	—	—	—	—	—	—	R33	131.78	6.35	8.74	0.8
—	NPS3½	—	NPS3½	—	—	—	R34	131.78	7.92	11.91	0.8
—	—	—	—	—	NPS3	—	R35	136.53	7.92	11.91	0.8
NPS4	—	—	—	—	—	—	R36	149.23	6.35	8.74	0.8
—	NPS4	NPS4	NPS4	NPS4	—	—	R37	149.23	7.92	11.91	0.8
—	—	—	—	—	—	NPS4	R38	157.18	11.13	16.66	1.5
—	—	—	—	—	NPS4	—	R39	161.93	7.92	11.91	0.8
NPS5	—	—	—	—	—	—	R40	171.45	6.35	8.74	0.8
—	NPS5	NPS5	NPS5	NPS5	—	—	R41	180.98	7.92	11.91	0.8
—	—	—	—	—	—	NPS5	R42	190.50	12.70	19.84	1.5
NPS6	—	—	—	—	—	—	R43	193.68	6.35	8.74	0.8
—	—	—	—	—	NPS5	—	R44	193.68	7.92	11.91	0.8
—	NPS6	NPS6	NPS6	NPS6	—	—	R45	211.12	7.92	11.91	0.8
—	—	—	—	—	NPS6	—	R46	211.14	9.53	13.49	1.5
—	—	—	—	—	—	NPS6	R47	228.60	12.70	19.84	1.5
NPS8	—	—	—	—	—	—	R48	247.65	6.35	8.74	0.8
—	NPS8	NPS8	NPS8	NPS8	—	—	R49	269.88	7.92	11.91	0.8
—	—	—	—	—	NPS8	—	R50	269.88	11.13	16.66	1.5
—	—	—	—	—	—	NPS8	R51	279.40	14.27	23.01	1.5
NPS10	—	—	—	—	—	—	R52	304.80	6.35	8.74	0.8
—	NPS10	NPS10	NPS10	NPS10	—	—	R53	323.85	7.92	11.91	0.8
—	—	—	—	—	NPS10	—	R54	323.85	11.13	16.66	1.5
—	—	—	—	—	—	NPS10	R55	342.90	17.48	30.18	2.4
NPS12	—	—	—	—	—	—	R56	381.00	6.35	8.74	0.8
—	NPS12	NPS12	NPS12	NPS12	—	—	R57	381.00	7.92	11.91	0.8

（续）

公称尺寸							槽号	槽尺寸/mm			槽底半径 R/mm
Class 150	Class 300	Class 400	Class 600	Class 900	Class 1500	Class 2500		节圆尺寸 P	槽深 E[①]	槽宽 F	
—	—	—	—	—	NPS12	—	R58	381.00	14.27	23.01	1.5
NPS14	—	—	—	—	—	—	R59	396.88	6.35	8.74	0.8
—	—	—	—	—	—	NPS12	R60	406.40	17.48	33.32	2.4
—	NPS14	NPS14	NPS14	—	—	—	R61	419.10	7.92	11.91	0.8
—	—	—	—	NPS14	—	—	R62	419.10	11.13	16.66	1.5
—	—	—	—	—	NPS14	—	R63	419.10	15.88	26.97	2.4
NPS16	—	—	—	—	—	—	R64	454.03	6.35	8.74	0.8
—	NPS16	NPS16	NPS16	—	—	—	R65	469.90	7.92	11.91	0.8
—	—	—	—	NPS16	—	—	R66	469.90	11.13	16.66	1.5
—	—	—	—	—	NPS16	—	R67	469.90	17.48	30.18	2.4
NPS18	—	—	—	—	—	—	R68	517.53	6.35	8.74	0.8
—	NPS18	NPS18	NPS18	—	—	—	R69	533.40	7.92	11.91	0.8
—	—	—	—	NPS18	—	—	R70	533.40	12.70	19.84	1.5
—	—	—	—	—	NPS18	—	R71	533.40	17.48	30.18	2.4
NPS20	—	—	—	—	—	—	R72	558.80	6.35	8.74	0.8
—	NPS20	NPS20	NPS20	—	—	—	R73	584.20	9.53	13.49	1.5
—	—	—	—	NPS20	—	—	R74	584.20	12.70	19.84	1.5
—	—	—	—	—	NPS20	—	R75	584.20	17.48	33.32	2.4
NPS22	—	—	—	—	—	—	R80	615.95	6.35	8.74	0.8
—	NPS22	NPS22	NPS22	—	—	—	R81	635.00	11.13	15.09	1.5
NPS24	—	—	—	—	—	—	R76	673.10	6.35	8.74	0.8
—	NPS24	NPS24	NPS24	—	—	—	R77	692.15	11.13	16.66	1.5
—	—	—	—	NPS24	—	—	R78	692.15	15.88	26.97	2.4
—	—	—	—	—	NPS24	—	R79	692.15	20.62	36.53	2.4

凸起部分直径 K/mm					两法兰间近似距离/mm						
Class 150	Class300、Class400、Class600	Class 900	Class 1500	Class 2500	Class 150	Class 300	Class 400	Class 600	Class 900	Class 1500	Class 2500
—	51.0	—	—	—	—	3	—	3	—	—	—
—	—	—	60.5	—	—	—	—	—	—	4	—
—	63.5	—	—	65.0	—	4	—	4	—	—	4
—	—	—	66.5	—	—	—	—	—	—	4	—
63.5	—	—	—	—	4	—	—	—	—	—	—
—	70.0	—	71.5	73.0	—	4	—	4	—	4	4
73.0	—	—	—	—	4	—	—	—	—	—	—
—	79.5	—	81.0	82.5	—	4	—	4	—	4	4
82.5	—	—	—	—	4	—	—	—	—	—	—
—	90.5	—	92.0	—	—	4	—	4	—	4	—
—	—	—	—	102	—	—	—	—	—	—	3
102	—	—	—	—	4	—	—	—	—	—	—
—	108	—	—	114	—	6	—	5	—	—	3
—	—	—	124	—	—	—	—	—	—	3	—
121	—	—	—	—	4	—	—	—	—	—	—
—	127	—	—	133	—	6	—	5	—	—	3
—	—	—	137	—	—	—	—	—	—	3	—
—	—	—	—	149	—	—	—	—	—	—	3
133	—	—	—	—	4	—	—	—	—	—	—
—	—	—	—	—	—	—	—	—	—	—	—

（续）

凸起部分直径 *K*/mm					两法兰间近似距离/mm						
Class 150	Class300、Class400、Class600	Class 900	Class 1500	Class 2500	Class 150	Class 300	Class 400	Class 600	Class 900	Class 1500	Class 2500
—	146	156	—	—	—	6	—	5	4	—	—
—	—	—	—	168	—	—	—	—	—	—	3
154	—	—	—	—	4	—	—	—	—	—	—
—	159	—	—	—	—	6	—	5	—	—	—
—	—	—	168	—	—	—	—	—	—	3	—
171	—	—	—	—	4	—	—	—	—	—	—
—	175	181	—	—	—	6	6	5	4	—	—
—	—	—	—	203	—	—	—	—	—	—	4
—	—	—	194	—	—	—	—	—	—	3	—
194	—	—	—	—	4	—	—	—	—	—	—
—	210	216	—	—	—	6	6	5	4	—	—
—	—	—	—	241	—	—	—	—	—	—	4
219	—	—	—	—	4	—	—	—	—	—	—
—	—	—	229	—	—	—	—	—	—	3	—
—	241	241	—	—	—	6	6	5	4	—	—
—	—	—	248	—	—	—	—	—	—	3	—
—	—	—	—	279	—	—	—	—	—	—	4
273	—	—	—	—	4	—	—	—	—	—	—
—	302	308	—	—	—	6	6	5	4	—	—
—	—	—	318	—	—	—	—	—	—	4	—
—	—	—	—	340	—	—	—	—	—	—	5
330	—	—	—	—	4	—	—	—	—	—	—
—	356	362	—	—	—	6	6	5	4	—	—
—	—	—	371	—	—	—	—	—	—	4	—
—	—	—	—	425	—	—	—	—	—	—	6
406	—	—	—	—	4	—	—	—	—	—	—
—	413	419	—	—	—	6	6	5	4	—	—
—	—	—	438	—	—	—	—	—	—	5	—
425	—	—	—	—	3	—	—	—	—	—	—
—	—	—	—	495	—	—	—	—	—	—	8
—	457	—	—	—	—	6	6	5	—	—	—
—	—	467	—	—	—	—	—	—	4	—	—
—	—	—	489	—	—	—	—	—	—	6	—
483	—	—	—	—	3	—	—	—	—	—	—
—	508	—	—	—	—	6	6	5	—	—	—
—	—	524	—	—	—	—	—	—	4	—	—
—	—	—	546	—	—	—	—	—	—	8	—
546	—	—	—	—	3	—	—	—	—	—	—
—	575	—	—	—	—	6	6	5	—	—	—
—	—	594	—	—	—	—	—	—	5	—	—
—	—	—	613	—	—	—	—	—	—	8	—
597	—	—	—	—	3	—	—	—	—	—	—
—	635	—	—	—	—	6	6	5	—	—	—
—	—	648	—	—	—	—	—	—	5	—	—
—	—	—	673	—	—	—	—	—	—	10	—
648	—	—	—	—	3	—	—	—	—	—	—
—	686	—	—	—	—	6	6	6	—	—	—
711	—	—	—	—	3	—	—	—	—	—	—
—	749	—	—	—	—	6	6	6	—	—	—

（续）

凸起部分直径 K/mm					两法兰间近似距离/mm						
Class 150	Class300、Class400、Class600	Class 900	Class 1500	Class 2500	Class 150	Class 300	Class 400	Class 600	Class 900	Class 1500	Class 2500
—	—	772	—	—	—	—	—	—	6	—	—
—	—	—	794	—	—	—	—	—	—	11	—

① 突起部分的高度等于槽深 E，但不受 E 偏差的限制，前面全平面的形状可以使用。

② 对于 Class300、Class600 松套法兰的环连接，用 R30 号环槽替代 R31 号。

偏差：E（深度）$+_{0}^{0.4}$mm；F（宽度）±0.2mm；P（节圆尺寸）±0.13mm；R（槽底半径）≤（2+0.8）mm，−0.0mm，R>（2±0.8）mm，23°（角度）±0.5°。

③ 对于 Class400，NPS ½ ~3½的规格采用 Class600 的尺寸。

④ 对于 Class900，NPS ½ ~2½的规格采用 Class1500 的尺寸。

2. 连接法兰的结构型式和尺寸

连接法兰和管件的结构型式和尺寸如图 1-134 ~ 图 1-149 及表 1-366 ~ 表 1-381 所示。

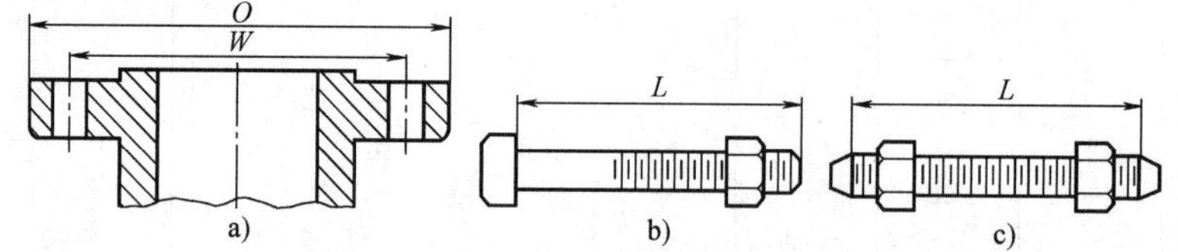

图 1-134 Class150 法兰和法兰管件钻孔样板

a）法兰 b）机制的螺栓与螺母 c）双头螺柱与螺母

表 1-366 Class150 法兰和法兰管件钻孔样板

公称尺寸	法兰外径 O/mm	钻孔②、③				螺栓长度 L①④/mm		
						双头螺柱①②		机制螺栓
		螺栓中心圆直径 W/mm	螺栓孔径 /in	螺栓数量 /个	螺栓直径 /in	2mm突面	环连接面	2mm突面
NPS½	90	60.3	⅝	4	½	55	—	50
NPS¾	100	69.9	⅝	4	½	65	—	50
NPS1	110	79.4	⅝	4	½	65	75	55
NPS1¼	115	88.9	⅝	4	½	70	85	55
NPS1½	125	98.4	⅝	4	½	70	85	65
NPS2	150	120.7	¾	4	⅝	85	95	70
NPS2½	180	139.7	¾	4	⅝	90	100	75
NPS3	190	152.4	¾	4	⅝	90	100	75
NPS3½	215	177.8	¾	8	⅝	90	100	75
NPS4	230	190.5	¾	8	⅝	90	100	75
NPS5	255	215.9	⅞	8	¾	95	110	85
NPS6	280	241.3	⅞	8	¾	100	115	85
NPS8	345	298.5	⅞	8	¾	110	120	90
NPS10	405	362.0	1	12	⅞	115	125	100
NPS12	485	431.8	1	12	⅞	120	135	100
NPS14	535	476.3	1⅛	12	1	135	145	115
NPS16	595	539.8	1⅛	16	1	135	145	115
NPS18	635	577.9	1¼	16	1⅛	145	160	125
NPS20	700	635.0	1¼	20	1⅛	160	170	140
NPS22	750	692.2	1⅜	20	1¼	170	185	150
NPS24	815	749.3	1⅜	20	1¼	170	185	150

① 双头螺柱的长度不包括倒角高度。表中列出螺柱长度为参考尺寸，用户可以选用其他的螺柱长度。

② 法兰螺栓孔的孔数应为 4 的倍数，孔距应相等。成对的螺栓孔应跨过法兰或管件的中心线。

③ 法兰及法兰管件应有螺栓连接的支承面，该面应与法兰面平行，偏差不超过 1°。任何背面加工或锪平不应该使法兰厚度 t_f 小于表 1-367 和表 1-368 中所列的尺寸。锪平或背面加工应符合 MSS SP-9 的规定。

④ 表中未给出的螺栓长度按标准确定。

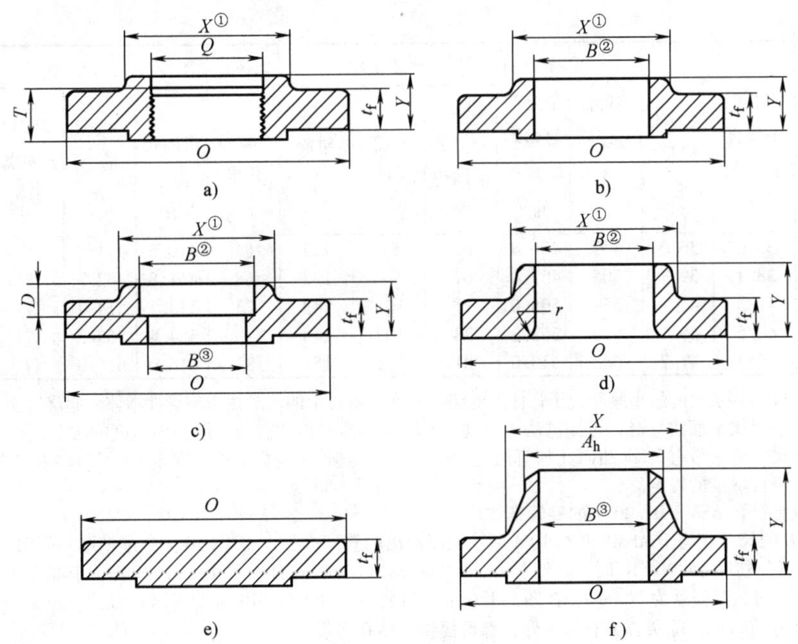

图 1-135 Class150 法兰尺寸

a）螺纹法兰 b）平焊法兰 c）承插焊法兰（仅 NPS ½～NPS3） d）松套法兰 e）法兰盖 f）对焊法兰

① 此尺寸适用于法兰颈部的大端尺寸，颈部可以是直的或锥形的。螺纹法兰、平焊法兰、承插焊法兰、松套法兰的锥度不应超过 7°，该尺寸指颈部锥面与法兰背面交叉点处的直径。

② 见表 1-367 第 11 栏。

③ 见表 1-367 第 13 栏。

表 1-367 Class150 法兰尺寸 （单位：mm）

公称尺寸	法兰外径 O	法兰最小厚度 t_f①～③	松套连接最小厚度 t_f	颈部直径 X	焊端倒角处的起始颈部直径 A_h④	颈部长度			螺纹法兰的最小螺纹长度 T⑤	孔口			松套法兰和管孔的圆角半径 r	承插深度 D
						螺纹/平焊/承插焊 Y	松套 Y	对焊 Y		平焊/承插焊最小 B	松套式最小 B	对焊/承插焊 B⑥		
NPS½	90	9.6	11.2	30	21.3	14	16	46	16	22.2	22.9	15.8	3	10
NPS¾	100	11.2	12.7	38	26.7	14	16	51	16	27.7	28.2	20.9	3	11
NPS1	110	12.7	14.3	49	33.4	16	17	54	17	34.5	34.9	26.6	3	13
NPS1¼	115	14.3	15.9	59	42.2	19	21	56	21	43.2	43.7	35.1	5	14
NPS1½	125	15.9	17.5	65	48.3	21	22	60	22	49.5	50.0	40.9	6	16
NPS2	150	17.5	19.1	78	60.3	24	25	62	25	61.9	62.5	52.5	8	17
NPS2½	180	20.7	22.3	90	73.0	27	29	68	29	74.6	75.4	62.7	8	19
NPS3	190	22.3	23.9	108	88.9	29	30	68	30	90.7	91.4	77.9	10	21
NPS3½	215	22.3	23.9	122	101.6	30	32	70	32	103.4	104.1	90.1	10	—
NPS4	230	22.3	23.9	135	114.3	32	33	75	33	116.1	116.8	102.3	11	—
NPS5	255	22.3	23.9	164	141.3	35	36	87	36	143.8	144.4	128.2	11	—
NPS6	280	23.9	25.4	192	168.3	38	40	87	40	170.7	171.4	154.1	13	—
NPS8	345	27.0	28.6	246	219.1	43	44	100	44	221.5	222.2	202.7	13	—
NPS10	405	28.6	30.2	305	273.0	48	49	100	49	276.2	277.4	254.6	13	—
NPS12	485	30.2	31.8	365	323.8	54	56	113	56	327.0	328.2	304.8	13	—
NPS14	535	33.4	35.0	400	355.6	56	79	125	57	359.2	360.2	⑦	13	—

（续）

公称尺寸	法兰外径 O	法兰最小厚度 t_f①~③	松套连接最小厚度 t_f	颈部直径 X	焊端倒角处的起始颈部直径 A_h④	颈部长度 螺纹/平焊/承插焊 Y	颈部长度 松套 Y	颈部长度 对焊 Y	螺纹法兰的最小螺纹长度 T⑤	孔口 平焊/承插焊最小 B	孔口 松套式最小 B	孔口 对焊/承插焊 B⑥	松套法兰和管孔的圆角半径 r	承插深度 D
NPS16	595	35.0	36.6	457	406.4	62	87	125	64	410.5	411.2	⑦	13	—
NPS18	635	38.1	39.7	505	457.0	67	97	138	68	461.8	462.3	⑦	13	—
NPS20	700	41.3	42.9	559	508.0	71	103	143	73	513.1	514.4	⑦	13	—
NPS22	750	44.5	46.1	610	558.8	78	108	148	—	564.4	565.2	⑦	13	—
NPS24	815	46.1	47.7	663	610.0	81	111	151	83	616.0	616.0	⑦	13	—

① 公称尺寸≤NPS3½法兰的最小厚度大于管件上的法兰厚度，管件上的法兰由于与管件本体一起浇铸而得到了加强。
② 这些法兰要求提供平面法兰时，可提供法兰厚度 t_f +2mm 的全厚度法兰或去除凸面高度的法兰。
③ 图示的法兰尺寸通常带有2mm凸面（松套法兰除外），对于其他密度面的厚度要求如图1-124所示。
④ 焊端坡口应符合标准的规定。
⑤ 螺纹法兰应有符合ASME B1.20.1的锥管螺纹。
⑥ 第13栏中 B 的尺寸相当于ASME B36.10M原管中所给出的管子内径，≤NPS10的标准壁厚与管壁系列40相同。在图1-135中，当公称尺寸≤NPS10时，其偏差为±1.0mm；当NPS12≤公称尺寸≤NPS18时，其偏差为±1.5mm；当公称尺寸≥NPS20时，其偏差为$^{+3.0}_{-1.5}$mm。在图1-136中，当公称尺寸≤NPS10时，其偏差为$^{0}_{-1.0}$mm；当公称尺寸≥NPS12时，其偏差为$^{0}_{-1.5}$mm。除买方另有规定外，都可提供这些孔径尺寸。
⑦ 按用户规定。

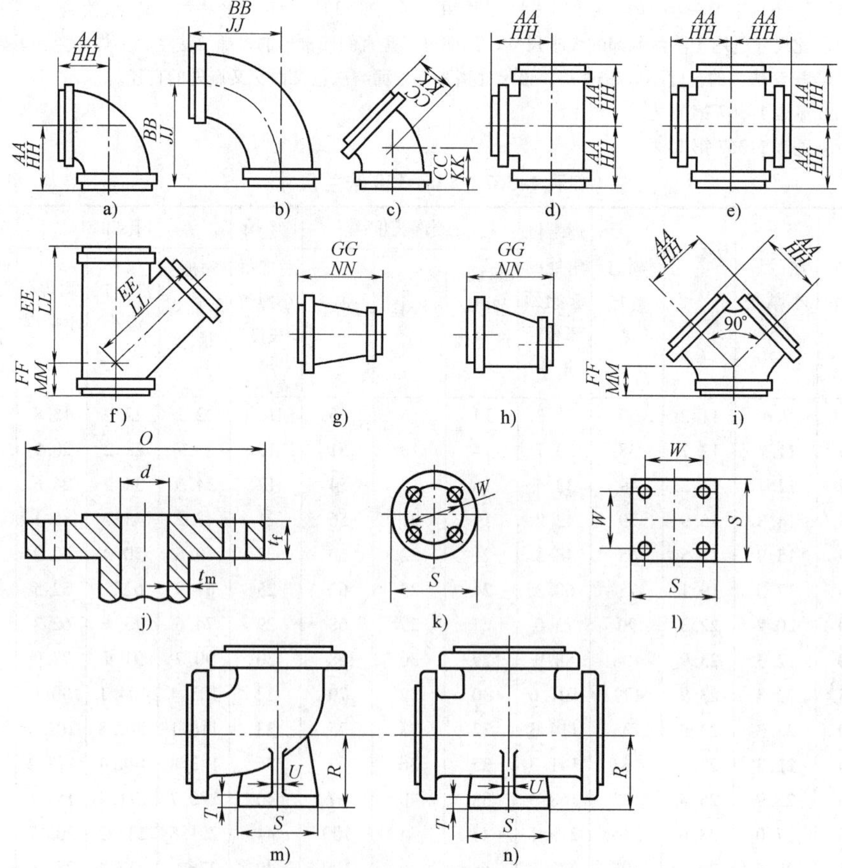

图1-136　Class150法兰管件的尺寸

a）弯头　b）长半径弯头　c）45°弯头　d）三通　e）四通　f）45°分支管　g）异径接头　h）偏心异径接头　i）Y形分支管　j）法兰管件　k）圆形底座　l）方形底座　m）带底座弯头　n）带底座三通

表 1-368 Class150 法兰管件的尺寸 （单位：mm）

公称尺寸	法兰外径 O	法兰最小厚度 t_f①~③	管件最小壁厚 t_m	管件内径 d	2mm 凸面④ 弯头、三通、四通、Y形分支管的中心至凸面间距离 AA	长半径弯头的中心至凸面间距离 BB	45°弯头的中心至凸面间距离 CC	45°分支管的长中心至凸面间距离 EE	45°分支管和Y形分支管的短中心至凸面间距离 FF	异径接头的凸面至凸面间距离 GG⑤	环连接⑥ 弯头、三通、四通、Y形分支管的中心至端面间距离 HH⑥
NPS½	90	8.0	2.8	13	—	—	—	—	—	—	—
NPS¾	100	8.9	3.2	19	—	—	—	—	—	—	—
NPS1	110	9.6	4.0	25	89	127	44	146	44	114	95
NPS1¼	115	11.2	4.8	32	95	140	51	159	44	114	102
NPS1½	125	12.7	4.8	38	102	152	57	178	51	114	108
NPS2	150	14.3	5.6	51	114	165	64	203	64	127	121
NPS2½	180	15.9	5.6	64	127	178	76	241	64	140	133
NPS3	190	17.5	5.6	76	140	197	76	254	76	152	146
NPS3½	215	19.1	6.4	89	152	216	89	292	76	165	159
NPS4	230	22.3	6.4	102	165	229	102	305	76	178	171
NPS5	255	22.3	7.1	127	190	260	114	343	89	203	197
NPS6	280	23.9	7.1	152	203	292	127	368	89	229	210
NPS8	345	27.0	7.9	203	229	356	140	444	114	279	235
NPS10	405	28.6	8.7	254	279	419	165	521	127	305	286
NPS12	485	30.2	9.5	305	305	483	190	622	140	356	311
NPS14	535	33.4	10.3	337	356	546	190	686	152	406	362
NPS16	595	35.0	11.1	387	381	610	203	762	165	457	387
NPS18	635	38.1	11.9	438	419	673	216	813	178	483	425
NPS20	700	41.3	12.7	489	457	737	241	889	203	508	464
NPS24	815	46.1	14.5	591	559	864	279	1029	229	610	565

环连接④ 长半径弯头的中心至端面间距离 JJ⑥	45°弯头的中心至端面间距离 KK⑥	分支管和中心至端面间距离 LL⑥	分支管的Y形分支管的短中心至端面间距离 MM⑥	异径接头的端面至端面间距离 NN⑤⑥	中心至底座底面间距离 R⑦~⑨	圆形底座直径或方形底座宽度 S⑦	底座厚度 T⑦~⑩	底座孔⑪ 加强筋厚度 U⑦	螺旋中心圆或间距 W	螺栓孔径	公称尺寸
—	—	—	—	—	—	—	—	—	—	—	NPS½
—	—	—	—	—	—	—	—	—	—	—	NPS¾
133	51	152	51	—	—	—	—	—	—	—	NPS1
146	57	165	51	—	—	—	—	—	—	—	NPS1¼
159	64	184	57	—	—	—	—	—	—	—	NPS1½
171	70	210	70	—	105	117	13	13	88.9	⅝	NPS2
184	83	248	70	—	114	117	13	13	88.9	⅝	NPS2½
203	83	260	70	—	124	127	14	14	98.4	⅝	NPS3
222	95	298	83	—	133	127	14	14	98.4	⅝	NPS3½

（续）

环连接④					中心至底座底面间距离 R⑦~⑨	圆形底座直径或方形底座宽度 S⑦	底座厚度 T⑦~⑩	底座孔⑪			公称尺寸
长半径弯头的中心至端面间距离 JJ⑥	45°弯头的中心至端面间距离 KK⑥	分支管和中心至端面间距离 LL⑥	分支管的Y形分支管的短中心至端面间距离 MM⑥	异径接头的端面至端面间距离 NN⑤⑥				加强筋厚度 U⑦	螺旋中心圆或间距 W	螺栓孔径	
235	108	311	83	—	140	152	16	16	120.6	3/4	NPS4
267	121	349	95	—	159	178	17	17	139.7	3/4	NPS5
298	133	375	95	—	178	178	17	17	139.7	3/4	NPS6
362	146	451	121	—	213	229	24	24	190.5	3/4	NPS8
425	171	527	133	—	248	229	24	24	190.5	3/4	NPS10
489	197	629	146	—	286	279	25	25	241.3	7/8	NPS12
552	197	692	159	—	318	279	25	25	241.3	7/8	NPS14
616	210	768	171	—	349	279	25	25	241.3	7/8	NPS16
679	222	819	184	—	381	343	29	29	298.4	7/8	NPS18
743	248	895	210	—	406	343	29	29	298.4	7/8	NPS20
870	286	1035	235	—	470	343	29	29	298.4	7/8	NPS24

① 表1-368中公称尺寸≤NPS3½的松套法兰的最小厚度稍大于管件的法兰厚度，管件的法兰由于与本体一起浇铸而得到了加强。

② 当这些管件要求平面法兰时，可提供法兰厚度 t_f +2mm 的全厚度法兰或去除突面高度的法兰。

③ 图示的法兰尺寸通常带有2mm凸面（松套法兰除外）；对于其他密封面的要求如图1-132所示。

④ 异径管件所有孔口的中心至接触面或中心至法兰面的尺寸，应与最大孔口的等径管相同。异径接头及偏心异径接头所有组合情况的接触面至接触面或法兰面至法兰面尺寸，应与较大孔口尺寸相同。

⑤ 异径和偏心异径接头的接触面至接触面和端面至端面的尺寸见注④。

⑥ 这些尺寸仅适用于等径管件。对于异径管件的中心至端面的尺寸或异径接头的端面至端面尺寸，使用最大孔口的2mm凸面（法兰面）中心至接触面或接触面至接触面的尺寸，并对每个带有环连接槽的法兰增加适当厚度。环连接面的尺寸见表1-365。

⑦ 底座尺寸适用于所有规格的等径和异径管件。

⑧ 对于异径管件底座的尺寸和中心至端面的尺寸由管件的最大孔口的规格来决定。对于异径带底座的弯头，用户应提出底座是对着大孔口还是小孔口。

⑨ 除非另有规定，底座应为平面，且中心至底座尺寸 R 应为加工后的尺寸。

⑩ 根据制造厂的选择，底座可以整体浇铸或作为焊接件焊上。

⑪ 这些管件的底座仅用于承受压力，而不用作固定器而承受拉力或剪力。

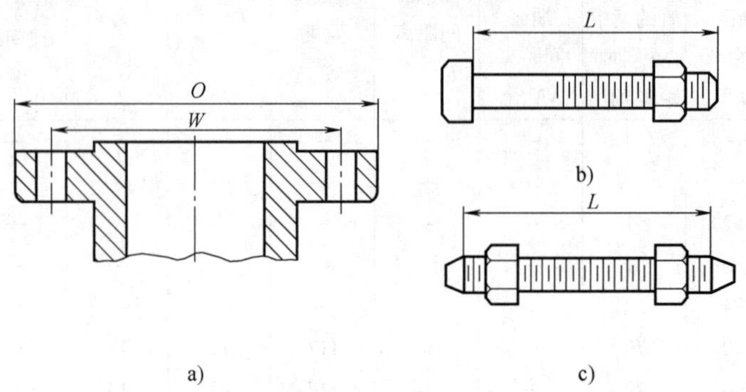

图1-137　Class300 法兰和法兰管件钻孔样板的尺寸

a）法兰　b）机制螺栓和螺母　c）双头螺栓和螺母

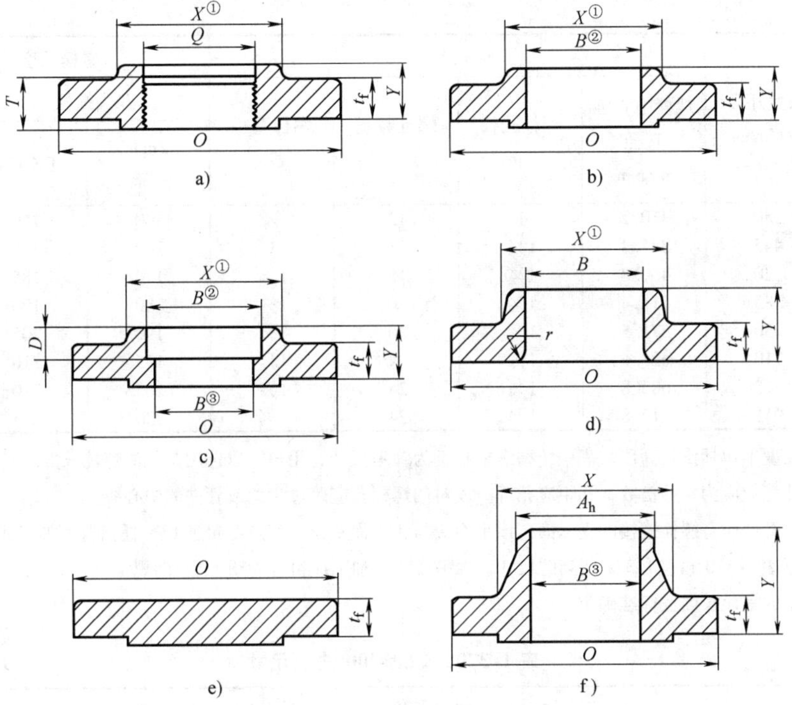

图 1-138 Class300 法兰的尺寸

a）螺纹法兰 b）平焊法兰 c）承插焊法兰（仅 NPS ½ ~ NPS3）

d）松套法兰 e）法兰盖 f）对焊法兰

① 此尺寸是用于法兰颈部的大端尺寸，颈部可以是直的或锥形的。螺纹法兰、平焊法兰、承插焊法兰、松套法兰的锥度不应超过 7°。该尺寸指颈部锥面与法兰背面交叉点处的直径。

② 见表 1-370 第 11 栏。

③ 见表 1-370 第 13 栏。

表 1-369 Class300 法兰和法兰管件钻孔样板的尺寸

公称尺寸	法兰外径 O/mm	钻孔②③				螺栓长度①④ L/mm		
		螺栓中心圆直径 W/mm	螺栓孔径 /in	螺栓数量 /个	螺栓直径 /in	双头螺柱① 2mm 凸面	双头螺柱① 环连接面	机制螺栓 2mm 凸面
NPS½	95	66.7	⅝	4	½	65	75	55
NPS¾	115	82.6	¾	4	⅝	75	90	65
NPS1	125	88.9	¾	4	⅝	75	90	65
NPS1¼	135	98.4	¾	4	⅝	85	95	70
NPS1½	155	114.3	⅞	4	¾	90	100	75
NPS2	165	127.0	¾	8	⅝	90	100	75
NPS2½	190	149.2	⅞	8	¾	100	115	85
NPS3	210	168.3	⅞	8	¾	110	120	90
NPS3½	230	184.2	⅞	8	¾	110	125	95
NPS4	255	200.0	⅞	8	¾	115	125	95
NPS5	280	235.0	⅞	8	¾	120	135	110
NPS6	320	269.9	⅞	12	¾	120	140	110

（续）

公称尺寸	法兰外径 O/mm	钻孔②③				螺栓长度①④ L/mm		
		螺栓中心圆直径 W/mm	螺栓孔径 /in	螺栓数量 /个	螺栓直径 /in	双头螺柱①		机制螺栓
						2mm 凸面	环连接面	2mm 凸面
NPS8	380	330.2	1	12	7/8	140	150	120
NPS10	445	387.4	1 1/8	16	1	160	170	140
NPS12	520	450.8	1 1/4	16	1 1/8	170	185	145
NPS14	585	514.4	1 1/4	20	1 1/8	180	190	160
NPS16	650	571.5	1 3/8	20	1 1/4	190	205	165
NPS18	710	628.6	1 3/8	24	1 1/4	195	210	170
NPS20	775	685.8	1 3/8	24	1 1/4	205	220	185
NPS24	915	812.8	1 5/8	24	1 1/2	230	255	205

① 双头螺柱长度不包括倒角高度。表中所列螺柱长度为参考尺寸，用户可以选用其他的螺柱长度。

② 法兰螺栓孔孔数应为4的倍数，孔距应相等。成对的螺栓孔应跨过法兰或管件的中心线。

③ 法兰及法兰管件应有螺栓连接的支承面，该平面应与法兰面平行，偏差不超过1°。任何背面加工或锪平不应该使法兰厚度 t_f 小于表1-370和表1-371所列的尺寸。锪平或背面加工应符合 MSS SP-9 的规定。

④ 表中未给出的螺栓长度按标准确定。

表1-370 Class300 法兰尺寸 （单位：mm）

公称尺寸	法兰外径 O	法兰最小厚度 t_f①~②	松套法兰最小厚度 t_f	颈部直径 X	焊端倒角处的起始颈部直径 A_h③	颈部长度			螺纹法兰的最小螺纹长度 T④	孔口			松套法兰和管孔的圆角半径 r	螺纹法兰的最小沉孔 Q	承插深度 D
						螺纹/平焊/承插焊 Y	松套 Y	对焊 Y		平焊/承插焊最小 B	松套最小 B	对焊/承插焊 B⑤			
NPS1/2	95	12.7	14.3	38	21.3	21	22	51	16	22.2	22.9	15.8	3	23.6	10
NPS3/4	115	14.3	15.9	48	26.7	24	25	56	16	27.7	28.2	20.9	3	29.0	11
NPS1	125	15.9	17.5	54	33.4	25	27	60	18	34.5	34.9	26.6	3	35.8	13
NPS1 1/4	135	17.5	19.1	64	42.2	25	27	64	21	43.2	43.7	35.1	5	44.4	14
NPS1 1/2	155	19.1	20.7	70	48.3	29	30	67	23	49.5	50.0	40.9	6	50.3	16
NPS2	165	20.7	22.3	84	60.3	32	33	68	29	61.9	62.5	52.5	8	63.5	17
NPS2 1/2	190	23.9	25.4	100	73.0	37	38	75	32	74.6	75.4	62.7	8	76.2	19
NPS3	210	27.0	28.6	117	88.9	41	43	78	32	90.7	91.4	77.9	10	92.2	21
NPS3 1/2	230	28.6	30.2	133	101.6	43	44	79	37	103.4	104.1	90.1	10	104.9	—
NPS4	255	30.2	31.8	146	114.3	46	48	84	37	116.1	116.8	102.3	11	117.6	—
NPS5	280	33.4	35.0	178	141.3	49	51	97	43	143.8	144.4	128.2	11	144.4	—
NPS6	320	35.0	36.6	206	168.3	51	52	97	47	170.7	171.4	154.1	13	171.4	—
NPS8	380	39.7	41.3	260	219.1	60	62	110	51	221.5	222.2	202.7	13	222.2	—
NPS10	445	46.1	47.7	321	273.0	65	95	116	56	276.2	277.4	254.6	13	276.2	—
NPS12	520	49.3	50.8	375	323.8	71	102	129	61	327.0	328.2	304.8	13	328.6	—
NPS14	585	52.4	54.0	425	355.6	75	111	141	64	359.2	360.2	⑥	13	360.4	—
NPS16	650	55.6	57.2	483	406.4	81	121	144	69	410.5	411.2	⑥	13	411.2	—
NPS18	710	58.8	60.4	533	457.0	87	130	157	70	461.8	462.3	⑥	13	462.0	—

（续）

公称尺寸	法兰外径 O	法兰最小厚度 t_f①~②	松套法兰最小厚度 t_f	颈部直径 X	焊端倒角处的起始颈部直径 A_h③	颈部长度 螺纹/平焊/承插焊 Y	颈部长度 松套 Y	颈部长度 对焊 Y	螺纹法兰的最小螺纹长度 T④	孔口 平焊/承插焊最小 B	孔口 松套最小 B	孔口 对焊/承插焊 B⑤	松套法兰和管孔的圆角半径 r	螺纹法兰的最小沉孔 Q	承插深度 D
NPS20	775	62.0	63.5	587	508.0	94	140	160	74	513.1	514.4	⑥	13	512.8	—
NPS22	840	65.1	66.7	640	558.8	100	145	164	—	564.4	565.2	⑥	13	—	—
NPS24	915	68.3	69.9	702	610.0	105	152	167	83	616.0	616.0	⑥	13	614.4	—

① 当这些法兰要求提供平面法兰时，可提供法兰厚度 t_f +2mm 的全厚度或去除凸面高度的法兰。

② 图示的法兰尺寸通常带有 2mm 凸面（松套法兰除外）；对于其他密封面的要求，如图 1-132 所示。

③ 焊端坡口应符合本标准的规定。

④ 螺纹法兰应有符合 ASME B1.20.1 的锥管螺纹。

⑤ 第 13 栏中 B 的尺寸相当于 ASME B36.10M 原管中所给出的管子内径，≤NPS10 的标准壁厚与管壁系列 40 相同。在图 1-138 中，当公称尺寸≤NPS10 时，其偏差为 ±1.0mm；当 NPS12≤公称尺寸≤NPS18 时，其偏差为 ±1.5mm；当公称尺寸≥NPS20 时，其偏差为 $^{+3.0}_{-1.5}$mm。在图 1-139 中，当公称尺寸≤NPS10 时，其偏差为 $^{+0.0}_{-1.0}$mm；当公称尺寸≥NPS12 时，其偏差为 $^{+0.0}_{-1.5}$mm。除买方另有规定外，都可提供这些孔径尺寸。

⑥ 按用户规定。

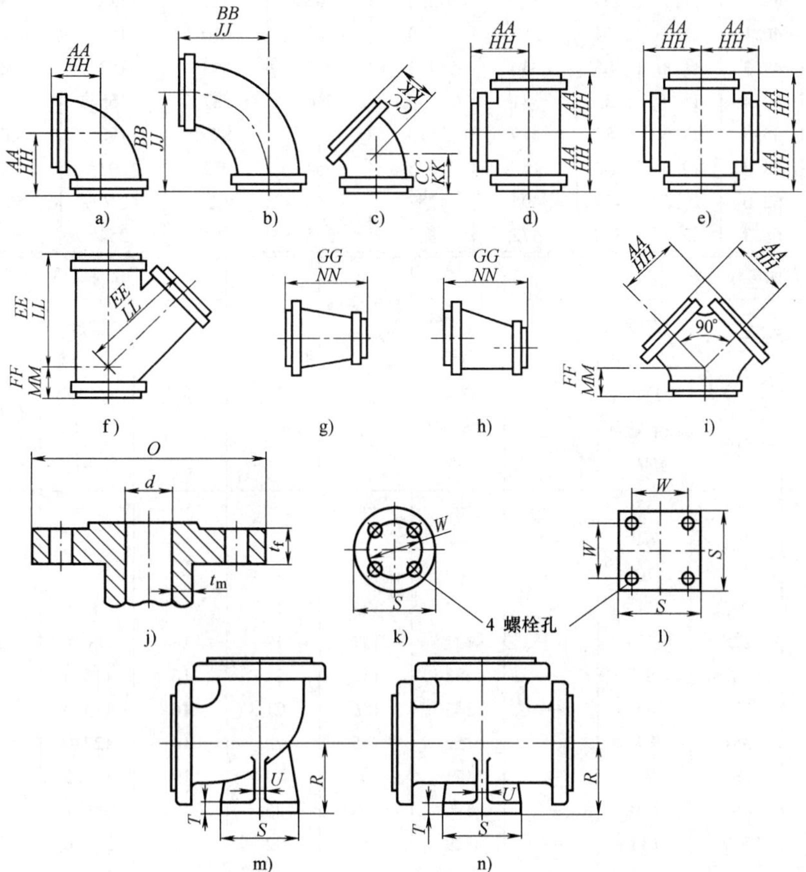

图 1-139 Class300 法兰管件尺寸

a）弯头 b）长半径弯头 c）45°弯头 d）三通 e）四通 f）45°分支管 g）异径接头 h）偏心异径接头 i）Y形分支管 j）法兰管件 k）圆形底座 l）方形底座 m）带底座弯头 n）带底座三通

表1-371 Class300 法兰管件尺寸 （单位：mm）

公称尺寸	法兰外径 O	法兰最小厚度 t_f[①②⑪]	管件最小壁厚 t_m	管件内径 d	2mm 凸面[④] 弯头、三通、四通和Y形分支管的中心至接触面 AA	长半径弯头的中心至接触面 BB	45°弯头的中心至接触面 CC	分支管的长中心至接触面 EE	分支管和Y形分支管的短中心至接触面 FF	异径接头的接触面至接触面 GG[③]	环连接面[②] 弯头、三通、四通和Y形分支管的中心至端面 HH[④]
NPS1	125	15.9	4.8	25	102	127	57	165	51	114	108
NPS1¼	135	17.5	4.8	32	108	140	64	184	57	114	114
NPS1½	155	19.1	4.8	38	114	152	70	216	64	114	121
NPS2	165	20.7	6.4	51	127	165	76	229	64	127	135
NPS2½	190	23.9	6.4	64	140	178	89	267	64	140	148
NPS3	210	27.0	7.1	76	152	197	89	279	76	152	160
NPS3½	230	28.6	7.4	89	165	216	102	318	76	165	173
NPS4	255	30.2	7.9	102	178	229	114	343	76	178	186
NPS5	280	33.4	9.5	127	203	260	127	381	89	203	211
NPS6	320	35.0	9.5	152	216	292	140	445	102	229	224
NPS8	380	39.7	11.1	203	254	356	152	521	127	279	262
NPS10	445	46.1	12.7	254	292	419	178	610	140	305	300
NPS12	520	49.3	14.3	305	330	483	203	698	152	356	338
NPS14	585	52.4	15.9	337	381	546	216	787	165	406	389
NPS16	650	55.6	17.5	387	419	610	241	876	190	457	427
NPS18	710	58.8	19.0	432	457	673	254	952	203	483	465
NPS20	775	62.0	20.6	483	495	737	267	1029	216	508	505
NPS24	915	68.3	23.8	584	572	864	305	1206	254	583	583

环连接面[④] 长半径弯头的中心至端面 JJ[⑤]	45°弯头的中心至端面 KK[⑤]	分支管的长中心至端面 LL[⑤]	分支管和Y形分支管的短中心至端面 MM[⑤]	异径接头的端面至端面 NN[④⑤]	中心至基座底面 R[⑥~⑨]	圆形底座直径或方形底座宽度 S[⑥]	底座厚度 T[⑥~⑨]	底座孔[⑩] 加强筋厚度 U[⑥]	螺旋中心圆直径或间距 W	螺栓孔径/in	公称尺寸
133	64	171	57	—	—	—	—	—	—	—	NPS1
146	70	191	64	—	—	—	—	—	—	—	NPS1¼
159	76	222	70	—	—	—	—	—	—	—	NPS1½
173	84	237	71	—	114	133	19	13	98.4	¾	NPS2
186	97	275	71	—	121	133	19	13	98.4	¾	NPS2½
205	97	287	84	—	133	156	21	16	114.3	⅞	NPS3
224	110	325	84	—	143	156	21	16	114.3	⅞	NPS3½
237	124	351	84	—	152	165	22	16	127.0	¾	NPS4
268	135	389	97	—	171	190	25	19	149.2	⅞	NPS5
300	148	452	110	—	190	190	25	19	149.2	⅞	NPS6
364	160	529	135	—	229	254	32	22	200.0	⅞	NPS8
427	186	618	148	—	267	254	32	22	200.0	⅞	NPS10
491	211	706	160	—	305	318	36	25	269.9	⅞	NPS12
554	224	795	173	—	343	318	36	25	269.9	⅞	NPS14

（续）

环连接面④					中心至基座底面 $R^{⑥\sim⑨}$	圆形底座直径或方形底座宽度 $S^{⑥}$	底座厚度 $T^{⑥\sim⑨}$	底座孔⑩			公称尺寸
长半径弯头的中心至端面 JJ⑤	45°弯头的中心至端面 KK⑤	分支管的长中心至端面 LL⑤	分支管和Y形分支管的短中心至端面 MM⑤	异径接头的端面至端面 NN④⑤				加强筋厚度 U⑥	螺旋中心圆直径或间距 W	螺栓孔径/in	
618	249	884	198	—	375	318	36	29	269.9	7/8	NPS16
681	262	960	211	—	413	381	41	29	330.2	1	NPS18
746	276	1038	225	—	454	381	41	32	330.2	1	NPS20
875	316	1218	285	—	527	444	48	32	387.4	1⅛	NPS24

① 当这些管件需要平面法兰时，可以提供法兰 t_f 厚度加 2mm 的全厚度或去除凸面高度的法兰。

② 图示的法兰尺寸通常带有 2mm 凸面（松套法兰除外）；对于其他密封面的高度要求如图 1-132 所示。

③ 公称尺寸小于等于 NPS3½的松套法兰的最小厚度稍大于管件的法兰厚度，管件的法兰厚度由于与本体一起浇铸而得到了加强。

④ 异径和偏心异径接头的接触面至接触面和端面主端面的尺寸，应与最大孔口的等径管相同。异径接头及偏心异径接头所有组合情况的接触面至接触面或法兰面至法兰面的尺寸，应与较大的孔口尺寸相同。

⑤ 异径管件的中心至接触面和中心至端面的尺寸见④。

⑥ 这些尺寸仅适用于等径管件，对于异径管件的中心至端面的尺寸或异径接头的端面至端面尺寸，使用最大孔口的 2mm 凸面（法兰面）中心至接触面或接触面至接触面的尺寸。并对每个带有环连接槽的法兰增加适当厚度。环连接面的尺寸见表 1-365。

⑦ 底座尺寸适用于所有规格的等径和异径管件。

⑧ 对于管件底座的尺寸和中心至端面的尺寸由管件最大孔口来决定。对于异径带底座的弯头，用户应提出底座是对着大孔口还是小孔口。

⑨ 除非另有规定，否则底座应为平面，且中心至基座底面的尺寸 R 应为加工后的尺寸。

⑩ 根据制造厂的选择，底座可以整体浇铸或作为焊接件焊上。

⑪ 这些管件的底座仅用于承受压力，而不用于固定机器或承受拉力或剪力。

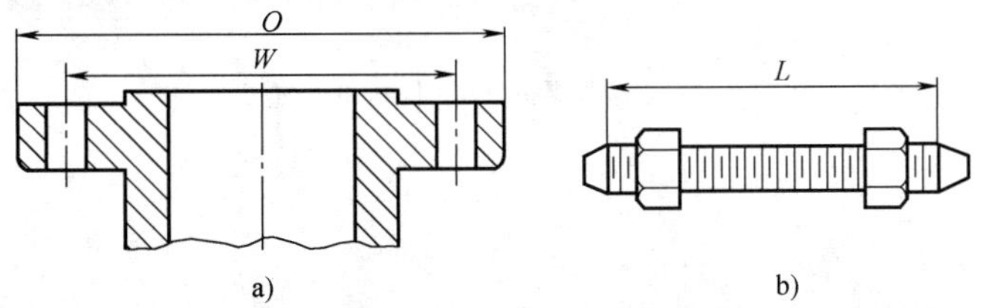

图 1-140 Class400 法兰钻孔样板

a）法兰 b）双头螺柱和螺母

表 1-372 Class400 法兰钻孔样板 （单位：mm）

公称尺寸	法兰外径 O	钻孔②③				螺栓长度 L①④		
		螺栓中心圆直径 W	螺栓孔径/in	螺栓数量/个	螺栓直径/in	7mm 凸面	凹凸面及榫槽面	环连接面
NPS½ NPS¾ NPS1 NPS1¼ NPS1½ NPS2 NPS2½ NPS3 NPS3½	这些规格采用 Class600 的尺寸							

（续）

公称尺寸	法兰外径 O	钻孔②③				螺栓长度 L①④		
		螺栓中心圆直径 W	螺栓孔径 /in	螺栓数量 /个	螺栓直径 /in	7mm 凸面	凹凸面及榫槽面	环连接面
NPS4	255	200.0	1	8	⅞	140	135	140
NPS5	280	235.0	1	8	⅞	145	135	145
NPS6	320	269.9	1	12	⅞	150	145	150
NPS8	380	330.0	1⅛	12	1	170	165	170
NPS10	445	387.4	1¼	16	1⅛	190	185	190
NPS12	520	450.8	1⅜	16	1¼	205	195	205
NPS14	585	514.4	1⅜	20	1¼	210	205	210
NPS16	650	571.5	1½	20	1⅜	220	215	220
NPS18	710	628.6	1½	24	1⅜	230	220	230
NPS20	775	685.8	1⅝	24	1½	240	235	250
NPS24	915	812.8	1⅞	24	1¾	265	260	280

① 双头螺柱的长度不包括倒角高度。表列螺柱的长度为参考尺寸。用户可以选用其他的螺柱长度。

② 法兰螺栓孔孔数应为4的倍数，孔距应相等。成对的螺栓孔应跨过法兰或管件的中心线。

③ 法兰及法兰管件应有螺栓连接的支承面，该平面应与法兰面平行。偏差不超过1°。任何背面加工或锪平不应该使法兰厚度 t_f 小于表1-373所列的尺寸，锪平或背面加工应符合MSS SP-9的规定。

④ 表中未给出的螺栓长度按标准确定。

表1-373　Class400法兰尺寸　（单位：mm）

公称尺寸	法兰外径 O	法兰最小厚度 t_f	颈部直径 X	焊颈倒角处的起始颈部直径 A_h①	颈部长度			螺纹法兰的最小螺纹长度 T②	孔口			松套法兰和管孔的圆角半径 r	螺纹法兰最小沉孔 Q
					螺纹/平焊 Y	松套 Y	对焊 Y		平焊最小值 B	松套最小值 B	对焊 B		
NPS½	这些规格采用Class600尺寸③												
NPS¾													
NPS1													
NPS1¼													
NPS1½													
NPS2													
NPS2½													
NPS3													
NPS3½													
NPS4	255	35.0	146	114.3	51	51	89	37	116.1	116.8	④	11	117.6
NPS5	280	38.1	178	141.3	54	54	102	43	143.8	144.5	④	11	144.4
NPS6	320	41.3	206	168.3	57	57	103	46	170.7	171.4	④	13	171.4
NPS8	380	47.7	260	219.1	68	68	117	51	221.5	222.2	④	13	222.2
NPS10	445	54.0	321	273.0	73	102	124	56	276.2	277.4	④	13	276.2
NPS12	520	57.2	375	323.8	79	108	137	61	327.0	328.2	④	13	328.6
NPS14	585	60.4	425	355.6	84	117	149	64	359.2	360.2	④	13	360.4
NPS16	650	63.5	483	406.4	94	127	152	69	410.5	411.2	④	13	411.2
NPS18	710	66.7	533	457.0	98	137	165	70	461.8	462.3	④	13	462.0
NPS20	775	69.9	587	508.0	102	146	168	74	513.1	514.4	④	13	512.8
NPS22	840	73.1	640	558.8	108	152	171	—	564.4	565.2	④	13	—
NPS24	915	76.2	702	610.0	114	159	175	83	616.0	616.0	④	13	614.4

① 焊接端坡口应符合标准规定。

② 螺纹法兰的螺纹应符合ASME B1.20.1的规定。

③ 承插焊法兰，NPS ½～NPS2½规格选用Class600尺寸。

④ 按用户规定。

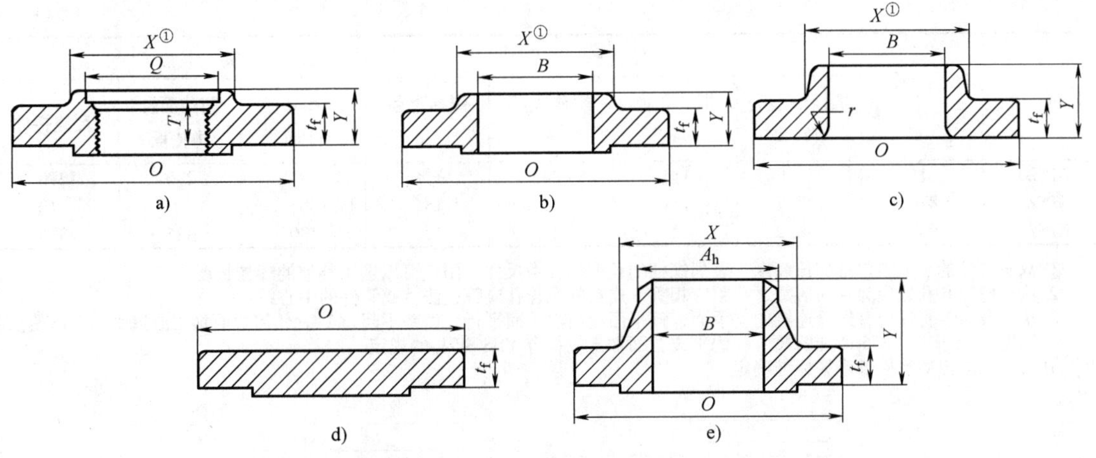

图 1-141 Class400 法兰尺寸

a）螺纹法兰 b）平焊法兰 c）松套法兰 d）法兰盖 e）对焊法兰

① 该尺寸是用于法兰颈部的大端尺寸，颈部可以是直的或锥形的。螺纹法兰、平焊法兰、承插法兰和松套法兰的锥度不应超过 7°，该尺寸指颈部锥度与法兰背面之间交叉点处的直径。

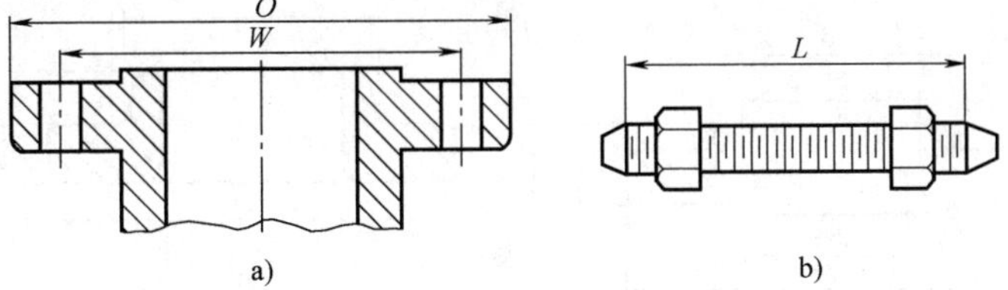

图 1-142 Class600 法兰和法兰管件钻孔样板

a）法兰 b）双头螺柱和螺母

表 1-374 Class600 法兰和法兰管件钻孔样板 （单位：mm）

公称尺寸	法兰外径 O	钻孔②③				螺栓长度 L①④		
		螺栓中心圆直径 W	螺栓孔径 /in	螺栓数量 /个	螺栓直径 /in	7mm 凸面	凹凸面及榫槽面	环连接面
NPS½	95	66.7	⅝	4	½	75	70	75
NPS¾	115	82.6	¾	4	⅝	90	85	90
NPS1	125	88.9	¾	4	⅝	90	85	90
NPS1¼	135	98.4	¾	4	⅝	95	90	95
NPS1½	155	114.3	⅞	4	¾	110	100	110
NPS2	165	127.0	¾	8	⅝	110	100	110
NPS2½	190	149.2	⅞	8	¾	120	115	120
NPS3	210	168.3	⅞	8	¾	125	120	125
NPS3½	230	184.2	1	8	⅞	140	135	140
NPS4	275	215.9	1	8	⅞	145	140	145
NPS5	330	266.7	1⅛	8	1	165	160	165
NPS6	355	292.1	1⅛	12	1	170	165	170
NPS8	420	349.2	1¼	12	1⅛	190	185	195
NPS10	510	431.8	1⅜	16	1¼	215	210	215
NPS12	560	489.0	1⅜	20	1¼	220	215	220
NPS14	605	527.0	1½	20	1⅜	235	230	235
NPS16	685	603.2	1⅝	20	1½	255	250	255
NPS18	745	654.0	1¾	20	1⅝	275	265	275

（续）

公称尺寸	法兰外径 O	钻孔②③				螺栓长度 L①④		
		螺栓中心圆直径 W	螺栓孔径 /in	螺栓数量 /个	螺栓直径 /in	7mm 凸面	凹凸面及榫槽面	环连接面
NPS20	815	723.9	1¾	24	1⅝	285	280	290
NPS22	870	777.7	1⅞	24	1¾	305	—	310
NPS24	940	838.2	2	24	1⅞	330	325	335

① 双头螺柱的长度不包括倒角高度。表列螺柱的长度为参考尺寸。用户可以选用其他的螺柱长度。
② 法兰螺栓孔孔数应为4的倍数，孔距应相等，成对的螺栓孔应跨过法兰或管件的中心线。
③ 法兰及法兰管件应有螺栓连接的支承面，该平面应与法兰面平行，偏差不超过1°。任何背面加工或锪平不应该使法兰厚度 t_f 小于表1-375所列的尺寸。锪平或背面加工应符合MSS SP-9的规定。
④ 表中未给出的螺栓长度按标准确定。

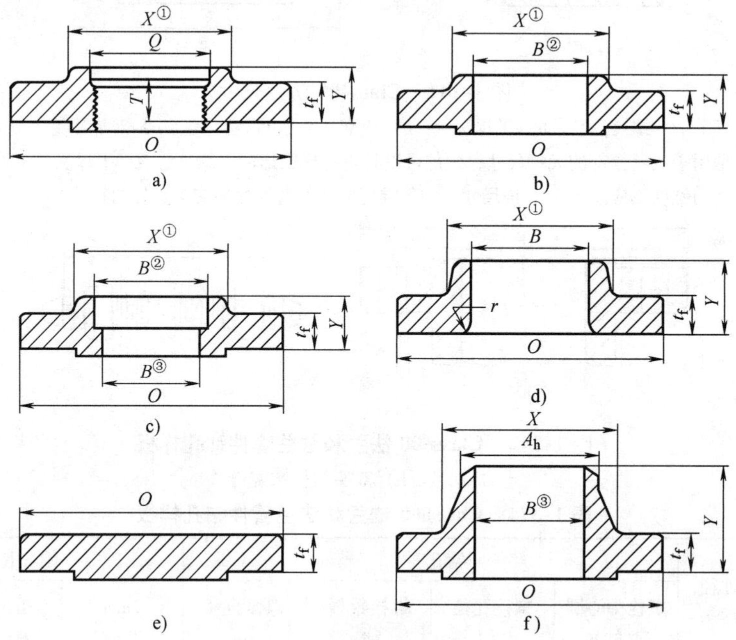

图1-143 Class600法兰尺寸

a）螺纹法兰 b）平焊法兰 c）承插焊法兰（仅NPS ½～NPS3） d）松套法兰 e）法兰盖 f）对焊法兰

① 该尺寸是用于法兰颈部的大端尺寸，颈部可以是直的或锥形的。螺纹法兰、平焊法兰、承插焊法兰和松套法兰的锥度不能超过7°，该尺寸指颈部锥度与法兰背面之间交叉点处的直径。
② 见表1-375第10列。
③ 见表1-375第12列。

表1-375 Class600法兰尺寸（单位：mm）

公称尺寸	法兰外径 O	法兰最小厚度 t_f	颈部直径 X	焊径倒角处的起始颈部直径 A_h①	颈部长度			螺纹法兰最小螺纹长度 T②	孔径			松套法兰和管孔的圆角半径 r	螺纹法兰最小沉孔直径 Q	承插焊深度 D
					螺纹/平焊/承插焊 Y	松套 Y	对焊 Y		平焊最小值 B	松套最小值 B	对焊 B			
NPS½	95	14.3	38	21.3	22	22	52	16	22.2	22.9	③	3	23.6	10
NPS¾	115	15.9	48	26.7	25	25	57	16	27.7	28.2	③	3	29.0	11
NPS1	125	17.5	54	33.4	27	27	62	18	34.5	34.9	③	3	35.8	13
NPS1¼	135	20.7	64	42.2	29	29	67	21	43.2	43.7	③	5	44.4	14
NPS1½	155	22.3	70	48.3	32	32	70	23	49.5	50.0	③	6	50.6	16
NPS2	165	25.4	84	60.3	37	37	73	29	61.9	62.5	③	8	63.5	17
NPS2½	190	28.6	100	73.0	41	41	79	32	74.6	75.4	③	8	76.2	19
NPS3	210	31.8	117	88.9	46	46	83	35	90.7	91.4	③	10	92.2	21
NPS3½	230	35.0	133	101.6	49	49	86	40	103.4	104.1	③	10	104.9	—

（续）

公称尺寸	法兰外径 O	法兰最小厚度 t_f	颈部直径 X	焊径倒角处的起始颈部直径 A_h①	颈部长度 螺纹/平焊/承插焊 Y	颈部长度 松套 Y	颈部长度 对焊 Y	螺纹法兰最小螺纹长度 T②	孔径 平焊最小值 B	孔径 松套最小值 B	孔径 对焊 B	松套法兰和管孔的圆角半径 r	螺纹法兰最小沉孔直径 Q	承插焊深度 D
NPS4	275	38.1	152	114.3	54	54	102	42	116.1	116.8	③	11	117.6	—
NPS5	330	44.5	189	141.3	60	60	114	48	143.8	144.4	③	11	144.4	—
NPS6	355	47.7	222	168.3	67	67	117	51	170.7	171.4	③	13	171.4	—
NPS8	420	55.6	273	219.1	76	76	133	58	221.5	222.2	③	13	222.2	—
NPS10	510	63.5	343	273.0	86	111	152	66	276.2	277.4	③	13	276.2	—
NPS12	560	66.7	400	323.8	92	117	156	70	327.0	328.2	③	13	328.6	—
NPS14	605	69.9	432	355.6	94	127	165	74	359.2	360.2	③	13	360.4	—
NPS16	685	76.2	495	406.4	106	140	178	78	410.5	411.2	③	13	411.2	—
NPS18	745	82.6	546	457.0	117	152	184	80	461.8	462.3	③	13	462.0	—
NPS20	815	88.9	610	508.0	127	165	190	83	513.1	514.4	③	13	512.8	—
NPS22	870	95.2	663	558.8	133	175	197	—	564.4	565.2	③	13	—	—
NPS24	940	101.6	718	610.0	140	184	203	93	616.0	616.0	③	13	614.4	—

① 焊接端坡口应符合标准的规定。
② 螺纹法兰的螺纹应符合 ASME B1.20.1 的规定。
③ 按用户规定。

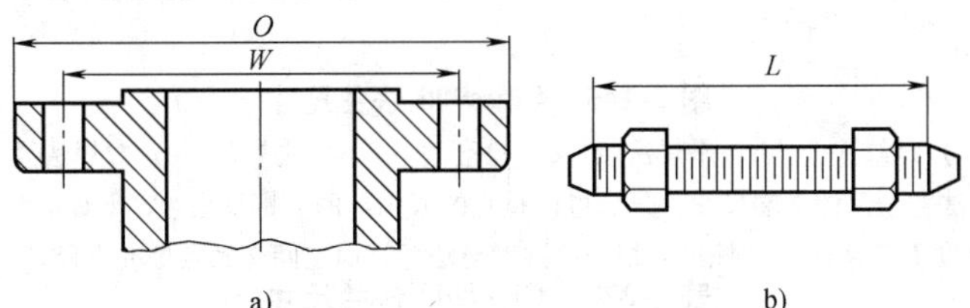

图 1-144 Class900 法兰和法兰管件

a）法兰 b）双头螺柱和螺母

表 1-376 Class900 法兰钻孔样板 （单位：mm）

公称尺寸	法兰外径 O	钻孔②③ 螺栓中心圆直径 W	钻孔 螺栓孔径 /in	钻孔 螺栓数量 /个	钻孔 螺栓直径 /in	螺栓长度 L①④ 7mm 凸面	螺栓长度 凹凸面及榫槽面	螺栓长度 环连接面
NPS½ NPS¾ NPS1 NPS1¼ NPS1½ NPS2 NPS2½	这些规格采用 Class1500 尺寸							
NPS3	240	190.5	1	8	⅞	145	140	145
NPS4	290	235.0	1¼	8	1⅛	170	165	170
NPS5	350	279.4	1⅜	8	1¼	190	185	190
NPS6	380	317.5	1¼	12	1⅛	190	185	195
NPS8	470	393.7	1½	12	1⅜	220	215	220
NPS10	545	469.9	1½	16	1⅜	235	230	235
NPS12	610	533.4	1½	20	1⅜	255	250	255
NPS14	640	558.8	1⅝	20	1½	275	265	280
NPS16	705	616.0	1¾	20	1⅝	285	280	290
NPS18	785	685.8	2	20	1⅞	325	320	335
NPS20	855	749.3	2⅛	20	2	350	345	360
NPS24	1040	901.7	2⅝	20	2½	440	430	455

① 双头螺柱的长度不包括倒角高度。表列螺柱的长度为参考尺寸。用户可以选用其他的螺柱长度。
② 法兰螺栓孔孔数应为 4 的倍数，孔距应相等。成对的螺栓孔应跨过法兰或管件的中心线。
③ 法兰及法兰管件应有螺栓连接的支承面，该平面应与法兰面平行，偏差不超过 1°。任何背面加工或锪平不应该使法兰厚度 t_f 小于表 1-377 所列的尺寸，锪平或背面加工应符合 MSS SP-9 的规定。
④ 表中未给出的螺栓长度按标准确定。

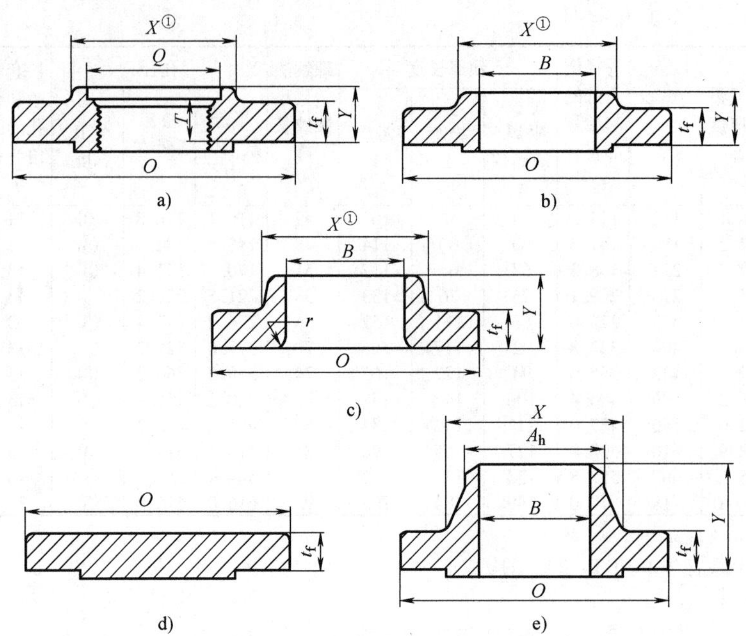

图1-145　Class900法兰尺寸

a）螺纹法兰　b）平焊法兰　c）松套法兰　d）法兰盖　e）对焊法兰

① 该尺寸是用于法兰颈部的大端尺寸，颈部可以是直的或锥形的。螺纹法兰、平焊法兰、承插焊法兰和松套法兰的锥度不应超过7°，该尺寸指颈部锥度与法兰背面之间交叉点处的直径。

表1-377　Class900法兰尺寸　　（单位：mm）

公称尺寸	法兰外径 O	法兰最小厚度 t_f	颈部直径 X	焊颈倒角处的起始颈部直径 A_h①	颈部长度			螺纹法兰最小螺纹长度 T②	孔口			松套法兰和管孔的圆角半径 r	螺纹法兰最小沉孔直径 Q
					螺纹/平焊 Y	松套 Y	对焊 Y		平焊最小值 B	松套最小值 B	对焊 B		
NPS½ NPS¾ NPS1 NPS1¼ NPS1½ NPS2 NPS2½	这些规格采用Class1500尺寸③												
NPS3	240	38.1	127	88.9	54	54	102	42	90.7	91.4	④	10	92.2
NPS4	290	44.5	159	114.3	70	70	114	48	116.1	116.8	④	11	117.6
NPS5	350	50.8	190	141.3	79	79	127	54	143.8	144.4	④	11	144.4
NPS6	380	55.6	235	168.3	86	86	140	58	170.7	171.4	④	13	171.4
NPS8	470	63.5	298	219.1	102	114	162	64	221.5	222.2	④	13	222.2
NPS10	545	69.9	368	273.0	108	127	184	72	276.2	277.4	④	13	276.2
NPS12	610	79.4	419	323.8	117	143	200	77	327.0	328.2	④	13	328.6
NPS14	640	85.8	451	355.6	130	156	213	83	359.2	360.2	④	13	360.4
NPS16	705	88.9	508	406.4	133	165	216	86	410.5	411.2	④	13	411.2
NPS18	785	101.6	565	457.0	152	190	229	89	461.8	462.3	④	13	462.0
NPS20	855	108.0	622	508.0	159	210	248	93	513.1	514.4	④	13	512.8
NPS24	1040	139.7	749	610.0	203	267	292	102	616.0	616.0	④	13	614.4

① 焊接端坡口应符合标准的规定。

② 螺纹法兰的螺纹应符合ASME B1.20.1的规定。

③ 承插焊法兰，NPS ½ ~ NPS2½规格选用Class1500尺寸。

④ 按用户规定。

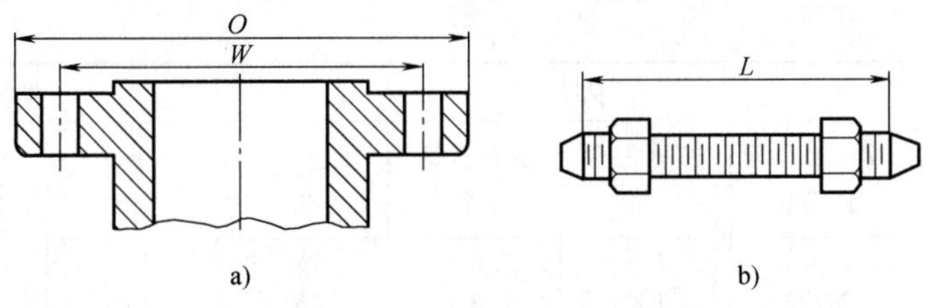

图 1-146 Class1500 法兰钻孔样板

a）法兰 b）双头螺柱及螺母

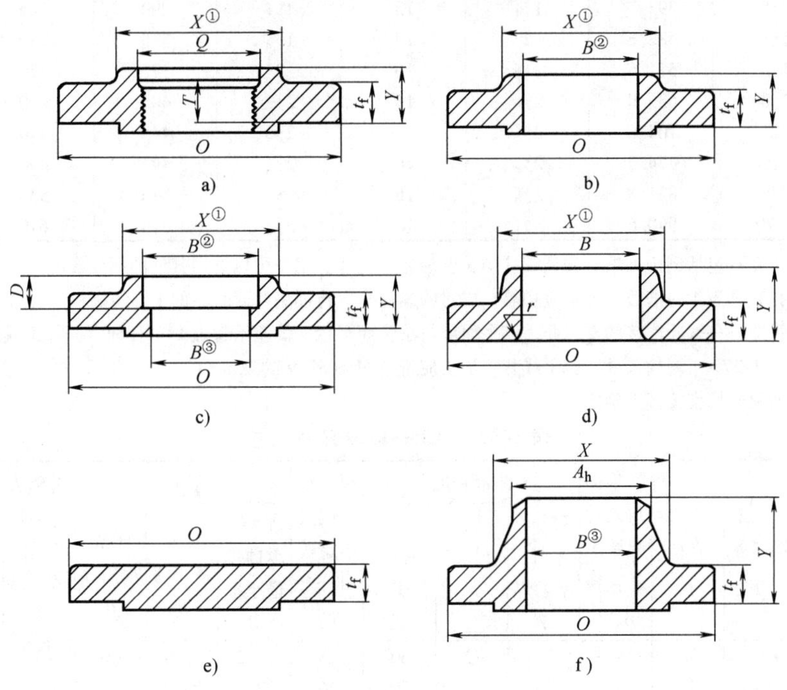

图 1-147 Class1500 法兰尺寸

a）螺纹法兰（仅 NPS ½ ~ NPS2½） b）平焊法兰（仅 NPS ½ ~ NPS2½） c）承插焊法兰（仅 NPS ½ ~ NPS2½）
d）松套法兰 e）法兰盖 f）对焊法兰

① 此尺寸是用于法兰颈部的大端尺寸，颈部可以是直的或锥形的。螺纹法兰、平焊法兰、承插焊法兰和松套法兰的锥度不应超过 7°。该尺寸指颈部锥面与法兰背面交叉点处的直径。

② 见表 1-379 第 10 列。

③ 见表 1-379 第 12 列。

表 1-378 Class1500 法兰钻孔样板 （单位：mm）

公称尺寸	法兰外径 O	钻孔②③				螺栓长度 L①④		
		螺栓中心圆直径 W	螺栓孔径 /in	螺栓数量 /个	螺栓直径 /in	7mm 凸面	凹凸面及榫槽面	环连接面
NPS½	120	82.6	⅞	4	¾	110	100	110
NPS¾	130	88.9	⅞	4	¾	115	110	115
NPS1	150	101.6	1	4	⅞	125	120	125
NPS1¼	160	111.1	1	4	⅞	125	120	125
NPS1½	180	123.8	1⅛	4	1	140	135	140
NPS2	215	165.1	1	8	⅞	145	140	145
NPS2½	245	190.5	1⅛	8	1	160	150	160

（续）

公称尺寸	法兰外径 O	钻孔②③				螺栓长度 L①④		
		螺栓中心圆直径 W	螺栓孔径 /in	螺栓数量 /个	螺栓直径 /in	7mm 凸面	凹凸面及榫槽面	环连接面
NPS3	265	203.2	1¼	8	1⅛	180	170	180
NPS4	310	241.3	1⅜	8	1¼	195	190	195
NPS5	375	292.1	1⅝	8	1½	250	240	250
NPS6	395	317.5	1½	12	1⅜	260	255	265
NPS8	485	393.7	1¾	12	1⅝	290	285	300
NPS10	585	482.6	2	12	1⅞	335	330	345
NPS12	675	571.5	2⅛	16	2	375	370	385
NPS14	750	635.0	2⅜	16	2¼	405	400	425
NPS16	825	704.8	2⅝	16	2½	445	440	470
NPS18	915	774.7	2⅞	16	2¾	495	490	525
NPS20	985	831.8	3⅛	16	3	540	535	565
NPS24	1170	990.6	3⅝	16	3½	615	610	650

① 双头螺柱的长度不包括倒角高度，表列螺柱的长度为参考尺寸。用户可以选用其他的螺柱长度。

② 法兰螺栓孔孔数应为4的倍数，孔距应相等。成对的螺栓孔应跨过法兰或管件的中心线。

③ 法兰及法兰管件应有螺栓连接的支承面，该平面应与法兰面平行，偏差不超过1°。任何背面加工或锪平不应该使法兰厚度 t_f 小于表1-379所列的尺寸，锪平或背面加工应符合MSS SP-9的规定。

④ 表中未给出的螺栓长度按标准确定。

表1-379　Class1500法兰尺寸　　（单位：mm）

公称尺寸	法兰外径 O	法兰最小厚度 t_f	颈部直径 X	焊颈倒角处的起始颈部直径 A_h①	颈部长度			螺纹法兰的最小螺纹长度 T②	孔径			松套法兰和管孔的圆角半径 r	螺纹法兰最小沉孔直径 Q	承插焊孔深度 D
					螺纹/平焊/承插焊 Y	松套 Y	对焊 Y		平焊/承插焊最小值 B	松套最小值 B	对焊/承插焊 B			
NPS½	120	22.3	38	21.3	32	32	60	23	22.2	22.9	③	3	23.6	10
NPS¾	130	25.4	44	26.7	35	35	70	26	27.7	28.2	③	3	29.0	11
NPS1	150	28.6	52	33.4	41	41	73	29	34.5	34.9	③	3	35.8	13
NPS1¼	160	28.6	64	42.2	41	41	73	31	43.2	43.7	③	5	44.4	14
NPS1½	180	31.8	70	48.3	44	44	83	32	49.5	50.0	③	6	50.6	16
NPS2	215	38.1	105	60.3	57	57	102	39	61.9	62.5	③	8	63.5	17
NPS2½	245	41.3	124	73.0	64	64	105	48	74.6	75.4	③	8	76.2	19
NPS3	265	47.7	133	88.9	—	73	117	—	—	91.4	③	10	—	—
NPS4	310	54.0	162	114.3	—	90	124	—	—	116.8	③	11	—	—
NPS5	375	73.1	197	141.3	—	105	156	—	—	144.4	③	11	—	—
NPS6	395	82.6	229	168.3	—	119	171	—	—	171.4	③	13	—	—
NPS8	485	92.1	292	219.1	—	143	213	—	—	222.2	③	13	—	—
NPS10	585	108.0	368	273.0	—	178	254	—	—	277.4	③	13	—	—
NPS12	675	123.9	451	323.8	—	219	283	—	—	328.2	③	13	—	—
NPS14	750	133.4	495	355.6	—	241	298	—	—	360.2	③	13	—	—
NPS16	825	146.1	552	406.4	—	260	311	—	—	411.2	③	13	—	—
NPS18	915	162.0	597	457.0	—	276	327	—	—	462.3	③	13	—	—
NPS20	985	177.8	641	508.0	—	292	356	—	—	514.4	③	13	—	—
NPS24	1170	203.2	762	610.0	—	330	406	—	—	616.0	③	13	—	—

① 焊接端坡口应符合标准的规定。

② 螺纹法兰的螺纹应符合ASME B1.20.1的规定。

③ 具体尺寸由买方确定。

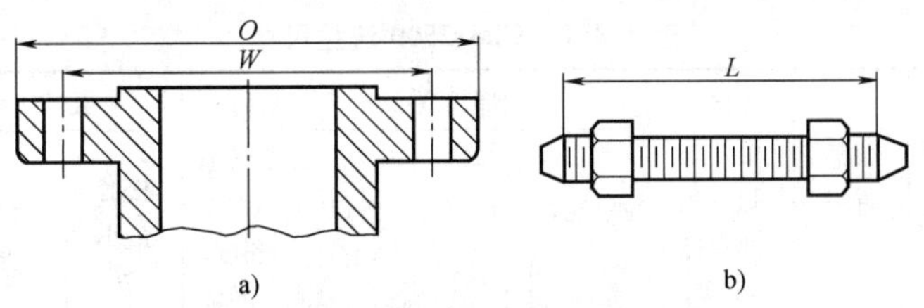

图 1-148 Class2500 法兰钻孔样板

a）法兰 b）双头螺柱及螺母

表 1-380 Class2500 法兰钻孔样板 （单位：mm）

公称尺寸	法兰外径 O	钻孔[2][3]				螺栓长度 L[1][4]		
		螺栓中心圆直径 W	螺栓孔直径 /in	螺栓数量	螺栓直径 /in	7mm 凸面	凹凸面及榫槽面	环连接面
NPS½	135	88.9	⅞	4	¾	120	115	120
NPS¾	140	95.2	⅞	4	¾	125	120	125
NPS1	160	108.0	1	4	⅞	140	135	140
NPS1¼	185	130.2	1⅛	4	1	150	145	150
NPS1½	205	146.0	1¼	4	1⅛	170	165	170
NPS2	235	171.4	1⅛	8	1	180	170	180
NPS2½	265	196.8	1¼	8	1⅛	195	190	205
NPS3	305	228.6	1⅜	8	1¼	220	215	230
NPS4	355	273.0	1⅝	8	1½	255	250	260
NPS5	420	323.8	1⅞	8	1¾	300	290	310
NPS6	485	368.3	2⅛	8	2	345	335	355
NPS8	550	438.2	2⅛	12	2	380	375	395
NPS10	675	539.8	2⅝	12	2½	490	485	510
NPS12	760	619.1	2⅞	12	2¾	540	535	560

① 双头螺柱的长度不包括倒角高度。表列螺柱的长度为参考尺寸。用户可以选用其他的螺柱长度。

② 法兰螺栓孔孔数应为4的倍数，孔距应相等。成对的螺栓孔应跨过法兰或管件的中心线。

③ 法兰及法兰管件应有螺栓连接的支承面，该平面应与法兰面平行，偏差不超过1°。任何背面加工或锪平不应该使法兰厚度 t_f 小于表 1-381 所列的尺寸，锪平或背面加工应符合 MSS SP-9 的规定。

④ 表中未给出的螺纹长度按标准确定。

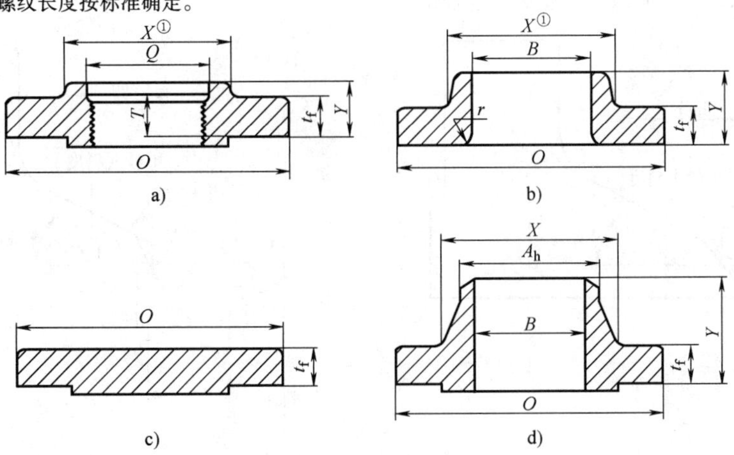

图 1-149 Class2500 法兰尺寸

a）螺纹法兰（仅 NPS ½～NPS2½） b）平焊法兰 c）法兰盖 d）对焊法兰

① 该尺寸是用于法兰颈部的大端尺寸，颈部可以是直的或锥形的。螺纹法兰、平焊法兰、承插焊法兰和松套法兰的锥度不应超过7°。该尺寸指颈部锥度与法兰背面之间交叉处的直径。

表 1-381 Class2500 法兰尺寸 （单位：mm）

公称尺寸	法兰外径 O	法兰最小厚度 t_f	颈部直径 X	焊接倒角处的起始颈部直径 A_h①	颈部长度 螺纹式 Y	颈部长度 松套 Y	颈部长度 对焊 Y	螺纹法兰的最小螺纹长度 T②	孔口 松套最小 B	孔口 对焊 B	松套法兰和管孔的圆角半径 r	螺纹法兰的最小沉孔 Q
NPS½	135	30.2	43	21.3	40	40	73	29	22.9	③	3	23.6
NPS¾	140	31.8	51	26.7	43	43	79	32	28.2	③	3	29.0
NPS1	160	35.0	57	33.4	48	48	89	35	34.9	③	3	35.8
NPS1¼	185	38.1	73	42.2	52	52	95	39	43.7	③	5	44.4
NPS1½	205	44.5	79	48.3	60	60	111	45	50.0	③	6	50.6
NPS2	235	50.9	95	60.3	70	70	127	51	62.5	③	8	63.5
NPS2½	265	57.2	114	73.0	79	79	143	58	75.4	③	8	76.2
NPS3	305	66.7	133	88.9	—	92	168	—	91.4	③	10	—
NPS4	355	76.2	165	114.3	—	108	190	—	116.8	③	11	—
NPS5	420	92.1	203	141.3	—	130	229	—	144.4	③	11	—
NPS6	485	108.0	235	168.3	—	152	273	—	171.4	③	13	—
NPS8	550	127.0	305	219.1	—	178	318	—	222.2	③	13	—
NPS10	675	165.1	375	273.0	—	229	419	—	277.4	③	13	—
NPS12	760	184.2	441	323.8	—	254	464	—	328.2	③	13	—

① 焊接端坡口应符合标准的规定。

② 螺纹法兰的螺纹应符合 ASME B1.20.1 的规定。

③ 按用户规定。

3. 焊端

无背环对焊法兰焊端的结构型式及尺寸如图1-150及表1-382所示；带背环对焊法兰焊端的结构型式及尺寸如图1-151及表1-382所示；对焊法兰的焊端与高强度管焊接所需的附加厚度结构如图1-152及表1-382所示，直径对焊法兰的结构型式如图1-153所示。

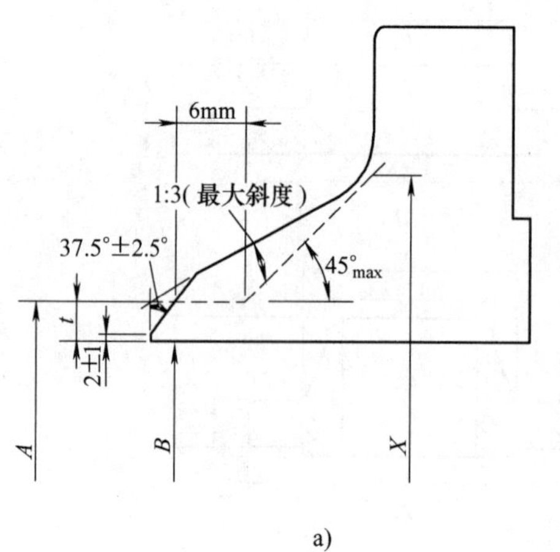

a)

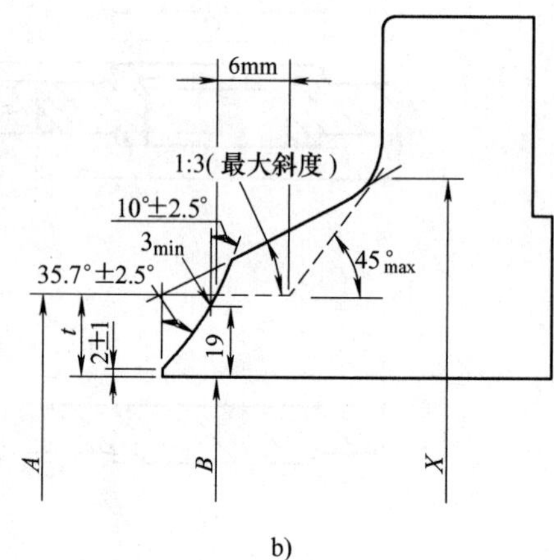

b)

图 1-150 无背环对焊法兰焊端的结构型式

a）壁厚（t）=5～22mm 的坡口 b）壁厚(t)＞22mm 的坡口

A—管子的公称外径（mm） B—管子的公称内径（mm）

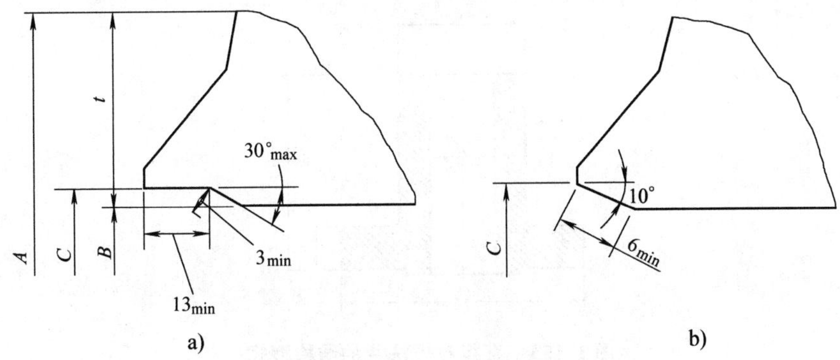

图 1-151 带背环对焊法兰焊端的结构型式

a）用于矩形背环的内侧形状 b）用于锥形背环的内侧形状

t—管子的公称壁厚（mm） A—焊端的公称外径（mm） B—管子的公称内径，$A-2t$（mm）
C—$A-0.79-1.75t-0.25$（mm），其中 0.79mm 为管子外径的下偏差，按 ASTM A106 标准的规定，$1.75t$ = 公称壁厚的 87.5%（ASTM A106 所允许）乘以 2，换算为直径，0.25mm 为直径 C 的上偏差

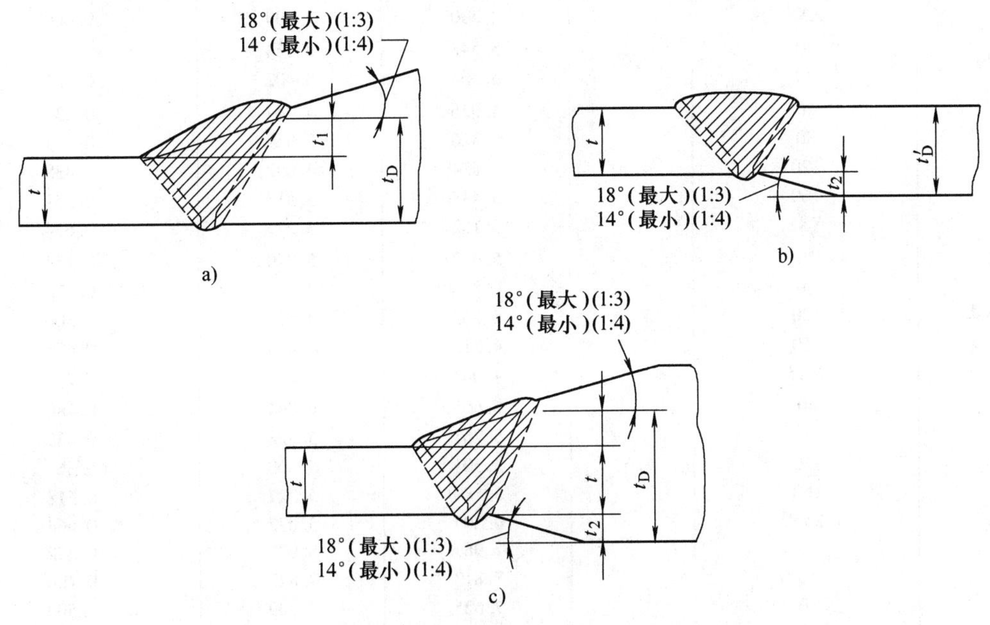

图 1-152 对焊法兰的焊端与高强度管焊接所需的附加厚度结构

a）外侧加厚的坡口①~④ b）内侧加厚的坡口①~④

c）双侧加厚的坡口①~④

① 当接头的材质具有等于规定的最小屈服强度时，就没有最小斜度的限制。

② t_1、t_2 及（t_1+t_2）均不得超过 $0.5t$。

③ 当相连接的部分的最小屈服强度不相等时，t_D 至少等于 t 乘以管子规定的最小屈服强度与法兰规定的最小屈服强度之比。

④ 焊接应符合相应的规范。

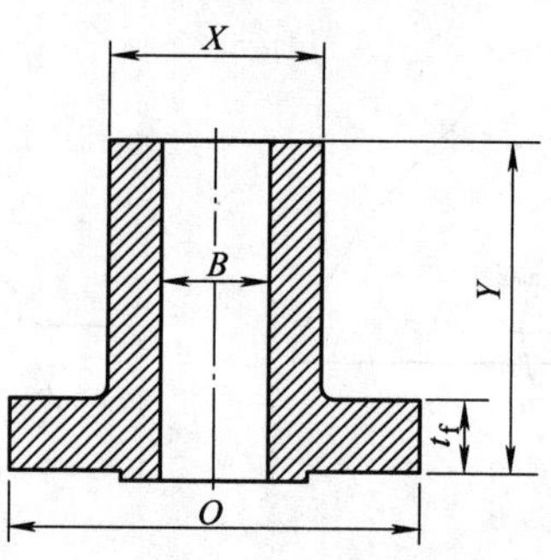

图 1-153 直径对焊法兰的结构型式

表 1-382 焊端尺寸[③]

（单位：mm）

公称尺寸/in	壁厚或管壁厚系列[①]	A[②]	B[②]	C[②~④]	t[②,④]
2½	40	2.88	2.469	2.479	0.203
	80		2.323	2.351	0.276
	160		2.125	2.178	0.375
	XXS		1.771	1.868	0.552
3	40	3.50	3.068	3.081	0.216
	80		2.900	2.934	0.300
	160		2.624	2.692	0.438
	XXS		2.300	2.409	0.600
3½	40	4.00	3.548	3.564	0.226
	80		3.364	3.402	0.316
4	40	4.50	4.026	4.044	0.237
	80		3.826	3.969	0.337
	120		3.624	3.692	0.438
	160		3.438	3.530	0.531
	XXS		3.152	3.279	0.674
5	40	5.56	5.047	5.070	0.258
	80		4.813	4.866	0.375
	120		4.563	4.674	0.500
	160		4.313	4.428	0.625
	XXS		4.063	4.209	0.750
6	40	6.62	6.605	6.094	0.280
	80		5.761	5.828	0.432
	120		5.501	5.600	0.562
	160		5.189	5.327	0.718
	XXS		4.897	5.072	0.864
8	40	8.62	7.981	8.020	0.322
	60		7.813	7.873	0.406
	80		7.625	7.709	0.500
	100		7.439	7.546	0.593
	120		7.189	7.327	0.718
	140		7.001	7.163	0.812
	XXS		6.875	7.053	0.875
	160		6.813	6.998	0.906
10	40	10.75	10.020	10.070	0.365
	60		9.750	9.834	0.500
	80		6.564	9.671	0.593
	100		9.314	9.452	0.718
	120		9.064	9.234	0.843
	140		8.750	8.959	1.000
	160		8.500	8.740	1.125

（续）

公称尺寸/in	壁厚或管壁厚系列[①]	A[②]	B[②]	C[②~④]	t[②,④]
12	STD	12.75	12.000	12.053	0.375
	40		11.938	11.999	0.406
	XS		11.750	11.834	0.500
	60		11.626	11.725	0.562
	80		11.376	11.507	0.687
	100		11.064	11.234	0.843
	120		10.750	10.959	1.000
	140		10.500	10.740	1.125
	160		10.126	10.413	1.312
14	STD	14.00	13.250	13.303	0.375
	40		13.124	13.192	0.438
	XS		13.000	13.084	0.500
	60		12.814	12.921	0.593
	80		12.500	12.646	0.750
	100		12.126	12.319	0.937
	120		11.814	12.046	1.093
	140		11.500	11.771	1.250
	160		11.188	11.498	1.406
16	STD	16.00	15.250	15.303	0.375
	40		15.000	15.084	0.500
	60		14.688	14.811	0.656
	80		14.314	14.484	0.843
	100		13.938	14.155	1.031
	120		13.564	13.827	1.218
	140		13.124	13.442	1.438
	160		12.814	13.171	1.593
18	STD	18.00	17.250	17.303	0.375
	XS		17.000	17.084	0.500
	40		16.876	16.975	0.562
	60		16.500	16.646	0.750
	80		16.126	16.319	0.937
	100		15.688	15.936	1.153
	120		15.250	15.553	1.375
	140		14.876	15.225	1.562
	160		14.438	14.842	1.781
20	STD	20.00	19.250	19.303	0.375
	XS		19.000	19.084	0.500
	40		18.814	18.921	0.593
	60		18.376	18.538	0.812
	80		17.938	18.155	1.031
	100		17.438	17.717	1.281
	120		17.000	17.334	1.500
	140		16.500	16.896	1.750
	160		16.064	16.515	1.968
24	STD	24.00	23.250	23.303	0.375
	XS		23.000	23.084	0.500
	30		22.876	22.975	0.562
	40		22.626	22.757	0.687
	60		22.064	22.265	0.968
	80		21.564	21.827	1.218
	100		20.938	21.280	1.531
	120		20.376	20.788	1.812
	140		19.876	20.350	2.062
	160		19.314	19.859	2.343

① 见 ASME B16.5—2017 附录 B 和 C 及 ANSI B36.10，符号含义如下：STD = 标准壁厚；XS = 增强壁厚；XXS = 特增强壁厚。

② 公差，见 ASME B16.5—2017 第 7.4 节。

③ 应注意到在 ASME B16.5—2017 中压力级与管壁系列之间没有固定的关系。

④ 当壁厚小于 0.562in 时，为了能够加工到 C 尺寸，必要时可以考虑使用通过堆焊增加材料的办法。

4. 密封环结构型式及尺寸（见表1-383）

表1-383　密封环结构型式及尺寸　（单位：mm）

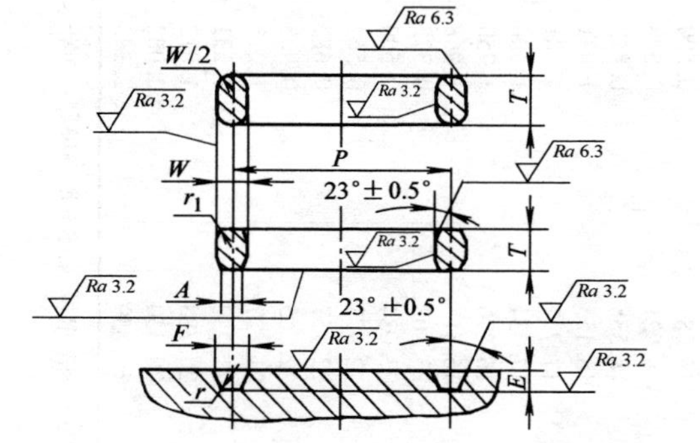

注：1. 当 $W<22.2$ 时，$r_1=1.59$。
2. 当 $W>25.4$ 时，$r_1=2.38$。

环号	适用法兰公称尺寸					P (±0.177)	垫环						
	Class150	Class300、Class400、Class600	Class900	Class1500	Class2500		W (±0.203)	高度 (±0.39) 椭圆形	高度 (±0.39) 八角形	A (±0.203)	$E(^{+0.3}_{0})$	F (±0.203)	r(max)
R11		DN15 $\left(\text{NPS}\frac{1}{2}\right)$				34.131	6.350	11.11	9.52	4.318	5.6	7.144	0.7
R12			DN15 $\left(\text{NPS}\frac{1}{2}\right)$	DN15 $\left(\text{NPS}\frac{1}{2}\right)$		39.688	7.938	14.29	12.70	5.232	6.4	8.731	0.7
R13					DN15 $\left(\text{NPS}\frac{1}{2}\right)$	42.862	7.938	14.29	12.70	5.232	6.4	8.731	0.7
R14		DN20 $\left(\text{NPS}\frac{3}{4}\right)$		DN20 $\left(\text{NPS}\frac{3}{4}\right)$		44.450	7.938	14.29	12.70	5.232	6.4	8.731	0.7
R15	DN25（NPS1）		DN20 $\left(\text{NPS}\frac{3}{4}\right)$			47.625	7.938	14.29	12.70	5.232	6.4	8.731	0.7
R16	DN32 $\left(\text{NPS}1\frac{1}{4}\right)$	DN25（NPS1）	DN25（NPS1）	DN25（NPS1）	DN20 $\left(\text{NPS}\frac{3}{4}\right)$	50.800	7.938	14.29	12.70	5.232	6.4	8.731	0.7
R17		DN32 $\left(\text{NPS}1\frac{1}{4}\right)$	DN32 $\left(\text{NPS}1\frac{1}{4}\right)$	DN32 $\left(\text{NPS}1\frac{1}{4}\right)$		57.150	7.938	14.29	12.70	5.232	6.4	8.731	0.7
R18					DN20（NPS1）	60.325	7.938	14.29	12.70	5.232	6.4	8.731	0.7
R19	DN40 $\left(\text{NPS}1\frac{1}{2}\right)$					65.088	7.938	14.29	12.70	5.232	6.4	8.731	0.7
R20		DN40 $\left(\text{NPS}1\frac{1}{2}\right)$	DN40 $\left(\text{NPS}1\frac{1}{2}\right)$	DN40 $\left(\text{NPS}1\frac{1}{2}\right)$		68.262	7.938	14.29	12.70	5.232	6.4	8.731	0.7

R21						72.231	11.112	17.46	15.88	7.747	8.0	11.906	0.7
R22	DN50 (NPS2)				DN32 $\left(NPS1\frac{1}{4}\right)$	82.550	7.938	14.29	12.70	5.232	6.4	8.731	0.7
R23	DN65 $\left(NPS2\frac{1}{2}\right)$	DN50 (NPS2)	DN50 (NPS2)	DN50 (NPS2)	DN40 $\left(NPS1\frac{1}{2}\right)$	82.550	11.112	17.46	15.88	7.747	8.0	11.906	0.7
R24						95.250	11.112	17.46	15.88	7.747	8.0	11.906	0.7
R25						101.600	7.938	14.29	12.70	5.232	6.4	8.731	0.7
R26		DN65 $\left(NPS2\frac{1}{2}\right)$				101.600	11.112	17.46	15.88	7.747	8.0	11.906	0.7
R27			DN65 $\left(NPS2\frac{1}{2}\right)$	DN65 $\left(NPS2\frac{1}{2}\right)$		107.950	11.112	17.46	15.88	7.747	8.0	11.906	0.7
R28					DN65 $\left(NPS2\frac{1}{2}\right)$	111.125	12.700	19.05	17.46	8.661	9.6	13.494	1.5
R29	DN80 (NPS3)					114.300	7.938	14.29	12.70	5.232	6.4	8.731	0.7
R30		DN80 (NPS3)				117.475	11.112	17.46	15.88	7.747	8.0	11.906	0.7
R31		DN80 (NPS3)	DN80 (NPS3)			123.825	11.112	17.46	15.88	7.747	8.0	11.906	0.7
R32					DN80 (NPS3)	127.000	12.700	19.05	17.46	8.661	9.6	13.494	1.5
R33	$\left(NPS3\frac{1}{2}\right)$					131.762	7.938	14.29	12.70	5.232	6.4	8.731	0.7
R34		$\left(NPS3\frac{1}{2}\right)$				131.762	11.112	17.46	15.88	7.747	8.0	11.906	0.7
R35				DN80 (NPS3)		136.525	11.112	17.46	15.88	7.747	8.0	11.906	0.7
R36	DN100 (NPS4)					149.225	7.938	14.29	12.70	5.232	6.4	8.731	0.7
R37		DN100 (NPS4)	DN100 (NPS4)			149.225	11.112	17.46	15.88	7.747	8.0	11.906	0.7
R38					DN100 (NPS4)	157.162	15.875	22.22	20.64	10.490	11.2	16.669	1.5
R39				DN100 (NPS4)		161.925	11.112	17.46	15.88	7.747	8.0	11.906	0.7
R40	DN125 (NPS5)					171.450	7.938	14.29	12.70	5.232	6.4	8.731	0.7
R41		DN125 (NPS5)	DN125 (NPS5)			180.975	11.112	17.46	15.88	7.747	8.0	11.906	0.7
R42					DN125 (NPS5)	190.500	19.050	25.40	23.81	12.319	12.7	19.844	1.5
R43	DN150 (NPS6)					193.675	7.938	14.29	12.70	5.232	6.4	8.731	0.7
R44				DN125 (NPS5)		193.675	11.112	17.46	15.88	7.747	8.0	11.906	0.7
R45		DN150 (NPS6)	DN150 (NPS6)			211.138	11.112	17.46	15.88	7.747	8.0	11.906	0.7

（续）

环号	适用法兰公称尺寸					P （±0.177）	垫环						
	Class150	Class300、Class400、Class600	Class900	Class1500	Class2500		W （±0.203）	高度（±0.39）椭圆形	高度（±0.39）八角形	A （±0.203）	$E(^{+0.3}_{0})$	F （±0.203）	r（max）
R46						211.138	12.700	19.05	17.46	8.661	9.6	13.494	1.5
R47				DN150（NPS6）		228.600	19.050	25.40	23.81	12.319	12.7	19.844	1.5
R48	DN200（NPS8）				DN150（NPS6）	247.650	7.938	14.29	12.70	5.232	6.4	8.731	0.7
R49		DN200（NPS8）	DN200（NPS8）			269.875	11.112	17.46	15.88	7.747	8.0	11.906	0.7
R50				DN200（NPS8）		269.875	15.875	22.22	20.64	10.490	11.2	16.669	1.5
R51	DN250（NPS10）				DN200（NPS8）	279.400	22.225	28.58	26.99	14.808	14.3	23.019	1.5
R52						304.800	7.938	14.29	12.70	5.232	6.4	8.731	0.7
R53		DN250（NPS10）	DN250（NPS10）			323.850	11.112	17.46	15.88	7.747	8.0	11.906	0.7
R54				DN250（NPS10）		323.850	15.875	22.22	20.64	10.490	11.2	16.669	1.5
R55					DN250（NPS10）	342.900	28.575	36.51	34.92	19.812	17.5	30.162	2.3
R56	DN300（NPS12）					381.000	7.938	14.29	12.70	5.232	6.4	8.731	0.7
R57		DN300（NPS12）	DN300（NPS12）			381.000	11.112	17.46	15.88	7.747	8.0	11.906	0.7
R58				DN300（NPS12）		381.000	22.225	28.58	26.99	14.808	14.3	23.019	1.5
R59	DN350（NPS14）					396.875	7.938	14.29	12.70	5.232	6.4	8.731	0.7
R60					DN300（NPS12）	406.400	31.750	39.69	38.10	22.327	17.5	33.338	2.3
R61		DN350（NPS14）				419.100	11.112	17.46	15.88	7.747	8.0	11.906	0.7
R62			DN350（NPS14）			419.100	15.875	22.22	20.64	10.490	11.2	16.669	1.5
R63				DN350（NPS14）		419.100	25.400	33.34	31.75	17.297	15.9	26.988	2.3
R64	DN400（NPS16）					454.025	7.938	14.29	12.70	5.232	6.4	8.731	0.7
R65		DN400（NPS16）				469.900	11.112	17.46	15.88	7.747	8.0	11.906	0.7
R66			DN400（NPS16）			469.900	15.875	22.22	20.64	10.490	11.2	16.669	1.5
R67				DN400（NPS16）		469.900	28.575	36.51	34.92	19.812	17.5	30.162	2.3
R68	DN450（NPS18）					517.525	7.938	14.39	12.70	5.232	6.4	8.731	0.7
R69		DN450（NPS18）				533.400	11.112	17.46	15.88	7.747	8.0	11.906	0.7
R70			DN450（NPS18）			533.400	19.050	25.40	23.81	12.319	12.7	19.844	1.5
R71				DN450（NPS18）		533.400	28.575	36.51	34.92	19.812	17.5	30.162	2.3
R72	DN500（NPS20）					558.800	7.938	14.29	12.70	5.232	6.4	8.731	0.7

R73		DN500（NPS20）				584.200	12.700	19.05	17.46	8.661	9.6	13.494	1.5
R74			DN500（NPS20）			584.200	19.050	25.40	23.81	12.319	12.7	19.844	1.5
R75				DN500（NPS20）		584.200	31.750	39.69	38.10	22.327	17.5	33.338	2.3
R76	DN600（NPS24）					673.100	7.938	14.29	12.70	5.232	6.4	8.731	0.7
R77		DN600（NPS24）				692.150	15.875	22.22	20.64	10.490	11.2	16.669	1.5
R78			DN600（NPS24）			692.150	25.400	33.34	31.75	17.297	15.9	26.988	2.3
R79				DN600（NPS24）		692.150	34.925	44.45	41.28	24.816	20.7	36.512	2.3
R80	DN550（NPS22）					615.950	7.938	—	12.70	5.232	6.4	8.731	0.7
R81		DN550（NPS22）				635.000	14.288	—	19.05	9.576	11.2	15.081	1.5
R82						57.150	11.112	—	15.88	7.747	8.0	11.906	0.7
R84						63.500	11.112	—	15.88	7.47	8.0	11.906	0.7
R85						79.375	12.700	—	17.46	8.661	9.6	13.494	1.5
R86						90.488	15.875	—	20.64	10.490	11.2	16.669	1.5
R87						100.012	15.875	—	20.64	10.490	11.2	16.669	1.5
R88						123.825	19.050	—	23.81	12.319	12.7	19.844	1.5
R89						114.300	19.050	—	23.81	12.319	12.7	19.844	1.5
R90						155.575	22.252	—	26.99	14.808	14.3	23.019	1.5
R91						260.350	31.750	—	38.10	22.327	17.5	33.338	2.3
R92						228.600	11.112	17.46	15.88	7.747	8.0	11.906	0.7
R93		DN650（NPS26）				749.300	19.050	—	23.81	12.319	12.7	19.844	1.5
R94		DN700（NPS28）				800.100	19.050	—	23.81	12.319	12.7	19.844	1.5
R95		DN750（NPS30）				857.250	19.050	—	23.81	12.319	12.7	19.844	1.5
R96		DN800（NPS32）				914.400	22.225	—	26.99	14.808	14.3	23.019	1.5
R97		DN850（NPS34）				965.200	22.225	—	26.99	14.808	14.3	23.019	1.5
R98		DN900（NPS36）				1022.350	22.225	—	26.99	14.808	14.3	23.019	1.5
R99						234.950	11.112	—	15.88	7.747	8.0	11.906	0.7
R100			DN650（NPS26）			749.300	28.575	—	34.92	19.812	17.5	30.162	2.3
R101			DN700（NPS28）			800.100	31.750	—	38.10	22.327	17.5	33.338	2.3
R102			DN750（NPS30）			857.250	31.750	—	38.10	22.327	17.5	33.338	2.3
R103			DN800（NPS32）			914.400	31.750	—	38.10	22.327	17.5	33.338	2.3
R104			DN850（NPS34）			965.200	34.925	—	41.28	24.816	20.7	36.512	2.3
R105			DN900（NPS36）			1022.350	34.925	—	41.28	24.816	20.7	36.512	2.3

1.7.5.6 美国 ASME B16.47—2017“大直径钢管法兰尺寸”

1. ASME B16.47—2107 A 系列钢管法兰尺寸

A 系列法兰的结构型式及尺寸如图 1-154 ~ 图 1-158及表 1-384 ~ 表 1-388 所示。

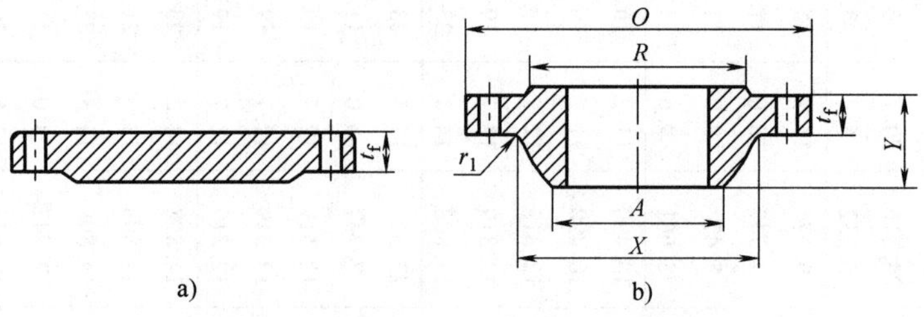

图 1-154 Class150A 系列法兰的结构型式

a）法兰盖 b）焊颈法兰

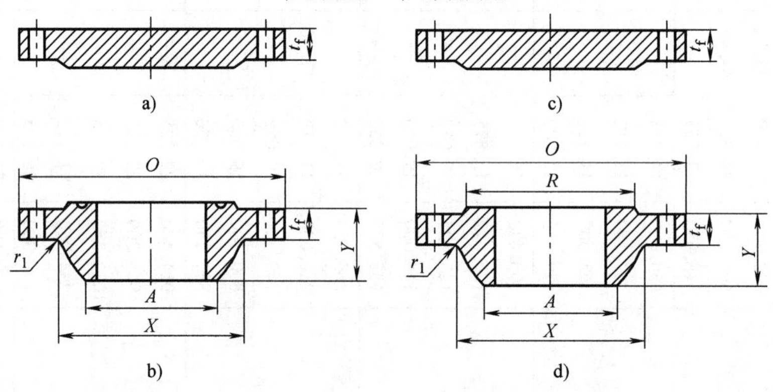

图 1-155 Class300 A 系列法兰的结构型式

a）环连接法兰盖 b）环连接焊颈法兰 c）凸面连接法兰盖 d）凸面连接焊颈法兰

表 1-384 Class150 A 系列法兰尺寸 （单位：mm）

公称尺寸	法兰外径 O	法兰最小厚度		颈部长度 Y	颈部根部直径 X	焊接端倒角处的颈部直径 A	凸面直径 A	连接螺栓孔			螺栓直径 /in	颈根圆弧半径 r_1
		法兰 t_f	盲板 t_f					螺栓孔中心圆直径	螺栓孔数量 /个	螺栓孔径 /in		
NPS26	870	66.7	66.7	119	676	660.4	749	806.4	24	1⅜	1¼	10
NPS28	925	69.9	69.9	124	727	711.2	800	863.6	28	1⅜	1¼	11
NPS30	985	73.1	73.1	135	781	762.0	857	914.4	28	1⅜	1¼	11
NPS32	1060	79.4	79.4	143	832	812.8	914	977.9	28	1⅝	1½	11
NPS34	1110	81.0	81.0	148	883	863.6	965	1028.7	32	1⅝	1½	13
NPS36	1170	88.9	88.9	156	933	914.4	1022	1085.8	32	1⅝	1½	13
NPS38	1240	85.8	85.8	156	991	965.2	1073	1149.4	32	1⅝	1½	13
NPS40	1290	88.9	88.9	162	1041	1016.0	1124	1200.2	36	1⅝	1½	13
NPS42	1345	95.3	95.3	170	1092	1066.8	1194	1257.3	36	1⅝	1½	13
NPS44	1405	100.1	100.1	176	1143	1117.6	1245	1314.4	40	1⅝	1½	13
NPS46	1455	101.6	101.6	184	1197	1168.4	1295	1365.2	40	1⅝	1½	13
NPS48	1510	106.4	106.4	191	1248	1219.2	1359	1422.4	44	1⅝	1½	13
NPS50	1570	109.6	109.6	202	1302	1270.0	1410	1479.6	44	1⅞	1¾	13
NPS52	1625	114.3	114.3	208	1353	1320.8	1461	1536.7	44	1⅞	1¾	13

（续）

公称尺寸	法兰外径 O	法兰最小厚度		颈部长度 Y	颈部根部直径 X	焊接端倒角处的颈部直径 A	凸面直径 A	连接螺栓孔			螺栓直径 /in	颈根圆弧半径 r_1
		法兰 t_f	盲板 t_f					螺栓孔中心圆直径	螺栓数量 /个	螺栓孔径 /in		
NPS54	1685	119.1	119.1	214	1403	1371.6	1511	1593.8	44	1⅞	1¾	13
NPS56	1745	122.3	122.3	227	1457	1422.4	1575	1651.0	48	1⅞	1¾	13
NPS58	1805	127.0	127.0	233	1508	1473.2	1626	1708.2	48	1⅞	1¾	13
NPS60	1855	130.2	130.2	238	1559	1524.0	1676	1759.0	52	1⅞	1¾	13

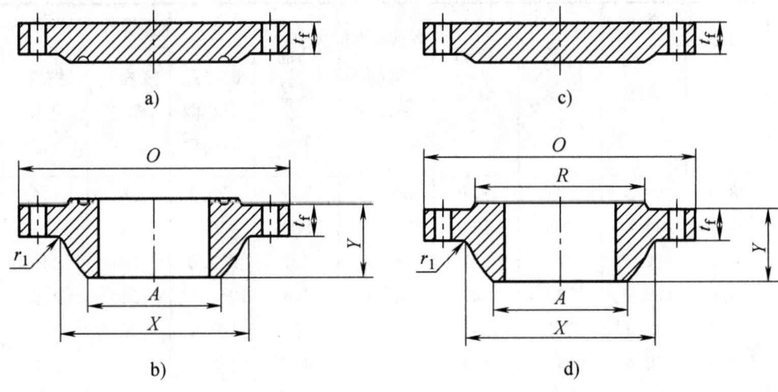

图 1-156　Class400 A 系列法兰的结构型式

a）环连接法兰盖　b）环连接焊颈法兰　c）凸面连接法兰盖　d）凸面连接焊颈法兰

表 1-385　Class300 A 系列法兰尺寸　（单位：mm）

公称尺寸	法兰外径 O	法兰最小厚度		颈部长度 Y	颈部直径 X	焊接端倒角处的颈部直径 A	凸面直径 R	连接螺栓孔			螺栓直径 /in	颈根圆角半径 r_1
		法兰 t_f	盲板 t_f					螺栓孔中心圆直径	螺栓数量 /个	螺栓孔径 /in		
NPS26	970	77.8	82.6	183	721	660.4	749	876.3	28	1¾	1⅝	10
NPS28	1035	84.2	88.9	195	775	711.2	800	939.8	28	1¾	1⅝	11
NPS30	1090	90.5	93.7	208	827	762.0	857	997.0	28	1⅞	1¾	11
NPS32	1150	96.9	98.5	221	881	812.8	914	1054.1	28	2	1⅞	11
NPS34	1205	100.1	103.2	230	937	863.6	965	1104.9	28	2	1⅞	13
NPS36	1270	103.2	109.6	240	991	914.4	1022	1168.4	32	2⅛	2	13
NPS38	1170	106.4	106.4	179	994	965.2	1029	1092.2	32	1⅝	1½	13
NPS40	1240	112.8	112.8	192	1048	1016.0	1086	1155.7	32	1¾	1⅝	13
NPS42	1290	117.5	117.5	198	1099	1066.8	1137	1206.5	32	1¾	1⅝	13
NPS44	1355	122.3	122.3	205	1149	1117.6	1194	1263.6	32	1⅞	1¾	13
NPS46	1415	127.0	127.0	214	1203	1168.4	1245	1320.8	28	2	1⅞	13
NPS48	1465	131.8	131.8	222	1254	1219.2	1302	1371.6	32	2	1⅞	13
NPS50	1530	138.2	138.2	230	1305	1270.0	1359	1428.8	32	2⅛	2	13
NPS52	1580	142.9	142.9	237	1356	1320.8	1410	1479.6	32	2⅛	2	13
NPS54	1660	150.9	150.9	251	1410	1371.6	1467	1549.4	28	2⅜	2¼	13

（续）

公称尺寸	法兰外径 O	法兰最小厚度		颈部长度 Y	颈部直径 X	焊接端倒角处的颈部直径 A	凸面直径 R	连接螺栓孔			螺栓直径 /in	颈根圆角半径 r_1
		法兰 t_f	盲板 t_f					螺栓孔中心圆直径	螺栓孔数量 /个	螺栓孔径 /in		
NPS56	1710	152.4	152.4	259	1464	1422.4	1518	1600.2	28	2⅜	2¼	13
NPS58	1760	157.2	157.2	265	1514	1473.2	1575	1651.0	32	2⅜	2¼	13
NPS60	1810	162.0	162.0	271	1565	1524.0	1626	1701.8	32	2⅜	2¼	13

表1-386 Class400 A系列法兰尺寸 （单位：mm）

公称尺寸	法兰外径 O	法兰最小厚度		颈部长度 Y	颈部直径 X	焊接端倒角处的颈部直径 A	凸面直径 R	连接螺栓孔			螺栓直径 /in	颈根圆角半径 r_1
		法兰 t_f	盲板 t_f					螺栓孔中心圆直径	螺栓孔数量 /个	螺栓孔径 /in		
NPS26	970	88.9	98.5	194	727	660.4	749	876.3	28	1⅞	1¾	11
NPS28	1035	95.3	104.8	206	783	711.2	800	939.8	28	2	1⅞	13
NPS30	1090	101.6	111.2	219	837	762.0	857	997.0	28	2⅛	2	13
NPS32	1150	108.0	115.9	232	889	812.8	914	1054.1	28	2⅛	2	13
NPS34	1205	111.2	122.3	241	945	863.6	965	1104.9	28	2⅛	2	14
NPS36	1270	114.3	128.6	251	1000	914.4	1022	1168.4	32	2⅛	2	14
NPS38	1205	123.9	123.9	206	1003	965.2	1035	1117.6	32	1⅞	1¾	14
NPS40	1270	130.2	130.2	216	1054	1016.0	1092	1174.8	32	2	1⅞	14
NPS42	1320	133.4	133.4	224	1108	1066.8	1143	1225.6	32	2	1⅞	14
NPS44	1385	139.7	139.7	233	1159	1117.6	1200	1282.7	32	2⅛	2	14
NPS46	1440	146.1	146.1	244	1213	1168.4	1257	1339.8	36	2⅛	2	14
NPS48	1510	152.4	152.4	257	1267	1219.2	1308	1403.4	28	2⅜	2¼	14
NPS50	1570	157.2	158.8	268	1321	1270.0	1362	1460.5	32	2⅜	2¼	14
NPS52	1620	162.0	163.6	276	1372	1320.8	1413	1511.3	32	2⅜	2¼	14
NPS54	1700	169.9	171.5	289	1426	1371.6	1470	1581.2	28	2⅝	2½	14
NPS56	1755	174.7	176.3	298	1480	1422.4	1527	1632.0	32	2⅝	2½	14
NPS58	1805	177.8	181.0	306	1530	1473.2	1578	1682.8	32	2⅝	2½	14
NPS60	1885	185.8	189.0	319	1584	1524.0	1635	1752.6	32	2⅞	2¾	14

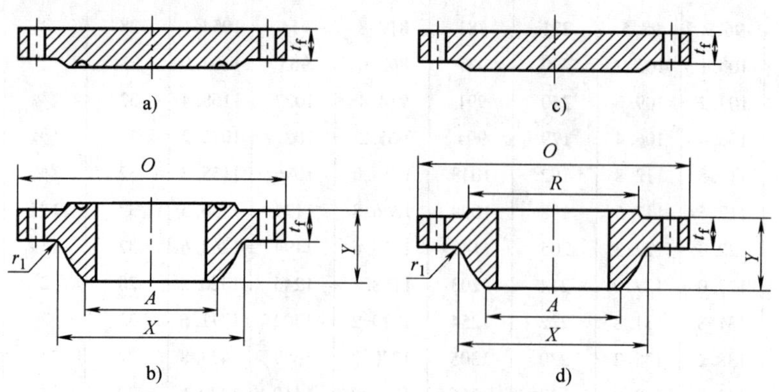

图1-157 Class600 A系列法兰的结构型式

a）环连接法兰盖 b）环连接焊颈法兰 c）凸面连接法兰盖 d）凸面连接焊颈法兰

表 1-387 Class600 A 系列法兰尺寸 （单位：mm）

公称尺寸	法兰外径 O	法兰最小厚度		颈部长度 Y	颈部直径 X	焊接端倒角处的颈部直径 A	凸面直径 R	连接螺栓孔			螺栓直径 /in	颈根圆角半径 r_1
		法兰 t_f	盲板 t_f					螺栓孔中心圆直径	螺栓孔数量 /个	螺栓孔径 /in		
NPS26	1015	108.0	125.5	222	748	660.4	749	914.4	28	2	1⅞	13
NPS28	1075	111.2	131.8	235	803	711.2	800	965.2	28	2⅛	2	13
NPS30	1130	114.3	139.7	248	862	762.0	857	1022.4	28	2⅛	2	13
NPS32	1195	117.5	147.7	260	918	812.8	914	1079.5	28	2⅜	2¼	13
NPS34	1245	120.7	154.0	270	973	863.6	965	1130.3	28	2⅜	2¼	14
NPS36	1315	123.9	162.0	283	1032	914.4	1022	1193.8	28	2⅝	2½	14
NPS38	1270	152.4	155.0	254	1022	965.2	1054	1162.0	28	2⅜	2¼	14
NPS40	1320	158.8	162.0	264	1073	1016.0	1111	1212.8	32	2⅜	2¼	14
NPS42	1405	168.3	171.5	279	1127	1066.8	1168	1282.7	28	2⅝	2½	14
NPS44	1455	173.1	177.8	289	1181	1117.6	1226	1333.5	32	2⅝	2½	14
NPS46	1510	179.4	185.8	300	1235	1168.4	1276	1390.6	32	2⅝	2½	14
NPS48	1595	189.0	195.3	316	1289	1219.2	1334	1460.5	32	2⅞	2¾	14
NPS50	1670	196.9	203.2	329	1343	1270.0	1384	1524.0	28	3⅛	3	14
NPS52	1720	203.2	209.6	337	1394	1320.8	1435	1574.8	32	3⅛	3	14
NPS54	1780	209.6	217.5	349	1448	1371.6	1492	1632.0	32	3⅛	3	14
NPS56	1855	217.5	225.5	362	1502	1422.4	1543	1695.4	32	3⅜	3¼	16
NPS58	1905	222.3	231.8	370	1553	1473.2	1600	1746.2	32	3⅜	3¼	16
NPS60	1995	233.4	242.9	389	1610	1524.0	1657	1822.4	28	3⅝	3½	17

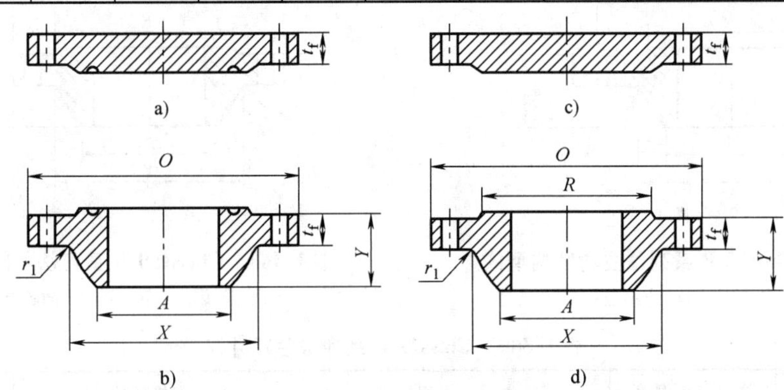

图 1-158 Class900 A 系列法兰的结构型式

a）环连接法兰盖 b）环连接焊颈法兰 c）凸面连接法兰盖 d）凸面连接焊颈法兰

表 1-388 Class900 A 系列法兰尺寸 （单位：mm）

公称尺寸	法兰外径 O	法兰最小厚度		颈部长度 Y	颈部直径 X	焊接端倒角处的颈部直径 A	凸面直径 R	连接螺栓孔			螺栓直径 /in	颈根圆角半径 r_1
		法兰 t_f	盲板 t_f					螺栓孔中心圆直径	螺栓孔数量 /个	螺栓孔径 /in		
NPS26	1085	139.7	160.4	286	775	660.4	749	952.5	20	2⅞	2¾	11
NPS28	1170	142.9	171.5	298	832	711.2	800	1022.4	20	3⅛	3	13
NPS30	1230	149.3	182.6	311	889	762.0	857	1085.8	20	3⅛	3	13
NPS32	1315	158.8	193.7	330	946	812.8	914	1155.7	20	3⅜	3¼	13
NPS34	1395	165.1	204.8	349	1006	863.6	965	1225.6	20	3⅝	3½	14
NPS36	1460	171.5	214.4	362	1064	914.4	1022	1289.0	20	3⅝	3½	14
NPS38	1460	190.5	215.9	352	1073	965.2	1099	1289.0	20	3⅝	3½	19

（续）

公称尺寸	法兰外径 O	法兰最小厚度		颈部长度 Y	颈部直径 X	焊接端倒角处的颈部直径 A	凸面直径 R	连接螺栓孔			螺栓直径 /in	颈根圆角半径 r_1
		法兰 t_f	盲板 t_f					螺栓孔中心圆直径	螺栓孔数量/个	螺栓孔径/in		
NPS40	1510	196.9	223.9	364	1127	1016.0	1162	1339.8	24	3⅝	3½	21
NPS42	1560	206.4	231.8	371	1176	1066.8	1213	1390.6	24	3⅝	3½	21
NPS44	1650	214.4	242.9	391	1235	1117.6	1270	1463.7	24	3⅞	3¾	22
NPS46	1735	225.5	255.6	411	1292	1168.4	1334	1536.7	24	4⅛	4	22
NPS48	1785	233.4	263.6	419	1343	1219.2	1384	1587.5	24	4⅛	4	24
NPS50	—	—	—	—	—	—	—	—	—	—	—	—
NPS52	—	—	—	—	—	—	—	—	—	—	—	—
NPS54	—	—	—	—	—	—	—	—	—	—	—	—
NPS56	—	—	—	—	—	—	—	—	—	—	—	—
NPS58	—	—	—	—	—	—	—	—	—	—	—	—
NPS60	—	—	—	—	—	—	—	—	—	—	—	—

2. ASME B16.47—2017 B系列钢管法兰尺寸

B系列法兰的结构型式及尺寸如图1-159～图1-164所示及见表1-389～表1-394。

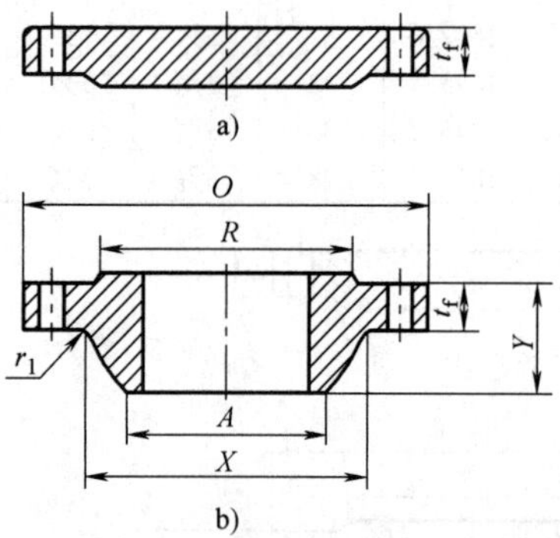

图1-159　Class75 B系列法兰的结构型式

a）凸面连接法兰盖　b）凸面连接焊颈法兰

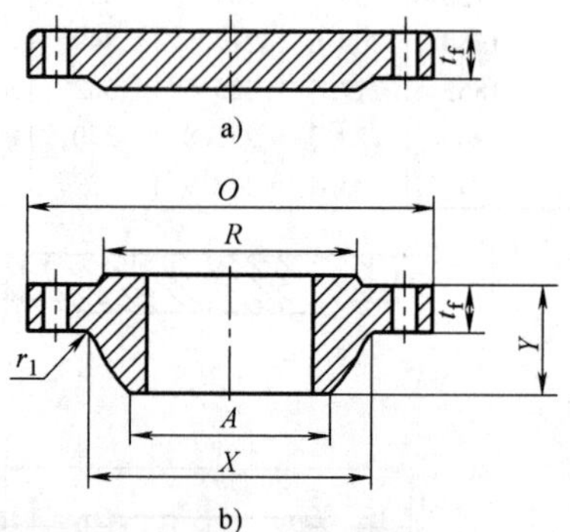

图1-160　Class150 B系列法兰的结构型式

a）凸面连接法兰盖　b）凸面连接焊颈法兰

表1-389　Class75 B系列法兰尺寸　（单位：mm）

公称尺寸	法兰外径 O	法兰最小厚度		颈部长度 Y	颈部直径 X	焊接端倒角处的颈部直径 A	凸面直径 R	连接螺栓孔			螺栓直径 /in	颈根圆角半径 r_1
		法兰 t_f	盲板 t_f					螺栓孔中心圆直径	螺栓孔数量/个	螺栓孔径/in		
NPS26	760	31.9	31.9	57	676	661.9	705	723.9	36	¾	⅝	8
NPS28	815	31.9	31.9	60	727	712.7	756	774.7	40	¾	⅝	8
NPS30	865	31.9	31.9	64	778	763.5	806	825.5	44	¾	⅝	8
NPS32	915	33.5	35.0	68	829	814.3	857	876.3	48	¾	⅝	8
NPS34	965	33.5	36.6	72	879	865.1	908	927.1	52	¾	⅝	8
NPS36	1035	35.0	40.9	84	935	915.9	965	992.2	40	⅞	¾	10
NPS38	1085	36.6	43.0	87	986	966.7	1016	1043.0	40	⅞	¾	10
NPS40	1135	36.6	43.0	91	1037	1017.5	1067	1093.8	44	⅞	¾	10
NPS42	1185	38.2	46.3	94	1087	1068.3	1118	1144.6	48	⅞	¾	10
NPS44	1250	41.4	47.7	103	1140	1119.1	1175	1203.3	36	1	⅞	10
NPS46	1300	43.0	49.3	106	1191	1169.9	1226	1254.1	40	1	⅞	10
NPS48	1355	44.6	52.5	110	1241	1220.7	1276	1304.9	44	1	⅞	10
NPS50	1405	46.2	54.1	114	1294	1271.5	1327	1355.7	44	1	⅞	10

（续）

公称尺寸	法兰外径 O	法兰最小厚度		颈部长度 Y	颈部直径 X	焊接端倒角处的颈部直径 A	凸面直径 R	连接螺栓孔			螺栓直径 /in	颈根圆角半径 r_1
		法兰 t_f	盲板 t_f					螺栓孔中心圆直径	螺栓孔数量 /个	螺栓孔径 /in		
NPS52	1455	46.2	55.7	119	1345	1322.3	1378	1409.7	48	1	⅞	10
NPS54	1510	47.8	58.9	124	1397	1373.1	1429	1460.5	48	1	⅞	10
NPS56	1575	49.3	60.4	133	1451	1423.9	1486	1520.8	40	1⅛	1	11
NPS58	1625	50.9	62.0	137	1502	1474.7	1537	1571.6	44	1⅛	1	11
NPS60	1675	54.1	65.2	143	1553	1525.5	1588	1622.4	44	1⅛	1	11

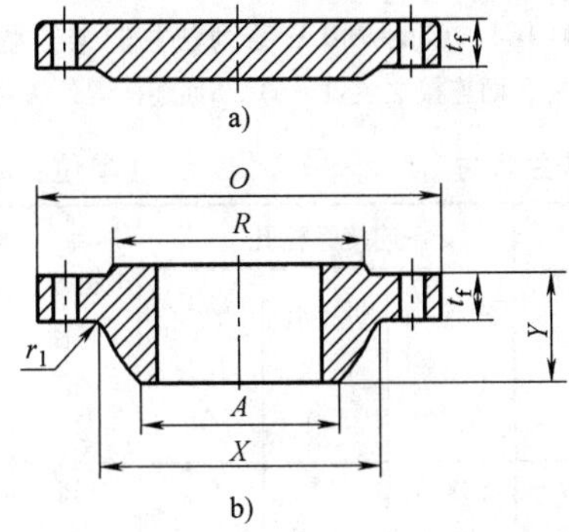

图 1-161　Class300 B 系列法兰的结构型式

a）凸面连接法兰盖　b）凸面连接焊颈法兰

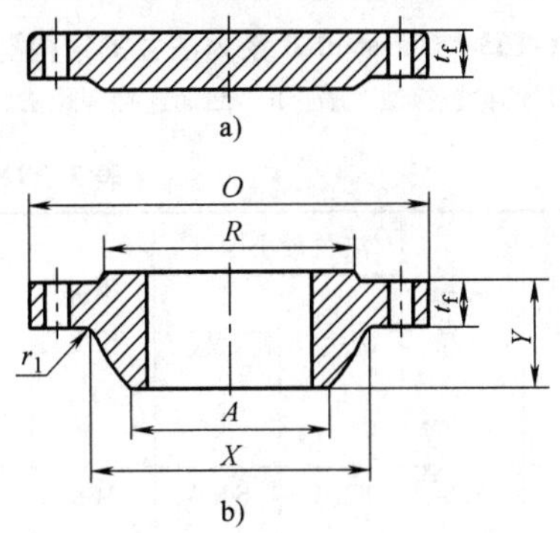

图 1-162　Class400 B 系列法兰的结构型式

a）凸面连接法兰盖　b）凸面连接焊颈法兰

表 1-390　Class150 B 系列法兰尺寸　（单位：mm）

公称尺寸	法兰外径 O	法兰最小厚度		颈部长度 Y	颈部直径 X	焊接端倒角处的颈部直径 A	凸面直径 R	连接螺栓孔			螺栓直径 /in	颈根圆角半径 r_1
		法兰 t_f	盲板 t_f					螺栓孔中心圆直径	螺栓孔数量 /个	螺栓孔径 /in		
NPS26	785	39.8	43.0	87	684	661.9	711	744.5	36	⅞	¾	10
NPS28	835	43.0	46.2	94	735	712.7	762	795.3	40	⅞	¾	10
NPS30	885	43.0	49.3	98	787	763.5	813	846.1	44	⅞	¾	10
NPS32	940	44.6	52.5	106	840	814.3	864	900.1	48	⅞	¾	10
NPS34	1005	47.7	55.7	109	892	865.1	921	957.3	40	1	⅞	10
NPS36	1055	50.9	57.3	116	945	915.9	972	1009.6	44	1	⅞	10
NPS38	1125	52.5	62.0	122	997	968.2	1022	1070.0	40	1⅛	1	10
NPS40	1175	54.1	65.2	127	1049	1019.0	1080	1120.8	44	1⅛	1	10
NPS42	1225	57.3	66.8	132	1102	1069.8	1130	1171.6	48	1⅛	1	11
NPS44	1275	58.9	70.0	135	1153	1120.6	1181	1222.4	52	1⅛	1	11
NPS46	1340	60.4	73.1	143	1205	1171.4	1235	1284.3	40	1¼	1⅛	11
NPS48	1390	63.6	76.3	148	1257	1222.2	1289	1335.1	44	1¼	1⅛	11
NPS50	1445	66.8	79.5	152	1308	1273.0	1340	1385.9	48	1¼	1⅛	11
NPS52	1495	68.4	82.7	156	1360	1323.8	1391	1436.7	52	1¼	1⅛	11
NPS54	1550	70.0	85.8	160	1413	1374.6	1441	1492.2	56	1¼	1⅛	11
NPS56	1600	71.6	89.0	165	1465	1425.4	1492	1543.0	60	1¼	1⅛	14
NPS58	1675	73.1	91.9	173	1516	1476.2	1543	1611.3	48	1⅜	1¼	14
NPS60	1725	74.7	95.4	178	1570	1527.0	1600	1662.1	52	1⅜	1¼	14

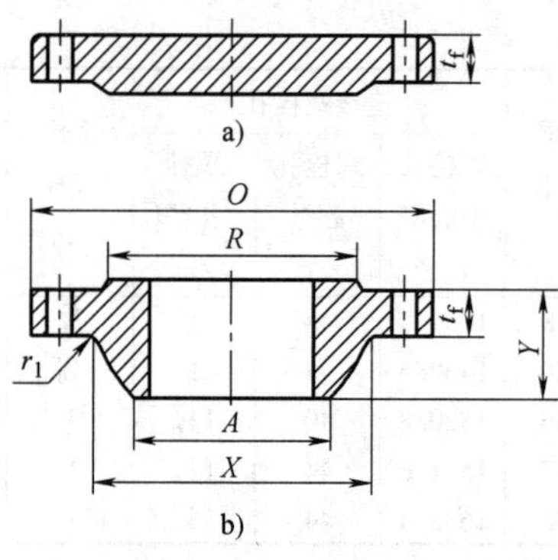

图1-163 Class600 B系列法兰的结构型式
a）凸面连接法兰盖 b）凸面连接焊颈法兰

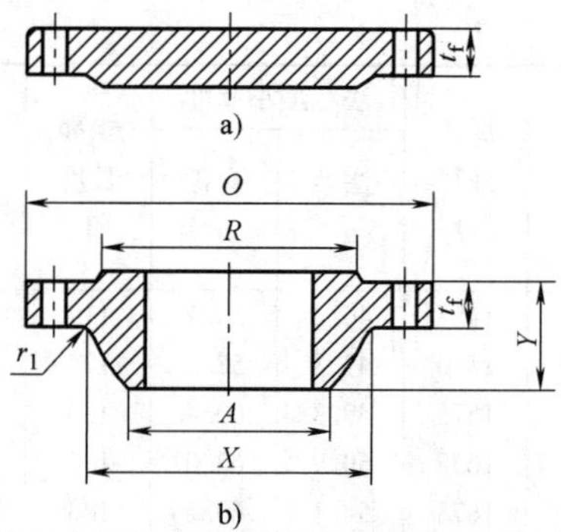

图1-164 Class900 B系列法兰的结构型式
a）凸面连接法兰盖 b）凸面连接焊颈法兰

表1-391 Class300 B系列法兰尺寸 （单位：mm）

公称尺寸	法兰外径 O	法兰最小厚度		颈部长度 Y	颈部直径 X	焊接端倒角处的颈部直径 A	凸面直径 R	连接螺栓孔			螺栓直径 /in	颈根圆角半径 r_1
		法兰 t_f	盲板 t_f					螺栓孔中心圆直径	螺栓孔数量 /个	螺栓孔径 /in		
NPS26	865	87.4	87.4	168	702	665.2	737	803.3	32	1⅜	1¼	14
NPS28	920	87.4	87.4	148	756	716.0	787	857.2	36	1⅜	1¼	14
NPS30	990	92.1	92.1	156	813	768.4	845	920.8	36	1½	1⅜	14
NPS32	1055	101.6	101.6	167	864	819.2	902	977.9	32	1⅝	1½	16
NPS34	1110	101.6	101.6	171	918	870.0	953	1031.9	36	1⅝	1½	16
NPS36	1170	101.6	101.6	179	965	920.8	1010	1089.0	32	1¾	1⅝	16
NPS38	1220	109.6	109.6	165	1016	971.6	1060	1139.8	36	1¾	1⅝	16
NPS40	1275	114.3	114.3	197	1067	1022.4	1114	1190.6	40	1¾	1⅝	16
NPS42	1335	117.5	117.5	203	1118	1074.7	1168	1244.6	36	1⅞	1¾	16
NPS44	1385	125.5	125.5	213	1173	1125.5	1219	1295.4	40	1⅞	1¾	16
NPS46	1460	127.0	128.6	221	1229	1176.3	1270	1365.2	36	2	1⅞	16
NPS48	1510	127.0	133.4	222	1278	1227.1	1327	1416.0	40	2	1⅞	16
NPS50	1560	136.6	138.2	233	1330	1277.9	1378	1466.8	44	2	1⅞	16
NPS52	1615	141.3	142.6	241	1383	1328.7	1429	1517.6	48	2	1⅞	16
NPS54	1675	135.0	147.7	238	1435	1379.5	1480	1578.0	48	2	1⅞	16
NPS56	1765	152.4	155.4	267	1494	1430.3	1537	1651.0	36	2⅜	2¼	17
NPS58	1825	152.4	160.4	273	1548	1481.1	1594	1712.9	40	2⅜	2¼	17
NPS60	1880	149.3	165.1	270	1599	1557.3	1651	1763.7	40	2⅜	2¼	17

表1-392 Class400 B系列法兰尺寸 （单位：mm）

公称尺寸	法兰外径 O	法兰最小厚度		颈部长度 Y	颈部直径 X	焊接端倒角处的颈部直径 A	凸面直径 R	连接螺栓孔			螺栓直径 /in	颈根圆角半径 r_1
		法兰 t_f	盲板 t_f					螺栓孔中心圆直径	螺栓孔数量 /个	螺栓孔径 /in		
NPS26	850	88.9	88.9	149	689	660.4	711	781.0	28	1½	1⅜	11
NPS28	915	95.3	95.3	159	740	711.2	762	838.2	24	1⅝	1½	13
NPS30	970	101.6	101.6	170	794	762.0	819	895.4	28	1⅝	1½	13

（续）

公称尺寸	法兰外径 O	法兰最小厚度		颈部长度 Y	颈部直径 X	焊接端倒角处的颈部直径 A	凸面直径 R	连接螺栓孔			螺栓直径 /in	颈根圆角半径 r_1
		法兰 t_f	盲板 t_f					螺栓孔中心圆直径	螺栓孔数量 /个	螺栓孔径 /in		
NPS32	1035	108.0	108.0	179	845	812.8	873	952.5	28	1¾	1⅝	13
NPS34	1085	111.2	111.2	187	899	863.6	927	1003.3	32	1¾	1⅝	14
NPS36	1155	119.1	119.1	200	952	914.4	981	1066.8	28	1⅞	1¾	14
NPS38	—	—	—	—	—	—	—	—	—	—	—	—
NPS40	—	—	—	—	—	—	—	—	—	—	—	—
NPS42	—	—	—	—	—	—	—	—	—	—	—	—
NPS44	—	—	—	—	—	—	—	—	—	—	—	—
NPS46	—	—	—	—	—	—	—	—	—	—	—	—
NPS48	—	—	—	—	—	—	—	—	—	—	—	—
NPS50	—	—	—	—	—	—	—	—	—	—	—	—
NPS52	—	—	—	—	—	—	—	—	—	—	—	—
NPS54	—	—	—	—	—	—	—	—	—	—	—	—
NPS56	—	—	—	—	—	—	—	—	—	—	—	—
NPS58	—	—	—	—	—	—	—	—	—	—	—	—
NPS60	—	—	—	—	—	—	—	—	—	—	—	—

表 1-393　Class600 B 系列法兰尺寸　（单位：mm）

公称尺寸	法兰外径 O	法兰最小厚度		颈部长度 Y	颈部直径 X	焊接端倒角处的颈部直径 A	凸面直径 R	连接螺栓孔			螺栓直径 /in	根部圆角半径 r_1
		法兰 t_f	盲板 t_f					螺栓孔中心圆直径	螺栓孔数量 /个	螺栓孔径 /in		
NPS26	890	111.2	111.3	181	698	660.4	727	806.4	28	1¾	1⅝	13
NPS28	950	115.9	115.9	190	752	711.2	784	863.6	28	1⅞	1¾	13
NPS30	1020	125.5	127.0	205	806	762.0	841	927.1	28	2	1⅞	13
NPS32	1085	130.2	134.9	216	860	812.8	895	984.2	28	2⅛	2	13
NPS34	1160	141.3	144.2	233	914	863.6	953	1054.1	24	2⅜	2¼	14
NPS36	1215	146.1	150.9	243	968	914.4	1010	1104.9	28	2⅜	2¼	14
NPS38	—	—	—	—	—	—	—	—	—	—	—	—
NPS40	—	—	—	—	—	—	—	—	—	—	—	—
NPS42	—	—	—	—	—	—	—	—	—	—	—	—
NPS44	—	—	—	—	—	—	—	—	—	—	—	—
NPS46	—	—	—	—	—	—	—	—	—	—	—	—
NPS48	—	—	—	—	—	—	—	—	—	—	—	—
NPS50	—	—	—	—	—	—	—	—	—	—	—	—
NPS52	—	—	—	—	—	—	—	—	—	—	—	—
NPS54	—	—	—	—	—	—	—	—	—	—	—	—
NPS56	—	—	—	—	—	—	—	—	—	—	—	—
NPS58	—	—	—	—	—	—	—	—	—	—	—	—
NPS60	—	—	—	—	—	—	—	—	—	—	—	—

表1-394 Class900 B系列法兰尺寸 （单位：mm）

公称尺寸	法兰外径 O	法兰最小厚度		颈部长度 Y	颈部直径 X	焊接端倒角处的颈部直径 A	凸面直径 R	连接螺栓孔			螺栓直径 /in	颈根圆角半径 r_1
		法兰 t_f	盲板 t_f					螺栓孔中心圆直径	螺栓孔数量 /个	螺栓孔径 /in		
NPS26	1020	135.0	154.0	259	743	660.4	762	901.7	20	$2\frac{5}{8}$	$2\frac{1}{2}$	11
NPS28	1105	147.7	166.7	276	797	711.2	819	971.6	20	$2\frac{7}{8}$	$2\frac{3}{4}$	13
NPS30	1180	155.6	176.1	289	851	762.0	876	1035.0	20	$3\frac{1}{8}$	3	13
NPS32	1240	160.4	186.0	303	908	812.8	927	1092.2	20	$3\frac{1}{8}$	3	13
NPS34	1315	171.5	195.0	319	962	863.6	991	1155.7	20	$3\frac{3}{8}$	$3\frac{1}{4}$	14
NPS36	1345	173.1	201.7	325	1016	914.4	1029	1200.2	24	$3\frac{1}{8}$	3	14
NPS38	—	—	—	—	—	—	—	—	—	—	—	—
NPS40	—	—	—	—	—	—	—	—	—	—	—	—
NPS42	—	—	—	—	—	—	—	—	—	—	—	—
NPS44	—	—	—	—	—	—	—	—	—	—	—	—
NPS46	—	—	—	—	—	—	—	—	—	—	—	—
NPS48	—	—	—	—	—	—	—	—	—	—	—	—
NPS50	—	—	—	—	—	—	—	—	—	—	—	—
NPS52	—	—	—	—	—	—	—	—	—	—	—	—
NPS54	—	—	—	—	—	—	—	—	—	—	—	—
NPS56	—	—	—	—	—	—	—	—	—	—	—	—
NPS58	—	—	—	—	—	—	—	—	—	—	—	—
NPS60	—	—	—	—	—	—	—	—	—	—	—	—

3. 密封环槽的结构型式及尺寸

密封环槽的结构型式如图1-165所示，其尺寸见表1-395。

4. 槽尺寸公差

槽尺寸公差见表1-396。

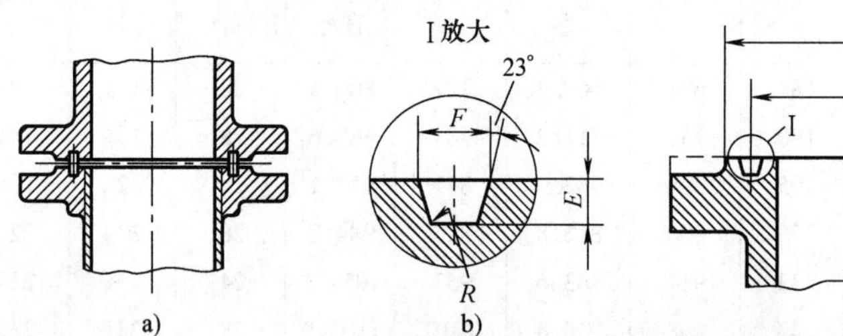

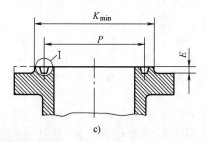

图1-165 密封环槽的结构型式

a）环连接的结构型式 b）I局部放大图 c）环连接密封面及槽

表1-395 密封环槽的尺寸 （单位：mm）

各压力级的公称尺寸				环号	环槽尺寸				凸面直径
Class300	Class400	Class600	Class900		槽中心圆直径 P	槽深 E	上口槽宽 F	圆弧半径 R	
NPS26	NPS26	NPS26	—	R93	749.30	12.70	19.84	1.5	810
NPS28	NPS28	NPS28	—	R94	800.10	12.70	19.84	1.5	861
NPS30	NPS30	NPS30	—	R95	857.25	12.70	19.84	1.5	917
NPS32	NPS32	NPS32	—	R96	914.40	14.27	23.01	1.5	984
NPS34	NPS34	NPS34	—	R97	965.20	14.27	23.01	1.5	1035
NPS36	NPS36	NPS36	—	R98	1022.35	14.27	23.01	1.5	1092
—	—	—	NPS26	R100	749.30	17.48	30.18	2.3	832

（续）

各压力级的公称尺寸				环号	环槽尺寸				凸面直径
					槽中心圆直径	槽深	上口槽宽	圆弧半径	
Class300	Class400	Class600	Class900		P	E	F	R	
—	—	—	NPS28	R101	800.10	17.48	33.32	2.3	889
—	—	—	NPS30	R102	857.25	17.48	33.32	2.3	946
—	—	—	NPS32	R103	914.40	17.48	33.32	2.3	1003
—	—	—	NPS34	R104	965.20	20.62	36.53	2.3	1067
—	—	—	NPS36	R105	1022.35	20.62	36.53	2.3	1124

表 1-396 槽尺寸公差 （单位：mm）

尺寸	公差	尺寸	公差
E	$^{+0.4}_{0}$	R	$R\leqslant2$，$^{+0.8}_{0}$
F	±0.2		$R>2$，±0.8
P	±0.13	23°	±½°

1.7.5.7 美国 API 6A—2014（ISO 10423:2009）钢制管法兰

1）在美国 API 6A—2014 中，额定工作压力为 2000psi（145psi = 1MPa）3000psi 和 5000psi 的 6B 型法兰的结构型式及尺寸如图 1-166 及表 1-397～表 1-399所示。

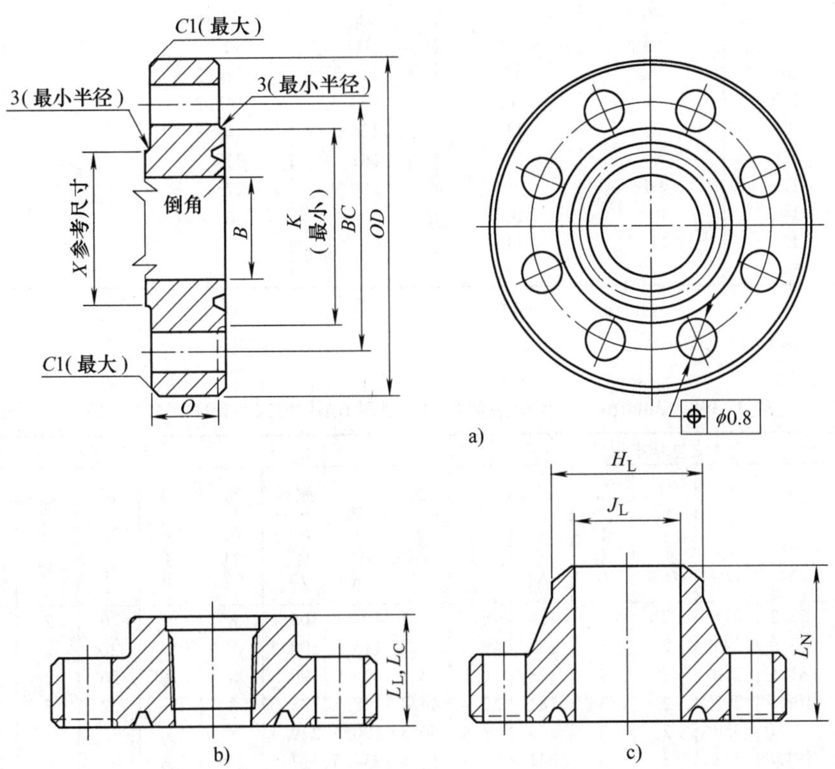

图 1-166 额定工作压力为 2000psi、3000psi 和 5000psi 的 6B 型法兰的结构型式

a）整体钢制管法兰 b）螺纹法兰 c）管线对焊法兰

注：钢垫槽与通道孔必须同轴，同轴度公差为 0.25mm，千分表显示总偏差量在 0～0.25mm 范围内。

表 1-397　2000psi① 6B 型法兰尺寸（API 6A—2014、ISO 10423：2009）（单位：mm）

法兰基本尺寸										螺栓连接尺寸						
规格和孔径/in	法兰公称规格	最大孔径 B	法兰外径 OD	外径公差 OD	最大倒角 C	凸台直径 K	法兰总厚 T	法兰盘厚 Q	颈部大径 X	螺栓孔分布圆直径 BC	螺栓数量/个	螺栓直径/in	螺孔直径	螺孔公差②	螺柱长度 L_{ssb}	R或RX（垫圈编号）
2 1/16	52	53.2	165	2	3	108	33.3	25.4	84	127.0	8	5/8	20	2	110	23
2 9/16	65	65.9	190	2	3	127	36.5	28.6	100	149.2	8	3/4	22	2	120	26
3 1/8	78	81.8	210	2	3	146	39.7	31.8	117	168.5	8	3/4	22	2	130	31
4 1/16	103	108.7	275	2	3	175	46.0	38.1	152	215.9	8	7/8	26	2	150	37
5 1/8	130	131.0	330	2	3	210	52.4	44.5	189	266.7	8	1	30	2	165	41
7 1/16	178	181.8	355	3	6	241	55.6	47.6	222	292.1	12	1	30	2	175	45
9	228	229.4	420	3	6	302	63.5	55.6	273	349.2	12	1 1/8	33	2	205	49
11	279	280.2	510	3	6	356	71.4	63.5	343	431.8	16	1 1/4	36	2	220	53
13 5/8	346	346.9	560	3	6	413	74.6	66.7	400	489.0	20	1 1/4	36	2	230	57
16 3/4	425	426.2	685	3	6	508	84.1	76.2	495	603.2	20	1 1/2	42	2	260	65
21 1/4	540	540.5	815	3	6	635	98.4	88.9	610	723.9	24	1 5/8	45	3	290	73

法兰盘和通孔尺寸								
法兰公称规格和孔径		管线螺纹法兰高度	套管螺纹法兰高度	焊颈法兰高度	焊颈法兰颈部外径	公差	焊颈法兰最大孔颈
in	mm	L_L	L_C	L_N ±1.5	H_L	H_L	J_L
2 1/16	52	45	—	81	60.3		53.3
2 9/16	65	50	—	88	73.0		63.5
3 1/8	78	54	—	91	88.9	$^{+3}_{-1}$	78.7
4 1/16	103	62	89	110	114.3		103.1
5 1/8	130	69	102	122	141.3		122.9
7 1/16	178	75	115	126	168.3		147.1
9	228	85	127	141	219.1	$^{+4}_{-1}$	199.1
11	279	94	134	160	273.0		248.4
13 5/8	346	100	100	—	—		—
16 3/4	425	115	115	—	—	—	—
21 1/4	540	137	137	—	—		—

① psi 是英制压力单位，1psi = 1lbf/in^2 = 6.895kPa。

② 螺栓孔的下偏差为 -0.5mm。

表 1-398　3000psi① 6B 型法兰尺寸（API 6A—2014、ISO 10423：2009）（单位：mm）

法兰基本尺寸										螺栓连接尺寸						
规格和孔径/in	法兰公称规格	最大孔径 B	法兰外径 OD	外径公差 OD	最大倒角 C	凸台直径 K	法兰总厚 T	法兰盘厚 Q	颈部大径 X	螺栓孔分布圆直径 BC	螺栓数量/个	螺栓直径/in	螺孔直径	螺孔公差②	螺柱长度 L_{ssb}	R或RX（垫圈编号）
2 1/16	52	53.2	215	2	3	124	46.1	38.1	104.8	165.1	8	7/8	26	2	150	24
2 9/16	65	65.9	245	2	3	137	49.2	41.3	123.8	190.5	8	1	28	2	165	27
3 1/8	78	81.8	240	2	3	156	46.1	38.1	127.0	190.5	8	7/8	26	2	150	31
4 1/16	103	108.7	295	2	3	181	52.4	44.4	158.8	235.0	8	1 1/8	32	2	180	37
5 1/8	130	131.0	350	2	3	216	58.8	50.8	190.5	279.4	8	1 1/4	35	2	195	41
7 1/16	179	181.8	380	3	6	241	63.5	55.6	234.5	317.5	12	1 1/8	32	2	200	45
9	228	229.4	470	3	6	308	71.4	63.5	298.5	393.7	12	1 3/8	39	2	230	49
11	279	280.2	545	3	6	362	77.8	69.9	368.3	469.9	16	1 3/8	39	2	240	53
13 5/8	346	346.9	610	3	6	419	87.3	79.4	419.1	533.4	20	1 3/8	39	2	260	57
16 3/4	425	426.2	705	3	6	524	100.0	88.9	508.0	614.7	20	1 5/8	45	3	300	66
20 3/4	527	527.8	855	3	6	648	120.7	108.0	622.3	749.3	20	2	54	3	370	74

（续）

法兰盘和通孔尺寸								
法兰公称规格和孔径		管线螺纹法兰高度	套管螺纹法兰高度	油管螺纹法兰高度	焊颈法兰高度	焊颈法兰颈部外径	公差	焊颈法兰最大孔颈
in	mm	L_L	L_C	L_T	$L_N \pm 1.6$	H_L	H_L	J_L
$2\frac{1}{16}$	52	65.1	—	65.1	109.6	60.3	$^{+2.4}_{-0.8}$	50.0
$2\frac{9}{16}$	65	71.4	—	71.1	112.7	73.0		59.7
$3\frac{1}{8}$	78	61.9	—	74.7	109.5	88.9		74.4
$4\frac{1}{16}$	103	77.8	88.9	88.9	122.2	114.3		98.0
$5\frac{1}{8}$	130	87.3	101.6	—	134.9	141.3		122.9
$7\frac{1}{16}$	179	93.7	114.3	—	147.6	168.3	$^{+4.1}_{-0.8}$	147.1
9	228	109.5	127.0	—	169.8	219.0		189.7
11	279	115.9	133.4	—	192.1	273.0		237.2
$13\frac{5}{8}$	346	125.4	125.4	—	—	—	—	—
$16\frac{3}{4}$	425	128.6	144.6	—	—	—	—	—
$20\frac{3}{4}$	527	171.4	171.5	—	—	—	—	—

① psi 是英制压力单位，1psi = 1lbf/in^2 = 6.895kPa。

② 螺栓孔的下偏差为 −0.5mm。

表 1-399 5000psi① 6B 型法兰尺寸（API 6A—2014、ISO 10423：2009）（单位：mm）

法兰基本尺寸										螺栓连接尺寸						
规格和孔径 /in	法兰公称规格	最大孔径 B	法兰外径 OD	外径公差 OD	最大倒角 C	凸台直径 K	法兰总厚 T	法兰盘厚 Q	颈部大径 X	螺栓孔分布圆直径 BC	螺栓数量 /个	螺栓直径 /in	螺孔直径	螺孔公差②	螺柱长度 L_{ssb}	R 或 RX（垫圈编号）
$2\frac{1}{16}$	52	53.2	215	±2	3	124	46.1	38.1	104.8	165.1	8	$\frac{7}{8}$	26	2	155	24
$2\frac{9}{16}$	65	65.9	245			137	49.3	43.1	123.9	190.5		1	30		165	27
$3\frac{1}{8}$	78	81.8	270			168	55.6	47.7	133.3	203.2		$1\frac{1}{8}$	33		185	35
$4\frac{1}{16}$	103	108.7	310			194	62.0	54.0	162.0	241.3		$1\frac{1}{4}$	36		205	39
$5\frac{1}{8}$	130	131.0	375			228	81.0	73.1	196.8	292.1		$1^1/_2$	42		255	44
$7\frac{1}{16}$	178	181.8	395	±3	6	248	92.1	82.6	228.0	317.5	12	$1\frac{3}{8}$	39		270	46
9	228	229.4	485			317	103.2	92.1	292.0	393.7		$1\frac{5}{8}$	45	3	305	50
11	279	280.2	585			371	119.1	108.0	368.0	482.6		$1\frac{7}{8}$	52		350	54

法兰盘和通孔尺寸								
法兰公称规格和孔径		管线螺纹法兰高度	套管螺纹法兰高度	油管螺纹法兰高度	焊颈法兰高度	焊颈法兰颈部外径	公差	焊颈法兰最大孔颈
in	mm	L_L	L_C	L_T	$L_N \pm 1.6$	H_L	H_L	J_L
$2\frac{1}{16}$	52	65.1	—	65.1	109.5	60.3	$^{+2.3}_{-0.8}$	43.7
$2\frac{9}{16}$	65	71.4		71.4	112.7	73.0		54.9
$3\frac{1}{8}$	78	81.0		81.0	125.4	88.9		67.3
$4\frac{1}{16}$	103	98.4	98.4	98.4	131	114.3		88.1
$5\frac{1}{8}$	130	112.7	112.7	—	163.5	141.0		110.2
$7\frac{1}{16}$	178	128	128.5		181.0	168.4	$^{+4}_{-0.8}$	132.6
9	228	154.0	154.0		223.7	219.1		173.7
11	279	169.9	170.0		265.0	273.1		216.7

① psi 是英制压力单位，1psi = 1lbf/in^2 = 6.895kPa。

② 螺栓孔的下偏差为 −0.5mm。

2）美国 API 6A—2014、ISO 10423：2009 额定工作压力为 2000psi、3000psi、5000psi 和 10000psi 的 6BX 型整体钢制管法兰的结构型式及尺寸如图 1-167 及表 1-400 所示；额定工作压力为 15000psi 和 20000psi 的 6BX 型整体钢制管法兰的结构型式及尺寸如图 1-168 及表 1-401 所示。

3）额定工作压力为10000psi和15000psi的6BX型对焊式法兰的结构型式和尺寸如图1-169及表1-402所示。

4）额定工作压力为20000psi的6BX型对焊式法兰的结构型式和尺寸如图1-169及表1-403所示。

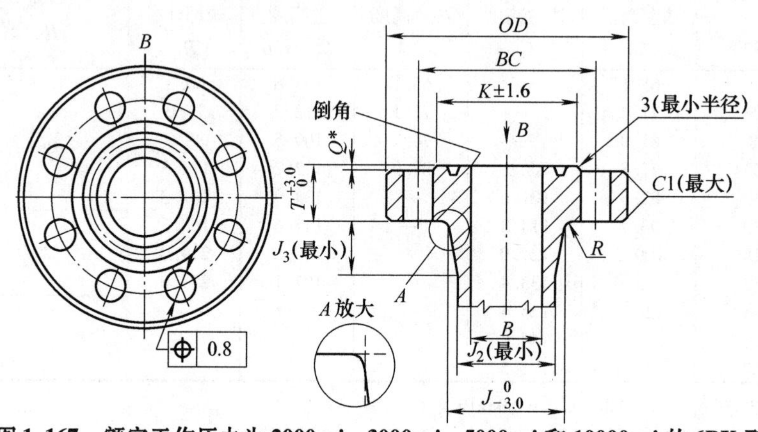

图1-167　额定工作压力为2000psi、3000psi、5000psi和10000psi的6BX型整体钢制管法兰的结构型式

注：1. 钢垫槽与通道孔必须同轴，同轴度偏差为0.25mm，千分表显示总偏差量在0～0.25mm范围内。

2. Q^*（最大）$=E$，Q^*（最小）$=3$，螺栓式法兰Q^*可省略。

表1-400　额定工作压力为2000psi、3000psi、5000psi和10000psi的6BX型整体钢制管法兰尺寸

（API 6A—2014、ISO 10423：2009）　　（单位：mm）

法兰基本尺寸												螺栓连接尺寸						
规格和孔径/in	法兰公称规格	最大孔径 B	法兰外径 OD	外径公差 OD	最大倒角 C	凸台直径 K	法兰总厚 T	颈部大径 J_1	颈部大径 J_2	颈部长径 J_3	圆弧半径 R	螺栓孔分布圆直径 BC	螺栓数量/个	螺栓直径/in	螺孔直径	螺孔公差	螺柱长度全螺纹 L_{ssb}	R或RX（垫圈编号）
2000psi（13.8MPa）																		
$26\frac{3}{4}$	680	680.2	1040	±3	6	805	126.2	835.8	743.0	185.8	16	952.5	20	$1\frac{3}{4}$	48	$^{+3}_{-0.5}$	350	167
30	762	762.8	1125			908	134.2	931.9	833.0	196.9		1039.8	32	$1\frac{5}{8}$	45		360	303
3000psi（20.7MPa）																		
$26\frac{3}{4}$	680	680.2	1100	±3	6	832	161.1	870.0	776.3	185.8	16	1000.1	24	2	54	$^{+3}_{-0.5}$	430	168
30	762	762.8	1185			922	167.1	970.0	872.0	196.9		1090.6	32	$1\frac{7}{8}$	51		440	303
5000psi（34.5MPa）																		
$13\frac{5}{8}$	346	346.9	675	±3	6	457	112.7	481.0	423.9	114.3	16	590.6	16	$1\frac{5}{8}$	45	$^{+3}_{-0.5}$	315	160
$16\frac{3}{4}$	425	426.2	770			535	130.2	555.6	527.1	76.2	19	676.3		$1\frac{7}{8}$	51		365	162
$18\frac{3}{4}$	476	477.0	905			626	165.9	674.7	598.5	152.4	16	803.3	20	2	54		440	163
$21\frac{1}{4}$	540	540.5	990			702	181.0	758.8	679.5	165.1	18	885.8	24				470	165
10000psi（69.0MPa）																		
$1\frac{13}{16}$	46	46.8	190	±2	3	105	42.1	88.9	65.1	48.5	10	146.1	8	$\frac{3}{4}$	23	$^{+2}_{-0.5}$	130	151
$2\frac{1}{16}$	52	53.2	200			111	44.1	100.0	74.7	51.6		158.8						152
$2\frac{9}{16}$	65	65.9	230			132	51.2	120.7	92.1	57.2		184.2		$\frac{7}{8}$	25		150	153
$3\frac{1}{16}$	78	78.6	270			152	58.4	142.1	110.4	63.5		215.9		1	29		170	154
$4\frac{1}{16}$	103	104.0	315			185	70.3	182.6	146.1	73.1		258.8		$1\frac{1}{8}$	32		200	155
$5\frac{1}{8}$	130	131.0	360			221	79.4	223.8	182.6	81.0		300.0	12				220	169

（续）

法兰基本尺寸												螺栓连接尺寸						
规格和孔径/in	法兰公称规格	最大孔径 B	法兰外径 OD	外径公差 OD	最大倒角 C	凸台直径 K	法兰总厚 T	颈部大径 J_1	颈部大径 J_2	颈部长径 J_3	圆弧半径 R	螺栓孔分布圆直径 BC	螺栓数量/个	螺栓直径/in	螺孔直径	螺孔公差	螺柱长度全螺纹 L_{ssb}	R或RX（垫圈编号）
10000psi（69.0MPa）																		
7⅟16	179	180.2	479	±3	6	302	103.2	301.6	254.0	95.3	16	403.2	12	1½	42	$^{+2}_{-0.5}$	285	156
9	228	229.4	555			359	123.8	374.7	327.1	93.7		476.3	16				330	157
11	279	280.2	655			429	141.3	450.9	400.1	103.2		565.2		1¾	48	$^{+3}_{-0.5}$	380	158
13⅝	346	346.9	770			518	168.3	552.5	495.3	114.3		673.1	20	1⅞	51		440	159
16¾	425	426.2	870			576	168.3	655.6	601.7	76.2	19	776.3						162
18¾	476	477.0	1040			697	223.0	752.5	674.7	155.6	16	925.5	24	2¼	61		570	164
21¼	540	540.5	1145			781	241.3	847.7	762.0	165.1	21	1022.4		2½	67		620	166

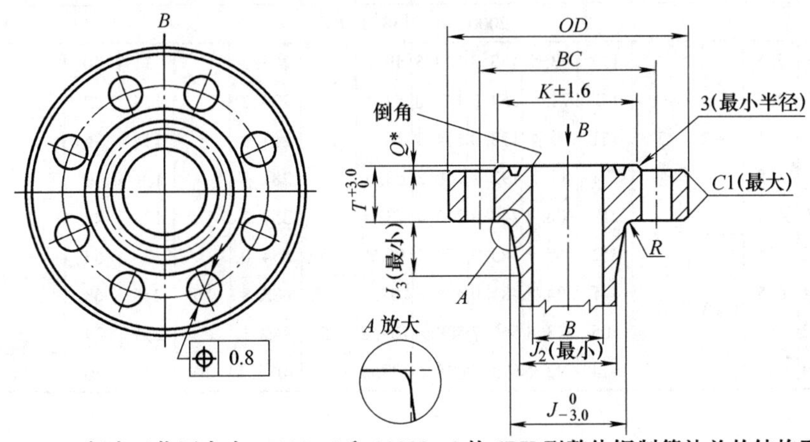

图1-168 额定工作压力为15000psi和20000psi的6BX型整体钢制管法兰的结构型式

注：1. 钢垫槽与通道孔必须同轴，同轴度偏差为0.25mm，千分表显示总偏差量在0～0.25mm范围内。

2. Q^*（最大）$=E$，Q^*（最小）$=3$，螺栓式法兰Q^*可省略。

表1-401 额定工作压力为15000psi、20000psi的6BX型整体钢制管法兰尺寸

（API 6A—2014，ISO 10423：2009）（单位：mm）

法兰基本尺寸												螺栓连接尺寸						
规格和孔径/in	法兰公称规格	最大孔径 B	法兰外径 OD	外径公差 OD	最大倒角 C	凸台直径 K	法兰总厚 T	颈部大径 J_1	颈部大径 J_2	颈部长径 J_3	圆弧半径 R	螺栓孔分布圆直径 BC	螺栓数量/个	螺栓直径	螺孔直径/in	螺孔公差	螺柱长度全螺纹 L_{ssb}	R或RX（垫圈编号）
15000psi（103.5MPa）																		
1 13/16	46	46.8	210	±2	3	106	45.2	97.6	71.4	47.6	10	160.3	8	⅞	26	$^{+2}_{-0.5}$	140	151
2⅟16	52	53.2	220			114	50.8	111.1	82.5	54.0		174.6					150	152
2 9/16	65	65.9	250			133	57.1	128.6	100.0	57.1		200.0		1	30		170	153

（续）

法兰基本尺寸												螺栓连接尺寸						
规格和孔径/in	法兰公称规格	最大孔径 B	法兰外径 OD	外径公差 OD	最大倒角 C	凸台直径 K	法兰总厚 T	颈部大径 J_1	颈部大径 J_2	颈部长径 J_3	圆弧半径 R	螺栓孔分布圆直径 BC	螺栓数量/个	螺栓直径	螺孔直径/in	螺孔公差	螺柱长度全螺纹 L_{ssb}	R或RX（垫圈编号）
15000psi（103.5MPa）																		
3 1/16	78	78.6	290	±2	3	154	64.3	154.0	122.2	63.5	10	230.2	8	1 1/8	32	$^{+2}_{-0.5}$	190	154
4 1/16	103	104.0	360			194	78.6	195.3	158.7	73.0		290.5		1 3/8	40		235	155
5 1/8	130	131.0	420			225	98.5	244.5	200.0	81.8	16	342.9	12	1 1/2	42		292	169
7 1/16	179	180.2	505	±3	6	305	119.1	325.4	276.2	66.7		428.6	16			$^{+2.5}_{-0.5}$	325	156
9	228	229.4	650			381	146.0	431.8	349.2	123.8		552.4		1 7/8	52		400	157
11	279	280.2	815			454	187.3	584.2	427.0	235.7		711.2	20	2	54		490	158
13 5/8	346	346.9	885			541	204.8	595.3	528.6	114.3	25	771.5		2 1/4	62		540	159
18 3/4	476	477.0	1160			722	255.6	812.8	730.2	155.6		1016.1		3	80	$^{+3}_{-0.5}$	680	164
20000psi（138.0MPa）																		
1 13/16	46	46.8	255	±2	3	117	63.5	133.3	109.5	49.2	10	203.2	8	1	30	$^{+2}_{-0.5}$	190	151
2 1/16	52	53.2	285			132	71.4	154.0	127.0	52.4		230.2		1 1/8	32		210	152
2 9/16	65	65.9	325			151	79.4	173.0	144.4	58.7		261.9		1 1/4	36		235	153
3 1/16	78	78.6	355			171	85.7	192.1	160.3	63.5		287.3		1 3/8	40		255	154
4 1/16	103	104.0	445			219	106.4	242.9	206.4	73.0		357.2		1 3/4	48	$^{+2.5}_{-0.5}$	310	155
7 1/16	179	180.2	655	±3	6	352	165.1	385.7	338.1	96.8	16	554.0	16	2	54		445	156
9	228	229.4	805			441	204.8	481.0	428.6	107.9	25	685.8		2 1/2	68		570	157
11	279	280.2	880			505	223.8	566.7	508.0	103.2		749.3		2 3/4	74		605	158
13 5/8	346	346.9	1160			614	292.1	693.7	628.6	133.3		1016.1	20	3	80	$^{+3}_{-0.5}$	760	159

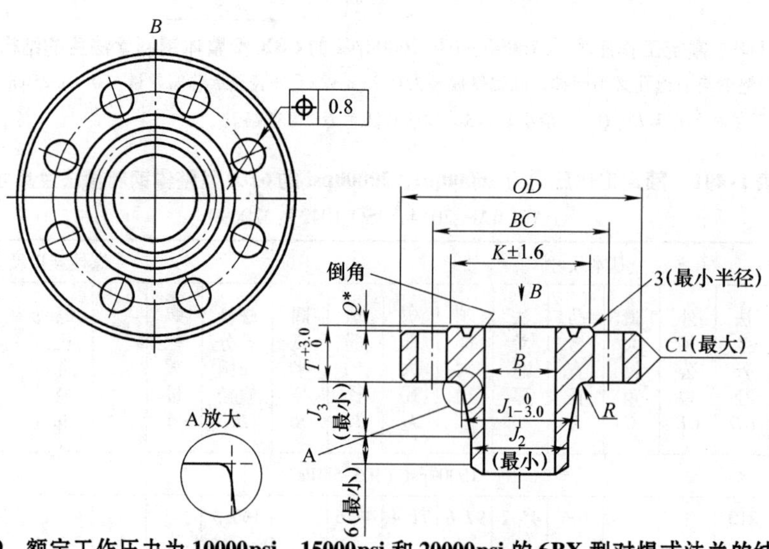

图1-169　额定工作压力为10000psi、15000psi和20000psi的6BX型对焊式法兰的结构型式

注：1. 钢垫槽与通道孔 B 必须同轴，同轴度偏差为0.25mm，千分表显示总偏差量在0～0.25mm范围内。

2. Q^*（最大）$=E$，Q^*（最小）$=3$，螺栓式法兰 Q^* 可省略。

表 1-402 额定工作压力为 10000psi 和 15000psi 的 6BX 型对焊式法兰尺寸

(API 6A—2014、ISO 10423：2009) (单位：mm)

法兰基本尺寸												螺栓连接尺寸						
规格和孔径/in	法兰公称规格	最大孔径 *B*	法兰外径 *OD*	外径公差 *OD*	最大倒角 *C*	凸台直径 *K*	法兰总厚 *T*	颈部大径 J_1	颈部大径 J_2	颈部长径 J_3	圆弧半径 *R*	螺栓孔分布圆直径 *BC*	螺栓数量/个	螺栓直径/in	螺孔直径	螺孔公差	螺柱长度全螺纹 L_{ssb}	R 或 RX 垫圈编号 BX
10000psi (69.0MPa)																		
1 13/16	46	46.6	185	±2	3	105	42.1	88.9	65.1	48.4	10	146.0	8	3/4	24	$^{+2}_{-0.5}$	130	151
2 1/16	52	53.2	200			111	44.1	100.0	74.6	51.6		158.8						152
2 9/16	65	65.9	230			132	51.2	120.7	92.1	57.2		184.2		7/8	26		150	153
3 1/16	78	78.6	270			152	58.4	142.1	111.1	63.5		215.9		1	30		170	154
4 1/16	103	104.0	315			185	70.3	182.6	146.1	73.0		258.8		1 1/8	32		200	155
5 1/8	130	131.0	355			221	79.4	223.8	182.6	81.0		300.0	12				220	169
7 1/16	179	180.2	480			302	103.2	301.6	254.0	95.2	16	403.2		1 1/2	42		290	156
9	228	229.4	550	±3	6	359	123.9	374.7	327.1	93.7		476.2	16				330	157
11	279	280.2	655			429	141.3	450.9	400.1	103.2		565.2		1 3/4	48	$^{+3}_{-0.5}$	380	158
13 5/8	346	346.9	770			518	168.3	552.5	495.3	114.3		673.1	20	1 7/8	52		440	159
16 3/4	425	426.2	870			576	168.3	655.6	601.7	76.2	19	776.3	24		52			162
15000psi (103.5MPa)																		
1 13/16	46	46.8	210	±2	3	106	45.3	97.6	71.4	47.6	10	160.3	8	7/8	26	$^{+2}_{-0.5}$	140	151
2 1/16	52	53.2	220			114	50.0	111.1	82.6	54.0		174.6					150	152
2 9/16	65	65.9	255			133	57.1	128.6	100.0	57.2		200.0		1	30		170	153
3 1/16	78	78.6	285			154	64.3	154.0	122.2	63.5		230.2		1 1/8	32		190	154
4 1/16	103	104.0	360			194	78.6	195.3	158.8	73.0		290.5		1 3/8	40		230	155
5 1/8	130	131.0	420			225	98.5	244.5	200.0	81.8	16	342.9	12	1 1/2	42		292	169
7 1/16	179	180.2	505	±3	6	305	119.1	325.4	276.2	92.1		428.6	16				320	156

表 1-403 额定工作压力为 20000psi 的 6BX 型对焊式法兰尺寸

(API 6A—2014、ISO 10423：2009) (单位：mm)

法兰基本尺寸												螺栓连接尺寸						
规格和孔径/in	法兰公称规格	最大孔径 *B*	法兰外径 *OD*	外径公差 *OD*	最大倒角 *C*	凸台直径 *K*	法兰总厚 *T*	颈部大径 J_1	颈部大径 J_2	颈部长径 J_3	圆弧半径 *R*	螺栓孔分布圆直径 *BC*	螺栓数量/个	螺栓直径/in	螺孔直径	螺孔公差	螺柱长度全螺纹 L_{ssb}	R 或 RX 垫圈编号 BX
20000psi (138.0MPa)																		
1 13/16	46	46.8	255	±2	3	117	63.5	133.4	109.5	49.2	10	203.2	8	1	29	$^{+2}_{-0.5}$	185	151
2 1/16	52	53.2	285			132	71.5	154.0	127.0	52.4		230.2		1 1/8	32		205	152
2 9/16	65	65.9	325			151	79.4	173.0	144.5	58.7		261.9		1 1/4	35		230	153
3 1/16	78	78.6	355			171	85.8	192.1	160.3	63.5		287.3		1 3/8	38		250	154
4 1/16	103	104.0	445			219	106.4	242.9	206.4	73.0		357.2		1 3/4	48	$^{+3}_{-0.5}$	310	155
7 1/16	179	180.2	655	±3	6	352	165.1	385.8	338.1	96.8	16	554.0	16	2	54		440	156

5）额定工作压力为10000psi和15000psi的6BX型盲板法兰和试验法兰的结构型式和尺寸如图1-170及表1-404所示；额定工作压力为15000psi和20000psi的6BX型盲板法兰和试验法兰的结构型式及尺寸如图1-171及表1-405所示。

6）额定工作压力为5000psi的双层完井扇形法兰的结构型式及尺寸如图1-172及表1-406所示。

7）6BX型盲板法兰的结构型式及尺寸如图1-173及表1-407所示。

8）抗腐蚀钢垫圈槽粗加工详图及尺寸如图1-174及表1-408所示。

9）R型钢垫圈的结构型式及尺寸如图1-175及表1-409所示。

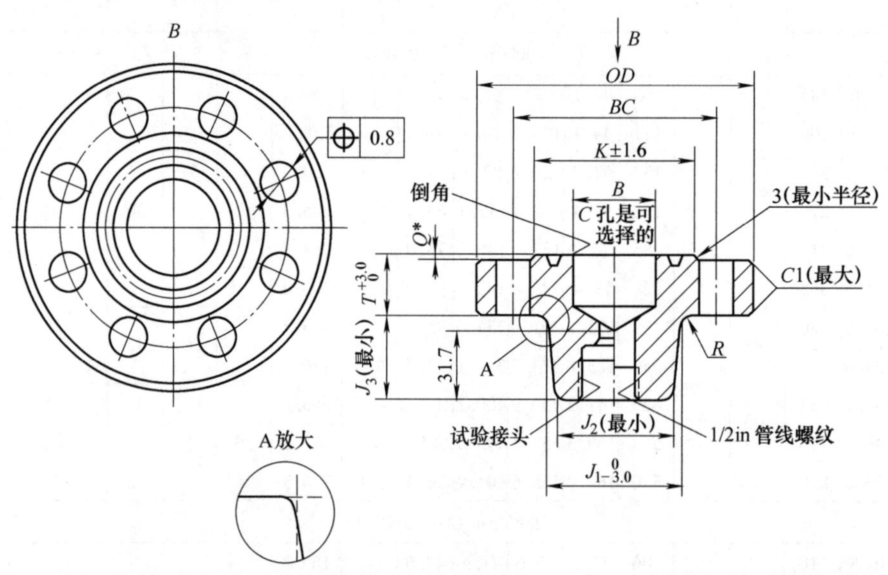

图1-170　额定工作压力为10000psi和15000psi的6BX型盲板和试验法兰的结构型式

注：1. 钢垫槽与通道孔 B 必须同轴，其同轴度偏差为0.25mm，千分表显示总偏差量在0～0.25mm范围内。

2. Q^*（最大）$=E$，Q^*（最小）$=3$，螺栓式法兰 Q^* 可省略。

表1-404　额定工作压力为10000psi和15000psi的盲板和试验法兰尺寸

（API 6A—2014、ISO 10423：2009）　　（单位：mm）

法兰基本尺寸												螺栓连接尺寸						
规格和孔径/in	法兰公称规格	最大孔径 B	法兰外径 OD	外径公差 OD	最大倒角 C	凸台直径 K	法兰总厚 T	颈部大径 J_1	颈部大径 J_2	颈部长径 J_3	圆弧半径 R	螺栓孔分布圆直径 BC	螺栓数量/个	螺栓直径/in	螺孔直径	螺孔公差	螺柱长度全螺纹 L_{ssb}	R或RX垫圈编号BX
10000psi（69.0MPa）																		
1 13/16	46	46.8	190			105	42.1	88.9	65.1	48.4		146.0		3/4	23		130	151
2 1/16	52	53.2	200			111	44.1	100.0	74.6	51.6		158.8					135	152
2 9/16	65	65.9	230	2	3	132	51.3	120.6	92.1	57.1	10	184.2	8	7/8	26	$^{+2}_{-0.5}$	155	153
3 1/16	78	78.6	270			152	58.4	142.1	110.3	63.5		215.9		1	29		175	154
4 1/16	103	104.0	315			185	70.3	182.6	146.0	73.0		259.8		1 1/8	32		205	155
5 1/8	130	131.0	355			221	79.4	223.8	182.6	81.0		300.0	12				222	169
15000psi（103.5MPa）																		
1 13/16	46	46.8	210			106	45.3	97.6	71.4	47.6		160.3		7/8	26		140	151
2 1/16	52	53.2	220			114	50.8	111.1	82.6	54.0		174.6					155	152
2 9/16	65	65.9	255	2	3	133	57.2	128.6	100.0	57.1	10	200.0	8	1	29	$^{+2}_{-0.5}$	170	153
3 1/16	78	78.6	290			154	64.3	154.0	122.2	63.5		230.2		1 1/8	32		190	154
4 1/16	103	104.0	360			194	78.6	195.3	158.8	73.0		290.5		1 3/8	39		235	155

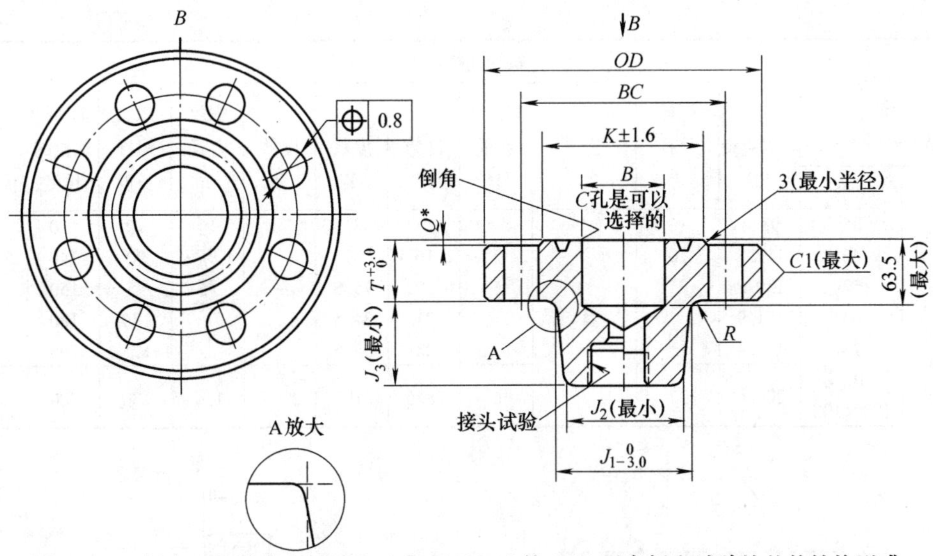

图 1-171 额定工作压力为 15000psi 和 20000psi 的 6BX 型盲板和试验法兰的结构型式

注：1. 钢垫槽与通道孔 B 必须同轴，其同轴度偏差为 0.25mm，千分表显示总偏差量在 0～0.25mm 范围内。

2. Q^*（最大）$=E$，Q^*（最小）$=3$，螺栓式法兰 Q^* 可省略。

表 1-405 额定工作压力为 15000psi 和 20000psi 的盲板和试验法兰尺寸

（API 6A—2014、ISO 10423：2009） （单位：mm）

法兰基本尺寸												螺栓连接尺寸						
规格和孔径/in	法兰公称规格	最大孔径 B	法兰外径 OD	外径公差 OD	最大倒角 C	凸台直径 K	法兰总厚 T	颈部大径 J_1	颈部大径 J_2	颈部长径 J_3	圆弧半径 R	螺栓孔分布圆直径 BC	螺栓数量/个	螺栓直径/in	螺孔直径	螺孔公差	螺柱长度全螺纹 L_{ssb}	R或RX垫圈编号BX
15000psi（103.5MPa）																		
5 1/8	130	131.0	420	±2	3	225	98.5	244.5	200.0	81.8	16	342.9	12	1 1/2	42	$^{+2}_{-0.5}$	292	169
20000psi（138.0MPa）																		
1 13/16	46	46.8	255			117	63.5	133.4	109.5	49.2		203.2		1	28		190	151
2 1/16	52	53.2	290			132	71.4	154.0	127.0	52.4		230.2		1 1/8	32		210	152
2 9/16	65	65.9	325	±2	3	151	79.4	173.0	144.5	58.7	10	261.9	8	1 1/4	34	$^{+2}_{-0.5}$	235	153
3 1/16	78	78.6	355			171	85.7	192.0	160.3	63.5		287.3		1 3/8	38		255	154
4 1/16	103	104.0	445			219	106.4	242.9	206.4	73.0		357.2		1 3/4	48	$^{+3}_{-0.5}$	310	155

表 1-406 额定工作压力为 5000psi 的双层完井扇形法兰尺寸

（API 6A—2014、ISO 10423：2009） （单位：mm）

法兰基本尺寸												
法兰公称规格和孔径		最大孔径	法兰外径	外径公差	法兰总厚	E	最小半径	颈部直径	颈部直径公差	端部直径	止口深度	垫圈编号
in	mm	B	OD	OD	T		F_R	J	J	K	Q	RX
1 3/8	35	35.3	130		39.7	29.5	6	56.4	−0.5	52.4	2.77	201
1 13/16	46	46.4	155		52.4	34.9		69.8		66.7	1.83	205
2 1/16	52	53.2	165		54.0	44.4	3	77.0		79.4	3.68	20
2 9/16	65	65.9	215	±2	63.5	56.4		98.7		101.6	3.68	210
3 1/8	78	80.2	230			63.5		114.3	−0.8	115.9	3.30	25
4 1/16	103	104.0	270		69.9	74.6	25	133.4		114.5	5.33	215
4 1/16×4 1/4	103×108	108.7	270									

（续）

螺栓连接尺寸												
法兰公称规格和孔径		螺栓分布圆直径	螺栓孔径	公差	螺栓孔数量	度数	度数	度数	螺纹直径	双头螺柱长度	全螺纹螺栓的长度	通孔尺寸
in	mm	*BC*	*L*	*L*	*M*	*X*	*Y*	*Z*	/in			*BB*
$1\frac{3}{8}$	35	98.4	16			13	38.5		$\frac{1}{2}$	70	110	—
$1\frac{13}{16}$	46	117.5	20			16	37		$\frac{5}{8}$	90	140	70.64
$2\frac{1}{16}$	52	130.2	24		5	19	35.5	—	$\frac{3}{4}$	95	150	90.09
$2\frac{9}{16}$	65	161.9	30	$^{+2}_{-0.5}$		21	34.5		1	120	180	114.30
$3\frac{1}{8}$	78	179.4				23	33.5			125	195	128.19
$4\frac{1}{16}$ $4\frac{1}{16}\times4\frac{1}{4}$	103 103×108	206.4	32		6	28.5	19	23.5	$1\frac{1}{8}$	130	200	—

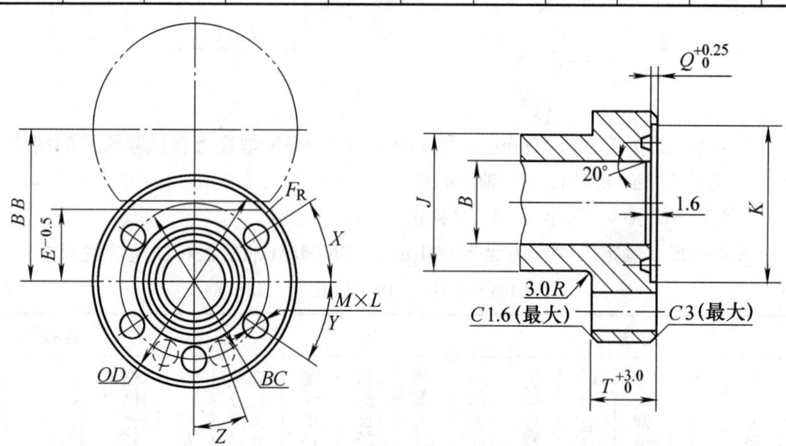

图1-172　额定工作压力为5000psi的双层完井扇形法兰的结构型式

注：钢垫槽和通道孔 *B* 必须同轴，其同轴度偏差为0.25mm，千分表显示的总偏差量在0～0.25mm范围内。

表1-407　6BX型盲板法兰的尺寸（API 6A—2014、ISO 10423：2009）　（单位：mm）

公称规格 *B*	法兰厚度 *T*	端部直径 J_1	槽梁 *E*	增加的端部厚度 J_4
6BX—13.8MPa				
$26\frac{3}{4}$	126.2	835.8	21.43	9.5
30	134.1	931.9	23.02	17.5
6BX—20.7MPa				
$26\frac{3}{4}$	161.2	870.0	21.43	0.0
30	167.1	970.0	23.02	12.7
6BX—34.5MPa				
$13\frac{5}{8}$	112.8	481.0	14.29	23.8
$16\frac{3}{4}$	130.2	555.6	8.33	17.5
$18\frac{3}{4}$	165.8	674.7	18.26	19.1
$21\frac{1}{4}$	180.8	758.8	19.05	22.2
6BX—69.0MPa				
$5\frac{1}{8}$	179.4	223.8	9.53	6.4
$7\frac{1}{16}$	103.2	301.6	11.11	9.5
9	123.9	374.7	12.7	9.5
11	141.3	450.8	14.27	14.3
6BX—69.0MPa				
$13\frac{5}{8}$	168.3	552.5	15.87	17.5
$16\frac{3}{4}$	168.3	655.6	8.33	30.2
$18\frac{3}{4}$	223.0	752.5	18.26	25.4
$21\frac{1}{4}$	241.3	847.7	19.05	31.8
6BX—103.4MPa				
$7\frac{1}{16}$	119.1	325.3	11.11	7.9
9	146.1	431.8	12.70	14.3
11	187.4	584.2	14.29	12.7
$13\frac{5}{8}$	204.8	595.3	15.88	17.5
$18\frac{3}{4}$	255.6	812.8	18.26	34.9
6BX—138.0MPa				
$7\frac{1}{16}$	165.1	385.8	11.11	7.9
9	204.8	481.0	12.70	6.4
11	223.9	566.7	14.29	12.7
$13\frac{5}{8}$	292.1	693.7	15.88	14.7

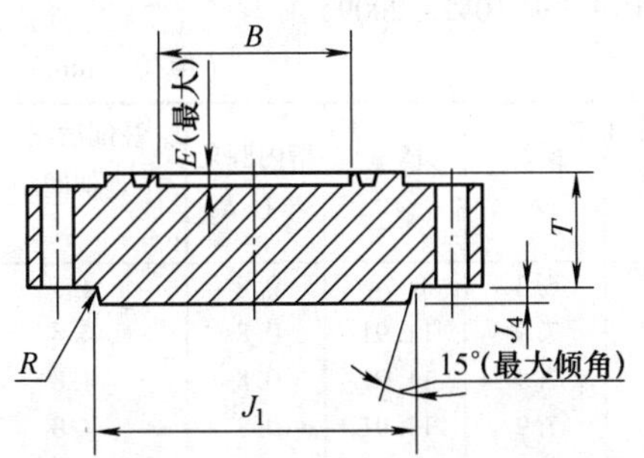

图 1-173 6BX 型盲板法兰的结构型式

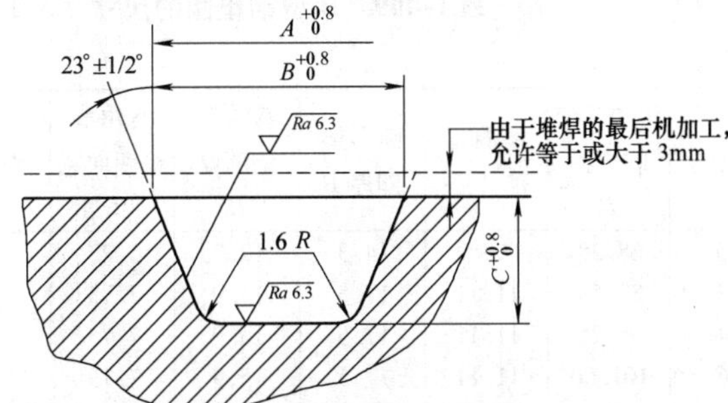

图 1-174 抗腐蚀钢垫圈槽粗加工详图

表 1-408 抗腐蚀钢垫圈槽粗加工尺寸（API 6A—2014、ISO 10423:2009） （单位：mm）

垫圈代号	槽外径 A	槽宽 B	槽深 C	垫圈代号	槽外径 A	槽宽 B	槽深 C
BX-150	82.0	18.5	9.5	R-41	201.5	19.5	12.0
BX-151	86.5	19.0	9.5	R-44	214.0	19.5	12.0
BX-152	95.0	19.5	10.0	R-45	231.5	19.5	12.0
BX-153	111.5	21.5	10.5	R-46	233.0	21.0	13.5
BX-154	127.5	22.5	11.5	R-47	257.0	27.0	16.5
BX-155	159.5	25.0	12.0	R-49	290.5	19.5	12.0
BX-156	250.5	31.0	15.0	R-50	295.0	24.0	15.0
BX-157	307.5	34.0	16.5	R-53	344.5	19.5	12.0
BX-158	366.0	36.5	18.0	R-54	349.0	24.0	15.0
BX-159	441.0	39.5	20.0	R-57	401.5	19.5	12.0
BX-160	416.5	27.0	18.0	R-63	454.5	34.5	20.0
BX-162	487.0	25.5	12.0	R-65	490.5	19.5	12.0
BX-163	572.0	33.0	22.0	R-66	495.5	24.0	15.0
BX-164	586.5	40.0	22.0	R-69	554.0	19.5	12.0
BX-165	641.0	34.5	23.0	R-70	562.0	27.0	16.5
BX-166	656.5	42.0	23.0	R-73	606.5	21.0	13.5
BX-167	777.0	30.0	25.5	R-74	612.5	27.0	16.5
BX-169	185.0	23.9	13.2	R-82	77.5	19.5	12.0
R-20	85.5	16.0	10.0	R-84	84.0	19.5	12.0
R-23	103.0	19.5	12.0	R-85	101.5	21.0	13.5
R-24	116.0	19.5	12.0	R-86	115.5	24.0	15.0
R-25	119.0	16.0	10.0	R-87	125.5	24.0	15.0
R-26	122.0	19.5	12.0	R-88	152.5	27.0	16.5
R-27	128.5	19.5	12.0	R-89	142.5	27.0	16.5
R-31	144.5	19.5	12.0	R-90	187.0	30.5	18.0
R-35	157.0	19.5	12.0	R-91	302.5	40.5	21.5
R-37	170.0	19.5	12.0	R-99	255.5	19.5	12.0
R-39	182.5	19.5	12.0	R-201	60.0	13.0	8.0
				R-205	71.5	13.0	8.0
				R-210	107.0	17.0	10.0
				R-215	150.5	19.5	12.0

注：由于堆焊的最后机加工，允许等于或大于 3mm。

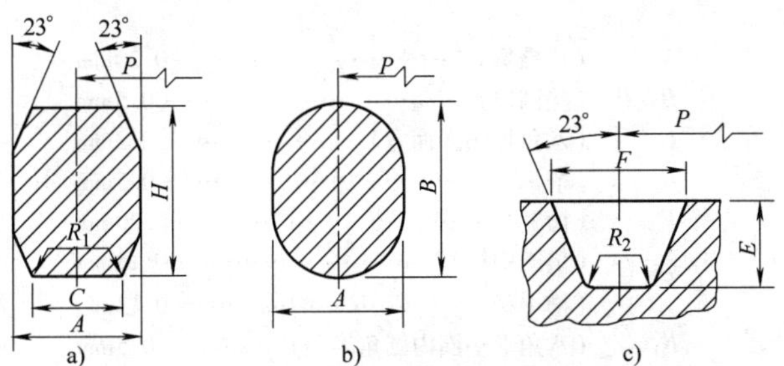

图 1-175 R 型钢垫圈的结构型式

a）八角形环 b）圆形环 c）垫圈槽

表1-409　R型钢垫圈的尺寸（API 6A—2014. ISO 10423: 2009）

（单位：mm）

钢垫编号	垫圈和槽的中径 P	垫圈宽 A	圆形垫圈厚 B	八角形垫圈厚 H	八角形垫圈面宽 C	八角形垫圈内圆角半径 R_1	槽深 E	槽宽 F	槽内圆角半径 R_2	装配后法兰近似间距 S
R20	68.28	7.95	14.3	12.7	5.23	1.5	6.3	8.74	0.8	4.1
R23	82.55	11.11	17.5	15.9	7.75	1.5	7.9	11.91	0.8	4.8
R24	95.25	11.11	17.5	15.9	7.75	1.5	7.9	11.91	0.8	4.8
R26	101.60	11.11	17.5	15.9	7.75	1.5	7.9	11.91	0.8	4.8
R27	107.95	11.11	17.5	15.9	7.75	1.5	7.9	11.91	0.8	4.8
R31	123.83	11.11	17.5	15.9	7.75	1.5	7.9	11.91	0.8	4.8
R35	136.53	11.11	17.5	15.9	7.75	1.5	7.9	11.91	0.8	4.8
R37	149.23	11.11	17.5	15.9	7.75	1.5	7.9	11.91	0.8	4.8
R39	161.93	11.11	17.5	15.9	7.75	1.5	7.9	11.91	0.8	4.8
R41	180.98	11.11	17.5	15.9	7.75	1.5	7.9	11.91	0.8	4.8
R44	193.68	11.11	17.5	15.9	7.75	1.5	7.9	11.91	0.8	4.8
R45	211.14	11.11	17.5	15.9	7.75	1.5	7.9	11.91	0.8	4.8
R46	211.14	12.70	19.1	17.5	8.66	1.5	9.7	13.49	1.5	4.8
R47	228.60	19.05	25.4	23.9	12.32	1.5	12.7	19.84	1.5	4.1
R49	269.88	11.13	17.5	15.9	7.75	1.5	7.9	11.91	0.8	4.8
R50	269.88	15.88	22.4	20.6	10.49	1.5	11.2	16.66	1.5	4.1
R53	323.85	11.13	17.5	15.9	7.75	1.5	7.9	11.91	0.8	4.8
R54	323.85	15.88	22.4	20.6	10.49	1.5	11.2	16.66	1.5	4.1
R57	381.00	11.13	17.5	15.9	7.79	1.5	7.9	11.91	0.8	4.8
R63	419.10	25.40	33.3	31.8	17.30	2.3	15.7	27.00	2.3	5.6
R65	469.90	11.13	17.5	15.9	7.75	1.5	7.9	11.91	0.8	4.8
R66	469.90	15.88	22.4	20.6	10.49	1.5	11.2	16.66	1.5	4.1
R69	533.40	11.13	17.5	15.9	7.75	1.5	7.9	11.91	0.8	4.8
R70	533.40	19.05	25.4	23.9	12.32	1.5	12.7	19.84	1.5	4.8
R73	584.20	12.70	19.1	17.5	8.66	1.5	9.7	13.49	1.5	3.3
R74	584.20	19.05	25.4	23.9	12.32	1.5	12.7	19.84	1.5	4.8
R82	57.14	11.13	—	15.9	7.75	1.5	7.9	11.91	0.8	4.8
R84	63.50	11.13	—	15.9	7.75	1.5	7.9	11.91	0.8	4.8
R85	79.38	12.70	—	17.5	8.66	1.5	9.7	13.49	1.5	3.3
R86	90.50	15.88	—	20.6	10.49	1.5	11.2	16.66	1.5	4.1
R87	100.03	15.88	—	20.6	10.49	1.5	11.2	16.66	1.5	4.1
R88	123.83	19.05	—	23.9	12.32	1.5	12.7	19.84	1.5	4.8
R89	114.30	19.05	—	23.9	12.32	1.5	12.7	19.84	1.5	4.8
R90	155.58	22.23	—	26.9	14.81	1.5	14.2	23.01	1.5	4.8
R91	260.35	31.75	—	38.1	22.33	2.3	17.5	33.34	2.3	4.1
R99	234.95	11.13	—	15.9	7.75	1.5	7.9	11.91	0.8	4.8

注：尺寸公差如下：

A	（垫圈宽）	±0.20mm
B、H	（垫圈厚）	±0.5mm
C	（八角形垫圈面宽）	±0.2mm
E	（槽深）	±0.5mm
F	（槽宽）	±0.20mm
P	（垫圈中径）	±0.18mm
	（槽中径）	±0.13mm
R_1	（八角形垫圈内圆角半径）	±0.5mm
R_2	（槽内圆角半径）	最大
23°	（角度）	±1/2°

10）RX 型压力自紧钢垫圈的结构型式及尺寸如图 1-176 及表 1-410 所示。

11）BX 型压力自紧钢垫圈的结构型式及尺寸如图 1-177 及表 1-411 所示。

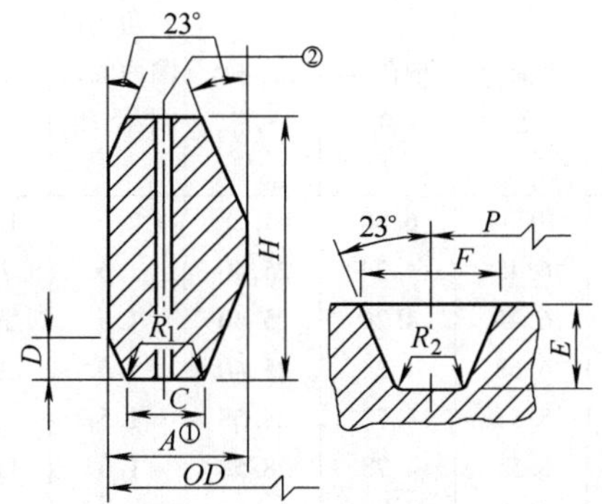

图 1-176 RX 型压力自紧钢垫圈的结构型式

① 只要垫圈宽度或高度的变化不超过 0.20mm，整个圆角上 A 加上公差 0.1mm，对宽度 A 和高度 H 是允许的。

② RX 型垫圈仅 RX82 ~ RX91 在环截面上有压力通孔，孔中心线位于尺寸 C 的中点。RX82 ~ RX85 的孔径为 0.15mm，RX86 和 RX87 的孔径为 3.0mm，RX88 ~ RX91 的孔径为 0.12in。

表 1-410 RX 型压力自紧钢垫圈的尺寸（API 6A—2014、ISO 10423:2009）（单位：mm）

钢垫圈编号	钢垫圈和槽的中径 P	垫圈外径 OD	垫圈宽 A	平面宽 C	倒角高 D	垫圈厚 H	八角形垫圈内圆角半径 R_1	槽深 E	槽宽 F	槽内圆角半径 R_2	装配后法兰近似间距 S
RX20	68.26	76.20	8.73	4.62	3.18	19.05	1.5	6.35	8.73	0.8	9.7
RX23	82.55	93.27	11.91	6.45	4.24	25.40	1.5	7.87	11.91	0.8	11.9
RX24	95.25	105.97	11.91	6.45	4.24	25.40	1.5	7.87	11.91	0.8	11.9
RX25	101.60	109.54	8.73	4.62	3.18	19.05	1.5	6.35	8.73	0.8	—
RX26	101.60	111.92	11.91	6.45	4.24	25.40	1.5	7.87	11.91	0.8	11.9
RX27	107.95	118.27	11.91	6.45	4.24	25.40	1.5	7.87	11.91	0.8	11.9
RX31	123.83	134.54	11.91	6.45	4.24	25.40	1.5	7.87	11.91	0.8	11.9
RX35	136.53	147.24	11.91	6.45	4.24	25.40	1.5	7.87	11.91	0.8	11.9
RX37	149.23	159.94	11.91	6.45	4.24	25.40	1.5	7.87	11.91	0.8	11.9
RX39	161.93	172.64	11.91	6.45	4.24	25.40	1.5	7.87	11.91	0.8	11.9
RX41	180.98	191.69	11.91	6.45	4.24	25.40	1.5	7.87	11.91	0.8	11.9
RX44	193.68	204.39	11.91	6.45	4.24	25.40	1.5	7.87	11.91	0.8	11.9
RX45	211.14	221.85	11.91	6.45	4.24	25.40	1.5	7.87	11.91	0.8	11.9
RX46	211.14	222.25	13.49	6.68	4.78	28.58	1.5	9.65	13.49	1.5	11.9
RX47	228.60	245.27	19.84	10.34	6.88	41.28	2.3	12.70	19.84	1.5	23.1
RX49	269.88	280.59	11.91	6.45	4.24	25.40	1.5	7.87	11.91	0.8	11.9
RX50	269.88	283.37	16.67	8.51	5.28	31.75	1.5	11.18	16.67	1.5	11.9
RX53	323.85	334.57	11.91	6.45	4.24	25.40	1.5	7.87	11.91	0.8	11.9
RX54	323.85	337.34	16.67	8.51	5.28	31.75	1.5	11.18	16.67	1.5	11.9
RX57	381.00	391.72	11.91	6.45	4.24	25.40	1.5	7.87	11.91	0.8	11.9
RX63	419.10	441.72	26.99	14.78	8.46	50.80	2.3	16.00	26.99	2.3	21.3
RX65	469.90	480.62	11.91	6.45	4.24	25.40	1.5	7.87	11.91	0.8	11.9
RX66	469.90	483.39	16.67	8.51	5.28	31.75	1.5	11.18	16.67	1.5	11.9
RX69	533.40	544.12	11.91	6.45	4.24	25.40	1.5	7.87	11.91	0.8	11.9
RX70	533.40	550.07	19.84	10.34	6.88	41.28	2.3	12.70	19.84	1.5	18.3
RX73	584.20	596.11	13.49	6.68	5.28	31.75	1.5	9.65	13.49	1.5	15.0

（续）

钢垫圈编号	钢垫圈和槽的中径 P	垫圈外径 OD	垫圈宽 A	平面宽 C	倒角高 D	垫圈厚 H	八角形垫圈内圆角半径 R_1	槽深 E	槽宽 F	槽内圆角半径 R_2	装配后法兰近似间距 S
RX74	584.20	600.87	19.84	10.34	6.88	41.28	2.3	12.70	19.84	1.5	18.3
RX82	57.15	67.87	11.91	6.45	4.24	25.40	1.5	7.87	11.91	0.8	11.9
RX84	63.50	74.22	11.91	6.45	4.24	25.40	1.5	7.87	11.91	0.8	11.9
RX85	79.38	90.09	13.49	6.68	4.24	25.40	1.5	9.65	13.49	1.5	9.7
RX86	90.49	103.58	15.08	8.51	4.78	28.58	1.5	11.18	16.67	1.5	9.7
RX87	100.01	113.11	15.08	8.51	4.78	28.58	1.5	11.18	16.67	1.5	9.7
RX88	123.83	139.30	17.46	10.34	5.28	31.75	1.5	12.70	19.84	1.5	9.7
RX89	114.30	129.78	18.26	10.34	5.28	31.75	1.5	12.70	19.84	1.5	9.7
RX90	155.58	174.63	19.84	12.17	7.42	44.45	2.3	14.22	23.02	1.5	18.3
RX91	260.35	286.94	30.16	19.81	7.54	45.24	2.3	17.53	33.34	2.3	19.1
RX99	234.95	245.67	11.91	6.45	4.24	25.40	1.5	7.87	11.91	0.8	11.9
RX201	46.04	51.46	5.74	3.20	1.45[a]	11.30	0.5[b]	4.06	5.56	0.8	—
RX205	57.15	62.31	5.56	3.05	1.83[a]	11.10	0.5[b]	4.06	5.56	0.5	—
RX210	88.90	97.63	9.53	5.41	3.18[a]	19.05	0.8[b]	6.35	9.53	0.8	—
RX215	130.18	140.89	11.91	5.33	4.24[a]	25.40	1.5[b]	7.87	11.91	0.8	—

注：1. 标注[a]的尺寸的公差是$^{0}_{-0.38}$。

2. 标注[b]的尺寸的公差是$^{+0.5}_{0}$。

3. 其余尺寸公差为：

A（垫圈宽） ………………… $^{+0.2}_{0}$mm　　H（垫圈厚） ……………………… $^{+0.20}_{0}$mm

C（平面宽） ………………… $^{-0.15}_{0}$mm　　OD（垫圈外径） ………………… $^{+0.5}_{0}$mm

D（倒角高） ………………… $^{0}_{-0.8}$mm　　P（钢垫圈和槽的中径） …… ±0.13mm

E（槽深） …………………… $^{+0.5}_{0}$mm　　R_1（八角形垫圈内圆角半径） … ±0.5mm

F（槽宽） ………………… ±0.20mm　　R_2（槽内圆角半径） ……………… 最大

23°（角度） …………………… ±1/2°

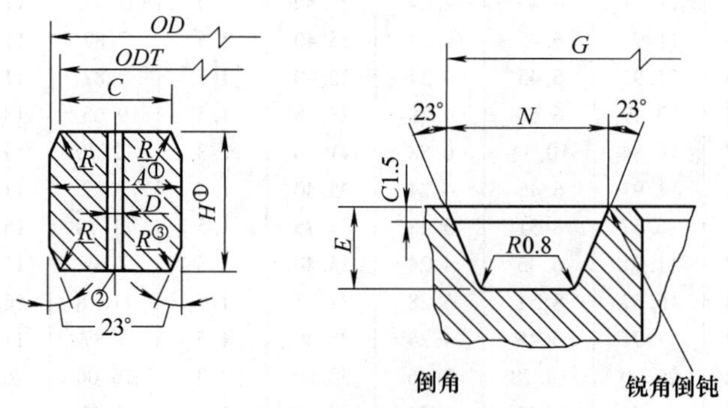

图1-177 BX型压力自紧钢垫圈的结构型式

① 只要垫圈宽度或高度的变化不超过0.1mm，整个圆角上A加上偏差0.2mm，对宽度A和高度H是允许的。

② 每个钢垫圈在其中心线上需要一个压力通孔。

③ 圆角半径R是垫圈高度H的8%～12%。

表 1-411 BX 型压力自紧钢垫圈的尺寸（API 6A—2014、ISO 10423：2009）

（单位：mm）

钢垫编号	规格	垫圈外径 *OD*	垫圈厚 *H*	垫圈宽 *A*	平面外径 *ODT*	平面宽 *C*	倒角高 *D*	槽深 *E*	槽外径 *G*	槽宽 *N*
BX150	43	72.19	9.30	9.30	70.87	7.98	1.59	5.56	73.48	11.43
BX151	46	76.40	9.63	9.63	75.03	8.26	1.59	5.56	77.79	11.84
BX152	52	84.68	10.24	10.24	83.24	8.79	1.59	5.95	86.23	12.65
BX153	65	100.94	11.38	11.38	99.31	9.78	1.59	6.75	102.77	14.07
BX154	78	116.84	12.40	12.40	115.09	10.64	1.59	7.54	119.00	15.39
BX155	103	147.96	14.22	14.22	145.95	12.22	1.59	8.33	150.62	17.73
BX156	179	237.92	18.62	18.62	235.28	15.98	3.18	11.11	241.83	23.39
BX157	228	294.46	20.98	20.98	291.49	18.01	3.18	12.70	299.06	26.39
BX158	279	352.04	23.14	23.14	348.77	19.86	3.18	14.29	357.23	29.18
BX159	346	426.72	25.70	25.70	423.09	22.07	3.18	15.88	432.64	32.49
BX160	346	402.59	23.83	13.74	399.21	10.36	3.18	14.29	408.00	19.96
BX161	425	491.41	28.07	16.21	487.45	12.24	3.18	17.07	497.94	23.62
BX162	425	475.49	14.22	14.22	473.48	12.22	1.59	8.33	478.33	17.91
BX163	476	556.16	30.10	17.37	551.89	13.11	3.18	18.26	563.50	25.55
BX164	476	570.56	30.10	24.59	566.29	20.32	3.18	18.26	577.90	32.77
BX165	540	624.71	32.03	18.49	620.19	13.97	3.18	19.05	632.56	27.20
BX166	540	640.03	32.03	26.14	635.51	21.62	3.18	19.05	647.88	34.87
BX167	680	759.36	35.87	13.11	754.28	8.03	1.59	21.43	768.33	22.91
BX168	680	765.25	35.87	16.05	760.17	10.97	1.59	21.43	774.22	25.86
BX169	130	173.51	15.85	12.93	171.27	10.69	1.59	9.53	176.66	16.92
BX170	228	218.03	14.22	14.22	216.03	12.22	1.59	8.33	220.88	17.91
BX171	279	267.44	14.22	14.22	265.43	12.22	1.59	8.33	270.28	17.91
BX172	346	333.07	14.22	14.22	331.06	12.22	1.59	8.33	335.92	17.91
BX303	762	852.75	37.95	16.97	847.37	11.61	1.59	22.62	862.30	27.38

注：上表尺寸公差为：

A^a（垫圈宽）………………………… $^{+0.2}_{0}$ mm

C（平面宽）………………………… $^{+0.2}_{0}$ mm

D（倒角高）………………………… ±0.5mm

E（槽深）………………………… $^{+0.5}_{0}$ mm

G（槽外径）………………………… $^{+0.10}_{0}$ mm

N^a（槽宽）………………………… $^{+0.2}_{0}$ mm

H（垫圈厚）………………………… $^{+0.10}_{0}$ mm

OD（垫圈外径）………………………… $^{0}_{-0.15}$ mm

ODT（平面外径）………………………… ±0.5mm

R（垫圈内圆角半径）……… （0.08～0.12）H

23°（角度）………………………… ±1/4°

1.7.5.8 美国 ASME B16.1—2015 铸铁法兰尺寸

美国 ASME B16.1—2015 铸铁法兰的结构型式及尺寸如图 1-178 及表 1-412 和表 1-413 所示。

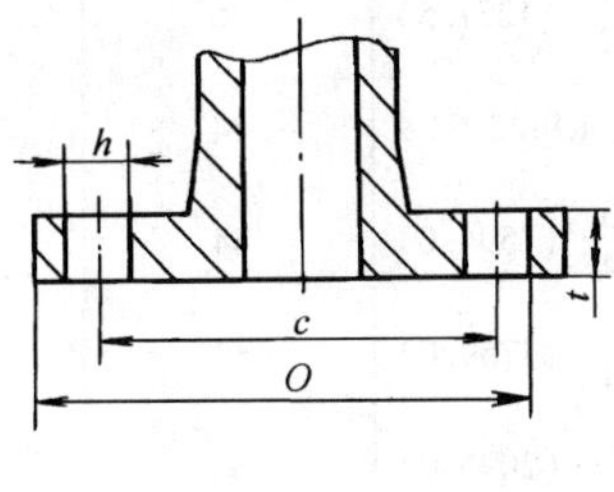

a)

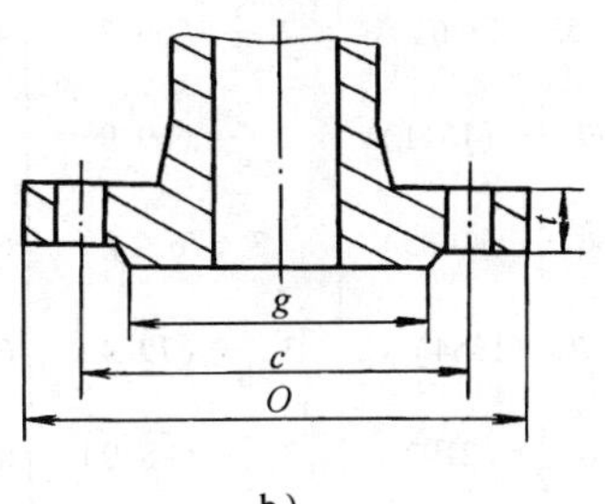

b)

图 1-178 铸铁法兰的结构型式

a）平面法兰 b）凸面法兰

表1-412　Class125 铸铁法兰尺寸（ASME B16.1—2015）

公称尺寸		O /in（mm）	t /in（mm）	c /in（mm）	螺栓数量 /个	螺栓直径 /in	螺栓孔径 h /in（mm）
NPS1	DN25	$4\frac{1}{4}$（108）	$\frac{7}{16}$（11.2）	$3\frac{1}{8}$（79.5）	4	$\frac{1}{2}$	$\frac{5}{8}$（16）
NPS$1\frac{1}{4}$	DN32	$4\frac{5}{8}$（117）	$\frac{1}{2}$（12.7）	$3\frac{1}{2}$（89.0）	4	$\frac{1}{2}$	$\frac{5}{8}$（16）
NPS$1\frac{1}{2}$	DN40	5（127）	$\frac{9}{16}$（14.3）	$3\frac{7}{8}$（98.5）	4	$\frac{1}{2}$	$\frac{5}{8}$（16）
NPS2	DN50	6（152）	$\frac{5}{8}$（15.9）	$4\frac{3}{4}$（120.5）	4	$\frac{5}{8}$	$\frac{3}{4}$（19）
NPS$2\frac{1}{2}$	DN65	7（178）	$\frac{11}{16}$（17.5）	$5\frac{1}{2}$（139.5）	4	$\frac{5}{8}$	$\frac{3}{4}$（19）
NPS3	DN80	$7\frac{1}{2}$（191）	$\frac{3}{4}$（19.1）	6（152.5）	4	$\frac{5}{8}$	$\frac{3}{4}$（19）
NPS$3\frac{1}{2}$	DN90	$8\frac{1}{2}$（216）	$\frac{13}{16}$（22.3）	7（178.0）	8	$\frac{5}{8}$	$\frac{3}{4}$（19）
NPS4	DN100	9（229）	$\frac{15}{16}$（23.9）	$7\frac{1}{2}$（190.5）	8	$\frac{5}{8}$	$\frac{3}{4}$（19）
NPS5	DN125	10（254）	$\frac{15}{16}$（23.9）	$8\frac{1}{2}$（216.0）	8	$\frac{3}{4}$	$\frac{7}{8}$（22）
NPS6	DN150	11（279）	1（25.4）	$9\frac{1}{2}$（241.5）	8	$\frac{3}{4}$	$\frac{7}{8}$（22）
NPS8	DN200	$13\frac{1}{2}$（343）	$1\frac{1}{6}$（28.6）	$11\frac{3}{4}$（298.5）	8	$\frac{3}{4}$	$\frac{7}{8}$（22）
NPS10	DN250	16（406）	$1\frac{3}{16}$（30.2）	$14\frac{1}{4}$（362.0）	12	$\frac{7}{8}$	1（25）
NPS12	DN300	19（483）	$1\frac{1}{4}$（31.8）	17（432.0）	12	$\frac{7}{8}$	1（25）
NPS14	DN350	21（533）	$1\frac{3}{8}$（35.0）	$18\frac{3}{4}$（476.0）	12	1	$1\frac{1}{8}$（29）
NPS16	DN400	$23\frac{1}{2}$（597）	$1\frac{7}{16}$（36.6）	$21\frac{1}{4}$（539.5）	16	1	$1\frac{1}{8}$（29）
NPS18	DN450	25（635）	$1\frac{9}{16}$（39.7）	$22\frac{3}{4}$（578.0）	16	$1\frac{1}{8}$	$1\frac{1}{4}$（32）
NPS20	DN500	$27\frac{1}{2}$（699）	$1\frac{11}{16}$（42.9）	25（635.0）	20	$1\frac{1}{8}$	$1\frac{1}{4}$（32）
NPS24	DN600	32（813）	$1\frac{7}{8}$（47.7）	$29\frac{1}{2}$（749.5）	20	$1\frac{1}{4}$	$1\frac{3}{8}$（35）
NPS30	DN750	$38\frac{3}{4}$（984）	$2\frac{1}{8}$（54.0）	36（914.5）	28	$1\frac{1}{4}$	$1\frac{3}{8}$（35）
NPS36	DN900	46（1168）	$2\frac{3}{8}$（60.4）	$42\frac{3}{4}$（1086.0）	32	$1\frac{1}{2}$	$1\frac{5}{8}$（41）
NPS42	DN1050	53（1346）	$2\frac{5}{8}$（66.7）	$49\frac{1}{2}$（1257.5）	36	$1\frac{1}{2}$	$1\frac{5}{8}$（41）
NPS48	DN1200	$59\frac{1}{2}$（1511）	$2\frac{3}{4}$（69.9）	56（1422.5）	44	$1\frac{1}{2}$	$1\frac{5}{8}$（41）
NPS54	DN1350	$66\frac{1}{4}$（1683）	3（76.2）	$62\frac{3}{4}$（1594.0）	44	$1\frac{3}{4}$	2（51）
NPS60	DN1500	73（1854）	$3\frac{1}{8}$（79.4）	$69\frac{1}{4}$（1759.0）	52	$1\frac{3}{4}$	2（51）
NPS72	DN1800	$86\frac{1}{2}$（2197）	$3\frac{1}{2}$（88.9）	$82\frac{1}{2}$（2096.0）	60	$1\frac{3}{4}$	2（51）
NPS84	DN2100	$99\frac{3}{4}$（2534）	$3\frac{7}{8}$（98.4）	$95\frac{1}{2}$（2426.0）	64	2	$2\frac{1}{4}$（57）
NPS96	DN2400	$113\frac{1}{4}$（2877）	$4\frac{1}{4}$（108.0）	$108\frac{1}{2}$（2756.0）	68	$2\frac{1}{4}$	$2\frac{1}{2}$（64）

表 1-413 Class250 铸铁法兰尺寸（ASME B16.1—2015）

公称尺寸		O /in(mm)	t /in(mm)	c /in(mm)	g /in(mm)	螺栓数量 /个	螺栓直径 /in	螺栓孔径 h /in(mm)
NPS1	DN25	$4\frac{7}{8}$(124)	$\frac{11}{16}$(17.5)	$2\frac{11}{16}$(68.5)	$3\frac{1}{2}$(89)	4	$\frac{5}{8}$	$\frac{3}{4}$(19)
NPS1$\frac{1}{4}$	DN32	$5\frac{1}{4}$(133)	$\frac{3}{4}$(19.1)	$3\frac{1}{16}$(78.0)	$3\frac{7}{8}$(98)	4	$\frac{5}{8}$	$\frac{3}{4}$(19)
NPS1$\frac{1}{2}$	DN40	$6\frac{1}{5}$(156)	$\frac{13}{16}$(21.0)	$3\frac{2}{16}$(90.5)	$4\frac{1}{2}$(114)	4	$\frac{3}{4}$	$\frac{7}{8}$(22)
NPS2	DN50	$6\frac{1}{2}$(165)	$\frac{7}{8}$(22.3)	$4\frac{3}{16}$(106.5)	5(127)	8	$\frac{5}{8}$	$\frac{3}{4}$(19)
NPS2$\frac{1}{2}$	DN65	$7\frac{1}{2}$(191)	1(25.4)	$4\frac{15}{16}$(125.5)	$5\frac{7}{8}$(149)	8	$\frac{3}{4}$	$\frac{7}{8}$(22)
NPS3	DN80	$8\frac{1}{4}$(210)	$1\frac{1}{8}$(28.6)	$5\frac{11}{16}$(144.5)	$6\frac{5}{8}$(168)	8	$\frac{3}{4}$	$\frac{7}{8}$(22)
NPS3$\frac{1}{2}$	DN90	9(229)	$1\frac{3}{16}$(30.2)	$6\frac{5}{16}$(160.5)	$7\frac{1}{4}$(184)	8	$\frac{3}{4}$	$\frac{7}{8}$(22)
NPS4	DN100	10(254)	$1\frac{1}{4}$(31.8)	$6\frac{5}{16}$(176.5)	$7\frac{7}{8}$(200)	8	$\frac{3}{4}$	$\frac{7}{8}$(22)
NPS5	DN125	11(279)	$1\frac{3}{8}$(35.0)	$8\frac{5}{16}$(211.5)	$9\frac{1}{4}$(235)	8	$\frac{3}{4}$	$\frac{7}{8}$(22)
NPS6	DN150	$12\frac{1}{2}$(318)	$1\frac{7}{16}$(36.6)	$9\frac{11}{16}$(246.5)	$10\frac{5}{8}$(270)	12	$\frac{3}{4}$	$\frac{7}{8}$(22)
NPS8	DN200	15(381)	$1\frac{5}{8}$(41.3)	$11\frac{15}{16}$(303.5)	13(330)	12	$\frac{7}{8}$	1(25)
NPS10	DN250	$17\frac{1}{2}$(445)	$1\frac{7}{8}$(47.6)	$14\frac{1}{16}$(357.5)	$15\frac{1}{4}$(387)	16	1	$1\frac{1}{8}$(29)
NPS12	DN300	$20\frac{1}{2}$(521)	2(50.8)	$16\frac{7}{16}$(418.0)	$17\frac{3}{4}$(451)	16	$1\frac{1}{8}$	$1\frac{1}{4}$(32)
NPS14	DN350	23(584)	$2\frac{1}{8}$(54.0)	$18\frac{15}{16}$(481.5)	$20\frac{1}{4}$(514)	20	$1\frac{1}{8}$	$1\frac{1}{4}$(32)
NPS16	DN400	$25\frac{1}{2}$(648)	$2\frac{1}{4}$(57.2)	$21\frac{1}{16}$(535.0)	$22\frac{1}{2}$(572)	20	$1\frac{1}{4}$	$1\frac{3}{8}$(35)
NPS18	DN450	28(711)	$2\frac{3}{8}$(60.4)	$23\frac{5}{16}$(592.5)	$24\frac{3}{4}$(629)	24	$1\frac{1}{4}$	$1\frac{3}{8}$(35)
NPS20	DN500	$30\frac{1}{2}$(775)	$2\frac{1}{2}$(63.5)	$25\frac{9}{16}$(649.5)	27(686)	24	$1\frac{1}{4}$	$1\frac{3}{8}$(35)
NPS24	DN600	36(914)	$2\frac{3}{4}$(69.9)	$30\frac{1}{4}$(768.5)	32(813)	24	$1\frac{1}{2}$	$1\frac{5}{8}$(41)
NPS30	DN750	43(1092)	3(76.2)	$37\frac{3}{16}$(945.0)	$39\frac{1}{4}$(997)	28	$1\frac{3}{4}$	2(51)
NPS36	DN900	50(1270)	$3\frac{3}{8}$(85.7)	$43\frac{11}{16}$(1110.0)	46(1168)	32	2	$2\frac{1}{4}$(57)
NPS42	DN1050	57(1448)	$3\frac{11}{16}$(93.7)	$50\frac{7}{16}$(1281.5)	$52\frac{3}{4}$(1340)	36	2	$2\frac{1}{4}$(57)
NPS48	DN1200	65(1651)	4(101.6)	$58\frac{7}{16}$(1484.5)	$60\frac{3}{4}$(1543)	40	2	$2\frac{1}{4}$(57)

注：法兰厚度包括凸台高度$\frac{1}{16}$in（1.6mm）。

1.7.5.9 美国水道学会标准 AWWA C207—2018 法兰尺寸

1）美国水道学会标准 AWWA C207—2018 法兰垫片材料、类型和厚度见表1-414。

表1-414 法兰垫片材料、类型和厚度（AWWA C207—2018）

法兰级别	工作压力		公称尺寸		厚度			
	psi	kPa			材料	形式	in	mm
B	86	593	NPS4 ~ NPS24	DN100 ~ DN600	橡胶	FF	1/16或1/8	1.59 或 3.18
B	86	593	NPS26 ~ NPS144	DN650 ~ DN3600	橡胶	环	1/8	3.18
D	175	1207	NPS4 ~ NPS12	DN100 ~ DN300	橡胶	FF	1/16或1/8	1.59 或 3.18
D	150	1034	NPS14 ~ NPS24	DN350 ~ DN600	橡胶	FF	1/16或1/8	1.59 或 3.18
D	150	1034	NPS26 ~ NPS144	DN650 ~ DN3600	橡胶	环	1/8	3.18
E	175	1207	NPS4 ~ NPS12	DN100 ~ DN300	橡胶	环	1/16	1.59
E	150	1034	NPS14 ~ NPS24	DN350 ~ DN600	橡胶	环	1/16	1.59
E	275	1896	NPS4 ~ NPS24	DN100 ~ DN600	无石棉	环	1/16	1.59
E	275	1896	NPS26 ~ NPS144	DN650 ~ DN3600	无石棉	环	1/8	3.18
F	300	2068	NPS4 ~ NPS24	DN100 ~ DN600	无石棉	环	1/16	1.59
F	300	2068	NPS26 ~ NPS48	DN650 ~ DN1200	无石棉	环	1/8	3.18

2）法兰尺寸偏差：

法兰内径：${}^{+1/16}_{-0}$in（1.6mm）。

法兰外径：±1/8in（3.2mm）。

≤18in（450mm）的法兰厚度：${}^{+1/8}_{0}$in（3.2mm）。

≥20in（500mm）的法兰厚度：${}^{+3/16}_{0}$in（4.8mm）。

≤18in（450mm）的法兰颈长度：${}^{+1/8}_{-1/32}$in（${}^{+3.2}_{-0.79}$mm）。

≥20in（500mm）的法兰颈长度：${}^{+3/16}_{-1/16}$in（${}^{+4.8}_{-1.6}$mm）。

螺栓孔中心圆直径：±1/16in（1.6mm）。

螺栓孔直径：±1/32in（0.79mm）。

3）B级（86psi）和D级（150～175psi）钢环法兰的结构型式和尺寸如图1-179及表1-415所示。

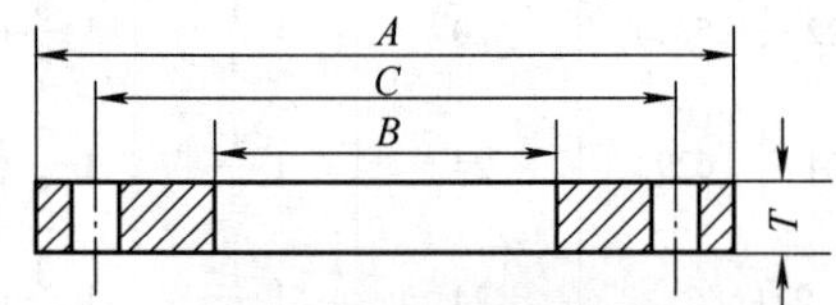

图1-179 B级（86psi）和D级（150～175psi）钢环法兰的结构型式

4）D级（150～175psi）凸面钢法兰的结构型式和尺寸如图1-180和表1-416所示。

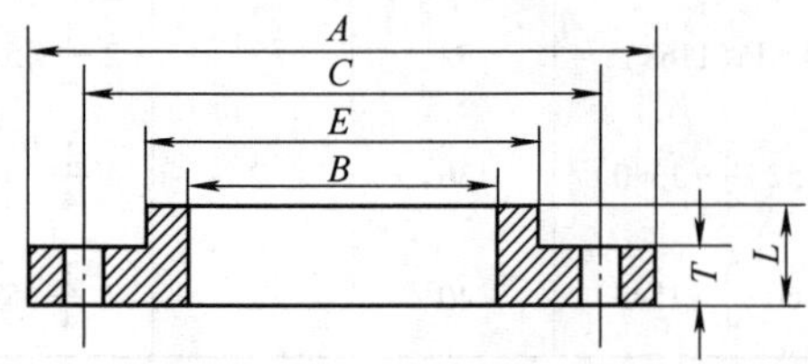

图1-180 D级（150～175psi）凸面钢法兰的结构型式

5）E级（275psi）凸面钢法兰的结构型式和尺寸如图1-181和表1-417所示。

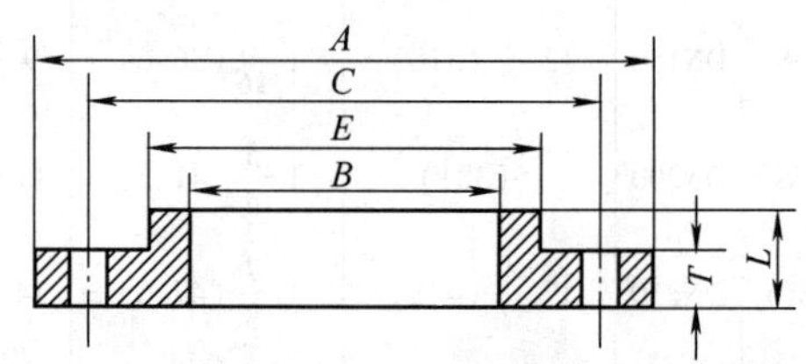

图1-181 E级（275psi）凸面钢法兰的结构型式

6）E级（275psi）钢环法兰的结构型式和尺寸如图1-182和表1-418所示。

7）F级（300psi）钢环法兰的结构型式和尺寸如图1-183和表1-419所示。

8）盲法兰厚度见表1-420。

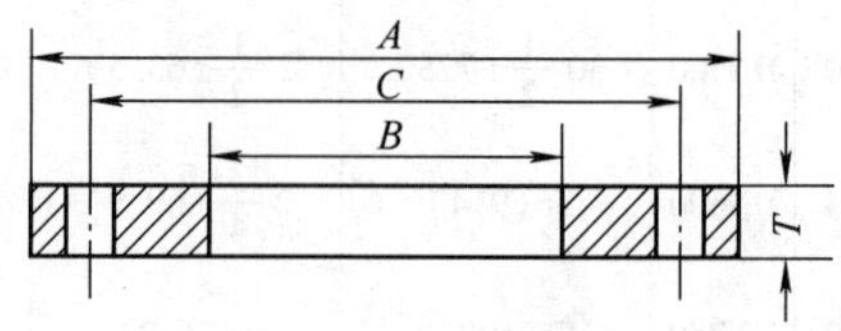

图1-182 E级（275psi）钢环法兰的结构型式

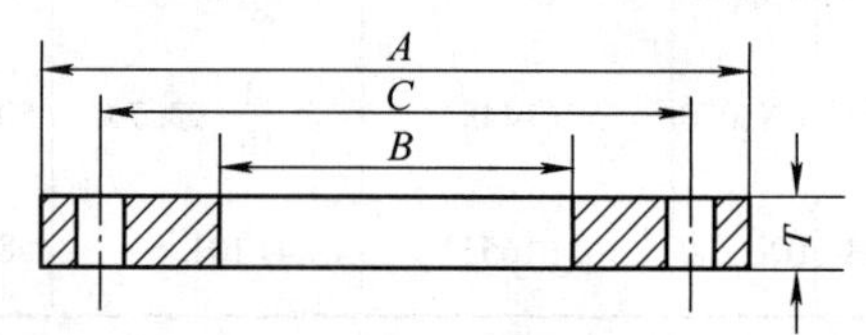

图1-183 F级（300psi）钢环法兰的结构型式

表 1-415 B 级[①]（86psi）[③]和 D 级[②]（150~175psi）[④]钢环法兰尺寸（AWWA C207—2018）

公称管径	法兰外径（A）/in	法兰内径（B[⑤]）/in	螺栓孔数量/个	螺栓孔中心圆直径（C）/in	螺栓直径[⑥]/in	法兰厚度/in	
						B 级（T）	D 级（T）
NPS4	9.00	4.57	8	7.50	0.625	0.625	0.625
NPS5	10.00	5.66	8	8.50	0.750	0.625	0.625
NPS6	11.00	6.72	8	9.50	0.750	0.688	0.688
NPS8	13.50	8.72	8	11.75	0.750	0.688	0.688
NPS10	16.00	10.88	12	14.25	0.875	0.688	0.688
NPS12	19.00	12.88	12	17.00	0.875	0.688	0.812
NPS14	21.00	14.19	12	18.75	1.000	0.688	0.938
NPS16	23.50	16.19	16	21.25	1.000	0.688	1.000
NPS18	25.00	18.19	16	22.75	1.125	0.688	1.062
NPS20	27.50	20.19	20	25.00	1.125	0.688	1.125
NPS22	29.50	22.19	20	27.25	1.250	0.750	1.188
NPS24	32.00	24.19	20	29.50	1.250	0.750	1.250
NPS26	34.25		24	31.75	1.250	0.812	1.312
NPS28	36.50		28	34.00	1.250	0.870	1.312
NPS30	38.75		28	36.00	1.250	0.875	1.375
NPS32	41.75		28	38.50	1.500	0.938	1.500
NPS34	43.75		32	40.50	1.500	0.938	1.500
NPS36	46.00		32	42.75	1.500	1.000	1.625
NPS38	48.75		32	45.25	1.500	1.000	1.625
NPS40	50.75		36	47.25	1.500	1.000	1.625
NPS42	53.00		36	49.50	1.500	1.125	1.750
NPS44	55.25		40	51.75	1.500	1.125	1.750
NPS46	57.25		40	53.75	1.500	1.125	1.750
NPS48	59.50		44	56.00	1.500	1.250	1.875
NPS50	61.75		44	58.25	1.750	1.250	2.000
NPS52	64.00		44	60.50	1.750	1.250	2.000
NPS54	66.25		44	62.75	1.750	1.375	2.125
NPS60	73.00		52	69.25	1.750	1.500	2.250
NPS66	80.00		52	76.00	1.750	1.625	2.500
NPS72	86.50		60	82.50	1.750	1.750	2.625
NPS78	93.00		64	89.00	2.000	2.000	2.750
NPS84	99.75		64	95.50	2.000	2.000	2.875
NPS90	106.50		68	102.00	2.250	2.250	3.000
NPS96	113.25		68	108.50	2.250	2.250	3.250
NPS102	120.00		72	114.50	2.500	2.500	3.250
NPS108	126.75		72	120.75	2.500	2.500	3.375
NPS114	133.50		76	126.75	2.750	2.750	3.500
NPS120	140.25		76	132.75	2.750	2.750	3.500
NPS126	147.00		80	139.25	3.000	3.000	3.750
NPS132	153.75		80	145.75	3.000	3.000	3.875
NPS138	160.50		84	152.00	3.250	3.250	4.000
NPS144	167.25		84	158.25	3.250	3.250	4.125

① 法兰盘可以比管道外径或允许（用平顶扩孔钻）扩孔的公称直径稍大一点，这样做是允许在划线后有一个清晰的内径，必须保持管外径和螺栓圆周之间的扳手空间，以及足够的垫片密封面积。

② 米制、英制换算：1kPa＝6.895psi。

③ 在大气温度下的压力额定值是86psi，这些法兰有同样的外径和钻孔，如Class125 铸铁法兰（ASME B16.1），公称尺寸≤NPS24 的法兰也符合 Class150（ASME B16.5）钢制法兰钻孔。

④ 在大气温度下的压力额定值：公称压力为175psi、公称尺寸为 NPS4～NPS12 以及公称压力为150psi、公称尺寸为 NPS12 的阀门，这些法兰有同样的直径，并且按 Class125 铸铁法兰钻孔（ASME B16.1），公称尺寸≤NPS24 的法兰，应符合 Class150 钢制法兰（ASME B16.5）尺寸。

⑤ 对于公称尺寸≥NPS26 的阀门购买方应指出法兰内径的尺寸 B，法兰孔径不应超过管外径 5mm（0.19in）。

⑥ 螺栓孔应比螺栓的公称直径钻大 3mm（1/8in）。

表1-416 D[①]级（150~175psi）[②]凸面钢法兰尺寸（AWWA C207—2018）

公称管径	法兰外径（A）/in	法兰内径（B）/in	螺栓孔数量/个	螺栓孔中心圆直径（C）/in	螺栓直径[③]/in	法兰尺寸/in		
						（T）	（L）	（E）
NPS4	9.00	4.57	8	7.50	0.625	0.500	0.875	5.312
NPS5	10.00	5.66	8	8.50	0.750	0.562	1.250	6.312
NPS6	11.00	6.72	8	9.50	0.750	0.562	1.250	7.562
NPS8	13.50	8.72	8	11.75	0.750	0.562	1.250	9.688
NPS10	16.00	10.88	12	14.25	0.875	0.688	1.250	12.000
NPS12	19.00	12.88	12	17.00	0.875	0.688	1.250	14.375
NPS14	21.00	14.19	12	18.75	1.000	0.750	1.250	15.750
NPS16	23.50	16.19	16	21.25	1.000	0.750	1.250	18.000
NPS18	25.00	18.19	16	22.75	1.125	0.750	1.250	19.875
NPS20	27.50	20.19	20	25.00	1.125	0.750	1.250	22.000
NPS22	29.50	22.19	20	27.25	1.250	1.000	1.750	24.250
NPS24	32.00	24.19	20	29.50	1.250	1.000	1.750	26.125
NPS26	34.25	26.19	24	31.75	1.250	1.000	1.750	28.500
NPS28	36.50	28.19	28	34.00	1.250	1.000	1.750	30.500
NPS30	38.75	30.19	28	36.00	1.250	1.000	1.750	32.500
NPS32	41.75	32.19	28	38.50	1.500	1.125	1.750	34.750
NPS34	43.75	34.19	32	40.50	1.500	1.125	1.750	36.750
NPS36	46.00	36.19	32	42.75	1.500	1.125	1.750	38.750
NPS38	48.75	38.19	32	45.25	1.500	1.125	1.750	40.750
NPS40	50.75	40.19	36	47.25	1.500	1.125	1.750	43.000
NPS42	53.00	42.19	36	49.50	1.500	1.250	1.750	45.000
NPS44	55.25	44.19	40	51.75	1.500	1.250	2.250	47.000
NPS46	57.25	46.19	40	53.75	1.500	1.250	2.250	49.000
NPS48	59.50	48.19	44	56.00	1.500	1.375	2.500	51.000
NPS50	61.75	50.19	44	58.25	1.750	1.375	2.500	53.000
NPS52	64.00	52.19	44	60.50	1.750	1.375	2.500	55.000
NPS54	66.25	54.19	44	62.75	1.750	1.375	2.500	57.000
NPS60	73.00	60.19	52	69.25	1.750	1.500	2.750	63.000
NPS66	80.00	66.19	52	76.00	1.750	1.500	2.750	69.000
NPS72	86.50	72.19	60	82.50	1.750	1.500	2.750	75.000
NPS78	93.00	78.19	64	89.00	2.000	1.750	3.000	81.250
NPS84	99.75	84.19	64	95.50	2.000	1.750	3.000	87.500
NPS90	106.50	90.19	68	102.00	2.250	2.000	3.250	93.750
NPS96	113.25	96.19	68	108.50	2.250	2.000	3.250	100.000

① 用在管道上的高径法兰有一个同公称管径相同的外径。

② 在大气温度下的压力额定值，公称压力为175psi、公称尺寸为NPS4~NPS12及公称压力为150psi、公称尺寸>NPS12的阀门，这些法兰有相同的直径，并且按Class125铸铁法兰钻孔（ASME B16.1），公称尺寸≤NPS24的法兰，应符合Class150钢制法兰（ASME B16.1）尺寸。

③ 螺栓孔应比螺栓的公称直径钻大3mm（1/8in）。

表1-417 E级① (275psi②) 凸面钢法兰尺寸 (AWWA C207—2018)

公称管径	法兰外径 (A) /in	法兰内径 (B③) /in	螺栓孔数量/个	螺栓孔中心圆直径 (C) /in	螺栓直径④ /in	法兰尺寸/in		
						(T)⑤	(L)	(E)
NPS4	9.00	4.57	8	7.50	0.625	0.938	1.312	5.312
NPS5	10.00	5.66	8	8.50	0.750	0.938	1.438	6.438
NPS6	11.00	6.72	8	9.50	0.750	1.000	1.562	7.562
NPS8	13.50	8.72	8	11.75	0.750	1.125	1.750	9.688
NPS10	16.00	10.88	12	14.25	0.875	1.188	1.938	12.000
NPS12	19.00	12.88	12	17.00	0.875	1.250	2.188	14.375
NPS14	21.00	14.19	12	18.75	1.000	1.375	2.250	15.750
NPS16	23.50	16.19	16	21.25	1.000	1.438	2.500	18.000
NPS18	25.00	18.19	16	22.75	1.125	1.562	2.688	19.875
NPS20	27.50	20.19	20	25.00	1.125	1.688	2.875	22.000
NPS22	29.50	22.19	20	27.25	1.250	1.812	3.125	24.000
NPS24	32.00	24.19	20	29.50	1.250	1.875	3.250	26.125
NPS26	34.25	26.19	24	31.75	1.250	2.000	3.375	28.500
NPS28	36.50	28.19	28	34.00	1.250	2.062	3.438	30.750
NPS30	38.75	30.19	28	36.00	1.250	2.125	3.500	32.750
NPS32	41.75	32.19	28	38.50	1.500	2.250	3.625	35.000
NPS34	43.75	34.19	32	40.50	1.500	2.312	3.688	37.000
NPS36	46.00	36.19	32	42.75	1.500	2.375	3.750	39.250
NPS38	48.75	38.19	32	45.25	1.500	2.375	3.750	41.750
NPS40	50.75	40.19	36	47.25	1.500	2.500	3.875	43.750
NPS42	53.00	42.19	36	49.50	1.500	2.625	4.000	46.000
NPS44	55.25	44.19	40	51.75	1.500	2.625	4.000	48.000
NPS46	57.25	46.19	40	53.75	1.500	2.688	4.062	50.000
NPS48	59.50	48.19	44	56.00	1.500	2.750	4.125	52.250
NPS50	61.75	50.19	44	58.25	1.750	2.750	4.125	54.250
NPS52	64.00	52.19	44	60.50	1.750	2.875	4.250	56.500
NPS54	66.25	54.19	44	62.75	1.750	3.000	4.375	58.750
NPS60	73.00	60.19	52	69.25	1.750	3.125	4.500	65.250
NPS66	80.00	66.19	52	76.00	1.750	3.375	4.875	71.500
NPS72	86.50	72.19	60	82.50	1.750	3.500	5.000	78.500
NPS78	93.00	78.19	64	89.00	2.000	3.875	5.375	84.500
NPS84	99.75	84.19	64	95.50	2.000	3.875	5.375	90.500
NPS90	106.50	90.19	68	102.00	2.250	4.250	5.750	96.750
NPS96	113.25	96.19	68	108.50	2.250	4.250	5.750	102.750

① 用在管道上的高径法兰有一个同公称管径相同的外径。

② 在大气温度下的压力额定值是275psi，这些法兰有相同的直径，并按Class125铸铁法兰（ASME B16.1）钻孔，公称尺寸≤NPS24的应符合Class150钢制法兰（ASME B16.5）钻孔尺寸。

③ 如买方同意，也可以使用焊径法兰。

④ 螺栓孔径应比螺栓的公称直径钻大3mm（1/8in）。

⑤ 去掉凸面后的法兰厚度 T 不应小于尺寸 $T-2$mm（0.06in）。

表 1-418 E[①]级（275psi[②]）钢环法兰尺寸（AWWA C207—2018）

公称管径	法兰外径（A）/in	法兰内径（B[③]）/in	螺栓孔数量/个	螺栓孔中心圆直径（C）/in	螺栓直径/in[④]	法兰厚度（T）/in
NPS4	9.00	4.57	8	7.50	0.625	1.125
NPS5	10.00	5.66	8	8.50	0.750	1.188
NPS6	11.00	6.72	8	9.50	0.750	1.313
NPS8	13.50	8.72	8	11.75	0.750	1.500
NPS10	16.00	10.88	12	14.25	0.875	1.563
NPS12	19.00	12.88	12	17.00	0.875	1.750
NPS14	21.00	14.19	12	18.75	1.000	1.875
NPS16	23.50	16.19	16	21.25	1.000	2.000
NPS18	25.00	18.19	16	22.75	1.125	2.125
NPS20	27.50	20.19	20	25.00	1.125	2.375
NPS22	29.50	22.19	20	27.25	1.250	2.500
NPS24	32.00	24.19	20	29.50	1.250	2.625
NPS26	34.25		24	31.75	1.250	2.750
NPS28	36.50		28	34.00	1.250	2.750
NPS30	38.75		28	36.00	1.250	2.875
NPS32	41.75		28	38.50	1.500	3.000
NPS34	43.75		32	40.50	1.500	3.000
NPS36	46.00		32	42.75	1.500	3.125
NPS38	48.75		32	45.25	1.500	3.125
NPS40	50.75		36	47.25	1.500	3.250
NPS42	53.00		36	49.50	1.500	3.375
NPS44	55.25		40	51.75	1.500	3.375
NPS46	57.25		40	53.75	1.500	3.438
NPS48	59.50		44	56.00	1.500	3.500
NPS50	61.75		44	58.25	1.750	3.500
NPS52	64.00		44	60.50	1.750	3.625
NPS54	66.25		44	62.75	1.750	3.750
NPS60	73.00		52	69.25	1.750	3.875
NPS66	80.00		52	76.00	1.750	4.250
NPS72	86.50		60	82.50	1.750	4.375
NPS78	93.00		64	89.00	2.000	4.750
NPS84	99.75		64	95.50	2.000	4.750
NPS90	106.50		68	102.00	2.250	5.125
NPS96	113.25		68	108.50	2.250	5.125
NPS102	120.00		72	114.50	2.500	5.500
NPS108	126.75		72	120.75	2.500	5.500
NPS114	133.50		76	126.75	2.750	5.875
NPS120	140.25		76	132.75	2.750	5.875
NPS126	147.00		80	139.25	3.000	6.250
NPS132	153.75		80	145.75	3.000	6.250
NPS138	160.50		84	152.00	3.250	6.750
NPS144	167.25		84	158.25	3.250	6.750

① 法兰盘可以比管道外径或允许（用平顶扩孔钻）扩孔的公称直径稍大一点，必须保持管道外径和螺栓外圆之间的扳手空间，以及足够的垫圈密封面积。

② 常温下的额定压力为275psi 的 Class125 铸铁法兰的尺寸相同，并且都按 ASME B16.1 钻孔，公称尺寸≤NPS24、公称压力为150psi 的钢制法兰按 ASME B16.5 钻孔。

③ 对于公称管径≥NPS26 的法兰，应明确规定其（尺寸 B）内径。建议 3/16in 的法兰，其内径尺寸要大于管子公称外径。

④ 螺栓孔应比螺栓的公称直径钻大 3mm（1/8in）。

表 1-419 F①级（300psi②）钢环法兰尺寸（AWWA C207—2018）

公称管径	法兰外径（A）/in	法兰内径（B）/in	螺栓孔数量/个	螺栓孔中心圆直径（C）/in	螺栓直径③/in	法兰厚度（T）/in
NPS4	10.00	4.57	8	7.88	0.750	1.13
NPS5	11.00	5.66	8	9.25	0.750	1.21
NPS6	12.50	6.73	12	10.62	0.750	1.31
NPS8	15.00	8.73	12	13.00	0.875	1.31
NPS10	17.50	10.88	16	15.25	1.000	1.50
NPS12	20.50	12.88	16	17.75	1.125	1.63
NPS14	23.00	14.19	20	20.25	1.125	1.94
NPS16	25.50	16.19	20	22.50	1.250	2.14
NPS18	28.00	18.19	24	24.75	1.250	2.25
NPS20	30.50	20.19	24	27.00	1.250	2.33
NPS22	33.00	22.19	24	29.25	1.250	2.50
NPS24	36.00	24.19	24	32.00	1.500	2.69
NPS26	38.25	—	28	34.50	1.750	3.00
NPS28	40.75	—	28	37.00	1.750	3.13
NPS30	43.00	—	28	39.25	1.750	3.15
NPS32	45.25	—	28	41.50	1.750	3.25
NPS34	47.50	—	28	43.50	1.750	3.38
NPS36	50.00	—	32	46.00	2.000	3.46
NPS38	52.25	—	32	48.00	2.000	3.50
NPS40	54.25	—	36	50.25	2.000	3.63
NPS42	57.00	—	36	52.75	2.000	3.81
NPS44	59.25	—	36	55.00	2.000	4.00
NPS46	61.50	—	40	57.25	2.000	4.13
NPS48	65.00	—	40	60.75	2.000	4.50

① 法兰盘可以比管道外径或允许（用平顶扩孔钻）扩孔的公称直径稍大一点，必须保持管道外径和螺栓孔圆之间的扳手空间，以及足够的垫圈密封面积。

② 常温下的额定压力为 300psi 的 Class250 铸铁管和法兰管件有相同的法兰尺寸和钻孔尺寸，按 ASME B16.1；Class300 钢制法兰按 ASME B16.5。

③ 螺栓孔应比螺栓的公称直径钻大 3mm（1/8in）。

表 1-420 盲法兰厚度①②③④⑤（AWWA C207—2018）

公称管径	最小厚度⑥									
	相配法兰		B 级		D⑦级		E 级		F 级	
	尺寸	ID	86psi	593kPa			275psi	1896kPa	300psi	2068kPa
	in	mm	in	mm	in	mm	in	mm	in	mm
NPS4 （DN100）	4.57	（116）	0.625	（15.88）	0.625	（15.88）	1.125	（28.58）	1.130	（28.70）
NPS5 （DN125）	5.66	（144）	0.625	（15.88）	0.650	（16.51）	1.188	（30.18）	1.210	（30.73）
NPS6 （DN150）	6.72	（171）	0.688	（17.48）	0.693	（17.59）	1.313	（33.35）	1.310	（33.27）
NPS8 （DN200）	8.72	（221）	0.688	（17.48）	0.812	（20.62）	1.500	（38.10）	1.310	（33.27）
NPS10 （DN250）	10.88	（276）	0.688	（17.48）	0.953	（24.21）	1.563	（39.70）	1.500	（38.10）
NPS12 （DN300）	12.88	（327）	0.719	（18.26）	1.117	（28.37）	1.750	（44.45）	1.630	（41.40）

（续）

公称管径	最小厚度⑥									
	相配法兰		B级		D⑦级		E级		F级	
	尺寸	ID	86psi	593kPa			275psi	1896kPa	300psi	2068kPa
	in	mm	in	mm	in	mm	in	mm	in	mm
NPS14 (DN350)	14.19	(360)	0.791	(20.10)	1.133	(28.78)	1.875	(47.63)	1.940	(49.28)
NPS16 (DN400)	16.19	(411)	0.892	(22.66)	1.265	(32.13)	2.000	(50.80)	2.140	(54.36)
NPS18 (DN450)	18.19	(462)	0.950	(24.13)	1.331	(33.81)	2.125	(53.98)	2.250	(57.15)
NPS20 (DN500)	20.19	(513)	1.040	(26.42)	1.448	(36.77)	2.375	(60.33)	2.330	(59.18)
NPS22 (DN550)	22.19	(564)	1.132	(28.74)	1.568	(39.83)	2.500	(63.50)	2.500	(63.50)
NPS24 (DN600)	25.50	(648)	1.216	(30.89)	1.661	(42.18)	2.625	(66.68)	2.690	(68.53)
NPS26 (DN650)	27.50	(699)	1.307	(33.20)	1.786	(45.37)	2.750	(69.85)	3.000	(76.20)
NPS28 (DN700)	29.50	(749)	1.398	(35.50)	1.906	(48.40)	2.750	(69.85)	3.130	(79.50)
NPS30 (DN750)	31.50	(800)	1.477	(37.53)	2.008	(51.00)	2.875	(73.03)	3.166	(80.42)
NPS32 (DN800)	33.50	(851)	1.581	(40.16)	2.150	(54.60)	3.000	(76.20)	3.332	(84.62)
NPS34 (DN850)	35.50	(902)	1.661	(42.19)	2.252	(57.21)	3.050	(77.46)	3.475	(88.25)
NPS36 (DN900)	37.63	(956)	1.751	(44.48)	2.370	(60.20)	3.209	(81.51)	3.671	(93.25)
NPS38 (DN950)	39.63	(1006)	1.853	(47.06)	2.506	(63.66)	3.394	(86.20)	3.815	(96.90)
NPS40 (DN1000)	41.63	(1057)	1.933	(49.09)	2.609	(66.28)	3.533	(89.74)	3.982	(101.40)
NPS42 (DN1050)	43.63	(1108)	2.023	(51.40)	2.729	(69.32)	3.695	(93.86)	4.171	(105.92)
NPS44 (DN1100)	45.63	(1159)	2.114	(53.70)	2.849	(72.36)	3.857	(97.97)	4.338	(110.19)
NPS46 (DN1150)	47.63	(1210)	2.194	(55.73)	2.952	(74.99)	3.997	(101.53)	4.505	(114.43)
NPS48 (DN1200)	49.63	(1260)	2.285	(58.03)	3.072	(78.03)	4.159	(105.65)	4.781	(121.44)
NPS50 (DN1250)	51.75	(1314)	2.377	(60.38)	3.196	(81.17)	4.327	(109.90)		
NPS52 (DN1300)	53.75	(1365)	2.468	(62.69)	3.315	(84.21)	4.489	(114.02)		
NPS54 (DN1350)	55.75	(1416)	2.559	(64.99)	3.435	(87.25)	4.651	(118.14)		
NPS60 (DN1500)	61.75	(1568)	2.820	(71.63)	3.779	(95.97)	5.116	(129.95)		
NPS66 (DN1650)	67.88	(1724)	3.092	(78.53)	4.136	(105.06)	5.601	(142.26)		
NPS72 (DN1800)	73.88	(1876)	3.353	(85.17)	4.480	(113.80)	6.066	(154.08)		

① 所有法兰都是平面法兰。

② 采用 ASTM A36 钢（许用应力为 16000psi）。

③ B 级和 D 级法兰采用 ASTM A307 B 级螺栓（许用应力为 7000psi）。

④ E 级和 F 级法兰采用 ASTM A193 B7 级螺栓（许用应力为 25000psi）。

⑤ 公称尺寸大于 NPS48/DN1200 的法兰，设计应考虑采用碟形圆盘焊接到标准法兰上。

⑥ 设计方法，按 ASME 锅炉的压力容器规范第Ⅷ卷 1 分卷设计。

⑦ 额定压力为 175psi/1207kPa、公称尺寸≤NPS12/DN300 的法兰被列入 D 级，同时额定压力为 150psi/1034kPa、公称尺寸＞NPS12/DN300 的法兰也被列入 D 级。

1.7.5.10 欧洲 EN 1092-1：2018 法兰及其连接件 PN 标识的管道、阀门、管件和附件用圆形法兰 第 1 部分：钢法兰

1）钢制圆（形）法兰的类型如图 1-184 所示。

2）圆环的类型如图 1-185 所示。

3）钢法兰和圆环的类型见表 1-421。

4）法兰密封面的结构型式如图 1-186 所示。

5）法兰和公称尺寸见表 1-422。

6）法兰密封面的结构型式和尺寸如图 1-187 及表 1-423 所示。

7）制造法兰的材料：制造法兰的材料见表1-424。

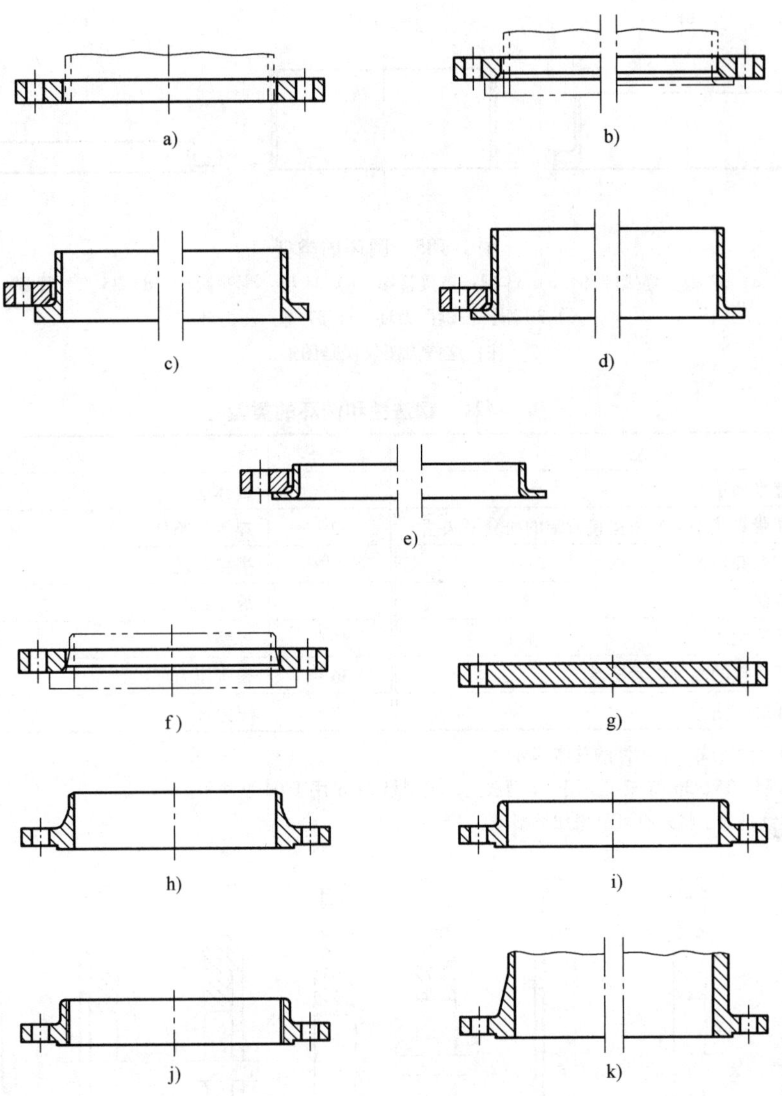

图 1-184 钢制圆（形）法兰的类型

a）01 型：用于焊接的平面法兰 b）02 型：用于带焊接圆环或搭接管端的松套平法兰 c）02 型：用于带焊接环颈的松套平法兰（见 35 型） d）02 型：用于带长颈压力环的松套平法兰（见 36 型） e）02 型：用于带压力环的松套平法兰（见 37 型） f）04 型：带焊颈圆环的松套平法兰（见 34 型） g）05 型：盲板法兰 h）11 型：焊颈法兰 i）12 型：用于焊接的高颈松套法兰 j）13 型：高颈螺纹法兰 k）21 型：整体法兰

注：这些简图仅仅是图形，法兰密封的形式如图 1-186 所示。

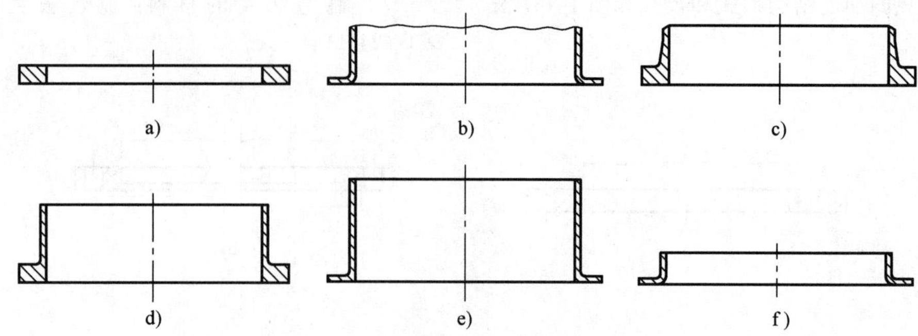

图 1-185　圆环的类型

a) 32 型：焊接圆环　b) 33 型：搭接管端　c) 34 型：焊颈圆环　d) 35 型：焊颈
e) 36 型：长颈压力环　f) 37 型：压力环

注：这些简图仅仅是图形。

表 1-421　钢法兰和圆环的类型

类型号③	说　明	类型号③	说　明
01	焊接平面法兰	21①	整体法兰
02	用于带焊接平圆环或搭接管端的松套平法兰	32②	焊接平圆环
04	带焊颈圆环的松套平法兰	33①②	搭接管端
05	盲板法兰	34②	焊颈圆环
11	焊颈法兰	35②	焊颈
12	用于焊接的高颈松套法兰	36②	长颈压力环
13	高颈螺纹法兰	37②	压力环

① 这是一个压力设备或一个元件的总体部分。

② 类型号 32、33、35、36 和 37 是用于 02 型法兰，类型号 34 是用于 04 型法兰。

③ 类型号不连续是为了将来有可能增加类型号。

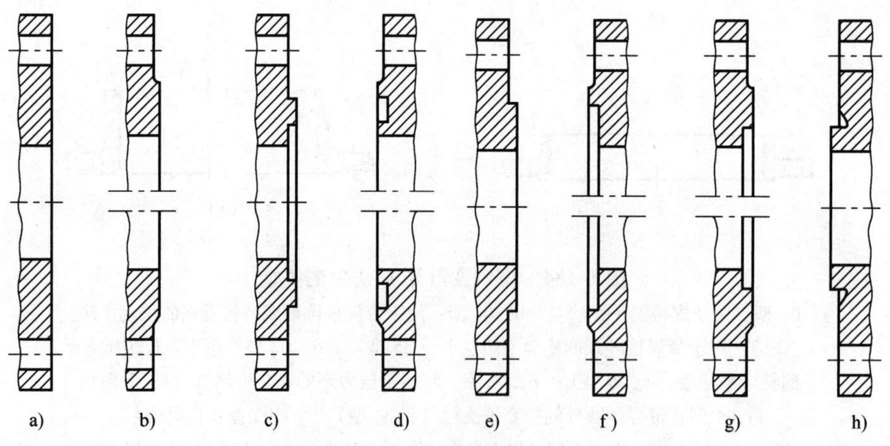

图 1-186　法兰密封面的结构型式

a) A 型：平面　b) B 型：突面（B1 和 B2）　c) C 型：榫槽面-榫面　d) D 型：榫槽面-槽面
e) E 型：凹凸面-凸面　f) F 型：凹凸面-凹面　g) G 型：O 形环凸面　h) H 型：O 形环凹面

注：1. B 型、D 型、F 型和 G 型须使突面的锐棱倒圆。
2. B 型中 B1 型和 B2 型突面的用途不同。
3. 法兰密封面的尺寸如图 1-187 及表 1-423 所示。

表 1-422 法兰和公称尺寸

法兰和圆环的类型	公称压力	公称尺寸																																				
		DN10	DN15	DN20	DN25	DN32	DN40	DN50	DN65	DN80	DN100	DN125	DN150	DN200	DN250	DN300	DN350	DN400	DN450	DN500	DN600	DN700	DN800	DN900	DN1000	DN1200	DN1400	DN1600	DN1800	DN2000	DN2200	DN2400	DN2600	DN2800	DN3000	DN3200	DN3400	DN3600	DN3800	DN4000
01 型	PN2.5	尺寸同 PN6																								×														
	PN6	×	×	×	×	×	×	×	×	×	×	×	×	×	×	×	×	×	×	×	×	×	×	×	×	×	×	×	×	×										
	PN10	尺寸同 PN40						尺寸同 PN16						×	×	×	×	×	×	×	×	×	×	×	×	×														
	PN16	尺寸同 PN40						×	×	×	×	×	×	×	×	×	×	×	×	×	×	×	×	×	×															
	PN25	尺寸同 PN40												×	×	×	×	×	×	×	×	×	×																	
	PN40	×	×	×	×	×	×	×	×	×	×	×	×	×	×	×	×	×																						
	PN63	尺寸同 PN100							×	×	×	×	×	×	×	×	×	×																						
	PN100	×	×	×	×	×	×	×	×	×	×	×	×	×	×	×	×																							
02 和 32 型	PN2.5	尺寸同 PN6																																						
	PN6	×	×	×	×	×	×	×	×	×	×	×	×	×	×	×	×	×	×	×	×																			
	PN10	尺寸同 PN40						尺寸同 PN16						×	×	×	×	×	×	×	×																			
	PN16	尺寸同 PN40						×	×	×	×	×	×	×	×	×	×	×	×	×	×																			
	PN25	尺寸同 PN40												×	×	×	×	×	×	×	×																			
	PN40	×	×	×	×	×	×	×	×	×	×	×	×	×	×	×	×	×	×	×	×																			
02 和 35 型	PN2.5	尺寸同 PN6																																						
	PN6	×	×	×	×	×	×	×	×	×	×	×	×	×	×	×	×	×	×	×	×	×	×	×	×	×														
	PN10	尺寸同 PN40						尺寸同 PN16						×	×	×	×	×	×	×	×	×	×	×	×	×														
	PN16	尺寸同 PN40						×	×	×	×	×	×	×	×	×	×	×	×	×	×	×	×	×	×															
	PN25	尺寸同 PN40						×	×	×	×	×	×	×	×	×	×	×	×	×	×	×	×																	
	PN40	×	×	×	×	×	×	×	×	×	×	×	×	×	×	×	×	×																						

（续）

法兰和圆环的类型	公称压力	公称尺寸																																						
		DN10	DN15	DN20	DN25	DN32	DN40	DN50	DN65	DN80	DN100	DN125	DN150	DN200	DN250	DN300	DN350	DN400	DN450	DN500	DN600	DN700	DN800	DN900	DN1000	DN1200	DN1400	DN1600	DN1800	DN2000	DN2200	DN2400	DN2600	DN2800	DN3000	DN3200	DN3400	DN3600	DN3800	DN4000
02 和 36 型	PN2.5	尺寸同 PN10																	×	×																				
	PN6	尺寸同 PN10																	×	×																				
	PN10	尺寸同 PN16												×	×	×	×	×																						
	PN16	×	×	×	×	×	×	×	×	×	×	×	×	×	×	×	×	×																						
02 和 33/37 型	PN2.5	尺寸同 PN10																																						
	PN6	尺寸同 PN10																																						
	PN10	×	×	×	×	×	×	×	×	×	×	×	×	×																										
	PN16	×	×	×	×	×	×	×	×	×	×	×	×	×																										
04 和 34 型	PN10	尺寸同 PN40						尺寸同 PN16						×	×	×	×	×	×	×	×																			
	PN16	尺寸同 PN40						×	×	×	×	×	×	×	×	×	×	×	×	×	×																			
	PN25	尺寸同 PN40												×	×	×	×	×	×	×	×																			
	PN40	×	×	×	×	×	×	×	×	×	×	×	×	×	×	×	×	×	×	×	×																			
05 型	PN2.5	尺寸同 PN6																								×														
	PN6	×	×	×	×	×	×	×	×	×	×	×	×	×	×	×	×	×	×	×	×	×	×	×	×	×	×	×	×	×										
	PN610	尺寸同 PN40						尺寸同 PN16						×	×	×	×	×	×	×	×	×	×	×	×	×														
	PN16	尺寸同 PN40						×	×	×	×	×	×	×	×	×	×	×	×	×	×	×	×	×	×															
	PN25	尺寸同 PN40												×	×	×	×	×	×	×	×																			
	PN40	×	×	×	×	×	×	×	×	×	×	×	×	×	×	×	×	×	×	×	×																			
	PN63	←用 PN100→						×	×	×	×	×	×	×	×	×	×	×																						
	PN100	×	×	×	×	×	×	×	×	×	×	×	×	×	×	×	×																							

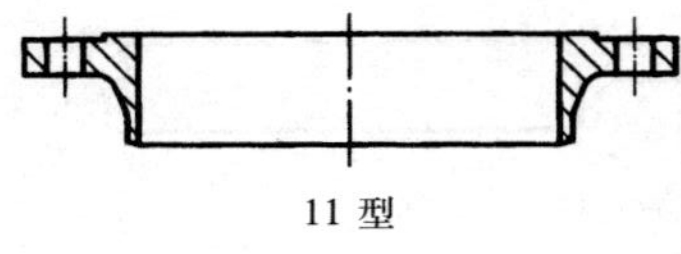
11 型

PN2. 5	尺寸同 PN6																								×	×	×	×	×	×	×	×	×	×	×	×	×	×	×
PN6	×	×	×	×	×	×	×	×	×	×	×	×	×	×	×	×	×	×	×	×	×	×	×	×	×	×	×	×	×	×	×	×	×	×	×	×	×		
PN10	尺寸同 PN40						尺寸同 PN16						×	×	×	×	×	×	×	×	×	×	×	×	×	×	×	×	×	×	×	×	×	×					
PN16	尺寸同 PN40						×	×	×	×	×	×	×	×	×	×	×	×	×	×	×	×	×	×	×	×	×	×	×										
PN25	尺寸同 PN40												×	×	×	×	×	×	×	×	×	×	×	×															
PN40	×	×	×	×	×	×	×	×	×	×	×	×	×	×	×	×	×	×	×	×																			
PN63	尺寸同 PN100						×	×	×	×	×	×	×	×	×	×	×																						
PN100	×	×	×	×	×	×	×	×	×	×	×	×	×	×	×	×																							
PN160	×	×		×		×	×	×	×	×	×	×	×	×	×																								
PN250	尺寸同 PN320	×		×		×	×	×	×	×	×	×	×	×																									
PN320	×	×		×		×	×	×	×	×	×	×	×	×																									
PN400	×	×		×		×	×	×	×	×	×	×	×																										

（续）

法兰和圆环的类型	公称压力	公称尺寸																																						
		DN10	DN15	DN20	DN25	DN32	DN40	DN50	DN65	DN80	DN100	DN125	DN150	DN200	DN250	DN300	DN350	DN400	DN450	DN500	DN600	DN700	DN800	DN900	DN1000	DN1200	DN1400	DN1600	DN1800	DN2000	DN2200	DN2400	DN2600	DN2800	DN3000	DN3200	DN3400	DN3600	DN3800	DN4000
12 型	PN6	×	×	×	×	×	×	×	×	×	×	×	×	×	×	×																								
	PN10	尺寸同 PN40						尺寸同 PN16						×	×	×	×	×	×	×	×																			
	PN16	尺寸同 PN40						×	×	×	×	×	×	×	×	×	×	×	×	×	×	×	×	×	×															
	PN25	尺寸同 PN40												×	×	×	×	×	×	×	×																			
	PN40	×	×	×	×	×	×	×	×	×	×	×	×	×	×	×	×	×	×	×	×																			
	PN63	尺寸同 PN100						×	×	×	×	×	×																											
	PN100	×	×	×	×	×	×	×	×	×	×	×	×																											
13 型	PN6	×	×	×	×	×	×	×	×	×	×	×	×	×	×	×																								
	PN10	尺寸同 PN40						尺寸同 PN16						×	×	×	×	×	×	×	×																			
	PN16	尺寸同 PN40						×	×	×	×	×	×	×	×	×	×	×	×	×	×	×	×	×	×															
	PN25	尺寸同 PN40												×	×	×	×	×	×	×	×																			
	PN40	×	×	×	×	×	×	×	×	×	×	×	×	×	×	×	×	×	×	×	×																			
	PN63	尺寸同 PN100						×	×	×	×	×	×																											
	PN100	×	×	×	×	×	×	×	×	×	×	×	×																											
21 型	PN2.5	×	×	×	×	×	×	×	×	×	×	×	×	×	×	×	×	×	×	×	×	×	×	×	×															
	PN6	×	×	×	×	×	×	×	×	×	×	×	×	×	×	×	×	×	×	×	×	×	×	×	×	×	×	×	×	×										
	PN10	尺寸同 PN40						尺寸同 PN16						×	×	×	×	×	×	×	×	×	×	×	×	×	×	×	×	×										
	PN16	尺寸同 PN40						×	×	×	×	×	×	×	×	×	×	×	×	×	×	×	×	×	×	×	×	×	×	×										
	PN25	尺寸同 PN40												×	×	×	×	×	×	×	×	×	×	×	×	×	×	×	×	×										
	PN40	×	×	×	×	×	×	×	×	×	×	×	×	×	×	×	×	×	×	×	×																			
	PN63	尺寸同 PN100						×	×	×	×	×	×	×	×	×	×	×																						
	PN100	×	×	×	×	×	×	×	×	×	×	×	×	×	×	×	×																							
	PN160	×	×		×		×	×	×	×	×	×	×	×	×	×																								
	PN250	×	×		×		×	×	×	×	×	×	×	×	×	×																								
	PN320	×	×		×		×	×	×	×	×	×	×	×	×																									
	PN400	×	×		×		×	×	×	×	×	×	×	×																										

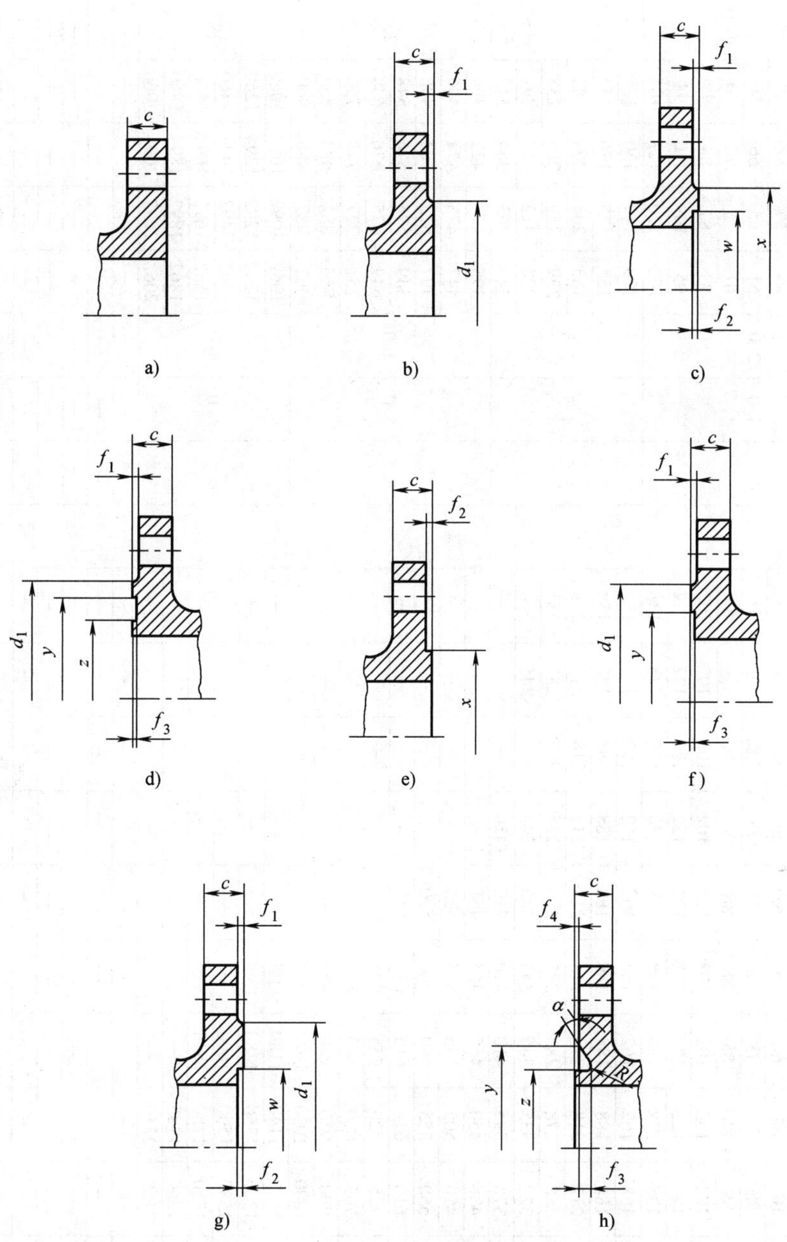

图 1-187 法兰密封面的结构型式

a) A 型：平面 b) B 型：突面（B1 和 B2） c) C 型：榫槽面-榫面
d) D 型：榫槽面-槽面 e) E 型：凹凸面-凸面 f) F 型：凹凸面-凹面
g) G 型：O 形圈凸面 h) H 型：O 形圈凹面

注：1. 尺寸 c 包括突面高度。

2. O 形圈的断面直径是 $2R$。

表1-423 法兰密封面的尺寸

（单位：mm）

公称尺寸	d_1												f_1	f_2	f_3	f_4	w②	x	y	z②	$\alpha\approx$	R
	PN2.5①	PN6①	PN10	PN16	PN25	PN40	PN63	PN100	PN160	PN250	PN320	PN400										
DN10	35	35	40	40	40	40	40	40	40	40	40	40	2	4.5	4.0	2.0	24	34	35	23	—	2.5
DN15	40	40	45	45	45	45	45	45	45	45	45	45					29	39	40	28	—	
DN20	50	50	58	58	58	58	58	58	58	58	58	58					36	50	51	35	41°	
DN25	60	60	68	68	68	68	68	68	68	68	68	68					43	57	58	42		
DN32	70	70	78	78	78	78	78	78	78	78	78	78					51	65	66	50		
DN40	80	80	88	88	88	88	88	88	88	88	88	88	3				61	75	76	60		
DN50	90	90	102	102	102	102	102	102	102	102	102	102					73	87	88	72		
DN65	110	110	122	122	122	122	122	122	122	122	122	122					95	109	110	94		
DN80	128	128	138	138	138	138	138	138	138	138	138	138					106	120	121	105		
DN100	148	148	158	158	162	162	162	162	162	162	162	162		5.0	4.5	2.5	129	149	150	128	32°	3
DN125	178	178	188	188	188	188	188	188	188	188	188	188					155	175	176	154		
DN150	202	202	212	212	218	218	218	218	218	218	218	218					183	203	204	182		
DN200	258	258	268	268	278	285	285	285	285	285	285	285					239	259	260	238		
DN250	312	312	320	320	335	345	345	345	345	345	345	—					292	312	313	291		
DN300	365	365	370	378	395	410	410	410	410	—	—	—	4				343	363	364	342		
DN350	415	415	430	438	450	465	465	465	—	—	—	—		5.5	5.0	3.0	395	421	422	394	27°	3.5
DN400	465	465	482	490	505	535	535	535	—	—	—	—					447	473	474	446		
DN450	520	520	532	550	555	560	560	560	—	—	—	—					497	523	524	496		
DN500	570	570	585	610	615	615	615	615	—	—	—	—					549	575	576	548		
DN600	670	670	685	725	720	735	735	—	—	—	—	—	5				649	675	676	648		
DN700	775	775	800	795	820	840	840	—	—	—	—	—					751	777	778	750		
DN800	880	880	905	900	930	960	960	—	—	—	—	—					856	882	883	855		
DN900	980	980	1005	1000	1030	1070	1070	—	—	—	—	—					961	987	988	960		
DN1000	1080	1080	1110	1115	1140	1180	1180	—	—	—	—	—		6.5	6.0	4.0	1062	1092	1094	1060	28°	4
DN1200	1280	1295	1330	1330	1350	1380	1380	—	—	—	—	—					1262	1292	1294	1260		
DN1400	1480	1510	1535	1530	1560	1600	—	—	—	—	—	—					1462	1492	1494	1460		
DN1600	1690	1710	1760	1750	1780	1815	—	—	—	—	—	—					1662	1692	1694	1660		
DN1800	1890	1920	1960	1950	1985	—	—	—	—	—	—	—					1862	1892	1894	1860		
DN2000	2090	2125	2170	2150	2210	—	—	—	—	—	—	—					2062	2092	2094	2060		
DN2200	2295	2335	2370	—	—	—	—	—	—	—	—	—		—	—	—	—	—	—	—	—	—
DN2400	2495	2545	2570	—	—	—	—	—	—	—	—	—		—	—	—	—	—	—	—	—	—
DN2600	2695	2750	2780	—	—	—	—	—	—	—	—	—		—	—	—	—	—	—	—	—	—
DN2800	2910	2960	3000	—	—	—	—	—	—	—	—	—		—	—	—	—	—	—	—	—	—
DN3000	3110	3160	3210	—	—	—	—	—	—	—	—	—		—	—	—	—	—	—	—	—	—
DN3200	3310	3370	—	—	—	—	—	—	—	—	—	—		—	—	—	—	—	—	—	—	—
DN3400	3510	3580	—	—	—	—	—	—	—	—	—	—		—	—	—	—	—	—	—	—	—
DN3600	3720	3790	—	—	—	—	—	—	—	—	—	—		—	—	—	—	—	—	—	—	—
DN3800	3920	—	—	—	—	—	—	—	—	—	—	—		—	—	—	—	—	—	—	—	—
DN4000	4120	—	—	—	—	—	—	—	—	—	—	—		—	—	—	—	—	—	—	—	—

① C型、D型、E型、F型、G型和H型法兰密封面不能用于PN2.5、PN6。
② 图1-187中G型和H型法兰密封面仅用于PN10～PN40。

表 1-424 制造法兰的材料

组别	锻件			板材			铸件			棒材		
	材料名称	标准	材料代号	材料名称	标准	材料代号	材料名称	标准	材料代号	材料名称	标准	材料代号
2E0	—	—	—	—	—	—	GP240GR	EN 10213	1.0621	—	—	—
3E0	—	—	—	P235GH	EN 10028-2	1.0345	GP240GH	EN 10213	1.0619	P235GH	EN 10273	1.0345
3E0	—	—	—	—	—	—	—	—	—	P250GH	EN 10273	1.0460
3E0	P245GH	EN 10222-2	1.0352	P265GH	EN 10028-2	1.0425	GP280GH	EN 10213	1.0625	P265GH	EN 10273	1.0425
3E1	P280GH	EN 10222-2	1.0426	P295GH	EN 10028-2	1.0481	—	—	—	P295GH	EN 10273	1.0481
4E0	16Mo3	EN 10222-2	1.5415	16Mo3	EN 10028-2	1.5415	G20Mo5	EN 10213	1.5419	16Mo3	EN 10273	1.5415
5E0	13CrMo4-5	EN 10222-2	1.7335	13CrMo4-5	EN 10028-2	1.7335	G17CrMo5-5	EN 10213	1.7357	13CrMo4-5	EN 10273	1.7335
6E0	11CrMo9-10	EN 10222-2	1.7383	12CrMo9-10	EN 10028-2	1.7375	G17CrMo9-10	EN 10213	1.7379	11CrMo9-10	EN 10273	1.7383
	—	—	—	10CrMo9-10	EN 10028-2	1.7380	—	—	—	10CrMo9-10	EN 10273	1.7380
6E1	X16CrMo5-1 + NT	EN 10222-2	1.7366	—	—	—	GX15CrMo5	EN 10213	1.7365	—	—	—
7E0	—	—	—	P275NL1	EN 10028-3	1.0488	G17Mn5	EN 10213	1.1131	—	—	—
	—	—	—	P275NL2	EN 10028-3	1.1104	G20Mn5	EN 10213	1.6220	—	—	—
7E1	—	—	—	P355NL1	EN 10028-3	1.0566	—	—	—	—	—	—
	—	—	—	P355NL2	EN 10028-3	1.1106	—	—	—	—	—	—
7E2	15NiMn6	EN 10222-3	1.6228	15NiMn6	EN 10028-4	1.6228	G9Ni10	EN 10213	1.5636	—	—	—
	—	—	—	11MnNi5-3	EN 10028-4	1.6212	—	—	—	—	—	—
	13MnNi6-3	EN 10222-3	1.6217	13MnNi6-3	EN 10028-4	1.6217	—	—	—	—	—	—
7E3	—	—	—				—	—	—	—	—	—
	12Ni14	EN 10222-3	1.5637	12Ni14	EN 10028-4	1.5637	G9Ni14	EN 10213	1.5638	—	—	—
	X12Ni5	EN 10222-3	1.5680	X12N5	EN 10028-4	1.5680	—	—	—	—	—	—
	X8Ni9	EN 10222-3	1.5662	X8Ni9	EN 10028-4	1.5662	—	—	—	—	—	—
8E0	—	—	—	—	—	—	—	—	—	—	—	—
8E2	P285NH	EN 10222-4	1.0477	P275NH	EN 10028-3	1.0487	—	—	—	P275NH	EN 10273	1.0487
	P285QH	EN 10222-4	1.0478	—	—	—				—	—	—

（续）

组别	锻件			板材			铸件			棒材		
	材料名称	标准	材料代号	材料名称	标准	材料代号	材料名称	标准	材料代号	材料名称	标准	材料代号
8E3	P355NH	EN 10222-4	1.0565	P355N	EN 10028-3	1.0562	—	—	—	P355NH	EN 10273	1.0565
	P355QH1	EN 10222-4	1.0571	P355NH	EN 10028-3	1.0565				P355QH	EN 10273	1.8867
9E0	X20CrMoV11-1	EN 10222-2	1.4922	—	—	—	GX23CrMoV12-1	EN 10213	1.4931	—	—	—
9E1	X10CrMoVNb9-1	EN 10222-2	1.4903	X10CrMoVNb9-1	EN 10028-2	1.4903	—	—	—	—	—	—
10E0	X2CrNi18-9	EN 10222-5	1.4307	X2CrNi18-9	EN 10028-7	1.4307	GX2CrNi19-11	EN 10213	1.4309	X2CrNi18-9	EN 10272	1.4307
	—	—	—	X2CrNi19-11	EN 10028-7	1.4306	—	—	—	X2CrNi19-11	EN 10272	1.4306
	—	—	—	X1CrNi25-21	EN 10028-7	1.4335	—	—	—	—	—	—
10E1	X2CrNiN18-10	EN 10222-5	1.4311	X2CrNiN18-10	EN 10028-7	1.4311	—	—	—	X2CrNiN18-10	EN 10272	1.4311
11E0	X5CrNi18-10	EN 10222-5	1.4301	X5CrNi18-10	EN 10028-7	1.4301	GX5CrNi19-10	EN 10213	1.4308	X5CrNi18-10	EN 10272	1.4301
	X6CrNi18-10	EN 10222-5	1.4948	X6CrNi18-10	EN 10028-7	1.4948	—	—	—	—	—	—
12E0	X6CrNiTi18-10	EN 10222-5	1.4541	X6CrNiTi18-10	EN 10028-7	1.4541	—	—	—	X6CrNiTi18-10	EN 10272	1.4541
	X6CrNiNb18-10	EN 10222-5	1.4550	X6CrNiNb18-10	EN 10028-7	1.4550	GX5CrNiNb19-11	EN 10213	1.4552	X6CrNiNb18-10	EN 10272	1.4550
	X6CrNiTiB18-10	EN 10222-5	1.4941	X6CrNiTiB18-10	EN 10028-7	1.4941	—	—	—	—	—	—
13E0	X2CrNiMo17-12-2	EN 10222-5	1.4404	X2CrNiMo17-12-2	EN 10028-7	1.4404	GX2CrNiMo19-11-2	EN 10213	1.4409	X2CrNiMo17-12-2	EN 10272	1.4404
	X2CrNiMo17-12-3	EN 10222-5	1.4432	X2CrNiMo17-12-3	EN 10028-7	1.4432	—	—	—	X2CrNiMo17-12-3	EN 10272	1.4432
	X2CrNiMo18-14-3	EN 10222-5	1.4435	X2CrNiMo18-14-3	EN 10028-7	1.4435	—	—	—	X2CrNiMo18-14-3	EN 10272	1.4435
	X1NiCrMoCu25-20-5	EN 10222-5	1.4539	X1NiCrMoCu25-20-5	EN 10028-7	1.4539	GX2NiCrMo28-20-2	EN 10213	1.4458	X1NiCrMoCu25-20-5	EN 10272	1.4539
	—	—	—	X1NiCrMoCu31-27-4	EN 10028-7	1.4563	—	—	—	X1NiCrMoCu31-27-4	EN 10272	1.4563
13E1	X2CrNiMoN17-11-2	EN 10222-5	1.4406	X2CrNiMoN17-11-2	EN 10028-7	1.4406	—	—	—	X2CrNiMoN17-11-2	EN 10028-7	1.4406
	X2CrNiMoN17-13-3	EN 10222-5	1.4429	X2CrNiMoN17-13-3	EN 10028-7	1.4429	—	—	—	X2CrNiMoN17-13-3	EN 10028-7	1.4429

13E1	—	—	—	X2CrNiMoN17-13-5	EN 10028-7	1.4439	—	—	—	X2CrNiMoN17-13-5	EN 10028-7	1.4439
	—	—	—	X1NiCrMoCuN25-20-7	EN 10028-7	1.4529	—	—	—	X1NiCrMoCuN25-20-7	EN 10028-7	1.4529
	—	—	—	X1CrNiMoCuN20-18-7	EN 10028-7	1.4547	—	—	—	X1CrNiMoCuN20-18-7	EN 10272	1.4547
14E0	X5CrNiMo17-12-2	EN 10222-5	1.4401	X5CrNiMo17-12-2	EN 10028-7	1.4401	GX5CrNiMo19-11-2	EN 10213	1.4408	X5CrNiMo17-12-2	EN 10272	1.4401
	X3CrNiMo17-13-3	EN 10222-5	1.4436	X3CrNiMo17-13-3	EN 10028-7	1.4436	—	—	—	X3CrNiMo17-13-3	EN 10272	1.4436
15E0	X6CrNiMoTi17-12-2	EN 10222-5	1.4571	X6CrNiMoTi17-12-2	EN 10028-7	1.4571	—	—	—	X6CrNiMoTi17-12-2	EN 10272	1.4571
	—	—	—	X6CrNiMoNb17-12-2	EN 10028-7	1.4580	GX5CrNiMoNb19-11-2	EN 10213	1.4581	X6CrNiMoNb17-12-2	EN 10272	1.4580
16E0	—	—	—	—	—	—	GX2CrNiMoCuN25-6-3-3	EN 10213	1.4517	—	—	—
	—	—	—	X2CrNiN23-4	EN 10028-7	1.4362	—	—	—	X2CrNiN23-4	EN 10272	1.4362
	X2CrNiMoN22-5-3	EN 10222-5	1.4462	X2CrNiMoN22-5-3	EN 10028-7	1.4462	GX2CrNiMoN22-5-3	EN 10213	1.4470	X2CrNiMoN22-5-3	EN 10272	1.4462
	X2CrNiMoN25-7-4	EN 10222-5	1.4410	X2CrNiMoN25-7-4	EN 10028-7	1.4410	—	—	—	X2CrNiMoN25-7-4	EN 10272	1.4410
	—	—	—	—	—	—	GX2CrNiMoN26-7-4	EN 10213	1.4469	—	—	—

（续）

组别	无缝钢管			焊接钢管		
	材料名称	标　准	材料代号	材料名称	标　准	材料代号
2E0	—	—	—	—	—	—
3E0	P195GH	EN 10216-2	1.0348	P195GH	EN 10217-2	1.0348
	P235GH	EN 10216-2	1.0345	P235GH	EN 10217-2	1.0345
3E1	P265GH	EN 10216-2	1.0425	P265GH	EN 10217-2	1.0425
4E0	16Mo3	EN 10216-2	1.5415	16Mo3	EN 10217-2	1.5415
5E0	13CrMo4-5	EN 10216-2	1.7335	—	—	—
6E0	10CrMo9-10	EN 10216-2	1.7380	—	—	—
	11CrMo9-10	EN 10216-2	1.7383	—	—	—
6E1	X11CrMo5-1 + NT1	EN 10216-2	1.7362 + NT1	—	—	—
7E0	P275NL1	EN 10216-3	1.0488	P275NL1	EN 10217-3	1.0488
	P275NL2	EN 10216-3	1.1104	P275NL2	EN 10217-3	1.1104
7E1	P355NL1	EN 10216-3	1.0566	P355NL1	EN 10217-3	1.0566
	P355NL2	EN 10216-3	1.1106	P355NL2	EN 10217-3	1.1106
7E2	12Ni14	EN 10216-4	1.5637	—	—	—
	X10Ni9	EN 10216-4	1.5682	—	—	—
7E3	13MnNi6-3	EN 10216-4	1.6217	—	—	—
8E0	P275NL1	EN 10216-3	1.0488	P275NL1	EN 10217-3	1.0488
	P275NL2	EN 10216-3	1.1104	P275NL2	EN 10217-3	1.1104
8E2	—	—	—	—	—	—
8E3	P355NH	EN 10216-3	1.0565	P355NH	EN 10217-3	1.0565
9E0	X20CrMoV11-1	EN 10216-2	1.4922	—	—	—
9E1	X10CrMoVNb9-1	EN 10216-2	1.4903	—	—	—
10E0	X2CrNi18-9	EN 10216-5	1.4307	X2CrNi18-9	EN 10217-7	1.4307
	X2CrNi19-11	EN 10216-5	1.4306	X2CrNi19-11	EN 10217-7	1.4306
	X1CrNi25-21	EN 10216-5	1.4335	—	—	—
10E1	X2CrNiN18-10	EN 10216-5	1.4311	X2CrNiN18-10	EN 10217-7	1.4311
11E0	X5CrNi18-10	EN 10216-5	1.4301	X5CrNi18-10	EN 10217-7	1.4301
	X6CrNi18-10	EN 10216-5	1.4948	—	—	—

12E0	X6CrNiTi18-10	EN 10216-5	1.4541	X6CrNiTi18-10	EN 10217-7	1.4541
	X6CrNiNb18-10	EN 10216-5	1.4550	X6CrNiNb18-10	EN 10217-7	1.4550
	X7CrNiTi18-10	EN 10216-5	1.4940	—	—	—
	X7CrNiTiB18-10	EN 10216-5	1.4941	—	—	—
	X7CrNiNb18-10	EN 10216-5	1.4912	—	—	—
	X8CrNiNb16-13	EN 10216-5	1.4961	—	—	—
13E0	X2CrNiMo17-12-2	EN 10216-5	1.4404	X2CrNiMo17-12-2	EN 10217-7	1.4404
	—	—	—	X2CrNiMo17-12-3	EN 10217-7	1.4432
	X2CrNiMo18-14-3	EN 10216-5	1.4435	X2CrNiMo18-14-3	EN 10217-7	1.4435
	X1NiCrMoCu25-20-5	EN 10216-5	1.4539	X1NiCrMoCu25-20-5	EN 10217-7	1.4539
	X1NiCrMoCu31-27-4	EN 10216-5	1.4563	X1NiCrMoCu31-27-4	EN 10217-7	1.4563
	—	—	—	X2CrNiMoN18-15-4	EN 10217-7	1.4438
	X6CrNiMo17-13-2	EN 10216-5	1.4918	—	—	—
13E1	X2CrNiMoN17-13-3	EN 10216-5	1.4429	X2CrNiMoN17-13-3	EN 10217-7	1.4429
	X2CrNiMoN17-13-5	EN 10216-5	1.4439	X2CrNiMoN17-13-5	EN 10217-7	1.4439
	X1CrNiMoN25-22-2	EN 10216-5	1.4466	—	—	—
	X1CrNiMoCuN20-18-7	EN 10216-5	1.4547	X1CrNiMoCuN20-18-7	EN 10217-7	1.4547
	X1NiCrMoCuN25-20-7	EN 10216-5	1.4529	X1NiCrMoCuN25-20-7	EN 10217-7	1.4529
14E0	X5CrNiMo17-12-2	EN 10216-5	1.4401	X5CrNiMo17-12-2	EN 10217-7	1.4401
	X3CrNiMo17-13-3	EN 10216-5	1.4436	X3CrNiMo17-13-3	EN 10217-7	1.4436
15E0	X6CrNiMoTi17-12-2	EN 10216-5	1.4571	X6CrNiMoTi17-12-2	EN 10217-7	1.4571
	X6CrNiMoNb17-12-2	EN 10216-5	1.4580	—	—	—
16E0	X2CrNiMoS18-5-3	EN 10216-5	1.4424	—	—	—
	X2CrNiMoN22-5-3	EN 10216-5	1.4462	X2CrNiMoN22-5-3	EN 10217-7	1.4462
	X2CrNiN23-4	EN 10216-5	1.4362	X2CrNiN23-4	EN 10217-7	1.4362
	X2CrNiMoN25-7-4	EN 10216-5	1.4410	X2CrNiMoN25-7-4	EN 10217-7	1.4410
	X2CrNiMoCuN25-6-3	EN 10216-5	1.4507	—	—	—
	X2CrNiMoCuWN25-7-4	EN 10216-5	1.4501	X2CrNiMoCuWN25-7-4	EN 10217-7	1.4501

8）公称压力为 PN2.5 法兰的结构型式及尺寸如图 1-188 及表 1-425 所示。

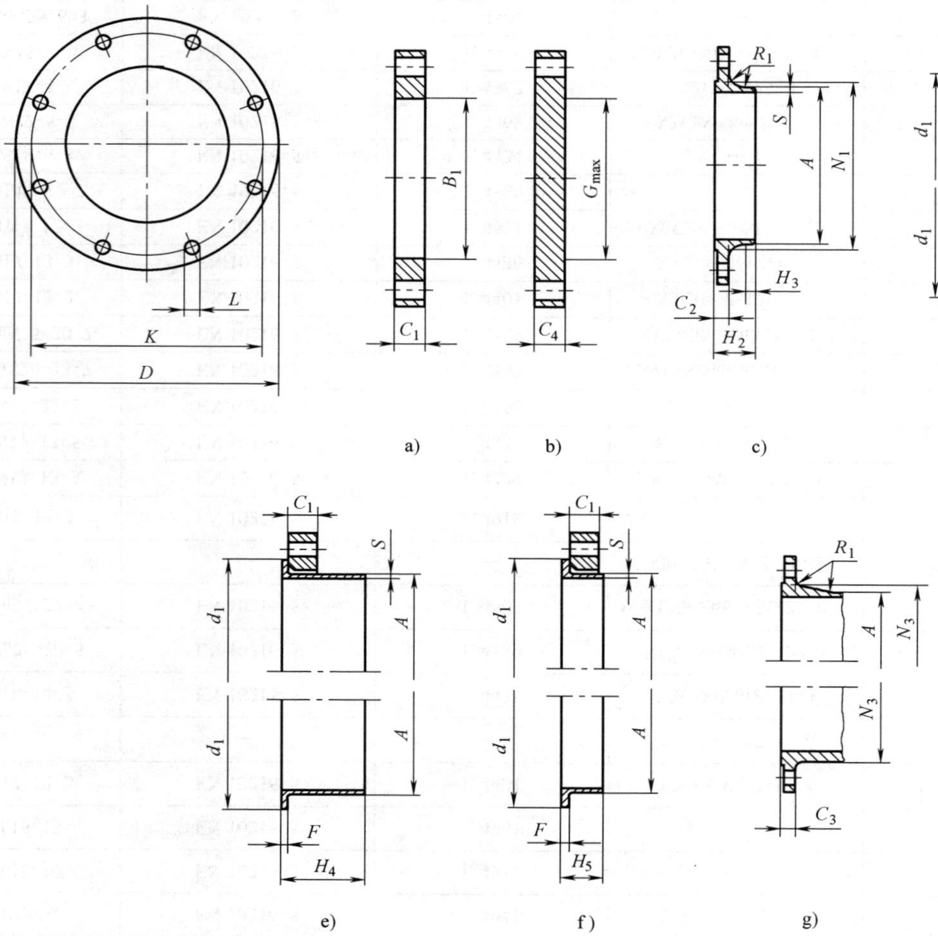

图 1-188　公称压力为 PN2.5 法兰的结构型式

a）01 型法兰　b）05 型法兰　c）11 型法兰　d）02 型和 35 型法兰和圆环　e）02 型和 36 型法兰和圆环　f）02 型和 37 型法兰和圆环　g）21 型法兰

注：尺寸 N_1 是从法兰颈部斜角边到法兰背面投影线交点处的测量尺寸。

表 1-425 公称压力为 PN2.5 法兰的尺寸（EN 1092-1：2018） （单位：mm）

公称尺寸	连接尺寸 法兰外径 D	连接尺寸 螺栓孔中心圆直径 K	连接尺寸 螺栓孔径 L	连接尺寸 螺栓数量/个	连接尺寸 螺栓规格	颈部外径 A	法兰孔直径 B_1	法兰孔直径 B_2	法兰厚度 C_1	法兰厚度 C_2、C_3	法兰厚度 C_4	圆环厚度 F	圆环厚度 F	圆环厚度 F	圆环厚度 F	台肩最大直径 G_{max}	长度 H_2	长度 H_3	长度 H_4	长度 H_4	长度 H_5	颈部直径 N_1	颈部直径 N_3	圆角半径 R_1	颈部厚度 S
法兰类型	01，02，05，11，21					11，21，35～37	01，32	02	01，02	11，21	05	32	35	36	37	05	11	11	35	36	37	11	21	11，13	11，35～37
DN10	75	50	11	4	M10	17.2	18.0	21	12	12	12	10	5	2	2.5	—	28	6	28	35	7	26	20	4	
DN15	80	55	11	4	M10	21.3	22.0	25	12	12	12	10	5	2	2.5	—	30	6	30	38	7	30	26	4	
DN20	90	65	11	4	M10	26.9	27.5	31	14	14	14	10	6	2.5	3	—	32	6	32	40	8	38	34	4	
DN25	100	75	11	4	M10	33.7	34.5	38	14	14	14	10	7	2.5	3	—	35	6	35	40	10	42	44	4	
DN32	120	90	14	4	M12	42.4	43.5	46	16	14	14	10	8	3	3	—	35	6	35	42	12	55	54	6	
DN40	130	100	14	4	M12	48.3	49.5	53	16	14	14	10	8	3	3	—	38	7	38	45	15	62	64	6	
DN50	140	110	14	4	M12	60.3	61.5	65	16	14	14	12	8	3	3	—	38	8	38	45	20	74	74	6	
DN65	160	130	14	4	M12	76.1	77.5	81	16	14	14	12	8	3	3	55	38	9	38	45	20	88	94	6	
DN80	190	150	18	4	M16	88.9	90.5	94	18	16	16	12	10	3	4	70	42	10	42	50	25	102	110	8	见表1-439～表1-441
DN100	210	170	18	4	M16	114.3	116.0	120	18	16	16	14	10	4	4	90	45	10	45	52	25	130	130	8	
DN125	240	200	18	8	M16	139.7	141.5	145	20	18	18	14	10	4	4	115	48	10	48	55	25	155	160	8	
DN150	265	225	18	8	M16	168.3	170.5	174	20	18	18	14	10	5	4	140	48	12	48	55	25	184	182	10	
DN200	320	280	18	8	M16	219.1	221.5	226	22	20	20	16	11	5	5	190	55	15	55	62	30	236	238	10	
DN250	375	335	18	12	M16	273.0	276.5	281	24	22	22	18	12	8	—	235	60	15	60	68	—	290	284	12	
DN300	440	395	22	12	M20	323.9	327.5	333	24	22	22	18	12	8	—	285	62	15	62	68	—	342	342	12	
DN350	490	445	22	12	M20	355.6	359.5	365	26	22	22	18	13	8	—	330	62	15	62	68	—	385	392	12	
DN400	540	495	22	16	M20	406.4	411.0	416	28	22	22	20	14	8	—	380	65	15	65	72	—	438	442	12	
DN450	595	550	22	16	M20	457.0	462.0	467	30	22	24	20	15	8	—	425	65	15	65	72	—	492	494	12	
DN500	645	600	22	20	M20	508.0	513.5	519	30	24	24	22	16	8	—	475	68	15	68	75	—	538	544	12	
DN600	755	705	26	20	M24	610.0	616.5	622	32	30	30	22	16	—	—	575	70	16	70	—	—	640	642	12	

（续）

公称尺寸	连接尺寸 法兰外径 D	连接尺寸 螺栓孔中心圆直径 K	连接尺寸 螺栓孔径 L	连接尺寸 螺栓 数量/个	连接尺寸 螺栓 规格	颈部外径 A	法兰孔直径 B_1	法兰孔直径 B_2	法兰厚度 C_1	法兰厚度 C_2	法兰厚度 C_3	法兰厚度 C_4	圆环厚度 F				台肩最大直径 G_{max}	长度 H_2	长度 H_3	长度 H_4		长度 H_5	颈部直径 N_1	颈部直径 N_3	圆角半径 R_1	颈部厚度 S
	法兰类型																									
	01, 02, 05, 11, 21					11, 21, 35～37	01, 32	02	01, 02	11, 21		05	32	35	36	37	05	11	11	35	36	37	11	21	11, 13	11, 35～37
DN700	860	810	26	24	M24	711.0	由买方规定	721	40	30		40	—	16	—	—	670	76	16	70	—	—	740	746	12	见表1-439～表1-441
DN800	975	920	30	24	M27	813.0		824	44	30		44	—	16	—	—	770	76	16	70	—	—	842	850	12	
DN900	1075	1020	30	24	M27	914.0		926	48	30		48	—	16	—	—	860	74	16	70	—	—	942	950	12	
DN1000	1175	1120	30	28	M27	1016.0		1028	52	30		52	—	18	—	—	960	74	16	70	—	—	1045	1050	16	
DN1200	1375	1320	30	32	M27	1219		1234	60	32		50	—	20	—	—	1160	94	16	90	—	—	1245	—	16	
DN1400	1575	1520	30	36	M27	1422		—	—	38		—	—	—	—	—	1346	96	16	—	—	—	1445	—	16	
DN1600	1790	1730	30	40	M27	1626		—	—	46		—	—	—	—	—	1546	102	20	—	—	—	1645	—	16	
DN1800	1990	1930	30	44	M27	1829		—	—	46		—	—	—	—	—	1746	110	20	—	—	—	1845	—	16	
DN2000	2190	2130	30	48	M27	2032		—	—	50		—	—	—	—	—	1950	122	22	—	—	—	2045	—	16	
DN2200	2405	2340	33	52	M30	2235	—	—	—	56		—	—	—	—	—	—	129	25	—	—	—	2248	—	18	
DN2400	2605	2540	33	56	M30	2438	—	—	—	62		—	—	—	—	—	—	143	25	—	—	—	2448	—	18	
DN2600	2805	2740	33	60	M30	2620	—	—	—	64		—	—	—	—	—	—	148	25	—	—	—	2648	—	18	
DN2800	3030	2960	36	64	M33	2820	—	—	—	74		—	—	—	—	—	—	161	25	—	—	—	2848	—	18	
DN3000	3230	3160	36	68	M33	3020	—	—	—	80		—	—	—	—	—	—	170	25	—	—	—	3050	—	18	
DN3200	3430	3360	36	72	M33	3220	—	—	—	84		—	—	—	—	—	—	180	25	—	—	—	3250	—	20	
DN3400	3630	3560	36	76	M33	3420	—	—	—	90		—	—	—	—	—	—	194	28	—	—	—	3450	—	20	
DN3600	3840	3770	36	80	M33	3620	—	—	—	96		—	—	—	—	—	—	201	28	—	—	—	3652	—	20	
DN3800	4045	3970	39	80	M36	3820	—	—	—	102		—	—	—	—	—	—	212	28	—	—	—	3852	—	20	
DN4000	4245	4170	39	84	M36	4020	—	—	—	106		—	—	—	—	—	—	226	28	—	—	—	4052	—	20	

9）公称压力为 PN6 法兰的结构型式及尺寸如图 1-189 及表 1-426 所示。

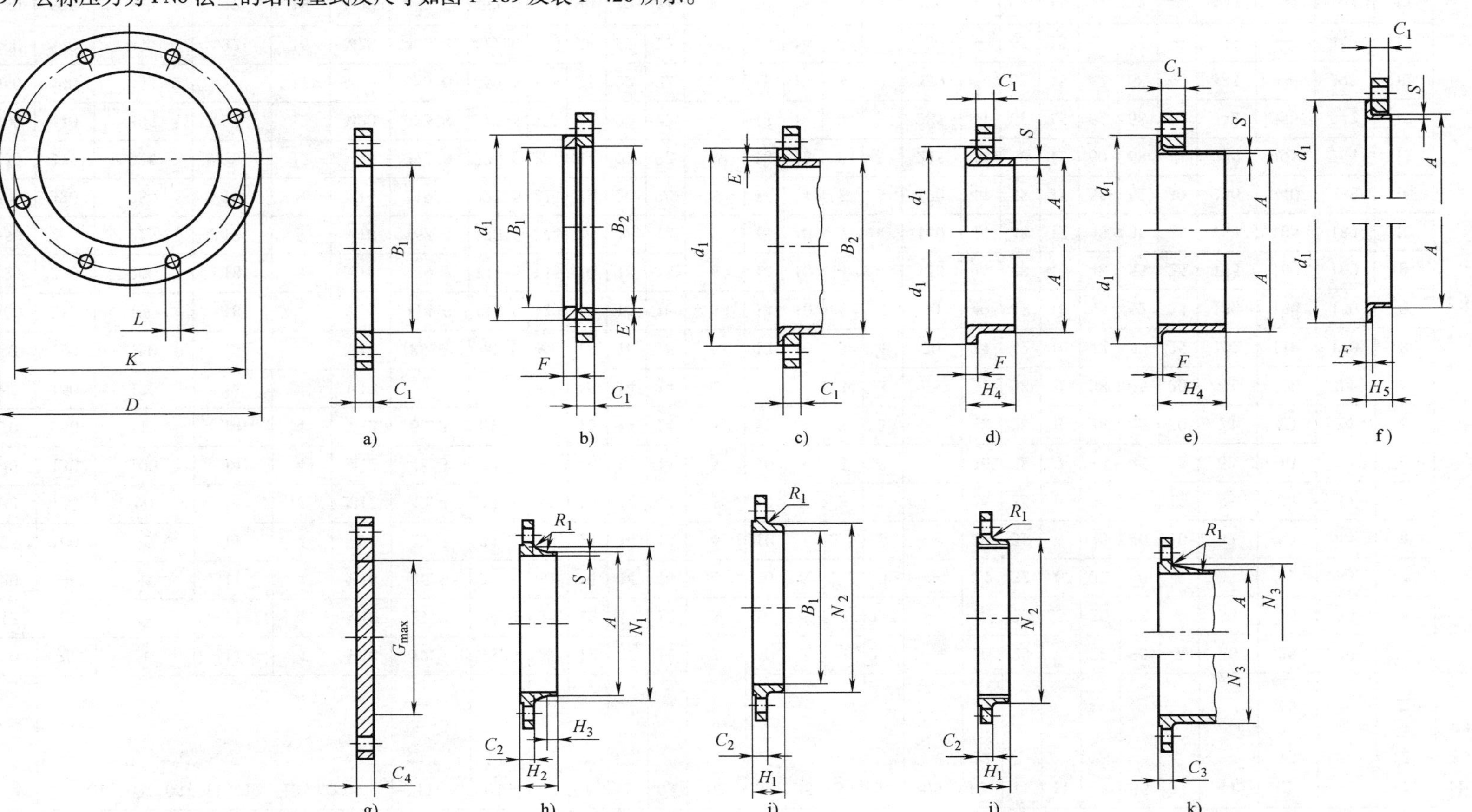

图 1-189 公称压力为 PN6 法兰的结构型式

a）01 型法兰 b）02 型法兰和 32 型圆环 c）02 型法兰和 33 型圆环 d）02 型法兰和 35 型圆环 e）02 型法兰和 36 型圆环 f）02 型法兰和 37 型圆环 g）05 型法兰 h）11 型法兰 i）12 型法兰 j）13 型法兰 k）21 型法兰

注：1. 尺寸 N_1、N_2、N_3 是在法兰颈部斜角边到法兰背面投影线交点处测量的尺寸。

2. 尺寸 d_1 见表 1-423。

3. 33 型搭接管端的厚度和高度没限定。

表 1-426 公称压力为 PN6 法兰的尺寸（EN 1092-1：2018）

（单位：mm）

公称尺寸	连接尺寸					颈部外径 A	法兰孔径		法兰厚度			倒角 E	圆环厚度 F				台肩最大直径 G_{max}	长度						颈部直径			圆角半径 R_1	颈部厚度 S
	法兰外径 D	螺栓孔中心圆直径 K	螺栓孔径 L	螺栓数量/个	螺栓规格		B_1	B_2	C_1	C_2，C_3	C_4							H_1	H_2	H_3	H_4		H_5	N_1	N_2	N_3		
	法兰类型																											
	01，02，05，11，12，13，21					11，21①，35～37	01，12，32	02	01，02	11，12，13，21	05	02	32	35	36	37	05	12，13	11	11	35	36	37	11	12，13	21	11，12，13，21	11，35～37
DN10	75	50	11	4	M10	17.2	18.0	21	12	12	12	3	10	5	2	2.5	—	20	28	6	28	35	7	26	25	20	4	
DN15	80	55	11	4	M10	21.3	22.0	25	12	12	12	3	10	5	2	2.5	—	20	30	6	30	38	7	30	30	26	4	
DN20	90	65	11	4	M10	26.9	27.5	31	14	14	14	4	10	6	2.5	3	—	24	32	6	32	40	8	38	40	34	4	
DN25	100	75	11	4	M10	33.7	34.5	38	14	14	14	4	10	7	2.5	3	—	24	35	6	35	40	10	42	50	44	4	
DN32	120	90	14	4	M12	42.4	43.5	46	16	14	14	5	10	8	3	3	—	26	35	6	35	42	12	55	60	54	6	
DN40	130	100	14	4	M12	48.3	49.5	53	16	14	14	5	10	8	3	3	—	26	38	7	38	45	15	62	70	64	6	
DN50	140	110	14	4	M12	60.3	61.5	65	16	14	14	5	12	8	3	3	—	28	38	8	38	45	20	74	80	74	6	
DN65	160	130	14	4	M12	76.1	77.5	81	16	14	14	6	12	8	3	3	55	32	38	9	38	45	20	88	100	94	6	
DN80	190	150	18	4	M16	88.9	90.5	94	18	16	16	6	12	10	3	4	70	34	42	10	42	50	25	102	110	110	8	见表1-439～表1-441
DN100	210	170	18	4	M16	114.3	116.0	120	18	16	16	6	14	10	4	4	90	40	45	10	45	52	25	130	130	130	8	
DN125	240	200	18	8	M16	139.7	141.5	145	20	18	18	6	14	10	4	4	115	44	48	10	48	55	25	155	160	160	8	
DN150	265	225	18	8	M16	168.3	170.5	174	20	18	18	6	14	10	5	4	140	44	48	12	48	55	25	184	185	182	10	
DN200	320	280	18	8	M16	219.1	221.5	226	22	20	20	6	16	11	5	5	190	44	55	15	55	62	30	236	240	238	10	
DN250	375	335	18	12	M16	273.0	276.5	281	24	22	22	8	18	12	8		235	44	60	15	60	68	—	290	295	284	12	
DN300	440	395	22	12	M20	323.9	327.5	333	24	22	22	8	18	12	8		285	44	62	15	62	68	—	342	355	342	12	
DN350	490	445	22	12	M20	355.6	359.5	365	26	22	22	8	18	13	8		330	—	62	15	62	68	—	385	—	392	12	
DN400	540	495	22	16	M20	406.4	411.0	416	28	22	22	8	20	14	8		380	—	65	15	65	72	—	438	—	442	12	
DN450	595	550	22	16	M20	457.0	462.0	467	30	22	24	8	20	15	8	—	425	—	65	15	72	72	—	492	—	494	12	

DN500	645	600	22	20	M20	508.0	513.5	519	30	24	24	8	22	16	8	—	475	—	68	15	75	75	—	538	—	544	12	
DN600	755	705	26	20	M24	610.0	616.5	622	32	30	30	8	22	16	—	—	575	—	70	16	70	—	—	640	—	642	12	
DN700	860	810	26	24	M24	711.0		721	40	30	40	4	—	16	—	—	670	—	76	16	70	—	—	740	—	746	12	
DN800	975	920	30	24	M27	813.0		824	44	30	44	4	—	16	—	—	770	—	76	16	70	—	—	842	—	850	12	
DN900	1075	1020	30	24	M27	914.0		926	48	34	48	4	—	16	—	—	860	—	78	16	70	—	—	942	—	950	12	
DN1000	1175	1120	30	28	M27	1016.0		1028	52	38	52	4	—	18	—	—	960	—	82	16	70	—	—	1045	—	1050	16	
DN1200	1405	1340	33	32	M30	1219.0	②	1234	60	42	60	5	—	20	—	—	1160	—	104	20	90	—	—	1248	—	1264	16	
DN1400	1630	1560	36	36	M33	1422.0		—	72	56	68	—	—	—	—	—	1346	—	114	20	—	—	—	1452	—	1480	16	
DN1600	1830	1760	36	40	M33	1626.0		—	80	63	76	—	—	—	—	—	1546	—	119	20	—	—	—	1655	—	1680	16	见表1-439~表1-441
DN1800	2045	1970	39	44	M36	1829.0		—	88	69	84	—	—	—	—	—	1746	—	133	20	—	—	—	1855	—	1878	16	
DN2000	2265	2180	42	48	M39	2032.0		—	96	74	92	—	—	—	—	—	1950	—	146	25	—	—	—	2058	—	2082	16	
DN2200	2475	2390	42	52	M39	2235.0	—	—	—	81	—	—	—	—	—	—	—	—	154	25	—	—	—	2260	—	—	18	
DN2400	2685	2600	42	56	M39	2438.0	—	—	—	87	—	—	—	—	—	—	—	—	168	25	—	—	—	2462	—	—	18	
DN2600	2905	2810	48	60	M45	2620.0	—	—	—	91	—	—	—	—	—	—	—	—	175	25	—	—	—	2665	—	—	18	
DN2800	3115	3020	48	64	M45	2820.0	—	—	—	101	—	—	—	—	—	—	—	—	188	30	—	—	—	2865	—	—	18	
DN3000	3315	3220	48	68	M45	3020.0	—	—	—	102	—	—	—	—	—	—	—	—	192	30	—	—	—	3068	—	—	18	
DN3200	3525	3430	48	72	M45	3220.0	—	—	—	106	—	—	—	—	—	—	—	—	202	30	—	—	—	3272	—	—	20	
DN3400	3735	3640	48	76	M45	3420.0	—	—	—	110	—	—	—	—	—	—	—	—	214	35	—	—	—	3475	—	—	20	
DN3600	3970	3860	56	80	M52	3620.0	—	—	—	124	—	—	—	—	—	—	—	—	229	35	—	—	—	3678	—	—	20	

① 21 型法兰的颈部外径近似等于管子外径。

② 由买方确定。

10）公称压力为 PN10 法兰的结构型式及尺寸如图 1-190 及表 1-427 所示。

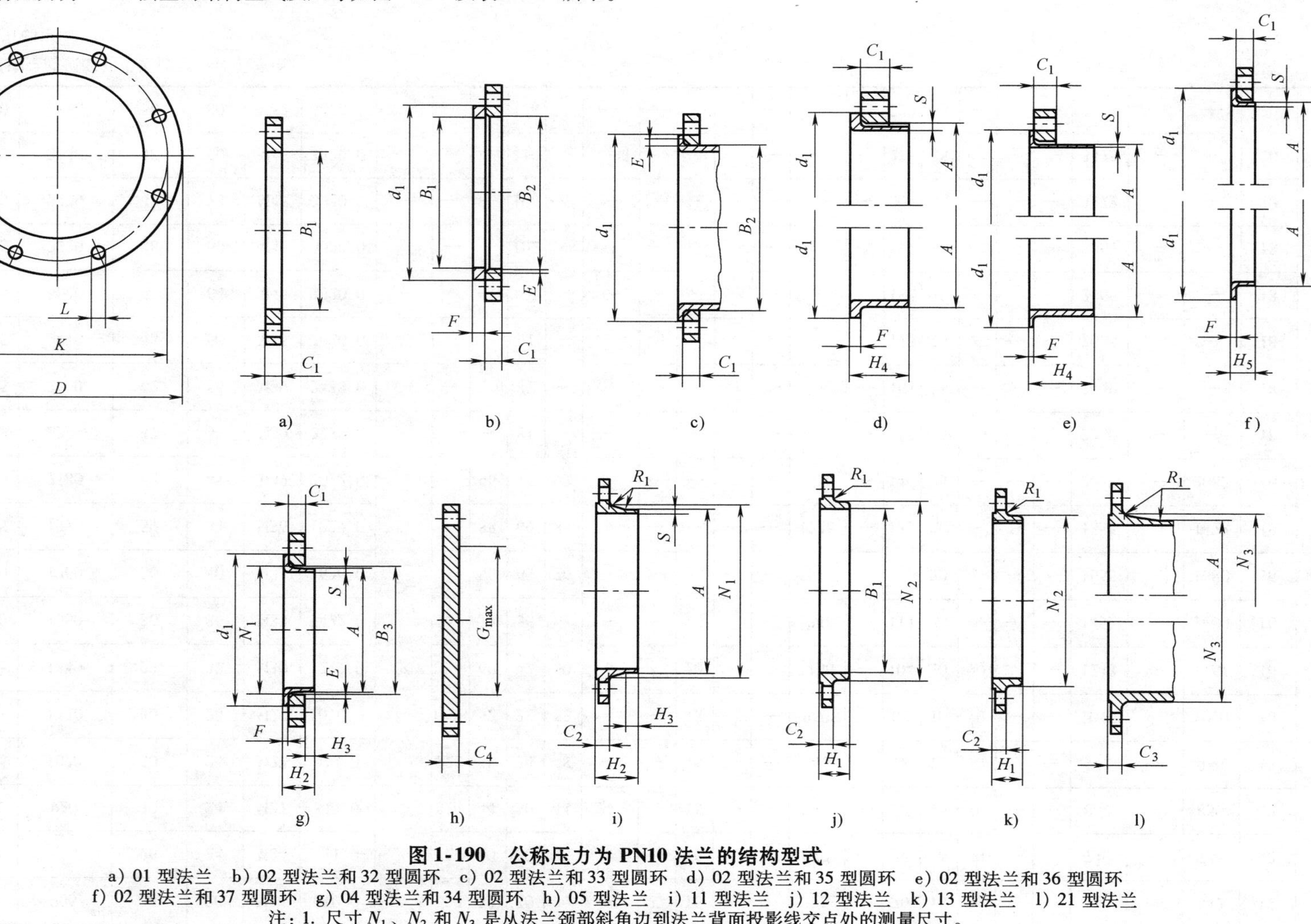

图 1-190 公称压力为 PN10 法兰的结构型式

a）01 型法兰 b）02 型法兰和 32 型圆环 c）02 型法兰和 33 型圆环 d）02 型法兰和 35 型圆环 e）02 型法兰和 36 型圆环 f）02 型法兰和 37 型圆环 g）04 型法兰和 34 型圆环 h）05 型法兰 i）11 型法兰 j）12 型法兰 k）13 型法兰 l）21 型法兰

注：1. 尺寸 N_1、N_2 和 N_3 是从法兰颈部斜角边到法兰背面投影线交点处的测量尺寸。

2. 尺寸 d_1 见表 1-423。

3. 33 型搭接管端的厚度和高度没限定。

表 1-427 公称压力为 PN10 法兰的尺寸（EN 1092-1：2018）

（单位：mm）

公称尺寸	连接尺寸 法兰外圆 D	连接尺寸 螺栓孔中心圆直径 K	连接尺寸 螺栓孔径 L	连接尺寸 螺栓 数量/个	连接尺寸 螺栓 规格	颈部外径 A	法兰孔径 B_1	法兰孔径 B_2	法兰孔径 B_3	法兰厚度 C_1	法兰厚度 C_2	法兰厚度 C_3	法兰厚度 C_4	倒角 E	圆环厚度 F	圆环厚度 F	圆环厚度 F	圆环厚度 F	台肩最大直径 G_{max}	长度 H_1	长度 H_2	长度 H_3	长度 H_4	长度 H_4	长度 H_5	颈部直径 N_1	颈部直径 N_2	颈部直径 N_3	圆角半径 R_1	颈部厚度 S	颈部厚度 S
法兰类型	01，02，04，05，11，12，13，21					11，21①，34③，35～37	01，12，32	02	04	01，02，04	11，12，13	21	05	02，04	32，34	35	36	37	05	12，13	11，34③	11，34③	35	36	37	11，34③	12 13	21	11，12，13，21，34	34	11，35～37
DN10	90	60	14	4	M12	17.2	18.0	21	31	14	16	16	16	3	12	5	2	2.5	—	22	35	6	35	35	7	28	30	28	4	1.8	见表 1-439～表 1-441
DN15	95	65	14	4	M12	21.3	22.0	25	35	14	16	16	16	3	12	5	2	2.5	—	22	38	6	38	38	7	32	35	32	4	2.0	
DN20	105	75	14	4	M12	26.9	27.5	31	42	16	18	18	18	4	14	6	2.5	3	—	26	40	6	40	40	8	40	45	40	4	2.3	
DN25	115	85	14	4	M12	33.7	34.5	38	49	16	18	18	18	4	14	7	2.5	3	—	28	40	6	40	40	10	46	52	50	4	2.6	
DN32	140	100	18	4	M16	42.4	43.5	47	59	18	18	18	18	5	14	8	3	3	—	30	42	6	42	42	12	56	60	60	6	2.6	
DN40	150	110	18	4	M16	48.3	49.5	53	67	18	18	18	18	5	14	8	3	3	—	32	45	7	45	45	15	64	70	70	6	2.6	
DN50	165	125	18	4	M16	60.3	61.5	65	77	20	18	18	18	5	16	8	3	4	—	28	45	8	45	45	20	74	84	84	6	2.9	
DN65	185	145	18	8	M16	76.1	77.5	81	96	20	18	18	18	6	16	8	3	4	55	32	45	10	45	45	20	92	104	104	6	2.9	
DN80	200	160	18	8	M16	88.9	90.5	94	108	20	20	20	20	6	16	10	3	4	70	34	50	10	50	50	25	105	118	120	6	3.2	
DN100	220	180	18	8	M16	114.3	116.0	120	134	22	20	20	20	6	18	10	4	4	90	40	52	12	52	52	25	131	140	140	8	3.6	
DN125	250	210	18	8	M16	139.7	141.5	145	162	22	22	22	22	6	18	10	4	4	115	44	55	12	55	55	25	156	168	170	8	4.0	
DN150	285	240	22	8	M20	168.3	170.5	174	188	24	22	22	22	6	20	10	4	4	140	44	55	12	55	55	25	184	195	190	10	4.5	
DN200	340	295	22	8	M20	219.1	221.5	226	240	24	24	24	24	6	20	11	5	4	190	44	62	16	62	62	30	234	246	246	10	6.3	
DN250	395	350	22	12	M20	273.0	276.5	281	294	26	26	26	26	8	22	12	8	—	235	46	68	16	68	68	—	292	298	298	12	6.3	
DN300	445	400	22	12	M20	323.9	327.5	333	348	26	26	26	26	8	22	12	8	—	285	46	68	16	68	68	—	342	350	348	12	7.1	
DN350	505	460	22	16	M20	355.6	359.5	365	400	30	26	26	26	8	22	13	8	—	330	53	68	16	68	68	—	385	400	408	12	7.1	
DN400	565	515	26	16	M24	406.4	411.0	416	450	32	26	26	26	8	24	14	8	—	380	57	72	16	72	72	—	440	456	456	12	7.1	
DN450	615	565	26	20	M24	457.0	462.0	467	498	36	28	28	28	8	24	15	—	—	425	63	72	16	72	—	—	488	502	502	12	7.1	
DN500	670	620	26	20	M24	508.0	513.5	519	550	38	28	28	28	8	26	16	—	—	475	67	75	16	75	—	—	542	559	559	12	7.1	

（续）

公称尺寸	连接尺寸					颈部外径 A	法兰孔径			法兰厚度				倒角 E	圆环厚度 F				台肩最大直径 G_{max}	长度						颈部直径			圆角半径 R_1	颈部厚度 S	
	法兰外圆 D	螺栓孔中心圆直径 K	螺栓孔径 L	螺栓 数量/个	螺栓 规格		B_1	B_2	B_3	C_1	C_2	C_3	C_4							H_1	H_2	H_3	H_4		H_5	N_1	N_2	N_3			
	法兰类型																														
	01，02，04，05，11，12，13，21					11，21①，34③，35~37	01，12，32	02	04	01，02，04	11，12，13	21	05	02，04	32，34	35	36	37	05	12，13	11，34③	11，34③	35	36	37	11，34③	12，13	21	11，12，13，21，34	34	11，35~37
DN600	780	725	30	20	M27	610.0	616.5	622	650	42	30	34	34	8	26	18	—	—	575	75	82	18	80	—	—	642	658	658	12	—	见表1-439~表1-441
DN700	895	840	30	24	M27	711.0	②	721	—	50	35		38	8	—	20	—	—	670	—	85	18	80	—	—	746	—	772	12	—	
DN800	1015	950	33	24	M30	813.0		824	—	56	38		48	8	—	20	—	—	770	—	96	18	90	—	—	850	—	876	12	—	
DN900	1115	1050	33	28	M30	914.0		926	—	62	38		50	8	—	22	—	—	860	—	99	20	95	—	—	950	—	976	12	—	
DN1000	1230	1160	36	28	M33	1016.0		1028	—	70	44		54	8	—	24	—	—	960	—	105	20	95	—	—	1052	—	1080	16	—	
DN1200	1455	1380	39	32	M36	1219.0		1234	—	83	55		66	8	—	26	—	—	1160	—	132	25	115	—	—	1256	—	1292	16	—	
DN1400	1675	1590	42	36	M39	1422.0	—	—	—	②	65		—	—	—	—	—	—	—	—	143	25	—	—	—	1460	—	1496	16	—	
DN1600	1915	1820	48	40	M45	1626.0	—	—	—		75		—	—	—	—	—	—	—	—	159	25	—	—	—	1666	—	1712	16	—	
DN1800	2115	2020	48	44	M45	1829.0	—	—	—		85		—	—	—	—	—	—	—	—	175	30	—	—	—	1868	—	1910	16	—	
DN2000	2325	2230	48	48	M45	2032.0	—	—	—		90	—	—	—	—	—	—	—	—	—	186	30	—	—	—	2072	—	2120	16	—	
DN2200	2550	2440	56	52	M52	2235.0	—	—	—		100	—	—	—	—	—	—	—	—	—	202	35	—	—	—	2275	—	—	18	—	
DN2400	2760	2650	56	56	M52	2438.0	—	—	—		110	—	—	—	—	—	—	—	—	—	218	35	—	—	—	2478	—	—	18	—	
DN2600	2960	2850	56	60	M52	2620.0	—	—	—	②	110	—	—	—	—	—	—	—	—	—	224	40	—	—	—	2680	—	—	18	—	
DN2800	3180	3070	56	64	M52	2820.0	—	—	—		124	—	—	—	—	—	—	—	—	—	244	40	—	—	—	2882	—	—	18	—	
DN3000	3405	3290	62	68	M56	3020.0	—	—	—		132	—	—	—	—	—	—	—	—	—	257	45	—	—	—	3085	—	—	18	—	

① 21型法兰的颈部外径近似等于管子外径。

② 由买方确定。

③ 只能用到DN600。

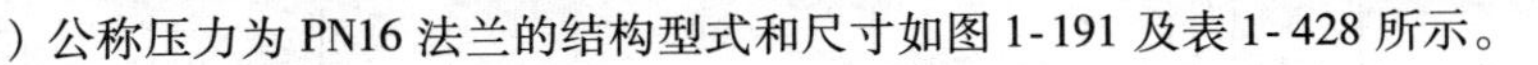

11）公称压力为 PN16 法兰的结构型式和尺寸如图 1-191 及表 1-428 所示。

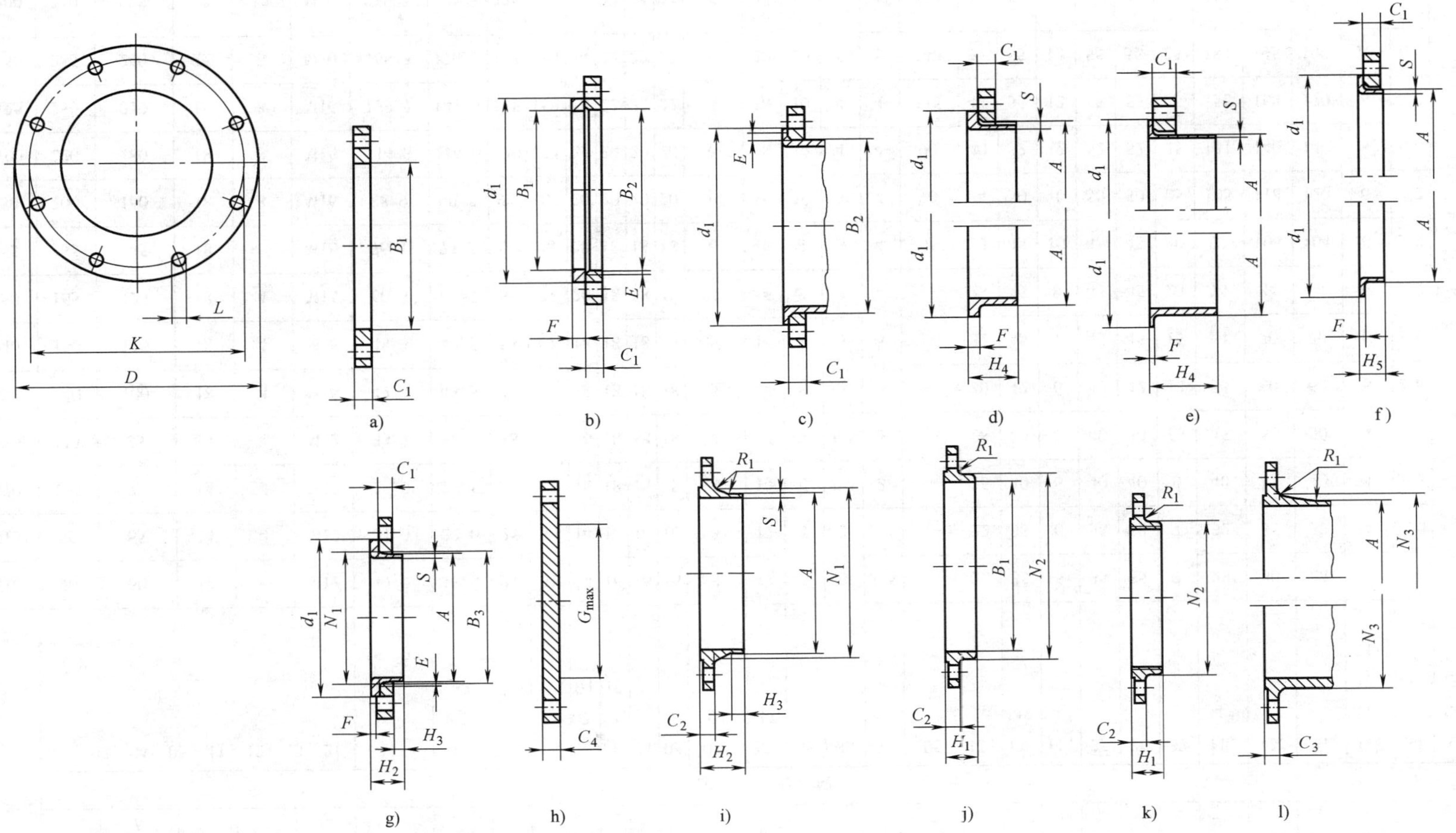

图 1-191　公称压力为 PN16 法兰的结构型式

a）01 型法兰　b）02 型法兰和 32 型圆环　c）02 型法兰和 33 型圆环　d）02 型法兰和 35 型圆环　e）02 型法兰和 36 型圆环　f）02 型法兰和 37 型圆环　g）04 型法兰和 34 型圆环　h）05 型法兰　i）11 型法兰　j）12 型法兰　k）13 型法兰　l）21 型法兰

注：1. 尺寸 N_1、N_2 和 N_3 是从法兰颈部斜角边到法兰背面投影线交点处的测量尺寸。

2. 尺寸 d_1 见表 1-423。

3. 33 型搭接管端的厚度和高度没限定。

表1-428 公称压力为PN16法兰的尺寸（EN 1092-1：2018） （单位：mm）

公称尺寸	连接尺寸					颈部外径 A	法兰孔径			法兰厚度				倒角 E	圆环厚度 F				台肩最大直径 G_{max}	长度						颈部直径			圆角半径 R_1	颈部厚度 S	
	法兰外圆 D	螺栓孔中心圆直径 K	螺栓孔径 L	螺栓数量/个	螺栓规格		B_1	B_2	B_3	C_1	C_2	C_3	C_4							H_1	H_2	H_3	H_4		H_5	N_1	N_2	N_3			
	法兰类型																														
	01，02，04，05，11，12，13，21					11，21①，34④，35~37	01，12，32	02	04	01，02，04	11，12，13	21	05	02，04	32，34	35	36	37	05	12，13	11，34④	11，34④	35	36	37	11，34④	12，13	21	11，12，13，21，34	34	11，35~37
DN10	90	60	14	4	M12	17.2	18.0	21	31	14	16	16	16	3	12	5	2	2.5	—	22	35	6	35	35	7	28	30	28	4	1.8	
DN15	95	65	14	4	M12	21.3	22.0	25	35	14	16	16	16	3	12	5	2	2.5	—	22	38	6	38	38	7	32	35	32	4	2.0	
DN20	105	75	14	4	M12	26.9	27.5	31	42	16	18	18	18	4	14	6	2.5	3	—	26	40	6	40	40	8	40	45	40	4	2.3	
DN25	115	85	14	4	M12	33.7	34.5	38	49	16	18	18	18	4	14	7	2.5	3	—	28	40	6	40	40	10	46	52	50	4	2.6	
DN32	140	100	18	4	M16	42.4	43.5	47	59	18	18	18	18	5	14	8	3	3	—	30	42	6	42	42	12	56	60	60	6	2.6	
DN40	150	110	18	4	M16	48.3	49.5	53	67	18	18	18	18	5	14	8	3	3	—	32	45	7	45	45	15	64	70	70	6	2.6	
DN50	165	125	18	4	M16	60.3	61.5	65	77	20	18	18	18	5	16	8	3	4	—	28	45	8	45	45	20	74	84	84	6	2.9	见表1-439~表1-441
DN65	185	145	18	8②	M16	76.1	77.5	81	96	20	18	18	18	6	16	8	3	4	55	32	45	10	45	45	20	92	104	104	6	2.9	
DN80	200	160	18	8	M16	88.9	90.5	94	108	20	20	20	20	6	16	10	3	4	70	34	50	10	50	50	25	105	118	120	6	3.2	
DN100	220	180	18	8	M16	114.3	116.0	120	134	22	20	20	20	6	18	10	4	4	90	40	52	12	52	52	25	131	140	140	8	3.6	
DN125	250	210	18	8	M16	139.7	141.5	145	162	22	22	22	22	6	18	10	4	4	115	44	55	12	55	55	25	156	168	170	8	4.0	
DN150	285	240	22	8	M20	168.3	170.5	174	188	24	22	22	22	6	20	10	5	5	140	44	55	12	55	55	25	184	195	190	10	4.5	
DN200	340	295	22	12	M20	219.1	221.5	226	240	26	24	24	24	6	20	11	6	6	190	44	62	16	62	62	30	235	246	246	10	6.3	

DN250	405	355	26	12	M24	273.0	276.5	281	294	29	26	26	26	8	22	12	10	—	235	46	70	16	70	68	—	292	298	296	12	6.3	
DN300	460	410	26	12	M24	323.9	327.5	333	348	32	28	28	28	8	24	14	10	—	285	46	78	16	78	68	—	344	350	350	12	7.1	
DN350	520	470	26	16	M24	355.6	359.0	365	400	35	30	30	30	8	26	18	10	—	330	57	82	16	82	68	—	390	400	410	12	8.0	
DN400	580	525	30	16	M27	406.4	411.0	416	454	38	32	32	32	8	28	20	10	—	380	63	85	16	85	72	—	445	456	458	12	8.0	
DN450	640	585	30	20	M27	457.0	462.0	467	500	42	34	40	40	8	30	22	—	—	425	68	83	16	87	—	—	490	502	516	12	8.0	
DN500	715	650	33	20	M30	508.0	513.5	519	556	46	36	44	44	8	32	22	—	—	475	73	84	16	90	—	—	548	559	576	12	8.0	
DN600	840	770	36	20	M33	610.0	616.5	622	660	55	40	54	54	8	32	24	—	—	575	83	88	18	95	—	—	670	658	690	12	8.8	
DN700	910	840	36	24	M33	711.0	③	721	—	63	40		58	8	—	26	—	—	670	83	104	18	100	—	—	755	760	760	12	—	见表1-439~表1-441
DN800	1025	950	39	24	M36	813.0		824	—	74	41		62	8	—	28	—	—	770	90	108	20	105	—	—	855	864	862	12	—	
DN900	1125	1050	39	28	M36	914.0		926	—	82	48		64	8	—	30	—	—	860	94	118	20	110	—	—	955	968	962	12	—	
DN1000	1255	1170	42	28	M39	1016.0		1030	—	90	59		68	8	—	35	—	—	960	100	137	22	120	—	—	1058	1072	1076	16	—	
DN1200	1485	1390	48	32	M45	1219.0	—	—	—		78	③	—	—	—	—	—	—	1160	—	160	30	—	—	—	1262	—	1282	16	—	
DN1400	1685	1590	48	36	M45	1422.0	—	—	—		84		—	—	—	—	—	—	1346	—	177	30	—	—	—	1465	—	1482	16	—	
DN1600	1930	1820	56	40	M52	1626.0	—	—	—	③	102		—	—	—	—	—	—	1546	—	204	35	—	—	—	1668	—	1696	16	—	
DN1800	2130	2020	56	44	M52	1829.0	—	—	—		110		—	—	—	—	—	—	1746	—	218	35	—	—	—	1870	—	1896	16	—	
DN2000	2345	2230	62	48	M56	2032.0	—	—	—		124		—	—	—	—	—	—	1950	—	238	40	—	—	—	2072	—	2100	16	—	

① 21 型法兰的颈部外径近似等于管子外径。

② 按 EN 1092-2（铸铁法兰）和 EN 1092-3（铜合金法兰）的规定，该公称尺寸和公称压力的法兰可以有 4 个螺栓孔，若钢制法兰要求有 4 个螺栓孔，应按生产厂家与买方的协议提供。

③ 由买方确定。

④ 只能用到 DN600。

12）公称压力为 PN25 法兰的结构型式和尺寸如图 1-192 及表 1-429 所示。

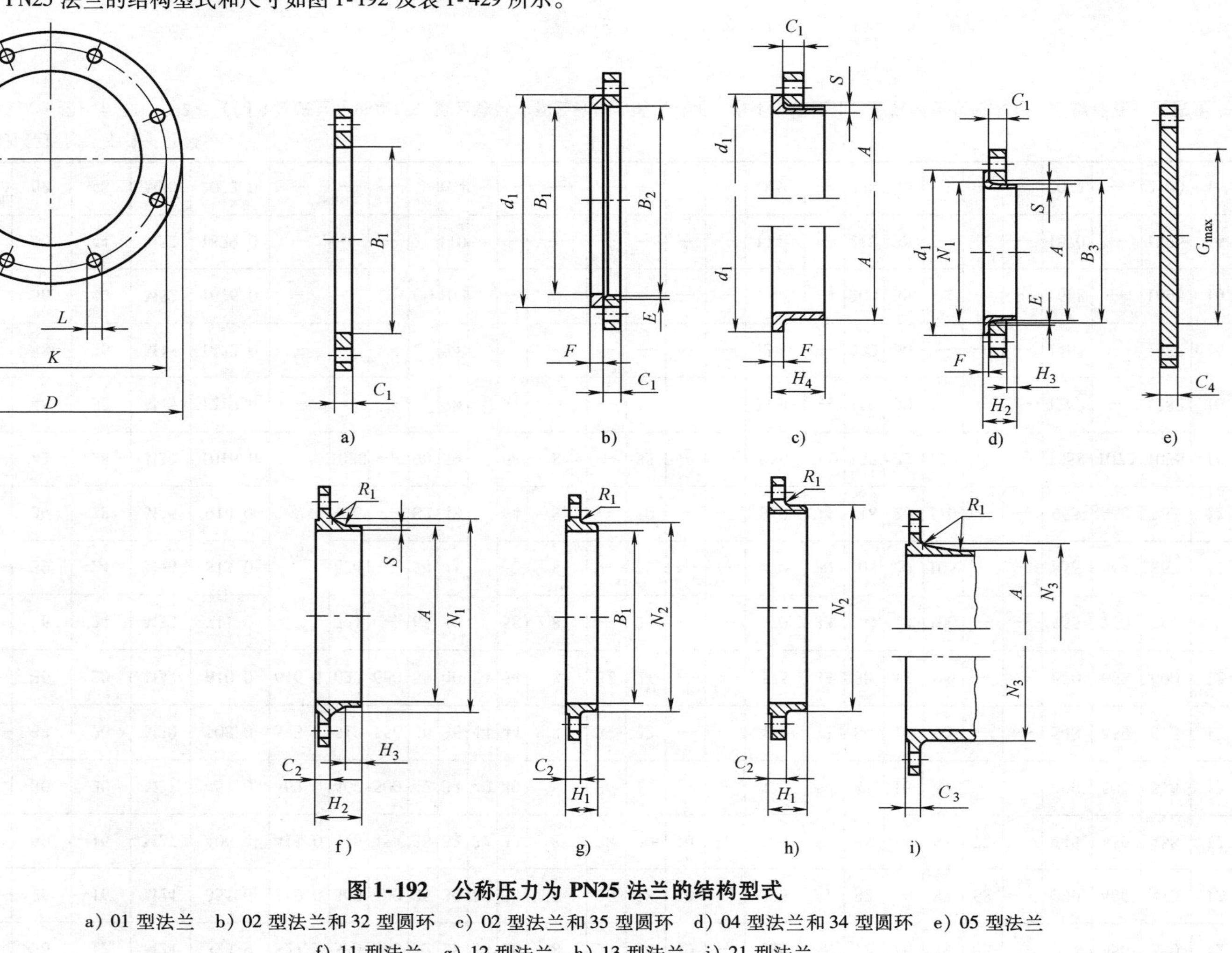

图 1-192 公称压力为 PN25 法兰的结构型式

a）01 型法兰 b）02 型法兰和 32 型圆环 c）02 型法兰和 35 型圆环 d）04 型法兰和 34 型圆环 e）05 型法兰 f）11 型法兰 g）12 型法兰 h）13 型法兰 i）21 型法兰

注：1. 尺寸 N_1、N_2 和 N_3 是从法兰颈部斜角边到法兰背面投影线交点处的测量尺寸。

2. 尺寸 d_1 见表 1-423。

表 1-429 公称压力为 PN25 法兰的尺寸（EN 1092-1：2018）

（单位：mm）

公称尺寸	连接尺寸 法兰外径 D	螺栓孔中心圆直径 K	螺栓孔径 L	螺栓 数量/个	螺栓 规格	颈部外径 A	法兰孔径 B_1	B_2	B_3	法兰厚度 C_1	C_2	C_3	C_4	倒角 E	圆环厚度 F		台肩最大直径 G_{max}	长度 H_1	H_2	H_3	H_4	颈部直径 N_1	N_2	N_3	圆角半径 R_1	颈部厚度 S	
	法兰类型																										
	01，02，04，05，11，12，13，21					11，21①，34③，35	01，12，32	02	04	01，02，04	11，12，13	21	05	02，04	32，34	35	05	12，13	11，34③	11，34③	35	11，34	12，13	21	11，12，13，21，34	34	11，35
DN10	90	60	14	4	M12	17.2	18.0	21	31	14	16	16	16	3	12	5	—	22	35	6	35	28	30	28	4	1.8	
DN15	95	65	14	4	M12	21.3	22.0	25	35	14	16	16	16	3	12	5	—	22	38	6	38	32	35	32	4	2.0	
DN20	105	75	14	4	M12	26.9	27.5	31	42	16	18	18	18	4	14	6	—	26	40	6	40	40	45	40	4	2.3	
DN25	115	85	14	4	M12	33.7	34.5	38	49	16	18	18	18	4	14	7	—	28	40	6	40	46	52	50	4	2.6	
DN32	140	100	18	4	M16	42.4	43.5	47	59	18	18	18	18	5	14	8	—	30	42	6	42	56	60	60	6	2.6	
DN40	150	110	18	4	M16	48.3	49.5	53	67	18	18	18	18	5	14	8	—	32	45	7	45	64	70	70	6	2.6	
DN50	165	125	18	4	M16	60.3	61.5	65	77	20	20	20	20	5	16	10	—	34	48	8	48	75	84	84	6	2.9	
DN65	185	145	18	8	M16	76.1	77.5	81	96	22	22	22	22	6	16	11	55	38	52	10	52	90	104	104	6	2.9	见表 1-439 ~表 1-441
DN80	200	160	18	8	M16	88.9	90.5	94	114	24	24	24	24	6	18	12	70	40	58	12	58	105	118	120	8	3.2	
DN100	235	190	22	8	M20	114.3	116.0	120	138	26	24	24	24	6	20	14	90	44	65	12	65	134	145	142	8	3.6	
DN125	270	220	26	8	M24	139.7	141.5	145	166	28	26	26	26	6	22	16	115	48	68	12	68	162	170	162	8	4.0	
DN150	300	250	26	8	M24	168.3	170.5	174	194	30	28	28	28	6	24	18	140	52	75	12	75	192	200	192	10	4.5	
DN200	360	310	26	12	M24	219.1	221.5	226	250	32	30	30	30	6	26	18	190	52	80	16	80	244	256	252	10	6.3	
DN250	425	370	30	12	M27	273.0	276.5	281	302	35	32	32	32	8	26	18	235	60	88	18	88	298	310	304	12	7.1	
DN300	485	430	30	16	M27	323.9	327.5	333	356	38	34	34	34	8	28	20	285	67	92	18	92	352	364	364	12	8.0	
DN350	555	490	33	16	M30	355.6	359.5	365	408	42	38	38	38	8	32	22	332	72	100	20	100	398	418	418	12	8.0	

（续）

公称尺寸	连接尺寸					颈部外径 A	法兰孔径			法兰厚度				倒角 E	圆环厚度 F		台肩最大直径 G_{max}	长度				颈部直径			圆角半径 R_1	颈部厚度 S	
	法兰外径 D	螺栓孔中心圆直径 K	螺栓孔径 L	螺栓 数量/个	螺栓 规格		B_1	B_2	B_3	C_1	C_2	C_3	C_4					H_1	H_2	H_3	H_4	N_1	N_2	N_3			
	法兰类型																										
	01，02，04，05，11，12，13，21					11，21①，34③，35	01，12，32	02	04	01，02，04	11，12，13	21	05	02，04	32，34	35	05	12，13	11，34③	11，34③	35	11，34	12，13	21	11，12，13，21，34	34	11，35
DN400	620	550	36	16	M33	406.4	411.0	416	462	48	40	40	40	8	34	24	380	78	110	20	110	452	472	472	12	8.8	见表1-439~表1-441
DN450	670	600	36	20	M33	457.0	462.0	467	510	54	46	46	50	8	36	26	425	84	110	20	110	500	520	520	12	8.8	
DN500	730	660	36	20	M33	508.0	513.5	519	568	58	48	48	51	8	38	28	475	90	125	20	125	558	580	580	12	10.0	
DN600	845	770	39	20	M36	610.0	616.5	622	670	68	48	58	66	8	40	30	575	100	125	20	115	660	684	684	12	11.0	
DN700	960	875	42	24	M39	711.0	②	721	—	85	50	②	②	8	—	30	—	—	129	20	125	760	—	780	12	—	
DN800	1085	990	48	24	M45	813.0		824	—	95	53			8	—	35	—	—	138	22	135	864	—	882	12	—	
DN900	1185	1090	48	28	M45	914.0		—	—	②	57			—	—	—	—	—	148	24	—	968	—	982	12	—	
DN1000	1320	1210	56	28	M52	1016.0	—	—	—		63			—	—	—	—	—	160	24	—	1070	—	1086	16	—	
DN1200	④																										
DN1400																											
DN1600																											
DN1800																											
DN2000																											

① 21 型法兰的颈部外径近似等于管子外径。

② 由买方确定。

③ 只能用到 DN500。

④ 仅用于固定的配合尺寸。

13）公称压力为 PN40 法兰的结构型式和尺寸如图 1-193 及表 1-430 所示。

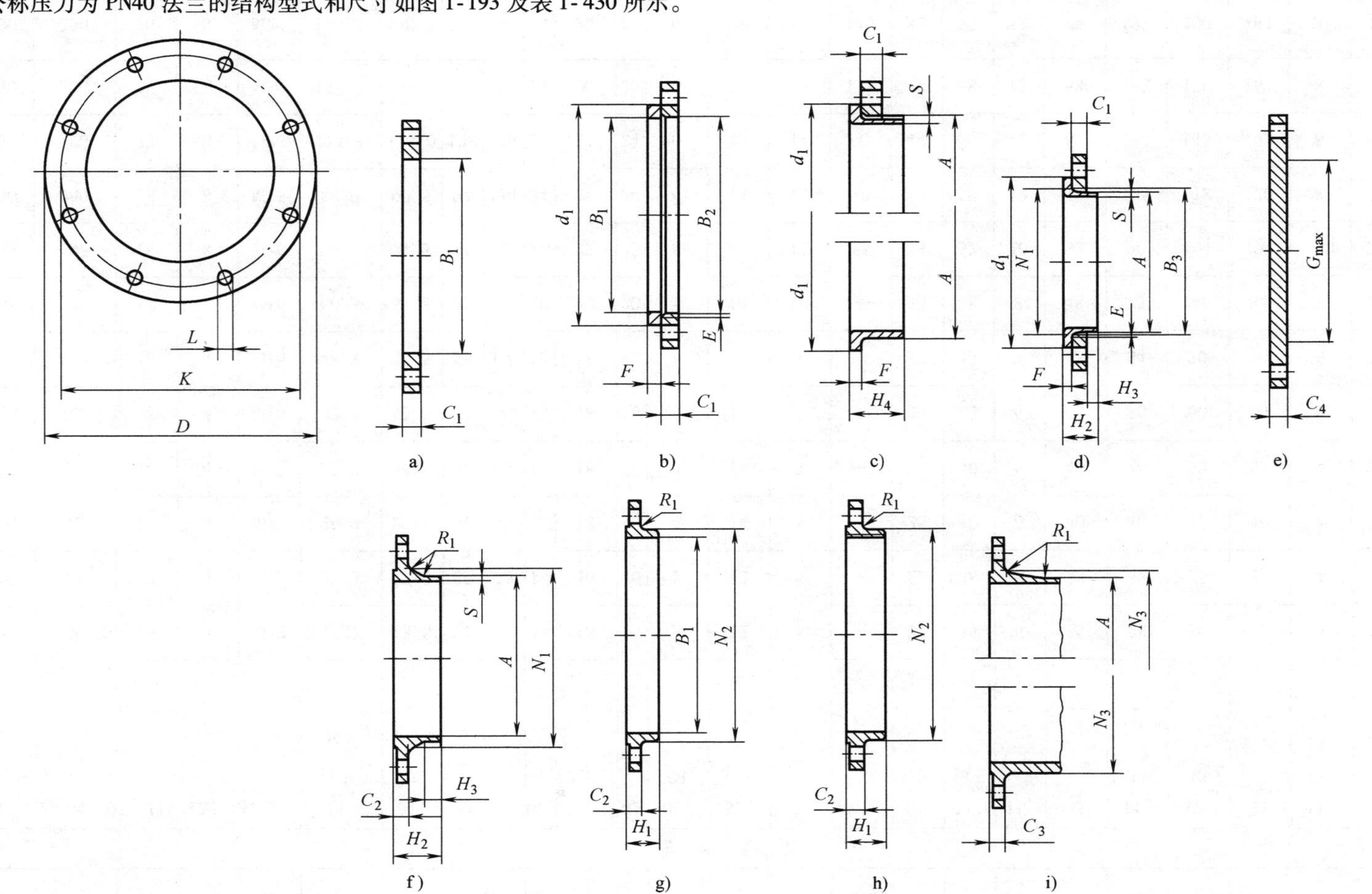

图 1-193　公称压力为 PN40 法兰的结构型式

a）01 型法兰　b）02 型法兰和 32 型圆环　c）02 型法兰和 35 型圆环　d）04 型法兰和 34 型圆环　e）05 型法兰

f）11 型法兰　g）12 型法兰　h）13 型法兰　i）21 型法兰

注：1. 尺寸 N_1、N_2 和 N_3 是从法兰颈部斜角边到法兰背面投影线交点处的测量尺寸。

2. 尺寸 d_1 见表 1-423。

表 1-430 公称压力为 PN40 法兰的尺寸（EN 1092-1：2018）

（单位：mm）

公称尺寸	连接尺寸					颈部外径 A	法兰孔径			法兰厚度				倒角 E	圆环厚度 F		台肩最大直径 G_{max}	长度				颈部直径			圆角半径 R_1	颈部厚度 S	
	法兰外径 D	螺栓孔中心圆直径 K	螺栓孔径 L	螺栓 数量/个	螺栓 规格		B_1	B_2	B_3	C_1	C_2	C_3	C_4					H_1	H_2	H_3	H_4	N_1	N_2	N_3			
	法兰类型																										
	01，02，04，05，11，12，13，21					11，21[①]，34[③]	01，12，32	02	04	01，02，04	11，12，13	21	05	02，04	32，34[③]	35	05	12，13	11，34[③]	11，34[③]	35	11，34	12，13	21	11，12，13，21	34[③]	11，35
DN10	90	60	14	4	M12	17.2	18.0	21	31	14	16		16	3	12	5	—	22	35	6	35	28	30	28	4	1.8	见表1-439～表1-441
DN15	95	65	14	4	M12	21.3	22.0	25	35	14	16		16	3	12	5	—	22	38	6	38	32	35	32	4	2.0	
DN20	105	75	14	4	M12	26.9	27.5	31	42	16	18		18	4	14	6	—	26	40	6	40	40	45	40	4	2.3	
DN25	115	85	14	4	M12	33.7	34.5	38	49	16	18		18	4	14	7	—	28	40	6	40	46	52	50	4	2.6	
DN32	140	100	18	4	M16	42.4	43.5	47	59	18	18		18	5	14	8	—	30	42	6	42	56	60	60	6	2.6	
DN40	150	110	18	4	M16	48.3	49.5	53	67	18	18		18	5	14	8	—	32	45	7	45	64	70	70	6	2.6	
DN50	165	125	18	4	M16	60.3	61.5	65	77	20	20		20	5	16	10	—	34	48	8	48	75	84	84	6	2.9	
DN65	185	145	18	8	M16	76.1	77.5	81	96	22	22		22	6	16	11	55	38	52	10	52	90	104	104	6	2.9	
DN80	200	160	18	8	M16	88.9	90.5	94	114	24	24		24	6	18	12	70	40	58	12	58	105	118	120	8	3.2	
DN100	235	190	22	8	M20	114.3	116.0	120	138	26	24		24	6	20	14	90	44	65	12	65	134	145	142	8	3.6	
DN125	270	220	26	8	M24	139.7	141.5	145	166	28	26		26	6	22	16	115	48	68	12	68	162	170	162	8	4.0	
DN150	300	250	26	8	M24	168.3	170.5	174	194	30	28		28	6	24	18	140	52	75	12	75	192	200	192	10	4.5	

DN200	375	320	30	12	M27	219.1	221.5	226	250	36	34	36	6	28	20	190	52	88	16	88	244	260	254	10	6.3	见表1-439~表1-441
DN250	450	385	33	12	M30	273.0	276.5	281	312	42	38	38	8	30	22	235	60	105	18	105	306	312	312	12	7.1	
DN300	515	450	33	16	M30	323.9	327.5	333	368	52	42	42	8	34	25	285	67	115	18	115	362	380	378	12	8.0	
DN350	580	510	36	16	M33	355.6	359.5	365	418	58	46	46	8	36	28	330	72	125	20	125	408	424	432	12	8.8	
DN400	660	585	39	16	M36	406.4	411.0	416	472	65	50	50	8	42	32	380	78	135	20	135	462	478	498	12	11.0	
DN450	685	610	39	20	M36	457.0	462.0	467	510	④	57	57	8	46	—	425	84	135	20	—	500	522	522	12	12.5	
DN500	755	670	42	20	M39	508.0	513.5	519	572		57	57	8	50	—	475	90	140	20	—	562	576	576	12	14.2	
DN600	890	795	48	20	M45	610.0	616.5	622	676		72	72	8	54	—	575	100	150	20	—	666	686	686	12	16.0	
DN700	②																									
DN800																										
DN900																										
DN1000																										
DN1200																										
DN1400																										
DN1600																										

① 21 型法兰的颈部外径近似等于管子外径。

② 仅用于固定的配合尺寸。

③ 只能用到 DN600。

④ 由买方确定。

14）公称压力为PN63法兰的结构型式和尺寸如图1-194及表1-431所示。

15）公称压力为PN100法兰的结构型式和尺寸如图1-195及表1-432所示。

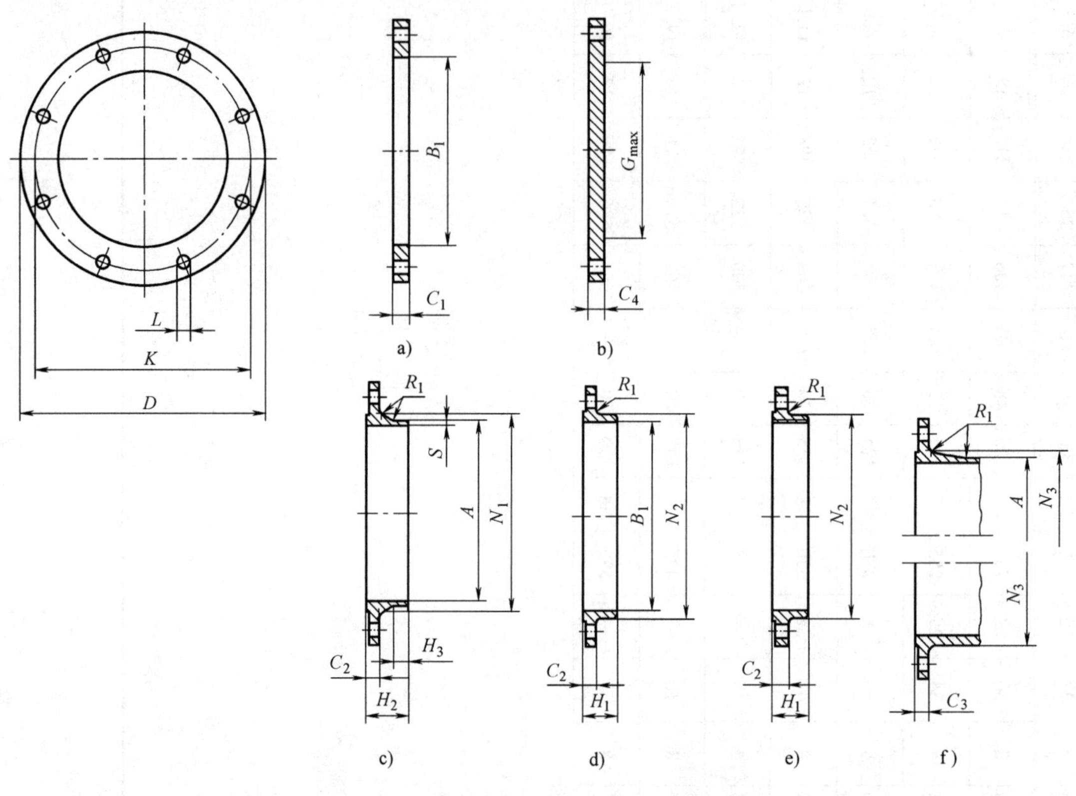

图1-194 公称压力为PN63法兰的结构型式

a）01型法兰 b）05型法兰 c）11型法兰 d）12型法兰 e）13型法兰 f）21型法兰

注：尺寸N_1、N_2和N_3是从法兰颈部斜角边到法兰背面投影线交点处的测量尺寸。

表1-431 公称压力为PN63法兰的尺寸（EN 1092-1：2018） （单位：mm）

公称尺寸	连接尺寸					颈部外径 A	法兰孔径	法兰厚度				台肩最大直径	长度			颈部直径			圆角半径 R_1	颈部厚度 S
	法兰外径 D	螺栓孔中心圆直径 K	螺栓孔径 L	螺栓 数量/个	螺栓 规格		B_1	C_1	C_2	C_3	C_4	G_{max}	H_1	H_2	H_3	N_1	N_2	N_3		
	法兰类型																			
	01，05，11，12，13，21					11，21①	01，12	01	11，12，13	21	05	05	12，13	11	11	11	12，13	21	11，12，13，21	11
DN10	100	70	14	4	M12	17.2	18.0	20	20	20	20	—	28	45	6	32	40	40	4	见表1-439
DN15	105	75	14	4	M12	21.3	22.0	20	20	20	20	—	28	45	6	34	43	45	4	
DN20	130	90	18	4	M16	26.9	27.5	22	22	22	22	—	30	48	8	42	52	50	4	
DN25	140	100	18	4	M16	33.7	34.5	24	24	24	24	—	32	58	8	52	60	61	4	
DN32	155	110	22	4	M20	42.4	43.5	24	24	26	24	—	32	60	8	62	68	68	6	

（续）

公称尺寸	连接尺寸					颈部外径 A	法兰孔径	法兰厚度				台肩最大直径	长度			颈部直径			圆角半径 R_1	颈部厚度 S
	法兰外径 D	螺栓孔中心圆直径 K	螺栓孔径 L	螺栓																
				数量/个	规格		B_1	C_1	C_2	C_3	C_4	G_{max}	H_1	H_2	H_3	N_1	N_2	N_3		
	法兰类型																			
	01，05，11，12，13，21					11，21①	01，12	01	11，12，13	21	05	05	12，13	11	11	11	12，13	21	11，12，13，21	11
DN40	170	125	22	4	M20	48.3	49.5	26	26	28	26	—	34	62	10	70	80	82	6	
DN50	180	135	22	4	M20	60.3	61.5	26	26	26	26	—	36	62	10	82	90	90	6	
DN65	205	160	22	8	M20	76.1	77.5	26	26	26	26	45	40	68	12	98	112	105	6	
DN80	215	170	22	8	M20	88.9	90.5	30	28	28	28	60	44	72	12	112	125	122	8	
DN100	250	200	26	8	M24	114.3	116.0	32	30	30	30	80	52	78	12	138	152	146	8	
DN125	295	240	30	8	M27	139.7	141.5	34	34	34	34	105	56	88	12	168	185	177	8	
DN150	345	280	33	8	M30	168.3	170.5	36	36	36	36	130	60	95	12	202	215	204	10	
DN200	415	345	36	12	M33	219.1	221.5	48	42	42	42	180	—	110	16	256	—	264	10	
DN250	470	400	36	12	M33	273.0	276.5	55	46	46	46	220	—	125	18	316	—	320	12	
DN300	530	460	36	16	M33	323.9	327.5	65	52	52	52	270	—	140	18	372	—	378	12	见表1-439
DN350	600	525	39	16	M36	355.6	359.5	72	56	56	56	310	—	150	20	420	—	434	12	
DN400	670	585	42	16	M39	406.4	411.0	80	60	60	60	360	—	160	20	475	—	490	12	
DN500																				
DN600																				
DN700																				
DN800								②												
DN900																				
DN1000																				
DN1200																				

① 21 型法兰的颈部外径近似等于管子外径。

② 仅用于固定的配合尺寸。

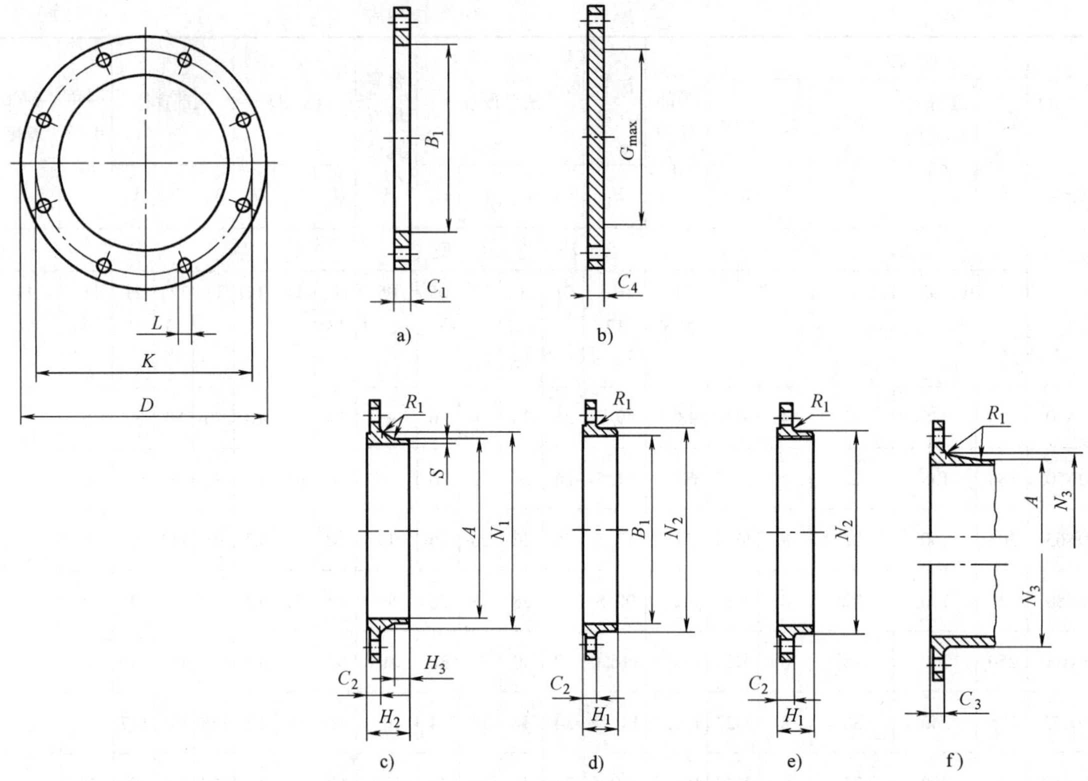

图1-195 公称压力为PN100法兰的结构型式

a）01型法兰 b）05型法兰 c）11型法兰 d）12型法兰 e）13型法兰 f）21型法兰

注：尺寸N_1、N_2和N_3是从法兰颈部斜角边到法兰背面投影线交点处的测量尺寸。

表1-432 公称压力为PN100法兰的尺寸（EN 1092-1：2018） （单位：mm）

公称尺寸	连接尺寸					颈部外径	法兰孔径	法兰厚度				台肩最大直径	长度			颈部直径			圆角半径	颈部厚度
	法兰外径 D	螺栓孔中心圆直径 K	螺栓孔径 L	螺栓 数量/个	螺栓 规格	A	B_1	C_1	C_2	C_3	C_4	G_{max}	H_1	H_2	H_3	N_1	N_2	N_3	R_1	S
	法兰类型																			
	01，05，11，12，13，21					11，21①	01，12	01	11，12，13	21	05	05	12，13	11	11	11	12，13	21	11，12，13，21	11
DN10	100	70	14	4	M12	17.2	18.0	20	20	20	20	—	28	45	6	32	40	40	4	见表1-439
DN15	105	75	14	4	M12	21.3	22.0	20	20	20	20	—	28	45	6	34	43	45	4	
DN20	130	90	18	4	M16	26.9	27.5	22	22	22	22	—	30	48	8	42	52	50	4	
DN25	140	100	18	4	M16	33.7	34.5	24	24	24	24	—	32	58	8	52	60	61	4	
DN32	155	110	22	4	M20	42.4	43.5	24	24	26	24	—	32	60	8	62	68	68	6	
DN40	170	125	22	4	M20	48.3	49.5	26	26	28	26	—	34	62	10	70	80	82	6	

（续）

公称尺寸	连接尺寸					颈部外径 A	法兰孔径	法兰厚度				台肩最大直径	长度			颈部直径			圆角半径 R_1	颈部厚度 S
	法兰外径 D	螺栓孔中心圆直径 K	螺栓孔径 L	螺栓																
				数量/个	规格		B_1	C_1	C_2	C_3	C_4	G_{max}	H_1	H_2	H_3	N_1	N_2	N_3		
	法兰类型																			
	01，05，11，12，13，21					11，21①	01，12	01	11，12，13	21	05	05	12，13	11	11	11	12，13	21	11，12，13，21	11
DN50	195	145	26	4	M24	60.3	61.5	28	28	30	28	—	36	68	10	90	95	96	6	见表1-439
DN65	220	170	26	8	M24	76.1	77.5	30	30	34	30	45	40	76	12	108	118	118	6	
DN80	230	180	26	8	M24	88.9	90.5	34	32	36	32	60	44	78	12	120	130	128	8	
DN100	265	210	30	8	M27	114.3	116.0	36	36	40	36	80	52	90	12	150	158	150	8	
DN125	315	250	33	8	M30	139.7	141.5	42	40	40	40	105	56	105	12	180	188	185	8	
DN150	355	290	33	12	M30	168.3	170.5	48	44	44	44	130	60	115	12	210	225	216	10	
DN200	430	360	36	12	M33	219.1	221.5	60	52	52	52	180	—	130	16	278	—	278	10	
DN250	505	430	39	12	M36	273.0	276.5	72	60	60	60	210	—	157	18	340	—	340	12	
DN300	585	500	42	16	M39	323.9	327.5	84	68	68	68	260	—	170	18	400	—	407	12	
DN350	655	560	48	16	M45	355.6	359.5	95	74	74	74	300	—	189	20	460	—	460	12	
DN400	②																			
DN500																				

① 21 型法兰的颈部外径近似等于管子外径。

② 仅用于固定的配合尺寸。

16）公称压力 PN160 法兰的结构型式和尺寸如图 1-196 及表 1-433 所示。

17）公称压力为 PN250 法兰的结构型式和尺寸如图 1-197 及表 1-434 所示。

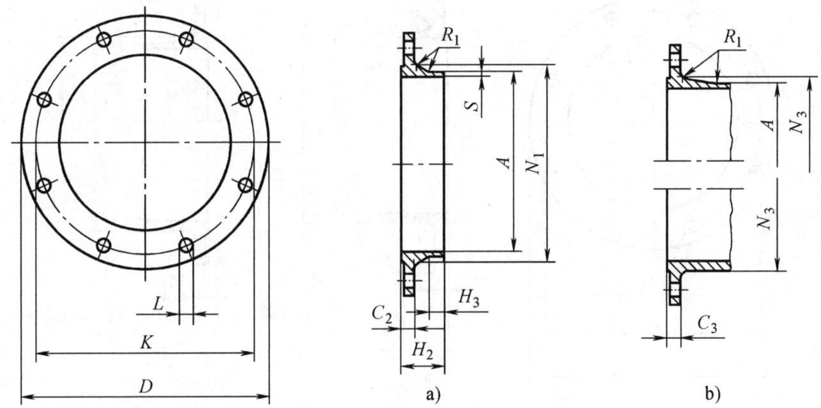

图 1-196 公称压力为 PN160 法兰的结构型式

a）11 型法兰 b）21 型法兰

注：尺寸 N_1 和 N_3 是从法兰颈部斜角边到法兰背面投影线交点处的测量尺寸。

表 1-433　公称压力为 PN160 法兰的尺寸（EN 1092-1：2018）　　（单位：mm）

公称尺寸	连接尺寸					颈部外径 A	法兰厚度		长度		颈部直径		圆角半径 R_1		颈部厚度 S
	法兰外径 D	螺栓孔中心圆直径 K	螺栓孔径 L	螺栓 数量/个	螺栓 规格		C_2	C_3	H_2	H_3	N_1	N_3			
	法兰类型														
	11，21					11，21①	11	21	11	11	11	21	11	21	11
DN10	100	70	14	4	M12	17.2	20	20	45	6	32	40	4	4	2.0
DN15	105	75	14	4	M12	21.3	20	20	45	6	34	45	4	4	2.0
DN25	140	100	18	4	M16	33.7	24	24	58	8	52	61	4	4	2.9
DN40	170	125	22	4	M20	48.3	28	28	64	10	70	82	6	4	3.6
DN50	195	145	26	4	M24	60.3	30	30	75	10	90	96	6	4	4.0
DN65	220	170	26	8	M24	76.1	34	34	82	12	108	118	6	5	5.0
DN80	230	180	26	8	M24	88.9	36	36	86	12	120	128	8	5	6.3
DN100	265	210	30	8	M27	114.3	40	40	100	12	150	150	8	5	8.0
DN125	315	250	33	8	M30	139.7	44	44	115	14	180	184	8	6	10.0
DN150	355	290	33	12	M30	168.3	50	50	128	14	210	224	10	6	12.5
DN200	430	360	36	12	M33	219.1	60	60	140	16	278	288	10	8	16.0
DN250	515	430	42	12	M39	273.0	68	68	155	18	340	346	12	8	20.0
DN300	585	500	42	16	M39	323.9	78	78	175	18	400	414	12	10	22.2

① 21 型法兰的颈部外径近似等于管子外径。

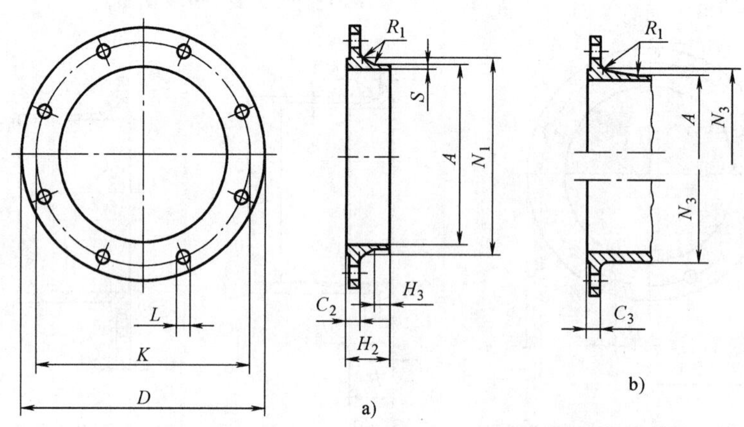

图 1-197　公称压力为 PN250 法兰的结构型式

a）11 型法兰　b）21 型法兰

注：尺寸 N_1 和 N_3 是从法兰颈部斜角边到法兰背面投影线交点处的测量尺寸。

表 1-434 公称压力为 PN250 法兰的尺寸（EN 1092-1：2018） （单位：mm）

公称尺寸	连接尺寸					颈部外径 A	法兰厚度		长度		颈部直径		圆角半径 R_1		颈部厚度 S
	法兰外径 D	螺栓孔中心圆直径 K	螺栓孔径 L	螺栓数量/个	螺栓规格		C_2	C_3	H_2	H_3	N_1	N_3			
	法兰类型														
	11，21					11，21①	11	21	11	11	11	21	11	21	11
DN10②③	125	85	18	4	M16	—	—	24	—	—	—	46	—	4	—
DN15	130	90	18	4	M16	21.3	26	26	60	6	48	52	4	4	2.6
DN25	150	105	22	4	M20	33.7	28	28	65	8	60	63	4	4	3.6
DN40	185	135	26	4	M24	48.3	34	34	80	10	84	90	6	4	5.0
DN50	200	150	26	8	M24	60.3	38	38	85	10	95	102	6	5	6.3
DN65	230	180	26	8	M24	76.1	42	42	95	12	124	125	6	5	8.0
DN80	255	200	30	8	M27	101.6	46	46	102	12	136	142	8	6	11.0
DN100	300	235	33	8	M30	127.0	54	54	120	14	164	168	8	6	14.2
DN125	340	275	33	12	M30	152.4	60	60	140	16	200	207	8	6	16.0
DN150	390	320	36	12	M33	177.8	68	68	160	18	240	246	10	8	17.5
DN200	485	400	42	12	M39	244.5	82	82	190	25	305	314	10	8	25.0
DN250	585	490	48	16	M45	298.5	100	100	215	30	385	394	12	10	32.0
DN300②	690	590	52	16	M48	—	—	120	—	—	—	480	—	10	—

① 21 型法兰的颈部外径近似等于管子外径。

② 用于 21 型法兰。

③ 11 型法兰用 PN320。

18）公称压力为 PN320 法兰的结构型式和尺寸如图 1-198 及表 1-435 所示。

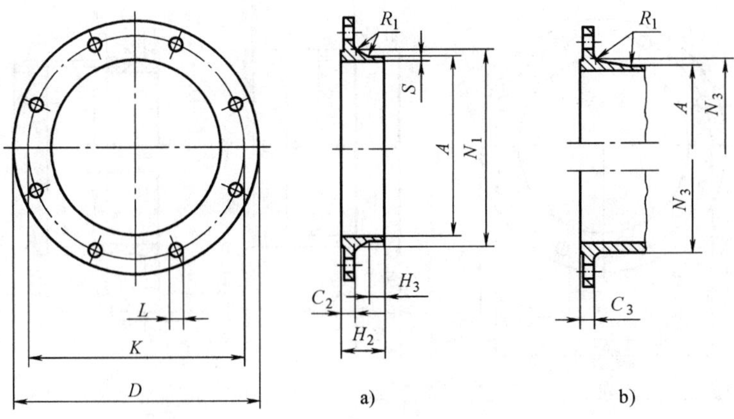

图 1-198 公称压力为 PN320 法兰的结构型式

a）11 型法兰 b）21 型法兰

注：尺寸 N_1 和 N_3 是从法兰颈部斜角边到法兰背面投影线交点处的测量尺寸。

表 1-435 公称压力为 PN320 法兰的尺寸（EN 1092-1：2018） （单位：mm）

公称尺寸	连接尺寸					颈部外径 A	法兰厚度		长度		颈部直径		圆角半径 R_1		颈部厚度 S
	法兰外径 D	螺栓孔中心圆直径 K	螺栓孔径 L	螺栓			C_2	C_3	H_2	H_3	N_1	N_3			
				数量/个	规格										
	法兰类型														
	11，21					11，21①	11	21	11	11	11	21	11	21	11
DN10	125	85	18	4	M16	17.2	24	24	58	6	44	46	4	4	2.6
DN15	130	90	18	4	M16	21.3	26	26	60	6	48	52	4	4	3.2
DN25	160	115	22	4	M20	33.7	34	34	78	8	68	72	4	4	5.0
DN40	195	145	26	4	M24	48.3	38	38	88	10	92	96	6	5	6.3
DN50	210	160	26	8	M24	63.5	42	42	100	10	106	110	6	5	8.0
DN65	255	200	30	8	M27	88.9	51	51	120	12	138	137	6	6	11.0
DN80	275	220	30	8	M27	101.6	55	55	130	14	156	160	8	6	12.5
DN100	335	265	36	8	M33	133.0	65	65	145	16	186	190	8	8	16.0
DN125	380	310	36	12	M33	168.3	75	75	175	20	230	235	8	8	20.0
DN150	425	350	39	12	M36	193.7	84	84	195	25	265	266	10	10	25.0
DN200	525	440	42	16	M39	244.5	103	103	235	30	345	350	10	10	30.0
DN250	640	540	52	16	M48	323.9	125	125	300	40	428	432	12	10	40.0

① 21 型法兰的颈部外径近似等于管子外径。

19）公称压力为 PN400 法兰的结构型式和尺寸如图 1-199 及表 1-436 所示。

20）法兰尺寸公差。各类型法兰及圆环的尺寸公差见表 1-437。

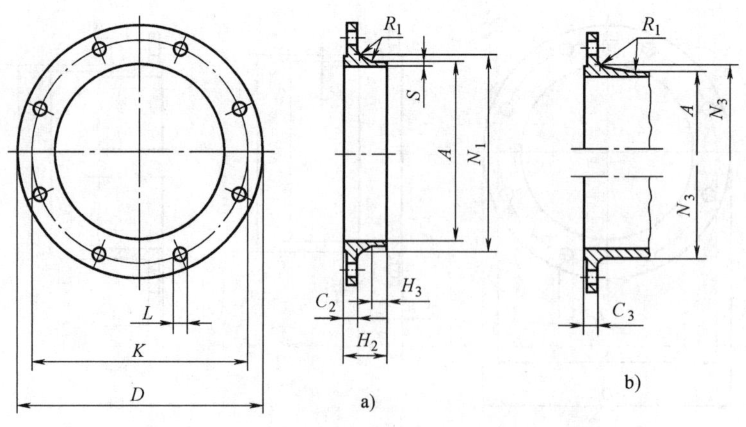

图 1-199 公称压力为 PN400 法兰的结构型式

a）11 型法兰 b）21 型法兰

注：尺寸 N_1 和 N_3 是从法兰颈部斜角边到法兰背面投影线交点处的测量尺寸。

表 1-436 公称压力为 PN400 法兰的尺寸（EN 1092-1：2018） （单位：mm）

公称尺寸	连接尺寸					颈部外径 A	法兰厚度		长度		颈部直径		圆角半径 R_1		颈部厚度 S
	法兰外径 D	螺栓孔中心圆直径 K	螺栓孔径 L	螺栓 数量/个	螺栓 规格		C_2	C_3	H_2	H_3	N_1	N_3			
	法兰类型														
	11，21					11，21①	11	21	11	11	11	21	11	21	11
DN10	125	85	18	4	M16	17.2	28	28	65	8	48	48	4	4	3.6
DN15	145	100	22	4	M20	26.9	30	30	68	8	56	57	4	4	5.0
DN25	180	130	26	4	M24	42.4	38	38	90	10	82	81	4	5	7.1
DN40	220	165	30	4	M27	60.3	48	48	110	12	106	105	6	5	10.0
DN50	235	180	30	8	M27	76.1	52	52	120	15	120	120	6	6	12.5
DN65	290	225	33	8	M30	101.6	64	64	135	18	158	158	6	6	16.0
DN80	305	240	33	8	M30	114.3	68	68	150	20	174	174	8	8	17.5
DN100	370	295	39	8	M36	139.7	80	80	175	25	216	216	8	8	22.2
DN125	415	340	39	12	M36	193.7	92	92	200	30	258	259	8	10	30.0
DN150	475	390	42	12	M39	219.1	105	105	225	35	302	302	10	10	35.0
DN200	585	490	48	16	M45	273.0	130	130	280	40	388	388	10	10	40.0

① 21 型法兰的颈部外径近似等于管子外径。

表 1-437 各类型法兰及圆环的尺寸公差（EN 1092-1：2018）

尺寸名称和代号	法兰类型	公称尺寸	公差/mm
颈部外径 A	11，21，34	≤DN125	+3.0 0
		>DN125，≤DN1200	+4.5 0
		>DN1200	+6.0 0
	35，36，37	≤DN150	±0.75%①， min ±0.3
		>DN150	±1%①， max ±3.0
法兰孔径 B_1，B_2，B_3	01，02，04，12，32	≤DN100	+0.5 0
		>DN100，≤DN400	+1.0 0
		>DN400，≤DN600	+1.5 0
		>DN600	+3.0 0

（续）

尺寸名称和代号	法兰类型	公称尺寸	公差/mm	
颈部壁厚 S③	11，34②	—	内、外径均加工	一面加工或不加工
		≤DN100	+1.0 0	+2.0 0
		>DN100，≤DN400	+1.5 0	+2.5 0
		>DN400	+2.0 0	+3.5 0
	35	—	S≤8　15% −10%	
			S>8　15% −5%	
	36，37	≤DN600	−12.5%① 15%	
		>DN600	−0.5① 15%	
斜面厚度 S_p	35，36，37	—	≤6，+1.0 0	
			>6，+2.0 0	
法兰外径 D	21	≤DN250	±4.0	
		>DN250，≤DN500	±5.0	
		>DN500，≤DN800	±6.0	
		>DN800，≤DN1200	±7.0	
		>DN1200，≤DN1600	±8.0	
		>DN1600，≤DN2000	±10.0	
	其他所有类型	≤DN150	±2.0	
		>DN150，≤DN500	±3.0	
		>DN500，≤DN1200	±5.0	
		>DN1200，≤DN1800	±7.0	
		>DN1800	±10.0	
法兰颈部长度 H_1、H_2、H_3、H_4、H_5	11，12，13，34，35，36，37	≤DN80	±1.5	
		>DN80，≤DN250	±2.0	
		>DN250	±3.0	
颈部直径 N_1，N_2，N_3	11，21，34	≤DN50	0 −2.0	
		>DN50，≤DN150	0 −4.0	
		>DN150，≤DN300	0 −6.0	
		>DN300，≤DN600	0 −8.0	
		>DN600，≤DN4000	0 −10.0	

（续）

尺寸名称和代号	法兰类型	公称尺寸	公差/mm
颈部直径 N_1，N_2，N_3	12，13	≤DN50	+1.0 0
		>DN50，≤DN150	+2.0 0
		>DN150，≤DN300	+4.0 0
		>DN300，≤DN600	+8.0 0
		>DN600，≤DN1200	+12.0 0
		>DN1200，≤DN1800	+16.0 0
		>DN1800	+20.0 0
圆环厚度 F	35（两面加工）	—	≤18，±1.0
			>18，≤50，±1.5
	36（仅前面加工或不加工）		≤18，±10%
	37（不加工）		≤5，±0.20
法兰厚度 C_1，C_2，C_3，C_4	所有法兰（加工两端面）	—	≤18mm，$^{+1.0}_{-1.3}$ >18mm，≤50mm，±1.5 >50mm ±2.0
	所有类型（只加工前面）		≤18mm，$^{+2.0}_{-1.3}$ >18mm，≤50mm，$^{+4.0}_{-1.5}$ >50mm，$^{+7.0}_{-2.0}$
	02 型和 04 型（不加工）		
圆环厚度 F	32，34	—	—
法兰密封面直径 d_1	所有类型	≤DN250	+2.0 -1.0
		>DN250	+3.0 -1.0
法兰密封面高度 f_1	所有类型（B、D、F 和 G 型密封面）	≤DN32	2mm，$^{0}_{-1}$
		>DN32～DN250	3mm，$^{0}_{-2}$
		>DN250～DN500	4mm，$^{0}_{-3}$
		>DN500	5mm，$^{0}_{-4}$
法兰密封面高度 f_2	所有类型（C、E 和 G 型密封面）	所有	+0.5 0
法兰密封面高度 f_3	所有类型（D 和 F 型密封面）	所有	+0.5 0
	所有类型（H 型密封面）	所有	+0.2 0

（续）

尺寸名称和代号		法兰类型	公称尺寸	公差/mm
法兰密封面高度 f_4		所有类型（H 型密封面）	所有	+0.5 0
法兰密封面	*W*	所有类型	所有	+0.5 0
	X			0 −0.5
	Y			+0.5 0
	Z			0 −0.5
螺栓孔中心圆直径 *K*		所有类型	螺栓尺寸 M10 ~ M24	±1.0
			螺栓尺寸 M27 ~ M45	±1.5
相邻螺栓孔的中心距		所有类型	螺栓尺寸 M10 ~ M24	±1.0
			螺栓尺寸 M27 ~ M45	±1.5
机加工密封面直径的偏心度		所有类型	≤DN65	1.0
			>DN65	2.0
螺栓支承面与法兰连接面之间的平行度		所有类型（机加工支承面）	所有	1°
		所有类型（不做机加工支承面）		2°

① 公差的百分数分别来自颈部外径和壁厚。

② 孔公差不适用。

③ 端部的预先加工见表 1-439 ~ 表 1-441。

21）法兰或圆环背面的圆角半径。法兰或圆环背面的圆角半径 R_1 和 R_2 的尺寸如图 1-200 ~ 图 1-202 及表 1-438 所示。

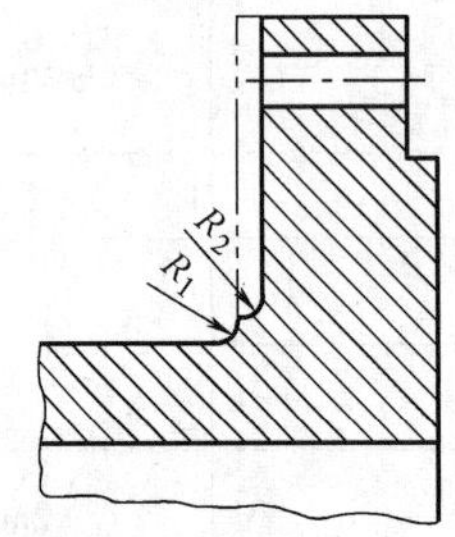

图 1-200 法兰或圆环背面最小半径

表 1-438 法兰或圆环背面最小半径 R_1 和 R_2

规格	R_{1min}①/mm	R_{1max}①/mm	R_{2min}/mm
≤DN50	3	5	1.6
>DN50 ~ DN350	3	6	2.4
>DN350	5	8	3.2

注：11 型、12 型、13 型和 21 型法兰 R_1 的尺寸见表 1-425 ~ 表 1-436。

① 33 型 ~ 37 型圆环的有效 R_1 尺寸。

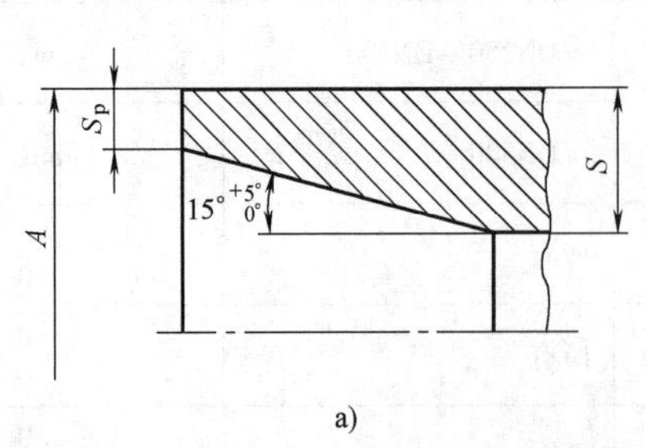

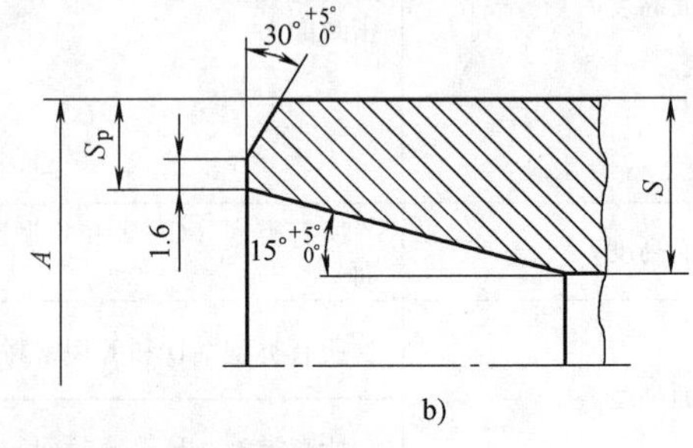

图 1-201 35 型圆环焊接端预先加工的结构型式

a）35 型圆环的 A 型倒角 b）35 型圆环的 B 型倒角

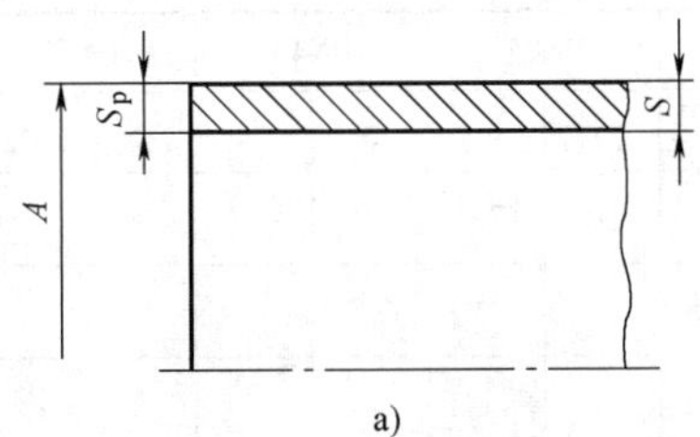

a)

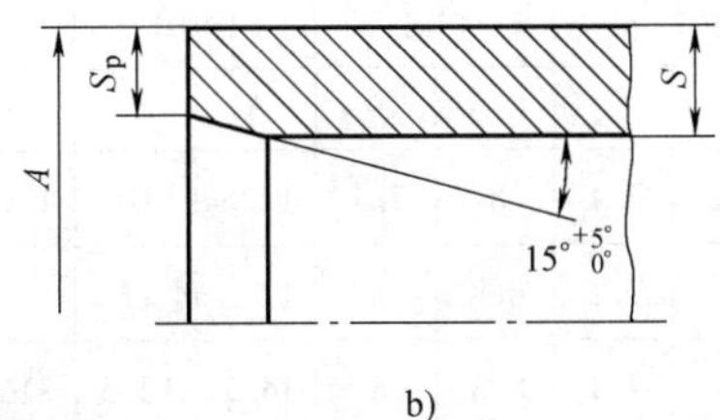

b)

图 1-202　36 型和 37 型圆环焊接端预先加工的结构型式

a) 36 型和 37 型的 A 型倒角　b) 36 型和 37 型的 B 型倒角

表 1-439　11 型法兰焊接端的壁厚　（单位：mm）

A	PN2.5		PN6		PN10		PN16		PN25		PN40		PN63		PN100	
	S	S_p	S	S_p	S	S_p	S	S_p	S	S_p	S	S_p	S	S_p	S	S_p
17.2	2	2	2	2	2	2	2	2	2	2	2	2	2	2	2	2
21.3	2	2	2	2	2	2	2	2	2	2	2	2	2	2	3.2	2
26.9	2.3	2.3	2.3	2.3	2.3	2.3	2.3	2.3	2.3	2.3	2.3	2.3	2.6	2.3	3.2	2.3
33.7	2.6	2.6	2.6	2.6	2.6	2.6	2.6	2.6	2.6	2.6	2.6	2.6	2.6	2.6	3.6	2.6
42.4	2.6	2.6	2.6	2.6	2.6	2.6	2.6	2.6	2.6	2.6	2.6	2.6	2.9	2.6	3.6	2.9
48.3	2.6	2.6	2.6	2.6	2.6	2.6	2.6	2.6	2.6	2.6	2.6	2.6	2.9	2.9	3.6	3.2
60.3	2.9	2.9	2.9	2.9	2.9	2.9	2.9	2.9	2.9	2.9	2.9	2.9	4	3.2	4	3.6
76.1	2.9	2.9	2.9	2.9	2.9	2.9	2.9	2.9	2.9	2.9	2.9	2.9	4	3.6	4	4
88.9	3.2	3.2	3.2	3.2	3.2	3.2	3.2	3.2	3.2	3.2	3.2	3.2	4.5	4	5	5
114.3	3.6	3.6	3.6	3.6	3.6	3.6	3.6	3.6	3.6	3.6	3.6	3.6	4.5	4.5	5.6	5.6
139.7	4	4	4	4	4	4	4	4	4	4	4	4	5.6	5.6	6.3	6.3
168.3	4.5	4.5	4.5	4.5	4.5	4.5	4.5	4.5	4.5	4.5	4.5	4.5	6.3	6.3	8	8
219.1	6.3	6.3	6.3	6.3	6.3	6.3	6.3	6.3	6.3	6.3	6.3	6.3	7.1	7.1	8.8	8.8
273	6.3	6.3	6.3	6.3	6.3	6.3	6.3	6.3	7.1	7.1	7.1	7.1	8.8	8.8	10	10
323.9	7.1	7.1	7.1	7.1	7.1	7.1	7.1	7.1	8	8	8	8	11	10	12.5	12.5
355.6	7.1	7.1	7.1	7.1	7.1	7.1	8	8	8	8	8.8	8.8	12.5	10	14.2	14.2
406.4	7.1	7.1	7.1	7.1	7.1	7.1	8	8	8.8	8.8	11	11	14.2	11	16	16
457	7.1	7.1	7.1	7.1	7.1	7.1	8	8	8.8	8.8	12.5	12.5				
508	7.1	7.1	7.1	7.1	7.1	7.1	8	8	10	10	14.2	14.2				
610	7.1	7.1	7.1	7.1	8	7.1	10	8.8	11	11	16	16				
711	7.1	7.1	8	7.1	8.8	8	10	8.8	14.2	12.5						
813	7.1	7.1	8	7.1	8.8	8	12.5	10	16	14.2						
914	7.1	7.1	8	7.1	12.5	10	12.5	10	17.5	16						

（续）

φA	PN2.5		PN6		PN10		PN16		PN25		PN40		PN63		PN100	
	S	S_p	S	S_p	S	S_p	S	S_p	S	S_p	S	S_p	S	S_p	S	S_p
1016	7.1	7.1	8	7.1	12.5	10	12.5	10	20	17.5						
1219	8	7.1	8.8	8	12.5	11	14.2	12.5								
1422	8	7.1	8.8	8	14.2	12.5	16	14.2								
1626	8.8	8	10	9	16	14.2	17.5	16								
1829	10	10	11	10	17.5	16	20	17.5								
2032	11	10	12.5	11	17.5	16	22	20								
2235	11	10	14	12.5	20	18										
2438	11	10	15	14.2	22.2	20										
2620	11	10	16	14.2	25	22.2										
2820	11	10	17	16	25	22.2										
3020	11	10	20	16	32	24										
3220	11	10	20	16												
3420	11	10	22	17.5												
3620	11	10	22	17.5												
3820	11	10														
4020	11	10														

注：S_p 分别与 EN 10220 和 EN ISO 1127 匹配。

表 1-440　35 型圆环焊接端壁厚　（单位：mm）

φA	PN2.5		PN6		PN10		PN16		PN25		PN40		倒角
	S	S_p	S	S_p	S	S_p	S	S_p	S	S_p	S	S_p	
17.2	3	2	3	2	3	2	3	2	3	2	3	2	A 型
21.3	3	2	3	2	3	2	3	2	3	2	3	2	
26.9	3	2	3	2	3	2	3	2	3	2	3	2	
33.7	3	2	3	2	3	2	3	2	3	2	3	2	
42.4	3	2	3	2	3	2	3	2	3	2	3	2	
48.3	3	2	3	2	3	2	3	2	3	2	3	2	
60.3	3	2	3	2	3	2	3	2	4	2.6	4	2.6	
76.1	4	2	4	2	4	2	4	2	5	2.6	5	2.6	
88.9	4	2	4	2	4	2	4	2	6	2.6	6	2.6	
114.3	4	2	4	2	4	2	4	2	6	3.2	6	3.2	
139.7	5	2	5	2	5	2	5	2	6	3.2	6	3.2	

（续）

ϕA	PN2.5		PN6		PN10		PN16		PN25		PN40		倒角
	S	S_p	S	S_p	S	S_p	S	S_p	S	S_p	S	S_p	
168.3	6	2	6	2	6	2	6	2	8	3.2	8	4	B 型
219.1	6	2.6	6	2.6	6	2.6	6	2.6	8	3.2	10	5	
273	8	3.2	8	3.2	8	3.2	8	3.2	10	5	12	6.3	
323.9	8	3.2	8	3.2	8	3.2	10	4	10	6.3	12	8	
355.6	8	3.2	8	3.2	8	3.2	10	4	12	6.3	14	8	
406.4	8	3.2	8	3.2	8	3.2	12	5	14	8	16	10	
457	8	3.6	8	3.6	8	3.6	12	5	15	8			
508	8	4	8	4	8	4	12	6.3	16	10			
610	8	5	8	5	10	5	12	8	18	10			
711	8	5	8	5	10	6.3	14	8	20	14.2			
813	10	6.3	10	6.3	12	6.3	16	10	20	14.2			
914	10	6.3	10	6.3	12	8	18	10					
1016	12	8	12	8	12	8	18	10					
1219	14	10	14	10	16	10							

表 1-441 36 型和 37 型圆环焊接端壁厚 （单位：mm）

ϕA	PN2.5 ~ PN10				PN16				倒角
	36 型		37 型		36 型		37 型		
	S	S_p	S	S_p	S	S_p	S	S_p	
17.2	2	2	2	2	2	2	2	2	A 型
21.3	2	2	2	2	2	2	2	2	
26.9	2.6	2.6	2	2	2.6	2.6	2	2	
33.7	2.6	2.6	2	2	2.6	2.6	2	2	
42.4	3.2	3.2	2	2	3.2	3.2	2	2	
48.3	3.2	3.2	2	2	3.2	3.2	2	2	
60.3	3.2	3.2	2	2	3.2	3.2	2	2	
76.1	3.2	3.2	2	2	3.2	3.2	2	2	
88.9	3.2	3.2	2	2	3.2	3.2	3.2	3.2	
114.3	3.2	3.2	3.2	3.2	3.2	3.2	3.2	3.2	
139.7	4	3.2	3.2	3.2	4	3.2	3.5	3.2	B 型
168.3	5	3.2	3.5	3.2	5	3.2	4.5	3.2	
219.1	5	3.2	4.5	3.2	6	3.2	5.6	3.2	
273	8	3.2			10	3.2			
323.9	8	3.2			10	4②			
355.6	8	3.2			10	4②			
406.4	8	3.2			10	4②			
457	8①	3.2①							
508①	8①	3.2①							

① 这些尺寸仅对 PN2.5 和 PN6 有效。

② 和 35 型倒角相同。

1.7.5.11 欧洲标准 EN 1759-1：2004《法兰及其连接件 Class 标识的管道、阀门、管件和附件用圆形法兰 第1部分：钢法兰（NPS $\frac{1}{2}$ ~NPS24）》

1. 钢制圆形法兰的类型（图1-203）

2. 法兰密封面的加工类型（图1-204）

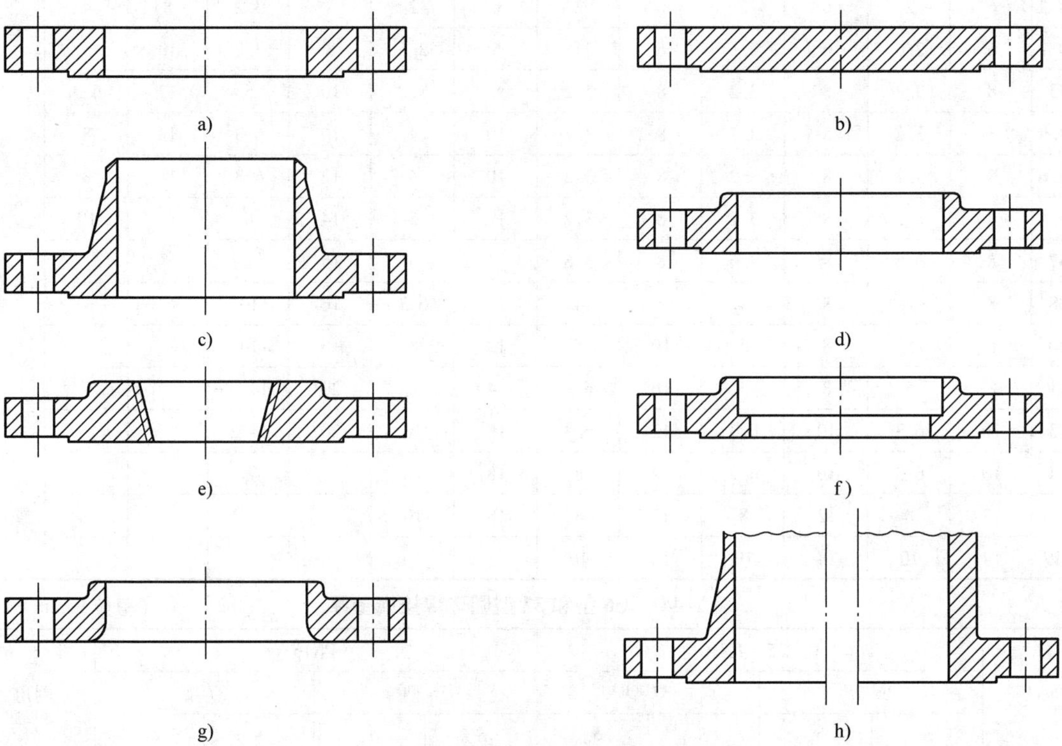

图1-203　钢制圆形法兰的类型

a）01型：用于焊接的平法兰　b）05型：盲板法兰　c）11型：焊颈法兰
d）12型：用于焊接的高颈松套法兰　e）13型：高颈螺纹法兰　f）14型：高颈承插焊法兰
g）15型：管端用松套高颈法兰　h）21型：整体法兰

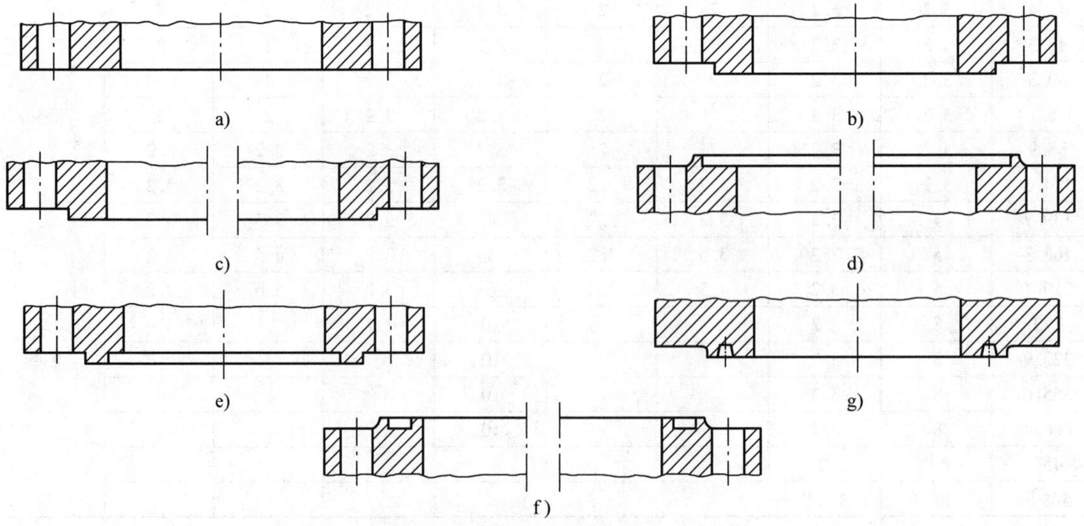

图1-204　法兰密封面的加工类型

a）A型：平面　b）E型：凹凸面-凸面　c）B型：凸面　d）F型：凹凸面-凹面
e）CL（大榫面）或CS（小榫面）型　f）DL（大槽面）和DS（小槽面）型　g）J型：环连接型

3. 法兰的类型和公称尺寸（表1-442）

表1-442 法兰的类型和公称尺寸

法兰类型	法兰类型号	Class	公称尺寸 NPS（DN）																		
			½	¾	1	1¼①	1½	2	2½①	3	4	5①	6	8	10	12	14	16	18	20	24
			(15)	(20)	(25)	(32)	(40)	(50)	(65)	(80)	(100)	(125)	(150)	(200)	(250)	(300)	(350)	(400)	(450)	(500)	(600)
平法兰	01	150	×	×	×	×	×	×	×	×	×	×	×	×	×	×	×	×	×	×	×
盲板法兰	05	150	×	×	×	×	×	×	×	×	×	×	×	×	×	×	×	×	×	×	×
		300	×	×	×	×	×	×	×	×	×	×	×	×	×	×	×	×	×	×	×
		600	×	×	×	×	×	×	×	×	×	×	×	×	×	×	×	×	×	×	×
		900	用 Class1500							×	×	×	×	×	×	×	×	×	×	×	×
		1500	×	×	×	×	×	×	×	×	×	×	×	×	×	×	×	×	×	×	×
		2500	×	×	×	×	×	×	×	×	×	×	×	×	×	×					
焊颈法兰	11	150	×	×	×	×	×	×	×	×	×	×	×	×	×	×	×	×	×	×	×
		300	×	×	×	×	×	×	×	×	×	×	×	×	×	×	×	×	×	×	×
		600	×	×	×	×	×	×	×	×	×	×	×	×	×	×	×	×	×	×	×
		900	用 Class1500							×	×	×	×	×	×	×	×	×	×	×	×
		1500	×	×	×	×	×	×	×	×	×	×	×	×	×	×	×	×	×	×	×
		2500	×	×	×	×	×	×	×	×	×	×	×	×	×	×					
高颈松套法兰	12	150	×	×	×	×	×	×	×	×	×	×	×	×	×	×	×	×	×	×	×
		300	×	×	×	×	×	×	×	×	×	×	×	×	×	×	×	×	×	×	×
		600	×	×	×	×	×	×	×	×	×	×	×	×	×	×	×	×	×	×	×
		900	用 Class1500							×	×	×	×	×	×	×	×	×	×	×	×
		1500	×	×	×	×	×	×	×												
高颈螺纹法兰	13	150	×	×	×	×	×	×	×	×	×	×	×								
		300	×	×	×	×	×	×	×	×	×	×	×								
		600	×	×	×	×	×	×	×	×	×	×	×								
		900	用 Class1500								×	×	×								
		1500	×	×	×	×	×	×	×	×	×	×	×								
		2500	×	×	×	×	×	×	×	×	×	×	×								
高颈承插焊法兰	14	150	×	×	×	×	×	×	×	×											
		300	×	×	×	×	×	×	×	×											
		600	×	×	×	×	×	×	×	×											
		1500	×	×	×	×	×	×	×												
管端用高颈松套法兰	15	150	×	×	×	×	×	×	×	×	×	×	×	×	×	×	×	×	×	×	×
		300	×	×	×	×	×	×	×	×	×	×	×	×	×	×	×	×	×	×	×
		600	×	×	×	×	×	×	×	×	×	×	×	×	×	×	×	×	×	×	×
		900	用 Class1500							×	×	×	×	×	×	×	×	×	×	×	×
		1500	×	×	×	×	×	×	×	×	×	×	×	×	×	×	×	×	×	×	×
		2500	×	×	×	×	×	×	×	×	×	×	×	×	×	×					
整体法兰	21	150	×	×	×	×	×	×	×	×	×	×	×	×	×	×	×	×	×	×	×
		300	×	×	×	×	×	×	×	×	×	×	×	×	×	×	×	×	×	×	×
		600	×	×	×	×	×	×	×	×	×	×	×	×	×	×	×	×	×	×	×
		900	用 Class1500							×	×	×	×	×	×	×	×	×	×	×	×
		1500	×	×	×	×	×	×	×	×	×	×	×	×	×	×	×	×	×	×	×
		2500	×	×	×	×	×	×	×	×	×	×	×	×	×	×					

① 这个公称尺寸在新建工程项目中将被取消。

4. 制造法兰的材料

ASTM 标准的参考材料见表 1-443，EN 标准的参考材料见表 1-444。

表 1-443 ASTM 标准参考材料

材料组	材料说明	ASTM 规范和级别	附注	ISO 标准和级别	附注
1.1	铸件	ASTM A216 WCB	①，②	ISO 4991 C26-52H	①，②
	锻件	ASTM A105 ASTM A350 LF2	①，② ③	ISO 9327-1 F22 F13 F18	①，② ③ ③
	板材	ASTM A515 70 ASTM A516 70 ASTM A537 CL1	 ①，② ①，④ ③	ISO 9328-2 PH315 PH355	①，④ ①，④ ③
1.2	铸件	ASTM A216 WCC ASTM A352 LC2 LC3 LCC	①，② ③ ③ ③	ISO 4991 C26-52H，N（+T） C26-52L C43L	①，② ③ ③
	锻件	ASTM A350 LF3	③	ISO 9327-1 F44	③
	板材	ASTM A203 B E	 ①，② ①，②	ISO 9328-3 12Ni14G1	①，②
1.3	铸件	ASTM A352 LCB	①	ISO 4991 C23-46BL	①
	板材	ASTM A203 A D ASTM A515 65 ASTM A516 65	 ①，② ①，② ①，② ①，④	ISO 9328-2 PH290 PH315 ISO 9328-3 12Ni14G1	①，④ ①，④ ①，②
1.4	锻件	ASTM A350 LF1	③	ISO 9327-1 F9	③
	板材	ASTM A515 60 ASTM A516 60	 ①，② ①，④	ISO 9328-2 PH235 PH265 PH290	①，④ ①，④ ①，④
1.5	铸件	ASTM A217 WC1 ASTM F3125 LC1	②，⑤ ③	ISO 4991 C28H	②，⑤
	锻件	ASTM A182 F1	②，⑤	ISO 9327-2 F28	②，⑤
	板材	ASTM A204 A B	 ②，⑤ ②，⑤	ISO 9328-2 16Mo3	②，⑤

（续）

材料组	材料说明	ASTM 规范和级别	附注	ISO 标准和级别	附注
1.7	铸件	ASTM A217 WC4 WC5	 ② ⑥	—	—
	锻件	ASTM A182 F2	②	—	—
	板材	ASTM A204 C	④	—	—
1.9	锻件	ASTM A217 WC6	⑦	ISO 4991 C32H	⑦
	锻件	ASTM A182 F11 F12	 ⑧ ⑧	—	—
	板材	ASTM A387 11 CL2	⑧	—	—
1.10	铸件	ASTM A217 WC9	⑦	ISO 4991 C34AH	⑦
	锻件	ASTM A182 F22	⑦	ISO 9327-2 F34Q	⑧
	板材	ASTM A387 22 CL2	⑧	ISO 9328-2 13 CrMo 9 10 T2	⑧
1.13	铸件	ASTM A217 C5	—	ISO 4991 C37H	—
	锻件	ASTM A182 F5 F5a	— —	ISO 9327-2 F37	—
1.14	铸件	ASTM A217 C12	—	ISO 4991 C38H	—
	锻件	ASTM A182 F9	—	—	—
2.1	铸件	ASTM A351 CF8 CF3	 — ⑨	ISO 4991 C46 C47	 ⑨ —
	锻件	ASTM A182 F304 F304H	 — —	ISO 9327-2 F49	—
	板材	ASTM A240 304 304H	 — ⑨	ISO 9328-5 X5CrNi18-9	—
2.2	铸件	ASTM A351 CF8M CF3M	 — ④	ISO 4991 C57 C61LC C60 C61	 ④ ④ ④ ④
	锻件	ASTM A182 F316 F316H	 — —	ISO 9327-2 F62 F64	 — —
	板材	ASTM A240 316 317 316H	 — — ④	ISO 9328-5 X5CrNiMo17-12 — X7CrNiMo17-12	 ④

（续）

材料组	材料说明	ASTM 规范和级别	附注	ISO 标准和级别	附注
2.3	锻件	ASTM A182 F304L F316L	 ⑨ ④	ISO 9327-2 F46 F59	 — —
	板材	ASTM A240 304L 316L	 ⑨ ④	ISO 9328-5 X2CrNi18-10 X2CrNiMo17-12 X2CrNiMo17-13	 ⑨ ④ ④
2.4	锻件	ASTM A182 F321 F321H	 ② —	ISO 9327-2 F53 F54B	 ② —
	板材	ASTM A240 321 321H	 ② —	ISO 9328-5 X6CrNiTi18-10 X7CrNiTi18-10	 ② —
2.5	锻件	ASTM A182 F347 F347H F348 F348H	 ② — ② —	ISO 9327-2 F50 F51 — —	 ② — — —
	板材	ASTM A240 347 347H 348 348H	 ② — ② —	ISO 9328-5 X6CrNiNb18-10 X7CrNiNb18-10 — —	 ② — — —
2.6	铸件	ASTM A351 CH8 CH20	 — —	 — —	 — —
	板材	ASTM A240 309S	—	ISO 4955 H14	—
2.7	铸件	ASTM A351 CK20	—	—	—
	锻件	ASTM A182 F310	⑩	ISO 9327-2 F68	⑩
	板材	ASTM A240 310S	⑩	ISO 4955 H15	⑩

① 允许，但不建议长期用于高于 425℃。

② 超过 540℃不使用。

③ 超过 345℃不使用。

④ 超过 455℃不使用。

⑤ 允许，但不建议长期用于高于 455℃。

⑥ 超过 565℃不使用。

⑦ 超过 590℃不使用。

⑧ 允许，但不建议长期用于高于 590℃。

⑨ 超过 425℃不使用。

⑩ 仅当确保提供的晶粒尺寸不超过 ASTM No6 时才可用在 565℃及以上。

表 1-444 EN 标准的参考材料

材料组	锻件			铸件			热轧产品		
	牌号	标准	材料号	牌号	标准	材料号	牌号	标准	材料号
1E0	S235JR	EN 10025	1.0037	—	—	—	S235JR	EN 10025	1.0037
1E1	S235JRG2	EN 10025	1.0038	—	—	—	S235JRG2	EN 10025	1.0038
2E0	—	—	—	GP240GR	EN 10213	1.0621	—	—	—
3E0	P245GH	EN 10222-2	1.0352	GP240GH	EN 10213	1.0619	P265GH	EN 10028-2	1.0425
3E1	P280GH	EN 10222-2	1.0426	—	—	—	P295GH	EN 10028-2	1.0481
4E0	16Mo3	EN 10222-2	1.5445	G20Mo5	EN 10213	1.5419	16Mo3	EN 10028-2	1.5415
5E0	13CrMo4-5	EN 10222-2	1.7335	G17CrMo5-5	EN 10213	1.7357	13CrMo4-5	EN 10028-2	1.7335
6E0	11CrMo9-10	EN 10222-2	1.7383	G17CrMo9-10	EN 10213	1.7379	11CrMo9-10	EN 10028-2	1.7383
6E1	X16CrMo5-1 + NT	EN 10222-2	1.7366	GX15CrMo5	EN 10213	1.7365	—	—	—
7E0	13MnNi6-3	EN 10222-3	1.6217	G17Mn5	EN 10213	1.1131	P275NL1	EN 10028-3	1.0488
	—	—	—	G20Mn5	EN 10213	1.6220	P275NL2	EN 10028-3	1.1104
	—	—	—	—	—	—	11MnNi5-3	EN 10028-4	1.6212
7E1	—	—	—	—	—	—	P355NL1	EN 10028-3	1.0566
	—	—	—	—	—	—	P355NL2	EN 10028-3	1.1106
	15NiMn6	EN 10222-3	1.6228	—	—	—	15NiMn6	EN 10028-4	1.6228
	12Ni14	EN 10222-3	1.5637	G9Ni14	EN 10213	1.5638	12Ni14	EN 10028-4	1.5637
	12Ni19	EN 10222-3	1.5680	—	—	—	12Ni19	EN 10028-4	1.5680
7E2	X8Ni9	EN 10222-3	1.5662	—	—	—	X8Ni9	EN 10028-4	1.5662
7E3	13MnNi6-3	EN 10222-3	1.6217	—	—	—	11MnNi5-3	EN 10028-4	1.6212
	12Ni14	EN 10222-3	1.5637	—	—	—	12Ni14	EN 10028-4	1.5637
	—	EN 10222-3	1.5680	—	—	—	12Ni19	EN 10028-4	1.5680
	X8Ni9	EN 10222-3	1.5662	—	—	—	X8Ni9	EN 10028-4	1.5662
8E0	—	—	—	—	—	—	P275N	EN 10028-3	1.0486
8E1	—	—	—	—	—	—	P355N	EN 10028-3	1.0562
8E2	P285NH	EN 10224-4	1.0487	—	—	—	P275NH	EN 10028-3	1.0487
8E3	P355NH	EN 10222-4	1.0565	—	—	—	P355NH	EN 10028-3	1.0565
9E0	X20CrMoV11-1	EN 10222-2	1.4922	GX23CrMoV12-1	EN 10213	1.4931	—	—	—
10E0	X2CrNi18-9	EN 10222-5	1.4307	GX2CrNi19-11	EN 10213	1.4309	X2CrNi18-9	EN 10028-7	1.4307
10E1	X2CrNiN18-10	EN 10222-5	1.4311	—	—	—	X2CrNiN18-10	EN 10028-7	1.4311
11E0	X5CrNi18-10	EN 10222-5	1.4301	GX5CrNi19-10	EN 10213	1.4308	X5CrNi18-10	EN 10028-7	1.4301
12E0	X6CrNiTi18-10	EN 10222-5	1.4541	—	—	—	X6CrNiTi18-10	EN 10028-7	1.4541
—	—	—	—	GX5CrNiNb19-11	EN 10213	1.4552	X6CrNiNb18-10	EN 10028-7	1.4550
13E0	X2CrNiMo17-12-2	EN 10222-5	1.4404	GX2CrNiMo19-11-2	EN 10213	1.4409	X2CrNiMo17-12-2	EN 10028-7	1.4404
13E1	X2CrNiMoN17-11-2	EN 10222-5	1.4406	—	—	—	—	—	—
14E0	X5CrNiMo17-12-2	EN 10222-5	1.4401	GX5CrNiMo19-11-2	EN 10213	1.4408	X5CrNiMo17-12-2	EN 10028-7	1.4401
15E0	X6CrNiMoTi17-12-2	EN 10222-5	1.4571	—	—	—	X6CrNiMoTi17-12-2	EN 10028-7	1.4571
	—	—	—	GX5CrNiMoNb19-11-2	EN 10213	1.4581	X6CrNiMoNb17-12-2	EN 10028-7	1.4580

5. 法兰密封面的型式和尺寸

如图1-205～图1-207及表1-445所示。

6. 环连接法兰密封面的型式和尺寸

环连接法兰密封面的型式和尺寸如图1-208及表1-446所示。

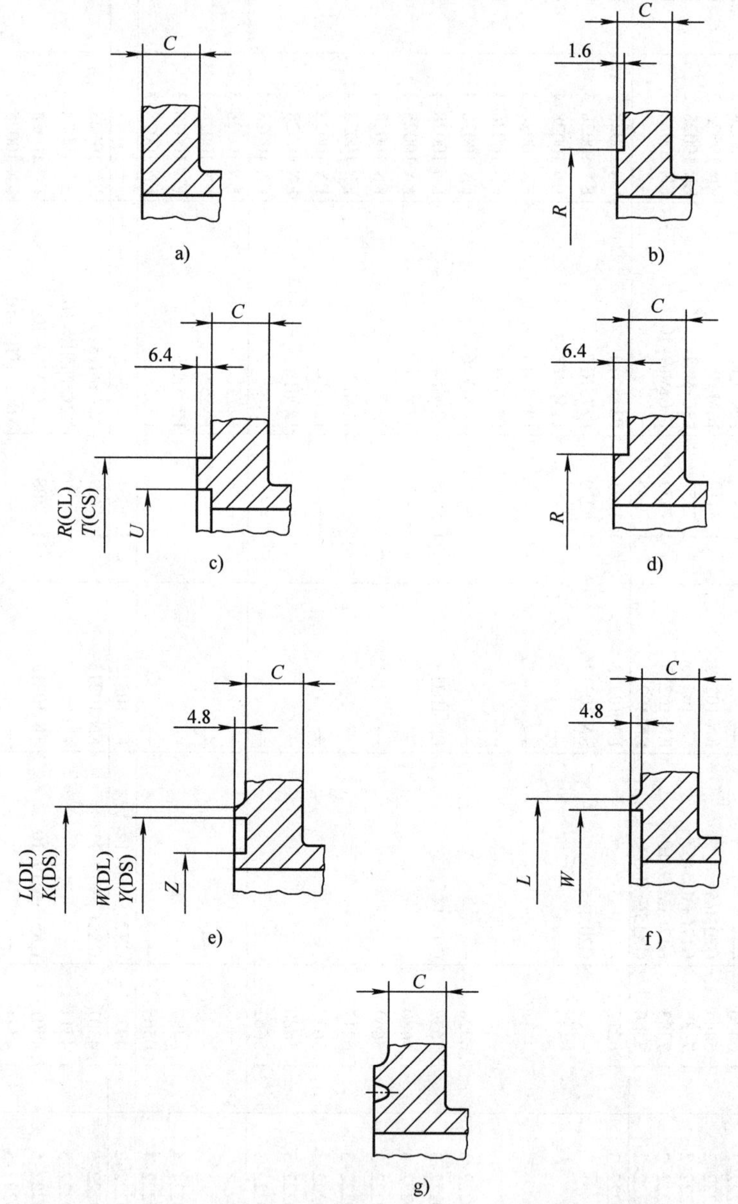

图1-205　除松套型连接的Class150和Class300法兰密封面

a）A型（平面）　b）B型（1.6mm凸面）　c）CL型（大榫面）或CS型（小榫面）　型（凹凸面（大凸面））　e）DL型（大槽面）或DS型（小槽面）　f）FC型（凹面（大凹面））　g）J型（环连接面）

注：1. 除环连接，法兰密封面的尺寸L、R、U、W、Z和细节见表1-445。

2. 环连接密封面的尺寸和细节见表1-446。

3. 法兰最小厚度C见表1-449和表1-450。

4. 凸面/凹面和榫面/槽面不适用于Class150，因为可能出现尺寸冲突。

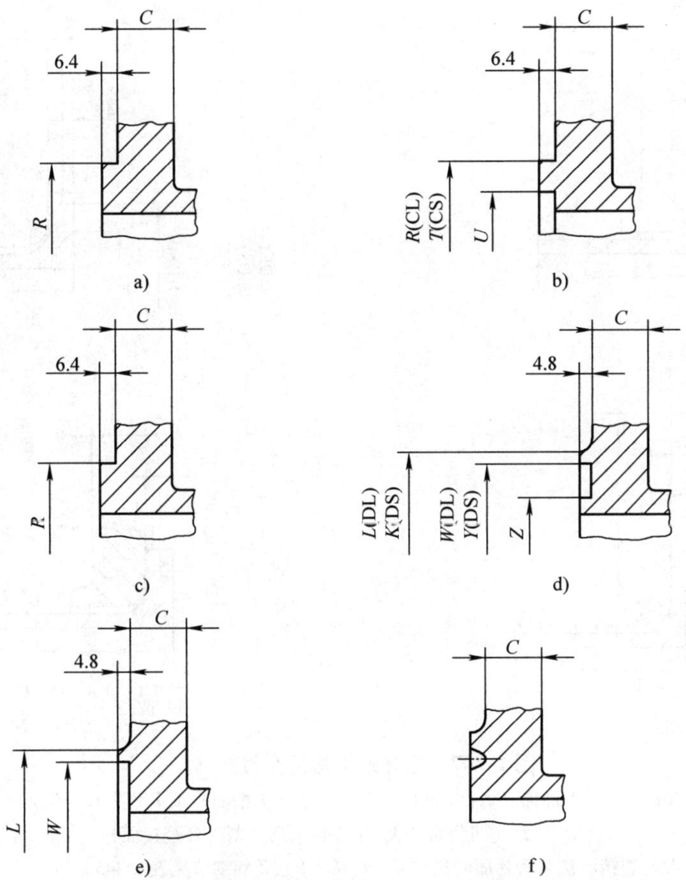

图 1-206 除松套型连接的 Class600 ~ Class2500 法兰密封面

a）B 型（6.4mm 凸面） b）CL 型（大榫面）和 CS 型（小榫面）
c）E 型凹凸面（大凸面） d）DL 型（大槽面）或 DS 型（小槽面）
e）F 型凹凸面（大凹面） f）J 型（环连接面）

注：1. 除环连接，法兰密封面的尺寸 *L*、*R*、*U*、*W*、*Z* 和细节见表 1-445。

2. 环连接密封面的尺寸和细节见表 1-446。

3. 法兰最小厚度 *C* 见表 1-451 ~ 表 1-454。

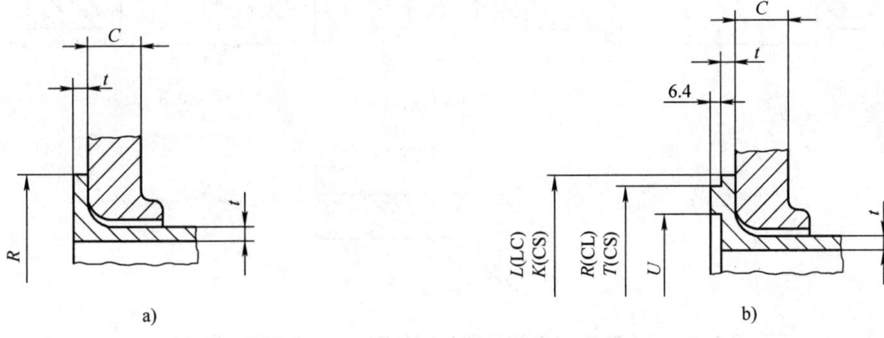

图 1-207 松套连接法兰密封面

a）B 型（凸面） b）CL 型（大榫面）或 CS 型（小榫面）

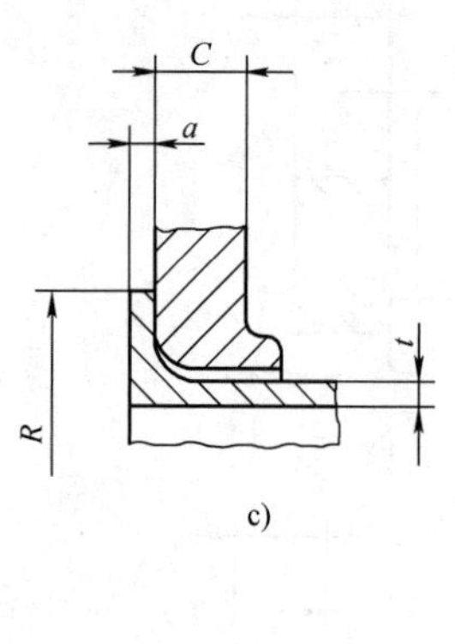

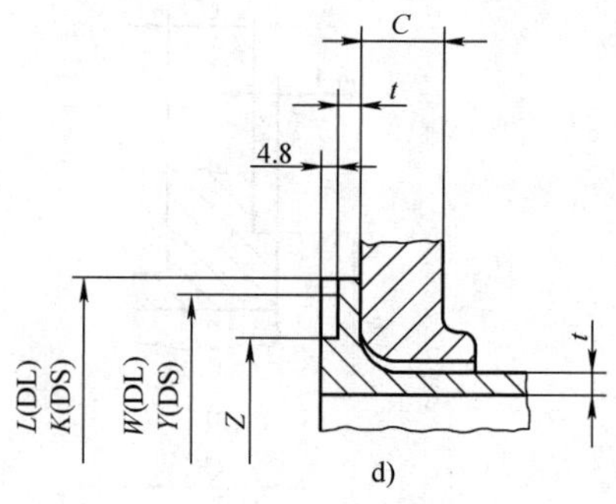

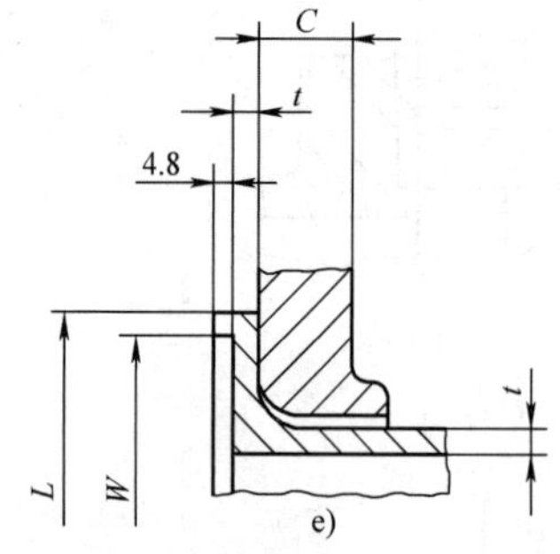

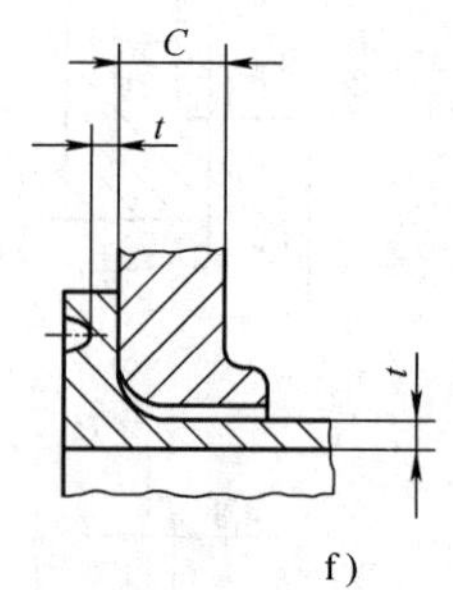

图 1-207　松套连接法兰密封面（续）

c）E 型（凹凸面（大凸面））　d）DL 型（大槽面）或 DS 型（小槽面）

e）F 型（凹凸面（大凹面））　f）J 型（环连接面）

注：1. 除环连接，法兰密封面的尺寸 L、R、U、W、Z 和细节见表 1-445。

2. 环连接密封面的尺寸和细节见表 1-446。

3. 法兰最小厚度 C 见表 1-449 ~ 表 1-454。

4. t = 6.4mm 或更大，为管端圆筒的壁厚。

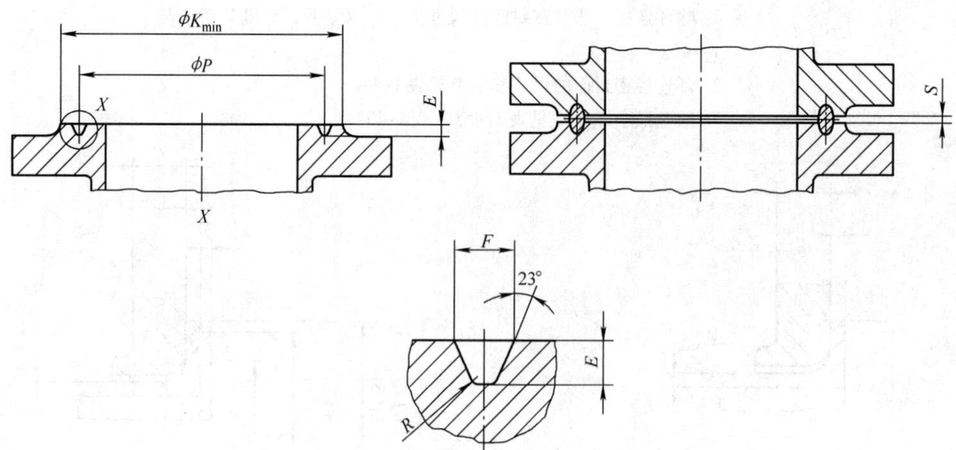

图 1-208　J 型环连接法兰密封面的型式（所有压力级 Class）

表 1-445 除环连接所有 Class 法兰密封面的尺寸

（单位：mm）

公称尺寸		小榫面和小槽面的外径尺寸		凸面和大榫面外径尺寸	大榫面和小榫面内径尺寸	凹面内径尺寸	内径尺寸	凸面高度		凹凸面或槽面高度	F 型、DL 型、DS 型凸台部分外径尺寸	
		CS	DS	B 型，E 型，CL 型	CL 型，CS 型	F 型	DL 型，DS 型	Class150 和 Class300②	Class600 ~ Class2500③		F 型，DL 型	DS 型
NPS	DN	*T*	*Y*	*R*	*U*	*W*	*Z*				*L*	*K*
½	15	35.1	36.6	35.1	25.4	36.6	23.9	1.6	6.4	4.8	46.0	44.5
¾	20	42.9	44.5	42.9	33.3	44.5	31.8	1.6	6.4	4.8	53.8	52.3
1	25	47.8	49.3	50.8	38.1	52.3	36.6	1.6	6.4	4.8	62.0	57.2
1¼①	32	57.2	58.7	63.5	47.8	65.0	46.0	1.6	6.4	4.8	74.7	66.5
1½	40	63.5	65.0	73.2	53.8	74.7	52.3	1.6	6.4	4.8	84.1	73.2
2	50	82.6	84.1	91.9	73.2	93.7	71.4	1.6	6.4	4.8	103.1	91.9
2½①	65	95.3	96.8	104.6	85.9	106.4	84.1	1.6	6.4	4.8	115.8	104.6
3	80	117.3	119.1	127.0	108.0	128.5	106.4	1.6	6.4	4.8	138.2	127.0
4	100	144.5	146.1	157.2	131.8	158.8	130.0	1.6	6.4	4.8	168.1	157.2
5①	125	173.0	174.8	185.7	160.3	187.5	158.8	1.6	6.4	4.8	196.9	185.7
6	150	203.2	204.7	215.9	190.5	217.4	189.0	1.6	6.4	4.8	227.1	215.9
8	200	254.0	255.5	269.7	238.3	271.5	236.5	1.6	6.4	4.8	280.9	269.7
10	250	304.8	306.3	323.9	285.8	325.4	284.2	1.6	6.4	4.8	335.0	323.9
12	300	362.0	363.5	381.0	342.9	382.5	341.4	1.6	6.4	4.8	392.9	381.0
14	350	393.7	395.2	412.8	374.7	414.3	373.1	1.6	6.4	4.8	423.9	412.8
16	400	447.5	449.3	469.9	425.5	471.4	423.9	1.6	6.4	4.8	481.1	469.9
18	450	551.0	512.8	533.4	499.0	534.9	487.4	1.6	6.4	4.8	544.6	533.4
20	500	558.8	560.3	584.2	533.4	585.7	531.9	1.6	6.4	4.8	595.4	584.2
24	600	666.8	668.3	692.2	641.4	693.7	639.8	1.6	6.4	4.8	703.3	692.2

注：1. 这个表的阅读结合图 1-205 ~ 图 1-207。

2. 环连接法兰密封面的尺寸见表 1-446。

3. 尺寸公差见表 1-456。

4. NPS 以 in 为单位。余同。

① 这些尺寸新建项目应避免使用。

② 凸面高度包括在法兰厚度中。

③ 凸面高度不包括在法兰最小厚度中，是附加的。

表 1-446 J 型环连接法兰密封面的尺寸（所有压力级 Class） （单位：mm）

公称尺寸												环号	环槽尺寸				凸台直径 K_{min}					环组装后两法兰间距离 S					
Class 150		Class 300		Class 600		Class 900		Class 1500		Class 2500			环槽中心圆直径 P	槽深 E	槽宽 F	槽底圆角半径 R_{max}	Class 150	Class 300 和 Class 600	Class 900	Class 1500	Class 2500	Class 150	Class 300	Class 600	Class 900	Class 1500	Class 2500
NPS	DN	NPS	DN	NPS	DN	NPS	DN	NPS	DN	NPS	DN																
—	—	½	15	½	15	—	—	—	—	—	—	R11	34.13	5.56	7.14	0.8	—	50.8	—	—	—	—	3	3	—	—	—
—	—	—	—	—	—	—	—	½	15	—	—	R12	39.69	6.35	8.73	0.8	—	—	—	60.3	—	—	—	—	—	4	—
—	—	¾	20	¾	20	—	—	—	—	½	15	R13	42.86	6.35	8.73	0.8	—	63.5	—	—	65.1	—	4	4	—	—	4
—	—	—	—	—	—	—	—	¾	20	—	—	R14	44.45	6.35	8.73	0.8	—	—	—	66.7	—	—	—	—	—	4	—
1	25	—	—	—	—	—	—	—	—	—	—	R15	47.63	6.35	8.73	0.8	63.5	—	—	—	—	4	—	—	—	—	—
—	—	1	25	1	25	—	—	1	25	¾	20	R16	50.80	6.35	8.73	0.8	—	69.8	—	71.4	73.0	—	4	4	—	4	4
1¼	32	—	—	—	—	—	—	—	—	—	—	R17	57.15	6.35	8.73	0.8	73.0	—	—	—	—	4	—	—	—	—	—
—	—	1¼	32	1¼	32	—	—	1¼	32	1	25	R18	60.33	6.35	8.73	0.8	—	79.4	—	81.0	82.5	—	4	4	—	4	4
1½	40	—	—	—	—	—	—	—	—	—	—	R19	65.09	6.35	8.73	0.8	82.6	—	—	—	—	4	—	—	—	—	—
—	—	1½	40	1½	40	—	—	1½	40	—	—	R20	68.26	6.35	8.73	0.8	—	90.5	—	92.1	—	—	4	4	—	4	—
—	—	—	—	—	—	—	—	—	—	1¼	32	R21	72.23	7.94	11.91	0.8	—	—	—	—	101.6	—	—	—	—	—	3
2	50	—	—	—	—	—	—	—	—	—	—	R22	82.55	6.35	8.73	0.8	101.6	—	—	—	—	4	—	—	—	—	—
—	—	2	50	2	50	—	—	—	—	1½	40	R23	82.55	7.94	11.91	0.8	—	108.0	—	—	114.3	—	6	5	—	—	3
—	—	—	—	—	—	—	—	2	50	—	—	R24	95.25	7.94	11.91	0.8	—	—	—	123.8	—	—	—	—	—	3	—
2½	65	—	—	—	—	—	—	—	—	—	—	R25	101.60	6.35	8.73	0.8	120.6	—	—	—	—	4	—	—	—	—	—
—	—	2½	65	2½	65	—	—	—	—	2	50	R26	101.60	7.94	11.91	0.8	—	127.0	—	—	133.4	—	6	5	—	—	3
—	—	—	—	—	—	—	—	2½	65	—	—	R27	107.95	7.94	11.91	0.8	—	—	—	136.5	—	—	—	—	—	3	—
—	—	—	—	—	—	—	—	—	—	2½	65	R28	111.13	9.52	13.49	1.6	—	—	—	—	149.2	—	—	—	—	—	3
3	80	—	—	—	—	—	—	—	—	—	—	R29	114.30	6.35	8.73	0.8	133.4	—	—	—	—	4	—	—	—	—	—
—	—	—	—	—	—	—	—	—	—	—	—	R30	117.48	7.94	11.91	0.8	—	—	—	—	—	—	—	—	—	—	—
—	—	3	80	3	80	3	80	—	—	—	—	R31	123.83	7.94	11.91	0.8	—	146.0	155.6	—	—	—	6	5	4	—	—

—	—	—	—	—	—	—	—	—	—	3	80	R32	127. 00	9. 52	13. 49	1. 6	—	—	—	—	168. 3	—	—	—	—	—	3
—	—	—	—	—	—	—	—	—	—	—	—	R33	131. 76	6. 35	8. 73	0. 8	154. 0	—	—	—	—	4	—	—	—	—	—
—	—	—	—	—	—	—	—	—	—	—	—	R34	131. 76	7. 94	11. 91	0. 8	—	158. 8	—	—	—	—	6	5	—	—	—
—	—	—	—	—	—	—	—	3	80	—	—	R35	136. 53	7. 94	11. 91	0. 8	—	—	—	168. 3	—	—	—	—	—	3	—
4	100	—	—	—	—	—	—	—	—	—	—	R36	149. 23	6. 35	8. 73	0. 8	171. 4	—	—	—	—	4	—	—	—	—	—
—	—	4	100	4	100	4	100	—	—	—	—	R37	149. 23	7. 94	11. 91	0. 8	—	174. 6	181. 0	—	—	—	6	5	4	—	—
—	—	—	—	—	—	—	—	—	—	4	100	R38	157. 16	11. 11	16. 67	0. 8	—	—	—	—	203. 2	—	—	—	—	—	4
—	—	—	—	—	—	—	—	4	100	—	—	R39	161. 93	7. 94	11. 91	0. 8	—	—	—	193. 7	—	—	—	—	—	3	—
5	125	—	—	—	—	—	—	—	—	—	—	R40	171. 45	6. 35	8. 73	0. 8	193. 7	—	—	—	—	4	—	—	—	—	—
—	—	5	125	5	125	5	125	—	—	—	—	R41	180. 98	7. 94	11. 91	0. 8	—	209. 6	215. 9	—	—	—	6	5	4	—	—
—	—	—	—	—	—	—	—	—	—	5	125	R42	190. 50	12. 70	19. 84	1. 6	—	—	—	—	241. 3	—	—	—	—	—	4
6	150	—	—	—	—	—	—	—	—	—	—	R43	193. 68	6. 35	8. 73	0. 8	219. 1	—	—	—	—	4	—	—	—	—	—
—	—	—	—	—	—	—	—	5	125	—	—	R44	193. 68	7. 94	11. 91	0. 8	—	—	—	228. 6	—	—	—	—	—	3	—
—	—	6	150	6	150	6	150	—	—	—	—	R45	211. 14	7. 94	11. 91	0. 8	—	241. 3	241. 3	—	—	—	6	5	4	—	—
—	—	—	—	—	—	—	—	6	150	—	—	R46	211. 14	9. 53	13. 49	1. 6	—	—	—	247. 6	—	—	—	—	—	3	—
—	—	—	—	—	—	—	—	—	—	6	150	R47	228. 60	12. 70	19. 84	1. 6	—	—	—	—	279. 4	—	—	—	—	—	4
8	200	—	—	—	—	—	—	—	—	—	—	R48	247. 65	6. 35	8. 73	0. 8	273. 0	—	—	—	—	4	—	—	—	—	—
—	—	8	200	8	200	8	200	—	—	—	—	R49	269. 88	7. 94	11. 91	0. 8	—	301. 6	308. 0	—	—	—	6	5	4	—	—
—	—	—	—	—	—	—	—	8	200	—	—	R50	269. 88	11. 11	16. 67	1. 6	—	—	—	317. 5	—	—	—	—	—	4	—
—	—	—	—	—	—	—	=	—	—	8	200	R51	279. 40	14. 29	23. 02	1. 6	—	—	—	—	339. 7	—	—	—	—	—	5
10	250	—	—	—	—	—	—	—	—	—	—	R52	304. 80	6. 35	8. 73	0. 8	330. 2	—	—	—	—	4	—	—	—	—	—
—	—	10	250	10	250	10	250	—	—	—	—	R53	323. 85	7. 94	11. 91	0. 8	—	335. 6	362. 0	—	—	—	6	5	4	—	—
—	—	—	—	—	—	—	—	10	250	—	—	R54	323. 85	11. 11	16. 67	1. 6	—	—	—	371. 5	—	—	—	—	—	4	—
—	—	—	—	—	—	—	—	—	—	10	250	R55	342. 90	17. 46	30. 16	2. 4	—	—	—	—	425. 4	—	—	—	—	—	6
12	300	—	—	—	—	—	—	—	—	—	—	R56	381. 00	6. 35	8. 73	0. 8	406. 4	—	—	—	—	4	—	—	—	—	—
—	—	12	300	12	300	12	300	—	—	—	—	R57	381. 00	7. 94	11. 91	0. 8	—	412. 8	419. 1	—	—	—	6	5	4	—	—
—	—	—	—	—	—	—	—	12	300	—	—	R58	381. 00	14. 29	23. 02	1. 6	—	—	—	438. 1	—	—	—	—	—	5	—
14	350	—	—	—	—	—	—	—	—	—	—	R59	396. 88	6. 35	8. 73	0. 8	425. 4	—	—	—	—	3	—	—	—	—	—
—	—	—	—	—	—	—	—	—	—	12	300	R60	406. 40	17. 46	33. 34	2. 4	—	—	—	—	495. 3	—	—	—	—	—	8
—	—	14	350	14	350	—	—	—	—	—	—	R61	419. 10	7. 94	11. 91	0. 8	—	457. 2	—	—	—	—	6	5	—	—	—

（续）

公称尺寸												环号	环槽尺寸				凸台直径 K_{min}					环组装后两法兰间距离 S					
Class 150		Class 300		Class 600		Class 900		Class 1500		Class 2500			环槽中心圆直径 P	槽深 E	槽宽 F	槽底圆角半径 R_{max}	Class 150	Class 300 和 Class 600	Class 900	Class 1500	Class 2500	Class 150	Class 300	Class 600	Class 900	Class 1500	Class 2500
NPS	DN	NPS	DN	NPS	DN	NPS	DN	NPS	DN	NPS	DN																
—	—	—	—	—	—	14	350	—	—	—	—	R62	419. 10	11. 11	16. 67	1. 6	—	—	466. 7	—	—	—	—	—	4	—	—
—	—	—	—	—	—	—	—	14	350	—	—	R63	419. 10	15. 88	26. 99	2. 4	—	—	—	488. 9	—	—	—	—	—	6	—
16	400	—	—	—	—	—	—	—	—	—	—	R64	454. 03	6. 35	8. 73	0. 8	482. 6	—	—	—	—	3	—	—	—	—	—
—	—	16	400	16	400	—	—	—	—	—	—	R65	469. 90	7. 94	11. 91	0. 8	—	508. 0	—	—	—	—	6	5	—	—	—
—	—	—	—	—	—	16	400	—	—	—	—	R66	469. 90	11. 11	16. 67	1. 6	—	—	523. 9	—	—	—	—	—	4	—	—
—	—	—	—	—	—	—	—	16	400	—	—	R67	469. 90	17. 46	30. 16	2. 4	—	—	—	546. 1	—	—	—	—	—	8	—
18	450	—	—	—	—	—	—	—	—	—	—	R68	517. 53	6. 35	8. 73	0. 8	546. 1	—	—	—	—	3	—	—	—	—	—
—	—	18	450	18	450	—	—	—	—	—	—	R69	533. 40	7. 94	11. 91	0. 8	—	574. 7	—	—	—	—	6	5	—	—	—
—	—	—	—	—	—	18	450	—	—	—	—	R70	533. 40	12. 70	19. 84	1. 6	—	—	593. 7	—	—	—	—	—	5	—	—
—	—	—	—	—	—	—	—	18	450	—	—	R71	533. 40	17. 46	30. 16	2. 4	—	—	—	612. 8	—	—	—	—	—	8	—
20	500	—	—	—	—	—	—	—	—	—	—	R72	558. 80	6. 35	8. 73	0. 8	596. 9	—	—	—	—	3	—	—	—	—	—
—	—	20	500	20	500	—	—	—	—	—	—	R73	584. 20	9. 53	13. 49	1. 6	—	635. 0	—	—	—	—	6	5	—	—	—
—	—	—	—	—	—	20	500	—	—	—	—	R74	584. 20	12. 70	19. 84	1. 6	—	—	647. 7	—	—	—	—	—	5	—	—
—	—	—	—	—	—	—	—	20	500	—	—	R75	584. 20	17. 46	33. 34	2. 4	—	—	—	673. 1	—	—	—	—	—	10	—
24	600	—	—	—	—	—	—	—	—	—	—	R76	673. 10	6. 35	8. 73	0. 8	711. 2	—	—	—	—	3	—	—	—	—	—
—	—	24	600	24	600	—	—	—	—	—	—	R77	692. 15	11. 11	16. 67	1. 6	—	749. 3	—	—	—	—	6	6	—	—	—
—	—	—	—	—	—	24	600	—	—	—	—	R78	692. 15	15. 88	26. 99	2. 4	—	—	771. 5	—	—	—	—	—	6	—	—
—	—	—	—	—	—	—	—	24	600	—	—	R79	692. 15	20. 64	36. 51	2. 4	—	—	—	793. 8	—	—	—	—	—	11	—

注：1. Class300 和 Class600 环连接松套法兰，环槽号 R30 用 R31 代替。

2. 松套连接法兰密封面的要求如图 1-207 所示。

3. 凸台的高度和槽深 E 相同，但偏差和 E 不同，整个内型面都可应用。

4. Class900 公称尺寸 NPS½(DN15) ~ NPS2½(DN65) 的法兰用 Class1500 的法兰。

5. 公差见表 1-450。

6. 小的偏差用 ASME B16. 5 换算。

7. 法兰连接密封面的表面粗糙度

法兰连接密封面的表面粗糙度见表1-447和表1-448。

表1-447 法兰连接密封面的表面粗糙度

（密封面类型为A、B1、B2、E和F）

法兰额定值	加工方法	峰谷近似深度/mm	刀尖角近似半径/mm	峰谷近似高度/mm	Rz①/μm		Ra①/μm	
					min	max	min	max
Class150～Class2500	车削	0.05	1.6	0.8	12.5	50	3.2	12.5

注：1. 密封面类型B1和B2：B1是标准的表面粗糙度，B2的表面粗糙度和订单一致。

2. 如低温气体和Class900以上的法兰，要可靠地应用等，需要保证控制表面粗糙度。

3. 车削术语包括用任何的机械加工方法，使成锯齿状的同心圆或锯齿状的螺旋线。

① *Ra*和*Rz*的解释按EN ISO 4287。

表1-448 法兰连接密封面的表面粗糙度

（密封面类型为C、D和J）

法兰密封面	Rz/μm		Ra/μm	
	min	max	min	max
C型和D型的榫面和槽面	3.2	12.5	0.8	3.2
J型环连接槽面（包括槽内壁）	1.6	6.3	0.4	1.6

8. 连接法兰尺寸

1）Class150的法兰尺寸如图1-209及见表1-449所示。

2）Class300的法兰尺寸如图1-210及见表1-450所示。

3）Class600的法兰尺寸如图1-211及见表1-451所示。

4）Class900的法兰尺寸如图1-211及见表1-452所示。

5）Class1500的法兰尺寸如图1-211及见表1-453所示。

6）Class2500的法兰尺寸如图1-212及表1-454所示。

7）表1-449～表1-454总注见表1-455。

8）法兰尺寸的偏差见表1-456。

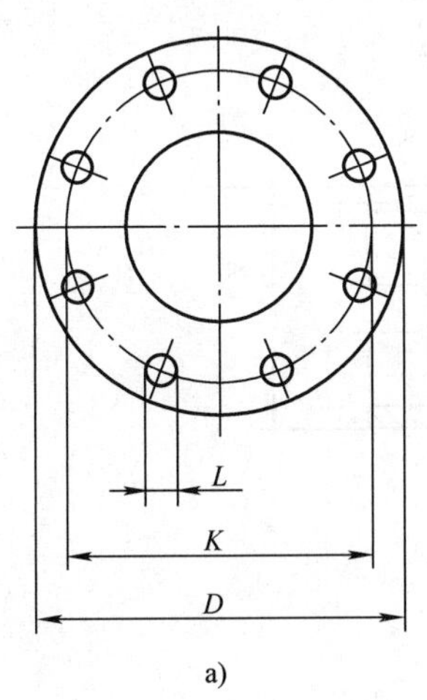

a)

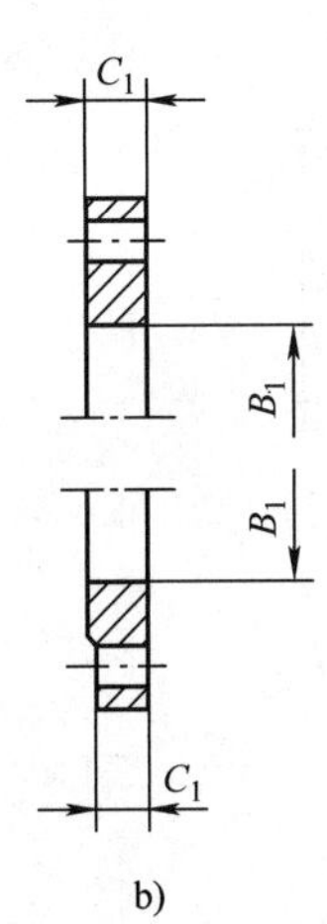

b)

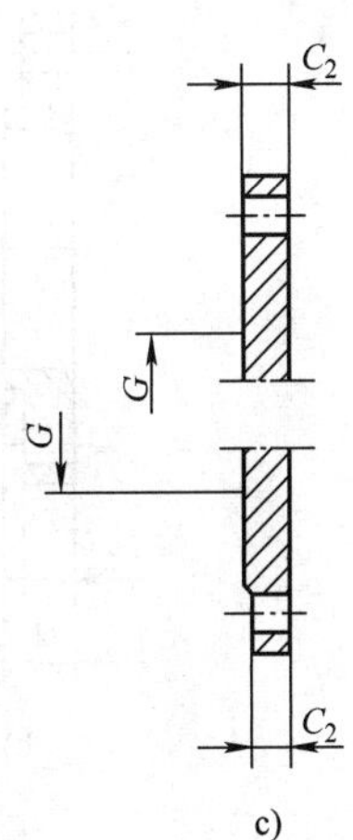

c)

图1-209 Class150法兰尺寸

a）螺栓孔的布置 b）01型焊接平法兰 c）05型盲板法兰

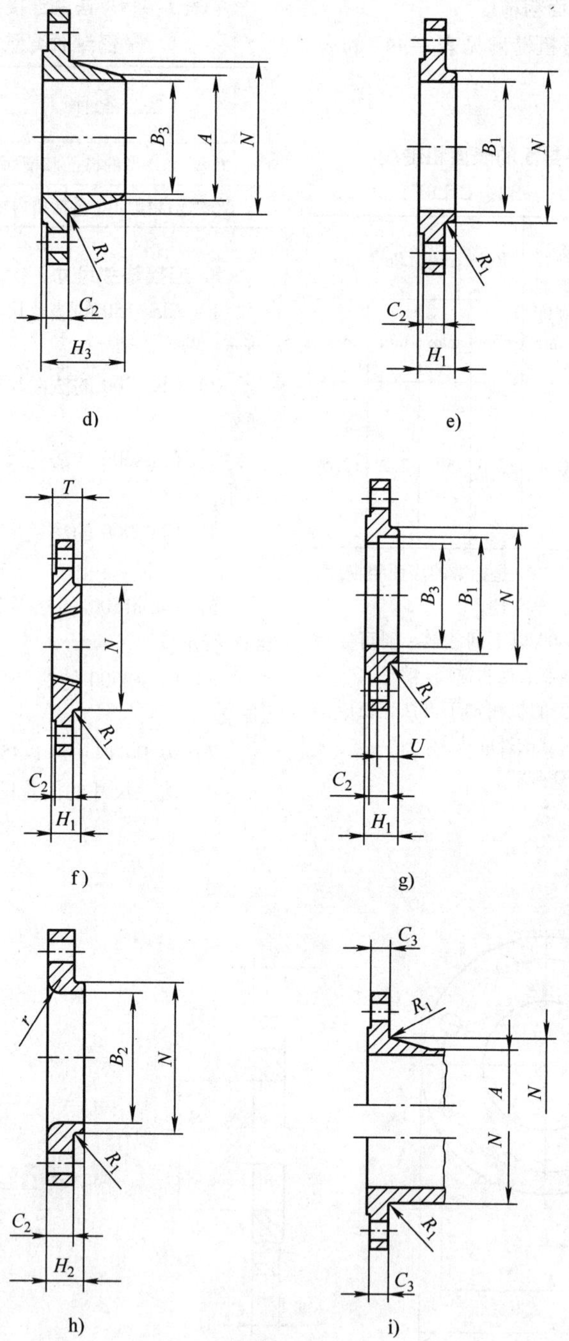

图 1-209　Class150 法兰尺寸（续）

d）11 型焊颈法兰　e）12 型高颈松套法兰　f）13 型高颈螺纹法兰

g）14 型高颈承插焊法兰　h）15 型管端用高颈松套法兰　i）21 型整体法兰

注：1. a）说明螺栓孔的布置，但螺栓孔的数量未必正确。

2. C_1 和 C_2 中包含凸面 1.6mm，但其他密封面将增加厚度（图 1-205）。

3. N 是法兰背面和颈部锥度相交处的尺寸。

4. 结构型式的选择需要用虚线表示。

5. G 参考 EN 1759-1：2004 中 5.6.1 注 2 及表 1-449。

表 1-449 Class150 法兰尺寸

（单位：mm）

公称尺寸		法兰外径尺寸 D	连接尺寸				法兰厚度			颈部直径 N	颈部焊端直径 A	长度			螺纹法兰最小螺纹长度 T	孔径			松套法兰管孔的圆角半径 r	承插焊沉孔深度 U	盲板法兰肩直径 G	颈与法兰背面交角半径 R_1 min
			螺栓孔中心圆直径 K	螺栓孔径 L/in mm	螺栓数量/个	螺栓直径/in	C_1	C_2	C_3			螺纹/平焊/承插焊 H_1	松套 H_2	对焊 H_3		平焊承插焊 B_1	松套 B_2	对焊 B_3				
法兰类型		01,05,11,12,13,14,15,21					01	05,13,11,14,12,15	21	11,12,13,14,15,21	11,21	12,13,14	15	11	13	01,12,14	15	11,14	15	14	05	11,14,12,15,13,21
NPS	DN																					
½	15	89	60.3	⅝(15.9)	4	½	12.0	11.1	11.1	30	21.3	15.9	15.9	47.6	15.9	22.4	23.0	15.8	3.0	9.5	—	3
¾	20	98	69.8	⅝(15.9)	4	½	14.0	12.7	11.1	38	26.7	15.9	15.9	52.4	15.9	27.7	28.0	20.8	3.0	11.0	—	3
1	25	108	79.4	⅝(15.9)	4	½	16.0	14.3	11.1	49	33.4	17.5	17.5	55.6	17.5	34.5	35.0	26.7	3.0	12.5	—	3
1¼①	32	117	88.9	⅝(15.9)	4	½	18.0	15.9	12.7	59	42.2	20.6	20.6	57.2	20.6	43.2	43.5	35.1	5.0	14.5	—	3
1½	40	127	98.4	⅝(15.9)	4	½	19.0	17.5	14.3	65	48.3	22.2	22.2	61.9	22.2	49.5	50.0	40.9	6.5	16.0	—	3
2	50	152	120.6	¾(19.0)	4	⅝	21.0	19.0	15.9	78	60.3	25.4	25.4	63.5	25.4	62.0	62.5	52.6	8.0	17.5	—	3
2½①	65	178	139.7	¾(19.0)	4	⅝	24.0	22.2	17.5	90	73.0	28.6	28.6	69.9	28.6	74.7	75.5	62.7	8.0	19.0	38	3
3	80	190	152.4	¾(19.0)	4	⅝	26.0	23.8	19.0	108	88.9	30.2	30.2	69.9	30.2	90.7	91.5	78.0	9.5	20.5	51	3
4	100	229	190.5	¾(19.0)	8	⅝	27.0	23.8	23.8	135	114.3	33.3	33.3	76.2	33.3	116.1	117.0	102.4	11.0	—	76	3
5①	125	254	215.9	⅞(22.2)	8	¾	28.0	23.8	23.8	164	141.3	36.5	36.5	88.9	36.5	143.8	145.0	128.3	11.0	—	102	6.5
6	150	279	241.3	⅞(22.2)	8	¾	31.0	25.4	25.4	192	168.3	39.7	39.7	88.9	39.7	170.7	171.0	154.2	12.5	—	127	6.5
8	200	343	298.4	⅞(22.2)	8	¾	34.0	28.6	28.6	246	219.1	44.5	44.5	101.6	—	221.5	222.0	202.7	12.5	—	200	6.5
10	250	406	362.0	1(25.4)	12	⅞	38.0	30.2	30.2	305	273.0	49.2	49.2	101.6	—	276.4	277.0	254.5	12.5	—	225	6.5
12	300	483	431.8	1(25.4)	12	⅞	42.0	31.8	31.8	365	323.9	55.6	55.6	114.3	—	327.2	328.0	304.8	12.5	—	279	9.5
14	350	533	476.2	1⅛(28.6)	12	1	43.0	34.9	34.9	400	355.6	57.2	79.4	127.0	—	359.2	360.0	由用户提供	12.5	—	311	9.5
16	400	597	539.8	1⅛(28.6)	16	1	48.0	36.5	36.5	457	406.4	63.5	87.3	127.0	—	410.5	411.0		12.5	—	362	9.5
18	450	635	577.8	1¼(31.8)	16	1⅛	56.0	39.7	39.7	505	457.2	68.3	96.8	139.7	—	461.8	462.0		12.5	—	413	9.5
20	500	698	635.0	1¼(31.8)	20	1⅛	59.0	42.9	42.9	559	508.0	73.0	103.2	144.5	—	513.1	514.0		12.5	—	463	9.5
24	600	813	749.3	1⅜(34.9)	20	1¼	62.0	47.6	47.6	664	609.6	82.6	111.1	152.4	—	616.0	616.0		12.5	—	565	9.5

注：表 1-449 ~ 表 1-455 总注见表 1-455。

① 这些公称尺寸新建项目应避免使用。

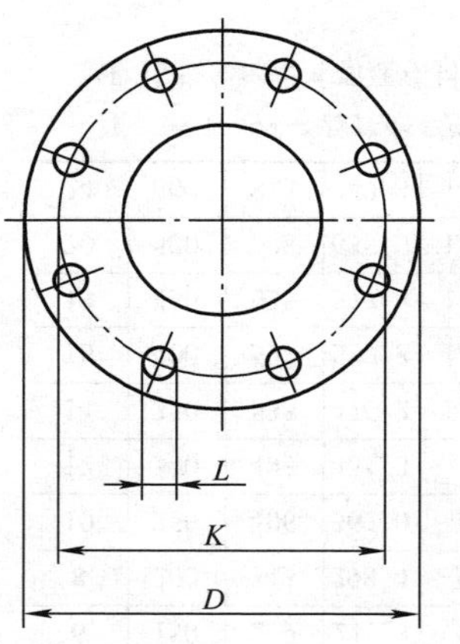

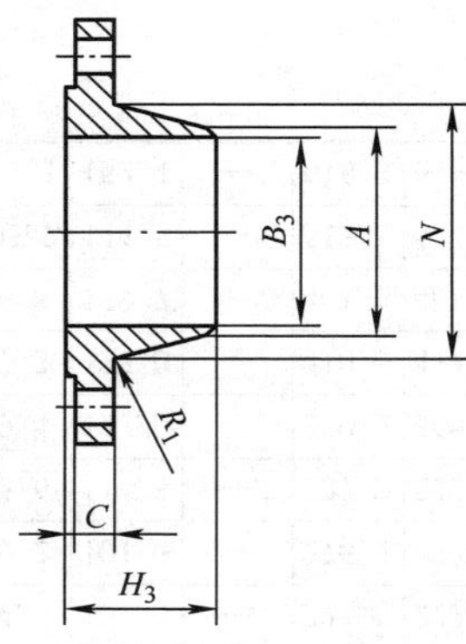

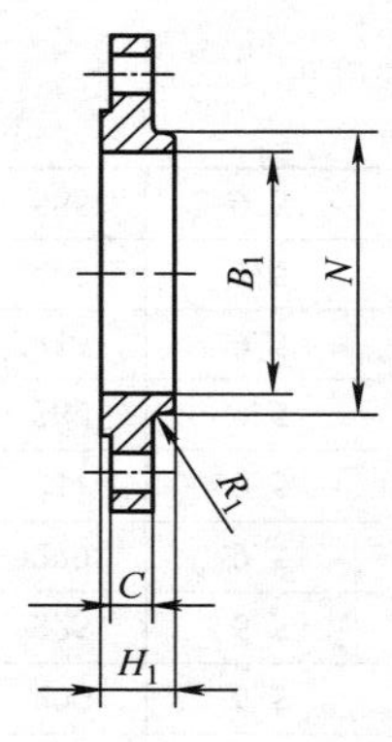

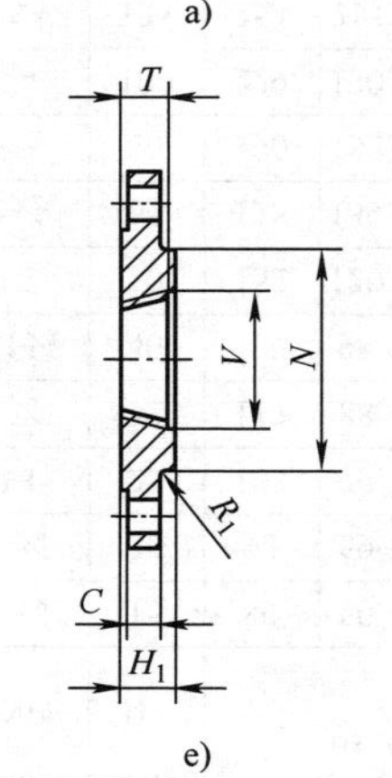

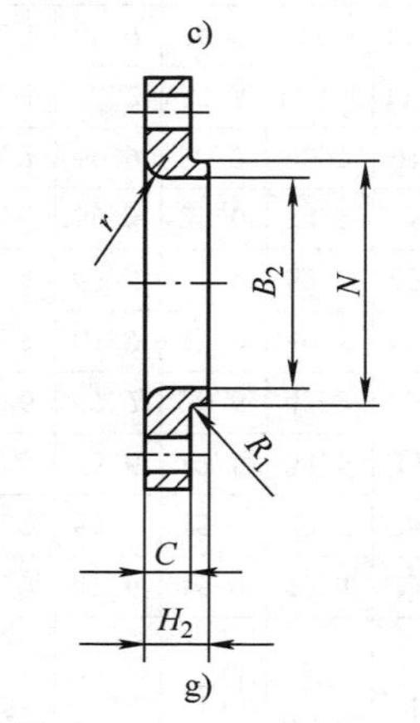

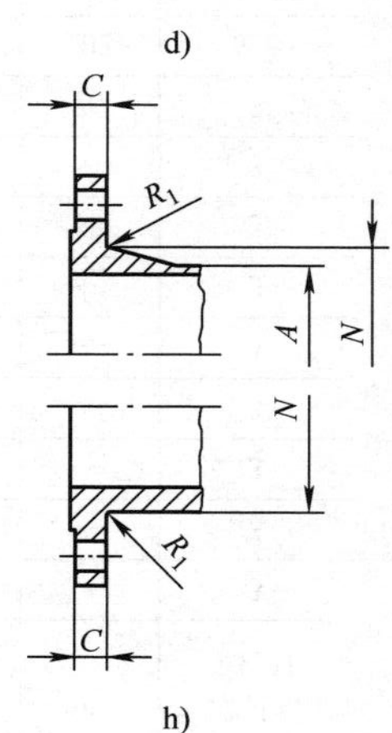

图 1-210　Class300 法兰尺寸

a）螺栓孔的布置　b）05 型盲板法兰　c）11 型焊颈法兰　d）12 型高颈松套法兰

e）13 型高颈螺纹法兰　f）14 型高颈承插焊法兰　g）15 型管端用高颈松套法兰　h）21 型整体法兰

注：1. a）说明螺栓孔的布置，但螺栓孔的数量未必正确。

2. C_2 中包含凸面 1.6mm，但其他密封面将增加厚度（图 1-205）。

3. N 是法兰背面和颈部锥度相交处的尺寸。

4. 结构型式的选择需要用虚线表示。

5. G 参考 EN 1759-1：2004 中 5.6.1 注 2 和表 1-450。

表 1-450 Class300 法兰尺寸

（单位：mm）

公称尺寸		法兰外径尺寸 D	连接尺寸				法兰厚度 C	颈部直径 N	颈部焊端直径 A	长度			螺纹法兰最小螺纹长度 T	孔径			松套法兰管孔的圆角半径 r	承插焊沉孔深度 U	螺纹法兰沉孔直径 V	盲板法兰肩直径 G	颈与法兰背面交角半径 R_1 (min)
			螺栓孔中心圆直径 K	螺栓孔径 L/in (mm)	螺栓数量/个	螺栓直径/in				螺纹/平焊/承插焊 H_1	松套 H_2	对焊 H_3		平焊承插焊 B_1	松套 B_2	对焊 B_3					
法兰类型		05,11,12,13,14,15,21					05,11,12,13 14,15 21	11,12,13,14 15,21	11,21	12,13,14	15	11	13	12,14	15	11,14	15	14	13	05	11,14,12,15,13,21
NPS	DN																				
½	15	95	66.7	⅝(15.9)	4	½	14.3	38	21.3	22.2	22.2	52.4	16	22.4	23.0	15.8	3.0	9.5	23.5	—	3
¾	20	117	82.6	⅝(19.0)	4	⅝	15.9	48	26.7	25.4	25.4	57.2	16	27.7	28.0	20.8	3.0	11.0	29.0	—	3
1	25	124	88.9	¾(19.0)	4	⅝	17.5	54	33.4	27.0	27.0	61.9	17	34.5	35.0	26.7	3.0	12.5	36.0	—	3
1¼①	32	133	98.4	¾(19.0)	4	⅝	19.0	64	42.2	27.0	27.0	65.1	21	43.2	43.5	35.1	5.0	14.5	44.5	—	3
1½	40	156	114.3	⅞(22.2)	4	¾	20.6	70	48.3	30.2	30.2	68.3	22	49.5	50.0	40.9	6.5	16.0	50.0	—	3
2	50	165	127.0	¾(19.0)	8	⅝	22.2	84	60.3	33.3	33.3	69.9	29	62.0	62.5	52.6	8.0	17.5	63.5	—	3
2½①	65	190	149.2	⅞(22.2)	8	¾	25.4	100	73.0	38.1	38.1	76.2	32	74.7	75.5	62.7	8.0	19.0	76.0	38	3
3	80	210	168.3	⅞(22.2)	8	¾	28.6	117	88.9	42.9	42.9	79.4	32	90.7	91.5	78.0	9.5	20.5	92.0	51	3
4	100	254	200.0	⅞(22.2)	8	¾	31.8	146	114.3	47.6	47.6	85.7	37	116.1	117.0	102.4	9.5	—	118.0	76	3
5①	125	279	235.0	⅞(22.2)	8	¾	34.9	178	141.3	50.8	50.8	98.4	43	143.8	145.0	128.3	11.0	—	145.0	102	6.5
6	150	318	269.9	⅞(22.2)	12	¾	36.5	206	168.3	52.4	52.4	98.4	46	170.7	171.0	154.2	12.5	—	171.0	127	6.5
8	200	381	330.2	1(25.4)	12	⅞	41.3	260	219.1	61.9	61.9	111.1	—	221.5	222.0	202.7	12.5	—	—	200	6.5
10	250	444	387.4	1⅛(28.6)	16	1	47.6	321	273.0	66.8	95.3	117.5	—	276.4	277.0	254.5	12.5	—	—	225	6.5
12	300	521	450.8	1¼(31.8)	16	1⅛	50.8	375	323.9	73.0	101.6	130.2	—	327.2	328.0	304.8	12.5	—	—	279	9.5
14	350	584	514.4	1¼(31.8)	20	1⅛	54.0	425	355.6	76.2	111.1	142.9	—	359.2	360.0		12.5	—	—	311	9.5
16	400	648	571.5	1⅜(34.9)	20	1¼	57.2	483	406.4	82.6	120.7	146.1	—	410.5	411.0		12.5	—	—	362	9.5
18	450	711	628.6	1⅜(34.9)	24	1¼	60.3	533	457.2	88.9	130.2	158.8	—	461.8	462.0	由用户提供	12.5	—	—	406	9.5
20	500	775	685.8	1⅜(34.9)	24	1¼	63.5	587	508.0	95.3	139.7	162.0	—	513.1	514.0		12.5	—	—	457	9.5
24	600	914	812.8	1⅝(41.3)	24	1½	69.8	702	609.6	106.4	152.4	168.3	—	616.0	616.0		12.5	—	—	559	9.5

注：表 1-449 ~ 表 1-454 总注见表 1-455。

① 这些公称尺寸新建项目应避免使用。

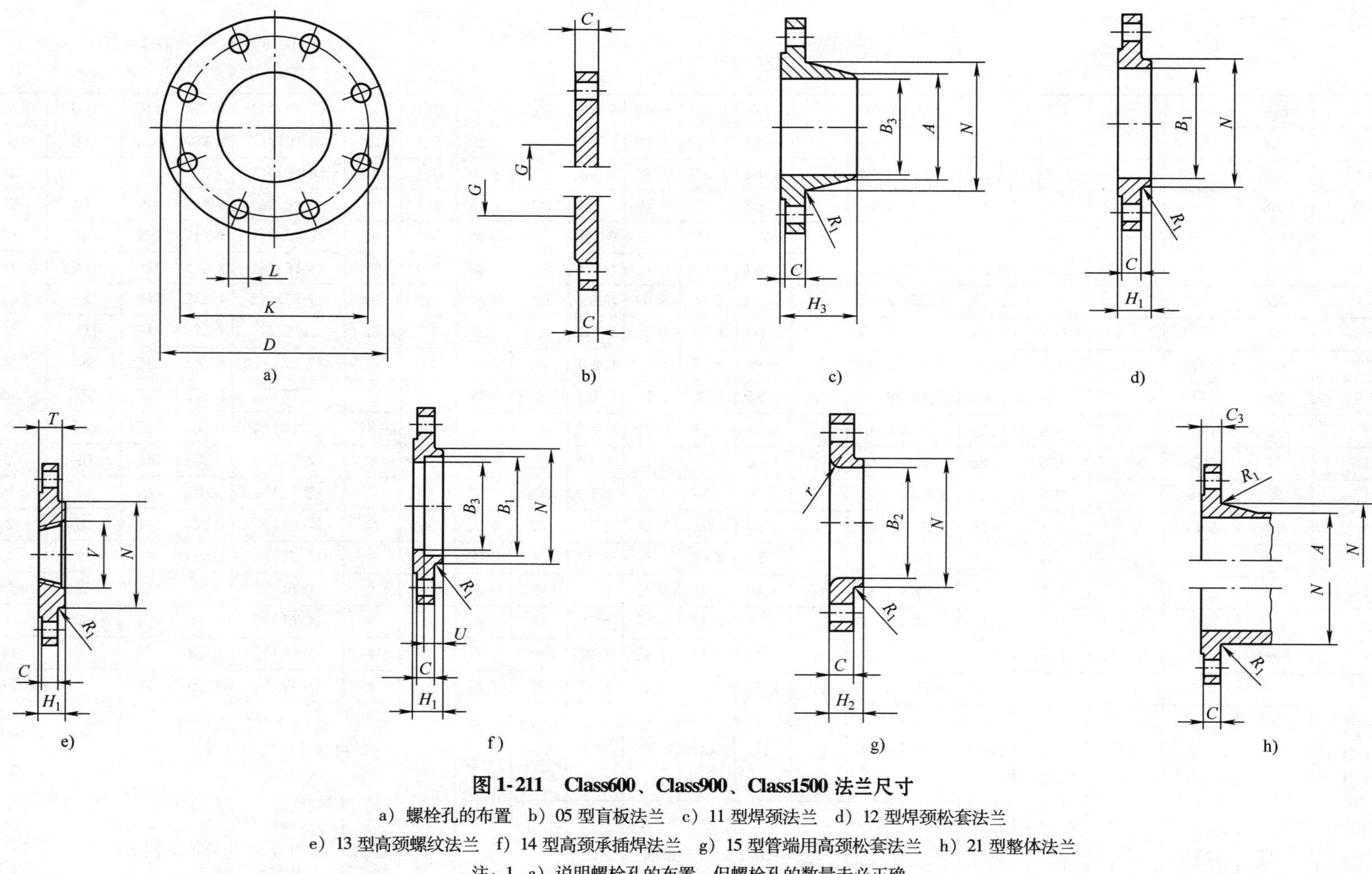

图 1-211 Class600、Class900、Class1500 法兰尺寸

a）螺栓孔的布置 b）05 型盲板法兰 c）11 型焊颈法兰 d）12 型焊颈松套法兰

e）13 型高颈螺纹法兰 f）14 型高颈承插焊法兰 g）15 型管端用高颈松套法兰 h）21 型整体法兰

注：1. a）说明螺栓孔的布置，但螺栓孔的数量未必正确。

2. N 是法兰背面和颈部锥度相交处的尺寸。

3. 结构型式的选择需要用虚线表示。

4. G 参考 EN 1759-1：2004 中 5.6.1 注 2。

表 1-451 Class600 法兰尺寸

（单位：mm）

公称尺寸		法兰外径尺寸 D	连接尺寸				法兰厚度 C	颈部直径 N	颈部焊端直径 A	长度			螺纹法兰最小螺纹长度 T	孔径			松套法兰管孔的圆角半径 r	承插焊沉孔深度 U	螺纹法兰沉孔直径 V	盲板法兰肩直径 G	颈与法兰背面交角半径 R_1（min）
			螺栓孔中心圆直径 K	螺栓孔径 L/in（mm）	螺栓数量/个	螺栓直径/in				螺纹/平焊/承插焊 H_1	松套 H_2	对焊 H_3		平焊、承插焊 B_1	松套 B_2	对焊 B_3					
法兰类型		05,11,12,13,14,15,21					05,11,12,13,14,15,21	11,12,13,14,15,21	11,21	12,13,14	15	11	13	12,14	15	11,14	15	14	13	05	11,14,12,15,13,21
NPS	DN																				
½	15	95	66.7	⅝(15.9)	4	½	14.3	38	21.3	22.2	22.2	52.4	16	22.4	23.0		3.0	9.5	23.5	—	3
¾	20	117	82.6	¾(19.0)	4	⅝	15.9	48	26.7	25.4	25.4	57.2	16	27.7	28.0		3.0	11.0	29.0	—	3
1	25	124	88.9	¾(19.0)	4	⅝	17.5	54	33.4	27.0	27.0	61.9	17	34.5	35.0		3.0	12.5	36.0	—	3
1¼①	32	133	98.4	¾(19.0)	4	⅝	20.6	64	42.2	28.6	28.6	66.8	21	43.2	43.5		5.0	14.5	44.5	—	3
1½	40	156	114.3	⅞(22.2)	4	¾	22.2	70	48.3	31.8	31.8	69.9	22	49.5	50.0		6.5	16.0	50.5	—	3
2	50	165	127.0	¾(19.0)	8	⅝	25.4	84	60.3	36.5	36.5	73.0	29	62.0	62.5		8.0	17.5	63.5	—	3
2½①	65	190	149.2	⅞(22.2)	8	¾	28.6	100	73.0	41.3	41.3	79.4	32	74.7	75.5		8.0	19.0	76.0	38	3
3	80	210	168.3	⅞(22.2)	8	¾	31.8	117	88.9	46.0	46.0	82.6	35	90.7	91.5		9.5	20.5	92.0	51	3
4	100	273	215.9	1(25.4)	8	⅞	38.1	152	114.3	54.0	54.0	101.6	41	116.1	117.0		9.5	—	118.0	76	3
5①	125	330	266.7	1⅛(28.6)	8	1	44.4	189	141.3	60.3	60.3	114.3	48	143.8	145.0	由用户提供	11.0	—	145.0	102	6.5
6	150	356	292.1	1⅛(28.6)	12	1	47.6	222	168.3	66.8	66.8	117.5	51	170.7	171.0		12.5	—	171.0	127	6.5
8	200	419	349.2	1¼(31.8)	12	1⅛	55.6	273	219.1	76.2	76.2	133.4	—	221.5	222.0		12.5	—	—	175	6.5
10	250	508	431.8	1⅞(34.9)	16	1¼	63.5	343	273.0	85.7	111.1	152.4	—	276.4	277.0		12.5	—	—	222	6.5
12	300	559	489.0	1⅜(34.9)	20	1¼	66.7	400	323.9	92.1	117.5	155.6	—	327.2	328.0		12.5	—	—	273	11
14	350	603	527.0	1½(38.1)	20	1⅜	69.8	432	355.6	93.7	127.0	165.1	—	359.2	360.0		12.5	—	—	302	11
16	400	686	603.2	1⅝(41.3)	20	1½	76.2	495	406.4	106.4	139.7	177.8	—	410.5	411.0		12.5	—	—	349	11
18	450	743	654.0	1¾(44.4)	20	1⅝	82.6	546	457.2	117.5	151.4	184.2	—	461.8	462.0		12.5	—	—	394	11
20	500	813	723.9	1¾(44.4)	24	1⅝	88.9	610	508.0	127.0	165.1	190.5	—	513.1	514.0		12.5	—	—	438	11
24	600	940	838.2	2(50.8)	24	1⅞	101.6	718	609.6	139.7	184.2	203.2	—	616.0	616.0		12.5	—	—	533	11

注：表 1-449 ~ 表 1-459 总注见表 1-455。

① 这些公称尺寸新建项目应避免使用。

表 1-452 Class900 法兰尺寸

（单位：mm）

公称尺寸		法兰外径尺寸 D	连接尺寸				法兰厚度 C	颈部直径 N	颈部焊端直径 A	长度			螺纹法兰最小螺纹长度 T	孔径			松套法兰管孔的圆角半径 r	螺纹法兰沉孔直径 V	盲板法兰肩直径 G	颈与法兰背面交角半径 R_1 (min)
			螺栓孔中心圆直径 K	螺栓孔径 L/in (mm)	螺栓数量/个	螺栓直径/in				螺纹/平焊/承插焊 H_1	松套 H_2	对焊 H_3		平焊承插焊 B_1	松套 B_2	对焊 B_3				
法兰类型		05,11,12,13,15,21					05,11,12,13,15,21	11,12,13,15,21	11,21	12,13	15	11	13	12	15	11	15	13	05	11,13,15,12,21
NPS	DN																			
½	15	见 Class1500 法兰																		
¾	20																			
1	25																			
1¼①	32																			
1½	40																			
2	50																			
2½①	65																			
3	80	241	190.5	1(25.4)	8	⅞	38.1	127	88.9	54.0	54.0	101.6	41	90.7	91.5	由用户提供	9.5	92	48	3
4	100	292	235.0	1¼(31.8)	8	1⅛	44.4	159	114.3	69.9	69.9	114.3	48	116.1	117.0		11.0	118	73	5
5①	125	349	279.4	1⅜(34.9)	8	1¼	50.8	190	141.3	79.4	79.4	127.0	54	143.8	145.0		11.0	145	95	6.5
6	150	381	317.5	1¼(31.8)	12	1⅛	55.6	235	168.3	85.7	85.7	139.7	57	170.7	171.0		12.5	171	121	6.5
8	200	470	393.7	1½(38.1)	12	1⅜	63.5	298	219.1	101.6	114.3	162.0	—	221.5	222.0		12.5	—	165	6.5
10	250	546	469.9	1½(38.1)	16	1⅜	69.8	368	273.0	108.0	127.0	184.2	—	276.4	277.0		12.5	—	213	6.5
12	300	610	533.4	1½(38.1)	20	1⅜	79.4	419	323.9	117.5	142.9	200.0	—	327.2	328.0		12.5	—	257	9.5
14	350	641	558.8	1⅝(41.3)	20	1⅛	85.7	451	355.6	130.2	155.6	212.8	—	359.2	360.0		12.5	—	286	11.5
16	400	705	616.0	1¾(44.4)	20	1⅝	88.9	508	406.4	133.4	165.1	215.9	—	410.5	411.0		12.5	—	381	11
18	450	787	685.8	2(50.8)	20	1⅞	101.6	565	457.2	152.4	190.5	228.6	—	461.8	462.0		12.5	—	419	11
20	500	857	749.3	2⅛(54.0)	20	2	108.0	622	508.0	158.8	209.6	247.7	—	513.1	514.0		12.5	—	451	11
24	600	1041	901.7	2⅝(66.7)	20	2½	139.7	749	609.6	203.2	266.7	292.1	—	616.0	616.0		12.5	—	508	11

注：表 1-449 ~ 表 1-454 总注见表 1-455。

① 这些公称尺寸新建项目应避免使用。

表 1-453 Class1500 法兰尺寸

（单位：mm）

公称尺寸		法兰外径尺寸 D	连接尺寸				法兰厚度 C	颈部直径 N	颈部焊端直径 A	长度			螺纹法兰最小螺纹长度 T	孔径			松套法兰管孔的圆角半径 r	承插焊沉孔深度 U	螺纹法兰沉孔直径 V	盲板法兰肩直径 G	颈与法兰背面交角半径 R_1 (min)
			螺栓孔中心圆直径 K	螺栓孔径 L/in (mm)	螺栓数量/个	螺栓直径/in				螺纹/平焊/承插焊 H_1	松套 H_2	对焊 H_3		平焊承插焊 B_1	松套 B_2	对焊 B_3					
法兰类型		05,11,12,13,14,15,21					05,11,12,13,14,15,21	11,12,13,14,15,21	11,21	12,13,14	15	11	13	12,14	15	11,14	15	14	13	05	11,14,12,15,13,21
NPS	DN																				
$\frac{1}{2}$	15	121	82.6	$\frac{7}{8}$(22.2)	4	$\frac{3}{4}$	22.2	38	21.3	31.8	31.8	60.3	22	22.4	23.0	由用户提供	3.0	9.5	23.5	—	5
$\frac{3}{4}$	20	130	88.9	$\frac{7}{8}$(22.2)	4	$\frac{3}{4}$	25.4	44	26.7	34.9	34.9	69.9	25	27.7	28.0		3.0	11.0	29.0	—	5
1	25	149	101.6	1(25.4)	4	$\frac{7}{8}$	28.6	52	33.4	41.3	41.3	73.0	29	34.5	35.0		3.0	12.5	36.0	—	5
$1\frac{1}{4}$①	32	159	111.1	1(25.4)	4	$\frac{7}{8}$	28.6	64	42.2	41.3	41.3	73.0	30	43.2	43.5		5.0	14.5	44.5	—	5
$1\frac{1}{2}$	40	178	123.8	$1\frac{1}{8}$(28.6)	4	1	31.8	70	48.3	44.5	44.5	82.6	32	49.5	50.0		6.5	16.0	50.5	—	5
2	50	216	165.1	1(25.4)	8	$\frac{7}{8}$	38.1	105	60.3	57.2	57.2	101.6	38	62.0	62.5		8.0	17.5	63.5	—	5
$2\frac{1}{2}$①	65	244	190.5	$1\frac{1}{8}$(28.6)	8	1	41.3	124	73.0	63.5	63.5	104.8	48	74.7	75.5		8.0	19.0	76.0	32	5
3	80	267	203.2	$1\frac{1}{4}$(31.8)	8	$1\frac{1}{8}$	47.6	133	88.9	73.0	73.0	117.5	51	—	91.5		9.5	—	92.0	44	5
4	100	311	241.3	$1\frac{3}{8}$(34.9)	8	$1\frac{1}{4}$	54.0	162	114.3	90.5	90.5	123.8	57	—	117.0		11.0	—	118.0	66	5
5①	125	375	292.1	$1\frac{5}{8}$(41.3)	8	$1\frac{1}{2}$	73.0	197	141.3	104.8	104.8	155.6	64	—	145.0		11.0	—	145.0	86	6.5
6	150	394	317.5	$1\frac{1}{2}$(38.1)	12	$1\frac{3}{8}$	82.6	229	168.3	119.1	119.1	171.5	70	—	171.0		12.5	—	171.0	111	6.5
8	200	483	393.7	$1\frac{3}{4}$(44.4)	12	$1\frac{5}{8}$	92.1	292	219.1	142.9	142.9	212.7	—	—	222.0		12.5	—	—	152	6.5
10	250	584	482.6	2(50.8)	12	$1\frac{7}{8}$	108.0	368	273.0	158.8	177.8	254.0	—	—	277.0		12.5	—	—	197	9.5
12	300	673	571.5	$2\frac{1}{8}$(54.0)	16	2	123.8	451	323.9	181.0	219.1	282.6	—	—	328.0		12.5	—	—	238	11
14	350	749	635.0	$2\frac{3}{8}$(60.3)	16	$2\frac{1}{4}$	133.4	495	355.6	—	241.3	298.5	—	—	360.0		12.5	—	—	263	11
16	400	826	704.8	$2\frac{5}{8}$(66.7)	16	$2\frac{1}{2}$	146.1	552	406.4	—	260.4	311.2	—	—	411.0		12.5	—	—	305	11
18	450	914	774.7	$2\frac{7}{8}$(73.0)	16	$2\frac{3}{4}$	161.9	597	457.2	—	276.2	327.0	—	—	462.0		12.5	—	—	346	11
20	500	984	831.8	$3\frac{1}{8}$(79.4)	16	3	178.0	641	508.0	—	292.1	355.6	—	—	514.0		12.5	—	—	390	11
24	600	1168	990.6	$3\frac{5}{8}$(92.0)	16	$3\frac{1}{2}$	203.0	762	609.6	—	330.2	406.4	—	—	616.0		12.5	—	—	473	11

注：表 1-449 ~ 表 1-454 总注见表 1-455。

① 这些公称尺寸新建项目应避免使用。

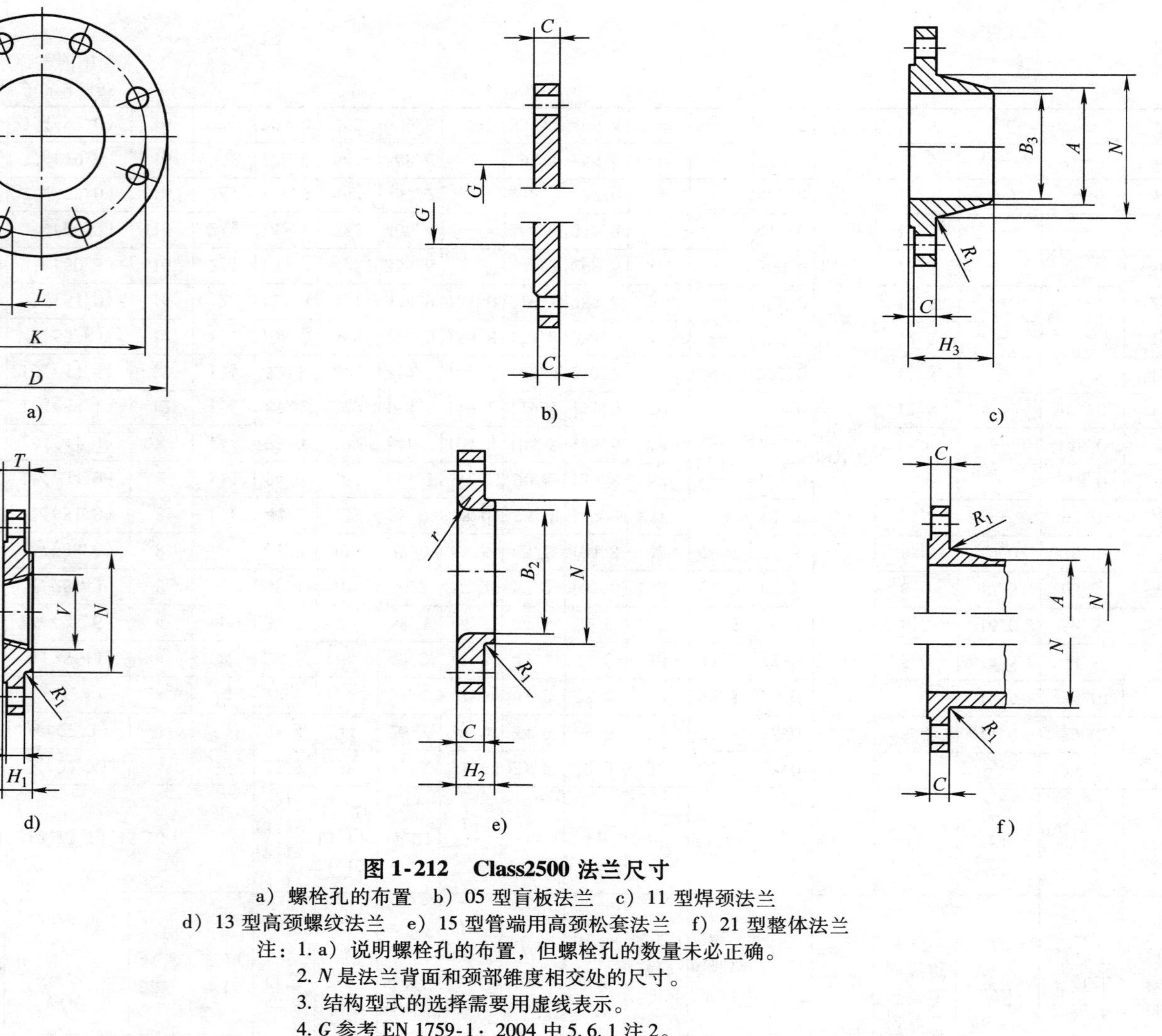

图 1-212 Class2500 法兰尺寸

a）螺栓孔的布置 b）05 型盲板法兰 c）11 型焊颈法兰
d）13 型高颈螺纹法兰 e）15 型管端用高颈松套法兰 f）21 型整体法兰

注：1. a）说明螺栓孔的布置，但螺栓孔的数量未必正确。
2. N 是法兰背面和颈部锥度相交处的尺寸。
3. 结构型式的选择需要用虚线表示。
4. G 参考 EN 1759-1：2004 中 5.6.1 注 2。

表 1-454 Class2500 法兰尺寸

（单位：mm）

公称尺寸		法兰外径尺寸 D	连接尺寸				法兰厚度 C	颈部直径 N	颈部焊端直径 A	长度			螺纹法兰最小螺纹长度 T	孔径		松套法兰管孔的圆角半径 r	螺纹法兰沉孔直径 V	盲板法兰肩直径 G	颈与法兰背面交角半径 R_1（min）
			螺栓孔中心圆直径 K	螺栓孔径 L/in（mm）	螺栓数量/个	螺栓直径/in				螺纹 H_1	松套 H_2	对焊 H_3		松套 B_2	对焊 B_3				
法兰类型		05,11,13,15,21					05,11,13,15,21	11,15,21	15,21	13	15	11	13	15	11	15	13	05	11,15,13,21
NPS	DN																		
½	15	133	88.9	⅞(22.2)	4	¾	30.2	43	21.3	39.7	39.7	73.0	29	23.0	由用户提供	3.0	23.5	—	5
¾	20	140	95.2	⅞(22.2)	4	¾	31.7	51	26.7	42.9	42.9	79.4	32	28.0		3.0	29.0	—	5
1	25	159	107.9	1(25.4)	4	⅞	34.9	57	33.4	47.6	47.6	88.9	35	35.0		3.0	35.0	—	5
1¼①	32	184	130.2	1⅛(28.6)	4	1	38.1	73	42.2	52.4	52.4	95.3	38	43.5		5.0	44.5	—	5
1½	40	203	146.0	1¼(31.8)	4	1⅛	44.4	79	48.3	60.3	60.3	111.1	44	50.0		6.5	50.5	—	9.5
2	50	235	171.4	1⅛(28.6)	8	1	50.8	95	60.3	69.9	69.9	127.0	51	62.5		8.0	63.5	—	9.5
2½①	65	267	196.8	1¼(31.8)	8	1⅛	57.1	114	73.0	79.4	79.4	142.9	57	75.5		8.0	76.0	22	9.5
3	80	305	228.6	1⅜(34.9)	8	1¼	66.7	133	88.9	92.1	92.1	168.3	64	91.5		9.5	92.0	32	9.5
4	100	356	273.0	1⅝(41.3)	8	1½	76.2	165	114.3	108.0	108.0	190.5	70	117.0		11.0	118.0	48	9.5
5①	125	419	323.8	1⅞(47.6)	8	1¾	92.1	203	141.3	130.2	130.2	228.6	76	145.0		11.0	145.0	67	9.5
6	150	483	368.3	2⅛(54.0)	8	2	108.0	235	168.3	152.4	152.4	273.1	83	171.0		12.5	171.0	86	15.5
8	200	552	438.1	2⅛(54.0)	12	2	127.0	305	219.1	—	177.8	317.5	—	222.0		12.5	—	96	15.5
10	250	673	539.7	2⅝(66.7)	12	2½	165.1	375	273.0	—	228.6	419.1	—	277.0		12.5	—	159	15.5
12	300	762	619.1	2⅞(73.0)	12	2¾	184.1	441	323.9	—	254.0	463.6	—	328.0		12.5	—	193	15.5

注：表 1-449 ~ 表 1-454 总注见表 1-455。

① 这些公称尺寸新建项目应避免使用。

表 1-455 表 1-449 ~ 表 1-454 总注

注号	注释说明
注 1	偏差见表 1-456
注 2	密封面见标准 5.7 节，如图 1-205 ~ 图 1-208 所示
注 3	密封面尺寸见表 1-445 和表 1-446
注 4	密封面部位或密封面背面见标准 5.8
注 5	螺纹法兰的螺纹见标准 5.6.3
注 6	颈部尺寸 N 理论上是允许扳手或垫圈系列附件放下的最大尺寸，如果需要可进行如密封面部位附加的机械加工
注 7	21 型法兰的孔径尺寸和普通管子的公称尺寸相同，阀门或管件的形式和给出的孔径尺寸是合理的，是标准的组成部分
注 8	缩颈的螺纹法兰和松套法兰见 EN 1759-1：2004 中图 3 和表 4
注 9	当 Class150 和 Class300 法兰需要平面时，则可以提供全厚度 C 和去掉凸面的厚度 注意，去掉凸面意味着颈的厚度和长度不再和标准一致

表 1-456 偏差

尺寸	法兰类型		偏差/mm	NPS/in
颈部焊端直径 A	11，21		+2.4 −0.8	≤5
			+4.0 −0.8	>5
孔径 B_1、B_2	01，12，14，15		+0.8 0	≤10
			+1.6 0	>10
孔径 B_3	11，14		±0.8	≤10
			±1.6	>10，≤18
			+3.2 −1.6	>18
长度 H_1、H_2、H_3	11，12，13，14，15		±1.6	≤10
			±3.2	>10
法兰厚度 C	所有类型		+3.2 0	≤18
			+4.8 0	>18
凸面外径 R	全部	1.6mm 凸面	±0.8	所有公称尺寸
		6.4mm 凸面	±0.4	
密封面尺寸 R、U、W、Y 和 Z	全部	密封面类型 C，D，E，F	±0.4	所有公称尺寸
环连接槽深 E	全部	密封面类型 J	+4.8 0	所有公称尺寸
环连接槽宽 F			±0.2	
环连接槽中心圆直径 P			±1.3	
23°角			±0.5°	
螺栓中心圆直径 K	全部		±1.6	所有公称尺寸
相邻螺栓孔中心到中心距离	全部		±0.8	所有公称尺寸
螺栓圆周的偏心和机加工密封面尺寸	全部		0.8	≤2½
			1.6	>2½
螺栓轴承面和法兰连接面的平行度	全部		1°	所有公称尺寸

1.7.5.12 EN 1092-2：1997 法兰及其连接件 PN 标识的管道、阀门、管件和附件用图形法兰 第2部分：铸铁法兰

1）铸铁法兰的类型及B型法兰的密封面尺寸如图1-213所示及见表1-457。

2）公称压力为PN2.5法兰的结构型式及尺寸如图1-214所示及见表1-458。

3）公称压力为PN6法兰的结构型式及尺寸如图1-215所示及见表1-459。

4）公称压力为PN10法兰的结构型式及尺寸如图1-216所示及见表1-460。

5）公称压力为PN16法兰的结构型式和尺寸如图1-217所示及见表1-461。

6）公称压力为PN25法兰的结构型式和尺寸如图1-218所示及见表1-462。

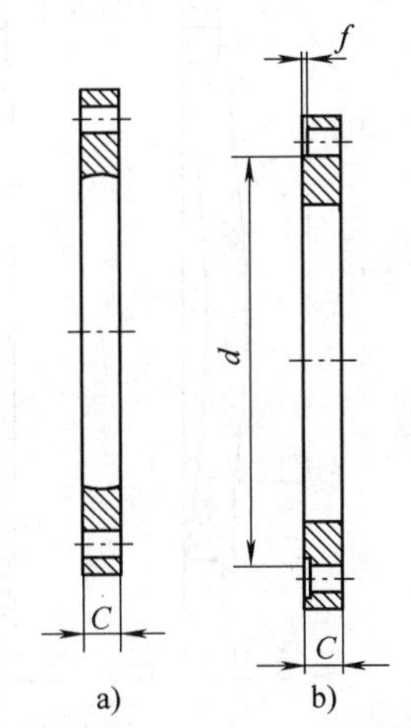

图1-213 铸铁法兰的类型

a）A型-平面 b）B型-凸面

表1-457 B型法兰的密封面尺寸（EN 1092-2：1997） （单位：mm）

公称尺寸	f	d①							公称尺寸	f	d①						
		PN2.5	PN6	PN10	PN16	PN25	PN40	PN63			PN2.5	PN6	PN10	PN16	PN25	PN40	PN63
DN10	2	33	33	41	41	41	41	—	DN700	5	772	772	794	794	820	—	—
DN15	2	38	38	46	46	46	46	—	DN800	5	878	878	901	901	928	—	—
DN20	2	48	48	56	56	56	56	—	DN900	5	978	978	1001	1001	1028	—	—
DN25	3	58	58	65	65	65	65	—	DN1000	5	1078	1078	1112	1112	1140	—	—
DN32	3	69	69	76	76	76	76	—	DN1100	5	—	—	1218	1218	1240	—	—
DN40	3	78	78	84	84	84	84	84	DN1200	5	1280	1295	1328	1328	1350	—	—
DN50	3	88	88	99	99	99	99	99	DN1400	5	1480	1510	1530	1530	1560	—	—
DN60	3	98	98	108	108	108	108	108	DN1500	5	—	—	1640	1640	1678	—	—
DN65	3	108	108	118	118	118	118	118	DN1600	5	1690	1710	1750	1750	1780	—	—
DN80	3	124	124	132	132	132	132	132	DN1800	5	1890	1918	1950	1950	1985	—	—
DN100	3	144	144	156	156	156	156	156	DN2000	5	2090	2125	2150	2150	2210	—	—
DN125	3	174	174	184	184	184	184	184	DN2200	6	2295	2335	—	—	—	—	—
DN150	3	199	199	211	211	211	211	211	DN2400	6	2495	2545	—	—	—	—	—
DN200	3	254	254	266	266	274	284	284	DN2600	6	2695	2750	—	—	—	—	—
DN250	3	309	309	319	319	330	345	345	DN2800	6	2910	2960	—	—	—	—	—
DN300	4	363	363	370	370	389	409	409	DN3000	6	3110	3160	—	—	—	—	—
DN350	4	413	413	429	429	448	465	465	DN3200	6	3310	3370	—	—	—	—	—
DN400	4	463	463	480	480	503	535	535	DN3400	6	3510	3580	—	—	—	—	—
DN450	4	518	518	530	548	548	560	—	DN3600	6	3720	3790	—	—	—	—	—
DN500	4	568	568	582	609	609	615	—	DN3800	6	3920	—	—	—	—	—	—
DN600	5	667	667	682	720	720	735	—	DN4000	6	4120	—	—	—	—	—	—

① 对于16型法兰PN10的d值适用于PN10～PN40，DN65的d值与DN60的d值相同。

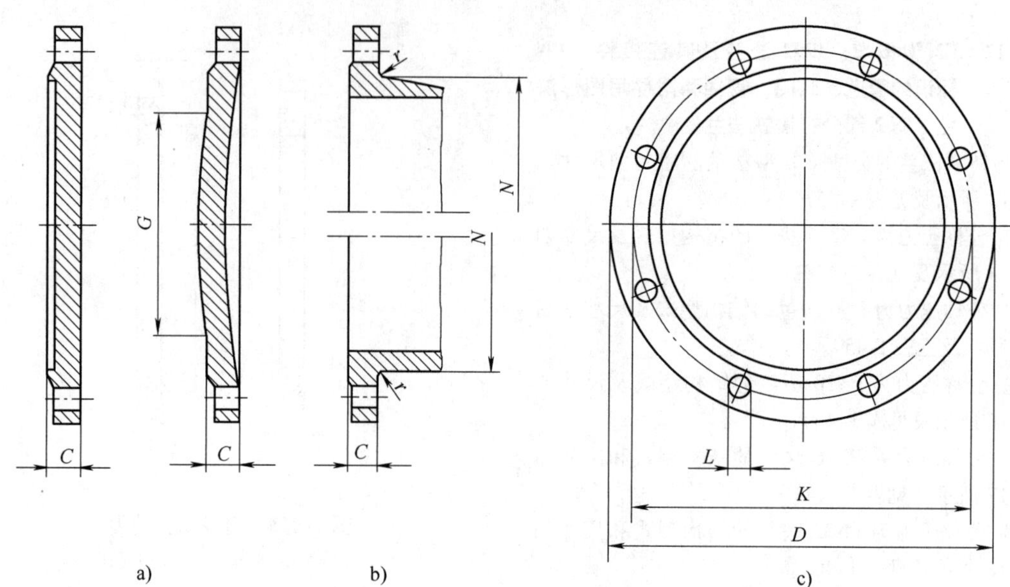

图1-214 公称压力为PN2.5法兰的结构型式

a）05型法兰 b）21型法兰 c）螺栓孔的布置

注：c）仅说明螺栓孔的分布状况，并不说明螺栓孔的数量，准确孔数见表1-458。

表1-458 公称压力为PN2.5法兰的尺寸（EN 1092-2:1997） （单位：mm）

公称尺寸	配合尺寸					法兰厚度 C①	肩部最大直径 G	颈部直径 N	圆角半径 r
	法兰外径 D	螺孔中心圆直径 K	螺孔直径 L	螺栓					
				数量/个	公称规格				
	法兰形式								
	05、21					05、21	05	21	21
DN10～DN1000	使用PN6								
DN1200	1375	1320	31	32	M27	30	1185	1250	8
DN1400	1575	1520	31	36	M27	30	1385	1452	8
DN1600	1790	1730	31	40	M27	32	1585	1654	10
DN1800	1990	1930	31	44	M27	34	1785	1856	10
DN2000	2190	2130	31	48	M27	34	1985	2056	10
DN2200	2405	2340	34	52	M30	36	2185	2260	10
DN2100	2605	2540	34	56	M30	38	2385	2464	10
DN2600	2805	2740	34	60	M30	40	2585	2668	10
DN2800	3030	2960	37	64	M33	42	2785	2868	12
DN3000	3230	2960	37	68	M33	42	2985	3068	12
DN3200	3430	3360	37	72	M33	44	3185	3268	12
DN3400	3630	3560	37	76	M33	46	3385	3472	12
DN3600	3840	3770	37	80	M33	48	3585	3676	12
DN3800	4045	3970	41	80	M36	48	3785	3876	12
DN4000	4245	4170	41	84	M36	50	3985	4076	12

① 这些法兰厚度也适用于21-2型球墨铸铁法兰。

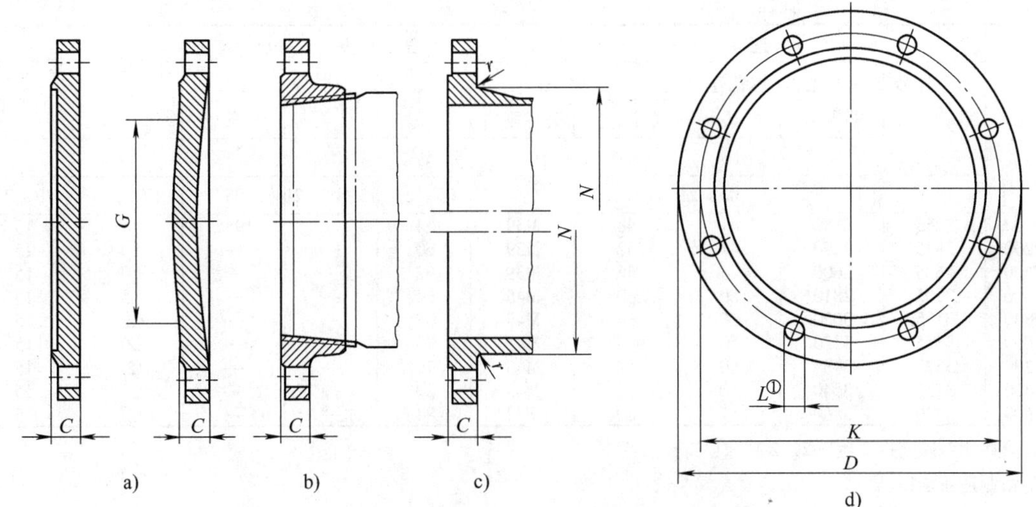

图 1-215 公称压力为 PN6 法兰的结构型式

a）05 型法兰 b）13 型法兰 c）21 型法兰 d）螺栓孔的布置

注：d）仅说明螺栓孔的分布状况，并不说明螺栓孔的数量，准确孔数见表 1-459。

表 1-459 公称尺寸为 PN6 法兰的尺寸（EN 1092-2: 1997） （单位：mm）

公称尺寸	连接尺寸					法兰厚度		肩部最大直径	颈部直径	圆角半径
	法兰外径 D	螺孔中心圆直径 K	螺孔直径 L	螺栓 数量/个	螺栓 公称规格	$C^{①}$	$C^{①}$	G	N	r
	法兰形式									
	13、05、21					05、21	13、05、21	05	13、21	13、21
DN10	75	50	11	4	M10	12	12	—	20	3
DN15	80	55	11	4	M10	12	12	—	26	3
DN20	90	65	11	4	M10	14	14	—	34	4
DN25	100	75	11	4	M10	14	14	—	44	4
DN32	120	90	14	4	M12	16	16	—	54	5
DN40	130	100	14	4	M12	16	16	—	64	5
DN50	140	110	14	4	M12	16	16	—	74	5
DN60	150	120	14	4	M12	16	16	—	84	6
DN65	160	130	14	4	M12	16	16	—	94	6
DN80	190	150	19	4	M16	18	18	—	110	6
DN100	210	170	19	4	M16	18	18	—	130	6
DN125	240	200	19	8	M16	20	20	—	160	6
DN150	265	225	19	8	M16	20	20	—	182	8
DN200	320	280	19	8	M16	22	22	—	238	8
DN250	375	335	19	12	M16	24	24	—	284	10
DN300	440	395	23	12	M20	24	24	—	342	10
DN350	490	445	23	12	M20	26	—	335	392	10
DN400	540	495	23	16	M20	28	—	385	442	10
DN450	595	550	23	16	M20	28	—	435	494	12
DN500	645	600	23	20	M20	30	—	485	544	12
DN600	755	705	28	20	M24	30	—	585	642	12
DN700	860	810	28	24	M24	32	—	685	746	12
DN800	975	920	31	24	M27	34	—	785	850	12
DN900	1075	1020	31	24	M27	36	—	885	950	12
DN1000	1175	1120	31	28	M27	36	—	985	1050	12
DN1200	1405	1340	34	32	M30	40	—	1185	1264	12
DN1400	1630	1560	37	36	M33	44	—	1385	1480	12
DN1600	1830	1760	37	40	M33	48	—	1585	1680	12
DN1800	2045	1970	41	44	M36	50	—	1785	1878	15

（续）

公称尺寸	连接尺寸					法兰厚度		肩部最大直径	颈部直径	圆角半径
	法兰外径 D	螺孔中心圆直径 K	螺孔直径 L	螺栓		C①	C①	G	N	r
				数量/个	公称规格					
	法兰形式									
	13、05、21					05、21	13、05、21	05	13、21	13、21
DN2000	2265	2180	41	48	M39	54	—	1985	2082	15
DN2200	2475	2390	44	52	M39	60	—	—	②	15
DN2400	2685	2600	44	56	M39	62	—	—	②	15
DN2600	2905	2810	50	60	M45	64	—	—	②	15
DN2800	3115	3020	50	64	M45	68	—	—	②	15
DN3000	3315	3220	50	68	M45	70	—	—	②	15
DN3200	3525	3430	50	72	M45	76	—	—	②	15
DN3400	3735	3640	50	76	M45	80	—	—	②	15
DN3600	3970	3860	57	80	M52	84	—	—	②	15

① 这些法兰厚度也适用于 21-2 型球墨铸铁法兰。

② 由制造者选择。

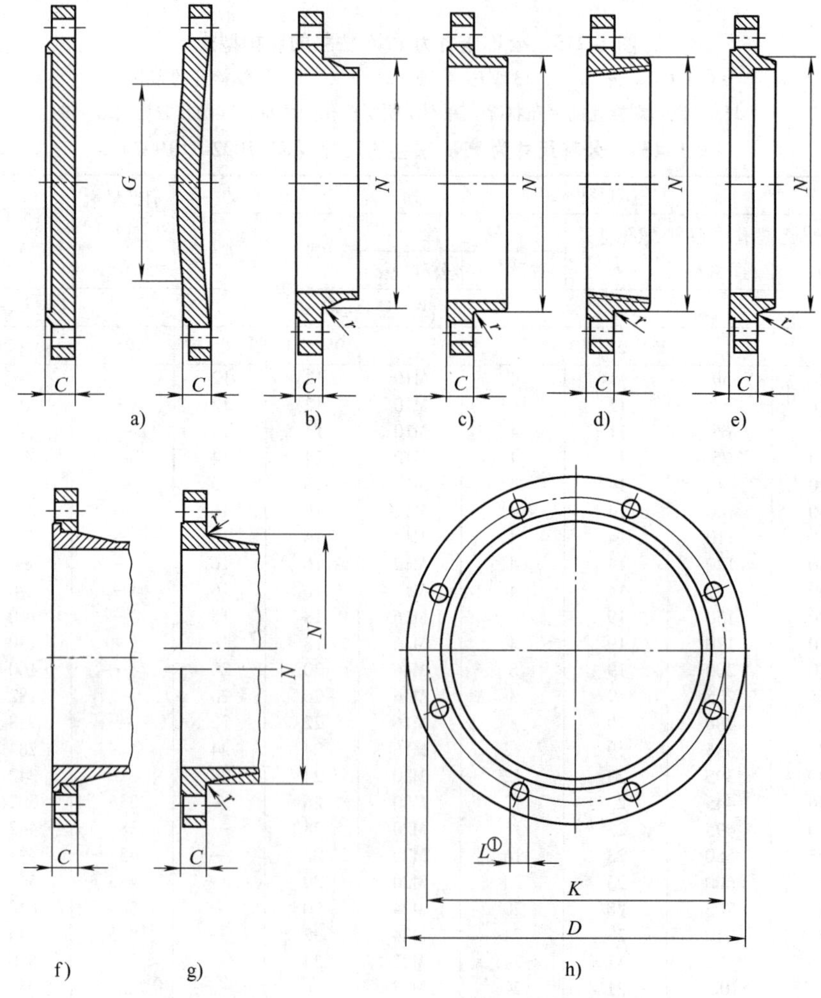

图 1-216 公称压力为 PN10 法兰的结构型式

a）05 型法兰 b）11 型法兰 c）12 型法兰 d）13 型法兰 e）14 型法兰 f）16 型法兰 g）21 型法兰 h）螺栓孔的布置

注：h）仅说明螺栓孔的分布状况，并不说明螺栓孔的数量，准确孔数见表 1-460。

表 1-460 公称压力为 PN10 法兰的尺寸（EN 1092-2: 1997） （单位：mm）

公称尺寸	连接尺寸					法兰厚度				肩部最大直径 *G*	颈部直径 *N*	圆角半径 *r*
	法兰外径 *D*	螺孔中心圆直径 *K*	螺孔直径 *L*	法兰厚度 数量/个	法兰厚度 公称规格	*C*③		*C*①	*C*			
	法兰形式											
	05、11、12、13、14、16、21					05、11、12、13、14、21	16	05、13、21	05、13、21	05	11、12、13、14、21	11、12、13、14、21
DN10 ~ DN150	采用 PN16 尺寸											
DN200	340	295	23	8	M20	20	29	26	24	—	246	8
DN250	395②	350	23	12	M20	22	32	28	26	—	298	10
DN300	445②	400	23	12	M20	24.5	36	28	26	—	348	10
DN350	505	460	23	16	M20	24.5	39	30	—	335	408	10
DN400	565	515	28	16	M24	24.5	42	32	—	385	456	10
DN450	615	565	28	20	M24	25.5	45	32	—	435	502	12
DN500	670	620	28	20	M24	26.5	48	34	—	485	559	12
DN600	780	725	31	20	M27	30	55	36	—	585	658	12
DN700	895	840	31	24	M27	32.5	—	40	—	685	772	12
DN800	1015	950	34	24	M30	35	—	44	—	785	876	12
DN900	1115	1050	34	28	M30	37.5	—	46	—	885	976	12
DN1000	1230	1160	37	28	M33	40	—	50	—	985	1080	12
DN1100	1340	1270	37	32	M33	42.5	—	53	—	1085	1186	12
DN1200	1455	1380	41	32	M36	45	—	56	—	1185	1292	12
DN1400	1675	1590	44	36	M39	46	—	62	—	1385	1496	12
DN1500	1785	1700	44	36	M39	47.5	—	65	—	1485	1605	12
DN1600	1915	1820	50	40	M45	49	—	68	—	4585	1712	12
DN1800	2115	2020	50	44	M45	52	—	70	—	4785	1910	15
DN2000	2325	2230	50	48	M45	55	—	74	—	1985	2120	15

① 这些法兰厚度也适用于 21-2 型球墨铸铁法兰。

② 用于球墨铸铁管道和管接头上的下列法兰外径应是：DN250 为 $D=400$mm；DN300 为 $D=455$mm。

③ PN10 的球墨铸铁法兰可以用于压力达到约 1.5MPa 的管道上。

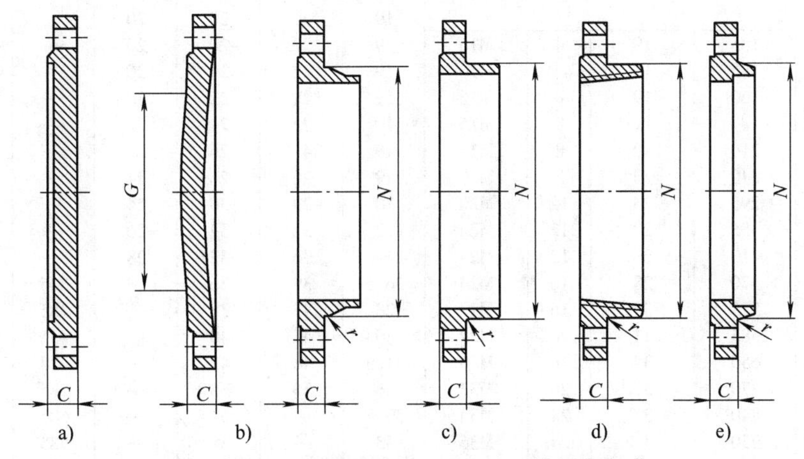

图 1-217 公称压力为 PN16 法兰的结构型式

a）05 型法兰 b）11 型法兰 c）12 型法兰 d）13 型法兰 e）14 型法兰

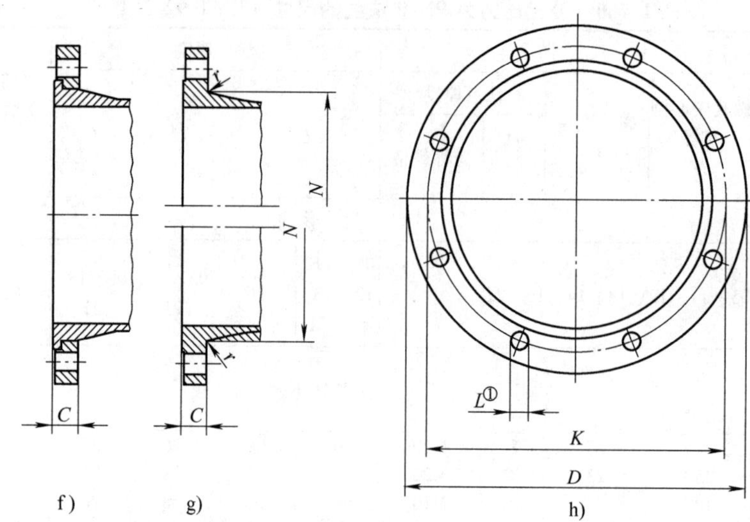

图1-217　公称压力为PN16法兰的结构型式（续）

f）16型法兰　g）21型法兰　h）螺栓孔的布置

注：h）仅说明螺栓孔的分布状况，并不说明螺栓孔的数量，准确孔数见表1-461。

表1-461　公称压力为PN16法兰的尺寸（EN 1092-2：1997）　　（单位：mm）

公称尺寸	连接尺寸					法兰厚度				肩部最大直径 G	颈部直径 N	圆角半径 r
	法兰外径 D	螺孔中心圆直径 K	螺孔直径 L	螺栓		C①		C①	C			
				数量/个	公称尺寸							
	法兰形式											
	05、11、12、13、14、16、21					05、11、12、13、14、21	16	05、13、21	05、13、21	05	11、12、13、14、21	11、12、13、14、21
DN10	采用PN40尺寸					14	—	14	14	—	28	3
DN15						14	—	14	14	—	32	3
DN20						16	—	16	16	—	40	4
DN25						16	—	16	16	—	50	4
DN32						18	—	18	18	—	60	5
DN40						19	22	18	18	—	70	5
DN50						19	22	20	20	—	84	5
DN60	175	135	19	4	M16	19	22	20	20	—	94	6
DN65	185	145	19	4③	M16	19	22	20	20	—	104	6
DN80	200	160	19	8	M16	19	22	22	20	—	120	6
DN100	220	180	19	8	M16	19	23	24	22	—	140	6
DN125	250	210	19	8	M16	19	24.5	26	22	—	170	6
DN150	285	240	23	8	M20	19	26	26	24	—	190	8
DN200	340	295	23	12	M20	20	29	30	24	—	246	8
DN250	405②	355	28	12	M24	22	32	32	26	—	296	10
DN300	460②	410	28	12	M24	24.5	36	32	28	—	350	10
DN350	520	470	28	16	M24	26.5	39	36	—	335	410	10
DN400	580	525	31	16	M27	28	42	38	—	385	458	10
DN450	640	585	31	20	M27	30	45	40	—	435	516	12
DN500	715	650	34	20	M30	31.5	48	42	—	485	576	12
DN600	840	770	37	20	M33	36	55	48	—	585	690	12
DN700	910	840	37	24	M33	39.5	—	54	—	685	762	12
DN800	1025	950	41	24	M36	43	—	58	—	785	862	12
DN900	1255	1050	41	28	M36	46.5	—	62	—	885	962	12
DN1000	1355	1170	44	28	M39	50	—	66	—	985	1076	12
DN1200	1485	1270	44	32	M39	53.5	—	—	—	1085	1176	12

（续）

公称尺寸	连接尺寸					法兰厚度				肩部最大直径 G	颈部直径 N	圆角半径 r
	法兰外径 D	螺孔中心圆直径 K	螺孔直径 L	螺栓		C①		C①	C			
				数量/个	公称尺寸							
	法兰形式											
	05、11、12、13、14、16、21					05、11、12、13、14、21	16	05、13、21	05、13、21	05	11、12、13、14、21	11、12、13、14、21
DN1400	1685	1390	50	32	M45	57	—	—	—	1185	1282	12
DN1500	1820	1710	50	36	M45	60	—	—	—	1385	1482	12
DN1600	1930	1820	57	36	M52	62.5	—	—	—	1485	1586	12
DN1800	2130	2020	57	40	M52	65	—	—	—	1585	1696	12
DN2000	2345	2230	62	44	M52	70	—	—	—	1785	1896	15
				48	M56	75	—	—	—	1985	2100	15

① 这些法兰厚度也适用于21-2型球墨铸铁法兰。

② 用于球墨铸铁管道和管接头上的下列法兰外径应是：DN250为D=400mm；DN300为D=455mm。

③ 根据EN 1092-1，该DN和PN的钢法兰有8个孔，为了与此保持一致，经制造厂与用户协商，相同的铸铁法兰也有8个孔。

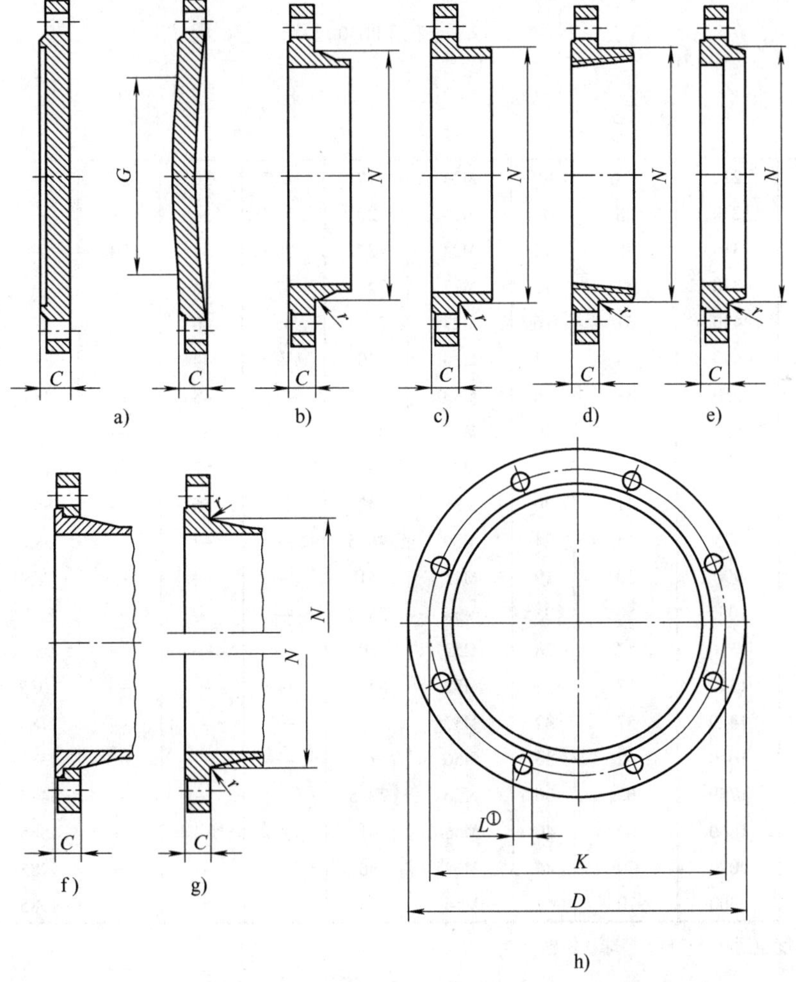

图1-218　公称压力为PN25法兰的结构型式

a）05型法兰　b）11型法兰　c）12型法兰　d）13型法兰　e）14型法兰　f）16型法兰　g）21型法兰　h）螺栓孔的布置

注：h）仅说明螺栓孔的分布情况，并不说明螺栓孔的数量，准确孔数见表1-462。

表1-462 公称压力为PN25法兰的尺寸（EN 1092-2: 1997） （单位：mm）

公称尺寸	连接尺寸					法兰厚度				肩部最大直径 *G*	颈部直径 *N*	圆角半径 *r*
	法兰外径 *D*	螺孔中心圆直径 *K*	螺孔直径 *L*	螺栓 数量/个	螺栓 公称规格	*C*		*C*①	*C*			
	法兰形式											
	05、11、12、13、14、16、21					05、11、12、13、14、21	16	05、21	05、13 21	05	11、12、13、14、21	11、12、13、14、21
DN0						14						
DN15						14						
DN20						16						
DN25						16						
DN32						18						
DN40	采用PN40尺寸											
DN50	采用PN40尺寸											
DN60	采用PN40尺寸											
DN65	采用PN40尺寸											
DN80	采用PN40尺寸											
DN100	采用PN40尺寸											
DN125	270	220	28	8	M24	19	24.5	30	26	—	162	6
DN150	300	250	28	8	M24	20	26	34	28	—	192	8
DN200	360	310	28	12	M24	22	29	34	30	—	252	8
DN250	425	370	31	12	M27	24.5	32	36	32	—	304	10
DN300	485	430	31	16	M27	27.5	36	40	34	—	364	10
DN350	555	490	34	16	M30	30	39	44	—	335	418	10
DN400	620	550	37	16	M33	32	42	48	—	385	472	10
DN450	670	600	37	20	M33	34.5	45	50	—	435	520	12
DN500	730	660	37	20	M33	36.5	48	52	—	485	580	12
DN600	845	770	41	20	M36	42	55	56	—	585	684	12
DN700	960	875	44	24	M39	46.5	—	—	—	685	780	12
DN800	1085	990	50	19	M45	51	—	—	—	785	882	12
DN900	1185	1090	50	28	M54	55.5	—	—	—	885	982	12
DN1000	1320	1210	57	28	M52	60	—	—	—	985	1086	12
DN1100	1420	1310	57	32	M52	64.5	—	—	—	1085	1186	12
DN1200	1530	1420	57	32	M52	69	—	—	—	1185	1296	12
DN1400	1755	1640	62	36	M56	74	—	—	—	1385	1508	12
DN1500	1865	1750	62	36	M56	77.5	—	—	—	1485	1617	12
DN1600	1975	1860	62	40	M56	81	—	—	—	1585	1726	12
DN1800	2195	2070	70	44	M64	88	—	—	—	1785	1920	15
DN2000	2425	2300	70	48	M64	95	—	—	—	1985	2150	15

① 这些法兰厚度也适用于21-2型球墨铸铁法兰。

7）公称压力为PN40法兰的结构型式及尺寸如图1-219所示及见表1-463。

8）公称压力为PN63法兰的结构型式及尺寸如图1-220所示及见表1-464。

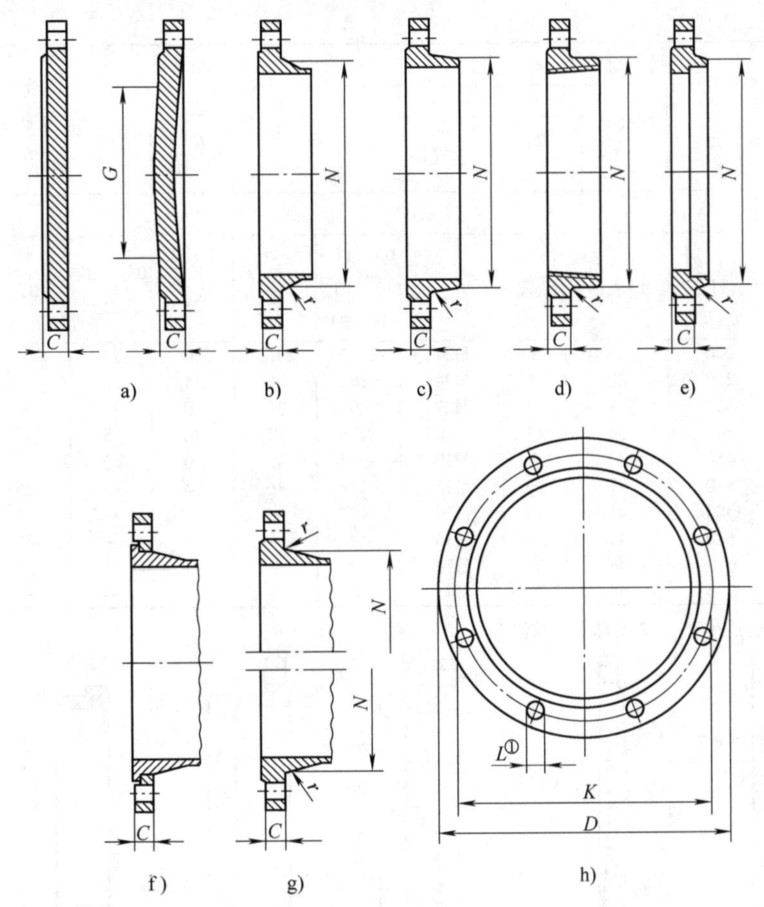

图 1-219 公称压力为 PN40 法兰的结构型式

a）05 型法兰 b）11 型法兰 c）12 型法兰 d）13 型法兰 e）14 型法兰 f）16 型法兰 g）21 型法兰 h）螺栓孔的布置

注：h）仅说明螺栓孔的分布情况，并不说明螺栓孔的数量，准确孔数见表 1-463。

表 1-463 公称压力为 PN40 法兰的尺寸（EN 1092-2: 1997） （单位：mm）

公称尺寸	连接尺寸					法兰厚度				肩部最大直径 G	颈部直径 N	圆角半径 r
	法兰外径 D	螺孔中心圆直径 K	螺孔直径 L	螺栓 数量/个	螺栓 公称规格	C		C①	C			
	法兰形式											
	05、11、12、13、14、16、21					05、11、12、13、14、21	16	05、21	05、13、21	05	11、12、13、14、21	11、12、13、14、21
DN10	90	60	14	4	M12	—	—	16	14	—	28	3
DN15	95	65	14	4	M12	—	—	16	14	—	32	3
DN20	105	75	14	4	M12	—	—	18	16	—	40	4
DN25	115	85	14	4	M12	—	—	18	16	—	50	4
DN32	140	100	19	4	M16	—	—	20	18	—	60	5
DN40	150	110	19	4	M16	19	22	20	18	—	70	5
DN50	165	125	19	4	M16	19	22	22	20	—	84	5
DN60	175	135	19	8	M16	19	22	24	22	—	94	6
DN65	185	145	19	8	M16	19	22	24	22	—	104	6
DN80	200	160	19	8	M16	19	22	26	24	—	120	6
DN100	235	190	23	8	M20	19	23	28	24	—	142	6

（续）

公称尺寸	连接尺寸					法兰厚度				肩部最大直径 G	颈部直径 N	圆角半径 r
	法兰外径 D	螺孔中心圆直径 K	螺孔直径 L	螺栓		C		C①	C			
				数量/个	公称规格							
	法兰形式											
	05、11、12、13、14、16、21					05、11、12、13、14、21	16	05、21	05、13、21	05	11、12、13、14、21	11、12、13、14、21
DN125	270	220	28	8	M24	23.5	24.5	30	26	—	162	6
DN150	300	250	28	8	M24	26	26	34	28	—	192	8
DN200	375	320	31	12	M27	30	33	40	34	—	254	8
DN250	450	385	34	12	M30	34.5	37	46	38	—	312	10
DN300	515	450	34	16	M30	39.5	42	40	42	—	378	10
DN350	580	510	37	16	M33	44	46	54	—	335	432	10
DN400	660	585	41	16	M36	48	—	62	—	385	498	10
DN450	685	610	41	20	M36	49	—	—	—	435	522	12
DN500	755	670	44	20	M39	52	—	—	—	485	576	12
DN600	890	795	50	20	M45	58	—	—	—	585	686	12

① 这些法兰厚度也适用于 21-2 型球墨铸铁法兰。

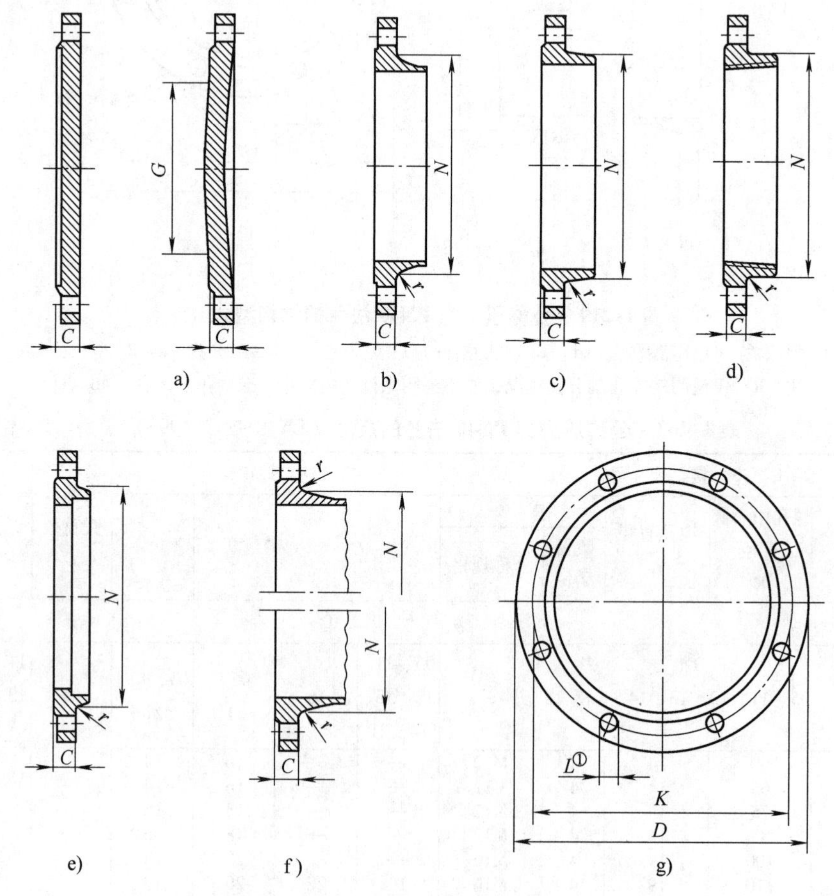

图 1-220 公称压力为 PN63 法兰的结构型式

a）05 型法兰 b）11 型法兰 c）12 型法兰 d）13 型法兰 e）14 型法兰 f）21 型法兰 g）螺栓孔的布置

注：g）仅说明螺栓孔的分布情况，并不说明螺栓孔的数量，准确孔数见表 1-464。

表1-464 公称压力为PN63法兰的尺寸（EN 1092-2:1997） （单位：mm）

公称尺寸	连接尺寸					法兰厚度	肩部最大直径	颈部直径	圆角半径
	法兰外径 D	螺孔中心圆直径 K	螺孔直径 L	螺栓 数量/个	螺栓 公称规格	C	G	N	r
	法兰形式								
	05、11、12、13、14、21					05、21	05	11、12、13、14、21	
DN40	170	125	23	4	M20	28	—	77	5
DN50	180	135	23	4	M20	28	—	87	5
DN60	190	145	23	8	M20	28	—	97	6
DN65	205	160	23	8	M20	28	—	112	6
DN80	215	170	23	8	M20	31	—	122	6
DN100	250	200	28	8	M24	33	—	142	6
DN125	295	240	31	8	M27	37	—	174	6
DN150	345	280	34	8	M30	39	—	208	8
DN200	415	345	37	12	M33	46	—	267	8
DN250	470	400	37	12	M33	50	—	322	10
DN300	530	460	37	16	M33	57	—	382	10
DN350	600	525	41	16	M36	61	335	438	10
DN400	670	585	44	16	M39	65	385	490	10

9）各类铸铁法兰的尺寸公差见表1-465。

表1-465 各类铸铁法兰的尺寸公差（EN 1092-2:1997） （单位：mm）

符号	名称		公差					
D	外径		无规定公差但最小对于标准六角头螺栓应提供足够的支承面积					
d	密封面直径	公称尺寸	≤DN100	DN125~DN300	DN350~DN600	DN700~DN1200	≥DN1400	
		公差	-4	-4.5	-5	-5.5	-6	
			最大直径可大于公称值，但该标准中未给出正公差					
f	密封面高度		最小 $f=1$mm					
h （$=c-f$）	密封面厚度	厚度	≤35	36~45	46~60	61~75	>76	
		公差	+4 -3	+4.5 -4	+5 -4	+6 -5	+7 -6	
L	螺栓孔径		≤M33	M36~M39	M45~M52	>M52		
			+1.5 0	+2 0	+2.5 0			
	螺栓孔的位置①②		M10	M12	M14~M20	M24~M33	M36~M52	>M52
			1	2	3	4	5	6
	密封面拔模斜度角		≤2°					

① 螺栓孔的位置要考虑螺孔中心圆直径及中心到中心的公差。

② 说明见ISO 5458：2018。

1.7.6 其他连接端

1.7.6.1 对接焊端

（1）中国标准GB/T 12224对接焊端的规定 如果用户没有另行规定，对接焊端应按图1-221所示加工坡口。

（2）美国ASME B16.25—2017对接焊端的规定

1）焊接端过渡区最大包络线。美国ASME B16.25—2017规定的焊接端过渡区最大包络线如图1-222所示。

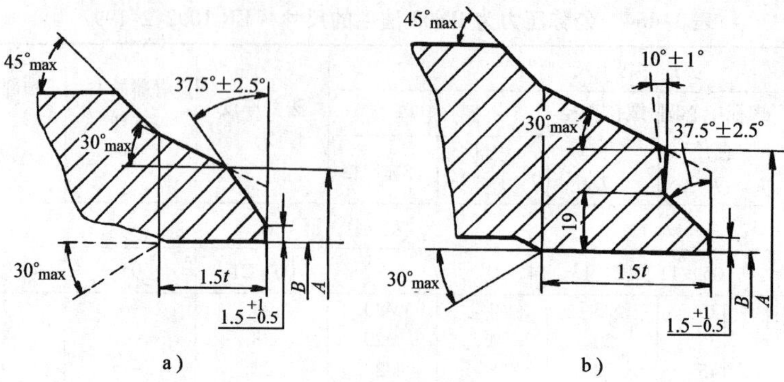

图1-221　对接焊端坡口

a）管子壁厚 $t \leqslant 22$mm 的焊接端　b）管子壁厚 $t>22$mm 的焊接端

A—焊接端的外径（见表1-466）　B—管子的内径（偏差见表1-466）　t—管子的壁厚（mm）

注：1. 虚线表示焊接坡口处最大外形。

2. 除订货方另有规定外，阀门焊接端的外表面应全部进行机加工，外焊层的外形轮廓可由制造厂选定。

3. 相交处应稍稍倒圆。

4. 最小壁厚等于或小于3mm的阀门，其端部可加工成方形或倒圆。

表1-466　焊接端的外径、外径的极限偏差及管子内径的极限偏差　（单位：mm）

公称尺寸	DN50	DN65	DN80	DN100	DN150	DN200	DN250	DN300	DN350	DN400	≥DN500
A	62	75	91	117	172	223	278	329	360	413	—
A 的极限偏差	$^{+2.5}_{-1}$			$^{+4}_{-7}$							—
B 的极限偏差	±0.8			±1.5							±3.0

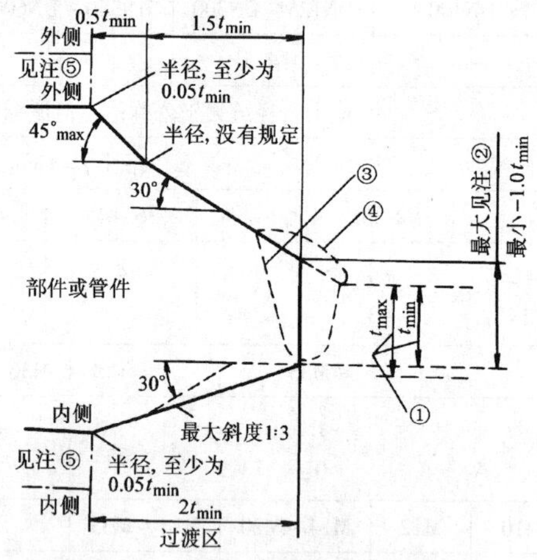

图1-222　焊接端过渡区最大包络线

① t_{min} 值对以下几种情况均能适用：

a）管子的最小订购壁厚；

b）按管壁号订购的管子公称壁厚乘以0.785，其管子壁厚的下偏差为12.5%；

c）在两个部件对接时，部件或管件（或取两者的较薄者）圆柱形焊接端部的最小订购壁厚。

② 部件端部的最大厚度是：

a）当订购以最小壁厚为基础时，取 t_{min} +4mm 或 $1.15t_{min}$ 的较大者；

b）当订购以公称壁厚为基础时，取 t_{min} +4mm 或 $1.10t_{min}$ 的较大者。

③ 所示的焊接坡口仅用于插图。

④ 按所用法规允许的焊接增强，可超出最大包络线。

⑤ 在使用最大斜率的过渡线区不与内表面或外表面相交的场合，如假想线轮廓所示，应采用所示的最大斜率或替换半径。

2）用于壁厚 t≤22mm 的焊接端。用于壁厚 t≤2mm 的焊接端如图 1-223～图 1-226 所示，图中的双点划线表示从焊接坡口和根面过渡到部件本体过渡区的最大包络线，如图 1-222 所示。有垫环的焊接端，用户订货时必须给定垫环的尺寸。

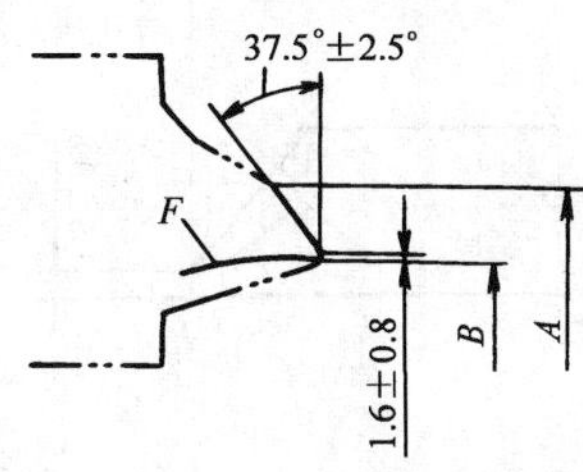

图 1-223　无垫环连接的焊接端

注：根面的尺寸 B 可以是经过成形的或经过机加工的内表面。如无特殊规定，包络线内的轮廓由制造厂决定。

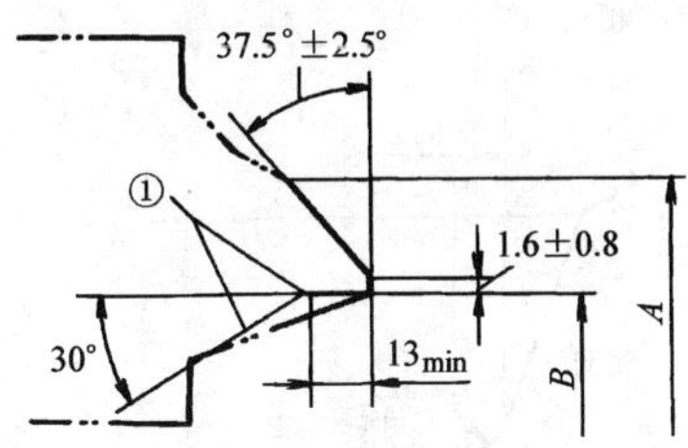

图 1-224　带拼合的直角形垫环连接的焊接端

① 焊接端内径值上的尺寸 B 应规定在部件所采用的标准或规范内。其交叉截面应略微倒圆。

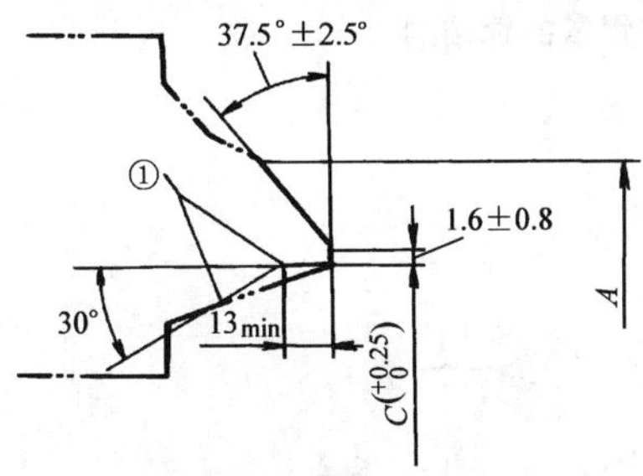

图 1-225　带连续直角形垫环连接的焊接端

① 交叉截面应略微倒圆。

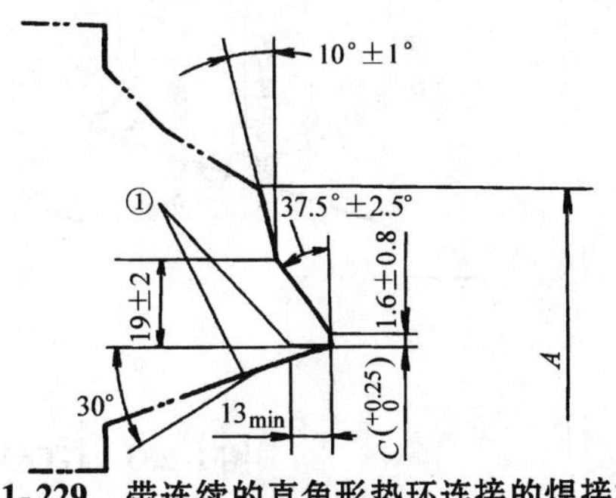

3）用于壁厚＞22mm 的焊接端，用于壁厚＞22mm 的焊接端如图 1-227～图 1-230 所示，图中的双点划线表示从焊接坡口和根面过渡到部件本体过渡区的最大包络线，如图 1-222 所示。有垫环的焊接端，用户订货时必须给定垫环的尺寸。

4）公称壁厚为 3～10mm 的钨极弧焊根部焊道的焊接坡口，如图 1-231 所示。

5）公称壁厚为 10～25mm 的钨极弧焊根部焊道的焊接端，如图 1-232 所示，图中双点划线表示从焊槽和棱面过渡到部件体的最大包络线。

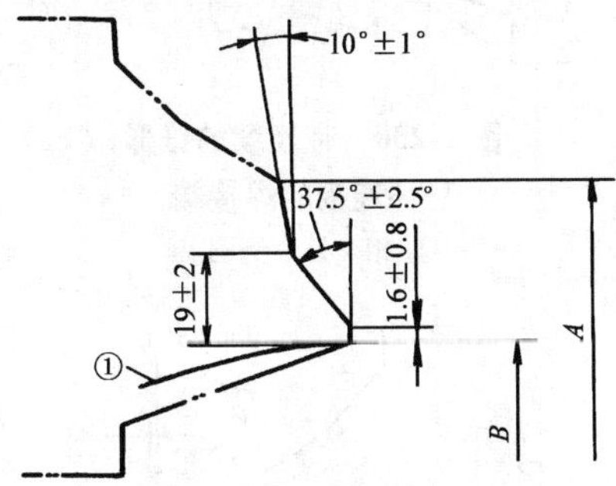

图 1-227　无垫环连接的焊接端

① 根部面尺寸 B 其内表面可以是成形的或是加工的。包络线内的过渡区应符合图 1-223 的要求。

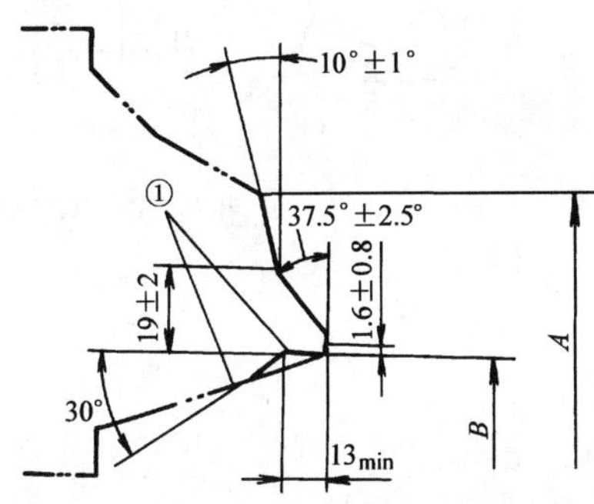

图 1-228　带拼合的直角形垫环连接的焊接端

① 相交处应倒圆。

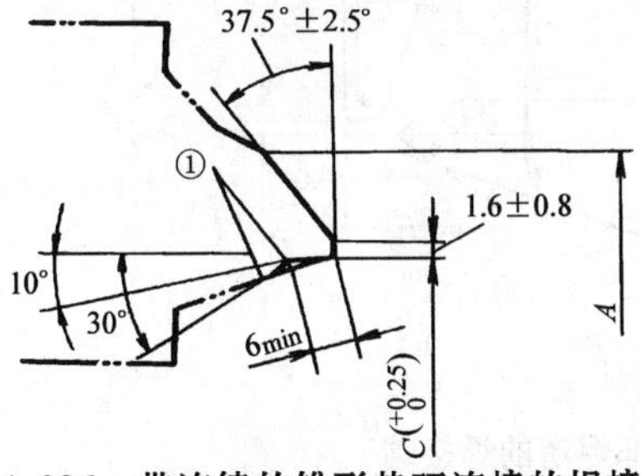

图 1-226　带连续的锥形垫环连接的焊接端

① 交叉截面应略微倒圆。

图 1-229　带连续的直角形垫环连接的焊接端

① 相交处应倒圆。

6）公称壁厚＞25mm 的气体钨极弧焊根部焊道的焊接端，如图1-233所示。图中双点划线表示从焊槽和棱面过渡到零件体的最大包络线。

7）焊端尺寸。焊端尺寸见表1-467。

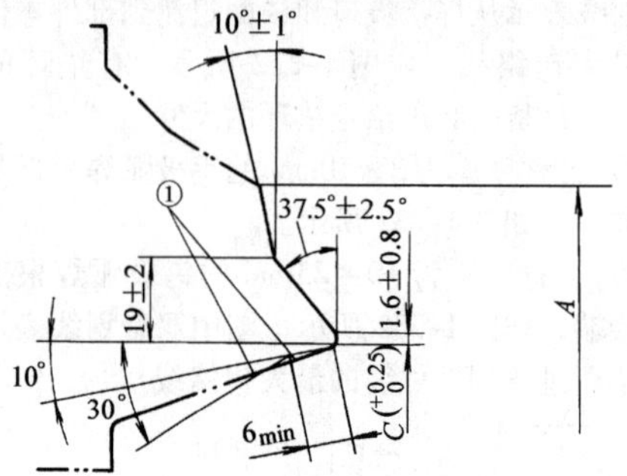

图1-230 带连续的锥形垫环连接的焊接端

① 相交处应倒圆。

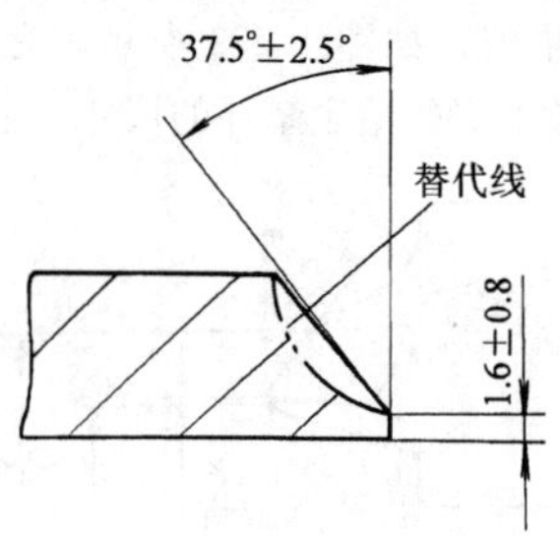

图1-231 GTAW（钨极弧焊）根部焊道的焊接坡口

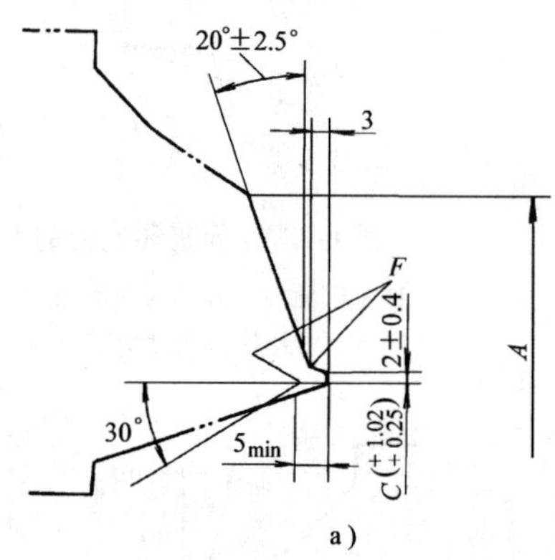

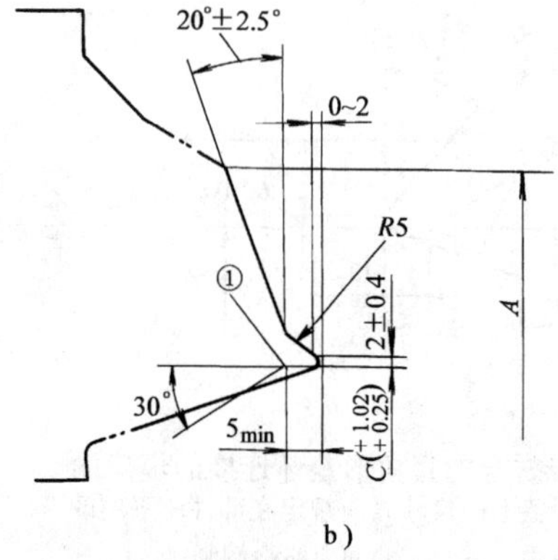

图1-232 GTAW（钨极弧焊）根部焊道的焊接端

a）A型 b）B型

① 内角应倒圆。

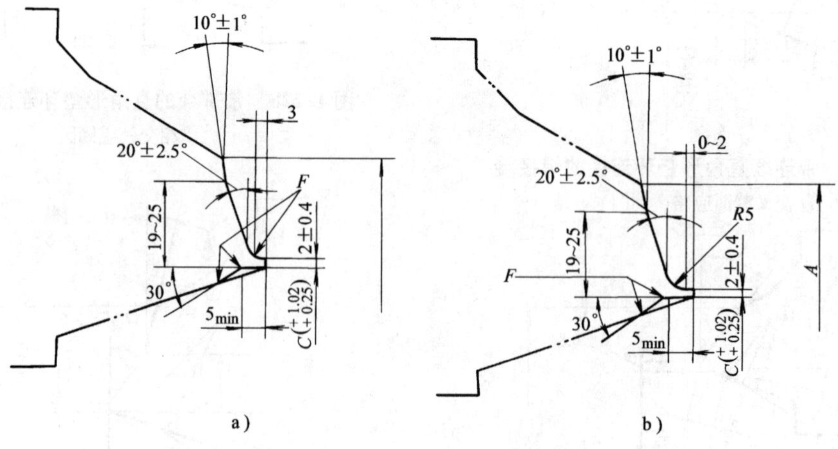

图1-233 GTAW（钨极弧焊）根部焊道的焊接端

a）A型 b）B型

表 1-467 焊端尺寸 （单位：mm）

1		2	3	4	5	6	7
公称尺寸		管号①	焊端外径		B	C③	t
			锻或锻焊零件 A	铸钢阀② A			
DN65	NPS2 $\frac{1}{2}$	40 80 160 XXS	73	75	63 59 54 45	62.95 59.70 55.30 47.45	5.15 7.00 9.55 14.00
DN80	NPS3	40 80 160 XXS	89	91	78 74 67 58	78.25 74.50 68.40 61.20	5.50 7.60 11.15 15.25
(DN90)	NPS3 $\frac{1}{2}$	40 80	102	105	90 85	90.55 86.40	5.75 8.10
DN100	NPS4	40 80 120 160 XXS	114	117	102 97 92 87 80	102.70 98.25 93.80 89.65 83.30	6.00 8.55 11.15 13.50 17.10
DN125	NPS5	40 80 120 160 XXS	141	144	128 122 116 110 103	128.80 123.60 118.05 112.45 106.90	6.55 9.55 12.70 15.90 19.05
DN150	NPS6	40 80 120 160 XXS	168	172	154 146 140 132 124	154.80 148.05 142.25 135.30 128.85	7.10 10.95 14.25 18.25 21.95
DN200	NPS8	40 60 80 100 120 140 XXS 160	219	223	203 198 194 189 183 178 175 173	203.70 199.95 195.80 191.60 186.10 181.95 179.15 177.75	8.20 10.30 12.70 15.10 18.25 20.60 22.25 23.00
DN250	NPS10	40 60 80 100 120 140 160	273	278	255 248 243 237 230 222 216	255.80 249.80 245.60 240.05 234.50 227.55 222.00	9.25 12.70 15.10 18.25 21.45 25.40 28.60
DN300	NPS12	STD 40 XS 60 80 100 120 140 160	324	329	305 303 298 295 289 281 273 267 257	306.15 304.75 300.60 297.80 292.25 285.30 278.35 272.80 264.50	9.55 10.30 12.70 14.25 17.50 21.45 25.40 28.60 33.30
DN350	NPS14	STD 40 XS 60 80 100 120 140 160	356	362	337 333 330 325 318 308 300 292 284	337.90 335.10 332.35 328.15 321.20 312.90 305.90 299.00 292.05	9.55 11.15 12.70 15.10 19.05 23.85 27.80 31.75 35.70

（续）

1		2	3	4	5	6	7
公称尺寸		管号①	焊端外径		B	C③	t
			锻或锻焊零件 A	铸钢阀② A			
DN400	NPS16	STD 40 60 80 100 120 140 160	406	413	387 381 373 364 354 344 333 325	388.70 383.15 376.20 367.85 359.55 351.20 341.45 334.50	9.55 12.70 16.65 21.45 26.20 30.95 36.55 40.50
DN450	NPS18	STD XS 40 60 80 100 120 140 160	457	464	438 432 429 419 410 398 387 378 367	439.50 433.95 431.15 422.80 414.50 404.75 395.05 386.70 377.00	9.55 12.70 14.25 19.05 23.85 29.35 34.95 39.65 45.25
DN500	NPS20	STD XS 40 60 80	508	516	489 483 478 467 456	490.30 484.75 480.55 470.85 461.15	9.55 12.70 15.10 20.60 26.20
DN500	NPS20	100 120 140 160	508	516	443 432 419 408	450.00 440.30 429.15 419.45	32.55 38.10 44.45 50.00
DN550	NPS22	STD XS 60 80 100 120 140 160	559	567	540 533 514 502 489 476 464 451	541.10 535.55 518.85 507.75 496.65 485.50 474.40 463.30	9.55 12.70 22.25 28.60 34.95 41.30 47.65 54.00
DN600	NPS24	STD XS 30 40 60 80 100 120 140 160	610	619	591 584 581 575 560 548 532 518 505 491	591.90 586.35 583.55 578.00 565.50 554.40 540.50 528.00 516.90 504.35	9.55 12.70 14.25 17.50 24.60 30.95 38.90 46.00 52.35 59.55
DN650	NPS26	10 20	660	670	645 635	645.50 637.15	7.90 12.70
DN700	NPS28	10 20 30	711	721	695 686 679	696.30 687.95 682.35	7.90 12.70 15.90
DN750	NPS30	10 20 30	762	772	746 737 730	747.10 738.75 733.15	7.90 12.70 15.90

（续）

1		2	3	4	5	6	7
公称尺寸		管号①	焊端外径		B	C③	t
			锻或锻焊零件 A	铸钢阀② A			
DN800	NPS32	10 20 30 40	813	825	797 787 781 778	797.90 789.55 783.95 781.20	7.90 12.70 15.90 17.50
DN850	NPS34	10 20 30 40	864	876	848 838 832 829	848.70 840.35 834.75 832.00	7.90 12.70 15.90 17.50
DN900	NPS36	10 20 30 40	914	927	899 889 883 876	899.50 891.15 885.55 880.00	7.90 12.70 15.90 19.05

① 按 ASME B36.10M—2018 的尺寸：STD—标准壁厚；XS—超强壁厚；XXS—双倍超强壁厚。

② 第4纵行列出的直径没有强制性，只是为了方便使用者。

③ 公称尺寸为 NPS2 或小于 NPS2 的连续衬环的内部机加工没有仔细加以考虑。

（3）英国 BS EN ISO 17292：2015 标准关于钢制球阀对接焊端的规定　如图 1-234 及表 1-468 所示。

（4）欧洲标准 EN 1092-1：2018 关于焊接端的规定。

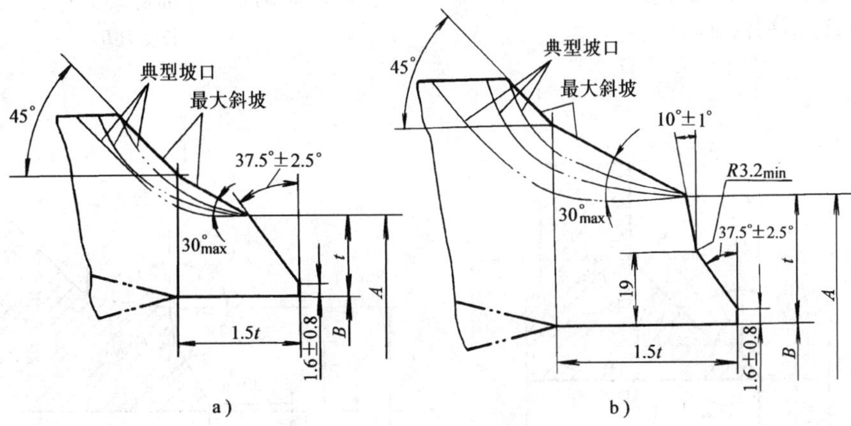

图 1-234　钢制球阀的对接焊端

a）与壁厚≤22mm 管子连接的焊接端　b）与壁厚＞22mm 管子连接的焊接端

A—焊接端的名义外径　B—管子的外径　t—管子的壁厚

注：1. 阀门焊接端的内外表面应加工，如无特殊规定，包络线内的轮廓由制造厂决定。

2. 双点划线表示焊槽过渡段的最大包络线。

3. 交叉截面应略微倒圆。

4. 壁厚≤3mm（在焊缝处）的阀门焊接端可制成直角或略呈倒角状。

5. 不管 A 和 B 规定的公差是多少，焊端的厚度决不能小于管子厚度的 87.5%。

6. 钢管的外径和壁厚见 ASME B36.10M—2018 或 BS 1600—1991 第 2 部分。

表1-468　焊接端的尺寸及极限偏差　　（单位：mm）

阀门公称尺寸	DN40	DN50	DN65	DN80	DN100	DN150	DN200	DN250	DN300	DN350	DN400
A	50	62	75①	91	117	172	223	278	329	362	413
A 的极限偏差	$^{+2.5}_{-1}$					$^{+4}_{-1}$					
B 的极限偏差	+1								+2		

① 当使用 BS 3600 管子时，$A=78$mm。

1）11型法兰和34型圆焊接端的预先加工。除非另外指定，应用的焊接端连接中的图1-235～图1-237和欧洲标准中的法兰一致，在EN ISO 9692-2：1999中指定的焊接端另外的类型和在EN 1708-1：2010中设计的示例和元件或承压设备的制造者和法兰的制造者相一致。

① 壁厚 $S\leqslant3$mm：法兰/圆环应和切削端面成直角。

② 壁厚 $3\text{mm}<S<22$mm：斜面和垂直面成 $30°{}^{+5°}_{-0}$ 角，斜面和垂直面交线和法兰孔的距离为 $1.6\text{mm}\pm0.8$mm。

③ 如果法兰壁厚 S 大于管子壁厚 T，法兰孔内部尺寸应车削成 $15°{}^{+5°}_{0°}$ 的锥面。

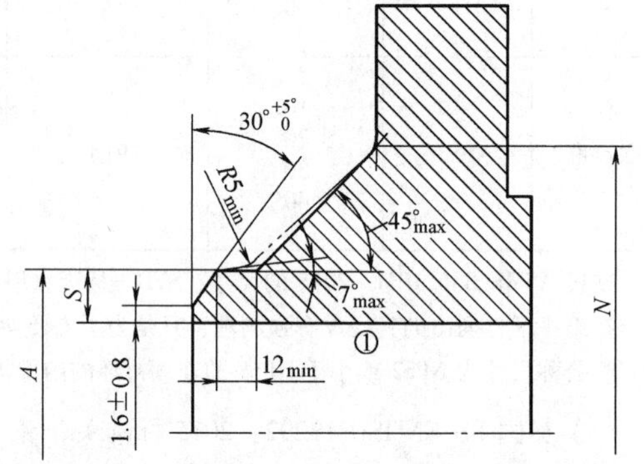

图1-235　壁厚 $S\leqslant22$mm 的焊接端尺寸

①≤DN200 最小为6mm，见表1-428～表1-439，长度为 H_3

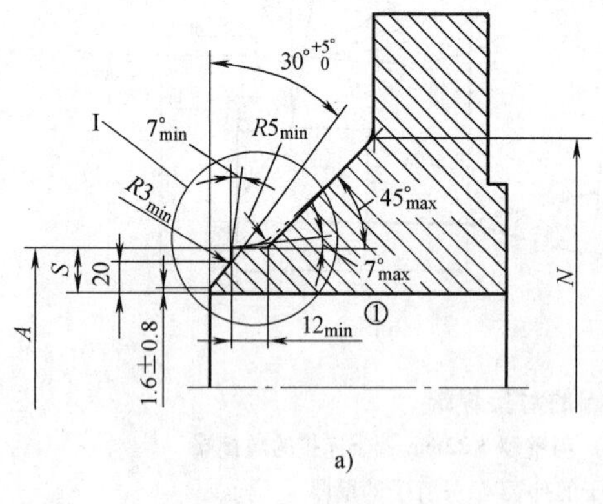

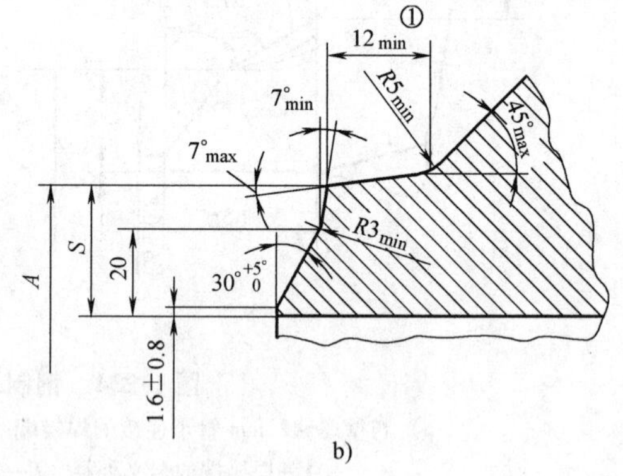

图1-236　壁厚 $S\geqslant22$mm 的焊接端尺寸

a）壁厚 $S\geqslant22$mm 的焊接端　b）Ⅰ的局部放大图

① ≤DN200 最小为6mm，见表1-428～表1-439，长度为 H_3。

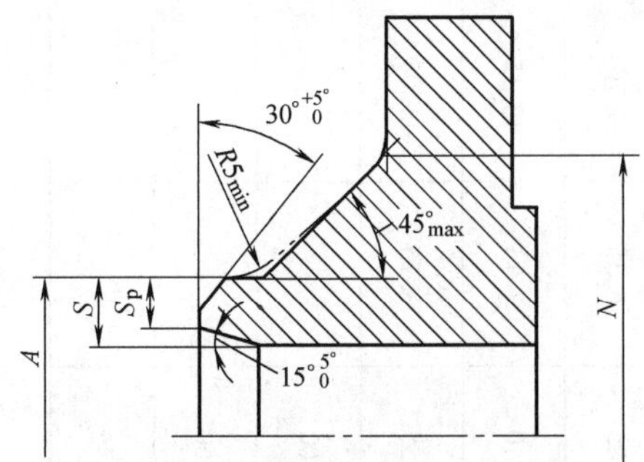

图 1-237 不等壁厚允许的斜面设计

S—法兰壁厚 S_p—缩径法兰壁厚

注：1. 法兰需要连接公称壁厚<4.8mm 的非奥氏体钢管，如果没有例外，经法兰制造者和买方或承压设备制造者同意，焊接端可制成直角或略呈倒角状，由法兰制造者选择。

2. 法兰需要连接公称壁厚≤3.2mm 的奥氏体不锈钢管，焊接端需加工成直角。

3. 法兰端相连的壁厚 S_p 应与管子壁厚相匹配。

2）11 型法兰焊接端的壁厚。11 型法兰焊接端的壁厚如图 1-235～图 1-237 所示。

3）35 型圆环焊接端预先加工。35 型圆环焊接端预先加工的结构型式如图 1-238 所示。

4）36 型和 37 型圆环焊接端的预先加工。36 型和 37 型圆环焊接端预先加工的结构型式如图 1-239 所示。

（5）欧洲标准 EN 1759-1：2004 关于焊接端的规定

壁厚 S≤22.2mm 和壁厚 S>22.2mm 的法兰焊接端的推荐尺寸如图 1-238～图 1-241 所示。

焊接端的附加类型在 EN ISO 9692-2：1999 之中和设计的例子在 EN 1708-1：2010 中，可以应用在和制造的法兰和制造的装置一致。

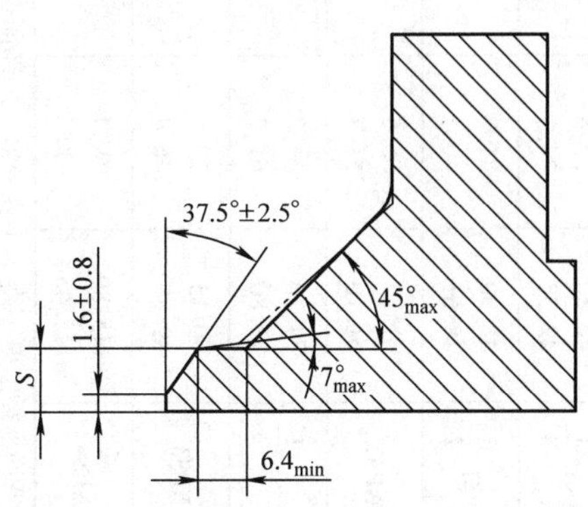

图 1-238 壁厚 S≤22.2mm 的焊接端尺寸

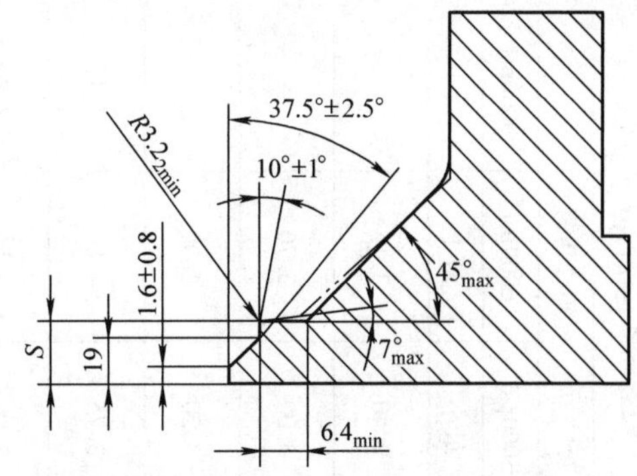

图 1-239 壁厚 S>22.2mm 的焊接端尺寸

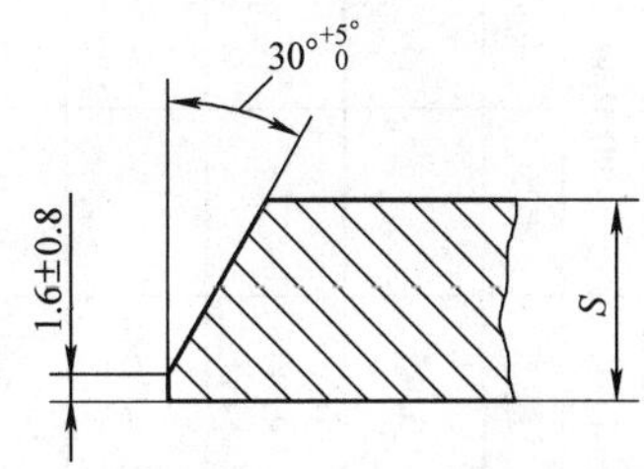

图 1-240 壁厚 S≤22.2mm 可选择的焊端尺寸

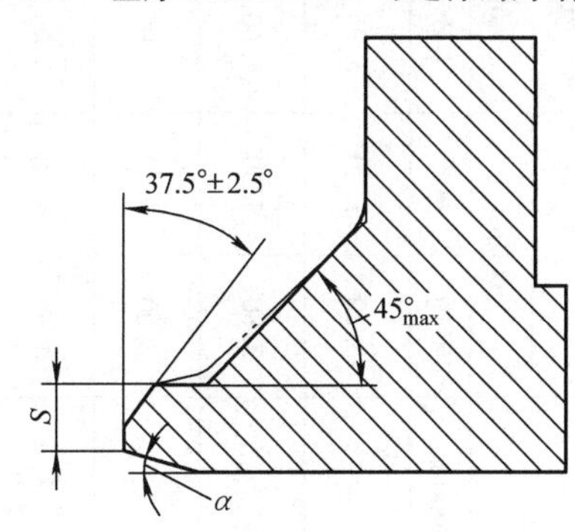

图 1-241 不等壁厚允许的斜面设计

注（图 1-238～图 1-241）：

1. 长度尺寸的单位为 mm。
2. 制造者应该选择给法兰需要连接的公称壁厚 S<4.8mm 的铁素体钢管焊接端的斜面或矩形面进行精细的最后加工。
3. 制造者应该选择给法兰需要连接的公称壁厚 S≤3.2mm 的奥氏体不锈钢钢管焊接端的斜面进行精细的最后加工。
4. 法兰焊颈尺寸见表 1-446～表 1-451。

1.7.6.2 承插焊和螺纹连接的锻钢管件

1. 承插焊锻钢管件

美国机械工程师学会标准 ASME B16.11—2016《承插焊和螺纹连接的锻造管件》中的承插焊锻钢管件的结构型式如图 1-242 所示，管件的壁厚见表 1-469，管件的基本尺寸见表 1-470。

表 1-469 承插焊锻钢管件的壁厚（ASME B16.11—2016） （单位：mm）

公称尺寸		承插孔直径② B	管件孔径② D			承插壁厚 C①						管件体壁厚 G		
			等级代号			等级代号						等级代号		
						3000psi		6000psi		9000psi		3000psi	6000psi	9000psi
			3000psi③	6000psi	9000psi	平均	最小	平均	最小	平均	最小	最小	最小	最小
DN3	NPS $\frac{1}{8}$	10.90 10.65	7.6 6.1	4.8 3.2		3.20	3.20	3.95	3.45			2.40	3.15	
DN6	NPS $\frac{1}{4}$	14.35 14.10	10.0 8.5	7.1 5.6		3.80	3.30	4.60	4.00			3.00	3.70	
DN10	NPS $\frac{3}{8}$	17.80 17.55	13.3 11.8	9.9 8.4		4.00	3.50	5.05	4.35			3.20	4.00	
DN15	NPS $\frac{1}{2}$	21.95 21.70	16.6 15.0	12.5 11.0	7.2 5.6	4.65	4.10	5.95	5.20	9.35	8.20	3.75	4.80	7.45
DN20	NPS $\frac{3}{4}$	27.30 27.05	21.7 20.2	16.3 14.8	11.8 10.3	4.90	4.25	6.95	6.05	9.80	8.55	3.90	5.55	7.80
DN25	NPS1	34.05 33.80	27.4 25.9	21.5 19.9	16.0 14.5	5.70	5.00	7.90	6.95	11.40	9.95	4.55	6.35	9.10
DN32	NPS1 $\frac{1}{4}$	42.80 42.55	35.8 34.3	30.2 28.7	23.5 22.0	6.05	5.30	7.90	6.95	12.15	10.60	4.85	6.35	9.70
DN40	NPS1 $\frac{1}{2}$	48.90 48.65	41.7 40.1	34.7 33.2	28.7 27.2	6.35	5.55	8.90	7.80	12.70	11.15	5.10	7.15	10.15
DN50	NPS2	61.35 61.10	53.5 51.7	43.6 42.1	38.9 37.4	6.95	6.05	10.90	9.50	13.85	12.15	5.55	8.75	11.05
DN65	NPS2 $\frac{1}{2}$	74.20 73.80	64.2 61.2			8.75	7.65					7.00		
DN80	NPS3	90.15 89.80	79.5 46.4			9.50	8.30					7.60		
DN100	NPS4	115.80 115.45	103.8 100.7			10.70	9.35					8.55		

① 周向平均承插壁厚不得小于表列值。局部面积允许到最小值。
② 每一档有上、下两个尺寸值，分别代表最大尺寸和最小尺寸。
③ 1psi = 0.006895MPa。

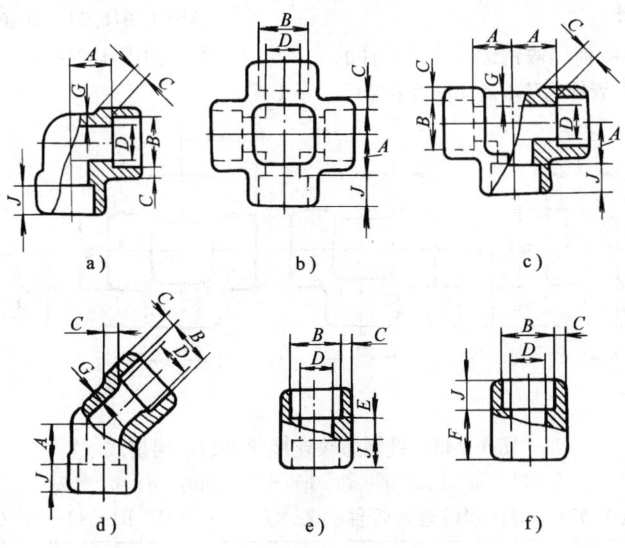

图1-242 承插焊锻钢管件的结构型式

a）90°弯头 b）十字形四通 c）T形三通 d）45°弯头
e）管接头 f）半面管接头

表1-470 承插焊锻钢管件的基本尺寸（ASME B16.11—2016） （单位：mm）

公称尺寸		承插深度（最小）J	中心至承插底-A						安装长度	
			90°弯头、T字形、十字形			45°弯头			管接头 E	半面管接头 F
			等级代号			等级代号				
			3000psi	6000psi	9000psi	3000psi	6000psi	9000psi		
DN3	NPS $\frac{1}{8}$	10	12 10	12 10		9 7	9 7		8 5	17 15
DN6	NPS $\frac{1}{4}$	10	12 10	17 13		9 7	9 7		8 5	17 15
DN10	NPS $\frac{3}{8}$	10	15 12	17 14		9 6	13 10		9 3	19 16
DN15	NPS $\frac{1}{2}$	10	17 14	21 18	27 24	13 10	14 11	17 14	13 6	24 21
DN20	NPS $\frac{3}{4}$	13	21 18	24 21	30 27	14 11	16 13	21 17	13 6	25 22
DN25	NPS1	13	24 20	29 25	34 30	16 12	19 15	23 19	17 9	31 27
DN32	NPS1 $\frac{1}{4}$	13	29 25	34 30	37 33	19 15	23 19	24 20	17 9	32 28
DN40	NPS1 $\frac{1}{2}$	13	34 30	40 36	40 36	23 19	27 23	28 23	17 9	34 30
DN50	NPS2	16	40 36	43 39	56 52	27 23	31 27	31 26	23 15	43 39
DN65	NPS2 $\frac{1}{2}$	16	44 39			31 27			24 14	45 40
DN80	NPS3	16	60 55			34 29			24 14	47 42
DN100	NPS4	19	69 64			44 39			24 14	50 45

2. 钢制螺纹连接管件

1）ASME B16.11—2016 标准锻钢螺纹连接管件的结构型式如图1-243所示，管件的基本尺寸见表1-471。

2）ASME B16.11—2016 标准钢制螺纹连接管件的结构型式如图1-244所示，管件的基本尺寸见表1-472。

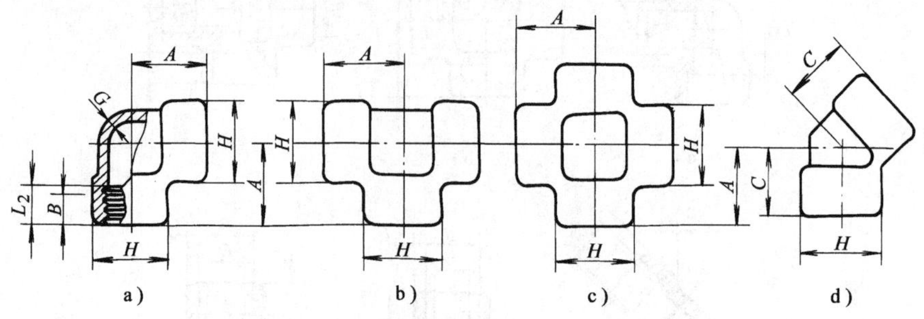

图1-243 锻钢螺纹连接管件的结构型式

a）90°弯头 b）T形三通 c）十字形四通 d）45°弯头

表1-471 锻钢螺纹连接管件的基本尺寸（ASME B16.11—2016） （单位：mm）

公称尺寸		中心至端（弯头,T形、十字形）A			中心至端（45°弯头）C			外径 H			最小壁厚 G			螺纹长度 min①	
		2000psi	3000psi	6000psi	2000psi	3000psi	6000psi	2000psi	3000psi	6000psi	2000psi	3000psi	6000psi	B	L_2
DN6	NPS $\frac{1}{8}$	21	21	25	17	17	19	22	25	25	3.0	3.0	6.5	6.5	6.5
DN8	NPS $\frac{1}{4}$	21	25	29	17	19	22	22	25	33	3.0	3.5	6.5	8.0	10.0
DN10	NPS $\frac{3}{8}$	25	29	33	19	22	25	25	33	38	3.0	3.5	7.0	9.0	10.5
DN15	NPS $\frac{1}{2}$	29	33	38	22	25	29	33	38	46	3.0	4.0	8.0	11.0	13.5
DN20	NPS $\frac{3}{4}$	33	38	44	25	29	33	38	46	56	3.0	4.5	8.5	12.5	14.0
DN25	NPS1	38	44	51	29	33	35	46	56	62	3.5	5.0	10.0	14.5	17.5
DN32	NPS1 $\frac{1}{4}$	44	51	60	33	35	43	56	62	75	4.0	5.5	10.5	17.0	18.0
DN40	NPS1 $\frac{1}{2}$	51	60	64	35	43	44	62	75	84	4.0	5.5	11.0	18.0	18.5
DN50	NPS2	60	64	83	43	45	52	75	84	102	4.5	7.0	12.0	19.0	19.0
DN65	NPS2 $\frac{1}{2}$	76	83	95	52	52	64	92	102	121	5.5	7.5	15.5	23.5	29.0
DN80	NPS3	86	95	106	64	64	79	110	121	146	6.0	9.0	16.5	26.0	30.5
DN100	NPS4	106	114	114	79	79	79	146	152	152	6.5	11.0	18.5	27.5	33.0

① 尺寸 B 是完整螺纹的最小长度。有效螺纹长度（B+具有完全成形的牙根和平形牙顶的螺纹数）应不小于 L_2（外螺纹有效长度）。

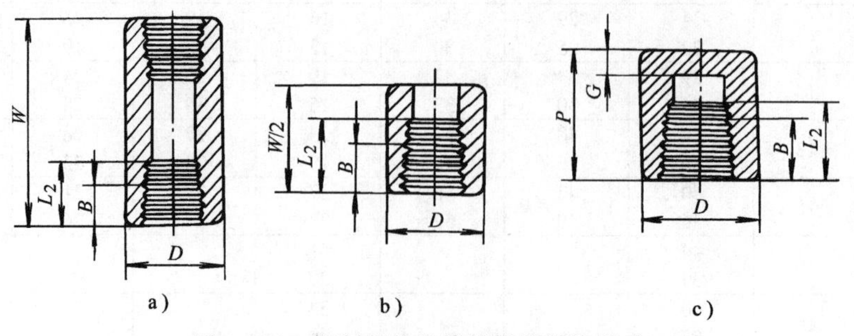

图1-244 钢制螺纹连接管件的结构型式

a)管接头 b)半管接头 c)接头盖

表 1-472 钢制螺纹连接管件的基本尺寸②（ASME B16.11—2016） （单位：mm）

公称尺寸		端至端（管接头）W	端至端（接头盖）P		外径 D		端壁厚 G（min）		螺纹长度①（min）	
		3000psi③和6000psi	3000psi	6000psi	3000psi	6000psi	3000psi	6000psi	B	L_2
DN3	NPS $\frac{1}{8}$	32	19		16	22	5.0		6.5	6.5
DN6	NPS $\frac{1}{4}$	35	25	27	19	25	5.0	6.5	8.0	10.0
DN10	NPS $\frac{3}{8}$	38	25	27	22	22	5.0	6.5	9.0	10.5
DN15	NPS $\frac{1}{2}$	48	32	33	29	38	6.5	8.0	11.0	13.5
DN20	NPS $\frac{3}{4}$	51	37	38	35	44	6.5	8.0	12.5	14.0
DN25	NPS1	60	41	43	44	57	9.5	11.0	14.5	17.5
DN32	NPS1 $\frac{1}{4}$	67	44	46	57	65	9.5	11.0	17.0	18.0
DN40	NPS1 $\frac{1}{2}$	79	44	48	64	76	11.0	12.5	18.0	18.5
DN50	NPS2	86	48	51	76	92	12.5	16.0	19.0	19.0
DN65	NPS2 $\frac{1}{2}$	92	60	64	92	108	16.0	19.0	23.5	29.0
DN80	NPS3	108	65	68	108	127	19.0	22.0	26.0	30.5
DN100	NPS4	121	68	75	140	159	22.0	28.5	27.5	33.0

① 尺寸 B 是完整螺纹的最小长度，使用螺纹的长度（B + 具有完全成形的牙根和平面牙顶的螺纹数）应不小于 L_2。

② 本标准未列入 3000psi 和 6000psi 中的 NPS 1/8 的管接头、半管接头和接头盖的尺寸。

③ 1psi = 0.006895MPa。

3. 美国机械工程师学会标准 ASME B16.11—2016 的螺塞和螺套的结构型式和尺寸

结构型式如图 1-245 所示，其尺寸见表 1-473。

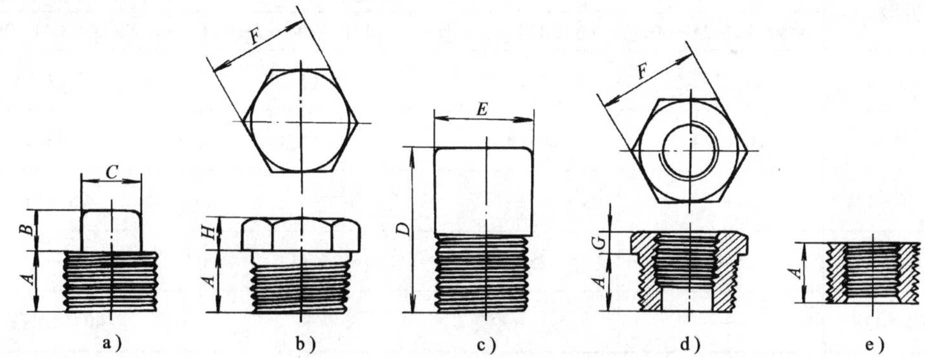

图 1-245 螺塞和螺套的结构型式

a）方头螺塞 b）六角头螺塞 c）圆头螺塞 d）六角头螺塞 e）平螺套

表 1-473 螺塞和螺套的尺寸 （单位：mm）

公称尺寸		长度 A（min）	螺塞（方头）		螺塞（圆头）		六角螺塞和螺套		
			方头高 B（min）	宽 C（min）	圆头名义直径 E	长度 D（min）	宽度（名义值）F	六角高	
								螺套 G	螺塞 H
DN3	NPS $\frac{1}{8}$	9.5	6	7.0	10	35	11.0		6
DN6	NPS $\frac{1}{4}$	11.0	6	9.5	13	41	16.0	3	6

（续）

公称尺寸		长度 A (min)	螺塞（方头）		螺塞（圆头）		六角螺塞和螺套		
			方头高 B (min)	宽 C (min)	圆头名义直径 E	长度 D (min)	宽度（名义值）F	六角高	
								螺套 G	螺塞 H
DN10	NPS $\frac{3}{8}$	12.5	8	11.0	17	41	17.5	4	8
DN15	NPS $\frac{1}{2}$	14.5	10	14.5	21	44	22.0	5	8
DN20	NPS $\frac{3}{4}$	16.0	11	16.0	27	44	27.0	6	10
DN25	NPS1	19.0	13	20.5	33	51	35.0	6	10
DN32	NPS1 $\frac{1}{4}$	20.5	14	24.0	43	51	44.5	7	14
DN40	NPS1 $\frac{1}{2}$	20.5	16	28.5	48	51	51.0	8	16
DN50	NPS2	22.0	17	33.5	60	64	63.5	9	17
DN65	NPS2 $\frac{1}{2}$	27.0	19	38.0	73	70	76.0	10	19
DN80	NPS3	28.5	21	43.0	89	70	89.0	10	21
DN100	NPS4	32.0	25	63.5	114	76	117.5	13	25

1.7.6.3 辅助连接

ASME B16.34—2017、EN 12516-1：2014、GB/T 12224—2015 和 NB/T 47044—2014 标准规定的尺寸和标记。

1）辅助连接件的尺寸见表 1-474。

表 1-474 辅助连接件锥管螺纹的尺寸

阀门的公称尺寸 DN（NPS）	辅助连接件的规格 DN（NPS）			
	标准号			
	ASME B16.34—2017	EN 12516-1：2018	GB/T 12224—2015	NB/T 47044—2014
50～100（2～4）	15（1/2）	15（1/2）	15（1/2）	15（1/2）
125～200（5～8）	20（3/4）	20（3/4）	20（3/4）	20（3/4）
225～300（9～12）	—	—	—	25（1）
≥200（≥8）	25（1）	25（1）	25（1）	—
≥350（≥14）	—	—	—	40（1½）

2）辅助连接件的螺纹长度，如图 1-246 及表 1-475所示。

3）辅助连接件承插焊的结构如图 1-247 所示，其尺寸见表 1-476。

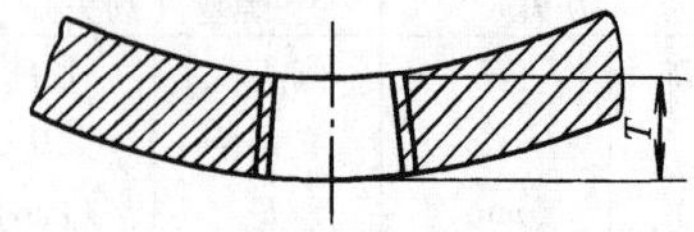

图 1-246 辅助连接件的螺纹长度

表 1-475 辅助连接件的螺纹长度 （单位：mm）

连接件的公称尺寸			DN10（NPS⅜）	DN15（NPS½）	DN20（NPS¾）	DN25（NPS1）	DN32（NPS 1¼）	DN40（NPS1½）	DN50（NPS1）
螺纹长度 T（min）	ASME B16.34—2017		10.5	13.5	14	17.3	18	18.3	19.3
	EN 12516-1：2018		10.4	13.5	14	17.3	18	18.3	19.3
	GB/T 12224—2015	55°螺纹	11.4	15.0	16.3	19.1	21.4	21.4	25.7
		60°螺纹	10.3	13.6	14.1	16.8	17.3	17.3	17.7
	NB/T 47044—2014		10.5	13.5	14.0	17.3	18	18.3	19.3

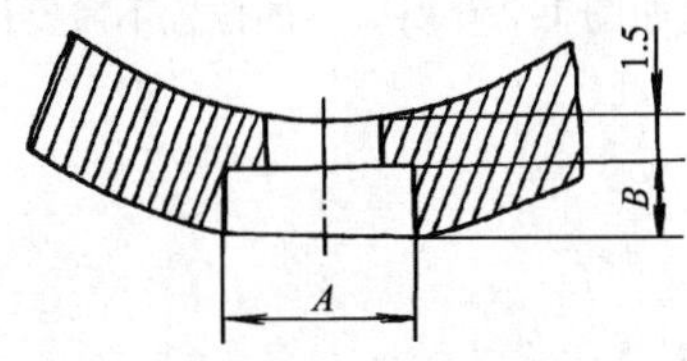

图 1-247 辅助连接件承插焊的结构

表 1-476 辅助连接件承插焊的尺寸 （单位：mm）

连接件公称尺寸		DN10/NPS⅜	DN15/NPS½	DN20/NPS¾	DN25/NPS1	DN32/NPS1¼	DN40/NPS1½	DN50/NPS2
承插孔的最小直径 A	ASME B16.34—2017	17.53	21.72	27.05	33.78	42.54	49.53	61.11
	EN 12516-1：2014	17.55	21.70	27.05	33.80	42.55	48.65	61.10
	GB/T 12224—2015	18.4/17.53	22.5/21.72	28.5/27.05	34.5/33.78	43.1/42.54	49.1/48.64	61.1/61.1
	NB/T 47044—2014	17.6	21.8	27.2	33.9	42.7	48.8	61.2
承插孔的最小深度 B	ASME B16.34—2017	4.8	4.8	6.4	6.4	6.4	6.4	7.9
	EN 12516-1：2014	4.8	4.8	6.4	6.4	6.4	6.4	7.9
	GB/T 12224—2015	4.8	4.8	6.4	6.4	6.4	6.4	7.9
	NB/T 47044—2014	4.8	4.8	6.4	6.4	6.4	6.4	7.9

4）辅助连接件对接焊的结构 如图 1-248 所示。

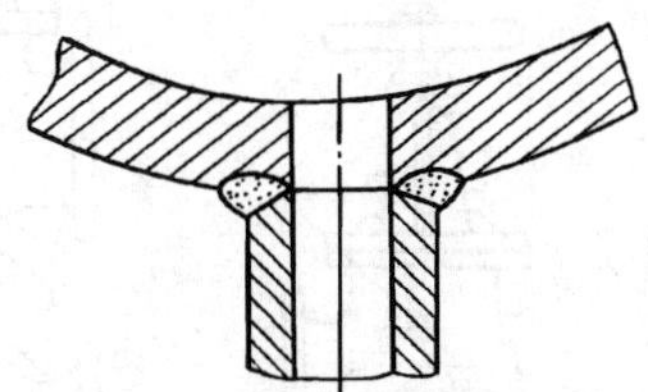

图 1-248 辅助连接件对接焊的结构

5）凸台的最小直径 如图 1-249 所示，其尺寸见表 1-477。

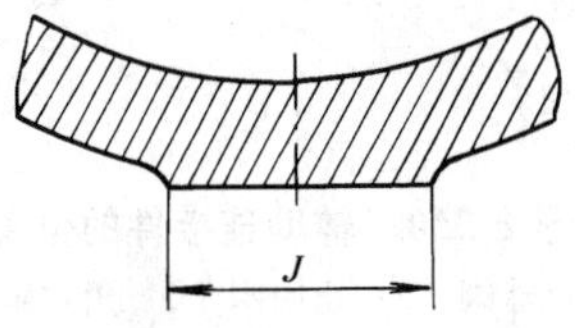

图 1-249 凸台的最小直径

表 1-477　凸台的最小直径　　（单位：mm）

连接件的公称尺寸		DN10 (NPS3/8)	DN15 (NPS1/2)	DN20 (NPS3/4)	DN25 (NPS1)	DN32 (NPS1¼)	DN40 (NPS1½)	DN50 (NPS2)
凸台直径 J	ASME B16. 34—2017	31	38	44	53	63	69	85
	EN 12516-1：2014	31. 8	38	45	54	64	70	86
	GB/T 12224—2015	31	38	44	53	63	69	85
	NB/T 47044—2014	32	38	44	53	63	69	85

6）辅助连接件的位置

某些类型的阀门辅助连接件的位置如图 1-250 所示。每个位置用一个字母表示，使图示各类型阀门上的位置不需要详细的示意图或文字说明就可以指定。

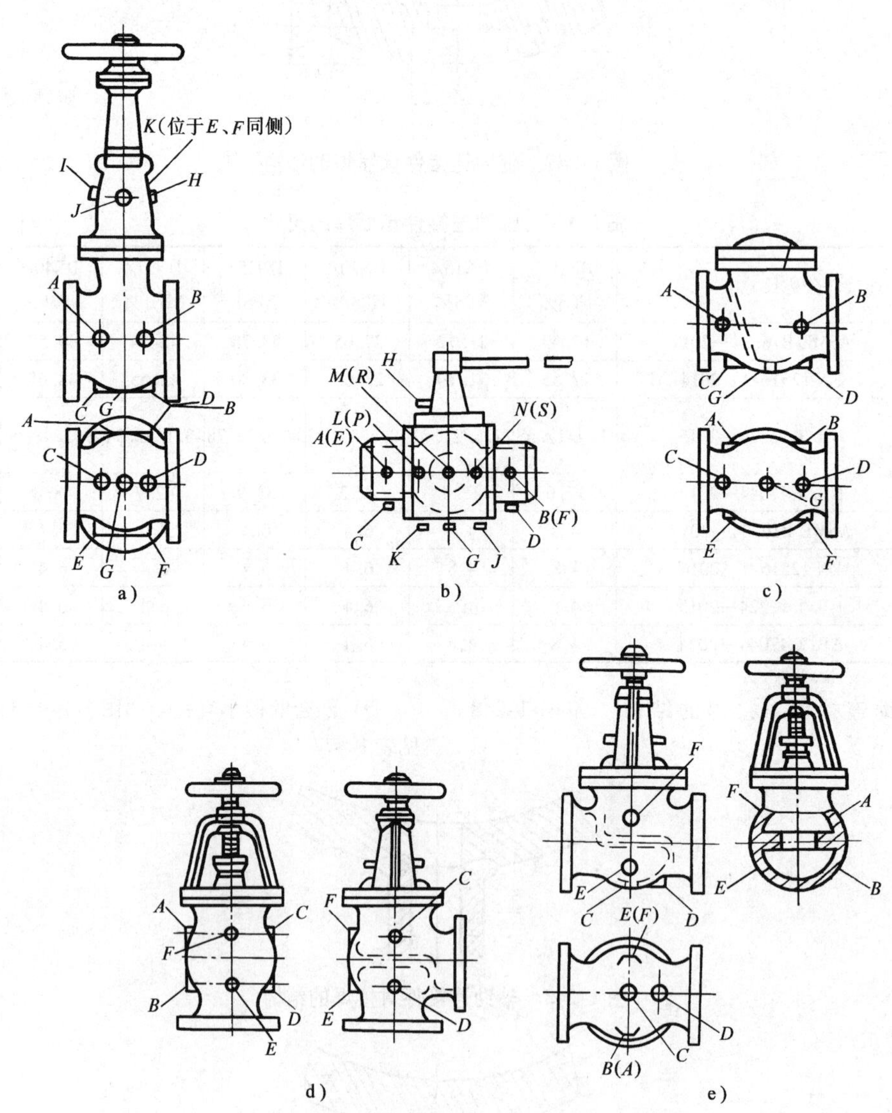

图 1-250　辅助连接件的位置

a）闸阀　b）球阀　c）止回阀　d）角式阀　e）截止阀

第2章　典型阀门结构、配合精度、表面粗糙度和设计标准

2.1　典型阀门结构和设计标准

阀门产品的发展主要决定于材料和结构，本章阐述的阀门结构型式是以量大面广，具有代表性的钢制、铁制和铜制的通用阀门为主，对于其他材料的阀门结构型式可分别参照这些阀门的结构型式。

2.1.1　闸阀

2.1.1.1　钢制闸阀

1. 设计标准和适用范围

钢制闸阀的设计标准和适用范围见表2-1。

2. 结构型式

钢制闸阀的结构型式见表2-2。

表2-1　钢制闸阀的设计标准和适用范围

序号	类别	标准代号	标准名称	适用范围		
				公称尺寸	公称压力或压力级	应用
1	锻钢	GB/T 28776—2012	石油和天然气工业用钢制闸阀、截止阀和止回阀(≤DN100)	DN8～DN100	PN16～PN250	石油、天然气
		JB/T 7746—2006	紧凑型钢制阀门	DN8～DN100	PN16～PN250	石油、天然气、蒸汽
2	铸钢	CB/T 466—1995	法兰连接铸钢闸阀	DN40～DN500	PN2.5～PN6	通用
		CB/T 3955—2004	法兰不锈钢闸阀	DN50～DN500	PN2.5～PN6	通用
		JPI-7S-46—1999	法兰连接铸钢阀门	DN32～DN350	Class150、Class300	石油、石化
3	锻钢或铸钢	API 602—2015	石油和天然气工业用公称尺寸≤DN100的钢制闸阀、截止阀和止回阀	NPS $\frac{1}{4}$～NPS4 (DN8～DN100)	Class150～Class1500	石油、石化、电力
		ISO 15761:2002	石油和天然气工业用公称尺寸≤DN100的钢制闸阀、截止阀和止回阀	DN8～DN100	Class150～Class1500	
		JPI-7S-36—1999	小型钢制阀门(锻钢或铸钢)	DN10～DN40	Class800	
		API 6D—2014	管道和管道阀门规范	DN15～DN1500	Class150～Class2500	
		ISO 14313:2007	石油和天然气工业管道输送系统—管道阀门	DN15～DN1500	PN20～PN420 Class150～Class2500	
		BS EN 1984:2010	工业阀门　钢制闸阀	DN8～DN1000	PN10～PN100，Class150～Class600	
		API 622—2018	生产过程阀门填料挥发性泄漏的型式试验			
		API 624—2014	升降杆阀门石墨填料逸散性泄漏型式试验	≤NPS24	≤Class1500	
		API 600—2015	钢制闸阀——法兰连接端和对焊端，螺栓连接阀盖	NPS1～NPS42 DN25～DN1050	Class150～Class2500 PN20～PN420	
		EN ISO 10434:2004	螺栓帽状钢制闸阀用于石油、化工和相关工业	NPS1～NPS24 DN25～DN600		
		API 603—2018	法兰和对焊端螺栓连接阀盖的耐腐蚀闸阀	DN15～DN300	Class150～Class600	
		ISO 14723:2009	石油和天然气工业—管道输送系统—海底管道阀门	DN15～DN1500	≤PN420/Class2500	
		MSS SP-42—2013	耐腐蚀法兰、对焊连接闸阀、截止阀、角阀和止回阀(Class150、Class300、Class600)	DN15～DN50	Class150～Class600	通用
		GB/T 12234—2019	石油、天然气工业用螺柱连接阀盖的钢制闸阀	NPS1～NPS42 DN25～DN1050	PN16～PN420 Class150～Class2500	通用
		ISO 10434:2004	螺栓帽状钢制闸阀用于石油、化工和相关工业	DN50～DN600		
		JB/T 12619—2016	法兰和对焊连接耐腐闸阀	DN15～DN600	Class150～Class600	通用

（续）

序号	类别	标准代号	标准名称	适用范围		
				公称尺寸	公称压力或压力级	应用
3	锻钢或铸钢	ASME B16.34—2017 EN 12516-1：2014(2018)	法兰、螺纹和焊接连接的阀门 工业阀门——外壳设计强度　第1部分：钢制阀门	NPS 1/2～NPS60 DN15～DN750	Class150、Class300、Class600、Class900、Class1500、Class2500、Class4500	通用
		MSS-SP-81—2017	不锈钢或不锈钢内衬，无阀盖，外壳带端法兰闸阀	DN50～DN900	Class150	通用
		EN 13942:2009	石油和天然气工业　管道输送系统　管道阀门	DN50～DN1500	PN20～PN420	
		API 6A—2018 ISO 10423:2009	井口装置和采油树设备规范	(21.3～508mm) (1/2～20in)	13.8～138MPa (2000～20000psi)	石油、天然气

表2-2　钢制闸阀的结构型式

序号	名称	参考结构简图	结构型式	适用设计标准
1	锻钢明杆闸阀	螺纹端 承插焊端 焊接法兰端 锻造(铸造)法兰端	1）流道：GB/T 28776—2012、JB/T 7746—2006、API 602—2015 缩径式；EN ISO 15761：2002 Class150～Class800 通径式或缩径式，Class1500 通径式；JPI-7S-36 通径式[①] 2）阀体与阀盖的连接：JB/T 7746—2006、API 602—2015 法兰、螺纹或焊接；EN ISO 15761：2002 法兰、焊接；JPI-7S-36 上螺纹阀杆、法兰，下螺纹阀杆、螺纹 3）连接端：JB/T 7746—2006、API 602—2015，内螺纹、承插焊或法兰；EN ISO 15761：2002 内螺纹承插焊、法兰、对焊；JPI-7S-36 内螺纹、承插焊[①] 4）闸板：楔式单闸板	GB/T 28776—2012 JB/T 7746—2006 API 602—2015 EN ISO 15761：2002 JPI-7S-36—1999 API 622—2018 API 624—2014
2	锻钢暗杆闸阀	螺纹端 承插焊端 焊接法兰端 锻造(铸造)法兰端	1）流道：GB/T 28776—2012、JB/T 7746—2006、API 602—2015 缩径式；EN ISO 15761：2002 Class150～Class800 通径式或缩径式；Class1500 通径式；JPI-7S-36 通径式 2）阀体与阀盖的连接：JB/T 7746—2006、API 602—2015 法兰、螺纹或焊接；EN ISO 15761：2002 法兰、焊接；JPI-7S-36 上螺纹阀杆、法兰，下螺纹阀杆、螺纹 3）连接端：JB/T 7746—2006、API 602—2015 内螺纹、承插焊或法兰；EN ISO 15761：2002 内螺纹承插焊、法兰、对焊；JPI-7S-36 内螺纹、承插焊 4）闸板：楔式单闸板	GB/T 28776—2012 JB/T 7746—2006 API 602—2015 EN ISO 15761：2002 JPI-7S-36—1999 API 622—2018 API 624—2014

（续）

序号	名称	参考结构简图	结构型式	适用设计标准
3	延长阀体锻钢闸阀	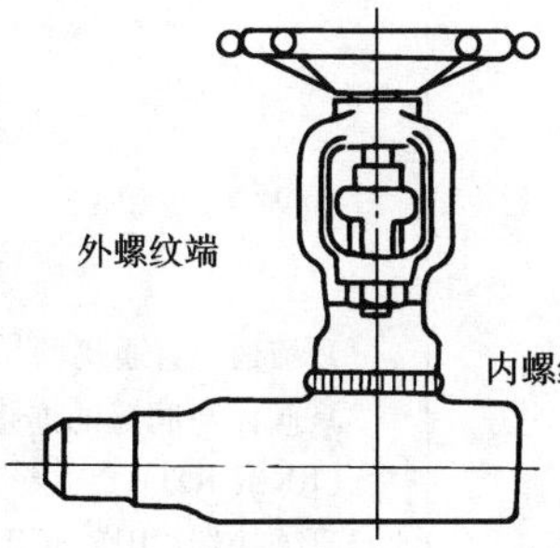 外螺纹端 内螺纹端	1）流道：缩径式 2）阀体与阀盖的连接：焊接 3）连接端：一端内螺纹，另一端外螺纹，承插焊或对焊 4）闸板：楔式单闸板	API 602—2015 API 622—2018 API 624—2014
4	内压自封式闸阀	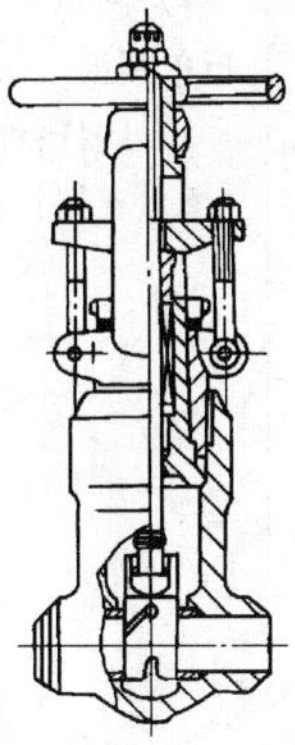	1）流道：缩径式 2）阀体与阀盖的连接：内压自封式 3）连接端：对焊、法兰 4）闸板：楔式单闸板	ASME B16.34—2017 EN 12516-1：2014 EN 12516-2：2014
5	封闭阀杆锻钢闸阀	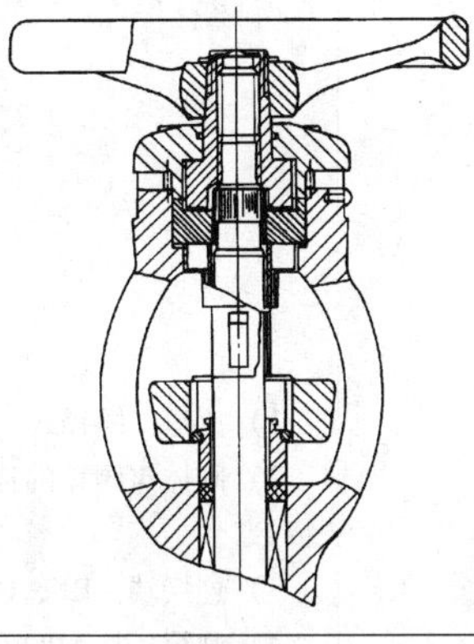	1）阀体、阀盖、支架：整体锻造 2）阀杆封闭防尘 3）连接端：对焊	ASME B16.34—2017 EN 12516-1：2014
6	铸造闸阀	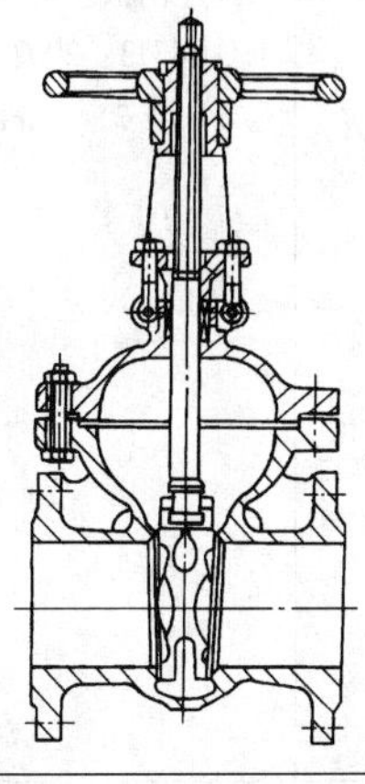	1）流道：直通式 2）阀体与阀盖的连接：法兰（RF 或 RTJ）① 3）连接端：法兰（RF 或 RTJ）、对焊（BW）② 4）闸板：楔式单闸板、楔式双闸板、楔式弹性闸板、平行双闸板 5）支架：整体式或分离式	API 600—2015 CB/T 466—1995 CB/T 3955—2004 JPI-7S-46—1999 GB/T 12234—2019 API 603—2018 ASME B16.34—2017 JIS B 2071—2010① MSS SP-42—2013 EN 12516-1：2014 API 622—2018 API 624—2014

（续）

序号	名称	参考结构简图	结构型式	适用设计标准
7	封闭阀杆闸阀	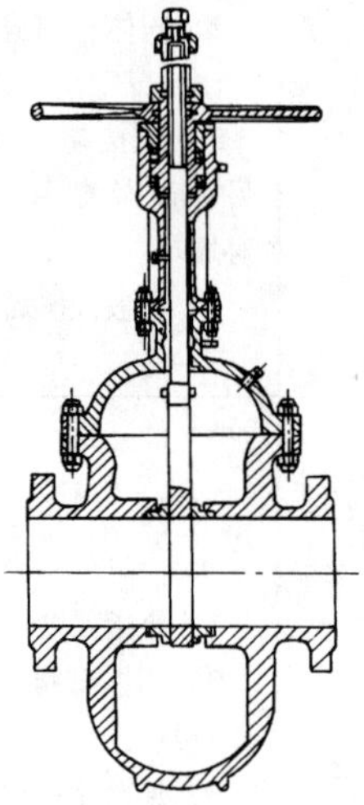	1）流道：直通式 2）阀体与阀盖的连接：法兰（RF或RTJ） 3）连接端：RF、RTJ、BW 4）闸板：平行双闸板、平行单闸板 5）阀杆：防尘 6）支架：整体式或分离式	GB/T 20173—2013 GB/T 19672—2005 API 6D—2014 ISO 14313：2007
8	缩径式闸阀	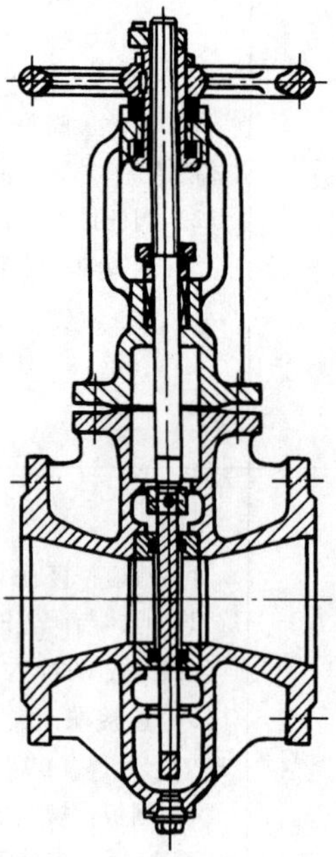	1）流道：缩径式 2）阀体与阀盖的连接：RF或RJ 3）连接端：RF、RTJ、BW 4）闸板：与API 6D—2014、ISO 14313：2007相同 5）支架：分离式或整体式	GB/T 20173—2013 API 6D—2014 ISO 14313：2007

（续）

序号	名称	参考结构简图	结构型式	适用设计标准
9	夹箍连接闸阀	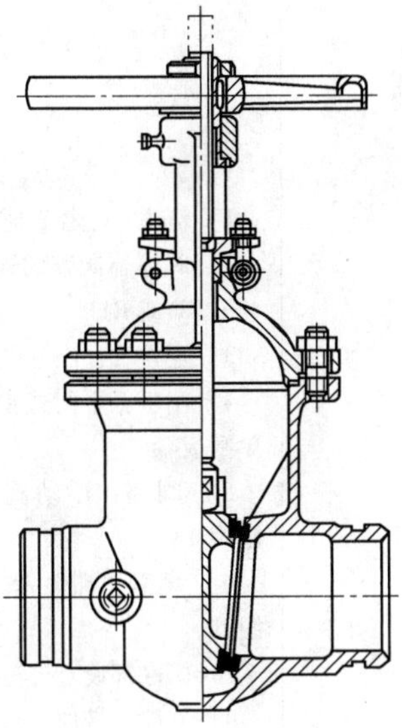	1）流道：全径直通式 2）阀体与阀盖的连接：法兰（RF或RJ） 3）连接端：卡箍 4）闸板：楔式刚性单闸板或楔式弹性单闸板 5）支架：整体式或分离式	API 600—2015 GB/T 12234—2019 GB/T 12224—2015 ASME 816. 34—2017 EN 12516-1：2014 API 622—2018 API 624—2014
10	带导流孔升降杆平行式闸阀	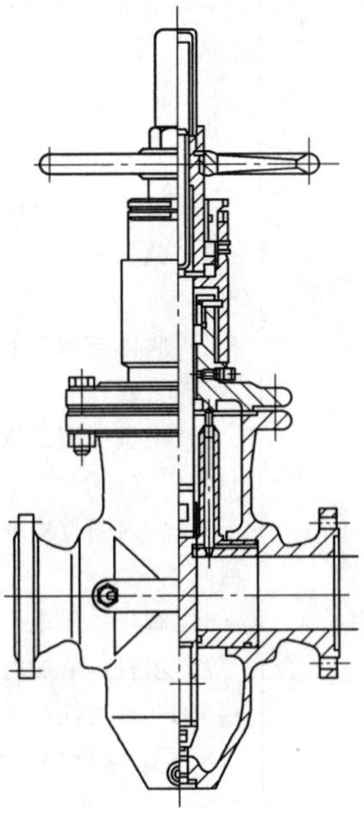	1）流道：全径直通式 2）阀体与阀盖的连接：法兰（RF或RJ） 3）连接端：法兰 4）闸板：平行式带导流孔单闸板 5）阀座：浮动带注密封脂 6）填料：带注脂	API 6D—2014 GB/T 19672—2005 GB/T 20173—2013 GB/T 12224—2015 ASME B16. 34—2017 EN 12516-1：2014

（续）

序号	名称	参考结构简图	结构型式	适用设计标准
11	带导流孔升降杆平行式闸阀	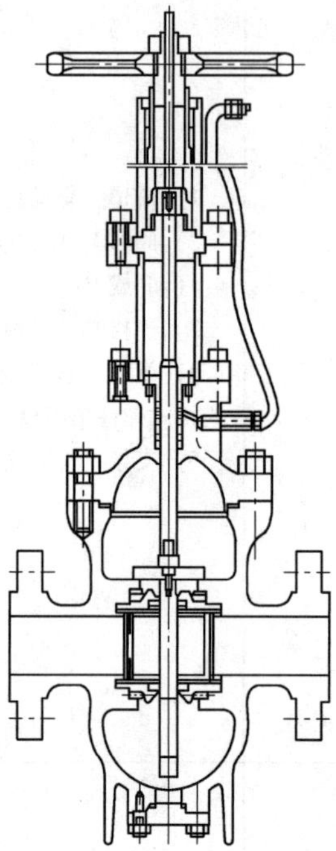	1）流道：全径直通式 2）阀体与阀盖的连接：法兰（RF或RJ） 3）连接端：法兰 4）闸板：平行式带导流孔单闸板 5）阀座：浮动阀座带注脂阀 6）填料：带注脂管或引漏管 7）阀底部设有排污孔 8）支架：带加长装置	API 6D—2014 EN ISO 10434：2004 ISO 10434：2004 ASME B16. 34—2017 EN 13942：2009 EN 12516-1：2014
12	楔式双闸板闸阀	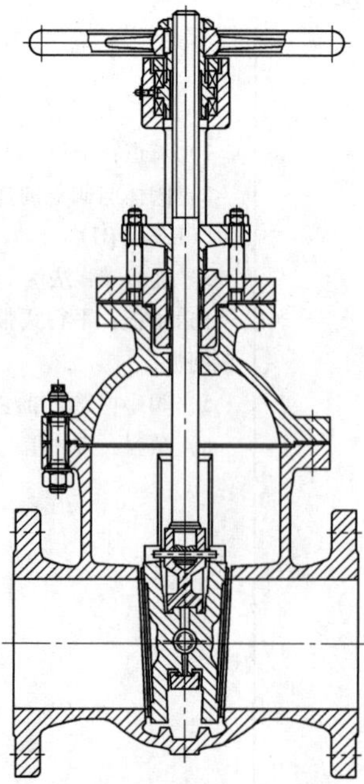	1）流道：全径直通式 2）连接端：法兰（RF或RJ） 3）阀体与阀盖的连接：法兰（RF或RJ） 4）闸板：楔式双闸板，十字架连接 5）密封面直接堆焊在阀体或闸板上 6）阀杆：升降式带上密封 7）填料：单加填料箱，填料PTFE或柔性石墨 8）壳体材料：奥氏体不锈钢	API 600—2015 ASME B16. 34—2017 GB/T 12234—2019 GB/T 12224—2015 EN 1984：2010 EN 12516-1：2014 API 622—2018 API 624—2014

（续）

序号	名称	参考结构简图	结构型式	适用设计标准
13	核电站用楔式闸阀	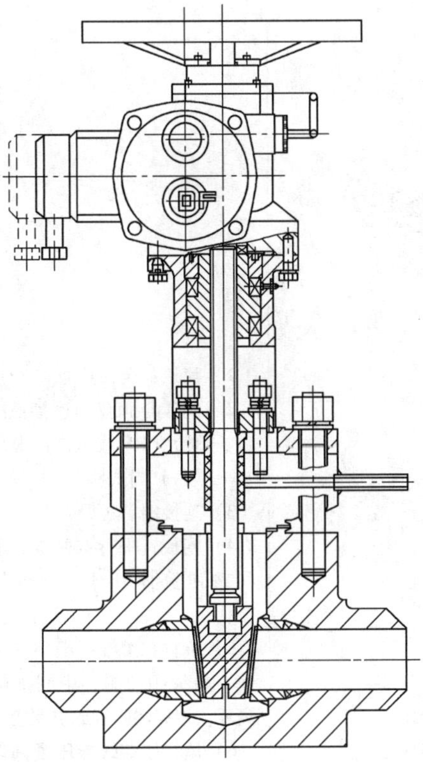	1）流道：全径直通式 2）阀体与阀盖的连接：法兰、螺栓加唇边密封焊 3）连接端：对焊 4）闸板：楔式刚性或弹性单闸板 5）填料：柔性石墨环＋柔性石墨编织填料中间加隔离环、隔离环处设引漏管 6）阀座：马蹄式焊接到阀体上 7）密封面：堆焊司太立硬质合金 8）阀杆螺母：上、下设有推力轴承	API 600—2015 ASME B16.34—2017 API 622—2018 API 624—2014
14	带内旁通的楔式闸阀	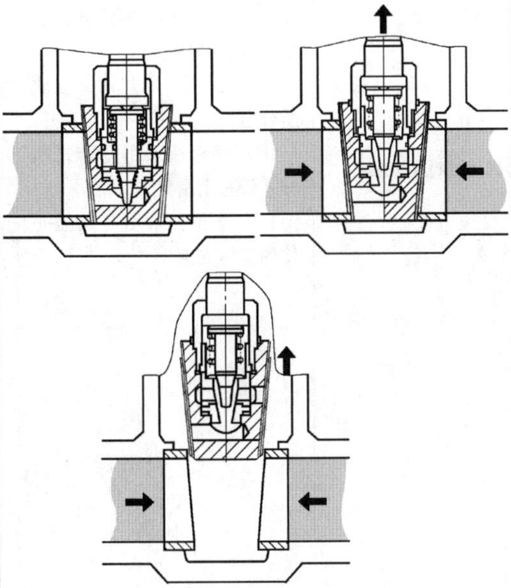	1）流道：全径直通式 2）阀体与阀盖的连接：法兰、螺栓（RF 或 RJ） 3）连接端：法兰 4）闸板：楔式刚性闸板，闸板上设置内旁通阀，内旁通阀为截止阀，锥面密封 5）填料：柔性石墨环＋柔性石墨编织填料，中间加隔离环 6）阀座：马蹄式，焊接到阀体上 7）密封面：堆焊司太立硬质合金	API 600—2015 ASME B16.34—2017 EN ISO 10434：2004 EN 12516-2：2014 EN 12516-1：2014 API 622—2018 API 624—2014

（续）

序号	名称	参考结构简图	结构型式	适用设计标准
15	双闸板平行式闸阀	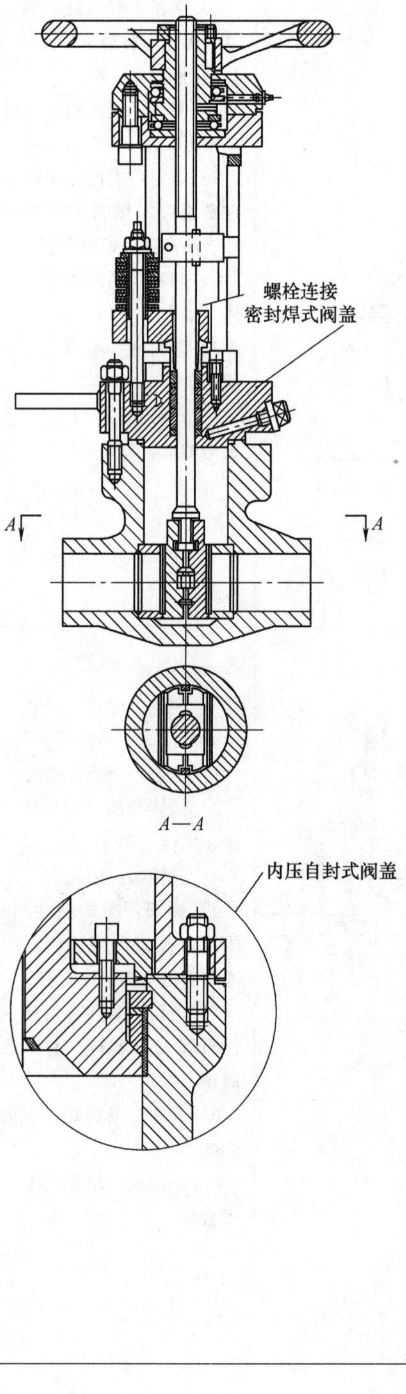	1）流道：全径直通式 2）阀体与阀盖的连接：法兰、螺栓（RF或RJ），内压自（紧密）封式阀盖 3）连接端：对焊 4）闸板：平行双闸板、中间靠弹簧撑开式，不带导流孔 5）填料：柔性石墨环+柔性石墨编织填料、中间加隔离环，带有注脂管或引漏管 6）填料压盖螺栓压紧并带有一串碟形弹簧 7）阀杆螺母：上、下各带有一推力轴承 8）阀座：采用固定式，直接焊接在阀体上 9）密封面：堆焊司太立硬质合金 10）阀杆：采用升降式阀杆并带有上密封 11）支架：采用与阀盖一体的整体支架	ASME B16.34—2017 EN 13942：2009 EN 12516-2：2014 EN 12516-1：2014

（续）

序号	名称	参考结构简图	结构型式	适用设计标准
16	带导流孔单闸板平行式闸阀	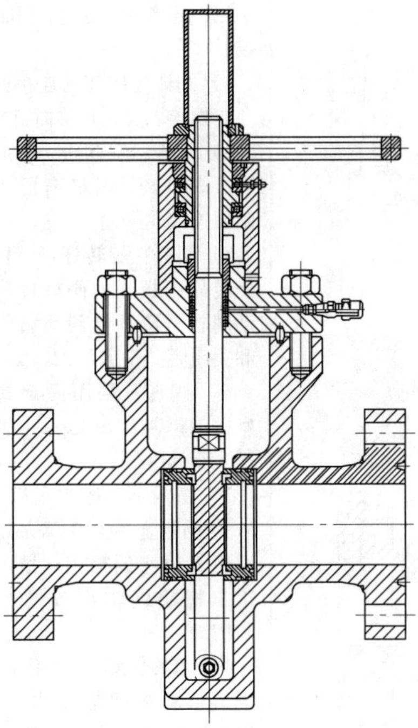	1）流道：全径直通式 2）阀体与阀盖的连接：法兰、螺栓（环连接） 3）支架：用螺纹旋紧在阀盖螺纹上 4）闸板：平行单闸板、有导流孔、与阀杆采用 T 形槽连接 5）阀杆：采用升降杆并带有上密封 6）阀座：采用浮动阀座、底面设有压缩弹簧与阀体采用 O 形圈密封 7）密封面：闸板密封面堆焊司太立硬质合金阀座密封面镶 PTFE 8）填料：采用 PTFE 成形填料，在中间设有隔离环，并设有注脂阀 9）阀杆螺母：上、下设有推力球轴承	ISO 10423：2009 API 6A—2018
17	带导流孔单闸板平行式闸阀	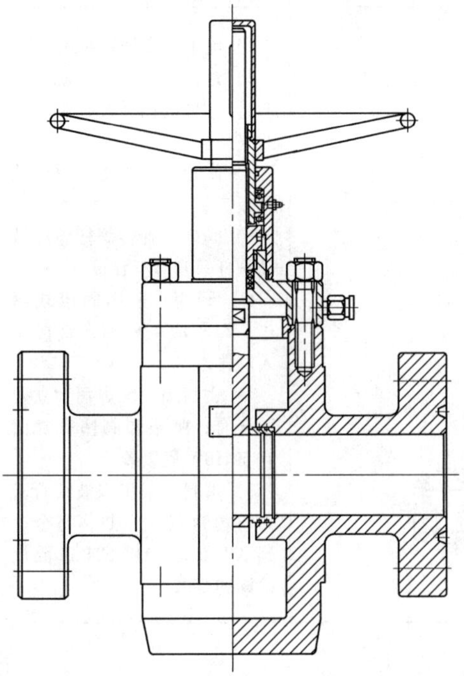	1）流道：全径直通式 2）阀体与阀盖的连接：法兰、螺栓加定位圆环 3）支架：用螺纹旋紧在阀盖螺纹上 4）闸板：平行单闸板，有导流孔，与阀杆采用 T 形槽连接 5）阀杆：采用升降杆，并带有上密封锥面 6）阀座：采用浮动阀座，底面设有波形弹簧，与阀体采用 O 形圈密封 7）密封面：闸板密封面和阀座密封面均堆焊司太立硬质合金 8）填料：采用柔性石墨环成形填料，并设有注脂阀 9）阀杆螺母：上、下均设有推力球轴承	ISO 10423：2009 API 6A—2018

（续）

序号	名称	参考结构简图	结构型式	适用设计标准
18	双闸板带导流孔平行式闸阀		1）流道：全径直通式 2）连接端：法兰（RJ连接） 3）阀体与阀盖的连接：法兰、螺栓、无垫片锥面密封 4）闸板：双闸板、V形连接、靠弹簧、固定销把两块闸板连接在一起 5）阀杆：旋转杆、阀杆只旋转靠闸板上的阀杆螺母带动闸板升降，起到开启阀门和关闭阀门作用 6）阀座：采用固定式阀座，阀座加工好以后，直接压入阀体内 7）密封面：密封采用PTFE对闸板金属，PTFE加工好后压入阀座的槽内，槽内加工出螺旋线沟槽或同心圆沟槽 8）填料：填料采用PTFE成形填料中间加泥式填料，泥式填料部位设有注脂阀或引漏管 9）阀杆台肩：上、下设有推力轴承	ISO 10423：2009 API 6A—2018
19	双波纹管密封闸阀		1）流道：全径直通式 2）连接端：法兰、对焊 3）阀体与阀盖的连接：法兰、焊接 4）闸板：单闸板，弹性单闸板 5）阀杆：旋转阀杆螺母带动阀杆只升降不旋转 6）阀座：采用固定式阀座；阀座加工好后，直接压入阀体内 7）密封面：堆焊司太立硬质合金；闸板和阀座密封面有50HBW硬度差 8）填料：采用双波纹管密封与填料双重密封，完全达到API 622、API 624逸散性检漏的要求	API 600—2015 ASME B16.34—2017 API 622—2018 API 624—2014 EN ISO 10434：2004 ISO 10434：2004 JB/T 11487—2013

① RF：突面法兰；RJ：金属密封环连接法兰。

② BW：对焊。

2.1.1.2 铁制闸阀

1. 设计标准和适用范围

铁制闸阀的设计标准和适用范围见表2-3。

2. 结构型式

铁制闸阀的结构型式见表2-4。

表2-3 铁制闸阀的设计标准和适用范围

序号	类别	标准代号	标准名称	适用范围		
				公称尺寸	公称压力或压力等级	应用
1	灰铸铁、可锻铸铁	GB/T 12232—2005	通用阀门　法兰连接铁制闸阀	DN50 ~ DN2000	PN1 ~ PN25	通用
		ISO 5996:1984	铸铁闸阀	DN40 ~ DN1000	PN1 ~ PN50	通用
		ISO 7259:1988	地下用的按钮操作的铸铁闸阀	DN50 ~ DN300	PN10 ~ PN40	通用
2	灰铸铁	API 595—1979	法兰连接铸铁闸阀	NPS2 ~ NPS24	Class125、Class250	通用
		MSS SP-70—2011	法兰端和螺纹端铸铁闸阀	法兰 NPS2 ~ NPS48 螺纹 NPS2 ~ NPS6	Class125、Class250	通用
		EN 1171:2015	工业阀门　铸铁闸阀	DN40 ~ DN1000	PN6 ~ PN25	
		JIS B 2031:2013	灰铸铁闸阀	DN40 ~ DN300	5K、10K	
		JPI-7S-37—1999	法兰连接铸铁上螺纹闸阀	DN40 ~ DN350	Class125	
3	可锻铸铁	JIS B 2051:2013	可锻铸铁10K螺纹闸阀	DN15 ~ DN50	10K	通用
4	球墨铸铁	GB/T 12232—2005	通用阀门　法兰连接铁制闸阀	DN50 ~ DN2000	PN1 ~ PN25	通用
		API 604—1981	法兰连接球墨铸铁闸阀	NPS 1½ ~ NPS24	Class150、Class300	
		MSS SP-128—2012	球墨铸铁闸阀	NPS2 ~ NPS48	Class150、Class300、Class125、Class250	
		NF E29-332—2015	工业阀门　铸铁闸阀	DN40 ~ DN1000	PN6 ~ PN25	

表2-4 铁制闸阀的结构型式

序号	名称	参考结构简图	结构型式	适用设计标准
1	铸铁明杆闸阀		1）流道：全径直通式 2）阀体与阀盖的连接：法兰 3）连接端：平面法兰（FF）或凸面法兰，通常为平面法兰 4）闸板：楔式单闸板	GB/T 12232—2005 EN 1171：2015 JIS B 2031—2013 JPI-7S-37—1999 MSS-SP-70—2011

（续）

序号	名称	参考结构简图	结构型式	适用设计标准
2	铸铁暗杆闸阀	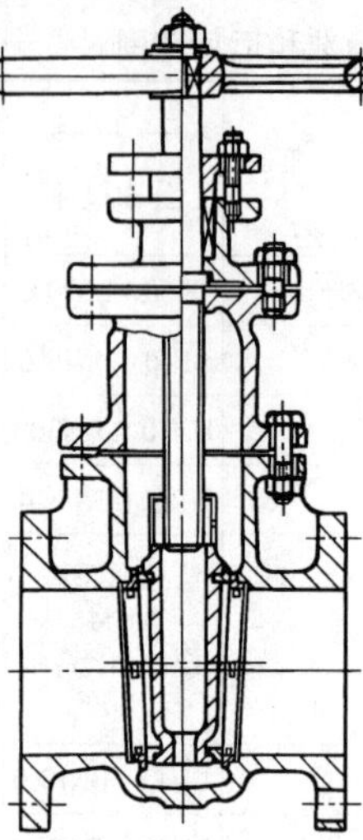	除阀杆不升降外，其余同上	GB/T 12232—2005 EN 1171：2015 JIS B 2031—2013 API 604—1981
3	螺纹连接暗杆闸阀	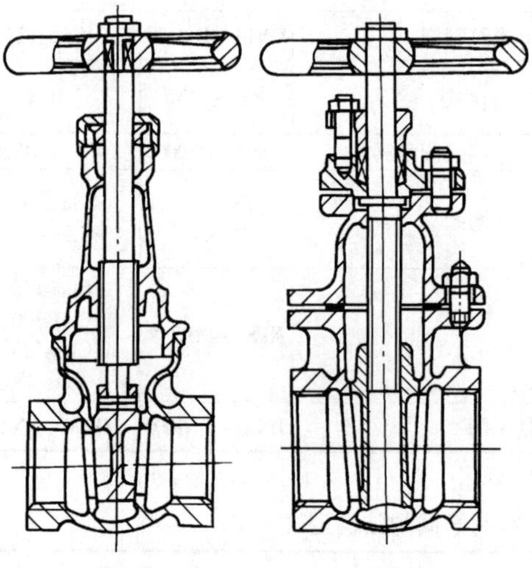 ≤DN50　≥DN65	1）流道：全径直通式 2）阀体与阀盖的连接：内螺纹 3）连接端：螺纹 4）闸板：楔式单闸阀	JIS B 2051—2013
4	美式铸铁闸阀	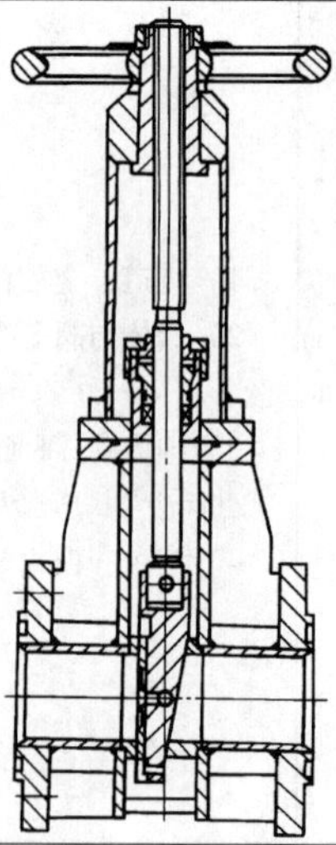	1）有明杆和暗杆两种，图例为明杆 2）单面密封	API 595—1979 MSS SP-70—2011

（续）

序号	名称	参考结构简图	结构型式	适用设计标准
5	软密封闸阀	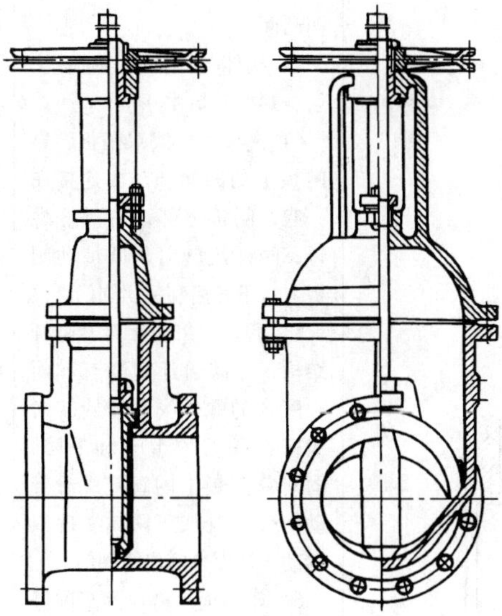	1）阀体：阀体通道下部圆滑，如同一段管道，不沉积污垢 2）闸板：闸板密封件整体包覆橡胶 3）阀体与阀盖的连接：不锈钢螺栓 4）操纵方式：手动、链轮传动、齿轮传动、电动 5）法兰连接尺寸：BS 4504-3.2：1989，BS EN 1092.2：1997	EN 1171：2015
6	暗杆平行双闸板闸阀	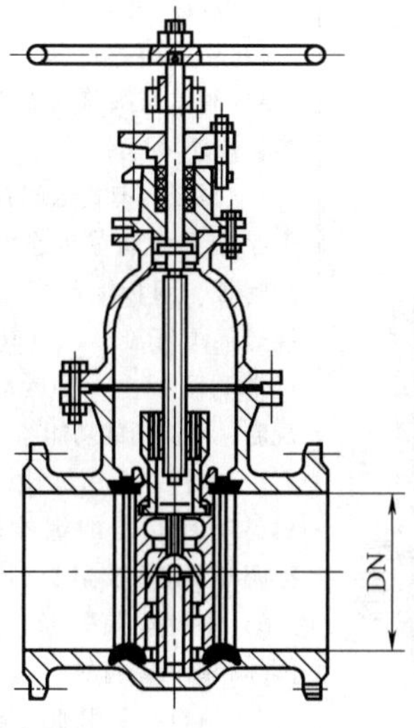 DN	1）流道：全径直通式 2）阀体与阀盖的连接：法兰、螺栓＋垫片 3）闸板：双闸板，靠下部的楔头撑开实现密封，闸板连接靠不锈钢夹圈 4）阀杆：采用旋转杆，靠设置在闸板上的阀杆螺母，带动闸板上、下，实现启闭 5）密封面：阀体和闸板密封面材料为铜合金，把加工好的密封圈压入阀体和闸板内 6）填料：填料采用无石棉填料，用填料压盖压紧保证填料密封 7）阀杆固定在填料箱和阀盖之间，靠螺栓连接填料箱和阀盖	GB/T 12232—2005

（续）

序号	名称	参考结构简图	结构型式	适用设计标准
7	双阀杆螺母快速关闭闸阀	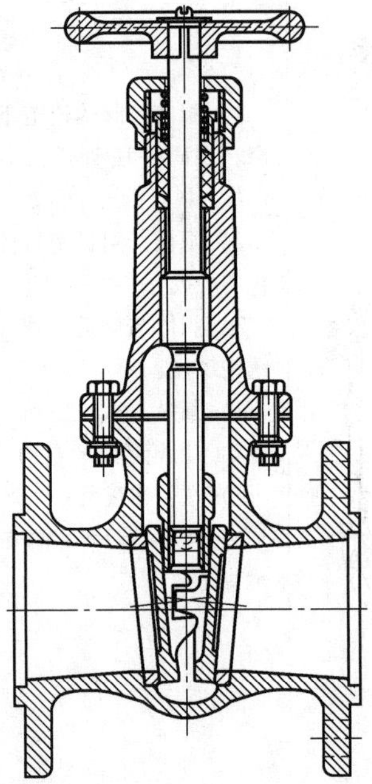	1）流道：全径直通式 2）连接端：法兰、凸面或凹凸面 3）阀体与阀盖的连接：法兰、螺栓＋垫片 4）闸板：楔式双闸板，靠闸板上的凹面和凸面连接在一起，闸板上部设有阀杆螺母，阀杆旋转时，可带动闸板上、下开启和关闭阀门 5）阀杆：采用旋转升降杆结构，在阀盖还切削有和阀杆配合的螺纹，阀杆旋转时阀杆在阀盖内上升和下降，同时靠闸板上的阀杆螺母带动闸板上升或下降，实现双运动，从而快速启闭阀门 6）密封面：密封圈车削好后压入阀体内，闸板堆焊（Cr13） 7）填料：采用无石棉填料，用填料压盖压紧，保证密封	GB/T 12232—2005
8	暗杆楔式双闸板闸阀	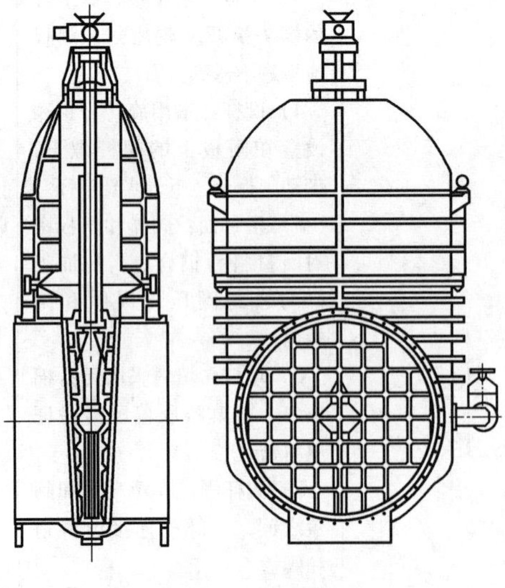	1）流道：全径直通式 2）连接端：法兰、凸面 3）阀体与阀盖的连接：法兰、螺栓＋垫片 4）闸板：楔式双闸板，靠十字架和中间球头连接并撑开闸板，闸板上部带有阀杆螺母，阀杆旋转，靠阀杆螺母带动闸板上、下运动，实现启、闭阀门的功能 5）阀杆：采用旋转杆，靠填料箱和阀盖的螺栓连接，把阀杆固定在支架上 6）密封面：采用铜合金或阀体和闸板本身材料 7）填料：采用油浸无石棉填料或柔性石墨环成形填料，靠填料压盖压紧，实现填料密封	GB/T 12232—2005 EN 1171：2015

2.1.1.3　铜制闸阀

1. 设计标准和适用范围

铜制闸阀的设计标准和适用范围见表2-5。

2. 结构型式

铜制闸阀的结构型式见表2-6。

表2-5　铜制闸阀的设计标准和适用范围

序号	标准代号	标准名称	适用范围		
			公称尺寸	公称压力或压力级	应用
1	GB/T 8464—2008	铁制和铜制螺纹连接阀门	DN8 ~ DN100	PN10 ~ PN40	通用
2	CB/T 467—1995	法兰青铜闸阀	DN50 ~ DN500	PN25 ~ PN10	船用
3	CB/T 901—2011	P30 法兰青铜闸阀	DN100 ~ DN200	PN30	船用
4	MSS SP-80—2013	青铜闸阀、截止阀、角阀和止回阀	NPS⅛ ~ NPS3	Class125、Class150 Class200、Class300、Class350	通用
5	EN 12288：2010	工业阀门　铜合金闸阀	DN8 ~ DN500	PN6 ~ PN63	通用
6	BS 5154：1991	铜合金截止阀、止回阀和闸阀	DN10 ~ DN80	PN16、PN25、PN40	通用
7	NF E29-334—2003	工业阀门　铜合金闸阀	DN15 ~ DN150	PN6 ~ PN16	通用
8	JIS B2011：2010	铜闸阀、球阀、角阀和止回阀	DN8 ~ DN100	5K、10K	通用
9	CB/T 4028—2005	0.5MPa 青铜制螺纹连接的闸阀	DN15 ~ DN80	5K	通用

表2-6　铜制闸阀的结构型式

序号	名称	参考结构简图	结构型式	适用设计标准
1	法兰连接暗杆闸阀	≤DN50　≥DN65	1）阀体与阀盖的连接：螺纹（≤DN50）、法兰（≥DN65） 2）平面法兰（FF）连接 3）楔式单闸板	EN 12288：2010 CB/T 467—1995 CB/T 901—2011 NF E29－334—2003
2	螺纹连接暗杆闸阀		1）阀体与阀盖的连接：螺纹（≤DN50），法兰（≥DN65） 2）连接端：内螺纹 3）楔式单闸板或楔式双闸板	JIS B 2011：2010 EN 12288：2010 CB/T 4028—2005 GB/T 8464—2008

（续）

序号	名称	参考结构简图	结构型式	适用设计标准
3	平行双闸板闸阀	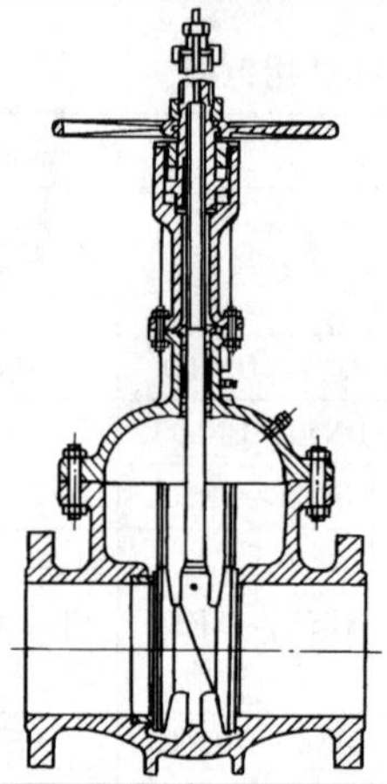	平行双闸板	MSS SP-80—2013

① 仅供参考。

2.1.1.4 其他结构型式的闸阀

其他结构型式的闸阀见表2-7。

表2-7 其他结构型式的闸阀

序号	名称	参考结构简图	结构型式	适用设计标准
1	蒸汽加热夹套钢制闸阀	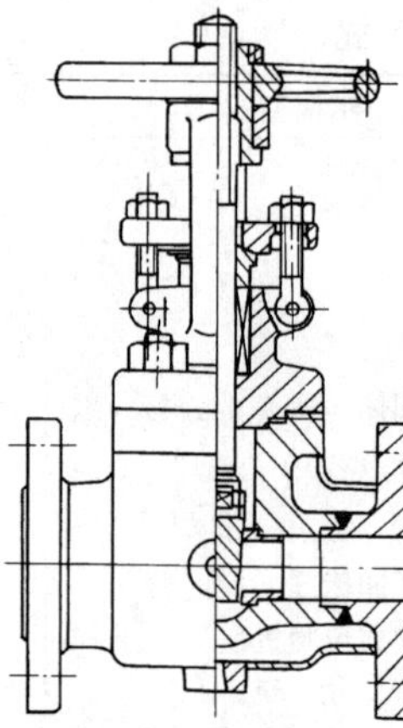	1）阀体上加通蒸汽的夹套，夹套的公称压力通常为PN10 2）公称压力通常为：PN10、PN16，Class150；PN25、PN40，Class300 3）连接端：法兰 4）阀体与阀盖的连接：法兰 5）楔式弹性闸板	ASME B16.34—2017或 API 600—2015 EN ISO 10434：2004 API 622—2018 API 624—2014
2	锻钢制低温闸阀	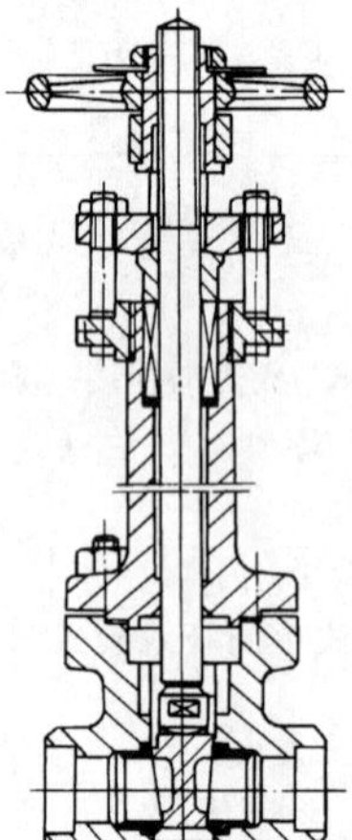	1）长颈阀盖 2）连接端：承插焊 3）阀体与阀盖的连接：焊接、法兰 4）楔式单闸板 5）压力等级通常为：PN10、PN16，Class150；PN25、PN40，Class300、Class600、Class800	ASME B16.34—2017或 API 602—2015 JPI-7S-36—1999 BS 6364：1984 JB/T 7749—1995 JB/T 12621—2016 JB/T 12622—2016 JB/T 12626—2016

（续）

序号	名称	参考结构简图	结构型式	适用设计标准
3	铸钢制低温闸阀	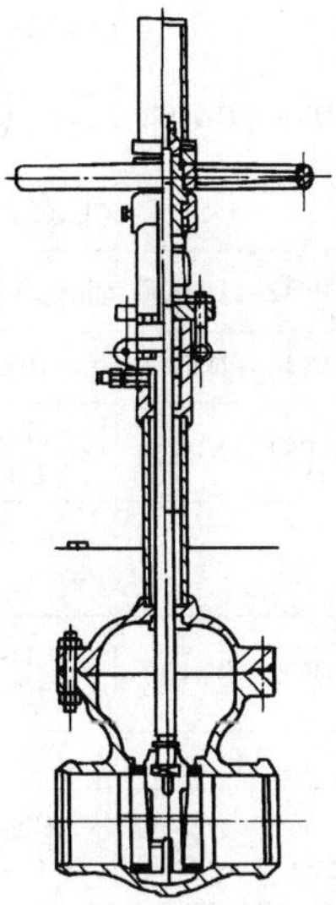	1）长颈阀盖 2）公称压力通常为：PN10、PN16，Class150；PN25、PN40，Class300 3）阀体与阀盖的连接：法兰 4）连接端：对焊或法兰 5）弹性闸板，进口端开平衡孔	ASME B16.34—2017 或 API 600—2015 EN ISO 10434：2004 JB/T 7749—1995 BS 6364—1984 JB/T 12621—2016 JB/T 12622—2016 JB/T 12626—2016
4	气动楔式闸板钛制闸阀	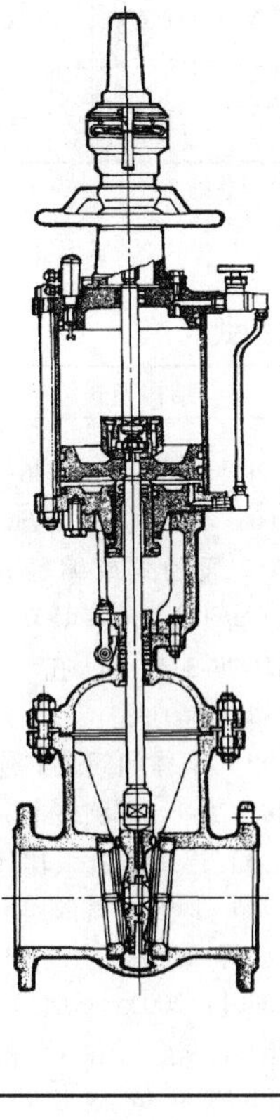	阀体材料：钛合金	ASME B16.34—2017 GB/T 12224—2015 GB/T 12234—2019

2.1.2 截止阀

2.1.2.1 钢制截止阀

1. 设计标准和适用范围

钢制截止阀的设计标准和适用范围见表 2-8。

表 2-8　钢制截止阀的设计标准和适用范围

序号	类别	标准代号	标准名称	适用范围		
				公称尺寸	公称压力或压力级	应用
1	锻钢	GB/T 28776—2012	石油和天然气工业用钢制闸阀、截止阀和止回阀（≤DN100）	DN8 ~ DN100	PN16 ~ PN250	石油、天然气
		JB/T 7746—2006	紧凑型钢制阀门		PN16 ~ PN250	石油、天然气、蒸汽
		API 602—2015	石油和天然气工业用公称尺寸≤DN100 的钢制闸阀截止阀和止回阀		Class150、Class1500	石油、天然气
2	铸钢	JPI-7S-46—1999	Class150、Class300 法兰式铸钢阀门	DN32 ~ DN350	Class150、Class300	石油、石化
		JIS B 2071：2000	法兰连接铸钢截止阀	DN40 ~ DN300	10K、20K	通用
		API 623—2015	法兰和对焊连接螺栓连接阀盖钢制截止阀	NPS2 ~ NPS24	Class150 ~ Class2500	
3	铸钢、锻钢	API 622—2018	生产过程阀门填料挥发性泄漏的型式试验			石油、天然气
		ISO 15761：2002	石油和天然气工业用≤DN100 钢制闸阀、截止阀和止回阀	DN8 ~ DN100	Class150 ~ Class1500	
		API 624—2014	升降杆阀门 FE 石墨填料型式试验	≤NPS24	≤Class1500	
		ASME B16. 34—2017	法兰、螺纹和焊接连接的阀门	DN15 ~ DN750 NPS1/2 ~ NPS600	Class150 ~ Class4500	通用
		EN 13709：2010	工业阀门　钢制截止阀和止回阀	DN8 ~ DN400	Class150 ~ Class600	
		MSS SP-42—2013	Class150 法兰端和对焊端耐腐蚀闸阀、截止阀、角阀和止回阀	DN8 ~ DN600	Class150	低温、腐蚀介质
		GB/T 12235—2007	石油、石化及相关工业用钢制截止阀和升降式止回阀	DN15 ~ DN400	PN16 ~ PN420	石油、石化
		NF E29-350—2010	工业用阀　钢制球阀、球形截止阀、止回阀	DN10 ~ DN450	PN16 ~ PN40	通用

2. 结构型式

钢制截止阀的结构型式见表 2-9。

表 2-9　钢制截止阀的结构型式

序号	名称	参考结构图	结构型式	适用设计标准
1	典型锻钢截止阀	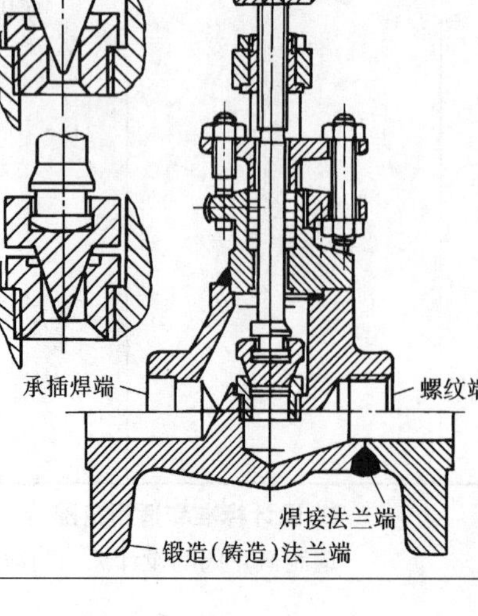 承插焊端 螺纹端 焊接法兰端 锻造(铸造)法兰端	1）流道：JB/T 7746—2006：缩径式 ISO 15761：2002 通径式或缩径式（Class150 ~ Class1500）；JPI-7S-36[①] 通孔式（Class1500） 2）阀体和阀盖的连接：法兰、螺纹或焊接 3）连接端：JB/T 7746—2006 内螺纹、承插焊或法兰，ISO 15761：2002 内螺纹、承插、法兰和对焊，JPI-7S － 36 内螺纹、承插[①]	GB/T 28776—2012 API 602—2015 JB/T 7746—2006 ISO 15761：2002 API 622—2018 API 624—2014 ASME B16. 34—2017

（续）

序号	名称	参考结构图	结构型式	适用设计标准
2	内压自封式锻钢截止阀	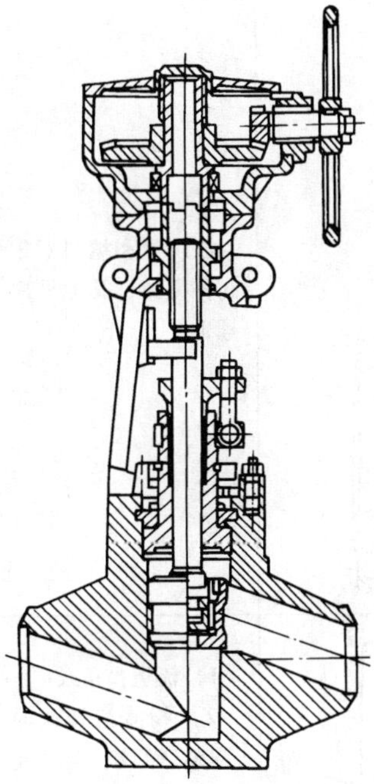	1）流道：缩径式 2）阀体与阀盖的连接：内压自封式 3）连接端：对焊、法兰或承插焊	ASME B16.34—2017
3	铸钢截止阀	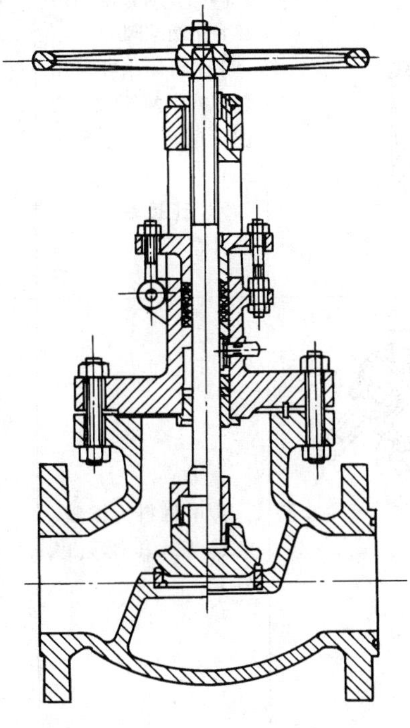	1）流道：角式、直通式、直流（Y形）式三种 2）阀体与阀盖的连接：法兰 3）连接端：法兰、对焊 4）可以采用多种形式的阀瓣，通常为明杆，也有少数口径较小的阀门采用暗杆	JIS B 2071—2000 API 623—2015 NF E29-350—2010 MSS SP-42—2013 GB/T 12235—2007 ISO 15761：2002 API 622—2018 API 624—2014 ASME B16.34—2017

（续）

序号	名称	参考结构图	结构型式	适用设计标准
4	波纹管密封截止阀	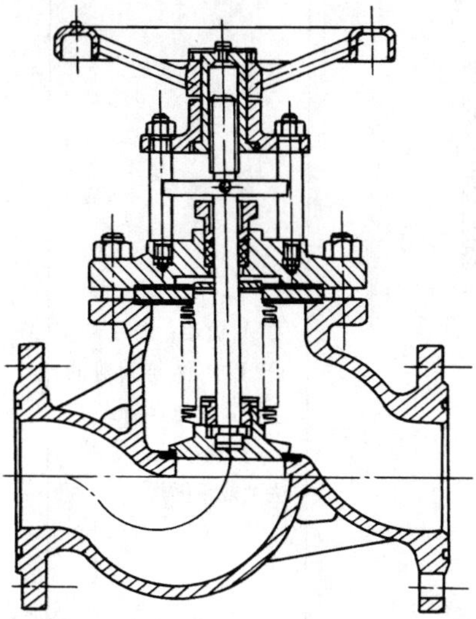	波纹管和填料双重阀杆密封，其他见序号3	ASME B16. 34—2017 API 623—2013 API 622—2018 API 624—2014 EN 13709：2010 JB/T 11150—2011
5	角式高压截止阀	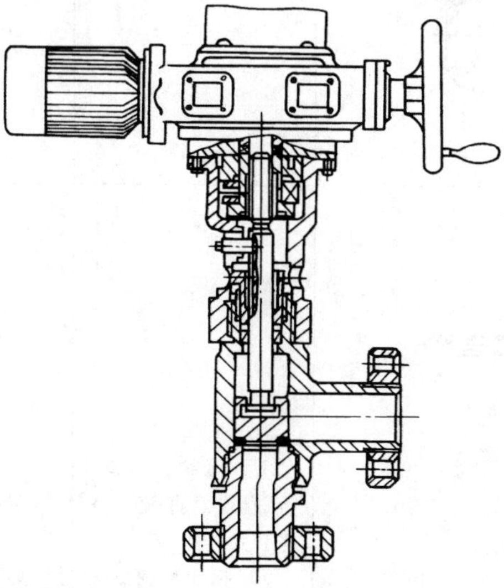	1）流道：角式 2）阀体与阀盖的连接：螺纹、卡箍或焊接 3）可采用多种形式的阀瓣，对于超高压阀门，通常采用内压自平衡的阀瓣 4）阀体：可采用整体式，两件式（见图，也可采用焊接式） 5）连接端：法兰或对焊	ASME B16. 34—2017 GB/T 12235—2007
6	衬里截止阀	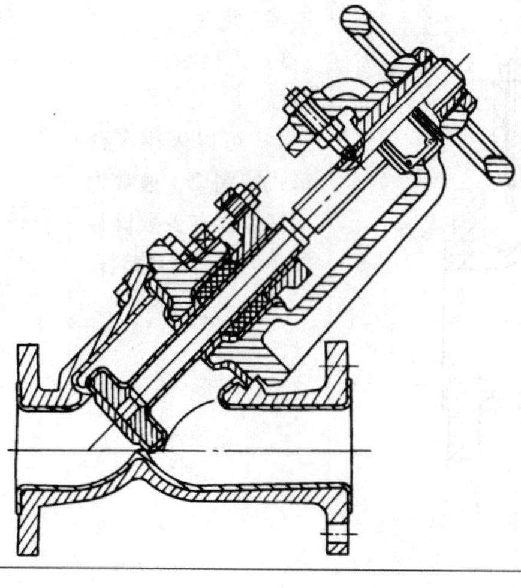	衬里材料为橡胶、塑料等，其他见序号3	ASME B16. 34—2017 GB/T 12235—2007

（续）

序号	名称	参考结构图	结构型式	适用设计标准
7	双向三通截止阀	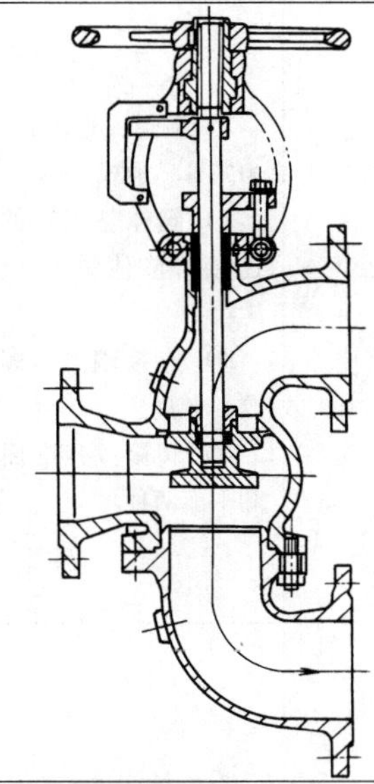	双向三通式流道，其他见序号3	ASME B16.34—2017 或见序号3 所列的标准
8	铸钢放料阀	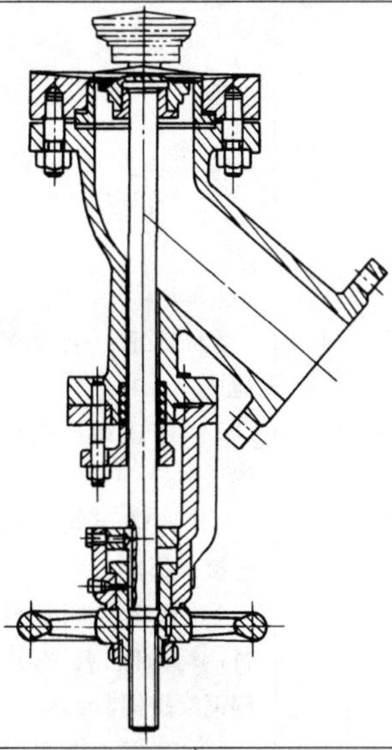	1）流道：直流式 2）连接端：法兰 3）阀瓣：上展式（见图）或下展式 其他见序号3	ASME B16.34—2017 或见序号3所列的标准
9	三通截止阀	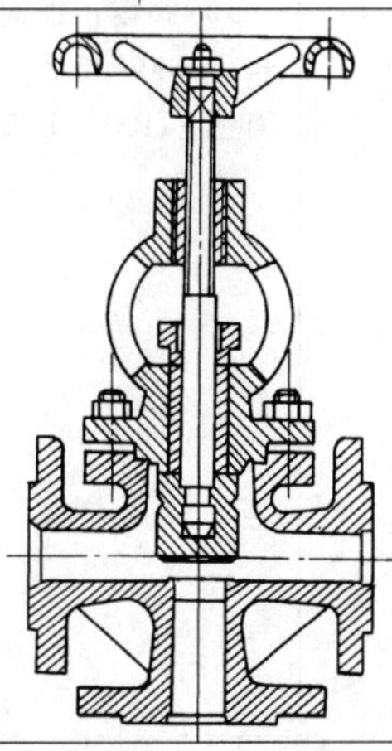	1）流道：三通式 2）连接端：法兰 3）阀瓣：平面密封 其他见序号3	ASME B16.34—2017 或见序号3所列的标准

（续）

序号	名称	参考结构图	结构型式	适用设计标准
10	压力表截止阀	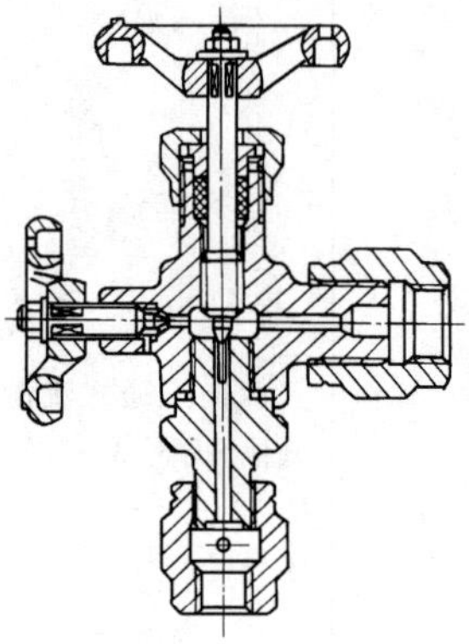	1）流道：直流式、角式、三通式 2）阀体与阀盖的连接：整体锻造或螺纹 3）连接端：外螺纹、卡箍 4）阀瓣：有锥面和平面两种	ASME B16. 34—2017 JB/T 7747—2010
11	水封截止阀	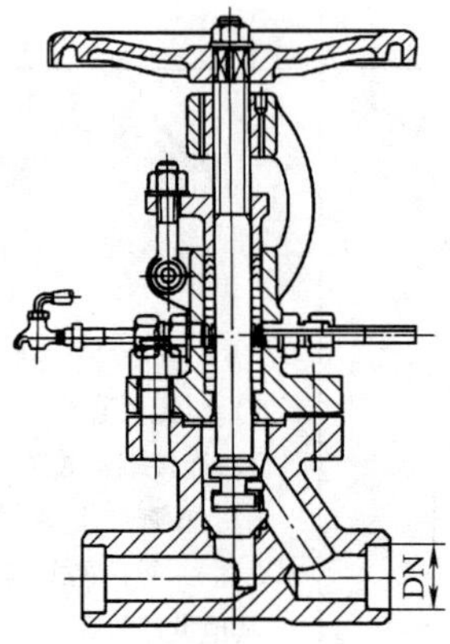 DN a) DN10～DN25 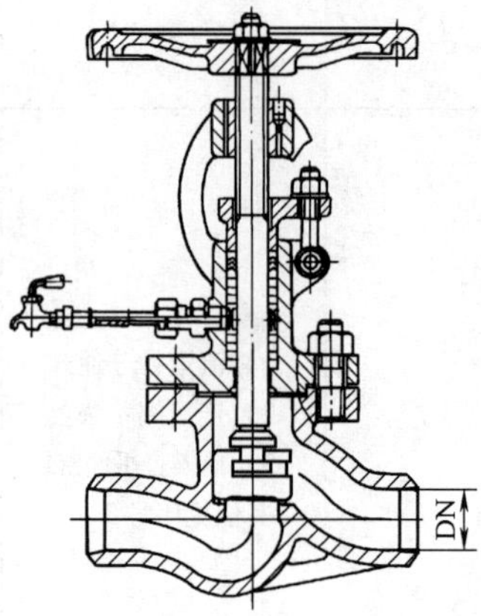 DN b) DN32～DN200	1）流道：全径直通式 2）连接端：承插焊、对焊 3）阀体与阀盖的连接：螺栓 4）阀体与阀盖材料：均为锻钢，有铬镍钢或碳钢 5）阀瓣：锥面密封（DN10～DN25）；平面密封（DN32～DN200）	GB/T 12235—2007 ASME B16. 34—2017

（续）

序号	名称	参考结构图	结构型式	适用设计标准
12	料浆阀	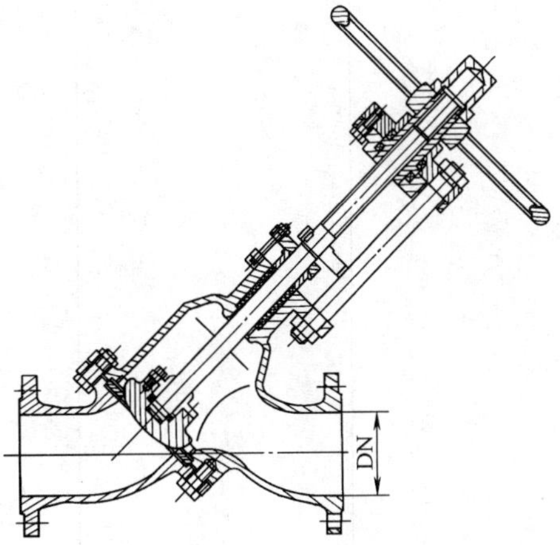 DN	1）流道：直流式 2）连接端：法兰 3）阀体结构：分左右阀体，中间夹阀座，左右阀体用螺栓连接 4）阀体与支架连接：螺栓 5）阀盖：Class150整体铸造；Class300、Class400分体式、采用支柱连接 6）阀瓣：锥面密封成平面密封，或节流式密封面堆焊硬质合金	GB/T 12235—2007 GB/T 12224—2015 ASME B16.34—2017 API 623—2015 API 622—2018 API 624—2014
13	角式节流阀（CH-OKE）	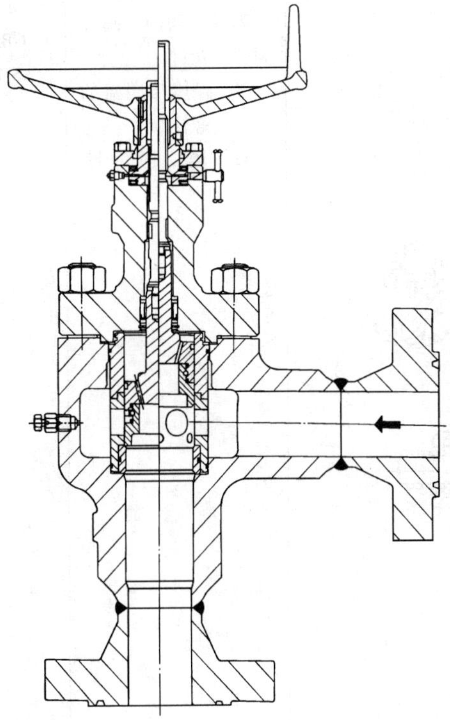	1）流道：角式 2）连接端：法兰 3）阀体与阀盖：为锻钢节流形式，套筒钻孔、活塞在套筒中上下移动起到调节流量的作用 4）阀体与阀盖的连接：螺栓	API 6A—2018 ISO 10423：2009

（续）

序号	名称	参考结构图	结构型式	适用设计标准
14	钛材截止阀	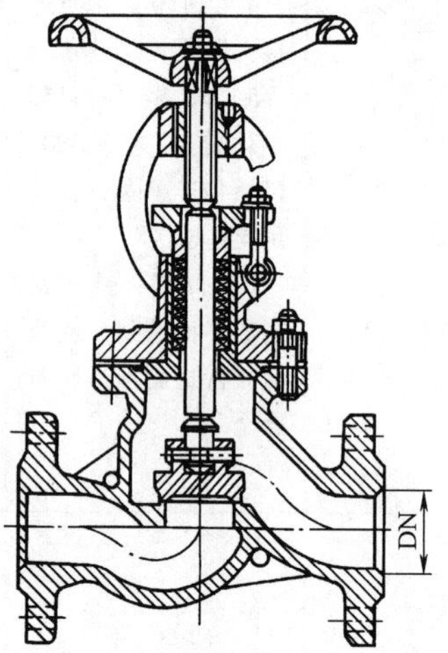 a) 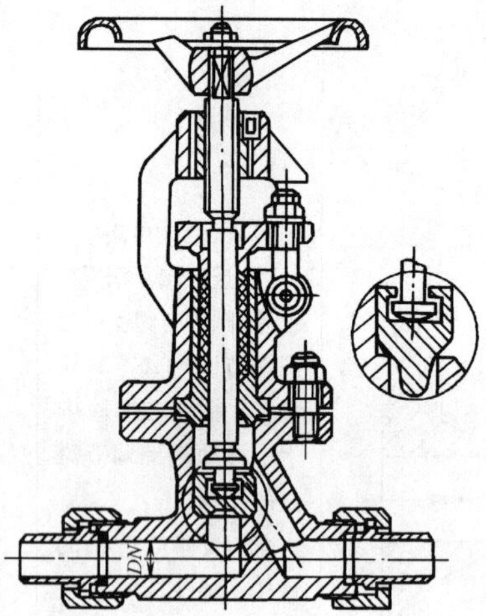 b)	1）流道：全径直通式 2）阀体、阀盖、填料箱、阀瓣、阀杆材料：钛材 3）阀体与阀盖的连接：螺栓 4）阀瓣：平面密封	GB/T 12235—2007 GB/T 12224—2015 ASME B16.34—2017

（续）

序号	名称	参考结构图	结构型式	适用设计标准
15	核电站用波纹管截止阀	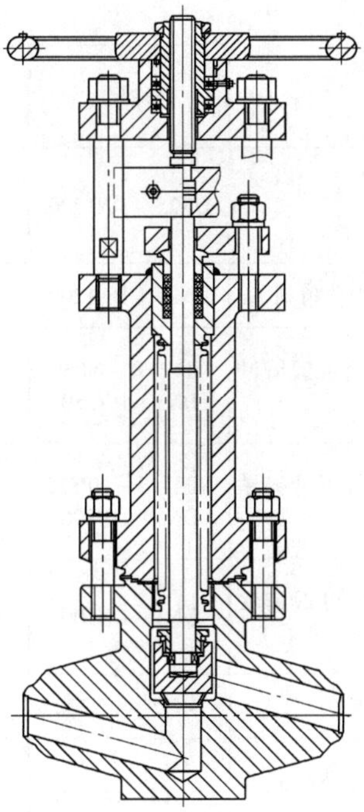	1）通道：Z形全径直通式 2）连接端：对焊 3）阀体与阀盖的连接：法兰、螺栓+缠绕式垫片+唇边密封焊 4）阀瓣：与阀杆用阀瓣盖、对开圆环连接，阀瓣与填料箱用波纹管连接在一起，使介质不会从填料处泄漏，波纹管根据压力高低采用单层、双层或多层波纹管 5）阀杆：采用升降杆，在支柱上加导向块，使阀杆只升降不旋转 6）密封面：阀体与阀瓣采用锥面密封、阀体与阀瓣上均堆焊司太立硬质合金 7）填料箱和填料：填料箱加工后焊接在阀盖上，填料采用柔性石墨环或柔性石墨编织填料，用填料压套和压板压紧密封 8）阀杆螺母：放在支架上，支架和阀盖与导柱连接，阀杆螺母台肩上下均设有推力球轴承	ASME B16. 34—2017 ISO 15761：2002 JB/T 11150—2011
16	锻钢波纹管密封直流式截止阀	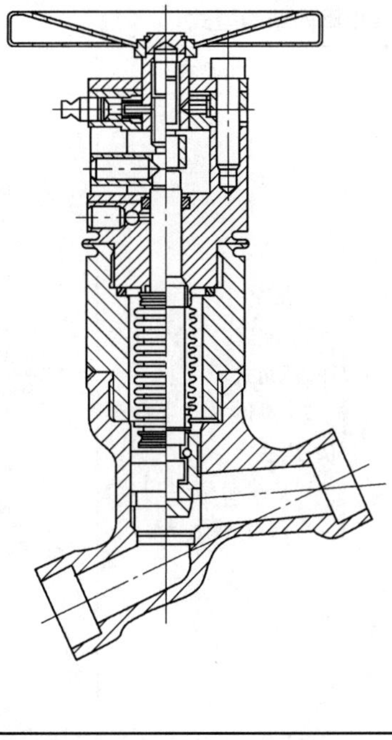	1）通道：全径直通式 2）连接端：承插焊 3）阀体与阀盖的连接：采用螺纹+焊接 4）阀瓣：采用钢珠与阀杆连接，阀瓣与上阀盖用波纹管连接在一起，上阀盖与阀盖用螺纹连接，然后加唇边焊密封 5）阀杆：采用升降杆，阀杆上有导向槽，有螺纹伸进导向槽内，使阀杆只升降不旋转 6）密封面：阀体与阀瓣采用锥面密封，阀体与阀瓣上均堆焊司太立硬质合金 7）填料：因为有波纹管，不设填料箱，用O形圈做辅助密封 8）阀杆螺母：阀杆螺母与手轮相连，转动手轮，阀杆螺母带动阀杆升降，达到启闭阀门的目的	ASME B16. 34—2017 ISO 15761：2002 GB/T 12235—2007 GB/T 12224—2015 JB/T 11150—2011

① 仅供参考。

2.1.2.2　铁制截止阀

1. 设计标准和适用范围

铁制截止阀的设计标准和适用范围见表2-10。

2. 结构型式

铁制截止阀的结构型式见表2-11。

表2-10　铁制截止阀的设计标准和适用范围

序号	名称	标准代号	标准名称	适用范围		
				公称尺寸	公称压力或压力级	应用
1	灰铸铁	ASME B16.1—2015	灰铸铁管法兰和法兰管件	DN25～DN1200	Class25、Class125、Class250	通用
		MSS SP-85—2019	法兰和螺纹连接铸铁截止阀和角阀	DN25～DN1200	Class125、Class250	通用
2	可锻铸铁	ASME B16.3—2016	Class150、Class300螺纹连接可锻铸铁管件	NPS1/8～NPS6 DN3～DN150	Class150、Class300	通用
		ASME B16.4—2016	Class125、Class250螺纹连接可锻铸铁管件	NPS1/4～NPS12 DN6～DN300	Class125、Class250	通用
		ASME B16.39—2014	Class150、Class250、Class300可锻铸铁螺纹连接接头	DN3～DN100	Class150、Class250、Class300	通用
		JIS B 2051:2013	可锻铸铁和球墨铸铁截止阀	DN15～DN300	10K、16K、20K	通用
3	球墨铸铁	GB/T 12233—2006	通用阀门　铁制截止阀与升降式止回阀	DN15～DN200	PN10、PN16	通用
		NF E29-354—2010	工业阀门　铸铁截止阀	DN10～DN400	PN6～PN40	

表2-11　铁制截止阀的结构型式

序号	名称	参考结构简图	结构型式	适用设计标准
1	法兰连接铸铁截止阀	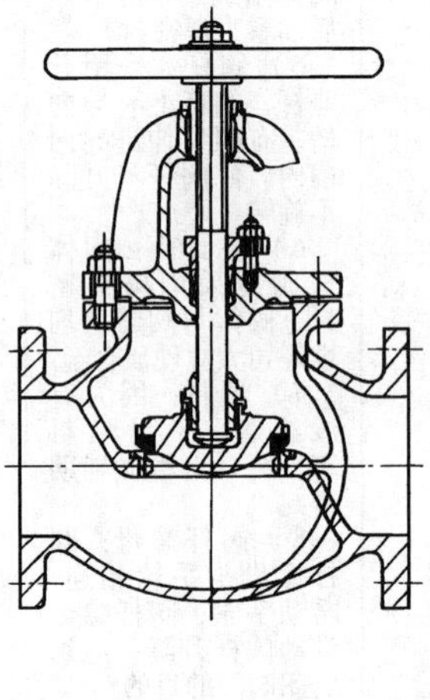	1）流道：直流式（见图）或角式 2）阀体与阀盖的连接：法兰 3）连接端：法兰（FF） 4）阀瓣：锥形镶套式	ASME B16.1—2015 MSS SP-85—2011 EN 13789:2010 GB/T 12233—2006 NF E29-354—2010

（续）

序号	名称	参考结构简图	结构型式	适用设计标准
2	螺纹连接铸铁截止阀	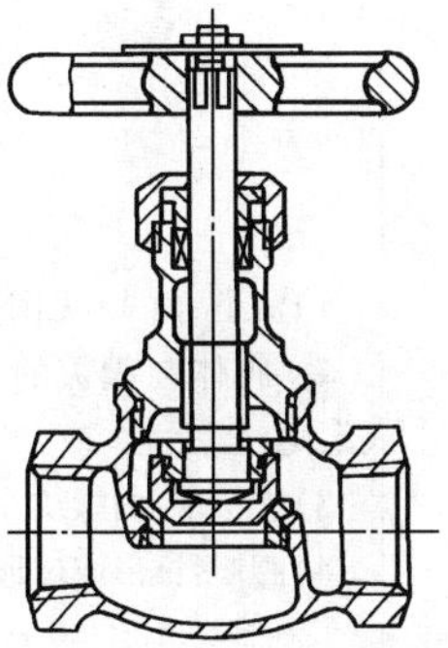	1)流道:全径直通式 2)阀体与阀盖的连接:螺纹 3)连接端:内螺纹 4)阀瓣:锥形整体式	EN 13789:2010 MSS SP-85—2011 ASME B16.3—2016 ASME B16.39—2014 JIS B 2051—2013 GB/T 12233—2006

2.1.2.3 铜制截止阀

1. 设计标准和适用范围

铜制截止阀的设计标准和适用范围见表2-12。

2. 结构型式

铜制截止阀的结构型式见表2-13。

表2-12 铜制截止阀的设计标准和适用范围

标准代号	标准名称	适用范围		
		公称尺寸	公称压力或压力级	应用
MSS SP-80—2013	青铜制闸阀、截止阀、角阀和止回阀	DN6 ~ DN80	Class125、Class150、Class200、Class300、Class350	通用
BS 5154:1991	通用铜合金截止阀、截止止回阀、止回阀、闸阀	DN10 ~ DN80	PN16、PN25、PN40	通用
JIS B 2011:2010	青铜截止阀	DN8 ~ DN100	5K、10K	通用
CB/T 309—2008	船用内螺纹青铜截止阀	DN6 ~ DN50	PN16	船用
CB/T 569—1999	船用PN160外螺纹青铜空气截止阀	DN6 ~ DN32	PN160	船用
GB/T 587—2008	船用法兰青铜截止阀	DN15 ~ DN150	PN10、PN16、PN25	船用
CB/T 595—2008	船用外螺纹青铜截止阀	DN6 ~ DN32	PN10、PN40、PN100	船用

表2-13 铜制截止阀的结构型式

序号	名称	参考结构简图	结构型式	适用设计标准
1	法兰连接铸青铜截止阀	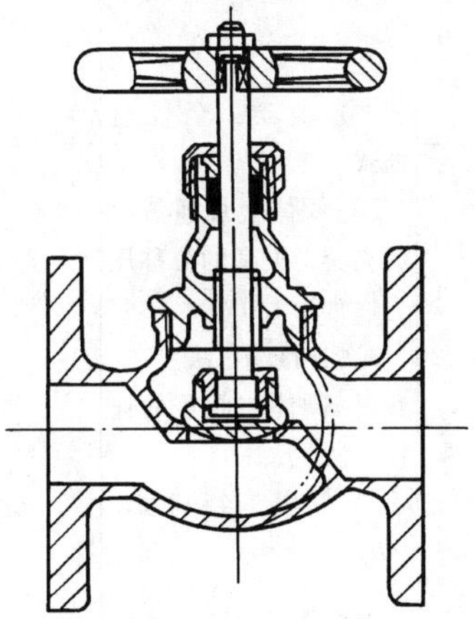	1)流道:全径直通式(见图)、角式 2)阀体与阀盖的连接:法兰、螺纹 3)连接端:法兰 4)阀瓣:锥形或球形	MSS SP-80—2013 BS 5154:1991 GB/T 587—2008

（续）

序号	名称	参考结构简图	结构型式	适用设计标准
2	螺纹连接角式铸青铜截止阀	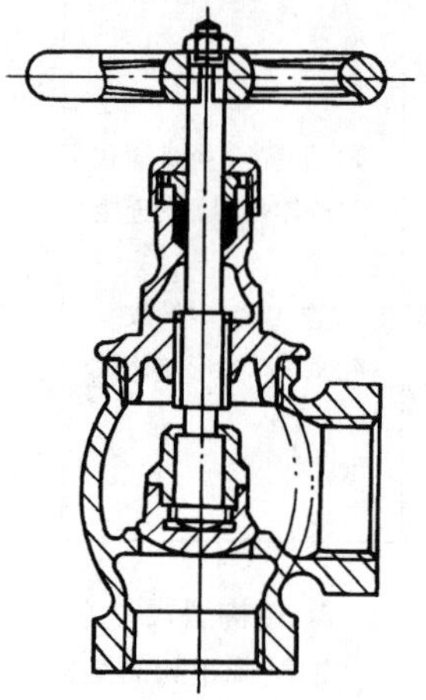	1）流道：角式（见图） 2）阀体与阀盖的连接：螺纹、法兰 3）连接端：内螺纹 4）阀瓣：锥形或球形	MSS SP-80—2013 BS 5154：1991 CB/T 309—2008
3	螺纹连接直通式铸青铜截止阀	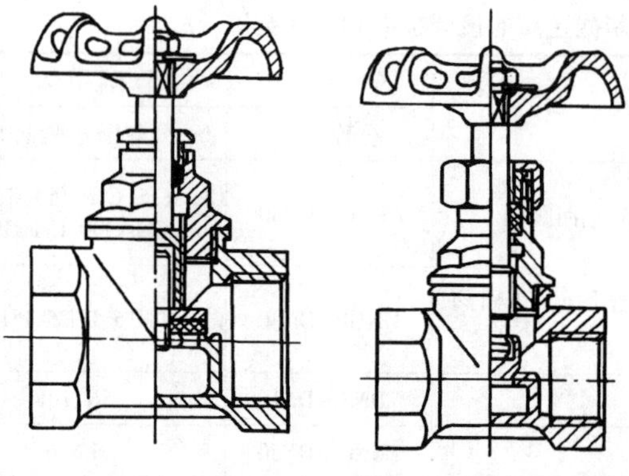 a）　b）	1）流道：全径直通式 2）阀体与阀盖的连接：螺纹 3）连接端：内螺纹 4）阀瓣：锥形或球面、平面加聚四氟乙烯 5）阀杆：旋转升降杆	MSS SP-80—2013 BS 5154：1991 圆柱管螺纹符合 ISO 228-1：2000 圆锥管螺纹符合 ASME B1. 20. 1—2013

2. 1. 2. 4　其他结构型式的截止阀

其他结构型式的截止阀见表2-14。

表2-14　其他结构型式的截止阀

序号	名称	参考结构简图	结构型式	适用设计标准
1	蒸汽加热夹套钢制截止阀	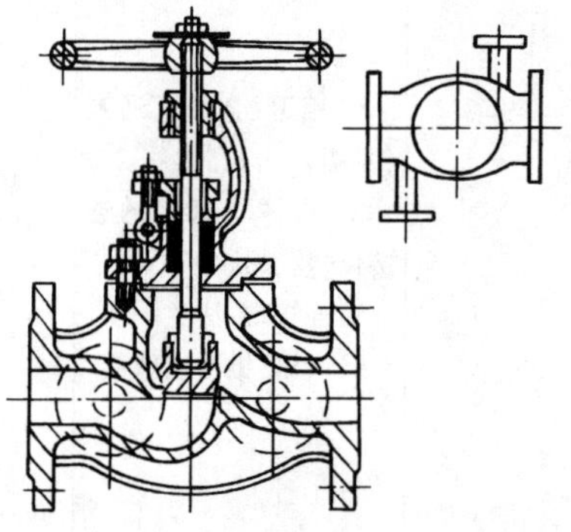	1）流道：全径直通式 2）阀体上加通蒸汽的夹套，夹套的公称压力通常为1.0MPa 3）连接端：法兰 4）阀体与阀盖的连接：法兰 5）阀瓣：各种形式	ASME B16. 34—2017 或参照表2-9 中序号3所列标准

（续）

序号	名称	参考结构简图	结构型式	适用设计标准
2	锻钢制低温截止阀	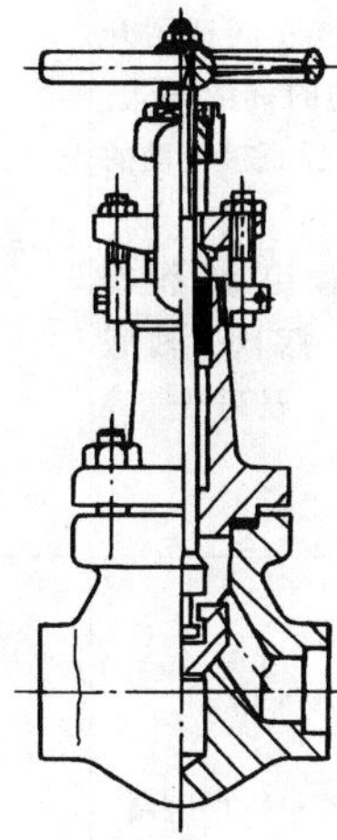	长颈阀盖	GB/T 28776—2012 ASME B16.34—2017 或参照 JB/T 7746—2006 BS 6364：1984 JPI-7S-36—1999 JB/T 12624—2016
3	角式高压自平衡锻钢截止阀	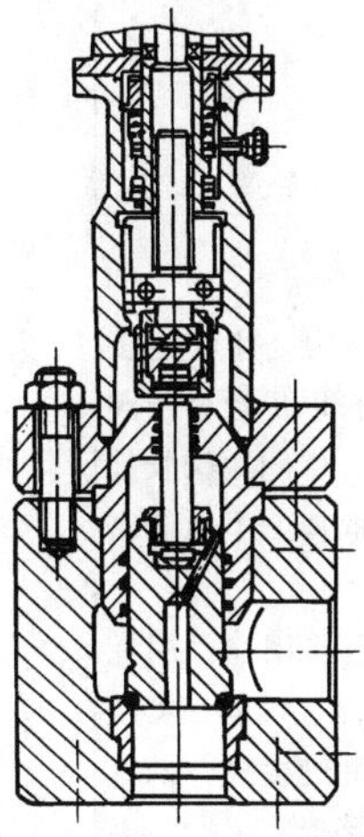	1）阀瓣在启闭过程中无压力差；阀体、阀盖为锻钢阀体 2）阀体与阀盖的连接：螺栓 3）阀瓣：上下腔有平衡孔使介质可以通向上下腔 4）阀座：焊接在阀体上 5）阀瓣密封面：堆焊硬质合金	ASME B16.34—2017
4	具有先导阀的高压截止阀	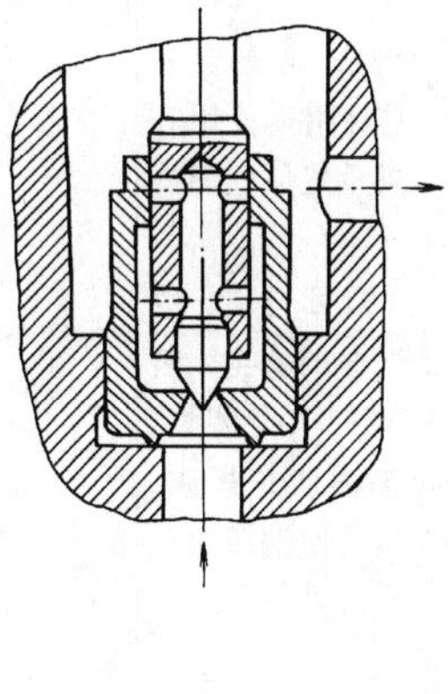	开启阀门时，先导阀先打开，至阀瓣上下压力平衡后，打开主阀	ASME B16.34—2017

（续）

序号	名称	参考结构简图	结构型式	适用设计标准
5	各种铜制气瓶阀	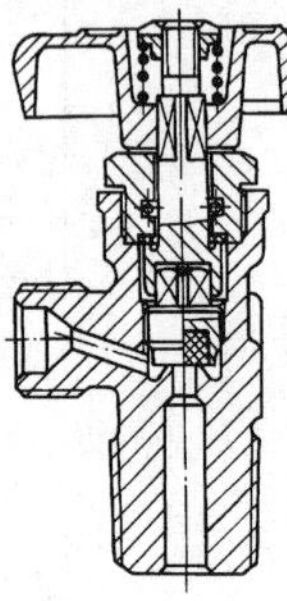	1）结构：阀杆用开关板带动的称活瓣式；阀杆用手轮直接带动的称轴联式 2）主要用途。活瓣式：氧气瓶阀；轴联式：氢气、氟利昂气等气瓶用阀	ASME　B16.15—2013（2018） GB 15382—2009 GB 10879—2009 GB 17878—2009
		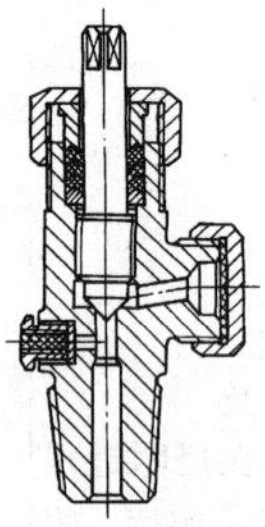	1）结构：针形阀瓣 2）主要用途：氯气、液化气等气瓶用阀	GB 15382—2009
		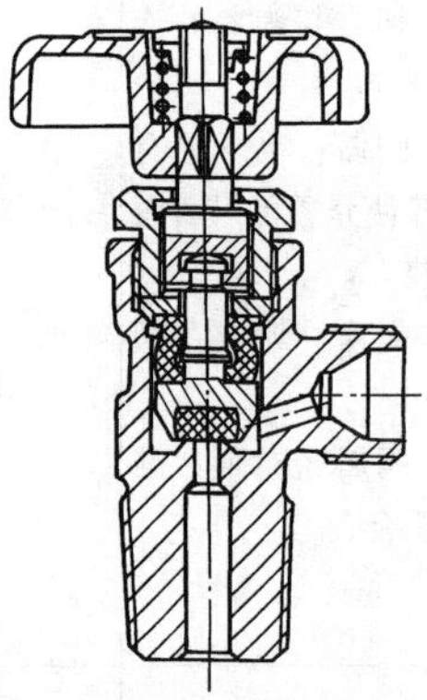	1）结构：橡胶连接式，阀杆以T形槽与阀瓣铰连，中间用橡胶鼓形圈在阀瓣上下时起密封作用 2）主要用途：用在氩气、稀有气体、贵重气体及高纯度气体的气瓶或管路上	GB 15382—2009 GB 10879—2009 GB 17878—2009
		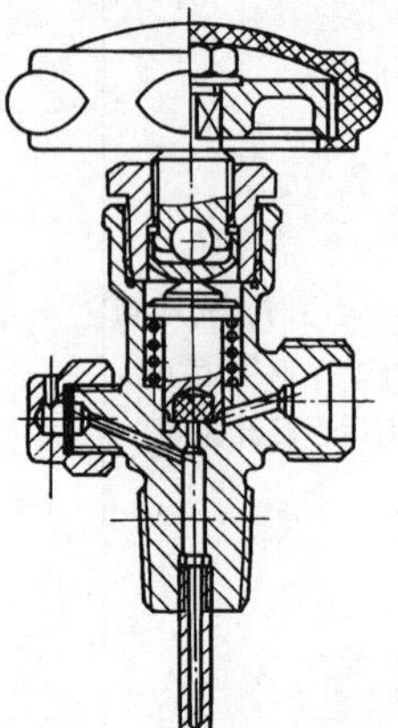	1）结构：隔膜式 2）主要用途：用在高纯、贵重气体气瓶或管路上 3）由图可看出，为了保证气瓶的安全，装有膜片式的安全装置，压力过高时膜片爆破，释放气体，使钢瓶避免爆炸	GB 15382—2009

2.1.3 止回阀

2.1.3.1 钢制止回阀

1. 设计标准和适用范围

钢制止回阀的设计标准和适用范围见表2-15。

2. 结构型式

钢制止回阀的结构型式见表2-16。

表2-15 钢制止回阀的设计标准和适用范围

序号	名称	标准代号	标准名称	适用范围		
				公称尺寸	公称压力或压力级	应用
1	铸钢	JIS B 2071：2000	法兰连接铸钢阀门	DN40～DN300	10K、20K	通用
2	锻钢、铸钢	GB/T 12236—2008	石油、化工及相关工业用的钢制旋启式止回阀	DN50～DN600	PN16～PN420	石油、化工
		ASME B16.34—2017	法兰、螺纹和焊接端阀门	DN8～DN600	Class150～Class4500	通用
		GB/T 21387—2008	轴流式止回阀	DN25～DN1800	PN2.5～PN150	
		GB/T 12235—2007	石油、石化及相关工业用钢制截止阀和升降式止回阀	DN15～DN400	PN16～PN420	通用
		MSS SP-42—2013	Class150法兰端和对焊端耐腐蚀的闸阀、截止阀、角阀和止回阀	DN8～DN600	Class150	通用
		API 6D—2017 ISO 14313：2007	石油和天然气工业 管道输送系统和管道阀门	DN15～DN1500	Class150～Class2500	管线用
		BS 1868：1990（2010）	法兰和对焊连接钢制止回阀	DN15～DN600	Class150～Class2500	石油、石化
		ISO 15761：2002	石油和天然气工业用≤DN100钢制闸阀、截止阀和止回阀	DN8～DN100	Class150、Class300、Class600、Class800、Class1500	石油、石化
		BS EN 13709：2010	工业阀门 钢制球阀、截止阀和止回阀	DN10～DN450	PN10～PN40	通用
		BS EN 13942：2009	石油和天然气工业 管道输送系统和管道阀门	DN50～DN1500	Class150～Class2500	石油、石化
		JPI-7S-36—1999	小型钢制（锻和铸）阀门	DN10～DN40	Class600	石油、石化
3	锻钢	GB/T 28776—2012	石油和天然气工业用钢制闸阀、截止阀和止回阀（≤DN100）	DN8～DN100	PN16～PN250	通用
		API 602—2015	石化和天然气工业用公称尺寸≤DN100的钢制闸阀、截止阀和止回阀			

表2-16 钢制止回阀的结构型式

序号	名称	参考结构图	结构特点	适用设计标准
1	立式升降止回阀		1）流道：水平直通式、角式、直流式（Y形） 2）阀体与阀盖的连接：法兰、外螺纹 3）连接端：EN ISO 15761：2002 法兰、对焊、内螺纹、承插焊，JB/T 7749—1995 承插焊、内螺纹，JPI-7S-36 承插焊、内螺纹 4）阀瓣：球形（EN ISO 15761）、平面密封栓塞、锥面密封栓塞	JB/T 7746—2006 JPI-7S-36—1999 MSS SP-42—2013 BS EN 13709：2010 BS EN 13942：2009 GB/T 12235—2007

（续）

序号	名称	参考结构图	结构特点	适用设计标准
2	直通式升降止回阀	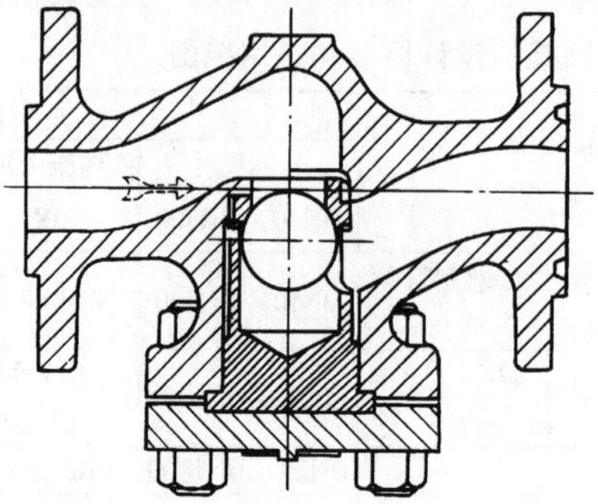	流道：垂直直通式 其余同上	EN ISO 15761：2002 BS EN 13942：2009
3	内压自紧密封升降式止回阀	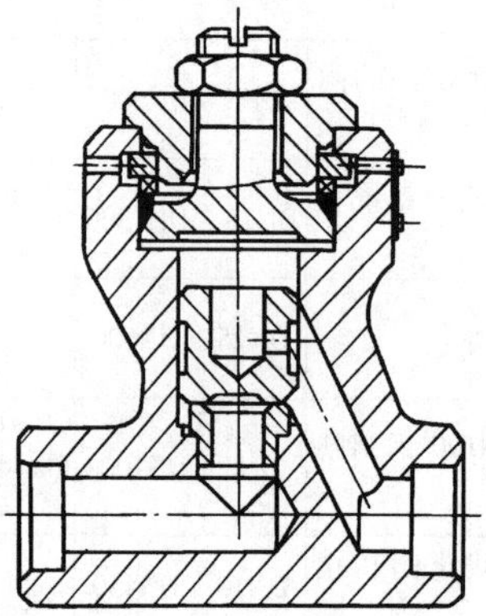	1）流道：水平直通式 2）阀体与阀盖的连接：内压自紧密封 3）连接端：法兰、对焊、承插焊 4）阀瓣：锥面密封柱塞或平面密封柱塞	ASME B16.34—2017（对焊、法兰、连接） EN ISO 15761：2002（参照承插焊） API 602—2015 GB/T 28776—2012
4	带压紧弹簧升降式止回阀	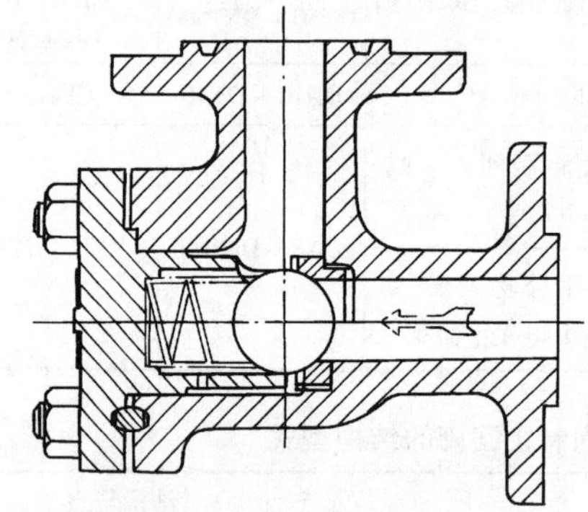	1）流道：角式 2）阀体与阀盖的连接：法兰 3）连接端：法兰、螺纹、承插焊 4）阀瓣：球、平面密封柱塞、锥面密封柱塞	BS EN 13709：2010 EN ISO 15761：2002 JB/T 7746—2006 JPI-7S-36—1999 ASME B16.34—2017 BS EN 13942：2009
5	单瓣底阀	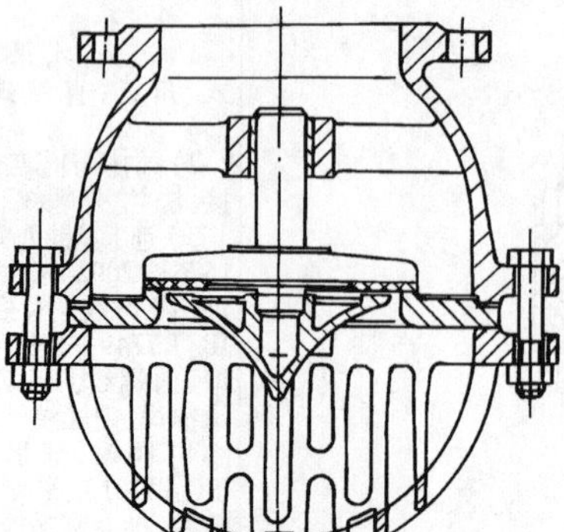	1）流道：垂直直通式 2）与管连接：法兰 3）阀瓣：平面密封塞形（作用原理与塞形升降式止回阀相同）	NF E29-372/AI：2005 DIN EN 12334—2004 BS EN 12334/AI：2001（2004） EN 12334（+AI）：2004

（续）

序号	名称	参考结构图	结构特点	适用设计标准
6	双瓣旋启底阀	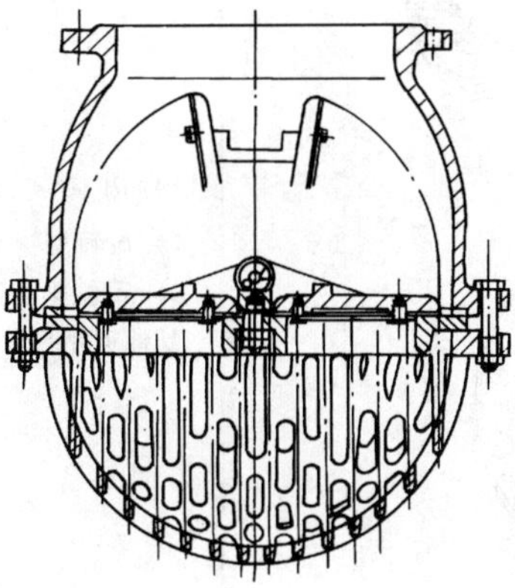	阀瓣为双瓣旋启式，其余见序号5。作用原理与旋启式止回阀相同（大型多瓣旋启式止回阀原理与此相同）	NF E29-372（AI）—2005 DIN EN 12334—2004 BS EN 12334/AI：2001（2004） EN 12334（+AI）：2004
7	带缓闭旋启式止回阀	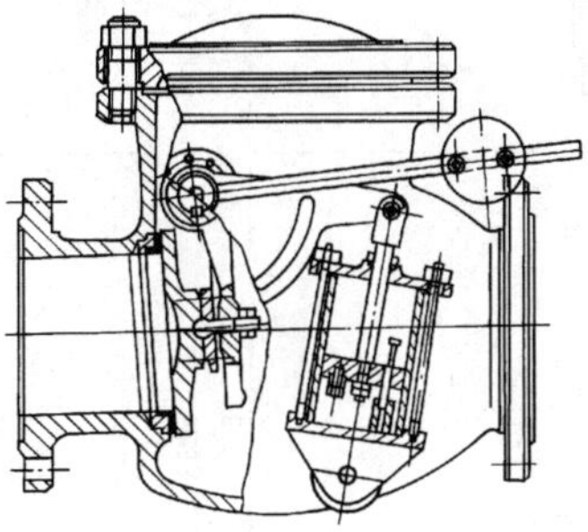	1）流道：水平直通式 2）阀体与阀盖的连接：≤DN150平盖法兰，≥DN200蝶形法兰 3）连接端：法兰、对焊 4）摇杆固定：摇杆穿出体外（见图），摇杆固定在阀盖上（上支式），摇杆固定在阀体上（阀体内凸台式）但不穿出体外	GB/T 12236—2008 ASME B16.34—2017 MSS SP-42—2013 API 6D—2014 ISO 14313：2007 EN 13942：2009 JPI-7S-46—1999 API 594—2017
8	内压自紧旋启式止回阀	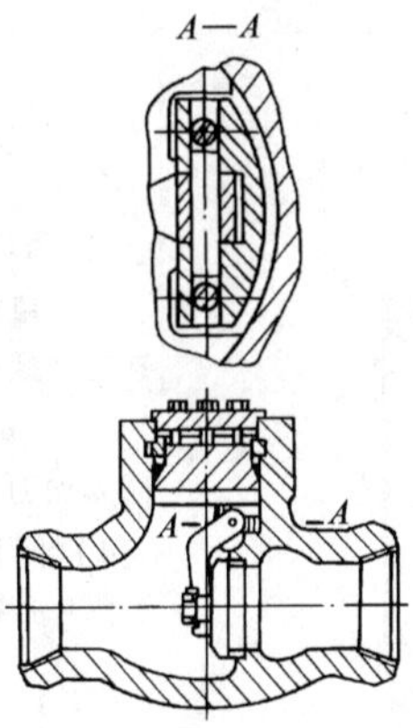 A—A A—A	1）流道：水平直通式 2）阀体与阀盖的连接：内压自紧密封 3）连接端：法兰、对焊 4）摇杆固定：摇杆穿出体外，摇杆固定在阀体内凸台上（见图），但不穿出体外	ASME B16.34—2017

（续）

序号	名称	参考结构图	结构特点	适用设计标准
9	带缓冲机构旋启式止回阀	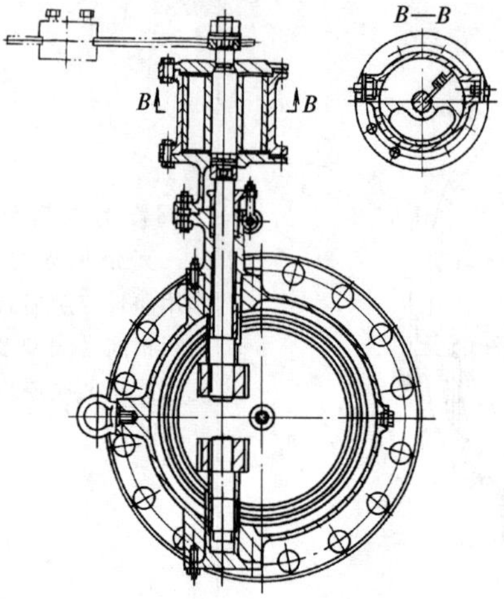 B—B B B	缓冲机构： 1）旋转型（见图） 2）活塞型（序号7） 其他见序号7	见序号7标准
10	蝶式止回阀	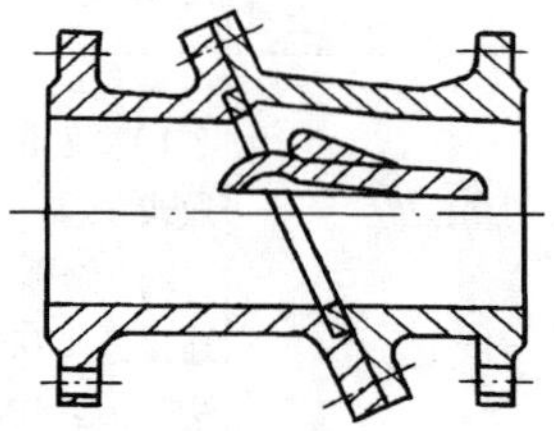	内部结构和动作原理与蝶阀相同，支承阀瓣的旋转轴与旋启式止回阀一样水平安装	见序号7标准
11	对夹式止回阀	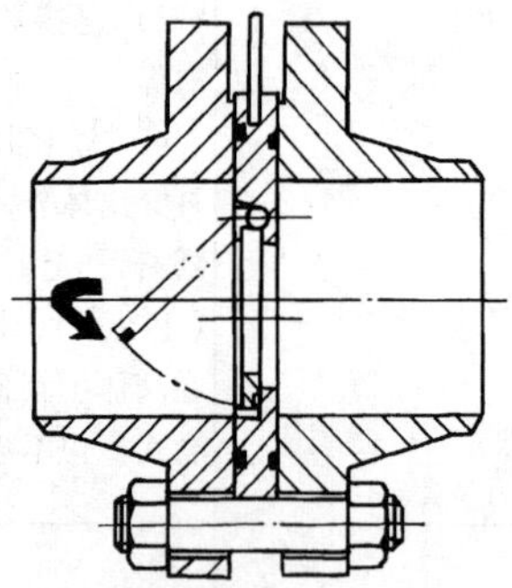		API 6D—2014 ISO 14313：2007
12	旋启式止回阀	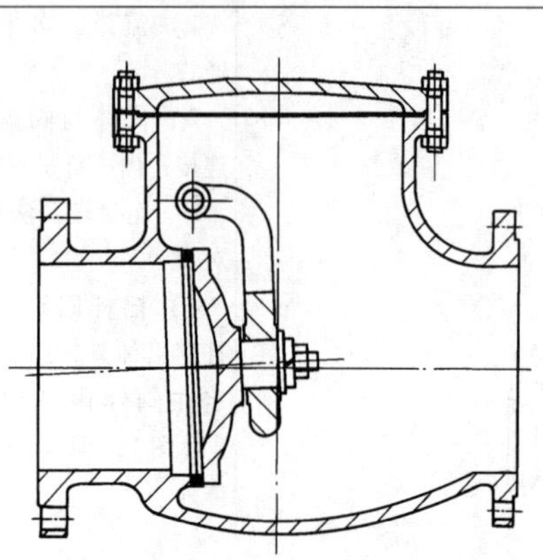	1）流道：直通式 2）阀体与阀盖的连接：螺栓 3）阀体、阀盖、阀瓣均为铸钢件 4）阀座、阀瓣密封面堆焊硬质材料	GB/T 12236—2008 API 6D—2014 ISO 14313：2007

（续）

序号	名称	参考结构图	结构特点	适用设计标准
13	对夹旋启式双瓣止回阀	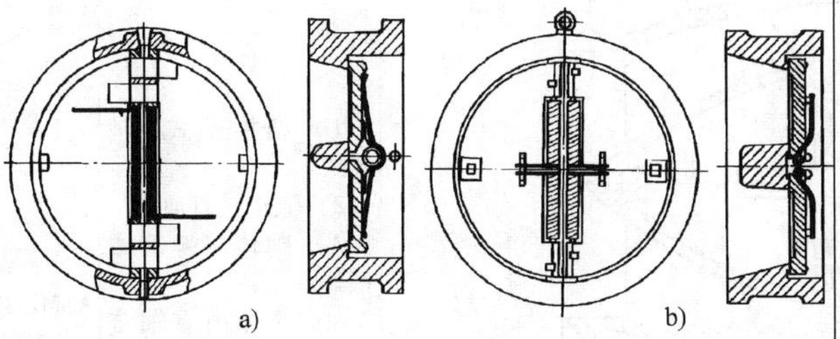 a)　b)	1）流道：直通式 2）阀体：铸钢 3）阀瓣：双板有弹簧复位开启后与水平有一定角度便于关闭 4）有单阀杆和双阀杆之分	JB/T—8937—2010 API 6D—2014 ISO 14313：2007
14	单球无磨损球形止回阀	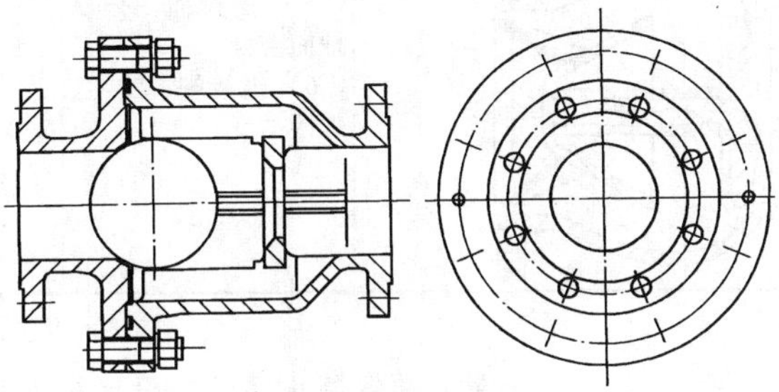	1）流道：直通式 2）阀体：阀盖为铸钢件 3）阀体与阀盖的连接：螺栓 4）阀体内有球体的导向装置 5）球体为空心钢制包覆橡胶，易于密封 6）适于公称尺寸≤DN150	GB/T 12224—2015
15	多球无磨损球形止回阀	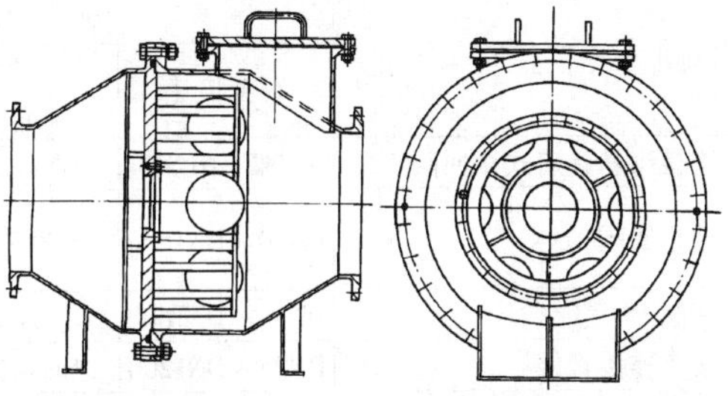	1）流道：直通式 2）阀体、阀盖：铸钢件或钢板焊接而成 3）阀体与阀盖的连接：螺栓 4）阀体：内有球体的导向装置 5）球体为空心钢制包覆橡胶，易于密封 6）适于公称尺寸为DN200～DN600	GB/T 12224—2015
16	法兰带阻尼蝶式止回阀	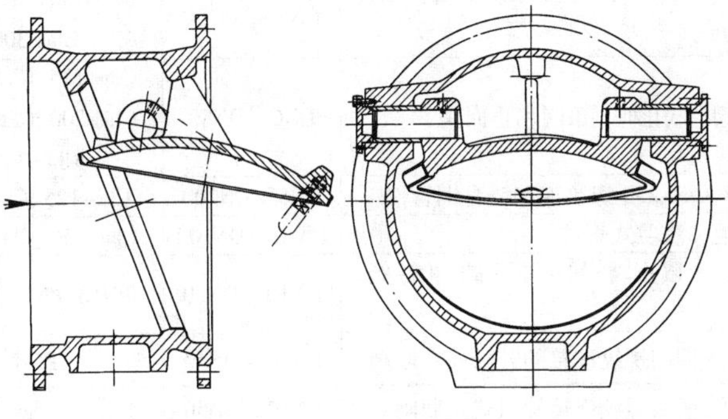	1）流道：直通式 2）阀体、蝶板：铸钢件 3）蝶板：回转轴位于阀体内，蝶板上带有阻尼销钉 4）阀体：上设有带弹簧的阻尼缸，以及设有开启后的限位装置 5）密封：如偏心蝶阀一样	API 6D—2014 ISO 14313：2007

（续）

序号	名称	参考结构图	结构特点	适用设计标准
17	轴流式止回阀	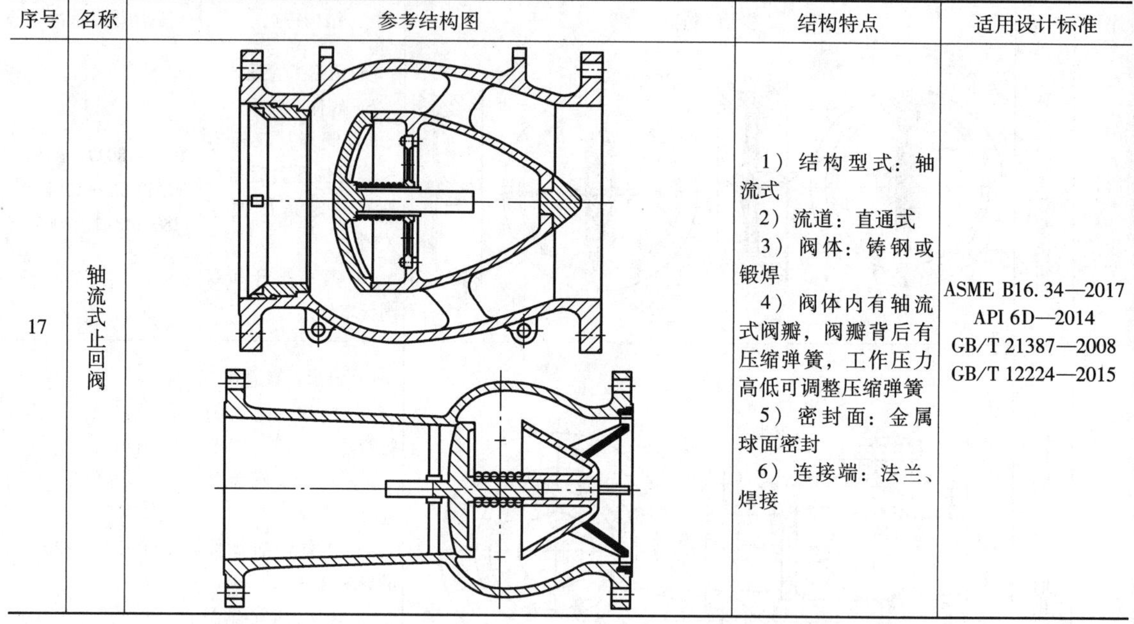	1）结构型式：轴流式 2）流道：直通式 3）阀体：铸钢或锻焊 4）阀体内有轴流式阀瓣，阀瓣背后有压缩弹簧，工作压力高低可调整压缩弹簧 5）密封面：金属球面密封 6）连接端：法兰、焊接	ASME B16.34—2017 API 6D—2014 GB/T 21387—2008 GB/T 12224—2015

2.1.3.2　铁制和铜制止回阀

1. 设计标准和适用范围

铁制和铜制止回阀的设计标准和适用范围见表2-17。

表2-17　铁制、铜制止回阀的设计标准和适用范围

序号	名称	标准代号	标准名称	适用范围		
				公称尺寸	公称压力或压力等级	应用
1	铸铁	MSS SP-71—2013	法兰式和螺纹连接铸铁旋启式止回阀	NPS2～NPS48	Class125、Class250	通用
		BS EN 12334:2001(2004)	工业阀门　铸铁止回阀	DN10～DN1000	PN2.5～PN25	
		GB/T 13932—2016	铁制旋启式止回阀	DN50～DN1800	PN2.5～PN25	
		ASME B16.1—2015	铸铁管法兰和法兰连接管件	DN25～DN1200	Class125、Class250	
		NF E29-372/A1—2005	工业阀门　铸铁止回阀	DN10～DN450	PN10、PN16、PN25	
		DIN EN 12334—2004	工业阀门　铸铁止回阀	DN10～DN1000	PN2.5～PN25	
		ASME B16.3—2016	Class150、Class300 螺纹连接可锻铸铁管件	DN6～DN150	Class150、Class300	
		ASME B16.39—2014	Class150、Class250、Class300 可锻铸铁螺纹连接管件	DN6～DN100	Class150、Class250、Class300	
2	铜	MSS SP-80—2013	青铜闸阀、截止阀、角阀和止回阀	DN6～DN80	Class125、Class150、Class200、Class300、Class350	
		ASME B16.15—2013	Class125、Class250 螺纹连接铸青铜管件	DN6～DN100	Class125、Class250	
		ASME B16.24—2016	青铜法兰和法兰式管件	DN15～DN100	Class150、Class2500	
		BS 5154:1991(2007)	通用铜合金截止阀、截止止回阀、止回阀、闸阀	DN10～DN80	PN16、PN25、PN40	
		CB/T 4014—2005	0.5MPa 青铜制螺纹连接的升降式止回阀	DN10～DN50	PN6	
		CB/T 4019—2005	0.5MPa 青铜制螺纹连接旋启式止回阀	DN10～DN50	PN6	

2. 结构型式

铁制、铜制止回阀的结构型式见表 2-18。

2.1.3.3　其他结构型式止回阀

其他结构型式的止回阀见表 2-19。

表 2-18　铁制、铜制止回阀的结构型式

序号	名称	参考结构图	结构型式	适用设计标准
1	铸铁旋启式止回阀	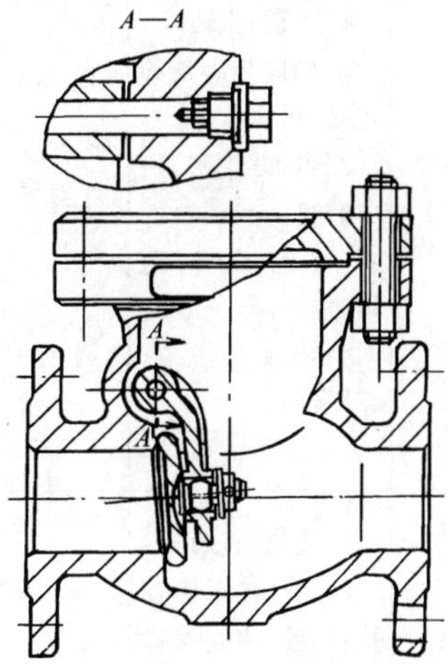 A—A	1）流道：水平直通式 2）阀体与阀盖的连接：法兰 3）摇杆穿出体外（见图） 4）连接端：法兰 5）阀瓣：旋启式	MSS SP-71—2011 BS EN 12334:2001 ASME B16.39—2014
2	铸铁、铸铜旋启式止回阀	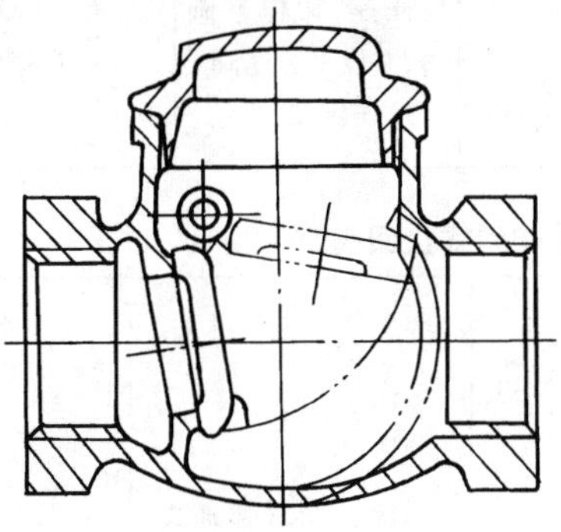	1）流道：水平直通式 2）阀体与阀盖的连接：螺纹 3）连接端：螺纹 4）摇杆穿出体外 5）阀瓣：旋启式	CB/T 4019—2005 BS 5154:1991 MSS SP-80—2013 ASME B16.15—2013(2018) ASME B16.24—2016
3	铸铁、铸铜升降式止回阀	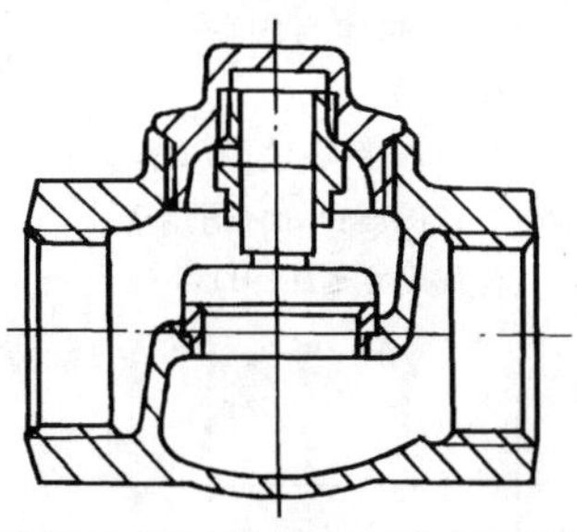	1）流道：水平直通式 2）阀体与阀盖的连接：螺纹 3）连接端：螺纹 4）阀瓣：平面密封塞形	CB/T 2014—2005 BS 5154:1991 ASME B16.24—2016 ASME B16.15—2013(2018) MSS SP-80—2013
4	铸铁多瓣旋启式止回阀	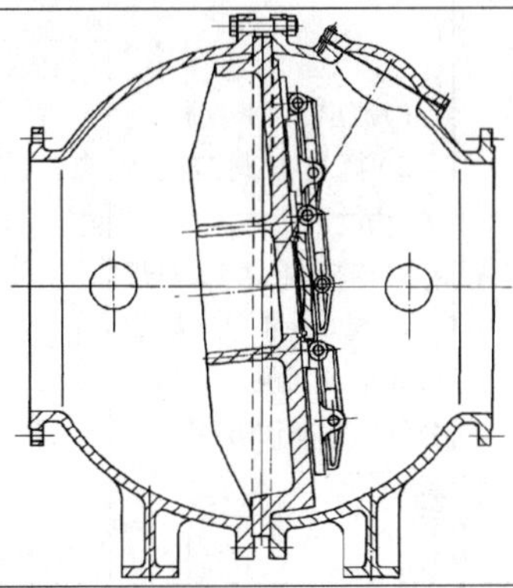	1）流道：直通式 2）左阀体与右阀体及阀座的连接：法兰螺栓把阀座夹紧在两阀体中间 3）连接端：法兰 4）阀瓣：旋启多瓣式	GB/T 13932—2016

（续）

序号	名称	参考结构图	结构型式	适用设计标准
5	铸铁旋启式橡胶阀瓣止回阀	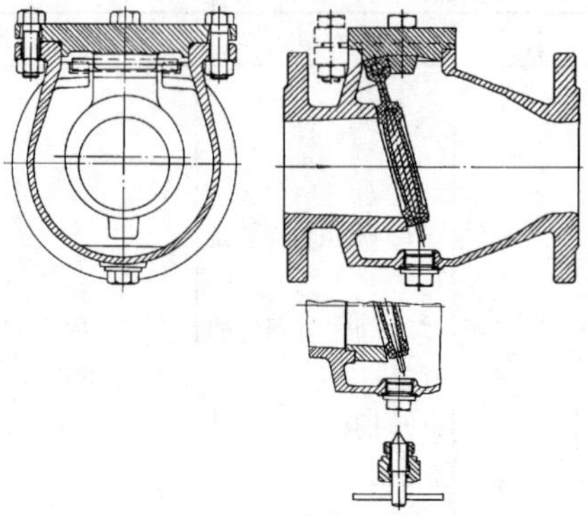	1）流道：直通式 2）阀体与阀盖的连接：螺栓 3）中法兰密封：O形圈 4）阀瓣：包覆橡胶 5）连接端：法兰	GB/T 13932—2016
6	轴流式止回阀	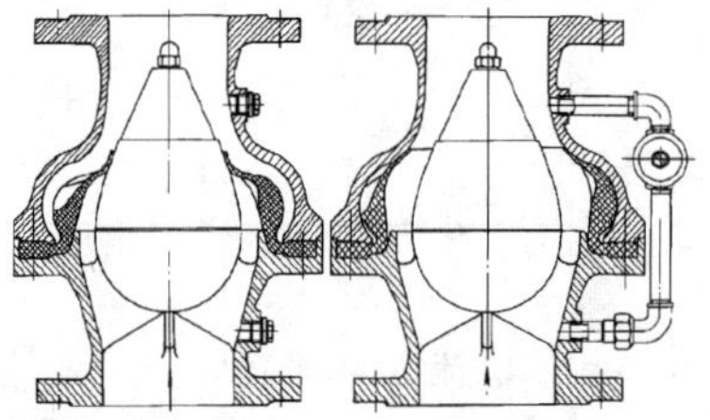	1）流道：直通式 2）左、右阀体连接：螺栓，中间夹橡胶阀座，橄榄形阀瓣，并设有旁通阀 3）连接端：法兰	ASME B16.34—2017 API 6D—2014 ISO 14313:2007 GB/T 21387—2008

表2-19　其他结构型式止回阀

序号	名称	参考结构图	结构型式	适用设计标准
1	截止止回阀（一）	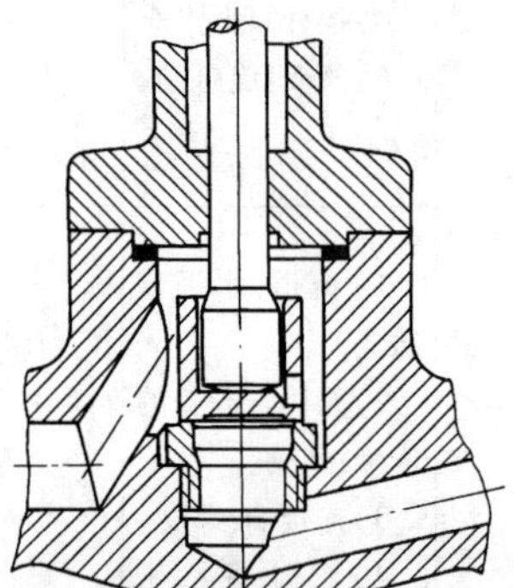	1）流道：水平直通式 2）阀体与阀盖的连接：法兰 3）连接端：法兰、对焊 4）阀瓣：平面（适用于公称尺寸≤DN50）	ASME B16.34—2017 BS EN 13709:2010 EN 13709:2010
2	截止止回阀（二）	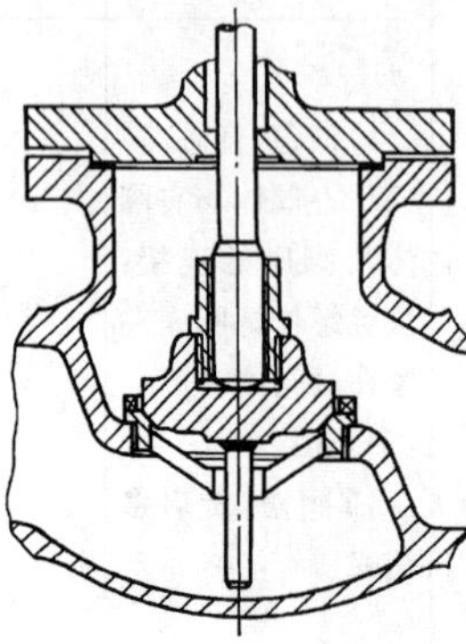	1）流道：水平直通式 2）阀体与阀盖的连接：法兰 3）连接端：法兰、对焊 4）阀瓣：带导向装置的球形或锥形（适用于公称尺寸≥DN65）	ASME B16.34—2017 BS EN 13709:2010 EN 13709:2010

（续）

序号	名称	参考结构图	结构型式	适用设计标准
3	锅炉给水用截止止回阀	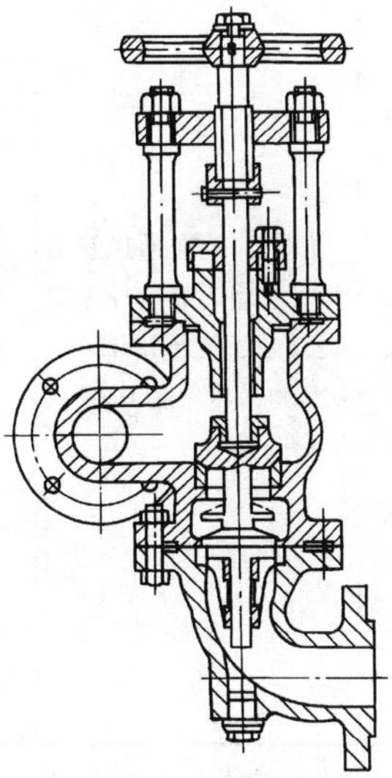	1）流道：角式 2）阀体与阀盖的连接：法兰 3）连接端：法兰 4）阀瓣：带导向装置的球形或锥形	ASME B16.34—2017 BS EN 13709：2010
4	带导流管Y形升降式止回阀	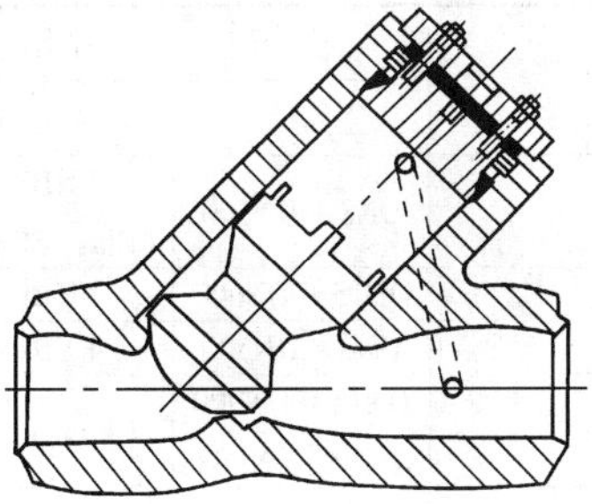	1）流道：直流式 2）阀体与阀盖的连接：压力自封式 3）连接端：法兰、对焊 4）阀瓣：球面或锥面密封的塞形阀瓣，在阀瓣上方和出口端之间连有一根回流导管	ASME B16.34—2017 API 6D—2014 GB/T 12224—2015 BS EN 13709：2010
5	空排止回阀	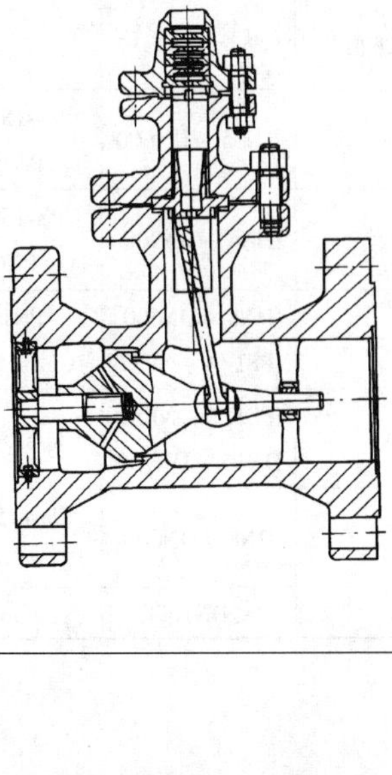	作用：制止阀门出口端介质在大气压力作用下回流，同时把阀门进口端残存的压力介质排放出去	GB/T 12224—2015

（续）

序号	名称	参考结构图	结构型式	适用设计标准
6	全压阀		作用：装在通风管道上，自动调节内外压差（公称尺寸为DN150～DN400，压力为0.67～2.4kPa）	GB/T 12224—2015

2.1.4　球阀

2.1.4.1　球阀的设计标准和适用范围

球阀的设计标准和适用范围见表2-20。

表2-20　球阀的设计标准和适用范围

标准代号	标准名称	适用范围		
		公称尺寸	公称压力或压力级	应用
ISO 7121：2016	法兰和对焊连接工业用钢制球阀	DN8～DN600	PN10～PN100（Class150～Class900）	通用
GB/T 21385—2008	金属密封球阀	DN15～DN600	PN16～PN420	通用
GB/T 12237—2007	石油、石化及相关工业用的钢制球阀	DN8～DN500	PN16～PN140	通用
MSS SP-72—2010	法兰和对焊连接球阀（钢、球墨铸铁、青铜）	DN15～DN900 NPS1/2～NPS36	Class150～Class900	通用
API6D—2014 EN 13942:2009 ISO 14313:2009 GB/T 19672—2005 GB/T 20173—2013 GB/T 30818—2014	石油和天然气工业　管道输送系统、管道阀门 管线阀门　技术条件 石油天然气工业　管道输送系统　管道阀门 石油和天然气工业管线输送系统用全焊接球阀	DN15～DN1500	Class150～Class2500	石油、天然气管道
NF E29-475—2005	石油、石化和相关工业用金属球阀	DN15～DN600	Class150～Class900、PN16～PN100	石油、天然气、石化
EN 1983:2013	工业阀门　钢制球阀	DN4～DN900	Class150～Class4500 PN6～PN100	通用
ISO 17292:2015	石油、石化和相关工业用金属球阀	DN8～DN600 NPS1/4～NPS24	PN16～PN100 Class150～Class800	石油、天然气、石化
ASME B16.34—2017	法兰、螺纹和对焊连接钢制阀门	NPS1/2～NPS50 DN15～DN750	Class150～Class4500	通用
API 608—2012	法兰、螺纹和焊接连接的金属球阀	DN8～DN600	Class150～Class800 PN16～PN100	通用
GB/T 37827—2019	城镇供热用焊接球阀	≤DN1600	≤PN25	城镇供热用

.1.4.2　球阀的结构

1. 常用球阀的结构

常用球阀的结构见表2-21。

表2-21　常用球阀的结构

序号	名称	参考结构图	结构特点	适用设计标准
1	螺纹端、承插焊端、整体或对分式球阀	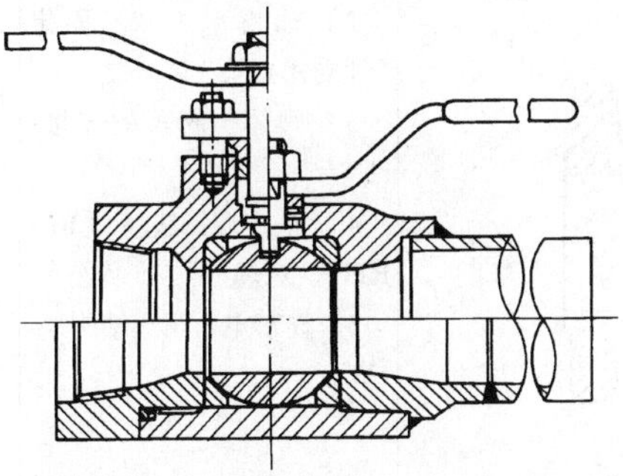	1）流道：不缩径式或缩径式 2）球支承方法：浮动（座支式） 3）防吹出阀杆结构 4）如需要可设置防静电或耐火结构 5）连接端：螺纹、承插焊、对焊（延长阀体）	API 608—2012 EN 1983：2013 ISO 7121：2016 GB/T 12237—2007 MSS SP-72—2010
2	对夹式、三件式球阀	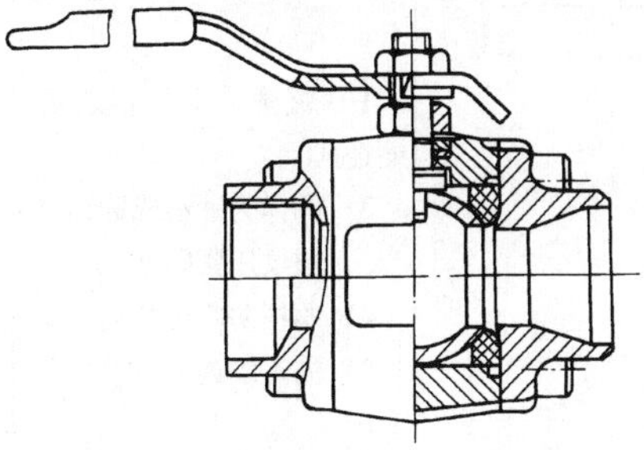	对夹式 其余同序号1	
3	两件对分式或整体侧装式球阀	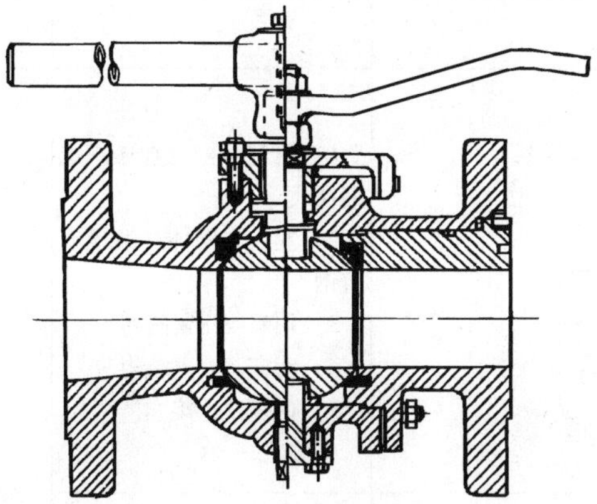	1）流道：不缩径式或缩径式 2）球支承方式：浮动（座支式）或固定（轴支式） 3）防吹出阀杆结构 4）如需要可设置防静电或耐火结构 5）法兰连接	
4	侧装或上装整体式球阀	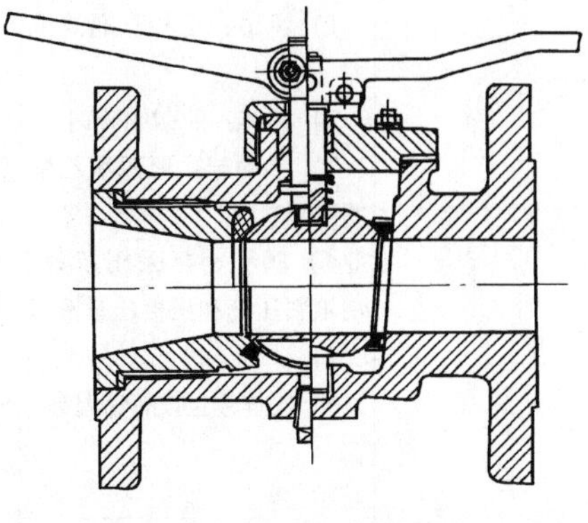	1）流道：全通径式或缩径式 2）球支承方式：浮动（座支式）或固定（轴支式） 3）防吹出阀杆结构 4）滑动阀座或密封腔式球体 5）如需要可设置防静电或耐火结构	ISO 7121：2006 GB/T 12237—2007

（续）

序号	名称	参考结构图	结构特点	适用设计标准
5	固定球球阀	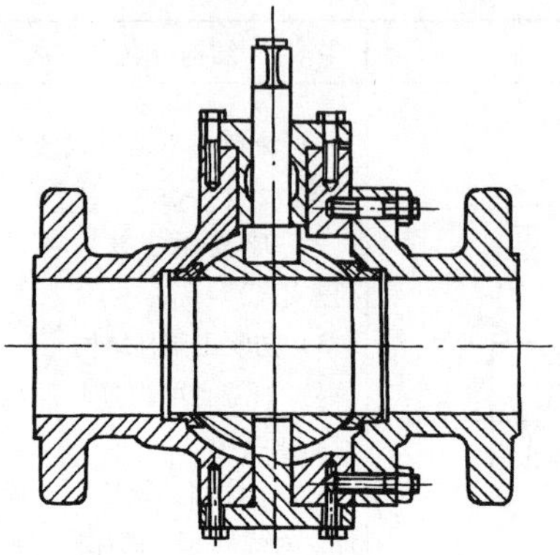	1）流道：全径直通式 2）球支承方式：固定（轴支式） 3）阀体与阀盖的连接：法兰 4）连接端：法兰（RF、RTJ）、对焊 5）防静电、耐火结构	GB/T 19672—2005 GB/T 20173—2013 API 6D—2014 ISO 14313：2007 NF E29-475—2005
6	一件式球阀	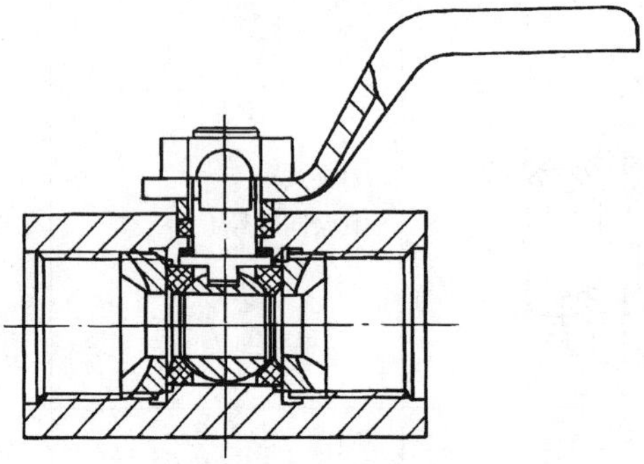	1）流道：全径直通式、缩径式 2）阀体为锻钢或铸钢 3）螺纹压紧阀座 4）阀杆防吹出结构 5）内螺纹连接	ISO 7121：2016 GB/T 12237—2007
7	两件式球阀	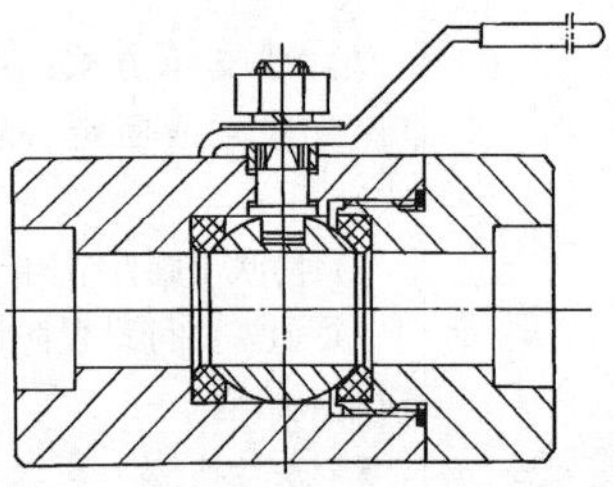	1）流道：全径直通式或缩径式 2）左、右阀体：锻钢或铸钢 3）用螺纹压紧阀座 4）阀杆防吹出结构 5）内螺纹连接	ISO 7121：2016 GB/T 12237—2007
8	带保温夹套球阀	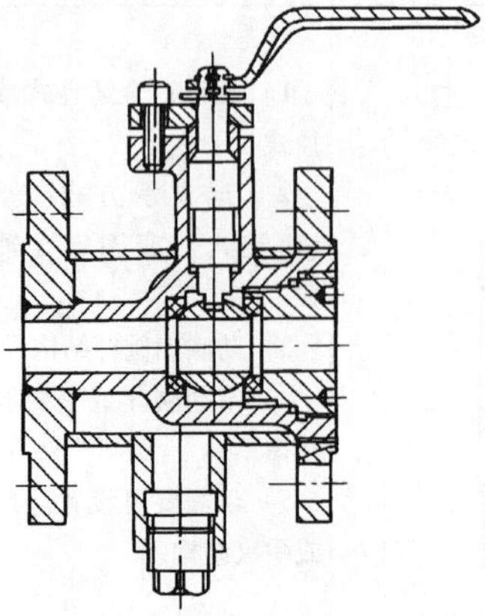	1）流道：全径直通式或缩径式 2）阀体：锻钢或铸钢 3）浮动球：聚四氟乙烯阀座 4）阀杆密封采用填料，用填料压套和压板压紧密封 5）法兰连接 6）阀体部位设有保温夹套	

（续）

序号	名称	参考结构图	结构特点	适用设计标准
9	金属密封上装式气动球阀	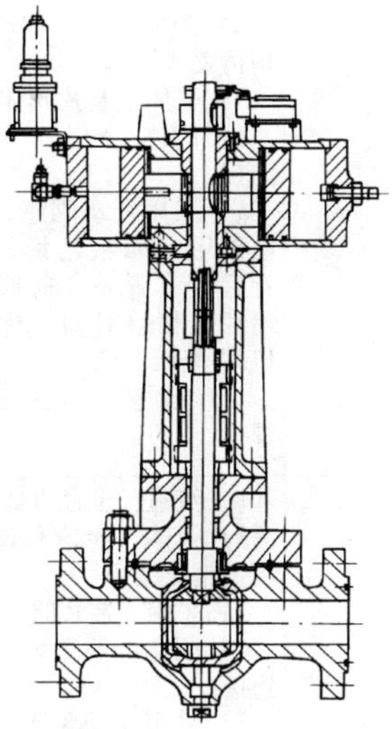	1）流道：全径直通式或缩径式 2）阀体、阀盖：用铬钼钢铸造 3）中法兰连接：螺栓 4）中法兰密封：采用密封环，阀座采用金属 5）密封面：堆焊硬质合金 6）法兰连接	API 6D—2014 ISO 14313：2007 GB/T 19672—2005 GB/T 20173—2013 NF E29-475—2005 API 641—2016
10	两体式固定球球阀	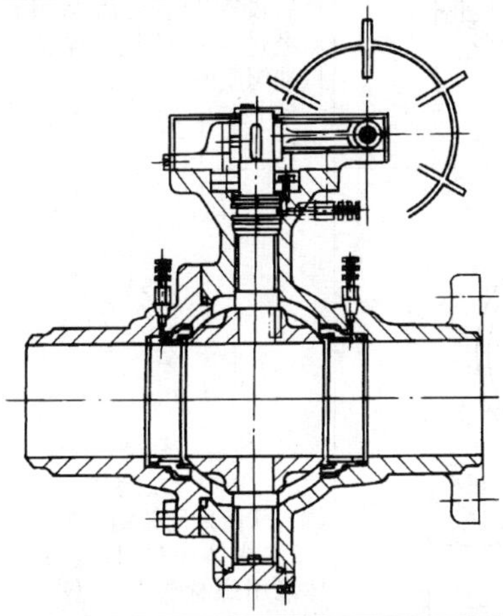	1）流道：全径直通式 2）左、右阀体和球体采用铸钢或锻钢 3）左、右阀体密封：O形圈 4）左、右阀体连接：螺栓 5）两阀座密封圈处均设有注油嘴 6）阀杆与球体的连接：键 7）与管道连接：焊接或法兰 8）密封圈：聚四氟乙烯	API 6D—2014 ISO 14313：2009 ASME B16.34—2017 GB/T 19672—2005 GB/T 20173—2013 GB/T 12224—2015 NF E29-475—2005 API 641—2016
11	滑动阀座浮动球球阀	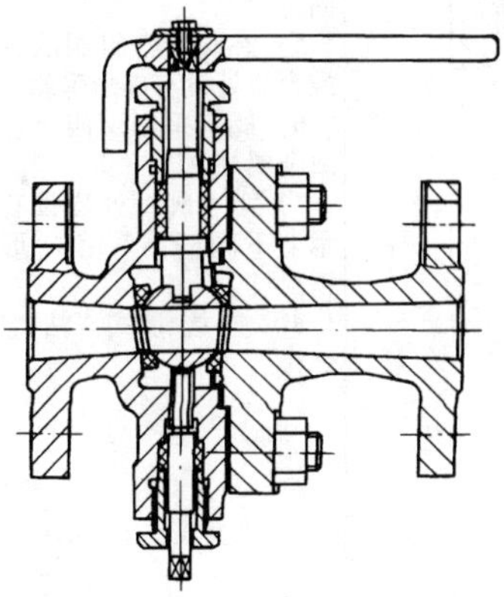	1）流道：全径直通式或缩径式 2）左、右阀体：锻钢或铸钢 3）左、右阀体连接：螺栓，其密封用垫片密封 4）左、右阀体放密封圈处均为5°斜面，阀座密封圈可在5°斜面上自由滑动 5）阀杆：填料密封 6）阀体底部设调整螺杆，调整螺杆也采用填料密封 7）法兰连接	GB/T 12224—2015 GB/T 12237—2007 API 608—2012 ASME B16.34—2017 API 641—2016

（续）

序号	名称	参考结构图	结构特点	适用设计标准
12	前阀座密封固定球球阀	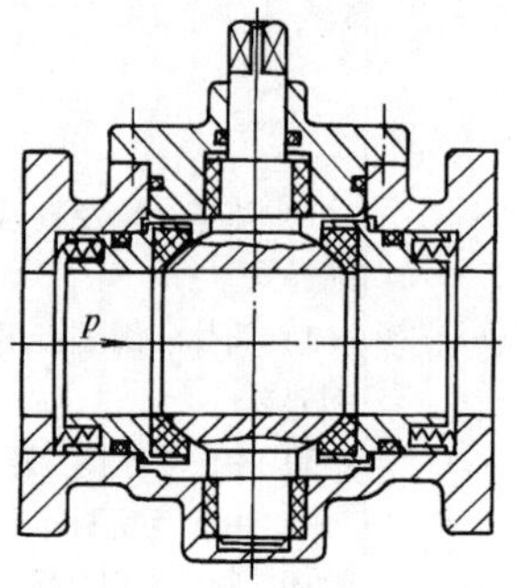 *p*	1）流道：全径直通式 2）阀体、阀盖和球体采用铸钢或锻钢 3）采用上装式阀体 4）阀体、阀盖采用螺栓连接 5）采用浮动阀座，密封面采用聚四氟乙烯，阀座背后设有弹簧，前阀座台肩经过精确计算，保证进口阀座密封比压 6）连接形式：法兰、焊接	API 6D—2014 ISO 14313：2007 ASME B16.34—2017 GB/T 19672—2005 GB/T 20173—2013 GB/T 12224—2015 ISO 15848-2：2015 API 641—2016
13	后阀座密封固定球球阀	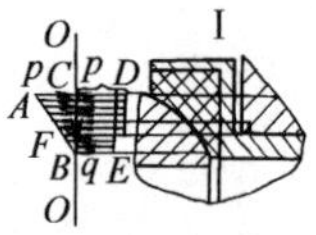 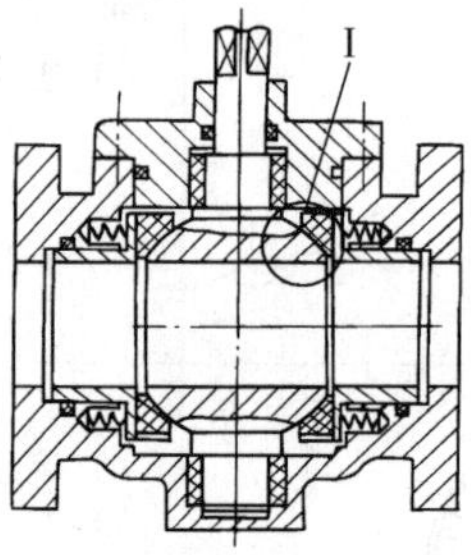 O　I　P C p D　A　F B q E　O　I	1）流道：全径直通式 2）阀体、阀盖和球体采用铸钢或锻钢 3）采用上装式阀体 4）阀体、阀盖采用螺栓连接 5）采用浮动阀座、密封面采用聚四氟乙烯，阀座背后设有弹簧，后阀座台肩经过精确计算，保证出口端阀座的密封比压 6）连接形式：法兰或焊接	API 6D—2014 ISO 14313：2009 ASME B16.34—2017 GB/T 19672—2005 GB/T 20173—2013 GB/T 12224—2015 ISO 15848-2：2015 API 641—2016
14	三体式固定球管线球阀	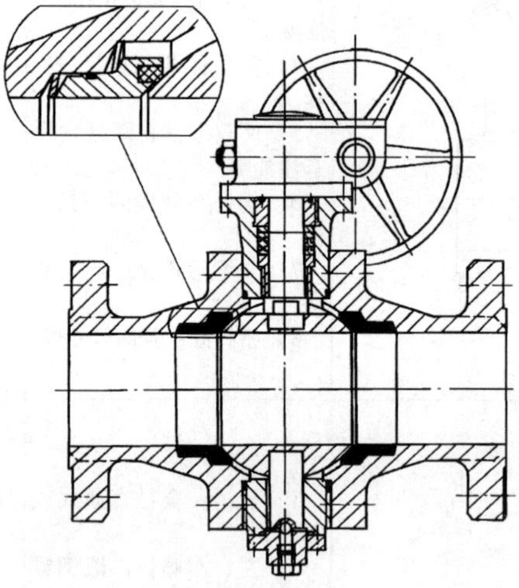 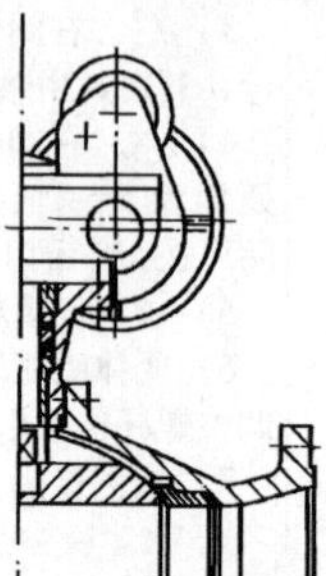	1）流道：全径直通式 2）中体、左阀体、右阀体、球体采用铸钢或锻钢 3）中体、左阀体、右阀体采用螺栓连接，密封垫密封 4）球体采用上下阀杆固定 5）在阀座密封圈的背后或台肩处设有碟形弹簧 6）阀座采用聚四氟乙烯或金属 7）上下阀杆处均设有轴承上下阀杆，采用O形圈密封 8）连接形式：法兰或焊接	API 6D—2014 ISO 14313：2007 ASME B16.34—2017 GB/T 19672—2005 GB/T 20173—2013 GB/T 12224—2015 ISO 15848-2：2015 API 641—2016

（续）

序号	名称	参考结构图	结构特点	适用设计标准
15	上装式固定球管线球阀	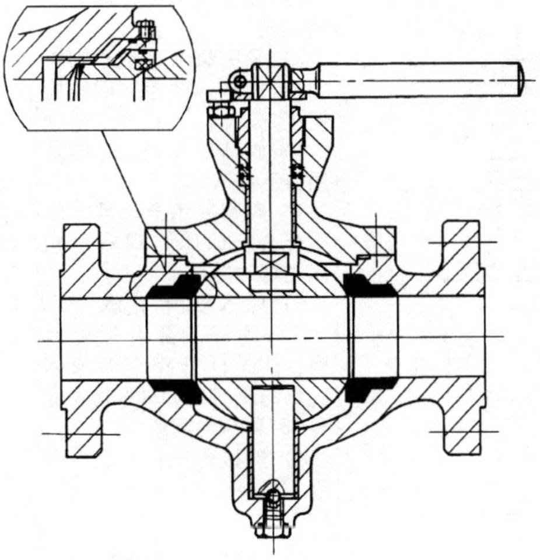	1）流道：全径直通式 2）阀体、阀盖、球体采用铸钢或锻钢 3）阀体、阀盖采用螺栓连接，并由垫片保证密封 4）球体采用上下阀杆固定 5）在阀座密封圈的背后或台肩处设有碟形弹簧 6）阀座采用聚四氟乙烯或金属 7）上下阀杆处均设有轴承，上阀杆采用 O 形圈密封，下阀杆采用垫片密封 8）连接形式：法兰或焊接	API 6D—2014 ISO 14313：2009 ASME B16. 34—2017 GB/T 19672—2005 GB/T 20173—2013 GB/T 12224—2015 ISO 15848-2：2015 API 641—2016
16	全焊接固定球管线球阀	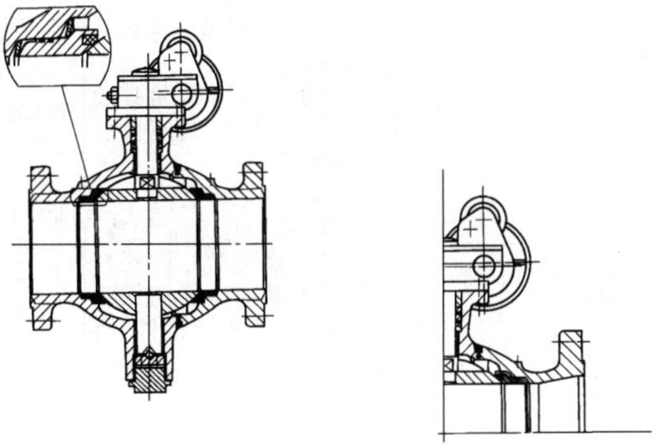	1）流道：全径直通式 2）左、右阀体采用铸钢或锻钢 3）整个阀组装好，经试验合格后，左、右阀体再焊接到一起 4）球体采用上、下阀杆固定 5）上阀杆密封采用 O 形圈，下阀杆密封采用垫片，然后密封焊，上、下阀杆处均设有轴承 6）阀座的背后和台肩处设有碟形弹簧，阀座密封圈采用聚四氟乙烯或金属 7）连接形式：法兰或焊接	API 6D—2014 ISO 14313：2009 ASME B16. 34—2017 GB/T 19672—2005 GB/T 20173—2013 GB/T 12224—2015 ISO 15848-2：2015 API 641—2016
17	全焊接浮动球球阀	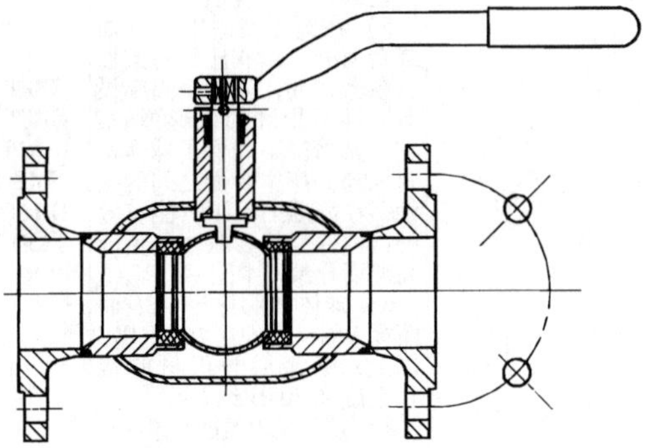	1）流道：全径直通式或缩径式 2）阀体、球体采用钢板压制成形，阀座和填料箱体采用圆钢车削加工，法兰采用锻钢 3）阀座密封圈采用聚四氟乙烯 4）阀杆采用防吹出结构 5）整体球阀组装调试合格后，焊接为一体	ASME B16. 34—2017 JB/T 12006—2014 GB/T 37827—2019

（续）

序号	名称	参考结构图	结构特点	适用设计标准
18	螺旋杆式升降杆球阀	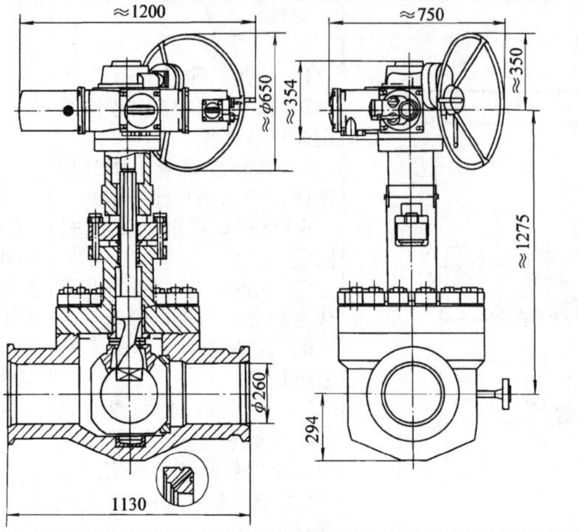	1）流道：全径直通式或缩径式 2）采用球体上装式阀体 3）阀体、阀盖采用螺栓连接 4）阀体、阀盖、球体采用铸钢或锻钢 5）阀座采用金属堆焊硬质合金，球体与阀座接触面堆焊硬质合金 6）球体采用固定球 7）阀杆下部有螺旋扁槽，使阀杆升降带动球体脱离阀座后再旋转90°或旋转90°再压向阀座 8）连接形式：法兰、卡箍、焊接	API 6D—2014 ISO 14313：2007 ASME B16.34—2017 GB/T 21385—2008 GB/T 12224—2015 ISO 15848-2：2015 API 641—2016
19	导向槽式升降杆球阀	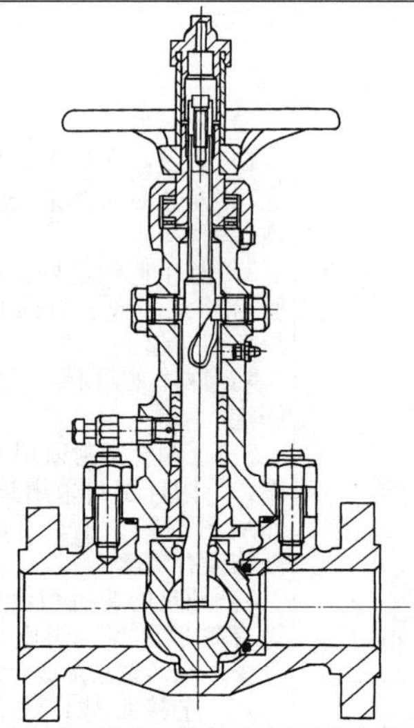	1）流道：全径直通式或缩径式 2）采用球体上装式阀体 3）阀体、阀盖采用螺栓连接 4）阀体、阀盖、球体采用铸钢或锻钢 5）阀座采用金属堆焊硬质合金，球体与阀座接触面堆焊硬质合金 6）球体采用固定球 7）阀杆上有S形导槽，导销与导槽配合，使阀杆升降时带动球体脱离阀座后再旋转90°或旋转90°再压向阀座 8）连接形式：法兰、焊接	API 6D—2014 ISO 14313：2007 ASME B16.34—2017 GB/T 21385—2008 GB/T 12224—2015 ISO 15848-2：2015 API 641—2016
20	浮动球金属密封球阀	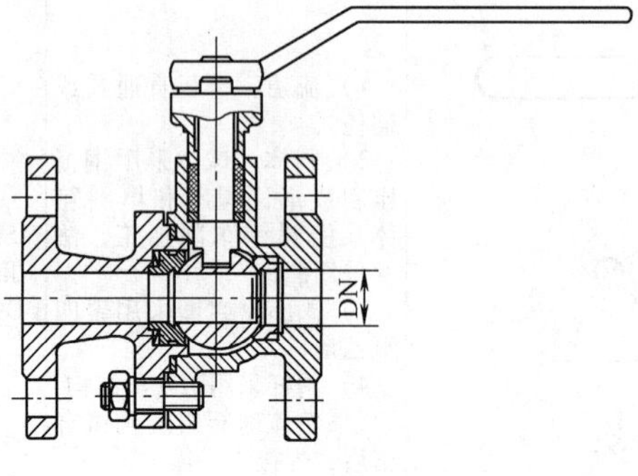	1）流道：全径直通式 2）左、右阀体和球体采用铸钢或锻钢 3）左、右阀体采用螺栓连接，并用垫片保证密封 4）采用浮动球结构，球体与阀杆采用扁槽连接 5）在阀座密封圈的背面或台肩处一个阀座设有柔性石墨密封环，另一个阀座设有柔性石墨环加碟形弹簧，在正常情况下确保了球体密封面与阀座密封面之间的接触，在高温工况下，能有效补偿内件受热膨胀，避免因高温而导致的卡阻 6）球体和阀座密封表面喷涂WC，其硬度在62HRC以上，喷涂层与母材的接合强度在70MPa以上 7）填料采用柔性石墨环和柔性石墨编织填料组合使用 8）与管道连接形式：法兰或焊接	GB/T 12237—2007 GB/T 12224—2015 API 608—2012 ASME B16.34—2017 GB/T 21835—2008 ISO 7121：2016

（续）

序号	名称	参考结构图	结构特点	适用设计标准
21	固定球金属密封球阀	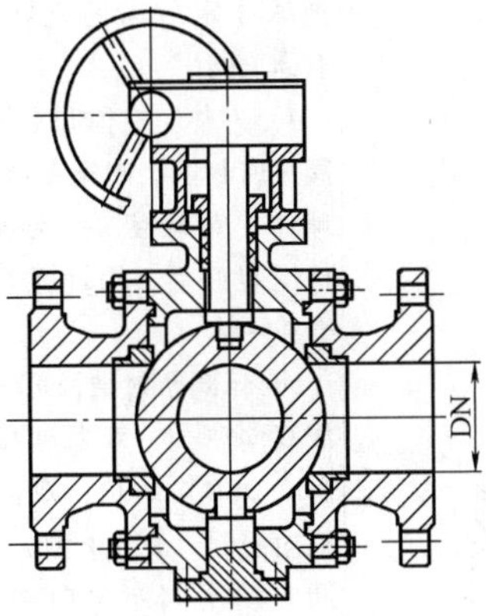	1）流道：全径直通式 2）左体、右体、中体和球体采用铸钢或锻钢 3）左体、右体和中体采用螺栓连接，法兰密封面形式为榫槽式，并用垫片保证密封 4）球体采用上、下阀杆定位并固定 5）在阀座密封圈的背面或台肩处设有柔性石墨环加碟形弹簧，在正常情况下确保了球体密封面与阀座密封面之间的接触，在高温工况下，能有效补偿内件受热膨胀，避免因高温而导致的卡阻 6）球体采用偏心设置 7）球体和阀座密封表面均喷涂 WC，其表面硬度在 62HRC 以上，喷涂层与母材的结合强度在 70MPa 以上 8）填料采用柔性石墨环和柔性石墨编织填料组合使用 9）与管道连接方式：法兰或焊接	GB/T 21835—2008 GB/T 12237—2007 GB/T 12224—2015 API 608—2012 ASME B16. 34—2017 ISO 7121：2016
22	偏心半球形金属密封调节球阀	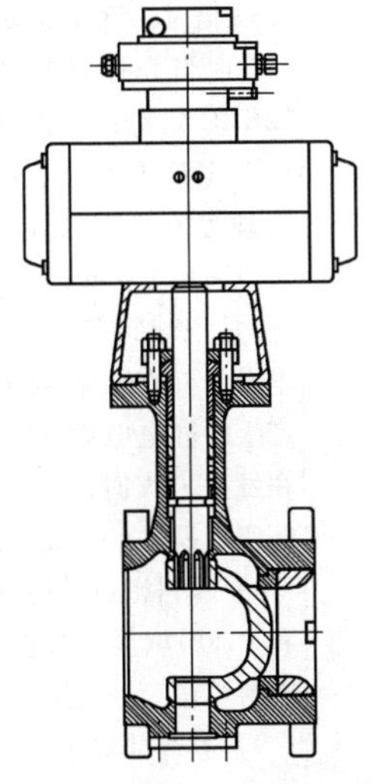 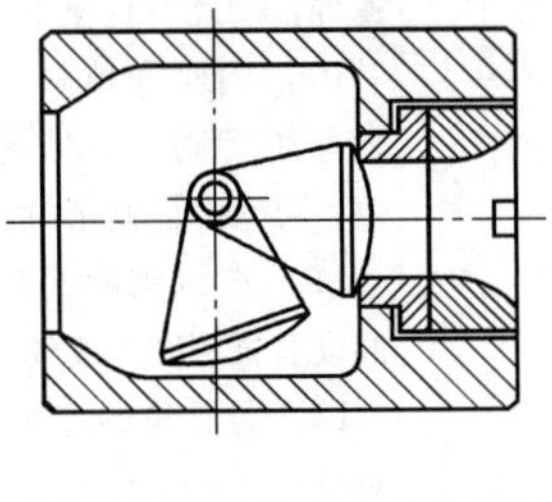	1）流道：缩径式 2）阀体采用一体式结构，并经铸造而成 3）球体采用半球结构，球体与阀杆的连接采用花键，使连接牢固 4）单向阀座采用螺纹套压紧，在螺纹套和阀座的台肩处设有柔性石墨加奥氏体不锈钢带缠绕式垫片 5）球体和阀座密封表面喷涂 WC，其表面硬度在 62HRC 以上，喷涂层与母材的结合强度达 70MPa 以上 6）半球与阀杆采用双偏心结构设计，开启时半球与阀座能迅速脱离，有效防止密封面的摩擦损伤，并减少操作力矩，关闭时能迅速增大密封比压，有效地减少阀门泄漏 7）填料采用柔性石墨环加柔性石墨编织填料组合使用，并在中间加隔离环 8）与管道连接形式：法兰或对夹	GB/T 21385—2008 GB/T 12237—2007 GB/T 12224—2015 API 608—2012 ASME B16. 34—2017 ISO 7121：2016

（续）

序号	名称	参考结构图	结构特点	适用设计标准
23	上装式金属密封球阀	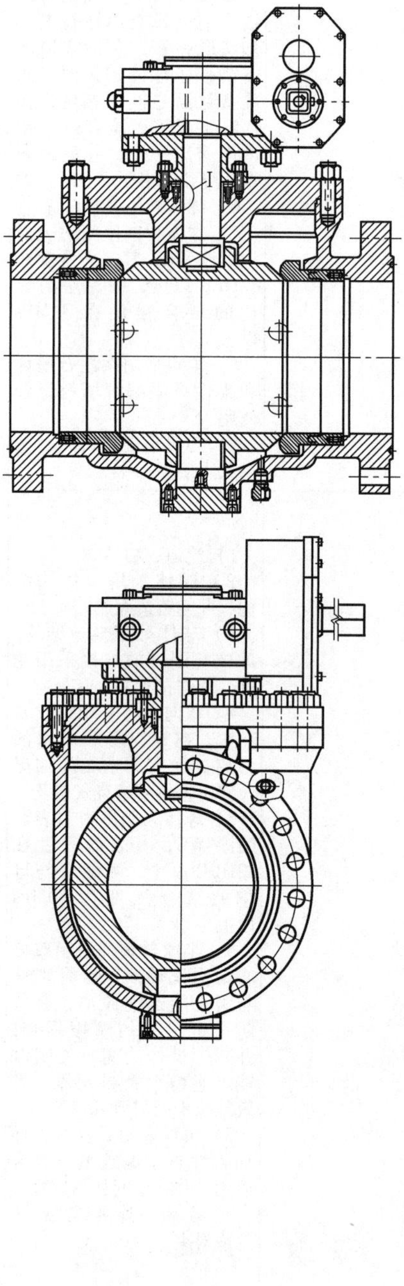	1）流道：全径直通式 2）左体、右体、中体采用锻钢制造 3）球体采用锻钢制造，并依靠支承板与滑动轴承把球体定位与固定在左、右体之间 4）左体、右体和中体与阀座密封圈、阀座支承圈、球体、支承板、弹簧等零件组装好后，用埋弧焊组合成一体 5）球阀密封结构可设计成双向密封、双截断排放阀（DBB）结构；双阀座双向密封（DIB-1型）；双阀座一个阀座单向密封，一个阀座双向密封（DIB-2型）结构，并且经过严格的计算，可实现一旦在关闭状态或开启状态，中腔截留的介质预升温后升压，在压力上升到额定压力的1.33倍时，可自动泄压 6）当壳体材料硬度在22HRC以上，球体材料硬度在22HRC以上，阀杆材料硬度在34HRC以下时，可以适用于含硫天然气介质 7）该球阀有防火、防静电设计，在开启或关闭时产生的静电电荷可以导出，在发生火灾时，一旦PTFE阀座烧损，亦能保持密封 8）填料密封采用O形圈和PTFE填料，双重密封，密封可靠 9）其颈部焊接亦采用埋弧焊，因此可直埋于地下 10）阀座和填料箱部位设有注脂阀，一旦密封失效，可紧急注脂密封 11）在该阀的底部和上部设有排污阀和放气阀 12）与管道的连接方式：对焊	GB/T 12224—2015 GB/T 19672—2005 GB/T 20173—2013 GB/T 21385—2008 API 6D—2014 ASME B16. 34—2017 ISO 14313：2007 ISO 15848-2：2015 API 641—2016

（续）

序号	名称	参考结构图	结构特点	适用设计标准
24	全焊接固定球管线球阀（一）	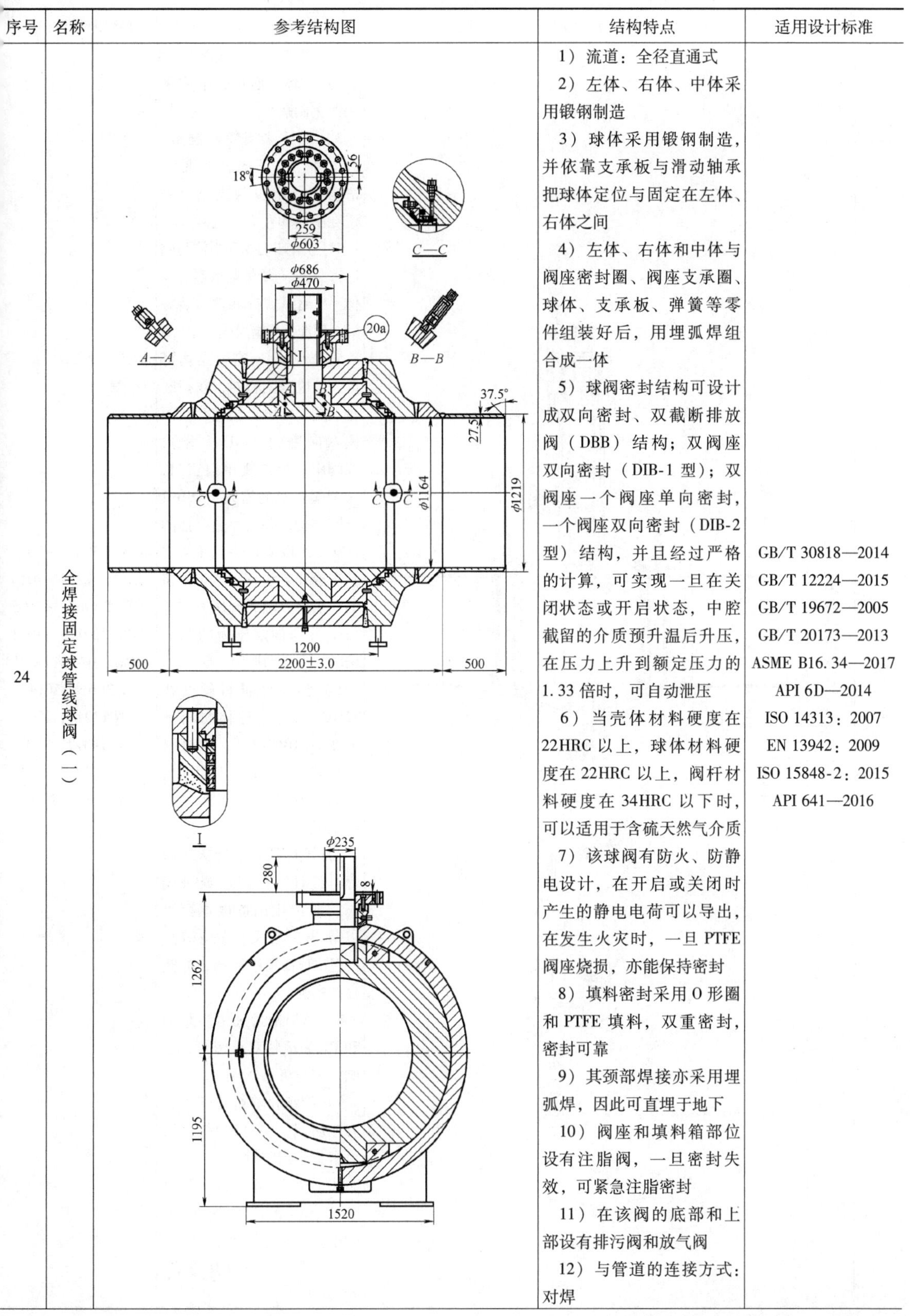	1）流道：全径直通式 2）左体、右体、中体采用锻钢制造 3）球体采用锻钢制造，并依靠支承板与滑动轴承把球体定位与固定在左体、右体之间 4）左体、右体和中体与阀座密封圈、阀座支承圈、球体、支承板、弹簧等零件组装好后，用埋弧焊组合成一体 5）球阀密封结构可设计成双向密封、双截断排放阀（DBB）结构；双阀座双向密封（DIB-1 型）；双阀座一个阀座单向密封，一个阀座双向密封（DIB-2 型）结构，并且经过严格的计算，可实现一旦在关闭状态或开启状态，中腔截留的介质预升温后升压，在压力上升到额定压力的 1.33 倍时，可自动泄压 6）当壳体材料硬度在 22HRC 以上，球体材料硬度在 22HRC 以上，阀杆材料硬度在 34HRC 以下时，可以适用于含硫天然气介质 7）该球阀有防火、防静电设计，在开启或关闭时产生的静电电荷可以导出，在发生火灾时，一旦 PTFE 阀座烧损，亦能保持密封 8）填料密封采用 O 形圈和 PTFE 填料，双重密封，密封可靠 9）其颈部焊接亦采用埋弧焊，因此可直埋于地下 10）阀座和填料箱部位设有注脂阀，一旦密封失效，可紧急注脂密封 11）在该阀的底部和上部设有排污阀和放气阀 12）与管道的连接方式：对焊	GB/T 30818—2014 GB/T 12224—2015 GB/T 19672—2005 GB/T 20173—2013 ASME B16.34—2017 API 6D—2014 ISO 14313：2007 EN 13942：2009 ISO 15848-2：2015 API 641—2016

（续）

序号	名称	参考结构图	结构特点	适用设计标准
25	全焊接固定球管线球阀（二）	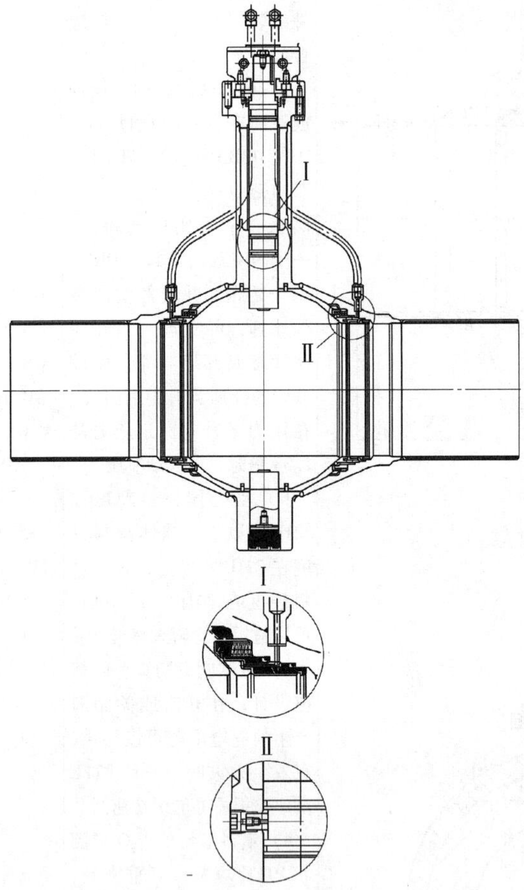 I Ⅱ I Ⅱ	1）流道：全径直通式 2）左体、右体，中体采用锻钢制造 3）球体采用锻钢制造，并依靠上、下阀杆和无油滑动轴承定位与支承，固定在中体和左右体之间 4）左体、右体和中体与阀座密封圈、阀座支承圈、球体、压缩弹簧等零件组装好后，用埋弧焊组焊成一体 5）球阀阀座密封结构可以设计成双向密封、双截断排放阀（DBB）结构；双阀座双向密封（DIB-1 型）；双阀座一个阀座单向密封，一个阀座双向密封（DIB-2型）结构，并且经过严格的计算，可以实现一旦在关闭状态或开启状态，中腔截留的介质预升温后升压，在压力上升到额定压力的1.33倍时，可自动泄压 6）当壳体材料硬度在22HRC以下，球体材料硬度在22HRC以下，阀杆材料硬度在34HRC以下时，可以适用于含硫天然气介质工况 7）该球阀具有防火、防静电设计，在开启或关闭阀门时产生的静电电荷可以导出，在发生火灾时，一旦PTFE阀座烧损，亦能保持密封 8）填料密封采用O形圈和PTFE填料双重密封，使阀杆密封可靠 9）阀座和填料箱部位设有注脂阀，一旦密封失效，可紧急注脂密封 10）在该阀的底部和上部设有排污阀和放气阀，供中腔泄压和排污用 11）与管道的连接方式：对焊	GB/T 30818—2014 GB/T 12224—2015 GB/T 19672—2005 GB/T 20173—2013 ASME B16.34—2013 API 6D—2014 EN 13942：2009 ISO 14313：2007 ISO 15848-2：2015 API 641—2016

2. 三通球阀结构

三通球阀结构见表 2-22。

表 2-22 三通球阀的结构

序号	名称	参考结构图	结构特点	适用设计标准
1	L形三通球阀	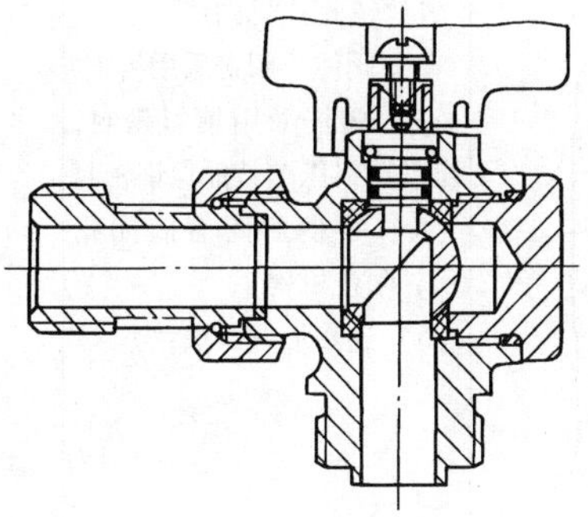	1）流道：L形即直角形 2）阀体、压盖采用锻钢 3）用压盖压紧阀座密封圈，使其密封 4）阀杆采用O形圈密封 5）连接形式：外螺纹 6）手柄启闭有启闭指示、限位机构	GB/T 12237—2007 GB/T 12224—2015 API 608—2012 ASME B16. 34—2017
2	Y形三通浮动球球阀	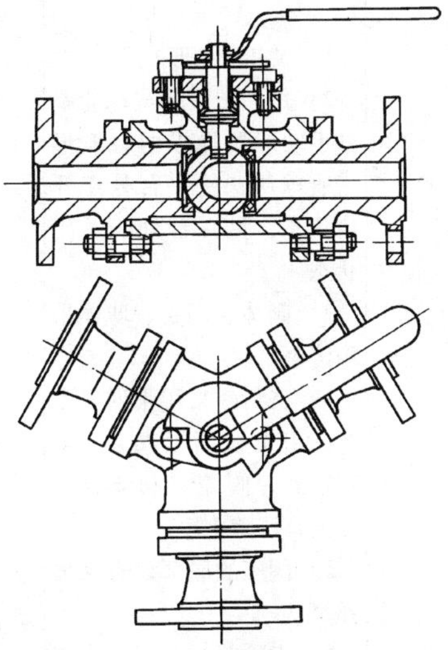	1）流道：Y形 2）阀体、阀座压紧盖采用锻钢或铸钢，与阀体连接采用螺栓连接，设有调整垫，压紧后就能保证密封 3）阀杆密封采用填料，压紧填料压盖保证阀杆密封 4）连接形式：法兰 5）手柄启闭有启闭指示、限位机构	GB/T 12237—2007 GB/T 12224—2015 API 608—2012 ASME B16. 34—2017
3	T形三通浮动球球阀	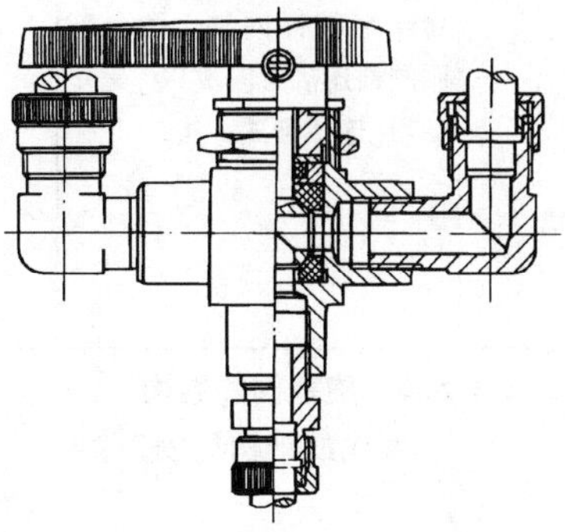	1）流道：T形 2）阀体、阀盖为锻钢 3）用阀盖压紧阀座密封圈实现密封，阀座密封圈采用聚四氟乙烯，阀杆采用O形圈密封 4）连接形式：外螺纹	GB/T 12237—2007 GB/T 12224—2015 API 608—2012 ASME B16. 34—2017

（续）

序号	名称	参考结构图	结构特点	适用设计标准
4	法兰连接浮动球T形L形三通球阀	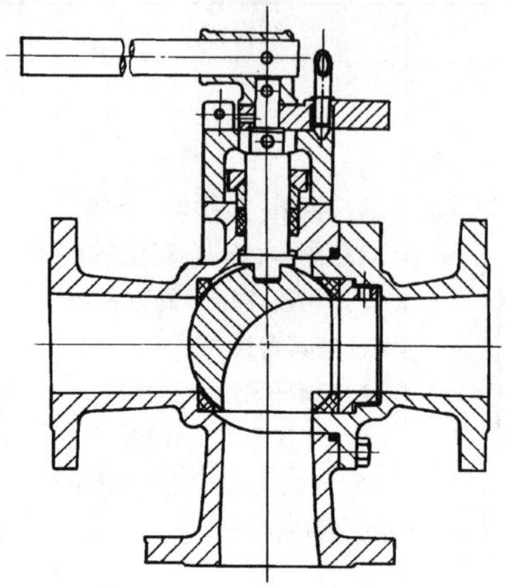	1）流道：见图 2）阀体、阀盖采用铸钢 3）阀杆采用填料密封，压紧填料压盖就能保证密封 4）手柄启闭有启闭指示、限位机构 5）连接形式：法兰	GB/T 12237—2007 GB/T 12224—2015 API 608—2012 ASME B16. 34—2017
5	双联L形浮动球三通球阀	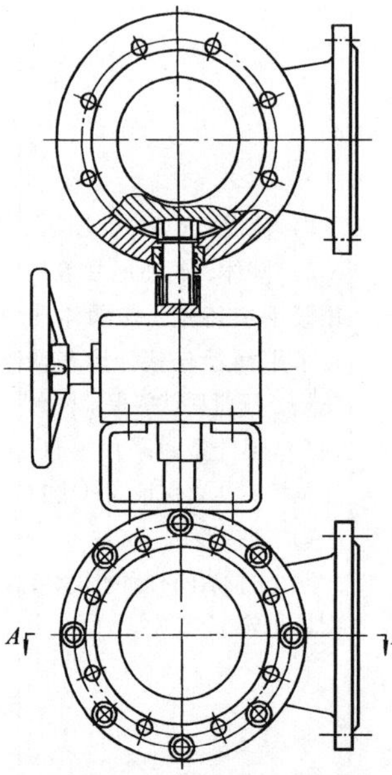 A　A A—A 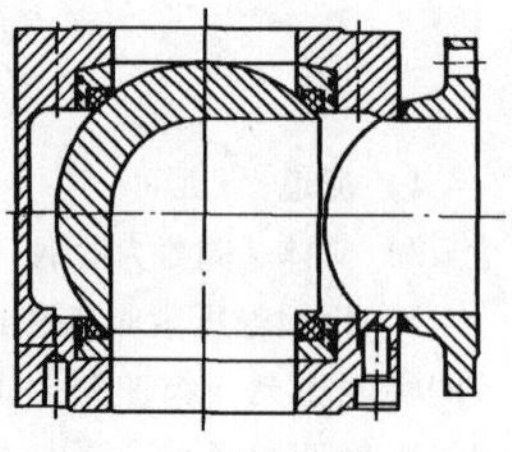	1）流道：L形 2）用一个手柄或蜗轮蜗杆手动装置操纵两台L形三通球阀，使一台处于开启状态，另一台处于关闭状态 3）阀体、阀盖、球体采用铸钢 4）密封圈采用聚四氟乙烯，用螺栓压紧阀盖，实现密封；阀盖与阀体连接处设有调整垫片 5）阀座的底部设有碟形弹簧 6）齿轮箱与一球阀由支架固定连接，与另一台由活动接头连接；要保证两台球阀阀杆同轴，两台球阀阀杆连接方向成90° 7）连接形式：法兰	API 608—2012 ASME B16. 34—2017 GB/T 12237—2007 GB/T 12224—2015

2.1.5　旋塞阀

2.1.5.1　旋塞阀的设计标准和适用范围

旋塞阀的设计标准和适用范围见表2-23。

2.1.5.2　旋塞阀的结构

旋塞阀的结构见表2-24。

表 2-23 旋塞阀设计标准和适用范围

序号	名称	标准代号	标准名称	适用范围		
				公称尺寸	公称压力或压力级	应用
1	钢制旋塞阀	API 599—2013	法兰或对焊连接金属旋塞阀	DN15 ~ DN600	Class150 ~ Class2500	通用
		GB/T 22130—2008	钢制旋塞阀	DN25 ~ DN600	PN10 ~ PN420	
		API 6D—2014 ISO 14313:2007	石油和天然气工业 管道输送系统 管道阀门	NPS1/2 ~ NPS60 DN15 ~ DN1500	Class150 ~ Class2500	石油、天然气输送管道用
		BS 5353:1989	钢制旋塞阀	DN8 ~ DN600	Class150 ~ Class2500	通用
		GB/T 12224—2015	钢制阀门一般要求	DN1250	PN2.5 ~ PN420, Class150 ~ Class4500	通用
		ASME B16.34—2017	法兰和对焊连接钢制阀门	DN15 ~ DN1500	Class150 ~ Class4500	石油、天然气输送管道用
		EN 13942:2009	石油和天然气工业管道输送系统管道阀门	DN15 ~ DN1500	Class150 ~ Class2500	
		GB/T 20173—2013	石油天然气工业 管道输送系统 管道阀门	DN15 ~ DN1500	Class150 ~ Class2500	
		GB/T 19672—2005	管线阀门 技术条件	DN15 ~ DN1200	PN16 ~ PN420	天然气、石油
2	铸铁旋塞阀	GB/T 12240—2008	铁制旋塞阀	DN15 ~ DN600	PN2.5 ~ PN25	通用
		BS 5158:1989	铸铁旋塞阀	DN15 ~ DN600	Class125 ~ Class300	通用
		MSS SP-78—2011	法兰和螺纹连接铸铁旋塞阀	NPS2 ~ NPS24	Class125、Class250	通用
		MSS SP 108—2015	弹性密封的铸铁偏心旋塞阀	NPS3 ~ NPS72	150Psi、175Psi	通用
3	青铜旋塞阀	JIS F7387—2010	船用 16K 青铜旋塞阀	DN10 ~ DN150	16K	船用
		JIS F7381—2010	船用 5K 青铜法兰式旋塞阀	DN10 ~ DN150	5K	船用
		JIS F7390—2010	船用锁紧旋塞	DN10 ~ DN150	10K	船用

表 2-24 旋塞阀的结构

序号	名称	参考结构图	结构特点	适用设计标准
1	紧定式旋塞阀	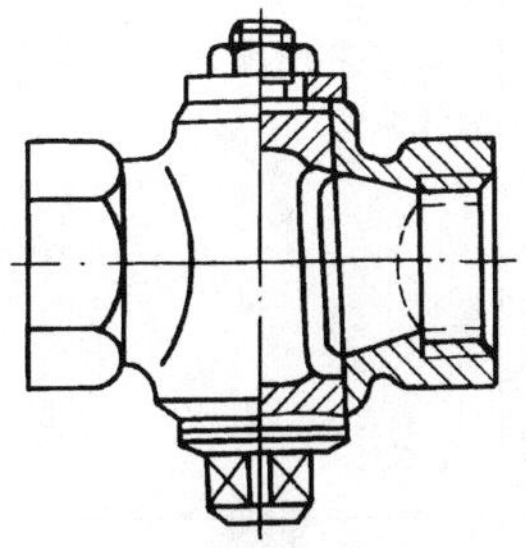	不带填料，塞子与塞体密封面的压紧依靠拧紧下面的螺母来实现，结构简单、零件少、加工量小、成本低，密封等级不高，一般用于公称压力≤0.6MPa	JIS F 7381—2010 JIS F 7387—2010 JIS B2191—1995 MSS SP-78—2011 BS 5158：1989 GB/T 12240—2008
2	填料式旋塞阀	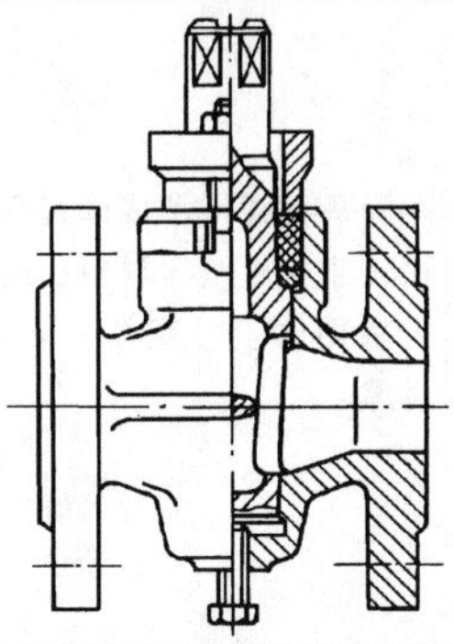	通过压紧填料，使塞子和塞体密封面压紧，密封等级较高，大量用于中、低压管道	JIS F7390—2010 JIS B2191—1995 MSS SP-108—2015 GB/T 22130—2008 BS 5353：1989 BS 5158：1989 API 599—2013 GB/T 12240—2008

（续）

序号	名称	参考结构图	结构特点	适用设计标准
3	自封式旋塞阀	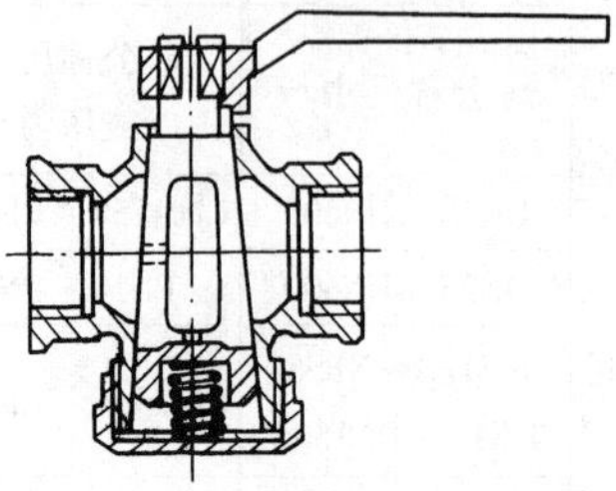	塞子和塞体间的密封主要依靠介质本身的压力来实现，塞子小头伸出体外受常压；介质通过进口处塞子上的小孔进入大头，将塞子向上压紧；下面的弹簧主要起预紧作用；此种结构一般用于空气介质	JIS B2191—1995 MSS SP-78—2011 BS 5158：1989 GB/T 12240—2008
4	油润滑旋塞阀	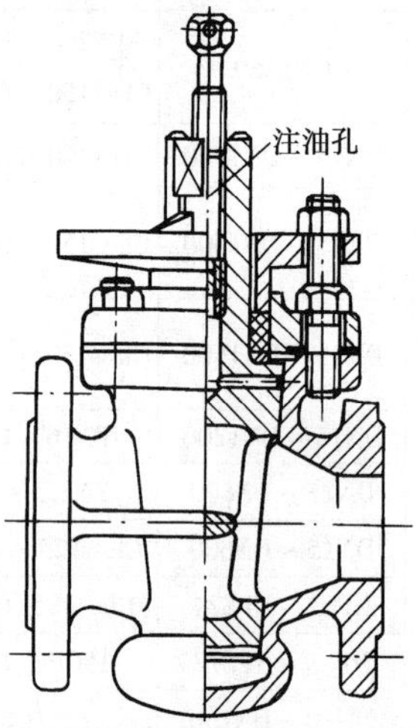 注油孔	拧动旋塞上端的螺钉；可将密封脂通过止回阀强制注入密封面提高密封性能；填料压盖采用螺纹式或压板式；连接端可采用螺纹、承插焊、法兰、对焊	BS 5353：1989
5	油润滑圆柱塞旋塞阀	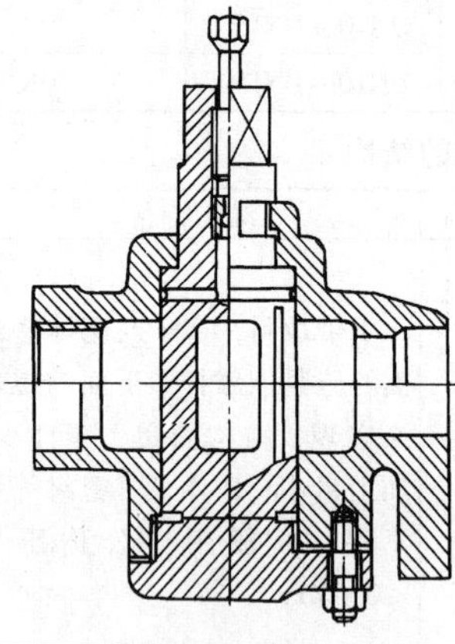	旋塞采用圆柱形，其余见序号4	BS 5353：1989
6	软密封旋塞阀	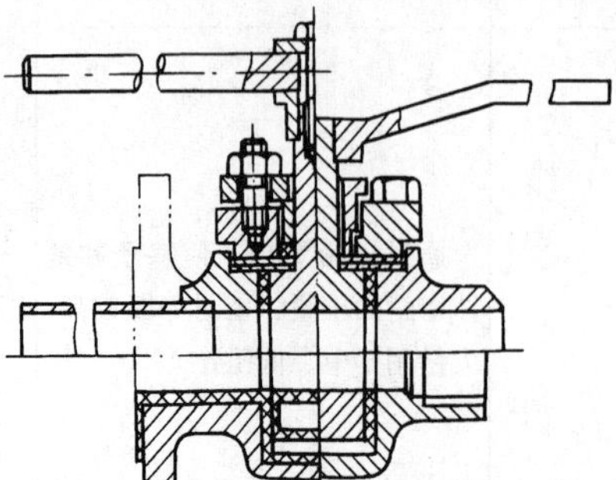	旋塞有圆锥形或圆柱形；全衬或部分衬软质材料；连接端可采用法兰、螺纹、承插焊、对焊	BS 5353：1989

（续）

序号	名称	参考结构图	结构特点	适用设计标准
7	三通旋塞阀	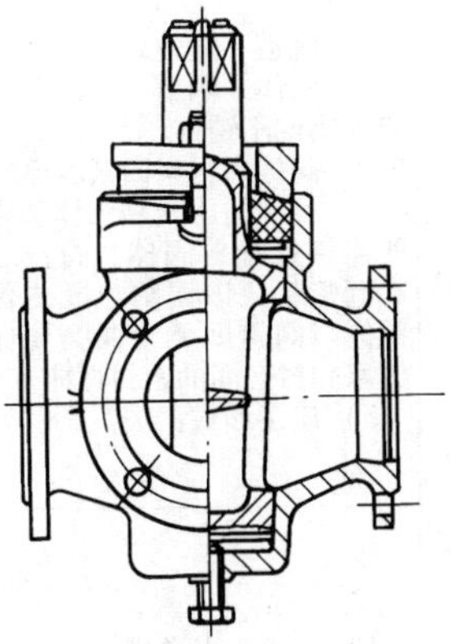	三通式，其余见序号2	JIS B 2191—1995 MSS SP-78—2011 BS 5158：1989 GB/T 12240—2008
8	角式或斜式旋塞阀	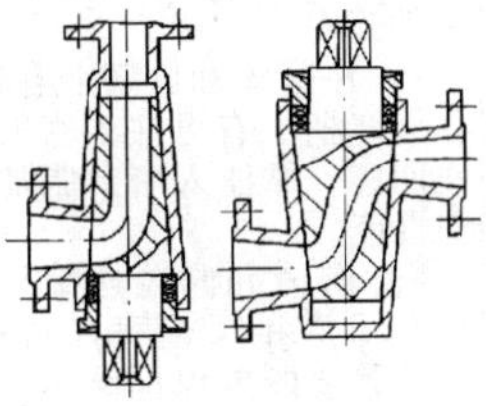	旋塞的进出口端为角式或不在同一条直线上的直通式，其他特点同填料式旋塞阀	JIS B 2191—1995 MSS SP-78—2011 BS 5158：1989 GB/T 12240—2008
9	高温旋塞阀	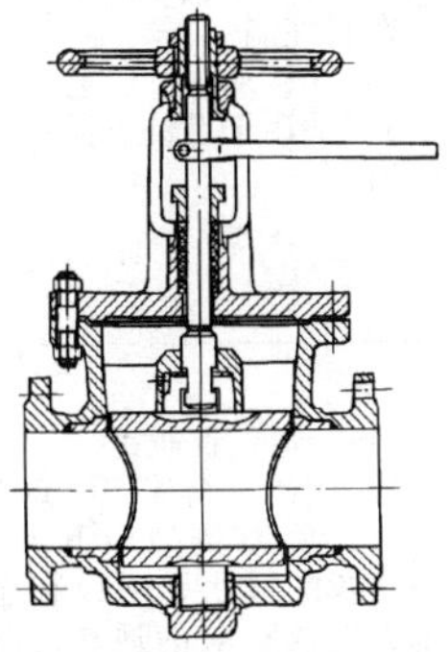	旋塞顶端设计有提升机构。开启时先提起旋塞，与阀体密封面脱开；此阀操作力矩小，密封面磨损小，寿命长；还可以用于高温条件下	ASME B16.34—2017 API 6D—2014 ISO 14313：2007
10	防火型旋塞阀	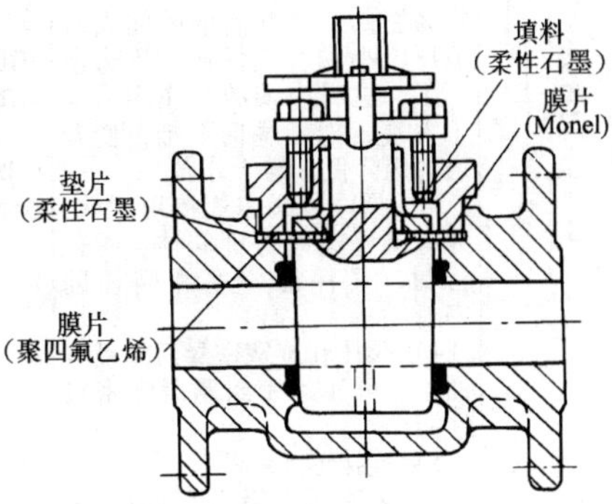 填料（柔性石墨） 膜片（Monel） 垫片（柔性石墨） 膜片（聚四氟乙烯）	阀体与旋塞皆用Monel合金制成；在阀体内压入一个聚四氟乙烯的密封套，利用旋塞与密封套的紧密贴合，达到密封作用；在阀杆密封装置的下部为一聚四氟乙烯膜片，膜片的外侧还放置一个柔性石墨密封圈；膜片与密封圈的上面再用一个Monel合金的膜片盖住，利用压盖将聚四氟乙烯膜片和柔性石墨密封圈与阀体压紧；阀杆上还装一个填料套筒，套筒下部装有一圈柔性石墨填料；借助螺栓将此压套压紧，一方面使填料压阀杆上受挤压，另一方面将上述两膜片的内侧压入旋塞的凹坑中，形成反唇密封；这种密封结构借助于阀内压力，可以起自封作用；此外，万一发生火灾，耐热的柔性石墨密封件仍能阻止阀内介质外漏，便于灭火	GB/T 12224—2015 GB/T 22130—2008

（续）

序号	名称	参考结构图	结构特点	适用设计标准
11	衬聚四氟乙烯旋塞阀	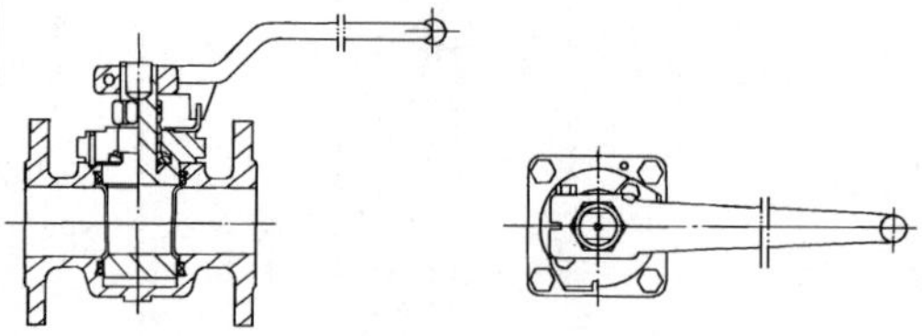	1）流道：直通式 2）阀体、阀盖、旋塞均为铸造碳钢或不锈钢 3）阀体内衬聚四氟乙烯 4）旋塞的压紧靠阀体和阀盖的连接螺栓，阀体、阀盖之间有调整垫，该调整垫既要保证阀体与阀盖间无泄漏又要保证旋塞和衬套间的密封性能 5）连接形式：法兰	GB/T 12240—2008
12	油密封旋塞阀（AUDCO VALVE）	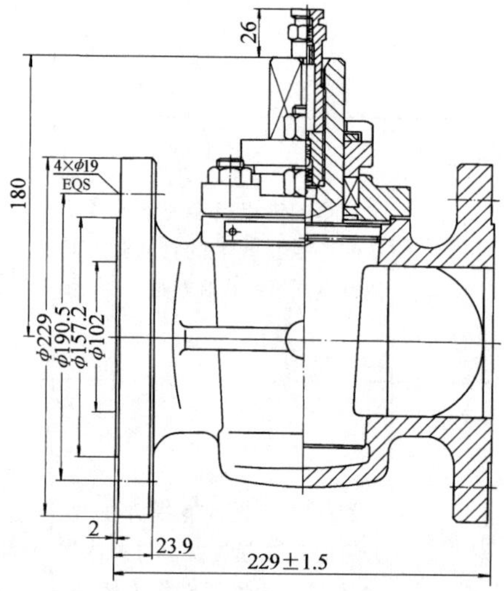	1）流道：直通式 2）阀体、阀盖、旋塞均为铸钢件 3）在阀体和旋塞上有油槽，在旋塞柄上有可注入密封脂的止回阀，靠注入密封脂加强密封性能 4）阀体和阀盖连接采用螺栓，阀体和阀盖间有调整垫，该调整垫既要保证阀体与阀盖间密封，又要保证旋塞和阀体间密封性能 5）连接形式：法兰 6）适用于石油、天然气输送管道	GB/T 19672—2005 GB/T 12224—2015 API 6D—2014 ISO 14313：2007 ASME B16. 34—2017
13	压力平衡式倒旋塞阀（AUDCO VALVE）	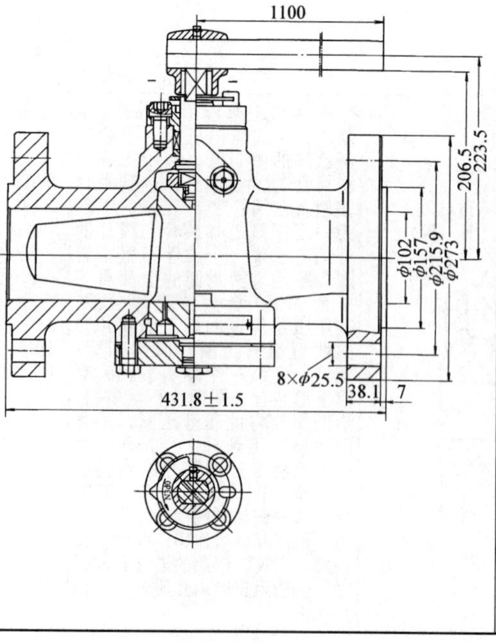	1）流道：直通式 2）阀体、阀盖、旋塞均为铸钢件，旋塞倒置，下大上小，在旋塞的过水孔内设有通到旋塞大端或小端的通孔，在通向小端的通孔内设有止回阀，关闭时，大、小端的介质压强相等，因大端工作面大，因此总作用力把旋塞向上推，使阀门容易密封，在开启的瞬间大端泄压，小端有止回阀，压力泄不了，这时小端的总作用力大于大端，把旋塞向下推，使开启力矩降低，易于开启 3）阀体，阀盖连接用螺栓，并有调整垫既保证阀体、阀盖密封，又保证旋塞和阀体间密封 4）阀体和旋塞密封面间设有油槽，可注入密封脂增强密封性能 5）连接形式：法兰 6）公称压力级为 Class150 ~ Class2500，适用于石油、天然气输送管道	GB/T 19672—2005 GB/T 12224—2015 API 6D—2014 ISO 14313：2007 ASME B16. 34—2017

2.1.6　蝶阀

2.1.6.1　蝶阀的设计标准和适用范围

蝶阀的设计标准和适用范围见表 2-25。

2.1.6.2　蝶阀的典型结构

1）蝶阀密封副的典型结构见表 2-26。

2）蝶阀的结构见表 2-27。

表 2-25　蝶阀设计标准和适用范围

类别	标准代号	标准名称	适用范围		
			公称尺寸	公称压力或压力级	应用
钢、铸铁、青铜制蝶阀	GB/T 37621—2019 GB/T 12238—2008 GB/T 37828—2019	直埋式蝶阀 法兰和对夹连接弹性密封蝶阀 城镇供热用双向金属密封蝶阀	DN200 ~ DN3000 DN50 ~ DN4000 ≤DN1600	≤PN25 <PN16 ≤PN25	通用
	API 609—2016	双法兰、凸平和对夹式蝶阀	NPS3 ~ NPS48	Class125、Class 150、Class300、Class600	石油、石化
	EN 593：2017	工业阀门　金属蝶阀	DN20 ~ DN4000	Class150 ~ Class900	通用
	JB/T 8692：2013	烟道蝶阀	DN100 ~ DN6000	≤PN6	通用
	MSS-SP-67—2017	蝶阀	NPS $1\frac{1}{2}$ ~ NPS72	Class125、Class150	通用
	MSS-SP-68—2017	高压偏心阀座蝶阀	DN80 ~ DN600（DN750 ~ DN1200）	Class150、Class300、Class600	通用
	JIS B 2032：2013	对夹式橡胶阀座蝶阀	DN50 ~ DN600	10K、16K、20K	通用
	ISO 10631：2013	通用金属蝶阀	DN400 ~ DN2400	PN2.5 ~ PN40	通用
	JB/T 8527—2015	金属密封蝶阀	DN50 ~ DN6000	PN2.5 ~ PN160	通用

表 2-26　蝶阀密封副的典型结构

序号	名称	密封副典型结构图	结构特点	适用设计标准
1	中线蝶阀	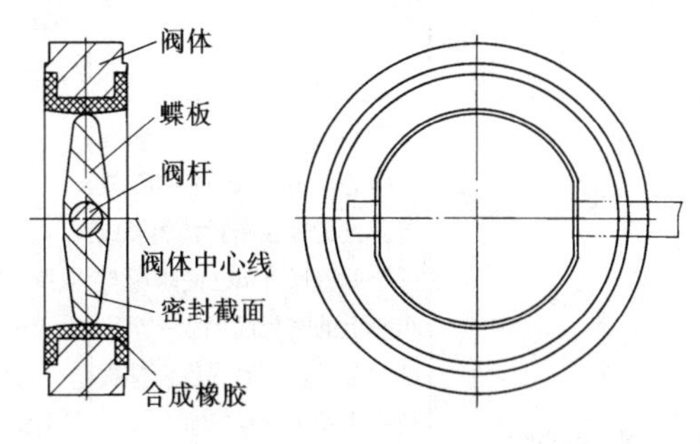	蝶板的回转中心（即阀杆的中心）位于阀体的中心线和蝶板的密封面截面上 阀座采用合成橡胶。关闭时蝶板的外圆密封面挤压合成橡胶阀座，使阀座产生弹性变形而形成弹性力作为密封比压，保证蝶阀的密封 该阀可设计成法兰连接、对夹连接和单夹连接 阀杆可设计成通杆，穿销钉和两节杆六方头连接结构	GB/T 12238—2008 API 609—2016 EN 593：2017 MSS-SP-67—2017 ISO 10631：2013 GB/T 37621—2019
2	改进阀座的中线蝶阀	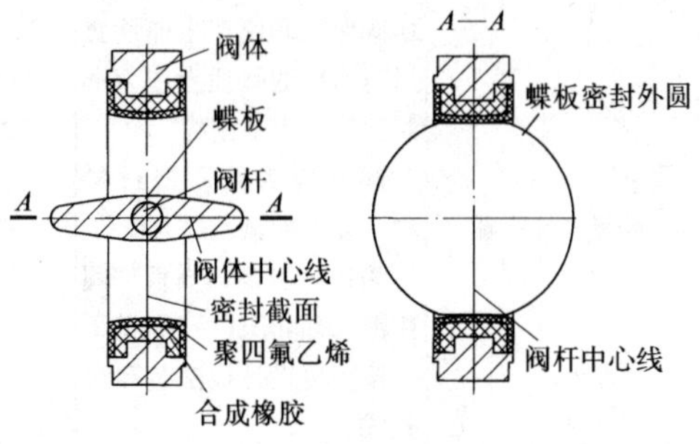	密封结构采用聚四氟乙烯、合成橡胶构成复合阀座，其特点在于阀座的弹性仍由合成橡胶提供并利用聚四氟乙烯的摩擦因数低，不易磨损，不易老化等特性，从而使蝶阀的寿命得以提高 其密封原理和结构特点见序号 1	GB/T 12238—2008 API 609—2016 EN 593：2017 MSS-SP-67—2017 ISO 10631：2013 GB/T 37621—2019

（续）

序号	名称	密封副典型结构图	结构特点	适用设计标准
3	复合阀座中线蝶阀	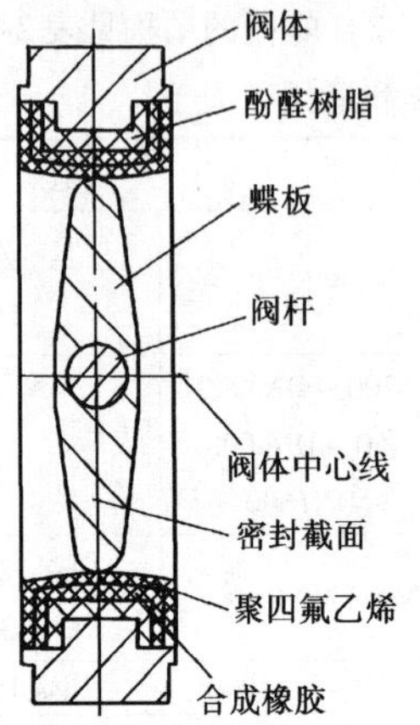	密封结构采用了聚四氟乙烯、合成橡胶和酚醛树脂构成复合阀座，使阀座在具有弹性的同时强度更好 其密封原理和结构特点见序号1	GB/T 12238—2008 API 609—2016 EN 593：2017 MSS SP-67—2017 ISO 10631：2013 GB/T 37621—2019
4	包覆蝶板的中线蝶阀	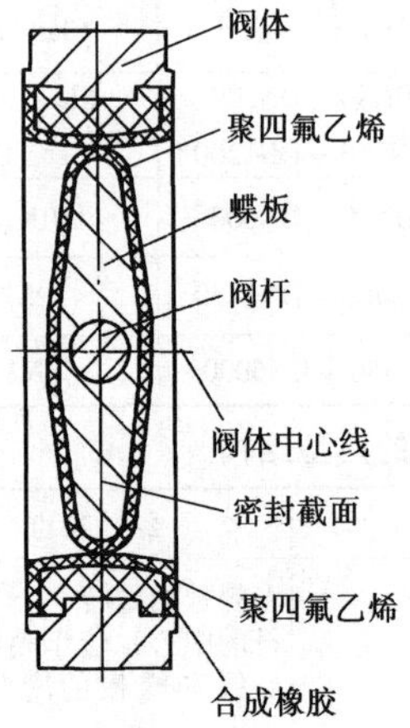	在序号2的结构图密封结构基础上，将蝶板用聚四氟乙烯全包覆，使蝶阀具有较强的耐腐蚀性能 其密封原理和结构特点见序号1	GB/T 12238—2008 API 609—2016 EN 593：2017 MSS SP-67—2017 ISO 10631：2013 GB/T 37621—2019
5	典型单偏心密封蝶阀	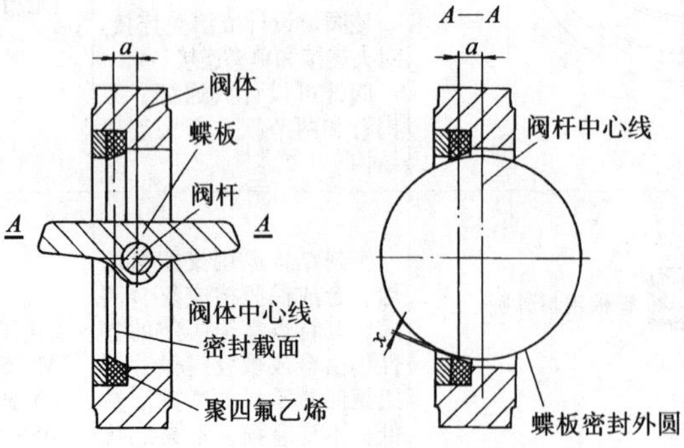	蝶板的回转中心（即阀杆中心）位于阀体中心线上，且与蝶板密封截面形成一个偏置尺寸a，使蝶板与阀座上的密封面形成一个完整的圆，加工时易保证蝶板与阀座的表面粗糙度 关闭蝶阀时，蝶板的外圆密封表面逐渐接近并挤压阀座使阀座产生弹性变形，形成的弹性力作为密封比压，保证密封 阀座应为软质密封材料，以聚四氟乙烯为最佳 该阀全开时，蝶板与阀座密封面间形成一个间隙x 该阀可设计成法兰和对夹式	JIS B 2032—2013 EN 593：2017 ISO 10631：2013 MSS SP-68—2017 API 609—2016 GB/T 37828—2019

（续）

序号	名称	密封副典型结构图	结构特点	适用设计标准
6	密封圈设在蝶板上的单偏心密封蝶阀	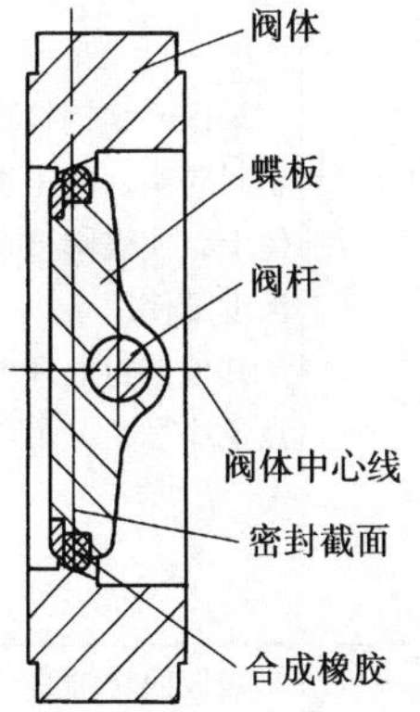	在阀体上切削出锥面阀座，软质密封圈设计在蝶板上 其密封原理和结构特点见序号5	见序号5
7	密封圈设在阀体上的单偏心密封蝶阀	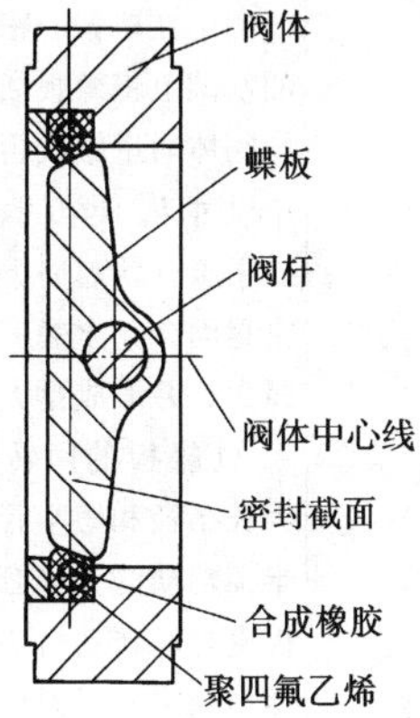	采用了聚四氟乙烯、合成橡胶复合阀座，并设置在阀体上；其特点是弹性仍然由合成橡胶提供并利用聚四氟乙烯的摩擦因数低，不易磨损、不易老化等特点 其密封原理和结构特点见序号5	见序号5
8	Z形截面阀座设在阀体上的单偏心密封蝶阀	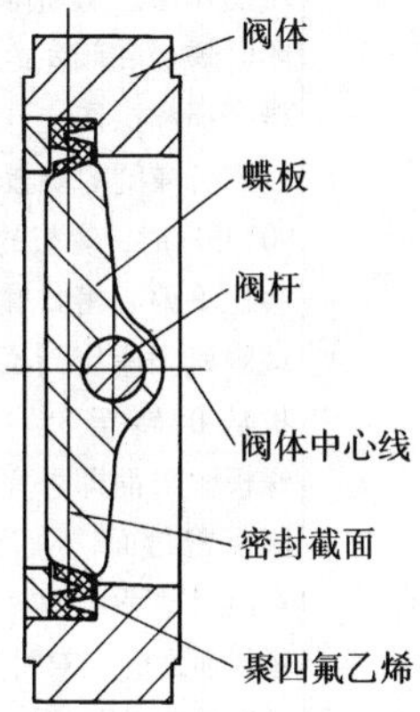	采用Z形截面聚四氟乙烯阀座，并设置在阀体上；其特点是关闭时，介质压力作用于阀座，由介质压力在密封面间产生一定的密封比压，帮助密封副更好的密封 其他密封原理和结构特点见序号5	见序号5

（续）

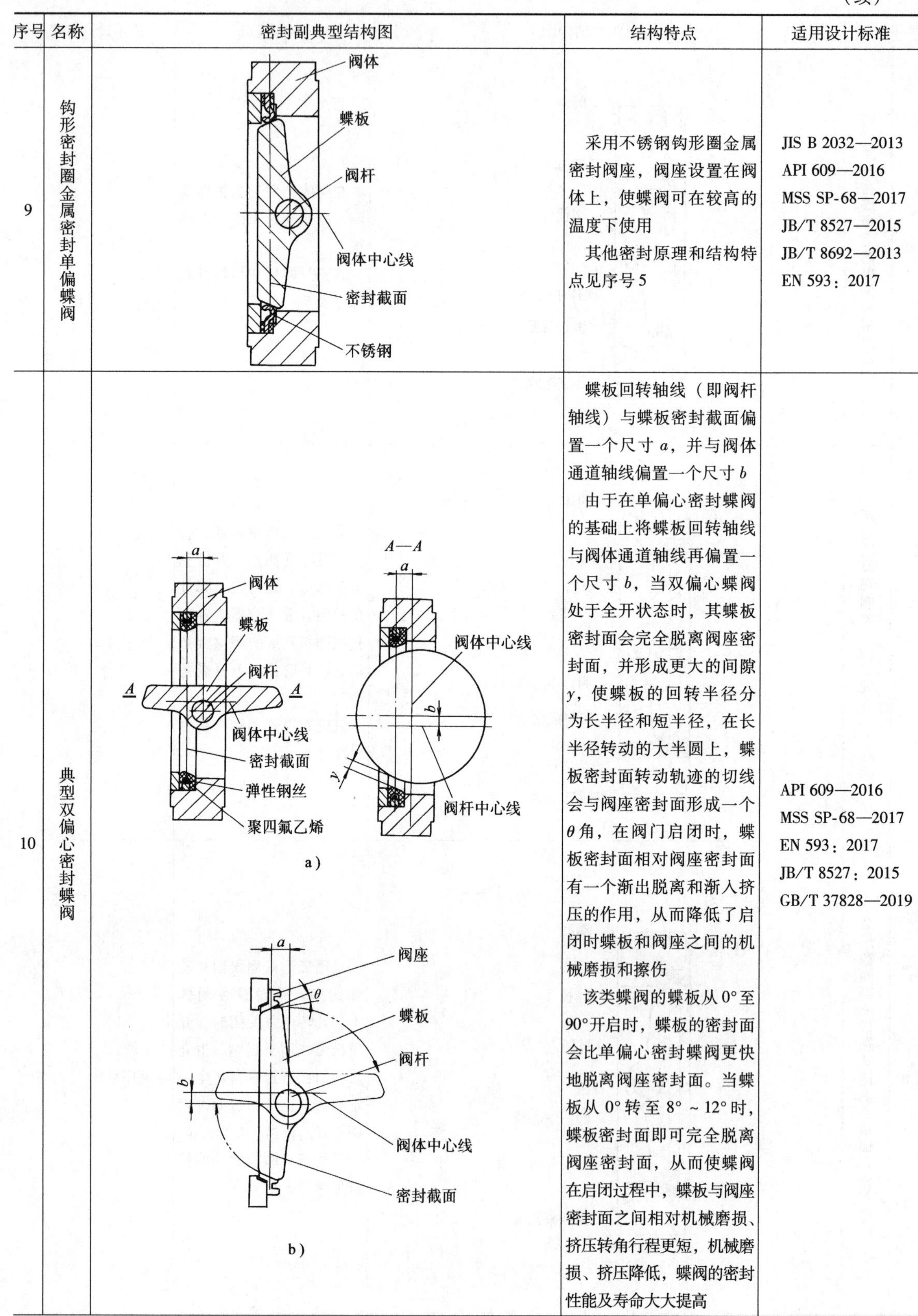

序号	名称	密封副典型结构图	结构特点	适用设计标准
9	钩形密封圈金属密封单偏蝶阀		采用不锈钢钩形圈金属密封阀座，阀座设置在阀体上，使蝶阀可在较高的温度下使用 其他密封原理和结构特点见序号5	JIS B 2032—2013 API 609—2016 MSS SP-68—2017 JB/T 8527—2015 JB/T 8692—2013 EN 593：2017
10	典型双偏心密封蝶阀	a） b）	蝶板回转轴线（即阀杆轴线）与蝶板密封截面偏置一个尺寸 a，并与阀体通道轴线偏置一个尺寸 b 由于在单偏心密封蝶阀的基础上将蝶板回转轴线与阀体通道轴线再偏置一个尺寸 b，当双偏心蝶阀处于全开状态时，其蝶板密封面会完全脱离阀座密封面，并形成更大的间隙 y，使蝶板的回转半径分为长半径和短半径，在长半径转动的大半圆上，蝶板密封面转动轨迹的切线会与阀座密封面形成一个 θ 角，在阀门启闭时，蝶板密封面相对阀座密封面有一个渐出脱离和渐入挤压的作用，从而降低了启闭时蝶板和阀座之间的机械磨损和擦伤 该类蝶阀的蝶板从0°至90°开启时，蝶板的密封面会比单偏心密封蝶阀更快地脱离阀座密封面。当蝶板从0°转至8°～12°时，蝶板密封面即可完全脱离阀座密封面，从而使蝶阀在启闭过程中，蝶板与阀座密封面之间相对机械磨损、挤压转角行程更短，机械磨损、挤压降低，蝶阀的密封性能及寿命大大提高	API 609—2016 MSS SP-68—2017 EN 593：2017 JB/T 8527：2015 GB/T 37828—2019

（续）

序号	名称	密封副典型结构图	结构特点	适用设计标准
11	聚四氟乙烯阀座双偏心蝶阀	a 阀体 蝶板 阀杆 b 阀体中心线 密封截面 聚四氟乙烯 不锈钢	采用聚四氟乙烯阀座并设置防火结构，当聚四氟乙烯阀座因事故着火烧损后，不锈钢金属圈便发挥作用使蝶阀保持紧急密封 其他密封原理和结构特点见序号 10	见序号 10
12	C形圈阀座双偏心金属密封蝶阀	a 阀体 蝶板 阀杆 b 阀体中心线 密封截面 不锈钢	采用不锈钢金属 C 形圈或 O 形圈密封阀座，其他密封原理和结构特点见序号 10	见序号 10
13	U形圈阀座双偏心金属密封蝶阀	a 阀体 蝶板 阀杆 b 阀体中心线 密封截面 不锈钢	采用不锈钢 U 形密封圈金属阀座 其他密封原理及结构特点见序号 10	见序号 10

（续）

序号	名称	密封副典型结构图	结构特点	适用设计标准
14	Z形聚甲醛阀座双偏心蝶阀	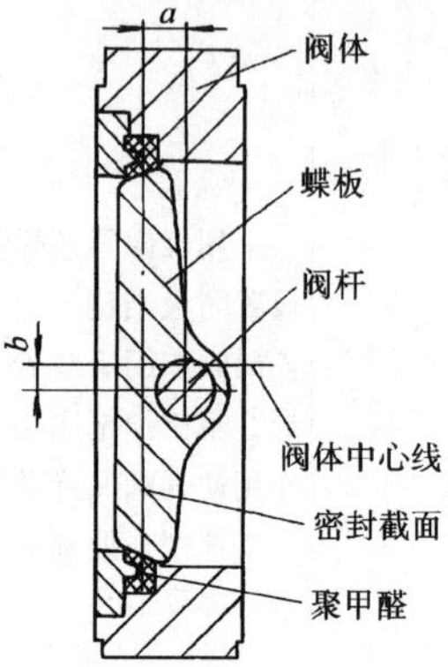	采用Z形聚甲醛阀座 其他密封原理及结构特点见序号10	见序号10
15	双不锈钢阀座金属密封蝶阀	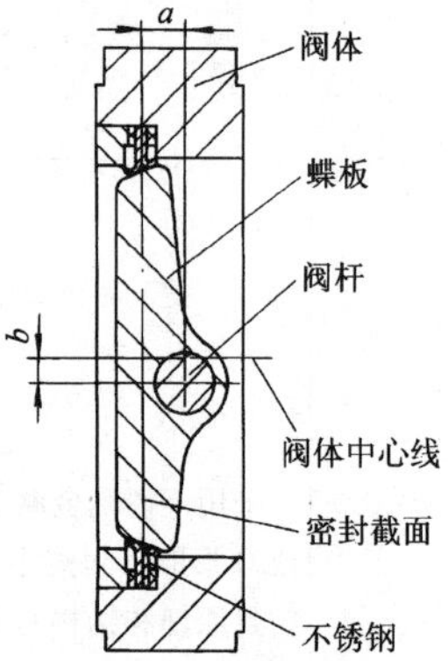	采用双不锈钢金属密封阀座，使蝶阀在双向介质压力作用下可得到良好的密封性能 其他密封原理及结构特点见序号10	见序号10
16	典型三偏心金属密封蝶阀	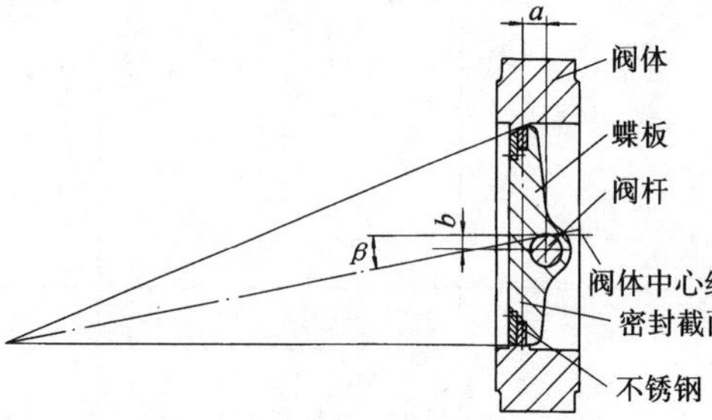 a） 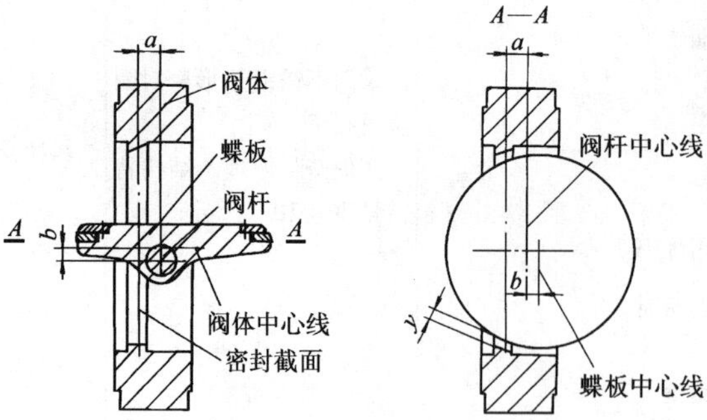 b）	蝶板回转轴线（即阀杆轴线）与蝶板密封面偏置一个尺寸 a，并与阀体通道轴线偏置一个尺寸 b，阀座回转轴线与阀体通道轴线形成一个角度 β，故形成三偏心 密封原理：由于在双偏心密封蝶阀的基础上，将阀座回转轴线与阀体通道轴线形成一个 β 角。其偏心结果由图b的 A-A 剖视图可见，当三偏心密封蝶阀完全处于开启状态时，其蝶板密封面会完全脱离阀座密封面，并在蝶板密封面与阀体密封面之间形成一个与双偏心密封蝶阀相同的间隙 y，而由图c可见，由于 β 角偏置的形成会使长、短半径转动的蝶板大、小半圆上，蝶板密封面转动轨迹的切线与阀座密封面形成一个 θ_1 角和 θ_2 角。使蝶阀启闭时蝶板密封面相对于阀座密封面渐出脱离和渐入压紧，从而彻底消除了蝶阀启闭时蝶阀两密封面之间的机械磨损和擦伤	见序号10

（续）

序号	名称	密封副典型结构图	结构特点	适用设计标准
16	典型三偏心金属密封蝶阀	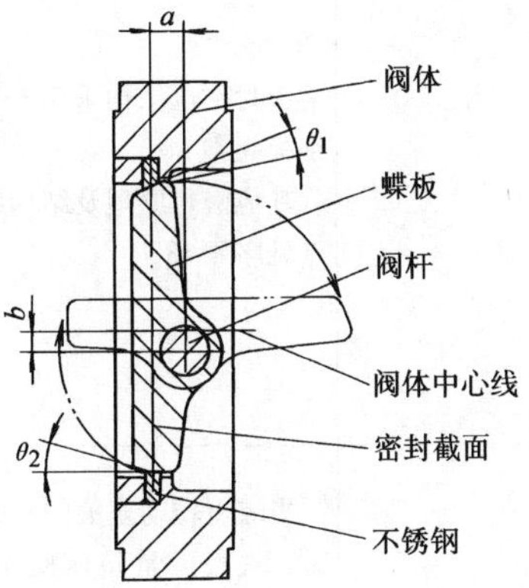	该类蝶阀从0°至90°开启时，蝶板的密封面会在开启的瞬间立即脱离阀座密封面，在其90°至0°关闭时，只有在关闭的瞬间，其蝶板密封面才会接触并压紧阀座密封面 由图c可见，由于θ_1、θ_2角的形成，使蝶阀关闭时，其密封副两密封面之间的密封比压，由外加于阀杆的驱动力矩产生，不仅消除了常规偏心蝶阀中因弹性阀座弹性材料老化、冷流、弹性失效等因素造成的密封副两密封面之间的密封比压降低和消失，而且可以通过外加驱动力矩的改变，实现对其密封比压的任意调整，从而使三偏心密封蝶阀的密封性能改善，使用寿命大大提高	见序号10
17	斜板式三偏心蝶阀	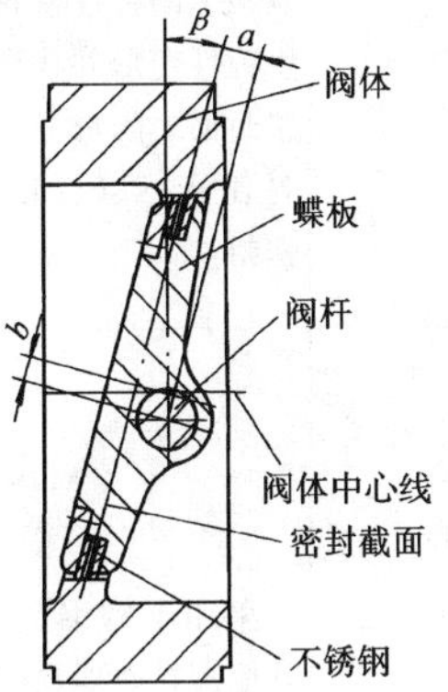	采用斜置蝶板式 其他密封原理、结构特点见序号10	见序号10
18	充压密封蝶阀	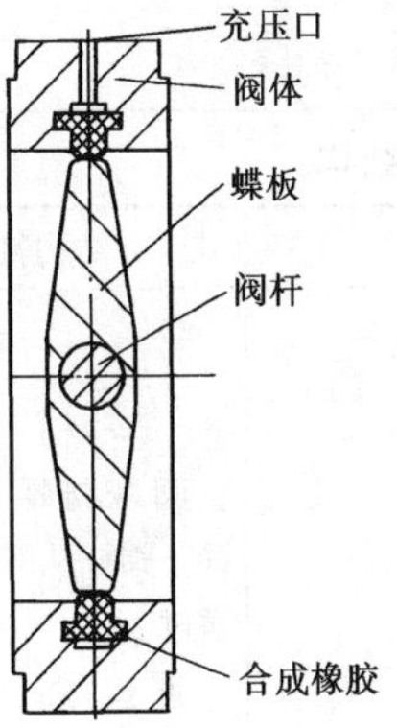	在阀座或蝶板上设有外部充压腔。在外部介质压力作用下，阀座或蝶板上的密封元件可产生弹性变形。在向密封元件充压之前，蝶板密封面或阀座密封面之间存在少量间隙或微量过盈 密封原理：当蝶板转动至关闭状态时，蝶板少量挤压阀座，使密封副两密封面间建立起初始密封比压，由于介质压力的作用，使阀座或蝶板上的弹性密封元件产生弹性变形并在密封副两密封面之间形成足够的密封比压，以保证蝶阀的密封	见序号10

（续）

序号	名称	密封副典型结构图	结构特点	适用设计标准
19	不锈钢金属阀座充压密封蝶阀	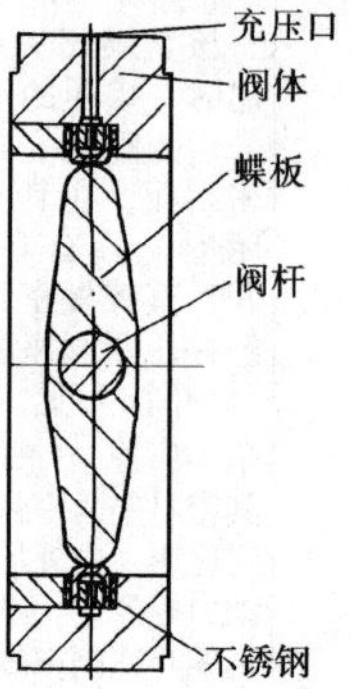	密封部位结构采用不锈钢板阀座 其他密封原理及结构特点见序号18	见序号3
20	自压密封蝶阀	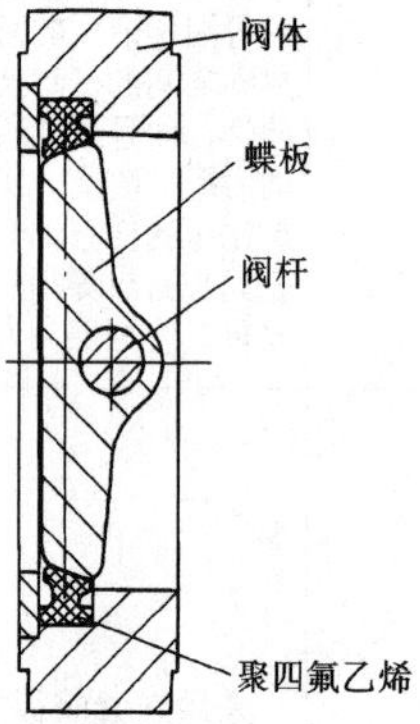	当蝶板转动至关闭状态时，蝶板少量挤压阀座，使密封副两密封面间建立起初始密封比压；由于介质压力的作用，使阀座或蝶板上的弹性密封元件产生弹性变形并在密封副两密封面之间形成足够的密封比压，以保证蝶阀的密封	见序号10
21	自压密封金属阀座蝶阀	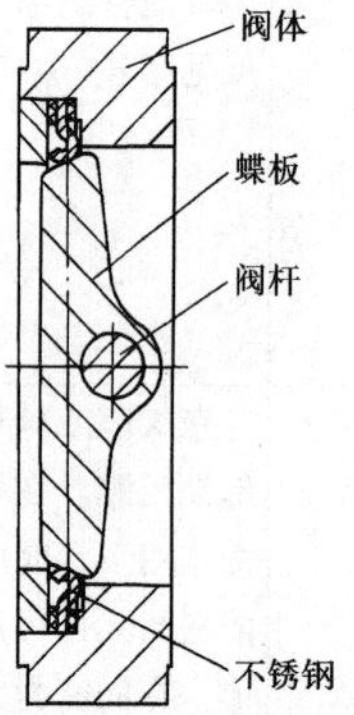	采用不锈钢金属阀座。其他密封原理及结构特点见序号20	见序号10

表2-27　蝶阀的结构

序号	名称	参考结构图	结构特点	适用设计标准
1	中线蝶阀	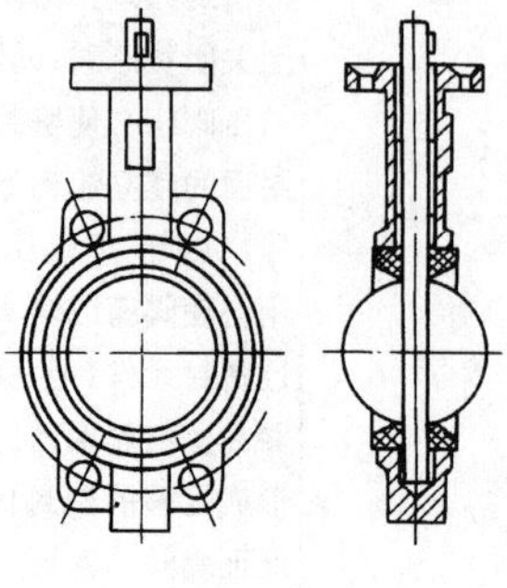	阀杆与蝶板垂直放置，阀杆从蝶板的中心通过 连接端：法兰、对夹、单夹	GB/T 12238—2008 API 609—2016 EN 593：2017 MSS SP-67—2017 ISO 10631：2013

（续）

序号	名称	参考结构图	结构特点	适用设计标准
2	对夹偏心轴蝶阀	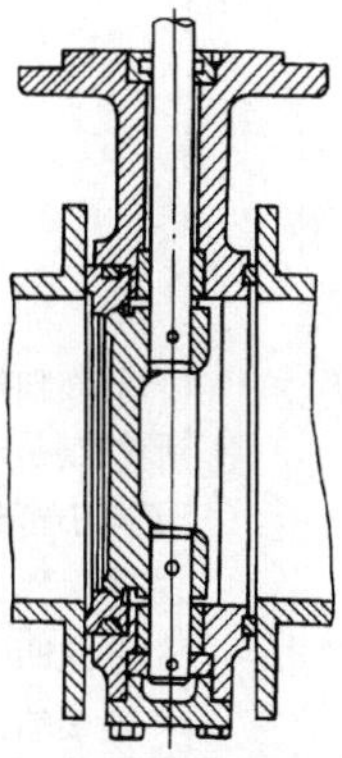	阀杆与蝶板垂直放置，蝶板密封圈和阀座密封圈偏离阀杆中心线，位于阀杆的一侧 连接端：法兰、对夹、单夹	API 609—2016 JB/T 8527—2015 MSS SP-68—2017 EN 593：2017
3	法兰管状蝶阀	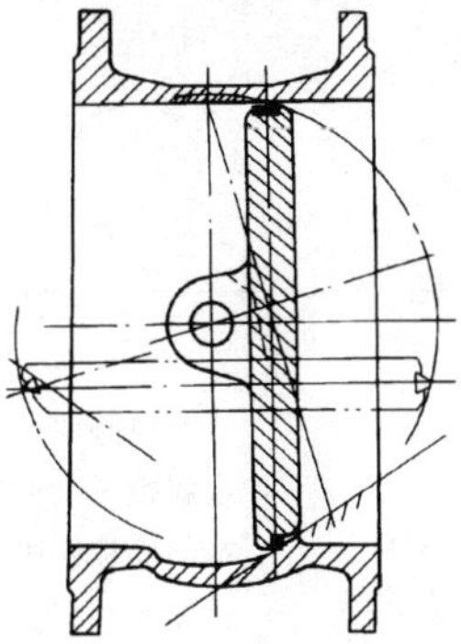	管状阀体，内设一个绕轴旋转的蝶板，蝶板上的密封环与阀座配合密封，打开时，蝶板位于管中心的一侧 连接端：法兰、对夹	API 609—2016 JB/T 8527—2015 MSS SP-68—2017 EN 5939：2017
4	气动连杆转动式蝶阀	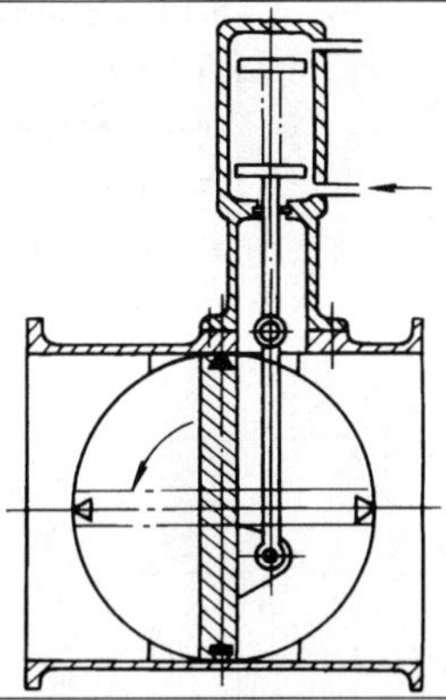	驱动轴做直线往复运动，使蝶板绕偏心轴转动 连接端：法兰	GB/T 12238—2008 API 609—2016 EN 593：2017 ISO 10631：2013
5	倾斜旋转式蝶阀	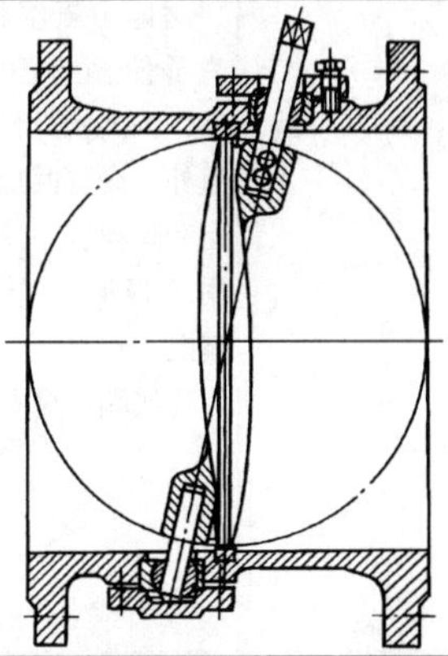	通过球面内环轴承来改变蝶板密封面在阀座密封面上的接触位置，轴承偏心反应到对称轴表面，以便能相对外圆柱表面的对称轴旋转，对大口径蝶阀具有结构紧凑的特点 连接端：法兰	GB/T 12238—2008 API 609—2016 EN 593：2017 ISO 10631：2013

（续）

序号	名称	参考结构图	结构特点	适用设计标准
6	球面密封蝶阀	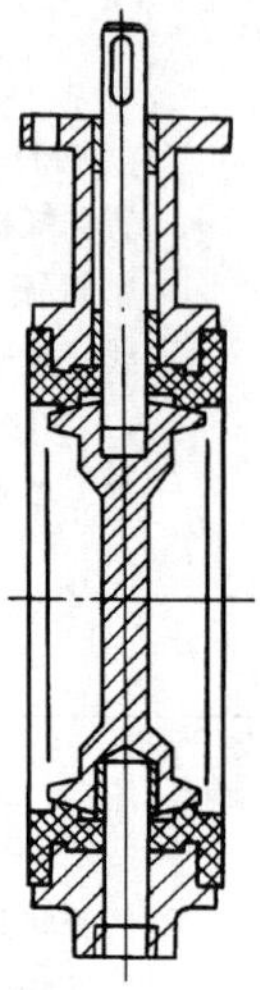	对称轴衬胶蝶阀的变形特点是球面密封；为了减小密封接触面，提高密封性，将蝶板周围部分挖凹 连接端：对夹式	GB/T 12238—2008 API 609—2016 EN 593：2017
7	金属密封面蝶阀	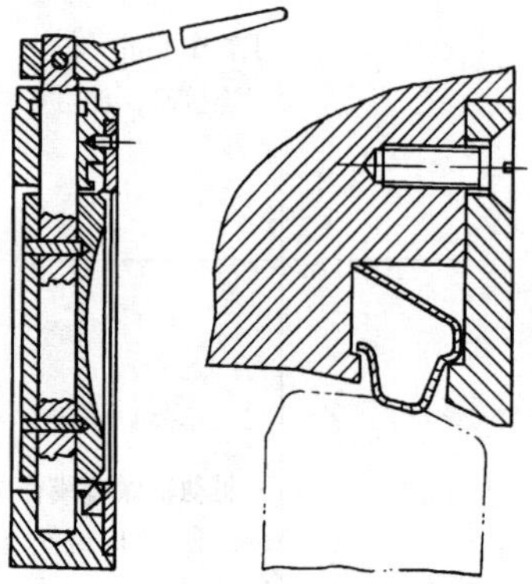	金属阀座，密封面用金属板压制而成，凸出端与蝶板接触，具有弹性作用；将有这种装置的阀门关闭时，由于压力差作用，密封圈在轴向和径向可弹性变形，有优良的液体密封性，寿命长，易制造 连接端：对夹式	JB/T 8527—2015 API 609—2016 EN 593：2017
8	氟塑料衬里蝶阀	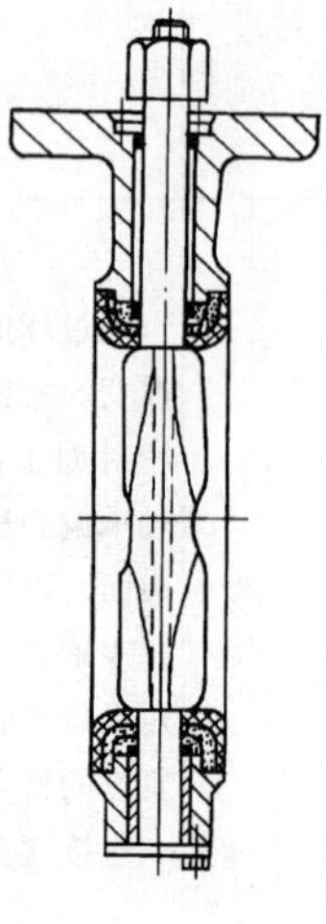	阀体由氟塑料衬里，为了使密封面具有弹性，提高密封性，在衬里外层设有两层合成树脂和氟橡胶；这种阀能用于强腐蚀介质的管道上 连接端：对夹式	GB/T 12238—2008 API 609—2016 EN 593：2017

（续）

序号	名称	参考结构图	结构特点	适用设计标准
9	偏心式金属密封面蝶阀		蝶板安装在偏心阀杆上，其边缘为球形，并与弹性金属密封圈相配合，密封圈做成环形，其中心偏离阀门的中心线，与蝶板球面中心线对中，达到密封目的	API 609—2016 JB/T 8527—2015 EN 593：2017
10	用于低温液体的蝶阀	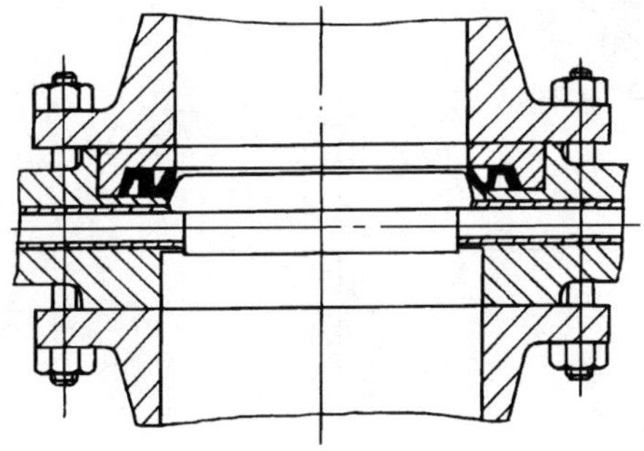	这是双向作用的蝶阀，密封圈底面有V形槽，密封圈背面开口，以便安放补偿螺旋弹簧。在一般情况和低温情况下，能与夹持装置形成双向轴向密封，与蝶板形成径向密封	API 609—2016 EN 593—2017
11	软密封双偏心蝶阀	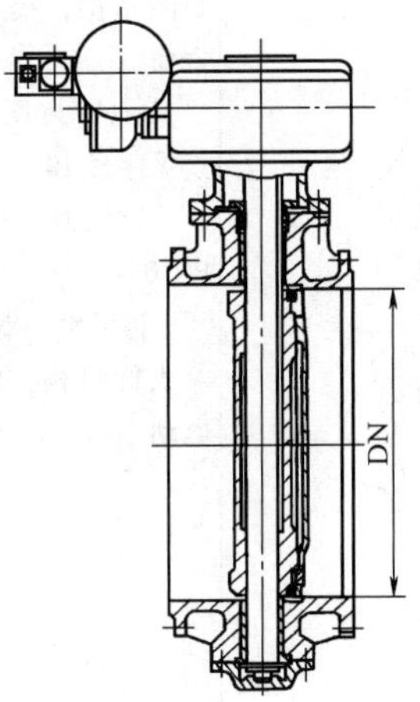 DN	采用双偏心结构，减少密封圈摩擦，延长阀门使用寿命 其他密封原理及结构特点见序号10	GB/T 12238—2008 API 609—2016 EN 593：2017 ISO 10631：2013

（续）

序号	名称	参考结构图	结构特点	适用设计标准
12	软密封双偏心蝶阀	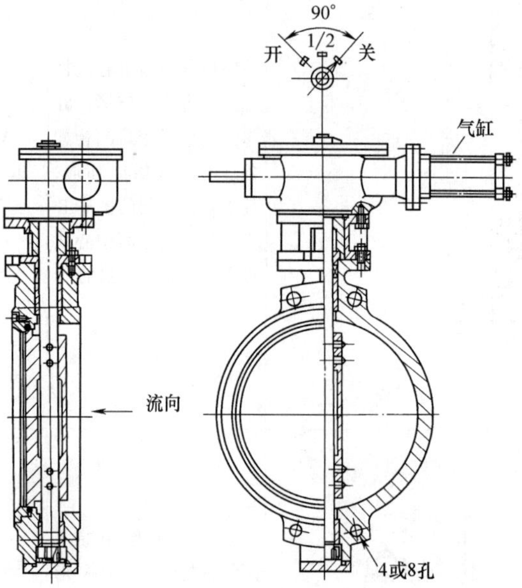 90° 1/2 开 关 气缸 流向 4或8孔	采用双偏心结构，减少密封圈摩擦，延长阀门使用寿命 其他密封原理及结构特点见序号10	GB/T 12238—2008 API 609—2016 EN 593：2017
13	软密封双偏心蝶阀	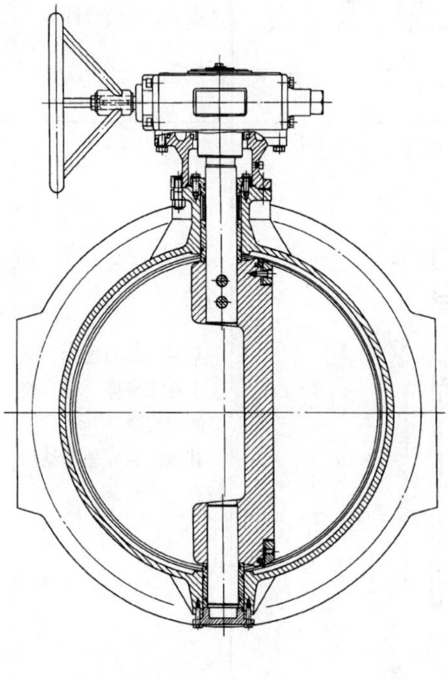	采用双偏心结构减少密封圈摩擦，提高阀门使用寿命 其他密封原理及结构特点见序号10 公称压力：PN2.5、PN6、PN10 公称尺寸：DN300～DN2000 执行机构：蜗杆传动及电动	GB/T 12238—2008 API 609—2016 EN 593：2017

（续）

序号	名称	参考结构图	结构特点	适用设计标准
14	三偏心金属密封蝶阀	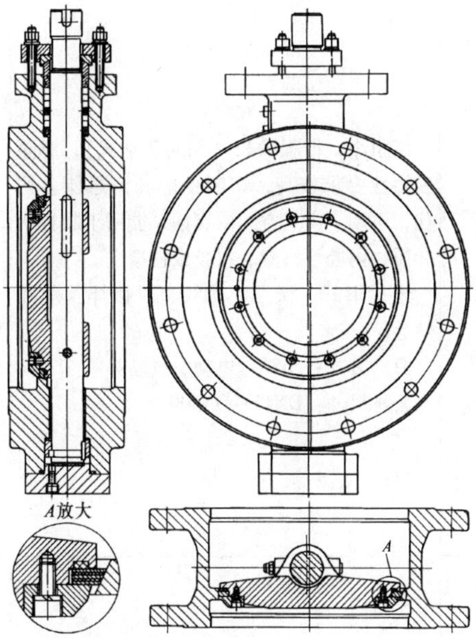 A放大 A	转矩密封；弹性金属对金属密封结构；防冲出阀杆设计；双向密封功能 密封原理和其他结构特点见表2-26中序号16	见表2-26 序号16

2.1.7 隔膜阀和管夹阀

2.1.7.1 隔膜阀的设计标准和适用范围

隔膜阀的设计标准和适用范围见表2-28。

表2-28 隔膜阀的设计标准和适用范围

标准代号	标准名称	适用范围		
		公称尺寸	公称压力或压力级	应用
GB/T 12239—2008	工业阀门　金属隔膜阀	DN8 ~ DN400	PN6 ~ PN25	通用
MSS SP-88—2015	隔膜阀	DN15 ~ DN400	Class125、Class150	通用
EN 13397：2002	工业阀门　金属隔膜阀	DN10 ~ DN300	PN6、PN10、PN16	通用
ISO 16138：2006	工业用阀门　热塑材料制隔膜阀	DN15 ~ DN300	PN6、PN10、PN16	通用

2.1.7.2 隔膜阀的结构

隔膜阀的结构见表2-29。

表2-29 隔膜阀的结构

序号	名称	参考结构图	结构特点	适用设计标准
1	堰式隔膜阀	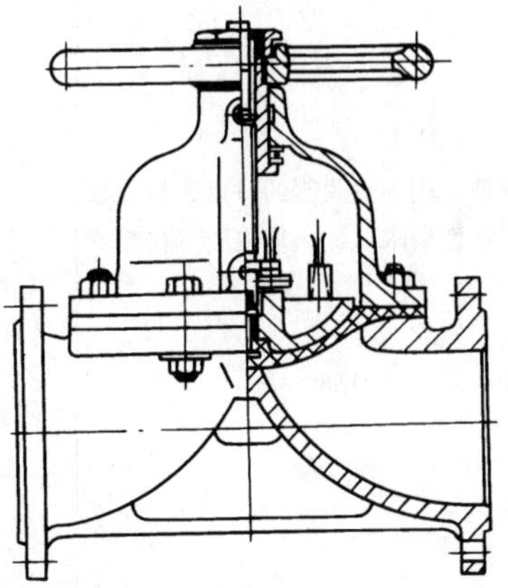	行程短，流阻较大（相对于直通式），对隔膜挠性要求较低。堰式隔膜阀有衬塑、衬胶、衬搪瓷及无衬里等结构，是各类隔膜阀中应用最广泛的一种形式，具有一定的节流特性，可用于真空。耐蚀性和抗颗粒介质性好。密封可靠，成本低。阀体有整体铸造和锻焊等结构，锻焊结构的阀体材料致密性较高，可用于高真空工况 连接形式：法兰、螺纹、对接焊及承插焊等 驱动方式：手动、电动、气动等 公称尺寸：DN15 ~ DN400	GB/T 12239—2008 MSS SP-88—2015 EN 13397：2002

（续）

序号	名称	参考结构图	结构特点	适用设计标准
2	直通式隔膜阀	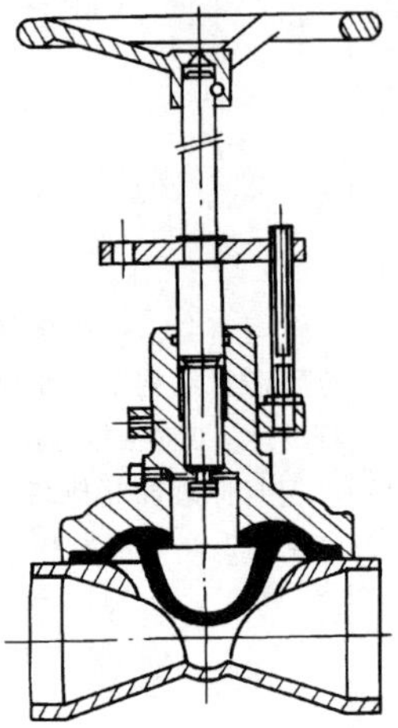	流阻小，行程较长（相对于堰式），对隔膜挠性要求较高，切断性能和流通能力均佳，可用于高真空。耐腐蚀，能用于颗粒状介质，内腔可衬塑、衬胶或衬搪瓷 连接形式：法兰、螺纹、对接焊及承插焊等 驱动方式：手动、电动、气动等 公称尺寸：DN15～DN300	见序号1
3	直流式隔膜阀	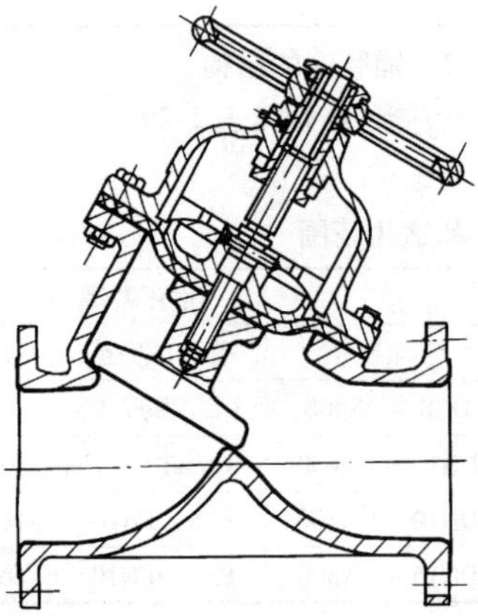	具有截止阀和隔膜阀的特点，阀座密封采用包覆非金属材料的金属阀瓣，具有较高的承载能力和密封性。隔膜作为中法兰密封和阀杆填料密封，又作为隔离阀体和阀盖的屏障，密封可靠。阀体流通呈流线型，流通能力好，流阻小，无淤积介质的死角。阀体内腔可衬胶或衬塑 连接形式：法兰、对焊 公称尺寸：DN100～DN400	见序号1
4	针形隔膜阀	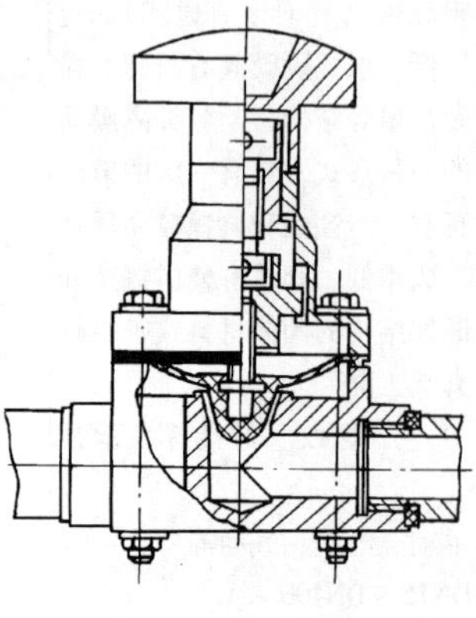	具有针形截止阀和隔膜阀的特点，行程较小，对隔膜挠性要求低，阀体内腔可衬塑或衬胶 连接形式：螺纹 公称尺寸：DN15～DN80	见序号1

（续）

序号	名称	参考结构图	结构特点	适用设计标准
5	堰式陶瓷隔膜阀	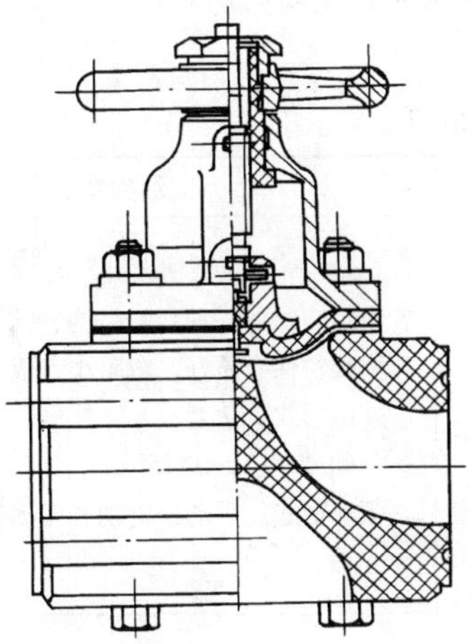	阀体采用陶瓷整体成形或金属阀体内衬陶瓷的结构；隔膜采用柔软薄膜状 PTFE 材料以提高耐磨、耐蚀性；隔膜背面衬厚橡胶以提高其承载能力 陶瓷成形件必须能耐 80℃ 温度变化而不致于损坏 连接形式：对夹和法兰 公称尺寸：DN15 ~ DN200	见序号 1
6	堰式塑料隔膜阀	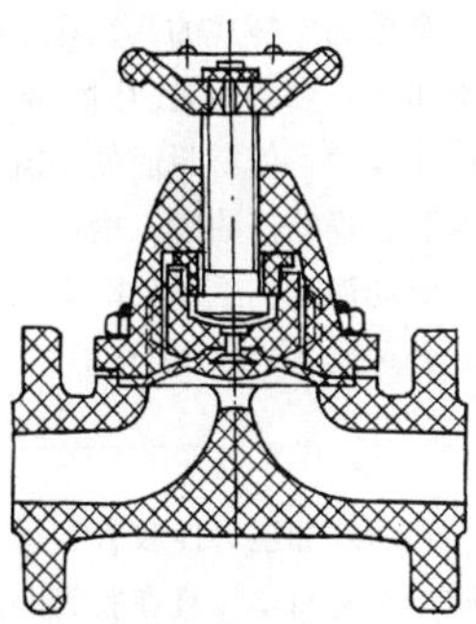	一般结构除阀杆和紧固件外，其他零部件材料均为塑料或橡胶；可用于强腐蚀性介质 连接形式：法兰和螺纹 公称尺寸：DN15 ~ DN250	ISO 16138：2006
7	直流式和直角式玻璃隔膜阀	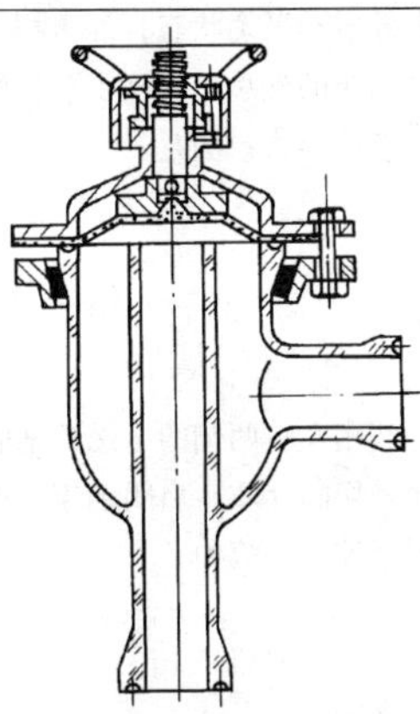	主体材料为玻璃；结构通常有直通式和直角式两种形式；阀体有透明度，能观察介质物料在阀内运动和反应等情况 连接形式：活套法兰 公称尺寸 DN50 ~ DN200	见序号 1
8	套筒形隔膜阀	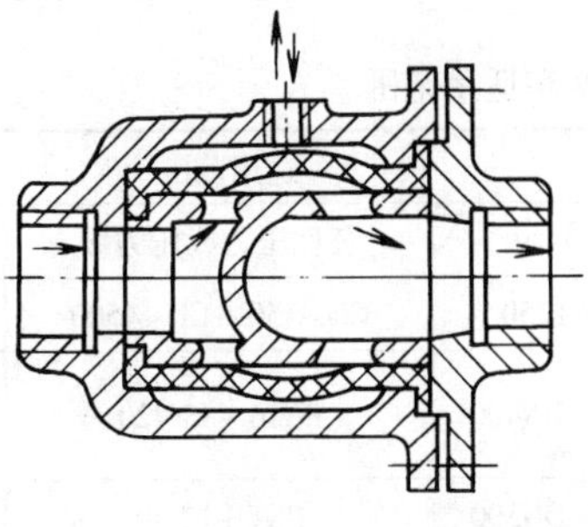	结构紧凑，启闭迅速，能起一定的节流和减缓介质压力波动等作用 连接形式：螺纹	见序号 1

2.1.7.3　管夹阀的结构

夹管阀的结构见表2-30。

2.1.8　柱塞阀

2.1.8.1　柱塞阀的设计标准和适用范围

柱塞阀的设计标准和适用范围见表2-31。

2.1.8.2　柱塞阀的结构

柱塞阀的结构见表2-32。

表2-30　夹管阀的结构

序号	名称	参考结构图	结构特点
1	单动压杆式夹管阀	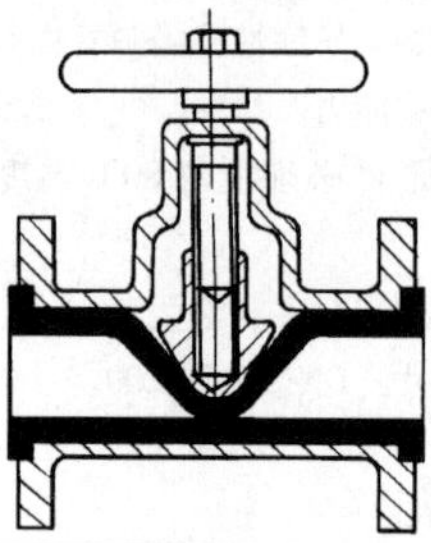	为隔膜阀的一种变形结构，结构简单，耐蚀性和抗颗粒性介质好，流阻小，成本低 连接形式：法兰 公称尺寸：≥DN15 驱动形式：手动、电动和气动等
2	双动压杆式夹管阀	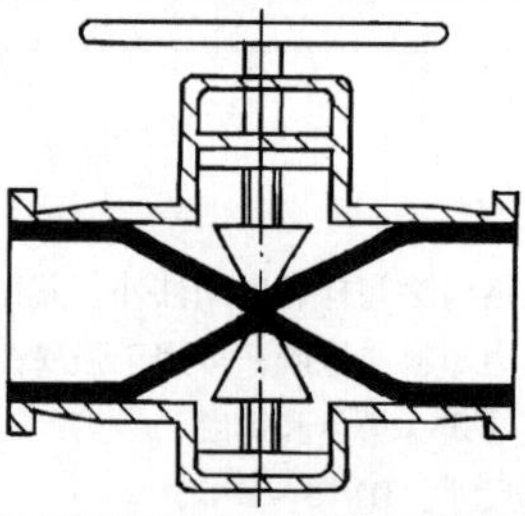	和单动压杆式的区别在于除了上压杆外，还有下压杆；当关闭阀门时，驱动阀杆，上、下压杆同步运动，使密封面处于流通中心线上，减小了橡胶套管的挠曲度，增加了寿命 驱动形式：手动、电动和气动等 公称尺寸：≥DN50
3	液动夹管阀	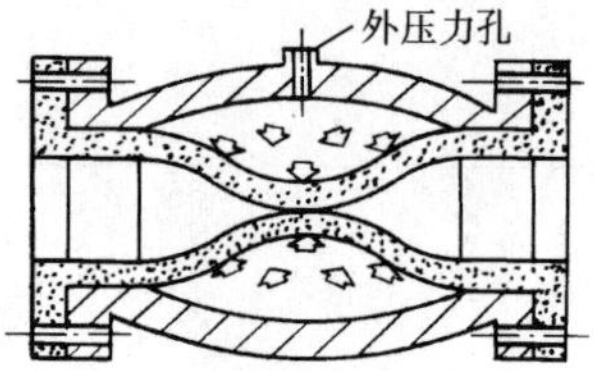 外压力孔	利用外加压力使胶管变形互相贴紧，以切断介质，结构简单。且在胶管贴紧密封时，胶管处于内外压动平衡状态，外压相当于给胶管提供了一个均布的支承，提高了胶管的寿命 连接形式：法兰
4	电磁驱动型夹管阀	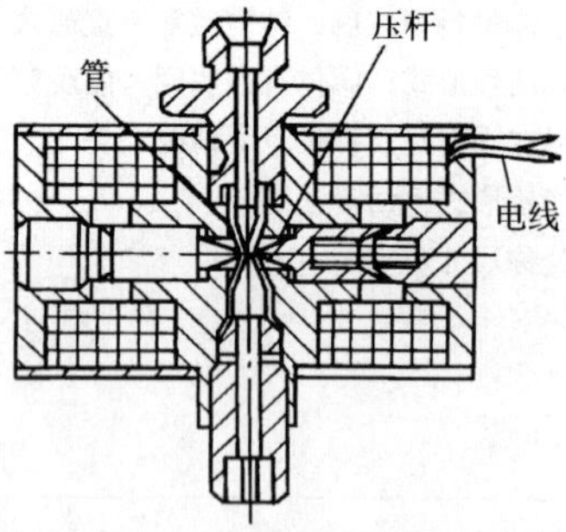 压杆　管　电线	利用左右两侧的电磁铁来驱动压杆，压紧橡胶管来切断介质，启闭迅速、可靠，结构紧凑。常用于控制系统中

表2-31　柱塞阀的设计标准和适用范围

标准代号	标准名称	适用范围		
		公称尺寸	公称压力或压力级	应用范围
GB/T 12224—2015	钢制阀门　一般要求	≤DN1250	Class150 ~ Class4500	通用
GB/T 12235—2007	石油、石化及相关工业用钢制截止阀和升降式止回阀	DN15 ~ DN400	PN16 ~ PN420	通用
JB/T 12526—2015	工业阀门　柱塞阀	DN15 ~ DN300	PN1 ~ PN40	通用

（续）

标准代号	标准名称	适用范围		
		公称尺寸	公称压力或压力级	应用范围
EN 13709:2010	工业阀门 钢制截止阀和止回阀	DN8 ~ DN400	PN10 ~ PN100，Class150 ~ Class600	通用
EN 13789:2010	工业阀门 铸铁截止阀	DN10 ~ DN400	PN6 ~ PN40	通用
NF E29-350—2003	工业阀门 钢制截止阀			通用
NF E29-354—2010	工业阀门 铸铁截止阀			通用
ASME B16.34—2017	法兰、螺纹与焊接端阀门	DN15 ~ DN750	Class150 ~ Class4500	通用

表 2-32 柱塞阀的结构

序号	名称	参考结构图	结构特点	适用设计标准
1	螺纹连接或承插焊连接直通式柱塞阀	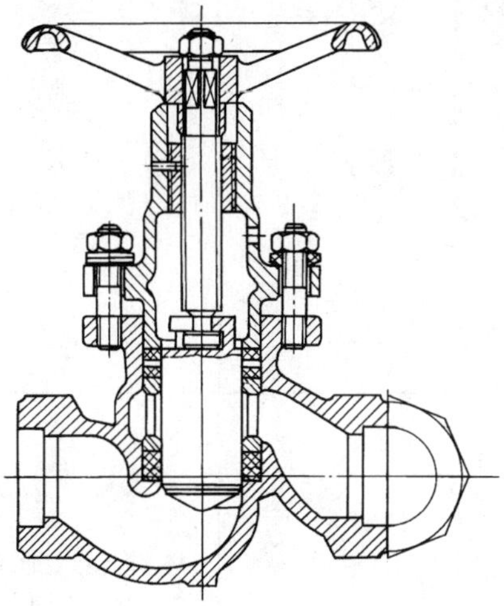	1）流道：直通式 2）阀体、阀盖为铸铁或铸钢件，柱塞、阀杆、隔离环为不锈钢。密封圈为柔性石墨或聚四氟乙烯 3）密封环、隔离环由阀体和阀盖的连接螺栓、螺母及弹簧垫圈压紧 4）靠柱塞外径与密封环内径实现密封 5）该阀启闭速度较慢	GB/T 12235—2007 GB/T 12224—2015 ASME B16.34—2017 EN 13709:2010 NF E29-350—2003 JB/T 12526—2015
2	对接焊连接直通式柱塞阀	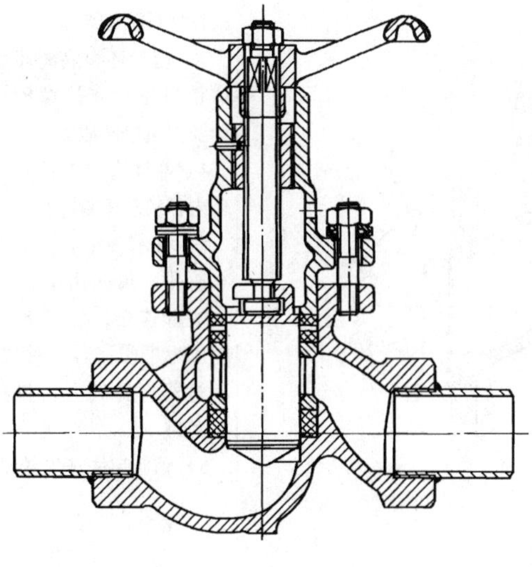	1）流道：直通式 2）阀体、阀盖材料为铸钢 3）其他结构特点见序号1	GB/T 12235—2007 GB/T 12224—2015 ASME B16.34—2017 EN 13789:2010 NF E29-354—2010 JB/T 12526—2015

（续）

序号	名称	参考结构图	结构特点	适用设计标准
3	法兰连接直通式柱塞阀	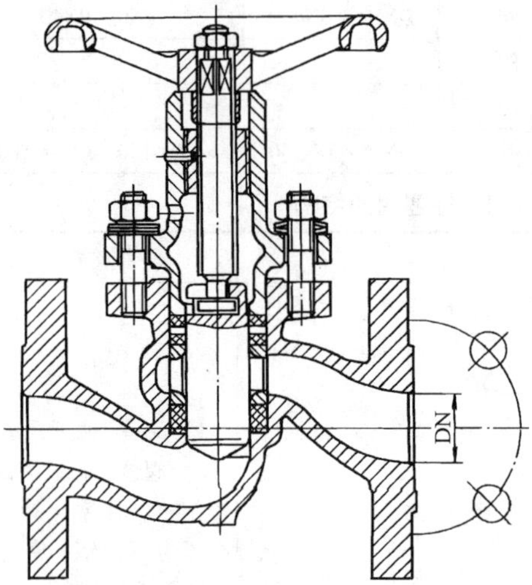	结构特点见序号1	GB/T 12235—2007 GB/T 12224—2015 ASME B16.34—2017 EN 13789：2010 NF E29-354—2010 JB/T 12526—2015
4	法兰连接压力平衡直通式柱塞阀	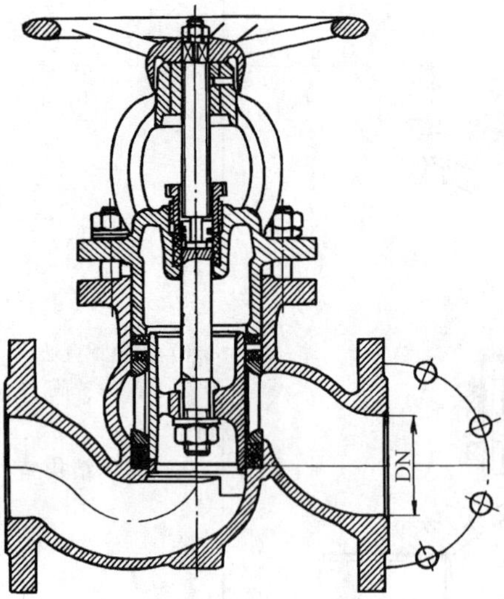	1）流道：直通式 2）阀体、阀盖为铸钢件；阀杆、柱塞、隔离环为不锈钢；密封环、填料为柔性石墨或聚四氟乙烯；阀杆螺母为铜合金 3）密封环、隔离环靠阀体和阀盖的连接螺栓、螺母及弹簧垫圈压紧 4）靠柱塞的外径与密封环内径实现密封 5）柱塞为空心，上下腔有通孔，阀杆用上密封套和螺母连接，使柱塞上下腔压力平衡，启闭时省力。不过阀杆要有上密封和填料密封 6）该阀启闭速度较慢	GB/T 12224—2015 GB/T 12235—2007 ASME B16.34—2017 EN 13789：2010 NF E29-354—2010 JB/T 12526—2015

（续）

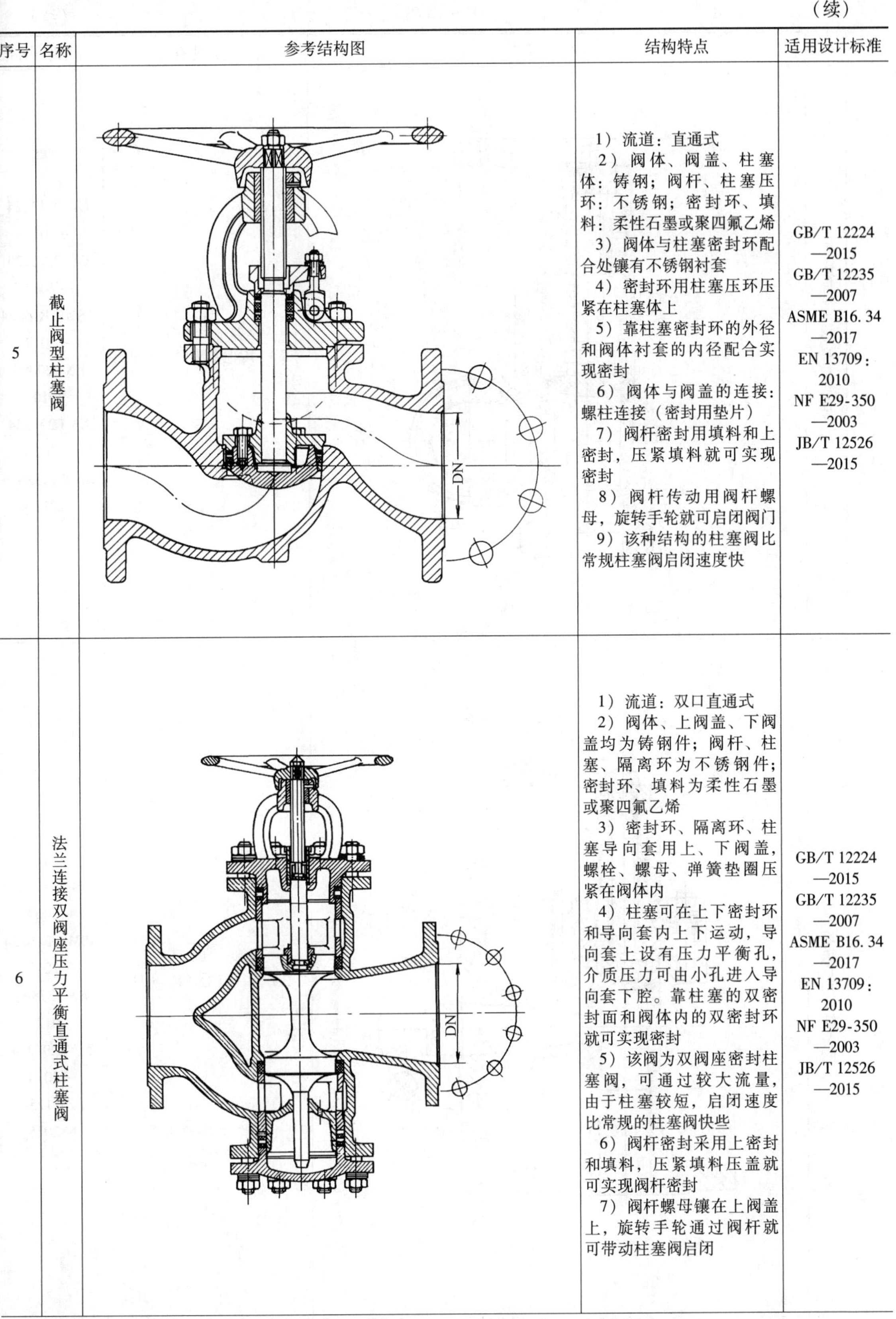

序号	名称	参考结构图	结构特点	适用设计标准
5	截止阀型柱塞阀		1）流道：直通式 2）阀体、阀盖、柱塞体：铸钢；阀杆、柱塞压环：不锈钢；密封环、填料：柔性石墨或聚四氟乙烯 3）阀体与柱塞密封环配合处镶有不锈钢衬套 4）密封环用柱塞压环压紧在柱塞体上 5）靠柱塞密封环的外径和阀体衬套的内径配合实现密封 6）阀体与阀盖的连接：螺柱连接（密封用垫片） 7）阀杆密封用填料和上密封，压紧填料就可实现密封 8）阀杆传动用阀杆螺母，旋转手轮就可启闭阀门 9）该种结构的柱塞阀比常规柱塞阀启闭速度快	GB/T 12224—2015 GB/T 12235—2007 ASME B16.34—2017 EN 13709：2010 NF E29-350—2003 JB/T 12526—2015
6	法兰连接双阀座压力平衡直通式柱塞阀		1）流道：双口直通式 2）阀体、上阀盖、下阀盖均为铸钢件；阀杆、柱塞、隔离环为不锈钢件；密封环、填料为柔性石墨或聚四氟乙烯 3）密封环、隔离环、柱塞导向套用上、下阀盖，螺栓、螺母、弹簧垫圈压紧在阀体内 4）柱塞可在上下密封环和导向套内上下运动，导向套上设有压力平衡孔，介质压力可由小孔进入导向套下腔。靠柱塞的双密封面和阀体内的双密封环就可实现密封 5）该阀为双阀座密封柱塞阀，可通过较大流量，由于柱塞较短，启闭速度比常规的柱塞阀快些 6）阀杆密封采用上密封和填料，压紧填料压盖就可实现阀杆密封 7）阀杆螺母镶在上阀盖上，旋转手轮通过阀杆就可带动柱塞阀启闭	GB/T 12224—2015 GB/T 12235—2007 ASME B16.34—2017 EN 13709：2010 NF E29-350—2003 JB/T 12526—2015

（续）

序号	名称	参考结构图	结构特点	适用设计标准
7	内螺纹连接直角式柱塞阀	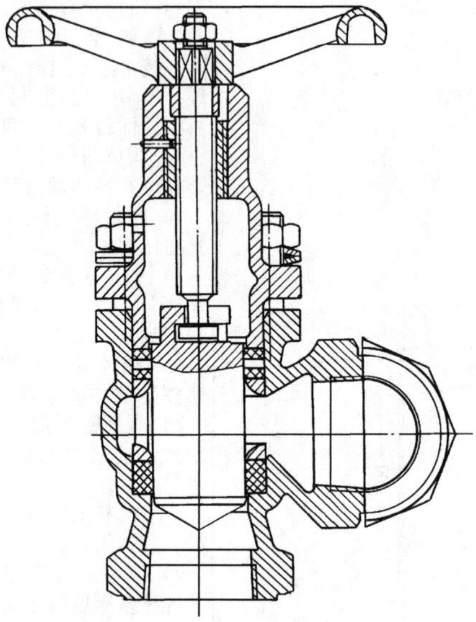	1）流道：直角式 2）其他结构特点见序号1	GB/T 12224—2015 GB/T 12235—2007 ASME B16.34—2017 EN 13789：2010 NF E29-354—2010 JB/T 12526—2015
8	法兰连接直角式柱塞阀	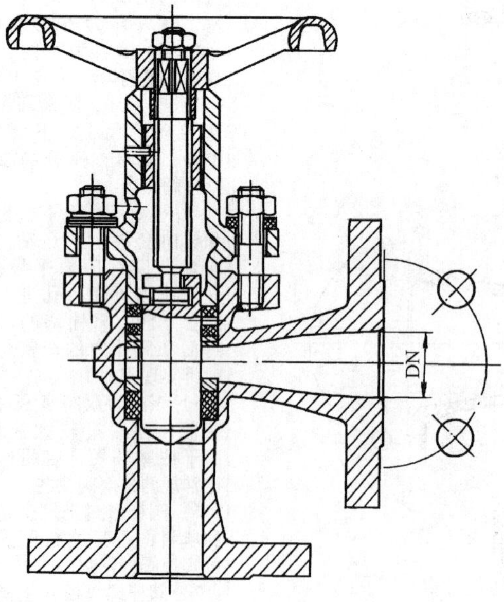 DN	1）流道：直角式 2）其他结构特点见序号3	GB/T 12224—2015 GB/T 12235—2007 ASME B16.34—2017 EN 13789：2010 NF E29-354—2010 JB/T 12526—2015

（续）

序号	名称	参考结构图	结构特点	适用设计标准
9	法兰连接压力平衡直角式柱塞阀	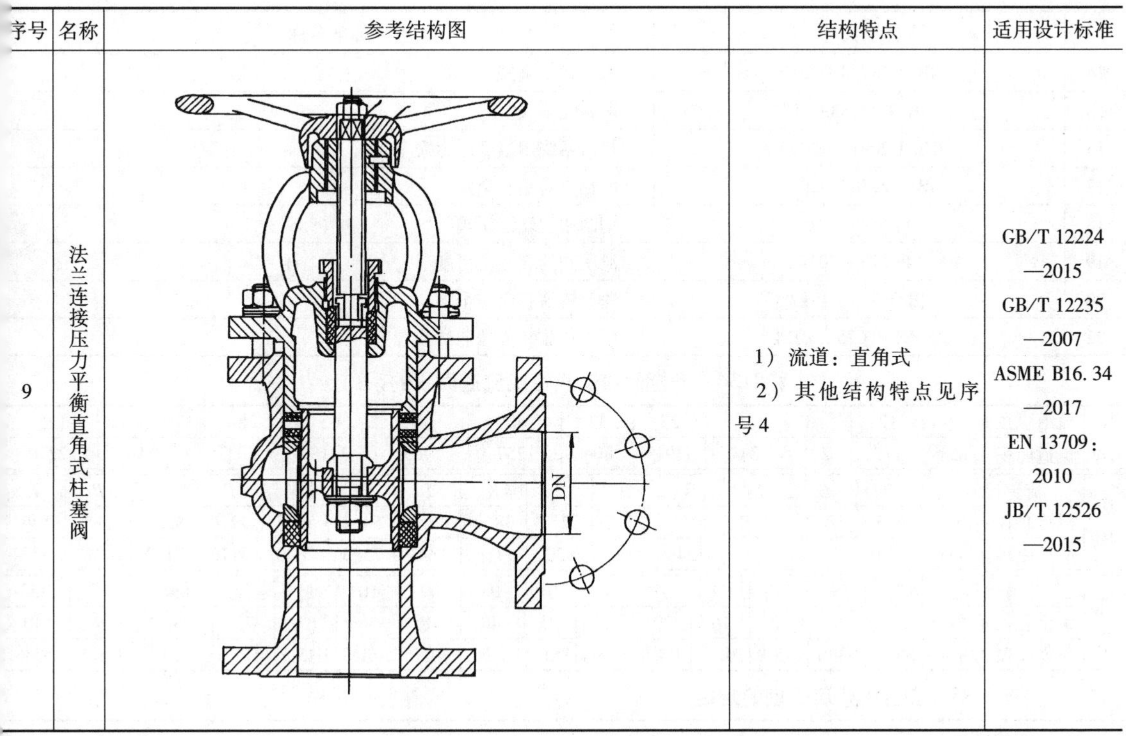	1）流道：直角式 2）其他结构特点见序号4	GB/T 12224—2015 GB/T 12235—2007 ASME B16.34—2017 EN 13709：2010 JB/T 12526—2015

2.1.9 安全阀

2.1.9.1 安全阀的设计标准和主要设计依据

1. 安全阀的设计标准

安全阀的设计标准见表2-33。

2. 安全阀的主要设计依据

安全阀流道直径（喉部直径）或流道面积（喉部截面积）的系列见表2-34；开启高度的规定见表2-35；弹簧整定压力调整范围（弹簧工作压力级）见表2-36；动作性能指标见表2-37～表2-39。

表2-33 安全阀的设计标准

序号	标准代号	标准名称
1	GB/T 12241—2005	安全阀 一般要求
2	GB/T 12243—2005	弹簧直接载荷式安全阀
3	ISO 4126-1：2013	超压保护装置 第1部分：安全阀
4	ISO 4126-4：2013	超压保护装置 第4部分：先导式安全阀
5	ISO 4126-3：2006	超压保护安全装置 第3部分：安全阀与爆破片安全装置的组合
6	ISO 4126-2：2018	超压保护安全装置 第2部分：爆破片安全装置
7	ISO 4126-7：2013（2016）	超压保护安全装置 第7部分：通用数据
8	ASME 锅炉及压力容器规范 第Ⅰ卷	动力锅炉建造规范（2013版）
9	ASME 锅炉及压力容器规范 第Ⅷ卷	压力容器构造规则（2013版）
10	ISO 4126-5：2013	超压保护安全装置 第5部分：可控安全压力释放系统
11	ISO 4126-6：2014	超压保护安全装置 第6部分：爆破片安全装置的应用、选择和安装
12	NF E 29-417-1—2004	超压保护安全设备 第1部分：安全阀
13	JIS B 8210—2009	蒸汽锅炉和压力容器用弹簧安全阀

（续）

序号	标准代号	标准名称
14	GB/T 28778—2012	先导式安全阀
15	NB/T 47063—2017	电站安全阀
16	GB/T 20910—2007	热水系统用温度压力安全阀
17	GB/T 21384—2016	电热水器用安全阀
18	API 526—2017	钢制法兰端泄压阀
19	API 527—2014	泄压阀的阀座密封度
20	CB/T 304—1992	法兰铸铁直角安全阀
21	ASME PTC25—2014	压力释放装置性能试验规范

表 2-34　安全阀流道直径或流道面积的系列

中国											
流道直径 d_0/mm	12	16	20	25	32	40	50	65	80	100	125
流道面积 A/mm²	113	201	314	491	804	1257	1963	3318	5027	7854	12270

美国														
流道代号	*D*	*E*	*F*	*G*	*H*	*J*	*K*	*L*	*M*	*N*	*P*	*Q*	*R*	*T*
流道直径 d_0/mm	9.5	12.7	15.9	20.3	25.4	32.5	38.9	48.4	54.4	59.7	72.4	95.3	115	146
流道面积 A/mm²	71.0	126	198	324	506	830	1186	1841	2323	2800	4116	7129	10323	16774

苏联															
流道代号	01	02	03	04	05	06	07	08	09	10	11	12	13	14	15
流道直径 d_0/mm	7	9	12	16	20	25	33	40	48	56	63	75	95	125	140
流道面积 A/mm²	38.5	63.6	113.0	201.0	314.0	490.6	854.9	1256	1808.6	2461.8	3115.7	4415.6	7084.6	12265.6	15386

表 2-35　安全阀开启高度的规定

国别	阀门形式	开启高度
中国	微启式	$\frac{1}{40}d_0 \sim \frac{1}{20}d_0$
	全启式	$\geqslant \frac{1}{4}d_0$
苏联	微启式	$\frac{1}{40}d_0 \sim \frac{1}{20}d_0$
	中启式	$> \frac{1}{20}d_0 \sim \frac{1}{4}d_0$
	全启式	$> \frac{1}{4}d_0$
日本	扬程式	$\frac{1}{40}D \sim \frac{1}{4}D$
	全量式	$D \geqslant 1.15d_0, F \geqslant 1.05A$, $F_1 \geqslant 1.7A$

注：d_0—流道直径；D—阀座口直径（密封面内径）；F—帘面积；A—流道面积；F_1—阀门进口处通道截面积。

表 2-36　弹簧整定压力调整范围

国别	整定压力区间	弹簧整定压力调整范围（弹簧工作压力级）/MPa
中国	0.06～32MPa	>0.06～0.1，>0.1～0.13，>0.13～0.16，>0.16～0.2，>0.2～0.25，>0.25～0.3，>0.3～0.4，>0.4～0.5，>0.5～0.6，>0.6～0.7，>0.7～0.8，>0.8～1，>1～1.3，>1.3～1.6，>1.6～2，>2～2.5，>2.5～3.2，>3.2～4，>4～5，>5～6.4，>6.4～8，>8～10，>10～13，>13～16，>16～19，>19～22，>22～25，>25～29，>29～32
美国	≤1.72MPa（250 lbf/in²）	±10%设计整定压力
	>1.72MPa（250 lbf/in²）	±5%设计整定压力
日本	≤1.6MPa（16kgf/cm²）	±10%设计整定压力
	>1.6MPa（16kgf/cm²）	±5%设计整定压力

表 2-37 气体介质用安全阀动作性能指标

标准	GB/T 12243—2005	ISO 4126（系列）	ASME 锅炉及压力容器规范第Ⅷ卷	JIS B 8210—2009	ISO 4126-1:2013	AD A2—1980②	ГОСТ РТЕХН АДЗОР①	СТСЭВ 3085Г07
排放压力 p_d	$\leqslant 1.10p_s$		$\leqslant 1.10p_s$	$\leqslant 1.10p_s$	$\leqslant 1.10p_s$	$p_s < 0.1\text{MPa}$ 时，$p_d \leqslant p_s + 0.01\text{MPa}$ $p_s \geqslant 0.1\text{MPa}$ 时，$p_d \leqslant 1.05p_s$	$p \leqslant 0.3\text{MPa}$ 时，$p_d \leqslant p + 0.05\text{MPa}$ $p \leqslant 6\text{MPa}$ 时，$p_d \leqslant 1.15p$ $p > 6\text{MPa}$ 时，$p_d \leqslant 1.10p$	$p \leqslant 0.25\text{MPa}$ 时，$p_d \leqslant 1.15p_s$ $p > 0.25\text{MPa}$ 时，$p_d \leqslant 1.10p_s$
启闭压差 Δp_{bL}	$p_s \leqslant 0.2\text{MPa}$ 时，$\Delta p_{bL} \leqslant 0.03\text{MPa}$ $p_s > 0.2\text{MPa}$ 时，$\Delta p_{bL} \leqslant 15\% p_s$	Δp_{bL} 可调的阀门：Δp_{bL} 为 $2.5\% \sim 7\% p_s$（$d_0 < 15\text{mm}$ 时为 $\leqslant 15\% p_s$，$p_s < 0.3\text{MPa}$ 时，Δp_{bL} 为 $\leqslant 0.03\text{MPa}$） Δp_{bL} 不可调的阀门：$\Delta p_{bL} \leqslant 15\% p_s$	Δp_{bL} 可调的阀门：$\Delta p_{bL} \leqslant 7\% p_s$ 或 3psi 取较大值	$p_s \leqslant 0.2\text{MPa}$ 时，$\Delta p_{bL} \leqslant 0.03\text{MPa}$ $p_s > 0.2\text{MPa}$ 时，$\Delta p_{bL} \leqslant 15\% p_s$	Δp_{bL} 为 $2.5\% \sim 5\% p_s$（$d_0 < 32\text{mm}$ 或 $p_s \leqslant 0.2\text{MPa}$ 时为 $\leqslant 10\% p_s$）	$p_s \leqslant 0.3\text{MPa}$ 时，$\Delta p_{bL} \leqslant 0.03\text{MPa}$ $p_s > 0.3\text{MPa}$ 时，$\Delta p_{bL} \leqslant 10\% p_s$		
整定压力的允许偏差 δ_p	$p_s \leqslant 0.05\text{MPa}$ 时，δ_p 为 $\pm 0.015\text{MPa}$ $p_s > 0.5\text{MPa}$ 时，δ_p 为 $\pm 3\% p_s$	δ_p 为 $\pm 3\% p_s$ 或 $\pm 0.015\text{MPa}$ 中的较大值	$p_s \leqslant 70\text{lbf/in}^2$ 时，δ_p 为 $\pm 2\text{lbf/in}^2$ $p_s > 70\text{lbf/in}^2$ 时，δ_p 为 $\pm 3\text{lbf/in}^2$	$\pm 3\% p_s$（最小为 $\pm 0.014\text{MPa}$）				

注：p_s—整定压力；p—工作压力；d_0—流道直径。

① 苏联厂矿安全监察委员会规范。

② 更新情况不详，仅供参考，下同。

表 2-38 液体介质用安全阀动作性能指标 （单位：MPa）

标准	GB/T 12243—2005	ISO 4126-1:2013	AD A2—1980	API 520—2015
排放压力 p_d	$\leqslant 1.20p_s$		$p_s < 0.1$ 时，$p_d \leqslant p_s + 0.01$ $p_s \geqslant 0.1$ 时 $p_d \leqslant 1.10p_s$	$\leqslant 1.25p_s$
启闭压差 $\leqslant \Delta p_{bL}$	$p_s \leqslant 0.3$ 时，$\Delta p_{bL} \leqslant 0.06$ $p_s > 0.3$ 时，$\Delta p_{bL} \leqslant 20\% p_s$	$p_s < 0.3$ 时，$\Delta p_{bL} \leqslant 0.06$ $p_s \geqslant 0.3$ 时，$\Delta p_{bL} \leqslant 20\% p_s$	$p_s \leqslant 0.3$ 时，$\Delta p_{bL} \leqslant 0.06$ $p_s \geqslant 0.3$ 时，$\Delta p_{bL} \leqslant 20\% p_s$	

（续）

标准	GB/T 12243—2005	ISO 4126-1:2013	AD A2—1980	AP1520—2015
整定压力的允许偏差 δ_p	$p_s \le 0.5$ 时，δ_p 为 ±0.015 $p_s > 0.5$ 时，δ_p 为 $\pm 3\% p_s$	δ_p 为 $\pm 3\%$ p_s 或 ±0.015MPa中的较大值		

注：p_s 为整定压力。

表2-39　蒸汽用安全阀动作性能指标

<table>
<tr><td>标准</td><td colspan="3">GB/T 12243—2005</td><td>ASME 锅炉及压力容器规范第Ⅰ卷</td><td>JIS B8210—2009</td><td>TRD 421—1988</td><td colspan="3">ГОСТ РТЕХН АДЗОР[①]</td><td>BS EN ISO 4126-1:2013</td></tr>
<tr><td rowspan="3">排放压力 p_d</td><td colspan="3" rowspan="3">$\le 1.03p_s$</td><td rowspan="3">$\le 1.03p_s$</td><td rowspan="3">$p_s \le 0.1$MPa时，$p_d \le p_s + 0.02$MPa
$p_s > 0.1$MPa时，$p_d \le 1.03p_s$</td><td rowspan="3">$p_s < 0.1$MPa时，$p_d \le p_s + 0.01$MPa
$p_s \ge 0.1$MPa时，$p_d \le 1.05p_s$</td><td rowspan="2">p</td><td colspan="2">p_d</td><td rowspan="3">$\le 1.05p_s$</td></tr>
<tr><td>控制安全阀</td><td>工作安全阀</td></tr>
<tr><td><1.3MPa
≥1.3~6MPa
>6~14MPa
>14~22.5MPa
>22.5MPa</td><td>$\le p + 0.02$MPa
$\le 1.03p$
$\le 1.05p$
$\le 1.08p$
$\le 1.10p$</td><td>$\le p + 0.03$MPa
$\le 1.05p$
$\le 1.08p$
$\le 1.10p$</td></tr>
<tr><td rowspan="3">启闭压差 Δp_{bL}</td><td rowspan="2">p_s</td><td colspan="2">Δp_{bL}</td><td rowspan="3">$p_s \le 67$psi 时，$\Delta p_{bL} \le 4$psi
$67 \le p_s \le 250$psi 时，$\Delta p_{bL} \le 6\% p_s$
$250 < p_s < 375$psi 时，$\Delta p_{bL} \le 15$psi
$p_s \ge 375$psi 时，$\Delta p_{bL} \le 4\% p_s$
Δp_{bL}的最小值为2psi或$2\% p_s$
对于强制循环蒸汽发生器 $\Delta p_{bL} \le 10\% p_s$</td><td rowspan="3">$p_s \le 0.4$MPa时，$\Delta p_{bL} \le 0.03$MPa
$p_s > 0.4$MPa时，$\Delta p_{bL} \le 7\% p_s$(对于直流锅炉、再热器等的安全阀 $\Delta p_{bL} \le 10\% p_s$)</td><td rowspan="3">$p_s \le 0.3$MPa时，$\Delta p_{bL} \le 0.03$MPa
$p_s > 0.3$MPa时，$\Delta p_{bL} \le 10\% p_s$</td><td colspan="3" rowspan="3"></td><td rowspan="3">Δp_{bL}可调的阀门
Δp_{bL}为$2.5\% \sim 5\% p_s$($p_s < 0.3$时 Δp_{bL} 为 ≤ 0.03)
Δp_{bL}不可调的阀门 $\Delta p_{bL} \le 15\% p_s$</td></tr>
<tr><td>蒸汽动力锅炉安全阀</td><td>直流锅炉，再热器等的安全阀</td></tr>
<tr><td>≤0.4MPa，>0.4MPa</td><td>≤0.03MPa，$\le 7\% p_s$</td><td>≤0.04MPa，$\le 10\% p_s$</td></tr>
<tr><td>整定压力的允许偏差 δ_p</td><td colspan="3">$p_s \le 0.5$MPa 时，δ_p 为 ±0.015MPa
$p_s > 0.5 \sim 2.3$MPa 时，δ_p 为 $\pm 3\% p_s$
$p_s > 2.3 \sim 7$MPa 时，δ_p 为 ±0.07MPa
$p_s > 7$MPa 时，δ_p 为 $\pm 1\% p_s$</td><td>$p_s \le 70$ lbf/in² 时，为±2 lbf/in²
$p_s = 70 \sim 300$lbf/in² 时，为 $\pm 3\% p_s$
$p_s = 300 \sim 1000$ lbf/in² 时为±10 lbf/in²
$p_s > 1000$ lbf/in² 时为 $\pm 1\% p_s$</td><td>$p_s < 0.5$MPa时为±0.014MPa
$0.5\text{MPa} \le p_s < 2.3$MPa 时为 $\pm 3\% p_s$
$2.3\text{MPa} \le p_s < 7$MPa 时为±0.07MPa
$p_s \ge 7$MPa时为 $\pm 1\% p_s$</td><td></td><td colspan="3"></td><td>$p_s < 0.5$MPa 时为±0.014MPa
$0.5\text{MPa} \le p_s < 2$MPa 时为 $\pm 3\% p_s$
$2\text{MPa} \le p_s < 10$MPa 时为 $\pm 2\% p_s$
$p_s \ge 10$MPa 时为 $\pm 1.5\% p_s$</td></tr>
</table>

注：p_s 为整定压力，p 为工作压力。1MPa = 145psi。

①　苏联厂矿安全监察委员会规范。

2.1.9.2 安全阀的结构型式

安全阀的分类见表2-40；根据使用条件选择安全阀类型的推荐表见表2-41；安全阀的主要结构型式见表2-42。

表2-40 安全阀分类

<table>
<tr><th>分类方法</th><th colspan="2">类　型</th><th>说　明</th></tr>
<tr><td rowspan="3">按作用原理</td><td colspan="2">直接作用式</td><td>直接依靠介质压力产生的作用力来克服作用在阀瓣上的机械载荷使阀门开启</td></tr>
<tr><td rowspan="2">非直接作用式</td><td>先导式</td><td>由主阀和导阀组成，主阀依靠从导阀排出的介质来驱动或控制</td></tr>
<tr><td>带补充载荷式</td><td>在进口压力达到开启压力前始终保持有一增强密封的附加力，该附加力在阀门达到开启压力时应可靠地释放</td></tr>
<tr><td rowspan="2">按动作特性</td><td colspan="2">比例作用式</td><td>开启高度随压力升高而逐渐变化</td></tr>
<tr><td colspan="2">两段作用式（突跳动作式）</td><td>开启过程分为两个阶段：起初阀瓣随压力升高而比例开启，在压力升高一个不大的数值后，阀瓣即在压力几乎不再升高的情况下急速开启到规定升高度</td></tr>
<tr><td rowspan="3">按开启高度</td><td colspan="2">微启式</td><td>开启高度为$\left(\frac{1}{40}\sim\frac{1}{20}\right)$流道直径</td></tr>
<tr><td colspan="2">全启式</td><td>开启高度大于等于$\frac{1}{4}$流道直径</td></tr>
<tr><td colspan="2">中启式</td><td>开启高度介于微启式和全启式之间</td></tr>
<tr><td rowspan="2">按有无背压平衡机构</td><td colspan="2">背压平衡式</td><td>利用波纹管、活塞或膜片等平衡背压作用的元件，使阀门开启前背压对阀瓣上下两侧的作用相互平衡</td></tr>
<tr><td colspan="2">常规式</td><td>不带背压平衡元件</td></tr>
<tr><td rowspan="3">按阀瓣加载方式</td><td colspan="2">重锤式或杠杆重锤式</td><td>利用重锤直接加载，或利用重锤通过杠杆加载</td></tr>
<tr><td colspan="2">弹簧式</td><td>利用弹簧加载</td></tr>
<tr><td colspan="2">气室式</td><td>利用压缩空气加载</td></tr>
</table>

表2-41 根据使用条件选择安全阀类型的推荐做法

使用条件	安全阀类型
液体介质	比例作用式安全阀
气体介质，必需排量较大	两段作用全启式安全阀
必需排量是变化的	必需排量较大时，用几个两段作用式安全阀，其总排量等于最大必需排量 必需排量较小时，用比例作用式安全阀
附加背压为大气压，为固定值，或者其变化量较大（相对于开启压力而言）	常规式安全阀
附加背压是变化的，且其变化量较大（相对于开启压力而言）	背压平衡式安全阀
要求反应迅速	直接作用式安全阀
必需排量很大，或者口径和压力都较大，密封要求较高	先导式安全阀
密封要求高，开启压力和工作压力很接近	带补充载荷的安全阀
移动式或受振动的受压设备	弹簧式安全阀
不允许介质向周围环境逸出，或需要回收排放的介质	封闭式安全阀
介质可以释放到周围环境中，介质温度较高	开放式安全阀
介质温度很高	带散热套的安全阀

表 2-42 安全阀主要结构型式

序号	结构型式	参考结构图	结构特点
1	不带调节圈式微启安全阀	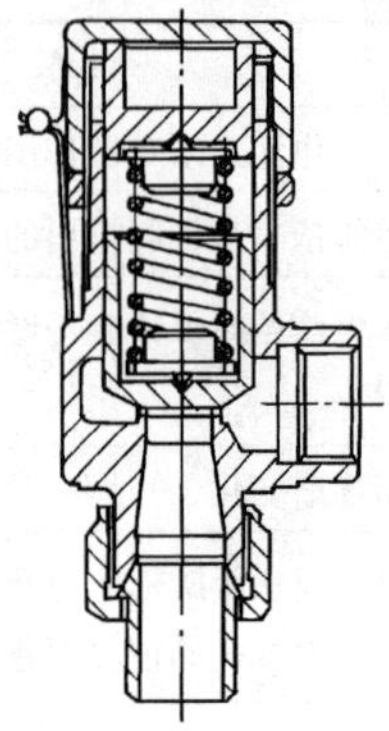	动作特性为比例作用式
2	带调节圈式微启安全阀	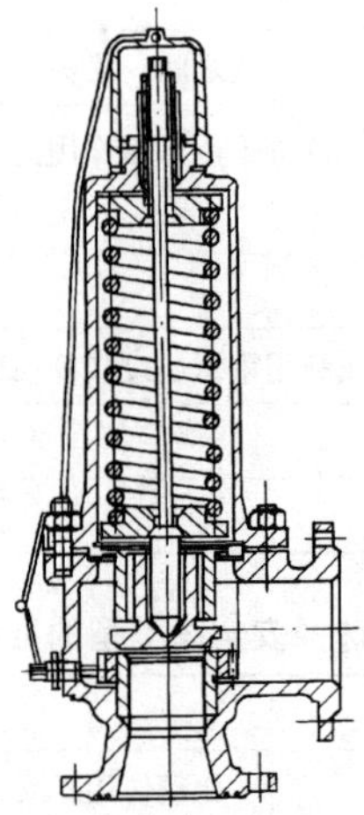	同上。利用调节圈可对排放压力及启闭压差进行调节
3	反冲盘加调节圈式全启安全阀	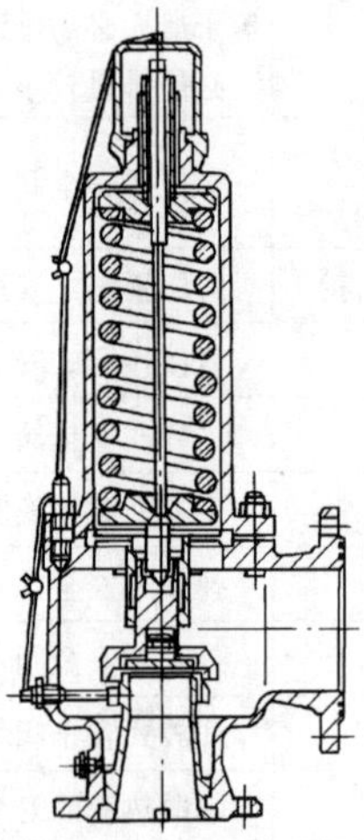	利用反冲盘使喷出气流折转而获得较大的阀瓣升力，达到全启高度。借助调节圈可对排放压力及启闭压差进行调节。其动作特性为两段作用式

（续）

序号	结构型式	参考结构图	结构特点
4	带喷射管式安全阀	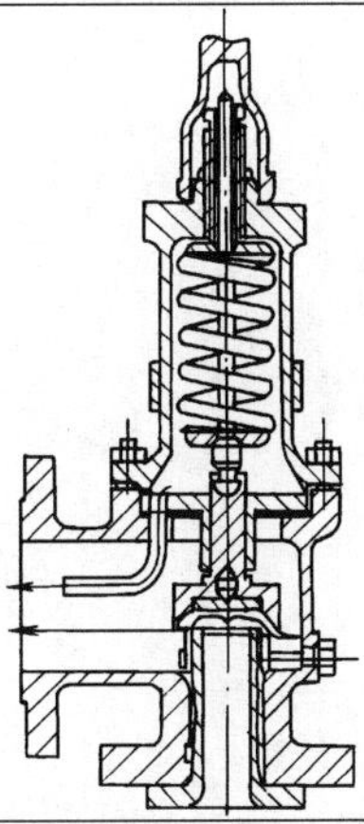	同上。并设置了喷射管，利用排放气流的抽吸作用减小阀瓣上腔压力，以帮助阀门开启，获得更大的升力
5	带双调节圈式全启安全阀	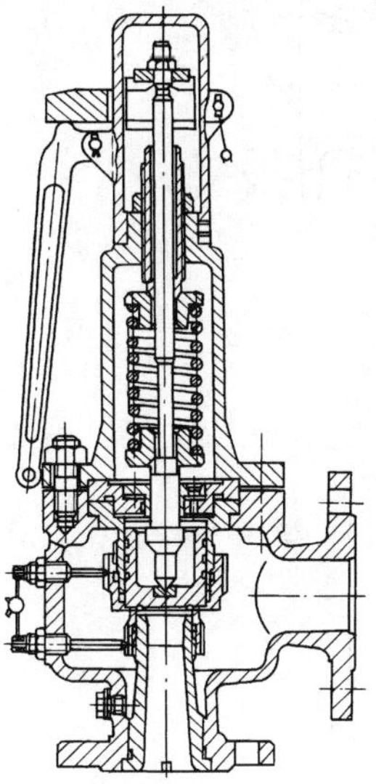	在导向套和阀座上各设置一个调节圈（称上、下调节圈）。下调节圈主要用于调节排放压力，上调节圈主要用于调节启闭压差
6	带背压控制套式安全阀	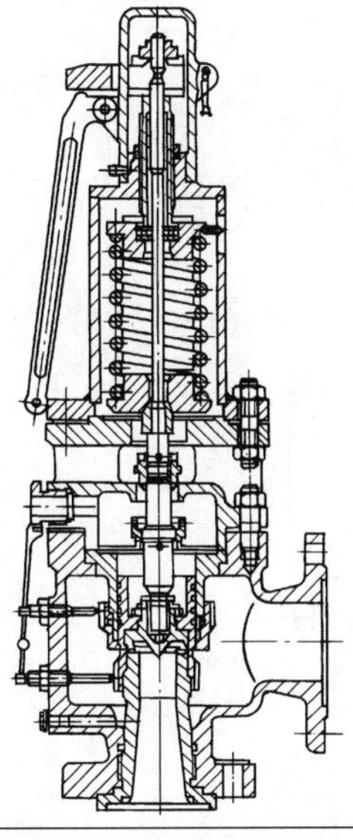	除带有上、下调节圈外，在其阀杆上还设置了一个背压控制套。当阀门开启时，控制套随阀杆上升，控制套外锥面与阀壳间环形通道面积增大，使阀瓣上腔背压减小，有利于阀门开启；当阀门关闭时，控制套下降，其与阀壳间环形通道面积减小，使阀瓣上腔背压增大，帮助阀门回座

（续）

序号	结构型式	参考结构图	结构特点
7	波纹管背压平衡式安全阀	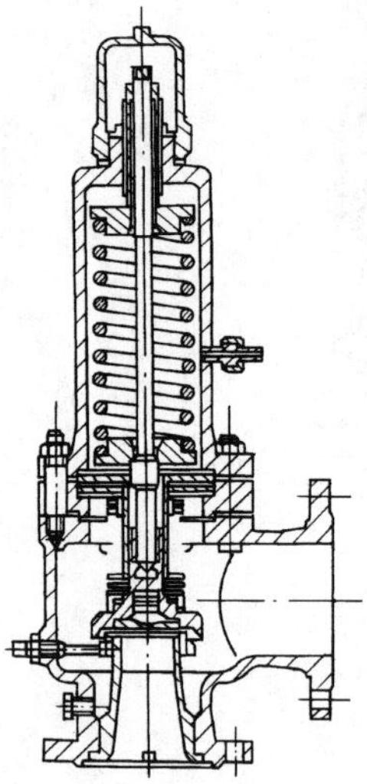	波纹管的有效直径等于关闭件密封面平均直径，附加背压对阀瓣的合力为零，所以附加背压的变化不会影响阀的开启压力
8	带隔膜式安全阀	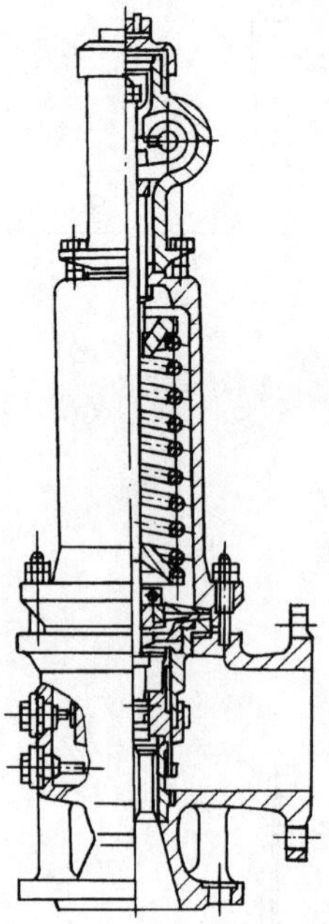	采用了隔膜，使弹簧、腔室与排放的介质隔离，从而保护弹簧不受腐蚀性介质的腐蚀

（续）

序号	结构型式	参考结构图	结构特点
9	带散热套式安全阀	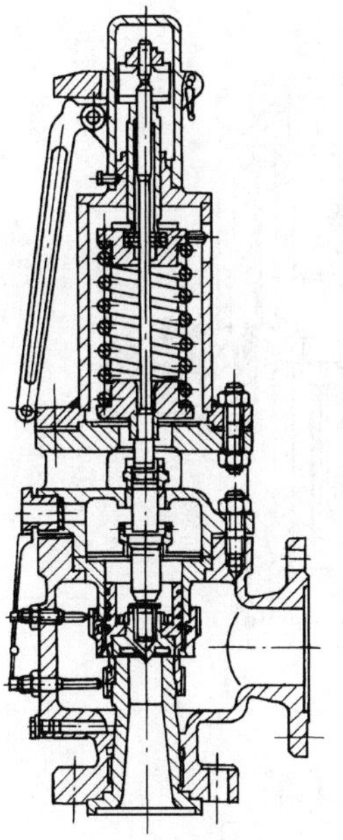	加散热套可降低弹簧腔室温度，并防止排放介质直接冲蚀弹簧。适用于高温场合
10	平衡式安全阀	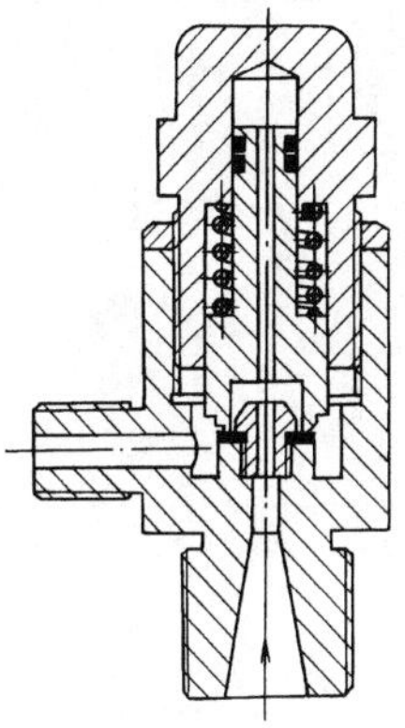	阀瓣在上、下两个方向同时承受介质压力的作用，弹簧载荷仅与两个方向介质作用力的差值有关，这样就可以在高压的场合采用较小的弹簧
11	介质作用在阀瓣外围的安全阀	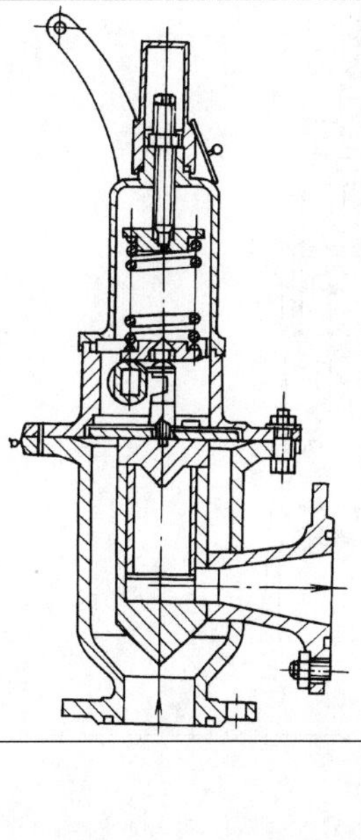	介质作用在阀瓣密封面外围，承受介质压力的元件是面积比阀瓣密封面大得多的膜片（也可能是活塞或波纹管），起到将介质作用力放大的效果，因而能增加密封面比压，提高密封性，并提高阀门动作的灵敏程度

（续）

序号	结构型式	参考结构图	结构特点
12	内装式安全阀	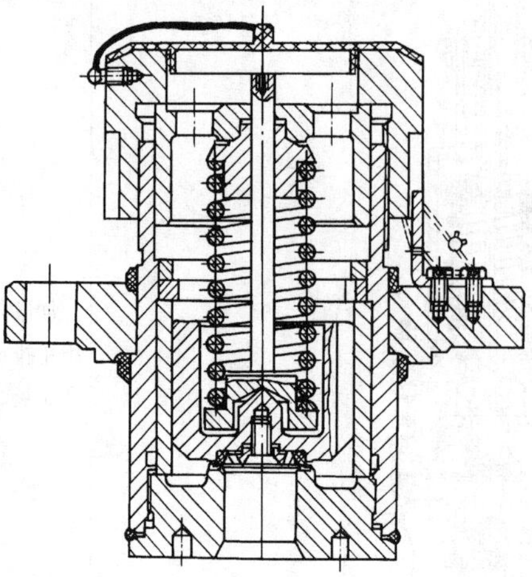	用于液化气槽车。由于阀门伸出到液化气罐外部分的尺寸受到限制，所以需将阀的一部分置于罐内
13	杠杆重锤式安全阀	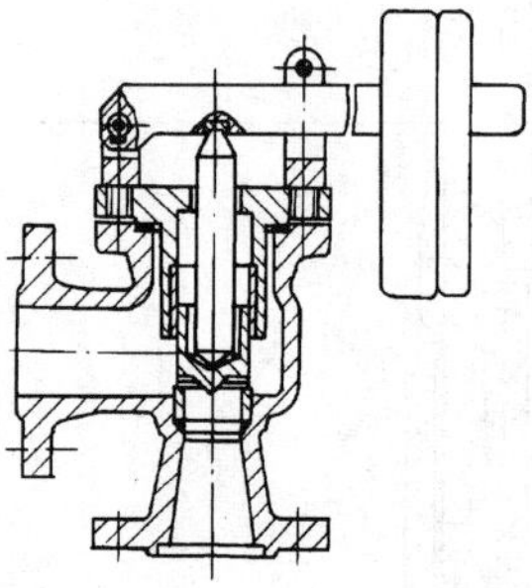	重锤的作用力通过杠杆放大后加载于阀瓣。在阀门开启和关闭过程中载荷的大小不变。这种阀对振动较敏感，且回座性能较差
14	先导式安全阀（一）	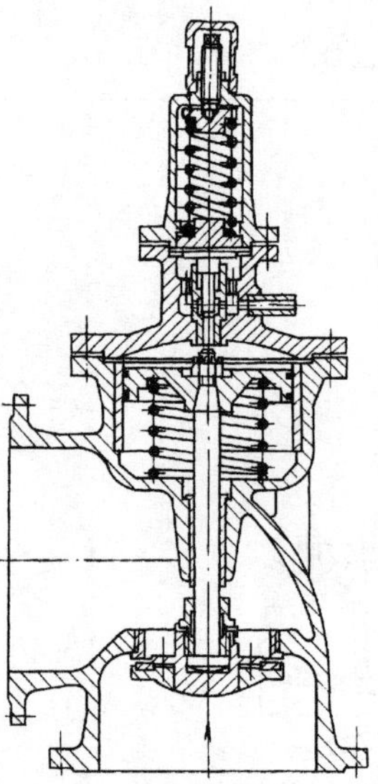	该阀为无限载荷式：加于主阀阀瓣的关闭载荷由工作介质压力提供，其大小是未予限制的。在先导阀动作而对主阀驱动活塞加载之前，主阀不能开启。其优点是主阀密封性好

（续）

序号	结构型式	参考结构图	结构特点
15	先导式安全阀(二)	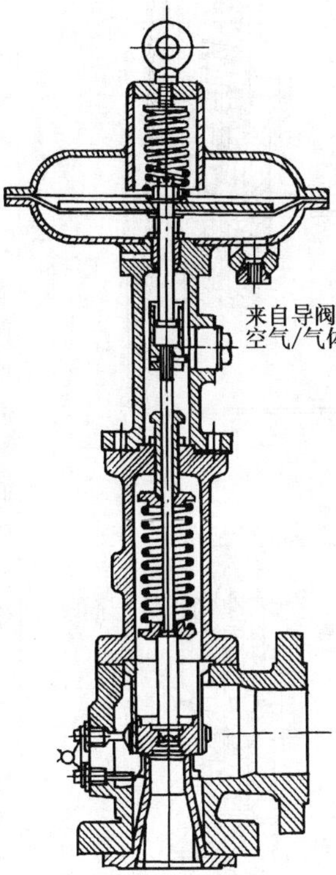 来自导阀的空气/气体	该阀为有限载荷式：加于主阀阀瓣的关闭载荷由弹簧提供，其大小是受到限制的。即使先导阀未能起作用，主阀也能在允许的超压范围内开启。其缺点是主阀的密封性不如序号 14 的阀门
16	先导式安全阀(无流动调节式)	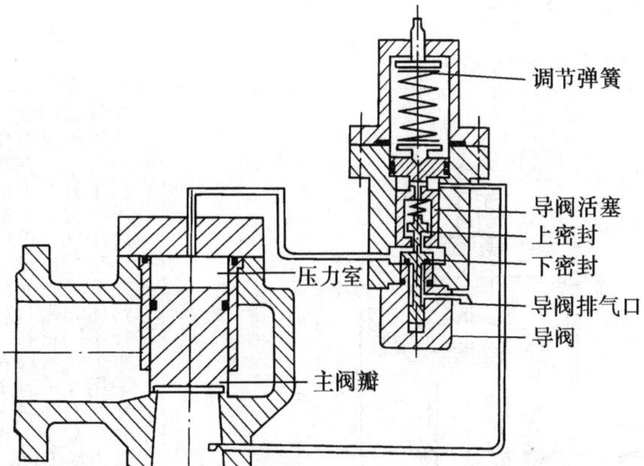 调节弹簧 导阀活塞 上密封 下密封 压力室 导阀排气口 导阀 主阀瓣 主阀 a）主阀处于关闭状态	导阀为无流动调节式 能在非常接近设定压力下无泄漏地操作 采用聚四氟乙烯软质密封材料 阀的正常动作不受背压影响，无波纹管 可在使用中设定开启压力，易于调节 公称压力级可达 68.9MPa (10000lbf/in^2) 设定压力范围 0.1MPa～25MPa 工作原理：当系统压力低于阀的设定压力时，介质压力经导阀上密封传入主阀压力室，作用在主阀瓣上，产生向下的力，关闭主阀

（续）

序号	结构型式	参考结构图	结构特点
16	先导式安全阀(无流动调节式)	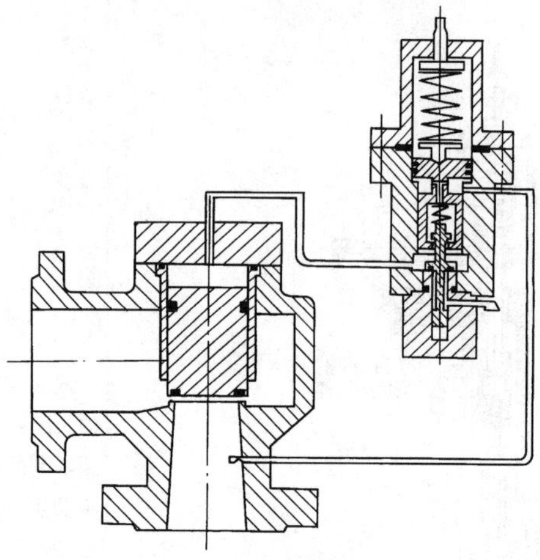 b）主阀处于部分开启状态 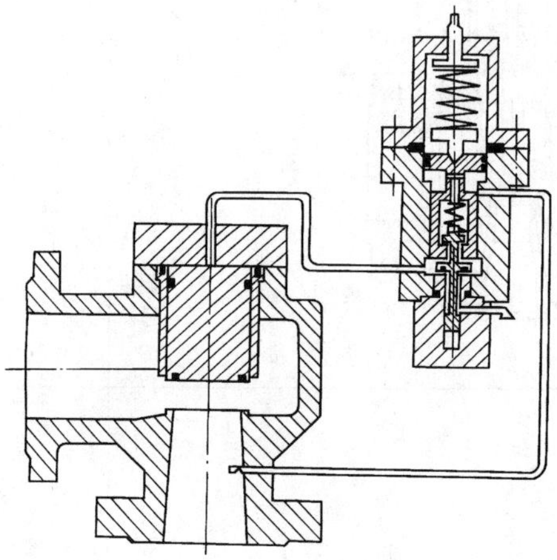 c）主阀处于全启状态	当系统压力增加接近设定压力时，导阀活塞提升而上密封关闭，此时导阀下密封仍在关闭。系统压力再稍有增加，下密封微启，主阀压力室内压力通过导阀排气口排出 当系统压力达到和稍高于设定压力时导阀下密封开启，排放超压，这又使导阀活塞趋于下降。此反馈作用可使主阀瓣浮于某一位置，达到调节作用 当系统压力超压时，主阀瓣达到全启 当系统压力降至设定压力以下时，导阀下密封关闭。进一步降压至回座压力时，上密封开启，主阀压力室压力恢复，关闭主阀
17	先导式呼吸阀	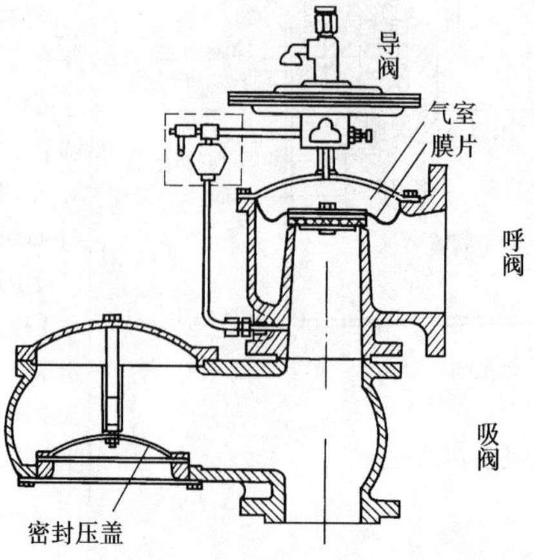 导阀 气室 膜片 呼阀 吸阀 密封压盖	先导式呼阀： 呼阀阀瓣背负着由更大直径膜片构成的气室。在呼阀开启以前，保持着数倍于升举力的压紧力，密封可靠 导阀提供了准确的压力保护 启闭压差可以由导阀加以调节 不受背压影响，整定压力稳定 在整定点阀瓣全启，保证了排量 阀体和密封材料，可根据介质温度选择不同材料 重力式吸阀： 采用了双道软密封结构（海绵橡胶垫和O形圈），提供了可靠的低压密封，减少了物料损失或污染 重力式阀瓣，结构简单，维修容易；不锈钢内件耐蚀，运行可靠；阀体、软密封材料可根据介质、温度不同而选择 特性： 呼阀进口法兰与吸阀出口法兰相配连接组成呼吸阀 图中左上虚线框内为现场测试器件（可在操作情况下检测调整整定压力）或回流防止器（避免在进口压力低于出口压力时形成的回流）

（续）

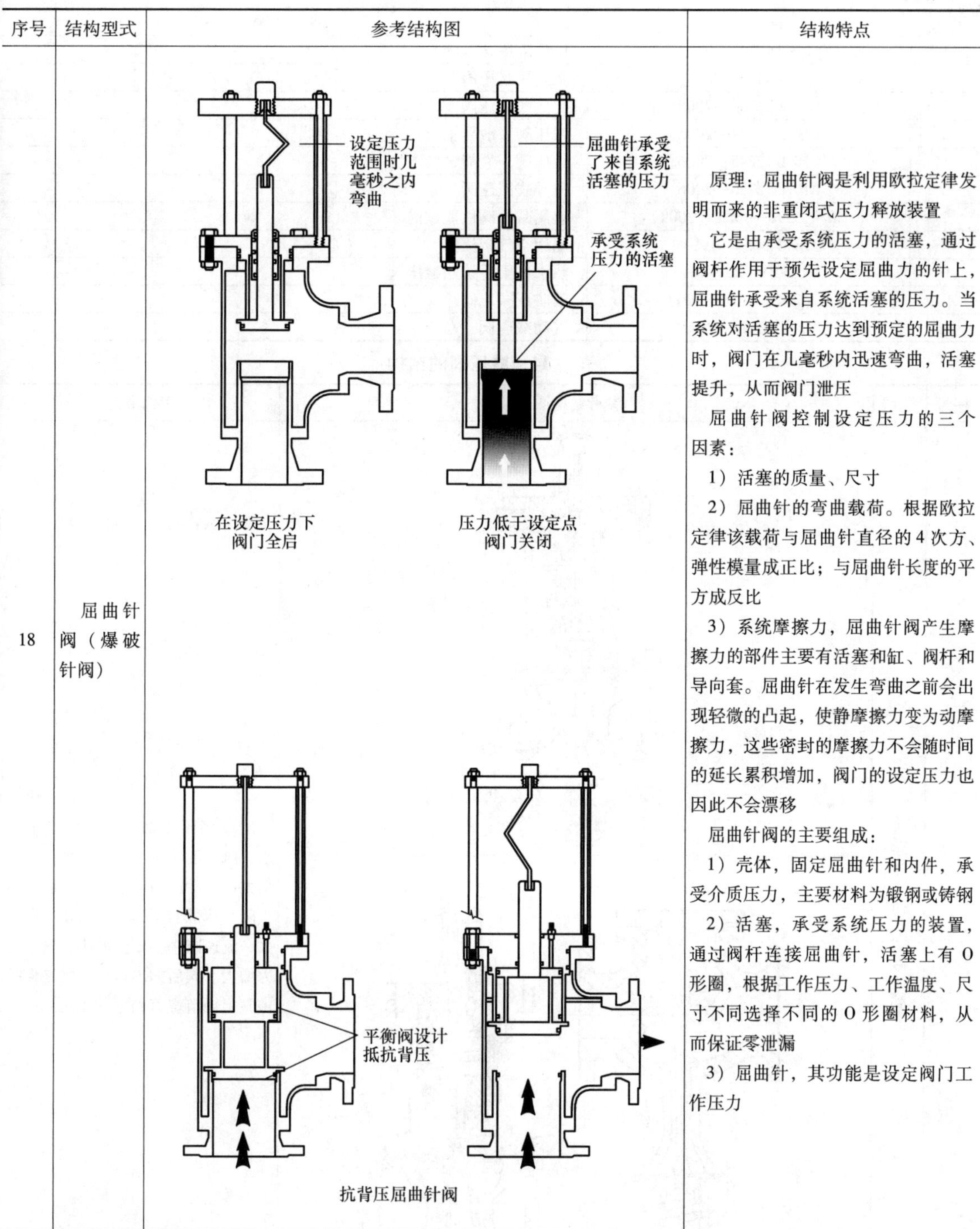

序号	结构型式	参考结构图	结构特点
18	屈曲针阀（爆破针阀）	在设定压力下阀门全启 压力低于设定点阀门关闭 抗背压屈曲针阀	原理：屈曲针阀是利用欧拉定律发明而来的非重闭式压力释放装置 它是由承受系统压力的活塞，通过阀杆作用于预先设定屈曲力的针上，屈曲针承受来自系统活塞的压力。当系统对活塞的压力达到预定的屈曲力时，阀门在几毫秒内迅速弯曲，活塞提升，从而阀门泄压 屈曲针阀控制设定压力的三个因素： 1）活塞的质量、尺寸 2）屈曲针的弯曲载荷。根据欧拉定律该载荷与屈曲针直径的4次方、弹性模量成正比；与屈曲针长度的平方成反比 3）系统摩擦力，屈曲针阀产生摩擦力的部件主要有活塞和缸、阀杆和导向套。屈曲针在发生弯曲之前会出现轻微的凸起，使静摩擦力变为动摩擦力，这些密封的摩擦力不会随时间的延长累积增加，阀门的设定压力也因此不会漂移 屈曲针阀的主要组成： 1）壳体，固定屈曲针和内件，承受介质压力，主要材料为锻钢或铸钢 2）活塞，承受系统压力的装置，通过阀杆连接屈曲针，活塞上有O形圈，根据工作压力、工作温度、尺寸不同选择不同的O形圈材料，从而保证零泄漏 3）屈曲针，其功能是设定阀门工作压力

2.1.10 减压阀

2.1.10.1 减压阀的设计标准和适用范围

减压阀的设计标准和适用范围见表2-43。

2.1.10.2 减压阀的结构

减压阀的结构见表2-44。

表2-43　减压阀的设计标准和适用范围

序号	标准代号	标 准 名 称
1	EN 14129：2004	LPG 罐用减压阀
2	JIS B8410：2011	水道用减压阀
3	GB/T 21386—2008	比例式减压阀
4	GB/T 12244—2006	减压阀一般要求
5	GB/T 12245—2006	减压阀　性能试验方法
6	GB/T 12246—2006	先导式减压阀
7	CB/T 3396—1992（2009）	船用减压阀性能试验
8	CB/T 3656—1994	船用空气减压阀
9	ANSIZ21・22—2015	热水供给系统用减压阀
10	ANSI/UL 1478—2004	消防泵减压阀
11	JB/T 12550—2015	气动减压阀

表2-44　减压阀的结构

序号	类别	参考结构图	工作原理
1	直接作用薄膜式减压阀	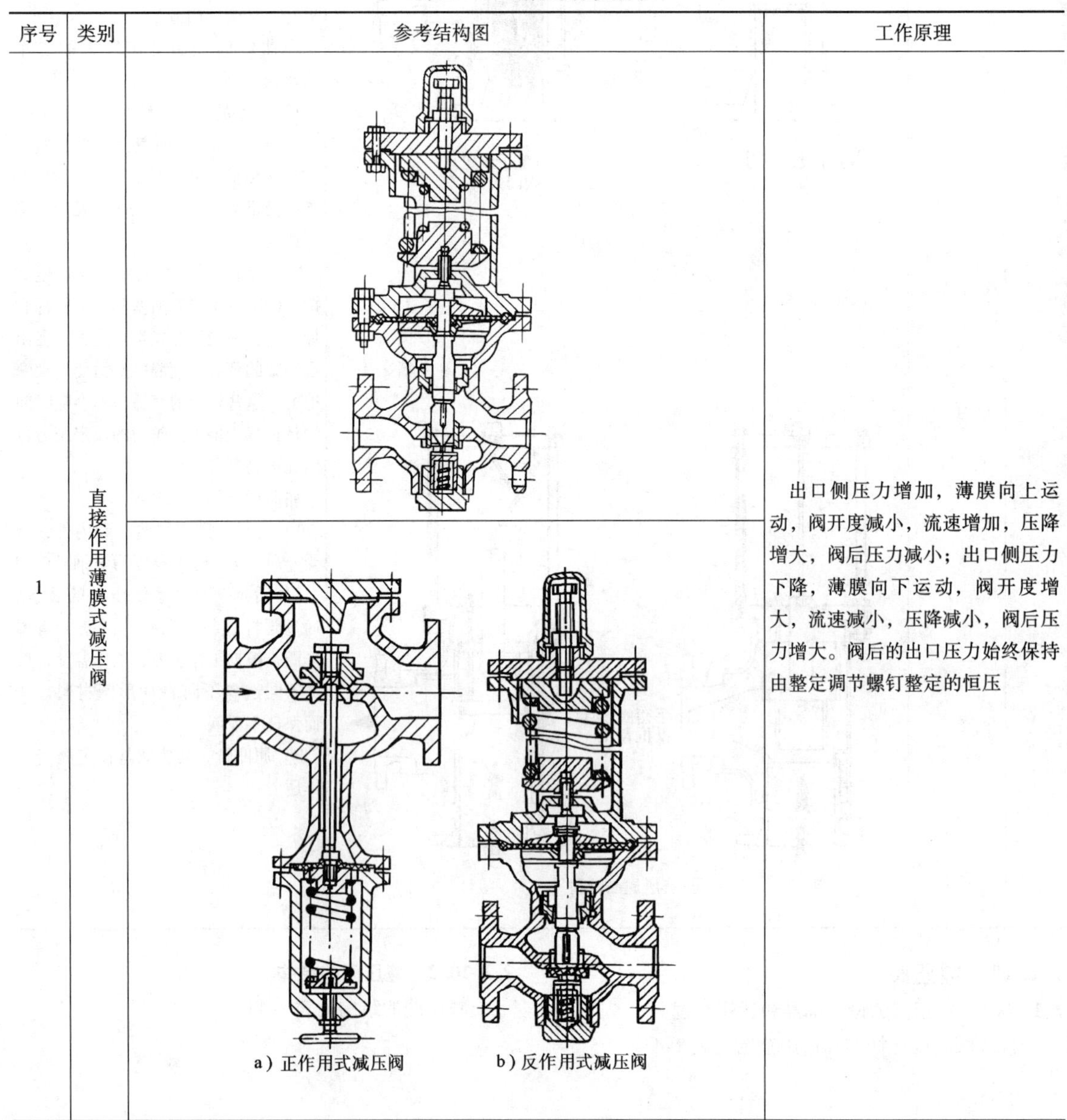 a）正作用式减压阀　b）反作用式减压阀	出口侧压力增加，薄膜向上运动，阀开度减小，流速增加，压降增大，阀后压力减小；出口侧压力下降，薄膜向下运动，阀开度增大，流速减小，压降减小，阀后压力增大。阀后的出口压力始终保持由整定调节螺钉整定的恒压

（续）

序号	类别	参考结构图	工作原理
1	直接作用薄膜式减压阀	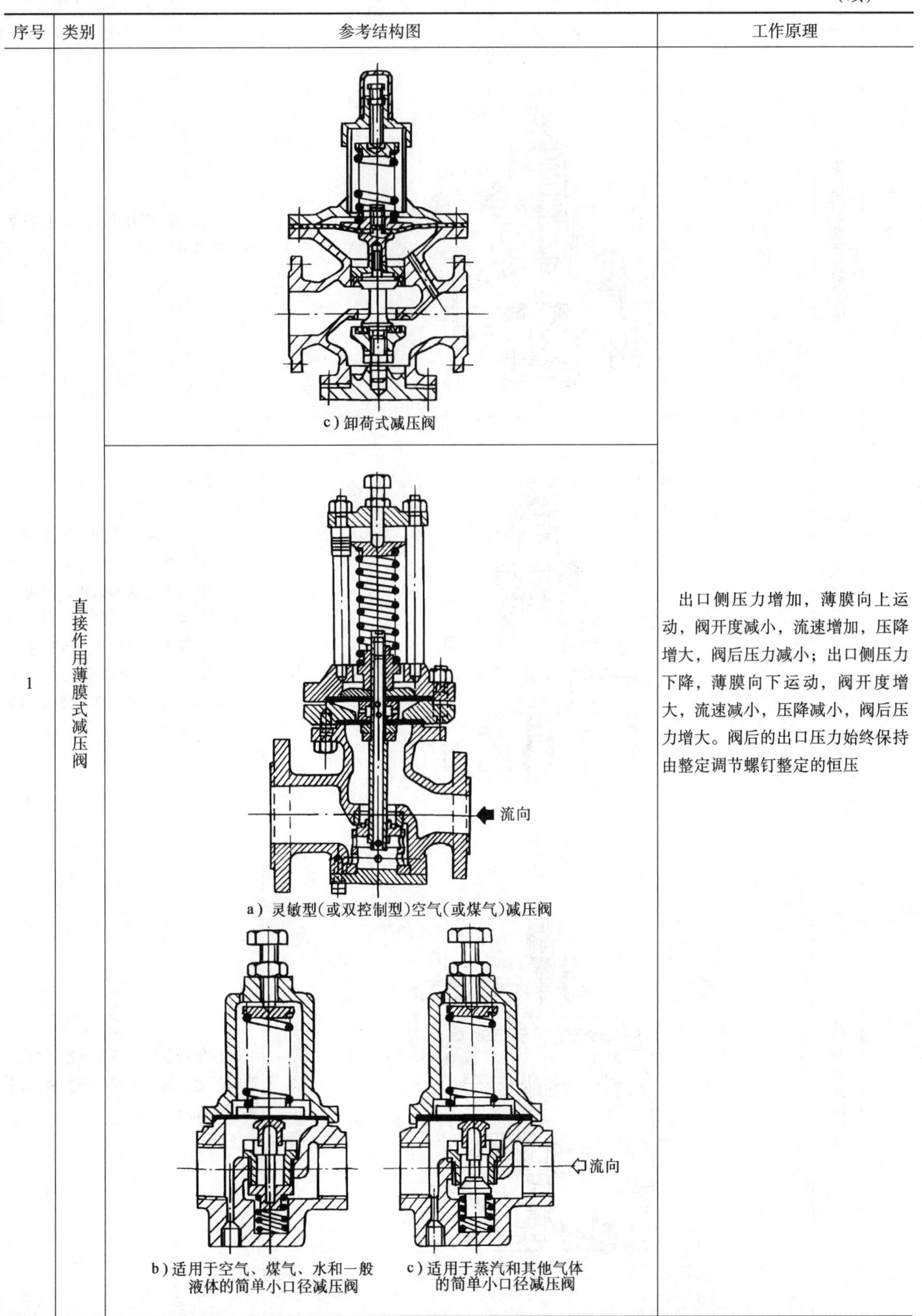c）卸荷式减压阀 a）灵敏型（或双控制型）空气（或煤气）减压阀 b）适用于空气、煤气、水和一般液体的简单小口径减压阀 c）适用于蒸汽和其他气体的简单小口径减压阀	出口侧压力增加，薄膜向上运动，阀开度减小，流速增加，压降增大，阀后压力减小；出口侧压力下降，薄膜向下运动，阀开度增大，流速减小，压降减小，阀后压力增大。阀后的出口压力始终保持由整定调节螺钉整定的恒压

（续）

序号	类别	参考结构图	工作原理
2	直接作用波纹管式减压阀	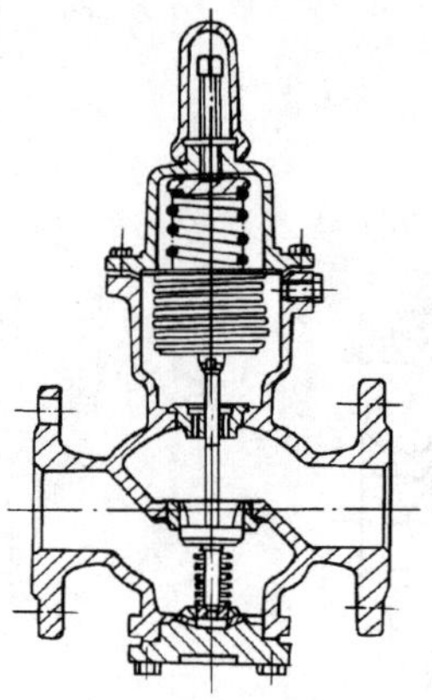	动作原理见序号1，只是上述薄膜由波纹管代之
3	先导活塞式减压阀	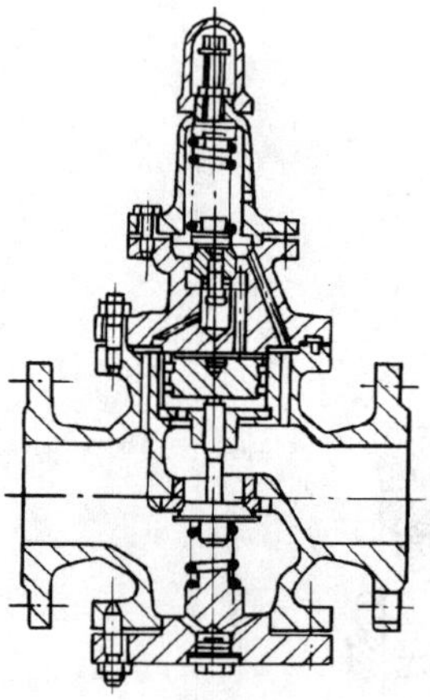	拧动调节螺钉，顶开导阀阀瓣，介质从进口侧进入活塞上方，由于活塞面积大于主阀瓣面积，推动活塞向下移动，使主阀打开，由阀后压力平衡调节弹簧的压力改变导阀的开度，从而改变活塞上方的压力，控制主阀瓣的开度，使阀后的压力保持恒定
4	先导薄膜式减压阀	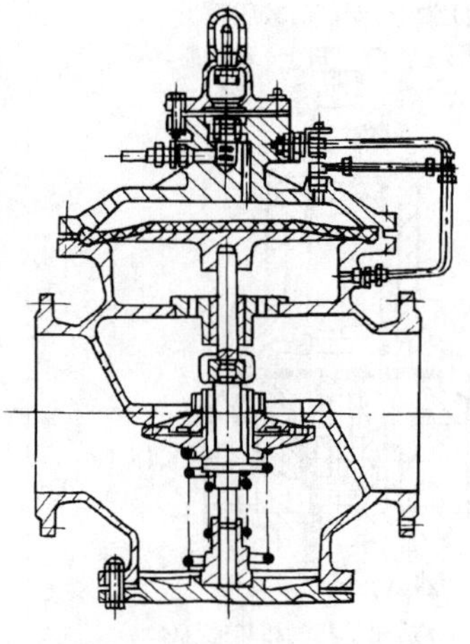	动作原理见序号3。上述活塞由薄膜代之，薄膜上腔的压力由旁路调节阀控制

（续）

序号	类别	参考结构图	工作原理
5	先导薄膜式减压阀	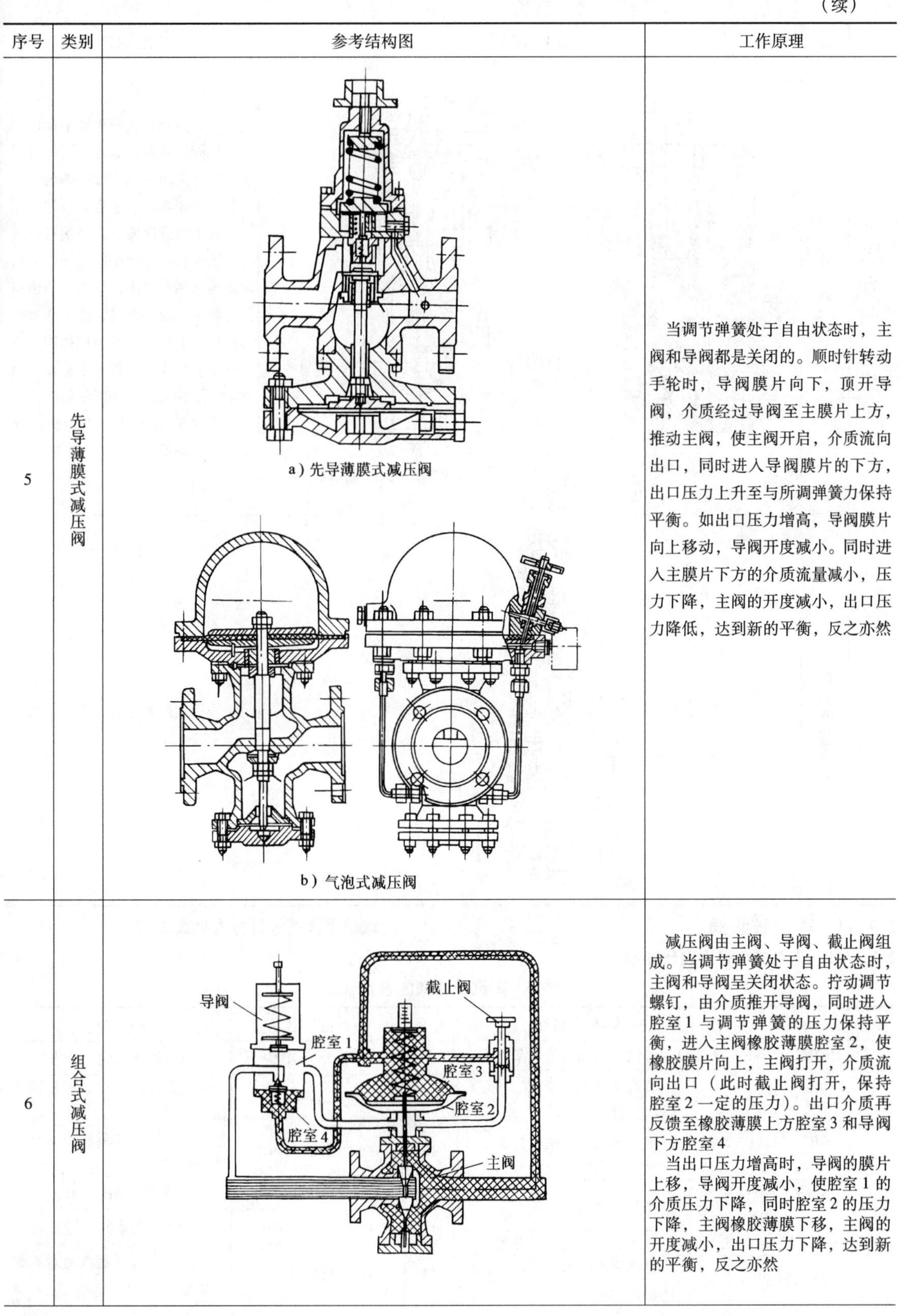 a）先导薄膜式减压阀 b）气泡式减压阀	当调节弹簧处于自由状态时，主阀和导阀都是关闭的。顺时针转动手轮时，导阀膜片向下，顶开导阀，介质经过导阀至主膜片上方，推动主阀，使主阀开启，介质流向出口，同时进入导阀膜片的下方，出口压力上升至与所调弹簧力保持平衡。如出口压力增高，导阀膜片向上移动，导阀开度减小。同时进入主膜片下方的介质流量减小，压力下降，主阀的开度减小，出口压力降低，达到新的平衡，反之亦然
6	组合式减压阀		减压阀由主阀、导阀、截止阀组成。当调节弹簧处于自由状态时，主阀和导阀呈关闭状态。拧动调节螺钉，由介质推开导阀，同时进入腔室1与调节弹簧的压力保持平衡，进入主阀橡胶薄膜腔室2，使橡胶膜片向上，主阀打开，介质流向出口（此时截止阀打开，保持腔室2一定的压力）。出口介质再反馈至橡胶薄膜上方腔室3和导阀下方腔室4 当出口压力增高时，导阀的膜片上移，导阀开度减小，使腔室1的介质压力下降，同时腔室2的压力下降，主阀橡胶薄膜下移，主阀的开度减小，出口压力下降，达到新的平衡，反之亦然

（续）

序号	类别	参考结构图	工作原理
7	杠杆式减压阀	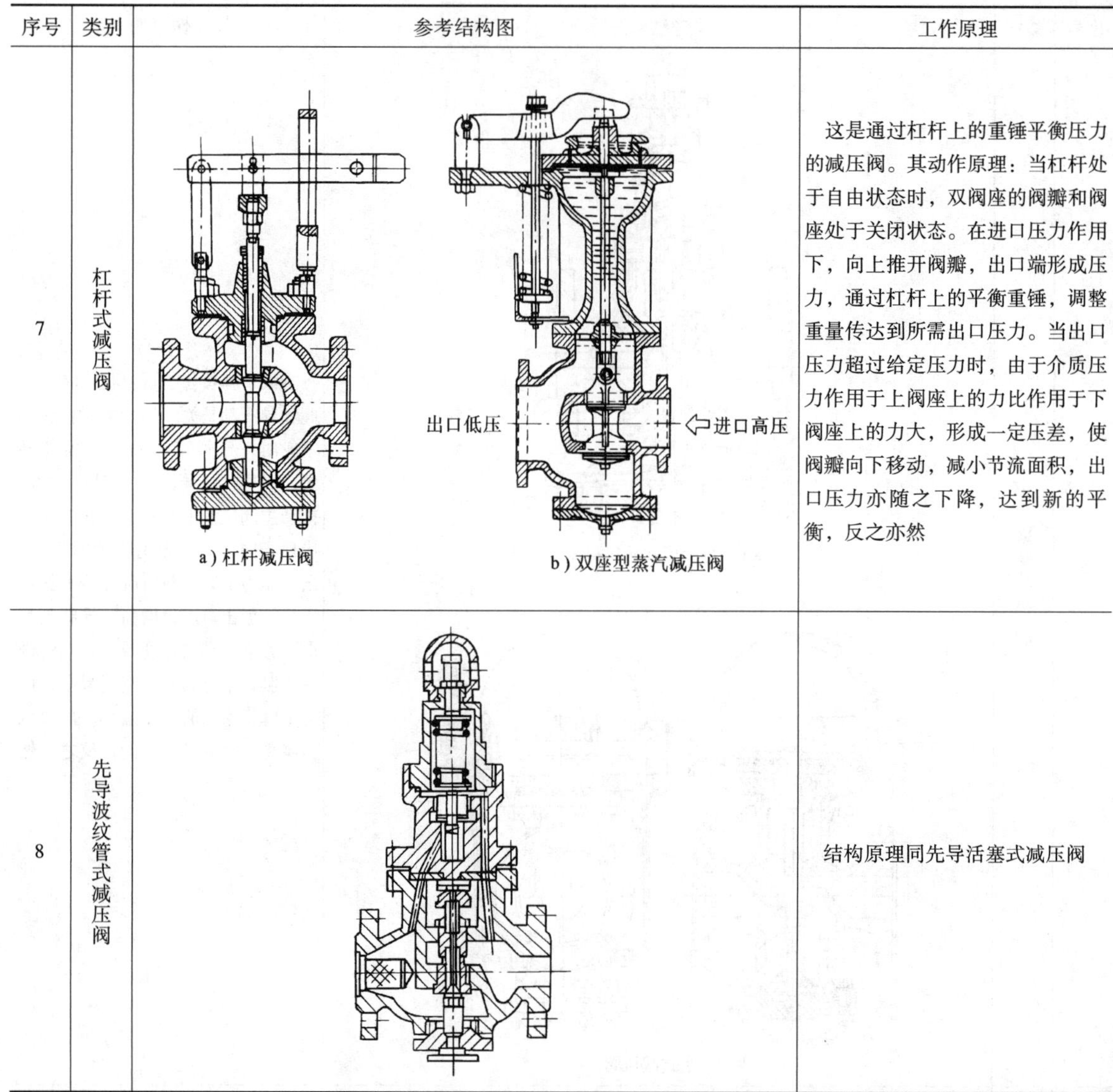 a）杠杆减压阀　b）双座型蒸汽减压阀	这是通过杠杆上的重锤平衡压力的减压阀。其动作原理：当杠杆处于自由状态时，双阀座的阀瓣和阀座处于关闭状态。在进口压力作用下，向上推开阀瓣，出口端形成压力，通过杠杆上的平衡重锤，调整重量传达到所需出口压力。当出口压力超过给定压力时，由于介质压力作用于上阀座上的力比作用于下阀座上的力大，形成一定压差，使阀瓣向下移动，减小节流面积，出口压力亦随之下降，达到新的平衡，反之亦然
8	先导波纹管式减压阀		结构原理同先导活塞式减压阀

2.1.11 蒸汽疏水阀

2.1.11.1 蒸汽疏水阀的设计标准

蒸汽疏水阀的设计标准见表2-45。

表2-45 蒸汽疏水阀的设计标准

序号	标准代号	标准名称	序号	标准代号	标准名称
1	GB/T 22654—2008	蒸汽疏水阀　技术条件	8	EN 26553：1991	自动蒸汽疏水阀　标志
2	GB/T 12250—2005	蒸汽疏水阀　术语、标志、结构长度	9	NF E29-445—1992	自动蒸汽疏水阀　排量测定试验方法
3	GB/T 12251—2005	蒸汽疏水阀　试验方法	10	EN 26554：1991	法兰连接自动蒸汽疏水阀结构长度
4	GB/T 12247—2015	蒸汽疏水阀　分类			
5	ASTM F1139—1988 (2015)	蒸汽疏水阀	11	ISO 6552：1980(2009)	自动蒸汽疏水阀　术语
6	EN 26704：1991	自动蒸汽疏水阀　分类	12	ISO 6553：2016	自动蒸汽疏水阀　标志
7	NF E29 443—1992	自动蒸汽疏水阀　产品和性能特性试验	13	ISO 6554：1980	法兰连接自动蒸汽疏水阀结构长度

（续）

序号	标准代号	标准名称
14	ISO 6948：1981	自动蒸汽疏水阀出厂检验和工作特性试验
15	ISO 6704：1982	自动蒸汽疏水阀　分类
16	ISO 7841：1988	自动蒸汽疏水阀　漏汽量测定方法
17	ISO 7842：1988	自动蒸汽疏水阀排水量测定方法
18	JIS B8401—1999	蒸汽疏水阀
19	JIS B8402—1993	采暖用散热器疏水阀
20	BS EN26948：1991	蒸汽疏水阀产品性能试验
21	BS EN27841：1991	蒸汽疏水阀　漏汽量测定的试验方法
22	EN 27842：1991	蒸汽疏水阀　排量测定试验方法
23	NF E29-444—1992	蒸汽疏水阀漏汽量测定试验方法

2.1.11.2 蒸汽疏水阀的结构

蒸汽疏水阀的结构见表 2-46。

表 2-46　蒸汽疏水阀的结构

序号	类型	名称	参考结构图	结构特点
1	机械型	自动放气自由浮球式（一）	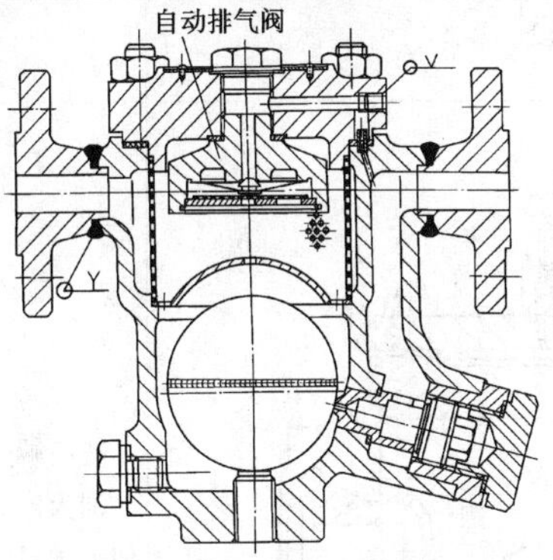 自动排气阀	球形密闭浮子（浮球）既是启闭件，又是液面敏感件。液位上升，浮球上升，阀门开启；液位下降，浮球下降，浮球又随介质流向逼近阀座，关闭阀门 顶部装有自动排气阀
2	机械型	自动放气自由浮球式（二）	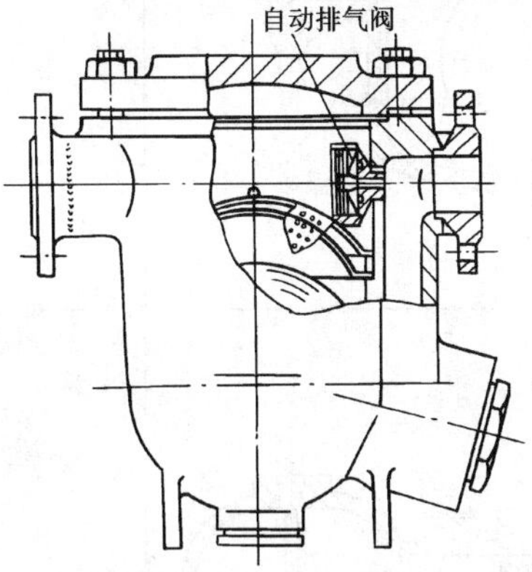 自动排气阀	原理见序号 1 自动排气阀置于出口侧
3	机械型	手动放气自由浮球式	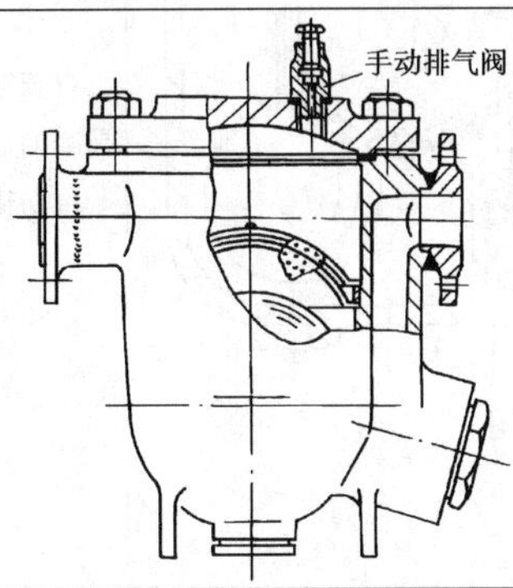 手动排气阀	原理见序号 1 顶部装有手动排气阀

（续）

序号	类型	名称	参考结构图	结构特点
4	机械型	自由浮球式	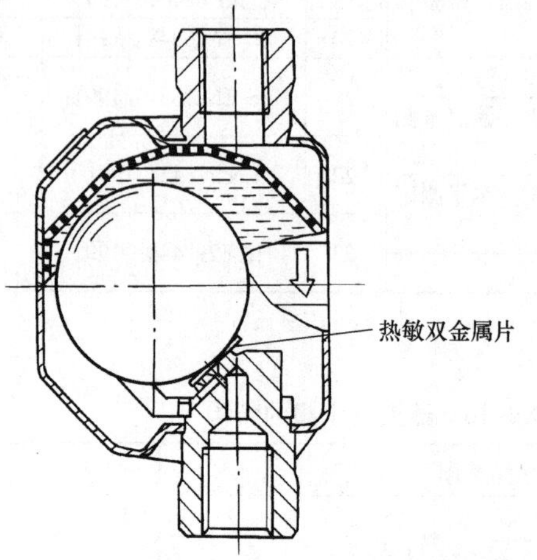	原理见序号 1 自动排气阀简化为 – 热敏双金属元件
5	机械型	杠杆浮球式	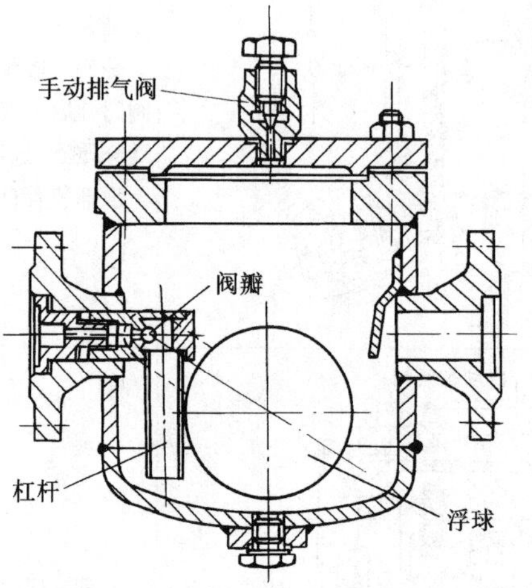	液面敏感件、动作传递件和动作执行件分别为浮球、杠杆和阀瓣。杠杆的设置增加了阀瓣的启闭力
6	机械型	双阀座杠杆浮球式	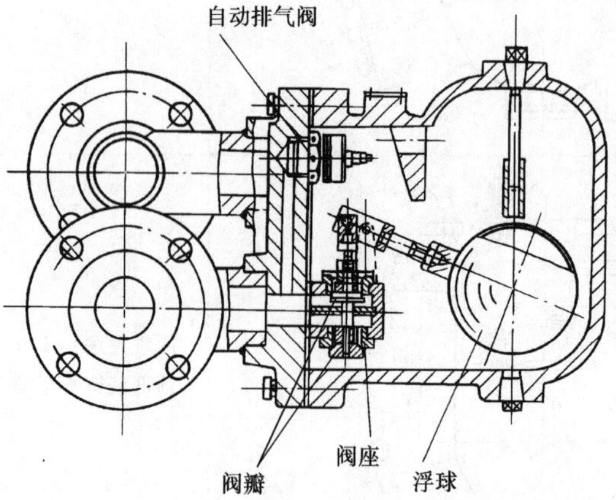	双阀瓣的设置抵消了介质的作用力，使阀瓣的启闭不受介质压力的影响 自动排气阀置于阀的出口

（续）

序号	类型	名称	参考结构图	结构特点
7	机械型	敞口向上浮子式	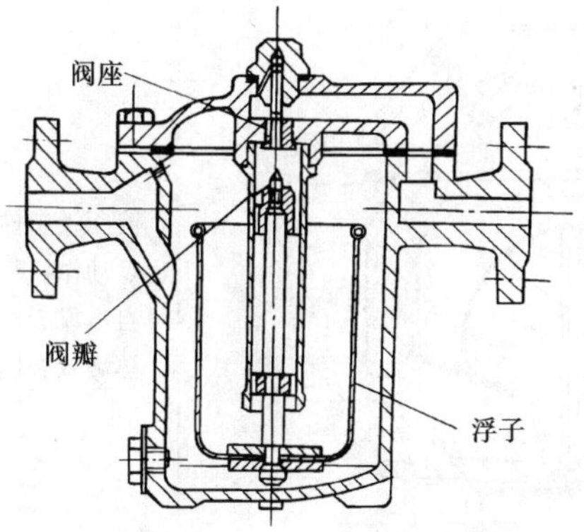 阀座 阀瓣 浮子	液面敏感件开口向上（浮桶），靠浮力变化驱动阀门启闭，阀的出口置于阀的上方
8	机械型	杠杆敞口向上浮子式	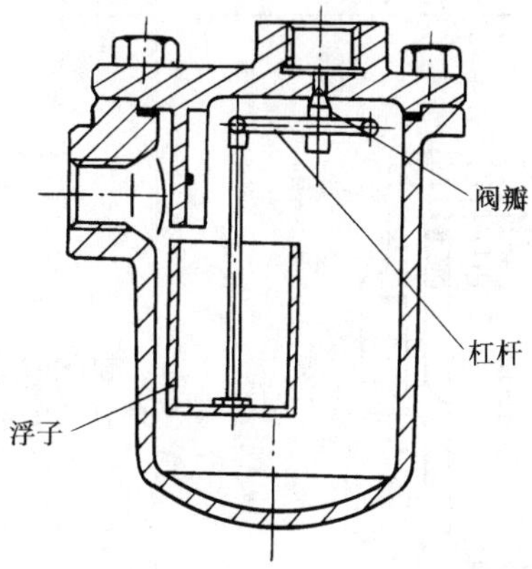 阀瓣 杠杆 浮子	较敞口向上浮子式增设了杠杆，增大了阀瓣的启闭力
9	机械型	活塞敞口向上浮子式	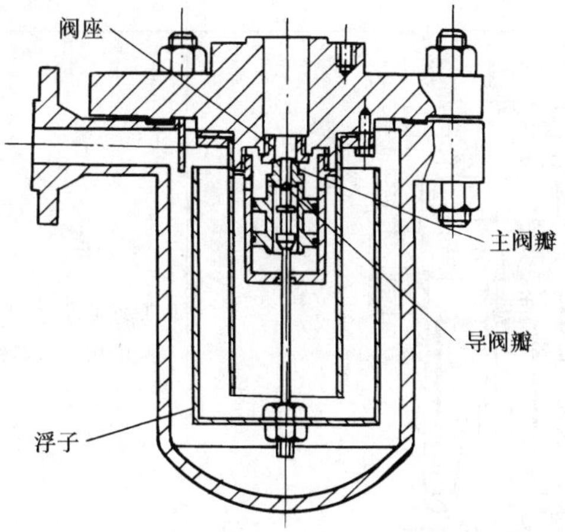 阀座 主阀瓣 导阀瓣 浮子	在敞口向上浮子式的基础上增设了先导阀，先导阀开启后借助介质压力开启主阀

（续）

序号	类型	名称	参考结构图	结构特点
10	机械型	自由半浮球式	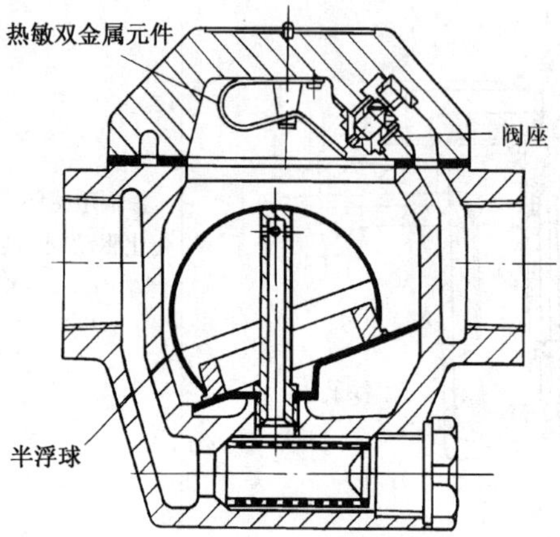	液面敏感件开口向下（半浮球），同时也是动作执行件（阀瓣），半浮球浮起时可自由靠近阀座 热敏双金属元件起自动排除冷空气作用
11	机械型	杠杆敞口向下浮子式（一）	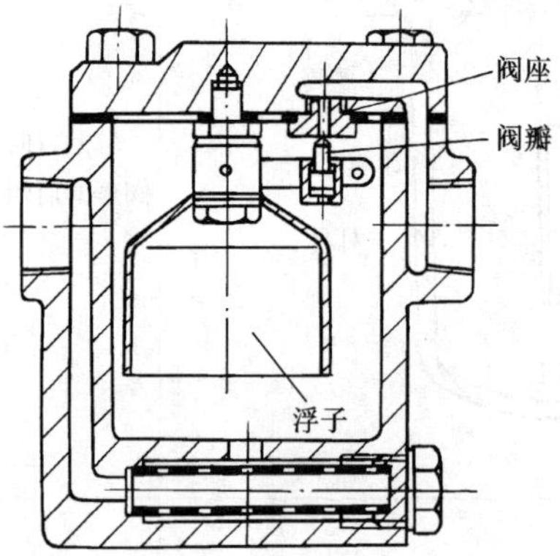	较自由半浮球式增设了杠杆，增大了阀的启闭力
12	机械型	杠杆敞口向下浮子式（二）	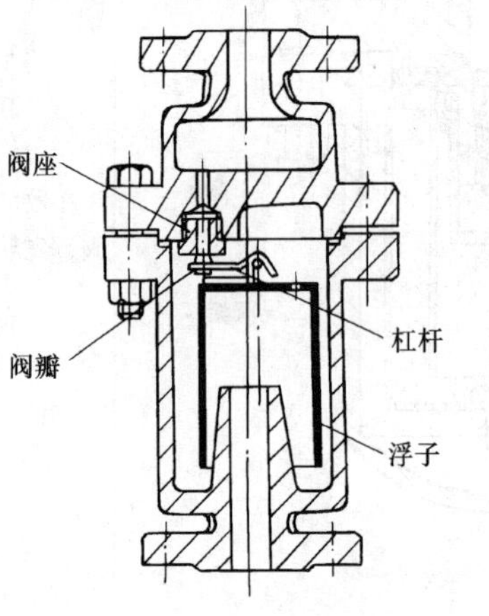	原理见序号 11 阀的出、入口在同一直线上

（续）

序号	类型	名称	参考结构图	结构特点
13	机械型	活塞杠杆敞口向下浮子式	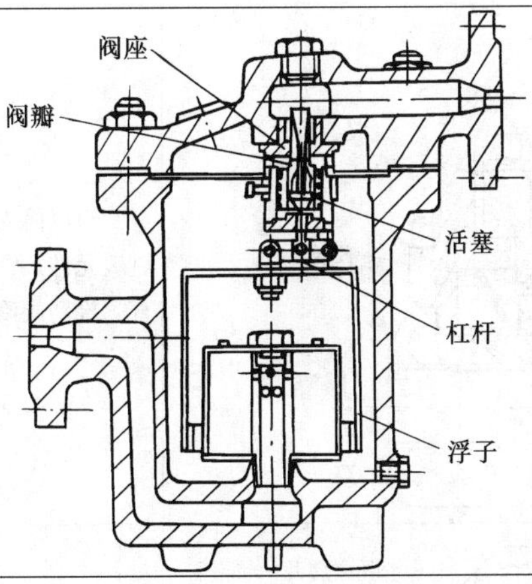 阀座 阀瓣 活塞 杠杆 浮子	较杠杆敞口向下浮子式增设了先导阀，先导阀的作用同活塞浮子式
14	热静力型	膜盒式	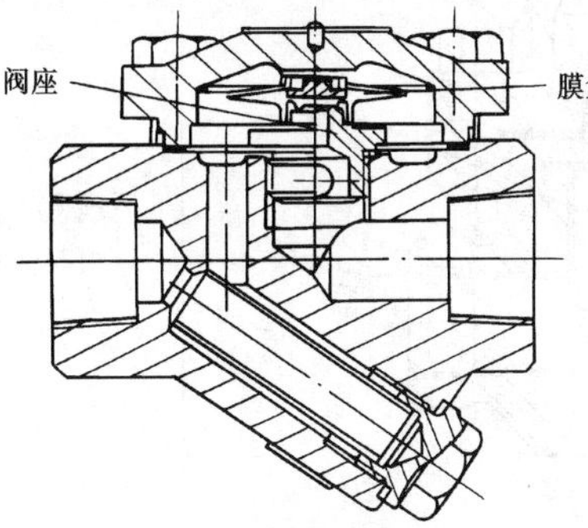 阀座 膜盒	主要元件是金属膜盒，内充感温液体，根据不同工况选用不同的感温液，膜盒在周围不同温度的蒸汽和凝结水作用下，使感温液发生气液之间的变化，出现压力上升或下降，使膜片带动阀瓣做往复位移，启闭阀门，达到阻气排水的目的
15	热静力型	隔膜式	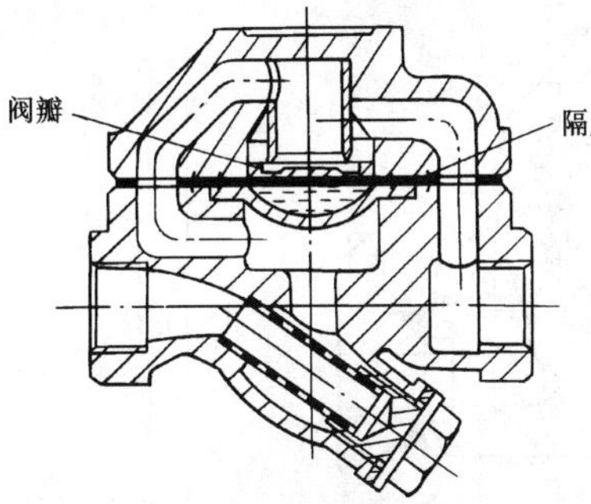 阀瓣 隔膜	原理见序号14 该阀的下体和上盖之间设有耐高温的膜片，膜片下的碗形体中充满感温液
16	热静力型	波纹管式	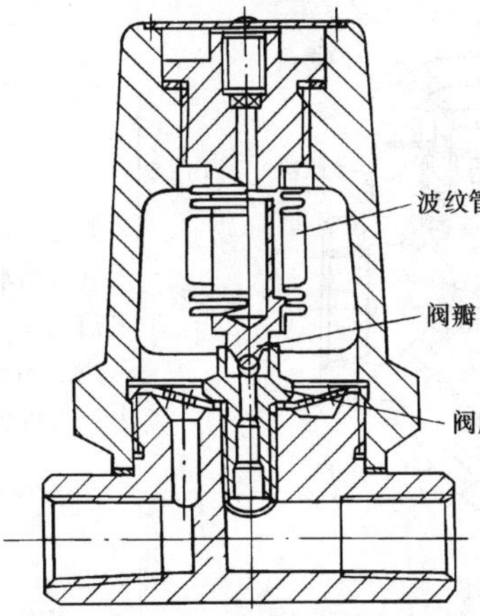 波纹管 阀瓣 阀座	内充感温液体的波纹管作为热敏元件，当温度变化时，波纹管内感温液的蒸汽压力也随之变化，使波纹管伸长或收缩，驱使与波纹管连接在一起的阀瓣动作

（续）

序号	类型	名称	参考结构图	结构特点
17	热静力型	简支梁双金属式		一组以简支梁形式安装的双金属片作为热敏元件，它随着温度的变化而弯曲或伸直，推动阀瓣
18	热静力型	悬臂梁双金属片式		原理见序号17 一组双金属片以悬臂梁形式安装
19	热静力型	单片双金属片式		原理见序号17 以C字形的一片双金属片作为热敏元件
20	热动力型	圆盘式（一）		阀片既是敏感件又是动作执行件，靠蒸汽和凝结水通过时的不同热力学性质驱动其启闭 内外阀盖间空气保温。阀门可水平安装，也可竖直安装

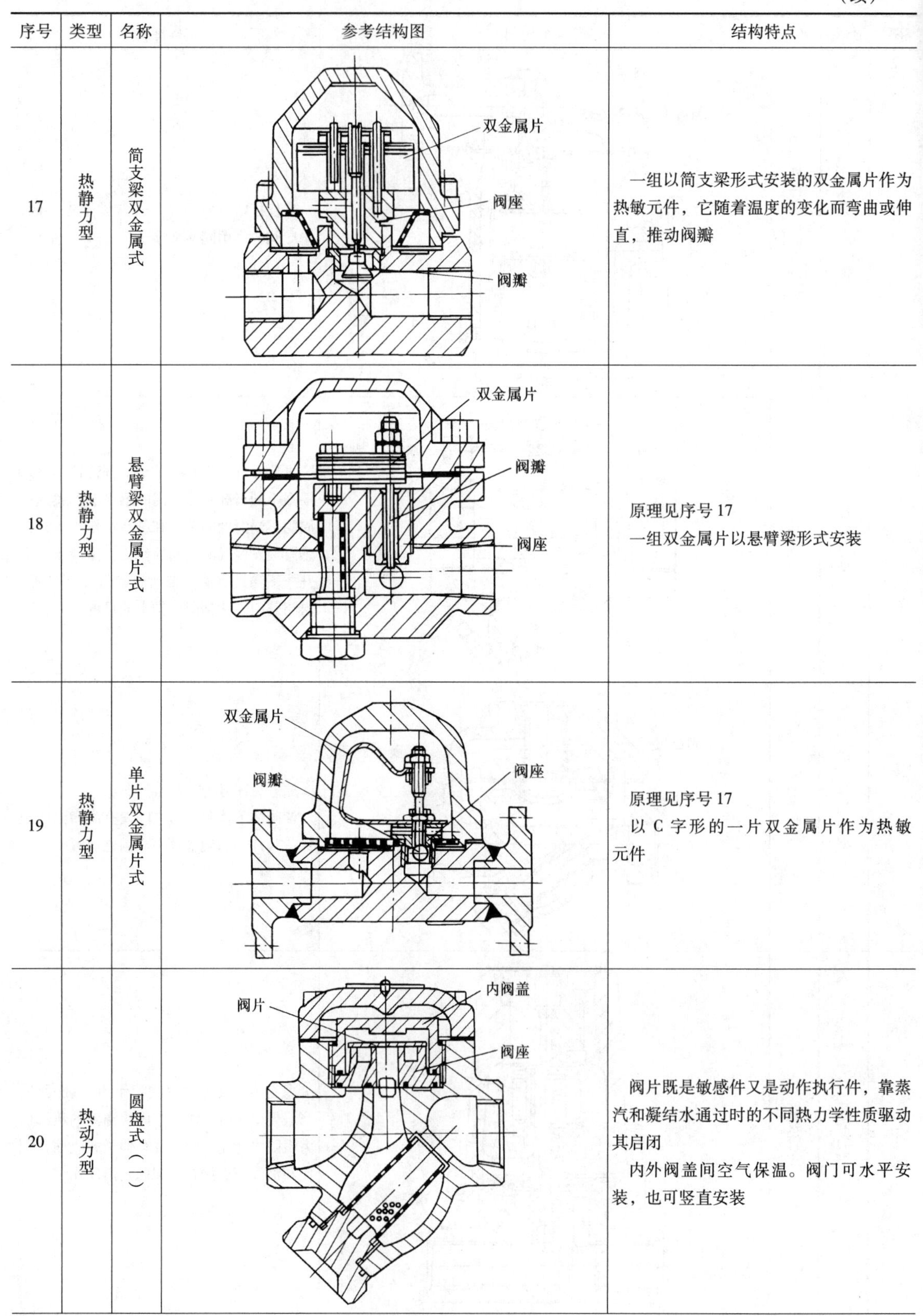

（续）

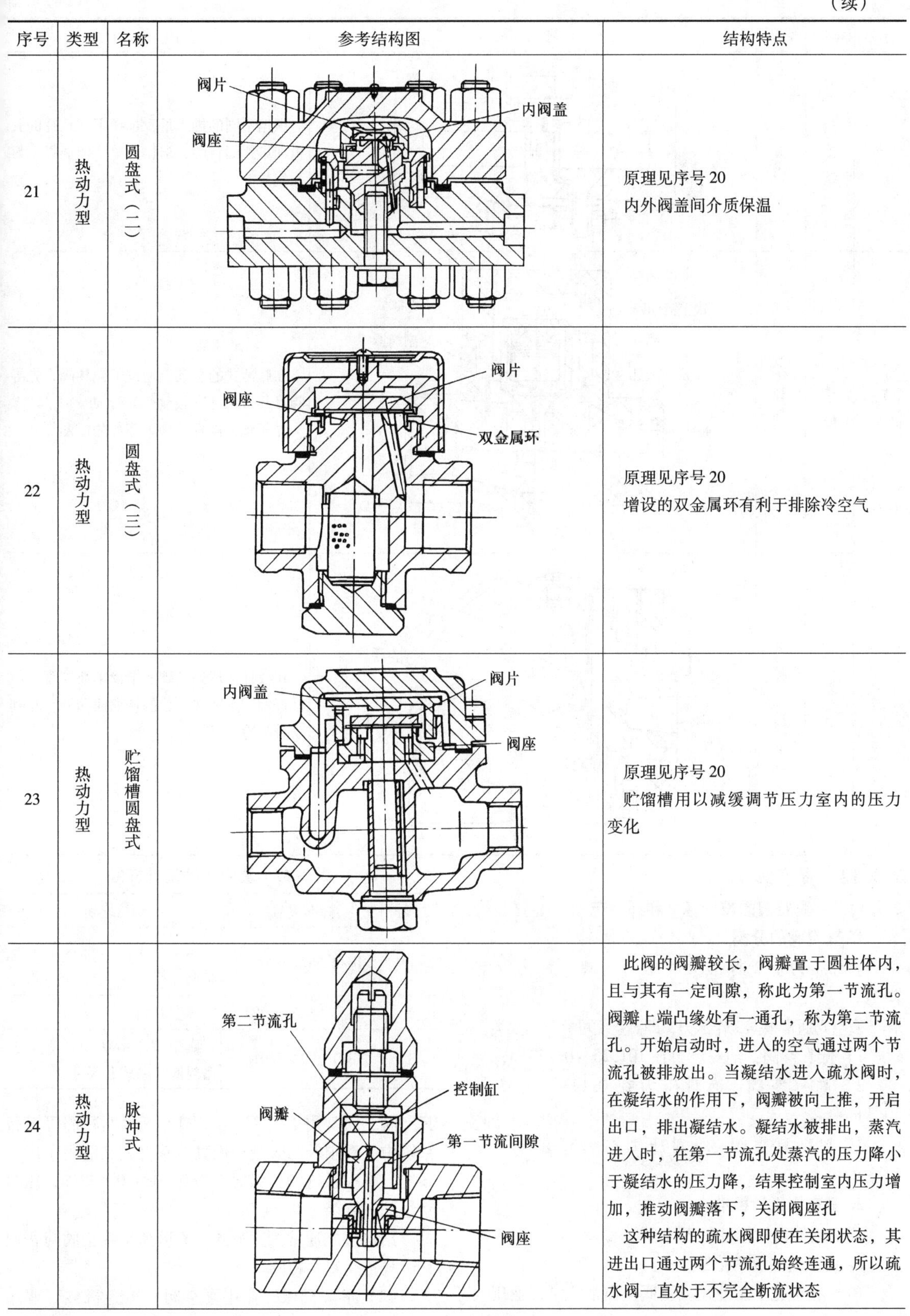

序号	类型	名称	参考结构图	结构特点
21	热动力型	圆盘式（二）	阀片 内阀盖 阀座	原理见序号 20 内外阀盖间介质保温
22	热动力型	圆盘式（三）	阀片 阀座 双金属环	原理见序号 20 增设的双金属环有利于排除冷空气
23	热动力型	贮馏槽圆盘式	阀片 内阀盖 阀座	原理见序号 20 贮馏槽用以减缓调节压力室内的压力变化
24	热动力型	脉冲式	第二节流孔 控制缸 阀瓣 第一节流间隙 阀座	此阀的阀瓣较长，阀瓣置于圆柱体内，且与其有一定间隙，称此为第一节流孔。阀瓣上端凸缘处有一通孔，称为第二节流孔。开始启动时，进入的空气通过两个节流孔被排放出。当凝结水进入疏水阀时，在凝结水的作用下，阀瓣被向上推，开启出口，排出凝结水。凝结水被排出，蒸汽进入时，在第一节流孔处蒸汽的压力降小于凝结水的压力降，结果控制室内压力增加，推动阀瓣落下，关闭阀座孔 这种结构的疏水阀即使在关闭状态，其进出口通过两个节流孔始终连通，所以疏水阀一直处于不完全断流状态

（续）

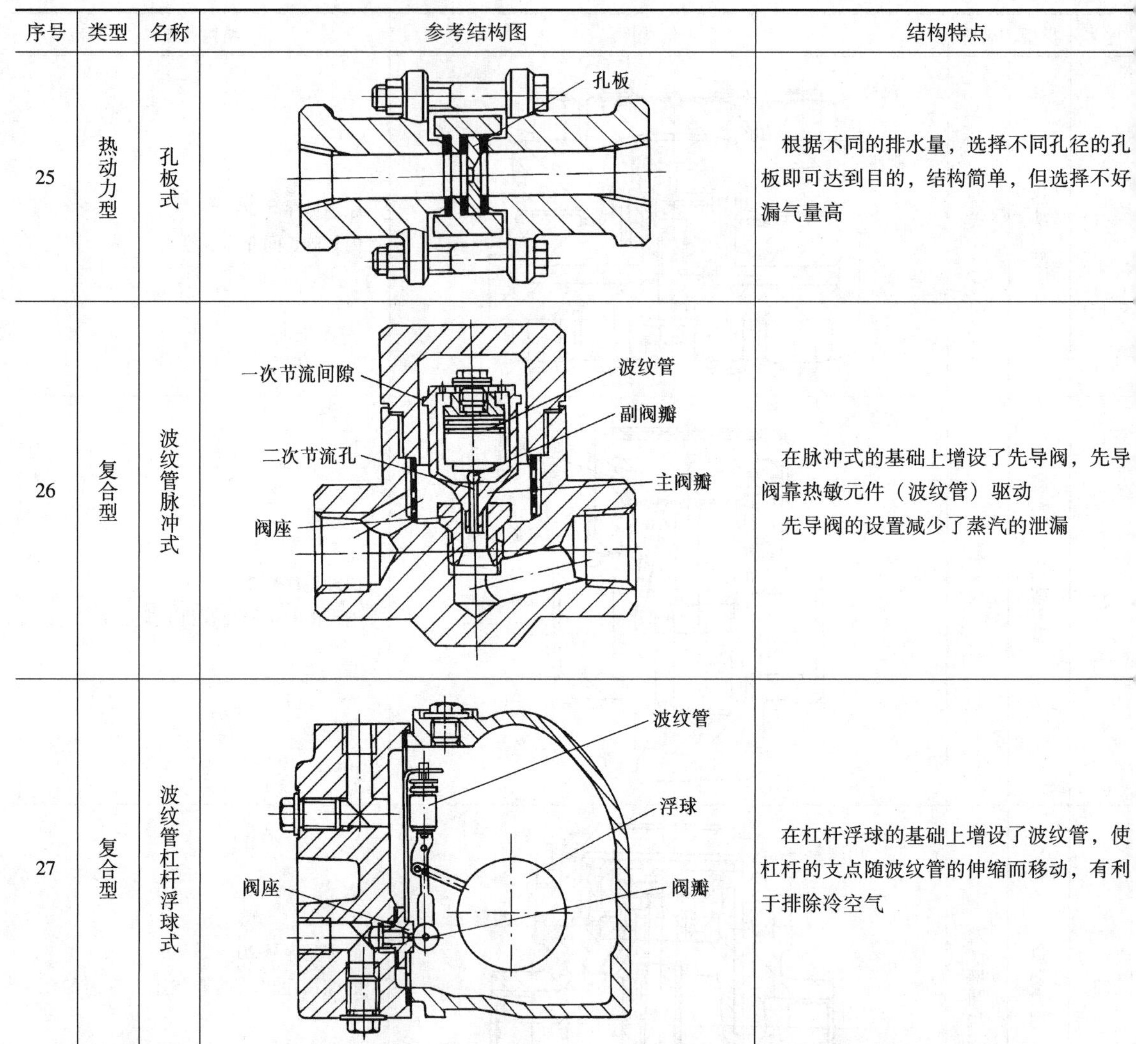

序号	类型	名称	参考结构图	结构特点
25	热动力型	孔板式		根据不同的排水量，选择不同孔径的孔板即可达到目的，结构简单，但选择不好漏气量高
26	复合型	波纹管脉冲式		在脉冲式的基础上增设了先导阀，先导阀靠热敏元件（波纹管）驱动 先导阀的设置减少了蒸汽的泄漏
27	复合型	波纹管杠杆浮球式		在杠杆浮球的基础上增设了波纹管，使杠杆的支点随波纹管的伸缩而移动，有利于排除冷空气

2.1.12　真空阀

2.1.12.1　真空阀的设计标准和适用范围

1. 真空阀的分类

公称压力低于标准大气压力的阀门称为真空阀门。

真空阀通常根据工作压力，即真空度可分为三大类：

1）低真空阀：绝对压力在101325～0.133Pa；

2）高真空阀：绝对压力在0.133～1.33×10^{-6}Pa；

3）超高真空阀：绝对压力在1.33×10^{-6}～1.33×10^{-10}Pa。

2. 真空阀设计标准

真空阀的设计标准见表2-47。

表2-47　真空阀的设计标准

序号	标准代号	标准名称
1	JB/T 7673—2011	真空技术　真空设备型号编制方法
2	JB/T 6446—2004	真空阀门
3	JB/T 1092—2018	真空技术　O型真空橡胶密封圈　型式和尺寸

3. 真空阀的应用范围

（1）石油化学工业用真空阀　石油化学工业用真空阀，通常用于化纤工业，高级润滑脂精炼等设备系统中。要求阀门既用于低真空系统，又能用于压力系统。真空系统的压强通常为0.005～0.133Pa，压力系统的压强为1.0～4.0MPa。

结构型式通常为直流式。Y形真空截止阀与普通Y形截止阀基本相同。

（2）冶金机械工业用真空阀　冶金机械工业通

常使用真空或高真空阀门，用于高级合金钢的真空冶炼、真空脱氧、真空热处理、真空铸造、电气绝缘处理等设备中。

结构型式通常有插板阀、翻板阀、挡板阀及真空蝶阀等。

（3）核工业用真空阀　在核工业领域，广泛使用各类真空阀门，在高能物理、受控热核聚变研究中，使用高真空和超高真空阀门；在同位素分离中，使用高真空和低真空阀门。

结构型式通常以金属波纹管或膜片作为阀杆密封元件，并要求高清洁度的真空截止（节流）阀。

2.1.12.2　真空阀的结构型式和使用范围

真空阀的结构型式及使用范围见表2-48。

表2-48　真空阀的结构型式及使用范围

序号	类别	参考结构图	结构特点	使用范围	
				真空度或漏气率	适用温度/℃
1	高真空气动挡板阀	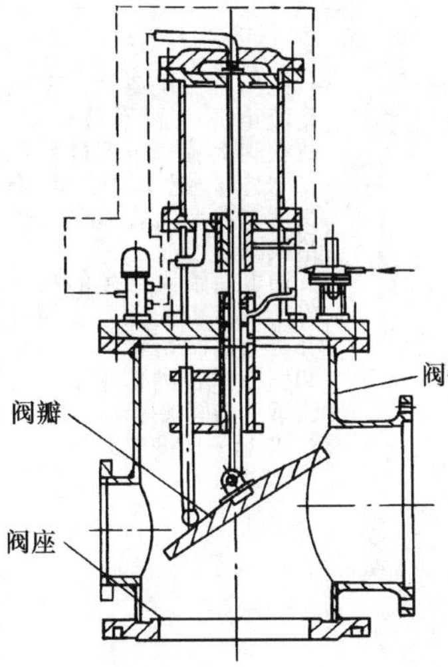	以压缩空气为动力，气体经油雾器、换向阀进入气缸，使活塞上、下运动以带动阀杆和阀瓣开闭，达到接通或截止气流。采用电磁换向阀可以远距离控制和电气联锁控制 DN32～DN1000	真空度≤1.33×10^{-5}Pa	-29～+80
2	高真空气动翻板阀	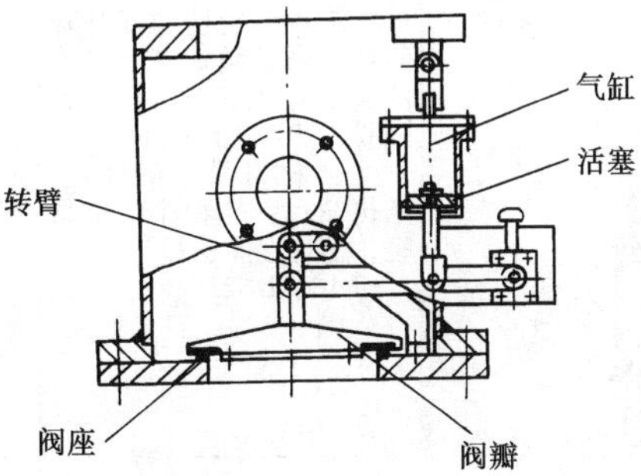	以压缩空气为动力，气体经油雾器、电磁换向阀进入气缸，使活塞上、下运动，通过转臂、花键轴使拉杆上、下转动，并带动阀瓣翻转90°，达到开闭目的 开闭时间＜3s，采用电磁换向阀可以远距离控制和电气联锁控制。除气动外，尚有手动、电动两用真空翻板阀 DN100～DN600	真空度≤1.33×10^{-5}Pa	-29～+80
3	高真空气动蝶阀	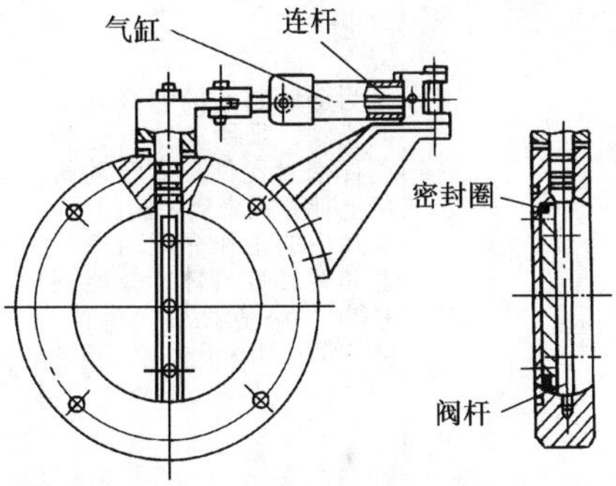	以压缩空气为动力，气体经油雾器、电磁换向阀进入气缸，使活塞带动阀杆左右运动，推动支臂旋转90°，支臂与阀杆用键连接，因而蝶板与通道成90°（即开启） 采用电磁换向阀可以远距离控制和电气联锁控制 除气动外，尚有手动型高真空蝶阀 DN80～DN1000	真空度≤1.33×10^{-5}Pa	-29～+90

（续）

序号	类别	参考结构图	结构特点	使用范围	
				真空度或漏气率	适用温度/℃
4	高真空手动插板阀	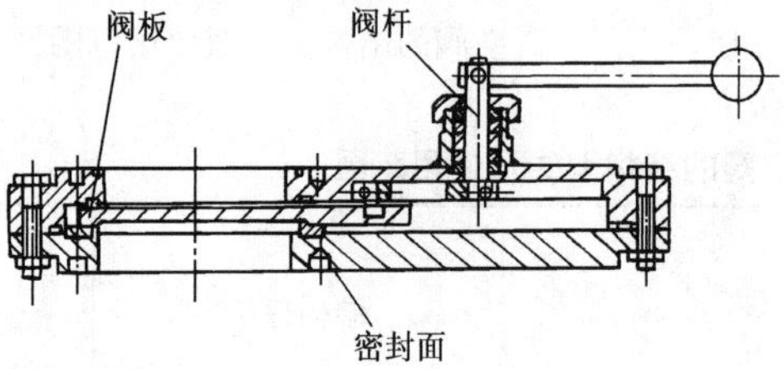 阀板 阀杆 密封面	开启阀门时，将手把按逆时针方向旋转180°，连板与手把转轴相固定，连板另一端有销轴在插板槽中滑动，插板在阀体导轨上平行移动，这样阀就开启，反之插板依靠限位块的斜面而使密封胶圈压紧 DN80～DN300	真空度 ≤1.33 $\times10^{-5}$Pa	-29～ +80
5	电磁真空截止阀	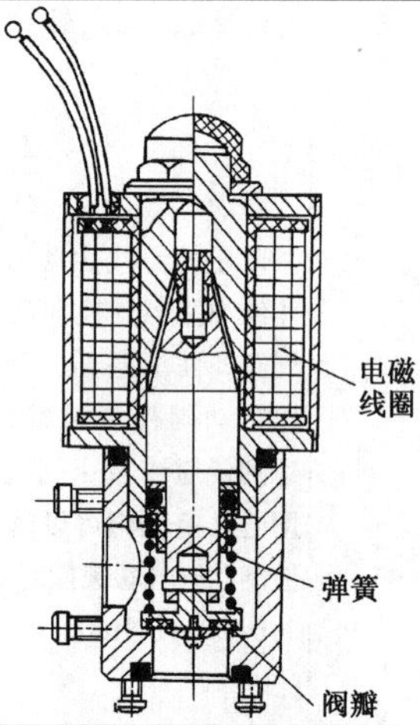 电磁线圈 弹簧 阀瓣	采用直流电磁铁，考虑直流电源一般不易获得，故在阀上装有桥式硅整流二极管，把220V、50Hz交流电源变为直流电源供给线圈 通电后线圈产生的吸力将衔铁吸引向上，使阀打开。当电源切断后在自重和压缩弹簧的作用下，衔铁下落将阀关闭 DN15～DN80	漏气率 <6.67 $\times10^{-3}$ Pa·L/s	环境温度 5～40 相对湿度 不大于80%
6	隔膜式真空阀	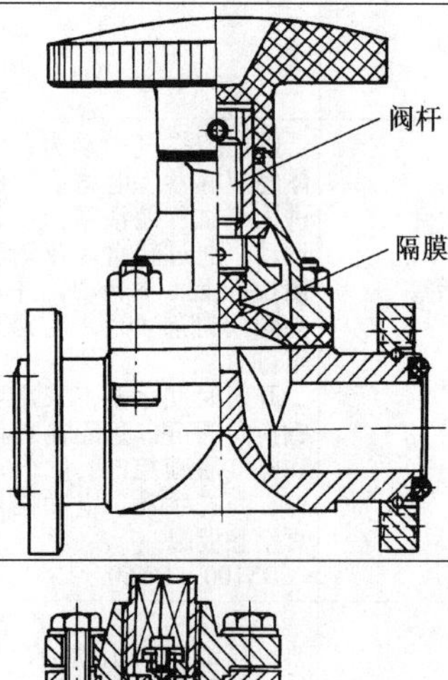 阀杆 隔膜	靠旋转手轮使阀杆升降而带动隔膜做垂直于气流的直线运动来挤压或伸张隔膜，达到阀启闭的目的 主体材料采用铝合金，结构简单，体积小，重量轻，密封性能良好 DN10、DN25	漏气率 <2.67 $\times10^{-4}$ Pa·L/s	-29～ 80
7	超高真空角阀	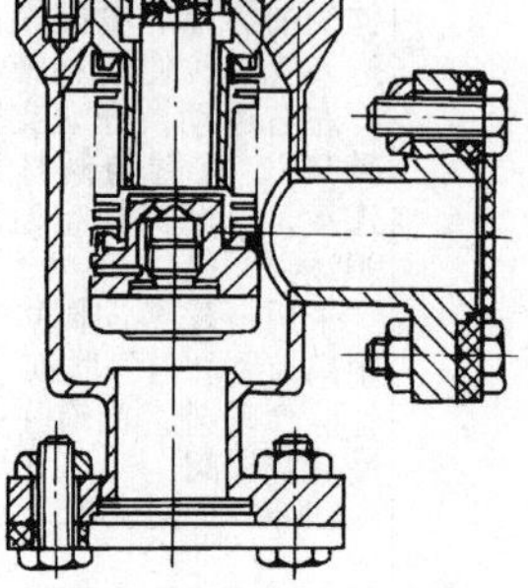	为金属制造的超高真空截止阀，采用波纹管作为阀杆密封元件，靠转动阀门上部方孔来启闭阀门 适用的工作介质为空气及非腐蚀性气体，并能耐450℃的高温烘烤 DN25、DN50	漏气率 <6.67 $\times10^{-8}$ Pa·L/s	≤400

（续）

序号	类别	参考结构图	结构特点	使用范围	
				真空度或漏气率	适用温度/℃
8	高真空角阀	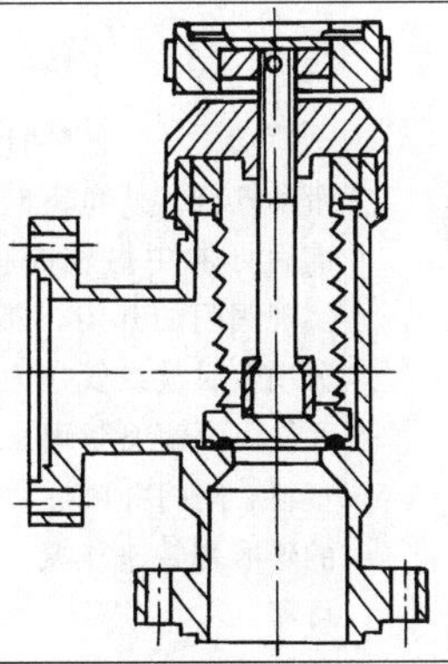	为手动角式高真空阀，阀瓣密封面采用氟橡胶圈密封，阀杆密封元件采用不锈钢波纹管，其余零件均采用不锈钢制成 DN40	漏气率 <1.33 $\times 10^{-5}$ Pa·L/s	≤200
9	三通超高真空阀	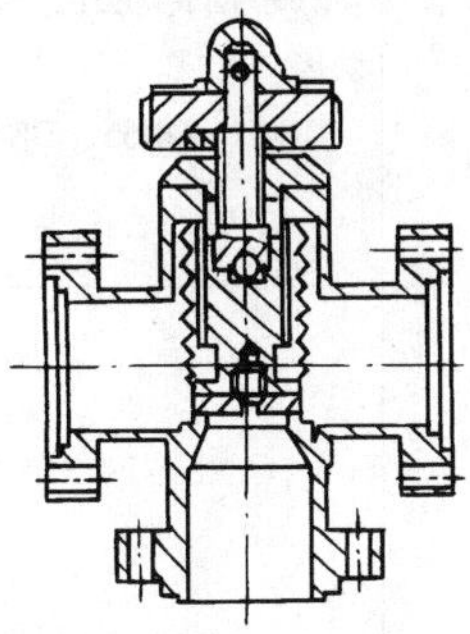	为手动三通超高真空阀，阀杆密封元件采用不锈钢波纹管，阀瓣材料为无氧铜（可拆卸更换）。耐烘烤温度<450℃ DN40	漏气率 <1.33 $\times 10^{-8}$ Pa·L/s	≤450
10	微调真空阀	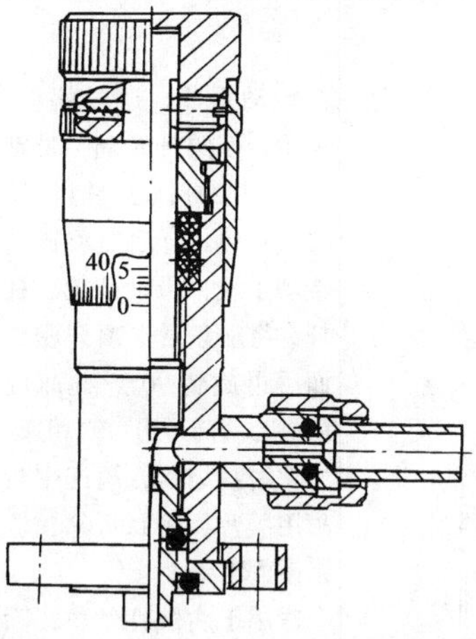 40 5 0	阀门的出口端连接在容器或真空系统上，阀门的进口端通大气。当系统内的真空度需要改变时，则可转动带刻度的手轮，使锥形阀针产生轴向移动，对系统内的压力进行调节和控制 DN0.8、DN2	漏气率 <1.33 $\times 10^{-7}$ Pa·L/s	$-5\sim80$
11	波纹管真空截止阀	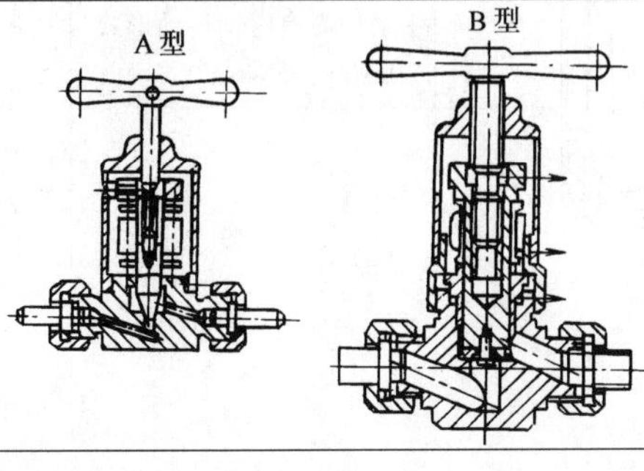 A型　B型	为手动低真空截止阀，采用差动螺纹传动阀杆，用铜或不锈钢波纹管作为阀杆密封元件。密封副有金属对金属的金属密封和金属对氟塑料的软密封两种，其连接方式有：直通、角式及三通，适用于腐蚀性气体介质 DN3～DN50	真空度 0.133Pa 最大压力 0.1～0.6 MPa	$-29\sim$ 100

（续）

序号	类别	参考结构图	结构特点	使用范围	
				真空度或漏气率	适用温度/℃
12	鱼雷真空阀	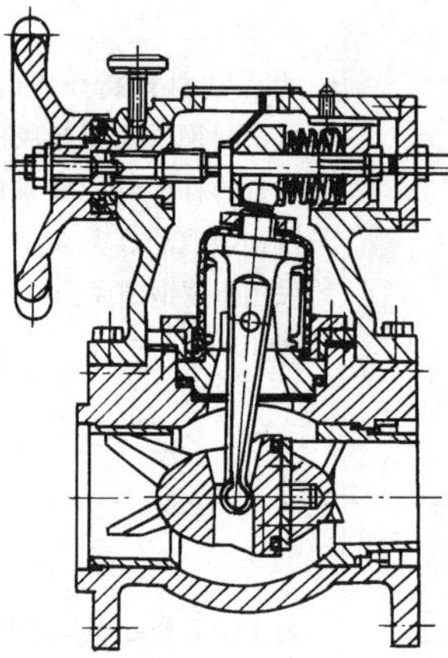	转动手轮，使螺杆移动带动杠杆，使鱼雷阀芯在前后导向中做轴向移动，实现阀门的开闭。杠杆部分用金属波纹管作为密封元件。阀瓣密封面采用氟塑料。阀门关闭后靠上部的碟形弹簧来压紧，密封可靠 除手动传动外，尚有电动传动形式 DN40、DN65、DN100	真空度 0.133Pa 最大压力 0.1MPa	-29 ~100
13	转筒真空阀	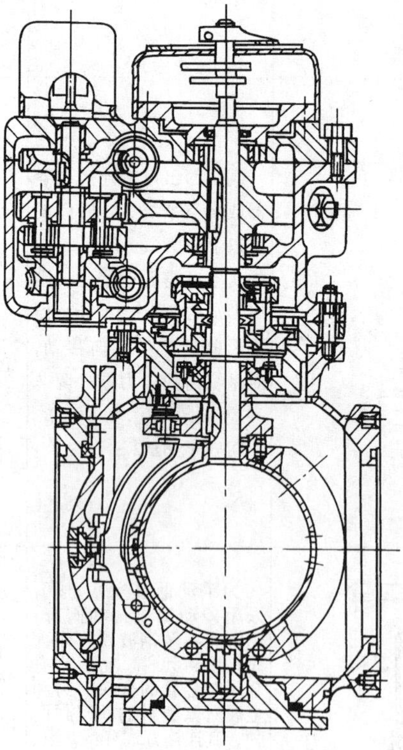	转动手轮，通过蜗杆、齿轮，使阀杆转动，带动凸轮、杠杆，压紧扁盘，关闭阀门。开启时亦通过转动手轮，带动凸轮、杠杆，将扁盘后退离开密封面后再旋转90°，此时圆筒将与阀门进出口端相通 软密封结构，阀杆密封采用膜片，密封可靠，流阻系数小 适用于腐蚀性气体，除手动外尚有电动传动形式 DN80~DN400	真空度 0.133Pa 最大压力 0.1MPa	-29 ~100

（续）

序号	类别	参考结构图	结构特点	使用范围	
				真空度或漏气率	适用温度/℃
14	夹套Y形真空截止阀	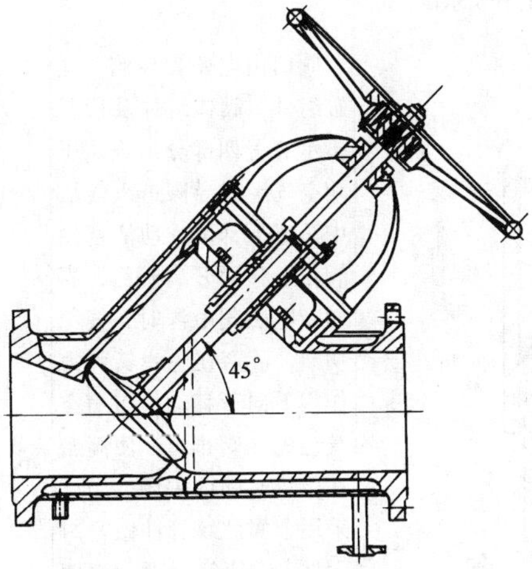 45°	结构同一般夹套直流式截止阀，填料采用带铝箔石棉浸聚四氟乙烯石棉绳+V形夹玻纤聚四氟乙烯，可适用于低真空系统 DN10～DN125	氦气试验漏气率<1.2*DN*×10⁻⁶cm³/s	≤200
15	高真空微调真空阀	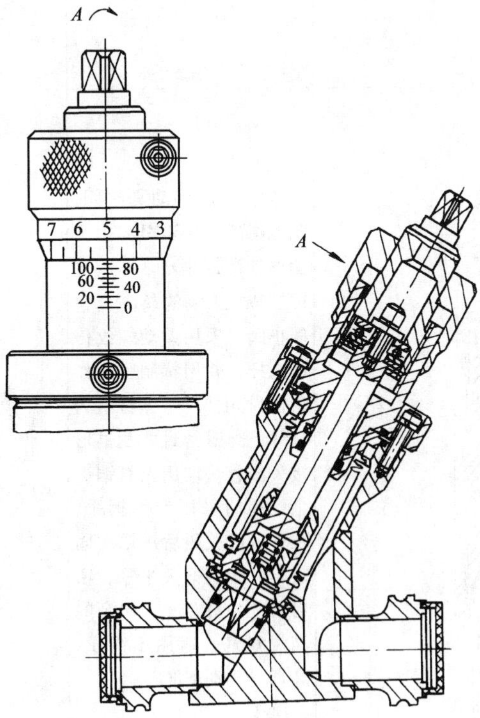 A 7 6 5 4 3 100 80 60 40 20 0 A	为手动直流式微调真空截止阀。通过转动有刻度的手把，关闭阀门，当阀门开启后，由锥形阀针来调节流量，阀杆采用金属波纹管作为密封元件，阀座密封面为聚四氟乙烯，操作灵活，密封可靠，调节精度高，使用寿命达5000次以上。适用于高真空腐蚀性气体系统 DN25～DN50	真空度 1.33×10⁻⁶Pa	-46～80

（续）

序号	类别	参考结构图	结构特点	使用范围	
				真空度或漏气率	适用温度/℃
16	电磁气动真空阀	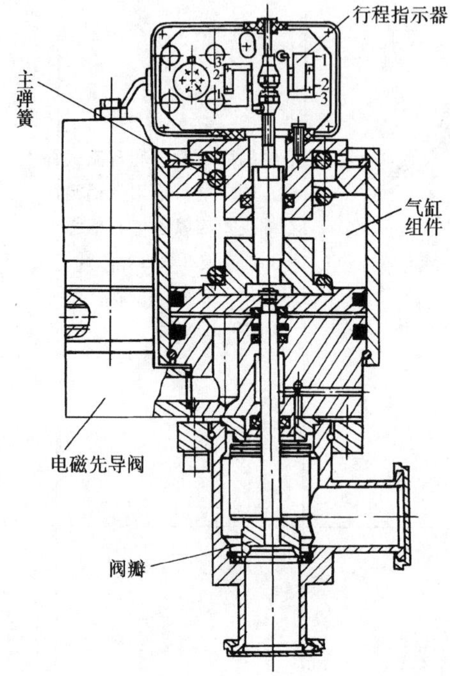 行程指示器 主弹簧 气缸组件 电磁先导阀 阀瓣	阀门由电磁先导阀、气缸组件、阀体组件及行程指示装置四部分组成。压缩空气经先导阀进入气缸中活塞下部，推动活塞使阀瓣上移而开启阀门，当切断电磁阀电源时，气源切断，活塞在主弹簧弹力作用下向下移动，压缩空气经先导阀排出，使阀瓣在极短时间内关闭。阀杆采用金属波纹管件做密封元件，阀座密封面为聚四氟乙烯，其密封可靠，关闭迅速，寿命达5000次以上，并可远控操作 DN25～DN50	漏气率 1.33×10^{-6} Pa·L/s	≤80
17	膜片式高压高真空阀	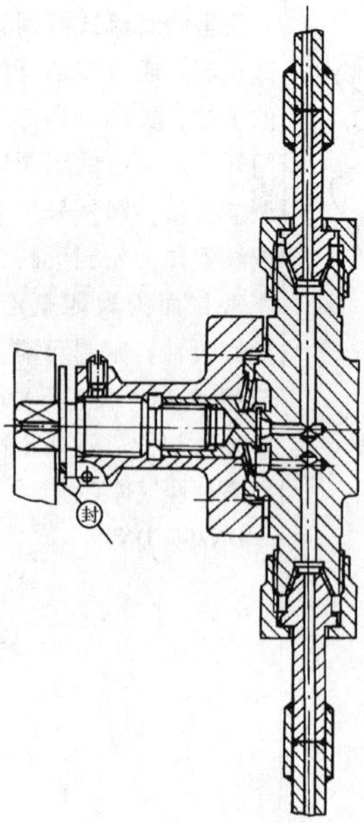 封	为全金属手动真空阀，既能耐高压（30MPa），又能达到泄漏率小于1.33×10^{-9}Pa·L/s的超高真空截止阀。采用差动螺纹传动阀杆，并用特制膜片作为密封元件。主体材料为316L，阀瓣密封面及锥形接头密封垫均用无氧铜镀金，阀门采用专用扳手，在开启或关闭后用铅封固定牢。阀门开关平稳，密封可靠，并能耐450℃的高温烘烤，适用于高压、高真空气体介质 DN2	真空度 1.33×10^{-5}Pa	−176～450

.1.13 调节阀（工业过程控制阀）

.1.13.1 调节阀设计标准

调节阀（工业过程控制阀）的设计标准见表2-49。

表2-49 调节阀的设计标准

序号	标准代号	标准名称
1	GB/T 4213—2008	气动调节阀
2	GB/T 8104—1987	流量控制阀试验方法
3	GB/T 8105—1987	压力控制阀试验方法
4	GB/T 8106—1987	方向控制阀试验方法
5	GB/T 10868—2018	电站减温减压阀
6	GB/T 10869—2008	电站调节阀
7	GB/T 17213.1—2015/IEC 60534-1：2005	工业过程控制阀 第1部分：控制阀术语和总则
8	GB/T 17213.2—2017/IEC 60534-2-1：2011	工业过程控制阀 第2-1部分：流通能力 安装条件下流体流量的计算公式
9	GB/T 17213.3—2005/IEC 60534-3-1：2000	工业过程控制阀 第3-1部分：尺寸 两通球形直通 控制阀法兰端面距和两通球形角形 控制阀法兰中心至法兰端面的间距
10	GB/T 17213.4—2015/IEC 60534-4：2006	工业过程控制阀 第4部分：检验和例行试验
11	GB/T 17213.5—2008（IEC 60534-5：2004 MOD）	工业过程控制阀 第5部分：标志
12	GB/T 17213.6—2005/IEC 60534-6-1：1997	工业过程控制阀 第6-1部分：定位器与控制阀执行机构 连接的安装细节 定位器在直行程执行机构上的安装
13	GB/T 17213.7—2017/IEC 534-7：2010	工业过程控制阀 第7部分：控制阀数据单
14	GB/T 17213.8—2015/IEC 60534-8-1：2005	工业过程控制阀 第8-1部分：噪声的考虑实验室内测量空气动力流流经控制阀产生的噪声
15	GB/T 17213.9—2005/IEC 60534-2-3：1997	工业过程控制阀 第2-3部分：流通能力 试验程序
16	GB/T 17213.10—2015/IEC 60534-2-4：2009	工业过程控制阀 第2-4部分：流通能力 固有流量特性和可调比
17	GB/T 17213.11—2005/IEC 60534-3-2：2001	工业过程控制阀 第3-2部分：角行程控制阀（蝶阀除外）的端面距
18	GB/T 17213.12—2005/IEC 60534-3-3：1998	工业过程控制阀 第3-3部分：尺寸 对焊式两通球形直通控制阀的端距
19	GB/T 17213.13—2005/IEC 60534-6-2：2000	工业过程控制阀 第6-2部分：定位器与控制阀执行机构连接的安装细节定位器在角行程执行机构上的安装
20	GB/T 17213.14—2018/IEC 60534-8-2：2011	工业过程控制阀 第8-2部分：噪声的考虑实验室内测量液动流流经控制闸产生的噪声
21	GB/T 17213.15—2017/IEC 60534-8-3：2010	工业过程控制阀 第8-3部分：噪声的考虑空气动力流流经控制阀产生的噪声预测方法
22	GB/T 17213.16—2015/IEC 60534-8-4：2005	工业过程控制阀 第8-4部分：噪声的考虑液动流流经控制阀产生的噪声预测方法
23	GB/T 17213.18—2015/IEC 60534-9：2007	工业过程控制阀 第9部分：阶跃输入响应测量的试验程序
24	GB/T 30832—2014	阀门 流量系数和流阻系数试验方法
25	NB/T 47033—2013	减温减压装置

（续）

序号	标准代号	标准名称
26	JB/T 7252—2018	阀式孔板节流装置
27	JB/T 10606—2006	气动流量控制阀
28	JB/T 10674—2006	水利控制阀
29	JB/T 10675—2006	水用套筒阀
30	JB/T 11048—2010	自力式温度调节阀
31	JB/T 11049—2010	自力式压力调节阀
32	HG/T 3237—2006	橡胶机械用自力式压力调节阀
33	CJ/T 153—2001	自含式温度控制阀
34	CJ/T 167—2016	多功能水泵控制阀
35	CJ/T 179—2018	自力式流量控制阀
36	ANSI/ISA 75. 01. 01—2012	工业过程控制阀　第2-1部分：流通能力　安装条件下不可压缩流体流量的校准方程式
37	ANSI/ISA75. 02. 01—2009	控制阀流通能力试验程序
38	ANSI/ISA 75. 05. 01—2000（R2005）	控制阀术语
39	ANSI/ISA75. 08. 01—2002	整体式带凸缘的球形控制阀体结构长度（Class125、150、250、300和600）
40	ANSI/ISA 75. 08. 02—2003	带法兰和无法兰旋转控制阀结构长度（Class150、300和600）
41	ANSI/ISA 75. 08. 03—2001（R2013）	承插焊和螺纹端球形控制阀结构长度（Class150、300、600、900、1500和2500）
42	ANSI/ISA 75. 08. 04—2001（R2013）	对焊端球形控制阀结构长度（Class4500）
43	ANSI/ISA 75. 08. 05—2002	对焊端球形控制阀结构长度（Class150、300、600、900、1500和2500）
44	ANSI/ISA 75. 08. 06—2002	法兰端球形控制阀结构长度（Class900、1500和2500）
45	ANSI/ISA 75. 08. 07—2001	独立法兰端球形控制阀结构长度（Class150、300和600）
46	ANSI/ISA 75. 08. 08—1999	法兰端球形角式控制阀结构长度
47	ANSI/ISA 75. 08. 09—2005	滑动无法兰端控制阀结构长度（Class150、300和600）
48	ANSI/ISA 75. 11. 01—2013	控制阀固有流量特征和可调比
49	ANSI/ISA 75. 19. 01—2013	控制阀水压试验
50	ANSI/ISA 75. 25. 01—2000（R2010）	控制阀反应测量试验程序
51	ANSI FCI 70-2—2013	控制阀阀座泄漏率
52	ANSI/UL 144—2014	液化石油气压力调节阀安全性标准
53	ANSI/UL 1739—2012	先导式液压控制阀
54	ASME B16. 104—1998	控制阀阀座泄漏量
55	ASTM F1985—1999（2019）	气动球形控制阀操作规范
56	EN 1074-5：2001	供水用阀门适用性要求和适当的鉴定试验　第5部分　控制阀
57	EN 1349：2009	工业过程控制阀
58	EN 60534-1：2005	工业过程控制阀　第1部分：控制阀术语和总则
59	EN 60534-2-1：2011	工业过程控制阀　第2-1部分：流通能力　安装条件下流体流量的校准公式
60	EN 60534-2-3：1998	工业过程控制阀　第2-3部分：流通能力　试验方法
61	EN 60534-3-1：2000	工业过程控制阀　第3-1部分：两通球形控制阀结构长度

（续）

序号	标准代号	标准名称
62	EN 60534-3-2：2001	工业过程控制阀　第3-2部分：角行程控制阀（除蝶阀外）的结构长度
63	EN 60534-3-3：1998	工业过程控制阀　第3-3部分：对焊球形直通控制阀结构长度
64	EN 60534-5：2004	工业过程控制阀　第5部分：标记
65	EN 60534-8-1：2005	工业过程控制阀　第8-1部分　噪声考虑通过控制阀的动力噪声的实验室测量
66	EN 60534-8-2：2011	工业过程控制阀　第8-2部分　噪声考虑实验室内测量液动流流经控制阀产生的噪声
67	EN 60534-8-3：2011	工业过程控制阀　第8-3部分　噪声考虑空气动力流流经控制阀产生噪声的预测方法
68	EN 60534-8-4：2015	工业过程控制阀　第8-4部分　噪声考虑液动流流经控制阀产生噪声的预测方法
69	NF E29-316-5—2001	供水阀门　第5部分　控制阀
70	NF E29-453—2009	工业过程控制阀
71	ГОСТ 13624—1983①	气动隔膜铸铁调节阀
72	ГОСТ 23866—1987①	笼式调节阀基本参数
73	ГОСТ 25923—1989①	蝶式调节阀基本参数
74	JIS B2005-1—2012	工业过程控制阀　第1部分：控制阀术语和总则
75	JIS B2005-2-1—2019	工业过程控制阀　第2-1部分：流通能力安装条件下流体流量的计算公式
76	JIS B2005-2-3—2004	工业过程控制阀　第2-3部分：流通能力试验程序
77	JIS B2005-2-4—2004	工业过程控制阀　第2-4部分：流通能力固有流量特性和可调比
78	JIS B2005-3-1—2005	工业过程控制阀　第3-1部分：两通式球形控制阀结构长度
79	JIS B2005-3-2—2005	工业过程控制阀　第3-2部分：角行程控制阀（除蝶阀外）的结构长度
80	JIS B2005-3-3—2005	工业过程控制阀　第3-3部分：对焊球形直通控制阀结构长度
81	JIS B2005-5—2004	工业过程控制阀　第5部分：标记
82	JIS B2005-6-1—2004	工业过程控制阀　第6-1部分：定位器与控制阀执行机构及其行程连接的安装细节
83	JIS B2005-6-2—2005	工业过程控制阀　第6-2部分：定位器与控制阀执行机构角行程连接的安装细节
84	JIS B2005-7—2004	工业过程控制阀　第7部分：控制阀数据表
85	JIS B2005-8-1—2004	工业过程控制阀　第8-1部分：噪声的考虑实验室内测量空气动力流流经控制阀产生的噪声
86	JIS B2007—1993	工业过程控制阀　检验和例行试验

① 仅供参考。

2.1.13.2 调节阀（工业过程控制阀）的结构型式

调节阀（工业过程控制阀）的结构型式见表2-50。

表 2-50　调节阀的结构型式

序号	名称	参考结构图	结构特点
1	平衡阀	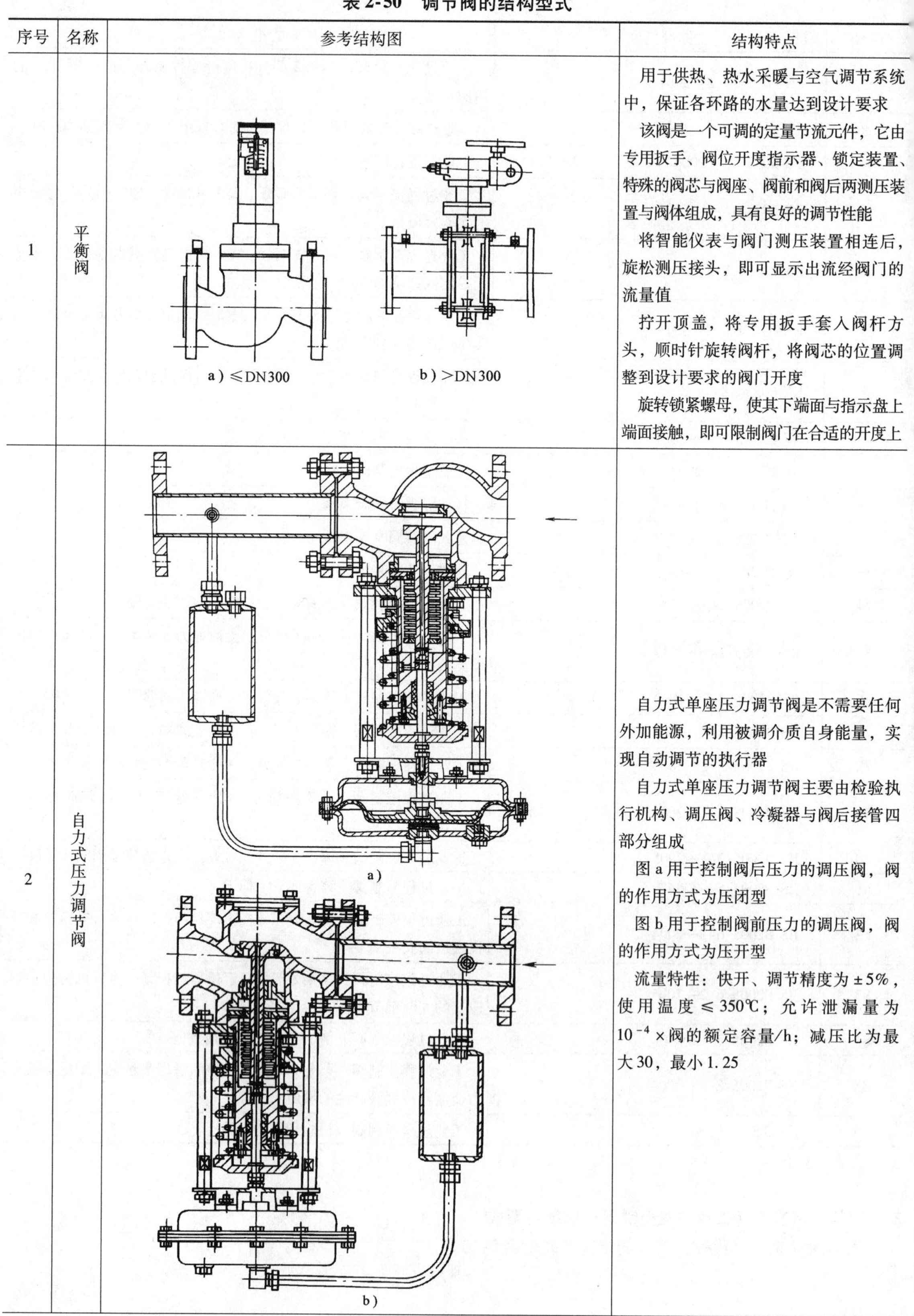 a) ≤DN300　b) >DN300	用于供热、热水采暖与空气调节系统中，保证各环路的水量达到设计要求 该阀是一个可调的定量节流元件，它由专用扳手、阀位开度指示器、锁定装置、特殊的阀芯与阀座、阀前和阀后两测压装置与阀体组成，具有良好的调节性能 将智能仪表与阀门测压装置相连后，旋松测压接头，即可显示出流经阀门的流量值 拧开顶盖，将专用扳手套入阀杆方头，顺时针旋转阀杆，将阀芯的位置调整到设计要求的阀门开度 旋转锁紧螺母，使其下端面与指示盘上端面接触，即可限制阀门在合适的开度上
2	自力式压力调节阀	a) b)	自力式单座压力调节阀是不需要任何外加能源，利用被调介质自身能量，实现自动调节的执行器 自力式单座压力调节阀主要由检验执行机构、调压阀、冷凝器与阀后接管四部分组成 图 a 用于控制阀后压力的调压阀，阀的作用方式为压闭型 图 b 用于控制阀前压力的调压阀，阀的作用方式为压开型 流量特性：快开、调节精度为 ±5%，使用温度 ≤ 350℃；允许泄漏量为 10^{-4} × 阀的额定容量/h；减压比为最大 30，最小 1.25

（续）

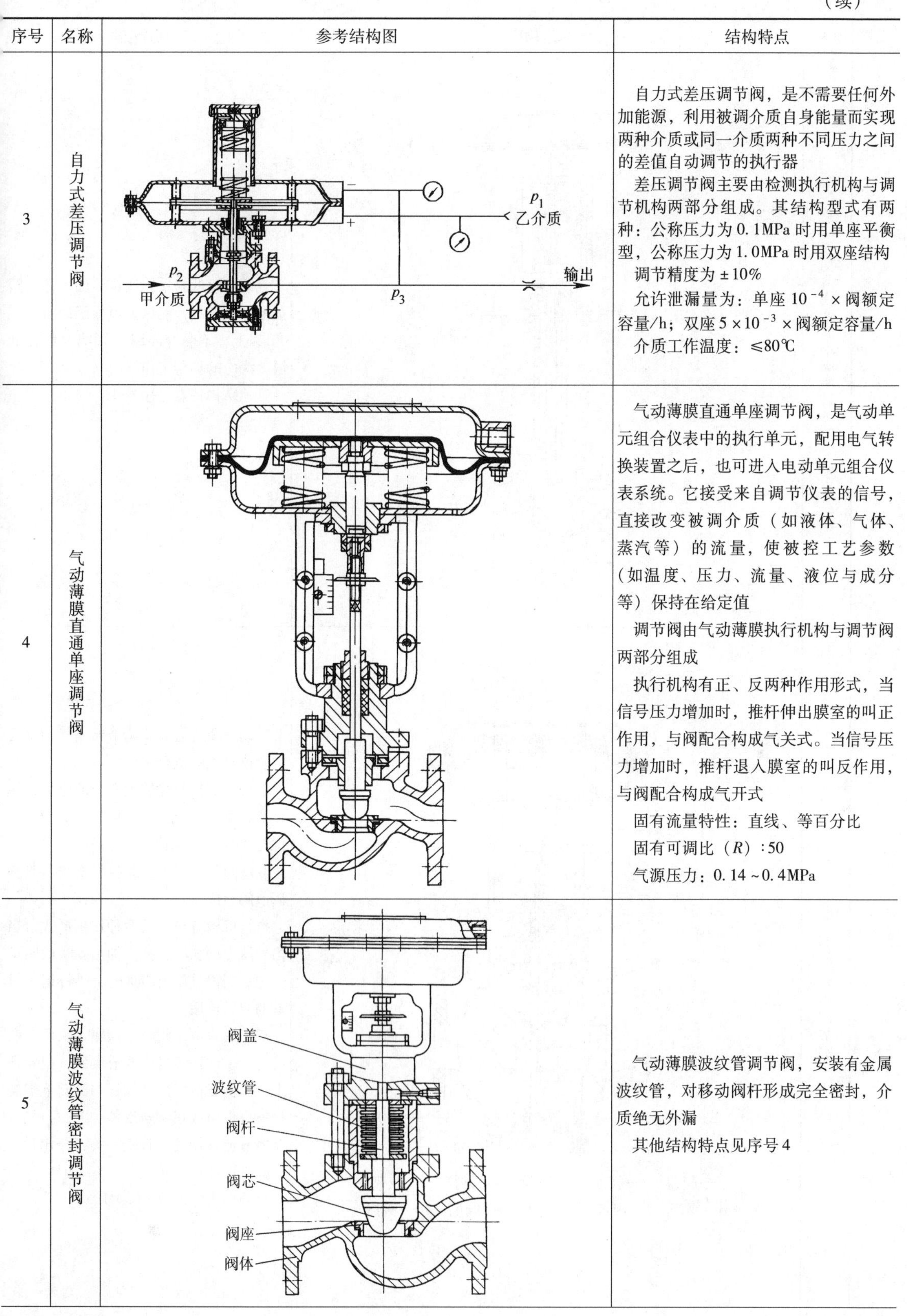

序号	名称	参考结构图	结构特点
3	自力式差压调节阀		自力式差压调节阀，是不需要任何外加能源，利用被调介质自身能量而实现两种介质或同一介质两种不同压力之间的差值自动调节的执行器 差压调节阀主要由检测执行机构与调节机构两部分组成。其结构型式有两种：公称压力为0.1MPa时用单座平衡型，公称压力为1.0MPa时用双座结构 调节精度为±10% 允许泄漏量为：单座10^{-4}×阀额定容量/h；双座5×10^{-3}×阀额定容量/h 介质工作温度：≤80℃
4	气动薄膜直通单座调节阀		气动薄膜直通单座调节阀，是气动单元组合仪表中的执行单元，配用电气转换装置之后，也可进入电动单元组合仪表系统。它接受来自调节仪表的信号，直接改变被调介质（如液体、气体、蒸汽等）的流量，使被控工艺参数（如温度、压力、流量、液位与成分等）保持在给定值 调节阀由气动薄膜执行机构与调节阀两部分组成 执行机构有正、反两种作用形式，当信号压力增加时，推杆伸出膜室的叫正作用，与阀配合构成气关式。当信号压力增加时，推杆退入膜室的叫反作用，与阀配合构成气开式 固有流量特性：直线、等百分比 固有可调比（R）:50 气源压力：0.14~0.4MPa
5	气动薄膜波纹管密封调节阀		气动薄膜波纹管调节阀，安装有金属波纹管，对移动阀杆形成完全密封，介质绝无外漏 其他结构特点见序号4

（续）

序号	名称	参考结构图	结构特点
6	气动薄膜低温单阀座调节阀	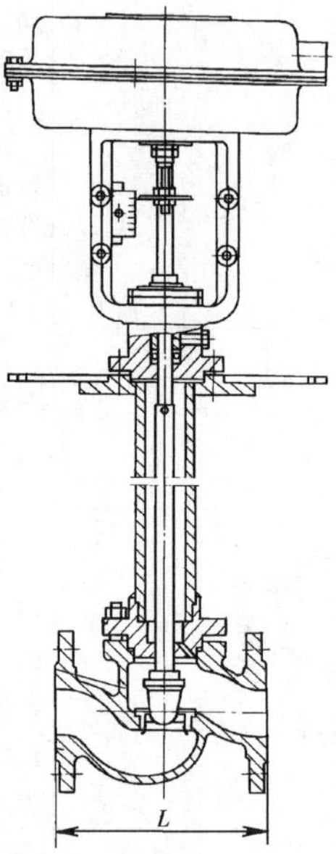 L	气动薄膜低温单阀座调节阀，在上阀盖增加了长颈，能保证填料函处温度在0℃以上，不受介质温度影响，可在低温、深冷的场合工作 其他结构特点见序号4
7	气动薄膜直通双座调节阀	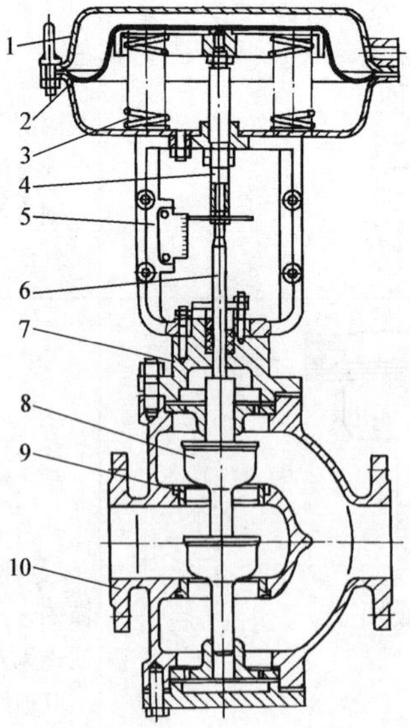 1—膜盖　2—膜片　3—弹簧　4—推杆　5—支架 6—阀杆　7—阀盖　8—阀瓣　9—阀座　10—阀体	气动薄膜直通双座调节阀是气动单元组合仪表中的执行单元。它按调节仪表的信号，直接改变被调介质的流量，使工艺参数（如温度、压力、流量、液位与成分等）保持在给定值 双座阀是由气动薄膜执行机构与双座调节阀组成 执行机构有正、反两种作用形式：当信号压力增加时，推杆伸出膜室的叫正作用；当信号压力增加时，推杆退入膜室的叫反作用 双座阀有两个阀瓣与阀座，采用双向结构，因此正装可以改成倒装，只要把上下阀座互换位置，阀杆与阀瓣下端连接就可以组成正装与反装 固有流量特性：直线、等百分比 固有可调比：50 气源压力：0.14～0.4MPa

（续）

序号	名称	参考结构图	结构特点
8	气动薄膜三通调节阀	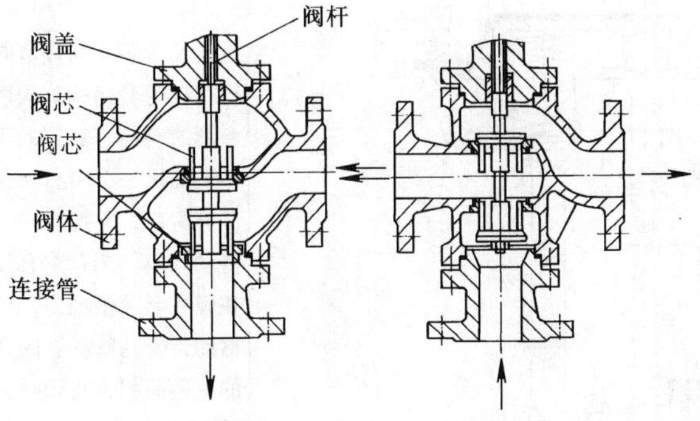 a）合流阀　b）分流阀	气动薄膜三通调节阀是由气动薄膜执行机构与三通阀调节机构组成的 阀瓣结构是按流开状态设计的，阀芯处于阀座内部的为合流阀，有两个进口，一个出口，适用于全通径。阀瓣处于阀座外部的为分流阀，有一个进口两个出口 其他结构特点和特性见序号7
9	气动薄膜角式单座调节阀	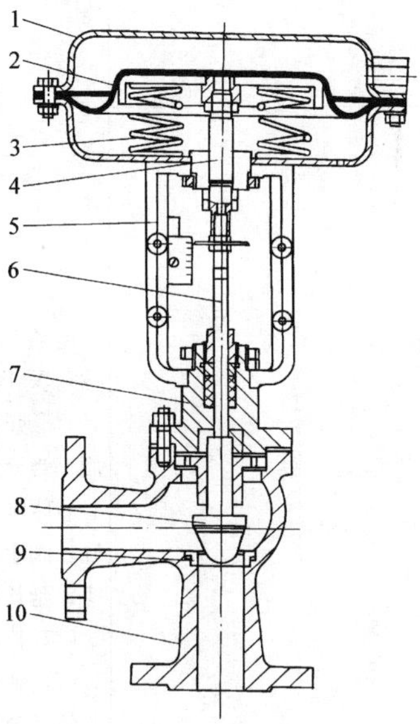 1—膜盖　2—膜片　3—弹簧　4—推杆　5—支架 6—阀杆　7—阀盖　8—阀瓣　9—阀座　10—阀体	角式调节阀是由气动薄膜执行机构与角式调节阀两部分组成的 其他结构特点和性能参数见序号4

（续）

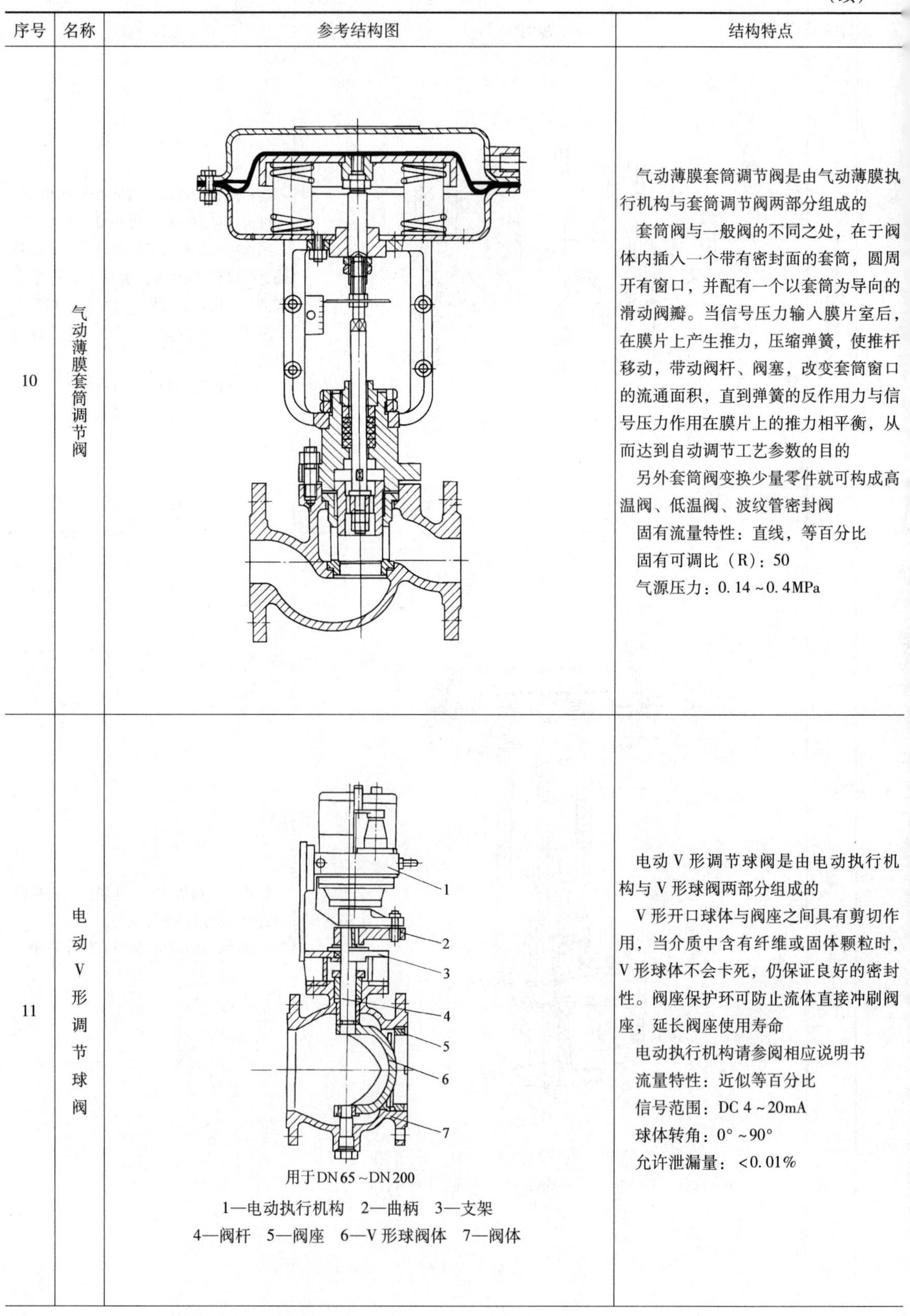

序号	名称	参考结构图	结构特点
10	气动薄膜套筒调节阀		气动薄膜套筒调节阀是由气动薄膜执行机构与套筒调节阀两部分组成的 套筒阀与一般阀的不同之处，在于阀体内插入一个带有密封面的套筒，圆周开有窗口，并配有一个以套筒为导向的滑动阀瓣。当信号压力输入膜片室后，在膜片上产生推力，压缩弹簧，使推杆移动，带动阀杆、阀塞，改变套筒窗口的流通面积，直到弹簧的反作用力与信号压力作用在膜片上的推力相平衡，从而达到自动调节工艺参数的目的 另外套筒阀变换少量零件就可构成高温阀、低温阀、波纹管密封阀 固有流量特性：直线，等百分比 固有可调比（R）：50 气源压力：0.14～0.4MPa
11	电动V形调节球阀	1 2 3 4 5 6 7 用于DN 65～DN 200 1—电动执行机构　2—曲柄　3—支架 4—阀杆　5—阀座　6—V形球阀体　7—阀体	电动V形调节球阀是由电动执行机构与V形球阀两部分组成的 V形开口球体与阀座之间具有剪切作用，当介质中含有纤维或固体颗粒时，V形球体不会卡死，仍保证良好的密封性。阀座保护环可防止流体直接冲刷阀座，延长阀座使用寿命 电动执行机构请参阅相应说明书 流量特性：近似等百分比 信号范围：DC 4～20mA 球体转角：0°～90° 允许泄漏量：<0.01%

（续）

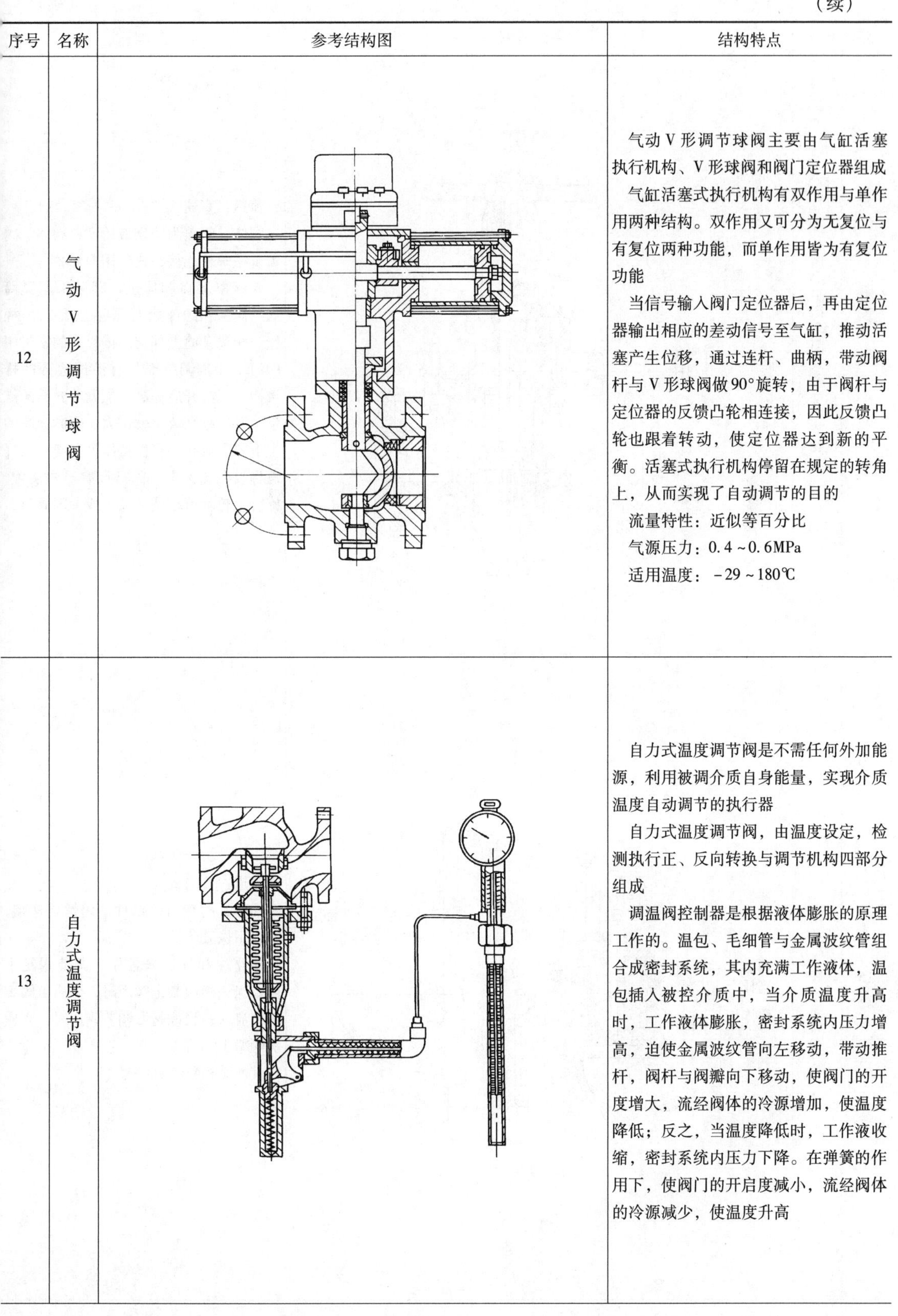

序号	名称	参考结构图	结构特点
12	气动V形调节球阀		气动V形调节球阀主要由气缸活塞执行机构、V形球阀和阀门定位器组成 气缸活塞式执行机构有双作用与单作用两种结构。双作用又可分为无复位与有复位两种功能，而单作用皆为有复位功能 当信号输入阀门定位器后，再由定位器输出相应的差动信号至气缸，推动活塞产生位移，通过连杆、曲柄，带动阀杆与V形球阀做90°旋转，由于阀杆与定位器的反馈凸轮相连接，因此反馈凸轮也跟着转动，使定位器达到新的平衡。活塞式执行机构停留在规定的转角上，从而实现了自动调节的目的 流量特性：近似等百分比 气源压力：0.4～0.6MPa 适用温度：－29～180℃
13	自力式温度调节阀		自力式温度调节阀是不需任何外加能源，利用被调介质自身能量，实现介质温度自动调节的执行器 自力式温度调节阀，由温度设定，检测执行正、反向转换与调节机构四部分组成 调温阀控制器是根据液体膨胀的原理工作的。温包、毛细管与金属波纹管组合成密封系统，其内充满工作液体，温包插入被控介质中，当介质温度升高时，工作液体膨胀，密封系统内压力增高，迫使金属波纹管向左移动，带动推杆，阀杆与阀瓣向下移动，使阀门的开度增大，流经阀体的冷源增加，使温度降低；反之，当温度降低时，工作液收缩，密封系统内压力下降。在弹簧的作用下，使阀门的开启度减小，流经阀体的冷源减少，使温度升高

（续）

序号	名称	参考结构图	结构特点
14	压力平衡套筒式手动调节阀	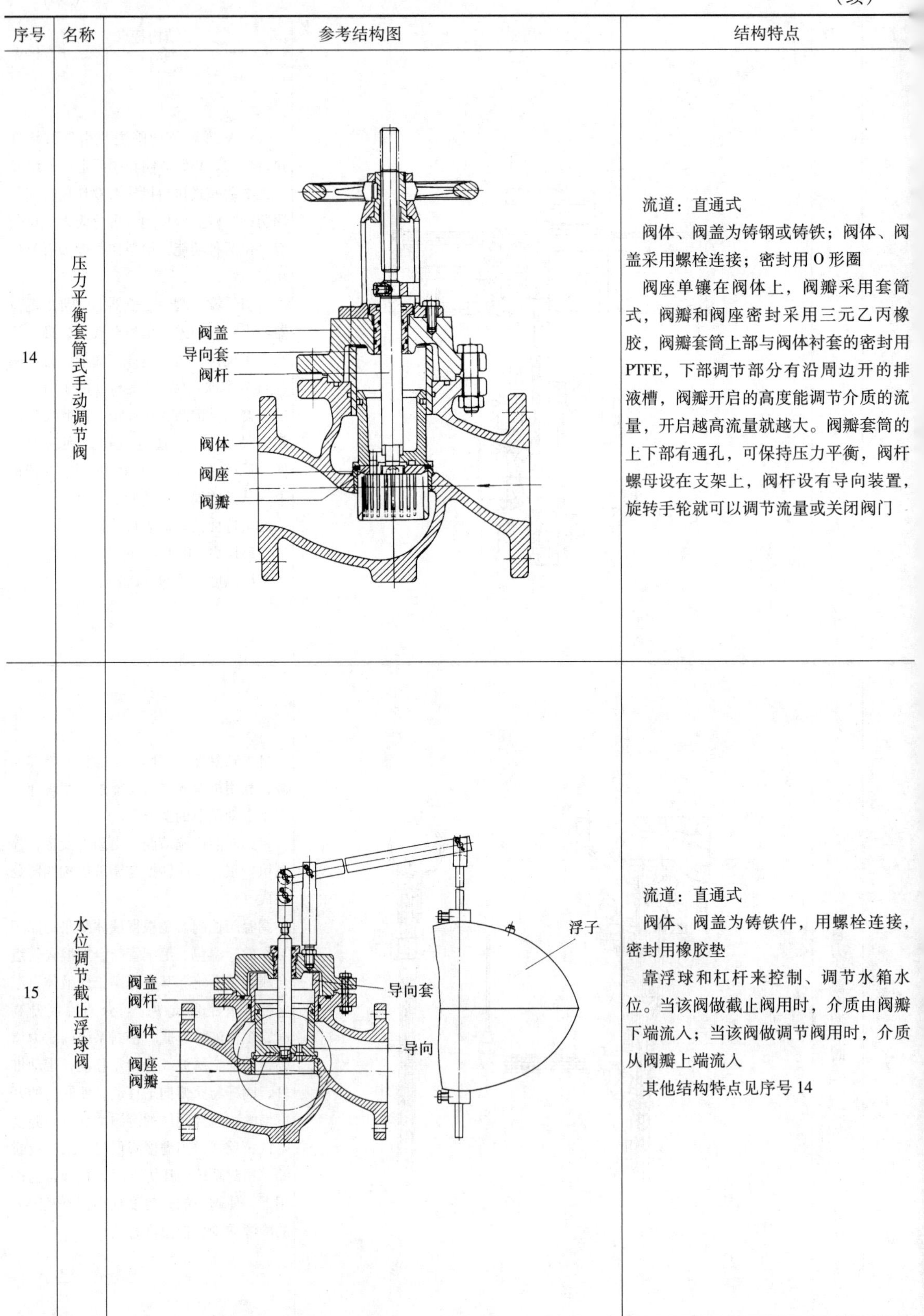	流道：直通式 阀体、阀盖为铸钢或铸铁；阀体、阀盖采用螺栓连接；密封用O形圈 阀座单镶在阀体上，阀瓣采用套筒式，阀瓣和阀座密封采用三元乙丙橡胶，阀瓣套筒上部与阀体衬套的密封用PTFE，下部调节部分有沿周边开的排液槽，阀瓣开启的高度能调节介质的流量，开启越高流量就越大。阀瓣套筒的上下部有通孔，可保持压力平衡，阀杆螺母设在支架上，阀杆设有导向装置，旋转手轮就可以调节流量或关闭阀门
15	水位调节截止浮球阀		流道：直通式 阀体、阀盖为铸铁件，用螺栓连接，密封用橡胶垫 靠浮球和杠杆来控制、调节水箱水位。当该阀做截止阀用时，介质由阀瓣下端流入；当该阀做调节阀用时，介质从阀瓣上端流入 其他结构特点见序号14

（续）

序号	名称	参考结构图	结构特点
16	CVS-C型减温减压阀	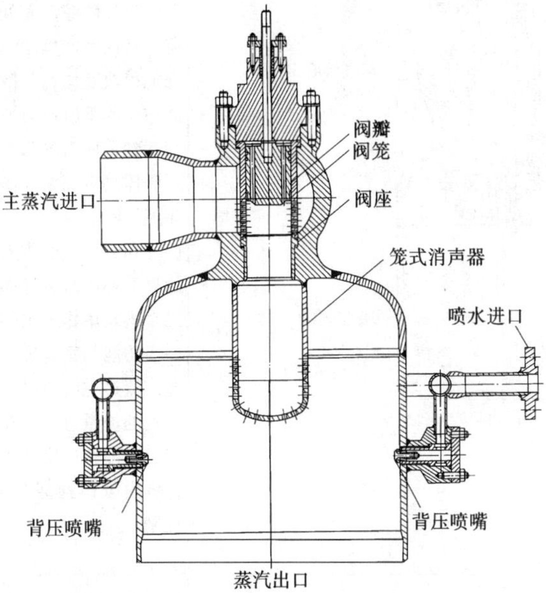	CVS-C型减温减压阀阀体专用于中高压蒸汽至冷凝器的减压。此阀体的设计，喷水量大，以满足这种旁路系统的要求。安装位置一般是接近冷凝器并用冷凝水作为喷水 性能特点： 在一个阀体中实现压力、温度调节 阀体的喷水调节采用精确的设计，蒸汽流量在全范围内均匀或急速的变化，均不影响温度控制精度 喷水点设置于出口的压力恢复区 可调比：50:1 蒸汽的温度精确地控制在饱和点的4~7℃以内 关闭时的泄漏等级为ANSI B16.104 Ⅳ级（标准的）、Ⅴ级（可选用） 低噪声级 不需要特殊的排放管道 柱塞形阀体结构，采取流线型以减少应力 在阀内件表面堆焊钴基金属，可延长使用寿命 规格可满足所有的要求与结构 维修简便，采用顶部装入法，可很快地更换阀内件 操作原理： 蒸汽压力和流量都由控制套筒内的阀瓣位置来决定。信号从压力控制回路到阀门执行器，控制平衡阀瓣位置，增加或减少流通面积。控制套筒有一排可达到所需流量特性的节流孔，当阀瓣从阀座上升起时，蒸汽就通过控制套筒上的节流孔，以向下的方向流向出口 此阀体的出口设有一个减温及消声结构。当蒸汽流过阀座后，便越过一扩散器至出口，扩散器具有降压及控制蒸汽体积膨胀的功能 扩散器为筒形，节流孔的位置安排使蒸汽以同轴方向流至出口；出口是放大口径的外体，其尺寸以蒸汽的体积膨胀量决定，以保证蒸汽流速不会引起噪声 出口阀体外有供水管组，连接体壁上的喷嘴，此设计可有效地将冷水注入蒸汽的湍流区。此喷水方法增加了水与蒸汽的换热面积，并利用蒸汽的湍流速度以达到均匀的混合及快速蒸发

（续）

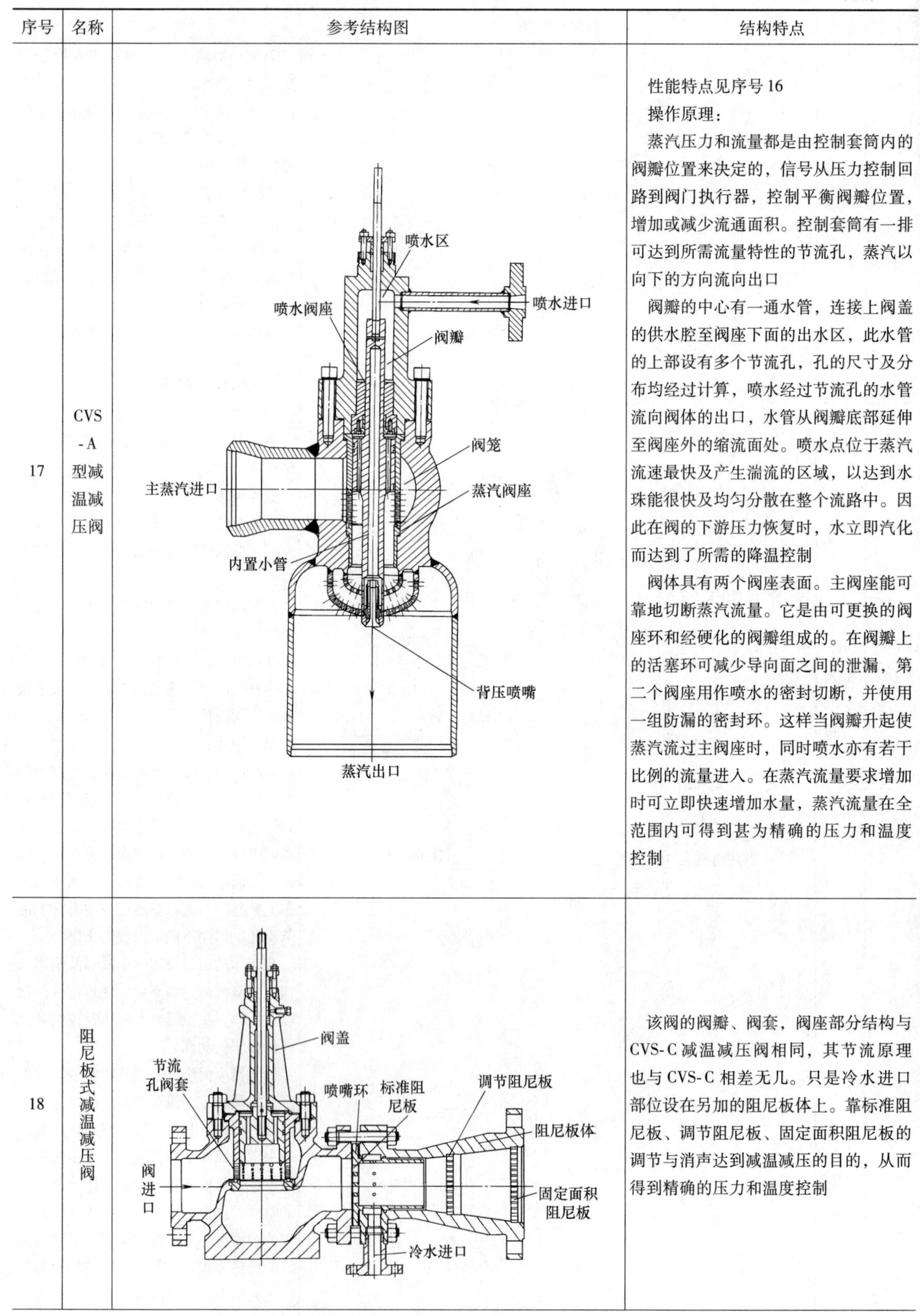

序号	名称	参考结构图	结构特点
17	CVS-A型减温减压阀		性能特点见序号16 操作原理： 蒸汽压力和流量都是由控制套筒内的阀瓣位置来决定的，信号从压力控制回路到阀门执行器，控制平衡阀瓣位置，增加或减少流通面积。控制套筒有一排可达到所需流量特性的节流孔，蒸汽以向下的方向流向出口 阀瓣的中心有一通水管，连接上阀盖的供水腔至阀座下面的出水区，此水管的上部设有多个节流孔，孔的尺寸及分布均经过计算，喷水经过节流孔的水管流向阀体的出口，水管从阀瓣底部延伸至阀座外的缩流面处。喷水点位于蒸汽流速最快及产生湍流的区域，以达到水珠能很快及均匀分散在整个流路中。因此在阀的下游压力恢复时，水立即汽化而达到了所需的降温控制 阀体具有两个阀座表面。主阀座能可靠地切断蒸汽流量。它是由可更换的阀座环和经硬化的阀瓣组成的。在阀瓣上的活塞环可减少导向面之间的泄漏，第二个阀座用作喷水的密封切断，并使用一组防漏的密封环。这样当阀瓣升起使蒸汽流过主阀座时，同时喷水亦有若干比例的流量进入。在蒸汽流量要求增加时可立即快速增加水量，蒸汽流量在全范围内可得到甚为精确的压力和温度控制
18	阻尼板式减温减压阀		该阀的阀瓣、阀套，阀座部分结构与CVS-C减温减压阀相同，其节流原理也与CVS-C相差无几。只是冷水进口部位设在另加的阻尼板体上。靠标准阻尼板、调节阻尼板、固定面积阻尼板的调节与消声达到减温减压的目的，从而得到精确的压力和温度控制

（续）

序号	名称	参考结构图	结构特点
19	轴流式控制阀	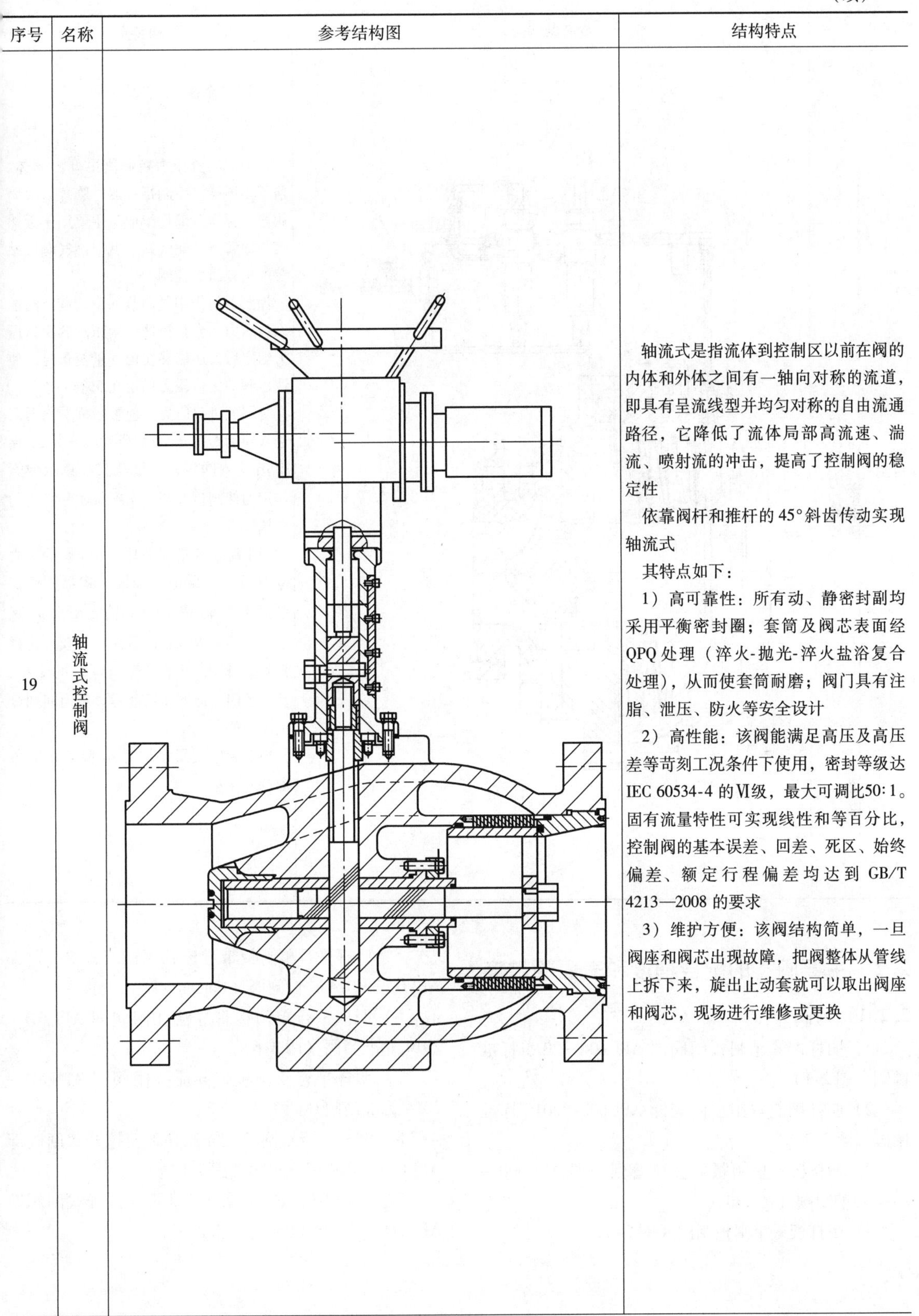	轴流式是指流体到控制区以前在阀的内体和外体之间有一轴向对称的流道，即具有呈流线型并均匀对称的自由流通路径，它降低了流体局部高流速、湍流、喷射流的冲击，提高了控制阀的稳定性 依靠阀杆和推杆的45°斜齿传动实现轴流式 其特点如下： 1）高可靠性：所有动、静密封副均采用平衡密封圈；套筒及阀芯表面经QPQ处理（淬火-抛光-淬火盐浴复合处理），从而使套筒耐磨；阀门具有注脂、泄压、防火等安全设计 2）高性能：该阀能满足高压及高压差等苛刻工况条件下使用，密封等级达IEC 60534-4的Ⅵ级，最大可调比50∶1。固有流量特性可实现线性和等百分比，控制阀的基本误差、回差、死区、始终偏差、额定行程偏差均达到GB/T 4213—2008的要求 3）维护方便：该阀结构简单，一旦阀座和阀芯出现故障，把阀整体从管线上拆下来，旋出止动套就可以取出阀座和阀芯，现场进行维修或更换

（续）

序号	名称	参考结构图	结构特点
20	自力式压力控制阀	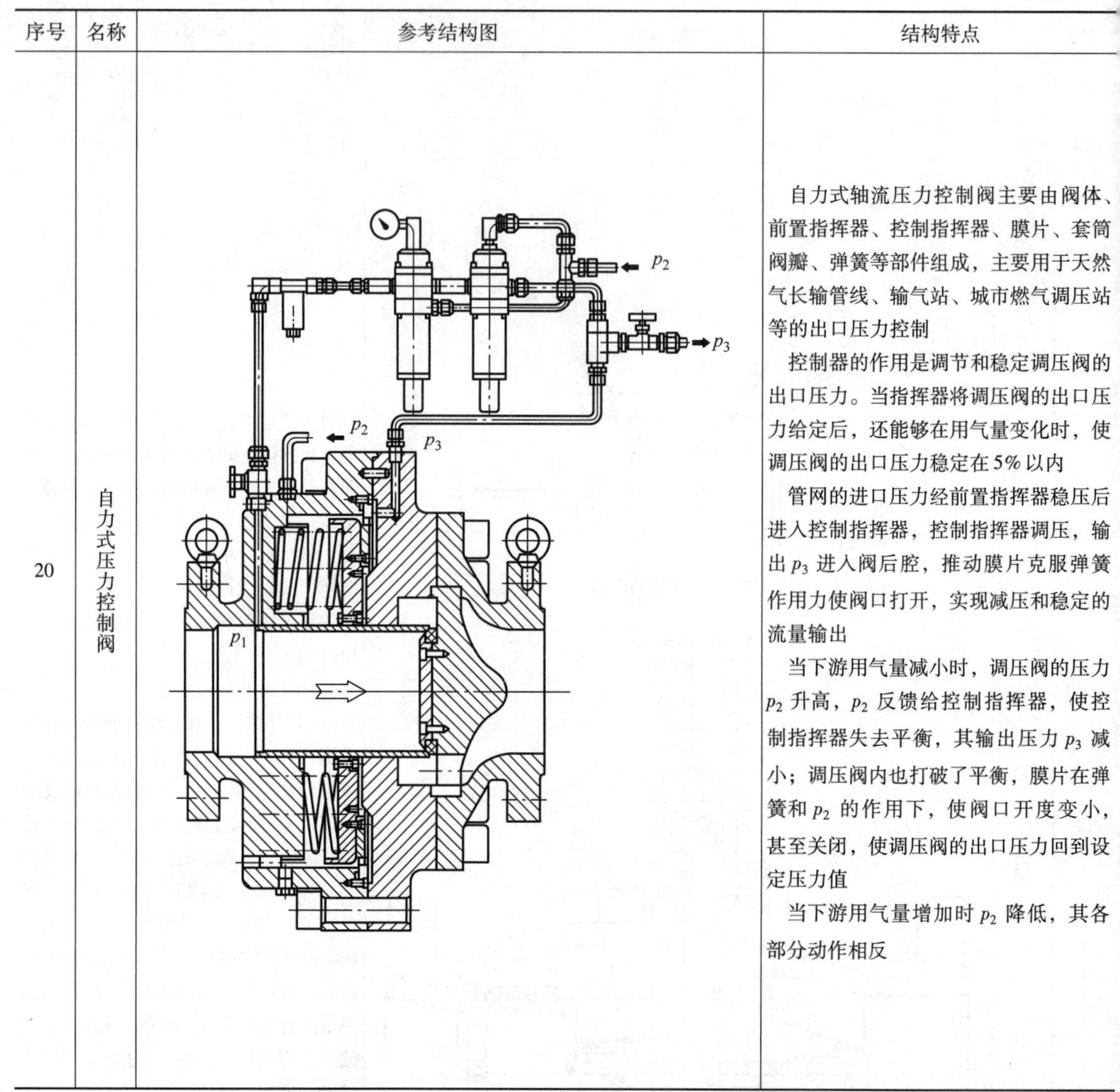	自力式轴流压力控制阀主要由阀体、前置指挥器、控制指挥器、膜片、套筒阀瓣、弹簧等部件组成，主要用于天然气长输管线、输气站、城市燃气调压站等的出口压力控制 控制器的作用是调节和稳定调压阀的出口压力。当指挥器将调压阀的出口压力给定后，还能够在用气量变化时，使调压阀的出口压力稳定在5%以内 管网的进口压力经前置指挥器稳压后进入控制指挥器，控制指挥器调压，输出p_3进入阀后腔，推动膜片克服弹簧作用力使阀口打开，实现减压和稳定的流量输出 当下游用气量减小时，调压阀的压力p_2升高，p_2反馈给控制指挥器，使控制指挥器失去平衡，其输出压力p_3减小；调压阀内也打破了平衡，膜片在弹簧和p_2的作用下，使阀口开度变小，甚至关闭，使调压阀的出口压力回到设定压力值 当下游用气量增加时p_2降低，其各部分动作相反

2.2　主要阀类的配合精度和表面粗糙度

2.2.1　闸阀

1）明杆楔式单闸板闸阀即API 600—2015标准闸阀（图2-1）。

2）明杆楔式双闸板闸阀即API 600—2015标准闸阀（图2-2）。

3）明杆楔式单闸板双波纹管闸阀即API 600—2015标准闸阀（图2-3）。

4）暗杆楔式单闸板闸阀（图2-4）。

5）暗杆平行单闸板带导流孔闸阀（图2-5）即API 6A—2014井口闸阀（Cameron阀）。

6）明杆平行单闸板带导流孔闸阀即API 6D—2014标准闸阀（图2-6）。

7）明杆平行双闸板带导流孔闸阀即API 6D—2014标准闸阀（图2-7）。

8）明杆平行双闸板无导流孔弹簧撑开式闸阀即API 6D—2014标准闸阀（图2-8）。

9）明杆平行双闸板无导流孔楔块撑开式闸阀即API 6D—2014标准闸阀（图2-9）。

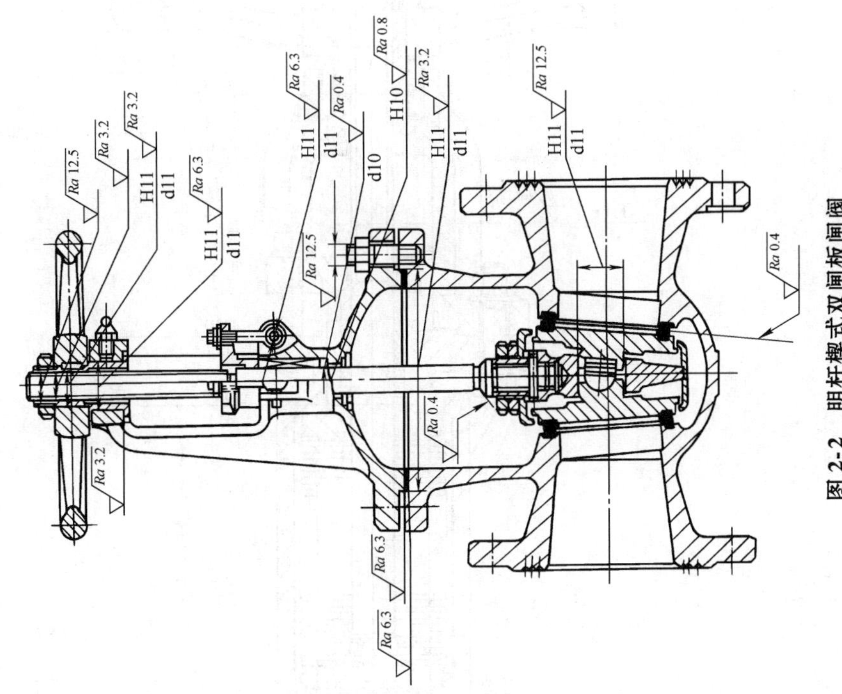

图 2-2 明杆楔式双闸板闸阀

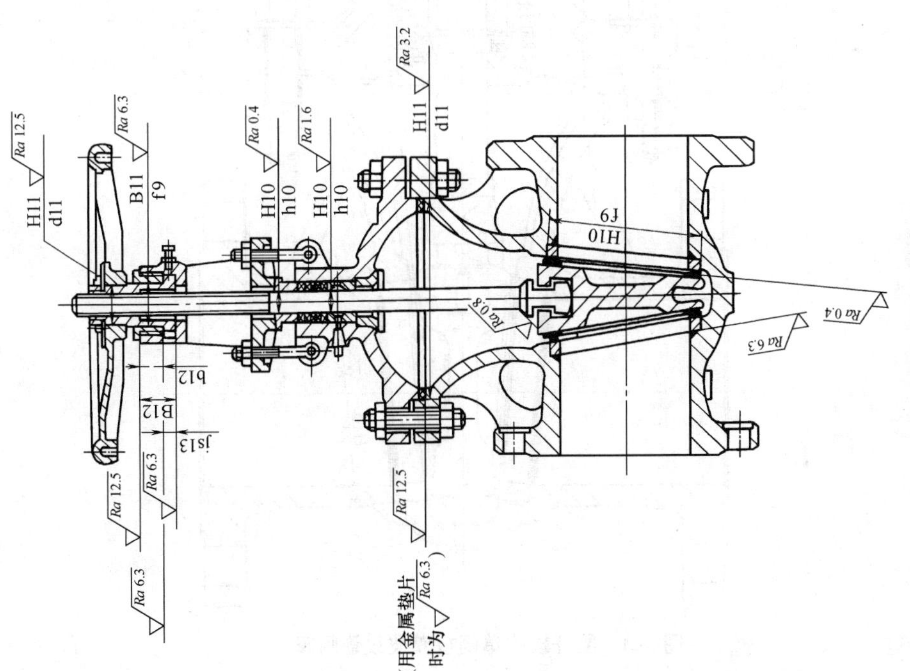

图 2-1 明杆楔式单闸板闸阀

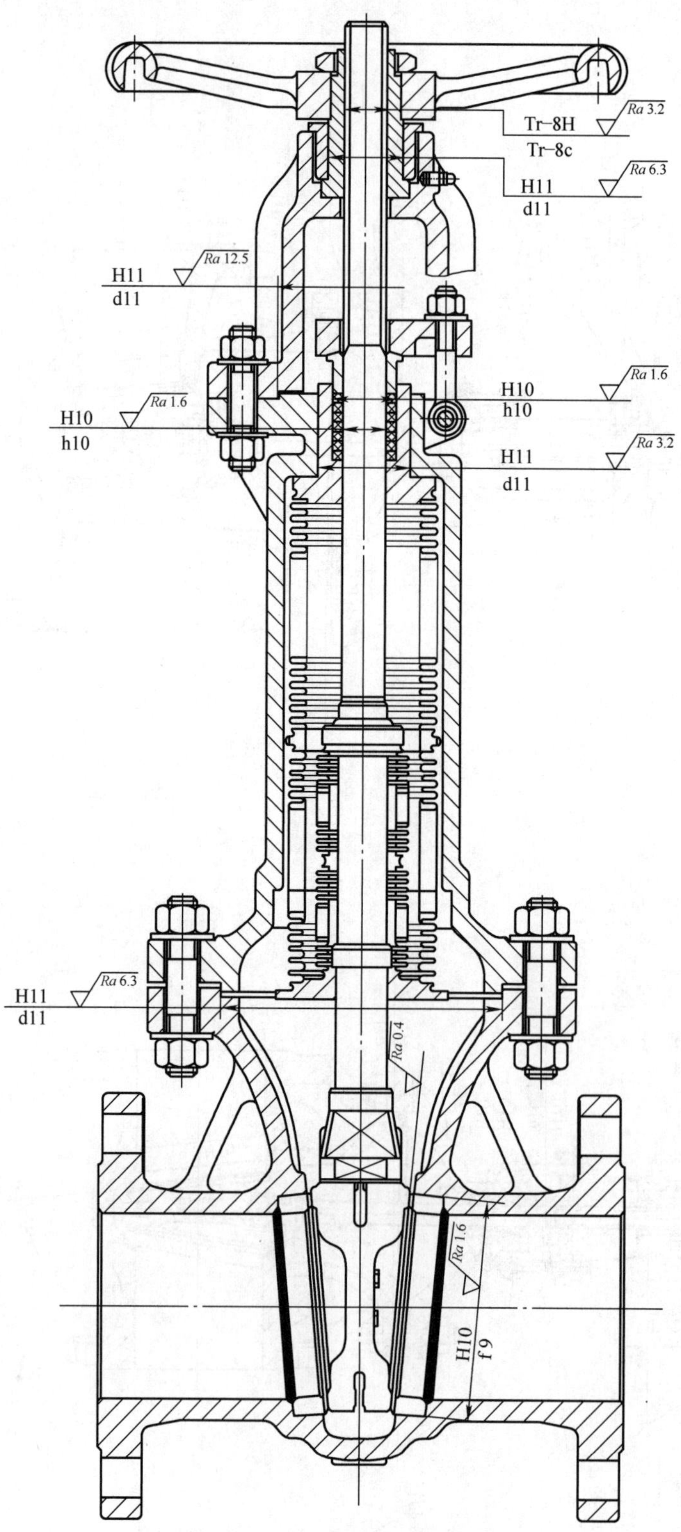

图2-3　明杆楔式单闸板双波纹管闸阀

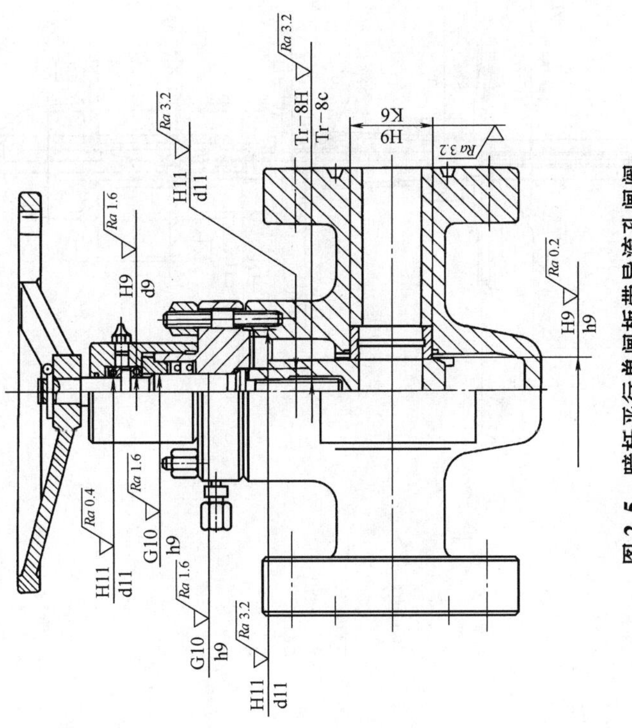

图 2-5 暗杆平行单闸板带导流孔闸阀

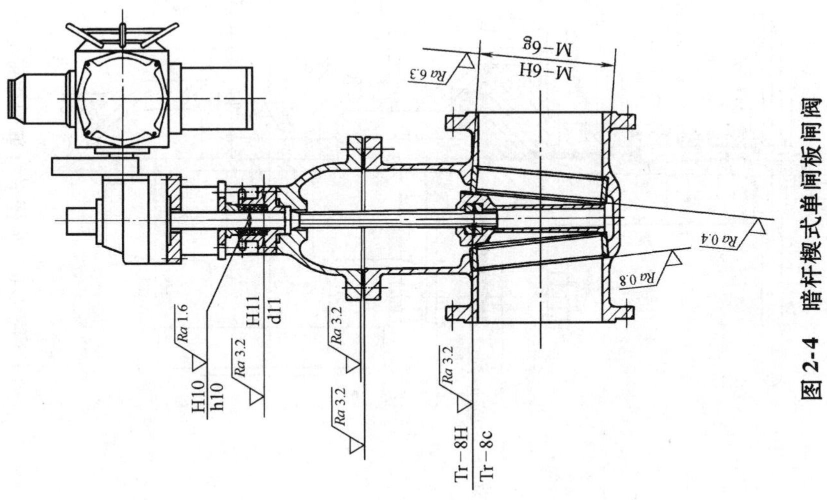

图 2-4 暗杆楔式单闸板闸阀

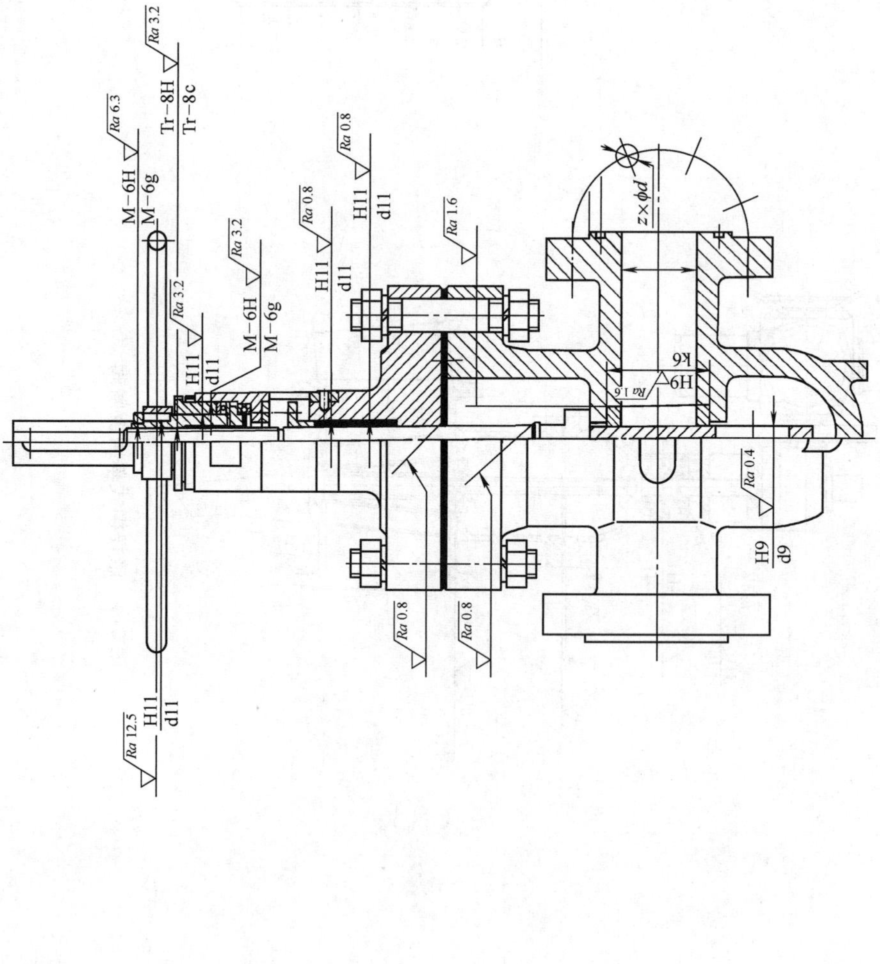

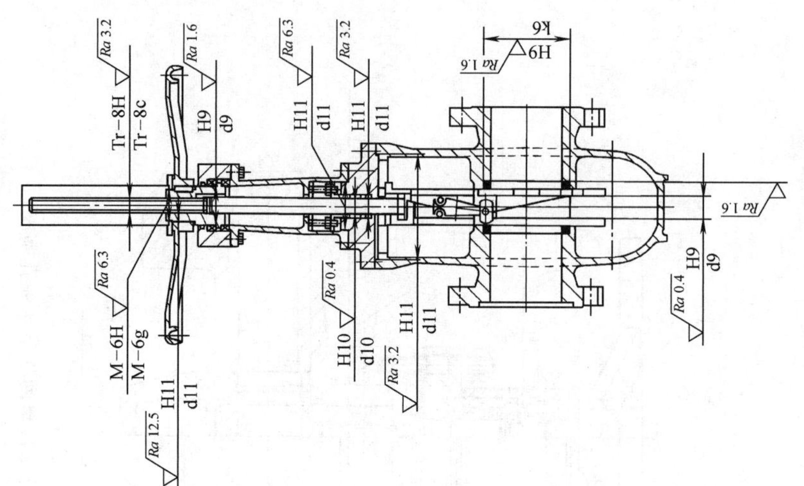

图 2-7　明杆平行双闸板带导流孔闸阀

图 2-6　明杆平行单闸板带导流孔闸阀

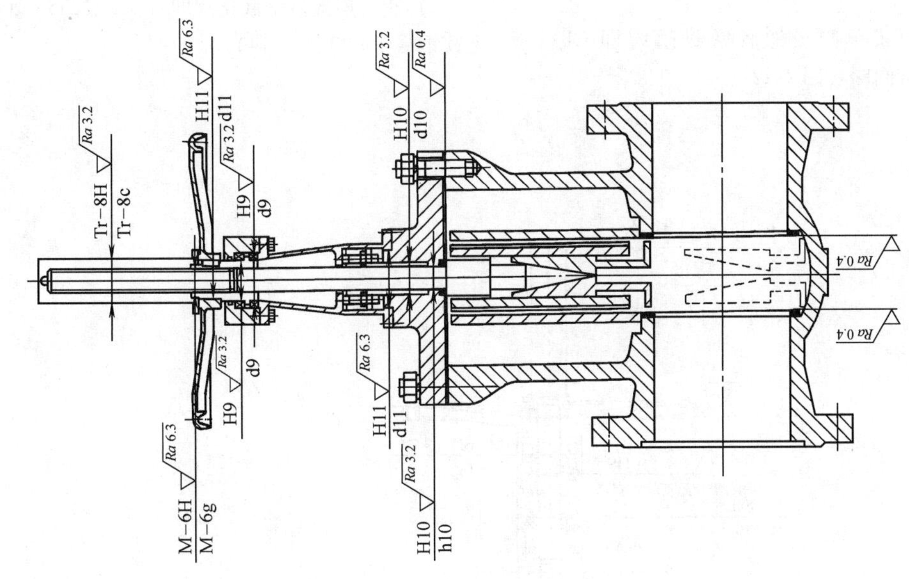

图 2-9　明杆平行双闸板无导流孔楔块撑开式闸阀

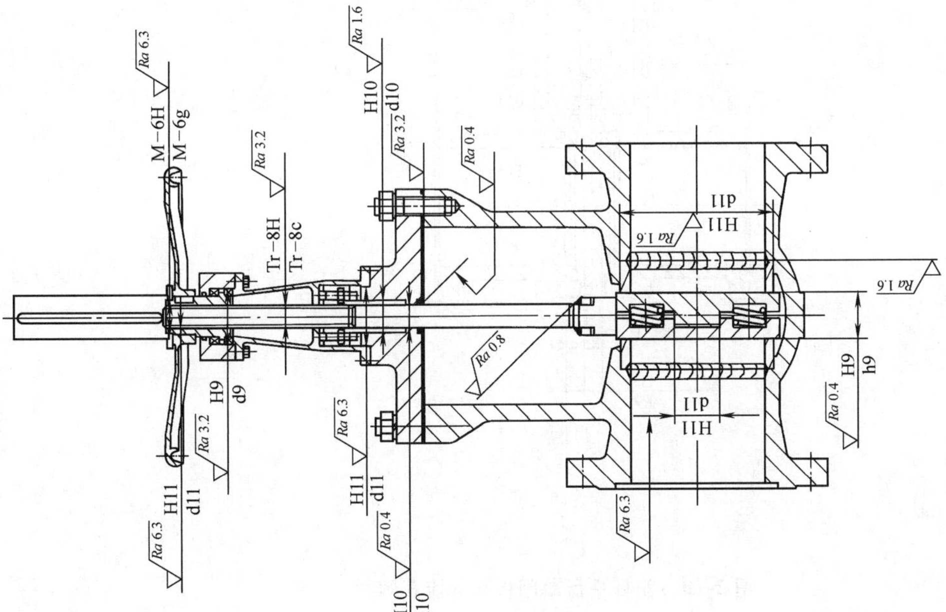

图 2-8　明杆平行双闸板无导流孔弹簧撑开式闸阀

10）明杆平行单闸板无导流孔闸阀即 API 6D—2014 标准闸阀（图 2-10）。

11）明杆平行双闸板无导流孔弹簧撑开式螺柱连接式内压自紧密封阀盖闸阀即 API 6D—2014 标准阀门（图 2-11）。

12）暗杆楔式单闸板橡胶密封闸阀即 GB/T 24924—2010 标准闸阀（图 2-12）。

2.2.2　截止阀

1）承插焊连接锻钢截止阀即 API 602—2015、ISO 15761：2002、EN ISO 15761：2003 标准锻钢阀门（图 2-13）。

2）法兰连接铸钢截止阀即 GB/T 12235—2007 标准铸钢截止阀（图 2-14）。

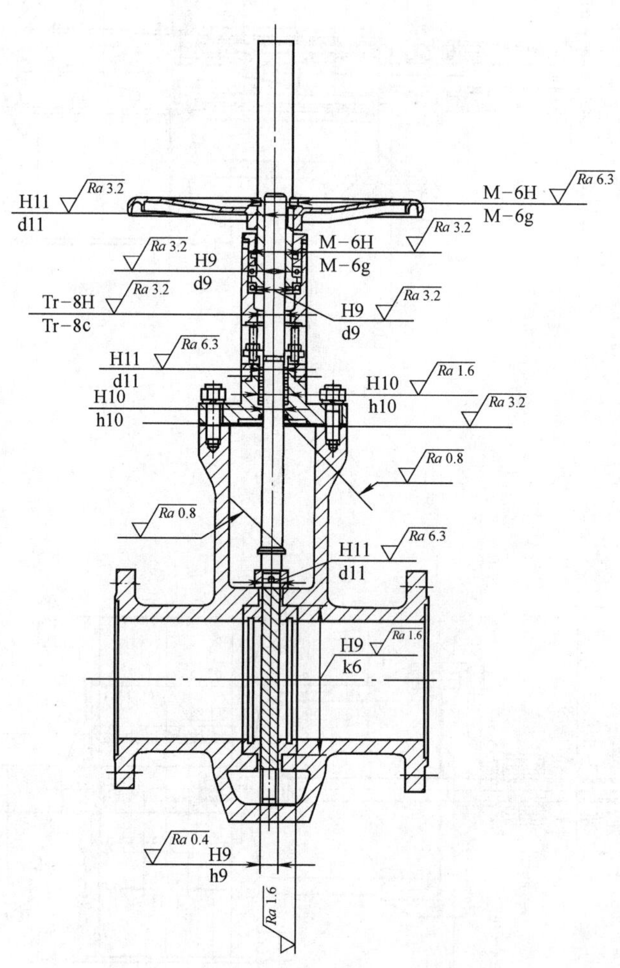

图 2-10　明杆平行单闸板无导流孔闸阀

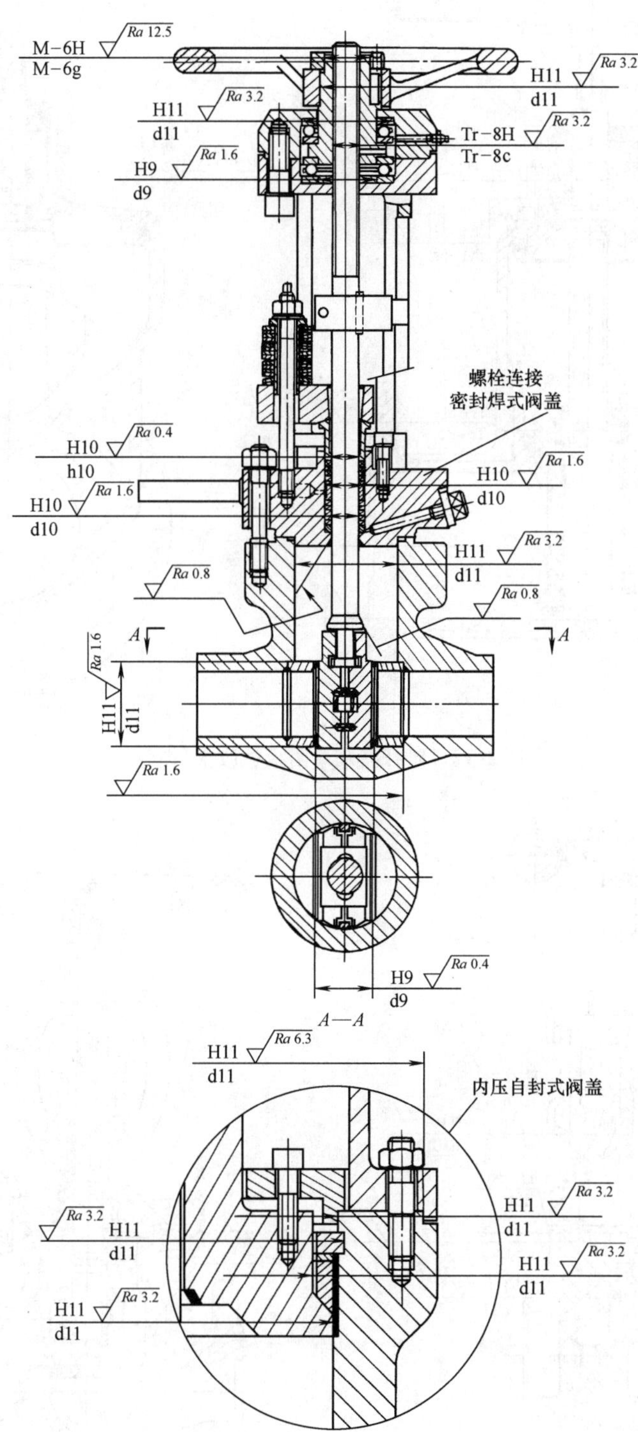

图 2-11 明杆平行双闸板无导流孔弹簧撑开式螺柱连接式内压自紧密封阀盖闸阀

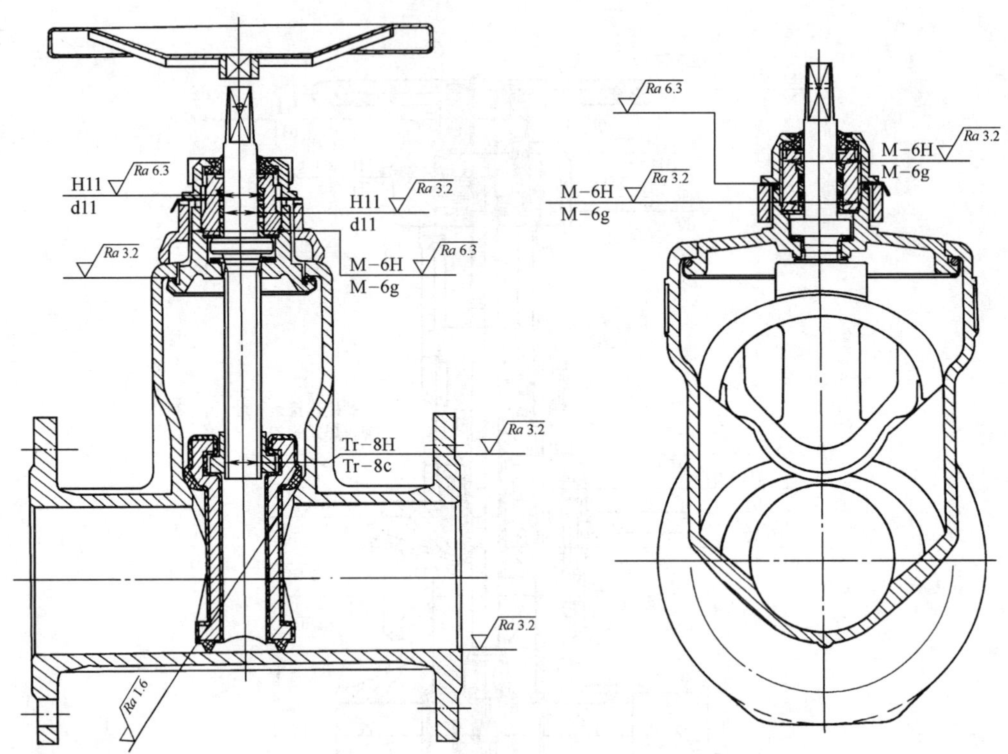

图2-12　暗杆楔式单闸板橡胶密封闸阀

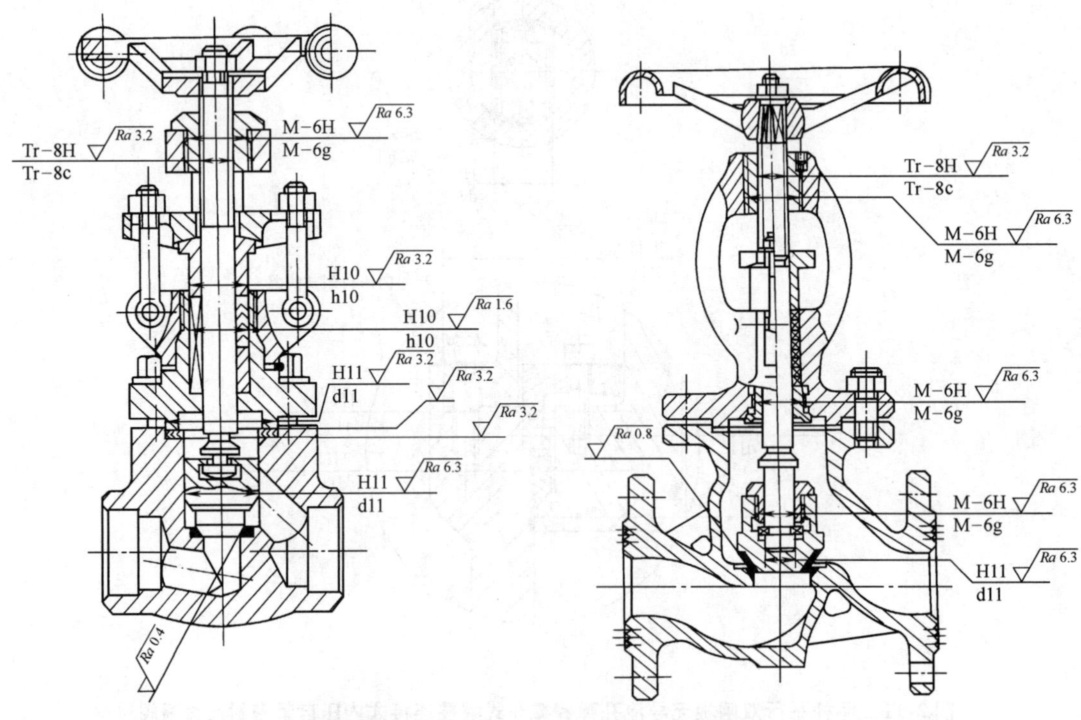

图2-13　承插焊连接锻钢截止阀　　　　图2-14　法兰连接铸钢截止阀

3）法兰或对接焊连接内压自封式阀盖钢制先导式高压截止阀（图2-15）。

4）法兰连接铸钢波纹管截止阀即API 623—2015标准钢制截止阀（图2-16）。

5）法兰连接铸钢波纹管截止阀即GB/T 12235—2007标准钢制截止阀（图2-17）。

6）对焊端锻钢波纹管截止阀即EN 13709：2010标准钢制截止阀（图2-18）。

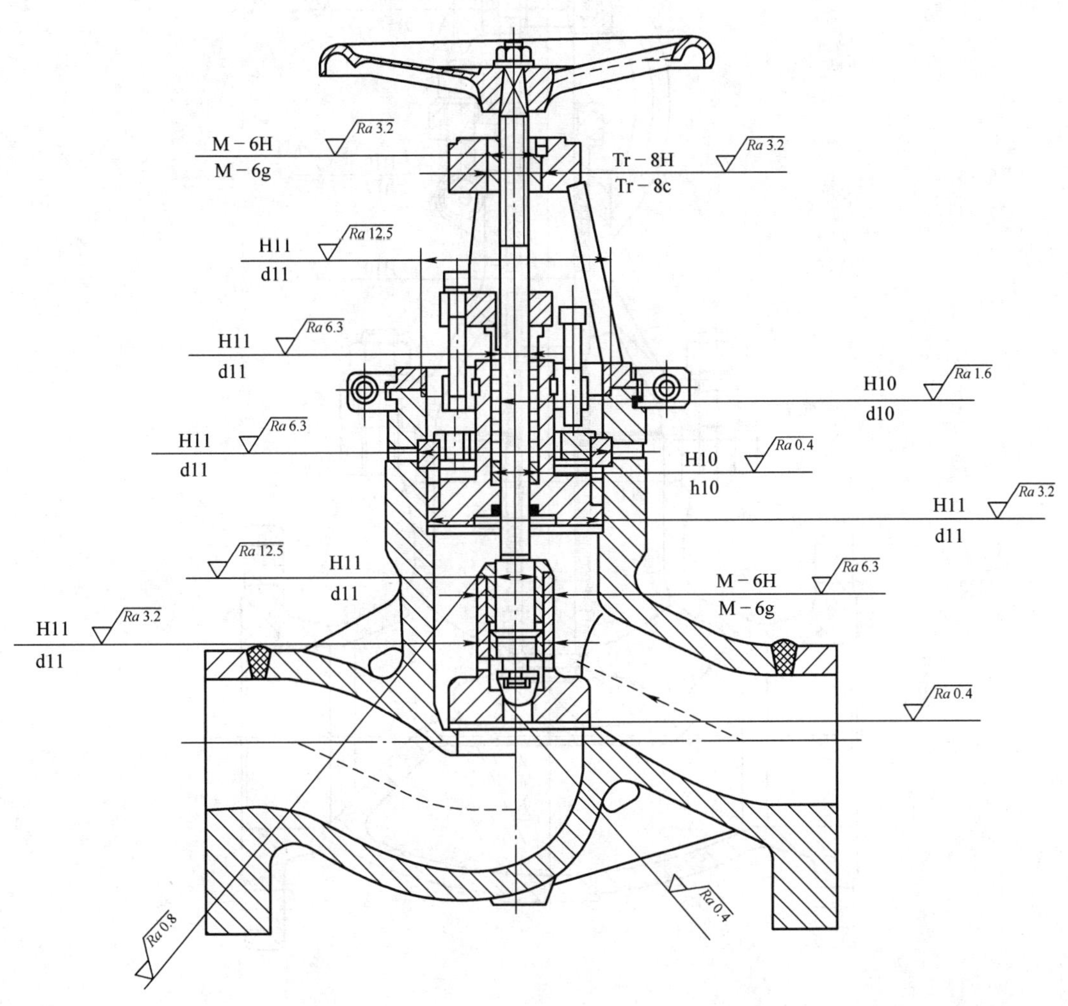

图2-15　法兰或对焊连接内压自封式阀盖钢制先导式高压截止阀

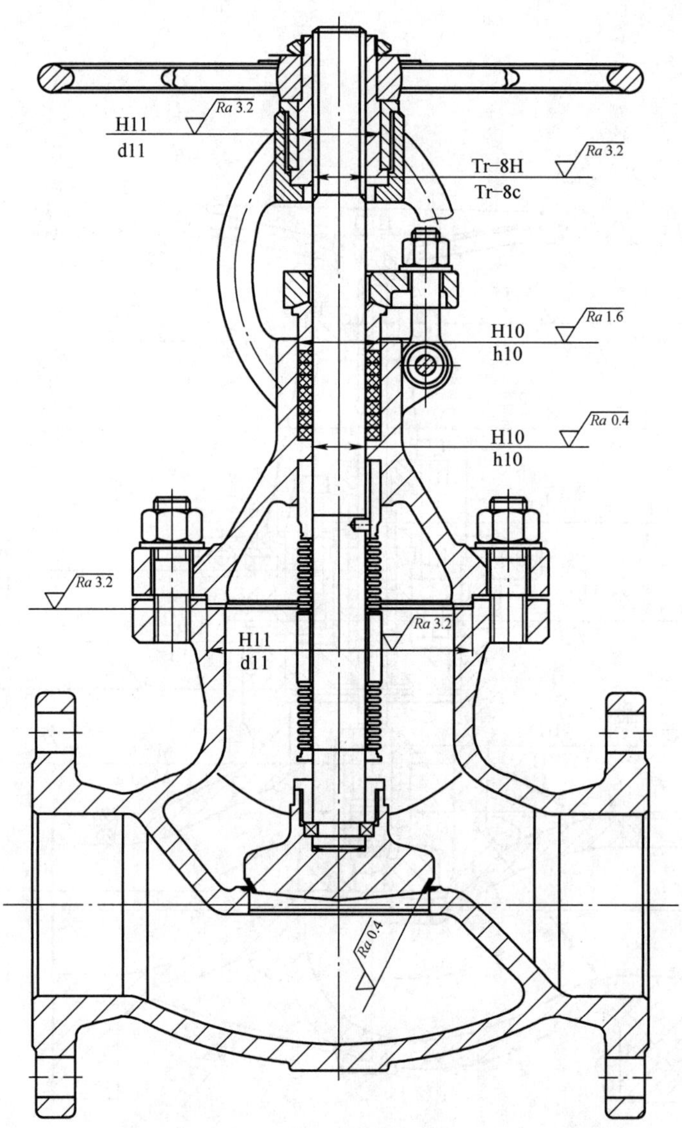

图2-16　法兰连接铸钢波纹管截止阀

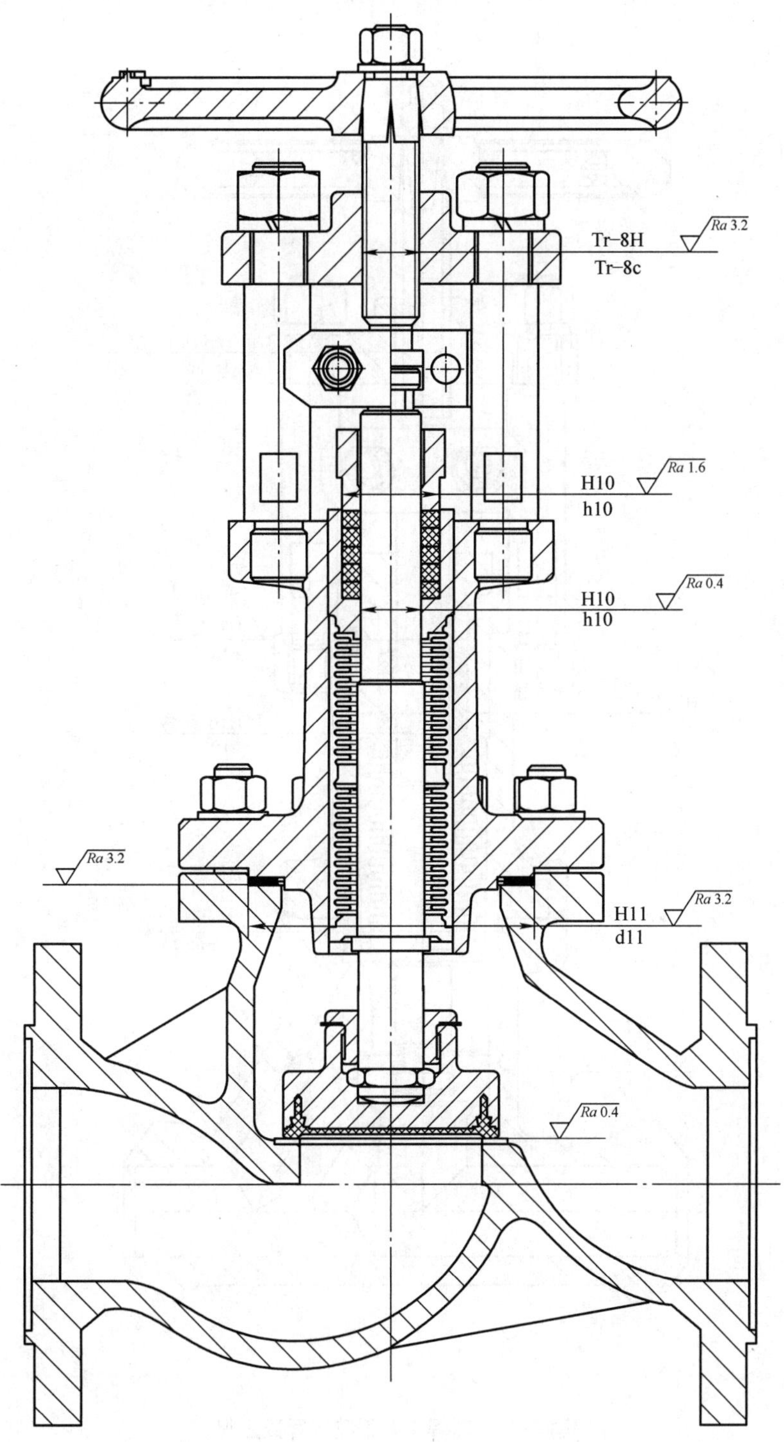

图 2-17　法兰连接铸钢波纹管截止阀

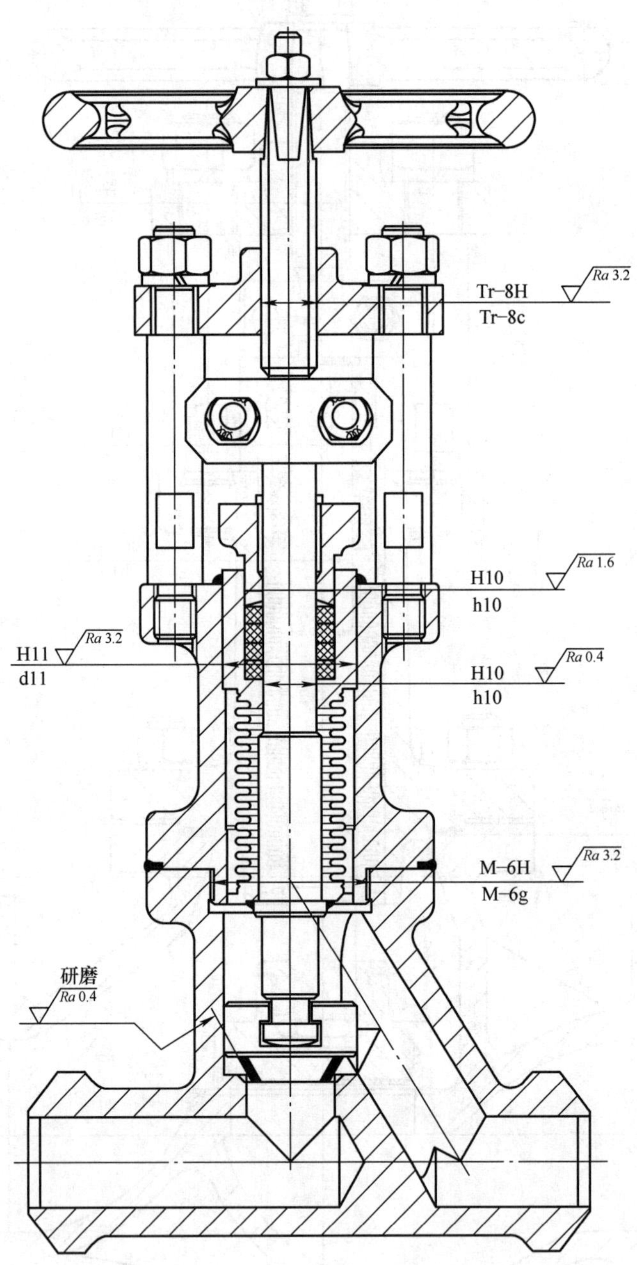

图2-18　对焊端锻钢波纹管截止阀

7）对焊连接内压自封式阀盖锻钢截止阀（图2-19）。

8）承插焊连接锻钢波纹管密封直流式截止阀（图2-20）。

9）法兰连接铸钢双阀体对夹阀座直流式截止阀（图2-21）。

10）法兰连接铸钢或锻钢角式截止阀（节流阀）（图2-22）。

11）法兰连接锻钢套筒式角式截止阀（节流阀）（图2-23）。

12）螺纹法兰连接锻钢角式内压自封阀盖截止阀（节流阀）（图2-24）。

13）法兰连接锻钢平衡角式截止阀（节流阀）（图2-25）。

14）对焊连接锻钢螺纹焊接阀盖直通式电站截止阀（图2-26）。

15）对焊连接锻钢螺纹焊接阀盖直通式高温高压电站截止阀（图2-27）。

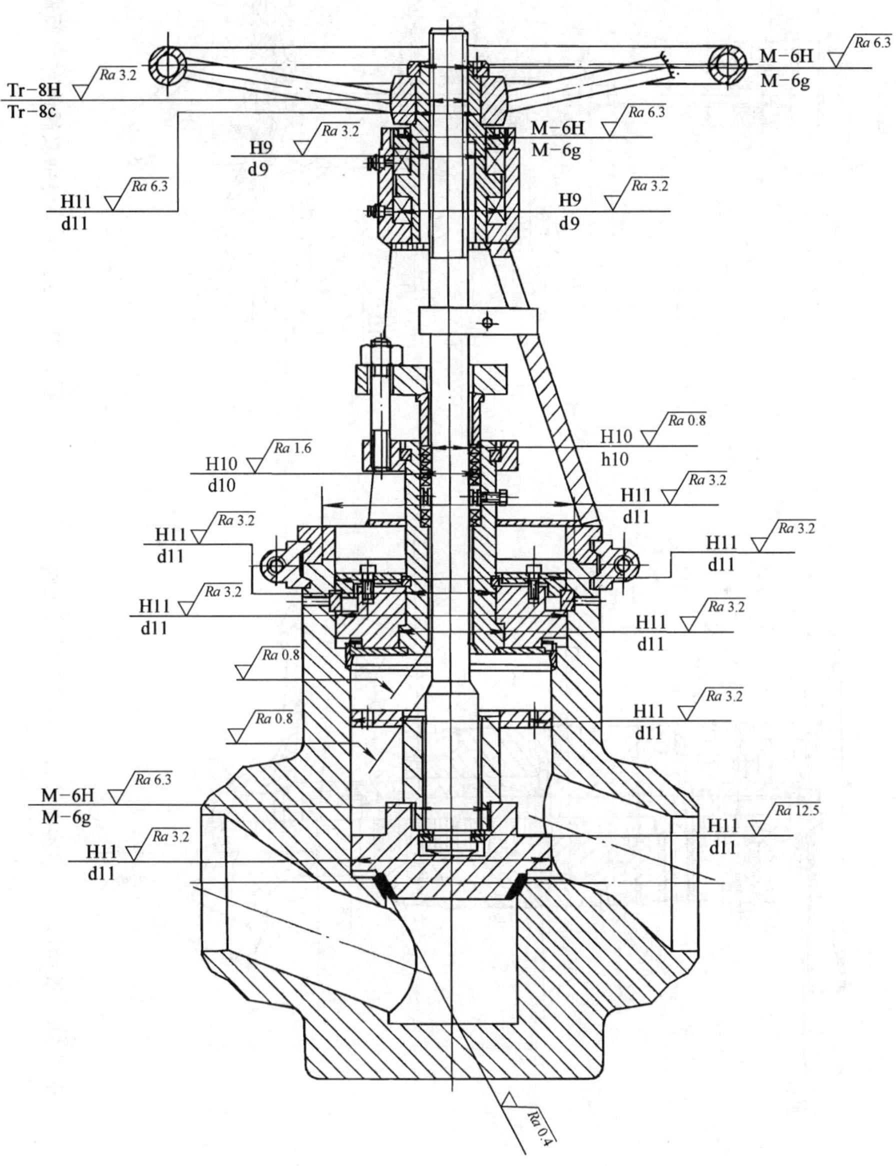

图2-19 对焊连接内压自封式阀盖锻钢截止阀

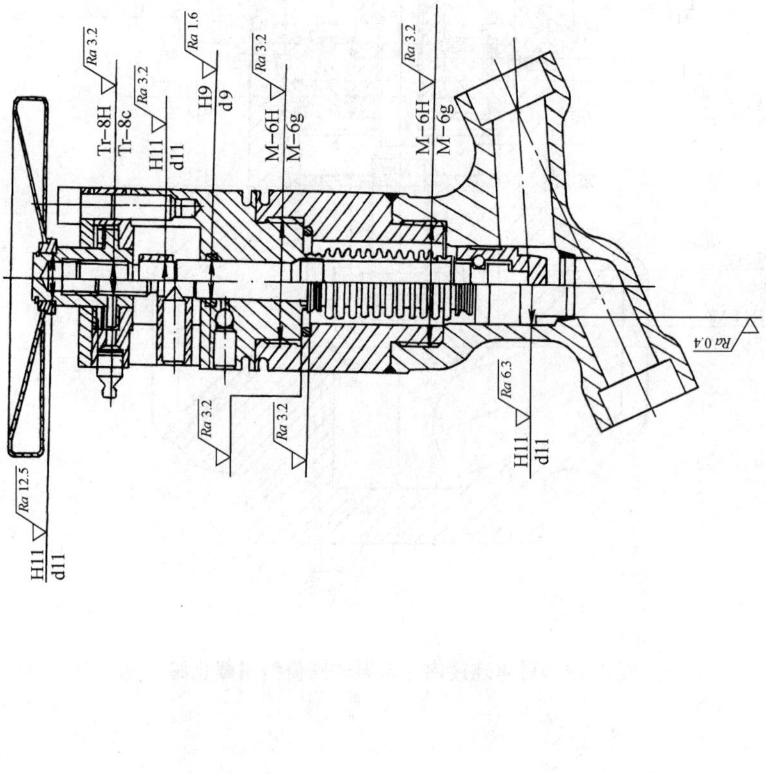

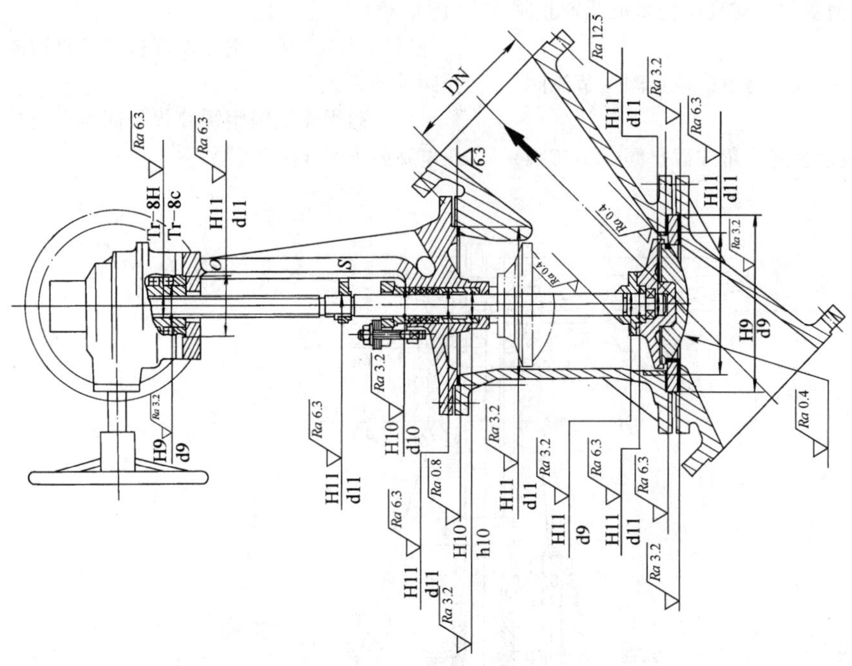

图2-21　法兰连接铸钢双阀体对夹阀座直流式截止阀

图2-20　承插焊连接锻钢波纹管密封直流式截止阀

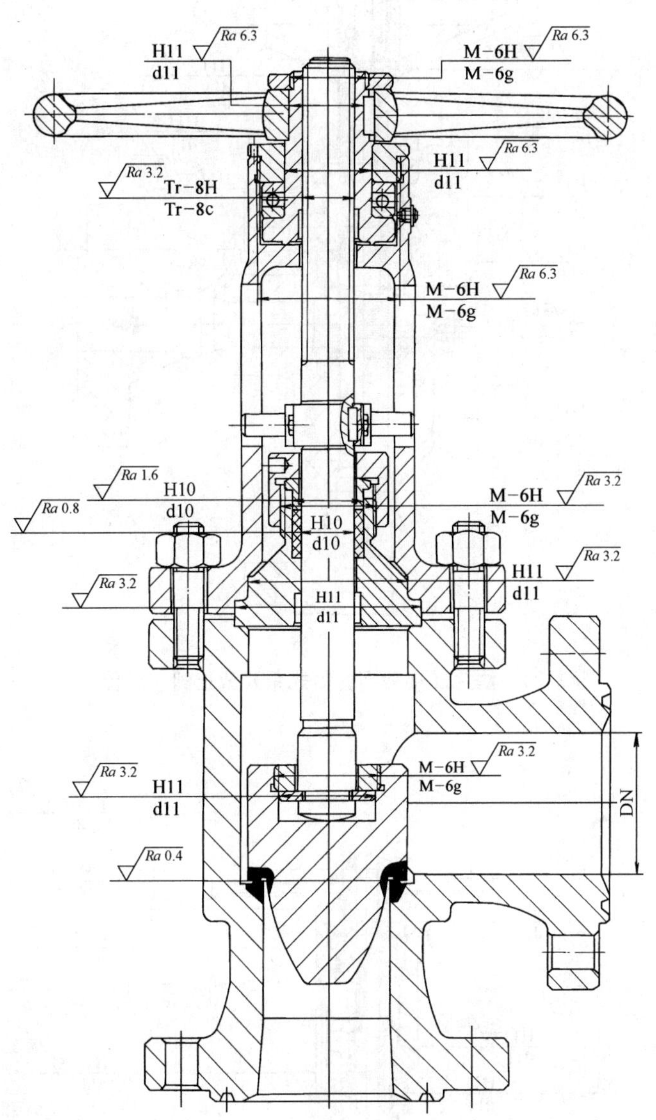

图 2-22 法兰连接铸钢或锻钢角式截止阀（节流阀）

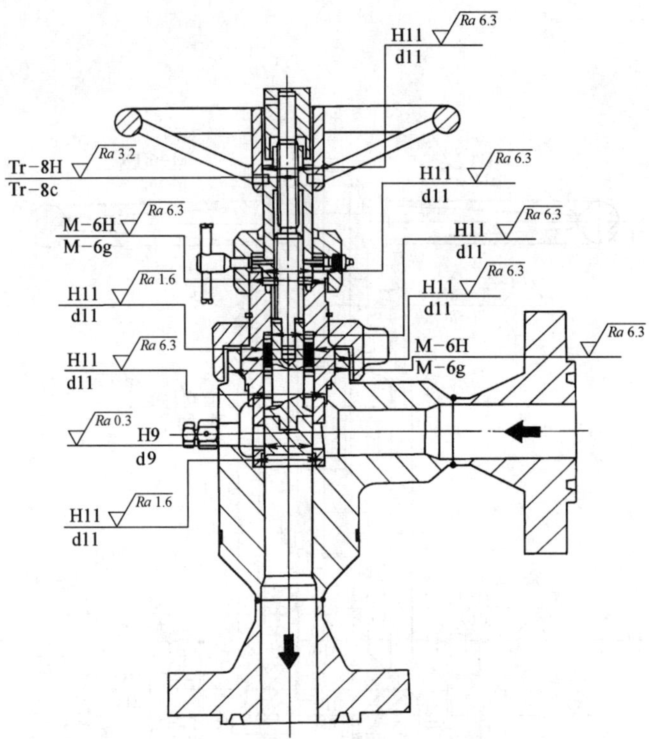

图 2-23　法兰连接锻钢套筒式角式截止阀（节流阀）

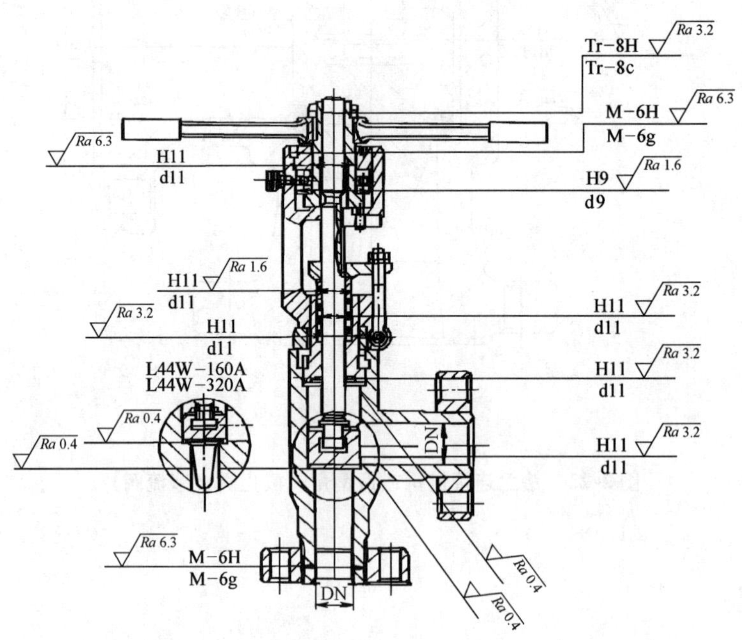

图 2-24　螺纹法兰连接锻钢角式内压自封阀盖截止阀（节流阀）

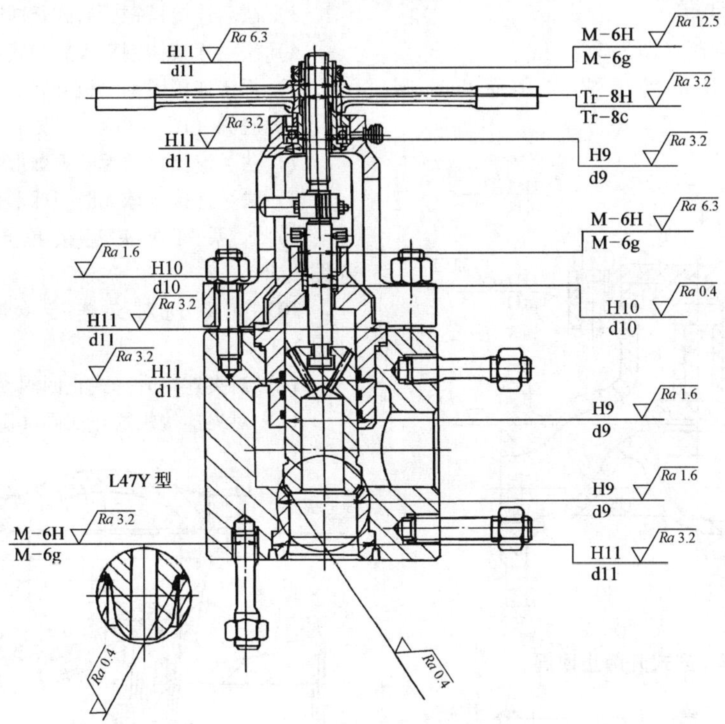

图 2-25　法兰连接锻钢平衡角式截止阀（节流阀）

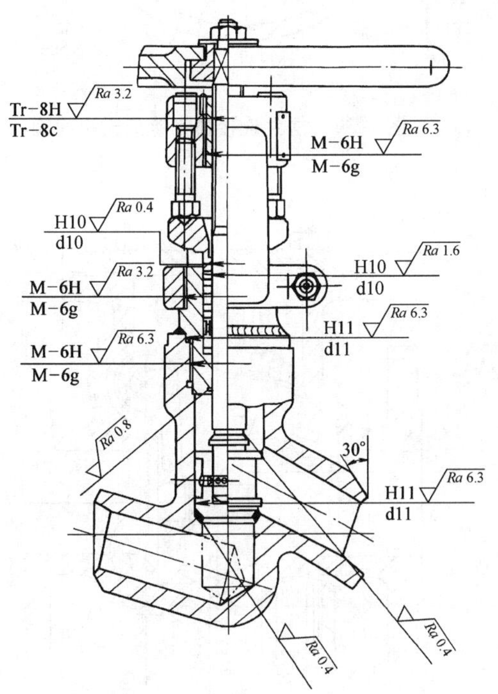

图 2-26　对焊连接锻钢螺纹焊接阀盖直通式电站截止阀

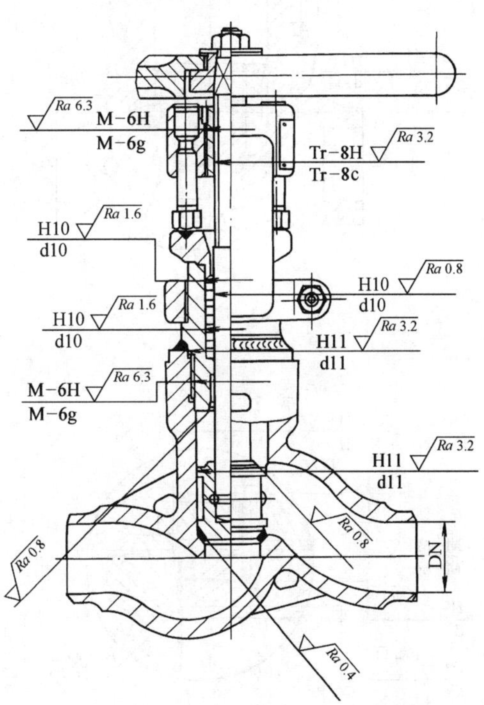

图 2-27　对焊连接锻钢螺纹焊接阀盖直通式高温高压电站截止阀

2.2.3　止回阀

1）立式升降止回阀（图2-28）。

2）焊接连接锻钢高压立式升降止回阀（图2-29）。

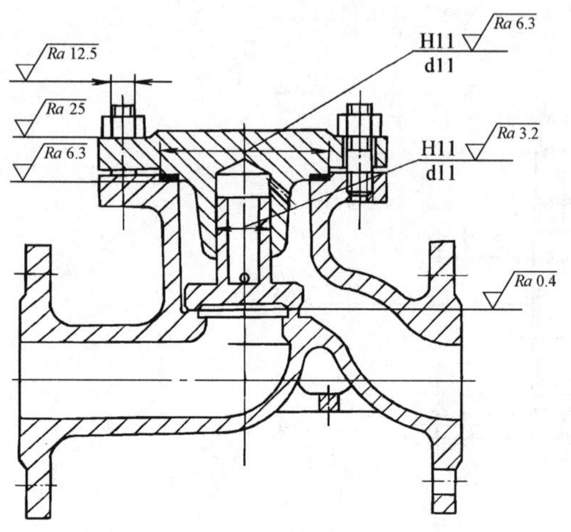

图2-28　立式升降止回阀

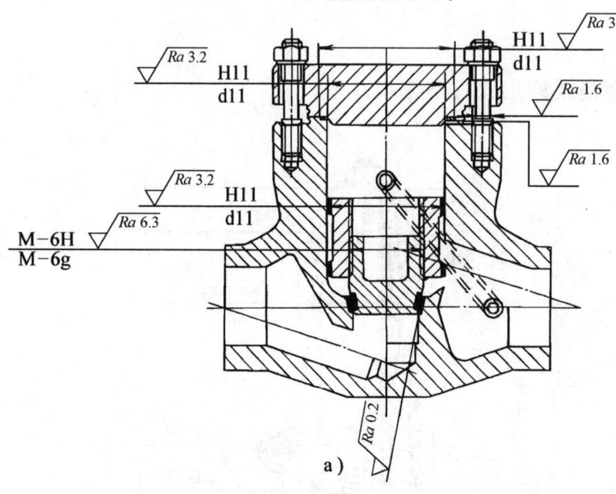

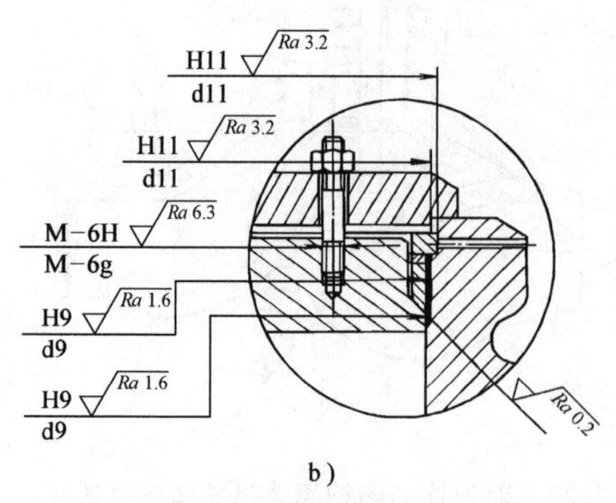

图2-29　焊接连接锻钢高压立式升降止回阀

a）焊接密封式阀盖　b）内压自封式阀盖

3）法兰连接铸钢旋启式止回阀（图2-30）。

4）法兰连接铸钢直板旋启式止回阀（图2-31）。

5）焊接连接锻钢斜板旋启式止回阀（图2-32）。

6）底阀（图2-33）。

7）法兰连接单球无磨损球形止回阀（图2-34）。

8）法兰连接多球无磨损球形止回阀（图2-35）。

9）长系列对夹连接单瓣旋启式止回阀（图2-36）。

10）短系列对夹连接单瓣旋启式止回阀（图2-37）。

11）对夹连接升降式止回阀（图2-38）。

12）对夹连接蝶式止回阀（图2-39）。

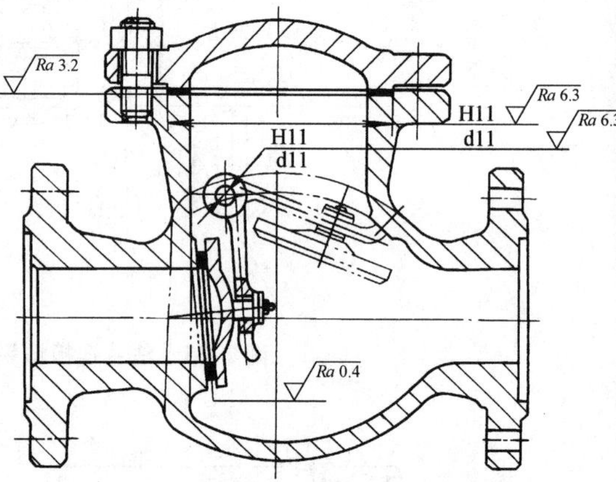

图2-30　法兰连接铸钢旋启式止回阀

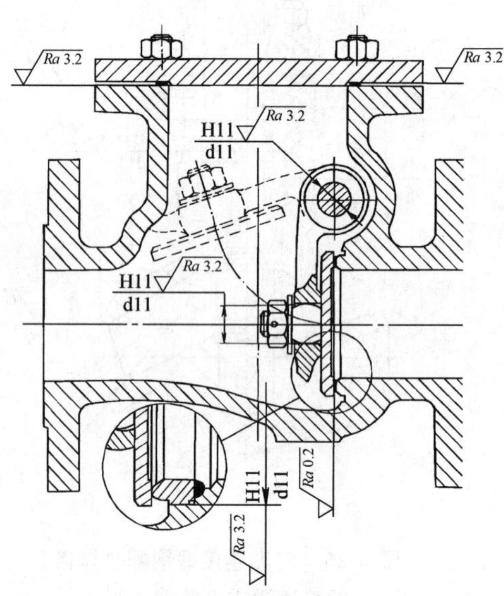

图2-31　法兰连接铸钢直板旋启式止回阀

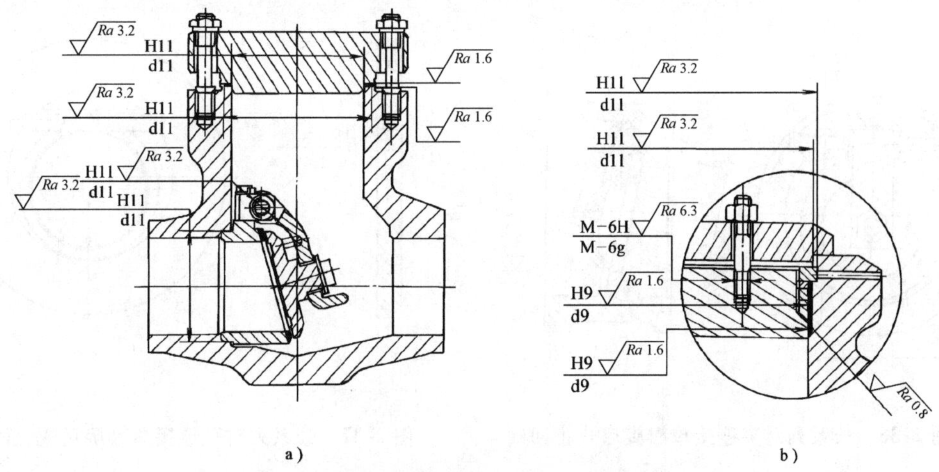

图 2-32　焊接连接锻钢斜板旋启式止回阀

a）焊接密封式阀盖　b）内压自封式阀盖

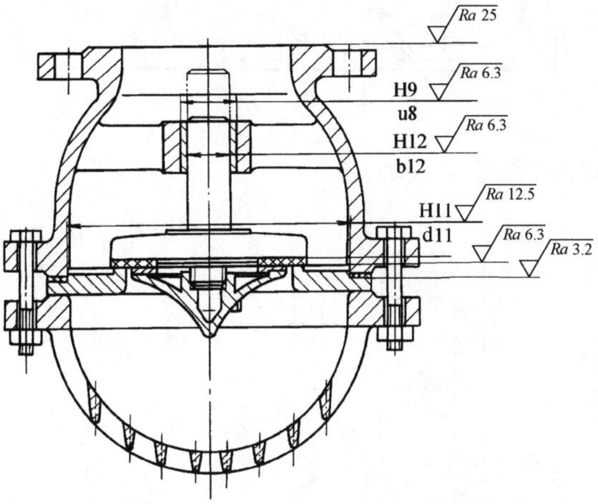

图 2-33　底阀

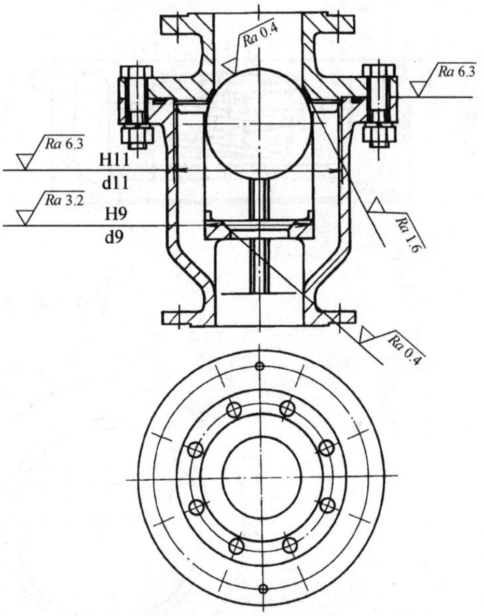

图 2-34　法兰连接单球无磨损球形止回阀

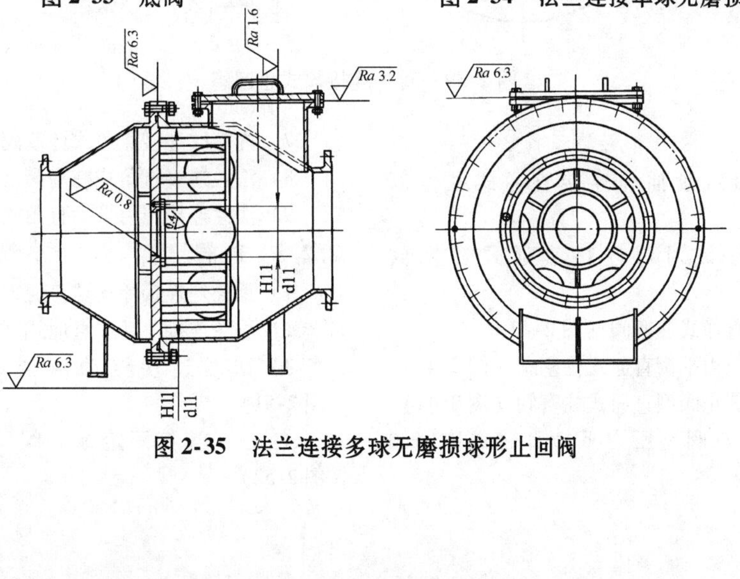

图 2-35　法兰连接多球无磨损球形止回阀

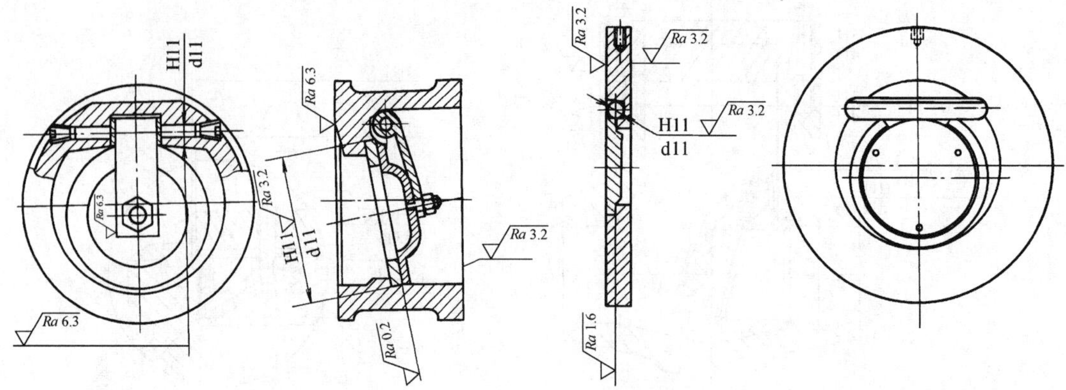

图2-36　长系列对夹连接单瓣旋启式止回阀　　　图2-37　短系列对夹连接单瓣旋启式止回阀

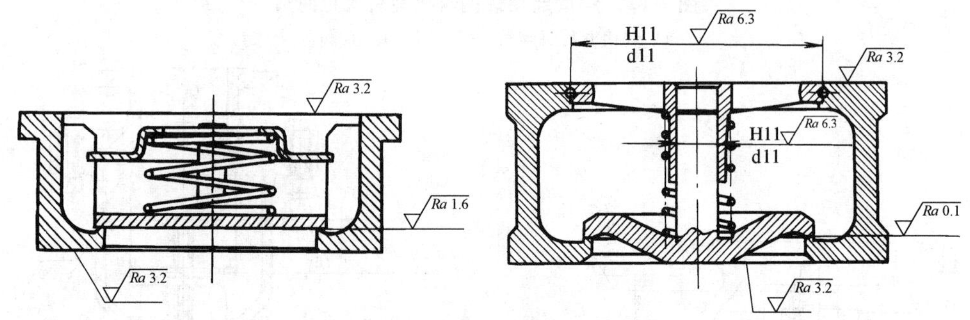

图2-38　对夹连接升降式止回阀

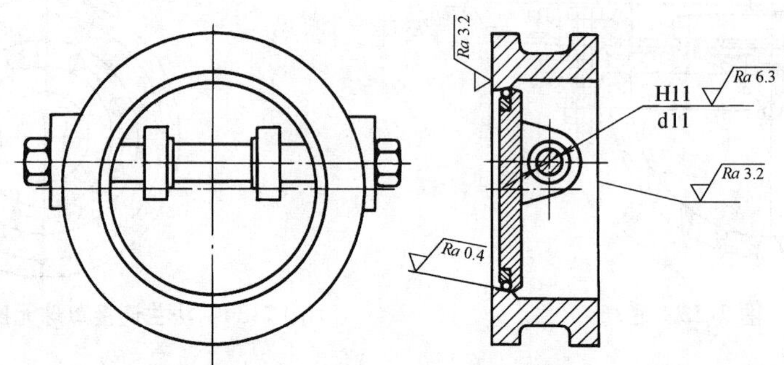

图2-39　对夹连接蝶式止回阀

2.2.4　柱塞阀

1）螺纹连接或承插焊连接直通式柱塞阀（图2-40）。

2）螺纹连接或对焊连接直通式柱塞阀（图2-41）。

3）法兰连接直通式柱塞阀（图2-42）。

4）法兰连接压力平衡直通式柱塞阀（图2-43）。

5）法兰连接截止阀型直通式柱塞阀（图2-44）。

6）法兰连接双阀座压力平衡直通式柱塞阀（图2-45）。

7）内螺纹连接直角式柱塞阀（图2-46）。

8）法兰连接直角式柱塞阀（图2-47）。

9）法兰连接压力平衡直角式柱塞阀（图2-48）。

2.2.5　球阀

1）承插焊连接浮动球直通式球阀（图2-49）。

2）法兰连接浮动球直通式球阀（图2-50）。

3）法兰连接浮动球全焊接直通式球阀（图2-51）。

4）法兰连接固定球后阀座密封直通式球阀（图2-52）。

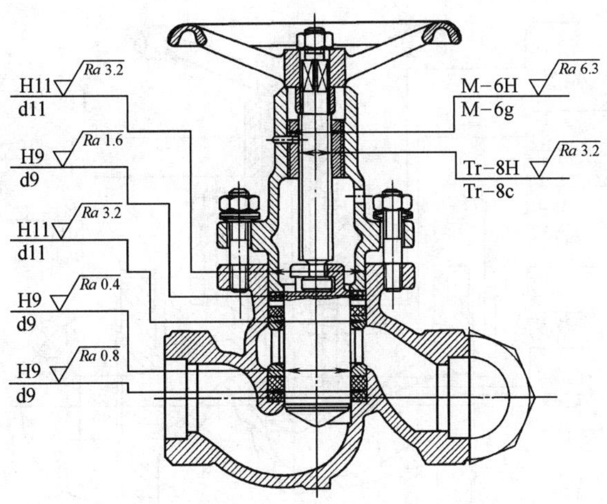

图 2-40 螺纹连接或承插焊连接直通式柱塞阀

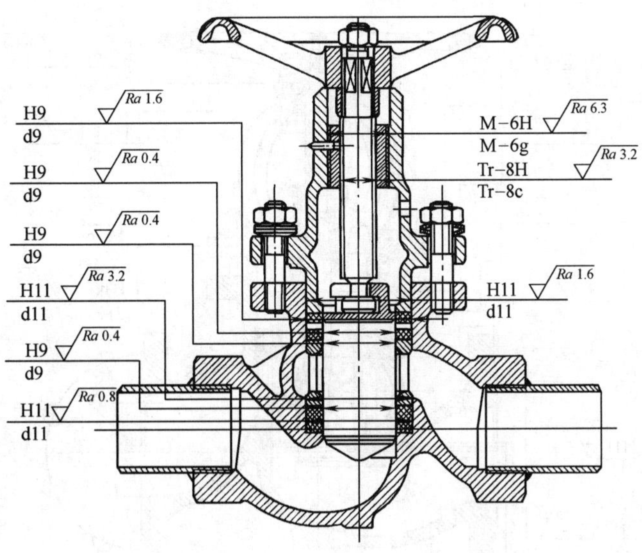

图 2-41 螺纹连接或对焊连接直通式柱塞阀

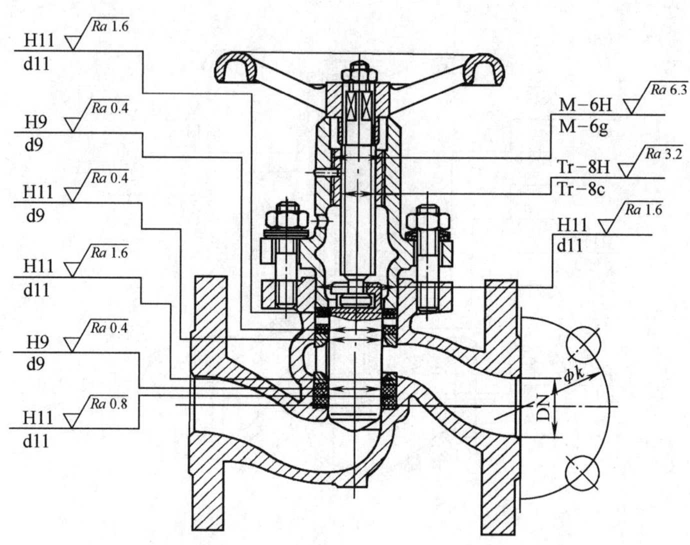

图2-42　法兰连接直通式柱塞阀

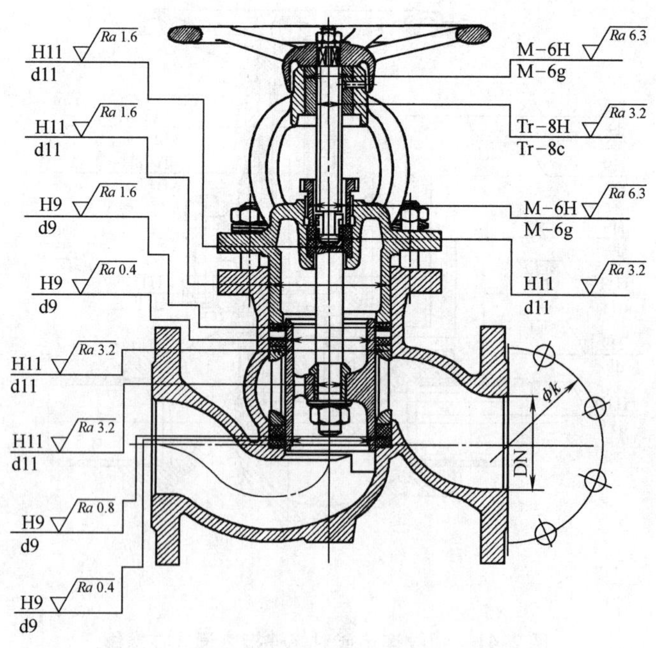

图2-43　法兰连接压力平衡直通式柱塞阀

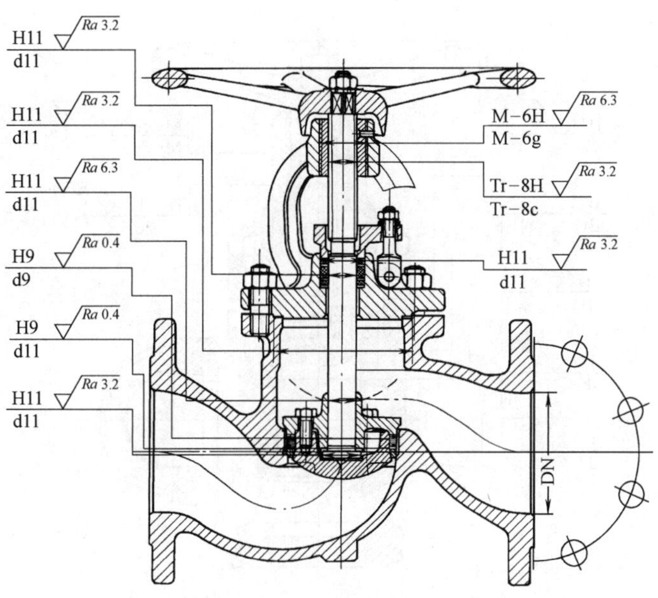

图 2-44 法兰连接截止阀型直通式柱塞阀

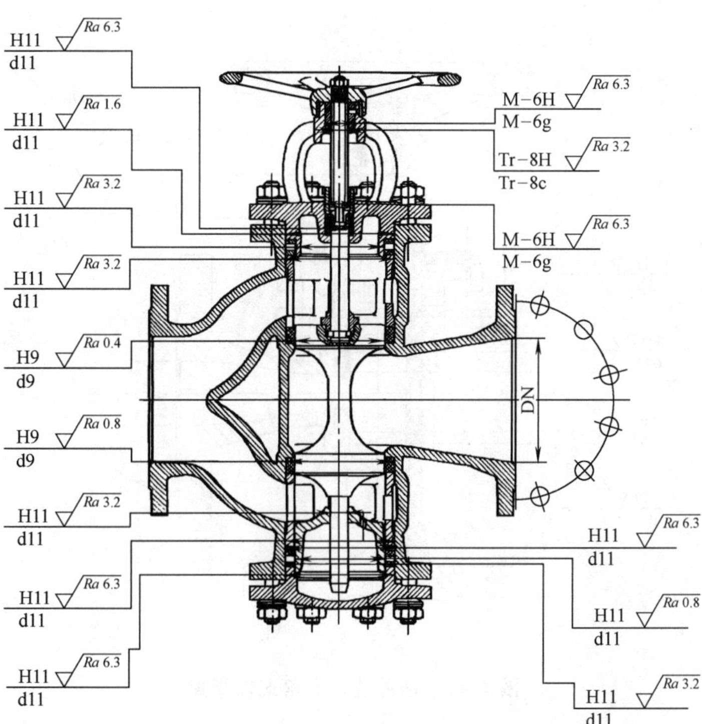

图 2-45 法兰连接双阀座压力平衡直通式柱塞阀

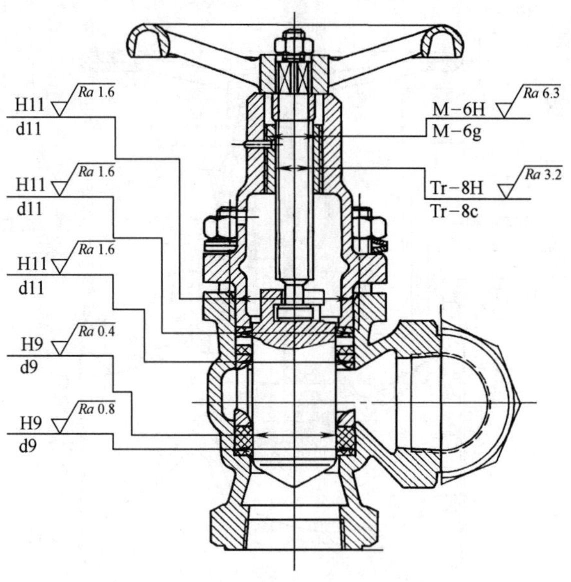

图 2-46　内螺纹连接直角式柱塞阀

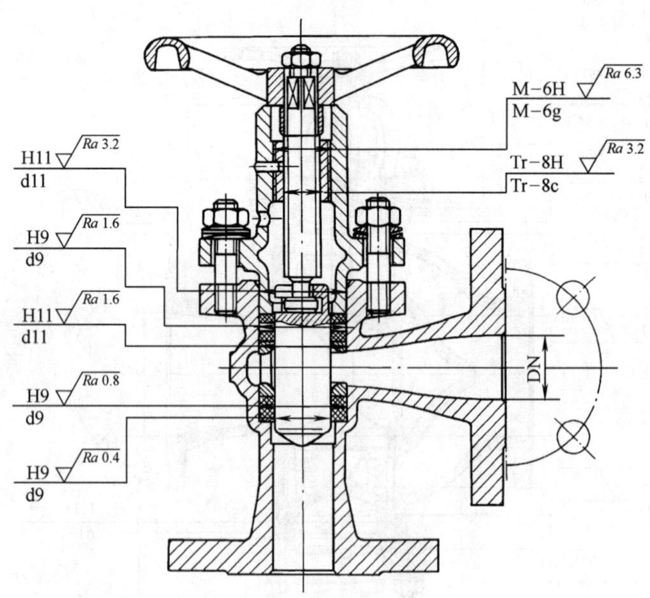

图 2-47　法兰连接直角式柱塞阀

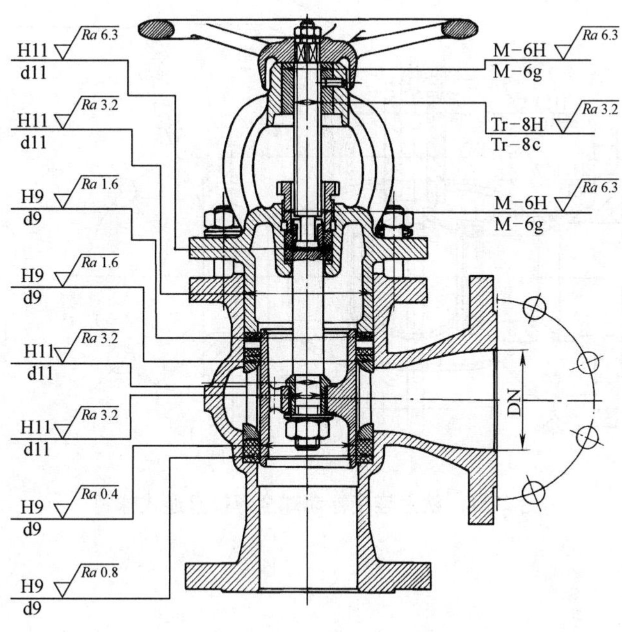

图 2-48 法兰连接压力平衡直角式柱塞阀

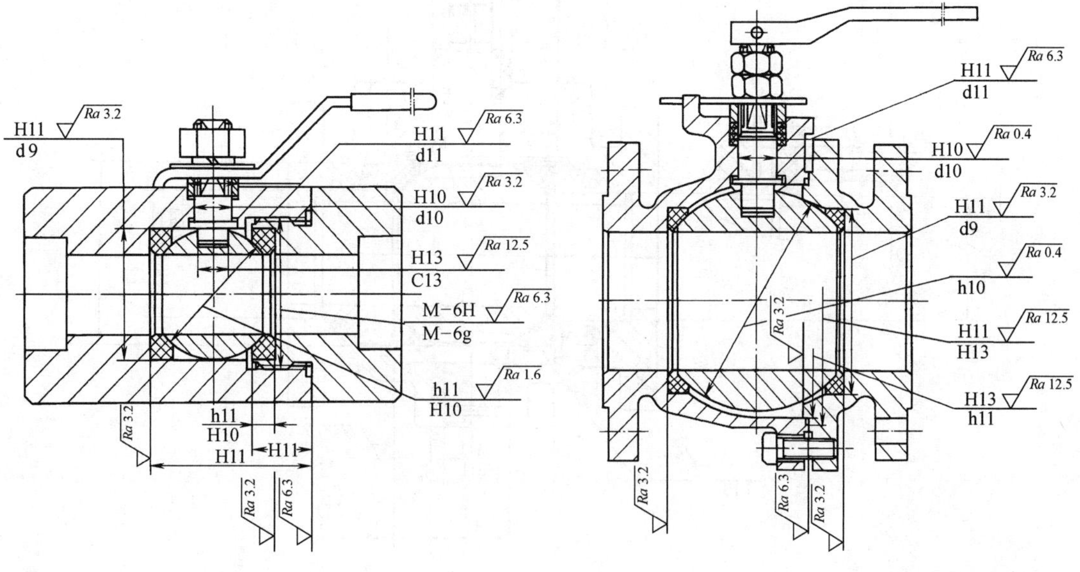

图 2-49 承插焊连接浮动球直通式球阀

图 2-50 法兰连接浮动球直通式球阀

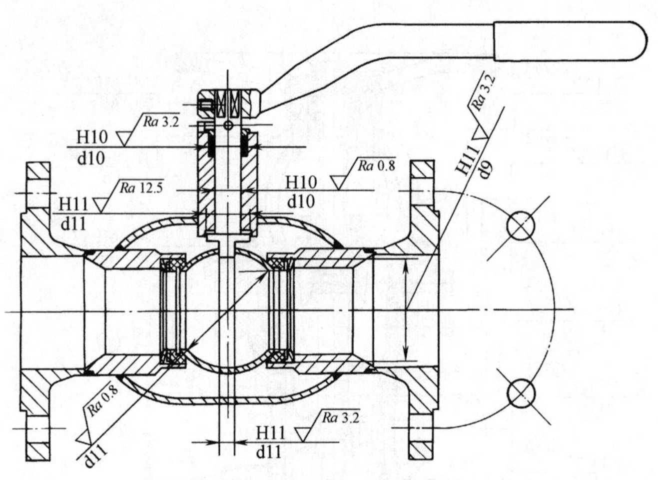

图2-51　法兰连接浮动球全焊接直通式球阀

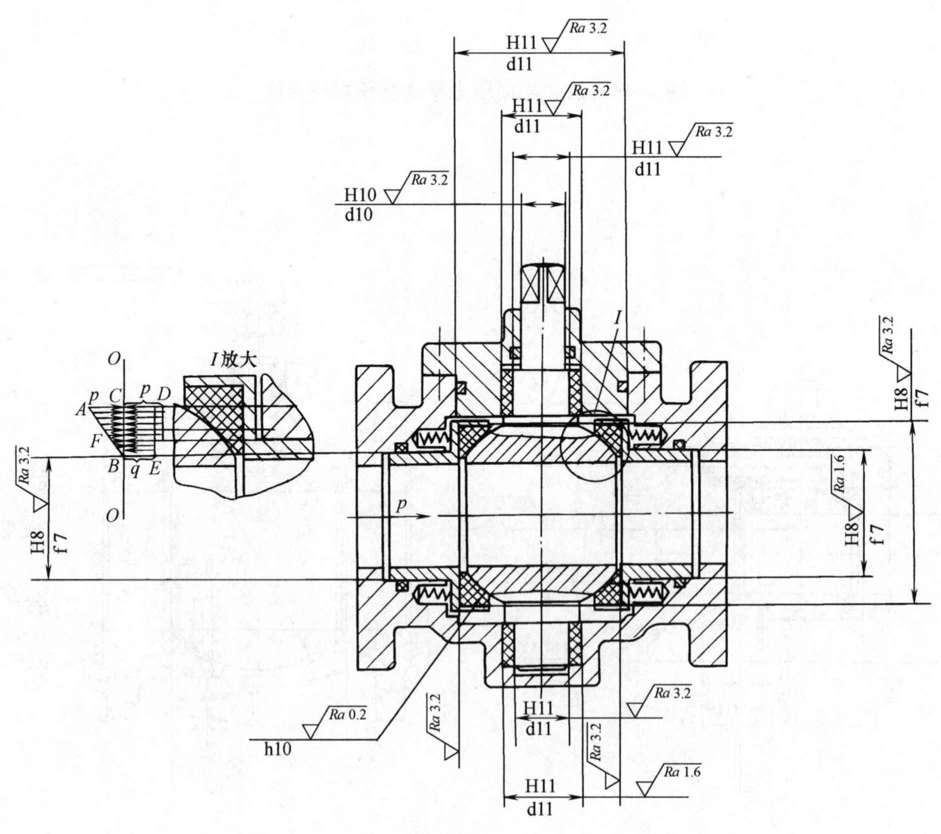

图2-52　法兰连接固定球后阀座密封直通式球阀

5）法兰连接固定球前阀座密封直通式球阀（图2-53）。

6）法兰连接固定球三体直通式球阀（图2-54）。

7）法兰连接固定球金属密封全焊接直通式球阀（图2-55）。

8）法兰连接固定球上装直通式球阀（图2-56）。

9）抗硫球阀阀杆密封结构（图2-57）。

10）法兰连接固定球上装轨道式升降杆直通式金属密封球阀（图2-58）。

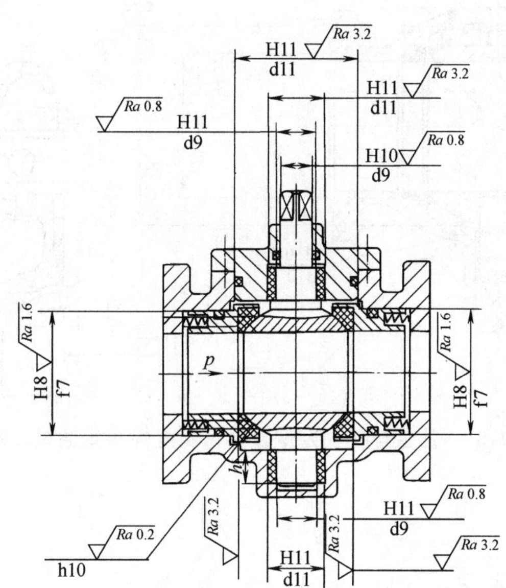

图2-53 法兰连接固定球前阀座密封直通式球阀

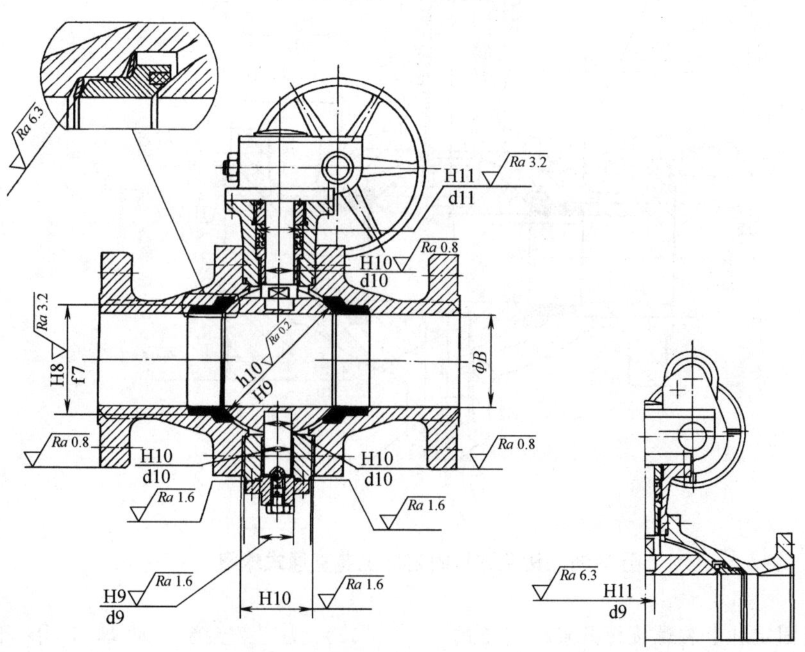

图2-54 法兰连接固定球三体直通式球阀

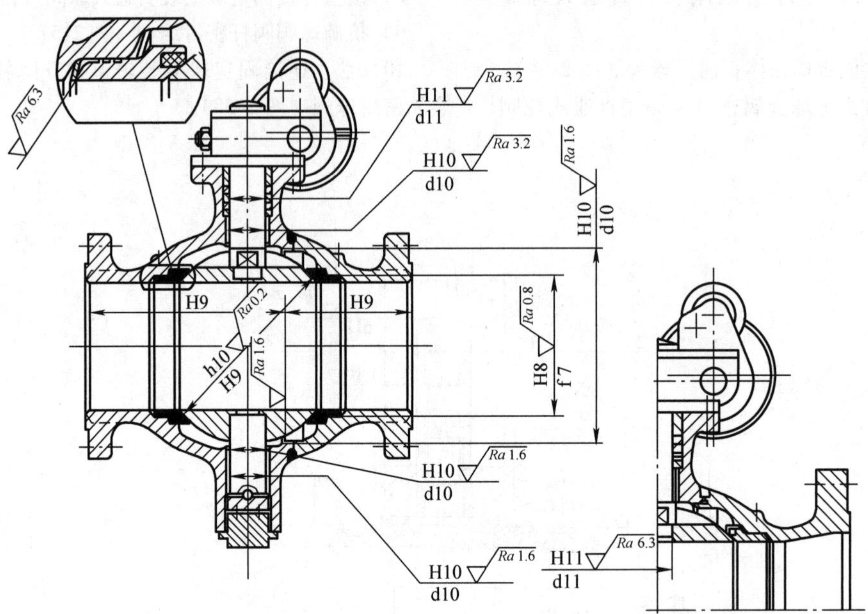

图2-55　法兰连接固定球金属密封全焊接直通式球阀

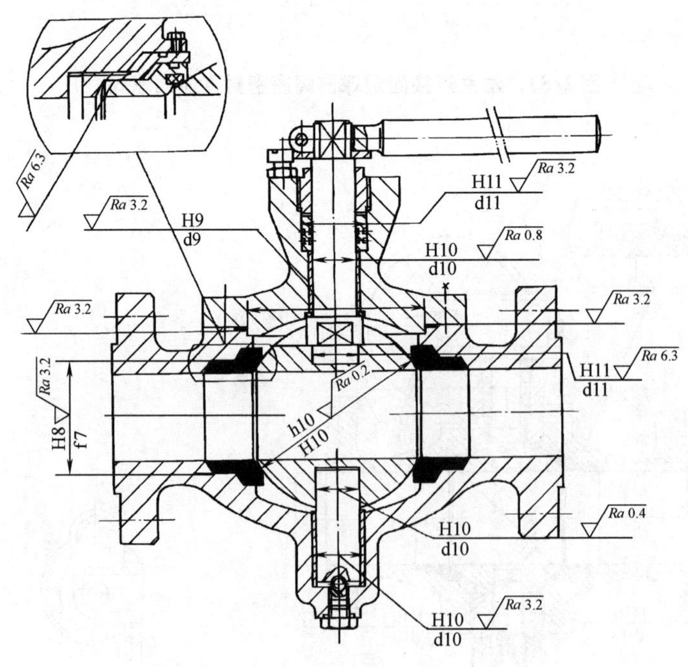

图2-56　法兰连接固定球上装直通式球阀

11）卡箍连接固定球上装螺旋杆升降杆直通式金属密封球阀（图2-59）。

12）法兰连接浮动球L形三通式球阀（图2-60）。

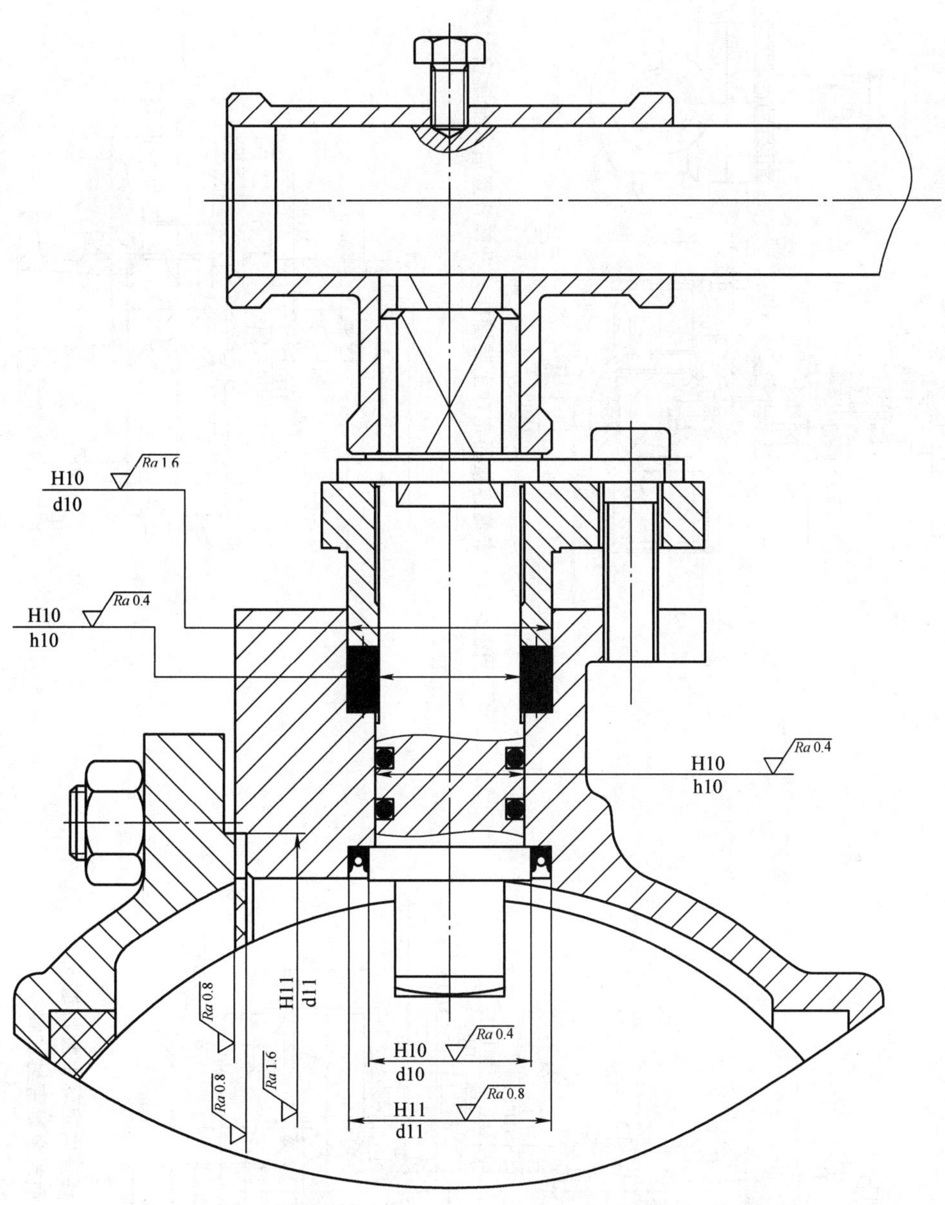

图 2-57 抗硫球阀阀杆密封结构

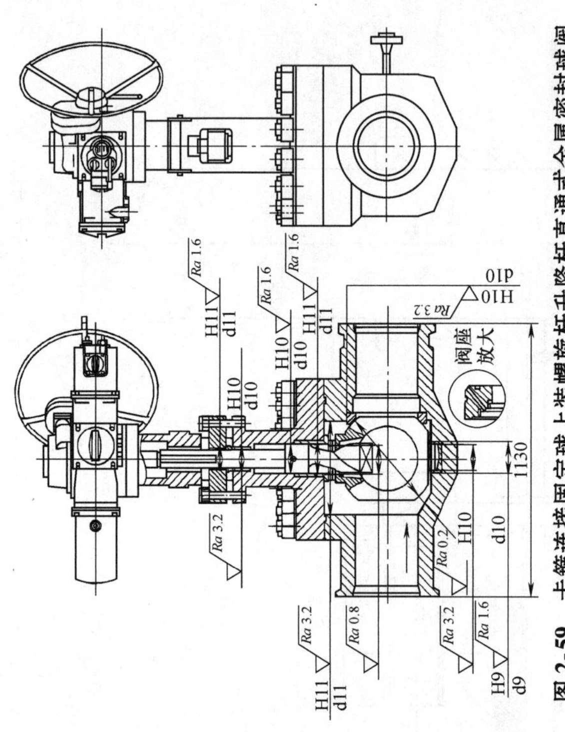

图2-59 卡箍连接固定球上装螺旋杆升降杆直通式金属密封球阀

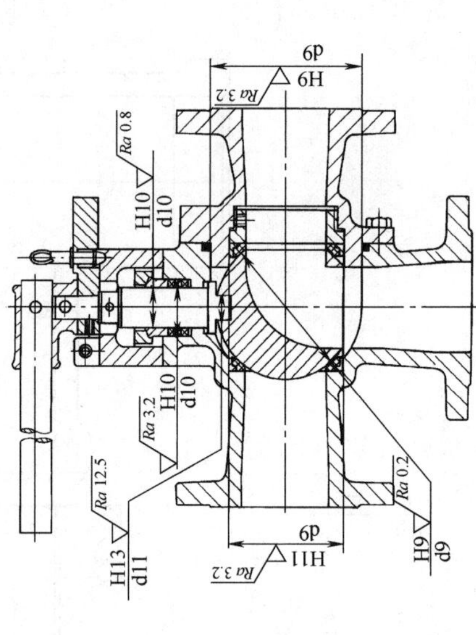

图2-60 法兰连接浮动球L形三通式球阀

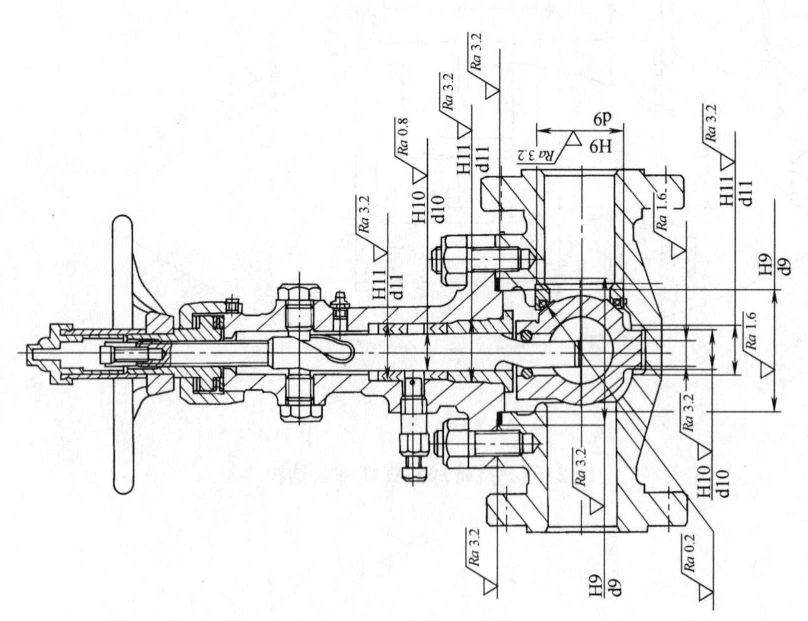

图2-58 法兰连接固定球上装轨道式升降杆直通式金属密封球阀

2.2.6 旋塞阀

1）法兰连接填料式旋塞阀（图2-61）。

2）内螺纹连接紧定式旋塞阀（图2-62）。

3）法兰连接衬聚四氟乙烯密封旋塞阀（图2-63）。

4）法兰连接密封脂密封旋塞阀（AUDCO VALVE，PLUG VALVE）（图2-64）。

5）法兰连接压力平衡式密封脂密封旋塞阀（AUDCO VALVE，PLUG VALVE）（图2-65）。

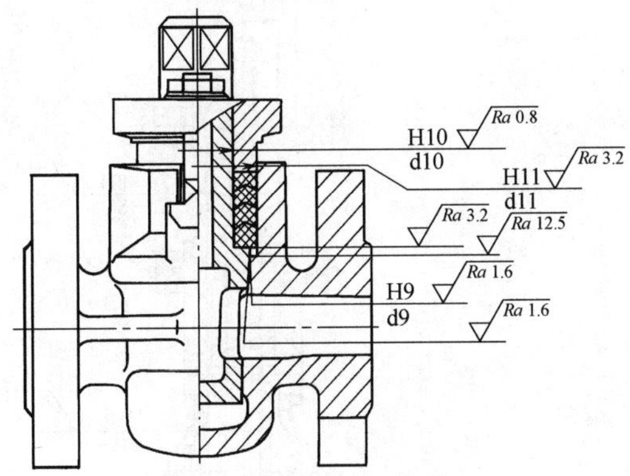

图2-61 法兰连接填料式旋塞阀

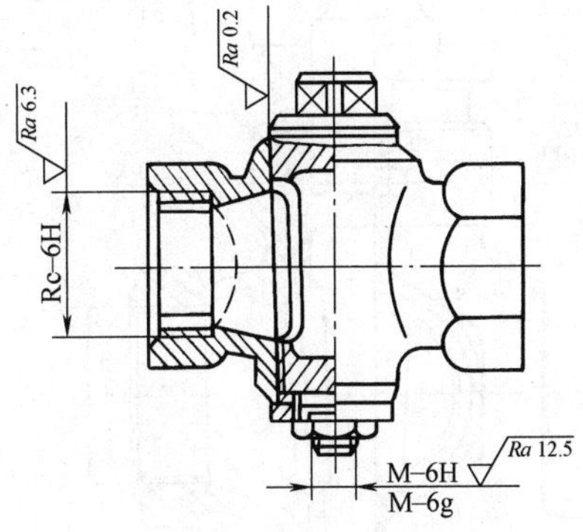

图2-62 内螺纹连接紧定式旋塞阀

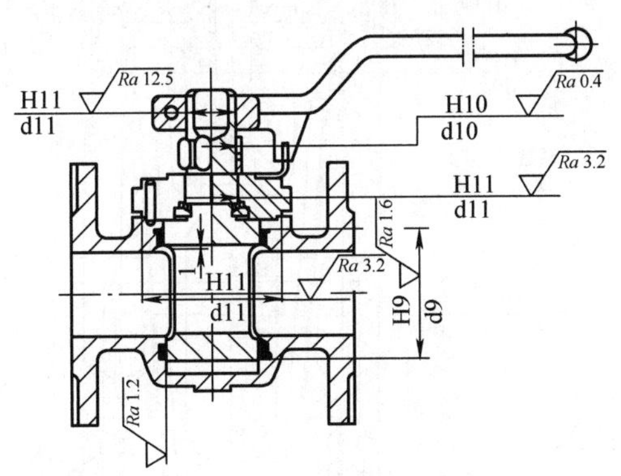

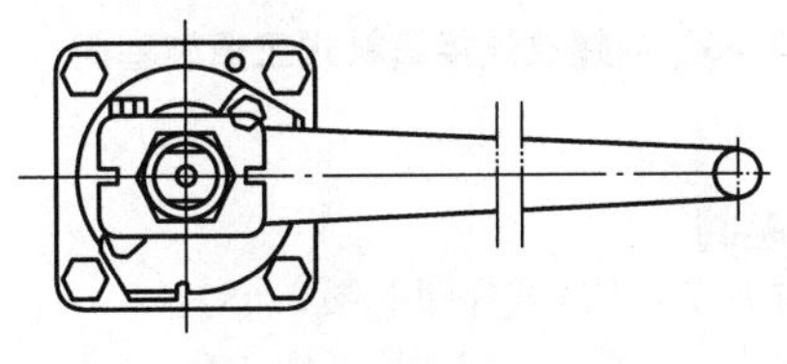

图2-63 法兰连接衬聚四氟乙烯密封旋塞阀

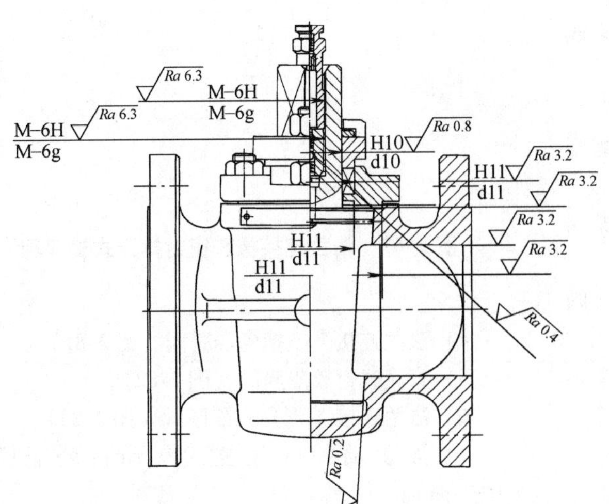

图2-64 法兰连接密封脂密封旋塞阀

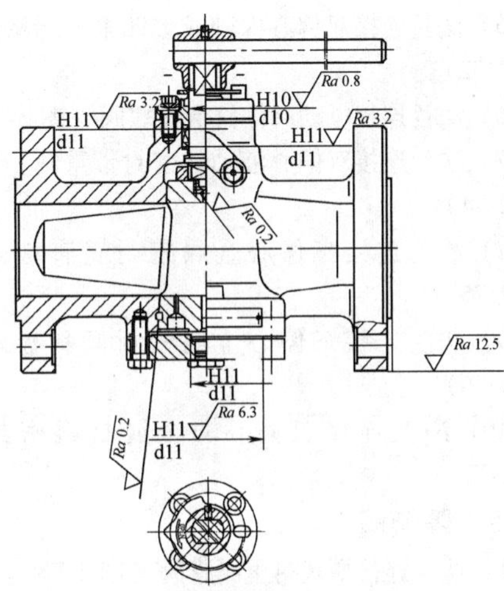

图2-65 法兰连接压力平衡式密封脂密封旋塞阀

6）内螺纹连接填料式三通旋塞阀（图2-66）。

7）法兰连接橡胶密封撑开式旋塞阀（图2-67）。

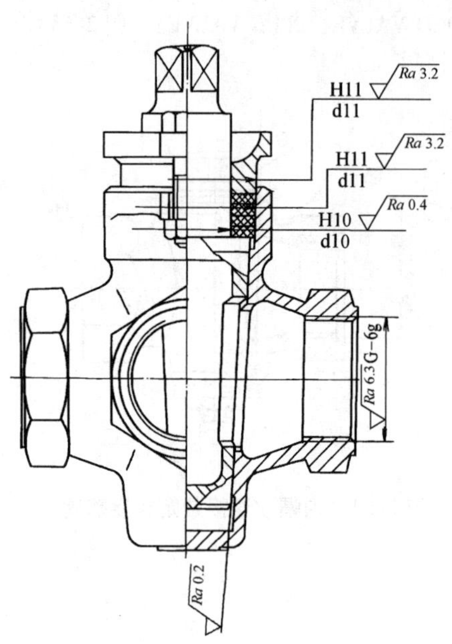

图2-66　内螺纹连接填料式三通旋塞阀

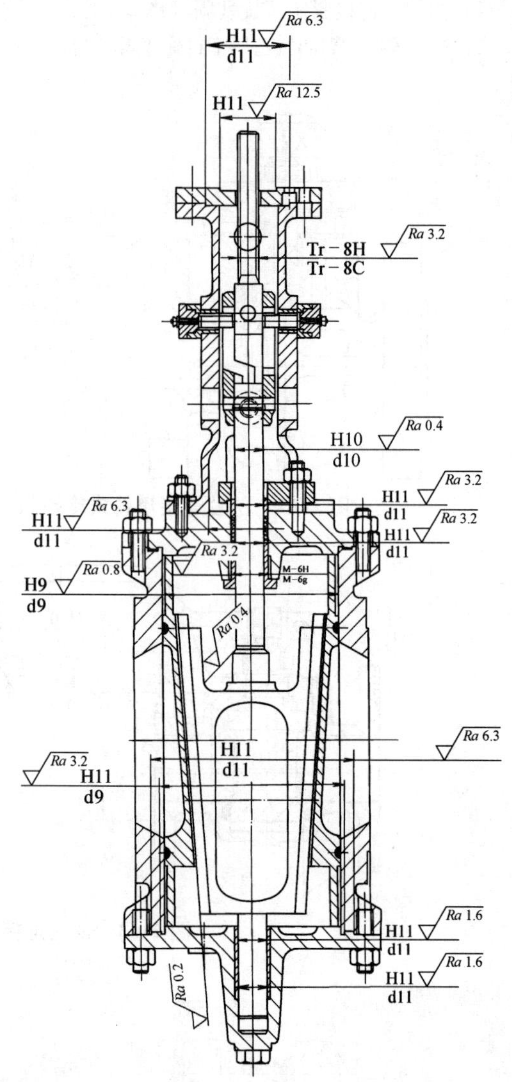

图2-67　法兰连接橡胶密封撑开式旋塞阀

2.2.7　蝶阀

1）对夹连接中线式蝶阀（图2-68）。

2）单法兰式蝶阀（LT型）（图2-69）。

3）法兰连接单偏心式非金属密封蝶阀（图2-70）。

4）对夹连接双偏心金属密封蝶阀（图2-71）。

5）法兰连接双偏心橡胶或聚四氟乙烯密封蝶阀（图2-72）。

6）法兰连接电动阀体衬橡胶蝶阀（图2-73）。

7）法兰连接双偏心液动软密封带重锤止回蝶阀（图2-74）。

8）法兰连接三偏心金属密封垂直板式蝶阀（图2-75）。

9）法兰连接三偏心金属密封倾斜板式蝶阀（图2-76）。

10）法兰连接三偏心非金属材料密封蝶阀（图2-77）。

2.2.8　隔膜阀

1）法兰连接堰式衬里隔膜阀（图2-78）。

2）法兰连接直通式隔膜阀（图2-79）。

3）法兰连接堰式隔膜阀（图2-80）。

4）法兰连接真空搪瓷隔膜阀（图2-81）。

5）直流式衬胶隔膜阀（图2-82）。

6）法兰连接Y形角式隔膜阀（图2-83）。

7）无手动操作往复式气动衬胶隔膜阀（图2-84）。

8）有手动操作往复式气动衬胶隔膜阀（图2-85）。

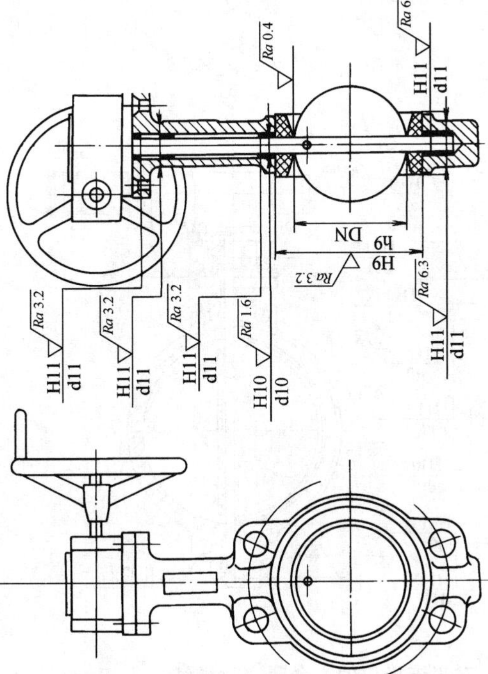

图 2-68 对夹连接中线式蝶阀（A 型）

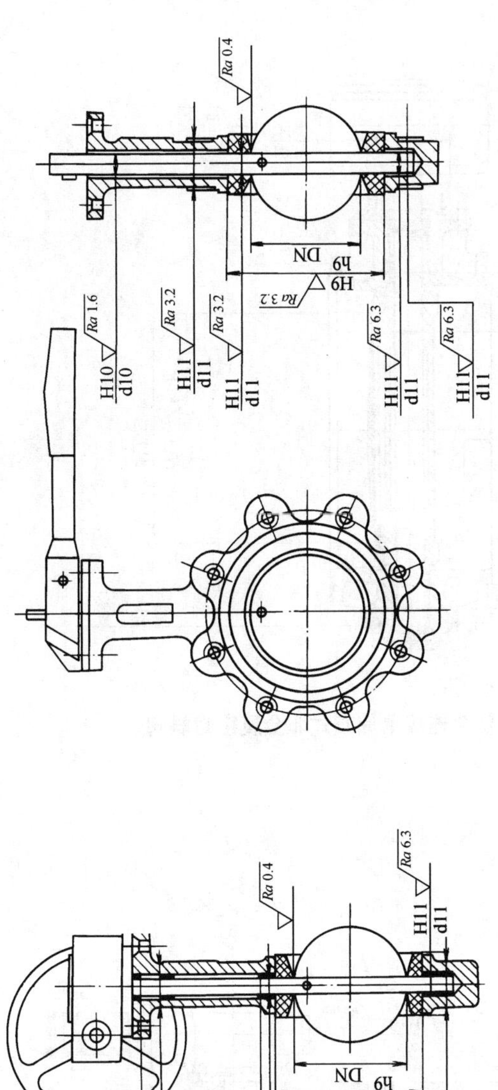

图 2-69 单法兰式蝶阀（LT 型）

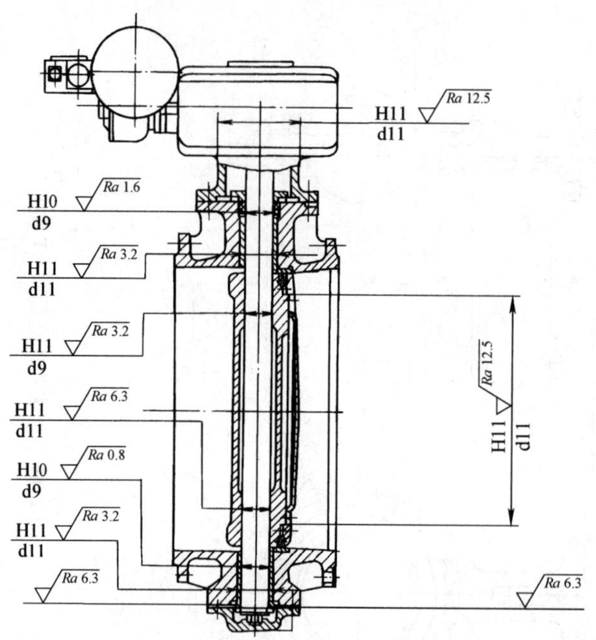

图2-70　法兰连接单偏心式非金属密封蝶阀

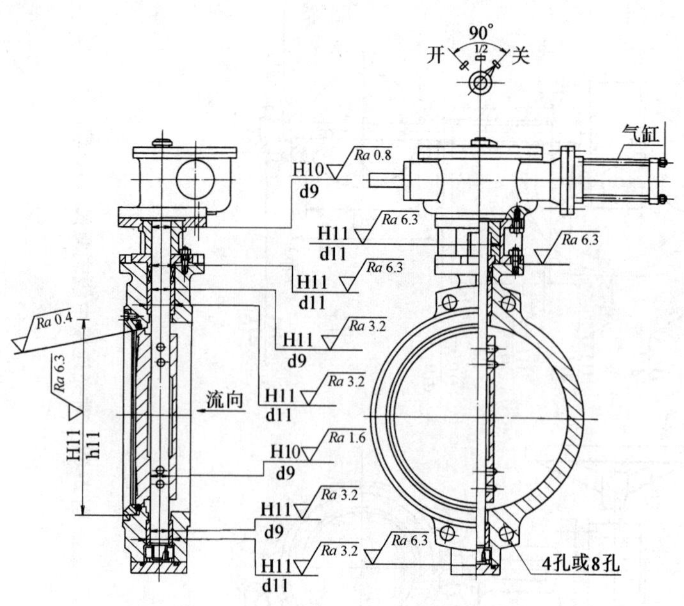

图2-71　对夹连接双偏心金属密封蝶阀

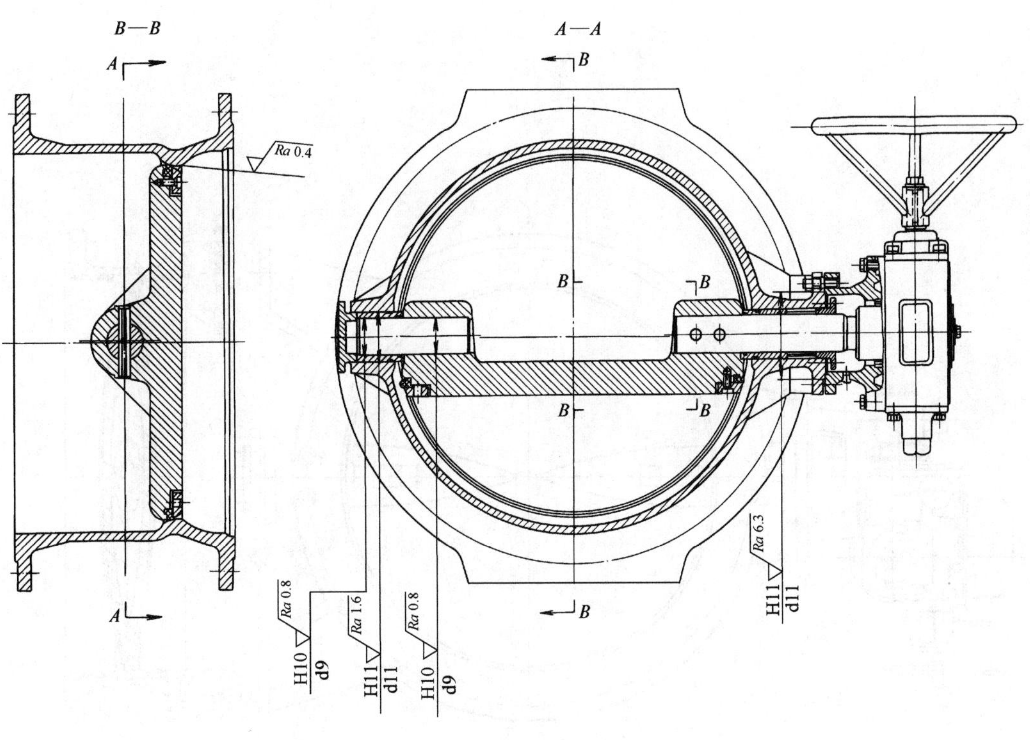

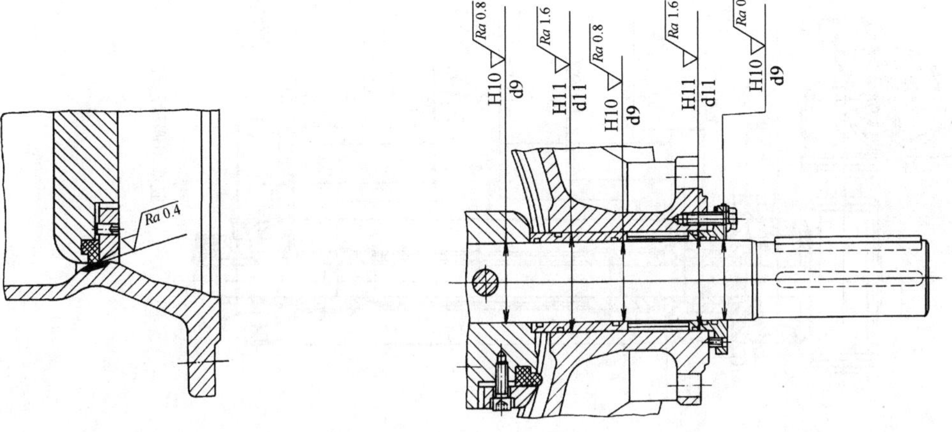

图 2-72 法兰连接双偏心橡胶或聚四氟乙烯密封蝶阀

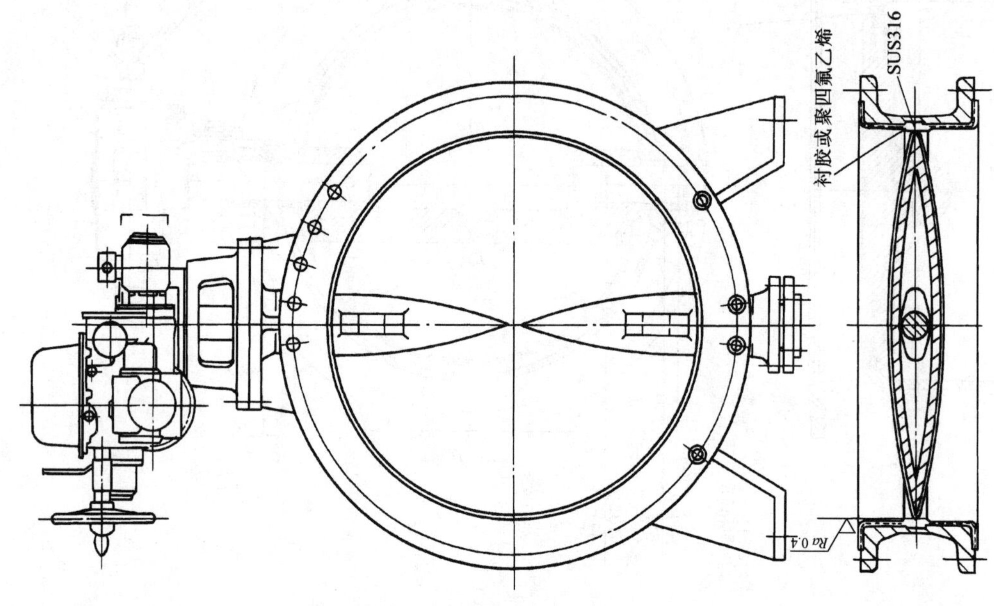

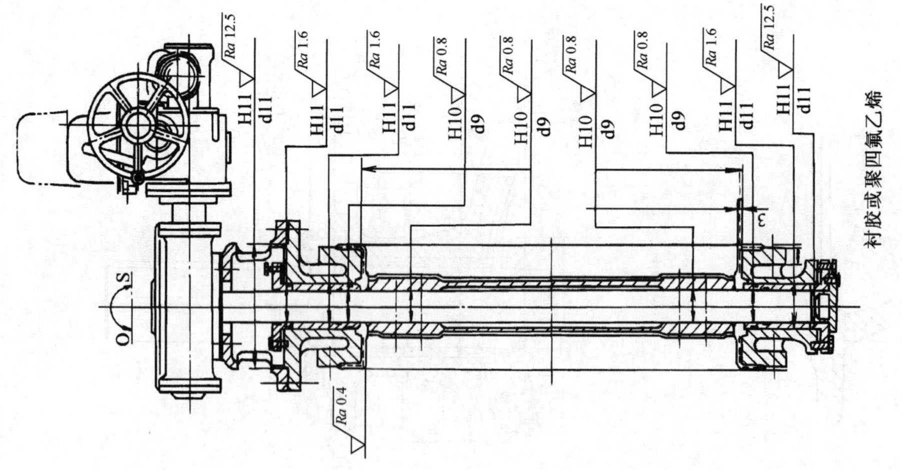

图 2-73　法兰三连接电动阀体衬橡胶蝶阀

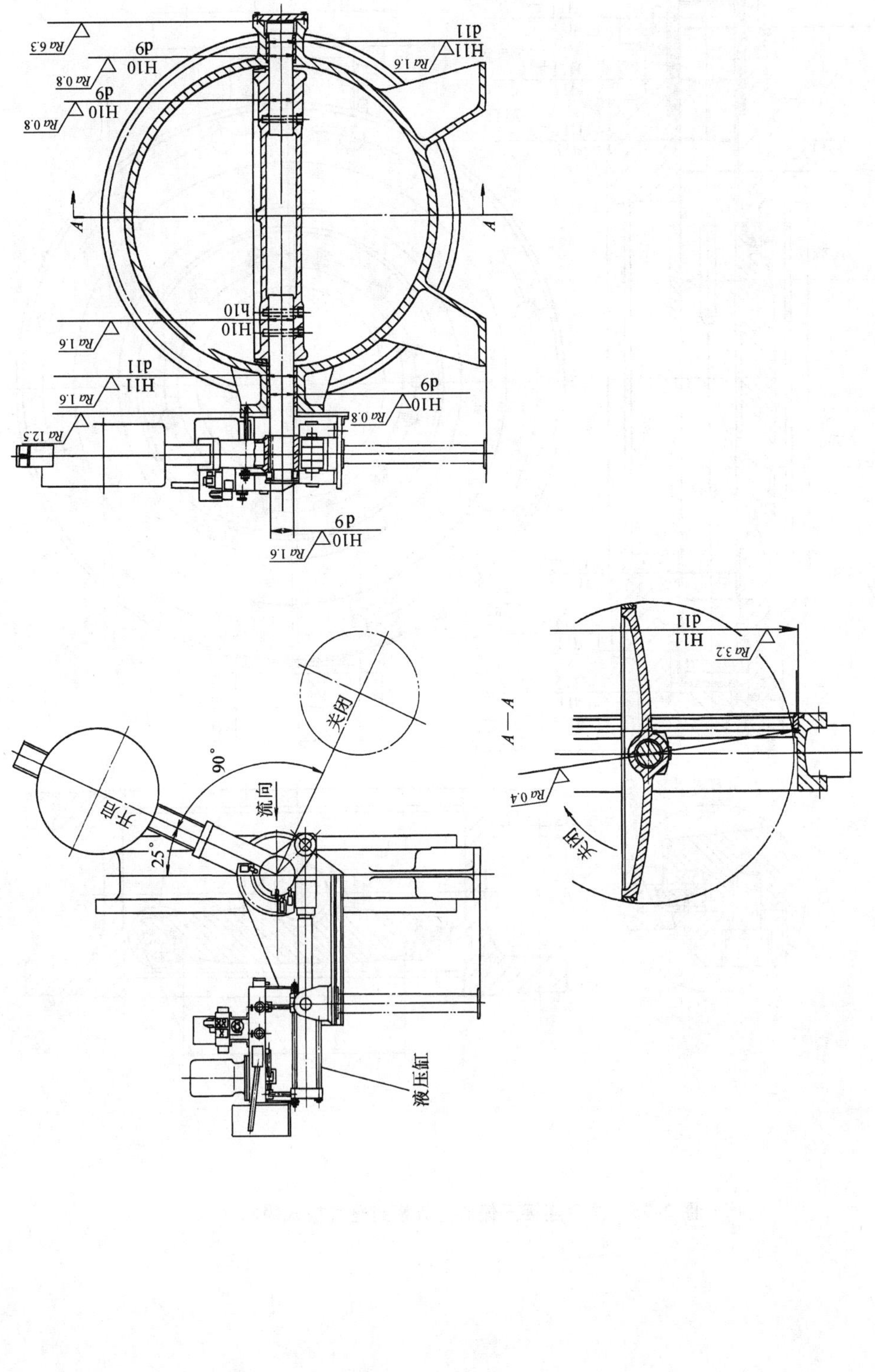

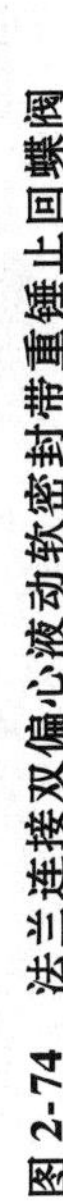

图 2-74 法兰连接双偏心液动软密封带重锤止回蝶阀

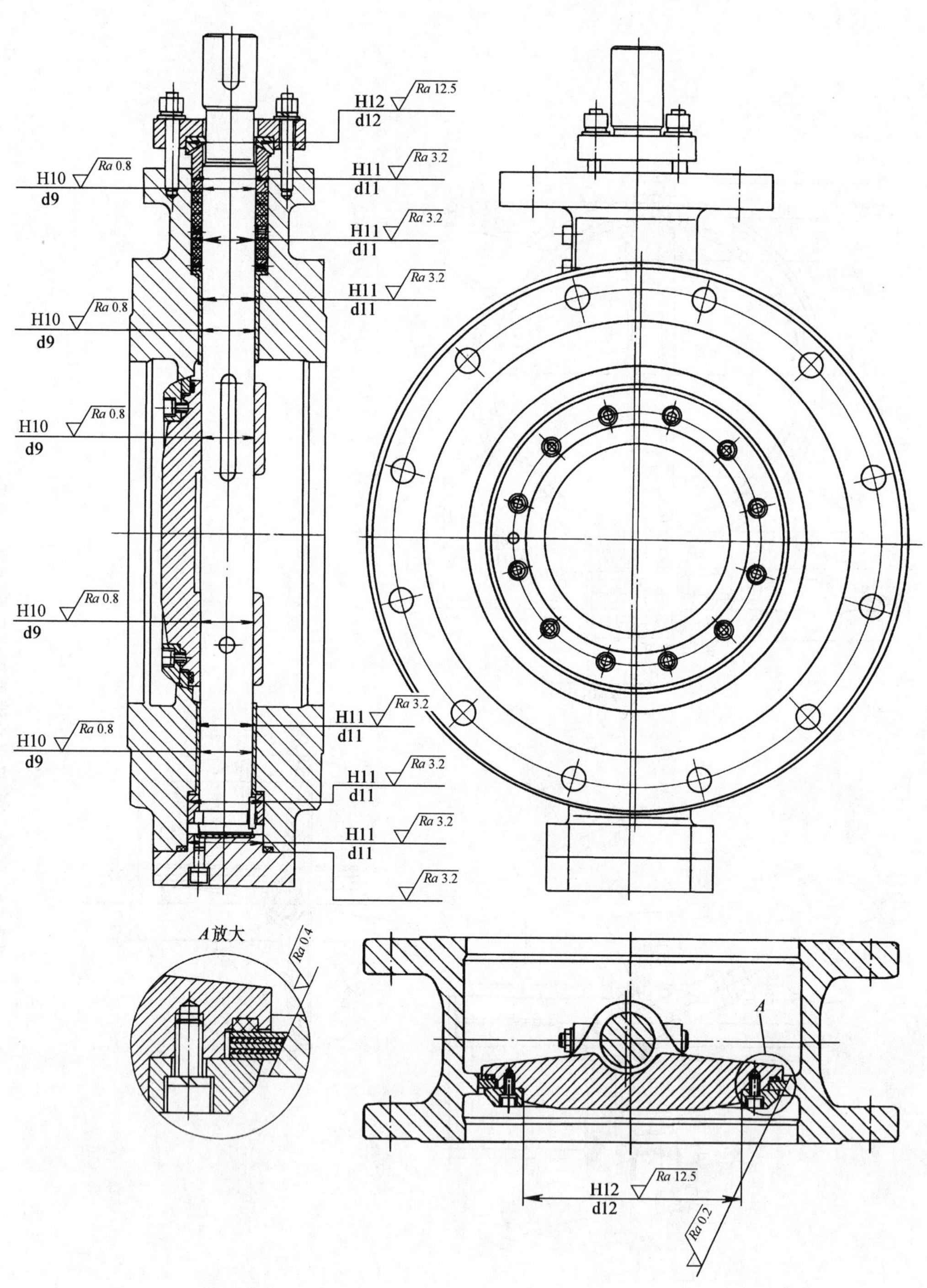

图2-75　法兰连接三偏心金属密封垂直板式蝶阀

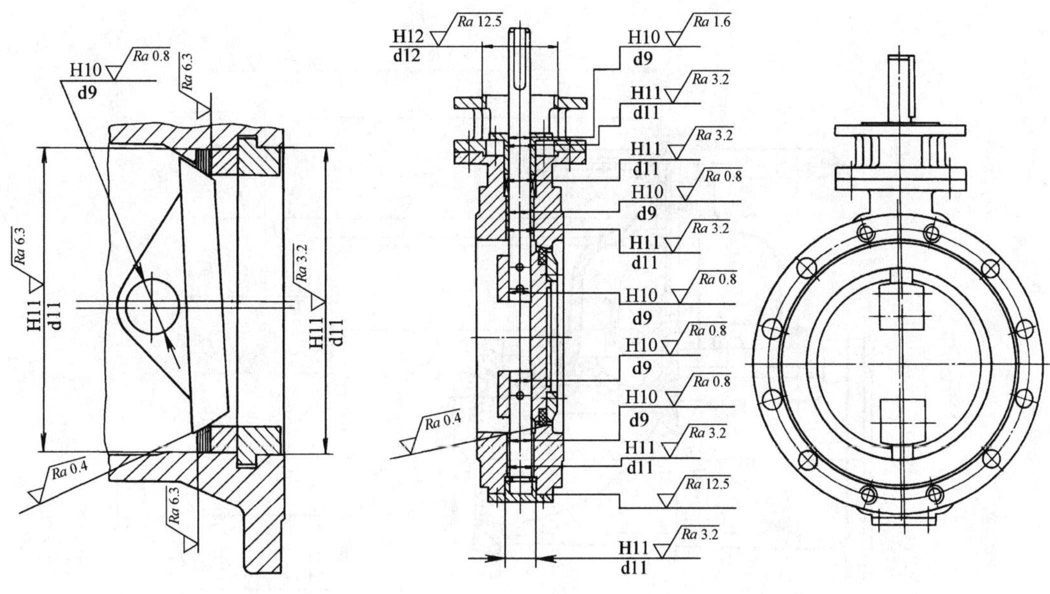

图 2-76　法兰连接三偏心金属密封倾斜板式蝶阀

图 2-77　法兰连接三偏心非金属材料密封蝶阀

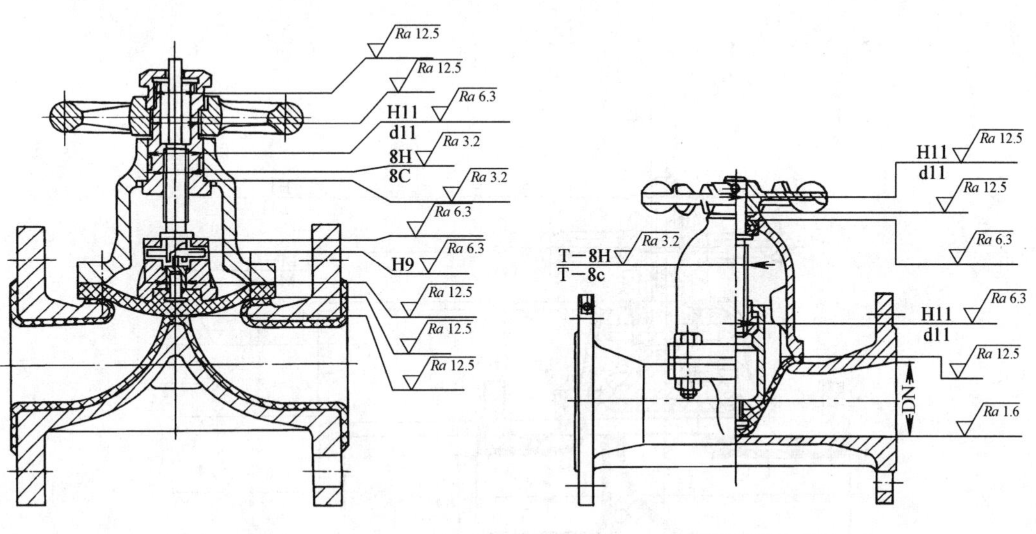

图 2-78　法兰连接堰式衬里隔膜阀

图 2-79　法兰连接直通式隔膜阀

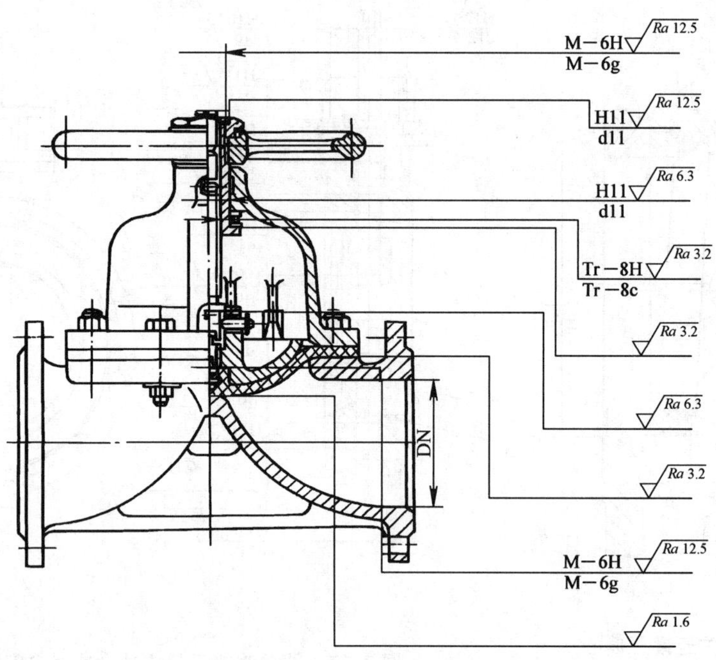

图2-80　法兰连接堰式隔膜阀

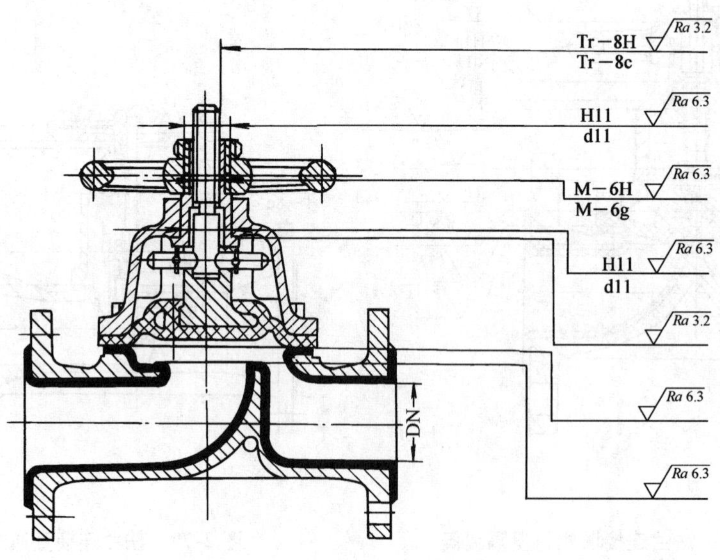

图2-81　法兰连接真空搪瓷隔膜阀

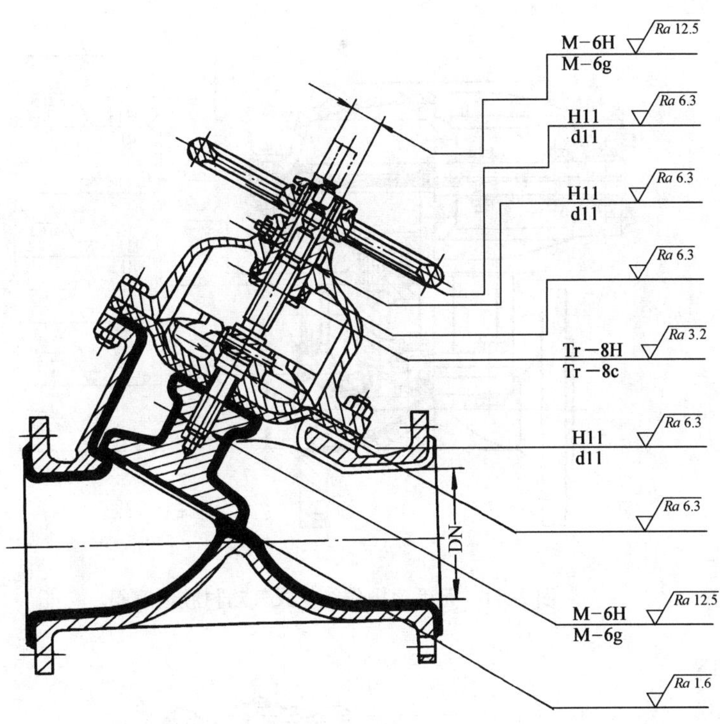

图 2-82 直流式衬胶隔膜阀

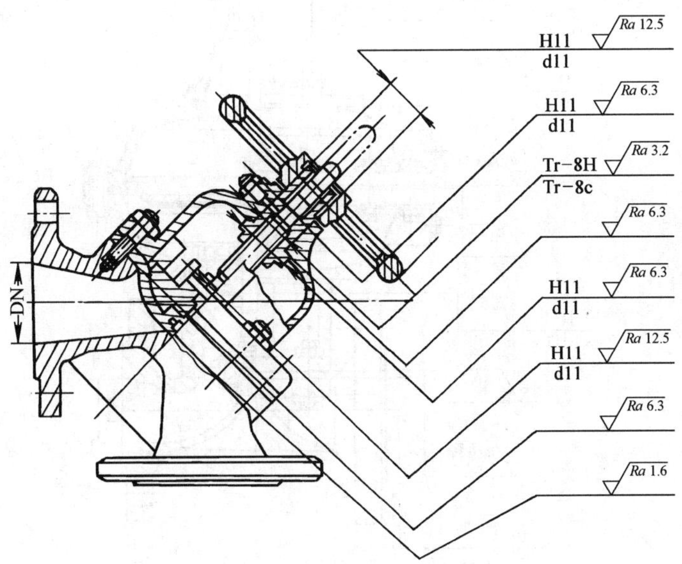

图 2-83 法兰连接 Y 形角式隔膜阀

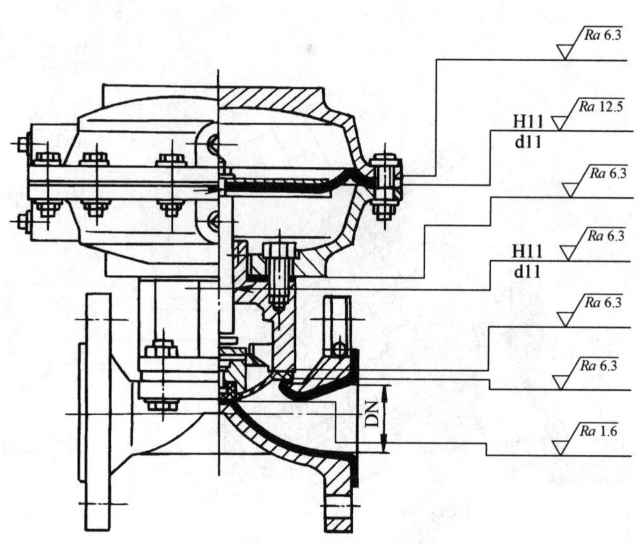

图2-84　无手动操作往复式气动衬胶隔膜阀

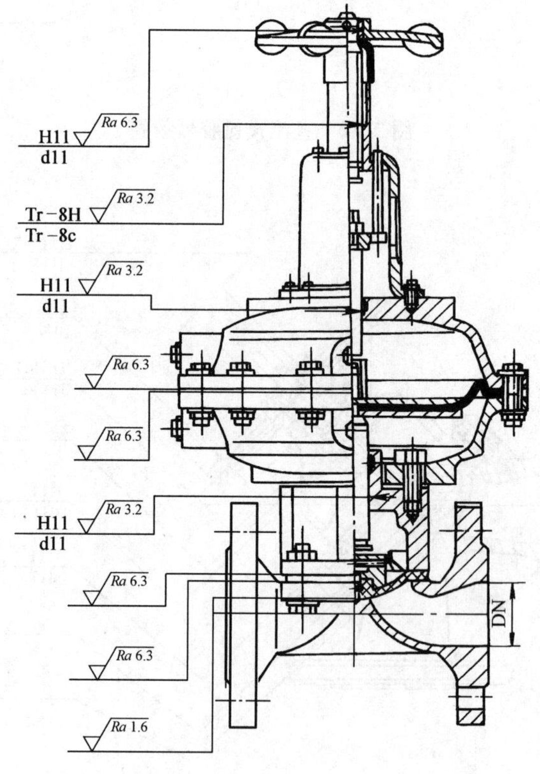

图2-85　有手动操作往复式气动衬胶隔膜阀

2.2.9 减压阀

1）夹箍连接双阀座隔膜式减压阀（图2-86）。

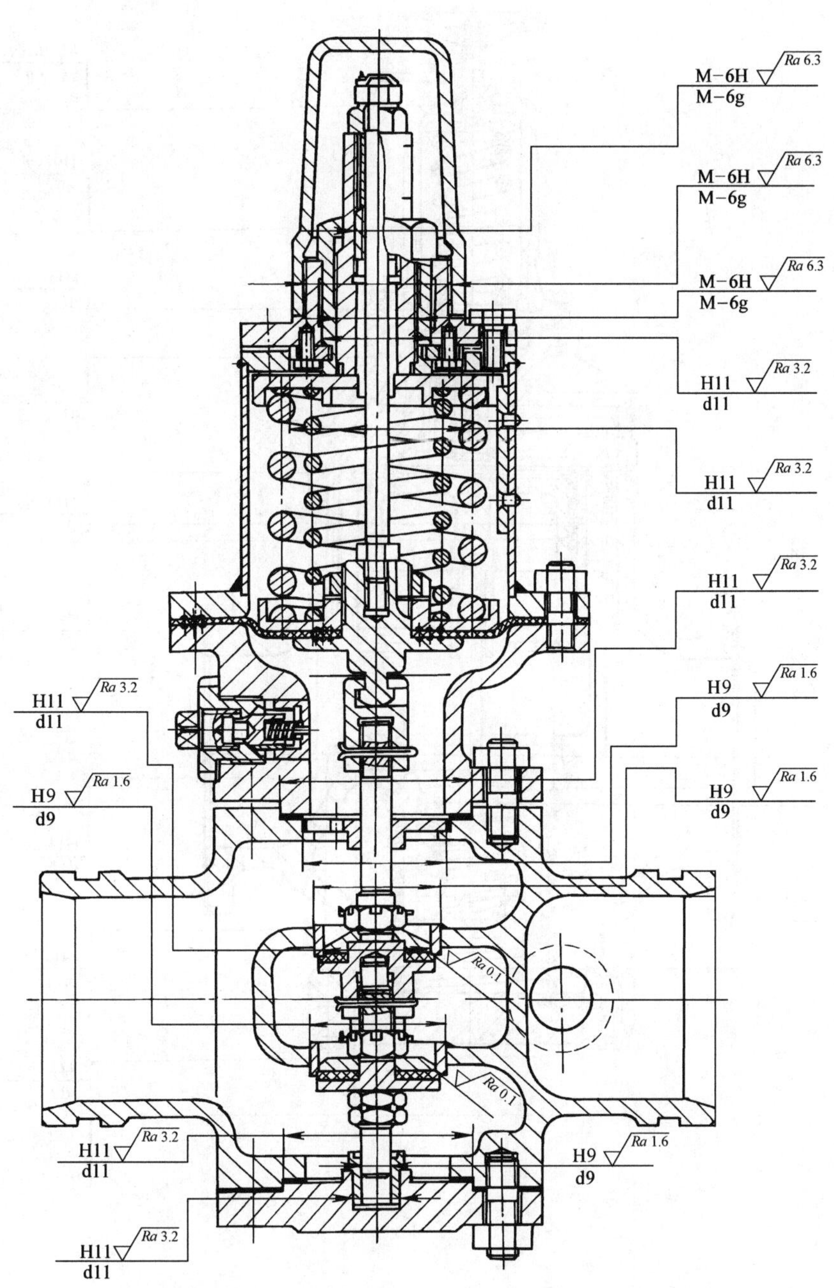

图2-86 夹箍连接双阀座隔膜式减压阀

2）法兰连接先导薄膜活塞式减压阀（图2-87）。

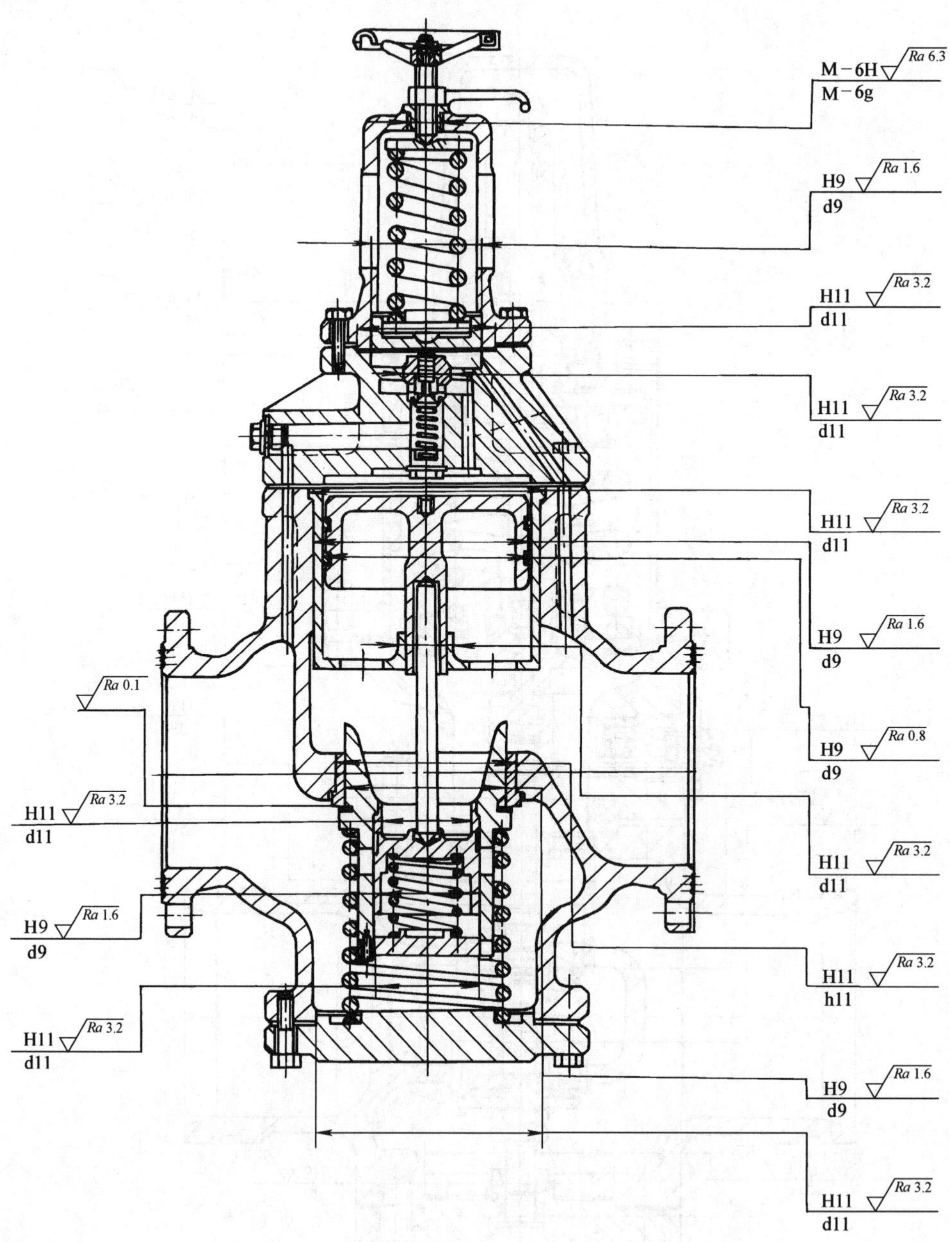

图2-87　法兰连接先导薄膜活塞式减压阀

3）法兰连接双阀座杠杆式减压阀（图2-88）。

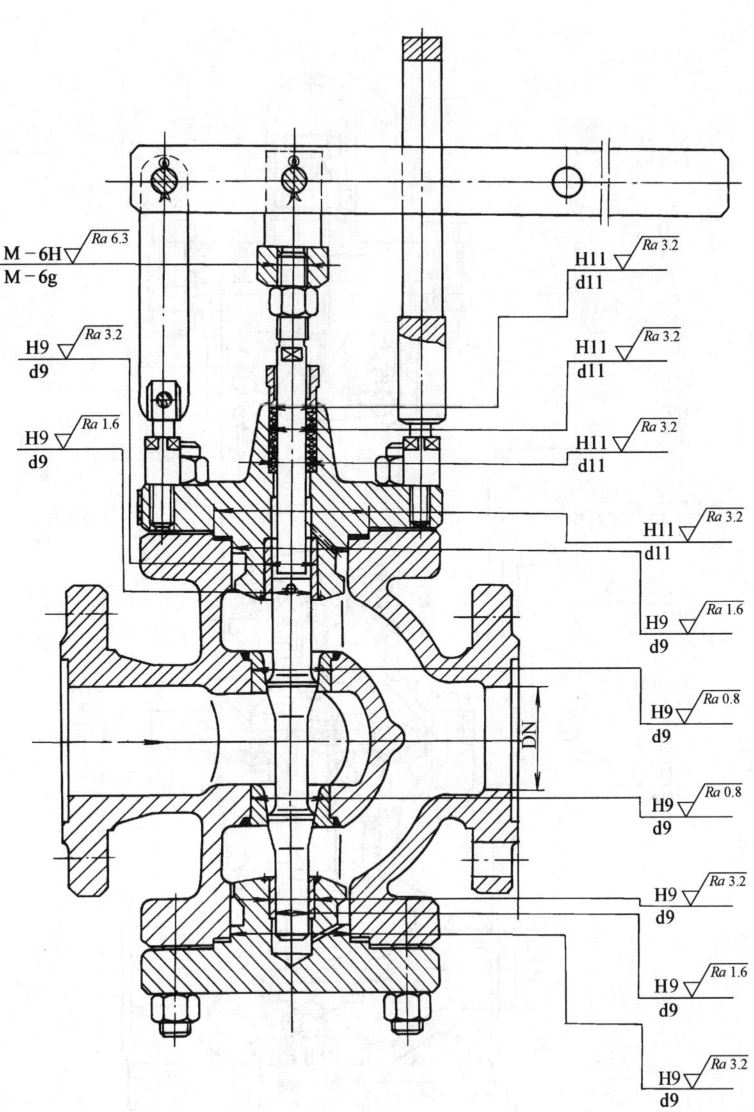

图2-88　法兰连接双阀座杠杆式减压阀

4）法兰连接直接作用薄膜式减压阀（图2-89）。

5）法兰连接先导活塞式减压阀（图2-90）。

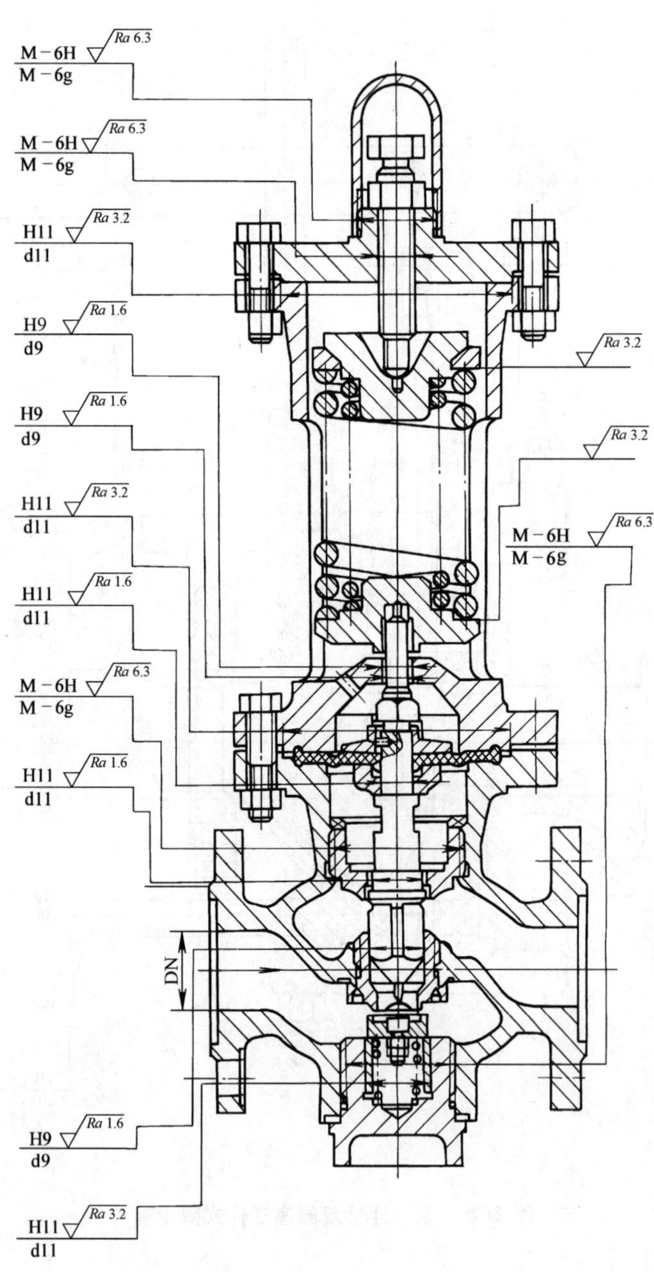

图2-89　法兰连接直接作用薄膜式减压阀

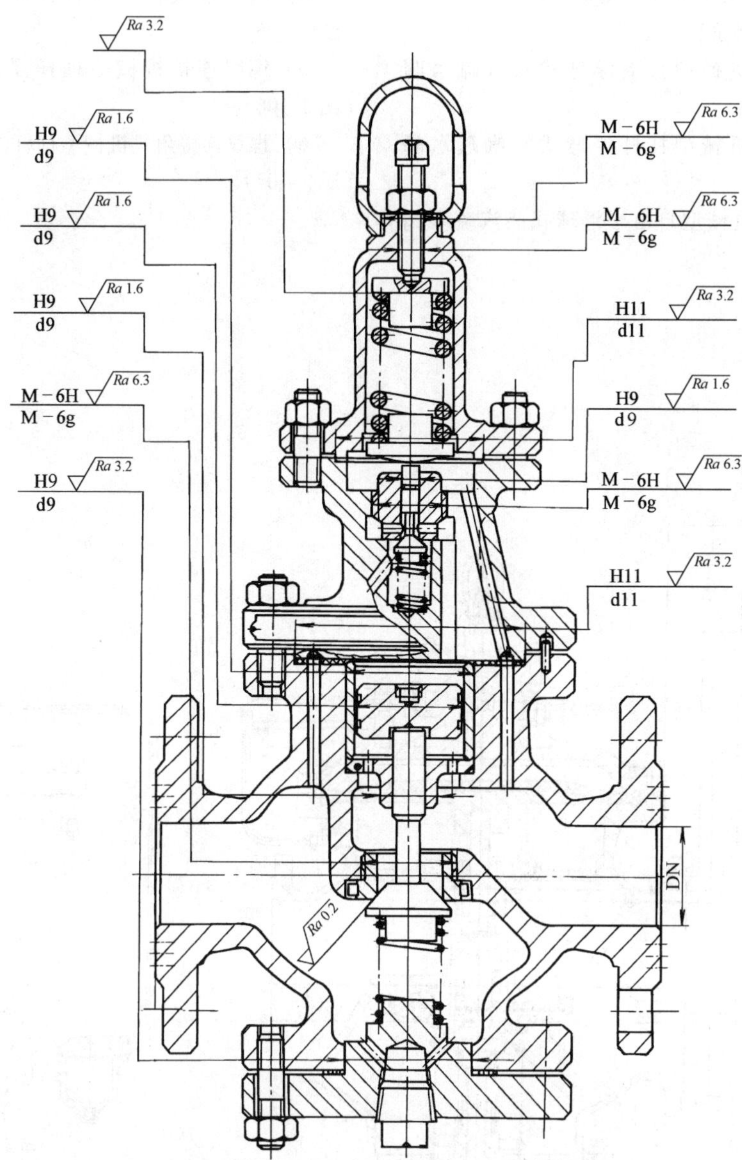

图 2-90 法兰连接先导活塞式减压阀

6）法兰连接先导薄膜式减压阀（图 2-91）。

7）法兰连接先导活塞式减压阀（图 2-92）。

2.2.10 安全阀

1）螺纹连接直接作用式弹簧微启式安全阀（图 2-93）。

2）法兰连接波纹管全启式弹簧安全阀（图 2-94）。

3）法兰连接气动全启式弹簧安全阀（图 2-95）。

4）法兰连接全启式带手动弹簧安全阀（图 2-96）。

5）法兰连接高压微启式带手柄弹簧安全阀（图 2-97）。

6）法兰连接高压全启式弹簧安全阀（图 2-98）。

7）法兰连接微启内装式弹簧安全阀（图 2-99）。

8）法兰连接先导微启式安全阀（图2-100）。

9）法兰连接先导呼吸阀（图2-101）。

2.2.11 蒸汽疏水阀

1）法兰连接机械型自由浮球式蒸汽疏水阀（图2-102）。

2）法兰连接机械型杠杆浮球式蒸汽疏水阀（图2-103）。

3）螺纹连接机械型自由半浮球式蒸汽疏水阀（图2-104）。

4）法兰连接机械型杠杆浮球式蒸汽疏水阀（图2-105）。

5）螺纹连接机械型杠杆浮球式蒸汽疏水阀（图2-106）。

6）螺纹连接角式机械型杠杆浮球式蒸汽疏水阀（图2-107）。

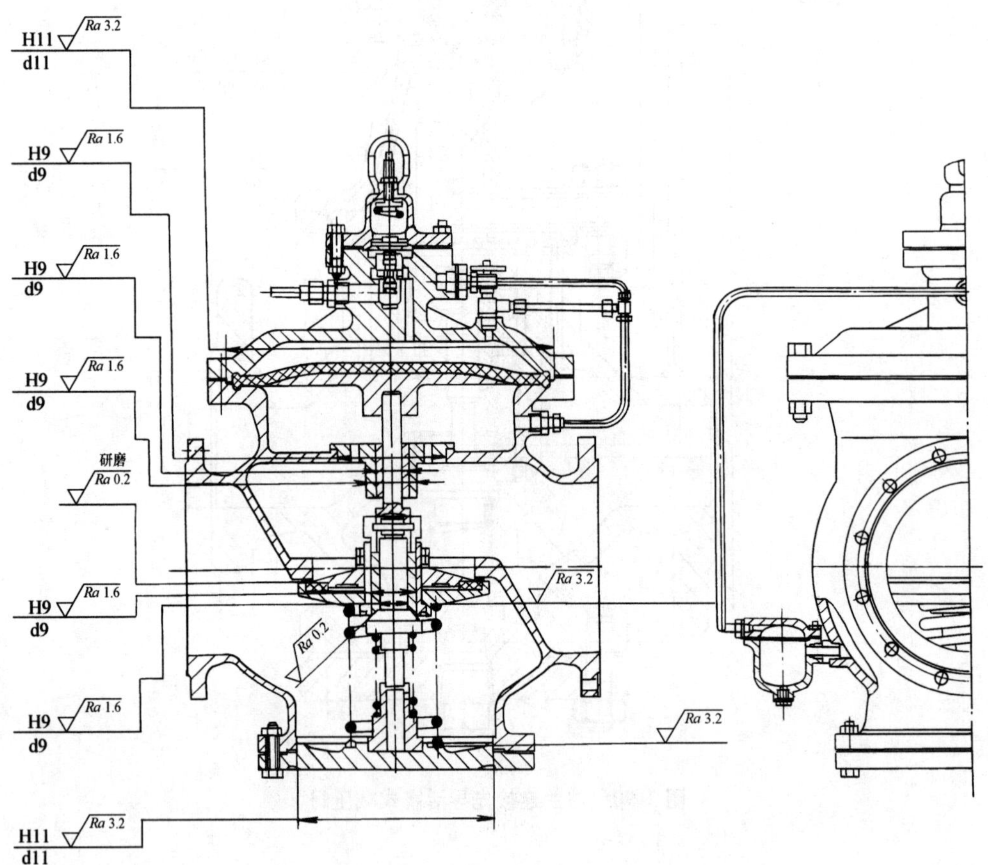

图2-91 法兰连接先导薄膜式减压阀

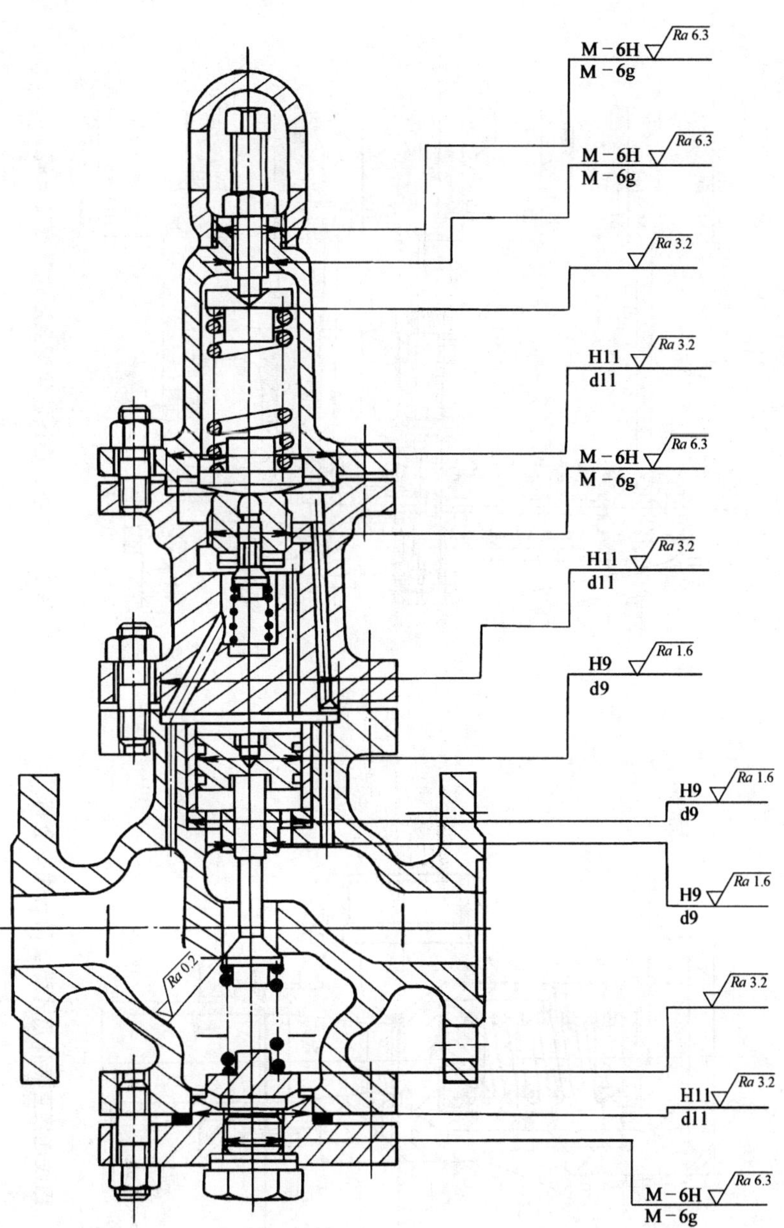

图 2-92 法兰连接先导活塞式减压阀

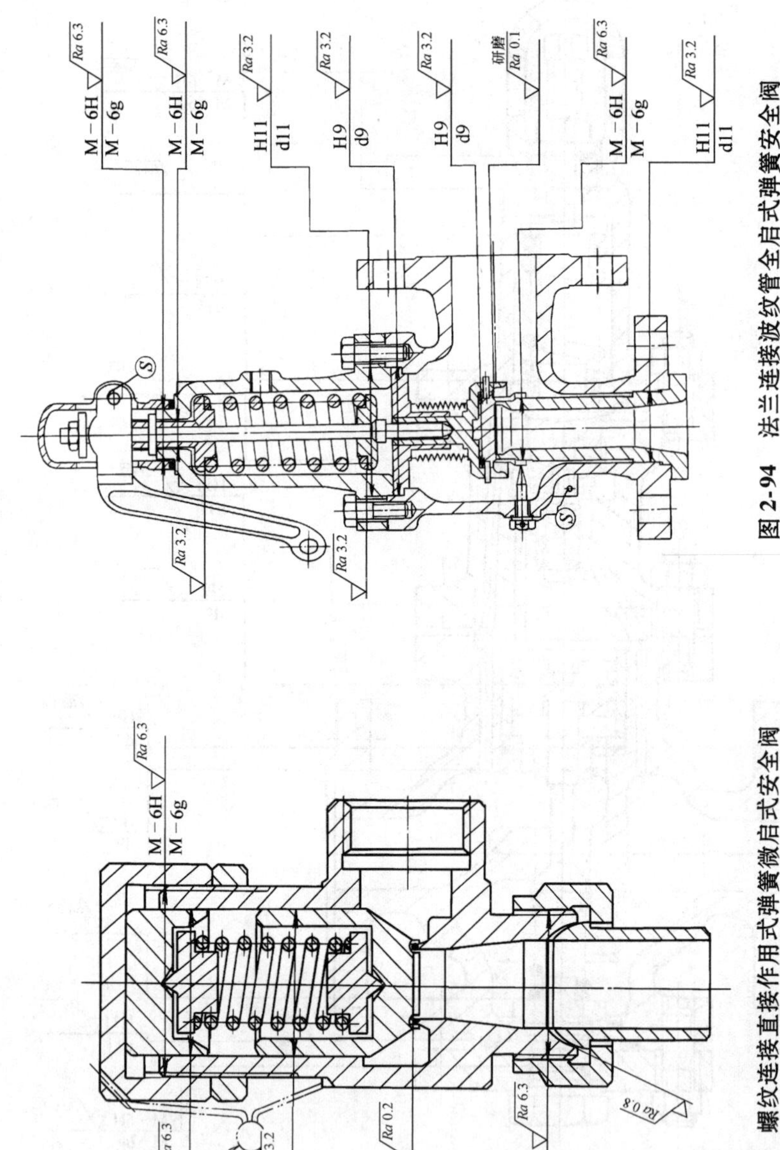

图2-93　螺纹连接直接作用式弹簧微启式安全阀

图2-94　法兰连接波纹管全启式弹簧安全阀

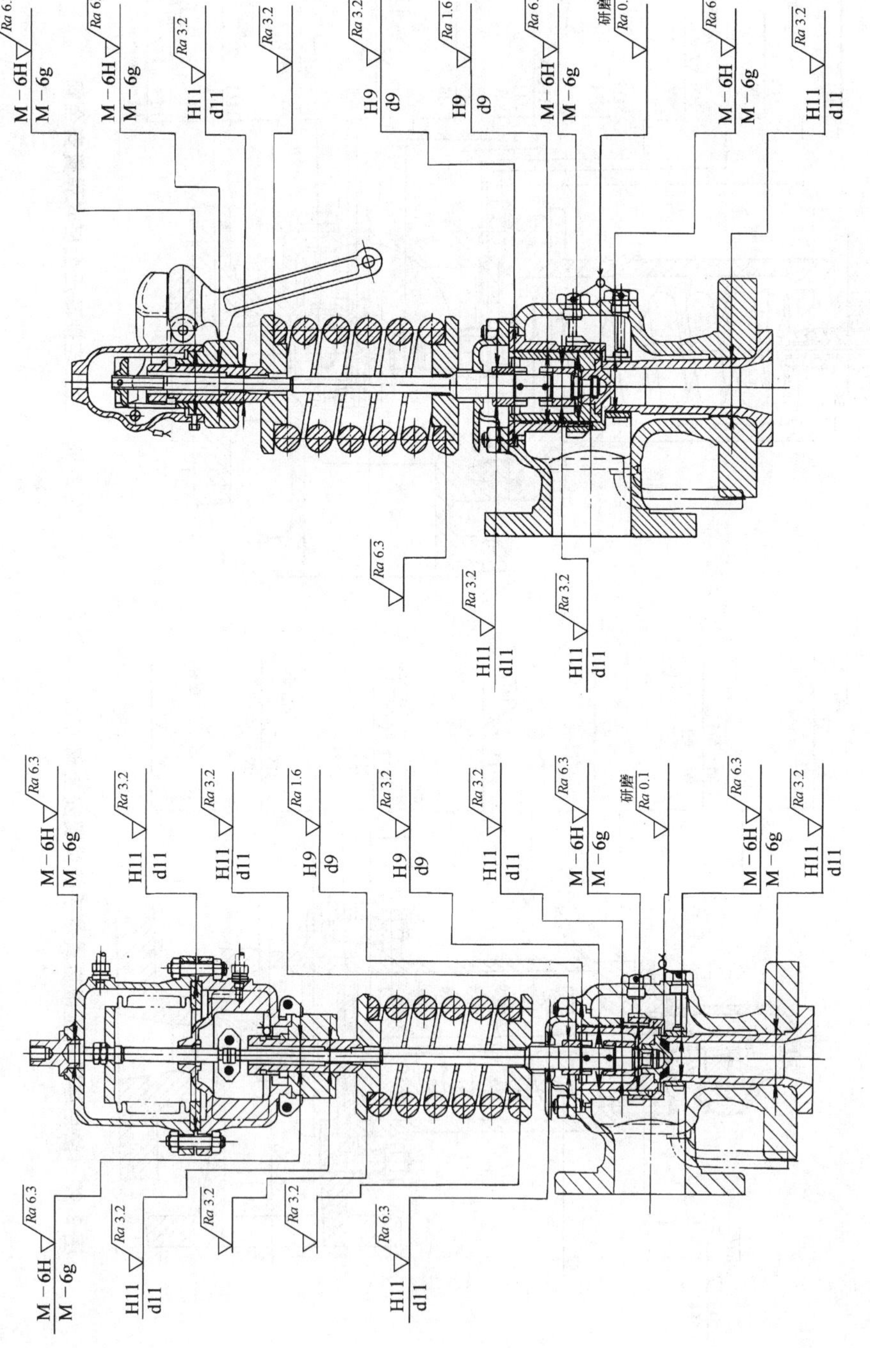

图 2-95 法兰连接气动全启式弹簧安全阀

图 2-96 法兰连接全启式带手动弹簧安全阀

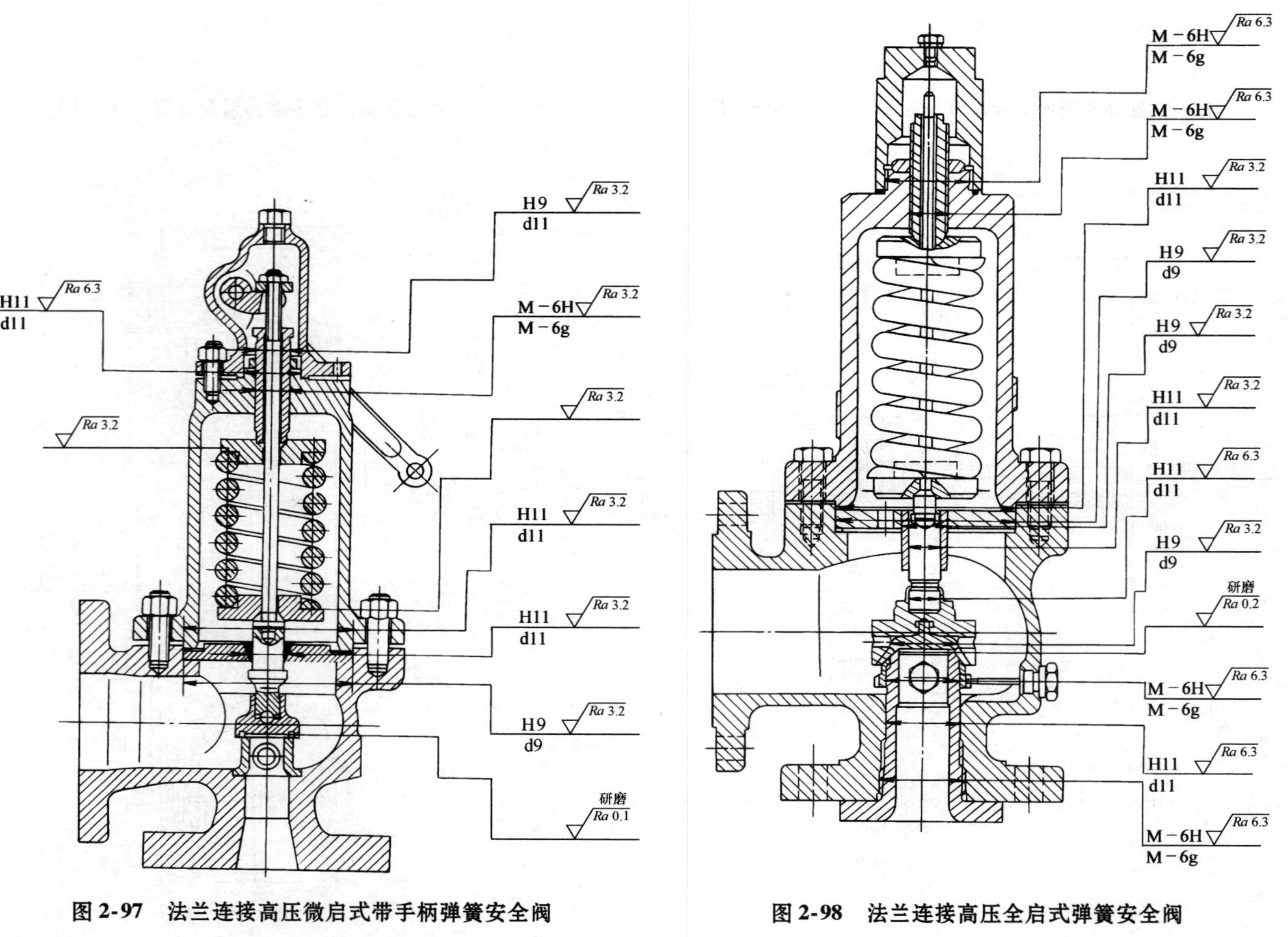

图 2-97　法兰连接高压微启式带手柄弹簧安全阀

图 2-98　法兰连接高压全启式弹簧安全阀

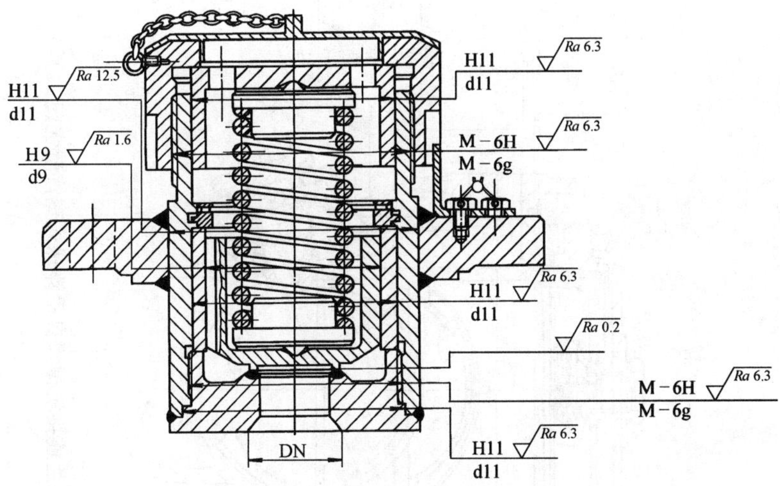

图 2-99　法兰连接微启内装式弹簧安全阀

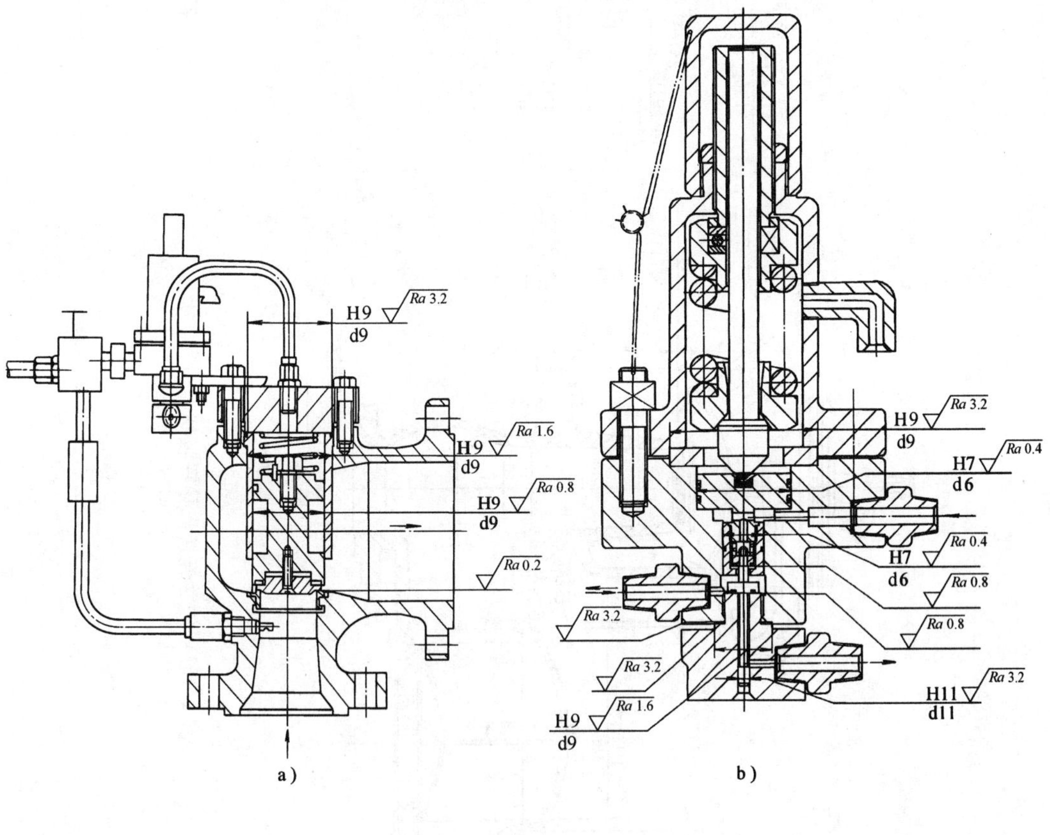

a)　　b)

图 2-100　法兰连接先导微启式安全阀

a) 主阀　b) 导阀

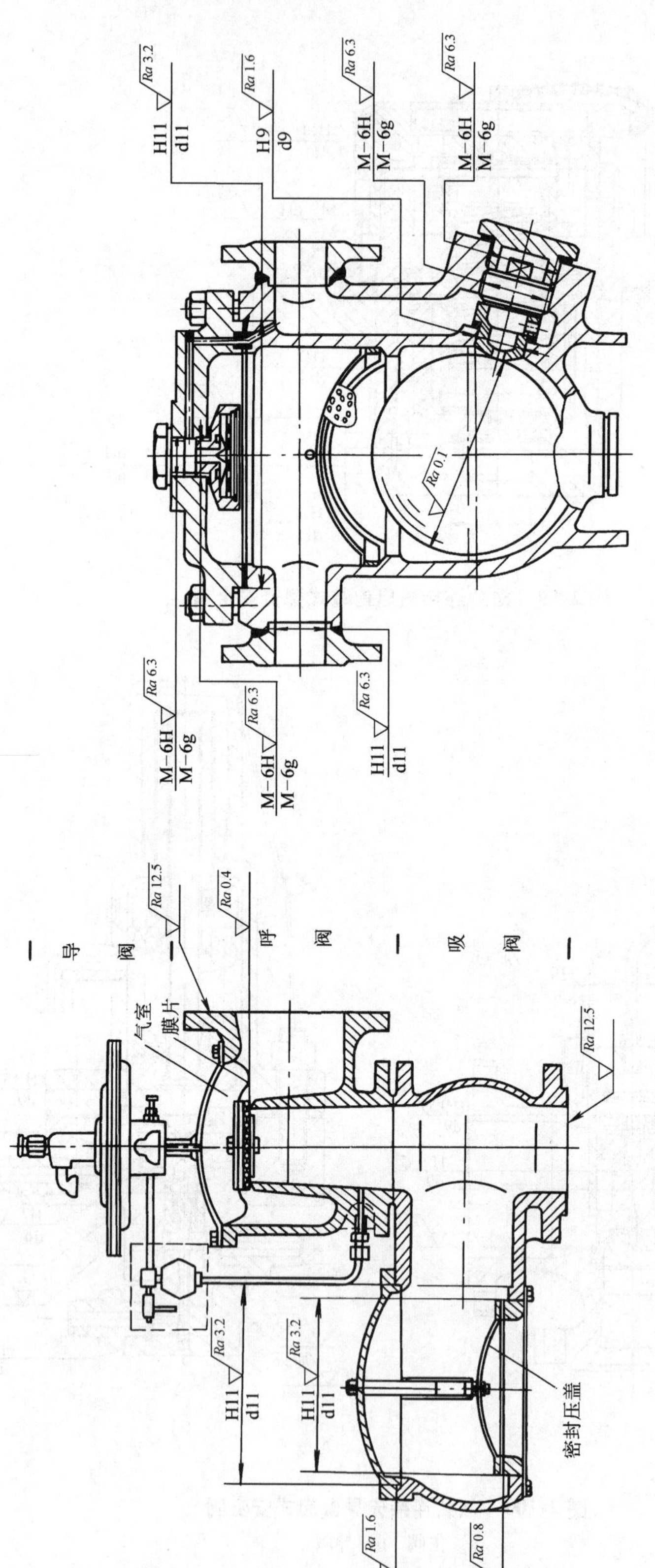

图 2-101　法兰连接先导呼吸阀

图 2-102　法兰连接机械型自由浮球式蒸汽疏水阀

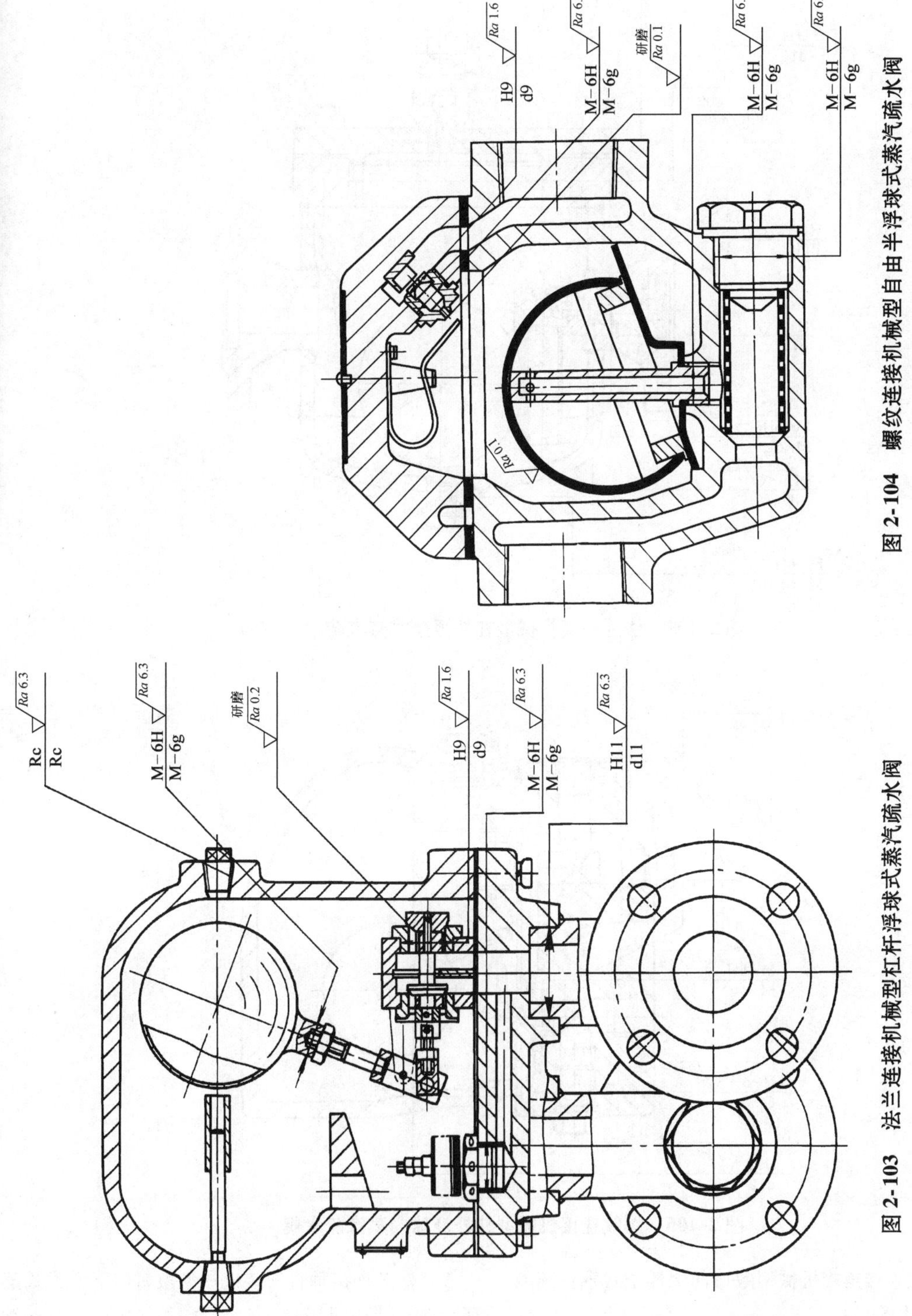

图 2-103　法兰连接机械型杠杆浮球式蒸汽疏水阀

图 2-104　螺纹连接机械型自由半浮球式蒸汽疏水阀

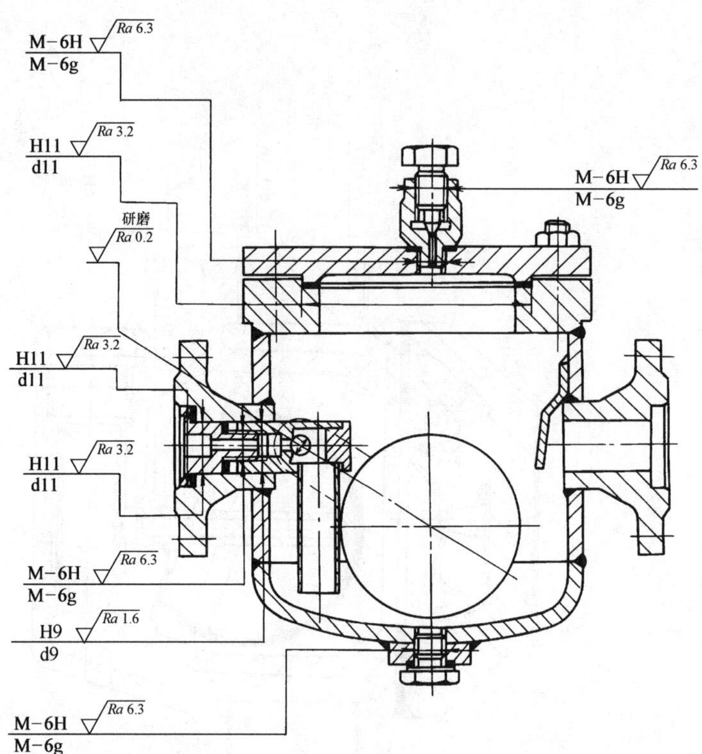

图2-105　法兰连接机械型杠杆浮球式蒸汽疏水阀

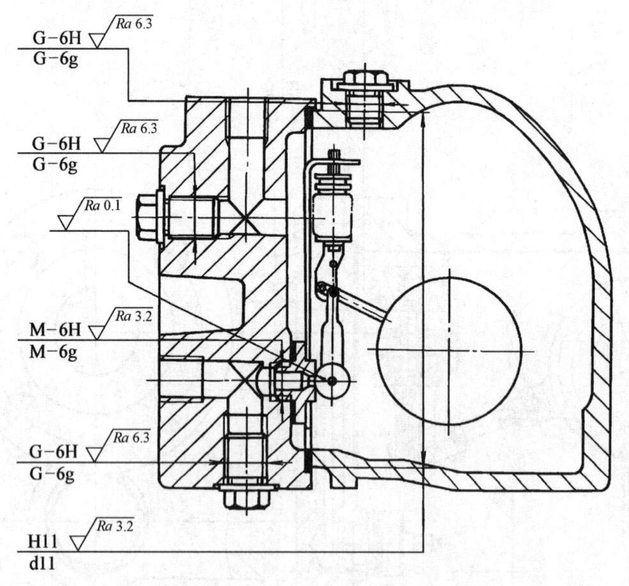

图2-106　螺纹连接机械型杠杆浮球式蒸汽疏水阀

7）螺纹连接角式机械型敞口向上浮子式蒸汽疏水阀（图2-108）。

8）法兰连接机械型敞口向上浮子式蒸汽疏水阀（图2-109）。

9）法兰连接垂直安装机械型敞口向下浮子式蒸汽疏水阀（图2-110）。

10）螺纹连接机械型敞口向下浮子式蒸汽疏水阀（图2-111）。

11）法兰连接机械型差压双阀瓣敞口向下浮子式蒸汽疏水阀（图2-112）。

12）螺纹连接热静力型棱形双金属片式蒸汽疏水阀（图2-113）。

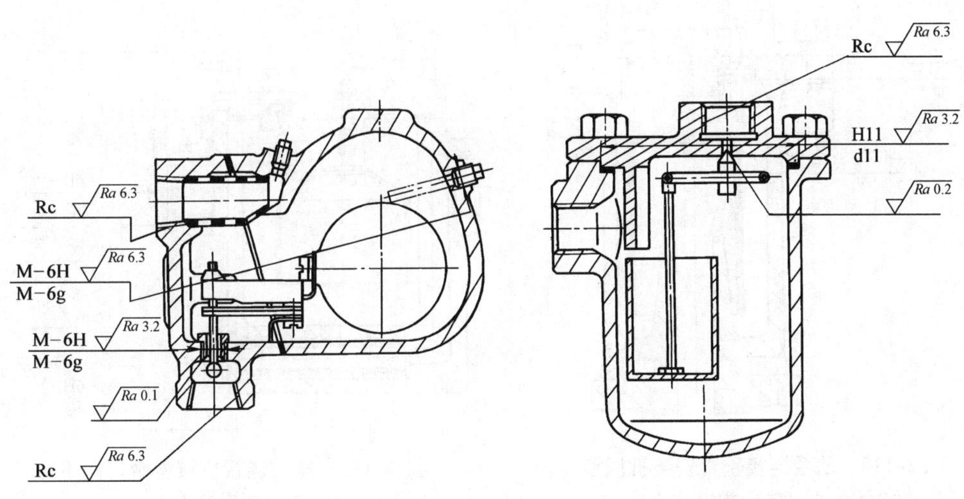

图2-107　螺纹连接角式机械型杠杆浮球式蒸汽疏水阀

图2-108　螺纹连接角式机械型敞口向上浮子式蒸汽疏水阀

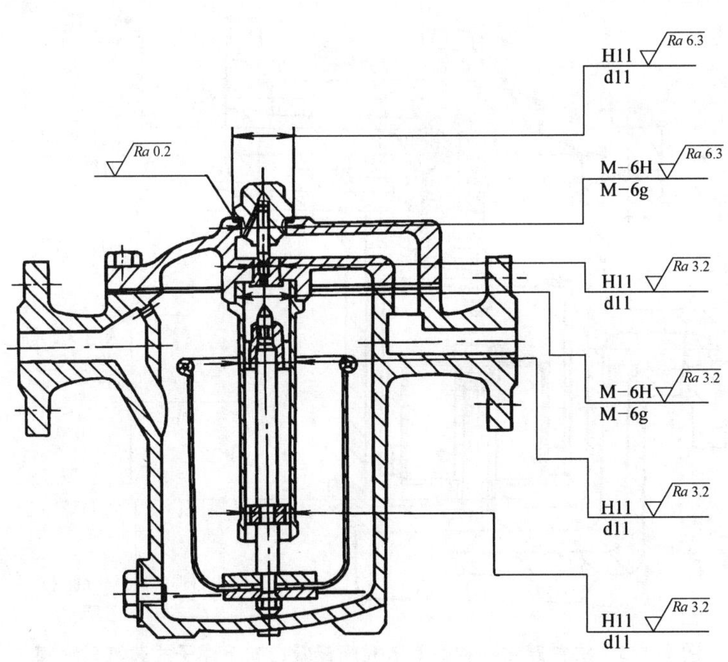

图2-109　法兰连接机械型敞口向上浮子式蒸汽疏水阀

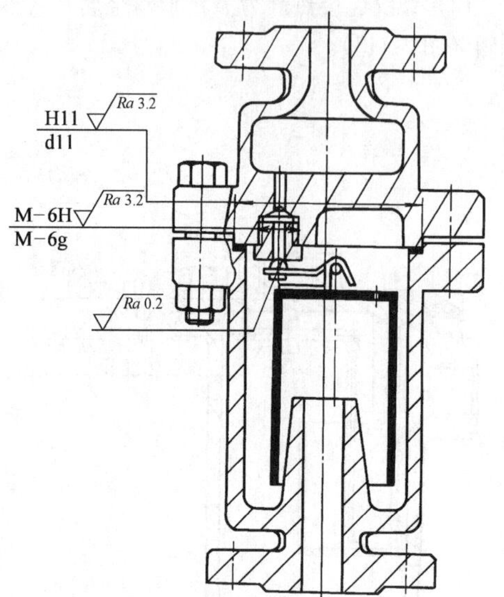

图2-110　法兰连接垂直安装机械型敞口向下浮子式蒸汽疏水阀

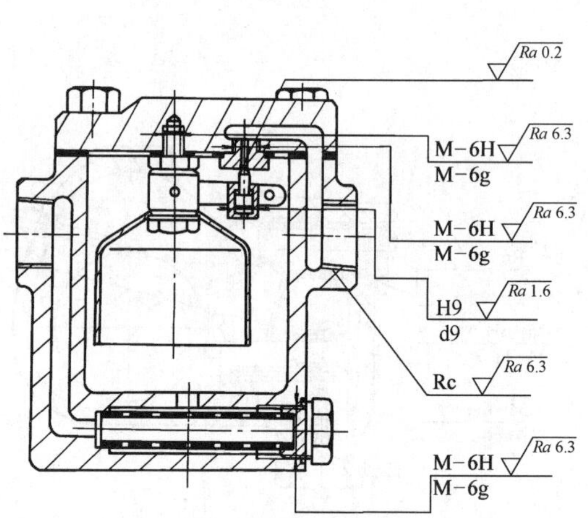

图2-111　螺纹连接机械型敞口向下浮子式蒸汽疏水阀

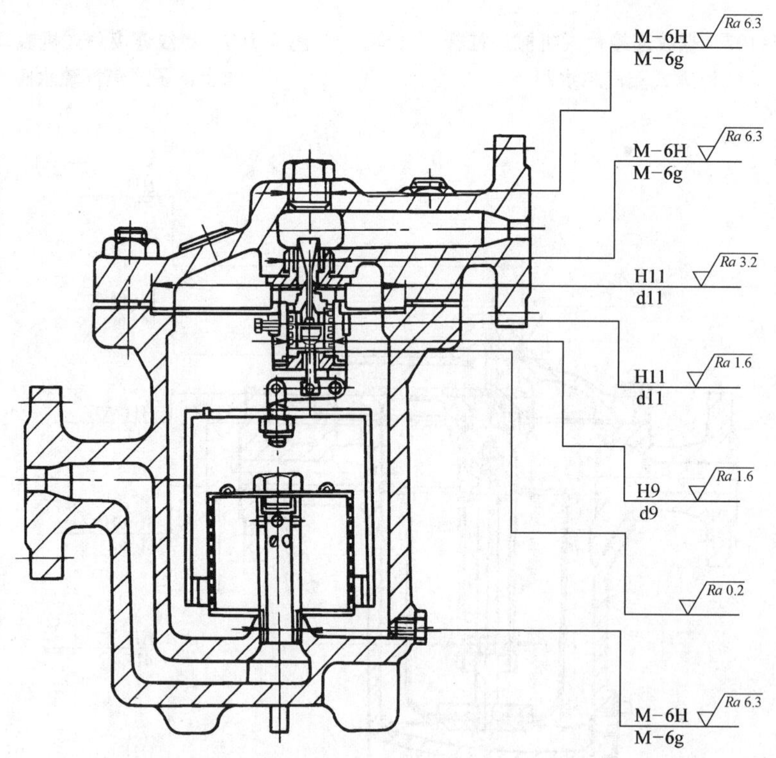

图2-112　法兰连接机械型差压双阀瓣敞口向下浮子式蒸汽疏水阀

13）螺纹连接热静力型圆形双金属片式蒸汽疏水阀（图2-114）。

14）螺纹连接热静力型矩形双金属片式蒸汽疏水阀（图2-115）。

15）法兰连接热静力型单双金属片式蒸汽疏水阀（图2-116）。

16）螺纹连接热静力型波纹管式蒸汽疏水阀（图2-117）。

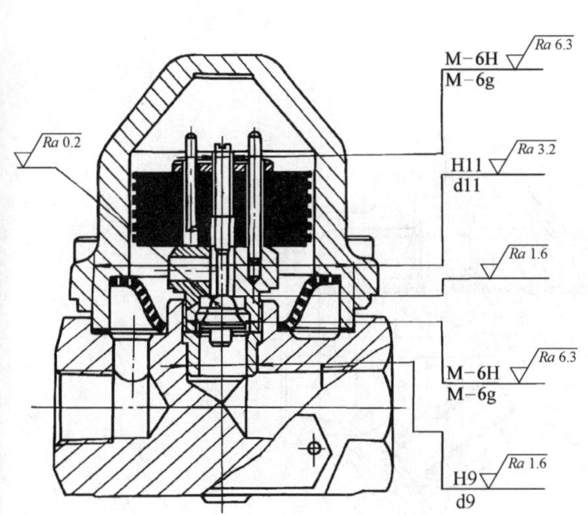

图 2-113 螺纹连接热静力型棱形双金属片式蒸汽疏水阀

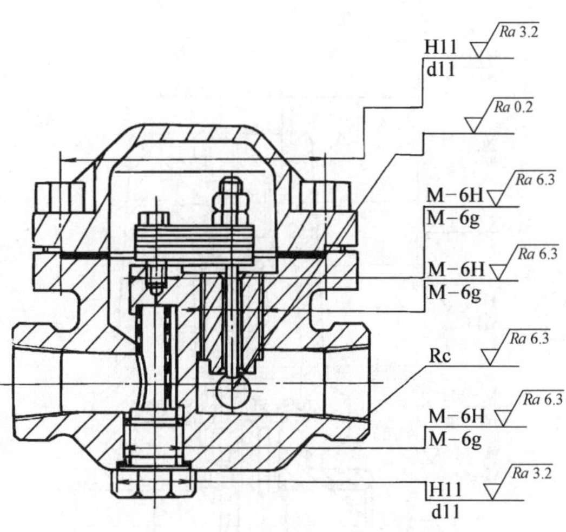

图 2-115 螺纹连接热静力型矩形双金属片式蒸汽疏水阀

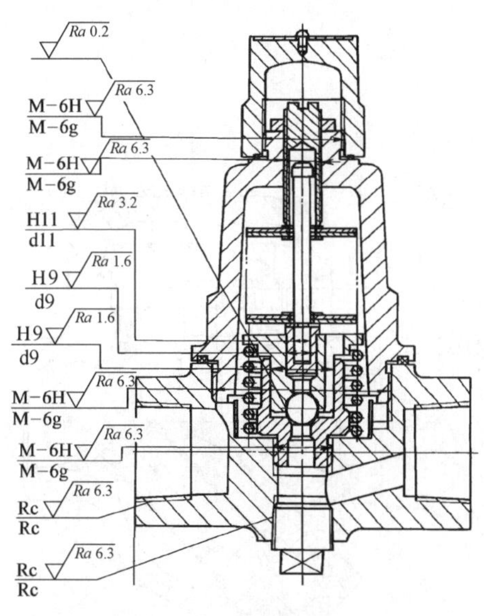

图 2-114 螺纹连接热静力型圆形双金属片式蒸汽疏水阀

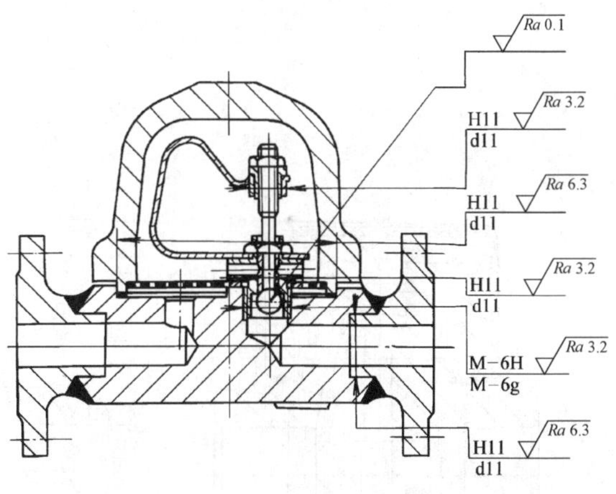

图 2-116 法兰连接热静力型单双金属片式蒸汽疏水阀

17）螺纹连接热静力型蒸汽压力式蒸汽疏水阀（图 2-118）。

18）螺纹连接热动力型圆盘式蒸汽疏水阀（图 2-119）。

19）螺纹连接热动力型活阀座圆盘式蒸汽疏水阀（图 2-120）。

20）承插焊连接热动力型高压圆盘式蒸汽疏水阀（图 2-121）。

21）螺纹连接热动力型脉冲式蒸汽疏水阀（图 2-122）。

22）螺纹连接热动力型孔板式蒸汽疏水阀（图 2-123）。

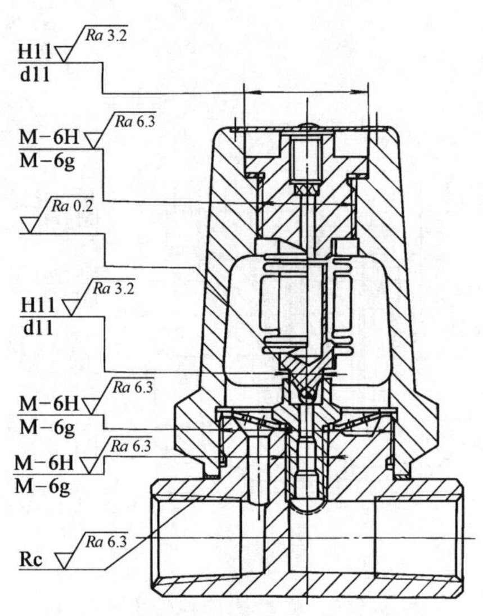

图2-117 螺纹连接热静力型波纹管式蒸汽疏水阀

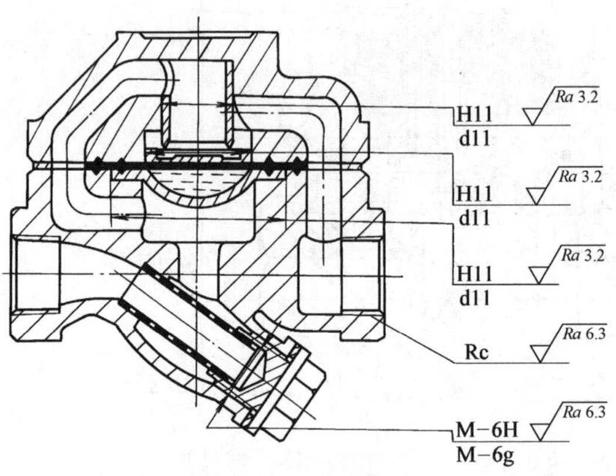

图2-118 螺纹连接热静力型蒸汽压力式蒸汽疏水阀

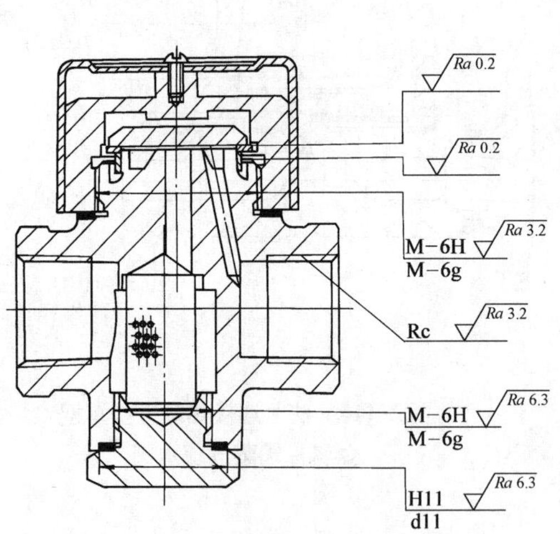

图2-119 螺纹连接热动力型圆盘式蒸汽疏水阀

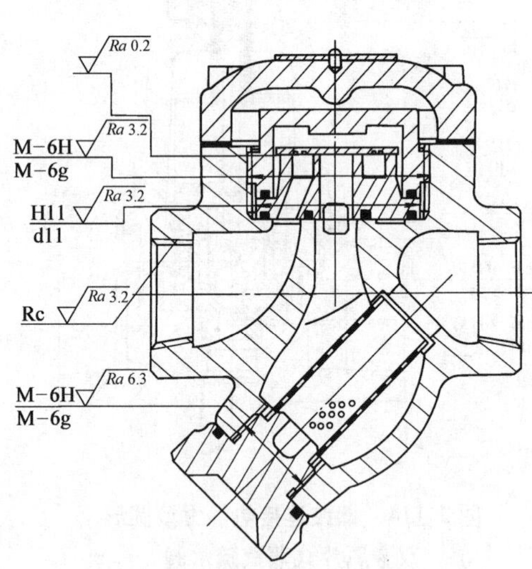

图2-120 螺纹连接热动力型活阀座圆盘式蒸汽疏水阀

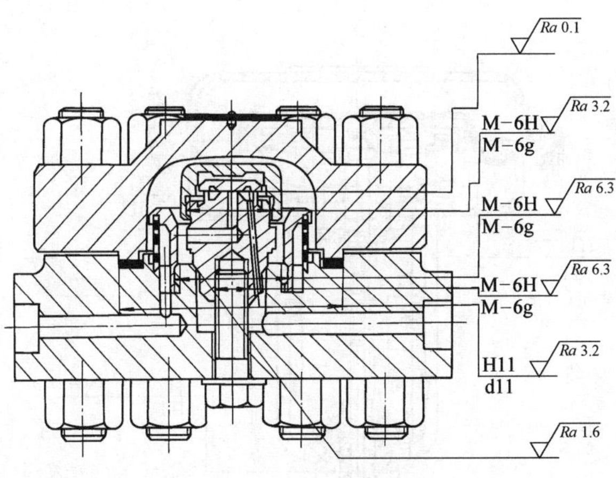

图 2-121 承插焊连接热动力型高压圆盘式蒸汽疏水阀

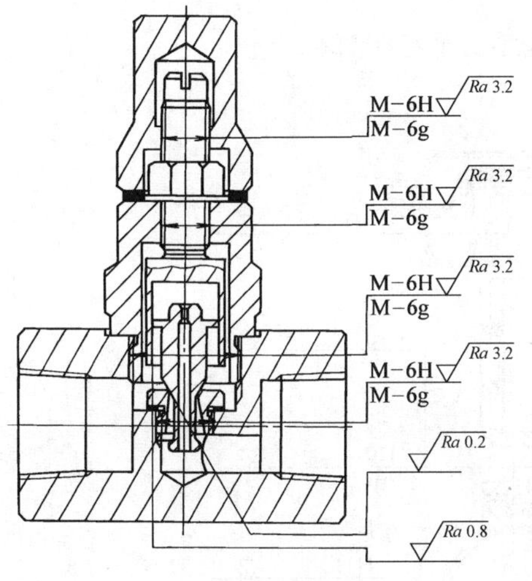

图 2-122 螺纹连接热动力型脉冲式蒸汽疏水阀

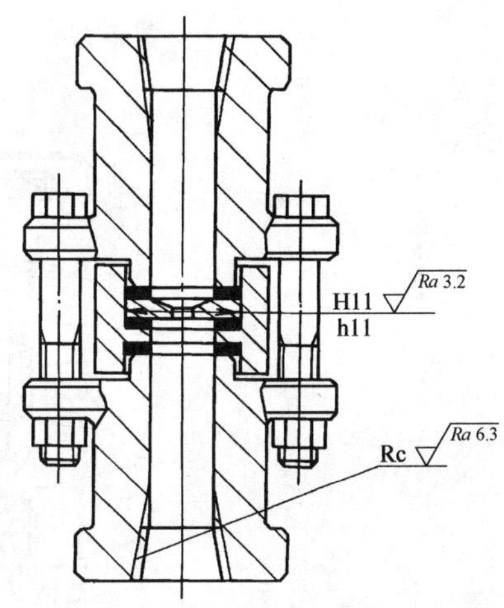

图 2-123 螺纹连接热动力型孔板式蒸汽疏水阀

2.2.12　调节阀（工业过程控制阀）

1）气动薄膜直通单座调节阀（图2-124）。

2）气动薄膜直通双座调节阀（图2-125）。

3）气动薄膜低温单阀座调节阀（图2-126）。

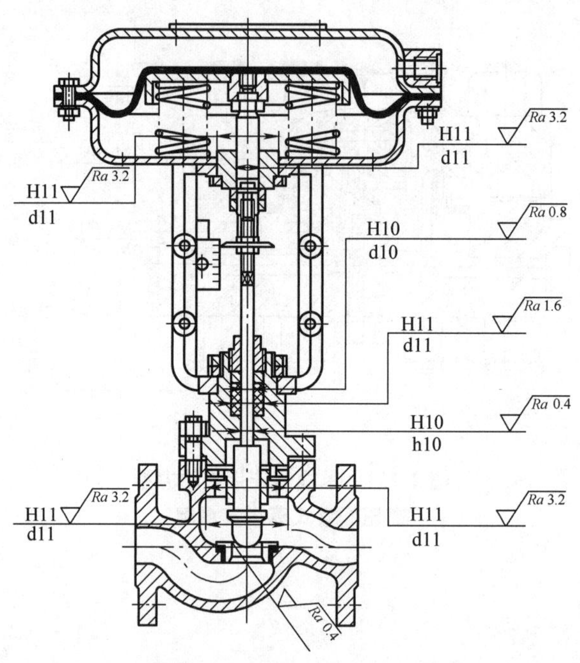

图2-124　气动薄膜直通单座调节阀

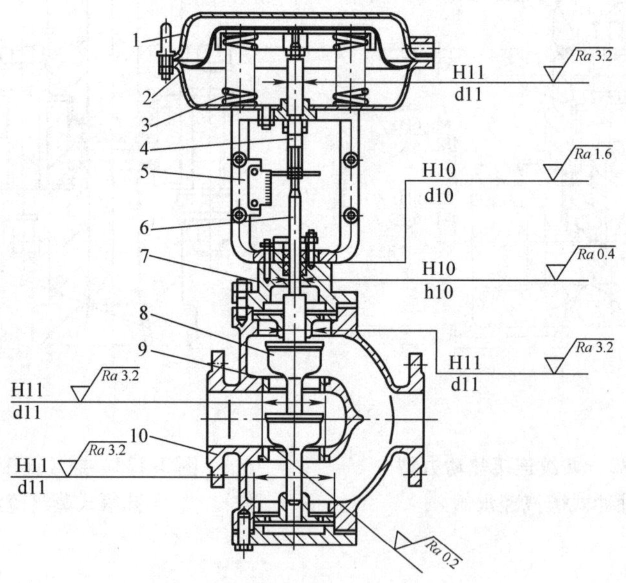

图2-125　气动薄膜直通双座调节阀

1—膜盖　2—膜片　3—弹簧　4—推杆　5—支架

6—阀杆　7—阀盖　8—阀瓣　9—阀座　10—阀体

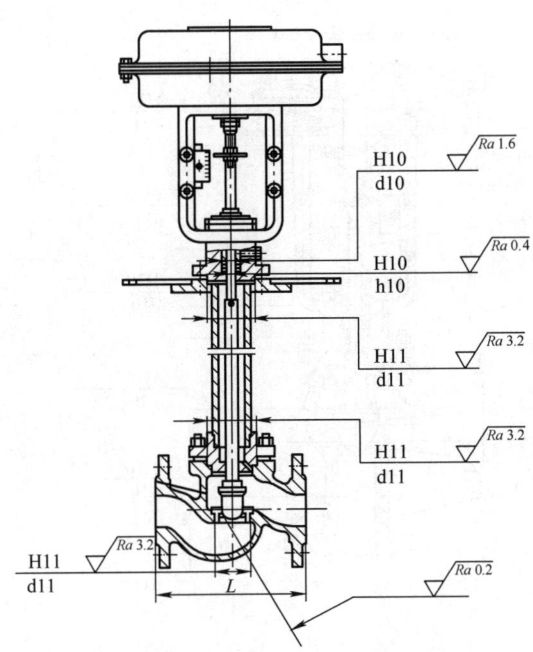

图 2-126　气动薄膜低温单阀座调节阀

4）气动薄膜套筒调节阀（图 2-127）。

5）气动薄膜角式单阀座调节阀（图 2-128）。

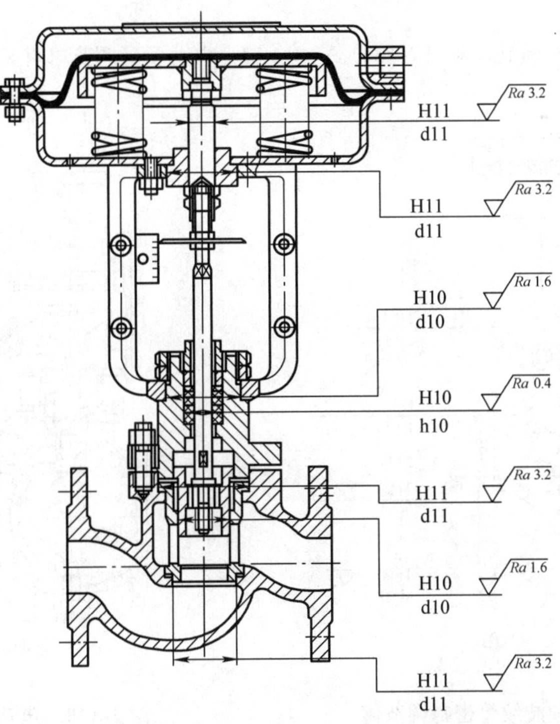

图 2-127　气动薄膜套筒调节阀

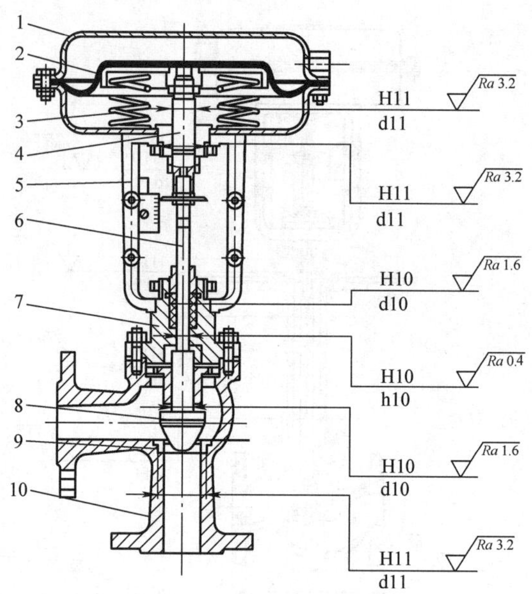

图2-128　气动薄膜角式单阀座调节阀

1—膜盖　2—膜片　3—弹簧　4—推杆　5—支架
6—阀杆　7—阀盖　8—阀瓣　9—阀座　10—阀体

6）气动薄膜波纹管密封调节阀（图2-129）。

7）电动V形调节球阀（图2-130）。

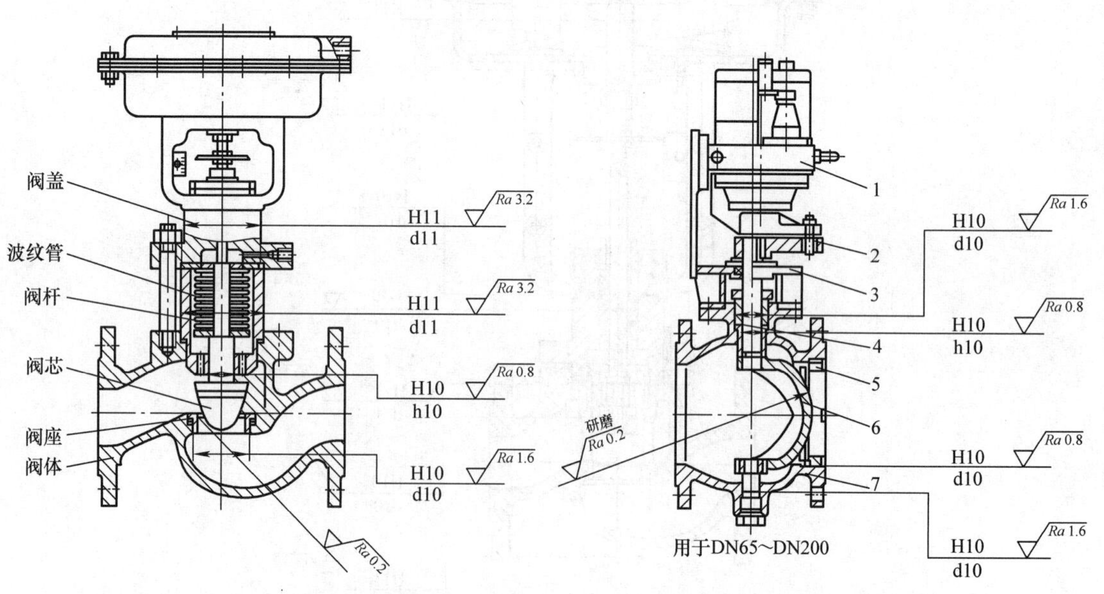

图2-129　气动薄膜波纹管密封调节阀

图2-130　电动V形调节球阀

1—电动执行机构　2—曲柄　3—支架
4—阀杆　5—阀座　6—V形球阀体　7—阀体

8）轴流式电动调节阀（图2-131）。

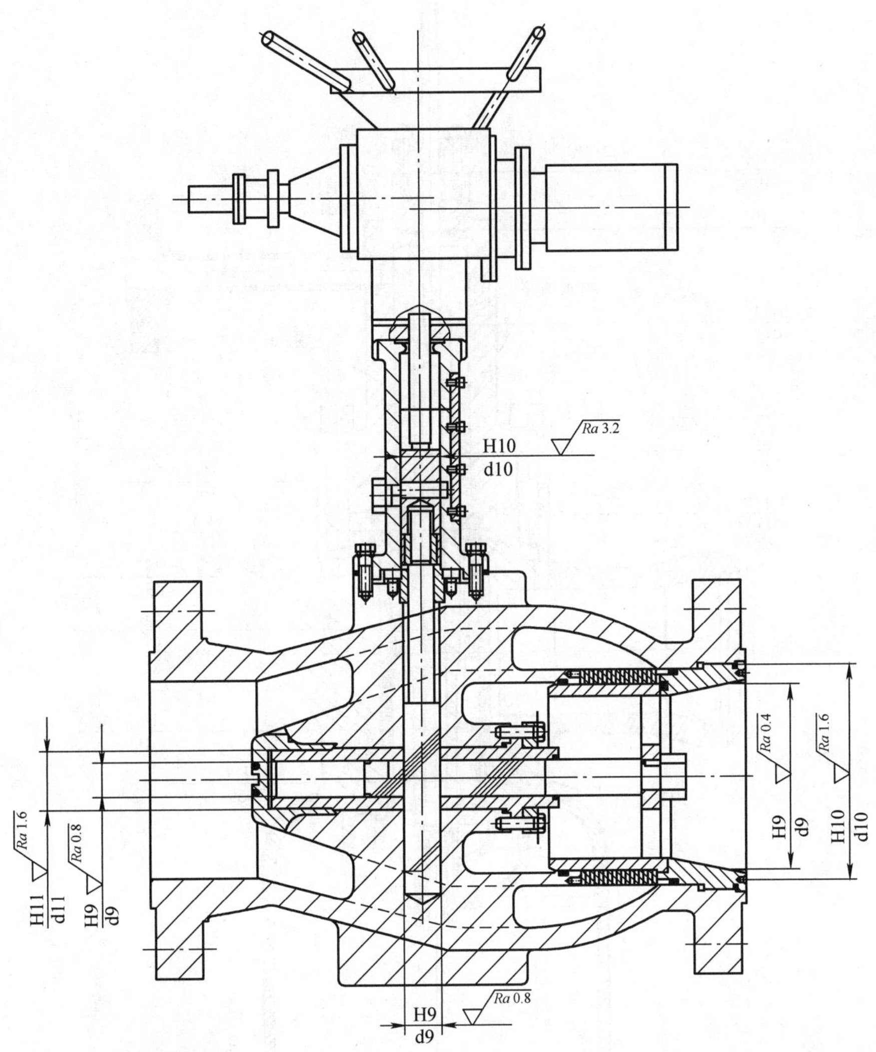

图2-131　轴流式电动调节阀

9）CVS-A型减温减压阀（图2-132）。

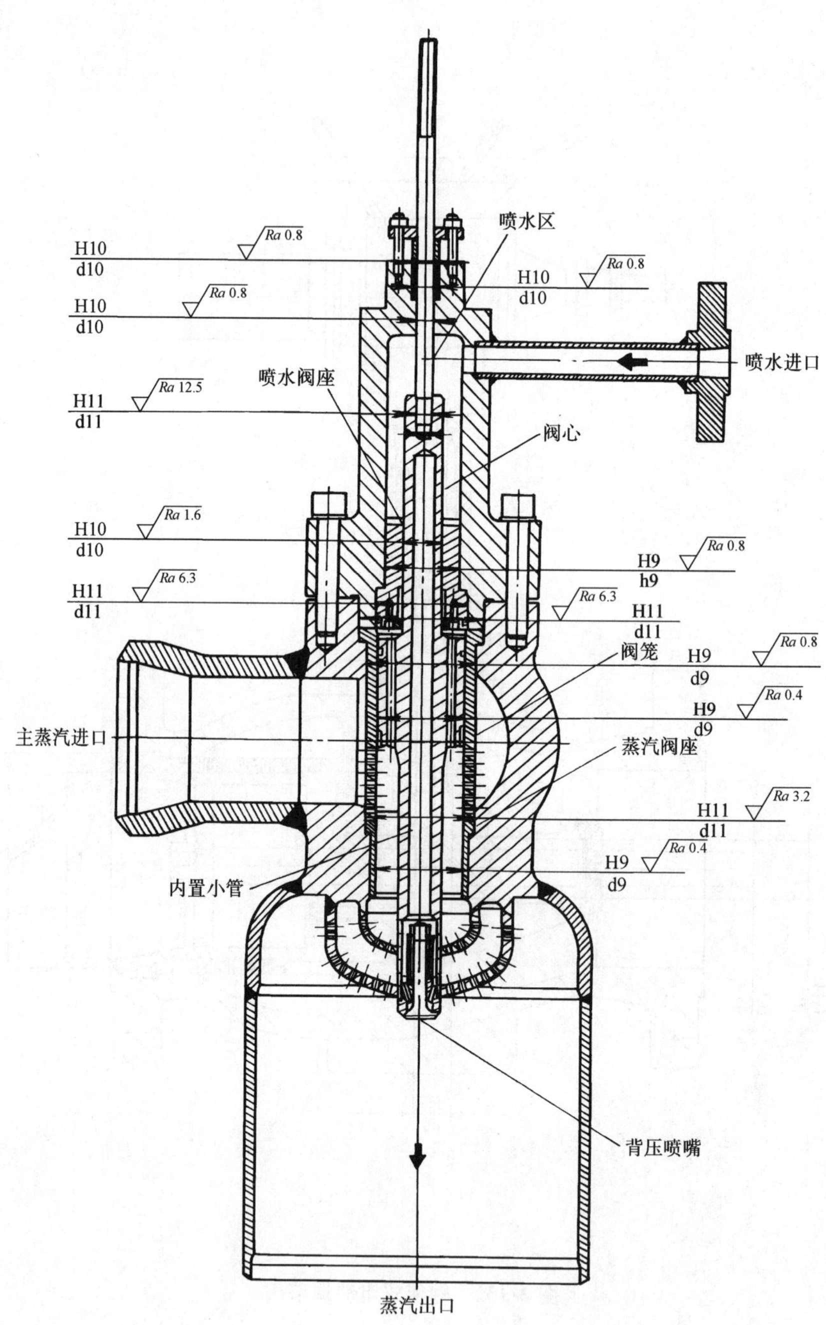

图2-132　CVS-A型减温减压阀

10）CVS-C 型减温减压阀（图 2-133）。

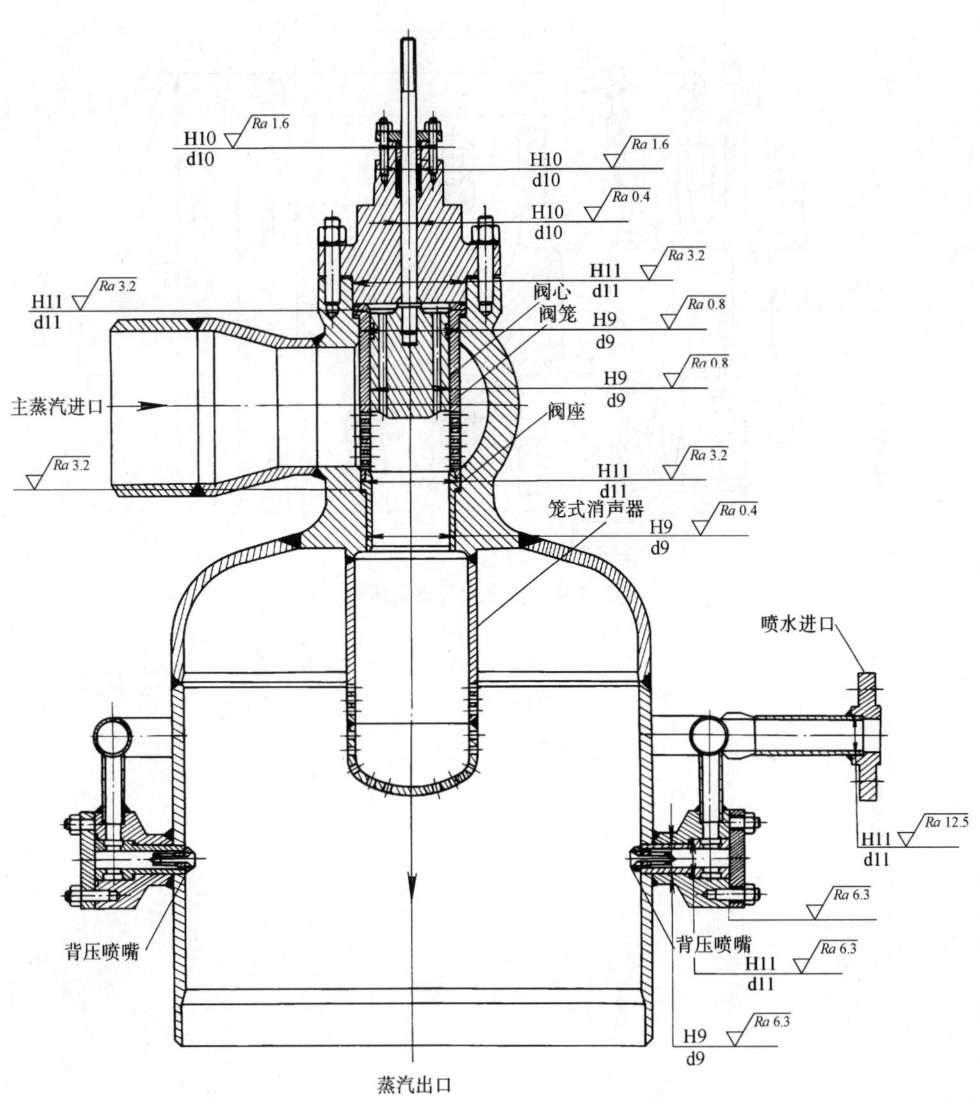

图 2-133 CVS-C 型减温减压阀

11）自力式气体调压阀（图 2-134）。

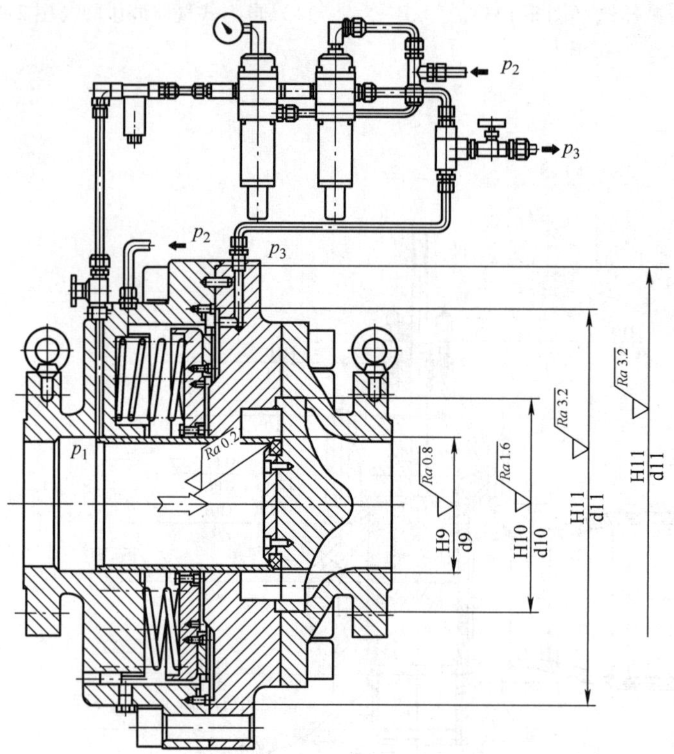

图2-134　自力式气体调压阀

第3章　设计计算数据

3.1　压力-温度额定值

3.1.1　美国标准

3.1.1.1　ASME B16.34—2017《法兰、螺纹和焊接端阀门》

ASME B16.34 共分4组材料。第1组材料为碳钢和低合金钢，共有115种材料，并分锻件17种、铸件15种、板材30种、棒材24种、管材29种；第2组材料为奥氏体钢和奥氏体-铁素体双相钢，共有144种材料，并分锻件20种、铸件19种、板材22种、棒材35种、管材48种；第3组材料为镍基合金，共有131种材料，并分锻件24种、铸件6种、板材31种、棒材40种、管材30种；第4组材料为螺栓材料，共有17种材料。标准给出了第1组材料、第2组材料、第3组材料共390种的标准压力级（Class）和特殊压力级（Class）的压力-温度额定值，具体数值见表3-1。

表3-1　材料的压力-温度额定值

第1.1组材料的额定值

A105①②	A350Gr. LF3⑥	A516 Gr. 70①④	A672 Gr. B70①
A216Gr. WCB①	A350 Gr. LF6 Cl. 1⑤	A537 Cl. 1③	A672 Gr. C70①
A350Gr. LF2①	A515 Gr. 70①	A696 Gr. C③	

A-标准压力级Class

温度/℃	各压力级Class的工作压力/bar						
	150	300	600	900	1500	2500	4500
-29~38	19.6	51.1	102.1	153.2	255.3	425.5	765.9
50	19.2	50.1	100.2	150.4	250.6	417.7	751.9
100	17.7	46.6	93.2	139.8	233.0	388.3	699.0
150	15.8	45.1	90.2	135.2	225.4	375.6	676.1
200	13.8	43.8	87.6	131.4	219.0	365.0	657.0
250	12.1	41.9	83.9	125.8	209.7	349.5	629.1
300	10.2	39.8	79.6	119.5	199.1	331.8	597.3
325	9.3	38.7	77.4	116.1	193.6	322.6	580.7
350	8.4	37.6	75.1	112.7	187.8	313.0	563.5
375	7.4	36.4	72.7	109.1	181.8	303.1	545.5
400	6.5	34.7	69.4	104.2	173.6	289.3	520.8
425	5.5	28.8	57.5	86.3	143.8	239.7	431.5
450	4.6	23.0	46.0	69.0	115.0	191.7	345.1
475	3.7	17.4	34.9	52.3	87.2	145.3	261.5
500	2.8	11.8	23.5	35.3	58.8	97.9	176.3
538	1.4	5.9	11.8	17.7	29.5	49.2	88.6

B-特殊压力级Class

温度/℃	各压力级Class的工作压力/bar						
	150	300	600	900	1500	2500	4500
-29~38	19.8	51.7	103.4	155.1	258.6	430.9	775.7
50	19.8	51.7	103.4	155.1	258.6	430.9	775.7
100	19.8	51.6	103.3	154.9	258.2	430.3	774.5

（续）

第1.1组材料的额定值			
A105①②	A350Gr. LF3⑥	A516 Gr. 70①④	A672 Gr. B70①
A216Gr. WCB①	A350 Gr. LF6 Cl. 1⑤	A537 Cl. 1③	A672 Gr. C70①
A350Gr. LF2①	A515 Gr. 70①	A696 Gr. C③	

B-特殊压力级 Class

温度/℃	各压力级 Class 的工作压力/bar						
	150	300	600	900	1500	2500	4500
150	19.6	51.0	102.1	153.1	255.2	425.3	765.5
200	19.4	50.6	101.1	151.7	252.9	421.4	758.6
250	19.4	50.5	101.1	151.6	252.6	421.1	757.9
300	19.4	50.5	101.1	151.6	252.6	421.1	757.9
325	19.2	50.1	100.2	150.3	250.6	417.6	751.7
350	18.7	48.9	97.8	146.7	244.6	407.6	733.7
375	18.1	47.1	94.2	141.3	235.5	392.5	706.5
400	16.6	43.4	86.8	130.2	217.0	361.7	651.0
425	13.8	36.0	71.9	107.9	179.8	299.6	539.3
450	11.0	28.8	57.5	86.3	143.8	239.6	431.4
475	8.4	21.8	43.6	65.4	109.0	181.6	326.9
500	5.6	14.7	29.4	44.1	73.5	122.4	220.4
538	2.8	7.4	14.8	22.2	36.9	61.6	110.8

① 长期处在高于425℃的工况，碳钢的碳化物相可能转化为石墨。允许但不推荐长期用于高于425℃的工况。

② 高于455℃仅应用于镇静钢。

③ 超过370℃不使用。

④ 超过455℃不使用。

⑤ 超过260℃不使用。

⑥ 超过345℃不使用。

第1.2组材料的额定值			
A106 Gr. C①	A203 Gr. B②	A350 Gr. LF6 Cl. 2③	A352 Gr. LC3④
A203 Gr. B②	A216 Gr. WCC②	A352 Gr. LC2④	A352 Gr. LCC④

A-标准压力级 Class

温度/℃	各压力级 Class 的工作压力/bar						
	150	300	600	900	1500	2500	4500
-29~38	19.8	51.7	103.4	155.1	258.6	430.9	775.7
50	19.5	51.7	103.4	155.1	258.6	430.9	775.7
100	17.7	51.5	103.0	154.6	257.6	429.4	773.0
150	15.8	50.2	100.3	150.5	250.8	418.1	752.6
200	13.8	48.6	97.2	145.8	243.2	405.4	729.7
250	12.1	46.3	92.7	139.0	231.8	386.2	694.8
300	10.2	42.9	85.7	128.6	214.4	357.1	642.6
325	9.3	41.4	82.6	124.0	206.6	344.3	619.6
350	8.4	40.0	80.0	120.1	200.1	333.5	600.3
375	7.4	37.8	75.7	113.5	189.2	315.3	567.5
400	6.5	34.7	69.4	104.2	173.6	289.3	520.8

（续）

第1.2组材料的额定值

A106 Gr. C①	A203 Gr. B②	A350 Gr. LF6 Cl. 2③	A352 Gr. LC3④
A203 Gr. B②	A216 Gr. WCC②	A352 Gr. LC2④	A352 Gr. LCC④

A-标准压力级 Class

温度/℃	各压力级 Class 的工作压力/bar						
	150	300	600	900	1500	2500	4500
425	5.5	28.8	57.5	86.3	143.8	239.7	431.5
450	4.6	23.0	46.0	69.0	115.0	191.7	345.1
475	3.7	17.1	34.2	51.3	85.4	142.4	256.3
500	2.8	11.6	23.2	34.7	57.9	96.5	173.7
538	1.4	5.9	11.8	17.7	29.5	49.2	88.6

B-特殊压力级 Class

温度/℃	各压力级 Class 的工作压力/bar						
	150	300	600	900	1500	2500	4500
-29~38	20.0	51.7	103.4	155.1	258.6	430.9	775.7
50	20.0	51.7	103.4	155.1	258.6	430.9	775.7
100	20.0	51.7	103.4	155.1	258.6	430.9	775.7
150	20.0	51.7	103.4	155.1	258.6	430.9	775.7
200	20.0	51.7	103.4	155.1	258.6	430.9	775.7
250	20.0	51.7	103.4	155.1	258.6	430.9	775.7
300	20.0	51.7	103.4	155.1	258.6	430.9	775.7
325	20.0	51.7	103.4	155.1	258.6	430.9	775.7
350	19.8	51.1	102.2	153.3	255.5	425.8	766.4
375	19.3	48.4	96.7	145.1	241.9	403.1	725.6
400	19.3	43.4	86.8	130.2	217.0	361.7	651.0
425	18.0	36.0	71.9	107.9	179.8	299.6	539.3
450	14.4	28.8	57.5	86.3	143.8	239.6	431.4
475	10.7	21.4	42.7	64.1	106.8	178.0	320.4
500	7.2	14.5	29.0	43.4	72.4	120.7	217.2
538	3.7	7.4	14.8	22.2	36.9	61.6	110.8

① 超过425℃不使用。

② 长期处于高于425℃工况，碳钢的碳化物相可能转化为石墨。允许但不推荐长期用于高于425℃的工况。

③ 超过260℃不使用。

④ 超过345℃不使用。

第1.3组材料的额定值

A203 Gr. A①	A352 Gr. LCB②	A516 Gr. 65①③	A672 Gr. B65①
A203 Gr. D①	A352 Gr. LC1②	A672 Gr. B65①	A675 Gr. 70①④⑤
A217 Gr. WC1⑥~⑧	A515 Gr. 65①		

A-标准压力级 Class

温度/℃	各压力级 Class 的工作压力/bar						
	150	300	600	900	1500	2500	4500
-29~38	18.4	48.0	96.0	144.1	240.1	400.1	720.3
50	18.2	47.5	94.9	142.4	237.3	395.6	712.0

（续）

第1.3组材料的额定值			
A203 Gr. A①	A352 Gr. LCB②	A516 Gr. 65①③	A672 Gr. B65①
A203 Gr. D①	A352 Gr. LC1②	A672 Gr. B65①	A675 Gr. 70①④⑤
A217 Gr. WC1⑥~⑧	A515 Gr. 65①		

A-标准压力级 Class

温度/℃	各压力级 Class 的工作压力/bar						
	150	300	600	900	1500	2500	4500
100	17.4	45.3	90.7	136.0	226.7	377.8	680.1
150	15.8	43.9	87.9	131.8	219.7	366.1	659.1
200	13.8	42.5	85.1	127.6	212.7	354.4	638.0
250	12.1	40.8	81.6	122.3	203.9	339.8	611.7
300	10.2	38.7	77.4	116.1	193.4	322.4	580.3
325	9.3	37.6	75.2	112.7	187.9	313.1	563.7
350	8.4	36.4	72.8	109.2	182.0	303.3	545.9
375	7.4	35.0	69.9	104.9	174.9	291.4	524.6
400	6.5	32.6	65.2	97.9	163.1	271.9	489.3
425	5.5	27.3	54.6	81.9	136.5	227.5	409.5
450	4.6	21.6	43.2	64.8	107.9	179.9	323.8
475	3.7	15.7	31.3	47.0	78.3	130.6	235.0
500	2.8	11.1	22.1	33.2	55.4	92.3	166.1
538	1.4	5.9	11.8	17.7	29.5	49.2	88.6

B-特殊压力级 Class

温度/℃	各压力级 Class 的工作压力/bar						
	150	300	600	900	1500	2500	4500
-29~38	20.0	48.0	96.0	144.1	240.1	400.1	720.3
50	20.0	48.0	96.0	144.1	240.1	400.1	720.3
100	20.0	48.0	96.0	144.1	240.1	400.1	720.3
150	20.0	48.0	96.0	144.1	240.1	400.1	720.3
200	20.0	48.0	96.0	144.1	240.1	400.1	720.3
250	20.0	48.0	96.0	144.1	240.1	400.1	720.3
300	20.0	48.0	96.0	144.1	240.1	400.1	720.3
325	20.0	48.0	95.9	143.9	239.8	399.6	719.3
350	19.8	47.3	94.6	141.9	236.5	394.1	709.4
375	19.3	44.9	89.9	134.8	224.7	374.6	674.2
400	19.3	40.8	81.6	122.3	203.9	339.8	611.7
425	17.1	34.1	68.3	102.4	170.6	284.4	511.9
450	13.5	27.0	54.0	81.0	134.9	224.9	404.8
475	9.8	19.6	39.2	58.8	97.9	163.2	293.8
500	6.9	13.8	27.7	41.5	69.2	115.3	207.6
538	3.7	7.4	14.8	22.2	36.9	61.6	110.8

① 长期处在高于425℃工况，碳钢的碳化物相可能转化为石墨。允许但不推荐长期用于高于425℃工况。
② 超过345℃不使用。
③ 超过455℃不使用。
④ 含铅牌不应用在焊接或高于260℃的工况使用。
⑤ 对高于455℃工况，推荐使用残留硅含量不小于0.10%的镇静钢。
⑥ 长期处在高于470℃工况，碳-钼钢的碳化物相可能转化为石墨。允许但不推荐长期用于高于470℃工况。
⑦ 仅使用正火加回火材料。
⑧ 未列入ASTM A217中的任何元素的增加应慎重，为了脱氧，除了Ca和Mn可以加入外，ASME B16.34—2017中表1的ASTM A217的材料中禁止加入任何元素。

（续）

第1.4组材料的额定值

A106 Gr. B①	A515 Gr. 60①②	A672 Gr. C60①	A675 Gr. 65①③④
A350 Gr. LF1 Cl. 1①	A516 Gr. 60①②	A675 Gr. 60①~③	A696 Gr. B⑤
	A672 Gr. B60①		

A-标准压力级 Class

温度/℃	各压力级 Class 的工作压力/bar						
	150	300	600	900	1500	2500	4500
-29~38	16.3	42.6	85.1	127.7	212.8	354.6	638.3
50	16.0	41.8	83.5	125.3	208.9	348.1	626.6
100	14.9	38.8	77.7	116.5	194.2	323.6	582.5
150	14.4	37.6	75.1	112.7	187.8	313.0	563.4
200	13.8	36.4	72.8	109.2	182.1	303.4	546.2
250	12.1	34.9	69.8	104.7	174.6	291.0	523.7
300	10.2	33.2	66.4	99.5	165.9	276.5	497.7
325	9.3	32.2	64.5	96.7	161.2	268.6	483.5
350	8.4	31.2	62.5	93.7	156.2	260.4	468.7
375	7.4	30.4	60.7	91.1	151.8	253.0	455.3
400	6.5	29.3	58.7	88.0	146.7	244.5	440.1
425	5.5	25.8	51.5	77.3	128.8	214.7	386.5
450	4.6	21.4	42.7	64.1	106.8	178.0	320.4
475	3.7	14.1	28.2	42.3	70.5	117.4	211.4
500	2.8	10.3	20.6	30.9	51.5	85.9	154.6
538	1.4	5.9	11.8	17.7	29.5	49.2	88.6

B-特殊压力级 Class

温度/℃	各压力级 Class 的工作压力/bar						
	150	300	600	900	1500	2500	4500
-29~38	17.0	44.3	88.6	133.0	221.6	369.4	664.9
50	17.0	44.3	88.6	133.0	221.6	369.4	664.9
100	17.0	44.3	88.6	133.0	221.6	369.4	664.9
150	17.0	44.3	88.6	133.0	221.6	369.4	664.9
200	17.0	44.3	88.6	133.0	221.6	369.4	664.9
250	17.0	44.3	88.6	133.0	221.6	369.4	664.9
300	16.5	43.0	86.0	129.0	215.0	358.3	664.9
325	16.1	42.0	83.9	125.9	209.9	349.8	629.6
350	15.6	40.7	81.4	122.1	203.4	339.1	610.3
375	15.2	39.5	79.1	118.6	197.6	329.4	592.9
400	14.6	38.2	76.3	114.5	190.8	317.9	572.3
425	12.4	32.3	64.6	96.9	161.5	269.2	484.5
450	10.2	26.7	53.4	80.1	133.5	222.5	400.5
475	6.8	17.6	35.2	52.9	88.1	146.8	264.3
500	4.9	12.9	25.8	38.7	64.4	107.4	193.3
538	2.8	7.4	14.8	22.2	36.9	61.6	110.8

① 长期处在高于425℃工况，碳钢的碳化物相可能转化为石墨。允许但不推荐长期用于高于425℃工况。

② 超过455℃不使用。

③ 含铅牌号不应用在焊接或高于260℃的工况使用。

④ 对高于455℃工况，推荐使用残留硅含量不小于0.10%的镇静钢。

⑤ 超过370℃不使用。

（续）

第1.5组材料的额定值

A182 Gr. F1①　　A204 Gr. B①　　A691 Gr. CM-70①

A204 Gr. A①

A-标准压力级 Class

温度/℃	各压力级 Class 的工作压力/bar						
	150	300	600	900	1500	2500	4500
-29~38	18.4	48.0	96.0	144.1	240.1	400.1	720.3
50	18.4	48.0	96.0	144.1	240.1	400.1	720.3
100	17.7	47.9	95.9	143.8	239.7	399.5	719.1
150	15.8	47.3	94.7	142.0	236.7	394.5	710.1
200	13.8	45.8	91.6	137.4	229.0	381.7	687.1
250	12.1	44.5	89.0	133.5	222.5	370.9	667.6
300	10.2	42.9	85.7	128.6	214.4	357.1	642.6
325	9.3	41.4	82.6	124.0	206.6	344.3	619.6
350	8.4	40.3	80.4	120.7	201.1	335.3	603.3
375	7.4	38.9	77.6	116.5	194.1	323.2	581.8
400	6.5	36.5	73.3	109.8	183.1	304.9	548.5
425	5.5	35.2	70.0	105.1	175.1	291.6	524.7
450	4.6	33.7	67.7	101.4	169.0	281.8	507.0
475	3.7	31.7	63.4	95.1	158.2	263.9	474.8
500	2.8	24.1	48.1	72.2	120.3	200.5	361.0
538	1.4	11.3	22.7	34.0	56.7	94.6	170.2

B-特殊压力级 Class

温度/℃	各压力级 Class 的工作压力/bar						
	150	300	600	900	1500	2500	4500
-29~38	18.4	48.0	96.0	144.1	240.1	400.1	720.3
50	18.4	48.0	96.0	144.1	240.1	400.1	720.3
100	18.4	48.0	96.0	144.1	240.1	400.1	720.3
150	18.4	48.0	96.0	144.1	240.1	400.1	720.3
200	18.4	48.0	96.0	144.1	240.1	400.1	720.3
250	18.4	48.0	96.0	144.1	240.1	400.1	720.3
300	18.4	48.0	96.0	144.1	240.1	400.1	720.3
325	18.4	48.0	96.0	144.1	240.1	400.1	720.3
350	18.4	48.0	96.0	144.1	240.1	400.1	720.3
375	18.4	48.0	96.0	144.1	240.1	400.1	720.3
400	18.4	48.0	96.0	144.1	240.1	400.1	720.3
425	18.4	48.0	96.0	144.1	240.1	400.1	720.3
450	18.1	47.3	94.4	141.4	235.8	393.1	707.6
475	16.4	42.8	85.5	128.2	213.7	356.3	641.3
500	11.5	30.1	60.2	90.2	150.4	250.7	451.2
538	5.4	14.2	28.4	42.6	70.9	118.2	212.8

① 长期处在高于470℃工况，碳-钼钢的碳化物相可能转化为石墨。允许但不推荐长期用于高于470℃工况。

（续）

第1.6组材料的额定值							
A387 Gr. 2 Cl. 1		A387 Gr. 2Cl. 2			A691 Gr. 1/2CR		
A-标准压力级 Class							
温度	各压力级 Class 的工作压力/bar						
/℃	150	300	600	900	1500	2500	4500
-29～38	15.6	40.6	81.3	121.9	203.1	338.6	609.4
50	15.6	40.6	81.3	121.9	203.1	338.6	609.4
100	15.6	40.6	81.3	121.9	203.1	338.6	609.4
150	15.6	40.6	81.3	121.9	203.1	338.6	609.4
200	13.8	40.6	81.3	121.9	203.1	338.6	609.4
250	12.1	39.8	79.5	119.3	198.8	331.4	596.4
500	10.2	38.7	77.3	116.0	193.3	322.1	579.8
325	9.3	38.1	76.1	114.2	190.3	317.1	570.8
350	8.4	37.4	74.8	112.2	187.1	311.8	561.2
375	7.4	36.8	73.5	110.3	183.8	306.3	551.4
400	6.5	36.0	72.0	108.0	179.9	299.9	539.8
425	5.5	35.1	70.0	105.1	175.1	291.6	524.7
450	4.6	33.7	67.7	101.4	169.0	281.8	507.0
475	3.7	31.7	63.4	95.1	158.2	263.9	474.8
500	2.8	25.7	51.3	77.0	128.3	213.9	384.9
538	1.4	13.9	27.9	41.8	69.7	116.2	209.2
B-特殊压力级 Class							
温度	各压力级 Class 的工作压力/bar						
/℃	150	300	600	900	1500	2500	4500
-29～38	15.6	40.6	81.3	121.9	203.1	338.6	609.4
50	15.6	40.6	81.3	121.9	203.1	338.6	609.4
100	15.6	40.6	81.3	121.9	203.1	338.6	609.4
150	15.6	40.6	81.3	121.9	203.1	338.6	609.4
200	15.6	40.6	81.3	121.9	203.1	338.6	609.4
250	15.6	40.6	81.3	121.9	203.1	338.6	609.4
300	15.6	40.6	81.3	121.9	203.1	338.6	609.4
325	15.6	40.6	81.3	121.9	203.1	338.6	609.4
350	15.6	40.6	81.3	121.9	203.1	338.6	609.4
375	15.6	40.6	81.3	121.9	203.1	338.6	609.4
400	15.6	40.6	81.3	121.9	203.1	338.6	609.4
425	15.6	40.6	81.3	121.9	203.1	338.6	609.4
450	15.6	40.6	81.3	121.9	203.1	338.6	609.4
475	15.6	40.6	81.3	121.9	203.1	338.6	609.4
500	12.3	32.0	64.1	96.1	160.1	266.9	480.4
538	6.7	17.4	34.9	52.3	87.2	145.3	261.5

（续）

第1.7组材料的额定值							
A182 Gr. F2[①]		A217 Gr. WC4[①~③]		A217 Gr. WC5[②]		A691 Gr. CM-75	
A-标准压力级 Class							
温度/℃	各压力级 Class 的工作压力/bar						
	150	300	600	900	1500	2500	4500
-29~38	19.8	51.7	103.4	155.1	258.6	430.9	775.7
50	19.5	51.7	103.4	155.1	258.6	430.9	775.7
100	17.7	51.5	103.0	154.6	257.6	429.4	773.0
150	15.8	50.3	100.3	150.6	250.8	418.2	752.8
200	13.8	48.6	97.2	145.8	243.4	405.4	729.8
250	12.1	46.3	92.7	139.0	231.8	386.2	694.8
300	10.2	42.9	85.7	128.6	214.4	357.1	642.6
325	9.3	41.4	82.6	124.0	206.6	344.3	619.6
350	8.4	40.3	80.4	120.7	201.1	335.3	603.3
375	7.4	38.9	77.6	116.5	194.1	323.2	581.8
400	6.5	36.5	73.3	109.8	183.1	304.9	548.5
425	5.5	35.2	70.0	105.1	175.1	291.6	524.7
450	4.6	33.7	67.7	101.4	169.0	281.8	507.0
475	3.7	31.7	63.4	95.1	158.2	263.9	474.8
500	2.8	26.7	53.4	80.1	133.4	222.4	400.3
538	1.4	13.9	27.9	41.8	69.7	116.2	209.2
550	1.4[④]	12.6	25.2	37.8	63.0	105.0	188.9
575	1.4[④]	7.2	14.4	21.5	35.9	59.8	107.7
B-特殊压力级 Class							
温度/℃	各压力级 Class 的工作压力/bar						
	150	300	600	900	1500	2500	4500
-29~38	19.8	51.7	103.4	155.1	258.6	430.9	775.7
50	19.8	51.7	103.4	155.1	258.6	430.9	775.7
100	19.8	51.7	103.4	155.1	258.6	430.9	775.7
150	19.8	51.7	103.4	155.1	258.6	430.9	775.7
200	19.8	51.7	103.4	155.1	258.6	430.9	775.7
250	19.8	51.7	103.4	155.1	258.6	430.9	775.7
300	19.8	51.7	103.4	155.1	258.6	430.9	775.7
325	19.8	51.7	103.4	155.1	258.6	430.9	775.7
350	19.8	51.5	102.8	154.3	257.1	428.6	771.4
375	19.3	50.6	101.0	151.5	252.5	420.9	757.4
400	19.3	50.3	100.6	150.6	251.2	418.3	753.2
425	19.0	49.6	99.3	148.9	248.2	413.7	744.6
450	18.1	47.3	94.4	141.4	235.8	393.1	707.6
475	16.4	42.8	85.5	128.2	213.7	356.3	641.3
500	12.8	33.4	66.7	100.1	166.8	278.0	500.3
538	6.7	17.4	34.9	52.3	87.2	145.3	261.5
550	6.0	15.7	31.5	47.2	78.7	131.2	236.2
575	3.4	9.0	17.9	26.9	44.9	74.8	134.6

① 超过538℃不使用。

② 仅使用正火加回火材料。

③ 未列入 ASTM A217 中的任何元素的增加应慎重，为了脱氧，除了 Ca 和 Mn 可以加入外，ASME B16.34 中表 1 的 ASTM A217 的材料中禁止加入任何元素。

④ 仅焊接端阀门和 Class150 法兰端阀门的额定值在538℃。

（续）

第1.8组材料的额定值

A335 Gr. P22① A387 Gr. 11 Cl. 1① A387 Gr. 12 Cl. 2① A691 Gr. 1 1/4CR①

A369 Gr. FP22① A387 Gr. 22 Cl. 1① A691 Gr. 2 1/4CR①

A-标准压力级 Class

温度/℃	各压力级 Class 的工作压力/bar						
	150	300	600	900	1500	2500	4500
-29~38	16.3	42.6	85.1	127.7	212.8	354.6	638.3
50	16.1	41.9	83.9	125.8	209.6	349.4	628.9
100	15.2	39.6	79.2	118.7	197.9	329.8	593.7
150	14.8	38.6	77.1	115.7	192.9	321.4	578.6
200	13.8	38.2	76.4	114.6	190.9	318.2	572.8
250	12.1	38.2	76.3	114.5	190.8	317.9	572.3
300	10.2	38.2	76.3	114.5	190.8	317.9	572.3
325	9.3	38.2	76.3	114.5	190.8	317.9	572.3
350	8.4	38.0	76.0	114.0	189.9	316.5	569.8
375	7.4	37.3	74.7	112.0	186.7	311.2	560.2
400	6.5	36.5	73.3	109.8	183.1	304.9	548.5
425	5.5	35.2	70.0	105.1	175.1	291.6	524.7
450	4.6	33.7	67.7	101.4	169.0	281.8	507.0
475	3.7	31.7	63.4	95.1	158.2	263.9	474.8
500	2.8	25.6	51.3	76.9	128.2	213.7	384.7
538	1.4	14.9	29.8	44.7	74.5	124.1	223.4
550	1.4②	12.7	25.4	38.1	63.5	105.9	190.6
575	1.4②	8.8	17.6	26.4	44.0	73.4	132.0
600	1.4②	6.1	12.1	18.2	30.3	50.4	90.8
625	1.4②	4.0	8.0	12.1	20.1	33.5	60.4
650	1.0②	2.6	5.2	7.8	13.0	21.7	39.0

B-特殊压力级 Class

温度/℃	各压力级 Class 的工作压力/bar						
	150	300	600	900	1500	2500	4500
-29~38	17.0	44.3	88.6	133.0	221.6	369.4	664.9
50	17.0	44.3	88.6	132.9	221.5	369.2	664.6
100	16.9	44.1	88.2	132.3	220.5	367.5	661.5
150	16.5	43.0	86.0	129.0	215.0	358.3	644.9
200	16.5	43.0	86.0	129.0	215.0	358.3	644.9
250	16.5	43.0	86.0	129.0	215.0	358.3	644.9
300	16.5	43.0	86.0	129.0	215.0	358.3	644.9
325	16.5	43.0	86.0	129.0	215.0	358.3	644.9
350	16.5	43.0	86.0	129.0	215.0	358.3	644.9
375	16.5	43.0	86.0	129.0	215.0	358.3	644.9
400	16.5	43.0	86.0	129.0	215.0	358.3	644.9
425	16.5	43.0	86.0	129.0	215.0	358.3	644.9

（续）

第1.8组材料的额定值			
A335 Gr. P22①	A387 Gr. 11 Cl. 1①	A387 Gr. 12 Cl. 2①	A691 Gr. 1 1/4CR①
A369 Gr. FP22①	A387 Gr. 22 Cl. 1①	A691 Gr. 2 1/4CR①	

B-特殊压力级 Class

温度/℃	各压力级 Class 的工作压力/bar						
	150	300	600	900	1500	2500	4500
450	16.5	43.0	86.0	129.0	215.0	358.3	644.9
475	15.7	40.9	81.8	122.7	204.6	341.0	613.7
500	12.3	32.1	64.1	96.2	160.3	267.1	480.8
538	7.1	18.6	37.2	55.8	93.1	155.1	279.2
550	6.1	15.9	31.8	47.7	79.4	132.4	238.3
575	4.2	11.0	22.0	33.0	55.0	91.7	165.1
600	2.9	7.6	15.1	22.7	37.8	63.0	113.5
625	1.9	5.0	10.1	15.1	25.1	41.9	75.4
650	1.2	3.3	6.5	9.8	16.3	27.1	48.8

① 允许，但不推荐长期用于高于595℃工况。

② 法兰端阀门的额定值限定在538℃。

第1.9组材料的额定值			
A182 Gr. F11 Cl. 2①②	A217 Gr. WC6①③④	A387 Gr. 11 Cl. 2②	A739 Gr. B11②

A-标准压力级 Class

温度/℃	各压力级 Class 的工作压力/bar						
	150	300	600	900	1500	2500	4500
-29～38	19.8	51.7	103.4	155.1	258.6	430.9	775.7
50	19.5	51.7	103.4	155.1	258.6	430.9	775.7
100	17.7	51.5	103.0	154.4	257.4	429.0	772.2
150	15.8	49.7	99.5	149.2	248.7	414.5	746.2
200	13.8	48.0	95.9	143.9	239.8	399.6	719.4
250	12.1	46.3	92.7	139.0	231.8	386.2	694.8
300	10.2	42.9	85.7	128.6	214.4	357.1	642.6
325	9.3	41.4	82.6	124.0	206.6	344.3	619.6
350	8.4	40.3	80.4	120.7	201.1	335.3	603.3
375	7.4	38.9	77.6	116.5	194.1	323.2	581.8
400	6.5	36.5	73.3	109.8	183.1	304.9	548.5
425	5.5	35.2	70.0	105.1	175.1	291.6	524.7
450	4.6	33.7	67.7	101.4	169.0	281.8	507.0
475	3.7	31.7	63.4	95.1	158.2	263.9	474.8
500	2.8	25.7	51.5	77.2	128.6	214.4	385.9
538	1.4	14.9	29.8	44.7	74.5	124.1	223.4
550	1.4⑤	12.7	25.4	38.1	63.5	105.9	190.6
575	1.4⑤	8.8	17.6	26.4	44.0	73.4	132.0
600	1.4⑤	6.1	12.2	18.3	30.5	50.9	91.6
625	1.4⑤	4.3	8.5	12.8	21.3	35.5	63.9
650	1.1⑤	2.8	5.7	8.5	14.2	23.6	42.6

（续）

第 1.9 组材料的额定值

A182 Gr. F11 Cl. 2①②	A217 Gr. WC6①③④	A387 Gr. 11 Cl. 2②	A739 Gr. B11②

B-特殊压力级 Class

温度/℃	各压力级 Class 的工作压力/bar						
	150	300	600	900	1500	2500	4500
-29~38	19.8	51.7	103.4	155.1	258.6	430.9	775.7
50	19.8	51.7	103.4	155.1	258.6	430.9	775.7
100	19.8	51.7	103.4	155.1	258.6	430.9	775.7
150	19.8	51.7	103.4	155.1	258.6	430.9	775.7
200	19.8	51.7	103.4	155.1	258.6	430.9	775.7
250	19.8	51.7	103.4	155.1	258.6	430.9	775.7
300	19.8	51.7	103.4	155.1	258.6	430.9	775.7
325	19.8	51.7	103.4	155.1	258.6	430.9	775.7
350	19.8	51.5	102.8	154.3	257.1	428.6	771.4
375	19.3	50.6	101.0	151.5	252.5	420.9	757.4
400	19.3	50.3	100.6	150.6	251.2	418.3	753.2
425	19.0	49.6	99.3	148.9	248.2	413.7	744.6
450	18.1	47.3	94.4	141.4	235.8	393.1	707.6
475	16.4	42.8	85.5	128.2	213.7	356.3	641.3
500	12.3	32.2	64.3	96.5	160.8	268.0	482.4
538	7.1	18.6	37.2	55.8	93.1	155.1	279.2
550	6.1	15.9	31.8	47.7	79.4	132.4	238.3
575	4.2	11.0	22.0	33.0	55.0	91.7	165.1
600	2.9	7.6	15.3	22.9	38.2	63.6	114.5
625	2.0	5.3	10.6	16.0	26.6	44.4	79.9
650	1.4	3.5	7.1	10.6	17.7	29.5	53.2

① 仅用于正火加回火的材料。

② 允许，但不推荐长期用于高于 595℃。

③ 超过 595℃不使用。

④ 未列入 ASTM A217 中的任何元素的增加应慎重，为了脱氧，除了 Ca 和 Mn 可以加入外，ASME B16.34 中表 1 的 ASTM A217 的材料中禁止加入任何元素。

⑤ 法兰端阀门的额定值限定在 538℃。

第 1.10 组材料的额定值

A182 Gr. F22 Cl. 3①	A217 Gr. WC9②~④	A387 Gr. 22 Cl. 2①	A739 Gr. B22②

A-标准压力级 Class

温度/℃	各压力级 Class 的工作压力/bar						
	150	300	600	900	1500	2500	4500
-29~38	19.8	51.7	103.4	155.1	258.6	430.9	775.7
50	19.5	51.7	103.4	155.1	258.6	430.9	775.7
100	17.7	51.5	103.0	154.6	257.6	429.4	773.0
150	15.8	50.3	100.3	150.6	250.8	418.2	752.8
200	13.8	48.6	97.2	145.8	243.4	405.4	729.8
250	12.1	46.3	92.7	139.0	231.8	386.2	694.8

（续）

第 1.10 组材料的额定值

A182 Gr. F22 Cl. 3①　　A217 Gr. WC9②~④　　A387 Gr. 22 Cl. 2①　　A739 Gr. B22②

A-标准压力级 Class

温度/℃	各压力级 Class 的工作压力/bar						
	150	300	600	900	1500	2500	4500
300	10.2	42.9	85.7	128.6	214.4	357.1	642.6
325	9.3	41.4	82.6	124.0	206.6	344.3	619.6
350	8.4	40.3	80.4	120.7	201.1	335.3	603.3
375	7.4	38.9	77.6	116.5	194.1	323.2	581.8
400	6.5	36.5	73.3	109.8	183.1	304.9	548.5
425	5.5	35.2	70.0	105.1	175.1	291.6	524.7
450	4.6	33.7	67.7	101.4	169.0	281.8	507.0
475	3.7	31.7	63.4	95.1	158.2	263.9	474.8
500	2.8	28.2	56.5	84.7	140.9	235.0	423.0
538	1.4	18.4	36.9	55.3	92.2	153.7	276.6
550	1.4⑤	15.6	31.3	46.9	78.2	130.3	234.5
575	1.4⑤	10.5	21.1	31.6	52.6	87.7	157.9
600	1.4⑤	6.9	13.8	20.7	34.4	57.4	103.3
625	1.4⑤	4.5	8.9	13.4	22.3	37.2	66.9
650	1.1⑤	2.8	5.7	8.5	14.2	23.6	42.6

B-特殊压力级 Class

温度/℃	各压力级 Class 的工作压力/bar						
	150	300	600	900	1500	2500	4500
-29~38	19.8	51.7	103.4	155.1	258.6	430.9	775.7
50	19.8	51.7	103.4	155.1	258.6	430.9	775.7
100	19.8	51.6	103.2	154.9	258.1	430.2	774.3
150	19.5	51.0	101.9	152.9	254.8	424.6	764.3
200	19.3	50.2	100.4	150.7	251.1	418.5	753.4
250	19.2	50.0	100.0	149.9	249.9	416.5	749.7
300	19.1	49.8	99.6	149.3	248.9	414.8	746.7
325	19.0	49.6	99.2	148.8	248.0	413.3	743.9
350	18.9	49.2	98.4	147.6	246.0	410.0	738.1
375	18.7	48.8	97.5	146.3	243.8	406.3	731.3
400	18.7	48.8	97.5	146.3	243.8	406.3	731.3
425	18.7	48.8	97.5	146.3	243.8	406.3	731.3
450	18.1	47.3	94.4	141.4	235.8	393.1	707.6
475	16.4	42.8	85.5	128.2	213.7	356.3	641.3
500	13.7	35.6	71.5	107.1	178.6	297.5	535.4
538	8.8	23.0	46.1	69.1	115.2	192.1	345.7
550	7.5	19.5	39.1	58.6	97.7	162.8	293.1
575	5.0	13.2	26.3	39.5	65.8	109.7	197.4
600	3.3	8.6	17.2	25.8	43.0	71.7	129.1
625	2.1	5.6	11.2	16.7	27.9	46.5	83.7
650	1.4	3.5	7.1	10.6	17.7	29.5	53.2

① 允许，但不推荐长期用于高于 595℃。
② 仅用于正火加回火材料。
③ 超过 595℃ 不使用。
④ 未列入 ASTM A217 中的任何元素的增加应慎重，为了脱氧，除了 Ca 和 Mn 可以加入外，ASME B16.34 中表 1 的材料中禁止加入任何元素。
⑤ 法兰端阀门的额定值限定在 538℃。

（续）

第1.11组材料的额定值

A182 Gr. F21①
A204 Gr. C④
A302 Gr. A②
A302 Gr. B②
A302 Gr. C②
A302 Gr. D②
A387 Gr. 21 Cl. 2①
A537 Cl. 2③

A-标准压力级 Class

温度/℃	各压力级 Class 的工作压力/bar						
	150	300	600	900	1500	2500	4500
-29~38	20.0	51.7	103.4	155.1	258.6	430.9	775.7
50	19.5	51.7	103.4	155.1	258.6	430.9	775.7
100	17.7	51.5	103.0	154.6	257.6	429.4	773.0
150	15.8	50.3	100.3	150.6	250.8	418.2	752.8
200	13.8	48.6	97.2	145.8	243.4	405.4	729.8
250	12.1	46.3	92.7	139.0	231.8	386.2	694.8
300	10.2	42.9	85.7	128.6	214.4	357.1	642.6
325	9.3	41.4	82.6	124.0	206.6	344.3	619.6
350	8.4	40.3	80.4	120.7	201.1	335.3	603.3
375	7.4	38.9	77.6	116.5	194.1	323.2	581.8
400	6.5	36.5	73.3	109.8	183.1	304.9	548.5
425	5.5	35.2	70.0	105.1	175.1	291.6	524.7
450	4.6	33.7	67.7	101.4	169.0	281.8	507.0
475	3.7	31.7	63.4	95.1	158.2	263.9	474.8
500	2.8	23.6	47.1	70.7	117.8	196.3	353.3
538	1.4	11.3	22.7	34.0	56.7	94.6	170.2
550	1.4⑤	11.3	22.7	34.0	56.7	94.6	170.2
575	1.4⑤	10.1	20.1	30.2	50.3	83.8	150.9
600	1.4⑤	7.1	14.2	21.3	35.6	59.3	106.7
625	1.4⑤	5.3	10.6	15.9	26.5	44.2	79.6
650	1.2⑤	3.1	6.1	9.2	15.4	25.6	46.1

B-特殊压力级 Class

温度/℃	各压力级 Class 的工作压力/bar						
	150	300	600	900	1500	2500	4500
-29~38	20.0	51.7	103.4	155.1	258.6	430.9	775.7
50	20.0	51.7	103.4	155.1	258.6	430.9	775.7
100	20.0	51.7	103.4	155.1	258.6	430.9	775.7
150	20.0	51.7	103.4	155.1	258.6	430.9	775.7
200	20.0	51.7	103.4	155.1	258.6	430.9	775.7
250	20.0	51.7	103.4	155.1	258.6	430.9	775.7
300	20.0	51.7	103.4	155.1	258.6	430.9	775.7
325	20.0	51.7	103.4	155.1	258.6	430.9	775.7
350	19.8	51.5	102.8	154.3	257.1	428.6	771.4
375	19.3	50.6	101.0	151.5	252.5	420.9	757.4
400	19.3	50.3	100.6	150.6	251.2	418.3	753.2

（续）

第1.11组材料的额定值			
A182 Gr. F21① A204 Gr. C④ A302 Gr. A②	A302 Gr. B② A302 Gr. C②	A302 Gr. D② A387 Gr. 21 Cl. 2①	A537 Cl. 2③

B-特殊压力级 Class

温度/℃	各压力级 Class 的工作压力/bar						
	150	300	600	900	1500	2500	4500
425	19.0	49.6	99.3	148.9	248.2	413.7	744.6
450	18.1	47.3	94.4	141.4	235.8	393.1	707.6
475	16.1	42.1	84.2	126.3	210.5	350.9	631.6
500	11.3	29.4	58.9	88.3	147.2	245.4	441.6
538	5.4	14.2	28.4	42.6	70.9	118.2	212.8
550	5.4	14.2	28.4	42.6	70.9	118.2	212.8
575	4.9	12.8	25.5	38.3	63.9	106.4	191.6
600	3.4	8.9	17.8	26.7	44.4	74.1	133.3
625	2.5	6.6	13.3	19.9	33.2	55.3	99.6
650	1.5	3.8	7.7	11.5	19.2	32.0	57.6

① 允许，但不推荐长期用于高于595℃工况。

② 长期处在高于470℃工况，碳-钼钢的碳化物相可能转化为石墨。允许但不推荐长期用于高于470℃工况。

③ 超过370℃不使用。

④ 长期处在高于470℃工况，碳钢的碳化物相可能转化为石墨。允许但不推荐长期用于高于470℃工况。

⑤ 法兰端阀门的额定值限定在538℃。

第1.12组材料的额定值			
A335 Gr. P5 A335 Gr. P5b	A369 Gr. FP5 A387 Gr. 5 Cl. 1	A387 Gr. 5 Cl. 2	A691 GR. 5CR

A-标准压力级 Class

温度/℃	各压力级 Class 的工作压力/bar						
	150	300	600	900	1500	2500	4500
-29~38	16.3	42.6	85.1	127.7	212.8	354.6	638.3
50	16.0	41.6	83.3	124.9	208.2	347.0	624.7
100	14.7	38.3	76.5	114.8	191.3	318.9	574.0
150	14.2	37.0	74.0	111.0	185.1	308.4	555.2
200	13.8	36.6	73.3	109.9	183.1	305.2	549.4
250	12.1	36.4	72.7	109.1	181.8	303.0	545.4
300	10.2	35.9	71.8	107.7	179.5	299.2	538.5
325	9.3	35.6	71.2	106.8	178.0	296.6	534.0
350	8.4	35.2	70.4	105.5	175.9	293.2	527.7
375	7.4	34.6	69.3	103.9	173.2	288.6	519.5
400	6.5	33.9	67.7	101.6	169.3	282.1	507.8
425	5.5	32.8	65.7	98.5	164.2	273.6	492.5
450	4.6	31.7	63.4	95.1	158.5	264.1	475.4
475	3.7	27.3	54.5	81.8	136.3	227.1	408.8
500	2.8	21.4	42.8	64.1	106.9	178.2	320.7
538	1.4	13.7	27.4	41.1	68.6	114.3	205.7
550	1.4①	12.0	24.1	36.1	60.2	100.4	180.7
575	1.4①	8.9	17.8	26.7	44.4	74.0	133.3

（续）

第1.12组材料的额定值

A335 Gr. P5	A369 Gr. FP5	A387 Gr. 5 Cl. 2	A691 Gr. 5CR
A335 Gr. P5b	A387 Gr. 5 Cl. 1		

A-标准压力级 Class

温度/℃	各压力级 Class 的工作压力/bar						
	150	300	600	900	1500	2500	4500
600	1.4①	6.2	12.5	18.7	31.2	51.9	93.5
625	1.4①	4.0	8.0	12.0	20.0	33.3	59.9
650	0.9①	2.4	4.7	7.1	11.8	19.7	35.5

B-特殊压力级 Class

温度/℃	各压力级 Class 的工作压力/bar						
	150	300	600	900	1500	2500	4500
-29~38	17.0	44.3	88.6	133.0	221.6	369.4	664.9
50	17.0	44.3	88.6	132.9	221.5	369.2	664.6
100	16.9	44.1	88.2	132.3	220.5	367.4	661.4
150	16.5	42.9	85.8	128.7	214.6	357.6	643.7
200	16.3	42.6	85.3	127.9	213.2	355.4	639.7
250	16.3	42.5	85.0	127.5	212.5	354.2	637.5
300	16.1	42.1	84.1	126.2	210.3	350.4	630.8
325	16.0	41.7	83.3	125.0	208.3	347.2	624.9
350	15.7	41.0	82.0	123.0	205.0	341.7	615.1
375	15.5	40.3	80.7	121.0	201.7	336.1	605.0
400	15.5	40.3	80.7	121.0	201.7	336.1	605.0
425	15.5	40.3	80.7	121.0	201.7	336.1	605.0
450	15.5	40.3	80.7	121.0	201.7	336.1	605.0
475	13.2	34.3	68.6	103.0	171.6	286.0	514.8
500	10.2	26.7	53.4	80.2	133.6	222.7	400.9
538	6.6	17.1	34.3	51.4	85.7	142.8	257.1
550	5.8	15.1	30.1	45.2	75.3	125.5	225.9
575	4.3	11.1	22.2	33.3	55.5	92.5	166.6
600	3.0	7.8	15.6	23.4	38.9	64.9	116.8
625	1.9	5.0	10.0	15.0	24.9	41.6	74.8
650	1.1	3.0	5.9	8.9	14.8	24.6	44.3

① 法兰端阀门的额定值限定在538℃。

第1.13组材料的额定值

A182 Gr. F5a	A217 Gr. C5①②

A-标准压力级 Class

温度/℃	各压力级 Class 的工作压力/bar						
	150	300	600	900	1500	2500	4500
-29~38	20.0	51.7	103.4	155.1	258.6	430.9	775.7
50	19.5	51.7	103.4	155.1	258.6	430.9	775.7
100	17.7	51.5	103.0	154.6	257.6	429.4	773.0

（续）

第1.13组材料的额定值							
A182 Gr. F5a	A217 Gr. C5①②						
A-标准压力级 Class							
温度 /℃	各压力级 Class 的工作压力/bar						
	150	300	600	900	1500	2500	4500
150	15.8	50.3	100.3	150.6	250.8	418.2	752.8
200	13.8	48.6	97.2	145.8	243.4	405.4	729.8
250	12.1	46.3	92.7	139.0	231.8	386.2	694.8
300	10.2	42.9	85.7	128.6	214.4	357.1	642.6
325	9.3	41.4	82.6	124.0	206.6	344.3	691.6
350	8.4	40.3	80.4	120.7	201.1	335.3	603.3
375	7.4	38.9	77.6	116.5	194.1	323.2	581.8
400	6.5	36.5	73.3	109.8	183.1	304.9	548.5
425	5.5	35.2	70.0	105.1	175.1	291.6	524.7
450	4.6	33.7	67.7	101.4	169.0	281.8	507.0
475	3.7	27.9	55.7	83.6	139.3	232.1	417.8
500	2.8	21.4	42.8	64.1	106.9	178.2	320.7
538	1.4	13.7	27.4	41.4	68.6	114.3	205.7
550	1.4③	12.0	24.1	36.1	60.2	100.4	180.7
575	1.4③	8.9	17.8	26.7	44.4	74.0	133.3
600	1.4③	6.2	12.5	18.7	31.2	51.9	93.5
625	1.4③	4.0	8.0	12.0	20.0	33.3	59.9
650	0.9③	2.4	4.7	7.1	11.8	19.7	35.5
B-特殊压力级 Class							
温度 /℃	各压力级 Class 的工作压力/bar						
	150	300	600	900	1500	2500	4500
-29~38	20.0	51.7	103.4	155.1	258.6	430.9	775.7
50	20.0	51.7	103.4	155.1	258.6	430.9	775.7
100	20.0	51.7	103.4	155.1	258.6	430.9	775.7
150	20.0	51.7	103.4	155.1	258.6	430.9	775.7
200	20.0	51.7	103.4	155.1	258.6	430.9	775.7
250	20.0	51.7	103.4	155.1	258.6	430.9	775.7
300	20.0	51.7	103.4	155.1	258.6	430.9	775.7
325	20.0	51.7	103.4	155.1	258.6	430.9	775.7
350	19.8	51.5	102.8	154.3	257.1	428.6	771.4
375	19.3	50.6	101.0	151.5	252.5	420.9	757.4
400	19.3	50.3	100.6	150.6	251.2	418.3	753.2
425	19.0	49.6	99.3	148.9	248.2	413.7	744.6
450	18.1	45.2	90.3	135.5	225.9	376.5	677.6
475	16.4	34.8	69.6	104.5	174.1	290.2	522.3
500	13.4	26.7	53.4	80.2	133.6	222.7	400.9
538	8.6	17.1	34.3	51.4	85.7	142.8	257.1

（续）

第1.13组材料的额定值							
A182 Gr. F5a		A217 Gr. C5①②					
B-特殊压力级 Class							
温度 /℃	各压力级 Class 的工作压力/bar						
	150	300	600	900	1500	2500	4500
550	7.5	15.1	30.1	45.2	75.3	125.5	225.9
575	5.6	11.1	22.2	33.3	55.5	92.5	166.6
600	3.9	7.8	15.6	23.4	38.9	64.9	116.8
625	2.5	5.0	10.0	15.0	24.9	41.6	74.8
650	1.5	3.0	5.9	8.9	14.8	24.6	44.3

① 仅使用经正火加回火的材料。

② 未列入 ASTM A217 中的任何元素的增加应慎重。为了脱氧，除了 Ca 和 Mn 可以加入外，ASME B16.34 中表 1 的 ASTM A217 的材料中禁止加入任何元素。

③ 法兰端阀门的额定值限定在538℃。

第1.14组材料的额定值							
A182 Gr. F9		A217 Gr. C12①②					
A-标准压力级 Class							
温度 /℃	各压力级 Class 的工作压力/bar						
	150	300	600	900	1500	2500	4500
-29~38	20.0	51.7	103.4	155.1	258.6	430.9	775.7
50	19.5	51.7	103.4	155.1	258.6	430.9	775.7
100	17.7	51.5	103.0	154.6	257.6	429.4	773.0
150	15.8	50.3	100.3	150.6	250.8	418.2	752.8
200	13.8	48.6	97.2	145.8	243.4	405.4	729.8
250	12.1	46.3	92.7	139.0	231.8	386.2	694.8
300	10.2	42.9	85.7	128.6	214.4	357.1	642.6
325	9.3	41.4	82.6	124.0	206.6	344.3	619.6
350	8.4	40.3	80.4	120.7	201.1	335.3	603.3
375	7.4	38.9	77.6	116.5	194.1	323.2	581.8
400	6.5	36.5	73.3	109.8	183.1	304.9	548.5
425	5.5	35.2	70.0	105.1	175.1	291.6	524.7
450	4.6	33.7	67.7	101.4	169.0	281.8	507.0
475	3.7	31.7	63.4	95.1	158.2	263.9	474.8
500	2.8	28.2	56.5	84.7	140.9	235.0	423.0
538	1.4	17.5	35.0	52.5	87.5	145.8	262.4
550	1.4③	15.0	30.0	45.0	75.0	125.0	225.0
575	1.4③	10.5	20.9	31.4	52.3	87.1	156.8
600	1.4③	7.2	14.4	21.5	35.9	59.8	107.7
625	1.4③	5.0	9.9	14.9	24.8	41.4	74.5
650	1.4③	3.5	7.1	10.6	17.7	29.5	53.2

（续）

第1.14组材料的额定值

A182 Gr. F9　　A217 Gr. C12①②

B-特殊压力级 Class

温度/℃	各压力级 Class 的工作压力/bar						
	150	300	600	900	1500	2500	4500
-29~38	20.0	51.7	103.4	155.1	258.6	430.9	775.7
50	20.0	51.7	103.4	155.1	258.6	430.9	775.7
100	20.0	51.7	103.4	155.1	258.6	430.9	775.7
150	20.0	51.7	103.4	155.1	258.6	430.9	775.7
200	20.0	51.7	103.4	155.1	258.6	430.9	775.7
250	20.0	51.7	103.4	155.1	258.6	430.9	775.7
300	20.0	51.7	103.4	155.1	258.6	430.9	775.7
325	20.0	51.7	103.4	155.1	258.6	430.9	775.7
350	19.8	51.5	102.8	154.3	257.1	428.6	771.4
375	19.3	50.6	101.0	151.5	252.5	420.9	757.4
400	19.3	50.3	100.6	150.6	251.2	418.3	753.2
425	19.0	49.6	99.3	148.9	248.2	413.7	744.6
450	18.1	47.3	94.4	141.4	235.8	393.1	707.6
475	16.4	42.8	85.5	128.2	213.7	356.3	641.3
500	13.7	35.6	71.5	107.1	178.6	297.5	535.4
538	8.4	21.9	43.7	65.6	109.3	182.2	328.0
550	7.2	18.7	37.5	56.2	93.7	156.2	281.2
575	5.0	13.1	26.1	39.2	65.3	108.9	196.0
600	3.4	9.0	17.9	26.9	44.9	74.8	134.6
625	2.4	6.2	12.4	18.6	31.1	51.8	93.2
650	1.7	4.4	8.9	13.3	22.2	36.9	66.5

① 仅使用经正火加回火的材料。

② 未列入 ASTM A217 中的任何元素的增加应慎重。为了脱氧，除了 Ca 和 Mn 可以加入外，ASME B16.34 中表1的 ASTM A217 的材料中禁止加入任何元素。

③ 法兰端阀门的额定值限定在538℃。

第1.15组材料的额定值

A182 Gr. F91　　A217 Gr. C12A①　　A335 Gr. P91　　A387 Gr. 91 Cl. 2

A-标准压力级 Class

温度/℃	各压力级 Class 的工作压力/bar						
	150	300	600	900	1500	2500	4500
-29~38	20.0	51.7	103.4	155.1	258.6	430.9	775.7
50	19.5	51.7	103.4	155.1	258.6	430.9	775.7
100	17.7	51.5	103.0	154.6	257.6	429.4	773.0
150	15.8	50.3	100.3	150.6	250.8	418.2	752.8
200	13.8	48.6	97.2	145.8	243.4	405.4	729.8
250	12.1	46.3	92.7	139.0	231.8	386.2	694.8
300	10.2	42.9	85.7	128.6	214.4	357.1	642.6
325	9.3	41.4	82.6	124.0	206.6	344.3	619.6
350	8.4	40.3	80.4	120.7	201.1	335.3	603.3

（续）

第 1.15 组材料的额定值							
A182 Gr. F91		A217 Gr. C12A①			A335 Gr. P91		A387 Gr. 91 Cl. 2
A-标准压力级 Class							
温度/℃	各压力级 Class 的工作压力/bar						
	150	300	600	900	1500	2500	4500
375	7.4	38.9	77.6	116.5	194.1	323.2	581.8
400	6.5	36.5	73.3	109.8	183.1	304.9	548.5
425	5.5	35.2	70.0	105.1	175.1	291.6	524.7
450	4.6	33.7	67.7	101.4	169.0	281.8	507.0
475	3.7	31.7	63.4	95.1	158.2	263.9	474.8
500	2.8	28.2	56.5	84.7	140.9	235.0	423.0
538	1.4	25.2	50.0	75.2	125.5	208.9	375.8
550	1.4②	25.0	49.8	74.8	124.9	208.0	374.2
575	1.4②	24.0	47.9	71.8	119.7	199.5	359.1
600	1.4②	19.5	39.0	58.5	97.5	162.5	292.5
625	1.4②	14.6	29.2	43.8	73.0	121.7	219.1
650	1.4②	9.9	19.9	29.8	49.6	82.7	148.9
B-特殊压力级 Class							
温度/℃	各压力级 Class 的工作压力/bar						
	150	300	600	900	1500	2500	4500
-29～38	20.0	51.7	103.4	155.1	258.6	430.9	775.7
50	20.0	51.7	103.4	155.1	258.6	430.9	775.7
100	20.0	51.7	103.4	155.1	258.6	430.9	775.7
150	20.0	51.7	103.4	155.1	258.6	430.9	775.7
200	20.0	51.7	103.4	155.1	258.6	430.9	775.7
250	20.0	51.7	103.4	155.1	258.6	430.9	775.7
300	20.0	51.7	103.4	155.1	258.6	430.9	775.7
325	20.0	51.7	103.4	155.1	258.6	430.9	775.7
350	19.8	51.5	102.8	154.3	257.1	428.6	771.4
375	19.3	50.6	101.0	151.5	252.5	420.9	757.4
400	19.3	50.3	100.6	150.6	251.2	418.3	753.2
425	19.0	49.6	99.3	148.9	248.2	413.7	744.6
450	18.1	47.3	94.4	141.4	235.8	393.1	707.6
475	16.4	42.8	85.5	128.2	213.7	356.3	641.3
500	13.7	35.6	71.5	107.1	178.6	297.5	535.4
538	11.0	29.0	57.9	86.9	145.1	241.7	435.1
550	11.0	29.0	57.9	86.9	145.1	241.7	435.1
575	10.9	28.6	57.1	85.7	143.0	238.3	428.8
600	9.3	24.4	48.7	73.1	121.9	203.1	365.6
625	7.0	18.3	36.5	54.8	91.3	152.1	273.8
650	4.8	12.4	24.8	37.2	62.1	103.4	186.2

① 未列入 ASTM A217 中的任何元素的增加应慎重。为了脱氧，除了 Ca 和 Mn 可以加入外，ASME B16、34 中表 1 的 ASTM A217 的材料中禁止加入任何元素。

② 法兰端阀门的额定值限定在 538℃。

（续）

第1.16组材料的额定值

A335 Gr. P1①②	A335 Gr. P12③	A369 Gr. FP11③	A387 Gr. 12 Cl. 1③
A335 Gr. P11③	A369 Gr. FP1①②	A369 Gr. FP12③	A691 Gr. 1CR③④

A-标准压力级 Class

温度/℃	各压力级 Class 的工作压力/bar						
	150	300	600	900	1500	2500	4500
-29~38	15.6	40.6	81.3	121.9	203.1	338.6	609.4
50	15.5	40.3	80.7	121.0	201.7	336.1	605.0
100	15.0	39.1	78.1	117.2	195.3	325.4	585.8
150	14.3	37.3	74.5	111.8	186.4	310.6	559.1
200	13.8	36.0	72.0	108.0	180.0	300.0	540.0
250	12.1	34.8	69.7	104.5	174.2	290.3	522.6
300	10.2	33.7	67.4	101.1	168.4	280.7	505.3
325	9.3	33.1	66.3	99.4	165.7	276.2	497.1
350	8.4	32.6	65.2	97.8	163.0	271.6	488.9
375	7.4	32.0	64.0	95.9	159.9	266.5	479.6
400	6.5	31.5	62.9	94.4	157.3	262.1	471.8
425	5.5	30.7	61.4	92.1	153.4	255.7	460.3
450	4.6	29.9	59.8	89.8	149.6	249.3	448.8
475	3.7	29.2	58.3	87.5	145.8	243.0	437.3
500	2.8	22.8	45.6	68.5	114.1	190.2	342.3
538	1.4	11.3	22.7	34.0	56.7	94.6	170.2
550	1.4⑤	10.7	21.4	32.2	53.6	89.4	160.8
575	1.4⑤	8.8	17.6	26.4	44.0	73.4	132.0
600	1.4⑤	6.1	12.1	18.2	30.3	50.4	90.8
625	1.4⑤	4.0	8.0	12.1	20.1	33.5	60.4
650	1.0⑤	2.6	5.2	7.8	13.0	21.7	39.0

B-特殊压力级 Class

温度/℃	各压力级 Class 的工作压力/bar						
	150	300	600	900	1500	2500	4500
-29~38	15.6	40.6	81.3	121.9	203.1	338.6	609.4
50	15.5	40.5	80.9	121.4	202.3	337.2	607.0
100	15.3	39.8	79.6	119.4	199.0	331.6	596.9
150	15.0	39.1	78.2	117.2	195.4	325.7	586.2
200	15.0	39.1	78.2	117.2	195.4	325.7	586.2
250	15.0	39.1	78.2	117.2	195.4	325.7	586.2
300	15.0	39.1	78.2	117.2	195.4	325.7	586.2
325	15.0	39.1	78.2	117.2	195.4	325.7	586.2
350	15.0	39.1	78.2	117.2	195.4	325.7	586.2
375	15.0	39.1	78.2	117.2	195.4	325.7	586.2
400	15.0	39.1	78.2	117.2	195.4	325.7	586.2
425	15.0	39.1	78.2	117.2	195.4	325.7	586.2

（续）

第1.16组材料的额定值

A335 Gr. P1①② A335 Gr. P12③ A369 Gr. FP11③ A387 Gr. 12 Cl. 1③
A335 Gr. P11③ A369 Gr. FP1①② A369 Gr. FP12③ A691 Gr. 1CR③④

B-特殊压力级 Class

温度/℃	各压力级 Class 的工作压力/bar						
	150	300	600	900	1500	2500	4500
450	15.0	39.1	78.2	117.2	195.4	325.7	586.2
475	14.8	38.7	77.4	116.2	193.6	322.7	580.8
500	11.3	29.4	58.8	88.2	147.0	245.0	441.0
538	5.4	14.2	28.4	42.6	70.9	118.2	212.8
550	5.3	13.8	27.6	41.4	69.0	114.9	206.9
575	4.4	11.6	23.2	34.8	57.9	96.6	173.8
600	2.9	7.6	15.1	22.7	37.8	63.0	113.5
625	1.9	5.0	10.1	15.1	25.1	41.9	75.4
650	1.2	3.3	6.5	9.8	16.3	27.1	48.8

① 长期处在高于470℃工况，碳钢的碳化物相可能转化为石墨，允许但不推荐长期用于高于470℃工况。

② 超过538℃不使用。

③ 允许但不推荐长期用于高于595℃工况。

④ 仅使用经正火加回火的材料。

⑤ 法兰端阀门的额定值限定在538℃。

第1.17组材料的额定值

A182 Gr. F12 Cl. 2①② A182 Gr. F5

A-标准压力级 Class

温度/℃	各压力级 Class 的工作压力/bar						
	150	300	600	900	1500	2500	4500
-29~38	19.8	51.7	103.4	155.1	258.6	430.9	775.7
50	19.5	51.5	103.0	154.5	257.5	429.2	772.5
100	17.7	50.4	100.9	151.3	252.2	420.4	756.7
150	15.8	48.2	96.4	144.5	240.9	401.5	722.7
200	13.8	46.3	92.5	138.8	231.3	385.6	694.0
250	12.1	44.8	89.6	134.5	224.1	373.5	672.3
300	10.2	42.9	85.7	128.6	214.4	357.1	642.6
325	9.3	41.4	82.6	124.0	206.6	344.3	619.6
350	8.4	40.3	80.4	120.7	201.1	335.3	603.3
375	7.4	38.9	77.6	116.5	194.1	323.2	581.8
400	6.5	36.5	73.3	109.8	183.1	304.9	548.5
425	5.5	35.2	70.0	105.1	175.1	291.6	524.7
450	4.6	33.7	67.7	101.4	169.0	281.8	507.0
475	3.7	27.9	55.7	83.6	139.3	232.1	417.8
500	2.8	21.4	42.8	64.1	106.9	178.2	320.7
538	1.4	13.7	27.4	41.1	68.6	114.3	205.7
550	1.4③	12.0	24.1	36.1	60.2	100.4	180.7
575	1.4③	8.8	17.6	26.4	44.0	73.4	132.0
600	1.4③	6.1	12.1	18.2	30.3	50.4	90.8
625	1.4③	4.0	8.0	12.0	20.0	33.3	59.9
650	0.9③	2.4	4.7	7.1	11.8	19.7	35.5

（续）

第1.17组材料的额定值							
A182 Gr. F12 Cl. 2①②		A182 Gr. F5					
B-特殊压力级 Class							
温度/℃	各压力级 Class 的工作压力/bar						
	150	300	600	900	1500	2500	4500
-29～38	19.8	51.7	103.4	155.1	258.6	430.9	775.7
50	19.7	51.5	103.0	154.5	257.5	429.2	772.5
100	19.4	50.6	101.3	151.9	253.1	421.9	759.4
150	19.1	49.7	99.4	149.1	248.6	414.3	745.7
200	19.1	49.7	99.4	149.1	248.6	414.3	745.7
250	19.0	49.6	99.2	148.8	248.0	413.3	743.9
300	18.8	49.0	98.1	147.1	245.2	408.6	735.5
325	18.6	48.6	97.2	145.7	242.9	404.8	728.7
350	18.3	47.8	95.7	143.5	239.2	398.7	717.6
375	18.0	47.1	94.1	141.2	235.3	392.1	705.9
400	18.0	47.1	94.1	141.2	235.3	392.1	705.9
425	18.0	47.1	94.1	141.2	235.3	392.1	705.9
450	16.5	43.0	86.0	129.1	215.1	358.5	645.3
475	13.3	34.8	69.6	104.5	174.1	290.2	522.3
500	10.2	26.7	53.4	80.2	133.6	222.7	400.9
538	6.6	17.1	34.3	51.4	85.7	142.8	257.1
550	5.8	15.1	30.1	45.2	75.3	125.5	225.9
575	4.2	11.0	22.0	33.0	55.0	91.7	165.1
600	2.9	7.6	15.1	22.7	37.8	63.0	113.5
625	1.9	5.0	10.0	15.0	24.9	41.6	74.8
650	1.1	3.0	5.9	8.9	14.8	24.6	44.3

① 仅使用经正火加回火的材料。

② 允许但不推荐长期用于高于595℃工况。

③ 法兰端阀门的额定值限定在538℃。

第1.18组材料的额定值							
A182 Gr. F92①		A335 Gr. P92①			A369 Gr. FP92①		
A-标准压力级 Class							
温度/℃	各压力级 Class 的工作压力/bar						
	150	300	600	900	1500	2500	4500
-29～38	20.0	51.7	103.4	155.1	258.6	430.9	775.7
50	19.5	51.7	103.4	155.1	258.6	430.9	775.7
100	17.7	51.7	103.0	154.6	257.6	429.4	773.0
150	15.8	50.3	100.3	150.6	250.8	418.2	752.8
200	13.8	48.6	97.2	145.8	243.4	405.4	729.8
250	12.1	46.3	92.7	139.0	231.8	386.2	694.8
300	10.2	42.9	85.7	128.6	214.4	357.1	642.6
325	9.3	41.4	82.6	124.0	206.6	344.3	619.6
350	8.4	40.3	80.4	120.7	201.1	335.3	603.3

（续）

第1.18组材料的额定值							
A182 Gr. F92①			A335 Gr. P92①		A369 Gr. FP92①		
A-标准压力级 Class							
温度/℃	各压力级 Class 的工作压力/bar						
	150	300	600	900	1500	2500	4500
375	7.4	38.9	77.6	116.5	194.1	323.2	581.8
400	6.5	36.5	73.3	109.8	183.1	304.9	548.5
425	5.5	35.2	70.0	105.1	175.1	291.6	524.7
450	4.6	33.7	67.7	101.4	169.0	281.8	507.0
475	3.7	31.7	63.4	95.1	158.2	263.9	474.8
500	2.8	28.2	56.5	84.7	140.9	235.0	423.0
538	1.4	25.2	50.0	75.2	125.5	208.9	375.8
550	1.4②	25.0	49.8	74.8	124.9	208.0	374.2
575	1.4②	24.0	47.9	71.8	119.7	199.5	359.1
600	1.4②	21.6	42.9	64.2	107.0	178.5	321.4
625	1.4②	18.3	36.6	54.9	91.2	152.0	273.8
650	1.4②	13.2	26.5	39.7	66.2	110.3	198.6
B-特殊压力级 Class							
温度/℃	各压力级 Class 的工作压力/bar						
	150	300	600	900	1500	2500	4500
-29~38	20.0	51.7	103.4	155.1	258.6	430.9	775.7
50	20.0	51.7	103.4	155.1	258.6	430.9	775.7
100	20.0	51.7	103.4	155.1	258.6	430.9	775.7
150	20.0	51.7	103.4	155.1	258.6	430.9	775.7
200	20.0	51.7	103.4	155.1	258.6	430.9	775.7
250	20.0	51.7	103.4	155.1	258.6	430.9	775.7
300	20.0	51.7	103.4	155.1	258.6	430.9	775.7
325	20.0	51.7	103.4	155.1	258.6	430.9	775.7
350	19.8	51.5	102.8	154.3	257.1	428.6	771.4
375	19.3	50.6	101.0	151.5	252.5	420.9	757.4
400	19.3	50.3	100.6	150.6	251.2	418.3	753.2
425	19.0	49.6	99.3	148.9	248.2	413.7	744.6
450	18.1	47.3	94.4	141.4	235.8	393.1	707.6
475	16.4	42.8	85.5	128.2	213.7	356.3	641.3
500	13.7	35.6	71.5	107.1	178.6	297.5	535.4
538	11.0	29.0	57.9	86.9	145.1	241.7	435.1
550	11.0	29.0	57.9	86.9	145.1	241.7	435.1
575	10.9	28.6	57.1	85.7	143.0	238.3	428.8
600	10.3	26.9	53.5	80.4	134.0	223.4	401.9
625	8.7	23.0	45.7	68.6	114.3	190.6	342.8
650	6.3	16.5	33.1	49.6	82.7	137.9	248.2

① 管子的最大外径尺寸88.9mm，使用温度限定在620℃。

② 仅焊接端阀门，法兰端阀门的额定值限定在538℃。

（续）

第2.1组材料的额定值

A182 Gr. F304[①]	A312 Gr. TP304[①]	A351 Gr. CF8[①]	A430 Gr. FP304[①]
A182 Gr. F304H	A312 Gr. TP304H	A358 Gr. 304[①]	A430 Gr. FP304H
A240 Gr. 304[①]	A351 Gr. CF10	A376 Gr. TP304[①]	A479 Gr. 304[①]
A240 Gr. 304H	A351 Gr. CF3[②]	A376 Gr. TP304H	A479 Gr. 304H

A-标准压力级 Class

温度	各压力级 Class 的工作压力/bar						
/℃	150	300	600	900	1500	2500	4500
-29~38	19.0	49.6	99.3	148.9	248.2	413.7	744.6
50	18.3	47.8	95.6	143.5	239.1	398.5	717.3
100	15.7	40.9	81.7	122.6	204.3	340.4	612.8
150	14.2	37.0	74.0	111.0	185.0	308.4	555.1
200	13.2	34.5	69.0	103.4	172.4	287.3	517.2
250	12.1	32.5	65.0	97.5	162.4	270.7	487.3
300	10.2	30.9	61.8	92.7	154.6	257.6	463.7
325	9.3	30.2	60.4	90.7	151.1	251.9	453.3
350	8.4	29.6	59.3	88.9	148.1	246.9	444.4
375	7.4	29.0	58.1	87.1	145.2	241.9	435.5
400	6.5	28.4	56.9	85.3	142.2	237.0	426.6
425	5.5	28.0	56.0	84.0	140.0	233.3	419.9
450	4.6	27.4	54.8	82.2	137.0	228.4	411.1
475	3.7	26.9	53.9	80.8	134.7	224.5	404.0
500	2.8	26.5	53.0	79.5	132.4	220.7	397.3
538	1.4	24.4	48.9	73.3	122.1	203.6	366.4
550	1.4[③]	23.6	47.1	70.7	117.8	196.3	353.4
575	1.4[③]	20.8	41.7	62.5	104.2	173.7	312.7
600	1.4[③]	16.9	33.8	50.6	84.4	140.7	253.2
625	1.4[③]	13.8	27.6	41.4	68.9	114.9	206.8
650	1.4[③]	11.3	22.5	33.8	56.3	93.8	168.9
675	1.4[③]	9.3	18.7	28.0	46.7	77.9	140.2
700	1.4[③]	8.0	16.1	24.1	40.1	66.9	120.4
725	1.4[③]	6.8	13.5	20.3	33.8	56.3	101.3
750	1.4[③]	5.8	11.6	17.3	28.9	48.1	86.7
775	1.4[③]	4.6	9.0	13.7	22.8	38.0	68.4
800	1.2[③]	3.5	7.0	10.5	17.4	29.2	52.6
816	1.0[③]	2.8	5.9	8.6	14.1	23.8	42.7

B-特殊压力级 Class

温度	各压力级 Class 的工作压力/bar						
/℃	150	300	600	900	1500	2500	4500
-29~38	19.8	51.7	103.4	155.1	258.6	430.9	775.7
50	19.4	50.5	101.0	151.5	252.5	420.8	757.4
100	17.5	45.6	91.2	136.8	228.0	380.0	683.9

（续）

第2.1组材料的额定值

A182 Gr. F304[①]	A312 Gr. TP304[①]	A351 Gr. CF8[①]	A430 Gr. FP304[①]
A182 Gr. F304H	A312 Gr. TP304H	A358 Gr. 304[①]	A430 Gr. FP304H
A240 Gr. 304[①]	A351 Gr. CF10	A376 Gr. TP304[①]	A479 Gr. 304[①]
A240 Gr. 304H	A351 Gr. CF3[②]	A376 Gr. TP304H	A479 Gr. 304H

B-特殊压力级 Class

温度/℃	各压力级 Class 的工作压力/bar						
	150	300	600	900	1500	2500	4500
150	15.8	41.3	82.6	123.9	206.5	344.2	619.6
200	14.8	38.5	77.0	115.4	192.4	320.7	577.2
250	13.9	36.3	72.5	108.8	181.3	302.2	543.9
300	13.2	34.5	69.0	103.5	172.5	287.5	517.5
325	12.9	33.7	67.5	101.2	168.7	281.1	506.0
350	12.7	33.1	66.1	99.2	165.3	275.5	496.0
375	12.4	32.4	64.8	97.2	162.0	270.0	486.0
400	12.2	31.7	63.5	95.2	158.7	264.5	476.1
425	12.0	31.2	62.5	93.7	156.2	260.4	468.7
450	11.7	30.6	61.2	91.8	153.0	254.9	458.9
475	11.5	30.1	60.1	90.2	150.3	250.5	450.9
500	11.3	29.6	59.1	88.7	147.8	246.4	443.5
538	11.0	28.6	57.3	85.9	143.1	238.5	429.4
550	10.9	28.4	56.8	85.1	141.9	236.5	425.7
575	10.0	26.1	52.1	78.2	130.3	217.2	390.9
600	8.1	21.1	42.2	63.3	105.5	175.8	316.5
625	6.6	17.2	34.5	51.7	86.2	143.6	258.5
650	5.4	14.1	28.2	42.2	70.4	117.3	211.2
675	4.5	11.7	23.4	35.1	58.4	97.4	175.3
700	4.1	10.7	21.3	32.0	53.3	88.9	160.0
725	3.5	9.2	18.5	27.7	46.2	77.0	138.6
750	2.8	7.4	14.8	22.1	36.7	61.2	110.3
775	2.2	5.8	11.4	17.2	28.5	47.6	85.6
800	1.8	4.4	8.8	13.2	22.0	36.6	65.6
816	1.4	3.4	7.2	10.7	17.9	29.6	53.1

① 在温度超过538℃时，仅当碳含量等于或高于0.04%时才使用。

② 超过425℃不使用。

③ 法兰端阀门的额定值限定在538℃。

（续）

第2.2组材料的额定值

A182 Gr. F316①	A312 Gr. TP316①	A351 Gr. CG8M①	A376 Gr. FP316H
A182 Gr. F316H	A312 Gr. TP316H	A351 Gr. CF10M	A430 Gr. FP316①
A182 Gr. F317①	A312 Gr. TP317①	A351 Gr. CG3M③	A430 Gr. FP316H
A240 Gr. 316①	A351 Gr. CF3A②	A351 Gr. CG8M④	A479 Gr. 316①
A240 Gr. 316H	A351 Gr. CF3M③	A358 Gr. 316①	A479 Gr. 316H
A240 Gr. 317①	A351 Gr. CF8A②	A376 Gr. TP316①	

A-标准压力级 Class

温度 /℃	各压力级 Class 的工作压力/bar						
	150	300	600	900	1500	2500	4500
-29~38	19.0	49.6	99.3	148.9	248.2	413.7	744.6
50	18.4	48.1	96.2	144.3	240.6	400.9	721.7
100	16.2	42.2	84.4	126.6	211.0	351.6	632.9
150	14.8	38.5	77.0	115.5	192.5	320.8	577.4
200	13.7	35.7	71.3	107.0	178.3	297.2	534.9
250	12.1	33.4	66.8	100.1	166.9	278.1	500.6
300	10.2	31.6	63.2	94.9	158.1	263.5	474.3
325	9.3	30.9	61.8	92.7	154.4	257.4	463.3
350	8.4	30.3	60.7	91.0	151.6	252.7	454.9
375	7.4	29.9	59.8	89.6	149.4	249.0	448.2
400	6.5	29.4	58.9	88.3	147.2	245.3	441.6
425	5.5	29.1	58.3	87.4	145.7	242.9	437.1
450	4.6	28.8	57.7	86.5	144.2	240.4	432.7
475	3.7	28.7	57.3	86.0	143.4	238.9	430.1
500	2.8	28.2	56.5	84.7	140.9	235.0	423.0
538	1.4	25.2	50.0	75.2	125.5	208.9	375.8
550	1.4⑤	25.0	49.8	74.8	124.9	208.0	374.2
575	1.4⑤	24.0	47.9	71.8	119.7	199.5	359.1
600	1.4⑤	19.9	39.8	59.7	99.5	165.9	298.6
625	1.4⑤	15.8	31.6	47.4	79.1	131.8	237.2
650	1.4⑤	12.7	25.3	38.0	63.3	105.5	189.9
675	1.4⑤	10.3	20.6	31.0	51.6	86.0	154.8
700	1.4⑤	8.4	16.8	25.1	41.9	69.8	125.7
725	1.4⑤	7.0	14.0	21.0	34.9	58.2	104.8
750	1.4⑤	5.9	11.7	17.6	29.3	48.9	87.9
775	1.4⑤	4.6	9.0	13.7	22.8	38.0	68.4
800	1.2⑤	3.5	7.0	10.5	17.4	29.2	52.6
816	1.0⑤	2.8	5.9	8.6	14.1	23.8	42.7

B-特殊压力级 Class

温度 /℃	各压力级 Class 的工作压力/bar						
	150	300	600	900	1500	2500	4500
-29~38	19.8	51.7	103.4	155.1	258.6	430.9	775.7
50	19.5	50.8	101.6	152.5	254.1	423.5	762.3

（续）

第2.2组材料的额定值

A182 Gr. F316①	A312 Gr. TP316①	A351 Gr. CG8M①	A376 Gr. FP316H
A182 Gr. F316H	A312 Gr. TP316H	A351 Gr. CF10M	A430 Gr. FP316①
A182 Gr. F317①	A312 Gr. TP317①	A351 Gr. CG3M③	A430 Gr. FP316H
A240 Gr. 316①	A351 Gr. CF3A②	A351 Gr. CG8M④	A479 Gr. 316①
A240 Gr. 316H	A351 Gr. CF3M③	A358 Gr. 316①	A479 Gr. 316H
A240 Gr. 317①	A351 Gr. CF8A②	A376 Gr. TP316①	

B-特殊压力级 Class

温度/℃	各压力级 Class 的工作压力/bar						
	150	300	600	900	1500	2500	4500
100	18.1	47.1	94.2	141.3	235.5	392.4	706.4
150	16.5	43.0	85.9	128.9	214.8	358.0	644.4
200	15.3	39.8	79.6	119.4	199.0	331.7	597.0
250	14.3	37.3	74.5	111.8	186.3	310.4	558.8
300	13.5	35.3	70.6	105.9	176.4	294.1	529.3
325	13.2	34.5	68.9	103.4	172.3	287.2	517.0
350	13.0	33.8	67.7	101.5	169.2	282.1	507.7
375	12.8	33.3	66.7	100.0	166.7	277.9	500.2
400	12.6	32.9	65.7	98.6	164.3	273.8	492.9
425	12.5	32.5	65.1	97.6	162.6	271.1	487.9
450	12.3	32.2	64.4	96.6	161.0	268.3	482.9
475	12.3	32.0	64.0	96.0	160.0	266.6	480.0
500	12.2	31.7	63.4	95.1	158.6	264.3	475.7
538	11.0	29.0	57.9	86.9	145.1	241.7	435.1
550	11.0	29.0	57.9	86.9	145.1	241.7	435.1
575	10.9	28.6	57.1	85.7	143.0	238.3	428.8
600	9.5	24.9	49.8	74.6	124.4	207.3	373.2
625	7.6	19.8	39.5	59.3	98.8	164.7	296.5
650	6.1	15.8	31.7	47.5	79.1	131.9	237.4
675	4.9	12.9	25.8	38.7	64.5	107.5	193.5
700	4.4	11.4	22.8	34.3	57.1	95.2	171.3
725	3.7	9.5	19.1	28.6	47.7	79.5	143.0
750	2.8	7.4	14.8	22.1	36.7	61.2	110.3
775	2.2	5.8	11.4	17.2	28.5	47.6	85.6
800	1.8	4.4	8.8	13.2	22.0	36.6	65.6
816	1.4	3.4	7.2	10.7	17.9	29.6	53.1

① 在温度超过538℃时，仅当碳含量等于或高于0.04%时才使用。

② 超过345℃不使用。

③ 超过455℃不使用。

④ 超过538℃不使用。

⑤ 法兰端阀门的额定值限定在538℃。

（续）

第2.3组材料的额定值		
A182 Gr. F304L①	A240 Gr. 304L①	A312 Gr. TP316L
A182 Gr. F316L	A240 Gr. 316L	A479 Gr. 304L①
A182 Gr. F317L	A312 Gr. TP304L①	A479 Gr. 316L

A-标准压力级 Class

温度/℃	各压力级 Class 的工作压力/bar						
	150	300	600	900	1500	2500	4500
-29~38	15.9	41.4	82.7	124.1	206.8	344.7	620.5
50	15.3	40.0	80.0	120.1	200.1	333.5	600.3
100	13.3	34.8	69.6	104.4	173.9	289.9	521.8
150	12.0	31.4	62.8	94.2	157.0	261.6	470.9
200	11.2	29.2	58.3	87.5	145.8	243.0	437.3
250	10.5	27.5	54.9	82.4	137.3	228.9	412.0
300	10.0	26.1	52.1	78.2	130.3	217.2	391.0
325	9.3	25.5	51.0	76.4	127.4	212.3	382.2
350	8.4	25.1	50.1	75.2	125.4	208.9	376.1
375	7.4	24.8	49.5	74.3	123.8	206.3	371.3
400	6.5	24.3	48.6	72.9	121.5	202.5	364.6
425	5.5	23.9	47.7	71.6	119.3	198.8	357.9
450	4.6	23.4	46.8	70.2	117.1	195.1	351.2

B-特殊压力级 Class

温度/℃	各压力级 Class 的工作压力/bar						
	150	300	600	900	1500	2500	4500
-29~38	17.7	46.2	92.3	138.5	230.9	384.8	692.6
50	17.1	44.7	89.3	134.0	223.3	372.2	670.0
100	14.9	38.8	77.7	116.5	194.1	323.6	582.4
150	13.4	35.0	70.1	105.1	175.2	291.9	525.5
200	12.5	32.5	65.1	97.6	162.7	271.2	488.1
250	11.8	30.7	61.3	92.0	153.3	255.4	459.8
300	11.2	29.1	58.2	87.3	145.5	242.4	436.4
325	10.9	28.4	56.9	85.3	142.2	237.0	426.6
350	10.7	28.0	56.0	83.9	139.9	233.2	419.7
375	10.6	27.6	55.2	82.9	138.1	230.2	414.4
400	10.4	27.1	54.3	81.4	135.6	226.0	406.9
425	10.2	26.6	53.3	79.9	133.1	221.9	399.4
450	10.0	26.1	52.3	78.4	130.6	217.7	391.9

① 超过425℃时不使用。

（续）

第2.4组材料的额定值

A182 Gr. F321[①]	A312 Gr. TP321[①]	A376 Gr. TP321[①]	A430 Gr. FP321H
A182 Gr. F321H[②]	A312 Gr. TP321H	A376 Gr. TP321H	A479 Gr. 321[①]
A240 Gr. 321[①]	A358 Gr. 321[①]	A430 Gr. FP321[①]	A479 Gr. 321H
A240 Gr. 321H[②]			

A-标准压力级 Class

温度/℃	各压力级 Class 的工作压力/bar						
	150	300	600	900	1500	2500	4500
-29~38	19.0	49.6	99.3	148.9	248.2	413.7	744.6
50	18.6	48.6	97.1	145.7	242.8	404.6	728.3
100	17.0	44.2	88.5	132.7	221.2	368.7	663.6
150	15.7	41.0	82.0	122.9	204.9	341.5	614.7
200	13.8	38.3	76.6	114.9	191.5	319.1	574.5
250	12.1	36.0	72.0	108.1	180.1	300.2	540.4
300	10.2	34.1	68.3	102.4	170.7	284.6	512.2
325	9.3	33.3	66.6	99.9	166.5	277.6	499.6
350	8.4	32.6	65.2	97.8	163.0	271.7	489.1
375	7.4	32.0	64.1	96.1	160.2	266.9	480.5
400	6.5	31.6	63.2	94.8	157.9	263.2	473.8
425	5.5	31.1	62.3	93.4	155.7	259.5	467.1
450	4.6	30.8	61.7	92.5	154.2	256.9	462.5
475	3.7	30.5	61.1	91.6	152.7	254.4	458.0
500	2.8	28.2	56.5	84.7	140.9	235.0	423.0
538	1.4	25.2	50.0	75.2	125.5	208.9	375.8
550	1.4[③]	25.0	49.8	74.8	124.9	208.0	374.2
575	1.4[③]	24.0	47.9	71.8	119.7	199.5	359.1
600	1.4[③]	20.3	40.5	60.8	101.3	168.9	304.0
625	1.4[③]	15.8	31.6	47.4	79.1	131.8	237.2
650	1.4[③]	12.6	25.3	37.9	63.2	105.4	189.6
675	1.4[③]	9.9	19.8	29.6	49.4	82.3	148.1
700	1.4[③]	7.9	15.8	23.7	39.5	65.9	118.6
725	1.4[③]	6.3	12.7	19.0	31.7	52.8	95.1
750	1.4[③]	5.0	10.0	15.0	25.0	41.7	75.0
775	1.4[③]	4.0	8.0	11.9	19.9	33.2	59.7
800	1.2[③]	3.1	6.3	9.4	15.6	26.1	46.9
816	1.0[③]	2.6	5.2	7.8	13.0	21.7	39.0

B-特殊压力级 Class

温度/℃	各压力级 Class 的工作压力/bar						
	150	300	600	900	1500	2500	4500
-29~38	19.8	51.7	103.4	155.1	258.6	430.9	775.7
50	19.6	51.1	102.3	153.4	255.6	426.0	766.9
100	18.7	48.7	97.3	146.0	243.3	405.5	729.9
150	17.5	45.7	91.5	137.2	228.7	381.1	686.0

（续）

第2.4组材料的额定值

A182 Gr. F321①	A312 Gr. TP321①	A376 Gr. TP321①	A430 Gr. FP321H
A182 Gr. F321H②	A312 Gr. TP321H	A376 Gr. TP321H	A479 Gr. 321①
A240 Gr. 321①	A358 Gr. 321①	A430 Gr. FP321①	A479 Gr. 321H
A240 Gr. 321H②			

B-特殊压力级 Class

温度/℃	各压力级 Class 的工作压力/bar						
	150	300	600	900	1500	2500	4500
200	16.4	42.7	85.5	128.2	213.7	356.2	641.1
250	15.4	40.2	80.4	120.6	201.0	335.0	603.1
300	14.6	38.1	76.2	114.3	190.6	317.6	571.7
325	14.3	37.2	74.4	111.5	185.9	309.8	557.6
350	13.9	36.4	72.8	109.2	181.9	303.2	545.8
375	13.7	35.8	71.5	107.3	178.8	297.9	536.3
400	13.5	35.3	70.5	105.8	176.3	293.8	528.8
425	13.3	34.8	69.5	104.3	173.8	289.6	521.3
450	13.2	34.4	68.8	103.2	172.0	286.7	516.1
475	13.1	34.1	68.2	102.2	170.4	284.0	511.2
500	12.9	33.7	67.5	101.2	168.7	281.2	506.2
538	11.0	29.0	57.9	86.9	145.1	241.7	435.1
550	11.0	29.0	57.9	86.9	145.1	241.7	435.1
575	10.9	28.6	57.1	85.7	143.0	238.3	428.8
600	9.7	25.3	50.7	76.0	126.6	211.1	379.9
625	7.6	19.8	39.5	59.3	98.8	164.7	296.5
650	6.1	15.8	31.6	47.4	79.0	131.7	237.0
675	4.7	12.3	24.7	37.0	61.7	102.9	185.2
700	4.2	10.8	21.7	32.5	54.2	90.3	162.5
725	3.4	8.9	17.7	26.6	44.3	73.8	132.9
750	2.6	6.7	13.4	20.0	33.4	55.7	100.2
775	1.9	5.0	10.0	15.0	25.1	41.8	75.2
800	1.7	4.4	8.8	13.2	22.0	36.6	65.6
816	1.2	3.3	6.5	9.8	16.3	27.1	48.8

① 超过538℃时不使用。

② 在温度超过538℃工况，仅当材料最低加热到1095℃的热处理时才使用。

③ 法兰端阀门的额定值限定在538℃。

（续）

第2.5组材料的额定值

A182 Gr. F347①	A240 Gr. 348①	A358 Gr. 347①	A430 Gr. FP347①
A182 Gr. F347H②	A240 Gr. 348H②	A376 Gr. TP347①	A479 Gr. 347①
A182 Gr. F348①	A312 Gr. TP347①	A376 Gr. TP347H	A479 Gr. 347H
A182 Gr. F348H②	A312 Gr. TP347H	A376 Gr. TP348①	A479 Gr. 348①
A240 Gr. 347①	A312 Gr. TP348①	A376 Gr. TP348H①	A479 Gr. 348H
A240 Gr. 347H②	A312 Gr. TP348H	A430 Gr. FP347H	

A-标准压力级 Class

温度/℃	各压力级 Class 的工作压力/bar						
	150	300	600	900	1500	2500	4500
-29~38	19.0	49.6	99.3	148.9	248.2	413.7	744.6
50	18.7	48.8	97.5	146.3	243.8	406.4	731.5
100	17.4	45.3	90.6	135.9	226.5	377.4	679.4
150	15.8	42.5	84.9	127.4	212.4	353.9	637.1
200	13.8	39.9	79.9	119.8	199.7	332.8	599.1
250	12.1	37.8	75.6	113.4	189.1	315.1	567.2
300	10.2	36.1	72.2	108.3	180.4	300.7	541.3
325	9.3	35.4	70.7	106.1	176.8	294.6	530.3
350	8.4	34.8	69.5	104.3	173.8	289.6	521.3
375	7.4	34.2	68.4	102.6	171.0	285.1	513.1
400	6.5	33.9	67.8	101.7	169.5	282.6	508.6
425	5.5	33.6	67.2	100.8	168.1	280.1	504.2
450	4.6	33.5	66.9	100.4	167.3	278.8	501.8
475	3.7	31.7	63.4	95.1	158.2	263.9	474.8
500	2.8	28.2	56.5	84.7	140.9	235.0	423.0
538	1.4	25.2	50.0	75.2	125.5	208.9	375.8
550	1.4③	25.0	49.8	74.8	124.9	208.0	374.2
575	1.4③	24.0	47.9	71.8	119.7	199.5	359.1
600	1.4③	21.6	42.9	64.2	107.0	178.5	321.4
625	1.4③	18.3	36.6	54.9	91.2	152.0	273.8
650	1.4③	14.1	28.1	42.5	70.7	117.7	211.7
675	1.4③	12.4	25.2	37.6	62.7	104.5	187.9
700	1.4③	10.1	20.0	29.8	49.7	83.0	149.4
725	1.4③	7.9	15.4	23.2	38.6	64.4	115.8
750	1.4③	5.9	11.7	17.6	29.6	49.1	88.2
775	1.4③	4.6	9.0	13.7	22.8	38.0	68.4
800	1.2③	3.5	7.0	10.5	17.4	29.2	52.6
816	1.0③	2.8	5.9	8.6	14.1	23.8	42.7

B-特殊压力级 Class

温度/℃	各压力级 Class 的工作压力/bar						
	150	300	600	900	1500	2500	4500
-29~38	20.0	51.7	103.4	155.1	258.6	430.9	775.7
50	20.0	51.7	103.4	155.1	258.6	430.9	775.7

（续）

第2.5组材料的额定值			
A182 Gr. F347①	A240 Gr. 348①	A35 Gr. 347①	A430 Gr. FP347①
A182 Gr. F347H②	A240 Gr. 348H②	A376 Gr. TP347①	A479 Gr. 347①
A182 Gr. F348①	A312 Gr. TP347①	A376 Gr. TP347H	A479 Gr. 347H
A182 Gr. F348H②	A312 Gr. TP347H	A376 Gr. TP348①	A479 Gr. 348①
A240 Gr. 347①	A312 Gr. TP348①	A376 Gr. TP348H①	A479 Gr. 348H
A240 Gr. 347H②	A312 Gr. TP348H	A430 Gr. FP347H	

B-特殊压力级 Class

温度/℃	各压力级 Class 的工作压力/bar						
	150	300	600	900	1500	2500	4500
100	19.4	50.6	101.1	151.7	252.8	421.3	758.3
150	18.2	47.4	94.8	142.2	237.0	395.0	711.0
200	17.1	44.6	89.1	133.7	222.9	371.5	668.6
250	16.2	42.2	84.4	126.6	211.0	351.7	633.0
300	15.4	40.3	80.6	120.8	201.4	335.6	604.1
325	15.1	39.5	78.9	118.4	197.3	328.8	591.8
350	14.9	38.8	77.6	116.4	194.0	323.3	581.9
375	14.6	38.2	76.4	114.5	190.9	318.1	572.7
400	14.5	37.8	75.7	113.5	189.2	315.4	567.7
425	14.4	37.5	75.0	112.5	187.6	312.6	562.7
450	14.3	37.3	74.7	112.0	186.7	311.1	560.0
475	14.3	37.3	74.6	111.9	186.5	310.9	559.6
500	13.7	35.6	71.5	107.1	178.6	297.5	535.4
538	11.0	29.0	57.9	86.9	145.1	241.7	435.1
550	11.0	29.0	57.9	86.9	145.1	241.7	435.1
575	10.9	28.6	57.1	85.7	143.0	238.3	428.8
600	10.3	26.9	53.5	80.4	134.0	223.4	401.9
625	8.7	23.0	45.7	68.6	114.3	190.6	342.8
650	6.9	17.9	35.5	53.1	88.6	147.9	266.1
675	6.2	16.0	31.6	47.3	78.9	131.7	237.0
700	4.8	12.4	25.0	37.3	62.3	103.7	186.5
725	3.7	9.7	19.5	28.9	48.3	80.2	144.5
750	2.8	7.4	14.8	22.1	36.7	61.2	110.3
775	2.2	5.8	11.4	17.2	28.5	47.6	85.6
800	1.8	4.4	8.8	13.2	22.0	36.6	65.6
816	1.4	3.4	7.2	10.7	17.9	29.6	53.1

① 超过538℃时不使用。

② 在温度超过538℃工况，仅当材料最低加热到1095℃的热处理时才使用。

③ 法兰端阀门的额定值限定在538℃。

（续）

第2.6组材料的额定值

A240 Gr. 309H	A312 Gr. TP309H	A358 Gr. 309H

A-标准压力级 Class

温度/℃	各压力级 Class 的工作压力/bar						
	150	300	600	900	1500	2500	4500
-29~38	19.0	49.6	99.3	148.9	248.2	413.7	744.6
50	18.5	48.3	96.6	144.9	241.5	402.5	724.4
100	16.5	43.1	86.2	129.3	215.5	359.2	646.5
150	15.3	40.0	80.0	120.0	200.0	333.3	599.9
200	13.8	37.8	75.5	113.3	188.8	314.7	566.4
250	12.1	36.1	72.1	108.2	180.4	300.6	541.1
300	10.2	34.8	69.6	104.4	173.9	289.9	521.8
325	9.3	34.2	68.5	102.7	171.2	285.4	513.7
350	8.4	33.8	67.6	101.4	169.0	281.7	507.0
375	7.4	33.4	66.8	100.1	166.9	278.2	500.7
400	6.5	33.1	66.1	99.2	165.4	275.6	496.1
425	5.5	32.6	65.3	97.9	163.1	271.9	489.4
450	4.6	32.2	64.4	96.5	160.9	268.2	482.7
475	3.7	31.7	63.4	95.1	158.2	263.9	474.8
500	2.8	28.2	56.5	84.7	140.9	235.0	423.0
538	1.4	25.2	50.0	75.2	125.5	208.9	375.8
550	1.4①	25.0	49.8	74.8	124.9	208.0	374.2
575	1.4①	22.2	44.4	66.5	110.9	184.8	332.7
600	1.4①	16.8	33.5	50.3	83.9	139.8	251.6
625	1.4①	12.5	25.0	37.5	62.5	104.2	187.6
650	1.4①	9.4	18.7	28.1	46.8	78.0	140.4
675	1.4①	7.2	14.5	21.7	36.2	60.3	108.5
700	1.4①	5.5	11.0	16.5	27.5	45.9	82.5
725	1.4①	4.3	8.7	13.0	21.6	36.0	64.9
750	1.3①	3.4	6.8	10.2	17.1	28.4	51.2
775	1.0①	2.7	5.4	8.1	13.5	22.4	40.4
800	0.8①	2.1	4.2	6.3	10.5	17.5	31.6
816	0.7①	1.8	3.5	5.3	8.9	14.8	26.6

B-特殊压力级 Class

温度/℃	各压力级 Class 的工作压力/bar						
	150	300	600	900	1500	2500	4500
-29~38	20.0	51.7	103.4	155.1	258.6	430.9	775.7
50	20.0	51.7	103.4	155.1	258.6	430.9	775.7
100	18.4	48.1	96.2	144.3	240.5	400.9	721.6
150	17.1	44.6	89.3	133.9	223.2	372.0	669.6
200	16.2	42.1	84.3	126.4	210.7	351.2	632.2
250	15.4	40.3	80.5	120.8	201.3	335.5	603.9

（续）

第2.6组材料的额定值

A240 Gr. 309H　　A312 Gr. TP309H　　A358 Gr. 309H

B-特殊压力级 Class

温度/℃	各压力级 Class 的工作压力/bar						
	150	300	600	900	1500	2500	4500
300	14.9	38.8	77.7	116.5	194.1	323.6	582.4
325	14.7	38.2	76.5	114.7	191.1	318.5	573.4
350	14.5	37.7	75.5	113.2	188.6	314.4	565.9
375	14.3	37.3	74.5	111.8	186.3	310.4	558.8
400	14.2	36.9	73.8	110.7	184.6	307.6	553.7
425	14.0	36.4	72.8	109.2	182.1	303.5	546.2
450	13.8	35.9	71.8	107.8	179.6	299.3	538.8
475	13.6	35.4	70.8	106.3	177.1	295.2	531.3
500	13.4	34.9	69.8	104.8	174.6	291.0	523.8
538	11.0	29.0	57.9	86.9	145.1	241.7	435.1
550	11.0	29.0	57.9	86.9	145.1	241.7	435.1
575	10.6	27.7	55.4	83.2	138.6	231.0	415.8
600	8.0	21.0	41.9	62.9	104.8	174.7	314.5
625	6.0	15.6	31.3	46.9	78.2	130.3	234.5
650	4.5	11.7	23.4	35.1	58.5	97.5	175.5
675	3.5	9.0	18.1	27.1	45.2	75.3	135.6
700	3.0	7.7	15.4	23.2	38.6	64.4	115.9
725	2.3	6.1	12.1	18.2	30.4	50.6	91.1
750	1.7	4.6	9.1	13.7	22.8	37.9	68.3
775	1.3	3.4	6.8	10.2	16.9	28.2	50.8
800	1.1	3.0	5.9	8.9	14.8	24.7	44.5
816	0.8	2.2	4.4	6.6	11.1	18.5	33.2

① 法兰端阀门的额定值限定在538℃。

第2.7组材料的额定值

A182 Gr. F310　　A312 Gr. TP310H　　A479 Gr. 310H

A240 Gr. 310H　　A358 Gr. 310H

A-标准压力级 Class

温度/℃	各压力级 Class 的工作压力/bar						
	150	300	600	900	1500	2500	4500
-29~38	19.0	49.6	99.3	148.9	248.2	413.7	744.6
50	18.5	48.4	96.7	145.1	241.8	403.1	725.5
100	16.6	43.4	86.8	130.2	217.0	361.6	650.9
150	15.3	40.0	80.0	120.0	200.0	333.3	599.9
200	13.8	37.6	75.2	112.8	188.0	313.4	564.1
250	12.1	35.8	71.5	107.3	178.8	298.1	536.5
300	10.2	34.5	68.9	103.4	172.3	287.2	516.9
325	9.3	33.9	67.7	101.6	169.3	282.2	507.9
350	8.4	33.3	66.6	99.9	166.5	277.6	499.6
375	7.4	32.9	65.7	98.6	164.3	273.8	492.9

（续）

第2.7组材料的额定值

A182 Gr. F310　　A312 Gr. TP310H　　A479 Gr. 310H

A240 Gr. 310H　　A358 Gr. 310H

A-标准压力级 Class

温度/℃	各压力级 Class 的工作压力/bar						
	150	300	600	900	1500	2500	4500
400	6.5	32.4	64.8	97.3	162.1	270.2	486.3
425	5.5	32.1	64.2	96.4	160.6	267.7	481.8
450	4.6	31.7	63.4	95.1	158.4	264.0	475.3
475	3.7	31.2	62.5	93.7	156.2	260.3	468.6
500	2.8	28.2	56.5	84.7	140.9	235.0	423.0
538	1.4	25.2	50.0	75.2	125.5	208.9	375.8
550	1.4①	25.0	49.8	74.8	124.9	208.0	374.2
575	1.4①	22.2	44.4	66.5	110.9	184.8	332.7
600	1.4①	16.8	33.5	50.3	83.9	139.8	251.6
625	1.4①	12.5	25.0	37.5	62.5	104.2	187.6
650	1.4①	9.4	18.7	28.1	46.8	78.0	140.4
675	1.4①	7.2	14.5	21.7	36.2	60.3	108.5
700	1.4①	5.5	11.0	16.5	27.5	45.9	82.5
725	1.4①	4.3	8.7	13.0	21.6	36.0	64.9
750	1.3①	3.4	6.8	10.2	17.1	28.4	51.2
775	1.0①	2.7	5.3	8.0	13.3	22.1	39.8
800	0.8①	2.1	4.1	6.2	10.3	17.2	31.0
816	0.7①	1.8	3.5	5.3	8.9	14.8	26.6

B-特殊压力级 Class

温度/℃	各压力级 Class 的工作压力/bar						
	150	300	600	900	1500	2500	4500
-29~38	20.0	51.7	103.4	155.1	258.6	430.9	775.7
50	20.0	51.7	103.4	155.1	258.6	430.9	775.7
100	18.6	48.4	96.9	145.3	242.2	403.6	726.5
150	17.1	44.6	89.3	133.9	223.2	371.9	669.5
200	16.1	42.0	83.9	125.9	209.9	349.8	629.6
250	15.3	39.9	79.8	119.8	199.6	332.7	598.8
300	14.7	38.5	76.9	115.4	192.3	320.5	576.9
325	14.5	37.8	75.6	113.4	189.0	314.9	566.9
350	14.2	37.2	74.3	111.5	185.9	309.8	557.6
375	14.1	36.7	73.3	110.0	183.4	305.6	550.1
400	13.9	36.2	72.4	108.5	180.9	301.5	542.7
425	13.7	35.9	71.7	107.6	179.3	298.8	537.8
450	13.6	35.4	70.7	106.1	176.8	294.7	530.4
475	13.4	34.9	69.7	104.6	174.3	290.5	523.0
500	13.2	34.4	68.7	103.1	171.8	286.4	515.5

（续）

第2.7组材料的额定值

A182 Gr. F310　　A312 Gr. TP310H　　A479 Gr. 310H
A240 Gr. 310H　　A358 Gr. 310H

B-特殊压力级 Class

温度 /℃	各压力级 Class 的工作压力/bar						
	150	300	600	900	1500	2500	4500
538	11.0	29.0	57.9	86.9	145.1	241.7	435.1
550	11.0	29.0	57.9	86.9	145.1	241.7	435.1
575	10.6	27.7	55.4	83.2	138.6	231.0	415.8
600	8.0	21.0	41.9	62.9	104.8	174.7	314.5
625	6.0	15.6	31.3	46.9	78.2	130.3	234.5
650	4.5	11.7	23.4	35.1	58.5	97.5	175.5
675	3.5	9.0	18.1	27.1	45.2	75.3	135.6
700	3.0	7.7	15.4	23.2	38.6	64.4	115.9
725	2.3	6.1	12.1	18.2	30.4	50.6	91.1
750	1.7	4.6	9.1	13.7	22.8	37.9	68.3
775	1.3	3.3	6.7	10.0	16.7	27.9	50.1
800	1.1	2.9	5.8	8.6	14.4	24.0	43.2
816	0.8	2.2	4.4	6.6	11.1	18.5	33.2

① 法兰端阀门的额定值限定在538℃。

第2.8组材料的额定值

A182 Gr. F44　　A240 Gr. S32760①　　A479 Gr. S32750①　　A790 Gr. S32750①
A182 Gr. F51①　　A312 Gr. S31254　　A479 Gr. S32760①　　A790 Gr. S32760①
A182 Gr. F53①　　A351 Gr. CK3MCuN　　A789 Gr. S31803①　　A995 Gr. CD3MN①
A182 Gr. F55　　A358 Gr. S31254　　A789 Gr. S32750①　　A995 Gr. CD3MWCuN
A240 Gr. S31254　　A479 Gr. S31254　　A789 Gr. S32760①　　A995 Gr. CD4MCuN①
A240 Gr. S31803①　　A479 Gr. S31803①　　A790 Gr. S31803①　　A995 Gr. CE8MN①
A240 Gr. S32750①

A-标准压力级 Class

温度 /℃	各压力级 Class 的工作压力/bar						
	150	300	600	900	1500	2500	4500
-29~38	20.0	51.7	103.4	155.1	258.6	430.9	775.7
50	19.5	51.7	103.4	155.1	258.6	430.9	775.7
100	17.7	50.7	101.3	152.0	253.3	422.2	759.9
150	15.8	45.9	91.9	137.8	229.6	382.7	688.9
200	13.8	42.7	85.3	128.0	213.3	355.4	639.8
250	12.1	40.5	80.9	121.4	202.3	337.2	606.9
300	10.2	38.9	77.7	116.6	194.3	323.8	582.8
325	9.3	38.2	76.3	114.5	190.8	318.0	572.5
350	8.4	37.6	75.3	112.9	188.2	313.7	564.7
375	7.4	37.4	74.7	112.1	186.8	311.3	560.3
400	6.5	36.5	73.3	109.8	183.1	304.9	548.5

（续）

第2.8组材料的额定值

A182 Gr. F44	A240 Gr. S32760①	A479 Gr. S32750①	A790 Gr. S32750①
A182 Gr. F51①	A312 Gr. S31254	A479 Gr. S32760①	A790 Gr. S32760①
A182 Gr. F53①	A351 Gr. CK3MCuN	A789 Gr. S31803①	A995 Gr. CD3MN①
A182 Gr. F55	A358 Gr. S31254	A789 Gr. S32750①	A995 Gr. CD3MWCuN
A240 Gr. S31254	A479 Gr. S31254	A789 Gr. S32760①	A995 Gr. CD4MCuN①
A240 Gr. S31803①	A479 Gr. S31803①	A790 Gr. S31803①	A995 Gr. CE8MN①
A240 Gr. S32750①			

B-特殊压力级 Class

温度/℃	各压力级 Class 的工作压力/bar						
	150	300	600	900	1500	2500	4500
-29~38	20.0	51.7	103.4	155.1	258.6	430.9	775.7
50	20.0	51.7	103.4	155.1	258.6	430.9	775.7
100	20.0	51.7	103.4	155.1	258.6	430.9	775.7
150	19.6	51.3	102.5	153.8	256.3	427.2	768.9
200	18.2	47.6	95.2	142.8	238.0	396.7	714.1
250	17.3	45.2	90.3	135.5	225.8	376.3	677.4
300	16.6	43.4	86.7	130.1	216.8	361.4	650.4
325	16.3	42.6	85.2	127.8	213.0	355.0	638.9
350	16.1	42.0	84.0	126.1	210.1	350.2	630.3
375	16.0	41.7	83.4	125.1	208.4	347.4	625.3
400	15.2	39.7	79.4	119.1	198.6	330.9	595.7

① 这种钢在适度高温下使用后，可变得易脆，超过315℃不使用。

第2.9组材料的额定值

A240 Gr. 309S①~③　　A240 Gr. 310S①~③　　A479 Gr. 310S①~③

A-标准压力级 Class

温度/℃	各压力级 Class 的工作压力/bar						
	150	300	600	900	1500	2500	4500
-29~38	19.0	49.6	99.3	148.9	248.2	413.7	744.6
50	18.5	48.3	96.6	144.9	241.5	402.5	724.4
100	16.5	43.1	86.2	129.3	215.5	359.2	646.5
150	15.3	40.0	80.0	120.0	200.0	333.3	599.9
200	13.8	37.5	75.2	112.8	188.0	313.4	564.1
250	12.1	35.8	71.5	107.3	178.8	298.1	536.5
300	10.2	34.5	68.9	103.4	172.3	287.2	516.9
325	9.3	33.9	67.7	101.6	169.3	282.2	507.9
350	8.4	33.3	66.6	99.9	166.5	277.6	499.6
375	7.4	32.9	65.7	98.6	164.3	273.8	492.9
400	6.5	32.4	64.8	97.3	162.1	270.2	486.3
425	5.5	32.1	64.2	96.4	160.6	267.7	481.8
450	4.6	31.7	63.4	95.1	158.4	264.0	475.3
475	3.7	31.2	62.5	93.7	156.2	260.3	468.6
500	2.8	28.2	56.5	84.7	140.9	235.0	423.0
538	1.4	23.4	46.8	70.2	117.0	195.0	351.0

(续)

第2.9组材料的额定值							
A240 Gr. 309S①~③		A240 Gr. 310S①~③			A479 Gr. 310S①~③		
A-标准压力级 Class							
温度/℃	各压力级 Class 的工作压力/bar						
	150	300	600	900	1500	2500	4500
550	1.4④	20.5	41.0	61.5	102.5	170.8	307.4
575	1.4④	15.1	30.2	45.3	75.5	125.8	226.4
600	1.4④	11.0	22.1	33.1	55.1	91.9	165.4
625	1.4④	8.1	16.3	24.4	40.7	67.9	122.2
650	1.4④	5.8	11.6	17.4	29.1	48.5	87.2
675	1.4④	3.7	7.4	11.1	18.4	30.7	55.3
700	0.8④	2.2	4.3	6.5	10.8	18.0	32.3
725	0.5④	1.4	2.7	4.1	6.8	11.4	20.5
750	0.4④	1.0	2.1	3.1	5.2	8.6	15.5
775	0.3④	0.8	1.6	2.5	4.1	6.8	12.3
800	0.2④	0.6	1.2	1.8	3.0	5.0	9.1
816	0.2④	0.5	0.9	1.4	2.4	3.9	7.1
B-特殊压力级 Class							
温度/℃	各压力级 Class 的工作压力/bar						
	150	300	600	900	1500	2500	4500
-29~38	20.0	51.7	103.4	155.1	258.6	430.9	775.7
50	20.0	51.7	103.4	155.1	258.6	430.9	775.7
100	18.4	48.1	96.2	144.3	240.5	400.9	721.6
150	17.1	44.6	89.3	133.9	223.2	371.9	669.5
200	16.1	42.0	83.9	125.9	209.9	349.8	629.6
250	15.3	39.9	79.8	119.8	199.6	332.7	598.8
300	14.7	38.5	76.9	115.4	192.3	320.5	576.9
325	14.5	37.8	75.6	113.4	189.0	314.9	566.9
350	14.2	37.2	74.3	111.5	185.9	309.8	557.6
375	14.1	36.7	73.3	110.0	183.4	305.6	550.1
400	13.9	36.2	72.4	108.5	180.9	301.5	542.7
425	13.7	35.9	71.7	107.6	179.3	298.8	537.8
450	13.6	35.4	70.7	106.1	176.8	294.7	530.4
475	13.4	34.9	69.7	104.6	174.3	290.5	523.0
500	13.2	34.4	68.7	103.1	171.8	286.4	515.5
538	11.0	29.0	57.9	86.9	145.1	241.7	435.1
550	9.8	25.6	51.2	76.8	128.1	213.4	384.2
575	7.2	18.9	37.7	56.6	94.3	157.2	283.0
600	5.3	13.8	27.6	41.3	68.9	114.8	206.7
625	3.9	10.2	20.4	30.5	50.9	84.9	152.7
650	2.8	7.3	14.5	21.8	36.3	60.6	109.0
675	1.8	4.6	9.2	13.8	23.0	38.4	69.1

（续）

第2.9组材料的额定值							
A240 Gr. 309S①~③		A240 Gr. 310S①~③		A479 Gr. 310S①~③			
B-特殊压力级 Class							
温度/℃	各压力级 Class 的工作压力/bar						
	150	300	600	900	1500	2500	4500
700	1.3	3.4	6.9	10.3	17.2	28.6	51.5
725	0.8	2.1	4.2	6.3	10.5	17.6	31.6
750	0.5	1.4	2.7	4.1	6.8	11.3	20.4
775	0.4	1.0	2.1	3.1	5.2	8.6	15.5
800	0.3	0.9	1.8	2.7	4.5	7.4	13.4
816	0.2	0.6	1.2	1.8	3.0	4.9	8.9

① 在温度超过538℃工况，仅当碳含量等于或高于0.04%时才使用。

② 在温度超过538℃工况，仅当材料以固溶处理至材料规范规定的最低温度，但不低于1040℃再在水中淬火或其他方法急冷后，才使用。

③ 这种材料，仅当确保其精粒度不小于ASTM6的规定时，才能使用在温度等于高于515℃工况。

④ 法兰端阀门的额定值限定在538℃。

第2.10组材料的额定值							
A351 Gr. CH8①		A351 Gr. CH20①					
A-标准压力级 Class							
温度/℃	各压力级 Class 的工作压力/bar						
	150	300	600	900	1500	2500	4500
-29~38	17.8	46.3	92.7	139.0	231.7	386.1	695.0
50	17.0	44.5	89.0	133.4	222.4	370.6	667.1
100	14.4	37.5	75.1	112.6	187.7	312.8	563.0
150	13.4	34.9	69.8	104.7	174.4	290.7	523.3
200	12.9	33.5	67.1	100.6	167.7	279.5	503.2
250	12.1	32.6	65.2	97.8	163.1	271.8	489.2
300	10.2	31.7	63.4	95.2	158.6	264.3	475.8
325	9.3	31.2	62.4	93.6	156.1	260.1	468.2
350	8.4	30.6	61.2	91.7	152.9	254.8	458.7
375	7.4	29.8	59.7	89.5	149.2	248.6	447.5
400	6.5	29.1	58.2	87.3	145.5	242.4	436.4
425	5.5	28.3	56.7	85.0	141.7	236.2	425.2
450	4.6	27.6	55.2	82.8	138.0	230.0	414.0
475	3.7	26.7	53.5	80.2	133.7	222.8	401.0
500	2.8	25.8	51.7	77.5	129.2	215.3	387.6
538	1.4	23.3	46.6	70.0	116.6	194.4	349.9
550	1.4②	21.9	43.8	65.7	109.5	182.5	328.5
575	1.4②	18.5	37.0	55.5	92.4	154.0	277.3
600	1.4②	14.5	29.0	43.5	72.6	121.0	217.7
625	1.4②	11.4	22.8	34.3	57.1	95.2	171.3
650	1.4②	8.9	17.8	26.7	44.5	74.1	133.5

（续）

第2.10组材料的额定值							
A351 Gr. CH8①			A351 Gr. CH20①				
A-标准压力级 Class							
温度/℃	各压力级 Class 的工作压力/bar						
	150	300	600	900	1500	2500	4500
675	1.4②	7.0	14.0	20.9	34.9	58.2	104.7
700	1.4②	5.7	11.3	17.0	28.3	47.2	85.0
725	1.4②	4.6	9.1	13.7	22.8	38.0	68.4
750	1.3②	3.5	7.0	10.5	17.5	29.2	52.5
775	1.0②	2.6	5.1	7.7	12.8	21.4	38.4
800	0.8②	2.0	4.0	6.1	10.1	16.9	30.4
816	0.7②	1.9	3.8	5.7	9.5	15.8	28.4
B-特殊压力级 Class							
温度/℃	各压力级 Class 的工作压力/bar						
	150	300	600	900	1500	2500	4500
-29~38	18.4	48.0	96.0	144.1	240.1	400.1	720.3
50	17.9	46.8	93.5	140.3	233.8	389.6	701.4
100	16.1	41.9	83.8	125.7	209.5	349.1	628.4
150	14.9	38.9	77.9	116.8	194.7	324.5	584.0
200	14.4	37.4	74.9	112.3	187.2	312.0	561.6
250	14.0	36.4	72.8	109.2	182.0	303.3	546.0
300	13.6	35.4	70.8	106.2	177.0	295.0	531.0
325	13.4	34.8	69.7	104.5	174.2	290.3	522.6
350	13.1	34.1	68.3	102.4	170.6	284.4	511.9
375	12.8	33.3	66.6	99.9	166.5	277.5	499.5
400	12.4	32.5	64.9	97.4	162.3	270.6	487.0
425	12.1	31.6	63.3	94.9	158.2	263.6	474.5
450	11.8	30.8	61.6	92.4	154.0	256.7	462.1
475	11.4	29.8	59.7	89.5	149.2	248.6	447.6
500	11.1	28.8	57.7	86.5	144.2	240.3	432.6
538	10.5	27.3	54.7	82.0	136.7	227.8	410.0
550	10.1	26.4	52.7	79.1	131.8	219.6	395.4
575	8.9	23.1	46.2	69.3	115.5	192.6	346.6
600	7.0	18.1	36.3	54.4	90.7	151.2	272.1
625	5.5	14.3	28.6	42.8	71.4	119.0	214.2
650	4.3	11.1	22.2	33.4	55.6	92.7	166.8
675	3.3	8.7	17.5	26.2	43.6	72.7	130.9
700	3.0	7.7	15.4	23.1	38.6	64.3	115.7
725	2.4	6.4	12.7	19.1	31.8	53.1	95.5
750	1.8	4.7	9.5	14.2	23.6	39.4	70.9
775	1.2	3.2	6.5	9.7	16.2	27.0	48.6
800	1.0	2.7	5.3	8.0	13.3	22.2	40.0
816	0.9	2.4	4.7	7.1	11.8	19.7	35.5

① 在温度超过538℃工况，仅当碳含量等于或高于0.04%时才使用。

② 法兰端阀门的额定值限定在538℃。

（续）

第 2.11 组材料的额定值

A351 Gr. CF8C[1]

A-标准压力级 Class

温度 /℃	各压力级 Class 的工作压力/bar						
	150	300	600	900	1500	2500	4500
-29～38	19.0	49.6	99.3	148.9	248.2	413.7	744.6
50	18.7	48.8	97.5	146.3	243.8	406.4	731.5
100	17.4	45.3	90.6	135.9	226.5	377.4	679.4
150	15.8	42.5	84.9	127.4	212.4	353.9	637.1
200	13.8	39.9	79.9	119.8	199.7	332.8	599.1
250	12.1	37.8	75.6	113.4	189.1	315.1	567.2
300	10.2	36.1	72.2	108.3	180.4	300.7	541.3
325	9.3	35.4	70.7	106.1	176.8	294.6	530.3
350	8.4	34.8	69.5	104.3	173.8	289.6	521.3
375	7.4	34.2	68.4	102.6	171.0	285.1	513.1
400	6.5	33.9	67.8	101.7	169.5	282.6	508.6
425	5.5	33.6	67.2	100.8	168.1	280.1	504.2
450	4.6	33.5	66.9	100.4	167.3	278.8	501.8
475	3.7	31.7	63.4	95.1	158.2	263.9	474.8
500	2.8	28.2	56.5	84.7	140.9	235.0	423.0
538	1.4	25.2	50.0	75.2	125.5	208.9	375.8
550	1.4[2]	25.0	49.8	74.8	124.9	208.0	374.2
575	1.4[2]	24.0	47.9	71.8	119.7	199.5	359.1
600	1.4[2]	19.8	39.6	59.4	99.0	165.1	297.1
625	1.4[2]	13.9	27.7	41.6	69.3	115.5	207.9
650	1.4[2]	10.3	20.6	30.9	51.5	85.8	154.5
675	1.4[2]	8.0	15.9	23.9	39.8	66.3	119.4
700	1.4[2]	5.6	11.2	16.8	28.1	46.8	84.2
725	1.4[2]	4.0	8.0	11.9	19.9	33.1	59.6
750	1.2[2]	3.1	6.2	9.3	15.5	25.8	46.4
775	0.9[2]	2.5	4.9	7.4	12.3	20.4	36.8
800	0.8[2]	2.0	4.0	6.1	10.1	16.9	30.4
816	0.7[2]	1.9	3.8	5.7	9.5	15.8	28.4

B-特殊压力级 Class

温度 /℃	各压力级 Class 的工作压力/bar						
	150	300	600	900	1500	2500	4500
-29～38	19.8	51.7	103.4	155.1	258.6	430.9	775.7
50	19.6	51.2	102.4	153.6	256.0	426.7	768.1
100	18.8	48.9	97.9	146.8	244.7	407.8	734.1
150	17.4	45.4	90.8	136.1	226.9	378.2	680.7
200	16.5	43.1	86.1	129.2	215.3	358.8	645.8
250	16.0	41.6	83.3	124.9	208.2	347.0	624.5

（续）

第2.11组材料的额定值

A351 Gr. CF8C①

B-特殊压力级 Class

温度/℃	各压力级 Class 的工作压力/bar						
	150	300	600	900	1500	2500	4500
300	15.4	40.2	80.3	120.5	200.9	334.8	602.6
325	15.1	39.5	78.9	118.4	197.3	328.8	591.8
350	14.9	38.8	77.6	116.4	194.0	323.3	581.9
375	14.6	38.2	76.4	114.5	190.9	318.1	572.7
400	14.5	37.8	75.7	113.5	189.2	315.4	567.7
425	14.4	37.5	75.0	112.5	187.6	312.6	562.7
450	14.3	37.3	74.7	112.0	186.7	311.1	560.0
475	14.3	37.3	74.6	111.9	186.5	310.9	559.6
500	13.7	35.6	71.5	107.1	178.6	297.5	535.4
538	11.0	29.0	57.9	86.9	145.1	241.7	435.1
550	11.0	29.0	57.9	86.9	145.1	241.7	435.1
575	10.9	28.6	57.1	85.7	143.0	238.3	428.8
600	9.5	24.8	49.5	74.3	123.8	206.4	371.4
625	6.6	17.3	34.6	52.0	86.6	144.3	259.8
650	4.9	12.9	25.7	38.6	64.4	107.3	193.1
675	3.8	9.9	19.9	29.8	49.7	82.9	149.2
700	3.1	8.2	16.4	24.5	40.9	68.2	122.7
725	2.3	5.9	11.8	17.7	29.5	49.2	88.5
750	1.6	4.1	8.2	12.2	20.4	34.0	61.2
775	1.2	3.1	6.2	9.3	15.5	25.8	46.4
800	1.0	2.7	5.3	8.0	13.3	22.2	40.0
816	0.9	2.4	4.7	7.1	11.8	19.7	35.5

① 在温度超过538℃工况，仅当碳含量等于或高于0.04%时才使用。

② 法兰端阀门的额定值限定在538℃。

第2.12组材料的额定值

A351 Gr. CK20①

A-标准压力级 Class

温度/℃	各压力级 Class 的工作压力/bar						
	150	300	600	900	1500	2500	4500
-29~38	17.8	46.3	92.7	139.0	231.7	386.1	695.0
50	17.0	44.5	89.0	133.4	222.4	370.6	667.1
100	14.4	37.5	75.1	112.6	187.7	312.8	563.0
150	13.4	34.9	69.8	104.7	174.4	290.7	523.3
200	12.9	33.5	67.1	100.6	167.7	279.5	503.2
250	12.1	32.6	65.2	97.8	163.1	271.8	489.2
300	10.2	31.7	63.4	95.2	158.6	264.3	475.8
325	9.3	31.2	62.4	93.6	156.1	260.1	468.2

（续）

第2.12组材料的额定值

A351 Gr. CK20①

A-标准压力级 Class

温度/℃	各压力级 Class 的工作压力/bar						
	150	300	600	900	1500	2500	4500
350	8.4	30.6	61.2	91.7	152.9	254.8	458.7
375	7.4	29.8	59.7	89.5	149.2	248.6	447.5
400	6.5	29.1	58.2	87.3	145.5	242.4	436.4
425	5.5	28.3	56.7	85.0	141.7	236.2	425.2
450	4.6	27.6	55.2	82.8	138.0	230.0	414.0
475	3.7	26.7	53.5	80.2	133.7	222.8	401.0
500	2.8	25.8	51.7	77.5	129.2	215.3	387.6
538	1.4	23.3	46.6	70.0	116.6	194.4	349.9
550	1.4②	22.9	45.9	68.8	114.7	191.2	344.1
575	1.4②	21.7	43.3	65.0	108.3	180.4	324.8
600	1.4②	19.4	38.8	58.2	97.1	161.8	291.2
625	1.4②	16.8	33.7	50.5	84.1	140.2	252.4
650	1.4②	14.1	28.1	42.2	70.4	117.3	211.1
675	1.4②	11.5	23.0	34.6	57.6	96.0	172.8
700	1.4②	8.8	17.5	26.3	43.8	73.0	131.5
725	1.4②	6.3	12.7	19.0	31.7	52.9	95.2
750	1.4②	4.5	8.9	13.4	22.3	37.2	66.9
775	1.2②	3.1	6.3	9.4	15.7	26.2	47.2
800	0.9②	2.3	4.6	6.9	11.4	19.1	34.3
816	0.7②	1.9	3.8	5.7	9.5	15.8	28.4

B-特殊压力级 Class

温度/℃	各压力级 Class 的工作压力/bar						
	150	300	600	900	1500	2500	4500
-29~38	18.4	48.0	96.0	144.1	240.1	400.1	720.3
50	17.9	46.8	93.5	140.3	233.8	389.6	701.4
100	16.1	41.9	83.8	125.7	209.5	349.1	628.4
150	14.9	38.9	77.9	116.8	194.7	324.5	584.0
200	14.4	37.4	74.9	112.3	187.2	312.0	561.6
250	14.0	36.4	72.8	109.2	182.0	303.3	546.0
300	13.6	35.4	70.8	106.2	177.0	295.0	531.0
325	13.4	34.8	69.7	104.5	174.2	290.3	522.6
350	13.1	34.1	68.3	102.4	170.6	284.4	511.9
375	12.8	33.3	66.6	99.9	166.5	277.5	499.5
400	12.4	32.5	64.9	97.4	162.3	270.6	487.0
425	12.1	31.6	63.3	94.9	158.2	263.6	474.5
450	11.8	30.8	61.6	92.4	154.0	256.7	462.1
475	11.4	29.8	59.7	89.5	149.2	248.6	447.6

（续）

第 2.12 组材料的额定值							
A351 Gr. CK20①							
B-特殊压力级 Class							
温度/℃	各压力级 Class 的工作压力/bar						
	150	300	600	900	1500	2500	4500
500	11.1	28.8	57.7	86.5	144.2	240.3	432.6
538	10.5	27.3	54.7	82.0	136.7	227.8	410.0
550	10.5	27.3	54.7	82.0	136.7	227.8	410.0
575	10.4	27.1	54.1	81.2	135.3	225.6	406.0
600	9.3	24.3	48.5	72.8	121.3	202.2	364.0
625	8.1	21.0	42.1	63.1	105.2	175.3	315.5
650	6.7	17.6	35.2	52.8	87.9	146.6	263.8
675	5.5	14.4	28.8	43.2	72.0	120.0	215.9
700	4.7	12.3	24.7	37.0	61.6	102.7	184.9
725	3.6	9.4	18.8	28.2	47.0	78.4	141.0
750	2.4	6.1	12.3	18.4	30.7	51.2	92.2
775	1.5	4.0	7.9	11.9	19.9	33.1	59.6
800	1.3	3.3	6.5	9.8	16.3	27.2	49.0
816	0.9	2.4	4.7	7.1	11.8	19.7	35.5

① 在温度超过538℃工况，仅当碳含量等于或高于0.04%时才使用。

② 法兰端阀门的额定值限定在538℃。

第 3.1 组材料的额定值							
B462 Gr. N08020① B463 Gr. N08020①			B464 Gr. N08020① B468 Gr. N08020①			B473 Gr. N08020①	
A-标准压力级 Class							
温度/℃	各压力级 Class 的工作压力/bar						
	150	300	600	900	1500	2500	4500
-29~38	20.0	51.7	103.4	155.1	258.6	430.9	775.7
50	19.5	51.7	103.4	155.1	258.6	430.9	775.7
100	17.7	50.9	101.7	152.6	254.4	423.9	763.1
150	15.8	48.9	97.9	146.8	244.7	407.8	734.1
200	13.8	47.2	94.3	141.5	235.8	392.9	707.3
250	12.1	45.5	91.0	136.5	227.5	379.2	682.5
300	10.2	42.9	85.7	128.6	214.4	357.1	642.6
325	9.3	41.4	82.6	124.0	206.6	344.3	619.6
350	8.4	40.3	80.4	120.7	201.1	335.3	603.3
375	7.4	38.9	77.6	116.5	194.1	323.2	581.8
400	6.5	36.5	73.3	109.8	183.1	304.9	548.5
425	5.5	35.2	70.0	105.1	175.1	291.6	524.7

（续）

第 3.1 组材料的额定值

B462 Gr. N08020①　B464 Gr. N08020①　B473 Gr. N08020①

B463 Gr. N08020①　B468 Gr. N08020①

B-特殊压力级 Class

温度/℃	各压力级 Class 的工作压力/bar						
	150	300	600	900	1500	2500	4500
-29~38	20.0	51.7	103.4	155.1	258.6	430.9	775.7
50	20.0	51.7	103.4	155.1	258.6	430.9	775.7
100	20.0	51.7	103.4	155.1	258.6	430.9	775.7
150	20.0	51.7	103.4	155.1	258.6	430.9	775.7
200	20.0	51.7	103.4	155.1	258.6	430.9	775.7
250	19.5	50.8	101.6	152.4	253.9	423.2	761.8
300	18.9	49.4	98.7	148.1	246.8	411.3	740.3
325	18.7	48.8	97.5	146.3	243.8	406.3	731.3
350	18.5	48.3	96.6	144.9	241.5	402.5	724.5
375	18.4	48.0	95.9	143.9	239.8	399.7	719.5
400	18.2	47.6	95.2	142.8	238.0	396.7	714.1
425	17.9	46.6	93.2	139.8	233.0	388.4	699.1

① 仅使用经退火的材料。

第 3.2 组材料的额定值

B160 Gr. N02200①　B162 Gr. N02200①　B163 Gr. N02200①　B564 Gr. N02200①

B161 Gr. N02200①

A-标准压力级 Class

温度/℃	各压力级 Class 的工作压力/bar						
	150	300	600	900	1500	2500	4500
-29~38	12.7	33.1	66.2	99.3	165.5	275.8	496.4
50	12.7	33.1	66.2	99.3	165.5	275.8	496.4
100	12.7	33.1	66.2	99.3	165.5	275.8	496.4
150	12.7	33.1	66.2	99.3	165.5	275.8	496.4
200	12.7	33.1	66.2	99.3	165.5	275.8	496.4
250	12.1	31.6	63.2	94.8	158.0	263.4	474.0
300	10.2	29.2	58.5	87.7	146.2	243.7	438.7
325	7.2	18.8	37.6	56.4	93.9	156.5	281.8

B-特殊压力级 Class

温度/℃	各压力级 Class 的工作压力/bar						
	150	300	600	900	1500	2500	4500
-29~38	14.2	36.9	73.9	110.8	184.7	307.8	554.0
50	14.2	36.9	73.9	110.8	184.7	307.8	554.0
100	14.2	36.9	73.9	110.8	184.7	307.8	554.0
150	14.2	36.9	73.9	110.8	184.7	307.8	554.0
200	14.2	36.9	73.9	110.8	184.7	307.8	554.0
250	13.5	35.3	70.5	105.8	176.4	293.9	529.1
300	12.5	32.6	65.3	97.9	163.2	272.0	489.7
325	8.0	21.0	41.9	62.9	104.8	174.7	314.5

① 仅使用经退火的材料。

（续）

第3.3组材料的额定值							
B160 Gr. N02201①			B162 Gr. N02201①				
A-标准压力级 Class							
温度/℃	各压力级 Class 的工作压力/bar						
	150	300	600	900	1500	2500	4500
-29~38	6.3	16.5	33.1	49.6	82.7	137.9	248.2
50	6.3	16.4	32.8	49.2	82.0	136.7	246.0
100	6.1	15.8	31.7	47.5	79.2	132.0	237.7
150	6.0	15.6	31.1	46.7	77.8	129.6	233.3
200	6.0	15.6	31.1	46.7	77.8	129.6	233.3
250	6.0	15.6	31.1	46.7	77.8	129.6	233.3
300	6.0	15.6	31.1	46.7	77.8	129.6	233.3
325	5.9	15.5	31.0	46.5	77.5	129.2	232.5
350	5.9	15.4	30.8	46.2	76.9	128.2	230.8
375	5.9	15.4	30.7	46.1	76.8	128.0	230.5
400	5.8	15.2	30.4	45.6	76.1	126.8	228.2
425	5.5	14.9	29.8	44.7	74.6	124.3	223.7
450	4.6	14.6	29.2	43.8	73.1	121.8	219.2
475	3.7	14.3	28.6	43.0	71.6	119.3	214.8
500	2.8	13.8	27.6	41.4	69.0	115.1	207.1
538	1.4	13.1	26.1	39.2	65.4	108.9	196.1
550	1.4②	9.8	19.6	29.5	49.1	81.8	147.3
575	1.4②	5.4	10.7	16.1	26.8	44.6	80.3
600	1.4②	4.4	8.9	13.3	22.2	37.0	66.7
625	1.3②	3.4	6.9	10.3	17.2	28.7	51.7
650	1.1②	2.8	5.7	8.5	14.2	23.6	42.6
B-特殊压力级 Class							
温度/℃	各压力级 Class 的工作压力/bar						
	150	300	600	900	1500	2500	4500
-29~38	7.1	18.5	36.9	55.4	92.3	153.9	277.0
50	7.0	18.3	36.6	54.9	91.5	152.5	274.6
100	6.8	17.7	35.4	53.1	88.4	147.4	265.3
150	6.7	17.4	34.7	52.1	86.8	144.7	260.4
200	6.7	17.4	34.7	52.1	86.8	144.7	260.4
250	6.7	17.4	34.7	52.1	86.8	144.7	260.4
300	6.7	17.4	34.7	52.1	86.8	144.7	260.4
325	6.6	17.3	34.6	51.9	86.5	144.1	259.5
350	6.6	17.2	34.4	51.5	85.9	143.1	257.6
375	6.6	17.1	34.3	51.4	85.7	142.9	257.2
400	6.5	17.0	34.0	50.9	84.9	141.5	254.6
425	6.4	16.6	33.3	49.9	83.2	138.7	249.7
450	6.3	16.3	32.6	48.9	81.6	135.9	244.7

（续）

第3.3组材料的额定值

B160 Gr. N02201[①]　　B162 Gr. N02201[①]

B-特殊压力级Class

温度/℃	各压力级Class的工作压力/bar						
	150	300	600	900	1500	2500	4500
475	6.1	16.0	32.0	47.9	79.9	133.2	239.7
500	5.9	15.4	30.8	46.2	77.0	128.4	231.1
538	5.6	14.6	29.2	43.8	72.9	121.6	218.8
550	4.3	11.3	22.6	33.9	56.5	94.1	169.4
575	2.6	6.7	13.4	20.1	33.4	55.7	100.3
600	2.1	5.6	11.1	16.7	27.8	46.3	83.3
625	1.7	4.3	8.6	12.9	21.5	35.9	64.6
650	1.4	3.5	7.1	10.6	17.7	29.5	53.2

① 仅使用经退火的材料。

② 法兰端阀门的额定值限定在538℃。

第3.4组材料的额定值

A494 Gr. M35-1[①]　　B127 Gr. N04400[①]　　B164 Gr. N04400[①]　　B165 Gr. N04400[①]

A494 Gr. M35-2[①]　　B163 Gr. N04400[①]　　B164 Gr. N04405[①]　　B564 Gr. N04400[①]

A-标准压力级Class

温度/℃	各压力级Class的工作压力/bar						
	150	300	600	900	1500	2500	4500
-29~38	15.9	41.4	82.7	124.1	206.8	344.7	620.5
50	15.4	40.2	80.5	120.7	201.2	335.3	603.6
100	13.8	35.9	71.9	107.8	179.7	299.5	539.1
150	12.9	33.7	67.5	101.2	168.7	281.1	506.0
200	12.5	32.7	65.4	98.1	163.5	272.4	490.4
250	12.1	32.6	65.2	97.8	163.0	271.7	489.0
300	10.2	32.6	65.2	97.8	163.0	271.7	489.0
325	9.3	32.6	65.2	97.8	163.0	271.7	489.0
350	8.4	32.6	65.1	97.7	162.8	271.3	488.4
375	7.4	32.4	64.8	97.2	161.9	269.9	485.8
400	6.5	32.1	64.2	96.2	160.4	267.4	481.2
425	5.5	31.6	63.3	94.9	158.2	263.6	474.5
450	4.6	26.9	53.8	80.7	134.5	224.2	403.5
475	3.7	20.8	41.5	62.3	103.8	173.0	311.3

B-特殊压力级Class

温度/℃	各压力级Class的工作压力/bar						
	150	300	600	900	1500	2500	4500
-29~38	17.7	46.2	92.3	138.5	230.9	384.8	692.6
50	17.2	44.9	89.8	134.7	224.6	374.3	673.7
100	15.4	40.1	80.2	120.3	200.6	334.3	601.7
150	14.4	37.6	75.3	112.9	188.2	313.7	564.7

（续）

第3.4组材料的额定值			
A494 Gr. M35-1①	B127 Gr. N04400①	B164 Gr. N04400①	B165 Gr. N04400①
A494 Gr. M35-2①	B163 Gr. N04400①	B164 Gr. N04405①	B564 Gr. N04400①

B-特殊压力级 Class

温度/℃	各压力级 Class 的工作压力/bar						
	150	300	600	900	1500	2500	4500
200	14.0	36.5	73.0	109.5	182.4	304.0	547.3
250	13.9	36.4	72.8	109.1	181.9	303.2	545.7
300	13.9	36.4	72.8	109.1	181.9	303.2	545.7
325	13.9	36.4	72.8	109.1	181.9	303.2	545.7
350	13.9	36.3	72.7	109.0	181.7	302.8	545.1
375	13.9	36.1	72.3	108.4	180.7	301.2	542.2
400	13.7	35.8	71.6	107.4	179.0	298.4	537.1
425	13.5	35.3	70.6	105.9	176.5	294.2	529.6
450	12.6	32.9	65.9	98.8	164.7	274.6	494.2
475	9.9	25.9	51.9	77.8	129.7	216.2	389.2

① 仅使用经退火的材料。

第3.5组材料的额定值			
B163 Gr. N06600①	B166 Gr. N06600①	B168 Gr. N06600①	B564 Gr. N06600①

A-标准压力级 Class

温度/℃	各压力级 Class 的工作压力/bar						
	150	300	600	900	1500	2500	4500
-29～38	20.0	51.7	103.4	155.1	258.6	430.9	775.7
50	19.5	51.7	103.4	155.1	258.6	430.9	775.7
100	17.7	51.5	103.0	154.6	257.6	429.4	773.0
150	15.8	50.3	100.3	150.6	250.8	418.2	752.8
200	13.8	48.6	97.2	145.8	243.4	405.4	729.8
250	12.1	46.3	92.7	139.0	231.8	386.2	694.8
300	10.2	42.9	85.7	128.6	214.4	357.1	642.6
325	9.3	41.4	82.6	124.0	206.6	344.3	619.6
350	8.4	40.3	80.4	120.7	201.1	335.3	603.3
375	7.4	38.9	77.6	116.5	194.1	323.2	581.8
400	6.5	36.5	73.3	109.8	183.1	304.9	548.5
425	5.5	35.2	70.0	105.1	175.1	291.6	524.7
450	4.6	33.7	67.7	101.4	169.0	281.8	507.0
475	3.7	31.7	63.4	95.1	158.2	263.9	474.8
500	2.8	28.2	56.5	84.7	140.9	235.0	423.0
538	1.4	16.5	33.1	49.6	82.7	137.9	248.2
550	1.4②	13.9	27.9	41.8	69.7	116.2	209.2
575	1.4②	9.4	18.9	28.3	47.2	78.6	141.5
600	1.4②	6.6	13.3	19.9	33.2	55.3	99.6
625	1.4②	5.1	10.3	15.4	25.7	42.8	77.0
650	1.4②	4.7	9.5	14.2	23.6	39.4	70.9

（续）

第3.5组材料的额定值

B163 Gr. N06600① B166 Gr. N06600① B168 Gr. N06600① B564 Gr. N06600①

B-特殊压力级 Class

温度/℃	各压力级 Class 的工作压力/bar						
	150	300	600	900	1500	2500	4500
-29~38	20.0	51.7	103.4	155.1	258.6	430.9	775.7
50	20.0	51.7	103.4	155.1	258.6	430.9	775.7
100	20.0	51.7	103.4	155.1	258.6	430.9	775.7
150	20.0	51.7	103.4	155.1	258.6	430.9	775.7
200	20.0	51.7	103.4	155.1	258.6	430.9	775.7
250	20.0	51.7	103.4	155.1	258.6	430.9	775.7
300	20.0	51.7	103.4	155.1	258.6	430.9	775.7
325	20.0	51.7	103.4	155.1	258.6	430.9	775.7
350	19.8	51.5	102.8	154.3	257.1	428.6	771.4
375	19.3	50.6	101.0	151.5	252.5	420.9	757.4
400	19.3	50.3	100.6	150.6	251.2	418.3	753.2
425	19.0	49.6	99.3	148.9	248.2	413.7	744.6
450	18.1	47.3	94.4	141.4	235.8	393.1	707.6
475	16.4	42.8	85.5	128.2	213.7	356.3	641.3
500	13.7	35.6	71.5	107.1	178.6	297.5	535.4
538	7.9	20.7	41.4	62.1	103.4	172.4	310.3
550	6.7	17.4	34.9	52.3	87.2	145.3	261.5
575	4.5	11.8	23.6	35.4	59.0	98.3	176.9
600	3.2	8.3	16.6	24.9	41.5	69.1	124.5
625	2.5	6.4	12.8	19.3	32.1	53.5	96.3
650	2.3	5.9	11.8	17.7	29.5	49.2	88.6

① 仅使用经退火的材料。

② 法兰端阀门的额定值限定在538℃。

第3.6组材料的额定值

B163 Gr. N08800① B408 Gr. N08800① B409 Gr. N08800① B564 Gr. N08800①

A-标准压力级 Class

温度/℃	各压力级 Class 的工作压力/bar						
	150	300	600	900	1500	2500	4500
-29~38	19.0	49.6	99.3	148.9	248.2	413.7	744.6
50	18.7	48.8	97.6	146.4	244.0	406.7	732.1
100	17.5	45.6	91.2	136.9	228.1	380.1	684.3
150	15.8	44.0	88.0	132.0	219.9	366.6	659.8
200	13.8	42.8	85.6	128.4	214.0	356.7	642.0
250	12.1	41.7	83.5	125.2	208.7	347.9	626.1
300	10.2	40.8	81.6	122.5	204.1	340.2	612.3
325	9.3	40.3	80.6	120.9	201.6	336.0	604.7
350	8.4	39.8	79.5	119.3	198.8	331.3	596.4

（续）

第3.6组材料的额定值							
B163 Gr. N08800[①]		B408 Gr. N08800[①]		B409 Gr. N08800[①]		B564 Gr. N08800[①]	
A-标准压力级Class							
温度/℃	各压力级Class的工作压力/bar						
	150	300	600	900	1500	2500	4500
375	7.4	38.9	77.6	116.5	194.1	323.2	581.8
400	6.5	36.5	73.3	109.8	183.1	304.9	548.5
425	5.5	35.2	70.0	105.1	175.1	291.6	524.7
450	4.6	33.7	67.7	101.4	169.0	281.8	507.0
475	3.7	31.7	63.4	95.1	158.2	263.9	474.8
500	2.8	28.2	56.5	84.7	140.9	235.0	423.0
538	1.4	25.2	50.0	75.2	125.5	208.9	375.8
550	1.4[②]	25.0	49.8	74.8	124.9	208.0	374.2
575	1.4[②]	24.0	47.9	71.8	119.7	199.5	359.1
600	1.4[②]	21.6	42.9	64.2	107.0	178.5	321.4
625	1.4[②]	18.3	36.6	54.9	91.2	152.0	273.8
650	1.4[②]	14.1	28.1	42.5	70.7	117.7	211.7
675	1.4[②]	10.3	20.5	30.8	51.3	85.6	154.0
700	1.4[②]	5.6	11.1	16.7	27.8	46.3	83.4
725	1.4[②]	4.0	8.1	12.1	20.1	33.6	60.4
750	1.2[②]	3.0	6.1	9.1	15.1	25.2	45.4
775	0.9[②]	2.5	4.9	7.4	12.4	20.6	37.1
800	0.8[②]	2.2	4.3	6.5	10.8	18.0	32.3
816	0.7[②]	1.9	3.8	5.7	9.5	15.8	28.4
B-特殊压力级Class							
温度/℃	各压力级Class的工作压力/bar						
	150	300	600	900	1500	2500	4500
-29~38	20.0	51.7	103.4	155.1	258.6	430.9	775.7
50	20.0	51.7	103.4	155.1	258.6	430.9	775.7
100	19.5	50.9	101.8	152.7	254.6	424.3	763.7
150	18.8	49.1	98.2	147.3	245.5	409.1	736.4
200	18.3	47.8	95.5	143.3	238.8	398.0	716.5
250	17.9	46.6	93.2	139.8	232.9	388.2	698.8
300	17.5	45.6	91.1	136.7	227.8	379.6	683.4
325	17.2	45.0	90.0	135.0	225.0	375.0	674.9
350	17.0	44.4	88.8	133.1	221.9	369.8	665.6
375	16.8	43.9	87.8	131.6	219.4	365.6	658.1
400	16.6	43.4	86.8	130.1	216.9	361.5	650.7
425	16.4	42.9	85.8	128.6	214.4	357.3	643.2
450	16.2	42.4	84.8	127.1	211.9	353.2	635.7
475	16.1	42.0	84.0	126.1	210.1	350.2	630.3
500	13.7	35.6	71.5	107.1	178.6	297.5	535.4

（续）

第3.6组材料的额定值

B163 Gr. N08800[①] B408 Gr. N08800[①] B409 Gr. N08800[①] B564 Gr. N08800[①]

B-特殊压力级 Class

温度/℃	各压力级 Class 的工作压力/bar						
	150	300	600	900	1500	2500	4500
538	11.0	29.0	57.9	86.9	145.1	241.7	435.1
550	11.0	29.0	57.9	86.9	145.1	241.7	435.1
575	10.9	28.6	57.1	85.7	143.0	238.3	428.8
600	10.3	26.9	53.5	80.4	134.0	223.4	401.9
625	8.7	23.0	45.7	68.6	114.3	190.6	342.8
650	6.9	17.9	35.5	53.1	88.6	147.9	266.1
675	4.9	12.8	25.7	38.5	64.2	107.0	192.5
700	2.7	6.9	13.9	20.8	34.7	57.9	104.2
725	1.9	5.0	10.1	15.1	25.2	42.0	75.5
750	1.4	3.8	7.6	11.3	18.9	31.5	56.7
775	1.2	3.1	6.2	9.3	15.5	25.8	46.4
800	1.0	2.7	5.4	8.1	13.5	22.5	40.4
816	0.9	2.4	4.7	7.1	11.8	19.7	35.5

① 仅使用经退火的材料。

② 法兰端阀门的额定值限定在538℃。

第3.7组材料的额定值

B333 Gr. N10665[①] B335 Gr. N10675[①] B564 Gr. N10665[①] B622 Gr. N10675[①]
B333 Gr. N10675[①] B462 Gr. N10665[①] B564 Gr. N10675[①]
B335 Gr. N10665[①] B462 Gr. N10675[①] B622 Gr. N10665[①]

A-标准压力级 Class

温度/℃	各压力级 Class 的工作压力/bar						
	150	300	600	900	1500	2500	4500
-29~38	20.0	51.7	103.4	155.1	258.6	430.9	775.7
50	19.5	51.7	103.4	155.1	258.6	430.9	775.7
100	17.7	51.5	103.0	154.6	257.6	429.4	773.0
150	15.8	50.3	100.3	150.6	250.8	418.2	752.8
200	13.8	48.6	97.2	145.8	243.4	405.4	729.8
250	12.1	46.3	92.7	139.0	231.8	386.2	694.8
300	10.2	42.9	85.7	128.6	214.4	357.1	642.6
325	9.3	41.4	82.6	124.0	206.6	344.3	619.6
350	8.4	40.3	80.4	120.7	201.1	335.3	603.3
375	7.4	38.9	77.6	116.5	194.1	323.2	581.8
400	6.5	36.5	73.3	109.8	183.1	304.9	548.5
425	5.5	35.2	70.0	105.1	175.1	291.6	524.7

B-特殊压力级 Class

温度/℃	各压力级 Class 的工作压力/bar						
	150	300	600	900	1500	2500	4500
-29~38	20.0	51.7	103.4	155.1	258.6	430.9	775.7

（续）

第3.7组材料的额定值

B333 Gr. N10665①　B335 Gr. N10675①　B564 Gr. N10665①　B622 Gr. N10675①
B333 Gr. N10675①　B462 Gr. N10665①　B564 Gr. N10675①
B335 Gr. N10665①　B462 Gr. N10675①　B622 Gr. N10665①

B-特殊压力级 Class

温度/℃	各压力级 Class 的工作压力/bar						
	150	300	600	900	1500	2500	4500
50	20.0	51.7	103.4	155.1	258.6	430.9	775.7
100	20.0	51.7	103.4	155.1	258.6	430.9	775.7
150	20.0	51.7	103.4	155.1	258.6	430.9	775.7
200	20.0	51.7	103.4	155.1	258.6	430.9	775.7
250	20.0	51.7	103.4	155.1	258.6	430.9	775.7
300	20.0	51.7	103.4	155.1	258.6	430.9	775.7
325	20.0	51.7	103.4	155.1	258.6	430.9	775.7
350	19.8	51.5	102.8	154.3	257.1	428.6	771.4
375	19.3	50.6	101.0	151.5	252.5	420.9	757.4
400	19.3	50.3	100.6	150.6	251.2	418.3	753.2
425	19.0	49.6	99.3	148.9	248.2	413.7	744.6

① 仅使用经固溶退火的材料。

第3.8组材料的额定值

B333 Gr. N10001①、②　B446 Gr. N06625③、④　B564 Gr. N10276①~⑤　B575 Gr. N06455①、②
B335 Gr. N10001①、②　B462 Gr. N06022①~⑤　B573 Gr. N10003③　B575 Gr. N10276①~⑤
B423 Gr. N08825③~⑥　B462 Gr. N06200①、②　B574 Gr. N06022①~⑤　B622 Gr. N06022①~⑤
B424 Gr. N08825③~⑥　B462 Gr. N10276①~⑤　B574 Gr. N06200①、②　B622 Gr. N06200①、②
B425 Gr. N08825③~⑥　B564 Gr. N06022①~⑤　B574 Gr. N06455①、②　B622 Gr. N06455①、②
B434 Gr. N10003③　B564 Gr. N06200①、②　B574 Gr. N10276①~⑤　B622 Gr. N10001②、③
B443 Gr. N06625③、④　B564 Gr. N06625③、④　B575 Gr. N06022①~⑤　B622 Gr. N10276①~⑤
B564 Gr. N08825③~⑥　B575 Gr. N06200①、②

A-标准压力级 Class

温度/℃	各压力级 Class 的工作压力/bar						
	150	300	600	900	1500	2500	4500
-29~38	20.0	51.7	103.4	155.1	258.6	430.9	775.7
50	19.5	51.7	103.4	155.1	258.6	430.9	775.7
100	17.7	51.5	103.0	154.6	257.6	429.4	773.0
150	15.8	50.3	100.3	150.6	250.8	418.2	752.8
200	13.8	48.3	96.7	145.0	241.7	402.8	725.1
250	12.1	46.3	92.7	139.0	231.8	386.2	694.8
300	10.2	42.9	85.7	128.6	214.4	357.1	642.6
325	9.3	41.4	82.6	124.0	206.6	344.3	619.6
350	8.4	40.3	80.4	120.7	201.1	335.3	603.3
375	7.4	38.9	77.6	116.5	194.1	323.2	581.8
400	6.5	36.5	73.3	109.8	183.1	304.9	548.5
425	5.5	35.2	70.0	105.1	175.1	291.6	524.7
450	4.6	33.7	67.7	101.4	169.0	281.8	507.0
475	3.7	31.7	63.4	95.1	158.2	263.9	474.8
500	2.8	28.2	56.5	84.7	140.9	235.0	423.0
538	1.4	25.2	50.0	75.2	125.5	208.9	375.8

（续）

第3.8组材料的额定值

B333 Gr. N10001①、②	B446 Gr. N06625③、④	B564 Gr. N10276①~⑤	B575 Gr. N06455①、②
B335 Gr. N10001①、②	B462 Gr. N06022①~⑤	B573 Gr. N10003③	B575 Gr. N10276①~⑤
B423 Gr. N08825③~⑥	B462 Gr. N06200①、②	B574 Gr. N06022①~⑤	B622 Gr. N06022①~⑤
B424 Gr. N08825③~⑥	B462 Gr. N10276①~⑤	B574 Gr. N06200①、②	B622 Gr. N06200①、②
B425 Gr. N08825③~⑥	B564 Gr. N06022①~⑤	B574 Gr. N06455①、②	B622 Gr. N06455①、②
B434 Gr. N10003③	B564 Gr. N06200①、②	B574 Gr. N10276①~⑤	B622 Gr. N10001②、③
B443 Gr. N06625③、④	B564 Gr. N06625③、④	B575 Gr. N06022①~⑤	B622 Gr. N10276①~⑤
	B564 Gr. N08825③~⑥	B575 Gr. N06200①、②	

A-标准压力级 Class

温度/℃	各压力级 Class 的工作压力/bar						
	150	300	600	900	1500	2500	4500
550	1.4⑦	25.0	49.8	74.8	124.9	208.0	374.2
575	1.4⑦	24.0	47.9	71.8	119.7	199.5	359.1
600	1.4⑦	21.6	42.9	64.2	107.0	178.5	321.4
625	1.4⑦	18.3	36.6	54.9	91.2	152.0	273.8
650	1.4⑦	14.1	28.1	42.2	70.4	117.3	211.1
675	1.4⑦	11.5	23.0	34.6	57.6	96.0	172.8
700	1.4⑦	8.8	17.5	26.3	43.8	73.0	131.5

B-特殊压力级 Class

温度/℃	各压力级 Class 的工作压力/bar						
	150	300	600	900	1500	2500	4500
-29~38	20.0	51.7	103.4	155.1	258.6	430.9	775.7
50	20.0	51.7	103.4	155.1	258.6	430.9	775.7
100	20.0	51.7	103.4	155.1	258.6	430.9	775.7
150	20.0	51.7	103.4	155.1	258.6	430.9	775.7
200	20.0	51.7	103.4	155.1	258.6	430.9	775.7
250	19.8	51.7	103.4	155.1	258.6	430.9	775.7
300	19.1	49.9	99.8	149.6	249.4	415.7	748.2
325	18.8	49.1	98.1	147.2	245.3	408.8	735.9
350	18.6	48.4	96.9	145.3	242.2	403.7	726.6
375	18.4	47.9	95.9	143.8	239.7	399.5	719.1
400	18.2	47.5	94.9	142.4	237.3	395.5	711.8
425	18.1	47.3	94.6	141.9	236.4	394.1	709.3
450	17.9	46.8	93.6	140.4	234.1	390.1	702.2
475	16.4	42.8	85.5	128.2	213.7	356.3	641.3
500	13.7	35.6	71.5	107.1	178.6	297.5	535.4
538	11.0	29.0	57.9	86.9	145.1	241.7	435.1
550	11.0	29.0	57.9	86.9	145.1	241.7	435.1
575	10.9	28.6	57.1	85.7	143.0	238.3	428.8
600	10.3	26.9	53.5	80.4	134.0	223.4	401.9
625	8.7	23.0	45.7	68.6	114.3	190.6	342.8
650	6.7	17.6	35.2	52.8	87.9	146.6	263.8
675	5.5	14.4	28.8	43.2	72.0	120.0	215.9
700	4.2	11.0	21.9	32.9	54.8	91.3	164.4

① 仅使用经固溶退火的材料。
② 超过425℃不使用。
③ 仅使用经退火的材料。
④ 超过645℃不使用，退火状态的N06625合金经538~760℃辐照后，其室温下的冲击强度会下降。
⑤ 超过675℃不使用。
⑥ 超过538℃不使用。
⑦ 法兰端阀门的额定值限定在538℃。

（续）

第3.9组材料的额定值

B435 Gr. N06002[①] B572 Gr. N06002[①] B622 Gr. N06002[①] B622 Gr. R30556[①]
B435 Gr. R30556[①] B572 Gr. R30556[①]

A-标准压力级 Class

温度/℃	各压力级 Class 的工作压力/bar						
	150	300	600	900	1500	2500	4500
-29~38	20.0	51.7	103.4	155.1	258.6	430.9	775.7
50	19.5	51.7	103.4	155.1	258.6	430.9	775.7
100	17.7	51.5	103.0	154.6	257.6	429.4	773.0
150	15.8	47.6	95.2	142.8	237.9	396.5	713.8
200	13.8	44.3	88.6	132.9	221.5	369.2	664.6
250	12.1	41.6	83.1	124.7	207.9	346.4	623.6
300	10.2	39.5	79.0	118.5	197.4	329.1	592.3
325	9.3	38.6	77.2	115.8	193.0	321.7	579.1
350	8.4	37.9	75.8	113.7	189.5	315.8	568.5
375	7.4	37.3	74.7	112.0	186.6	311.1	559.9
400	6.5	36.5	73.3	109.8	183.1	304.9	548.5
425	5.5	35.2	70.0	105.1	175.1	291.6	524.7
450	4.6	33.7	67.7	101.4	169.0	281.8	507.0
475	3.7	31.7	63.4	95.1	158.2	263.9	474.8
500	2.8	28.2	56.5	84.7	140.9	235.0	423.0
538	1.4	25.2	50.0	75.2	125.5	208.9	375.8
550	1.4[②]	25.0	49.8	74.8	124.9	208.0	374.2
575	1.4[②]	24.0	47.9	71.8	119.7	199.5	359.1
600	1.4[②]	21.6	42.9	64.2	107.0	178.5	321.4
625	1.4[②]	18.3	36.6	54.9	91.2	152.0	273.8
650	1.4[②]	14.1	28.1	42.5	70.7	117.7	211.7
675	1.4[②]	12.4	25.2	37.6	62.7	104.5	187.9
700	1.4[②]	10.1	20.0	29.8	49.7	83.0	149.4
725	1.4[②]	7.9	15.4	23.2	38.6	64.4	115.8
750	1.4[②]	5.9	11.7	17.6	29.6	49.1	88.2
775	1.4[②]	4.6	9.0	13.7	22.8	38.0	68.4
800	1.2[②]	3.5	7.0	10.5	17.4	29.2	52.6
816	1.0[②]	2.8	5.9	8.6	14.1	23.8	42.7

B-特殊压力级 Class

温度/℃	各压力级 Class 的工作压力/bar						
	150	300	600	900	1500	2500	4500
-29~38	20.0	51.7	103.4	155.1	258.6	430.9	775.7
50	20.0	51.7	103.4	155.1	258.6	430.9	775.7
100	20.0	51.7	103.4	155.1	258.6	430.9	775.7
150	20.0	51.7	103.4	155.1	258.6	430.9	775.7
200	19.0	49.5	98.9	148.4	247.3	412.1	741.8
250	17.8	46.4	92.8	139.2	232.0	386.7	696.0

（续）

第 3.9 组材料的额定值

B435 Gr. N06002① B572 Gr. N06002① B622 Gr. N06002① B622 Gr. R30556①
B435 Gr. R30556① B572 Gr. R30556①

B-特殊压力级 Class

温度/℃	各压力级 Class 的工作压力/bar						
	150	300	600	900	1500	2500	4500
300	16.9	44.1	88.1	132.2	220.4	367.3	661.1
325	16.5	43.1	86.2	129.3	215.4	359.1	646.3
350	16.2	42.3	84.6	126.9	211.5	352.5	634.5
375	16.0	41.7	83.3	125.0	208.3	347.2	624.9
400	15.8	41.2	82.3	123.5	205.8	343.1	617.5
425	15.7	40.8	81.7	122.5	204.2	340.3	612.5
450	15.5	40.5	81.0	121.5	202.5	337.5	607.6
475	15.4	40.2	80.3	120.5	200.9	334.8	602.6
500	13.7	35.6	71.5	107.1	178.6	297.5	535.4
538	11.0	29.0	57.9	86.9	145.1	241.7	435.1
550	11.0	29.0	57.9	86.9	145.1	241.7	435.1
575	10.9	28.6	57.1	85.7	143.0	238.3	428.8
600	10.3	26.9	53.5	80.4	134.0	223.4	401.9
625	8.7	23.0	45.7	68.6	114.3	190.6	342.8
650	6.9	17.9	35.5	53.1	88.6	147.9	266.1
675	6.2	16.0	31.6	47.3	78.9	131.7	237.0
700	4.8	12.4	25.0	37.3	62.3	103.7	186.5
725	3.7	9.7	19.5	28.9	48.3	80.2	144.5
750	2.8	7.4	14.8	22.1	36.7	61.2	110.3
775	2.2	5.8	11.4	17.2	28.5	47.6	85.6
800	1.8	4.4	8.8	13.2	22.0	36.6	65.6
816	1.4	3.4	7.2	10.7	17.9	29.6	53.1

① 仅使用经固溶退火的材料。

② 法兰端阀门的额定值限定在 538℃。

第 3.10 组材料的额定值

B599 Gr. N08700① B672 Gr. N08700①

A-标准压力级 Class

温度/℃	各压力级 Class 的工作压力/bar						
	150	300	600	900	1500	2500	4500
-29~38	20.0	51.7	103.4	155.1	258.6	430.9	775.7
50	19.5	51.7	103.4	155.1	258.6	430.9	775.7
100	17.7	51.5	103.0	154.6	257.6	429.4	772.9
150	15.8	47.1	94.2	141.3	235.5	392.5	706.5
200	13.8	44.3	88.5	132.8	221.3	368.9	664.0
250	12.1	42.8	85.6	128.4	214.0	356.6	641.9
300	10.2	41.3	82.7	124.0	206.7	344.5	620.0
325	9.3	40.4	80.7	121.1	201.8	336.4	605.5
350	8.4	38.9	77.8	116.7	194.5	324.2	583.6

（续）

第 3.10 组材料的额定值

B599 Gr. N08700① B672 Gr. N08700①

B-特殊压力级 Class

温度/℃	各压力级 Class 的工作压力/bar						
	150	300	600	900	1500	2500	4500
-29 ~ 38	20.0	51.7	103.4	155.1	258.6	430.9	775.7
50	20.0	51.7	103.4	155.1	258.6	430.9	775.7
100	20.0	51.7	103.4	155.1	258.6	430.9	775.7
150	20.0	51.7	103.4	155.1	258.6	430.9	775.7
200	18.9	49.4	98.8	148.2	247.0	411.7	741.1
250	18.3	47.8	95.5	143.3	238.8	398.0	716.4
300	17.7	46.1	92.3	138.4	230.7	384.4	692.0
325	17.3	45.1	90.1	135.2	225.3	375.4	675.8
350	16.6	43.4	86.9	130.3	217.1	361.9	651.4

① 仅使用经固溶退火的材料。

第 3.11 组材料的额定值

B625 Gr. N08904① B649 Gr. N08904① B677 Gr. N08904①

A-标准压力级 Class

温度/℃	各压力级 Class 的工作压力/bar						
	150	300	600	900	1500	2500	4500
-29 ~ 38	19.7	51.3	102.6	153.9	256.5	427.5	769.5
50	18.8	49.1	98.3	147.4	245.7	409.6	737.2
100	15.7	41.1	82.1	123.2	205.3	342.1	615.9
150	14.4	37.5	75.0	112.5	187.5	312.5	562.5
200	13.3	34.7	69.3	104.0	173.4	288.9	520.1
250	12.1	32.0	64.0	95.9	159.9	266.5	479.6
300	10.2	30.0	60.0	90.0	150.1	250.1	450.2
325	9.3	29.2	58.5	87.7	146.1	243.6	438.4
350	8.4	28.7	57.3	86.0	143.4	238.9	430.1
375	7.4	28.2	56.5	84.7	141.2	235.4	423.7

B-特殊压力级 Class

温度/℃	各压力级 Class 的工作压力/bar						
	150	300	600	900	1500	2500	4500
-29 ~ 38	20.0	51.7	103.4	155.1	258.6	430.9	775.7
50	19.6	51.1	102.2	153.3	255.5	425.9	766.6
100	17.6	45.8	91.6	137.5	229.1	381.9	687.3
150	16.0	41.9	83.7	125.6	209.3	348.8	627.8
200	14.8	38.7	77.4	116.1	193.5	322.5	580.4
250	13.7	35.7	71.4	107.1	178.4	297.4	535.3
300	12.8	33.5	67.0	100.5	167.5	279.1	502.4
325	12.5	32.6	65.2	97.9	163.1	271.9	489.3
350	12.3	32.0	64.0	96.0	160.0	266.7	480.0
375	12.1	31.5	63.1	94.6	157.6	262.7	472.9

① 仅使用经退火的材料。

（续）

第3.12组材料的额定值

A351 Gr. CN3MN①	B574 Gr. N06035①、②	B620 Gr. N08320①	B622 Gr. N08320①
B462 Gr. N06035①②	B575 Gr. N06035①②	B621 Gr. N08320①	B688 Gr. N08367①
B462 Gr. N08367①	B581 Gr. N06985①	B622 Gr. N06035①②	B691 Gr. N08367①②
B564 Gr. N06035①②	B582 Gr. N06985①	B622 Gr. N06985①	

A-标准压力级 Class

温度	各压力级 Class 的工作压力/bar						
/℃	150	300	600	900	1500	2500	4500
-29~38	17.8	46.3	92.7	139.0	231.7	386.1	695.0
50	17.5	45.6	91.1	136.7	227.8	379.7	683.5
100	16.3	42.5	85.1	127.6	212.7	354.5	638.1
150	15.4	40.1	80.3	120.4	200.7	334.6	602.2
200	13.8	37.3	74.6	112.0	186.6	311.0	559.8
250	12.1	34.9	69.8	104.7	174.5	290.8	523.4
300	10.2	33.1	66.2	99.3	165.5	275.9	496.6
325	9.3	32.3	64.6	97.0	161.6	269.3	484.8
350	8.4	31.6	63.2	94.8	158.1	263.4	474.2
375	7.4	31.0	62.0	93.0	155.1	258.5	465.2
400	6.5	30.4	60.8	91.3	152.1	253.5	456.3
425	5.5	29.8	59.7	89.5	149.1	248.5	447.4

B-特殊压力级 Class

温度	各压力级 Class 的工作压力/bar						
/℃	150	300	600	900	1500	2500	4500
-29~38	19.8	51.7	103.4	155.1	258.6	430.9	775.7
50	19.5	50.9	101.7	152.6	254.3	423.8	762.9
100	18.2	47.5	95.0	142.4	237.4	395.6	712.2
150	17.2	44.8	89.6	134.4	224.0	373.4	672.1
200	16.0	41.6	83.3	124.9	208.2	347.1	624.7
250	14.9	38.9	77.9	116.8	194.7	324.5	584.2
300	14.2	37.0	73.9	110.9	184.8	307.9	554.3
325	13.8	36.1	72.1	108.2	180.3	300.6	541.0
350	13.5	35.3	70.6	105.8	176.4	294.0	529.2
375	13.3	34.6	69.2	103.8	173.1	288.5	519.2
400	13.0	34.0	67.9	101.9	169.8	282.9	509.3
425	12.8	33.3	66.6	99.9	166.4	277.4	499.3

① 仅使用经固溶退火的材料。

② 超过425℃不使用。

第3.13组材料的额定值

B564 Gr. N08031①	B582 Gr. N06975②	B622 Gr. N08031①	B649 Gr. N08031①
B581 Gr. N06975②	B622 Gr. N06975②	B625 Gr. N08031①	

A-标准压力级 Class

温度	各压力级 Class 的工作压力/bar						
/℃	150	300	600	900	1500	2500	4500
-29~38	20.0	51.7	103.4	155.1	258.6	430.9	775.7
50	19.5	51.7	103.4	155.1	258.6	430.9	775.7

（续）

第3.13组材料的额定值

B564 Gr. N08031①　B582 Gr. N06975②　B622 Gr. N08031①　B649 Gr. N08031①
B581 Gr. N06975②　B622 Gr. N06975②　B625 Gr. N08031①

A-标准压力级 Class

温度/℃	各压力级 Class 的工作压力/bar						
	150	300	600	900	1500	2500	4500
100	17.7	48.2	96.3	144.5	240.8	401.4	722.5
150	15.8	45.8	91.6	137.4	228.9	381.6	686.8
200	13.8	43.6	87.1	130.7	217.8	362.9	653.3
250	12.1	41.5	82.9	124.4	207.3	345.5	621.8
300	10.2	39.4	78.7	118.1	196.8	328.1	590.5
325	9.3	38.4	76.9	115.3	192.2	320.3	576.6
350	8.4	37.7	75.5	113.2	188.7	314.5	566.0
375	7.4	37.2	74.3	111.5	185.8	309.7	557.4
400	6.5	36.5	73.3	109.8	183.1	304.9	548.5
425	5.5	35.2	70.0	105.1	175.1	291.6	524.7

B-特殊压力级 Class

温度/℃	各压力级 Class 的工作压力/bar						
	150	300	600	900	1500	2500	4500
-29~38	20.0	51.7	103.4	155.1	258.6	430.9	775.7
50	20.0	51.7	103.4	155.1	258.6	430.9	775.7
100	20.0	51.7	103.4	155.1	258.6	430.9	775.7
150	19.6	51.7	102.2	153.3	255.5	425.8	766.5
200	18.6	48.6	97.2	145.8	243.0	405.1	729.1
250	17.7	46.3	92.5	138.8	231.3	385.6	694.0
300	16.8	43.9	87.9	131.8	219.7	366.2	659.1
325	16.4	42.9	85.8	128.7	214.5	357.5	643.5
350	16.1	42.1	84.2	126.3	210.6	351.0	631.7
375	15.9	41.5	83.0	124.4	207.4	345.6	622.1
400	15.7	41.0	82.0	123.0	204.9	341.5	614.8
425	15.6	40.7	81.3	122.0	203.3	338.8	609.8

① 仅用于经退火的材料。

② 仅用于经固溶退火的材料。

第3.14组材料的额定值

B462 Gr. N06030①②　B581 Gr. N06030①②　B582 Gr. N06030①②　B622 Gr. N06030①②
B581 Gr. N06007①　B582 Gr. N06007①　B622 Gr. N06007①

A-标准压力级 Class

温度/℃	各压力级 Class 的工作压力/bar						
	150	300	600	900	1500	2500	4500
-29~38	19.0	49.6	99.3	148.9	248.2	413.7	744.6
50	18.6	48.6	97.1	145.7	242.8	404.6	728.3
100	17.0	44.3	88.6	132.8	221.4	369.0	664.2
150	15.8	41.3	82.6	124.0	206.6	344.3	619.8

（续）

第3.14组材料的额定值

B462 Gr. N06030①② B581 Gr. N06030①② B582 Gr. N06030①② B622 Gr. N06030①②
B581 Gr. N06007① B582 Gr. N06007① B622 Gr. N06007①

A-标准压力级 Class

温度/℃	各压力级 Class 的工作压力/bar						
	150	300	600	900	1500	2500	4500
200	13.8	39.1	78.2	117.3	195.4	325.7	586.3
250	12.1	37.4	74.8	112.2	187.0	311.6	560.9
300	10.2	36.1	72.2	108.3	180.6	300.9	541.7
325	9.3	35.6	71.1	106.7	177.9	296.4	533.6
350	8.4	35.2	70.3	105.5	175.8	293.1	527.5
375	7.4	34.9	69.7	104.6	174.3	290.6	523.0
400	6.5	34.6	69.2	103.7	172.9	288.1	518.7
425	5.5	34.4	68.9	103.3	172.1	286.9	516.4
450	4.6	33.7	67.7	101.4	169.0	281.8	507.0
475	3.7	31.7	63.4	95.1	158.2	263.9	474.8
500	2.8	28.2	56.5	84.7	140.9	235.0	423.0
538	1.4	25.2	50.0	75.2	125.5	208.9	375.8

B-特殊压力级 Class

温度/℃	各压力级 Class 的工作压力/bar						
	150	300	600	900	1500	2500	4500
-29~38	20.0	51.7	103.4	155.1	258.6	430.9	775.7
50	20.0	51.7	103.4	155.1	258.6	430.9	775.7
100	18.9	49.4	98.8	148.3	247.1	411.8	741.3
150	17.7	46.1	92.2	138.3	230.6	384.3	691.7
200	16.7	43.6	87.2	130.9	218.1	363.5	654.3
250	16.0	41.7	83.5	125.2	208.7	347.8	626.0
300	15.5	40.3	80.6	120.9	201.5	335.9	604.6
325	15.2	39.7	79.4	119.1	198.5	330.9	595.5
350	15.0	39.2	78.5	117.7	196.2	327.1	588.7
375	14.9	38.9	77.8	116.7	194.6	324.3	583.7
400	14.8	38.6	77.2	115.8	193.0	321.6	578.9
425	14.7	38.4	76.8	115.3	192.1	320.2	576.4
450	14.7	38.3	76.5	114.8	191.3	318.8	573.9
475	14.6	38.1	76.2	114.3	190.5	317.4	571.4
500	13.7	35.6	71.5	107.1	178.6	297.5	535.4
538	11.0	29.0	57.9	86.9	145.1	241.7	435.1

① 仅使用经固溶退火的材料。

② 超过425℃不使用。

（续）

第3.15组材料的额定值

A494 Gr. N-12MV①②	B407 Gr. N08810①	B409 Gr. N08810①	B564 Gr. N08810①
A494 Gr. CW-12MW①②	B408 Gr. N08810①		

A-标准压力级 Class

温度/℃	各压力级 Class 的工作压力/bar						
	150	300	600	900	1500	2500	4500
-29~38	15.9	41.4	82.7	124.1	206.8	344.7	620.5
50	15.6	40.6	81.3	121.9	203.2	338.7	609.6
100	14.5	37.8	75.6	113.4	189.0	315.0	567.0
150	13.7	35.9	71.7	107.6	179.3	298.9	538.0
200	13.0	33.9	67.9	101.8	169.6	282.7	508.9
250	12.1	32.2	64.5	96.8	161.3	268.9	484.0
300	10.2	30.7	61.5	92.2	153.7	256.2	461.2
325	9.3	30.1	60.1	90.2	150.3	250.5	450.9
350	8.4	29.4	58.8	88.3	147.1	245.2	441.3
375	7.4	28.7	57.4	86.2	143.6	239.4	430.8
400	6.5	28.3	56.5	84.8	141.3	235.6	424.0
425	5.5	27.7	55.3	83.0	138.4	230.6	415.1
450	4.6	27.2	54.4	81.7	136.1	226.8	408.3
475	3.7	26.8	53.5	80.3	133.9	223.1	401.6
500	2.8	26.3	52.6	79.0	131.6	219.4	394.9
538	1.4	25.2	50.0	75.2	125.5	208.9	375.8
550	1.4③	25.0	49.8	74.8	124.9	208.0	374.2
575	1.4③	24.0	47.9	71.8	119.7	199.5	359.1
600	1.4③	21.6	42.9	64.2	107.0	178.5	321.4
625	1.4③	18.3	36.6	54.9	91.2	152.0	273.8
650	1.4③	14.1	28.1	42.5	70.7	117.7	211.7
675	1.4③	12.4	25.2	37.6	62.7	104.5	187.9
700	1.4③	10.1	20.0	29.8	49.7	83.0	149.4
725	1.4③	7.9	15.4	23.2	38.6	64.4	115.8
750	1.4③	5.9	11.7	17.6	29.6	49.1	88.2
775	1.4③	4.6	9.0	13.7	22.8	38.0	68.4
800	1.2③	3.5	7.0	10.5	17.4	29.2	52.6
816	1.0③	2.8	5.9	8.6	14.1	23.8	42.7

B-特殊压力级 Class

温度/℃	各压力级 Class 的工作压力/bar						
	150	300	600	900	1500	2500	4500
-29~38	17.7	46.2	92.3	138.5	230.9	384.8	692.6
50	17.4	45.4	90.7	136.1	226.8	378.0	680.4
100	16.2	42.2	84.4	126.6	210.9	351.6	632.8
150	15.3	40.0	80.1	120.1	200.1	333.6	600.4
200	14.5	37.9	75.7	113.6	189.3	315.6	568.0
250	13.8	36.0	72.0	108.0	180.0	300.1	540.1

（续）

第3.15组材料的额定值

A494 Gr. N-12MV①② B407 Gr. N08810① B409 Gr. N08810① B564 Gr. N08810①
A494 Gr. CW-12MW①② B408 Gr. N08810①

B-特殊压力级 Class

温度/℃	各压力级 Class 的工作压力/bar						
	150	300	600	900	1500	2500	4500
300	13.2	34.3	68.6	102.9	171.6	285.9	514.7
325	12.9	33.5	67.1	100.6	167.7	279.5	503.2
350	12.6	32.8	65.7	98.5	164.2	273.6	492.5
375	12.3	32.1	64.1	96.2	160.3	267.1	480.9
400	12.1	31.6	63.1	94.7	157.8	262.9	473.3
425	11.8	30.9	61.8	92.7	154.4	257.4	463.3
450	11.6	30.4	60.8	91.1	151.9	253.1	455.6
475	11.5	29.9	59.8	89.6	149.4	249.0	448.2
500	11.3	29.4	58.8	88.1	146.9	244.8	440.7
538	11.0	28.6	57.3	85.9	143.1	238.5	429.4
550	11.0	28.6	57.3	85.9	143.1	238.5	429.4
575	10.9	28.6	57.1	85.7	143.0	238.3	428.8
600	10.3	26.9	53.5	80.4	134.0	223.4	401.9
625	8.7	23.0	45.7	68.6	114.3	190.6	342.8
650	6.9	17.9	35.5	53.1	88.6	147.9	266.1
675	6.2	16.0	31.6	47.3	78.9	131.7	237.0
700	4.8	12.4	25.0	37.3	62.3	103.7	186.5
725	3.7	9.7	19.5	28.9	48.3	80.2	144.5
750	2.8	7.4	14.8	22.1	36.7	61.2	110.3
775	2.2	5.8	11.4	17.2	28.5	47.6	85.6
800	1.8	4.4	8.8	13.2	22.0	36.6	65.6
816	1.4	3.4	7.2	10.7	17.9	29.6	53.1

① 仅使用经固溶退火的材料。

② 超过538℃不使用。

③ 法兰端阀门的额定值限定在538℃。

第3.16组材料的额定值

B511 Gr. N08330① B535 Gr. N08330① B536 Gr. N08330①

A-标准压力级 Class

温度/℃	各压力级 Class 的工作压力/bar						
	150	300	600	900	1500	2500	4500
-29~38	19.0	49.6	99.3	148.9	248.2	413.7	744.6
50	18.5	48.4	96.7	145.1	241.8	403.1	725.5
100	16.7	43.5	87.0	130.5	217.5	362.4	652.4
150	15.6	40.8	81.6	122.5	204.1	340.2	612.3
200	13.8	38.6	77.2	115.8	192.9	321.6	578.8
250	12.1	36.8	73.5	110.3	183.8	306.3	551.4
300	10.2	35.2	70.4	105.6	176.1	293.4	528.2

（续）

第3.16组材料的额定值							
B511 Gr. N08330[①]			B535 Gr. N08330[①]		B536 Gr. N08330[①]		
A-标准压力级 Class							
温度/℃	各压力级 Class 的工作压力/bar						
	150	300	600	900	1500	2500	4500
325	9.3	34.5	69.0	103.6	172.6	287.7	517.9
350	8.4	33.9	67.8	101.7	169.4	282.4	508.3
375	7.4	33.2	66.3	99.5	165.8	276.4	497.5
400	6.5	32.6	65.1	97.7	162.9	271.4	488.6
425	5.5	32.0	64.0	95.9	159.9	266.5	479.6
450	4.6	31.4	62.8	94.1	156.9	261.5	470.7
475	3.7	30.8	61.6	92.4	153.9	256.5	461.8
500	2.8	28.2	56.5	84.7	140.9	235.0	423.0
538	1.4	25.2	50.0	75.2	125.5	208.9	375.8
550	1.4[②]	25.0	49.8	74.8	124.9	208.0	374.2
575	1.4[②]	21.9	43.7	65.6	109.4	182.3	328.1
600	1.4[②]	17.4	34.8	52.3	87.1	145.1	261.3
625	1.4[②]	13.8	27.5	41.3	68.8	114.6	206.3
650	1.4[②]	11.0	22.1	33.1	55.1	91.9	165.4
675	1.4[②]	9.1	18.2	27.3	45.6	75.9	136.7
700	1.4[②]	7.6	15.2	22.8	38.0	63.3	113.9
725	1.4[②]	6.1	12.2	18.3	30.5	50.9	91.6
750	1.4[②]	4.8	9.5	14.3	23.8	39.7	71.5
775	1.4[②]	3.9	7.7	11.6	19.4	32.3	58.1
800	1.2[②]	3.1	6.3	9.4	15.6	26.1	46.9
816	1.0[②]	2.6	5.2	7.8	13.0	21.7	39.0
B-特殊压力级 Class							
温度/℃	各压力级 Class 的工作压力/bar						
	150	300	600	900	1500	2500	4500
-29~38	19.8	51.7	103.4	155.1	258.6	430.9	775.7
50	19.6	51.1	102.2	153.3	255.5	425.8	766.5
100	18.6	48.5	97.1	145.6	242.7	404.5	728.1
150	17.5	45.6	91.1	136.7	227.8	379.7	683.4
200	16.5	43.1	86.1	129.2	215.3	358.9	646.0
250	15.7	41.0	82.1	123.1	205.1	341.9	615.4
300	15.1	39.3	78.6	117.9	196.5	327.5	589.5
325	14.8	38.5	77.1	115.6	192.7	321.1	578.0
350	14.5	37.8	75.6	113.5	189.1	315.2	567.3
375	14.2	37.0	74.0	111.1	185.1	308.5	555.3
400	13.9	36.4	72.7	109.1	181.8	302.9	545.3
425	13.7	35.7	71.4	107.1	178.4	297.4	535.3
450	13.4	35.0	70.0	105.1	175.1	291.9	525.3

（续）

第3.16组材料的额定值							
B511 Gr. N08330①			B535 Gr. N08330①		B536 Gr. N08330①		
B-特殊压力级 Class							
温度/℃	各压力级 Class 的工作压力/bar						
	150	300	600	900	1500	2500	4500
475	13.2	34.4	68.7	103.1	171.8	286.3	515.4
500	13.0	33.8	67.6	101.4	169.1	281.8	507.2
538	11.0	29.0	57.9	86.9	145.1	241.7	435.1
550	11.0	29.0	57.9	86.9	145.1	241.7	435.1
575	10.5	27.3	54.7	82.0	136.7	227.8	410.1
600	8.3	21.8	43.5	65.3	108.9	181.4	326.6
625	6.6	17.2	34.4	51.6	86.0	143.3	257.9
650	5.3	13.8	27.6	41.3	68.9	114.8	206.7
675	4.4	11.4	22.8	34.2	56.9	94.9	170.8
700	3.6	9.5	19.0	28.5	47.5	79.1	142.4
725	2.9	7.6	15.3	22.9	38.1	63.6	114.4
750	2.3	6.0	11.9	17.9	29.8	49.6	89.4
775	1.9	4.8	9.7	14.5	24.2	40.3	72.6
800	1.5	3.9	7.8	11.7	19.6	32.6	58.7
816	1.2	3.3	6.5	9.8	16.3	27.1	48.8

① 仅使用经固溶退火的材料。

② 法兰端阀门的额定值限定在538℃。

第3.17组材料的额定值							
A351 Gr. CN7M①							
A-标准压力级 Class							
温度/℃	各压力级 Class 的工作压力/bar						
	150	300	600	900	1500	2500	4500
-29~38	15.9	41.4	82.7	124.1	206.8	344.7	620.5
50	15.4	40.1	80.3	120.4	200.7	334.4	602.0
100	13.5	35.3	70.6	105.9	176.5	294.2	529.6
150	12.3	32.0	64.1	96.1	160.2	267.0	480.6
200	11.3	29.4	58.7	88.1	146.8	244.7	440.4
250	10.4	27.2	54.4	81.7	136.1	226.9	408.4
300	9.7	25.4	50.8	76.1	126.9	211.5	380.7
325	9.3	24.4	48.8	73.3	122.1	203.5	366.4
B-特殊压力级 Class							
温度/℃	各压力级 Class 的工作压力/bar						
	150	300	600	900	1500	2500	4500
-29~38	17.6	45.8	91.6	137.4	229.0	381.7	687.0
50	17.0	44.2	88.5	132.7	221.2	368.7	663.6
100	14.7	38.3	76.6	114.9	191.5	319.1	574.4
150	13.5	35.2	70.4	105.5	175.9	293.2	527.7
200	12.5	32.7	65.4	98.2	163.6	272.7	490.8
250	11.6	30.4	60.8	91.2	151.9	253.2	455.8
300	10.9	28.3	56.6	85.0	141.6	236.0	424.8
325	10.5	27.3	54.5	81.8	136.3	227.2	408.9

① 仅使用经固溶退火的材料。

（续）

第3.18组材料的额定值							
B167 Gr. N06600①							
A-标准压力级 Class							
温度/℃	各压力级 Class 的工作压力/bar						
	150	300	600	900	1500	2500	4500
-29～38	19.0	49.6	99.3	148.9	248.2	413.7	744.6
50	18.8	49.1	98.3	147.4	245.7	409.4	737.0
100	17.7	47.1	94.2	141.3	235.4	392.4	706.3
150	15.8	45.3	90.6	135.9	226.5	377.5	679.5
200	14.0	43.5	87.0	130.5	217.6	362.6	652.7
250	12.1	42.0	84.0	126.0	210.0	350.0	630.0
300	10.2	40.6	81.3	121.9	203.1	338.6	609.4
325	9.1	40.0	80.0	120.0	199.9	333.2	599.8
350	8.4	39.4	78.8	118.2	196.9	328.2	590.8
375	7.4	38.8	77.6	116.4	194.0	323.4	582.1
400	6.5	36.6	73.2	109.8	182.9	304.9	548.8
425	5.6	35.1	70.2	105.3	175.5	292.5	526.4
450	4.7	33.8	67.6	101.4	169.0	281.7	507.1
475	3.7	31.7	63.3	95.0	158.3	263.8	474.8
500	2.8	28.2	56.4	84.6	141.0	235.1	423.1
538	1.4	16.5	33.1	49.6	82.7	137.9	248.2
550	1.4②	13.9	27.9	41.8	69.7	116.2	209.2
575	1.4②	9.4	18.9	28.3	47.2	78.6	141.5
600	1.4②	6.6	13.3	19.9	33.2	55.3	99.6
625	1.4②	5.1	10.3	15.4	25.7	42.8	77.0
650	1.4②	4.7	9.5	14.2	23.6	39.4	70.9
B-特殊压力级 Class							
温度/℃	各压力级 Class 的工作压力/bar						
	150	300	600	900	1500	2500	4500
-29～38	20.0	51.7	103.5	155.2	258.6	431.1	775.9
50	20.0	51.7	103.5	155.2	258.6	431.1	775.9
100	20.0	51.7	103.5	155.2	258.6	431.1	775.9
150	19.4	50.6	101.1	151.7	252.8	421.3	758.4
200	18.6	48.6	97.1	145.7	242.8	404.7	728.5
250	18.0	46.9	93.7	140.6	234.4	390.6	703.1
300	17.4	45.3	90.7	136.0	226.7	377.9	680.1
325	17.1	44.6	89.3	133.9	223.1	371.9	669.4
350	16.9	44.0	87.9	131.9	201.2	366.3	659.4
375	16.6	43.3	86.6	130.0	194.0	361.0	649.8
400	16.4	42.8	85.6	128.5	182.9	356.9	642.4
425	16.2	42.3	84.7	127.0	175.5	352.7	634.9
450	16.0	41.8	83.7	125.5	169.0	348.6	627.4
475	15.8	41.3	82.7	124.0	158.3	344.4	619.9

（续）

第3.18组材料的额定值

B167 Gr. N06600[①]

B-特殊压力级 Class

温度/℃	各压力级 Class 的工作压力/bar						
	150	300	600	900	1500	2500	4500
500	13.4	34.9	69.7	104.6	141.0	290.6	523.1
538	7.9	20.7	41.4	62.1	103.4	172.4	310.3
550	6.7	17.4	34.9	52.3	87.2	145.3	261.5
575	4.5	11.8	23.6	35.4	59.0	98.3	176.9
600	3.2	8.3	16.6	24.9	41.5	69.1	124.5
625	2.5	6.4	12.8	19.3	32.1	53.5	96.3
650	2.3	5.9	11.8	17.7	29.5	49.2	88.6

① 仅使用经退火的材料。

② 法兰端阀门的额定值限定在538℃。

第3.19组材料的额定值

B435 Gr. N06230[①]　B564 Gr. N06230[①]　B572 Gr. N06230[①]　B622 Gr. N06230[①]

A-标准压力级 Class

温度/℃	各压力级 Class 的工作压力/bar						
	150	300	600	900	1500	2500	4500
-29～38	20.0	51.7	103.4	155.1	258.6	430.9	775.7
50	19.5	51.7	103.4	155.1	258.6	430.9	775.7
100	17.7	51.5	103.0	154.6	257.6	429.4	773.0
150	15.8	50.3	100.3	150.6	250.8	418.2	752.8
200	13.8	48.6	97.2	145.8	243.4	405.4	729.8
250	12.1	46.3	92.7	139.0	231.8	386.2	694.8
300	10.2	42.9	85.7	128.6	214.4	357.1	642.6
325	9.3	41.4	82.6	124.0	206.6	344.3	619.6
350	8.4	40.3	80.4	120.7	201.1	335.3	603.3
375	7.4	38.9	77.6	116.5	194.1	323.2	581.8
400	6.5	36.5	73.3	109.8	183.1	304.9	548.5
425	5.5	35.2	70.0	105.1	175.1	291.6	524.7
450	4.6	33.7	67.7	101.4	169.0	281.8	507.0
475	3.7	31.7	63.4	95.1	158.2	263.9	474.8
500	2.8	28.2	56.5	84.7	190.9	235.0	423.0
538	1.4	25.2	50.0	75.2	125.5	208.9	375.8
550	1.4[②]	25.0	49.8	74.8	124.9	208.0	374.2
575	1.4[②]	24.0	47.9	71.8	119.7	199.5	359.1
600	1.4[②]	21.6	42.9	64.2	107.0	178.5	321.4
625	1.4[②]	18.3	36.6	54.9	91.2	152.0	273.8
650	1.4[②]	14.1	28.1	42.5	70.7	117.7	211.7
675	1.4[②]	12.4	25.2	37.6	62.7	104.5	187.9
700	1.4[②]	10.1	20.0	29.8	49.7	83.0	149.4

（续）

第3.19组材料的额定值							
B435 Gr. N06230①		B564 Gr. N06230①		B572 Gr. N06230①		B622 Gr. N06230①	
A-标准压力级 Class							
温度/℃	各压力级 Class 的工作压力/bar						
	150	300	600	900	1500	2500	4500
725	1.4②	7.9	15.4	23.2	38.6	64.4	115.8
750	1.4②	5.9	11.7	17.6	29.6	49.1	88.2
775	1.4②	4.6	9.0	13.7	22.8	38.0	68.4
800	1.2②	3.5	7.0	10.5	17.4	29.2	52.6
816	1.0②	2.8	5.9	8.6	14.1	23.8	42.7
B-特殊压力级 Class							
温度/℃	各压力级 Class 的工作压力/bar						
	150	300	600	900	1500	2500	4500
-29~38	20.0	51.7	103.4	155.1	258.6	430.9	775.7
50	20.0	51.7	103.4	155.1	258.6	430.9	775.7
100	20.0	51.7	103.4	155.1	258.6	430.9	775.7
150	20.0	51.7	103.4	155.1	258.6	430.9	775.7
200	20.0	51.7	103.4	155.1	258.6	430.9	775.7
250	20.0	51.7	103.4	155.1	258.6	430.9	775.7
300	20.0	51.7	103.4	155.1	258.6	430.9	775.7
325	20.0	51.7	103.4	155.1	258.6	430.9	775.7
350	19.8	51.5	102.8	154.3	257.1	428.6	771.4
375	19.3	50.6	101.0	151.5	252.5	420.9	757.4
400	19.3	50.3	100.6	150.6	251.2	418.3	753.2
425	19.0	49.6	99.3	148.9	248.2	413.7	744.6
450	18.1	47.3	94.4	141.4	235.8	393.1	707.6
475	16.4	42.8	85.5	128.2	213.7	356.3	641.3
500	13.7	35.6	71.5	107.1	178.6	297.5	535.4
538	11.0	29.0	57.9	86.9	145.1	241.7	435.1
550	11.0	29.0	57.9	86.9	145.1	241.7	435.1
575	10.9	28.6	57.1	85.7	143.0	238.3	428.8
600	10.3	26.9	53.5	80.4	134.0	223.4	401.9
625	8.7	23.0	45.7	68.6	114.3	190.6	342.8
650	6.9	17.9	35.5	53.1	88.6	147.9	266.1
675	6.2	16.0	31.6	47.3	78.9	131.7	237.0
700	4.8	12.4	25.0	37.3	62.3	103.7	186.5
725	3.7	9.7	19.5	28.9	48.3	80.2	144.5
750	2.8	7.4	14.8	22.1	36.7	61.2	110.3
775	2.2	5.8	11.4	17.2	28.5	47.6	85.6
800	1.8	4.4	8.8	13.2	22.0	36.6	65.6
816	1.4	3.4	7.2	10.7	17.9	29.6	53.1

① 仅用于退火的材料。

② 仅用于焊接端阀门。法兰端阀门的额定值限定在538℃。

3.1.1.2 ASME B16.1—2015《灰铸铁管法兰及法兰管件（Class25、Class125 和 Class250）》

压力-温度额定值见表 3-2。

3.1.1.3 ASME B16.3—2016《可锻铸铁螺纹管件（Class150 和 Class300）》

压力-温度额定值见表 3-3。

表 3-2 ASME B16.1 规定的灰铸铁法兰和管件的压力-温度额定值 （单位：MPa）

温度/℃	Class25		Class125				Class250			
	ASTM A126 ClassA		ASTM A126				ASTM A126			
			ClassA	ClassB			ClassA	ClassB		
	NPS4 ~ NPS36	NPS42 ~ NPS96	NPS1 ~ NPS12	NPS1 ~ NPS12	NPS14 ~ NPS24	NPS30 ~ NPS48	NPS1 ~ NPS12	NPS1 ~ NPS12	NPS14 ~ NPS24	NPS30 ~ NPS48
-29 ~ 65	0.31	0.17	1.21	1.38	1.03	1.03	2.76	3.45	2.07	2.07
80	0.29	0.17	1.16	1.33	0.98	0.91	2.65	3.30	2.00	1.89
100	0.26	0.17	1.10	1.27	0.92	0.75	2.50	3.09	1.90	1.64
120	0.21	0.17	1.04	1.21	0.86	0.58	2.35	2.88	1.80	1.39
135	0.17	0.17	—	—	—	—	—	—	—	—
140	—	—	0.98	1.15	0.80	0.42	2.21	2.67	1.71	1.15
149	—	—	—	—	—	0.34	—	—	—	—
160	—	—	0.92	1.08	0.74	—	2.06	2.46	1.60	0.90
178	—	—	0.86	—	0.69	—	—	—	—	0.69
180	—	—	—	1.02	—	—	1.92	2.25	1.51	—
200	—	—	—	0.96	—	—	1.78	2.05	1.42	—
208	—	—	—	—	—	—	1.72	—	1.38	—
220	—	—	—	0.90	—	—	—	1.85	—	—
232	—	—	—	0.86	—	—	—	1.72	—	—

表 3-3 ASME B16.3 规定的可锻铸铁螺纹管件的压力-温度额定值 （单位：MPa）

温度/℃	工作压力/MPa			
	Class150	Class300		
		NPS		
		$\frac{1}{4}$ ~ 1	$1\frac{1}{4}$ ~ 2	$2\frac{1}{2}$ ~ 3
-29 ~ 66	2.07	13.79	10.34	6.90
100	1.75	11.96	9.05	6.15
125	1.52	10.64	8.11	5.61
150	1.28	9.31	7.18	5.07
175	1.05①	7.99	6.25	4.52
200	—	6.66	5.31	3.98
225	—	5.34	4.38	3.43
250	—	4.01	3.45	2.89
275	—	2.69	2.52	2.34
288	—	2.07	2.07	2.07

① 1.03MPa 饱和蒸汽的工作温度允许上升到 186℃。

3.1.1.4 ASME B16.24—2016《铸铜合金管法兰和法兰管件》

压力-温度额定值见表3-4。

3.1.1.5 ASME B16.42—2016《球墨铸铁管法兰及法兰管件》

压力-温度额定值见表3-5。

表3-4 ASME B16.24 铸铜合金管法兰和管件的压力-温度额定值

温度/℃	使用压力/MPa			
	Class150		Class300	
	ASTM B62 C83600	ASTM B61 C92200	ASTM B62 C83600	ASTM B61 C92200
-29~65	1.55	1.55	3.45	3.45
100	1.43	1.46	3.14	3.24
125	1.34	1.41	2.91	3.09
150	1.24	1.34	2.68	2.93
175	1.14	1.24	2.43	2.76
200	—	1.19	—	2.61
208	1.03	—	2.14	—
225	—	1.15	—	2.46
232	0.93	—	1.93	—
250	—	1.05	—	2.30
288	—	0.97	—	2.07
试验压力	2.41	2.41	5.17	5.17

表3-5 ASME B16.42 规定的球墨铸铁法兰和管件的压力-温度额定值

温度/℃	使用压力/MPa	
	Class150	Class300
-29~38	1.72	4.4
50	1.7	4.3
100	1.6	4.1
150	1.48	3.9
200	1.39	3.6
250	1.21	3.5
300	1.02	3.3
343	0.86	3.1

3.1.2 欧洲标准

3.1.2.1 EN 12516-1：2014（E）《工业阀门 壳体强度设计 第1部分：钢制阀门壳体强度的列表法》

EN 12516-1：2014（E）钢材料分组见表3-6，其压力-温度额定分PN系列和Class系列；具体各材料组的压力-温度额定值见表3-7。

表 3-6 EN 标准钢材料分组（和 EN 1092-1 一致）

材料组	锻件	牌号	数字号	铸件	牌号	数字号	板材	牌号	数字号
3E0	EN 10222-2	P245GH	1.0352	EN 10213	GP 240GH	1.0619			
3E0				EN 10213	GP280GH	1.0625	EN 10028-2	P265GH	1.0425
3E1	EN 10222-2	P280GH	1.0426				EN 10028-2	P295GH	1.0481
4E0	EN 10222-2	16Mo3	1.5415	EN 10213	G20Mo5	1.5419	EN 10028-2	16Mo3	1.5415
5E0	EN 10222-2	13CrMo4-5	1.7335	EN 10213	G17CrMo5-5	1.7357	EN 10028-2	13CrMo4-5	1.7335
6E0	EN 10222-2	11CrMo9-10	1.7383	EN 10213	G17CrMo9-10	1.7379	EN 10028-2	1CrMo9-10	1.7380
6E1	EN 10222-2	X16CrMo5-1 + NT	1.7366	EN 10213	GX15CrMo5	1.7365			
7E0				EN 10213	G17Mn5	1.1131	EN 10028-3	P275NL1	1.0488
7E0				EN 10213	G20Mn5	1.6220	EN 10028-3	P275NL2	1.1104
7E1							EN 10028-3	P355NL1	1.0566
7E1							EN 10028-3	P355NL2	1.1106
7E2	EN 10222-3	15NiMn6	1.6228	EN 10213	G9Ni10	1.5636	EN 10028-4	11MnNi5-3	1.6212
7E2							EN 10028-4	15NiMn6	1.6228
7E3	EN 10222-3	12Ni14	1.5637	EN 10213	G9Ni14	1.5638	EN 10028-4	12Ni14	1.5637
7E3	EN 10222-3	X8Ni9	1.5662				EN 10028-4	X8Ni9	1.5662
7E3	EN 10222-3	X12Ni5	1.5680				EN 10028-4	12Ni19	1.5680
7E3	EN 10222-3	13MnNi6-3	1.6217						
8E2							EN 10028-3	P275NH	1.0487
8E2	EN 10222-4	P285NH	1.0477						
8E2	EN 10222-4	P285QH	1.0478						
8E3	EN 10222-4	P355NH	1.0565				EN 10028-3	P355N	1.0562
8E3	EN 10222-4	P355QH1	1.0571				EN 10028-3	P355NH	1.0565
9E0	EN 10222-2	X20CrMoV11-1	1.4922	EN 10213	GX23CrMoV12-1	1.4931			
9E1	EN 10222-2	X10CrMoVNb9-1	1.4903						
10E0	EN 10222-5	X2CrNi18-9	1.4307	EN 10213	GX2CrNi19-11	1.4309	EN 10028-7	X2CrNi19-11	1.4306
10E0							EN 10028-7	X2CrNi18-9	1.4307
10E1	EN 10222-5	X2CrNiN18-10	1.4311				EN 10028-7	X2CrNiN18-10	1.4311
11E0	EN 10222-5	X5CrNi18-10	1.4301	EN 10213	GX5CrNi19-10	1.4308	EN 10028-7	X5CrNi18-10	1.4301
11E0	EN 10222-5	X6CrNi18-10	1.4948				EN 10028-7	X6CrNi18-10	1.4948
12E0	EN 10222-5	X6CrNiTi18-10	1.4541	EN 10213	GX5CrNiNb19-11	1.4552	EN 10028-7	X6CrNiTi18-10	1.4541
12E0	EN 10222-5	X6CrNiNb18-10	1.4550				EN 10028-7	X6CrNiNb18-10	1.4550
12E0	EN 10222-5	X6CrNiTiB18-10	1.4941				EN 10028-7	X6CrNiTiB18-10	1.4941
13E0	EN 10222-5	X2CrNiMo17-12-2	1.4404	EN 10213	GX2CrNiMo19-11-2	1.4409	EN 10028-7	X2CrNiMo17-12-2	1.4404
13E0	EN 10222-5	X2CrNiMo17-12-3	1.4432	EN 10213	GX2NiCrMo28-20-2	1.4458	EN 10028-7	X2CrNiMo17-12-3	1.4432
13E0	EN 10222-5	X2CrNiMo18-14-3	1.4435				EN 10028-7	X2CrNiMo18-14-3	1.4435
13E0							EN 10028-7	X1CrNiMoCu25-20-5	1.4539
13E1	EN 10222-5	X2CrNiMoN17-11-2	1.4406				EN 10028-7	X2CrNiMoN17-11-2	1.4406
13E1	EN 10222-5	X2CrNiMoN17-13-3	1.4429				EN 10028-7	X2CrNiMoN17-13-3	1.4429
14E0	EN 10222-5	X5CrNiMo17-12-2	1.4401	EN 10213	GX5CrNiMo19-11-2	1.4408	EN 10028-7	X5CrNiMo17-12-2	1.4401
14E0	EN 10222-5	X3CrNiMo17-13-3	1.4436				EN 10028-7	X3CrNiMo17-13-3	1.4436
15E0	EN 10222-5	X6CrNiMoTi17-12-2	1.4571	EN 10213	GX5CrNiMoNb19-11-2	1.4581	EN 10028-7	X6CrNiMoTi17-12-2	1.4571
15E0							EN 10028-7	X6CrNiMoNb17-12-2	1.4580
16E0	EN 10222-5	X2CrNiMoN25-7-4	1.4410	EN 10213	GX2CrNiMoN26-7-4	1.4469	EN 10028-7	X2CrNiMoN25-7-4	1.4410
16E0	EN 10222-5	X2CrNiMoN22-5-3	1.4462	EN 10213	GX2CrNiMoN22-5-3	1.4470	EN 10028-7	X2CrNiMoN22-5-3	1.4462
16E0				EN 10213	GX2CrNiMoCuN25-6-3-3	1.4517			

表3-7　EN标准材料压力-温度额定值

3E0组材料的压力-温度额定值

锻件	牌号	数字号	铸件	牌号	数字号	板材	牌号	数字号
EN 10222-2	P245GH	1.0352	EN 10213	GP240GH	1.0619	EN 10028-2		
			EN 10213	GP280GH	1.0625	EN 10028-2	P265GH	1.0425

PN系列压力-温度额定值/bar

温度/℃	PN 2.5	PN 6	PN 10	PN 16	PN 25	PN 40	PN 63	PN 100	PN 160	PN 250	PN 320	PN 400
-10	2.5	6.0	10.0	16.0	25.0	40.0	63.0	100.0	160.0	250.0	320.0	400.0
20	2.5	6.0	10.0	16.0	25.0	40.0	63.0	100.0	160.0	250.0	320.0	400.0
50	2.5	6.0	10.0	16.0	25.0	40.0	63.0	100.0	160.0	250.0	320.0	400.0
100	2.3	5.6	9.4	15.0	23.4	37.4	59.0	93.6	149.8	234.1	299.7	374.5
150	2.2	5.3	8.9	14.2	22.2	35.5	55.9	88.8	142.1	222.1	284.3	355.3
200	2.1	5.0	8.4	13.4	21.0	33.6	52.9	84.0	134.5	210.1	268.9	336.1
250	1.9	4.6	7.7	12.3	19.2	30.7	48.4	76.8	122.9	192.1	245.9	307.3
300	1.7	4.1	7.0	11.1	17.4	27.8	43.8	69.6	111.4	174.1	222.8	278.5
350	1.6	3.9	6.5	10.4	16.2	25.9	40.8	64.8	103.7	162.0	207.5	259.3
375	1.6	3.7	6.2	10.0	15.6	25.0	39.3	62.4	99.9	156.0	199.8	249.7
380	1.5	3.7	6.2	9.9	15.5	24.8	39.0	61.9	99.1	154.8	198.2	247.8
400	1.5	3.6	6.0	9.6	15.0	24.0	37.8	60.0	96.0	150.0	192.1	240.1
420	1.4	3.3	5.5	8.8	13.7	22.0	34.6	54.9	87.9	137.4	175.9	219.8
425	1.3	3.1	5.2	8.3	13.0	20.8	32.7	51.9	83.1	129.8	166.2	207.7
450	0.9	2.2	3.7	5.9	9.2	14.7	23.2	36.8	58.9	92.0	117.8	147.3
470	0.7	1.6	2.7	4.3	6.7	10.7	16.8	26.7	42.7	66.7	85.4	106.7
475	0.6	1.5	2.5	3.9	6.1	9.8	15.5	24.5	39.3	61.4	78.5	98.2
480	0.6	1.3	2.2	3.6	5.6	9.0	14.1	22.4	35.9	56.0	71.7	89.6

Class系列压力-温度额定值/bar

温度/℃	Class 150	Class 300	Class 600	Class 900	Class 1500	Class 2500	Class 4500
-10	18.9	49.4	98.7	148.1	246.9	411.4	740.6
20	18.9	49.4	98.7	148.1	246.9	411.4	740.6
50	17.8	46.5	93.0	139.6	232.7	387.8	698.1
100	15.4	40.1	80.2	120.3	200.6	334.3	601.7
150	14.6	38.1	76.1	114.2	190.3	317.1	570.9
200	13.8	36.0	72.0	108.0	180.0	300.0	540.0
250	12.1	32.9	65.8	98.7	164.6	274.3	493.7
300	10.2	29.8	59.6	89.5	149.2	248.5	447.4
350	8.4	27.8	55.5	83.3	138.9	231.4	416.6
375	7.4	26.7	53.5	80.2	133.7	222.8	401.1
380	7.2	26.5	53.0	79.6	132.7	221.1	398.1
400	6.5	25.7	51.4	77.1	128.6	214.3	385.7
420	5.7	23.5	47.1	70.6	117.7	196.2	353.1
425	5.5	22.2	44.5	66.7	111.3	185.4	333.7
450	4.6	15.8	31.5	47.3	78.9	131.4	236.6
470	3.9	11.4	22.8	34.3	57.2	95.2	171.4
475	3.7	10.5	21.0	31.5	52.6	87.6	157.7
480	3.5	9.6	19.2	28.8	48.0	80.0	144.0

（续）

3E1 组材料的压力-温度额定值

锻件	牌号	数字号	铸件	牌号	数字号	板材	牌号	数字号
EN 10222-2	P80GH	1.0426				EN 10028-2	P295GH	1.0481

PN 系列压力-温度额定值/bar

温度/℃	PN 2.5	PN 6	PN 10	PN 16	PN 25	PN 40	PN 63	PN 100	PN 160	PN 250	PN 320	PN 400
-10	2.5	6.0	10.0	16.0	25.0	40.0	63.0	100.0	160.0	250.0	320.0	400.0
20	2.5	6.0	10.0	16.0	25.0	40.0	63.0	100.0	160.0	250.0	320.0	400.0
50	2.5	6.0	10.0	16.0	25.0	40.0	63.0	100.0	160.0	250.0	320.0	400.0
100	2.5	6.0	10.0	16.0	25.0	40.0	63.0	100.0	160.0	250.0	320.0	400.0
150	2.5	6.0	10.0	16.0	25.0	40.0	63.0	100.0	160.0	250.0	320.0	400.0
200	2.5	6.0	10.0	16.0	25.0	40.0	63.0	100.0	160.0	250.0	320.0	400.0
250	2.4	5.8	9.7	15.5	24.2	38.8	61.1	97.0	155.2	242.5	310.4	388.0
300	2.2	5.3	8.9	14.2	22.2	35.5	55.9	88.8	142.1	222.1	284.3	355.3
350	2.0	4.9	8.2	13.1	20.4	32.6	51.4	81.6	130.6	204.1	261.2	326.5
375	2.0	4.6	7.8	12.5	19.5	31.2	49.1	78.0	124.9	195.1	249.7	312.1
380	1.9	4.6	7.7	12.4	19.3	30.9	48.7	77.3	123.7	193.3	247.4	309.2
400	1.9	4.4	7.4	11.9	18.6	29.8	46.9	74.4	119.1	186.1	238.2	297.7
420	1.8	4.3	7.3	11.6	18.1	29.0	45.7	72.5	116.1	181.4	232.2	290.2
425	1.7	4.1	6.8	10.9	17.0	27.2	42.8	68.0	108.8	170.1	217.7	272.1
450	1.1	2.7	4.5	7.3	11.3	18.1	28.6	45.3	72.6	113.4	145.1	181.4
470	0.8	2.0	3.4	5.4	8.4	13.4	21.2	33.6	53.8	84.0	107.6	134.4
475	0.9	2.2	3.7	6.0	9.3	14.9	23.5	37.3	59.8	93.4	119.5	149.4
480	0.7	1.7	2.9	4.7	7.3	11.7	18.5	29.3	47.0	73.4	93.9	117.4
500	0.5	1.3	2.2	3.5	5.5	8.7	13.8	21.9	35.0	54.7	70.0	87.5

Class 系列压力-温度额定值/bar

温度/℃	Class 150	Class 300	Class 600	Class 900	Class 1500	Class 2500	Class 4500
-10	19.8	51.7	103.4	155.1	258.6	430.9	775.7
20	19.8	51.7	103.4	155.1	258.6	430.9	775.7
50	19.5	51.7	103.4	155.1	258.6	430.9	775.7
100	17.7	51.4	102.8	154.3	257.2	428.5	771.4
150	15.8	48.3	96.6	145.0	241.7	402.8	725.1
200	13.8	45.5	90.9	136.4	227.3	378.8	681.9
250	12.1	41.6	83.1	124.6	207.8	346.2	623.3
300	10.2	38.1	76.1	114.2	190.3	317.1	570.9
350	8.4	35.0	69.9	104.9	174.9	291.4	524.6
375	7.4	33.4	66.8	100.3	167.2	278.5	501.4
380	7.2	33.1	66.2	99.3	165.6	276.0	496.8
400	6.5	31.9	63.7	95.6	159.4	265.7	478.3
420	5.7	31.1	62.1	93.2	155.4	259.0	466.3
425	5.5	29.1	58.3	87.4	145.7	242.8	437.1

（续）

3E1 组材料的压力-温度额定值

锻件	牌号	数字号	铸件	牌号	数字号	板材	牌号	数字号
EN 10222-2	P280GH	1.0426				EN 10028-2	P295GH	1.0481

Class 系列压力-温度额定值/bar

温度/℃	Class 150	Class 300	Class 600	Class 900	Class 1500	Class 2500	Class 4500
450	4.6	19.4	38.8	58.3	97.2	161.9	291.4
470	3.9	14.4	28.8	43.2	72.0	120.0	216.0
475	3.7	16.0	32.0	48.0	80.0	133.3	240.0
480	3.5	12.6	25.1	37.7	62.9	104.8	188.6
500	2.8	9.4	18.7	28.1	46.9	78.1	140.6

4E0 组材料的压力-温度额定值

锻件	牌号	数字号	铸件	牌号	数字号	板材	牌号	数字号
EN 10222-2	16Mo3	1.5415	EN 10213	G20Mo5	1.5419	EN 10028-2	16Mo3	1.5415

PN 系列压力-温度额定值/bar

温度/℃	PN 2.5	PN 6	PN 10	PN 16	PN 25	PN 40	PN 63	PN 100	PN 160	PN 250	PN 320	PN 400
-10	2.5	6.0	10.0	16.0	25.0	40.0	63.0	100.0	160.0	250.0	320.0	400.0
20	2.5	6.0	10.0	16.0	25.0	40.0	63.0	100.0	160.0	250.0	320.0	400.0
50	2.5	6.0	10.0	16.0	25.0	40.0	63.0	100.0	160.0	250.0	320.0	400.0
100	2.5	6.0	10.0	16.0	25.0	40.0	63.0	100.0	160.0	250.0	320.0	400.0
150	2.4	5.8	9.8	15.7	24.5	39.1	61.6	97.8	156.6	244.6	313.1	391.3
200	2.3	5.4	9.1	14.6	22.8	36.5	57.5	91.2	146.0	228.1	292.0	364.9
250	2.1	5.1	8.5	13.6	21.3	34.1	53.7	85.2	136.4	213.1	272.8	340.9
300	2.0	4.7	7.9	12.7	19.8	31.7	49.9	79.2	126.8	198.1	253.6	316.9
350	1.9	4.4	7.4	11.9	18.6	29.8	46.9	74.4	119.1	186.1	238.2	297.7
375	1.8	4.4	7.3	11.7	18.3	29.3	46.1	73.2	117.2	183.1	234.3	292.9
400	1.8	4.3	7.2	11.5	18.0	28.8	45.4	72.0	115.3	180.1	230.5	288.1
425	1.7	4.1	6.9	11.1	17.3	27.7	43.7	69.4	111.0	173.5	222.1	277.5
450	1.7	4.0	6.7	10.7	16.7	26.7	42.0	66.7	106.8	166.8	213.6	267.0
470	1.6	3.9	6.6	10.5	16.4	26.3	41.4	65.8	105.3	164.4	210.5	263.1
475	1.6	3.9	6.6	10.5	16.4	26.2	41.3	65.5	104.9	163.8	209.8	262.2
480	1.6	3.9	6.5	10.4	16.3	26.1	41.1	65.3	104.5	163.2	209.0	261.2
500	1.1	2.7	4.5	7.3	11.3	18.1	28.6	45.3	72.6	113.4	145.1	181.4
510	1.0	2.4	3.9	6.3	9.9	15.8	24.9	39.5	63.2	98.7	126.4	157.9
520	0.8	1.9	3.1	5.0	7.9	12.6	19.8	31.5	50.4	78.7	100.7	125.9
525	0.7	1.7	2.8	4.5	7.1	11.3	17.8	28.3	45.2	70.7	90.5	113.1
530	0.6	1.5	2.5	4.0	6.3	10.0	15.8	25.1	40.1	62.7	80.2	100.3
550	0.4	1.0	1.6	2.6	4.0	6.4	10.1	16.0	25.6	40.0	51.2	64.0

（续）

4E0 组材料的压力-温度额定值

锻件	牌号	数字号	铸件	牌号	数字号	板材	牌号	数字号
EN 10222-2	16Mo3	1.5415	EN 10213	G20Mo5	1.5419	EN 10028-2	16Mo3	1.5415

Class 系列压力-温度额定值/bar

温度/℃	Class 150	Class 300	Class 600	Class 900	Class 1500	Class 2500	Class 4500
-10	19.3	50.4	100.8	151.2	252.0	420.0	756.0
20	19.3	50.4	100.8	151.2	252.0	420.0	756.0
50	19.3	50.4	100.8	151.2	250.0	420.0	756.0
100	17.1	44.7	89.4	134.2	223.7	372.8	671.1
150	15.8	41.9	83.8	125.7	209.6	349.2	628.7
200	13.8	39.1	78.1	117.2	195.5	325.7	586.3
250	12.1	36.5	73.0	109.5	182.6	304.3	547.7
300	10.2	33.9	67.9	101.8	169.7	282.8	509.1
350	8.4	31.9	63.7	95.6	159.4	265.7	478.3
375	7.4	31.4	62.7	94.1	156.9	261.4	470.6
400	7.2	30.9	61.7	92.6	154.3	257.1	462.9
425	6.5	29.7	59.4	89.2	148.6	247.7	445.9
450	5.7	28.6	57.2	85.8	143.0	238.3	428.9
470	5.5	28.2	56.3	84.5	140.9	234.8	422.7
475	4.6	28.1	56.1	84.2	140.4	234.0	421.2
480	3.9	28.0	55.9	83.9	139.9	233.1	419.7
500	3.7	19.4	38.8	58.3	97.2	161.9	291.4
510	3.5	16.9	33.8	50.7	84.6	140.9	253.7
520	2.8	13.5	27.0	40.5	67.4	112.4	202.3
525	2.4	12.1	24.2	36.3	60.6	100.9	181.7
530	1.9	10.7	21.5	32.2	53.7	89.5	161.1
550	1.4	6.9	13.7	20.6	34.3	57.1	102.9

5E0 组材料的压力-温度额定值

锻件	牌号	数字号	铸件	牌号	数字号	板材	牌号	数字号
EN 10222-2	13CrMo4-5	1.7335	EN 10213	G17CrMo5-5	1.7357	EN 10028-2	13CrMo4-5	1.7335

PN 系列压力-温度额定值/bar

温度/℃	PN 2.5	PN 6	PN 10	PN 16	PN 25	PN 40	PN 63	PN 100	PN 160	PN 250	PN 320	PN 400
-10	2.5	6.0	10.0	16.0	25.0	40.0	63.0	100.0	160.0	250.0	320.0	400.0
20	2.5	6.0	10.0	16.0	25.0	40.0	63.0	100.0	160.0	250.0	320.0	400.0
50	2.5	6.0	10.0	16.0	25.0	40.0	63.0	100.0	160.0	250.0	320.0	400.0
100	2.5	6.0	10.0	16.0	25.0	40.0	63.0	100.0	160.0	250.0	320.0	400.0
150	2.5	6.0	10.0	16.0	25.0	40.0	63.0	100.0	160.0	250.0	320.0	400.0
200	2.5	6.0	10.0	16.0	25.0	40.0	63.0	100.0	160.0	250.0	320.0	400.0
250	2.5	6.0	10.0	16.0	25.0	40.0	63.0	100.0	160.0	250.0	320.0	400.0
300	2.5	6.0	10.0	16.0	25.0	40.0	63.0	100.0	160.0	250.0	320.0	400.0

（续）

5E0 组材料的压力-温度额定值

锻件	牌号	数字号	铸件	牌号	数字号	板材	牌号	数字号
EN 10222-2	13CrMo4-5	1.7335	EN 10213	G17CrMo5-5	1.7357	EN 10028-2	13CrMo4-5	1.7335

PN 系列压力-温度额定值/bar

温度/℃	PN 2.5	PN 6	PN 10	PN 16	PN 25	PN 40	PN 63	PN 100	PN 160	PN 250	PN 320	PN 400
350	2.3	5.5	9.3	14.9	23.3	37.3	58.7	93.1	149.1	232.9	298.1	372.6
375	2.2	5.3	9.0	14.4	22.4	35.9	56.5	89.8	143.7	224.5	287.4	359.2
400	2.1	5.1	8.5	13.7	21.3	34.1	53.8	85.3	136.6	213.4	273.2	341.4
425	2.0	4.9	8.2	13.1	20.4	32.7	51.4	81.6	130.7	204.1	261.3	326.6
450	2.0	4.7	7.9	12.6	19.7	31.5	49.7	78.9	126.2	197.2	252.5	315.6
470	1.9	4.5	7.5	12.0	18.7	29.9	47.2	74.9	119.8	187.2	239.7	299.5
475	1.8	4.4	7.4	11.8	18.5	29.5	46.5	73.9	118.2	184.7	236.5	295.5
480	1.8	4.3	7.2	11.6	18.1	28.9	45.5	72.2	115.6	180.7	231.3	289.1
500	1.6	3.7	6.2	10.0	15.6	25.0	39.3	62.4	99.9	156.0	199.8	249.7
510	1.4	3.3	5.6	8.9	13.9	22.3	35.1	55.8	89.3	139.5	178.6	223.2
525	1.1	2.7	4.6	7.3	11.5	18.3	28.9	45.9	73.4	114.7	146.8	183.5
550	0.7	1.7	2.9	4.7	7.3	11.7	18.5	29.3	47.0	73.4	93.9	117.4

Class 系列压力-温度额定值/bar

温度/℃	Class 150	Class 300	Class 600	Class 900	Class 1500	Class 2500	Class 4500
-10	19.8	51.7	103.4	155.1	258.6	430.9	775.7
20	19.8	51.7	103.4	155.1	258.6	430.9	775.7
50	19.5	51.7	103.4	155.1	258.6	430.9	775.7
100	17.7	51.5	103.0	154.6	257.7	429.4	773.0
150	15.8	50.2	100.3	150.5	251.0	418.2	752.8
200	13.8	48.7	97.3	145.9	243.3	405.4	729.8
250	12.1	46.3	92.6	138.9	231.6	386.0	694.8
300	10.2	42.8	85.6	128.5	214.2	357.0	642.6
350	8.4	39.9	79.8	119.7	199.6	332.5	598.6
375	7.4	38.5	76.9	115.4	192.4	320.5	577.0
400	7.2	36.6	73.1	108.7	182.9	304.7	548.5
425	6.5	35.0	69.9	104.9	174.9	291.5	524.7
450	5.7	33.8	67.6	101.4	169.0	281.6	507.0
470	5.5	32.1	64.1	96.2	160.4	267.3	481.2
475	4.6	31.7	63.3	94.9	158.3	263.7	474.8
480	3.9	31.0	61.9	92.9	154.8	258.0	464.4
500	3.7	26.7	53.5	80.2	133.7	222.8	401.1
510	3.5	23.9	47.8	71.7	119.6	199.2	358.6
525	2.8	19.7	39.3	59.0	98.3	163.8	294.9
550	2.4	12.6	25.1	37.7	62.9	104.8	188.6

（续）

6E0 组材料的压力-温度额定值

锻件	牌号	数字号	铸件	牌号	数字号	板材	牌号	数字号
EN 10222-2	11CrMo9-10	1.7385	EN 10213	G17CrMo9-10	1.7379	EN 10028-2	1CrMo9-10	1.7380

PN 系列压力-温度额定值/bar

温度/℃	PN 2.5	PN 6	PN 10	PN 16	PN 25	PN 40	PN 63	PN 100	PN 160	PN 250	PN 320	PN 400
-10	2.5	6.0	10.0	16.0	25.0	40.0	63.0	100.0	160.0	250.0	320.0	400.0
20	2.5	6.0	10.0	16.0	25.0	40.0	63.0	100.0	160.0	250.0	320.0	400.0
50	2.5	6.0	10.0	16.0	25.0	40.0	63.0	100.0	160.0	250.0	320.0	400.0
100	2.5	6.0	10.0	16.0	25.0	40.0	63.0	100.0	160.0	250.0	320.0	400.0
150	2.5	6.0	10.0	16.0	25.0	40.0	63.0	100.0	160.0	250.0	320.0	400.0
200	2.5	6.0	10.0	16.0	25.0	40.0	63.0	100.0	160.0	250.0	320.0	400.0
250	2.5	6.0	10.0	16.0	25.0	40.0	63.0	100.0	160.0	250.0	320.0	400.0
300	2.5	6.0	10.0	16.0	25.0	40.0	63.0	100.0	160.0	250.0	320.0	400.0
350	2.3	5.6	9.4	15.0	23.5	37.5	59.1	93.8	150.2	234.7	300.4	375.5
375	2.3	5.4	9.0	14.5	22.6	36.2	57.0	90.5	144.9	226.3	289.7	362.1
400	2.1	5.1	8.5	13.7	21.3	34.1	53.8	85.3	136.6	213.4	273.2	341.4
425	2.0	4.9	8.2	13.1	20.4	32.7	51.4	81.6	130.7	204.1	261.3	326.6
450	2.0	4.7	7.9	12.6	19.7	31.5	49.7	78.9	126.2	197.2	252.5	315.6
470	1.9	4.5	7.5	12.0	18.7	29.9	47.2	74.9	119.8	187.2	239.7	299.5
475	1.8	4.4	7.4	11.8	18.5	29.5	46.5	73.9	118.2	184.7	236.5	295.5
480	1.8	4.3	7.2	11.6	18.1	28.9	45.5	72.2	115.6	180.7	231.3	289.1
500	1.6	3.9	6.6	10.5	16.5	26.3	41.5	65.8	105.3	164.5	210.7	263.3
510	1.6	3.8	6.4	10.2	15.9	25.4	40.0	63.5	101.7	158.9	203.4	254.3
525	1.3	3.2	5.4	8.6	13.5	21.5	33.9	53.9	86.2	134.7	172.5	215.5
550	0.9	2.1	3.5	5.6	8.8	14.1	22.2	35.2	56.3	88.0	112.7	140.9
575	0.9	2.0	3.4	5.5	8.6	13.8	21.7	34.4	55.1	86.0	110.1	137.6
600	0.4	0.9	1.5	2.4	3.7	6.0	9.4	14.9	23.9	37.3	47.8	59.8

Class 系列压力-温度额定值/bar

温度/℃	Class 150	Class 300	Class 600	Class 900	Class 1500	Class 2500	Class 4500
-10	19.8	51.7	103.4	155.1	258.6	430.9	775.7
20	19.8	51.7	103.4	155.1	258.6	430.9	775.7
50	19.5	51.7	103.4	155.1	258.6	430.9	775.7
100	17.7	51.5	103.0	154.6	257.7	429.4	773.0
150	15.8	50.2	100.3	150.5	251.0	418.2	752.8
200	13.8	48.3	96.6	145.0	241.7	402.8	725.1
250	12.1	46.3	92.6	138.9	231.6	386.0	694.8
300	10.2	42.8	85.6	128.5	214.2	357.0	642.6
350	8.4	40.2	80.4	120.6	201.1	335.1	603.3
375	7.4	38.8	77.5	116.3	194.0	323.2	581.8
400	7.2	36.6	73.1	109.7	182.9	304.7	548.5

（续）

6E0 组材料的压力-温度额定值

锻件	牌号	数字号	铸件	牌号	数字号	板材	牌号	数字号
EN 10222-2	11CrMo9-10	1.7383	EN 10213	G17CrMo9-10	1.7379	EN 10028-2	1CrMo9-10	1.7380

Class 系列压力-温度额定值/bar

温度/℃	Class 150	Class 300	Class 600	Class 900	Class 1500	Class 2500	Class 4500
425	6.5	35.0	69.9	104.9	174.9	291.5	524.7
450	5.7	33.8	67.6	101.4	169.0	281.6	507.0
470	5.5	32.1	64.1	96.2	160.4	267.3	481.2
475	4.6	31.7	63.3	94.9	158.3	263.7	474.8
480	3.9	31.0	61.9	92.9	154.8	258.0	464.4
500	3.7	28.2	56.4	84.6	141.0	235.0	423.0
510	3.5	27.2	54.4	81.7	136.2	226.9	408.5
525	2.8	23.1	46.2	69.2	115.4	192.4	346.3
550	2.4	15.1	30.2	45.3	75.4	125.7	226.3
575	1.9	14.7	29.5	44.2	73.7	122.8	221.1
600	1.4	6.4	12.8	19.2	32.0	53.3	96.0

6E1 组材料的压力-温度额定值

锻件	牌号	数字号	铸件	牌号	数字号	板材	牌号	数字号
EN 10222-2	X16CrMo5-1+NT	1.7366	EN 10213	GX15CrMo5	1.7365			

PN 系列压力-温度额定值/bar

温度/℃	PN 2.5	PN 6	PN 10	PN 16	PN 25	PN 40	PN 63	PN 100	PN 160	PN 250	PN 320	PN 400
-10	2.5	6.0	10.0	16.0	25.0	40.0	63.0	100.0	160.0	250.0	320.0	400.0
20	2.5	6.0	10.0	16.0	25.0	40.0	63.0	100.0	160.0	250.0	320.0	400.0
50	2.5	6.0	10.0	16.0	25.0	40.0	63.0	100.0	160.0	250.0	320.0	400.0
100	2.5	6.0	10.0	16.0	25.0	40.0	63.0	100.0	160.0	250.0	320.0	400.0
150	2.5	6.0	10.0	16.0	25.0	40.0	63.0	100.0	160.0	250.0	320.0	400.0
200	2.5	6.0	10.0	16.0	25.0	40.0	63.0	100.0	160.0	250.0	320.0	400.0
250	2.5	6.0	10.0	16.0	25.0	40.0	63.0	100.0	160.0	250.0	320.0	400.0
300	2.5	6.0	10.0	16.0	25.0	40.0	63.0	100.0	160.0	250.0	320.0	400.0
350	2.3	5.6	9.4	15.0	23.5	37.5	59.1	93.8	150.2	234.7	300.4	375.5
375	2.3	5.4	9.0	14.5	22.6	36.2	57.0	90.5	144.9	226.3	289.7	362.1
400	2.1	5.1	8.5	13.7	21.3	34.1	53.8	85.3	136.6	213.4	273.2	341.4
425	2.0	4.9	8.2	13.1	20.4	32.7	51.4	81.6	130.7	204.1	261.3	326.6
450	2.0	4.7	7.9	12.6	19.7	31.5	49.7	78.9	126.2	197.2	252.5	315.6
470	1.9	4.5	7.5	12.0	18.7	29.9	47.2	74.9	119.8	187.2	239.7	299.5
475	1.8	4.4	7.4	11.8	18.5	29.5	46.5	73.9	118.2	184.7	236.5	295.5
480	1.8	4.3	7.2	11.6	18.1	28.9	45.5	72.2	115.6	180.7	231.3	289.1
500	1.6	3.9	6.6	10.5	16.5	26.3	41.5	65.8	105.3	164.5	210.7	263.3
510	1.6	3.8	6.4	10.2	15.9	25.4	40.0	63.5	101.7	158.9	203.4	254.3
525	1.5	3.6	6.0	9.6	15.0	24.1	37.9	60.2	96.3	150.4	192.6	240.7
550	1.5	3.5	5.8	9.3	14.6	23.3	36.7	58.2	93.2	145.6	186.4	232.9

（续）

5E1 组材料的压力-温度额定值

锻件	牌号	数字号	铸件	牌号	数字号	板材	牌号	数字号
EN 10222-2	X16CrMo5-1 + NT	1.7366	EN 10213	GX15CrMo5	1.7365			

Class 系列压力-温度额定值/bar

温度/℃	Class 150	Class 300	Class 600	Class 900	Class 1500	Class 2500	Class 4500
-10	19.8	51.7	103.4	155.1	258.6	430.9	775.7
20	19.8	51.7	103.4	155.1	258.6	430.9	775.7
50	19.8	51.7	103.4	155.1	258.6	430.9	775.7
100	17.7	51.5	103.0	154.6	257.7	429.4	773.0
150	15.8	50.2	100.3	150.5	251.0	418.2	752.8
200	13.8	48.7	97.3	145.9	243.3	405.4	729.8
250	12.1	46.3	92.6	138.9	231.6	386.0	694.8
300	10.2	42.8	85.6	128.5	214.2	357.0	642.6
350	8.4	40.2	80.4	120.6	201.1	335.1	603.3
375	7.4	38.8	77.5	116.3	194.0	323.2	581.8
400	7.2	36.6	73.1	109.7	182.9	304.7	548.5
425	6.5	35.0	69.9	104.9	174.9	291.5	524.7
450	5.7	33.8	67.6	101.4	169.0	281.6	507.0
470	5.5	32.1	64.1	96.2	160.4	267.3	481.2
475	4.6	31.7	63.3	94.9	158.3	263.7	474.8
480	3.9	31.0	61.9	92.9	154.8	258.0	464.4
500	3.7	28.2	56.4	84.6	141.0	235.0	423.0
510	3.5	27.2	54.4	81.7	136.2	226.9	408.5
525	2.8	25.8	51.5	77.3	128.9	214.8	386.7
550	2.4	24.9	49.9	74.8	124.7	207.9	374.2

7E0 组材料的压力-温度额定值

锻件	牌号	数字号	铸件	牌号	数字号	板材	牌号	数字号
			EN 10213	G17Mn5	1.1131	EN 10028-3	P275NL1	1.0488
			EN 10213	G20Mn5	1.6220	EN 10028-3	P275NL2	1.1104

PN 系列压力-温度额定值/bar

温度/℃	PN 2.5	PN 6	PN 10	PN 16	PN 25	PN 40	PN 63	PN 100	PN 160	PN 250	PN 320	PN 400
-10	2.5	6.0	10.0	16.0	25.0	40.0	63.0	100.0	160.0	250.0	320.0	400.0
20	2.5	6.0	10.0	16.0	25.0	40.0	63.0	100.0	160.0	250.0	320.0	400.0
50	2.5	6.0	10.0	16.0	25.0	40.0	63.0	100.0	160.0	250.0	320.0	400.0

Class 系列压力-温度额定值/bar

温度/℃	Class 150	Class 300	Class 600	Class 900	Class 1500	Class 2500	Class 4500
-10	18.3	47.8	95.5	143.2	238.8	397.9	716.3
20	18.3	47.8	95.5	143.2	238.8	397.9	716.3
50	18.3	47.8	95.5	143.2	238.8	397.9	716.3

（续）

7E1 组材料的压力-温度额定值

锻件	牌号	数字号	铸件	牌号	数字号	板材	牌号	数字号
						EN 10028-3	P355NL1	1.0566
						EN 10028-3	P355NL2	1.1106

PN 系列压力-温度额定值/bar

温度/℃	PN 2.5	PN 6	PN 10	PN 16	PN 25	PN 40	PN 63	PN 100	PN 160	PN 250	PN 320	PN 400
-10	2.5	6.0	10.0	16.0	25.0	40.0	63.0	100.0	160.0	250.0	320.0	400.0
20	2.5	6.0	10.0	16.0	25.0	40.0	63.0	100.0	160.0	250.0	320.0	400.0
50	2.5	6.0	10.0	16.0	25.0	40.0	63.0	100.0	160.0	250.0	320.0	400.0

Class 系列压力-温度额定值/bar

温度/℃	Class 150	Class 300	Class 600	Class 900	Class 1500	Class 2500	Class 4500
-10	19.8	51.7	103.4	155.1	258.6	430.9	775.7
20	19.8	51.7	103.4	155.1	258.6	430.9	775.7
50	19.5	51.7	103.4	155.1	258.6	430.9	775.7

7E2 组材料的压力-温度额定值

锻件	牌号	数字号	铸件	牌号	数字号	板材	牌号	数字号
EN 10222-3	15NiMn6	1.6228	EN 10213	G9Ni10	1.5636	EN 10028-4	11MnNi5-3	1.6212
						EN 10028-4	15NiMn6	1.6228

PN 系列压力-温度额定值/bar

温度/℃	PN 2.5	PN 6	PN 10	PN 16	PN 25	PN 40	PN 63	PN 100	PN 160	PN 250	PN 320	PN 400
-10	2.5	6.0	10.0	16.0	25.0	40.0	63.0	100.0	160.0	250.0	320.0	400.0
20	2.5	6.0	10.0	16.0	25.0	40.0	63.0	100.0	160.0	250.0	320.0	400.0
50	2.5	6.0	10.0	16.0	25.0	40.0	63.0	100.0	160.0	250.0	320.0	400.0

Class 系列压力-温度额定值/bar

温度/℃	Class 150	Class 300	Class 600	Class 900	Class 1500	Class 2500	Class 4500
-10	19.7	51.4	102.8	154.3	257.2	428.5	771.4
20	19.7	51.4	102.8	154.3	257.2	428.5	771.4
50	19.5	51.4	102.8	154.3	257.2	428.5	771.4

7E3 组材料的压力-温度额定值

锻件	牌号	数字号	铸件	牌号	数字号	板材	牌号	数字号
EN 10222-3	12Ni14	1.5637	EN 10213	G9Ni14	1.5638	EN 10028-4	12Ni14	1.5637
EN 10222-3	X8Ni9	1.5662				EN 10028-4	X8Ni9	1.5662
EN 10222-3	X12Ni5	1.5680				EN 10028-4	12Ni19	1.5680
EN 10222-3	13MnNi6-3	1.6217						

PN 系列压力-温度额定值/bar

温度/℃	PN 2.5	PN 6	PN 10	PN 16	PN 25	PN 40	PN 63	PN 100	PN 160	PN 250	PN 320	PN 400
-10	2.5	6.0	10.0	16.0	25.0	40.0	63.0	100.0	160.0	250.0	320.0	400.0
20	2.5	6.0	10.0	16.0	25.0	40.0	63.0	100.0	160.0	250.0	320.0	400.0
50	2.5	6.0	10.0	16.0	25.0	40.0	63.0	100.0	160.0	250.0	320.0	400.0

（续）

7E3 组材料的压力-温度额定值

锻件	牌号	数字号	铸件	牌号	数字号	板材	牌号	数字号
EN 10222-3	12Ni14	1.5637	EN 10213	G9Ni14	1.5638	EN 10028-4	12Ni14	1.5637
EN 10222-3	X8Ni9	1.5662				EN 10028-4	X8Ni9	1.5662
EN 10222-3	X12Ni5	1.5680				EN 10028-4	12Ni19	1.5680
EN 10222-3	13MnNi6-3	1.6217						

Class 系列压力-温度额定值/bar

温度/℃	Class 150	Class 300	Class 600	Class 900	Class 1500	Class 2500	Class 4500
-10	19.2	50.2	100.4	150.6	251.1	418.3	753.1
20	19.2	50.2	100.4	150.6	251.1	418.3	753.1
50	19.2	50.2	100.4	150.6	251.1	418.3	753.1

8E2 组材料的压力-温度额定值

锻件	牌号	数字号	铸件	牌号	数字号	板材	牌号	数字号
EN 10222-4	P285NH	1.0477				EN 10028-3	P275NH	1.0487
EN 10222-4	P285QH	1.0478						

PN 系列压力-温度额定值/bar

温度/℃	PN 2.5	PN 6	PN 10	PN 16	PN 25	PN 40	PN 63	PN 100	PN 160	PN 250	PN 320	PN 400
-10	2.5	6.0	10.0	16.0	25.0	40.0	63.0	100.0	160.0	250.0	320.0	400.0
20	2.5	6.0	10.0	16.0	25.0	40.0	63.0	100.0	160.0	250.0	320.0	400.0
50	2.5	6.0	10.0	16.0	25.0	40.0	63.0	100.0	160.0	250.0	320.0	400.0
100	2.5	6.0	10.0	16.0	25.0	40.0	63.0	100.0	160.0	250.0	320.0	400.0
150	2.5	6.0	10.0	16.0	25.0	40.0	63.0	100.0	160.0	250.0	320.0	400.0
200	2.4	5.6	9.5	15.1	23.6	37.8	59.6	94.6	151.4	236.5	302.7	378.4
250	2.2	5.2	8.7	13.9	21.7	34.8	54.7	86.9	139.1	217.3	278.1	347.6
300	1.9	4.5	7.5	12.1	18.8	30.1	47.5	75.4	120.6	188.5	241.3	301.5
350	1.6	3.9	6.6	10.5	16.4	26.3	41.4	65.8	105.3	164.4	210.5	263.1
375	1.8	4.3	7.2	11.5	17.9	28.7	45.2	71.8	114.9	179.5	229.7	287.1
380	1.8	4.2	7.1	11.4	17.8	28.5	44.9	71.3	114.2	178.4	228.4	285.4
400	1.7	4.1	7.0	11.1	17.4	27.8	43.8	69.6	111.4	174.1	222.8	278.5

Class 系列压力-温度额定值/bar

温度/℃	Class 150	Class 300	Class 600	Class 900	Class 1500	Class 2500	Class 4500
-10	17.4	45.3	90.6	135.9	226.6	377.5	679.6
20	17.4	45.3	90.6	135.9	226.6	377.5	679.6
50	17.4	45.3	90.6	135.9	226.6	377.5	679.6
100	17.4	45.3	90.6	135.9	226.6	377.5	679.6
150	15.8	44.2	88.4	132.7	221.2	368.5	663.4
200	13.8	40.5	81.0	121.6	202.7	337.7	607.9
250	12.1	37.2	74.4	111.7	186.2	310.3	558.5
300	10.2	32.3	64.6	96.9	161.5	269.1	484.5
350	8.4	28.2	56.3	84.5	140.9	234.8	422.7
375	7.4	30.8	61.5	92.3	153.8	256.3	461.3
380	7.2	30.6	61.1	91.7	152.9	254.7	458.5
400	6.5	29.8	59.6	89.5	149.2	248.5	447.4

（续）

8E3 组材料的压力-温度额定值

锻件	牌号	数字号	铸件	牌号	数字号	板材	牌号	数字号
EN 10222-4	P355NH	1.0565				EN 10028-3	P355N	1.0562
EN 10222-4	P355QH1	1.0571				EN 10028-3	P355NH	1.0565

PN 系列压力-温度额定值/bar

温度/℃	PN 2.5	PN 6	PN 10	PN 16	PN 25	PN 40	PN 63	PN 100	PN 160	PN 250	PN 320	PN 400
-10	2.5	6.0	10.0	16.0	25.0	40.0	63.0	100.0	160.0	250.0	320.0	400.0
20	2.5	6.0	10.0	16.0	25.0	40.0	63.0	100.0	160.0	250.0	320.0	400.0
50	2.5	6.0	10.0	16.0	25.0	40.0	63.0	100.0	160.0	250.0	320.0	400.0
100	2.5	6.0	10.0	16.0	25.0	40.0	63.0	100.0	160.0	250.0	320.0	400.0
150	2.5	6.0	10.0	16.0	25.0	40.0	63.0	100.0	160.0	250.0	320.0	400.0
200	2.5	6.0	10.0	16.0	25.0	40.0	63.0	100.0	160.0	250.0	320.0	400.0
250	2.5	6.0	10.0	16.0	25.0	40.0	63.0	100.0	160.0	250.0	320.0	400.0
300	2.5	6.0	10.0	16.0	25.0	40.0	63.0	100.0	160.0	250.0	320.0	400.0
350	2.3	5.6	9.4	15.0	23.5	37.5	59.1	93.8	150.2	234.7	300.4	375.5
375	2.2	5.2	8.7	13.9	21.8	34.9	54.9	87.1	139.5	217.9	278.9	348.6
380	2.1	5.1	8.6	13.7	21.4	34.3	54.0	85.7	137.2	214.4	274.5	343.0
400	2.0	4.8	8.0	12.8	20.0	32.1	50.5	80.2	128.3	200.5	256.6	320.8

Class 系列压力-温度额定值/bar

温度/℃	Class 150	Class 300	Class 600	Class 900	Class 1500	Class 2500	Class 4500
-10	19.8	51.7	103.4	155.1	258.6	430.9	775.7
20	19.8	51.7	103.4	155.1	258.6	430.9	775.7
50	19.5	51.7	103.4	155.1	258.6	430.9	775.7
100	17.7	51.5	103.0	154.6	257.7	429.4	773.0
150	15.8	50.2	100.3	150.5	251.0	418.2	752.8
200	13.8	48.7	97.3	145.9	243.3	405.4	729.8
250	12.1	46.3	92.6	138.9	231.6	386.0	694.8
300	10.2	42.8	85.6	128.5	214.2	357.0	642.6
350	8.4	40.2	80.4	120.6	201.1	335.1	603.3
375	7.4	37.3	74.6	112.0	186.7	311.1	560.1
380	7.2	36.7	73.4	110.2	183.7	306.1	551.1
400	6.5	34.4	68.7	103.0	171.8	286.3	515.3

9E0 组材料的压力-温度额定值

锻件	牌号	数字号	铸件	牌号	数字号	板材	牌号	数字号
EN 10222-2	X20Cr MoV11-1	1.4922	EN 10213	GX23Cr MoV12-1	1.4931			

PN 系列压力-温度额定值/bar

温度/℃	PN 2.5	PN 6	PN 10	PN 16	PN 25	PN 40	PN 63	PN 100	PN 160	PN 250	PN 320	PN 400
-10	2.5	6.0	10.0	16.0	25.0	40.0	63.0	100.0	160.0	250.0	320.0	400.0
20	2.5	6.0	10.0	16.0	25.0	40.0	63.0	100.0	160.0	250.0	320.0	400.0

（续）

9E0 组材料的压力-温度额定值

锻件	牌号	数字号	铸件	牌号	数字号	板材	牌号	数字号
EN 10222-2	X20Cr MoV11-1	1.4922	EN 10213	GX23Cr MoV12-1	1.4931			

PN 系列压力-温度额定值/bar

温度/℃	PN 2.5	PN 6	PN 10	PN 16	PN 25	PN 40	PN 63	PN 100	PN 160	PN 250	PN 320	PN 400
50	2.5	6.0	10.0	16.0	25.0	40.0	63.0	100.0	160.0	250.0	320.0	400.0
100	2.5	6.0	10.0	16.0	25.0	40.0	63.0	100.0	160.0	250.0	320.0	400.0
150	2.5	6.0	10.0	16.0	25.0	40.0	63.0	100.0	160.0	250.0	320.0	400.0
200	2.5	6.0	10.0	16.0	25.0	40.0	63.0	100.0	160.0	250.0	320.0	400.0
250	2.5	6.0	10.0	16.0	25.0	40.0	63.0	100.0	160.0	250.0	320.0	400.0
300	2.5	6.0	10.0	16.0	25.0	40.0	63.0	100.0	160.0	250.0	320.0	400.0
350	2.3	5.6	9.4	15.0	23.5	37.5	59.1	93.8	150.2	234.7	300.4	375.5
375	2.3	5.4	9.0	14.5	22.6	36.2	57.0	90.5	114.9	226.3	289.7	362.1
400	2.1	5.1	8.5	13.7	21.3	34.1	53.8	85.3	136.6	213.4	273.2	341.4
425	2.0	4.9	8.2	13.1	20.4	32.7	51.4	81.6	130.7	204.1	261.3	326.6
450	2.0	4.7	7.9	12.6	19.7	31.5	49.7	78.9	126.2	197.2	252.5	315.6
470	1.9	4.5	7.5	12.0	18.7	29.9	47.2	74.9	119.8	187.2	239.7	299.5
475	1.8	4.4	7.4	11.8	18.5	29.5	46.5	73.9	118.2	184.7	236.5	295.5
480	1.8	4.3	7.2	11.6	18.1	28.9	45.5	72.2	115.6	180.7	231.3	289.1
500	1.6	3.9	6.6	10.5	16.5	26.3	41.5	65.8	105.3	164.5	210.7	263.3
510	1.6	3.8	6.4	10.2	15.9	25.4	40.0	63.5	101.7	158.9	203.4	254.3
525	1.5	3.6	6.0	9.6	15.0	24.1	37.9	60.2	96.3	150.4	192.6	240.7
550	1.5	3.5	5.8	9.3	14.6	23.3	36.7	58.2	93.2	145.6	186.4	232.9
575	1.1	2.7	4.5	7.1	11.1	17.8	28.1	44.5	71.3	111.4	142.6	178.2
600	0.7	1.6	2.6	4.2	6.5	10.5	16.5	26.1	41.8	65.4	83.7	104.6

Class 系列压力-温度额定值/bar

温度/℃	Class 150	Class 300	Class 600	Class 900	Class 1500	Class 2500	Class 4500
-10	19.8	51.7	103.4	155.1	258.6	430.9	775.7
20	19.8	51.7	103.4	155.1	258.6	430.9	775.7
50	19.5	51.7	103.4	155.1	258.6	430.9	775.7
100	17.7	51.5	103.0	154.6	257.7	429.4	773.0
150	15.8	50.2	100.3	150.5	251.0	418.2	752.8
200	13.8	48.7	97.3	145.9	243.3	405.4	729.8
250	12.1	46.3	92.6	138.9	231.6	386.0	694.8
300	10.2	42.8	85.6	128.5	214.2	357.0	642.6
350	8.4	40.2	80.4	120.6	201.1	335.1	603.3
375	7.4	38.8	77.5	116.3	194.0	323.2	581.8
400	7.2	36.6	73.1	109.7	182.9	304.7	548.5
425	6.5	35.0	69.9	104.9	174.9	291.5	524.7
450	5.7	33.8	67.6	101.4	169.0	281.6	507.0
470	5.5	32.1	64.1	96.2	160.4	267.3	481.2
475	4.6	31.7	63.3	94.9	158.3	263.7	474.8
480	3.9	31.0	61.9	92.9	154.8	258.0	464.4

（续）

9E0 组材料的压力-温度额定值

锻件	牌号	数字号	铸件	牌号	数字号	板材	牌号	数字号
EN 10222-2	X20Cr MoV11-1	1.4922	EN 10213	GX23Cr MoV12-1	1.4931			

Class 系列压力-温度额定值/bar

温度/℃	Class 150	Class 300	Class 600	Class 900	Class 1500	Class 2500	Class 4500
500	3.7	28.2	56.4	84.6	141.0	235.0	423.0
510	3.5	27.2	54.4	81.7	136.2	226.9	408.5
525	2.8	25.8	51.5	77.3	128.9	214.8	386.7
550	2.4	24.9	49.9	74.8	124.7	207.9	374.2
575	1.9	19.1	38.2	57.2	95.4	159.0	286.3
600	1.4	11.2	22.4	33.6	56.0	93.3	168.0

9E1 组材料的压力-温度额定值

锻件	牌号	数字号	铸件	牌号	数字号	板材	牌号	数字号
EN 10222-2	X10CrMo VNb9-1	1.4903						

PN 系列压力-温度额定值/bar

温度/℃	PN 2.5	PN 6	PN 10	PN 16	PN 25	PN 40	PN 63	PN 100	PN 160	PN 250	PN 320	PN 400
-10	2.5	6.0	10.0	16.0	25.0	40.0	63.0	100.0	160.0	250.0	320.0	400.0
20	2.5	6.0	10.0	16.0	25.0	40.0	63.0	100.0	160.0	250.0	320.0	400.0
50	2.5	6.0	10.0	16.0	25.0	40.0	63.0	100.0	160.0	250.0	320.0	400.0
100	2.5	6.0	10.0	16.0	25.0	40.0	63.0	100.0	160.0	250.0	320.0	400.0
150	2.5	6.0	10.0	16.0	25.0	40.0	63.0	100.0	160.0	250.0	320.0	400.0
200	2.5	6.0	10.0	16.0	25.0	40.0	63.0	100.0	160.0	250.0	320.0	400.0
250	2.5	6.0	10.0	16.0	25.0	40.0	63.0	100.0	160.0	250.0	320.0	400.0
300	2.5	6.0	10.0	16.0	25.0	40.0	63.0	100.0	160.0	250.0	320.0	400.0
350	2.3	5.6	9.4	15.0	23.5	37.5	59.1	93.8	150.2	234.7	300.4	375.5
375	2.3	5.4	9.0	14.5	22.6	36.2	57.0	90.5	144.9	226.3	289.7	362.1
380	2.2	5.3	8.9	14.3	22.4	35.8	56.4	89.5	143.2	223.7	286.4	358.0
400	2.1	5.1	8.5	13.7	21.3	34.1	53.8	85.3	136.6	213.4	273.2	341.4
420	2.1	4.9	8.2	13.2	20.6	32.9	51.9	82.4	131.8	206.0	263.7	329.6
425	2.0	4.9	8.2	13.1	20.4	32.6	51.4	81.6	130.7	204.1	261.3	326.6
450	2.0	4.7	7.9	12.6	19.7	31.5	49.7	78.9	126.2	197.2	252.5	315.6
470	1.9	4.5	7.5	12.0	18.7	29.9	47.2	74.9	119.8	187.2	239.7	299.5
475	1.8	4.4	7.4	11.8	18.5	29.5	46.5	73.9	118.2	184.7	236.5	295.5
480	1.8	4.3	7.2	11.6	18.1	28.9	45.5	72.2	115.6	180.7	231.3	289.1
500	1.6	3.9	6.6	10.5	16.5	26.3	41.5	65.8	105.3	164.5	210.7	263.3
510	1.6	3.8	6.4	10.2	15.9	25.4	40.0	63.5	101.7	158.9	203.4	254.3
525	1.5	3.6	6.0	9.6	15.0	24.1	37.9	60.2	96.3	150.4	192.6	240.7
550	1.5	3.5	5.8	9.3	14.6	23.3	36.7	58.2	93.2	145.6	186.4	232.9
575	1.4	3.3	5.6	8.9	14.0	22.3	35.2	55.9	89.4	139.7	178.8	223.5
600	1.2	3.0	5.0	8.0	12.5	20.0	31.5	50.0	80.0	125.0	160.1	200.1

（续）

9E1 组材料的压力-温度额定值

锻件	牌号	数字号	铸件	牌号	数字号	板材	牌号	数字号
EN 10222-2	X10CrMo VNb9-1	1.4903						

Class 系列压力-温度额定值/bar

温度 /℃	Class 150	Class 300	Class 600	Class 900	Class 1500	Class 2500	Class 4500
-10	19.8	51.7	103.4	155.1	258.6	430.9	775.7
20	19.8	51.7	103.4	155.1	258.6	430.9	775.7
50	19.5	51.7	103.4	155.1	258.6	430.9	775.7
100	17.7	51.5	103.0	154.6	257.7	429.4	773.0
150	15.8	50.2	100.3	150.5	251.0	418.2	752.8
200	13.8	48.7	97.3	145.9	243.3	405.4	729.8
250	12.1	46.3	92.6	138.9	231.6	386.0	694.8
300	10.2	42.8	85.6	128.5	214.2	357.0	642.6
350	8.4	40.2	80.4	120.6	201.1	335.1	603.3
375	7.4	38.8	77.5	116.3	194.0	323.2	581.8
380	7.2	38.3	76.6	115.0	191.7	319.5	575.1
400	6.5	36.6	73.1	109.7	182.9	304.7	548.5
420	5.7	35.3	70.6	105.9	176.5	294.1	529.5
425	5.5	35.0	69.9	104.9	174.9	291.5	524.7
450	4.6	33.8	67.6	101.4	169.0	281.6	507.0
470	3.9	32.1	64.1	96.2	160.4	267.3	481.2
475	3.7	31.7	63.3	94.9	158.3	263.7	474.8
480	3.5	31.0	61.9	92.9	154.8	258.0	464.4
500	2.8	28.2	56.4	84.6	141.0	235.0	423.0
510	2.4	27.2	54.4	81.7	136.2	226.9	408.5
525	1.9	25.8	51.5	77.3	128.9	214.8	386.7
550	1.4	24.9	49.9	74.8	124.7	207.9	374.2
575	1.4	23.9	47.9	71.8	119.7	199.5	359.1
600	1.4	21.4	42.8	64.3	107.1	178.5	321.4

10E0 组材料的压力-温度额定值

锻件	牌号	数字号	铸件	牌号	数字号	板材	牌号	数字号
EN 10222-5	X2CrNi18-9	1.4307	EN 10213	GX2CrNi19-11	1.4309①	EN 10028-7	X2CrNi19-11	1.4306
						EN 10028-7	X2CrNi18-9	1.4307

PN 系列压力-温度额定值/bar

温度 /℃	PN 2.5	PN 6	PN 10	PN 16	PN 25	PN 40	PN 63	PN 100	PN 160	PN 250	PN 320	PN 400
-10	2.5	6.0	10.0	16.0	25.0	40.0	63.0	100.0	160.0	250.0	320.0	400.0
20	2.5	6.0	10.0	16.0	25.0	40.0	63.0	100.0	160.0	250.0	320.0	400.0
50	2.5	6.0	10.0	16.0	25.0	40.0	63.0	100.0	160.0	250.0	320.0	400.0
100	2.3	5.5	9.2	14.8	23.1	37.0	58.2	92.4	147.9	231.1	295.8	369.7
150	2.1	4.9	8.3	13.2	20.7	33.0	52.0	82.6	132.2	206.6	264.4	330.5
200	1.8	4.3	7.3	11.7	18.2	29.1	45.9	72.8	116.5	182.1	233.1	291.3
250	1.7	4.0	6.7	10.8	16.8	26.9	42.3	67.2	107.6	168.0	215.1	268.9

（续）

10E0 组材料的压力-温度额定值

锻件	牌号	数字号	铸件	牌号	数字号	板材	牌号	数字号
EN 10222-5	X2CrNi18-9	1.4307	EN 10213	GX2CrNi19-11	1.4309①	EN 10028-7	X2CrNi19-11	1.4306
						EN 10028-7	X2CrNi18-9	1.4307

PN 系列压力-温度额定值/bar

温度/℃	PN 2.5	PN 6	PN 10	PN 16	PN 25	PN 40	PN 63	PN 100	PN 160	PN 250	PN 320	PN 400
300	1.5	3.7	6.2	9.9	15.4	24.6	38.8	61.6	98.6	154.0	197.2	246.5
350	1.4	3.3	5.6	9.0	14.0	22.4	35.3	56.0	89.6	140.0	179.3	224.1
375	1.4	3.3	5.5	8.8	13.8	22.1	34.8	55.2	88.3	137.9	176.6	220.7
400	1.3	3.2	5.4	8.6	13.4	21.5	33.9	53.8	86.1	134.4	172.1	215.1
425	1.3	3.1	5.3	8.4	13.2	21.1	33.2	52.6	84.3	131.6	168.5	210.6
450	1.3	3.1	5.2	8.2	12.9	20.6	32.5	51.5	82.5	128.8	164.9	206.2
470	1.3	3.0	5.1	8.1	12.7	20.3	32.0	50.8	81.4	127.2	162.8	203.5
475	1.3	3.0	5.1	8.1	12.7	20.3	31.9	50.7	81.1	126.7	162.2	202.8
480	1.3	3.0	5.1	8.1	12.6	20.2	31.8	50.5	80.9	126.3	161.7	202.1
500	1.2	3.0	5.0	8.0	12.5	19.9	31.4	49.8	79.8	124.6	159.6	199.4
510	1.2	3.0	5.0	8.0	12.4	19.9	31.3	49.7	79.6	124.4	159.2	199.0
525	1.2	2.8	4.7	7.6	11.8	18.9	29.7	47.2	75.6	118.0	151.1	188.9
550	1.2	2.8	4.7	7.5	11.7	18.8	29.6	46.9	75.1	117.4	150.3	187.8
575	1.0	2.4	4.0	6.4	10.0	16.0	25.2	40.0	64.0	100.0	128.1	160.1
600	0.8	1.9	3.1	5.0	7.9	12.6	19.8	31.5	50.4	78.7	100.7	125.9

Class 系列压力-温度额定值/bar

温度/℃	Class 150	Class 300	Class 600	Class 900	Class 1500	Class 2500	Class 4500
-10	19.3	50.4	100.8	151.2	252.0	420.0	756.0
20	19.3	50.4	100.8	151.2	252.0	420.0	756.0
50	17.8	46.4	92.7	139.0	231.8	386.2	695.3
100	15.2	39.6	79.2	118.8	198.0	330.0	594.0
150	13.6	35.4	70.8	106.2	177.0	295.0	531.0
200	12.0	31.2	62.4	93.6	156.0	260.0	468.0
250	11.0	28.8	57.6	86.4	144.0	240.0	432.0
300	10.1	26.4	52.8	79.2	132.0	220.0	396.0
350	8.4	24.0	48.0	72.0	120.0	200.0	360.0
375	7.4	23.6	47.3	70.9	118.2	197.0	354.6
400	7.2	23.0	46.1	69.1	115.2	192.0	345.6
425	6.5	22.6	45.1	67.7	112.8	188.0	338.4
450	5.7	22.1	44.1	66.2	110.4	184.0	331.2
470	5.5	21.8	43.6	65.4	109.0	181.6	326.9
475	4.6	21.7	43.4	65.2	108.6	181.0	325.8
480	3.9	21.6	43.3	64.9	108.3	180.4	324.7
500	3.7	21.4	42.7	64.1	106.8	178.0	320.4
510	3.5	21.3	42.6	63.9	106.6	177.6	319.7
525	2.8	20.2	40.4	60.7	101.2	168.6	303.4
550	2.4	20.1	40.2	60.3	100.6	167.6	301.7
575	1.9	17.1	34.3	51.4	85.7	142.8	257.1
600	1.4	13.5	27.0	40.5	67.4	112.4	202.3

① 铸造材料限定在350℃，以保持适当的力学性能。

（续）

10E1 组材料的压力-温度额定值

锻件	牌号	数字号	铸件	牌号	数字号	板材	牌号	数字号
EN 10222-5	X2CrNiN18-10	1.4311				EN 10028-7	X2CrNiN-18-10	1.4311

PN 系列压力-温度额定值/bar

温度/℃	PN 2.5	PN 6	PN 10	PN 16	PN 25	PN 40	PN 63	PN 100	PN 160	PN 250	PN 320	PN 400
-10	2.5	6.0	10.0	16.0	25.0	40.0	63.0	100.0	160.0	250.0	320.0	400.0
20	2.5	6.0	10.0	16.0	25.0	40.0	63.0	100.0	160.0	250.0	320.0	400.0
50	2.5	6.0	10.0	16.0	25.0	40.0	63.0	100.0	160.0	250.0	320.0	400.0
100	2.5	6.0	10.0	16.0	25.0	40.0	63.0	100.0	160.0	250.0	320.0	400.0
150	2.5	6.0	10.0	16.0	25.0	40.0	63.0	100.0	160.0	250.0	320.0	400.0
200	2.5	6.0	10.0	16.0	25.0	40.0	63.0	100.0	160.0	250.0	320.0	400.0
250	2.5	5.8	9.8	15.7	24.5	39.2	61.7	98.0	156.9	245.1	313.7	392.1
300	2.3	5.6	9.4	15.0	23.4	37.4	58.9	93.5	149.7	233.9	299.4	374.2
350	2.3	5.4	9.0	14.4	22.5	36.1	56.8	90.2	144.3	225.5	288.6	360.8
375	2.2	5.3	8.9	14.2	22.2	35.5	55.9	88.8	142.1	222.0	284.2	355.2
400	2.2	5.2	8.7	14.0	21.8	34.9	55.0	87.4	139.8	218.5	279.7	349.6
425	2.1	5.1	8.5	13.7	21.3	34.1	53.8	85.3	136.6	213.4	273.2	341.4
450	2.1	4.9	8.2	13.2	20.6	32.9	51.9	82.4	131.8	206.0	263.7	329.6
470	2.0	4.9	8.2	13.1	20.4	32.6	51.4	81.6	130.7	204.1	261.3	326.6
475	1.8	4.4	7.4	11.8	18.5	29.5	46.5	73.9	118.2	184.7	236.5	295.5
480	1.8	4.3	7.2	11.6	18.1	28.9	45.5	72.2	115.6	180.7	231.3	289.1
500	1.6	3.9	6.6	10.5	16.5	26.3	41.5	65.8	105.3	164.5	210.7	263.3
510	1.6	3.8	6.4	10.2	15.9	25.4	40.0	63.5	101.7	158.9	203.4	254.3
525	1.5	3.6	6.0	9.6	15.0	24.1	37.9	60.2	96.3	150.4	192.6	240.7
550	1.5	3.5	5.8	9.3	14.6	23.3	36.7	58.2	93.2	145.6	186.4	232.9

Class 系列压力-温度额定值/bar

温度/℃	Class 150	Class 300	Class 600	Class 900	Class 1500	Class 2500	Class 4500
-10	19.8	51.7	103.4	155.1	258.6	430.9	775.7
20	19.8	51.7	103.4	155.1	258.6	430.9	775.7
50	19.5	51.7	103.4	155.1	258.6	430.9	775.7
100	17.7	51.5	103.0	154.6	257.7	429.4	773.0
150	15.8	50.2	100.3	150.5	251.0	418.2	752.8
200	13.8	44.9	89.7	134.6	224.4	374.0	673.2
250	12.1	42.0	84.0	126.0	210.0	350.0	630.0
300	10.2	40.1	80.1	120.2	200.4	334.0	601.2
350	8.4	38.6	77.2	115.9	193.2	322.0	579.6
375	7.4	38.0	76.0	114.1	190.2	317.0	570.6
400	7.2	37.4	74.8	112.3	187.2	312.0	561.6
425	6.5	36.6	73.1	109.7	182.9	304.7	548.5
450	5.7	35.3	70.6	105.9	176.5	294.1	529.5

（续）

10E1 组材料的压力-温度额定值

锻件	牌号	数字号	铸件	牌号	数字号	板材	牌号	数字号
EN 10222-5	X2CrNiN18-10	1.4311				EN 10028-7	X2CrNiN-18-10	1.4311

Class 系列压力-温度额定值/bar

温度/℃	Class 150	Class 300	Class 600	Class 900	Class 1500	Class 2500	Class 4500
470	5.5	35.0	69.9	104.9	174.9	291.5	524.7
475	4.6	31.7	63.3	94.9	158.3	263.7	474.8
480	3.9	31.0	61.9	92.9	154.8	258.0	464.4
500	3.7	28.2	56.4	84.6	141.0	235.0	423.0
510	3.5	27.2	54.4	81.7	136.2	226.9	408.5
525	2.8	25.8	51.5	77.3	128.9	214.8	386.7
550	2.4	24.9	49.9	74.8	124.7	207.9	374.2

11E0 组材料的压力-温度额定值

锻件	牌号	数字号	铸件	牌号	数字号	板材	牌号	数字号
EN 10222-5	X5CrNi18-10	1.4301	EN 10213	GX5CrNi19-10	1.4308	EN 10028-7	X5CrNi18-10	1.4301
EN 10222-5	X6CrNi18-10	1.4948				EN 10028-7	X6CrNi18-10	1.4948

PN 系列压力-温度额定值/bar

温度/℃	PN 2.5	PN 6	PN 10	PN 16	PN 25	PN 40	PN 63	PN 100	PN 160	PN 250	PN 320	PN 400
-10	2.5	6.0	10.0	16.0	25.0	40.0	63.0	100.0	160.0	250.0	320.0	400.0
20	2.5	6.0	10.0	16.0	25.0	40.0	63.0	100.0	160.0	250.0	320.0	400.0
50	2.5	6.0	10.0	16.0	25.0	40.0	63.0	100.0	160.0	250.0	320.0	400.0
100	2.3	5.5	9.2	14.8	23.1	37.0	58.2	92.4	147.9	231.1	295.8	369.7
150	2.0	4.8	8.1	13.0	20.3	32.5	51.2	81.2	130.0	203.1	260.0	324.9
200	1.8	4.2	7.0	11.2	17.5	28.0	44.1	70.0	112.1	175.1	224.1	280.1
250	1.6	3.9	6.6	10.5	16.5	26.3	41.5	65.8	105.3	164.5	210.7	263.3
300	1.5	3.7	6.2	9.9	15.4	24.6	38.8	61.6	98.6	154.0	197.2	246.5
350	1.4	3.4	5.7	9.1	14.3	22.8	36.0	57.1	91.4	142.8	182.9	228.6
375	1.4	3.3	5.6	8.9	13.9	22.3	35.1	55.7	89.2	139.3	178.4	223.0
400	1.4	3.2	5.4	8.7	13.6	21.7	34.2	54.3	87.0	135.8	173.9	217.4
425	1.3	3.2	5.3	8.5	13.2	21.2	33.3	52.9	84.7	132.3	169.4	211.8
450	1.3	3.1	5.2	8.2	12.9	20.6	32.5	51.5	82.5	128.8	164.9	206.2
470	1.3	3.0	5.1	8.1	12.7	20.3	31.9	50.6	81.0	126.6	162.1	202.6
475	1.3	3.0	5.0	8.1	12.6	20.2	31.8	50.4	80.7	126.0	161.4	201.7
480	1.3	3.0	5.0	8.0	12.5	20.1	31.6	50.2	80.3	125.5	160.6	200.8
500	1.2	2.9	4.9	7.9	12.3	19.7	31.0	49.3	78.9	123.2	157.8	197.2
510	1.2	2.9	4.9	7.8	12.2	19.5	30.7	48.7	78.0	121.8	156.0	194.9
525	1.1	2.7	4.6	7.3	11.4	18.2	28.7	45.6	73.0	114.0	146.0	182.5
550	1.1	2.6	4.4	7.1	11.1	17.7	27.9	44.3	70.9	110.7	141.7	177.1
575	1.0	2.4	4.0	6.4	10.0	16.0	25.2	40.0	64.0	100.0	128.1	160.1
600	0.8	1.9	3.1	5.0	7.9	12.6	19.8	31.5	50.4	78.7	100.7	125.9

（续）

11E0 组材料的压力-温度额定值

锻件	牌号	数字号	铸件	牌号	数字号	板材	牌号	数字号
EN 10222-5	X5CrNi18-10	1.4301	EN 10213	GX5CrNi19-10	1.4308	EN 10028-7	X5CrNi18-10	1.4301
EN 10222-5	X6CrNi18-10	1.4948				EN 10028-7	X6CrNi18-10	1.4948

Class 系列压力-温度额定值/bar

温度/℃	Class 150	Class 300	Class 600	Class 900	Class 1500	Class 2500	Class 4500
-10	18.4	48.0	96.0	144.0	240.0	400.0	720.0
20	18.4	48.0	96.0	144.0	240.0	400.0	720.0
50	17.2	44.9	89.7	134.5	224.3	373.7	672.8
100	15.2	39.6	79.2	118.8	198.0	330.0	594.0
150	13.3	34.8	69.6	104.4	174.0	290.0	522.0
200	11.5	30.0	60.0	90.0	150.0	250.0	450.0
250	10.8	28.2	56.4	84.6	141.0	235.0	423.0
300	10.1	26.4	52.8	79.2	132.0	220.0	396.0
350	8.4	24.5	48.9	73.4	122.4	204.0	367.2
375	7.4	23.9	47.7	71.6	119.4	199.0	358.2
400	7.2	23.3	46.5	69.8	116.4	194.0	349.2
425	6.5	22.7	45.3	68.0	113.4	189.0	340.2
450	5.7	22.1	44.1	66.2	110.4	184.0	331.2
470	5.5	21.7	43.4	65.1	108.5	180.8	325.4
475	4.6	21.6	43.2	64.8	108.0	180.0	324.0
480	3.9	21.5	43.0	64.5	107.5	179.2	322.6
500	3.7	21.1	42.2	63.4	105.6	176.0	316.8
510	3.5	20.9	41.7	62.6	104.4	174.0	313.2
525	2.8	19.5	39.1	58.6	97.7	162.8	293.1
550	2.4	19.0	37.9	56.9	94.9	158.1	284.6
575	1.9	17.1	34.3	51.4	85.7	142.8	257.1
600	1.4	13.5	27.0	40.5	67.4	112.4	202.3

12E0 组材料的压力-温度额定值

锻件	牌号	数字号	铸件	牌号	数字号	板材	牌号	数字号
EN 10222-5	X6CrNiTi-18-10	1.4541	EN 10213	GX5CrNiNb-19-11	1.4552	EN 10028-7	X6CrNiTi-18-10	1.4541
EN 10222-5	X6CrNiNb-18-10	1.4550				EN 10028-7	X6CrNiNb-18-10	1.4550
EN 10222-5	X6CrNiTi-B18-10	1.4941				EN 10028-7	X6CrNiTiB-18-10	1.4941

PN 系列压力-温度额定值/bar

温度/℃	PN 2.5	PN 6	PN 10	PN 16	PN 25	PN 40	PN 63	PN 100	PN 160	PN 250	PN 320	PN 400
-10	2.5	6.0	10.0	16.0	25.0	40.0	63.0	100.0	160.0	250.0	320.0	400.0
20	2.5	6.0	10.0	16.0	25.0	40.0	63.0	100.0	160.0	250.0	320.0	400.0
50	2.5	6.0	10.0	16.0	25.0	40.0	63.0	100.0	160.0	250.0	320.0	400.0
100	2.3	5.5	9.2	14.8	23.1	37.0	58.2	92.4	147.9	231.1	295.8	369.7
150	2.2	5.2	8.7	13.9	21.7	34.7	54.7	86.8	138.9	217.1	277.9	347.3

（续）

12E0 组材料的压力-温度额定值

锻件	牌号	数字号	铸件	牌号	数字号	板材	牌号	数字号
EN 10222-5	X6CrNiTi-18-10	1.4541	EN 10213	GX5CrNiNb-19-11	1.4552	EN 10028-7	X6CrNiTi-18-10	1.4541
EN 10222-5	X6CrNiNb-18-10	1.4550				EN 10028-7	X6CrNiNb-18-10	1.4550
EN 10222-5	X6CrNiTi-B18-10	1.4941				EN 10028-7	X6CrNiTiB-18-10	1.4941

PN 系列压力-温度额定值/bar

温度/℃	PN 2.5	PN 6	PN 10	PN 16	PN 25	PN 40	PN 63	PN 100	PN 160	PN 250	PN 320	PN 400
200	2.0	4.8	8.1	13.0	20.3	32.5	51.2	81.2	130.0	203.1	260.0	324.9
250	1.9	4.6	7.7	12.3	19.3	30.8	48.5	77.0	123.3	192.6	246.5	308.1
300	1.8	4.3	7.3	11.7	18.2	29.1	45.9	72.8	116.5	182.1	233.1	291.3
350	1.8	4.2	7.0	11.2	17.5	28.0	44.1	70.0	112.1	175.1	224.1	280.1
375	1.7	4.1	6.9	11.0	17.2	27.4	43.2	68.6	109.8	171.6	219.6	274.5
400	1.7	4.0	6.7	10.8	16.8	26.9	42.3	67.2	107.6	168.0	215.1	268.9
425	1.6	3.9	6.6	10.5	16.5	26.3	41.5	65.8	105.3	164.5	210.7	263.3
450	1.6	3.8	6.4	10.3	16.1	25.8	40.6	64.4	103.1	161.0	206.2	257.7
470	1.6	3.8	6.3	10.1	15.8	25.3	39.9	63.3	101.3	158.2	202.6	253.2
475	1.6	3.8	6.3	10.1	15.8	25.2	39.7	63.0	100.8	157.5	201.7	252.1
480	1.6	3.7	6.3	10.0	15.7	25.1	39.5	62.7	100.4	156.8	200.8	251.0
500	1.5	3.7	6.2	9.9	15.4	24.6	38.8	61.6	98.6	154.0	197.2	246.5
510	1.5	3.6	6.0	9.7	15.1	24.2	38.1	60.5	96.8	151.2	193.6	242.0
525	1.4	3.3	5.6	9.0	14.0	22.4	35.3	56.0	89.6	140.0	179.3	224.1
550	1.3	3.2	5.3	8.5	13.3	21.3	33.6	53.3	85.4	133.4	170.7	213.4
575	1.3	3.1	5.2	8.3	13.0	20.8	32.8	52.0	83.2	130.0	166.5	208.1
600	1.1	2.7	4.6	7.3	11.5	18.3	28.9	45.9	73.4	114.7	146.8	183.5

Class 系列压力-温度额定值/bar

温度/℃	Class 150	Class 300	Class 600	Class 900	Class 1500	Class 2500	Class 4500
-10	18.4	48.0	96.0	144.0	240.0	400.0	720.0
20	18.4	48.0	96.0	144.0	240.0	400.0	720.0
50	17.2	44.9	89.7	134.5	224.3	373.7	672.8
100	15.2	39.6	79.2	118.8	198.0	330.0	594.0
150	14.3	37.2	74.4	111.6	186.0	310.0	558.0
200	13.3	34.8	69.6	104.4	174.0	290.0	522.0
250	12.1	33.0	66.0	99.0	165.0	275.0	495.0
300	10.2	31.2	62.4	93.6	156.0	260.0	468.0
350	8.4	30.0	60.0	90.0	150.0	250.0	450.0
375	7.4	29.4	58.8	88.2	147.0	245.0	441.0
400	7.2	28.8	57.6	86.4	144.0	240.0	432.0
425	6.5	28.2	56.4	84.6	141.0	235.0	423.0
450	5.7	27.6	55.2	82.8	138.0	230.0	414.0
470	5.5	27.1	54.2	81.3	135.6	226.0	406.8
475	4.6	27.0	54.0	81.0	135.0	225.0	405.0
480	3.9	26.9	53.7	80.6	134.4	224.0	403.2
500	3.7	26.4	52.8	79.2	132.0	220.0	396.0
510	3.5	25.9	51.8	77.7	129.6	216.0	388.8
525	2.8	24.0	48.0	72.0	120.0	200.0	360.0
550	2.4	22.9	45.7	68.6	114.3	190.5	342.9
575	1.9	22.3	44.6	66.8	111.4	185.7	334.3
600	1.4	19.7	39.3	59.0	98.3	163.8	294.9

（续）

13E0 组材料的压力-温度额定值

锻件	牌号	数字号	铸件	牌号	数字号	板材	牌号	数字号
EN 10222-5	X2CrNiMo-17-12-2	1.4404	EN 10213	GX2CrNiMo-19-11-2	1.4409①	EN 10028-7	X2CrNiMo-17-12-2	1.4404
EN 10222-5	X2CrNiMo-17-12-3	1.4432	EN 10213			EN 10028-7	X2CrNiMo-17-12-3	1.4432
EN 10222-5	X2CrNiMo-18-14-3	1.4435				EN 10028-7	X2CrNiMo-18-14-3	1.4435
						EN 10028-7	X1CrNiMoCu-25-20-5	1.4539

PN 系列压力-温度额定值/bar

温度/℃	PN 2.5	PN 6	PN 10	PN 16	PN 25	PN 40	PN 63	PN 100	PN 160	PN 250	PN 320	PN 400
-10	2.5	6.0	10.0	16.0	25.0	40.0	63.0	100.0	160.0	250.0	320.0	400.0
20	2.5	6.0	10.0	16.0	25.0	40.0	63.0	100.0	160.0	250.0	320.0	400.0
50	2.5	6.0	10.0	16.0	25.0	40.0	63.0	100.0	160.0	250.0	320.0	400.0
100	2.5	5.8	9.8	15.7	24.5	39.2	61.7	98.0	156.9	245.1	313.7	392.1
150	2.2	5.3	9.0	14.3	22.4	35.8	56.4	89.6	143.4	224.1	286.8	358.5
200	2.0	4.8	8.1	13.0	20.3	32.5	51.2	81.2	130.0	203.1	260.0	324.9
250	1.8	4.3	7.3	11.7	18.2	29.1	45.9	72.8	116.5	182.1	233.1	291.3
300	1.6	3.8	6.4	10.3	16.1	25.8	40.6	64.4	103.1	161.0	206.2	257.7
350	1.5	3.7	6.2	9.9	15.4	24.6	38.8	61.6	98.6	154.0	197.2	246.5
375	1.5	3.6	6.0	9.6	15.1	24.1	37.9	60.2	96.4	150.5	192.7	240.9
400	1.5	3.5	5.9	9.4	14.7	23.5	37.0	58.8	94.1	147.0	188.2	235.3
425	1.4	3.4	5.7	9.2	14.4	23.0	36.2	57.4	91.9	143.5	183.8	229.7
450	1.4	3.3	5.6	9.0	14.0	22.4	35.3	56.0	89.6	140.0	179.3	224.1
470	1.4	3.3	5.6	8.9	13.9	22.2	35.0	55.5	88.9	138.9	177.8	222.3
475	1.4	3.3	5.5	8.9	13.9	22.2	34.9	55.4	88.7	138.6	175.5	221.8
480	1.4	3.3	5.5	8.9	13.8	22.1	34.9	55.3	88.6	138.4	177.1	221.4
500	1.4	3.3	5.5	8.8	13.7	22.0	34.6	54.9	87.8	137.2	175.7	219.6
510	1.4	3.3	5.5	8.8	13.7	21.9	34.5	54.8	87.7	137.0	175.3	219.2
525	1.3	3.1	5.2	8.3	13.0	20.8	32.8	52.0	83.2	130.0	166.5	208.1
550	1.3	3.1	5.2	8.3	12.9	20.7	32.6	51.7	82.8	129.4	165.6	207.0

Class 系列压力-温度额定值/bar

温度/℃	Class 150	Class 300	Class 600	Class 900	Class 1500	Class 2500	Class 4500
-10	19.8	51.7	103.4	155.1	258.6	430.9	775.7
20	19.8	51.7	103.4	155.1	258.6	430.9	775.7
50	18.7	48.8	97.5	146.2	243.8	406.2	731.3
100	16.1	42.0	84.0	126.0	210.0	350.0	630.0
150	14.7	38.4	76.8	115.2	192.0	320.0	576.0
200	13.3	34.8	69.6	104.4	174.0	290.0	522.0

（续）

13E0 组材料的压力-温度额定值

锻件	牌号	数字号	铸件	牌号	数字号	板材	牌号	数字号
EN 10222-5	X2CrNiMo-17-12-2	1.4404	EN 10213	GX2CrNiMo-19-11-2	1.4409①	EN 10028-7	X2CrNiMo-17-12-2	1.4404
EN 10222-5	X2CrNiMo-17-12-3	1.4432	EN 10213			EN 10028-7	X2CrNiMo-17-12-3	1.4432
EN 10222-5	X2CrNiMo-18-14-3	1.4435				EN 10028-7	X2CrNiMo-18-14-3	1.4435
						EN 10028-7	X1CrNiMoCu-25-20-5	1.4539

Class 系列压力-温度额定值/bar

温度/℃	Class 150	Class 300	Class 600	Class 900	Class 1500	Class 2500	Class 4500
250	12.0	31.2	62.4	93.6	156.0	260.0	468.0
300	10.2	27.6	55.2	82.8	138.0	230.0	414.0
350	8.4	26.4	52.8	79.2	132.0	220.0	396.0
375	7.4	25.8	51.6	77.4	129.0	215.0	387.0
400	7.2	25.2	50.4	75.6	126.0	210.0	378.0
425	6.5	24.6	49.2	73.8	123.0	205.0	369.0
450	5.7	24.0	48.0	72.0	120.0	200.0	360.0
470	5.5	23.8	47.6	71.4	119.1	198.4	357.1
475	4.6	23.8	47.5	71.3	118.8	198.0	356.4
480	3.9	23.7	47.4	71.1	118.6	197.6	355.7
500	3.7	23.5	47.0	70.6	117.6	196.0	352.8

① 铸造材料限定在400℃，以保持适当的力学性能。

13E1 组材料的压力-温度额定值

锻件	牌号	数字号	铸件	牌号	数字号	板材	牌号	数字号
EN 10222-5	X2CrNiMoN-17-11-2	1.4406				EN 10028-7	X2CrNiMoN-17-11-2	1.4406
EN 10222-5	X2CrNiMoN-17-13-3	1.4429				EN 10028-7	X2CrNiMoN-17-13-3	1.4429

PN 系列压力-温度额定值/bar

温度/℃	PN 2.5	PN 6	PN 10	PN 16	PN 25	PN 40	PN 63	PN 100	PN 160	PN 250	PN 320	PN 400
-10	2.5	6.0	10.0	16.0	25.0	40.0	63.0	100.0	160.0	250.0	320.0	400.0
20	2.5	6.0	10.0	16.0	25.0	40.0	63.0	100.0	160.0	250.0	320.0	400.0
50	2.5	6.0	10.0	16.0	25.0	40.0	63.0	100.0	160.0	250.0	320.0	400.0
100	2.5	6.0	10.0	16.0	25.0	40.0	63.0	100.0	160.0	250.0	320.0	400.0
150	2.5	6.0	10.0	16.0	25.0	40.0	63.0	100.0	160.0	250.0	320.0	400.0
200	2.5	6.0	10.0	16.0	25.0	40.0	63.0	100.0	160.0	250.0	320.0	400.0
250	2.5	6.0	10.0	16.0	25.0	40.0	63.0	100.0	160.0	250.0	320.0	400.0
300	2.5	5.8	9.8	15.7	24.5	39.2	61.7	98.0	156.9	245.1	313.7	392.1
350	2.3	5.6	9.4	15.0	23.5	37.5	59.1	93.8	150.2	234.7	300.4	375.5
375	2.3	5.4	9.0	14.5	22.6	36.2	57.0	90.5	144.9	226.3	289.7	362.1
400	2.1	5.1	8.5	13.7	21.3	34.1	53.8	85.3	136.6	213.4	273.2	341.4
425	2.0	4.9	8.2	13.1	20.4	32.7	51.4	81.6	130.7	204.1	261.3	326.6
450	2.0	4.7	7.9	12.6	19.7	31.5	49.7	78.9	126.2	197.2	252.5	315.6
470	1.9	4.5	7.5	12.0	18.7	29.9	47.2	74.9	119.8	187.2	239.7	299.5
475	1.8	4.4	7.4	11.8	18.5	29.5	46.5	73.9	118.2	184.7	236.5	295.5
480	1.8	4.3	7.2	11.6	18.1	28.9	45.5	72.2	115.6	180.7	231.3	289.1
500	1.6	3.9	6.6	10.5	16.5	26.3	41.5	65.8	105.3	164.5	210.7	263.3

（续）

13E1 组材料的压力-温度额定值

锻件	牌号	数字号	铸件	牌号	数字号	板材	牌号	数字号
EN 10222-5	X2CrNiMoN-17-11-2	1.4406				EN 10028-7	X2CrNiMoN-17-11-2	1.4406
EN 10222-5	X2CrNiMoN-17-13-3	1.4429				EN 10028-7	X2CrNiMoN-17-13-3	1.4429

PN 系列压力-温度额定值/bar

温度/℃	PN 2.5	PN 6	PN 10	PN 16	PN 25	PN 40	PN 63	PN 100	PN 160	PN 250	PN 320	PN 400
510	1.6	3.8	6.4	10.2	15.9	25.4	40.0	63.5	101.7	158.9	203.4	254.3
525	1.5	3.6	6.0	9.6	15.0	24.1	37.9	60.2	96.3	150.4	192.6	240.7
550	1.5	3.5	5.8	9.3	14.6	23.3	36.7	58.2	93.2	145.6	186.4	232.9
575	1.4	3.3	5.6	8.9	14.0	22.3	35.2	55.9	89.4	139.7	178.8	223.5
600	1.3	3.0	5.0	8.0	12.5	20.0	31.5	50.0	80.0	125.0	160.1	200.1

Class 系列压力-温度额定值/bar

温度/℃	Class 150	Class 300	Class 600	Class 900	Class 1500	Class 2500	Class 4500
-10	19.8	51.7	103.4	155.1	258.6	430.9	775.7
20	19.8	51.7	103.4	155.1	258.6	430.9	775.7
50	19.5	51.7	103.4	155.1	258.6	430.9	775.7
100	17.7	51.5	103.0	154.6	257.7	429.4	773.0
150	15.8	50.2	100.3	150.5	251.0	418.2	752.8
200	13.8	47.5	95.0	142.5	237.6	396.0	712.8
250	12.1	43.9	87.8	131.7	219.6	366.0	658.8
300	10.2	42.0	84.0	126.0	210.0	350.0	630.0
350	8.4	40.2	80.4	120.6	201.1	335.1	603.3
375	7.4	38.8	77.5	116.3	194.0	323.2	581.8
400	7.2	36.6	73.1	109.7	182.9	304.7	548.5
425	6.5	35.0	69.9	104.9	174.9	291.5	524.7
450	5.7	33.8	67.6	101.4	169.0	281.6	507.0
470	5.5	32.1	64.1	96.2	160.4	267.3	481.2
475	4.6	31.7	63.3	94.9	158.3	263.7	474.8
480	3.9	31.0	61.9	92.9	154.8	258.0	464.4
500	3.7	28.2	56.4	84.6	141.0	235.0	423.0
510	3.5	27.2	54.4	81.7	136.2	226.9	408.5
525	2.8	25.8	51.5	77.3	128.9	214.8	386.7
550	2.4	24.9	49.9	74.8	124.7	207.9	374.2
575	1.9	23.9	47.9	71.8	119.7	199.5	359.1
600	1.4	21.4	42.8	64.3	107.1	178.5	321.4

14E0 组材料的压力-温度额定值

锻件	牌号	数字号	铸件	牌号	数字号	板材	牌号	数字号
EN 10222-5	X5CrNiMo-17-12-2	1.4401	EN 10213	GX5CrNiMo-19-11-2	1.4408	EN 10028-7	X5CrNiMo-17-12-2	1.4401
EN 10222-5	X3CrNiMo-17-13-3	1.4436				EN 10028-7	X3CrNiMo-17-13-3	1.4436

PN 系列压力-温度额定值/bar

温度/℃	PN 2.5	PN 6	PN 10	PN 16	PN 25	PN 40	PN 63	PN 100	PN 160	PN 250	PN 320	PN 400
-10	2.5	6.0	10.0	16.0	25.0	40.0	63.0	100.0	160.0	250.0	320.0	400.0
20	2.5	6.0	10.0	16.0	25.0	40.0	63.0	100.0	160.0	250.0	320.0	400.0

（续）

14E0 组材料的压力-温度额定值

锻件	牌号	数字号	铸件	牌号	数字号	板材	牌号	数字号
EN 10222-5	X5CrNiMo-17-12-2	1.4401	EN 10213	GX5CrNiMo-19-11-2	1.4408	EN 10028-7	X5CrNiMo-17-12-2	1.4401
EN 10222-5	X3CrNiMo-17-13-3	1.4436				EN 10028-7	X3CrNiMo-17-13-3	1.4436

PN 系列压力-温度额定值/bar

温度/℃	PN 2.5	PN 6	PN 10	PN 16	PN 25	PN 40	PN 63	PN 100	PN 160	PN 250	PN 320	PN 400
50	2.5	6.0	10.0	16.0	25.0	40.0	63.0	100.0	160.0	250.0	320.0	400.0
100	2.4	5.7	9.5	15.2	23.8	38.1	60.0	95.2	152.4	238.1	304.8	380.9
150	2.1	5.1	8.5	13.7	21.4	34.2	53.8	85.4	136.7	213.6	273.4	341.7
200	1.9	4.5	7.6	12.1	18.9	30.2	47.6	75.6	121.0	189.1	242.0	302.5
250	1.8	4.2	7.0	11.2	17.5	28.0	44.1	70.0	112.1	175.1	224.1	280.1
300	1.6	3.8	6.4	10.3	16.1	25.8	40.6	64.4	103.1	161.0	206.2	257.7
350	1.5	3.7	6.2	9.9	15.4	24.6	38.8	61.6	98.6	154.0	197.2	246.5
375	1.5	3.6	6.0	9.6	15.1	24.1	37.9	60.2	96.4	150.5	192.7	240.9
400	1.5	3.5	5.9	9.4	14.7	23.5	37.0	58.8	94.1	147.0	188.2	235.3
425	1.4	3.4	5.7	9.2	14.4	23.0	36.2	57.4	91.9	143.5	183.8	229.7
450	1.4	3.4	5.7	9.1	14.1	22.6	35.6	56.6	90.5	141.4	181.1	226.3
470	1.4	3.3	5.6	9.0	14.0	22.4	35.4	56.1	89.8	140.3	179.6	224.5
475	1.4	3.3	5.6	9.0	14.0	22.4	35.3	56.0	89.6	140.0	179.3	224.1
480	1.4	3.3	5.6	8.9	14.0	22.4	35.2	55.9	89.5	139.8	178.9	223.6
500	1.4	3.3	5.5	8.9	13.9	22.2	34.9	55.4	88.7	138.6	177.5	221.8
510	1.4	3.3	5.5	8.8	13.8	22.1	34.8	55.2	88.4	138.1	176.8	220.9
525	1.3	3.1	5.2	8.4	13.1	20.9	32.9	52.3	83.7	130.7	167.3	209.1
550	1.3	3.1	5.2	8.3	12.9	20.7	32.6	51.7	82.8	129.4	165.6	207.0
575	1.1	2.6	4.4	7.0	10.9	17.5	27.6	43.7	70.0	109.4	140.0	175.0
600	0.9	2.2	3.6	5.8	9.1	14.5	22.8	36.3	58.1	90.7	116.1	145.1
650	0.5	1.1	1.8	2.9	4.5	7.3	11.4	18.1	29.0	45.3	58.1	72.6
700	0.3	0.7	1.2	1.9	2.9	4.7	7.4	11.7	18.8	29.3	37.6	47.0

Class 系列压力-温度额定值/bar

温度/℃	Class 150	Class 300	Class 600	Class 900	Class 1500	Class 2500	Class 4500
-10	19.3	50.4	100.8	151.2	252.0	420.0	756.0
20	19.3	50.4	100.8	151.2	252.0	420.0	756.0
50	17.9	46.8	93.6	140.4	234.0	390.0	702.0
100	15.6	40.8	81.6	122.4	204.0	340.0	612.0
150	14.0	36.6	73.2	109.8	183.0	305.0	549.0
200	12.4	32.4	64.8	97.2	162.0	270.0	486.0
250	11.5	30.0	60.0	90.0	150.0	250.0	450.0
300	10.2	27.6	55.2	82.8	138.0	230.0	414.0
350	8.4	26.4	52.8	79.2	132.0	220.0	396.0
375	7.4	25.8	51.6	77.4	129.0	215.0	387.0
400	7.2	25.2	50.4	75.6	126.0	210.0	378.0
425	6.5	24.6	49.2	73.8	123.0	205.0	369.0
450	5.7	24.2	48.5	72.7	121.2	202.0	363.6

（续）

14E0 组材料的压力-温度额定值

锻件	牌号	数字号	铸件	牌号	数字号	板材	牌号	数字号
EN 10222-5	X5CrNiMo-17-12-2	1.4401	EN 10213	GX5CrNiMo-19-11-2	1.4408	EN 10028-7	X5CrNiMo-17-12-2	1.4401
EN 10222-5	X3CrNiMo-17-13-3	1.4436				EN 10028-7	X3CrNiMo-17-13-3	1.4436

Class 系列压力-温度额定值/bar

温度/℃	Class 150	Class 300	Class 600	Class 900	Class 1500	Class 2500	Class 4500
470	5.5	24.0	48.1	72.1	120.3	200.4	360.7
475	4.6	24.0	48.0	72.0	120.0	200.0	360.0
480	3.9	24.0	47.9	71.8	119.8	199.6	359.3
500	3.7	23.8	47.5	71.3	118.8	198.0	356.4
510	3.5	23.7	47.3	71.0	118.3	197.2	355.0
525	2.8	22.4	44.8	67.2	112.0	186.6	336.0
550	2.4	22.2	44.3	66.5	110.9	184.7	332.6
575	1.9	18.7	37.5	56.2	93.7	156.2	281.1
600	1.4	15.5	31.1	46.6	77.7	129.5	233.1
650	1.4	7.8	15.5	23.3	38.9	64.8	116.6
700	1.4	5.0	10.1	15.1	25.1	41.9	75.4

15E0 组材料的压力-温度额定值

锻件	牌号	数字号	铸件	牌号	数字号	板材	牌号	数字号
EN 10222-5	X6CrNiMoTi-17-12-2	1.4571	EN 10213	GX5CrNiMoNb-19-11-2	1.4581①	EN 10028-7	X6CrNiMoTi-17-12-2	1.4571
						EN 10028-7	X6CrNiMoNb-17-12-2	1.4580

PN 系列压力-温度额定值/bar

温度/℃	PN 2.5	PN 6	PN 10	PN 16	PN 25	PN 40	PN 63	PN 100	PN 160	PN 250	PN 320	PN 400
-10	2.5	6.0	10.0	16.0	25.0	40.0	63.0	100.0	160.0	250.0	320.0	400.0
20	2.5	6.0	10.0	16.0	25.0	40.0	63.0	100.0	160.0	250.0	320.0	400.0
50	2.5	6.0	10.0	16.0	25.0	40.0	63.0	100.0	160.0	250.0	320.0	400.0
100	2.5	6.0	10.0	16.0	25.0	40.0	63.0	100.0	160.0	250.0	320.0	400.0
150	2.4	5.8	9.7	15.5	24.2	38.6	60.9	96.6	154.6	241.6	309.3	386.5
200	2.2	5.3	9.0	14.3	22.4	35.8	56.4	89.6	143.4	224.1	286.8	358.5
250	2.1	5.1	8.5	13.7	21.4	34.2	53.8	85.4	136.7	213.6	273.4	341.7
300	2.0	4.8	8.1	13.0	20.3	32.5	51.2	81.2	130.0	203.1	260.0	324.9
350	1.9	4.6	7.7	12.3	19.3	30.8	48.5	77.0	123.3	192.6	246.5	308.1
375	1.9	4.5	7.5	12.0	18.7	30.0	47.2	74.9	119.9	187.3	239.8	299.7
400	1.8	4.3	7.3	11.7	18.2	29.1	45.9	72.8	116.5	182.1	233.1	291.3
425	1.8	4.3	7.1	11.4	17.9	28.6	45.0	71.4	114.3	178.6	228.6	285.7
450	1.8	4.2	7.0	11.2	17.5	28.0	44.1	70.0	112.1	175.1	224.1	280.1
470	1.7	4.1	6.9	11.0	17.2	27.6	43.4	68.9	110.3	172.3	220.5	275.6
475	1.7	4.1	6.9	11.0	17.2	27.4	43.2	68.6	109.8	171.6	219.6	274.5
480	1.7	4.1	6.8	10.9	17.1	27.3	43.0	68.3	109.4	170.9	218.7	273.4
500	1.6	3.9	6.6	10.5	16.5	26.3	41.5	65.8	105.3	164.5	210.7	263.3
510	1.6	3.8	6.4	10.2	15.9	25.4	40.0	63.5	101.7	158.9	203.4	254.3
525	1.5	3.6	6.0	9.6	15.0	24.1	37.9	60.2	96.3	150.4	192.6	240.7
550	1.5	3.5	5.8	9.3	14.6	23.3	36.7	58.2	93.2	145.6	186.4	232.9
575	1.3	3.2	5.4	8.6	13.5	21.5	33.9	53.9	86.2	134.7	172.5	215.5
600	1.0	2.3	3.9	6.2	9.7	15.6	24.5	38.9	62.3	97.4	124.6	155.8

（续）

15E0 组材料的压力-温度额定值

锻件	牌号	数字号	铸件	牌号	数字号	板材	牌号	数字号
EN 10222-5	X6CrNiMoTi-17-12-2	1.4571	EN 10213	GX5CrNiMoNb-19-11-2	1.4581①	EN 10028-7	X6CrNiMoTi-17-12-2	1.4571
						EN 10028-7	X6CrNiMoNb-17-12-2	1.4580

Class 系列压力-温度额定值/bar

温度/℃	Class 150	Class 300	Class 600	Class 900	Class 1500	Class 2500	Class 4500
-10	19.3	50.4	100.8	151.2	252.0	420.0	756.0
20	19.3	50.4	100.8	151.2	252.0	420.0	756.0
50	18.5	48.2	96.3	144.4	240.8	401.2	722.3
100	17.0	44.4	88.8	133.2	222.0	370.0	666.0
150	15.8	41.4	82.8	124.2	207.0	345.0	621.0
200	13.8	38.4	76.8	115.2	192.0	320.0	576.0
250	12.1	36.6	73.2	109.8	183.0	305.0	549.0
300	10.2	34.8	69.6	104.4	174.0	290.0	522.0
350	8.4	33.0	66.0	99.0	165.0	275.0	495.0
375	7.4	32.1	64.2	96.3	160.5	267.5	481.5
400	7.2	31.2	62.4	93.6	156.0	260.0	468.0
425	6.5	30.6	61.2	91.8	153.0	255.0	459.0
450	5.7	30.0	60.0	90.0	150.0	250.0	450.0
470	5.5	29.5	59.0	88.5	147.6	246.0	442.8
475	4.6	29.4	58.8	88.2	147.0	245.0	441.0
480	3.9	29.3	58.5	87.8	146.4	244.0	439.2
500	3.7	28.2	56.4	84.6	141.0	235.0	423.0
510	3.5	27.2	54.4	81.7	136.2	226.9	408.5
525	2.8	25.8	51.5	77.3	128.9	214.8	386.7
550	2.4	24.9	49.9	74.8	124.7	207.9	374.2
575	1.9	23.1	46.2	69.2	115.4	192.4	346.3
600	1.4	16.7	33.4	50.1	83.4	139.0	250.3

① 铸造材料限定在500℃，以保持适当的力学性能。

16E0 组材料的压力-温度额定值

锻件	牌号	数字号	铸件	牌号	数字号	板材	牌号	数字号
EN 10222-5	X2CrNiMoN-25-7-4	1.4410	EN 10213	GX2CrNiMoN-26-7-4	1.4469	EN 10028-7	X2CrNiMoN-25-7-4	1.4410
EN 10222-5	X2CrNiMoN-22-5-3	1.4462	EN 10213	GX2CrNiMoN-22-5-3	1.4470	EN 10028-7	X2CrNiMoN-22-5-3	1.4462
			EN 10213	GX2CrNiMoCuN-25-6-3-3	1.4517			

PN 系列压力-温度额定值/bar

温度/℃	PN 2.5	PN 6	PN 10	PN 16	PN 25	PN 40	PN 63	PN 100	PN 160	PN 250	PN 320	PN 400
-10	2.5	6.0	10.0	16.0	25.0	40.0	63.0	100.0	160.0	250.0	320.0	400.0
20	2.5	6.0	10.0	16.0	25.0	40.0	63.0	100.0	160.0	250.0	320.0	400.0
50	2.5	6.0	10.0	16.0	25.0	40.0	63.0	100.0	160.0	250.0	320.0	400.0
100	2.5	6.0	10.0	16.0	25.0	40.0	63.0	100.0	160.0	250.0	320.0	400.0
150	2.5	6.0	10.0	16.0	25.0	40.0	63.0	100.0	160.0	250.0	320.0	400.0
200	2.5	6.0	10.0	16.0	25.0	40.0	63.0	100.0	160.0	250.0	320.0	400.0
250	2.5	6.0	10.0	16.0	25.0	40.0	63.0	100.0	160.0	250.0	320.0	400.0

(续)

16E0 组材料的压力-温度额定值								
锻件	牌号	数字号	铸件	牌号	数字号	板材	牌号	数字号
EN 10222-5	X2CrNiMoN-25-7-4	1.4410	EN 10213	GX2CrNiMoN-26-7-4	1.4469	EN 10028-7	X2CrNiMoN-25-7-4	1.4410
EN 10222-5	X2CrNiMoN-22-5-3	1.4462	EN 10213	GX2CrNiMoN-22-5-3	1.4470	EN 10028-7	X2CrNiMoN-22-5-3	1.4462
			EN 10213	GX2CrNiMoCuN-25-6-3-3	1.4517			

Class 系列压力-温度额定值/bar							
温度/℃	Class 150	Class 300	Class 600	Class 900	Class 1500	Class 2500	Class 4500
-10	19.8	51.7	103.4	155.1	258.6	430.9	775.7
20	19.8	51.7	103.4	155.1	258.6	430.9	775.7
50	19.5	51.7	103.4	155.1	258.6	430.9	775.7
100	17.7	51.5	103.0	154.6	257.7	429.4	773.0
150	15.8	50.2	100.3	150.5	251.0	418.2	752.8
200	13.8	48.7	97.3	145.9	243.3	405.4	729.8
250	12.1	46.3	92.6	138.9	231.6	386.0	694.8

3.1.3 中国标准

3.1.3.1 GB/T 12224—2015《钢制阀门 一般要求》

1）Class 系列钢制阀门承压件常用材料的压力-温度额定值见美国机械工程师学会标准 ASME B16.34—2013《法兰、螺纹和焊接端阀门》。

2）PN 系列钢制阀门承压件常用材料的压力-温度额定值见欧洲标准 EN 12516-1：2014《工业阀门 壳体强度设计 第 1 部分：钢制阀门壳体强度的列表法》PN 系列。

3.1.3.2 NB/T 47044—2014《电站阀门》

该标准的压力-温度额定值分 PN 系列和 Class 系列。PN 系列压力-温度额定值的材料为 25、ZG230-450、15CrMo、ZG20CrMo、12Cr5Mo、ZG1Cr5Mo、12Cr1MoV、ZG20CrMoV、15Cr1Mo1V、ZG15Cr1Mo1V。Class 系列压力-温度额定值的材料为 A105、WCB、WCC、F36、WB36、WC1、F11、WC6、F22、WC9、F5a、C5、F91、C12A、F92、F304、CF8、F304H、CF10、F316、CF8M、F316H、CF10M、F321H、F347H、F310H、CH20、CK20、N06022、N06625、N08825。

1）PN 系列材料的压力-温度额定值见表 3-8。

2）Class 系列材料的压力-温度额定值见表 3-8。

3.1.3.3 GB/T 17241.7—1998《铸铁管法兰 技术条件》

1）灰铸铁管法兰的压力-温度额定值见表 3-9。

2）球墨铸铁管法兰的压力-温度额定值见表 3-10。

3.1.3.4 可锻铸铁阀门的压力-温度额定值

可锻铸铁阀门的压力-温度额定值见表 3-11。

3.1.3.5 铜合金阀门的压力-温度额定值

铜合金阀门的压力-温度额定值见表 3-12。

表 3-8 PN 系列、Class 系列的压力-温度额定值

材料为 25、ZG230-450

温度/℃	PN 系列														
	PN16	PN25	PN40	PN63	PN100	PN160	PN200	PN250	PN320	PN400	PN420	PN500	PN630	PN760	PN800
	最大允许工作压力/MPa														
-29~38	1.60	2.50	4.0	6.30	10.0	16.0	20.0	25.0	32.0	40.0	42.0	50.0	63.0	76.0	80.0
50	1.60	2.50	4.0	6.30	10.0	16.0	20.0	25.0	32.0	40.0	42.0	50.0	63.0	76.0	80.0
100	1.60	2.50	4.0	6.30	10.0	16.0	20.0	25.0	32.0	40.0	42.0	50.0	63.0	76.0	80.0
150	1.60	2.50	4.0	6.30	10.0	16.0	20.0	25.0	32.0	40.0	42.0	50.0	63.0	76.0	80.0
200	1.60	2.50	4.0	6.30	10.0	16.0	20.0	25.0	32.0	40.0	42.0	50.0	63.0	76.0	80.0
250	1.37	2.16	3.53	5.49	8.82	13.72	17.64	21.72	27.44	32.41	37.04	44.10	54.88	56.58	69.58
300	1.23	1.96	3.14	4.90	7.84	12.25	15.68	19.36	24.5	28.81	32.93	39.20	49.0	50.51	63.72
350	1.08	1.76	2.74	4.41	6.96	10.98	13.72	17.19	22.05	25.21	28.81	35.28	44.10	45.46	54.88
400	0.98	1.57	2.45	3.92	6.27	9.80	12.25	15.31	19.60	22.51	25.73	31.36	39.20	40.41	49.0
425	0.88	1.37	2.16	3.53	5.49	8.82	10.98	13.76	17.64	20.26	23.15	27.44	35.28	36.37	44.10
450	0.66	1.03	1.66	2.60	4.17	6.62	8.33	10.39	12.98	16.66	17.49	20.83	25.97	32.33	39.20
p_s/MPa	2.4	3.8	6	9.5	15	24.0	30	37.5	48	56	58	*70	*90	*100	*110

（续）

材料为 15CrMo、ZG20CrMo

温度/℃	PN系列														
	PN16	PN25	PN40	PN63	PN100	PN160	PN200	PN250	PN320	PN400	PN420	PN500	PN630	PN760	PN800
	最大允许工作压力/MPa														
-29~38	1.60	2.50	4.0	6.30	10.0	16.0	20.0	25.0	32.0	40.0	42.0	50.0	63.0	76.0	80.0
50	1.60	2.50	4.0	6.30	10.0	16.0	20.0	25.0	32.0	40.0	42.0	50.0	63.0	76.0	80.0
100	1.60	2.50	4.0	6.30	10.0	16.0	20.0	25.0	32.0	40.0	42.0	50.0	63.0	76.0	80.0
150	1.60	2.50	4.0	6.30	10.0	16.0	20.0	25.0	32.0	40.0	42.0	50.0	63.0	76.0	80.0
200	1.60	2.50	4.0	6.30	10.0	16.0	20.0	25.0	32.0	40.0	42.0	50.0	63.0	76.0	80.0
250	1.49	2.33	3.76	5.95	9.39	14.86	18.78	23.48	29.73	34.51	39.44	46.96	59.45	61.29	74.73
300	[illegible]40	2.21	3.60	5.62	8.98	14.05	14.7	22.46	28.09	33.01	37.73	44.92	56.19	57.93	71.05
320	1.37	2.16	3.53	5.49	8.82	13.72	17.64	22.05	27.44	32.41	37.04	44.10	54.88	56.58	69.58
325	1.37	2.15	3.52	5.47	8.78	13.66	17.57	21.96	27.33	32.39	37.02	43.66	54.65	56.34	69.32
350	1.34	2.11	3.44	5.35	8.59	13.38	17.19	21.49	26.76	32.29	36.90	41.45	53.52	55.17	68.0
400	1.28	2.04	3.29	5.13	8.23	12.82	16.43	20.54	25.63	30.20	34.51	41.05	51.26	52.84	65.36
425	1.26	2.00	3.22	5.01	8.03	12.53	16.06	20.07	25.07	29.51	33.72	40.13	50.13	51.68	64.04
450	1.23	1.96	3.14	4.90	7.84	12.25	15.68	19.60	24.50	28.81	32.93	39.20	49.0	50.51	62.72
475	1.11	1.77	2.80	4.41	7.06	11.03	13.97	17.64	22.05	25.66	29.33	35.28	44.10	45.46	55.86
500	0.98	1.57	2.45	3.92	6.27	9.80	12.25	15.68	19.6	22.51	25.73	31.36	39.20	40.41	49.0
510	0.88	1.37	2.16	3.53	5.49	8.82	10.98	13.72	17.64	20.26	23.15	27.44	35.20	36.29	44.10
520	0.78	1.18	1.89	3.00	4.44	7.58	9.41	11.89	15.03	17.55	20.06	23.85	30.03	30.96	38.22
530	0.67	1.05	1.68	2.63	4.09	6.71	8.36	10.50	13.18	15.45	17.66	21.02	26.34	27.15	33.65
535	0.63	0.98	1.57	2.45	3.92	6.27	7.84	9.80	12.25	14.40	16.46	19.60	24.50	25.26	31.36
540	0.59	0.93	1.47	2.31	3.73	5.88	7.40	9.31	11.62	13.51	15.44	18.62	23.28	24.00	29.4
545	0.55	0.88	1.37	2.16	3.53	5.49	6.96	8.82	10.98	12.61	14.41	17.64	22.05	22.73	27.44
550	0.51	0.83	1.27	2.01	3.33	5.10	6.52	8.33	10.34	11.71	13.38	16.66	20.82	21.46	25.48
p_s/MPa	2.4	3.8	6	9.5	15	24	30	37.5	48	*56	*60	*70	*90	*100	*110

材料为 12Cr5Mo、ZG1Cr5Mo

温度/℃	PN系列														
	PN16	PN25	PN40	PN63	PN100	PN160	PN200	PN250	PN320	PN400	PN420	PN500	PN630	PN760	PN800
	最大允许工作压力/MPa														
-29~38	1.60	2.50	4.0	6.30	10.0	16.0	20.0	25.0	32.0	40.0	42.0	50.0	63.0	76.0	80.0
50	1.60	2.50	4.0	6.30	10.0	16.0	20.0	25.0	32.0	40.0	42.0	50.0	63.0	76.0	80.0
100	1.60	2.50	4.0	6.30	10.0	16.0	20.0	25.0	32.0	40.0	42.0	50.0	63.0	76.0	80.0
150	1.60	2.50	4.0	6.30	10.0	16.0	20.0	25.0	32.0	40.0	42.0	50.0	63.0	76.0	80.0
200	1.60	2.50	4.0	6.30	10.0	16.0	20.0	25.0	32.0	40.0	42.0	50.0	63.0	76.0	80.0
250	1.49	2.33	3.76	5.96	9.41	14.90	18.82	23.52	29.79	34.57	39.51	47.04	59.58	61.42	74.87
300	1.41	2.22	3.61	5.65	9.02	14.11	18.03	22.54	28.22	33.13	37.86	45.08	56.45	58.19	71.34
325	1.37	2.16	3.53	5.49	8.82	13.72	17.64	22.05	27.44	32.41	37.04	44.10	54.88	56.58	69.58
350	1.33	2.1	3.45	5.33	8.62	13.33	17.25	21.56	26.66	31.69	36.22	43.12	53.31	54.96	67.82
390	1.23	1.96	3.14	4.9	7.84	12.25	15.68	19.60	24.50	28.81	32.93	39.20	49.0	50.51	62.72
400	1.19	1.91	3.04	4.78	7.62	11.93	15.19	19.11	23.89	27.91	31.90	38.22	47.78	49.26	60.76
425	1.10	1.79	2.79	4.47	7.07	11.14	13.97	17.89	22.36	25.66	29.33	35.77	44.71	46.09	55.86

（续）

材料为 12Cr5Mo、ZG1Cr5Mo															
温度/℃	PN 系列														
	PN16	PN25	PN40	PN63	PN100	PN160	PN200	PN250	PN320	PN400	PN420	PN500	PN630	PN760	PN800
	最大允许工作压力/MPa														
430	1.08	1.76	2.74	4.41	6.96	10.98	13.72	17.64	22.05	25.21	28.81	35.28	44.10	45.46	54.88
450	0.98	1.57	2.45	3.92	6.27	9.80	12.25	15.68	19.60	22.51	25.73	31.36	39.20	40.41	49.0
470	0.88	1.37	2.16	3.53	5.49	8.80	10.98	13.72	17.64	20.26	23.15	27.44	35.20	36.29	44.10
475	0.83	1.30	2.06	3.33	5.22	8.34	10.44	13.04	16.66	19.25	22.0	25.09	33.26	34.29	49.90
490	0.69	1.08	1.76	2.74	4.41	6.96	8.82	10.98	13.72	16.21	18.52	22.05	27.44	28.29	35.28
500	0.63	0.93	1.57	2.46	3.93	6.28	7.86	9.83	11.76	14.45	16.51	19.65	24.56	25.32	30.87
510	0.63	0.98	1.57	2.45	3.92	6.27	7.84	9.80	11.04	14.40	16.46	19.60	24.50	25.26	31.45
520	0.55	0.88	1.37	2.16	3.53	5.49	6.96	8.82	9.80	12.61	14.41	17.64	22.05	22.73	27.44
530	0.49	0.70	1.23	1.96	3.14	4.90	6.27	7.84	8.82	11.25	12.86	15.68	19.60	20.21	24.50
540	0.44	0.69	1.08	1.76	2.74	4.41	5.49	6.96	7.84	10.09	11.53	13.72	17.64	18.19	22.05
550	0.39	0.63	0.98	1.57	2.45	3.92	4.90	6.27	6.96	9.00	10.29	12.25	15.68	16.16	19.60
p_s/MPa	2.4	3.8	6	9.5	15	24	30	37.5	48	*56	*60	*70	*90	*100	*110

材料为 12Cr1MoV、15Cr1Mo1V、ZG15Cr1Mo1V、ZG20CrMoV															
温度/℃	PN 系列														
	PN16	PN25	PN40	PN63	PN100	PN160	PN200	PN250	PN320	PN400	PN420	PN500	PN630	PN760	PN800
	最大允许工作压力/MPa														
-29~38	1.60	2.50	4.0	6.30	10.0	16.0	20.0	25.0	32.0	40.0	42.0	50.0	63.0	76.0	80.0
50	1.60	2.50	4.0	6.30	10.0	16.0	20.0	25.0	32.0	40.0	42.0	50.0	63.0	76.0	80.0
100	1.60	2.50	4.0	6.30	10.0	16.0	20.0	25.0	32.0	40.0	42.0	50.0	63.0	76.0	80.0
150	1.60	2.50	4.0	6.30	10.0	16.0	20.0	25.0	32.0	40.0	42.0	50.0	63.0	76.0	80.0
200	1.60	2.50	4.0	6.30	10.0	16.0	20.0	25.0	32.0	40.0	42.0	50.0	63.0	76.0	80.0
250	1.49	2.33	3.76	5.95	9.39	14.86	18.78	23.48	29.73	34.51	39.44	46.96	59.45	61.29	74.69
300	1.40	2.21	3.60	5.62	8.98	14.05	17.97	22.46	28.09	33.01	37.73	44.92	56.19	57.93	70.98
320	1.37	2.16	3.53	5.49	8.82	13.72	17.64	22.05	27.44	32.41	37.04	44.10	54.88	56.58	69.50
350	1.34	2.11	3.44	5.35	8.59	13.38	17.19	21.48	26.76	31.58	36.09	42.97	53.52	55.17	67.94
400	1.28	2.04	3.29	5.13	8.22	12.82	16.43	20.54	25.63	30.20	34.51	41.08	51.26	52.84	65.32
425	1.26	2.00	3.23	5.01	8.03	12.53	16.06	20.07	25.07	29.51	33.72	40.14	50.13	51.68	64.02
450	1.23	1.96	3.14	4.90	7.84	12.25	15.68	19.60	24.50	28.81	32.93	39.20	49.0	50.51	62.72
475	1.17	1.88	2.97	4.70	7.47	11.72	14.86	18.78	23.48	27.31	31.21	37.57	46.96	48.41	59.45
500	1.11	1.79	2.81	4.49	7.11	11.19	14.05	17.97	22.46	25.81	29.50	35.93	44.92	46.31	56.19
510	1.08	1.76	2.74	4.41	6.96	10.98	13.72	17.64	22.05	25.21	28.81	35.28	44.10	45.46	54.88
520	0.98	1.57	2.45	3.92	6.27	9.80	12.25	15.68	19.60	22.51	25.73	31.36	39.20	40.41	49.0
530	0.88	1.37	2.16	3.53	5.49	8.82	10.98	13.72	17.64	20.26	23.15	27.44	35.28	36.37	44.10
540	0.78	1.23	1.96	3.14	4.90	7.84	9.80	12.25	15.68	18.01	20.58	24.50	31.36	32.33	39.20
550	0.68	1.08	1.76	2.74	4.41	6.96	8.82	10.98	13.72	16.21	18.52	22.05	27.44	28.29	35.28
560	0.63	0.98	1.57	2.45	3.93	6.27	7.84	9.80	12.25	14.40	16.46	19.60	24.50	25.26	31.36
570	0.55	0.88	1.37	2.16	3.53	5.49	6.96	8.82	10.98	12.61	14.41	17.64	22.05	22.73	27.44
p_s/MPa	2.4	3.8	6	9.5	15	24	30	37.5	48	*56	*60	*70	*90	*100	*110

（续）

第1组材料	材料为A105、WCB						
温度/℃	Class系列　标准压力级别						
	Class150	Class300	Class600	Class900	Class1500	Class2500	Class4500
	最大允许工作压力/MPa						
-29~38	1.96	5.11	10.21	15.32	25.53	42.55	76.59
50	1.92	5.01	10.02	15.04	25.06	41.77	75.19
100	1.77	4.66	9.32	13.98	23.30	38.83	69.90
150	1.58	4.51	9.02	13.52	22.54	37.56	67.61
200	1.38	4.38	8.76	13.14	21.90	36.50	65.70
250	1.21	4.19	8.39	12.58	20.97	34.95	62.91
300	1.02	3.98	7.96	11.95	19.91	33.18	59.73
325	0.93	3.87	7.74	11.61	19.36	32.26	58.07
350	0.84	3.76	7.51	11.27	18.78	31.30	56.35
375	0.74	3.64	7.27	10.91	18.18	30.31	54.55
400	0.65	3.47	6.94	10.42	17.36	28.93	52.08
425	0.55	2.88	5.75	8.63	14.38	23.97	43.15
450	0.46	2.30	4.60	6.90	11.50	19.17	34.51
p_s/MPa	3.0	7.7	15.4	23	38.3	63.9	*110
温度/℃	Class系列　专用压力级别						
	Class150	Class300	Class600	Class900	Class1500	Class2500	Class4500
	最大允许工作压力/MPa						
-29~38	1.98	5.17	10.34	15.51	25.86	43.09	77.57
50	1.98	5.17	10.34	15.51	25.86	43.09	77.57
100	1.98	5.16	10.34	15.49	25.82	43.03	77.45
150	1.96	5.10	10.21	15.31	25.52	42.53	76.55
200	1.94	5.06	10.11	15.17	25.29	42.14	75.86
250	1.94	5.05	10.11	15.16	25.26	42.11	75.79
300	1.94	5.05	10.11	15.16	25.26	42.11	75.79
325	1.92	5.01	10.02	15.03	25.06	41.76	75.17
350	1.87	4.89	9.78	14.67	24.46	40.76	73.37
375	1.81	4.71	9.42	14.13	23.55	39.25	70.65
400	1.66	4.34	8.68	13.02	21.70	36.17	65.10
425	1.38	3.60	7.19	10.79	17.98	29.96	53.93
450	1.10	2.88	5.75	8.63	14.38	23.96	43.14
p_s/MPa	3	7.8	15.6	23.3	38.8	64.7	*110

第1组材料	材料为WCC						
温度/℃	Class系列　标准压力级别						
	Class150	Class300	Class600	Class900	Class1500	Class2500	Class4500
	最大允许工作压力/MPa						
-29~38	1.98	5.17	10.34	15.51	25.86	43.09	77.57
50	1.95	5.17	10.34	15.51	25.86	43.09	77.57
100	1.77	5.15	10.30	15.46	25.76	42.94	77.30
150	1.58	5.02	10.03	15.05	25.08	41.81	75.26

（续）

第1组材料	材料为 WCC						
温度/℃	Class 系列 标准压力级别						
	Class150	Class300	Class600	Class900	Class1500	Class2500	Class4500
	最大允许工作压力/MPa						
200	1.38	4.86	9.72	14.58	24.32	40.54	72.97
250	1.21	4.63	9.27	13.90	23.18	38.62	69.48
300	1.02	4.29	8.57	12.86	21.44	35.71	64.26
325	0.93	4.14	8.26	12.40	20.66	34.43	61.96
350	0.84	4.0	8.0	12.01	20.01	33.35	60.03
375	0.74	3.78	7.57	11.35	18.92	31.53	56.75
400	0.65	3.47	6.94	10.42	17.36	28.93	52.08
425	0.55	2.88	5.75	8.63	14.38	23.97	43.15
450	0.46	2.30	4.60	6.90	11.50	19.17	34.51
475	0.37	1.71	3.42	5.13	8.54	14.24	25.63
500	0.28	1.16	2.32	3.47	5.79	9.65	17.37
p_s/MPa	3	7.8	15.6	23.3	38.8	64.7	*110
温度/℃	Class 系列 专用压力级别						
	Class150	Class300	Class600	Class900	Class1500	Class2500	Class4500
	最大允许工作压力/MPa						
-29~38	2.0	5.17	10.34	15.51	25.86	43.09	77.57
50	2.0	5.17	10.34	15.51	25.86	43.09	77.57
100	2.0	5.17	10.34	15.51	25.86	43.09	77.57
150	2.0	5.17	10.34	15.51	25.86	43.09	77.57
200	2.0	5.17	10.34	15.51	25.86	43.09	77.57
250	2.0	5.17	10.34	15.51	25.86	43.09	77.57
300	2.0	5.17	10.34	15.51	25.86	43.09	77.57
325	2.0	5.17	10.34	15.51	25.86	43.09	77.57
350	1.98	5.11	10.22	15.33	25.55	42.58	76.64
375	1.93	4.84	9.67	14.51	24.19	40.31	72.56
400	1.93	4.34	8.68	13.02	21.70	36.17	65.10
425	1.80	3.60	7.19	10.79	17.98	29.96	53.93
450	1.44	2.88	5.75	8.63	14.38	23.96	43.14
475	1.07	2.14	4.27	6.41	10.68	17.80	32.04
500	0.72	1.45	2.90	4.34	7.24	12.07	21.72
p_s/MPa	3	7.8	15.6	23.3	38.8	64.7	*110

第1组材料	材料为 F36C1.2、WB36						
温度/℃	Class 系列 标准压力级别						
	Class150	Class300	Class600	Class900	Class1500	Class2500	Class4500
	最大允许工作压力/MPa						
-29~38	2.0	5.0	10.0	15.0	25.0	42.0	76.0
50	1.95	5.0	10.0	15.0	25.0	42.0	76.0
100	1.77	4.80	9.59	14.39	23.98	40.28	72.89

（续）

第1组材料	材料为 F36C1.2、WB36						
温度/℃	Class 系列　标准压力级别						
	Class150	Class300	Class600	Class900	Class1500	Class2500	Class4500
	最大允许工作压力/MPa						
150	1.58	4.68	9.36	14.05	23.41	39.33	71.16
200	1.38	4.57	9.14	13.70	22.84	38.37	69.44
250	1.21	4.45	8.91	13.36	22.27	37.42	67.71
300	1.02	4.29	8.58	12.86	21.44	35.71	64.26
325	0.93	4.14	8.27	12.40	20.66	34.43	61.96
350	0.84	4.03	8.05	12.07	20.11	33.53	60.33
375	0.74	3.89	7.77	11.65	19.41	32.32	58.18
400	0.65	3.65	7.32	10.98	18.31	30.49	54.85
425	0.55	3.52	7.02	10.51	17.51	29.16	52.47
450	0.46	3.37	6.76	10.14	16.90	28.18	50.70
475	0.37	3.22	6.50	9.77	16.29	27.20	48.93
500	0.28	3.07	6.24	9.40	15.68	26.22	47.16
p_s/MPa	3	7.5	15	22.5	37.5	63	*105
温度/℃	Class 系列　专用压力级别						
	Class150	Class300	Class600	Class900	Class1500	Class2500	Class4500
	最大允许工作压力/MPa						
-29~38	2.0	5.0	10.0	15.0	25.0	42.0	76.0
50	2.0	5.0	10.0	15.0	25.0	42.0	76.0
100	2.0	5.0	10.0	15.0	25.0	42.0	76.0
150	2.0	5.0	10.0	15.0	25.0	42.0	76.0
200	2.0	5.0	10.0	15.0	25.0	42.0	76.0
250	2.0	5.0	10.0	15.0	25.0	42.0	76.0
300	2.0	5.0	10.0	15.0	25.0	42.0	76.0
325	2.0	5.0	10.0	15.0	25.0	42.0	76.0
350	1.98	4.79	9.57	14.36	23.93	41.83	75.74
375	1.93	4.79	9.57	14.36	23.93	41.83	75.74
400	1.93	4.79	9.57	14.36	23.93	41.83	75.32
425	1.90	4.79	9.57	14.36	23.93	40.21	72.76
450	1.80	4.50	9.00	13.49	22.49	37.78	68.37
475	1.70	4.21	8.43	12.62	21.05	35.35	63.98
500	1.60	3.92	7.86	11.75	19.61	32.92	59.59
p_s/MPa	3	7.5	15	22.5	37.5	63	*105

第1组材料	材料为 WC1						
温度/℃	Class 系列　标准压力级别						
	Class150	Class300	Class600	Class900	Class1500	Class2500	Class4500
	最大允许工作压力/MPa						
-29~38	1.84	4.80	9.60	14.41	24.01	40.01	72.03
50	1.82	4.75	9.49	14.24	23.73	39.56	71.20

（续）

第1组材料	材料为WC1						
温度/℃	Class系列 标准压力级别						
	Class150	Class300	Class600	Class900	Class1500	Class2500	Class4500
	最大允许工作压力/MPa						
100	1.74	4.53	9.07	13.60	22.67	37.78	68.01
150	1.58	4.39	8.79	13.18	21.97	36.61	65.91
200	1.38	4.25	8.51	12.76	21.27	35.44	63.80
250	1.21	4.08	8.16	12.23	20.39	33.98	61.17
300	1.02	3.87	7.74	11.61	19.34	32.24	58.03
325	0.93	3.76	7.52	11.27	18.79	31.31	56.37
350	0.84	3.64	7.28	10.92	18.20	30.33	54.59
375	0.74	3.50	6.99	10.49	17.49	29.14	52.46
400	0.65	3.26	6.52	9.79	16.31	27.19	48.93
425	0.55	2.73	5.46	8.19	13.65	22.75	40.95
450	0.46	2.16	4.32	6.48	10.79	17.99	32.38
475	0.37	1.57	3.13	4.70	7.83	13.06	23.50
500	0.28	1.11	2.21	3.32	5.54	9.23	16.61
p_s/MPa	3	7.2	14.4	21.7	36.1	60.1	*100
温度/℃	Class系列 专用压力级别						
	Class150	Class300	Class600	Class900	Class1500	Class2500	Class4500
	最大允许工作压力/MPa						
-29~38	2.0	4.80	9.60	14.41	24.01	40.01	72.03
50	2.0	4.80	9.60	14.41	24.01	40.01	72.03
100	2.0	4.80	9.60	14.41	24.01	40.01	72.03
150	2.0	4.80	9.60	14.41	24.01	40.01	72.03
200	2.0	4.80	9.60	14.41	24.01	40.01	72.03
250	2.0	4.80	9.60	14.41	24.01	40.01	72.03
300	2.0	4.80	9.60	14.41	24.01	40.01	72.03
325	2.0	4.80	9.59	14.39	23.98	39.96	71.93
350	1.98	4.73	9.46	14.19	23.65	39.41	70.94
375	1.93	4.49	8.99	13.48	22.47	37.46	67.42
400	1.93	4.08	8.16	12.23	20.39	33.98	61.17
425	1.71	3.41	6.83	10.24	17.06	28.44	51.19
450	1.35	2.70	5.40	8.10	13.49	22.49	40.48
475	0.98	1.96	3.92	5.88	9.79	16.32	29.38
500	0.69	1.38	2.77	4.15	6.92	11.33	20.76
p_s/MPa	3	7.2	14.4	21.7	36.1	60.1	*100

第1组材料	材料为F11 Cl.2、WC6						
温度/℃	Class系列 标准压力级别						
	Class150	Class300	Class600	Class900	Class1500	Class2500	Class4500
	最大允许工作压力/MPa						
-29~38	1.98	5.17	10.34	15.51	25.86	43.09	77.57
50	1.95	5.17	10.34	15.51	25.86	43.09	77.57

（续）

第1组材料	材料为 F11 Cl.2、WC6						
温度/℃	Class 系列 标准压力级别						
	Class150	Class300	Class600	Class900	Class1500	Class2500	Class4500
	最大允许工作压力/MPa						
100	1.77	5.15	10.30	15.44	25.74	42.90	77.22
150	1.58	4.97	9.95	14.92	24.87	41.45	74.62
200	1.38	4.80	9.59	14.39	23.98	39.96	71.94
250	1.21	4.63	9.27	13.90	23.18	38.62	69.48
300	1.02	4.29	8.57	12.86	21.44	35.71	64.26
325	0.93	4.14	8.26	12.40	20.66	34.43	61.96
350	0.84	4.03	8.04	12.07	20.11	33.53	60.33
375	0.74	3.89	7.76	11.65	19.41	32.32	58.18
400	0.65	3.65	7.33	10.98	18.31	30.49	54.85
425	0.55	3.52	7.0	10.51	17.51	29.16	52.47
450	0.46	3.37	6.77	10.14	16.90	28.18	50.70
475	0.37	3.17	6.34	9.51	15.82	26.39	47.48
500	0.28	2.57	5.15	7.72	12.86	21.44	38.59
538	0.14	1.49	2.98	4.47	7.45	12.41	22.34
550	▲0.14	1.27	2.54	3.81	6.35	10.59	19.06
575	▲0.14	0.88	1.76	2.64	4.40	7.34	13.20
600	▲0.14	0.61	1.22	1.83	3.05	5.09	9.16
p_s/MPa	3	7.8	15.6	23.3	38.8	64.7	*110
温度/℃	Class 系列 专用压力级别						
	Class150	Class300	Class600	Class900	Class1500	Class2500	Class4500
	最大允许工作压力/MPa						
-29~38	1.98	5.17	103.4	15.51	25.86	43.09	77.57
50	1.98	5.17	103.4	15.51	25.86	43.09	77.57
100	1.98	5.17	103.4	15.51	25.86	43.09	77.57
150	1.98	5.17	103.4	15.51	25.86	43.09	77.57
200	1.98	5.17	103.4	15.51	25.86	43.09	77.57
250	1.98	5.17	103.4	15.51	25.86	43.09	77.57
300	1.98	5.17	103.4	15.51	25.86	43.09	77.57
325	1.98	5.17	103.4	15.51	25.86	43.09	77.57
350	1.98	5.15	102.8	15.43	25.71	42.86	77.14
375	1.93	5.06	101.0	15.15	25.25	42.09	75.74
400	1.93	5.03	100.6	15.06	25.12	41.83	75.32
425	1.90	4.96	9.93	14.89	24.82	41.37	74.46
450	1.81	4.73	9.44	14.14	23.58	39.31	70.76
475	1.64	4.28	8.55	12.82	21.37	35.63	64.13
500	1.23	3.22	6.43	9.65	16.08	26.80	48.24
538	0.71	1.86	3.72	5.58	9.31	15.51	27.92
550	0.61	1.59	3.18	4.77	7.94	13.24	23.83
575	0.42	1.10	2.20	3.30	5.50	9.17	16.51
600	0.29	0.76	1.53	2.29	3.82	6.36	11.45
p_s/MPa	3	7.8	15.6	23.3	38.8	64.7	*110

（续）

第1组材料	材料为 F22 Cl.3、WC9						
温度/℃	Class 系列 标准压力级别						
	Class150	Class300	Class600	Class900	Class1500	Class2500	Class4500
	最大允许工作压力/MPa						
-29~38	1.98	5.17	10.34	15.51	25.86	43.09	77.57
50	1.95	5.17	10.34	15.51	25.86	43.09	77.57
100	1.77	5.15	10.30	15.46	25.76	42.94	77.30
150	1.58	5.03	10.03	15.06	25.08	41.82	75.28
200	1.38	4.86	9.72	14.58	24.34	40.54	72.98
250	1.21	4.63	9.27	13.90	23.18	38.62	69.48
300	1.02	4.29	8.57	12.86	21.44	35.71	64.26
325	0.93	4.14	8.26	12.40	20.66	34.43	61.96
350	0.84	4.03	8.04	12.07	20.11	33.53	60.33
375	0.74	3.89	7.76	11.65	19.41	32.32	58.18
400	0.65	3.65	7.33	10.98	18.31	30.49	54.85
425	0.55	3.52	7.00	10.51	17.51	29.16	52.47
450	0.46	3.37	6.77	10.14	16.90	28.18	50.70
475	0.37	3.17	6.34	9.51	15.82	26.39	47.48
500	0.28	2.82	5.65	8.47	14.09	23.50	42.30
538	0.14	1.84	3.69	5.53	9.22	15.37	27.66
550	▲0.14	1.56	3.13	4.69	7.82	13.03	23.45
575	▲0.14	1.05	2.11	3.16	5.26	8.77	15.79
600	▲0.14	0.69	1.38	2.07	3.44	5.74	10.33
625	▲0.14	0.45	0.89	1.34	2.23	3.72	6.69
650	▲0.11	0.28	0.57	0.85	1.42	2.36	4.26
p_s/MPa	3	7.8	15.6	23.3	38.8	64.7	*110
温度/℃	Class 系列 专用压力级别						
	Class150	Class300	Class600	Class900	Class1500	Class2500	Class4500
	最大允许工作压力/MPa						
-29~38	1.98	5.17	10.34	15.51	25.86	43.09	77.57
50	1.98	5.17	10.34	15.51	25.86	43.09	77.57
100	1.98	5.16	10.32	15.49	25.81	43.02	77.43
150	1.95	5.10	10.19	15.29	25.48	42.46	76.43
200	1.93	5.02	10.04	15.07	25.11	41.85	75.34
250	1.92	5.00	10.0	14.99	24.99	41.65	74.97
300	1.91	4.98	9.96	14.93	24.89	41.48	74.67
325	1.90	4.96	9.92	14.88	24.80	41.33	74.39
350	1.89	4.92	9.84	14.76	24.60	41.0	73.81
375	1.87	4.88	9.75	14.63	24.38	40.63	73.13
400	1.87	4.88	9.75	14.63	24.38	40.63	73.13
425	1.87	4.88	9.75	14.63	24.38	40.63	73.13
450	1.81	4.73	9.44	14.14	23.58	39.31	70.76
475	1.64	4.28	8.55	12.82	21.37	35.63	64.13
500	1.37	3.56	7.15	10.71	17.86	29.75	53.54
538	0.88	2.30	4.61	6.91	11.52	19.21	34.57
550	0.75	1.95	3.91	5.86	9.77	16.28	29.31
575	0.50	1.32	2.63	3.95	6.58	10.97	19.74
600	0.33	0.86	1.72	2.58	4.30	7.17	12.91
625	0.21	0.56	1.12	1.67	2.79	4.65	8.37
650	0.14	0.35	0.71	10.6	1.77	2.95	5.32
p_s/MPa	3	7.8	15.6	23.3	38.8	64.7	*110

（续）

第1组材料	材料为F5a、C5						
温度/℃	Class 系列 标准压力级别						
	Class 150	Class 300	Class 600	Class 900	Class 1500	Class 2500	Class 4500
	最大允许工作压力/MPa						
-29~38	2.0	5.17	10.34	15.51	25.86	43.09	77.57
50	1.95	5.17	10.34	15.51	25.86	43.09	77.57
100	1.77	5.15	10.30	15.46	25.76	42.94	77.30
150	1.58	5.03	10.03	15.06	25.08	41.82	75.28
200	1.38	4.86	9.72	14.58	24.34	40.54	72.98
250	1.21	4.63	9.27	13.90	23.18	38.62	69.48
300	1.02	4.29	8.57	12.86	21.44	35.71	64.26
325	0.93	4.14	8.26	12.40	20.66	34.43	61.96
350	0.84	4.03	8.04	12.07	20.11	33.53	60.33
375	0.74	3.89	7.76	11.65	19.41	32.32	58.18
400	0.65	3.65	7.33	10.98	18.31	30.49	54.85
425	0.55	3.52	7.0	10.51	17.51	29.16	52.47
450	0.46	3.37	6.77	10.14	16.90	28.18	50.70
475	0.37	2.79	5.57	8.34	13.93	23.21	41.78
500	0.28	2.14	4.28	6.41	10.69	17.82	32.07
538	0.14	1.37	2.74	4.11	6.86	11.43	20.57
550	▲0.14	1.20	2.41	3.61	6.02	10.04	18.07
575	▲0.14	0.89	1.78	2.67	4.44	7.40	13.33
600	▲0.14	0.62	1.25	1.87	3.12	5.19	9.35
625	▲0.14	0.40	0.80	1.20	2.00	3.33	5.99
650	▲0.09	0.24	0.47	0.71	1.18	1.97	3.55
p_s/MPa	3	7.8	15.6	23.3	38.8	64.7	*110
温度/℃	Class 系列 专用压力级别						
	Class 150	Class 300	Class 600	Class 900	Class 1500	Class 2500	Class 4500
	最大允许工作压力/MPa						
-29~38	2.0	5.17	10.43	15.51	25.86	43.09	77.57
50	2.0	5.17	10.43	15.51	25.86	43.09	77.57
100	2.0	5.17	10.43	15.51	25.86	43.09	77.57
150	2.0	5.17	10.43	15.51	25.86	43.09	77.57
200	2.0	5.17	10.43	15.51	25.86	43.09	77.57
250	2.0	5.17	10.43	15.51	25.86	43.09	77.57
300	2.0	5.17	10.43	15.51	25.86	43.09	77.57
325	2.0	5.17	10.43	15.51	25.86	42.86	77.57
350	1.98	5.15	10.28	15.43	25.25	42.09	75.74
375	1.93	5.06	10.10	15.15	25.71	42.86	77.14
400	1.93	5.03	10.06	15.06	25.12	41.83	75.32
425	1.90	4.96	9.93	14.89	24.82	41.37	74.46
450	1.81	4.52	9.03	13.55	22.59	37.65	67.76
475	1.64	3.48	6.96	10.43	17.41	29.02	52.23
500	1.34	2.67	5.34	8.02	13.36	22.27	40.09
538	0.86	1.71	3.43	5.14	8.57	14.28	25.71
550	0.75	1.51	3.01	4.52	7.53	12.55	22.59
575	0.56	1.11	2.22	3.33	5.55	9.25	16.66
600	0.39	0.78	1.56	2.34	3.89	6.49	11.68
625	0.25	0.50	1.0	1.50	2.49	4.16	7.48
650	0.15	0.30	0.59	0.89	1.48	2.46	4.43
p_s/MPa	3	7.8	15.6	23.3	38.8	64.7	*110

（续）

第1组材料	材料为F91、C12A						
温度/℃	Class系列 标准压力级别						
	Class 150	Class 300	Class 600	Class 900	Class 1500	Class 2500	Class 4500
	最大允许工作压力/MPa						
-29~38	2.0	5.17	10.34	15.51	25.86	43.09	77.57
50	1.95	5.17	10.34	15.51	25.86	43.09	77.57
100	1.77	5.15	10.30	15.46	25.76	42.94	77.30
150	1.58	5.03	10.03	15.06	25.08	41.82	75.28
200	1.38	4.86	9.72	14.58	24.34	40.54	72.98
250	1.21	4.63	9.27	13.90	23.18	38.62	69.48
300	1.02	4.29	8.57	12.86	21.44	35.71	64.26
325	0.93	4.14	8.26	12.40	20.66	34.43	61.96
350	0.84	4.03	8.04	12.07	20.11	33.53	60.33
375	0.74	3.89	7.76	11.65	19.41	32.32	58.18
400	0.65	3.65	7.33	10.98	18.31	30.49	54.85
425	0.55	3.52	7.0	10.51	17.51	29.16	52.47
450	0.46	3.37	6.77	10.14	16.90	28.18	50.70
475	0.37	3.17	6.34	9.51	15.82	26.39	47.48
500	0.28	2.82	5.65	8.47	14.09	23.50	42.30
538	0.14	2.52	5.0	7.52	12.55	20.89	37.58
550	▲0.14	2.50	4.98	7.48	12.49	20.80	37.42
575	▲0.14	2.40	4.79	7.18	11.97	19.95	35.91
600	▲0.14	1.95	3.90	5.85	9.75	16.25	29.25
625	▲0.14	1.46	2.92	4.38	7.30	12.17	21.91
650	▲0.14	0.99	1.99	2.98	4.96	8.27	14.89
p_s/MPa	3	7.8	15.6	23.3	38.8	64.7	*110
温度/℃	Class系列 专用压力级别						
	Class 150	Class 300	Class 600	Class 900	Class 1500	Class 2500	Class 4500
	最大允许工作压力/MPa						
-29~38	2.0	5.17	10.34	15.51	25.86	43.09	77.57
50	2.0	5.17	10.34	15.51	25.86	43.09	77.57
100	2.0	5.17	10.34	15.51	25.86	43.09	77.57
150	2.0	5.17	10.34	15.51	25.86	43.09	77.57
200	2.0	5.17	10.34	15.51	25.86	43.09	77.57
250	2.0	5.17	10.34	15.51	25.86	43.09	77.57
300	2.0	5.17	10.34	15.51	25.86	43.09	77.57
325	2.0	5.17	10.34	15.51	25.86	43.09	77.57
350	1.93	5.06	10.10	15.15	25.25	42.09	75.74
375	1.98	5.15	10.28	15.43	25.71	42.86	77.14
400	1.93	5.03	10.06	15.06	25.12	41.83	75.32
425	1.90	4.96	9.93	14.89	24.82	41.37	74.46
450	1.81	4.73	9.44	14.14	23.58	39.31	70.76
475	1.64	4.28	8.55	12.82	21.37	35.63	64.13
500	1.37	3.56	7.15	10.71	17.86	29.75	53.54
538	1.10	2.90	5.79	8.69	14.51	24.17	43.51
550	1.10	2.90	5.79	8.69	14.51	24.17	43.51
575	1.09	2.86	5.71	8.57	14.30	23.83	42.88
600	0.93	2.44	4.87	7.31	12.19	20.31	36.56
625	0.70	1.83	3.65	5.48	9.13	15.21	27.38
650	0.48	1.24	2.48	3.72	6.21	10.34	18.62
p_s/MPa	3	7.8	15.6	23.3	38.8	64.7	*110

（续）

第1组材料	材料为F92						
温度/℃	Class系列　标准压力级别						
	Class 150	Class 300	Class 600	Class 900	Class 1500	Class 2500	Class 4500
	最大允许工作压力/MPa						
-29~38	2.0	5.17	10.34	15.51	25.86	43.09	77.57
50	1.95	5.17	10.34	15.51	25.86	43.09	77.57
100	1.77	5.15	10.30	15.46	25.76	42.94	77.30
150	1.58	5.03	10.03	15.06	25.08	41.82	75.28
200	1.38	4.86	9.72	14.58	24.34	40.54	72.98
250	1.21	4.63	9.27	13.90	23.18	38.62	69.48
300	1.02	4.29	8.57	12.86	21.44	35.71	64.26
325	0.93	4.14	8.26	12.40	20.66	34.43	61.96
350	0.84	4.03	8.04	12.07	20.11	33.53	60.33
375	0.74	3.89	7.76	11.65	19.41	32.32	58.18
400	0.65	3.65	7.33	10.98	18.31	30.49	54.85
425	0.55	3.52	7.00	10.51	17.51	29.16	52.47
450	0.46	3.37	6.77	10.14	16.90	28.18	50.70
475	0.37	3.17	6.34	9.51	15.82	26.39	47.48
500	0.28	2.82	5.65	8.47	14.09	23.50	42.30
538	0.14	2.52	5.00	7.52	12.55	20.89	37.58
550	▲0.14	2.50	4.98	7.48	12.49	20.80	37.42
575	▲0.14	2.40	4.79	7.18	11.97	19.95	35.91
600	▲0.14	2.16	4.29	6.42	10.70	17.85	32.14
625	▲0.14	1.83	3.66	5.49	9.12	15.20	27.38
650	▲0.14	1.32	2.65	3.97	6.62	11.03	19.86
p_s/MPa	3	7.8	15.6	23.3	38.8	64.7	*110
温度/℃	Class系列　专用压力级别						
	Class 150	Class 300	Class 600	Class 900	Class 1500	Class 2500	Class 4500
	最大允许工作压力/MPa						
-29~38	2.0	5.17	103.4	15.51	25.86	43.09	77.57
50	2.0	5.17	103.4	15.51	25.86	43.09	77.57
100	2.0	5.17	103.4	15.51	25.86	43.09	77.57
150	2.0	5.17	103.4	15.51	25.86	43.09	77.57
200	2.0	5.17	103.4	15.51	25.86	43.09	77.57
250	2.0	5.17	103.4	15.51	25.86	43.09	77.57
300	2.0	5.17	103.4	15.51	25.86	43.09	77.57
325	2.0	5.17	103.4	15.51	25.86	43.09	77.57
350	1.98	5.15	10.28	15.43	25.71	42.86	77.14
375	1.93	5.06	10.10	15.15	25.25	42.09	75.74
400	1.93	5.03	10.06	15.06	25.12	41.83	75.32
425	1.90	4.96	9.93	14.89	24.82	41.37	74.46
450	1.81	4.73	9.44	14.14	23.58	39.31	70.76
475	1.64	4.28	8.55	12.82	21.37	35.63	64.13
500	1.37	3.56	7.15	10.71	17.86	29.75	53.54
538	1.10	2.90	5.79	8.69	14.51	24.17	43.51
550	1.10	2.90	5.79	8.69	14.51	24.17	43.51
575	1.09	2.86	5.71	8.57	14.30	23.83	42.88
600	1.03	2.69	5.35	8.04	13.40	22.34	40.19
625	0.87	2.30	4.57	6.86	11.43	19.06	34.28
650	0.63	1.65	3.31	4.96	8.27	13.79	24.82
p_s/MPa	3	7.8	15.6	23.3	38.8	64.7	*110

（续）

第2组材料	材料为F304、CF8、F304H、CF10						
温度/℃	Class系列 标准压力级别						
	Class 150	Class 300	Class 600	Class 900	Class 1500	Class 2500	Class 4500
	最大允许工作压力/MPa						
-29~38	1.90	4.96	9.93	14.89	24.82	41.37	74.46
50	1.83	4.78	9.56	14.35	23.91	39.85	71.73
100	1.57	4.09	8.17	12.26	20.43	34.04	61.28
150	1.42	3.70	7.40	11.10	18.50	30.84	55.51
200	1.32	3.45	6.90	10.34	17.24	28.73	51.72
250	1.21	3.25	6.50	9.75	16.24	27.07	48.73
300	1.02	3.09	6.18	9.27	15.46	25.76	46.37
325	0.93	3.02	6.04	9.07	15.11	25.19	45.33
350	0.84	2.96	5.93	8.89	14.81	24.69	44.44
375	0.74	2.90	5.81	8.71	14.52	24.19	43.55
400	0.65	2.84	5.69	8.53	14.22	23.70	42.66
425	0.55	2.80	5.60	8.40	14.00	23.33	41.99
450	0.46	2.74	5.48	8.22	13.70	22.84	41.11
475	0.37	2.69	5.39	8.08	13.47	22.45	40.40
500	0.28	2.65	5.30	7.95	13.24	22.07	39.73
538	0.14	2.44	4.89	7.33	12.21	20.36	36.64
550	▲0.14	2.36	4.71	7.07	11.78	19.63	35.34
575	▲0.14	2.08	4.17	6.25	10.42	17.37	31.27
600	▲0.14	1.69	3.38	5.06	8.44	14.07	25.32
625	▲0.14	1.38	2.76	4.14	6.89	11.49	20.68
650	▲0.14	1.13	2.25	3.38	5.63	9.38	16.89
675	▲0.14	0.93	1.87	2.80	4.67	7.79	14.02
700	▲0.14	0.80	1.61	2.41	4.01	6.69	12.04
725	▲0.14	0.68	1.35	2.03	3.38	5.63	10.13
750	▲0.14	0.58	1.16	1.73	2.89	4.81	8.67
775	▲0.14	0.46	0.90	1.37	2.28	3.80	6.84
800	▲0.12	0.35	0.70	1.05	1.74	2.92	5.26
p_s/MPa	2.9	7.5	14.9	22.4	37.3	62.1	*105
温度/℃	Class系列 专用压力级别						
	Class 150	Class 300	Class 600	Class 900	Class 1500	Class 2500	Class 4500
	最大允许工作压力/MPa						
-29~38	1.98	5.17	10.34	15.51	25.86	43.09	77.57
50	1.94	5.05	10.10	15.15	25.25	42.08	75.74
100	1.75	4.56	9.12	13.68	22.80	38.00	68.39
150	1.58	4.13	8.26	12.39	20.65	34.42	61.96
200	1.48	3.85	7.70	11.54	19.24	32.07	57.72
250	1.39	3.63	7.25	10.88	18.13	30.22	54.39
300	1.32	3.45	6.90	10.35	17.25	28.75	51.75
325	1.29	3.37	6.75	10.12	16.87	28.11	50.60
350	1.27	3.31	6.61	9.92	16.53	27.55	49.60
375	1.24	3.24	6.48	9.72	16.20	27.00	48.60
400	1.22	3.17	6.35	9.52	15.87	26.45	47.61
425	1.20	3.12	6.25	9.37	15.62	26.04	46.87
450	1.17	3.06	6.12	9.18	15.30	25.49	45.89
475	1.15	3.01	6.01	9.02	15.03	25.05	45.09
500	1.13	2.96	5.91	8.87	14.78	24.64	44.35
538	1.10	2.86	5.73	8.59	14.31	23.85	42.94
550	1.09	2.84	5.68	8.51	14.19	23.65	42.57
575	1.0	2.61	5.21	7.82	13.03	21.72	39.09
600	0.81	2.11	4.22	6.33	10.55	17.58	31.65
625	0.66	1.72	3.45	5.17	8.62	14.36	25.85
650	0.54	1.41	2.82	4.22	7.04	11.73	21.12
675	0.45	1.17	2.34	3.51	5.84	9.74	17.53
700	0.41	1.07	2.13	3.20	5.33	8.89	16.00
725	0.35	0.92	1.85	2.77	4.62	7.70	13.86
750	0.28	0.74	1.48	2.21	3.67	6.12	11.03
775	0.22	0.58	1.14	1.72	2.85	4.76	8.56
800	0.18	0.44	0.88	1.32	2.20	3.66	6.56
p_s/MPa	3	7.8	15.6	23.3	38.8	64.7	*110

（续）

第2组材料	材料为 F316、CF8M、F316H、CF10M						
温度/℃	Class 系列 标准压力级别						
	Class 150	Class 300	Class 600	Class 900	Class 1500	Class 2500	Class 4500
	最大允许工作压力/MPa						
-29~38	1.90	4.96	9.93	14.89	24.82	41.37	74.46
50	1.84	4.81	9.62	14.43	24.06	40.09	72.17
100	1.62	4.22	8.44	12.66	21.10	35.16	63.29
150	1.48	3.85	7.70	11.55	19.25	32.08	57.74
200	1.37	3.57	7.13	10.70	17.83	29.72	53.49
250	1.21	3.34	6.68	10.01	16.69	27.81	50.06
300	1.02	3.16	6.32	9.49	15.81	26.35	47.43
325	0.93	3.09	6.18	9.27	15.44	25.74	46.33
350	0.84	3.03	6.07	9.10	15.16	25.27	45.49
375	0.74	2.99	5.98	8.96	14.94	24.90	44.82
400	0.65	2.94	5.89	8.83	14.72	24.53	44.16
425	0.55	2.91	5.83	8.74	14.57	24.29	43.71
450	0.46	2.88	5.77	8.65	14.42	24.04	43.27
475	0.37	2.87	5.73	8.60	14.34	23.89	43.01
500	0.28	2.82	5.65	8.47	14.09	23.50	42.30
538	0.14	2.52	5.0	7.52	12.55	20.89	37.58
550	▲0.14	2.50	4.98	7.48	12.49	20.80	37.42
575	▲0.14	2.40	4.79	7.18	11.97	19.95	35.91
600	▲0.14	1.99	3.98	5.97	9.95	16.59	29.86
625	▲0.14	1.58	3.16	4.74	7.91	13.18	23.72
650	▲0.14	1.27	2.53	3.80	6.33	10.55	18.99
675	▲0.14	1.03	2.06	3.10	5.16	8.60	15.48
700	▲0.14	0.84	1.68	2.51	4.19	6.98	12.57
725	▲0.14	0.70	1.40	2.10	3.49	5.82	10.48
750	▲0.14	0.59	1.17	1.76	2.93	4.89	8.79
775	▲0.14	0.46	0.90	1.37	2.28	3.80	6.84
800	▲0.12	0.35	0.70	1.05	1.74	2.92	5.26
p_s/MPa	2.9	7.5	14.9	22.4	37.3	62.1	*110
温度/℃	Class 系列 专用压力等级						
	Class 150	Class 300	Class 600	Class 900	Class 1500	Class 2500	Class 4500
	最大允许工作压力/MPa						
-29~38	1.98	5.17	10.34	15.51	25.86	43.09	77.57
50	1.95	5.08	10.16	15.25	25.41	42.35	76.23
100	1.81	4.71	9.42	14.13	23.55	39.24	70.64
150	1.65	4.30	8.59	12.89	21.48	35.80	64.44
200	1.53	3.98	7.96	11.94	19.90	33.17	59.70
250	1.43	3.73	7.45	11.18	18.63	31.04	55.88
300	1.35	3.53	7.06	10.59	17.64	29.41	52.93
325	1.32	3.45	6.89	10.34	17.23	28.72	51.70
350	1.30	3.38	6.77	10.15	16.92	28.21	50.77
375	1.28	3.33	6.67	10.0	16.67	27.79	50.02
400	1.26	3.29	6.57	9.86	16.43	27.38	49.29
425	1.25	3.25	6.51	9.76	16.26	27.11	48.79
450	1.23	3.22	6.44	9.66	16.10	26.83	48.29
475	1.23	3.20	6.40	9.60	16.00	26.66	48.00
500	1.22	3.17	6.34	9.51	15.86	26.43	47.57
538	1.10	2.90	5.79	8.69	14.51	24.17	43.51
550	1.10	2.90	5.79	8.69	14.51	24.17	43.51
575	1.09	2.86	5.71	8.57	14.30	23.83	42.88
600	0.95	2.49	4.98	7.46	12.44	20.73	37.32
625	0.76	1.98	3.95	5.93	9.88	16.47	29.65
650	0.61	1.58	3.17	4.75	7.91	13.19	23.74
675	0.49	1.29	2.58	3.87	6.45	10.75	19.35
700	0.44	1.14	2.28	3.43	5.71	9.52	17.13
725	0.37	0.95	1.91	2.86	4.77	7.95	14.30
750	0.28	0.74	1.48	2.21	3.67	6.12	11.03
775	0.22	0.58	1.14	1.72	2.85	4.76	8.56
800	0.18	0.44	0.88	1.32	2.20	3.66	6.56
p_s/MPa	3	7.8	15.6	23.3	38.8	64.7	*110

（续）

第2组材料	材料为 F321H						
温度/℃	Class 系列　标准压力级别						
	Class 150	Class 300	Class 600	Class 900	Class 1500	Class 2500	Class 4500
	最大允许工作压力/MPa						
-29~38	1.90	4.96	9.93	14.89	24.82	41.37	74.46
50	1.86	4.86	9.71	14.57	24.28	40.46	72.83
100	1.70	4.42	8.85	13.27	22.12	36.84	66.36
150	1.57	4.10	8.20	12.29	20.49	34.15	61.47
200	1.38	3.83	7.66	11.49	19.15	31.91	57.45
250	1.21	3.60	7.20	10.81	18.01	30.02	54.04
300	1.02	3.41	6.83	10.24	17.07	28.46	51.22
325	0.93	3.33	6.66	9.99	16.65	27.76	49.96
350	0.84	3.26	6.52	9.78	16.30	27.17	48.91
375	0.74	3.20	6.41	9.61	16.02	26.69	48.05
400	0.65	3.16	6.32	9.48	15.79	26.32	47.38
425	0.55	3.11	6.23	9.34	15.57	25.95	46.71
450	0.46	3.08	6.17	9.25	15.42	25.69	46.25
475	0.37	3.05	6.11	9.16	15.27	25.44	45.80
500	0.28	2.82	5.65	8.47	14.09	23.50	42.30
538	0.14	2.52	5.0	7.52	12.55	20.89	37.58
550	▲0.14	2.50	4.98	7.48	12.49	20.80	37.42
575	▲0.14	2.40	4.79	7.18	11.97	19.95	35.91
600	▲0.14	2.03	4.05	6.08	10.13	16.89	30.40
625	▲0.14	1.58	3.16	4.74	7.91	13.18	23.72
650	▲0.14	1.26	2.53	3.79	6.32	10.54	18.96
675	▲0.14	0.99	1.98	2.96	4.94	8.23	14.81
700	▲0.14	0.79	1.58	2.37	3.95	6.59	11.86
725	▲0.14	0.63	1.27	1.90	3.17	5.28	9.51
750	▲0.14	0.50	1.00	1.50	2.50	4.17	7.50
775	▲0.14	0.40	0.80	1.19	1.99	3.32	5.97
800	▲0.12	0.31	0.63	0.94	1.56	2.61	4.69
p_s/MPa	2.9	7.5	14.9	22.4	37.3	62.1	*105
温度/℃	Class 系列　专用压力级别						
	Class 150	Class 300	Class 600	Class 900	Class 1500	Class 2500	Class 4500
	最大允许工作压力/MPa						
-29~38	1.98	5.17	10.34	15.51	25.86	43.09	77.57
50	1.96	5.11	10.23	15.34	25.56	42.60	76.69
100	1.89	4.87	9.73	14.60	24.33	40.55	72.99
150	1.75	4.57	9.15	13.72	22.87	38.11	68.60
200	1.64	4.27	8.55	12.82	21.37	35.62	64.11
250	1.54	4.02	8.04	12.06	20.10	33.50	60.31
300	1.46	3.81	7.62	11.43	19.06	31.76	57.17
325	1.43	3.72	7.44	11.15	18.59	30.98	55.76
350	1.39	3.64	7.28	10.92	18.19	30.32	54.58
375	1.37	3.58	7.15	10.73	17.88	29.79	53.63
400	1.35	3.53	7.05	10.58	17.63	29.38	52.88
425	1.33	3.48	6.95	10.43	17.38	28.96	52.13
450	1.32	3.44	6.88	10.32	17.20	28.67	51.61
475	1.31	3.41	6.82	10.22	17.04	28.40	51.12
500	1.29	3.37	6.75	10.12	16.87	28.12	50.62
538	1.10	2.90	5.79	8.69	14.51	24.17	43.51
550	1.10	2.90	5.79	8.69	14.51	24.17	43.51
575	1.09	2.86	5.71	8.57	14.30	23.83	42.88
600	0.97	2.53	5.07	7.60	12.66	21.11	37.99
625	0.76	1.98	3.95	5.93	9.88	16.48	29.65
650	0.61	1.58	3.16	4.74	7.90	13.17	23.70
675	0.47	1.23	2.47	3.70	6.17	10.29	18.52
700	0.42	1.08	2.17	3.25	5.42	9.03	16.25
725	0.34	0.89	1.77	2.66	4.43	7.38	13.29
750	0.26	0.67	1.34	2.0	3.34	5.57	10.02
775	0.19	0.50	1.0	1.50	2.51	4.18	7.52
800	0.17	0.44	0.88	1.32	2.20	3.66	6.56
p_s/MPa	3	7.8	15.6	23.3	38.8	64.7	*110

（续）

第2组材料	材料为 F347H						
温度/℃	Class 系列　标准压力级别						
	Class 150	Class 300	Class 600	Class 900	Class 1500	Class 2500	Class 4500
	最大允许工作压力/MPa						
-29～38	1.90	4.96	9.93	14.89	24.82	41.37	74.46
50	1.87	4.88	9.75	14.63	24.38	40.64	73.15
100	1.74	4.53	9.06	13.59	22.65	37.74	67.94
150	1.58	4.25	8.49	12.74	21.24	35.39	63.71
200	1.38	3.99	7.99	11.98	19.97	33.28	59.91
250	1.21	3.78	7.56	11.34	18.91	31.51	56.72
300	1.02	3.61	7.22	10.83	18.04	30.07	54.13
325	0.93	3.54	7.07	10.61	17.68	29.46	53.03
350	0.84	3.48	6.95	10.43	17.38	28.96	52.13
375	0.74	3.42	6.84	10.26	17.10	28.51	51.31
400	0.65	3.39	6.78	10.17	16.95	28.26	50.86
425	0.55	3.36	6.72	10.08	16.81	28.01	50.42
450	0.46	3.35	6.69	10.04	16.73	27.88	50.18
475	0.37	3.17	6.34	9.51	15.82	26.39	57.48
500	0.28	2.82	5.65	8.47	14.09	23.50	52.30
538	0.14	2.52	5.0	7.52	12.55	20.89	37.58
550	▲0.14	2.50	4.98	7.48	12.49	20.80	37.42
575	▲0.14	2.40	4.79	7.18	11.97	19.95	35.91
600	▲0.14	2.16	4.29	6.42	10.70	17.85	32.14
625	▲0.14	1.83	3.66	5.49	9.12	15.20	27.38
650	▲0.14	1.41	2.81	4.25	7.07	11.77	21.17
675	▲0.14	1.24	2.52	3.76	6.27	10.45	18.79
700	▲0.14	1.01	2.0	2.98	4.97	8.30	14.94
725	▲0.14	0.79	1.54	2.32	3.86	6.44	11.58
750	▲0.14	0.59	1.17	1.76	2.96	4.91	8.82
775	▲0.14	0.46	0.90	1.37	2.28	3.80	6.84
800	▲0.12	0.35	0.70	1.05	1.74	2.92	5.26
p_s/MPa	2.9	7.5	14.9	22.4	37.3	62.1	*105
温度/℃	Class 系列　专用压力级别						
	Class 150	Class 300	Class 600	Class 900	Class 1500	Class 2500	Class 4500
	最大允许工作压力/MPa						
-29～38	2.0	5.17	10.34	15.51	25.86	43.09	77.57
50	2.0	5.17	10.34	15.51	25.56	43.09	77.57
100	1.94	5.06	10.11	15.17	24.33	42.13	75.83
150	1.82	4.74	9.48	14.22	22.87	39.50	71.10
200	1.71	4.46	8.91	13.37	21.37	37.15	66.86
250	1.62	4.22	8.44	12.66	20.10	35.17	63.30
300	1.54	4.03	8.06	12.08	19.06	33.56	60.41
325	1.51	3.95	7.89	11.84	18.59	32.88	59.18
350	1.49	3.88	7.76	11.64	18.19	32.33	58.19
375	1.46	3.82	7.64	11.45	17.88	31.81	57.27
400	1.45	3.78	7.57	11.35	17.63	31.54	56.77
425	1.44	3.75	7.50	11.25	17.38	31.26	56.27
450	1.43	3.73	7.47	11.20	17.20	31.11	56.00
475	1.43	3.73	7.46	11.19	17.04	31.09	55.96
500	1.37	3.56	7.15	10.71	16.87	29.75	53.54
538	1.10	2.90	5.79	8.69	14.51	24.17	43.51
550	1.10	2.90	5.79	8.69	14.51	24.17	43.51
575	1.09	2.86	5.71	8.57	14.30	23.83	42.88
600	1.03	2.69	5.35	8.04	12.66	22.34	40.19
625	0.87	2.30	4.57	6.86	9.88	19.06	34.28
650	0.69	1.79	3.55	5.31	7.90	14.79	26.61
675	0.62	1.60	3.16	4.73	6.17	13.17	23.70
700	0.48	1.24	2.50	3.73	5.42	10.37	18.65
725	0.37	0.97	1.95	2.89	4.43	8.02	14.45
750	0.28	0.74	1.48	2.21	3.34	6.12	11.03
775	0.22	0.58	1.14	1.72	2.51	4.79	8.56
800	0.18	0.44	0.88	1.32	2.20	3.66	6.56
p_s/MPa	3	7.8	15.6	23.3	38.8	64.7	*110

（续）

第2组材料	材料为 F310H						
温度/℃	Class 系列 标准压力级别						
	Class 150	Class 300	Class 600	Class 900	Class 1500	Class 2500	Class 4500
	最大允许工作压力/MPa						
-29~38	1.90	4.96	9.93	14.89	24.82	41.37	74.46
50	1.85	4.84	9.60	14.51	24.18	40.31	72.55
100	1.66	4.34	8.68	13.02	21.70	36.16	65.09
150	1.53	4.0	8.0	12.0	20.0	33.33	59.99
200	1.38	3.76	7.52	11.28	18.80	31.34	56.41
250	1.21	3.58	7.15	10.73	17.88	29.81	53.65
300	1.02	3.45	6.89	10.34	17.23	28.72	51.69
325	0.93	3.39	6.77	10.16	16.93	28.22	50.79
350	0.84	3.33	6.66	9.99	16.65	27.76	49.96
375	0.74	3.29	6.57	9.86	16.43	27.38	49.29
400	0.65	3.24	6.48	9.73	16.21	27.02	48.63
425	0.55	3.21	6.42	9.64	16.06	26.77	48.18
450	0.46	3.17	6.34	9.51	15.84	26.40	47.53
475	0.37	3.12	6.25	9.37	15.62	26.03	46.86
500	0.28	2.82	5.65	8.47	14.09	23.50	42.30
538	0.14	2.52	5.0	7.52	12.55	20.89	37.58
550	▲0.14	2.50	4.98	7.48	12.49	20.80	37.42
575	▲0.14	2.22	4.44	6.65	11.09	18.48	33.27
600	▲0.14	1.68	3.35	5.03	8.39	13.98	25.16
625	▲0.14	1.25	2.50	3.75	6.25	10.42	18.76
650	▲0.14	0.94	1.87	2.81	4.68	7.80	14.04
675	▲0.14	0.72	1.45	2.17	3.62	6.03	10.85
700	▲0.14	0.55	1.10	1.65	2.75	4.59	8.25
725	▲0.14	0.43	0.87	1.30	2.16	3.60	6.49
750	▲0.13	0.34	0.68	1.02	1.71	2.84	5.12
775	▲0.10	0.27	0.53	0.80	1.33	2.21	3.98
800	▲0.08	0.21	0.41	0.62	1.03	1.72	3.10
p_s/MPa	2.9	7.5	14.9	22.4	37.3	62.1	*105
温度/℃	Class 系列 专用压力级别						
	Class 150	Class 300	Class 600	Class 900	Class 1500	Class 2500	Class 4500
	最大允许工作压力/MPa						
-29~38	2.0	5.17	10.34	15.51	25.86	43.09	77.57
50	2.0	5.17	10.34	15.51	25.86	43.09	77.57
100	1.86	4.84	9.69	14.53	24.22	40.36	72.65
150	1.71	4.46	8.93	13.39	22.32	37.19	66.95
200	1.61	4.20	8.39	12.59	20.99	34.98	62.96
250	1.53	3.99	7.98	11.98	19.96	33.27	59.88
300	1.47	3.85	7.69	11.54	13.23	32.05	57.69
325	1.45	3.78	7.56	11.34	18.90	31.49	56.69
350	1.42	3.72	7.43	11.15	18.59	30.98	55.76
375	1.41	3.67	7.33	11.0	18.34	30.56	55.01
400	1.39	3.62	7.24	10.85	18.09	30.15	54.27
425	1.37	3.59	7.17	10.76	17.93	29.88	53.78
450	1.36	3.54	7.07	10.61	17.68	29.47	53.04
475	1.34	3.49	6.97	10.46	17.43	29.05	52.30
500	1.32	3.44	6.87	10.31	17.18	28.64	51.55
538	1.10	2.90	5.79	8.69	14.51	24.17	43.51
550	1.10	2.90	5.79	8.69	14.51	24.17	43.51
575	1.06	2.77	5.54	8.32	13.86	23.10	41.58
600	0.80	2.10	4.19	6.29	10.48	17.47	31.45
625	0.60	1.56	3.13	4.69	7.82	13.03	23.45
650	0.45	1.17	2.34	3.51	5.85	9.75	17.55
675	0.35	0.90	1.81	2.71	4.52	7.53	13.56
700	0.30	0.77	1.54	2.32	3.86	6.44	11.59
725	0.23	0.61	1.21	1.82	3.04	5.06	9.11
750	0.17	0.46	0.91	1.37	2.28	3.79	6.83
775	1.13	0.33	0.67	1.00	1.67	2.79	5.01
800	0.11	0.29	0.58	0.86	1.44	2.40	4.32
p_s/MPa	3	7.8	15.6	23.3	38.8	64.7	*110

（续）

第2组材料	材料为 CH20						
温度/℃	Class 系列 标准压力级别						
	Class 150	Class 300	Class 600	Class 900	Class 1500	Class 2500	Class 4500
	最大允许工作压力/MPa						
-29~38	1.78	4.63	9.27	13.90	23.17	38.61	69.50
50	1.70	4.45	8.90	13.34	22.24	37.06	66.71
100	1.44	3.75	7.51	11.26	18.77	31.28	56.3
150	1.34	3.49	6.98	10.47	17.44	29.07	52.33
200	1.29	3.35	6.71	10.06	16.77	27.95	50.32
250	1.21	3.26	6.52	9.78	16.31	27.18	48.92
300	1.02	3.17	6.34	9.52	15.86	26.43	47.58
325	0.93	3.12	6.24	9.36	15.61	26.01	46.82
350	0.84	3.06	6.12	9.17	15.29	25.48	45.87
375	0.74	2.98	5.97	8.95	14.92	24.86	44.75
400	0.65	2.91	5.82	8.73	14.55	24.24	43.64
425	0.55	2.83	5.67	8.50	14.17	23.62	42.52
450	0.46	2.76	5.52	8.28	13.80	23.0	41.40
475	0.37	2.67	5.35	8.02	13.37	22.28	40.10
500	0.28	2.58	5.17	7.75	12.92	21.53	38.76
538	0.14	2.33	4.66	7.0	11.66	19.44	34.99
550	▲0.14	2.19	4.38	6.57	10.95	18.25	32.85
575	▲0.14	1.85	3.70	5.55	9.24	15.40	27.73
600	▲0.14	1.45	2.90	4.35	4.28	12.10	21.77
625	▲0.14	1.14	2.28	3.43	5.71	9.52	17.13
650	▲0.14	0.89	1.78	2.67	4.45	7.41	13.35
675	▲0.14	0.70	1.40	2.09	3.49	5.82	10.47
700	▲0.14	0.57	1.13	1.70	2.83	4.72	8.50
725	▲0.14	0.46	0.91	1.37	2.28	3.80	6.84
750	▲0.13	0.35	0.70	1.05	1.75	2.92	5.25
775	▲0.10	0.26	0.51	0.77	1.28	2.14	3.84
800	▲0.08	0.20	0.40	0.61	1.01	1.69	3.04
p_s/MPa	2.7	7	14.0	20.9	34.8	58	*98.0
温度/℃	Class 系列 专用压力级别						
	Class 150	Class 300	Class 600	Class 900	Class 1500	Class 2500	Class 4500
	最大允许工作压力/MPa						
-29~38	1.84	4.80	9.60	14.41	24.01	40.01	72.03
50	1.79	4.68	9.35	14.03	23.38	38.98	70.14
100	1.61	4.19	8.38	12.57	20.95	34.91	62.84
150	1.49	3.89	7.79	11.68	19.47	32.45	58.4
200	1.44	3.74	7.49	11.23	18.72	31.20	56.16
250	1.40	3.64	7.28	10.92	18.20	30.33	54.60
300	1.36	3.54	7.08	10.62	17.70	29.50	53.10
325	1.34	3.48	6.97	10.45	17.42	29.03	52.26
350	1.31	3.41	6.83	10.24	17.06	28.44	51.19
375	1.28	3.33	6.66	9.99	16.65	27.75	49.95
400	1.24	3.25	6.49	9.74	16.23	27.06	48.70
425	1.21	3.16	6.33	9.49	15.82	26.36	47.45
450	1.18	3.08	6.16	9.24	15.40	25.67	46.21
475	1.14	2.98	5.97	8.95	14.92	24.86	44.76
500	1.11	2.88	5.77	8.65	14.42	24.03	43.26
538	1.05	2.73	5.47	8.20	13.67	22.78	41.0
550	1.01	2.64	5.27	7.91	13.18	21.96	38.54
575	0.89	2.31	4.62	6.93	11.55	19.26	34.66
600	0.70	1.81	3.63	5.44	9.07	15.12	27.21
625	0.55	1.43	2.86	4.28	7.14	11.90	21.42
650	0.43	1.11	2.22	3.34	5.56	9.27	16.68
675	0.33	0.87	1.75	2.62	4.36	7.27	13.09
700	0.30	0.77	1.54	2.31	3.86	6.43	11.57
725	0.24	0.64	1.27	1.91	3.18	5.31	9.55
750	0.18	0.47	0.95	1.42	2.36	3.94	7.09
775	0.12	0.32	0.65	0.97	1.62	2.70	4.86
800	0.10	0.27	0.53	0.80	1.33	2.22	4.00
p_s/MPa	2.8	7.2	14.4	21.7	36	60	*100

（续）

第2组材料	材料为 CK20						
温度/℃	Class 系列 标准压力级别						
	Class 150	Class 300	Class 600	Class 900	Class 1500	Class 2500	Class 4500
	最大允许工作压力/MPa						
-29~38	1.78	4.63	9.27	13.90	23.17	38.61	69.50
50	1.70	4.45	8.90	13.34	22.24	37.06	66.71
100	1.44	3.75	7.51	11.26	18.77	31.28	56.3
150	1.34	3.49	5.98	10.47	17.44	29.07	52.33
200	1.29	3.35	5.71	10.06	16.77	27.95	50.32
250	1.21	3.26	6.52	9.78	16.31	27.18	48.92
300	1.02	3.17	6.34	9.52	15.86	26.43	47.58
325	0.93	3.12	6.24	9.36	15.61	26.01	46.82
350	0.84	3.06	6.12	9.17	15.29	25.48	45.87
375	0.74	2.98	5.97	8.95	14.92	24.86	44.75
400	0.65	2.91	5.82	8.73	14.55	24.24	43.64
425	0.55	2.83	5.67	8.50	14.17	23.62	42.52
450	0.46	2.76	5.52	8.28	13.80	23.00	41.40
475	0.37	2.67	5.35	8.02	13.37	22.28	40.10
500	0.28	2.58	5.17	7.75	12.92	21.53	38.76
538	0.14	2.33	4.66	7.00	11.66	19.44	34.99
550	▲0.14	2.29	4.59	6.88	11.47	19.12	34.41
575	▲0.14	2.17	4.33	6.50	10.83	18.04	32.48
600	▲0.14	1.94	3.88	5.82	9.71	16.18	29.12
625	▲0.14	1.68	3.37	5.05	8.41	14.02	25.24
650	▲0.14	1.41	2.81	4.22	7.04	11.73	21.11
675	▲0.14	1.15	2.30	3.46	5.76	9.60	17.28
700	▲0.14	0.88	1.75	2.63	5.38	7.30	13.15
725	▲0.14	0.63	1.27	1.90	3.17	5.29	9.52
750	▲0.14	0.45	0.89	1.34	2.23	3.72	6.69
775	▲0.12	0.31	0.63	0.94	1.57	2.62	4.72
800	▲0.09	0.23	0.46	0.69	1.14	1.91	3.43
p_s/MPa	2.7	7	14	20.9	34.8	58	*98
温度/℃	Class 系列 专用压力级别						
	Class 150	Class 300	Class 600	Class 900	Class 1500	Class 2500	Class 4500
	最大允许工作压力/MPa						
-29~38	1.84	4.80	9.60	14.41	24.01	40.01	72.03
50	1.79	4.68	9.35	14.03	23.38	38.96	70.14
100	1.61	4.19	8.38	12.57	20.95	34.91	62.84
150	1.49	3.89	7.79	11.68	19.47	32.45	58.4
200	1.44	3.74	7.49	11.23	18.72	31.20	56.16
250	1.40	3.64	7.28	10.92	18.20	30.33	54.60
300	1.36	3.54	7.08	10.62	17.70	29.50	53.10
325	1.34	3.48	6.97	10.45	17.42	29.03	52.26
350	1.31	3.41	6.83	10.24	17.06	28.44	51.19
375	1.28	3.33	6.66	9.99	16.65	27.75	49.95
400	1.24	3.25	6.49	9.74	16.23	27.06	48.70
425	1.21	3.16	6.33	9.49	15.82	26.36	47.45
450	1.18	3.08	6.16	9.24	15.40	26.67	46.21
475	1.14	2.98	59.70	8.95	14.92	24.86	44.76
500	1.11	2.88	5.77	8.65	14.42	24.03	43.26
538	1.05	2.73	5.47	8.20	13.67	22.78	41.00
550	1.05	2.73	5.47	8.20	13.67	22.78	41.00
575	1.04	2.71	5.41	8.12	13.53	22.56	40.60
600	0.93	2.43	4.85	7.28	12.13	20.22	36.40
625	0.81	2.10	4.21	6.31	10.52	17.53	31.55
650	0.67	1.76	3.52	5.28	8.79	14.66	26.38
675	0.55	1.44	2.88	4.32	7.20	12.00	21.59
700	0.47	1.23	2.47	3.70	6.16	10.27	18.49
725	0.36	0.94	1.88	2.82	4.70	7.84	14.10
750	0.24	0.61	1.23	1.84	3.07	5.12	9.22
775	0.15	0.40	0.79	1.19	1.99	3.31	5.96
800	0.13	0.33	0.65	0.98	1.63	2.72	4.90
p_s/MPa	2.8	7.2	14.4	21.7	36	60	*100

（续）

第3组材料	材料为N06022、N06625、N08825						
温度/℃	Class系列 标准压力级别						
	Class 150	Class 300	Class 600	Class 900	Class 1500	Class 2500	Class 4500
	最大允许工作压力/MPa						
-29~38	2.0	5.17	10.34	15.51	25.86	43.09	77.57
50	1.95	5.17	10.34	15.51	25.86	49.09	77.57
100	1.77	5.15	10.30	15.46	25.76	42.94	77.30
150	1.58	5.03	10.03	15.06	25.08	41.82	75.28
200	1.38	4.83	9.67	14.50	24.17	40.28	72.51
250	1.21	4.63	9.27	13.90	23.18	38.62	69.48
300	1.02	4.29	8.57	12.86	21.44	35.71	64.26
325	0.93	4.14	8.26	12.40	20.66	34.43	61.96
350	0.84	4.03	8.04	12.07	20.11	33.53	60.33
375	0.74	3.89	7.76	11.65	19.41	32.32	58.18
400	0.65	3.65	7.33	10.98	18.31	30.49	54.85
425	0.55	3.52	7.00	10.51	17.51	29.16	52.47
450	0.46	3.37	6.77	10.14	16.90	28.18	50.70
475	0.37	3.17	6.34	9.51	15.82	26.39	47.48
500	0.28	2.82	5.65	8.47	14.09	23.50	42.30
538	0.14	2.52	5.00	7.52	12.55	20.89	37.58
550	▲0.14	2.50	4.98	7.48	12.49	20.80	37.42
575	▲0.14	2.40	4.79	7.18	11.97	19.95	35.91
600	▲0.14	2.16	4.29	6.42	10.70	17.85	32.14
625	▲0.14	1.83	3.66	5.49	9.12	15.20	27.38
650	▲0.14	1.41	2.81	4.22	7.04	11.73	21.11
675	▲0.14	1.15	2.30	3.46	5.76	9.60	17.28
700	▲0.14	0.88	1.75	2.63	4.38	7.30	13.15
p_s/MPa	3	7.8	15.6	23.3	38.8	64.7	*110
温度/℃	Class系列 专用压力级别						
	Class 150	Class 300	Class 600	Class 900	Class 1500	Class 2500	Class 4500
	最大允许工作压力/MPa						
-29~38	2.0	5.17	10.34	15.51	25.86	43.09	77.57
50	2.0	5.17	10.34	15.51	25.86	43.09	77.57
100	2.0	5.17	10.34	15.51	25.86	43.09	77.57
150	2.0	5.17	10.34	15.51	25.86	43.09	77.57
200	2.0	5.17	10.34	15.51	25.86	43.09	77.57
250	1.98	5.17	10.34	15.51	25.86	43.09	77.57
300	1.91	4.99	10.34	15.51	24.94	32.05	74.82
325	1.88	4.91	9.98	14.96	24.53	31.49	73.59
350	1.86	4.84	9.81	14.72	24.22	30.98	72.66
375	1.84	4.79	9.69	14.53	23.97	30.56	71.91
400	1.82	4.75	9.59	14.38	23.73	30.15	71.18
425	1.81	4.73	9.49	14.24	23.64	29.88	70.93
450	1.79	4.68	9.49	14.19	23.41	29.47	70.22
475	1.64	4.28	9.36	14.04	21.37	29.05	64.13

（续）

第3组材料	材料为N06022、N06625、N08825						
温度/℃	Class系列　专用压力级别						
	Class 150	Class 300	Class 600	Class 900	Class 1500	Class 2500	Class 4500
	最大允许工作压力/MPa						
500	1.37	3.56	8.55	10.71	17.86	28.64	53.54
538	1.10	2.90	7.15	8.69	14.51	24.17	43.51
550	1.10	2.90	5.79	8.69	14.51	24.17	43.51
575	1.09	2.86	5.79	8.57	14.30	23.10	42.88
600	1.03	2.69	5.71	8.04	13.40	17.47	40.19
625	0.87	2.30	5.35	6.86	11.43	13.03	32.28
650	0.67	1.76	3.52	5.28	8.79	9.75	26.28
675	0.55	1.44	2.88	4.32	7.20	7.53	21.59
700	0.42	1.10	2.19	3.29	5.48	6.44	16.44
p_s/MPa	3	7.8	15.6	23.3	38.8	64.7	*110

注：1. A105、WCB材料长期处在高于425℃的工况，应考虑钢中碳化物相的石墨化倾向。允许，但不推荐长期使用。A105在高于455℃时，应只使用完全镇静钢。

2. 带符号*的强度试验p_s值可按使用单位和制造单位的合同和技术协议要求取设计压力的1.5倍。

3. WCC材料长期处在高于425℃的工况，应考虑钢中碳化物相的石墨化倾向。允许，但不推荐长期使用。

4. WC1材料长期处在高于470℃的工况，应考虑钢中碳化物相的石墨化倾向；允许，但不推荐长期使用。

5. WC1材料应进行正火+回火处理。

6. 除可以添加脱氧的钙和镁元素以外，不可随意添加其他任何元素。

7. F11 Cl.2、WC6材料应进行正火-回火处理。

8. F11 Cl.2材料允许但不推荐长期用于高于596℃的工况。WC6超过596℃不能使用。

9. WC6材料除可以添加脱氧的钙和镁元素以外，禁止添加其他任何元素。

10. 带符号▲的法兰端阀门的额定值不应超过538℃。

11. WC9材料应进行正火+回火处理。

12. 材料F22 Cl.3允许但不推荐长期用于高于596℃的工况。WC9超过596℃不能使用。

13. WC9材料除可以添加脱氧的钙和镁元素以外，禁止添加其他任何元素。

14. C5材料应进行正火+回火处理。

15. C5材料除可以添加脱氧的钙和镁元素以外，禁止添加其他任何元素。

16. C12A材料除可以添加脱氧的钙和镁元素以外，禁止添加其他任何元素。

17. 外径D_W≥88.9mm的管子，应限制超过620℃的应用。

18. 只有当F304、CF8材料含碳量大于或等于0.04%时，才可以用于538℃以上的温度。

19. 只有当F316、CF8M材料含碳量大于或等于0.04%时，才可以用于538℃以上的温度。

20. F321H材料在超过538℃工况时，应进行固溶处理后才可以使用。

21. F347H材料在超过538℃工况时，应进行固溶处理后才可以使用。

22. 只有当CH20材料含碳量大于或等于0.04%时，才可以用于538℃以上的温度。

23. 只有当CK20材料含碳量大于或等于0.04%时，才可以用于538℃以上的温度。

24. N06022材料应进行固溶退火处理，不应在675℃以上使用。

25. N06625材料应进行退火处理，不得用于645℃以上温度。当暴露在538～645℃后，其室温冲击强度将急剧下降，受到严重的损害，应特别注意。

26. N08825材料应进行退火处理，不应在538℃以上使用。

表3-9　灰铸铁管法兰的压力-温度额定值（GB/T 17241.7—1998）

公称压力	材料牌号	壳体试验压力 p_s/MPa（bar）	在下列温度下的最大允许工作压力 p_{max}/MPa（bar）			
			120℃	200℃	250℃	300℃
PN2.5	HT200	0.4（4）	0.25（2.5）	0.2（2）	0.18（1.8）	0.15（1.5）
PN6	HT200	0.9（9）	0.6（6）	0.49（4.9）	0.44（4.4）	0.35（3.5）
PN10	HT200	1.5（15）	1.0（10）	0.78（7.8）	0.69（6.9）	0.59（5.9）
PN16	HT200	2.4（24）	1.6（16）	1.27（12.7）	1.09（10.9）	0.98（9.8）
PN25	HT250	3.8（38）	2.5（25）	2.0（20）	1.75（17.5）	1.5（15）

表3-10　球墨铸铁管法兰的压力-温度额定值（GB/T 17241.7—1998）

公称压力	法兰材料	最高温度/℃						
		-10～40	120	150	200	250	300	350
		最大允许工作压力/MPa（bar）						
PN10	QT400—15 QT400—18	1.00 （10.0）	1.00 （10.0）	0.07 （9.7）	0.90 （9.0）	0.87 （8.7）	0.80 （8.0）	0.70 （7.0）
PN10	QT450—10 QT500—7 QT600—3	1.00 （10.0）	1.00 （10.0）	0.95 （9.5）	0.90 （9.0）	0.80 （8.0）	0.70 （7.0）	0.55 （5.5）
PN16	QT400—15 QT400—18	1.60 （16.0）	1.60 （16.0）	1.55 （15.5）	1.44 （14.4）	1.39 （13.9）	1.28 （12.8）	1.12 （11.2）
PN16	QT450—10 QT500—7 QT600—3	1.60 （16.0）	1.60 （16.0）	1.52 （15.2）	1.44 （14.4）	1.28 （12.8）	1.12 （11.2）	0.88 （8.8）
PN20	QT400—15 QT400—18	1.75 （17.5）	1.55 （15.5）	1.48 （14.8）	1.39 （13.9）	1.21 （12.1）	1.02 （10.2）	0.86 （8.6）
PN20	QT450—10 QT500—7 QT600—3	1.55 （15.5）	1.55 （15.5）	1.48 （14.8）	1.39 （13.9）	1.21 （12.1）	1.02 （10.2）	0.86 （8.6）
PN25	QT400—15 QT400—18	2.50 （25.0）	2.50 （25.0）	2.43 （24.3）	2.25 （22.5）	2.18 （21.8）	2.00 （20.0）	1.75 （17.5）
PN25	QT450—10 QT500—7 QT600—3	2.50 （25.0）	2.50 （25.0）	2.38 （23.8）	2.25 （22.5）	2.00 （20.0）	1.75 （17.5）	1.88 （18.8）
PN40	QT400—15 QT400—18	4.00 （40.0）	4.00 （40.0）	3.88 （38.8）	3.60 （36.0）	3.48 （34.8）	3.20 （32.0）	2.80 （28.0）
PN40	QT450—10 QT500—7 QT600—3	4.00 （40.0）	4.00 （40.0）	3.80 （38.0）	3.60 （36.0）	3.20 （32.0）	2.80 （28.0）	2.20 （22.0）
PN50	QT400—15 QT400—18	4.40 （44.0）	4.02 （40.2）	3.90 （39.0）	3.60 （36.0）	3.50 （35.0）	3.30 （33.0）	3.10 （31.0）
PN50	QT450—10 QT500—7 QT600—3	4.02 （40.2）	4.02 （40.2）	3.90 （39.0）	3.60 （36.0）	3.50 （35.0）	3.30 （33.0）	3.10 （31.0）

注：QT600—3球墨铸铁管法兰使用温度限在120℃以下。

表3-11 可锻铸铁阀门的压力-温度额定值

公称压力	壳体试验压力（用低于100℃的水）/MPa	介质工作温度/℃			
		至120	200	250	300
		最大工作压力/MPa			
PN1	0.2	0.1	0.1	0.1	0.1
PN2	0.4	0.25	0.25	0.2	0.2
PN4	0.6	0.4	0.38	0.36	0.32
PN6	0.9	0.6	0.55	0.5	0.5
PN10	1.5	1	0.9	0.8	0.8
PN16	2.4	1.6	1.5	1.4	1.3
PN25	3.8	2.5	2.3	2.1	2
PN40	6	4	3.6	3.4	3.2

表3-12 铜合金阀门的压力-温度额定值

公称压力	壳体试验压力（用低于100℃的水）/MPa	介质工作温度/℃		
		至120	200	250
		最大工作压力/MPa		
PN1	0.2	0.1	0.1	0.07
PN2	0.4	2.5	0.2	0.17
PN4	0.6	0.4	0.32	0.27
PN6	0.9	0.6	0.5	0.4
PN10	1.5	1.0	0.8	0.7
PN16	2.4	1.6	1.3	1.1
PN25	3.8	2.5	2.0	1.7
PN40	6.0	4	3.2	2.7
PN63	9.6	6.4	—	—
PN100	15	10	—	—
PN160	24	16	—	—
PN200	30	20	—	—
PN250	38	25	—	—

注：1. 表中所指压力均为表压力。

2. 当工作温度为表中温度级之中间值时，可用内插入法决定工作压力。

3.2 铸造阀门管件用材料的许用应力

铸铁材料的许用应力、铸铜合金材料的许用应力、阀门常用铸钢件的许用应力见表3-13。

表 3-13 铸造阀门材料的许用应力

铸铁材料					
材料牌号	结构特点	〔σ_L〕	〔σ_W〕	〔σ_Y〕	〔τ〕
		MPa			
HT 150	阀体，闸板	21.5	40		11
	法兰，支架		64		11
HT 200	阀体，闸板	30	50		15
	法兰，支架		80		
HT 250	阀体，闸板	35	55		17
	法兰，支架		85		
HT 300	阀体，闸板	40	60		20
	法兰，支架		90		
HT 350	阀体，闸板	45	65		23
	法兰，支架		100		
KTH 300—06	阀体，闸板	40	60		20
	法兰，支架		85		
KTH 330—08	阀体，闸板	45	65		23
	法兰，支架		100		
KTH 350—10	阀体，闸板	50	70		25
	法兰，支架		100		
KTH 370—12	阀体，闸板	55	75		28
	法兰，支架		105		
QT 500—7	阀体，闸板	85	100		40
	法兰，支架		120		
QT 450—10	阀体，闸板	65	80		32
	法兰，支架		102		
QT 400—15	阀体，闸板	55	80		28
	法兰，支架		100		

铸铜合金材料							
材料牌号	结构特点	金属模			砂模		
		〔σ_L〕	〔σ_W〕	〔τ〕	〔σ_L〕	〔σ_W〕	〔τ〕
		MPa					
ZCuZn40Pb2 铅黄铜	阀体	50	65	40	33	38	23
	法兰		80			48	
ZCuZn40Mn2 锰黄铜	阀体	60	70	42			
	法兰		85				

ZCuZn38Mn2Pb2 锰黄铜	阀体	60	70	42	40	46	28
	法兰		85			57	
ZCuZn25Al6Fe3Mn3 铝黄铜	阀体				115	135	80
	法兰					170	
ZCuZn16Si4 硅黄铜	阀体	70	85	55	65	75	50
	法兰		105			90	
ZCuSn10Pb1 锡青铜	阀体	50	58	35	33	38	23
	法兰		72			48	
ZCuSn3Zn8Pb6Ni1 锡青铜	阀体	35	40	25	30	35	21
	法兰		50			44	
ZCuAl9Mn2 铝青铜	阀体	60	70	42	60	70	42
	法兰		85			85	
ZCuAl10Fe3 铝青铜	阀体	74	85	50	60	70	42
	法兰		105			85	
ZCuAl10Fe3Mn2 铝青铜	阀体	60	70	42	50	58	35
	法兰		85			72	

阀门常用铸钢件（NB/T 47044—2014）

材料牌号	材料标准	热处理状态	公称厚度/mm	室温		在下列温度（℃）下的许用应力/MPa																							备注
				R_m/MPa	R_{eL}/MPa	20	200	250	300	350	400	425	450	475	500	525	550	575	600	625	650	675	700	725	750	775	800	825	
ZG230-450	JB/T 9625		100	450	230	82	82	82	80	79	76	64	50	38	26	—	—	—	—	—	—	—	—	—	—	—	—	—	
ZG20CrMo	JB/T 9625	正火+回火	100	460	245	92	92	92	92	92	92	92	92	92	91	61	33	—	—	—	—	—	—	—	—	—	—	—	
ZG20CrMoV	JB/T 9625	正火+回火	100	490	315	145	145	145	145	145	145	142	140	137	110	86	61			—	—	—	—	—	—	—	—	—	
ZG15Cr1Mo1V	JB/T 9625	正火+回火	100	490	345	145	145	145	145	145	130	122	104	83	67	51	40	—	—	—	—	—	—	—	—	—	—	—	
WCB	ASTM A216 GB/T 12228	正火+回火	—	485	250	138	138	136	129	122	101	84	67	61	34	21	13	—	—	—	—	—	—	—	—				
WCC	ASTM A216 GB/T 12228	正火+回火	—	485	275	138	138	138	138	135	101	84	67	51	34	21	13	—	—	—	—	—	—	—	—	—	—	—	
WC1	ASTM A217 JB/T 5263	正火+回火	—	450	240	128	128	128	128	128	123	120	117	103	70	43	23	—	—	—	—	—	—	—	—	—	—	—	

（续）

材料牌号	材料标准	热处理状态	公称厚度/mm	室温		在下列温度（℃）下的许用应力/MPa																							备注
阀门常用铸钢件（NB/T 47044—2014）																													
				R_m/MPa	R_{eL}/MPa	20	200	250	300	350	400	425	450	475	500	525	550	575	600	625	650	675	700	725	750	775	800	825	
WC6	ASTM A217 JB/T 5263	正火+回火	—	485	275	138	138	138	138	138	136	133	130	105	73	52	36	25	18	—	—	—	—	—	—	—	—	—	
WC9	ASTM A217 JB/T 5263	正火+回火	—	485	275	138	134	133	133	131	127	124	119	113	90	64	45	30	20	13	8	—	—	—	—	—	—	—	
C5	ASTM A217	正火+回火	—	620	415	177	170	170	169	164	156	134	103	81	62	46	35	26	18	12	6.7	—							
C12A	ASTM A217 JB/T 5263	正火+回火	—	585	415	168	157	153	149	144	139	136	132	129	124	109	90	73	57	43	28	—	—	—	—	—	—	—	
CF8	ASTM A251 GB/T 12230	淬火	—	485	205	138	96	90	86	82	79	77	76	75	74	72	71	69	65	51	42	33	7	21	17	14	11	9	
CF10	ASTM A351	淬火	—	485	205	138	96	90	86	82	79	78	76	75	74	73	70	61	49	40	33	27	23	20	17	15	13	11	
CF8M	ASTM A351 GB/T 12230	淬火	—	485	205	138	99	93	88	84	82	81	81	80	79	79	79	77	75	66	50	39	30	23	18	13	10	8	
CF10M	ASTM A351	淬火	—	485	205	138	99	92	88	84	82	81	80	80	79	78	78	74	58	46	37	30	24	20	17	14	12	10	
CK20	ASTM A351	淬火	—	485	205	128	93	91	89	85	81	79	76	74	72	70	67	63	69	49	41	34	26	18	13	9	6.5	4.8	
CH20	ASTM A351	淬火	—	485	205	138	100	97	95	91	82	84	82	79	77	74	68	54	42	33	26	20	16	13	10	7.3	5.7	5.3	

注：1. 铸铜合金材料凡必须采用表中材料牌号冷拉、压挤和压力加工时，则各许用应力按金属模选取。

2. 如屈服现象不明显，屈服强度取 $R_{p0.2}$ 值。

3.3 阀门常用锻件的许用应力（表3-14）

表3-14　阀门常用锻件的许用应力值（NB/T 47044—2014）

材料牌号	材料标准	热处理状态	公称厚度/mm	室温		在下列温度（℃）下的许用应力/MPa																							备注
				R_m/MPa	R_{eL}/MPa	20	200	250	300	350	400	425	450	475	500	525	550	575	600	625	650	675	700	725	750	775	800	825	
20	NB/T 47008	正火	≤100	410~560	235	152	124	111	102	93	86	84	61	41	—	—	—	—	—	—	—	—	—	—	—	—	—	—	
			>100~200	400~500	225	148	119	107	98	89	82	80	61	41	—	—	—	—	—	—	—	—	—	—	—	—	—	—	
			>200~300	380~590	205	137	109	98	90	82	75	73	61	41	—	—	—	—	—	—	—	—	—	—	—	—	—	—	

25	JB/T 9626	正火	≤100	422	235	140	126	120	111	100	92	83	77	75	52	35	—	—	—	—	—	—	—	—	—	—	—	—
			>100 ~ 300	392	216	129	110	105	98	88	81	74	68	65	52	35	—	—	—	—	—	—	—	—	—	—	—	—
15CrMo	NB/T 47008	正火 + 回火	≤300	480 ~ 640	280	178	150	143	133	127	120	117	113	110	88	58	37	—	—	—	—	—	—	—	—	—	—	—
			>300 ~ 500	470 ~ 630	270	174	143	137	127	120	113	110	107	103	88	58	37	—	—	—	—	—	—	—	—	—	—	—
12Cr2Mo1	NB/T 47008	正火 + 回火	≤300	510 ~ 680	310	189	173	170	167	163	160	157	147	119	89	61	46	37	—	—	—	—	—	—	—	—	—	—
			>300 ~ 500	500 ~ 670	300	185	170	167	163	160	157	153	147	119	89	61	46	37	—	—	—	—	—	—	—	—	—	—
12Cr1MoV	NB/T 47008	正火 + 回火	≤300	470 ~ 630	280	174	153	147	140	133	127	123	120	117	113	82	59	41	—	—	—	—	—	—	—	—	—	—
			>300 ~ 500	460 ~ 620	270	170	147	140	133	127	120	117	113	110	107	82	59	41	—	—	—	—	—	—	—	—	—	—
1Cr5Mo	NB/T 47008	正火 + 回火	≤500	590 ~ 760	390	219	219	217	213	210	190	136	107	83	62	46	35	26	18	—	—	—	—	—	—	—	—	—
15NrCrMoNb	NB/T 47008	正火 + 回火	≤500	610 ~ 780	440	188	183	183	183	183	176	166	—	—	—	—	—	—	—	—	—	—	—	—	—	—	—	—
S30408 (06Cr19Ni10)	NB/T 47010	固溶	≤150	520	205	137	130	122	114	111	107	105	103	101	100	97	95	78	64	52	42	32	27	—	—	—	—	—
			>150 ~ 300	500	205	137	96	90	85	82	79	78	76	75	74	73	71	67	62	52	42	32	27	—	—	—	—	—
12Cr18Ni9	NB/T 47010	固溶	≤300	515	205	138	96	90	86	82	79	—	—	—	—	—	—	—	—	—	—	—	—	—	—			—
S32108 (06Cr19Ni11Ti)	NB/T 47010	固溶	≤150	520	205	137	130	122	114	111	108	106	105	104	103	101	83	58	44	25	18	13	—	—	—	—	—	—
			>150 ~ 300	500	205	137	96	90	85	82	80	79	78	77	76	75	74	58	44	25	18	13	—	—	—	—	—	—

（续）

材料牌号	材料标准	热处理状态	公称厚度/mm	室温 R_m/MPa	室温 R_{eL}/MPa	20	200	250	300	350	400	425	450	475	500	525	550	575	600	625	650	675	700	725	750	775	800	825	备注
						在下列温度（℃）下的许用应力/MPa																							
A105	ASTM A105	正火	—	485	250	138	138	136	129	125	101	84	67	51	34	21	13	—	—	—	—	—	—	—	—	—	—	—	
F11 Cl.2	ASTM A182	正火+回火	—	485	275	138	138	138	138	138	136	133	130	105	73	52	36	25	18	12	8	—	—	—	—	—	—	—	
F22 Cl.3	ASTM A182	正火+回火	—	515	310	148	142	141	141	140	136	133	130	116	89	64	45	30	20	13	8	—	—	—	—	—	—	—	
F5a	ASTM A182	正火+回火	—	620	450	177	170	170	169	164	156	134	103	81	62	46	35	26	18	12	7	—	—	—	—	—	—	—	
F36Cl.2（WB36）	ASTM A182	正火+回火	Ⅰ	660	450	177	173	173	173	169	166	156	—	—	—	—	—	—	—	—	—	—	—	—	—	—	—	—	
			Ⅱ			188	183	183	183	183	176	166	—	—	—	—	—	—	—	—	—			—	—	—	—	—	
F91	ASTM A182	正火+回火	≤75	585	415	168	167	166	164	163	153	147	141	134	126	117	107	89	65	46	29	—	—	—	—	—	—	—	
			>75	585	415	168	167	166	164	163	153	147	141	134	126	118	103	81	62	46	29	—	—	—	—	—	—	—	
F92	ASTM A182	正火+回火	—	620	440	154	154	154	154	154	147	143	139	135	126	123	111	94	88	65	48	—	—	—	—	—	—	—	
F304	ASTM A182	固溶	≤125	515	205	138	96	90	86	84	79	77	76	75	74	72	71	69	65	51	42	33	27	21	17	14	11	8.7	
			>125	515	205	138	119	118	115	114	107	105	103	101	99	98	93	80	65	51	42	33	27	21	17	14	11	8.7	
F304H	ASTM A182	固溶	≤125	515	205	138	96	90	86	84	79	77	76	75	74	72	71	69	65	51	42	33	27	21	17	14	11	8.7	
			>125	515	205	138	119	118	115	114	107	105	103	101	99	98	93	80	65	51	42	33	27	21	17	14	11	8.7	
F316	ASTM A182	固溶	≤125	515	205	138	99	93	88	86	82	81	80	80	79	79	79	77	75	66	50	39	30	23	18	13	10	8	
			>125	515	205	138	133	126	119	116	111	110	108	108	107	106	105	100	80	66	50	39	30	23	18	13	10	8	
F316H	ASTM A182	固溶	≤125	515	205	138	99	93	88	86	82	81	81	80	79	79	78	77	75	66	50	39	30	23	18	13	10	8	
			>125	515	205	138	105	100	95	94	90	89	88	87	85	84	80	65	49	36	27	21	16	13	10	8	6	4.7	
F310H	ASTM A182	固溶	—	515	205	138	105	100	95	94	90	89	88	87	85	84	80	65	49	36	27	21	16	13	10	8	6	4.7	
F310S F321	ASTM A182	固溶	—	510	205	138	105	100	95	94	90	89	88	87	85	78	59	—	—	—	—	—	—	—	—	—	—	—	
	ASTM A182	固溶	≤125	485	205	138	129	129	127	125	119	117	115	114	113	112	95	59	45	33	25	18	13	8	7	4	2.3	1.6	
			>125	485	205	138	106	100	95	92	88	87	86	85	84	83	78	59	45	33	25	18	13	8	7	4	2.3	1.6	
F347	ASTM A182	固溶	—	485	205	138	111	105	100	98	94	94	93	93	92	93	90	77	58	40	30	23	16	11	9	7	6	5.3	
F347H	ASTM A182	固溶	≤125	485	205	138	123	119	117	116	116	116	116	115	115	114	113	109	92	69	54	41	32	24	19	15	11	8	
			>125	485	205	138	111	105	100	98	94	948	93	93	92	92	92	92	89	69	54	41	32	24	19	15	11	8	
N06625	ASTM B564	固溶	≤100	825	415	236	232	228	224	221	217	215	213	212	210	207	205	202	192	136	89	—	—	—	—	—	—	—	
NS3306	NB/T 47028	固溶	≤200	760	345	—	—	—	—	—	—	—	—	—	—	—	—	—	—	—	—	—	—	—	—	—	—	—	
N06022	ASTM B564	固溶	—	690	310	207	207	202	193	185	180	177	175	174	—	—	—	—	—	—	—	—	—	—	—	—	—	—	
NS3308	NB/T 47028	固溶	≤200	690	310	—	—	—	—	—	—	—	—	—	—	—	—	—	—	—	—	—	—	—	—	—	—	—	
N08825	ASTM B564	固溶	—	586	241	161	161	161	161	160	159	158	158	157	156	155	152	—	—	—	—	—	—	—	—	—	—	—	
NS1402	NB/T 47028	固溶	≤200	580	240	—	—	—	—	—	—	—	—	—	—	—	—	—	—	—	—	—	—	—	—	—	—	—	

3.4　阀杆常用材料的力学性能（表3-15）

表3-15　阀杆常用材料的力学性能（NB/T 47044—2014）

代号	材料牌号	标准	硬度 HBW	室温强度指标		最高温度/℃ ≤
				R_m/MPa	R_{eL}/MPa	
U20352	35	JB/T 9626	136~192	510	265	420
A31253	25Cr2MoVA	JB/T 9626	269~320	834	735	510
A31263	25Cr2Mo1VA	JB/T 9626	248~293	785	685	550
A33382	38CrMoAlA	JB/T 9626	250~300	834	735	550
—	20Cr1Mo1V1A	DL/T 439	249~293	835	735	550
—	20Cr1Mo1VNbTiB	DL/T 439	252~302	834	735	570
S41000	F6a Cl. 2	ASTM A182	169~229	585	380	649
S32590	45Cr14Ni14W2Mo	GB/T 1221	≤295	705	315	700
S30210	12Cr18Ni9	GB/T 1220	≤187（固溶处理）	520	205	610
S30408	06Cr19Ni10	NB/T 47010	≤187（固溶处理）	520	205	700
S30409	F304H	ASTM A182	≤187（固溶处理）	515	205	816
S31008	06Cr25Ni20	GB/T 1221	≤187（固溶处理）	520	205	816
S31009	F310H	ASTM A182	≤187（固溶处理）	515	205	816
S31020	20Cr25Ni20	GB/T 1221	≤201（固溶处理）	590	205	700
S31609	F316H	ASTM A182	≤187（固溶处理）	515	205	700
S31608	06Cr17Ni12Mo2	NB/T 47010	≤187（固溶处理）	520	205	700
S32109	F321H	ASTM A182	≤187（固溶处理）	515	205	816
S32168	06Cr18Ni11Ti	GB/T 1221	≤187（固溶处理）	520	205	700
S42010	12Cr13	GB/T 1221	≤200	540	345	400
S42020	20Cr13	GB/T 1221	197~248	647	441	480
S42030	30Cr13	JB/T 9626	240~280	735	539	450
S43110	14Cr17Ni2（1Cr17Ni2）	GB/T 1220	≤285	1080	—	500
—	C-422（2Cr12NiMo1W1V）	DL/T 439	277~331	930	760	570
S47220	22Cr12NiMoWV（616）	GB/T 1221	≤341（固溶处理）	885	735	625
S51740	05Cr17Ni4Cu4Nb（17-4PH）	GB/T 1220	≤277（沉淀硬化）	930	725	400
N07718	GH169 Inconel718 镍基合金	ASTM B637	≤363（固溶处理）	1275	1034	704

注：1. 以上材料的推荐使用温度仅供参考，在实际使用过程中要考虑工作应力。

2. 若材料屈服现象不明显，屈服强度取 $R_{p0.2}$ 值。

3.5　螺栓、螺母常用材料的力学性能（表3-16）

表3-16　螺栓、螺母常用材料的力学性能（NB/T 47044—2014）

代号	材料牌号	标准	热处理和硬度 HBW	室温强度指标		最高温度/℃ ≤
				R_m/MPa	R_{eL}/MPa	
U20202	20（用于螺母）	GB/T 699	≤156	410	245	350
U20252	25（用于螺母）	GB/T 699	≤170	422	235	350
U20352	35（用于螺母）	GB/T 699	136～192	510	265	425
U20452	45	GB/T 699	187～229	600	355	400
A30422	42CrMo（d≤65）	DL/T 439	255～321	860	720	415
A30303	30CrMoA	GB/T 3077	≤229	930	735	500
A30352	35CrMoA（d≤50）	DL/T 439	255～311	834	685	500
A31253	25Cr2MoVA	DL/T 439	≤241	785	685	510
A31263	25Cr2Mo1VA	DL/T 439	248～293	785	685	550
—	20Cr1Mo1V1A	DL/T 439	249～293	835	735	550
—	20Cr1Mo1VTiB	DL/T 439	255～293	785	685	570
—	20Cr1Mo1VNbTiB	DL/T 439	252～302	834	735	570
—	C－422（2Cr12NiMo1W1V）	DL/T 439	277～331	930	760	570
S30210	12Cr18Ni9	GB/T 1220	≤187（固溶处理）	520	205	610
S47220	22Cr12NiMoWV（616）	GB/T 1221	≤341（固溶处理）	885	735	625
—	R－26（Ni－Cr－Co合金）	DL/T 439	262～311	1000	555	677
—	CH4145（Ni－Cr合金）	DL/T 439	262～311	1000	550	677
S41010	12Cr13	GB/T 1220	≤200	540	345	400
S42020	20Cr13	GB/T 1220	≤223	640	440	400
S42030	30Cr13	GB/T 1220	≤235	735	540	450
S45110	12Cr5Mo（1Cr5Mo）	GB/T 1221	≤200	590	390	600
S30408	06Cr19Ni10	GB/T 1220	≤187（固溶处理）	520	205	700
S31608	0Cr17Ni12Mo2	GB/T 1221	≤187（固溶处理）	520	205	700
S32168	06Cr18Ni11Ti	GB/T 1220	≤187（固溶处理）	520	205	700
S31008	06Cr25Ni20	GB/T 1221	≤187（固溶处理）	520	205	700
S31020	20Cr25Ni20	GB/T 1221	≤201（固溶处理）	590	205	700
S30409	F304H	ASTM A182	≤187（固溶处理）	515	205	816
S31009	F310H	ASTM A182	≤187（固溶处理）	515	205	816
S31609	F316H	ASTM A182	≤187（固溶处理）	515	205	816
—	B7（d≤M64）	ASTM A193	≤321HBW或35HRC	860	720	
S30400	B8 C1.2（d＞M24～M30）	ASTM A193	≤321HBW或35HRC	725	450	700
S30400	B8 C1.2B（d＜M48）	ASTM A193	≤321HBW或35HRC	620	450	700
S31600	B8M C1.2（d＞M24～M30）	ASTM A193	≤321HBW或35HRC	655	450	700
S32100	B8T C1.2（d＞M24～M30）	ASTM A193	≤321HBW或35HRC	725	450	700
K14072	B16（d≤M64）	ASTM A193	≤321HBW或35HRC	860	725	593
S30400	B8	ASTM A194	≤321HBW或35HRC	725	450	750
S31600	B8M	ASTM A194	≤321HBW或35HRC	655	450	750
—	2H（d≤M36）	ASTM A194	248～327	—	—	425
—	7M	ASTM A194	159～235	690	515	425
—	7	ASTM A194	248～327	—	—	425
—	16（d≤M64）	ASTM A194	248～327	—	—	593

注：1. 螺母强度宜比螺栓材料低一级，硬度低20～50HBW。表中螺栓材料做螺母时，可比所列温度高30～50℃。

2. 若屈服现象不明显，屈服强度取$R_{p0.2}$值。

3.6　阀杆常用材料的许用应力

阀杆常用材料的许用应力见表3-17。

表 3-17 阀杆常用材料的许用应力

材料牌号	阀杆温度/℃																			
	20					200					250					300				
	许用应力/MPa																			
	[σ_Y]	[σ_L]	[τ_N]	[τ]	[σ_Σ]	[σ_Y]	[σ_L]	[τ_N]	[τ]	[σ_Σ]	[σ_Y]	[σ_L]	[τ_N]	[τ]	[σ_Σ]	[σ_Y]	[σ_L]	[τ_N]	[τ]	[σ_Σ]
Q275	185	165	105	99	175	170	150	95	90	160	155	135	90	81	145	130	115	75	69	120
35	210	185	120	111	195	195	175	111	105	185	176	150	95	90	160	160	140	90	84	150
40Cr	300	280	180	168	290	300	275	180	165	285	300	275	180	165	285	300	275	180	165	285
38CrMoAlA 38CrWVAl	315	295	190	177	305	280	260	170	156	270	280	260	170	156	270	280	260	170	156	270
25Cr2MoVA	300	280	180	168	290	275	260	170	156	265	270	250	160	150	260	255	240	155	144	245
14Cr17Ni2	280	255	165	153	265	275	250	160	150	260	275	250	160	150	260	265	245	160	147	255
20Cr13	245	220	145	132	230	240	215	140	129	225	225	200	130	120	210	200	180	115	108	190
30Cr13	260	240	145	144	250	240	230	140	138	235	235	225	135	135	230	230	220	130	130	225
12Cr18Ni9	155	135	90	81	145	150	130	85	78	140	145	125	80	75	135	135	120	80	72	125
06Cr17Ni12Mo2	170	145	95	87	155	135	115	75	69	125	130	115	75	69	120	130	115	75	69	120
45Cr14Ni14W2Mo	235	205	135	123	220	230	200	130	120	215	230	200	130	120	215	225	195	25	117	210

材料牌号	阀杆温度/℃																			
	350					400					450					500				
	许用应力/MPa																			
	[σ_Y]	[σ_L]	[τ_N]	[τ]	[σ_Σ]	[σ_Y]	[σ_L]	[τ_N]	[τ]	[σ_Σ]	[σ_Y]	[σ_L]	[τ_N]	[τ]	[σ_Σ]	[σ_Y]	[σ_L]	[τ_N]	[τ]	[σ_Σ]
Q275	115	100	65	60	105	100	85	55	51	90	85	75	50	45	80	—	—	—	—	—
35	155	135	90	81	145	140	120	80	72	130	130	115	75	69	120	110	95	60	57	100
40Cr	265	245	160	147	255	215	200	130	120	205	175	165	105	99	170	155	145	95	87	150
38CrMoAlA 38CrWVAl	255	240	155	144	245	240	200	145	120	230	225	210	135	126	215	220	205	135	123	210

（续）

材料牌号	阀杆温度/℃																			
	350					400					450					500				
	许用应力/MPa																			
	〔σ_Y〕	〔σ_L〕	〔τ_N〕	〔τ〕	〔σ_Σ〕	〔σ_Y〕	〔σ_L〕	〔τ_N〕	〔τ〕	〔σ_Σ〕	〔σ_Y〕	〔σ_L〕	〔τ_N〕	〔τ〕	〔σ_Σ〕	〔σ_Y〕	〔σ_L〕	〔τ_N〕	〔τ〕	〔σ_Σ〕
25Cr2MoVA	245	230	150	138	235	230	215	140	129	220	220	200	130	120	210	190	175	115	105	180
14Cr17Ni2	265	240	155	144	250	260	235	155	141	245	215	200	130	120	205	150	140	90	84	145
20Cr13	185	170	110	102	175	185	170	110	102	175	160	150	95	90	155	140	130	85	78	135
30Cr13	215	210	125	125	210	200	195	115	115	195	180	175	105	105	175	160	155	100	93	155
12Cr18Ni9	125	105	70	63	115	115	100	65	60	105	110	95	60	57	100	105	95	60	57	100
06Cr17Ni12Mo2	125	105	70	63	115	115	100	65	60	105	110	95	60	57	100	105	90	60	54	95
45Cr14Ni14W2Mo	220	190	125	114	205	215	185	120	111	200	210	180	115	108	195	200	175	115	105	185

材料牌号	阀杆温度/℃																			
	550					600					650					700				
	许用应力/MPa																			
	〔σ_Y〕	〔σ_L〕	〔τ_N〕	〔τ〕	〔σ_Σ〕	〔σ_Y〕	〔σ_L〕	〔τ_N〕	〔τ〕	〔σ_Σ〕	〔σ_Y〕	〔σ_L〕	〔τ_N〕	〔τ〕	〔σ_Σ〕	〔σ_Y〕	〔σ_L〕	〔τ_N〕	〔τ〕	〔σ_Σ〕
Q275	—	—	—	—	—	—	—	—	—	—	—	—	—	—	—	—	—	—	—	—
35	90	80	50	48	85	60	55	35	21	55	—	—	—	—	—	—	—	—	—	—
40Cr	—	—	—	—	—	—	—	—	—	—	—	—	—	—	—	—	—	—	—	—
38CrMoAlA 38CrWVAl	220	200	130	120	210	—	—	—	—	—	—	—	—	—	—	—	—	—	—	—
25Cr2MoVA	170	160	105	96	165	—	—	—	—	—	—	—	—	—	—	—	—	—	—	—
14Cr17Ni2	—	—	—	—	—	—	—	—	—	—	—	—	—	—	—	—	—	—	—	—
20Cr13	115	105	70	63	110	—	—	—	—	—	—	—	—	—	—	—	—	—	—	—
30Cr13	—	—	—	—	—	—	—	—	—	—	—	—	—	—	—	—	—	—	—	—
12Cr18Ni9	105	90	60	54	95	100	85	55	51	90	90	80	50	48	85	—	—	—	—	—
06Cr17Ni12Mo2	100	85	55	51	90	95	85	55	51	90	—	—	—	—	—	—	—	—	—	—
45Cr14Ni14W2Mo	195	170	110	102	180	180	155	100	96	165	165	145	95	87	155	130	115	75	—	120

3.7 各种材料连接的螺柱、螺栓、螺钉许用应力和许用载荷（表 3-18）

表 3-18 各种材料连接的螺柱、螺栓、螺钉许用应力和许用载荷

（单位：σ_L/MPa，F_L/N）

螺纹直径/mm		M10	M12	M14	M16	M18	M20	M22	M24	M27	M30	M36	M42	M48	M52
底径面积/mm^2		52.3	76.2	104.7	144.1	175.2	225.2	281.6	324.3	427.1	519	755.2	1045	1376	1652
材料牌号	螺柱、螺栓、螺钉（温度 20℃）														
Q235-A	〔σ_L〕	96	100	104	108										
	〔F_L〕	5 020	7 620	10 900	15 600	18 900	24 300	30 400	35 000	46 100	56 000	81 600	112 800	148 600	178 400
Q255-A	〔σ_L〕	100	104	108	113										
	〔F_L〕	5 230	7 920	11 300	16 300	19 800	25 400	31 800	36 600	48 200	58 600	85 300	118 000	155 500	186 700
Q275	〔σ_L〕	111	116	121	126										
	〔F_L〕	5 800	8 830	12 700	18 200	22 100	28 400	35 500	40 900	53 800	65 400	95 200	131 500	173 400	208 200
20	〔σ_L〕	108	112	116	120										
	〔F_L〕	5 600	8 530	12 100	17 300	21 000	27 000	33 800	38 900	51 300	62 300	90 600	125 400	165 100	198 200
25	〔σ_L〕	115	120	125	130										
	〔F_L〕	6 020	9 150	13 100	18 700	22 800	29 300	36 600	42 200	55 400	67 500	98 200	135 800	178 900	214 800
30	〔σ_L〕	125	130	135	140										
	〔F_L〕	6 550	9 900	14 100	20 200	24 500	31 500	39 400	45 400	59 800	72 700	105 800	146 300	192 600	231 300
35	〔σ_L〕	135	140	145	150										
	〔F_L〕	7 060	10 700	15 200	21 600	26 300	33 800	42 200	48 700	64 100	77 900	113 200	156 800	206 400	247 800
40	〔σ_L〕	145	150	155	160										
	〔F_L〕	7 580	11 400	16 200	23 100	28 000	36 000	45 000	51 900	68 300	83 000	120 800	167 200	220 200	264 300
35Cr	〔σ_L〕	225	230	235	243										
	〔F_L〕	11 800	17 500	24 600	35 000	42 600	54 700	68 400	78 800	103 800	126 100	183 500	254 000	334 400	401 400
40Cr	〔σ_L〕	234	242	250	257										
	〔F_L〕	11 200	18 500	26 200	37 000	45 000	57 900	72 400	83 400	109 800	133 400	194 100	268 600	353 700	424 600
35CrMn	〔σ_L〕	210	218	225	230										
	〔F_L〕	11 000	16 600	23 600	33 100	40 300	51 800	64 700	74 600	98 200	119 400	173 700	240 400	316 500	380 000
20Cr13	〔σ_L〕	170	173	176	178										
	〔F_L〕	8 890	13 200	18 400	24 700	31 200	40 000	50 100	57 700	76 000	92 400	134 400	186 000	244 900	294 000
30CrMo	〔σ_L〕	192	200	208	215										
	〔F_L〕	10 000	15 300	21 800	31 000	37 700	48 400	60 500	69 700	91 800	111 500	162 400	224 600	296 000	355 200

（续）

螺纹直径/mm		M10	M12	M14	M16	M18	M20	M22	M24	M27	M30	M36	M42	M48	M52
底径面积/mm^2		52.3	76.2	104.7	144.1	175.2	225.2	281.6	324.3	427.1	519	755.2	1045	1376	1652
材料牌号	螺柱、螺栓、螺钉（温度20℃）														
35CrMo	$[\sigma_L]$	205	214	222	230										
	$[F_L]$	10 700	16 300	23 200	33 100	40 300	51 800	64 700	74 600	98 200	119 400	173 700	240 400	316 500	380 000
40CrVA	$[\sigma_L]$	220	280	235	243										
	$[F_L]$	11 500	17 400	24 600	35 000	42 600	54 700	68 400	78 800	103 800	126 100	183 500	254 000	334 000	401 400
25Cr2MoVA	$[\sigma_L]$	230	240	250	257										
	$[F_L]$	12 000	18 300	26 200	37 100	45 000	57 900	72 400	83 400	109 800	133 400	194 100	268 600	353 600	424 600
14Cr17Ni2	$[\sigma_L]$	192	200	208	215										
	$[F_L]$	10 000	15 300	21 800	31 000	37 600	48 400	60 500	69 700	91 800	111 500	162 400	224 700	295 800	355 200
15Cr11MoV	$[\sigma_L]$	172	178	183	188										
	$[F_L]$	8 990	13 600	19 200	27 200	32 900	42 300	52 900	61 000	80 300	97 500	142 000	196 500	255 700	310 600
12Cr18Ni9	$[\sigma_L]$	86	91	96	100										
	$[F_L]$	4 500	6 900	10 000	14 400	17 500	22 500	28 200	32 400	42 700	51 900	75 500	104 500	137 600	165 200
45Cr14Ni14W2Mo	$[\sigma_L]$	152	158	164	170										
	$[F_L]$	7 950	12 000	17 200	24 500	29 800	38 300	47 900	55 100	72 500	88 200	128 200	177 700	234 000	280 800
材料牌号	螺柱、螺栓、螺钉（温度200℃）														
Q235-A	$[\sigma_L]$	76	80	84	87										
	$[F_L]$	3 970	6 100	8 800	12 500	15 200	19 600	24 500	28 200	37 200	45 200	65 700	91 000	119 700	143 700
Q255-A	$[\sigma_L]$	84	88	92	95										
	$[F_L]$	4 400	6 700	9 650	13 700	16 600	21 400	26 800	30 800	40 600	49 300	71 700	99 300	130 700	156 900
Q275	$[\sigma_L]$	92	96	100	104										
	$[F_L]$	4 800	7 300	10 500	15 000	18 200	23 400	29 300	33 700	44 400	54 000	78 500	108 700	143 100	171 800
20	$[\sigma_L]$	98	102	106	110										
	$[F_L]$	5 120	7 700	1 100	15 800	19 300	24 800	31 000	35 700	47 000	57 100	83 100	115 000	151 000	181 700
25	$[\sigma_L]$	105	110	115	120										
	$[F_L]$	5 500	8 400	12 000	17 300	21 000	27 000	33 800	38 900	51 300	62 300	90 600	125 400	165 100	198 200

30	[σ_L]	110	115	120	125									
	[F_L]	5 750	8 780	12 600	18 000	21 900	28 200	35 200	40 500	53 400	64 900	94 400	130 600	172 000	206 500
35	[σ_L]	118	123	129	135									
	[F_L]	6 180	9 380	13 500	19 500	23 700	30 400	38 000	43 800	57 600	70 100	102 000	141 100	185 800	223 000
40	[σ_L]	122	128	134	140									
	[F_L]	6 400	9 750	14 000	20 100	24 500	31 500	39 400	45 400	59 800	72 700	105 700	146 300	192 600	231 300
35Cr	[σ_L]	206	214	222	230									
	[F_L]	10 800	16 300	23 300	33 100	40 200	51 800	64 700	74 600	98 200	119 400	173 700	240 300	316 500	380 000
40Cr	[σ_L]	218	227	235	243									
	[F_L]	11 400	17 300	24 600	35 000	42 500	54 700	68 400	78 800	103 800	126 100	183 500	254 000	334 400	401 400
35CrMn	[σ_L]	195	200	210	215									
	[F_L]	10 200	15 300	22 000	31 000	37 700	48 400	60 600	69 700	91 800	111 600	162 400	225 000	295 800	355 200
20Cr13	[σ_L]	167	170	173	176									
	[F_L]	8 750	13 000	18 100	25 400	30 800	39 600	49 500	57 100	75 200	91 300	132 900	183 900	242 200	290 800
30CrMo	[σ_L]	188	196	204	211									
	[F_L]	9 850	14 900	21 400	30 400	36 900	47 500	59 400	68 400	90 100	109 500	159 300	220 500	290 300	348 600
35CrMo	[σ_L]	198	206	213	220									
	[F_L]	10 400	15 700	22 300	31 700	38 600	49 500	62 000	71 400	94 000	114 200	196 200	230 000	302 700	363 400
40CrVA	[σ_L]	206	214	222	230									
	[F_L]	10 800	16 300	23 300	33 100	40 300	51 800	64 700	74 600	98 200	119 400	173 700	240 400	316 500	380 000
25Cr2MoVA	[σ_L]	225	231	237	243									
	[F_L]	11 800	17 600	24 800	35 000	42 600	54 700	68 500	78 800	103 800	126 100	183 500	254 000	334 400	401 400
14Cr17Ni2	[σ_L]	190	197	204	211									
	[F_L]	9 900	15 000	21 400	30 400	37 000	47 500	59 400	68 400	90 100	109 500	159 300	220 500	290 300	348 600
12Cr18Ni9	[σ_L]	85	90	95	100									
	[F_L]	4 450	6 850	9 950	14 400	17 500	22 500	28 200	32 400	42 700	51 900	75 500	104 500	137 600	165 200
45Cr14Ni14W2Mo	[σ_L]	142	148	154	160									
	[F_L]	7 430	11 300	16 100	23 100	28 000	36 000	45 100	51 900	68 300	83 000	121 000	167 000	220 200	264 000

（续）

螺纹直径/mm		M10	M12	M14	M16	M18	M20	M22	M24	M27	M30	M36	M42	M48	M52
底径面积/mm^2		52.3	76.2	104.7	144.1	175.2	225.2	281.6	324.3	427.1	519	755.2	1045	1376	1652
材料牌号	螺柱、螺栓、螺钉（温度225℃）														
Q235-A	〔σ_L〕	72	76	79	82										
	〔F_L〕	3 770	5 800	8 300	11 800	14 300	18 400	23 000	26 500	35 000	42 500	61 900	85 700	113 000	135 400
Q255-A	〔σ_L〕	80	84	88	91										
	〔F_L〕	4 180	6 400	9 200	13 100	15 900	20 500	25 600	29 500	38 800	47 200	68 700	95 000	125 200	150 300
Q275	〔σ_L〕	86	90	93	96										
	〔F_L〕	4 500	6 900	9 700	13 800	16 800	21 600	27 000	31 100	41 000	49 800	72 500	100 000	132 000	158 500
20	〔σ_L〕	88	93	98	102										
	〔F_L〕	4 600	7 100	10 300	14 700	17 900	23 000	28 700	33 000	43 600	52 900	77 000	106 600	140 300	168 500
25	〔σ_L〕	95	101	107	112										
	〔F_L〕	4 950	7 700	11 200	16 100	19 600	25 200	31 500	36 300	47 800	58 100	84 500	117 000	154 000	185 000
30	〔σ_L〕	100	106	112	117										
	〔F_L〕	5 230	8 100	11 700	16 900	20 500	26 500	32 900	38 000	50 000	60 700	88 300	122 300	160 900	193 300
35	〔σ_L〕	106	113	119	125										
	〔F_L〕	5 550	8 600	12 500	18 000	21 900	28 200	35 200	40 500	53 400	64 900	94 400	130 500	178 000	206 000
40	〔σ_L〕	112	118	124	130										
	〔F_L〕	5 860	9 000	13 000	18 700	22 800	29 200	36 500	42 200	55 500	67 500	98 200	136 000	179 000	215 000
35Cr	〔σ_L〕	203	212	220	228										
	〔F_L〕	10 600	16 200	23 000	32 900	40 000	51 300	64 000	74 000	98 500	118 000	172 000	238 000	314 000	377 000
40Cr	〔σ_L〕	216	226	235	243										
	〔F_L〕	11 300	17 200	24 600	35 000	42 500	54 800	68 100	79 000	104 000	126 000	183 500	254 000	334 000	401 000
20Cr13	〔σ_L〕	166	167	169	170										
	〔F_L〕	8 700	12 700	17 700	24 500	29 800	38 300	47 900	55 100	72 500	88 200	128 200	177 100	233 900	280 800

30CrMo	[σ_L]	183	191	199	206											
	[F_L]	9 600	14 500	20 800	29 700	36 000	46 400	58 000	66 800	88 000	107 000	155 000	215 200	283 500	340 300
35CrMo	[σ_L]	196	204	211	218											
	[F_L]	10 200	15 500	22 100	31 400	38 200	49 000	61 400	70 700	93 100	113 100	164 600	227 800	300 000	360 100
40CrVA	[σ_L]	203	212	220	228											
	[F_L]	10 600	16 100	23 000	32 900	40 000	51 300	64 200	74 000	98 500	118 300	172 000	238 300	313 700	376 700
25Cr2MoVA	[σ_L]	218	225	232	238											
	[F_L]	11 400	17 100	24 300	34 300	41 700	53 600	67 000	77 200	101 600	123 500	179 700	248 700	327 400	393 100
14Cr17Ni2	[σ_L]	190	197	204	211											
	[F_L]	9 940	15 000	21 400	30 400	37 000	47 500	59 400	68 400	90 100	109 500	159 300	220 500	290 300	348 500
15Cr11MoV	[σ_L]	172	178	183	188											
	[F_L]	9 000	13 600	19 200	27 100	32 900	42 300	52 900	61 000	80 300	97 500	142 000	196 500	258 700	310 600
12Cr18Ni9	[σ_L]	82	88	93	98											
	[F_L]	4 300	6 700	9 740	14 100	17 100	22 000	27 600	31 800	41 900	50 900	74 000	102 400	134 800	161 800
45Cr14Ni14W2Mo	[σ_L]	142	148	154	160											
	[F_L]	7 450	11 300	16 100	23 000	28 000	36 000	45 000	51 880	68 300	83 000	120 800	167 200	220 000	264 300
材料牌号	螺柱、螺栓、螺钉（温度250℃）															
Q235-A	[σ_L]	69	72	75	78											
	[F_L]	3 600	5 500	7 800	11 200	13 700	17 600	22 000	25 300	33 300	40 500	59 000	81 500	107 300	129 000
Q255-A	[σ_L]	77	81	84	87											
	[F_L]	4 030	6 160	8 800	12 500	15 200	19 600	24 500	28 200	37 200	45 200	65 700	90 900	119 700	143 800

（续）

螺纹直径/mm		M10	M12	M14	M16	M18	M20	M22	M24	M27	M30	M36	M42	M48	M52
底径面积/mm²		52.3	76.2	104.7	144.1	175.2	225.2	281.6	324.3	427.1	519	755.2	1045	1376	1652
材料牌号	螺柱、螺栓、螺钉（温度250℃）														
Q275	$[\sigma_L]$	80	84	88	91										
	$[F_L]$	4 180	6 400	9 220	13 100	15 900	20 500	25 600	29 500	38 900	47 200	68 800	95 100	125 200	150 400
20	$[\sigma_L]$	78	84	90	95										
	$[F_L]$	4 080	6 400	9 450	13 700	16 600	21 400	26 700	30 800	40 600	49 400	71 700	99 300	130 700	157 000
25	$[\sigma_L]$	88	94	100	105										
	$[F_L]$	4 600	7 160	10 500	15 100	18 400	23 600	29 400	34 100	44 800	54 500	79 300	110 000	144 500	173 500
30	$[\sigma_L]$	92	98	104	110										
	$[F_L]$	4 800	7 460	10 900	15 900	19 300	24 800	31 000	35 700	47 000	57 000	83 100	115 000	151 400	181 700
35	$[\sigma_L]$	96	103	109	115										
	$[F_L]$	5 020	7 850	11 400	16 600	20 100	25 900	32 400	37 300	49 100	59 700	86 800	120 000	158 200	190 000
40	$[\sigma_L]$	102	108	114	120										
	$[F_L]$	5 330	8 250	11 900	17 300	21 000	27 000	33 800	39 000	51 200	62 300	90 700	125 400	165 000	198 200
35Cr	$[\sigma_L]$	200	210	220	228										
	$[F_L]$	10 450	16 000	23 000	32 800	40 000	51 300	64 200	74 000	97 300	118 300	172 200	238 300	343 700	376 700
40Cr	$[\sigma_L]$	214	224	235	243										
	$[F_L]$	11 200	17 100	24 600	35 000	42 600	54 700	68 500	78 800	103 800	126 800	183 500	254 000	334 400	401 400
20Cr13	$[\sigma_L]$	165	165	165	165										
	$[F_L]$	8 650	12 600	17 300	23 800	28 900	37 100	46 400	53 400	70 500	85 600	124 600	172 400	227 000	272 600
30CrMo	$[\sigma_L]$	178	186	193	200										
	$[F_L]$	9 300	14 200	20 200	28 800	35 000	45 000	56 300	64 900	85 400	103 800	151 000	209 000	275 200	330 400
35CrMo	$[\sigma_L]$	194	202	210	217										
	$[F_L]$	10 200	15 400	22 000	31 300	38 000	48 800	61 100	70 400	92 600	112 600	164 000	226 700	298 600	358 500
40CrVA	$[\sigma_L]$	200	209	217	225										
	$[F_L]$	10 500	15 900	22 700	32 900	39 400	50 700	63 400	73 000	96 000	116 800	170 000	235 000	309 600	371 700

25Cr2MoVA	〔σ_L〕	212	219	226	232										
	〔F_L〕	11 100	16 700	23 700	33 400	40 700	52 200	65 300	75 300	99 000	120 400	175 200	242 400	339 200	383 300
14Cr17Ni2	〔σ_L〕	190	197	204	211										
	〔F_L〕	9 940	15 000	21 400	30 400	37 000	47 500	59 400	68 500	90 000	109 500	159 300	220 500	299 300	348 600
15Cr11MoV	〔σ_L〕	172	178	183	188										
	〔F_L〕	9 000	13 600	19 200	27 100	33 000	42 400	52 900	61 000	80 300	97 500	142 000	196 500	258 700	310 600
12Cr18Ni9	〔σ_L〕	80	85	90	95										
	〔F_L〕	4 180	6 500	9 450	13 700	16 600	21 400	26 700	30 900	40 600	49 300	71 900	99 200	130 700	157 000
45Cr14Ni14W2Mo	〔σ_L〕	142	148	154	160										
	〔F_L〕	7 420	11 300	16 100	23 000	28 000	36 000	45 000	51 900	68 300	83 000	120 800	167 200	220 200	264 300
材料牌号	螺柱、螺栓、螺钉（温度275℃）														
Q235-A	〔σ_L〕	63	66	69	71										
	〔F_L〕	3 300	5 030	7 220	10 200	12 400	16 000	20 000	23 000	30 300	36 900	53 600	74 200	97 700	117 300
Q255-A	〔σ_L〕	70	74	77	80										
	〔F_L〕	3 660	5 630	8 050	11 500	14 000	18 000	22 500	26 000	34 200	41 500	60 400	83 600	110 000	132 100
Q275	〔σ_L〕	73	77	81	84										
	〔F_L〕	3 820	5 850	8 500	12 100	14 700	18 900	23 600	27 200	35 900	43 500	63 500	87 800	115 500	138 700
20	〔σ_L〕	74	80	85	90										
	〔F_L〕	3 870	6 100	8 900	13 000	15 800	20 300	25 300	29 200	38 400	46 700	68 000	94 000	123 800	148 700
25	〔σ_L〕	84	90	95	100										
	〔F_L〕	4 400	6 850	9 950	14 400	17 500	22 500	28 200	32 400	42 700	51 900	75 500	104 500	137 600	165 000
30	〔σ_L〕	86	93	99	105										
	〔F_L〕	4 500	7 100	10 400	15 100	18 400	23 600	29 700	34 000	44 850	54 500	79 300	109 700	144 800	173 500

（续）

螺纹直径/mm		M10	M12	M14	M16	M18	M20	M22	M24	M27	M30	M36	M42	M48	M52
底径面积/mm^2		52.3	76.2	104.7	144.1	175.2	225.2	281.6	324.3	427.1	519	755.2	1045	1376	1652
材料牌号	螺柱、螺栓、螺钉（温度275℃）														
35	〔σ_L〕	91	98	104	110										
	〔F_L〕	4 750	7 480	10 900	15 800	19 300	24 800	31 000	35 700	47 000	57 100	83 100	115 000	151 400	181 700
40	〔σ_L〕	99	105	111	117										
	〔F_L〕	5 200	8 000	11 600	16 900	20 500	26 300	32 900	38 000	50 000	60 700	88 400	122 000	161 000	193 300
35Cr	〔σ_L〕	198	210	220	228										
	〔F_L〕	10 400	16 000	23 000	32 800	40 000	51 300	64 200	74 000	97 400	118 300	172 200	238 300	313 700	376 700
40Cr	〔σ_L〕	212	222	232	242										
	〔F_L〕	11 100	16 900	24 300	34 900	42 400	54 500	68 100	78 500	103 400	125 900	182 800	253 000	333 000	400 000
20Cr13	〔σ_L〕	160	160	160	160										
	〔F_L〕	8 470	12 100	16 700	23 000	28 000	36 000	45 000	51 900	68 300	83 000	120 800	167 200	220 000	264 300
30CrMo	〔σ_L〕	171	178	185	192										
	〔F_L〕	8 950	13 500	19 400	27 700	33 600	43 200	54 100	62 300	82 000	99 600	145 000	200 600	264 200	317 200
35CrMo	〔σ_L〕	188	196	203	210										
	〔F_L〕	9 800	15 000	21 200	30 200	36 800	47 300	59 100	68 100	89 700	109 000	159 000	220 000	289 000	347 000
40CrVA	〔σ_L〕	195	204	213	221										
	〔F_L〕	10 200	15 500	22 300	31 800	38 700	49 700	62 200	71 700	94 400	115 000	167 000	230 900	304 000	365 000
25Cr2MoVA	〔σ_L〕	206	213	220	226										
	〔F_L〕	10 800	16 200	23 000	32 600	39 600	50 900	63 600	73 300	96 500	117 300	170 700	236 200	311 000	373 400
14Cr17Ni2	〔σ_L〕	187	194	201	208										
	〔F_L〕	9 800	14 700	21 100	30 000	36 500	46 800	58 500	67 500	89 000	108 000	157 000	217 400	286 200	343 600
15Cr11MoV	〔σ_L〕	172	178	183	188										
	〔F_L〕	9 000	13 500	19 200	27 100	32 900	42 300	53 000	61 000	80 300	97 500	142 000	196 500	258 700	310 600

12Cr18Ni9	〔σ_L〕	78	83	88	92										
	〔F_L〕	4 080	6 300	9 200	13 300	16 100	20 700	25 900	29 900	39 300	47 700	69 500	96 100	126 600	152 000
45Cr14Ni14W2Mo	〔σ_L〕	141	147	153	158										
	〔F_L〕	7 400	11 200	16 000	22 800	27 700	35 600	44 500	51 200	67 500	82 000	119 300	165 100	217 400	261 000
材料牌号	螺柱、螺栓、螺钉（温度 300℃）														
Q235-A	〔σ_L〕	57	60	63	65										
	〔F_L〕	2 980	4 570	6 600	9 360	11 400	14 600	18 300	21 100	27 800	33 700	49 100	68 000	89 400	107 400
Q255-A	〔σ_L〕	64	68	71	74										
	〔F_L〕	3 350	5 180	7 450	10 700	13 000	16 700	20 800	24 000	31 600	38 400	55 900	77 300	101 800	122 400
Q275	〔σ_L〕	66	70	73	76										
	〔F_L〕	3 450	5 330	7 650	11 000	13 300	17 100	21 400	24 600	32 500	39 400	57 400	79 400	104 500	125 500
20	〔σ_L〕	70	75	80	85										
	〔F_L〕	3 650	5 700	8 400	12 200	14 900	19 100	23 900	27 600	36 300	44 100	64 200	88 900	117 000	140 500
25	〔σ_L〕	80	85	90	95										
	〔F_L〕	4 200	6 500	9 450	13 700	16 600	21 400	26 700	30 800	40 600	49 400	71 700	99 300	130 700	157 000
30	〔σ_L〕	83	89	95	100										
	〔F_L〕	4 350	6 780	9 950	14 400	17 500	22 500	28 200	32 400	42 700	51 900	75 500	104 500	137 600	165 200
35	〔σ_L〕	87	93	99	105										
	〔F_L〕	4 550	7 080	10 300	15 100	18 400	23 600	29 400	34 100	44 800	54 500	79 300	110 000	144 500	173 500
40	〔σ_L〕	96	103	109	115										
	〔F_L〕	5 000	7 850	11 400	16 600	20 200	25 900	32 400	37 300	49 100	59 700	86 800	120 000	158 200	190 000
35Cr	〔σ_L〕	196	208	220	228										
	〔F_L〕	10 200	15 800	23 000	32 800	40 000	51 300	64 200	74 000	97 300	118 300	172 400	238 300	313 700	376 700

（续）

螺纹直径/mm		M10	M12	M14	M16	M18	M20	M22	M24	M27	M30	M36	M42	M48	M52
底径面积/mm^2		52.3	76.2	104.7	144.1	175.2	225.2	281.6	324.3	427.1	519	755.2	1045	1376	1652
材料牌号	螺柱、螺栓、螺钉（温度300℃）														
40Cr	$[\sigma_L]$	210	220	230	240										
	$[F_L]$	11 000	16 700	24 100	34 600	42 100	54 000	67 600	77 800	102 500	124 500	181 200	250 800	330 000	396 500
20Cr13	$[\sigma_L]$	150	150	150	150										
	$[F_L]$	7 850	11 400	15 700	21 600	26 300	33 800	42 200	48 600	64 000	77 800	113 400	157 000	206 000	248 000
30CrMo	$[\sigma_L]$	164	171	178	184										
	$[F_L]$	8 600	13 000	18 600	26 500	32 200	41 400	51 800	59 700	78 500	95 500	139 000	192 300	253 200	304 000
35CrMo	$[\sigma_L]$	182	190	197	204										
	$[F_L]$	9 520	14 500	20 600	29 400	35 700	46 000	57 400	66 200	87 100	106 000	154 000	213 200	280 700	337 000
40CrVA	$[\sigma_L]$	191	200	210	218										
	$[F_L]$	10 000	13 200	22 000	31 400	38 200	49 100	61 300	70 700	93 100	113 000	164 600	227 800	299 600	360 000
25Cr2MoVA	$[\sigma_L]$	200	207	214	220										
	$[F_L]$	10 500	15 800	22 400	31 700	38 500	49 500	62 000	71 300	94 000	114 200	166 100	230 000	302 700	363 400
14Cr17Ni2	$[\sigma_L]$	185	192	199	205										
	$[F_L]$	9 700	14 600	20 800	29 500	35 900	46 200	57 700	66 500	87 500	106 400	155 000	214 000	282 000	338 600
15Cr11MoV	$[\sigma_L]$	172	178	183	188										
	$[F_L]$	9 000	13 500	19 200	27 100	32 900	42 300	52 900	61 000	80 300	97 500	142 000	196 500	25 870	31 060
12Cr18Ni9	$[\sigma_L]$	76	81	85	89										
	$[F_L]$	4 000	6 100	8 900	12 800	15 600	20 000	25 100	28 900	38 000	46 200	67 200	93 000	122 400	147 000
45Cr14Ni14W2Mo	$[\sigma_L]$	140	145	150	155										
	$[F_L]$	7 320	11 000	15 700	22 300	27 200	34 900	43 600	50 300	66 200	80 500	117 000	162 000	213 600	256 000

材料牌号		螺柱、螺栓、螺钉（温度325℃）													
Q235-A	$[\sigma_L]$	53	55	57	59										
	$[F_L]$	2 770	4 200	5 960	8 500	10 300	13 300	16 600	19 100	25 200	30 600	44 600	61 600	81 200	97 500
Q255-A	$[\sigma_L]$	59	62	65	67										
	$[F_L]$	3 080	4 720	6 800	9 650	11 700	15 100	18 900	21 700	28 600	34 700	50 600	70 000	92 200	110 700
Q275	$[\sigma_L]$	61	64	67	70										
	$[F_L]$	3 190	4 870	7 010	10 100	12 200	15 800	19 700	22 700	30 000	36 300	52 900	73 150	96 300	115 600
20	$[\sigma_L]$	66	71	76	80										
	$[F_L]$	3 450	5 400	7 950	11 500	14 000	18 000	22 500	26 000	34 200	41 500	60 400	83 600	110 000	132 100
25	$[\sigma_L]$	75	80	85	90										
	$[F_L]$	3 920	6 100	8 900	13 000	15 800	20 300	25 300	29 200	38 400	46 700	68 000	94 000	123 800	148 700
30	$[\sigma_L]$	80	86	91	96										
	$[F_L]$	4 200	6 550	9 520	13 800	16 800	21 600	27 000	31 100	41 000	49 800	72 500	100 000	132 000	158 500
35	$[\sigma_L]$	85	91	97	103										
	$[F_L]$	4 440	6 930	10 200	14 800	18 000	23 200	29 000	33 400	44 000	53 500	77 900	107 600	141 600	170 200
40	$[\sigma_L]$	93	99	105	111										
	$[F_L]$	4 860	7 570	11 000	16 000	19 500	25 000	31 200	36 000	47 400	57 600	83 800	116 000	152 700	183 300
35Cr	$[\sigma_L]$	185	185	190	195										
	$[F_L]$	9 400	14 100	19 900	28 100	34 200	43 900	54 900	63 200	83 300	101 200	147 200	203 800	268 300	322 000
40Cr	$[\sigma_L]$	190	194	197	200										
	$[F_L]$	9 930	14 800	20 600	28 800	35 000	45 000	56 300	64 900	85 400	103 800	151 000	209 000	275 200	330 400
20Cr13	$[\sigma_L]$	146	146	146	146										
	$[F_L]$	7 630	11 100	15 300	21 000	25 600	32 900	41 100	47 300	62 300	75 800	110 300	152 600	201 000	241 200

（续）

螺纹直径/mm		M10	M12	M14	M16	M18	M20	M22	M24	M27	M30	M36	M42	M48	M52
底径面积/mm^2		52.3	76.2	104.7	144.1	175.2	225.2	281.6	324.3	427.1	519	755.2	1045	1376	1652
材料牌号	螺柱、螺栓、螺钉（温度325℃）														
30CrMo	〔σ_L〕	157	166	171	176										
	〔F_L〕	8 200	12 700	17 900	25 400	30 800	39 600	49 500	57 100	75 200	91 300	132 900	183 000	242 000	290 800
35CrMo	〔σ_L〕	186	190	193	196										
	〔F_L〕	970	1 450	2 020	2 820	3 430	4 410	5 520	6 360	8 370	10 170	14 800	20 480	26 960	32 380
40CrVA	〔σ_L〕	180	187	194	200										
	〔F_L〕	9 400	14 200	20 300	28 800	35 000	45 000	56 300	64 900	85 400	103 800	151 000	209 000	275 200	330 400
25Cr2MoVA	〔σ_L〕	195	202	209	215										
	〔F_L〕	10 200	15 400	21 900	31 000	37 700	48 400	60 500	69 700	91 800	111 600	162 300	224 700	295 800	355 000
14Cr17Ni2	〔σ_L〕	183	200	203	207										
	〔F_L〕	9 570	15 200	21 300	29 900	36 300	46 600	58 300	67 100	88 400	107 500	156 300	216 300	284 800	342 000
15Cr11MoA	〔σ_L〕	171	177	183	188										
	〔F_L〕	8 940	13 500	19 200	27 100	33 000	42 400	52 900	61 000	80 300	97 500	142 000	196 500	258 700	310 600
12Cr18Ni9	〔σ_L〕	72	77	81	85										
	〔F_L〕	3 760	5 850	8 500	12 200	14 900	19 100	23 900	27 600	36 300	44 100	64 200	88 900	117 000	140 500
45Cr14Ni14W2Mo	〔σ_L〕	138	143	148	153										
	〔F_L〕	7 210	10 900	15 500	22 000	26 800	34 500	43 000	49 600	65 300	79 400	115 500	160 000	210 600	252 800
材料牌号	螺柱、螺栓、螺钉（温度350℃）														
Q235-A	〔σ_L〕	50	52	54	56										
	〔F_L〕	2 620	3 960	5 650	8 060	9 800	12 600	15 800	18 150	23 900	29 100	42 300	58 600	77 000	92 500
Q255-A	〔σ_L〕	54	57	59	61										
	〔F_L〕	2 820	4 340	6 180	8 800	10 700	13 700	17 200	19 800	26 000	31 700	46 100	63 700	83 900	100 800
Q275	〔σ_L〕	57	61	63	65										
	〔F_L〕	2 980	4 650	6 600	9 300	11 400	14 600	18 300	21 100	27 800	33 700	49 100	68 000	89 400	107 400

20	[σ_L]	62	67	71	75										
	[F_L]	3 240	5 100	7 430	10 800	13 100	16 900	21 100	24 300	32 000	38 900	56 600	78 400	103 200	123 900
25	[σ_L]	70	75	80	85										
	[F_L]	3 660	5 720	8 400	12 200	14 900	19 100	23 900	27 600	36 300	44 100	64 200	88 900	117 000	140 500
30	[σ_L]	77	82	87	92										
	[F_L]	4 030	6 250	9 100	13 300	16 100	20 700	25 900	29 900	39 300	47 700	69 500	96 100	126 600	152 000
35	[σ_L]	83	89	95	100										
	[F_L]	4 350	6 780	9 950	14 400	17 500	22 500	28 200	32 400	42 700	51 900	75 500	104 500	137 600	165 200
40	[σ_L]	89	95	101	107										
	[F_L]	4 650	7 240	10 600	15 400	18 700	24 100	30 100	34 700	45 700	55 500	80 800	111 800	147 200	176 700
35Cr	[σ_L]	165	165	165	165										
	[F_L]	8 630	12 600	17 300	23 800	28 900	37 100	46 400	53 400	70 500	85 600	124 600	172 400	227 000	272 600
40Cr	[σ_L]	180	180	180	180										
	[F_L]	9 410	13 700	18 800	26 000	31 500	40 500	50 700	58 400	76 900	93 400	136 000	188 000	246 600	294 000
20Cr13	[σ_L]	142	142	142	142										
	[F_L]	742	1 080	1 490	2 050	2 490	3 200	4 000	4 610	6 060	7 370	10 730	14 840	19 540	23 460
30CrMo	[σ_L]	150	157	163	169										
	[F_L]	7 850	12 000	17 100	24 400	29 600	38 000	47 600	54 800	72 200	87 700	127 600	176 600	232 500	279 200
35CrMo	[σ_L]	170	176	182	188										
	[F_L]	8 900	13 400	19 100	27 100	32 900	42 300	52 900	61 000	80 300	97 500	142 000	196 500	259 000	316 000
40CrVA	[σ_L]	168	174	180	185										
	[F_L]	8 800	13 300	18 800	26 600	32 400	41 600	52 000	60 000	79 000	96 000	140 000	193 300	254 500	306 000
25Cr2MoVA	[σ_L]	191	198	205	211										
	[F_L]	10 000	15 100	21 500	30 400	37 000	47 500	59 400	68 400	90 100	109 500	159 300	220 500	290 300	348 600

（续）

螺纹直径/mm		M10	M12	M14	M16	M18	M20	M22	M24	M27	M30	M36	M42	M48	M52
底径面积/mm²		52.3	76.2	104.7	144.1	175.2	225.2	281.6	324.3	427.1	519	755.2	1045	1376	1652
材料牌号	螺柱、螺栓、螺钉（温度350℃）														
14Cr17Ni2	$[\sigma_L]$	180	187	194	200										
	$[F_L]$	9 410	14 200	20 300	28 800	35 000	45 000	56 300	64 900	85 400	103 800	151 000	209 000	275 200	330 400
15Cr11MoV	$[\sigma_L]$	170	176	181	186										
	$[F_L]$	8 900	13 400	19 000	26 800	32 600	41 900	52 400	60 300	79 500	96 500	140 500	194 400	256 000	307 200
12Cr18Ni9	$[\sigma_L]$	68	73	77	81										
	$[F_L]$	3 560	5 560	8 060	11 700	14 200	18 200	22 800	26 300	34 600	42 000	61 200	84 600	111 600	134 000
45Cr14Ni14W2Mo	$[\sigma_L]$	135	140	145	150										
	$[F_L]$	7 060	10 700	15 200	21 600	26 300	33 800	42 200	48 600	64 000	77 800	113 400	157 000	206 000	248 000
材料牌号	螺柱、螺栓、螺钉（温度375℃）														
20	$[\sigma_L]$	58	62	66	70										
	$[F_L]$	3 030	4 720	6 900	10 100	12 200	15 800	19 700	22 700	30 000	36 300	52 900	73 150	96 300	115 600
25	$[\sigma_L]$	66	71	76	80										
	$[F_L]$	3 450	5 400	7 950	11 500	14 000	18 000	22 500	26 000	34 200	41 500	60 400	83 600	110 000	132 100
30	$[\sigma_L]$	72	77	84	87										
	$[F_L]$	3 760	5 870	8 550	12 500	15 200	19 600	24 400	28 200	37 200	45 200	65 700	91 000	119 700	143 700
35	$[\sigma_L]$	79	85	90	95										
	$[F_L]$	4 130	6 470	9 400	13 700	16 600	21 400	26 700	30 800	40 600	49 400	71 700	99 300	130 700	157 000
40	$[\sigma_L]$	84	90	96	101										
	$[F_L]$	4 400	6 850	10 000	14 500	17 700	22 700	28 400	32 800	43 100	52 400	76 300	105 500	139 000	166 900
35Cr	$[\sigma_L]$	140	140	140	140										
	$[F_L]$	7 320	10 700	14 700	20 100	24 500	31 500	39 400	45 400	59 800	72 700	105 700	146 300	192 600	231 300

40Cr	[σ_L]	155	155	155	155										
	[F_L]	8 100	11 800	16 200	22 300	27 200	34 900	43 600	50 300	66 200	80 500	117 000	162 000	213 600	256 000
20Cr13	[σ_L]	142	142	142	142										
	[F_L]	7 430	10 900	14 900	20 500	24 900	32 000	40 000	46 100	60 600	73 700	107 300	198 400	195 400	234 600
30CrMo	[σ_L]	143	149	155	161										
	[F_L]	7 480	11 400	16 200	23 200	28 200	36 200	45 300	51 200	68 700	83 500	121 600	168 200	221 500	266 000
35CrMo	[σ_L]	161	167	173	178										
	[F_L]	8 420	12 700	18 100	24 700	31 200	40 000	50 100	57 700	76 000	92 400	134 200	186 000	244 900	294 000
40CrVA	[σ_L]	155	160	165	170										
	[F_L]	8 100	12 200	17 300	24 500	29 800	38 300	47 900	55 100	72 500	88 200	125 200	177 700	233 900	280 800
25Cr2MoVA	[σ_L]	189	193	196	199										
	[F_L]	9 900	14 700	20 500	28 700	34 900	44 800	56 000	64 600	85 000	103 300	150 300	208 000	274 000	328 700
14Cr17Ni2	[σ_L]	179	186	192	198										
	[F_L]	9 360	14 200	20 100	28 600	34 700	44 500	55 700	64 300	84 600	102 800	149 500	207 000	272 700	327 000
15Cr11MoV	[σ_L]	169	175	180	185										
	[F_L]	8 850	13 300	18 800	26 600	32 400	41 600	52 000	60 000	79 000	96 000	140 000	193 300	254 500	306 000
12Cr18Ni9	[σ_L]	66	70	74	78										
	[F_L]	3 450	5 330	7 750	11 200	13 700	17 600	22 000	25 300	33 300	40 500	59 000	81 500	107 300	129 000
45Cr14Ni14W2Mo	[σ_L]	133	138	143	148										
	[F_L]	6 950	10 500	15 000	21 400	26 000	33 300	41 700	48 000	63 200	76 800	111 800	154 600	203 600	244 500
材 料 牌 号	螺柱、螺栓、螺钉（温度400℃）														
20	[σ_L]	54	58	62	65										
	[F_L]	2 820	4 420	6 500	9 360	11 400	14 600	18 300	21 100	27 800	33 700	49 100	68 000	89 400	107 400

（续）

螺纹直径/mm		M10	M12	M14	M16	M18	M20	M22	M24	M27	M30	M36	M42	M48	M52
底径面积/mm^2		52.3	76.2	104.7	144.1	175.2	225.2	281.6	324.3	427.1	519	755.2	1045	1376	1652
材料牌号	螺柱、螺栓、螺钉（温度400℃）														
25	$[\sigma_L]$	62	67	71	75										
	$[F_L]$	3 240	5 100	7 440	10 800	13 100	16 900	21 100	24 300	32 000	38 900	56 600	78 400	103 200	123 900
30	$[\sigma_L]$	68	73	78	82										
	$[F_L]$	3 560	5 560	8 060	11 800	14 400	18 500	23 100	26 600	35 000	42 600	61 900	85 700	112 800	135 500
35	$[\sigma_L]$	75	80	85	90										
	$[F_L]$	3 920	6 100	8 900	13 000	15 800	20 300	25 300	29 200	38 400	46 700	68 000	94 000	123 800	148 700
40	$[\sigma_L]$	79	85	90	95										
	$[F_L]$	4 130	6 470	9 420	13 700	16 600	21 400	26 700	30 800	40 600	49 400	71 700	99 300	130 700	157 000
35Cr	$[\sigma_L]$	120	120	120	120										
	$[F_L]$	6 380	9 150	12 600	17 300	21 000	27 000	33 800	38 900	51 300	62 300	90 600	125 400	165 100	198 200
40Cr	$[\sigma_L]$	130	130	130	130										
	$[F_L]$	6 800	9 900	13 600	18 700	22 800	29 200	36 500	42 200	55 500	67 500	98 200	136 000	179 000	215 000
20Cr13	$[\sigma_L]$	142	142	142	142										
	$[F_L]$	7 420	10 800	14 900	20 500	24 900	32 000	40 000	46 100	60 600	73 700	107 300	148 400	195 400	234 600
30CrMo	$[\sigma_L]$	135	141	147	153										
	$[F_L]$	7 060	10 700	15 400	22 000	26 800	34 500	43 000	49 600	65 300	79 400	115 500	160 000	210 600	252 700
35CrMo	$[\sigma_L]$	152	158	164	169										
	$[F_L]$	7 950	12 000	17 200	24 400	29 600	38 000	47 600	54 800	72 000	87 700	127 600	176 600	232 500	279 200
40CrVA	$[\sigma_L]$	135	135	135	135										
	$[F_L]$	7 060	10 300	14 100	19 500	23 700	30 400	38 000	43 800	57 600	70 100	102 000	141 000	185 800	223 000
25Cr2MoVA	$[\sigma_L]$	187	191	194	197										
	$[F_L]$	9 800	14 500	20 300	28 400	34 500	44 400	55 500	63 900	84 100	102 200	148 700	205 800	271 000	325 400
14Cr17Ni2	$[\sigma_L]$	178	184	190	196										
	$[F_L]$	9 300	14 000	19 900	28 200	34 300	44 100	55 200	63 600	83 700	101 700	148 000	204 800	269 600	323 800
15Cr11MoV	$[\sigma_L]$	168	174	179	184										
	$[F_L]$	8 790	13 200	18 700	26 500	32 200	41 400	51 800	59 700	78 500	95 500	139 000	192 300	253 200	304 000

12Cr18Ni9	$[\sigma_L]$	65	69	72	75										
	$[F_L]$	3 400	5 250	7 550	10 800	13 100	16 900	21 100	24 300	32 000	38 900	56 600	78 400	103 200	123 900
45Cr14Ni14W2Mo	$[\sigma_L]$	130	135	140	145										
	$[F_L]$	6 800	10 300	14 600	20 900	25 400	32 600	40 800	47 000	61 900	15 200	109 500	151 500	199 500	239 500
材料牌号	螺柱、螺栓、螺钉（温度 425℃）														
20	$[\sigma_L]$	50	54	57	60										
	$[F_L]$	2 610	4 110	5 970	8 650	10 500	13 500	16 900	19 500	25 600	31 100	45 300	62 700	82 500	99 100
25	$[\sigma_L]$	59	63	66	69										
	$[F_L]$	3 080	4 800	6 900	9 950	12 100	15 500	19 400	22 400	29 500	35 800	52 100	72 100	95 000	114 000
30	$[\sigma_L]$	66	71	76	80										
	$[F_L]$	3 450	5 400	7 960	11 500	14 000	18 000	22 500	26 000	34 200	41 500	60 400	83 600	110 000	132 100
35	$[\sigma_L]$	72	77	82	87										
	$[F_L]$	3 700	5 860	8 600	12 500	15 200	19 600	24 500	28 200	37 200	45 200	65 700	90 900	119 700	143 800
40	$[\sigma_L]$	77	82	87	92										
	$[F_L]$	4 020	6 250	9 100	13 300	16 100	20 700	25 900	29 900	39 300	47 700	69 500	96 100	126 600	152 000
35Cr	$[\sigma_L]$	90	90	90	90										
	$[F_L]$	4 700	6 850	9 420	13 000	15 800	20 300	25 300	29 200	38 400	46 700	68 000	94 000	123 800	148 700
40Cr	$[\sigma_L]$	95	95	95	95										
	$[F_L]$	4 960	7 230	9 950	13 700	16 600	21 400	26 700	30 800	40 600	49 400	71 700	99 300	134 700	157 000
20Cr13	$[\sigma_L]$	137	137	137	137										
	$[F_L]$	7 160	10 400	14 300	19 700	24 000	30 900	38 600	44 400	58 500	71 100	103 500	143 200	188 500	226 300

（续）

螺纹直径/mm		M10	M12	M14	M16	M18	M20	M22	M24	M27	M30	M36	M42	M48	M52
底径面积/mm²		52.3	76.2	104.7	144.1	175.2	225.2	281.6	324.3	427.1	519	755.2	1045	1376	1652
材料牌号	螺柱、螺栓、螺钉（温度425℃）														
30CrMo	$[\sigma_L]$	125	132	138	144										
	$[F_L]$	6 540	10 000	14 400	20 800	25 200	32 400	40 500	46 700	61 600	74 700	108 700	150 500	198 000	238 000
35CrMo	$[\sigma_L]$	140	146	151	156										
	$[F_L]$	7 320	11 100	15 800	22 500	27 300	35 100	43 900	50 600	66 600	81 000	117 800	163 000	214 700	257 700
25Cr2MoVA	$[\sigma_L]$	185	189	192	195										
	$[F_L]$	9 700	14 400	20 100	28 100	34 100	43 900	54 900	63 200	83 300	101 200	147 300	203 800	268 300	322 000
14Cr17Ni2	$[\sigma_L]$	168	172	176	180										
	$[F_L]$	8 800	13 100	18 400	26 000	31 500	40 500	50 700	58 400	76 900	93 400	136 000	188 000	246 600	297 400
15Cr11MoV	$[\sigma_L]$	164	170	175	180										
	$[F_L]$	8 600	12 900	18 300	26 000	31 500	40 500	50 700	58 400	76 900	93 400	136 000	188 000	246 600	297 400
12Cr18Ni9	$[\sigma_L]$	64	68	71	74										
	$[F_L]$	3 350	5 180	7 430	10 700	13 000	16 700	20 800	24 000	31 600	38 400	55 900	77 300	101 800	122 400
45Cr14Ni14W2Mo	$[\sigma_L]$	128	133	138	142										
	$[F_L]$	6 700	10 300	14 400	20 500	24 900	32 000	40 000	46 100	60 600	73 700	107 300	148 400	195 400	234 600
材料牌号	螺柱、螺栓、螺钉（温度450℃）														
30CrMo	$[\sigma_L]$	116	118	120	122										
	$[F_L]$	6 280	9 000	12 600	17 600	21 400	27 500	34 400	39 600	52 100	63 300	92 000	127 500	167 800	201 500
35CrMo	$[\sigma_L]$	120	121	121	122										
	$[F_L]$	6 280	9 220	12 700	17 600	21 400	27 500	34 400	39 600	52 100	63 300	92 000	127 500	167 800	201 500
25Cr2MoVA	$[\sigma_L]$	180	183	186	188										
	$[F_L]$	9 400	14 000	19 500	27 100	32 900	42 300	52 900	61 000	80 300	97 500	142 000	196 500	258 700	310 600

14Cr17Ni2	［σ_L］	158	162	166	170										
	［F_L］	8 260	12 300	17 400	24 500	29 800	38 300	47 900	55 100	72 500	88 200	12 820	17 770	23 390	28 080
15Cr11MoV	［σ_L］	162	168	173	178										
	［F_L］	8 470	12 800	18 100	24 700	31 200	40 000	50 100	57 700	76 000	92 400	134 200	186 000	244 900	294 000
12Cr18Ni9	［σ_L］	62	66	69	72										
	［F_L］	3 240	5 020	7 220	10 400	12 600	16 200	20 250	23 300	30 800	37 400	54 400	75 200	99 000	119 000
45Cr14Ni14W2Mo	［σ_L］	126	131	136	140										
	［F_L］	6 590	10 000	14 200	20 100	24 500	31 500	39 400	45 400	59 800	72 700	105 700	146 300	192 600	231 300
材料牌号	螺柱、螺栓、螺钉（温度475℃）														
25Cr2MoVA	［σ_L］	160	160	160	160										
	［F_L］	8 680	12 200	16 800	23 000	28 000	36 000	45 100	51 900	68 300	83 000	120 800	167 200	220 200	264 300
15Cr11MoV	［σ_L］	160	164	168	170										
	［F_L］	8 680	12 500	17 500	24 500	29 800	38 700	47 900	55 100	72 500	88 200	128 200	177 000	233 900	280 800
12Cr18Ni9	［σ_L］	62	65	68	71										
	［F_L］	3 240	4 950	7 120	10 200	12 400	16 000	20 000	23 000	30 300	36 900	53 600	74 200	97 700	117 300
45Cr14Ni14W2Mo	［σ_L］	125	129	133	137										
	［F_L］	6 540	9 830	13 900	19 700	24 000	30 900	38 600	44 400	58 500	71 100	103 500	143 200	188 500	226 300
材料牌号	螺柱、螺栓、螺钉（温度500℃）														
25Cr2MoVA	［σ_L］	89	89	89	89										
	［F_L］	4 650	6 780	9 380	12 800	15 600	20 000	25 100	28 900	38 000	46 200	67 200	93 000	122 400	147 000
15Cr11MoV	［σ_L］	160	161	161	162										
	［F_L］	8 680	12 300	16 900	23 300	28 400	36 500	45 600	52 500	69 200	84 000	122 300	169 200	222 900	267 600
12Cr18Ni9	［σ_L］	62	65	68	70										
	［F_L］	3 240	4 950	7 120	10 100	12 200	15 800	19 700	22 700	30 000	36 300	52 900	73 200	96 300	115 600

（续）

螺纹直径/mm		M10	M12	M14	M16	M18	M20	M22	M24	M27	M30	M36	M42	M48	M52
底径面积/mm²		52.3	76.2	104.7	144.1	175.2	225.2	281.6	324.3	427.1	519	755.2	1045	1376	1652
材料牌号	螺柱、螺栓、螺钉（温度500℃）														
45Cr14Ni14W2Mo	[σ_L]	125	129	132	135										
	[F_L]	6 540	9 830	13 800	19 400	23 600	30 400	38 000	43 800	57 600	70 100	102 000	141 000	185 800	223 000
材料牌号	螺柱、螺栓、螺钉（温度525℃）														
12Cr18Ni9	[σ_L]	61	64	66	68										
	[F_L]	3 190	4 870	6 900	9 800	11 900	15 300	19 200	22 100	29 000	35 300	51 300	71 100	93 600	112 300
45Cr14Ni14W2Mo	[σ_L]	122	126	129	132										
	[F_L]	6 380	9 600	13 500	19 000	23 100	29 700	37 200	42 800	56 400	68 500	99 700	138 000	181 600	218 000
材料牌号	螺柱、螺栓、螺钉（温度550℃）														
12Cr18Ni9	[σ_L]	60	63	65	67										
	[F_L]	3 140	4 800	6 800	9 650	11 700	15 100	18 900	21 700	28 600	34 700	50 600	70 000	92 200	110 700
45Cr14Ni14W2Mo	[σ_L]	120	124	127	130										
	[F_L]	6 280	9 450	13 300	18 700	22 800	19 300	36 600	42 200	55 200	67 500	98 200	135 800	178 900	214 800
材料牌号	螺柱、螺栓、螺钉（温度575℃）														
12Cr18Ni9	[σ_L]	60	62	62	66										
	[F_L]	3 140	4 720	6 490	9 500	11 600	14 900	18 600	21 400	28 200	34 300	49 800	69 000	90 800	109 000
45Cr14Ni14W2Mo	[σ_L]	95	95	95	95										
	[F_L]	4 960	7 240	9 950	13 700	16 600	21 400	26 700	30 800	40 600	49 400	71 700	99 300	130 700	157 000
材料牌号	螺柱、螺栓、螺钉（温度600℃）														
12Cr18Ni9	[σ_L]	50	50	50	50										
	[F_L]	2 610	3 810	5 230	7 200	8 760	11 300	14 100	16 200	21 400	26 000	37 800	52 300	62 800	82 600
45Cr14Ni14W2Mo	[σ_L]	75	75	75	75										
	[F_L]	3 920	5 710	7 850	10 800	13 100	16 900	21 100	24 300	32 000	38 900	56 600	78 400	103 200	123 900

注：凡不在本表温度级的中间温度，可用插补法决定其相应的许用应力和许用载荷。

3.8 GB 150.2—2011《压力容器 第2部分：材料》规定的材料许用应力

3.8.1 钢板的许用应力（表3-19）

表3-19 钢板的许用应力

碳素钢和低合金钢板																						
钢号	钢板标准	使用状态	厚度/mm	室温强度指标		在下列温度（℃）下的许用应力/MPa																
				R_m/MPa	R_{eL}/MPa	≤20	100	150	200	250	300	350	400	425	450	475	500	525	550	575	600
Q245R	GB 713	热轧，控轧，正火	3~16	400	245	148	147	140	131	117	108	98	91	85	61	41					
			>16~36	400	235	148	140	133	124	111	102	93	86	84	61	41					
			>36~60	400	225	148	133	127	119	107	98	89	82	80	61	41					
			>60~100	390	205	137	123	117	109	98	90	82	75	73	61	41					
			>100~150	380	185	123	112	107	100	90	80	73	70	67	61	41					
Q345R	GB 713	热轧，控轧，正火	3~16	510	345	189	189	189	183	167	153	143	125	93	66	43					
			>16~36	500	325	185	185	183	170	157	143	133	125	93	66	43					
			>36~60	490	315	181	181	173	160	147	133	123	117	93	66	43					
			>60~100	490	305	181	181	167	150	137	123	117	110	93	66	43					
			>100~150	480	285	178	173	160	147	133	120	113	107	93	66	43					
			>150~200	470	265	174	163	153	143	130	117	110	103	93	66	43					
Q370R	GB 713	正火	10~16	530	370	196	196	196	196	190	180	170									
			>16~36	530	360	196	196	196	193	183	173	163									
			>36~60	520	340	193	193	193	180	170	160	150									
18MnMoNbR	GB 713	正火加回火	30~60	570	400	211	211	211	211	211	211	211	207	195	177	117					
			>60~100	570	390	211	211	211	211	211	211	211	203	192	177	117					
13MnNiMoR	GB 713	正火加回火	30~100	570	390	211	211	211	211	211	211	211	203								
			>100~150	570	380	211	211	211	211	211	211	211	200								

（续）

钢号	钢板标准	使用状态	厚度/mm	室温强度指标		在下列温度（℃）下的许用应力/MPa															
				R_m/MPa	R_{eL}/MPa	≤20	100	150	200	250	300	350	400	425	450	475	500	525	550	575	600
碳素钢和低合金钢板																					
15CrMoR	GB 713	正火加回火	6～60	450	295	167	167	167	160	150	140	133	126	122	119	117	88	58	37		
			>60～100	450	275	167	167	157	147	140	131	124	117	114	111	109	88	58	37		
			>100～150	440	255	163	157	147	140	133	123	117	110	107	104	102	88	58	37		
14Cr1MoR	GB 713	正火加回火	6～100	520	310	193	187	180	170	163	153	147	140	135	130	123	80	54	33		
			>100～150	510	300	189	180	173	163	157	147	140	133	130	127	121	80	54	33		
12Cr2Mo1R	GB 713	正火加回火	6～150	520	310	193	187	180	173	170	167	163	160	157	147	119	89	61	46	37	
12Cr1MoVR	GB 713	正火加回火	6～60	440	245	163	150	140	133	127	117	111	105	103	100	98	95	82	59	41	
			>60～100	430	235	157	147	140	133	127	117	111	105	103	100	98	95	82	59	41	
12Cr2Mo1VR①	—	正火加回火	30～120	590	415	219	219	219	219	219	219	219	219	219	193	163	134	104	72		
16MnDR	GB 3531	正火，正火加回火	6～16	490	315	181	181	180	167	153	140	130									
			>16～36	470	295	174	174	167	157	143	130	120									
			>36～60	460	285	170	170	160	150	137	123	117									
			>60～100	450	275	167	167	157	147	133	120	113									
			>100～120	440	265	163	163	153	143	130	117	110									

15MnNiDR	GB 3531	正火，正火加回火	6～16	490	325	181	181	181	173												
			>16～36	480	315	178	178	178	167												
			>36～60	470	305	174	174	173	160												
15MnNiNbDR①	—	正火，正火加回火	10～16	530	370	196	196	196	196												
			>16～36	530	360	196	196	196	193												
			>36～60	520	350	193	193	193	187												
09MnNiDR	GB 3531	正火，正火加回火	6～16	440	300	163	163	163	160	153	147	137									
			>16～36	430	280	159	159	157	150	143	137	127									
			>36～60	430	270	159	159	150	143	137	130	120									
			>60～120	420	260	156	156	147	140	133	127	117									
08Ni3DR①	—	正火，正火加回火，调质	6～60	490	320	181	181														
			>60～100	480	300	178	178														
06Ni9DR①	—	调质	6～30	680	560	252	252														
			>30～40	680	550	252	252														
07MnMoVR	GB 19189	调质	10～60	610	490	226	226	226	226												
07MnNiVDR	GB 19189	调质	10～60	610	490	226	226	226	226												
07MnNiMoDR	GB 19189	调质	10～50	610	490	226	226	226	226												
12MnNiVR	GB 19189	调质	10～60	610	490	226	226	226	226												

（续）

钢号	钢板标准	厚度/mm	高合金钢钢板 在下列温度（℃）下的许用应力/MPa																					
			≤20	100	150	200	250	300	350	400	450	500	525	550	575	600	625	650	675	700	725	750	775	800
S11306	GB 24511	1.5～25	137	126	123	120	119	117	112	109														
S11348	GB 24511	1.5～25	113	104	101	100	99	97	95	90														
S11972	GB 24511	1.5～80	154	154	149	142	136	131	125															
S21953	GB 24511	1.5～80	233	233	223	217	210	203																
S22253	GB 24511	1.5～80	230	230	230	230	223	217																
S22053	GB 24511	1.5～80	230	230	230	230	223	217																
S30408②	GB 24511	1.5～80	137	137	137	130	122	114	111	107	103	100	98	91	79	64	52	42	32	27				
S30408			137	114	103	96	90	85	82	79	76	74	73	71	67	62	52	42	32	27				
S30403②	GB 24511	1.5～80	120	120	118	110	103	98	94	91	88													
S30403			120	98	87	81	76	73	69	67	65													
S30409②	GB 24511	1.5～80	137	137	137	130	122	114	111	107	103	100	98	91	79	64	52	42	32	27				
S30409			137	114	103	96	90	85	82	79	76	74	73	71	67	62	52	42	32	27				
S31008②	GB 24511	1.5～80	137	137	137	137	134	130	125	122	119	115	113	105	84	61	43	31	23	19	15	12	10	8
S31008			137	121	111	105	99	96	93	90	88	85	84	83	81	61	43	31	23	19	15	12	10	8
S31608②	GB 24511	1.5～80	137	137	137	134	125	118	113	111	109	107	106	105	96	81	65	50	38	30				
S31608			137	117	107	99	93	87	84	82	81	79	78	78	76	73	65	50	38	30				
S31603②	GB 24511	1.5～80	120	120	117	108	100	95	90	86	84													
S31603			120	98	87	80	74	70	67	64	62													
S31668②	GB 24511	1.5～80	137	137	137	134	125	118	113	111	109	107												
S31668			137	117	107	99	93	87	84	82	81	79												
S31708②	GB 24511	1.5～80	137	137	137	134	125	118	113	111	109	107	106	105	96	81	65	50	38	30				
S31708			137	117	107	99	93	87	84	82	81	79	78	78	76	73	65	50	38	30				
S31703②	GB 24511	1.5～80	137	137	137	134	125	118	113	111	109													
S31703			137	117	107	99	93	87	84	82	81													
S32168②	GB 24511	1.5～80	137	137	137	130	122	114	111	108	105	103	101	83	58	44	33	25	18	13				
S32168			137	114	103	96	90	85	82	80	78	76	75	74	58	44	33	25	18	13				
S39042②	GB 24511	1.5～80	147	147	147	147	144	131	122															
S39042			147	137	127	117	107	97	90															

① 该钢板的技术要求 GB 150.2—2011 中附录 A。

② 该材料的该行许用应力仅适用于允许产生微量永久变形之元件，对于法兰或其他有微量永久变形就引起泄漏或故障的场合不能采用。

3.8.2 钢管的许用应力（表3-20）

表3-20 钢管的许用应力

碳素钢和低合金钢钢管

钢号	钢管标准	使用状态	壁厚/mm	室温强度指标		在下列温度（℃）下的许用应力/MPa															
				R_m/MPa	R_{eL}/MPa	≤20	100	150	200	250	300	350	400	425	450	475	500	525	550	575	600
10	GB/T 8163	热轧	≤10	335	205	124	121	115	108	98	89	82	75	70	61	41					
20	GB/T 8163	热轧	≤10	410	245	152	147	140	131	117	108	98	88	83	61	41					
Q345D	GB/T 8163	正火	≤10	470	345	174	174	174	174	167	153	143	125	93	66	43					
10	GB 9948	正火	≤16	335	205	124	121	115	108	98	89	82	75	70	61	41					
			>16~30	335	195	124	117	111	105	95	85	79	73	67	61	41					
20	GB 9948	正火	≤16	410	245	152	147	140	131	117	108	98	88	83	61	41					
			>16~30	410	235	152	140	133	124	111	102	93	83	78	61	41					
20	GB 6479	正火	≤16	410	245	152	147	140	131	117	108	98	88	83	61	41					
			>16~40	410	235	152	140	133	124	111	102	93	83	78	61	41					
16Mn	GB 6479	正火	≤16	490	320	181	181	180	167	153	140	130	123	93	66	43					
			>16~40	490	310	181	181	173	160	147	133	123	117	93	66	43					
12CrMo	GB 9948	正火加回火	≤16	410	205	137	121	115	108	101	95	88	82	80	79	77	74	50			
			>16~30	410	195	130	117	111	105	98	91	85	79	77	75	74	72	50			
15CrMo	GB 9948	正火加回火	≤16	440	235	157	140	131	124	117	108	101	95	93	91	90	88	58	37		
			>16~30	440	225	150	133	124	117	111	103	97	91	89	87	86	85	58	37		
			>30~50	440	215	143	127	117	111	105	97	92	87	85	84	83	81	58	37		
12Cr2Mo1[①]	—	正火加回火	≤30	450	280	167	167	163	157	153	150	147	143	140	137	119	89	61	46	37	
1Cr5Mo	GB 9948	退火	≤16	390	195	130	117	111	108	105	101	98	95	93	91	83	62	46	35	26	18
			>16~30	390	185	123	111	105	101	98	95	91	88	86	85	82	62	46	35	26	18
12Cr1MoVG	GB 5310	正火加回火	≤30	470	255	170	153	143	133	127	117	111	105	103	100	98	95	82	59	41	
09MnD[①]	—	正火	≤8	420	270	156	156	150	143	130	120	110									
09MnNiD[①]	—	正火	≤8	440	280	163	163	157	150	143	137	127									
08Cr2AlMo[①]	—	正火加回火	≤8	400	250	148	148	140	130	123	117										
09CrCuSb[①]	—	正火	≤8	390	245	144	144	137	127												

（续）

钢号	钢管标准	壁厚/mm	高合金钢钢管 在下列温度（℃）下的许用应力/MPa																					
			≤20	100	150	200	250	300	350	400	450	500	525	550	575	600	625	650	675	700	725	750	775	800
0Cr18Ni9②（S30408）	GB 13296	≤14	137	137	137	130	122	114	111	107	103	100	98	91	79	64	52	42	32	27				
			137	114	103	96	90	85	82	79	76	74	73	71	67	62	52	42	32	27				
0Cr18Ni9②（S30408）	GB/T 14976	≤28	137	137	137	130	122	114	111	107	103	100	98	91	79	64	52	42	32	27				
			137	114	103	96	90	85	82	79	76	74	73	71	67	62	52	42	32	27				
00Cr19Ni10②（S30403）	GB 13296	≤14	117	117	117	110	103	98	94	91	88													
			117	97	87	81	76	73	69	67	65													
00Cr19Ni10②（S30403）	GB/T 14976	≤28	117	117	117	110	103	98	94	91	88													
			117	97	87	81	76	73	69	67	65													
0Cr18Ni10Ti②（S32168）	GB 13296	≤14	137	137	137	130	122	114	111	108	105	103	101	83	58	44	33	25	18	13				
			137	114	103	96	90	85	82	80	78	76	75	74	58	44	33	25	18	13				
0Cr18Ni10Ti②（S32168）	GB/T 14976	≤28	137	137	137	130	122	114	111	108	105	103	101	83	58	44	33	25	18	13				
			137	114	103	96	90	85	82	80	78	76	75	74	58	44	33	25	18	13				
0Cr17Ni12Mo2②（S31608）	GB 13296	≤14	137	137	137	134	125	118	113	111	109	107	106	105	96	81	65	50	38	30				
			137	117	107	99	93	87	84	82	81	79	78	78	76	73	65	50	38	30				
0Cr17Ni12Mo2②（S31608）	GB/T 14976	≤28	137	137	137	134	125	118	113	111	109	107	106	105	96	81	65	50	38	30				
			137	117	107	99	93	87	84	82	81	79	78	78	76	73	65	50	38	30				
00Cr17Ni14Mo2（S31603）	GB/T 13296	≤14	117	117	117	108	100	95	90	86	84													
			117	97	87	80	74	70	67	64	62													
00Cr17Ni14Mo2②（S31603）	GB/T 14976	≤28	117	117	117	108	100	95	90	86	84													
			117	97	87	80	74	70	67	64	62													
0Cr18Ni12Mo2Ti②（S31668）	GB 13296	≤14	137	137	137	134	125	118	113	111	109	107												
			137	117	107	99	93	87	84	82	81	79												
0Cr18Ni12Mo2Ti②（S31668）	GB/T 14976	≤28	137	137	137	134	125	118	113	111	109	107												
			137	117	107	99	93	87	84	82	81	79												

0Cr19Ni13Mo3② (S31708)	GB 13296	≤14	137	137	137	134	125	118	113	111	109	107	106	105	96	81	65	50	38	30				
			137	117	107	99	93	87	84	82	81	79	78	78	76	73	65	50	38	30				
0Cr19Ni13Mo3② (S31708)	GB/T 14976	≤28	137	137	137	134	125	118	113	111	109	107	106	105	96	81	65	50	38	30				
			137	117	107	99	93	87	84	82	81	79	78	78	76	73	65	50	38	30				
00Cr19Ni13Mo3② (S31703)	GB 13296	≤14	117	117	117	117	117	117	113	111	109													
			117	117	107	99	93	87	84	82	81													
00Cr19Ni13Mo3② (S31703)	GB/T 14976	≤28	117	117	117	117	117	117	113	111	109													
			117	117	107	99	93	87	84	82	81													
0Cr25Ni20② (S31008)	GB 13296	≤14	137	137	137	137	134	130	125	122	119	115	113	105	84	61	43	31	23	19	15	12	10	8
			137	121	111	105	99	96	93	90	88	85	84	83	81	61	43	31	23	19	15	12	10	8
0Cr25Ni20② (S31008)	GB/T 14976	≤28	137	137	137	137	134	130	125	122	119	115	113	105	84	61	43	31	23	19	15	12	10	8
			137	121	111	105	99	96	93	90	88	85	84	83	81	61	43	31	23	19	15	12	10	8
1Cr19Ni9② (S30409)	GB 13296	≤14	137	137	137	130	122	114	111	107	103	100	98	91	79	64	52	42	32	27				
			137	114	103	96	90	85	82	79	76	74	73	71	67	62	52	42	32	27				
S21953	GB/T 21833	≤12	233	233	223	217	210	203																
S22253	GB/T 21833	≤12	230	230	230	230	223	217																
S22053	GB/T 21833	≤12	243	243	243	243	240	233																
S25073	GB/T 21833	≤12	296	296	296	280	267	257																
S30408②③	GB/T 12771	≤28	116	116	116	111	104	97	94	91	88	85	83	77	67	54	44	36	27	23				
S30408③			116	97	88	82	77	72	70	67	65	63	62	60	57	53	44	36	27	23				
S30403②③	GB/T 12771	≤28	99	99	99	94	88	83	80	77	75													
S30403③			99	82	74	69	65	62	59	57	55													
S31608②③	GB/T 12771	≤28	116	116	116	114	106	100	96	94	93	91	90	89	82	69	55	43	32	26				
S31608③			116	99	91	84	79	74	71	70	69	67	66	66	65	62	55	43	32	26				

（续）

钢号	钢管标准	壁厚/mm	高合金钢钢管 在下列温度（℃）下的许用应力/MPa																					
			≤20	100	150	200	250	300	350	400	450	500	525	550	575	600	625	650	675	700	725	750	775	800
S31603②③	GB/T 12771	≤28	99	99	99	92	85	81	77	73	71													
S31603③			99	82	74	68	63	60	57	54	53													
S32168②③	GB/T 12771	≤28	116	116	116	111	104	97	94	92	89	88	86	71	49	37	28	21	15	11				
S32168③			116	97	88	82	77	72	70	68	66	65	64	63	49	37	28	21	15	11				
S30408②③	GB/T 24593	≤4	116	116	116	111	104	97	94	91	88	85	83	77	67	54	44	36	27	23				
S30408③			116	97	88	82	77	72	70	67	65	63	62	60	57	53	44	36	27	23				
S30403②③	GB/T 24593	≤4	99	99	99	94	88	83	80	77	75													
S30403③			99	82	74	69	65	62	59	57	55													
S31608②③	GB/T 24593	≤4	116	116	116	114	106	100	96	94	93	91	90	89	82	69	55	43	32	26				
S31608③			116	99	91	84	79	74	71	70	69	67	66	66	65	62	55	43	32	26				
S31603②③	GB/T 24593	≤4	99	99	99	92	85	81	77	73	71													
S31603③			99	82	74	68	63	60	57	54	53													
S32168②③	GB/T 24593	≤4	116	116	116	111	104	97	94	92	89	88	86	71	49	37	28	21	15	11				
S32168③			116	97	88	82	77	72	70	68	66	65	64	63	49	37	28	21	15	11				
S21953③	GB/T 21832	≤20	198	198	190	185	179	173																
S22253③	GB/T 21832	≤20	196	196	196	196	190	185																
S22053③	GB/T 21832	≤20	207	207	207	207	204	198																

① 该钢管的技术要求见 GB 150.2—2011 中附录 A。

② 该材料或第1行许用应力仅适用于允许产生微量永久变形之元件，对于法兰或其他有微量永久变形就引起泄漏或故障的场合不能采用。

③ 该行许用应力已乘焊接接头系数0.85。

3.8.3 锻件的许用应力（表3-21）

表3-21 锻件的许用应力

碳素钢和低合金钢锻件																					
钢号	钢锻件标准	使用状态	公称厚度/mm	室温强度指标		在下列温度（℃）下的许用应力/MPa															
				R_m/MPa	R_{eL}/MPa	≤20	100	150	200	250	300	350	400	425	450	475	500	525	550	575	600
20	NB/T 47008	正火、正火加回火	≤100	410	235	152	140	133	124	111	102	93	86	84	61	41					
			>100~200	400	225	148	133	127	119	107	98	89	82	80	61	41					
			>200~300	380	205	137	123	117	109	98	90	82	75	73	61	41					
35[①]	NB/T 47008	正火、正火加回火	≤100	510	265	177	157	150	137	124	115	105	98	85	61	41					
			>100~300	490	245	163	150	143	133	121	111	101	95	85	61	41					
16Mn	NB/T 47008	正火、正火加回火，调质	≤100	480	305	178	178	167	150	137	123	117	110	93	66	43					
			>100~200	470	295	174	174	163	147	133	120	113	107	93	66	43					
			>200~300	450	275	167	167	157	143	130	117	110	103	93	66	43					
20MnMo	NB/T 47008	调质	≤300	530	370	196	196	196	196	196	190	183	173	167	131	84	49				
			>300~500	510	350	189	189	189	189	187	180	173	163	157	131	84	49				
			>500~700	490	330	181	181	181	181	180	173	167	157	150	131	84	49				
20MnMoNb	NB/T 47008	调质	≤300	620	470	230	230	230	230	230	230	230	230	230	177	117					
			>300~500	610	460	226	226	226	226	226	226	226	226	226	177	117					
20MnNiMo	NB/T 47008	调质	≤500	620	450	230	230	230	230	230	230	230	230								
35CrMo[①]	NB/T 47008	调质	≤300	620	440	230	230	230	230	230	230	223	213	197	150	111	79	50			
			>300~500	610	430	226	226	226	226	226	226	223	213	197	150	111	79	50			
15CrMo	NB/T 47008	正火加回火，调质	≤300	480	280	178	170	160	150	143	133	127	120	117	113	110	88	58	37		
			>300~500	470	270	174	163	153	143	137	127	120	113	110	107	103	88	58	37		
14Cr1Mo	NB/T 47008	正火加回火，调质	≤300	490	290	181	180	170	160	153	147	140	133	130	127	122	80	54	33		
			>300~500	480	280	178	173	163	153	147	140	133	127	123	120	117	80	54	33		

（续）

钢号	钢锻件标准	使用状态	公称厚度/mm	室温强度指标 R_m/MPa	室温强度指标 R_{eL}/MPa	在下列温度（℃）下的许用应力/MPa ≤20	100	150	200	250	300	350	400	425	450	475	500	525	550	575	600
碳素钢和低合金钢锻件																					
12Cr2Mo1	NB/T 47008	正火加回火，调质	≤300	510	310	189	187	180	173	170	167	163	160	157	147	119	89	61	46	37	
			>300～500	500	300	185	183	177	170	167	163	160	157	153	147	119	89	61	46	37	
12Cr1MoV	NB/T 47008	正火加回火，调质	≤300	470	280	174	170	160	153	147	140	133	127	123	120	117	113	82	59	41	
			>300～500	460	270	170	163	153	147	140	133	127	120	117	113	110	107	82	59	41	
12Cr2Mo1V	NB/T 47008	正火加回火，调质	≤300	590	420	219	219	219	219	219	219	219	219	219	193	163	134	104	72		
			>300～500	580	410	215	215	215	215	215	215	215	215	215	193	163	134	104	72		
12Cr3Mo1V	NB/T 47008	正火加回火，调质	≤300	590	420	219	219	219	219	219	219	219	219	219	193						
			>300～500	580	410	215	215	215	215	215	215	215	215	215	193						
1Cr5Mo	NB/T 47008	正火加回火，调质	≤500	590	390	219	219	219	219	217	213	210	190	136	107	83	62	46	35	26	18
16MnD	NB/T 47009	调质	≤100	480	305	178	178	167	150	137	123	117									
			>100～200	470	295	174	174	163	147	133	120	113									
			>200～300	450	275	167	167	157	143	130	117	110									
20MnMoD	NB/T 47009	调质	≤300	530	370	196	196	196	196	196	190	183									
			>300～500	510	350	189	189	189	189	187	180	173									
			>500～700	490	330	181	181	181	181	180	173	167									
08MnNiMoVD	NB/T 47009	调质	≤300	600	480	222	222	222	222												
10Ni3MoVD	NB/T 47009	调质	≤300	600	480	222	222	222	222												
09MnNiD	NB/T 47009	调质	≤200	440	280	163	163	157	150	143	137	127									
			>200～300	430	270	159	159	150	143	137	130	120									
08Ni3D	NB/T 47009	调质	≤300	460	260	170															

（续）

高合金钢锻件																							
钢号	钢锻件标准	公称厚度/mm	在下列温度（℃）下的许用应力/MPa																				
			≤20	100	150	200	250	300	350	400	450	500	525	550	575	600	625	650	675	700	725	750	775	800
S11306	NB/T 47010	≤150	137	126	123	120	119	117	112	109														
S30408②	NB/T 47010	≤300	137	137	137	130	122	114	111	107	103	100	98	91	79	64	52	42	32	27				
S30408			137	114	103	96	90	85	82	79	76	74	73	71	67	62	52	42	32	27				
S30403②	NB/T 47010	≤300	117	117	117	110	103	98	94	91	88													
S30403			117	98	87	81	76	73	69	67	65													
S30409②	NB/T 47010	≤300	137	137	137	130	122	114	111	107	103	100	98	91	79	64	52	42	32	27				
S30409			137	114	103	96	90	85	82	79	76	74	73	71	67	62	52	42	32	27				
S31008②	NB/T 47010	≤300	137	137	137	137	134	130	125	122	119	115	113	105	84	61	43	31	23	19	15	12	10	8
S31008			137	121	111	105	99	96	93	90	88	85	84	83	81	61	43	31	23	19	15	12	10	8
S31608②	NB/T 47010	≤300	137	137	137	134	125	118	113	111	109	107	106	105	96	81	65	50	38	30				
S31608			137	117	107	99	93	87	84	82	81	79	78	78	76	73	65	50	38	30				
S31603②	NB/T 47010	≤300	117	117	117	108	100	95	90	86	84													
S31603			117	98	87	80	74	70	67	64	62													
S31668②	NB/T 47010	≤300	137	137	137	134	125	118	113	111	109	107												
S31668			137	117	107	99	93	87	84	82	81	79												
S31703②	NB/T 47010	≤300	130	130	130	130	125	118	113	111	109													
S31703			130	117	107	99	93	87	84	82	81													
S32168②	NB/T 47010	≤300	137	137	137	130	122	114	111	108	105	103	101	83	58	44	33	25	18	13				
S32168			137	114	103	96	90	85	82	80	78	76	75	74	58	44	33	25	18	13				
S39042②	NB/T 47010	≤300	147	147	147	147	144	131	122															
S39042			147	137	127	117	107	97	90															
S21953	NB/T 47010	≤150	219	210	200	193	187	180																
S22253	NB/T 47010	≤150	230	230	230	230	223	217																
S22053	NB/T 47010	≤150	230	230	230	230	223	217																

① 碳素钢和低合金钢锻件不得用于焊接结构。

② 高合金钢锻件许用应力仅适用于允许产生微量永久变形之元件，对于法兰或其他有微量永久变形就引起泄漏或故障的场合不能采用。

3.8.4 螺柱的许用应力

1）碳素钢和低合金钢螺柱的许用应力见表3-22。

2）高合金钢螺柱许用应力见表3-22。

表3-22 螺柱的许用应力

碳素钢和低合金钢																					
钢号	钢棒标准	使用状态	螺柱规格/mm	室温强度指标		在下列温度（℃）下的许用应力/MPa															
				R_m/MPa	R_{eL}/MPa	≤20	100	150	200	250	300	350	400	425	450	475	500	525	550	575	600
20	GB/T 699	正火	≤M22	410	245	91	81	78	73	65	60	54									
			M24 ~ M27	400	235	94	84	80	74	67	61	56									
35	GB/T 699	正火	≤M22	530	315	117	105	98	91	82	74	69									
			M24 ~ M27	510	295	118	106	100	92	84	76	70									
40MnB	GB/T 3077	调质	≤M22	805	685	196	176	171	165	162	154	143	126								
			M24 ~ M36	765	635	212	189	183	180	176	167	154	137								
40MnVB	GB/T 3077	调质	≤M22	835	735	210	190	185	179	176	168	157	140								
			M24 ~ M36	805	685	228	206	199	196	193	183	170	154								
40Cr	GB/T 3077	调质	≤M22	805	685	196	176	171	165	162	157	148	134								
			M24 ~ M36	765	635	212	189	183	180	176	170	160	147								
30CrMoA	GB/T 3077	调质	≤M22	700	550	157	141	137	134	131	129	124	116	111	107	103	79				
			M24 ~ M48	660	500	167	150	145	142	140	137	132	123	118	113	108	79				
			M52 ~ M56	660	500	185	167	161	157	156	152	146	137	131	126	111	79				
35CrMoA	GB/T 3077	调质	≤M22	835	735	210	190	185	179	176	174	165	154	147	140	111	79				
			M24 ~ M48	805	685	228	206	199	196	193	189	180	170	162	150	111	79				
			M52 ~ M80	805	685	254	229	221	218	214	210	200	189	180	150	111	79				
			M85 ~ M105	735	590	219	196	189	185	181	178	171	160	153	145	111	79				

35CrMoVA	GB/T 3077	调质	M52 ~ M105	835	735	272	247	240	232	229	225	218	207	201							
			M110 ~ M140	785	665	246	221	214	210	207	203	196	189	183							
25Cr2MoVA	GB/T 3077	调质	≤M22	835	735	210	190	185	179	176	174	168	160	156	151	141	131	72	39		
			M24 ~ M48	835	735	245	222	216	209	206	203	196	186	181	176	168	131	72	39		
			M52 ~ M105	805	685	254	229	221	218	214	210	203	196	191	185	176	131	72	39		
			M110 ~ M140	735	590	219	196	189	185	181	178	174	167	164	160	153	131	72	39		
40CrNiMoA	GB/T 3077	调质	M52 ~ M140	930	825	306	291	281	274	267	257	244									
S45110 (1Cr5Mo)	GB/T 1221	调质	≤M22	590	390	111	101	97	94	92	91	90	87	84	81	77	62	46	35	26	18
			M24 ~ M48	590	390	130	118	113	109	108	106	105	101	98	95	83	62	46	35	26	18

高合金钢

钢号	钢棒标准	使用状态	螺柱规格 /mm	室温强度指标		在下列温度（℃）下的许用应力/MPa															
				R_m /MPa	$R_{p0.2}$ /MPa	≤20	100	150	200	250	300	350	400	450	500	550	600	650	700	750	800
S42020 (2Cr13)	GB/T 1220	调质	≤M22	640	440	126	117	111	106	103	100	97	91								
			M24 ~ M27	640	440	147	137	130	123	120	117	113	107								
S30408	GB/T 1220	固溶	≤M22	520	205	128	107	97	90	84	79	77	74	71	69	66	58	42	27		
			M24 ~ M48	520	205	137	114	103	96	90	85	82	79	76	74	71	62	42	27		
S31008	GB/T 1220	固溶	≤M22	520	205	128	113	104	98	93	90	87	84	83	80	78	61	31	19	12	8
			M24 ~ M48	520	205	137	121	111	105	99	96	93	90	88	85	83	61	31	19	12	8
S31608	GB/T 1220	固溶	≤M22	520	205	128	109	101	93	87	82	79	77	76	75	73	68	50	30		
			M24 ~ M48	520	205	137	117	107	99	93	87	84	82	81	79	78	73	50	30		
S32168	GB/T 1220	固溶	≤M22	520	205	128	107	97	90	84	79	77	75	73	71	69	44	25	13		
			M24 ~ M48	520	205	137	114	103	96	90	85	82	80	78	76	74	44	25	13		

注：括号中为旧钢号。

3.9 EN 12516.2：2014 规定的材料许用应力

3.9.1 铸钢件的许用应力（表3-23）

表3-23 铸钢件的许用应力值

材料	材料组	在下列温度（℃）时的许用应力值/MPa																				
		常温	50	100	150	200	250	300	350	400	450	500	510	520	530	540	550	560	570	580	590	600
1.0619	3E0	126.3	120.4	110.5	101.3	92.1	84.2	76.3	71.1	68.4	43.7	—	—	—	—	—	—	—	—	—	—	—
1.0625	3E0	126.3	—	—	—	—	—	—	—	—	—	—	—	—	—	—	—	—	—	—	—	—
1.1131	7E0	126.3	—	—	—	—	—	—	—	—	—	—	—	—	—	—	—	—	—	—	—	—
1.4308	11E0	133.3	123.3	106.7	95.0	83.3	78.3	73.3	68.3	63.3	58.3	53.3	—	—	—	—	—	—	—	—	—	—
1.4309	10E0	140.0	128.7	110.0	98.3	86.7	80.0	73.3	66.7	60.0	53.3	46.7	—	—	—	—	—	—	—	—	—	—
1.4408	14E0	140.0	130.0	113.3	101.7	90.0	83.3	76.7	73.3	70.0	68.0	67.0	66.8	66.5	66.3	66.1	65.9	65.7	63.4	58.6	53.7	49.3
1.4409	13E0	146.7	135.4	116.7	106.7	96.7	86.7	76.7	73.3	70.0	66.7	63.3	—	—	—	—	—	—	—	—	—	—
1.4552	12E0	133.3	124.5	110.0	103.3	96.7	91.7	86.7	84.4	80.0	76.7	73.3	72.0	70.7	69.3	68.0	66.7	—	—	—	—	—
1.4581	15E0	140.0	133.7	123.3	115.0	106.7	101.7	96.7	91.7	86.7	83.3	80.0	79.3	78.7	78.0	77.3	76.7	—	—	—	—	—
1.4931	9E0	308.3	308.3	308.3	308.3	300.0	293.3	286.7	273.3	260.0	206.0	138.0	126.1	114.3	102.4	90.5	78.7	69.5	60.3	51.1	41.9	32.7
1.5419	4E0	128.9	124.0	116.1	108.0	100.0	93.4	86.8	81.6	78.9	76.3	44.7	—	—	—	—	—	—	—	—	—	—
1.5638	7E1	166.7	—	—	—	—	—	—	—	—	—	—	—	—	—	—	—	—	—	—	—	—
1.6220	7E0	157.8	—	—	—	—	—	—	—	—	—	—	—	—	—	—	—	—	—	—	—	—
1.7357	5E0	163.3	160.0	150.6	141.1	131.6	126.3	121.1	113.2	105.3	100.0	61.6	55.1	48.5	42.0	—	—	—	—	—	—	—
1.7365	6E1	262.5	262.5	262.5	262.5	260.0	256.7	253.3	250.0	246.7	225.0	70.7	—	—	—	—	—	—	—	—	—	—
1.7379	6E0	196.7	196.7	196.7	193.4	186.8	184.2	181.6	173.7	165.8	114.7	71.6	64.2	56.8	49.5	42.1	34.7	30.7	26.7	22.7	—	—

注：1. 材料强度值选自 EN 标准。

2. 许用应力值适用于壁厚小于等于 40mm。

3. 阴影面积处显示的值只有当 C 的质量分数≥0.04% 时才使用。

3.9.2 带材或板材的许用应力（表 3-24）

表 3-24 板材或带材的许用应力

材 料	材料组	在下列温度（℃）时的许用应力值/MPa																				
		常温	50	100	150	200	250	300	350	400	450	500	510	520	530	540	550	560	570	580	590	600
1.0037	1E0	141.7	—	—	—	—	—	—	—	—	—	—	—	—	—	—	—	—	—	—	—	—
1.0038	1E1	141.7	—	—	—	—	—	—	—	—	—	—	—	—	—	—	—	—	—	—	—	—
1.0425	3E0	170.0	156.0	143.3	136.7	130.0	116.7	103.3	93.3	86.7	46.0	—	—	—	—	—	—	—	—	—	—	—
1.0481	3E1	191.7	181.3	166.7	156.7	150.0	136.7	123.3	113.3	103.3	—	—	—	—	—	—	—	—	—	—	—	—
1.0486	8E0	162.5	—	—	—	—	—	—	—	—	—	—	—	—	—	—	—	—	—	—	—	—
1.0487	8E2	162.5	162.5	156.7	144.0	130.7	118.0	98.0	84.7	72.0	—	—	—	—	—	—	—	—	—	—	—	—
1.0488	7E0	162.5	—	—	—	—	—	—	—	—	—	—	—	—	—	—	—	—	—	—	—	—
1.0562	8E1	204.2	—	—	—	—	—	—	—	—	—	—	—	—	—	—	—	—	—	—	—	—
1.0565	8E3	204.2	204.2	196.0	183.3	163.3	150.7	144.0	130.7	111.3	—	—	—	—	—	—	—	—	—	—	—	—
1.0566	7E1	204.2	—	—	—	—	—	—	—	—	—	—	—	—	—	—	—	—	—	—	—	—
1.1104	7E0	162.5	—	—	—	—	—	—	—	—	—	—	—	—	—	—	—	—	—	—	—	—
1.1106	7E1	204.2	—	—	—	—	—	—	—	—	—	—	—	—	—	—	—	—	—	—	—	—
1.4301	11E0	173.3	164.5	150.0	140.0	130.8	120.8	112.5	107.5	104.2	101.7	100.0	100.0	100.0	100.0	100.0	100.0	—	—	—	—	—
1.4306	10E0	173.3	159.5	136.7	126.7	120.0	114.2	105.8	100.8	96.7	93.3	90.8	90.7	90.5	90.3	90.2	90.0	—	—	—	—	—
1.4311	10E1	183.3	175.8	163.3	153.3	143.3	140.0	136.7	134.2	130.0	126.7	124.2	—	—	—	—	—	—	—	—	—	—
1.4401	14E0	173.3	162.0	143.3	136.7	130.0	128.3	126.7	125.0	120.0	117.5	115.8	115.4	115.1	114.7	114.4	114.1	113.7	105.3	96.0	86.7	78.7
1.4404	13E0	173.3	162.0	143.3	136.7	130.0	128.3	120.8	114.2	112.5	108.3	106.7	106.5	106.3	106.1	105.9	105.8	—	—	—	—	—
1.4541	12E0	166.7	158.5	145.0	133.3	123.3	116.7	113.3	111.7	110.0	106.7	103.3	102.6	101.9	101.3	98.2	94.7	86.0	78.7	71.3	64.0	57.3
1.4550	12E0	166.7	158.5	145.0	133.3	123.3	116.7	113.3	111.7	110.0	106.7	103.3	102.6	101.9	101.3	98.2	94.7	86.0	78.7	71.3	64.0	57.3
1.4571	15E0	173.3	163.3	146.7	136.7	130.0	128.3	125.0	125.0	125.0	123.3	120.0	120.0	120.0	116.6	113.3	110.0	106.7	102.7	94.0	85.3	77.3
1.4580	15E0	173.3	163.3	146.7	136.7	130.0	128.3	125.0	125.0	125.0	123.3	120.0	120.0	120.0	116.6	113.3	110.0	106.7	102.7	94.0	85.3	77.3
1.5415	4E0	180.0	173.8	163.7	153.5	143.3	133.3	113.3	106.7	100.0	96.7	67.3	—	—	—	—	—	—	—	—	—	—
1.5637	7E1	204.2	—	—	—	—	—	—	—	—	—	—	—	—	—	—	—	—	—	—	—	—
1.5662	7E2	266.7	—	—	—	—	—	—	—	—	—	—	—	—	—	—	—	—	—	—	—	—

（续）

材料	材料组	在下列温度（℃）时的许用应力值/MPa																				
		常温	50	100	150	200	250	300	350	400	450	500	510	520	530	540	550	560	570	580	590	600
1.5680	7E1	220.8	—	—	—	—	—	—	—	—	—	—	—	—	—	—	—	—	—	—	—	—
1.6212	7E0	175.0	—	—	—	—	—	—	—	—	—	—	—	—	—	—	—	—	—	—	—	—
1.6228	7E1	204.2	—	—	—	—	—	—	—	—	—	—	—	—	—	—	—	—	—	—	—	—
1.7335	5E0	187.5	187.5	177.4	165.3	153.3	146.7	136.7	126.7	120.0	113.3	91.3	77.3	62.7	52.0	—	—	—	—	—	—	—
1.7380	6E0	200.0	193.8	183.7	173.5	163.3	153.3	146.7	140.0	133.3	126.7	90.0	78.7	68.7	60.0	—	—	—	—	—	—	—

注：1. 材料强度值选自 EN 材料标准。

2. 许用应力值适用于壁厚小于等于 40mm。

3. 阴影面积处显示的值只有当 C 的质量分数≥0.04% 时才使用。

3.9.3 锻钢件的许用应力（表 3-25）

表 3-25 锻钢件的许用应力值

材料	材料组	在下列温度（℃）时的许用应力值/MPa																				
		常温	50	100	150	200	250	300	350	400	450	500	510	520	530	540	550	560	570	580	590	600
1.0037	1E0	141.7	—	—	—	—	—	—	—	—	—	—	—	—	—	—	—	—	—	—	—	—
1.0038	1E1	141.7	—	—	—	—	—	—	—	—	—	—	—	—	—	—	—	—	—	—	—	—
1.0352	3E0	146.7	140.4	130.0	123.3	116.7	106.7	96.7	90.0	83.3	46.0	—	—	—	—	—	—	—	—	—	—	—
1.0426	3E1	186.7	179.1	166.7	156.7	150.0	136.7	123.3	113.3	103.3	—	—	—	—	—	—	—	—	—	—	—	—
1.0460	3E0	166.7	163.4	158.0	144.0	126.7	113.3	100.0	86.7	73.3	46.0	—	—	—	—	—	—	—	—	—	—	—
1.0477	8E2	162.5	162.5	162.5	156.7	137.3	124.0	104.7	91.3	78.7	—	—	—	—	—	—	—	—	—	—	—	—
1.0565	8E3	204.2	204.2	202.7	189.3	170.0	156.7	144.0	130.7	111.3	—	—	—	—	—	—	—	—	—	—	—	—
1.4301	11E0	166.7	160.4	150.0	140.0	130.8	120.8	112.5	107.5	104.2	102.1	100.0	92.2	84.5	76.7	69.0	61.3	—	—	—	—	—
1.4306	10E0	153.3	147.0	136.7	126.7	120.0	114.2	105.8	100.8	96.7	93.3	90.8	90.7	90.5	90.3	90.2	90.0	—	—	—	—	—
1.4311	10E1	166.7	165.4	163.3	153.3	143.3	140.0	136.7	133.3	130.0	127.1	124.2	—	—	—	—	—	—	—	—	—	—

1.4401	14E0	170.0	160.0	143.3	136.7	130.0	128.3	126.7	125.0	120.0	117.9	115.8	115.4	115.1	114.7	114.4	114.1	113.7	105.3	96.0	86.7	78.7
1.4404	13E0	163.3	155.8	143.3	136.7	130.0	128.3	120.8	115.8	112.5	109.6	106.7	106.5	106.3	106.1	105.9	105.8	—	—	—	—	—
1.4406	13E1	193.3	185.8	173.3	163.3	153.3	150.0	145.8	140.8	136.7	134.2	131.7	131.5	131.5	131.1	130.9	130.8	—	—	—	—	—
1.4541	12E0	156.7	149.9	138.7	130.7	124.0	118.0	111.3	107.3	104.0	101.7	99.3	99.0	98.7	98.5	98.2	94.7	86.0	78.7	71.3	64.0	57.3
1.4571	15E0	150.0	148.7	146.7	136.7	130.0	128.3	125.0	125.0	125.0	122.3	120.0	119.5	119.0	118.5	118.0	117.6	111.3	102.7	94.0	85.3	77.3
1.4922	9E0	291.7	291.7	291.7	291.7	286.7	276.7	260.0	253.3	240.0	220.0	157.3	141.3	125.3	111.3	98.0	85.3	74.0	63.3	54.0	46.0	39.3
1.5415	4E0	183.3	183.3	176.0	163.3	150.0	136.7	120.0	113.3	106.7	103.3	62.0	49.3	39.3	31.3	—	—	—	—	—	—	—
1.5637	7E1	195.8	—	—	—	—	—	—	—	—	—	—	—	—	—	—	—	—	—	—	—	—
1.5662	7E2	266.7	—	—	—	—	—	—	—	—	—	—	—	—	—	—	—	—	—	—	—	—
1.5680	7E1	212.5	—	—	—	—	—	—	—	—	—	—	—	—	—	—	—	—	—	—	—	—
1.6217	7E0	175.0	—	—	—	—	—	—	—	—	—	—	—	—	—	—	—	—	—	—	—	—
1.6228	7E1	195.8	—	—	—	—	—	—	—	—	—	—	—	—	—	—	—	—	—	—	—	—
1.7335	5E0	183.3	183.3	173.3	163.3	160.0	153.3	143.3	133.3	126.7	120.0	91.3	77.3	62.7	52.0	40.7	32.7	26.7	22.0	—	—	—
1.7366	6E1	266.7	261.2	230.0	223.3	218.0	215.3	214.7	210.7	204.0	184.0	75.3	—	—	—	—	—	—	—	—	—	—
1.7383	6E0	206.7	195.4	176.7	166.7	156.7	153.3	146.7	136.7	130.0	123.3	90.0	78.7	68.7	60.0	52.0	45.3	38.7	34.0	29.3	25.3	22.7

注：1. 材料的强度值选自 EN 材料标准。

2. 许用应力值适用于壁厚小于等于 40mm。

3. 阴影面积处显示的值，只有当 C 的质量分数≥0.04% 时才使用。

3.10 ASME BPVC Ⅱ D（2013版）规定的材料许用应力

3.10.1 铁基材料的最大许用应力（表3-26）

表3-26 铁基材料的最大许用应力

（单位：MPa）

钢种	行号	标准号和等级	公称成分	材料类型	相当的UNS号	最低抗拉强度/MPa	最低屈服强度/MPa	温度/℃																					
								-30~40	65	100	125	150	200	250	300	325	350	375	400	425	450	475	500	525	550	575	600	625	650
	1	SA181	碳钢		K03502	415	205	118	118	118	118	118	118	114	107	104	101	97.8	89.1	75.4	62.6	45.5	31.6	21.9	12.7	—	—	—	—
	2	SA266	碳钢	1	K03506	415	205	118	118	118	118	118	118	114	107	104	101	97.8	89.1	75.4	62.6	45.5	31.6	21.9	12.7	—	—	—	—
	3	SA350	碳钢	LF1	K03009	415	205	118	118	118	118	118	118	114	107	104	101	97.8	89.1	75.4	62.6	45.5	31.6	21.9	12.7	—	—	—	—
	4	SA765	碳钢	1	K03046	415	205	118	118	118	118	118	118	114	107	104	101	97.8	89.1	75.4	62.6	45.5	31.6	21.9	12.7	—	—	—	—
	5	SA372	碳钢	A	K03002	415	240	118	118	118	118	118	118	118	118	118	117	105	88.9	75.3	62.7	45.5	31.6	—	—	—	—	—	—
	6	SA727	碳钢		K02506	415	250	118	118	118	118	118	118	118	118	118	117	105	88.9	75.3	62.7	45.5	31.6	21.9	12.7	—	—	—	—
	7	SA105	碳钢		K03504	485	250	138	138	138	138	138	138	136	129	125	122	117	101	83.9	67.0	51.1	33.6	21.3	12.9	—	—	—	—
	8	SA181	碳钢		K03502	485	250	138	138	138	138	138	138	136	129	125	122	117	101	83.9	67.0	51.1	33.6	21.3	12.9	—	—	—	—
	9	SA266	碳钢	2	K03506	485	250	138	138	138	138	138	138	136	129	125	122	117	101	83.9	67.0	51.1	33.6	21.3	12.9	—	—	—	—
	10	SA266	碳钢	4	K03017	485	250	138	138	138	138	138	138	136	129	125	122	117	101	83.9	67.0	51.1	33.6	21.3	12.9	—	—	—	—
	11	SA350	碳钢	LF2-1	K03011	485	250	138	138	138	138	138	138	136	129	125	122	117	101	83.9	67.0	51.1	33.6	21.3	12.9	—	—	—	—
	12	SA350	碳钢	LF2-2	K03011	485	250	138	138	138	138	138	138	136	129	125	122	117	101	83.9	67.0	51.1	33.6	21.3	12.9	—	—	—	—
	13	SA508	碳钢	1	K13502	485	250	138	138	138	138	138	138	136	129	125	122	117	101	83.9	67.0	51.1	33.6	21.3	12.9	—	—	—	—
	14	SA508	碳钢	1A	K13502	485	250	138	138	138	138	138	138	136	129	125	122	117	101	83.9	67.0	51.1	33.6	21.3	12.9	—	—	—	—
	15	SA541	碳钢	1	K03506	485	250	138	138	138	138	138	138	136	129	125	122	117	101	83.9	67.0	51.1	33.6	21.3	12.9	—	—	—	—
	16	SA541	碳钢	1A	K03020	485	250	138	138	138	138	138	138	136	129	125	122	117	101	83.9	67.0	51.2	33.6	21.3	12.9	—	—	—	—
	17	SA765	碳钢	Ⅱ	K03047	485	250	138	138	138	138	138	138	136	129	125	122	117	101	83.9	67.0	51.2	33.6	21.3	12.9	—	—	—	—
	18	SA266	碳钢	3	K05001	515	260	148	148	148	148	148	148	142	135	131	127	122	107	88.3	67.5	50.9	33.7	21.3	12.9	—	—	—	—
	19	SA372	碳钢	B	K04001	515	310	148	148	148	148	148	148	148	148	148	148	—	—	—	—	—	—	—	—	—	—	—	—
	20	SA765	碳钢	Ⅳ	K02009	550	345	158	158	158	158	158	156	156	156	156	155	153	—	—	—	—	—	—	—	—	—	—	—
	21	SA372	碳钢	C	K04801	620	380	177	177	177	177	177	177	177	177	175	166	—	—	—	—	—	—	—	—	—	—	—	—
锻	22	SA836	C-Si-Ti			380	170	108	103	97.6	94.1	91.6	89.7	89.6	89.4	88.5	87.2	—	—	—	—	—	—	—	—	—	—	—	—
	23	SA182	C-½Mo	F1	K12822	485	275	138	138	138	138	138	138	138	138	138	138	138	138	137	134	107	68.1	43.1	23.1	—	—	—	—
件	24	SA336	C-½Mo	F1	K12520	485	275	138	138	138	138	138	138	138	138	138	138	138	138	137	134	107	68.1	43.1	23.1	—	—	—	—

25	SA372	½Cr - ⅕Mo	G - 70	K13049	825	485	236	236	236	—	—	—	—	—	—	—	—	—	—	—	—	—	—	—	—	—	—	—
26	SA372	½Cr - ⅕Mo	H - 70	K13547	825	485	236	236	236	—	—	—	—	—	—	—	—	—	—	—	—	—	—	—	—	—	—	—
27	SA592	½Cr - ¼Mo - Si	A	K11856	795	690	227	227	227	227	227	227	227	227	227	226	—	—	—	—	—	—	—	—	—	—	—	—
28	SA182	½Cr - ½Mo	F2	K12122	485	275	138	138	138	138	138	138	138	138	138	138	138	138	137	134	130	89.1	46.0	32.5	—	—	—	—
29	SA372	1Cr - ⅕Mo	E - 65	K13047	725	450	207	207	207	207	207	207	207	207	207	205	—	—	—	—	—	—	—	—	—	—	—	—
30	SA372	1Cr - ⅕Mo	J - 65	K13548	725	450	207	207	207	207	207	207	207	207	207	205	—	—	—	—	—	—	—	—	—	—	—	—
31	SA372	1Cr - ⅕Mo	E - 70	K13047	825	485	236	236	236	236	236	236	236	236	236	235	—	—	—	—	—	—	—	—	—	—	—	—
32	SA372	1Cr - ⅕Mo	F - 70	G41350	825	485	236	233	229	227	225	223	222	220	217	209	—	—	—	—	—	—	—	—	—	—	—	—
33	SA372	1Cr - ⅕Mo	J - 70	K13548	825	485	236	236	236	236	236	236	236	236	236	235	—	—	—	—	—	—	—	—	—	—	—	—
34	SA372	1Cr - ⅕Mo	J - 110	G41370	930	760	265	260	254	254	253	252	249	248	245	234	—	—	—	—	—	—	—	—	—	—	—	—
35	SA182	1Cr - ½Mo	F12 - 1	K11562	415	220	118	118	115	114	114	114	114	113	112	110	109	107	106	103	101	88.3	61.9	40.3	26.4	17.3	11.7	7.40
36	SA182	1Cr - ½Mo	F12 - 2	K11564	485	275	138	137	135	133	132	132	132	132	132	132	132	132	132	129	125	97.2	59.3	41.0	26.2	17.3	11.7	7.40
37	SA336	1Cr - ½Mo	F12	K11564	485	275	138	138	134	133	132	132	132	132	132	132	132	132	132	129	125	97.2	59.3	41.0	26.2	17.3	11.7	7.40
38	SA182	1¼Cr - ½Mo - Si	F11 - 1	K11597	415	205	118	118	118	118	118	116	112	109	108	106	104	102	99.5	96.9	94.7	76.7	51.0	36.7	25.1	17.6	12.4	8.08
39	SA336	1¼Cr - ½Mo - Si	F11 - 1	K11597	415	205	118	118	118	118	118	116	112	109	108	106	104	102	99.5	96.9	94.7	76.7	51.0	36.7	25.1	17.6	12.4	8.08
40	SA182	1¼Cr - ½Mo - Si	F11 - 2	K11572	485	275	138	138	138	138	138	138	138	138	138	138	138	136	133	130	105	73.3	52.1	36.4	25.2	17.6	12.4	8.08
41	SA336	1¼Cr - ½Mo - Si	F11 - 2	K11572	485	275	138	138	138	138	138	138	138	138	138	138	138	136	133	130	105	73.3	52.1	36.4	25.2	17.6	12.4	8.08
42	SA336	1¼Cr - ½Mo - Si	F11 - 3	K11572	515	310	148	148	148	148	148	148	148	148	148	148	148	148	148	143	107	72.9	52.3	36.3	25.2	17.6	12.4	8.08
43	SA592	1¾Cr - ½Mo - Cu	E，64 < t ≤ 100mm	K11695	725	620	207	207	207	207	207	207	207	207	207	207	—	—	—	—	—	—	—	—	—	—	—	—
44	SA592	1¾Cr - ½Mo - Cu	E，t ≤ 64mm	K11695	795	690	227	227	227	227	227	227	227	227	227	227	—	—	—	—	—	—	—	—	—	—	—	—
45	SA182	2¼Cr - 1Mo	F22 - 1	K21590	415	205	118	118	118	116	114	114	114	114	114	114	114	114	114	114	100	80.9	64.0	47.7	34.5	23.5	15.5	9.39
46	SA336	2¼Cr - 1Mo	F22 - 1	K21590	415	205	118	118	118	116	114	114	114	114	114	114	114	114	114	114	100	80.9	64.0	47.7	34.5	23.5	15.5	9.39
47	SA182	2¼Cr - 1Mo	F22 - 3	K21590	515	310	148	148	147	146	144	142	141	141	140	139	138	136	133	130	116	89.4	64.3	44.9	30.1	19.7	12.9	8.06
48	SA336	2¼Cr - 1Mo	F22 - 3	K21590	515	310	148	148	147	146	144	142	141	141	140	139	138	136	133	130	116	89.4	64.3	44.9	30.1	19.7	12.9	8.06
49	SA508	2¼Cr - 1Mo	22 - 3	K21590	585	380	168	168	168	168	168	168	165	161	160	159	158	156	151	142	123	—	—	—	—	—	—	—
50	SA541	2¼Cr - 1Mo	22 - 3	K21390	585	380	168	168	168	168	168	168	165	161	160	159	158	156	151	142	123	—	—	—	—	—	—	—
51	SA182	2¼Cr - 1Mo - V	F22V	K31835	585	415	168	168	168	168	168	168	168	165	162	159	157	153	149	145	141	137	—	—	—	—	—	—

（续）

钢种	行号	标准号和等级	公称成分	材料类型	相当的UNS号	最低抗拉强度/MPa	最低屈服强度/MPa	温度/℃																					
								-30~40	65	100	125	150	200	250	300	325	350	375	400	425	450	475	500	525	550	575	600	625	650
	52	SA336	2¼Cr-1Mo-V	F22V	K31835	585	415	168	168	168	168	168	168	168	165	162	159	157	153	149	145	141	137	—	—	—	—	—	—
	53	SA541	2¼Cr-1Mo-V	22V	K31835	585	415	168	168	168	168	168	168	168	165	162	159	157	153	149	145	141	137	—	—	—	—	—	—
	54	SA336	3Cr-1Mo	F21-1	K31545	415	205	118	118	118	116	114	114	114	114	114	114	114	114	114	113	90.5	68.2	54.1	43.5	34.4	25.3	17.4	10.0
	55	SA182	3Cr-1Mo	F21	K31545	515	310	148	148	147	146	144	142	141	141	140	139	138	136	133	127	100	72.8	54.9	40.7	29.4	20.4	15.7	8.64
	56	SA336	3Cr-1Mo	F21-3	K31545	515	310	148	148	147	146	144	142	141	141	140	139	138	136	133	127	100	72.8	54.9	40.7	29.4	20.4	15.7	8.64
	57	SA182	3Cr-1Mo-¼V-Ti-B	F3V	K31830	585	415	168	168	167	164	161	156	154	151	150	149	147	145	144	141	139	136	—	—	—	—	—	—
	58	SA336	3Cr-1Mo-¼V-Ti-B	F3V	K31830	585	415	168	168	167	164	161	156	154	151	150	149	147	145	144	141	139	136	—	—	—	—	—	—
	59	SA508	3Cr-1Mo-¼V-Ti-B	3V	K31830	585	415	168	168	167	164	161	156	154	151	150	149	147	145	144	141	139	136	—	—	—	—	—	—
	60	SA541	3Cr-1Mo-¼V-Ti-B	3V	K31830	585	415	168	168	167	164	161	156	154	151	150	149	147	145	144	141	139	136	—	—	—	—	—	—
	61	SA182	3Cr-1Mo-¼V-Cb-Ca	F3VCb		585	415	168	168	167	164	161	156	154	151	150	149	147	145	144	141	139	136	—	—	—	—	—	—
	62	SA336	3Cr-1Mo-¼V-Cb-Ca	F3VCb		585	415	168	168	167	164	161	156	154	151	150	149	147	145	144	141	139	136	—	—	—	—	—	—
	63	SA508	3Cr-1Mo-¼V-Cb-Ca	3VCb		585	415	168	168	167	164	161	156	154	151	150	149	147	145	144	141	139	136	—	—	—	—	—	—
	64	SA541	3Cr-1Mo-¼V-Cb-Ca	3VCb		585	415	168	168	167	164	161	156	154	151	150	149	147	145	144	141	139	136	—	—	—	—	—	—
	65	SA336	5Cr-½Mo	F5	K41545	415	250	118	118	118	116	114	114	113	112	111	109	107	104	100	96.1	81.4	61.7	46.4	34.7	25.8	18.0	11.5	6.88
	66	SA182	5Cr-½Mo	F5	K41545	485	275	138	138	138	136	134	132	132	131	130	128	125	121	118	102	81.1	61.8	46.4	34.7	25.8	18.0	11.5	6.88
	67	SA336	5Cr-½Mo	F5A	K42544	550	345	158	158	157	154	152	152	151	150	148	146	143	139	133	104	80.3	62.1	46.3	34.8	25.8	18.0	11.5	6.88
	68	SA182	5Cr-½Mo	F5a	K42544	620	450	177	177	177	174	172	170	170	169	167	164	161	156	134	103	80.6	62.0	46.3	34.8	25.8	18.0	11.5	6.88
	69	SA182	9Cr-1Mo	F9	K90941	585	380	168	167	166	164	162	161	161	159	157	155	152	147	142	137	121	89.0	60.7	43.1	30.0	20.6	14.4	10.2
	70	SA336	9Cr-1Mo	F9	K90941	585	380	168	167	166	164	162	161	161	159	157	155	152	147	142	137	121	89.0	60.7	43.1	30.0	20.6	14.4	10.2
	71	SA182	9Cr-1Mo-V	F91，$t \leqslant 75$mm	K90901	585	415	168	168	168	168	168	167	166	164	163	161	157	153	147	141	134	126	117	107	88.5	65.0	45.5	28.9
	72	SA182	9Cr-1Mo-V	F91，$t > 75$mm	K90901	585	415	168	168	168	168	168	167	166	164	163	161	157	153	147	141	134	126	117	107	88.5	65.0	45.5	28.9
	73	SA336	9Cr-1Mo-V	F91，$t \leqslant 75$mm	K90901	585	415	168	168	168	168	168	167	166	164	163	161	157	153	147	141	134	126	117	107	88.5	65.0	45.5	28.9
	74	SA336	9Cr-1Mo-V	F91，$t > 75$mm	K90901	585	415	168	168	168	168	168	167	166	164	163	161	157	153	147	141	134	126	117	107	88.5	65.0	45.5	28.9
	75	SA182	13Cr	F6a-1	S41000	485	275	138	138	138	137	135	133	131	129	127	124	122	118	113	109	92.1	68.4	51.3	37.0	—	—	—	—
锻	76	SA182	13Cr	F6a-2	S41000	485	380	168	168	167	166	164	162	159	157	154	151	148	143	138	123	93.5	68.0	51.3	37.7	26.4	17.9	11.6	6.68
	77	SA182	13Cr-4Ni	F6NM	S41500	795	620	227	227	227	227	227	225	217	209	205	202	197	—	—	—	—	—	—	—	—	—	—	—
件	78	SA705	17Cr-4Ni-4Cu	630-H1150	S17400	930	725	266	266	266	266	266	259	254	251	249	247	—	—	—	—	—	—	—	—	—	—	—	—

79	SA705	17Cr－4Ni－4Cu	630－H1100	S17400	965	795	276	276	276	276	276	269	263	260	258	256	—	—	—	—	—	—	—	—	—	—	—	—
80	SA705	17Cr－4Ni－4Cu	630－H1075	S17400	1000	860	285	285	285	285	285	279	273	270	267	265	—	—	—	—	—	—	—	—	—	—	—	—
81	SA182	27Cr－1Mo	FXM－27Cb	S44627	415	240	118	118	118	116	114	111	111	111	111	111	—	—	—	—	—	—	—	—	—	—	—	—
82	SA372	Mn－¼Mo	D	K14508	725	450	207	207	207	207	207	207	207	207	207	207	—	—	—	—	—	—	—	—	—	—	—	—
83	SA541	½Ni－½Mo－V	3－1	K12045	550	345	158	158	158	158	158	158	158	158	158	158	158	158	158	158	—	—	—	—	—	—	—	—
84	SA541	½Ni－½Mo－V	3－2	K12045	620	450	177	177	177	177	177	177	177	177	177	177	177	—	—	—	—	—	—	—	—	—	—	—
85	SA592	¾Ni－½Cr－½Mo－V	F，64 < t≤100mm	K11576	725	620	207	207	207	207	207	207	207	207	207	207	—	—	—	—	—	—	—	—	—	—	—	—
86	SA592	¾Ni－½Cr－½Mo－V	F，t≤64mm	K11576	795	690	227	227	227	227	227	227	227	227	227	226	—	—	—	—	—	—	—	—	—	—	—	—
87	SA508	¾Ni－½Mo－⅓Cr－V	2－1	K12766	550	345	158	158	158	158	158	158	158	158	158	158	158	158	158	158	—	—	—	—	—	—	—	—
88	SA541	¾Ni－½Mo－⅓Cr－V	2－1	K12765	550	345	158	158	158	158	158	158	158	158	158	158	158	158	158	158	—	—	—	—	—	—	—	—
89	SA508	¾Ni－½Mo－⅓Cr－V	2－2	K12766	620	450	177	177	177	177	177	177	177	177	177	177	177	—	—	—	—	—	—	—	—	—	—	—
90	SA541	¾Ni－½Mo－⅓Cr－V	2－2	K12765	620	450	177	177	177	177	177	177	177	177	177	177	177	—	—	—	—	—	—	—	—	—	—	—
91	SA508	¾Ni－½Mo－Cr－V	3－1	K12042	550	345	158	158	158	158	158	158	158	158	158	158	158	158	158	158	—	—	—	—	—	—	—	—
92	SA508	¾Ni－½Mo－Cr－V	3－2	K12042	620	450	177	177	177	177	177	177	177	177	177	177	177	—	—	—	—	—	—	—	—	—	—	—
93	SA350	1½Ni	LF5－1	K13050	415	205	118	116	113	111	108	106	105	—	—	—	—	—	—	—	—	—	—	—	—	—	—	—
94	SA350	1½Ni	LF5－2	K13050	485	260	138	135	132	129	126	123	123	—	—	—	—	—	—	—	—	—	—	—	—	—	—	—
95	SA372	1¾Ni－¾Cr－Mo	L	K24055	1070	930	305	305	305	305	305	305	305	305	302	294	—	—	—	—	—	—	—	—	—	—	—	—
96	SA182	2Ni－1Cu	FR	K22035	435	315	125	—	—	—	—	—	—	—	—	—	—	—	—	—	—	—	—	—	—	—	—	—
97	SA350	2Ni－1Cu	LF9	K22036	435	315	125	—	—	—	—	—	—	—	—	—	—	—	—	—	—	—	—	—	—	—	—	—
98	SA723	2Ni－1½Cr－¼Mo－V	1－1	K23550	795	690	227	227	227	227	227	227	227	227	226	222	217	—	—	—	—	—	—	—	—	—	—	—
99	SA723	2Ni－1½Cr－¼Mo－V	1－2	K23550	930	825	266	266	266	266	266	266	266	266	265	261	255	—	—	—	—	—	—	—	—	—	—	—
100	SA723	2Ni－1½Cr－¼Mo－V	1－3	K23550	1070	965	305	305	305	305	305	305	305	305	305	299	293	—	—	—	—	—	—	—	—	—	—	—
101	SA723	2Ni－1½Cr－¼Mo－V	1－4	K23550	1205	1105	345	345	345	345	345	345	345	345	343	337	330	—	—	—	—	—	—	—	—	—	—	—
102	SA723	2Ni－1½Cr－¼Mo－V	1－5	K23550	1310	1240	374	374	374	374	374	374	374	374	373	367	359	—	—	—	—	—	—	—	—	—	—	—
103	SA723	2¾Ni－1½Cr－½Mo－V	2－1	K34035	795	690	227	227	227	227	227	227	227	227	226	222	217	—	—	—	—	—	—	—	—	—	—	—
104	SA723	2¾Ni－1½Cr－½Mo－V	2－2	K34035	930	825	266	266	266	266	266	266	266	266	265	261	255	—	—	—	—	—	—	—	—	—	—	—
105	SA723	2¾Ni－1½Cr－½Mo－V	2－3	K34035	1070	965	305	305	305	305	305	305	305	305	305	299	293	—	—	—	—	—	—	—	—	—	—	—

（续）

钢种	行号	标准号和等级	公称成分	材料类型	相当的UNS号	最低抗拉强度/MPa	最低屈服强度/MPa	温度/℃																					
								−30~40	65	100	125	150	200	250	300	325	350	375	400	425	450	475	500	525	550	575	600	625	650
	106	SA723	$2\frac{1}{4}$Ni−$1\frac{1}{2}$Cr−$\frac{1}{2}$Mo−V	2−4	K34035	1205	1105	345	345	345	345	345	345	345	345	343	337	330	—	—	—	—	—	—	—	—	—	—	—
	107	SA723	$2\frac{1}{4}$Ni−$1\frac{1}{2}$Cr−$\frac{1}{2}$Mo−V	2−5	K34035	1310	1240	374	374	374	374	374	374	374	374	373	367	359	—	—	—	—	—	—	—	—	—	—	—
	108	SA372	3Ni−$1\frac{1}{4}$Cr−$\frac{1}{2}$Mo	M−85	K42365	725	585	207	207	207	207	207	205	204	202	200	197	—	—	—	—	—	—	—	—	—	—	—	—
	109	SA372	3Ni−$1\frac{1}{4}$Cr−$\frac{1}{2}$Mo	M−100	K42365	825	690	236	236	236	236	236	234	233	231	229	226	—	—	—	—	—	—	—	—	—	—	—	—
	110	SA350	$3\frac{1}{2}$Ni	LF3−1	K32025	485	260	138	138	138	138	138	138	138	133	128	122	—	—	—	—	—	—	—	—	—	—	—	—
	111	SA350	$3\frac{1}{2}$Ni	LF3−2	K32025	485	260	138	138	138	138	138	138	138	133	128	122	—	—	—	—	—	—	—	—	—	—	—	—
	112	SA765	$3\frac{1}{2}$Ni	Ⅲ	K32026	485	260	138	138	138	138	138	138	138	133	128	122	—	—	—	—	—	—	—	—	—	—	—	—
	113	SA508	$3\frac{1}{2}$Ni−$1\frac{3}{4}$Cr−$\frac{1}{2}$Mo−V	4N−3	K22375	620	485	177	177	177	177	177	176	175	173	172	169	—	—	—	—	—	—	—	—	—	—	—	—
	114	SA508	$3\frac{1}{2}$Ni−$1\frac{3}{4}$Cr−$\frac{1}{2}$Mo−V	4N−1	K22375	725	585	207	207	207	207	207	205	204	202	200	197	—	—	—	—	—	—	—	—	—	—	—	—
	115	SA508	$3\frac{1}{2}$Ni−$1\frac{3}{4}$Cr−$\frac{1}{2}$Mo−V	4N−2	K22375	795	690	227	227	227	227	227	224	223	221	219	217	—	—	—	—	—	—	—	—	—	—	—	—
	116	SA723	4Ni−$1\frac{1}{2}$Cr−$\frac{1}{2}$Mo−V	3−1	K44045	795	690	227	227	227	227	227	227	227	227	226	222	217	—	—	—	—	—	—	—	—	—	—	—
	117	SA723	4Ni−$1\frac{1}{2}$Cr−$\frac{1}{2}$Mo−V	3−2	K44045	930	825	266	266	266	266	266	266	266	266	265	261	255	—	—	—	—	—	—	—	—	—	—	—
	118	SA723	4Ni−$1\frac{1}{2}$Cr−$\frac{1}{2}$Mo−V	3−3	K44045	1070	965	305	305	305	305	305	305	305	305	305	299	293	—	—	—	—	—	—	—	—	—	—	—
	119	SA723	4Ni−$1\frac{1}{2}$Cr−$\frac{1}{2}$Mo−V	3−4	K44045	1205	1105	345	345	345	345	345	345	345	345	343	337	330	—	—	—	—	—	—	—	—	—	—	—
	120	SA723	4Ni−$1\frac{1}{2}$Cr−$\frac{1}{2}$Mo−V	3−5	K44045	1310	1240	374	374	374	374	374	374	374	374	373	367	359	—	—	—	—	—	—	—	—	—	—	—
	121	SA522	8Ni	Ⅱ	K71340	690	515	187	187	173	—	—	—	—	—	—	—	—	—	—	—	—	—	—	—	—	—	—	—
	122	SA522	9Ni	Ⅰ	K81340	690	515	197	197	182	178	—	—	—	—	—	—	—	—	—	—	—	—	—	—	—	—	—	—
	123	SA522	9Ni	Ⅰ	K81340	690	515	187	187	173	169	—	—	—	—	—	—	—	—	—	—	—	—	—	—	—	—	—	—
	124	SA182	16Cr−12Ni−2Mo	F316L，$t>125$mm	S31603	450	170	115	115	115	115	115	109	103	98.0	95.7	94.1	92.8	90.9	89.0	87.8	86.6	—	—	—	—	—	—	—
	125	SA182	16Cr−12Ni−2Mo	F316L，$t>125$mm	S31603	450	170	115	106	96.3	91.3	87.4	81.2	76.0	72.5	71.2	70.0	68.8	67.5	66.3	65.0	63.8	—	—	—	—	—	—	—
	126	SA182	16Cr−12Ni−2Mo	F316L，$t\leqslant125$mm	S31603	485	170	115	115	115	115	115	109	103	98.0	95.7	94.1	92.8	90.9	89.0	87.8	86.6	—	—	—	—	—	—	—
	127	SA182	16Cr−12Ni−2Mo	F316L，$t\leqslant125$mm	S31603	485	170	115	106	96.3	91.3	87.4	81.2	76.0	72.5	71.2	70.0	68.8	67.5	66.3	65.0	63.8	—	—	—	—	—	—	—
	128	SA965	16Cr−12Ni−2Mo	F316L	S31603	450	170	115	115	115	115	115	109	103	98.0	95.7	94.1	92.8	90.9	89.0	87.8	86.6	—	—	—	—	—	—	—
	129	SA965	16Cr−12Ni−2Mo	F316L	S31603	450	170	115	106	96.3	91.3	87.4	81.2	76.0	72.5	71.2	70.0	68.8	67.5	66.3	65.0	63.8	—	—	—	—	—	—	—
锻	130	SA182	16Cr−12Ni−2Mo	F316，$t>125$mm	S31600	485	205	138	138	138	136	134	133	126	119	116	114	112	111	110	108	108	107	106	105	99.8	80.3	65.5	50.4
	131	SA182	16Cr−12Ni−2Mo	F316，$t>125$mm	S31600	485	205	138	128	118	112	107	99.2	92.8	88.1	86.1	84.1	82.9	82.0	81.4	80.6	79.8	79.2	78.7	77.8	77.1	75.0	65.5	50.4
件	132	SA965	16Cr−12Ni−2Mo	F316	S31600	485	205	138	138	138	136	134	133	126	119	116	114	112	111	110	108	108	107	106	105	99.8	80.3	65.5	50.4

133	SA965	16Cr－12Ni－2Mo	F316	S31600	485	205	138	128	118	112	107	99.2	92.8	88.1	86.1	84.1	82.9	82.0	81.4	80.6	79.8	79.2	78.7	77.8	77.1	75.0	65.5	50.4
134	SA182	16Cr－12Ni－2Mo	F316H，$t>125$mm	S31609	485	205	138	138	138	136	134	133	126	119	116	114	112	111	110	108	108	107	106	105	99.8	80.3	65.5	50.4
135	SA182	16Cr－12Ni－2Mo	F316H，$t>125$mm	S31609	485	205	138	128	118	112	107	99.2	92.8	88.1	86.1	84.1	82.9	82.0	81.4	80.6	79.8	79.2	78.7	77.8	77.1	75.0	65.5	50.4
136	SA965	16Cr－12Ni－2Mo	F316H	S31609	485	205	138	138	138	136	134	133	126	119	116	114	112	111	110	108	108	107	106	105	99.8	83.0	65.5	50.4
137	SA965	16Cr－12Ni－2Mo	F316H	S31609	485	205	138	128	118	112	107	99.2	92.8	88.1	86.1	84.1	82.9	82.0	81.4	80.6	79.8	79.2	78.7	77.8	77.1	75.0	65.5	50.4
138	SA182	16Cr－12Ni－2Mo	F316，$t\leqslant125$mm	S31600	515	205	138	138	138	138	138	134	126	119	116	114	112	111	110	108	108	107	106	105	99.8	80.3	65.5	50.4
139	SA182	16Cr－12Ni－2Mo	F316，$t\leqslant125$mm	S31600	515	205	138	128	118	112	107	99.2	92.8	88.1	86.1	84.1	82.9	82.0	81.4	80.6	79.8	79.2	78.7	77.8	77.1	75.0	65.5	50.4
140	SA182	16Cr－12Ni－2Mo	F316H，$t\leqslant125$mm	S31609	515	205	138	138	138	138	138	134	126	119	116	114	112	111	110	108	108	107	106	105	99.8	80.3	65.5	50.4
141	SA182	16Cr－12Ni－2Mo	F316H，$t\leqslant125$mm	S31609	515	205	138	128	118	112	107	99.2	92.8	88.1	86.1	84.1	82.9	82.0	81.4	80.6	79.8	79.2	78.7	77.8	77.1	75.0	65.5	50.4
142	SA182	16Cr－12Ni－2Mo－N	F316LN，$t>125$mm	S31653	485	205	138	138	138	134	130	124	119	115	113	110	107	105	102	99.7	—	—	—	—	—	—	—	—
143	SA965	16Cr－12Ni－2Mo－N	F316LN	S31653	485	205	138	138	138	134	130	124	119	115	113	110	107	105	102	99.7	—	—	—	—	—	—	—	—
144	SA182	16Cr－12Ni－2Mo－N	F316LN，$t=125$mm	S31653	515	205	138	138	138	138	138	131	122	116	113	110	107	105	102	99.7	—	—	—	—	—	—	—	—
145	SA182	16Cr－12Ni－2Mo－N	F316N	S31651	550	240	158	158	158	155	152	148	146	145	144	140	137	135	133	130	—	—	—	—	—	—	—	—
146	SA965	16Cr－12Ni－2M－N	F316N	S31651	550	240	158	158	158	155	152	148	146	145	144	140	137	135	133	130	128	126	124	119	101	81.6	65.3	50.4
147	SA965	16Cr－12Ni－2Mo－N	F316N	S31651	550	240	158	150	141	136	131	122	115	109	107	104	102	99.9	98.0	96.1	94.9	93.1	91.7	90.1	88.5	81.6	65.3	50.4
148	SA182	18Cr－8Ni	F304L，$t>125$mm	S30403	450	170	115	115	115	115	115	110	103	97.7	95.7	94.1	92.6	91.3	90.0	88.7	86.6	72.5	60.2	49.5	40.4	32.9	26.7	22.0
149	SA182	18Cr－8Ni	F304L，$t>125$mm	S30403	450	170	115	105	97.0	92.3	88.1	81.2	76.0	72.3	70.9	69.7	68.6	67.6	66.7	65.7	64.6	63.4	60.2	49.5	40.4	32.9	26.7	22.0
150	SA965	18Cr－8Ni	F304L	S30403	450	170	115	115	115	115	115	110	103	97.7	95.7	94.1	92.6	91.3	90.0	88.7	86.6	72.5	60.2	49.5	40.4	32.9	26.7	22.0
151	SA965	18Cr－8Ni	F304L	S30403	450	170	115	105	97.0	92.3	88.1	81.2	76.0	72.3	70.9	69.7	68.6	67.6	66.7	65.7	64.6	63.4	60.2	49.5	40.4	32.9	26.7	22.0
152	SA182	18Cr－8Ni	F304L，$t\leqslant125$mm	S30403	485	170	115	115	115	115	115	110	103	97.7	95.7	94.7	92.6	91.3	90.0	88.7	86.6	72.5	60.2	49.5	40.4	32.9	26.7	22.0
153	SA182	18Cr－8Ni	F304L，$t\leqslant125$mm	S30403	485	170	115	105	97.0	92.3	88.1	81.2	76.0	72.3	70.9	69.7	68.6	67.6	66.7	65.7	64.6	63.4	60.2	49.5	40.4	32.9	26.7	22.0
154	SA182	18Cr－8Ni	F304，$t>125$mm	S30400	485	205	138	134	130	126	122	119	118	115	114	111	109	107	105	103	101	99.3	98.0	93.3	79.6	65.4	51.4	41.7
155	SA182	18Cr－8Ni	F304，$t>125$mm	S30400	485	205	138	126	113	107	103	95.7	89.9	85.9	84.1	82.2	80.5	79.2	77.3	76.0	74.8	73.6	72.4	70.8	68.9	65.4	51.4	41.7
156	SA182	18Cr－8Ni	F304H，$t>125$mm	S30409	485	205	138	134	130	126	122	119	118	115	114	111	109	107	105	103	101	99.3	98.0	93.3	79.6	65.4	51.4	41.7
157	SA182	18Cr－8Ni	F304H，$t>125$mm	S30409	485	205	138	126	113	107	103	95.7	89.9	85.9	84.1	82.2	80.5	79.2	77.3	76.0	74.8	73.6	72.4	70.8	68.9	65.4	51.4	41.7

（续）

钢种	行号	标准号和等级	公称成分	材料类型	相当的UNS号	最低抗拉强度/MPa	最低屈服强度/MPa	温度/℃																					
								-30~40	65	100	125	150	200	250	300	325	350	375	400	425	450	475	500	525	550	575	600	625	650
	158	SA965	18Cr-8Ni	F304	S30400	485	205	138	134	130	126	122	119	118	115	114	111	109	107	105	103	101	99.3	98.0	93.3	79.6	65.4	51.4	41.7
	159	SA965	18Cr-8Ni	F304	S30400	485	205	138	126	113	107	103	95.7	89.9	85.9	84.1	82.2	80.5	79.2	77.3	76.0	74.8	73.6	72.4	70.8	68.9	65.4	51.4	41.7
	160	SA965	18Cr-8Ni	F304H	S30409	485	205	138	134	130	126	122	119	118	115	114	111	109	107	105	103	101	99.3	98.0	93.3	79.6	65.4	51.4	41.7
	161	SA965	18Cr-8Ni	F304H	S30409	485	205	138	126	113	107	103	95.7	89.9	85.9	84.1	82.2	80.5	79.2	77.3	76.0	74.8	73.6	72.4	70.8	68.9	65.4	51.4	41.7
	162	SA182	18Cr-8Ni	F304，$t \leq 125$mm	S30400	515	205	138	126	113	107	103	95.7	89.9	85.9	84.1	82.2	80.5	79.2	77.3	76.0	74.8	73.6	72.4	70.8	68.9	65.4	51.4	41.7
	163	SA182	18Cr-8Ni	F304，$t \leq 125$mm	S30400	515	205	138	138	137	134	130	126	122	116	114	111	109	107	105	103	101	99.3	98.0	93.3	79.6	65.4	51.4	41.7
	164	SA182	18Cr-8Ni	F304H，$t \leq 125$mm	S30409	515	205	138	126	113	107	103	95.7	89.9	85.9	84.1	82.2	80.5	79.2	77.3	76.0	74.8	73.6	72.4	70.8	68.9	65.4	51.4	41.7
	165	SA182	18Cr-8Ni	F304H，$t \leq 125$mm	S30409	515	205	138	138	137	134	130	126	122	116	114	111	109	107	105	103	101	99.3	98.0	93.3	79.6	65.4	51.4	41.7
	166	SA182	18Cr-8Ni-N	F304LN，$t > 125$mm	S30453	485	205	138	134	130	126	122	119	118	115	114	111	109	107	105	103	—	—	—	—	—	—	—	—
	167	SA965	18Cr-8Ni-N	F304LN	S30453	485	205	138	134	130	126	122	119	118	115	114	111	109	107	105	103	—	—	—	—	—	—	—	—
	168	SA182	18Cr-8Ni-N	F304LN，$t \leq 125$mm	S30453	515	205	138	138	137	134	130	126	122	116	114	111	109	107	105	103	—	—	—	—	—	—	—	—
	169	SA182	18Cr-8Ni-N	F304N	S30451	550	240	158	158	158	154	149	141	132	125	122	120	118	116	115	113	—	—	—	—	—	—	—	—
	170	SA965	18Cr-8Ni-N	F304N	S30451	550	240	158	158	158	154	149	141	132	125	122	120	118	116	115	113	111	109	106	98.3	78.6	64.3	51.4	41.6
	171	SA965	18Cr-8Ni-N	F304N	S30451	550	240	158	144	129	121	115	105	97.6	92.9	90.9	89.3	88.0	86.1	84.9	83.7	81.8	80.5	78.8	77.3	74.0	64.3	51.4	41.6
	172	SA965	18Cr-8Ni-N	F348H	S34809	450	170	115	115	115	114	112	107	103	101	101	101	101	101	101	100	100	99.7	98.6	97.3	95.8	91.3	70.9	53.9
	173	SA965	18Cr-8Ni-N	F348H	S34809	450	170	115	110	105	101	98.5	92.2	87.1	83.0	81.6	80.3	79.2	78.6	78.0	77.3	77.2	77.2	77.2	76.9	76.5	75.6	70.9	53.9
	174	SA182	18Cr-10Ni-Cb	F347，$t > 125$mm	S34700	485	205	138	135	131	126	121	115	111	109	109	108	108	108	108	108	108	107	106	98.3	77.2	57.7	39.9	30.0
	175	SA965	18Cr-10Ni-Cb	F347	S34700	485	205	138	135	131	126	121	115	111	109	109	108	108	108	108	108	108	107	106	98.3	77.2	57.7	39.9	30.0
	176	SA965	18Cr-10Ni-Cb	F347	S34700	485	205	138	132	126	122	118	111	105	99.8	97.9	96.1	95.0	94.4	93.8	93.2	92.5	92.4	92.4	90.3	77.2	57.7	39.9	30.0
	177	SA182	18Cr-10Ni-Cb	F347H，$t > 125$mm	S34709	485	205	138	132	126	122	118	111	105	99.8	97.9	96.1	95.0	94.4	93.8	93.2	92.5	92.4	92.4	92.4	92.2	89.1	69.3	53.9
	178	SA182	18Cr-10Ni-Cb	F347H，$t > 125$mm	S34709	485	205	138	135	131	126	121	115	111	108	108	108	108	108	108	108	108	107	106	105	103	92.3	69.3	53.9
	179	SA965	18Cr-10Ni-Cb	F347H	S34709	485	205	138	132	126	122	118	111	105	99.8	97.9	96.1	95.0	94.4	93.8	93.2	92.5	92.4	92.4	92.4	92.2	89.1	69.3	53.9
锻	180	SA965	18Cr-10Ni-Cb	F347H	S34709	485	205	138	135	131	126	121	115	111	108	108	108	108	108	108	108	108	107	106	105	103	92.3	69.3	53.9
	181	SA182	18Cr-10Ni-Cb	F348，$t > 125$mm	S34800	485	205	138	132	126	122	118	111	105	99.8	97.9	96.1	95.0	94.4	93.8	93.2	92.5	92.4	92.4	90.3	77.2	57.7	39.9	30.0
件	182	SA182	18Cr-10Ni-Cb	F348，$t > 125$mm	S34800	485	205	138	135	131	126	121	115	111	109	109	108	108	108	108	108	108	107	106	98.3	77.2	57.7	39.9	30.0

183	SA965	18Cr－10Ni－Cb	F348	S34800	485	205	138	135	131	126	121	115	111	109	109	108	108	108	108	108	108	107	106	98.3	77.2	57.7	39.9	30.0
184	SA965	18Cr－10Ni－Cb	F348	S34800	485	205	138	132	126	122	118	111	105	99.8	97.9	96.1	95.0	94.4	93.8	93.2	92.5	92.4	92.4	90.3	77.2	57.7	39.9	30.0
185	SA182	18Cr－10Ni－Cb	F348H，$t>125$mm	S34809	485	205	138	132	126	122	118	111	105	99.8	97.9	96.1	95.0	94.4	93.8	93.2	92.5	92.4	92.4	92.4	92.2	89.1	63.9	53.9
186	SA182	18Cr－10Ni－Cb	F348H，$t>125$mm	S34809	485	205	138	135	131	126	121	115	111	108	108	108	108	108	108	108	108	107	106	105	103	92.3	69.3	53.9
187	SA182	18Cr－10Ni－Cb	F347，$t\leqslant125$mm	S34700	515	205	138	138	137	134	129	123	119	117	116	116	116	116	116	116	115	115	113	99.8	77.2	57.7	39.9	30.0
188	SA182	18Cr－10Ni－Cb	F347，$t\leqslant125$mm	S34700	515	205	138	132	126	122	118	111	105	99.8	97.9	96.1	95.0	94.4	93.8	93.2	92.5	92.4	92.4	90.3	77.2	57.7	39.9	30.0
189	SA182	18Cr－10Ni－Cb	F347H，$t\leqslant125$mm	S34709	515	205	138	138	137	134	129	123	119	117	116	116	116	116	116	116	115	115	114	113	109	92.3	69.3	53.9
190	SA182	18Cr－10Ni－Cb	F347H，$t\leqslant125$mm	S34709	515	205	138	132	126	122	118	111	105	99.8	97.9	96.1	95.0	94.4	93.8	93.2	92.5	92.4	92.4	92.4	92.2	89.1	69.3	53.9
191	SA182	18Cr－10Ni－Cb	F348，$t\leqslant125$mm	S34800	515	205	138	138	137	134	129	123	119	117	116	116	116	116	116	116	115	115	113	99.8	77.2	57.7	39.9	30.0
192	SA182	18Cr－10Ni－Cb	F348，$t\leqslant125$mm	S34800	515	205	138	132	126	122	118	111	105	99.8	97.9	96.1	95.0	94.4	93.8	93.2	92.5	92.4	92.4	90.3	77.2	57.7	39.9	30.0
193	SA182	18Cr－10Ni－Cb	F348H，$t\leqslant125$mm	S34809	515	205	138	138	137	134	129	123	119	117	116	116	116	116	116	116	115	115	114	113	109	92.3	69.3	53.9
194	SA182	18Cr－10Ni－Cb	F348H，$t\leqslant125$mm	S34809	515	205	138	132	126	122	118	111	105	99.8	97.9	96.1	95.0	94.4	93.8	93.2	92.5	92.4	92.4	92.4	92.2	89.1	69.3	53.9
195	SA182	18Cr－10Ni－Ti	F321，$t>125$mm	S32100	485	205	138	135	130	126	123	121	121	121	121	121	121	119	117	115	114	113	111	87.4	57.5	44.4	32.9	24.5
196	SA182	18Cr－10Ni－Ti	F321，$t>125$mm	S32100	485	205	138	130	123	118	114	106	99.7	94.5	92.3	90.7	89.4	87.5	86.9	85.7	85.0	83.9	83.0	77.6	59.2	44.8	32.9	24.5
197	SA965	18Cr－10Ni－Ti	F321	S32100	485	205	138	135	130	126	123	121	121	121	121	121	121	119	117	115	114	113	111	87.4	57.5	44.4	32.9	24.5
198	SA965	18Cr－10Ni－Ti	F321	S32100	485	205	138	130	123	118	114	106	99.7	94.5	92.3	90.7	89.4	87.5	86.9	85.7	85.0	83.9	83.0	77.6	59.2	44.8	32.9	24.5
199	SA182	18Cr－10Ni－Ti	F321H，$t>125$mm	S32109	485	205	138	135	130	126	123	121	121	121	121	121	121	119	117	115	114	113	112	103	77.7	58.7	46.0	36.9
200	SA182	18Cr－10Ni－Ti	F321H，$t>125$mm	S32109	485	205	138	131	123	118	114	106	99.7	94.5	92.3	90.7	89.4	87.5	86.9	85.7	85.0	83.9	83.0	82.4	77.7	58.7	46.0	36.9
201	SA965	18Cr－10Ni－Ti	F321H	S32109	485	205	138	135	130	126	123	121	121	121	121	121	121	119	117	115	114	113	112	103	77.7	58.7	46.0	36.9
202	SA965	18Cr－10Ni－Ti	F321H	S32109	485	205	138	131	123	118	114	106	99.7	94.5	92.3	90.7	89.4	87.5	86.9	85.7	85.0	83.9	83.0	82.4	77.7	58.7	46.0	36.9
203	SA182	18Cr－10Ni－Ti	F321，$t\leqslant125$mm	S32100	515	205	138	138	138	135	132	129	129	127	125	123	120	119	117	115	114	113	112	94.6	59.2	44.8	32.9	24.5
204	SA182	18Cr－10Ni－Ti	F321，$t\leqslant125$mm	S32100	515	205	138	130	123	118	114	106	99.7	94.5	92.3	90.7	89.4	87.5	86.9	85.7	85.0	83.9	83.0	77.6	59.2	44.8	32.9	24.5
205	SA182	18Cr－10Ni－Ti	F321，$t\leqslant125$mm	S32100	515	205	138	138	138	135	132	129	129	127	125	123	121	119	117	115	114	113	111	87.4	57.5	44.4	32.9	24.5
206	SA182	18Cr－10Ni－Ti	F321H，$t\leqslant125$mm	S32109	515	205	138	138	138	135	132	129	129	127	125	123	121	119	117	115	114	113	112	103	77.7	58.7	46.0	36.9
207	SA182	18Cr－10Ni－Ti	F321H，$t\leqslant125$mm	S32109	515	205	138	131	123	118	114	106	99.7	94.5	92.3	90.7	89.4	87.5	86.9	85.7	85.0	83.9	83.0	82.4	77.7	58.7	46.0	36.9

（续）

钢种	行号	标准号和等级	公称成分	材料类型	相当的UNS号	最低抗拉强度/MPa	最低屈服强度/MPa	温度/℃																					
								-30~40	65	100	125	150	200	250	300	325	350	375	400	425	450	475	500	525	550	575	600	625	650
锻件	208	SA182	18Cr-13Ni-3Mo	F317L，$t>125$mm	S31703	450	170	115	115	115	115	115	109	103	98.0	95.7	94.1	92.8	90.9	89.0	87.8	86.6	—	—	—	—	—	—	—
	209	SA182	18Cr-13Ni-3Mo	F317L，$t>125$mm	S31703	450	170	115	106	96.3	91.3	87.4	81.2	76.0	72.5	71.2	70.0	68.8	67.5	66.3	65.0	63.8	—	—	—	—	—	—	—
	210	SA182	18Cr-13Ni-3Mo	F317L，$t\leqslant125$mm	S31703	485	170	115	115	115	115	115	109	103	98.0	95.7	94.1	92.8	90.9	89.0	87.8	86.6	—	—	—	—	—	—	—
	211	SA182	18Cr-13Ni-3Mo	F317L，$t\leqslant125$mm	S31703	485	170	115	106	96.3	91.3	87.4	81.2	76.0	72.5	71.2	70.0	68.8	67.5	66.3	65.0	63.8	—	—	—	—	—	—	—
	212	SA182	18Cr-13Ni-3Mo	F317，$t\leqslant125$mm	S31700	515	205	138	138	138	138	138	134	126	119	116	114	112	111	110	108	108	107	106	105	99.8	80.3	65.5	50.4
	213	SA182	18Cr-13Ni-3Mo	F317，$t\leqslant125$mm	S31700	515	205	138	128	118	112	107	99.2	92.8	88.1	86.1	84.1	82.9	82.0	81.4	80.6	79.8	79.2	78.7	77.8	77.1	75.0	65.5	50.4
	214	SA182	20Cr-18Ni-6Mo	F44	S31254	650	305	185	185	185	181	176	168	163	159	158	157	156	156	—	—	—	—	—	—	—	—	—	—
	215	SA182	20Cr-18Ni-6Mo	F44	S31254	650	305	185	175	162	154	147	137	129	125	123	121	120	119	—	—	—	—	—	—	—	—	—	—
	216	SA182	21Cr-6Ni-9Mn	FXM-11	S21904	620	345	177	177	176	165	151	136	126	120	117	—	—	—	—	—	—	—	—	—	—	—	—	—
	217	SA965	21Cr-6Ni-9Mn	FXM-11	S21904	620	345	177	177	177	172	165	158	153	149	148	—	—	—	—	—	—	—	—	—	—	—	—	—
	218	SA965	21Cr-6Ni-9Mn	FXM-11	S21904	620	345	177	177	176	165	151	136	126	120	117	—	—	—	—	—	—	—	—	—	—	—	—	—
	219	SA182	21Cr-11Ni-N	F45	S30815	600	310	172	171	170	165	160	155	151	148	147	146	145	143	142	140	138	136	117	93.4	73.6	58.4	45.8	35.5
	220	SA182	21Cr-11Ni-N	F45	S30815	600	310	172	171	169	161	151	138	129	123	121	120	118	117	116	115	113	112	109	93.4	73.6	58.4	45.8	35.5
	221	SA182	22Cr-2Ni-Mo-N	F66	S32202	648	448	185	185	182	175	171	170	170	170	170	—	—	—	—	—	—	—	—	—	—	—	—	—
	222	SA182	22Cr-5Ni-3Mo-N	F51	S31803	620	450	177	177	177	174	171	165	161	160	159	—	—	—	—	—	—	—	—	—	—	—	—	—
	223	SA182	22Cr-5Ni-3Mo-N	F60	S32205	655	480	187	187	187	184	180	174	170	168	168	—	—	—	—	—	—	—	—	—	—	—	—	—
	224	SA182	22Cr-13Ni-5Mn	FXM-19	S20910	690	380	197	196	195	191	185	180	176	174	173	171	170	169	167	165	163	161	158	157	152	132	83.6	56.1
	225	SA182	25Cr-7Ni-3Mo-W-Cu-N	F54	S39274	800	550	229	229	227	221	218	216	216	216	216	216	—	—	—	—	—	—	—	—	—	—	—	—
	226	SA182	25Cr-7Ni-4Mo-N	F53	S32750	800	550	228	228	227	221	215	208	205	203	202	—	—	—	—	—	—	—	—	—	—	—	—	—
	227	SA182	25Cr-7.5Ni-3.5Mo-N-Cu-W	F55	S32760	750	550	214	214	211	206	203	201	201	201	201	—	—	—	—	—	—	—	—	—	—	—	—	—
	228	SA182	25Cr-20Ni	F310，$t>125$mm	S31000	450	195	138	138	136	133	130	128	128	128	127	125	123	122	120	118	—	—	—	—	—	—	—	—
	229	SA182	25Cr-20Ni	F310，$t\leqslant125$mm	S31000	450	195	138	138	138	138	138	138	135	129	127	125	123	122	120	119	117	112	87.9	59.2	44.2	31.8	23.7	16.9
	230	SA965	25Cr-20Ni	F310	S31000	450	195	138	138	138	138	138	138	135	129	127	125	123	122	120	119	117	112	87.9	59.2	44.2	31.8	23.7	16.9
	231	SA182	25Cr-22Ni-2Mo-N	F310MoLN	S31050	540	255	154	153	151	147	143	138	135	132	130	—	—	—	—	—	—	—	—	—	—	—	—	—
	232	SA182	25Cr-22Ni-2Mo-N	F310MoLN	S31050	540	255	154	150	143	137	131	123	117	111	109	—	—	—	—	—	—	—	—	—	—	—	—	—

铸件	233	SA216	碳钢	WCA	J02502	415	205	118	118	118	118	118	118	114	107	104	101	97.8	89.1	75.4	62.6	45.5	31.6	21.9	12.7	—	—	—	—
	234	SA352	碳钢	LCA	J02504	415	205	118	118	118	118	118	118	114	107	104	101	97.8	—	—	—	—	—	—	—	—	—	—	—
	235	SA352	碳钢	LCB	J03003	450	240	128	128	128	128	128	128	128	125	122	118	114	—	—	—	—	—	—	—	—	—	—	—
	236	SA216	碳钢	WCB	J03002	485	250	138	138	138	138	138	138	136	129	125	122	117	101	83.9	67.0	51.1	33.6	21.3	12.9	—	—	—	—
	237	SA216	碳钢	WCC	J02503	485	275	138	138	138	138	138	138	138	138	138	135	123	101	83.8	67.0	51.0	33.6	21.3	12.9	—	—	—	—
	238	SA352	碳钢	LCC	J02505	485	275	138	138	138	138	138	138	138	138	138	135	123	—	—	—	—	—	—	—	—	—	—	—
	239	SA487	碳钢	16 – A		485	275	138	138	137	133	129	125	123	123	123	123	123	—	—	—	—	—	—	—	—	—	—	—
	240	SA217	C – ½Mo	WC1	J12524	450	240	128	128	128	128	128	128	128	128	128	128	126	123	120	117	103	69.5	42.6	23.2	—	—	—	—
	241	SA352	C – ½Mo	LC1	J12522	450	240	128	128	128	128	128	128	128	128	128	128	126	—	—	—	—	—	—	—	—	—	—	—
	242	SA217	1¼Cr – ½Mo	WC6	J12072	485	275	138	138	138	138	138	138	138	138	138	138	138	136	133	130	105	73.3	52.1	36.4	25.2	17.6	—	—
	243	SA217	2¼Cr – 1Mo	WC9	J21890	485	275	138	138	138	137	136	134	133	133	132	131	129	127	124	121	117	90.4	64.0	45.0	30.1	19.7	12.9	8.06
	244	SA487	2¼Cr – 1Mo	8 – A	J22091	585	380	168	168	167	165	163	162	162	161	160	160	157	154	150	145	128	88.1	65.1	42.9	—	—	—	—
	245	SA217	5Cr – ½Mo	C5	J42045	620	415	177	177	177	174	172	170	170	169	167	164	161	156	134	103	80.6	62.0	46.3	34.8	25.8	18.0	11.5	6.68
	246	SA217	9Cr – 1Mo	C12	J82090	620	415	177	177	177	174	172	170	170	169	167	164	161	156	151	145	123	88.2	61.0	43.0	30.0	20.6	14.4	10.2
	247	SA217	13Cr	CA15	J91150	620	450	177	177	177	176	174	171	169	166	163	160	156	151	146	117	83.3	60.1	42.0	28.6	19.8	13.8	9.81	6.76
	248	SA487	13Cr – 4Ni	CA6NM – A	J91540	760	550	216	216	216	215	212	208	204	200	198	195	192	189	184	180	—	—	—	—	—	—	—	—
	249	SA487	Mn – ¼Mo – V	2 – A	J13005	585	365	168	168	168	168	168	167	167	167	167	166	166	—	—	—	—	—	—	—	—	—	—	—
	250	SA487	Mn – ¼Mo – V	2 – B	J13005	620	450	177	177	177	177	177	177	177	177	177	177	—	—	—	—	—	—	—	—	—	—	—	—
	251	SA487	Mn – V	1 – A	J13002	585	380	168	163	158	155	154	154	154	152	150	147	143	—	—	—	—	—	—	—	—	—	—	—
	252	SA487	Mn – V	1 – A	J13002	585	380	168	163	158	156	155	155	155	153	150	148	—	—	—	—	—	—	—	—	—	—	—	—
	253	SA487	Mn – V	1 – B	J13002	620	450	177	173	169	168	167	166	166	166	164	160	—	—	—	—	—	—	—	—	—	—	—	—
	254	SA487	½Ni – ½Cr – ¼Mo – V	4 – A	J13047	620	415	177	177	177	177	177	177	177	177	177	177	—	—	—	—	—	—	—	—	—	—	—	—
	255	SA487	½Ni – ½Cr – ¼Mo – V	4 – B	J13047	725	585	207	207	207	207	207	207	207	207	207	207	207	—	—	—	—	—	—	—	—	—	—	—
	256	SA487	½Ni – ½Cr – ¼Mo – V	4 – E	J13047	795	655	227	227	227	227	227	227	227	227	227	227	227	—	—	—	—	—	—	—	—	—	—	—
	257	SA217	¾Ni – 1Mo – ¾Cr	WC5	J22000	485	275	138	138	138	138	138	138	138	138	138	138	138	138	138	135	120	89.3	58.8	39.6	27.4	16.3	—	—
	258	SA217	1Ni – ½Cr – ½Mo	WC4	J12082	485	275	138	138	138	138	138	138	138	138	138	138	138	138	138	135	113	76.6	49.7	31.2	—	—	—	—
	259	SA352	½Ni	LC2	J22500	485	275	138	138	138	138	138	138	138	138	136	129	—	—	—	—	—	—	—	—	—	—	—	—
	260	SA352	3½Ni	LC3	J31550	485	275	138	138	138	138	138	138	138	138	136	129	—	—	—	—	—	—	—	—	—	—	—	—
	261	SA351	29Ni – 20Cr – 3Cu – 2Mo	CN7M	J95150	425	170	115	114	109	101	93.5	88.5	84.3	80.9	79.4	—	—	—	—	—	—	—	—	—	—	—	—	—
	262	SA351	29Ni – 20Cr – 3Cu – 2Mo	CN7M	J95150	425	170	115	107	97.7	92.8	88.8	81.9	75.6	70.4	68.0	—	—	—	—	—	—	—	—	—	—	—	—	—

（续）

钢种	行号	标准号和等级	公称成分	材料类型	相当的UNS号	最低抗拉强度/MPa	最低屈服强度/MPa	温度/℃																					
								-30~40	65	100	125	150	200	250	300	325	350	375	400	425	450	475	500	525	550	575	600	625	650
铸件	263	SA351	16Cr-12Ni-2Mo	CF3M	J92800	485	205	138	138	138	136	134	133	125	119	116	114	112	111	110	108	107	—	—	—	—	—	—	—
	264	SA351	16Cr-12Ni-2Mo	CF3M	J92800	485	205	138	128	117	111	107	98.5	92.7	88.2	86.1	84.4	83.2	82.0	81.1	80.2	79.5	—	—	—	—	—	—	—
	265	SA351	16Cr-12Ni-2Mo	CF8M	J92900	485	205	138	138	138	136	134	133	125	119	116	114	112	111	110	108	108	107	104	94.7	93.7	57.9	46.0	36.9
	266	SA351	16Cr-12Ni-2Mo	CF8M	J92900	485	205	138	128	117	111	107	98.5	92.7	88.2	86.1	84.4	83.2	82.0	81.1	80.2	79.5	78.9	78.2	77.6	73.7	57.9	46.0	36.9
	267	SA351	18Cr-8Ni	CF3	J92500	485	205	138	134	130	126	122	119	118	115	114	111	109	107	105	103	—	—	—	—	—	—	—	—
	268	SA351	18Cr-8Ni	CF3	J92500	485	205	138	126	113	107	103	95.7	90.0	85.6	83.9	82.3	80.5	79.2	77.7	76.4	—	—	—	—	—	—	—	—
	269	SA351	18Cr-8Ni	CF8	J92600	485	205	138	134	136	126	122	119	118	115	114	111	109	107	105	103	101	99.5	92.8	75.6	61.2	49.0	40.1	32.8
	270	SA351	18Cr-8Ni	CF8	J92600	485	205	138	126	113	107	103	95.7	90.0	85.6	83.9	82.3	80.5	79.2	77.7	76.4	74.9	73.6	72.6	70.0	61.2	49.0	40.1	32.8
	271	SA351	18Cr-8Ni	CF8	J92600	485	205	138	134	130	126	122	119	118	115	114	111	109	107	105	103	101	99.5	92.8	75.6	61.2	49.0	40.1	32.8
	272	SA351	18Cr-8Ni	CF3A	J92500	530	240	152	148	142	138	134	130	128	128	128	128	127	—	—	—	—	—	—	—	—	—	—	—
	273	SA351	18Cr-8Ni	CF3A	J92500	530	240	152	143	133	126	120	112	105	100	97.9	96.0	94.2	—	—	—	—	—	—	—	—	—	—	—
	274	SA351	18Cr-8Ni	CF8A	J92600	530	240	152	148	142	138	134	130	128	128	128	128	—	—	—	—	—	—	—	—	—	—	—	—
	275	SA351	18Cr-8Ni	CF8A	J92600	530	240	152	143	133	126	120	112	105	100	97.9	96.0	—	—	—	—	—	—	—	—	—	—	—	—
	276	SA351	18Cr-10Ni-Cb	CF8C	J92710	485	205	138	135	131	126	121	115	111	108	108	108	108	108	108	108	108	—	—	—	—	—	—	—
	277	SA351	18Cr-10Ni-Cb	CF8C	J92710	485	205	138	135	131	126	121	115	111	109	109	108	108	108	108	108	108	107	106	98.3	77.2	57.7	39.9	30.0
	278	SA351	18Cr-10Ni-Cb	CF8C	J92710	485	205	138	132	126	122	118	111	105	99.8	97.9	96.1	95.0	94.4	93.8	93.2	92.5	92.4	92.4	90.3	77.2	57.7	39.9	30.0
	279	SA351	19Cr-9Ni-$\frac{1}{2}$Mo	CF10	J92590	485	205	138	134	130	126	122	119	118	115	114	111	109	107	105	103	101	99.5	92.8	75.6	61.2	49.0	40.1	32.8
	280	SA351	19Cr-9Ni-$\frac{1}{2}$Mo	CF10	J92590	485	205	138	126	113	107	103	95.7	90.0	85.6	83.9	82.3	80.5	79.2	77.7	76.4	74.9	73.6	72.6	70.0	61.2	49.0	40.1	32.8
	281	SA351	19Cr-9Ni-2Mo	CF10M	—	485	205	138	138	138	136	134	133	125	119	116	114	112	111	110	108	107	107	104	94.7	73.7	57.9	46.0	36.9
	282	SA351	19Cr-9Ni-2Mo	CF10M	—	485	205	138	129	119	113	108	99.3	92.7	88.1	86.1	84.4	83.2	82.0	81.1	80.2	79.5	78.9	78.2	77.6	73.7	57.9	46.0	36.9
	283	SA351	19Cr-10Ni-3Mo	CG8M	J93000	515	240	148	146	143	139	135	132	128	122	120	117	116	114	113	112	111	109	97.7	72.6	—	—	—	—
	284	SA351	19Cr-10Ni-3Mo	CG8M	J93000	515	240	148	139	127	120	113	102	94.9	90.0	88.4	87.2	86.0	84.7	83.5	82.9	81.7	80.5	78.9	77.0	—	—	—	—
	285	SA351	20Cr-18Ni-6Mo	CK3MCuN	J93254	550	260	158	158	158	154	149	143	139	136	135	134	133	132	—	—	—	—	—	—	—	—	—	—
	286	SA351	20Cr-18Ni-6Mo	CK3MCuN	J93254	550	260	158	151	141	134	127	119	112	107	106	105	104	103	—	—	—	—	—	—	—	—	—	—
	287	SA351	22Cr-13Ni-5Mn	CG6MMN	J93790	585	295	134	133	132	128	123	116	111	107	106	104	102	101	101	99.5	98.2	97.5	96.6	95.0	93.1	—	—	—
	288	SA995	24Cr-10Ni-4Mo-N	2A	J93345	655	450	187	187	186	180	173	167	167	167	167	—	—	—	—	—	—	—	—	—	—	—	—	—
	289	SA995	25Cr-5Ni-3Mo-2Cu	1B	J93372	690	485	197	197	197	195	192	190	190	189	189	—	—	—	—	—	—	—	—	—	—	—	—	—
	290	SA351	25Cr-12Ni	CH8	J93400	450	195	128	123	116	112	109	106	106	106	106	105	105	103	102	99.8	96.9	92.7	84.6	68.4	54.3	42.1	33.2	25.9
	291	SA351	25Cr-12Ni	CH8	J93400	450	195	128	116	104	99.5	97.1	93.4	90.7	88.5	86.9	85.0	83.2	81.3	78.8	76.2	74.3	72.0	69.5	63.9	54.3	42.1	33.2	25.9
	292	SA351	25Cr-12Ni	CH20	J93402	485	205	138	132	125	120	117	114	114	114	114	114	113	112	110	107	104	100	88.5	68.2	53.7	42.1	33.2	25.9
	293	SA351	25Cr-12Ni	CH20	J93402	485	205	138	124	111	106	104	100	97.1	94.6	93.2	91.0	88.6	86.8	84.3	81.8	79.3	76.8	74.3	68.2	53.7	42.1	33.2	25.9
	294	SA351	25Cr-20Ni	CK20	J94202	450	195	128	123	116	112	109	106	106	106	106	105	105	103	102	99.8	96.9	92.7	84.7	72.8	64.5	56.8	49.1	41.0
	295	SA351	25Cr-20Ni	CK20	J94202	450	195	128	116	104	99.5	97.1	93.4	90.7	88.5	86.9	85.0	83.2	81.3	78.8	76.2	74.3	71.2	69.5	67.0	63.2	56.8	49.1	41.0

（续）

钢种	行号	标准号和等级	公称成分	材料类型	相当的 UNS 号	温度/℃									
						675	700	725	750	775	800	825	850	875	900
锻件	130	SA182	16Cr－12Ni－2Mo	F316，$t>125$mm	S31600	38.6	29.6	23.0	17.7	13.4	10.4	8.05	—	—	—
	131	SA182	16Cr－12Ni－2Mo	F316，$t>125$mm	S31600	38.6	29.6	23.0	17.7	13.4	10.4	8.05	—	—	—
	132	SA965	16Cr－12Ni－2Mo	F316	S31600	38.6	29.6	23.0	17.7	13.4	10.4	8.05	—	—	—
	133	SA965	16Cr－12Ni－2Mo	F316	S31600	38.6	29.6	23.0	17.7	13.4	10.4	8.05	—	—	—
	134	SA182	16Cr－12Ni－2Mo	F316H，$t>125$mm	S31609	38.6	29.6	23.0	17.7	13.4	10.4	8.05	—	—	—
	135	SA182	16Cr－12Ni－2Mo	F316H，$t>125$mm	S31609	38.6	29.6	23.0	17.7	13.4	10.4	8.05	—	—	—
	136	SA965	16Cr－12Ni－2Mo	F316H	S31609	38.6	29.6	23.0	17.7	13.4	10.4	8.05	—	—	—
	137	SA965	16Cr－12Ni－2Mo	F316H	S31609	38.6	29.6	23.0	17.7	13.4	10.4	8.05	—	—	—
	138	SA182	16Cr－12Ni－2Mo	F316，$t\leqslant125$mm	S31600	38.6	29.6	23.0	17.7	13.4	10.4	8.05	—	—	—
	139	SA182	16Cr－12Ni－2Mo	F316，$t\leqslant125$mm	S31600	38.6	29.6	23.0	17.7	13.4	10.4	8.05	—	—	—
	140	SA182	16Cr－12Ni－2Mo	F316H，$t\leqslant125$mm	S31609	38.6	29.6	23.0	17.7	13.4	10.4	8.05	—	—	—
	141	SA182	16Cr－12Ni－2Mo	F316H，$t\leqslant125$mm	S31609	38.6	29.6	23.0	17.7	13.4	10.4	8.05	—	—	—
	154	SA182	18Cr－8Ni	F304，$t>125$mm	S30400	32.9	26.5	21.3	17.2	13.9	11.1	8.73	—	—	—
	155	SA182	18Cr－8Ni	F304，$t>125$mm	S30400	32.9	26.5	21.3	17.2	13.9	11.1	8.73	—	—	—
	156	SA182	18Cr－8Ni	F304H，$t>125$mm	S30409	32.9	26.5	21.3	17.2	13.9	11.1	8.73	—	—	—
	157	SA182	18Cr－8Ni	F304H，$t>125$mm	S30409	32.9	26.5	21.3	17.2	13.9	11.1	8.73	—	—	—
	158	SA965	18Cr－8Ni	F304	S30400	32.9	26.5	21.3	17.2	13.9	11.1	8.73	—	—	—
	159	SA965	18Cr－8Ni	F304	S30400	32.9	26.5	21.3	17.2	13.9	11.1	8.73	—	—	—
	160	SA965	18Cr－8Ni	F304H	S30409	32.9	26.5	21.3	17.2	13.9	11.1	8.73	—	—	—
	161	SA965	18Cr－8Ni	F304H	S30409	32.9	26.5	21.3	17.2	13.9	11.1	8.73	—	—	—
	162	SA182	18Cr－8Ni	F304，$t\leqslant125$mm	S30400	32.9	26.5	21.3	17.2	13.9	11.1	8.73	—	—	—
	163	SA182	18Cr－8Ni	F304，$t\leqslant125$mm	S30400	32.9	26.5	21.3	17.2	13.9	11.1	8.73	—	—	—
	164	SA182	18Cr－8Ni	F304H，$t\leqslant125$mm	S30409	32.9	26.5	21.3	17.2	13.9	11.1	8.73	—	—	—
	165	SA182	18Cr－8Ni	F304H，$t\leqslant125$mm	S30409	32.9	26.5	21.3	17.2	13.9	11.1	8.73	—	—	—
	172	SA965	18Cr－8Ni－N	F348H	S34809	41.4	31.9	23.9	18.8	14.6	10.8	7.83	—	—	—
	173	SA965	18Cr－8Ni－N	F348H	S34809	41.4	31.9	23.9	18.8	14.6	10.8	7.83	—	—	—
	174	SA182	18Cr－10Ni－Cb	F347，$t>125$mm	S34700	23.2	16.3	11.2	8.93	7.08	5.77	5.32	—	—	—
	175	SA965	18Cr－10Ni－Cb	F347	S34700	23.2	16.3	11.2	8.93	7.08	5.77	5.32	—	—	—

（续）

钢种	行号	标准号和等级	公称成分	材料类型	相当的UNS号	温度/℃									
						675	700	725	750	775	800	825	850	875	900
锻件	176	SA965	18Cr－10Ni－Cb	F347	S34700	23.2	16.3	11.2	8.93	7.08	5.77	5.32	—	—	—
	177	SA182	18Cr－10Ni－Cb	F347H，$t>125$mm	S34709	41.4	31.8	23.9	18.8	14.6	10.8	7.83	—	—	—
	178	SA182	18Cr－10Ni－Cb	F347H，$t>125$mm	S34709	41.4	31.8	23.9	18.8	14.6	10.8	7.83	—	—	—
	179	SA965	18Cr－10Ni－Cb	F347H	S34709	41.4	31.8	23.9	18.8	14.6	10.8	7.83	—	—	—
	180	SA965	18Cr－10Ni－Cb	F347H	S34709	41.4	31.8	23.9	18.8	14.6	10.8	7.83	—	—	—
	181	SA182	18Cr－10Ni－Cb	F348，$t>125$mm	S34800	23.2	16.3	11.2	8.93	7.08	5.77	5.32	—	—	—
	182	SA182	18Cr－10Ni－Cb	F348，$t>125$mm	S34800	23.2	16.3	11.2	8.93	7.08	5.77	5.32	—	—	—
	183	SA965	18Cr－10Ni－Cb	F348	S34800	23.2	16.3	11.2	8.93	7.08	5.77	5.32	—	—	—
	184	SA965	18Cr－10Ni－Cb	F348	S34800	23.2	16.3	11.2	8.93	7.08	5.77	5.32	—	—	—
	185	SA182	18Cr－10Ni－Cb	F348H，$t>125$mm	S34809	41.4	31.8	23.9	18.8	14.6	10.8	7.83	—	—	—
	186	SA182	18Cr－10Ni－Cb	F348H，$t>125$mm	S34809	41.4	31.8	23.9	18.8	14.6	10.8	7.83	—	—	—
	187	SA182	18Cr－10Ni－Cb	F347，$t\leqslant125$mm	S34700	23.2	16.3	11.2	8.93	7.08	5.77	5.32	—	—	—
	188	SA182	18Cr－10Ni－Cb	F347，$t\leqslant125$mm	S34700	23.2	16.3	11.2	8.93	7.08	5.77	5.32	—	—	—
	189	SA182	18Cr－10Ni－Cb	F347H，$t\leqslant125$mm	S34709	41.4	31.8	23.9	18.8	14.6	10.8	7.83	—	—	—
	190	SA182	18Cr－10Ni－Cb	F347H，$t\leqslant125$mm	S34709	41.4	31.8	23.9	18.8	14.6	10.8	7.83	—	—	—
	191	SA182	18Cr－10Ni－Cb	F348，$t\leqslant125$mm	S34800	23.2	16.3	11.2	8.93	7.08	5.77	5.32	—	—	—
	192	SA182	18Cr－10Ni－Cb	F348，$t\leqslant125$mm	S34800	23.2	16.3	11.2	8.93	7.08	5.77	5.32	—	—	—
	193	SA182	18Cr－10Ni－Cb	F348H，$t\leqslant125$mm	S34809	41.4	31.8	23.9	18.8	14.6	10.8	7.83	—	—	—
	194	SA182	18Cr－10Ni－Cb	F348H，$t\leqslant125$mm	S34809	41.4	31.8	23.9	18.8	14.6	10.8	7.83	—	—	—
	195	SA182	18Cr－10Ni－Ti	F321，$t>125$mm	S32100	18.3	12.6	8.41	6.18	4.37	2.77	1.62	—	—	—
	196	SA182	18Cr－10Ni－Ti	F321，$t>125$mm	S32100	18.3	12.6	8.41	6.18	4.37	2.77	1.62	—	—	—
	197	SA965	18Cr－10Ni－Ti	F321	S32100	18.3	12.6	8.41	6.18	4.37	2.77	1.62	—	—	—
	198	SA965	18Cr－10Ni－Ti	F321	S32100	18.3	12.6	8.41	6.18	4.37	2.77	1.62	—	—	—
	199	SA182	18Cr－10Ni－Ti	F321H，$t>125$mm	S32109	28.7	22.9	18.4	14.4	11.5	9.16	6.64	—	—	—
	200	SA182	18Cr－10Ni－Ti	F321H，$t>125$mm	S32109	28.7	22.9	18.4	14.4	11.5	9.16	6.64	—	—	—
	201	SA965	18Cr－10Ni－Ti	F321H	S32109	28.7	22.9	18.4	14.4	11.5	9.16	6.64	—	—	—
	202	SA965	18Cr－10Ni－Ti	F321H	S32109	28.7	22.9	18.4	14.4	11.5	9.16	6.64	—	—	—
	203	SA182	18Cr－10Ni－Ti	F321，$t\leqslant125$mm	S32100	18.3	12.6	8.41	6.18	4.37	2.77	1.62	—	—	—

	204	SA182	18Cr－10Ni－Ti	F321，$t \leqslant 125$mm	S32100	18.3	12.6	8.41	6.18	4.37	2.77	1.62	—	—	—
	205	SA182	18Cr－10Ni－Ti	F321，$t \leqslant 125$mm	S32100	18.3	12.6	8.41	6.18	4.37	2.77	1.62	—	—	—
	206	SA182	18Cr－10Ni－Ti	F321H，$t \leqslant 125$mm	S32109	28.7	22.9	18.4	14.4	11.5	9.16	6.64	—	—	—
	207	SA182	18Cr－10Ni－Ti	F321H，$t \leqslant 125$mm	S32109	28.7	22.9	18.4	14.4	11.5	9.16	6.64	—	—	—
	212	SA182	18Cr－13Ni－3Mo	F317，$t \leqslant 125$mm	S31700	38.6	29.6	23.0	17.7	13.4	10.4	8.05	—	—	—
	213	SA182	18Cr－13Ni－3Mo	F317，$t \leqslant 125$mm	S31700	38.6	29.6	23.0	17.7	13.4	10.4	8.05	—	—	—
	219	SA182	21Cr－11Ni－N	F45	S30815	28.0	22.3	17.7	14.2	11.9	10.2	8.19	6.58	5.80	4.85
	220	SA182	21Cr－11Ni－N	F45	S30815	28.0	22.3	17.7	14.2	11.9	10.2	8.19	6.58	5.80	4.85
	229	SA182	25Cr－20Ni	F310，$t \leqslant 125$mm	S31000	10.7	6.10	3.78	2.96	2.40	1.76	1.15	—	—	—
	230	SA965	25Cr－20Ni	F310	S31000	10.7	6.10	3.78	2.96	2.40	1.76	1.15	—	—	—
铸件	265	SA351	16Cr－12Ni－2Mo	CF8M	J92900	30.1	24.3	20.3	17.0	14.3	12.1	10.3	—	—	—
	266	SA351	16Cr－12Ni－2Mo	CF8M	J92900	30.1	24.3	20.3	17.0	14.3	12.1	10.3	—	—	—
	269	SA351	18Cr－8Ni	CF8	J92600	27.2	23.4	19.6	16.7	14.7	12.9	11.0	—	—	—
	270	SA351	18Cr－8Ni	CF8	J92600	27.2	23.4	19.6	16.7	14.7	12.9	11.0	—	—	—
	271	SA351	18Cr－8Ni	CF8	J92600	27.2	23.4	19.6	16.7	14.7	12.9	11.0	—	—	—
	277	SA351	18Cr－10Ni－Cb	CF8C	J92710	23.2	16.3	11.2	8.93	7.08	5.77	5.32	—	—	—
	278	SA351	18Cr－10Ni－Cb	CF8C	J92710	23.2	16.3	11.2	8.93	7.08	5.77	5.32	—	—	—
	279	SA351	19Cr－9Ni－½Mo	CF10	J92590	27.2	23.4	19.6	16.7	14.7	12.9	11.0	—	—	—
	280	SA351	19Cr－9Ni－½Mo	CF10	J92590	27.2	23.4	19.6	16.7	14.7	12.9	11.0	—	—	—
	281	SA351	19Cr－9Ni－2Mo	CF10M	—	30.1	24.3	20.3	17.0	14.3	12.1	10.3	—	—	—
	282	SA351	19Cr－9Ni－2Mo	CF10M	—	30.1	24.3	20.3	17.0	14.3	12.1	10.3	—	—	—
	290	SA351	25Cr－12Ni	CH8	J93400	20.3	16.4	13.3	10.2	7.25	5.74	5.33	—	—	—
	291	SA351	25Cr－12Ni	CH8	J93400	20.3	16.4	13.3	10.2	7.25	5.74	5.33	—	—	—
	292	SA351	25Cr－12Ni	CH20	J93402	20.3	16.4	13.3	10.2	7.25	5.74	5.33	—	—	—
	293	SA351	25Cr－12Ni	CH20	J93402	20.3	16.4	13.3	10.2	7.25	5.74	5.33	—	—	—
	294	SA351	25Cr－20Ni	CK20	J94202	33.6	25.5	18.3	12.8	8.93	6.59	4.84	—	—	—
	295	SA351	25Cr－20Ni	CK20	J94202	33.6	25.5	18.3	12.8	8.93	6.59	4.84	—	—	—

注：t 为厚度。

3.10.2　非铁基材料的最大许用应力（表3-27）

表3-27　非铁基材料的最大许用应力

（单位：MPa）

钢种	行号	标准号和等级	公称成分	材料类型	相当的UNS号	最低抗拉强度/MPa	最低屈服强度/MPa	温度/℃									
								-30~40	65	100	125	150	175	200	225	250	275
	1	SB247		T4，$t \leq 101.6$mm	A92014	380	205	108	108	89.2	85.3	78.7	48.8	29.5	12.5	—	—
	2	SB247		T6，$t \leq 50.8$mm	A92014	450	385	128	128	125	98.4	78.2	48.6	29.7	12.4	—	—
	3	SB247		T6，50.81mm < $t \leq 101.6$mm	A92014	435	370	124	124	121	95.1	78.1	48.6	29.7	12.4	—	—
	4	SB247		H112，$t \leq 101.6$mm	A93003	97	34	23.4	23.4	23.1	20.1	16.4	12.6	10.1	7.64	—	—
	5	SB247		H112 焊接的，$t \leq 101.6$mm	A93003	97	—	23.4	23.4	23.1	20.1	16.4	12.6	10.1	7.64	—	—
	6	SB247		H111，$t \leq 101.6$mm	A95083	270	140	76.5	76.5	—	—	—	—	—	—	—	—
	7	SB247		H112，$t \leq 101.6$mm	A95083	270	110	73.8	73.8	—	—	—	—	—	—	—	—
	8	SB247		H111 焊接的，$t \leq 101.6$mm	A95083	260	—	75.2	75.2	—	—	—	—	—	—	—	—
	9	SB247		H112 焊接的，$t \leq 101.6$mm	A95083	260	—	75.2	75.2	—	—	—	—	—	—	—	—
	10	SB247		T6 模锻，$t \leq 101.6$mm	A96061	260	240	75.2	75.2	73.4	61.1	54.1	44.2	33.0	21.8	—	—
	11	SB247		T6 自由锻，$t \leq 101.6$mm	A96061	255	230	73.1	73.1	71.3	59.1	52.8	44.1	33.1	21.8	—	—
	12	SB247		T6 自由锻，101.6mm < $t \leq 203.2$mm	A96061	240	220	68.9	68.9	67.4	56.5	50.8	42.7	32.8	22.8	—	—
	13	SB247		T6 焊接的，$t \leq 203.2$mm	A96061	165	—	41.4	41.4	41.3	40.5	37.7	32.2	25.4	18.5	—	—
	14	SB283		M10，$t > 38$mm	C64200	470	160	105	93.2	88.7	86.1	86.1	82.9	78.1	58.1	40.8	27.6
	15	SB283		M11，$t > 38$mm	C64200	470	160	105	93.2	88.7	86.1	86.1	82.9	78.1	58.1	40.8	27.6
	16	SB283		O20，$t > 38$mm	C64200	470	160	105	93.2	88.7	86.1	86.1	82.9	78.1	58.1	40.8	27.6
	17	SB283		TQ50，$t > 38$mm	C64200	470	160	105	93.2	88.7	86.1	86.1	82.9	78.1	58.1	40.8	27.6
	18	SB283		M10，$t \leq 38$mm	C64200	485	170	115	100	95.7	93.0	93.0	89.9	79.2	57.5	41.5	25.1
	19	SB283		M11，$t \leq 38$mm	C64200	485	170	115	100	95.7	93.0	93.0	89.9	79.2	57.5	41.5	25.1
	20	SB283		O20，$t \leq 38$mm	C64200	485	170	115	100	95.7	93.0	93.0	89.9	79.2	57.5	41.5	25.1
	21	SB283		TQ50，$t \leq 38$mm	C64200	485	170	115	100	95.7	93.0	93.0	89.9	79.2	57.5	41.5	25.1
	22	SB564	67Ni-30Cu		N04400	485	170	115	107	99.4	95.9	93.7	92.1	91.1	90.6	90.4	90.3
	23	SB462	55Ni-21Cr-13.5Mo		N06022	690	310	197	197	197	196	194	191	188	185	183	182
	24	SB462	55Ni-21Cr-13.5Mo		N06022	690	310	197	191	182	176	169	164	159	154	150	146
	25	SB564	55Ni-21Cr-13.5Mo		N06022	690	310	197	197	197	196	194	191	188	185	183	182
	26	SB564	55Ni-21Cr-13.5Mo		N06022	690	310	197	191	182	176	169	164	159	154	150	146
	27	SB462	40Ni-29Cr-15Fe-5Mo		N06030	585	240	161	161	161	161	161	159	156	153	152	150
	28	SB462	40Ni-29Cr-15Fe-5Mo		N06030	585	240	161	148	136	130	126	122	119	116	114	112
	29	SB462	58Ni-33Cr-8Mo		N06035	586	241	161	161	161	161	161	161	154	149	144	140
	30	SB462	58Ni-33Cr-8Mo		N06035	586	241	161	149	139	132	125	119	114	110	107	104
	31	SB564	58Ni-33Cr-8Mo		N06035	586	241	161	161	161	161	161	161	154	149	144	140
	32	SB564	58Ni-33Cr-8Mo		N06035	586	241	161	149	139	132	125	119	114	110	107	104
	33	SB564	46Ni-27Cr-23Fe-2.75Si		N06045	620	240	161	161	161	161	161	161	161	160	157	155
锻	34	SB564	46Ni-27Cr-23Fe-2.75Si		N06045	620	240	161	152	142	137	133	129	125	123	121	119
	35	SB564	59Ni-23Cr-16Mo		N06059	690	310	197	191	184	179	174	169	165	161	157	154
件	36	SB564	59Ni-23Cr-16Mo		N06059	690	310	197	197	197	197	197	196	194	191	187	184

37	SB462	59Ni - 23Cr - 16Mo - 1.6Cu		N06200	690	310	197	—	184	—	171	—	159	—	148	—
38	SB462	59Ni - 23Cr - 16Mo - 1.6Cu		N06200	690	310	197	—	197	—	197	—	191	—	185	—
39	SB564	59Ni - 23Cr - 16Mo - 1.6Cu		N06200	690	310	197	—	184	—	171	—	159	—	148	—
40	SB564	59Ni - 23Cr - 16Mo - 1.6Cu		N06200	690	310	197	—	197	—	197	—	191	—	185	—
41	SB564	60Ni - 19Cr - 19Mo - 1.8Ta		N06210	690	310	197	192	182	175	169	—	157	—	146	—
42	SB564	60Ni - 19Cr - 19Mo - 1.8Ta		N06210	690	310	197	197	197	197	196	—	191	—	186	—
43	SB564	57Ni - 22Cr - 14W - 2Mo - La		N06230	760	310	207	200	193	188	182	176	171	166	161	157
44	SB564	57Ni - 22Cr - 14W - 2Mo - La		N06230	760	310	207	207	207	207	207	207	207	207	207	206
45	SB572	57Ni - 22Cr - 14W - 2Mo - La		N06230	760	310	207	200	193	188	182	176	171	166	161	157
46	SB564	72Ni - 15Cr - 8Fe		N06600	550	240	158	158	158	158	158	158	158	158	158	158
47	SB564	72Ni - 15Cr - 8Fe		N06600	550	240	158	152	146	144	143	142	142	141	140	139
48	SB564	52Ni - 22Cr - 13Co - 9Mo		N06617	655	240	161	152	142	136	132	129	125	122	120	117
49	SB564	52Ni - 22Cr - 13Co - 9Mo		N06617	655	240	161	161	161	161	161	161	161	161	161	160
50	SB564	60Ni - 22Cr - 9Mo - 3.5Cb	100mm < $t \leqslant 250$mm	N06625	760	345	217	217	217	217	215	212	209	206	204	201
51	SB564	60Ni - 22Cr - 9Mo - 3.5Cb	$t \leqslant 100$mm	N06625	825	415	236	236	236	236	236	234	232	230	228	226
52	SB564	Ni - Cr - Mo - W		N06686	689	310	197	197	197	—	194	—	188	—	183	—
53	SB564	Ni - Cr - Mo - W		N06686	689	310	197	182	170	—	161	—	155	—	150	—
54	SB462	35Ni - 35Fe - 20Cr - Cb		N08020	550	240	158	158	158	157	156	154	153	153	152	152
55	SB462	35Ni - 35Fe - 20Cr - Cb		N08020	550	240	158	149	141	138	136	133	131	128	126	124
56	SB564	31Ni - 33Fe - 27Cr - 6.5Mo - Cu - N		N08031	650	275	184	167	149	142	136	131	127	123	120	117
57	SB564	31Ni - 33Fe - 27Cr - 6.5Mo - Cu - N		N08031	650	275	184	184	184	181	178	174	170	166	162	159
58	SB564	37Ni - 33Fe - 25Cr		N08120	621	276	177	172	162	155	149	143	138	134	130	126
59	SB564	37Ni - 33Fe - 25Cr		N08120	621	276	177	177	177	176	173	170	167	166	164	163
60	SB462	46Fe - 24Ni - 21Cr - 6Mo - Cu - N		N08367	655	310	187	185	179	172	164	157	152	147	143	139
61	SB462	46Fe - 24Ni - 21Cr - 6Mo - Cu - N		N08367	655	310	187	187	186	182	177	173	170	167	165	163
62	SB564	46Fe - 24Ni - 21Cr - 6Mo - Cu - N		N08367	655	310	187	185	179	172	164	157	152	147	143	139
63	SB564	46Fe - 24Ni - 21Cr - 6Mo - Cu - N		N08367	655	310	187	187	186	182	177	173	170	167	165	163
64	SB564	33Ni - 42Fe - 21Cr		N08800	515	205	138	138	138	138	138	138	138	138	138	138
65	SB564	33Ni - 42Fe - 21Cr		N08800	515	205	138	132	127	124	123	121	119	117	116	115
66	SB564	33Ni - 42Fe - 21Cr		N08810	450	170	115	111	105	102	99.2	96.6	94.2	92.0	89.8	87.6
67	SB564	33Ni - 42Fe - 21Cr		N08810	450	170	115	115	115	115	115	115	115	115	115	115
68	SB564	33Ni - 42Fe - 21Cr		N08811	450	170	115	111	105	102	99.2	96.6	94.2	92.0	89.8	87.6
69	SB564	33Ni - 42Fe - 21Cr		N08811	450	170	115	115	115	115	115	115	115	115	115	115
70	SB564	42Ni - 21.5Cr - 3Mo - 2.3Cu		N08825	585	240	160	151	146	—	139	—	133	—	128	—
71	SB564	42Ni - 21.5Cr - 3Mo - 2.3Cu		N08825	585	240	160	160	160	—	160	—	160	—	160	—
72	SB564	62Ni - 25Mo - 8Cr - 2Fe		N10242	725	310	207	207	207	207	207	207	207	207	207	207

（续）

钢种	行号	标准号和等级	公称成分	材料类型	相当的UNS号	最低抗拉强度/MPa	最低屈服强度/MPa	温度/℃ -30~40	65	100	125	150	175	200	225	250	275
锻件	73	SB564	62Ni-25Mo-8Cr-2Fe		N10242	725	310	207	210	193	186	180	175	171	168	166	164
	74	SB462	54Ni-16Mo-15Cr		N10276	690	285	188	180	170	164	158	153	148	143	139	135
	75	SB462	54Ni-16Mo-15Cr		N10276	690	285	188	188	188	188	188	188	188	188	187	183
	76	SB564	54Ni-16Mo-15Cr		N10276	690	285	188	180	170	164	158	153	148	143	139	135
	77	SB564	54Ni-16Mo-15Cr		N10276	690	285	188	188	188	188	188	188	188	188	187	183
	78	SB564	Ni-28Mo-3Fe-1.3Cr-0.25AL		N10629	760	350	216	216	216	216	216	216	216	216	215	213
	79	SB564	Ni-28Mo-3Fe-1.3Cr-0.25AL		N10629	760	350	216	216	216	211	204	198	194	191	187	184
	80	SB462	65Ni-28Mo-2Fe		N10665	760	350	216	216	216	213	208	204	200	196	193	191
	81	SB462	65Ni-28Mo-2Fe		N10665	760	350	216	216	216	216	216	216	216	216	216	216
	82	SB564	65Ni-28Mo-2Fe		N10665	760	350	216	216	216	213	208	204	200	196	193	191
	83	SB564	65Ni-28Mo-2Fe		N10665	760	350	216	216	216	216	216	216	216	216	216	216
	84	SB462	65Ni-29.5Mo-2Fe-2Cr		N10675	760	350	216	216	216	216	216	216	216	216	215	213
	85	SB462	65Ni-29.5Mo-2Fe-2Cr		N10675	760	350	216	216	216	213	209	204	199	195	191	187
	86	SB564	65Ni-29.5Mo-2Fe-2Cr		N10675	760	350	216	216	216	216	216	216	216	216	215	213
	87	SB564	65Ni-29.5Mo-2Fe-2Cr		N10675	760	350	216	216	216	213	209	204	199	195	191	187
	88	SB564	37Ni-30Co-28Cr-2.7Si		N12160	620	240	161	151	139	132	126	120	115	110	105	101
	89	SB564	37Ni-30Co-28Cr-2.7Si		N12160	620	240	161	161	161	161	161	159	154	148	142	137
	90	SB381	Ti	F-1	R50250	240	138	68.9	64.2	55.6	50.2	45.3	41.6	38.4	33.9	30.3	27.4
	91	SB367	Ti	C-2	R50400	345	275	98.6	90.5	79.4	72.8	66.6	61.7	56.7	52.2	48.3	44.7
	92	SB381	Ti	F-2	R50400	345	275	98.6	94.6	83.5	76.9	70.8	65.8	61.4	57.6	53.9	50.1
	93	SB381	Ti	F-2H	R50400	400	275	114	110	97.2	89.3	82.5	76.6	71.5	66.8	62.5	58.4
	94	SB381	Ti	F-3	R50550	450	380	128	121	106	96.5	87.9	79.8	72.3	65.8	60.4	56.2
	95	SB381	Ti-Pd	F-7	R52400	345	275	98.6	94.6	83.5	76.9	70.8	65.8	61.4	57.6	53.9	50.1
	96	SB381	Ti-0.15Pd	F-7H	R52400	400	275	114	110	97.2	89.3	82.5	76.6	71.5	66.8	62.5	58.4
	97	SB381	Ti-Pd	F-16	R52402	345	275	98.6	94.6	83.5	76.9	70.8	65.8	61.4	57.6	53.9	50.1
	98	SB381	Ti-0.05Pd	F-16H	R52402	400	275	114	110	97.2	89.3	82.5	76.6	71.5	66.8	62.5	58.4
	99	SB381	Ti-Ru	F-26	R52404	345	275	98.6	94.6	83.5	76.9	70.8	65.8	61.4	57.6	53.9	50.1
	100	SB381	Ti-0.10Ru	F-26H	R52404	400	275	114	110	97.2	89.3	82.5	76.6	71.5	66.8	62.5	58.4
	101	SB381	Ti-0.3Mo-0.8Ni	F-12	R53400	485	345	138	138	126	119	111	105	99.5	94.9	91.4	88.8
	102	SB381	Ti-3AL-2.5V	F-9	R56320	620	485	177	177	168	162	155	148	141	133	127	122
	103	SB381	Ti-3AL-2.5V-0.1Ru	F-28	R56323	620	485	177	177	168	162	155	148	141	133	127	122
	104	SB493	99.2Zr		R60702	380	205	108	104	92.1	84.3	76.9	70.1	63.7	58.7	53.3	47.9
	105	SB493	95.2Zr+Nb		R60705	485	380	138	126	112	104	97.6	91.9	87.0	82.8	79.2	76.0

	106	SB26		T4，t≤50.8mm	A02040	310	195	57.9	49.1	—	—	—	—	—	—	—	—
	107	SB108		T4，t≤50.8mm	A02040	330	200	71.0	59.5	—	—	—	—	—	—	—	—
	108	SB26		T71	A03560	170	125	49.6	49.6	48.8	42.5	37.0	28.9	18.5	7.84	—	—
	109	SB26		T6	A03560	205	140	59.3	59.3	57.3	40.8	—	—	—	—	—	—
	110	SB108		T6	A03560	230	150	65.5	64.2	55.7	42.0	—	—	—	—	—	—
	111	SB26		F	A24430	120	41	27.6	27.6	27.4	25.9	24.0	21.5	19.6	17.8	—	—
	112	SB283	黄铜铸件	M10，t>38mm	C37700	315	100	68.9	64.9	61.4	—	—	—	—	—	—	—
	113	SB283	黄铜铸件	M11，t>38mm	C37700	315	100	68.9	64.9	61.4	—	—	—	—	—	—	—
	114	SB283	黄铜铸件	O20，t>38mm	C37700	315	100	68.9	64.9	61.4	—	—	—	—	—	—	—
	115	SB283	黄铜铸件	TQ50，t>38mm	C37700	315	100	68.9	64.9	61.4	—	—	—	—	—	—	—
	116	SB283	黄铜铸件	M10，t≤38mm	C37700	345	125	82.7	78.0	73.7	—	—	—	—	—	—	—
	117	SB283	黄铜铸件	M11，t≤38mm	C37700	345	125	82.7	78.0	73.7	—	—	—	—	—	—	—
	118	SB283	黄铜铸件	O20，t≤38mm	C37700	345	125	82.7	78.0	73.7	—	—	—	—	—	—	—
	119	SB283	黄铜铸件	TQ50，t≤38mm	C37700	345	125	82.7	78.0	73.7	—	—	—	—	—	—	—
	120	SB62		M01	C83600	205	97	59.3	59.3	59.3	59.1	57.2	56.0	48.4	47.1	46.5	—
铸	121	SB61		M01	C92200	235	110	66.9	66.9	66.9	66.9	66.9	66.9	57.9	54.0	50.9	42.8
	122	SB584		M01	C92200	235	110	66.9	66.9	66.9	66.9	66.9	66.9	57.9	54.0	50.9	42.8
件	123	SB584		M01	C93700	205	83	59.3	59.3	48.7	46.7	45.5	44.8	44.2	43.6	—	—
	124	SB148		M01	C95200	450	170	115	108	104	102	99.9	98.7	98.0	97.9	97.9	91.4
	125	SB271		M02	C95200	450	170	115	108	104	102	99.9	98.7	98.0	97.9	97.9	91.4
	126	SB505		M07	C95200	470	180	119	112	108	106	104	103	102	101	101	101
	127	SB148		M01	C95400	515	205	138	131	129	128	128	128	128	116	101	85.4
	128	SB271		M02	C95400	515	205	138	131	129	128	128	128	128	116	101	—
	129	SB369		M01	C96200	310	170	65.5	65.5	62.9	—	—	—	—	—	—	—
	130	SB584		M01	C97600	275	120	51.7	49.7	48.1	47.4	46.1	—	—	—	—	—
	131	SA351	46Fe-24Ni-21Cr-6Mo-Cu-N	CN3MN	J94651	550	260	158	154	146	138	129	123	117	113	110	106
	132	SA351	32Ni-45Fe-20Cr-Cb	CT15C		435	170	115	111	108	106	105	104	103	102	101	100
	133	SA494	59Ni-22Cr-14Mo-4Fe-3W	CX2MW	N26022	550	310	158	156	152	150	149	148	148	148	148	148
	134	SA494	53Ni-17Mo-16Cr-6Fe-5W	CW-12MW/C	N30002	495	275	142	138	133	130	128	128	128	127	126	122
	135	SA494	62Ni-28Mo-5Fe	N-12MV/B	N30012	525	275	150	143	140	140	140	140	140	140	140	138
	136	SB564	33Cr-31Ni-32Fe-1.5Mo-0.6Cu-N		R20033	750	380	214	214	212	204	193	186	181	177	173	168
	137	SB367	Ti	C-3	R50550	450	380	128	121	106	96.5	87.9	79.8	72.3	65.8	60.4	56.2
	138	SB367	Ti-Pd	C-7	R52400	345	275	98.6	90.5	79.4	72.8	66.6	61.7	56.7	52.2	48.3	44.7

（续）

钢种	行号	标准号和等级	温度/℃																						
			300	325	350	375	400	425	450	475	500	525	550	575	600	625	650	675	700	725	750	775	800	825	900
	1	SB247	—	—	—	—	—	—	—	—	—	—	—	—	—	—	—	—	—	—	—	—	—	—	—
	2	SB247	—	—	—	—	—	—	—	—	—	—	—	—	—	—	—	—	—	—	—	—	—	—	—
	3	SB247	—	—	—	—	—	—	—	—	—	—	—	—	—	—	—	—	—	—	—	—	—	—	—
	4	SB247	—	—	—	—	—	—	—	—	—	—	—	—	—	—	—	—	—	—	—	—	—	—	—
	5	SB247	—	—	—	—	—	—	—	—	—	—	—	—	—	—	—	—	—	—	—	—	—	—	—
	6	SB247	—	—	—	—	—	—	—	—	—	—	—	—	—	—	—	—	—	—	—	—	—	—	—
	7	SB247	—	—	—	—	—	—	—	—	—	—	—	—	—	—	—	—	—	—	—	—	—	—	—
	8	SB247	—	—	—	—	—	—	—	—	—	—	—	—	—	—	—	—	—	—	—	—	—	—	—
	9	SB247	—	—	—	—	—	—	—	—	—	—	—	—	—	—	—	—	—	—	—	—	—	—	—
	10	SB247	—	—	—	—	—	—	—	—	—	—	—	—	—	—	—	—	—	—	—	—	—	—	—
	11	SB247	—	—	—	—	—	—	—	—	—	—	—	—	—	—	—	—	—	—	—	—	—	—	—
	12	SB247	—	—	—	—	—	—	—	—	—	—	—	—	—	—	—	—	—	—	—	—	—	—	—
	13	SB247	—	—	—	—	—	—	—	—	—	—	—	—	—	—	—	—	—	—	—	—	—	—	—
	14	SB283	—	—	—	—	—	—	—	—	—	—	—	—	—	—	—	—	—	—	—	—	—	—	—
	15	SB283	—	—	—	—	—	—	—	—	—	—	—	—	—	—	—	—	—	—	—	—	—	—	—
	16	SB283	—	—	—	—	—	—	—	—	—	—	—	—	—	—	—	—	—	—	—	—	—	—	—
	17	SB283	—	—	—	—	—	—	—	—	—	—	—	—	—	—	—	—	—	—	—	—	—	—	—
	18	SB283	—	—	—	—	—	—	—	—	—	—	—	—	—	—	—	—	—	—	—	—	—	—	—
	19	SB283	—	—	—	—	—	—	—	—	—	—	—	—	—	—	—	—	—	—	—	—	—	—	—
	20	SB283	—	—	—	—	—	—	—	—	—	—	—	—	—	—	—	—	—	—	—	—	—	—	—
	21	SB283	—	—	—	—	—	—	—	—	—	—	—	—	—	—	—	—	—	—	—	—	—	—	—
	22	SB564	90.3	90.3	90.2	89.5	88.9	87.9	78.5	60.8	41.8	—	—	—	—	—	—	—	—	—	—	—	—	—	—
	23	SB462	180	179	178	176	175	174	173	172	171	169	167	148	116	83.9	65.6	53.2	40.9	—	—	—	—	—	—
	24	SB462	142	140	137	135	133	131	130	129	128	127	126	124	116	83.9	65.6	53.2	40.9	—	—	—	—	—	—
	25	SB564	180	179	178	176	175	174	173	172	171	169	167	148	116	83.9	65.6	53.2	40.9	—	—	—	—	—	—
	26	SB564	142	140	137	135	133	131	130	129	128	127	126	124	116	83.9	65.6	53.2	40.9	—	—	—	—	—	—
	27	SB462	148	146	143	141	138	136	134	—	—	—	—	—	—	—	—	—	—	—	—	—	—	—	—
	28	SB462	110	108	106	105	103	101	98.9	—	—	—	—	—	—	—	—	—	—	—	—	—	—	—	—
	29	SB462	137	135	133	132	131	129	128	—	—	—	—	—	—	—	—	—	—	—	—	—	—	—	—
	30	SB462	102	100	98.8	97.8	96.9	95.8	94.7	—	—	—	—	—	—	—	—	—	—	—	—	—	—	—	—
	31	SB564	137	135	133	132	131	129	128	—	—	—	—	—	—	—	—	—	—	—	—	—	—	—	—
	32	SB564	102	100	98.8	97.8	96.9	95.8	94.7	—	—	—	—	—	—	—	—	—	—	—	—	—	—	—	—
锻件	33	SB564	153	152	151	149	149	148	146	121	98.1	76.1	56.8	45.1	36.5	29.3	23.9	19.6	15.7	13.1	10.6	8.45	6.81	5.28	—
	34	SB564	118	117	116	116	115	115	114	113	98.1	76.1	56.8	45.1	36.5	29.3	23.9	19.6	15.7	13.1	10.6	8.45	6.81	5.28	—
	35	SB564	150	146	142	139	135	132	128	125	122	119	117	115	112	97.8	79.3	65.7	53.1	43.0	35.7	29.0	—	—	—
	36	SB564	181	178	176	173	172	170	168	167	165	161	158	150	122	97.8	79.3	65.7	53.1	43.0	35.7	29.0	—	—	—

37	SB462	139	136	133	131	130	129	128	—	—	—	—	—	—	—	—	—	—	—	—	—	—	—	—
38	SB462	182	180	179	177	175	174	172	—	—	—	—	—	—	—	—	—	—	—	—	—	—	—	—
39	SB564	139	136	133	131	130	129	128	—	—	—	—	—	—	—	—	—	—	—	—	—	—	—	—
40	SB564	182	180	179	177	175	174	172	—	—	—	—	—	—	—	—	—	—	—	—	—	—	—	—
41	SB564	137	133	129	126	123	121	118	—	—	—	—	—	—	—	—	—	—	—	—	—	—	—	—
42	SB564	183	180	175	170	166	163	160	—	—	—	—	—	—	—	—	—	—	—	—	—	—	—	—
43	SB564	153	150	148	146	145	144	144	144	144	144	144	144	144	128	107	89.7	74.7	61.9	50.8	41.1	32.8	25.2	10.2
44	SB564	206	203	200	197	196	195	195	195	195	195	195	183	153	128	107	89.7	74.7	61.9	50.8	41.1	32.6	25.2	10.2
45	SB572	153	150	148	146	145	144	144	144	144	144	144	144	144	128	107	89.7	74.7	61.9	50.8	41.1	32.8	25.2	10.2
46	SB564	158	158	158	158	158	158	158	—	—	—	—	—	—	—	—	—	—	—	—	—	—	—	—
47	SB564	138	137	136	135	134	132	130	118	86.5	58.7	40.0	26.8	19.0	14.8	13.8	—	—	—	—	—	—	—	—
48	SB564	115	114	113	111	110	110	109	108	108	107	106	106	106	105	105	101	81.0	64.1	50.4	39.5	31.3	24.6	12.3
49	SB564	157	154	152	151	150	148	147	146	145	144	144	144	143	142	124	101	81.0	64.1	50.4	39.5	31.3	24.6	12.3
50	SB564	199	197	194	192	191	189	187	186	185	184	183	182	179	137	88.9	—	—	—	—	—	—	—	—
51	SB564	224	222	221	219	217	215	213	212	210	207	205	202	192	136	89.0	—	—	—	—	—	—	—	—
52	SB564	180	178	177	175	174	172	170	—	—	—	—	—	—	—	—	—	—	—	—	—	—	—	—
53	SB564	145	142	140	139	137	137	137	—	—	—	—	—	—	—	—	—	—	—	—	—	—	—	—
54	SB462	152	152	152	151	150	150	150	—	—	—	—	—	—	—	—	—	—	—	—	—	—	—	—
55	SB462	123	122	120	120	119	116	114	—	—	—	—	—	—	—	—	—	—	—	—	—	—	—	—
56	SB564	115	112	111	109	107	105	103	—	—	—	—	—	—	—	—	—	—	—	—	—	—	—	—
57	SB564	155	152	149	146	144	142	139	—	—	—	—	—	—	—	—	—	—	—	—	—	—	—	—
58	SB564	123	121	119	117	116	115	114	113	113	113	112	112	112	96.2	79.3	65.6	54.4	45.0	37.2	30.6	25.1	20.5	9.8
59	SB564	162	162	161	158	157	155	154	153	153	152	152	143	117	96.2	79.3	65.6	54.4	45.0	37.2	30.6	25.1	20.5	9.8
60	SB462	136	133	130	128	126	124	122	—	—	—	—	—	—	—	—	—	—	—	—	—	—	—	—
61	SB462	161	160	159	158	157	156	155	—	—	—	—	—	—	—	—	—	—	—	—	—	—	—	—
62	SB564	136	133	130	128	126	124	122	—	—	—	—	—	—	—	—	—	—	—	—	—	—	—	—
63	SB564	161	160	159	158	157	156	155	—	—	—	—	—	—	—	—	—	—	—	—	—	—	—	—
64	SB564	138	138	138	138	138	138	138	138	138	137	131	108	85.0	64.4	44.8	30.0	15.5	11.3	8.82	6.98	6.43	5.00	—
65	SB564	113	112	111	109	108	107	106	104	103	102	101	98.1	85.0	64.4	44.8	30.0	15.5	11.3	8.82	6.98	6.43	5.00	—
66	SB564	85.4	83.4	81.5	79.8	78.5	76.6	75.3	74.2	72.8	72.0	71.2	69.9	68.4	62.6	50.6	41.2	33.6	27.7	22.6	18.3	15.0	11.9	5.86
67	SB564	115	113	110	108	105	104	102	100	98.6	97.1	95.9	91.8	75.7	62.6	50.6	41.2	33.6	27.7	22.6	18.3	15.0	11.9	5.86
68	SB564	85.4	83.4	81.5	79.8	78.5	76.6	75.3	74.2	72.8	72.0	71.2	69.8	68.6	66.4	56.8	46.8	38.6	31.5	25.5	20.6	17.1	13.8	6.20
69	SB564	115	113	110	108	105	104	102	100	98.7	97.1	96.1	94.1	85.5	69.3	56.8	46.8	38.6	31.5	25.5	20.6	17.1	13.8	6.20
70	SB564	123	—	120	119	118	117	116	116	115	114	112	—	—	—	—	—	—	—	—	—	—	—	—
71	SB564	160	—	160	160	159	158	157	156	156	154	151	—	—	—	—	—	—	—	—	—	—	—	—
72	SB564	206	206	205	205	204	204	203	203	202	201	201	—	—	—	—	—	—	—	—	—	—	—	—

（续）

钢种	行号	标准号和等级	温度/℃																				
			300	325	350	375	400	425	450	475	500	525	550	575	600	625	650	675	700	725	750	775	800	825	900
	73	SB564	164	163	162	161	160	158	155	152	150	149	149	—	—	—	—	—	—	—	—	—	—	—	—
	74	SB462	131	128	125	122	120	118	117	115	115	114	114	112	99.1	81.6	67.0	54.6	42.2	—	—	—	—	—	—
	75	SB462	177	172	169	165	162	159	157	156	155	154	145	118	99.1	81.6	67.0	54.6	42.2	—	—	—	—	—	—
	76	SB564	131	128	125	122	120	118	117	115	115	114	114	112	99.1	81.6	67.0	54.6	42.2	—	—	—	—	—	—
	77	SB564	177	172	169	165	162	159	157	156	155	154	145	118	99.1	81.6	67.0	54.6	42.2	—	—	—	—	—	—
	78	SB564	212	210	209	208	207	206	205	—	—	—	—	—	—	—	—	—	—	—	—	—	—	—	—
	79	SB564	181	179	177	176	174	173	172	—	—	—	—	—	—	—	—	—	—	—	—	—	—	—	—
	80	SB462	189	187	185	183	181	178	176	—	—	—	—	—	—	—	—	—	—	—	—	—	—	—	—
	81	SB462	216	215	214	213	212	211	210	—	—	—	—	—	—	—	—	—	—	—	—	—	—	—	—
	82	SB564	189	187	185	183	181	178	176	—	—	—	—	—	—	—	—	—	—	—	—	—	—	—	—
	83	SB564	216	215	214	213	212	211	210	—	—	—	—	—	—	—	—	—	—	—	—	—	—	—	—
	84	SB462	212	210	209	208	207	206	205	—	—	—	—	—	—	—	—	—	—	—	—	—	—	—	—
	85	SB462	183	180	177	175	173	171	169	—	—	—	—	—	—	—	—	—	—	—	—	—	—	—	—
	86	SB564	212	210	209	208	207	206	205	—	—	—	—	—	—	—	—	—	—	—	—	—	—	—	—
	87	SB564	183	180	177	175	173	171	169	—	—	—	—	—	—	—	—	—	—	—	—	—	—	—	—
锻	88	SB564	98.6	96.5	94.7	93.8	93.8	93.1	93.1	93.1	93.1	93.1	93.0	89.2	72.4	61.2	51.3	43.2	36.2	31.0	26.5	22.5	19.1	16.1	—
	89	SB564	133	130	128	127	126	126	126	126	126	122	105	89.2	72.4	61.2	51.3	43.2	36.2	31.0	26.5	22.5	19.1	16.1	—
件	90	SB381	25.2	23.4	—	—	—	—	—	—	—	—	—	—	—	—	—	—	—	—	—	—	—	—	—
	91	SB367	—	—	—	—	—	—	—	—	—	—	—	—	—	—	—	—	—	—	—	—	—	—	—
	92	SB381	46.7	43.7	—	—	—	—	—	—	—	—	—	—	—	—	—	—	—	—	—	—	—	—	—
	93	SB381	54.4	51.0	—	—	—	—	—	—	—	—	—	—	—	—	—	—	—	—	—	—	—	—	—
	94	SB381	52.9	49.9	—	—	—	—	—	—	—	—	—	—	—	—	—	—	—	—	—	—	—	—	—
	95	SB381	46.7	43.7	—	—	—	—	—	—	—	—	—	—	—	—	—	—	—	—	—	—	—	—	—
	96	SB381	54.4	51.4	—	—	—	—	—	—	—	—	—	—	—	—	—	—	—	—	—	—	—	—	—
	97	SB381	46.7	43.7	—	—	—	—	—	—	—	—	—	—	—	—	—	—	—	—	—	—	—	—	—
	98	SB381	54.4	51.0	—	—	—	—	—	—	—	—	—	—	—	—	—	—	—	—	—	—	—	—	—
	99	SB381	46.7	43.7	—	—	—	—	—	—	—	—	—	—	—	—	—	—	—	—	—	—	—	—	—
	100	SB381	54.4	51.0	—	—	—	—	—	—	—	—	—	—	—	—	—	—	—	—	—	—	—	—	—
	101	SB381	86.4	83.9	—	—	—	—	—	—	—	—	—	—	—	—	—	—	—	—	—	—	—	—	—
	102	SB381	120	118	—	—	—	—	—	—	—	—	—	—	—	—	—	—	—	—	—	—	—	—	—
	103	SB381	120	118	—	—	—	—	—	—	—	—	—	—	—	—	—	—	—	—	—	—	—	—	—
	104	SB493	43.5	40.3	38.0	35.5	—	—	—	—	—	—	—	—	—	—	—	—	—	—	—	—	—	—	—
	105	SB493	73.2	71.0	69.4	68.0	—	—	—	—	—	—	—	—	—	—	—	—	—	—	—	—	—	—	—

	106	SB26	—	—	—	—	—	—	—	—	—	—	—	—	—	—	—	—	—	—	—	—	—	—	—
	107	SB108	—	—	—	—	—	—	—	—	—	—	—	—	—	—	—	—	—	—	—	—	—	—	—
	108	SB26	—	—	—	—	—	—	—	—	—	—	—	—	—	—	—	—	—	—	—	—	—	—	—
	109	SB26	—	—	—	—	—	—	—	—	—	—	—	—	—	—	—	—	—	—	—	—	—	—	—
	110	SB108	—	—	—	—	—	—	—	—	—	—	—	—	—	—	—	—	—	—	—	—	—	—	—
	111	SB26	—	—	—	—	—	—	—	—	—	—	—	—	—	—	—	—	—	—	—	—	—	—	—
	112	SB283	—	—	—	—	—	—	—	—	—	—	—	—	—	—	—	—	—	—	—	—	—	—	—
	113	SB283	—	—	—	—	—	—	—	—	—	—	—	—	—	—	—	—	—	—	—	—	—	—	—
	114	SB283	—	—	—	—	—	—	—	—	—	—	—	—	—	—	—	—	—	—	—	—	—	—	—
	115	SB283	—	—	—	—	—	—	—	—	—	—	—	—	—	—	—	—	—	—	—	—	—	—	—
	116	SB283	—	—	—	—	—	—	—	—	—	—	—	—	—	—	—	—	—	—	—	—	—	—	—
	117	SB283	—	—	—	—	—	—	—	—	—	—	—	—	—	—	—	—	—	—	—	—	—	—	—
	118	SB283	—	—	—	—	—	—	—	—	—	—	—	—	—	—	—	—	—	—	—	—	—	—	—
	119	SB283	—	—	—	—	—	—	—	—	—	—	—	—	—	—	—	—	—	—	—	—	—	—	—
	120	SB62	—	—	—	—	—	—	—	—	—	—	—	—	—	—	—	—	—	—	—	—	—	—	—
铸件	121	SB61	27.3	—	—	—	—	—	—	—	—	—	—	—	—	—	—	—	—	—	—	—	—	—	—
	122	SB584	27.3	—	—	—	—	—	—	—	—	—	—	—	—	—	—	—	—	—	—	—	—	—	—
	123	SB584	—	—	—	—	—	—	—	—	—	—	—	—	—	—	—	—	—	—	—	—	—	—	—
	124	SB148	68.1	40.8	—	—	—	—	—	—	—	—	—	—	—	—	—	—	—	—	—	—	—	—	—
	125	SB271	68.1	40.8	—	—	—	—	—	—	—	—	—	—	—	—	—	—	—	—	—	—	—	—	—
	126	SB505	—	—	—	—	—	—	—	—	—	—	—	—	—	—	—	—	—	—	—	—	—	—	—
	127	SB148	67.8	52.9	—	—	—	—	—	—	—	—	—	—	—	—	—	—	—	—	—	—	—	—	—
	128	SB271	—	—	—	—	—	—	—	—	—	—	—	—	—	—	—	—	—	—	—	—	—	—	—
	129	SB369	—	—	—	—	—	—	—	—	—	—	—	—	—	—	—	—	—	—	—	—	—	—	—
	130	SB584	—	—	—	—	—	—	—	—	—	—	—	—	—	—	—	—	—	—	—	—	—	—	—
	131	SA351	104	102	101	99.9	99.2	98.0	96.7	—	—	—	—	—	—	—	—	—	—	—	—	—	—	—	—
	132	SA351	98.9	97.2	95.4	94.3	93.0	91.8	90.5	89.3	88.0	84.0	74.8	66.7	59.5	52.7	45.9	39.7	34.0	28.9	24.4	20.4	17.0	14.2	—
	133	SA494	—	—	—	—	—	—	—	—	—	—	—	—	—	—	—	—	—	—	—	—	—	—	—
	134	SA494	118	117	117	117	117	117	117	115	112	110	108	—	—	—	—	—	—	—	—	—	—	—	—
	135	SA494	132	127	126	124	122	119	118	115	113	110	107	—	—	—	—	—	—	—	—	—	—	—	—
	136	SB564	164	162	161	159	158	156	154	—	—	—	—	—	—	—	—	—	—	—	—	—	—	—	—
	137	SB367	—	—	—	—	—	—	—	—	—	—	—	—	—	—	—	—	—	—	—	—	—	—	—
	138	SB367	—	—	—	—	—	—	—	—	—	—	—	—	—	—	—	—	—	—	—	—	—	—	—

注：t 为厚度。

3.10.3 螺栓材料的最大许用应力（表3-28）

表3-28 螺栓材料的最大许用应力

（单位：MPa）

钢种	行号	标准号和等级	公称成分	材料类型	相当的UNS号	最低抗拉强度/MPa	最低屈服强度/MPa	温度/℃																					
								-30~40	65	100	125	150	200	250	300	325	350	375	400	425	450	475	500	525	550	575	600	625	650
	1	SA307	碳钢	B		415		48.3	48.3	48.3	48.3	48.3	48.3	48.3	—	—	—	—	—	—	—	—	—	—	—	—	—	—	—
	2	SA320	C-¼Mo	L7A，t≤64mm	G40370	860	725	172	172	172	172	172	172	172	172	172	172	—	—	—	—	—	—	—	—	—	—	—	—
	3	SA193	1Cr-⅕Mo	B7，100mm＜t≤175mm	G41400	690	515	130	130	130	130	130	130	130	130	130	130	130	130	125	115	93.7	68.4	43.8	18.9	—	—	—	—
	4	SA193	1Cr-⅕Mo	B7M，t≤64mm	G41400	690	550	138	138	138	138	138	138	138	138	138	138	138	138	128	115	93.7	68.4	43.8	18.9	—	—	—	—
	5	SA320	1Cr-⅕Mo	L7M，t≤64mm	G41400	690	550	138	138	138	138	138	138	138	138	138	138	138	138	128	115	93.7	68.4	43.8	18.9	—	—	—	—
	6	SA193	1Cr-⅕Mo	B7，64mm＜t≤100mm	G41400	795	655	159	159	159	159	159	159	159	159	159	159	158	153	139	117	93.0	68.6	43.7	18.9	—	—	—	—
	7	SA193	1Cr-⅕Mo	B7，t≤64mm	G41400	860	725	172	172	172	172	172	172	172	172	172	172	172	162	146	118	92.7	68.6	43.7	18.9	—	—	—	—
	8	SA320	1Cr-⅕Mo	L7，t≤64mm	G41400	860	725	172	172	172	172	172	172	172	172	172	172	172	162	146	118	—	—	—	—				
	9	SA193	1Cr-½Mo-V	B16，100mm＜t≤175mm	G14072	690	585	138	138	138	138	138	138	138	138	138	138	138	138	138	132	119	105	87.7	61.7	34.3	13.8	—	—
	10	SA193	1Cr-½Mo-V	B16，64mm＜t≤100mm	G14072	760	655	152	152	152	152	152	152	152	152	152	152	152	152	152	147	133	114	90.4	61.1	34.5	13.7	—	—
	11	SA193	1Cr-½Mo-V	B16，t≤64mm	G14072	860	725	172	172	172	172	172	172	172	172	172	172	172	172	172	164	148	122	91.8	60.8	34.6	13.7	—	—
	12	SA193	5Cr-½Mo	B5，t≤100mm	K50100	690	550	138	138	138	138	138	138	138	138	138	138	138	138	129	105	78.3	58.5	44.4	33.9	26.3	19.5	13.0	8.79
	13	SA193	13Cr	B6	S41000	760	585	147	147	147	147	147	147	147	147	147	147	147	147	147	125	92.4	68.4	—	—	—	—	—	—
	14	SA193	16Cr-12Ni-2Mo	B8M-1	S31600	515	205	130	127	121	114	107	103	99.2	95.9	92.8	90.2	88.1	86.1	84.4	83.2	82.0	80.7	80.1	79.5	78.8	77.6	77.1	74.7
	15	SA320	16Cr-12Ni-2Mo	B8M-1	S31600	515	205	130	127	121	114	107	103	99.2	95.9	—	—	—	—	—	—	—	—	—	—	—	—	—	—
	16	SA320	16Cr-12Ni-2Mo	B8MA-1A	S31600	515	205	130	—	—	—	—	—	—	—	—	—	—	—	—	—	—	—	—	—	—	—	—	—
铁基	17	SA193	16Cr-12Ni-2Mo	B8M2，64mm＜t≤75mm	S31600	550	380	130	127	121	114	107	102	99.1	96.7	95.4	95.1	95.1	95.1	95.1	95.1	95.1	95.1	95.1	95.1	—	—	—	—

材料

18	SA193	16Cr-12Ni-2Mo	B8M-2，32mm < t ≤38mm	S31600	620	345	130	127	121	114	107	99.2	92.9	87.7	86.5	86.2	86.2	86.2	86.2	86.2	—	—	—	—	—	—	—	—
19	SA320	16Cr-12Ni-2Mo	B8M-2，32mm < t ≤38mm	S31600	620	345	130	—	—	—	—	—	—	—	—	—	—	—	—	—	—	—	—	—	—	—	—	—
20	SA193	16Cr-12Ni-2Mo	B8M2，50mm < t ≤64mm	S31600	620	450	130	127	121	115	112	112	112	112	112	112	112	112	112	112	112	112	112	112	—	—	—	—
21	SA193	16Cr-12Ni-2Mo	B8M-2，25mm < t ≤32mm	S31600	655	450	130	127	121	115	112	112	112	112	112	112	112	112	112	112	—	—	—	—	—	—	—	—
22	SA320	16Cr-12Ni-2Mo	B8M-2，25mm < t ≤32mm	S31600	655	450	130	—	—	—	—	—	—	—	—	—	—	—	—	—	—	—	—	—	—	—	—	—
23	SA193	16Cr-12Ni-2Mo	B8M2，t ≤50mm	S31600	655	515	130	130	130	130	130	130	130	130	130	130	130	130	130	130	130	130	130	130	—	—	—	—
24	SA193	16Cr-12Ni-2Mo	B8M-2，19mm < t ≤25mm	S31600	690	550	138	138	138	138	138	138	138	138	138	138	138	138	138	138	—	—	—	—	—	—	—	—
25	SA320	16Cr-12Ni-2Mo	B8M-2，19mm < t ≤25mm	S31600	690	550	138	—	—	—	—	—	—	—	—	—	—	—	—	—	—	—	—	—	—	—	—	—
26	SA193	16Cr-12Ni-2Mo	B8M-2，t ≤19mm	S31600	760	655	152	152	152	152	152	152	152	152	152	152	152	152	152	152	—	—	—	—	—	—	—	—
27	SA320	16Cr-12Ni-2Mo	B8M-2，t ≤19mm	S31600	760	655	152	—	—	—	—	—	—	—	—	—	—	—	—	—	—	—	—	—	—	—	—	—
28	SA193	16Cr-12Ni-2Mo-N	B8MNA-1A	S31651	515	205	130	127	122	117	112	105	99.1	93.7	91.7	89.8	87.9	86.1	84.9	83.0	81.7	80.5	79.2	78.0	—	—	—	—
29	SA193	18Cr-8Ni	B8-1	S30400	515	205	130	122	114	108	103	95.7	90.1	84.5	83.1	82.5	81.1	79.2	77.3	76.0	74.8	73.6	72.4	70.8	68.9	65.4	51.0	41.0
30	SA320	18Cr-8Ni	B8-1	S30400	515	205	130	122	114	108	103	95.7	—	—	—	—	—	—	—	—	—	—	—	—	—	—	—	—
31	SA320	18Cr-8Ni	B8A-1A	S30400	515	205	130	—	—	—	—	—	—	—	—	—	—	—	—	—	—	—	—	—	—	—	—	—
32	SA193	18Cr-8Ni	B8-2，32mm < t ≤38mm	S30400	690	345	130	122	114	108	103	95.7	89.9	86.5	86.2	86.2	86.2	86.2	86.2	86.2	86.2	86.2	86.2	86.2	—	—	—	—

（续）

钢种	行号	标准号和等级	公称成分	材料类型	相当的UNS号	最低抗拉强度/MPa	最低屈服强度/MPa	温度/℃																					
								-30~40	65	100	125	150	200	250	300	325	350	375	400	425	450	475	500	525	550	575	600	625	650
	33	SA320	18Cr-8Ni	B8-2，32mm<t≤38mm	S30400	690	345	130	122	114	108	103	95.7	89.9	86.5	86.2	86.2	86.2	86.2	86.2	86.2	86.2	86.2	86.2	86.2	—	—	—	—
	34	SA193	18Cr-8Ni	B8-2，25mm<t≤32mm	S30400	725	450	130	121	115	114	112	112	112	112	112	112	112	112	112	112	112	112	112	112	—	—	—	—
	35	SA320	18Cr-8Ni	B8-2，25mm<t≤32mm	S30400	725	450	130	121	115	112	112	112	112	112	112	112	112	112	112	112	112	112	112	112	—	—	—	—
	36	SA193	18Cr-8Ni	B8-2，19mm<t≤25mm	S30400	795	550	138	138	138	138	138	138	138	138	138	138	138	138	138	138	138	138	138	138	—	—	—	—
	37	SA320	18Cr-8Ni	B8-2，19mm<t≤25mm	S30400	795	550	138	138	138	138	138	138	138	138	138	138	138	138	138	138	138	138	138	138	—	—	—	—
	38	SA193	18Cr-8Ni	B8-2，t≤19mm	S30400	860	690	172	172	172	172	172	172	172	172	172	172	172	172	172	172	172	172	169	164	—	—	—	—
	39	SA320	18Cr-8Ni	B8-2，t≤19mm	S30400	860	690	172	172	172	172	172	172	172	172	172	172	172	172	172	172	172	172	169	164	—	—	—	—
	40	SA193	18Cr-8Ni-N	B8NA-1A	S30451	515	205	130	122	112	105	99.0	89.6	83.7	79.6	78.1	76.9	75.6	74.4	73.2	71.9	70.8	69.0	67.4	66.3	—	—	—	—
	41	SA320	18Cr-8Ni-S	B8F-1	S30323	515	205	130	115	101	96.6	93.6	87.4	—	—	—	—	—	—	—	—	—	—	—	—	—	—	—	—
	42	SA320	18Cr-8Ni-S	B8FA-1A	S30323	515	205	130	—	—	—	—	—	—	—	—	—	—	—	—	—	—	—	—	—	—	—	—	—
	43	SA193	18Cr-8Ni-4Si-N	B8S	S21800	655	345	164	163	160	156	150	137	129	123	121	119	118	116	115	115	115	115	115	—	—	—	—	—
	44	SA193	18Cr-8Ni-4Si-N	B8SA	S21800	655	345	164	163	160	156	150	137	129	123	121	119	118	116	115	115	115	115	115	—	—	—	—	—
	45	SA193	18Cr-10Ni-Cb	B8C-1	S34700	515	205	130	127	122	118	113	107	104	99.7	98.1	96.7	95.0	94.4	93.8	93.1	93.1	92.6	92.4	90.3	77.2	57.3	39.9	30.0
铁基	46	SA320	18Cr-10Ni-Cb	B8C-1	S34700	515	205	130	127	122	118	113	107	—	—	—	—	—	—	—	—	—	—	—	—	—	—	—	—

材料

47	SA320	18Cr-10Ni-Cb	B8CA-1A	S34700	515	205	130	—	—	—	—	—	—	—	—	—	—	—	—	—	—	—	—	—	—	—	—	—
48	SA193	18Cr-10Ni-Cb	B8C-2，32mm < $t \leqslant 38$mm	S34700	690	345	130	—	—	—	—	—	—	—	—	—	—	—	—	—	—	—	—	—	—	—	—	—
49	SA320	18Cr-10Ni-Cb	B8C-2，32mm < $t \leqslant 38$mm	S34700	690	345	130	—	—	—	—	—	—	—	—	—	—	—	—	—	—	—	—	—	—	—	—	—
50	SA193	18Cr-10Ni-Cb	B8C-2，25mm < $t \leqslant 32$mm	S34700	725	450	130	—	—	—	—	—	—	—	—	—	—	—	—	—	—	—	—	—	—	—	—	—
51	SA320	18Cr-10Ni-Cb	B8C-2，25mm < $t \leqslant 32$mm	S34700	725	450	130	—	—	—	—	—	—	—	—	—	—	—	—	—	—	—	—	—	—	—	—	—
52	SA193	18Cr-10Ni-Cb	B8C-2，19mm < $t \leqslant 25$mm	S34700	795	550	138	—	—	—	—	—	—	—	—	—	—	—	—	—	—	—	—	—	—	—	—	—
53	SA320	18Cr-10Ni-Cb	B8C-2，19mm < $t \leqslant 25$mm	S34700	795	550	138	—	—	—	—	—	—	—	—	—	—	—	—	—	—	—	—	—	—	—	—	—
54	SA193	18Cr-10Ni-Cb	B8C-2，$t \leqslant 19$mm	S34700	860	690	172	—	—	—	—	—	—	—	—	—	—	—	—	—	—	—	—	—	—	—	—	—
55	SA320	18Cr-10Ni-Cb	B8C-2，$t \leqslant 19$mm	S34700	860	690	172	—	—	—	—	—	—	—	—	—	—	—	—	—	—	—	—	—	—	—	—	—
56	SA193	18Cr-10Ni-Ti	B8T-1	S32100	515	205	130	126	122	118	114	106	99.8	94.2	92.7	91.1	88.7	87.5	86.3	85.6	85.1	83.8	83.0	77.6	59.2	44.0	33.0	24.5
57	SA320	18Cr-10Ni-Ti	B8T-1	S32100	515	205	130	126	122	118	114	106	—	—	—	—	—	—	—	—	—	—	—	—	—	—	—	—
58	SA320	18Cr-10Ni-Ti	B8TA-1A	S32100	515	205	130	—	—	—	—	—	—	—	—	—	—	—	—	—	—	—	—	—	—	—	—	—
59	SA193	18Cr-10Ni-Ti	B8T-2，32mm < $t \leqslant 38$mm	S32100	690	345	130	126	122	118	114	106	99.8	94.2	92.7	91.1	88.7	87.5	86.2	86.2	86.2	86.2	86.2	86.2	—	—	—	—

(续)

钢种	行号	标准号和等级	公称成分	材料类型	相当的UNS号	最低抗拉强度/MPa	最低屈服强度/MPa	温度/℃																					
								−30~40	65	100	125	150	200	250	300	325	350	375	400	425	450	475	500	525	550	575	600	625	650
铁基材料	60	SA320	18Cr-10Ni-Ti	B8T-2，32mm < $t \leqslant 38$mm	S32100	690	345	130	—	—	—	—	—	—	—	—	—	—	—	—	—	—	—	—	—	—	—	—	—
	61	SA193	18Cr-10Ni-Ti	B8T-2，25mm < $t \leqslant 32$mm	S32100	725	450	130	127	122	117	114	112	112	112	112	112	112	112	112	112	112	112	112	112	—	—	—	—
	62	SA320	18Cr-10Ni-Ti	B8T-2，25mm < $t \leqslant 32$mm	S32100	725	450	130	—	—	—	—	—	—	—	—	—	—	—	—	—	—	—	—	—	—	—	—	—
	63	SA193	18Cr-10Ni-Ti	B8T-2，19mm < $t \leqslant 25$mm	S32100	795	550	138	138	138	138	138	138	138	138	138	138	138	138	138	138	138	138	138	138	—	—	—	—
	64	SA320	18Cr-10Ni-Ti	B8T-2，19mm < $t \leqslant 25$mm	S32100	795	550	138	—	—	—	—	—	—	—	—	—	—	—	—	—	—	—	—	—	—	—	—	—
	65	SA193	18Cr-10Ni-Ti	B8T-2，$t \leqslant$ 19mm	S32100	860	690	172	172	172	172	172	172	172	172	172	172	172	172	172	172	172	172	172	172	—	—	—	—
	66	SA320	18Cr-10Ni-Ti	B8T-2，$t \leqslant$ 19mm	S32100	860	690	172	—	—	—	—	—	—	—	—	—	—	—	—	—	—	—	—	—	—	—	—	—
	67	SA193	18Cr-11Ni	B8P-1	S30500	515	205	130	122	114	108	103	95.7	90.1	84.5	83.1	82.5	81.1	79.2	77.3	76.0	74.8	73.6	72.4	70.8	68.9	65.4	51.0	41.0
	68	SA193	18Cr-11Ni	B8P-2，32mm < $t \leqslant 38$mm	S30500	690	345	130	130	130	130	130	130	130	130	130	130	130	130	129	127	125	123	121	118	—	—	—	—
	69	SA193	18Cr-11Ni	B8P-2，25mm < $t \leqslant 32$mm	S30500	725	450	130	130	130	130	130	130	130	130	130	130	130	130	130	130	130	130	130	130	—	—	—	—
	70	SA193	18Cr-11Ni	B8P-2，19mm < $t \leqslant 25$mm	S30500	795	550	138	138	138	138	138	138	138	138	138	138	138	138	138	138	138	138	138	138	—	—	—	—
	71	SA193	18Cr-11Ni	B8P-2，$t \leqslant 19$mm	S30500	860	690	172	172	172	172	172	172	172	172	172	172	172	172	172	172	172	172	169	164	—	—	—	—
	72	SB211		T6-2014，3mm < $t \leqslant 200$mm	A92014	450	380	89.6	89.6	89.6	89.3	77.6	29.6	—	—	—	—	—	—	—	—	—	—	—	—	—	—	—	—
	73	SB211		T651-2014 3mm < $t \leqslant 200$mm	A92014	450	380	89.6	89.6	89.6	89.3	77.6	29.6	—	—	—	—	—	—	—	—	—	—	—	—	—	—	—	—

非铁基材料	74	SB211		T4-2024 3.18mm < t < 12.69mm	A92024	425	310	77.9	77.9	77.9	77.2	71.1	33.2	—	—	—	—	—	—	—	—	—	—	—	—	—	—	—	—
	75	SB211		T4-2024 12.70mm < t < 114.30mm	A92024	425	290	72.4	72.4	72.4	72.3	71.3	32.6	—	—	—	—	—	—	—	—	—	—	—	—	—	—	—	—
	76	SB211		T4-2024 114.31mm < t ≤ 165.10mm	A92024	425	275	68.9	68.9	68.9	68.9	68.6	32.7	—	—	—	—	—	—	—	—	—	—	—	—	—	—	—	—
	77	SB211		T4-2024 165.11mm < t < 203.2mm	A92024	400	260	65.5	65.5	65.5	65.5	65.2	30.5	—	—	—	—	—	—	—	—	—	—	—	—	—	—	—	—
	78	SB211		T6-6061 3mm < t < 200mm	A96061	290	240	57.9	57.9	57.9	57.9	57.7	32.2	—	—	—	—	—	—	—	—	—	—	—	—	—	—	—	—
	79	SB211		T651-6061 3mm < t < 200mm	A96061	290	240	57.9	57.9	57.9	57.9	57.7	32.2	—	—	—	—	—	—	—	—	—	—	—	—	—	—	—	—
	80	SB160	99Ni-Lowc	热精整/退火的	N02201	345	69	46.2	45.5	43.9	43.4	43.4	42.7	42.7	42.7	42.7	42.7	42.7	41.3	40.7	40.2	35.4	27.9	22.7	18.7	15.6	13.0	9.96	8.20
	81	SB164	67Ni-30Cu	退火的	N04400	485	170	115	107	99.4	95.9	93.7	91.1	90.4	90.3	90.3	90.3	90.2	88.9	87.9	78.5	60.8	41.8	—	—	—	—	—	—
	82	SB164	67Ni-30Cu	冷拔并消除应力	N04400	600	415	115	107	103	103	103	103	103	—	—	—	—	—	—	—	—	—	—	—	—	—	—	—
	83	SB164	67Ni-30Cu-S	退火的	N04405	485	170	114	107	99.5	96.0	93.7	91.1	90.4	90.3	90.3	90.3	90.2	88.9	87.6	86.4	—	—	—	—	—	—	—	—
	84	SF468	67Ni-28Cu-3AL	退火/时效处理 25mm < t < 38mm	N05500	895	585	147	147	147	147	147	147	147	—	—	—	—	—	—	—	—	—	—	—	—	—	—	—
	85	SF468	67Ni-28Cu-3AL	退火/时效处理 6mm < t < 16mm	N05500	895	620	155	155	155	155	155	155	155	—	—	—	—	—	—	—	—	—	—	—	—	—	—	—

（续）

钢种	行号	标准号和等级	公称成分	材料类型	相当的UNS号	最低抗拉强度/MPa	最低屈服强度/MPa	温度/℃																					
								−30~40	65	100	125	150	200	250	300	325	350	375	400	425	450	475	500	525	550	575	600	625	650
	86	SB572	47Ni-22Cr-9Mo-18Fe	退火的	N06002	655	240	161	152	142	137	132	123	115	109	107	105	103	103	101	101	100	99.5	98.9	98.2	97.9	97.8	95.9	77.1
	87	SB581	47Ni-22Cr-19Fe-6Mo	固溶退火	N06007	585	205	138	137	136	125	114	108	104	100	98.8	97.6	96.4	95.8	95.2	94.6	93.9	93.8	93.5	92.8	—	—	—	—
	88	SB574	55Ni-21Cr-13.5Mo	固溶退火	N06022	690	310	172	172	172	171	169	158	148	141	137	134	132	130	128	127	—	—	—	—	—	—	—	—
	89	SB581	40Ni-29Cr-15Fe-5Mo	固溶退火	N06030	585	240	147	143	137	131	126	119	114	110	108	106	105	103	101	98.9	—	—	—	—	—	—	—	—
	90	SB574	61Ni-15Mo-16Cr	固溶退火	N06455	690	275	172	172	169	164	158	150	145	140	138	136	135	134	132	130	—	—	—	—	—	—	—	—
	91	SB166	72Ni-15Cr-8Fe	退火	N06600	550	240	138	138	138	138	138	138	138	138	138	136	135	134	132	130	118	86.5	58.0	40.0	26.8	18.9	15.2	15.2
	92	SB166	72Ni-15Cr-8Fe	热精整	N06600	585	240	146	146	146	146	146	146	146	146	146	146	145	145	141	140	135	134	119	85.4	62.9	46.2	39.4	37.9
	93	SB166	72Ni-15Cr-8Fe	冷拔	N06600	620	275	138	138	138	138	138	138	138	—	—	—	—	—	—	—	—	—	—	—	—	—	—	—
	94	SB446-1	60Ni-22Cr-9Mo-3Cb	退火的	N06625	825	415	207	207	207	207	207	196	187	183	182	180	179	179	170	168	166	165	164	163	163	160	139	88.7
	95	SB581	49Ni-25Cr-18Fe-6Mo	固溶退火	N06975	585	220	147	141	134	130	127	122	115	109	107	105	104	103	101	100	—	—	—	—	—	—	—	—
非铁	96	SB637	53Ni-19Cr-19Fe-Cb-Mo	固溶退火，$t \leqslant 150mm$	N07718	1275	1035	255	252	247	245	243	239	236	234	233	232	232	231	230	228	227	226	224	222	218	209	202	—

基材料	97	SB637	70Ni-16Cr-7Fe-Ti-AL	固溶退火	N07750	1170	795	198	198	198	198	198	198	198	198	198	198	198	198	198	198	—	—	—	—	—	—	—	—
	98	SB621	26Ni-43Fe-22Cr-5Mo	固溶退火	N08320	515	195	129	124	118	116	113	106	102	95. 9	93. 9	92. 7	90. 7	88. 9	88. 3	87. 7	—	—	—	—	—	—	—	—
	99	SB691	46Fe-24Ni-21Cr-6Mo-Cu-N	固溶退火	N08367	655	310	164	164	163	158	155	149	143	136	133	130	128	126	124	122	—	—	—	—	—	—	—	—
	100	SB408	33Ni-42Fe-21Cr	退火	N08800	515	205	129	129	129	126	123	119	116	113	112	111	109	108	107	106	104	103	102	101	98. 1	85. 0	64. 2	44. 8
	101	SB408	33Ni-42Fe-21Cr	退火	N08810	450	170	112	109	105	103	99. 8	93. 5	89. 7	85. 5	83. 2	81. 7	80. 4	78. 5	76. 6	75. 4	74. 1	72. 9	71. 7	70. 3	69. 4	68. 5	62. 6	50. 5
	102	SB425	42Ni-21. 5Cr-3Mo-2. 3Cu	退火	N08825	585	240	146	146	146	144	140	133	127	123	122	121	119	119	118	117	116	115	115	114	—	—	—	—
	103	SB335	62Ni-28Mo-5Fe	退火，38mm < t≤89mm	N10001	690	315	172	172	172	172	172	171	168	165	163	161	158	157	155	153	—	—	—	—	—	—	—	—
	104	SB335	62Ni-28Mo-5Fe	退火，t≤38mm	N10001	790	315	79. 3	73. 2	68. 5	67. 9	67. 5	63. 1	61. 1	57. 8	57. 2	57. 2	57. 2	57. 2	57. 2	57. 2	—	—	—	—	—	—	—	—
	105	SB573	70Ni-16Mo-7Cr-5Fe	退火	N10003	690	275	172	169	165	162	158	146	138	138	137	134	131	127	124	122	121	120	119	114	100	80. 1	61. 3	44. 9
	106	SB574	54Ni-16Mo-15Cr	固溶退火	N10276	690	285	172	172	171	164	158	147	139	132	128	125	122	120	118	116	115	114	114	114	114	98. 5	81. 5	67. 1
	107	SB335	65Ni-28Mo-2Fe	固溶退火	N010665	760	350	190	190	190	190	190	190	190	189	187	184	183	180	177	174	—	—	—	—	—	—	—	—

（续）

钢种	行号	标准号和等级	公称成分	材料类型	相当的UNS号	最低抗拉强度/MPa	最低屈服强度/MPa	温度/℃																					
								−30~40	65	100	125	150	200	250	300	325	350	375	400	425	450	475	500	525	550	575	600	625	650
非铁基材料	108	SB572	21Ni-30Fe-22Cr-18Co-3Mo-3W	退火	R30556	690	310	172	172	172	166	159	148	140	134	132	130	129	127	126	124	123	122	121	119	118	118	115	92.8

钢种	行号	标准号和等级	公称成分	材料类型	相当的UNS号	温度/℃									
						675	700	725	750	775	800	825	850	875	900
铁基材料	14	SA193	16Cr-12Ni-2Mo	B8M-1	S31600	38.6	29.6	23.0	17.7	13.4	10.4	8.05	—	—	—
	29	SA193	18Cr-8Ni	B8-1	S30400	32.9	26.5	21.3	17.2	13.9	11.1	8.73	—	—	—
	45	SA193	18Cr-8Ni-Cb	B8C-1	S34700	23.2	16.3	11.2	8.93	7.08	5.77	5.32	—	—	—
	56	SA193	18Cr-10Ni-Ti	B8T-1	S32100	17.6	12.5	8.45	6.16	4.38	2.77	1.62	—	—	—
	67	SA193	18Cr-11Ni	B8P-1	S30500	32.9	26.5	21.3	17.2	13.9	11.1	8.73	—	—	—
非铁基材料	86	SB572	47Ni-22Cr-9Mo-18Fe	退火的	N06002	64.8	54.9	44.8	36.1	29.2	23.7	19.0	14.8	11.2	8.14
	100	SB408	33Ni-42Fe-21Cr	退火的	N08800	29.9	16.8	11.7	8.69	7.02	6.42	5.01	—	—	—
	101	SB408	33Ni-42Fe-21Cr	退火的	N08810	41.2	33.6	27.7	22.6	18.3	15.0	12.1	9.78	8.04	6.70
	105	SB573	70Ni-16Mo-7Cr-5Fe	退火的	N10003	33.7	25.5	17.5	—	—	—	—	—	—	—
	106	SB574	54Ni-16Mo-15Cr	固溶退火	N10276	54.6	43.1	—	—	—	—	—	—	—	—
	108	SB572	21Ni-30Fe-22Cr-18Co-3Mo-3W	退火的	R30556	76.1	62.9	51.2	41.8	34.3	28.2	22.9	18.2	14.7	12.3

注：t为厚度。

3.11 密封的必需比压（表 3-29）

表 3-29 密封的必需比压 q_{MF} （单位：MPa）

铸铁、青铜、黄铜 $q_{MF}=(3.0+\frac{PN}{10})/\sqrt{b_M/10}$

钢、硬质合金 $q_{MF}=(3.5+\frac{PN}{10})/\sqrt{b_M/10}$

铝和铝合金、聚乙烯、聚四氯乙烯 $q_{MF}=(1.8+0.9\frac{PN}{10})/\sqrt{b_M/10}$

中等硬度橡胶 $q_{MF}=(0.4+0.6\frac{PN}{10})/\sqrt{b_M/10}$

材料	铸铁、青铜、黄铜											钢、硬质合金												
密封面宽度 b_M/mm	PN 2.5	PN 4	PN 6	PN 10	PN 16	PN 25	PN 40	PN 63	PN 80	PN 100	PN 160	PN 6	PN 10	PN 16	PN 25	PN 40	PN 63	PN 80	PN 100	PN 160	PN 225	PN 250	PN 320	PN 400
0.5	14	15	16	18	20	25	—	—	—	—	—	18.5	20	23	27	33.5	44	51.5	60	—	—	—	—	—
1.0	10	11	11.5	12.5	14.5	17.5	22.8	30	—	—	—	13	14	16	19	24	31	36	42	61	—	—	—	—
1.5	8.5	9	9.5	10	12	14	18	24	28	—	—	10.5	11.5	13	15.5	19.5	25.5	30	35	50	67	73.5	—	—
2.0	7.5	8	8.5	9	10	12	16	21	25	29	—	9	10	11.5	13	17	22	26	30	44	58	64	80	—
2.5	6.5	7	7.5	8	9	11	14	19	22	26	—	8	9	10	12	15	20	23	27.5	39	52	57	71	—
3.0	6	6.5	7	7.5	8.5	10	13	17	20	24	—	7.5	8	9	11	14	18	21	24.5	35.5	47.5	52	65	80
3.5	5.5	6	6.5	7	8	9	12	16	19	22	—	7	7.5	8.5	10	13	17	19	23	33	44	48	60	74
4.0	5	5.5	6	6.5	7.5	9	11	15	17.5	20	30	6.5	7	8	9.5	12	15.5	18	21	31	41	45	56	69
4.5	5	5	5.5	6	7	8	10	14	16	19.5	28.5	6	7	7.5	9	11	15	17	20	29	39	42.5	53	65
5.0	4.5	5	5	6	6.5	8	10	13	16	18.5	27	5.5	6.5	7	8.5	10.5	14	16	19	27.5	37	40	50	62
5.5	4.5	5	5	5.5	6	7.5	9.5	12.5	15	17.5	26	5.5	6	7	8	10	13.5	15.5	18	26.5	35	38.5	48	59
6.0	4	4.5	4.5	5	6	7	9	12	14	17	24.5	5.5	5.8	6.5	8	10	13	15	17.5	25	33.5	37	46	56
6.5	4	4	4.5	5	6	7	9	12	14	16	24	5	5.5	6	7.5	9	12.5	14	17	24	32	35.5	44	54
7.0	4	4	4.5	5	5.5	6.5	8.5	11	13	15.5	23	5	5.5	6	7.5	9	12	14	16	23	31	34	42.5	52
7.5	4	4	4	4.5	5	6.5	8	11	12.5	15	22	5	5	6	7	9	11.5	13	15.5	22.5	30	33	41	50
8.0	3.5	4	4	4.5	5	6	7.5	10.5	12	14.5	21.5	4.5	5	5.5	6.5	8.5	11	13	15	22	29	32	40	48.5
9.0	3.5	3.5	4	4.5	5	6	7.5	10	12	14	20	4.3	4.7	5.4	6.3	8	10.5	12	14.2	20.6	27.4	30	—	—
10.0	3.2	3.4	3.6	4	4.6	5.6	7	9.5	11	13	19	4	4.5	5	6	7.5	10	11.5	13.5	19.5	—	—	—	—
12.0	3	3.1	3.3	3.7	4.2	5	6.4	8.5	10	12	—	3.7	4.1	4.7	5.5	6.8	9	—	—	—	—	—	—	—
14.0	2.7	2.9	3	3.4	3.9	4.6	6	8	9.2	—	—	3.5	3.8	4.3	5.1	6.3	8.4	—	—	—	—	—	—	—
16.0	2.6	2.7	2.8	3.2	3.5	4.2	5.5	7.5	—	—	—	3.2	3.6	4	4.7	6	—	—	—	—	—	—	—	—
18.0	2.4	2.5	2.7	3	3.5	4	5.2	7	—	—	—	3.1	3.4	3.8	4.5	5.6	—	—	—	—	—	—	—	—
20~25	2.3	2.4	2.5	2.8	3.2	4	5	6.5	—	—	—	2.8	3.2	3.6	4.2	5.3	—	—	—	—	—	—	—	—

注：1. q_{MF}值适用于正常温度下的一切液体（但汽油、煤油除外）。

2. 气体介质，正常温度下的汽油、煤油，温度超过100℃时的液体，比压增加0.4倍。

3.12　密封材料的许用比压（表3-30）

表3-30　密封材料的许用比压

材料名称	材料牌号	材料性质	硬　度	许用比压［q］/MPa	
				密封面无滑动摩擦	密封面有滑动摩擦
皮革、中软橡胶		片状	中等硬度	5.0	
聚四氟乙烯	SFBN-2　SFBN-2	棒材	56HSD	17.5	8.75
增强聚四氟乙烯	RPTFE（60%PEEK，2%石墨）	压制成形	75HSD	39	29
	RPTFE（20%玻璃纤维）		58HSD	15	11.25
	RPTFE（20%碳纤维）		65HSD	17.5	13
	RPTFE（15%玻璃纤维，5% MoS_2）		62HSD	14.5	10
	RPTFE（15%PEEK，5%石墨）		68HSD	19.5	14.5
POM聚甲醛		压制成形	80HSD	39	29.25
聚醚醚酮树脂（PEEK）		压制成形	82HSD	47	35
MOLON		压制成形	78HSD	47	35
DEVLON		压制成形	80HSD	47	35
尼龙	NYLONG 66	棒材	78HSD	36	27.5
丁腈橡胶		压制成形	65HSD	5.0	
三元乙丙	EPDM	压制成形	70HSD	4.0	
硅橡胶		压制成形	65HSD	3.0	
氟橡胶		压制成形	60HSD	8.0	
碳石墨浸四氟乙烯		压制成形	80~100HSD	30	21
铸铁	HT 200	铸造	170~220HBW	30.0	20.0
铸造黄铜	ZCuZn38　黄铜 ZCuZn40Pb2　铅黄铜 ZCuZn38Mn2Pb2　锰黄铜	铸造压延	80~85HBW	80.0	20.0
	ZCuZn16Si4　硅青铜		95~100HBW	100.0	25.0
铸造青铜	ZCuSn3Zn11Pb4　锡青铜			80.0	15.0
	ZCuAl10Fe3　铝青铜		≥110HBW	80.0	25.0
	ZCuAl10Fe3　铝青铜 ZCuZn25Al6Fe3Mn3　铝黄铜		120~170HBW	100.0	35.0
	磷青铜			100.0	25.0
铸造碳钢	ZG 230-450	铸造	170HBW	100.0	30.0
渗氮钢	35CrMoAlA 38CrMoAlA	渗氮	800~1 000HV	300.0	80.0
不锈钢	20Cr13 30Cr13 14Cr17Ni2	铸造 压延 堆焊	200~300HBW	250.0	45.0
耐酸钢	12Cr18Ni9 06Cr17Ni12Mo2Ti	铸造 压延 堆焊	140~170HBW	150.0	40.0
铬基硬质合金		堆焊	48~51HRC	150.0	50.0
钴基硬质合金			40~45HRC	250.0	80.0

3.13 无石棉填料的系数（表3-31）

表3-31 无石棉填料的系数（$n=1.4$）

工作压力/MPa	$\frac{h_T}{b_T}$	3.0	3.5	4.0	4.5	5.0	5.5	6.0	6.5	≥7.0
≤2.5 ($f=0.1$)	φ	2.13	2.28	2.45	2.63	2.82	3.02	3.25	3.47	3.72
	ψ	1.14	1.39	1.65	1.94	2.22	2.55	2.90	3.26	3.65
2.6~6.3 ($f=0.07$)	φ	1.89	1.98	2.09	2.20	2.31	2.42	2.55	2.68	2.82
	ψ	0.77	0.92	1.08	1.25	1.43	1.61	1.80	2.00	2.24
6.4~15.9 ($f=0.05$)	φ	1.73	1.80	1.86	1.93	2.01	2.08	2.15	2.23	2.31
	ψ	0.53	0.62	0.73	0.84	0.95	1.06	1.19	1.30	1.43
16.0~34.9 ($f=0.03$)	φ	1.59	1.63	1.67	1.70	1.73	1.77	1.81	1.85	1.89
	ψ	0.31	0.35	0.42	0.46	0.53	0.59	0.66	0.70	0.77
35.0~50.0 ($f=0.02$)	φ	1.52	1.54	1.56	1.58	1.60	1.62	1.64	1.66	1.68
	ψ	0.18	0.22	0.26	0.29	0.31	0.35	0.37	0.41	0.44

注：1. n 为填料在同一横断面上所受轴向比压和横向比压之比。

2. 公称压力 > PN500 时，取 $\varphi=1.4$，$\psi=0.4$。

3.14 梯形螺纹的摩擦因数与半径（表3-32）

表3-32a 梯形螺纹的摩擦因数与半径（一）

具有润滑条件下的螺纹摩擦因数				
阀杆材料	螺母材料	摩擦因数 f_L		
		良好润滑	稀有润滑	在介质中
钢	青铜　黄铜　铸铁	0.15	0.17	0.20~0.25
	钢	0.20	0.25	0.30~0.35
	多层纤维塑料	0.10	0.12	—

各种温度下干摩擦螺纹的最大摩擦因数				
螺纹材料	摩擦因数 f_L'			
	20℃	120℃	225℃	300℃
耐酸钢-黄铜	0.30	0.35		
耐酸钢-青铜	0.25	0.28	0.28	0.34
高铬钢-黄铜（Cr17Ni2）	0.33	0.35		
高铬钢-青铜（Cr17Ni2）	0.28	0.28	0.29	0.37
铬不锈钢-黄铜	0.30	0.37		
铬不锈钢-青铜	0.25	0.30	0.30	0.34
碳钢-黄铜	0.32	0.37		
碳钢-青铜	0.27	0.31	0.33	0.36
40铬钢-黄铜	0.32	0.37		
40铬钢-青铜	0.27	0.31	0.33	0.36

表 3-32b 梯形螺纹的摩擦因数与半径（二）

螺纹公称直径 d/mm	螺纹			摩擦半径/mm $R_{FM}=\frac{d_2}{2}\tan(\alpha_L+\rho_L)$					摩擦半径/mm $R'_{FM}=\frac{d_2}{2}\tan(\rho_L'-\alpha_L)$				
	螺距 P/mm	螺纹中径 d_2/mm	升角 α_L	$f_L=0.15$ $\rho_L=8°32'$	$f_L=0.17$ $\rho_L=9°39'$	$f_L=0.20$ $\rho_L=11°29'$	$f_L=0.25$ $\rho_L=14°2'$	$f_L=0.30$ $\rho_L=16°42'$	$f_L'=0.25$ $\rho_L'=14°2'$	$f_L'=0.27$ $\rho_L'=15°7'$	$f_L'=0.30$ $\rho_L'=16°42'$	$f_L'=0.35$ $\rho_L'=19°17'$	$f_L'=0.40$ $\rho_L'=21°48'$
10	3	8.5	6°25′	1.13	1.22	1.36	1.59	1.81	0.57	0.65	0.77	0.97	1.17
12		10.5	5°12′	1.28	1.39	1.56	1.83	2.12	0.82	0.91	1.06	1.32	1.58
14		12.5	4°22′	1.43	1.56	1.76	2.08	2.41	1.06	1.19	1.37	1.66	1.96
16	4	14.0	5°12′	1.71	1.85	2.08	2.44	2.82	1.09	1.23	1.42	1.75	2.09
18		16.0	4°32′	1.86	2.03	2.27	2.69	3.11	1.34	1.50	1.73	2.10	2.49
20		18.0	4°3′	2.01	2.19	2.47	2.94	3.41	1.58	1.76	2.01	2.45	2.58
22	5	19.5	4°39′	2.29	2.49	2.79	3.30	3.81	1.61	1.80	2.08	2.55	3.01
24		21.5	4°14′	2.44	2.66	2.99	3.55	4.10	1.86	2.06	2.38	2.89	3.41
26		23.5	3°53′	2.59	2.83	3.19	3.80	4.40	2.11	2.34	2.67	3.24	3.80
28		25.5	3°34′	2.74	3.00	3.39	4.05	4.70	2.36	2.61	2.97	3.59	4.20
30	6	27	4°2′	3.01	3.28	3.71	4.41	5.11	2.38	2.64	3.04	3.68	4.32
32		29	3°46′	3.16	3.47	3.92	4.65	5.41	2.63	2.91	3.48	4.03	4.72
36		33	3°19′	3.46	3.80	4.31	5.15	6.00	3.12	3.45	3.82	4.72	5.51
40		37	2°57′	3.76	4.13	4.70	5.65	6.60	3.62	3.98	4.53	5.42	6.31
44	8	40	3°38′	4.32	4.73	5.35	6.38	7.40	3.67	4.06	4.64	5.60	6.56
48		44	3°18′	4.62	5.06	5.74	6.87	8.00	4.17	4.60	5.25	6.30	7.36
50		46	3°10′	4.76	5.23	5.94	7.12	8.30	4.42	4.86	5.54	6.65	7.75
52		48	3°2′	4.92	5.41	6.15	7.37	8.62	4.67	5.14	5.83	6.69	8.15
55		51	2°51′	5.14	5.66	6.45	7.73	9.05	5.04	5.55	6.29	7.52	8.75
60		56	2°36′	5.51	6.08	6.94	8.38	9.80	5.66	6.22	7.03	8.40	9.74
65	10	60	3°2′	6.15	6.75	7.68	9.20	10.77	5.83	6.43	7.29	8.75	10.20
70		65	2°48′	6.51	7.18	8.13	9.85	11.50	6.45	7.10	8.05	9.61	11.18
75		70	2°36′	6.89	7.60	8.67	10.45	12.25	7.07	7.77	8.80	10.48	12.18
80		75	2°26′	7.21	8.02	9.18	11.09	13.01	7.70	8.45	9.54	11.35	13.17
85	12	79	2°46′	7.90	8.70	9.91	12.00	13.95	7.88	8.65	9.81	11.70	13.60
90		84	2°36′	8.28	9.13	10.40	12.55	14.70	8.50	9.32	10.54	12.59	14.61
95		89	2°27′	8.65	9.55	10.90	13.19	15.45	9.12	10.00	11.29	13.28	15.60
100		94	2°20′	9.02	9.96	11.42	13.80	16.20	9.73	10.66	12.05	14.30	16.60
110		104	2°6′	9.76	10.82	12.56	15.04	17.70	10.99	12.02	13.55	16.08	18.62
120	16	112	2°36′	11.02	12.16	14.05	16.63	19.61	11.32	12.24	14.07	16.78	19.50

注：$f_L'=f_L+0.1$，ρ_L、ρ_L'为螺纹摩擦角。

3.15 梯形螺纹计算参数（表3-33）

表3-33a 梯形螺纹计算参数（一）

螺纹公称直径和螺距 $(d \times P)$/mm	螺纹力臂 X_L	外螺纹中径 d_2	外螺纹小径 d_3	退刀槽直径 d_T	截面积 螺纹公称直径 A_w	截面积 外螺纹小径 A_N	截面积 退刀槽 A_T	截面系数 螺纹公称直径 W_w	截面系数 外螺纹小径 W_N	截面系数 退刀槽 W_T	惯性矩 螺纹公称直径 I_w	惯性矩 外螺纹小径 I_N
	mm				mm^2			mm^3			mm^4	
10×3	1.00	8.5	6.5	6	78	28	28	200	55	43	500	90
12×3	1.00	10.5	8.5	8	113	50	50	346	123	102	1030	260
14×3	1.00	12.5	10.5	10	154	87	78	549	232	200	1920	600
16×4	1.25	14.0	11.5	10.9	201	104	93	820	304	257	3200	860
18×4	1.25	16	13.5	12.9	254	143	132	1167	492	430	5150	1650
20×4	1.25	18.0	15.5	14.9	314	189	174	1600	745	660	7860	2830
22×5	1.5	19.5	16	15.4	380	201	186	2130	819	730	11710	3270
24×5	1.5	21.5	18	17.4	452	254	237	2765	1166	1060	16290	5150
26×5	1.5	23.5	20	19.4	531	314	295	3516	1600	1460	22850	8000
28×5	1.5	25.5	22	21.4	615	380	361	4390	2130	1962	30170	11720
30×6	2.0	27	23	22.2	706	415	387	5400	2433	2188	40500	13980
32×6	2.0	29	25	24.2	804	491	466	6554	3125	2822	51470	19200
36×6	2.0	33	29	28.2	1018	661	624	9331	4878	4500	82450	34700
40×6	2.0	37	33	32.2	1257	855	810	12800	7188	6700	125700	58300
44×8	2.5	40	35	34.2	1519	962	918	17040	8575	8000	180400	67250
48×8	2.5	44	39	38.2	1810	1195	1146	22120	11684	11148	265400	115650
50×8	2.5	46	41	40.2	1962	1318	1270	25000	13800	13000	306000	128600
52×8	2.5	48	43	42.2	2124	1452	1398	28120	15900	15030	365600	170900
55×8	2.5	51	46	45.2	2380	1658	1510	33200	19420	18480	450000	204000
60×8	2.5	56	51	50.2	2828	2043	1978	43200	26530	25750	636200	311500
65×10	3.0	60	54	53	3318	2290	2195	54930	31490	29750	876200	387500
70×10	3.0	65	59	58	3849	2734	2650	64600	41080	39000	1178600	554000
75×10	3.0	70	64	63	4400	3215	3120	84100	52200	50000	1550000	774000
80×10	3.0	75	69	68	5027	3739	3628	102400	65700	62600	2010600	1046000
85×12	3.5	79	72	71	5612	4000	3950	123500	75000	71600	2558000	1245000
90×12	3.5	84	77	76	6362	4657	4550	145800	91310	88000	3220600	1640000
95×12	3.5	89	82	81	7100	5300	5148	172000	111000	106400	4012000	2122000
100×12	3.5	94	87	86	7854	5945	5808	200000	131700	127600	4908700	2686000
110×12	3.5	104	97	96	9503	7390	7238	266200	182550	176950	7320600	4426500
120×14	4.5	112	102	100.8	11310	8171	7980	345600	212240	204850	10368000	5412000

表3-33b 梯形螺纹计算参数（二）

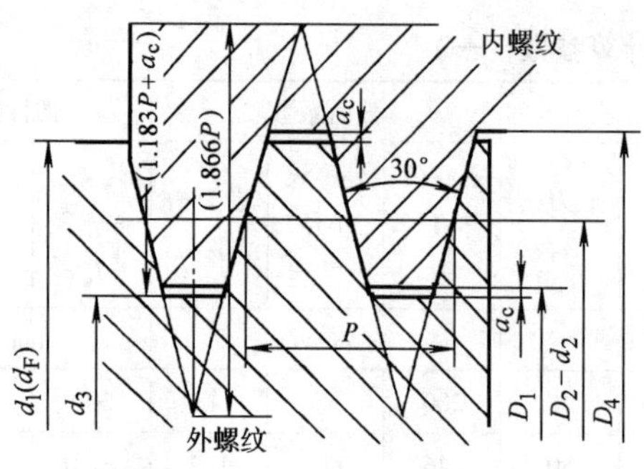

$X_L = 0.25P + a_c$

$A_Y = \frac{\pi}{4}(d^2 - D_1^2)$

$A_J = 2\pi d_3(1.183P + a_c)\tan 15°$

$A_J' = 2\pi D_4(1.183P + a_c)\tan 15°$

螺纹公称直径和螺距 $(d \times P)$/mm	螺纹力臂 X_L/mm	单牙螺纹受挤压面积 A_Y/mm^2	螺杆单牙螺纹受剪面积 A_J/mm^2	螺母单牙螺纹受剪面积 A_J'/mm^2	螺杆单牙螺纹截面系数 W/mm^3	螺母单牙螺纹截面系数 W'/mm^3
10×3	1.00	40	41	67	14	23
12×3	1.00	50	54	80	18	27
14×3	1.00	59	79	93	22	32
16×4	1.25	88	96	138	43	62
18×4	1.25	100	113	155	50	69
20×4	1.25	113	130	172	58	77
22×5	1.5	153	170	234	94	128
24×5	1.5	169	192	254	105	140
26×5	1.5	185	212	275	117	151
28×5	1.5	200	233	296	129	163
30×6	2.0	254	294	397	191	269
32×6	2.0	273	320	422	216	286
36×6	2.0	311	371	474	251	322
40×6	2.0	349	421	524	286	356
44×8	2.5	503	586	754	522	672
48×8	2.5	553	653	822	582	732
50×8	2.5	578	688	856	611	760
52×8	2.5	603	720	889	660	790
55×8	2.5	641	774	939	685	835
60×8	2.5	703	854	1023	760	910
65×10	3.0	942	1126	1370	1234	1510
70×10	3.0	1021	1225	1474	1349	1620
75×10	3.0	1100	1327	1578	1460	1735
80×10	3.0	1179	1431	1681	1580	1850
85×12	3.5	1490	1778	2128	2338	2793
90×12	3.5	1584	1900	2250	2500	2988
95×12	3.5	1677	2025	2370	2660	3118
100×12	3.5	1772	2150	2495	2825	3280
110×12	3.5	1960	2395	2740	3150	3605
120×14	4.5	2485	3068	3600	4824	5159

3.16 细牙普通螺纹计算参数（表3-34）

表3-34 细牙普通螺纹计算参数

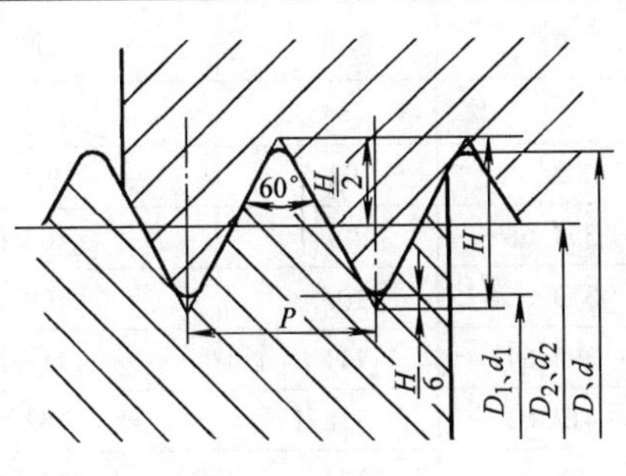

$$X_L = 0.325P$$

$$A_Y = \frac{\pi}{4}(d^2 - d_1^2)$$

$$A_J = \pi d_1\left(1 - \frac{1}{4}\right)P$$

$$A_J' = \pi d\left(1 - \frac{1}{8}\right)P$$

$$W = \frac{\pi d_1}{6}\left(1 - \frac{0.108}{\cos 30°}\right)^2 P^2$$

$$W' = \frac{\pi d}{6}\left(1 - \frac{0.108}{\cos 30°}\right)^2 P^2$$

螺纹公称直径和螺距 $(d \times P)$/mm	螺纹力臂 X_L/mm	单牙螺纹受挤压面积 A_Y/mm²	单牙螺纹受剪面积 螺杆 A_J	单牙螺纹受剪面积 螺母 A_J'	单牙螺纹截面系数 螺杆 W	单牙螺纹截面系数 螺母 W'
			mm²		mm³	
M16×1.5	0.487	38.7	50.783	65.94	12.9	14.4
M18×1.5	0.487	43.8	57.848	74.183	14.7	16.2
M20×1.5	0.487	48.9	64.913	82.425	16.5	18.0
M22×1.5	0.487	54.1	71.978	90.668	18.3	19.8
M24×1.5	0.487	59.2	79.043	98.91	21.4	21.6
M27×1.5	0.487	66.8	89.641	104.581	22.8	24.3
M30×1.5	0.487	74.5	100.238	123.638	25.5	27.0
M33×1.5	0.487	82.1	110.836	136.001	28.2	29.7
M36×1.5	0.487	89.7	121.433	148.365	30.9	32.4
M39×1.5	0.487	97.4	132.031	160.729	33.6	35.1
M42×1.5	0.487	105.0	142.628	173.093	36.2	37.8
M45×1.5	0.487	112.7	153.226	185.456	39.0	40.5
M48×1.5	0.487	120.4	163.823	197.82	41.7	43.2
M52×1.5	0.487	130.6	177.953	214.305	45.3	46.9
M24×2	0.65	77.9	102.843	131.88	34.9	38.5
M27×2	0.65	88.1	116.973	148.365	39.7	43.3
M30×2	0.65	98.3	131.103	164.85	44.5	48.1
M33×2	0.65	108.5	145.233	181.335	49.3	53.0
M36×2	0.65	118.7	159.363	197.82	54.1	57.8
M39×2	0.65	128.9	173.493	214.305	58.9	62.6
M42×2	0.65	139.1	187.623	230.79	63.7	67.4
M45×2	0.65	149.4	201.753	247.275	68.5	72.2
M48×2	0.65	159.6	215.883	263.76	73.3	77.0
M52×2	0.65	173.2	234.723	285.74	79.2	83.5
M52×2	0.65	186.7	253.563	307.72	86.1	89.8

(续)

螺纹公称直径和螺距 $(d \times P)$/mm	螺纹力臂 X_L/mm	单牙螺纹受挤压面积 A_Y/mm^2	单牙螺纹受剪面积		单牙螺纹截面系数	
			螺杆 A_J	螺母 A_J'	螺杆 W	螺母 W'
			mm^2		mm^3	
M60×2	0.65	200.4	272.403	329.7	92.5	96.1
M64×2	0.65	214.0	291.243	351.68	98.9	102.6
M68×2	0.65	227.6	310.083	373.66	105.3	109.0
M72×2	0.65	241.7	328.923	395.64	111.7	115.5
M76×2	0.65	254.8	347.763	417.62	118.1	122.0
M80×2	0.65	268.4	366.603	439.6	124.5	128.2
M85×2	0.65	285.4	390.153	467.075	132.5	136.2
M90×2	0.65	302.4	413.703	494.55	141.0	144.2
M95×2	0.65	319.4	437.253	522.025	149.0	152.2
M100×2	0.65	336.4	460.803	549.5	157.0	160.2
M105×2	0.65	353.4	484.353	576.972	165.0	168.2
M110×2	0.65	370.4	507.903	604.45	173.0	176.2
M115×2	0.65	387.4	531.453	613.925	181.0	184.2
M120×2	0.65	404.4	555.003	659.4	188.5	192.2
M125×2	0.65	421.4	578.553	686.875	196.5	200.0
M130×2	0.65	438.4	602.103	714.35	204.5	208.0
M135×2	0.65	455.5	625.653	741.825	212.5	216.0
M140×2	0.65	472.4	649.203	769.3	220.5	224.0
M145×2	0.65	489.4	672.753	796.775	228.5	232.0
M150×2	0.65	506.4	696.303	824.25	236.5	240.0
M160×2	0.65	541.4	743.403	879.2	252.5	256.0
M170×2	0.65	574.4	790.503	943.15	268.5	272.0
M180×2	0.65	608.5	837.603	989.1	284.5	288.0
M36×3	0.975	175.4	231.393	296.73	117.9	130.0
M39×3	0.975	190.7	252.588	321.458	128.7	141.0
M42×3	0.975	206.0	273.783	346.185	139.5	152.0
M45×3	0.975	221.3	294.978	370.913	158.3	162.0
M48×3	0.975	236.6	316.173	395.64	161.1	170.0
M52×3	0.975	257.0	344.433	428.61	175.5	188.0
M56×3	0.975	277.4	372.693	461.58	189.9	202.0
M60×3	0.975	297.8	400.953	494.55	204.3	217.0
M64×3	0.975	318.08	429.213	527.52	218.7	231.0
M68×3	0.975	338.6	457.473	560.49	233.1	246.0
M72×3	0.975	359.1	485.733	593.46	247.5	260.0
M76×3	0.975	379.5	513.993	626.43	261.9	275.0
M80×3	0.975	399.9	542.253	659.4	276.3	280.0

（续）

螺纹公称直径和螺距 $(d \times P)$/mm	螺纹力臂 X_L/mm	单牙螺纹受挤压面积 A_Y/mm^2	单牙螺纹受剪面积 螺杆 A_J	单牙螺纹受剪面积 螺母 A_J'	单牙螺纹截面系数 螺杆 W	单牙螺纹截面系数 螺母 W'
			mm^2		mm^3	
M56×4	1.3	366.2	486.731	615.44	330.2	359.0
M60×4	1.3	393.4	524.411	659.4	355.2	384.0
M64×4	1.3	420.6	562.091	703.36	380.7	410.0
M68×4	1.3	447.8	599.771	747.32	406.2	436.0
M72×4	1.3	475.0	637.451	791.28	431.7	462.0
M76×4	1.3	502.2	675.131	835.24	457.3	487.0
M80×4	1.3	529.4	712.811	879.2	482.8	512.0

3.17 各种材料的螺纹许用应力（表3-35）

表3-35 各种材料的螺纹许用应力（润滑下工作）

材料牌号			$[\sigma_r]$/MPa 传动螺纹（梯形）	$[\sigma_r]$/MPa 连接螺纹（普通）在载荷下拧紧	$[\sigma_r]$/MPa 连接螺纹（普通）无载荷下拧紧	$[\sigma_W]$/MPa	$[\tau]$/MPa
HT 150			40	60	150	60	30
HT 200			50	75	190	75	38
HT 250			55	82	200	82	41
KTH 300-06			35	80	120	80	60
金属模	ZCuZn40Pb2	铸造铅黄铜	20	40	100	65	40
金属模	ZCuZn38Mn2Pb2	铸造锰黄铜	20	40	100	70	42
金属模	ZCuZn16Si4	铸造硅黄铜	20	40	100	85	55
金属模	ZCuZn25Al6Fe3Mn3	铸造铝黄铜	35	75	200	135	80
金属模	ZCuAl9Mn2	铸造铝青铜	25	60	100	70	42
金属模	ZCuAl10Fe3	铸造铝青铜	30	60	100	85	50
金属模	ZCuAl10Fe3Mn2	铸造铝青铜	30	60	100	70	42
Q235-A			20	62.5	150	120	72
Q275			25	72.5	180	150	90
20			20	65	150	120	72
35			25	80	200	150	90
20Cr13 14Cr17Ni2			30	70	250	160	100
12Cr18Ni9			25	60	140	110	70
聚四氟乙烯（20℃时）			10	10	10	11	7
25			23	70	180	130	78
40			28	85	220	160	96
45			30	90	240	170	102

3.18 阀杆支撑形式影响系数（图3-1、表3-36和表3-37）

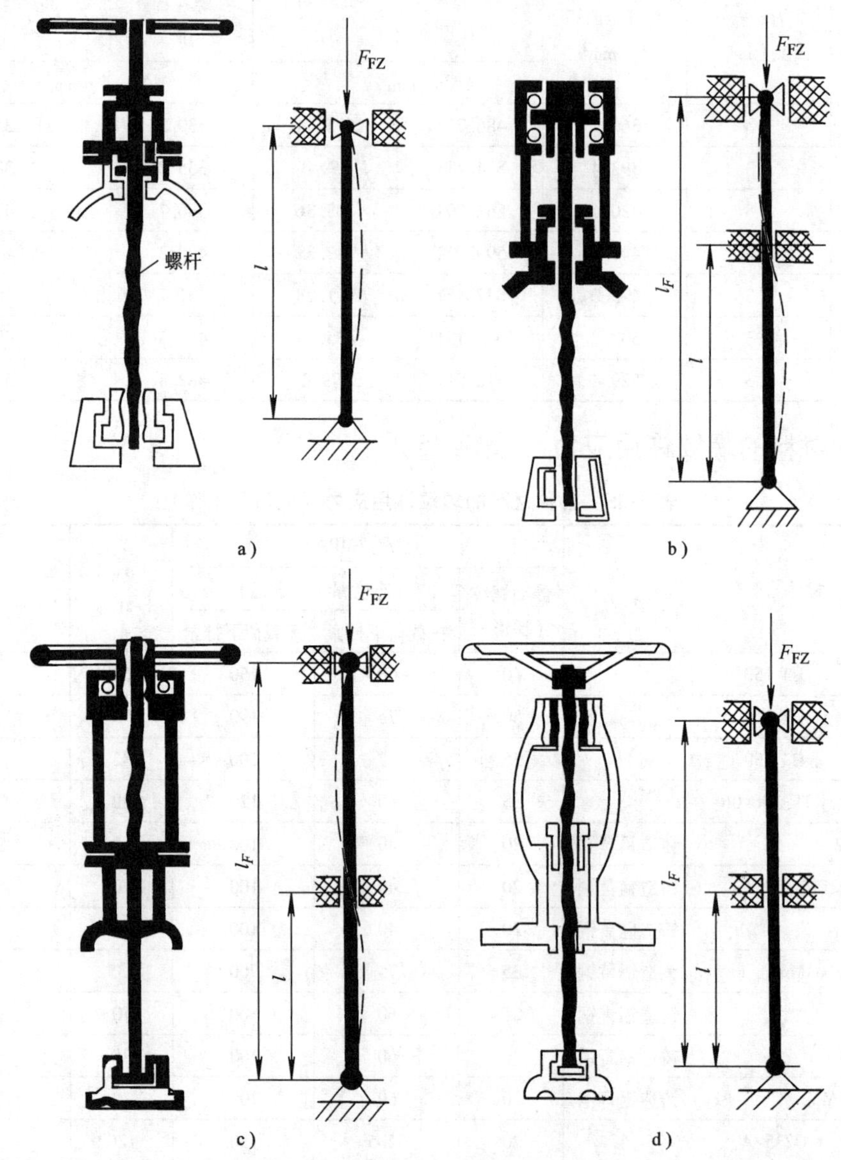

图3-1 阀杆的支撑形式

a）旋转杆 b）旋转杆 c）升降杆 d）旋转升降杆

表3-36 无中间支撑的μ_λ系数

支撑形式	μ_λ
两端铰链支撑	1
一端铰链支撑，一端固定支撑	0.699

表 3-37 有中间支撑的 μ_λ 系数

l/l_F	0	0.1	0.2	0.3	0.4	0.5	0.6	0.7	0.8	0.9	1
1	0.699	0.652	0.604	0.558	0.518	0.500	0.518	0.558	0.604	0.652	0.699
2	0.699	0.646	0.593	0.539	0.487	0.439	0.416	0.412	0.0436	0.467	0.500

注：1—两端铰链支撑。

2——端铰链支撑，一端固定支撑。

l_F—阀杆计算长度。对于旋转杆（图 3-1b）是从阀杆支撑凸肩到阀杆螺母螺纹全高中点的距离，对于其他两种工作形式的阀杆（图 3-1c、d）是螺母螺纹全高中点到阀杆下端面的距离。

l—对于旋转阀杆（图 3-1b）是从中间支撑中点到阀杆螺母螺纹全高中点的距离；对于其他两种形式的阀杆（图 3-1c、d）是从阀杆下端面至中间支撑中点的距离。

3.19 各种材料的临界细长比（表 3-38）

表 3-38 各种材料的临界细长比

材料牌号	符号	阀杆的温度/℃											
		20	200	250	300	350	400	450	500	550	600	650	700
Q275	λ_L	91.5	94.5	101	108	115	118	121	—	—	—	—	—
	$l_F:d_F$	22.9	23.6	25.2	27.0	28.8	29.5	31.0	—	—	—	—	—
35	λ_L	80.0	89.2	91.7	94.0	98.0	102.8	106.5	108.5	—	—	—	—
	$l_F:d_F$	20.0	22.3	22.9	23.5	24.5	25.7	26.6	27.1	—	—	—	—
40Cr	λ_L	58.0	61.0	61.5	61.7	63.4	66.0	68.5	70.6	—	—	—	—
	$l_F:d_F$	14.5	15.3	15.4	15.4	15.8	16.5	17.1	17.6	—	—	—	—
38CrMoAlA 38CrWVAl	λ_L	55.0	57.5	58.4	59.0	60.6	62.8	65.0	65.5	72.0	—	—	—
	$l_F:d_F$	13.7	14.4	14.6	14.7	15.1	15.7	16.2	16.4	18.0	—	—	—
25Cr2MoVA	λ_L	57.8	57.2	59.1	60.6	63.3	66.0	66.3	66.6	67.2	—	—	—
	$l_F:d_F$	14.4	14.3	14.8	15.1	15.8	16.5	16.6	16.6	16.8	—	—	—
14Cr17Ni2	λ_L	63.7	63.7	63.7	63.7	66.2	66.6	67.5	68.7	—	—	—	—
	$l_F:d_F$	15.9	15.9	15.9	15.9	16.5	16.6	16.9	17.2	—	—	—	—
20Cr13	λ_L	78.2	78.5	80.0	80.5	80.7	81.0	81.5	82.0	—	—	—	—
	$l_F:d_F$	19.5	19.6	20.0	20.1	20.2	20.2	20.4	20.5	—	—	—	—
12Cr18Ni9	λ_L	117.5	115	113.5	119	107	120.5	119.5	118	121	120	118	—
	$l_F:d_F$	29.4	28.7	28.4	29.7	26.8	30.1	29.9	29.5	30.3	30.0	29.5	—
07Cr17Ni12Mo2 06Cr17Ni12Mo2Ti	λ_L	114	117	116	116	117	120	124	129	134	143	—	—
	$l_F:d_F$	28.5	29.2	29.0	29.0	29.2	30.0	31.0	32.3	33.5	35.7	—	—
4Cr14Ni14W2Mo	λ_L	79.7	79.7	79.2	78.7	79.2	79.2	79.7	80.0	80.0	79.5	82.2	—
	$l_F:d_F$	19.9	19.9	19.8	19.7	19.8	19.8	19.9	20.0	20.0	19.9	20.6	—

3.20　各种材料常温时的临界许用压应力（图3-2）

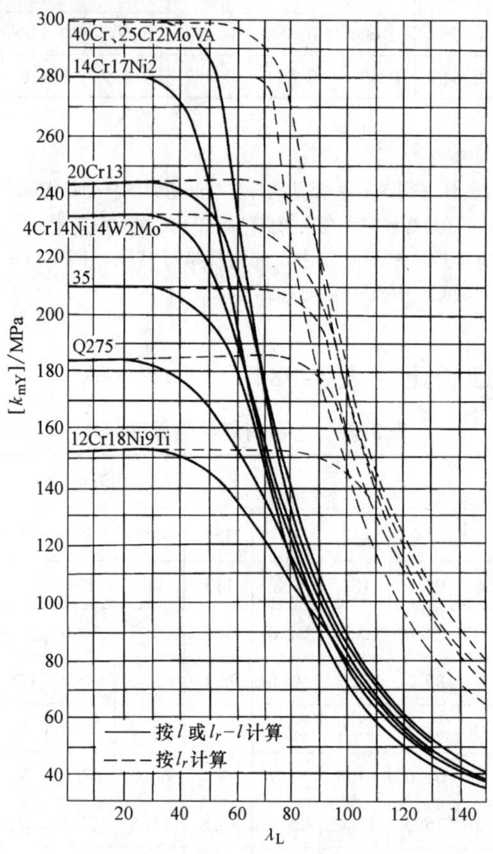

图3-2　各种材料常温时的临界许用压应力

3.21　垫片基本密封宽度 b_0（GB 150.3—2011，表3-39）

表3-39　垫片基本密封宽度 b_0

序号	接触面简图	垫片基本密封宽度 b_0	
		第Ⅰ类	第Ⅱ类
(1a)	N　　N	$N/2$	$N/2$
(1b)	N　　N 见注		

（续）

序号	压紧面形状（简图）	垫片基本密封宽度 b_0	
		第Ⅰ类	第Ⅱ类
1a	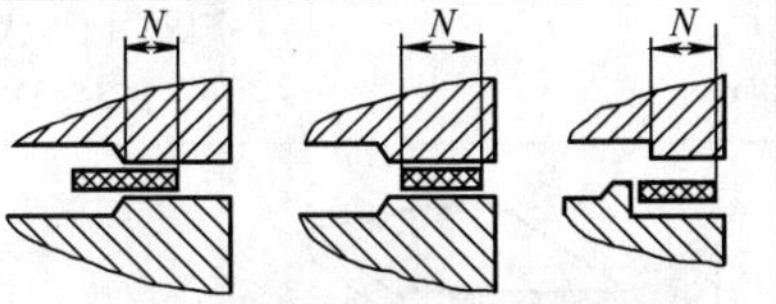 N	$\frac{N}{2}$	$\frac{N}{2}$
1b	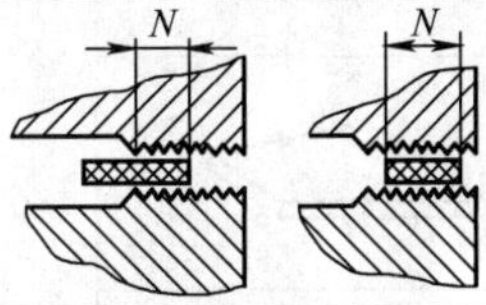 N		
1c	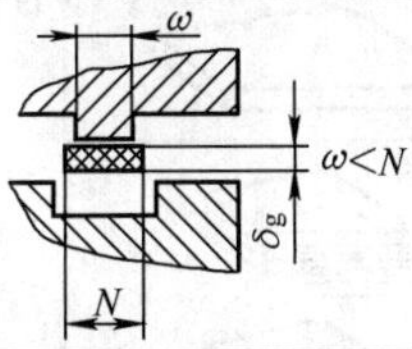 ω ω<N δ_g N	$\frac{\omega+\delta_g}{2}$ $\left(\frac{\omega+N}{4}\text{最大}\right)$	$\frac{\omega+\delta_g}{2}$ $\left(\frac{\omega+N}{4}\text{最大}\right)$
1d	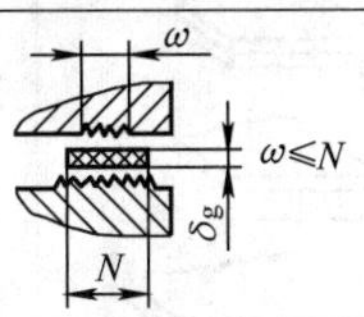 ω ω≤N δ_g N		
2	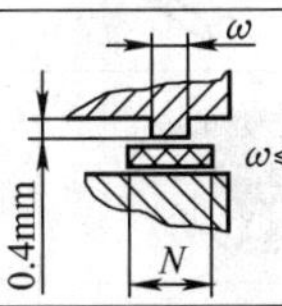 ω ω≤N/2 0.4mm N	$\frac{\omega+N}{4}$	$\frac{\omega+3N}{8}$
3	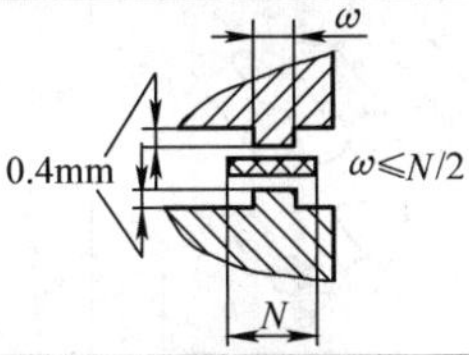 ω 0.4mm ω≤N/2 N	$\frac{N}{4}$	$\frac{3N}{8}$
4	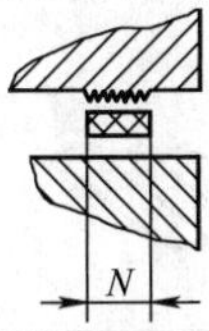 N	$\frac{3N}{8}$	$\frac{7N}{16}$
5	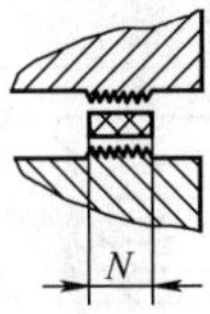 N	$\frac{N}{4}$	$\frac{3N}{8}$
6	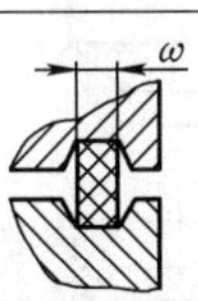 ω	$\frac{\omega}{8}$	

注：对序号4、5，当锯齿深度不超过0.4mm，齿距不超过0.8mm时，应采用1*b*或1*d*的压紧面形状。

3.22　垫片特性参数（GB 150.3—2011，表3-40）

表3-40　常用垫片特性参数

垫片材料		垫片系数 m	比压力 y /MPa	弹性模量 E_{DP}/MPa	简图	压紧面形状（表3-39）	类别（表3-39）
无织物或含少量石棉纤维的合成橡胶 肖氏硬度低于75 肖氏硬度大于等于75		 0.50 1.00	 0 1.4		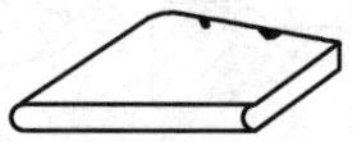		
具有适当加固物的石棉（石棉橡胶板）	厚度3mm 厚度1.5mm 厚度0.75mm	2.00 2.75 3.50	11 25.5 44.8		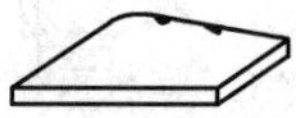		
内有棉纤维的橡胶		1.25	2.8		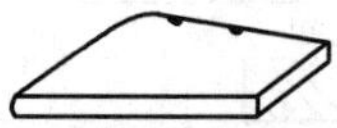	1(a、b、c、d) 4、5	
内有石棉纤维的橡胶，具有金属加强丝或不具有金属加强丝 3层 2层 1层		 2.25 2.50 2.75	 15.2 20 25.5	3×10^3	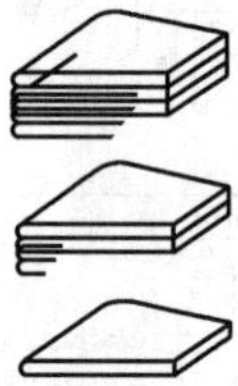		
植物纤维		1.75	7.6			1(a、b、c、d) 4、5	
内填石棉缠绕式金属	碳钢 不锈钢或蒙乃尔	2.50 3.00	69 69		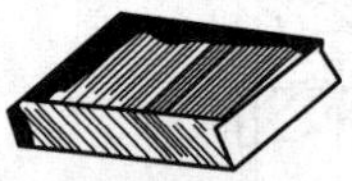		Ⅱ
波纹金属板类壳内包石棉或波纹金属板内包石棉	软铝 软铜或黄铜 铁或软钢 蒙乃尔或4%～6%铬钢 不锈钢	2.50 2.75 3.00 3.25 3.50	20 26 31 38 44.8		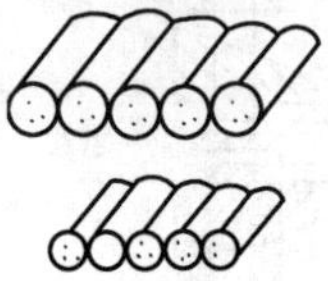	1(a、b)	
波纹金属板	软铝 软铜或黄铜 铁或软钢 蒙乃尔或4%～6%铬钢 不锈钢	2.75 3.00 3.25 3.50 3.75	25.5 31 38 44.8 52.4	65×10^3 10×10^5 19×10^5 20×10^5 21×10^5		1(a、b、c、d)	
平金属板内包石棉	软铝 软铜或黄铜 铁或软钢 蒙乃尔 4%～6%铬钢 不锈钢	3.25 3.50 3.75 3.50 3.75 3.75	38 44.8 52.4 55.2 62.1 62.1	3×10^5	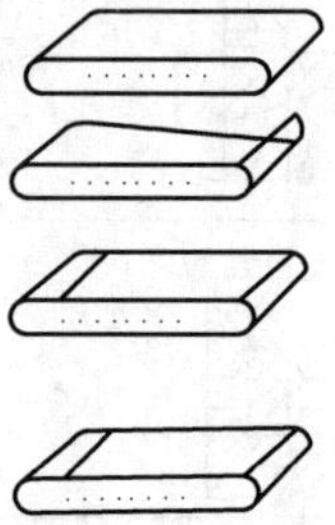	1a、1b、1c、1d、2	

（续）

垫片材料		垫片系数 m	比压力 y /MPa	弹性模量 E_{DP}/MPa	简图	压紧面形状（表3-39）	类别（表3-39）
槽形金属	软铝	3.25	38	65×10^3		1(a、b、c、d)、2、3	Ⅱ
	软铜或黄铜	3.50	44.8	10×10^5			
	铁或软钢	3.75	52.4	19×10^5			
	蒙乃尔或4%~6%铬钢	3.75	62.1	20×10^5			
	不锈钢	4.25	69.6	21×10^5			
复合柔性石墨波齿金属板	碳钢 不锈钢	3.0	50			1(a、b)	
金属平板	软铝	4.00	60.7	65×10^3		1(a、b、c、d) 2、3、4、5	Ⅰ
	软铜或黄铜	4.75	89.6	10×10^5			
	铁或软钢	5.50	124.1	19×10^5			
	蒙乃尔或4%~6%铬钢	6.00	150.3	20×10^5			
	不锈钢	6.50	179.3	21×10^5			
金属环	铁或软钢	5.50	124.1	19×10^5		6	
	蒙乃尔或4%~6%铬钢	6.00	150.3	20×10^5			
	不锈钢	6.50	179.3	21×10^5			

注：1. 本表所列各种垫片的 m、y 值及适用的压紧面形状，均属推荐性资料。采用本表推荐的垫片参数（m、y）并按规定设计的法兰，在一般使用条件下，通常能得到比较满意的使用效果。但在使用条件特别苛刻的场合，如在氰化物介质中使用的垫片，其参数 m、y，应根据成熟的使用经验谨慎确定。

2. 对于平金属板内包石棉，若压紧面形状为1c、1d或2，垫片表面的搭接接头不应位于凸台侧。

3. 弹性模量仅供参考。

3.23 法兰连接零件之间的温度差（表3-41）

表3-41 法兰连接零件之间的温度差

法兰连接零件之间的温度差			工作时的介质温度/℃						
			300	350	400	450	500	550	600
固定法兰连接	法兰与螺栓之间的温度差	初加热时 $\Delta t'$	20	35	55	90	150	180	200
		正常工作时 $\Delta t''$	12	15	17	19	20	20	20
	垫圈与螺栓之间的温度差	初加热时 $\Delta t'$	55	75	105	145	210		
		正常工作时 $\Delta t''$	20	24	27	29	30		
活套法兰连接	法兰与螺栓之间的温度差	初加热时 $\Delta t'$	13	22	34	50	85		
		正常工作时 $\Delta t''$	3	5	6	8	9		
	领环与螺栓之间的温度差	初加热时 $\Delta t'$	70	90	110	140	170		
		正常工作时 $\Delta t''$	10	15	20	25	30		

3.24　阀门管件计算中的各种摩擦因数（表3-42）

表3-42　摩擦因数

密封面		
材料名称	关闭时摩擦因数 f_M	开启时摩擦因数 f_M'
铸铁或黄铜、青铜	0.25	0.35
碳钢或合金钢	0.30	0.40
耐酸钢（12Cr18Ni9）	0.35	0.45
聚四氟乙烯	0.05	0.15

轴承				
材料名称		f_2		
轴	套	良好润滑	稍有润滑	干摩擦
钢	铸铁	0.10	0.18	0.25
	青铜	0.08	0.15	0.22
	钢	0.12	0.20	0.30

凸肩与座面		
材料名称		f
凸肩	座面	
钢	铸铁	0.22
	青铜	0.20
	钢	0.30
黄铜	铸铁	0.20

注：凡结构与其他条件相似均可采用上列表中的相应数值。

3.25　椭圆阀体 $b/a<0.4$ 的校正系数（图3-3）

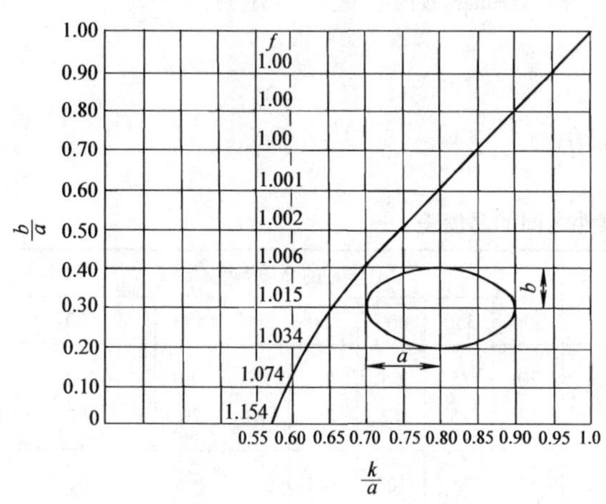

图3-3　椭圆体腔 $b/a<0.4$ 的校正系数

3.26　锥形顶盖的应力系数（图3-4）

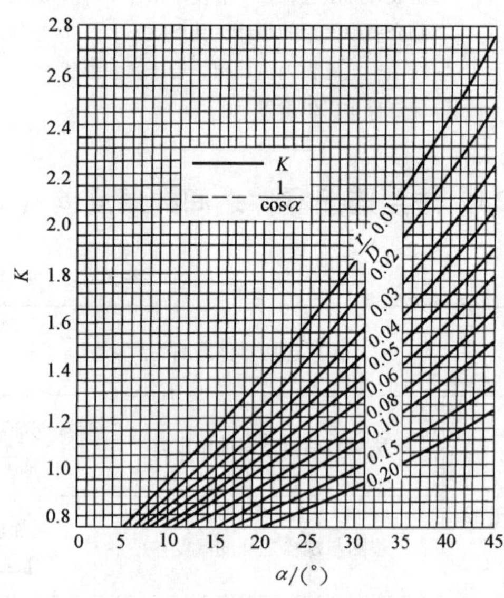

图3-4　锥形顶盖的应力系数

3.27 平盖系数 K（GB 150.3—2011，表 3-43）

表 3-43 平盖系数 K 选择

固定方法	序号	简图	结构特征系数 K	备注
与圆筒一体或对焊	1	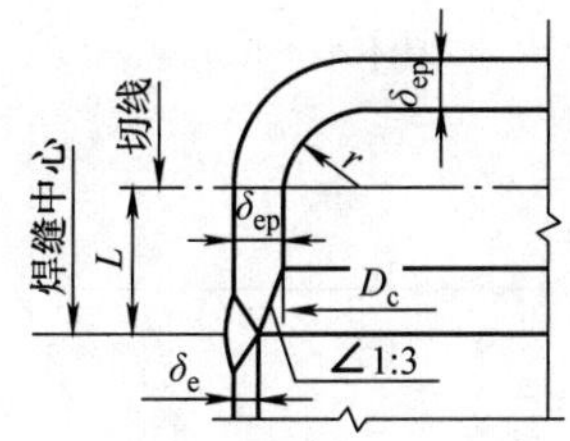	0.145	仅适用于圆形平盖 $p_c \leqslant 0.6\text{MPa}$ $L \geqslant 1.1\sqrt{D_i\delta_e}$ $r \geqslant 3\delta_{ep}$ D_i 为圆筒内直径，图中无
角焊缝或组合焊缝连接	2	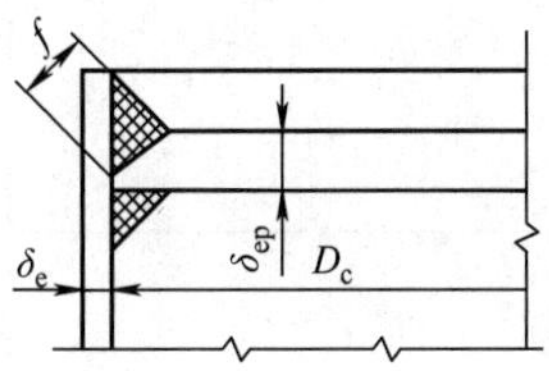	圆形平盖 $0.44m(m=\delta/\delta_e)$，且不小于 0.3 非圆形平盖 0.44	$f \geqslant 1.4\delta_e$
	3	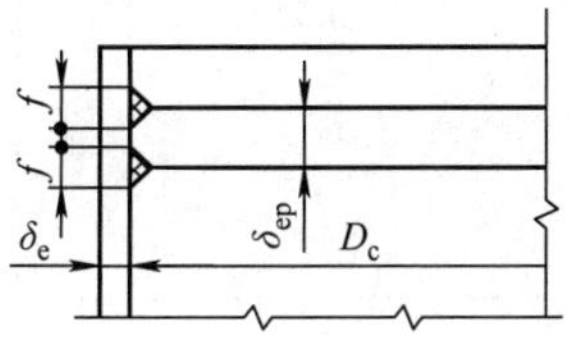	圆形平盖：$0.44m(m=\delta/\delta_e)$，且不小于 0.3 非圆形平盖：0.44	$f \geqslant \delta_e$
	4	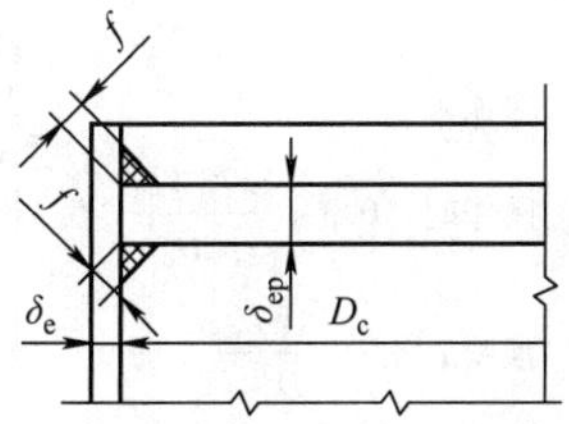	圆形平盖：$0.5m(m=\delta/\delta_e)$，且不小于 0.3 非圆形平盖：0.5	$f \geqslant 0.7\delta_e$
	5	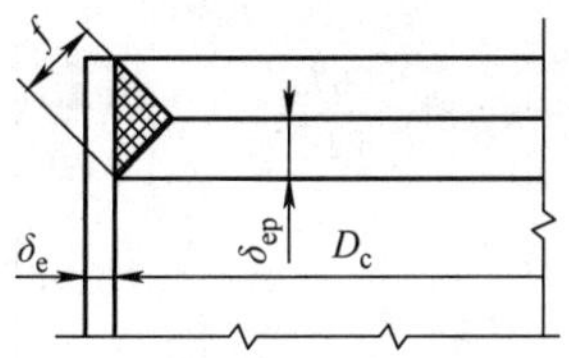		$f \geqslant 1.4\delta_e$

（续）

固定方法	序号	简图	结构特征系数 K	备注
锁底对接焊缝	6	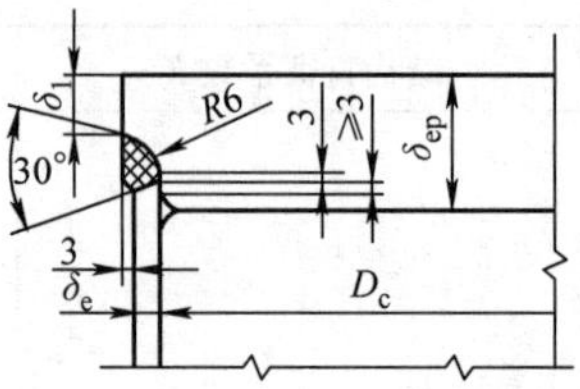	$0.44m(m=\delta/\delta_e)$， 且不小于 0.3	仅适用于圆形平盖， 且 $\delta_1 \geqslant \delta_e + 3\text{mm}$
	7	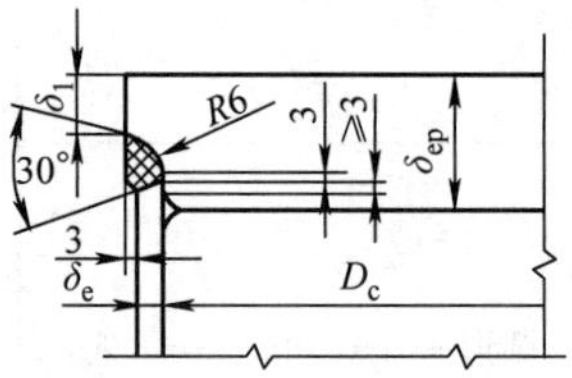	0.5	
螺栓连接	8	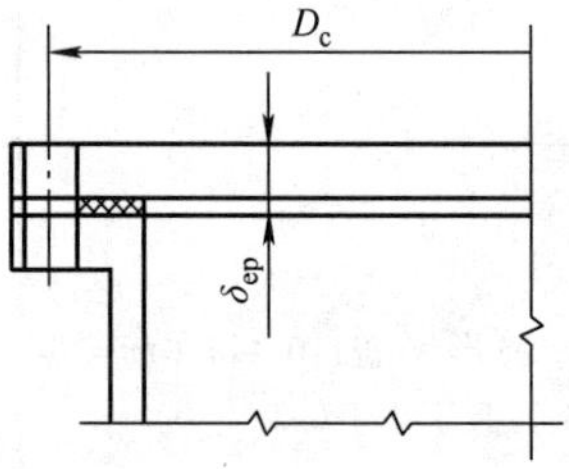	圆形平盖或非圆形平盖 0.25	
	9	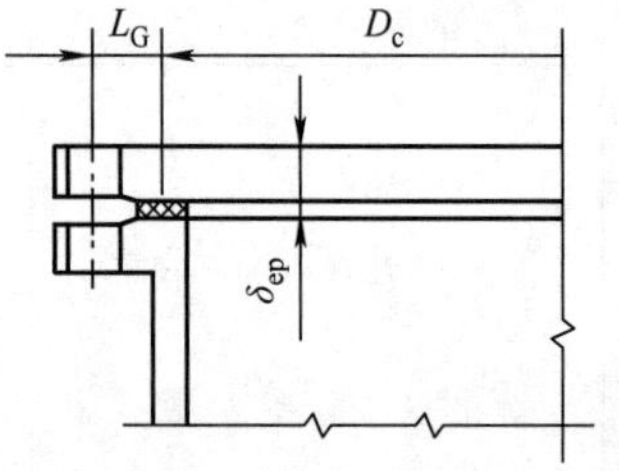	圆形平盖： 操作时，$0.3+\dfrac{1.78WL_G}{p_c D_c^3}$ 预紧时，$\dfrac{1.78WL_G}{p_c D_c^3}$ 非圆形平盖： 操作时，$0.3Z+\dfrac{6WL_G}{p_c L\alpha^2}$ 预紧时，$\dfrac{6WL_G}{p_c L\alpha^2}$	
	10	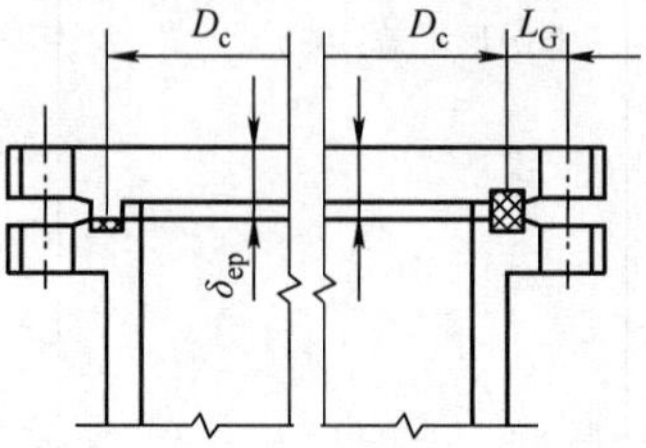		

注：表中符号意义见 GB 150.3—2011。

3.28　圆板应力系数值（表3-44）

表3-44　圆板应力系数值

$\frac{R}{r}$	1.25	1.50	2.0	3.0	4.0	5.0
K_1	0.66	1.19	2.04	3.34	4.30	5.10
K_2	0.135	0.410	1.04	2.15	2.99	3.69
K_3	0.592	0.976	0.440	1.880	2.08	2.19

3.29　系数 *n* 值（表3-45）

表3-45　系数 *n* 值

压　力 /MPa	*n*		
	填料圈断面为4mm×4mm时	填料圈断面为6mm×6mm时	填料圈断面为10mm×10mm时
5	5	3.0	2.2
10	3	2.2	1.7
20	2.3	1.8	1.6
40	1.7	1.6	1.5
60	1.5	1.5	1.4
90	1.4	1.4	1.4

3.30　形状系数 *K* 值（表3-46）

表3-46　形状系数 *K* 的值

$\frac{r}{R}$	0.06	0.10	0.15	0.20	0.22	0.24	0.25
K	2.00	1.65	1.40	1.30	1.25	1.10	1.00

3.31　安全阀的关闭压力、开启压力和排放压力（表3-47）

表3-47　安全阀的压力

蒸汽锅炉安全阀的开启压力/MPa		
锅炉工作压力（表压）	安全阀的开启压力	安全阀名称
<1.3	工作压力+0.2大气压力 工作压力+0.3大气压力	控制安全阀 工作安全阀
1.3~6.0	1.03倍工作压力 1.05倍工作压力	控制安全阀 工作安全阀
>0.6	1.03倍工作压力 1.08倍工作压力	控制安全阀 工作安全阀

液体管路安全阀的关闭压力、开启压力和排放压力/MPa			
管路工作压力 *p*（表压）	关闭压力	开启压力	排放压力
≤0.25	−0.03	+0.03	+0.06
>0.25	−0.3~−0.1*p*	+0.1~+0.3*p*	+0.25*p*

气体管路安全阀的关闭压力、开启压力和排放压力/MPa				
管路工作压力 *p*（表压）		关闭压力	开启压力	排放压力
≤0.25	一般的 高灵敏度	−0.03 −0.025	+0.03 +0.025	+0.045 +0.04
>0.25	一般的 高灵敏度	−0.1*p* −0.05*p*	+0.1*p* +0.05*p*	+0.15*p* +0.1*p*

3.32 闸阀阀杆轴向力计算系数（表3-48）

表3-48 闸阀阀杆轴向力计算系数

密封方式	单面强制密封			自动密封					
闸板楔角	5°		2°52′	0°					
摩擦因数	$f_M=0.30$ $f_M'=0.40$	$f_M=0.35$ $f_M'=0.45$	$f_M=0.25$ $f_M'=0.35$	$f_M=0.05$ $f_M'=0.15$	$f_M=0.15$ $f_M'=0.25$	$f_M=0.20$ $f_M'=0.30$	$f_M=0.25$ $f_M'=0.35$	$f_M=0.30$ $f_M'=0.40$	$f_M=0.35$ $f_M'=0.45$
K_1	0.29	0.33	0.25	0.05	0.15	0.20	0.25	0.30	0.35
K_2	0.77	0.87	0.60	0	0	0	0	0	0
K_3	0.41	0.46	0.35	0.15	0.25	0.30	0.35	0.40	0.45
K_4	0.62	0.72	0.60	0	0	0	0	0	0

3.33 法兰用螺栓上的拧紧力矩推荐值（表3-49）

表3-49 法兰用螺栓上的拧紧力矩推荐值 （单位：N·m）

螺柱直径 D		螺距 P/mm	螺柱材料屈服强度 $R_{eL0.2}=550N/mm^2$ 螺柱材料许用应力[σ]=275MPa			螺柱材料屈服强度 $R_{eL0.2}=720N/mm^2$ 螺柱材料许用应力[σ]=360MPa			螺柱材料屈服强度 $R_{eL0.2}=665N/mm^2$ 螺柱材料许用应力[σ]=327.5MPa		
in	mm		推力 F /kN	力矩 $f=0.07$	力矩 $f=0.13$	推力 F /kN	力矩 $f=0.07$	力矩 $f=0.13$	推力 F /kN	力矩 $f=0.07$	力矩 $f=0.13$
0.500	12.70	1.954	25	36	61	33	48	80	—	—	—
0.625	15.88	2.309	40	70	118	52	92	155	—	—	—
0.750	19.05	2.540	59	122	206	78	160	270	—	—	—
0.875	22.23	2.822	82	193	328	107	253	429	—	—	—
1.000	25.40	3.175	107	288	488	141	376	639	—	—	—
1.125	28.58	3.175	140	413	706	184	540	925	—	—	—
1.250	31.75	3.175	177	569	981	232	745	1285	—	—	—
1.375	34.93	3.175	219	761	1320	286	996	1727	—	—	—
1.500	38.10	3.175	265	991	1727	346	1297	2261	—	—	—
1.625	41.28	3.175	315	1263	2211	412	1653	2894	—	—	—
1.750	44.45	3.175	369	1581	2777	484	2069	3636	—	—	—
1.875	47.63	3.175	428	1947	3433	561	2549	4493	—	—	—
2.000	50.80	3.175	492	2366	4183	644	3097	5476	—	—	—
2.250	57.15	3.175	631	3375	5997	826	4418	7851	—	—	—
2.500	63.50	3.175	788	4635	8271	1032	6068	10828	—	—	—
2.625	66.68	3.175	—	—	—	—	—	—	1040	6394	11429
2.750	69.85	3.175	—	—	—	—	—	—	1146	7354	13168
3.000	76.20	3.175	—	—	—	—	—	—	1375	9555	17156
3.250	82.55	3.175	—	—	—	—	—	—	1624	12154	21878
3.750	95.25	3.175	—	—	—	—	—	—	2185	18685	33766
3.875	98.43	3.175	—	—	—	—	—	—	2338	20620	37293
4.000	101.60	3.175	—	—	—	—	—	—	2496	22683	41057

第4章 阀门材料

4.1 概述

阀门是接通流体通路或改变流向、流量或压力的压力管道元件。其功能是接通或截断流体通路，调节流体流量、压力，防止流体倒流和释放过剩压力。为了保证阀门有效地实施这些功能，必须满足许多条件，如选择合适的阀门类型、结构、材质等。其中材质的选择是十分重要的一个环节。

由于各工业领域的特性以及考虑流体的温度、压力、特性、腐蚀性及材料的资源、制造工艺等情况，使材料的选择十分困难。但是，总的材料选择原则有下文所述三个方面。

（1）满足使用性能的要求　为了满足使用性能，就要根据阀门的工作条件，即流体的温度、压力，流体的性质，如有无腐蚀性、有无颗粒、是否会被金属离子污染及阀门零件在阀门中起的作用、受力情况等等来选择材料。而最关键的是要保证阀门在相应的环境中可靠工作。

（2）有良好的工艺性　工艺性包括铸造、锻造、切削、热处理、焊接等性能。

（3）有良好的经济性　经济性即是要用尽可能低的成本制造出符合性能要求的产品。评价经济性的好坏可以用价值与性能（功能）成本三者关系表示：

$$V(\text{价值}) = \frac{F(\text{性能或功能})}{G(\text{成本})}$$

从上式可以看出提高产品价值有三个途径：性能不变，成本降低；成本不变，提高性能；提高一定成本，带来性能更大的提高。

需要说明的是，工艺性和经济性要服从使用性能的要求。也就是说，在保证使用性能的前提下，力求有良好的工艺性和经济性。没有十全十美的材料，选材要综合考虑，解决主要矛盾。例如在有些强腐蚀工况使用的阀门，由于没有耐这种介质腐蚀的密封面材料，只能用本体材料做密封面，这样容易造成密封面擦伤，但是密封面擦伤总比堆焊其他密封面材料而造成严重腐蚀破坏要强，这种选材的指导思想就是解决腐蚀这个主要矛盾来保证阀门具有一定的使用周期。

可供制造阀门零件的材料牌号很多，包括各种铸铁、铸钢、锻钢、钢材、有色金属及其合金、非金属材料等。为了减少供应和储备上的困难，在一定范围内使用的通用阀门主要零件材料已经标准化了，如JB/T 5300—2008《工业用阀门材料　选用导则》中对某些零件材料做了原则规定，但是工业生产的各个领域其工况条件、流体特性十分复杂，所以我们必须了解材料的特性、应用场合，以便为了适应某一工况条件，尽量正确、合理地选择材料和代用材料。

4.2 阀体、阀盖和闸板（阀瓣、蝶板、球体）的材料

阀体、阀盖和闸板（阀瓣、蝶板、球体）是阀门的主要零件之一，直接承受流体压力。其中阀体、阀盖是承压件，闸板（阀瓣、蝶板、球体）是控压件。承压件的定义是：一旦被破坏，其所包容的流体会释放到大气中的零件。因此，承压件所用的材料必须具有能在规定的介质温度和压力作用下达到的力学性能和良好的冷、热加工工艺性。

大多数阀门的阀体、阀盖和闸板（阀瓣、蝶板、球体）形状都比较复杂，因此，一般采用铸件较多，只有某些小口径阀门或特殊工况要求的阀门采用锻件。

4.2.1 铸铁

4.2.1.1 灰铸铁

根据JB/T 5300—2008《工业用阀门材料　选用导则》的规定，灰铸铁件适用于公称压力不大于PN16，温度为-10～100℃的油类、一般性质的液体介质；公称压力不大于PN10，温度为-10～200℃的蒸汽、一般性质气体、煤气、氨气等介质。

1）目前国内采用的现行标准是GB/T 12226—2005《通用阀门　灰铸铁件技术条件》。

① 化学成分。一般情况下，铸件的化学成分由铸件生产厂确定。如果需方有特殊要求，其化学成分由供需双方协商确定。

② 力学性能。单铸试样的抗拉强度应符合表4-1的规定。

③ 质量要求。

a）铸件的尺寸和偏差应符合GB/T 6414《铸件尺寸公差、几何公差与机械加工余量》的规定，也可按照需方订货时图样、模样所要求的尺寸和偏差。

b）按照GB/T 6414或需方铸造图样、模样的规定，在铸件的必要部位应留出切削加工余量。

表4-1　抗拉强度

牌号	抗拉强度 R_m/MPa
HT 200	≥200
HT 250	≥250
HT 300	≥300
HT 350	≥350

c）铸件的重量偏差应符合 GB/T 11351—2017《铸件重量公差》的规定。

d）铸件表面的粘砂、浇口、冒口、夹砂、结疤、毛刺等，均应清除干净。

e）铸件不得有裂纹、气孔、夹砂、冷隔等有害缺陷。

f）铸件不得用锤击、堵塞或浸渍等方法消除渗漏。

g）铸件硬度应适中，易于切削加工。

h）铸件生产厂应对铸件进行消除应力处理。

2）ASTM A 126—2014《阀门、法兰和管件用灰铸铁件》规定的灰铸铁化学成分和力学性能见表4-2。

表4-2　灰铸铁化学成分和力学性能

等级	化学成分（质量分数,%）		力学性能		
				横断试验①	
	P	S	抗拉强度 R_m/MPa	在中心施加的力/N	中心点位移/mm
A	≤0.75	≤0.15	145	9790	2.5
B	≤0.75	≤0.15	214	14685	3.0
C	≤0.75	≤0.15	283	17800	3.0

摘自 ASTM A126—2014。

① 参照1995版，试验应在试棒上进行，试棒置于跨度为305mm的支座上，在两支点的中心（2.5mm内左右移动）施加外力，施加外力的时间为20～40s。试棒直径为28.6mm。

3）EN 1561：1997《灰铸铁》规定的灰铸铁件力学性能见表4-3。

4）JIS G 5501—1999《灰口铁铸件》规定的灰铸铁件力学性能见表4-4。

表4-3　规定的灰铸铁件力学性能

力学性能	材料牌号				
	EN-GJL-150（EN-JL1020）	EN-GJL-200（EN-JL1030）	EN-GJL-250（EN-JL1040）	EN-GJL-300（EN-JL1050）	EN-GJL-350（EN-JL1060）
	基本结构				
	铁素体/珠光体	珠光体			
抗拉强度 R_m/MPa	150～250	200～300	250～350	300～400	350～450
屈服强度 $R_{p0.1}$/MPa	98～165	130～195	165～228	195～260	228～285
伸长率 A（%）	0.8～0.3	0.8～0.3	0.8～0.3	0.8～0.3	0.8～0.3
抗压强度 σ_{db}/MPa	600	720	840	960	1080
压缩屈服强度 $\sigma_{d0.1}$/MPa	195	260	325	390	455
抗弯强度 σ_{bb}/MPa	250	290	340	390	490
抗剪强度 σ_{aB}/MPa	170	230	290	345	400

注：摘自 EN 1561:1997。

4.2.1.2　可锻铸铁

根据 JB/T 5300—2008 的规定，可锻铸铁件适用于公称压力不大于 PN25，温度为 -10～300℃ 的蒸汽、一般性质气体和液体、油类等介质。

1. GB/T 9440—2010《可锻铸铁件》的力学性能

1）黑心可锻铸铁和珠光体可锻铸铁的力学性能见表4-5。

表 4-4 灰铸铁件力学性能

代号	铸件主要壁厚/mm	试棒直径/mm	抗拉试验	抗折试验		硬度试验
			抗拉强度 R_m/MPa	最大载荷/N	挠度/mm	硬度 HBW
FC10	40～50	30	≥98.1	≥6860	≥3.5	≤201
FC15	4～8	13	≥186	≥1764	≥2.0	≤241
	>8～15	20	≥167	≥3920	≥2.5	≤223
	>15～30	30	≥147	≥7840	≥4.0	≤212
	>30～50	45	≥127	≥16660	≥6.0	≤201
FC20	4～8	13	≥235	≥1960	≥2.0	≤255
	>8～15	20	≥216	≥4410	≥3.0	≤235
	>15～30	30	≥196	≥8820	≥4.5	≤223
	>30～50	45	≥162	≥19600	≥6.5	≤217
FC25	4～8	13	≥275	≥2156	≥2.0	≤269
	>8～15	20	≥255	≥4900	≥3.0	≤248
	>15～30	30	≥245	≥9800	≥5.0	≤241
	>30～50	45	≥216	≥22540	≥7.0	≤229
FC30	8～15	20	≥304	≥5390	≥3.5	≤269
	>15～30	30	≥294	≥10780	≥5.5	≤262
	>30～50	45	≥265	≥25480	≥7.5	≤248
FC35	15～30	30	≥343	≥11760	≥3.5	≤277
	>30～50	45	≥314	≥28420	≥7.5	≤269

注：摘自 JIS G5501。

表 4-5 黑心可锻铸铁和珠光体可锻铸铁的力学性能

牌号	试样直径 d①②/mm	抗拉强度 R_m/MPa	0.2%屈服强度 $R_{p0.2}$/MPa	$L_0=3d$ 伸长率 A（%）	布氏硬度 HBW
KTH275-05③	12 或 15	≥275	—	≥5	≤150
KTH300-06③	12 或 15	≥300	—	≥5	≤150
KTH330-08	12 或 15	≥330	—	≥5	≤150
KTH350-10	12 或 15	≥350	≥200	≥10	≤150
KTH370-12	12 或 15	≥370	—	≥12	≤150
KTZ450-05	12 或 15	≥450	≥270	≥4	150～200
KTZ500-05	12 或 15	≥500	≥300	≥3	165～215
KTZ550-04	12 或 15	≥550	≥310	≥4	180～230
KTZ600-03	12 或 15	≥600	≥390	≥3	195～245
KTZ450-02④⑤	12 或 15	≥650	≥430	≥2	210～260
KTZ700-02	12 或 15	≥700	≥530	≥2	240～290
KTZ800-01④	12 或 15	≥800	≥600	≥1	270～320

① 如果需方没有明确要求，供方可以任意选取两种试棒直径中的一种。

② 试样直径代表同样壁厚的铸件，如果铸件为薄壁件，供需双方可以协商选取直径 6mm 或者 9mm 试样。

③ KTH275-05 和 KTH300-06 专用于保证压力密封性能，而不要求高强度或者高延展性的工作条件。

④ 油淬加回火。

⑤ 空冷加回火。

2）白心可锻铸铁的力学性能见表4-6。

2. ASTM A 47/A 47M—2014《铁素体可锻铸铁铸件》规定的力学性能（见表4-7）

3. EN 1562：2012 可锻铸铁件的力学性能（见表4-8）

表4-6 白心可锻铸铁的力学性能

牌号	试样直径 d/mm	抗拉强度 R_m/MPa	0.2%屈服强度 $R_{p0.2}$/MPa	$l_0=3d$ 伸长率 A（%）	硬度 HBW
KTB350-04	6	≥270	—	≥10	≤230
	9	≥310	—	≥5	
	12	≥350	—	≥4	
	15	≥360	—	≥3	
KTB380-12	6	≥280	—	≥16	≤200
	9	≥320	≥170	≥15	
	12	≥350	≥200	≥12	
	15	≥370	≥210	≥8	
KTB400-05	6	≥300	—	≥12	≤220
	9	≥360	≥200	≥8	
	12	≥400	≥220	≥5	
	15	≥420	≥230	≥1	
KTB450-07	6	≥330	—	≥12	≤220
	9	≥400	≥230	≥10	
	12	≥450	≥260	≥7	
	15	≥480	≥280	≥4	
KTB550-04	6	—	—	—	≤250
	9	≥490	≥310	≥5	
	12	≥550	≥340	≥4	
	15	≥570	≥350	≥3	

注：1. 所有级别的白心可锻铸铁均可以焊接。

2. 对于小尺寸的试样，很难判断其屈服强度，屈服强度的检验方法取数值由供需双方在签订订单时商定。

表4-7 可锻铸铁件力学性能

代号（黑心）	抗拉强度 R_m/MPa	屈服强度 R_{eL}/MPa	伸长率（50mm） A（%）
Gr·32510	≥345	≥224	≥10
Gr·35018	≥366	≥241	≥18

注：摘自 ASTM A47/A47M—2014。

表4-8 可锻铸铁件力学性能

材料牌号		试验件公称尺寸 d/mm	抗拉强度 R_m/MPa	伸长率 A（%）	0.2%屈服强度 $R_{p0.2}$/MPa	参考硬度 HBW
牌号	数字代号					
EN-GJMW-350-4	5.4100	6	≥270	10	—	230
		9	≥310	5	—	
		12	≥350	4	—	
		15	≥360	3	—	

（续）

材料牌号		试验件公称尺寸 d/mm	抗拉强度 R_m/MPa	伸长率 A（%）	0.2%屈服强度 $R_{p0.2}$/MPa	参考硬度 HBW
牌号	数字代号					
EN-GJMW-360-12	5.4201	6	≥280	16	—	200
		9	≥320	15	≥170	
		12	≥360	12	≥190	
		15	≥370	7	≥200	
EN-GJMW-400-5	5.4202	6	≥300	12	—	220
		9	≥360	8	≥200	
		12	≥400	5	≥220	
		15	≥420	4	≥230	
EN-GJMW-450-7	5.4203	6	≥330	12	—	220
		9	≥400	10	≥230	
		12	≥450	7	≥260	
		15	≥480	4	≥280	
EN-GJMW-550-4	5.4204	6	—	—	—	250
		9	≥490	5	≥310	
		12	≥550	4	≥340	
		15	≥570	3	≥350	

注：摘自 EN 1562：2012。

4. JIS G 5705—2000《可锻铸铁件》规定的力学性能（见表 4-9）

表 4-9 可锻铸铁件力学性能

种类	代号	力学性能			
		抗拉强度 R_m/MPa min	屈服强度 R_{eL}/MPa min	伸长率 A(%) min	参考硬度 HBW max
A	FCMB27-05	270	165	5	163
B	FCMB31-08	310	185	8	163
B	FCMB32-12	320	190	12	150
A	FCMB35-10	350	200	10	150

注：摘自 JIS G 5705—2000。

4.2.1.3 球墨铸铁

根据 JB/T 5300—2008 的规定，球墨铸铁件适用于公称压力不大于 PN25、温度为 -10 ~ 300℃ 的蒸汽、一般性质气体及油类等介质。

1. GB/T 12227—2005《通用阀门　球墨铸铁件技术条件》标准要求

（1）化学成分（质量分数）　一般情况下，铸件的化学成分由铸件生产厂确定。如果需方有特殊要求，其化学成分由供需双方协商确定。

（2）力学性能

1）单铸试样的力学性能应符合表 4-10 的规定；单铸缺口试样的冲击韧度应符合表 4-11 的规定。

2）附铸试样的力学性能应符合表 4-12 的规定；附铸缺口试样的冲击韧度应符合表 4-13 的规定。

表 4-10 单铸试样的力学性能

牌号	抗拉强度 R_m/MPa ≥	屈服强度 $R_{p0.2}$/MPa ≥	伸长率 A（%）≥	参考值		
				硬度 HBW	主要金相组织	球化等级
QT400-18	400	250	18	130 ~ 180	铁素体	不低于 4 级
QT400-15	400	250	15	130 ~ 180	铁素体	
QT450-10	450	310	10	160 ~ 210	铁素体	
QT500-7	500	320	7	170 ~ 230	铁素体 + 珠光体	

表4-11　单铸缺口试样的冲击韧度①

牌号	最小冲击韧度 a_K/(J/cm^2)			
	室温23℃ ±5℃		低温 -20℃ ±2℃	
	3个试样平均值	最小值	3个试样平均值	最小值
QT400-18	14	11	—	—
QT400-10L	—	—	12	9

注：字母“L”表示该牌号在低温时应具有表4-11所列的冲击韧度。

① GB/T 12227—2005 中为“冲击值”。

表4-12　附铸试样的力学性能

牌号	铸件壁厚/mm	抗拉强度 R_m/MPa ≥	屈服强度 $R_{p0.2}$/MPa ≥	伸长率 A (%)	参考值	
					硬度HBW	主要金相组织
QT400-18A	>30~60	390	250	18	130~180	铁素体
	>60~200	370	240	12		
QT400-15A	>30~60	390	250	15	130~180	铁素体
	>60~200	370	240	12		
QT500-7A	>30~60	450	300	7	170~240	铁素体+珠光体
	>60~200	420	290	5		

注：字母“A”表示该牌号在附铸试件上测定的力学性能，以区别单铸试样上测定的力学性能。

表4-13　附铸缺口试样的冲击韧度

牌号	铸件壁厚/mm	最小冲击韧度 a_k/(J/cm^2)			
		室温23℃ ±5℃		低温 -20℃ ±2℃	
		三个试样平均值	最小值	三个试样平均值	最小值
QT400-18A	>30~60	14	11	—	—
	>60~200	12	9	—	—
QT400-18AL	>30~60	—	—	12	9
	>60~200	—	—	10	7

注：字母“L”表示该牌号在低温时应具有表4-13所列的冲击韧度。

(3) 质量要求

1) 铸件的尺寸和偏差应符合GB/T 6414的规定，也可按需方订货时图样、模样所要求的尺寸和偏差。

2) 按照GB/T 6414的规定或需方铸造图样、模样的规定，在铸件的必要部位应留出切削加工余量。

3) 铸件表面的粘砂、浇口、冒口、夹砂、结疤、毛刺等缺陷均应清除干净。

4) 铸件不得有裂纹、气孔、夹砂、冷隔等有害缺陷。

5) 铸件不得用锤击、堵塞或浸渍等方法消除渗漏。

6) 铸件硬度应适中，易于切削加工。

7) 铸件生产厂应对铸件进行消除应力处理。

2. ASTM A 536—2014《球墨铸铁件》要求（见表4-14）

表4-14　球墨铸铁件力学性能

等级	抗拉强度 R_m/MPa	屈服强度 R_{eL}/MPa	伸长率 A (%)
60-40-18	≥415	≥275	≥18
65-45-12	≥450	≥310	≥12
80-55-06	≥550	≥380	≥6
100-70-03	≥690	≥480	≥3
120-90-02	≥830	≥620	≥2

注：摘自ASTM A536—2014。

3. EN 1563：2011《球墨铸铁》要求（见表4-15）

表4-15 球墨铸铁件力学性能

材料牌号		相关的壁厚	抗拉强度	0.2%屈服强度	伸长率
牌号	数字代号	t/mm	R_m/MPa	$R_{p0.2}$/MPa	A（%）
EN-GJS-350-22-LT①	5.3100	t≤30 30＜t≤60 60＜t≤200	≥350 ≥330 ≥320	≥220 ≥210 ≥200	≥22 ≥18 ≥15
EN-GJS-350-22-RT②	5.3101	t≤30 30＜t≤60 60＜t≤200	≥350 ≥330 ≥320	≥220 ≥210 ≥200	≥22 ≥18 ≥15
EN-GJS-350-22	5.3102	t≤30 30＜t≤60 60＜t≤200	≥350 ≥330 ≥320	≥220 ≥210 ≥200	≥22 ≥18 ≥15
EN-GJS-400-18-LT①	5.3103	t≤30 30＜t≤60 60＜t≤200	≥400 ≥390 ≥370	≥240 ≥230 ≥220	≥18 ≥15 ≥12
EN-GJS-400-18-RT②	5.3104	t≤30 30＜t≤60 60＜t≤200	≥400 ≥390 ≥370	≥250 ≥250 ≥240	≥18 ≥15 ≥12
EN-GJS-400-18	5.3105	t≤30 30＜t≤60 60＜t≤200	≥400 ≥390 ≥370	≥250 ≥250 ≥240	≥18 ≥15 ≥12
EN-GJS-400-15	5.3106	t≤30 30＜t≤60 60＜t≤200	≥400 ≥390 ≥370	≥250 ≥250 ≥240	≥15 ≥14 ≥11
EN-GJS-450-10	5.3107	t≤30 30＜t≤60 60＜t≤200	≥450 需经买方和 制造商同意	≥310	≥10
EN-GJS-450-7	5.3200	t≤30 30＜t≤60 60＜t≤200	≥500 ≥450 ≥420	≥320 ≥300 ≥290	≥7 ≥7 ≥5
EN-GJS-600-3	5.3201	t≤30 30＜t≤60 60＜t≤200	≥600 ≥600 ≥550	≥370 ≥360 ≥340	≥3 ≥2 ≥1
EN-GJS-700-2	5.3300	t≤30 30＜t≤60 60＜t≤200	≥700 ≥700 ≥660	≥420 ≥400 ≥380	≥2 ≥2 ≥1
EN-GJS-800-2	5.3301	t≤30 30＜t≤60 60＜t≤200	≥800 需经买方和 制造商同意	≥480	≥2
EN-GJS-900-2	5.3302	t≤30 30＜t≤60 60＜t≤200	≥900 需经买方和 制造商同意	≥600	≥2

注：摘自EN 1563：2011。

① LT—低温。

② RT—室温。

4. JIS G 5502：2007《球墨铸铁件》要求（见表4-16）

表4-16 球墨铸铁件力学性能

代号	热处理	抗拉试验			硬度 HBW
		抗拉强度 R_m/MPa	屈服强度 R_{eL}/MPa	伸长率 A（%）	
FCD400-18	必要时进行热处理	≥400	≥250	≥18	130～180
FCD450-10		≥450	≥280	≥10	140～210
FCD500-7		≥500	≥320	≥7	150～230
FCD700-2		≥700	≥420	≥2	180～300

注：摘自JIS G5502：2007。

4.2.2 碳素钢

适用于非腐蚀性流体，在某些特定条件下，如在一定范围内的温度、浓度条件下，也可用于某些腐蚀性流体，适用温度范围为－29～425℃。

4.2.2.1 碳素钢铸件

目前国内采用的现行标准是GB/T 12229—2005《通用阀门 碳素钢铸件技术条件》，该标准是参照美国材料试验协会标准ASTM A 216/A216M《高温用可熔焊碳钢铸件标准规范》制定的，其技术要求如下：

1. 铸造

1）铸件用钢应用电弧炉或感应电炉熔炼。

2）所有铸件应按设计图样的要求进行热处理。

3）铸件应是退火、正火或正火加回火的状态供货；ASTM A 216/A216M铸件按补充要求S15，即淬火＋回火供货，淬火温度在890～910℃范围内，回火温度在500～650℃范围内。

4）铸件必须冷却到低于相变温度后再进行热处理。

2. 铸件钢种及化学成分

铸件化学成分应符合表4-17的规定。

表4-17 铸件化学成分（质量分数,%）

化学元素		牌号		
		ZG205-415、WCA	ZG250-485、WCB	ZG275-485、WCC
主要化学元素	C	≤0.25	≤0.30	≤0.25
	Mn	≤0.70	≤1.00	≤1.20
	P	≤0.04	≤0.04	≤0.04
	S	≤0.045	≤0.045	≤0.045
	Si	≤0.60	≤0.60	≤0.60
残余元素	Cu	≤0.30	≤0.30	≤0.30
	Ni	≤0.50	≤0.50	≤0.50
	Cr	≤0.50	≤0.50	≤0.50
	Mo	≤0.25	≤0.25	≤0.25
	V	≤0.03	≤0.03	≤0.03
	总和	≤1.00	≤1.00	≤1.00

注：1. ZG205-415、WCA允许的最大w_C每下降0.01%，最大w_{Mn}可增加0.04%，直至最大ω_{Mn}达1.10%时止。

2. ZG250-485、WCB允许的最大w_C每下降0.01%，最大w_{Mn}可增加0.04%，直至最大w_{Mn}达1.28%时止。

3. ZG275-485、WCC允许的最大w_C每下降0.01%，最大w_{Mn}可增加0.04%，直至最大w_{Mn}达1.40%时止。

4. 钢中不可避免地含有一些杂质元素，为了获得良好的焊接质量，必须遵守表中的限制。关于这些杂质元素的分析报告，只有在订货合同中明确规定时，才予提供。

5. 引用标准：GB/T 5613和ASTM A216/A216M-2016。

6. 如订单中要求碳当量时，碳当量按 $CE = w_C + w_{Mn}/6 + (w_{Cr} + w_{Mo} + w_V)/5 + (w_{Ni} + w_{Cu})/15$ 计算，最大碳当量应是：

牌号	ZG205-415、WCA	ZG250-485、WCB	ZG275-485、WCC
最大碳当量	0.50	0.50	0.55

3. 力学性能

铸件的力学性能应符合表4-18的规定。

表4-18　铸件的力学性能

力学性能	ZG205-415、WCA	ZG250-485、WCB	ZG275-485、WCC
抗拉强度 R_m/MPa	≥415	≥485	≥485
屈服强度 R_{eL}/MPa	≥205	≥250	≥275
伸长率 A（%）	≥24	≥22	≥22
断面收缩率 Z（%）	≥35	≥35	≥35

注：1. 在确切的 R_{eL} 不能测出时，允许用屈服强度（$R_{eL0.2}$）代替，但需注明。

2. 引用标准：GB/T 5613、ASTM A216/A216M—2016。

4. 质量要求

1）铸件表面应按MSS SP 55《阀门、法兰、管件及其他管路附件的铸钢件质量标准　表面缺陷》或JB/T 7927《阀门铸钢件外观质量要求》的规定。

2）承压铸件应按图样或GB/T 13927《工业阀门　压力试验》的规定进行压力试验。

3）对于补焊深度超过壁厚的20%或25mm（取小值）的铸件，焊补面积大于65cm^{2}的铸件或壳体试验中发现缺陷而进行补焊的铸件，均应按焊补工艺在焊补后进行消除应力处理或热处理。

5. 应用中的注意事项

1）该标准的6个牌号中最常用的是ZG250-485、WCB和ZG275-485、WCC，其允许使用的最高温度为425℃。长期处于高于425℃工况时，碳素钢中的碳化物项可能转化为石墨，因此不推荐长期用于高于425℃的工况。

2）ZG250-485、WCB的含碳量，标准值为 $w_C \leqslant 0.3\%$，但考虑到焊接性能，其含碳量不应超过 $w_C = 0.25\%$。

3）有关产品标准和工况条件对碳素钢铸件化学成分（质量分数）的要求：

① GB/T 19672《管线阀门　技术条件》、GB/T 20173《石油天然气工业　管道输送系统　管道阀门》、ISO14313《石油和天然气工业　管理运输系统　管道阀门》、AP16D《管线和管道阀门规范》规定焊接端的碳素钢铸件 $w_C \leqslant 0.23\%$，$w_S \leqslant 0.020\%$，$w_P \leqslant 0.025\%$，碳当量CE≤0.43%。

② 要求执行NACE MR0175《油田设备用抗硫化应力裂纹的金属材料》、ISO15156《石油和天然气工业　油气开采中用于含 H_2S 环境的材料》、NACE MR0103《腐蚀性石油炼制环境中抗硫化物应力开裂材料的选择》规定的用于抗 H_2S，抗SSC、HIC酸性环境的碳素钢铸件，其硬度应不大于22HRC，碳当量CE≤0.42%，更严格的要求CE≤0.38%，特别是对S、P的控制，若要通过抗SSC（硫化物应力开裂）、HIS（氢致开裂）试验，则应控制 $w_S \leqslant 0.009\%$、$w_P \leqslant 0.01\%$。

③ 若用于临氢工况即执行JB/T 11484—2013《高压加氢装置用阀门　技术规范》，则应控制 $w_S \leqslant 0.02\%$、P ≤ 0.02%、$w_{Ni} \leqslant 1.0\%$、碳当量CE≤0.43%。

④ 若用于烷基氢酸条件下，其铸件截面厚度不大于25mm的，CE≤0.43%；铸件厚度大于25mm的，CE≤0.45%。

⑤ 铸件焊补用焊材应选用低氢类焊材。

4.2.2.2　碳素钢锻件

目前使用的标准为GB/T 12228—2006《通用阀门　碳素钢锻件技术条件》，该标准是参照美国材料试验学会标准ASTM A105/A105M《管道部件用碳素钢锻件》制定的，其技术要求如下：

1. 一般要求

锻件材料选用按表4-19的规定，其他性能相当的材料可以代用。

表4-19　材料牌号

材料名称	材料牌号	使用温度/℃	标准号
碳素钢	25	-29~425	GB/T 699
	A105	-29~425	ASTM A105/A105M

2. 锻造

1）锻造用钢应为镇静钢。

2）锻件最终成型后，必须使其冷却到500℃以下，才能进行规定的热处理。

3. 热处理

1）对于公称压力超过PN20的锻件，以及未注明压力等级的法兰必须进行热处理。

2）热处理方法为退火、正火或正火加回火。

3）25. A105钢热处理温度可参考表4-20。

表4-20　热处理温度

钢号	正火温度/℃	回火温度/℃
A105	843～927	593
25	900	600

4. 化学成分（质量分数）

化学成分（质量分数）应符合表4-21的要求。

5. 力学性能

力学性能应符合表4-22的规定。

表4-21　化学成分

牌号	质量分数（%）									
	C	Mn	P	S	Si	Cu	Ni	Cr	Mo	V
A105	≤0.35	0.60～1.05	≤0.035	≤0.04	0.10～0.35	≤0.40	≤0.40	≤0.30	≤0.12	≤0.08
25	0.22～0.29	0.50～0.80	≤0.035	≤0.035	0.17～0.37	≤0.25	≤0.30	≤0.25	—	—

注：1. 在规定的最大 w_C = 0.35%以下，w_C 每降低0.01%，允许在规定的最大 w_{Mn} = 1.05%基础上 w_{Mn} 增加0.06%，直到最大 w_{Mn} = 1.35为止。

2. Cu、Ni、Cr、Mo和V的总质量分数不应超过1.00%。

3. Cr、Mo的总质量分数不应超过0.32%。

表4-22　力学性能

牌号	抗拉强度 R_m/MPa	屈服强度 R_{eL}/MPa	伸长率 A（%）	断面收缩率 Z（%）	冲击吸收能量 KU_2/J	硬度 HBW
A105①	≥485	≥250	≥22	≥30	—	≤187
25②	≥450	≥275	≥23	≥50	71	≤170

① 见GB/T 12228—2006中表4。

② 见GB/T 699—2015中表2。

6. 锻件级别

1）公称压力为PN2.5～PN10的锻件允许采用Ⅰ级锻件。

2）公称压力为PN16～PN63的锻件应符合Ⅱ级或Ⅱ级以上锻件级别要求。

3）公称压力不小于PN100的锻件，应符合Ⅲ级锻件的要求。

7. 锻件每个级别的检验项目和检验数目按表4-23的规定

表4-23　锻件检验项目

锻件级别	检验项目	检验数目
Ⅰ	硬度　HBW	逐件检查
Ⅱ	力学性能试验和冲击（R_m、R_{eL}、A、KU_2）	同炉批号、同炉热处理的锻件抽检一件
Ⅲ	力学性能试验和冲击（R_m、R_{eL}、A、KU_2）	同炉批号、同炉热处理的锻件抽检一件
	超声波检验	逐件检查
Ⅳ	力学性能试验和冲击（R_m、R_{eL}、A、KU_2）超声检验	逐件检查
	金相	同炉批号、同炉热处理的锻件抽检一件

8. 应用中的注意事项

1）化学成分（质量分数）和力学性能应满足表4-21和表4-22的规定，且不得使用含Pb（铅）的材料。

2）对于有焊接要求的锻件碳的质量分数应在0.23%～0.25%范围内。

3）当合同要求控制碳当量CE时，锻件最大截面厚度小于50mm的锻件碳当量CE≤0.47%，截面厚度大于50mm的锻件碳当量CE≤0.48%。对于特殊工况其碳当量的控制还要严格，其值远小于上述值，如 AP16D 阀的焊接端的碳当量 CE 不应超过 0.43%。碳当量 CE 应按下式计算：

$$CE = w_C + (w_{Mn}/6) + (w_{Cr} + w_{Mo} + w_V)/5 + (w_{Ni} + w_{Cu})/15$$

4）当锻件采用正火、正火＋回火、淬火＋回火的热处理工艺时，应在牌号后加上表示热处理工艺的字母：“A”为退火；“N”为正火；“NT”为正火＋回火；“QT”为淬火＋回火。例如 A105N，表示正火处理的 A105。

5）锻件任意部位的硬度值应为 137～187HBW，超出此范围则拒收。

6）允许对锻件的缺陷进行修补，但若顾客要求锻件不允许补焊，则不能焊补。如果需要对锻件缺陷进行焊补，则应采用不会在焊接部位产生大量氢气的方法进行焊补，并在焊后进行消除焊接应力处理。即将锻件加热到 593℃与下转变温度之间，并按最大截面厚度每 25.4mm 最少保温 0.5h。完成焊后热处理的锻件应进行力学性能试验。

7）对于要求执行 NACE MR0175 或 ISO 15156 规定的，材料的硬度不得超过 187HBW，并且要求严格控制钢中的 C、S、P 含量。一般应达到 $w_C \leqslant 0.20\%$、$w_S \leqslant 0.009\%$、$w_P \leqslant 0.01\%$，碳当量 CE 视工况条件不同而不同，要求严的 CE≤0.38%，一般的要求 CE≤0.42%。

8）对于要求执行 GB/T 19672—2005、GB/T 20173—2013、AP16D—2014、ISO14313 的规定的碳素钢阀门的焊接端则要求 $w_C \leqslant 0.23\%$、$w_S \leqslant 0.020\%$、$w_P \leqslant 0.025\%$、碳当量 CE≤0.43%。

4.2.3 合金钢

目前常用的合金钢轧材标准是 GB/T 3077—2015《合金 结构钢》和 ASTM A29/A29M《热轧碳素钢和合金钢棒》。常用的牌号有 30CrMo、30CrMoA、35CrMo、42CrMo，相当于 ASTM A29/A29M 中的 4130、4135、4140、4142。主要用于制作 GB/T 22513—2013《石油天然气工业 钻井和采油设备 井口装置和采油树》或 AP16A—2018《井口装备和采油树设备规范》规定的井口阀的阀体、阀盖或用于制作某些美标阀门中的阀杆及一些受力零件。

1）GB/T 3077—2015 规定的合金钢的化学成分（质量分数）见表 4-24。

2）ASTM A29/A29M 规定的合金钢的化学成分（质量分数）见表 4-25。

表 4-24 GB/T 3077—2015 规定的合金钢的化学成分

材料牌号	化学成分（质量分数,%）				
	C	Si	Mn	Cr	Mo
30CrMo	0.26～0.34	0.17～0.37	0.40～0.70	0.80～1.10	0.15～0.25
30CrMoA	0.26～0.33	0.17～0.37	0.40～0.70	0.80～1.10	0.15～0.25
35CrMo	0.32～0.40	0.17～0.37	0.40～0.70	0.80～1.10	0.15～0.25
42CrMo	0.38～0.45	0.17～0.37	0.50～0.80	0.90～1.20	0.15～0.25

注：1. 表中带 A 字的牌号仅能作为高级优质钢订货，其他牌号按优质钢订货。
2. 根据需方要求可对表中不带“A”的牌号按高级优质钢或特级优质钢订货，只需在牌号后加“A”或“E”。

表 4-25 ASTM A29/A29M 规定的合金钢的化学成分

材料牌号	化学成分（质量分数,%）						
	C	Mn	P	S	Si	Cr	Mo
4130	0.28～0.33	0.40～0.60	≤0.035	≤0.040	0.15～0.35	0.80～1.10	0.15～0.25
4135	0.33～0.38	0.70～0.90	≤0.035	≤0.040	0.15～0.35	0.80～1.10	0.15～0.25
4140	0.38～0.43	0.75～1.00	≤0.035	≤0.040	0.15～0.35	0.80～1.10	0.15～0.25
4142	0.40～0.45	0.75～1.00	≤0.035	≤0.040	0.15～0.35	0.80～1.10	0.15～0.25

注：硅的含量可以由顾客规定，最大质量分数为 0.10%，其值可满足冷成型的需要。

3）应用中的注意事项如下：

① ASTM A29/A29M 中的合金钢与 GB/T 3077 中的合金钢并不等同，只是相当。在使用功能上基本相同，如果顾客要求用 ASTM A29/A29M 中的材料，原则上可以用 GB/T 3077—2015 中的材料代用，但需经顾客同意。

② 对于合金钢 4130、4135、4140、4142 均应采用淬火＋回火后使用。采用淬火＋回火的热处理工

艺，可以通过调整回火温度来改变材料的力学性能，从而满足零件的强度要求。

③ 制作阀门内件，如阀杆等接触流体的小零件，应注意流体对材料的腐蚀性和对使用温度的限制。低合金钢一般情况下用于非腐蚀性流体，适用温度不大于425℃。

④ 如果要求阀门产品执行 NACE MR0175、ISO 15156 的规定，则材料的硬度不得超过22HRC，并要求对钢中 C、S、P 含量严格控制，一般应达到 $w_C \leqslant$ 0.20%、$w_S \leqslant$0.009%、$w_P \leqslant$0.010%。

4.2.4 高温阀门用钢

这里说的高温阀门是指用于火力发电，流体为高温、高压蒸汽的阀门和用于炼油厂催化系统，流体为有硫化物轻腐蚀的石油流体的阀门。

4.2.4.1 用于高温、高压蒸汽阀门壳体的铸钢件材料采用标准

1）GB/T 16253—1996《承压钢铸件》中材料牌号如下：

材料牌号	适用温度范围
ZG12Cr2Mo1G	
ZG16Cr5MoG	
ZG15CrMoG	

2）JB/T 9625—1999《锅炉管道附件承压铸钢件技术条件》中材料牌号如下：

材料牌号	适用温度范围
ZG20CrMo	≤510℃
ZG20CrMoV	≤540℃
ZG15Cr1Mo1V	≤570℃

3）JB/T 5263—2005《电站阀门铸钢件技术条件》中材料牌号如下：

材料牌号	适用温度范围
WC1（0.5Mo）	≤482℃
WC6（1Cr-0.5Mo）	≤593℃
WC9（2.5Cr-1Mo）	≤593℃

这三个牌号来自 ASTM A217/A217M—2014《高温承压零件用合金钢和马氏体不锈钢铸件》，这三种钢的适用温度范围从 ASME B16.34—2017《阀门、法兰、螺纹和焊接端》的温度-压力额定值表中查得。其结果和各阀门制造厂根据自己产品的特点和使用场合推荐的使用温度限制列于表4-26。

表4-26 WC1、WC6、WC9推荐的适用温度范围

材料牌号	推荐适用温度范围/℃			
	ASME B16.34	EN 12516-1	GB/T 12224	NB/T 47044
WC1	470	538	470	470
WC6	595	650	595	600
WC9	595	650	595	650

注：1. WC1在470℃以上温度区域使用时要考虑高温下石墨化的可能性。

2. WC6、WC9在595℃以上区域使用时要考虑生成氧化皮的可能性。

4.2.4.2 ASTM A217/A217M—2014《高温承压件用合金钢和马氏体不锈钢铸件》的规定

1. 化学成分（质量分数）

铸件的牌号和化学成分（质量分数）见表4-27。

表4-27 铸件的牌号和化学成分（质量分数） （%）

钢种	C-Mo	Ni-Cr-Mo	Ni-Cr-Mo	Cr-Mo	Cr-Mo	Cr-Mo	Cr-Mo	Cr-Mo	Cr-Mo-V	Cr
牌号（UNS牌号）	WC1（J12524）	WC4（J12082）	WC5（J22000）	WC6（J12072）	WC9（J21890）	WC11（J11872）	C5（J42045）	C12（J82090）	C12A（J84090）	CA15（J91150）
C	0.25	0.05~0.20	0.05~0.20	0.05~0.20	0.05~0.18	0.15~0.21	0.20	0.20	0.08~0.12	0.15
Mn	0.05~0.80	0.05~0.80	0.40~0.70	0.50~0.80	0.40~0.70	0.50~0.80	0.40~0.70	0.35~0.65	0.30~0.60	1.00
P	0.04	0.04	0.40	0.04	0.04	0.02	0.04	0.04	0.020	0.040
S	0.045	0.045	0.045	0.045	0.045	0.015	0.045	0.045	0.010	0.040
Si	0.60	0.60	0.60	0.60	0.60	0.30~0.60	0.75	1.00	0.20~0.50	1.50
Ni	—	0.70~1.10	0.60~1.00	—	—	—	—	—	0.40	1.00
Cr	—	0.50~0.80	0.50~0.90	1.00~1.50	2.00~2.75	1.00~1.50	4.00~6.50	8.00~10.00	8.0~9.5	11.5~14.0

（续）

钢种	C-Mo	Ni-Cr-Mo	Ni-Cr-Mo	Cr-Mo	Cr-Mo	Cr-Mo	Cr-Mo	Cr-Mo	Cr-Mo-V	Cr
牌号（UNS 牌号）	WC1（J12524）	WC4（J12082）	WC5（J22000）	WC6（J12072）	WC9（J21890）	WC11（J11872）	C5（J42045）	C12（J82090）	C12A（J84090）	CA15（J91150）
Mo	0.45~0.65	0.45~0.65	0.90~1.20	0.45~0.65	0.90~1.20	0.45~0.65	0.45~0.65	0.90~1.20	0.85~1.05	0.50
Nb	—	—	—	—	—	—	—	—	0.060~0.10	—
N	—	—	—	—	—	—	—	—	0.030~0.070	—
规定的残余元素										
Al	—	—	—	—	—	0.01	—	—	0.040	—
Cu	0.50	0.50	0.50	0.50	0.50	0.35	0.50	0.50	—	—
Ni	0.50	—	—	0.50	0.50	0.50	0.50	0.50	—	—
Cr	0.35	—	—	—	—	—	—	—	—	—
W	0.10	0.10	0.10	0.10	0.10	—	0.10	0.10	—	—
V	—	—	—	—	—	0.03	—	—	0.18~0.25	—
残余元素总量	1.00	0.60	0.60	1.00	1.00	1.00	1.00	1.00	—	—

注：除非另外注明，所有数值均为最大值。

2. 力学性能铸件的牌号和力学性能见表4-28。

3. 铸件的热处理规范

1）所有铸钢件应以正火+回火状态供货。其中牌号WC1、WC4、WC5、WC6和CA15最低回火温度为595℃；牌号WC9、C5、C12和WC11最低回火温度为675℃；牌号C12A正火温度为1040~1080℃，回火温度为730~800℃。

2）铸件的热处理应在铸件温度冷却到相变温度区域以下后进行。

4. 应用中的注意事项

1）标准所列的10个牌号中，CA15和WC11未列入ASME B16.34—2017材料组中，因此，这两个牌号一般不作为承压件（阀体、阀盖）使用。

表4-28 铸件的牌号和力学性能

牌号	抗拉强度 R_m/MPa	屈服强度① R_{eL}/MPa	延伸率（标距50mm）A②（%）	断面收缩率 Z（%）
WC1	450~620	≥240	≥24	≥35
WC4、WC5、WC6、WC9	485~655	≥275	≥20	≥35
WC11	550~725	≥345	≥18	≥45
C5、C12	620~795	≥415	≥18	≥35
C12A（J84090）	585~760	≥415	≥20	≥45
CA15	620~795	≥450	≥18	≥30

① 可用0.2%残余变形或载荷下的0.5%伸长法测定。

② 当用ASTM A703/A703M《铸钢件标准规范 承压件通用要求》规定的ICI试验棒做拉伸试验时，标距与收缩断面直径之比为4:1。

2）马氏体不锈钢CA15属于13Cr型不锈钢，具有良好的抗氧化性能，在温度不高的弱腐蚀性流体中具有良好的耐蚀性，但热强温度约为500℃，因此，该牌号只用来制作适用温度-29~425℃碳素钢阀门的关闭件（闸板、阀瓣），其密封面可为CA15本体，也可在其上堆焊stellite（司太主）硬质合金。

3）表4-27中的Cr-Mo钢、Cr-Mo-V钢主要用于高温、高压工况，如火力发电中的高温、高压蒸汽，炼油企业的石油裂解、催化裂化、高压加氢等含有硫化物、氢腐蚀的石油流体等工况。

4）除CA15、WC11外的其他牌号均可作为阀门的承压件（阀体、阀盖）或关闭件（闸板、阀瓣）的母材。这些牌号的适用温度范围见表4-29。

表4-29　Cr-Mo钢和Cr-Mo-V钢适用温度范围

牌号	WC1①	WC4②	WC5②	WC6②③、WC9②③、C5②	C12②、C12A
适用温度/℃	-29~455	-29~538	-29~575	-29~595	-29~650

① 长期处于高于470℃工况时，钢中的碳化物相有可能转化为石墨，因此不推荐长期用于470℃以上工况。

② 仅使用正火+回火的材料。

③ WC6、WC9在温度高于595℃温度区域使用时要考虑过氧化作用，即生成氧化皮的可能性。

4.2.5　低温阀门用钢

一般低温系指-29~-196℃范围，-196~-269℃为超低温范围，石化企业规定低于-20℃就算低温。一般碳素钢、低合金钢、铁素体钢在低温下韧性急剧下降，脆性上升，这种现象叫材料的冷脆现象。为了保证材料的使用性能，不仅要求材料在常温时有足够的强度、韧性、加工性能以及良好的焊接性能，而且要求材料在低温下也具有抗脆化的能力。另外材料在低温时会发生收缩，各个零件收缩率不同是使某些密封部位发生泄漏的原因。因此，要研究各个部位的材料、结构，防止低温时产生间隙。几种常用气体的液化温度见表4-30。

表4-30　几种常用气体的液化温度

（一个大气压下的沸点）

液化气体	沸点/℃	液化气体	沸点/℃
氨	-33.4	液化天然气	-16
丙烷	-45	甲烷	-163
丙烯	-47.7	氧	-183
硫化碳酰	-50	氩	-186
硫化氢	-59.5	氟	-187
二氧化碳	-78.5	氮	-195.8
乙炔	-84	氖	-246
乙烷	-83.3	氘	-249.6
乙烯	-104	氢	-252.8
氪	-151	氦	-269

4.2.5.1　低温阀门壳体材料用钢（铸钢和锻钢）

1. 国外低温铸钢的材料标准：

国外低温铸钢的材料标准是ASTM A552/A352M—2014《低温承压件用铁素体和马氏体钢铸件》

（1）概述

1）该标准中包括9个牌号的铁素体钢和1个牌号的马氏体钢，选用时应根据设计要求和使用工况进行选择。

2）适用于低温下的钢材要求在低温下有足够的韧性，衡量其韧性的指标是在低温下的冲击吸收能量，不同类型（或牌号）的低温钢适用于不同的低温温度。低温阀门按适用的温度分为-46℃、-70℃、-101℃和-196℃4个等级，其他某些工况还有-162℃、-254℃等。不同温度等级的阀门所选用的钢材必须在其所适用的温度下达到标准规定的冲击吸收能量才是安全可靠的。到目前为止，低温冲击吸收能量采用夏比V形缺口试验是公认的一种方法，通常的最低试验温度见表4-31。

表4-31　各种牌号的低温铁素体和马氏体钢最低试验温度

牌号	最低试验温度/℃	牌号	最低试验温度/℃
LCA	-32	LC2-1	-73
LCB	-46	LC3	-101
LCC	-46	LC4	-115
LC1	-59	LC9	-196
LC2	-73	CA6NM	-73

（2）热处理　所有铸件都应进行适合化学成分的热处理。通常铁素体钢采用液淬来保证厚截面的力学性能，同时大大提高薄截面的低温性能。材料热处理要求见表4-32。

表4-32　材料热处理要求

牌号	热处理状态	最低回火温度/℃
LCA、LCB、LCC、LC1	正火+回火	590
LC2、LC2-1、LC3	或	
LC4	液淬+回火	565
LC9	液淬+回火	565~635空冷或液冷
CA6NM	加热至1010℃以上在中间回火之前冷至95℃以下，在最终回火之前空冷至40℃以下，最终回火温度565~620℃之间	

注：铸件在正火或液淬加热前应将浇铸并凝固的铸件冷却到相变区间温度以下。

（3）化学成分　铸钢件的化学成分（质量分数）应符合表4-33 的规定。

（4）力学性能　铸钢件的力学性能应符合表4-33的规定。

表 4-33　化学成分、力学性能和冲击性能要求

类别	碳钢	碳钢	碳-锰钢	碳-钼钢	$2\frac{1}{2}\%$镍钢	镍铬钼钢	$3\frac{1}{2}\%$镍钢	$4\frac{1}{2}\%$镍钢	9%镍钢	$12\frac{1}{2}\%$镍铬钼钢
元素（%）（最大，给定范围除外）	LCA	LCB①	LCC	LC1	LC2	LC2.1	LC3	LC4	LC9	CA6NM
C	0.25①	0.30	0.25①	0.25	0.25	0.22	0.15	0.15	0.13	0.06
Si	0.60	0.60	0.60	0.60	0.60	0.50	0.60	0.60	0.45	1.00
Mn	0.70①	1.00	1.20①	0.50～0.80	0.50～0.80	0.55～0.75	0.50～0.80	0.50～0.80	0.90	1.00
P	0.04	0.04	0.04	0.04	0.04	0.04	0.04	0.04	0.04	0.04
S	0.045	0.045	0.045	0.045	0.045	0.045	0.045	0.045	0.045	0.03
Ni	0.050②	0.50②	0.50②	…	2.00～3.00	2.50～3.50	3.00～4.00	4.00～5.00	8.50～10.0	3.5～4.5
Cr	0.05②	0.50②	0.50②	…	…	1.35～1.85	…	…	0.50	11.5～14.0
Mo	0.02②	0.20②	0.20②	0.45～0.65	…	0.30～0.60	…	…	0.20	0.4～1.0
Cu	0.30②	0.30②	0.30②	…	…	…	…	…	0.30	…
V	0.03②	0.03②	0.03②	…	…	…	…	…	0.03	…
拉伸性能要求③ 抗拉强度/ksi （MPa）	60.0～85.0 （415～585）	65.0～90.0 （450～650）	70.0～95.0 （485～655）	65.0～90.0 （450～620）	70.0～95.0 （485～655）	105.0～130.0 （725～895）	70.0～95.0 （485～655）	70.0～95.0 （485～655）	85.0 （585）	110.0～135.0 （760～930）
屈服强度④/ksi（MPa）	30.0（295）	35.0（240）	40.0（275）	35.0（240）	40.0（275）	80.0（550）	40.0（275）	40.0（275）	75.0（515）	80.0（550）
延伸率（标距2in或50mm）min（%）⑤	24	24	22	24	24	13	24	24	20	15
断面收缩率min（%）	35	35	35	35	35	30	35	35	30	35
冲击性能要求 夏比V型缺口③⑥能量值/ft·lb（J）	13（18）	13（18）	15（20）	13（18）	15（20）	30（41）	15（20）	15（20）	20（27）	20（27）
单个试样最小值/ft·lb（J）	10（14）	10（14）	12（16）	10（14）	12（16）	25（31）	12（16）	12（16）	15（20）	15（20）
试验温度/℉（℃）	～25（32）	～50（46）	～50（46）	～75（59）	～100（73）	～100（73）	～150（101）	～①75（115）	～320（196）	～100（73）

注：ksi 为英制机械强度单位，1ksi = 4448N/m²。

① 含碳量在最大规定值下减少0.01%，允许最高含锰量增加0.04%，直至最大含量达1.10%（LCA），1.28%（LCB）、1.40%（LCC）。

② 这些残留元素总量最大值为1.00%。

③ 见2.4.1.16。

④ 用0.2%残余变形法载荷下0.5%伸长法测定，标距和收缩断面直径之比应为4∶1。

⑤ 当按 A703/A703M 规范规定，用1C1 试验棒做拉伸试验时。

⑥ 见标准附录Ⅺ。

（5）焊补

1）应按标准 ASTM A488/A488M 规定的焊接程序和焊工进行补焊。

2）牌号 LC9 的补焊应采用 AWS 分类的 ENiCrFe-2 无磁性的填充材料，当铸件规定进行磁粉无损检验时，要求对焊缝进行液体渗透无损检验。

3）焊补应采用与检查铸件相同的标准进行检查，当按规定的磁粉无损检查生产的铸件时，焊补处应采用与检查铸件同样的标准进行磁粉无损检查，当按规定的射线无损检测生产铸件时，对液压试验有泄漏的铸件的补焊。或在准备补焊的铸件上任何缺陷凹坑的深度超过壁厚的 20% 或 1in（25mm）两者之间的较小值，或准备补焊的凹坑超过约 $10in^2$（$65cm^2$）的铸件，都应采用检查铸件的同一标准进行射线无损检测。

4）补焊超过壁厚的 20% 或 1in（25mm）两者之间的较小值，或补焊面积超过约 $10in^2$（$65cm^2$）的铸件，或对液压试验有泄漏而进行补焊的铸件，应在焊后进行去除应力或热处理。强制性的去除应力或热处理应按照合格审定的程序。当 LC9 牌号材料要求消除应力时，应在静止的空气中冷却。

5）铸件表面质量用目测法进行检验时，若发现不符合 MSS SP-55 规定的不合格缺陷，应去除目测表面质量不合格的缺陷。当用高温法去除缺陷时，铸件应被预热到表 4-34 所规定的最低预热温度以上。

表 4-34　最低预热温度

牌号	厚度/in（mm）	最低预热温度/℉（℃）
LCA	全部	50（10）
LCB	全部	50（10）
LCC	全部	50（10）
LC1	>5/8（15.9）	250（120）
	≤5/8（15.9）	50（10）
LC2	全部	300（150）
LC2-1	全部	300（150）
LC3	全部	300（150）
LC4	全部	300（150）
CA6NM	全部	50（10）

（6）补充要求

1）冲击试验温度。当不采用表 2-15 所表示的冲击试验温度时，应在凸台上紧靠材料代号的前面部位用低的应力打印，打出最低试验温度，以表示在该温度下材料满足冲击性能要求，如 25LCB 表示 +25℉（-8℃）、025LCB 表示 -25℉（-32℃）。

2）碳当量。当订单中有要求，规定碳当量时，其最大值应符合表 4-35 的规定。

表 4-35　最大碳当量

牌号	最大碳当量
LCA	0.50
LCB	0.50
LCC	0.55

按下式确定碳当量：

$$CE = C + \frac{Mn}{6} + \frac{Cr + Mo + V}{5} + \frac{Ni + Cu}{15}$$

2. 国外低温锻钢的材料标准

国外低温锻钢的材料标准是 ASTM A350/A350M—2017《要求进行缺口韧性试验的管道部件用碳素钢与低合金钢锻件》。

（1）制造工艺

1）熔炼工艺。应按以下几种基本熔炼工艺的任何一种进行制造：平炉、氧气顶吹转炉、电炉或真空感应熔炼（VIM）。基本熔炼过程可采用单独脱氧或精炼，其后的二次熔炼可采用电渣重熔（ESR）或真空电弧重熔。

2）锻造工艺。锻件材料应包括铸锭或锻制、轧制的单独连铸的钢锭、钢坯、扁坯或棒材。除各种类型的法兰外，如果零件的轴向长度与材料的金属流线大致平行，空心和圆柱形零件可由轧制棒材或无缝钢管制成。其他零件可由小于 NP54 热轧或锻制棒材制成。弯管、U 形弯头、三通或连管三通不应直接用棒材加工制成。

3）热处理。在热加工后与重新加热进行热处理前，应将锻件冷却到相变温度以下。除牌号 LF787 以外的其他牌号应按正火，或正火 + 回火，或淬火 + 回火供货，LF787 锻件应以正火 + 沉淀硬化或淬火 + 沉淀硬化供货。

① 正火。将锻件加热至可产生奥氏体组织的温度，然后保温足够长的时间以使温度完全均匀，然后在静止的空气中均匀冷却。

② 正火 + 回火。正火之后，将锻件重新加热至最低温度 590℃，然后在该温度保温，保温时间至少为 30min/25mm，但绝不能少于 30min，然后在静止的空气中冷却。

③ 淬火 + 回火。淬火的过程如下：a）将锻件完全奥氏体化，之后在适当的液态介质中淬火；b）采用多步过程进行，先是将锻件完全奥氏体化并快速冷却，再重新加热以使其部分重新奥氏体化，然后在适

当的液态介质中淬火，所有经淬火的锻件都应进行回火处理，即重新将锻件加热到590℃和下临界相变温度之间，然后在该温度下保温，保温时间至少为30min/25mm，但绝不能少于30min。

④ 正火＋沉淀时效。将锻件加热到870～940℃，保温足够长的时间使温度完全均匀，均热处理时间应不少于0.5h，然后从炉中取出空冷，随后再将锻件加热至540～650℃，保温时间不少于0.5h，然后以适宜的速度冷却。

⑤ 淬火＋沉淀时效。将锻件加热到870～940℃，保温足够长的时间使温度完全均匀，均热处理时间应不少于0.5h，然后将锻件浸入适当的液态介质中淬火；随后再将锻件加热至540～665℃，保温时间不少于0.5h，然后以适宜速度冷却。

（2）材料的化学成分　材料的化学成分（质量分数）应符合表4-36的规定。

表4-36　化学成分（质量分数）要求

元素	化学成分（质量分数,%）						
	LF1	LF2	LF3	LF5	LF6	LF9	LF787
C　max	0.30	0.30	0.20	0.30	0.22	0.20	0.07
Mn	0.60～1.35	0.60～1.35	0.40　max	0.60～1.35	1.15～1.50	0.40～1.06	0.40～0.70
P　max	0.035	0.035	0.035	0.035	0.025	0.035	0.025
S　max	0.040	0.040	0.040	0.040	0.025	0.040	0.025
Si①	0.15～0.30	0.15～0.30	0.20～0.35	0.20～0.35	0.15～0.30	—	0.40　max
Ni	0.40　max②	0.40　max②	3.25～3.70	1.00～2.00	0.40　max②	1.60～2.24	0.70～1.00
Cr	0.30　max②、③	0.30　max②、③	0.30　max③	0.30　max③	0.30　max②、③	0.30　max③	0.60～1.90
Mo	0.12　max②、③	0.12　max②、③	0.12　max③	0.12　max③	0.12　max②、③	0.12　max③	0.15～0.25
Cu	0.40　max②	0.40　max②	0.40　max②	0.40　max②	0.40　max②	0.75～1.25	1.00～1.30
Nb	0.02　max④	0.02　max④	0.02　max④	0.02　max	0.02　max	0.02　max	0.02　min
V	0.03　max	0.03　max	0.03　max	0.03　max	0.04～0.11	0.03　max	0.03　max
N	—	—	—	—	0.01～0.03	—	—

① 当按补充要求S11要求进行真空脱碳脱氢时，含硅量最高应为0.12%。

② 熔炼分析的铜、镍、铬、钼的含量之和不得超过1.00%。

③ 熔炼分析的铬、钼含量之和不得超过0.32%。

④ 按协议，铌（Nb）含量的限制，熔炼分析可达0.05%，产品分析可达0.06%。

（3）材料的力学性能和低温冲击试验

1）室温下材料的力学性能见表4-37。

2）低温冲击试样的制取要求：

① 试样应取自粗锻件或成品锻件，或从其延伸部分上截取。对于4540kg以下的锻件，试样可取自然处理时的单独锻制试块，该试块与生产锻件应是同炉钢水浇铸而成。试样应从锻件或试块的最厚截面切取。

② 对于最大热处理厚度 T 小于或等于50mm的锻件或试块，试样的纵向、轴向应取自锻件或试块厚度的中部，其长度的中点应距另一热处理表面（不包括 T 尺寸的表面）至少50mm［一般表述为 $T/2\times$ 2in（50mm）］，如图4-1所示。

③ 最大热处理厚度 T 大于50mm的锻件或试块：

a）除了b）和c）所述要求之外，试样的中轴应取自距最近热处理表面至少为 $T/4$，其长度的中点应距所有其他热处理表面（不包括 T 尺寸的表面）至少50mm，如图4-2所示。

b）对于淬火＋回火的锻件，或淬火＋沉淀时效热处理的锻件，试样的中轴应取自距最近热处理表面至少为 $T/4$，试样长度的中点应距所有其他热处理表面应至少为 T，不包括 T 尺寸的表面，如图4-3所示。

c）对于 W/T 小于2的淬火＋回火锻件，或淬火＋沉淀时效热处理的锻件，试样的中轴应取自距最近热处理表面至少为 $T/4$，在锻件宽度的中点，此处 W 为锻件宽度，试样长度的中点应距锻件或试块的终端至少为 T，图4-4所示为单独锻件试块上的试样位置。

表4-37 室温下的拉伸性能①

项目	牌号							
	LF1 和 LF5 类别 1	LF2 类别 1 和类别 2	LF3 类别 1 和类别 2 以及 LF5 的类别 2	LF6		LF9	LF787	
				类别 1	类别 2 和类别 3		类别 2	类别 3
抗拉强度 R_m/ksi（MPa）	60～85（415～585）	70～95（485～655）	70～95（485～655）	66～91（455～630）	75～100（515～690）	63～88（435～605）	65～85（450～585）	75～95（515～655）
最小屈服强度 R_{eL}/ksi（MPa）②、③	30（205）	36（250）	37.5（260）	52（360）	60（415）	46（315）	55（380）	65（450）
伸长率 A（%）								
4D 标距的标准圆形试样，或成比例的小尺寸试样的最小伸长率（%）	25	22	22	22	20	25	20	20
厚度大于或等于 5/16in（7.94mm）和小尺寸试样全截面试验，且标距为 2in（50mm）的带状试样的最小伸长率（%）	28	30	30	30	28	28	28	28
厚度小于 5/16in（7.94mm）的标距为 2in（50mm）的带状试样，其最小伸长率的计算公式为：（t 为实际厚度/in）	$48t+13$	$48t+15$	$48t+15$	$48t+15$	$48t+13$	$48t+13$	$48t+13$	$48t+13$
最小断面收缩率 Z（%）	38	30	35	40	40	38	45	45

① 硬度试验见（4）。

② 可以用 0.2% 变形法或用载荷下 0.5% 伸长法确定。

③ 仅适用于圆形试样。

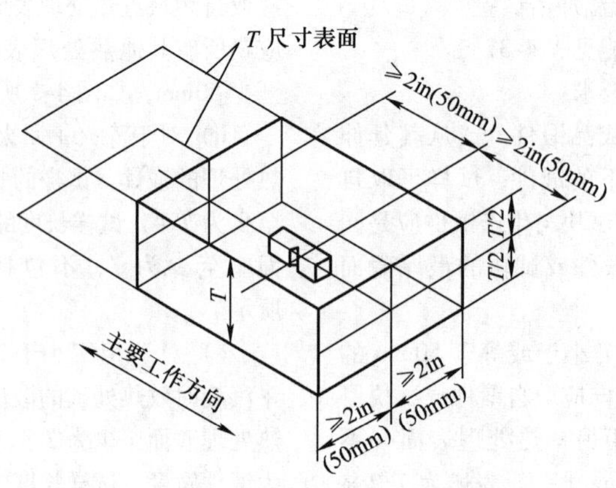

图4-1 锻件为 $T\leqslant$2in（50mm）的单独锻件试样

注：为了图示清晰，仅在图4-1～图4-4中展示了夏比V型切口试样。拉伸试验的试样位置和定向及长度中点位置应满足图4-1所示的夏比V型切口试样的定位和方向相同的要求。

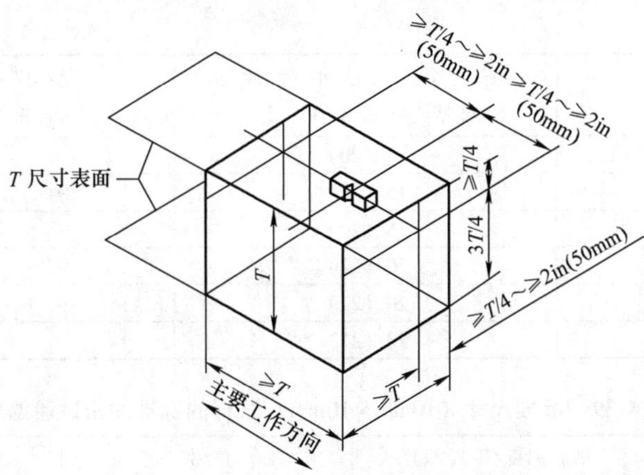

图 4-2 锻件为 $T>2$in（50mm）的未经淬火加回火处理的单独锻件试样

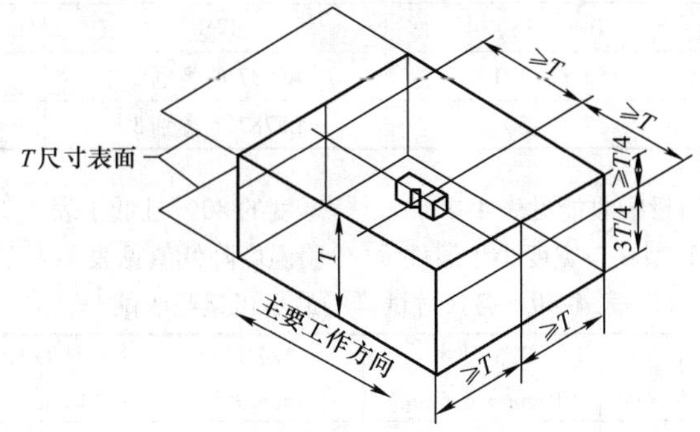

图 4-3 锻件为 $T>2$in（50mm）的经淬火加回火或淬火加沉淀热处理的单独锻件试样

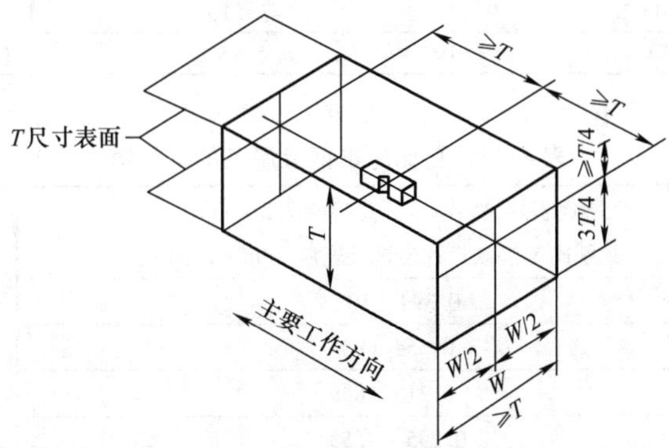

图 4-4 锻件为 $T>2$in（50mm）的 W/T 比 <2 经淬火加回火或淬火加沉淀热处理的单独锻件试样

④ 标准尺寸 10mm×10mm 试样的夏比 V 型缺口能量值要求，见表 4-38。

⑤ 标准尺寸 10mm×10mm 试样的冲击试验温度见表 4-39。

表 4-38 标准尺寸（10mm×10mm）试样的夏比 V 型缺口能量值要求

牌号	每组三个试样的最小平均冲击能量值要求/ft·lb（J）	每组仅一个试样允许的最小冲击能量值/ft·lb（J）
LF1 和 LF9	13（18）	10（14）
LF2 的 1 级	15（20）	12（16）
LF3 的 1 级	15（20）	12（16）

（续）

牌号	每组三个试样的最小平均冲击能量值要求/ft·lb（J）	每组仅一个试样允许的最小冲击能量值/ft·lb（J）
LF5 的 1 级和 2 级	15（20）	12（16）
LF787 的 2 级和 3 级	15（20）	12（16）
LF6 的 1 级	15（20）	12（16）
LF2 的 2 级	20（27）	15（20）
LF3 的 2 级	20（27）	15（20）
LF6 的 2 级和 3 级	20（27）	15（20）

表 4-39 标准尺寸（10mm×10mm）试样的标准冲击试验温度

牌号	试验温度/℉（℃）	牌号	试验温度/℉（℃）
LF1	-20（-29）	LF6 的类别 1 和类别 2	-60（-51）
LF2 的类别 1	-50（-46）	LF6 的类别 3	0（-18）
LF2 的类别 2	-0（-18）	LF9	-100（-73）
LF3 的类别 1 和类别 2	-150（-101）	LF787 的类别 2	-75（-59）
LF5 的类别 1 和类别 2	-75（-59）	LF787 的类别 3	-100（-73）

⑥ 各种尺寸试样的最小当量吸收能见表 4-40。

⑦ 当小尺寸试样的夏比 V 型缺口宽度小于锻件厚度的 80% 且低于表 4-39 试验温度时的夏比冲击试验温度降低值见表 4-41。

表 4-40 各尺寸试样的最小当量吸收能① ［单位：in·lb（J）］

标准尺寸（10mm×10mm）	3/4 尺寸（10mm×7.5mm）	2/3 尺寸（10mm×6.6mm）	1/2 尺寸（10mm×5mm）	1/3 尺寸（10mm×3.3mm）	1/4 尺寸（10mm×2.5mm）
15（20）	12（16）	10（14）	8（11）	5（7）	4（6）
13（18）	10（14）	9（12）	7（10）	5（7）	4（6）
12（16）	10（14）	9（12）	7（10）	4（6）	3（5）
10（14）	8（11）	7（10）	5（7）	3（5）	3（5）

① 中间值允许采用线性内插值法。

表 4-41 夏比冲击试验温度的降低值

试样尺寸	所代表的材料厚度（见标准 7.2.4.3），或夏比 V 型缺口冲击试验宽度①/in（mm）	试验温度降低值/℉（℃）
标准尺寸	0.394（10）	0（0）
标准尺寸	0.354（9）	0（0）
标准尺寸	0.315（8）	0（0）
3/4 尺寸	0.295（7.5）	5（3）
3/4 尺寸	0.276（7）	8（5）
2/3 尺寸	0.262（6.67）	10（6）
2/3 尺寸	0.236（6）	15（8）
1/2 尺寸	0.197（5）	20（11）
1/2 尺寸	0.158（4）	30（17）
1/3 尺寸	0.131（3.33）	35（20）
1/3 尺寸	0.118（3）	40（22）
1/4 尺寸	0.099（2.5）	50（28）

① 中间值允许采用线性内插值法。

（4）硬度试验　除只生产一个锻件外，对每一批或每一次连续生产的产品中至少取两个锻件进行硬度试验，以确保经热处理之后锻件的硬度不大于197HBW。

（5）注意事项　1）根据ASME B16.34—2017规定LF2不推荐长期用于高于425℃工况。

2）要求执行NACE MR0175、ISO15156、NACE MR0103用于抗H_2S酸性环境的碳素钢锻件其硬度应≤197HBW，碳当量≤0.42%，更严格的要求CE≤0.38%，特别是对S、P的控制，若要通过抗SSC（硫化物应力开裂）、HIC（氢致开裂）试验，则应控制S≤0.009%、P≤0.01%。

3. 国内标准的阀用低温钢

国内低温阀门铸钢件标准为JB/T 7248—2008《阀门用低温铸钢件技术条件》。该标准中只列了四种钢号：LCB、LC1、LC2和LC3，且其要求完全和ASTM A352/A352M相同。

对于棒材和锻件，我国目前还没有低温阀门用的碳素钢和低合金钢锻件和棒材标准规范。

4.2.5.2　在－101～－196℃温度范围内所使用的棒材或锻件

一般采用ASTM A276/A276M—2017《不锈钢棒材和型材》中的304、316（棒材），或ASTM A182/A182M—2015《高温设备用锻制或轧制的合金钢不锈钢管法兰、锻制管件、阀门及零件》中的F304、F316。

4.2.5.3　对于低温阀门用钢需要说明或注意的问题

1）LCA、LCB、LCC和WCA、WCB、WCC的化学成分（质量分数）完全相同，但使用温度范围不同。WCB、WCC使用温度范围是－29～425℃，而LCB、LCC使用温度范围是－46～345℃。

要注意的是化学成分相同并不是一种钢，LCB、LCC是要求低温冲击值的钢，它和WCB、WCC的标准化学成分（质量分数）相同，但要达到规定的低温性能必须在化学成分（质量分数）上的控制和通过热处理来达到。如果采用WCB钢来替代LCB钢，则会造成事故。如果在－46℃做低温冲击试验，WCB钢只能达到4J，而LCB钢则能达到14J（单个试样最小）。

2）3.5Ni钢（LC3、LF3）的焊接。3.5Ni钢在最初研制时是作为－101℃以上的温度范围使用的，日本从经济观点出发，多用于－104℃沸点的液化乙烯装置上，为此焊接材料的选用和施焊方法显得更为重要。

3）根据ANS1/ASME B31.5规定下列材料可不做冲击试验：

① 铝、304或CFB、304L或CF3、316或CF8M和321、铜、纯铜、铜镍合金和镍铜合金。

② 用于温度高于－29℃的ASTM A193/A193M中B7级爆检材料。

③ 用于温度高于－101℃的ASTM A320/A320M中L7、L43。

4）深冷处理。

定义：将零件浸入低温液氮箱中，保温一定时间，以减少其由于温差和金相组织改变而产生的变形，从而提高阀门在低温时密封性能的一种处理方法。

奥氏体不锈钢在马氏体转变温度时，部分奥氏体变成马氏体而引起体积变化，导致零件变形，是阀门密封面泄漏的一个重要原因。此外，由于温度降低时零件产生冷缩和温差应力引起阀门零件不规则的变形，也是引起低温泄漏的一个原因。为此，零件在精加工前（如密封面研磨前）对主要零件，如阀体、阀盖、闸板（阀瓣、模板、球体）、阀焊、紧固件等进行低于工作温度下的深冷处理。

一般规定：在－101℃以下使用的阀门，主要零件在精加工前要进行深冷处理。但如果用户要求高时，高于－101℃工作的低温阀门零件也要进行深冷处理。

深冷处理的方法：将要处理的零件浸放在液氮箱内进行冷却，当零件温度达到－196℃时，开始保温1～2h，然后取出箱外自然处理到常温，重复循环两次。

4.2.6　不锈钢

阀门中常用的不锈钢是奥氏体不锈钢和铁素体—奥氏体双相不锈钢。用于腐蚀性流体，适用温度范围极广，低温可用于－269℃（液氦），高温可达816℃，常用的温度范围是－196（液氮）～650℃。

奥氏体不锈钢具有良好的耐蚀性、高温抗氧化性和耐低温性能，因此广泛用于制作耐腐蚀阀门，高温阀门和低温阀门。

（1）耐蚀性　奥氏体不锈钢的耐蚀性是相对的，不是什么样的腐蚀性流体都能承受。金属的腐蚀现象，或所谓的耐腐蚀性，是根据腐蚀性流体的种类、浓度、温度、压力、流速等环境条件及金属本身的性质，即化学元素成分、加工性、热处理等诸因素的差异，而分别具有不同的腐蚀状态和腐蚀速度。

金属的腐蚀形态可分为两大类：均匀（全面）腐蚀和局部腐蚀。均匀（全面）腐蚀包括全面成膜腐蚀和无膜腐蚀。

1）均匀（全面）腐蚀。一般对均匀腐蚀的程度用腐蚀率表示，但如何评价则有不同规定，如按《石油化工企业管道设计器材选用通则》规定，流体对金属材料的腐蚀速率、管道金属材料的耐腐蚀能力可分为以下四类：a. 年腐蚀速率不超过0.05mm的材料为充分耐腐蚀材料；b. 年腐蚀速率在0.05～0.1mm的材料为耐腐蚀性材料；c. 年腐蚀速率在0.1mm～0.5mm的材料为高耐腐蚀性材料；d. 年腐蚀速率超过0.5mm的材料为不耐腐蚀材料。

《腐蚀数据手册》对均匀（全面）腐蚀的耐蚀性用均匀腐蚀率来评价、具体的评价指标见表4-42。

表4-42 耐腐蚀性能评价

腐蚀率/（mm/年）	评价
<0.05	优良
0.05～0.5	良好
0.5～1.5	可用，但腐蚀较重
>1.5	不适用，腐蚀严重

据《金属防腐蚀手册》（中国腐蚀与防护学会）规定，见表4-43。

表4-43 金属材料耐腐蚀性的10级标准

腐蚀等级	1	2	3	4	5	6	7	8	9	10
腐蚀率/(mm/年)	<0.001	0.001～0.005	0.005～0.01	0.01～0.05	0.05～0.1	0.1～0.5	0.5～1.0	1.0～5.0	5.0～10.0	>10.0
耐蚀性类别	完全耐蚀	很耐蚀		耐蚀		尚耐蚀		欠耐蚀		不耐蚀

按日本《配管》《装置用配管材料及选定方法》规定见表4-44。

表4-44 耐蚀性能的评价

腐蚀率/（mm/年）	评价
0.005	可充分使用
0.05～0.005	可使用
0.5～0.05	尽量不要使用
0.5以上	不使用

① 全面成膜腐蚀：腐蚀在金属的全部或大部分面积上进行，而生成保护膜，具有保护性，如碳素钢在稀硫酸中腐蚀很快。当硫酸浓度大于50%时，腐蚀率达到最大值，此后浓度再继续增大，腐蚀率反而下降。这是由于浓硫酸的强氧化性在铁的表面生成一层组织致密的钝化膜，这种膜化膜不溶于浓硫酸，从而起到了阻止腐蚀的作用。

② 无膜腐蚀：无膜全面腐蚀很危险，因为它保持一定速度全面进行。

2）局部腐蚀。局部腐蚀的形态有十三种，如缝隙腐蚀、脱层腐蚀、晶间腐蚀、应力腐蚀等。据调查，化工装置中局部腐蚀约占20%，且在诸多局部腐蚀的形态中，与阀门制造有关的且常见的是晶间腐蚀。

晶间腐蚀，局部地沿着结晶粒子边界向深度方向腐蚀的形式称为晶间腐蚀。这种腐蚀，外表看不出腐蚀迹象。严重的晶间腐蚀可以穿过整个机体厚度。产生晶间腐蚀的原因是由于沿晶粒边界析出碳化铬Cr23C6或FeCr化合物——δ相，使晶界范围贫铬在适合的腐蚀介质（产生晶间腐蚀的介质）中，形成了碳化铬（阴极）——贫铬区（阳极）电池，并使晶界贫铬区产生腐蚀。

由上述可以看出，晶间腐蚀是有条件的，其内因是必须有碳化铬或δ相沿晶界析出，使晶界贫铬；其外因是必须有腐蚀贫铬区的介质、水和一些中性溶液并不腐蚀贫铬区，所以即使存在贫铬区也不会产生晶间腐蚀。如果晶界不贫铬，即使有产生晶间腐蚀的介质也不会产生晶间腐蚀，所以产生晶间腐蚀的内因、外因缺一不可。

产生贫铬区的原因：一是钢水化学成分不合格，如碳高、铬低或含钛、铌的不锈钢中碳钛化或碳铌化不够；二是热处理工艺不正确或焊接加工时加热至碳化物析出温度，而在900～400℃冷却速度不够快而析出碳化物造成贫铬。

控制奥氏体不锈钢晶间腐蚀有三种方法：

① 执行正确的热处理工艺，将钢加热至1100℃水淬（急冷）使碳化物向固溶体中溶解。

② 加入固定碳的元素钛或铌。

③ 采用含碳量≤0.03%的超低碳不锈钢。

（2）奥氏体不锈钢作高温钢用　高温是指温度超过350℃，高温用钢是指在高温下具有较高强度的钢材。在石油化工装置里，高温并伴有腐蚀的场合就必须使用既耐高温又耐腐蚀的材料。不锈钢18Cr-8Ni～25Cr-20Ni的高温强度高，特别是18-8Ti、18-8Nb等合金元素影响更为优越。一般在没有耐腐蚀性问题的场合，在规定范围内，含碳量高的不锈钢，其高温强度也高。若在18-8钢内添加Mo、Nb、Ti、Mo可强化基体，Nb、Ti则形成碳化物，从而可改善高温强度。具体什么牌号的不锈钢最高使用温度是多少，要查标准中材料的压力-温度额定值。

4.2.6.1　不锈钢铸件

制造阀体、阀盖、闸板（阀瓣、蝶板、球体），当采用铸件时，常用的铸钢牌号为GB/T 12230—2005《通用阀门　不锈钢铸件技术条件》和GB/T 2100—2017《通用耐蚀铸钢件》中的ZG03Cr18Ni10、ZG08Cr18Ni9、ZG12Cr18Ni9、ZG08Cr18Ni9Ti、ZG12-Cr18Ni9Ti、ZG08Cr18Ni12Mo2Ti、ZG12Cr18Ni12-Mo2Ti、ZG12Cr17Mn9Ni4Mo3Cu2N、ZG12Cr18Mn13-Mo2CuN、CF3、CF8、CF3M、CF8M、CF8C、ZG12-Cr13、ZG20Cr13和ASTM A217/A217M—2014《高温承压零件用合金钢和马氏体不锈钢铸件》中的CA15（相当于我国ZG12Cr13），其中CF3、CF8、CF3M、CF8M、CF8C这五个牌号选自ASTM A351/A351M—2000《压力容器部件用奥氏体钢铸件》。

目前不锈钢阀门最常用的不锈钢铸件牌号为ZG12Cr18Ni9、ZG12Cr18Ni9Ti、ZG12Cr18Ni12Mo2Ti、CF3、CF8、CF3M、CF8M。此外ZG12Cr13、ZG20Cr13和CA15一般只作为关闭停（闸板、阀瓣、蝶板、球体）用。

不锈钢铸体使用中的注意事项：

1）晶间腐蚀检验：一般按照GB/T 4334—2008（所有部分）《不锈钢腐蚀试验方法》进行检验。晶间腐蚀检验用的试片是80mm×18mm×3mm（长×宽×厚）上、下平面磨至$\overset{0.8}{\bigtriangledown}$的薄片。

① 敏化：将试片在650℃下加热，保温2h（压力加工件）或1h（铸件）空冷。之所以在650℃加热，是因为奥氏体不锈钢在500～700℃，碳化铬最易沿晶界析出，造成晶界贫铬，从而在产生晶间腐蚀的介质中产生晶间腐蚀。

② 交货产品试片：即试片经固溶处理，实际上是和铸件一同处理的试样上取下来的试片。

③ 判别：试片在酸中浸泡后弯曲90°（铸件）或180°（锻件）若有裂纹则不合格，不合格时，铸件要重新热处理，但重复处理的次数不超过两次。

④ 什么情况下要在敏化试片上做晶间腐蚀检验：含碳量≤0.3%或添加了稳定化元素Ti、Nb及0.03%≤C≤0.08%不含稳定化元素用于焊接的奥氏体铬-镍不锈钢要在敏化试片上进行晶间腐蚀检验，因为不敏化不易发现晶间腐蚀倾向。

⑤ 什么情况下可不敏化：含碳量大于0.03%不含稳定化元素的奥氏体铬-镍不锈钢若不做焊接可不敏化。

奥氏体不锈钢的晶间腐蚀是很严重的问题，因此一定要根据客户要求，按标准要求来生产。

2）使用马氏体不锈钢铸件时一定要进行正确的热处理，马氏体不锈钢ZG12Cr13、ZG20Cr13、CA15如果不做热处理，很脆，一摔就碎。特别作为止回阀阀瓣不处理很容易破坏，处理的方法如退火，然后密封面高频淬火；也可以调质，即淬火后高温回火，ASTM A217/A217M规定CA15的最低回火温度为595℃。

3）奥氏体铬-镍不锈钢采用固溶处理，即加热到1100℃保温后水淬，其作用是消除焊接应力，恢复冲击韧度值，改善耐蚀性。

4）含碳量≤0.03%的超低碳奥氏体不锈钢的温度限制：CF3≤800℉（425℃）；CF3M≤850℉（455℃）。

5）含碳量>0.03%的奥氏体不锈钢的最高使用温度按压力-温度额定值确定。

6）ASTM A351/A351M—2018《压力容器用奥氏体钢铸件》简介：

① 化学成分（质量分数）见表4-45，力学性能见表4-46。

表 4-45 化学成分（质量分数,%）[除给出范围升为最大值]

元素	钢号																									
	CF3 CF3A J92700	CF8 CF8A J92600	CF3M CF3MA J92800	CF8M J92900	CF3MN J92804	CF8C J92710	CF10 J92950	CF10M J92901	CH8 J93400	CH10 J93401	CH20 J93402	CK20 J94202	HG10-MNN J92604	HK30 J92403	HK40 J94204	HT30 N08030	CF10-MC	CN7M N08007	CN3MN J94651	CG6M-MN J93790	CG8M J93000	CF10-SMnN J92972	CT15C N08151	CK3M-CuN J93254	CE20N J92802	CG3M J92999
C	0.03	0.08	0.03	0.08	0.03	0.08	0.04 ~ 0.10	0.04 ~ 0.10	0.08	0.04 ~ 0.10	0.04 ~ 0.20	0.04 ~ 0.20	0.07 ~ 0.11	0.25 ~ 0.35	0.35 ~ 0.45	0.25 ~ 0.35	0.10	0.07	0.03	0.06	0.08	0.10	0.05 ~ 0.15	0.025	0.20	0.03
Mn	1.50	1.50	1.50	1.50	1.50	1.50	1.50	1.50	1.50	1.50	1.50	1.50	3.0 ~ 5.0	1.50	1.50	2.00	1.50	1.50	2.00	4.0 ~ 6.0	1.50	7.0 ~ 9.0	0.15 ~ 1.50	1.20	1.50	1.50
Si	2.00	2.00	1.50	1.50	1.50	2.00	2.00	1.50	1.50	2.00	2.00	1.75	0.70	1.75	1.75	2.50	1.50	1.50	1.00	1.00	1.50	3.5 ~ 4.5	0.50 ~ 1.50	1.00	1.50	1.50
S	0.04	0.04	0.04	0.04	0.04	0.04	0.04	0.04	0.04	0.04	0.04	0.04	0.03	0.04	0.04	0.04	0.04	0.04	0.01	0.03	0.04	0.03	0.03	0.01	0.04	0.04
P	0.04	0.04	0.04	0.04	0.04	0.04	0.04	0.04	0.04	0.04	0.04	0.04	0.04	0.04	0.04	0.04	0.04	0.04	0.04	0.04	0.04	0.06	0.03	0.045	0.04	0.04
Cr	17.0 ~ 21.0	18.0 ~ 21.0	17.0 ~ 21.0	18.0 ~ 21.0	17.0 ~ 21.0	18.0 ~ 21.0	18.0 ~ 21.0	18.0 ~ 21.0	22.0 ~ 26.0	22.0 ~ 26.0	22.0 ~ 26.0	23.0 ~ 27.0	18.5 ~ 20.5	23.0 ~ 27.0	23.0 ~ 27.0	13.0 ~ 17.0	15.0 ~ 18.0	19.0 ~ 22.0	20.0 ~ 22.0	20.5 ~ 23.5	18.0 ~ 21.0	16.0 ~ 18.0	19.0 ~ 21.0	19.5 ~ 20.5	23.0 ~ 26.0	18.0 ~ 21.0
Ni	8.0 ~ 12.0	8.0 ~ 11.0	9.0 ~ 13.0	9.0 ~ 12.0	9.0 ~ 13.0	9.0 ~ 12.0	8.0 ~ 11.0	9.0 ~ 12.0	12.0 ~ 15.0	12.0 ~ 15.0	12.0 ~ 15.0	19.0 ~ 22.0	11.5 ~ 13.5	19.0 ~ 22.0	19.0 ~ 22.0	33.0 ~ 37.0	13.0 ~ 16.0	27.5 ~ 30.5	23.5 ~ 25.5	11.5 ~ 13.5	9.0 ~ 13.0	8.0 ~ 9.0	31.0 ~ 34.0	17.5 ~ 19.5	8.0 ~ 11.0	9.0 ~ 13.0
Mo	0.50	0.50	2.0 ~ 3.0	2.0 ~ 3.0	2.0 ~ 3.0	0.50	0.50	2.0 ~ 3.0	0.50	0.50	0.50	0.50	0.25 ~ 0.45	0.50	0.50	0.50	1.75 ~ 2.25	2.0 ~ 3.0	6.0 ~ 7.0	1.5 ~ 3.0	3.0 ~ 4.0	—	—	6.0 ~ 7.0	0.50	3.0 ~ 4.0
Nb	—	—	—	—	—	①	—	—	—	—	—	—	③	—	—	—	②	—	—	0.10 ~ 0.30	—	—	0.50 ~ 1.50	—	—	—
V	—	—	—	—	—	—	—	—	—	—	—	—	—	—	—	—	—	—	—	0.10 ~ 0.30	—	—	—	—	—	—
N	—	—	—	—	0.10 ~ 0.20	—	—	—	—	—	—	—	0.20 ~ 0.30	—	—	—	—	—	0.18 ~ 0.26	0.20 ~ 0.40	—	0.08 ~ 0.18	—	0.18 ~ 0.24	0.08 ~ 0.20	—
Cu	—	—	—	—	—	—	—	—	—	—	—	—	0.50	—	—	—	—	3.0 ~ 4.0	0.75	—	—	—	—	0.50 ~ 1.00	—	—

① CF8C 钢的含铌量应不低于含碳量的 8 倍，但也不能超过 1.00%。

② CF10MC 钢的含铌量应不低于含碳量的 10 倍，但也不能超过 1.20%。

③ HG10MNN 钢的含铌量应不低于含碳量的 8 倍，但也不能超过 1.00%。

表 4-46 力学性能

材料牌号	CF3 J92700	CF3A J92700	CF8 J92600	CF8A J92600	CF3M J92800	CF3MA J92800	CF8M J92900	CF3MN J92804	CF8C J92710	CF10 J92950	CF10M J92901	CH8 J93400	CH10 J93401	CH20 J93402	CK20 J94202	HG10-MNN J92604	HK30 J94203	HK40 J94204	HT30 N08030	CF10-MC	CN7M N08007	CN3MN J94651	CG6M-MN J93790	CG8M J93000	CF10-SMnN J92972	CT15C N08151	CK3-MCuN J93254	CE20N J92802	CG3M J92888
最小抗拉强度 R_m/MPa	485	530	485	530	485	550	485	515	485	485	485	450	485	485	450	525	450	425	450	485	425	550	585	515	585	435	550	550	515
最小屈服强度① R_{eL}/MPa	205	240	205	240	205	255	205	255	205	205	205	195	205	205	195	225	240	240	195	205	170	260	295	240	295	170	260	275	240
标距为2in(50mm)②的最小延伸率 A(%)	35.0	35.0	35.0	35.0	30.0	30.0	30.0	35.0	30.0	35.0	30.0	30.0	30.0	30.0	30.0	20.0	10.0	10.0	15.0	20.0	35.0	35.0	30.0	25.0	30.0	20.0	35.0	30.0	25.0

注：1. 因为牌号 CE20N、CF3MA 具有热不稳定性，建议不要用于温度高于 425℃的场合。

2. 当奥氏体钢（除 HK、HT、CT15C 以外）承受苛刻的腐蚀条件时，均应进行焊后固溶处理。

3. CK3MCuN 至少应加热到 1200℃，并保持足够的时间，然后在水中淬火或用其他方法快速冷却。

4. CN3MN 至少应加热到 1200℃，并保持足够的时间，然后在水中淬火或用其他方法快速冷却。

5. CE20N 应至少加热到 1220℃，并保持足够的时间，使铸件均匀地达到此温度，然后在水中淬火，或铸件随炉冷却到 1120℃，至少保温 15min，然后在水中淬火或用其他方法快速冷却。

6. 所有铸件应按其设计和其化学成分进行热处理，但 HK、HT 和 CT15C、NG10MNN 牌号钢，应以铸态条件提供。

① 用 0.2% 残余变形法确定。

② 当采用 ASTM A985/A985M 中规定的拉伸试验 1C1 试棒时，标距与收缩断面的直径比应为 4:1。

② 热处理。所有铸件应按表4-47规定的温度进行热处理，然后进行水淬或采用注示的规定方式以外的其他任何方式进行快速冷却。

表4-47 热处理要求

牌号	最低温度	
	℉	℃
HK30、HK40、HT30和CT15C、HG10MNN	铸态	铸态
CF3、CF3A、CF8、CF8A和CF3M	1900	1040
CF3MA、CF8M、CF3MN、CG3M和CF10		
CF10M和CG8M		
CF10SMN、CF8C、CF10MC	1950	1065
CN7M、CG6MMN	2050	1120
CH8、CH10和CH20、CK20	2100	1150
CK3MCuN、CN3MN①	2200	1200
CE20N②	2225	1220

① 这些牌号的铸件应在规定温度下至少保温4h。

② 该牌号的钢应水淬或随炉冷却到1120℃，在此温度至少保温15min，然后进行水淬或用其他方法快速冷却。

③ 焊后热处理。a. 焊补过的所有奥氏体铸钢件（除牌号HK、HT和CT15C外）均应进行焊后固溶处理；b. 牌号为CK3MCuN和CN3MN铸件的焊后热处理应依照表2-31规定，但已经依照表2-31进行热处理的铸件的低浸泡时间为1h的除外。

④ CF8C的稳定化热处理应该在870～900℃下至少保持1h/25mm（厚度），然后水淬或通过其他方法迅速冷却。在牌号标志之后应加符合“S33”。

⑤ CF10MC的稳定化热处理应该在870～900℃下至少保持1h/25mm（厚度），然后水淬或通过其他方法迅速冷却。在牌号标志之后应加符合“S34”。

⑥ 注意事项：a. 由于材料的不稳定性，牌号CE20N、CF3MN、CF3A、CF8A不推荐在温度425℃以上使用，但CE20N、CF3MA未列入ASME B16.34—2017材料组中，而CF3A、CF8A的使用温度限制在ASME B16.34材料额定值中的规定不同于上述的425℃，见表4-48。b. 阀门中常用的牌号CF8、CF8M、CF3、CF3M、CF8C，这些牌号的铸件用于严重腐蚀工况下时应按订单中的要求做晶间腐蚀检验。用于低温工况时应按相应的标准要求进行低温冲击试验和深冷处理。c. 当用于高温工况时CF3、CF3M不能代替CF8、CF8M使用。d. 当奥氏体钢铸件将用于存在应力腐蚀的工况时，买方应在订单中注明此工况，并且此类铸件在所有的焊补均完成之后要进行固溶处理。e. 列入ASME B16.34（—2017）材料组中的ASTM A351/A351M（—2016）中的材料牌号及使用温度限制见表4-48。

表4-48 列入ASME B16.34材料组中的ASTM A351/A351M材料牌号及使用温度限制

ASME B16.34材料组	ASTM A351/A351M材料牌号	使用温度限制
2.1	CF8	使用温度超过538℃时，仅当碳含量等于或高于0.04%时才使用
	CF3	超过425℃不使用
	CF10	816℃
2.2	CF8M	在温度超过538℃时，仅当碳含量等于或高于0.04%时才使用
	CF3A、CF8A	超过345℃不使用
	CF3M、CG3M	超过455℃不使用
	CF10M	816℃

（续）

ASME B16.34 材料组	ASTM A351/A351M 材料牌号	使用温度限制
2.8	CE8MN	在适度高温下使用后，可变得易碎，超过315℃不使用
	CK3MCuN	400℃
2.10	CH8、CH20	在温度超过538℃时，仅当碳含量等于或高于0.04%时才使用
2.11	CF8C	在温度超过538℃时，仅当碳含量等于或高于0.04%时才使用
2.12	CK20	在温度超过538℃时，仅当碳含量等于或高于0.04%时才使用

⑦ ASTM A744/A744M—2013《恶劣工况下使用的耐腐蚀镍-铬-铁合金铸件》。

a. 热处理，铸件应按照表4-49要求进行热处理。

表4-49　热处理要求

牌号	热处理规范
CF8（J92600）、CG8M（J93000） CF8M（J92900）、CF8C（J92710） CF3（J92500）、CF3M（J92800） CG3M（J92999）①	加热到1040℃以上，保持足够的时间，以使铸件温度均匀，在水中淬火或用其他方式快速冷却
CN7M（N08007）	加热到1120℃以上，保持足够的时间，以使铸件温度均匀，在水中淬火或用其他方式快速冷却
CN7MS（J94650）	加热到1150～1180℃，保持足够的时间（至少2h），以使铸件温度均匀，在水中淬火
CN3MN（J94651）	加热到1150℃以上，保持足够的时间，以使铸件的温度均匀，在水中淬火或用其他方式快速冷却
CK3MCuN（J93254）	加热到1150℃以上，保持足够的时间，以使铸件的温度均匀，在水中淬火或用其他方式快速冷却

注：通常有必要对这些合金进行适当的热处理，以提高耐腐蚀性能与在某些情况下满足力学性能要求，表中规定了最低热处理温度。但是，有时候需更高的温度来进行热处理，保留某一最短时间，然后快速冷却铸件以提高耐腐蚀性能和满足力学性能要求。

① 对于牌号CF8M、CG8M、CF3M，为了获得最佳抗拉强度、延伸率和耐腐蚀性能，固溶退火温度应超过1040℃

b. 加工工艺，合金应通过电炉进行熔炼（带有或不带有单独精炼），如采用氩氧脱碳（AOD）。

c. 化学成分要求。材料应符合表4-50规定的化学成分（质量分数）要求。

表 4-50 化学成分要求

牌号	类型	化学成分（质量分数,%）														
		C≤	Mn≤	Si≤	P≤	S≤	Cr	Ni	Mo	Nb	Cu	Se	W≤	V≤	Fe≤	N
CF8 J92600	19 铬 9 镍	0.08	1.50	2.00	0.04	0.04	18.0~21.0	8.0~11.0	—	—	—					
CF8M K92900	19 铬 10 镍钼	0.08	1.50	2.00	0.04	0.04	18.0~21.0	9.0~12.0	2.0~3.0	—	—					
CF8C J92710	19 铬 10 镍钴	0.08	1.50	2.00	0.04	0.04	18.0~21.0	9.0~12.0	—	①	—					
CF3 J92500	19 铬 9 镍	0.03②	1.50	2.00	0.04	0.04	17.0~21.0	8.0~12.0	—	—						
CF3M J92800	19 铬 9 镍钼	0.03②	1.50	1.50	0.04	0.04	17.0~21.0	9.0~13.0	2.0~3.0	—	—					
CG3M J92999	19 铬 11 镍钼	0.03	1.50	1.50	0.04	0.04	18.0~21.0	9.0~13.0	3.0~4.0	—	—	—	—	—	—	—
CG8M J93000	19 铬 11 镍钼	0.08	1.50	1.50	0.04	0.04	18.0~21.0	9.0~13.0	3.0~4.0	—	—					
CN7M N08007	20 铬 29 镍铜钼	0.07	1.50	1.50	0.04	0.04	19.0~22.0	27.5~30.5	2.0~3.0	—	3.0~4.0					
CN7M5 J94650	19 铬 24 镍铜钼	0.07	1.00	2.50~3.50	0.04	0.03	18.0~20.0	22.0~25.0	2.5~3.0	—	1.5~2.0					
CN3MN J94651	21 铬 24 镍钼氮	0.03	2.00	1.00	0.04	0.01	20.0~22.0	23.5~25.5	6.0~7.0	—	≤0.75	—	—	—	—	0.18~0.26
CK3MCuN J93254	20 铬 18 镍钼铜	0.025	1.20	1.00	0.045	0.01	19.5~20.5	17.5~19.5	6.0~7.0	—	0.5~1.0	—	—	—	—	0.18~0.24

① 牌号 CF8C 所含的 Nb 含量不小于 8 倍的碳含量，且不大于 1.0%。如果采用 Co：Ta 约为 3:1 的钴钽合金来稳定 CF8C，则总的钴加钽含量不小于 9 倍的 C 含量，但不能超过 1.1%。

② 为了确保与该标准相符，C 含量的观测值或计算值应按照标准 E29 的圆整方法圆整精确到 0.01%。

d. 力学性能应符合表4-51规定的要求。

e. 晶间腐蚀试验。ASTM A262所列举的牌号或经买方同意的牌号，应遵照适当惯例进行晶间腐蚀试验。对稳定化处理的钢种或最大含C量为0.03%的钢种（CF3、CF3M、CF8C、CG3M、CN3MN、CK3M-CuN），其晶间腐蚀试验应在敏化试样上进行。对于所有其他的铬镍钢牌号，其晶间腐蚀试验应在交货状态下有代表的试样上进行。

表4-51 力学性能要求

牌号	UNS	类型	抗拉强度 R_m≥		屈服强度 R_{eL}≥		延伸率 A[①]（%）≥
			ksi	MPa	ksi	MPa	2in（50mm）
CF8	J92600	19铬9镍	70[②]	485[②]	30[②]	205[②]	35
CF8M	J92900	19铬10镍钼	70	485	30	205	30
CF8C	J92710	19铬10镍钴	70	485	30	205	30
CF3	J92500	19铬9镍	70	485	30	205	35
CF3M	J92800	19铬10镍钼	70	485	30	205	30
CG3M	J92999	19铬11镍钼	75	515	35	240	25
CG8M	J93000	19铬11镍钼	75	520	35	240	25
CN7M	N08007	20铬29镍铜钼	62	425	25	170	35
CN7MS	J94650	19铬24镍铜钼	70	485	30	205	35
CN3MN	J94651	21铬24镍钼氮	80	550	38	260	35
CK3MCuN	J93254	20铬18镍钼铜	80	550	38	260	35

① 当采用1C1试棒进行抗拉试验时，标距与收缩截面直径之比应为4∶1。

② 对于该钢种的低铁素体铸件或无磁性铸件，应采用下列数值：抗拉强度 R_m≥65ksi（450MPa）、屈服强度 R_{eL}≥28ksi（195MPa）。

f. 不锈钢铸件焊接推荐的填充金属见表4-52。

表4-52 不锈钢铸件焊接推荐的填充金属

铸件钢号	UNS	推荐使用的填充金属（AWS号）
CF8	J92600	E308-XX
CF8M	J92900	E316-XX、E308Mo-XX
CF8C	J92710	E309Nb-XX、E347-XX
CF3	J92500	E308L-XX
CF3M	J92800	E308MoL-XX、E316L-XX
CG3M	J92999	E317L-XX
CG8M	J93000	E317-XX
CN3MN	J94651	NiCrMo-3、NiCrMo-12
CN7M	N08007	E320-XX、E320LR-XX
CN7MS	J94650	E320-XX、E320LR-XX
CK3MCuN	J93254	NiCrMo-3、NiCrMo-12

4.2.6.2 不锈钢铸材和锻件

国内牌号的不锈钢棒执行的标准是GB/T 1220—2007《不锈钢棒》，常用牌号为12Cr18Ni9、12Cr18-Ni12Mo2、06Cr19Ni10、022Cr19Ni10、06Cr17Ni12-Mo2、022Cr17Ni14Mo2、锻件的牌号与棒材相同，执行标准是JB/T 4728—2010《压力容器用不锈钢锻件》。

美国牌号的不锈钢棒材和锻件分别执行ASTM A276—2016《不锈钢棒材和型材》和ASTM A182/A182M—2018《高温设备用锻制或轧制合金钢、不锈钢锻制管法兰、锻制管件、阀门及零件》，常用棒材牌号为ASTM A276/A276M—2017中304、304L、316、316L；常用的锻件牌号为ASTM A182/A182M—2018中F304、F304L、F316、F316L。

1. ASTM A276/A276M—2017《不锈钢棒材和型材》

（1）不锈钢棒材和型材的化学成分　不锈钢棒材和型材的化学成分见表4-53。

表 4-53 化学成分（质量分数）要求[①]

UNS 编号[②]	牌号	成分（%）									
		C	Mn	P	S	Si	Cr	Ni	Mo	N	其他元素[⑫]
奥氏体类											
N08020	合金 20	0.07	2.00	0.045	0.035	1.00	19.0~21.0	32.0~38.0	2.00~3.00	—	Cu 3.0~4.0 Nb 8×C min; 1.00 max
N08367	—	0.030	2.00	0.040	0.030	1.00	20.0~22.0	23.5~25.5	6.0~7.0	0.18~0.25	Cu 0.75
N08700	—	0.04	2.00	0.040	0.030	1.00	19.0~23.0	24.0~26.0	4.3~5.0	—	Cu 0.50 Cb 8×C min 0.40 max
N08800	800	0.10	1.50	0.045	0.015	1.00	19.0~23.0	30.0~35.0	—	—	Fe[⑩]39.5min Cu 0.75 Al 0.15~0.60 Ti 0.15~0.60
N08810	800H	0.05~0.10	1.50	0.045	0.015	1.00	19.0~23.0	30.0~35.0	—	—	Fe[⑩] 39.5min Cu 0.75 Al 0.15~0.60 Ti 0.15~0.60
N08811	—	0.06~0.10	1.50	0.045	0.015	1.00	19.0~23.0	30.0~35.0	—	—	Fe[⑩]39.5min Cu 0.75 Al[⑪] 0.25~0.60 Ti[⑪] 0.25~0.60
N08904	904L	0.020	2.00	0.045	0.035	1.00	19.0~23.0	23.0~28.0	4.0~5.0	0.10	Cu 1.0~2.0
N08925	—	0.020	1.00	0.045	0.030	0.50	19.0~21.0	24.0~26.0	6.0~7.0	0.10~0.20	Cu 0.80~1.50
N08926	—	0.020	2.00	0.030	0.015	0.50	19.0~21.0	24.0~26.0	6.0~7.0	0.15~0.25	Cu 0.50~1.50
S20100	201	0.15	5.5~7.5	0.060	0.030	1.00	16.0~18.0	3.5~5.5	—	0.25	—
S20161	—	0.15	4.0~6.0	0.045	0.030	3.0~4.0	15.0~18.0	4.0~6.0	—	0.08~0.20	—
S20162	—	0.15	4.0~8.0	0.040	0.040	2.5~4.5	16.5~21.0	6.0~10.0	0.50~2.50	0.05~0.25	—
S20200	202	0.15	7.5~10.0	0.060	0.030	1.00	17.0~19.0	4.0~6.0	—	0.25	—

S20500	205	0.12~0.25	14.0~15.5	0.060	0.030	1.00	16.5~18.0	1.0~1.7	—	0.32~0.40	—
S20910	XM-19	0.06	4.0~6.0	0.045	0.030	1.00	20.5~23.5	11.5~13.5	1.50~3.00	0.20~0.40	Cb 0.10~0.30, V 0.10~0.30
S21800	—	0.10	7.0~9.0	0.060	0.030	3.5~4.5	16.0~18.0	8.0~9.0	—	0.08~0.18	—
S21900	XM-10	0.08	8.0~10.0	0.045	0.030	1.00	19.0~21.5	5.5~7.5	—	0.15~0.40	—
S21904	XM-11	0.04	8.0~10.0	0.045	0.030	1.00	19.0~21.5	5.5~7.5	—	0.15~0.40	—
S24000	XM-29	0.08	11.5~14.5	0.060	0.030	1.00	17.0~19.0	2.3~3.7	—	0.20~0.40	—
S24100	XM-28	0.15	11.0~14.0	0.045	0.030	1.00	16.5~19.0	0.50~2.50	—	0.20~0.45	—
S28200	—	0.15	17.0~19.0	0.045	0.030	1.00	17.0~19.0	—	0.75~1.25	0.40~0.60	Cu 0.75~1.25
S30200	302	0.15	2.00	0.045	0.030	1.00	17.0~19.0	8.0~10.0	—	0.10	—
S30215	302B	0.15	2.00	0.045	0.030	2.00~3.00	17.0~19.0	8.0~10.0	—	0.10	—
S30400	304	0.08	2.00	0.045	0.030	1.00	18.0~20.0	8.0~11.0	—	—	—
S30403	304L③	0.030	2.00	0.045	0.030	1.00	18.0~20.0	8.0~12.0	—	—	—
S30451	304N	0.08	2.00	0.045	0.030	1.00	18.0~20.0	8.0~11.0	—	0.10~0.16	—
S30452	XM-21	0.08	2.00	0.045	0.030	1.00	18.0~20.0	8.0~10.0	—	0.16~0.30	—
S30453	304LN	0.030	2.00	0.045	0.030	1.00	18.0~20.0	8.0~11.0	—	0.10~0.16	—
S30454	—	0.03	2.00	0.045	0.030	1.00	18.0~20.0	8.0~11.0	—	0.16~0.30	—
S30500	305	0.12	2.00	0.045	0.030	1.00	17.0~19.0	11.0~13.0	—	—	—
S30800	308	0.08	2.00	0.045	0.030	1.00	19.0~21.0	10.0~12.0	—	—	—
S30815	—	0.05~0.10	0.80	0.040	0.030	1.40~2.00	20.0~22.0	10.0~12.0	—	0.14~0.20	Ce 0.03~0.08
S30900	309	0.20	2.00	0.045	0.030	1.00	22.0~24.0	12.0~15.0	—	—	—
S30908	309S	0.08	2.00	0.045	0.030	1.00	22.0~24.0	12.0~15.0	—	—	—
S30940	309Cb	0.08	2.00	0.045	0.030	1.00	22.0~24.0	12.0~16.0	—	—	Cb 10×C-1.10
S31000	310	0.25	2.00	0.045	0.030	1.50	24.0~26.0	19.0~22.0	—	—	—
S31008	310S	0.08	2.00	0.045	0.030	1.50	24.0~26.0	19.0~22.0	—	—	—
S31010	—	0.030	5.50~6.50	0.030	0.0010	0.25~0.75	28.5~30.5	14.0~16.0	1.5~2.5	0.80~0.90	Al 0.05 B 0.005

（续）

UNS 编号[②]	牌号	成分（%）									
		C	Mn	P	S	Si	Cr	Ni	Mo	N	其他元素[⑫]
奥氏体类											
S31040	310Cb	0.08	2.00	0.045	0.030	1.50	24.0~26.0	19.0~22.0	—	—	Cb 10×C-1.10
S31254	—	0.020	1.00	0.030	0.010	0.80	19.5~20.5	17.5~18.5	6.0~6.5	0.18~0.25	Cu 0.50~1.00
S31266	—	0.030	2.00~4.00	0.035	0.020	1.00	23.0~25.0	21.0~24.0	5.2~6.2	0.35~0.60	Cu 1.00~2.50 W 1.50~2.50
S31400	314	0.25	2.00	0.045	0.030	1.50~3.00	23.0~26.0	19.0~22.0	—	—	—
S31600	316	0.08	2.00	0.045	0.030	1.00	16.0~18.0	10.0~14.0	2.00~3.00	—	—
S31603	316L[③]	0.030	2.00	0.045	0.030	1.00	16.0~18.0	10.0~14.0	2.00~3.00	—	—
S31635	316Ti	0.08	2.00	0.045	0.030	1.00	16.0~18.0	10.0~14.0	2.00~3.00	0.10	Ti5×(C+N) -0.70
S31640	316Cb	0.08	2.00	0.045	0.030	1.00	16.0~18.0	10.0~14.0	2.00~3.00	0.10	Cb 10×C-1.10
S31651	316N	0.08	2.00	0.045	0.030	1.00	16.0~18.0	10.0~14.0	2.00~3.00	0.10~0.16	—
S31653	316LN	0.030	2.00	0.045	0.030	1.00	16.0~18.0	10.0~13.0	2.00~3.00	0.10~0.16	—
S31654	—	0.03	2.00	0.045	0.030	1.00	16.0~18.0	10.0~13.0	2.00~3.00	0.16~0.30	—
S31700	317	0.08	2.00	0.045	0.030	1.00	18.0~20.0	11.0~15.0	3.0~4.0	0.10	—
S31725	—	0.030	2.00	0.045	0.030	1.00	18.0~20.0	13.5~17.5	4.0~5.0	0.20	—
S31726	—	0.030	2.00	0.045	0.030	1.00	17.0~20.0	14.5~17.5	4.0~5.0	0.10~0.20	—
S31727	—	0.030	1.00	0.030	0.030	1.00	17.5~19.0	14.5~16.5	3.8~4.5	0.15~0.21	Cu 2.8~4.0
S31730	—	0.030	2.00	0.040	0.010	1.00	17.0~19.0	15.0~16.5	3.0~4.0	0.045	Cu 4.0~5.0
S32053	—	0.030	1.00	0.030	0.010	1.00	22.0~24.0	24.0~26.0	5.0~6.0	0.17~0.22	—
S32100	321	0.08	2.00	0.045	0.030	1.00	17.0~19.0	9.0~12.0	—	—	Ti5×(C+N) -0.70[⑤]
S32654	—	0.020	2.0~4.0	0.030	0.005	0.50	24.0~25.0	21.0~23.0	7.0~8.0	0.45~0.55	Cu 0.30~0.60
S34565	—	0.030	5.0~7.0	0.030	0.010	1.00	23.0~25.0	16.0~18.0	4.0~5.0	0.40~0.60	Cb 0.10

S34700	347	0.08	2.00	0.045	0.030	1.00	17.0 ~ 19.0	9.0 ~ 12.0	—	—	Cb 10 × C-1.10
S34800	348	0.08	2.00	0.045	0.030	1.00	17.0 ~ 19.0	9.0 ~ 12.0	—	—	Cb 10 × C-1.10 Ta 0.10 Co 0.20
奥氏体-铁素体类											
S31100[4]	XM-26	0.06	1.00	0.045	0.030	1.00	25.0 ~ 27.0	6.0 ~ 7.0	—	—	Ti 0.25
S31803	—	0.030	2.00	0.030	0.020	1.00	21.0 ~ 23.0	4.5 ~ 6.5	2.5 ~ 3.5	0.08 ~ 0.20	—
S32101	—	0.040	4.0 ~ 6.0	0.040	0.030	1.00	21.0 ~ 22.0	1.35 ~ 1.70	0.10 ~ 0.80	0.20 ~ 0.25	Cu 0.10 ~ 0.80
S32202	—	0.030	2.00	0.040	0.010	1.00	21.5 ~ 24.0	1.00 ~ 2.80	0.45	0.18 ~ 0.26	—
S32205	—	0.030	2.00	0.030	0.020	1.00	22.0 ~ 23.0	4.5 ~ 6.5	3.0 ~ 3.5	0.14 ~ 0.20	—
S32304	—	0.030	2.50	0.040	0.030	1.00	21.5 ~ 24.5	3.0 ~ 5.5	0.05 ~ 0.60	0.05 ~ 0.20	Cu 0.05 ~ 0.60
S32506	—	0.030	1.00	0.040	0.015	0.90	24.0 ~ 26.0	5.5 ~ 7.2	3.0 ~ 3.5	0.08 ~ 0.20	W 0.05 ~ 0.30
S32550	—	0.04	1.50	0.040	0.030	1.0	24.0 ~ 27.0	4.5 ~ 6.5	2.9 ~ 3.9	0.10 ~ 0.25	Cu 1.50 ~ 2.50
S32750[13]	—	0.030	1.20	0.035	0.020	0.80	24.0 ~ 26.0	6.0 ~ 8.0	3.0 ~ 5.0	0.24 ~ 0.32	Cu 0.50
S32760[6]	—	0.030	1.00	0.030	0.010	1.00	24.0 ~ 26.0	6.0 ~ 8.0	3.0 ~ 4.0	0.20 ~ 0.30	Cu 0.50 ~ 1.00 W 0.50 ~ 1.00
S82441	—	0.030	2.5 ~ 4.0	0.035	0.005	0.070	23.0 ~ 25.0	3.0 ~ 4.5	1.00 ~ 2.00	0.20 ~ 0.30	Cu 0.10 ~ 0.80
铁素体类											
S40500	405	0.08	1.00	0.040	0.030	1.00	11.5 ~ 14.5	0.50	—	—	Al 0.10 ~ 0.30
S40976		0.030	1.00	0.040	0.030	1.00	10.5 ~ 11.7	0.75 ~ 1.00	—	0.040	Cb 10 × (C + N)-0.80
S42900	429	0.12	1.00	0.040	0.030	1.00	14.0 ~ 16.0	—	—	—	—
S43000	430	0.12	1.00	0.040	0.030	1.00	16.0 ~ 18.0	—	—	—	—
S44400	444	0.025	1.00	0.040	0.030	1.00	17.5 ~ 19.5	1.00	1.75 ~ 2.50	0.035	Ti + Cb 0.20 + 4 × (C + N)-0.80

（续）

UNS 编号②	牌号	成分（%）									
		C	Mn	P	S	Si	Cr	Ni	Mo	N	其他元素⑫
铁素体类											
S44600	446	0.20	1.50	0.040	0.030	1.00	23.0~27.0	0.75	—	0.25	—
S44627	XM-27⑦	0.010⑧	0.40	0.020	0.020	0.40	25.0~27.5	0.50	0.75~1.50	0.015⑧	Cu 0.20 Cb 0.05~0.20
S44700	—	0.010	0.30	0.025	0.020	0.20	28.0~30.0	0.15	3.5~4.2	0.020	C+N 0.025 Cu 0.15
S44800	—	0.010	0.30	0.025	0.020	0.20	28.0~30.0	2.00~2.50	3.5~4.2	0.020	C+N 0.025 Cu 0.15
马氏体类											
S40300	403	0.15	1.00	0.040	0.030	0.50	11.5~13.0	—	—	—	—
S41000	410	0.08~0.15	1.00	0.040	0.030	1.00	11.5~13.5	—	—	—	—
S41040	XM-30	0.18	1.00	0.040	0.030	1.00	11.0~13.0	—	—	—	Cb 0.05~0.30
S41400	414	0.15	1.00	0.040	0.030	1.00	11.5~13.5	1.25~2.50	—	—	—
S41425	—	0.05	0.50~1.00	0.020	0.005	0.50	12.0~15.0	4.0~7.0	1.50~2.00	0.06~0.12	Cu 0.30
S41500	⑨—	0.05	0.50~1.00	0.030	0.030	0.60	11.5~14.0	3.5~5.5	0.50~1.00	—	—
S42000	420	0.15min	1.00	0.040	0.030	1.00	12.0~14.0	—	—	—	—
S42010	—	0.15~0.30	1.00	0.040	0.030	1.00	13.5~15.0	0.35~0.85	0.40~0.85	—	—
S43100	431	0.20	1.00	0.040	0.030	1.00	15.0~17.0	1.25~2.50	—	—	—
S44002	440A	0.60~0.75	1.00	0.040	0.030	1.00	16.0~18.0	—	0.75	—	—
S44003	440B	0.75~0.95	1.00	0.040	0.030	1.00	16.0~18.0	—	0.75	—	—
S44004	440C	0.95~1.20	1.00	0.040	0.030	1.00	16.0~18.0	—	0.75	—	—

① 最大值，除非范围或最小值给出。当本表中出现省略号“—”时，表示没有要求，同时不需要测定或报告该元素。

② 按规范 E527 和 SAE J1086 确定名称。

③ 就一些用途而言，由于设计、制造或使用要求不同，用牌号 304L 代替牌号 304，或者以牌号 316L 代替牌号 316 可能是不合适的，这些情况买方应在定单中注明。

④ UNS S31010 是一种如 NACE MR0175/ISO 15156-3 定义的高度合金化奥氏体化 3b 类不锈钢。

⑤ 对这种牌号应报告氮的含量。

⑥ $w(\mathrm{Cr})+3.3w(\mathrm{Mo})+16w(\mathrm{N})\geqslant 40\%$。

⑦ 镍加铜总含量最高为 0.50%。

⑧ 产品分析公差超过碳和氮的最大极限值应是 0.002%。

⑨ 锻件种类 CA 6NM。

⑩ 铁含量应通过 100 减去规定元素的总和所获得差值来进行测定。

⑪ $w(\mathrm{Al}+\mathrm{Ti})$ 为 0.85%~1.20%。

⑫ 术语 Columbium（Cb）（铌）和 Niobium（Nb）（铌）是指相同元素。

⑬ $w(\mathrm{Cr})+3.3\times w(\mathrm{Mo})+16\times w(\mathrm{N})\geqslant 41\%$。

（2）不锈钢棒材和型材的力学性能　不锈钢棒材和型材的力学性能见表4-54。

表4-54　力学性能要求

牌号	状态	精加工	直径或厚度/in(mm)	最小抗拉强度		最小屈服强度[1]		最小延伸率(%)标距2in(50mm)[2]或4D	最小断面收缩率[3][4](%)	最大布氏硬度[5]
				ksi	MPa	ksi	MPa			
奥氏体类										
N08367	A	热精整或冷精整	全部	95	655	45	310	30	50	—
N08700	A	热精整或冷精整	全部	80	550	35	240	30	50	—
N08800 800	A	热精整或冷精整	全部	75	515	30	205	30	—	192
N08810 800H	A	热精整或冷精整	全部	65	450	25	170	30	—	192
N08811	A	热精整或冷精整	全部	65	450	25	170	30	—	192
N08904 904L	A	热精整或冷精整	全部	71	490	31	220	35	—	—
N08925	A	热精整或冷精整	全部	87	600	43	295	40	—	217
N08926	A	热精整或冷精整	全部	94	650	43	295	35	—	256
201，202	A	热精整或冷精整	全部	75	515	40	275	40	45	—
S20161	A	热精整	全部	125	850	50	345	40	40	255
		冷精整	全部	125	860	50	345	40	40	311
S20162	A	热精整或冷精整	全部	100	690	50	345	50	60	—
205	A	热精整或冷精整	全部	100	690	60	414	40	50	—
XM-19	A	热精整或冷精整	全部	100	690	55	380	35	55	—
	As	热精整或冷精整	≤2(50.8)	135	930	105	725	20	50	—
	热轧		>2~3(50.8~76.2)	115	795	75	515	25	50	—
			>3~8(76.2~203.2)	100	690	60	415	30	50	—
S21800	A	热精整或冷精整	全部	95	655	50	345	35	55	241
XM-10、XM-11	A	热精整或冷精整	全部	90	620	50	345	45	60	—
XM-29	A	热精整或冷精整	全部	100	690	55	380	30	50	—
XM-28	A	热精整或冷精整	全部	100	690	55	380	30	50	—
S24565	A	热精整或冷精整	全部	115	795	60	415	35	40	—
S28200	A	热精整或冷精整	全部	110	760	60	410	35	55	—
302、302B、304、	A	热精整	全部	75[6]	515	30[6]	205	40[7]	50	—
304LN、305、308、		冷精整	≤½(12.70)	90	620	45	310	30	40	—
309、309S、309Nb、			>½(12.70)	75[6]	515	30[6]	205	30	40	—

（续）

牌号	状态	精加工	直径或厚度/in(mm)	最小抗拉强度		最小屈服强度①		最小延伸率(%)标距2in(50mm)②或4D	最小断面收缩率③④(%)	最大布氏硬度⑤
				ksi	MPa	ksi	MPa			
奥氏体类										
310、310S、310Nb、314、316、316LN、316Nb、316Ti、317、321、347、348										
			全部	70	485	25	170	40⑦	50	—
304L，316L	A	热精整或冷精整	≤½(12.70)	90	620	45	310	30	40	—
			>½(12.70)	70	485	25	170	30	40	—
304N、316N	A	热精整或冷精整	全部	80	550	35	240	30	—	—
202、302、304	B	冷精整	≤¾(19.05)	125	860	100	690	12	35	—
304N、316、316N、			>¾~1(19.05~25.40)	115	795	80	550	15	35	—
304L、316L			>1~1¼(25.40~31.75)	105	725	65	450	20	35	—
			>1¼~1½(31.75~38.10)	100	690	50	345	24	45	—
			>1½~1¾(38.10~44.45)	95	655	45	310	28	45	—
304、304N、316、	S	冷精整	≤2(50.8)	95	650	75	515	25	40	—
			>2~2½(50.8~63.5)	90	620	65	450	30	40	—
316N、304L、316L			>2½~3(63.5~76.2)	80	550	55	380	30	40	—
XM-21、S30454、S31654	A	热精整或冷精整	全部	90	620	50	345	30	50	—
XM-21、S30454	B	冷精整	≤1(25.40)	145	1 000	125	860	15	45	—
S31654			>1~1¼(25.40~31.75)	135	930	115	795	16	45	—

（续）

牌号	状态	精加工	直径或厚度/in(mm)	最小抗拉强度		最小屈服强度[1]		最小延伸率(%)标距2in(50mm)[2]或4D	最小断面收缩率[3][4](%)	最大布氏硬度[5]
				ksi	MPa	ksi	MPa			
奥氏体类										
			>1¼~1½(31.75~38.10)	135	895	105	725	17	45	—
			>1½~1¾(38.10~44.45)	125	860	100	690	18	45	—
S30815	A	热精整或冷精整	全部	87	600	45	310	40	50	—
S31254	A	热精整或冷精整	全部	95	650	44	300	35	50	—
S31725	A	热精整或冷精整	全部	75	515	30	205	40	—	—
S31726	A	热精整或冷精整	全部	80	550	35	240	40	—	—
S31727	A	热精整或冷精整	全部	80	550	36	245	35	—	217
S32053	A	热精整或冷精整	全部	93	640	43	295	40	—	217
S32654	A	热精整或冷精整	全部	109	750	62	430	40	40	250
奥氏体-铁素体类										
XM-26	A	热精整或冷精整	全部	90	620	65	450	20	55	—
S31803	A	热精整或冷精整	全部	90	620	65	448	25	—	290
S32056	A	热精整或冷精整	全部	90	620	65	450	18	—	302
S32101	A	热精整或冷精整	全部	94	650	65	450	30	—	290
S32202	A	热精整或冷精整	全部	94	650	65	450	30	—	290
S32205	A	热精整或冷精整	全部	95	655	65	450	25	—	290
S32304	A	热精整或冷精整	全部	87	600	58	400	25	—	290
S32550	A	热精整或冷精整	全部	109	750	80	550	25	—	290
S32550	S	冷精整	全部	125	860	105	720	16	—	335
S32750	A	热精整	≤2(50.8)	116	800	80	550	15	—	310
		冷精整	>2(50.8)	110	760	75	515	15	—	310
S32760	A	热精整或冷精整	全部	109	750	80	550	25	—	290
S32760	S	冷精整	全部	125	860	105	720	16	—	335
S82441	A	热精整	<7/16(11 mm)	107	740	78	540	25	—	290
		冷精整	≥7/16(11 mm)	99	680	70	480	25	—	290
铁素体类										
405[8]	A	热精整	全部	—	—	—	—	—	—	207
		冷精整	全部	—	—	—	—	—	—	217
429	A	热精整	全部	70	480	40	275	20	45	—
		冷精整	全部	70	480	40	275	16	45	—

（续）

牌号	状态	精加工	直径或厚度/in(mm)	最小抗拉强度		最小屈服强度①		最小延伸率(%)标距2in(50mm)②或4D	最小断面收缩率③④(%)	最大布氏硬度⑤
				ksi	MPa	ksi	MPa			
铁素体类										
430	A	热精整或冷精整	全部	60	415	30	207	20	45	—
S40976	A	热精整或冷精整	全部	60	415	20	140	20	45	244
S44400	A	热精整	全部	60	415	45	310	20	45	217
		冷精整	全部	60	415	45	310	16	45	217
446、XM-27	A	热精整	全部	65	450	40	275	20	45	219
		冷精整	全部	65	450	40	275	16	45	219
S44700	A	热精整	全部	70	480	55	380	20	40	—
		冷精整	全部	75	520	60	415	15	30	—
S44800	A	热精整	全部	70	480	55	380	20	40	—
		冷精整	全部	75	520	60	415	15	30	—
马氏体类										
403、410	A	热精整	全部	70	480	40	275	20	45	—
		冷精整	全部	70	480	40	275	16	45	—
403、410	T	热精整	全部	100	690	80	550	15	45	—
		冷精整	全部	100	690	80	550	12	40	—
XM-30	T	热精整	全部	125	860	100	690	13	45	302
		冷精整	全部	125	860	100	690	12	35	—
430、410	H	热精整	全部	120	830	90	620	12	40	—
		冷精整	全部（仅用于圆钢）	120	830	90	620	12	40	—
XM-30	A	热精整	全部	70	480	40	275	13	45	235
		冷精整	全部	70	480	40	275	12	35	—
414	A	热精整或冷精整	全部	—	—	—	—	—	—	298
414	T	热精整或冷精整	全部	115	790	90	620	15	45	—
S41425	T	热精整	全部	120	825	95	655	15	45	321
S41500	T	热精整或冷精整	全部	115	795	90	620	15	45	295
420	A	热精整	全部	—	—	—	—	—	—	241
		冷精整	全部	—	—	—	—	—	—	255
S42010	A	热精整	全部	—	—	—	—	—	—	235
		冷精整	全部	—	—	—	—	—	—	255
431	A	热精整或冷精整	全部	—	—	—	—	—	—	285
440A、440B、440C	A	热精整	全部	—	—	—	—	—	—	269
		冷精整	全部	—	—	—	—	—	—	285

① 屈服强度应按 A370 试验方法和定义中 0.2% 残余变形法测定，或根据在 0.5% 负载下的总伸长可使用作为测定屈服强度的替代法。

② 对一些特殊产品，不宜使用 2in 或 50mm 的标长。如需要，可按 A370 试验方法和定义的规定使用小尺寸试样。

③ 断面收缩率不适用于厚度≤3/16in（4.76mm）的扁钢。此类规格的产品一般不做此项测定。

④ 材料应能满足所需要的断面收缩率，但除了定购单上有要求外，对断面收缩率的实际测量和报告不做要求。

⑤ 或相当的洛氏硬度。

⑥ 对状态 A 所有铬-镍的各种挤压成型的材料，屈服强度最小值为 25ksi（170MPa），抗拉强度最小值 70ksi（480MPa）。

⑦ 截面厚度不超过1/2in（12.5mm）的型材，30% 的最小延伸率可以验收。

⑧ 加热至 1750℉（950℃）后油淬，经这样的热处理材料最大硬度可达 250HBW。

(3) 马氏体牌号钢按规定的热处理后，应符合的硬度要求 见表4-55。

表4-55 热处理特性

牌号①	最低热处理温度②/℉(℃)	淬火	最低硬度 HRC
403	1750 (955)	空气	35
410	1750 (955)	空气	35
414	1750 (955)	油	42
420	1825 (995)	空气	50
S42010	1850 (1010)	油	48
431	1875 (1020)	油	40
440A	1875 (1020)	空气	55
440B	1875 (1020)	油	56
440C	1875 (1020)	空气	58

① 试样的截面厚度不超过3/8in (9.5mm)。

② 温度公差为±25℉ (±14℃)。

2. ASTM A182/A182M—2018《高温设备用锻制或轧制合金钢、不锈钢锻制管法兰、锻制管件、阀门及零件》

(1) 材料牌号及热处理规范 见表4-56。

表4-56 热处理规范

牌号	热处理类型	最低奥氏体化或固溶化温度/℃①	冷却介质	淬冷温度低于/℃	最低回火温度/℃
低合金钢					
F1	退火	900	炉冷	②	②
	正火+回火	900	空冷		620
F2	退火	900	炉冷		②
	正火+回火	900	空冷		620
F5、F5a	退火	955	炉冷		②
	正火+回火	955	空冷		675
F9	退火	955	炉冷		②
	正火+回火	955	空冷		675
F10	固溶处理+淬火	1040	液冷	620	②
F91	正火+回火	1040~1080	空冷	②	730~800
F92	正火+回火	1040~1080	空冷		730~800
F122	正火+回火	1040~1080	空冷		730~800
F911	正火+回火	1040~1080	空冷或液冷		740~780
F11 1级、2级、3级	退火	900	炉冷		②
	正火+回火	900	空冷		620
F12 1级、2级	退火	900	炉冷		②
	正火+回火	900	空冷		620
F21、F3V F3VNb	退火	955	炉冷		②
	正火+回火	955	空冷		675
F22 1级、3级	退火	900	炉冷		②
	正火+回火	900	空冷		675
F22V	正火+回火或淬火+回火	900	空冷或液冷		675
F23	正火+回火	1040~1080	空冷或急冷		730~800
F24	正火+回火	980~1080	空冷或液冷		730~800
FR	退火	955	炉冷		②
	正火	955	空冷		②
	正火+回火	955	空冷		675
F36，1级	正火+回火	900	空冷		595
F36 2级	正火+回火	900	空冷		595
	淬火+回火	900	加速空冷或液冷		595

（续）

牌号	热处理类型	最低奥氏体化或固溶化温度/℃①	冷却介质	淬冷温度低于/℃	最低回火温度/℃
马氏体不锈钢					
F6a 1级	退火	未规定	炉冷	②	②
F6a 1级	正火+回火	未规定	空冷	205	725
F6a 1级	回火	不要求	②	②	725
F6a 2级	退火	未规定	炉冷	②	②
F6a 2级	正火+回火	未规定	空冷	205	675
F6a 2级	回火	不要求	②	②	675
F6a 3级	退火	未规定	炉冷	②	②
F6a 3级	正火+回火	未规定	空冷	205	595
F6a 4级	退火	未规定	炉冷	②	②
F6a 4级	正火+回火	未规定	空冷	205	540
F6b	退火	955	炉冷	②	②
F6b	正火+回火	955	空冷	205	620
F6NM	正火+回火	1010	空冷	95	560~600
铁素体不锈钢					
FXM-27Nb	退火	1010	炉冷	②	②
F429	退火	1010	炉冷	②	②
F430	退火	未规定	炉冷	②	②
奥氏体不锈钢					
F304	固溶处理+淬火	1040	液体	260	②
F304H	固溶处理+淬火	1040	液体	260	②
F304L	固溶处理+淬火	1040	液体	260	②
F304N	固溶处理+淬火	1040	液体	260	②
F304LN	固溶处理+淬火	1040	液体	260	②
F309H	固溶处理+淬火	1040	液体	260	②
F310	固溶处理+淬火	1040	液体	260	②
F310H	固溶处理+淬火	1040	液体	260	②
F310MoLN	固溶处理+淬火	1040	液体	260	②
F316	固溶处理+淬火	1040	液体	260	②
F316H	固溶处理+淬火	1040	液体	260	②
F316L	固溶处理+淬火	1040	液体	260	②
F316N	固溶处理+淬火	1040	液体	260	②
F316LN	固溶处理+淬火	1040	液体	260	②
F316Ti	固溶处理+淬火	1040	液体	260	②
F317	固溶处理+淬火	1040	液体	260	②
F317L	固溶处理+淬火	1040	液体	260	②
F347	固溶处理+淬火	1040	液体	260	②
F347H	固溶处理+淬火	1095	液体	260	②
F348	固溶处理+淬火	1040	液体	260	②
F348H	固溶处理+淬火	1095	液体	260	②

（续）

牌号	热处理类型	最低奥氏体化或固溶化温度/℃①	冷却介质	淬冷温度低于/℃	最低回火温度/℃
奥氏体不锈钢					
F321	固溶处理+淬火	1040	液体	260	②
F321H		1095			
FXM-11		1040			
FXM-19					
F20		925~1010			
F44		1150			
F45		1040			
F46		1100~1140			
F47		1040			
F48					
F49		1120			
F56		1120~1180			
F58		1140			
F62		1105			
F63		1040			
F64		1100~1170			
F904L		1050~1150			
铁素体-奥氏体不锈钢					
F50	固溶处理+淬火	1050	液体	260	②
F51		1020			
F52③					
F53	固溶处理+淬火	1025	液体	260	②
F54		1050~1125			
F55		1100~1140			
F57		1060		80	
F59		1080~1120		260	
F60		1020			
F61		1050~1125			
F65		1000~1150	液体④		

① 除列出温度范围外，其余为最低值。

② 不适用。

③ 牌号 F52 应在 995~1025℃每 in 壁厚 30min 固溶处理+水淬。

④ 牌号 F65 的冷却介质应在水中淬火或以其他方式快速冷却。

（2）材料牌号及化学成分（质量分数） 见表 4-57。

表 4-57 化学成分要求①

牌号（UNS）	钢种	化学成分（质量分数,%）										
		C	Mn	P	S	Si	Ni	Cr	Mo	Nb	Ti	其他元素
低合金钢												
F1 K12822	C-Mo	0.28	0.60~0.90	0.045	0.045	0.15~0.35			0.44~0.65			
F2② K12122	0.5%Cr、0.5%Mo	0.05~0.21	0.30~0.80	0.040	0.040	0.10~0.60		0.50~0.81	0.44~0.65			
F5③ K41545	4.0%Cr~6.0%Cr	0.15	0.30~0.60	0.03	0.03	0.50	0.50	4.0~6.0	0.44~0.65			
F5a③ K42544	4.0%Cr~6.0%Cr	0.25	0.60	0.04	0.03	0.50	0.50	4.0~6.0	0.44~0.65			
F9 K90941	9%Cr	0.15	0.30~0.60	0.03	0.03	0.50~1.00		8.0~10.0	0.90~1.10			
F10 S33100	20Ni、8Cr	0.10~0.20	0.50~0.80	0.04	0.03	1.00~1.40	19.0~22.0	7.0~9.0				
F91 K90901	9%Cr、1%Mo、0.2%V+Nb、N	0.08~0.12	0.30~0.60	0.02	0.01	0.20~0.50	0.40	8.0~9.5	0.85~1.05	0.06~0.10	0.01④	N 0.03~0.07、A 0.02④、Ti 0.01④、Zr 0.01④、V 0.18~0.25
F92 K92460	9%Cr、1.8%W 0.2%V+Nb	0.07~0.13	0.30~0.60	0.02	0.01	0.50	0.40	8.5~9.5	0.30~0.60	0.04~0.09		V 0.15~0.25、N 0.03~0.07、A l0.02④、W 1.50~2.00、B 0.001~0.006、Ti 0.01④、Zr 0.01④
F122 K91271	11%Cr、2%W 0.2%V+Mo、Nb、Cu、Ni、N和B	0.07~0.14	0.70	0.02	0.01	0.50	0.50	10.0~11.5	0.25~0.60	0.04~0.10		V 0.15~0.30、B 0.005、N 0.04~0.10、Al 0.02④、Cu 0.30~1.70、W 1.50~2.50、Ti 0.01④、Zr 0.01④
F911 K91061	9%Cr、1%Mo、0.2%V+Nb和N	0.09~0.13	0.30~0.60	0.02	0.01	0.10~0.50	0.40	8.5~9.5	0.90~1.10	0.06~0.10	0.01④	W 0.90~1.10、Al 0.02④、N 0.04~0.09、V 0.18~0.25、B 0.0003~0.006、Zr 0.01④
F11，1级 K11597	1.25%Cr、0.5%Mo	0.05~0.15	0.30~0.60	0.03	0.03	0.50~1.00		1.00~1.50	0.44~0.65			
F11，2级 K11572	1.25%Cr、0.5%Mo	0.10~0.20	0.30~0.80	0.04	0.04	0.50~1.00		1.00~1.50	0.44~0.65			

F11，3 级 K11572	1.25% Cr、 0.5% Mo	0.10 ~ 0.20	0.30 ~ 0.80	0.04	0.04	0.50 ~ 1.00		1.00 ~ 1.50	0.44 ~ 0.65			
F12，1 级 K11562	1% Cr、 0.5% Mo	0.05 ~ 0.15	0.30 ~ 0.60	0.045	0.045	≤0.50		0.80 ~ 1.25	0.44 ~ 0.65			
F12，2 级 K11564	1% Cr、 0.5% Mo	0.10 ~ 0.20	0.30 ~ 0.80	0.04	0.04	0.10 ~ 0.60		0.80 ~ 1.25	0.44 ~ 0.65			
F21 K31545	Cr-Mo	0.05 ~ 0.15	0.30 ~ 0.60	0.04	0.04	≤0.50		2.7 ~ 3.3	0.80 ~ 1.06			
F3V K31830	3% Cr、1% Mo、 0.25% V + B 和 Ti	0.05 ~ 0.18	0.30 ~ 0.60	0.02	0.02	0.10		2.8 ~ 3.2	0.90 ~ 1.10		0.015 ~ 0.035	V 0.20 ~ 0.30、 B 0.001 ~ 0.003
F3VCb K31390	3% Cr、1% Mo、 0.25% V + B、Nb 和 Ti	0.10 ~ 0.15	0.30 ~ 0.60	0.02	0.01	0.10	0.25	2.7 ~ 3.3	0.90 ~ 1.10	0.015 ~ 0.070	0.015	V 0.20 ~ 0.30、Cu 0.25、Ca 0.0005 ~ 0.0150
F22，1 级 K21590	Cr-Mo	0.05 ~ 0.15	0.30 ~ 0.60	0.04	0.04	0.50		2.00 ~ 2.50	0.87 ~ 1.13			
F22，3 级 K21590	Cr-Mo	0.05 ~ 0.15	0.30 ~ 0.60	0.04	0.04	0.50		2.00 ~ 2.50	0.87 ~ 1.13			
F22V K31835	2.25% Cr 1% Mo 0.25% V	0.11 ~ 0.15	0.30 ~ 0.60	0.015	0.010	0.10	0.25	2.00 ~ 2.50	0.09 ~ 1.10	0.07	0.03	Cu 0.20、V 0.25 ~ 0.35、B 0.002、Ca 0.015⑤
F23 K41650	2.25% Cr、1.6% W、 0.25% V + Mo、 Nb 和 B	0.04 ~ 0.10	0.10 ~ 0.60	0.03	0.01	0.50		1.90 ~ 2.60	0.05 ~ 0.30	0.02 ~ 0.08		V 0.20 ~ 0.30、B 0.0005 ~ 0.006、N 0.030、Al 0.030、W 1.45 ~ 1.75
F24 K30736	2.25% Cr、1% Mo、 0.25% V + Ti 和 B	0.05 ~ 0.10	0.30 ~ 0.70	0.02	0.01	0.15 ~ 0.45		2.20 ~ 2.60	0.90 ~ 1.10		0.06 ~ 0.10	V 0.20 ~ 0.30、N 0.12、B 0.0015 ~ 0.0070、Al 0.020
FR K22035	2% Ni、1% Cu	0.20	0.40 ~ 1.06	0.045	0.050		1.60 ~ 2.24					Cu 0.75 ~ 1.25

（续）

牌号（UNS）	钢种	化学成分（质量分数,%）										
		C	Mn	P	S	Si	Ni	Cr	Mo	Nb	Ti	其他元素
低合金钢												
F36 K21001	1.15%Ni、0.65%Cu、Mo、Nb	0.10～0.17	0.80～1.20	0.03	0.025	0.25～0.50	1.00～1.30	0.30	0.25～0.50	0.015～0.45		N0.02、Al0.05、Cu0.50～0.80、V0.02
马氏体不锈钢												
F6a S41000	13%Cr、410⑥	0.15	1.00	0.04	0.03	1.00	0.50	11.5～13.5				
F6b S41026	13%Cr、0.5%Mo	0.15	1.00	0.02	0.02	1.00	1.00～2.00	11.5～13.5	0.4～0.6			Cu 0.5
F6NM S41500	13%Cr、4%Ni	0.05	0.50～1.00	0.03	0.03	0.60	3.50～5.50	11.5～14.0	0.50～1.00			
铁素体不锈钢												
FXM-27Cb⑦ S44627	27Cr、1Mo、XM-27⑥	0.01	0.40	0.02	0.02	0.40	0.50	25.0～27.5	0.75～1.50	0.05～0.20		N0.015、Cu0.20
F429 S42900	15Cr、429⑥	0.12	1.00	0.04	0.03	0.75	0.50	14.0～16.0				
F430 S43000	17Cr、430⑥	0.12	1.00	0.04	0.03	0.75	0.50	16.0～18.0				
奥氏体不锈钢												
F304⑧ S30400	18Cr、8Ni 304⑥	0.08	2.00	0.045	0.03	1.00	8.0～11.0	18.0～20.0				
F304H S30409	18Cr、8Ni 304H⑥	0.04～0.10	2.00	0.045	0.03	1.00	8.0～11.0	18.0～20.0				
F304L⑧ S30403	18Cr、8Ni 低碳 304L⑥	0.03	2.00	0.045	0.03	1.00	8.0～13.0	18.0～20.0				
F304N⑨ S30451	18Cr、8Ni 加 N 304N⑥	0.08	2.00	0.045	0.03	1.00	8.0～10.5	18.0～20.0				
F304LN⑨ S30453	18Cr、8Ni 加 N 304LN⑥	0.03	2.00	0.045	0.03	1.00	8.0～10.5	18.0～20.0				

奥氏体不锈钢												
F309H S30909	23Cr、13.5Ni 309H[6]	0.04 ~ 0.10	2.00	0.045	0.03	1.00	12.0 ~ 15.0	22.0 ~ 24.0				
F310 S31000	25Cr、20Ni 310[6]	0.25	2.00	0.045	0.03	1.00	19.0 ~ 22.0	24.0 ~ 26.0				
F310H S31009	25Cr、20Ni 310H[6]	0.04 ~ 0.10	2.00	0.045	0.03	1.00	19.0 ~ 22.0	24.0 ~ 26.0				
F310MoLN S31050	25Cr、22Ni 加 Mo 和 N、低碳 310MoLN[6]	0.03	2.00	0.03	0.015	0.40	21.0 ~ 23.0	24.0 ~ 26.0	2.0 ~ 3.0			N0.10 ~ 0.16
F316[8] S31600	18Cr、8Ni 加 Mo 316[6]	0.08	2.00	0.045	0.03	1.00	10.0 ~ 14.0	16.0 ~ 18.0	2.0 ~ 3.0			
F316H S31609	18Cr、8Ni 加 Mo 316H[6]	0.04 ~ 0.10	2.00	0.045	0.03	1.00	10.0 ~ 14.0	16.0 ~ 18.0	2.0 ~ 3.0			
F316L[8] S31603	18Cr、8Ni 加 Mo 低碳 316L[6]	0.03	2.00	0.045	0.03	1.00	10.0 ~ 15.0	16.0 ~ 18.0	2.0 ~ 3.0			
F316N[9] S31651	18Cr、8Ni 加 Mo 和 N 316N[6]	0.08	2.00	0.045	0.03	1.00	11.0 ~ 14.0	16.0 ~ 18.0	2.0 ~ 3.0			
F316LN[9] S31653	18Cr、8Ni 加 Mo 和 N 316LN[6]	0.03	2.00	0.045	0.03	1.00	11.0 ~ 14.0	16.0 ~ 18.0	2.0 ~ 3.0			
F316Ti S31635	18Cr、8Ni 加 Mo 和 N 316Ti	0.08	2.00	0.045	0.03	1.00	10.0 ~ 14.0	16.0 ~ 18.0	2.0 ~ 3.0		⑩	N≤0.10
F317 S31700	19Cr、13Ni、3.5Mo 317[6]	0.08	2.00	0.045	0.03	1.00	11.0 ~ 15.0	18.0 ~ 20.0	3.0 ~ 4.0			
F317L S31703	19Cr、13Ni、3.5Mo 317L[6]	0.03	2.00	0.045	0.03	1.00	11.0 ~ 15.0	18.0 ~ 20.0	3.0 ~ 4.0			
F321 S32100	18Cr、8Ni 加 Ti 321[6]	0.08	2.00	0.045	0.03	1.00	9.0 ~ 12.0	17.0 ~ 19.0			⑪	

（续）

牌号（UNS）	钢种	化学成分（质量分数,%）										
		C	Mn	P	S	Si	Ni	Cr	Mo	Nb	Ti	其他元素
奥氏体不锈钢												
F321H S32109	18Cr、8Ni 加 Ti 321H⑥	0.04 ~ 0.10	2.00	0.045	0.03	1.00	9.0 ~ 12.0	17.0 ~ 19.0			⑫	
F347 S34700	18Cr、8Ni 加 Nb 347⑥	0.08	2.00	0.045	0.03	1.00	9.0 ~ 13.0	17.0 ~ 20.0		⑬		
F347H S34709	18Cr、8Ni 加 Nb 347H⑥	0.04 ~ 0.10	2.00	0.045	0.03	1.00	9.0 ~ 13.0	17.0 ~ 20.0		⑭		
F348 S34800	18Cr、8Ni 加 Nb 348⑥	0.08	2.00	0.045	0.03	1.00	9.0 ~ 13.0	17.0 ~ 20.0		⑬		Co 0.20、Ta 0.10
F348H S34809	18Cr、8Ni 加 Nb 348⑥	0.04 ~ 0.10	2.00	0.45	0.03	1.00	9.0 ~ 13.0	17.0 ~ 20.0		⑭		Co 0.20、Ta 0.10
FXM-11 S21904	20Cr、6Ni、9Mn XM-11⑥	0.04	8.0 ~ 10.0	0.06	0.03	1.00	5.5 ~ 7.5	19.0 ~ 21.5				N 0.15 ~ 0.40
FXM-19 S20910	22Cr、13Ni、5Mn XM-19⑥	0.06	4.0 ~ 6.0	0.04	0.03	1.00	11.5 ~ 13.5	20.5 ~ 23.5	1.50 ~ 3.00	0.10 ~ 0.30		N 0.20 ~ 0.40、V 0.10 ~ 0.30
F20 N08020	35Ni、20Cr、3.5Cu、2.5Mo	0.07	2.00	0.045	0.035	1.00	32.0 ~ 38.0	19.0 ~ 21.0	2.00 ~ 3.00	8 × C% ~ 1.00		Cu 3.0 ~ 4.0
F44 S31254	20Cr、18Ni、6Mo 低碳	0.02	1.00	0.03	0.01	0.80	17.5 ~ 18.5	19.5 ~ 20.5	6.0 ~ 6.5			Cu 0.50 ~ 1.00、N 0.18 ~ 0.22
F45 S30815	21Cr、11Ni 加 N 和 Ce	0.05 ~ 0.10	0.80	0.04	0.03	1.40 ~ 2.00	10.0 ~ 12.0	20.0 ~ 22.0				N 0.14 ~ 0.20、Ce0.03 ~ 0.08
F46 S30600	18Cr、15Ni、4Si	0.018	2.00	0.02	0.02	3.7 ~ 4.3	14.0 ~ 15.0	17.0 ~ 18.5	0.20			Cu 0.50
F47 S31725	19Cr、15Ni、4Mo、317LM⑥	0.03	2.00	0.045	0.03	0.75	13.0 ~ 17.5	18.0 ~ 20.0	4.0 ~ 5.0			N 0.10
F48 S31726	19Cr、15Ni、4Mo 317LMN⑥	0.03	2.00	0.045	0.03	0.75	13.5 ~ 17.5	17.0 ~ 20.0	4.0 ~ 5.0			N 0.10 ~ 0.20

F49 S34565	24Cr、17Ni、6Mn、5Mo	0.03	5.0 ~ 7.0	0.03	0.01	1.00	16.0 ~ 18.0	23.0 ~ 25.0	4.0 ~ 5.0	0.10		N 0.4 ~ 0.6
F56 S33228	32Ni、27Cr 加 Nb	0.04 ~ 0.08	1.00	0.02	0.015	0.30	31.0 ~ 33.0	26.0 ~ 28.0		0.6 ~ 1.0		Ce 0.05 ~ 0.10、Al 0.025
F58 S31266	24Cr、20Ni、6Mo、2W 加 N	0.03	2.0 ~ 4.0	0.035	0.02	1.00	21.0 ~ 24.0	23.0 ~ 25.0	5.2 ~ 6.2			N 0.35 ~ 0.60、Cu 1.00 ~ 2.50、W 1.50 ~ 2.50
F62 N08367	21Cr、25Ni、6.5Mo	0.03	2.00	0.04	0.03	1.00	23.5 ~ 25.5	20.0 ~ 22.0	6.0 ~ 7.0			N 0.18 ~ 0.25、Cu 0.75
F63 S32615	18Cr、20Ni、5.5Si	0.07	2.00	0.045	0.03	4.8 ~ 6.0	19.0 ~ 22.0	16.5 ~ 19.5	0.30 ~ 1.50			Cu 1.50 ~ 2.50
F64 S30601	17.5Cr、17.5Ni 5.3Si	0.015	0.50 ~ 0.80	0.03	0.013	5.0 ~ 6.0	17.0 ~ 18.0	17.0 ~ 18.0	0.20			Cu 0.35、N 0.05
F904L N08904	21Cr、26Ni、4.5Mo 904L[⑥]	0.02	2.00	0.04	0.03	1.00	23.0 ~ 28.0	19.0 ~ 23.0	4.0 ~ 5.0			Cu 1.00 ~ 2.00、N 0.10
铁素体-奥氏体双相不锈钢												
F50 S31200	25Cr、6Ni 加 N	0.03	2.00	0.045	0.03	1.00	5.50 ~ 6.50	24.0 ~ 26.0	1.20 ~ 2.00			N0.14 ~ 0.20
F51 S31803	22Cr、5.5Ni 加 N	0.03	2.00	0.03	0.02	1.00	4.50 ~ 6.50	21.0 ~ 23.0	2.50 ~ 3.50			N0.08 ~ 0.20
F52 S32950	26Cr、3.5Ni、1.0Mo	0.03	2.00	0.035	0.01	0.60	3.5 ~ 5.20	26.0 ~ 29.0	1.00 ~ 2.50			N0.15 ~ 0.35
F53 S32750	25Cr、7Ni、4Mo + N 2750[⑥]	0.03	1.20	0.035	0.02	0.80	6.0 ~ 8.0	24.0 ~ 26.0	3.0 ~ 5.0			N0.24 ~ 0.32、Cu0.50
F54 S39274	25Cr、7Ni + N 和 W	0.03	1.00	0.03	0.02	0.80	6.0 ~ 8.0	24.0 ~ 26.0	2.5 ~ 3.5			N0.24 ~ 0.32、Cu0.20 ~ 0.80、W1.50 ~ 2.50

（续）

牌号（UNS）	钢种	化学成分（质量分数,%）										
		C	Mn	P	S	Si	Ni	Cr	Mo	Nb	Ti	其他元素
铁素体-奥氏体双相不锈钢												
F55 S32760	25Cr、7Ni、3.5Mo +N和W	0.03	1.00	0.03	0.01	1.00	6.0~8.0	24.0~26.0	3.0~4.0			N 0.20~0.30、Cu 0.50~1.00、W 0.50~1.00⑮
F57 S39227	26Cr、7Ni、3.7Mo	0.025	0.80	0.025	0.02	0.80	6.5~8.0	24.0~26.0	3.0~4.0			N 0.23~0.33、Cu 1.20~2.00、W 0.80~1.20
F59 S32520	25Cr、6Ni 4Mo+N	0.03	1.50	0.035	0.02	0.80	5.5~8.0	24.0~26.0	3.0~5.0			N0.20~0.35、Cu0.5~3.0
F60 S32205	22Cr、5.5Ni、3Mo+N 2205⑥	0.03	2.00	0.03	0.02	1.00	4.5~6.5	22.0~23.0	3.0~3.5			N0.14~0.20
F61 S32550	26Cr、6Ni、3.5Mo+N 和Cu 2550⑥	0.04	1.50	0.04	0.03	1.00	4.5~6.5	24.0~27.0	2.9~3.9			Cu1.5~2.50、N0.10~0.25
F65 S32906	29Cr、6.5Ni、2Mo+N	0.03	0.80~1.50	0.03	0.03	0.80	5.8~7.5	28.0~30.0	1.5~2.6			Cu0.80、N0.30~0.40

① 除非有特别说明，所有的数值为最大值。

② F2 钢原定为含1%Cr、0.5%Mo，该含量现在为F12钢。

③ 现FSa钢（最大含C量0.25%）按1955年以前的规定为F12钢。

④ 使用于熔炉和产品分析。

⑤ 对于F22V钢，为稀土族金属（REM）加入以替代Ca，需经制造商和买方商定，在这种情况下应确定REM的总量并提出报告。

⑥ 名称由ASTM制定和使用。

⑦ FXM-27Cb 铜 $w(Ni+Cu) \leqslant 0.50\%$，产品分析中含C和N在最大规定值的上偏差应为0.002%。

⑧ F304、F304L、F316和F316L应具有的最大N含量为0.10%。

⑨ F304N、F316N、F304LN和F316LN钢含N量应为0.10%~0.16%。

⑩ F316Ti钢含钛（Ti）量应不小于C+N含量的5倍，但不大于0.70%。

⑪ F321钢的含Ti量应不小于C含量的5倍，但不大于0.70%。

⑫ F321H钢的含Ti量应不小于C含量的4倍，但不大于0.70%。

⑬ F347和F348钢的Nb含量应不小于C含量的10倍，但不大于1.10%。

⑭ F347H和F348H钢的Nb含量应不小于C含量的8倍，但不大于1.10%。

⑮ $w(Cr)+3.3\times w(Mo)+16w(N)=40\%$（最小）。

（3）材料牌号及力学性能　见表4-58。

表4-58　力学性能和硬度要求

牌号	最小抗拉强度 R_m/MPa	最小屈服强度 R_{eL}/MPa①	50mm或4D的最小延伸率A（%）	最小断面收缩率Z（%）	硬度 HBW
低合金钢					
F1	485	275	20	30	143～192
F2	485	275	20	30	143～192
F5	485	275	20	35	143～217
F5a	620	450	22	50	187～248
F9	585	380	20	40	179～217
F10	550	205	30	50	—
F91	585	415	20	40	≤248
F92	620	440	20	45	≤269
F122	620	400	20	40	≤250
F911	620	440	18	40	187～248
F11，1级	415	205	20	45	121～174
F11，2级	485	275	20	30	143～207
F11，3级	515	310	20	30	156～207
F12，1级	415	220	20	45	121～174
F12，2级	485	275	20	30	143～207
F21	515	310	20	30	156～207
F3V和F3VNb	585～760	415	18	45	174～237
F22，1级	415	205	20	35	≤170
F22，3级	515	310	20	30	156～207
F22V	585～780	415	18	45	174～237
F23	510	400	20	40	≤220
F24	585	415	20	40	≤248
FR	435	315	25	38	≤197
F36，1级	620	440	15	—	≤252
F36，2级	660	460	15	—	≤252
马氏体不锈钢					
F6a，1级	485	275	18	35	143～207
F6a，2级	585	380	18	35	167～229
F6a，3级	760	585	15	35	235～302
F6a，4级	895	760	12	35	263～321
F6b	760～930	620	16	45	235～285
F6NM	790	620	15	45	≤295
铁素体不锈钢					
FXM-27Nb	415	240	20	45	≤190
F429	415	240	20	45	≤190
F430	415	240	20	45	≤190
奥氏体不锈钢					
F304	515②	205	30	50	—

（续）

牌号	最小抗拉强度 R_m/MPa	最小屈服强度 R_{eL}/MPa①	50mm或4D的最小延伸率A（%）	最小断面收缩率Z（%）	硬度 HBW
奥氏体不锈钢					
F304H	515②	205	30	50	—
F304L	485③	170	30	50	—
F304N	550	240	30④	50⑤	—
F304LN	515②	205	30	50	—
F309H	515②	205	30	50	—
F310	515②	205	30	50	—
F310MoLN	540	255	25	40	—
F310H	515②	205	30	50	—
F316	515②	205	30	50	—
F316H	515②	205	30	50	—
F316L	485③	170	30	50	—
F316N	550	240	30④	50⑤	—
F316LN	515②	205	30	50	—
F316Ti	515	205	30	50	—
F317	515②	205	30	50	—
F317L	485③	170	30	50	—
F347	515②	205	30	50	—
F347H	515②	205	30	50	—
F348	515②	205	30	50	—
F348H	515②	205	30	50	—
F321	515②	205	30	50	—
F321H	515②	205	30	50	—
FXM-11	620	345	45	60	—
FXM-19	690	380	35	55	—
F20	550	240	30	50	—
F44	650	300	35	50	—
F45	600	310	40	50	—
F46	540	240	40	50	—
F47	525	205	40	50	—
F48	550	240	40	50	—
F49	795	415	35	40	—
F56	500	185	30	35	—
F58	750	420	35	50	—
F62	655	310	30	50	—
F63	550	220	25	—	≤192
F64	620	275	35	50	≤217
F904L	490	215	35	—	—

（续）

牌号	最小抗拉强度 R_m/MPa	最小屈服强度 R_{eL}/MPa①	50mm 或 4D 的最小延伸率 A（%）	最小断面收缩率 Z（%）	硬度 HBW
铁素体-奥氏体双相不锈钢					
F50	690～900	450	25	50	—
F51	620	450	25	45	—
F52	690	485	15	—	—
F53	800⑥	550⑥	15	—	≤310
F54	800	500	15	30	≤310
F55	750～895	550	25	45	—
F57	820	585	25	50	—
F59	770	550	25	40	—
F60	655	485	25	45	—
F61	750	550	25	50	—
F65	750	550	25	—	—

① 通过0.2%残余变形法测定。仅对铁素体钢，也可使用载荷下的0.5%伸长率。

② 截面厚度超过130mm的，其最小抗拉强度 R_m 应为485MPa。

③ 截面厚度超过130mm的，其最小抗拉强度 R_m 应为450MPa。

④ 纵向的，50mm标距横向最小伸长率 A 为25%。

⑤ 纵向的，横向最小断面收缩率 Z 应为45%。

⑥ 截面厚度超过50mm的，其最小抗拉强度 R_m 应为730MPa，最小屈服强度 R_{eL} 应为515MPa。

（4）材料的牌号及焊补用焊条和推荐的预热和层间温度范围和最低焊后热处理温度 见表4-59。

表4-59 焊补要求

牌号	焊条①	推荐的预热和层间温度范围/℃	最低焊后热处理温度/℃
低合金钢			
F1	E7018-A1	95～205	620
F2	E8018-B1	150～315	620
F5	E502-15或16	205～370	675
F5a	E502-15或16	205～370	675
F9	E505-15或16	205～370	675
F10②	—	—	—
F91	9%Cr、1%Mo、V Nb N	205～370	730～800
F92	9%Cr、0.5%Mo、1.5%W、V Nb Ni N	205～370	730～800
F122	11%Cr、2%W、Mo V Nb Cu N	205～370	730～800
F911	9%Cr、1%Mo、1%W、V Nb N	205～370	740～780
F11，1级、2级、3级	E8018-B2	150～315	620
F12，1级、2级	E8018-B2	150～315	620
F21	E9018-B3	150～315	675
F3V和F3VNb	3%Cr、1%Mo、0.25%V-Ti	150～315	675
F22，1级	E9018-B3	150～315	675
F22，3级	E9018-B3	150～315	675
F22V	2.25%Cr、1%Mo、0.25% V-Nb	150～315	675
F23	2.25%Cr、1.6%W、0.25%V-Mo-Nb-B	150～315	730～800
F24	2.25Cr、1%Mo、0.25%V	95～205③	730～800③
F36，1级	1.15%Ni、0.65%Cu、Mo、Nb	205～370	595～650
F36，2级	1.15%Ni、0.65%Cu、Mo、Nb	205～370	540～620

（续）

牌号	焊条①	推荐的预热和层间温度范围/℃	最低焊后热处理温度/℃
马氏体不锈钢			
F6a，1级	E410-15或16	205～370	675
F6a，2级	E410-15或16	205～370	675
F6b	13%Cr、1½%Ni、0.5%Mo	205～370	620
F6NM	13%Cr、4%Ni	150～370	565
铁素体不锈钢			
FXM-27Nb	26%Cr、1%Mo	NR④	NR
F429	E430-16	205～370	760
F430	E430-16	NR	760
FR	E8018-C2	NR	NR
奥氏体不锈钢			
F304	E308-15或16	NR	1040+WQ⑤
F304L	E308L-15或16	NR	1040+WQ
F304H	E308-15或16	NR	1040+WQ
F304N	E308-15或16	NR	1040+WQ
F304LN	E308L-15或16	NR	1040+WQ
F309H	E309-15或16⑥	NR	1040+WQ
F310	E310-15或16	NR	1040+WQ
F310H	E310-15或16	NR	1040+WQ
F310MoLN	E310Mo-15或16	NR	(1050～1100)+WQ
F316	E316-15或16	NR	1040+WQ
F316L	E316L-15或16	NR	1040+WQ
F316H	E316-15或16	NR	1040+WQ
F316N	E316-15或16	NR	1040+WQ
F316LN	E316L-15或16	NR	1040+WQ
F316Ti	E316L-15或16	NR	1040+WQ
F317	E317-15或16	NR	1040+WQ
F317L	E317L-15或16	NR	1040+WQ
F321②	E347-15或16	NR	1040+WQ
F321H②	E347-15或16	NR	1050+WQ
F347	E347-15或16	NR	1040+WQ
F347H	E347-15或16	NR	1050+WQ
F348	E347-15或16	NR	1040+WQ
F348H	E347-15或16	NR	1050+WQ
FXM-11	XM-10W	NR	NR
FXM-19	XM-19W	NR	NR
F20	E/ER-320，320LR	NR	(925～1010)+WQ
F44	E NiCrMo-3	NR	1150+WQ
F45②	—	—	—
F46	—	—	—

（续）

牌号	焊条①	推荐的预热和层间温度范围/℃	最低焊后热处理温度/℃
奥氏体不锈钢			
F47	—⑦	—	1150 + WQ
F48	—⑦	—	1150 + WQ
F49	—⑦	—	1150 + WQ
F58	E NiCrMo-10	—	1150 + WQ
F62	E NiCrMo-3	NR	1150 + WQ
F904L	E NiCrMo-3	NR	(1050 ~ 1150) + WQ
铁素体-奥氏体双相不锈钢			
F50	25% Cr、6% Ni、1.7% Mo	NR	NR
F51	22% Cr、5.5% Ni、3% Mo	NR	NR
F52	26% Cr、8% Ni、2% Mo	NR	NR
F53	25% Cr、7% Ni、4% Mo	NR	NR
F54	25% Cr、7% Ni、3% Mo、W	NR	NR
F55	25% Cr、7% Ni、3.5% Mo	NR	NR
F57	25% Cr、7% Ni、3% Mo、1.5% Cu、1% W	NR	NR
F59	E NiCrMo-10	NR	NR
F60	22% Cr、5.5% Ni、3% Mo	NR	NR
F61	26% Cr、9% Ni、3.5% Mo	NR	NR
F65	29% Cr、6.5% Ni、2% Mo	NR	NR

① 焊条应符合 ASME SFA5.4、SFA5.5、SFA5.9 或 SFA5.11 中的有关牌号 ER 的规定。

② 要求买方同意。

③ 对不低于 12.7mm 的不要求。

④ NR 表示不要求。

⑤ WQ 表示水淬。

⑥ 填充金属应附加 0.04% 的最低含碳量。

⑦ 适用于相配的填充金属。制造商也应采用 AWS A5.14，ER 级、NiCrMo-3 和 AWS A5.11、E 级、NiCrMo-3 填充金属。

（5）应用中的注意事项

1）低合金钢。

① 低合金钢的应用场合。低合金钢中制作阀门承压件（阀体、阀盖）的钢种主要是 Cr-Mo 钢和 Cr-Mo-V 钢，用于高温、高压工况。在此工况条件下要求钢材在高温下具有较好的抗蠕变强度和高温抗氧化性，并具有一定的抗腐蚀能力。适用温度范围 -29 ~ 650℃，列举工况如下：a. F5a（5Cr-0.5Mo）：炼油工业催化系统；b. F11（1.25Cr-1Mo）：火力发电、炼油工业加氢系统温度较低（205 ~ 208℃）的工况；c. F22（2.25Cr-1Mo）：火力发电、炼油工业加氢系统温度较高（281 ~ 350℃）的工况；d. F91（9Cr-1Mo-V-Nb）及 F92（9Cr-1.8W-V-Nb）：超临界、超超临界火力发电。

② 低合金钢的使用条件限制：a. ASME B16.34 对上述合金钢有如下限制：F11 CL1、CL2 级及 F22 CL1、CL3 级允许用于 595℃ 工况，但不推荐长期用于高于 595℃ 的工况，并规定 F11 CL1.2 级仅使用正火 + 回火的材料；F92 使用温度限定 620℃。b. ASTM A182/A182M 对上述低合金钢的使用限制：F22V 要求做夏比 V 型缺口低温冲击试验，试验温度 -18℃，三个试样的平均值应≥54J，其中单个试样最小值要达到 38J。

对于小于或等于 DN100（NPS4）的小圆柱状低合金钢零件可用锻制或轧制的棒材加工而成，不需要另外的热加工。而法兰、弯头、三通、T 形三通则不允许由棒材直接加工。

2）马氏体不锈钢。

① 马氏体不锈钢-F6a 的应用场合及特点。马氏体不锈钢中常用的牌号是 F6a，其钢种属于 13Cr 型不

锈钢，常用于制作非腐蚀性或弱腐蚀性介质闸门的内件，如阀杆、阀座、阀瓣等接触介质的零件。我国与其相当的牌号为 GB/T 1220—2007 中的 12Cr13（旧牌号 1Cr13）。该钢种具有优良的高温抗氧化性，最高抗氧化温度为750℃，但热强性仅为500℃，因此，用于高温时要注意强度校核，特别对于阀杆这种受力件，要特别注意其刚度和强度。一般推荐用于温度小于或等于425℃碳素钢阀门的内件。

② F6a 制作阀杆时的硬度要求。F6a 有 CL1 ~ CL4 共4个等级，其规定的硬度值各不相同（见表4-58），这4个等级的硬度值是对 F6a 材料的要求，并非产品阀杆所需的硬度值，如 API 600、API 602、API 623 对 13Cr 阀杆的硬度值规定为 200 ~ 275HBW，而 F6a 4 个等级的硬度哪级也不符合 API 600、API 602、API 623 的规定。因此 API 600—2015 API 623 将 13Cr 阀杆改为 ASTM A 276/A276M T410 或 T420，这样就可通过热处理调整回火温度来达到零件所需要的硬度及力学性能。

③ F6a 用于含 H_2S 酸性环境的热处理要求。马氏体不锈钢用于含 H_2S 天然气开采酸性环境或石油精炼含 H_2S 烃类气体场合必须满足 NACE MR 0175/ISO 15156 或 NACE MR 0103 的规定，其热处理后的硬度应小于或等于 22HRC，且必须经过三步热处理：

第 1 步：奥氏体化和淬火后空冷；

第 2 步：最低温度达到 621℃回火；

第 3 步：最低温度达到 621℃回火，但低于第 1 次回火温度，然后冷却到环境温度。

④ 焊补。允许对锻件缺陷进行焊补，焊补要求按 ASTM A182/A182M 中第 13 章的规定，但对于 F6a 中 CL3、CL4 级不允许焊补。

3）奥氏体不锈钢：

① 奥氏体不锈钢的特点及应用场合。奥氏体不锈钢具有优良的耐蚀性、高温抗氧化性和低温脆性，因此适用范围广泛，常用于耐腐蚀工况、高温工况和低温工况，在炼油工业、石油化学工业、火力发电、天然气开采、液化天然气（LNG）等工业领域均得到了广泛应用。其适用温度范围 -196 ~ 816℃，常用的温度范围为 -196 ~ 700℃。

② 使用温度的限制：a. F304、F316 使用温度超过 538℃时，碳含量（质量分数）≥0.04% 才能使用；b. F304L 最高使用温度 425℃；c. F316L 最高使用温度 450℃；d. F321、F347 最高使用温度 538℃。

其他牌号的奥氏体不锈钢的最高使用温度按 ASME B16.34 压力-温度额定值确定。

③ 晶粒尺寸规定：a. F304H、F310H、F316H 的晶粒尺寸应大于或等于 ASTM No6 晶粒尺寸；b. F321H、F347H 和 F348H 的晶粒尺寸应大于或等于 ASTM No7 晶粒尺寸。

④ 用于低温工况的要求。奥氏体不锈钢用作 -101 ~ -196℃低温阀门时，应对主要零件（阀体、阀盖、阀瓣、阀座、阀杆等影响密封的零件及承受低温的紧固件）进行工作温度下的深冷处理，并做夏比 V 型缺口低温冲击试验，以检验其低温韧性。

⑤ 制造要求。对于圆柱形零件可直接从锻制、轧制经固溶处理的奥氏体不锈钢棒材直接加工而成。但各类法兰、弯头、三通、T 形三通不应由棒材直接加工。

⑥ 该标准中补充要求的有关规定：a. 补充要求 S4.1：奥氏体不锈钢的所有牌号应满足抗晶间腐蚀的要求，其试验应符合 ASTM A 262《奥氏体不锈钢晶间腐蚀敏感性测定方法》中 E 条要求。b. 补充要求 S9.1：非 H 牌号的奥氏体不锈钢锻件的晶粒平均尺寸试验细节应由制造商与买方商定。c. 补充要求 S10.1：F321、F321H、F347、F347H 这些含 Ti、Nb 稳定元素的奥氏体不锈钢在固溶处理后应在 815 ~ 870℃下进行最低 2h/in 厚度（4.7min/mm 厚度）的稳定化处理，以达到最佳的抗晶间腐蚀要求。d. 补充要求 S11.1：非 H 牌号的奥氏体不锈钢使用温度超过 540℃时，其晶粒尺寸应大于或等于 ASTM No7 晶粒尺寸。

4）铁素体-奥氏体双相不锈钢。双相不锈钢是不锈钢的一个重要分支。所谓双相不锈钢是在它的固溶体组织中铁素体相和奥氏体相的比例各占 50%，其中单相的数量一般不超过 65%。

① 铁素体-奥氏体双相不锈钢的特点及应用场合。a. 双相不锈钢的特点：a）双相不锈钢在低应力下有良好的耐氯化物腐蚀性能；b）综合力学性能好，屈服强度是 18-8 不锈钢的两倍，并且有较高的疲劳强度和耐磨损、耐腐蚀性能；c）可焊性好，裂纹倾向性小，可与 18-8 不锈钢、碳素钢等异种钢焊接；d）与奥氏体不锈钢相比，导热系数大、膨胀系数小，适合做设备衬里；e）与同样碳含量的奥氏体不锈钢相比，能改善其耐晶间腐蚀的能力。b. 双相不锈钢的应用场合。a）适用于含氯化物的淡水、海水，使奥氏体不锈钢产生应力腐蚀的场合；b）在炼油工业、石油天然气工业、石油化学工业、化肥工业、轻工、食品等工业领域均得到广泛应用。

② 应用中的注意事项：a. 双相不锈钢有高铬铁素体不锈钢的各种脆性倾向，不宜在高于 300℃使

用，其使用温度范围为 -50 ~ 250℃。b. 双相不锈钢固溶处理后需要快冷，缓慢冷却会引起脆性相析出，从而导致韧性降低，耐局部腐蚀性能下降。c. 低铬钼双相不锈钢的热成形温度下限不能低于 900℃，高铬钼双相不锈钢的热成形温度下限不能低于 950℃，以免脆性相析出，在加工过程中造成裂纹。d. 双相不锈钢的消除应力处理一般采用 950℃以上的固溶退火处理，而不能使用奥氏体不锈钢常用的 600 ~ 800℃的消除应力处理。

4.2.7 镍和镍合金

4.2.7.1 镍和镍合金铸件

1. 热处理

1）镍和镍合金铸件应按照表 4-60 的要求进行热处理。

表 4-60 热处理要求

牌号	热处理
CZ100、M35-1、M35-2、M30H、M30C、M25S 级别 1、CY40 级别 1、CY5SnBiM	铸态
M25S、级别 2①	装料到 315℃以下的炉中，加热到 870℃并保持 1h，如果截面厚度在 25mm②以上，每超出 13mm 保温时间另加 30min。冷却到 705℃③，并保温 30min，然后在油中淬火到室温
M25S、级别 3	装料到 315℃以下的炉中，缓慢加热到 605℃并保温到足够长的时间，炉冷或空冷到室温
N12MV、N7M、N3M	加热到 1095℃以上，保持足够的时间使铸件加热到此温度，然后在水中淬火或用其他方法急冷
CW12MW、CW6M、CW6MC、CW2M	加热到 1175℃以上，保持足够的时间，使铸件完全加热到此温度，然后在水中淬火或用其他方法急冷
CY40，级别 2	加热到 1040℃以上，保持足够的时间，使铸件完全加热到此温度，然后在水中淬火或用其他方法急冷
CX2MW	加热到 1205℃以上，保持足够的时间，使铸件完全加热到此温度，然后在水中淬火或用其他方法急冷
CU5MCuC	加热到 1150℃以上，保持足够的时间，使铸件完全加热到此温度，在水中淬火。在 940 ~ 990℃进行稳定化处理，保持足够的时间，使铸件完全加热到此温度，然后在水中淬火或用其他方法急冷
CX2M	加热到 1150℃以上，保持足够的时间，使铸件完全加热到此温度，然后在水中淬火或用其他方法急冷

注：为了增强这些合金的耐蚀性及获得某些情况下所需的力学性能，正确的热处理工艺往往很必要。已规定了最低的热处理温度，然而有时在较高的温度进行热处理是十分必要的，并且保温若干的时间，然后迅速冷却铸件以增强耐蚀性和获得所需的力学性能。

① M25S，当在铸态加工时，可以通过固溶处理来提高其加工性能，材料可随后进行时效硬化达到表 4-62 的硬度。

② 截面厚度超过 125mm，如果要获得最大的软度需要增加保温时间。

③ 为获得最大的软度和最小的硬度变化水平，铸件应从 870℃的炉中移到另一 705℃的炉中。

2）当规定级别 1 时，牌号 CY40 和 M25S 应以铸态进行供货；当规定级别 2 时，牌号 CY40 和 M25S 应以固溶处理状态供货；当规定级别 3 时，牌号 M25S 应以时效硬化状态供货。

2. 化学成分（质量分数）

这些合金应符合表 4-61 所规定的化学成分（质量分数）要求。

表 4-61 化学成分

牌号 UNS 通用名称	CZ100 N02100	M35-1[①、②] N24135 Monel	M35-2[②] N04020 Monel	M30H N24030 Monel	M25S N24025 Monel	M30C[①] N24130 Monel	N12MV[③] N30012 Hastelloy	N7M N30007	N3M N30003	CY40 N06040 Inconel	CW12MW[③] N30002 Hastelloy	CW6M N30107	CW2M N26455 Hastelloy	CW6MC N26625 Inconel	CY5BnBiM N06055	CX2MW N26022	CU5MCuC N08826	CX2M N26059
元素	化学成分（质量分数,%）																	
C	1.00	0.35	0.35	0.30	0.25	0.30	0.12	0.07	0.03	0.40	0.12	0.07	0.02	0.06	0.05	0.02	≤0.50	0.02
Mn	1.50	1.50	1.50	1.50	1.50	1.50	1.00	1.00	1.00	1.50	1.00	1.00	1.00	1.00	1.50	1.00	≤1.00	1.00
Si	2.00	1.25	2.00	2.70 ~ 3.70	3.50 ~ 4.50	1.00 ~ 2.00	1.00	1.00	0.50	3.00	1.00	1.00	0.80	1.00	0.50	0.80	≤1.00	0.50
P	0.03	0.03	0.03	0.03	0.03	0.03	0.03	0.03	0.03	0.03	0.03	0.03	0.03	0.015	0.03	0.025	≤0.03	0.02
S	0.02	0.02	0.02	0.02	0.02	0.02	0.02	0.02	0.02	0.02	0.02	0.02	0.02	0.015	0.02	0.02	≤0.02	0.02
Cu	≤1.25	26.0 ~ 33.0	26.0 ~ 33.0	27.0 ~ 33.0	27.0 ~ 33.0	26.0 ~ 33.0	—	—	—	—	—	—	—	—	—	—	1.50 ~ 3.50	—
Mo	—	—	—	—	—	—	26.0 ~ 30.0	30.0 ~ 33.0	30.0 ~ 33.0	—	16.0 ~ 18.0	17.0 ~ 20.0	15.0 ~ 17.5	8.0 ~ 10.0	2.00 ~ 3.50	12.5 ~ 14.5	2.50 ~ 3.50	15.0 ~ 16.5
Fe	≤3.00	≤3.50	≤3.50	≤3.50	≤3.50	≤3.50	4.00 ~ 6.00	≤3.00	≤3.00	≤11.00	4.50 ~ 7.50	≤3.00	≤2.00	≤5.00	≤2.00	2.00 ~ 6.00	平衡	≤1.50
Ni	≥95.00	平衡	平衡	平衡	平衡	平衡	平衡	平衡	平衡	平衡	平衡	平衡	平衡	平衡	平衡	平衡	38.0 ~ 44.0	平衡
Cr	—	—	—	—	—	—	1.00	1.00	1.00	14.0 ~ 17.0	15.5 ~ 17.5	17.0 ~ 20.0	15.0 ~ 17.5	20.0 ~ 23.0	11.0 ~ 14.0	20.0 ~ 22.5	19.5 ~ 23.5	22.0 ~ 24.0
Nb	—	≤0.50	≤0.50	—	—	1.00 ~ 3.00	—	—	—	—	—	—	—	3.15 ~ 4.50	—	—	0.60 ~ 1.20	—
W	—	—	—	—	—	—	—	—	—	—	3.75 ~ 5.25	—	≤1.00	—	—	2.50 ~ 3.50	—	—
V	—	—	—	—	—	—	0.20 ~ 0.60	—	—	—	0.20 ~ 0.40	—	—	—	—	≤0.35	—	—
Bi	—	—	—	—	—	—	—	—	—	—	—	—	—	—	3.50 ~ 5.00	—	—	—
Sn	—	—	—	—	—	—	—	—	—	—	—	—	—	—	3.50 ~ 5.00	—	—	—

注：除非另有说明，表中数据都是最大值。

① 当要求可焊性时订购 M35-1 或 M30C。

② 列入 ASME B16.34 3.4 组材料中。

③ 列入 ASME B16.34 3.15 组材料中。

3. 力学性能

力学性能应符合表4-62的规定。

表4-62 力学性能

牌号	CZ100	M35-1	M35-2	M30H	M25S
最小抗拉强度 R_m/MPa	345	450	450	690	—
最小屈服强度 R_{eL}/MPa	125	170	205	415	—
标距50mm①最小延伸率 A（%）	10	25	25	10	—
硬度HBW	—	—	—	—	②
牌号	M30C	N12MV	N7M	N3M	CY40
最小抗拉强度 R_m/MPa450	450	525	525	525	485
最小屈服强度 R_{eL}/MPa	225	275	275	275	195
标距50mm①最小延伸率 A（%）	25	6	20	20	30
硬度HBW	—	—	—	—	—

牌号	CW12MW	CW6M	CW2M	CW6MC
最小抗拉强度 R_m/MPa	495	495	495	485
最小屈服强度 R_{eL}/MPa	275	275	275	275
标距50mm①最小延伸率 A（%）	4	25	20	25
硬度HBW	—	—	—	—
牌号	CY5SnBiM	CX2MW	CU5MCuC	CX2M
最小抗拉强度 R_m/MPa	—	550	520	495
最小屈服强度 R_{eL}/MPa	—	310	240	270
标距50mm①最小延伸率 A（%）	—	30	20	40
硬度HBW	—	—	—	—

① 当在拉伸试验采用ASTM A732/A732M中的1C1试棒时，其标长与断面直径比为4:1。

② 时效硬化状态的硬度在300HBW以上。

4. 使用中的注意事项

1）纯镍、镍合金在热浓碱中耐蚀性极好且不产生碱脆性应力开裂。在海水、高温干氯中耐蚀性良好，但不耐氯化性酸和含有氯化剂的溶液及多数熔融金属的腐蚀；在高温含硫的气体中腐蚀变脆。

2）镍铜合金（蒙乃尔合金）对非氧化性酸，特别是氢氟酸耐腐蚀性非常好；对热浓碱也有很好的耐蚀性，但不如纯镍。耐海水、低浓度盐酸和各种有机物，但不耐氧化性酸和其他强氧化溶液、熔盐、熔融金属和高温含硫气体。

3）镍-铝合金-Hastelloy B（哈氏合金B）铸材N12MV、对所有沸腾盐酸都有良好耐蚀性。此外，在磷酸、氢氟酸、溴酸、硫酸、醋酸和其他有机酸等非氧化性酸和非氧化盐溶液及湿硫化氢等多种气体中也有很好耐蚀性。但在氧化性离子的溶液中，硝酸等氧化性酸中和含有氧化性盐的盐酸中不耐腐蚀。

4）镍-钼-铬合金-Hastelloy C（哈氏合金C）铸材CW12MW和Hastelloy C-276（哈氏合金C-276）铸材CW2M，由于其合金中含有铬所以能耐氧化性酸，如硝酸、硝酸和硫酸的混合酸、铬酸和硫酸的混合酸等腐蚀。也可耐海水、温氯和含氯或氯化物的介质，但不耐非氯化性酸；在盐酸中的耐蚀性不如镍-钼合金。

5）镍-铬合金也即Inconel（因种镍尔）合金。耐热碱液、碱硫化物的腐蚀性比不锈钢好，并耐高温和高温腐蚀。其铸材为CY40（Inconel 600的铸材牌号）、CW6MC（Inconel 625铸材牌号）。

4.2.7.2 镍合金锻件

1. 镍合金锻件的化学成分

镍合金锻件的化学成分（质量分数）应符合表4-63的规定。

2. 镍合金锻件的力学性能

镍合金锻件的力学性能应符合表4-64的规定。

表4-63 化学成分要求

元素	化学成分（质量分数,%）								
	镍-铜合金 UNS N04400 Monel400	镍-铬合金 UNS N06600 Inconel600	镍-铬-铁合金 UNS N06690	镍-铁-铬合金 UNS N08120	镍-铁-铬合金 UNS N08800 Incoloy800	镍-铁-铬合金 UNS N08810 Hastelloy B	镍-铬-铁-铝合金 UNS N06603	镍-铬-铁-铝合金 UNS N06025	镍-铬-铁-硅合金 UNS N06045
镍 Ni	63.0min①	72.0min①	58.0min①	35.0～39.0	30.0～35.0	30.0～35.0	平衡①	平衡	45.0min

（续）

元素	化学成分（质量分数,%）								
	镍-铜合金 UNS N04400 Monel400	镍-铬合金 UNS N06600 Inconel600	镍-铬-铁合金 UNS N06690	镍-铁-铬合金 UNS N08120	镍-铁-铬合金 UNS N08800 Incoloy800	镍-铁-铬合金 UNS N08810 Hastelloy B	镍-铬-铁-铝合金 UNS N06603	镍-铬-铁-铝合金 UNS N06025	镍-铬-铁-硅合金 UNS N06045
铜 Cu	28.0~34.0	0.50max	0.50max	0.50max	0.75max	0.75max	0.50max	0.10max	0.30max
铁 Fe	2.50max	6.00~10.00	7.00~11.00	残留	39.5min①	39.5min①	8.00~11.00	8.00~11.00	21.0~25.0
锰 Mn	2.00max	1.00max	0.50max	1.50	1.50max	1.50max	0.15max	0.15	1.00
碳 C	0.30max	0.15max	0.05max	0.02~0.10	0.10max	0.05~0.10	0.20~0.40	0.15~0.25	0.05~0.12
硅 Si	0.50max	0.50max	0.50max	1.00	1.00max	1.00max	0.50max	0.50	2.50~3.00
硫 S max	0.024	0.015	0.015	0.03	0.015	0.015	0.010	0.01	0.01
铬 Cr	—	14.0~17.0	27.0~31.0	23.0~27.0	19.0~23.0	19.0~23.0	24.0~26.0	24.0~26.0	26.0~29.0
铝 Al	—	—	—	0.40max	0.15~0.60	0.15~0.60	2.40~3.00	1.80~2.40	—
钛 Ti	—	—	—	0.20max	0.15~0.60	0.15~0.60	0.01~0.25	0.10~0.20	—
铌+钽	—	—	—	0.40~0.90	—	—	—	—	—
钼 Mo	—	—	—	2.50max	—	—	—	—	—
磷 P	—	—	—	0.04max	—	—	0.02max	0.02max	0.02max
钨 W	—	—	—	2.50max	—	—	—	—	—
钴 Co max	—	—	—	3.00	—	—	—	—	—
钒 V max	—	—	—	—	—	—	—	—	—
氮 N	—	—	—	0.15~0.30	—	—	—	—	—
硼 B	—	—	—	0.01max	—	—	—	—	—
镧	—	—	—	—	—	—	—	—	—
铝+钛	—	—	—	—	—	—	—	—	—
镍+钼	—	—	—	—	—	—	—	—	—
铌 Nb max	—	—	—	—	—	—	—	—	—
钽	—	—	—	—	—	—	—	—	—
锆 max	—	—	—	—	—	—	0.01~0.10	0.01~0.10	—
铈	—	—	—	—	—	—	—	—	—
钇	—	—	—	—	—	—	0.01~0.15	0.05~0.12	—

元素	化学成分（质量分数,%）								
	低碳镍-铁-铬-钼合金 UNS N06210	镍-铁-铬合金 UNS N08811	镍-铬-钼-铌合金 UNS N06625 Inconel625	镍-铬-钼-钨合金 UNS N06110	镍-铁-铬-钼-铜合金 UNS N08825 Incoloy825	低碳镍-钼-铬合金 UNS N10276 Hastelloy C-276	低碳镍-钼-铬合金 UNS N06022	铁-镍-铬-钼-氮合金 UNS N08367	低碳镍-铬-钼合金 UNS N06059
镍 Ni	剩余①	30.0~35.0	58.0min①	51.0min①	38.0~46.0	剩余①	剩余①	23.50~25.50	平衡①
铜 Cu	—	0.75max	—	0.50max	1.50~3.00	—	—	0.75max	0.50max

（续）

元素	化学成分（质量分数,%）								
	低碳镍-铁-铬-钼合金 UNS N06210	镍-铁-铬合金 UNS N08811	镍-铬-钼-铌合金 UNS N06625 Inconel625	镍-铬-钼-钨合金 UNS N06110	镍-铁-铬-钼-铜合金 UNS N08825 Incoloy825	低碳镍-钼-铬合金 UNS N10276 Hastelloy C-276	低碳镍-钼-铬合金 UNS N06022	铁-镍-铬-钼-氮合金 UNS N08367	低碳镍-铬-钼合金 UNS N06059
铁 Fe	1.00max	39.5max①	5.00max	1.00max	22.00	4.00～7.00	2.00～6.00	剩余①	1.50max
锰 Mn	0.50max	1.50max	0.50max	1.00max	1.00max	1.00max	1.50max	2.00max	0.50max
碳 C	0.015max	0.06～0.10	0.10max	0.15max	0.05max	0.01max	0.015max	0.03max	0.01max
硅 Si	0.08max	1.00max	0.50max	1.00max	0.50max	0.08max	0.08max	1.00max	0.10max
硫 S max	0.02	0.015	0.015	0.015	0.03	0.03	0.02	0.03	0.01
铬 Cr	18.0～20.0	19.0～23.0	20.0～23.0	28.0～33.0	19.5～23.5	14.5～16.5	20.0～22.5	20.0～22.0	22.0～24.0
铝 Al	—	0.15～0.60	0.40max	1.00max	0.20max	—	—	—	0.10～0.40
钛 Ti	—	0.15～0.60	0.40max	1.00max	0.60～1.20	—	—	—	—
铌+钽	—	—	3.15～4.15	1.00max	—	—	—	—	—
钼 Mo	18.0～20.0	—	8.0～10.0	9.0～12.0	2.50～3.50	15.0～17.0	12.5～14.5	6.00～7.00	15.0～16.0
磷 P	0.02max	—	0.015max	0.50max	—	0.04max	0.02max	0.04max	0.015max
钨 W	—	—	—	1.00～4.00	—	3.00～4.50	2.50～3.50	—	—
钴 Co max	1.00	—	—	—	—	2.50max	0.35	—	0.3max
钒 V max	0.35	—	—	—	—	0.35	—	—	—
氮 N	—	—	—	—	—	—	—	0.18～0.25	—
硼 B	—	—	—	—	—	—	—	—	—
镧	—	—	—	—	—	—	—	—	—
铝+钛	—	0.85～1.20	—	—	—	—	—	—	—
镍+钼	—	—	—	—	—	—	—	—	—
铌 max	—	—	—	—	—	—	—	—	—
钽	1.50～2.20	—	—	—	—	—	—	—	—
锆 max	—	—	—	—	—	—	—	—	—
铈	—	—	—	—	—	—	—	—	—
钇	—	—	—	—	—	—	—	—	—

元素	化学成分（质量分数,%）								
	低碳镍-铬-钼合金 UNS N06058	低碳镍-铬-钼合金 UNS N06035	低碳镍-铬-钼-铜合金 UNS N06200	低碳镍-铜-铬合金 UNS N10362	镍-铬-铜-硅合金 UNS N06219	低碳镍-铁-铬-钼-铜合金 UNS N08031	镍-铬-钨-钼合金 UNS N06230	镍-铬-钴-钼合金 UNS N06617	镍-钼合金 UNS N10629
镍 Ni	平衡	剩余①	剩余①	剩余①	平衡①	30.0～32.0	剩余①	44.50min	平衡
铜 Cu	0.50max	0.30max	1.30～1.90	—	0.50max	1.00～1.40	—	0.50max	0.50max
铁 Fe	1.50max	2.00max	3.00max	1.25max	2.00～4.00	平衡①	3.00max	3.00max	1.00～6.00
锰 Mn	0.50max	0.50max	0.50max	0.60max	0.50max	2.00max	0.30～1.00	1.00max	1.50

（续）

元素	化学成分（质量分数,%）								
	低碳镍-铬-钼合金 UNS N06058	低碳镍-铬-钼合金 UNS N06035	低碳镍-铬-钼-铜合金 UNS N06200	低碳镍-铜-铬合金 UNS N10362	镍-铬-铜-硅合金 UNS N06219	低碳镍-铁-铬-钼-铜合金 UNS N08031	镍-铬-钨-钼合金 UNS N06230	镍-铬-钴-钼合金 UNS N06617	镍-钼合金 UNS N10629
碳 C	0.01max	0.05max	0.01max	0.01max	0.05max	0.015max	0.05～0.15	0.05～0.15	0.01max
硅 Si	0.10max	0.60max	0.08max	0.08max	0.70～1.10	0.30max	0.25～0.75	1.00max	0.05
硫 S max	0.01	0.015	0.01	0.01	0.01	0.01	0.015	0.015	0.01
铬 Cr	20.0～23.0	32.25～34.25	22.0～24.0	13.8～16.6	18.0～22.0	26.0～28.0	20.0～24.0	20.0～24.0	0.50～1.50
铝 Al	0.40max	0.40max	0.50max	0.50max	0.50max	—	0.20～0.50	0.80～1.50	0.10～0.50
钛 Ti	—	—	—	—	0.50max	—	—	0.60max	—
铌+钽	—	—	—	—	—	—	—	—	—
钼 Mo	19.00～21.00	7.60～9.00	15.00～17.00	21.50～23.00	7.00～9.00	6.00～7.00	1.00～3.00	8.00～10.00	26.00～30.00
磷 P	0.015max	0.03max	0.025max	0.025max	0.02max	0.02max	0.03max	—	0.04max
钨 W	0.30max	0.60max	—	—	—	—	13.00～15.00	—	—
钴 Co max	0.30max	1.00max	2.00max	—	1.00max	—	5.00max	10.00min 15.00max	2.50
钒 V max	—	0.20	—	—	—	—	—	—	—
氮 N	0.02～0.15	—	—	—	—	0.15～0.25	—	—	—
硼 B	—	—	—	—	—	—	0.15max	0.006max	—
镧	—	—	—	—	—	—	0.005～0.050	—	—
铝+钛	—	—	—	—	—	—	—	—	—
镍+钼	—	—	—	—	—	—	—	—	—
铌 max	—	—	—	—	—	—	—	—	—
钽	—	—	—	—	—	—	—	—	—
锆 max	—	—	—	—	—	—	—	—	—
铈	—	—	—	—	—	—	—	—	—
钇	—	—	—	—	—	—	—	—	—

元素	化学成分（质量分数,%）							
	镍-钼合金 UNS N10665	镍-钼合金 UNS N10675	镍-钼-铬-铁合金 UNS N10242	低碳镍-铬-钼-钨合金 UNS N06686	镍-钴-铬-硅合金 UNS N12160	镍合金 UNS N02200	镍-钼-铬-铁合金 UNS N10624	铬-镍-铁-氮合金 UNS R00033
镍 Ni	剩余①	65.00min	剩余①	剩余①	剩余①	90.00min	剩余①	30.00～33.00
铜 Cu	—	0.20max	—	—	—	0.20max	0.50max	0.30～1.20
铁 Fe	2.00max	1.00～3.00	2.00max	5.00max	3.00max	0.40max	5.00～8.00	平衡①
锰 Mn	1.00max	3.00max	0.80max	0.75max	1.50max	0.35max	1.00max	2.00

（续）

元素	化学成分（质量分数,%）							
	镍-钼合金 UNS N10665	镍-钼合金 UNS N10675	镍-钼-铬-铁合金 UNS N10242	低碳镍-铬-钼-钨合金 UNS N06686	镍-钴-铬-硅合金 UNS N12160	镍合金 UNS N02200	镍-钼-铬-铁合金 UNS N10624	铬-镍-铁-氮合金 UNS R00033
碳 C	0.02max	0.01max	0.03max	0.01max	0.15max	0.15max	0.01max	0.015max
硅 Si	0.10max	0.10max	0.80max	0.08max	2.40～3.00	0.35max	0.10max	0.50
硫 S max	0.03	0.01	0.015	0.02	0.015	0.01	0.01max	0.01
铬 Cr	1.00max	1.00～3.00	1.00～2.00	19.00～23.00	26.00～30.00	—	6.00～10.00	31.00～35.00
铝 Al	—	0.50max	0.50max	—	—	—	0.50max	—
钛 Ti	—	0.20max	—	0.02～0.25	0.20～0.80	—	—	—
铌＋钽	—	—	—	—	—	—	—	—
钼 Mo	26.00～30.00	27.00～32.00	24.00～26.00	—	1.00max	—	21.00～25.00	0.50～2.00
磷 P	0.04max	0.03max	0.03max	0.04max	0.03max	—	0.025max	0.02max
钨 W	—	3.00max	—	3.00～4.40	1.00max	—	—	—
钴 Co max	1.00max	8.00max	1.00max	—	27.00～33.00	—	1.00max	—
钒 V max	—	0.20	—	—	—	—	—	—
氮 N	—	—	—	—	—	—	—	0.35～0.60
硼 B	—	—	0.006max	—	—	—	—	—
镧	—	—	—	—	—	—	—	—
铝＋钛	—	—	—	—	—	—	—	—
镍＋钼	—	94.00～98.00	—	—	—	—	—	—
铌 Nb max	—	0.20	—	—	1.00	—	—	—
钽	—	0.20max	—	—	—	—	—	—
锆 max	—	0.10	—	—	—	—	—	—
铈	—	—	—	—	—	—	—	—
钇	—	—	—	—	—	—	—	—

① 元素根据差值运算确定。

表 4-64 力学性能要求①

材料和状态	最大截面厚度 /mm	最小抗拉强度 R_m/MPa	0.2%残余变形的最小屈服强度 R_{eL}/MPa	50mm 或 4D 的最小延伸率 A（%）
镍合金 UNS N02200，退火	—	380	105	40
镍铜合金 UNS N04400（Monel400），退火	—	483	172	35
镍-铬-铁合金 UNS N06600（Inconel600），退火	—	552	241	30
镍-铬-铁合金 UNS N06690，退火	—	586	241	30
低碳镍-铬-钼合金 UNS N06035	—	586	241	30
低碳镍-铬-钼合金 UNS N06058	—	760	360	40
低碳镍-铬-钼合金 UNS N06059	—	690	310	45
低碳镍-铬-钼-铜合金 UNS N06200	—	690	310	45

（续）

材料和状态	最大截面厚度/mm	最小抗拉强度 R_m/MPa	0.2%残余变形的最小屈服强度 R_{eL}/MPa	50mm或4D的最小延伸率 A（%）
低碳镍-钼-铬合金 UNS N10362，退火	—	725	310	40
镍-铁-铬合金 UNS N08120，固溶退火	—	621	276	30
镍-铁-铬合金 UNS N08800（Incoloy800），退火	—	517	207	30
镍-铁-铬合金 UNS N08120，UNS N08811，退火	—	448	172	30
镍-铬-钼-铌合金 UNS N06625（Inconel625），退火	≤102 >102②～254	827 758	414 345	30 25
镍-铬-钼-钨合金 UNS N06110，退火	≤102 >102～254	655 621	310 276	60 50
镍-铁-铬-钼-铜合金 UNS N08825（Incoloy825）	—	586	241	30
低碳镍-铬-钼合金 UNS N10276（Hastelloy C-276），固溶退火	—	690	283	40
低碳镍-铬-钼合金 UNS N06022，固溶退火	—	690	310	45
铁-镍-铬-钼-氮合金 UNS N08367，固溶退火	—	655	310	30
低碳镍-铁-铬-钼-铜合金 UNS 08031	—	650	276	40
镍-铬-钨-钼合金 UNS N06230，固溶退火③	—	758	310	40
镍-铬-钴-钼合金 UNS N06617，退火	—	655	241	35
镍-钼合金 UNS N10665，固溶退火	—	760	350	40
镍-钼合金 UNS N10675，固溶退火	—	760	350	40
镍-钼-铬-铁合金 UNS N10242，退火	—	725	310	40
低碳镍-铬-钼-钨合金 UNS N06686，退火	—	690	310	45
镍-钴-铬-硅合金 UNS N12160，固溶退火	—	620	240	40
低碳铬-镍-铁-氮合金 UNS R00033，固溶退火	—	750	380	40
镍-钼合金 UNS N10629，固溶退火	—	760	350	40
镍-铬-铁-铝合金 UNS N06025，固溶退火	≤102 >102～305	680 580	270 270	30 15
镍-铬-铁-铝合金 UNS N06603，退火	—	650	300	25
镍-铬-铁-硅合金 UNS N06045，固溶退火	—	620	240	35
镍-钼-铬-铁合金 UNS N10624，退火	—	720	320	40
低碳镍-钼-铬-钽合金 UNS N06210，固溶退火	—	690	310	45
镍-铬-钼-硅合金 UNS N06219，固溶退火	—	660	270	50

① 锻件质量仅用于化学成分要求和表面检查。

② 由锻制棒材加工成的零件直径为102～254mm。

③ 固溶退火至少在1177℃下进行，并紧接着水淬或按其他方法迅速冷却。

3. 注意事项

（1）列入ASME B16.34材料组中的镍合金锻件　ASTM B564中所包含的35种镍合金锻件材料，其中有15种材料列入了ASME B16.34材料组中，详见表4-65。

表 4-65 列入 ASME B16.34 材料组中的镍合金锻件材料

B16.34 材料组	UNS 编号	通用名称	适用温度范围/℃
3.2 组	N02200	Nickel200	-29 ~ 325
3.4 组	N04400	Monel400	-29 ~ 475
3.5 组	N06600	Inconel600	-29 ~ 650②
3.6 组	N08800	Incoloy800	-29 ~ 816②
3.7 组	N10665		-29 ~ 425
	N10675		-29 ~ 425
3.8 组	N06022		-29 ~ 675②
	N06200		-29 ~ 425
	N06625	Inconel625①	-29 ~ 645②
	N08825	Incoloy825	-29 ~ 538
	N10276	Hastelloy C-276	-29 ~ 675②
3.12 组	N06035		-29 ~ 425
3.13 组	N08031		-29 ~ 425
3.15 组	N08810	Hastelloy B	-29 ~ 816②
3.19 组	N06230		-29 ~ 816②

① 退火状态的 N06625 经 538 ~ 760℃辐照后，其室温下的冲击强度会下降。

② Class150 法兰端阀门的额定值限定在 538℃。

（2）有关镍合金、镍-铜合金、镍-钼合金、镍-钼-铬合金、镍-铬合金的适用介质　见 4.2.7.1 镍和镍合金铸件和国外先进阀门材料标准解析 ASTM A494/A494M—2014a《镍和镍合金铸件》中 1.16.11。

4.2.8 钛及钛合金

4.2.8.1 铸造钛及钛合金

（1）铸造钛及钛合金的化学成分　见表 4-66。化学成分在需方复验分析时，成分允许偏差应符合表 4-67的规定。

表 4-66 铸造钛及钛合金牌号的化学成分（GB/T 15073—2014）

铸造钛及钛合金		化学成分（质量分数,%）																
		主要成分								杂质，不大于								
牌号	代号	Ti	Al	Sn	Mo	V	Zr	Nb	Ni	Pd	Fe	Si	C	N	H	O	其他元素 单个	其他元素 总和
ZTi1	ZAT1	余量	—	—	—	—	—	—	—	—	0.25	0.10	0.10	0.03	0.015	0.25	0.10	0.40
ZTi2	ZAT2	余量	—	—	—	—	—	—	—	—	0.30	0.15	0.10	0.05	0.015	0.35	0.10	0.40
ZTi3	ZTA3	余量	—	—	—	—	—	—	—	—	0.40	0.15	0.10	0.05	0.015	0.40	0.10	0.40
ZTiAl4	ZTA5	余量	3.3 ~ 4.7	—	—	—	—	—	—	—	0.30	0.15	0.10	0.04	0.015	0.20	0.10	0.40
ZTiAl5Sn2.5	ZTA7	余量	4.0 ~ 6.0	2.0 ~ 3.0	—	—	—	—	—	—	0.50	0.15	0.10	0.05	0.015	0.20	0.10	0.40
ZTiPd0.2	ZTA9	余量	—	—	—	—	—	—	—	0.12 ~ 0.25	0.25	0.10	0.10	0.05	0.015	0.40	0.10	0.40
ZTiMo0.3Ni0.8	ZTA10	余量	—	—	0.2 ~ 0.4	—	—	—	0.6 ~ 0.9	—	0.30	0.10	0.10	0.05	0.015	0.25	0.10	0.40
ZTiAl6Zr2Mo1V1	ZTA15	余量	5.5 ~ 7.0	—	0.5 ~ 2.0	0.8 ~ 2.5	1.5 ~ 2.5	—	—	—	0.30	0.15	0.10	0.05	0.015	0.20	0.10	0.40
ZTiAl4V2	ZTA17	余量	3.5 ~ 4.5	—	—	1.5 ~ 3.0	—	—	—	—	0.25	0.15	0.10	0.05	0.015	0.20	0.10	0.40

（续）

铸造钛及钛合金		化学成分（质量分数,%）																
		主要成分								杂质，不大于								
牌号	代号	Ti	Al	Sn	Mo	V	Zr	Nb	Ni	Pd	Fe	Si	C	N	H	O	其他元素	
																	单个	总和
ZTiMo32	ZTB32	余量	—	—	30.0 ~ 34.0	—	—	—	—	—	0.30	0.15	0.10	0.05	0.015	0.15	0.10	0.40
ZTiAl6V4	ZTC4	余量	5.50 ~ 6.75	—	—	3.5 ~ 4.5	—	—	—	—	0.40	0.15	0.10	0.05	0.015	0.25	0.10	0.40
ZTiAl6Sn4.5 Nb2Mo1.5	ZTC21	余量	5.5 ~ 6.5	4.0 ~ 5.0	1.0 ~ 2.0	—	—	1.5 ~ 2.0	—	—	0.30	0.15	0.10	0.05	0.015	0.20	0.10	0.40

注：1. 其他元素是指钛及钛合金铸件生产过程中固有存在的微量元素，一般包括 Al、V、Sn、Mo、Cr、Mn、Zr、Ni、Cu、Si、Nb、Y 等（该牌号中含有的合金元素应除去）。

2. 其他元素单个含量和总量只有在需方有要求时才考虑分析。

表 4-67　化学成分各元素允许偏差（GB/T 15073—2014）

元素		规定化学成分范围（%）	允许偏差（%）
Al		3.3 ~ 7.0	±0.40
Sn		2.0 ~ 3.0	±0.15
		4.0 ~ 5.0	±0.25
Mo		≤1.0	±0.08
		>1.0 ~ 2.0	±0.30
		30.0 ~ 34.0①	±0.40
V		0.8 ~ 3.0	±0.15
		3.5 ~ 4.5	
Zr		1.5 ~ 2.5	±0.15
Nb		1.5 ~ 2.0	±0.15
Ni		0.6 ~ 0.9	±0.05
Pd		0.12 ~ 0.25	±0.02
Fe		≤0.25	+0.05
		>0.25 ~ 0.40	+0.08
		>0.40 ~ 0.50	+0.15
Si		≤0.10	±0.02
		>0.10 ~ 0.15	±0.05
C		≤0.10	+0.02
N		≤0.05	+0.02
H		≤0.015	+0.003
O		≤0.20	+0.04
		>0.20 ~ 0.25	+0.05
		>0.25 ~ 0.40	+0.08
杂质其他元素	单个	≤0.10	+0.02
	总和	≤0.40	+0.05

① 此值参考，见原标准表2。

（2）力学性能　铸件附铸试样的室温力学性能应符合表 4-68 的规定。常用钛及钛合金铸件消除应力退火处理制度可参照表 4-69。

表 4-68 附铸试样的室温力学性能（GB/T 6614—2014）

代号	牌号	抗拉强度 R_m/MPa 不小于	屈服强度 $R_{p0.2}$/MPa 不小于	伸长率 A（%）不小于	硬度 HBW 不大于
ZTA1	ZTi1	345	275	20	210
ZTA2	ZTi2	440	370	13	235
ZTA3	ZTi3	540	470	12	245
ZTA5	ZTiAl4	590	490	10	270
ZTA7	ZTiAl5Sn2.5	795	725	8	335
ZTA9	ZTiPd0.2	450	380	12	235
ZTA10	ZTiMo0.3Ni0.8	483	345	8	235
ZTA15	ZTiAl6Zr2Mo1V1	885	785	5	—
ZTA17	ZTiAl4V2	740	660	5	—
ZTB32	ZTiMo32	795	—	2	260
ZTC4	ZTiAl6V4	835（895）	765（825）	5（6）	365
ZTC21	ZTiAl6Sn4.5Nb2Mo1.5	980	850	5	350

注：括号内的性能指标为氧含量控制较高时测得。

表 4-69 消除应力退火制度（GB/T 6614—2014）

合金代号	温度/℃	保温时间/min	冷却方式
ZTA1、ZTA2、ZTA3	500～600	30～60	炉冷或空冷
ZTA5	550～650	30～90	
ZTA7	550～650	30～120	
ZTA9、ZTA10	500～600	30～120	
ZTA15	550～750	30～240	
ZTA17	550～650	30～240	
ZTC4	550～650	30～240	

4.2.8.2 钛及钛合金锻件

（1）力学性能 按照 GB/T 25137—2010 提供的锻件，适用时其力学性能应符合表 4-70 的要求。

表 4-70 拉伸性能要求①（GB/T 25137—2010）

牌号	抗拉强度 最小值		屈服强度 最小值或范围		伸长率（%）（$4d$）最小值	断面收缩率（%）最小值
	MPa	（ksi）	MPa	（ksi）		
F-1	240	（35）	138	（20）	24	30
F-2	345	（50）	275	（40）	20	30
F-2H②、③	400	（58）	275	（40）	20	30
F-3	450	（65）	380	（55）	18	30
F-4	550	（80）	483	（70）	15	25
F-5	895	（130）	828	（120）	10	25
F-6	828	（120）	795	（115）	10	25
F-7	345	（50）	275	（40）	20	30
F-7H②、③	400	（58）	275	（40）	20	30
F-9	828	（120）	759	（110）	10	25
F-9④	620	（90）	483	（70）	15	25
F-11	240	（35）	138	（20）	24	30
F-12	483	（70）	345	（50）	18	25
F-13	275	（40）	170	（25）	24	30

（续）

牌号	抗拉强度最小值		屈服强度最小值或范围		伸长率（%）（4*d*）最小值	断面收缩率（%）最小值
	MPa	（ksi）	MPa	（ksi）		
F-14	410	（60）	275	（40）	20	30
F-15	483	（70）	380	（55）	18	25
F-16	345	（50）	275	（40）	20	30
F-16H②、③	400	（58）	275	（40）	20	30
F-17	240	（35）	138	（20）	24	30
F-18	620	（90）	483	（70）	15	25
F-18④	620	（90）	483	（70）	12	20
F-19⑤	793	（115）	759	（110）	15	25
F-19⑥	930	（135）	897～1096	（130～159）	10	20
F-19⑦	1138	（165）	1104～1276	（160～185）	5	20
F-20⑤	793	（115）	759	（110）	15	25
F-20⑥	930	（135）	897～1096	（130～159）	10	20
F-20⑦	1138	（165）	1104～1276	（160～185）	5	20
F-21⑤	793	（115）	759	（110）	15	35
F-21⑥	966	（140）	897～1096	（130～159）	10	30
F-21⑦	1172	（170）	1104～1276	（160～185）	8	20
F-23	828	（120）	759	（110）	10	25
F-23④	828	（120）	759	（110）	7.5⑧，6.0⑨	25
F-24	895	（130）	828	（120）	10	25
F-25	895	（130）	828	（120）	10	25
F-26	345	（50）	275	（40）	20	30
F-26H②、③	400	（58）	275	（40）	20	30
F-27	240	（35）	138	（20）	24	30
F-28	620	（90）	483	（70）	15	25
F-28④	620	（90）	483	（70）	12	20
F-29	828	（120）	759	（110）	10	25
F-29④	828	（120）	759	（110）	7.5⑧，6.0⑨	15
F-30	345	（50）	275	（40）	20	30
F-31	450	（65）	380	（55）	18	30
F-32	689	（100）	586	（85）	10	25
F-33	345	（50）	275	（40）	20	30
F-34	450	（65）	380	（55）	18	30
F-35	895	（130）	828	（120）	5	20
F-36	450	（65）	410～655	（60～95）	10	—
F-37	345	（50）	215	（31）	20	30
F-38	895	（130）	794	（115）	10	25

注：F-3和F-4的抗拉强度进行了修正。伸长率4*d*为弯芯直径，*d*为公称直径。

① 表中性能数据适用于截面面积不大于1935mm²（3in²）的锻件，截面面积大于1935mm²（3in²）的锻件性能由供需双方商定。

② 该材料与相应数字牌号的差别是其最小抗拉强度要求更高。F-2H、F-7H、F-16H和F-26H牌号材料主要用于压力容器。

③ H牌号材料是应压力容器行业协会（美国）的要求而补充的。该协会对牌号为2、7、16和26商用材料5200份测试报告进行了研究，其中99%以上最小抗拉强度大于400MPa（58ksi）。

④ β转变组织状态材料的性能。

⑤ 固溶处理状态材料的性能。

⑥ 固溶+时效处理状态——中等强度（取决于时效温度）。

⑦ 固溶+时效处理状态——高强度（取决于时效温度）。

⑧ 适用于截面或壁厚小于25.4mm（1.0in）的产品。

⑨ 适用于截面或壁厚不大于25.4mm（1.0in）的产品。

（2）化学成分 GB/T 25137—2010 所列钛及钛合金牌号，其化学成分应符合表4-71的要求。产品分析允许偏差见表4-72。

表4-71 化学成分要求①

元素	成分（质量分数,%）											
	F-1	F-2	F-2H	F-3	F-4	F-5	F-6	F-7	F-7H	F-9	F-11	F-12
N，max	0.03	0.03	0.03	0.05	0.05	0.05	0.03	0.03	0.03	0.03	0.03	0.03
C，max	0.08	0.08	0.08	0.08	0.08	0.08	0.08	0.08	0.08	0.08	0.08	0.08
H②、③，max	0.015	0.015	0.015	0.015	0.015	0.015	0.015	0.015	0.015	0.015	0.015	0.015
Fe，max	0.20	0.30	0.30	0.30	0.50	0.40	0.50	0.30	0.30	0.25	0.20	0.30
O，max	0.18	0.25	0.25	0.35	0.40	0.20	0.20	0.25	0.25	0.15	0.18	0.25
Al	—	—	—	—	—	5.5 ~ 6.75	4.0 ~ 6.0	—	—	2.5 ~ 3.5	—	—
V	—	—	—	—	—	3.5 ~ 4.5	—	—	—	2.0 ~ 3.0	—	—
Sn	—	—	—	—	—	—	2.0 ~ 3.0	—	—	—	—	—
Ru	—	—	—	—	—	—	—	—	—	—	—	—
Pd	—	—	—	—	—	—	—	0.12 ~ 0.25	0.12 ~ 0.25	—	0.12 ~ 0.25	—
Co	—	—	—	—	—	—	—	—	—	—	—	—
Mo	—	—	—	—	—	—	—	—	—	—	—	0.2 ~ 0.4
Cr	—	—	—	—	—	—	—	—	—	—	—	—
Ni	—	—	—	—	—	—	—	—	—	—	—	0.6 ~ 0.9
Nb	—	—	—	—	—	—	—	—	—	—	—	—
Zr	—	—	—	—	—	—	—	—	—	—	—	—
Sr	—	—	—	—	—	—	—	—	—	—	—	—
杂质④、⑤、⑥，max每种	0.1	0.1	0.1	0.1	0.1	0.1	0.1	0.1	0.1	0.1	0.1	0.1
杂质④、⑤、⑥，max总和	0.4	0.4	0.4	0.4	0.4	0.4	0.4	0.4	0.4	0.4	0.4	0.4
Ti⑦	余量	余量	余量	余量	余量	余量	余量	余量	余量	余量	余量	余量

元素	成分（质量分数,%）										
	F-13	F-14	F-15	F-16	F-16H	F-17	F-18	F-19	F-20	F-21	F-23
N，max	0.03	0.03	0.05	0.03	0.03	0.03	0.03	0.03	0.03	0.03	0.03
C，max	0.08	0.08	0.08	0.08	0.08	0.08	0.08	0.05	0.05	0.05	0.08
H②、③，max	0.015	0.015	0.015	0.015	0.015	0.015	0.015	0.02	0.02	0.015	0.0125
Fe，max	0.20	0.30	0.30	0.30	0.30	0.20	0.25	0.30	0.30	0.40	0.25
O，max	0.10	0.15	0.25	0.25	0.25	0.18	0.15	0.12	0.12	0.17	0.13
Al	—	—	—	—	—	—	2.5 ~ 3.5	3.0 ~ 4.0	3.0 ~ 4.0	2.5 ~ 3.5	5.5 ~ 6.5
V	—	—	—	—	—	—	2.0 ~ 3.0	7.5 ~ 8.5	7.5 ~ 8.5	—	3.5 ~ 4.5

（续）

元素	成分（质量分数,%）										
	F-13	F-14	F-15	F-16	F-16H	F-17	F-18	F-19	F-20	F-21	F-23
Sn	—	—	—	—	—	—	—	—	—	—	—
Ru	0.04～0.06	0.04～0.06	0.04～0.06	—	—	—	—	—	—	—	—
Pd	—	—	—	0.04～0.08	0.04～0.08	0.04～0.08	0.04～0.08	—	0.04～0.08	—	—
Co	—	—	—	—	—	—	—	—	—	—	—
Mo	—	—	—	—	—	—	—	3.5～4.5	3.5～4.5	14.0～16.0	—
Cr	—	—	—	—	—	—	—	5.5～6.5	5.5～6.5	—	—
Ni	0.4～0.6	0.4～0.6	0.4～0.6	—	—	—	—	—	—	—	—
Nb	—	—	—	—	—	—	—	—	—	2.2～3.2	—
Zr	—	—	—	—	—	—	—	3.5～4.5	3.5～4.5	—	—
Si	—	—	—	—	—	—	—	—	—	0.15～0.25	—
杂质④、⑤、⑥，max 每种	0.1	0.1	0.1	0.1	0.1	0.1	0.1	0.15	0.15	0.1	0.1
杂质④、⑤、⑥，max 总和	0.4	0.4	0.4	0.4	0.4	0.4	0.4	0.4	0.4	0.4	0.4
Ti⑦	余量	余量	余量	余量	余量	余量	余量	余量	余量	余量	余量

元素	成分（质量分数,%）						
	F-24	F-25	F-26	F-26H	F-27	F-28	F-29
N，max	0.05	0.05	0.03	0.03	0.03	0.03	0.03
C，max	0.08	0.08	0.08	0.08	0.08	0.08	0.08
H②、③，max	0.015	0.0125	0.015	0.015	0.015	0.015	0.015
Fe，max	0.40	0.40	0.30	0.30	0.20	0.25	0.25
O，max	0.20	0.20	0.25	0.25	0.18	0.15	0.13
Al	5.5～6.75	5.5～6.75	—	—	—	2.5～3.5	5.5～6.5
V	3.5～4.5	3.5～4.5	—	—	—	2.0～3.0	3.5～4.5
Sn	—	—	—	—	—	—	—
Ru	—	—	0.08～0.14	0.08～0.14	0.08～0.14	0.08～0.14	0.08～0.14
Pd	0.04～0.08	0.04～0.08	—	—	—	—	—
Co	—	—	—	—	—	—	—
Mo	—	—	—	—	—	—	—
Cr	—	—	—	—	—	—	—
Ni	—	0.3～0.8	—	—	—	—	—
Nb	—	—	—	—	—	—	—

（续）

元素	成分（质量分数,%）						
	F-24	F-25	F-26	F-26H	F-27	F-28	F-29
Zr	—	—	—	—	—	—	—
Si	—	—	—	—	—	—	—
杂质④、⑤、⑥，max 每种	0.1	0.1	0.1	0.1	0.1	0.1	0.1
杂质④、⑤、⑥，max 总和	0.4	0.4	0.4	0.4	0.4	0.4	0.4
Ti⑦	余量	余量	余量	余量	余量	余量	余量

元素	成分（质量分数,%）								
	F-30	F-31	F-32	F-33	F-34	F-35	F-36	F-37	F-38
N，max	0.03	0.05	0.03	0.03	0.05	0.05	0.03	0.03	0.03
C，max	0.08	0.08	0.08	0.08	0.08	0.08	0.04	0.08	0.08
H②、③，max	0.015	0.015	0.015	0.015	0.015	0.015	0.0035	0.015	0.015
Fe，max 或范围	0.30	0.30	0.25	0.30	0.30	0.20 ~ 0.80	0.03	0.30	1.2 ~ 1.8
O，max 或范围	0.25	0.35	0.11	0.25	0.35	0.25	0.16	0.25	0.20 ~ 0.30
Al	—	—	4.5 ~ 5.5	—	—	4.0 ~ 5.0	—	1.0 ~ 2.0	3.5 ~ 4.5
V	—	—	0.6 ~ 1.4	—	—	1.1 ~ 2.1	—	—	2.0 ~ 3.0
Sn	—	—	0.6 ~ 1.4	—	—	—	—	—	—
Ru	—	—	—	0.02 ~ 0.04	0.02 ~ 0.04	—	—	—	—
Pd	0.04 ~ 0.08	0.04 ~ 0.08	—	0.01 ~ 0.02	0.01 ~ 0.02	—	—	—	—
Co	0.20 ~ 0.80	0.20 ~ 0.80	—	—	—	—	—	—	—
Mo	—	—	0.6 ~ 1.2	—	—	1.5 ~ 2.5	—	—	—
Cr	—	—	—	0.1 ~ 0.2	0.1 ~ 0.2	—	—	—	—
Ni	—	—	—	0.35 ~ 0.55	0.35 ~ 0.55	—	—	—	—
Nb	—	—	—	—	—	—	42.0 ~ 47.0	—	—
Zr	—	—	0.6 ~ 1.4	—	—	—	—	—	—
Si	—	—	0.06 ~ 0.14	—	—	0.20 ~ 0.40	—	—	—

（续）

元素	成分（质量分数,%）								
	F-30	F-31	F-32	F-33	F-34	F-35	F-36	F-37	F-38
杂质④、⑤、⑥，max 每种	0.1	0.1	0.1	0.1	0.1	0.1	0.1	0.1	0.1
杂质④、⑤、⑥，max 总和	0.4	0.4	0.4	0.4	0.4	0.4	0.4	0.4	0.4
Ti⑦	余量	余量	余量	余量	余量	余量	余量	余量	余量

① 对于表中所列每种牌号的合金，必须分析所有元素的含量。表中未标明含量的元素可不出具报告，若每种元素含量大于0.1%或者总量大于0.4%时必须出具报告。
② 经与供方协商，可以适当降低氢含量。
③ 在最终产品上取样分析。
④ 无须出具报告。
⑤ 杂质是金属或合金中存在的少量元素，它是材料生产过程固有的，而非添加的。纯钛中杂质元素包括铝、钒、锡、铬、钼、铌、锆、铪、铋、钌、钯、钇、铜、硅、钴、钽、镍、硼、锰和钨等。
⑥ 需方若要求分析 GB/T 25137—2010 中所列元素之外的杂质元素，可在书面采购定单中注明。
⑦ 钛元素比例可用不同方法确定。

表 4-72 产品分析允许偏差

元素	产品分析极限（%）（最大值或范围）	产品分析允许偏差
Al	0.5～2.5	±0.20
	2.5～6.75	±0.40
C	0.10	+0.02
Cr	0.1～0.2	±0.02
	5.5～6.5	±0.30
Co	0.2～0.8	±0.05
H	0.02	+0.002
Fe	0.80	+0.15
	1.2～1.8	±0.20
Mo	0.2～0.4	±0.03
	0.6～1.2	±0.15
	1.5～4.5	±0.20
	14.0～16.0	±0.50
Ni	0.3～0.9	±0.05
Nb	2.2～3.2	±0.15
	>30	±0.50
N	0.05	+0.02
O	0.30	+0.03
	0.31～0.40	±0.04
Pd	0.01～0.02	±0.002
	0.04～0.08	±0.005
	0.12～0.25	±0.02
Ru	0.02～0.04	±0.005
	0.04～0.06	±0.005
	0.08～0.14	±0.01

（续）

元素	产品分析极限（%）（最大值或范围）	产品分析允许偏差
Si	0.06～0.40	±0.02
Sn	0.6～3.0	±0.15
V	0.6～4.5	±0.15
	7.5～8.5	±0.40
Zr	0.6～1.4	±0.15
	3.5～4.5	±0.20
杂质①（每种）	0.15	+0.02

① 杂质是金属或合金中存在的少量元素，它是材料生产过程固有的，而非添加的。纯钛中其余杂质元素包括铝、钒、锡、铁、铬、钼、铌、锆、铪、铋、钌、钯、钇、铜、硅、钴、钽、镍、硼、锰和钨等。

（3）GB/T 25137—2010 中材料牌号与 GB/T 3620.1—2007 材料牌号对照 见表4-73。

表 4-73 GB/T 25137—2010 中材料牌号与 GB/T 3620.1—2007 中的材料牌号对照

GB/T 25137—2010 牌号	GB/T 3620.1—2007 牌号
F-1	TA1
F-2	TA2
F-2H	TA2
F-3	TA3
F-4	TA4
F-5	TC4
F-7	TA9

（续）

GB/T 25137—2010 牌号	GB/T 3620.1—2007 牌号
F-7H	TA9
F-11	TA9-1
F-12	TA10
F-16	TA8
F-16H	TA8
F-17	TA8-1
F-18	TA25
F-24	TC22
F-26	TA27
F-26H	TA27
F-27	TA27-1
F-28	TA26

注：GB/T 25137—2010 中牌号 F-5 的杂质 Fe≤0.40%，GB/T 3620.1—2007 牌号 TC4 的杂质 Fe≤0.30%，其他化学成分完全相同。

4.2.9 铜合金

根据 JB/T 5300—2008《工业用阀门材料　选用导则》的规定，铜合金适用于温度为 -40 ~180℃的氧气、一般性质气体、油类、蒸汽等介质。

4.2.9.1 中国 GB/T 12225—2005《通用阀门　铜合金铸件技术条件》标准要求

（1）铸件分级　铸件按化学成分和力学性能的考核要求分为 4 级见表 4-74。

表 4-74　铜合金铸件考核要求

铸件级别	考核要求
Ⅰ	化学成分、力学性能
Ⅱ	力学性能
Ⅲ	化学成分
Ⅳ	不做考核

（2）化学成分

1）铜合金的主要化学成分（质量分数）和杂质含量应符合 GB/T 1176 的规定。

2）对Ⅰ类、Ⅲ类铜合金铸件，其化学成分（质量分数）和杂质含量应符合表 4-75 和表 4-76 的规定。

表 4-75　铜合金铸件化学成分

序号	合金牌号	合金名称	主要化学成分（质量分数,%）								
			锡	锌	铅	磷	铝	铁	锰	硅	铜
1	ZCuSn3Zn11Pb4	3-11-4 锡青铜	2.0 ~ 4.0	9.0 ~ 13.0	3.0 ~ 6.0						其余
2	ZCuSn5Pb5Zn5	5-5-5 锡青铜	4.0 ~ 6.0	4.0 ~ 6.0	4.0 ~ 6.0						其余
3	ZCuSn10Pb1	10-1 锡青铜	9.0 ~ 11.5			0.5 ~ 1.0					其余
4	ZCuSn10Zn2	10-2 锡青铜	9.0 ~ 11.0	1.0 ~ 3.0							其余
5	ZCuAl9Mn2	9-2 铝青铜					8.0 ~ 10.0		1.5 ~ 2.5		其余
6	ZCuAl10Fe3	10-3 铝青铜					8.5 ~ 11.0	2.0 ~ 4.0			其余
7	ZCuZn25Al6Fe3Mn3	25-6-3-3 铝黄铜		其余			4.5 ~ 7.0	2.0 ~ 4.0	1.5 ~ 4.0		60.0 ~ 66.0
8	ZCuZn38Mn2Pb2	38-2-2 锰黄铜		其余	1.5 ~ 2.5				1.5 ~ 2.5		57.0 ~ 60.0
9	ZCuZn33Pb2	33-2 铅黄铜		其余	1.0 ~ 3.0						63.0 ~ 67.0
10	ZCuZn40Pb2	40-2 铅黄铜		其余	0.5 ~ 2.5		0.2 ~ 0.8				58.0 ~ 63.0
11	ZCuZn16Si4	16-4 硅黄铜		其余						2.5 ~ 4.5	79.0 ~ 81.0

表 4-76　铜合金铸件杂质含量

序号	合金牌号	杂质限量（质量分数,%），不大于												
		铁	铝	锑	硅	磷	硫	砷	镍	锡	锌	铅	锰	总和
1	ZCuSn3Zn11Pb4	0.5	0.02	0.3	0.02	0.05								1.0
2	ZCuSn5Pb5Zn5	0.3	0.01	0.25	0.01	0.05	0.10		2.5*					1.0
3	ZCuSn10Pb1	0.1	0.01	0.05	0.02		0.05		0.10		0.05	0.25	0.05	0.75
4	ZCuSn10Zn2	0.25	0.01	0.30	0.01	0.05	0.10		2.0*			1.5*	0.20	1.5

（续）

序号	合金牌号	杂质限量（质量分数,%），不大于												
		铁	铝	锑	硅	磷	硫	砷	镍	锡	锌	铅	锰	总和
5	ZCuAl9Mn2			0.05	0.20	0.10		0.05		0.2	1.5*	0.1		1.0
6	ZCuAl10Fe3				0.20				3.0*	0.3	0.4	0.2	1.0*	1.0
7	ZCuZn25Al6Fe3Mn3				0.10				3.0*	0.2		0.2		2.0
8	ZCuZn38Mn2Pb2	0.8	1.0*	0.1						2.0*				2.0
9	ZCuZn33Pb2	0.8	0.1		0.05	0.05			1.0*	1.5*			0.2	1.5
10	ZCuZn40Pb2	0.8			0.05				1.0*	1.0*			0.5	1.5
11	ZCuZn16Si4	0.6	0.1	0.1						0.3		0.5	0.5	2.0

注：1. 有“*”符号的元素不计入杂质总和。

2. 未列出的杂质元素，计入杂质总和。

3）铜合金铸件的力学性能按表4-77的规定。

4）质量要求：

① 铸件不得有裂纹、冷隔、砂眼、气孔、渣孔、缩松和氧化夹渣等缺陷。

② 铸件的非加工表面应光洁、平整，铸字标志应清晰，浇、冒口清理后与铸件表面应齐平。

③ 铸件应符合GB/T 6414或GB/T 11351的有关规定或按需方提供的图样或模样所要求的尺寸和偏差。

④ 铸件不得用锤击、堵塞或浸渍等方法消除渗漏。

表4-77　铜合金铸件力学性能

合金牌号	铸造方法	力学性能，不低于			
		抗拉强度 R_m/MPa	屈服强度 R_{eL}/MPa	伸长率 A（%）	布氏硬度 HBW
ZCuSn3Zn11Pb4	S	175		8	590
	J	215		10	590
ZCuSn5Pb5Zn5	S、J	200	90	13	590*
ZCuSn10Pb1	S	220	130	3	785*
	J	310	170	2	885*
ZCuSn10Zn2	S	240	120	12	685*
	J	245	140*	6	785*
ZCuAl9Mn2	S	390		20	835
	J	440		20	930
ZCuAl10Fe3	S	490	180	13	890*
	J	540	200	15	1080*
ZCuZn25Al6Fe3Mn3	S	725	380	10	1570*
	J	740	400*	7	1665*
ZCuZn38Mn2Pb2	S	245		10	685
	J	345		18	785
ZCuZn33Pb2	S	180	70*	12	490*
ZCuZn40Pb2	S	220		15	785*
	J	280	120	20	885*
ZCuZn16Si4	S	345		15	885
	J	390		20	980

注：1. 有“*”符号的数据为参考值。

2. 布氏硬度试验力的单位为“N”。

3. S—砂型铸造；J—金属型铸造。

4.2.9.2　美国ASTM标准的铜和铜合金

1）美国ASTM B124/B124M—2018《铜和铜合金锻制条材、棒材和型材》的化学成分（质量分数）见表4-78。

表 4-78 铜和铜合金锻件的化学成分

铜或铜合金 UNS 编号	化学元素（质量分数,%）													铜+存在规定范围元素≥
	Cu	Pb	Sn	Fe	Ni（包括 Co）	Al	Si	Mn	Zn	S	Ti	P	As	
C11000	≥99.9①	—	—	—	—	—	—	—	—	—	—	—	—	—
C14500②	≥99.9③	—	—	—	—	—	—	—	—	—	0.40~0.70	0.004~0.012	—	—
C14700②	≥99.9④	—	—	—	—	—	—	—	—	0.20~0.50	—	0.002~0.005	—	—
C36500	58.0~61.0	0.25~0.70	≤0.25	≤0.15	—	—	—	—		—	—	—	—	99.6
C37000	59.0~62.0	0.80~1.50	—	≤0.15	—	—	—	—		—	—	—	—	99.6
C37700	58.0~61.0	1.50~2.50	—	≤0.30	—	—	—	—	余量	—	—	—	—	99.5
C46400	59.0~62.0	≤0.20	0.50~1.00	≤0.10	—	—	—	—		—	—	—	—	99.6
C48200	59.0~62.0	0.40~1.00	0.50~1.00	≤0.10	—	—	—	—		—	—	—	—	99.6
C48500	59.0~62.0	1.30~2.20	0.50~1.00	≤0.10	—	—	—	—		—	—	—	—	99.6
C61900		≤0.02	≤0.60	3.00~4.50	—	8.50~10.00	—	—	≤0.80	—	—	—	—	99.5
C62300		—	≤0.60	2.00~4.00	≤1.00	8.50~10.00	≤0.25	≤0.50	—	—	—	—	—	99.5
C63000		—	≤0.20	2.00~4.00	4.00~5.50	9.00~11.00	≤0.25	≤1.50	≤0.30	—	—	—	—	99.5
C63200	余量	≤0.02	—	3.50~4.30⑤	4.00~4.80⑤	8.70~9.50	≤0.10	1.20~2.00	—	—	—	—	—	99.5
C64200		≤0.05	≤0.20	≤0.30	≤0.25	6.30~7.60	1.50~2.20	≤0.10	≤0.50	—	—	—	≤0.09	99.5
C64210		≤0.05	≤0.20	≤0.30	≤0.25	6.30~7.00	1.50~2.20	≤0.10	≤0.50	—	—	—	≤0.09	99.5
C65500		≤0.05	—	≤0.80	≤0.60	—	2.80~3.80	0.50~1.30	≤1.50	—	—	—	—	99.5
C67500	57.0~60.0①	≤0.20	0.50~1.50	0.80~2.00	—	≤0.25	—	0.05~0.50		—	—	—	—	99.5
C67600	57.0~60.0①	0.50~1.00	0.50~1.50	0.40~1.30	—	—	—	0.05~0.50	余量	—	—	—	—	99.5
C69300	73.0~77.0	≤0.10	≤0.20	≤0.10	≤0.10	—	2.70~3.40	≤0.10		—	—	0.04~0.15	—	99.5
C70620⑥	≥86.5①	≤0.02	—	1.00~1.80	9.00~11.00	—	—	≤1.00	≤0.50	≤0.02	—	≤0.02	—	99.5
C71520⑥	≥65.0①	≤0.02	—	0.40~1.00	29.0~33.0	—	—	≤1.00	≤0.50	≤0.02	—	≤0.02	—	99.5
C77400	43.0~47.0①	≤0.02	—	—	9.00~11.00	—	—	—	余量	—	—	—	—	99.5

① 银当铜来计算。
② 包括商定数量的无氧或带脱氧剂的脱氧牌号（如磷、硼、锂或其他）。
③ 包括铜+银+碲+磷。
④ 包括铜+银+硫+磷。
⑤ 铁含量不应超过镍含量。
⑥ 碳应小于等于0.05%。

2）美国 ASTM B148—2018《铝青铜砂型铸件》规定的化学成分（质量分数）见表4-79；力学性能见表4-80。

3）美国标准 ASTM B564—2017a《普通用铜合金砂型铸件》规定的化学成分（质量分数）见表4-81；力学性能见表4-82。

表4-79 铝青铜砂型铸件的化学成分（质量分数）

类别	铝青铜			镍铝青铜			硅铝青铜	锰镍铝青铜	镍铝青铜		铝青铜
UNS 编号	C95200	C95300	C95400	C95410	C95500	C95520①	C95600	C95700	C95800	C95820②	C95900
化学元素（质量分数,%）											
Cu	≥86.0	≥86.0	≥83.0	≥83.0	≥78.0	≥74.3	≥88.0	≥71.0	≥79.0	≥77.5	余量
Al	8.50～9.50	9.0～11.0	10.0～11.5	10.0～11.5	10.0～11.5	10.5～11.5	6.0～8.0	7.0～8.5	8.5～9.5	9.0～10.0	12.0～13.5
Fe	2.50～4.00	0.8～1.5	3.0～5.0	3.0～5.0	3.0～5.0	4.0～5.5	—	2.0～4.0	3.5～4.5③	4.0～5.0	3.5～5.0
Mn	—	—	≤0.50	≤0.50	≤3.50	≤1.5	—	11.0～14.0	0.8～1.5	≤1.5	≤1.5
Ni（包括 Co）	—	—	≤1.50	1.5～2.5	3.0～5.5	4.2～6.2	≤0.25	1.5～3.0	4.5～5.0③	4.5～5.8	≤0.5
Si	—	—	—	—	—	≤1.5	1.8～3.2	≤0.10	≤0.10	≤0.10	—
Pb	—	—	—	—	—	≤0.03	—	≤0.03	≤0.03	≤0.02	—

① Cr 应小于等于0.05%，Co 小于等于0.20%，锡小于等于0.25%，锌小于等于0.30%。

② 锌应小于等于0.2%，锡小于等于0.02%。

③ Fe 含量不能超过 Ni 含量。

表4-80 铝青铜砂型铸件的力学性能

类别	UNS 编号	抗拉强度 R_m/MPa min	屈服强度③ R_{eL}/MPa min	标距 50mm 延伸率 A（%）	布氏硬度 HBW（载荷 30000N）
铝青铜	C95200	450	170	20	110
	C95300	450	170	20	110
		500	275	12	160
	C95400 和 C95410	515	205	12	150
		620	310	6	190
镍铝青铜	C95500	620	275	6	190
		760	415	5	200
	C95520⑤	862	655④	2	255⑥
	C95820	650	270③	13	—
A	C95600	415	195	10	—
B	C95700	620	275	20	—
C	C95800①	585	240	15	—
D	C95900②	—	—	—	≥241

注：A—硅铝青铜；B—锰镍铝青铜；C—镍铝青铜；D—铝青铜。

① 铸态或回火退火。

② 一般退火到595～705℃持续4h后空冷下提供。

③ 屈服强度由0.5%载荷下延伸率所产生的应力进行测定，即标长50mm产生0.25mm伸长。

④ 在0.2%残余变形下的最小屈服应力（MPa）。

⑤ UNS 编号 C95520 仅在热处理状态下使用。

⑥ 砂铸件和砂铸试验试样应最小为25HRC或等值。

表 4-81 普通用铜合金砂型铸件的化学成分

UNS 牌号	化学元素（质量分数,%）													
	Cu	Sn	Pb	Zn	Fe	Ni	Al	Mn	Si	Bi	Se	Sb	S	P
C83450	87.0 ~ 89.0	2.0 ~ 3.5	1.5 ~ 3.0	5.5 ~ 7.5	0.30	0.75 ~ 2.0	0.005	—	0.005	—	—	0.25	0.08	0.05
C83600	84.0 ~ 86.0	4.0 ~ 6.0	4.0 ~ 6.0	4.0 ~ 6.0	0.30	1.0	0.005	—	0.005	—	—	0.25	0.08	0.05
C83800	82.0 ~ 83.8	3.3 ~ 4.2	5.0 ~ 7.0	5.0 ~ 8.0	0.30	1.0	0.005	—	0.005	—	—	0.25	0.08	0.03
C84400	78.0 ~ 82.0	2.3 ~ 3.5	6.0 ~ 8.0	7.0 ~ 10.0	0.40	1.0	0.005	—	0.005	—	—	0.25	0.08	0.02
C84800	75.0 ~ 77.0	2.0 ~ 3.0	5.5 ~ 7.0	13.0 ~ 17.0	0.40	1.0	0.005	—	0.005	—	—	0.25	0.08	0.02
C85200	70.0 ~ 74.0	0.7 ~ 2.0	1.5 ~ 3.8	20.0 ~ 27.0	0.60	1.0	0.005	—	0.05	—	—	0.20	0.05	0.02
C85400	65.0 ~ 70.0	0.5 ~ 1.5	1.5 ~ 3.8	24.0 ~ 32.0	0.70	1.0	0.35	—	0.05	—	—	—	—	—
C85700	58.0 ~ 64.0	0.5 ~ 1.5	0.8 ~ 1.5	32.0 ~ 40.0	0.70	1.0	0.80	—	0.05	—	—	—	—	—
C86200	60.0 ~ 66.0	0.20	0.20	22.0 ~ 28.0	2.0 ~ 4.0	1.0	3.0 ~ 4.9	2.5 ~ 5.0	—	—	—	—	—	—
C86300	60.0 ~ 66.0	0.20	0.20	22.0 ~ 28.0	2.0 ~ 4.0	1.0	5.0 ~ 7.5	2.5 ~ 5.0	—	—	—	—	—	—
C86400	56.0 ~ 62.0	0.5 ~ 1.5	0.5 ~ 1.5	34.0 ~ 42.0	0.4 ~ 2.0	1.0	0.5 ~ 1.5	0.1 ~ 1.0	—	—	—	—	—	—
C86500	55.0 ~ 60.0	1.0	0.40	36.0 ~ 42.0	0.4 ~ 2.0	1.0	0.5 ~ 1.5	0.1 ~ 1.5	—	—	—	—	—	—
C86700	55.0 ~ 60.0	1.5	0.5 ~ 1.5	30.0 ~ 38.0	1.0 ~ 3.0	1.0	1.0 ~ 3.0	1.0 ~ 3.5	—	—	—	—	—	—
C87300	94.0min	0.20	0.25	—	0.20	—	—	0.8 ~ 1.5	3.5 ~ 4.5	—	—	—	—	—
C87400	79.0min	—	1.0	12.0 ~ 16.0	—	—	0.80	—	2.5 ~ 4.0	—	—	—	—	—
C87500	88.0min	—	0.5	12.0 ~ 16.0	—	—	0.50	—	3.0 ~ 3.5	—	—	—	—	—
C87600	88.0min	—	0.5	4.0 ~ 7.0	—	—	—	—	—	—	—	—	—	—
C87610	90.0min	—	0.2	3.0 ~ 5.0	0.20	—	—	0.25	3.0 ~ 5.0	—	—	—	—	—
C89510	86.0 ~ 88.0	4.0 ~ 6.0	0.25	4.0 ~ 6.0	0.30	1.0	0.005	—	0.005	0.5 ~ 1.5	0.35 ~ 0.70	0.25	0.08	0.05
C89520	85.0 ~ 87.0	5.0 ~ 6.0	0.25	4.0 ~ 6.0	0.20	1.0	0.005	—	0.005	1.6 ~ 2.2	0.8 ~ 1.1	0.25	0.08	0.05

（续）

UNS牌号	化学元素（质量分数,%）													
	Cu	Sn	Pb	Zn	Fe	Ni	Al	Mn	Si	Bi	Se	Sb	S	P
C89844	83.0 ~ 86.0	3.0 ~ 5.0	0.20	7.0 ~ 10.0	0.30	1.0	0.005	—	0.005	2.0 ~ 4.0	—	0.25	0.08	0.05
C90300	86.0 ~ 89.0	7.5 ~ 9.0	0.30	3.0 ~ 5.0	0.20	1.0	0.005	—	0.005	—	—	0.20	0.05	0.05
C90500	86.0 ~ 89.0	9.0 ~ 11.0	0.30	1.0 ~ 3.0	0.20	1.0	0.005	—	0.005	—	—	0.20	0.05	0.05
C92200	86.0 ~ 90.0	5.5 ~ 6.5	1.0 ~ 2.0	3.0 ~ 5.0	0.25	1.0	0.005	—	0.005	—	—	0.25	0.05	0.05
C92210	86.0 ~ 89.0	4.5 ~ 5.5	1.7 ~ 2.5	3.0 ~ 4.5	0.25	0.7 ~ 1.0	0.005	—	0.005	—	—	0.20	0.05	0.03
C92300	85.0 ~ 89.0	7.5 ~ 9.0	0.3 ~ 1.0	2.5 ~ 5.0	0.25	1.0	0.005	—	0.005	—	—	0.25	0.05	0.05
C92600	86.0 ~ 88.5	9.3 ~ 10.5	0.8 ~ 1.5	1.3 ~ 2.5	0.20	0.7	0.005	—	0.005	—	—	0.25	0.05	0.03
C93200	81.0 ~ 85.0	6.3 ~ 7.5	6.0 ~ 8.0	2.0 ~ 4.0	0.20	1.0	0.005	—	0.005	—	—	0.35	0.08	0.15
C93500	83.0 ~ 86.0	4.3 ~ 6.0	8.0 ~ 10.0	2.0	0.20	1.0	0.005	—	0.005	—	—	0.30	0.08	0.05
C93700	78.0 ~ 82.0	9.0 ~ 11.0	8.0 ~ 11.0	0.8	0.15	0.5	0.005	—	0.005	—	—	0.50	0.08	0.10
C93800	75.0 ~ 79.0	6.3 ~ 7.5	13.0 ~ 16.0	0.8	0.15	1.0	0.005	—	0.005	—	—	0.80	0.08	0.05
C94300	67.0 ~ 72.0	4.5 ~ 6.0	23.0 ~ 27.0	0.8	0.15	1.0	0.005	—	0.005	—	—	0.80	0.05	0.05
C94700	85.0 ~ 90.0	4.5 ~ 6.0	0.10	1.0 ~ 2.5	0.25	4.5 ~ 6.0	0.005	—	0.005	—	—	0.15	0.05	0.05
C94800	84.0 ~ 89.0	4.5 ~ 6.0	0.3 ~ 1.0	1.0 ~ 2.5	0.25	4.5 ~ 6.0	0.005	0.20	0.005	—	—	0.15	0.05	0.05
C94900	79.0 ~ 81.0	4.0 ~ 6.0	4.0 ~ 6.0	4.0 ~ 6.0	0.30	4.0 ~ 6.0	0.005	0.10	0.005	—	—	0.25	0.08	0.05
C96800	余量	7.5 ~ 8.5	0.005	1.0	0.50	9.5 ~ 10.5	0.005	0.05 ~ 0.30	0.05	0.001	—	0.02	0.0025	0.005
C97300	53.0 ~ 58.0	1.5 ~ 3.0	8.0 ~ 11.0	17.0 ~ 25.0	1.5	11.0 ~ 14.0	0.005	0.50	0.15	—	—	0.35	0.08	0.05
C97600	63.0 ~ 67.0	3.5 ~ 4.5	3.0 ~ 5.0	3.0 ~ 9.0	1.5	19.0 ~ 21.5	0.005	1.0	0.15	—	—	0.25	0.08	0.05
C97800	64.0 ~ 67.0	4.0 ~ 5.5	1.0 ~ 2.5	1.0 ~ 4.0	1.5	24.0 ~ 27.0	0.005	1.0	0.15	—	—	0.20	0.08	0.05

表 4-82 普通用铜合金砂型铸件的力学性能

序号	UNS 牌号	抗拉强度 R_m/MPa	屈服强度 R_{eL}/MPa	伸长率 A（%）
1	C83450	207	97	25
2	C83600	207	97	20
3	C83800	207	90	20
4	C84400	200	90	18
5	C84800	193	83	16
6	C85200	241	83	25
7	C85400	207	76	20
8	C85700	276	97	15
9	C86200	621	310	18
10	C86300	758	414	12
11	C86400	414	138	15
12	C86500	448	172	20
13	C86700	552	221	15
14	C87300	310	124	20
15	C87400	345	145	18
16	C87500	414	165	16
17	C87600	414	207	16
18	C87610	310	124	20
19	C89510	184	120	8
20	C89520	176	120	6
21	C89844	193	90	15
22	C90300	276	124	20
23	C90500	276	124	20
24	C92200	234	110	22
25	C92210	225	103	20
26	C92300	248	110	18
27	C92600	276	124	20
28	C93200	207	97	15
29	C93500	193	83	15
30	C93700	207	83	15
31	C93800	179	97	12
32	C94300	165	—	10
33	C94700	310	138	25
34	C94700（HT）①	517	345	5
35	C94800	276	138	20
36	C94900	262	103	15
37	C96800	862	689	3
38	C96800（HT）②	931	821	—
39	C97300	207	103	8
40	C97600	276	117	10
41	C97800	345	152	10

① 淬火 + 回火：淬火温度 815℃，保温不少于 2h，水淬。回火温度 350℃、5h，随炉冷。

② 淬火 + 回火：淬火温度 775 ~ 800℃，保温不少于 1h，水淬。回火温度 305 ~ 325℃、2h，空冷。

4.3 内件材料

内件是指密封面、阀杆、上密封座及内部小零件，不同阀类内件的名称、要求也不尽相同。

内件材料的选择原则是根据壳体材料的情况、介质特性、结构特点、零件所起的作用以受力情况综合考虑的。有些通用阀门标准已经规定了内件材料，有的对某种零件规定了几种材料，可让设计者根据具体情况选用。国外标准规定得比较细，不仅规定了材料，还规定了硬度，如 ISO 10434：2004、API 600—2015、EN ISO 10434：2004《法兰、对焊端螺柱连接阀盖钢制闸阀》规定 13Cr 的内件密封面最低硬度 250HBW，配对密封面之间至少要有不低于 50HBW 的硬度差。阀杆的硬度为 200 ~275HBW，上密封座最低硬度为 250HBW，有些产品没有标准规定，就要根据具体情况来进行选择。

4.3.1 密封面材料（阀门启闭件密封面）

启闭件的密封面是阀门的重要工作面之一，选材是否合理以及它的质量状况直接影响阀门的功能和寿命。

4.3.1.1 阀门密封面的工作条件

由于阀门用途十分广泛，因此阀门密封面的工作条件差异很大。压力可以从真空到超高压，温度可以从 -269 ~816℃，有些场合工作温度可达1200℃；工作介质从非腐蚀性介质到各种酸碱等强腐蚀性介质。从密封面的受力情况来看，它受挤压、剪切；从摩擦学的角度来看，有磨粒磨损、腐蚀磨损、表面疲劳磨损、冲蚀等。因此，应该根据不同的工作条件选择相适应的密封面材料。

1）磨粒磨损。这是粗糙的硬表面在软表面上滑动时出现的磨损，如硬材料压入较软的材料表面且在软表面上滑动时出现的磨损。硬材料压入较软的材料表面，在接触表面通常会划出一条微小沟槽，此沟槽所脱落的材料以碎屑或疏松粒子的形式被推离物体的表面。

2）腐蚀磨损。金属表面腐蚀时产生一层氧化物，这层氧化物通常覆盖在受到腐蚀作用的部位上，这样就能减慢对金属的进一步腐蚀。但是如果发生滑动的话，就会清除掉表面的氧化物，使裸露出来的金属表面受到进一步的腐蚀。

3）表面疲劳磨损。反复循环加载和卸载会使表面或表面下层产生疲劳裂纹，在表面形成碎片和凹坑，最终导致表面的破坏。

4）冲蚀。材料损坏是由锐利的粒子冲撞物体而产生的，它与磨粒磨损相似，但表面很粗糙。

5）擦伤。擦伤是指密封面相对运动过程中，材料因摩擦引起的破坏。

4.3.1.2 对密封面材料的要求

理想的密封面要耐腐蚀、抗擦伤、耐冲蚀，有足够的挤压强度，在高温下有足够的抗氧化性和抗热疲劳性，密封面材料与本体材料有相近的线膨胀系数，有良好的焊接性能、加工性能。

上述这些要求是理想状态，不可能有这样十全十美的材料，因此选材是要视具体情况解决主要矛盾。

4.3.1.3 密封面材料的种类

常用的密封面材料分为两大类，即软质密封面材料（非金属材料）和硬质密封面材料（金属材料）。

1. 软质密封面材料（非金属材料）

非金属密封面材料有各种橡胶、尼龙、氟塑料等，具体名称、代号、适用温度和适用介质见表 4-83。

表 4-83 软质密封面材料（非金属材料）

序号	名称	代号	适用温度/℃	适用介质
1	天然橡胶	NR	-60 ~120	盐类、盐酸、金属的深层溶液，以及水、湿氯气、天然气
2	氯丁橡胶	CR	-40 ~121	动物油、植物油、无机润滑油、pH 值变化很大的腐蚀性泥浆、二氧化碳、普通制冷剂、非氧化性稀酸、盐水等
3	丁基橡胶	11R	-40 ~121	热水，润滑脂，绝大多数无机酸、酸液、碱溶液，无机溶剂，臭氧等
4	丁腈橡胶	NBR	-30 ~121	油品，天然气，稀酸、碱和低温盐溶液，无机及动植物油
5	乙丙橡胶（三元乙丙橡胶）	EPDM（EPM）	-57 ~150	盐水、40%的硼水、5% ~15%硝酸、氯化钠、酒精、乙二醇、矽氧烷油及润滑脂、天然气等
6	氯磺化聚乙烯合成橡胶	CSM	≤100	耐酸性好
7	硅橡胶	S1	-55 ~210	热空气、氧气、水、稀释盐溶液、臭氧等

（续）

序号	名称	代号	适用温度/℃	适用介质
8	氟橡胶	FKM (Viton)	−20～205	热油、芳香溶剂、化学品、植物油及润滑脂、天然气、燃料(含醇)、臭氧、蒸气、热水、空气、稀酸等
9	聚四氟乙烯 增强聚四氟乙烯	PTFE RPTFE	−196～150	耐一般化学药品，耐酸、溶剂和几乎所有溶体，天然气、液化天然气等
10	聚全氟乙烯	FEP F46	−162～150	高温下有极好的耐化学性，耐阳光、耐候性优越，火箭推进剂
11	可溶性聚四氟乙烯	PFA Fs-4100	−162～180	多种浓度硫酸、氢氟酸、王水、高温浓硝酸，各种有机酸、强碱等
12	对位聚苯		≤300	基本同聚四氟乙烯
13	聚醚醚酮	PEEK	≤180	基本同聚四氟乙烯

注：1. 表中的适用温度范围是这类产品的一般范围，每种产品都有多种牌号，适用温度也不尽相同，此外，使用场合不同，推荐的使用温度范围也不同。

2. 表中的名称是这种材料的统称，每种材料都有几个牌号，性能也不一样，如丁腈橡胶有丁腈18、丁腈26、丁腈40等，选用时要注意不同牌号的性能。

3. 聚四氟乙烯具有冷流倾向，即应力达到一定值时开始流动，如果在结构上没有考虑保护措施，在一定应力下即会流动失效。

4. 表中的适用介质，只是推荐的，也是笼统的，选用时要查这些材料与某种介质的相溶性数据。

2. 硬质密封面材料（金属材料）

硬质密封面材料的密封面主要是各种金属，如铜合金、马氏体不锈钢、奥氏体不锈钢、硬质合金等。

（1）铜合金　JB/T 5300—2008《工业用阀门材料　选用导则》中规定灰铸铁阀门、可锻铸铁阀门、球墨铸铁阀门的铜合金密封面材料牌号有铸铝黄铜ZCuZn25Al6Fe3M3、铸铝青铜ZCuAl19Mn2、ZCuAl19Fe4Ni4Mn2、铸锰黄铜ZCuZn38Mn2Pb2，当然还有其他牌号如H62、HPb59-1、QAL9-2、QAL9-4、巴氏合金（ZChPbSb16-16-2铅锑轴承合金）等。铜合金在水或蒸汽中的耐蚀性和耐磨性都较好，但强度低、不耐氨和氨水腐蚀。适用介质温度≤250℃。但巴氏合金耐氨及氨水腐蚀，但熔点低、强度低，适用工作温度≤70℃、公称压力≤PN16的氨阀。

（2）铬不锈钢　铬不锈钢有较好的耐蚀性，常用于水、蒸汽、油品等非腐蚀性介质，工作温度范围为−29～425℃的碳素钢阀门。但耐擦伤性能较差，特别是在密封比压较大的情况下使用，很易擦伤，试验表明密封比压在20MPa以下耐擦伤性能较好。对于高压小口径阀门常采用锻件或棒材，其牌号为12Cr13、20Cr13、30Cr13制作的整体阀瓣，密封面经表面淬火（或整体淬火）其硬度值对20Cr13为41～47HRC，对30Cr13为46～52HRC为宜，国外标准中如API600、API623、EN ISO 10434、ISO 10434中对Cr13型密封面的硬度要求为最小250HBW，硬度差50HBW，材料牌号为ASTM A182/A182M-F6a。对于大口径阀门其密封面往往采用堆焊，下面介绍几种堆焊焊条。

1）堆507（D507）符合GB/T 984—2001（EDCr-A1-15）、AWS A5.9 ER410，堆焊金属为12Cr13半铁素体高铬钢，焊层有空淬特性，一般不需要热处理，硬度均匀，亦可在750～800℃退火软化。当加热至900～1000℃空冷或油淬后，可重新硬化。焊前需将工件预热至300℃以上［也有资料介绍不需预热（阀门堆焊技术）］，焊后空冷≥40HRC，焊后如进行不同热处理，可获得相应硬度。

2）堆507钼（D507Mo）符合GB/T 984—2001（EDCr-A2-15），堆焊金属为12Cr13半铁素体高铬钢。焊层有空淬特性，焊前不预热，焊后不处理，焊后空冷≥37HRC。

3）堆577（D577）铬锰型阀门堆焊条，符合GB/T 984—2001（EDCrMn-C-15），焊前不预热，焊后不处理，抗裂性好，硬度≥28HRC，与堆507钼配合使用。

说明：①D507Mo和D577两种焊条是为代替Cr13型焊条，堆焊有硬度差的阀门密封面而配套研制的。D507Mo堆焊金属硬度较高，用于闸板；D577堆焊金属硬度较低，用于堆焊阀体或阀座密封面，两者组成的密封面可获得良好的抗擦伤性能。

② 堆焊层的高度加工后应在3mm以上，以保证

硬度和化学成分（质量分数）的稳定。

③ 堆焊要按经评定合格的焊接工艺规定操作，焊接电流不可过大，以防止焊条化学成分（质量分数）发生变化，影响焊接质量。

（3）硬质合金 硬质合金中最常用的是钴基硬质合金，也称钴铬钨硬质合金。它的特点是耐腐蚀、耐磨、抗擦伤，特别是红硬性好，即在高温下也能保持足够的硬度。此外加工工艺性适中，其许用比压在80～100MPa，国外资料介绍达155MPa。适用温度范围－196～650℃，特殊场合达816℃。但是，它在硫酸、高温盐酸中不耐腐蚀，在一些氯化物中也不耐腐蚀。

常用牌号：STELLITE No6，符合AWS A5.13 ECoCr-A或AWS A5.21 ERCoCr-A；GB/T 984—2001 EDCoCr-A-03也相当于D802（堆802）焊前根据工作大小进行250～400℃预热。焊时控制层间温度250℃，焊后600～750℃，保温1～2h后，随炉缓冷或将工件置于干燥和预热的沙缸或草灰中缓冷。

其他牌号还有STELLITE No12，符合AWS A5.13 ECoCr-B、GB/T 984—2001 EDCoCr-B，也相当于堆812（D812），焊后硬度44～50HRC。

以上两种是钴基硬质合金电焊条。钴基硬质合金还有焊丝，可以进行氧-乙炔堆焊或钨极氩弧焊，牌号STELLITE No6焊丝，符合AWS RCoCr-A也相当于HS111，常温硬度40～46HRC；STELLITE No12符合AWS RCoCr-B也相当于HS112，常温硬度44～50HRC。

硬质合金（钴基）焊接都要对工件预热，焊时控制层间温度，焊后热处理，要根据经评定合格的焊接工艺或焊条说明书施焊。

（4）等离子喷焊密封面 等离子喷焊用的是合金粉末，类型有铁基合金粉末，镍基合金粉末和钴基合金粉末。喷焊有许多优点，省材料、质量好，但需要设备投资。合金粉末化学成分（质量分数）及硬度见JB/T 7744—2011。

等离子弧堆焊的工艺和技术要求见《阀门焊接手册》中第10章。

（5）表面处理后作密封面 有些阀类的启闭件不能堆焊，如球阀的球体。如果是铬不锈钢的球体，可以通过热处理来提高表面硬度。如果是奥氏体不锈钢制作的球体。由于其表面很软，就要用表面处理的方法来提高表面硬度，在提高表面硬度的同时，还要考虑处理后表面的耐腐蚀性。

常用的表面处理方法有镀硬铬、化学镀镍、镀镍磷合金（ENP）、QPQ、氮化、多元复合氮化等。

（6）奥氏体不锈钢密封面 奥氏体不锈钢密封面大多以本体材料作密封面，即在F304或CF8的阀体上直接加工出密封面，除F304和CF8外还有F316、CF8M、F304L、CF3、F316L、CF3M、CN7M等。

（7）其他密封面材料 其他密封面材料见表4-84。

表4-84 其他密封面材料

材料	适用温度/℃	硬度 HRC	适用介质
Monel400（N04400）	－29～475		碱、盐、食品、稀酸、氯化物
M25S（N24025）	－29～475	30～38	碱、盐、食品、稀酸、氯化物
Hastelloy B（N08810）	－29～816①	14	盐酸、湿氯气、硫酸、磷酸
Hastelloy C（N10276）	－29～675	24	强氧化性介质、盐酸、氯化物
CN7M（20号合金）	－29～325		氧化性介质、各种浓度硫酸
17-4PH	－29～425	40～45	有轻微腐蚀、冲蚀场合
9Cr18（440C）	－29～425	50～60	非腐蚀性介质

① Class150法兰端阀门的额定值限定在538℃。

4.3.1.4 密封面材料的配对

我国的阀门型号编制方法（GB/T 32808—2016）中第五单元为密封面材料代号：其代号D-渗氮钢、H-铣基不锈钢、M-蒙乃尔合金、P-渗硼钢、R-奥氏体不锈钢、Y-硬质合金、W-阀门本体材料，而且规定当两密封面材料不同时，用低硬度的材料表示。

代号H的配对：13Cr/13Cr、13Cr/硬13Cr、13Cr/CoCrA、13Cr/Ni-Cr、13Cr/Cu-Ni。

代号Y的配对：CoCrA/CoCrA。

代号M的配对：Monel/Monel、Monel/CoCrA、Monel/NiCr。

代号W的配对：W/W、W/CoCrA。

代号R的配对：18Cr8Ni/18Cr-8Ni、25Cr-20Ni/25Cr-20Ni、18Cr-8Ni-Mo/Co-CrA、18Cr-8Ni-Mo/Ni-Cr。

随着工业快速发展的需要，其密封面的配对远不止以上这些，下面以常用的内件组合来介绍。

4.3.2 阀杆和上密封座材料

阀杆和上密封座的材料组合见表4-85。

表 4-85 密封面、阀杆、上密封圈或堆焊材料和硬度

内件号	公称内件	密封面最低硬度① HBW	密封材料类型②	密封面材料标准规范等级			阀杆/上密封圈		阀杆硬度 HBW	上密封圈硬度 HBW
				铸造	锻造	焊接⑪	材料类型②	标准规范类型		
1	F6	③	1 号内件已废弃							
2	304	2 号内件已废弃								
3	F310	注④	25Cr-20Ni	NA	ASTM A182(F310)	AWS A5.9 ER310	25Cr-20Ni	ASTM A276-T310	注④	注④
4	硬 F6	750⑤	硬 13Cr	NA	注⑥	NA	13Cr	ASTM A276-T410 或 T420	200min 275max	250min
5	硬表面	350⑤	Co-Cr⑦	NA	NA	AWS A5.13 ECoCr-A 或 AWS A5.21 ERCoCr-A	13Cr	ASTM A276-T410 或 T420	200min 275max	250min
5A	硬表面	350⑤	Ni-Cr	NA	NA	注⑧	13Cr	ASTM A276-T410 或 T420	200min 275max	250min
6	F6 和 Cu-Ni	250⑨	13Cr	ASTM A217(CA15)	ASTM A182(F6a)	AWS A5.9 ER410	13Cr	ASTM A276-T410 或 T420	200min 275max	250min
		175⑨	Cu-Ni	NA	注⑩	NA				
7	F6 和 硬 F6	250⑨	13Cr	ASTM A217(CA15)	ASTM A182(F6a)	AWS A5.9 ER410	13Cr	ASTM A276-T410 或 T420	200min 275max	250min
		750⑨	硬 13Cr	NA	注⑥	NA				
8	F6 和 硬表面	250⑨	13Cr	ASTM A217(CA15)	ASTM A182(F6a)	AWS A5.9 ER410	13Cr	ASTM A276-T410 或 T420	20min 275max	250min
		350⑨	Co-Cr⑦	NA	NA	AWS A5.3 ECoCr-A 或 AWS A5.21 ERCoCr-A				
8A	F6 和 硬表面	250⑨	13Cr	ASTM A217(CA15)	ASTM A182(F6a)	AWS A5.9 ER410	13Cr	ASTM A276-T410 或 T420	200min 275max	250min
		350⑨	Ni-Cr	NA	NA	注⑧				
9	Monel™*	注④	Ni-Cu 合金	NA	制造厂标准	NA	Ni-Cu 合金	制造厂标准	注④	注④
10	316	注④	18Cr-8Ni-Mo	ASTM A351(CF8M)	ASTM A182(F316)	AWS A5.9 ER316	18Cr-8Ni-Mo	ASTM A276-T316	注④	注④
11	Monel™* 和 硬表面	注④	Ni-Cu 合金	NA	制造厂标准	NA	Ni-Cu 合金	制造厂标准	注④	注④
		350⑨	内件 5 或 5A	NA	NA	见内件 5 或 5A				
12	316 和 硬表面	注④	18Cr-8Ni-Mo	ASTM A351(CF8M)	ASTM A182(F316)	AWS A5.9 ER316	18Cr-8Ni-Mo	ASTM A276-T316	注④	注④
		350⑨	内件 5 或 5A	NA	NA	见内件 5 或 5A				
13	合金 20	注④	19Cr-29Ni	ASTM A351(CN7M)	ASTM B473	AWS A5.9 ER320	19Cr-29Ni	ASTM B473	注④	注④
14	合金 20 和 硬表面	注④	19Cr-29Ni	ASTM A351(CN7M)	ASTM B473	AWS A5.9 ER320	19Cr-29Ni	ASTM B473	注④	注④
		350⑨	内件 5 或 5A	NA	NA	见内件 5 或 5A				

（续）

内件号	公称内件	密封面最低硬度[①] HBW	密封材料类型[②]	密封面材料标准规范等级			阀杆/上密封圈		阀杆硬度 HBW	上密封圈硬度 HBW
				铸造	锻造	焊接[⑪]	材料类型[②]	标准规范类型		
15	硬表面	350[⑤]	Co-CrA[⑦]	NA	NA	AWS A5. 13 ECoCr-A 或 AWS A5. 21 ERCoCr-A	18Cr-8Ni	ASTM A276-T304	注[④]	注[⑫]
16	硬表面	350[⑤]	Co-CrA[⑦]	NA	NA	AWS A5. 13 ECoCr-A 或 AWS A5. 21 ERCoCr-A	18Cr-8Ni-Mo	ASTM A276-T316	注[④]	注[⑫]
17	硬表面	350[⑤]	Co-CrA[⑦]	NA	NA	AWS A5. 13 ECoCr-A 或 AWS A5. 21 ERCoCr-A	18Cr-10Ni-Cb	ASTM A276-T347	注[④]	注[⑫]
18	硬表面	350[⑤]	Co-CrA[⑦]	NA	NA	AWS A5. 13 ECoCr-A 或 AWS A5. 21 ERCoCr-A	19Cr-29Ni	ASTM B473	注[④]	注[⑫]
19	Nickel[⑨]	注[④]	Ni 合金	制造厂标准[⑨]	制造厂标准[⑨]	制造厂标准	Ni 合金[⑨]	制造厂标准[⑨]	注[④]	注[⑫]
19A	合金 625	注[④]	合金 625	ASTM A494 (CW6MC)	ASTM B564 UNS N06625	AWS A5. 14 ERNiCrMo-3	合金 625	ASTM B564 UNS N06625	注[④]	注[⑫]
19B	合金 C276	注[④]	合金 C276	ASTM A494 CW2M	ASTM B564 UNS N10276	AWS A5. 14 ERNiCrMo-4	合金 C276	ASTM B564 UNS N10276	注[④]	注[⑫]
19C	合金 825	注[④]	合金 825	ASTM A494 CU5MCuC	ASTM B564 UNS N08825	AWS A5. 14 ERNiCrMo-3	合金 825	ASTM B564 UNS N08825	注[④]	注[⑫]
20	Nickel[⑨]和硬表面	注[④]	Ni 合金	制造厂标准[⑨]	制造厂标准[⑨]	AWS A5. 13 ECoCr-A 或 AWS A5. 21 ECoCr-A	Ni 合金	制造厂标准[⑨]	注[④]	注[⑫]
		注[⑨]	CoCr-A[⑦]	NA	NA					
20A	合金 625 硬表面	注[④]	合金 625	ASTM A494 (CW6MC)	ASTM B564 UNS N06625	AWS A5. 14 ERNiCrMo-3	合金 625	ASTM B564 UNS N06625	注[④]	注[⑫]
		350[⑨]	CoCr-A[⑦]	NA	NA	AWS A5. 13 ECoCr-A 或 AWS A5. 21 ECoCr-A				
20B	合金 C276 和硬表面	注[④]	合金 C276	ASTM A494 (CW2M)	ASTM B564 UNS N10276	AWS A5. 14 ERNiCrMo-4	合金 C276	ASTM B564	注[④]	注[⑫]
		350[⑨]	CoCr-A[⑦]	NA	NA	AWS A5. 13 ECoCr-A 或 AWS A5. 21 ECoCr-A		UNS		

20C	合金 825 和硬表面	注④	合金 825	ASTM A494 (CU5MCuC)	ASTM B564 UNS N08825	AWS A5.14 ERNiCrMo-3	合金 825	ASTM B564	注④	注⑫
		350⑨	CoCr-A⑦	NA	NA	AWS A5.13 ECoCr-A 或 AWS A5.21 ECoCr-A		UNS N08825		
21	硬表面⑨	350⑤	CoCr-A⑦	NA	NA	AWS A5.13 ECoCr-A 或 AWS A5.21 ECoCr-A	Ni 合金⑨	制造厂标准⑨	注④	注⑫

注：Cr-铬　Ni-镍　Co-钴　Cu-铜　NA-不适用。

内件材料包括阀杆和内件零件的硬表面（HF）至少应该有和阀体材料相等的抗腐蚀性能和压力-湿度额定值。

* 这种术语只可用来作为一种样本，按 API 的规定不构成此类产品的一种认可。

① HBW（原是 BHN）是 ASTM E10 布氏硬度的符号。

② 不允许采用 13Cr 易切削钢。

③ 阀体和闸板密封面的硬度最低为 250HBW，且应有 50HBW 的硬度差。

④ 制造商的标准硬度。

⑤ 不要求阀体与闸板密封面之间的硬度差。

⑥ 由氮化到最小 0.13mm（0.005in）厚度的表面硬度。

⑦ AWS A5.13 ECoCr-A 或 AWS A5.21 ERCoCr-A：这种分类包括如司太立 6TM*、斯图迪特 6TM* 和 wellex6TM* 等离子弧自动焊接（PTAW）工艺和等效的冶金 UNS R30006 也被应用，经用户同意 CoCr-E（司太立 21TM* 或等效）和标准的 CoCr-E 合金，包括 AWS A5.13 E CoCr-E 或 AWS A5.21 ERCoCr-E。

⑧ 制造商标准中以最高 25% 的含铁量表面硬化。

⑨ 阀体与闸板密封面之间的硬度差必须符合制造商的标准。

⑩ 制造商标准中用最低 30% 的 Ni。

⑪ 标准上密封圈堆焊材料。

⑫ 按制造商的标准，如果表面不硬化，表面硬化最低 250HBW。

4.4 焊接材料

焊接主要应用于密封面的堆焊、铸件缺陷的补焊和产品结构要求焊接的地方。焊接材料的选用与其工艺方法有关，焊条电弧焊、等离子喷焊、埋弧自动焊、二氧化碳气体保护焊所用的材料各不相同。我们这里只介绍最普通最常用的焊接方法——焊条电弧焊所用的各种材料。

密封面堆焊材料在第3章中内件材料已有介绍，本章重点介绍铸件补焊、结构焊的手工电弧焊所用的各种电焊条。

4.4.1 对焊工的要求

焊工应通过中华人民共和国特种设备安全监督管理部门制定的《锅炉压力容器焊工考试规则》基本知识与操作考试，持有合格证，并在有效期内，方可从事焊接作业。

阀门属于压力管道元件，焊工的技术水平和焊接工艺直接影响产品质量及安全生产，所以对焊工严格要求是十分重要的。在阀门生产企业中，焊接是个特殊工序，特殊工序就要进行评定，包括人员、工艺、设备、材料的管理和控制。

4.4.2 对焊条的保管要求

1. 焊条贮存方法

1）各类焊条必须分类、分牌号存放，避免混淆。

2）焊条必须存放于通风良好、干燥的仓库内。

3）焊条必须离地面300mm以上，分组码放，达到上下左右空气疏通。

4）焊条码放距墙应大于300mm，以防受潮变质。

5）重要焊接工程使用的焊条，特别是低氢型焊条，最好储存在专用的仓库内，仓库保持一定的温度和湿度（建议温度为10~25℃，相对湿度<50%）。

2. 焊条使用前烘干方法

1）碱性低氢型焊条在使用前必须烘干，以降低焊条的含氢量。这是因为药皮成分、空气湿度、贮存时间等因素不仅使焊条吸潮、焊条工艺性变坏，焊接时飞溅增大，且氢容易引起气孔、裂纹、白点等恶化金属性能的疵病。

2）碱性低氢型焊条烘焙温度一般采用250~350℃，烘1~2h。焊条应徐徐加热，保温并缓慢冷却，不可将焊条往高温炉中突然放入或突然冷却，以免药皮开裂。对含氢量有特殊要求的，烘干温度应提高到400℃，经烘干的碱性低氢型焊条最好放入另一个温度控制在80~100℃的焊条保温筒中，并随用随取。

3）酸性焊条要根据受潮的具体情况，在70~150℃烘干1h。贮存时间短且包装良好的，一般在使用前可不再烘干。

4）露天操作时，隔夜必须将焊条妥为保管，不允许露天放在外边。低氢型焊条次日还要重新烘干（在低温烘箱中恒温保存者除外）。

3. 过期焊条的处理

所谓“过期”，并不是指存放时间超过了某一时间界限，而是指焊条质量发生了不同程度的变化（变质）。保管条件好的，可以多年不变质。

1）对存放多年的焊条使用前应进行工艺性能试验。试验前，碱性低氢型焊条应在300℃左右经1~2h烘干；酸性焊条在150℃左右烘干1~2h。工艺性能试验时，如果药皮没有成块脱落，碱性低氢型焊条没有出现气孔，则对焊接接头的力学性能一般是可以保证的。

2）焊条焊芯有轻微锈迹，基本上不会影响力学性能，但低氢型焊条不宜用于重要结构的焊接。

3）低氢型焊条锈迹严重，或药皮有脱落现象，可酌情降级使用或用于一般结构件的焊接。如有条件，可按国家标准试验其力学性能，然后决定其是否降级。

4）各类焊条如果严重变质，则不再允许使用，应除去药皮，焊芯可设法清洗回收再用。

4.4.3 阀门产品上用于铸件补焊、结构焊常用的焊条牌号

常用的焊条牌号见表4-86。

表4-86 常用焊条牌号

类别	牌号	型号		
		中国标准	标准号	美国AWS标准
碳钢焊条	J422 J502 J507 CHE508-1	E4303 E5003 E5015 E5018-1	GB/T 5117—2012	 E7015 E7018

（续）

类别	牌号	型号		
		中国标准	标准号	美国 AWS 标准
不锈钢焊条	A102 A132 A002 A202 A212 A022 A302 A402 Cr202	E308-16 E347-16 E308L-16 E316-16 E318-16 E316L-16 E309-16 E310-16 E410-16	GB/T 983—2012	E308-16 E347-16 E308L-16 E316-16 E318-16 E316L-16 E309-16 E310-16 E410-16
低合金耐热钢焊条	R107 R307 R407	E5015-1M3 E5515-1CMV E6215-2C1M	GB/T 5118—2012	E7015-1M3 E8015-1CMV E9015-2C1M
低合金钢焊条	温 707Ni 温 907Ni 温 107Ni	E5515-7CM E5515-9C1M E6215-9C1MV		E8015-9C1M
堆焊焊条	D507 D507Mo D577 D802 D812	EDCr-A_1-15 EDCr-A_2-15 EDCrMn-C-15 EDCoCr-A-03 EDCoCr-B-03	GB/T 984—2001	ER410 ECoCr-A ECoCr-B
不锈钢焊丝		TS308L-FN0 TS316-FN0 TS316L-FN0 TS308LMo-FN0 TS309L-FN0 TS317L-FN0	GB/T 17853—2018	
CoCrW 焊丝	丝 111	HS111		RCoCr-A
Monel 焊条	R-M3NiCu7		上钢所	ERNiCu-7

4.4.4 承压铸件补焊用焊条

1）基体材料为 WCB、WCC 采用 GB/T 5117—2012 中 E5003（J502）或 E5015（J507）焊条。

2）基体材料为奥氏体不锈钢，焊条选用见表 4-87。

表 4-87 奥氏体不锈钢承压铸件补焊焊条选用

基体材料	铸件热处理后和试压渗漏的补焊焊条		铸件热处理前或铸件外表面一般缺陷的补焊焊条	
	牌号	型号	牌号	型号
CF8、ZG08Cr18Ni9			A102	E308-16
ZG08Cr18Ni9Ti、ZG12Cr18Ni9Ti	A132	E347-16	A132	E347-16
CF3、ZG02ZCr18Ni10	A002	E308L-16	A002	E308L-16
CF8M、ZG08Cr18Ni12Mo2Ti	A212	E318-16	A202	E316-16
			A212	E318-16
CF3M	A022	E316L-16	A022	E316L-16

3）基体材料为低合金耐热钢类，焊条选用见表4-88。

4）基体材料为低温钢，焊条选用见表4-89。

表4-88 低合金耐热钢承压铸件补焊焊条选用

基体材料	焊条	
	牌号	型号
ZG1Cr5Mo、C5	R507	E5515-5CM
WC1	R107	E5015-1M3
WC6、ZG20CrM	R307	E5515-1CMV
WC9	R407	E6215-ZC1M
ZG20CrMoV、ZG15Cr1Mo1V	R337	E5515-1CMWV

表4-89 低温钢类承压铸件补焊焊条选用

基体材料	焊条	
	牌号	型号
LCB、LCC	CHE508-1	E5018-1
LC1	R107	E5015-1M3
LC2	温707Ni	E5515-7CM
LC3	温907Ni	E5515-9C1M
	温107Ni	E6215-9C1MV

4.4.5 铸件的焊补

1）铸件如有裂纹、气孔、砂眼、疏松等缺陷，允许补焊，但在焊补前必须将油污、铁锈、水分、缺陷清除干净。清除缺陷后，用砂轮打磨出金属光泽，其形状要平滑，有一定坡度，不得有尖棱存在。

2）承压铸件上有严重的穿透性裂纹、冷隔、蜂窝状气孔、大面积疏松或焊补后无法修整打磨处，不允许焊补。

3）承压铸件试压渗漏的重复焊补次数不得超过两次。

4）铸件焊补后必须打磨平整、光滑，不得留有明显的焊补痕迹。

5）焊补后的无损检测要求按有关标准规定。

4.4.6 焊后的消除应力处理

1）重要的焊接件如保湿夹套焊缝、阀座镶焊于阀体上的焊缝、要求焊后处理的堆焊密封面等，以及承压铸件焊补超过规定范的，焊后均要消除焊接应力；无法进炉的也可采用局部消除应力的办法。消除焊接应力的工艺可参考焊条说明书。

2）焊补深度超过壁厚的20%或25mm（取小值）或面积大于65cm^{2}或试压渗漏处的焊补，焊后都要消除焊接应力。

4.4.7 焊接工艺评定

正确地选择焊条只是焊接这道特殊工序中的一个重要环节，只正确选用焊条，如果没有前面诸条的保证，也无法获得良好的焊接质量。

由于手工电弧焊的焊接质量和焊条本身的质量、焊条的规格、母材、母材的厚度、焊接位置、预热温度、采用的电流（交流或直流）、极性的变化（焊条接正极-反接、焊条接负极-正接）、层间温度、焊后处理等都有关系，所以正式生产前要进行工艺评定，也即先进行验证。验证在给定的条件下，看其所采取的措施是否能保证施焊产品的质量。这些给定条件在参数一旦发生变化时就要重新进行评定。堆焊和焊补、镶焊（按对接焊）规定的重要参数不一样，更要注意这些重要参数的变化。

阀门产品中需要进行焊接工艺评定的有密封面堆焊、阀座与阀体镶焊（按对接焊评定）、全焊接球阀的阀体焊接、全焊接球阀阀体和阀杆保护套的焊接（角焊缝）、承压铸件的焊补等。

承压设备的焊接工艺评定除遵守标准NB/T 47014—2011和ASME BPVC第IX卷《焊接及钎焊评定》的规定外，还应符合锅炉、压力容器和压力管道产品相关标准、技术文件的要求。

焊接工艺评定一般过程是：根据金属材料的焊接性，按照设计文件规定和制造工艺拟定预焊接工艺规程、施焊试件和制取试样，检测焊接接头是否符合规定的要求，并形成焊接工艺评定报告对预焊接工艺规程进行评价。

焊接工艺评定应在本单位进行。焊接工艺评定所用设备、仪表应处于正常工作状态，金属材料、焊接材料应符合相应标准，由本单位操作技能熟练的焊接人员使用本单位的设备焊接试件。

评定合格的焊接工艺是指合格的焊接工艺评定报告中，所列通用焊接工艺评定因素和专用焊接工艺评定因素中重要因素、补加因素。

焊接工艺规程程序见 NB/T 47014—2011 中附录A。

4.5 垫片材料

常用的垫片有非金属垫片、半金属垫片和金属垫片。非金属垫片也称软垫片，如无石棉橡胶板、橡胶、聚四氟乙烯等，软垫片用于温度、压力都不高的场合。半金属垫片由金属材料和非金属材料组合而成，如齿形复合垫、金属包覆垫、金属波纹垫、金属缠绕垫等，半金属垫片比非金属垫片承受的温度、压力范围较广。金属垫片全部由金属制作，有椭圆形环垫、八角形环垫、透镜垫、金属 O 形圈等，金属垫片用于高温、高压场合。

4.5.1 非金属垫片

非金属垫片的使用条件见表 4-90。

表 4-90 非金属垫片使用条件

名称	代号	工作压力/MPa	适用温度/℃
天然橡胶	NR	2.0	-60 ~ 120
氯丁橡胶	CR	2.0	-40 ~ 121
丁腈橡胶	NBR	2.0	-30 ~ 121
丁基橡胶	11R	2.0	-40 ~ 121
氟橡胶	FKM（Viton）	2.0	-20 ~ 205
三元乙丙橡胶	EPDM	2.0	-57 ~ 150
丁苯橡胶	SBR	2.0	-40 ~ 100
硅橡胶	S1	2.0	-55 ~ 210
聚四氟乙烯	PTFE	2.0	-196 ~ 150
增强聚四氟乙烯	RPTFE	5.0	-196 ~ 150
高温无石棉密封垫片	SPEZ1AL	12.0	-46 ~ 425
高压无石棉密封垫片	AF400F	15.0	-46 ~ 500

4.5.2 半金属垫片

1. 齿形复合垫片

齿形复合垫片具有同心圆沟槽，故密封效果比一般金属平垫片优异，适用于高温高压管法兰、压力容器盖、各种阀门的连接，锁紧力低，特别适合于较窄的法兰密封面。表面可按使用条件压贴石墨、膨体四氟、非石棉、云母等各种材料，最大直径可达7000mm。

1）金属材质和密封层材质见表 4-91。

2）垫片结构型式如图 4-5 所示。

表 4-91 金属材质和密封层材质

金属材质	密封层材质	工作温度/℃	工作压力/MPa
软钢	柔性石墨	-196 ~ 400	30.0
304			
304L			
316	聚四氟乙烯	-196 ~ 150	21.0
316L			
410			
黄铜	膨体聚四氟乙烯	-196 ~ 150	28.0
铝			
321			

（续）

金属材质	密封层材质	工作温度/℃	工作压力/MPa
347	非石棉	-46～425	10.0
镍200			
Monel400			
Inconel600	银	-29～350	25.0
Hastelloy B			
钛			

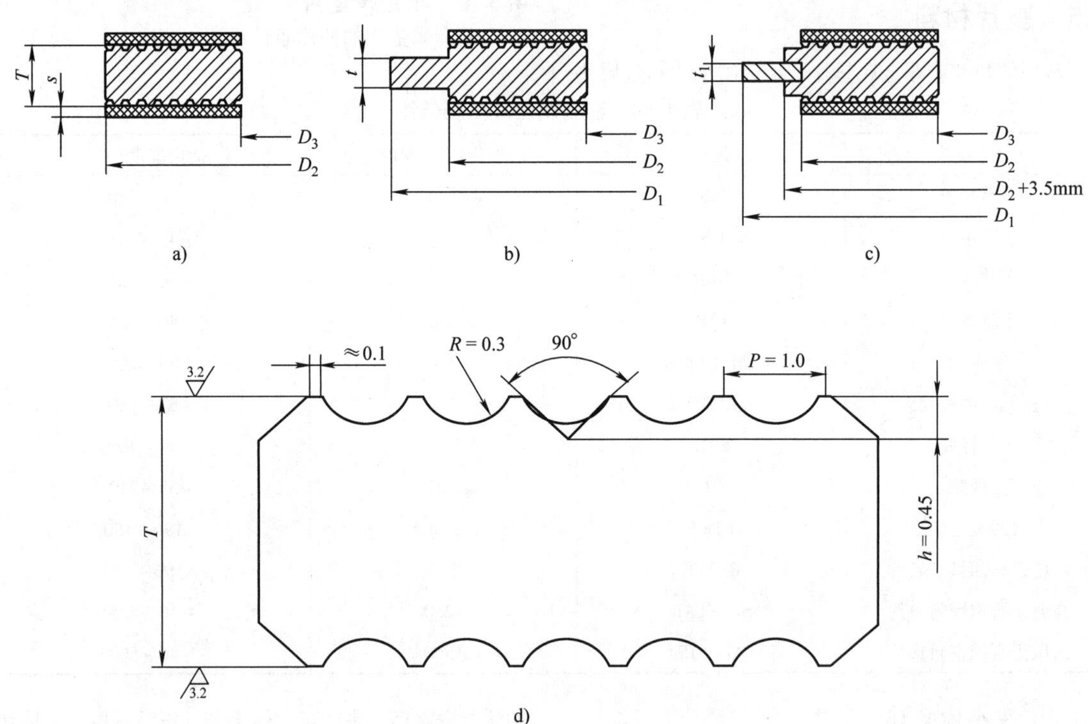

图4-5 垫片结构型式

a）基本型 b）外环式 c）可拆外环式 d）基本型金属垫沟槽尺寸

2. 金属包覆垫片

金属包覆垫片是一种利用人工技术、由一层很薄的金属完全包覆、耐热性很高的无机填料生产的产品，故可以生产出各种大小尺寸、结构型式及形状，是最传统的一种密封垫片，适用于热交换器、水泵、阀门的法兰密封。但回弹率有限，要求法兰密封表面的表面粗糙度较低及紧固力很高才能达到密封效果。目前多以齿形复合垫取代。

1）结构型式如图4-6所示。

2）金属材料和非金属材料见表4-92。

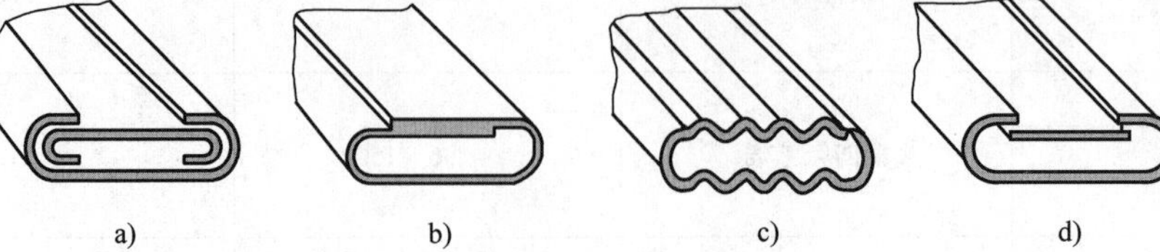

图4-6 金属包覆垫片结构型式

a）双层夹套封闭式 b）单层夹套封闭式 c）双层夹套波纹状 d）双层夹套边缘向外趋开

表 4-92 金属包覆材料和非金属填充材料

非金属填充材料		金属包覆材料	
代号	名称		
ASB	石棉	304	Inconel600、625
		304L	Incoloy800（H）、825
FG	石墨	316	Ti
		316L	Hastelloy B2/B3
		316Ti	Hastelloy C276
PTFE	聚四氟乙烯	317L	Hastelloy C22
		321	AL
		347	纯铜
NA	非石棉	410	青铜
		5Cr-0.5Mo	双相不锈钢
CE	陶瓷纤维	MONEL400	20 号合金
		NICKEL200	其他

3. 金属波纹垫片

由特殊结构的金属芯与非金属材料复合，压制成上、下表面有相互错开的波纹形状的同心圆沟槽，既有金属的强度，又有波形弹性的特点，耐高温、耐腐蚀、耐温度变化，密封性能优异。

波纹金属芯具有多道同心圆密封，覆层密封垫材不易吹出或蠕变松弛，所需螺栓紧固应力较低，可长期保持密封性能。同时，非金属覆层受压后可贴合填入法兰表面水线，而形成近似的金属面结合，适用于阀门、管道、热交换器法兰接头的密封。

1）结构型式如图 4-7 所示。

2）金属材料见表 4-93。

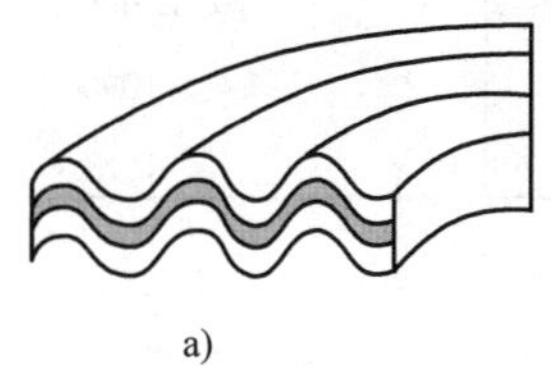
a)

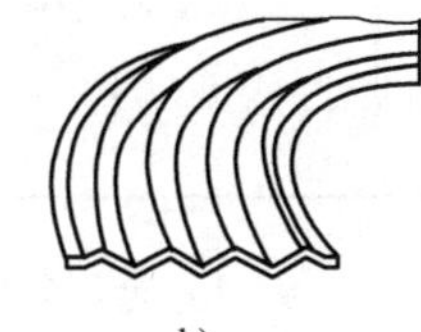
b)

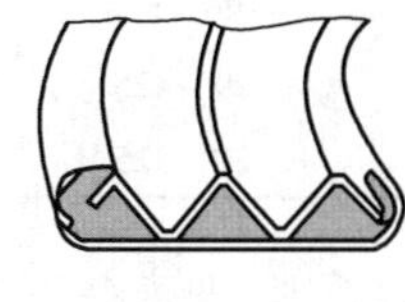
c)

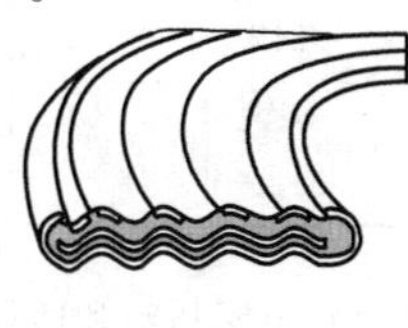
d)

图 4-7 金属波纹垫片结构型式

a）深波纹式 b）三角式 c）平三角式 d）浅波纹式

表 4-93 金属波纹垫片金属材料

金属材质	工作温度/℃	金属材质	工作温度/℃
碳钢	-29～425	Monel400	-29～475
304	-196～538	铜	-29～250
316L	-196～450		

3）非金属材料见表 4-94。

表 4-94 金属波纹垫片非金属材料

非金属密封层	工作温度/℃
柔性石墨	-212～510
聚四氟乙烯	-180～150
陶瓷	-212～500

4. 金属缠绕式垫片

由预压成形的金属波纹带与非金属带交替重叠、螺旋缠绕制作而成，并可根据工况要求添加加强环。因为具有多道密封，耐高温、高压，抗腐蚀，对法兰密封面的表面粗糙度要求不高等优点，广泛应用于人孔、管道、锅炉、热交换器、压力容器、压缩机、阀门等法兰接头的密封。

（1）结构型式 如图 4-8 所示。

(2) 缠绕式垫片的特点

1) 有良好的压缩率和回弹性。

2) 具有适当的塑性，压紧后能适应密封表面的凹凸不平而填满密封面间隙，以保证在系统温度和压力交变的情况下，具有良好的密封性能。

3) 具有优良的耐腐蚀性能，在一些极端介质中不被破坏，不产生大的膨胀和收缩。

4) 高温条件下不软化，不蠕变；低温条件下不硬化、不收缩。

5) 有足够的强度，在外载荷条件下，不被压溃，在高压下不被吹出。

(3) 适用介质 蒸汽、氢气、天然气、裂解气、油品、酸、碱、盐溶液、液化天然气等。

(4) 金属材料和适用温度范围 见表4-95。

T
D_2
D_3
a)

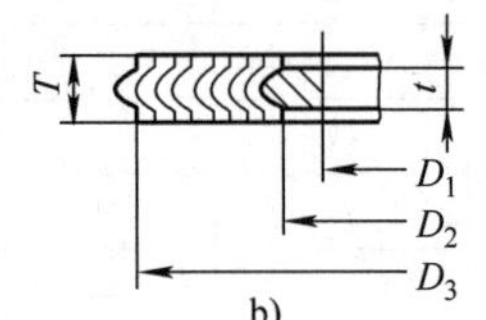

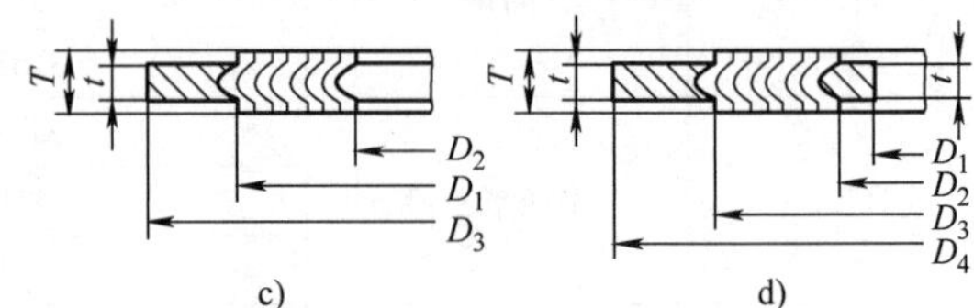

图4-8 缠绕式垫片的结构型式

a) 基本型 b) 带内环 c) 带外环 d) 带内外环

表4-95 金属材料和适用温度范围

材料	适用温度范围/℃	材料	适用温度范围/℃
304	-196~538	Hastelloy B2	-29~425
304L	-196~425	Hastelloy C-276	-29~675
316	-196~538	Incoloy 800	-29~816
316L	-196~450	Inconel 600	-29~650
321	-196~538	Inconel X750	-29~650
310	-196~816	Monel 400	-29~475
347	-196~538	Nickel 200	-196~760
碳钢	-29~425	Ti	-196~1090
合金20	-29~325		

(5) 非金属材料和适用温度范围 见表4-96。

表4-96 非金属材料和适用温度范围

材料	适用温度范围/℃
陶瓷	-196~1090
柔性石墨	-29~650①
聚四氟乙烯	-180~200
云母	-196~345

① 用于氧化性介质时≤450℃。

4.5.3 金属垫片

1. 金属环垫

金属环垫片是一种应用于石油及天然气的管法兰、阀门、压力容器、海底、高温高压阀盖等的压力结合用密封件。有多种材质及形式以适合于不同的设计与操作要求，完全符合 ASME B16-20 的规定。常用的低碳钢和不锈钢的椭圆形和八角形可在平底形环槽法兰中互换使用。

选用的金属环材质的硬度应低于法兰环槽硬度15~20HBW，而且建议旧品不重复使用，因材质可能发生加工硬化而换及法兰环槽，影响密封性能。

1) 金属环垫的结构见图4-9。

2) 金属环垫的材料、最高硬度和最高使用温度见表4-97。

2. 金属O形圈

金属O形圈是用耐高温的奥氏体不锈钢管制作而成，可在金属O形圈的内环或外环圆周打小孔。当压力增加时，自我密封的功能即开始起作用。有小孔的O形圈，尤其是应用在工作压力超过7.0MPa时，比无小孔的基本式O形圈更耐压。此种中空金属O形圈可按用户要求，表面镀PTFE或镀银处理。

3. 透镜垫

透镜垫密封广泛使用在高压管道连接中，透镜垫的密封面均为球面，与管道的锥形密封面相接触，初始状态为一环线。在预紧力作用下，透镜垫在接触处产生塑性变形，即环线变成环带，密封性能较好。由于接触面是由球面和锥面自然形成，垫片易同轴；透镜垫片密封属于强制密封，密封面为球面与锥面相接触，易产生压痕，且零件的互换性较差。

1) 透镜垫的结构型式如图4-10所示。

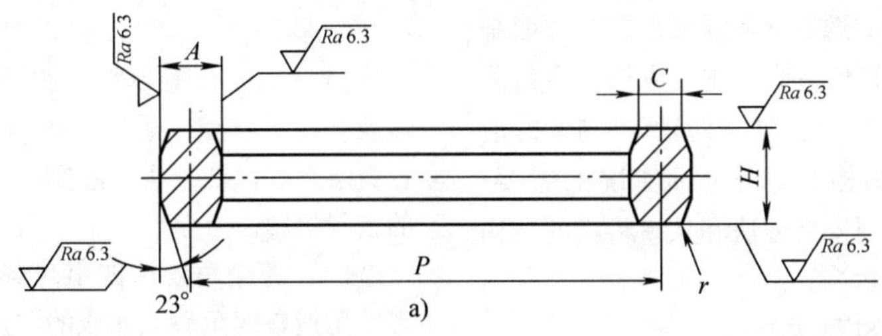

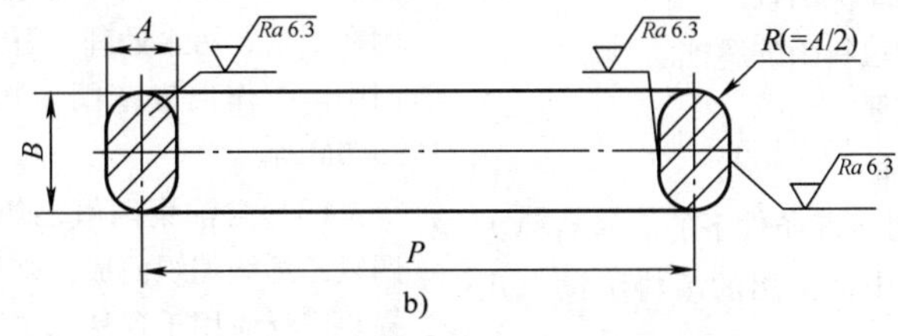

图 4-9 金属环垫结构型式

a）八角形环垫 b）椭圆形环垫

表 4-97 金属环垫的材料、最高硬度和最高使用温度

代号	金属环垫材料		最高硬度		最高使用温度 /℃
	钢号	标准	HBS	HRB	
D	纯铁	GB/T 9971	90	56	425
S	10	GB/T 699	120	68	425
F5	1Cr5Mo	NB/T 47008	130	72	540
S410	06Cr13	GB/T 1220	170	86	540
S304	06Cr19Ni10		160	83	538
S304L	022Cr18Ni9		150	80	450
S316	06Cr17Ni12Mo2		160	83	538
S316L	022Cr17Ni14Mo2	GB/T 1220	150	80	450
S321	06Cr18Ni10Ti		160	83	538
S347	06Cr18Ni11Nb		160	83	538

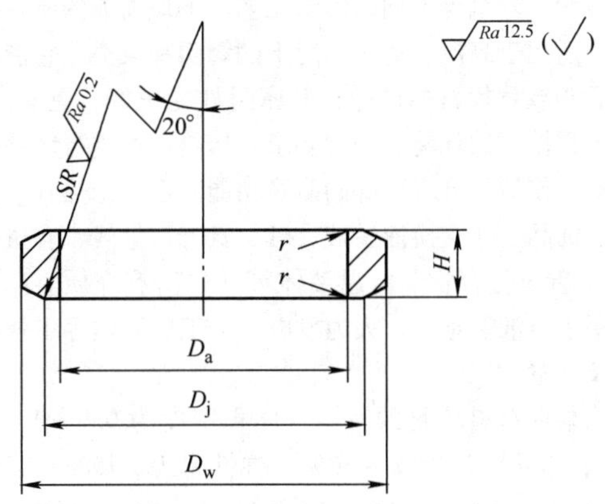

图 4-10 透镜垫结构

2）透镜垫材料见表 4-98。

表 4-98 透镜垫材料

材料牌号	标准号
20	GB/T 699
06Cr19Ni10	GB/T 1220
06Cr17Ni12Mo2	GB/T 1220
06Cr17Mn13Mo2N	GB/T 1220
022Cr17Ni14Mo2	GB/T 1220
TA3、TC4	GB/T 3620.1

4.6 密封填料

填料是动密封的填充材料，用来填充填料箱空间，以防止介质经由阀杆和填料箱空间泄漏。

填料密封是阀门产品的关键部位之一。要想达到好的密封效果，达到低的逸散性泄漏要求，一方面是填料自身的材质（用PTFE基填料或合成橡胶密封测量的泄漏量为100×10^{-6}，用柔性石墨填料测量的泄漏量为200×10^{-6}）、结构要适应介质工况的需要；另一方面则是合理的填料安装方法和从填料函的结构上考虑来保证可靠的密封。

4.6.1　对填料自身的要求

1）降低填料对阀焊的摩擦因数。

2）防止填料对阀焊和填料函的腐蚀。

3）适应介质工况的需要。

4.6.2　常用填料的品种

国外资料介绍用于各种工况条件下的填料品种达40余种，而我国通用阀门中最常用的填料不过十几种。

1. 成型填料

成型填料即压制成型的填料，其品种如下。

（1）柔性石墨填料环　柔性石墨填料环有柔性石墨填料环、石墨坡型环、金属包边坡型环等。柔性石墨填料是用柔性石墨带或柔性石墨编织填料经模压成不同尺寸的环。这种填料环具有良好的回弹性、化学稳定性，能提供有效的密封作用。柔性石墨填料具有耐腐蚀、耐高温性能，还具有自润滑性好、弹性大、转矩小的特点，是一种应用广泛的阀门密封填料。

柔性石墨填料环适应于热水、高温、高压、蒸汽、热交换液、氨气、氢气、有机溶液、碳氢化合物、低温液等介质。柔性石墨环填料适用于阀门、压缩机、水泵等。

柔性石墨环填料适用于工作温度范围－196～650℃。

（2）柔性石墨V形填料环　有一定的塑性，在压紧力作用下能产生一定的径向力，并紧密地与阀杆接触，有足够的化学稳定性。不污染介质，填料不被介质泡胀；填料中的浸渍剂不被介质溶解；填料本身不腐蚀密封面。自润滑性能良好，耐磨、摩擦因数小。当阀杆出现少量偏心时，填料有足够的浮动弹性，适用于工作温度范围－196～650℃。

（3）聚四氟乙烯V形填料环　聚四氟乙烯V形填料环是由聚四氟乙烯颗粒状树脂成型制造的。具有优良的化学稳定性、耐蚀性、密封性、电绝缘性和良好的抗老化性。纯聚四氟乙烯能在－180～200℃的温度下长期工作。填充改性聚四氟乙烯应耐磨耗、导热、抗蠕变、自润滑等方面比纯聚四氟乙烯有明显的提高。

2. 填料

（1）柔性石墨填料　柔性石墨填料是一种导热性能好、耐酸碱，适用于高温、高压、耐腐蚀介质、各类溶剂、汽油、水、液氮介质的泵、阀门及反应釜的密封填料。

（2）芳纶角线白四氟填料　这种四氟填料是由芳纶角线在四角编织而成的。这种结构增加了填料的润滑性和强度。具有良好的润滑性和导热率。它可以用在纸浆、污水处理、石油化工和其他一般工业的阀门中。工作温度范围－101～200℃，工作压力可达25.0MPa。

（3）含油聚四氟乙烯填料　此填料是含油纯聚四氟乙烯线编织而成。这种设计耐高温和减少阀杆磨损。广泛应用于食品加工、石油化工和不允许污染的场合。工作温度范围－150～260℃，工作压力达15.0MPa。

（4）无油白聚四氟乙烯填料　无油白四氟填料是一种用聚四氟乙烯编织的填料，不浸渍任何聚四氟乙烯乳液和油脂类。建议用于精细化工、食品、药品等不允许有污染的操作场合，可用于除了可溶碱金属以外的所有化学介质的密封。工作温度范围为－150～260℃，工作压力为30.0MPa。

（5）外编镍铬合金丝填料　外编镍铬合金丝填料是由石墨线与镍铬合金丝编织而成，外面是镍铬合金丝网。采用对角线编织而成，通用性强、柔软性好、强度高，便于安装且耐挤压，解决了高温高压密封难题。广泛应用于石油、化工、发电、轻工等设备和装置。工作温度范围－101～650℃，工作压力达50.0MPa。

（6）膨胀纯石墨填料　它是用柔性石墨线经穿心编织、套编等不同的编织工艺所编织而成的密封填料，适用于高温、高压工况下的阀门和泵类。它能在所有领域替代石棉产品，其密封性能更好、更安全，并可根据腐蚀环境和用户要求。填料还可进行缓蚀剂处理，使填料具有更好的防腐功能。适用于热水、蒸汽、油品、热交换液、酸、碱、氨气、氢气、有机溶剂 、碳氢化合物、低温液体等几乎所有介质。广泛应用于石油、化工、火力发电、轻工、城建等工业设备及装置。

柔性石墨填料的特点：体积密度为0.9～1.3g/cm^3；压缩率为25%～50%；弹性率为>15%；工作温度为－101～650℃；烧失量为<8%（600℃烧1.5h）；摩擦因数为<0.2；断裂系数为>10MPa；含硫总量为$<1200\times10^{-6}$；含氧总量为$<50\times10^{-6}$；含金属总量为$<500\times10^{-6}$；含氟总量为$<20\times10^{-6}$。

(7) 芳纶纤维编织填料　芳纶纤维编织填料是由芳香族聚酰胺纤维经浸渍聚四氟乙烯乳液等润滑剂处理，用穿心编织而成截面为方形的填料，由于芳纶纤维性能优良，其强度和模量有钢丝之称。故这种填料与其他的填料相比，能承受更苛刻的介质和压力，它可与其他种类填料组合安装或作为端面环，即可组成不同特性的填料组合。

该填料常被用于纸浆、砂浆、锡矿、发电厂等恶劣场所的密封。工作温度为 -101 ~260℃，工作压力达 20.0MPa。

(8) 芳纶角线聚四氟乙烯填料　渗入石墨的聚四氟乙烯，与用于增强角线的芳纶混编而得到的优良性能的填料；角线由浸渍聚四氟乙烯的芳纶增强，这种结构既弥补了芳纶的润滑性，同时也提高了聚四氟乙烯的强度。它在低温、高压工况下可防止被冲断，又具有良好的润滑性和导热性。工作温度为 -196 ~260℃，工作压力达 25.0MPa。

(9) 碳化纤维浸聚四氟乙烯填料　它是由碳纤维浸聚四氟乙烯组成的，对所有腐蚀性化学品是惰性的。当它用于泵时，由于其良好的导热性，摩擦产生的热可传到填充金属箱内，从而不会损坏填料。在很大范围内能替代一般的聚四氟乙烯填料。它可用于离心泵、柱塞泵、搅拌机中（除了含有强氧化剂、强酸、有机溶剂的腐蚀性液体）。工作温度为 -196 ~260℃，工作压力为 25.0MPa。

(10) 石墨聚四氟乙烯填料（含油）　石墨聚四氟乙烯填料是由含油聚四氟乙烯编织而成，几乎适用于所有机器的轴上。由于其低的摩擦系数，从而稳定和使用寿命长，具有耐撕裂、导热性好的特点。这种填料润滑性好不会损坏轴承，它可以用于离心泵、高压釜、搅拌机。适用介质为碱溶液、水、蒸汽，除氧化酸（王水、发烟硝酸、发烟硫酸）外的其他酸。工作温度为 -196 ~260℃，工作压力为 15.0MPa。

(11) 酚醛纤维填料　酚醛纤维填料是由高性能酚醛纤维浸渍特殊的润滑剂，在编织过程中再次浸渍高质量 PTFE 乳液，穿心编织而成。高强度、经久耐磨的酚醛纤维填料具有热稳定及低热膨胀性能，在温度和压力交变的情况下尺寸稳定，具有无研磨剂、无污染等优点。酚醛纤维填料是高性能、多用途泵、阀的通用填料。可用于灰渣泵、反应釜、渣浆泵等多颗粒、易磨损的工况。不要用于浓或热的硫酸（>60%）、硝酸（>10%）或强酸环境。

4.6.3 注意事项

1) 填料切断时用 45°切口，安装时每圈切口相错 180°。

2) 在高压下使用聚四氟乙烯成型填料时，要注意冷流特性。

3) 柔性石墨环单独使用，密封效果不好，应与柔性石墨编织填料组合使用。填料函中间装柔性石墨环两端袋编织填料，也可隔层安装，即一层柔性石墨环一层编织填料；也可填料函中间放隔环，隔环上下分别安装两组组合填料。

4) 石墨对阀杆、填料函壁有腐蚀，使用中应选择加缓蚀剂的填料。

5) 柔性石墨在王水、浓硫酸、浓硝酸等介质中不适用。

6) 填料函的尺寸精度、表面粗糙度、阀杆的尺寸精度和表面粗糙度是影响成形填料密封性能的关键。

4.7 紧固件材料

阀门产品上用的紧固件，主要指的是阀门中法兰用的螺柱和螺母，这个部位的紧固件是重要的连接件。

4.7.1 紧固件的选用原则

1) 按工业用阀门材料选用导则和阀门产品标准规定。产品标准如何规定，就如何选用。

2) 根据用户提出的要求确定。

3) 根据工况条件如工作温度、工作压力、环境状况、垫片类型等综合考虑。

4) 参照有关的管道法兰用的紧固件材料及对紧固件的要求确定螺柱、螺母材料。

4.7.2 常用紧固件材料

1. JB/T 5300—2008《工业用阀门材料　选用导则》规定的紧固件材料

(1) 碳素钢制阀门

1) 螺柱、螺栓：优质碳素钢（GB/T 699），如 25、35；合金结构钢（GB/T 3077），如 30CrMo、35CrM。

2) 螺母：优质碳素钢（GB/T 699），如 35、45。

(2) 高温钢制阀门

1) 双头螺柱：铬钼钒钢（GB/T 3077），如 25Cr2MoV、25Cr2Mo1VA。

2) 螺母：铬钼钢（GB/T 3077），如 30CrMo、35CrM。

(3) 低温钢制阀门

1) 双头螺柱：奥氏体不锈钢（GB/T 1220），如 12Cr18Ni9、12Cr18Ni9Ti。

2) 螺母：奥氏体不锈钢（GB/T 1220），如 12Cr18Ni9Ti，黄铜（GB/T 4423），如 HPb59-1。

(4) 不锈耐酸钢制阀门

1）双头螺柱：铬镍钢（GB/T 1220），如12Cr17Ni2、12Cr18Ni9。

2）螺母：铬和铬镍钢（GB/T 1220），如06Cr13、12Cr13、20Cr13、12Cr18Ni9。

（5）钛合金制阀门

1）螺栓：钛合金（GB/T 2965），如TC4、TC6、TC9；不锈钢（GB/T 1220），如12Cr17Ni2、12Cr18Ni9。

2）螺母：钛合金(GB/T 2965)，如TC4、TC6、TC9；不锈钢（GB/T 1220），如12Cr13、20Cr13、12Cr18Ni9Ti。

2. JB/T 450—2008《锻造角式高压阀门　技术条件》规定的紧固件材料

1）PN160～PN320双头螺柱热处理后的力学性能按表4-99的规定。

表4-99　双头螺柱力学性能

钢号	R_m	R_{eL}	A	Z	A_K	HBW
	MPa		%		J	
40	≥580	≥340	≥19	≥45	60	207～240
40MnVB	≥900	≥750	≥15		80	250～302
35CrMoA	≥800	≥600		≥50		214～286

注：1. 双头螺柱应进行化学处理，以防大气腐蚀。

2. 双头螺柱应按有关标准进行无损检测。

3. 当双头螺柱采用冷拉光料滚制螺纹时，滚制螺纹前在同一钢号、同一直径、同一热处理条件的坯料制成的同直径光料内抽验两根，按GB/T 224进行脱碳检测，全脱碳层厚度不大于直径的1.5%，且不大于0.3mm。

2）PN160～PN320螺母热处理后的力学性能按表4-100的规定。

3）PN160～PN320螺柱、螺母材料配对见表4-101。

3. NB/T 47044—2014《电站阀门》规定的紧固件材料

螺栓常用材料见表4-102。

表4-100　螺母力学性能

钢号	R_m	R_{eL}	A	Z	A_K	HBW
	MPa		%		J	
	≥					
35	540	320	20	45	70	179～217
40Mn	600	360	17		60	187～229
40Cr	800	600	15		80	235～277

注：螺母应进行化学处理，以防大气腐蚀。

表4-101　双头螺柱、螺母材料配对

双头螺柱材料	35	40	40MnVB	35CrMoA
	GB/T 699		GB/T 3077	
螺母材料	35	35	40Mn	40Cr
	GB/T 699			GB/T 3077

表4-102　螺栓常用材料

代号	材料牌号	标准	热处理和硬度 HBW	室温强度指标 R_m/MPa	室温强度指标 R_{eL}/MPa	最高温度/℃ ≤
U20202	20（用于螺母）	GB/T 699	≤156	410	245	350
U20252	25（用于螺母）	GB/T 699	≤170	422	235	350
U20352	35（用于螺母）	GB/T 699	136～192	510	265	425
U20452	45	GB/T 699	187～229	600	355	400
A30422	42CrMo（d≤65）	DL/T 439	255～321	860	720	415

（续）

代号	材料牌号	标准	热处理和硬度 HBW	室温强度指标		最高温度 /℃ ≤
				R_m/MPa	R_{eL}/MPa	
A30303	30CrMoA	GB/T 3077	≤229	930	735	500
A30352	35CrMoA（d≤50）	DL/T 439	255～311	854	685	500
A31253	25Cr2MoVA	DL/T 439	≤241	785	685	510
A31263	25Cr2Mo1VA	DL/T 439	248～293	785	685	550
—	20Cr1Mo1V1A	DL/T 439	249～293	835	735	550
—	20Cr1Mo1VTiB	DL/T 439	255～293	785	685	570
—	20Cr1Mo1VNbTiB	DL/T 439	252～302	834	735	570
—	C-422（2Cr12NiMo1W1V）	DL/T 439	277～331	930	760	570
S30210	12Cr18Ni9	GB/T 1220	≤187（固溶处理）	520	205	610
S47220	22Cr13NiMoWV（616）	GB/T 1221	≤341（固溶处理）	885	735	625
—	R-26（Ni-Cr-Co 合金）	DL/T 439	262～311	1000	555	677
—	CH4145（Ni-Cr 合金）	DL/T 439	262～311	1000	555	677
S41010	12Cr13	GB/T 1220	≤200	540	345	400
S42020	20Cr13	GB/T 1220	≤223	640	440	400
S42030	30Cr13	GB/T 1220	≤235	735	540	450
S45110	12Cr5Mo（1Cr5Mo）	GB/T 1221	≤200	590	390	600
S30408	06Cr19Ni10	GB/T 1220	≤187（固溶处理）	520	205	700
S31608	0Cr17Ni12Mo2	GB/T 1221	≤187（固溶处理）	520	205	700
S32168	06Cr18Ni11Ti	GB/T 1220	≤187（固溶处理）	520	205	700
S31008	06Cr25Ni20	GB/T 1221	≤187（固溶处理）	520	205	700
S31020	20Cr25Ni20	GB/T 1221	≤201（固溶处理）	590	205	700
S30409	F304H	ASTM A182	≤187（固溶处理）	515	205	816
S31009	F310H	ASTM A182	≤187（固溶处理）	515	205	816
S31609	F316H	ASTM A182	≤187（固溶处理）	515	205	816
—	B7（d≤M64）	ASTM A193	≤321HBW 或 35HRC	860	720	
S30400	B8 CL. 2（d>M24～M30）	ASTM A193	≤321HBW 或 35HRC	725	450	700
S30400	B8 CL. 2B（d<M48）	ASTM A193	≤321HBW 或 35HRC	620	450	700
S31600	B8M CL. 2（d>M24～M30）	ASTM A193	≤321HBW 或 35HRC	655	450	700
S32100	B8T CL. 2（d>M24～M30）	ASTM A193	≤321HBW 或 35HRC	725	450	700
K14072	B16（d≤M64）	ASTM A193	≤321HBW 或 35HRC	860	725	593
S30400	B8	ASTM A194	≤321HBW 或 35HRC	725	450	750
S31600	B8M	ASTM A194	≤321HBW 或 35HRC	655	450	750
—	2H（d≤M36）	ASTM A194	248～327	—	—	425
—	7M	ASTM A194	195～235	690	515	425
—	7	ASTM A194	248～327	—	—	425
—	16（d≤M64）	ASTM A194	248～327	—	—	593

注：1. 螺母材料强度宜比螺栓材料强度低一级，硬度低 20～50HBW。表中螺栓材料做螺母时，可比所列温度高30～50℃。

2. 若屈服现象不明显，屈服强度取 $R_{p0.2}$ 值。

4. GB/T 150.2—2011《压力容器　第2部分：材料》规定的紧固件材料

螺柱和螺母的材料组合见表4-103。

表4-103　GB/T 150.2—2011螺柱、螺母材料组合

螺柱用钢		螺母用钢			使用温度范围/℃
钢号	钢材标准	钢号	钢材标准	使用状态	
20	GB/T 699	10、15	GB/T 699	正火	-20~350
35	GB/T 699	20、25	GB/T 699	正火	0~350
40MnB	GB/T 3077	40Mn、45	GB/T 699	正火	0~400
40MnVB	GB/T 3077	40Mn、45	GB/T 699	正火	0~400
40Cr	GB/T 3077	40Mn、45	GB/T 699	正火	0~400
30CrMoA	GB/T 3077	40Mn、45	GB/T 699	正火	-10~400
		30CrMoA	GB/T 3077	调质	-100~500
35CrMoVA	GB/T 3077	35CrMoA、35CrMoVA	GB/T 3077	调质	-20~425
35CrMoA	GB/T 3077	40Mn、45	GB/T 699	正火	-10~400
		30CrMoA、35CrMoA	GB/T 3077	调质	-70~500
25Cr2MoVA	GB/T 3077	30CrMoA、35CrMoA	GB/T 3077	调质	-20~500
		25Cr2MoVA	GB/T 3077	调质	-20~550
40CrNiMoA	GB/T 3077	35CrMoA、40CrNiMoA	GB/T 3077	调质	-50~350
S45110（1Cr5Mo）	GB/T 1221	S45110（1Cr5Mo）	GB/T 1221	调质	-20~600

注：括号中为旧钢号。

5. GB/T 24925—2019《低温阀门　技术条件》规定的紧固件材料

低温阀门常用的紧固件材料见表4-104。

表4-104　低温阀门常用的紧固件材料

项目	材料类别	材料牌号	最低使用温度/℃	材料标准
螺柱或螺栓材料	铬钼钢	B7、B7M	-46	ASTM A193/A193M
		L7、L7A、L7B、L7C	-101	ASTM A320/A320M
	不锈钢	B8 CL.2、B8M CL.2	-198	ASTM A193/A193M
		B8T CL.2、B8C CL.2		
		B8 CL.1、B8C CL.1	-254	
螺母材料	碳钢	2H、2HM	-46	ASTM A194/A194M
	铬钼钢	7、7M	-101	
	不锈钢	8MA、8TA	-198	
		8、8CA	-254	

注：紧固件除不锈钢外的所有材料用于<-46℃时，应按ASTM A320/A320M要求进行低温冲击试验。

4.7.3　关于阀门中法兰紧固件选材中的说明

1）4.7.2是根据有关标准和产品标准中规定的紧固件选配情况列出的，有些产品标准没有规定紧固件材料的选配。有的产品标准只给出阀体和阀盖、阀体和阀体连接螺柱的总横截面积要求，要根据所设计的阀门类别不同按4.7.2中1.～4.选取。

2）阀门中法兰紧固件一般均需热处理后使用，经过热处理达到一定的力学性能，才能充分发挥材料的作用。根据产品的需要有的高压阀门其紧固件要作力学性能检验，但对于一般产品而言，紧固件所用的材料达到一定的硬度要求，即可满足使用要求。而硬度要求是通过产品设计来确定，由热处理来实现的。由于材料的硬度和 R_m、R_{eL} 之间有一定的关系，知道了硬度也即大约知道 R_m、R_{eL} 的范围。

对于按国外标准制造的阀门，如紧固件采用国外牌号，则要注意这个牌号不只是化学成分（质量分数）符合此牌号要求，其力学性能也要达到要求。

3）API 6D—2014《管线和管道阀门规范》规定用于低于-29℃的紧固件应按ASTM A320/A320M—2017《低温用合金钢螺栓材料》要求，做低温冲击试验，其夏比 V 型缺口冲击功三个试样的平均值要达 27J，单个试样最小值要达 21J。

4.7.4　ASTM A193/A193M—2017《高温和高压设备用合金钢和不锈钢螺栓材料》简介

1. 概述

1）该标准适用于高温、高压或其他特殊用途的压力容器、阀门、法兰及管件的合金钢和不锈钢栓接材料。

2）该标准包括若干牌号的铁素体钢和奥氏体不锈钢的栓接材料，选用时应根据设计要求、使用工况、力学性能和温度特性进行选择。

3）奥氏体不锈钢的螺栓（螺柱）的等级区分，是反映其热处理状态的不同。其中 1 级为固溶处理的；1A 级为完工状态后固溶处理的；2 级、2B 级、2C 级为固溶处理 + 应变硬化的；1C 级适用于含 N 奥氏体不锈钢经固溶处理的；1D 级适用于由轧制温度快速冷却的固溶处理材料。

4）当用于低温工况时应按 ASTM A320/A320M—2017《低温用合金钢、不锈钢螺栓材料》选用，而不应按 ASTM A193/A193M 选用。

2. 常用的牌号、化学成分和力学性能

1）常用的铁素体钢类型的螺栓牌号见表 4-105。

2）常用奥氏体钢类型的螺栓牌号见表 4-106。

3）常用的铁素体钢、奥氏体钢类型的螺栓材料的化学成分（质量分数）见表 4-107。

表 4-105　常用的铁素体钢类型的螺栓牌号

材料类型	铁素体钢			
牌号	B5	B6、B6X	B7①、B7M②	B16
钢种	5% Cr	12% Cr	Cr-Mo	Cr-Mo-V
UNS 编号	—	S41000（410）	—	—

① B7 使用的典型钢的成分包括 4140、4145、4140H、4142H、4130H。

② B7M 允许的最低含碳量为 0.28%，硬度 235HBW 或 99HRB，但最低硬度应高于 200HBW 或 93HRB。

表 4-106　常用的奥氏体钢类型的螺栓牌号

牌号	B8	B8A	B8C	B8CA	B8M	B8MA
UNS 编号	S30400（304）		S34700（347）		S31600（316）	
等级	1、1D、2、2B	1A	1、2	1A	1、1D、2	1A
牌号	B8M2	B8M3	B8T	B8TA	B8R	B8RA
UNS 编号	S31600（316）		S32100（321）		S20910（XM-19）	
等级	2B	2C	1.2	1A	1C、1D	1C

注：1. 表中等级 1 级为固溶处理的，1A 级为完工状态下固溶处理的，用于耐腐蚀的场合。1 级、1A 级硬度要求不同，如 B8、B8M 1 级硬度为 232HBW 或 96HRB；B8、B8M 1A 级硬度为 192HBW 或 90HRB。
2. 表中 1C 级、1D 级的 B8R 为固溶处理的，1C 级的 B8RA 为完工状态下固溶处理的。
3. 表中 2 级、2B 级、2C 级为经固溶处理再应变硬化，其力学性能依次递减。

表 4-107　化学成分（质量分数）①

类型	铁素体钢			
牌号	B5		B6、B6X	
钢种	5% Cr		12% Cr	
UNS 名称	—		S41000（410）	
化学元素	范围	偏差，正或负②	范围	偏差，正或负②
C	≤0.10	-0.01	0.08～0.15	+0.01
Mn	≤1.00	+0.03	≤1.00	+0.03
P	≤0.04	+0.005	≤0.04	+0.005
S	≤0.03	+0.005	≤0.03	+0.005
Si	≤1.00	+0.05	≤1.00	+0.05
Cr	4.00～6.00	0.10	11.5～13.5	0.15
Mo	0.40～0.65	0.05	—	—

（续）

类型	铁素体钢			
牌号	B7、B7M		B16	
钢种	Cr-Mo[3]		Cr-Mo-V	
化学元素	范围	偏差、正或负[2]	范围	偏差，正或负[2]
C	0.37～0.49[4]	0.02	0.36～0.47	0.02
Mn	0.65～1.10	0.04	0.45～0.70	+0.0
P	≤0.035	+0.005	≤0.035	+0.005
S	≤0.040	+0.005	≤0.040	0.005
Si	0.15～0.35	0.02	0.15～0.35	0.02
Cr	0.75～1.20	0.05	0.80～1.15	0.05
Mo	0.15～0.25	0.02	0.50～0.65	0.03
V	—	—	0.25～0.35	0.03
Al（%）[5]≤	—	—	0.015	—

类型	奥氏体不锈钢[6]（1、1A、1D与2级）							
牌号	B8、B8A		B8C、B8CA		B8M、B8MA、B8M2、B8M3		B8P、B8PA	
UNS名称	S30400（304）		S34700（347）		S31600（316）		S30500	
化学元素	范围	偏差，正或负[2]	范围	偏差，正或负[2]	范围	偏差，正或负[2]	范围	偏差，正或负[2]
C	≤0.08	+0.01	≤0.08	+0.01	≤0.08	+0.01	≤0.12	+0.01
Mn	≤2.00	+0.04	≤2.00	+0.04	≤2.00	+0.04	≤2.00	+0.04
P	≤0.045	+0.010	≤0.045	+0.010	≤0.045	+0.010	≤0.045	+0.010
S	≤0.030	+0.005	≤0.030	+0.005	≤0.030	+0.005	≤0.030	+0.005
Si	≤1.00	+0.05	≤1.00	+0.05	≤1.00	+0.05	≤1.00	+0.05
Cr	18.00～20.00	0.20	17.00～19.00	0.20	16.00～18.00	0.20	17.00～19.00	0.20
Ni	8.00～11.00	0.15	9.00～12.00	0.15	10.00～14.00	0.15	11.00～13.00	0.15
Mo	—	—	—	—	2.00～3.00	0.10	—	—
Nb+Ta	—	—	10×C%～1.10	-0.05	—	—	—	—

类型	奥氏体不锈钢[6]（1A、1B、1D与2级）					
牌号	B8N、B8NA		B8MN、B8MNA		B8MLCuN、B8MLCuNA	
UNS名称	S30451（304N）		S31651（316N）		S31254	
化学元素	范围	偏差，正或负[2]	范围	偏差，正或负[2]	范围	偏差，正或负[2]
C	≤0.08	+0.01	≤0.08	+0.01	≤0.020	+0.005
Mn	≤2.00	+0.04	≤2.00	+0.04	≤1.00	+0.03
P	≤0.045	+0.010	≤0.045	+0.010	≤0.030	+0.005
S	≤0.030	+0.005	≤0.030	+0.005	≤0.010	+0.002
Si	≤1.00	+0.05	≤1.00	+0.05	≤0.80	+0.05
Cr	18.00～20.00	0.20	16.00～18.00	0.20	19.50～20.50	0.20
Ni	8.00～11.00	0.15	10.00～13.00	0.15	17.50～18.50	0.15
Mo	—	—	2.00～3.00	0.10	6.00～6.50	0.10
N	0.10～0.16	0.01	0.10～0.16	0.01	0.18～0.22	0.02
Cu	—	—	—	—	0.50～1.00	—

（续）

类型	奥氏体不锈钢⑥（1、1A、2级）	
牌号	B8T、B8TA	
UNS 名称	S32100（321）	
化学元素	范围	偏差，正或负②
C	≤0.08	+0.01
Mn	≤2.00	+0.04
P	≤0.045	+0.010
S	≤0.030	+0.005
Si	≤1.00	+0.05
Cr	17.00～19.00	0.20
Ni	9.00～12.00	0.15
Ti	5×（C+N）%～0.70	-0.05
N	≤0.10	—

类型	奥氏体不锈钢⑥（1C、1D级）			
牌号	B8R、B8RA		B8S、B8SA	
UNS 名称	S20910		S21800	
化学元素	范围	偏差，正或负②	范围	偏差，正或负②
C	≤0.06	+0.01	≤0.10	+0.01
Mn	4.00～6.00	0.05	7.00～9.00	0.06
P	≤0.045	+0.005	≤0.060	+0.005
S	≤0.030	+0.005	≤0.030	+0.005
Si	≤1.00	+0.05	3.50～4.50	0.15
Cr	20.50～23.50	0.25	16.00～18.00	0.20
Ni	11.50～13.50	0.15	8.00～9.00	0.10
Mo	1.50～3.00	0.10	—	—
N	0.20～0.40	0.02	0.08～0.18	0.01
Nb+Ta	0.10～0.30	0.05	—	—
V	0.10～0.30	0.02	—	—

类型	奥氏体不锈钢⑥（1、1A、1D级）			
牌号	B8LN、B8LNA		B8MLN、B8MLNA	
UNS 名称	S30453		S31653	
化学元素	范围	偏差，正或负②	范围	偏差，正或负②
C	≤0.030	+0.005	≤0.030	+0.005
Mn	2.00	+0.04	2.00	+0.04
P	≤0.045	+0.010	≤0.045	+0.010
S	≤0.030	+0.005	≤0.030	+0.005
Si	1.00	+0.05	1.00	+0.05
Cr	18.00～20.00	0.20	16.00～18.00	0.20
Ni	8.00～11.00	0.15	10.00～13.00	0.15
Mo	—	—	2.00～3.00	0.10
N	0.10～0.16	0.01	0.10～0.16	0.01

① 不允许有意地加入铋、硒、碲和铅。

② 产品分析时，个别分析结果有时超出表中所示范围的界限。一炉钢的任何元素的几次测定结果可能不在规定范围内。

③ 本牌号使用的典型钢成分包括4140、4142、4145、4140H、4142H和4145H。

④ 尺寸大于或等于3½in（90mm）的棒材，含碳量最高可为0.50%。牌号B7M的允许最低含碳量为0.28%，其条件是在有关的断面尺寸达到所需要的拉伸性能。允许使用ASTM A29/A29M 4130或4130H。

⑤ 可溶解和不可溶解总量。

⑥ 1级和1D级为固溶处理的。1级、1B级和某些1C级（B8R、B8S）产品由经固溶处理材料制成，1A级（B8A、B8CA、B8MA、B8PA、B8TA、B8LNA、B8MLNA、B8NA和B8MNA）产品和某些1C级（B8RA、B8SA）产品为在完工状态固溶处理的。2级产品为固溶处理加应变硬化。

4）常用的铁素体钢、奥氏体不锈钢类型的螺栓材料的力学性能见表4-108。

表4-108 常用的铁素体钢、奥氏体不锈钢类型的螺栓材料的力学性能

牌号	直径/mm	最低回火温度/℃	最小抗拉强度 R_m/MPa	最小屈服强度（0.2%残余变形）R_{eL}/MPa	4d内最小延伸率 A（%）	最小断面收缩率 Z（%）	最高硬度
铁素体钢							
B5，4%～6%Cr	≤M100	593	690	550	16	50	—
B6，13%Cr	≤M100	593	760	585	15	50	—
B6X，13%Cr	≤M100	593	620	485	16	50	26HRC
B7、Cr-Mo	≤M64	593	860	720	16	50	321HBW或35HRC
	>M64～M100	593	795	655	16	50	321HBW或35HRC
	>M100～M180	593	690	515	18	50	321HBW或35HRC
B7M①、Cr-Mo	≤M100	620	690	550	18	50	235HBW或99HRB
	>M100～M180	620	690	515	18	50	235HBW或99HRB
B16、Cr-Mo-V	≤M64	650	860	725	18	50	321HBW或35HRC
	>M64～M100	650	760	655	17	45	321HBW或35HRC
	>M100～M180	650	690	585	16	45	321HBW或35HRC

牌号	直径/mm	热处理②	最小抗拉强度 R_m/MPa	最小屈服强度（0.2%残余变形）R_{eL}/MPa	4d内的最小延伸率 A（%）	最小断面收缩率 Z（%）	最高硬度
奥氏体不锈钢							
1级、1D级：B8、B8M、B8P、B8LN、B8MLN各种尺寸		固溶处理	515	205	30	50	223HBW③或96HRB
1级：B8C、B8T各种尺寸		固溶处理	515	205	30	50	223HBW③或96HRB
1A级：B8A、B8CA、B8PA、B8TA、B8MA、B8LNA、B8MLNA、B8NA、B8MNA、B8MLCuNA各种尺寸		完工状态下固溶处理	515	205	30	50	192HBW③或90HRB
1C、1D级：B8R各种尺寸		固溶处理	690	380	35	55	271HBW或28HRC
1C级：B8RA各种尺寸		完工状态下固溶处理	690	380	35	55	271HBW或28HRC
2级：B8、B8C、B8T	≤M20	固溶处理+应变硬化	860	690	12	35	321HBW或35HRC
	>M20～M24		795	550	15	35	321HBW或35HRC
	>M24～M30		725	450	20	35	321HBW或35HRC
	>M30～M36		690	345	28	45	321HBW或35HRC
2级：B8M	≤M20	固溶处理+应变硬化	760	655	15	45	321HBW或35HRC
	>M20～M24		690	550	20	45	321HBW或35HRC
	>M24～M30		655	450	25	45	321HBW或35HRC
	>M30～M36		620	345	30	45	321HBW或35HRC
2B级：B8、B8M2④	≤M48	固溶处理+应变硬化	655	515	25	40	321HBW或35HRC
	>M48～M64		620	450	30	40	321HBW或35HRC
	>M64～M72		550	380	30	40	321HBW或35HRC
2C级：B8M3④	≤M48	固溶处理+应变硬化	585	450	30	60	321HBW或35HRC
	>M48		585	415	30	60	321HBW或35HRC

① 为满足拉伸要求，布氏硬度应高于200HBW（93HRB）。

② 1级为固溶处理的，1A级为在完工状态固溶处理的，用于耐腐蚀。由于力学性能的要求，热处理是关键。2级为固溶处理+应变硬化的奥氏体钢，在整个断面上，其性能呈现不均匀性，特别是在直径大于M20时更是如此。

③ 直径≤M20mm的允许最高硬度为241HBW（100HRB）。

④ 直径≥M34mm的，中心（核心）处性能参数可低于试验报告中在1/2半径处所测定的值。

5）应用中的注意事项。

① 用于 NACE MR0175/ISO 15156、NACE MR0103 要求的碳素钢阀门的螺栓应选用牌号 B7M，螺母配用 ASTM A194/A194M 牌号 2HM。

② 涂层紧固件的使用温度限制。不推荐使用在大于涂层的熔点温度下的紧固件。镀锌的紧固件使用温度为小于 210℃，镀镉的紧固件使用温度为小于 160℃。

③ 应用中注意螺栓材料的使用温度限制，可参考有关标准，如 GB/T 150.2、NB/T 47044、GB/T 24925。

4.7.5 ASTM A194/A194M—2017《高温和高压设备用碳素钢与合金钢螺母》

1. 概述

1）该标准中包括公称尺寸 M6 ~ M100 的碳素钢、合金钢和马氏体不锈钢的螺母及公称尺寸大于或等于 M6 的奥氏体不锈钢螺母。这些螺母适用于高温、高压或高温高压的工况。

2）奥氏体不锈钢的螺母包括固溶处理的、完工状态下固溶处理的以及应变硬化的。选用时应根据设计要求、使用工况、螺母的承载能力进行选择。

3）如果螺母应用于低温工况应按 ASTM A320/A320M《低温用合金钢、不锈钢螺栓材料》对低温螺栓规定的夏比试验程序及要求对螺母进行试验。

2. 常用的牌号

1）常用的铁素体钢类型的螺母牌号见表 4-109。

2）常用的奥氏体不锈钢类型的螺母牌号见表 4-110。

3. 化学成分

每种合金都应符合表 4-111 中规定的化学成分（质量分数）要求。

表 4-109 常用的铁素体钢类型的螺母牌号

材料类型	铁素体钢							
牌号	2H	2HM	3	4	6	7①	7M①	16
钢种	C（碳钢）		501②	Cr-Mo	410	Cu-Mo		Cr-Mo-V

① 牌号 7、7M 典型的成分包括 4140、4142、4145、4140H、4142H、4145H。

② 501 为马氏体不锈钢，即 UNS S50100，主要化学成分（质量分数）：C≤0.10%，Cr 4.0% ~6.0%，Mo 0.40% ~ 0.65%，Mn≤1.00%，Si≤1.00%，P≤0.04%，S≤0.03%。

表 4-110 常用的奥氏体不锈钢类型的螺母牌号

材料类型	奥氏体不锈钢									
牌号	8	8A	8C	8CA	8M	8MA	8T	8TA	8R	8RA
钢种	304		347		316		321		XM-19	
UNS 编号	S30400		S34700		S31600		S32100		S20910	

注：1. 牌号 8、8C、8M、8T、8R 是由热锻、冷锻或由热轧、热锻或冷拔材经机械加工制成。棒材加工的螺母标记牌号后加 B，如 8B、8MB 等。

2. 牌号 8、8C、8M、8T、8R 为固溶处理的，8A、8CA、8MA、8TA、8RA 为完工状态下固溶处理的。

3. 应变硬化的牌号 8、8C、8M、8T 由冷拔材经机械加制成或冷锻成形，螺母不需后续热处理，其标记为在牌号下加一横线，如 8、8C、8M、8T。

4. 力学性能

所有的螺母都要能够满足表 4-112 规定的硬度要求。

5. 螺母牌号 4、7、7M 用于低温工况的要求

牌号 4、7 用于低温工况时，应采用 ASTM A320/A320M 中牌号 L7 规定的夏比 V 型缺口冲击试验及要求；当牌号 7M 用于低温工况时，应采用 ASTM A320/A320M 中牌号 L7M 规定的夏比 V 型缺口冲击试验及要求，其低温冲击功指标见表 4-113。

6. 应用中注意事项

1）用于 NACE MR0175/ISO 15156、NACE MR0103 要求的碳素钢阀门的螺母，应选用牌号 2HM，螺栓配用 ASTM A193/A193M 牌号 B7M。

2）除非买方规定，严禁在螺母上涂层。

表 4-111 化学成分（质量分数）要求①~④

牌号	材料	UNS 编号	C(%)	Mn(%)	P(%)	S⑤(%)	Si(%)	Cr(%)	Ni(%)	Mo(%)	Ti(%)	Nb(%)+Ta(%)	N(%)	其他元素(%)
1	碳钢		0.15min	1.00	0.040	0.050	0.40	—	—	—	—	—	—	—
2、2H、2HM	碳钢		0.40min	1.00	0.040	0.050	0.40	—	—	—	—	—	—	—
4	碳钼钢		0.40~0.50	0.70~0.90	0.035	0.040	0.15~0.35	—	—	0.20~0.30	—	—	—	—
3	501型		0.10min	1.00	0.040	0.030	1.00	4.0~6.0	—	0.40~0.65	—	—	—	—
6	410型	S41000	0.15	1.00	0.040	0.030	1.00	11.5~13.5	—	—	—	—	—	—
6F	416型	S41600	0.15	1.25	0.060	0.15min	1.00	12.0~14.0	—	—	—	—	—	—
6F	416 Se型	S41623	0.15	1.25	0.060	0.060	1.00	12.0~14.0	—	—	—	—	—	Se 0.15min
7⑦、7M	4140/4142 4145/4140H 4142H/4145H		0.37~0.49	0.65~1.10	0.035	0.040	0.15~0.35	0.75~1.20	—	0.15~0.25	—	—	—	—
8、8A	304	S30400	0.08	2.00	0.045	0.030	1.00	18.0~20.0	8.0~11.0	—	—	—	—	—
8C、8CA	347	S34700	0.08	2.00	0.045	0.030	1.00	17.0~19.0	9.0~12.0	—	—	10×C min	—	—
8CLN 8CLNA	347 LN型	S34751	0.005~0.02	2.00	0.045	0.030	1.00	17.0~19.0	9.0~13.0	—	—	0.20~0.50 最小15×C	0.06~0.10	—
8M、8MA	316	S31600	0.08	2.00	0.045	0.030	1.00	16.0~18.0	10.0~14.0	2.0~3.0	—	—	—	—
8T、8TA	321	S32100	0.08	2.00	0.045	0.030	1.00	17.0~19.0	9.0~12.0	min5(C+N)~max 0.70	—	0.10	—	—
8F、8FA	303	S30300	0.15	2.00	0.20	0.15min	1.00	17.0~19.0	8.0~10.0	—	—	—	—	—

8F、8FA	303 Se 型	S30323	0.15	2.00	0.20	0.06	1.00	17.0～19.0	8.0～10.0	—	—	—	—	Se 0.15min
8P、8PA	限制含碳量的 305 型	S30500	0.08	2.00	0.045	0.030	1.00	17.0～19.0	11.0～13.0	—	—	—	—	—
8N、8NA	304N	S30451	0.08	2.00	0.045	0.030	1.00	18.0～20.0	8.0～11.0	—	—	—	0.10～0.16	—
8LN、8LNA	304LN	S30453	0.03	2.00	0.045	0.030	1.00	18.0～20.0	8.0～11.0	—	—	—	0.10～0.16	—
8MN、8MNA	316N	S31651	0.08	2.00	0.045	0.030	1.00	16.0～18.0	10.0～13.0	2.0～3.0	—	—	0.10～0.16	—
8MLN、8MLNA	316LN	S31653	0.03	2.00	0.045	0.030	1.00	16.0～18.0	10.0～13.0	2.0～3.0	—	—	0.10～0.16	—
8R、8RA⑥	XM-19	S20910	0.06	4.0～6.0	0.045	0.030	1.00	20.5～23.5	11.5～13.5	1.50～3.00	—	0.10～0.30	0.20～0.40	V 0.10～0.30
8S、8SA		S21800	0.10	7.0～9.0	0.060	0.030	3.5～4.5	16.0～18.0	8.0～9.0	—	—	—	0.08～0.18	—
8MLCuN、8MLCuNA	S21254	S31254	0.02	1.00	0.030	0.010	0.80	19.5～20.5	17.5～18.5	6.0～6.5	—	—	0.18～0.25	Cu 0.50～1.00
9C、9CA		N08367	0.030	2.00	0.040	0.030	1.00	20.0～22.0	23.5～25.5	6.0～7.0	—	—	0.18～0.25	Cu 0.75
16	铬钼钒		0.36～0.47	0.45～0.70	0.035	0.040	0.15～0.35	0.80～1.15	—	0.50～0.65	—	—	—	V 0.25～0.35 Al②0.015

① 不允许有意加入铋（Bi）、硒（Se）、锑（Te）和铅（Pb），但牌号 6F、8F 和 8FA 除外，在这些牌号里硒是规定和要求的元素。

② 铝的总量，包括可溶的和不可溶的。

③ 表中给出的值是最大值，表中注明的是最小值或范围的除外。

④ 表中出现的“—”表示无要求。

⑤ 由于硫的偏析程度，从工艺上讲，不适于对最大含硫量超过 0.06% 进行产品分析。

⑥ 按 ASTM A276 的规定。

⑦ 牌号 7 是可以接受的牌号 4 的替代材料。

表 4-112 螺母的硬度要求

牌号	成品螺母			按 ASTM A194 标准规定处理后的试样螺母	
	布氏硬度 HBW	洛氏硬度		最小布氏硬度 HBW	最小洛氏硬度 HRB
		HRC	HRB		
1	121min	—	70min	121	70
2	159~352	—	84min	159	84
2H≤1½in 或 M36	248~327	24~35	—	179	89
2H>1½in 或 M36	212~327	35max	95min	147	79
2HM 和 7M	159~235	—	84~99	159	84
3、4、7 和 16	248~327	24~35	—	201	94
6 和 6F	228~271	20~28	—	—	—
8、8C、8CLN、8M、8T、8F、8P、8N、8MN、8LN、8MLN、8MLCuN 和 9C	126~300	32max	60min	—	—
8A、8CA、8CLNA、8MA、8TA、8FA、8PA、8NA、8MNA、8LNA、8MLNA、8MLCuNA 和 9CA	126~192	—	60~90	—	—
8R、8RA、8S 和 8SA	183~271	25max	88min	—	—

表 4-113 螺母牌号 4、7、7M 低温冲击功指标

A194/A194M 牌号	A320/A320M 牌号	试验温度 /℃	试样规格 /mm	冲击功/J	
				三个试样平均值	单个试样最小值
4、7	L7、L43	-101	10×10	27	20
			10×7.5	22	16
7M	L7M	-73	10×10	27	20
			10×7.5	22	16

4.7.6 ASTM A320/A320M—2017《低温用合金钢、不锈钢螺栓材料》

1. 概述

1）该标准适用于低温压力容器、阀门、法兰和管件的合金钢，不锈钢螺栓材料。标准中“栓接材料”包括轧制、锻造或应变硬化的棒材、螺栓、螺柱、螺钉。当订购应变硬化奥氏体不锈钢时，买方应特别注意确保完全理解 4.7.6 中 8. 内容。

2）该标准包含 L7、B8 等若干种铁素体和奥氏钢牌号，选用时应根据设计要求、使用工况、力学性能和低特性来选择。

2. 常用牌号及力学性能

常用牌号及力学性能见表 4-114。

3. 化学成分要求

化学成分（质量分数）要求见表 4-115。

表 4-114 常用牌号及力学性能要求

级别、牌号、直径 /mm	热处理	最低回火温度/℃	最小抗拉强度 R_m/MPa	最小屈服强度（0.2%残余变形）R_{eL}/MPa	标距 50mm 最小延伸率 A（%）	最小断面收缩率 Z（%）	最高硬度 ≤
铁素体钢							
L7、L7A、L7B、L7C、L70 L71、L72、L73 直径≤65①	淬火+回火	593	860	725	≥16	≥50	321HBW 或 35HRC
L43 直径≤100①	淬火+回火	593	860	725	≥16	≥50	321HBW 或 35HRC
L7M 直径≤65①	淬火+回火	620	690	550	≥18	≥50	235HBW② 或 99HRB
L1 直径≤25①	淬火+回火		860	725	≥16	≥50	—

（续）

级别、牌号、直径/mm		热处理	最低回火温度/℃	最小抗拉强度 R_m/MPa	最小屈服强度（0.2%残余变形）R_{eL}/MPa	标距 50mm 最小延伸率 A（%）	最小断面收缩率 Z（%）	最高硬度 ≤
奥氏体不锈钢③								
1 级：B8、B8C、B8M、B8P、B8F、B8T、B8LN、B8MLN 所有直径		固溶处理		515	205	≥30	≥50	223HBW④或 96HRB
1A 级：B8A、B8CA、B8MA、B8PA、B8FA、B8TA、B8LNA、B8MLNA 所有直径		完工状态固溶处理		515	205	≥30	≥50	192HBW 或 90HRB
2 级：B8、B8C、B8P、B8F、B8T	≤20	固溶处理 + 应变硬化		860	690	≥12	≥35	321HBW 或 35HRC
	>20～25			795	550	≥15	≥30	
	>25～32			725	450	≥20	≥35	
	>32～40①			690	345	≥28	≥45	
2 级：B8M	≤20	固溶处理 + 应变硬化		760	655	≥15	≥45	321HBW 或 35HRC
	>20～25			690	550	≥20		
	>25～32			655	450	≥25		
	>32～40①			620	345	≥30		

① 以上这些直径极限是建立在一贯符合性规范极限的可利用的最大尺寸的基础上的。这些并不意味着超过极限的螺栓材料不再根据该标准鉴定。

② 为了满足抗拉强度要求，布氏硬度不应小于 200HBW 或 93HRB。

③ 1 级产品是由经固溶处理的材料制造的，1A 级产品在最终加工后经固溶处理，使其具有耐腐蚀性能。热处理是提高其物理性能和满足力学性能要求的关键措施，2 级产品是由经固溶处理和应变硬化的材料制成的。对于应变硬化状态的奥氏体不锈钢，尤其是直径大于$\frac{3}{4}$in（20mm），在横截面上会显示出不均匀性。

④ 对于直径小于或等于$\frac{3}{4}$in（20mm），最大布氏硬度允许值为 241HBW（100HRB）。

表 4-115 化学成分（质量分数）要求①

类型	铁素体钢											
牌号	L7、L7M、L70		L7A、L71		L7B、L72		L7C、L73		L43		L1	
型号	Cr-Mo②		C-Mo（A29 4037）		Cr-Mo（A29 4137）		Ni-Cr-Mo（A29 8740）		Ni-Cr-Mo（A29 4340）		低 C-B	
元素	范围（%）	偏差 + 或 -	范围（%）	偏差 + 或 -	范围（%）	偏差 + 或 -	范围（%）	偏差 + 或 -	范围（%）	偏差 + 或 -	范围（%）	偏差 + 或 -
C	0.38～0.48③	0.02	0.35～0.40	0.02	0.35～0.40	0.02	0.38～0.43	0.02	0.38～0.43	0.02	0.17～0.24	0.01
Mn	0.75～1.00	0.04	0.70～0.90	0.03	0.70～0.90	0.03	0.75～1.00	0.04	0.60～0.85	0.03	0.70～1.40	0.04
P≤	0.035	+0.005	0.035	+0.005	0.035	+0.005	0.035	+0.005	0.035	+0.005	0.035	+0.005
S≤	0.040	+0.005	0.040	+0.005	0.040	+0.005	0.040	+0.005	0.040	+0.005	0.050	+0.005
Si	0.15～0.35	0.02	0.15～0.35	0.02	0.15～0.35	0.02	0.15～0.35	0.02	0.15～0.35	0.02	0.15～0.30	0.02
Ni	—	—	—	—	—	—	0.40～0.70	0.03	1.65～2.00	0.05	—	—
Cr	0.80～1.10	0.05	—	—	0.80～1.10	0.05	0.40～0.60	0.03	0.70～0.90	0.03	—	—
Mo	0.15～0.25	0.02	0.20～0.30	0.02	0.15～0.25	0.02	0.20～0.30	0.02	0.20～0.30	0.02	—	—
B	—	—	—	—	—	—	—	—	—	—	0.001～0.003	—

（续）

类型	奥氏体不锈钢1、1A、2级④			
牌号	B8、B8A		B8C、B8CA	
UNS	S30400（304）		S34700（347）	
元素	范围（%）	偏差+或-	范围（%）	偏差+或-
C	≤0.08	+0.01	≤0.08	+0.01
Mn	≤2.00	+0.04	≤2.00	+0.04
P	≤0.045	+0.010	≤0.045	+0.010
S	≤0.030	+0.005	≤0.030	+0.005
Si	≤1.00	+0.05	≤1.00	+0.05
Ni	8.00~11.00	0.15	9.00~12.00	0.15
Cr	18.00~20.00	0.20	17.00~19.00	0.20
Nb+Ta			≥10×C~1.10	-0.05

类型	奥氏体不锈钢1、1A、2级④									
牌号	B8T、B8TA		B8P、B8PA		B8F、B8FA				B8M、B8MA	
UNS	S32100（321）		S30500		S30300（303）		S30323（303 Se）		S31600（316）	
元素	范围（%）	偏差+或-	范围（%）	偏差+或-	范围（%）	偏差+或-	范围（%）	偏差+或-	范围（%）	偏差+或-
C	≤0.08	+0.01	≤0.08	+0.01	≤0.15	+0.01	≤0.15	+0.01	≤0.08	+0.01
Mn	≤2.00	+0.04	≤2.00	+0.04	≤2.00	+0.04	≤2.00	+0.04	≤2.00	+0.04
P	≤0.045	+0.010	≤0.045	+0.010	≤0.20	+0.010	≤0.20	+0.010	≤0.045	+0.010
S	≤0.030	+0.005	≤0.030	+0.005	≤0.15	0.020	≤0.06	+0.010	≤0.030	+0.005
Si	≤1.00	+0.05	≤1.00	+0.05	≤1.00	+0.05	≤1.00	+0.05	≤1.00	+0.05
Ni	9.00~12.00	0.15	10.50~13.00	0.15	8.00~10.00	0.10	8.00~10.00	0.10	10.00~14.00	0.15
Cr	17.00~19.00	0.20	17.00~19.00	0.20	17.00~19.00	0.20	17.00~19.00	0.20	16.00~18.00	0.20
Mo	—	—	—	—	—	—	—	—	2.00~3.00	0.10
Se	—	—	—	—	—	—	0.15~0.35	-0.03	—	—
Ti	≥5×C	-0.05	—	—	—	—	—	—	—	—
N	≤0.01	0.01	—	—	—	—	—	—	—	—

类型	奥氏体不锈钢，1、1A级			
牌号	B8LN、B8LNA		B8MLN、B8MLNA	
UNS	S30453		S31653	
元素	范围（%）	偏差+或-	范围（%）	偏差+或-
C	≤0.030	+0.005	≤0.030	+0.005
Mn	≤2.00	+0.04	≤2.00	+0.04
P	≤0.045	+0.010	≤0.045	+0.010
S	≤0.030	+0.005	≤0.030	+0.005
Si	≤1.00	+0.05	≤1.00	+0.05
Ni	8.00~10.50	0.15	10.00~14.00	0.15
Cr	18.00~20.00	0.20	16.00~18.00	0.20
Mo	—	—	2.00~3.00	0.10
N	0.10~0.16	0.01	0.10~0.16	0.01

① 除牌号B8F外，不允许有意添加Bi、Se、Te和Pb，并对Se做了规定和要求。

② 典型的钢成分应该包括牌号4140、4142、4145、4140H、4142H和4145H。

③ 对牌号L7M，只要所包括的截面尺寸的抗拉性能满足要求，则允许碳的最低含量为0.28%，允许采用ASTM A29/A29M 4130或4130H。

④ 1级是由经固溶处理的材料制造的。1A级产品（B8A、B8CA、B8MA、B8PA、B8FA、B8TA）是在终加工后经固溶处理的。2级产品为经固溶处理和应变硬化。

4. 低温工况常用的铁素体钢螺栓及配用的螺母材料

低温工况常用的铁素体钢螺栓及配用的螺母材料见表4-116。

5. 低温工况常用的奥氏体不锈钢螺栓及配用的螺母材料

低温工况常用的奥氏体不锈钢螺栓及配用的螺母材料见表4-117。

6. 用于低温工况的奥氏体不锈钢螺栓的硬度要求

用于低温工况的奥氏体不锈钢螺栓的硬度要求见表4-118。

7. 用于低温工况螺栓的冲击功性能要求

用于低温工况螺栓的冲击功性能要求见表4-119。

表4-116 低温工况常用的铁素体钢螺栓及配用的螺母材料

类型	铁素体钢					
牌号	L7		L7M①		L43	
钢种	Cr-Mo				Ni-Cr-Mo	
硬度≤	HBW	HRC	HBW	HRB	HBW	HRC
	321	35	235	99	321	35
配用螺母	ASTM A194 4或7		ASTM A194 7M		ASTM A194 4或7	
适用温度②/℃	-101		-73		-101	

① 为了满足抗拉强度要求布氏硬度不应小于200HBW或洛氏硬度93HRB。

② 用于低温工况时的低温冲击功参见表4-104。

表4-117 低温工况常用的奥氏体不锈钢螺栓及配用的螺母材料

类型及等级	奥氏体不锈钢①等级1、1A、2							
牌号	B8	B8A	B8C	B8CA	B8T	B8TA	B8M	B8MA
钢种	304		347		321		316	
UNS编号	S30400		S34700		S32100		S31600	
配用螺母②（ASTM A194）	8		8C		8T		8M	

① 等级：1级为固溶处理的，1A级为完工状态下固溶处理的，2级为固溶处理再应变硬化。

② 对于温度高于-200℃，牌号8M、8T以及用于温度高于-255℃牌号8、8C的螺母不要冲击试验。如果要求螺母在低于-100℃时的夏比冲击功不小于27J，则螺母应符合ASTM A194/A194M牌号8、8C、8T、8M。

表4-118 用于低温工况的奥氏体不锈钢螺栓硬度要求

牌号	等级	规格/in（mm）	热处理	硬度最大值
B8、B8C、B8M、B8T	1	全部	固溶	233HBW①或96HRB
B8A、B8CA、B8MA、B8TA	1A	全部	完工状态固溶	192HBW或90HRB
B8、B8C、B8T	2	≤3/4（20）	固溶+应变硬化	321HBW或35HRC
		>3/4~1（20~25）		
		>1~1¼（25~32）		
		>1¼~1½（32~40）		
B8M	2	≤3/4（20）	固溶+应变硬化	321HBW或35HRC
		>3/4~1（20~25）		
		>1~1¼（25~32）		
		>1¼~1½（32~40）		

① 对于直径小于或等于3/4 in（20mm），最大布氏硬度值为241HBW（100HRB）。

表4-119 用于低温工况螺栓的冲击功性能要求

牌号	试验温度/℃	适用温度/℃	试样规格/mm	冲击功/J	
				三个试样平均值	单个试样最小值
L7、L43	-101	-101	10×10	27	20
			10×7.5	22	16

（续）

牌号	试验温度/℃	适用温度/℃	试样规格/mm	冲击功/J	
				三个试样平均值	单个试样最小值
L7M	-73	-73	10×10	27	20
			10×7.5	22	16
1级、2级 B8、B8C、B8M、B8T	不要求作冲击试验	>-206	当奥氏体钢需要作冲击试验时，其试验准则应由买卖双方商定		
1级 B8、B8C		>-255			

注：1. 表中1级为固溶处理，2级为固溶处理+应变硬化。

2. 对于直径小于或等于1/2 in（12.5mm）铁素体钢、奥氏体钢的全部牌号不要求作低温冲击试验。

3. 允许试验温度不按表中规定的温度，但必须低于工况条件下的使用温度，并应以标记识别其试验温度。

8. 该标准附录XI奥氏体钢的应变硬化

奥氏体钢的应变硬化是由于低于再结晶温度下塑性变形（冷作）而引起的在强度和硬度上增加。对于奥氏体不锈钢，可通过冷拔或其他工艺，将超尺寸的棒材或线材减小至最终的理想尺寸产生应变硬化。每种合金可达到的应变硬化程度受其应变化特性的限制。另外，可能产生的应变硬化程度进一步受到如横截面积减小的总量、拉模角度和棒材尺寸等各项的限制。例如：对于大直径的棒材中，塑性变形将主要发生在棒的外层范围，这样，由于应变硬化引起的强度和硬度增加主要由靠近棒材表面获得。这样，应变硬化穿透性越大。

一个经应变硬化的紧固件的力学性能不仅与合金有关，而且还与加工紧固件的棒材有关，因而，能够使用的最小棒材尺寸由紧固件的外形确定以此来影响紧固件的应力。

例如：加工一种特殊合金与尺寸的螺柱比加工同样合金与尺寸的螺栓可用较小直径的棒材，因为螺栓头部需要配用大直径棒材。这样，螺柱比给定的同样尺寸的合金螺栓强度要大的多。

第 5 章　阀门的设计与计算

5.1　阀门的计算符号

5.1.1　计算符号、名称和单位（表 5-1）

5.1.2　零件、部位总分类及种类代号

1）零件、部位总分类代号（表 5-2）。

2）零件、部位种类代号（表 5-3）。

表 5-1　计算符号、名称和单位

符　号	名　　称	单　位	符　号	名　　称	单　位
PN	公称压力		F_{SZ}	密封面上总作用力（卸压阀）	N
p	计算压力	MPa	F_{SJ}	密封面处介质作用力（卸压阀）	N
R_m	抗拉强度	N/mm^2	F_{FZ}	阀杆最大轴向力	N
		(MPa)	F'_{FZ}	关闭时阀杆总轴向力	N
R_{eH}	上屈服强度	N/mm^2	F''_{FZ}	开启时阀杆总轴向力	N
(R_{eL})	下屈服强度	(MPa)	F_P	阀杆径向截面上介质作用力	N
$R_{P0.2}$	规定非比例延伸强度（0.2%）	N/mm^2	F_T	阀杆与填料摩擦力	N
		(MPa)	F_J	键槽摩擦力	N
σ_R	蠕变强度极限	MPa	F_{LJ}	临界载荷	N
σ_{CH}	持久强度极限	MPa	F_L	螺栓计算载荷	N
σ_{BL}	比例极限	MPa	F'	操作下总作用力	N
E	材料弹性模量	N/mm^2	F''	最小预紧力	N
E_L	螺栓材料弹性模量	MPa	F_{LZ}	常温时螺栓计算载荷	N
E_D	领环材料弹性模量	MPa	F'_{LZ}	初加温时螺栓计算载荷	N
E_F	法兰材料弹性模量	MPa	F''_{LZ}	高温时螺栓计算载荷	N
G	材料切变弹性模量	MPa	F'_t	初加温时螺栓温度变形力	N
α	材料线胀系数	1/℃	F''_t	高温时螺栓温度变形力	N
α_L	螺栓材料线胀系数	1/℃	F_{DJ}	垫片处介质作用力	N
α_D	领环材料线胀系数	1/℃	F_{DJ}	密封环处介质作用力	N
α_F	法兰材料线胀系数	1/℃		密封处介质作用力	N
σ_L	拉应力	MPa	F_{DF}	垫片上密封力	N
σ_Y	压应力	MPa	F_{DT}	垫片弹性力	N
τ	切应力	MPa	F_{YJ}	必需预紧力	N
τ_N	扭应力	MPa	$[F_L]$	螺栓许用载荷	N
σ_W	弯曲应力	MPa	F_{MR}	密封环径向力	N
σ_{ZY}	挤压应力	MPa	F_{YT}	压紧填料总力	N
σ_Σ	合成应力	MPa	F_S	圆周力	N
$[\sigma_L]$	许用拉应力	MPa	q	密封面计算比压	MPa
$[\sigma_Y]$	许用压应力	MPa	q_{MF}	密封面必需比压	MPa
$[\sigma_{LY}]$	临界许用压应力	MPa	q_{YJ}	密封面预紧比压	MPa
$[\tau]$	许用切应力	MPa	q_{MM}	密封面密封比压	MPa
$[\tau_N]$	许用扭应力	MPa	$[q]$	密封面许用比压	MPa
$[\sigma_W]$	许用弯曲应力	MPa	q_{DJ}	单位长度必需比压	MPa
$[\sigma_{ZY}]$	许用挤压应力	MPa	q_T	压紧填料必需比压	MPa
$[\sigma_\Sigma]$	许用合成应力	MPa	q_r	压紧填料径向比压	MPa
F_{MZ}	密封面上总作用力	N	M_F	阀杆总力矩	N · mm
F_{MJ}	密封面处介质作用静压力	N	M'_F	关闭时阀杆总力矩	N · mm
F_{MF}	密封面上密封力	N	M''_F	开启时阀杆总力矩	N · mm
F'_{MJ}	介质压差作用力	N	M_Σ	总转矩	N · mm
F_{MT}	弹簧预紧力	N	M'_Σ	关闭时总转矩	N · mm

（续）

符　号	名　　称	单　位	符　号	名　　称	单　位
M''_{Σ}	开启时总转矩	N·mm	D_m	中法兰根径	mm
M_{FL}	阀杆螺纹摩擦力矩	N·mm	D_3	法兰外径	mm
M'_{FL}	关闭时阀杆螺纹摩擦力矩	N·mm	D_{KP}	滚珠轴承平均直径	mm
M''_{FL}	开启时阀杆螺纹摩擦力矩	N·mm	D_0	手轮直径	mm
M_{FT}	阀杆与填料摩擦力矩	N·mm	L_0	手柄力臂	mm
M_{FO}	阀杆头部摩擦力矩	N·mm	d_F	阀杆直径	mm
M'_{FO}	关闭时阀杆头部摩擦力矩	N·mm	d_S	阀杆最小直径	mm
M''_{FO}	开启时阀杆头部摩擦力矩	N·mm	b_T	填料宽度	mm
M_{TJ}	阀杆螺母凸肩摩擦力矩	N·mm	R_{FM}	螺纹摩擦半径（关闭时）	mm
M_{KZ}	滚珠轴承摩擦力矩	N·mm	R'_{FM}	螺纹摩擦半径（开启时）	mm
M_{FT}	阀杆凸肩摩擦力矩	N·mm	d_{FJ}	阀杆头部接触面直径	mm
M'_{FT}	关闭时阀杆凸肩摩擦力矩	N·mm	d_{TJ}	阀杆凸肩平均直径	mm
M''_{FT}	开启时阀杆凸肩摩擦力矩	N·mm		阀杆螺母凸肩平均直径	mm
I	惯性矩	mm^4	R_0	球体半径	mm
I_W	阀杆外径惯性矩	mm^4	R_1	球体半径	mm
I_N	螺纹内径惯性矩	mm^4	R_2	球体半径	mm
W	截面系数	mm^3	d_{FP}	螺纹平均直径	mm
W_W	阀杆外径截面系数	mm^3	d_1	螺纹内径	mm
W_N	螺纹内径截面系数	mm^3	d_T	退刀槽直径	mm
W_T	退刀槽截面系数	mm^3	d_L	螺栓直径	mm
W_S	阀杆最小截面系数	mm^3	d_{LS}	螺栓最小直径	mm
A	面积	mm^2	D_2	弹簧中径	mm
A_L	螺栓总截面积	mm^2	t_0	预算厚度	mm
A_1	单个螺栓截面积	mm^2	t'_B	计算厚度	mm
A_{LS}	螺栓最小截面积	mm^2	t_B	实际厚度	mm
A_{DP}	垫片面积	mm^2	C	腐蚀余量	mm
A_S	阀杆最小截面积	mm^2	h	中法兰厚度	mm
A_T	阀杆退刀槽截面积	mm^2	δ_{DP}	垫片厚度	mm
A_N	螺纹内径截面积	mm^2	B	宽度	mm
A_W	阀杆外径截面积	mm^2	b_{DP}	垫片宽度	mm
A_Y	螺纹受挤压面积	mm^2	b_{DJ}	垫片基本宽度	mm
A_J	螺纹受剪切面积	mm^2	B_N	垫片有效宽度	mm
DN	公称尺寸		H	高度	mm
D	直径	mm	l	力臂	mm
d	直径	mm	l_0	中间支承到端点距离	mm
R	半径	mm	l_F	阀杆计算长度	mm
r	半径	mm	L	螺栓计算长度	mm
D_{MN}	密封面内径	mm	X_L	螺纹弯曲力臂	mm
W_M	密封面宽度	mm	P	螺距	mm
D_{MP}	密封面平均直径	mm	e'	螺纹间隙	mm
R_{MP}	密封面平均半径	mm	y	形心	mm
D_{SN}	密封面内径（卸压阀）	mm	F_1	预加变形量	mm
W_S	密封面宽度（卸压阀）	mm	α	角度	
D_{SP}	密封面平均直径（卸压阀）	mm	β	角度	
D_n	计算内径	mm	γ	角度	
D_W	外径	mm	α_L	螺纹升角	
D_{DP}	垫片平均直径	mm	ψ_L	螺纹摩擦角	
	密封处平均直径	mm	ψ	摩擦角	
D_1	螺栓孔中心圆直径	mm	λ_0	允许细长比	

（续）

符　号	名　　称	单　位	符　号	名　　称	单　位
λ	实际细长比		f_{TJ}	凸肩部分摩擦因数	
λ_L	临界细长比		f_J	键槽摩擦因数	
μ_λ	支承形式影响系数		f_K	滚珠轴承摩擦因数	
L_J	螺栓间距与直径比		Z	螺栓数量	
n_0	安全系数		n_Z	弹簧总圈数	
n'_S	初加温时安全系数		n	弹簧有效圈数	
n''_S	高温时安全系数			计算螺纹圈数	
K	系数		n_J	按剪切计算螺纹圈数	
ψ	无石棉填料摩擦因数		n_Y	按挤压计算螺纹圈数	
ψ	石棉填料绳的最大轴向比压系数		n_W	按弯曲计算螺纹圈数	
n	常温时比值系数	mm^2	t	介质工作温度	℃
n'	初加温时比值系数	mm^2	t_F	中法兰温度	℃
n''	高温时比值系数	mm^2	t'_F	初加温时中法兰温度	℃
η	弹性力系数		t''_F	高温时中法兰温度	℃
K_{DP}	垫片形状系数		t_L	螺栓温度	℃
m_{DP}	垫片系数		t'_L	初加温时螺栓温度	℃
K_C	腐蚀系数		t''_L	高温时螺栓温度	℃
C_M	密封面材料比压系数		t_D	领环温度	℃
K_M	密封面材料比压系数		t'_D	初加温时领环温度	℃
m	泊松比倒数		t''_D	高温时领环温度	℃
n	稳定系数		Δt	初加温时温度差	℃
$[n]$	许用稳定系数		$\Delta t'_{FL}$	初加温时温度差（法兰与螺栓）	℃
f	摩擦因数		$\Delta t'_{DL}$	初加温时温度差（领环与螺栓）	℃
f_M	密封面摩擦因数		$\Delta t''$	高温时温度差	℃
f_L	螺纹摩擦因数		$\Delta t''_{ZL}$	高温时温度差（法兰与螺栓）	℃
f_D	阀杆头部摩擦因数		$\Delta t''_{DL}$	高温时温度差（领环与螺栓）	℃

注：本表为常用推荐代号。

表 5-2　零件、部位总分类代号

计算零件或部位名称	代　号	计算零件或部位名称	代　号
阀体	T	螺栓	S
密封面	M	法兰	F
密封环	H	填料压盖	Y
阀杆	G	螺纹	W
闸板	B	阀盖	I
蝶板		支架	J
阀瓣		手轮	L
阀瓣座	Z	手柄	
填料箱	X	弹簧	TH

表 5-3　零件、部位种类代号

名　　称	代　号	名　　称	代　号
闸阀、截止阀、节流阀、止回阀、球阀、蝶阀、控制阀、减压阀、安全阀、蒸汽疏水阀、旋塞阀阀体：圆形、钢制、最小壁厚	国标：T_1、T_2、T_3、T_4 美标：T_{10}、T_{11}、T_{12}、T_{13} 欧洲：T_{14}、T_{15} 日本：T_{16}、T_{17}	闸阀、截止阀、止回阀、球阀、控制阀、厚壁圆筒、钢制、国标	T_7
		闸阀、截止阀、止回阀、球阀、控制阀阀体、钢制球形、国标	薄壁：T_5、T_6 厚壁：T_8

（续）

名　　称	代　号
闸阀、截止阀、节流阀、止回阀阀体：非圆形截面、钢制、铸铁制	T_9
闸阀、截止阀、节流阀、止回阀阀体：圆形、铸铁制	T_{18}
闸阀、止回阀阀体：椭圆形、铸铁制	T_{19}
闸阀、截止阀、节流阀、控制阀、减压阀、安全阀、蒸汽疏水阀、止回阀、柱塞阀中法兰连接的螺栓	国标：S_1、S_9、S_{10}、S_{11}、S_{12}、S_{13}、S_{14}、S_{15}、S_{16}、S_{17} 美标：S_5
闸阀、截止阀、节流阀、止回阀、安全阀、蒸汽疏水阀中口连接螺纹	国标：S_2 美标：S_6
球阀：螺柱连接阀体	国标：S_3 美标：S_7
球阀：螺纹连接阀体	国标：S_4 美标：S_8
中法兰强度计算	F_1、F_2、F_3
阀盖：平板Ⅰ型	国标：I_1 欧洲：I_3
阀盖：Ⅱ、Ⅲ型	国标：I_2 欧洲：I_4
阀盖：椭圆形	国标：I_5 欧洲：I_8、I_9
长方形	国标：I_6 欧洲：I_{10}
正方形	国标：I_7 欧洲：I_{11}
蝶形阀盖	I_{12}、I_{13}、I_{14}
蝶形开口阀盖	国标：I_{15} 欧洲：I_{16}、I_{17}、I_{18}、I_{19}、I_{20}、I_{21}、I_{22}、I_{23}、I_{24}、I_{25}、I_{26}
压力密封阀盖	欧洲：I_{27}、I_{28}、I_{29}、I_{30}、I_{31}、I_{32}、I_{33}、I_{34}、I_{35}、I_{36} 国标：I_{37}、I_{38}、I_{39}、I_{40}、I_{41}、I_{42}、I_{43}、I_{44}、I_{45}、I_{46}、I_{47}、I_{48}、I_{49}、I_{50}、I_{51}、I_{52}
闸阀支架	J_1、J_2、J_3
截止阀或节流阀支架	J_4、J_5、J_6、J_7
闸阀阀盖放支架部位	J_8
闸阀两段盖T形加强筋支架	J_9
高压角式截止阀弓形支架	J_{10}

名　　称		代　号
高压角式截止阀扇形筋支架		J_{11}
升降杆闸阀阀杆		G_1、G_{10}
旋转杆闸阀阀杆		G_2、G_{11}
升降杆平行式闸阀阀杆（固定阀座）		G_3
升降杆平行式浮动阀座阀杆		G_4
带内旁通的旋转升降杆截止阀或节流阀阀杆		G_5、G_{12}
闸阀或截止阀上下分段阀杆		G_6
带防转键的阀杆		G_7
带有御压阀的闸阀或截止阀阀杆		G_8
阀杆的稳定性验算		G_9
浮动球球阀阀杆		G_{13}
固定球球阀阀杆		G_{14}、G_{15}
偏心蝶阀阀杆		G_{16}
闸阀密封面		M_1
带弹簧的平行式闸阀密封面		M_2
截止阀	平面密封	M_3
	锥面密封	M_4
	球面密封	M_5
	带有内旁通的高进低出平面密封	M_6
隔膜阀密封面		M_7
浮动球球阀密封面		M_8
单向密封固定球球阀密封面		M_9
双向密封固定球球阀密封面		M_{10}
体腔内压力超过1.33p时，自动泄压阀座尺寸		M_{11}
内压自封式密封环上总作用力及计算比压		H_1
单面强制密封闸阀闸板厚度		B_1
双面强制密封双闸板闸阀闸板厚度		B_2
平行双闸板厚度		B_3
平面密封截止阀球头连接阀瓣强度		B_4
平面密封截止阀用孔连接阀瓣强度		B_5
旋启式止回阀阀瓣厚度		B_6

（续）

名　　称	代　号	名　　称	代　号
橡胶膜片强度	B_7	滚动轴承基本额定动载荷	L_1
支架与驱动装置连接盘强度	Z_1	滚动轴承额定静载荷	L_2
填料压盖强度	X_1	升降杆手轮总转矩及圆周力	L_3
活节螺栓强度	X_2	旋转升降杆手轮总转矩及圆周力	L_4
销轴强度	X_3	带防转键手轮总转矩及圆周力	L_5
梯形螺纹强度	W_1	手柄总转矩及圆周力	L_6
截止阀或节流阀阀杆螺母和支架连接螺纹	W_2	圆柱螺旋压缩弹簧	$TH_1 \sim TH_8$
		碟形弹簧	$TH_9 \sim TH_{14}$

5.2　阀门通用部分典型计算项目

5.2.1　闸阀

（1）升降杆楔式闸阀（单闸板、双闸板）　如图5-1、图5-2和表5-4所示。

（2）旋转杆楔式单闸板闸阀　如图5-3和表5-4所示。

（3）升降杆平行式闸阀

1）单闸板（图5-4和表5-5）。

2）双闸板（图5-5～图5-7和表5-6）。

（4）旋转杆平行式单闸板闸阀　如图5-8和表5-7所示。

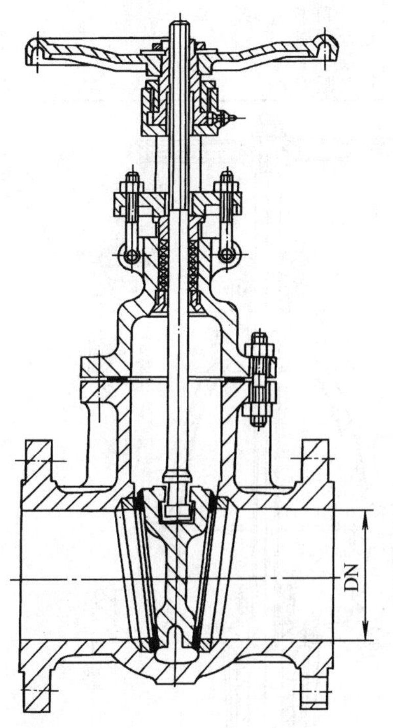

a)

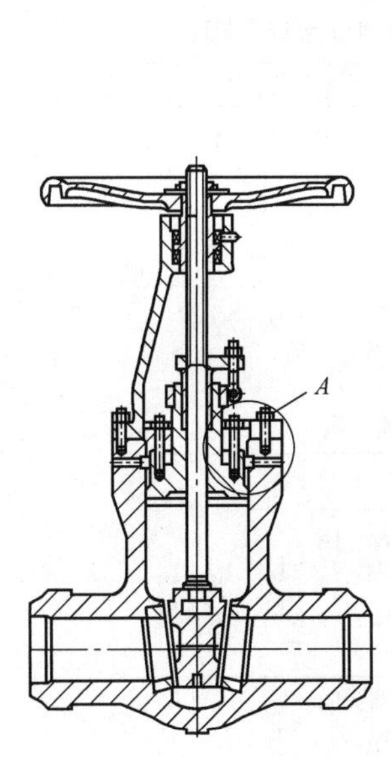

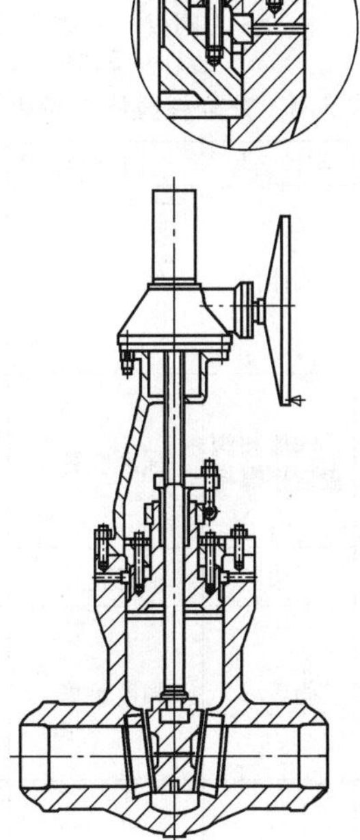

b)

图5-1　升降杆楔式单闸板闸阀

a）螺栓连接阀盖　b）内压自封密阀盖

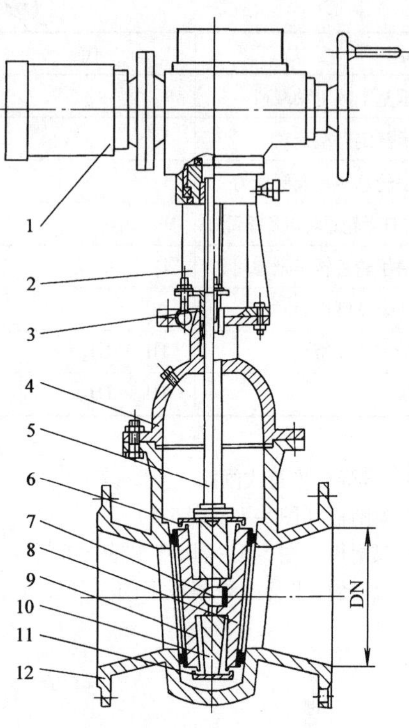

图 5-2　电动升降杆楔式双闸板闸阀

1—电动装置　2—支架　3—填料压盖　4—阀盖　5—阀杆　6—上挡板　7—顶心垫片　8—右闸板　9—左闸板　10—闸板架　11—下挡板　12—阀体

表 5-4　升降杆或旋转杆楔式闸阀典型计算项目

序号	零件名称	计算内容	选用公式
1	阀体	壁厚	国标：T_1、T_2、T_3 美标：T_{10}、T_{11} 欧洲：T_{14}、T_{15} 日本：T_{16}、T_{17}
2	阀体和阀盖连接螺栓	强度验算	国标：S_1、S_9、S_{10}、S_{11}、S_{12}、S_{13}、S_{14}、S_{15}、S_{16}、S_{17} 美标：S_5
3	中法兰	强度验算	F_1、F_2、F_3
4	阀盖	强度验算	国标：I_{15} 欧洲：I_{16}、I_{17}、I_{18}、I_{19}、I_{20}、I_{21}、I_{22}、I_{23}、I_{24}、I_{25}、I_{26}
5	内压自密封阀盖	强度验算	欧洲：I_{27}、I_{28}、I_{29}、I_{30}、I_{31}、I_{32}、I_{33}、I_{34}、I_{35}、I_{36} 国标：I_{37}、I_{38}、I_{39}、I_{40}、I_{41}、I_{42}、I_{43}、I_{44}、I_{45}、I_{46}、I_{47}、I_{48}、I_{49}、I_{50}、I_{51}、I_{52}
6	支架	强度验算	J_1、J_2、J_3、J_8、J_9
7	阀杆	强度验算	升降杆：G_1、G_{10} 旋转杆：G_2、G_{11} 分段阀杆：G_6 带有御压阀的阀杆：G_8 带防转键阀杆：G_7 稳定性验算：G_9
8	密封面	密封面上总作用力及计算比压 内压自密封环	M_1 H_1
9	闸板	厚度	单面强制密封：B_1 双面强制密封：B_2
10	支架与驱动装置连接盘	强度验算	Z_1
11	填料压盖	强度验算	X_1
12	活节螺栓	强度验算	X_2
13	销轴	强度验算	X_3
14	阀杆螺母	梯形螺纹强度验算	W_1
15	滚动轴承	基本额定动载荷 额定静载荷	L_1 L_2
16	手轮	升降杆总转矩及圆周力 旋转杆总转矩及圆周力	L_3 L_4

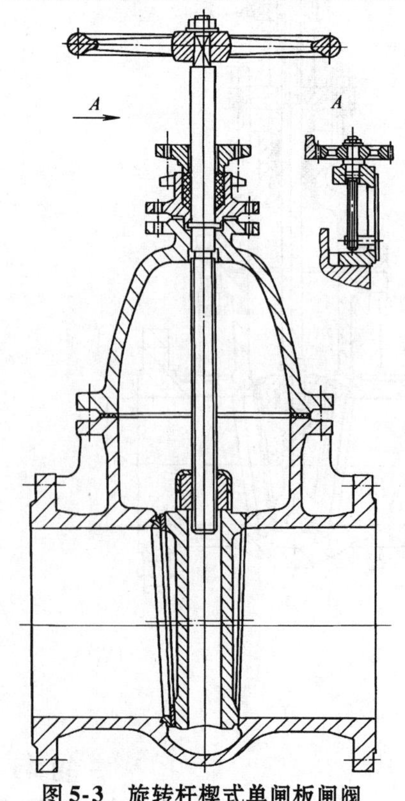

图 5-3　旋转杆楔式单闸板闸阀

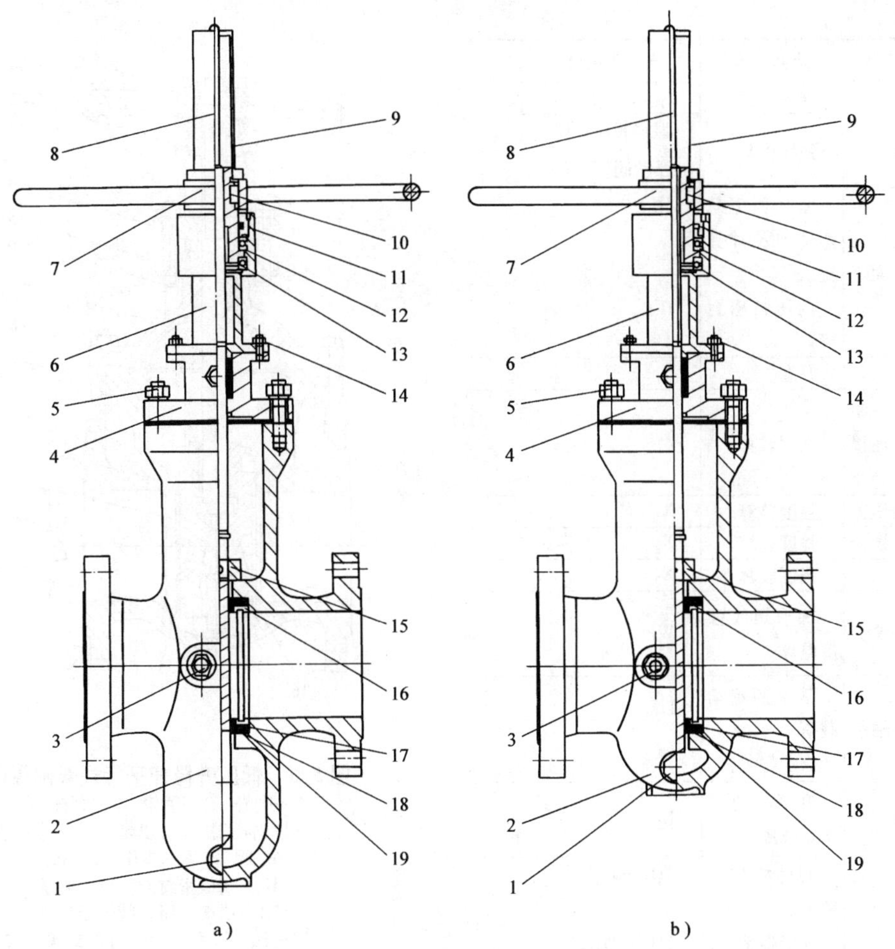

图 5-4　升降杆平行式闸阀

a）升降杆平行式单闸板有导流孔闸阀　b）升降杆平行式单闸板无导流孔闸阀

1—排污阀　2—阀体　3—注脂阀　4—阀盖　5—螺柱　6—支架　7—手轮　8—指示杆　9—防护帽　10—键　11—压紧螺母　12—轴承　13—阀杆螺母　14—螺柱　15—四方套　16—阀座　17～19—密封圈

表 5-5　升降杆平行式单闸板典型计算项目

序号	零件名称	计算内容	选用公式
1	阀体	壁厚	国标：T_1、T_2、T_3 美标：T_{10}、T_{11} 欧洲：T_{14}、T_{15} 日本：T_{16}、T_{17} 钢制厚壁圆筒：T_7 钢制球形：薄壁：T_5、T_6 厚壁：T_8 非圆形截面、钢制、铸铁制：T_9 椭圆形、铸铁制：T_{19}

（续）

序号	零件名称	计算内容	选用公式
2	阀体和阀盖连接螺栓	强度验算	国标：S_1、S_9、S_{10}、S_{11}、S_{12}、S_{13}、S_{14}、S_{15}、S_{16}、S_{17} 美标：S_5
3	中法兰	强度验算	F_1、F_2、F_3
4	阀盖	强度验算	国标：I_{15} 欧洲：I_{16}、I_{17}、I_{18}、I_{19}、I_{20}、I_{21}、I_{22}、I_{23}、I_{24}、I_{25}、I_{26}
5	内压自密封阀盖	强度验算	欧洲：I_{27}、I_{28}、I_{29}、I_{30}、I_{31}、I_{32}、I_{33}、I_{34}、I_{35}、I_{36} 国标：I_{37}、I_{38}、I_{39}、I_{40}、I_{41}、I_{42}、I_{43}、I_{44}、I_{45}、I_{46}、I_{47}、I_{48}、I_{49}、I_{50}

（续）

序号	零件名称	计算内容	选用公式
6	支架	强度验算	J_1、J_2、J_4、J_8、J_9
7	阀杆	强度验算	固定阀座：G_3 浮动阀座：G_4
8	密封面	密封面上总作用力及计算比压 内压自密封环	M_2 H_1
9	闸板	厚度	B_1
10	支架与驱动装置连接盘	强度验算	Z_1
11	填料压盖	强度验算	X_1
12	活节螺栓	强度验算	X_2
13	销轴	强度验算	X_3
14	阀杆螺母	梯形螺纹强度验算	W_1
15	滚动轴承	基本额定动载荷 额定静载荷	L_1 L_2
16	手轮	升降杆总转矩及圆周力	L_3
17	弹簧	圆柱螺旋压缩弹簧 碟形弹簧	TH_1 ~ TH_8 TH_9 ~ TH_{14}

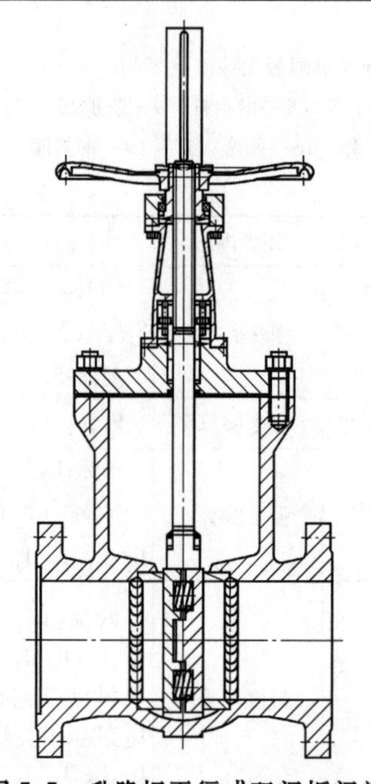

图5-5 升降杆平行式双闸板闸阀

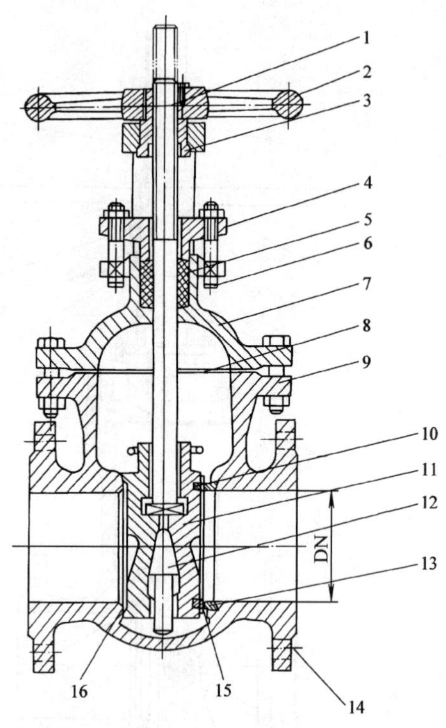

图5-6 低压升降杆平行式双闸板闸阀
1—阀杆 2—手轮 3—阀杆螺母
4—填料压盖 5—填料 6—J形螺栓
7—阀盖 8—垫片 9—阀体
10—闸板密封圈 11—闸板
12—顶楔 13—阀体密封圈
14—法兰孔数 15—有密封圈形式
16—无密封圈形式

表5-6 升降杆平行式双闸板典型计算项目

序号	零件名称	计算内容	选用公式
1	阀体	壁厚	国标：T_1、T_2、T_3 美标：T_{10}、T_{11} 欧洲：T_{14}、T_{15} 日本：T_{16}、T_{17} 钢制厚壁圆筒：T_7 钢制球形薄壁：T_5、T_6 厚壁：T_8 非圆形截面、钢制、铸铁：T_9 椭圆形、铸铁制：T_{19}
2	阀体和阀盖连接螺栓	强度验算	国标：S_1、S_9、S_{10}、S_{11}、S_{12}、S_{13}、S_{14}、S_{15}、S_{16}、S_{17} 美标：S_5

（续）

序号	零件名称	计算内容	选用公式
3	中法兰	强度验算	F_1、F_2、F_3
4	阀盖	强度验算	国标：I_{15} 欧洲：I_{16}、I_{17}、I_{18}、I_{19}、I_{20}、I_{21}、I_{22}、I_{23}、I_{24}、I_{25}、I_{26}
5	内压自密封阀盖	强度验算	欧洲：I_{27}、I_{28}、I_{29}、I_{30}、I_{31}、I_{32}、I_{33}、I_{34}、I_{35}、I_{36} 国标：I_{37}、I_{38}、I_{39}、I_{40}、I_{41}、I_{42}、I_{43}、I_{44}、I_{45}、I_{46}、I_{47}、I_{48}、I_{49}、I_{50}、I_{51}、I_{52}
6	支架	强度验算	J_1、J_2、J_3、J_8、J_9
7	阀杆	强度验算	固定阀座：G_3 浮动阀座：G_4 稳定性验算：G_9
8	密封面	密封面上总作用力及计算比压 内压自密封环	M_2 H_1
9	闸板	厚度	B_3
10	支架与驱动装置连接盘	强度验算	Z_1
11	填料压盖	强度验算	X_1
12	活节螺栓	强度验算	X_2
13	销轴	强度验算	X_3
14	阀杆螺母	梯形螺纹强度验算	W_1
15	滚动轴承	基本额定动载荷 额定静载荷	L_1 L_2
16	手轮	升降杆总转矩及圆周力	L_3
17	弹簧	圆柱螺旋压缩弹簧 碟形弹簧	TH_1 ~ TH_8 TH_9 ~ TH_{14}

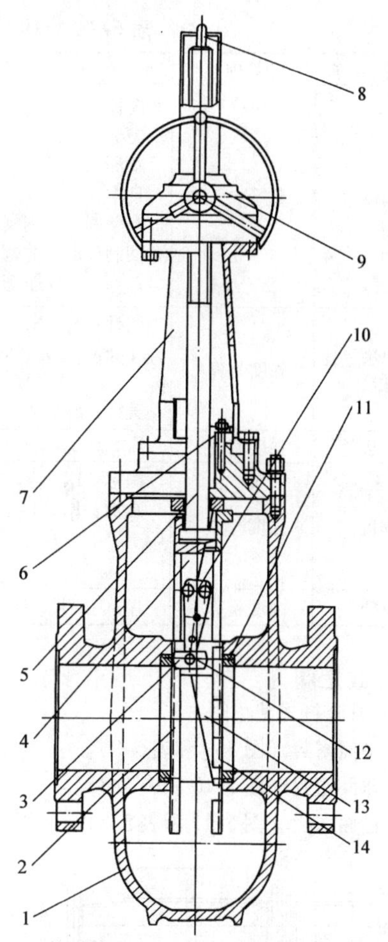

图 5-7　升降杆平行式双闸板有导流孔闸阀

1—阀体　2—主导板　3—摆块　4—主闸板　5—阀杆　6—填料压盖　7—支架　8—指示杆　9—传动装置　10—摆块　11—阀座　12—销轴　13—副闸板　14—副导板

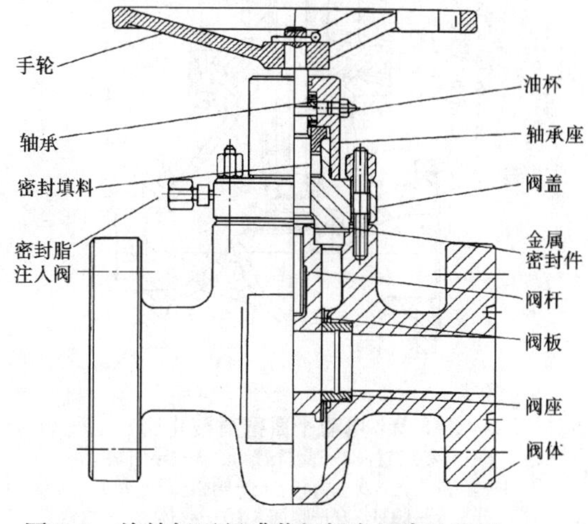

图 5-8　旋转杆平行式单闸板有导流孔闸阀

表 5-7 旋转杆平行式单闸板闸阀典型计算项目

序号	零件名称	计算内容	选用公式
1	阀体	壁厚	国标：T_1、T_2、T_3 美标：T_{10}、T_{11} 欧洲：T_{14}、T_{15} 日本：T_{16}、T_{17} 厚壁圆筒、钢制：T_7 钢制球形、薄壁：T_5、T_6 厚壁：T_8
2	中法兰连接螺栓	强度验算	国标：S_1、S_9、S_{10}、S_{11}、S_{12}、S_{13}、S_{14}、S_{15}、S_{16}、S_{17} 美标：S_5
3	中法兰	强度验算	F_1、F_2、F_3
4	阀盖	强度验算	国标：I_{15} 欧洲：I_{16}、I_{17}、I_{18}、I_{19}、I_{20}、I_{21}、I_{22}、I_{23}、I_{24}、I_{25}、I_{26}
5	支架	强度验算	J_1、J_2、J_3、J_8、J_9
6	阀杆	强度验算	固定阀座：G_3 浮动阀座：G_4 稳定性验算：G_9
7	密封面	密封面上总作用力及计算比压	M_2
8	闸板	厚度	B_1
9	阀杆螺母	梯形螺纹强度验算	W_1
10	滚动轴承	基本额定动载荷 额定静载荷	L_1 L_2
11	手轮	旋转杆总转矩及圆周力	L_4
12	弹簧	圆柱螺旋压缩弹簧 碟形弹簧	$TH_1 \sim TH_8$ $TH_9 \sim TH_{14}$

5.2.2 截止阀

(1) 升降杆式截止阀

1) 平面密封（图 5-9 和表 5-8）。

2) 球面密封（图 5-10 和表 5-8）。

3) 锥面密封（图 5-11 和表 5-8）

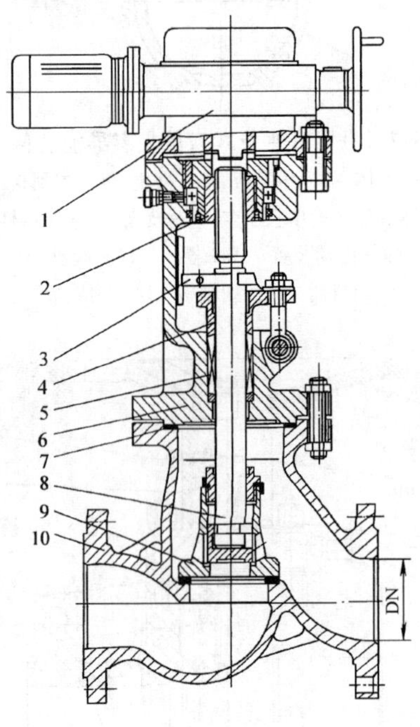

图 5-9 电动平面密封截止阀

1—电动装置 2—阀杆螺母 3—导向块 4—填料压盖 5—填料 6—阀盖 7—垫片 8—阀杆 9—阀瓣 10—阀体

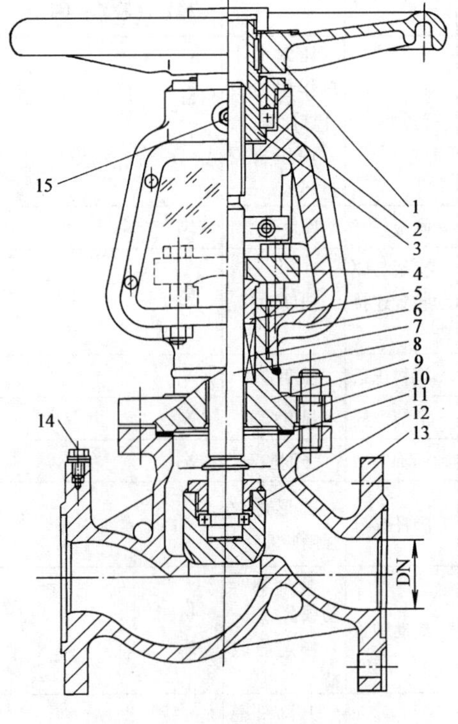

图 5-10 手动球面密封氧气管路用截止阀

1—手轮 2—轴承 3—阀杆螺母 4—填料压板 5—填料压套 6—支架 7—填料 8—阀杆 9—阀盖 10—双头螺柱 11—垫片 12—阀瓣 13—阀体 14—接地螺塞 15—油杯

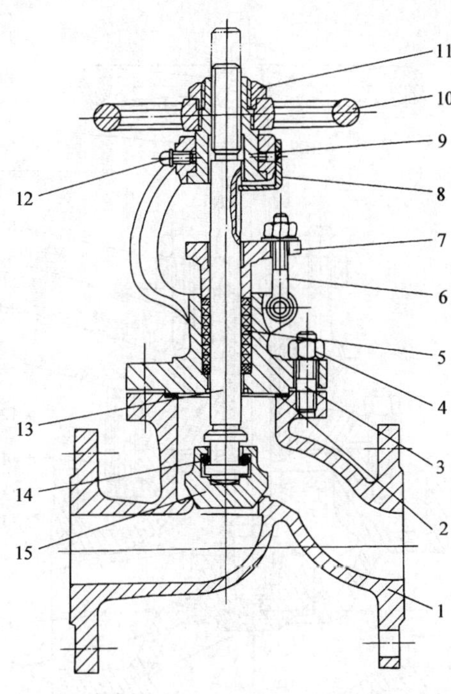

图 5-11 手动锥面密封截止阀

1—阀体 2—中法兰垫片 3—双头螺柱 4—螺母 5—填料 6—活节螺栓 7—填料压盖 8—导向块 9—阀杆螺母 10—手轮 11—压紧螺母 12—油杯 13—阀杆 14—钢球 15—阀瓣

表 5-8 升降杆截止阀典型计算项目

序号	零件名称	计算内容	选用公式
1	阀体	壁厚	国标：T_1、T_2、T_3 美标：T_{10}、T_{11} 欧洲：T_{14}、T_{15} 日本：T_{16}、T_{17} 厚壁圆筒钢制：T_7 钢制球形薄壁：T_5、T_6 厚壁：T_8 圆形铸铁：T_{18}
2	中法兰连接螺栓	强度验算	国标：S_1、S_9、S_{10}、S_{11}、S_{12}、S_{13}、S_{14}、S_{15}、S_{16}、S_{17} 美标：S_5
3	中法兰	强度验算	F_1、F_2、F_3
4	阀盖	强度验算	国标：I_{15} 欧洲：I_{16}、I_{17}、I_{18}、I_{19}、I_{20}、I_{21}、I_{22}、I_{23}、I_{24}、I_{25}、I_{26}

（续）

序号	零件名称	计算内容	选用公式
5	内压自密封阀盖	强度验算	欧洲：I_{27}、I_{28}、I_{29}、I_{30}、I_{31}、I_{32}、I_{33}、I_{34}、I_{35}、I_{36} 国标：I_{37}、I_{38}、I_{39}、I_{40}、I_{41}、I_{42}、I_{43}、I_{44}、I_{45}、I_{46}、I_{47}、I_{48}、I_{49}、I_{50}、I_{51}、I_{52}
6	支架	强度验算	J_4、J_5、J_6、J_7
7	阀杆	强度验算	G_6 阀杆稳定性验算：G_9
8	密封面	密封面上总作用力及计算比压 内压自密封环	平面密封：M_3 锥面密封：M_4 球面密封：M_5 带有内旁通高进低出平面密封：M_6 H_1
9	阀瓣	平面密封球头连接阀瓣强度 平面密封用孔连接阀瓣强度	B_4 B_5
10	支架与驱动装置连接盘	强度验算	Z_1
11	填料压盖	强度验算	X_1
12	活节螺栓	强度验算	X_2
13	销轴	强度验算	X_3
14	阀杆螺母	梯形螺纹强度验算	W_1
15	滚动轴承	基本额定动载荷 额定静载荷	L_1 L_2
16	手轮	升降杆总转矩及圆周力 带防转键手轮总转矩及圆周力 手柄总转矩及圆周力	L_3 L_5 L_6

(2) 旋转升降杆式截止阀

1) 平面密封如图5-12和表5-9所示。

2) 球面密封如图5-13和表5-9所示。

3) 锥面密封如图5-14和表5-9所示。

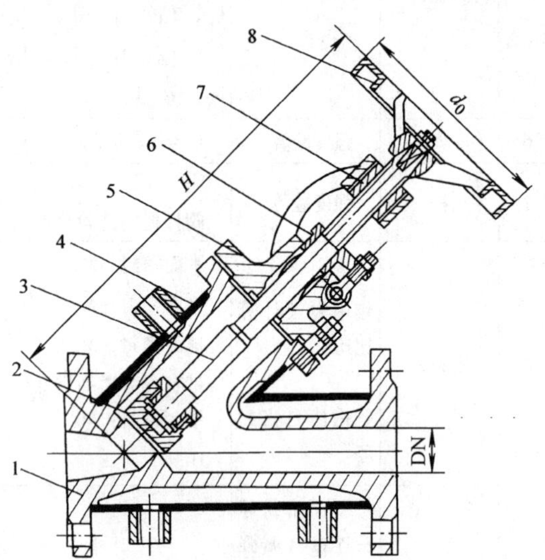

图5-12 平面密封直流式截止阀

1—阀体 2—阀瓣 3—阀杆 4—保温套 5—阀盖 6—填料压盖 7—阀杆螺母 8—手轮

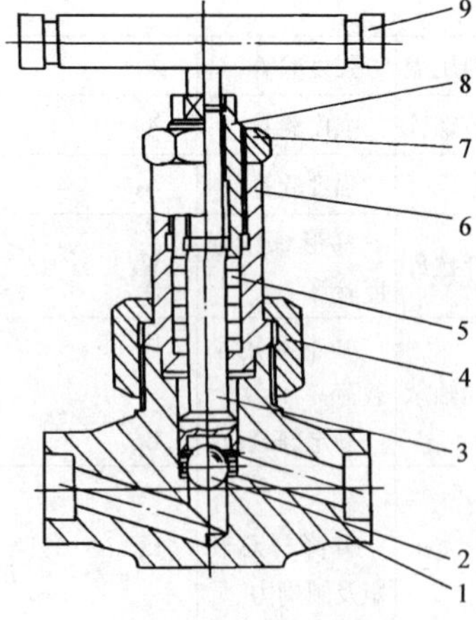

图5-13 球面密封截止阀

1—阀体 2—球体 3—阀杆 4、6—阀盖 5—填料 7—锁紧螺母 8—阀杆螺母 9—手柄

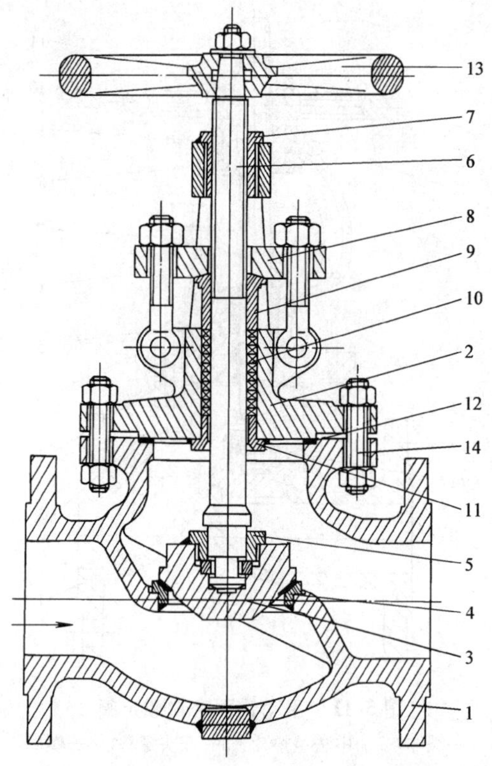

图5-14 锥面密封截止阀

1—阀体 2—阀盖 3—阀瓣 4—阀座 5—阀瓣盖 6—阀杆 7—阀杆螺母 8—填料压板 9—填料压套 10—填料 11—上密封座 12—中法兰垫片 13—手轮 14—中法兰连接螺栓

表5-9 旋转升降杆截止阀典型计算项目

序号	零件名称	计算内容	选用公式
1	阀体	壁厚	国标：T_1、T_2、T_3 美标：T_{10}、T_{11} 欧洲：T_{14}、T_{15} 日本：T_{16}、T_{17} 厚壁圆筒钢制：T_7 钢制球形薄壁：T_5、T_6 厚壁：T_8 圆形铸铁：T_{18}
2	中法兰连接螺栓	强度验算	国标：S_1、S_9、S_{10}、S_{11}、S_{12}、S_{13} 美标：S_5
3	中法兰	强度验算	F_1、F_2、F_3

（续）

序号	零件名称	计算内容	选用公式
4	阀盖	强度验算	国标：I_{15} 欧洲：I_{16}、I_{17}、I_{18}、I_{19}、I_{20}、I_{21}、I_{22}、I_{23}、I_{24}、I_{25}、I_{26}
5	内压自密封阀盖	强度验算	欧洲：I_{27}、I_{28}、I_{29}、I_{30}、I_{31}、I_{32}、I_{33}、I_{34}、I_{35}、I_{36} 国标：I_{37}、I_{38}、I_{39}、I_{40}、I_{41}、I_{42}、I_{43}、I_{44}、I_{45}、I_{46}、I_{47}、I_{48}、I_{49}、I_{50}、I_{51}、I_{52}
6	支架	强度验算	J_4、J_5、J_6、J_7
7	阀杆	强度验算 稳定性验算	G_5、G_{12} G_9
8	密封面	密封面上总作用力及计算比压	平面密封：M_3 锥面密封：M_4 球面密封：M_5 带有内旁通的高进低出平面密封：M_6
		内压自密封环	H_1
9	阀瓣	平面密封球头连接阀瓣强度 平面密封用孔连接阀瓣强度	B_4 B_5
10	支架与驱动装置连接盘	强度验算	Z_1
11	填料压盖	强度验算	X_1
12	活节螺栓	强度验算	X_2
13	销轴	强度验算	X_3
14	阀杆螺母	梯形螺纹强度验算与支架连接螺纹强度验算	W_1 W_2
15	滚动轴承	基本额定动载荷 额定静载荷	L_1 L_2

（续）

序号	零件名称	计算内容	选用公式
16	手轮	总转矩及圆周力 带防转键手轮总转矩及圆周力 手柄总转矩及圆周力	L_4 L_5 L_6

5.2.3 止回阀

（1）旋启式止回阀（图5-15和表5-10）

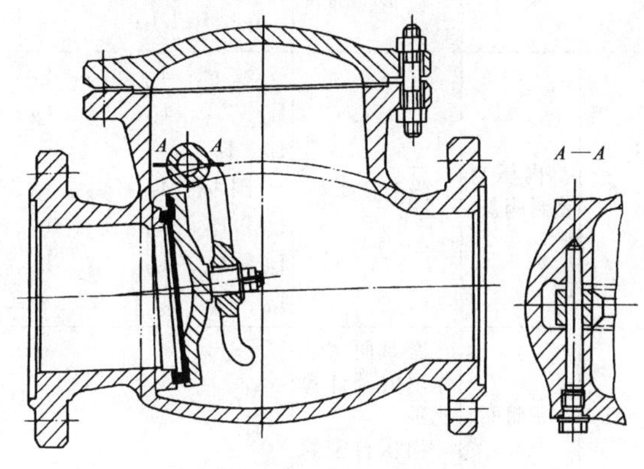

图5-15 旋启式止回阀

表5-10 旋启式止回阀典型计算项目

序号	零件名称	计算内容	选用公式
1	阀体	壁厚	国标：T_1、T_2、T_3 美标：T_{10}、T_{11} 欧洲：T_{14}、T_{15} 日本：T_{16}、T_{17} 厚壁圆筒钢制：T_7 钢制球形薄壁：T_5、T_6 厚壁：T_8 非圆形截面、钢制、铸铁制：T_9 圆形、铸铁制：T_{18} 椭圆形、铸铁制：T_{19}
2	中法兰连接螺栓	强度验算	国标：S_1、S_9、S_{10}、S_{11}、S_{12}、S_{13} 美标：S_5
3	中法兰	强度验算	F_1、F_2、F_3

（续）

序号	零件名称	计算内容	选用公式
4	阀盖	厚度	平板Ⅰ型国标：I_1 欧洲：I_3 Ⅱ、Ⅲ型国标：I_2 欧洲：I_4 椭圆形国标：I_5 欧洲：I_8、I_9 正方形国标：I_7 欧洲：I_{11} 长方形国标：I_6 欧洲：I_{10}
		碟形，强度验算	I_{12}、I_{13}、I_{14}
5	内压自密封阀盖	强度验算	欧洲：I_{27}、I_{28}、I_{29}、I_{30}、I_{31}、I_{32}、I_{33}、I_{34}、I_{35}、I_{36} 国标：I_{37}、I_{38}、I_{39}、I_{40}、I_{41}、I_{42}、I_{43}、I_{44}、I_{45}、I_{46}、I_{47}、I_{48}、I_{49}、I_{50}、I_{51}、I_{52}
6	密封面	密封面上总作用力及计算比压 内压自密封环	M_1 H_1
7	阀瓣	厚度	B_6

（2）升降式止回阀　如图5-16～图5-18和表5-11所示。

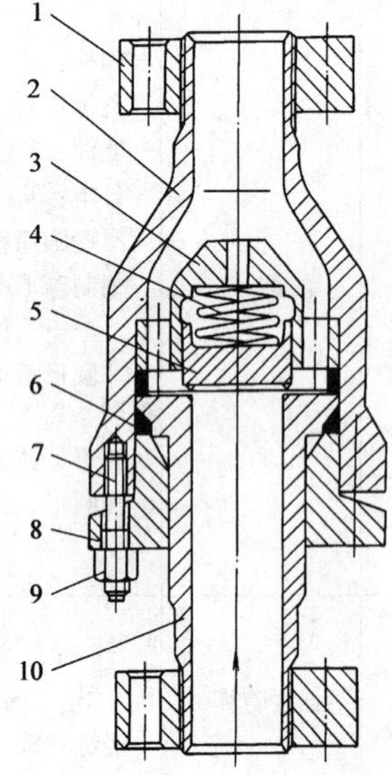

图5-16　立式升降止回阀

1—法兰　2—阀体　3—导向套　4—弹簧　5—阀瓣　6—密封环　7—螺栓　8—阀盖　9—螺母　10—阀座

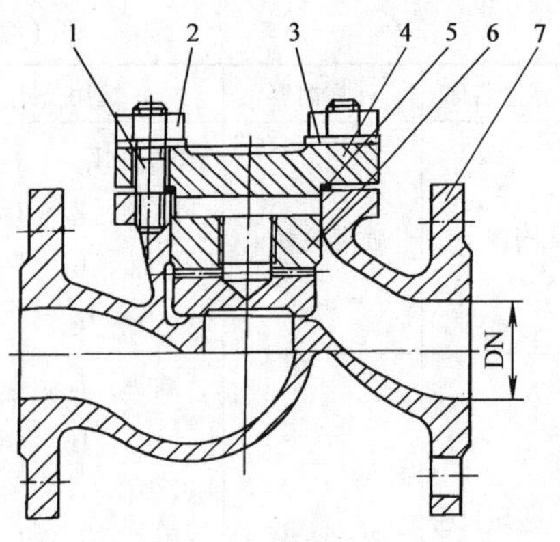

图5-17　升降式止回阀

1—螺栓　2—螺母　3—垫圈　4—阀盖　5—中法兰垫片　6—阀瓣　7—阀体

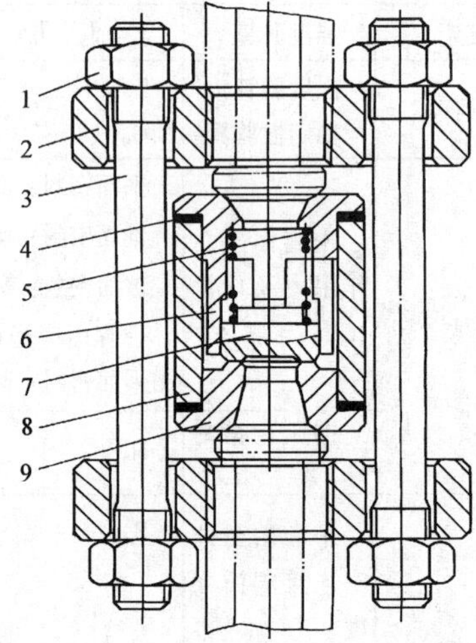

图5-18　高压升降式止回阀

1—螺母　2—法兰　3—双头螺柱　4—垫片　5—弹簧　6—阀盖　7—阀瓣　8—阀体　9—阀座

表5-11　升降式止回阀典型计算项目

序号	零件名称	计算内容	选用公式
1	阀体	壁厚	国标：T_1、T_2、T_3 美标：T_{10}、T_{11} 欧洲：T_{14}、T_{15} 日本：T_{16}、T_{17} 厚壁圆筒钢制：T_7 圆形铸铁制：T_{18}
2	中法兰连接螺栓	强度验算	国标：S_1、S_9、S_{10}、S_{11}、S_{12}、S_{13} 美标：S_5

（续）

序号	零件名称	计算内容	选用公式
3	中法兰	强度验算	F_1、F_2、F_3
4	阀盖	厚度	平板Ⅰ型：国标：I_1 欧洲：I_3 Ⅱ、Ⅲ型：国标：I_2 欧洲：I_4 正方形：国标：I_7 欧洲：I_{11}
5	内压自密封阀盖	碟形强度验算 强度验算	I_{12}、I_{13}、I_{14} 欧洲：I_{27}、I_{28}、I_{29}、I_{30}、I_{31}、I_{32}、I_{33}、I_{34}、I_{35}、I_{36} 国标：I_{37}、I_{38}、I_{39}、I_{40}、I_{41}、I_{42}、I_{43}、I_{44}、I_{45}、I_{46}、I_{47}、I_{48}、I_{49}、I_{50}、I_{51}、I_{52}
6	密封面	密封面上总作用力及计算比压	平面密封：M_3 锥面密封：M_4 球面密封：M_5
7	阀瓣	内压自紧密封环 强度验算	H_1 B_5

（3）对夹式单瓣或双瓣旋启式止回阀　如图5-19～图5-21和表5-12所示。

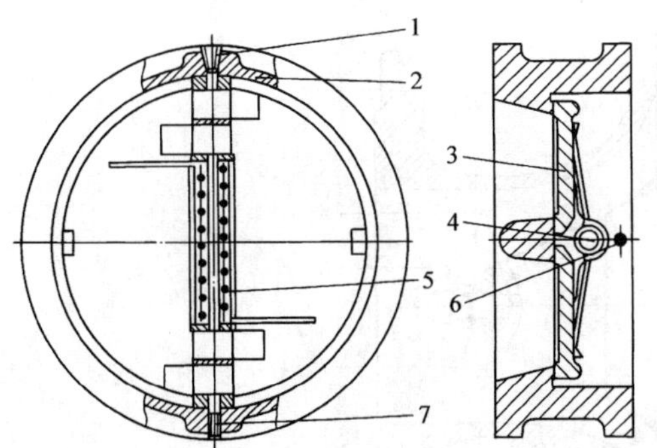

图5-19　对夹式双瓣单轴旋启式止回阀

1—螺塞　2—阀体　3—蝶板　4—阀杆　5—扭力弹簧　6—限位销　7—堵销

（4）球形止回阀　如图5-22～图5-24和表5-13所示。

（5）轴流式止回阀　如图5-25和表5-14所示。

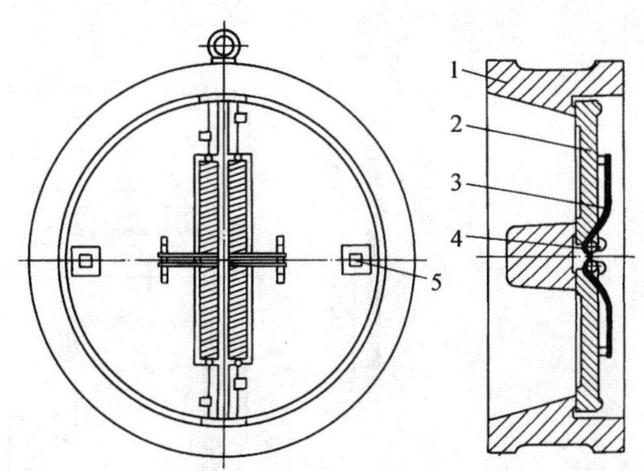

图5-20　对夹式双瓣双轴旋启式止回阀

1—阀体　2—蝶板　3—扭力弹簧　4—阀杆　5—限位块

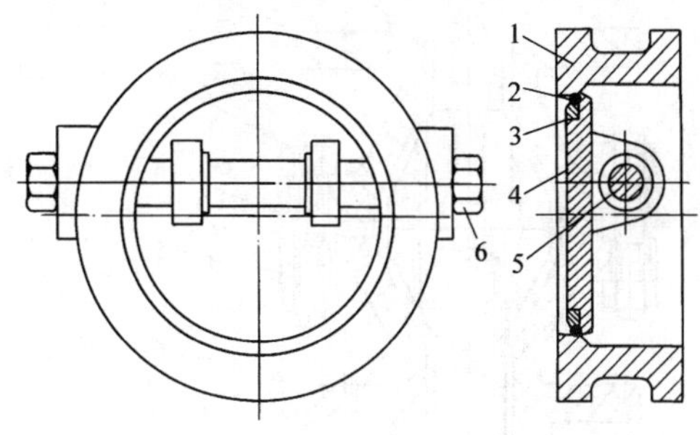

图5-21　对夹式单瓣旋启式止回阀

1—阀体　2—密封圈　3—密封圈压板　4—蝶板　5—阀杆　6—螺母

表5-12　对夹式单瓣或双瓣旋启式止回阀典型计算项目

序号	零件名称	计算内容	选用公式
1	阀体	壁厚	国标：T_1、T_3 美标：T_{10} 欧洲：T_{14} 日本：T_{16} 薄壁圆形阀体：T_{18}
2	密封面	密封面上总作用力及计算比压	M_3
3	蝶板	强度验算 厚度	表5-288、表5-289 表5-285
4	扭转弹簧	技术条件	GB/T 1239.3—2009

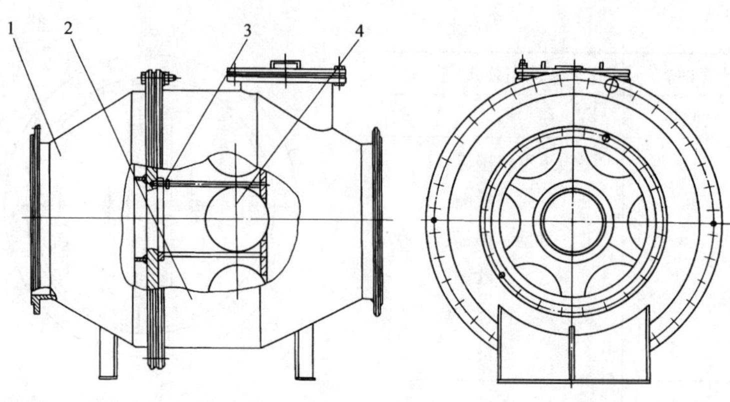

图5-22　无磨损球形止回阀

1—左阀体　2—右阀体　3—导向柱　4—球体

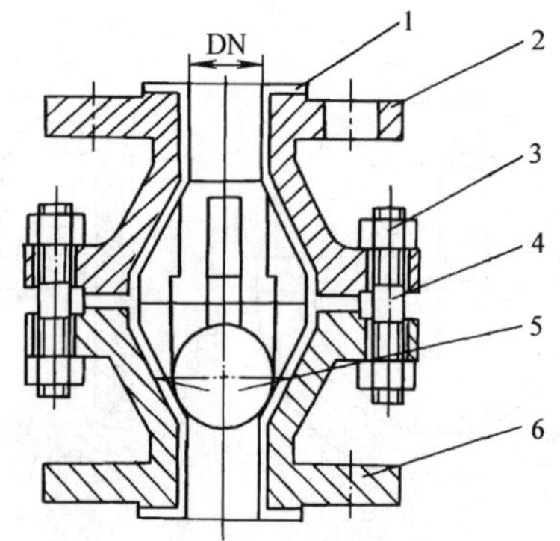

图5-23　球形衬氟塑料止回阀

1—衬氟塑料层　2、6—阀体　3—六角螺母　4—双头螺柱　5—球体

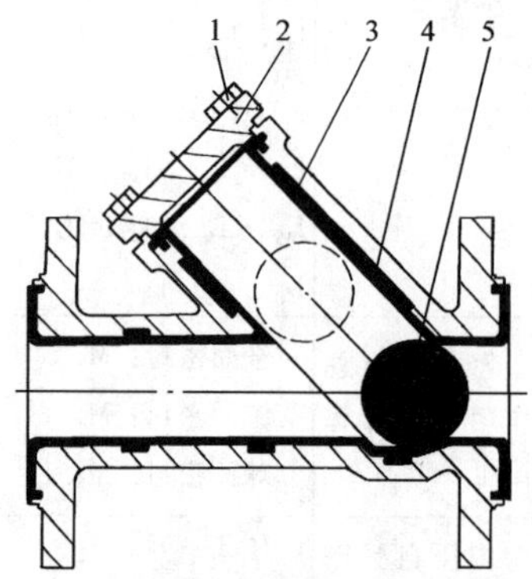

图5-24　球形衬氟塑料Y形止回阀

1—螺钉　2—端盖　3—衬氟塑料层　4—Y形阀体　5—球体

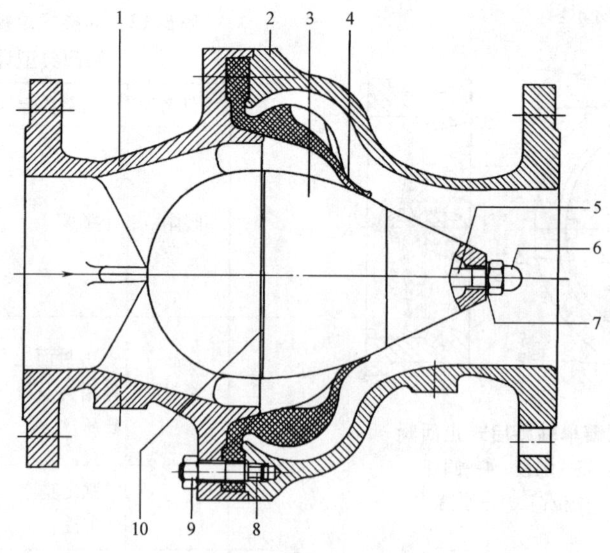

图5-25　轴流式止回阀

1—左阀体　2—右阀体　3—流动导向体　4—密封膜片　5、8—双头螺柱　6—盖形螺母　7—垫圈　9—六角螺母　10—密封线

表 5-13 球形止回阀典型计算项目

序号	零件名称	计算内容	选用公式
1	阀体	壁厚	国标：T_1、T_3 美标：T_{10} 欧洲：T_{14} 日本：T_{16} 薄壁圆形阀体：T_{18}
2	中法兰连接螺栓	强度验算	国标：S_3、S_9、S_{10}、S_{11}、S_{12}、S_{14}、S_{15}、S_{17} 美标：S_7
3	中法兰	强度验算	F_1、F_2、F_3
4	密封面	密封面上总作用力及计算比压	M_5

表 5-14 轴流式止回阀典型计算项目

序号	零件名称	计算内容	选用公式
1	阀体	壁厚	国标：T_1、T_3 美标：T_{10} 欧洲：T_{14} 日本：T_{16}
2	中法兰连接螺栓	强度计算	国标：S_3、S_9、S_{10}、S_{11}、S_{12}、S_{14}、S_{15}、S_{17} 美标：S_7
3	密封面	密封面上总作用力及计算比压	M_7
4	膜片	厚度计算	见表 5-289

5.2.4 球阀

(1) 浮动球球阀 如图 5-26 ~ 图 5-30 和表 5-15 所示。

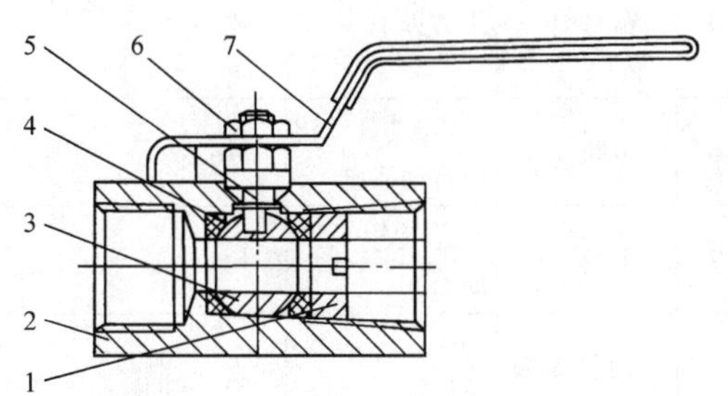

图 5-26 一体式螺纹连接浮动球球阀

1—阀座压紧螺母 2—阀体 3—球体 4—阀座 5—阀杆 6—螺母 7—手柄

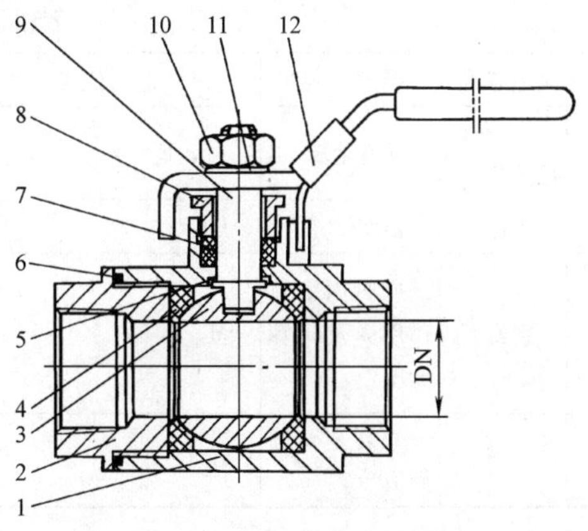

图 5-27 两体式螺纹连接浮动球球阀

1—右阀体 2—左阀体 3—球体 4—阀座 5—密封圈 6—O 形圈 7—填料 8—填料压套 9—阀杆 10—螺母 11—垫圈 12—手柄

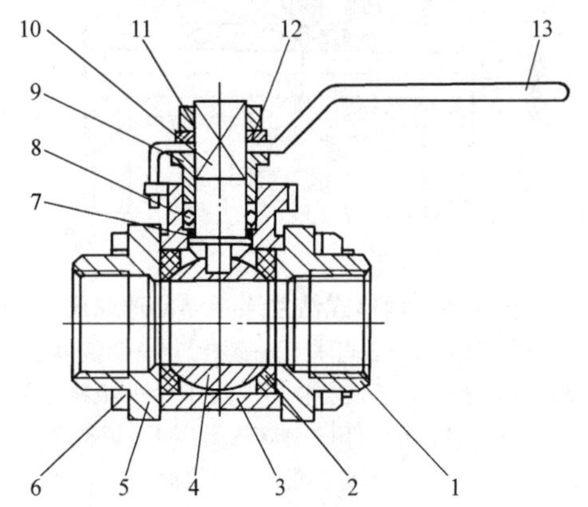

图 5-28 三体式螺纹连接浮动球球阀

1—右阀体 2—阀座 3—中阀体 4—球体 5—左阀体 6—螺栓 7—密封圈 8—填料 9—填料压套 10—阀杆 11—螺母 12—垫圈 13—手柄

表 5-15 浮动球球阀典型计算项目

序号	零件名称	计算内容	选用公式
1	阀体	壁厚	国标：T_1、T_2、T_3 美标：T_{10}、T_{13} 欧洲：T_{14}、T_{15} 日本：T_{16}、T_{17} 圆形铸铁：T_{18}
2	中法兰连接螺栓	强度验算	国标：S_3 美标：S_7
3	螺纹连接阀体	强度验算	国标：S_4 美标：S_8

（续）

序号	零件名称	计算内容	选用公式
4	阀体连接法兰	强度验算	F_1、F_2、F_3
5	阀杆	强度验算	G_{13}
6	密封面	密封面上总作用力及计算比压	M_8
7	手柄	总转矩及圆周力	L_6

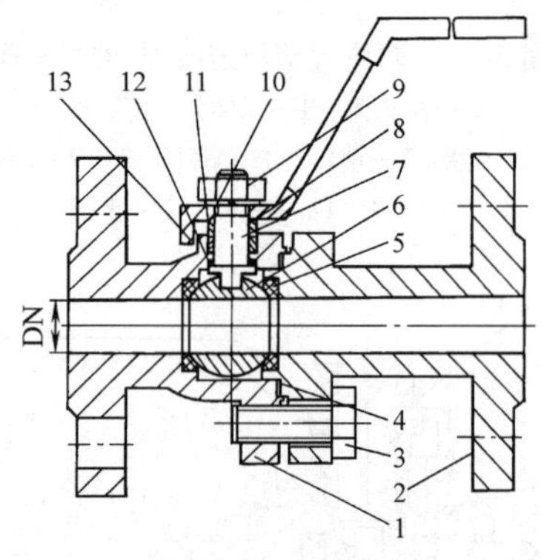

图 5-29 两体式法兰连接浮动球球阀

1—左阀体 2—右阀体 3—螺栓 4—调整垫片 5—阀座密封圈 6—球体 7—阀杆 8—填料压套 9—六角螺母 10—弹簧垫圈 11—填料 12—密封垫圈 13—手柄

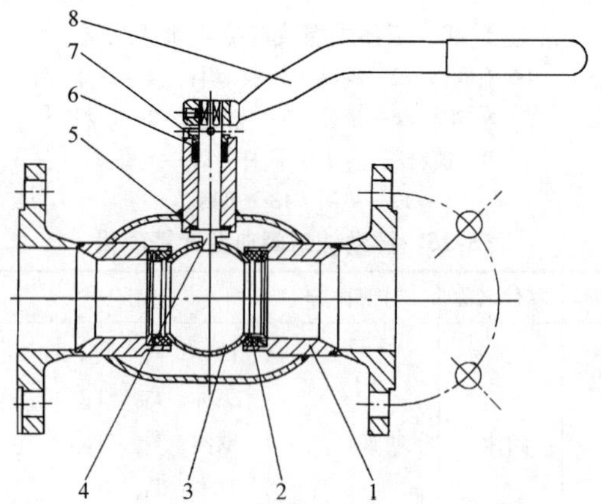

图 5-30 全焊接式法兰连接浮动球球阀

1—阀体 2—阀座 3—球体 4—阀杆 5—密封圈 6—填料 7—填料压套 8—手柄

（2）固定球球阀

1）单向密封阀座固定球球阀如图 5-31 和表5-16 所示。

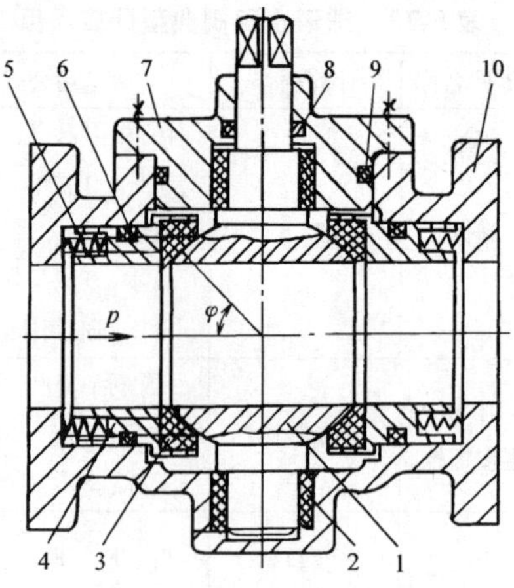

图 5-31 单向密封阀座固定球球阀

1—球体 2—滑动轴承 3—阀座密封圈 4—阀座活动套筒 5—压缩弹簧 6、8、9—O 形密封圈 7—阀盖 10—阀体

表 5-16 单向密封阀座固定球球阀典型计算项目

序号	零件名称	计算内容	选用公式
1	阀体	壁厚	国标：T_1、T_2、T_3 美标：T_{10}、T_{11}、T_{12}、T_{13} 欧洲：T_{14}、T_{15} 日本：T_{16}、T_{17} 薄壁圆筒：T_{18}
2	中法兰连接螺栓	强度验算	国标：S_3 美标：S_7
3	阀体连接法兰	强度验算	F_1、F_2、F_3
4	阀杆	强度验算	G_{14}、G_{15}
5	密封面	密封面总作用力及计算比压	M_9
6	中腔	超过 1.33P 时自动泄压	M_{11}
7	手柄	总转矩及圆周力	L_6
8	圆柱螺旋压缩弹簧	计算	$TH_1 \sim TH_8$
9	碟形弹簧	计算	$TH_9 \sim TH_{14}$

2）双向密封阀座固定球球阀如图5-32和表5-17所示。

3）一个阀座单向密封，一个阀座双向密封固定球球阀如图5-33～图5-35和表5-18所示。

（3）浮动球三通球阀　如图5-36、图5-37和表5-19所示。

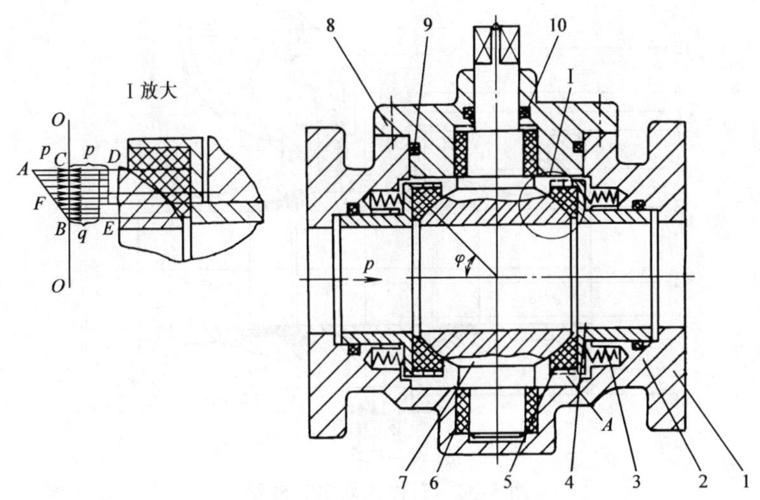

图5-32　双向密封阀座固定球球阀

1—阀体　2、9、10—O形密封圈　3—压缩弹簧　4—阀座活动套筒　5—阀座密封圈　6—滑动轴承　7—球体　8—阀盖

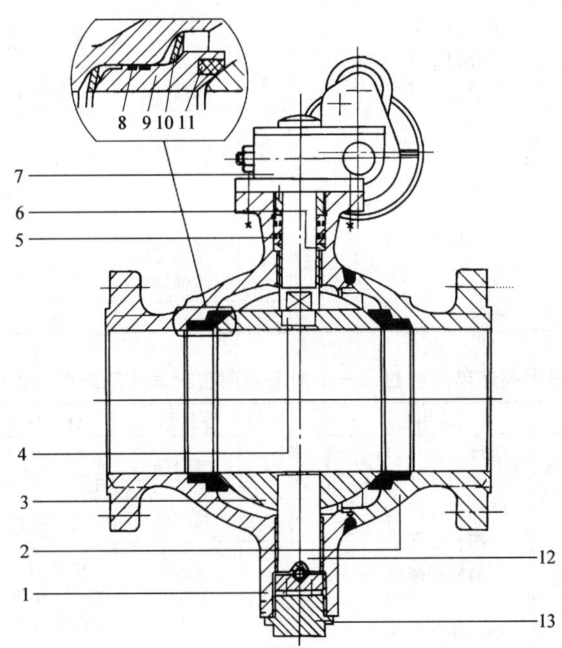

图5-33　全焊接式固定球球阀

1—左阀体　2—右阀体　3—球体　4—上阀杆　5、8—O形密封圈　6—滑动轴承　7—传动装置　9—阀座滑动套筒　10—碟形弹簧　11—阀座密封圈　12—下阀杆　13—螺塞

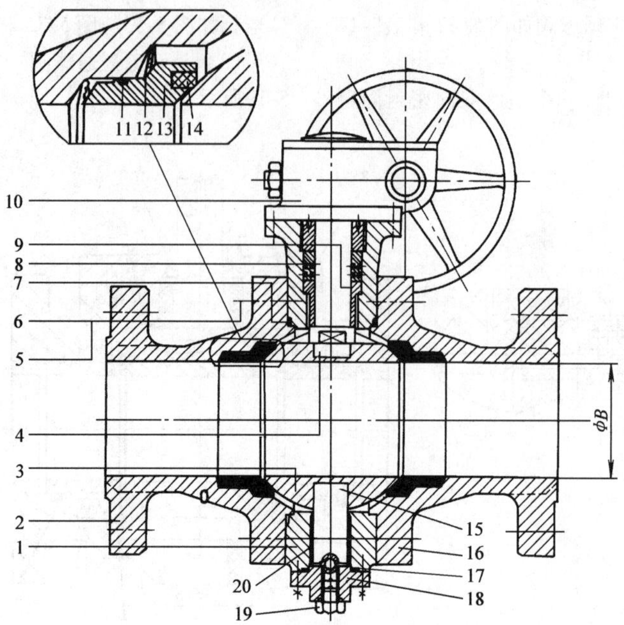

图 5-34　三体式固定球球阀

1—中阀体　2—右阀体　3—球体　4—上阀杆　5—双头螺柱　6—六角螺母　7—垫片　8、11—O 形密封圈　9—滑动轴承　10—传动装置　12—碟形弹簧　13—阀座滑动套筒　14—阀座密封圈　15—下阀杆　16—右阀体　17—垫片　18—堵盖　19—螺塞　20—滑动轴承

表 5-17　双向密封阀座固定球球阀典型计算项目

序号	零件名称	计算内容	选用公式
1	阀体	壁厚	国标：T_1、T_2、T_3 美标：T_{10}、T_{11}、T_{12}、T_{13} 欧洲：T_{14}、T_{15} 日本：T_{16}、T_{17} 薄壁圆筒：T_{18} 钢制球形薄壁：T_5、T_6 厚壁：T_8 钢制厚壁圆筒：T_7
2	阀体连接螺栓	强度验算	国标：S_3 美标：S_7
3	阀体连接法兰	强度验算	F_1、F_2、F_3
4	阀杆	强度验算	G_{14}、G_{15}
5	密封面	总作用力及计算比压	M_{10}
6	手柄	总转矩及圆周力	L_6
7	圆柱螺旋压缩弹簧	计算	TH_1 ~ TH_8
8	碟形弹簧	计算	TH_9 ~ TH_{14}

表 5-18　一个阀座单向密封、一个阀座双向密封固定球球阀典型计算项目

序号	零件名称	计算内容	选用公式
1	阀体	壁厚	国标：T_1、T_2、T_3 美标：T_{10}、T_{11}、T_{12}、T_{13} 欧洲：T_{14}、T_{15} 日本：T_{16}、T_{17} 钢制球形薄壁：T_5、T_6 厚壁：T_8 钢制厚壁圆筒：T_7 薄壁圆筒：T_{18}
2	阀体连接螺栓	强度验算	国标：S_3 美标：S_7
3	阀体连接法兰	强度验算	F_1、F_2、F_3
4	密封面	总作用力及计算比压	单向座：M_9 双向座：M_{10}
5	阀杆	强度验算	G_{14}、G_{15}
6	中腔	中腔压力超过 1.33P 时自动泄压计算	M_{11}
7	手柄	总转矩及圆周力	L_6
8	圆柱螺旋压缩弹簧	计算	TH_1 ~ TH_8
9	碟形弹簧	计算	TH_9 ~ TH_{14}

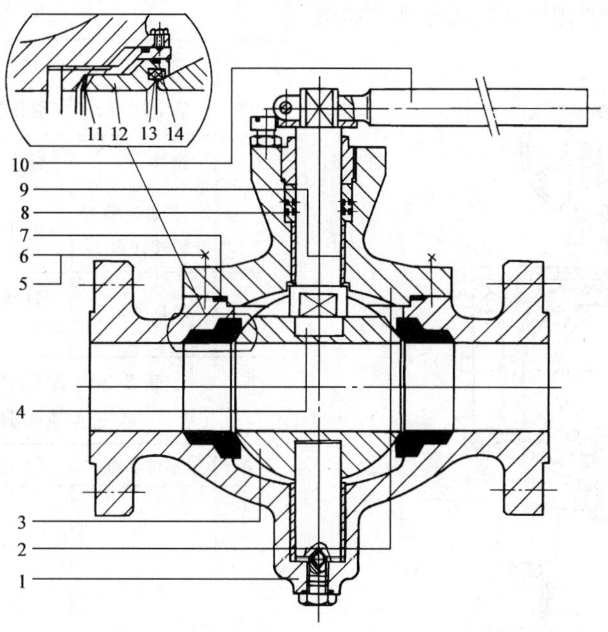

图 5-35 上装式固定球球阀

1—阀体 2—阀盖 3—球体 4—上阀杆 5—双头螺柱 6—六角螺母
7—垫片 8、14—O 形密封圈 9—滑动轴承 10—手柄 11—碟形弹簧
12—阀座滑动套筒 13—阀座密封圈

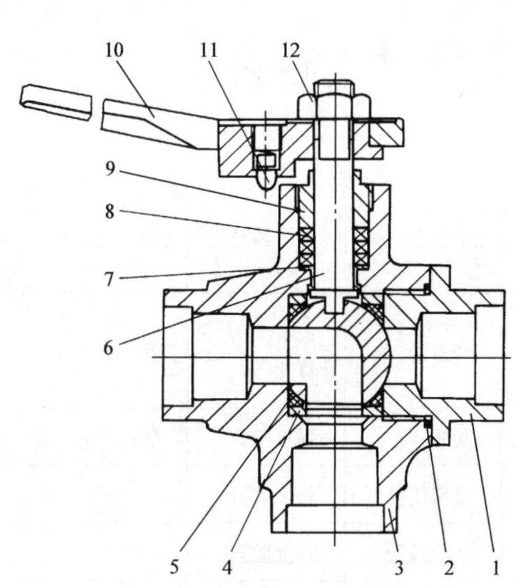

图 5-36 承插焊连接浮动球三通球阀

1—右阀体 2—O 形密封圈 3—左阀体
4—阀座套筒 5—阀座密封圈 6—阀杆
7—填料垫 8—填料 9—填料压套
10—手柄 11—限位装置 12—螺母

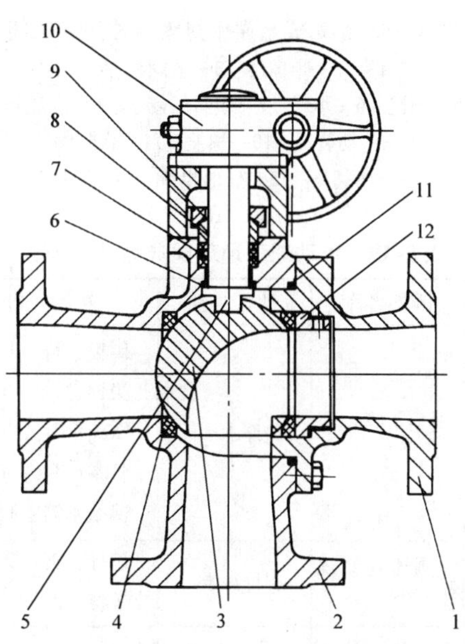

图 5-37 法兰连接浮动球三通球阀

1—右阀体 2—左阀体 3—球体 4—阀座 5—阀杆
6—密封圈 7—填料 8—填料压套 9—填料压板
10—传动装置 11—垫片 12—阀座压紧套

（4）半球式金属密封固定球三通球阀　如图5-38和表5-20所示。

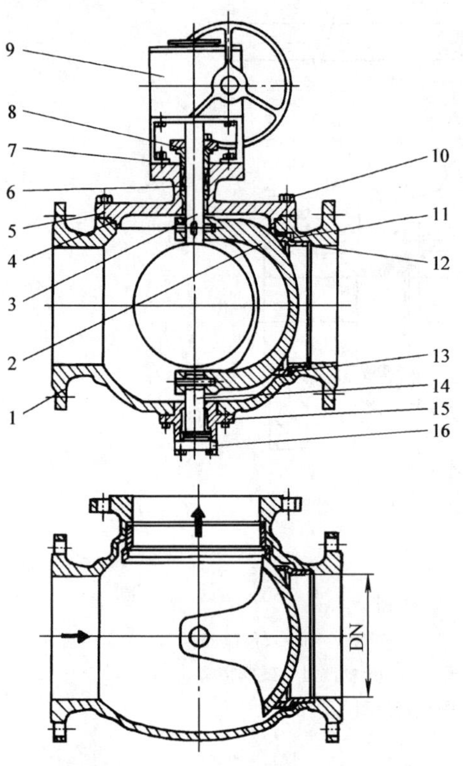

图5-38　半球式金属密封固定球三通球阀

1—阀体　2—半球体　3—上阀杆　4—垫片　5—阀盖　6—填料　7—填料压套　8—填料压板　9—传动装置　10—螺栓　11—密封圈　12—金属阀座　13—碟形弹簧　14—下阀杆　15—端盖　16—螺塞

表5-19　浮动球三通球阀典型计算项目

序号	零件名称	计算内容	选用公式
1	阀体	壁厚	国标：T_1、T_2、T_3 美标：T_{10}、T_{13} 欧洲：T_{14}、T_{15} 日本：T_{16}、T_{17} 薄壁圆筒：T_{18}
2	阀体连接螺栓	强度验算	国标：S_3 美标：S_7
3	阀体连接法兰	强度验算	F_1、F_2、F_3
4	密封面	总作用力及计算比压	M_8
5	阀杆	强度验算	G_{13}
6	填料压盖	强度验算	X_1
7	活节螺栓	强度验算	X_2
8	销轴	强度验算	X_3
9	支架与驱动装置连接盘	强度验算	Z_1
10	手柄	总转矩及圆周力	L_6

表5-20　半球式金属密封固定球三通球阀典型计算项目

序号	零件名称	计算内容	选用公式
1	阀体	壁厚	国标：T_1、T_2、T_3 美标：T_{10}、T_{11}、T_{12}、T_{13} 欧洲：T_{14}、T_{15} 日本：T_{16}、T_{17} 钢制球形薄壁：T_5、T_6 厚壁：T_8 钢制厚壁圆筒：T_7
2	中法兰连接螺栓	强度验算	国标：S_1、S_9、S_{10}、S_{11}、S_{12}、S_{13}、S_{14}、S_{15}、S_{16}、S_{17} 美标：S_5
3	中法兰	强度验算	F_1、F_2、F_3
4	密封面	总作用力及计算比压	M_8
5	阀杆	强度验算	G_{14}、G_{15}
6	填料压盖	强度验算	X_1
7	活节螺栓	强度验算	X_2
8	销轴	强度验算	X_3
9	支架与驱动装置连接盘	强度验算	Z_1
10	手柄	总转矩及圆周力	L_6

（5）升降杆式球阀　如图5-39、图5-40和表5-21所示。

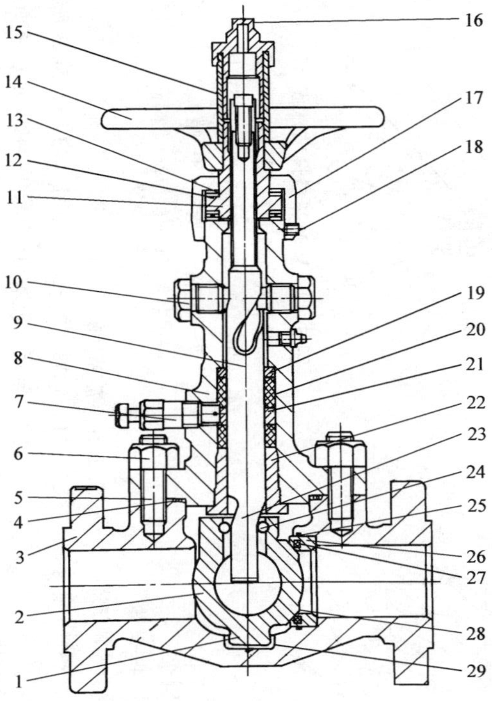

图5-39　轨道升降杆式球阀

1—球轴堆焊层　2—球体　3—阀体　4—垫片　5—双头螺柱　6—六角螺母　7—填料注入附件　8—阀盖　9—阀杆　10—阀杆导销　11—阀杆螺母　12—轴承　13—轴承座　14—手轮　15—阀杆保护套　16—开关位置指示器　17—阀盖帽　18—紧定螺钉　19—填料垫　20—填料　21—可注入式填料　22—阀盖衬套　23—支承销钉（未显示）　24—球体导销　25—O形密封圈　26—阀座体　27—阀座密封圈　28—球体密封面　29—球轴衬套

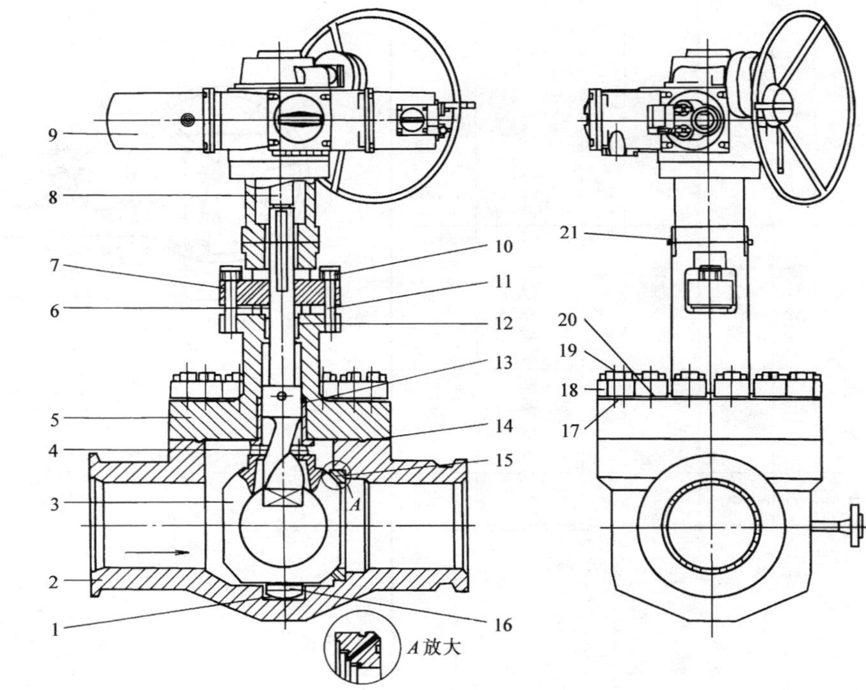

图5-40　螺旋升降杆式球阀

1—球体轴垫　2—阀体　3—球体　4—导销　5—阀盖　6—填料压套　7—填料压板　8—阀杆　9—电动装置　10—螺母　11—螺栓　12—填料　13—阀杆导套　14—垫片　15—阀座　16—球体轴　17—垫片　18—六角螺母　19—双头螺柱　20—垫圈　21—标牌

表5-21　升降杆式球阀典型计算项目

序号	零件名称	计算内容	选用公式	序号	零件名称	计算内容	选用公式
1	阀体	壁厚	国标：T_1、T_2、T_3 美标：T_{10}、T_{11}、T_{12}、T_{13} 欧洲：T_{14}、T_{15} 日本：T_{16}、T_{17} 钢制厚壁圆筒：T_7 钢制球形薄壁：T_5、T_6 厚壁：T_8	4	密封面	总作用力及计算比压	M_8
				5	阀杆	强度验算	G_{14}、G_{15}
				6	填料压盖	强度验算	X_1
				7	活节螺栓	强度验算	X_2
2	中法兰连接螺栓	强度验算	国标：S_1、S_9、S_{10}、S_{11}、S_{12}、S_{13}、S_{14}、S_{15}、S_{16}、S_{17} 美标：S_5	8	销轴	强度验算	X_3
				9	支架与驱动装置连接盘	强度验算	Z_1
3	中法兰	强度验算	F_1、F_2、F_3	10	手柄	总转矩及圆周力	L_6

（6）调节球阀　如图5-41、图5-42和表5-22所示。

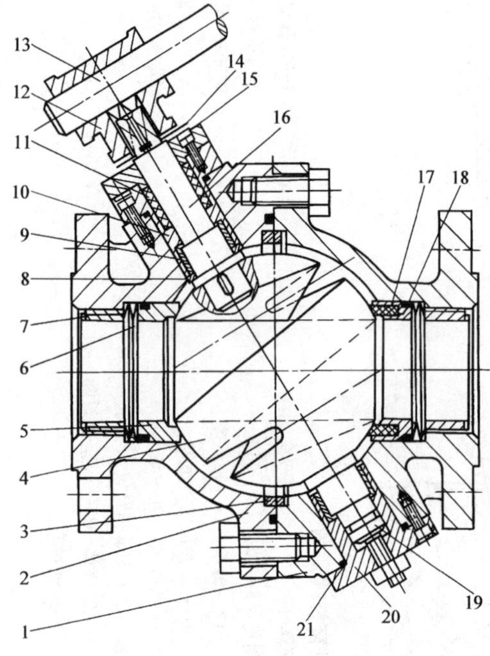

图5-41　变通径调节球阀

1—右阀体　2—左阀体　3—定位环　4—球体　5—左阀座　6—碟形弹簧　7—调整套　8—调整垫　9—轴套　10—上轴套　11—填料　12—填料压盖　13—手柄　14—指针　15—刻度盘　16—上阀杆　17—密封圈　18—右阀座　19—下阀杆　20—下轴套　21—密封垫

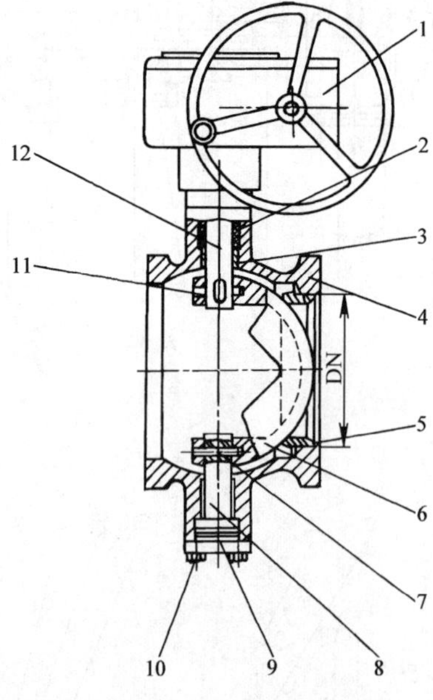

图5-42　V形开口调节球阀

1—传动装置　2—填料　3—滑动轴承　4—阀体　5—阀座　6—V形开口半球体　7—销　8—下阀杆　9—端盖　10—螺钉　11—销　12—上阀杆

5.2.5　旋塞阀

（1）填料式旋塞阀　如图5-43和表5-23所示。

（2）紧定式旋塞阀　如图5-44和表5-24所示。

（3）衬聚四氟乙烯旋塞阀　如图5-45和表5-25所示。

表 5-22　调节球阀典型计算项目

序号	零件名称	计算内容	选用公式
1	阀体	壁厚	国标：T_1、T_2、T_3 美标：T_{10}、T_{11}、T_{12}、T_{13} 欧洲：T_{14}、T_{15} 日本：T_{16}、T_{17} 钢制球形薄壁：T_5、T_6 厚壁：T_8 钢制圆筒：T_7
2	中法兰连接螺栓	强度验算	国标：S_1、S_9、S_{10}、S_{11}、S_{12}、S_{13}、S_{14}、S_{15}、S_{16}、S_{17} 美标：S_5
3	中法兰	强度验算	F_1、F_2、F_3
4	密封面	总作用力及计算比压	M_8
5	阀杆	强度验算	G_{14}、G_{15}
6	填料压盖	强度验算	X_1
7	活节螺栓	强度验算	X_2
8	销轴	强度验算	X_3
9	支架与驱动装置连接盘	强度验算	Z_1
10	手柄	总转矩及圆周力	L_6

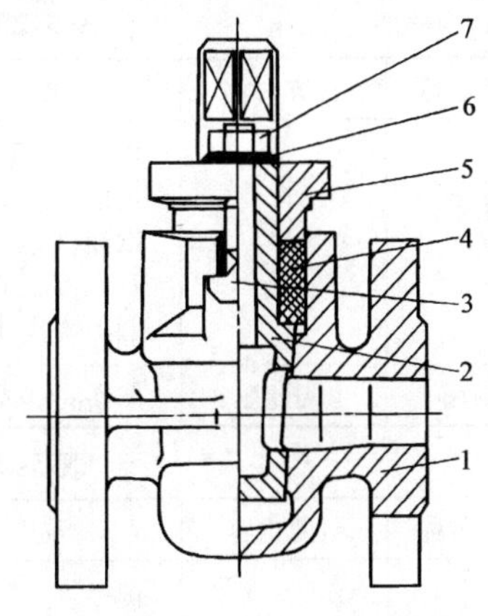

图 5-43　填料式旋塞阀

1—阀体　2—旋塞　3—T 形螺栓　4—填料　5—填料压盖　6—垫圈　7—六角螺母

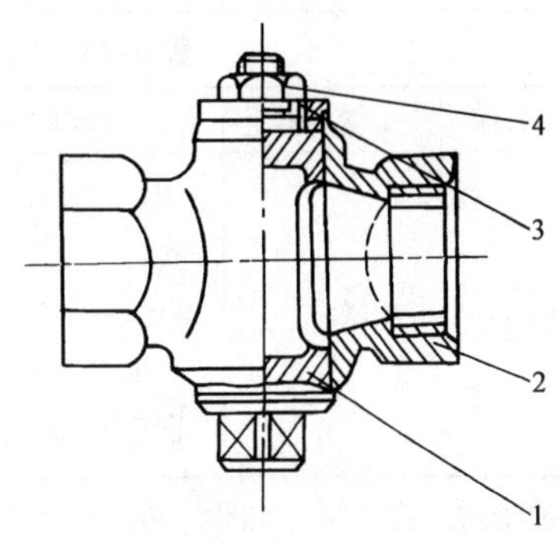

图 5-44　紧定式旋塞阀

1—旋塞　2—阀体　3—垫圈　4—六角螺母

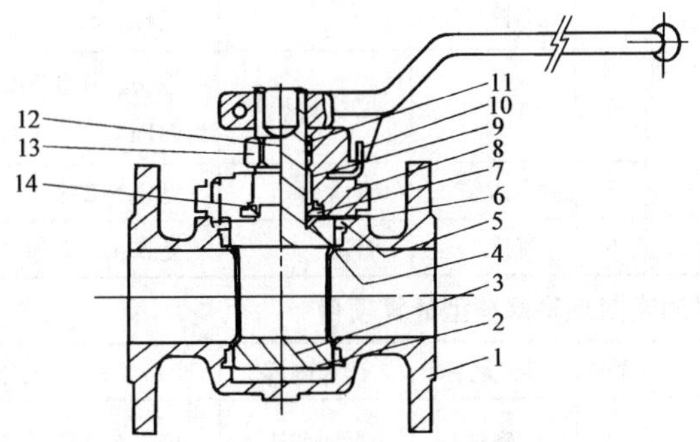

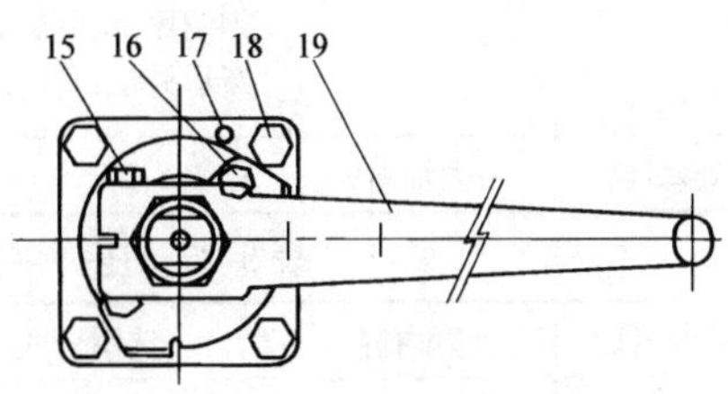

图 5-45　衬聚四氟乙烯旋塞阀

1—阀体　2—聚四氟乙烯衬套　3—旋塞　4—聚四氟乙烯三角圈　5—聚四氟乙烯隔膜　6—金属隔膜　7—承压环　8—阀盖　9—护壁板密封　10—限位板　11—O 形圈　12—防噪声弹簧　13—填料压盖　14—球形垫　15、16—螺栓　17—销　18—阀盖螺栓　19—手柄

表5-23　填料式旋塞阀典型计算项目

序号	零件名称	计算内容	选用公式
1	阀体	壁厚	国标：T_1、T_2、T_3 美标：T_{10}、T_{11}、T_{12}、T_{13} 欧洲：T_{14}、T_{15} 日本：T_{16}、T_{17} 圆形铸铁：T_{18}
2	密封面	必需比压	取 $q_{MF}=0.2PN$（MPa）
3	旋塞体	最大扭力	见表5-278
4	填料压盖	强度验算	X_1
5	活节螺栓	强度验算	X_2
6	销轴	强度验算	X_3
7	手柄	最大力矩	见表5-278

表5-24　紧定旋塞阀典型计算项目

序号	零件名称	计算内容	选用公式
1	阀体	壁厚	国标：T_1、T_2、T_3 美标：T_{10}、T_{11}、T_{12}、T_{13} 欧洲：T_{14}、T_{15} 日本：T_{16}、T_{17} 圆形铸铁：T_{18}
2	密封面	必需比压	取 $q_{MF}=0.2PN$（MPa）
3	旋塞体	最大轴向力	见表5-277
4	手柄	最大力矩	见表5-277

表5-25　衬聚四氟乙烯旋塞阀典型计算项目

序号	零件名称	计算内容	选用公式
1	阀体	壁厚	国标：T_1、T_2、T_3 美标：T_{10}、T_{11}、T_{12}、T_{13} 欧洲：T_{14}、T_{15} 日本：T_{16}、T_{17} 圆形铸铁：T_{18}
2	旋塞体	最大轴向力	见表5-277
3	中法兰连接螺栓	强度验算	国标：S_1 美标：S_5
4	密封面	必需比压	取 $q_{MF}=0.2PN$（MPa）
5	手柄	最大转矩	见表5-278

（4）油密封式旋塞阀　如图5-46和表5-26所示。

（5）压力平衡式油密封旋塞阀　如图5-47和表5-27所示。

（6）提升式旋塞阀　如图5-48和表5-28所示。

表5-26　油密封式旋塞阀典型计算项目

序号	零件名称	计算内容	选用公式
1	阀体	壁厚	国标：T_1、T_2、T_3 美标：T_{10}、T_{11}、T_{12}、T_{13} 欧洲：T_{14}、T_{15} 日本：T_{16}、T_{17} 钢制厚壁圆筒：T_7 圆形铸铁：T_{18}
2	旋塞体	最大轴向力	见表5-277
3	中法兰连接螺栓	强度验算	国标：S_1 美标：S_5
4	密封面	必需比压	取 $q_{MF}=0.2PN$（单位为MPa）
5	手柄	最大转矩	见表5-278
6	膜片	计算	见5.4.8.8

表5-27　压力平衡式油密封旋塞阀典型计算项目

序号	零件名称	计算内容	选用公式
1	阀体	壁厚	国标：T_1、T_2、T_3 美标：T_{10}、T_{11}、T_{12}、T_{13} 欧洲：T_{14}、T_{15} 日本：T_{16}、T_{17} 钢制厚壁圆筒：T_7 钢制球形厚壁：T_8 薄壁：T_5、T_6
2	旋塞体	最大轴向力	见表5-277
3	中法兰连接螺栓	强度验算	国标：S_1 美标：S_5
4	密封面	必需比压	取 $q_{MF}=0.2PN$（MPa）
5	手柄	最大转矩	见表5-278

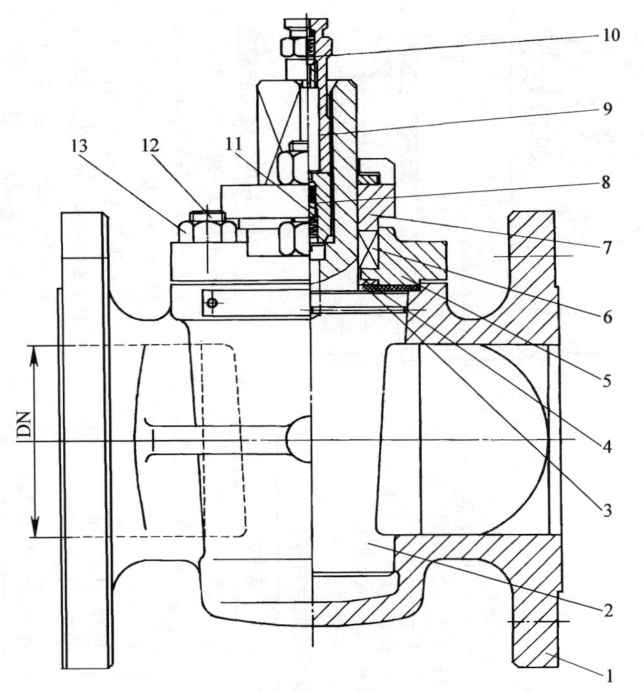

图 5-46　油密封式旋塞阀

1—阀体　2—旋塞　3—垫片　4—调整垫　5—阀盖　6—填料
7—填料压盖　8—双止回阀　9—压杆　10—压缩弹簧
11—钢球　12—双头螺柱　13—六角螺母

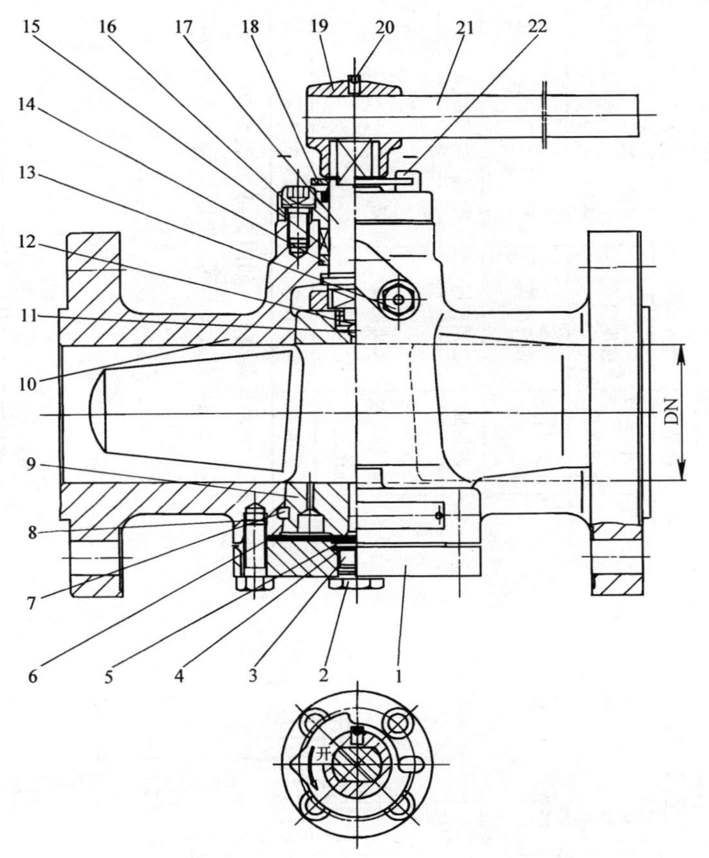

图 5-47　压力平衡式油密封旋塞阀

1—下盖　2—螺塞　3—调节螺钉　4—顶块　5—钢垫片　6—石墨垫片
7—□形密封圈　8—螺钉　9—旋塞　10—阀体　11—钢球　12—弹簧　13—注脂阀
14—填料垫　15—填料　16—内六角螺钉　17—阀杆　18—限位盘　19—接头
20—紧定螺钉　21—手柄　22—限位块

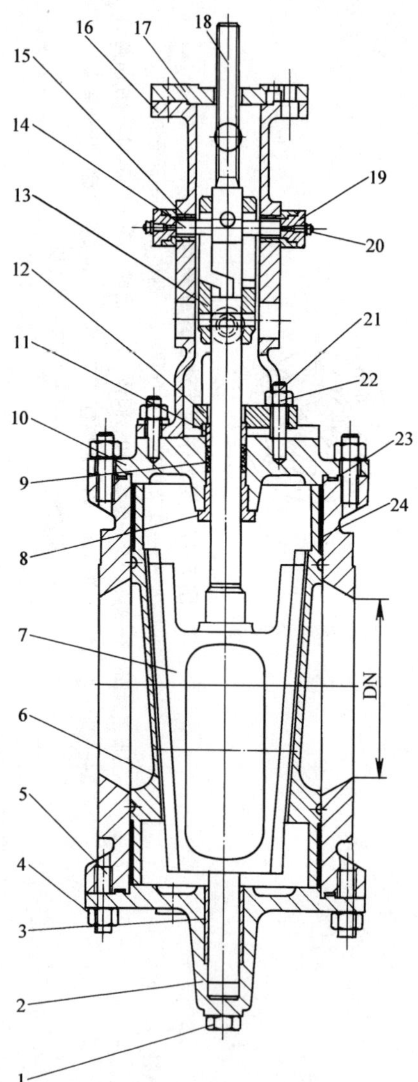

图5-48　提升式旋塞阀

1—螺塞　2—下端盖　3—滑动轴承　4—螺母　5—双头螺柱　6—阀座密封套　7—旋塞　8—上密封座　9—填料　10—阀盖　11—填料压套　12—填料压板　13—滑动套　14—导向销　15—导向销轴承　16—支架　17—连接盘　18—阀杆　19—注油体　20—油嘴　21—双头螺柱　22—六角螺母　23—密封垫　24—密封套

表5-28　提升式旋塞阀典型计算项目

序号	零件名称	计算内容	选用公式
1	阀体	壁厚	国标：T_1、T_2、T_3 美标：T_{10}、T_{11}、T_{12}、T_{13} 欧洲：T_{14}、T_{15} 日本：T_{16}、T_{17} 钢制厚壁圆筒：T_7
2	旋塞体	最大轴向力	见表5-277
3	中法兰连接螺栓	强度验算	国标：S_1 美标：S_5
4	填料压盖	强度验算	X_1
5	密封面	必需比压	取 $q_{MF}=0.2PN$（MPa）
6	支架与驱动装置连接盘	强度验算	Z_1
7	手柄	最大转矩	见表5-278

（7）双动作旋塞阀　如图5-49和表5-29所示。

（8）三通填料式旋塞阀　如图5-50和表5-30所示。

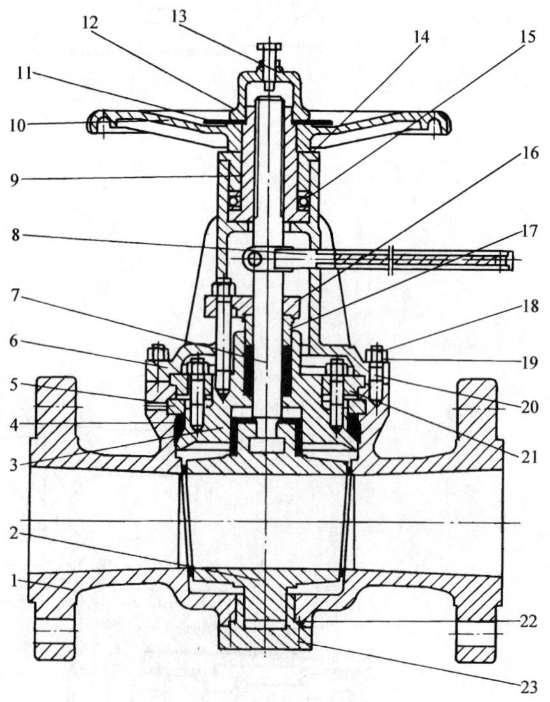

图5-49　双动作旋塞阀

1—阀体　2—旋塞　3—内压自封式阀盖　4—楔形密封环　5—四合环　6—支架　7—阀杆　8—提升旋塞手柄　9—阀杆螺母　10—手轮　11—铭牌　12—顶盖　13—限位螺钉　14—轴承压套　15—推力轴承　16—填料压板　17—填料压套　18—填料　19—六角螺母　20—双头螺柱　21—四合环压盖　22—垫圈　23—堵盖

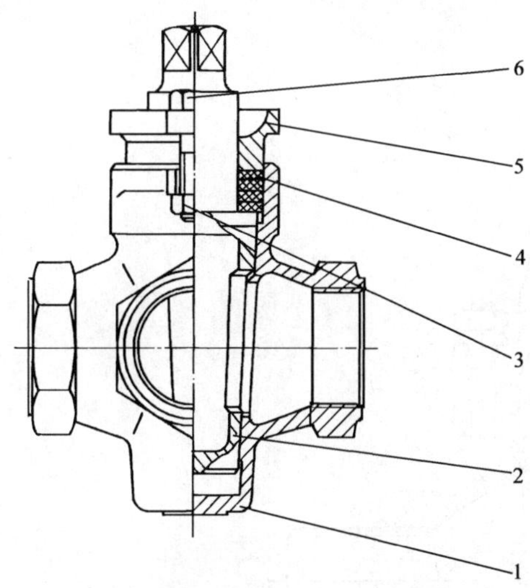

图 5-50 三通填料式旋塞阀

1—阀体 2—旋塞 3—六角螺母

4—密封填料 5—填料压盖 6—螺栓

表 5-29 双动作旋塞阀典型计算项目

序号	零件名称	计算内容	选用公式
1	阀体	壁厚	国标：T_1、T_2、T_3 美标：T_{10}、T_{11}、T_{12}、T_{13}、 欧洲：T_{14}、T_{15} 日本：T_{16}、T_{17} 钢制厚壁圆筒：T_7 钢制球形薄壁：T_5、T_6 厚壁：T_8
2	中法兰连接螺栓	强度验算	国标：S_1、S_9、S_{10}、S_{11}、S_{12}、S_{13}、S_{14}、S_{15}、S_{16}、S_{17} 美标：S_5
3	填料压盖	强度验算	X_1
4	填料螺栓	强度验算	X_2
5	压力密封阀盖	各组成零件强度计算	欧洲：I_{27}、I_{28}、I_{29}、I_{30}、I_{31}、I_{32}、I_{33}、I_{34}、I_{35}、I_{36} 国标：I_{37}、I_{38}、I_{39}、I_{40}、I_{41}、I_{42}、I_{43}、I_{44}、I_{45}、I_{46}、I_{47}、I_{48}、I_{49}、I_{50}、I_{51}、I_{52}
6	阀杆螺母	梯形螺纹强度验算	W_1
7	滚动轴承	基本额定动载荷 额定静载荷	L_1 L_2
8	旋塞体	最大轴向力	见表 5-277
9	密封面	必需比压	取 $q_{MF}=0.2PN$(MPa)
10	手柄	最大转矩	见表 5-278

表 5-30 三通填料式旋塞阀典型计算项目

序号	零件名称	计算内容	选用公式
1	阀体	壁厚	国标：T_1、T_3 美标：T_{10} 欧洲：T_{14} 日本：T_{16} 薄壁圆形阀体：T_{18}
2	填料压盖	强度验算	X_1
3	填料压盖螺栓	强度验算	X_2
4	旋塞体	最大轴向力	见表 5-277
5	密封面	必需比压	取 $q_{MF}=0.2PN$（MPa）
6	手柄	最大转矩	见表 5-278

5.2.6 柱塞阀

（1）直通式柱塞阀　如图 5-51 ~ 图 5-54 和表 5-31所示。

（2）直角式柱塞阀　如图 5-55 ~ 图 5-57 和表 5-32所示。

（3）截止式柱塞阀　如图 5-58 和表 5-33 所示。

表 5-31 直通式柱塞阀典型计算项目

序号	零件名称	计算内容	选用公式
1	阀体	壁厚	国标：T_1、T_2、T_3 美标：T_{10}、T_{11}、T_{12}、T_{13} 欧洲：T_{14}、T_{15} 日本：T_{16}、T_{17} 钢制厚壁圆筒：T_7 圆形铸铁：T_{18}
2	中法兰连接螺栓	强度验算	国标：S_1、S_9、S_{10}、S_{11}、S_{12}、S_{13}、S_{14}、S_{15}、S_{16}、S_{17} 美标：S_5
3	中法兰	强度验算	F_1、F_2、F_3
4	支架	强度验算	J_4、J_5、J_6、J_7
5	阀杆	强度验算	G_5、G_{12}
6	阀盖	强度验算	国标：I_{15} 欧洲：I_{16}、I_{17}、I_{18}、I_{19}、I_{20}、I_{21}、I_{22}、I_{23}、I_{24}、I_{25}、I_{26}
7	阀杆螺母	梯形螺纹强度验算 与支架连接螺纹强度验算	W_1 W_2
8	手轮	总转矩及圆周力	L_4

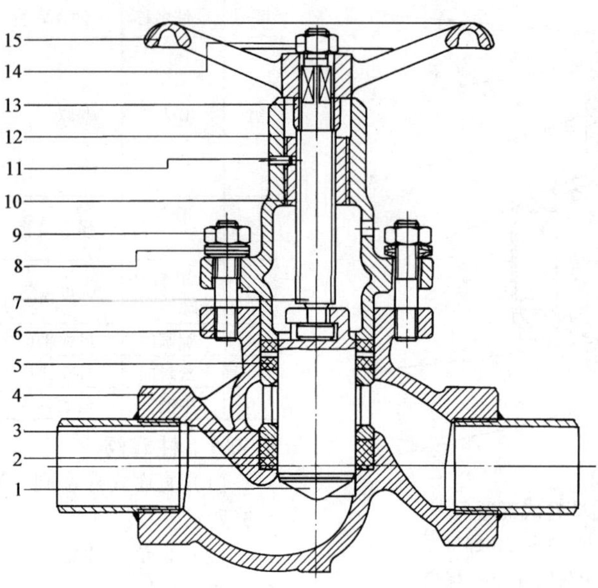

图 5-51 内螺纹、对接焊连接柱塞阀

1—柱塞 2—阀座密封环 3—隔离环 4—阀体 5—上密封环 6—双头螺柱 7—阀杆 8—碟形弹簧垫 9—六角螺母 10—阀杆螺母 11—定位销 12—阀盖 13—齿形衬套 14—六角螺母 15—手轮

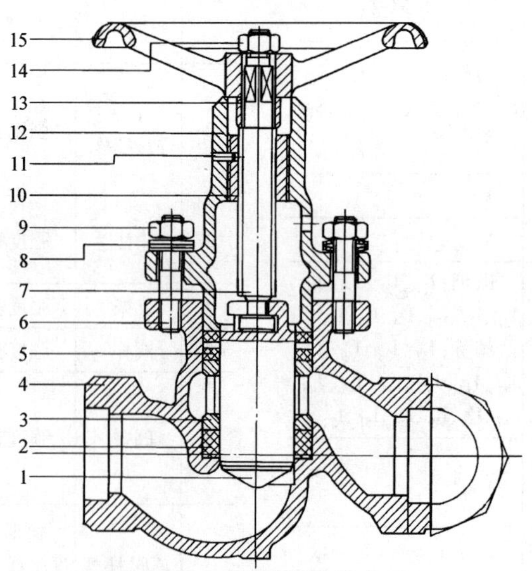

图 5-52 承插焊连接柱塞阀

1—柱塞 2—阀座密封环 3—隔离环 4—阀体 5—上密封环 6—双头螺柱 7—阀杆 8—碟形弹簧垫 9、14—六角螺母 10—阀杆螺母 11—定位销 12—阀盖 13—齿形衬套 15—手轮

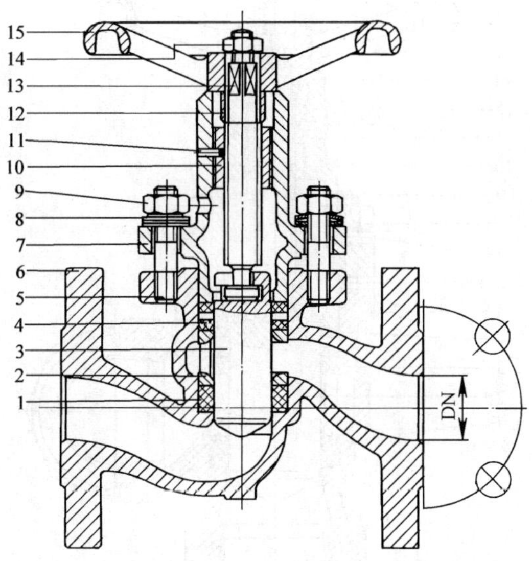

图 5-53 法兰连接柱塞阀

1—阀座密封环 2—隔离环 3—柱塞 4—上密封环 5—双头螺柱 6—阀体 7—阀盖 8—碟形弹簧垫 9—六角螺母 10—阀杆螺母 11—定位销 12—齿形衬套 13—阀杆 14—六角螺母 15—手轮

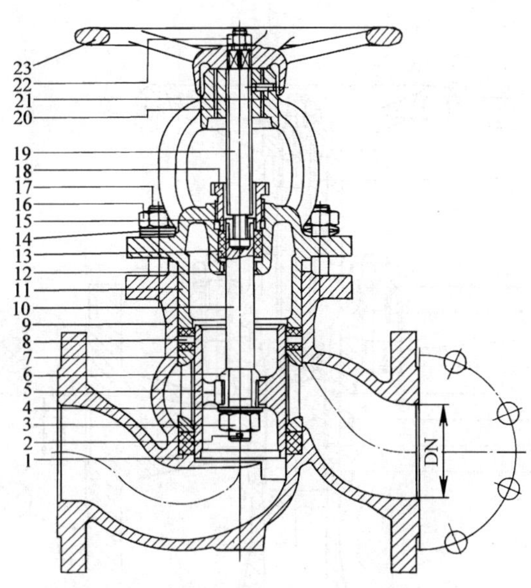

图 5-54 平衡式法兰连接柱塞阀

1—阀座密封环 2—销 3、16、22—六角螺母 4—垫圈 5—柱塞 6—上密封套 7—隔离环 8—上密封环 9—阀体 10—阀杆 11—阀盖 12—填料垫 13—填料 14—碟形弹簧垫 15—连接压套 17—双头螺柱 18—填料压盖 19—上阀杆 20—阀杆螺母 21—定位销 23—手轮

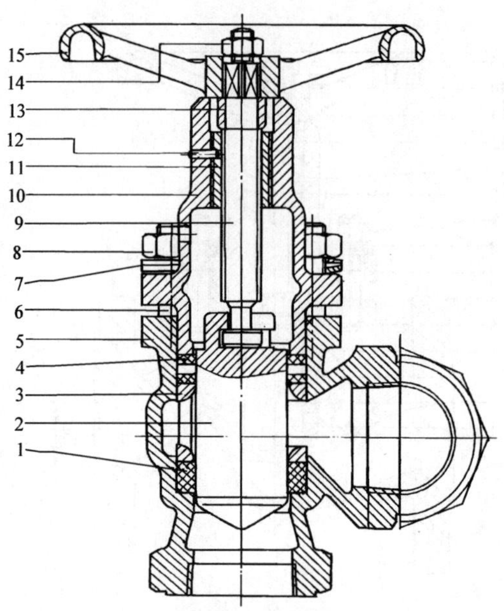

图5-55 内螺纹连接直角式柱塞阀

1—下阀座密封圈 2—柱塞 3—隔离环 4—上阀座密封圈 5—阀体 6—双头螺柱 7—碟形弹簧垫 8、14—六角螺母 9—阀杆 10—阀盖 11—阀杆螺母 12—定位销 13—齿形衬套 15—手轮

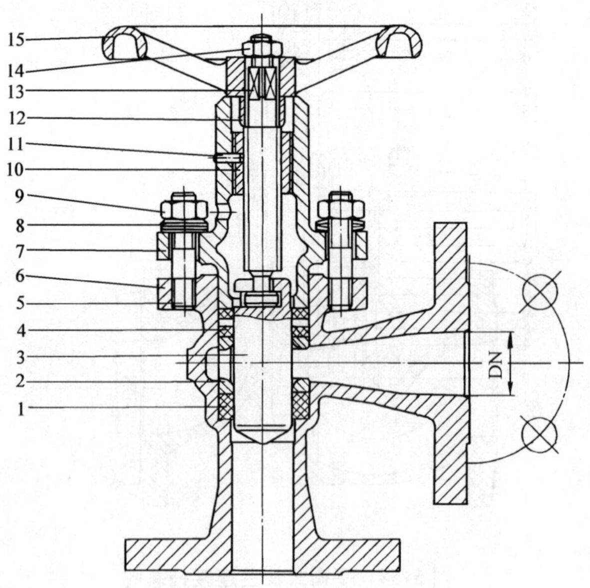

图5-56 法兰连接直角式柱塞阀

1—下阀座密封圈 2—隔离环 3—柱塞 4—上阀座密封圈 5—双头螺柱 6—阀体 7—阀盖 8—碟形弹簧垫 9、14—六角螺母 10—阀杆螺母 11—定位销 12—齿形衬套 13—阀杆 15—手轮

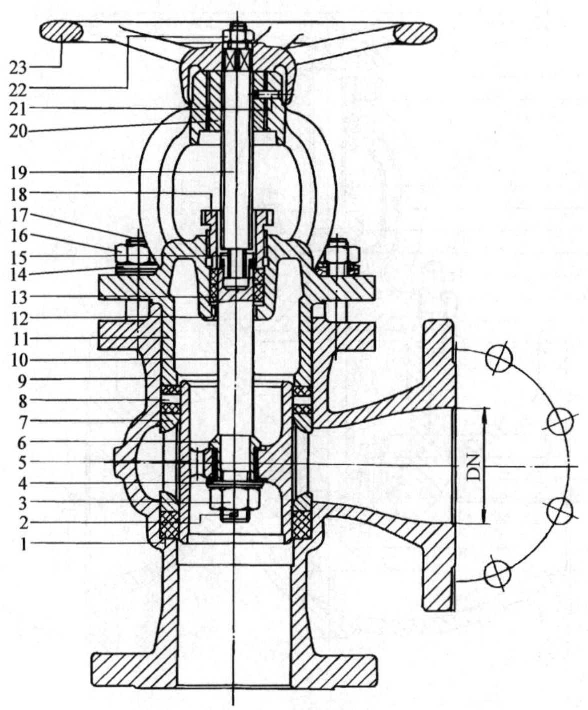

图 5-57　法兰连接平衡式直角柱塞阀

1—下阀座密封圈　2—开口销　3—螺母　4—垫圈　5—柱塞　6—上密封套　7—隔离环　8—上阀座密封圈　9—阀体　10—下阀杆　11—阀盖　12—填料垫　13—填料　14—碟形弹簧垫　15—连接压套　16—螺母　17—双头螺柱　18—填料压盖　19—上阀杆　20—阀杆螺母　21—定位销　22—六角螺母　23—手轮

表 5-32　直角式柱塞阀典型计算项目

序号	零件名称	计算内容	选用公式
1	阀体	壁厚	国标：T_1、T_2、T_3 美标：T_{10}、T_{11}、T_{12}、T_{13} 欧洲：T_{14}、T_{15} 日本：T_{16}、T_{17} 钢制厚壁圆筒：T_7 圆形铸铁：T_{18}
2	中法兰连接螺栓	强度验算	国标：S_1、S_9、S_{10}、S_{11}、S_{12}、S_{13}、S_{14}、S_{15}、S_{16}、S_{17} 美标：S_5
3	中法兰	强度验算	A 法：F_1、F_2、F_3 B 法：F_4、F_5、F_6、F_7
4	支架	强度验算	J_4、J_5、J_6、J_7
5	阀杆	强度验算	G_5、G_{12}
6	阀盖	强度验算	国标：I_{15} 欧洲：I_{16}、I_{17}、I_{18}、I_{19}、I_{20}、I_{21}、I_{22}、I_{23}、I_{24}、I_{25}、I_{26}
7	阀杆螺母	梯形螺纹强度验算 与支架连接螺纹强度验算	W_1 W_2
8	手轮	总转矩及圆周力	L_4

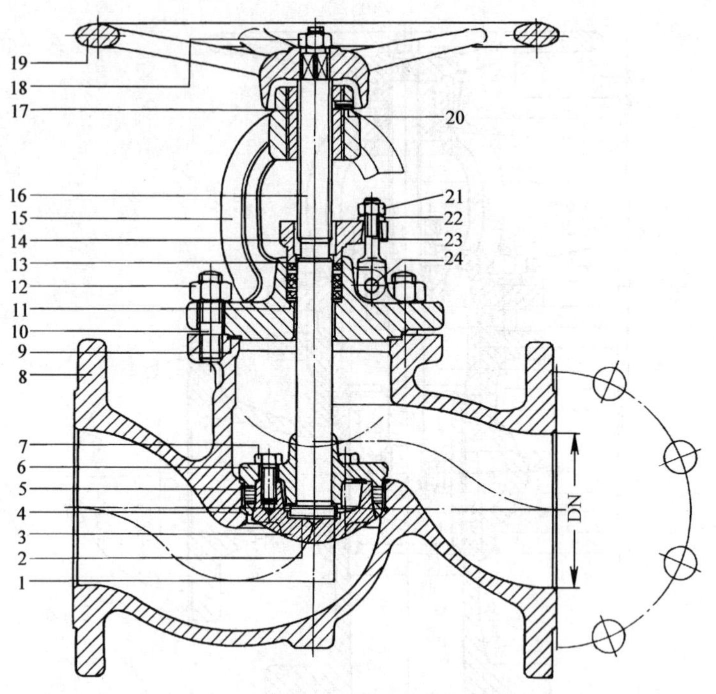

图 5-58　截止柱塞阀

1—卡环　2—减摩垫　3—阀瓣　4—垫环　5—柱塞套　6—柱塞压紧盖
7—六角螺栓　8—阀体　9—中法兰垫片　10—双头螺柱　11—填料垫
12、18、21—六角螺母　13—填料　14—填料压盖　15—阀盖　16—阀杆
17—阀杆螺母　19—手轮　20—定位销　22—垫圈　23—活节螺栓　24—销

表 5-33　截止式柱塞阀典型计算项目

序号	零件名称	计算内容	选用公式	序号	零件名称	计算内容	选用公式
1	阀体	壁厚	国标：T_1、T_2、T_3 美标：T_{10}、T_{11}、T_{12}、T_{13} 欧洲：T_{14}、T_{15} 日本：T_{16}、T_{17} 钢制厚壁圆筒：T_7 圆形铸铁：T_{18}	4	支架	强度验算	J_4、J_5、J_6、J_7
				5	阀杆	强度验算	G_5、G_{12}
				6	阀盖	强度验算	国标：I_{15} 欧洲：I_{16}、I_{17}、I_{18}、I_{19}、I_{20}、I_{21}、I_{22}、I_{23}、I_{24}、I_{25}、I_{26}
2	中法兰连接螺栓	强度验算	国标：S_1、S_9、S_{10}、S_{11}、S_{12}、S_{13}、S_{14}、S_{15}、S_{16}、S_{17} 美标：S_5	7	阀杆螺母	梯形螺纹强度验算 与支架连接螺纹强度验算	W_1 W_2
3	中法兰	强度验算	F_1、F_2、F_3	8	手轮	总转矩及圆周力	L_4

（4）双阀瓣压力平衡式柱塞阀 如图5-59和表5-34所示。

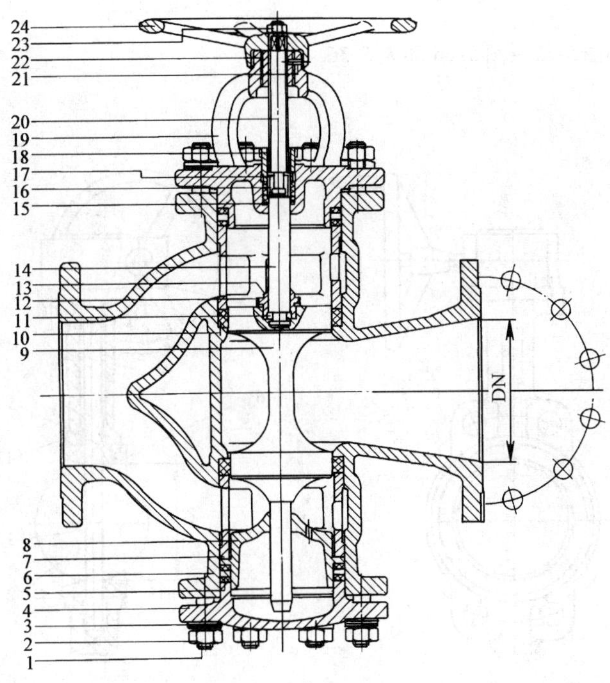

图5-59 双阀瓣压力平衡式柱塞阀

1—双头螺柱 2、23—六角螺母 3—垫圈 4—端盖 5—端盖密封环 6—阀体 7—隔离环 8—导向套 9—柱塞 10—密封环 11—对开圆环 12—阀瓣盖 13—上密封 14、20—阀杆 15—填料垫 16—填料 17—连接压套 18—填料压盖 19—阀盖 21—定位销 22—阀杆螺母 24—手轮

表5-34 双阀瓣压力平衡式柱塞阀典型计算项目

序号	零件名称	计算内容	选用公式
1	阀体	壁厚	国标：T_1、T_2、T_3 美标：T_{10}、T_{11}、T_{12}、T_{13} 欧洲：T_{14}、T_{15} 日本：T_{16}、T_{17} 钢制厚壁圆筒：T_7 圆形铸铁：T_{18}
2	中法兰连接螺栓	强度验算	国标：S_1、S_9、S_{10}、S_{11}、S_{12}、S_{13}、S_{14}、S_{15}、S_{16}、S_{17} 美标：S_5
3	中法兰	强度验算	F_1、F_2、F_3
4	支架	强度验算	J_4、J_5、J_6、J_7
5	阀杆	强度验算	G_5、G_{12}
6	阀盖	强度验算	国标：I_{15} 欧洲：I_{16}、I_{17}、I_{18}、I_{19}、I_{20}、I_{21}、I_{22}、I_{23}、I_{24}、I_{25}、I_{26}
7	阀杆螺母	梯形螺纹强度验算 与支架连接螺纹强度验算	W_1 W_2
8	手轮	总转矩及圆周力	L_4

5.2.7 蝶阀

（1）中线蝶阀 如图5-60、图5-61和表5-35所示。

（2）单偏心蝶阀 如图5-62～图5-66和表5-36所示。

（3）双偏心蝶阀 如图5-67～图5-73和表5-37所示。

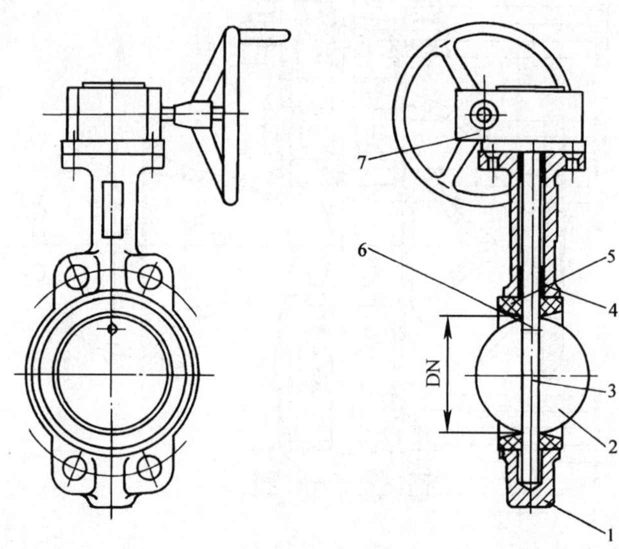

图5-60 A型中线蝶阀

1—阀体 2—蝶板 3—阀杆 4—滑动轴承 5—阀座密封套
6—圆锥销 7—手动传动装置

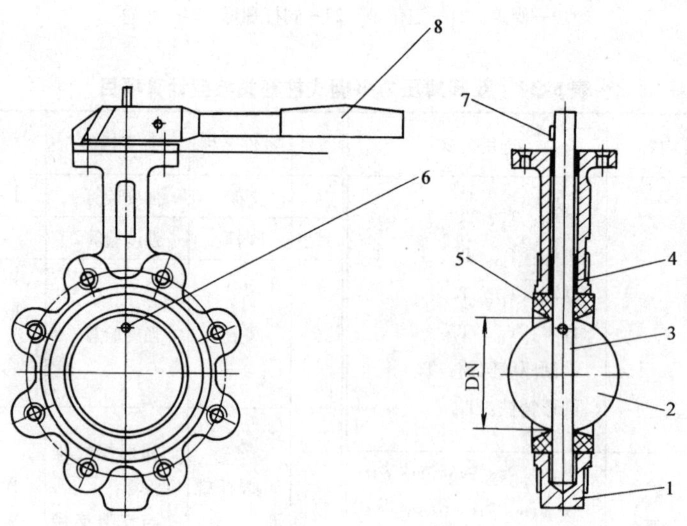

图5-61 LT型中线蝶阀

1—阀体 2—蝶板 3—阀杆 4—滑动轴承 5—阀座密封套
6—圆锥销 7—键 8—手柄

表 5-35　中线蝶阀典型计算项目

序号	零件名称	计算内容	选用公式	序号	零件名称	计算内容	选用公式
1	阀体	壁厚	国标：T_1、T_2、T_3 美标：T_{10}、T_{11}、T_{12}、T_{13} 欧洲：T_{14}、T_{15} 日本：T_{16}、T_{17} 圆筒铸铁：T_{18}	3	蝶板	厚度	见表 5-285
				4	蝶板	强度验算	见表 5-288、表 5-289
				5	阀杆	强度验算	见表 5-283
2	阀座	橡胶密封圈压缩量与比压的关系	橡胶密封圈的压缩比应控制在 15% ~20%	6	手柄	总转矩及圆周力	L_6，见表 5-283

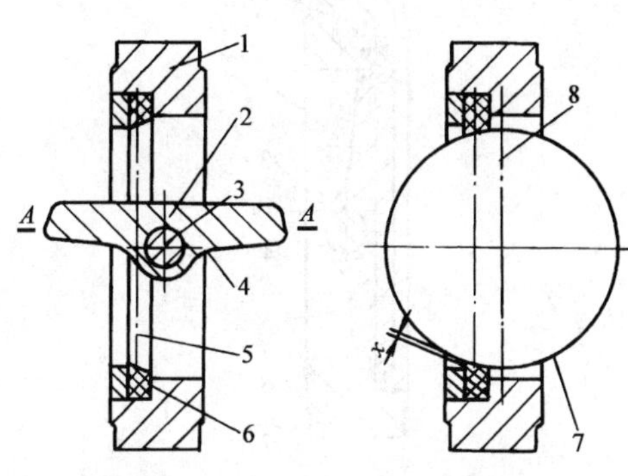

图 5-62　单偏心密封蝶阀密封结构

1—阀体　2—蝶板　3—阀杆　4—阀体中心线　5—密封截面　6—聚四氟乙烯密封圈　7—蝶板密封圈外圆　8—阀杆中心线

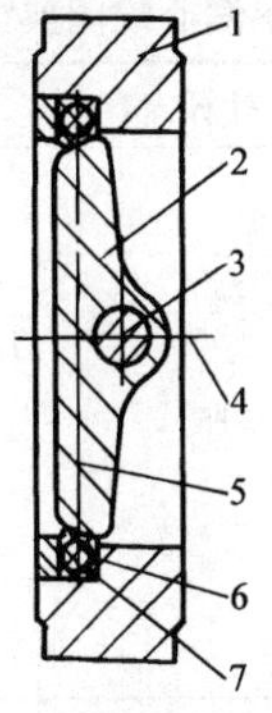

图 5-64　聚四氟乙烯合成橡胶复合阀座单偏心蝶阀

1—阀体　2—蝶板　3—阀杆　4—阀体中心线　5—密封截面　6—合成橡胶　7—聚四氟乙烯密封圈

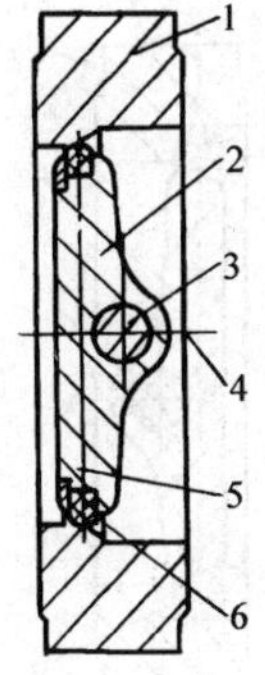

图 5-63　合成橡胶密封单偏心蝶阀

1—阀体　2—蝶板　3—阀杆　4—阀体中心线　5—密封截面　6—合成橡胶密封圈

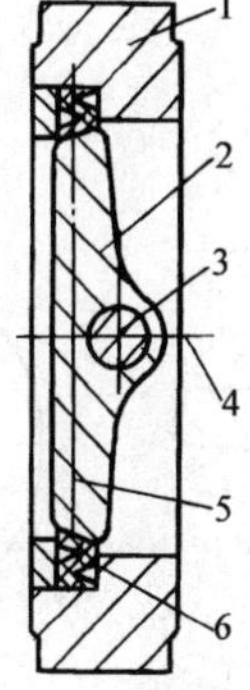

图 5-65　Z 形聚四氟乙烯阀座单偏心蝶阀

1—阀体　2—蝶板　3—阀杆　4—阀体中心线　5—密封截面　6—聚四氟乙烯密封圈

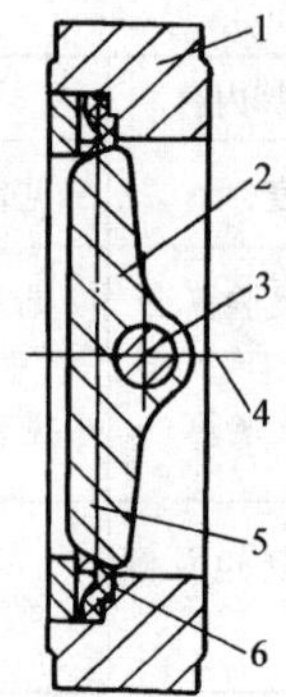

图5-66　不锈钢金属密封阀座单偏心蝶阀
1—阀体　2—蝶板　3—阀杆　4—阀体中心线
5—密封截面　6—不锈钢密封圈

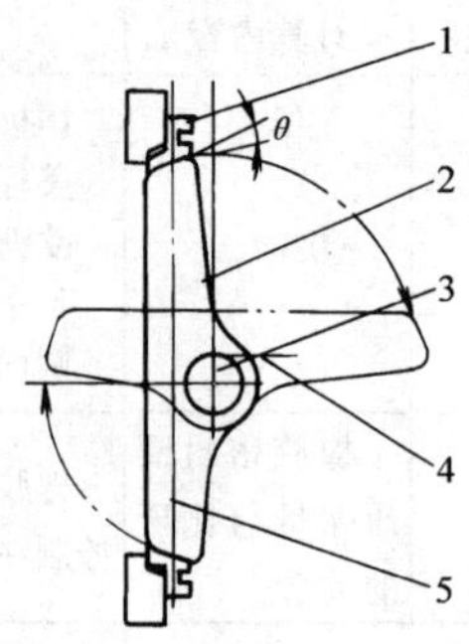

图5-68　双偏心蝶阀开启、关闭原理图
1—阀座　2—蝶板　3—阀杆
4—阀体中心线　5—密封截面

表5-36　单偏心蝶阀典型计算项目

序号	零件名称	计算内容	选用公式
1	阀体	壁厚	国标：T_1、T_2、T_3 美标：T_{10}、T_{11}、T_{12}、T_{13} 欧洲：T_{14}、T_{15} 日本：T_{16}、T_{17} 钢制厚壁圆筒：T_7 圆形铸铁：T_{18}
2	阀座	密封面上计算比压	M_1
3	蝶板	厚度 强度验算	见表5-285 见表5-288、表5-289
4	阀杆	强度验算	见表5-283
5	手柄	总转矩及圆周力	L_6，见表5-283

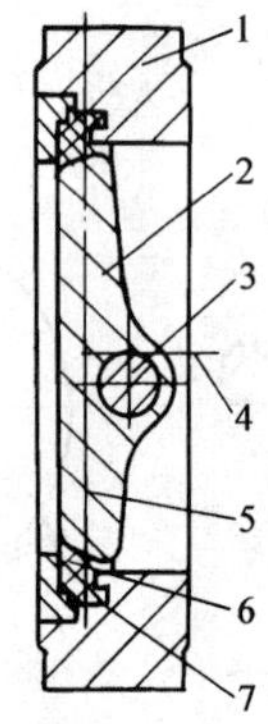

图5-69　聚四氟乙烯阀座双偏心蝶阀
1—阀体　2—蝶板　3—阀杆　4—阀体中心线
5—密封截面　6—聚四氟乙烯密封圈
7—不锈钢密封圈

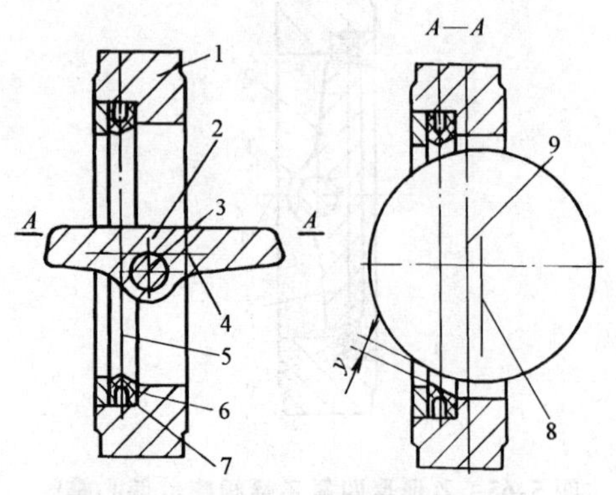

图5-67　双偏心密封蝶阀密封副结构
1—阀体　2—蝶板　3—阀杆　4—阀体中心线
5—密封截面　6—弹性钢丝　7—聚四氟乙烯密封圈
8—蝶板中心线　9—阀杆中心线

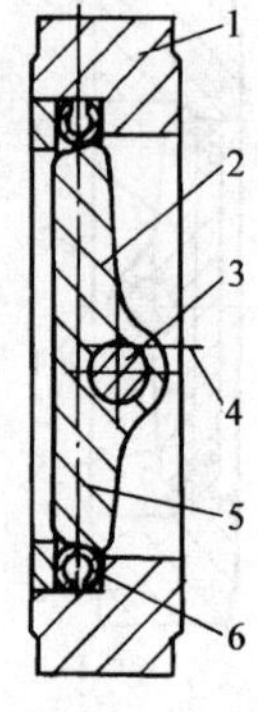

图5-70　开口金属O形圈阀座双偏心蝶阀
1—阀体　2—蝶板　3—阀杆　4—阀体中心线
5—密封截面　6—不锈钢密封圈

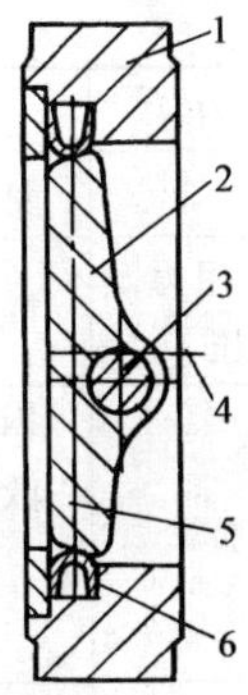

图 5-71 不锈钢金属 U 形圈阀座双偏心蝶阀

1—阀体 2—蝶板 3—阀杆 4—阀体中心线 5—密封截面 6—不锈钢 U 形密封圈

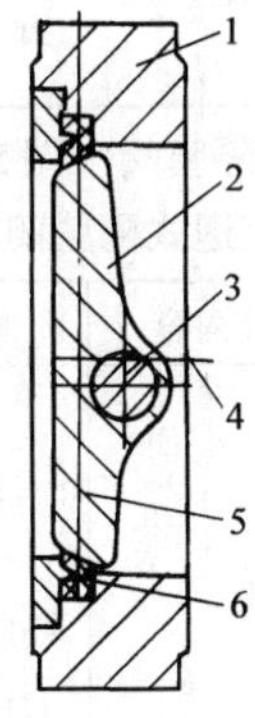

图 5-72 聚甲醛塑料阀座双偏心蝶阀

1—阀体 2—蝶板 3—阀杆 4—阀体中心线 5—密封截面 6—聚甲醛密封圈

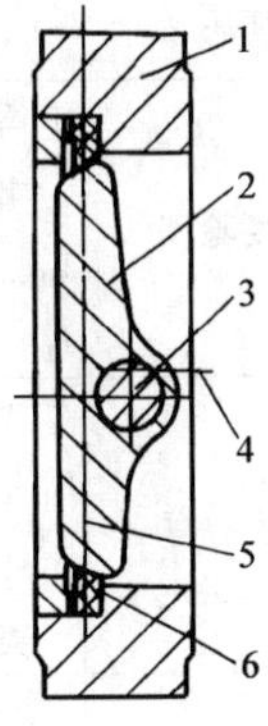

图 5-73 双不锈钢阀座双偏心蝶阀

1—阀体 2—蝶板 3—阀杆 4—阀体中心线 5—密封截面 6—不锈钢密封圈

表 5-37 双偏心蝶阀典型计算项目

序号	零件名称	计算内容	选用公式
1	阀体	壁厚	国标：T_1、T_2、T_3 美标：T_{10}、T_{11}、T_{12}、T_{13} 欧洲：T_{14}、T_{15} 日本：T_{16}、T_{17} 钢制厚壁圆筒：T_7 圆形铸铁：T_{17}
2	阀座	密封面上计算比压	M_1
3	蝶板	厚度 强度验算	见表 5-285 见表 5-288、表 5-289
4	阀杆	强度验算	见表 5-283
5	手柄	总转矩及圆周力	L_6，见表 5-283

（4）三偏心蝶阀 如图 5-74 ~ 图 5-77 和表 5-38 所示。

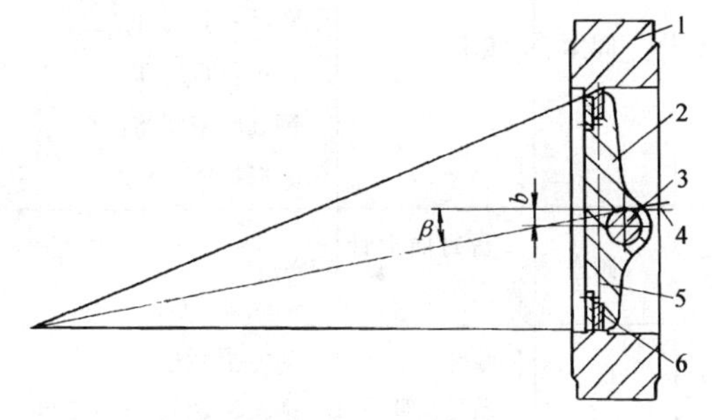

图 5-74 三偏心金属密封蝶阀

1—阀体 2—蝶板 3—阀杆 4—阀体中心线 5—密封截面 6—不锈钢密封圈

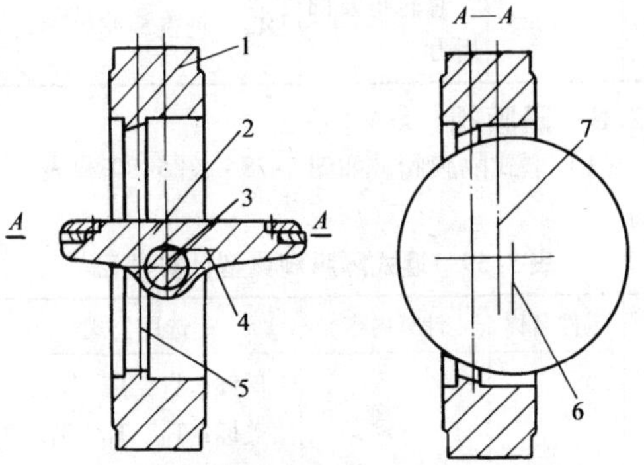

图 5-75 三偏心金属密封蝶阀开启状态图

1—阀体 2—蝶板 3—阀杆 4—阀体中心线 5—密封截面 6—蝶板中心线 7—阀杆中心线

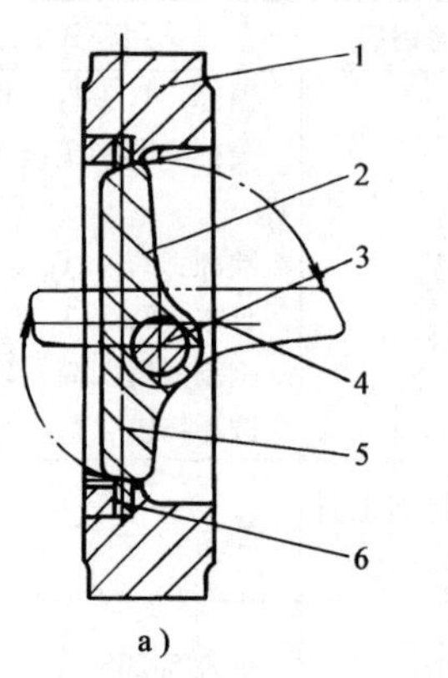

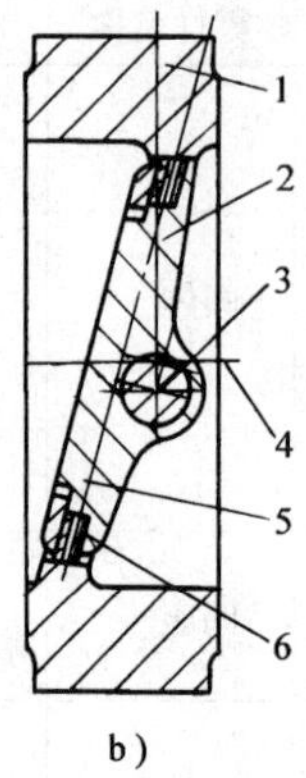

图5-76　三偏心金属密封蝶阀关闭状态图
a）垂直板三偏心金属密封蝶阀　b）斜板三偏心金属密封蝶阀
1—阀体　2—蝶板　3—阀杆　4—阀体中心线　5—密封截面　6—不锈钢密封圈

表5-38　三偏心蝶阀典型计算项目

序号	零件名称	计算内容	选用公式
1	阀体	壁厚	国标：T_1、T_2、T_3 美标：T_{10}、T_{11}、T_{12}、T_{13} 欧洲：T_{14}、T_{15} 日本：T_{16}、T_{17} 钢制厚壁圆筒：T_7 圆形铸铁：T_{18}
2	阀座	密封面上计算比压	M_1
3	蝶板	厚度 强度验算	见表5-285 见表5-288、表5-289
4	阀杆	强度验算	见表5-283
5	键	强度验算	G_7
6	手柄	总转矩及圆周力	L_6，见表5-283

5.2.8　隔膜阀

（1）堰式隔膜阀　如图5-78～图5-80和表5-39所示。

表5-39　堰式隔膜阀典型计算项目

序号	零件名称	计算内容	选用公式
1	阀体	壁厚	国标：T_1、T_2、T_3 美标：T_{10}、T_{11}、T_{12}、T_{13} 欧洲：T_{14}、T_{15} 日本：T_{16}、T_{17} 圆形铸铁：T_{18}
2	隔膜	厚度	见表5-290
3	密封面	总作用力及计算比压	M_7
4	阀盖	强度验算	国标：I_{15} 欧洲：I_{16}、I_{17}、I_{18}、I_{19}、I_{20}、I_{21}、I_{22}、I_{23}、I_{24}、I_{25}、I_{26}
5	中法兰连接螺栓	强度验算	国标：S_1、S_9、S_{10}、S_{11}、S_{12}、S_{13}、S_{14}、S_{15}、S_{16}、S_{17} 美标：S_5
6	中法兰	强度验算	F_1、F_2、F_3
7	手轮	总转矩及圆周力	L_3

（2）平底直通式隔膜阀（图5-81和表5-40）

表5-40　平底直通式隔膜阀典型计算项目

序号	零件名称	计算内容	选用公式
1	阀体	壁厚	国标：T_1、T_2、T_3 美标：T_{10}、T_{11}、T_{12}、T_{13} 欧洲：T_{14}、T_{15} 日本：T_{16}、T_{17} 圆形铸铁：T_{18}
2	隔膜	厚度及密封面挤压应力	见表5-290、表5-292
3	密封面	总作用力及计算比压	M_7
4	阀盖	强度验算	国标：I_{15} 欧洲：I_{16}、I_{17}、I_{18}、I_{19}、I_{20}、I_{21}、I_{22}、I_{23}、I_{24}、I_{25}、I_{26}
5	中法兰连接螺栓	强度验算	国标：S_1、S_9、S_{10}、S_{11}、S_{12}、S_{13}、S_{14}、S_{15}、S_{16}、S_{17} 美标：S_5
6	中法兰	强度验算	F_1、F_2、F_3
7	手轮	总转矩及圆周力	L_3

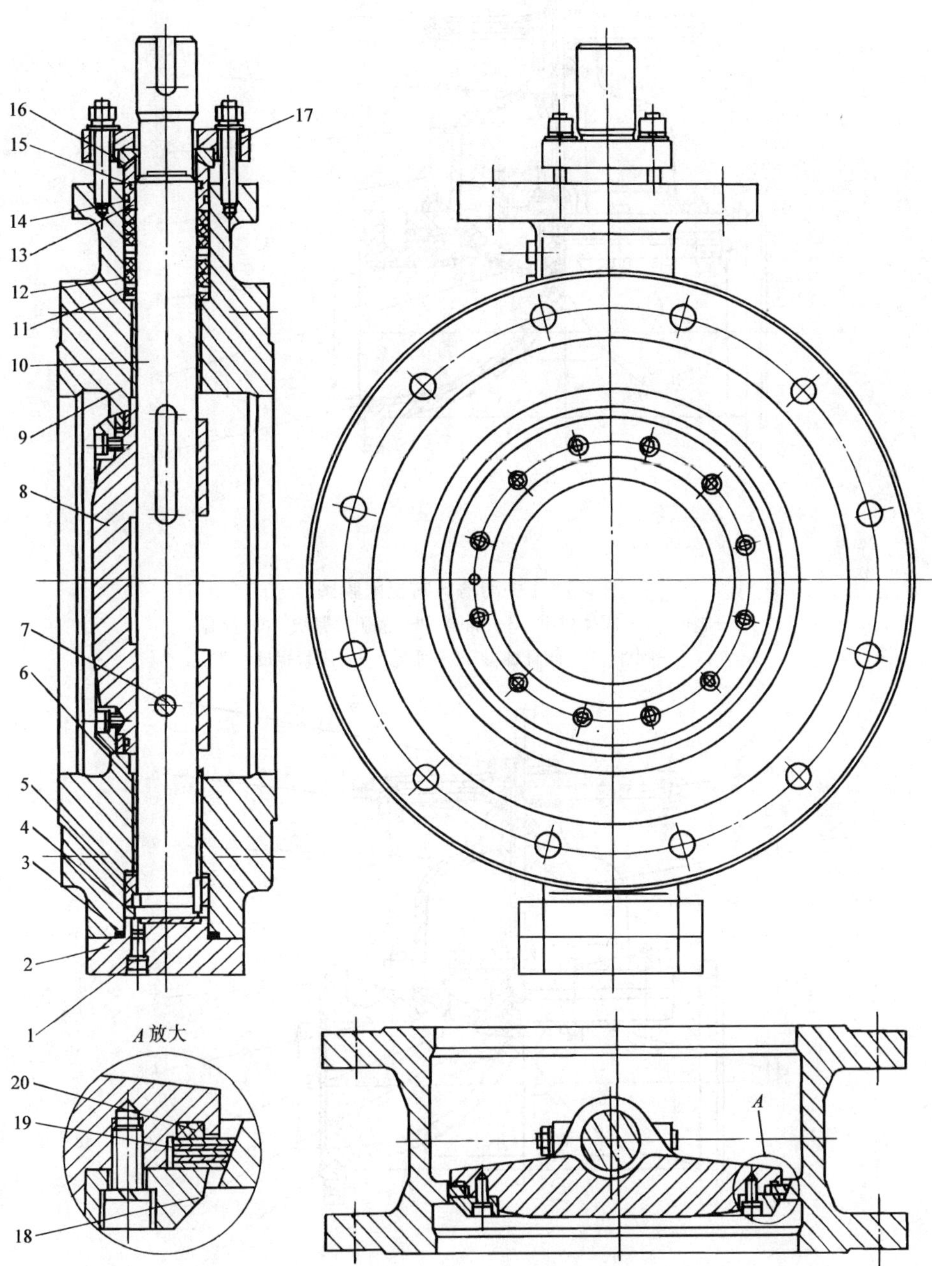

图 5-77 三偏心金属密封蝶阀标准结构

1—内六角螺钉 2—下法兰 3—端面密封圈 4—推力轴承 5—卡键 6—轴承 7—锥销 8—蝶板 9—阀体 10—阀杆 11—隔离环 12—填料 13—填料压套 14—O 形密封圈 15—填料压环 16—对开圆环 17—填料压板 18—密封圈压紧环 19—密封圈 20—蝶板密封圈

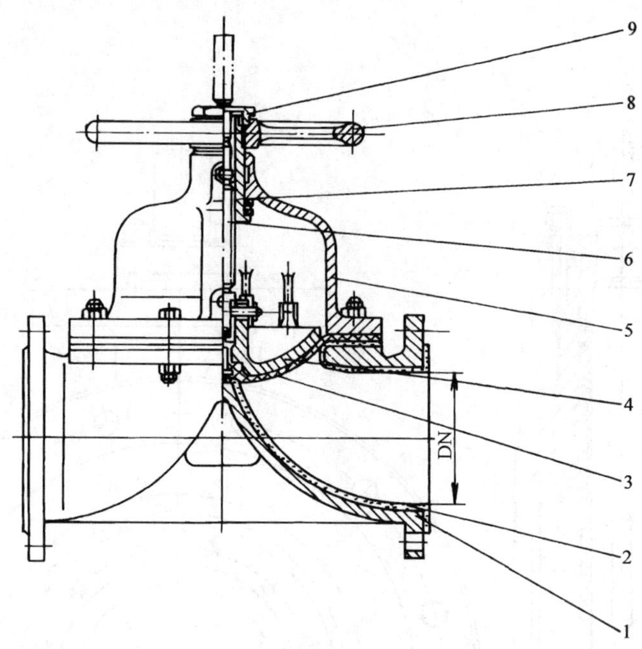

图5-78 手动堰式衬里隔膜阀

1—阀体 2—阀体衬里 3—隔膜 4—隔膜压紧块 5—阀盖 6—阀杆 7—阀杆螺母 8—手轮 9—压紧螺母

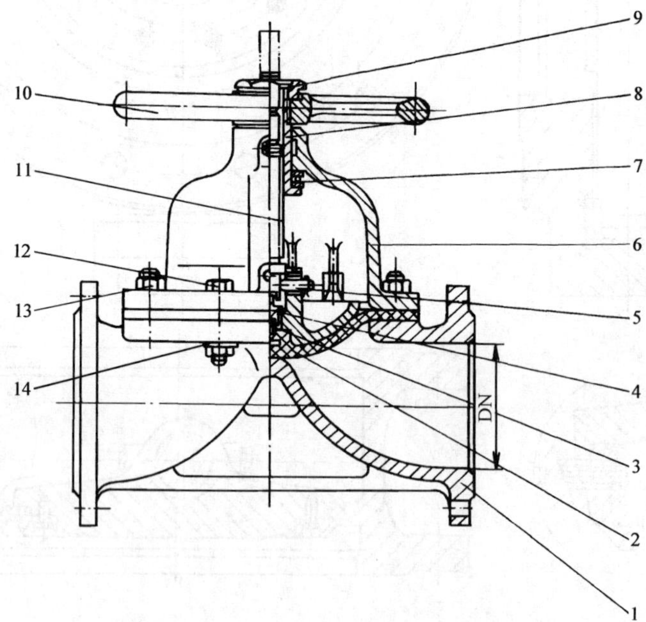

图5-79 手动堰式无衬里隔膜阀

1—阀体 2—隔膜 3—连接螺钉 4—阀杆连接块 5—紧定螺钉 6—阀盖 7—推力轴承 8—阀杆螺母 9—锁紧螺母 10—手轮 11—阀杆 12—六角头螺栓 13—六角螺母 14—垫圈

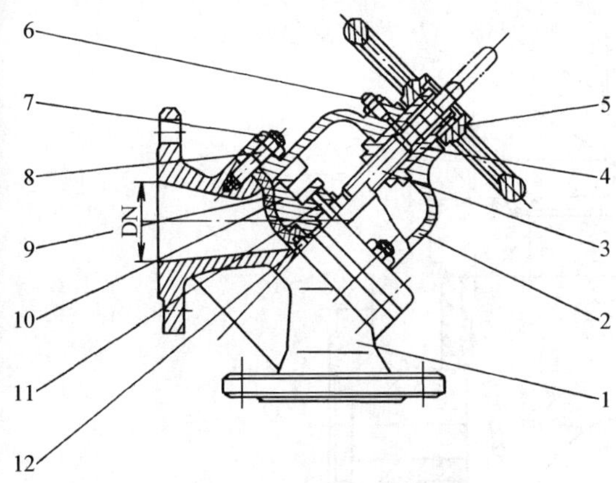

图5-80　Y形直角堰式隔膜阀
1—阀体　2—阀盖　3—阀杆　4—阀杆螺母　5—手轮　6—油杯　7—六角螺母　8—双头螺柱　9—隔膜　10—隔膜压紧块　11—圆柱销　12—连接螺钉

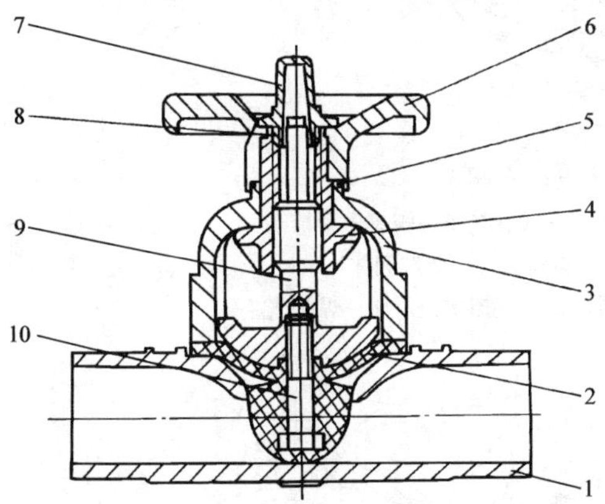

图5-81　平底直通式隔膜阀
1—阀体　2—隔膜密封头　3—阀盖　4—阀杆螺母　5—密封环　6—手轮　7—阀罩　8—密封环　9—阀杆　10—螺钉

(3) 气动管夹阀　如图5-82和表5-41所示。

表5-41　气动管夹阀典型计算项目

序号	零件名称	计算内容	选用公式
1	阀体	壁厚	国标：T_1、T_2、T_3 美标：T_{10}、T_{11}、T_{12}、T_{13} 欧洲：T_{14}、T_{15} 日本：T_{16}、T_{17} 钢制厚壁圆筒：T_7 圆形铸铁：T_{18}
2	连接螺栓	强度验算	国标：S_1、S_9、S_{10}、S_{11}、S_{12}、S_{13}、S_{14}、S_{15}、S_{16}、S_{17} 美标：S_5
3	管夹套筒	厚度	见表5-290

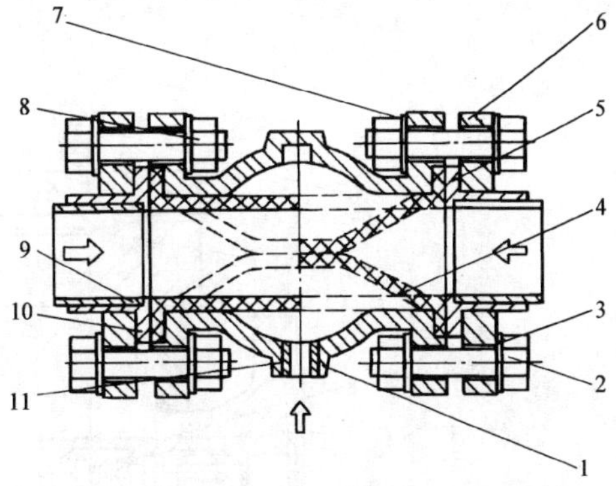

图5-82　气动管夹阀
1—阀体　2—六角头螺栓　3、7—垫圈　4—管夹套筒　5、10—接头套　6—法兰　8—六角螺母　9—接管　11—进气口衬套

5.2.9　蒸汽疏水阀

(1) 杠杆浮球式蒸汽疏水阀（图5-83～图5-86和表5-42）。

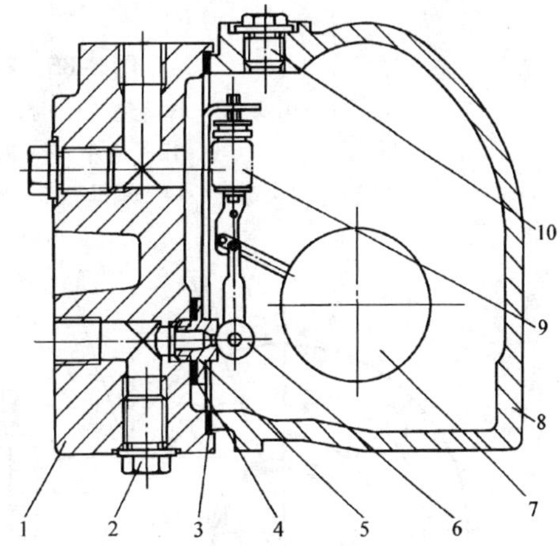

图5-83　波纹管杠杆浮球式蒸汽疏水阀
1—左阀体　2、10—螺塞　3—垫片　4—阀座垫片　5—阀座　6—阀瓣　7—浮球　8—右阀体　9—波纹管

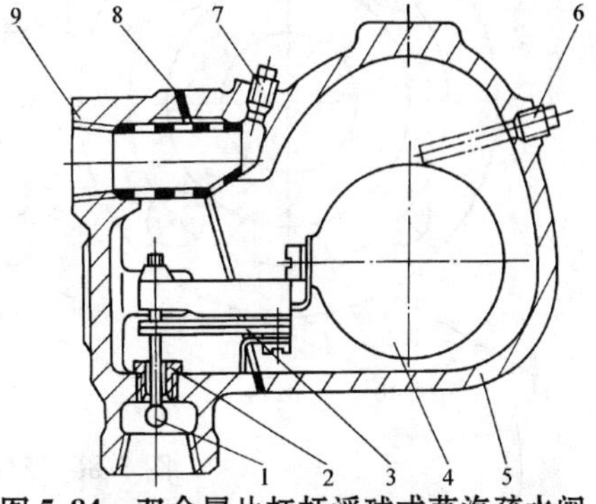

图5-84　双金属片杠杆浮球式蒸汽疏水阀
1—阀瓣　2—阀座　3—双金属片　4—浮球　5—阀体　6—限位杆螺钉　7—螺塞　8—中口垫片　9—左阀体

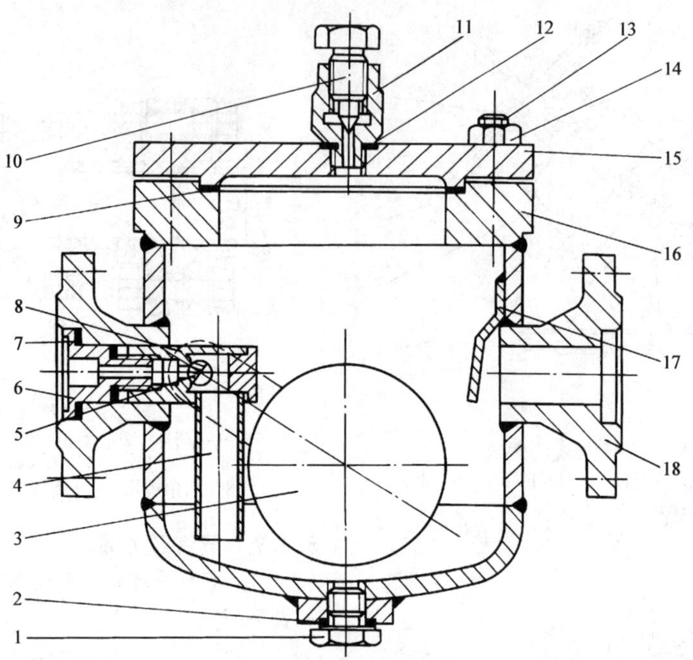

图5-85　杠杆浮球式蒸汽疏水阀

1—螺塞　2—螺塞垫　3—浮球　4—导水管　5—阀瓣　6—阀座压紧螺塞
7、9、12—垫片　8—阀座　10—放气阀瓣　11—放气阀体
13—双头螺柱　14—螺母　15—阀盖　16—阀体　17—挡水板　18—焊接法兰

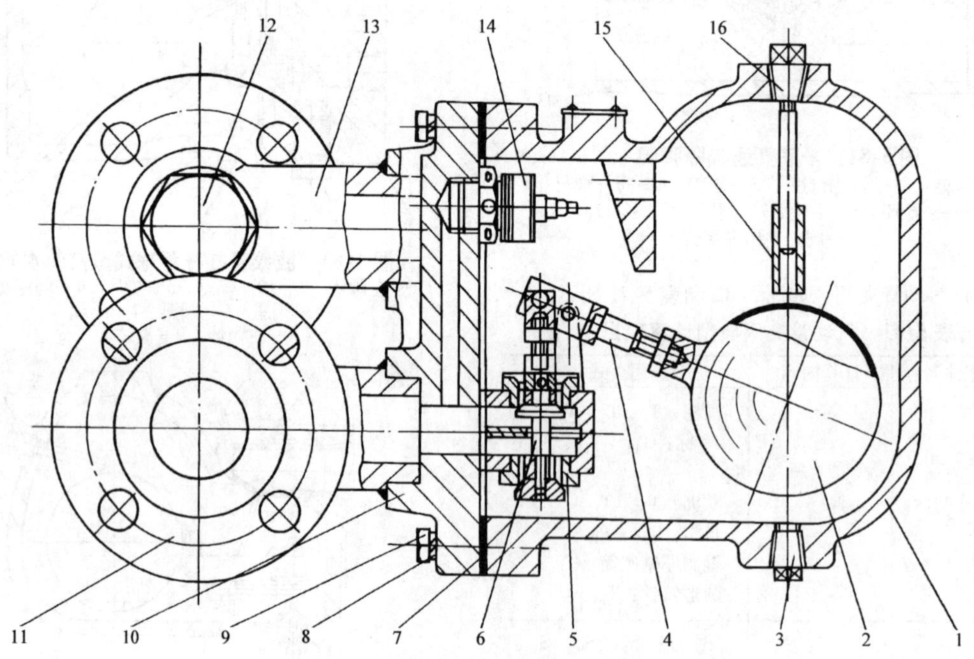

图5-86　双阀座杠杆浮球式蒸汽疏水阀

1—阀体　2—浮球　3、12、16—螺塞　4—杠杆　5—阀座　6—双阀瓣　7—垫片
8—弹簧垫圈　9—六角头螺栓　10—阀盖　11—焊接法兰
13—焊接弯头　14—自动放气阀组件　15—运输限位块

表 5-42　杠杆浮球式蒸汽疏水阀典型计算项目

序号	零件名称	计算内容	选用公式
1	阀体	壁厚	国标：T_1、T_2、T_3 美标：T_{10}、T_{11}、T_{12}、T_{13} 欧洲：T_{14}、T_{15} 日本：T_{16}、T_{17} 钢制厚壁圆筒：T_7 圆形铸铁：T_{18}
2	阀座	密封面上计算比压	M_4
3	中法兰连接螺栓	强度验算	国标：S_1、S_9、S_{10}、S_{11}、S_{12}、S_{13}、S_{14}、S_{15}、S_{16}、S_{17} 美标：S_5
4	阀盖	厚度	国标：I_1、I_2 欧洲：I_3、I_4
5	阀瓣、阀座	临界开启时的力平衡方程	见表 5-293、表 5-294

（2）自由浮球式蒸汽疏水阀　如图 5-87、图 5-88和表 5-43 所示。

（3）敞口向上浮子式蒸汽疏水阀　如图 5-89 和表 5-44 所示。

（4）杠杆敞口向上浮子式蒸汽疏水阀　如图 5-90和表 5-45 所示。

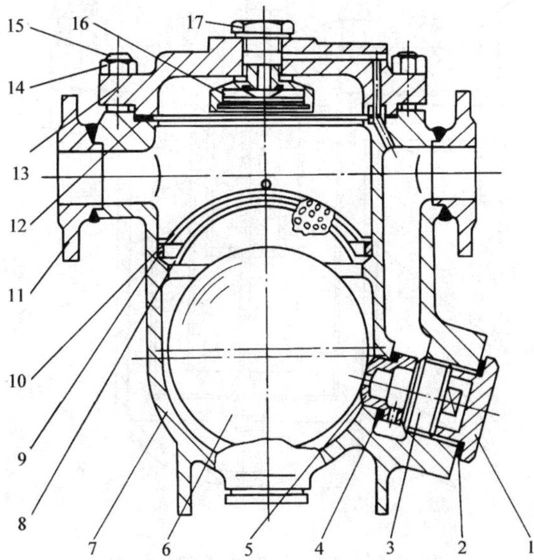

图 5-87　小口径自由浮球式蒸汽疏水阀

1—压紧螺盖　2、12—垫片　3—压紧螺塞　4—阀座垫片　5—阀座　6—球体　7—阀体　8—过滤网支架　9—支架压环　10—过滤网　11—法兰　13—阀盖　14—六角螺母　15—双头螺柱　16—放气阀组件　17—螺塞

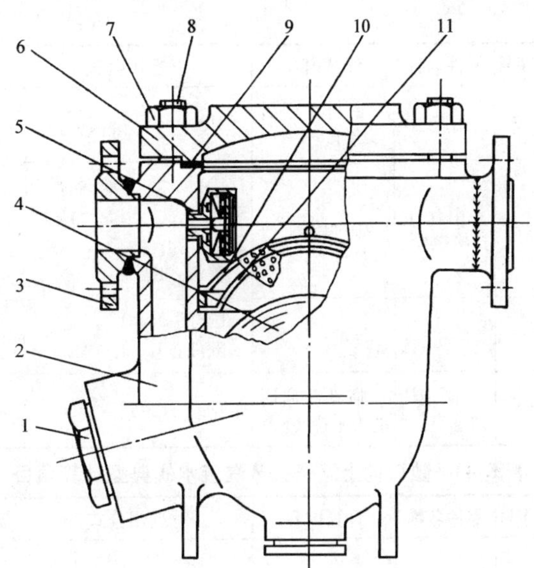

图 5-88　大口径自由浮球式蒸汽疏水阀

1—压紧螺盖　2—阀体　3—焊接法兰　4—自由浮球体　5—自动放气阀组件　6—阀盖　7—六角螺母　8—双头螺柱　9—垫片　10—过滤网　11—过滤网支架

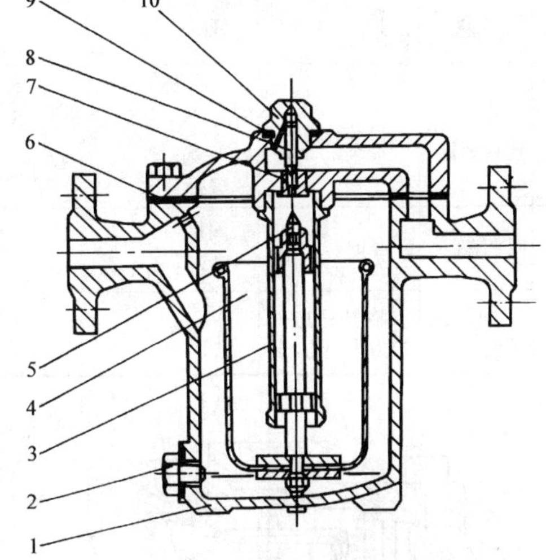

图 5-89　敞口向上浮子式蒸汽疏水阀

1—阀体　2—螺塞　3—阀瓣导向套　4—浮桶　5—阀瓣　6—中法兰垫片　7—阀座　8—止回阀　9—垫片　10—止回阀体

表 5-43　自由浮球式蒸汽疏水阀典型计算项目

序号	零件名称	计算内容	选用公式
1	阀体	壁厚	国标：T_1、T_2、T_3 美标：T_{10}、T_{11}、T_{12}、T_{13} 欧洲：T_{14}、T_{15} 日本：T_{16}、T_{17} 钢制厚壁圆筒：T_7 圆形铸铁：T_{18}

（续）

序号	零件名称	计算内容	选用公式
2	阀座	密封面上计算比压	M_5
3	中法兰连接螺栓	强度验算	国标：S_1、S_9、S_{10}、S_{11}、S_{12}、S_{13}、S_{14}、S_{15}、S_{16}、S_{17} 美标：S_5
4	阀盖	厚度	国标：I_1、I_2 欧洲：I_3、I_4
5	阀瓣、阀座	临界开启时的力平衡方程	见表5-295

表5-44　敞口向上浮子式蒸汽疏水阀典型计算项目

序号	零件名称	计算内容	选用公式
1	阀体	壁厚	国标：T_1、T_2、T_3 美标：T_{10}、T_{11}、T_{12}、T_{13} 欧洲：T_{14}、T_{15} 日本：T_{16}、T_{17} 钢制厚壁圆筒：T_7 圆形铸铁：T_{18}
2	阀座	密封面上计算比压	M_4
3	中法兰连接螺栓	强度验算	国标：S_1、S_9、S_{10}、S_{11}、S_{12}、S_{13}、S_{14}、S_{15}、S_{16}、S_{17} 美标：S_5
4	阀盖	厚度	国标：I_1、I_2 欧洲：I_3、I_4
5	阀瓣、阀座	临界开启时的力平衡方程	见表5-296

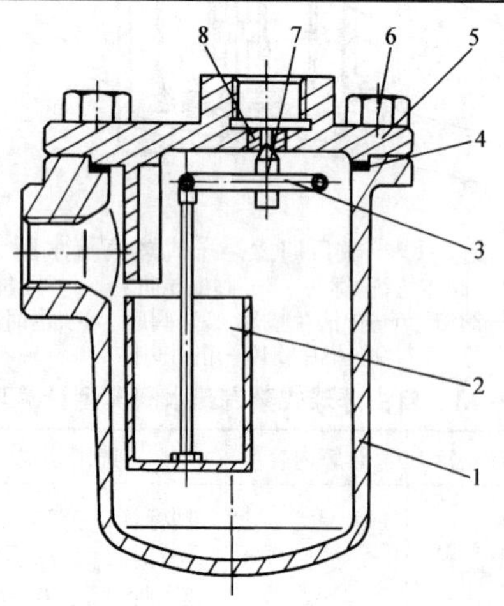

图5-90　杠杆敞口向上浮子式蒸汽疏水阀

1—阀体　2—浮桶　3—杠杆　4—垫片　5—阀盖　6—六角头螺栓　7—阀瓣　8—阀座

表5-45　杠杆敞口向上浮子式蒸汽疏水阀典型计算项目

序号	零件名称	计算内容	选用公式
1	阀体	壁厚	国标：T_1、T_2、T_3 美标：T_{10}、T_{11}、T_{12}、T_{13} 欧洲：T_{14}、T_{15} 日本：T_{16}、T_{17} 钢制厚壁圆筒：T_7 圆形铸铁：T_{18}
2	阀座	密封面上计算比压	M_4
3	中法兰连接螺栓	强度验算	国标：S_1、S_9、S_{10}、S_{11}、S_{12}、S_{13}、S_{14}、S_{15}、S_{16}、S_{17} 美标：S_5
4	阀盖	厚度	国标：I_1、I_2 欧洲：I_3、I_4
5	阀瓣、阀座	临界开启时的力平衡方程	见表5-297

（5）带有活塞先导阀的敞口向上浮子式蒸汽疏水阀　如图5-91和表5-46所示。

（6）敞口向下杠杆浮子式蒸汽疏水阀　如图5-92、图5-93和表5-47所示。

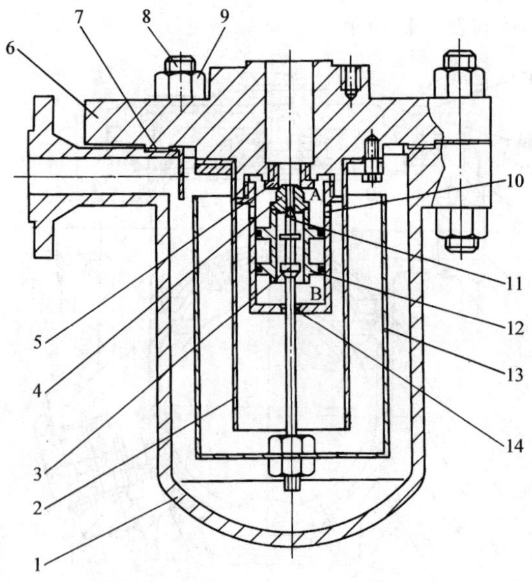

图5-91　带有活塞先导阀的敞口向上浮子式蒸汽疏水阀

1—阀体　2—虹吸管　3—导阀下阀瓣　4—主阀瓣　5—主阀座　6—阀盖　7—中法兰垫片　8—双头螺柱　9—螺母　10—过水孔　11—导阀瓣　12—活塞　13—浮桶　14—底阀座

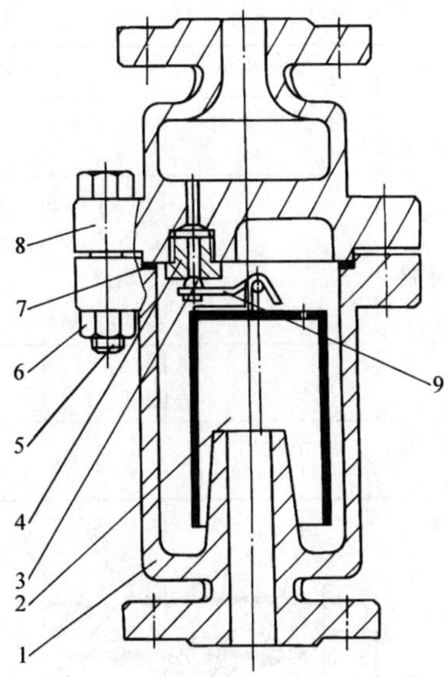

图 5-92 垂直安装敞口向下杠杆浮子式蒸汽疏水阀

1—阀体 2—倒吊桶 3—阀瓣 4—阀座 5—六角头螺栓 6—螺母 7—中法兰垫片 8—阀盖 9—杠杆

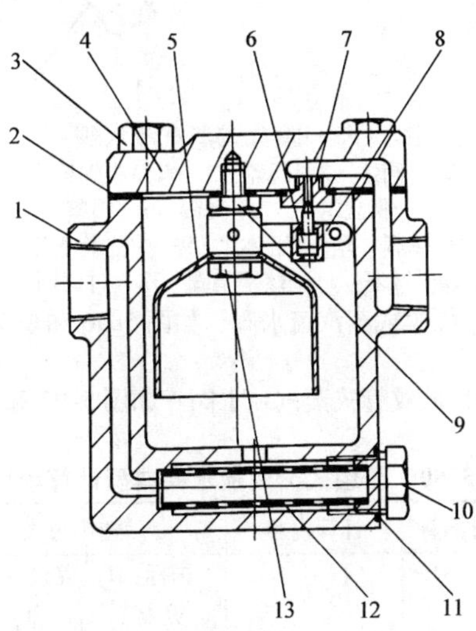

图 5-93 水平安装敞口向下杠杆浮子式蒸汽疏水阀

1—阀体 2—中法兰垫片 3—螺栓 4—阀盖 5—敞口向下浮子 6—阀瓣 7—阀座 8—杠杆 9—限位螺钉 10—过滤网压紧螺塞 11—垫圈 12—过滤网 13—浮子连接螺钉

表 5-46 带有活塞先导阀的敞口向上浮子式蒸汽疏水阀典型计算项目

序号	零件名称	计算内容	选用公式
1	阀体	壁厚	国标：T_1、T_2、T_3 美标：T_{10}、T_{11}、T_{12}、T_{13} 欧洲：T_{14}、T_{15} 日本：T_{16}、T_{17} 钢制厚壁圆筒：T_7 圆形铸铁：T_{18}
2	阀座	密封面上计算比压	M_4、M_5
3	中法兰连接螺栓	强度验算	国标：S_1、S_9、S_{10}、S_{11}、S_{12}、S_{13}、S_{14}、S_{15}、S_{16}、S_{17} 美标：S_5
4	阀盖	厚度	国标：I_1、I_2 欧洲：I_3、I_4
5	阀瓣、阀座	临界开启时的力平衡方程	见表 5-298

表 5-47 敞口向下杠杆浮子式蒸汽疏水阀典型计算项目

序号	零件名称	计算内容	选用公式
1	阀体	壁厚	国标：T_1、T_2、T_3 美标：T_{10}、T_{11}、T_{12}、T_{13} 欧洲：T_{14}、T_{15} 日本：T_{16}、T_{17} 钢制厚壁圆筒：T_7 圆形铸铁：T_{18}
2	阀座	密封面上计算比压	M_4 或 M_5
3	中法兰连接螺栓	强度验算	国标：S_1、S_9、S_{10}、S_{11}、S_{12}、S_{13}、S_{14}、S_{15}、S_{16}、S_{17} 美标：S_5
4	阀盖	厚度	国标：I_1、I_2 欧洲：I_3、I_4
5	阀瓣、阀座	临界开启时的力平衡方程	见表 5-299

(7) 敞口向下自由浮子式蒸汽疏水阀 如图 5-94和表 5-48 所示。

(8) 膜盒式蒸汽疏水阀 如图 5-95 和表 5-49 所示。

表 5-48 敞口向下自由浮子式蒸汽疏水阀典型计算项目

序号	零件名称	计算内容	选用公式
1	阀体	壁厚	国标：T_1、T_2、T_3 美标：T_{10}、T_{11}、T_{12}、T_{13} 欧洲：T_{14}、T_{15} 日本：T_{16}、T_{17} 钢制厚壁圆筒：T_7 圆形铸铁：T_{18}
2	阀座	密封面上计算比压	M_5
3	中法兰连接螺栓	强度验算	国标：S_1、S_9、S_{10}、S_{11}、S_{12}、S_{13}、S_{14}、S_{15}、S_{16}、S_{17} 美标：S_5
4	阀盖	厚度	国标：I_1、I_2 欧洲：I_3、I_4
5	阀瓣、阀座	临界开启时的力平衡方程	见表 5-300

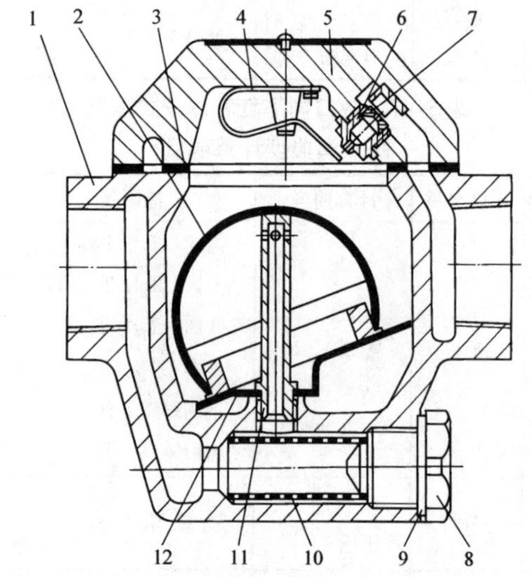

图 5-94 敞口向下自由浮子式蒸汽疏水阀

1—阀体 2—自由浮子 3—中法兰垫片 4—双金属片 5—阀盖 6—阀座 7—喷射孔座 8—螺塞 9—螺塞垫圈 10—过滤网 11—发射管 12—发射台

表 5-49 膜盒式蒸汽疏水阀典型计算项目

序号	零件名称	计算内容	选用公式
1	阀体	壁厚	国标：T_1、T_2、T_3 美标：T_{10}、T_{11}、T_{12}、T_{13} 欧洲：T_{14}、T_{15} 日本：T_{16}、T_{17} 钢制厚壁圆筒：T_7 圆形铸铁：T_{18}
2	阀座	密封面上计算比压	M_3
3	中法兰连接螺栓	强度验算	国标：S_1、S_9、S_{10}、S_{11}、S_{12}、S_{13}、S_{14}、S_{15}、S_{16}、S_{17} 美标：S_5
4	阀盖	厚度	国标：I_1、I_2 欧洲：I_3、I_4
5	阀瓣、阀座	临界开启时的力平衡方程	见表 5-301

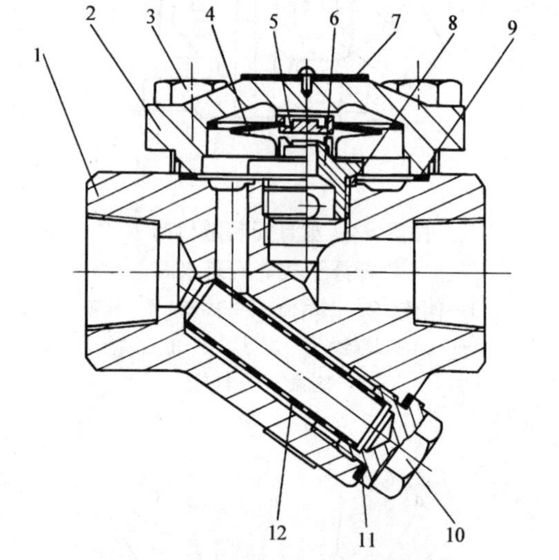

图 5-95 膜盒式蒸汽疏水阀

1—阀体 2—阀盖 3—六角头螺栓 4—膜盒组件 5—阀瓣 6—阀座 7—铭牌 8—阀座垫片 9—中法兰垫片 10—螺塞 11—螺塞垫圈 12—过滤网

（9）隔膜式蒸汽疏水阀 如图 5-96 和表 5-50 所示。

（10）波纹管式蒸汽疏水阀 如图 5-97 和表5-51 所示。

表 5-50 隔膜式蒸汽疏水阀典型计算项目

序号	零件名称	计算内容	选用公式
1	阀体	壁厚	国标：T_1、T_2、T_3 美标：T_{10}、T_{11}、T_{12}、T_{13} 欧洲：T_{14}、T_{15} 日本：T_{16}、T_{17} 钢制厚壁圆筒：T_7 圆形铸铁：T_{18}
2	阀座	密封面上计算比压	M_3

（续）

序号	零件名称	计算内容	选用公式
3	中法兰连接螺栓	强度验算	国标：S_1、S_9、S_{10}、S_{11}、S_{12}、S_{13}、S_{14}、S_{15}、S_{16}、S_{17} 美标：S_5
4	阀盖	厚度	国标：Ⅰ型：I_1 Ⅱ型、Ⅲ型：I_2 碟型：I_{12}、I_{13}、I_{14} 长方形：I_6 正方形：I_7 欧洲：Ⅰ型：I_2 Ⅱ型、Ⅲ型：I_4 长方形：I_{10} 正方形：I_{11}
5	阀瓣、阀座	临界开启时的力平衡方程	见表5-302

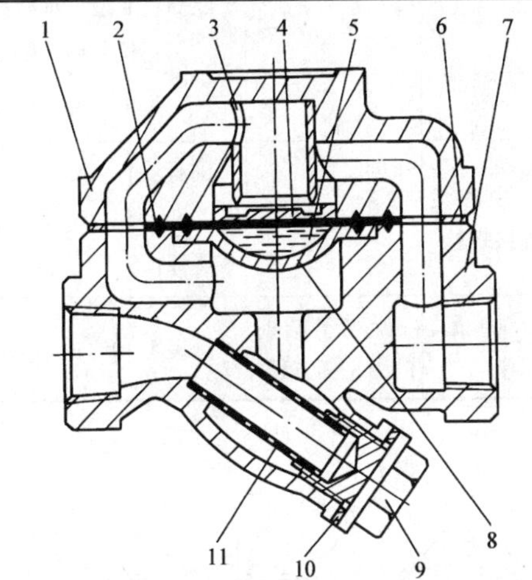

图5-96 隔膜式蒸汽疏水阀

1—阀盖 2—隔膜 3—阀座 4—阀瓣 5—感温液 6—中法兰垫片 7—阀体 8—储液槽 9—螺塞 10—螺塞垫圈 11—过滤网

表5-51 波纹管式蒸汽疏水阀典型计算项目

序号	零件名称	计算内容	选用公式
1	阀体阀盖	壁厚	国标：T_1、T_2、T_3 美标：T_{10}、T_{11}、T_{12}、T_{13} 欧洲：T_{14}、T_{15} 日本：T_{16}、T_{17} 钢制厚壁圆筒：T_7 圆形铸铁：T_{18}

（续）

序号	零件名称	计算内容	选用公式
2	阀座	密封面上的计算比压	M_5
3	阀盖、阀体	连接强度验算	W_2
4	阀瓣、阀座	临界开启时的力平衡方程	见表5-303

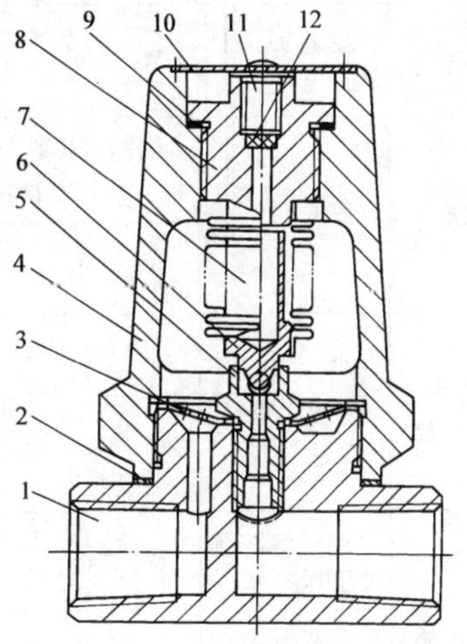

图5-97 波纹管式蒸汽疏水阀

1—阀体 2、9—垫片 3—过滤网 4—阀盖 5—阀座 6—阀瓣 7—波纹管 8—波纹管座 10—铭牌 11—螺塞 12—密封垫

（11）悬臂梁双金属片式蒸汽疏水阀 如图5-98和表5-52所示。

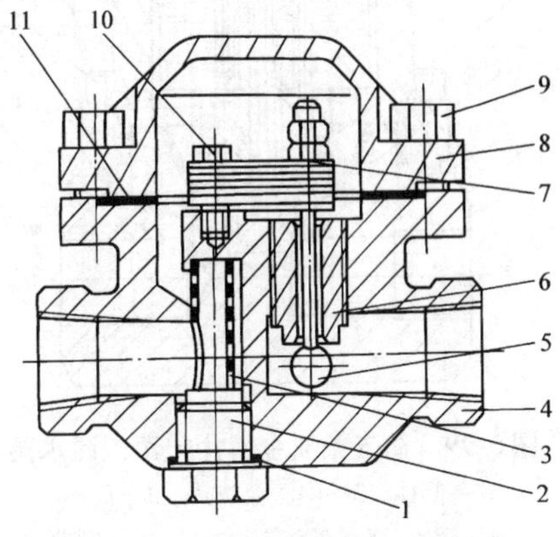

图5-98 悬臂梁双金属片式蒸汽疏水阀

1—螺塞垫 2—螺塞 3—过滤网 4—阀体 5—阀瓣 6—阀座 7—双金属片 8—阀盖 9—六角头螺栓 10—螺钉 11—中法兰垫片

表5-52 悬臂梁双金属片式蒸汽疏水阀典型计算项目

序号	零件名称	计算内容	选用公式
1	阀体	壁厚	国标：T_1、T_2、T_3 美标：T_{10}、T_{11}、T_{12}、T_{13} 欧洲：T_{14}、T_{15} 日本：T_{16}、T_{17} 钢制厚壁圆筒：T_7 圆形铸铁：T_{18}
2	阀座	密封面上计算比压	M_5
3	阀盖	厚度	国标：Ⅱ型、Ⅲ型：I_2 碟形：I_{12}、I_{13}、I_{14} 欧洲：Ⅱ型、Ⅲ型：I_4
4	中法兰连接螺栓	强度验算	国标：S_1、S_9、S_{10}、S_{11}、S_{12}、S_{13}、S_{14}、S_{15}、S_{16}、S_{17} 美标：S_5
5	螺塞	连接螺纹强度验算	W_2
6	阀瓣、阀座	临界开启时的力平衡方程	见表5-304

（12）简支梁双金属片式蒸汽疏水阀 如图5-99和表5-53所示。

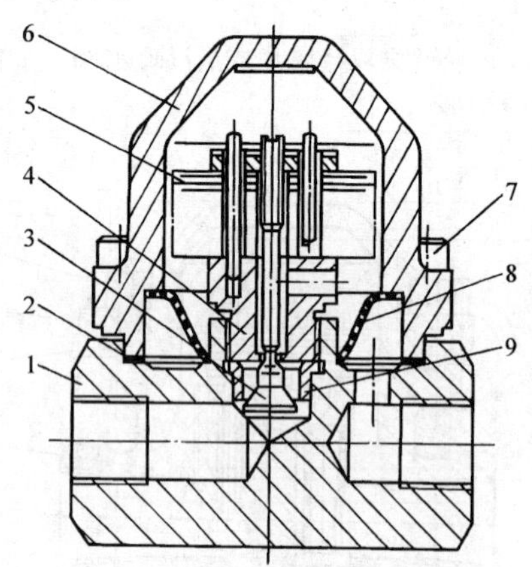

图5-99 简支梁双金属片式蒸汽疏水阀

1—阀体 2—中法兰垫片 3—阀瓣 4—阀座 5—双金属片组件 6—阀盖 7—内六角螺钉 8—过滤网 9—阀体套

（13）单片双金属式蒸汽疏水阀 如图5-100和表5-54所示。

表5-53 简支梁双金属片式蒸汽疏水阀典型计算项目

序号	零件名称	计算内容	选用公式
1	阀体	壁厚	国标：T_1、T_2、T_3 美标：T_{10}、T_{11}、T_{12}、T_{13} 欧洲：T_{14}、T_{15} 日本：T_{16}、T_{17} 钢制厚壁圆筒：T_7 圆形铸铁：T_{18}
2	阀座	密封面上计算比压	M_5
3	阀盖	厚度	国标：Ⅱ型、Ⅲ型：I_2 正方形：I_7 长方形：I_6 碟形：I_{12}、I_{13}、I_{14} 欧洲：Ⅱ型、Ⅲ型：I_4 长方形：I_{10} 正方形：I_{11}
4	中法兰连接螺栓	强度验算	国标：S_1、S_9、S_{10}、S_{11}、S_{12}、S_{13}、S_{14}、S_{15}、S_{16}、S_{17} 美标：S_5
5	阀瓣、阀座	临界开启时的力平衡方程	见表5-305

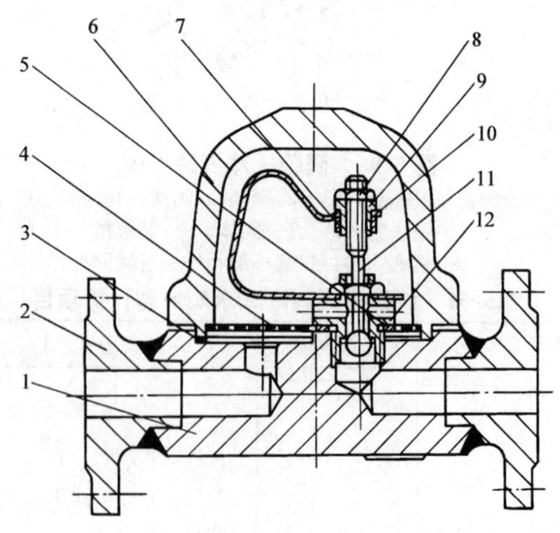

图5-100 单片双金属式蒸汽疏水阀

1—阀体 2—焊接法兰 3—中法兰垫片 4—过滤网 5—阀座垫片 6—阀盖 7—双金属片压套 8—螺母 9—衬套 10—双金属片 11—阀瓣 12—阀座

表 5-54 单片双金属式蒸汽疏水阀典型计算项目

序号	零件名称	计算内容	选用公式
1	阀体、阀盖	壁厚	国标：T_1、T_2、T_3 美标：T_{10}、T_{11}、T_{12}、T_{13} 欧洲：T_{14}、T_{15} 日本：T_{16}、T_{17} 钢制厚壁圆筒：T_7 圆形铸铁：T_{18}
2	阀座	密封面上计算比压	M_5
3	中法兰连接螺栓	强度验算	国标：S_1、S_9、S_{10}、S_{11}、S_{12}、S_{13}、S_{14}、S_{15}、S_{16}、S_{17} 美标：S_5
4	阀瓣、阀座	临界开启时的力平衡方程	—

（14）圆形双金属片式蒸汽疏水阀 如图 5-101、图 5-102 和表 5-55 所示。

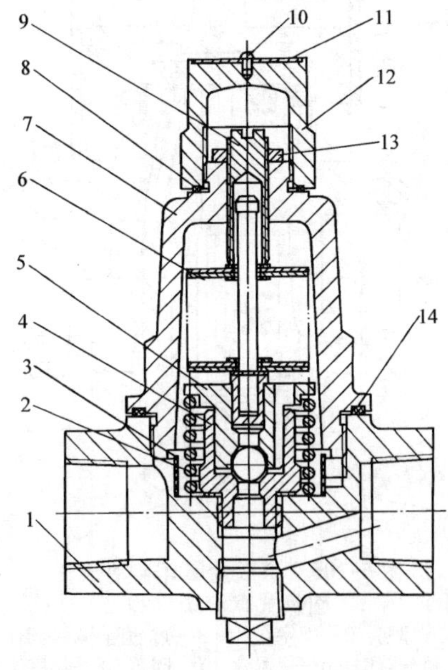

图 5-101 圆形双金属片式温调蒸汽疏水阀

1—阀体 2—弹簧 3—过滤网 4—阀座 5—阀瓣组件 6—双金属片 7—阀盖 8—垫片 9—调节螺套 10—铆钉 11—铭牌 12—阀罩 13—锁紧螺母 14—中口垫片

（15）脉冲式蒸汽疏水阀 如图 5-103、图 5-104 和表 5-56 所示。

表 5-55 圆形双金属片式蒸汽疏水阀典型计算项目

序号	零件名称	计算内容	选用公式
1	阀体、阀盖	壁厚	国标：T_1、T_2、T_3 美标：T_{10}、T_{11}、T_{12}、T_{13} 欧洲：T_{14}、T_{15} 日本：T_{16}、T_{17} 钢制厚壁圆筒：T_7 圆形铸铁：T_{18}
2	阀座	密封面上计算比压	M_5
3	中法兰连接螺栓	强度验算	国标：S_1、S_9、S_{10}、S_{11}、S_{12}、S_{13}、S_{14}、S_{15}、S_{16}、S_{17} 美标：S_5
4	弹簧	尺寸计算	$TH_1 \sim TH_8$
5	阀体、阀盖连接螺纹	强度验算	W_2
6	阀瓣、阀座	临界开启时的力平衡方程	见表 5-306

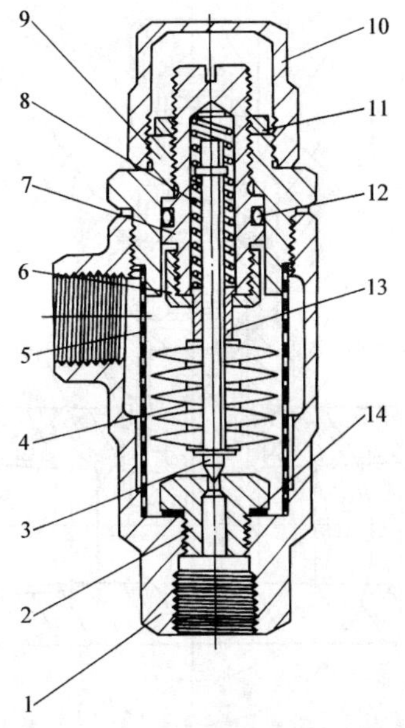

图 5-102 圆形双金属片式蒸汽疏水阀

1—阀体 2—阀座 3—阀瓣 4—双金属片 5—过滤网 6—压紧套 7—调节螺套 8—弹簧 9—阀盖 10—阀罩 11—锁紧螺母 12—O 形密封圈 13—阀瓣导向套 14—阀座垫片

表 5-56　脉冲式蒸汽疏水阀典型计算项目

序号	零件名称	计算内容	选用公式
1	阀体	壁厚	国标：T_1、T_2、T_3 美标：T_{10}、T_{11}、T_{12}、T_{13} 欧洲：T_{14}、T_{15} 日本：T_{16}、T_{17} 钢制厚壁圆筒：T_7
2	阀座	密封面上计算比压	M_4
3	阀盖、阀体连接螺纹	强度验算	W_2
4	阀座、阀体连接螺纹	强度验算	W_2
5	控制缸、阀盖连接螺纹	强度验算	W_2
6	阀瓣、阀座	临界开启时的力平衡方程	见表 5-307

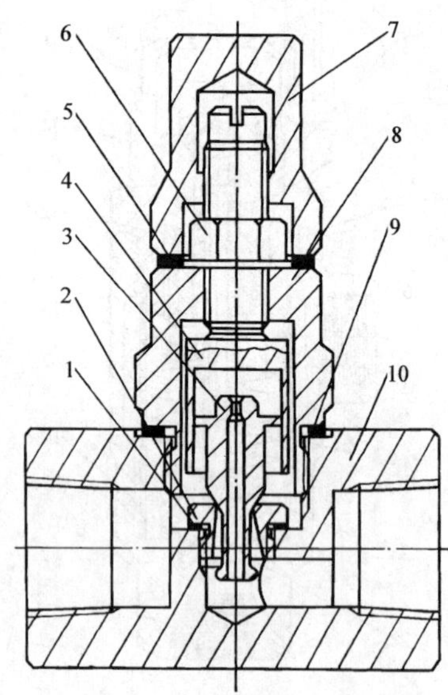

图 5-103　脉冲式蒸汽疏水阀

1—阀座垫片　2—阀座　3—阀瓣　4—控制缸　5—阀罩垫片　6—锁紧螺母　7—阀罩　8—阀盖　9—阀盖垫片　10—阀体

（16）圆盘式蒸汽疏水阀　如图 5-105～图 5-107 和表 5-57 所示。

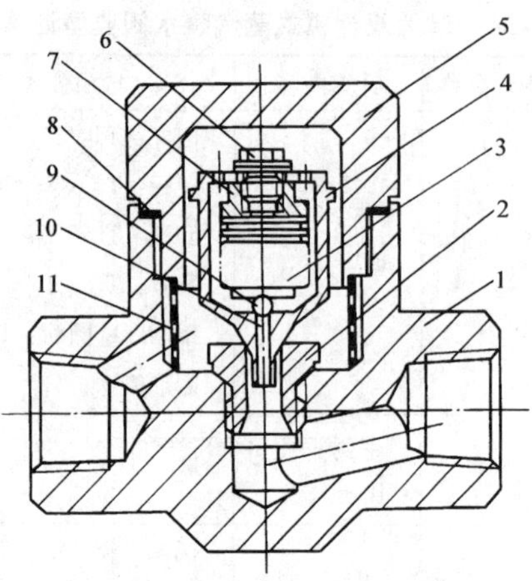

图 5-104　带有波纹管导阀的脉冲式蒸汽疏水阀

1—阀体　2—阀座　3—波纹管　4—主阀瓣　5—控制缸阀盖　6—螺塞　7—波纹管焊接座　8—阀盖垫片　9—导阀瓣　10—导阀座　11—过滤网

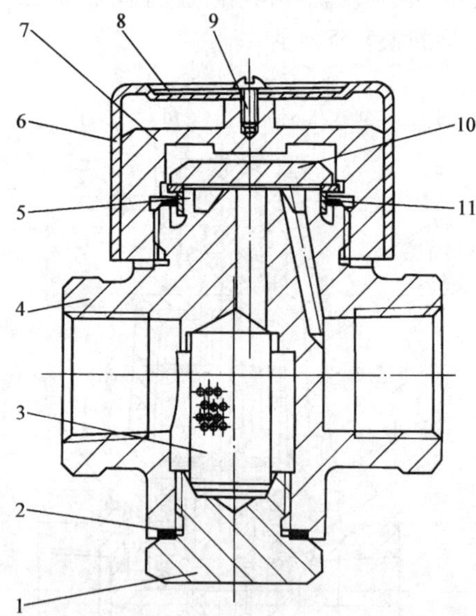

图 5-105　带双金属环自动放气圆盘式蒸汽疏水阀

1—螺塞　2—螺塞垫片　3—过滤网　4—阀体　5—阀座　6—保温罩　7—阀盖　8—铭牌　9—螺钉　10—阀片　11—双金属环

表 5-57　圆盘式蒸汽疏水阀典型计算项目

序号	零件名称	计算内容	选用公式
1	阀体	壁厚	国标：T_1、T_2、T_3 美标：T_{10}、T_{11}、T_{12}、T_{13} 欧洲：T_{14}、T_{15} 日本：T_{16}、T_{17} 钢制厚壁圆筒：T_7 圆形铸铁：T_{18}

（续）

序号	零件名称	计算内容	选用公式
2	阀座	密封面上计算比压	M_3
3	中法兰连接螺栓	强度验算	国标：S_1、S_9、S_{10}、S_{11}、S_{12}、S_{13}、S_{14}、S_{15}、S_{16}、S_{17} 美标：S_5
4	阀体、阀盖连接螺纹	强度验算	W_2
5	阀盖	厚度	国标：Ⅱ型、Ⅲ型：I_2 碟形：I_{12}、I_{13}、I_{14} 欧洲：Ⅱ型、Ⅲ型：I_4 长方形：I_{10} 正方形：I_{11}
6	螺塞、阀体连接螺纹	强度验算	W_2
7	阀瓣、阀座	临界开启时的力平衡方程	见表5-308

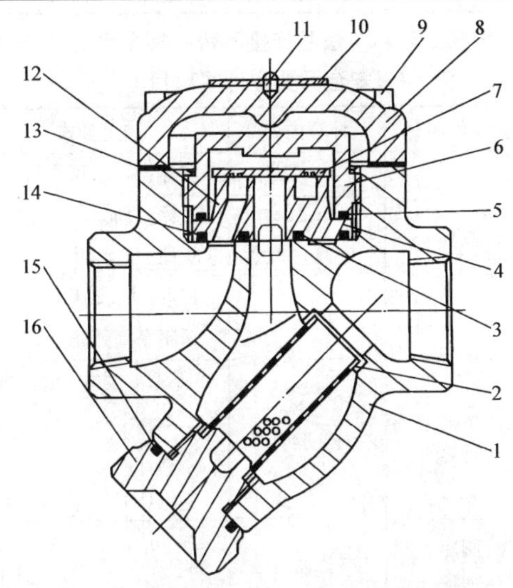

图 5-106 活阀座圆盘式蒸汽疏水阀

1—阀体 2—过滤网 3—阀座密封圈 4、12—阀座 5—内阀盖密封圈 6—内阀盖 7—阀片 8—外阀盖 9—螺栓 10—铭牌 11—铆钉 13—外阀盖垫片 14—阀座大密封圈 15—过滤网螺塞密封圈 16—过滤网压紧螺塞

5.2.10 安全阀

（1）螺纹连接微启式安全阀 如图5-108和表5-58所示。

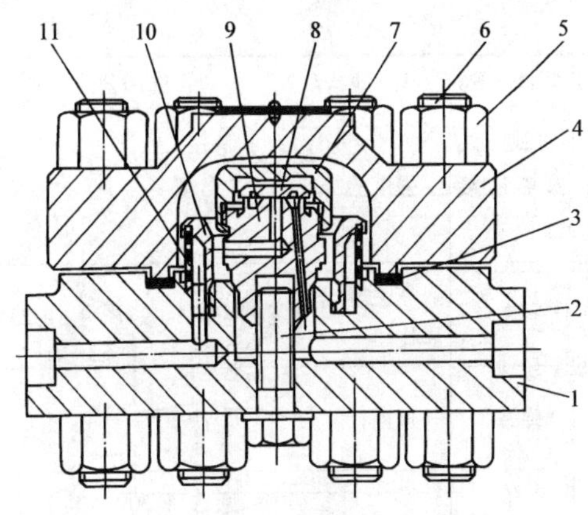

图 5-107 高压圆盘式蒸汽疏水阀

1—阀体 2—阀座拉紧螺钉 3—垫片 4—外阀盖 5—六角螺母 6—双头螺柱 7—内阀盖 8—阀片 9—阀座 10 过滤网支架 11—过滤网

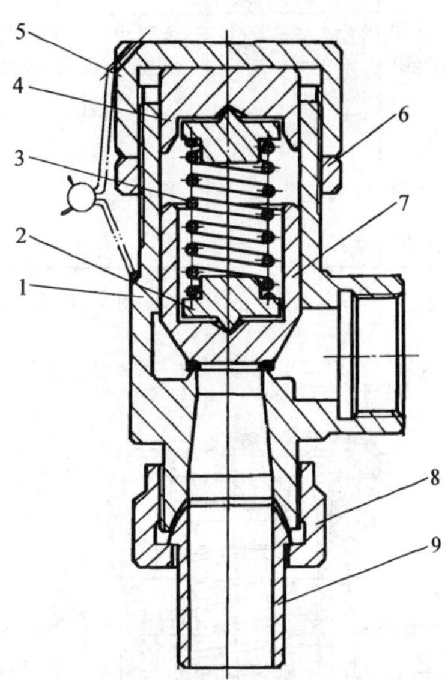

图 5-108 螺纹连接微启式安全阀

1—阀体 2—弹簧托 3—弹簧 4—弹簧托顶盖 5—阀盖 6—锁紧螺母 7—阀瓣 8—接头螺母 9—接头

表 5-58 螺纹连接微启式安全阀典型计算项目

序号	零件名称	计算内容	选用公式
1	阀体、阀盖	壁厚	国标：T_1、T_2、T_3 美标：T_{10}、T_{11}、T_{12}、T_{13} 欧洲：T_{14}、T_{15} 日本：T_{16}、T_{17} 钢制厚壁圆筒：T_7

（续）

序号	零件名称	计算内容	选用公式
2	阀体、阀盖连接螺纹	强度验算	W_2
3	阀座	密封面上计算比压	见表5-322、表5-323
4	弹簧	理论计算	$TH_1 \sim TH_8$
5	安全阀	额定排量计算	见表5-309、表5-315、表5-316
6	阀座	流道直径	见表5-320
7	安全阀	排气反作用力的计算	见表5-324、表5-325、表5-326
8	安全阀	装置周期计算式	见表5-327
9	锁紧螺母连接螺纹	强度验算	W_2

（2）内装微启式安全阀　如图5-109和表5-59所示。

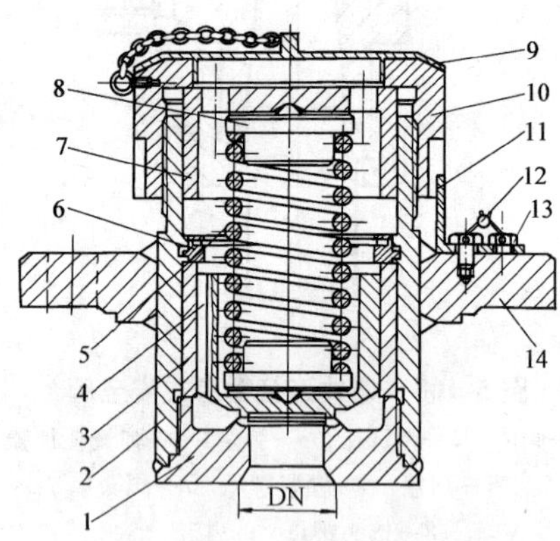

图5-109　内装微启式安全阀

1—调整座　2—阀体　3—阀瓣导向套　4—阀瓣　5—弹簧　6—导向套限位圈　7—弹簧托压套　8—弹簧托　9—罩盖　10—弹簧调整压盖　11—限位支架　12—铅封　13—螺钉　14—法兰

（3）法兰连接不带手柄全启式安全阀　如图5-110和表5-60所示。

表5-59　内装微启式安全阀典型计算项目

序号	零件名称	计算内容	选用公式
1	阀体、阀盖	壁厚	国标：T_1、T_2、T_3 美标：T_{10}、T_{11}、T_{12}、T_{13} 欧洲：T_{14}、T_{15} 日本：T_{16}、T_{17} 钢制厚壁圆筒：T_7
2	阀座	密封面上计算比压	见表5-322、表5-323
3	弹簧	理论计算	$TH_1 \sim TH_8$
4	安全阀	额定排量计算	见表5-309、表5-315、表5-316
5	阀盖、阀体连接螺纹	强度验算	W_2
6	阀座、阀体连接螺纹	强度验算	W_2
7	阀座	流道直径	见表5-320

表5-60　法兰连接不带手柄全启式安全阀典型计算项目

序号	零件名称	计算内容	选用公式
1	阀体、阀盖	壁厚	国标：T_1、T_2、T_3 美标：T_{10}、T_{11}、T_{12}、T_{13} 欧洲：T_{14}、T_{15} 日本：T_{16}、T_{17} 钢制厚壁圆筒：T_7
2	中法兰连接螺栓	强度验算	国标：S_1、S_9、S_{10}、S_{11}、S_{12}、S_{13}、S_{14}、S_{15}、S_{16}、S_{17} 美标：S_5
3	阀座、阀体连接螺纹	强度验算	W_2
4	阀座	密封面上计算比压	见表5-322、表5-323
5	弹簧	理论计算	$TH_1 \sim TH_8$
6	安全阀	额定排量计算	见表5-309、表5-315、表5-316
7	阀座	流道直径	见表5-320
8	安全阀	排气反作用力的计算	见表5-324、表5-325、表5-326

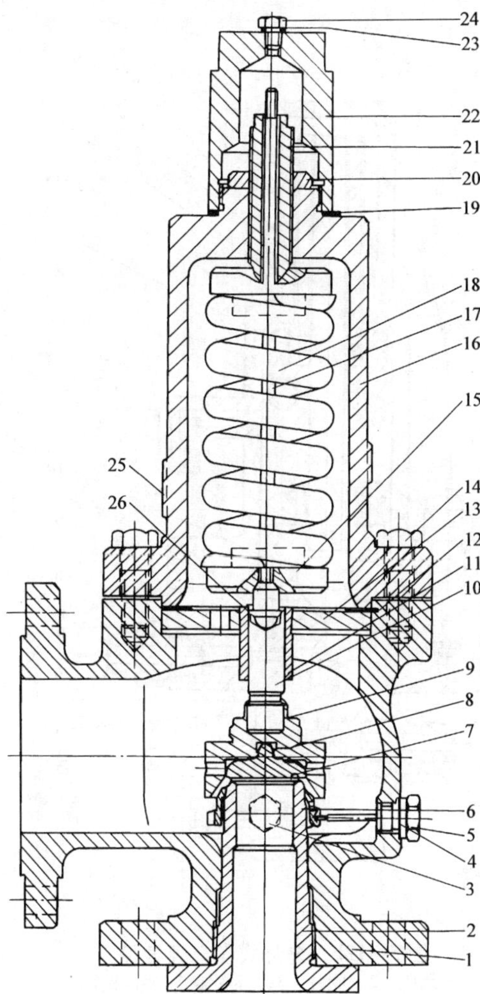

图 5-110 法兰连接不带手柄全启式安全阀

1—阀体 2—阀座 3—排水螺塞 4—螺塞垫 5—调整齿轮销 6—调整齿轮 7—阀瓣 8—阀瓣连接 9—阀瓣连接盘 10—连接轴 11—连接套 12、23—垫片 13—定位盘 14—螺栓 15—弹簧托 16—阀盖 17—轴 18—弹簧 19—阀罩垫片 20—锁紧螺母 21—调节螺套 22—阀罩 24—螺塞 25—铭牌 26—弹簧连接轴

（4）法兰连接带手柄波纹管全启式安全阀 如图 5-111 和表 5-61 所示。

表 5-61 法兰连接带手柄波纹管全启式安全阀典型计算项目

序号	零件名称	计算内容	选用公式
1	阀体、阀盖	壁厚	国标：T_1、T_2、T_3 美标：T_{10}、T_{11}、T_{12}、T_{13} 欧洲：T_{14}、T_{15} 日本：T_{16}、T_{17} 钢制厚壁圆筒：T_7
2	中法兰连接螺栓	强度验算	国标：S_1、S_9、S_{10}、S_{11}、S_{12}、S_{13}、S_{14}、S_{15}、S_{16}、S_{17} 美标：S_5
3	阀座	密封面上计算比压	见表 5-322、表 5-323
4	弹簧	理论计算	TH_1 ~ TH_8
5	安全阀	额定排量计算	见表 5-309、表 5-315、表 5-316
6	阀座	流道直径	见表 5-320
7	安全阀	排气反作用力的计算	见表 5-324、表 5-325、表 5-326

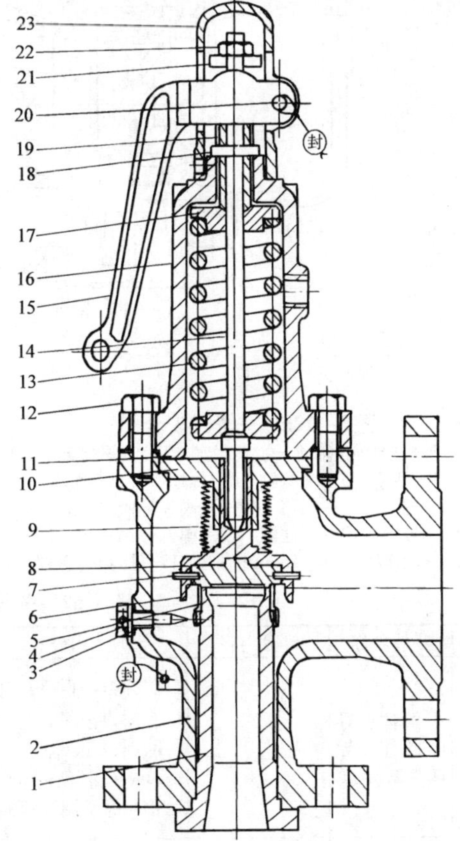

图 5-111 法兰连接带手柄波纹管全启式安全阀

1—阀座 2—阀体 3—调整齿轮销垫片 4—调整齿轮销 5—齿轮调整圈 6—反冲盘 7—销轴 8—阀瓣 9—波纹管 10—连接盘 11—中法兰垫片 12—螺栓 13—弹簧 14—轴 15—手柄 16—阀盖 17—弹簧托 18、22—锁紧螺母 19—调整螺套 20—销轴 21—指示牌 23—阀罩

（5）先导式安全阀　如图5-112和表5-62所示。

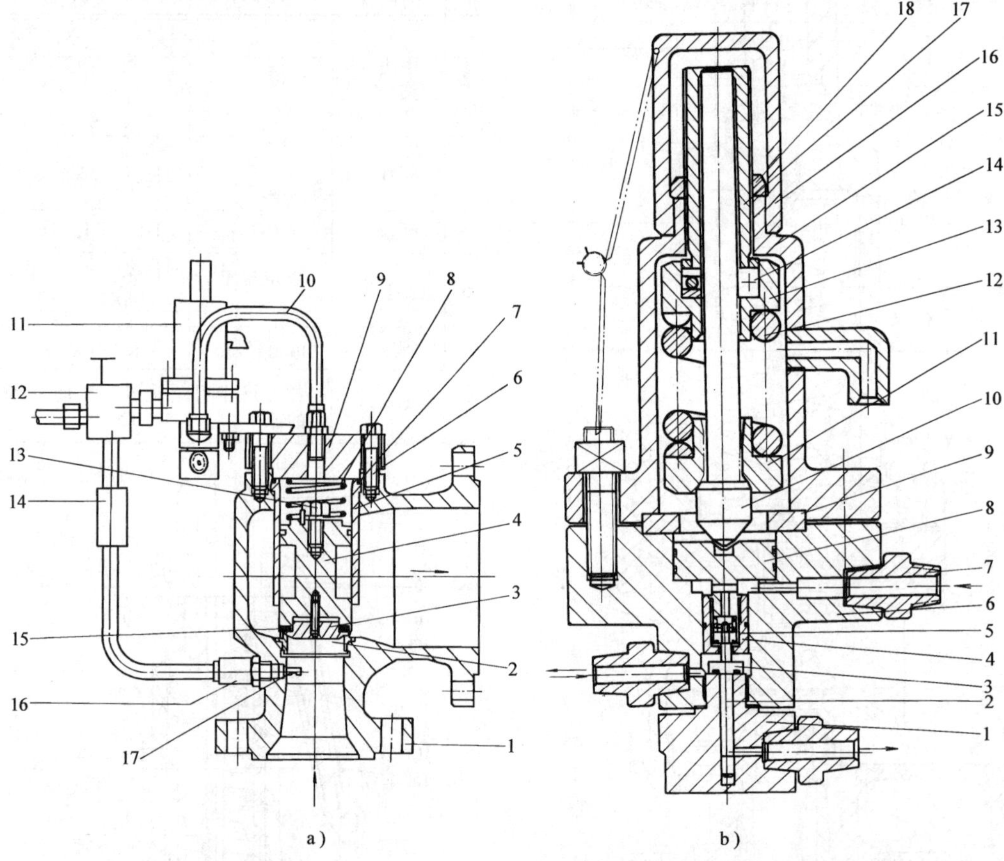

图5-112a　先导式安全阀

1—主阀阀体　2—主阀阀座　3—主阀阀瓣　4—活塞　5—活塞缸　6—螺栓　7—密封圈　8—弹簧　9—阀盖　10—主阀和导阀连接管　11—导阀　12—三通阀　13—螺钉　14—止回阀　15—阀座密封圈　16—过滤器　17—压力传感器

图5-112b　先导式安全阀导阀

1—阀座　2—阀杆　3—外阀瓣　4—内阀瓣　5—活塞阀座　6—阀体　7—接头　8—活塞　9—垫圈　10—顶杆　11—弹簧托　12—弹簧　13—弹簧托　14—轴承　15—阀盖　16—阀罩　17—调整套　18—螺母

表5-62　先导式安全阀典型计算项目

序号	零件名称	计算内容	选用公式
1	阀体、导阀阀体、导阀阀盖	壁厚	国标：T_1、T_2、T_3 美标：T_{10}、T_{11}、T_{12}、T_{13} 欧洲：T_{14}、T_{15} 日本：T_{16}、T_{17} 钢制厚壁圆筒：T_7
2	中法兰连接螺栓	强度验算	国标：S_1、S_9、S_{10}、S_{11}、S_{12}、S_{13}、S_{14}、S_{15}、S_{16}、S_{17} 美标：S_5
3	阀盖	厚度	国标：平板Ⅰ型：I_1 Ⅱ型、Ⅲ型：I_2 碟型：I_{12}、I_{13}、I_{14} 欧洲：平板Ⅰ型：I_3 Ⅱ型、Ⅲ型：I_4
4	主阀阀座	密封面上计算比压	见表5-322、表5-323
5	导阀阀座	密封面上计算比压	见表5-322、表5-323
6	主阀弹簧	理论计算	$TH_1 \sim TH_8$
7	导阀弹簧	理论计算	$TH_1 \sim TH_8$
8	安全阀	额定排量计算	见表5-309、表5-315、表5-316
9	阀座	流道直径	见表5-323
10	安全阀	排气反作用力的计算	见表5-324、表5-325、表5-326

5.2.11 减压阀

（1）活塞式减压阀 如图5-113和表5-63所示。

（2）杠杆式减压阀 如图5-114和表5-64所示。

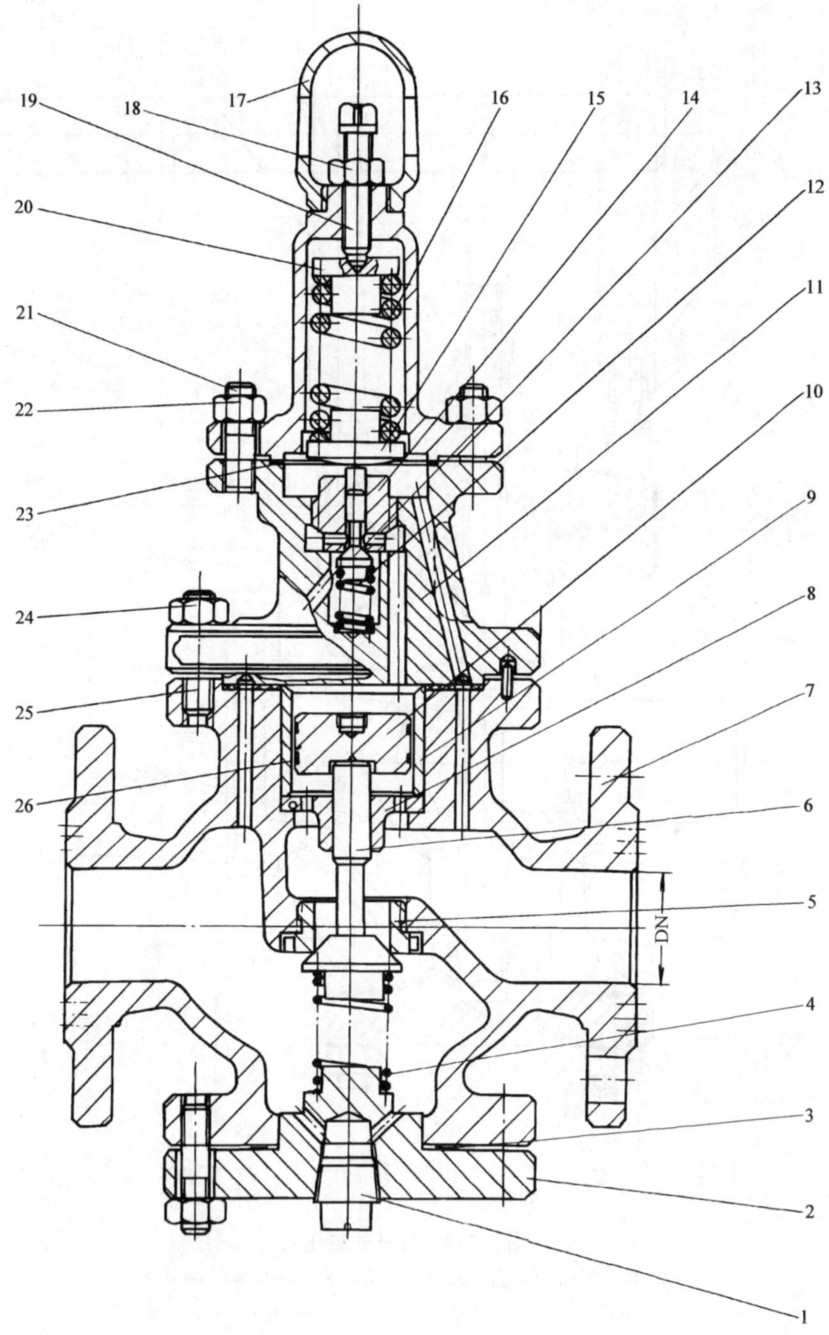

图5-113 活塞式减压阀

1—螺塞 2—底盖 3、23—垫片 4、12—弹簧 5—阀座 6—主阀瓣 7—阀体 8—导向套 9—活塞缸 10—活塞 11—中阀体 13—反馈阀瓣 14—反馈阀座 15、20—弹簧托 16—主弹簧 17—阀罩 18—锁紧螺母 19—调节螺钉 21、25—双头螺柱 22、24—六角螺母 26—活塞环

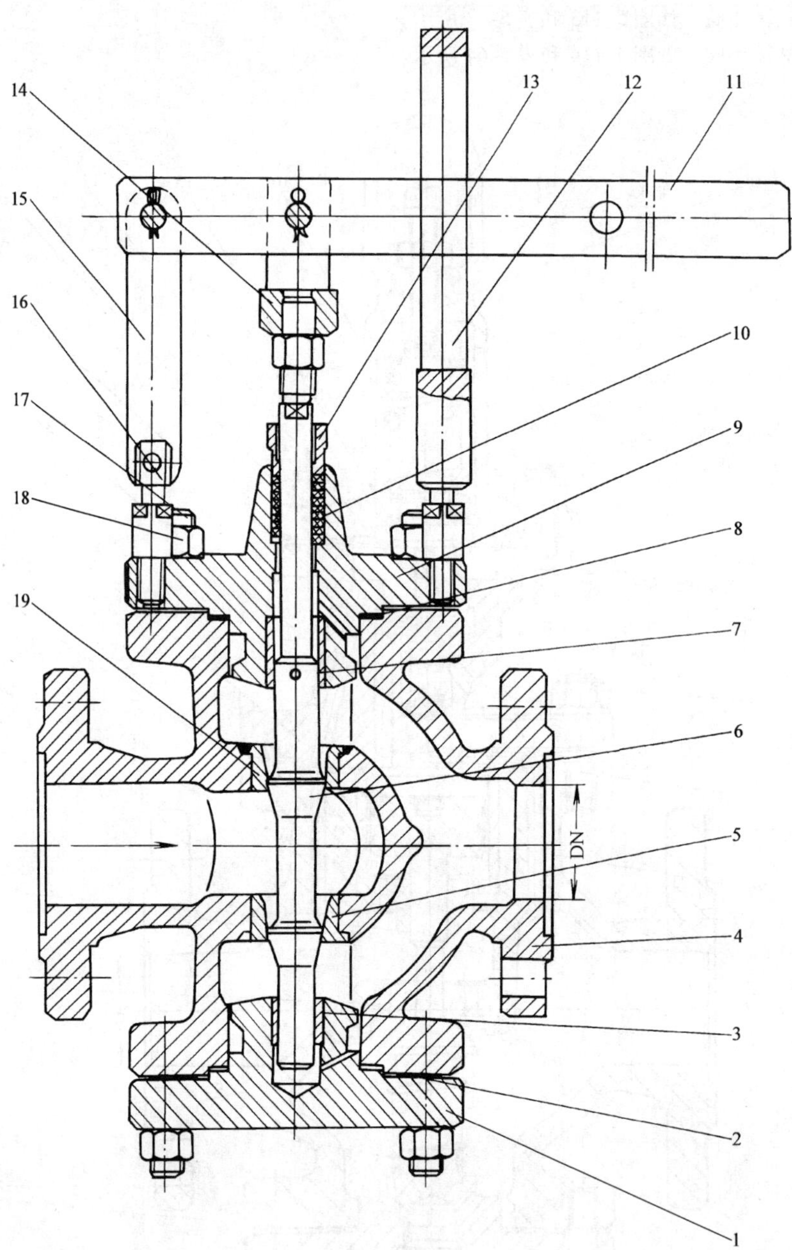

图5-114　杠杆式减压阀

1—底盖　2—底盖垫片　3、7—滑动轴承　4—阀体　5—下阀座
6—阀芯　8—中法兰垫片　9—阀盖　10—填料　11—手柄
12—手柄支柱　13—填料压盖　14—连接杆　15—杠杆支架
16—连接柱　17—双头螺柱　18—六角螺母　19—上阀座

表 5-63 活塞式减压阀典型计算项目

序号	零件名称	计算内容	选用公式
1	阀体、中阀体、阀盖	壁厚	国标：T_1、T_2、T_3 美标：T_{10}、T_{11}、T_{12}、T_{13} 欧洲：T_{14}、T_{15} 日本：T_{16}、T_{17} 钢制厚壁圆筒：T_7
2	中法兰连接螺栓	强度验算	国标：S_1、S_9、S_{10}、S_{11}、S_{12}、S_{13}、S_{14}、S_{15}、S_{16}、S_{17} 美标：S_5
3	中法兰	强度验算	A 法：F_1、F_2、F_3 B 法：F_4、F_5、F_6、F_7
4	主阀座	密封面上计算比压	见表 5-322、表 5-323
5	主弹簧	理论计算	$TH_1 \sim TH_8$
6	调节弹簧	负荷计算	见表 5-356
7	减压阀	流量的计算 主阀流通面积的计算	见表 5-328、表 5-329、表 5-330 见表 5-333、表 5-335、表 5-336、表 5-338、表 5-339、表 5-340、表 5-341
8	主阀瓣	开启高度的计算	见表 5-342、表 5-343、表 5-344、表 5-345
9	副阀	临界压力计算式 泄漏量 流通面积 副阀瓣开启高度计算式	见表 5-346 见表 5-347、表 5-348 见表 5-349 ~ 表 5-354 见表 5-355
10	减压阀	流量特性偏差值的计算 压力特性偏差值的计算	见表 5-361 见表 5-362
11	螺纹阀座	强度验算	W_2
12	副弹簧	理论计算	$TH_1 \sim TH_8$

表 5-64 杠杆式减压阀典型计算项目

序号	零件名称	计算内容	选用公式
1	阀体	壁厚	国标：T_1、T_2、T_3 美标：T_{10}、T_{11}、T_{12}、T_{13} 欧洲：T_{14}、T_{15} 日本：T_{16}、T_{17} 钢制厚壁圆筒：T_7
2	阀盖	厚度	国标：平板Ⅰ型：I_1 Ⅱ型、Ⅲ型：I_2 碟型：I_{12}、I_{13}、I_{14} 欧洲：平板Ⅰ型：I_3 Ⅱ型、Ⅲ型：I_4
3	中法兰连接螺栓	强度验算	国标：S_1、S_9、S_{10}、S_{11}、S_{12}、S_{13}、S_{14}、S_{15}、S_{16}、S_{17} 美标：S_5
4	中法兰	强度验算	A 法：F_1、F_2、F_3 B 法：F_4、F_5、F_6、F_7
5	阀座	密封面上计算比压	见表 5-322、表 5-323
6	减压阀	流量的计算 主阀流通面积的计算	见表 5-328、表 5-329、表 5-330 见表 5-333、表 5-335、表 5-336、表 5-338 ~ 表 5-341
7	主阀瓣	开启高度计算式	见表 5-342 ~ 表 5-345
8	减压阀	流量特性偏差值的计算式 压力特性偏差值的计算式	见表 5-361 见表 5-362

（3）内上弹簧薄膜式减压阀　如图 5-115 和表 5-65 所示。

（4）内下弹簧薄膜式减压阀　如图 5-116 和表 5-66 所示。

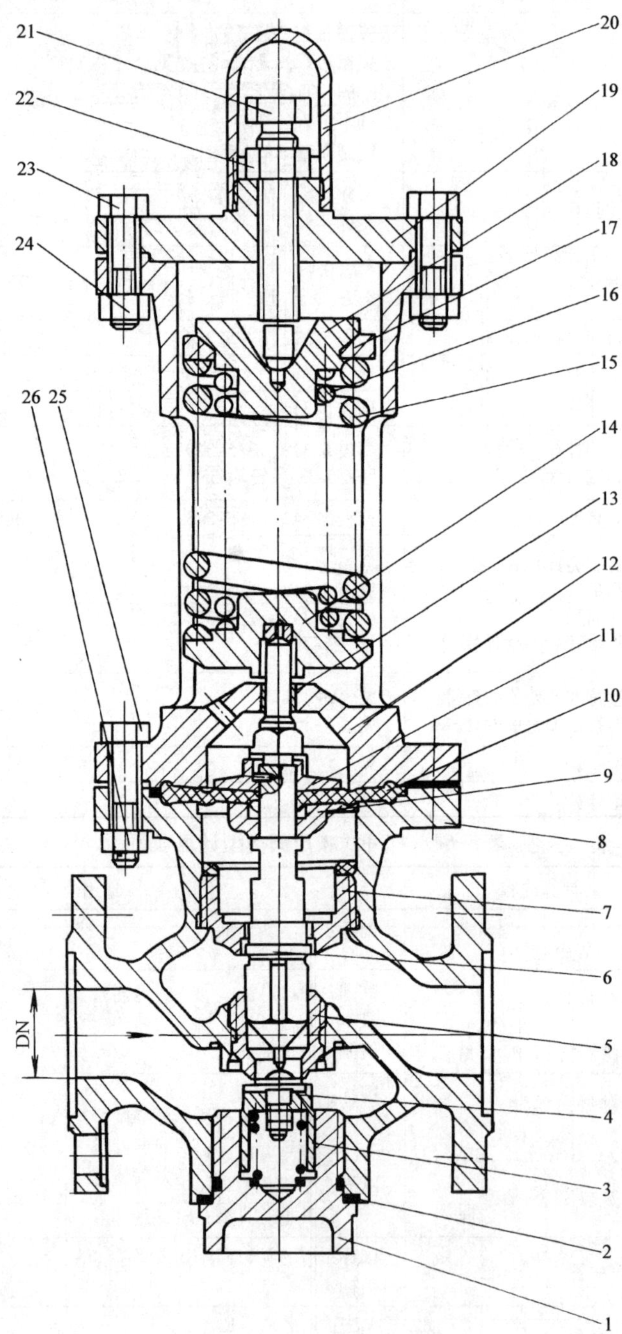

图 5-115　内上弹簧薄膜式减压阀

1—螺塞　2—螺塞垫　3—弹簧导套　4—下阀瓣　5—阀座　6—阀瓣轴　7—上阀座　8—阀体　9—薄膜下托　10—薄膜　11—薄膜压紧套　12—阀盖　13—导向套　14—弹簧托　15—主弹簧　16—内弹簧　17—主弹簧托　18—内弹簧托　19—端盖　20—阀罩　21—调整螺钉　22—锁紧螺母　23—螺栓　24、26—六角螺母　25—六角头螺栓

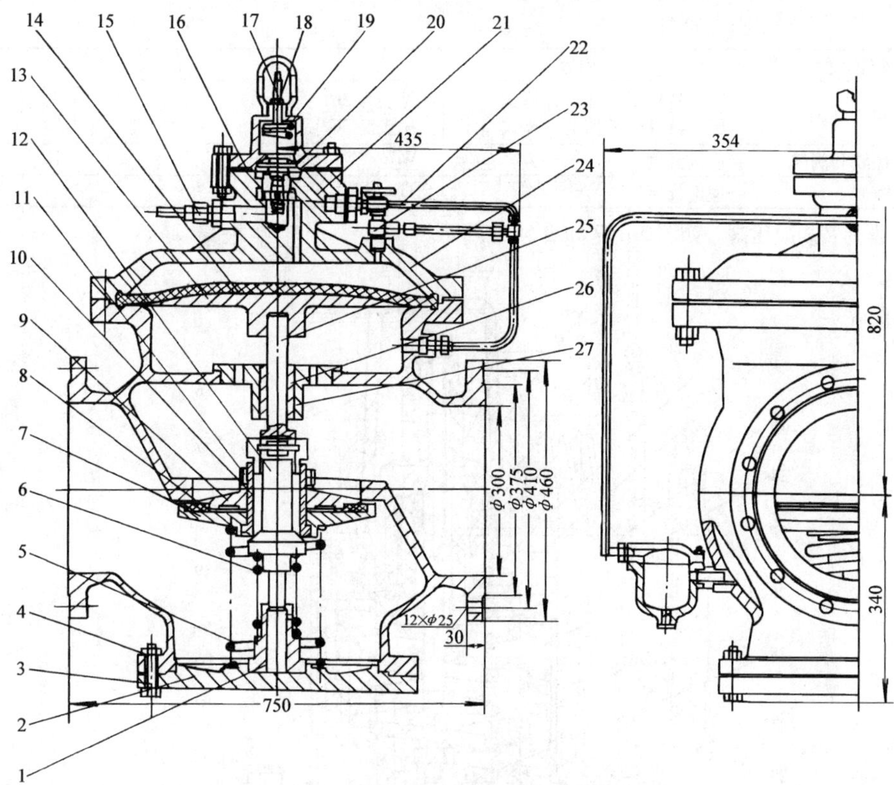

图 5-116　内下弹簧薄膜式减压阀

1—内弹簧托　2—端盖　3—六角头螺栓　4—六角螺母　5—主弹簧　6—内弹簧　7—主阀瓣　8—主阀瓣密封圈　9—主阀瓣密封圈压紧套　10—副阀座　11—锁紧螺母　12—副阀瓣轴　13—薄膜托　14—薄膜　15—接头　16—顶盖　17—调整螺钉　18—锁紧螺母　19—调整弹簧　20—反馈阀瓣　21—反馈孔　22—反馈管路　23—角式截止阀　24—阀盖　25—导向杆　26—导向套　27—导向套支架

表 5-65　内上弹簧薄膜式减压阀典型计算项目

序号	零件名称	计算内容	选用公式
1	阀体	壁厚	国标：T_1、T_2、T_3 美标：T_{10}、T_{11}、T_{12}、T_{13} 欧洲：T_{14}、T_{15} 日本：T_{16}、T_{17} 钢制厚壁圆筒：T_7
2	中法兰连接螺栓	强度验算	国标：S_1、S_9、S_{10}、S_{11}、S_{12}、S_{13}、S_{14}、S_{15}、S_{16}、S_{17} 美标：S_5
3	中法兰	强度验算	F_1、F_2、F_3
4	阀座	密封面上计算比压	M_3
5	主弹簧	理论计算	TH_1 ~ TH_8
6	调节弹簧	负荷计算	表 5-356
7	减压阀	流量的计算 主阀流通面积的计算	见表 5-328、表 5-329、表 5-330 见表 5-333、表 5-335、表 5-336、表 5-338 ~ 表 5-341
8	主阀瓣	开启高度的计算	见表 5-344 ~ 表 5-345
9	副阀	临界压力计算式 泄漏量 流通面积 副阀瓣开启高度计算式	见表 5-346 见表 5-347、表 5-348 见表 5-349 ~ 表 5-354 见表 5-355
10	膜片	橡胶膜片厚度计算式	见表 5-359

（续）

序号	零件名称	计算内容	选用公式
11	减压阀	流量特性偏差值的计算式 压力特性偏差值的计算式	见表 5-361 见表 5-362
12	螺塞螺纹和阀体	连接强度	W_2
13	副弹簧	理论计算	$TH_1 \sim TH_8$

（5）薄膜弹簧式减压阀　如图 5-117 和表 5-67 所示。

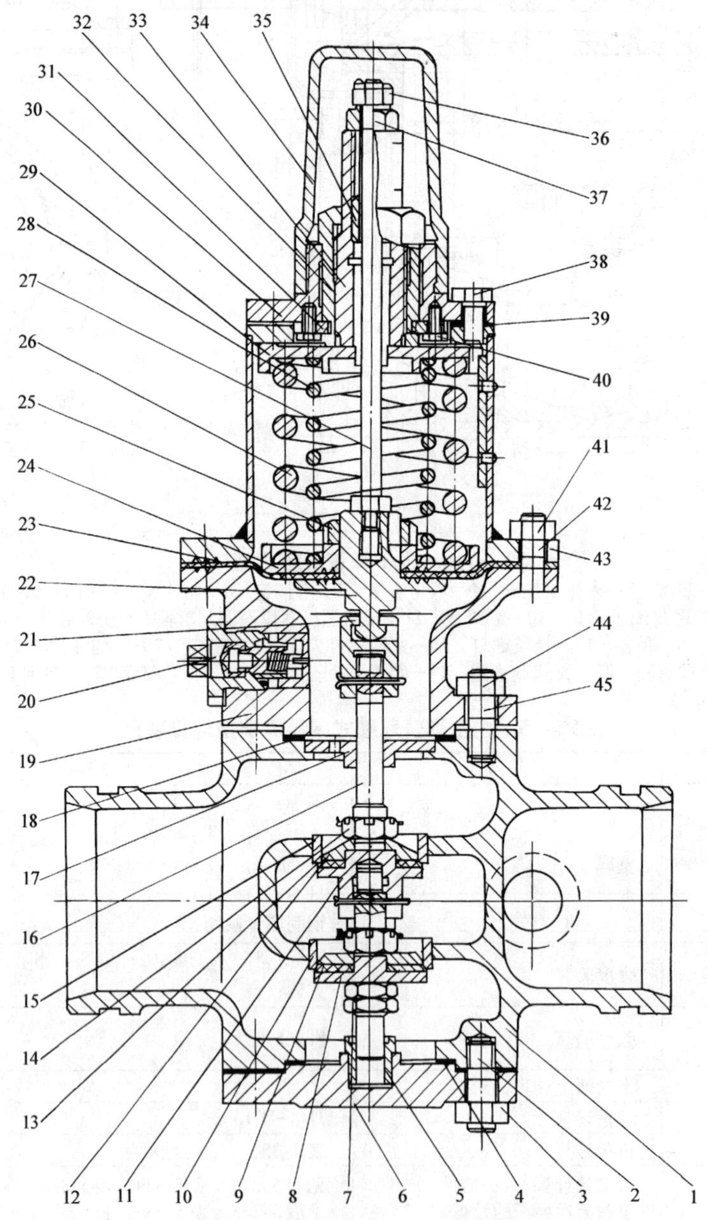

图 5-117　薄膜弹簧式减压阀

1—阀体　2、42、45—双头螺柱　3、37—螺母　4、18、39—垫片　5—轴承　6—端盖　7、14、36—锁紧螺母　8—下阀瓣　9、12—密封圈　10—下阀座　11—上阀瓣　13—压盘　15—上阀座　16—连接杆　17—导向盘　19—中阀盖　20—放气阀组件　21—连接块　22—连接盘　23—薄膜　24、29—弹簧托　25—圆螺母　26—主弹簧　27—调整杆　28—小弹簧　30—上盖　31—接盘　32—连接套　33—调整套　34—阀罩　35—调整螺母　38—六角头螺栓　40—螺钉　41、44—六角螺母　43—上阀盖

表 5-66 内下弹簧薄膜式减压阀典型计算项目

序号	零件名称	计算内容	选用公式
1	阀体	壁厚	国标：T_1、T_2、T_3 美标：T_{10}、T_{11}、T_{12}、T_{13} 欧洲：T_{14}、T_{15} 日本：T_{16}、T_{17} 钢制厚壁圆筒：T_7 圆形铸铁：T_{18}
2	阀盖	厚度	国标：Ⅱ型、Ⅲ型：I_2 碟型：I_{12}、I_{13}、I_{14} 欧洲：Ⅱ型、Ⅲ型：I_4
3	中法兰连接螺栓	强度验算	国标：S_1、S_9、S_{10}、S_{11}、S_{12}、S_{13}、S_{14}、S_{15}、S_{16}、S_{17} 美标：S_5
4	中法兰	强度验算	F_1、F_2、F_3
5	阀座	密封面上计算比压	M_3
6	主弹簧	理论计算	TH_1 ~ TH_8
7	调节弹簧	负荷计算	见表 5-356
8	减压阀	流量的计算 主阀流通面积的计算 流量特性偏差值计算式 压力特性偏差值计算式	见表 5-328 ~ 表 5-330 见表 5-333、表 5-335、表 5-336、表 5-338、表 5-339、表 5-340、表 5-341 见表 5-361 见表 5-362
9	主阀瓣	开启高度的计算	见表 5-342、表 5-343
10	副阀	临界压力计算式 泄漏量 流通面积 副阀瓣开启高度计算式	见表 5-346 见表 5-347、表 5-348 见表 5-349 ~ 表 5-354 见表 5-355
11	膜片	橡胶膜片厚度计算式	见表 5-359

表 5-67 薄膜弹簧式减压阀典型计算项目

序号	零件名称	计算内容	选用公式
1	阀体、阀盖	壁厚	国标：T_1、T_2、T_3 美标：T_{10}、T_{11}、T_{12}、T_{13} 欧洲：T_{14}、T_{15} 日本：T_{16}、T_{17} 钢制厚壁圆筒：T_7 圆形铸铁：T_{18}
2	中法兰连接螺栓	强度验算	国标：S_1、S_9、S_{10}、S_{11}、S_{12}、S_{13}、S_{14}、S_{15}、S_{16}、S_{17} 美标：S_5
3	中法兰	强度验算	F_1、F_2、F_3
4	阀座	密封面上计算比压	平面密封：M_3 锥面密封：M_4 球面密封：M_5
5	主弹簧	理论计算	TH_1 ~ TH_8

（续）

序号	零件名称	计算内容	选用公式
6	小弹簧	负荷计算	见表 5-356
7	减压阀	流量的计算 主阀瓣流通面积的计算 流量特性偏差值计算式 压力特性偏差值计算式	见表 5-328 ~ 表 5-330 见表 5-333、表 5-335、表 5-336、表 5-338、表 5-339、表 5-340、表 5-341 见表 5-361 见表 5-362
8	主阀瓣	开启高度的计算	见表 5-227、表 5-228、表 5-229、表 5-230
9	副阀	临界压力计算式	见表 5-346
10	副阀	泄漏量 流通面积 副阀瓣开启高度计算式	见表 5-347、表 5-348 见表 5-349 ~ 表 5-354 见表 5-355
11	膜片	厚度计算式	见表 5-359

5.2.12 工业过程控制阀（调节阀）

（1）气动薄膜直通式单座控制阀 如图 5-118、表 5-68 所示。

（2）气动薄膜角式单座控制阀 如图 5-119、表 5-69 所示。

表 5-68 气动薄膜直通式单座控制阀典型计算项目

序号	零件名称	计算内容	选用公式
1	阀体	壁厚	国标：T_1、T_2、T_3 美标：T_{10}、T_{11}、T_{12}、T_{13} 欧洲：T_{14}、T_{15} 日本：T_{16}、T_{17} 钢制厚壁圆筒：T_7 圆形铸铁：T_{18} 钢制球形：T_8
2	阀盖	厚度	国标：I_{15} 欧洲：I_{16}、I_{17}、I_{18}、I_{19}、I_{20}、I_{21}、I_{22}、I_{23}、I_{24}、I_{25}、I_{26}
3	中法兰连接螺栓	强度验算	国标：S_1、S_9、S_{10}、S_{11}、S_{12}、S_{13}、S_{14}、S_{15}、S_{16}、S_{17} 美标：S_5
4	中法兰	强度验算	F_1、F_2、F_3
5	阀座	密封面上计算比压	锥面密封：M_4 球面密封：M_5
6	阀瓣流量特性曲线	直线特性曲线 抛物线流量特性曲线 对数流量特性曲线	见表 5-367 见表 5-368 见表 5-369
7	阀瓣形面的计算和绘制	阀瓣开启截面积 柱塞形阀瓣	见 5.4.8.4 见 5.4.8.4
8	弹簧	理论计算	TH_1 ~ TH_8；见 5.4.8.9
9	膜片	理论计算	见 5.4.8.7 和 5.4.8.8
10	阀杆	强度验算	G_8、G_9
11	支架	强度验算	J_4、J_5、J_6、J_7
12	填料压盖	强度验算	X_1

表 5-69 气动薄膜角式单座控制阀典型计算项目

序号	零件名称	计算内容	选用公式
1	阀体	壁厚	国标：T_1、T_2、T_3 美标：T_{10}、T_{11}、T_{12}、T_{13} 欧洲：T_{14}、T_{15} 日本：T_{16}、T_{17} 钢制厚壁圆筒：T_7 钢制球形：T_8 圆形铸铁：T_{18}
2	阀盖	厚度	国标：I_{15} 欧洲：I_{16}、I_{17}、I_{18}、I_{19}、I_{20}、I_{21}、I_{22}、I_{23}、I_{24}、I_{25}、I_{26}
3	中法兰连接螺栓	强度验算	国标：S_1、S_9、S_{10}、S_{11}、S_{12}、S_{13}、S_{14}、S_{15}、S_{16}、S_{17} 美标：S_5

（续）

序号	零件名称	计算内容	选用公式
4	中法兰	强度验算	F_1、F_2、F_3
5	阀座	密封面上计算比压	锥面密封：M_4 球面密封：M_5
6	阀瓣流量特性曲线	直线特性曲线 抛物线流量特性曲线 对数流量特性曲线	见表5-367 见表5-368 见表5-369
7	阀瓣形面计算和绘制	阀瓣开启截面积 柱塞形阀瓣	见5.4.8.4 见5.4.8.4
8	弹簧	理论计算	TH_1 ~ TH_8；见5.4.8.9
9	膜片	理论计算	见5.4.8.7和5.4.8.8
10	阀杆	强度计算	G_8、G_9
11	支架	强度验算	J_4、J_5、J_6、J_7
12	填料压盖	强度验算	X_1

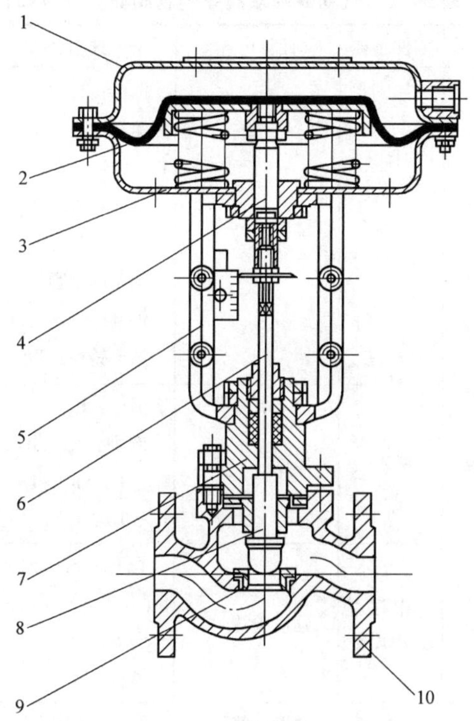

图5-118 气动薄膜直通单座控制阀

1—膜盖 2—膜片 3—弹簧 4—推杆 5—支架 6—阀杆 7—阀盖 8—阀瓣 9—阀座 10—阀体

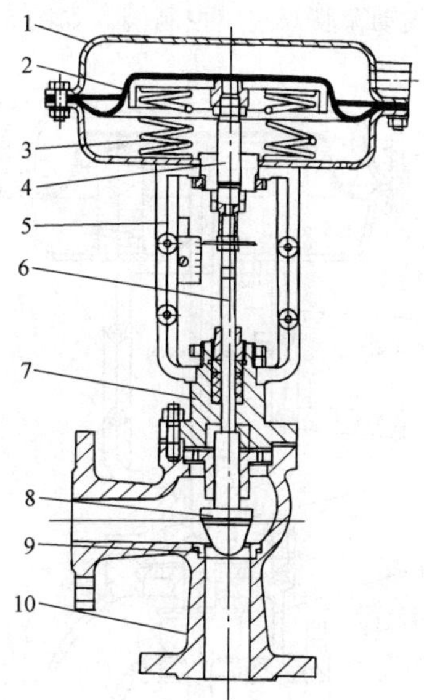

图5-119 气动薄膜角式单座控制阀

1—膜盖 2—膜片 3—弹簧 4—推杆 5—支架 6—阀杆 7—阀盖 8—阀瓣 9—阀座 10—阀体

（3）气动薄膜波纹管式单座控制阀 如图5-120、表5-70所示。

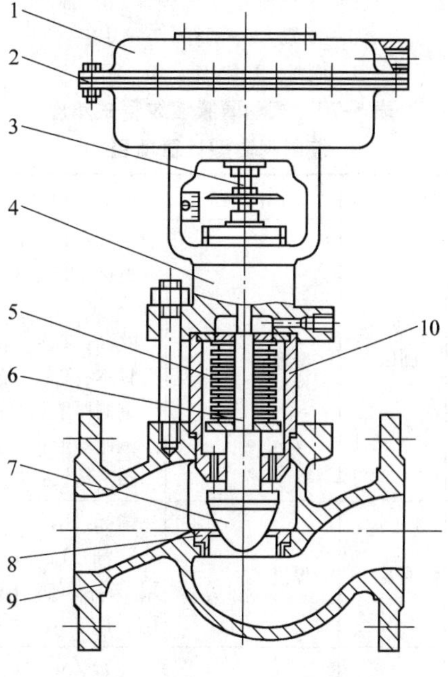

图5-120 气动薄膜波纹管单座控制阀

1—膜盖 2—膜片 3—推杆 4—阀盖 5—波纹管 6—阀杆 7—阀瓣 8—阀座 9—阀体 10—导向套

（4）气动薄膜双阀座控制阀　如图 5-121、表 5-71所示。

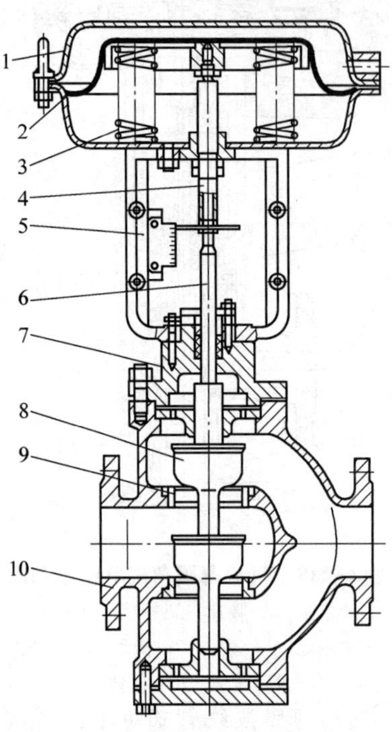

图 5-121　气动薄膜双阀座控制阀

1—膜盖　2—膜片　3—弹簧　4—推杆
5—支架　6—阀杆　7—阀盖
8—阀瓣　9—阀座　10—阀体

表 5-70　气动薄膜波纹管式单座控制阀典型计算项目

序号	零件名称	计算内容	选用公式
1	阀体	壁厚	国标：T_1、T_2、T_3 美标：T_{10}、T_{11}、T_{12}、T_{13} 欧洲：T_{14}、T_{15} 日本：T_{16}、T_{17} 钢制厚壁圆筒：T_7 钢制球形：T_8 圆形铸铁：T_{18}
2	阀盖	厚度	国标：I_{15} 欧洲：I_{16}、I_{17}、I_{18}、I_{19}、I_{20}、I_{21}、I_{22}、I_{23}、I_{24}、I_{25}、I_{26}
3	中法兰连接螺栓	强度验算	国标：S_1、S_9、S_{10}、S_{11}、S_{12}、S_{13}、S_{14}、S_{15}、S_{16}、S_{17} 美标：S_5
4	中法兰	强度验算	F_1、F_2、F_3

（续）

序号	零件名称	计算内容	选用公式
5	阀座	密封面上计算比压	锥面密封：M_4 球面密封：M_5
6	阀瓣流量特性曲线	直线特性曲线 抛物线流量特性曲线 对数流量特性曲线	见表 5-367 见表 5-368 见表 5-369
7	阀瓣形面计算和绘制	阀瓣开启截面积 柱塞形阀瓣	见 5.4.8.4 见 5.4.8.4
8	弹簧	理论计算	TH_1 ~TH_8；见5.4.8.9
9	膜片	强度计算	见5.4.8.7 和5.4.8.8
10	阀杆	强度验算	G_8、G_9
11	波纹管	强度计算	见 5.4.8.6
12	支架	强度验算	J_4、J_5、J_6、J_7
13	填料压盖	强度验算	X_1

表 5-71　气动薄膜双阀座控制阀典型计算项目

序号	零件名称	计算内容	选用公式
1	阀体	壁厚	国标：T_1、T_2、T_3 美标：T_{10}、T_{11}、T_{12}、T_{13} 欧洲：T_{14}、T_{15} 日本：T_{16}、T_{17} 钢制厚壁圆筒：T_7 钢制球形：T_8 圆形铸铁：T_{18}
2	阀盖	厚度	国标：I_{15} 欧洲：I_{16}、I_{17}、I_{18}、I_{19}、I_{20}、I_{21}、I_{22}、I_{23}、I_{24}、I_{25}、I_{26}
3	中法兰连接螺栓	强度验算	国标：S_1、S_9、S_{10}、S_{11}、S_{12}、S_{13}、S_{14}、S_{15}、S_{16}、S_{17} 美标：S_5
4	中法兰	强度验算	F_1、F_2、F_3
5	阀座	密封面上计算比压	锥面密封：M_4 球面密封：M_5

（续）

序号	零件名称	计算内容	选用公式
6	阀瓣流量特性曲线	直线特性曲线 抛物线流量特性曲线 对数流量特性曲线	见表5-367 见表5-368 见表5-369
7	阀瓣形面计算和绘制	阀瓣开启截面积 柱塞形阀瓣	见5.4.8.4 见5.4.8.4
8	弹簧	理论计算	$TH_1 \sim TH_8$；见5.4.8.9
9	膜片	强度计算	见5.4.8.7和5.4.8.8
10	阀杆	强度验算	G_8、G_9
11	支架	强度验算	J_4、J_5、J_6、J_7
12	填料压盖	强度验算	X_1

（5）气动薄膜套筒控制阀　如图5-122、表5-72所示。

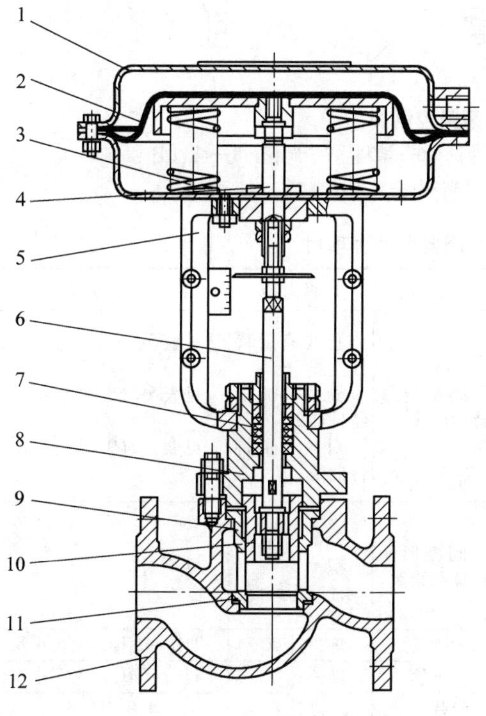

图5-122　气动薄膜套筒控制阀

1—膜盖　2—膜片　3—弹簧　4—推杆　5—支架　6—阀杆　7—填料　8—阀盖　9—套筒窗口　10—阀瓣　11—阀座　12—阀体

表5-72　气动薄膜套筒控制阀典型计算项目

序号	零件名称	计算内容	选用公式
1	阀体	壁厚	国标：T_1、T_2、T_3 美标：T_{10}、T_{11}、T_{12}、T_{13} 欧洲：T_{14}、T_{15} 日本：T_{16}、T_{17} 钢制厚壁圆筒：T_7 钢制球形：T_8 圆形铸铁：T_{18}
2	阀盖	厚度	国标：I_{15} 欧洲：I_{16}、I_{17}、I_{18}、I_{19}、I_{20}、I_{21}、I_{22}、I_{23}、I_{24}、I_{25}、I_{26}
3	中法兰连接螺栓	强度验算	国标：S_1、S_9、S_{10}、S_{11}、S_{12}、S_{13}、S_{14}、S_{15}、S_{16}、S_{17} 美标：S_5
4	中法兰	强度验算	F_1、F_2、F_3
5	套筒窗口	形面绘制	见5.4.8.4
6	套筒窗口流量特性曲线	直线流量特性曲线 抛物线流量特性曲线 对数流量特性曲线	见表5-367 见表5-368 见表5-369
7	弹簧	理论计算	$TH_1 \sim TH_8$；见5.4.8.9
8	膜片	强度计算	见5.4.8.7和5.4.8.8
9	阀杆	强度验算	G_8、G_9
10	支架	强度验算	J_4、J_5、J_6、J_7
11	填料压盖螺纹	强度验算	W_2
12	压支架螺母螺纹	强度验算	W_2

（6）自力式气动薄膜控制阀　如图5-123、表5-73所示。

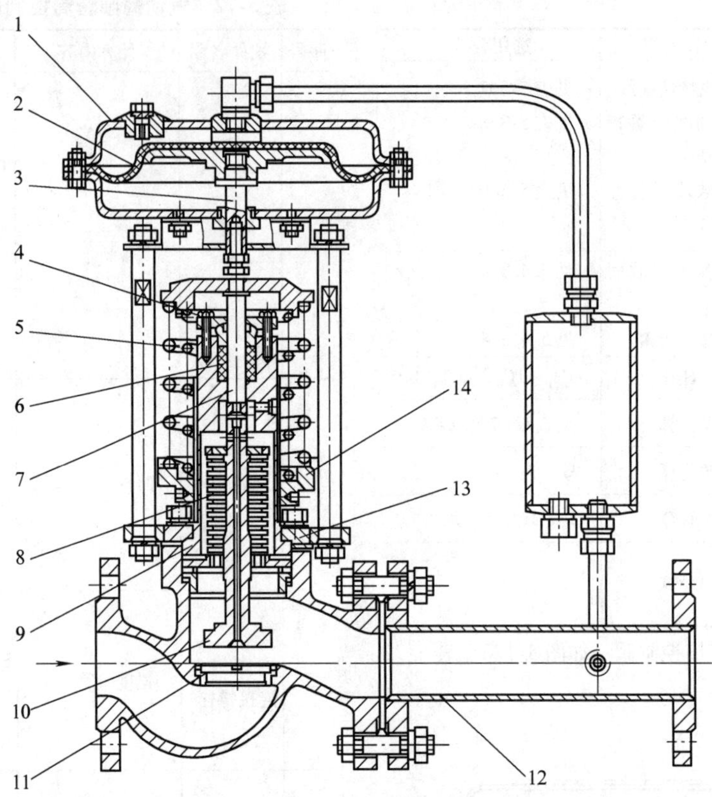

图5-123 自力式气动薄膜控制阀

1—膜盖 2—膜片 3—推杆 4—大弹簧 5—小弹簧 6—填料 7—阀杆 8—波纹管 9—阀盖 10—阀瓣 11—阀座 12—阀后接管 13—中法兰连接螺栓 14—弹簧托

表5-73 自力式气动薄膜控制阀典型计算项目

序号	零件名称	计算内容	选用公式	序号	零件名称	计算内容	选用公式
1	阀体	壁厚	国标：T_1、T_2、T_3 美标：T_{10}、T_{11}、T_{12}、T_{13} 欧洲：T_{14}、T_{15} 日本：T_{16}、T_{17} 钢制厚壁圆筒：T_7 钢制球形：T_8 圆形铸铁：T_{18}	4	阀瓣流量特性曲线	直线流量特性曲线	见表5-367
						抛物线流量特性曲线	见表5-368
						对数流量特性曲线	见表5-369
2	压力密封阀盖	强度计算	欧洲：I_{27}、I_{28}、I_{29}、I_{30}、I_{31}、I_{32}、I_{33}、I_{34}、I_{35}、I_{36} 国标：I_{37}、I_{38}、I_{39}、I_{40}、I_{41}、I_{42}、I_{43}、I_{44}、I_{45}、I_{46}、I_{47}、I_{48}、I_{49}、I_{50}、I_{51}、I_{52}	5	阀瓣形面计算和绘制	阀瓣开启截面积 柱塞形阀瓣	见5.4.8.4
				6	大弹簧	理论计算	TH_1 ~ TH_8；见5.4.8.9
				7	小弹簧	理论计算	TH_1 ~ TH_8；见5.4.8.9
				8	膜片	强度计算	见5.4.8.7和5.4.8.8
				9	波纹管	强度计算	见5.4.8.6
3	阀座	密封面上计算比压	平面密封：M_3 锥面密封：M_4 球面密封：M_5	10	填料压盖	强度验算	X_1
				11	螺栓	强度验算	X_2
				12	支柱螺栓	强度验算	X_2

(7) 轴流式电动控制阀（调节阀）（图5-124、表5-74）

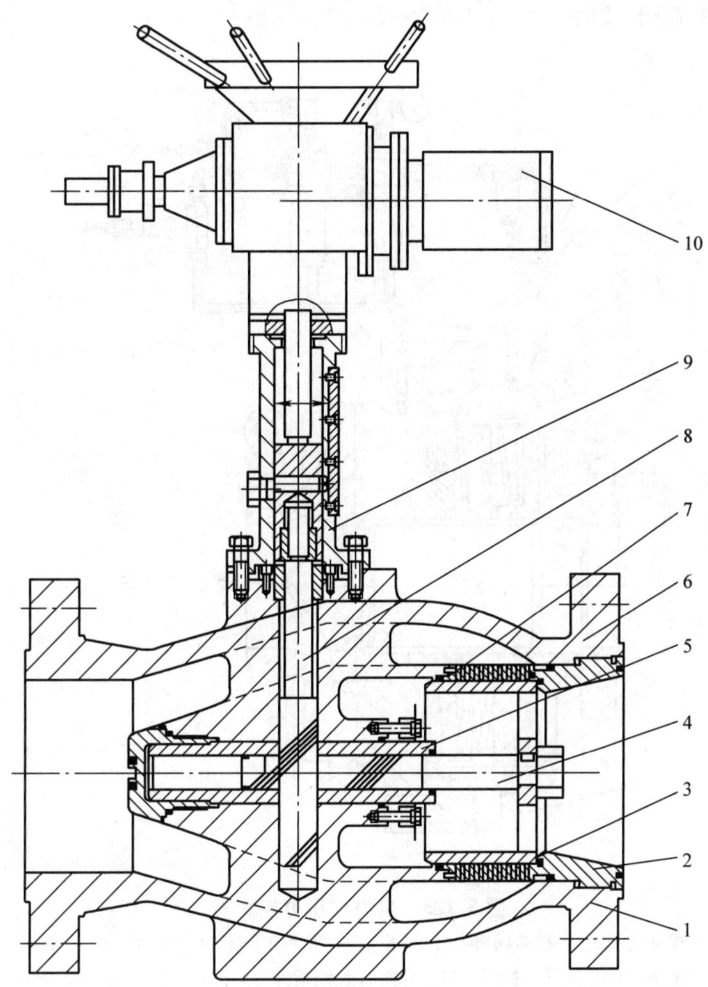

图 5-124 轴流式电动控制阀（调节阀）

1—阀体 2—止动套 3—套筒 4—阀杆 5—导套 6—阀芯 7—平衡密封圈 8—推杆 9—上阀盖 10—电动驱动装置

表 5-74 轴流式电动控制阀（调节阀）典型计算项目

序号	零件名称	计算内容	选用公式
1	阀体	壁厚	国标：T_1、T_2、T_3 美标：T_{10}、T_{11}、T_{12}、T_{13} 欧洲：T_{14}、T_{15} 日本：T_{16}、T_{17} 圆形铸铁：T_{18}
2	阀座	密封面上 计算比压	平面密封：M_3
3	阀瓣流量特性曲线	直线流量特性曲线 抛物线流量特性曲线 对数流量特性曲线	见表 5-367 见表 5-368 见表 5-369
4	套筒开孔设计	套筒开启截面积的 计算与布置	见图 5-275 见图 5-276
5	螺栓	强度验算	

（8）自力式压力控制阀　如图5-125、表5-75所示。

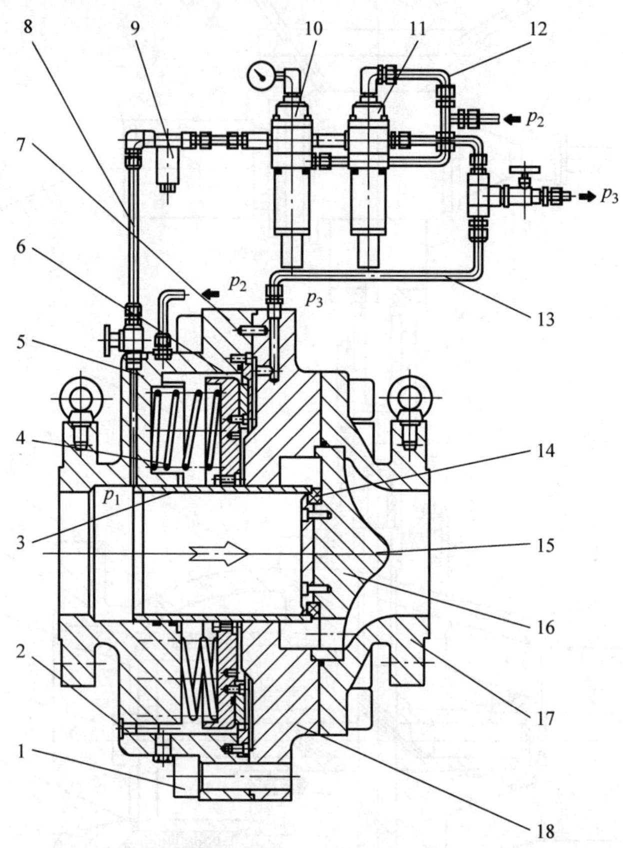

图5-125　自力式压力控制阀

1—螺钉　2—阀位指示　3—套筒阀瓣　4—弹簧　5—膜片前卡盘　6—膜片　7—左阀体　8—过程管　9—过滤器　10—前置指挥器　11—导阀（控制指挥器）　12—信号管　13—过程管　14—阀座密封圈　15—阀座密封圈压板　16—阀座　17—右阀体　18—中阀体

表5-75　自力式压力控制阀典型计算项目

序号	零件名称	计算内容	选用公式
1	阀体	壁厚	国标：T_1、T_2、T_3、T_5 美标：T_{10}、T_{11}、T_{12}、T_{13} 欧洲：T_{14}、T_{15} 日本：T_{16}、T_{17} 钢制厚壁圆筒：T_7 钢制球形：T_8
2	阀座	密封面上计算比压	平面密封：M_3 锥面密封：M_4 球面密封：M_5
3	弹簧	理论计算	TH_1 ~ TH_8，见5.4.8.9
4	膜片	强度计算	见5.4.8.7和5.4.8.8
5	螺栓	强度验算	X_2

5.3　阀门通用部分计算式

5.3.1　阀体壁厚计算式（$T_1 \sim T_9$）

1. 碳钢、合金钢和不锈钢圆形阀体壁厚计算式（图 5-126）

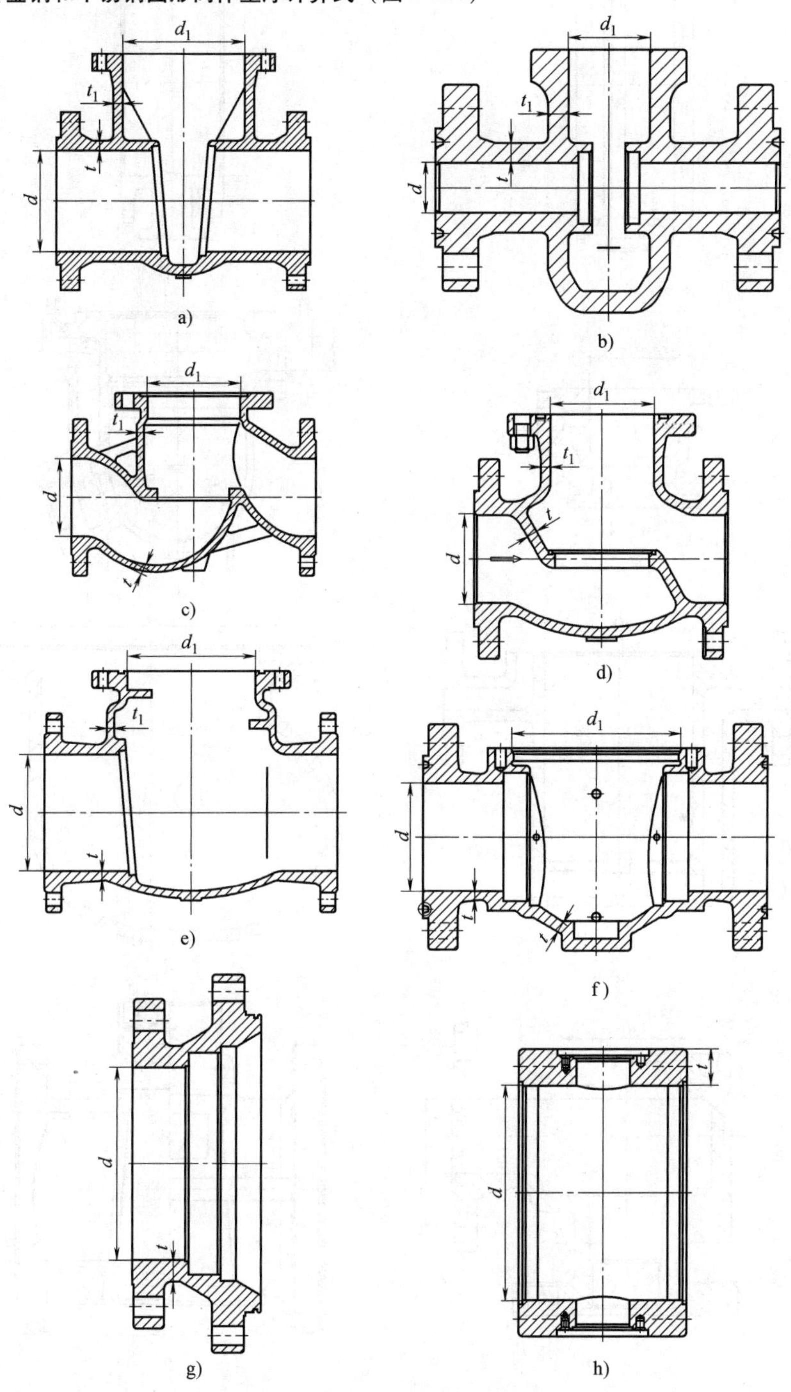

图 5-126　典型阀体结构

a）楔式闸阀阀体　b）平行式闸阀阀体　c）改进流道的截止阀及升降式止回阀阀体　d）球形截止阀阀体　e）旋启式止回阀阀体　f）上装式球阀阀体　g）三体式球阀左右体　h）三体式球阀中体

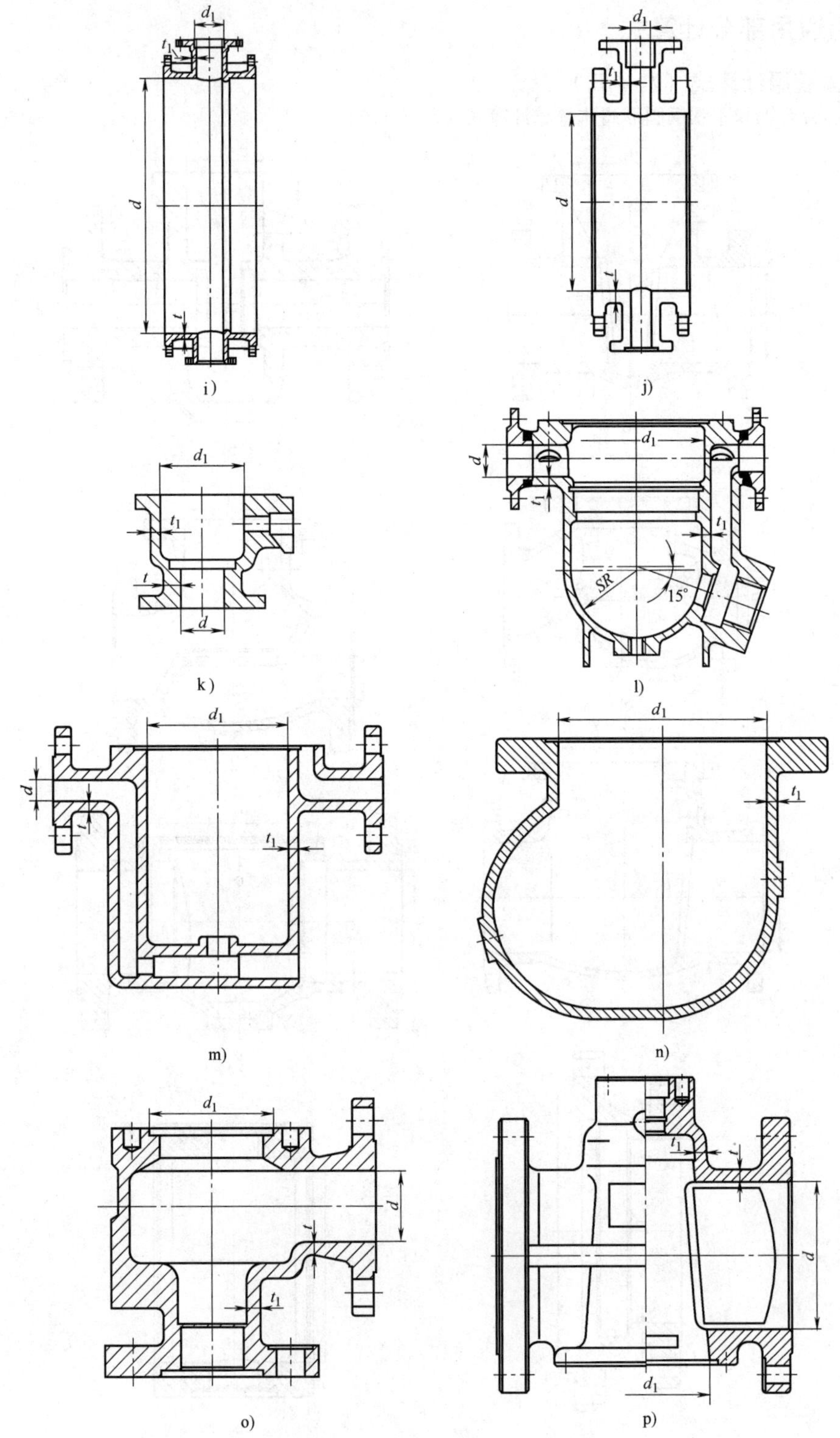

图5-126　典型阀体结构（续）

i）偏心式蝶阀阀体　j）中线蝶阀阀体　k）两体式球阀阀体　l）自由浮球式蒸汽疏水阀阀体
m）倒吊桶式蒸汽疏水阀阀体　n）杠杆浮球式蒸汽疏水阀阀体　o）安全阀阀体　p）压力平衡式旋塞阀阀体

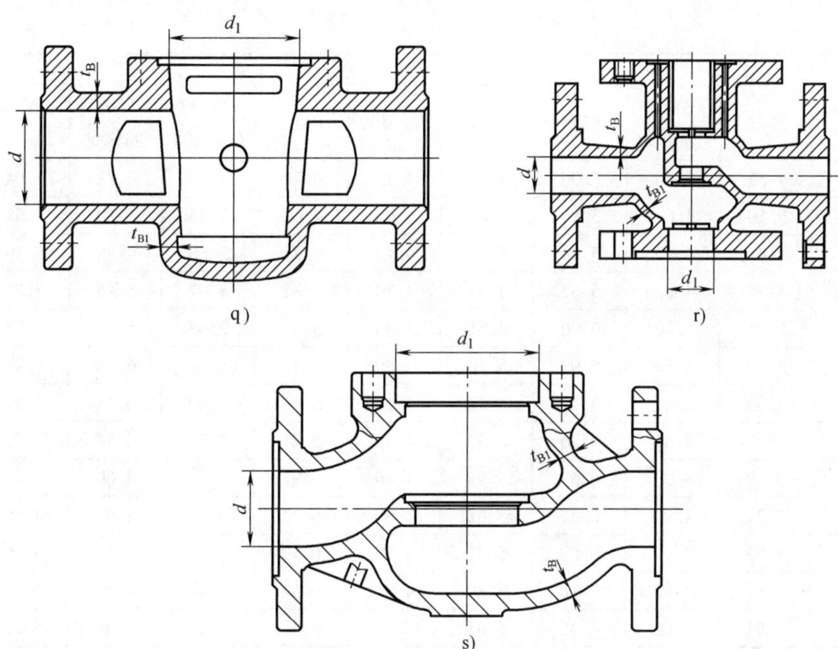

图 5-126　典型阀体结构（续）

q）油密封式旋塞阀阀体　r）减压阀阀体　s）单座调节阀阀体

注：其中 t 也可用 t_m、t_B、e 表示。

（1）中国

1）GB/T 26640—2011《阀门壳体最小壁厚尺寸要求规范》阀门最小壁厚尺寸计算式见表 5-76 及如图 5-126 所示。

表 5-76　GB/T 26640 最小壁厚计算式（T_1）

序号	名称	公式或索引
1	计算壁厚 t_m/mm	$t_m=\dfrac{1.5p_c d}{nS-1.2p_c}+c_1$
2	计算压力 p_c	数值为 0.1 倍的公称压力（MPa）
3	阀体端部内径 d/mm	阀体端部内径尺寸，按表 5-78 的规定
4	系数 n	系数，当 $p_c\leqslant 2.5$MPa 时，$n=3.8$；当 $p_c>2.5$MPa 时，$n=4.8$
5	应力系数 S/MPa	取 48.3
6	附加裕量 c_1/mm	见表 5-77
7	实际壁厚 t'_m/mm	设计确定

注：1. $t'_m\geqslant t_m$，为合格。

2. 应力系数 S 值在确定时是考虑了材料的压力-温度额定值在相应的温度下的许用应力而确定的，故可不进行高温核算。

表 5-77　附加裕量 c_1　（单位：mm）

公称尺寸	公称压力									
	PN16	PN20 Class150	PN25	PN40	Class300	PN63	PN100 Class600	PN160 Class900	PN250 Class1500	PN400 Class2500
DN50/NPS2	4.85	4.79	4.89	4.69	4.65	4.40	3.01	3.07	2.48	3.05
DN65/NPS2 $\frac{1}{2}$	4.66	4.54	4.64	4.49	4.26	4.53	2.70	3.01	2.51	1.94
DN80/NPS3	4.56	4.30	4.80	4.60	4.46	4.86	2.68	3.14	2.05	1.73
DN100/NPS4	4.90	4.77	4.97	4.67	4.60	5.30	2.92	2.95	2.66	3.21
DN125/NPS5	4.98	5.07	5.37	4.82	4.48	4.45	2.73	3.84	2.85	3.39

（续）

公称尺寸	公称压力									
	PN16	PN20 Class150	PN25	PN40	Class300	PN63	PN100 Class600	PN160 Class900	PN250 Class1500	PN400 Class2500
DN150/NPS6	4.85	4.66	5.06	4.86	4.75	4.70	2.53	4.22	3.04	3.46
DN200/NPS8	5.10	4.64	5.24	4.85	4.60	4.60	2.45	4.20	3.51	3.72
DN250/NPS10	4.85	4.53	5.23	4.74	4.45	4.71	2.66	4.48	3.19	3.97
DN300/NPS12	5.20	4.82	5.62	4.82	4.30	4.81	3.07	5.15	3.37	4.13
DN350/NPS14	5.35	5.00	6.00	4.51	4.95	5.31	2.48	5.63	3.75	4.08
DN400/NPS16	5.30	4.89	5.99	5.30	4.80	7.41	2.89	6.20	3.93	4.34
DN450/NPS18	5.35	4.87	6.17	5.49	4.95	5.61	2.80	6.18	3.91	5.09
DN500/NPS20	5.40	4.86	6.26	5.37	4.80	5.71	3.21	6.56	4.09	5.35
DN600/NPS24	5.60	4.93	6.63	5.55	4.80	5.91	3.04	8.00	4.44	5.75
DN700/NPS28	5.71	4.90	6.80	5.62	4.80	6.32	3.36	8.95	4.50	6.46
DN750/NPS30	5.56	4.79	6.89	5.81	4.96	6.52	3.27	9.13	4.68	6.72
DN800/NPS32	5.81	4.98	7.18	5.80	4.81	6.52	3.48	9.70	4.86	6.97
DN900/NPS36	5.91	4.95	6.45	6.07	5.11	7.02	3.51	10.66	5.22	7.38

表 5-78 钢制阀门公称尺寸和阀体端部基本内径的关系 （单位：mm）

管道公称尺寸	公称压力												
	PN16	Class150	PN25	PN40	Class300	PN63	PN100	Class600	Class900	PN160	Class1500	PN320	Class400
DN15/NPS $\frac{1}{2}$	15			15		15	15		12.7		12.7	12.1	11.2
DN20/NPS $\frac{3}{4}$	20			20		20	20		15.2		15.2	14.8	14.2
DN25/NPS1	25			25		25	25		22.1		22.1	21.0	19.1
DN32/NPS1 $\frac{1}{4}$	32			32		32	32		28.4		28.4	27.3	25.4
DN40/NPS1 $\frac{1}{2}$	38.1			38.1		38.1	38.1		35		35	32.5	28.4
DN50/NPS2	50			50		50	50		47.5		47.5	44.0	38.1
DN65/NPS2 $\frac{1}{2}$	63.5			63.5		63.5	63.5		57.2		57.2	53.6	47.5
DN80/NPS3	76.2			76.2		76.2	76.2		72.9		70	65.2	57.2
DN100/NPS4	100			100		100	100		98.3		91.9	84.8	72.9
DN125/NPS5	125			125		125	125		121		111	104	92
DN150/NPS6	150			150		150	150		146		136	127	111
DN200/NPS8	200			200		200	200		191		178	166	146
DN250/NPS10	250			250		250	248		238		222	208	184
DN300/NPS12	300			300		300	298		282		263	247	219
DN350/NPS14	336			336		333	327		311		289	271	241
DN400/NPS16	387			387		381	375		356		330	310	276
DN450/NPS18	438			432		432	419		400		371	349	311
DN500/NPS20	489			483		479	464		445		416	389	343
DN550/NPS22	540			533		527	511		489		457	427	378
DN600/NPS24	590			584		575	556		533		498	466	413
DN650/NPS26	641			635		622	603		578		540	505	448
DN700/NPS28	692			686		670	648		622		584	546	483
DN750/NPS30	743			737		718	695		667		625	585	517

注：管道公称尺寸 DN750 以上，公称压力 PN400 以下的内径值可以用线性外推法确定。

2）GB/T 12224—2015《钢制阀门 一般要求》阀体通道处最小壁厚计算式见表 5-79 及如图 5-126 所示。

表 5-79 GB/T 12224—2015 最小壁厚（T_2）

序号	名称	公式或索引
1	计算壁厚 t/mm	$t=\frac{1.5p_c d}{2S-1.2p_c}+c_1$
2	通道最小直径 d/mm	按表 5-80 选取
3	基本应力系数 S	对于 Class 系列阀门，$S=7000$
4	压力等级额定指数 p_c	对于 Class 系列阀门，是压力等级 Class 数值，如 Class150，$p_c=150$
5	附加裕量 c_1	按表 5-77 选取
6	实际壁厚 t'	设计确定

注：$t'\geqslant t$，为合格。

表 5-80 Class 系列阀门公称尺寸和阀体端部基本内径的关系

（单位：mm）

公称尺寸 DN	公称压力 Class						公称管径 NPS②
	150	300	600	900	1500	2500	
	阀体端部基本内径 d①						
15	12.7	12.7	12.7	12.7	12.7	11.2	1/2
20	19.1	19.1	19.1	17.5	17.5	14.2	3/4
25	25.4	25.4	25.4	22.1	22.1	19.1	1
32	31.8	31.8	31.8	28.4	28.4	25.4	1¼
40	38.1	38.1	38.1	34.8	34.8	28.4	1½
50	50.8	50.8	50.8	47.5	47.5	38.1	2
65	63.5	63.5	63.5	57.2	57.2	47.5	2½
80	76.2	76.2	76.2	72.9	69.9	57.2	3
100	101.6	101.6	101.6	98.3	91.9	72.9	4
125	127.0	127.0	127.0	120.7	111.0	91.9	5
150	152.4	152.4	152.4	146.1	136.4	111.0	6
200	203.2	203.2	199.9	190.5	177.8	146.1	8
250	254.0	254.0	247.7	238.0	222.3	184.2	10
300	304.8	304.8	298.5	282.4	263.4	218.9	12
350	336.6	336.6	326.9	311.2	288.8	241.3	14
400	387.4	387.4	374.7	355.6	330.2	276.1	16
450	438.2	431.8	419.1	400.1	371.3	311.2	18
500	489.0	482.6	463.6	444.5	415.8	342.9	20
550	539.8	533.4	511.0	489.0	457.2	377.7	22
600	590.6	584.2	558.8	533.4	498.3	412.8	24
650	641.4	635.0	603.3	577.9	539.8	447.5	26
700	692.2	685.8	647.7	622.3	584.2	482.6	28
750	743.0	736.6	695.2	666.8	625.3	517.4	30
800	793.7	787.4	736.6	711.2	—	—	32
850	844.5	838.2	781.0	755.6	—	—	34
900	895.3	889.0	828.5	800.1	—	—	36
950	946.1	939.8	872.9	844.5	—	—	38
1000	996.9	990.6	920.7	889.0	—	—	40
1050	1047.7	1041.4	965.2	933.4	—	—	42
1100	1098.5	1092.2	1012.6	977.9	—	—	44
1150	1149.3	1143.0	1057.1	1022.3	—	—	46
1200	1200.1	1193.8	1104.9	1066.8	—	—	48
1250	1250.9	1244.6	1149.3	1111.2	—	—	50

注：尺寸来自 ASME B16.34—2013。

① d 是标准 6.1.3 所规定的阀体端部基本内径。

② NPS 单位 in，1in = 25.4mm。

3）GB/T 12224—2015《钢制阀门 一般要求》阀体中腔最小壁厚计算式见表 5-81 及如图 5-126 所示。

表 5-81 GB/T 12224—2015 阀体中腔最小壁厚（T_3）

序号	名称	公式或索引
1	计算壁厚 t_1/mm	$t_1=\frac{1.5p_c d''}{2S-1.2p_c}+c_1$
2	压力等级额定指数 p_c	对于 Class 系列阀门，p_c 是压力等级 Class 数值，如 Class150，$p_c=150$
3	用于确定中腔壁厚的直径 d''/mm	$\frac{2}{3}d_1$
4	中腔最大内径 d'/mm	设计给定
5	基本应力系数 S	对于 Class 系列阀门，$S=7000$
6	附加裕量 c_1	按表 5-77 选用
7	实际壁厚 t_1'/mm	设计确定

注：1. $t'\geqslant t$，$t_1'\geqslant t_1$ 为合格。

2. 应力系数 S 值在确定时是考虑了材料的压力-温度额定值在相应的温度下的许用应力而制定的，故可不进行高温核算。

3. 在 $d_1>1.5d$ 的特殊场合，在整个直径为 d_1 的阀体颈部长度内，其壁厚必须大于 t_1'。

4. 对于阀体颈部比阀体通道直径小得多的特殊场合，即 $d/d_1\geqslant 4$（如蝶阀阀杆的贯穿孔），从阀体内径与阀体颈部的轴线相交处量起 $L=t(1+1.1\sqrt{d/t})$ 区段内的最小局部壁厚应等于 t_1'，此处 t_1' 是利用相应的阀体颈部内径 d_1 和对应的公称压力按表 5-81 计算出的数值。超出 $t(1+1.1\sqrt{d/t})$ 区段的阀体颈部，应按 d''用表 5-81 确定局部最小壁厚。

5. 在对阀体颈部壁上平行于阀体颈部轴线方向钻孔或攻螺纹的场合，要求孔内侧和孔外侧的壁厚之和等于或大于 t 或 t_1'，孔的内侧与孔的底部壁厚不应小于 $0.25t$ 或 $0.25t_1'$。

4）第四强度理论最小壁厚见表5-82及如图5-126所示。

表5-82　第四强度理论最小壁厚（T_4）

序号	名称	公式或索引
1	最小壁厚 t_B/mm	$\frac{pd_1}{2.3[\sigma_L]-p}+c$
2	计算压力 p/MPa	取公称压力PN数值的1/10
3	计算内径 d_1/mm	设计给定
4	许用拉应力$[\sigma_L]$/MPa	查表3-13、表3-21、表3-23、表3-25、表3-26、表3-27
5	附加裕量 c/mm	见表5-83
6	实际厚度 t'_B/mm	设计确定

注：1. $t'_B \geqslant t_B$，为合格。

2. GB/T 12224中的压力-温度额定值是根据材料相应温度下的许用应力而制定的，故不进行高温核算。

表5-83　附加裕量 c　（单位：mm）

t_B-c	c	t_B-c	c
≤5	5	21～30	2
6～10	4		
11～20	3	>30	1

5）钢制球形阀体最小壁厚第四强度理论计算式见表5-84。

表5-84　钢制球形阀体最小壁厚（T_5）

序号	名称	公式或索引
1	计算壁厚 t_B/mm	$\frac{pR}{2[\sigma_L]}+c$
2	球形阀体内半径 R/mm	设计给定
3	计算压力 p/MPa	取公称压力PN数值的1/10
4	材料的许用拉应力$[\sigma_L]$/MPa	查表3-13、表3-21、表3-23、表3-25、表3-26、表3-27
5	附加裕量 c/mm	见表5-83
6	实际壁厚 t'_B/mm	设计确定

注：1. $t'_B \geqslant t_B$，为合格。

2. GB/T 12224中规定的钢制阀门的压力-温度额定值是根据材料相应温度下的许用应力制定的，故不进行高温核算。

6）由两个圆弧半径组成的钢制球形阀体最小壁厚第四强度理论计算式见表5-85及如图5-127所示。

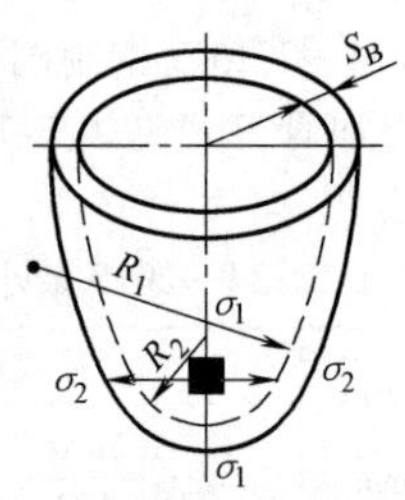

图5-127　由两个圆弧半径组成的球形阀体

表5-85　由两个圆弧半径组成钢制球形阀体最小壁厚（T_6）

序号	名称	公式或索引
1	垂直应力 σ_1/MPa	$\frac{pR_2}{2(t_B-c)}$
2	水平应力 σ_2/MPa	$\frac{pR_2}{2(t_B-c)}\left(2-\frac{R_2}{R_1}\right)$
3	设计压力 p/MPa	取公称压力PN数值的1/10
4	小圆弧内半径 R_2/mm	设计给定
5	大圆弧内半径 R_1/mm	设计给定
6	考虑附加裕量的壁厚 t'_B/mm	设计确定
7	附加裕量 c/mm	查表5-83

注：$R_m > \sigma_2 > \sigma_1$，为合格。

7）钢制厚壁圆筒形阀体最小壁厚见表5-86及如图5-128所示。

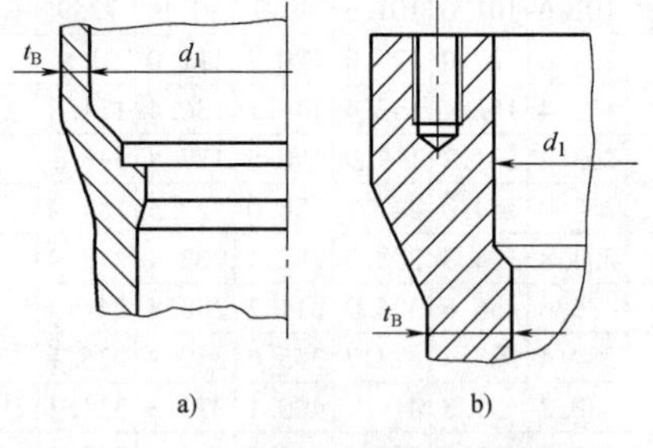

图5-128　钢制厚壁圆筒形阀体

a）内压自密封式阀盖阀体

b）锻钢高压闸阀、截止阀阀体

表5-86　钢制厚壁圆筒形阀体最小壁厚（T_7）

序号	名称	公式或索引
1	计算壁厚 t_B/mm	$\frac{d_1}{2}(K_o-1)+c$
2	计算内径 d_1/mm	设计给定

（续）

序号	名称	公式或索引
3	阀体外径与内径的比 K_o	$\sqrt{\dfrac{[\sigma_b]}{[\sigma_s]-\sqrt{3}p}}$
4	材料的许用应力$[\sigma_b]$/MPa	R_m/n_b 或 R_{eL}/n_s 较小值
5	材料的抗拉强度 R_m/MPa	查有关材料标准
6	材料的屈服强度 R_{eL}/MPa	查有关材料标准
7	以 R_m 为强度指标的安全系数 n_b	取4.25
8	以 R_{eL} 为强度指标的安全系数 n_s	取2.3
9	计算压力 p/MPa	取公称压力 PN 数值的1/10
10	附加裕量 c/mm	见表5-83
11	实际壁厚 t'_B/mm	设计确定

注：1. $t'_B \geqslant t_B$，为合格。

2. GB/T 12224 中规定的钢制阀门的压力-温度额定值是根据材料相应温度下的许用应力制定的，故不进行高温核算。

8）钢制厚壁球形阀体最小壁厚见表5-87及如图5-129所示。

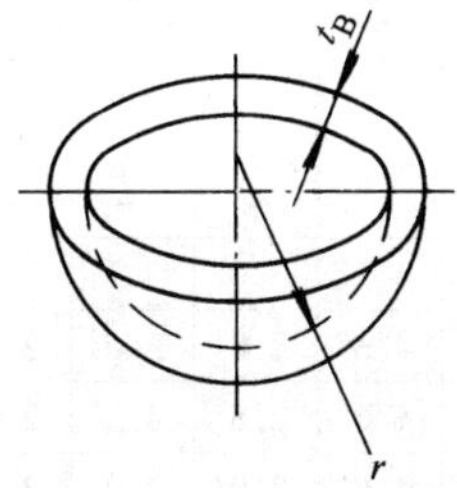

图5-129 厚壁球形阀体结构

表5-87 钢制厚壁球形阀体最小壁厚（T_8）

序号	名称	公式或索引
1	计算壁厚 t_B/mm	$\dfrac{pr}{2[\sigma_L]-p}+c$
2	计算压力 p/MPa	取公称压力 PN 数值的1/10
3	球形阀体内腔半径 r/mm	设计给定
4	材料许用拉应力$[\sigma_L]$/MPa	查表3-13、表3-21、表3-23、表3-25、表3-26、表3-27

（续）

序号	名称	公式或索引
5	附加裕量 c/mm	见表5-83
6	实际壁厚 t'_B/mm	设计确定

注：1. $t'_B \geqslant t_B$，为合格。

2. GB/T 12224 中规定的钢制阀门的压力-温度额定值是根据材料相应温度下的许用应力而制定的，故不进行高温核算。

9）非圆形截面阀体最小壁厚见表5-88及如图5-130、图5-131所示。

表5-88 非圆筒形阀体最小壁厚（T_9）

序号	名称	公式或索引
1	最大合成应力 A-A，$\sigma_{\sum A\text{-}A}$/MPa	$\pm\dfrac{3p}{(t_B-c)^2}(K^2-a^2)+\dfrac{pa}{(t_B-c)}$
2	最大合成应力 B-B，$\sigma_{\sum B\text{-}B}$/MPa	$\pm\dfrac{3p}{(t_B-c)^2}(K^2-b^2)+\dfrac{pb}{(t_B-c)}$
3	计算压力 p/MPa	取公称压力 PN 数值的1/10
4	实际厚度 t'_B/mm	设计确定
5	附加裕量 c/mm	见表5-83
6	壳体对其轴线的极回转半径 K/mm f为校正系数，查图3-3 x 为扁圆形截面半圆中心到对称轴的距离，即 $a-b$ r_i 为测量点半径 i 为测量点序号 n 为测量点数量	矩形（图5-130c），$K=\sqrt{\dfrac{(a+b)^2}{3}}$ 椭圆（图5-130a） $\dfrac{b}{a}\geqslant 0.4$，$K=\dfrac{a+b}{2}$ $\dfrac{b}{a}<0.4$，$K=f\dfrac{a+b}{2}$ 扁圆（图5-130d） $K=\sqrt{x^2+b^2+\dfrac{2x(3b^2-x^2)}{3\left(x+\dfrac{\pi b}{2}\right)}}$ 近似椭圆（图5-130b） $K=\sqrt{\sum_{i=1}^{n}\dfrac{r_i^2}{n}}$
7	扁圆形截面长半轴 a	设计给定
8	扁圆形截面短半轴 b	设计给定
9	许用应力/MPa $[\sigma_L]$ $[\sigma_r]$	查表3-13、表3-21、表3-23、表3-25、表3-26、表3-27

注：1. $\sigma_{A\text{-}A}\leqslant[\sigma_L]$，$\sigma_{A\text{-}A}\leqslant[\sigma_r]$，$\sigma_{B\text{-}B}\leqslant[\sigma_L]$，$\sigma_{B\text{-}B}\leqslant[\sigma_r]$，为合格。

2. GB/T 12224 中规定的钢制阀门的压力-温度额定值是根据材料相应温度下的许用应力制定的，故不进行高温核算。

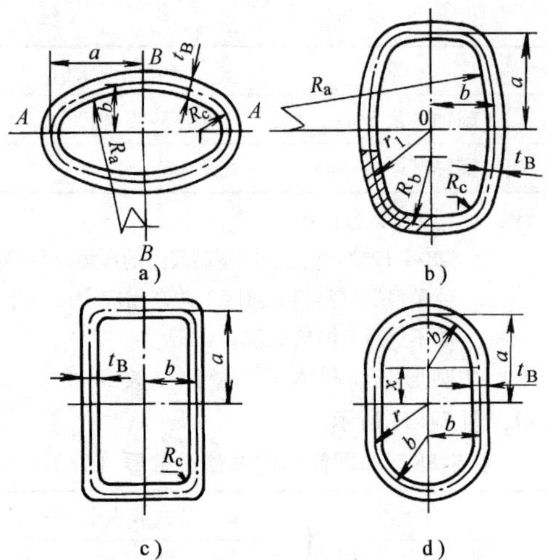

图 5-130　非圆形截面阀体

a）椭圆形　b）近似椭圆形　c）矩形　d）扁圆形

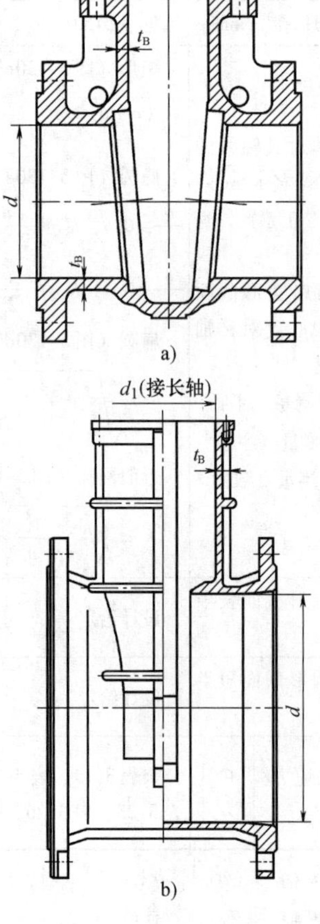

图 5-131　非圆筒形薄壁阀体

a）Class150 钢制闸阀阀体

b）低压铸铁闸阀阀体

（2）美国

1）美国机械工程师学会标准 ASME B16.34—2017《法兰、螺纹和焊接端阀门》中给出的阀体通道处最小壁厚计算式见表 5-89 及如图 5-126 所示。

表 5-89　ASME B16.34—2017 阀体通道处最小壁厚（T_{10}）

序号	名称	公式或索引
1	壳体最小壁厚 t_B/mm	$1.5\dfrac{p_c d}{2S-1.2p_c}+c_2$
2	额定压力级（Class），p_c	设计给定，Class150，p_c = 150；Class300，p_c = 300
3	内径 d/mm	按流道最小直径，但不小于基本内径的 90%
4	应力系数 S	取 7000
5	附加裕量 c_2/mm	按表 5-90 选取
6	实际壁厚 t'_B/mm	设计确定

注：1. $t'_B \geq t_B$，为合格。

2. ASME B16.34—2017《法兰、螺纹和焊接端阀门》中规定的钢制阀门的压力-温度额定值是根据材料相应温度下的许用应力制定的，故不进行高温核算。

表 5-90　附加裕量 c_2

（单位：mm）

d	Class						
	150	300	600	900	1500	2500	4500
25	—	—	—	—	—	—	—
32	—	—	—	—	—	—	—
40	—	—	—	—	—	—	—
50	2.8	4.7	3.0	3.1	2.5	3.0	—
65	4.6	4.3	2.8	3.0	2.5	2.0	2.5
80	4.3	4.6	2.8	3.3	2.0	1.8	2.5
100	4.8	4.6	3.0	3.0	2.8	3.3	2.6
150	4.8	4.8	2.5	4.3	3.0	3.6	2.5
200	4.8	4.6	2.5	4.3	3.6	3.8	2.6
250	4.8	4.6	2.9	2.4	2.4	2.6	2.6
300	4.7	4.7	2.7	2.4	2.5	2.5	2.6
350	4.6	4.5	2.8	2.5	2.5	2.5	2.6
400	4.8	4.6	2.7	2.5	2.5	2.4	2.6
450	4.8	4.5	2.8	2.5	2.5	2.7	2.6
500	4.7	4.6	2.7	2.5	2.6	2.6	2.6
550	4.6	4.7	2.8	2.6	2.6	2.5	2.6
600	4.8	4.5	2.6	2.6	2.6	2.5	2.6
650	4.5	4.6	2.7	2.6	2.7	2.5	—
700	4.4	4.5	2.6	2.6	2.5	2.5	—

（续）

d	Class						
	150	300	600	900	1500	2500	4500
750	4.4	4.6	2.7	2.4	2.5	2.5	—
800	4.5	4.7	2.6	2.4	2.5	2.4	—
900	4.4	4.6	2.5	2.5	2.6	2.5	—
1000	4.5	4.6	2.5	2.6	—	—	—
1050	4.5	4.7	2.6	2.6	—	—	—
1150	4.3	4.6	2.6	2.6	—	—	—
1200	4.5	4.5	2.5	2.6	—	—	—
1250	4.5	4.6	2.6	2.5	—	—	—

2）美国机械工程师学会标准 ASME B16.34—2017《法兰、螺纹和焊接端阀门》给出的阀体中腔处最小壁厚计算式见表5-91及如图5-126所示。

表5-91 ASME B16.34—2017 阀体中腔处最小壁厚（T_{11}）

序号	名称	公式或索引
1	颈部最小壁厚 t_{B1}/mm	$1.5\dfrac{p_c d''}{2S-1.2p_c}+c_2$
2	额定压力等级(Class)，p_c	设计给定，Class150，$p_c=150$，Class300，$p_c=300$
3	用于确定颈部壁厚的直径 d''/mm	$\dfrac{2}{3}d_1$
4	颈部最大内径 d_1/mm	设计给定
5	应力系数 S	取7000
6	附加裕量 c_2/mm	见表5-90
7	实际壁厚 t'_{B1}/mm	设计确定

注：1. $t'_{B1}\geqslant t_{B1}$，为合格。
2. 本式只用于确定 Class150 ~ Class2500 颈部最小壁厚；对于 Class2500 < 额定压力等级 ≤Class4500，$d''=\dfrac{d_1}{48}\left(27+\dfrac{p_c}{500}\right)$。
3. ASME B16.34—2017《法兰、螺纹和焊接端阀门》中规定的钢制阀门的压力-温度额定值是根据材料相应温度下的许用应力制定的，故不进行高温核算。

（3）API 6D—2014、ISO 14313:2007《石油、天然气工业——管道输送系统——管道阀门》全焊接球阀阀体壁厚的计算式　根据标准规定，角焊缝强度有效系数取0.75，即是局部无损检测，也就是中体和颈部的焊接属于角焊缝，只能做表面无损检测，即MT或PT，不能做射线无损检测，也不能做超声检测，只有用增加壁厚以加厚焊缝深度来弥补由于焊缝不能进行全面100%的无损检测可能出现的缺陷，其计算式见表5-92。

表5-92 API 6D—2014、ISO 14313:2007 全焊接球阀阀体中体最小壁厚（T_{12}）

序号	名称	公式或索引
1	阀体中腔最小壁厚 t_{B2}/mm	$1.5\dfrac{p_c d'}{2SE-1.2p_c}+c_2$
2	Class 数值 p_c	设计给定，如 Class600，$p_c=600$；Class900，$p_c=900$
3	中体内径 d'/mm	设计给定
4	基本应力系数 S	取7000
5	焊缝强度有效系数 E	取0.75（标准给定）
6	附加裕量 c_2/mm	见表5-90
7	实际壁厚 t'_{B2}/mm	设计确定

注：1. $t'_{B2}\geqslant t_{B2}$，为合格。
2. ASME B16.34—2017《法兰、螺纹和焊接端阀门》中规定的钢制阀门的压力-温度额定值是根据材料相应温度下的许用应力制定的，故不进行高温核算。

（4）API 6D—2014、ISO 14313:2007《石油、天然气工业——管道输送系统——管道阀门》三体式球阀中体最小壁厚计算式　根据 ASME B16.34—2017《法兰、螺纹和焊接端阀门》的要求，计算式见表5-93及如图5-126所示。

表5-93 API 6D—2014、ISO 14313:2007 三体式球阀中体最小壁厚（T_{13}）

序号	名称	公式或索引
1	中体最小壁厚 t_{B3}/mm	$1.5\dfrac{p_c d'}{2S-1.2p_c}+c_2$
2	Class 数值 p_c	设计给定 Class150，$p_c=150$；Class300，$p_c=300$
3	中腔内径 d'/mm	设计给定
4	应力系数 S	取7000
5	附加裕量 c_2/mm	见表5-90
6	实际壁厚 t'_{B3}/mm	设计确定

注：1. $t'_{B3}\geqslant t_{B3}$，为合格。
2. ASME B16.34—2017《法兰、螺纹和焊接端阀门》中规定的钢制阀门的压力-温度额定值是根据材料相应温度下的许用应力制定的，故不进行高温核算。

（5）欧洲

1）欧洲标准 EN 12516—1:2014（E）《工业阀门壳体强度设计　第1部分：钢制阀门壳体强度的列表法》中给出的阀体通道处最小壁厚计算式见表5-94及如图5-126所示。

表 5-94 EN 12516—1:2014 阀体通道处最小壁厚（T_{14}）

序号	名称	公式或索引
1	壳体最小壁厚 e_{min}/mm	$\frac{1.5p_{c1}d}{2S-1.2p_{c1}}+c_3$
2	计算压力 p_{c1}/MPa	见表 5-95
3	计算内径 d/mm	按流道最小直径，但不小于公称尺寸的 90%
4	应力系数 S/MPa	取 120.7
5	附加裕量 c_3/mm	按表 5-96 选取
6	实际壁厚 e'_{min}/mm	设计选取

注：1. $e'_{min} \geq e_{min}$，为合格。

2. EN 12516-1:2014《工业阀门 壳体强度设计 第1部分：钢制阀门壳体强度的列表法》中规定的钢制阀门的压力-温度额定值是根据材料相应温度下的许用应力制定的，故不进行高温核算。

表 5-95 计算压力 p_{c1} 与 PN 和 Class 的关系

公称压力	PN2.5	PN6	PN10	PN16	PN25	PN40	PN63	PN100	PN160	PN250	PN320	PN400	Class 150	Class 300	Class 600	Class 900	Class 1500	Class 2500	Class 4500
p_{c1}	0.302	0.76	1.21	1.93	3.02	4.83	7.60	12.07	19.32	30.18	38.63	48.28	2.59	5.17	10.34	15.51	25.86	43.09	77.57

表 5-96 附加裕量 c_3 （单位：mm）

计算内径 d/mm	公称压力																		
	PN2.5	PN6	PN10	PN16	PN25	PN40	PN63	PN100	PN160	PN250	PN320	PN400	Class 150	Class 300	Class 600	Class 900	Class 1500	Class 2500	Class 4500
3~24	3	3	3	3	3	3	2.54	2.54	2.54	2.54	2.54	2.54	3	3	2.54	2.54	2.54	2.54	2.54
25~49	4	4	4	4	4	4	4	3.3	3.3	4.4	2.54	2.54	4	4	3.3	4.4	2.54	2.54	2.54
50~100	4.5	4.5	4.5	4.5	4.4	4.4	4	2.79	2.54	2.54	2.54	2.54	4.5	4.4	2.79	2.54	2.54	2.54	2.54
101~1300	4.7	4.7	4.7	4.7	4.4	4.4	4	2.79	2.54	2.54	2.54	2.54	4.7	4.4	2.79	2.54	2.54	2.54	2.54

2）欧洲标准 EN 12516-1—2014（E）《工业阀门 壳体强度设计 第1部分：钢制阀门壳体强度的列表法》中给出的阀体中腔处最小壁厚计算式见表5-97及如图 5-126 所示。

表 5-97 EN 12516-1:2014 阀体中腔最小壁厚（T_{15}）

序号	名称	公式或索引
1	壳体中腔计算最小壁厚 e_{1min}/mm	$\frac{1.5p_{c1}d''}{2S-1.2p_c}+c_3$
2	计算压力 p_{c1}/MPa	见表 5-95
3	用于确定中腔壁厚的直径 d''/mm	$\frac{2}{3}d_1$
4	中腔最大内径 d_1/mm	设计给定
5	应力系数 S/MPa	取 120.7
6	附加裕量 c_3/mm	按表 5-96 选取
7	实际壁厚 e'_{1min}/mm	设计选定

注：1. $e'_{1min} \geq e_{1min}$，为合格。

2. EN 12516-1:2014《工业阀门 壳体强度设计 第1部分：钢制阀门壳体强度的列表法》中规定的钢制阀门的压力-温度额定值是根据材料相应温度下的许用应力制定的，故不进行高温核算。

（6）日本

1）日本石油学会标准 JPI 7S-67—2006《石油工业用阀门基础标准》中给出的阀体通道处最小壁厚计算式见表 5-98 及如图 5-126 所示。

表 5-98 JPI 7S-67—2006 阀体通道最小壁厚（T_{16}）

序号	名称	公式或索引
1	阀体通道处最小壁厚 t/mm	$\frac{1.5p_{c2}d}{2S_0-1.2p_{c2}}+c_4$
2	计算压力 p_{c2}/MPa	与压力等级相对应的压力（如 Class150，$p_{c2}=150\times0.006895=1.034$
3	计算内径 d/mm	按流道最小直径，但不小于公称尺寸的 90%
4	应力系数 s_0/(N/mm^2)	取 48.3
5	附加裕量 c_4/mm	按表 5-99～表 5-104 选取
6	实际壁厚 t'/mm	设计确定

注：1. $t' \geq t$，为合格。

2. JPI-7S-67—2006《石油工业用阀门基础标准》中规定的钢制阀门的压力-温度额定值是根据材料相应温度下的许用应力制定的，故不进行高温核算。

表 5-99 Class150 附加裕量 c_4 （单位：mm）

公称尺寸		内径 d/mm	规定最小壁厚		计算壁厚		c_4	
			JPI 7S-46	ASME B16.34	JIS B 8270	JPI 7S-67	尺寸差	
			API 600	E101				
			a	b		c	$a-b$	$b-c$
DN40	NPS $1\frac{1}{2}$	38	6.4	4.9	0.4	0.6	1.5	4.3
DN50	NPS 2	51	8.6	5.5	0.5	0.8	3.1	4.7
DN65	NPS $2\frac{1}{2}$	64	9.7	5.8	0.7	1.0	3.9	4.8
DN80	NPS 3	76	10.4	6.1	0.8	1.2	4.3	4.9
DN100	NPS 4	102	11.2	6.5	1.1	1.7	4.7	4.8
DN150	NPS 6	152	11.9	7.1	1.6	2.5	4.8	4.6
DN200	NPS 8	203	12.7	8.0	2.1	3.3	4.7	4.7
DN250	NPS 10	254	14.2	8.8	2.6	4.2	5.4	4.6
DN300	NPS 12	305	16.0	9.6	3.2	5.0	6.4	4.6
DN350	NPS 14	337	16.8	10.4	3.5	5.5	6.4	4.9
DN400	NPS 16	387	17.5	11.2	4.0	6.3	6.3	4.9
DN450	NPS 18	438	18.3	12.0	4.5	7.2	6.3	4.8
DN500	NPS 20	489	19.1	12.9	5.1	8.0	6.2	4.9
DN600	NPS 24	591	20.6	14.5	6.1	9.7	6.1	4.8

表 5-100 Class300 附加裕量 c_4 （单位：mm）

公称尺寸		内径 d/mm	标准规定最小壁厚		计算壁厚		c_4	
			JPI 7S-46	ASME B16.34	JIS B 8270	JPI 7S-67	尺寸差	
			API 600	E101				
			a	b		c	$a-b$	$b-c$
DN40	NPS $1\frac{1}{2}$	38.1	7.9	5.3	1.3	1.6	2.6	3.7
DN50	NPS 2	50.8	9.7	6.0	1.7	2.2	3.7	3.8
DN65	NPS $2\frac{1}{2}$	63.5	11.2	6.5	2.2	2.7	4.7	3.8
DN80	NPS 3	76.2	11.9	7.0	2.6	3.2	4.9	3.8
DN100	NPS 4	101.6	12.7	7.7	3.5	4.3	5.0	3.4
DN150	NPS 6	152.4	16.0	9.4	5.1	6.4	6.6	3.0
DN200	NPS 8	203.2	17.5	11.0	6.7	8.5	6.5	2.5
DN250	NPS 10	254.0	19.1	12.7	8.4	10.6	6.4	2.1
DN300	NPS 12	304.8	20.6	14.3	10.1	12.7	6.3	1.6
DN350	NPS 14	336.6	22.4	15.7	11	13.9	6.7	1.8
DN400	NPS 16	387.4	23.9	17.3	12.7	15.9	6.6	1.4
DN450	NPS 18	431.8	25.4	18.9	14.2	17.9	6.5	1.0
DN500	NPS 20	482.6	26.9	20.6	15.7	19.8	6.3	0.8
DN600	NPS 24	584.2	30.2	23.9	18.9	23.9	6.3	0

表 5-101　Class600 附加裕量 c_4　（单位：mm）

公称尺寸		内径 d/mm	标准规定最小壁厚		计算壁厚		c_4	
			JPI 7S-46	ASME B16.34	JIS B 8270	JPI 7S-67	尺寸差	
			API 600	E101				
			a	b		c	$a-b$	$b-c$
DN40	NPS $1\frac{1}{2}$	38.1	9.4	5.6	2.2	2.6		3.0
DN50	NPS 2	50.8	11.2	6.2	2.9	3.5		2.7
DN65	NPS $2\frac{1}{2}$	63.5	11.9	7.2	3.6	4.4		2.8
DN80	NPS 3	76.2	12.7	8.2	4.3	5.2		3.0
DN100	NPS 4	101.6	16.0	9.5	5.8	6.9		2.6
DN150	NPS 6	152.4	19.1	12.9	8.6	10.3		2.6
DN200	NPS 8	199.9	25.4	16.3	11.3	13.6		2.7
DN250	NPS 10	247.7	28.7	19.7	14.1	16.9		2.8
DN300	NPS 12	298.5	31.8	23.0	16.9	20.3		2.7
DN350	NPS 14	326.9	35.1	25.1	18.5	22.3		2.8
DN400	NPS 16	374.7	38.1	28.4	21.3	25.5		2.9
DN450	NPS 18	419.1	41.4	31.1	23.8	28.5		2.6
DN500	NPS 20	463.6	44.5	34.5	26.3	31.6		2.9
DN600	NPS 24	558.8	50.8	40.6	31.7	38.1		2.5

表 5-102　Class900 附加裕量 c_4　（单位：mm）

公称尺寸		内径 d/mm	标准规定最小壁厚		计算壁厚		c_4	
			JPI 7S-46	ASME B16.34	JIS B 8270	JPI 7S-67	尺寸差	
			API 600	E101				
			a	b		c	$a-b$	$b-c$
DN40	NPS $1\frac{1}{2}$	34.8	15.0	6.9			8.1	
DN50	NPS 2	47.5	19.1	7.8			11.3	
DN65	NPS $2\frac{1}{2}$	57.2	22.4	8.8			13.6	
DN80	NPS 3	72.9	19.1	10.4	6.4	7.7	8.7	2.7
DN100	NPS 4	98.3	21.3	13.0	8.6	10.3	8.3	2.7
DN150	NPS 6	146.1	26.2	18.2	12.9	15.3	8.0	2.9
DN200	NPS 8	190.5	31.8	23.4	16.7	19.9	8.4	3.5
DN250	NPS 10	238.0	36.6	27.6	21.0	25.0	9.0	2.6
DN300	NPS 12	282.4	42.2	32.8	24.8	29.6	9.4	3.2
DN350	NPS 14	311.2	46.0	36.0	27.4	32.7	10.0	3.3
DN400	NPS 16	355.6	52.3	40.2	31.3	37.4	12.1	2.8
DN450	NPS 18	400.1	57.2	45.4	35.2	42.0	11.8	3.2
DN500	NPS 20	444.5	63.5	49.6	39.1	46.6	13.9	3.0
DN600	NPS 24	533.4	73.2	59.0	46.7	56.0	14.2	3.0

表 5-103 Class1500 附加裕量 c_4 （单位：mm）

公称尺寸		内径 d/mm	标准规定最小壁厚		计算壁厚		c_4	
			JPI 7S-46	ASME B16.34	JIS B 8270	JPI 7S-67	尺寸差	
			API 600	E101				
			a	b		c	$a-b$	$b-c$
DN40	NPS $1\frac{1}{2}$	34.8	15.0	9.0	5.5	6.5	6.0	2.5
DN50	NPS 2	47.5	19.1	11.8	7.4	8.7	7.3	3.1
DN65	NPS $2\frac{1}{2}$	57.2	22.4	13.6	9.0	10.6	8.8	3.0
DN80	NPS 3	69.9	23.9	15.5	11.1	13.0	8.4	2.5
DN100	NPS 4	91.9	28.7	20.1	14.5	17.1	8.7	3.0
DN150	NPS 6	136.4	38.1	28.4	21.5	25.2	9.7	3.2
DN200	NPS 8	177.8	47.8	35.7	28.1	33.0	12.1	2.7
DN250	NPS 10	222.3	57.2	45.0	35.1	41.2	12.2	3.8
DN300	NPS 12	263.4	66.8	52.3	41.6	48.8	14.5	3.5
DN350	NPS 14	288.8	69.9	56.0	45.7	53.6	13.9	2.4
DN400	NPS 16	330.2	79.5	65.2	52.2	61.2	14.3	4.0
DN450	NPS 18	371.3	88.9	72.6	58.7	68.8	16.3	3.8
DN500	NPS 20	415.8	98.6	80.0	65.8	77.1	18.6	2.9
DN600	NPS 24	498.3	114.3	94.8	78.7	92.3	19.5	2.5

表 5-104 Class2500 附加裕量 c_4 （单位：mm）

公称尺寸		内径 d/mm	标准规定最小壁厚		计算壁厚		c_4	
			JPI 7S-46	ASME B16.34	JIS B 8270	JPI 7S-67	尺寸差	
			API 600	E101				
			a	b		c	$a-b$	$b-c$
DN40	NPS $1\frac{1}{2}$	28.4	19.1	13.1	8.4	9.6	6.0	3.5
DN50	NPS 2	38.1	22.4	16.2	11.5	13.0	6.2	3.2
DN65	NPS $2\frac{1}{2}$	47.5	25.4	19.6	14.2	16.1	5.8	3.5
DN80	NPS 3	57.2	30.0	23.0	17.2	19.5	2.0	3.5
DN100	NPS 4	72.9	35.8	28.1	22.0	25.0	7.7	3.1
DN150	NPS 6	111.0	48.5	43.4	33.5	38.1	5.1	5.3
DN200	NPS 8	146.1	62.0	53.7	44.0	50.1	8.3	3.6
DN250	NPS 10	184.2	67.6	67.3	55.5	63.1	0.3	5.2
DN300	NPS 12	218.9	86.6	77.5	66.0	75.1	9.1	2.4

2）日本石油学会标准 JPI 7S-67—2006《石油工业用阀门基础标准》中给出的阀体中腔处最小壁厚计算式见表5-105及如图5-126所示。

表5-105 JPI 7S-67—2006 阀体中腔最小壁厚（T_{17}）

序号	名称	公式或索引
1	壳体中腔计算最小壁厚 t/mm	$\frac{1.5p_{c2}d''}{2S_0-1.2p_{c2}}+c_4$
2	计算压力 p_{c2}/MPa	与压力等级相对应的压力（如 Class150，$p_{c2}=150\times0.006895=1.034$）
3	用于确定中腔薄厚的直径 d''/mm	$\frac{2}{3}d_1$
4	中腔最大内径 d_1/mm	设计给定
5	应力系数 S_0/MPa	取48.3
6	附加裕量 c_4/mm	按表5-99～表5-104选取
7	实际壁厚 t'/mm	设计确定

注：1. $t'\geqslant t$，为合格。

2. JPI 7S-67—2000《石油工业用阀门基础标准》中规定的钢制阀门的压力-温度额定值是根据材料相应温度下的许用应力制定的，故不进行高温核算。

2. 脆性材料阀体计算式（图5-126）

（1）薄壁圆形铸铁阀体的最小壁厚计算式　按第1强度理论计算最小壁厚见表5-106及如图5-126所示。

表5-106 薄壁圆形阀体最小壁厚（T_{18}）

序号	名称	公式或索引
1	计算壁厚 t_B/mm	$\frac{pd_1}{2[\sigma_L]-p}+c$
2	计算压力 p/MPa	取公称压力 PN 数值的1/10
3	计算内径 d_1/mm	设计确定
4	材料许用拉应力$[\sigma_L]$/MPa	查表3-13
5	附加裕量 c/mm	查表5-83
6	实际壁厚 t'_B/mm	设计确定

注：1. $t'_B\geqslant t_B$，为合格。

2. GB/T 17241.7—1998《铸铁管法兰　技术条件》中规定的铸铁制阀门的压力-温度额定值是根据材料相应温度下的许用应力制定的，故不进行高温核算。

（2）薄壁椭圆形铸铁阀体的最小壁厚计算式　如图5-130及表5-107所示。

表5-107 薄壁椭圆形阀体最小壁厚（T_{19}）

序号	名称	公式或索引
1	计算壁厚 t_B/mm	$1.5\frac{pa}{[\sigma_L]}+c$
2	计算压力 p/MPa	取公称压力 PN 数值的1/10
3	椭圆形阀体长轴半径 a/mm	设计给定
4	材料许用拉应力$[\sigma_L]$/MPa	查表3-13
5	附加裕量 c/mm	查表5-83
6	实际壁厚 t'_B/mm	设计确定

注：1. $t'_B\geqslant t_B$，为合格。

2. GB/T 17247.7—1998《铸铁管法兰　技术条件》中规定的铸铁阀门的压力-温度额定值是根据材料相应温度下的许用应力制定的，故不进行高温核算。

5.3.2 阀体与阀盖连接的计算

阀体与阀盖的连接有法兰、螺栓连接和螺纹连接两种。它适用于各种不同介质、压力、温度，这样的连接形式在阀门中是十分普遍的。法兰连接由三个零件组成，即法兰、螺栓和垫片，这些零件的物理力学性能对法兰连接有很大的影响。在采用法兰连接阀门的工作条件中，介质压力和温度的变化对中法兰的设计有很大的影响，中法兰的设计必须保证阀门在工作温度和工作压力下有足够的强度和密封性能。法兰连接的密封性能是用拧紧连接螺栓的螺母来保证的。计算时应确保的条件为：在阀门承受工作压力和工作温度时，应满足标准要求的由垫片或其他密封件的有效周边所限定的面积和螺栓总抗拉应力的有效面积的比值。螺纹连接的阀盖是靠旋紧螺纹来压紧垫片保证在工作压力和工作温度下的密封性能。因此，应满足标准要求的由垫片或其他密封件的有效周边所限定的面积和螺纹总抗剪应力有效面积的比值。

1. 标准要求计算式

（1）中国　应满足 GB/T 12224 的要求

1）用螺栓或螺纹连接的阀体和阀盖组件是不直接承受管道负荷的组件。

① 螺栓连接的阀体和阀盖组件。如图5-132所示，螺栓连接的螺纹应符合 GB/T 193—2003 的规定，螺纹的公差与配合应符合 GB/T 197—2003 的规定，连接螺栓的总横截面积应符合表5-108的要求。

表 5-108 螺栓连接的阀体与阀盖（S_1）

序号	名称	公式或索引
1	连接螺栓的总截面积应符合	$p_c \frac{A_g}{A_b} \leqslant 65.26S_a \leqslant 9000$
2	压力等级额定指数 p_c	对于 Class 系列阀门，是压力等级 Class 数值，如 Class150，$p_c = 150$
3	由垫片或其他密封件的有效周边所限定的面积 A_g/mm^2	设计给定
4	螺栓总抗拉应力有效面积 A_b/mm^2	设计给定
5	螺栓在 38℃ 的许用应力 S_a/MPa	查表 3-18、表 3-22、表 3-28（当 $S_a \geqslant 137.9$MPa 时用 137.9MPa）

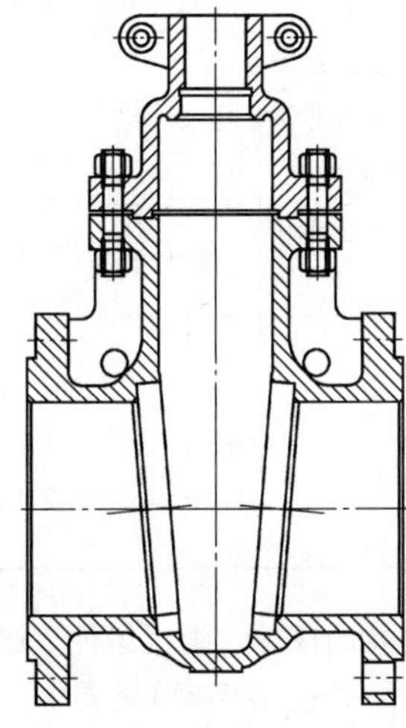

图 5-132 螺栓连接的阀体和阀盖组件

② 螺纹连接的阀体和阀盖组件。如图 5-133 所示，螺纹的总抗剪切面积至少应满足表 5-109 的要求。

表 5-109 螺纹连接的阀体和阀盖（S_2）

序号	名称	公式或索引
1	螺纹的总抗剪面积应满足	$p_c \frac{A_g}{A_s} \leqslant 4200$
2	压力等级额定指数 p_c	对于 Class 系列阀门，是压力等级 Class 数值，如 Class150，$p_c = 150$
3	由垫片或其他密封件的有效周边所限定的面积 A_g/mm^2	设计给定
4	螺纹总抗剪有效面积 A_s/mm^2	设计给定

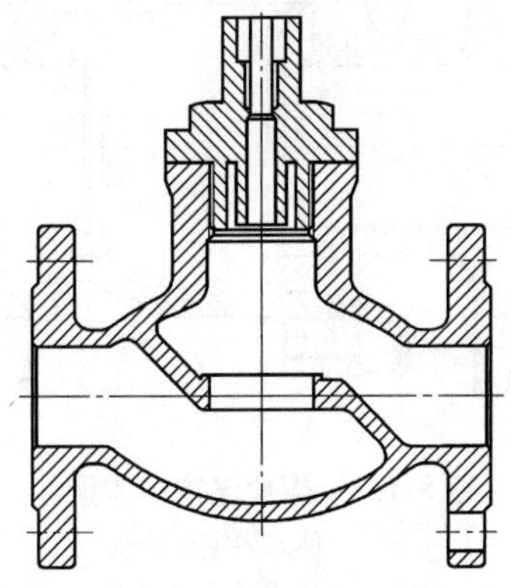

图 5-133 螺纹连接的阀体和阀盖组件

2）用螺栓或螺纹连接的阀体组件是承受管道机械负荷的，由于管道系统的温度变化、压力波动等原因产生的机械力都要作用在阀门上，所以设计中要充分考虑这些因素。

① 螺栓连接阀体组件。如图 5-134 所示，连接螺栓的横截面积应符合表 5-110 的要求。

表 5-110 螺栓连接的阀体组件（S_3）

序号	名称	公式或索引
1	连接螺栓的总截面积应符合	$p_c \frac{A_g}{A_b} \leqslant 50.76S_a \leqslant 7000$
2	压力等级额定指数 p_c	对于 Class 系列阀门是指压力等级 Class 数值，如 Class150，$p_c = 150$
3	由垫片或其他密封件的有效周边所限定的面积 A_g/mm^2	设计给定
4	螺栓总抗拉应力的有效面积 A_b/mm^2	设计确定
5	螺栓在 38℃ 时的许用应力 S_a/MPa	查表 3-18、表 3-22、表 3-28，当超过 137.9MPa 时，使用 137.9MPa

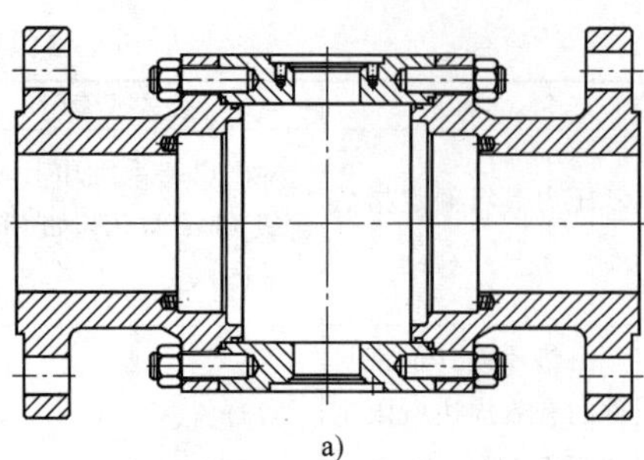
a)

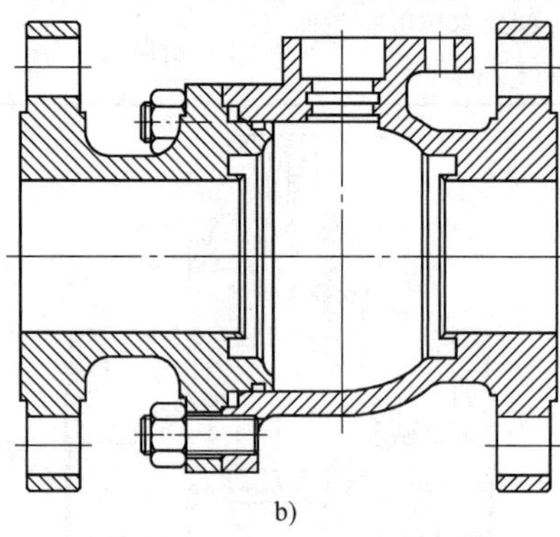
b)

图5-134　螺栓连接阀体组件
a）三体式固定球球阀
b）两体式浮动球球阀

② 螺纹连接阀体组件。如图5-135所示，螺纹的总剪切面积应符合表5-111的要求。

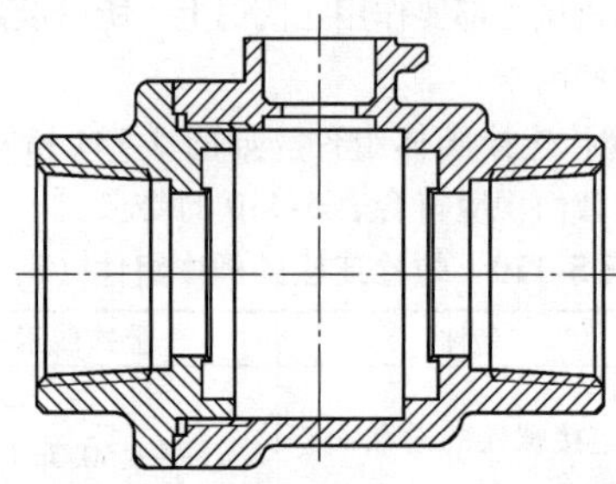

图5-135　螺纹连接的阀体组件

（2）美国　应满足ASME B16.34—2017《法兰、螺纹和焊接端连接的阀门》的要求。

表5-111　螺纹连接的阀体组件（S_4）

序号	名称	公式或索引
1	螺纹的总抗剪面积应满足	$p_c \cdot \frac{A_g}{A_s} \leqslant 3300$
2	压力等级额定指数p_c	对于Class系列阀门是指压力等级Class数值，如Class150，$p_c=150$
3	由垫片或其他密封件的有效周边所限定的面积A_g/mm^2	设计给定
4	螺栓总抗切应力有效面积A_s/mm^2	设计给定

1）用螺栓或螺纹连接的阀体和阀盖组件是不直接承受管道负荷的组件。

① 螺栓连接的阀体和阀盖组件。螺栓连接的螺纹应符合ASME B1.1的规定，螺栓的总截面积应符合图5-132、表5-112的要求。

表5-112　螺栓连接的阀体和阀盖（S_5）

序号	名称	公式或索引
1	连接螺栓的总截面积应符合	$p_c \frac{A_g}{A_b} \leqslant K_1 \cdot S_a \leqslant 9000$
2	额定压力级Class数值p_c	例Class150，$p_c=150$；Class300，$p_c=300$
3	螺栓在38℃时许用应力S_a	查表3-18、表3-22、表3-28，当超过137.9MPa（20000psi）时，使用137.9MPa（20000psi）
4	由垫片或O形圈的有效外周边所决定的面积A_g/mm^2	设计给定
5	螺栓总有效面积A_b/mm^2	设计给定
6	系数K_1	当S_a用MPa表示时，$K_1=65.26$ 当S_a用psi表示时，$K_1=0.45$

② 螺纹连接的阀体、阀盖组件。螺纹的总剪切面积应符合图5-133、表5-113的要求。

表5-113　螺纹连接的阀体和阀盖（S_6）

序号	名称	公式或索引
1	螺纹总抗剪面积应满足	$p_c \frac{A_g}{A_s} \leqslant 4200$
2	额定压力级Class数值p_c	例Class150，$p_c=150$；Class300，$p_c=300$
3	由垫片或O形圈的有效外周边所限定的面积A_g/mm^2	设计给定
4	螺纹总抗剪有效面积A_s/mm^2	设计给定

2）用螺栓或螺纹连接的阀体组件是承受管道机械负荷的。

① 螺栓连接阀体组件。螺栓连接的螺纹应符合ASME B1.1 的规定，螺栓的总横截面积应符合图5-134、表5-114 的要求。

表5-114 螺栓连接阀体组件（S_7）

序号	名称	公式或索引
1	螺栓连接的总截面积应符合	$p_c \dfrac{A_g}{A_b} \leqslant K_2 \cdot S_a \leqslant 7000$
2	额定压力级 Class 数值 p_c	例 Class150，$p_c=150$；Class300，$p_c=300$
3	由垫片或 O 形圈的有效外周边所限定的面积 A_g/mm²	设计给定
4	螺栓的总抗拉应力有效面积 A_b/mm²	设计给定
5	系数 K_2	当 S_a 用 MPa 表示时，$K_2=50.76$；当 S_a 用 psi 表示时，$K_2=0.35$
6	螺栓在 38℃时的许用应力 S_a	查表3-18、表3-22、表3-28，当大于137.9MPa（20000psi）时，使用137.9MPa（20000psi）

② 螺纹连接阀体组件。螺纹的总抗剪面积应符合图5-135 和表5-115 的要求。

表5-115 螺纹连接阀体组件（S_8）

序号	名称	公式或索引
1	螺纹的总抗剪面积应符合	$p_c \dfrac{A_g}{A_s} \leqslant 3300$
2	额定压力级 Class 数值 p_c	例 Class150，$p_c=150$；Class300，$p_c=300$
3	由垫片或 O 形圈的有效外周边所限定的面积 A_g/mm²	设计给定
4	螺纹的总抗剪有效面积 A_s/mm²	设计给定

2. 螺栓和双头螺柱的强度计算

如图5-136 所示，所讲的法兰是整体圆形法兰。在计算螺栓和双头螺柱之前，必须确定螺栓或双头螺柱的总计算载荷。

（1）常温时螺栓或双头螺柱的总计算载荷　常温时螺栓的总计算载荷 F_{LZ} 取（$F_{YJ}+XF_G$）与（$F_{DF}+F_G$）两者中较大者。

1）无介质压力时，为了使垫片屈服以产生紧密连接，所必需的预紧力如图5-132 及表5-116 所示。

表5-116 预紧力（S_9）

序号	名称	公式或索引
1	预紧力 F_{YJ}/N	$\pi D_{DP} b_{DS} y$
2	垫片的平均直径 D_{DP}/mm	设计给定
3	垫片挤压的有效宽度 b_{DS}/mm	当垫片基本宽度 $b_0 \leqslant 6$mm 时，取 $b_{DS}=b_0$；当 $b_0>6$mm 时，取 $b_{DS}=7.9\sqrt{b_0/10}$，b_0 见表3-39
4	预紧比压 y/MPa	见表3-40

2）有介质压力时　为了保证垫片的密封性能，垫片上必需的密封力如图5-132 及表5-117 所示。

表5-117 垫片上必需的密封力（S_{10}）

序号	名称	公式或索引
1	垫片上必须的密封力 F_{DF}/N	$2\pi D_{DP} b_{DS} m_{DP} p$
2	垫片平均直径 D_{DP}/mm	设计给定
3	垫片挤压的有效宽度 b_{DS}/mm	当垫片基本宽度 $b_0 \leqslant$ 6mm 时，取 $b_{DS}=b_0$；当 $b_0>6$mm 时，取 $b_{DS}=7.9\sqrt{b_0/10}$，b_0 见表3-39
4	垫片系数 m_{DP}	见表3-40
5	设计压力 p/MPa	一般取公称压力 PN 数值的 1/10

3）螺栓的工作载荷，一般螺栓的工作载荷如图5-132 及表5-118 所示。

表5-118 螺栓的工作载荷（S_{11}）

序号	名称	公式或索引
1	螺栓的工作载荷 F_G/N	$F'_{FZ}+F_{DJ}$
2	关闭时阀杆的总轴向力 F'_{FZ}/N	闸阀见表5-194，截止阀见表5-198
3	垫片处介质静压力 F_{DJ}/N	$\dfrac{\pi}{4} D_{DP}^2 p$
4	垫片平均直径 D_{DP}/mm	设计给定
5	设计压力 p/MPa	一般公称压力 PN 数值的 1/10

螺栓的外载荷系数 X 约为 0.2～0.3，对于很重要的螺栓连接，应通过试验和参考有关资料进行计算来确定 X 值。

（2）初加温时螺栓的总计算载荷　初加温时是指介质温度刚刚上升到所要求的温度的这一阶段，此时，介质与法兰、螺栓、螺母之间的温度差较大。初加温时螺栓的总计算载荷如图5-132及表5-119所示。

表5-119　初加温时螺栓的总计算载荷（S_{12}）

序号	名称	公式或索引
1	初加温时螺栓的总计算载荷 F'_{LZ}/N	$F_{LZ}+F'_t$
2	常温时螺栓的总计算载荷 F_{LZ}/N	取$(F_{YJ}+XF_G)$与$(F_{DF}+F_G)$两者中较大值
3	初加温时螺栓温度变形力 F'_t/N	$\dfrac{\Delta t'_{FL}\alpha' L}{\dfrac{L}{A_L E'_L}+\dfrac{\delta_{DP}}{A_{DP}E_{DP}}}$
4	初加温时,法兰与螺栓间的温度差 $\Delta t'_{FL}$/℃	见表3-41
5	螺栓计算长度 L/mm	对于钻孔的取 $2h+\delta_{DP}$，对于攻螺纹的取 $h+\delta_{DP}$
6	法兰厚度 h/mm	设计给定
7	垫片厚度 δ_{DP}/mm	设计给定
8	螺栓总截面积 A_L/mm^2	单个螺栓的截面积见《阀门设计入门与精通》中表8-10
9	垫片面积 A_{DP}/mm^2	$\pi\cdot D_{DP}\cdot b_0$
10	螺栓材料的膨胀系数 α'	根据螺栓的温度 t'_L，查《实用阀门设计手册》(第3版)中表3-8
11	螺栓材料的弹性模量 E'_L/MPa	根据螺栓的温度 t'_L查《实用阀门设计手册》(第3版)中表3-8
12	垫片材料的弹性模量 E_{DP}/MPa	查表3-40
13	螺栓温度 t'_L/℃	$t'_F-\Delta t'_{FL}$，而法兰温度 t'_F 取介质温度的3/4，即 $t'_F=0.75t$

（3）高温时螺栓的总计算载荷　高温是指介质温度已经稳定在所要求的温度（即正常操作温度）时，此时介质与法兰、螺栓、螺母之间的温度差相对地减少了。高温时螺栓的总计算载荷如图5-132及表5-120所示。

表5-120　高温时螺栓的总计算载荷（S_{13}）

序号	名称	公式或索引
1	高温时螺栓的总计算载荷 F''_{LZ}/N	$F_{LZ}+F''_t$
2	常温时螺栓的总计算载荷 F_{LZ}/N	取$(F_{YJ}+XF_G)$与$(F_{DF}+F_G)$两者中的较大值
3	高温时螺栓的变形力 F''_t/N	$\dfrac{\Delta t''_{FL}\alpha'' L}{\dfrac{L}{A_L E''_L}+\dfrac{\delta_{DP}}{A_{DP}E_{DP}}}$
4	高温正常工作时，法兰与螺栓之间的温度差 $\Delta t''_{FL}$/℃	见表3-41
5	螺栓计算长度 L/mm	对于钻孔的取 $2h+\delta_{DP}$，对于攻螺纹的取 $h+\delta_{DP}$
6	法兰厚度 h/mm	设计给定
7	垫片厚度 δ_{DP}/mm	设计给定
8	螺栓总截面积 A_L/mm^2	单个螺栓的截面积见《阀门设计入门与精通》中表8-10
9	垫片面积 A_{DP}/mm^2	$\pi D_{DP}\cdot b_{DP}$
10	螺栓材料的线膨胀系数 α''	根据螺栓的温度 t''_L 查《实用阀门设计手册》（第3版）中表3-8
11	螺栓材料的弹性模量 E''_L/MPa	根据螺栓的温度 t''_L 查《实用阀门设计手册》（第3版）中表3-8
12	垫片材料的弹性模量 E_{DP}/MPa	查表3-40
13	螺栓温度 t''_L/℃	$t''_F-\Delta t''_{FL}$；法兰的温度取介质温度的90%，即 $t''_F=0.9t$

3. 螺栓和双头螺柱的强度校核

根据螺栓和双头螺柱的总计算载荷必须验算螺栓和双头螺柱的强度。

（1）常温时螺栓或双头螺柱的拉应力　如图5-132及表5-121所示。

表5-121　常温时螺栓或双头螺柱拉应力（S_{14}）

序号	名称	公式或索引
1	常温时螺栓或双头螺柱的拉应力 σ_{L1}/MPa	$\dfrac{F_{LZ}}{A_L}\leqslant[\sigma_{L1}]$
2	常温时螺栓或双头螺柱的计算载荷 F_{LZ}/N	取$(F_{YJ}+XF_G)$与$(F_{DP}+F_G)$两者中的较大值
3	螺栓或双头螺柱总截面积 A_L/mm^2	单个螺栓的截面积见《阀门设计入门与精通》中表8-10
4	螺栓或双头螺柱材料在常温时的许用拉应力 $[\sigma_{L1}]$/MPa	查表3-18、表3-22、表3-28

注：$\sigma_{L1}\leqslant[\sigma_{L1}]$，为合格。

（2）初加温时螺栓或双头螺柱的拉应力　如图5-132及表5-122所示。

表 5-122 初加温时螺栓或双头螺柱拉应力（S_{15}）

序号	名称	公式或索引
1	初加温时螺栓或双头螺柱的拉应力 σ_{L2}/MPa	$\frac{F'_{LZ}}{A_L} \leqslant [\sigma_{L2}]$
2	初加温时螺栓或双头螺柱的计算载荷 F'_{LZ}/N	见表 5-119
3	螺栓或双头螺柱的总截面积 A_L/mm^2	单个螺栓的截面积见《阀门设计入门与精通》中表 8-10
4	螺栓或双头螺柱在加热温度 t'_L 时的许用拉应力 $[\sigma_{L2}]$/MPa	查表 3-18、表 3-22、表 3-28

注：$\sigma_{L2} \leqslant [\sigma_{L2}]$，为合格。

4. 高温时螺栓或双头螺柱的拉应力（表 5-123 及图 5-132）

表 5-123 高温时螺栓或双头螺柱拉应力（S_{16}）

序号	名称	公式或索引
1	高温时螺栓或双头螺柱的拉应力 σ_{L3}/MPa	$\frac{F''_{LZ}}{A_L} \leqslant [\sigma_{L3}]$
2	高温时螺栓或双头螺柱的计算载荷 F''_{LZ}/N	查表 5-120
3	螺栓或双头螺柱的总截面积 A_L/mm^2	单个螺栓的截面积见《阀门设计入门与精通》中表 8-10
4	螺栓或双头螺柱在最高温度 t''_L 时的许用拉应力 $[\sigma_{L3}]$/MPa	查表 3-18、表 3-22、表 3-28

注：$\sigma_{L3} \leqslant [\sigma_{L3}]$，为合格。

5. 螺柱间距与螺柱直径的关系

螺柱间距与螺柱直径之比如图 5-136 及表 5-124 所示。

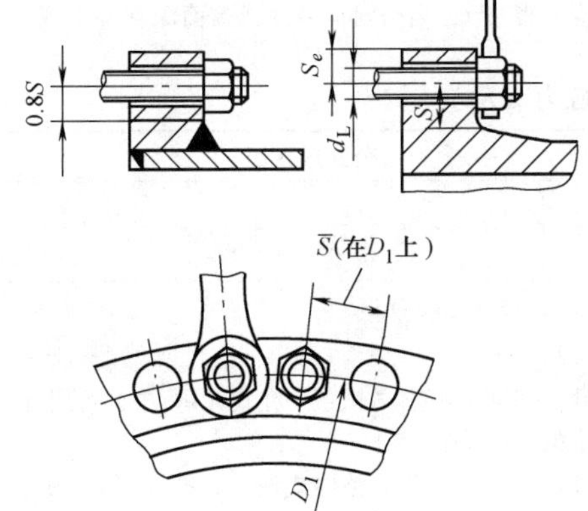

图 5-136 螺柱间距与螺柱直径的关系

表 5-124 螺柱间距与螺柱直径的关系（S_{17}）

序号	名称	公式或索引
1	螺柱直径与螺柱间距之比 L_J	$\frac{\pi D_1}{Zd_L}$
2	螺栓孔中心圆直径 D_1/mm	设计给定
3	螺柱数量 Z	设计给定
4	螺柱直径 d_L/mm	

注：为保证密封性能和组装工艺，L_J 应满足下列条件：当公称压力≤PN25 时，$2.7 < L_J < 5$；当公称压力≥PN40 时，$2.7 < L_J < 4$。

5.3.3 钢制中法兰的强度计算

确定螺栓载荷后，便可以进行中法兰的强度计算。虽然法兰连接的结构简单，但至今还没有统一的计算方法，许多国家都有本国的计算标准或法规。我国 GB/T 17186.1—2015《管法兰连接计算方法 第 1 部分：基本强度和刚度的计算方法》规定了用于管道上使用的 Class 系列管法兰，推荐采用符合 GB/T 9124.2、GB/T 13402、GB/T 17241、GB/T 15530 规定的 Class 系列管法兰；但仅限定于各标准内的尺寸及压力-温度额定值。尺寸及压力-温度额定值符合 GB/T 9124.2、GB/T 13402、GB/T 17241（所有部分）、GB/T 15530（所有部分）等标准规定的 Class 系列管法兰，一般不需要进行计算；不符合以上标准的管法兰（包括法兰形式、尺寸、压力-温度额定值等），应根据设计条件按本计算方法进行法兰强度和刚度校核。

1. 螺栓连接法兰设计程序

1）确定垫片材料、形式。

2）确定螺栓材料、规格及数量。

3）确定法兰材料，密封面形式及结构尺寸。

4）进行法兰强度（设计许用应力）校核。

5）进行法兰刚度校核。

2. 整体钢法兰应力计算

（1）法兰颈部轴向应力 如图 5-137 及表 5-125 所示。

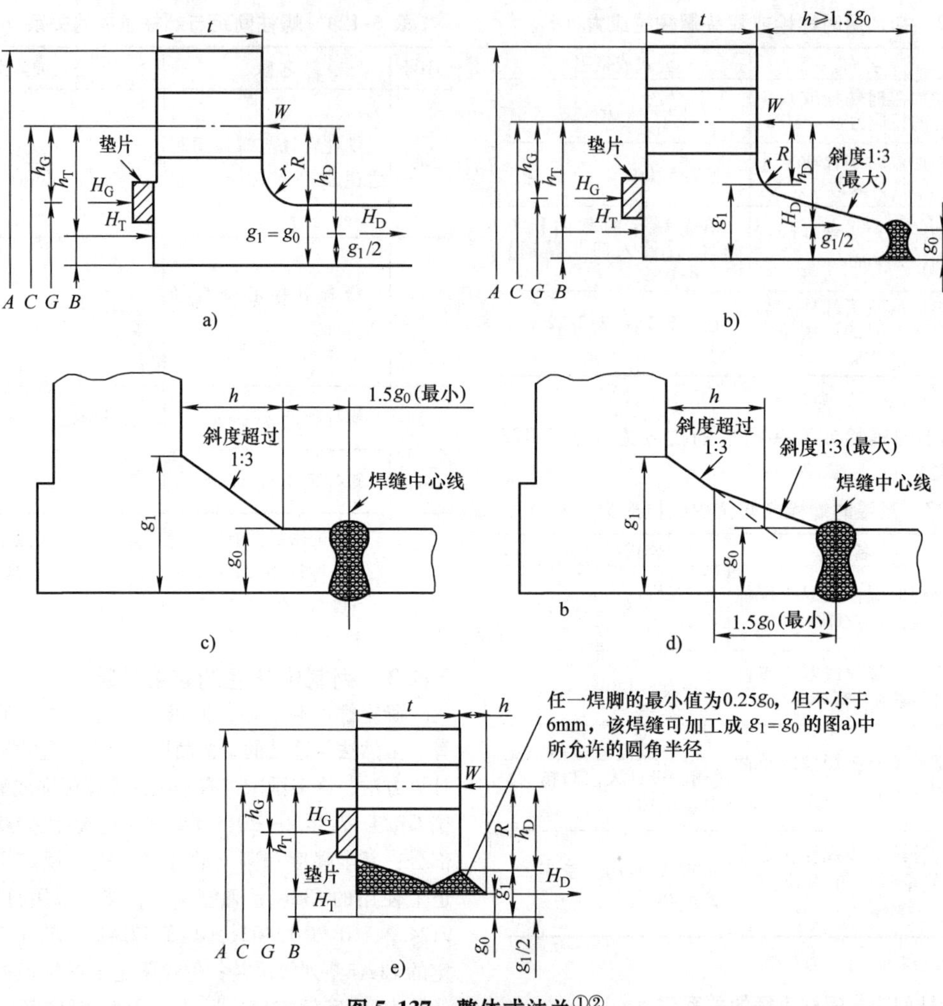

图5-137　整体式法兰①②

a）整体法兰　b）对焊法兰　c）对焊法兰　d）对焊法兰　e）焊接法兰

注：当对焊法兰的颈部斜度超过1:3时，采用图c）或d）的形式。

① 圆角半径 r 至少为 $0.25g_1$，但不小于5mm。

② 当密封面厚度或槽面深度大于1.5mm时，应增加法兰最小需要厚度 t；当密封面厚度或槽面深度等于或小于1.5mm时，可包括在法兰总厚度中。

表5-125　法兰颈部轴向应力（F_1）

序号	名　称	公式或索引
1	法兰颈部轴向应力 σ_H/MPa	$\dfrac{fM_0}{Lg_1^2B}$　　(1)
2	颈部应力修正系数 f	根据 $h/\sqrt{Bg_0}$ 查图5-138 当 $B<20g_1$ 时 —对于 $f<1.0$ 的整体式法兰，在式（1）中，可用 B_1 代替 B，此时 $B_1=B+g_1$ —对于 f 不小于1.0的整体式法兰，在式（1）中，可用 B_1 代替 B，此时 $B_1=B+g_0$
2.1	法兰锥颈高度 h/mm	设计确定
2.2	法兰锥颈小端厚度 g_0/mm	设计确定
3	法兰内径 B/mm	设计确定

（续）

序号	名　称	公式或索引
4	法兰力矩 M_0/N·mm	取 M_a 与 M_P 之较大值
4.1	预紧状态下法兰总力矩 M_a/N·mm	$W(C-G)/2$
4.2	法兰设计螺栓载荷 W/N	取 W_1 与 W_2 中的较大值
4.3	操作状态法兰设计螺栓载荷 W_1/N	取 W_{m1}
4.4	操作状态下所需的最小螺栓载荷 W_{m1}/N	$0.785G^2p+(2b\times3.14Gmp)$
4.5	垫片压紧力作用位置处的直径 G/mm	设计确定
4.6	设计内压力 p/MPa	设计给定
4.7	垫片有效密封宽度或连接接触面密封宽度 b/mm	设计确定
4.8	垫片系数 m	查表 3-40
4.9	预紧状态法兰设计螺栓载荷 W_2/N	$[\sigma]_b(A_m+A_b)/2$
4.10	许用应力 $[\sigma]_b$/MPa	按 GB/T 150.2 中相应材料的许用应力值
4.11	所需螺栓总横截面积 A_m/mm^2	取 A_{m1} 和 A_{m2} 中的较大者
4.12	操作状态下所需螺栓螺纹根部处的总横截面积或主力作用下最小直径处的总横截面积 A_{m1}/mm^2	设计确定
4.13	垫片预紧状态下所需的螺栓螺纹根部处的总横截面积或在应力作用下最小直径处的总横截面积 A_{m2}/mm^2	设计确定
4.14	螺栓中心圆直径 c/mm	设计确定
4.15	垫片压紧力作用位置处的直径 G/mm	设计确定
4.16	操作状态下需要的法兰总力矩 M_P/N·mm	$M_D+M_T+M_G$
4.17	由 H_D 产生的力矩分量 M_D/N·mm	H_Dh_D
4.18	内压引起的作用于法兰内径截面的轴向力 H_D/N	$0.785B^2p$
4.19	螺栓孔中心圆至 H_D 作用圆的径向距离 h_D/mm	$R+0.5g_1$
4.20	从螺栓孔中心圆到法兰颈部与背部的交点间的径向距离 R/mm	$\frac{C-B}{2}-g_1$
4.21	由 H_T 产生的力矩分量 M_T/N·mm	H_Th_T
4.22	总端部静压力与内压引起的作用于法兰内径截面的轴向力之差 H_T/N	$H-H_D$
4.23	总的端部静压力 H/N	$0.785G^2p$
4.24	螺栓中心圆至 H_T 作用圆的径向距离 h_T/mm	见图 5-137$(R+g_1+h_G)/z$
4.25	由 H_G 产生的力矩分量 M_G/N·mm	H_Gh_G
4.26	垫片静压力（法兰设计螺栓载荷与总的端部静压力之差）H_G/N	$W-H$
4.27	垫片压紧力作用位置至螺栓中心圆的径向距离 h_G/mm	$(C-G)/2$
5	系数 L	$\frac{te+1}{T}+\frac{t^3}{d}$
5.1	法兰厚度 t/mm	设计给定
5.2	系数 e	$\frac{F}{h_0}$
5.3	整体法兰系数 F	查图 5-139
5.4	系数 h_0	$\sqrt{Bg_0}$
5.5	法兰锥颈小端厚度 g_0/mm	见图 5-137 设计给定
5.6	系数 d	$\frac{U}{V}h_0g_0^2$
5.7	与 K 有关的系数 U	查表 5-126 或图 5-140
5.8	整体法兰系数 V	查表 5-126 或图 5-141
5.9	与 K 值有关的系数 T	查表 5-126 或图 5-140
6	法兰背部锥颈厚度 g_1/mm	设计给定

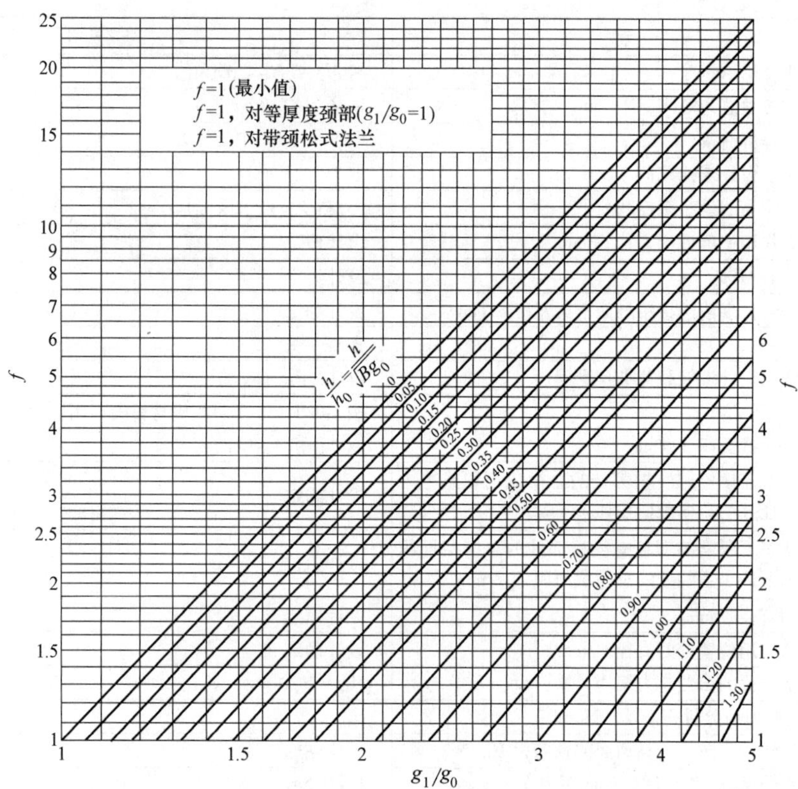

图 5-138 *f* 值（颈部应力修正系数）

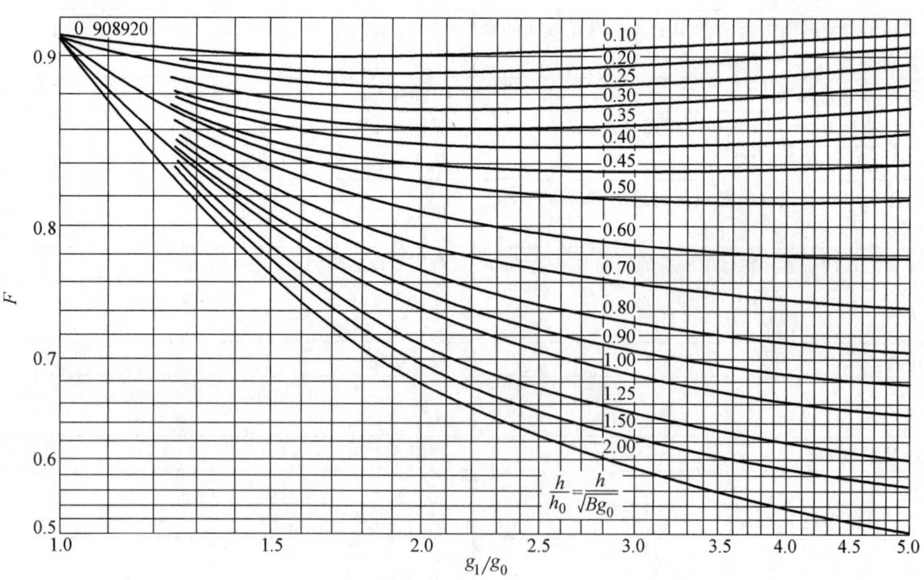

图 5-139 *F* 值（整体式法兰系数）

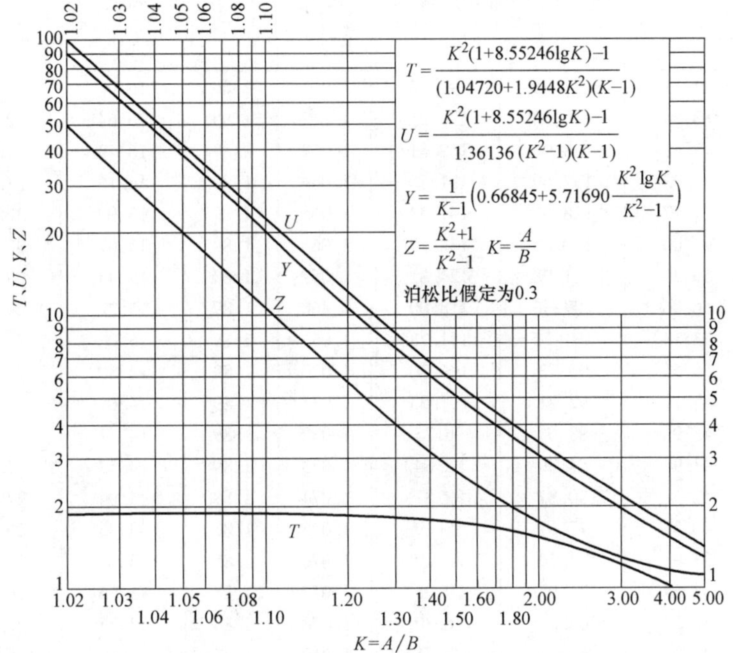

图 5-140 T、U、Y 及 Z 的值（与 K 有关）

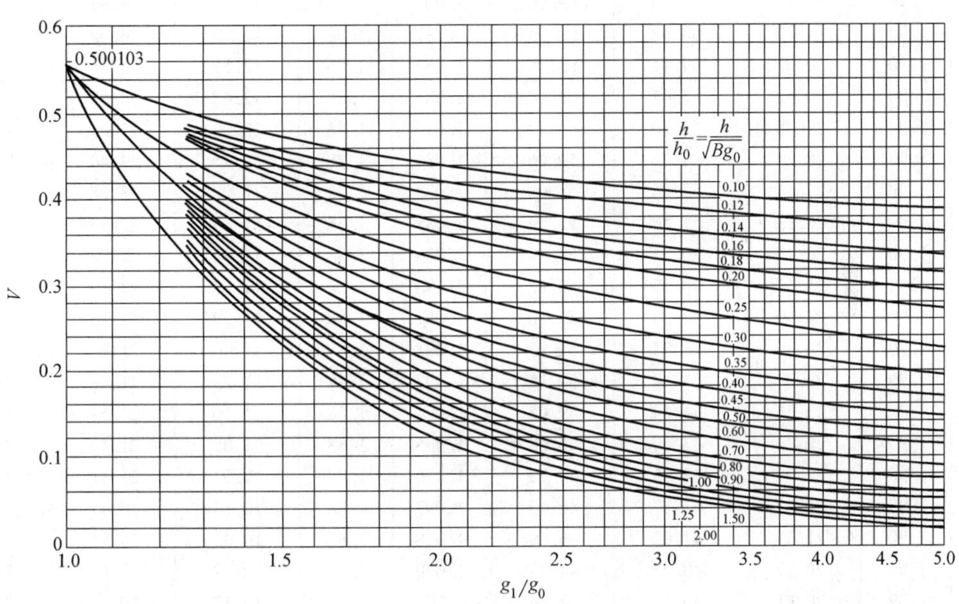

图 5-141 V 值（整体式法兰系数）

表 5-126 系数 T、U、Y、Z、K 值

K	T	Z	Y	U	K	T	Z	Y	U
1.001	1.91	1000.50	1899.43	2078.85	1.006	1.91	167.17	319.71	351.42
1.002	1.91	500.50	951.81	1052.80	1.007	1.91	143.36	274.11	301.30
1.003	1.91	333.83	637.56	700.80	1.008	1.91	125.50	239.95	263.75
1.004	1.91	250.50	478.04	525.45	1.009	1.91	111.61	213.40	234.42
1.005	1.91	200.50	383.67	421.72	1.010	1.91	100.50	192.19	211.19

（续）

K	T	Z	Y	U	K	T	Z	Y	U
1.011	1.91	91.41	174.83	192.13	1.061	1.89	16.91	32.55	35.78
1.012	1.91	83.84	160.38	176.25	1.062	1.89	16.64	32.04	35.21
1.013	1.91	77.43	148.06	162.81	1.063	1.89	16.40	31.55	34.68
1.014	1.91	71.93	137.69	151.30	1.064	1.89	16.15	31.08	34.17
1.015	1.91	67.17	128.61	141.33	1.065	1.89	15.90	30.61	33.65
1.016	1.90	63.00	120.56	132.49	1.066	1.89	15.67	30.17	33.17
1.017	1.90	59.33	111.98	124.81	1.067	1.89	15.45	29.74	32.69
1.018	1.90	56.06	107.36	118.00	1.068	1.89	15.22	29.32	32.22
1.019	1.90	53.14	101.72	111.78	1.069	1.89	15.02	28.91	31.79
1.020	1.90	50.51	96.73	106.30	1.070	1.89	14.80	28.51	31.34
1.021	1.90	48.12	92.21	101.33	1.071	1.89	14.61	28.13	30.92
1.022	1.90	45.96	88.04	96.75	1.072	1.89	14.41	27.76	30.51
1.023	1.90	43.98	84.30	92.64	1.073	1.89	14.22	27.39	30.11
1.024	1.90	42.17	80.81	88.81	1.074	1.88	14.04	27.04	29.72
1.025	1.90	40.51	77.61	85.29	1.075	1.88	13.85	26.69	29.34
1.026	1.90	38.97	74.70	82.09	1.076	1.88	13.68	26.36	28.98
1.027	1.90	37.54	71.97	79.08	1.077	1.88	13.56	26.03	28.69
1.028	1.90	36.22	69.43	76.30	1.078	1.88	13.35	25.72	28.27
1.029	1.90	34.99	67.11	73.75	1.079	1.88	13.18	25.40	27.92
1.030	1.90	33.84	64.91	71.33	1.080	1.88	13.02	25.10	27.59
1.031	1.90	32.76	62.85	69.06	1.081	1.88	12.87	24.81	27.27
1.032	1.90	31.76	60.92	66.94	1.082	1.88	12.72	24.52	26.95
1.033	1.90	30.81	59.11	63.95	1.083	1.88	12.57	24.24	26.65
1.034	1.90	29.92	57.41	63.08	1.084	1.88	12.43	24.00	26.34
1.035	1.90	29.08	55.80	61.32	1.085	1.88	12.29	23.69	26.05
1.036	1.90	28.29	54.29	59.66	1.086	1.88	12.15	23.44	25.57
1.037	1.90	27.54	52.85	58.08	1.087	1.88	12.02	23.18	25.48
1.038	1.90	26.83	51.50	56.59	1.088	1.88	11.89	22.93	25.20
1.039	1.90	26.15	50.21	55.17	1.089	1.88	11.76	22.68	24.93
1.040	1.90	25.51	48.97	53.82	1.090	1.88	11.63	22.44	24.66
1.041	1.90	24.90	47.81	53.10	1.091	1.88	11.52	22.22	24.41
1.042	1.90	24.32	46.71	51.33	1.092	1.88	11.40	21.99	24.16
1.043	1.90	23.77	45.64	50.15	1.093	1.88	11.28	21.76	23.91
1.044	1.90	23.23	44.64	49.05	1.094	1.88	11.16	21.54	23.67
1.045	1.90	22.74	43.69	48.08	1.095	1.88	11.05	21.32	23.44
1.046	1.90	22.05	42.75	46.99	1.096	1.88	10.94	21.11	23.20
1.047	1.90	21.79	41.87	46.03	1.097	1.88	10.83	20.91	22.97
1.048	1.90	21.35	41.02	45.09	1.098	1.88	10.73	20.71	22.75
1.049	1.90	20.92	40.21	44.21	1.099	1.88	10.62	20.51	22.39
1.050	1.89	20.51	39.43	43.34	1.100	1.88	10.52	20.31	22.18
1.051	1.89	20.12	38.68	42.51	1.101	1.88	10.43	20.15	22.12
1.052	1.89	19.71	37.96	41.73	1.102	1.88	10.33	19.94	21.92
1.053	1.89	19.38	37.27	40.96	1.103	1.88	10.23	19.76	21.72
1.054	1.89	19.03	36.60	40.23	1.104	1.88	10.14	19.58	21.52
1.055	1.89	18.69	35.96	39.64	1.105	1.88	10.05	19.38	21.30
1.056	1.89	18.38	35.34	38.84	1.106	1.88	9.96	19.33	21.14
1.057	1.89	18.06	34.74	38.19	1.107	1.87	9.87	19.07	20.96
1.058	1.89	17.76	34.17	37.56	1.108	1.87	9.78	18.90	20.77
1.059	1.89	17.47	33.62	36.95	1.109	1.87	9.70	18.74	20.59
1.060	1.89	17.18	33.06	36.34	1.110	1.87	9.62	18.55	20.38

（续）

K	T	Z	Y	U	K	T	Z	Y	U
1.111	1.87	9.54	18.42	20.25	1.161	1.85	6.75	13.07	14.36
1.112	1.87	9.46	18.27	20.08	1.162	1.85	6.71	13.00	14.28
1.113	1.87	9.38	18.13	19.91	1.163	1.85	6.67	12.92	14.20
1.114	1.87	9.30	17.97	19.75	1.164	1.85	6.64	12.85	14.12
1.115	1.87	9.22	17.81	19.55	1.165	1.85	6.60	12.78	14.04
1.116	1.87	9.15	17.68	19.43	1.166	1.85	6.56	12.71	13.97
1.117	1.87	9.07	17.54	19.27	1.167	1.85	6.53	12.64	13.89
1.118	1.87	9.00	17.40	19.12	1.168	1.85	6.49	12.58	13.82
1.119	1.87	8.94	17.27	18.98	1.169	1.85	6.46	12.51	13.74
1.120	1.87	8.86	17.13	18.80	1.170	1.85	6.42	12.43	13.66
1.121	1.87	8.79	17.00	18.68	1.171	1.85	6.39	12.38	13.60
1.122	1.87	8.72	16.87	18.54	1.172	1.85	6.35	12.31	13.53
1.123	1.87	8.66	16.74	18.40	1.173	1.85	6.32	12.25	13.46
1.124	1.87	8.59	16.62	18.26	1.174	1.85	6.29	12.18	13.39
1.125	1.87	8.53	16.49	18.11	1.175	1.85	6.25	12.10	13.30
1.126	1.87	8.47	16.37	17.99	1.176	1.85	6.22	12.06	13.25
1.127	1.87	8.40	16.25	17.86	1.177	1.85	6.19	12.00	13.18
1.128	1.87	8.34	16.14	17.73	1.178	1.85	6.16	11.93	13.11
1.129	1.87	8.28	16.02	17.60	1.179	1.85	6.13	11.87	13.05
1.130	1.87	8.22	15.91	17.48	1.180	1.85	6.10	11.79	12.96
1.131	1.87	8.16	15.79	17.35	1.181	1.85	6.07	11.76	12.92
1.132	1.87	8.11	15.68	17.24	1.182	1.85	6.04	11.70	12.86
1.133	1.86	8.05	15.57	17.11	1.183	1.85	6.01	11.64	12.79
1.134	1.86	7.99	15.46	16.99	1.184	1.85	5.98	11.58	12.73
1.135	1.86	7.94	15.36	16.90	1.185	1.85	5.95	11.50	12.64
1.136	1.86	7.88	15.26	16.77	1.186	1.85	5.92	11.47	12.61
1.137	1.86	7.83	15.15	16.65	1.187	1.85	5.89	11.42	12.54
1.138	1.86	7.78	15.05	16.54	1.188	1.85	5.86	11.36	12.49
1.139	1.86	7.73	14.95	16.43	1.189	1.85	5.83	11.31	12.43
1.140	1.86	7.68	14.86	16.35	1.190	1.84	5.81	11.26	12.37
1.141	1.86	7.62	14.76	16.22	1.191	1.84	5.78	11.20	12.31
1.142	1.86	7.57	14.66	16.11	1.192	1.84	5.75	11,15	12.25
1.143	1.86	7.53	14.57	16.01	1.193	1.84	5.73	11.10	12.20
1.144	1.86	7.48	14.48	15.91	1.194	1.84	5.70	11.05	12.14
1.145	1.86	7.43	14.39	15.83	1.195	1.84	5.67	11.00	12.08
1.146	1.86	7.38	14.29	15.71	1.196	1.84	5.65	10.95	12.03
1.147	1.86	7.34	14.20	15.61	1.197	1.84	5.62	10.90	11.97
1.148	1.86	7.29	14.12	15.51	1.198	1.84	5.60	10.85	11.92
1.149	1.86	7.25	14.03	15.42	1.199	1.84	5.57	10.80	11.87
1.150	1.86	7.20	13.95	15.34	1.200	1.84	5.55	10.75	11.81
1.151	1.86	7.16	13.86	15.23	1.201	1.84	5.52	10.70	11.76
1.152	1.86	7.11	13.77	15.14	1.202	1.84	5.50	10.65	11.71
1.153	1.86	7.07	13.09	15.05	1.203	1.84	5.47	10.61	11.66
1.154	1.86	7.03	13.61	14.96	1.204	1.84	5.45	10.56	11.61
1.155	1.86	6.99	13.54	14.87	1.205	1.84	5.42	10.52	11.56
1.156	1.86	6.95	13.45	14.78	1.206	1.84	5.40	10.47	11.51
1.157	1.86	6.91	13.37	14.70	1.207	1.84	5.38	10.43	11.46
1.158	1.86	6.87	13.30	14.61	1.208	1.84	5.35	10.38	11.41
1.159	1.86	6.83	13.22	14.53	1.209	1.84	5.33	10.34	11.36
1.160	1.86	6.79	13.15	14.45	1.210	1.84	5.31	10.30	11.32

（续）

K	T	Z	Y	U	K	T	Z	Y	U
1.211	1.83	5.29	10.25	11.27	1.261	1.81	4.39	8.51	9.35
1.212	1.83	5.27	10.21	11.22	1.262	1.81	4.37	8.49	9.32
1.213	1.83	5.24	10.16	11.17	1.263	1.81	4.36	8.45	9.28
1.214	1.83	5.22	10.12	11.12	1.264	1.81	4.35	8.42	9.25
1.215	1.83	5.20	10.09	11.09	1.265	1.81	4.33	8.39	9.23
1.216	1.83	5.18	10.04	11.03	1.266	1.81	4.32	8.37	9.19
1.217	1.83	5.16	10.00	10.99	1.267	1.81	4.30	8.34	9.16
1.218	1.83	5.14	9.96	10.94	1.268	1.81	4.29	8.31	9.14
1.219	1.83	5.12	9.92	10.90	1.269	1.81	4.28	8.29	9.11
1.220	1.83	5.10	9.89	10.87	1.270	1.81	4.26	8.26	9.08
1.221	1.83	5.07	9.84	10.81	1.271	1.81	4.25	8.23	9.05
1.222	1.83	5.05	9.80	10.77	1.272	1.81	4.24	8.21	9.02
1.223	1.83	5.03	9.76	10.73	1.273	1.81	4.22	8.18	8.99
1.224	1.83	5.01	9.72	10.68	1.274	1.81	4.21	8.15	8.96
1.225	1.83	5.00	9.69	10.65	1.275	1.81	4.20	8.13	8.93
1.226	1.83	4.98	9.65	10.60	1.276	1.81	4.18	8.11	8.91
1.227	1.83	4.96	9.61	10.56	1.277	1.81	4.17	8.08	8.88
1.228	1.83	4.94	9.57	10.52	1.278	1.81	4.16	8.05	8.85
1.229	1.83	4.92	9.53	10.48	1.279	1.81	4.15	8.03	8.82
1.230	1.83	4.90	9.50	10.44	1.280	1.81	4.13	8.01	8.79
1.231	1.83	4.88	9.46	10.40	1.281	1.81	4.12	7.98	8.77
1.232	1.83	4.86	9.43	10.36	1.282	1.81	4.11	7.96	8.74
1.233	1.83	4.84	9.39	10.32	1.283	1.80	4.10	7.93	8.71
1.234	1.83	4.83	9.36	10.28	1.284	1.80	4.08	7.91	8.69
1.235	1.83	4.81	9.32	10.24	1.285	1.80	4.07	7.89	8.66
1.236	1.82	4.79	9.29	10.20	1.286	1.80	4.06	7.86	8.64
1.237	1.82	4.77	9.25	10.17	1.287	1.80	4.05	7.84	8.61
1.238	1.82	4.76	9.22	10.13	1.288	1.80	4.04	7.81	8.59
1.239	1.82	4.74	9.18	10.09	1.289	1.80	4.02	7.79	8.56
1.240	1.82	4.72	9.15	10.05	1.290	1.80	4.01	7.77	8.53
1.241	1.82	4.70	9.12	10.02	1.291	1.80	4.00	7.75	8.51
1.242	1.82	4.69	9.08	9.98	1.292	1.80	3.99	7.72	8.48
1.243	1.82	4.67	9.05	9.95	1.293	1.80	3.98	7.70	8.46
1.244	1.82	4.65	9.02	9.91	1.294	1.80	3.97	7.68	8.43
1.245	1.82	4.64	8.99	9.87	1.295	1.80	3.95	7.66	8.41
1.246	1.82	4.62	8.95	9.84	1.296	1.80	3.94	7.63	8.39
1.247	1.82	4.60	8.92	9.81	1.297	1.80	3.93	7.61	8.36
1.248	1.82	4.59	8.89	9.77	1.298	1.80	3.92	7.59	8.33
1.249	1.82	4.57	8.86	9.74	1.299	1.80	3.91	7.57	8.31
1.250	1.82	4.56	8.83	9.70	1.300	1.80	3.90	7.55	8.29
1.251	1.82	4.54	8.80	9.67	1.301	1.80	3.89	7.53	8.27
1.252	1.82	4.52	8.77	9.64	1.302	1.80	3.88	7.50	8.24
1.253	1.82	4.51	8.74	9.60	1.303	1.80	3.87	7.48	8.22
1.254	1.82	4.49	8.71	9.57	1.304	1.80	3.86	7.46	8.20
1.255	1.82	4.48	8.68	9.54	1.305	1.80	3.84	7.44	8.18
1.256	1.82	4.46	8.65	9.51	1.306	1.80	3.83	7.42	8.16
1.257	1.82	4.45	8.62	9.47	1.307	1.80	3.82	7.40	8.13
1.258	1.81	4.43	8.59	9.44	1.308	1.79	3.81	7.38	8.11
1.259	1.81	4.42	8.56	9.41	1.309	1.79	3.80	7.36	8.09
1.260	1.81	4.40	8.53	9.38	1.310	1.79	3.79	7.34	8.07

（续）

K	T	Z	Y	U	K	T	Z	Y	U
1.311	1.79	3.78	7.32	8.05	1.361	1.77	3.35	6.45	7.09
1.312	1.79	3.77	7.30	8.02	1.362	1.77	3.34	6.44	7.08
1.313	1.79	3.76	7.28	8.00	1.363	1.77	3.33	6.42	7.06
1.314	1.79	3.75	7.26	7.98	1.364	1.77	3.32	6.40	7.04
1.315	1.79	3.74	7.24	7.96	1.365	1.77	3.32	6.39	7.03
1.316	1.79	3.73	7.22	7.94	1.366	1.77	3.31	6.38	7.01
1.317	1.79	3.72	7.20	7.92	1.367	1.77	3.30	6.37	7.00
1.318	1.79	3.71	7.18	7.89	1.368	1.77	3.30	6.35	6.98
1.319	1.79	3.70	7.16	7.87	1.369	1.77	3.29	6.34	6.97
1.320	1.79	3.69	7.14	7.85	1.370	1.77	3.28	6.32	6.95
1.321	1.79	3.68	7.12	7.83	1.371	1.77	3.27	6.31	6.93
1.322	1.79	3.67	7.10	7.81	1.372	1.77	3.27	6.30	6.91
1.323	1.79	3.67	7.09	7.79	1.373	1.77	3.26	6.28	6.90
1.324	1.79	3.66	7.07	7.77	1.374	1.77	3.25	6.27	6.89
1.325	1.79	3.65	7.05	7.75	1.375	1.77	3.25	6.25	6.87
1.326	1.79	3.64	7.03	7.73	1.376	1.77	3.24	6.24	6.86
1.327	1.79	3.63	7.01	7.71	1.377	1.77	3.23	6.22	6.84
1.328	1.78	3.62	7.00	7.69	1.378	1.76	3.22	6.21	6.82
1.329	1.78	3.61	6.98	7.67	1.379	1.76	3.22	6.19	6.81
1.330	1.78	3.60	6.96	7.65	1.380	1.76	3.21	6.18	6.80
1.331	1.78	3.59	6.94	7.63	1.381	1.76	3.20	6.17	6.79
1.332	1.78	3.58	6.92	7.61	1.382	1.76	3.20	6.16	6.77
1.333	1.78	3.57	6.91	7.59	1.383	1.76	3.19	6.14	6.75
1.334	1.78	3.57	6.89	7.57	1.384	1.76	3.18	6.13	6.74
1.335	1.78	3.56	6.87	7.55	1.385	1.76	3.18	6.12	6.73
1.336	1.78	3.55	6.85	7.53	1.386	1.76	3.17	6.11	6.72
1.337	1.78	3.54	6.84	7.51	1.387	1.76	3.16	6.10	6.70
1.338	1.78	3.53	6.82	7.50	1.388	1.76	3.16	6.08	6.68
1.339	1.78	3.52	6.81	7.48	1.389	1.76	3.15	6.07	6.67
1.340	1.78	3.51	6.79	7.46	1.390	1.76	3.15	6.06	6.66
1.341	1.78	3.51	6.77	7.44	1.391	1.76	3.14	6.05	6.64
1.342	1.78	3.50	6.76	7.42	1.392	1.76	3.13	6.04	6.63
1.343	1.78	3.49	6.74	7.41	1.393	1.76	3.13	6.02	6.61
1.344	1.78	3.48	6.72	7.39	1.394	1.76	3.12	6.01	6.60
1.345	1.78	3.47	6.71	7.37	1.395	1.76	3.11	6.00	6.59
1.346	1.78	3.46	6.69	7.35	1.396	1.76	3.11	5.99	6.58
1.347	1.78	3.46	6.68	7.33	1.397	1.76	3.10	5.98	6.56
1.348	1.78	3.45	6.66	7.32	1.398	1.75	3.10	5.96	6.55
1.349	1.78	3.44	6.65	7.30	1.399	1.75	3.09	5.95	6.53
1.350	1.78	3.43	6.63	7.28	1.400	1.75	3.08	5.94	6.52
1.351	1.78	3.42	6.61	7.27	1.401	1.75	3.08	5.93	6.50
1.352	1.78	3.42	6.60	7.25	1.402	1.75	3.07	5.92	6.49
1.353	1.77	3.41	6.58	7.23	1.403	1.75	3.07	5.90	6.47
1.354	1.77	3.40	6.57	7.21	1.404	1.75	3.06	5.89	6.46
1.355	1.77	3.39	6.55	7.19	1.405	1.75	3.05	5.88	6.45
1.356	1.77	3.38	6.53	7.17	1.406	1.75	3.05	5.87	6.44
1.357	1.77	3.38	6.52	7.16	1.407	1.75	3.04	5.86	6.43
1.358	1.77	3.37	6.50	7.14	1.408	1.75	3.04	5.84	6.41
1.359	1.77	3.36	6.49	7.12	1.409	1.75	3.03	5.83	6.40
1.360	1.77	3.35	6.47	7.11	1.410	1.75	3.02	5.82	6.39

（续）

K	T	Z	Y	U	K	T	Z	Y	U
1.411	1.75	3.02	5.81	6.38	1.461	1.73	2.76	5.29	5.82
1.412	1.75	3.01	5.80	6.37	1.462	1.73	2.76	5.28	5.80
1.413	1.75	3.01	5.78	6.35	1.463	1.73	2.75	5.27	5.79
1.414	1.75	3.00	5.77	6.34	1.464	1.73	2.75	5.26	5.78
1.415	1.75	3.00	5.76	6.33	1.465	1.73	2.74	5.25	5.77
1.416	1.75	2.99	5.75	6.32	1.466	1.73	2.74	5.24	5.76
1.417	1.75	2.98	5.74	6.31	1.467	1.73	2.74	5.23	5.74
1.418	1.75	2.98	5.72	6.29	1.468	1.72	2.73	5.22	5.73
1.419	1.75	2.97	5.71	6.28	1.469	1.72	2.73	5.21	5.72
1.420	1.75	2.97	5.70	6.27	1.470	1.72	2.72	5.20	5.71
1.421	1.75	2.96	5.69	6.26	1.471	1.72	2.72	5.19	5.70
1.422	1.75	2.96	5.68	6.25	1.472	1.72	2.71	5.18	5.69
1.423	1.75	2.95	5.67	6.23	1.473	1.72	2.71	5.18	5.68
1.424	1.74	2.95	5.66	6.22	1.474	1.72	2.71	5.17	5.67
1.425	1.74	2.94	5.65	6.21	1.475	1.72	2.70	5.16	5.66
1.426	1.74	2.94	5.64	6.20	1.476	1.72	2.70	5.15	5.65
1.427	1.74	2.93	5.63	6.19	1.477	1.72	2.69	5.14	5.64
1.428	1.74	2.92	5.62	6.17	1.478	1.72	2.69	5.14	5.63
1.429	1.74	2.92	5.61	6.16	1.479	1.72	2.68	5.13	5.62
1.430	1.74	2.91	5.60	6.15	1.480	1.72	2.68	5.12	5.61
1.431	1.74	2.91	5.59	6.14	1.481	1.72	2.68	5.11	5.60
1.432	1.74	2.90	5.58	6.13	1.482	1.72	2.67	5.10	5.59
1.433	1.74	2.90	5.57	6.11	1.483	1.72	2.67	5.10	5.59
1.434	1.74	2.89	5.56	6.10	1.484	1.72	2.66	5.09	5.58
1.435	1.74	2.89	5.55	6.09	1.485	1.72	2.66	5.08	5.57
1.436	1.74	2.88	5.54	6.08	1.486	1.72	2.66	5.07	5.56
1.437	1.74	2.88	5.53	6.07	1.487	1.72	2.65	5.06	5.55
1.438	1.74	2.87	5.52	6.05	1.488	1.72	2.65	5.06	5.55
1.439	1.74	2.87	5.51	6.04	1.489	1.72	2.64	5.05	5.54
1.440	1.74	2.86	5.50	6.03	1.490	1.72	2.64	5.04	5.53
1.441	1.74	2.86	5.49	6.02	1.491	1.72	2.64	5.03	5.52
1.442	1.74	2.85	5.48	6.01	1.492	1.72	2.63	5.02	5.51
1.443	1.74	2.85	5.47	6.00	1.493	1.71	2.63	5.02	5.51
1.444	1.74	2.84	5.46	5.99	1.494	1.71	2.62	5.01	5.50
1.445	1.74	2.84	5.45	5.98	1.495	1.71	2.62	5.00	5.49
1.446	1.74	2.83	5.44	5.97	1.496	1.71	2.62	4.99	5.48
1.447	1.73	2.83	5.43	5.96	1.497	1.71	2.61	4.98	5.47
1.448	1.73	2.82	5.42	5.95	1.498	1.71	2.61	4.98	5.47
1.449	1.73	2.82	5.41	5.94	1.499	1.71	2.60	4.97	5.46
1.450	1.73	2.81	5.40	5.93	1.500	1.71	2.60	4.96	5.45
1.451	1.73	2.81	5.39	5.92	1.501	1.71	2.60	4.95	5.44
1.452	1.73	2.80	5.38	5.91	1.502	1.71	2.59	4.94	5.43
1.453	1.73	2.80	5.37	5.90	1.503	1.71	2.59	4.94	5.43
1.454	1.73	2.80	5.36	5.89	1.504	1.71	2.58	4.93	5.42
1.455	1.73	2.79	5.35	5.88	1.505	1.71	2.58	4.92	5.41
1.456	1.73	2.79	5.34	5.87	1.506	1.71	2.58	4.91	5.40
1.457	1.73	2.78	5.33	5.86	1.507	1.71	2.57	4.90	5.39
1.458	1.73	2.78	5.32	5.85	1.508	1.71	2.57	4.90	5.39
1.459	1.73	2.77	5.31	5.84	1.509	1.71	2.57	4.89	5.38
1.460	1.73	2.77	5.30	5.83	1.510	1.71	2.56	4.88	5.37

（续）

K	T	Z	Y	U	K	T	Z	Y	U
1.511	1.71	2.56	4.87	5.36	1.561	1.69	2.39	4.54	4.98
1.512	1.71	2.56	4.86	5.35	1.562	1.69	2.39	4.53	4.97
1.513	1.71	2.55	4.86	5.35	1.563	1.68	2.39	4.52	4.97
1.514	1.71	2.55	4.85	5.34	1.564	1.68	2.38	4.51	4.96
1.515	1.71	2.54	4.84	5.33	1.565	1.68	2.38	4.51	4.95
1.516	1.71	2.54	4.83	5.32	1.566	1.68	2.38	4.50	4.95
1.517	1.71	2.54	4.82	5.31	1.567	1.68	2.37	4.50	4.94
1.518	1.71	2.53	4.82	5.31	1.568	1.68	2.37	4.49	4.93
1.519	1.70	2.53	4.81	5.30	1.569	1.68	2.37	4.48	4.92
1.520	1.70	2.53	4.80	5.29	1.570	1.68	2.37	4.48	4.92
1.521	1.70	2.52	4.79	5.28	1.571	1.68	2.36	4.47	4.91
1.522	1.70	2.52	4.79	5.27	1.572	1.68	2.36	4.47	4.91
1.523	1.70	2.52	4.78	5.27	1.573	1.68	2.36	4.46	4.90
1.524	1.70	2.51	4.78	5.26	1.574	1.68	2.35	4.46	4.89
1.525	1.70	2.51	4.77	5.25	1.575	1.68	2.35	4.45	4.89
1.526	1.70	2.51	4.77	5.24	1.576	1.68	2.35	4.44	4.88
1.527	1.70	2.50	4.76	5.23	1.577	1.68	2.35	4.44	4.88
1.528	1.70	2.50	4.76	5.23	1.578	1.68	2.34	4.43	4.87
1.529	1.70	2.49	4.75	5.22	1.579	1.68	2.34	4.42	4.86
1.530	1.70	2.49	4.74	5.21	1.580	1.68	2.34	4.42	4.86
1.531	1.70	2.49	4.73	5.20	1.582	1.68	2.34	4.41	4.85
1.532	1.70	2.48	4.72	5.19	1.584	1.67	2.33	4.40	4.83
1.533	1.70	2.48	4.72	5.19	1.586	1.67	2.33	4.39	4.82
1.534	1.70	2.48	4.71	5.17	1.588	1.67	2.32	4.37	4.81
1.535	1.70	2.47	4.70	5.17	1.590	1.67	2.32	4.36	4.79
1.536	1.70	2.47	4.69	5.16	1.592	1.67	2.31	4.35	4.78
1.537	1.70	2.47	4.68	5.15	1.594	1.67	2.31	4.34	4.77
1.538	1.69	2.46	4.68	5.15	1.596	1.67	2.30	4.33	4.76
1.539	1.69	2.46	4.67	5.14	1.598	1.66	2.29	4.32	4.75
1.540	1.69	2.46	4.66	5.13	1.600	1.66	2.28	4.31	4.73
1.541	1.69	2.45	4.66	5.12	1.605	1.66	2.27	4.28	4.71
1.542	1.69	2.45	4.65	5.11	1.610	1.66	2.26	4.25	4.67
1.543	1.99	2.45	4.64	5.11	1.615	1.66	2.25	4.23	4.64
1.544	1.69	2.45	4.64	5.10	1.620	1.66	2.24	4.20	4.61
1.545	1.69	2.44	4.63	5.09	1.625	1.66	2.22	4.17	4.59
1.546	1.69	2.44	4.63	5.08	1.630	1.65	2.20	4.15	4.56
1.547	1.69	2.44	4.62	5.07	1.635	1.65	2.19	4.12	4.53
1.548	1.69	2.43	4.62	5.07	1.640	1.65	2.18	4.10	4.51
1.549	1.69	2.43	4.61	5.06	1.645	1.65	2.17	4.08	4.48
1.550	1.69	2.43	4.60	5.05	1.650	1.65	2.16	4.05	4.45
1.551	1.69	2.42	4.60	5.05	1.655	1.64	2.15	4.03	4.43
1.552	1.69	2.42	4.59	5.04	1.660	1.64	2.14	4.01	4.40
1.553	1.69	2.42	4.58	5.03	1.665	1.64	2.13	3.98	4.38
1.554	1.69	2.41	4.58	5.03	1.670	1.64	2.12	3.96	4.35
1.555	1.69	2.41	4.57	5.02	1.675	1.64	2.11	3.94	4.33
1.556	1.69	2.41	4.57	5.02	1.680	1.63	2.10	3.92	4.31
1.557	1.69	2.40	4.56	5.01	1.685	1.62	2.09	3.90	4.27
1.558	1.69	2.40	4.56	5.00	1.690	1.62	2.08	3.87	4.26
1.559	1.69	2.40	4.55	4.99	1.695	1.62	2.07	3.85	4.24
1.560	1.69	2.40	4.54	4.99	1.700	1.62	2.06	3.83	4.21

(续)

K	T	Z	Y	U	K	T	Z	Y	U
1.710	1.62	2.04	3.80	4.17	2.420	1.36	1.41	2.38	2.57
1.720	1.61	2.02	3.75	4.10	2.440	1.36	1.40	2.31	2.54
1.730	1.61	2.00	3.72	4.08	2.460	1.35	1.39	2.29	2.52
1.740	1.61	1.99	3.68	4.04	2.480	1.35	1.38	2.27	2.49
1.750	1.60	1.97	3.64	4.00	2.500	1.34	1.38	2.25	2.47
1.760	1.60	1.95	3.61	3.96	2.520	1.33	1.37	2.23	2.45
1.770	1.60	1.94	3.57	3.93	2.540	1.33	1.37	2.21	2.43
1.780	1.60	1.92	3.54	3.88	2.560	1.32	1.36	2.19	2.41
1.790	1.59	1.91	3.51	3.85	2.580	1.32	1.35	2.17	2.39
1.800	1.59	1.89	3.48	3.82	2.600	1.31	1.35	2.16	2.37
1.810	1.58	1.88	3.44	3.76	2.620	1.30	1.34	2.14	2.35
1.820	1.57	1.87	3.41	3.75	2.640	1.30	1.34	2.13	2.33
1.830	1.56	1.86	3.38	3.70	2.660	1.29	1.33	2.11	2.31
1.840	1.56	1.83	3.35	3.69	2.680	1.28	1.32	2.09	2.29
1.850	1.56	1.82	3.32	3.66	2.700	1.28	1.32	2.07	2.28
1.860	1.56	1.81	3.30	3.62	2.720	1.28	1.31	2.06	2.26
1.870	1.55	1.80	3.27	3.59	2.740	1.28	1.31	2.04	2.24
1.880	1.55	1.79	3.24	3.57	2.760	1.27	1.30	2.03	2.22
1.890	1.55	1.78	3.22	3.54	2.780	1.26	1.30	2.01	2.21
1.900	1.55	1.77	3.20	3.51	2.800	1.25	1.29	2.00	2.20
1.910	1.54	1.76	3.17	3.48	2.820	1.25	1.29	1.99	2.18
1.920	1.54	1.75	3.14	3.46	2.840	1.25	1.28	1.97	2.17
1.930	1.53	1.74	3.12	3.43	2.860	1.24	1.28	1.96	2.15
1.940	1.53	1.73	3.10	3.40	2.880	1.23	1.27	1.94	2.13
1.950	1.52	1.72	3.07	3.38	2.900	1.22	1.27	1.93	2.12
1.960	1.52	1.71	3.05	3.35	2.920	1.22	1.27	1.92	2.11
1.970	1.52	1.70	3.03	3.33	2.940	1.22	1.26	1.91	2.09
1.980	1.51	1.69	3.01	3.30	2.960	1.21	1.26	1.89	2.08
1.990	1.51	1.68	2.98	3.28	2.980	1.21	1.25	1.88	2.06
2.000	1.51	1.67	2.96	3.26	3.000	1.20	1.25	1.87	2.05
2.020	1.50	1.65	2.92	3.21	3.050	1.19	1.24	1.84	2.02
2.040	1.49	1.63	2.88	3.17	3.100	1.18	1.23	1.81	1.99
2.060	1.48	1.62	2.85	3.13	3.150	1.17	1.22	1.78	1.96
2.080	1.48	1.60	2.81	3.09	3.200	1.16	1.22	1.76	1.94
2.100	1.47	1.59	2.77	3.05	3.250	1.15	1.21	1.74	1.91
2.120	1.46	1.58	2.74	3.01	3.300	1.14	1.20	1.71	1.89
2.140	1.46	1.56	2.71	2.97	3.350	1.13	1.20	1.69	1.85
2.160	1.45	1.55	2.67	2.94	3.400	1.11	1.19	1.67	1.83
2.180	1.44	1.54	2.64	2.90	3.450	1.10	1.18	1.65	1.81
2.200	1.43	1.52	2.61	2.87	3.500	1.10	1.18	1.63	1.79
2.220	1.43	1.51	2.58	2.84	3.550	1.09	1.17	1.61	1.76
2.240	1.42	1.50	2.56	2.81	3.600	1.08	1.17	1.58	1.74
2.260	1.41	1.49	2.53	2.78	3.650	1.07	1.16	1.56	1.72
2.280	1.41	1.48	2.50	2.75	3.700	1.06	1.16	1.54	1.70
2.300	1.40	1.47	2.48	2.72	3.750	1.05	1.15	1.53	1.68
2.320	1.40	1.46	2.45	2.69	3.800	1.04	1.15	1.51	1.66
2.340	1.39	1.45	2.43	2.67	3.850	1.04	1.14	1.50	1.64
2.360	1.38	1.44	2.40	2.64	3.900	1.03	1.14	1.48	1.63
2.380	1.38	1.43	2.38	2.61	3.950	1.02	1.14	1.46	1.61
2.400	1.37	1.42	2.36	2.59	4.000	1.01	1.13	1.45	1.59

（续）

K	T	Z	Y	U	K	T	Z	Y	U
4.050	1.00	1.13	1.43	1.57	5.400	0.83	1.07	1.13	1.25
4.100	0.99	1.13	1.42	1.56	5.450	0.82	1.07	1.13	1.24
4.150	0.98	1.12	1.40	1.54	5.500	0.82	1.07	1.12	1.23
4.200	0.97	1.12	1.39	1.53	5.550	0.81	1.07	1.12	1.22
4.250	0.97	1.11	1.38	1.52	5.600	0.81	1.07	1.11	1.21
4.300	0.96	1.11	1.37	1.50	5.650	0.81	1.06	1.10	1.21
4.350	0.96	1.11	1.35	1.49	5.700	0.80	1.06	1.09	1.20
4.400	0.95	1.11	1.34	1.47	5.750	0.80	1.06	1.08	1.19
4.450	0.95	1.11	1.33	1.46	5.800	0.79	1.06	1.08	1.18
4.500	0.94	1.10	1.31	1.44	5.850	0.79	1.06	1.07	1.18
4.550	0.93	1.10	1.30	1.43	5.900	0.78	1.06	1.06	1.17
4.600	0.92	1.10	1.29	1.42	5.950	0.78	1.06	1.06	1.16
4.650	0.91	1.10	1.28	1.39	6.000	0.77	1.06	1.05	1.15
4.700	0.91	1.09	1.27	1.39	6.500	0.73	1.05	0.99	1.08
4.750	0.91	1.09	1.26	1.38	7.000	0.71	1.04	0.93	1.03
4.800	0.90	1.09	1.25	1.37	7.500	0.67	1.04	0.89	0.98
4.850	0.90	1.09	1.24	1.36	8.000	0.63	1.03	0.85	0.93
4.900	0.89	1.09	1.23	1.35	8.500	0.61	1.03	0.81	0.89
4.950	0.88	1.08	1.22	1.34	9.000	0.59	1.03	0.77	0.85
5.000	0.88	1.08	1.21	1.33	9.500	0.56	1.02	0.75	0.82
5.050	0.87	1.08	1.20	1.32	10.000	0.54	1.02	0.71	0.79
5.100	0.86	1.08	1.19	1.30	10.500	0.52	1.02	0.69	0.76
5.150	0.86	1.08	1.18	1.30	11.000	0.51	1.02	0.67	0.73
5.200	0.85	1.08	1.17	1.29	11.500	0.49	1.01	0.65	0.71
5.250	0.85	1.08	1.16	1.28	12.000	0.48	1.01	0.63	0.69
5.300	0.84	1.07	1.15	1.27	12.500	0.46	1.01	0.61	0.66
5.350	0.83	1.07	1.14	1.26					

（2）法兰的径向应力　如图5-137及表5-127所示。

（3）法兰的切向应力　如图5-137及表5-128所示。

表5-127　法兰的径向应力（F_2）

序号	名称	公式或索引
1	法兰的径向应力 σ_R/MPa	$\dfrac{(1.33te+1)M_o}{Lt^2B}$
2	法兰厚度 t/mm	设计给定
3	参数 e/mm^3	对于整体法兰$\dfrac{F}{h_0}$
3.1	整体法兰的任意法兰系数 F	见图5-139
3.2	参数 h_0/mm	$\sqrt{Bg_0}$
3.3	法兰内径 B/mm	设计给定
3.4	法兰锥颈小端厚度 g_0/mm	设计给定
4	法兰设计力矩 M_0/N·mm	取 M_a 与 M_P 之较大值
4.1	预紧状态下需要的法兰力矩 M_a/N·mm	$W(C-G)/2$
4.2	法兰设计螺栓载荷 W/N	取 W_1 与 W_2 中的较大值
4.3	操作状态螺栓设计载荷 W_1/N	取 W_{m1}
4.4	操作状态下所需的最小螺栓载荷 W_{m1}/N	$0.785G^2p+(2b\times3.14Gmp)$
4.5	垫片压紧力作用位置处的直径 G/mm	设计确定
4.6	设计内压力 p/MPa	设计给定

（续）

序号	名称	公式或索引
4.7	垫片有效密封宽度或连接接触面密封宽度 b/mm	设计确定
4.8	垫片系数 m	查表3-40
4.9	预紧状态法兰设计螺栓载荷 W_2/N	$[\sigma]_b(A_m+A_b)/2$
4.10	许用应力 $[\sigma]_b$/MPa	按 GB 150.2 中相应材料的许用应力
4.11	所需螺栓总横截面积 A_m/mm²	取 A_{m1} 和 A_{m2} 中较大者
4.12	操作状态下所需螺栓螺纹根部处的总横截面积或应力作用下最小直径处的总横截面积 A_{m1}/mm²	设计确定
4.13	垫片预紧状态下所需的螺栓螺纹根部处的总横截面积或在应力作用下最小直径处的总横截面积 A_{m2}/mm²	设计确定
4.14	螺栓中心圆直径 C/mm	设计确定
4.15	垫片压紧力作用位置处的直径 G/mm	设计确定
4.16	操作状态下需要的法兰总力矩 M_P/N · mm	$M_D+M_T+M_G$
4.17	由 H_D 产生的力矩分量 M_D/N · mm	H_Dh_D
4.18	内压引起的作用于法兰内径截面的轴向力 H_D/N	$0.785B^2p$
4.19	螺栓孔中心圆至 H_D 作用圆的径向距离 h_D/mm	$R+0.5g_1$
4.20	从螺栓孔中心圆到法兰颈部与背部的交点间的径向距离 R/mm	$\frac{C-B}{2}-g_1$
4.21	由 H_T 产生的力矩分量 M_T/N · mm	H_Th_T
4.22	总端部静压力与内压引起的作用于法兰内径截面的轴向力之差 H_T/N	$H-H_D$
4.23	总端部静压力 H/N	$0.785G^2p$
4.24	螺栓中心圆至 H_T 作用圆的径向距离 h_T/mm	$(R+g_1+h_G)/2$
4.25	由 H_G 产生的力矩分量 M_G/N · mm	H_Gh_G
4.26	垫片静压力（法兰设计螺栓载荷与总的端部静压力之差）H_G/N	$W-H$
4.27	垫片压紧力作用位置至螺栓中心圆的径向距离 h_G/mm	$(C-G)/2$
5	系数 L	$\frac{te+1}{T}+\frac{t^3}{d}$
5.1	法兰厚度 t/mm	设计给定
5.2	系数 e	F/H_0
5.3	整体法兰系数 F	查图5-139
5.4	系数 h_0	$\sqrt{Bg_0}$
5.5	法兰锥颈小端厚度 g_0/mm	见图5-137，设计给定
5.6	系数 d	$\frac{U}{V}h_0g_0^2$
5.7	与 K 有关的系数 U	查表5-126 或图5-140
5.8	整体法兰系数 V	查表5-126 或图5-141
5.9	与 K 值有关的系数 T	查表5-126 或图5-140
6	法兰背部锥颈厚度 g_1/mm	设计给定

表 5-128 法兰的切向应力（F_3）

序号	名 称	公式或索引
1	法兰的切向应力 σ_T/MPa	$\frac{YM_0}{t^2B}-Z\sigma_R$
2	与 K 有关的系数 Y	见表 5-126 或图 5-140
3	与 K 有关的系数 Z	见表 5-126 或图 5-140
4	法兰的径向应力 σ_R/MPa	见表 5-127
5	法兰厚度 t/mm	设计确定
6	法兰内径 B/mm	设计确定
7	法兰设计力矩 M_0/N · mm	取 M_a 与 M_P 之较大值
7.1	预紧状态下需要的法兰力矩 M_a/N · mm	$W(C-G)/2$
7.2	法兰设计螺栓载荷 W/N	取 W_1 与 W_2 中的较大值
7.3	操作状态螺栓设计载荷 W_1/N	取 W_{m1}
7.4	操作状态下所需的最小螺栓载荷 W_{m1}/N	$0.785G^2p+(2b\times3.14Gmp)$
7.5	垫片压紧力作用位置处的直径 G/mm	设计确定
7.6	设计内压力 p/MPa	设计给定
7.7	垫片有效密封宽度或连接接触面密封宽度 b/mm	设计给定
7.8	垫片系数 m	查表 3-40
7.9	预紧状态法兰设计螺栓载荷 W_2/N	$[\sigma]_b(A_m+A_b)/2$
7.10	许用应力 $[\sigma]_b$/MPa	查表 3-22
7.11	所需螺栓总横截面积 A_m/mm²	取 A_{m1} 和 A_{m2} 中较大者
7.12	操作状态下所需螺栓螺纹根部处的总横截面积或应力作用下最小直径处的总横截面积 A_{m1}/mm²	设计确定
7.13	垫片预紧状态下所需的螺栓螺纹根部处的总横截面积或在应力作用下最小直径处的总横截面积 A_{m2}/mm²	设计确定
7.14	螺栓中心圆直径 C/mm	设计确定
7.15	垫片压紧力作用位置处的直径 G/mm	设计确定
7.16	操作状态下需要的法兰总力矩 M_P/N · mm	$M_D+M_T+M_G$
7.17	由 H_D 产生的力矩分量 M_D/N · mm	H_Dh_D
7.18	内压引起的作用于法兰内径截面的轴向力 H_D/N	$0.785B^2p$
7.19	螺栓孔中心圆至 H_D 作用圆的径向距离 h_D/mm	$R+0.5g_1$
7.20	从螺栓孔中心圆到法兰颈部与背部的交点间的径向距离 R/mm	$\frac{C-B}{2}-g_1$
7.21	法兰背部锥颈厚度 g_1/mm	设计给定
7.22	由 H_T 产生的力矩分量 M_T/N · mm	H_Th_T
7.23	总端部静压力与内压引起的作用于法兰内径截面的轴向力之差 H_T/mm	$H-H_D$

（续）

序号	名　　称	公式或索引
7.24	总端部静压力 H/N	$0.785G^2p$
7.25	螺栓中心圆至 H_T 作用圆的径向距离 h_T/mm	$(R+g_1+h_G)/2$
7.26	由 H_G 产生的力矩分量 M_G/N·mm	H_Gh_G
7.27	垫片压紧力（法兰设计螺栓载荷与总的端部静压力之差）H_G/N	$W-H$
7.28	垫片压紧力作用位置到螺栓中心圆的颈向距离 h_G/mm	$(C-G)/2$

5.3.4　阀盖厚度的计算

阀盖厚度的计算方法与它的形状有关。

5.3.4.1　平板形阀盖

平板形阀盖一般用于工作压力不高的止回阀上，可分为圆形和非圆形两类。

1. 圆形平板阀盖

（1）中国计算法　如图5-142所示，按垫片的不同结构又可分为三种。

1）Ⅰ型平板阀盖。其阀盖厚度的计算如图5-142及表5-129所示。

2）Ⅱ、Ⅲ型平板阀盖。其阀盖厚度的计算如图5-142及表5-130所示。

（2）欧洲计算式　如图5-143所示，按垫片的不同结构型式又可分为两种。

1）全平面垫片平板阀盖：如图5-143及表5-131所示。

2）对凸面法兰垫片平板阀盖如图5-143及表5-132所示。

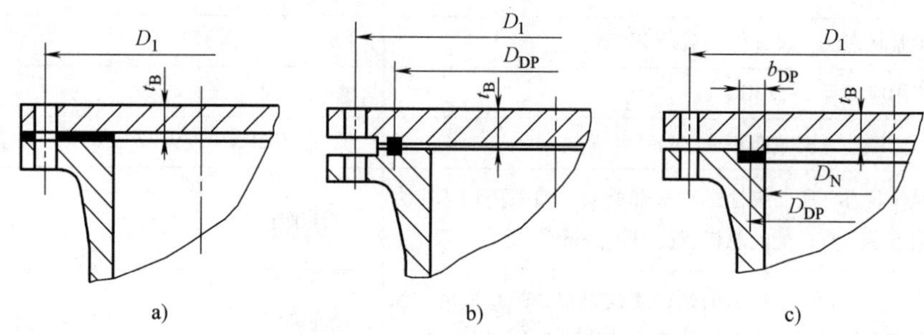

图5-142　平板型阀盖的结构

a）Ⅰ型平板形阀盖（平法兰垫片）　b）Ⅱ型平板形阀盖（榫槽法兰垫片）　c）Ⅲ型平板形阀盖（凹凸法兰垫片）

表5-129　Ⅰ型平板阀盖厚度（I_1）

序号	名称	公式或索引
1	阀盖厚度 t_B/mm	$D_1\sqrt{\dfrac{0.162p}{[\sigma_W]}}+c$
2	螺栓孔中心圆直径 D_1/mm	设计给定
3	设计压力 p/MPa	取公称压力PN数值的1/10
4	附加裕量 c/mm	见表5-83
5	材料许用弯曲应力$[\sigma_W]$/MPa	查《实用阀门设计手册》（第3版）中表3-3

表 5-130 Ⅱ、Ⅲ型平板阀盖厚度（I_2）

序号	名称	公式或索引
1	阀盖厚度 t_B/mm	$D_1\sqrt{\frac{K\cdot p}{[\sigma_W]}}+c$
2	螺栓孔中心圆直径 D_1/mm	设计给定
3	系数 K	当用软垫片时：$0.3+\frac{1.4F_{LZ}l}{F_{DJ}\cdot D_{DP}}$ 当用金属垫片时：$0.3+\frac{ZF_{LZ}l}{F_{DJ}\cdot D_{DP}}$
4	螺栓的总作用力 F_{LZ}/N	见表 5-119
5	垫片处的介质静压力 F_{DJ}/N	见表 5-118
6	垫片的平均直径 D_{DP}/mm	设计给定
7	力臂 l/mm	$\frac{D_1-D_{DP}}{2}$
8	设计压力 p/MPa	取公称压力 PN 数值的 1/10
9	附加裕量 c/mm	见表 5-83
10	材料许用弯曲应力$[\sigma_W]$/MPa	查《实用阀门设计手册》（第 3 版）中表 3-3

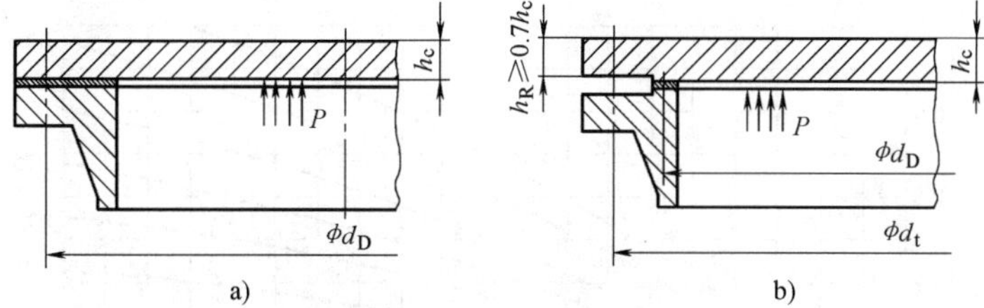

图 5-143 平板型阀盖的结构

a）全平面垫片（螺栓穿过垫片） b）凸面法兰垫片（螺栓不穿过垫片）

表 5-131 全平面垫片平板阀盖厚度（I_3）

序号	名称	公式或索引
1	平板阀盖壁厚 h_c/mm	$C_xC_yC_zd_D\sqrt{\frac{p}{f}}+C_1+C_2$
2	取决于直径不同比率的计算系数 C_x	取 1.0
3	取决于直径不同比率的计算系数 C_y	取 1.0
4	取决于直径不同比率的计算系数 C_z	取 0.35
5	螺栓孔中心圆直径 d_D/mm	设计给定
6	设计压力 p/MPa	取公称压力 PN 数值的 1/10
7	公称设计应力 f/MPa	见表 3-23 ~ 表 3-25
8	允许的制造偏差 C_1/mm	设计给定
9	腐蚀裕量 C_2/mm	对于铁素体，铁素体-马氏体钢取 1mm 对于全部其他钢取 0mm

表 5-132　凸面法兰垫片平板阀盖厚度（I_4）

序号	名称	公式或索引
1	阀盖厚度 h_c/mm	$C_xC_yC_zd_D\sqrt{\frac{p}{f}}+C_1+C_2$
2	取决于直径不同比率的计算系数 C_x、C_z	取 1.0
3	计算系数 C_y	见图 5-144 根据 δ 和 d_t/d_D 比值选取
4	螺栓力对压力的比值 δ	$1+4\frac{mb_DS_D}{d_D}$
5	垫片系数 m	见表 5-133
6	垫片宽度 b_D/mm	设计给定
7	操作条件系数 S_D	取 1.2
8	垫片平均直径 d_D/mm	见图 5-143，设计给定
9	计算系数 C_z	取 1.0
10	螺栓孔中心圆直径 d_t/mm	设计给定
11	设计压力 p/MPa	取公称压力数值的 1/10
12	公称设计应力 f/MPa	按表 3-23 ~ 表 3-25 选取
13	允许的制造偏差 C_1/mm	设计给定
14	腐蚀裕量 C_2/mm	对于铁素体，铁素体-马氏体钢取 1mm 对于其他钢取 0mm

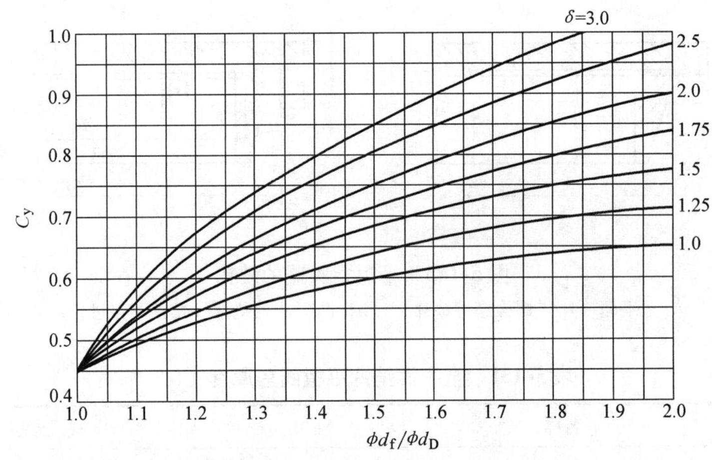

图 5-144　带材和板材的计算系数

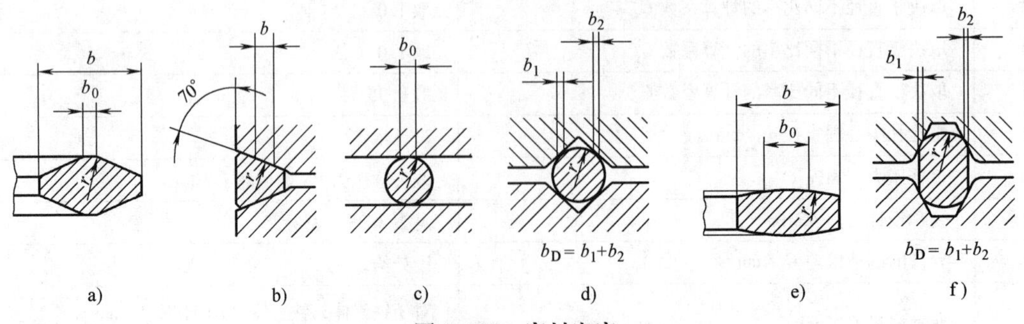

图 5-145　密封宽度

a）棱形垫片　b）梯形垫片　c）圆环与平面接触　d）圆环与 V 形槽接触　e）透镜垫　f）金属环垫

表 5-133 垫片和连接的特性值

形式	材料		组合条件[③] σ_{VU} /(N/mm²)	组合条件[③] σ_{VO} /(N/mm²)	操作条件 m	操作条件 t/℃ 20	100	200	300	400	500	600	附注
						$\sigma_{BO}^{①}$/(N/mm²)							
平垫片	普通橡胶 丁腈橡胶 氯丁橡胶		2	10	1.3	10	6	—	—	—	—	—	—
	氟橡胶		2	10	1.3	10	7	—	—	—	—	—	—
	PTFE	h_D = 0.5	10	90	1.1	90	40	25	—	—	—	—	前提是不封闭垫片 b_D/h_D = 20
		h_D = 1		70		70							
		h_D = 2		50		50							
平垫片 b_D/h_D <5	其他		40	200	1.3	200	190	180	170	160	—	—	如果 b_D/h_D < 5 垫片必须封闭
b_D/h_D ≥5	其他	h_D = 0.5	30	200		200	190	180	170	160	—	—	
		h_D = 1		180		180	160	150	140	130	—	—	
		h_D = 1.5		175		175	120	110	100	90	—	—	
		h_D = 2		165		165	86	80	75	65	—	—	
		h_D = 3 up to 4		135		135	56	52	48	48	—	—	
	其他	h_D = 0.5		150		150	—	—	—	—	—	—	
		h_D = 1		135		135	50	50	—	—	—	—	
		h_D = 1.5		120		120	50	50	—	—	—	—	
		h_D = 2		105		105	43	40	—	—	—	—	
		h_D = 3 ~ 4		90		90	28	26	—	—	—	—	
b_D/h_D ≥20	不增强石墨[②]		15	150		150	150	150	130	120	120	—	—
b_D/h_D 15 ~ 20				120		120	120	120	105	95	95	—	
b_D/h_D 10 ~ 15				100		100	100	100	85	80	80	—	
b_D/h_D 5 ~ 10				80		80	80	80	70	65	65	—	

非金属垫片

（续）

形式		材料	组合条件③		操作条件								附注
			σ_{VU} /(N/mm²)	σ_{VO} /(N/mm²)	m	t/℃							
						20	100	200	300	400	500	600	
						σ_{BO}①/(N/mm²)							
非金属垫片													
b_D/h_D	≥15	增强石墨②	15	180	1.3	180	180	180	155	145	145	—	—
	10～15			150		150	150	150	130	120	120	—	
	7.5～10			120		120	120	120	105	95	95	—	
	5～7.5			100		100	100	100	85	80	80	—	
金属包覆垫片													
在垫片内边缘包覆 (b_D, h_D, b)		除全包覆垫片之外，用0.25mm，1.4541材料包覆垫片内边缘	50	135	1.3	135	66	62	58	55	—	—	h_D≥3mm
全包覆垫片或石棉垫片		包覆材料	—	—	—	—	—	—	—	—	—	—	—
a) (b_D, h_D)		Al	50	135	1.4	135	120	90	(60)	—	—	—	
b) (b_D, h_D)		CuZn合金(Ms)	60	150	1.6	150	140	130	120	(100)	—	—	
c) (b_D, h_D)		Fe/Ni	70	180	1.8	180	170	160	150	140	(130)	—	
		CrNi-钢	100	250	2.0	250	240	220	200	180	(160)	—	

	包覆 PTFE 垫片	10*	90**	1.1	90	55	45	—	—	—	—	作为一个功能波动或一个另外垫片的精选当使用衬玻璃法兰时、σ_{VU}值应提高 前提： 包覆≤0.5mm
	包覆 PTFE 垫片，用它覆盖在玻璃衬里的法兰上	10	90	1.0	90	55	45	—	—	—	—	
波纹垫片	Al/石棉	30	80	0.6	80	75	70	(60)	—	—	—	浸渍石棉绳
	CuZn 合金（Ms）/石棉	35	110	0.7	110	105	100	90	(80)	—	—	
	钢/石棉或 CrNi-钢/石棉	45	150	1.0	150	145	135	125	105	95	—	
	石棉包覆扁钢（或编织）	45	150	1.0	150	145	135	125	105	—	—	—
单环缠绕式垫片	PTFE	20	110	1.3	110	110	100	(90)	—	—	—	( ) t_{max} = 250℃ 如果可能可用双环缠绕式垫片
	石墨	20	110		110	110	100	90	80	—	—	
	其他，浸渍石棉	55	150		150	140	—	—	—	—	—	

（续）

形式	材料	组合条件③		操作条件								附注
		σ_{VU} /(N/mm²)	σ_{VO} /(N/mm²)	m	t/℃							
					20	100	200	300	400	500	600	
					σ_{BO}①/(N/mm²)							
金属包覆垫片												
双环缠绕式垫片	PTFE	20	300	1.3	300	170	160	(150)	—	—	—	—
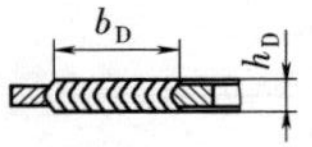	石墨	20	300		300	170	160	—	—	—	—	
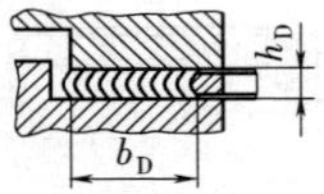 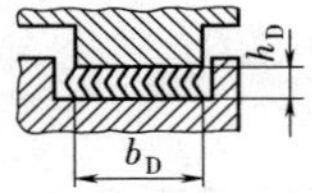	其他，浸渍石棉	55	300		300	170	130	—	—	—	—	
开槽垫片和夹层的垫片材料	开槽/夹层 1.0333/PTFE	10	350	1.1	350	320	290	(265)	—	—	—	( ) t_{max} = 250℃
	1.4541/PTFE		500		500	480	450	(420)	—	—	—	
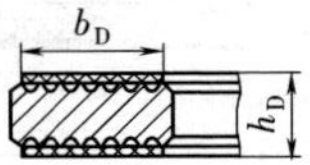	1.0333/石墨	15	350	1.1	350	320	290	265	—	—	—	—
	1.5415/石墨		450		450	400	360	330	270	220	—	
	1.4541/石墨		500		500	480	450	420	390	350	—	
	1.4828/石墨		600		600	570	540	500	460	400	240	
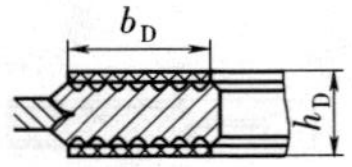	1.0333/其他	65	350	1.3	350	320	290	265	—	—	—	—
	1.5415/其他		450		450	400	360	330	270	220	—	
	1.4541/其他		500		500	480	450	420	390	350	—	
	1.4828/其他		600		600	570	540	500	460	400	240	
	1.5415/银	125	450	1.5	450	400	360	330	270	220	—	—
	1.4828/银		600		600	570	540	500	460	400	240	

平垫片 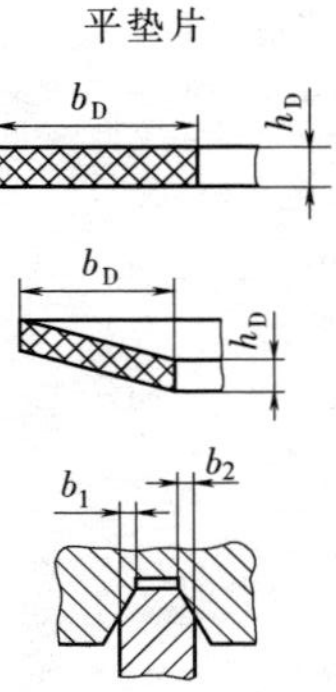	Al	70	140	1.3	140	120	93	—	—	—	—	每个表面有效密封宽度是密封面压力方向上的投影宽度 就固体金属垫片而论，特别考虑应给这个性能系数 K，如果没有凸起形就可应用 就双面接触垫片来说，距离必须精心计算
	Cu	135	300		300	270	195	150	—	—	—	
	Fe	235	525		525	465	390	315	260	—	—	
	St35	265	600		600	570	495	390	300	—	—	
	13 CrMo 44	300	675		675	675	630	585	495	420	—	
	1.4541	335	750		750	720	675	630	585	515	420	
	1.4828	400	900		900	855	810	750	690	600	480	

（续）

金属垫片												
形式	材料	组合条件[③]		m	操作条件							附注
		σ_{VU}/(N/mm²)	σ_{VO}/(N/mm²)		t/℃							
					20	100	200	300	400	500	600	
					σ_{BO}[①]/(N/mm²)							
透镜垫	Al	70	140	1.3	140	120	93	—	—	—	—	密封宽度的计算如下： 形式见图5-145a～c用 $b_D=c^2\frac{\sigma}{E_D}r$ 形式见图5-145d（透镜垫片，α=70°）用 $b_D=c^2\frac{\sigma}{E_D}r\sin\alpha$ 形式见图5-145e～f（双面接触）用 $b_D=2c^2\frac{\sigma}{E_D}r\sin\alpha$
	Cu	135	300		300	270	195	150	—	—	—	
	Fe	235	525		525	465	390	315	260	—	—	
	St35	265	600		600	570	495	390	300	—	—	
	13 CrMo 44	300	675		675	675	630	585	495	420	—	
	1.4541	335	750		750	720	675	630	585	515	420	
	1.4828	400	900		900	855	810	750	690	600	480	

只有在垫片的特有形状不发生改变的前提下，根据图5-145a～图5-145f注释中给出的金属垫片的宽度的等式才能使用，在密封宽度b_D相对于特有宽度b或垫片半径较小时，以上情况都适用，在这些情况下，只有接触面会产生可塑变形

垫片，如图5-145e对于软质的可塑材料，如铝、铜或银，也可能会产生全面可塑变形，在此种情况下，垫圈体积将超过凹槽体积约3%，以达到持久连接，如果F_{DVO}按$\pi d_D\sigma_{VU}b_D$或按F_{DBO}具有的特定垫片加力的值在b_Dr范围以内，就会出现以上情况

α—管子轴线和透镜垫圈弧面的交角

r/mm	c
5～20	10
>20～80	8
>80～120	6

α＝通道方向圆锥角环垫片

形式见图5-145f，α＝23°

作为操作条件σ_{VU}、σ_{VO}或σ_{BO}应使用σ

注：支撑圈的尺寸不必严格检验。

① 中向数值可用插值法确定。

② 超过垫片性能数值能引起垫片自然损坏。

③ 表示安装条件下的最低垫片压力；σ_{VO}表示安装条件下的最高垫片压力。

2. 非圆形平板阀盖

(1) 中国计算法

1) 椭圆形阀盖 厚度见表 5-134 及如图 5-146 所示。

2) 长方形阀盖的最小厚度计算式见表 5-135 及如图 5-146 所示。

表 5-134 椭圆形阀盖厚度 (I_5)

序号	名称	公式或索引
1	厚度 t_B/mm	$0.67b\sqrt{\left(\frac{20-a}{10}\right)\frac{p}{[\sigma_W]}}+c$
2	螺栓孔中心椭圆长径 a/mm	设计给定
3	螺栓孔中心椭圆短径 b/mm	设计给定
4	设计压力 p/MPa	取公称压力 PN 数值的 1/10
5	材料许用弯曲应力$[\sigma_W]$/MPa	查《实用阀门设计手册》(第 3 版) 中表 3-3
6	附加裕量 c/mm	见表 5-83

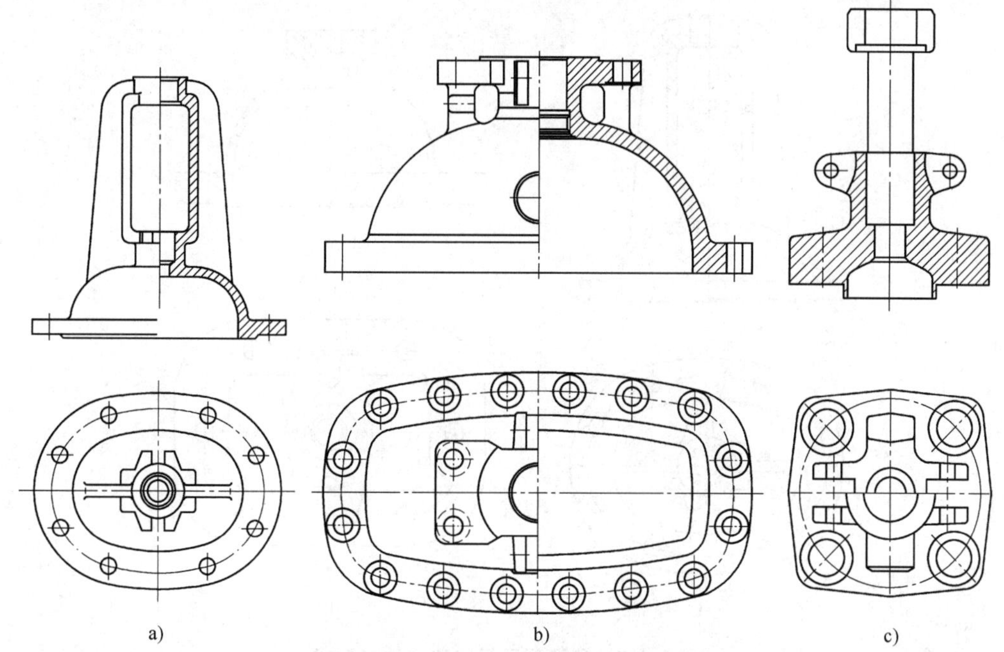

图 5-146 非圆形平板阀盖

a) 椭圆形阀盖 b) 长方形阀盖 c) 正方形阀盖

表 5-135 长方形阀盖的最小厚度 (I_6)

序号	名 称	公 式 或 索 引
1	长方形阀盖最小厚度 t_B/mm	$0.87b\sqrt{\frac{p}{(1+1.61\alpha^3)\cdot[\sigma_W]}}+c$
2	螺栓孔中心的长边 a/mm	设计给定
3	螺栓孔中心的短边 b/mm	设计给定
4	系数 α	$\frac{b}{a}\leqslant1$
5	设计压力 p/MPa	取公称压力 PN 数值的 1/10
6	材料许用弯曲应力$[\sigma_W]$/MPa	查《实用阀门设计手册》(第 3 版) 中表 3-3
7	附加裕量 c/mm	见表 5-83

3）正方形阀盖的最小厚度计算式见表5-136及如图5-146所示。

（2）欧洲计算法　如图5-147所示，按阀盖的结构型式不同可分为两种。

1）椭圆形阀盖。

① 全平面垫片平板阀盖，如图5-147及表5-137所示。

表5-136　正方形阀盖的最小厚度（I_7）

序号	名　称	公 式 或 索 引
1	正方形阀盖最小厚度 t_B/mm	$0.53a\sqrt{\dfrac{p}{[\sigma_W]}}+c$
2	螺栓孔中心的边长 a/mm	设计给定
3	设计压力 p/MPa	取公称压力PN数值的1/10
4	材料许用弯曲应力$[\sigma_W]$/MPa	查《实用阀门设计手册》（第3版）中表3-3
5	附加裕量 c/mm	见表5-83

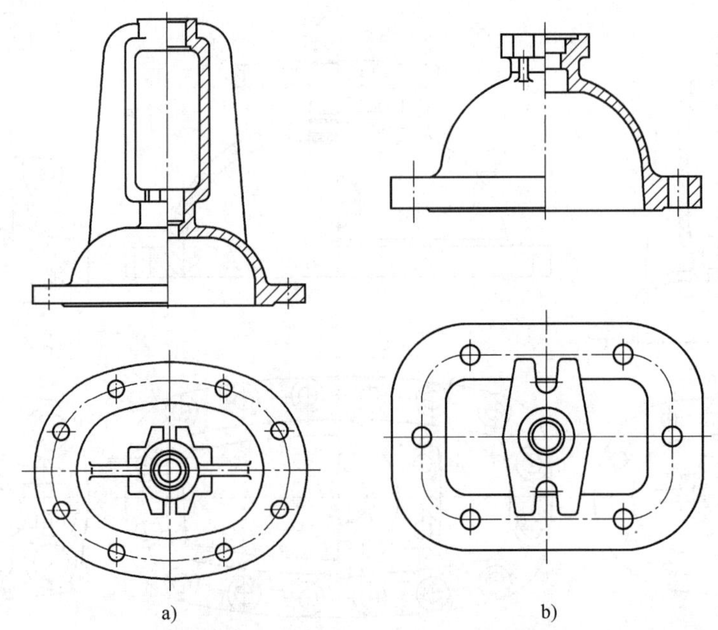

图5-147　非圆形平板阀盖的结构型式

a）椭圆形阀盖　b）长方形阀盖

表5-137　全平面垫片平板阀盖厚度（I_8）

序号	名　称	公 式 或 索 引
1	椭圆平板阀盖厚度 h_c/mm	$C_xC_yC_zd_D\sqrt{\dfrac{p}{f}}+C_1+C_2$
2	取决于直径不同比率的计算系数 C_x	见图5-148，按 e_1/e_2 查曲线2
3	椭圆阀盖螺栓孔中心线短轴长 e_1/mm	设计给定
4	椭圆阀盖螺栓孔中心线长轴长 e_2/mm	设计给定
5	取决于直径不同比率的计算系数 C_y	取1.0
6	取决于直径不同比率的计算系数 C_z	取0.35
7	螺栓孔中心圆直径 d_D/mm	设计给定，取长轴
8	设计压力 p/MPa	取公称压力PN数值的1/10

（续）

序号	名　称	公 式 或 索 引
9	公称设计应力 f/MPa	见表3-23～表3-25
10	允许的制造偏差 C_1/mm	设计给定
11	腐蚀裕量 C_2/mm	对于铁素体，铁素体-马氏体钢取1mm 对于其他全部钢取0mm

② 凸面法兰垫片椭圆平板阀盖，其厚度见表5-138及如图5-147所示。

2）矩形阀盖。

① 全平面垫片平板阀盖，其阀盖厚度如图5-146及表5-139所示。

表5-138　凸面法兰垫片椭圆平板阀盖厚度（I_9）

序号	名　称	公 式 或 索 引
1	椭圆平板阀盖厚度 h_c/mm	$C_xC_yC_zd_D\sqrt{\dfrac{p}{f}}+C_1+C_2$
2	取决于直径不同比率的计算系数 C_x	见图5-148，按 e_1/e_2 查曲线2
3	椭圆法兰短轴长 e_1/mm	设计给定
4	椭圆法兰长轴长 e_2/mm	设计给定
5	计算系数 C_y	见图5-144，根据 δ 和 d_t/d_D 比值选取
6	螺栓力对压力的比值 δ	$1+4\dfrac{mb_DS_D}{d_D}$
7	垫片系数 m	见表5-133
8	垫片宽度 b_D/mm	设计给定
9	操作条件系数 S_D	取1.2
10	垫片平均直径 d_D/mm	见图5-146，设计给定
11	计算系数 C_z	取1.0
12	螺栓孔中心圆直径 d_t/mm	设计给定
13	设计压力 p/MPa	取公称压力数值的1/10
14	公称设计应力 f/MPa	按表3-23～表3-25选取
15	允许制造偏差 C_1/mm	设计给定
16	腐蚀裕量 C_2/mm	对于铁素体，铁素体-马氏体钢取1 对于其他钢取0

表5-139　矩形全平面垫片平板阀盖厚度（I_{10}）

序号	名　称	公 式 或 索 引
1	矩形平板阀盖厚度 h_c/mm	$C_xC_yC_zd_D\sqrt{\dfrac{p}{f}}+C_1+C_2$
2	取决于直径不同比率的计算系数 C_x	如图5-148所示，按 e_1/e_2 查曲线1
3	矩形阀盖短边螺栓孔中心线长 e_1/mm	设计给定
4	矩形阀盖长边螺栓孔中心线长 e_2/mm	设计给定
5	计算系数 C_y	取1.0
6	计算系数 C_z	取0.35
7	螺栓孔中心圆直径 d_D/mm	设计给定取长边

（续）

序号	名　　称	公 式 或 索 引
8	设计压力 p/MPa	取公称压力 PN 数值的 1/10
9	公称设计应力 f/MPa	见表 3-23 ~ 表 3-25
10	允许制造偏差 C_1/mm	设计给定
11	腐蚀裕量 C_2/mm	对于铁素体，铁素体-马氏体钢取 1 对于全部其他钢取 0

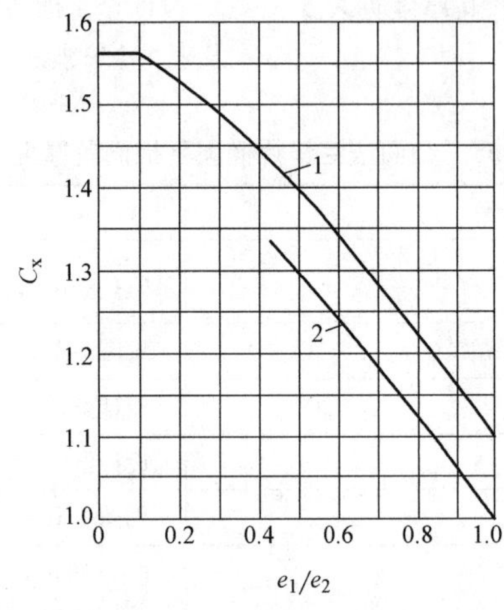

图 5-148　阀盖计算系数 C_x

曲线 1—矩形阀盖计算系数 C_x　曲线 2—椭圆形阀盖计算系数 C_x

② 凸面法兰垫片矩形平板阀盖，其阀盖厚度如图 5-146 及表 5-140 所示。

表 5-140　凸面法兰垫片矩形平板阀盖厚度（I_{11}）

序号	名　　称	公 式 或 索 引
1	矩形平板阀盖厚度 h_c/mm	$C_x C_y C_z d_D \sqrt{\dfrac{p}{f}} + C_1 + C_2$
2	计算系数 C_x	查图 5-148，按 e_1/e_2 查曲线 1
3	矩形法兰螺栓孔中心短边长 e_1/mm	设计给定
4	矩形法兰螺栓孔中心长边长 e_2/mm	设计给定
5	计算系数 C_y	见图 5-144，根据 δ 和 $\dfrac{d_t}{d_D}$ 比值选取
6	螺栓力对压力的比值 δ	$1+4\times\dfrac{mb_D S_D}{d_D}$
7	垫片系数 m	见表 5-133
8	垫片宽度 b_D/mm	设计给定
9	操作条件系数 S_D	取 1.2
10	垫片长边平均直径 d_D	见图 5-146，设计给定
11	计算系数 C_z	取 1.0
12	螺栓孔中心长边长 d_t/mm	设计给定
13	设计压力 p/MPa	取公称压力 PN 的 1/10
14	公称设计应力 f/MPa	按表 3-23 ~ 表 3-25 选取
15	允许制造偏差 C_1/mm	设计给定
16	腐蚀裕量 C_2/mm	对于铁素体，铁素体-马氏体钢取 1 对于全部其他钢取 0

5.3.4.2 碟形阀盖

碟形阀盖的受力情况比平板形阀盖要好，一般用于公称尺寸较大和公称压力较高的止回阀上，可分为有折边阀盖和无折边阀盖两类，如图 5-149 所示。

1. 碟形阀盖厚度的计算

阀盖的最小壁厚一般按阀体颈部的壁厚，这个厚度是标准要求的厚度，然后再按图 5-149、表 5-141 的计算厚度来验证。

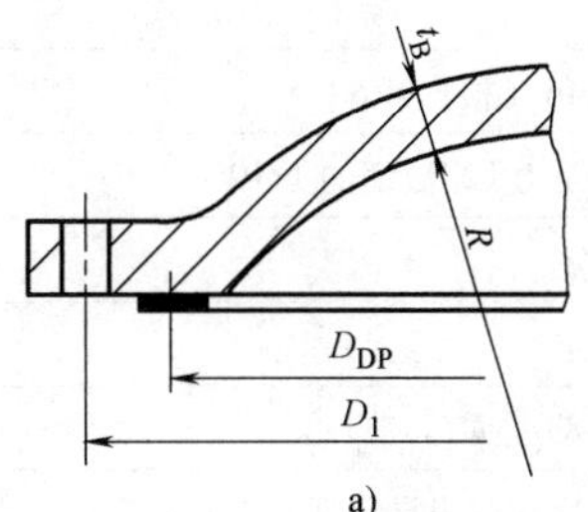

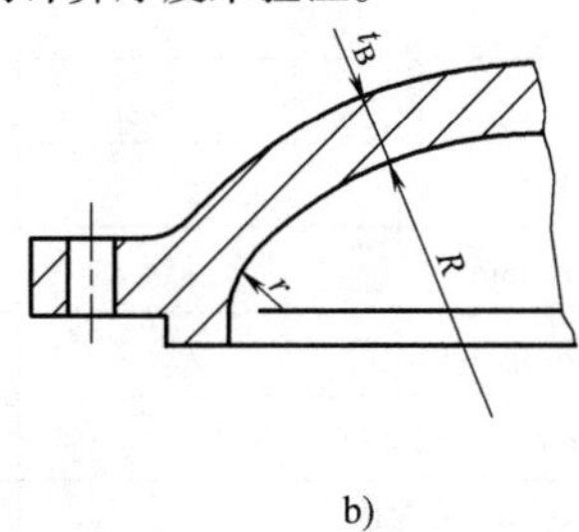

图 5-149 碟形阀盖的结构

a）无折边阀盖 b）有折边阀盖

表 5-141 碟形阀盖的计算厚度（I_{12}）

序号	名称	公式或索引
1	计算厚度 t_B/mm	$\dfrac{pR}{2[\sigma_W]}K+c$
2	设计压力 p/MPa	取公称压力 PN 数值的 1/10
3	内球面半径 R/mm	设计给定
4	许用弯曲应力$[\sigma_W]$/MPa	查《实用阀门设计手册》（第 3 版）中表 3-3
5	形状系数 K	查表 3-46（根据 r/R）
6	过渡半径 r/mm	设计给定
7	附加裕量 c/mm	见表 5-83

注：1. 实际厚度 $t'_B \geqslant t_B$，为合格。

2. GB/T 12224—2015《钢制阀门 一般要求》中的压力-温度额定值是根据材料相应温度下的许用应力而制定的，故不进行高温核算。

2. 无折边阀盖强度验算

无折边阀盖强度验算如图 5-149a 及表 5-142 所示。

3. 有折边阀盖强度验算

有折边阀盖连接圆弧 r 处的合成应力见表 5-143 及如图 5-149b 所示。

表 5-142 无折边阀盖强度验算（I_{13}）

序号	名称	公式或索引
1	合成应力 σ_Σ/MPa	$\dfrac{3F_{LZ}}{\pi(t'_B-c)^2}\left[\dfrac{0.18(D_1^2-D_{DP}^2)}{D_3^2}+1.48l_g\dfrac{D_1}{D_{DP}}\right]+\dfrac{pR}{2(t'_B-c)}$
2	螺栓的总作用力 F_{LZ}/N	见表 5-119
3	阀盖实际壁厚 t'_B/mm	设计给定
4	附加裕量 c/mm	见表 5-83
5	螺栓孔中心圆直径 D_1/mm	设计给定
6	垫片平均直径 D_{DP}/mm	设计给定
7	中法兰外径 D_3/mm	设计给定
8	设计压力 p/MPa	取公称压力 PN 数值的 1/10
9	内球体半径 R/mm	设计给定
10	许用合成应力$[\sigma_\Sigma]$/MPa	查《实用阀门设计手册》（第 3 版）中表 3-3（或表 3-5）

注：1. $\sigma_\Sigma \leqslant [\sigma_\Sigma]$，为合格。

2. GB/T 12224—2015《钢制阀门 一般要求》中的压力-温度额定值是根据材料相应温度下的许用应力而制定的，故不进行高温核算。

表 5-143　有折边阀盖强度验算（I_{14}）

序号	名　称	公 式 或 索 引
1	合成应力 σ_{Σ}/MPa	$\dfrac{KpR}{2(t'_B-c)}$
2	形状系数 K	查表 3-46（根据 r/R）
3	设计压力 p/MPa	取公称压力 PN 数值的 1/10
4	内球体半径 R/mm	设计给定
5	阀盖实际壁厚 t'_B/mm	设计给定
6	附加裕量 c/mm	按表 5-83 选取
7	许用合成应力[σ_{Σ}]/MPa	查《实用阀门设计手册》（第 3 版）中表 3-3 或表 3-5

注：$\sigma_{\Sigma}\leqslant[\sigma_{\Sigma}]$为合格。

5.3.4.3　碟形开孔阀盖

碟形开孔阀盖一般应用于闸阀和截止阀上，根据不同要求可进行强度校验，也可计算最小壁厚。

1. 中国碟形开口阀盖

如图 5-150 所示，在进行强度计算时，通常应校验Ⅰ-Ⅰ断面的拉应力和Ⅱ-Ⅱ断面的切应力，见表 5-144。

2. 欧洲标准 EN 12516-2:2014 碟形开口阀盖

欧洲标准中的碟形阀盖有两种类型，即Ⅰ型和Ⅱ型，Ⅰ型为半球面端阀盖，如图 5-151 所示；Ⅱ型为深凹碟形半球面端阀盖，如图 5-152 所示。计算时可进行壁厚和球面部分的强度计算、法兰环的计算、填料箱面积的加固计算等；在法兰环的计算中，包括强度条件、强度条件方程力矩和力的计算、强度条件方程力矩力的计算、强度条件方程中其他几何尺寸的计算。总之，要进行比较全面的计算。

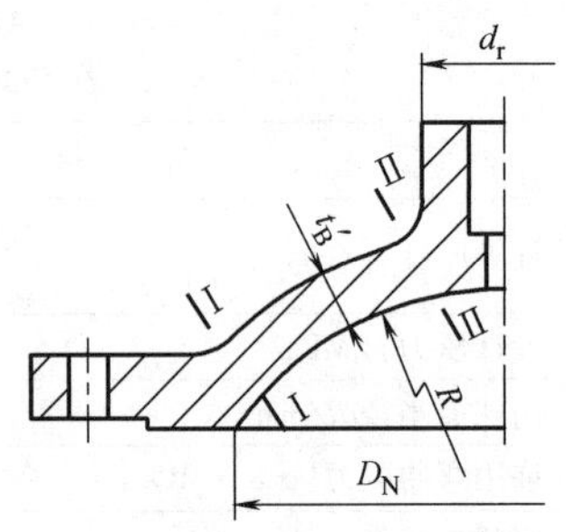

图 5-150　碟形开口阀盖

表 5-144　碟形开孔阀盖强度验算（I_{15}）

序号	名　称	公 式 或 索 引
1	Ⅰ-Ⅰ断面的拉应力 σ_L/MPa	$\dfrac{pD_N}{4(t'_B-c)}+\dfrac{F'_{FZ}}{\pi D_N(t'_B-c)}\leqslant[\sigma_L]$
2	设计压力 p/MPa	取公称压力 PN 数值的 1/10
3	压紧面的内径 D_N/mm	设计给定
4	阀盖实际壁厚 t'_B/mm	设计给定
5	附加裕量 c/mm	按表 5-83 选取
6	关闭时，阀杆总轴向力 F'_{FZ}/N	见表 5-118
7	材料许用拉应力[σ_L]/MPa	查表 3-13、表 3-21、表 3-23、表 3-25、表 3-26、表 3-27
8	Ⅱ-Ⅱ断面切应力 τ/MPa	$\dfrac{pd_r}{4(t'_B-C)}+\dfrac{F_{LZ}}{\pi d_r(t'_B-C)}\leqslant[\tau]$
9	填料函外径 d_r/mm	设计给定
10	螺栓的总作用力 F_{LZ}/N	见表 5-119
11	材料许用切应力[τ]/MPa	查《实用阀门设计手册》（第 3 版）中表 3-3 或表 3-5

注：$\tau<[\tau]$为合格。

（1）壁厚的计算

1）当$(r_i+e_o)/r_i\leqslant1.2$时，按表 5-145 计算。

2）当$1.2<(r_i+e_o)/r_i\leqslant1.5$按表 5-146 计算。

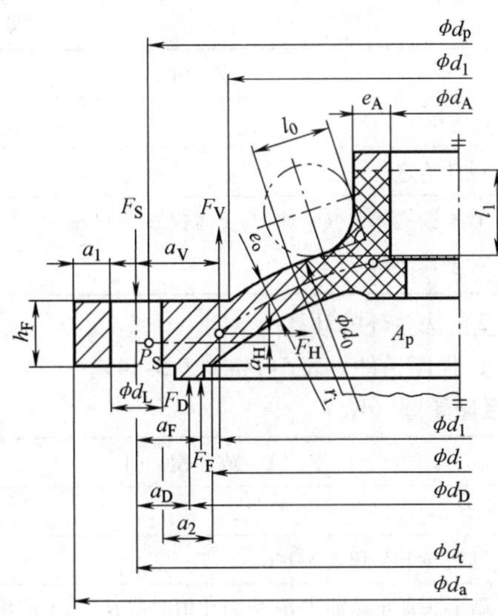

图 5-151 Ⅰ型半球面端阀盖

($r_i > d_i$)

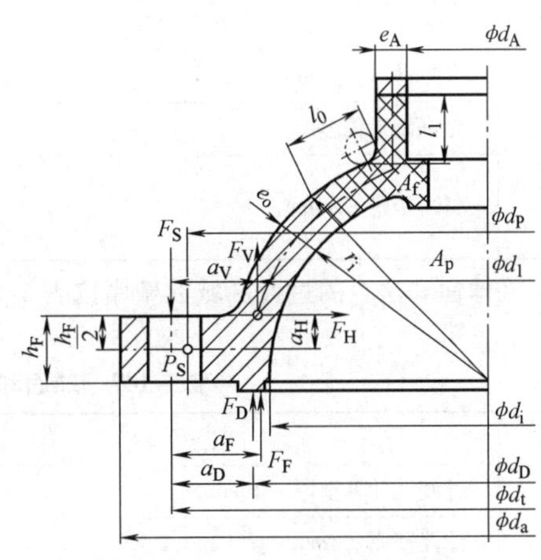

图 5-152 Ⅱ型深凹碟形半球面端阀盖

($r_i \leqslant d_i$)

表 5-145 阀盖计算壁厚(I_{16})

序号	名称	公式或索引
1	计算壁厚 e_c/mm	$\dfrac{r_i p}{(2f-p)\ k_c}$
2	球面半径(图示)r_i/mm	设计给定
3	设计压力 p/MPa	取公称压力 PN 的 1/10
4	许用应力 f/MPa	见表 3-23 ~ 表 3-25
5	焊接系数 k_c	如果焊缝横贯顶点地区在 $0.6d_0$,封头焊 $k_c=1.0$;其他情况 $k_c=0.85$
6	实际壁厚 e_o/mm	$e_c+C_1+C_2$
7	允许制造偏差 C_1/mm	设计给定
8	腐蚀裕量 C_2/mm	对于铁素体,铁素体-马氏体钢 $C_2=1$mm 对于其他钢 $C_2=0$

表 5-146 阀盖计算壁厚(I_{17})

序号	名称	公式或索引
1	计算壁厚 e_c/mm	$r_i\left[\sqrt{1+\dfrac{2p}{(2f-p)\ k_c}}-1\right]$
2	球面半径(图示)r_i/mm	设计给定
3	设计压力 p/MPa	取公称压力 PN 数值的 1/10
4	许用应力 f/MPa	见表 3-23 ~ 表 3-25
5	焊接系数 k_c	如果焊缝横贯顶点地区在 $0.6d_0$,封头焊 $k_c=1.0$;其他情况 $k_c=0.85$

（续）

序号	名　称	公式或索引
6	实际壁厚 e_o/mm	$e_c + C_1 + C_2$
7	允许制造偏差 C_1/mm	设计给定
8	腐蚀裕量 C_2/mm	对于铁素体，铁素体-马氏体钢 $C_2=1$mm 对于其他钢 $C_2=0$

3）在球面和法兰的过渡区域的壁厚按表5-147计算。

（2）法兰环的计算

1）强度条件见表5-148、表5-149。

表5-147　球面和法兰的过渡区域壁厚（I_{18}）

序号	名　称	公式或索引
1	过渡区计算壁厚 e_c'/mm	$e_c\beta$
2	计算壁厚 e_c/mm	见表5-145和表5-146
3	壁厚增加系数 β	碟形头部承载能力 δ_1 应力比值时取 $\beta=3.5$ 用法兰垫片内径，见图5-151、图5-152，取 $\beta=\dfrac{\alpha}{\delta_1}$
4	系数 α	见图5-153
5	系数 δ_1	见图5-153
6	法兰承载宽度 b/mm	设计给定
7	法兰厚度 h_F/mm	设计给定
8	碟形球头内径 d_i/mm	设计给定

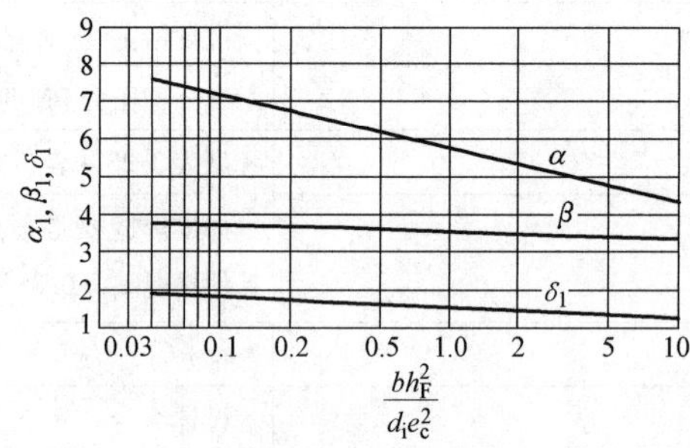

图5-153　计算系数

表5-148　强度条件（I_{19}）

序号	名　称	公式或索引
1	应力 σ_L/MPa	$\dfrac{F_H}{2\pi b h_F} \leqslant f$
2	末端压力水平分力 F_H/N	$p\dfrac{\pi}{2}d_i\sqrt{r_i^2-\dfrac{d_i^2}{4}}$
3	设计压力 p/MPa	取公称压力PN数值的1/10
4	碟形球头内径 d_i/mm	设计给定
5	碟形球头半径 r_i/mm	设计给定
6	法兰承载宽度 b_i/mm	设计给定
7	法兰厚度 h_F/mm	设计给定
8	许用应力 f/MPa	见表3-23～表3-25

表 5-149 强度条件（I_{20}）

序号	名称	公式或索引
1	应力 σ_L/MPa	$\dfrac{M_a}{2\pi\left[\dfrac{b}{6}h_F^2+\dfrac{d_1}{12}\left(e_c'^2-e_o^2\right)\right]}+\dfrac{F_H}{2\pi bh_F}\leqslant 1.5f$
2	操作转矩 M_a/N·mm	$F_Va_V+F_Fa_F+F_{DB}a_D+F_Ha_H$
3	碟形球头介质作用力 F_V/N	$p\dfrac{\pi}{4}d_i^2$
4	设计压力 p/MPa	取公称压力 PN 数值的 1/10
5	碟形球头内径 d_i/mm	设计给定
6	力臂 a_V/mm	$0.5(d_t-d_1)$
7	螺栓孔中心圆直径 d_t/mm	设计给定
8	F_V 作用力直径 d_1/mm	设计给定
9	垫片压紧力 F_F/N	$p\dfrac{\pi}{4}(d_D^2-d_i^2)$
10	垫片中径 d_D/mm	设计给定
11	力臂 a_F/mm	$a_D+0.25(d_D-d_i)$
12	力臂 a_D/mm	$0.5(d_1-d_D)$
13	作用力 F_{DB}/N	$p\pi d_Dmb_DS_D$
14	垫片系数 m	见表 5-133
15	垫片宽度 b_D/mm	设计给定
16	系数 S_D	$S_D=1.2$
17	末端压力水平分力 F_H/N	见表 5-148
18	力臂 a_H/mm	Ⅰ型：用图解法确定；Ⅱ型：$0.5h_F$
19	法兰厚度 h_F/mm	设计给定
20	法兰承载宽度 b/mm	$0.5(d_a-d_i-2d_L')$
21	法兰外径 d_a/mm	设计给定
22	碟形球头内径 d_i/mm	当 $d_i<500$mm 时用 $V=1-0.001d_i$
23	尺寸 d_L'/mm	$Vd_L\to d_i\geqslant 500\text{mm}\to V=0.5$
24	过渡区计算壁厚 e_c'/mm	见表 5-147
25	实际壁厚 e_o/mm	见表 5-146
26	末端压力水平分力 F_H/N	见表 5-148
27	许用应力 f/MPa	见表 3-23 ~ 表 3-25

2）操作条件下的螺栓力如图 5-151、图 5-152 及表 5-150 所示。

3）大尺寸的螺栓装配条件下的力，如图 5-151 和图 5-152 及表 5-151、表 5-152 所示。

表 5-150 操作条件下的螺栓力（I_{21}）

序号	名称	公式或索引
1	操作条件下的螺栓力 F_S/N	$F_V+F_F+F_{DB}$
2	碟形球头介质作用力 F_V/N	见表 5-149
3	垫片压紧力 F_F/N	见表 5-149
4	作用力 F_{DB}/N	见表 5-149

表 5-151 大尺寸螺栓装配条件下的力（I_{22}）

序号	名称	公式或索引
1	大尺寸螺栓装配条件下的力 F_{SO}/N	F_SK
2	操作条件下的螺栓力 F_S/N	见表 5-150
3	系数 K	通常 $K=1.1$，软垫片 $K=1.2$

表5-152　大尺寸螺栓装配条件下的力（I_{23}）

序号	名　　称	公式或索引
1	大尺寸螺栓装配条件下的力 F_{SV}/N	$\pi d_D \sigma_{VU} b_D$
2	垫片中径或受力点 d_D/mm	设计给定
3	垫片应力 σ_{VU}/MPa	见表5-133
4	垫片宽度 b_D/mm	设计给定

4）填料箱面积的加强，如图5-151、图5-152及表5-153所示。

5）限定填料箱面积的有效长度，如图5-151、图5-152及表5-154、表5-155所示。

表5-153　填料箱面积的加强（I_{24}）

序号	名　　称	公式或索引
1	应力 σ_L/MPa	$p\left[\frac{A_p}{A_f}+\frac{1}{2}\right]\leqslant f$
2	设计压力 p/MPa	取公称压力PN数值的1/10
3	压力负载作用面积 A_p/mm^2	见图5-151、图5-152
4	填料箱和球头相交部分截面积 A_f/mm^2	见图5-151、图5-152
5	许用应力 f/MPa	见表3-23～表3-25

表5-154　限定填料箱面积的有效长度 L_0（I_{25}）

序号	名　　称	公式或索引
1	有效长度 L_0/mm	$\sqrt{(2r+e_0)\ e_0}$
2	填料箱外径和球头相交处半径 r/mm	设计给定
3	阀盖实际壁厚 e_o/mm	见表5-146

表5-155　限定填料箱面积的有效长度 L_1（I_{26}）

序号	名　　称	公式或索引
1	有效长度 L_1/mm	$\sqrt{(d_A+e_A)\ e_A}$
2	填料箱内径 d_A/mm	设计给定
3	填料箱壁厚 e_A/mm	设计给定

5.3.4.4　压力密封阀盖

1. 欧洲标准EN 12516-2：2014的计算方法

压力密封阀盖的强度计算是研究最薄弱的横截面Ⅰ-Ⅰ和Ⅱ-Ⅱ的计算，如图5-154所示。与此同时，计算关闭时最重要零件的主要尺寸和基本程序。

（1）通过圆周均匀分布的轴向力计算　如图5-154及表5-156所示。在密封面和在隔环承压的最小宽度按表5-157和表5-158进行计算，并对摩擦力和垫片需要进行计算。

表5-156　圆周均匀分布的轴向力（I_{27}）

序号	名　　称	公式或索引
1	轴向力 F_B/N	$p\times\frac{\pi}{4}d^2$
2	设计压力 p/MPa	取公称压力PN数值的1/10
3	密封圈外径 d/mm	设计给定

（2）如图5-154中的 F_1 和 F_2 轴向力　是发生在由于驱动过程或螺栓的预紧力。

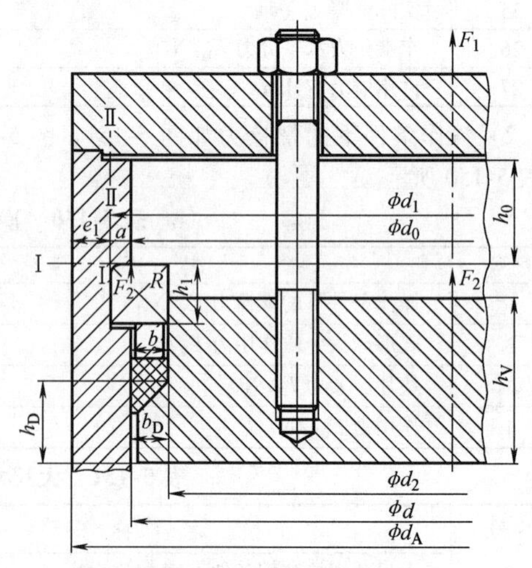

图5-154　软密封关闭时的内压自紧密封阀盖

表 5-157 四开环最小受力宽度的计算（I_{28}）

序号	名 称	公 式 或 索 引
1	四开环最小受力宽度 a/mm	$\dfrac{F_B+F_Z}{\pi d_a 1.5f}$
2	轴向力 F_B/N	见表 5-156
3	四开环最小受力面中径 d_a/mm	$(d_1+d_0)/2$
4	四开环槽外径 d_1/mm	设计给定
5	四开环受力面内径 d_0/mm	设计给定
6	螺栓预紧力 F_Z/N	$3.14d_c q_1 \dfrac{\sin(\alpha+\rho)}{\cos\rho}$
7	密封圈接触圆直径 d_c/mm	设计给定
8	线密封比压 q_1/(N/mm)	对于碳素钢、低合金钢取 200~300
9	密封环圆锥角 α	30°~35°
10	摩擦角 ρ	钢与钢为 8°30′；钢与铜为 10°31′；钢与铝为 15°；钢与柔性石墨加不锈钢丝为 15°
11	许用应力 f/MPa	见表 3-23~表 3-25

表 5-158 压环最小宽度 b（I_{29}）

序号	名 称	公 式 或 索 引
1	压环最小宽度 b/mm	$\dfrac{F_B+F_Z}{\pi d_b 1.5f}$
2	轴向力 F_B/N	见表 5-156
3	螺栓预紧力 F_Z/N	$3.14d_c q_1 \dfrac{\sin(\alpha+\rho)}{\cos\rho}$
4	密封接触圆直径 d_c/mm	设计给定
5	线密封比压 q_1/(N/mm)	对于碳素钢、低合金钢取 200~300
6	密封环圆锥角 α	30°~35°
7	摩擦角 ρ	钢与钢为 8°30′；钢与铜为 10°31′；钢与铝为 15°；钢与柔性石墨加不锈钢丝为 15°
8	压环中径 d_b/mm	$(d+d_2)/2$
9	密封环外径 d/mm	设计给定
10	密封环内径 d_2/mm	设计给定
11	许用应力 f/MPa	见表 3-23~表 3-25

（3）四开环最小高度 h_1 的计算：

1）从受切应力计算：四开环从受切应力计算的最小高度如图 5-154 及表 5-159 所示。

表 5-159 四开环的最小高度 h_1（I_{30}）

序号	名 称	公 式 或 索 引
1	四开环最小高度 h_1/mm	$\dfrac{2(F_B+F_Z)}{\pi df}$
2	轴向力 F_B/N	见表 5-156
3	螺栓预紧力 F_Z/N	$3.14d_c q_1 \dfrac{\sin(\alpha+\rho)}{\cos\rho}$
4	密封圈接触圆直径 d_c/mm	设计给定
5	线密封比压 q_1/(N/mm)	对于碳素钢、低合金钢取 200~300
6	密封环圆锥角 α	30°~35°
7	摩擦角 ρ	钢与钢为 8°30′；钢与铜为 10°31′；钢与铝为 15°；钢与柔性石墨加不锈钢丝为 15°
8	密封环外径 d/mm	设计给定
9	许用应力 f/MPa	见表 3-23~表 3-25

2）从受弯曲应力计算：四开环从受弯曲应力计算的最小高度 h_1 如图5-154所示和见表5-160。

（4）从四开环顶面到牵制环槽底面的距离 h_0 的计算

1）从受切应力角度去计算从四开环顶面到牵制环槽底面的距离 h_0，如图5-154及表5-161所示。

2）从受弯曲应力角度去计算从四开环顶面到牵制环槽底面的距离 h_0，如图5-154及表5-162所示。

表5-160　四开环的最小高度 h_1（I_{31}）

序号	名　称	公式或索引
1	四开环最小高度 h_1/mm	$1.38\sqrt{\dfrac{(F_B+F_Z)(d_1-d_2)}{4df}}$
2	轴向力 F_B/N	见表5-156
3	螺栓预紧力 F_Z/N	$3.14d_cq_1\dfrac{\sin(\alpha+\rho)}{\cos\rho}$
4	密封圈接触圆直径 d_c/mm	设计给定
5	线密封比压 q_1/(N/mm)	对于碳素钢、低合金钢取200~300
6	密封圈圆锥角 α	30°~35°
7	摩擦角 ρ	钢与钢取8°30′；钢与铜取10°31′；钢与铝取15°；钢与柔性石墨加不锈钢丝取15°
8	四开环外径 d_1/mm	设计给定
9	四开环内径 d_2/mm	设计给定
10	密封环外径 d/mm	设计给定
11	许用应力 f/MPa	见表3-23~表3-25

表5-161　从四开环顶面到牵制环槽底面的距离 h_0（I_{32}）

序号	名　称	公式或索引
1	从四开环顶面到牵制环槽底面的距离 h_0/mm	$\dfrac{2(F_B+F_Z)}{\pi d_1 f}$
2	轴向力 F_B/N	见表5-156
3	螺栓预紧力 F_Z/N	$3.14d_cq_1\dfrac{\sin(\alpha+\rho)}{\cos\rho}$
4	密封圈接触圆直径 d_c/mm	设计给定
5	线密封比压 q_1/(N/mm)	对碳素钢、低合金钢取200~300
6	密封圈圆锥角 α	30°~35°
7	摩擦角 ρ	钢与钢取8°30′；钢与铜取10°31′；钢与铝取15°；钢与柔性石墨加不锈钢丝取15°
8	四开环外径 d_1/mm	设计给定
9	许用应力 f/MPa	见表3-23~表3-25

表5-162　从四开环顶面到牵制环槽底面的距离 h_0（I_{33}）

序号	名　称	公式或索引
1	从四开环顶面到牵制环槽底面的距离 h_0/mm	$1.13\times\sqrt{\dfrac{(F_B+F_Z)a}{d_1f}}$
2	轴向力 F_B/N	见表5-156
3	螺栓预紧力 F_Z/N	$3.14d_cq_1\dfrac{\sin(\alpha+\rho)}{\cos\rho}$
4	密封圈接触圆直径 d_c/mm	设计给定
5	线密封比压 q_1/(N/mm)	对于碳素钢、低合金钢取200~300
6	密封圈圆锥角 α	30°~35°
7	摩擦角 ρ	钢与钢取8°30′；钢与铜取10°31′；钢与铝取15°；钢与柔性石墨加不锈钢丝取15°
8	四开环受压宽度 a/mm	$(d_1-d_0)/2$
9	四开环外径 d_1/mm	设计给定
10	阀体内径 d_0/mm	设计给定
11	许用应力 f/MPa	见表3-23~表3-25

(5) 从阀盖底面到与密封环配合锥面顶部的距离 h_D

1) 从受切应力角度去计算从阀盖底面到与密封环配合锥面顶部的距离 h_D，如图 5-154 及表 5-163 所示。

2) 从受弯曲应力角度去计算从阀盖底面到与密封环配合锥面顶部的距离 h_D，如图 5-154 及表 5-164 所示。

(6) 内压自密封阀盖Ⅰ-Ⅰ断面的强度条件 如图 5-154 所示和见表 5-165。

表 5-163 从阀盖底面到与密封环配合锥面顶部的距离 h_D (I_{34})

序号	名 称	公 式 或 索 引
1	从阀盖底面到与密封环配合锥面顶部的距离 h_D/mm	$\frac{2(F_B+F_Z)}{\pi d_2 f}$
2	轴向力 F_B/N	见表 5-156
3	螺栓预紧力 F_Z/N	$3.14 d_c q_1 \frac{\sin(\alpha+\rho)}{\cos\rho}$
4	密封圈接触圆直径 d_c/mm	设计给定
5	线密封比压 q_1/(N/mm)	对于碳素钢、低合金钢取 200～300
6	密封圈圆锥角 α	取 30°～35°
7	摩擦角 ρ	钢与钢取 8°30′；钢与铜取 10°31′；钢与铝取 15°；钢与柔性石墨加不锈钢丝取 15°
8	四开环内径 d_2/mm	设计给定
9	许用应力 f/MPa	见表 3-23～表 3-25

表 5-164 从阀盖底面到与密封环配合锥面顶部的距离 h_D (I_{35})

序号	名 称	公 式 或 索 引
1	从阀盖底面到与密封环配合锥面顶部的距离 h_D/mm	$1.13\times\sqrt{\frac{(F_B+F_Z)\,b_D}{2d_2 f}}$
2	轴向力 F_B/N	见表 5-156
3	螺栓预紧力 F_Z/N	$3.14 d_c q_1 \frac{\sin(\alpha+\rho)}{\cos\rho}$
4	密封圈接触圆直径 d_c/mm	设计给定
5	线密封比压 q_1/(N/mm)	对于碳素钢、低合金钢取 200～300
6	密封圈圆锥角 α	取 30°～35°
7	摩擦角 ρ	钢与钢取 8°30′；钢与铜取 10°31′；钢与铝取 15°；钢与柔性石墨加不锈钢丝取 15°
8	密封环宽度 b_D/mm	$(d-d_2)/2$
9	密封环外径 d/mm	设计给定
10	密封环内径 d_2/mm	设计给定
11	许用应力 f/MPa	见表 3-23～表 3-25

表 5-165 内压自密封阀盖Ⅰ-Ⅰ断面处的强度条件 (I_{36})

序号	名 称	公 式 或 索 引
1	轴向力＋预紧力 F_B+F_Z	$\geqslant\frac{\frac{\pi}{4}\left[h_0^2(d_A-d_1)+(d_A-e_1)(e_1^2-e_2^2)\right]f}{a+\frac{e_1}{2}}$
2	轴向力 F_B/N	见表 5-156
3	螺栓预紧力 F_Z/N	见表 5-164 序号 3
4	从四开环顶面到牵制环槽底面的距离 h_0	见表 5-161 或表 5-162
5	阀体中腔外径 d_A	设计给定
6	阀体中腔四开环槽直径 d_1	设计给定
7	见图 5-154 中 e_1	$(d_A-d_1)/2$
8	计算用尺寸 e_2	$(F_B+F_Z)/\pi(d_A-e_1)f$
9	许用应力 f	见表 3-23～表 3-25
10	见图 5-154a	$(d_A-d_0)/2-e_1$
11	阀体内径 d_0/mm	设计给定

2. GB/T 150《钢制压力容器》的计算方法

压力自密封阀盖的结构如图5-155a所示。图5-155b为压垫结构的受力分析图。顶盖和压垫之间按线接触密封设计。为防止密封力过大把密封面压溃，设计中应注意选配适当强度的材料。

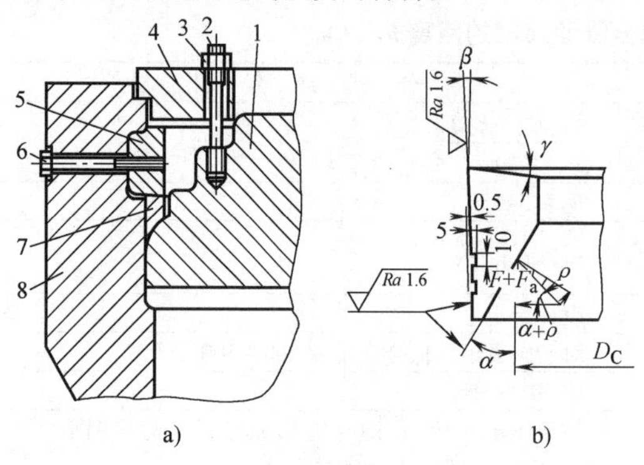

图5-155　压力自密封阀盖结构图

a）压力自密封阀盖结构图

b）压垫结构及受力分析图

1—顶盖　2—牵制螺栓　3—螺母

4—牵制环　5—四合环　6—拉紧螺栓

7—压垫　8—筒体端部

压垫的外锥面上开有1条或2条环形沟槽，如图5-155b所示，压垫的锥角分别为：$\alpha=30°\sim35°$；$\beta=5°$；$\gamma=5°\sim10°$

（1）载荷的计算

1）内压引起的总轴向力的计算，如图5-155及表5-166所示。

2）牵制螺栓的预紧载荷，如图5-155及表5-167所示。

（2）牵制环　牵制环的结构尺寸如图5-156所示，并对作用于纵向截面的弯曲应力和 *a-a* 环向截面的当量应力进行强度校核。

1）纵向截面的弯曲应力按图5-156和表5-168进行校核。

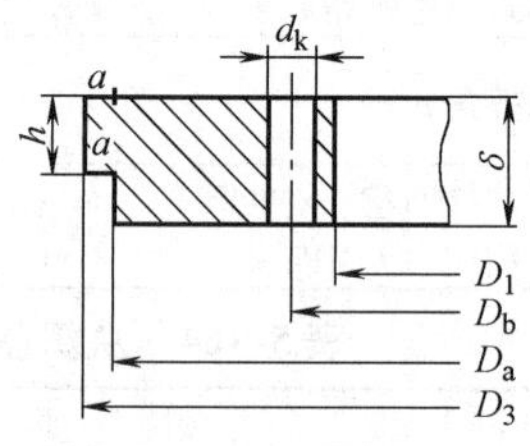

图5-156　牵制环

表5-166　内压引起的总轴向力（I_{37}）

序号	名　称	公式或索引
1	总轴向力 F/N	$\frac{\pi}{4}D_C^2p_C$
2	力作用点直径 D_C/mm	设计给定
3	设计压力 p_C/mm	取公称压力数值的1/10

表5-167　牵制螺栓的预紧载荷（I_{38}）

序号	名　称	公式或索引
1	牵制螺栓的预紧载荷 F_a/N	$3.14D_Cq_1\frac{\sin(\alpha+\rho)}{\cos\rho}$
2	力作用点直径 D_C/mm	设计给定
3	线密封比压 q_1/（N/mm）	对于碳素钢、低合金钢取200～300
4	圆锥角 α	取30°～35°
5	摩擦角 ρ	钢与钢取8°30′；钢与铜取10°31′； 钢与铝取15°；钢与柔性石墨取15°

表5-168　纵向截面的弯曲应力（I_{39}）

序号	名　称	公式或索引
1	纵向截面的弯曲应力 σ_m/MPa	$\frac{3F_a(D_a-D_b)}{3.14(D_3-D_1-2d_k)\delta^2}\leqslant0.9[\sigma]^t$
2	牵制螺栓的预紧载荷 F_a/N	见表5-167
3	*a-a* 截面的直径 D_a/mm	设计给定
4	螺栓孔中心圆直径 D_b/mm	设计给定
5	牵制环外径 D_3/mm	设计给定
6	牵制环内径 D_1/mm	设计给定
7	螺栓孔直径 d_k/mm	设计给定
8	牵制环厚度 δ/mm	设计给定
9	设计温度下元件材料的许用应力 $[\sigma]^t$/MPa	查表3-21

2）a-a 环向截面的当量应力如图 5-156 所示和见表 5-169。

（3）四合环　四合环系由四块元件组成，每块元件均有一个径向螺孔，如图 5-157 所示。计算

表 5-169　a-a 环向截面的当量应力（I_{40}）

序号	名　　称	公 式 或 索 引
1	a-a 环向截面的当量应力 σ_{oa}/MPa	$\sqrt{\sigma_{ma}^2+3\tau_a^2} \leqslant 0.9\ [\sigma]^t$
2	a-a 环向截面的弯曲应力 σ_{ma}/MPa	$\dfrac{3F_a\ (D_a-D_b)}{3.14D_a h^2}$
3	牵制螺栓的预紧载荷 F_a/N	见表 5-167
4	a-a 截面的直径 D_a/mm	设计给定
5	螺栓孔中心圆直径 D_b/mm	设计给定
6	厚度 h/mm	见图 5-156
7	a-a 环向截面的切应力 τ_a/MPa	$\dfrac{F_a}{3.14D_a h}$
8	设计温度下元件材料的许用应力 $[\sigma]^t$/MPa	查表 3-21

时视为一个圆环，对作用于 a-a 环向截面的切应力按表5-170校核。

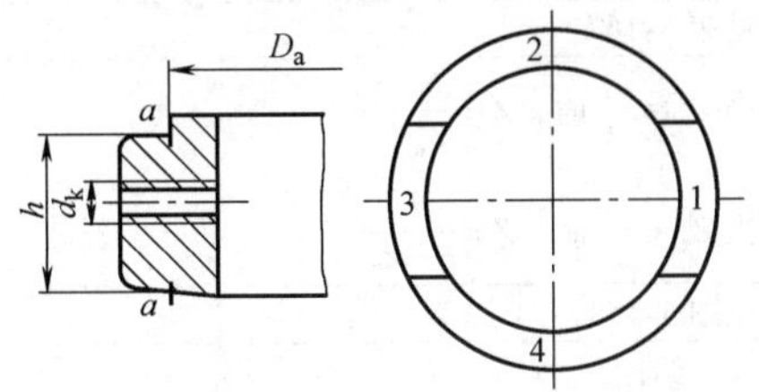

图 5-157　四合环

（4）牵制螺栓　牵制螺栓光杆部分直径按表 5-171确定

（5）顶盖　确定顶盖的结构尺寸，如图 5-158 所示，并对作用于纵向截面的弯曲应力和 a-a 环向截面的当量应力进行强度校核。

1）纵向截面弯曲应力如图 5-158 及表 5-172 所示。

2）a-a 环向截面的当量应力校核如图 5-158 及表 5-173 所示。

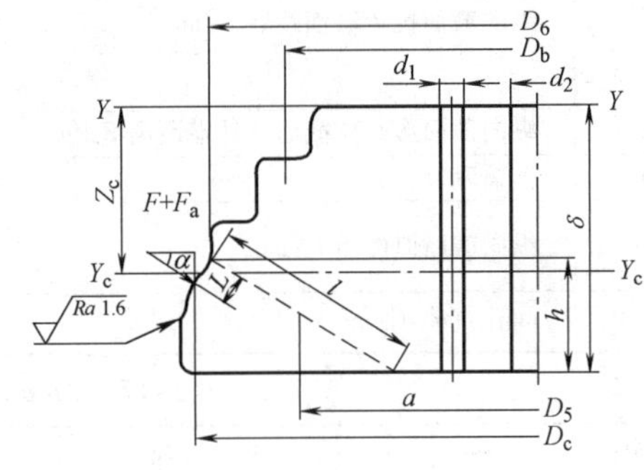

图 5-158　顶盖

表 5-170　a-a 环向截面的切应力（I_{41}）

序号	名　　称	公 式 或 索 引
1	a-a 环向截面的切应力 τ_a/MPa	$\dfrac{F+F_a}{3.14D_a h-0.785nd_k^2} \leqslant 0.9\ [\sigma]^t$
2	内压引起的总轴向力 F/N	见表 5-166
3	牵制螺栓的预紧载荷 F_a/N	见表 5-167
4	a-a 截面直径 D_a/mm	设计给定
5	厚度 h/mm	见图 5-157
6	拉紧螺栓数量 n/个	设计给定
7	拉紧螺栓孔直径 d_k/mm	设计给定
8	设计温度下元件材料的许用应力 $[\sigma]^t$/MPa	查表 3-21

表 5-171　牵制螺栓光杆部分的直径（I_{42}）

序号	名　　称	公 式 或 索 引
1	牵制螺栓光杆部分的直径 d_0/mm	$\sqrt{\frac{4A_a}{3.14n}}$
2	预紧状态下需要的最小螺栓面积 A_a/mm²	$\frac{F_a}{[\sigma]_b}$
3	牵制螺栓的预紧载荷 F_a/N	见表 5-167
4	常温下螺栓材料的许用应力 $[\sigma]_b$/MPa	查表 3-21
5	螺栓的数量 n/个	取偶数，设计给定

表 5-172　纵向截面的弯曲应力（I_{43}）

序号	名　　称	公 式 或 索 引
1	纵向截面的弯曲应力 σ_W/MPa	$\frac{M}{Z}\leqslant 0.7\ [\sigma]^t$
2	纵向截面的弯矩 M/N·mm	$\frac{1}{6.28}\left[\left(D_c-\frac{2}{3}D_c\right)F+\left(D_c-D_b\right)F_a\right]$
3	密封接触圆直径 D_c/mm	设计给定
4	内压引起的轴向力 F/N	见表 5-166
5	螺栓孔中心圆直径 D_b/mm	设计给定
6	牵制螺栓的预紧载荷 F_a/N	见表 5-167
7	纵向截面抗弯截面系数 Z/mm³	当 $Z_c\geqslant\frac{\delta}{2}$ 时，$Z=\frac{I_c}{Z_c}$ 当 $Z_c<\frac{\delta}{2}$ 时，$Z=\frac{I_c}{\delta-Z_c}$
8	纵向截面形心离截面最外端距离 Z_c/mm	见图 5-158
9	顶盖厚度 δ/mm	设计给定
10	纵向截面惯性矩 I_c/mm⁴	$\frac{(D_c-d_2)\ \delta^3}{12}$
11	内孔直径 d_2/mm	设计给定

表 5-173　*a-a* 环向截面的当量应力（I_{44}）

序号	名　　称	公 式 或 索 引
1	*a-a* 环向截面的当量应力 σ_{oa}/MPa	$\sqrt{\sigma_{ma}^2+3\tau_a^2}\leqslant 0.7\ [\sigma]^t$
2	弯曲应力 σ_{ma}/MPa	$\frac{6\ (F+F_a)\ L}{\pi D_5 l^2 \sin\alpha}$
3	内压引起的总轴向力 F/N	见表 5-166
4	牵制螺栓的预紧载荷 F_a/N	见表 5-167
5	力的作用点到 *a-a* 距离 L/mm	设计给定
6	*a-a* 环向截面的平均直径 D_5/mm	$D_6-\frac{h}{\tan\alpha}$
7	如图 5-156 所示 D_6/mm	设计给定
8	如图 5-156 所示 h/mm	设计给定
9	密封面圆锥角 α	30°～35°
10	*a-a* 截面的长度 l/mm	设计给定
11	切应力 τ_a/MPa	$\frac{F+F_a}{3.14D_5 l\sin\alpha}$
12	设计温度下元件材料的许用应力 $[\sigma]^t$/MPa	查表 3-21

（6）筒体端部 确定筒体端部的结构尺寸，如图5-159所示，并对作用于 a-a 和 b-b 环向截面的当量应力进行强度校核。

1）a-a 环向截面的当量应力校核如图5-159及表5-174所示。

2）b-b 环向截面的当量应力校核如图5-159及表5-175所示。

3）最大弯矩 M_{max}。

① $F+F_a$ 引起的弯矩如图5-159及表5-176所示。

② 中性面单位长度的弯矩如图5-159及表5-177所示。

③ 计算系数 β 如图5-159及表5-178所示。

④ 单位长度弯矩 M_3、M_4 如图5-159及表5-179所示。

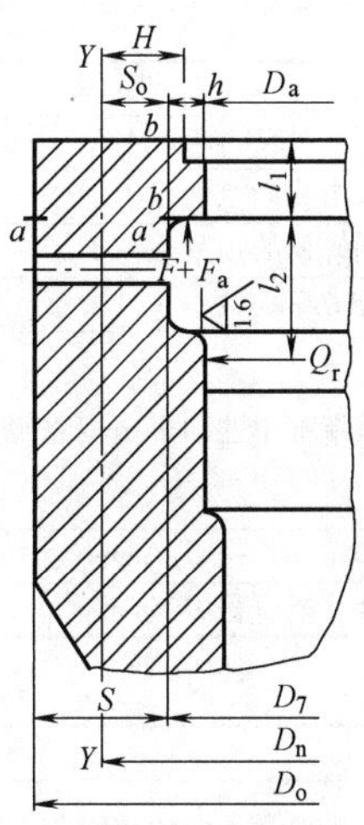

图5-159 筒体端部

表5-174 a-a 环向截面的当量应力（I_{45}）

序号	名 称	公 式 或 索 引
1	a-a 环向截面的当量应力 σ_{oa}/MPa	$\sigma_a+\sigma_{ma}\leqslant 0.9\ [\sigma]^t$
2	拉应力 σ_a/MPa	$\dfrac{4\ (F+F_a)}{3.14\ (D_o^2-D_7^2)}$
3	内压引起的总轴向力 F/N	见表5-166
4	牵制螺栓的预紧载荷 F_a/N	见表5-167
5	筒体的外径 D_o/mm	设计给定
6	四合环槽直径 D_7/mm	设计给定
7	弯曲应力 σ_{wa}/MPa	$\dfrac{6M_{max}}{S^2}$
8	最大弯矩 M_{max}/N·mm	见表5-176
9	a-a 环向截面处的厚度 s/mm	$\dfrac{D_o-D_7}{2}$
10	设计温度下元件材料的许用应力 $[\sigma]^t$/MPa	查表3-21

表5-175 b-b 环向截面的当量应力（I_{46}）

序号	名 称	公 式 或 索 引
1	b-b 环向截面的当量应力 σ_{ob}/MPa	$\sqrt{\sigma_{mb}^2+3\tau_b^2}\leqslant 0.9\ [\sigma]^t$
2	弯曲应力 σ_{mb}/MPa	$\dfrac{3\ (F+F_a)\ h}{3.14D_7l_1^2}$
3	内压引起的总轴向力 F/N	见表5-166
4	牵制螺栓的预紧载荷 F_a/N	见表5-167
5	四合环槽直径至筒体内径的距离 h/mm	$(D_7-D_a)\ /2$
6	四合环槽直径 D_7/mm	设计给定
7	筒体端部内径 D_a/mm	设计给定
8	如图5-159所示 l_1/mm	设计给定
9	切应力 τ_b/MPa	$\dfrac{F+F_a}{3.14D_7l_1}$

表5-176 $F+F_a$ 引起的弯矩（I_{47}）

序号	名称	公式或索引
1	$F+F_a$ 引起的弯矩 M/N·mm	$(F+F_a)H$
2	内压引起的总轴向力 F/N	见表5-166
3	牵制螺栓的预紧载荷 F_a/N	见表5-167
4	力臂 H/mm	$S_o+0.5h$
5	筒体端部中性面 Y-Y 离直径 D_7 的距离 S_o/mm	当$\frac{D_o}{D_7}\leqslant1.45$时，$S_o=\frac{D_o-D_7}{4}$ 当$\frac{D_o}{D_7}>1.45$时，$S_o=\frac{D_o-D_7}{6}\cdot\frac{2D_o+D_7}{D_o+D_7}$
6	筒体端部外径 D_o/mm	设计给定
7	四合环槽直径 D_7/mm	设计给定

表5-177 中性面单位长度的弯矩（I_{48}）

序号	名称	公式或索引
1	中性面单位长度的弯矩 M_1/[(N·mm)/mm]	$\frac{M}{3.14D_n}$
2	$F+F_a$ 引起的弯矩 M/N·mm	见表5-176
3	筒体端部中性面 Y-Y 的直径 D_n/mm	D_7+2S_o
4	四合环槽直径 D_7/mm	设计给定
5	筒体端部中性面 Y-Y 离直径 D_7 的距离 S_o/mm	当$\frac{D_o}{D_7}\leqslant1.45$时，$S_o=\frac{D_o-D_7}{4}$； 当$\frac{D_o}{D_7}>1.45$时，$S_o=\frac{D_o-D_7}{6}\cdot\frac{2D_o+D_7}{D_o+D_7}$
6	筒体端部外径 D_o/mm	设计给定
7	四合环槽直径 D_7/mm	设计给定

表5-178 计算系数 β（I_{49}）

序号	名称	公式或索引
1	计算系数 β	$\sqrt[4]{\frac{12(1-\mu^2)}{D_n^2S^2}}$
2	平均壁温下材料的泊松比 μ	取0.3
3	筒体端部中性面 Y-Y 的直径 D_n/mm	D_7+2S_o
4	四合环槽直径 D_7/mm	设计给定
5	筒体端部中性面 Y-Y 离直径 D_7 的距离 S_o/mm	当$\frac{D_o}{D_7}\leqslant1.45$时，$S_o=\frac{D_o-D_7}{4}$； 当$\frac{D_o}{D_7}>1.45$时，$S_o=\frac{D_o-D_7}{6}\cdot\frac{2D_o+D_7}{D_o+D_7}$
6	筒体端部外径 D_o/mm	设计给定
7	筒体端部外径至四合环槽距离 S/mm	$(D_o-D_7)/2$

表5-179 单位长度弯矩 M_3、M_4（I_{50}）

序号	名称	公式或索引
1	单位长度弯矩 M_3/[(N·mm)/mm]	$\left(\frac{M_3}{M_1}\right)M_1$
2	单位长度弯矩 M_4/[(N·mm)/mm]	$\left(\frac{M_4}{M_1}\right)M_1$
3	$\frac{M_3}{M_1}$值	根据 βl_1 查图5-160
4	$\frac{M_4}{M_1}$值	根据 βl_1 查图5-160
5	计算系数 β	见表5-178
6	见图5-159，l_1/mm	设计给定
7	中性面单位长度的弯矩 M_1/[(N·mm)/mm]	见表5-177

⑤ 计算系数 C，如图 5-159 所示和见表 5-180。

表 5-180 计算系数 C（I_{51}）

序号	名 称	公 式 或 索 引
1	计算系数 C	$\frac{l_2}{l_1}$
2	四合槽顶面至筒体顶面距离 l_1/mm	设计给定
3	宽度 l_2/mm	见图 5-159

⑥ 根据 βl_1 及 C 值查图 5-161 得 $\left(\frac{\beta M_r}{q_r}\times 10\right)$值

⑦ 计算弯矩 M_r，如图 5-159 及表 5-181 所示。

表 5-181 计算弯矩 M_r（I_{52}）

序号	名 称	公 式 或 索 引
1	单位长度弯矩 M_r/［（N·mm）/mm］	$\left(\frac{\beta M_r}{q_r}\times 10\right)\frac{q_r}{10\beta}$
2	沿中性面 Y-Y 单位长度上的径向载荷 q_r/（N/mm）	$\frac{Q_r}{3.14D_n}$
3	计算系数 β	见表 5-178
4	筒体端部中性面 Y-Y 的直径 D_n/mm	D_7+2S_o
5	筒体端部中性面 Y-Y 离直径 D_7 的距离 S_o/mm	当$\frac{D_o}{D_7}\leqslant 1.45$ 时，$S_o=\frac{D_o-D_7}{4}$； 当$\frac{D_o}{D_7}>1.45$ 时，$S_o=\frac{D_o-D_7}{6}\cdot\frac{2D_o+D_7}{D_o+D_7}$
6	四合环槽直径 D_7/mm	设计给定
7	筒体端部外径 D_o/mm	设计给定
8	密封反力引起的径向载荷 Q_r/N	$\frac{F+F_a}{\tan(\alpha+\rho)}$
9	内压引起的总轴向力 F/N	见表 5-166
10	牵制螺栓的预紧载荷 F_a/N	见表 5-167
11	密封面圆锥角 α	30°~35°
12	摩擦角 ρ	钢与钢接触取 8°30′；钢与铜取 10°31′； 钢与铝取 15°；钢与柔性石墨取 15°

⑧ 最大弯矩 M_{max} 取 M_r+M_3 和 M_r+M_4 中绝对值的较大者。

5.3.5 支架的计算

支架和阀盖在公称尺寸 DN 较小的阀门上往往是一体的，如截止阀、节流阀和公称尺寸≤DN125 的闸阀，公称尺寸 DN 较大闸阀的支架和阀盖就是分开的两个零件了。

支架的受力情况比较复杂，可以把它当做超稳定的固定桁架，在其中间部分受到阀杆轴向力 F'_{FZ} 的作用来进行计算。

5.3.5.1 闸阀支架

闸阀支架如图 5-162 及表 5-182～表 5-184 所示。

5.3.5.2 截止阀或节流阀的支架

截止阀或节流阀的支架的典型结构如图 5-163 所示，必须分别校验Ⅰ-Ⅰ、Ⅱ-Ⅱ、Ⅲ-Ⅲ、Ⅳ-Ⅳ断面处的力，见表 5-185～表 5-189。

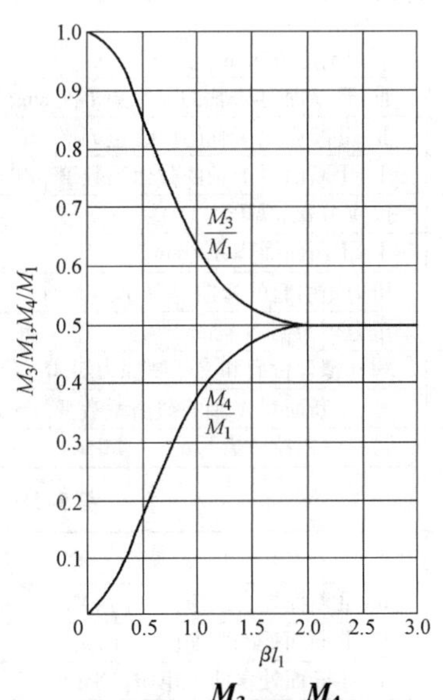

图 5-160 $\frac{M_3}{M_1}$值和$\frac{M_4}{M_1}$值

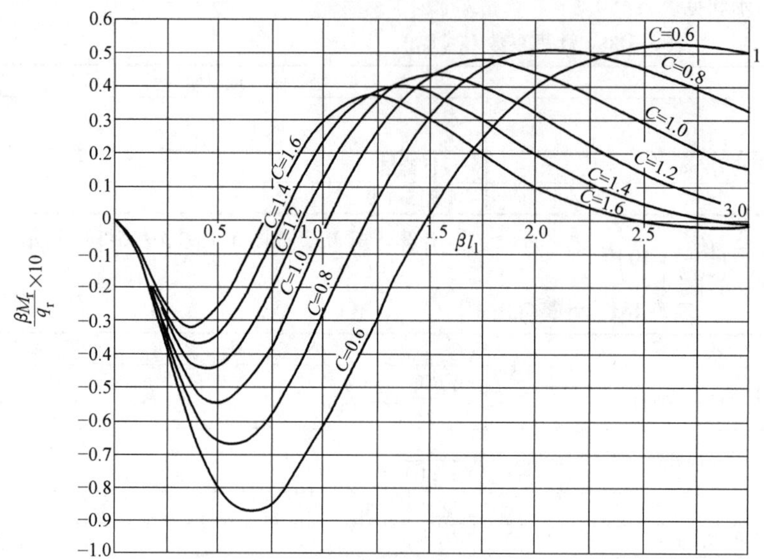

图 5-161　$\frac{\beta M_r}{q_r}\times 10$ 的值

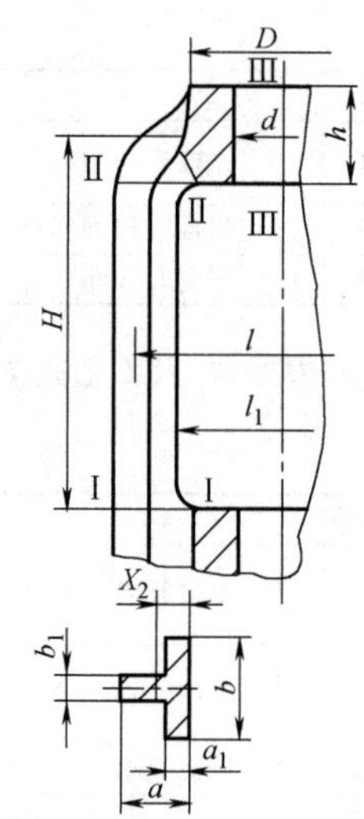

图 5-162　闸阀支架的结构

表 5-182　Ⅰ-Ⅰ断面处的合成应力（J_1）

序号	名　称	公式或索引
1	Ⅰ-Ⅰ断面处的合成应力 $\sigma_{\Sigma I}$/MPa	$\sigma_{WI}+\sigma_{LI}+\sigma_{WI}^{N}\leqslant[\sigma_L]$
2	Ⅰ-Ⅰ断面处弯曲应力 σ_{WI}/MPa	M_I/W_I^Y
3	Ⅰ-Ⅰ断面处弯曲力矩 M_I/N·mm	$\frac{F'_{FZ}\times l}{8}\times\frac{1}{1+\frac{1}{2}\times\frac{H}{l}\times\frac{I_{III}^{X}}{I_{II}^{Y}}}$
4	关闭时阀杆总轴向力 F'_{FZ}/N	见表 5-194
5	框架两重心之间距离 l/mm	l_1+2X_2
6	支架两支撑筋之间距离 l_1/mm	设计给定：见图 5-162
7	框架形心位置 X_2/mm	根据断面形状按表 5-185 计算
8	框架高度 H/mm	设计给定：见图 5-162
9	Ⅲ-Ⅲ断面对 X 轴的惯性矩 I_{III}^X/mm^4	按表 5-185 计算
10	Ⅱ-Ⅱ断面对 Y 轴的惯性矩 I_{II}^Y/mm^4	按表 5-185 计算
11	Ⅰ-Ⅰ断面对 Y 轴的截面系数 W_I^Y/mm^3	按表 5-185 计算
12	拉应力 σ_{LI}/MPa	$F'_{FZ}/2A_I$
13	Ⅰ-Ⅰ断面面积 A_1/mm	按表 5-185 计算
14	扭力矩引起的弯曲应力 σ_{WI}^N/MPa	M_{III}^N/W_I^X
15	扭力矩 M_{III}^N/N·mm	$M_{TJ}H/l$
16	阀杆螺母台肩和支架摩擦力矩 M_{TJ}/N·mm	见表 5-191
17	Ⅰ-Ⅰ断面对 X 轴的截面系数 W_I^X/mm^3	见表 5-185 计算
18	材料许用拉应力［σ_L］/MPa	查表 3-13、表 3-14、表 3-26、表 3-27

表 5-183　Ⅱ-Ⅱ断面的合成应力（J_2）

序号	名　称	公式或索引
1	Ⅱ-Ⅱ断面处合成应力 $\sigma_{\Sigma II}$/MPa	$\sigma_{WII}+\sigma_{LI}\leqslant[\sigma_L]$
2	Ⅱ-Ⅱ断面处的弯曲应力 σ_{WII}/MPa	M_I/W_{II}^Y
3	Ⅰ-Ⅰ断面处弯曲力矩 M_I/N·mm	见表 5-182 序号 3
4	Ⅱ-Ⅱ断面对 Y 轴的截面系数 W_{II}^Y/mm^3	见表 5-185
5	材料应用拉应力［σ_L］/MPa	查表 3-13、表 3-14、表 3-26、表 3-27

表 5-184 Ⅲ-Ⅲ断面的弯曲应力（J_3）

序号	名 称	公 式 或 索 引
1	Ⅲ-Ⅲ断面的弯曲应力 $\sigma_{W Ⅲ}$/MPa	$\dfrac{M_{Ⅲ}}{W_{Ⅲ}^{X}} \leqslant [\sigma_W]$
2	Ⅲ-Ⅲ断面的弯曲力矩 $M_{Ⅲ}$/N·mm	$\dfrac{F'_{FZ} \cdot l}{4} - M_{Ⅰ}$
3	关闭时阀杆总轴向力 F'_{FZ}/N	见表 5-194
4	框架两重心之间的距离 l/mm	见表 5-182
5	Ⅰ-Ⅰ断面弯曲力矩 $M_{Ⅰ}$/N·mm	见表 5-182
6	Ⅲ-Ⅲ断面对 X 轴的截面系数 $W_{Ⅲ}^{X}$/mm³	按表 5-185 计算
7	材料许用弯曲应力 $[\sigma_W]$/MPa	查《实用阀门设计手册》（第 3 版）中表 3-3 或表 3-5

5.3.5.3 闸阀阀盖放支架部位弯曲验算

图 5-164 及表 5-190 所示。

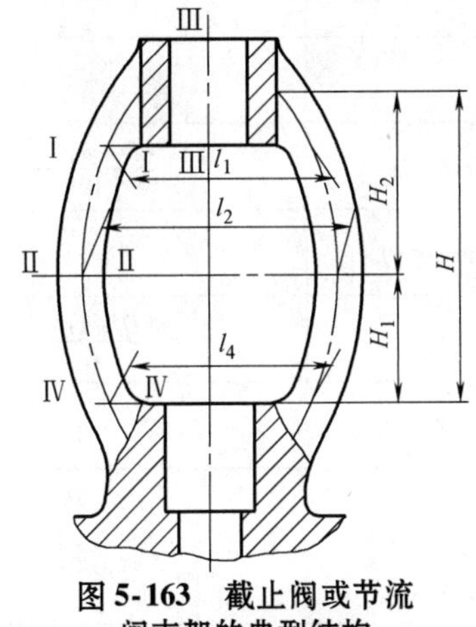

图 5-163 截止阀或节流阀支架的典型结构

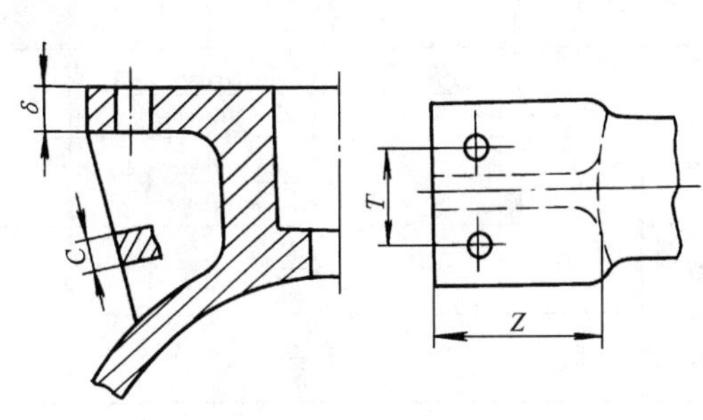

图 5-164 闸阀阀盖放支架部位的结构

表 5-185 断面的特性

图形				
面积	F	$a \cdot b$	$\dfrac{\pi ab}{4}$	$b_1 a + a_1 b_2$
形心位置	x_1	$\dfrac{a}{2}$	$\dfrac{a}{2}$	$a - x_2$
	x_2	$\dfrac{a}{2}$	$\dfrac{a}{2}$	$\dfrac{1}{2}\left(\dfrac{b_1 a^2 + b_2 a_1^2}{b_1 a + b_2 a_1}\right)$
	y_1	$\dfrac{b}{2}$	$\dfrac{b}{2}$	$\dfrac{b}{2}$
惯性矩	I_x	$\dfrac{ab^3}{12}$	$\dfrac{\pi ab^3}{64}$	$\dfrac{a_1 b_1^3}{12} + \dfrac{ab^3}{12}$
	I_y	$\dfrac{a^3 b}{12}$	$\dfrac{\pi ba^3}{64}$	$\dfrac{1}{3}(bx_2^3 - b_2 a_2^3 + b_1 x_1^3)$
截面系数	W_x	$\dfrac{ab^2}{6}$	$\dfrac{\pi ab^2}{32}$	$\dfrac{I^x}{x_1}$
	W_y	$\dfrac{a^2 b}{6}$	$\dfrac{\pi a^2 b}{32}$	$\dfrac{I^y}{y_1}$

（续）

图形				
面积	F	$\frac{R^2}{2}(2\alpha'-\sin 2\alpha)$	$\alpha'(R^2-r^2)$	—
形心位置	x_1	$R-\frac{4}{3}\frac{R\sin^3\alpha}{2\alpha'-\sin 2\alpha}$	$R-\frac{2}{3}\frac{(R^3-r^3)\sin\alpha}{(R^2-r^2)\alpha'}$	—
	x_2	$a-x_1$	$\frac{2}{3}\cdot\frac{(R^3-r^3)\sin\alpha}{(R^2-r^2)\alpha'}-r\cos\alpha$	—
	y_1	$\frac{b}{2}$	$\frac{b}{2}$	—
惯性矩	I_x	$\frac{FR^2}{4}\left[1-\frac{2\sin^3\alpha\cos\alpha}{3(\alpha'-\sin\alpha\cos\alpha)}\right]$	$\frac{R^4-r^4}{4}(\alpha'-\sin\alpha\cos\alpha)$	$\frac{(D-d)b^3}{12}$
	I_y	$\frac{FR^2}{4}\left(1+\frac{2\sin^3\alpha\cos\alpha}{\alpha'-\sin\alpha\cos\alpha}\right)$	$\frac{R^4-r^4}{4}(\alpha'+\sin\alpha\cos\alpha)$	—
截面系数	W_x	$\frac{I^x}{x_1}$	$\frac{I^x}{x_1}$	$\frac{(D-d)b^2}{6}$
	W_y	$\frac{I^y}{y_1}$	$\frac{I^y}{y_1}$	—

注：$\alpha'=\frac{\alpha\pi}{180}$，单位为弧度（rad）。

表 5-186 Ⅰ-Ⅰ断面处的合成应力（J_4）

序号	名　称	公式或索引
1	Ⅰ-Ⅰ断面处的合成应力 $\sigma_{\Sigma Ⅰ}$/MPa	$\sigma_{WⅠ}+\sigma_{LⅠ}+\sigma_{WⅠ}^{N}\leqslant[\sigma_L]$
2	Ⅰ-Ⅰ断面处的弯曲应力 $\sigma_{WⅠ}$/MPa	$M_Ⅰ/W_Ⅰ^Y$
3	Ⅰ-Ⅰ断面处弯曲力距 $M_Ⅰ$/N·mm	$\frac{F'_{FZ}\times l_1}{8}\times\frac{1}{1+\frac{1}{2}\times\frac{H}{l_1}\times\frac{I_Ⅲ^Y}{I_Ⅰ^Y}}$
4	关闭时阀杆总轴向力 F'_{FZ}/N	见表 5-198
5	Ⅰ-Ⅰ断面处框架中心处距离 l_1/mm	设计给定，见图 5-163
6	框架高度 H/mm	设计给定，见图 5-163
7	Ⅲ-Ⅲ断面对 Y 轴的惯性矩 $I_Ⅲ^Y$/mm^4	按表 5-185 计算
8	Ⅰ-Ⅰ断面对 Y 轴的惯性矩 $I_Ⅰ^Y$/mm^4	按表 5-185 计算
9	Ⅰ-Ⅰ断面对 Y 轴的截面系数 $W_Ⅰ^Y$/mm^3	按表 5-185 计算
10	Ⅰ-Ⅰ断面处拉应力 $\sigma_{LⅠ}$/MPa	$F'_{FZ}/2A_1$
11	关闭时阀杆总轴向力 F'_{FZ}/N	见表 5-198
12	Ⅰ-Ⅰ断面截面积 A_1/mm^2	按表 5-185 计算
13	扭力矩引起的弯曲应力 $\sigma_{WⅠ}^N$/MPa	$M_Ⅰ^N/W_Ⅰ^X$
14	扭转力矩 $M_Ⅰ^N$/N·mm	$M_{FJ}H/l_1$
15	阀杆螺母和支架间的摩擦力矩 M_{FJ}/N·mm	见表 5-191
16	Ⅰ-Ⅰ断面对 X 轴的截面系数 $W_Ⅰ^X$/mm^3	按表 5-185 计算
17	材料许用拉应力 $[\sigma_L]$/MPa	见表 3-13、表 3-14、表 3-26、表 3-27

表 5-187 Ⅱ-Ⅱ断面的合成应力（J_5）

序号	名 称	公 式 或 索 引
1	Ⅱ-Ⅱ断面处的合成应力 $\sigma_{\Sigma Ⅱ}$/MPa	$\sigma_{WⅡ}+\sigma_{LⅡ}+\sigma_{WⅡ}^{N}\leqslant[\sigma_L]$
2	Ⅱ-Ⅱ断面处弯曲应力 $\sigma_{WⅡ}$/MPa	$M_Ⅱ/W_Ⅱ^Y$
3	Ⅱ-Ⅱ断面处弯曲力矩 $M_Ⅱ$/N·mm	等于 $M_Ⅰ$，见表 5-186
4	Ⅱ-Ⅱ断面对 Y 轴的截面系数 $W_Ⅱ^Y$/mm^3	按表 5-185 计算
5	Ⅱ-Ⅱ断面处拉应力 $\sigma_{LⅡ}$/MPa	$F'_{FZ}/2A_Ⅱ$
6	关闭时阀杆总轴向力 F'_{FZ}/N	见表 5-198
7	Ⅱ-Ⅱ断面截面积 $A_Ⅱ$/mm^2	按表 5-185 计算
8	Ⅱ-Ⅱ断面因扭转应力引起的弯曲应力 $\sigma_{WⅡ}^N$/MPa	$M_Ⅱ^N/W_Ⅱ^X$
9	Ⅱ-Ⅱ断扭转力矩 $M_Ⅱ^N$/N·mm	$M_{FJ}H_2/l_2$
10	阀杆螺母和支架间的摩擦力矩 M_{FJ}/N·mm	见表 5-191
11	图示 H_2/mm	设计给定，见图 5-164
12	框架中心处距离 l_2/mm	设计给定，见图 5-164
13	Ⅱ-Ⅱ断面对 X 轴截面系数 $W_Ⅱ^X$/mm^3	按表 5-185 计算
14	材料许用拉应力 $[\sigma_L]$/MPa	见表 3-13、表 3-14、表 3-26、表 3-27

表 5-188 Ⅲ-Ⅲ断面的弯曲应力（J_6）

序号	名 称	公 式 或 索 引
1	Ⅲ-Ⅲ断面处弯曲应力 $\sigma_{WⅢ}$/MPa	$\frac{M_Ⅲ}{W_Ⅲ^X}\leqslant[\sigma_W]$
2	Ⅲ-Ⅲ断面处弯曲力矩 $M_Ⅲ$/N·mm	$\frac{F'_{FZ}l_2}{4}-M_5$
3	关闭时阀杆总轴向力 F'_{FZ}/N	见表 5-198
4	框架中心处距离 l_2/mm	设计给定，见图 5-163
5	Ⅰ-Ⅰ断面处弯曲力矩 $M_Ⅰ$/N·mm	见表 5-186
6	Ⅲ-Ⅲ断面对 X 轴的截面系数 $W_Ⅲ^X$/mm^3	按表 5-185 计算
7	材料许用弯曲应力 $[\sigma_W]$/MPa	见《实用阀门设计手册》(第 3 版) 中表 3-3 或表 3-5

表 5-189 Ⅳ-Ⅳ断面的合成应力（J_7）

序号	名 称	公 式 或 索 引
1	Ⅳ-Ⅳ断面处的合成应力 $\sigma_{\Sigma Ⅳ}$/MPa	$\sigma_{WⅣ}+\sigma_{LⅣ}\leqslant[\sigma_L]$
2	Ⅳ-Ⅳ断面处的弯曲应力 $\sigma_{WⅣ}$/MPa	$M_Ⅳ/W_Ⅳ^Y$
3	Ⅳ-Ⅳ断面的弯曲力矩 $M_Ⅳ$/N·mm	$\frac{F'_{FZ}l_4}{8}\frac{1}{1+\frac{1}{2}\frac{H}{l_4}\frac{I_{XⅢ}}{I_{YⅣ}}}$
4	关闭时阀杆的总轴向力 F'_{FZ}/N	见表 5-198
5	Ⅳ-Ⅳ断面支架间距离 l_4/mm	设计给定，见图 5-164
6	支架高度 H/mm	设计给定，见图 5-164
7	Ⅲ-Ⅲ断面对 X 轴的惯性矩 $I_{XⅢ}$/mm^4	按表 5-185 计算
8	Ⅳ-Ⅳ断面对 Y 轴的惯性矩 $I_{YⅣ}$/mm^4	按表 5-185 计算
9	Ⅳ-Ⅳ断面拉应力 $\sigma_{LⅣ}$/MPa	$F'_{FZ}/2A_Ⅳ$
10	Ⅳ-Ⅳ断面横截面积 $A_Ⅳ$/mm^2	按表 5-185 计算
11	材料许用拉应力 $[\sigma_L]$/MPa	查表 3-13、表 3-14、表 3-26、表 3-27

表 5-190 闸阀阀盖放支架部位弯曲验算 (J_8)

序号	名 称	公 式 或 索 引
1	弯曲应力 σ_W/MPa	$\frac{F'_{FZ}\ (T-C)}{8W} \leqslant \sigma_W$
2	关闭时阀杆总轴向力 F'_{FZ}/N	见表 5-194
3	螺栓孔中心距 T/mm	设计给定：见图 5-164
4	加强筋厚度 C/mm	设计给定：见图 5-164
5	截面系数 W/mm³	$Z\delta^2/6$
6	加强筋长度 Z/mm	设计给定：见图 5-164
7	平板厚度 δ/mm	设计给定：见图 5-164
8	材料许用弯曲应力 $[\sigma_W]$ /MPa	查《实用阀门设计手册》(第3版) 中表3-3 或表3-5

5.3.5.4 闸阀两段盖 T 形加强筋支架强度验算（图 5-165、表 5-191）

5.3.5.5 高压角式截止阀弓形支架强度验算（图 5-166、表 5-192）

表 5-191 闸阀两段盖 T 形加强筋支架强度验算 (J_9)

序号	名 称	公 式 或 索 引
1	Ⅰ-Ⅰ断面弯曲应力 σ_{WI}/MPa	$\frac{F'_{FZ}l}{8}\frac{1}{1+\frac{1}{2}\frac{H}{l}\frac{I_{Ⅲ}}{I_{Ⅱ}}}\frac{1}{W_I}$
2	关闭时阀杆总轴向力 F'_{FZ}/N	见表 5-194
3	框架两重心处距离 l/mm	l_1+2Y
4	框架两支撑筋之间距离 l/mm	设计给定：见图 5-165
5	T形加强筋重心 Y/mm	$[CA^2+(B-C)a^2]/2[CA+(B-C)a]$
6	加强筋厚度 C/mm	设计给定：见图 5-165
7	加强筋总长 A/mm	设计给定：见图 5-165
8	加强筋宽度 B/mm	设计给定：见图 5-165
9	立筋厚度 a/mm	设计给定：见图 5-165
10	加强筋总高 H/mm	设计给定：见图 5-165
11	Ⅲ-Ⅲ断面惯性矩 $I_{Ⅲ}$/mm⁴	$(D-d)h^3/12$
12	外径 D/mm	设计给定：见图 5-165
13	与阀杆螺母配合直径 d/mm	设计给定：见图 5-165
14	与阀杆螺母配合处高度 h/mm	设计给定：见图 5-165
15	Ⅱ-Ⅱ断面惯性矩 $I_{Ⅱ}$/mm⁴	$\frac{1}{3}\ [BY^3-\ (B-C)\ (Y-a)^3+C\ (A-Y)^3]$
16	Ⅰ-Ⅰ断面截面系数 W_I/mm³	$I_{Ⅱ}/Y=I_I/Y$（即Ⅰ-Ⅰ与Ⅱ-Ⅱ断面相同）
17	Ⅲ-Ⅲ断面弯曲应力 $\sigma_{WⅢ}$	$\left(F'_{FZ}\times\frac{l}{4}-M_{Ⅱ}\right)/W_{Ⅲ}\leqslant[\sigma_W]$
18	Ⅱ-Ⅱ断面弯曲力矩 $M_{Ⅱ}$/N·mm	$F'_{FZ}l/8\left(1+\frac{1}{2}\times\frac{H}{l}\times\frac{I_{Ⅲ}}{I_{Ⅱ}}\right)$
19	Ⅲ-Ⅲ断面截面系数 $W_{Ⅲ}$/mm³	$(D-d)h^2/6$ 或 $\left(I_{Ⅲ}/\frac{h}{2}\right)$
20	Ⅰ-Ⅰ断面拉应力 σ_{LI}/MPa	$F'_{FZ}/2\ [aB+C\ (A-a)]\ \leqslant\ [\sigma_L]$
21	Ⅰ-Ⅰ断面转矩引起的弯曲应力 σ^N_{WI}/MPa	$\frac{M_oH}{l}\frac{1}{\frac{(A-a)C^3+aB^3}{6B}}\leqslant[\sigma_W]$
22	弯曲力矩 M/N·mm	等于 M_{TJ}
23	阀杆螺母台肩摩擦力矩 M_{TJ}/N·mm	$\frac{2}{3}f_{TJ}F'_{FZ}\frac{(r^3_W-r^3_N)}{(r^2_W-r^2_N)}$

（续）

序号	名　　称	公 式 或 索 引
24	凸肩部分摩擦因数 f_{TJ}	查表 3-42（3）
25	阀杆螺母凸肩外半径 r_W/mm	设计给定
26	阀杆螺母凸肩内半径 r_N/mm	设计给定
27	带轴承的弯曲力矩 M_1/N · mm	等于 M_{KZ}
28	滚珠轴承摩擦力矩 M_{KZ}/N · mm	$(f_K F'_{FZ} D_{KP})$ /2
29	滚珠轴承摩擦因数 f_K	设计选定 0.01
30	滚珠轴承平均直径 D_{KP}/mm	设计给定
31	Ⅰ-Ⅰ断面合成应力 σ_Σ/MPa	$(\sigma_{W\text{I}} + \sigma_{L\text{I}} + \sigma^N_{W\text{I}}) \leqslant [\sigma_L]$
32	Ⅳ-Ⅳ断面弯曲应力 $\sigma_{W\text{IV}}$/MPa	$\dfrac{F'_{FZ} \times l_4}{4W_{\text{IV}}}$
33	力臂 l_4/mm	$\dfrac{(n-a)(B-C)^4+(A-a)(T-B)}{\sqrt{4(A-a)^2+(B-C)^2}}$
34	图示 n/mm	设计给定
35	图示 T/mm	设计给定
36	Ⅳ-Ⅳ断面截面系数 W_{IV}/mm^3	$\dfrac{Z\sqrt{4(A-a)^2+(B-C)^2}}{2(A-a)}\dfrac{\delta^2}{6}$
37	图示 Z/mm	设计给定
38	底板厚 δ/mm	设计给定
39	许用拉应力$[\sigma_L]$/MPa	查表 3-13、表 3-14、表 3-26、表 3-27
40	许用弯曲应力$[\sigma_W]$/MPa	查《实用阀门设计手册》（第 3 版）中表 3-3 或表 3-5

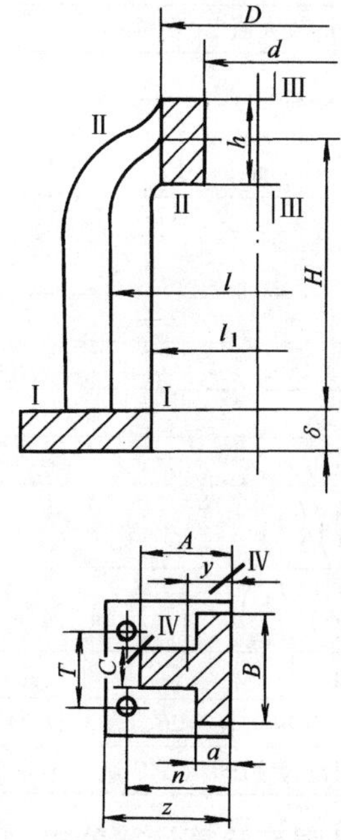

图 5-165　闸阀两段盖 T 形加强筋支架结构

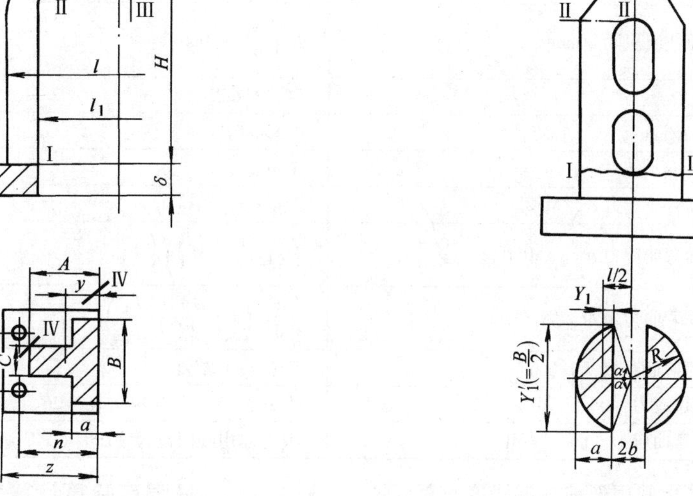

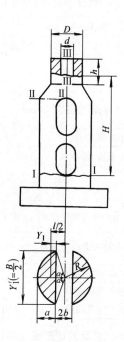

图 5-166　高压角式截止阀弓形支架结构

表 5-192　高压角式截止阀弓形支架强度验算（J_{10}）

序号	名　　称	公 式 或 索 引
1	Ⅰ-Ⅰ断面弯曲应力 σ_{WI}/MPa	$\frac{F'_{FZ}l}{8}\frac{1}{1+\frac{1}{2}\frac{H}{l}\frac{I_{Ⅲ}}{I_{Ⅱ}}}\frac{1}{W_{I}}$
2	关闭时阀杆总轴向力 F'_{FZ}/N	见表 5-198
3	弓形支架两重心处距离 l/mm	$2\times\frac{4}{3}\frac{R\sin^3\alpha}{2\alpha-\sin2\alpha}$
4	弓形半径 R/mm	设计给定
5	弓形半角（图示）α	$\arccos b/R$
6	两弓形之间距离之半 b/mm	设计给定
7	Ⅰ-Ⅰ断面至阀杆螺母处高度 H/mm	设计给定
8	Ⅲ-Ⅲ断面的惯性矩 $I_{Ⅲ}$/mm^4	$(D-d)\ h^3/12$
9	弓形高（图示）a/mm	设计给定
10	装阀杆螺母处外径 D/mm	设计给定
11	装阀杆螺母处直径 d/mm	设计给定
12	装阀杆螺母处高度 h/mm	设计给定
13	Ⅱ-Ⅱ断面惯性矩 $I_{Ⅱ}$/mm^4	$\frac{A_2R^2}{4}\left[1+\frac{2\sin^3\alpha\cos\alpha}{\alpha-\sin\alpha\cos\alpha}\right]$
14	Ⅱ-Ⅱ断面截面积 A_2/mm^2	$\frac{R^2}{2}\ (2\alpha-\sin2\alpha)$
15	Ⅰ-Ⅰ断面截面系数 W_{I}/mm^3	$I_{Ⅱ}/Y_{Ⅱ}=I_{I}/Y_{I}$（即断面相同）
16	图示 Y_{I}/mm	$L/2-b$
17	Ⅰ-Ⅰ断面拉应力 σ_{LI}/MPa	$F'_{FZ}/2A_2$
18	Ⅰ-Ⅰ断面转矩引起的弯曲应力 σ^{N}_{WI}/MPa	$\frac{M_oH}{lW^{N}_{I}}$
19	弯曲力矩 M_o/N · mm	取 M'_F 或 M''_F 中的较大值
20	Ⅰ-Ⅰ断面因转矩形成的截面系数 W^{N}_{I}/mm^3	I^{N}_{I}/Y'_{I}
21	Ⅰ-Ⅰ断面惯性矩 I^{N}_{I}/mm^4	$\frac{A_IR^2}{4}\left[1-\frac{2}{3}\frac{\sin^3\alpha\cos\alpha}{\alpha-\sin\alpha\cos\alpha}\right]$
22	Ⅰ-Ⅰ断面截面积 A_I/mm^2	$R^2\left(\frac{\pi\alpha}{90}-\sin2\alpha\right)$
23	弓形夹角 $Z\alpha$	$57.296L/R$
24	弓形弧长 L/mm	$0.03490R\alpha$
25	图示 Y'_{I}/mm	$R\sin\alpha$
26	Ⅰ-Ⅰ断面合成应力 σ_{Σ}/MPa	$\sigma_{WI}+\sigma_{LI}+\sigma^{N}_{WI}$
27	Ⅲ-Ⅲ断面弯曲应力 $\sigma_{WⅢ}$/MPa	$\left(F'_{FZ}\frac{l}{4}-M_{Ⅱ}\right)\Big/W_{Ⅲ}$
28	Ⅱ-Ⅱ断面弯曲力矩 $M_{Ⅱ}$/N · mm	$\frac{F'_{FZ}l}{8}\left(1+\frac{1}{2}\frac{H}{l}\frac{I_{Ⅲ}}{I_{Ⅱ}}\right)$
29	Ⅲ-Ⅲ断面截面系数 $W_{Ⅲ}$/mm^3	$(D-d)\ h^2/6$
30	材料许用拉应力 $[\sigma_L]$/MPa	查表 3-13、表 3-14、表 3-26、表 3-27
31	材料许用弯曲应力 $[\sigma_W]$/MPa	查《实用阀门设计手册》（第3版）中表 3-3 或表 3-5

5.3.5.6　高压角式截止阀扇形筋支架强度验算（图 5-167、表 5-193）

5.3.6　阀杆强度验算计算公式

5.3.6.1　升降杆闸阀阀杆强度验算（图 5-168、表 5-194）

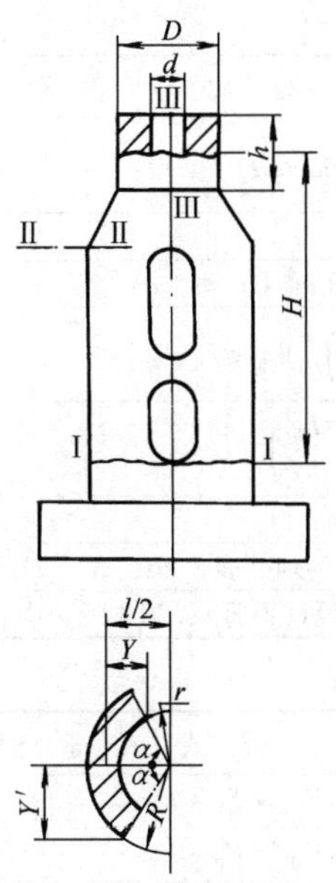

图 5-167 高压角式截止阀扇形加强筋结构

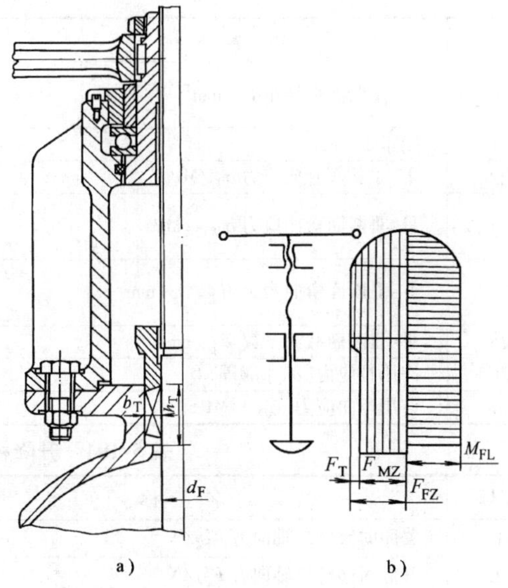

图 5-168 升降杆闸阀

a）升降杆（明杆）闸阀结构

b）升降杆（明杆）受力分析图

表 5-193 高压角式截止阀扇形加强筋支架强度验算（J_{11}）

序号	名　称	公 式 或 索 引
1	Ⅰ-Ⅰ断面弯曲应力 σ_{WI}/MPa	$\frac{F'_{FZ}l}{8}\times\frac{1}{1+\frac{1}{2}\frac{H}{l}\frac{I_{Ⅲ}}{I_{Ⅱ}}}\frac{1}{W_{Ⅱ}}\leqslant[\sigma_W]$
2	关闭时阀杆总轴向力 F'_{FZ}/N	见表 5-198
3	扇形支架两重心处距离 l/mm	$\frac{4}{3}\frac{(R^3-r^3)\sin\alpha}{(R^2-r^2)\alpha}$
4	扇形外径半径 R/mm	设计给定
5	扇形筋内半径 r/mm	设计给定
6	扇形筋半角 α/mm	设计给定
7	Ⅰ-Ⅰ截面到安装阀杆螺母处高度 H/mm	设计给定
8	Ⅲ-Ⅲ断面惯性矩 $I_{Ⅲ}$/mm^4	$(D-d)h^3/12$
9	装阀杆螺母处外径 D/mm	设计给定
10	装阀杆螺母处内径 d/mm	设计给定
11	装阀杆螺母处高度 h/mm	设计给定
12	Ⅱ-Ⅱ断面惯性矩 $I_{Ⅱ}$/mm^4	$\frac{R^4-r^4}{4}(\alpha+\sin\alpha\cos\alpha)$
13	Ⅰ-Ⅰ断面截面系数 $W_{Ⅰ}$/mm^3	$I_{Ⅰ}/Y=I_{Ⅱ}/Y$（即断面相同）
14	图示 Y/mm	$\frac{l}{2}-r\cos\alpha$
15	Ⅰ-Ⅰ断面拉应力 σ_{LI}	$F'_{FZ}/2A_{Ⅰ}\leqslant[\sigma_L]$
16	Ⅰ-Ⅰ断面截面积 $A_{Ⅰ}$/mm^2	$0.00873\alpha(R^2-r^2)$
17	Ⅰ-Ⅰ断面转矩引起的弯曲力矩 σ^N_{WI}/MPa	$\frac{M_oH}{lW^N_{Ⅰ}}$
18	弯曲力矩 M_o/N·mm	取 M'_{FL} 或 M''_{FL} 中的较大值，见表 5-198
19	Ⅰ-Ⅰ断面因转矩形成的截面系数 $W^N_{Ⅰ}$/mm^3	$I^N_{Ⅰ}/Y'$

（续）

序号	名　称	公 式 或 索 引
20	Ⅰ-Ⅰ断面惯性矩 $I_{\mathrm{I}}^{\mathrm{N}}$/mm^4	$\frac{R^4-r^4}{4}$（$\alpha-\sin\alpha\cos\alpha$）
21	图示 Y'/mm	$R\sin\alpha$
22	Ⅰ-Ⅰ断面合成应力 σ_{Σ}/MPa	（$\sigma_{\mathrm{WI}}+\sigma_{\mathrm{LI}}+\sigma_{\mathrm{WI}}^{\mathrm{N}}$）≤［$\sigma_{\mathrm{L}}$］
23	Ⅲ-Ⅲ断面弯曲应力 σ_{WIII}/MPa	$\left(F'_{\mathrm{FZ}}\frac{l}{4}-M_{\mathrm{II}}\right)\Big/W_{\mathrm{III}}\leqslant[\sigma_{\mathrm{W}}]$
24	Ⅱ-Ⅱ断面弯曲力矩 M_{II}/N·mm	$\frac{F'_{\mathrm{FZ}}l}{8}\left(1+\frac{1}{2}\frac{H}{l}\frac{I_{\mathrm{III}}}{I_{\mathrm{II}}}\right)$
25	Ⅲ-Ⅲ断面截面系数 W_{III}/mm^3	（$D-d$）h^3/6
26	许用拉应力［σ_{L}］/MPa	查表3-13、表3-14、表3-26、表3-27
27	许用弯曲应力［σ_{W}］/MPa	查《实用阀门设计手册》（第3版）中表3-3或表3-5

表5-194　升降杆闸阀强度验算（G_1）

序号	名　称	公 式 或 索 引
1	关闭时阀杆总轴向力 F'_{FZ}/N	$K_1F_{\mathrm{MJ}}+K_2F_{\mathrm{MF}}+F_{\mathrm{P}}+F_{\mathrm{T}}$
2	开启时阀杆总轴向力 F''_{FZ}/N	$K_3F_{\mathrm{MJ}}+K_4F_{\mathrm{MF}}-F_{\mathrm{P}}+F_{\mathrm{T}}$
3	阀杆最大轴向力 F_{FZ}/N	取 F'_{FZ} 和 F''_{FZ} 中较大值
4	系数 $K_1\sim K_4$	查表3-48
5	密封面处介质作用力 F_{MJ}/N	$\frac{\pi}{4}(D_{\mathrm{MN}}+b_{\mathrm{M}})^2p$
6	密封面内径 D_{MN}/mm	设计给定
7	密封面宽度 b_{M}/mm	设计给定
8	设计压力 p/MPa	取公称压力PN数值的1/10
9	密封面上密封力 F_{MF}/N	$\pi(D_{\mathrm{MN}}+b_{\mathrm{M}})b_{\mathrm{M}}q_{\mathrm{MF}}$
10	密封面必需比压 q_{MF}/MPa	查表3-29或按$\left(3.5+\frac{\mathrm{PN}}{10}\right)\Big/\sqrt{b_{\mathrm{M}}/10}$计算
11	公称压力PN	设计给定
12	介质作用于阀杆径向截面上轴向力 F_{P}/N	$\frac{\pi}{4}d_{\mathrm{F}}^2p$
13	阀杆直径 d_{F}/mm	设计给定
14	阀杆与填料摩擦力 F_{T}/N	$\psi d_{\mathrm{F}}b_{\mathrm{T}}p$
15	无石棉填料系数 ψ	查表3-31（按 $h_{\mathrm{T}}/b_{\mathrm{T}}$）
16	填料深度 h_{T}/mm	设计给定
17	填料宽度 b_{T}/mm	设计给定
18	轴向应力（拉应力）σ_{L}/MPa	$F''_{\mathrm{FZ}}/A_{\mathrm{s}}\leqslant[\sigma_{\mathrm{L}}]$
19	轴向应力（压应力）σ_{Y}/MPa	$F'_{\mathrm{FZ}}/A_{\mathrm{s}}\leqslant[\sigma_{\mathrm{Y}}]$
20	阀杆最小截面积 A_{s}/mm^2	查表3-33（按退刀槽处 A_{T}）
21	关闭时阀杆总转矩 M'_{FZ}/N·mm	$M'_{\mathrm{FL}}+M'_{\mathrm{FJ}}$
22	关闭时阀杆螺母与阀杆螺纹间摩擦力矩 M'_{FL}/N·mm	$F'_{\mathrm{FZ}}R_{\mathrm{FM}}$
23	关闭时阀杆螺纹的摩擦半径 R_{FM}/mm	表3-32（3）
24	关闭时阀杆螺母台肩与支架的摩擦力矩 M'_{FJ}/N·mm	$F'_{\mathrm{FZ}}f_{\mathrm{FJ}}\frac{1}{2}d_{\mathrm{FJ}}$
25	摩擦因数 f_{FJ}	表3-42（3）
26	阀杆螺母与支架接触面平均直径 d_{FJ}/mm	设计给定
27	开启时阀杆总转矩 M''_{FZ}/N·mm	$M''_{\mathrm{FL}}+M''_{\mathrm{FS}}$
28	开启时阀杆螺母与阀杆螺纹间摩擦力矩 M''_{FL}/N·mm	$F''_{\mathrm{FZ}}R'_{\mathrm{FM}}$

（续）

序号	名　　称	公 式 或 索 引
29	开启时阀杆螺纹的摩擦半径 R'_{FM}/mm	表3-32
30	开启时手轮下端与支架的摩擦力矩 M''_{FS}/N·mm	$F''_{FZ}f_{FS}\frac{1}{2}d_{FS}$
31	摩擦因数 f_{FS}	查表3-42
32	手轮与支架接触面的平均直径 d_{FS}/mm	设计给定
33	装有推力球轴承的升降杆闸阀，关闭时阀杆的总转矩 M'_{FZ}/N·mm	$M'_{FL}+M'_g$
34	关闭时轴承摩擦力矩 M'_g/N·mm	$F'_{FZ}\ f_g\frac{1}{2}D_{gp}$
35	轴承摩擦因数 f_g	取0.005~0.01
36	轴承平均直径 D_{gp}/mm	设计给定
37	装有推力球轴承的升降杆闸阀，开启时阀杆的总转矩 M''_{FZ}/N·mm	$M''_{FL}+M''_g$
38	开启时轴承摩擦力矩 M''_g/N·mm	$F''_{FZ}f_g\frac{1}{2}D_{gp}$
39	关闭时阀杆的扭应力 τ_{NG}/MPa	$M'_{FZ}/W_S\leqslant[\tau_N]$
40	阀杆最小断面截面系数 W_S/mm^3	查表3-33按退刀槽处 W_T
41	开启时阀杆的扭应力 τ_{NK}/MPa	$M''_{FZ}/W_S\leqslant[\tau_N]$
42	合成应力 σ_Σ/MPa	$\sqrt{\sigma_Y^2(\text{或}\sigma_L^2)+4\tau_{NG}^2(\text{或}\tau_{NK})}\leqslant[\sigma_\Sigma]$
43	许用拉应力$[\sigma_L]$/MPa	查表3-13、表3-14、表3-26、表3-27
44	许用压应力$[\sigma_Y]$/MPa	查《实用阀门设计手册》（第3版）中表3-7
45	许用扭应力$[\tau_N]$/MPa	查《实用阀门设计手册》（第3版）中表3-7
46	许用合成应力$[\sigma_\Sigma]$/MPa	查《实用阀门设计手册》（第3版）中表3-7

注：工作压力随工作温度而改变的比值比相应温度下材料许用应力改变的比值为大，故不进行高温核算。

5.3.6.2 旋转杆闸阀阀杆强度验算（图5-169、表5-195）

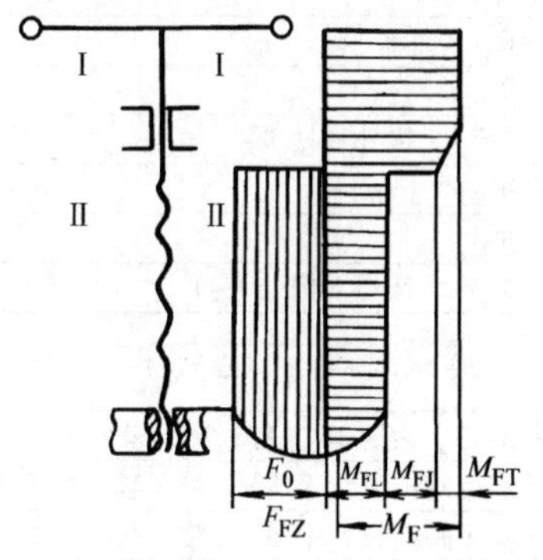

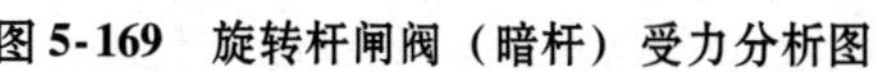
图5-169 旋转杆闸阀（暗杆）受力分析图

5.3.6.3 升降杆平行式闸阀阀杆强度验算（固定阀座）（图5-170、表5-196）

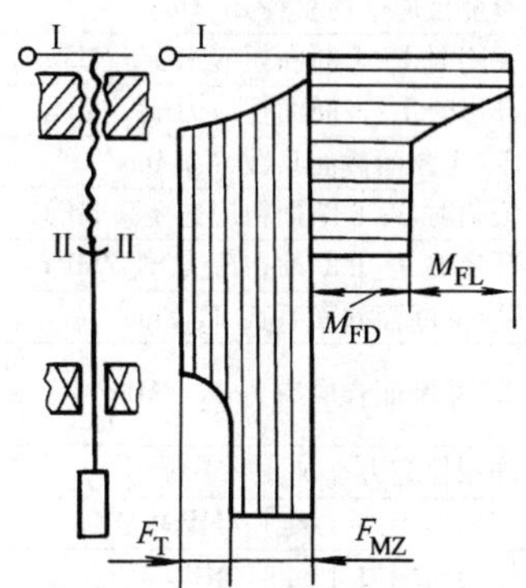

图5-170 升降杆平行式闸阀阀杆受力分析图

表5-195　旋转杆闸阀（暗杆）的强度验算（G_2）

序号	名　称	公　式　或　索　引
1	关闭时阀杆总轴向力 F'_{FZ}/N	$K_1F_{MJ}+K_2F_{MF}+F_P+F_T$
2	开启时阀杆总轴向力 F''_{FZ}/N	$K_3F_{MJ}+K_4F_{MF}-F_P+F_T$
3	阀杆最大轴向力 F_{FZ}/N	取 F'_{FZ} 和 F''_{FZ} 中较大值
4	系数 $K_1\sim K_4$	查表3-48
5	密封面处介质作用力 F_{MJ}/N	$\frac{\pi}{4}(D_{MN}+b_M)^2p$
6	密封面内径 D_{MN}/mm	设计给定
7	密封面宽度 b_M/mm	设计给定
8	设计压力 p/MPa	取公称压力PN数值的1/10
9	密封面上密封力 F_{MF}/N	$\pi(D_{MN}+b_M)b_Mq_{MF}$
10	密封面必需比压 q_{MF}/MPa	查表3-29或按式$\left(3.5+\frac{PN}{10}\right)\Big/\sqrt{b_M/10}$计算
11	公称压力PN	设计给定
12	介质作用于阀杆径向截面上的轴向力 F_P/N	$\frac{\pi}{4}d_F^2p$
13	阀杆直径 d_F/mm	设计给定
14	阀杆与填料摩擦力 F_T/N	ψd_Fb_Tp
15	填料系数 ψ	查表3-31（按 h_T/b_T）
16	填料深度 h_T/mm	设计给定
17	填料宽度 b_T/mm	设计给定
18	轴向应力（拉应力）σ_{L2}/MPa	$F''_{FZ}/A_s\leqslant[\sigma_L]$
19	轴向应力（压应力）σ_{Y2}/MPa	$F'_{FZ}/A_s\leqslant[\sigma_Y]$
20	阀杆最小截面积 A_s/mm²	查表3-33（按退刀槽处 A_T）
21	关闭时阀杆总力矩 M'_{FZ}/N·mm	$M'_{FL}+M_{FT}+M_{TJ}$
22	开启时阀杆总力矩 M''_{FZ}/N·mm	$M''_{FL}+M_{FT}+M'_{TJ}$
23	关闭时阀杆螺纹摩擦力矩 M'_{FL}/N·mm	$F'_{FZ}R_{FM}$
24	开启时阀杆螺纹摩擦力矩 M''_{FL}/N·mm	$F''_{FZ}R'_{FM}$
25	关闭时阀杆螺纹摩擦半径 R_{FM}/mm	查表3-32
26	开启时阀杆螺纹摩擦半径 R'_{FM}/mm	查表3-32
27	阀杆与填料摩擦力矩 M_{FT}/N·mm	$F_T\times d_F/2$
28	关闭时阀杆台肩摩擦力矩 M_{TJ}/N·mm	$(F'_{FZ}-F)f_{TJ}d_{TJ}/2$
29	开启时阀杆台肩摩擦力矩 M'_{TJ}/N·mm	$(F''_{FZ}-F_P)f'_{TJ}d_{TJ}/2$
30	台肩摩擦因数 f_{TJ}	查表3-42
31	台肩摩擦因数 f'_{TJ}	$f_{TJ}+0.1$
32	阀杆台肩平均直径 d_{TJ}/mm	设计给定
33	关闭时Ⅰ-Ⅰ断面扭应力 τ'_{N1}/MPa	$M'_{FZ}/W_{S1}<[\tau_N]$
34	开启时Ⅰ-Ⅰ断面扭应力 τ''_{N1}/MPa	$M''_{FZ}/W_{S1}<[\tau_N]$
35	Ⅰ-Ⅰ断面截面系数 W_{S1}/mm³	查表3-33（接外径处 W_W）
36	关闭时Ⅱ-Ⅱ断面扭应力 τ'_{N2}/MPa	$M'_{FZ}/W_{S2}<[\tau_N]$
37	开启时Ⅱ-Ⅱ断面扭应力 τ''_{N2}/MPa	M''_{FL}/W_{S2}
38	Ⅱ-Ⅱ断面截面系数 W_{S2}/mm³	查表3-33（按退刀槽处 W_T）
39	Ⅱ-Ⅱ断面合成应力 $\sigma_{\Sigma2}$/MPa	$\sqrt{\sigma_{L2}^2(或\sigma_{Y2}^2)+4\tau'_{N2}(或\tau''_{N2})}$
40	许用拉应力 $[\sigma_L]$/MPa	查表3-13、表3-14、表3-26、表3-27
41	许用压应力 $[\sigma_Y]$/MPa	查《实用阀门设计手册》（第3版）中表3-7
42	许用扭应力 $[\tau_N]$/MPa	查《实用阀门设计手册》（第3版）中表3-7
43	许用合成应力 $[\sigma_\Sigma]$/MPa	查《实用阀门设计手册》（第3版）中表3-7

注：1. $\sigma_{\Sigma2}<[\sigma_\Sigma]$，为合格。

2. 工作压力随工作温度而改变的比值比相应温度下材料许用应力改变的比值为大，故不进行高温核算。

表 5-196 升降杆平行式闸阀阀杆强度验算（G_3）（固定阀座）

序号	名 称	公 式 或 索 引
1	关闭时阀杆总轴向力 F'_{FZ}/N	$f_M F_{MZ}+F_P+F_T$
2	开启时阀杆总轴向力 F''_{FZ}/N	$f'_M F_{MZ}-F_P+F_T$
3	阀杆最大轴向力 F_{FZ}/N	取 F'_{FZ}和 F''_{FZ}中较大值
4	关闭时密封面摩擦因数 f_M	查表 3-42
5	开启时密封面摩擦因数 f'_M	查表 3-42
6	密封面上总作用力 F_{MZ}/N	$F_{MJ}+F_{MT}$
7	密封面处介质作用力 F_{MJ}/N	$\frac{\pi}{4}(D_{MN}+b_M)^2 p$
8	密封面内径 D_{MN}/mm	设计给定
9	密封面宽度 b_M/mm	设计给定
10	设计压力 p/MPa	取公称压力 PN 数值的 1/10
11	弹簧预紧力 F_{MT}/N	$\Delta l \frac{Gd_4}{8nD_2^3}$
12	预加变形量 Δl/mm	设计给定
13	材料切变模量 G/MPa	GB/T 1239.6—2009
14	弹簧丝直径 d/mm	设计给定
15	弹簧中径 D_2/mm	设计给定
16	弹簧有效圈数 n	设计给定
17	阀杆径向截面上介质作用力 F_P/N	$\frac{\pi}{4}d_F^2 p$
18	阀杆直径 d_F/mm	设计给定
19	阀杆与填料摩擦力 F_T/N	$\psi d_F b_T p$
20	无石棉填料系数 ψ	查表 3-31（按 h_T/b_T）
21	填料深度 h_T/mm	设计给定
22	填料宽度 b_T/mm	设计给定
23	关闭时阀杆总力矩 M'_{FZ}/N · mm	$M'_{FL}+M'_{FD}$
24	开启时阀杆总力矩 M''_{FZ}/N · mm	$M''_{FL}+M''_{FD}$
25	关闭时阀杆螺纹摩擦力矩 M'_{FL}/N · mm	$F'_{FZ}R_{FM}$
26	开启时阀杆螺纹摩擦力矩 M''_{FL}/N · mm	$F''_{FZ}R'_{FM}$
27	关闭时阀杆螺纹摩擦半径 R_{FM}/mm	查表 3-32
28	开启时阀杆螺纹摩擦半径 R'_{FM}/mm	查表 3-32
29	关闭时阀杆头部摩擦力矩 M'_{FD}/N · mm	$0.25d_{FJ}f_D F'_{FZ}$
30	开启时阀杆头部摩擦力矩 M''_{FD}/N · mm	$0.25d_{FJ}f'_D F''_{FZ}$
31	阀杆头部接触面直径 d_{FJ}/mm	$2.2\times\sqrt[3]{\frac{F_{FZ}}{E}\frac{R_1R_2}{R_1-R_2}}$
32	材料弹性模量 E/MPa	查《实用阀门设计手册》（第 3 版）中表 3-6
33	图 5-171，R_1/mm	设计给定
34	图 5-171，R_2/mm	设计给定
35	关闭时阀杆头部摩擦因数 f_D	查表 3-42
36	开启时阀杆头部摩擦因数 f'_D	$f_D+0.1$
37	Ⅰ-Ⅰ断面扭应力 τ_{N1}/MPa	$M_{FZ}/W_1<[\tau_N]$
38	Ⅰ-Ⅰ断面总力矩 M_{FZ}/N · mm	取 M'_{FZ}和 M''_{FZ}中的较大值
39	Ⅰ-Ⅰ断面的断面系数 W_1/mm^3	$0.208b^3$
40	Ⅰ-Ⅰ断面宽度 b/mm	设计给定
41	Ⅱ-Ⅱ断面合成应力 $\sigma_{\Sigma 2}$/MPa	$\sqrt{\sigma_{L2}^2(\text{或}\ \sigma_{Y2}^2)+4\tau_{N2}^2}<[\sigma_\Sigma]$
42	Ⅱ-Ⅱ断面轴向拉应力 σ_{L2}/MPa	$F''_{FZ}/A_s<[\sigma_L]$
43	Ⅱ-Ⅱ断面轴向压应力 σ_{Y2}/MPa	$F''_{FZ}/A_s<[\sigma_Y]$
44	阀杆最小截面积 A_s/mm^2	$\frac{\pi}{4}d_S^2$
45	阀杆最小直径 d_S/mm	设计给定
46	Ⅱ-Ⅱ断面扭转应力 τ_{N2}/MPa	$M_{FD}/W_2<[\tau_N]$
47	Ⅱ-Ⅱ断面总力矩 M_{FD}/N · mm	取阀杆头部摩擦力矩 M'_{FD}和 M''_{FD}中较大值
48	Ⅱ-Ⅱ断面的断面系数 W_2/mm^3	$\frac{\pi}{16}d_S^3$
49	许用拉应力［σ_L］/MPa	查表 3-13、表 3-14、表 3-26、表 3-27
50	许用压应力［σ_Y］/MPa	查《实用阀门设计手册》（第 3 版）中表 3-7
51	许用扭转应力［τ_N］/MPa	查《实用阀门设计手册》（第 3 版）中表 3-7
52	许用合成应力［σ_Σ］/MPa	查《实用阀门设计手册》（第 3 版）中表 3-7

注：工作压力随工作温度而改变的比值比相应温度下材料许用应力改变的比值为大，故不进行高温核算。

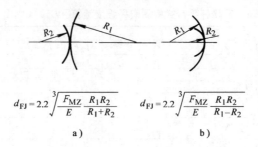

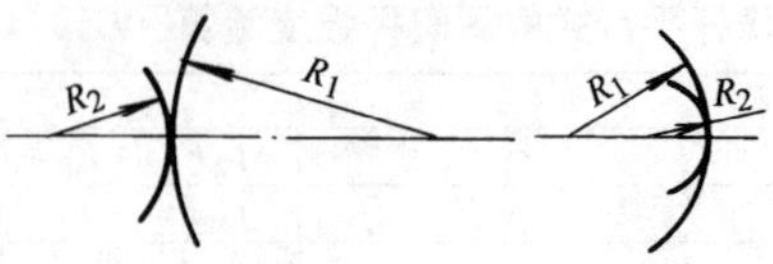

$$d_{FJ}=2.2\sqrt[3]{\frac{F_{MZ}}{E}\frac{R_1R_2}{R_1+R_2}}$$

a)

$$d_{FJ}=2.2\sqrt[3]{\frac{F_{MZ}}{E}\frac{R_1R_2}{R_1-R_2}}$$

b)

图5-171　阀杆头部接触面直径计算

a）外接接触图与计算式　b）内接接触图与计算式

5.3.6.4　升降杆平行式浮动阀座闸阀阀杆强度验算（图5-172、表5-197）

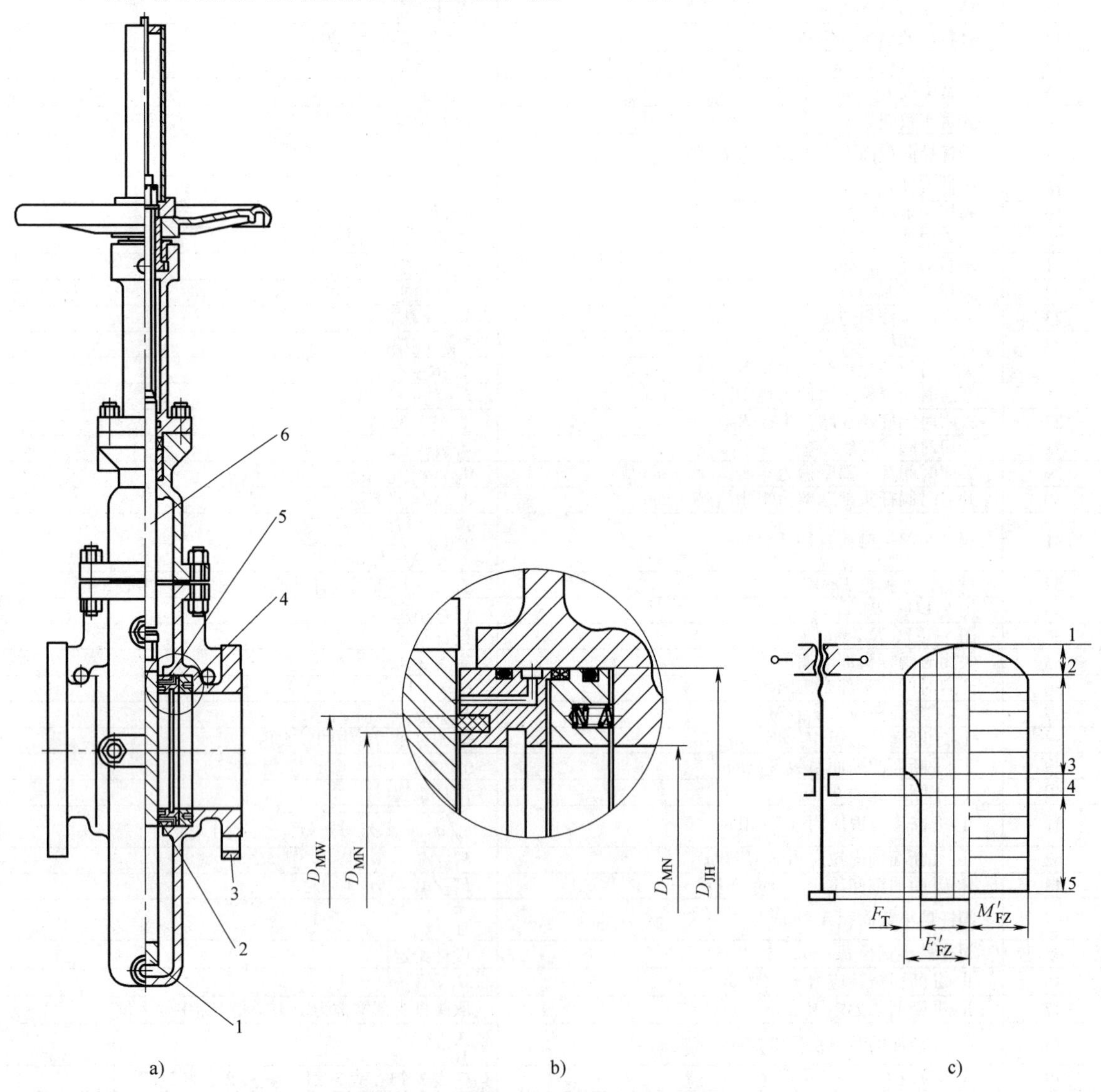

图5-172　升降杆平行式浮动阀座闸阀

a）升降杆平行式浮动阀座闸阀结构　b）升降杆平行式浮动阀座闸阀阀座结构

c）升降杆平行式浮动阀座闸阀阀杆受力分析

表 5-197 升降杆平行式浮动阀座闸阀阀杆强度验算（G_4）

序号	名 称	公 式 或 索 引
1	关闭时阀杆总轴向力 F'_{FZ}/N	$F'_{MZ}f_M+F_T+F_P-F_G$
2	开启时阀杆总轴向力 F''_{FZ}/N	$F''_{MZ}f'_M+F_T-F_P+F_G$
3	阀杆最大轴向力 F_{FZ}/N	取 F'_{FZ} 和 F''_{FZ} 中的较大值
4	关闭时密封面摩擦因数 f_M	查表 3-42
5	开启时密封面摩擦因数 f'	查表 3-42
6	关闭时前后阀座作用于闸板上的力 F'_{MZ}/N	$F'_1+F'_2$
7	前阀座作用于闸板上的力 F'_1/N	$F_{ZJ}+F_{TH}$
8	介质经阀座压在闸板上的力 F_{ZJ}/N	$\frac{\pi p}{4}(D^2_{JH}-D^2_{MN})$
9	设计压力 p/MPa	取公称压力 PN 数值的 1/10
10	阀座活动套筒外径 D_{JH}/mm	设计给定
11	阀座密封面内径 D_{MN}/mm	设计给定
12	弹簧组压紧力 F_{TH}/N	$F_{MY}+F_{MM}$
13	阀座密封圈对闸板的预紧力 F_{MY}/N	$\frac{\pi}{4}(D^2_{MW}-D^2_{MN})q_{MYmin}$
14	阀座密封面外径 D_{MW}/mm	设计给定
15	阀座密封最小预紧比压 q_{MYmin}/MPa	对于 PTFE 取 1.6
16	阀座活动套筒上的 O 形圈与阀体孔之间的摩擦力 F_{MM}/N	$\pi D_{JH}\cdot b'_M\cdot Z\cdot q_{MF}\cdot f$
17	O 形圈与阀体内孔的接触宽度 b'_M/mm	取 O 形圈断面半径的 1/3
18	O 形圈的个数 Z/个	设计给定
19	密封面必需比压 q_{MF}/MPa	$\frac{0.4+0.6p_o}{\sqrt{b'_M/10}}$
20	阀体中腔压力 p_o/MPa	体腔内压力取 0
21	O 形圈与阀体孔的摩擦因数 f	取 0.4（橡胶）
22	关闭时后阀座作用于闸板上的力 F'_2/N	$\frac{\pi p}{4}D^2_{JH}$
23	开启时前后阀座作用于闸板上的力 F''_{MZ}/N	$F''_1+F''_2$
24	进口端阀座作用于闸板上的力 F''_1/N	$F_{ZJ}+F_{TH}$
25	后阀座作用于闸板上的力 F''_Z/N	$\frac{\pi p}{4}D^2_{JH}$
26	填料与阀杆摩擦力 F_T/N	$\psi d_F b_T p$
27	无石棉填料系数 ψ	见表 3-31（按 h_T/b_T 查）
28	阀杆直径 d_F/mm	设计给定
29	填料高度 h_T/mm	设计给定
30	填料宽度 b_T/mm	设计给定
31	介质作用于阀杆上的轴向力 F_P/N	$\frac{\pi}{4}d^2_F p$
32	闸板的重力 F_G/N	设计给定
33	关闭时阀杆总转矩 M'_{FZ}/N · mm	$M'_{FL}+M'_{FF}$
34	阀杆螺母与闸杆螺纹间摩擦力矩 M'_{FL}/N · mm	$F'_{FZ}R_{FM}$
35	梯形螺纹摩擦半径 R_{FM}/mm	查表 3-32

（续）

序号	名　　称	公 式 或 索 引
36	阀杆螺母台肩与支架的摩擦力矩 M'_{FJ}/N·mm	$F'_{FZ}f'_{TJ}\frac{d_{FJ}}{2}$
37	阀杆螺母台肩与支架间的摩擦因数 f'_{TJ}	查表3-42
38	阀杆螺母台肩平均直径 d_{FJ}/mm	设计给定，见图5-173
39	开启时阀杆总转矩 M''_{FZ}/N·mm	$M''_{FL}+M''_{FS}$
40	阀杆螺母与阀杆螺纹间摩擦力矩 M''_{FL}/N·mm	$F''_{FZ}R'_{FM}$
41	梯形螺纹摩擦半径 R'_{FM}/mm	查表3-32
42	阀门手轮与支架间摩擦力矩 M''_{FS}/N·mm	$F''_{FZ}\quad f''_{s}\frac{d_{FS}}{2}$
43	手轮与支架的摩擦因数 f''_{s}	$f'_{TJ}+0.1$
44	手轮与支架接触平面的平均直径 d_{FS}/mm	设计给定，见图5-174
45	关闭时2-3区段压应力 σ_{r}/MPa	$F'_{FZ}/A_{s}\leqslant[\sigma_{r}]$
46	阀杆最小截面积 A_{s}/mm^2	查表3-33（按退刀槽处 A_{T}）
47	关闭时2-3区段扭转应力 τ'_{N}/MPa	M'_{FZ}/W_{s}
48	阀杆最小断面截面系数 W_{s}/mm^3	查表3-33（按退刀槽处 W_{T}）
49	关闭时2-3区段合成应力 σ'_{Σ}/MPa	$\sqrt{R_{mY}^{2}+4\tau'^{2}_{N}}\leqslant[\sigma_{\Sigma}]$
50	开启时2-3区段拉应力 σ_{L}/MPa	$F''_{FZ}/A_{s}\leqslant[\sigma_{L}]$
51	开启时2-3区段扭转应力 τ''_{N}/MPa	$M''_{FZ}/W_{s}\leqslant[\tau_{N}]$
52	开启时2-3区段合成应力 σ'_{Σ}/MPa	$\sqrt{\sigma'_{L}+4\tau''^{2}_{N}}\leqslant[\sigma_{\Sigma}]$
53	许用压应力$[\sigma_{Y}]$/MPa	查表3-13、表3-14、表3-26、表3-27
54	许用拉应力$[\sigma_{L}]$/MPa	查《实用阀门设计手册》（第3版）中表3-7
55	许用扭转应力$[\tau_{N}]$/MPa	查《实用阀门设计手册》（第3版）中表3-7
56	许用合成应力$[\sigma_{\Sigma}]$/MPa	查《实用阀门设计手册》（第3版）中表3-7

注：工作压力随工作温度而改变的比值比相应温度下材料许用应力改变的比值为大，故不进行高温核算。

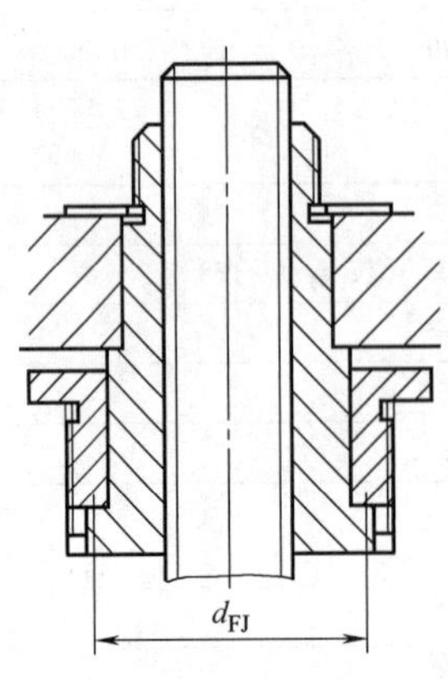

图5-173 阀杆螺母台肩与支架接触面

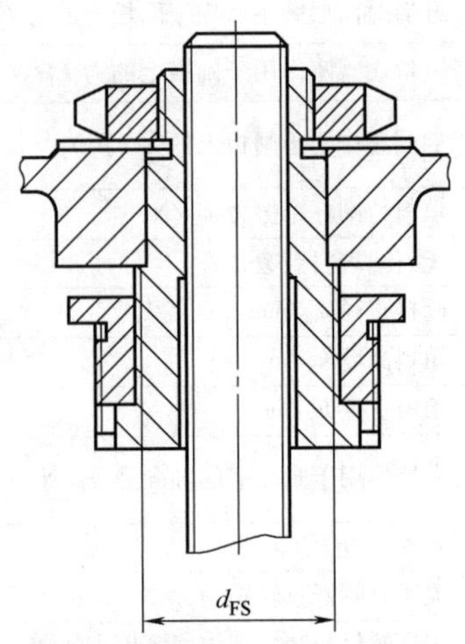

图5-174 手轮与支架的接触面结构

5.3.6.5 带内旁通的旋转升降杆截止阀或节流阀阀杆强度验算（图5-175、表5-198）

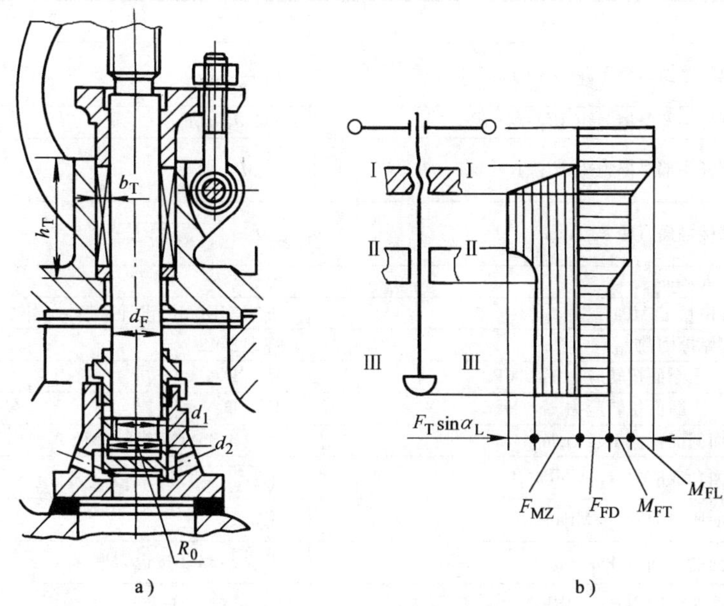

图5-175 带内旁通的旋转升降杆截止阀阀杆

a）阀杆结构图 b）阀杆受力分析图

表5-198 带内旁通的旋转升降杆截止阀阀杆强度验算（G_5）

序号	名 称	公 式 或 索 引
1	关闭时阀杆总轴向力 F'_{FZ}/N	$F_{MZ}+F_T\sin\alpha_L$
2	开启时阀杆总轴向力 F''_{FZ}/N	F'_{FZ}
3	密封面上总作用力 F_{MZ}/N	$F_{MJ}+F_{MF}$
4	密封面处介质作用力 F_{MJ}/N	$\frac{\pi}{4}(D_{MN}+b_M)^2p$
5	密封面内径 D_{MN}/mm	设计给定
6	密封面宽度 b_M/mm	设计给定
7	设计压力 p/MPa	取公称压力PN数值的1/10
8	密封面上密封力 F_{MF}/N	$\pi(D_{MN}+b_M)b_Mq_{MF}$
9	密封面必需比压 q_{MF}/MPa	查表3-29
10	阀杆与填料摩擦力 F_T/N	ψd_Fb_Tp
11	无石棉填料系数 ψ	查表3-31（按 h_T/b_T 查）
12	填料深度 h_T/mm	设计给定
13	填料宽度 b_T/mm	设计给定
14	阀杆直径 d_F/mm	设计给定
15	螺纹升角 α_L/(°)	查表3-32（按螺纹公称直径 d），或按 $\arctan p/\pi d_2$
16	螺距 P/mm	设计给定
17	螺纹中径 d_2/mm	设计给定
18	关闭时阀杆总力矩 M'_{FZ}/N·mm	$M'_{FL}+M_{FT}+M'_{FD}$
19	开启时阀杆总力矩 M''_{FZ}/N·mm	$M''_{FL}+M_{FT}+M''_{FD}$
20	关闭时阀杆螺纹摩擦力矩 M'_{FL}/N·mm	$F'_{FZ}R_{FM}$
21	开启时阀杆螺纹摩擦力矩 M''_{FL}/N·mm	$F''_{FZ}R'_{FM}$
22	关闭时螺纹摩擦半径 R_{FM}/mm	查表3-32
23	开启时螺纹摩擦半径 R'_{FM}/mm	查表3-32

（续）

序号	名　　称	公式或索引
24	阀杆与填料摩擦力矩 M_{FT}/N·mm	$F_T\frac{d_F}{2}\cos\alpha_L$
25	关闭时阀杆头部摩擦力矩 M'_{FD}/N·mm	$0.25d_{FJ}f_DF_{MZ}$
26	开启时阀杆头部摩擦力矩 M''_{FD}/N·mm	$\frac{4}{3}M'_{FD}$
27	阀杆头部接触面直径 d_{FJ}/mm	$2.2\times\sqrt[3]{F_{MZ}R_0/E}$
28	球面半径 R_0/mm	设计给定
29	材料弹性模量 E/MPa	查《实用阀门设计手册》（第3版）中表3-6
30	阀杆头部摩擦因数 f_D	查表3-42
31	关闭时Ⅰ-Ⅰ断面扭转应力 τ'_{N1}/MPa	$M'_{FZ}/W_{SⅠ}\leqslant[\tau_N]$
32	开启时Ⅰ-Ⅰ断面扭转应力 τ''_{N1}/MPa	$M''_{FZ}/W_{SⅠ}\leqslant[\tau_N]$
33	Ⅰ-Ⅰ断面截面系数 $W_{SⅠ}$/mm³	查表3-33（按螺纹小径 W_N）
34	Ⅱ-Ⅱ断面合成应力 $\sigma_{\SigmaⅡ}$/MPa	$\sqrt{\sigma_{YⅡ}^2+4\tau_{NⅡ}^2}\leqslant[\sigma_\Sigma]$
35	Ⅱ-Ⅱ断面压应力 $\sigma_{YⅡ}$/MPa	F'_{FZ}/A_{s2}
36	Ⅱ-Ⅱ断面的截面积 A_{s2}/mm²	查表3-33（按退刀槽 A_T）
37	Ⅱ-Ⅱ断面扭转应力 $\tau_{NⅡ}$/MPa	$(M_{FT}+M''_{FD})/W_{SⅡ}\leqslant[\tau_N]$
38	Ⅱ-Ⅱ断面截面系数 $W_{SⅡ}$/mm³	查表3-33（按退刀槽 W_T）
39	Ⅲ-Ⅲ断面合成应力 σ_Σ/MPa	$\sqrt{\sigma_{YⅢ}^2+4\tau_{NⅢ}^2}\leqslant[\sigma_\Sigma]$
40	Ⅲ-Ⅲ断面压应力 $\sigma_{YⅢ}$/MPa	F_{MZ}/A_3
41	Ⅲ-Ⅲ断面截面积 A_3/mm²	$\frac{\pi}{4}d_1^2$
42	阀杆沉槽直径（图示）d_1/mm	设计给定
43	Ⅲ-Ⅲ断面扭转应力 $\tau_{NⅢ}$/MPa	$M''_{FD}/W_{SⅢ}$
44	Ⅲ-Ⅲ断面截面系数 $W_{SⅢ}$/mm³	$\frac{\pi}{16}d_1^3$
45	许用拉应力$[\sigma_L]$/MPa	查表3-13、表3-14、表3-26、表3-27
46	许用压应力$[\sigma_Y]$/MPa	查《实用阀门设计手册》（第3版）中表3-7
47	许用扭转应力$[\tau_N]$/MPa	查《实用阀门设计手册》（第3版）中表3-7
48	许用合成应力$[\sigma_\Sigma]$/MPa	查《实用阀门设计手册》（第3版）中表3-7

注：工作压力随工作温度而改变的比值比相应温度下材料许用应力改变的比值为大，故不进行高温核算。

5.3.6.6　带上下分段阀杆的闸阀或截止阀阀杆强度验算（图5-176、表5-199）

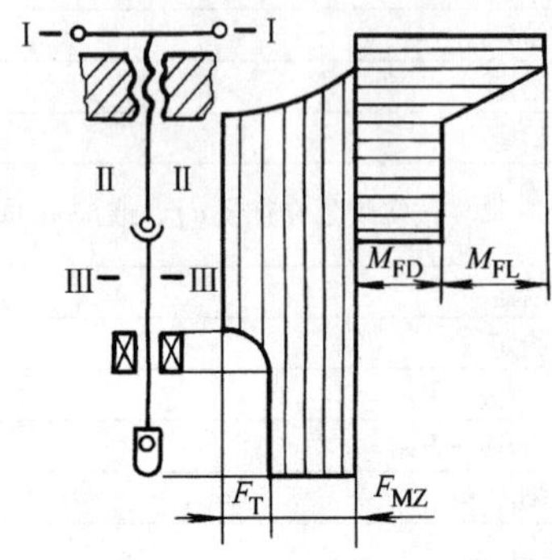

图5-176　上下分段阀杆受力分析

5.3.6.7　带防转键的阀杆强度验算（图5-177、表5-200）

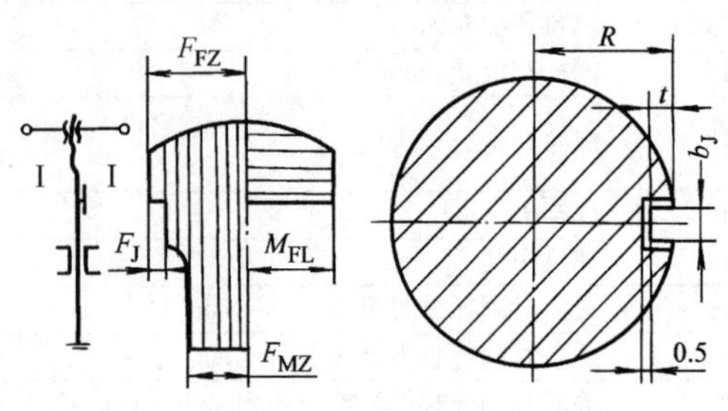

图5-177　带防转键的阀杆的键部断面形状及受力分析图

表 5-199 闸阀或截止阀上下分段阀杆强度验算（G_6）

序号	名 称	公 式 或 索 引
1	关闭时阀杆总轴向力 F'_{FZ}/N	$F_{MZ}+F_T$
2	开启时阀杆总轴向力 F''_{FZ}/N	$\approx F'_{FZ}$
3	密封面上总作用力 F_{MZ}/N	$F_{MJ}+F_{MF}$
4	密封面处介质作用力 F_{MJ}/N	$\frac{\pi}{4}(D_{MN}+b_M)^2p$
5	密封面内径 D_{MN}/mm	设计给定
6	密封面宽度 b_M/mm	设计给定
7	设计压力 p/MPa	取公称压力 PN 数值的 1/10
8	密封面上密封力 F_{MF}/N	$\pi(D_{MN}+b_M)b_Mq_{MF}$
9	密封面必需比压 q_{MF}/MPa	查表 3-29
10	阀杆与填料摩擦力 F_T/N	ψd_Fb_Tp
11	无石棉填料系数 ψ	查表 3-31（按 h_T/b_T）
12	填料深度 h_T/mm	设计给定
13	填料宽度 b_T/mm	设计给定
14	阀杆直径 d_F/mm	设计给定
15	关闭时阀杆总力矩 M'_{FZ}/N · mm	$M'_{FL}+M'_{FD}$
16	开启时阀杆总力矩 M''_{FZ}/N · mm	$M''_{FL}+M''_{FD}$
17	关闭时阀杆螺纹摩擦力矩 M'_{FL}/N · mm	$F'_{FZ}R_{FM}$
18	开启时阀杆螺纹摩擦力矩 M''_{FL}/N · mm	$F''_{FZ}R'_{FM}$
19	关闭时螺纹摩擦半径 R_{FM}/mm	查表 3-32
20	开启时螺纹摩擦半径 R'_{FM}/mm	查表 3-32
21	关闭时阀杆头部摩擦力矩 M'_{FD}/N · mm	$0.25d_{FJ}f_DF'_{FZ}$
22	开启时阀杆头部摩擦力矩 M''_{FD}/N · mm	$\frac{4}{3}M'_{FD}$
23	阀杆头部接触面直径 d_{FJ}/mm	$2.2\sqrt[3]{\frac{F'_{FZ}R_1R_2}{E(R_1-R_2)}}$；$2.2\sqrt[3]{\frac{F'_{FZ}R_1R_2}{E(R_1+R_2)}}$
24	阀杆头部摩擦因数 f_D	查表 3-42
25	球面半径 R_1/mm	设计给定：见图 5-171
26	球面半径 R_2/mm	设计给定：见图 5-171
27	材料弹性模量 E/MPa	查《实用阀门设计手册》（第 3 版）中表 3-6
28	关闭时Ⅰ-Ⅰ断面扭转应力 $\tau'_{NⅠ}$/MPa	$M'_{FZ}/W_{SⅠ}\leqslant[\tau_N]$
29	开启时Ⅰ-Ⅰ断面扭转应力 $\tau''_{NⅠ}$/MPa	$M''_{FZ}/W_{SⅠ}\leqslant[\tau_N]$
30	Ⅰ-Ⅰ断面截面系数 $W_{SⅠ}$/mm^3	βb^3
31	Ⅰ-Ⅰ断面宽度 b/mm	设计给定
32	系数 β	对于方锥取 0.208
33	Ⅱ-Ⅱ断面合成应力 $\sigma_{\SigmaⅡ}$/MPa	$\sqrt{\sigma^2_{YⅡ}+4\tau^2_{NⅡ}}\leqslant[\sigma_\Sigma]$
34	Ⅱ-Ⅱ断面轴向压应力 $\sigma_{YⅡ}$/MPa	F'_{FZ}/A_{S2}
35	Ⅱ-Ⅱ断面截面积 A_{S2}/mm^2	查表 3-33（按退刀槽 A_T）
36	Ⅱ-Ⅱ断面扭转应力 $\tau_{NⅡ}$/MPa	$M_{FD}/W_{SⅡ}\leqslant[\tau_N]$
37	Ⅱ-Ⅱ断面截面系数 $W_{SⅡ}$/mm^3	查表 3-33（按退刀槽 W_T）
38	Ⅲ-Ⅲ断面轴向拉应力 $\sigma_{LⅢ}$/MPa	$F''_{FZ}/A_{S3}\leqslant[\tau_L]$
39	Ⅲ-Ⅲ断面轴向压应力 $\sigma_{YⅢ}$/MPa	$F'_{FZ}/A_{S3}\leqslant[\tau_Y]$
40	Ⅲ-Ⅲ断面截面积 A_{S3}/mm^2	查表 3-33（按外径 A_W）
41	许用拉应力$[\sigma_L]$/MPa	查表 3-13、表 3-14、表 3-26、表 3-27
42	许用压应力$[\sigma_Y]$/MPa	查《实用阀门设计手册》（第 3 版）中表 3-7
43	许用扭转应力$[\tau_N]$/MPa	查《实用阀门设计手册》（第 3 版）中表 3-7
44	许用合成应力$[\sigma_\Sigma]$/MPa	查《实用阀门设计手册》（第 3 版）中表 3-7

注：工作压力随工作温度而改变的比值比相应温度下材料许用应力改变的比值为大，故不进行高温核算。

表5-200 带防转键的阀杆强度验算（G_7）

序号	名 称	公 式 或 索 引
1	关闭时阀杆总轴向力 F'_{FZ}/N	$F_{MZ}+F_T+F_J$
2	开启时阀杆总轴向力 F''_{FZ}/N	同 F'_{FZ}
3	密封面上总作用力 F_{MZ}/N	$F_{MJ}+F_{MF}$
4	密封面处介质作用力 F_{MJ}/N	$\frac{\pi}{4}(D_{MN}+b_M)^2p$
5	密封面内径 D_{MN}/mm	设计给定
6	密封面宽度 b_{MN}/mm	设计给定
7	设计压力 p/MPa	取公称压力 PN 数值的 1/10
8	密封面上密封力 F_{MF}/N	$\pi(D_{MN}+b_M)b_Mq_{MF}$
9	密封面必需比压 q_{MF}/MPa	查表3-29
10	阀杆与填料摩擦力 F_T/N	$\psi d_F b_T p$
11	无石棉填料系数 ψ	查表3-31（按 h_T/b_T）
12	填料深度 h_T/mm	设计给定
13	填料宽度 b_T/mm	设计给定
14	阀杆直径 d_F/mm	设计给定
15	键槽摩擦力 F_J/N	$\dfrac{F_{MZ}+F_T}{\dfrac{R}{f_J R_{FM}}-1}$
16	阀杆中心到摩擦键中心距 R/mm	设计给定
17	键槽与防转键间摩擦因数 f_J	查表3-42（3）
18	关闭时螺纹摩擦半径 R_{FM}/mm	查表3-32
19	关闭时阀杆总力矩 M'_{FZ}/N·mm	取 M'_{FL}
20	开启时阀杆总力矩 M''_{FZ}/N·mm	取 M''_{FL}
21	关闭时阀杆螺纹摩擦力矩 M'_{FL}/N·mm	$F'_{FZ}R'_{FM}$
22	开启时阀杆螺纹摩擦力矩 M''_{FL}/N·mm	$F''_{FZ}R'_{FM}$
23	开启时螺纹摩擦半径 R'_{FM}/mm	查表3-32
24	Ⅰ-Ⅰ断面合成应力 σ_Σ/MPa	$\sqrt{\sigma^2_{YI}+4\tau^2_{NI}}\leqslant[\sigma_\Sigma]$
25	Ⅰ-Ⅰ断面压应力 σ_{YI}/MPa	$F'_{FZ}/A_{SI}\leqslant[\sigma_Y]$
26	Ⅰ-Ⅰ断面截面积 A_{SI}/mm^2	查表3-33（按退刀槽 A_T）
27	Ⅰ-Ⅰ断面扭转应力 τ_{NI}/MPa	$M'_{FL}/W_{SI}\leqslant[\tau_N]$
28	Ⅰ-Ⅰ断面截面系数 W_{SI}/mm^3	查表3-33（按退刀槽 W_T）
29	许用压应力$[\sigma_Y]$/MPa	查表3-13、表3-14、表3-26、表3-27
30	许用扭转应力$[\tau_N]$/MPa	查《实用阀门设计手册》（第3版）中表3-7
31	许用合成应力$[\sigma_\Sigma]$/MPa	查《实用阀门设计手册》（第3版）中表3-7

注：工作压力随工作温度而改变的比值比相应温度下材料许用应力改变的比值为大，故不进行高温核算。

5.3.6.8 带有卸压阀的闸阀或截止阀阀杆强度验算（图5-175、图5-178、图5-179、表5-201）

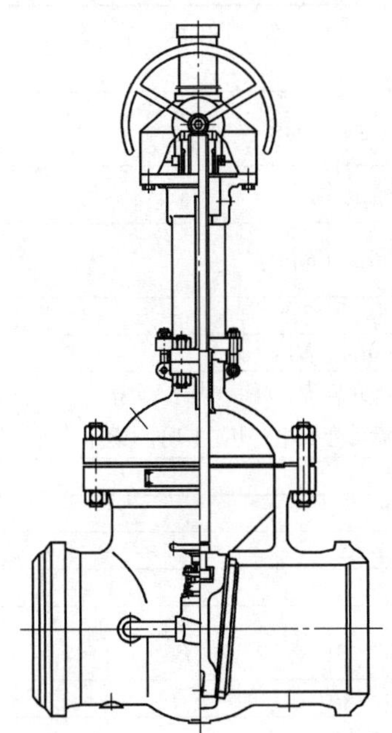

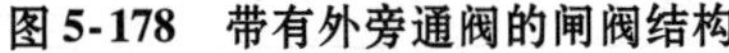

图5-178 带有外旁通阀的闸阀结构

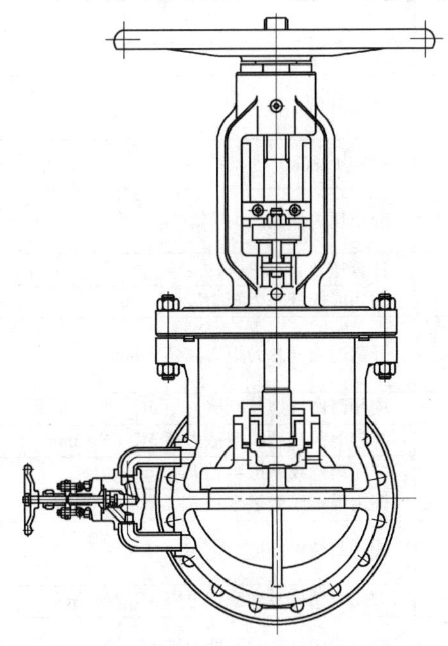

图5-179 带有外旁通阀的截止阀结构

表5-201 带有卸压阀的闸阀或截止阀阀杆强度验算（G_8）

序号	名 称	公式或索引
1	关闭时阀杆总轴向力 F'_{FZ}/N	在流动介质中 $F_{MF} > F'_{MJ}$ $F_{MF} - F'_{MJ} + F_P + F_T\sin\alpha_L$ $F_{MF} < F_{MJ}$ $F_{MJ} + F_P + F_T\sin\alpha_L$ 在不流动介质中 $F_{MF} + F_P + F_T\sin\alpha_L + F_{MJ}$ 取上列公式中的较大值
2	开启时阀杆总轴向力 F''_{FZ}/N	在流动介质中 $F_{MJ} - F_P - F_T\sin\alpha_L$ 在不流动介质中 $F_{MF} + F_P + F_T\sin\alpha_L$ 取上列公式中的较大值
3	密封面处介质作用力 F_{MJ}/N	$\frac{\pi}{4}(D_{MN}+b_M)^2p$
4	密封面内径 D_{MN}/mm	设计给定
5	密封面宽度 b_M/mm	设计给定
6	设计压力 p/MPa	取公称压力PN数值的1/10
7	密封面上密封力 F_{MF}/N	$\pi(D_{MN}+b_M)b_Mq_{MF}$
8	密封面必需比压 q_{MF}/MPa	查表3-29
9	阀杆径向截面上介质作用力 F_P/N	$\frac{\pi}{4}d_F^2p$
10	阀杆直径 d_F/mm	设计给定
11	阀杆与填料摩擦力 F_T/N	$\psi d_F b_T p$
12	无石棉填料系数 ψ	查表3-31（按 h_T/b_T）
13	填料深度 h_T/mm	设计给定

（续）

序号	名　称	公 式 或 索 引
14	填料宽度 b_T/mm	设计给定
15	螺纹升角 α_L	查表3-32；或按 $\arctan\dfrac{p}{\pi d_2}$
16	螺距 P/mm	设计给定
17	介质压差作用压力 F'_{MJ}/N	$\dfrac{\pi}{4}(D_{MN}+b_M)^2p'$
18	计算压差 p'/MPa	取0.5p
19	关闭时阀杆总力矩 M'_{FZ}/N·mm	$M'_{FL}+M_{FT}+M'_{FD}$
20	开启时阀杆总力矩 M''_{FZ}/N·mm	在流动介质中：$M''_{FL}+M_{FT}+M_{FJ}$ 在不流动介质中：$M''_{FL}+M_{FT}+M''_{FD}$
21	关闭时阀杆螺纹摩擦力矩 M'_{FL}/N·mm	$F'_{FZ}R_{FM}$
22	开启时阀杆螺纹摩擦力矩 M''_{FL}/N·mm	$F''_{FZ}R'_{FM}$
23	关闭时螺纹摩擦半径 R_{FM}/mm	查表3-32
24	开启时螺纹摩擦半径 R'_{FM}/mm	查表3-32
25	阀杆与填料摩擦力矩 M_{FT}/N·mm	$F_T\dfrac{d_F}{2}\cos\alpha_L$
26	关闭时阀杆头部摩擦力矩 M'_{FD}/N·mm	$0.25d_{FJ}F_{MZ}$
27	开启时阀杆头部摩擦力矩 M''_{FD}/N·mm	$\dfrac{4}{3}M'_{FD}$
28	阀杆头部接触面直径 d_{FJ}/mm	$2.2\sqrt{\dfrac{F_{MZ}R_o}{E}}$
29	阀杆头部球面半径 R_o/mm	设计给定
30	阀杆材料弹性模量 E/MPa	查《实用阀门设计手册》（第3版）中表3-6
31	阀杆头部摩擦因数 f_D	查表3-42
32	阀杆台肩摩擦力矩 M_{FJ}/N·mm	$f_{TJ}F_{FZ}\dfrac{d_1+d_2}{4}$
33	阀杆台肩摩擦因数 f_{TJ}	查表3-42
34	见图5-173d_1/mm	设计给定
35	见图5-174d_2/mm	设计给定
36	关闭时Ⅰ-Ⅰ断面扭转应力 $\tau'_{N\,I}$/MPa	$M'_{FZ}/W_{S\,I}\leq[\tau_N]$
37	开启时Ⅰ-Ⅰ断面扭转应力 $\tau''_{N\,I}$/MPa	$M''_{FZ}/W_{S\,I}\leq[\tau_N]$
38	Ⅰ-Ⅰ断面截面系数 $W_{S\,I}$/mm³	查表3-33（按螺纹内径 W_N）
39	Ⅱ-Ⅱ断面合成应力 $\sigma_{\Sigma II}$/MPa	$\sqrt{\sigma^2_{II}+4\tau^2_{NII}}\leq[\sigma_L]$
40	关闭时Ⅱ-Ⅱ断面轴向应力 σ_{LII}/MPa	$F'_{FZ}/A_S\leq[\sigma_L]$
41	开启时Ⅱ-Ⅱ断面轴向应力 σ_{LII}/MPa	$F'_{FZ}/A_S\leq[\sigma_L]$
42	Ⅱ-Ⅱ断面截面积 A_S/mm²	查表3-33（按退刀槽 A_T）
43	Ⅱ-Ⅱ断面扭转应力 τ_{NII}/MPa	$(M_{FT}+M_{FD})/W_{SII}\leq[\tau_N]$
44	Ⅱ-Ⅱ断面拉应力 σ_{II}/MPa	$(M_{FT}+M_{FJ})/W_{SII}\leq[\sigma_L]$
45	Ⅱ-Ⅱ断面压应力 σ_{YII}/MPa	$(M_{FT}+M'_{FD})/W_{SII}\leq[\sigma_Y]$
46	Ⅱ-Ⅱ断面截面系数 W_{SII}/mm³	查表3-33（按退刀槽 W_T）
47	许用拉应力 $[\sigma_L]$/MPa	查表3-13、表3-14、表3-26、表3-27
48	许用压应力 $[\sigma_Y]$/MPa	查《实用阀门设计手册》（第3版）中表3-7
49	许用扭转应力 $[\tau_N]$/MPa	查《实用阀门设计手册》（第3版）中表3-7
50	许用合成应力 $[\sigma_\Sigma]$/MPa	查《实用阀门设计手册》（第3版）中表3-7

注：工作压力随工作温度而改变的比值比相应温度下材料许用应力改变的比值为大，故不需进行高温强度核算。

5.3.6.9 阀杆稳定性验算

关闭阀门时，阀杆承受轴向压力，对于这类属于细长杆的阀杆，除满足强度条件外，还应校验其直线形状平衡的稳定性，如图5-180及表5-202所示。

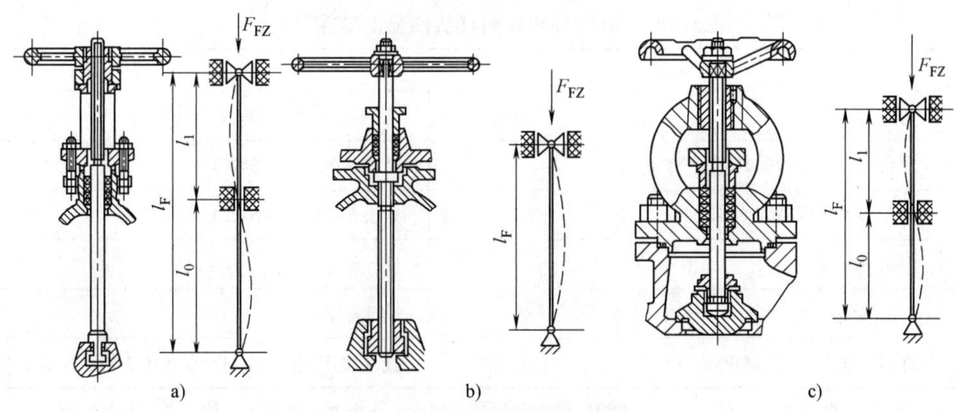

图 5-180 阀杆的支撑形式

a）升降杆 b）旋转杆 c）旋转升降杆

表 5-202 阀杆稳定性验算（G_9）

序号	名 称	公 式 或 索 引
1	允许细长比 λ_o	设计给定，取 30
2	实际细长比 λ	$4\mu_\lambda l_F/d_F$
3	支承形式形状系数 μ_λ	查表 3-36 或表 3-37（按 l/l_F）
4	中间支承到端点的长度 l/mm	设计给定
5	阀杆计算长度 l_F/mm	设计给定
6	阀杆直径 d_F/mm	设计给定
7	临界细长比 λ_L	查表 3-38
8	阀杆压应力 σ_Y/MPa	$F'_{FZ}/A\leqslant[\sigma_Y]$
9	关闭时阀杆总轴向力 F'_{FZ}/N	查表 5-194 ~ 表 5-201
10	阀杆截面积 A/mm^2	查表 3-33（按外径处 A_W）
11	实际许用压应力［σ_Y］/MPa	查《实用阀门设计手册》（第 3 版）中表 3-7
12	稳定系数 n	F_{LJ}/F'_{FZ}
13	临界载荷 F_{LJ}/N	$\pi^2EI/(\mu_\lambda l_F)^2$
14	材料弹性模量 E/MPa	查《实用阀门设计手册》（第 3 版）中表 3-6
15	惯性矩 I/mm^4	查表 3-33（按外径处 I_W）
16	许用稳定系数［n］	设计选定为 1.25
17	临界压应力 σ_Y/MPa	π^2E/λ^2
18	材料比例极限 σ_{BL}/MPa	查《实用阀门设计手册》（第 3 版）中表 3-6

注：1. $\lambda<\lambda_o$，不进行稳定性验算。

2. $\lambda_o<\lambda<\lambda_L$，$\sigma_Y<[\sigma_Y]$，为稳定性合格；$\lambda_o<\lambda<\lambda_L$ 时，稳定性计算到序号 11 止。

3. $\lambda>\lambda_L$，$\sigma_Y\leqslant\sigma_{BL}$，$n\geqslant[n]$，为稳定性合格。只有当 $\lambda>\lambda_L$ 时，才按欧拉公式计算（从序号 12 ~ 序号 18）。

4. μ_λ 值按 l/l_F 比值的 4 舍 5 入选取，如 $l/l_F=0.525$ 时，$\mu_\lambda=0.5$；$l/l_F=0.56$ 时，$\mu_\lambda=0.6$。

5. ［σ_Y］值按实际细长比 λ 选取，而不是按 λ_L。如 20Cr13，$\lambda=60$ 时，［σ_Y］= 213MPa。

5.3.6.10 升降杆闸阀阀杆头部强度验算（图5-181、表 5-203）

5.3.6.11 旋转杆闸阀阀杆台肩强度验算

旋转杆闸阀阀杆应进行阀杆台肩弯曲应力、上支承面的挤压应力和下支承面的挤压应力的校核，如图 5-182及表 5-204 所示。

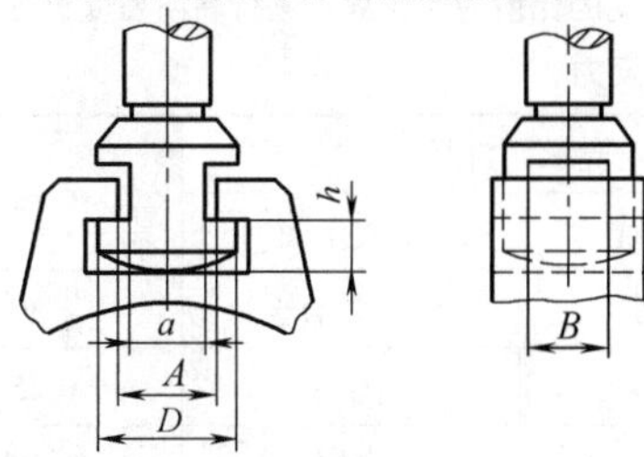

图 5-181 升降杆闸阀阀杆头部结构

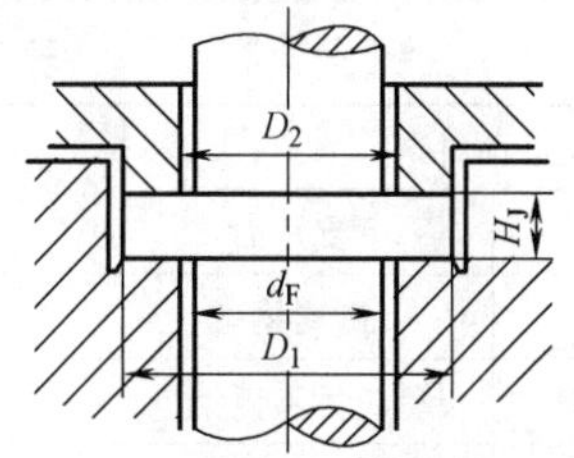

图 5-182 阀杆台肩和其连接结构

表5-203　升降杆闸阀阀杆头部强度验算（G_{10}）

序号	名　　称	公 式 或 索 引
1	切应力 τ/MPa	$(F''_{FZ}-F_T)/2Bh\leqslant[\tau]$
2	开启时阀杆总轴向力 F''_{FZ}/N	见表5-193～表5-201
3	阀杆与填料摩擦力 F_T/N	见表5-193～表5-201
4	图示 B/mm	设计给定
5	图示 h/mm	设计给定
6	许用切应力［τ］/MPa	查《实用阀门设计手册》（第3版）中表3-7

注：工作压力随工作温度而改变的比值，比相应温度下材料许用应力改变的比值为大，故不进行高温强度核算。

表5-204　旋转杆闸阀阀杆台肩强度验算（G_{11}）

序号	名　　称	公 式 或 索 引
1	台肩的弯曲应力 σ_W/MPa	$\dfrac{3F_{FZ}\left(\dfrac{D_1+D_2}{2}\right)-d_F}{\pi d_F H_J^2}\leqslant[\sigma_W]$
2	阀杆总轴向力 F_{FZ}/N	取 F'_{FZ}或 F''_{FZ}中较大值，见表5-195
3	台肩的外径 D_1/mm	设计给定
4	支承面内径 D_2/mm	设计给定
5	阀杆直径 d_F/mm	设计给定
6	台肩总高 H_J/mm	设计给定
7	上支承面的挤压应力 σ_{ZY1}/MPa	$\dfrac{F'_{FZ}}{\dfrac{\pi(D_1^2-D_2^2)}{4}}\leqslant[\sigma_{ZY}]$
8	关闭时阀杆总轴向力 F'_{FZ}/N	见表5-195
9	下支承面的挤压应力 σ_{ZY2}/MPa	$\dfrac{F''_{FZ}}{\dfrac{\pi(D_1^2-D_2^2)}{4}}\leqslant[\sigma_{ZY}]$
10	开启时阀杆总轴向力 F''_{FZ}/N	见表5-195
11	许用弯曲应力［σ_W］/MPa	见《实用阀门设计手册》（第3版）中表3-7
12	许用挤压应力［σ_{ZY}］/MPa	见表5-205

注：工作压力随工作温度而改变的比值，比相应温度下材料许用应力改变的比值为大，故不进行高温强度核算。

表5-205　材料的许用挤压应力

支承面材料		［σ_{ZY}］/MPa	支承面材料		［σ_{ZY}］/MPa
上支承面	下支承面		上支承面	下支承面	
碳素钢	碳素钢	25.0	碳素钢	蒙乃尔合金	30.0
奥氏体不锈钢	奥氏体不锈钢	30.0	铸铁	铸铁	25.0
碳素钢	奥氏体不锈钢	30.0	青铜	青铜	30.0
蒙乃尔合金	蒙乃尔合金	30.0	黄铜	黄铜	20.0

5.3.6.12 带有内旁通阀的旋转升降杆截止阀阀杆强度验算（图5-183、表5-206）

5.3.6.13 浮动球球阀阀杆强度验算

浮动球球阀的阀杆与球体的连接在很大程度上影响球阀的正常工作。它除了要能够传递较大的力矩外，还要有足够的强度和刚度，如图5-184～图5-186及表5-207所示。阀杆头部和球体间的摩擦因数 f_1 见表5-208。

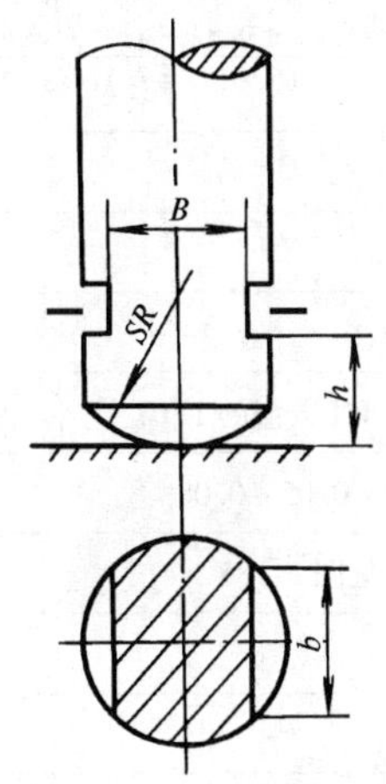

图5-183 带有内旁通阀的旋转升降杆截止阀阀杆头部结构

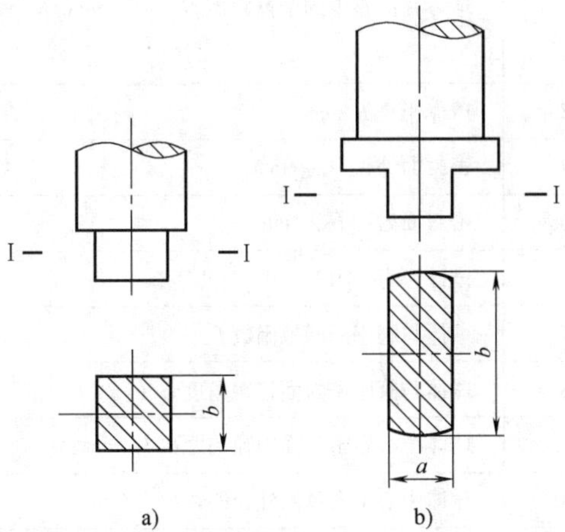

图5-184 浮动球球阀阀杆头部和截面

a）正方形阀杆头部 b）扁方形阀杆头部

表5-206 带有内旁通阀的旋转升降杆截止阀阀杆头部强度验算（G_{12}）

序号	名 称	公式或索引
1	阀杆头部切应力 τ/MPa	$(F''_{FZ}-F_T\sin\alpha_L)/2bh\leqslant[\tau]$
2	开启时阀杆总轴向力 F''_{FZ}/N	见表5-198、表5-201
3	阀杆与填料的摩擦力 F_T/N	见表5-198、表5-201
4	阀杆螺纹升角 α_L/(°)	查表3-32
5	图示 b/mm	设计给定
6	图示 h/mm	设计给定
7	阀杆头部压应力 σ_Y/MPa	$\dfrac{F''_{FZ}-F_T\sin\alpha_L}{\dfrac{\pi}{4}(2.2\sqrt[3]{F''_{FZ}R_o/E})^2}\leqslant[\sigma_Y]$
8	阀杆头部球面半径 R_o/mm	设计给定
9	材料弹性模量 E/MPa	查《实用阀门设计手册》（第3版）中表3-6
10	材料许用切应力 $[\tau]$/MPa	查《实用阀门设计手册》（第3版）中表3-7
11	材料许用压应力 $[\sigma_Y]$/MPa	查《实用阀门设计手册》（第3版）中表3-7

注：工作压力随工作温度而改变的比值，比相应温度下材料许用应力改变的比值为大，故不进行高温强度核算。

表5-207　浮动球球阀阀杆头部强度校验（G_{13}）

序号	名　称	公 式 或 索 引
1	浮动球球阀阀杆总摩擦力矩 M_{FZ}/N·mm	$M_{QZ}+M_{FT}+M_u$
2	球体在阀座中的摩擦力矩 M_{QZ}/N·mm	$\pi R^2(D_{MW}+D_{MN})\dfrac{[p(D_{MW}+D_{MN})+6.4(D_{MW}-D_{MN})](1+\cos\varphi)f}{16\times(l_1+l_2)\cos\varphi}$
3	球体半径 R/mm	设计给定
4	密封面外径 D_{MW}/mm	设计给定
5	密封面内径 D_{MN}/mm	设计给定
6	设计压力 p/MPa	取公称压力PN数值的1/10
7	球体与阀座间摩擦因数 f	对于PTFE取0.05~0.08
8	球体与阀座密封面接触角度 φ/(°)	设计给定：见图5-185
9	球体中心至密封面内径的距离 l_1/mm	设计给定
10	球体中心至密封面外径的距离 l_2/mm	设计给定
11	阀杆与填料间的摩擦力矩 M_{FT}/N·mm	$0.6\pi\mu_T d_F^2 Zhp$
12	阀杆与填料间的摩擦因数 μ_T	对于PTFE取0.05
13	阀杆与填料接触部分直径 d_F/mm	设计给定
14	填料圈数 Z	设计给定
15	单圈填料高度 h/mm	设计给定
16	对于O形密封圈阀杆的摩擦力矩 M_{FT}/N·mm	$\dfrac{1}{2}\pi d_F^2$（$0.33+0.92\mu_o d_o p$）
17	橡胶与金属间摩擦因数 μ_o	无润滑取0.3~0.4；有润滑取0.15
18	O形圈横截面直径 d_o/mm	设计选定
19	阀杆台肩与止推垫间摩擦力矩 M_u/N·mm	$\dfrac{\pi}{16}$（D_T+d_T）$d_T^2 p\mu_T$
20	阀杆台肩与止推垫外径 D_T/mm	设计给定（见图5-184）
21	阀杆直径 d_T/mm	设计给定（见图5-184）
22	对正方形阀杆头部Ⅰ-Ⅰ断面扭应力 τ_{N1}/MPa	$M_{FZ}/W_{SF}\leqslant[\tau_N]$
23	Ⅰ-Ⅰ断面截面系数 W_{SF}/mm^3	$b^3/4.8$
24	对扁方形阀杆头部Ⅰ-Ⅰ断面扭应力 τ_{N1}/MPa	$M_{FZ}/W_{SB}\leqslant[\tau_N]$
25	扁方处断面截面系数 W_{SB}/mm^3	$0.9\beta ba^2$
26	系数 β	见表5-209（按 b/a）
27	扁方宽 a/mm	设计给定
28	扁方长 b/mm	设计给定
29	材料许用扭应力［τ_N］/MPa	查《实用阀门设计手册》（第3版）中表3-7

注：球阀一般工作温度不超过200℃，故不进行高温强度核算。

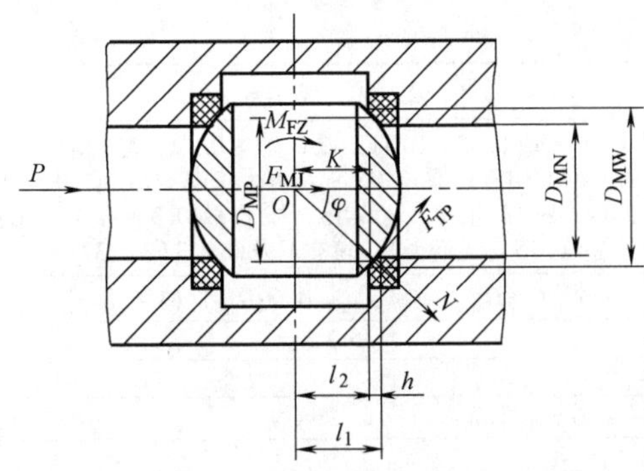

图 5-185 浮动球球阀出口端阀座密封圈受力图

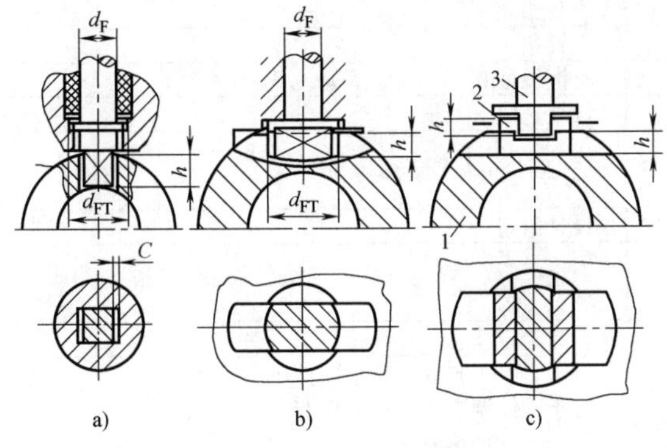

图 5-186 阀杆与球体的连接方式

a）方形连接 b）加大头部铣扁连接

c）活块连接

1—球体 2—活块 3—阀杆

表 5-208 阀杆头部和球体间的摩擦因数 f_1

材料		摩擦因数
阀杆	球体	f_1
碳钢、低合金钢、不锈钢、蒙乃尔合金	青铜	0.20
	铸铁	0.22
	碳钢、低合金钢、不锈钢、蒙乃尔合金	0.30
青铜	铸铁	0.20

表 5-209 系数 β 值

b/a	1.0	1.2	1.5	2.0	2.5	3.0	4.0	6.0	8.0
β	0.208	0.219	0.231	0.246	0.258	0.267	0.282	0.299	0.307

5.3.6.14 固定球球阀阀杆强度验算

根据国际标准化组织 ISO 14313: 2009 和美国石油学会标准 API 6D—2014 标准规定，固定球球阀为双阀座阀门。对于双阀座阀门分：单向密封、双向密封、双阀座双向密封（DIB-1）、双阀座一个阀座单向密封一个阀座双向密封（DIB-2）、双截断—泄放阀（DBB），如图 5-187 所示。

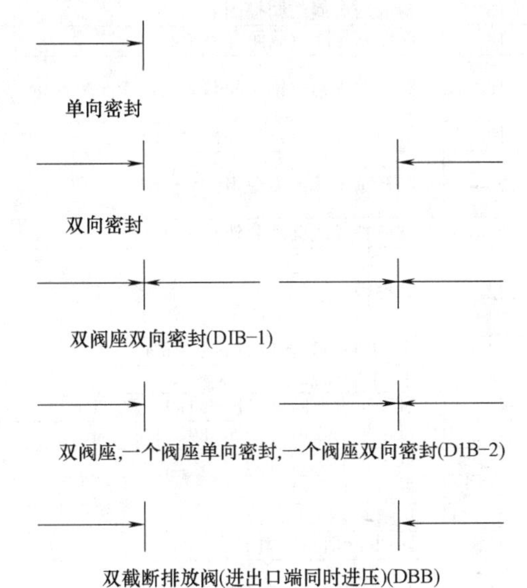

图 5-187 固定球球阀阀座密封分类

现以双密封阀座为例说明固定球球阀阀杆强度验算，如图 5-188 ~ 图 5-190 及表 5-210 所示。

表 5-210 固定球球阀阀杆强度验算（G_{14}）

序号	名 称	公 式 或 索 引
1	固定球球阀总转矩 M/N · mm	$M_m+M_T+M_u+M_c$
2	阀座密封圈与球体间的摩擦转矩 M_m/N · mm	$M_{mo}+M_{ml}$
3	进口端阀座与球体间的摩擦力矩 M_{mo}/N · mm	$\dfrac{\pi R\left[D_{JH}\left(pD_{JH}+3.82\right)+1.6D_{MW}^2-D_{MN}^2\left(p+1.6\right)\right]\left(1+\cos\varphi\right)}{8\cos\varphi}\mu_T$
4	球体的半径 R/mm	设计给定
5	设计压力 p/MPa	取公称压力 PN 数值的 1/10
6	活动套筒外径 D_{JH}/mm	设计给定
7	阀座密封面外径 D_{MW}/mm	设计给定
8	阀座密封面内径 D_{MN}/mm	设计给定
9	密封面对球体中心倾角 φ/（°）	设计给定

（续）

序号	名　称	公 式 或 索 引
10	密封面与球体间摩擦因数 μ_T	PTFE 取 0.05；RPTFE 取 0.07 ~ 0.12；尼龙取 0.1 ~ 0.15；MOLON 取 0.06 ~ 0.10；DEVLON 取 0.06 ~ 0.12；PEEK 取 0.1 ~ 0.15；橡胶取 0.3 ~ 0.4（无润滑）；0.15（无润滑）；填充尼龙取 0.32 ~ 0.37
11	出口端阀座与球体间的摩擦力矩 M_{m1}/N · mm	$\frac{\pi R(0.4D_{MW}^2-0.4D_{MN}^2+0.96D_{JH})(1+\cos\varphi)}{2\cos\varphi}\mu_T$
12	阀杆与填料间的摩擦力矩	
12.1	V形及圆形填料的摩擦力矩 M_{TV}/N · mm	$0.6\pi\mu_T d_T^2 Zhp$
12.2	O形密封圈与阀杆间的摩擦力矩 M_{TO}/N · mm	$\frac{1}{2}d_T^2(0.33+0.92\mu_o d_o p)$
13	阀杆与填料或O形圈接触直径 d_T/mm	设计给定
14	填料圈数 Z/圈	设计给定
15	单圈填料高度 h/mm	设计给定
16	橡胶对金属的摩擦因数 μ_o	有润滑取 0.15；无润滑取 0.3 ~ 0.4
17	O形密封圈横截面直径 d_o/mm	设计选定
18	阀杆台肩与止推垫间摩擦力矩 M_u/N · mm	$\frac{\pi}{16}(D_T+d_T)d_T^2 p\mu_T$
19	台肩外径或止推垫外径 D_T/mm	设计给定
20	阀杆轴承摩擦力矩 M_c/N · mm	$\frac{\pi}{8}D_{JH}^2 p d_{ZJ}\mu_c$
21	球体轴径或支承套外径 d_{ZJ}/mm	设计给定
22	摩擦因数 μ_c	对于 SF－1 自润滑轴承取 0.04 ~ 0.20 对于固体镶嵌式轴承取 0.16 对于滚动轴承取 0.002
23	Ⅰ-Ⅰ断面处扭应力 $\tau_{N\,I}$/MPa	$M_m/W_I \leqslant [\tau_N]$
24	Ⅰ-Ⅰ断面抗扭截面系数	
24.1	对于正方形断面（图 5-189）W_{IZ}/mm^3	$b^3/4.8$
24.2	对于矩形断面（图 5-189）W_{IJ}/mm^3	$0.9\beta a^2 b$
25	见图 5-189，b/mm	设计给定
26	系数 β	见表 5-209
27	见图 5-189，a/mm	设计给定
28	Ⅱ-Ⅱ断面扭应力 $\tau_{N\,II}$/MPa	$M/W_{II} \leqslant [\tau_N]$
29	Ⅱ-Ⅱ断面抗扭截面系数 W_{II}/mm^3	$\frac{\pi}{16}d_T^3$
30	Ⅲ-Ⅲ断面处扭应力 τ_{III}/MPa	$M/W_{III} \leqslant [\tau_N]$
31	Ⅲ-Ⅲ断面处抗扭截面系数	
31-1	对于单键阀杆 W_{III}/mm^3	$\frac{\pi d_1^3}{16}-\frac{bt(d_1-t)}{2d_1}$
31-2	对于双键阀杆 W_{III}/mm^3	$\frac{\pi d_1^3}{16}-\frac{bt(d_1-t)}{d_1}$
31-3	对于花键阀杆 W_{III}/mm^3	$\frac{\pi d_1^4+bZ(D_1-d_1)(D_1+d_1)^2}{16D_1}$
32	Ⅲ-Ⅲ断面处阀杆直径或花键内径 d_1/mm	设计给定
33	键槽宽度或花键宽度 b/mm	设计给定
34	键槽深度或花键槽深度 t/mm	设计给定
35	花键外径 D_1/mm	设计给定
36	花键键数 Z/个	设计给定
37	Ⅳ-Ⅳ断面切应力 τ/MPa	$\frac{(D_2+d_T)^2}{16d_T H}p \leqslant [\tau]$
38	阀杆头部直径 D_2/mm	设计给定
39	阀杆头部台肩高度 H/mm	设计给定
40	材料许用扭应力 $[\tau_N]$/MPa	查《实用阀门设计手册》（第3版）中表 3-7
41	材料许用切应力 $[\tau]$/MPa	查《实用阀门设计手册》（第3版）中表 3-7

注：球阀一般工作温度不超过200℃，故不进行高温强度核算。

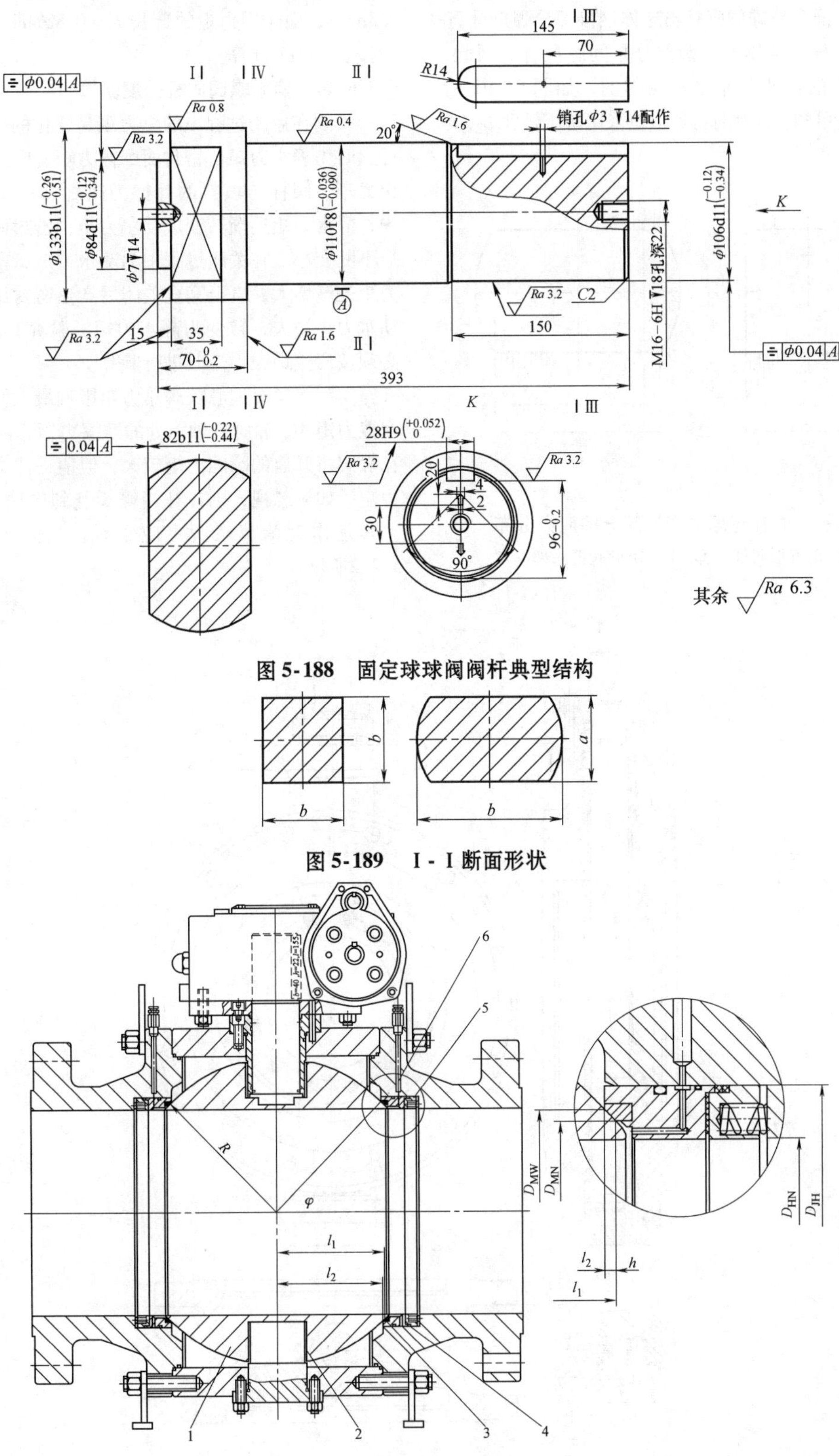

图 5-188 固定球球阀阀杆典型结构

图 5-189 I-I 断面形状

图 5-190 单向密封固定球球阀结构

1—球体 2—滑动轴承 3—阀座 4—活动套筒 5—弹簧 6—O 形圈

5.3.6.15　固定球球阀阀杆与球体连接部分强度计算

由于阀杆与球体的连接部分是间隙配合，因此，在接触面上的比压分布是不均匀的，如图 5-191 所示。由分析可知，计算时可近似地采用挤压长度 L_{ZY} = 0.3$a$mm，而作用力矩的臂长 K = 0.8$a$mm，则挤压应力按表 5-211 计算。

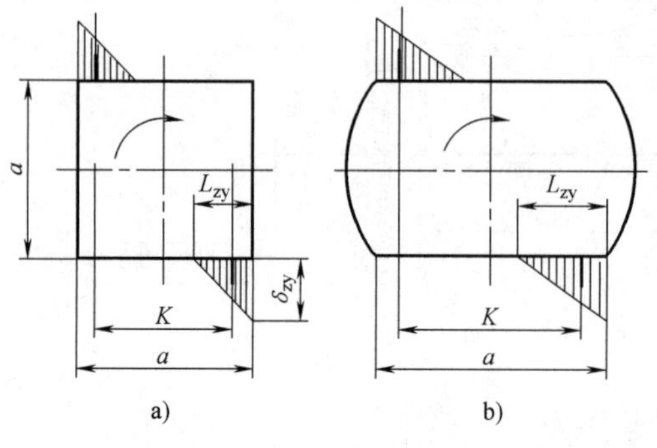

图 5-191　阀杆与球体连接部分的应力分布

a）正方形阀杆头部　b）矩形阀杆头部

5.3.6.16　偏心蝶阀阀杆强度验算

蝶阀在启闭过程中的总力矩是变化的，在刚开始开启时为静水力矩、密封面摩擦力矩、阀杆轴承处摩擦力矩、阀杆与填料的摩擦力矩之和；在开启过程中，静水力矩逐渐转变成动水力矩，密封面的摩擦力矩不断变小。在关闭过程中为动水力矩，密封面摩擦力矩逐渐增大，直至完全关闭后产生密封比压。此时动水力矩消失，转变为静水力矩。验算其阀杆强度，必须按产生最大力矩时进行验算。

实际上，对偏心蝶阀总力矩影响最大的是密封面摩擦力矩 M_m 和阀杆轴承处的摩擦力矩 M_C。一般说，在蝶阀将开启的瞬间力矩较大，但值得注意的是动水力矩，如果忽视，则往往当蝶阀开到中途时打不开，尤其是作为调节蝶阀更应重视，如图 5-192 及表 5-212所示。

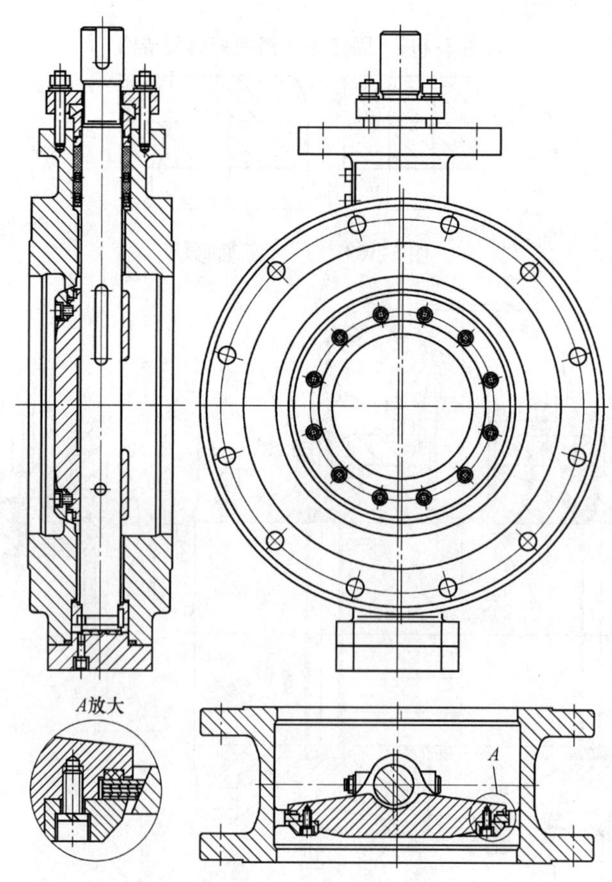

图 5-192　偏心蝶阀的阀杆结构

表 5-211 阀杆与球体连接部分挤压应力（G_{15}）

序号	名 称	公 式 或 索 引
1	挤压应力 σ_{ZY}/MPa	$\dfrac{M_m}{0.12a^2h} \leqslant [\sigma_{ZY}]$
2	阀体密封圈对球体的摩擦力矩 M_m/N · mm	见表 5-210
3	正方形边长、矩形时的边长 a/mm	设计给定，见图 5-191
4	阀杆头部插入球体的深度 h/mm	设计给定
5	球体材料许用挤压应力 $[\sigma_Y]$ /MPa	σ_b/n
6	球体材料抗拉强度 σ_L/MPa	查《实用阀门设计手册》（第 3 版）中表 3-7
7	安全系数 n	取 2.3

表 5-212 偏心蝶阀的阀杆强度验算（G_{16}）

序号	名 称	公 式 或 索 引
1	蝶阀启、闭的总力矩 M/N · mm	$M_m + M_{jS}$（或 M_D）$+ M_C + M_T$
2	密封面摩擦力矩 M_m/N · mm	$F_M R$
3	密封面摩擦力 F_M/N	$\pi D b_M q_{MF} f$
4	蝶板最大外径 D/mm	设计给定
5	密封接触宽度 b_M/mm	设计给定
6	密封面必需比压 q_{MF}/MPa	查表 3-21
7	密封面摩擦因数 f	查表 3-34（1）
8	力臂 R/mm	$\sqrt{(0.7071R_m)^2 + l^2}$
9	蝶板半径 R_m/mm	设计给定
10	偏心距 l/mm	设计给定
11	静水力矩 M_{jS}/N · mm	$\pi D_1^4 \rho/64$
12	流道直径 D_1/mm	设计给定
13	介质密度 ρ/（N/mm^3）	0.00001（对于水）
14	动水力矩 M_D/N · mm	$m_\varphi \Delta p D^3$
15	压力差 Δp/MPa	$p_1 - p_2$
16	进口端压力 p_1/MPa	设计确定
17	出口端压力 p_2/MPa	设计确定
18	动水力矩系数 m_φ	见表 5-213（按 b/D）
19	蝶板厚度 b/mm	设计给定
20	阀杆轴承处的摩擦力矩 M_C/N · mm	$\left(\dfrac{\pi}{4}D^2p + F_G\right)\dfrac{d_F}{2}\mu_T$
21	设计压力 p/MPa	取公称压力 PN 数值的 1/10
22	蝶板机构的重力 F_G/N	设计给定
23	轴承的摩擦因数	对 SF－1 自润滑轴承 $\mu_T = 0.04 \sim 0.20$；对 JDB 固体镶嵌轴承 $\mu_T = 0.16$；对青铜 $\mu_T = 0.2 \sim 0.25$
24	阀杆直径 d_F/mm	设计给定
25	阀杆与填料的摩擦力矩	
25-1	V 形填料或矩形断面圆环形 M_T/N · mm	$0.6\pi\mu_T d_T Zhp$
25-2	O 形橡胶密封圈 M_T/N · mm	$\dfrac{1}{2}d_T^2(0.33 + 0.92\mu_o d_o p)$
25-3	柔性石墨或无石棉填料 M_T/N · mm	$\dfrac{1}{2}\psi d_T^2 b_T p$
26	摩擦因数 μ_T	对 PTFE 取 0.05；对尼龙取 0.1 ~ 0.15
27	阀杆与填料接触部分直径 d_T/mm	设计给定
28	填料圈数 Z	设计给定
29	单圈填料高度 h/mm	设计给定
30	橡胶与阀杆间摩擦因数 μ_o	无润滑取 0.3 ~ 0.4；有润滑取 0.15

（续）

序号	名　称	公式或索引
31	O形密封圈横截面直径 d_o/mm	设计给定
32	无石棉填料系数 ψ	查表3-31
33	填料宽度 b_T/mm	设计给定
34	阀杆的扭转应力 τ_N/MPa	$1.3M/W \leqslant [\tau_N]$
35	阀杆截面系数 W/mm³	$\pi d_T^3/16$
36	材料许用扭应力 $[\tau_N]$/MPa	查《实用阀门设计手册》（第3版）中表3-7

注：工作压力随工作温度而改变的比值，比相应温度下材料许用应力改变的比值为大，故不进行高温强度核算。

5.3.7 密封面、密封环上总作用力及计算比压

5.3.7.1 闸阀密封面上总作用力及计算比压

在闸阀内，无论在介质入口端还是出口端，其闸板与阀体密封面之间均产生摩擦力。闸板与阀体导轨之间和阀体与阀体密封面之间的摩擦不能同时起作用，所以在计算时只考虑其中一种。通常装在阀杆上零件的重力与作用在楔式闸阀上的力相比，其值较小。阀杆在垂直位置时，对闸阀的工作影响不大。但当阀杆轴线成水平位置安装时，这些零件的重力可能增大闸板与阀体密封面之间的摩擦力，使闸板压紧到阀体上的力发生变化，从而增加了一侧的密封比压，而减小了另一侧密封面上的比压。闸阀在介质流动中关闭，当闸板下降时，逐渐截断阀体的通道，使闸板两侧的压差增大，于是阀体导轨和闸板之间的摩擦力 F_H 使闸板受到越来越大的阻力。在闸板尚未接触到密封面之前，闸板沿着导轨向下垂直移动，此时，垂直于密封面的介质压力 F_{MJ} 与闸板形成一定角度，产生的分力 F_r 与闸板移动方向相同，如图5-193所示。

$$F_r = F_{MJ}\sin\varphi$$

闸板继续下移时，由于闸板导轨槽和阀体导轨之间有间隙，使闸板首先接触到出口端的密封面，并沿此密封面下移。此时，介质压力垂直于移动平面，并在此密封面间产生摩擦力 F_K。当闸板接触到两个密封面时，介质入口端的密封面也产生摩擦力。此时，密封面之间摩擦力的大小不仅与介质作用力 F_{MJ} 有关，而且还与阀杆作用在闸板上的力 F_1' 有关。要保证密封，密封面计算比压必须大于密封必须比压，如图5-194及表5-214所示。

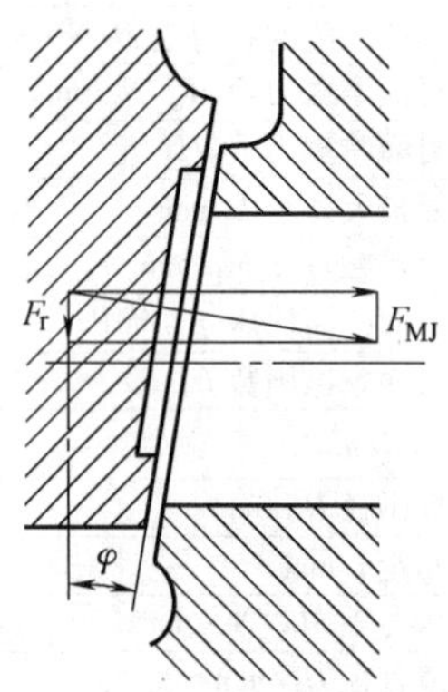

图5-193 分力 F_r 在楔式闸板上的作用力图

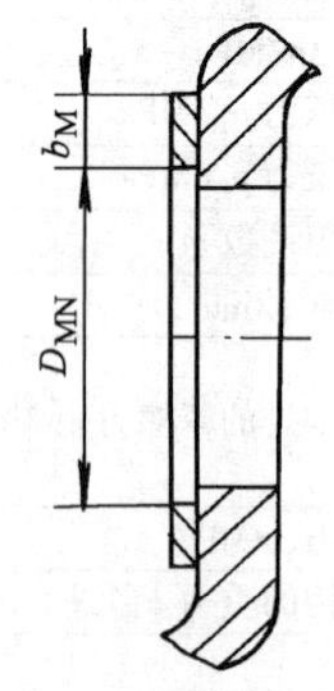

图5-194 闸阀密封面结构

表5-213 动水力矩系数 m_φ

b/D	开度 φ									
	0°	10°	20°	30°	40°	50°	60°	70°	80°	90°
0.05	0	6.53	8.67	11.4	16.1	25.0	28.6	84.7	615	—
0.10	0	6.47	9.50	12.1	16.9	24.4	32.5	84.7	615	—
0.15	0	6.26	10.30	13.1	17.2	25.5	31.3	84.7	615	—
0.20	0	6.09	11.00	14.8	18.7	25.8	34.0	84.7	615	—
0.25	0	6.18	11.55	16.0	20.8	27.6	37.0	84.7	615	—
0.30	0	6.90	10.20	17.7	24.4	31.8	40.9	84.7	615	—

表 5-214 闸阀密封面上总作用力及计算比压（M_1）

序号	名 称	公 式 或 索 引
1	密封面上总作用力及计算比压 F_{MZ}/N	$F_{MJ}+F_{MF}$
2	密封面处介质作用力 F_{MJ}/N	$\frac{\pi}{4}(D_{MN}+b_M)^2p$
3	密封面内径 D_{MN}/mm	设计给定
4	密封面宽度 b_M/mm	设计给定
5	设计压力 p/MPa	取公称压力 PN 数值的 1/10
6	密封面上密封力 F_{MF}/N	$\pi(D_{MN}+b_M)b_Mq_{MF}$
7	密封面必需比压 q_{MF}/MPa	查表 3-29
8	密封面计算比压 q/MPa	$F_{MZ}/\pi(D_{MN}+b_M)b_M\leqslant[q]$
9	密封面许用比压 $[q]$/MPa	查表 3-30

5.3.7.2 带弹簧的平行式闸阀密封面上总作用力及计算比压（图 5-195、表 5-215）

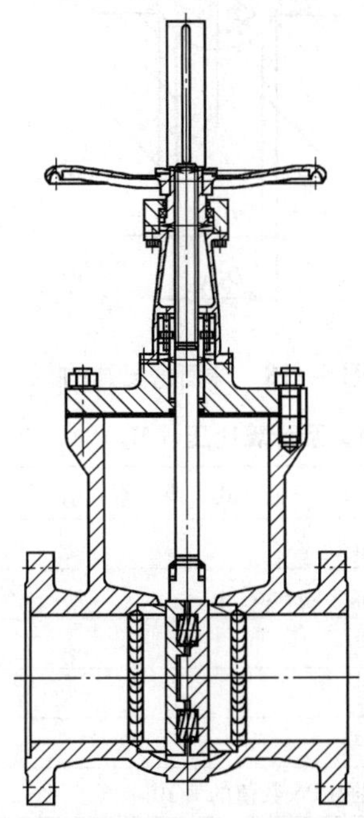

图 5-195 带弹簧的平行式闸阀密封面结构

5.3.7.3 截止阀平面密封密封面上总作用力及计算比压（图 5-196、表 5-216）

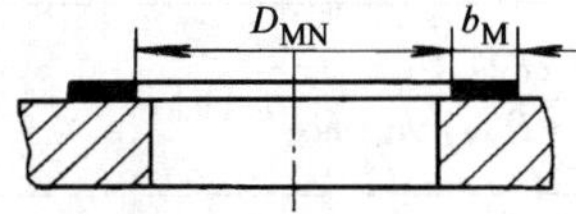

图 5-196 截止阀平面密封密封面结构

表 5-215 带弹簧的平行式闸阀密封面上总作用力及计算比压（M_2）

序号	名 称	公式或索引
1	密封面上总作用力 F_{MZ}/N	$F_{MJ}+F_{MT}$
2	密封面处介质作用力 F_{MJ}/N	$\frac{\pi}{4}(D_{MN}+b_M)^2p$
3	密封面内径 D_{MN}/mm	设计给定
4	密封面宽度 b_M/mm	设计给定
5	设计压力 p/MPa	取公称压力 PN 数值的 1/10
6	弹簧预紧力 F_{MT}/N	$l_1\frac{Gd^4}{8nD_2^3}$
7	预加变形量 l_1/mm	设计给定
8	材料切变模量 G/MPa	GB/T 1239.2—2009
9	弹簧钢丝直径 d/mm	设计给定
10	弹簧中径 D_2/mm	设计给定
11	弹簧有效圈数 n/圈	设计给定
12	密封面计算比压 q/MPa	$F_{MZ}/[\pi(D_{MN}+b_M)b_M]\leqslant[q]$
13	密封面必需比压 q_{MF}/MPa	查表 3-29
14	密封许用比压 $[q]$/MPa	查表 3-30

表 5-216　截止阀平面密封密封面上总作用力及计算比压（M_3）

序号	名　称	公 式 或 索 引
1	密封面上总作用力 F_{MZ}/N	$F_{MJ}+F_{MF}$
2	密封面处介质作用力 F_{MJ}/N	$\frac{\pi}{4}(D_{MN}+b_M)^2p$
3	密封面内径 D_{MN}/mm	设计给定
4	密封面宽度 b_M/mm	设计给定
5	设计压力 p/MPa	取公称压力 PN 数值的 1/10
6	密封面上密封力 F_{MF}/N	$\pi(D_{MN}+b_M)b_Mq_{MF}$
7	密封面必需比压 q_{MF}/MPa	查表 3-29
8	密封面计算比压 q/MPa	$F_{MZ}/[\pi(D_{MN}+b_M)b_M]\leqslant[q]$
9	密封面许用比压 $[q]$/MPa	查表 3-30

5.3.7.4　截止阀或节流阀锥面密封密封面上总作用力及计算比压（图 5-197、表 5-217）

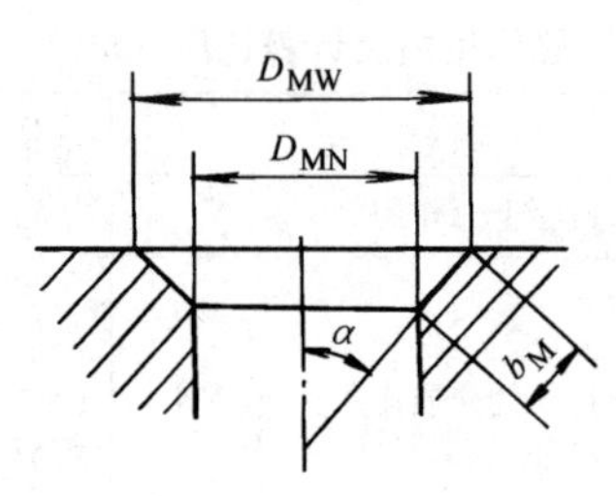

图 5-197　锥面密封结构

5.3.7.5　截止阀球面密封密封面上总作用力及计算比压（图 5-198、表 5-218）

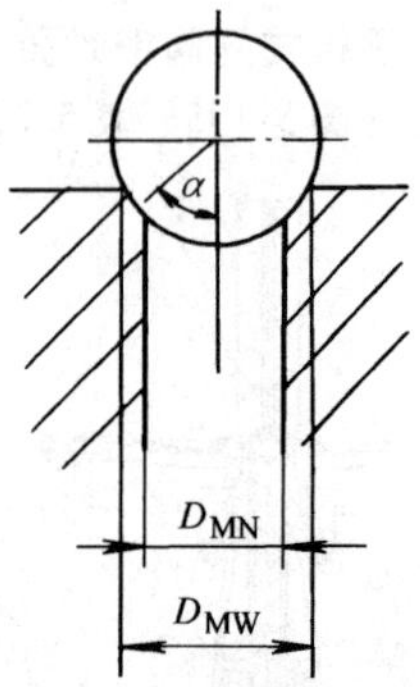

图 5-198　球面密封结构

表 5-217　截止阀或节流阀锥面密封密封面上总作用力及计算比压（M_4）

序号	名　称	公 式 或 索 引
1	密封面上总作用力 F_{MZ}/N	$F_{MJ}+F_{MF}$
2	密封面上介质作用力 F_{MJ}/N	$\frac{\pi}{4}(D_{MN}+b_M\sin\alpha)^2p$
3	密封面内径 D_{MN}/mm	设计给定
4	密封面宽度 b_M/mm	设计给定
5	密封面锥半角 α/(°)	设计给定
6	设计压力 p/MPa	取公称压力 PN 数值的 1/10
7	密封面上密封力 F_{MF}/N	$\frac{\pi}{4}(D_{MW}^2-D_{MN}^2)\left(1+\frac{f_m}{\tan\alpha}\right)q_{MF}$
8	密封面外径 D_{MW}/mm	设计给定
9	密封面摩擦因数 f_M	查表 3-42（1）
10	密封面计算比压 q/MPa	$\frac{2F_{MZ}}{\pi(D_{MW}+D_{MN})b_M\sin\alpha}\leqslant[q]$
11	密封面必需比压 q_{MF}/MPa	查表 3-29
12	密封面许用比压 $[q]$/MPa	查表 3-30

表 5-218 截止阀球面密封密封面上总作用力及计算比压（M_5）

序号	名 称	公 式 或 索 引
1	密封面上总作用力 F_{MZ}/N	$F_{MJ}+F_{MF}$
2	密封面上介质作用力 F_{MJ}/N	$\frac{\pi}{16}(D_{MW}+D_{MN})^2p$
3	密封面外径 D_{MW}/mm	设计给定
4	密封面内径 D_{MN}/mm	设计给定
5	设计压力 p/MPa	取公称压力 PN 数值的 1/10
6	密封面上密封力 F_{MF}/N	$\frac{\pi}{4}(D_{MW}^2-D_{MN}^2)\left(1+\frac{f_M}{\tan\alpha}\right)q_{MF}$
7	密封面与球面接触半角 α/（°）	设计给定
8	密封面摩擦因数 f_M	查表 3-42
9	密封面必需比压 q_{MF}/MPa	查表 3-29
10	密封面上计算比压 q/MPa	$\frac{2F_{MZ}}{\pi(D_{MW}+D_{MN})b_M\sin\alpha}\leqslant[q]$
11	密封面上许用比压［q］/MPa	查表 3-30

5.3.7.6 带有内旁通阀的高进低出平面密封截止阀密封面上总作用力及计算比压（图 5-199、表 5-219）

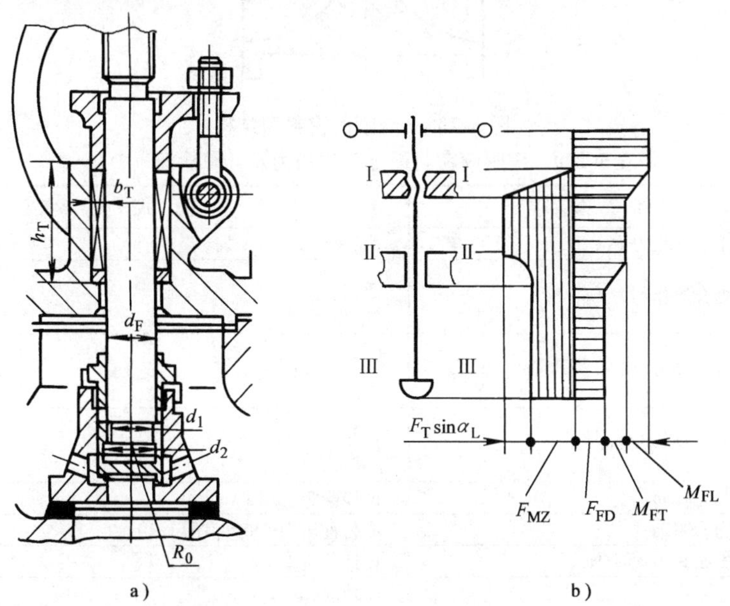

图 5-199 带有内旁通阀的高进低出平面密封截止阀密封面结构

表 5-219 带有内旁通阀的高进低出平面密封截止阀密封面上总作用力及计算比压（M_6）

序号	名 称	公 式 或 索 引
1	内旁通阀密封面上总作用力 F_{MZN}/N	$F_{MJN}+F_{MFN}$
2	内旁通阀密封面处介质作用力 F_{MJN}/N	$\frac{\pi}{4}(D'_{MN}+b'_M)^2p$
3	内旁通阀密封面内径 D'_{MN}/mm	设计给定
4	内旁通阀密封面宽度 b'_M/mm	设计给定
5	设计压力 p/MPa	取公称压力 PN 数值的 1/10
6	内旁通阀密封面上密封力 F_{MFN}/N	$\pi(D'_{MN}+b'_M)b'_Mq_{MF}$
7	密封面必需比压 q_{MF}/MPa	查表 3-29

（续）

序号	名　称	公 式 或 索 引
8	密封面计算比压 q/MPa	$F_{MZN}/[\pi(D'_{MN}+b'_M)b_M] \leqslant [q]$
9	密封面许用比压 $[q]$ /MPa	查表3-30
10	主阀密封面上总作用力 F_{MZ}/N	$F_{MJ}+F_{MF}$
11	主阀密封面处介质作用力 F_{MJ}/N	$\frac{\pi}{4}(D_{MN}+b_M)^2p$
12	主阀密封面内径 D_{MN}/mm	设计给定
13	主阀密封面宽度 b_M/mm	设计给定
14	密封面上密封力 F_{MF}/N	$\pi(D_{MN}+b_M)b_Mq_{MF}$
15	主阀密封面计算比压 q/MPa	$\frac{F_{MZ}}{\pi(D_{MN}+b_M)b_M} \leqslant [q]$

5.3.7.7 隔膜阀密封面上总作用力及计算比压（图5-200、表5-220）

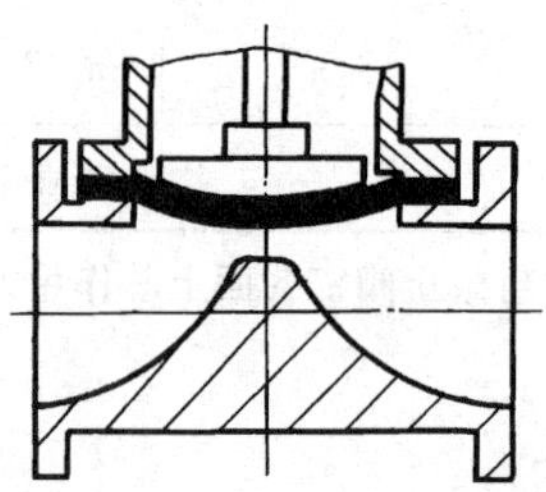

图5-200 隔膜阀密封面结构

表5-220 隔膜阀密封面上总作用力及计算比压（M_7）

序号	名　称	公 式 或 索 引
1	密封面上总作用力 F_{MZ}/N	$F_{MJ}+F_{MF}$
2	密封面处介质作用力 F_{MJ}/N	$\frac{\pi}{4}r_N^2p$
3	方形计算半径 r_{NF}/mm	$1\frac{1}{4}r_g$
4	圆形计算半径 r_{NY}/mm	$1\frac{1}{8}r_g$
5	中口半径 r_g/mm	设计给定
6	设计压力 p/MPa	取公称压力PN数值的1/10
7	密封面上密封力 F_{MF}/N	设计给定
7-1	方形 F_{MFF}/N	$2.5b_Mr_{NF}p$
7-2	圆形 F_{MFY}/N	$2.5b_Mr_{NY}p$
8	密封面宽度 b_M/mm	设计给定
9	密封面上计算比压	
9-1	方形 q_F/MPa	$q_{MF} \leqslant F_{MZ}/2b_Mr_{NF} \leqslant [q]$
9-2	圆形 q_Y/MPa	$q_{MF} \leqslant F_{MZ}/2b_Mr_{NY} \leqslant [q]$
10	密封面必需比压 q_{MF}/MPa	$\frac{C+KP}{\sqrt{b_M/10}}$
11	与密封面材料有关的系数 C	聚乙烯、聚氯乙烯、PTFE、RPTFE、MOLON、DEVLON、尼龙、PEEK，$C=1.8$ 中等硬度橡胶 $C=0.4$
12	在给定密封材料条件下，考虑介质压力对比压值的影响系数 K	对聚乙烯、聚氯乙烯、PTFE、RPTFE、MOLON、DEVLON、尼龙、PEEK，$K=0.9$ 对中等硬度橡胶，$K=0.6$
13	密封面上许用比压 $[q]$ /MPa	见表3-30

5.3.7.8 浮动球球阀密封面上的总作用力及计算比压

浮动球球阀靠预紧力和介质压力将球体紧紧地压在出口端阀座密封面上，达到球阀的安全密封。其密封面上总作用力及计算比压如图 5-185 所示及见表 5-221。

表 5-221 浮动球球阀密封面上的总作用力及计算比压（M_8）

序号	名　称	公 式 或 索 引
1	密封面上总作用力 F_{MZ}/N	$F_{MY}+F_{MJ}$
2	阀座密封圈的预紧力 F_{MY}/N	$\frac{\pi}{4}(D_{MW}^2-D_{MN}^2)\ q_{MYmin}$
3	阀座密封面外径 D_{MW}/mm	设计给定
4	阀座密封面内径 D_{MN}/mm	设计给定
5	阀座预紧的最小比压 q_{MYmin}/MPa	对于 PTFE 取 1.6
6	介质经球体压在阀座密封面上的力 F_{MJ}	$\frac{\pi(D_{MW}+D_{MN})^2}{16}p$
7	设计压力 p/MPa	取公称压力数值的 1/10
8	球体对阀座密封面的法向压力 N/N	$\frac{\pi R(D_{MW}+D_{MN})[p(D_{MW}+D_{MN})+6.4(D_{MW}-D_{MN})]}{8(l_1+l_2)}$
9	球体半径 R/mm	设计给定
10	球体中心至密封面内径的距离 l_1/mm	$\sqrt{[R^2-(D_{MN}^2)/4]}$
11	球体中心至密封面外径的距离 l_2/mm	$\sqrt{[R^2-(D_{MW}^2)/4]}$
12	密封面上的比压 q/MPa	$q_{MF}\leqslant N/A_{MH}\leqslant[q]$
13	密封面环带面积 A_{MH}/mm²	$2\pi R(l_1-l_2)$
14	密封面必需比压 q_{MF}/MPa	查表 3-29
15	密封面材料许用比压 $[q]$/MPa	查表 3-30

5.3.7.9 固定球球阀单向密封阀座的总作用力及计算比压（图 5-190、表 5-222）

5.3.7.10 双向密封固定球球阀阀座密封面上的总作用力及计算比压（图 5-201、表 5-223）

表 5-222 单向密封阀座固定球球阀阀座密封面上的总作用力及计算比压（M_9）

序号	名　称	公 式 或 索 引
1	进口端阀座对球体的压力 F_{MZ}/N	$F_{ZJ}+F_{TH}$
2	介质经阀座压在球体上的力 F_{ZJ}/N	$\frac{\pi p(D_{JH}^2-D_{MN}^2)}{4}$
3	活动套筒外径 D_{JH}/mm	设计给定
4	阀座密封面内径 D_{MN}/mm	设计给定
5	设计压力 p/MPa	取公称压力数值的 1/10
6	弹簧压紧力 F_{TH}/N	$F_{MY}+F_{MM}$
7	阀座密封圈对球体预紧力 F_{MY}/N	$\frac{\pi}{4}(D_{MW}^2-D_{MN}^2)\ q_{MYmin}$
8	阀座密封面外径 D_{MW}/mm	设计给定
9	阀座预紧密封最小比压 q_{MYmin}/MPa	对于 PTFE 取 1.6
10	阀座密封圈上的 O 形圈与阀体孔之间的摩擦力 F_{MM}/N	$\pi D_{JH}b'_m Zq_{MFO}f$
11	O 形圈与阀体内孔的接触宽度 b'_m/mm	取 O 形圈断面半径的 1/3
12	O 形圈个数 Z/个	设计选定
13	密封面必需比压 q_{MFO}/MPa	$\frac{0.4+0.6p_o}{\sqrt{b'_m/10}}$
14	体腔内压力 p_o/MPa	取 0
15	橡胶 O 形圈与阀体孔的摩擦因数 f	取 0.3～0.4
16	阀座密封面的工作比压 q/MPa	$q_{MF}\leqslant\frac{N}{A_{MH}}\leqslant[q]$

（续）

序号	名　　称	公 式 或 索 引
17	阀座密封圈对球体的法向压力 N/N	$\frac{F_{MZ}}{\cos\varphi}$
18	球体中心与阀座密封面中心夹角 φ/（°）	设计给定
19	密封圈环带面积 A_{MH}/mm²	$2\pi R\ (l_1-l_2)$
20	球体半径 R/mm	设计给定
21	球体中心到阀座密封面内径距离 l_1/mm	$\sqrt{\left(R^2-\frac{D_{MN}^2}{4}\right)}$
22	球体中心到阀座密封面外径距离 l_2/mm	$\sqrt{\left(R^2-\frac{D_{MW}^2}{4}\right)}$
23	密封面必需比压 q_{MF}/MPa	查表3-29
24	密封面材料许用比压 q/MPa	查表3-30

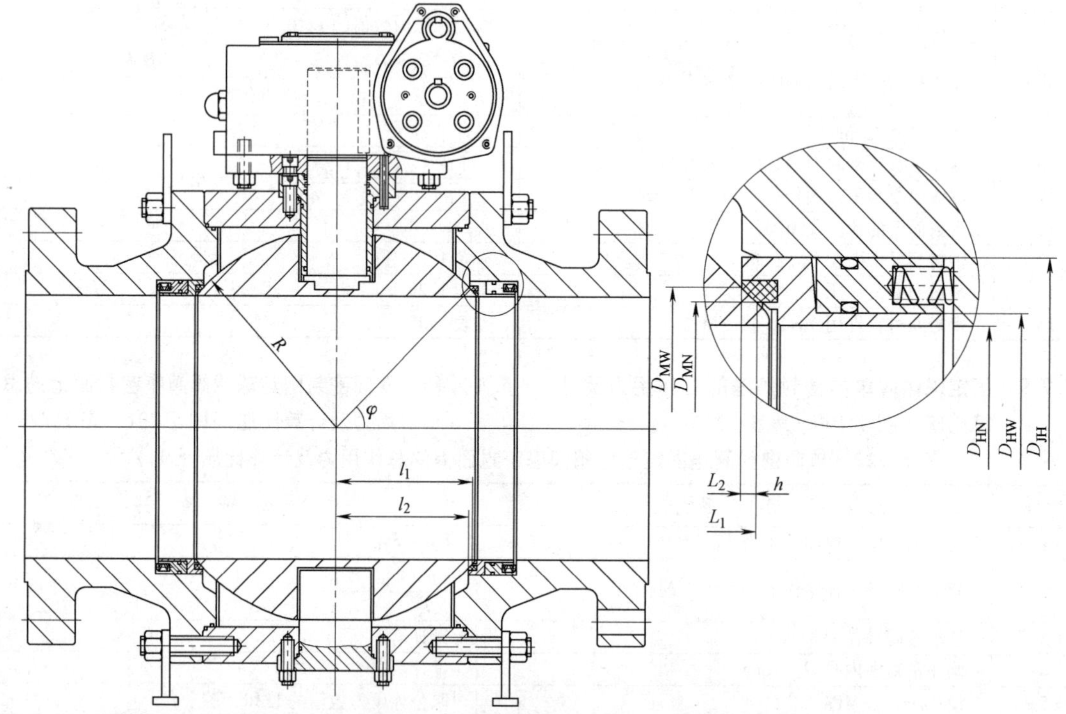

图5-201　双阀座双向密封球阀的结构

表5-223　双阀座双向密封球阀阀座密封面上的总作用力及计算比压（M_{10}）

序号	名　　称	公 式 或 索 引
1	阀座对球体的压力 F_{MZ}/N	$F_{ZJ}+F_{TH}$
2	介质经阀座压在球体上的力 F_{ZJ}/N	$\frac{\pi p}{4}\ (D_{MW}^2-D_{HW}^2)$
3	阀座密封面外径 D_{MW}/mm	设计给定
4	阀座支承圈与O形圈配合外径 D_{HW}/mm	设计给定
5	设计压力 p/MPa	取公称压力PN数值的1/10
6	弹簧组压紧力 F_{TH}/N	$F_{MY}+F_{MM}$
7	阀座密封圈对球体的预紧力 F_{MY}/N	$\frac{\pi}{4}\ (D_{MW}^2-D_{MN}^2)\ q_{MY\min}$
8	密封面内径 D_{MN}/mm	设计给定

（续）

序号	名　　称	公 式 或 索 引
9	阀座预紧密封的最小比压 q_{MYmin}/MPa	对于 PTFE 取 1.6
10	阀座支承圈上的 O 形圈与活动套筒之间的摩擦力 F_{MM}/N	$\pi D_{HW} b'_m Z q_{MFO} f$
11	O 形圈与阀座支承圈外径接触宽度 b'_m/mm	取 O 形圈断面半径的 1/3
12	O 形圈个数 Z/个	设计选定
13	密封比压 q_{MFO}/MPa	$\dfrac{0.4+0.6p_o}{\sqrt{b'_m/10}}$
14	进口端与出口端的压力 p_o/MPa	因 O 形圈密封与压力关系不大故取 0
15	橡胶 O 形圈与阀座支承圈之间的摩擦因数 f	取 0.3～0.4
16	阀座密封面实际工作比压 q/MPa	$q_{MF} \leqslant \dfrac{N}{A_{MH}} \leqslant [q]$
17	密封圈对球体的法向压力 N/N	$\dfrac{F_{MZ}}{\cos\varphi}$
18	球体中心与阀座密封面中心夹角 φ/(°)	设计给定
19	密封圈环带面积 A_{MH}/mm²	$2\pi R(l_1-l_2)$
20	球体半径 R/mm	设计给定
21	球体中心到阀座密封面内径距离 l_1/mm	$\sqrt{\left(R^2-\dfrac{D_{MN}^2}{4}\right)}$
22	球体中心到阀座密封面外径距离 l_2/mm	$\sqrt{\left(R^2-\dfrac{D_{MW}^2}{4}\right)}$
23	密封面必需比压 q_{MF}/MPa	查表 3-29
24	密封面材料许用比压 $[q]$/MPa	查表 3-30

5.3.7.11 固定球球阀双阀座一个阀座单向密封一个阀座双向密封（DIB-2）、阀座体腔内介质压力超过 1.33p 时，阀座自动泄压的尺寸计算（表 5-224）

表 5-224 体腔内介质压力超过 1.33p 时，阀座自动泄压尺寸计算（M_{11}）

序号	名　　称	公 式 或 索 引
1	活动套筒外径 D_{JH}/mm	$>\sqrt{\dfrac{1.53D_{MW}^2-1.2D_{MN}^2}{0.33}}$
2	阀座密封面外径 D_{MW}/mm	设计给定
3	阀座密封面内径 D_{MN}/mm	设计给定

注：1. 上式为聚四氟乙烯密封圈。
2. 设计压力级为 Class600。
3. 最小预紧比压取 $q_{MYmin}=0.2p$。

5.3.7.12 内压自封式密封环上总作用力及计算比压（图 5-202、表 5-225）

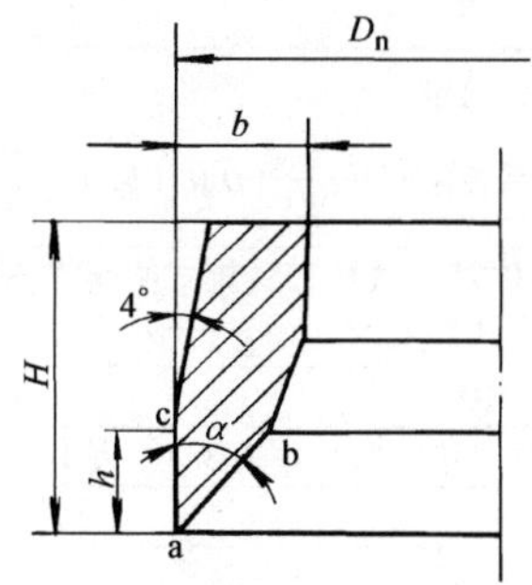

图 5-202 内压自封式密封环结构

5.3.8 闸阀闸板及截止阀阀瓣厚度计算式

5.3.8.1 单面强制密封闸阀闸板厚度（图 5-203、表5-226）

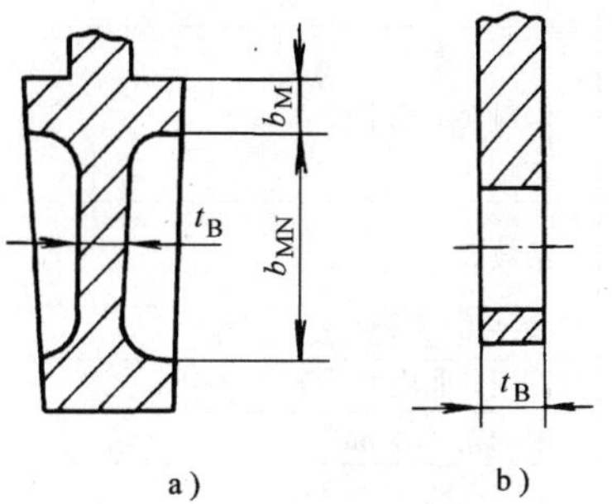

图 5-203 单闸板结构图

a）楔式单闸板 b）平行单闸板

表 5-225 密封环上总作用力及计算比压（H_1）

序号	名 称	公 式 或 索 引
1	密封环处介质作用力 F_{DJ}/N	$\frac{\pi}{4}D_n^2 p$
2	计算内径 D_n/mm	设计给定
3	计算压力 p/MPa	取公称压力 PN 数值的 1/10
4	a-c 处计算比压 $q_{a\text{-}c}$/MPa	F_{ac}/A_{ac}
5	a-c 处计算载荷 $F_{a\text{-}c}$/N	$F_{DJ}/\tan(\alpha+\rho)$
6	密封环楔角 α/（°）	设计给定
7	摩擦角 ρ/（°）	设计给定（$f_\rho=0.2$）
8	a-c 处计算面积 A_{ac}/mm	$\pi D_n h_0$
9	计算接触高度 h_0/mm	设计给定$\left(\text{取}\frac{h}{2}\right)$
10	接触高度 h/mm	设计给定
11	a-b 处计算比压 q_{ab}/MPa	F_{ab}/A_{ab}
12	a-b 处计算载荷 F_{ab}/N	$F_{DJ}\frac{\cos\rho}{\sin(\alpha+\rho)}$
13	a-b 处计算面积 A_{ab}/mm^2	$\pi(D_n-b_0)b_0/\sin\alpha$
14	计算接触宽度 b_0/mm	取 b/3
15	密封环厚度 b/mm	设计给定
16	密封环预紧比压 q_{YJ}/MPa	查表 3-40（按金属密封环）
17	密封环许用比压［q］/MPa	$K\sigma_S$
18	系数 K	取 0.95
19	材料屈服强度 R_{eL}/MPa	查表 3-13、表 3-14、表 3-21、表 3-26、表 3-27
20	必需预紧力 F_{YJ}/N	$\pi(D_n-b)q_{DJ}\frac{\sin(\alpha+\rho)}{\cos\rho}$
21	单位长度必需比压 q_{DJ}/MPa	$p<30$，$q_{DJ}=30$ $p=30\sim70$，$q_{DJ}=50$

注：$q_{YJ}<q_{ac}<[q]$；$q_{YJ}<q_{ab}<[q]$为合格。

表 5-226 单面强制密封闸阀闸板厚度计算式（B_1）

序号	名 称	公 式 或 索 引
1	计算厚度 t_B'/mm	$R\sqrt{\frac{10Kp}{[\sigma_W]}}+c$
2	密封面平均半径 R/mm	带导流孔平板闸阀：设计给定 楔式闸阀或不带导流孔平板闸阀：$\frac{1}{2}(D_{MN}+b_M)$
3	系数 K	带导流孔平板闸阀：钢 0.75、铁 0.75；楔式闸阀或不带导流孔平板闸阀：钢 1.24、铁 1.22
4	设计压力 p/MPa	取公称压力 PN 数值的 1/10
5	许用弯曲应力［σ_W］/MPa	查《实用阀门设计手册》（第 3 版）中表 3-3、表 3-5
6	附加裕量 c/mm	见表 5-83
7	实际厚度 t_B/mm	设计给定

注：1. $t_B>t_B'$为合格。

2. 工作压力随工作温度而改变的比值，比相应温度下材料许用应力改变的比值为大，故不进行高温强度核算。

5.3.8.2 双面强制密封双闸板闸阀闸板厚度计算（图 5-204、表 5-227）

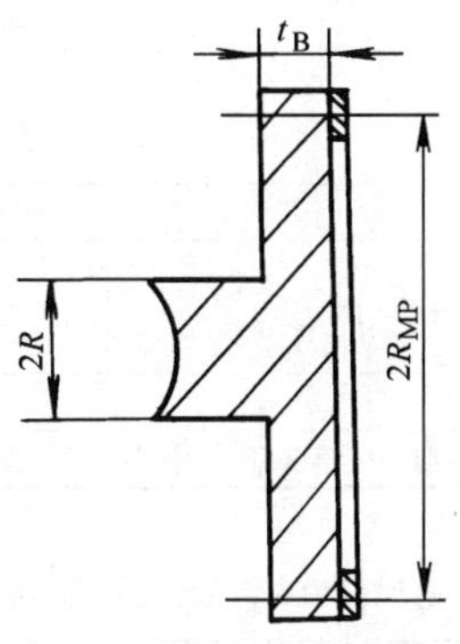

图 5-204 双闸板结构图

5.3.8.3 平行双闸板闸阀闸板厚度计算式（图 5-205、表 5-228）

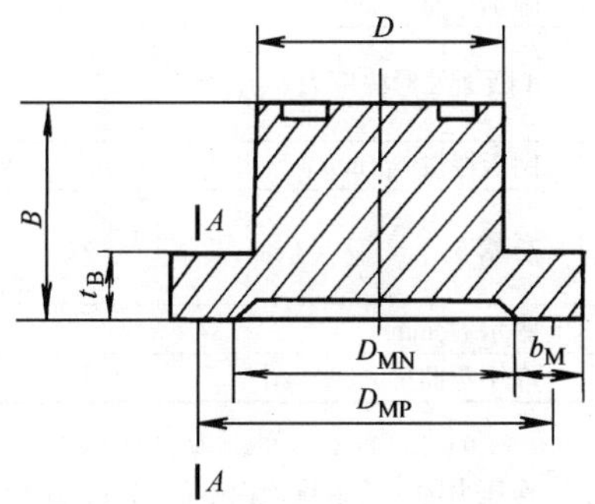

图 5-205 平行式双闸板结构

表 5-227 双面强制密封双闸板闸阀闸板厚度计算式（B_2）

序号	名称	公式或索引
1	计算厚度 t'_B/mm	$R_{MP}\sqrt{\frac{10K_1p}{[\sigma_W]}}+\sqrt{\frac{K_3F_{MF}}{[\sigma_W]}}+c$
2	密封面平均半径 R_{MP}/mm	$\frac{1}{2}(D_{MN}+b_M)$
3	密封面内径 D_{MN}/mm	设计给定
4	密封面宽度 b_M/mm	设计给定
5	系数 K_1	查表 3-44$\left(根据\frac{R_{MP}}{R}=\frac{R}{r}\right)$
6	图示 R/mm	设计给定
7	计算压力 p/MPa	取公称压力 PN 数值的 1/10
8	许用弯曲应力 $[\sigma_W]$/MPa	查《实用阀门设计手册》（第 3 版）表 3-3 或表 3-5
9	系数 K_3	查表 3-44$\left(根据\frac{R_{MP}}{R}=\frac{R}{r}\right)$
10	密封面上密封力 F_{MF}/N	$\pi(D_{MN}+b_M)b_Mq_{MF}$
11	密封面必需比压 q_{MF}/MPa	查表 3-29
12	附加裕量 c/mm	查表 5-83
13	实际厚度 t_B/mm	设计选定

注：1. $t_B>t'_B$，为合格。

2. 工作压力随工作温度而改变的比值，比相应温度下材料许用应力改变的比值为大，故不进行高温强度核算。

3. 此表适用于钢制闸板。

表 5-228 平行双闸板厚度强度验算（B_3）

序号	名称	公式或索引
1	中心处弯曲应力 σ_W/MPa	$1.24\frac{pD_{MP}^2}{4(B-c)^2}<[\sigma_W]$
2	设计压力 p/MPa	取公称压力 PN 数值的 1/10
3	密封面平均直径 D_{MP}/mm	$D_{MN}+b_M$
4	密封面内径 D_{MN}/mm	设计给定
5	密封面宽度 b_M/mm	设计给定
6	单块闸板总厚度 B/mm	设计给定

（续）

序号	名　称	公 式 或 索 引
7	附加裕量 c/mm	查表5-83
8	A断面处弯曲应力 σ_{WA}/MPa	$K_2\dfrac{pD_{MP}}{4\ (t_B-C)}<\ [\sigma_W]$
9	闸板厚度 t_B/mm	设计给定
10	系数 K_2	查表3-44$\left(根据\dfrac{D_{MP}}{D}=\dfrac{R}{r}\right)$
11	图示 D/mm	设计给定
12	许用弯曲应力 $[\sigma_W]$	查《实用阀门设计手册》（第3版）中表3-3、表3-5

注：1. $\sigma_W<[\sigma_W]$，$\sigma_{WA}<[\sigma_W]$为合格。

2. 工作压力随工作温度而改变的比值，比相应温度下材料许用应力改变的比值为大，故不进行高温强度核算。

5.3.8.4　平面密封截止阀球头连接阀瓣强度验算（图5-206、表5-229）

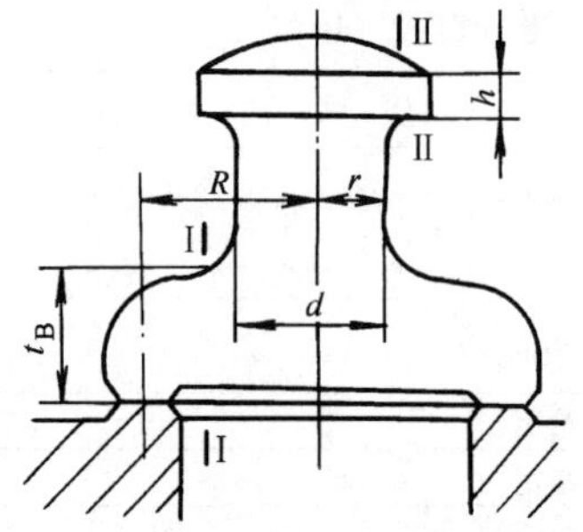

图5-206　平面密封截止阀球头连接阀瓣结构

5.3.8.5　平面密封截止阀用孔连接阀瓣强度验算（图5-207、表5-230）

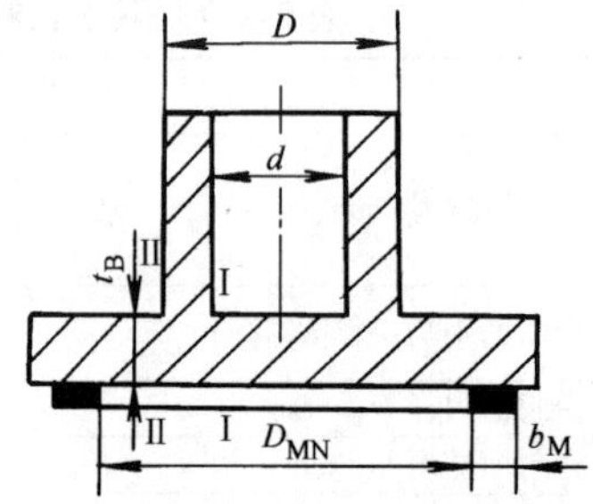

图5-207　平面密封截止阀用孔连接阀瓣结构

表5-229　平面密封截止阀球头连接阀瓣强度验算（B_4）

序号	名　称	公 式 或 索 引
1	Ⅰ-Ⅰ断面剪应力 τ_I/MPa	$\dfrac{F_{MZ}}{\pi d\ (t_B-c)}<\ [\tau]$
2	密封面上总作用力 F_{MZ}/N	$F_{MJ}+F_{MF}$
3	密封面处介质作用力 F_{MJ}/N	$\dfrac{\pi}{4}\ (D_{MN}+b_M)^2p$
4	密封面内径 D_{MN}/mm	设计给定
5	密封面宽度 b_M/mm	设计给定
6	设计压力 p/MPa	取公称压力数值的1/10
7	密封面上密封力 F_{MF}/N	$\pi\ (D_{MN}+b_M)\ b_Mq_{MF}$
8	密封面必需比压 q_{MF}/MPa	查表3-29
9	图示 d/mm	设计给定
10	阀瓣实际厚度 t_B/mm	设计给定
11	附加裕量 c/mm	表5-83
12	Ⅰ-Ⅰ断面处弯曲应力 σ_W/MPa	$K_2\dfrac{F_{MZ}}{(t_B-C)^2}<\ [\sigma_W]$
13	系数 K_2	查表3-44（根据 R/r）
14	密封面平均半径 R/mm	$\dfrac{1}{2}\ (D_{MN}+b_M)$
15	图示 r/mm	$\dfrac{1}{2}d$
16	许用切应力 $[\tau]$ /MPa	查《实用阀门设计手册》（第3版）中表3-5
17	许用弯曲应力 $[\sigma_W]$ /MPa	查《实用阀门设计手册》（第3版）中表3-5

注：1. $\tau_1<[\tau]$、$\sigma_W<[\sigma_W]$为合格。

2. 工作压力随工作温度而改变的比值，比相应温度下材料许用应力改变的比值为大，故不进行高温强度核算。

表 5-230 平面密封截止阀用孔连接阀瓣强度验算（B_5）

序号	名　称	公 式 或 索 引
1	Ⅰ-Ⅰ断面处切应力 τ/MPa	$\frac{(F'_{FZ}-F_T\sin\alpha_L)}{\pi d\ (t_B-c)}<[\tau]$
2	关闭时阀杆总轴向力 F'_{FZ}/N	$F_{MZ}+F_T\sin\alpha_L$
3	密封面上总作用力 F_{MZ}/N	$F_{MJ}+F_{MF}$
4	密封面处介质作用力 F_{MJ}/N	$\frac{\pi}{4}\ (D_{MN}+b_M)^2p$
5	密封面内径 D_{MN}/mm	设计给定
6	密封面宽度 b_M/mm	设计给定
7	设计压力 p/MPa	取公称压力 PN 数值的 1/10
8	密封面上密封力 F_{MF}/N	$\pi\ (D_{MN}+b_M)\ b_Mq_{MF}$
9	密封面必需比压 q_{MF}/MPa	查表 3-29
10	阀杆与填料摩擦力 F_T/N	ψd_Fb_Tp
11	无石棉填料系数 ψ	查表 3-31（按 h_T/b_T）
12	填料深度 h_T/mm	设计给定
13	填料宽度 b_T/mm	设计给定
14	阀杆直径 d_F/mm	设计确定
15	螺纹升角 α_L/（°）	查表 3-32，$\arctan\frac{P}{\pi d_F}$
16	螺距 P/mm	设计给定
17	阀瓣孔直径 d/mm	设计给定
18	实际厚度 t_B/mm	设计选定
19	附加裕量 c/mm	见表 5-83
20	Ⅱ-Ⅱ处弯曲应力 σ_W/MPa	$K_2\frac{F'_{FZ}-F_T\sin\alpha_L}{(t_B-C)^2}<[\sigma_W]$
21	系数 K_2	查表 3-44$\left(根据\frac{D_{MP}}{D}=\frac{R}{r}\right)$
22	密封面平均直径 D_{MP}/mm	$D_{MN}+b_M$
23	阀瓣尾部外径 D/mm	设计给定
24	许用剪应力 [τ] /MPa	查《实用阀门设计手册》（第 3 版）中表 3-3 或表 3-5
25	许用弯曲应力 [σ_W] /MPa	查《实用阀门设计手册》（第 3 版）中表 3-3 或表 3-5

注：1. $\tau<[\tau]$、$\sigma_W<[\sigma_W]$为合格。

2. 工作压力随工作温度而改变的比值，比相应温度下材料许用应力改变的比值为大，故不进行高温强度核算。

5.3.8.6 旋启式止回阀阀瓣厚度计算（图 5-208、表 5-231）

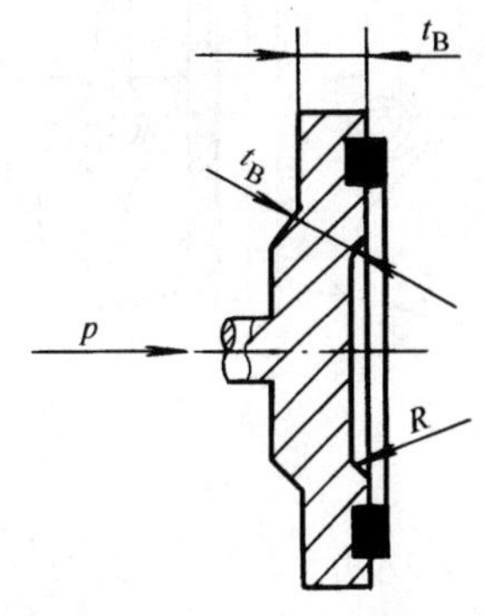

图 5-208 旋启式止回阀阀瓣结构

5.3.8.7 橡胶膜片强度验算（图 5-209、表 5-232）

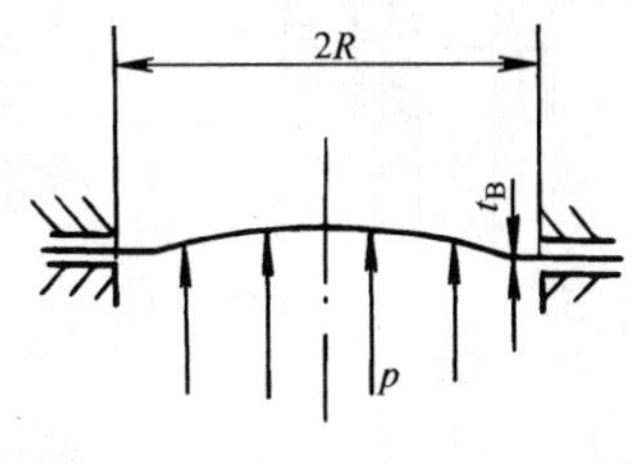

图 5-209 橡胶膜片受力分析

表5-231　旋启式止回阀阀瓣厚度计算式（B_6）

序号	名　　称	公 式 或 索 引
1	计算厚度 t'_B/mm	$1.7\dfrac{pR}{2[\sigma_W]}+c$
2	设计压力 p/MPa	取公称压力PN数值的1/10
3	内球面半径 R/mm	设计给定
4	附加裕量 c/mm	见表5-83
5	材料许用弯曲应力 $[\sigma_W]$/MPa	查《实用阀门设计手册》（第3版）中表3-3或表3-5
6	实际厚度 t_B/mm	设计选定

注：1. $t_B>t'_B$，为合格。

2. 工作压力随工作温度而改变的比值，比相应温度下材料许用应力改变的比值为大，故不进行高温强度核算。

表5-232　橡胶膜片强度验算（B_7）

序号	名　　称	公 式 或 索 引
1	拉应力 σ_L/MPa	$0.423\sqrt[3]{Ep^2\dfrac{R^2}{t_B^2}}<[\sigma_L]$
2	橡胶材料弹性模量 E/MPa	5.0~8.0
3	设计压力 p/MPa	取公称压力PN数值的1/10
4	中腔半径 R/mm	设计给定
5	膜片厚度 t_B/mm	设计给定
6	许用拉应力 $[\sigma_L]$/MPa	取3.0

注：$\sigma_L<[\sigma_L]$，为合格。

5.3.9　支架与驱动装置连接盘处强度验算（图5-210、表5-233）

5.3.10　填料箱装置计算式

填料箱装置包括：填料、填料压盖、填料压套、填料压板、活节螺栓、销轴等零件，如图5-211所示。图5-211a为压紧螺母式，适用于大于等于PN160的小公称尺寸的锻造阀门上；图5-211b为填料压套、压板式，适用于大于等于公称压力PN16的各类阀门上；图5-211c为填料压盖式，适用于公称压力小于等于PN40的各类阀门上。

填料箱装置主要作用是校验填料压盖几个断面的弯曲应力、活节螺栓的拉应力及销轴的切应力。

5.3.10.1　填料压盖的强度校验（图5-212、表5-234）

5.3.10.2　活节螺栓的强度校验（图5-211、图5-212、表5-235）

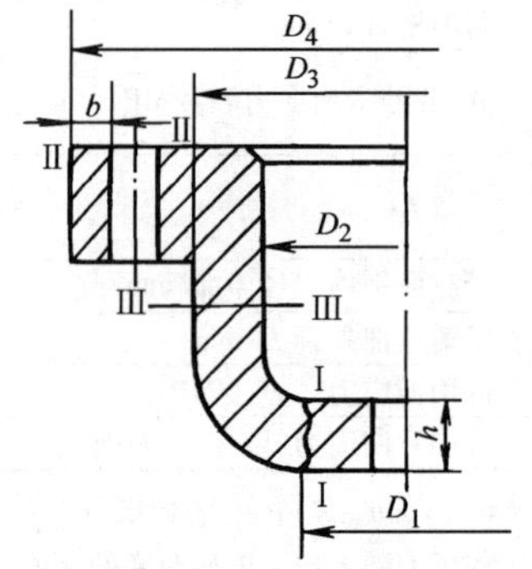

图5-210　支架与驱动装置连接盘处结构

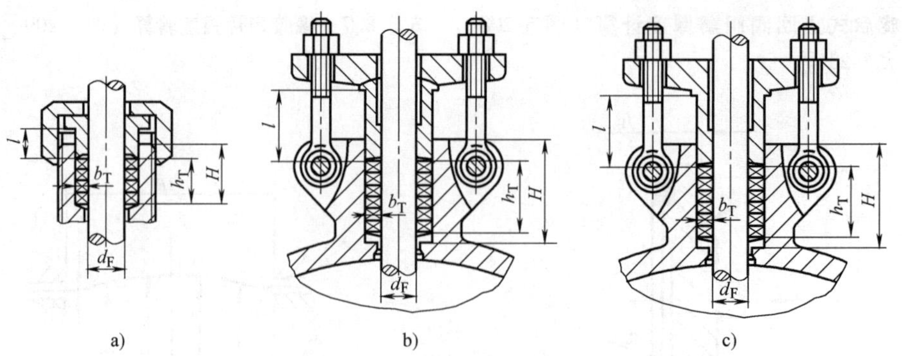

图5-211　填料装置的结构型式

a）压紧螺母式　b）填料压套、压板式　c）填料压盖式

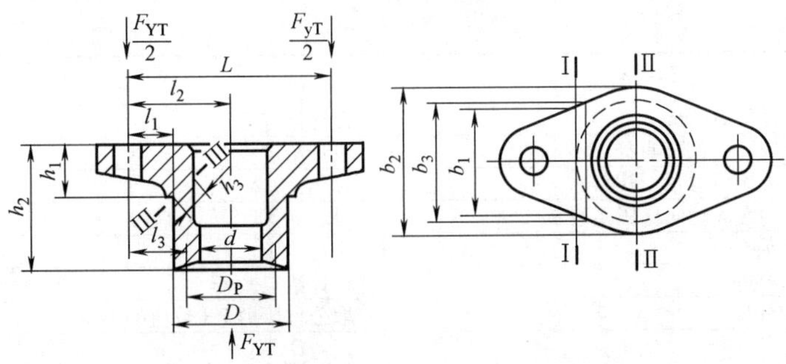

图 5-212 填料压盖结构

表 5-233 支架与驱动装置连接盘处强度验算（Z1）

序号	名　称	公 式 或 索 引
1	Ⅰ-Ⅰ断面切应力 τ/MPa	$\frac{F_{MZ}}{\pi D_1 h}<[\tau]$
2	密封面上总作用力 F_{MZ}/N	$F_{MJ}+F_{MF}$
3	密封面处介质作用力 F_{MJ}/N	$\frac{\pi}{4}(D_{MN}+b_M)^2 p$
4	密封面内径 D_{MN}/mm	设计给定
5	密封面宽度 b_M/mm	设计给定
6	设计压力 p/MPa	取公称压力 PN 数值的 1/10
7	密封面上密封力 F_{MF}/N	$\pi(D_{MN}+b_M)b_M q_{MF}$
8	密封面必需比压 q_{MF}/MPa	查表 3-29
9	Ⅰ-Ⅰ断面处直径 D_1/mm	设计给定
10	Ⅰ-Ⅰ断面处厚度 h/mm	设计给定
11	Ⅱ-Ⅱ断面处压应力 σ_Y/MPa	$\frac{F_{YJ}}{\pi(D_4+b)b}<[\sigma_Y]$
12	需须预紧力 F_{YJ}/N	$\pi D_{DP} b_1 q_{YJ}$
13	密封垫片处平均直径 D_{DP}/mm	$\frac{1}{2}(D_4+D_2)$
14	连接法兰外径 D_4/mm	设计给定
15	连接法兰内孔直径 D_2/mm	设计给定
16	垫片有效密封宽度 b_1/mm	$\frac{1}{2}(D_4-D_2)$
17	垫片预紧比压 q_{YJ}/MPa	表 3-40
18	图示 b/mm	设计给定
19	Ⅲ-Ⅲ断面拉应力 σ_L/MPa	$\frac{F_{MZ}}{\frac{\pi}{4}(D_3^2-D_2^2)}<[\sigma_L]$
20	图示 D_3/mm	设计给定
21	许用切应力$[\tau]$/MPa	查《实用阀门设计手册》（第 3 版）中表 3-3 或表 3-5
22	许用压应力$[\sigma_Y]$/MPa	查《实用阀门设计手册》（第 3 版）中表 3-3 或表 3-5
23	许用拉应力$[\sigma_L]$/MPa	查表 3-13、表 3-14、表 3-21、表 3-26、表 3-27

注：$\tau<[\tau]$、$\sigma_Y<[\sigma_Y]$、$\sigma_L<[\sigma_L]$，为合格。

表 5-234 填料压盖强度校验计算式（X1）

序号	名　称	公 式 或 索 引
1	Ⅰ-Ⅰ断面弯曲应力 σ_{WI}/MPa	$\frac{M_I}{W_I}\leqslant[\sigma_W]$
2	Ⅰ-Ⅰ断面弯曲力矩 M_I/N·mm	$\frac{1}{2}F_{YT}l_1$
3	压紧填料的总力 F_{YT}/N	$\frac{\pi}{4}(D^2-d^2)q_T$

（续）

序号	名　　称	公 式 或 索 引
4	填料压套处外径 D/mm	设计给定
5	填料压套处内径（阀杆直径）d/mm	设计给定
6	压紧填料所需比压力 q_T/MPa	φp
7	无石棉填料的最大轴向比压系数 φ	见表3-31（按 h_T/b_T）
8	填料总高度 h_T/mm	设计给定
9	填料宽度 b_T/mm	设计给定
10	设计压力 p/MPa	取公称压力PN数值的1/10
11	力臂 l_1/mm	$l_2-\frac{D}{2}$
12	螺栓孔到填料压盖中心距 l_2/mm	设计给定
13	Ⅰ-Ⅰ断面截面系数 W_{I}/mm³	$\frac{1}{6}b_1h_1^2$
14	Ⅰ-Ⅰ断面的宽度 b_1/mm	设计给定
15	Ⅰ-Ⅰ断面的高度 h_1/mm	设计给定
16	Ⅱ-Ⅱ断面弯曲应力 σ_{WII}/MPa	$\frac{M_{\text{II}}}{W_{\text{II}}}\leqslant[\sigma_W]$
17	Ⅱ-Ⅱ断面弯曲力矩 M_{II}/N·mm	$\frac{F_{YT}}{2}\left(l_2-\frac{D_P}{\pi}\right)$
18	填料反作用力处的平均直径 D_P/mm	$\frac{1}{2}(D+d)$
19	Ⅱ-Ⅱ断面的截面系数（铸铁制填料压盖）W_{II}/mm³	$\frac{I_{\text{II}}}{Y_{\text{II}}}$
20	Ⅱ-Ⅱ断面中性轴到填料压盖上端面的距离 Y_{II}/mm	$\frac{h_2^2(D-d)+h_1^2(b_2-D)}{2[h_2(D-d)+h_1(b_2-D)]}$
21	填料压盖总高 h_2/mm	设计给定
22	图示 b_2/mm	设计给定
23	Ⅱ-Ⅱ断面对中性轴的惯性矩 I_{II}/mm⁴	$\frac{1}{3}[(b_2-d)Y_{\text{II}}^3+(D-d)(h_2-Y_2)^3-(b_2-D)(Y_{\text{II}}-h_1)^3]$
24	Ⅱ-Ⅱ断面的截面系数（对于钢制填料压盖）W_{II}/mm³	$\frac{I_{\text{II}}}{h_2-Y_{\text{II}}}$
25	Ⅲ-Ⅲ断面弯曲应力 σ_{WIII}/MPa	$\frac{M_{\text{III}}}{W_{\text{III}}}\leqslant[\sigma_W]$
26	Ⅲ-Ⅲ断面弯曲力矩 M_{III}/N·mm	$\frac{F_{YT}}{2}\times l_3$
27	力臂 l_3/mm	$l_2-\frac{1}{2}D_P$
28	Ⅲ-Ⅲ断面的截面系数 W_{III}/mm³	$\frac{1}{6}b_3h_3^2$
29	图示 b_3/mm	设计给定
30	图示 h_3/mm	设计给定
31	许用弯曲应力 $[\sigma_W]$/MPa	查《实用阀门设计手册》（第3版）中表3-3、表3-5

表5-235 活节螺栓强度校验（X_2）

序号	名　　称	公 式 或 索 引
1	活节螺栓拉应力 σ_L/MPa	$\frac{F_{YT}}{2A_L}\leqslant[\sigma_L]$
2	压紧填料总力 F_{YT}/N	$\frac{\pi}{4}(D^2-d^2)q_T$
3	填料压套外径 D/mm	设计给定
4	填料压套内径 d/mm	设计给定
5	压紧填料所必需施加于填料上部的比压 q_T/MPa	φp
6	无石棉填料的最大轴向比压系数 φ	查表3-31（按 h_T/b_T）

（续）

序号	名　　称	公 式 或 索 引
7	填料总高度 h_T/mm	设计给定
8	填料宽度 b_T/mm	设计给定
9	设计压力 p/MPa	取公称压力 PN 数值的 1/10
10	单个螺栓横截面积 A_L/mm	设计给定
11	材料许用拉应力［σ_L］/MPa	查表 3-13、表 3-14、表 3-21、表 3-26、表 3-27

5.3.10.3　销轴强度校验（图 5-211、图 5-212、表 5-236）

表 5-236　销轴强度校验（X_3）

序号	名　　称	公 式 或 索 引
1	销轴的切应力 τ/MPa	$\dfrac{F_{YT}}{\pi d_s^2} \leqslant [\tau]$
2	压紧填料总力 F_{YT}	$\dfrac{\pi}{4}(D^2-d^2)\ q_T$
3	填料压套外径 D/mm	设计给定
4	填料压套内径 d/mm	设计给定
5	压紧填料所必需施加于填料上部的比压 q_T/MPa	φp
6	无石棉填料最大轴向比压系数 φ	查表 3-31（按 h_T/b_T）
7	填料总高度 h_T/mm	设计给定
8	填料宽度 b_T/mm	设计给定
9	设计压力 p/MPa	取公称压力 PN 数值的 1/10
10	销轴直径 d_s	设计给定
11	材料许用切应力［τ］/MPa	查《实用阀门设计手册》（第 3 版）中表 3-3、表 3-5

5.3.11　阀杆螺母螺纹的强度计算

阀杆和阀杆螺母通常采用单头标准梯形螺纹。工作时，阀杆螺母承受阀杆轴向力。其强度计算是对于闸阀只对梯形螺纹的螺纹表面挤压应力、螺纹根部的切应力、螺纹根部的弯曲应力进行校核。对于截止阀或节流阀，不但要对梯形螺纹进行强度验算，还要对连接的三角螺纹进行强度验算。

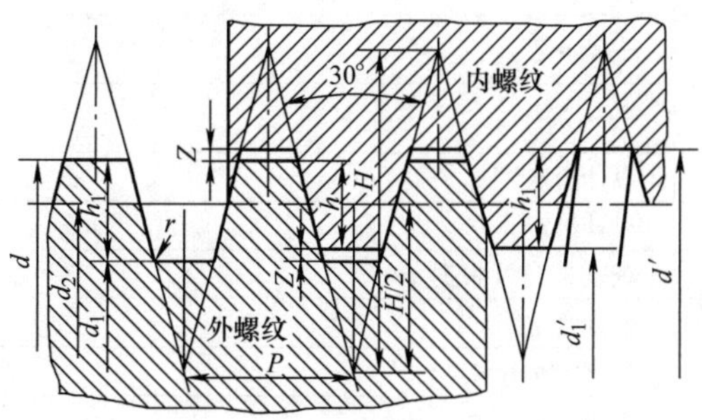

$H=1.866P \quad h_1=0.5P+Z \quad h=0.5P$

$d_2=d-0.5P \quad d_1=d-2h_1 \quad d'=d+2Z$

$d_1'=d-P \quad A=\dfrac{\pi}{4}d_1^2$

图 5-213　梯形螺纹剖面结构

5.3.11.1　梯形螺纹强度验算（图 5-213、图 5-214、表 5-237）

5.3.11.2　截止阀或节流阀阀杆螺母外套和支架连接螺纹强度验算（图 5-215、表 5-238）

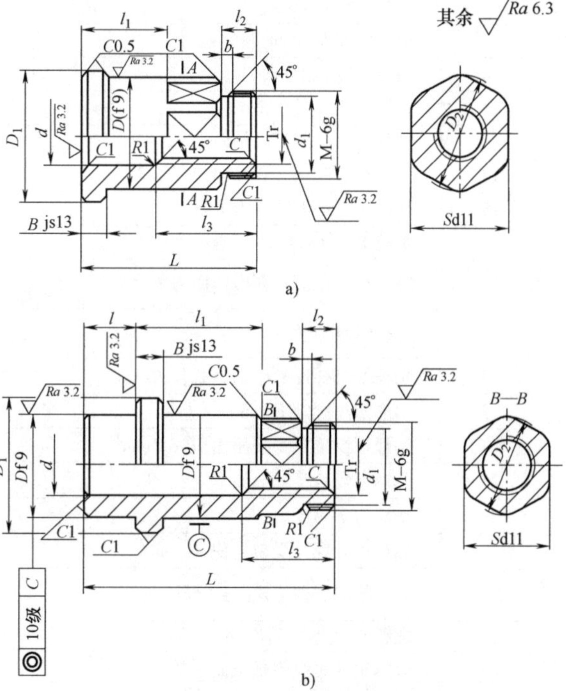

图 5-214　闸阀阀杆螺母结构

a）不带滚动轴承的阀杆螺母　b）带滚动轴承的阀杆螺母

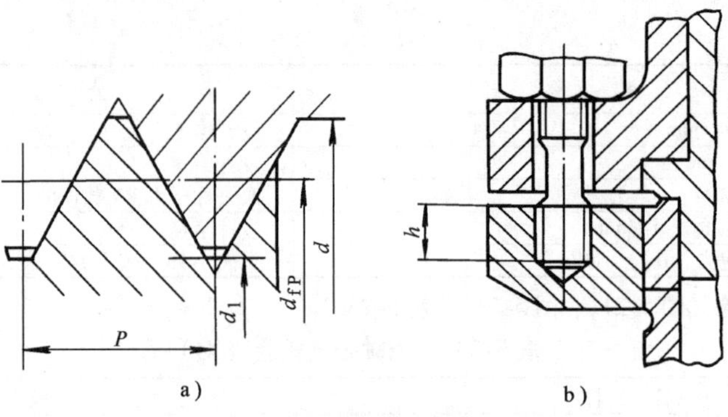

图5-215 截止阀和节流阀阀杆螺母外套和支架连接结构

a）螺纹剖面 b）阀杆螺母外套和支架连接结构

表5-237 梯形螺纹强度验算（W_1）

序号	名 称	公 式 或 索 引
1	螺纹表面挤压应力 σ_{ZY}/MPa	$F_{FZ}/100nA_Y \leqslant [\sigma_{ZY}]$
2	常温时阀杆最大轴向力（截止阀）F_{FZ}/N	$F_{MZ}+F_T\sin\alpha_L$
3	密封面上总作用力 F_{MZ}/N	$F_{MJ}+F_{MF}$
4	密封面处介质作用力 F_{MJ}/N	$\dfrac{\pi}{4}(D_{MN}+b_M)^2p$
5	密封面内径 D_{MN}/mm	设计给定
6	密封面宽度 b_M/mm	设计给定
7	设计压力 p/MPa	取公称压力PN数值的1/10
8	密封面上密封力 F_{MF}/N	$\pi(D_{MN}+b_M)b_Mq_{MF}$
9	密封面必需比压 q_{MF}/MPa	查表3-29
10	阀杆与填料摩擦力 F_T/N	$\psi d_F b_T p$
11	系数 ψ	查表3-31（按 h_T/b_T）
12	阀杆直径 d_F/mm	设计给定
13	填料深度 h_T/mm	设计给定
14	填料宽度 b_T/mm	设计给定
15	螺纹升角 α_L	查表3-32（按 d_F）
16	闸阀关闭时阀杆总轴向力 F'_{FZ}/N	$K_1F_{MJ}+K_2F_{MF}+F_P+F_T$
17	闸阀开启时阀杆总轴向力 F''_{FZ}/N	$K_3F_{MJ}+K_4F_{MF}-F_P+F_T$
18	闸阀阀杆最大轴向力 F_{FZ}/N	取 F'_{FZ}和 F''_{FZ}中较大值
19	系数 $K_1\sim K_4$	查表3-48
20	阀杆径向截面上介质作用力 F_P/N	$\dfrac{\pi}{4}d_F^2p$
21	计算螺纹圈数 n	$\dfrac{H}{P}-2$
22	阀杆螺母梯形螺纹部分总长 H/mm	设计给定
23	梯形螺纹螺距 P/mm	设计给定
24	梯形螺纹单牙受挤压面积 A_Y/mm^2	查表3-33（根据 dp）
25	公称螺纹直径 d/mm	设计给定
26	切应力 τ/MPa	$F_{FZ}/100nA'_J \leqslant [\tau]$
27	螺母单牙螺纹受剪面积 A'_J/mm^2	查表3-33（根据 dp）
28	螺纹根部弯曲力矩 σ_W/MPa	$\dfrac{F_{FZ}X_L}{1000nW'}$
29	螺纹弯曲力臂 X_L/mm	查表3-33（根据 dp）
30	螺母单牙螺纹根部截面系数 W'/mm^3	查表3-33（根据 dp）
31	许用挤压应力 $[\sigma_Y]$/MPa	查表3-35
32	许用切应力 $[\tau]$/MPa	查表3-35
33	许用弯曲应力 $[\sigma_W]$/MPa	查表3-35

表 5-238　阀杆螺母和支架连接螺纹强度验算（W_2）

序号	名　　称	公 式 或 索 引
1	挤压应力 σ_{ZY}/MPa	$F_{FZ}/100nA_Y \leqslant [\sigma_{ZY}]$
2	常温时阀杆最大轴向力 F_{FZ}/N	按表 5-237 序号 2～序号 15
3	计算螺纹圈数 n	$\dfrac{H}{P}-1.5$
4	阀杆螺母和支架连接高度 H/mm	设计给定
5	螺距 P/mm	设计给定
6	单牙螺纹受挤压面积 A_Y/mm^2	查表 3-34（根据 dP）
7	公称螺纹直径 d/mm	设计给定
8	切应力 τ/MPa	$F_{FZ}/100nA_J' \leqslant [\tau]$
9	螺母单牙螺纹受剪面积 A_J'/mm^2	查表 3-34（根据 dP）
10	弯曲应力 σ_W/MPa	$F_{FZ}X_L/1000nW' \leqslant [\sigma_W]$
11	力臂 X_L/mm	查表 3-34（根据 dP）
12	螺母单牙螺纹截面系数 W'/mm^3	查表 3-34（根据 dP）
13	阀杆螺母材料许用挤压应力［σ_{ZY}］/MPa	查表 3-35
14	阀杆螺母材料许用切应力［τ］/MPa	查表 3-35
15	阀杆螺母材料许用弯曲应力［σ_W］/MPa	查表 3-35

5.3.12　滚动轴承的选择及手轮直径的确定

为了减少操作力矩，一般在阀杆轴向力超过 40000N 的情况下，在阀杆螺母上装有单向推力球轴承。如图 5-216 所示，单向推力球轴承必须根据工作条件、可靠性要求及轴承的工作转速，预先确定一个适当的寿命，再进行额定动载荷和额定静载荷的计算后选择。

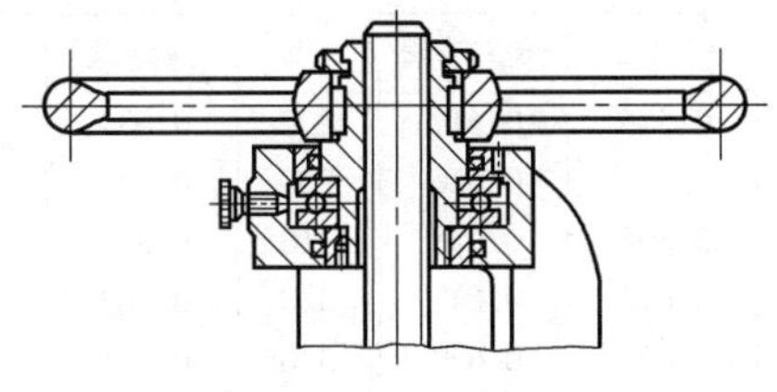

图 5-216　带单向推力球轴承的手轮结构

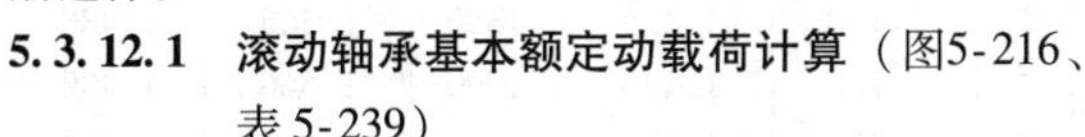

5.3.12.1　滚动轴承基本额定动载荷计算（图5-216、表 5-239）

表 5-239　滚动轴承基本额定动载荷计算（L_1）

序号	名　　称	公 式 或 索 引
1	轴承基本额定动载荷 C/N	$\dfrac{f_h f_m f_d}{f_n f_T} < C_r$（或 C_a）
2	当量动载荷 F/N	$xF_r + yF_a$
3	径向载荷 F_r/N	
4	轴向载荷 F_a/N	取阀杆总轴向力 F_{FZ}
5	径向动载荷系数 x	查表 5-240
6	轴向动载荷系数 y	查表 5-240
7	寿命因数 f_h	查表 5-241
8	速度因数 f_n	查表 5-242
9	力矩载荷因数 f_m	力矩载荷较小时，$f_m=1.5$ 力矩载荷较大时，$f_m=2.0$
10	冲主载荷因数 f_d	对于阀门冲击载荷较小，$f_d=1.0 \sim 1.2$
11	温度因数 f_T	查表 5-243
12	轴承尺寸及性能表中所列基本额定动载荷 C_r/N	查轴承尺寸及性能表
13	轴承尺寸及性能表中所列基本额定静载荷 C_a/N	查轴承尺寸及性能表

表 5-240　径向系数 x 和轴向系数 y

轴承类型	$\frac{iF_a}{C_o}$	单列轴承				双列轴承				e
		$\frac{F_a}{F_r}\leqslant e$		$\frac{F_a}{F_r}>e$		$\frac{F_a}{F_r}\leqslant e$		$\frac{F_a}{F_r}>e$		
		x	y	x	y	x	y	x	y	
向心推力球轴承 36000 型 $\alpha=12°$	0.025	1	0	0.45	1.61	1	1.85	0.74	2.62	0.34
	0.04			0.45	1.53		1.75	0.74	2.49	0.36
	0.07			0.45	1.40		1.60	0.74	2.28	0.39
	0.13			0.45	1.26		1.44	0.74	2.05	0.43
	0.25			0.45	1.12		1.28	0.74	1.82	0.49
	0.50			0.45	1.00		1.15	0.74	1.63	0.55
推力向心滚子轴承				$\tan\alpha$	1					$1.5\tan\alpha$
圆锥滚子轴承		1	0	0.4	$0.4\cot\alpha$	1	$0.45\cot\alpha$	0.67	$0.67\cot\alpha$	$1.5\tan\alpha$

注：e—选取系数 x、y 值的判断参数；α—接触角，即滚动体负荷向量与轴承径向平面的夹角；i—轴承中滚动体的列数。

表 5-241　寿命因数 f_h 值

L_{10h} /h	f_h 球轴承	f_h 滚子轴承	L_{10h} /h	f_h 球轴承	f_h 滚子轴承	L_{10h} /h	f_h 球轴承	f_h 滚子轴承	L_{10h} /h	f_h 球轴承	f_h 滚子轴承
100	0.585	0.617	290	0.834	0.849	660	1.097	1.085	1600	1.475	1.420
105	0.594	0.626	300	0.843	0.858	680	1.108	1.095	1650	1.490	1.430
110	0.604	0.635	310	0.853	0.866	700	1.119	1.105	1700	1.505	1.445
115	0.613	0.643	320	0.862	0.875	720	1.129	1.115	1750	1.520	1.455
120	0.621	0.652	330	0.871	0.883	740	1.140	1.125	1800	1.535	1.470
125	0.630	0.660	340	0.879	0.891	760	1.150	1.135	1850	1.545	1.480
130	0.638	0.668	350	0.888	0.898	780	1.160	1.145	1900	1.560	1.490
135	0.646	0.675	360	0.896	0.906	800	1.170	1.151	1950	1.575	1.505
140	0.654	0.683	370	0.905	0.914	820	1.179	1.160	2000	1.590	1.515
145	0.662	0.690	380	0.913	0.921	840	1.189	1.170	2100	1.615	1.540
150	0.669	0.697	390	0.921	0.928	860	1.198	1.180	2200	1.640	1.560
155	0.677	0.704	400	0.928	0.935	880	1.207	1.185	2300	1.665	1.580
160	0.684	0.710	410	0.936	0.924	900	1.216	1.190	2400	1.690	1.600
165	0.691	0.717	420	0.944	0.949	920	1.225	1.200	2500	1.710	1.620
170	0.698	0.723	430	0.951	0.956	940	1.234	1.210	2600	1.730	1.640
175	0.705	0.730	440	0.958	0.962	960	1.243	1.215	2700	1.755	1.660
180	0.711	0.736	450	0.965	0.969	980	1.251	1.225	2800	1.775	1.675
185	0.718	0.724	460	0.973	0.975	1000	1.260	1.230	2900	1.795	1.695
190	0.724	0.748	470	0.980	0.982	1050	1.281	1.250	3000	1.815	1.710
195	0.731	0.754	480	0.986	0.988	1100	1.301	1.270	3100	1.835	1.730
200	0.737	0.760	490	0.993	0.994	1150	1.320	1.285	3200	1.855	1.745
210	0.749	0.771	500	1.000	1.000	1200	1.339	1.300	3300	1.875	1.760
220	0.761	0.782	520	1.013	1.010	1250	1.360	1.315	3400	1.895	1.775
230	0.772	0.792	540	1.026	1.025	1300	1.375	1.330	3500	1.910	1.795
240	0.783	0.802	560	1.038	1.035	1350	1.395	1.345	3600	1.930	1.810
250	0.794	0.812	580	1.051	1.045	1400	1.410	1.360	3700	1.950	1.825
260	0.804	0.822	600	1.063	1.055	1450	1.425	1.375	3800	1.965	1.840
270	0.814	0.831	620	1.074	1.065	1500	1.445	1.390	3900	1.985	1.850
280	0.824	0.840	640	1.086	1.075	1550	1.460	1.405	4000	2.00	1.865

（续）

L_{10h} /h	f_h 球轴承	f_h 滚子轴承	L_{10h} /h	f_h 球轴承	f_h 滚子轴承	L_{10h} /h	f_h 球轴承	f_h 滚子轴承	L_{10h} /h	f_h 球轴承	f_h 滚子轴承
4100	2.02	1.880	8000	2.52	2.30	17000	3.24	2.88	38000	4.24	3.67
4200	2.03	1.895	8200	2.54	2.31	17500	3.27	2.91	39000	4.27	3.70
4300	2.05	1.905	8400	2.56	2.33	18000	3.30	2.93	40000	4.31	3.72
4400	2.07	1.920	8600	2.58	2.35	18500	3.33	2.95	41000	4.35	3.75
4500	2.08	1.935	8800	2.60	2.36	19000	3.36	2.98	42000	4.38	3.78
4600	2.10	1.945	9000	2.62	2.38	19500	3.39	3.00	43000	4.42	3.80
4700	2.11	1.960	9200	2.64	2.40	20000	3.42	3.02	44000	4.45	3.83
4800	2.13	1.970	9400	2.66	2.41	21000	3.48	3.07	45000	4.48	3.86
4900	2.14	1.985	9600	2.68	2.43	22000	3.53	3.11	46000	4.51	3.88
5000	2.15	2.00	9800	2.70	2.44	23000	3.58	3.15	47000	4.55	3.91
5200	2.18	2.02	10000	2.71	2.46	24000	3.63	3.19	48000	4.58	3.93
5400	2.21	2.04	10500	2.76	2.49	25000	3.68	3.23	49000	4.61	3.96
5600	2.24	2.06	11000	2.80	2.53	26000	3.73	3.27	50000	4.64	3.98
5800	2.27	2.09	11500	2.85	2.56	27000	3.78	3.31	55000	4.80	4.10
6000	2.29	2.11	12000	2.89	2.59	28000	3.82	3.35	60000	4.94	4.20
6200	2.32	2.13	12500	2.93	2.63	29000	3.87	3.38	65000	5.07	4.30
6400	2.34	2.15	13000	2.96	2.66	30000	3.91	3.42	70000	5.19	4.40
6600	2.37	2.17	13500	3.00	2.69	31000	3.96	3.45	75000	5.30	4.50
6800	2.39	2.19	14000	3.04	2.72	32000	4.00	3.48	80000	5.43	4.58
7000	2.41	2.21	14500	3.07	2.75	33000	4.04	3.51	85000	5.55	4.68
7200	2.43	2.23	15000	3.11	2.77	34000	4.08	3.55	90000	5.65	4.75
7400	2.46	2.24	15500	3.14	2.80	35000	4.12	3.58	100000	5.85	4.90
7600	2.48	2.26	16000	3.18	2.83	36000	4.16	3.61			
7800	2.50	2.28	16500	3.21	2.85	37000	4.20	3.64			

注：表中 L_{10h} 为轴承的基本预定寿命（以 h 计），设计时，根据不同设备的要求，先确定轴承的基本预定寿命，查出相应的 f_h，再根据经验公式求出 C，然后确定轴承的型号。反之，知道轴承的型号，可以求出轴承的寿命。

表 5-242　速度因数 f_n 值

n /(r/min)	f_n 球轴承	f_n 滚子轴承	n /(r/min)	f_n 球轴承	f_n 滚子轴承	n /(r/min)	f_n 球轴承	f_n 滚子轴承	n /(r/min)	f_n 球轴承	f_n 滚子轴承
10	1.494	1.435	27	1.073	1.065	44	0.912	0.920	72	0.774	0.794
11	1.447	1.395	28	1.060	1.054	45	0.905	0.914	74	0.767	0.787
12	1.406	1.359	29	1.048	1.043	46	0.898	0.908	76	0.760	0.781
13	1.369	1.326	30	1.036	1.032	47	0.892	0.902	78	0.753	0.775
14	1.335	1.297	31	1.024	1.022	48	0.886	0.896	80	0.747	0.769
15	1.305	1.271	32	1.014	1.012	49	0.880	0.891	82	0.741	0.763
16	1.277	1.246	33	1.003	1.003	50	0.874	0.885	84	0.735	0.758
17	1.252	1.224	34	0.993	0.994	52	0.862	0.875	86	0.729	0.753
18	1.228	1.203	35	0.984	0.985	54	0.851	0.865	88	0.724	0.747
19	1.206	1.184	36	0.975	0.977	56	0.841	0.856	90	0.718	0.742
20	1.186	1.166	37	0.966	0.969	58	0.831	0.847	92	0.713	0.737
21	1.166	1.149	38	0.957	0.961	60	0.822	0.838	94	0.708	0.733
22	1.149	1.133	39	0.949	0.954	62	0.813	0.830	96	0.703	0.728
23	1.132	1.118	40	0.941	0.947	64	0.805	0.822	98	0.698	0.724
24	1.116	1.104	41	0.933	0.940	66	0.797	0.815	100	0.693	0.719
25	1.110	1.090	42	0.926	0.933	68	0.788	0.807	105	0.682	0.709
26	1.086	1.077	43	0.919	0.927	70	0.781	0.800	110	0.672	0.699

（续）

n /(r/min)	f_n		n /(r/min)	f_n		n /(r/min)	f_n		n /(r/min)	f_n	
	球轴承	滚子轴承		球轴承	滚子轴承		球轴承	滚子轴承		球轴承	滚子轴承
115	0.662	0.690	540	0.395	0.434	2500	0.237	0.274	9600	0.152	0.183
120	0.652	0.681	560	0.390	0.429	2600	0.234	0.271	9800	0.150	0.182
125	0.644	0.673	580	0.386	0.424	2700	0.231	0.268	10000	0.140	0.181
130	0.635	0.665	600	0.382	0.420	2800	0.228	0.265	10500	0.147	0.178
140	0.620	0.650	620	0.377	0.416	2900	0.226	0.262	11000	0.145	0.176
145	0.613	0.643	640	0.374	0.412	3000	0.223	0.259	11500	0.143	0.173
150	0.606	0.637	660	0.370	0.408	3100	0.221	0.257	12000	0.141	0.171
155	0.599	0.631	680	0.366	0.405	3200	0.218	0.254	12500	0.139	0.169
160	0.953	0.625	700	0.363	0.401	3300	0.216	0.252	13000	0.137	0.167
165	0.587	0.619	720	0.359	0.398	3400	0.214	0.250	13500	0.135	0.165
170	0.581	0.613	740	0.356	0.395	3500	0.212	0.248	14000	0.134	0.163
175	0.575	0.608	760	0.353	0.391	3600	0.210	0.246	14500	0.132	0.162
180	0.570	0.603	780	0.350	0.388	3700	0.208	0.243	15000	0.131	0.160
185	0.565	0.598	800	0.347	0.385	3800	0.206	0.242	15500	0.129	0.158
190	0.560	0.593	820	0.344	0.383	3900	0.205	0.240	16000	0.128	0.157
195	0.555	0.589	840	0.341	0.380	4000	0.203	0.238	16500	0.126	0.155
200	0.550	0.584	860	0.338	0.377	4100	0.201	0.236	17000	0.125	0.154
210	0.541	0.576	880	0.336	0.375	4200	0.199	0.234	17500	0.124	0.153
220	0.533	0.568	900	0.333	0.372	4300	0.198	0.233	18000	0.123	0.151
230	0.525	0.560	920	0.331	0.370	4400	0.196	0.231	18500	0.122	0.150
240	0.518	0.553	940	0.329	0.367	4500	0.195	0.230	19000	0.121	0.149
250	0.511	0.546	960	0.326	0.366	4600	0.193	0.228	19500	0.120	0.148
260	0.504	0.540	980	0.324	0.363	4700	0.192	0.227	20000	0.119	0.147
270	0.498	0.534	1000	0.322	0.360	4800	0.191	0.225	21000	0.117	0.146
280	0.492	0.528	1050	0.317	0.355	4900	0.190	0.224	22000	0.115	0.143
290	0.486	0.523	1100	0.312	0.350	5000	0.188	0.222	23000	0.113	0.141
300	0.481	0.517	1150	0.307	0.346	5200	0.186	0.220	24000	0.112	0.139
310	0.476	0.512	1200	0.303	0.341	5400	0.183	0.217	25000	0.110	0.137
320	0.471	0.507	1250	0.299	0.337	5600	0.181	0.215	26000	0.109	0.136
330	0.466	0.503	1300	0.295	0.333	5800	0.179	0.213	27000	0.107	0.134
340	0.461	0.498	1350	0.291	0.329	6000	0.177	0.211	28000	0.106	0.133
350	0.457	0.494	1400	0.288	0.326	6200	0.175	0.209	29000	0.105	0.131
360	0.452	0.490	1450	0.284	0.322	6400	0.173	0.207	30000	0.104	0.130
370	0.448	0.486	1500	0.281	0.319	6600	0.172	0.205			
380	0.444	0.482	1550	0.278	0.316	6800	0.170	0.203			
390	0.441	0.478	1600	0.275	0.313	7000	0.168	0.201			
400	0.437	0.475	1650	0.272	0.310	7200	0.167	0.199			
410	0.433	0.471	1700	0.270	0.307	7400	0.165	0.198			
420	0.430	0.467	1750	0.267	0.305	7600	0.164	0.196			
430	0.426	0.464	1800	0.265	0.302	7800	0.162	0.195			
440	0.423	0.461	1850	0.262	0.300	8000	0.161	0.193			
450	0.420	0.458	1900	0.260	0.297	8200	0.160	0.192			
460	0.417	0.455	1950	0.258	0.295	8400	0.158	0.190			
470	0.414	0.452	2000	0.255	0.293	8600	0.157	0.189			
480	0.411	0.449	2100	0.251	0.289	8800	0.156	0.188			
490	0.408	0.447	2200	0.247	0.285	9000	0.155	0.187			
500	0.405	0.444	2300	0.244	0.281	9200	0.154	0.185			
520	0.400	0.439	2400	0.240	0.277	9400	0.153	0.184			

表 5-243 温度因数 f_T

工作温度/℃	<120	125	150	175	200	225	250	300
f_T	1.0	0.95	0.9	0.85	0.80	0.75	0.70	0.60

5.3.12.2 滚动轴承额定静载荷（图 5-216、表 5-244）

表 5-244 滚动轴承额定静载荷的计算（L_2）

序号	名 称	公 式 或 索 引
1	基本额定静载荷 C_o/N	$S_oF_o \leqslant C_{or}$（或 C_{oa}）
2	当量静载荷 F_o/N	见表 5-245
3	安全因数 S_o	静止轴承、缓慢摆动或转速极低的轴承 S_o 见表 5-246，旋转轴承见表 5-247 推力调心滚子轴承 $S_o \geqslant 2$
4	径向基本额定静载荷 C_{or}/N	查轴承尺寸及性能表
5	轴向基本额定静载荷 C_{oa}/N	查轴承尺寸及性能表

表 5-245 当量载荷计算公式

轴承类型		计算公式		说 明
向心轴承	$\alpha=0$ 的向心滚子轴承 向心球轴承和 $\alpha\neq0$ 的向心滚子轴承	径向当量静载荷	$F_{or}=F_r$ $\begin{cases}F_{or}=X_oF_r+Y_oF_a\\F_{or}=F_r\end{cases}$ 的较大值	F_r—径向载荷 F_a—轴向载荷 X_o—径向静载荷系数 Y_o—轴向静载荷系数 （见轴承尺寸性能表）
推力轴承	$\alpha=90°$的推力轴承	轴向当量静载荷	$F_{oa}=F_a$	
	$\alpha\neq90°$的推力轴承		$F_{oa}=2.3F_r\tan\alpha+F_a$	

表 5-246 静止轴承安全因数

轴承使用场合		S_o
飞机变距螺旋桨叶片		≥0.5
水坝闸门装置		≥1.0
吊桥		≥1.5
附加动载荷	较小的大型起重机吊钩	≥1.0
	很大的小型装卸起重机吊钩	≥1.6

表 5-247 旋转轴承安全因数

使用要求和载荷性质	S_o	
	球轴承	滚子轴承
对旋转精度及平稳性要求较高，或承受强大的冲击载荷	1.5~2.0	2.5~4.0
正常使用	0.5~2.0	1.0~3.5
对旋转精度及平稳性要求较低，没有冲击和振动	0.5~2.0	1.0~3.0

5.3.12.3 升降杆手轮总转矩及圆周力（图5-217、表5-248）

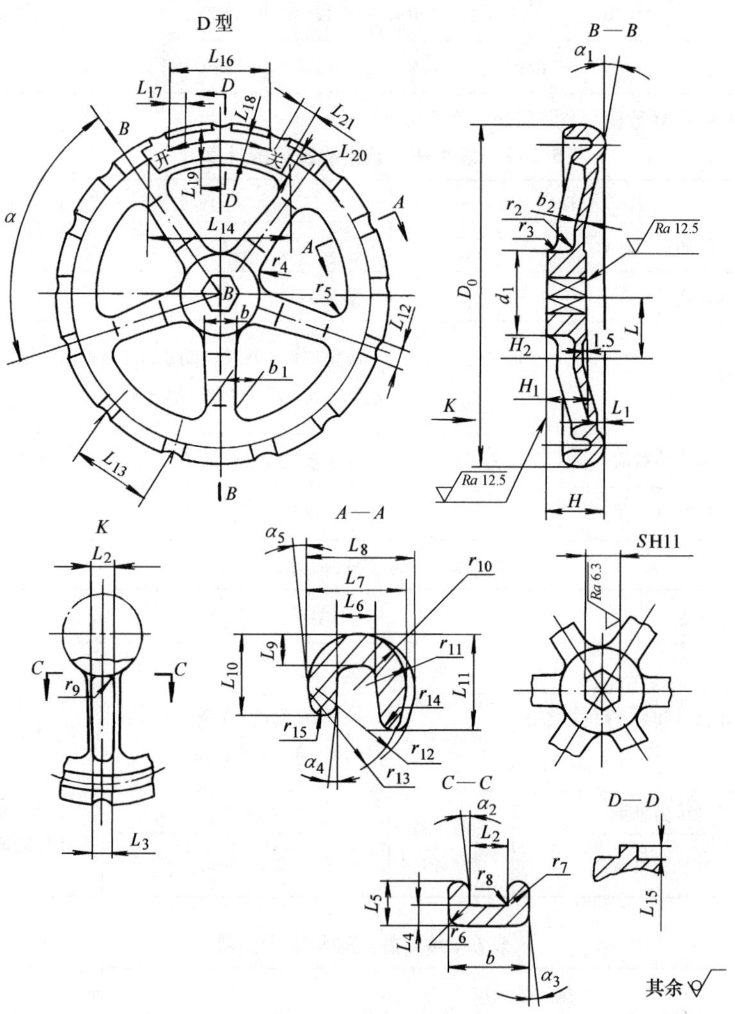

图5-217 升降杆手轮结构

表5-248 升降杆手轮总转矩及圆周力（L_3）

序号	名　称	公 式 或 索 引
1	关闭时总转矩 M'_{Σ}/N·mm	
2	不带滚珠轴承	$M'_{FL}+M_{TJ}$
3	带滚珠轴承	$M'_{FL}+M_{KZ}$
4	关闭时阀杆螺纹摩擦力矩 M'_{FL}/N·mm	见表5-194 序号22
5	阀杆螺母台肩摩擦力矩 M_{TJ}/N·mm	见表5-191 序号23
6	滚珠轴承摩擦力矩 M_{KZ}/N·mm	见表5-191 序号28
7	圆周力 F_S/N	ZM'_{Σ}/D_0
8	手轮直径 D_0/mm	设计给定

5.3.12.4 旋转升降杆手轮总转矩及圆周力（图5-218、表5-249）

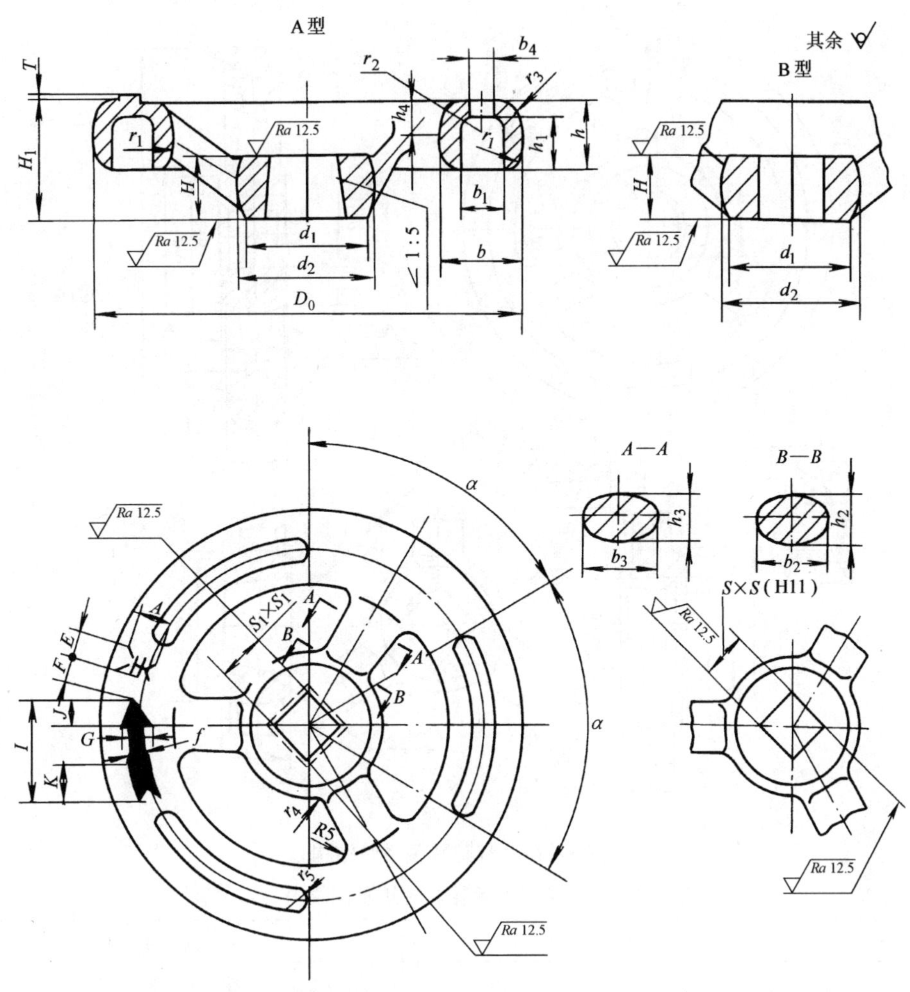

图5-218 旋转升降杆手轮结构

表5-249 旋转升降杆手轮总转矩及圆周力（L_4）

序号	名 称	公式或索引
1	关闭时阀杆总转矩 M'_{Σ}/N·mm	取 M'_{FZ}，表5-198序号18
2	开启时阀杆总转矩 M''_{Σ}/N·mm	取 M''_{FZ}，表5-198序号19
3	关闭时圆周力 F'_S/N	$2M'_{\Sigma}/D_0$
4	关闭时圆周力 F''_S/N	$2M''_{\Sigma}/D_0$
5	手轮直径 D_0/mm	设计给定

5.3.12.5 带防转键手轮总转矩及圆周力（图5-219、表5-250）

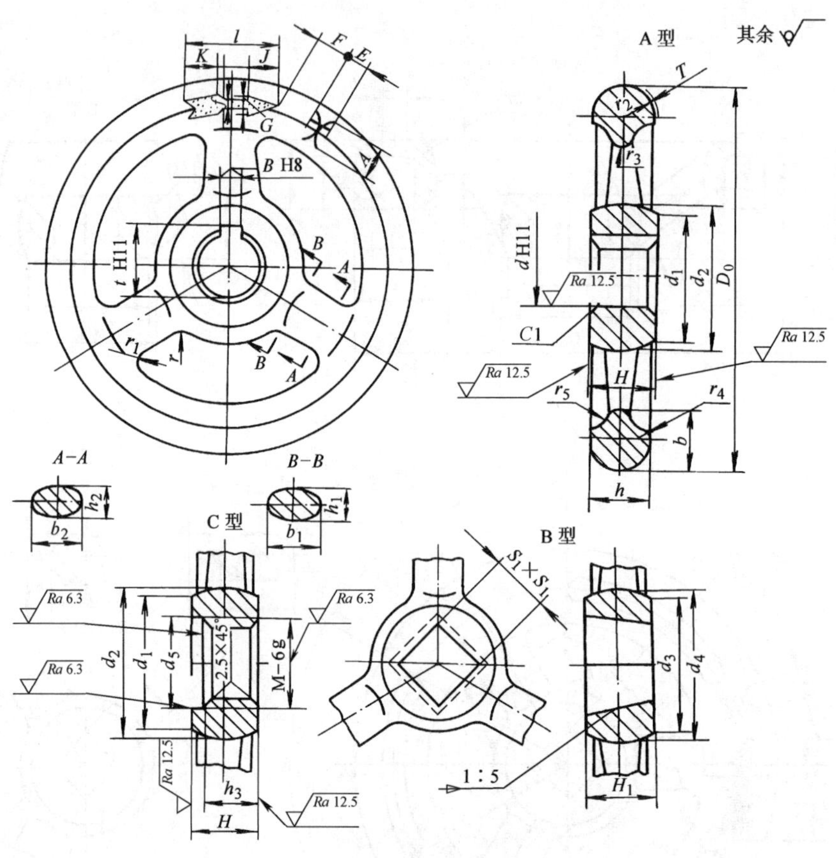

图5-219 带防转键手轮结构

表5-250 带防转键手轮总转矩及圆周力（L_5）

序号	名 称	公 式 或 索 引
1	关闭时总转矩 M'_{Σ}/N·mm	$M'_{FL}+M_{FJ}$（不带滚珠轴承） $M'_{FL}+M'_{g}$（带滚珠轴承）
2	开启时总转矩 M''_{Σ}/N·mm	$M''_{FL}+M''_{FS}$（不带滚珠轴承） $M''_{FL}+M''_{g}$（带滚珠轴承）
3	关闭时阀杆螺纹摩擦力矩 M'_{FL}/N·mm	表5-200 序号21
4	开启时阀杆螺纹摩擦力矩 M''_{FL}/N·mm	表5-199 序号22
5	关闭时阀杆螺母台肩摩擦力矩 M'_{FL}/N·mm	表5-194 序号22
6	开启时手轮下端与支架摩擦力矩 M''_{FS}/N·mm	表5-194 序号30
7	关闭时滚珠轴承摩擦力矩 M'_{g}/N·mm	表5-194 序号34
8	开启时滚珠轴承摩擦力矩 M''_{g}/N·mm	表5-194 序号38
9	关闭时圆周力 F'_{S}/N	$2M'_{\Sigma}/D_0$
10	开启时圆周力 F''_{S}/N	$2M''_{s}/D_0$
11	手轮直径 D_0/mm	设计给定

5.3.12.6　手柄总转矩及圆周力（图5-220、表5-251）

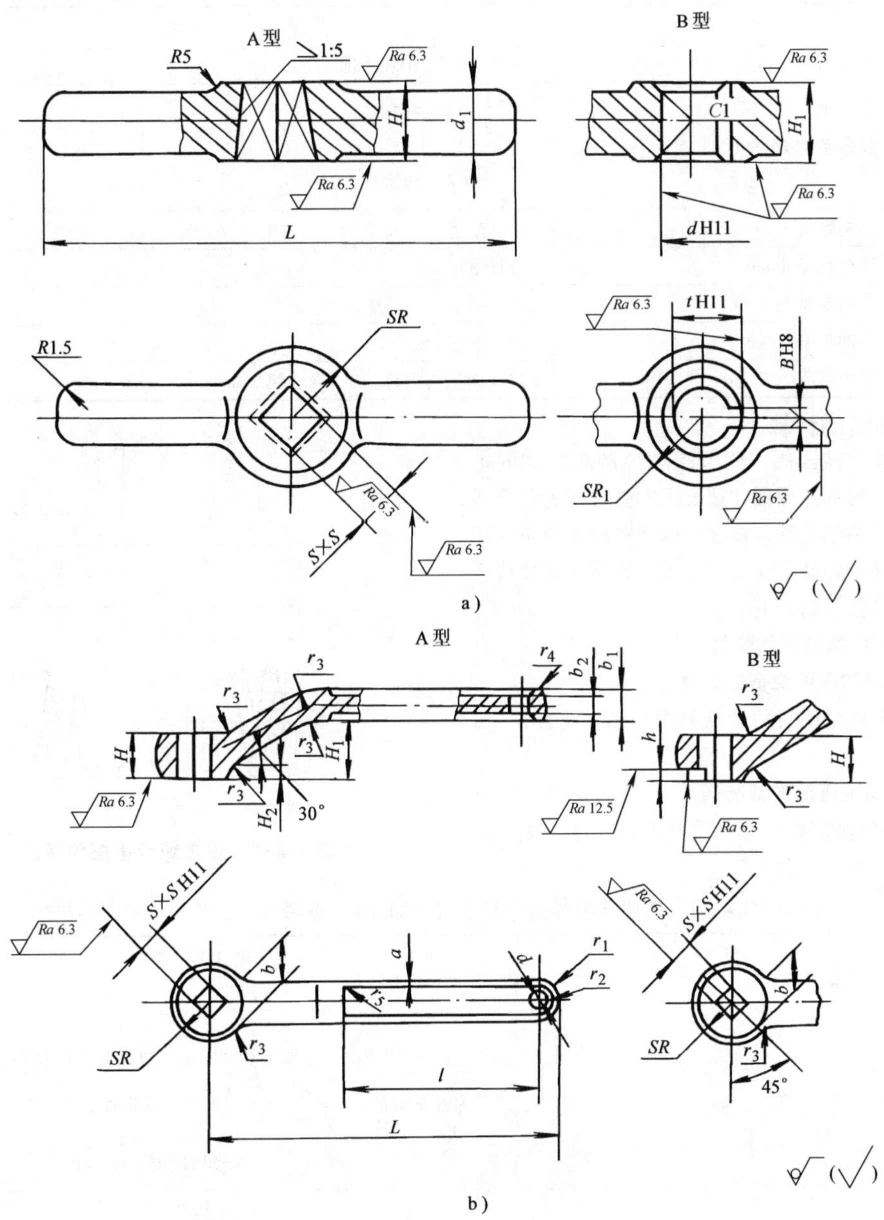

图5-220　手柄结构

a）手柄　b）扳手

表5-251　手柄总转矩及圆周力（L_6）

序号	名　称	公式或索引
1	关闭时总转矩 M'_{Σ}/N·mm	截止阀见表5-197，浮动球阀见 表5-206，固定球阀见表5-207
2	开启时总转矩 M''_{Σ}/N·mm	截止阀见表5-197，浮动球阀见表5-206，固定球阀见表5-207
3	关闭时圆周力 F'_S/N	M'_{Σ}/L
4	开启时圆周力 F''_S/N	M''_{Σ}/L
5	手柄力臂 L/mm	设计给定
6	弯曲应力 σ_W/MPa	$M_{\Sigma}/W \leqslant [\sigma_W]$

（续）

序号	名　称	公式或索引
7	计算力矩 M_Σ/N·mm	取 M'_Σ 或 M''_Σ 中较大值
8	断面系数 W/mm³	$Z\dfrac{\pi d^3}{32}$（对于圆形） $\dfrac{Zr_1b_2^2}{6}$（对于矩形）
9	手柄数量 Z	设计给定
10	手柄直径 d/mm	设计给定
11	手柄厚度 b_2/mm	设计给定
12	手柄宽度 r_1/mm	设计给定
13	许用弯曲应力 $[\sigma_W]$ /MPa	查《实用阀门设计手册》（第3版）中表3-5

5.3.13 弹簧的计算

在安全阀、减压阀、调节阀（控制阀）和固定球球阀上，通常都选用圆柱螺旋压缩弹簧作为调节元件和产品预紧力的元件；在固定球球阀阀座套筒的底部有时选用碟形弹簧。现就圆柱压缩弹簧和单片碟形弹簧的计算方法介绍如下。

5.3.13.1 圆柱螺旋压缩弹簧

1. 圆柱螺旋压缩弹簧的计算

圆柱螺旋压缩弹簧的计算如图5-221及表5-252所示。

2. 圆柱螺旋压缩弹簧选择

1）圆柱螺旋压缩弹簧中径 D 系列尺寸。优先选用第一系列，见表5-253。

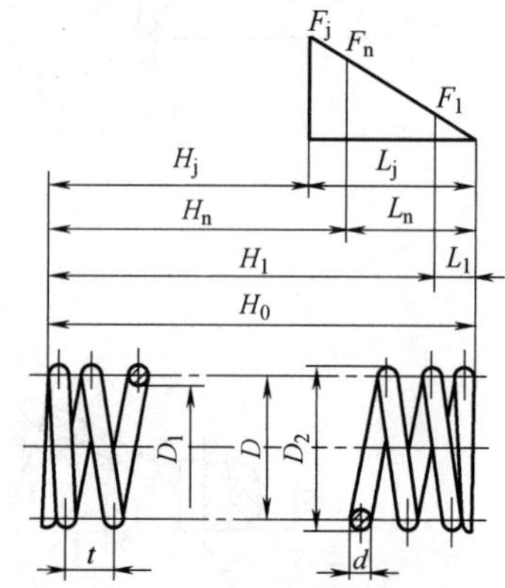

图5-221 圆柱螺旋压缩弹簧的结构

表5-252 圆柱螺旋压缩弹簧计算公式（TH_1）（参考GB/T 23935—2009）

项　目		公式及数据
主要计算公式	材料直径 d/mm	$d\geqslant\sqrt[2]{\dfrac{8KDF}{\pi[\tau]}}$ 或 $d\geqslant\sqrt{\dfrac{8KCF}{\pi[\tau]}}$ $[\tau]$ 为许用切应力，根据Ⅰ类、Ⅱ类、Ⅲ类载荷按表5-268选取 F 为弹簧负荷；$K=\dfrac{4C-\text{I}}{4C-4}+\dfrac{0.615}{C}$ 或按表5-262选取 $C=\dfrac{D}{d}$，一般初假定 $C=5\sim8$
	有效圈数 n/圈	$n=\dfrac{Gd^4}{8D^3F}f$ G 为切变模量，f 为弹簧变形量
	弹簧刚度 F'/（N/mm）	$F'=\dfrac{Gd^4}{8D^3n}=\dfrac{GD}{8C^4n}=\dfrac{F-F_0}{f}$，$F_0$ 为初拉力
几何尺寸计算	弹簧中径 D/mm	先按结构要求估计，然后按表5-253取标准值
	弹簧内径 D_1/mm	$D_1=D-d$
	弹簧外径 D_2/mm	$D_2=D+d$
	支承圈数 n_2/圈	按结构型式选取，见表5-257
	总圈数 n_1/圈	按表5-257选取
	弹簧节距 t/mm	$t=d+\dfrac{f_n}{n}+\delta_1$ δ_1 为余隙，$\delta_1\geqslant0.1d$

（续）

项目		公式及数据
几何尺寸计算	间距 δ/mm	$\delta = t - d$
	最小工作载荷时的高度 H_1/mm	$H_1 = H_0 + L_1$（H_0 为自由长度） 式中 $L_1 = \frac{8nF_1D^3}{Gd^4} = \frac{8nF_1C^4}{GD}$ 或者 $L_1 = \frac{F_1}{L'}$
	最大工作载荷时的高度 H_n/mm	$H_n = H_0 + L_n$ 式中 $L_n = \frac{8nF_nD^3}{Gd^4} = \frac{8nF_nC^4}{GD}$ 或者 $L_n = \frac{F_n}{F'}$
	工作极限载荷下的高度 H_j/mm	$H_j = H_0 - L_j$ 式中 $L_j = \frac{8nF_jD^3}{Gd^4} = \frac{8nF_jC^4}{GD}$ 或者 $L_j = \frac{F_j}{F'}$
	压并高度 H_b/mm	见表 5-257
	螺旋角 α/（°）	$\alpha = \arctan = \frac{t}{\pi D}$ 对压缩弹簧推荐 $\alpha = 5° \sim 9°$
	弹簧展开长度 L/mm	$L = \frac{\pi D n_1}{\cos\alpha}$

表 5-253 圆柱螺旋压缩弹簧中径 D 系列尺寸（TH_2） （单位：mm）

0.3	0.4	0.5	0.6	0.7	0.8	0.9	1	1.2	1.4
1.6	1.8	2	2.2	2.5	2.8	3	3.2	3.5	3.8
4	4.2	4.5	4.8	5	5.5	6	6.5	7	7.5
8	8.5	9	10	12	14	16	18	20	22
25	28	30	32	38	42	45	48	50	52
55	58	60	65	70	75	80	85	90	95
100	105	110	115	120	125	130	135	140	145
150	160	170	180	190	200	210	220	230	240
250	260	270	280	290	300	320	340	360	380
400	450	500	550	600	—	—	—	—	—

2）圆柱螺旋压缩弹簧有效圈数 n 见表 5-254。

3）圆柱螺旋压缩弹簧自由高度 H_0 尺寸，见表 5-255。

4）圆柱螺旋压缩弹簧极限应力与极限载荷见表 5-256。

表 5-254 圆柱螺旋压缩弹簧有效圈数 n（TH_3）

2	2.25	2.5	2.75	3	3.25	3.5	3.75	4	4.25	4.5	4.75
5	5.5	6	6.5	7	7.5	8	8.5	9	9.5	10	10.5
11.5	12.5	13.5	14.5	15	16	18	20	22	25	28	30

表 5-255 圆柱螺旋压缩弹簧自由高度 H_0（TH_4） （单位：mm）

4	5	6	7	8	9	10	11	12	13
14	15	16	17	18	19	20	22	24	26
28	30	32	35	38	40	42	45	48	50
52	55	58	60	65	70	75	80	85	90
95	100	105	110	115	120	130	140	150	160
170	180	190	200	220	240	260	280	300	320
340	360	380	400	420	450	480	500	520	550
580	600	620	650	680	700	720	750	780	800
850	900	950	1000	—	—	—	—	—	—

表5-256 工作极限应力与工作极限载荷计算公式（TH_5）

工作载荷种类	压缩、拉伸弹簧		扭转弹簧
	工作极限切应力 τ_j	工作极限载荷 F_j	工作极限弯曲应力 σ_j
Ⅰ类	≤1.67［τ］	—	—
Ⅱ类	≤1.25［τ］	≥1.25F_n	0.625σ_b
Ⅲ类	≤1.12［τ］	≥F_n	0.8σ_b

注：F_n—最大工作载荷；［τ］—弹簧材料的许用切应力，见表5-268；σ_b—弹簧材料的抗拉强度，见表5-266。

3. 圆柱螺旋压缩弹簧端部形式与高度、总圈数

计算公式见表5-257。

表5-257 总圈数 n_1、自由高度 H_0、压并高度 H_b 计算公式（TH_6）

结构型式		总圈数 n_1	自由高度 H_0	压并高度 H_b
端部不并紧磨平1/4圈	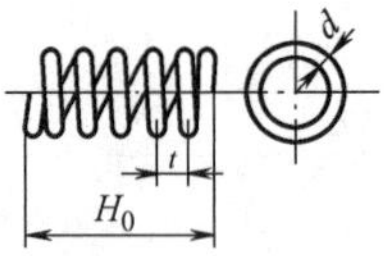	$n+\frac{1}{2}$	nt	$(n+1)d$
端部并紧不磨平，支承圈为1圈	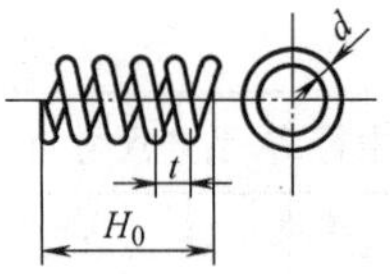	$n+2$	$nt+3d$	$(n+3)d$
端部不并紧磨平，支承圈为3/4圈	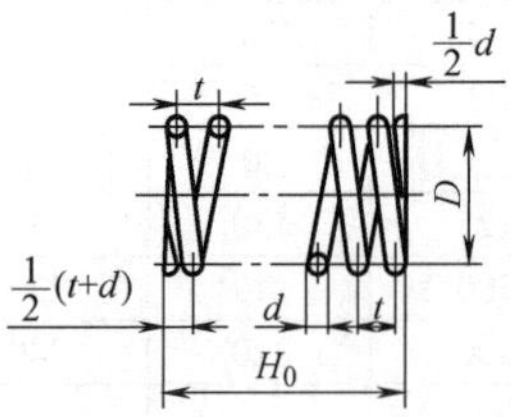 一般用于$d>8$	$n+1.5$	$nt+d$	$(n+1)d$
端部并紧磨平，支承圈为1圈	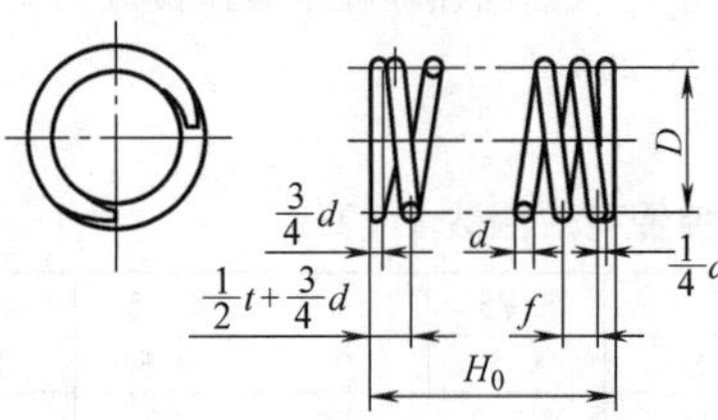 一般用于$d\leqslant8$	$n+2$	$nt+1.5d$	$(n+1.5)d$
端部并紧磨平，支承圈为1¼圈	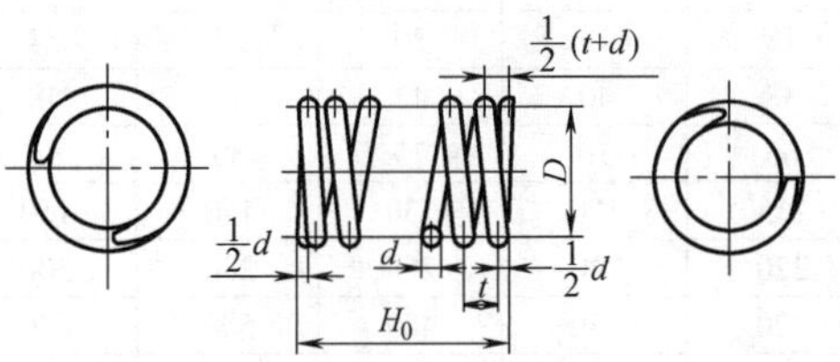	$n+2.5$	$nt+2d$	$(n+2)d$

4. 圆柱螺旋压缩弹簧的稳定性、强度和共振的验算

1）圆柱螺旋压缩弹簧的稳定性验算。对于高径比 b 较大的压缩弹簧，当轴向载荷达到一定时就会产生侧向弯曲而失去稳定性。为了保证使用稳定，高径比 $b=H_0/D$ 应满足下列要求：

两端固定：$b \leqslant 5.3$；

一端固定，另一端回转：$b \leqslant 3.7$；

两端回转：$b \leqslant 2.6$。

当高径比 b 大于上述值时，要按照下式进行验算：

$$F_C = C_B F' H_0 > F_n$$

式中，F_C 为弹簧临介载荷（N）；C_B 为不稳定系数，如图 5-222 所示；F' 为弹簧刚度（单位为 N/mm）；H_0 为自由高度（单位为 mm）；F_n 为最大工作载荷（单位为 N）。

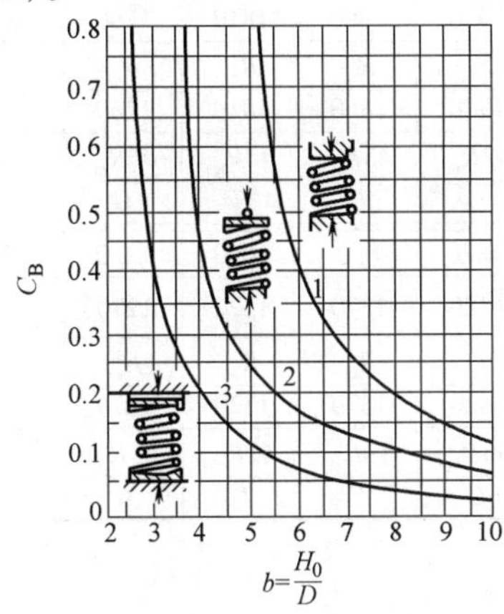

图 5-222 不稳定系数

如设计结构受限制，不能改变参数时，可设置导杆和导套，导杆或导套与弹簧的间隙（直径差）按表 5-258 的规定。为了保证弹簧的特性，弹簧的高径比应大于 0.4。

表 5-258 导杆、导套与弹簧的间隙

（GB/T 23935—2009）

（单位：mm）

弹簧中径 D	≤5	>5 ~10	>10 ~18	>18 ~30	>30 ~50	>50 ~80	>80 ~120	>120 ~150
间隙	0.6	1	2	3	4	5	6	7

2）强度验算。对于受循环载荷的重要弹簧（Ⅰ、Ⅱ类），应进行疲劳强度验算。受循环载荷次数少或所受循环载荷的变化幅度小时，应进行静强度验算。当两者不易区别时，要同时进行两种强度验算。

① 疲劳强度：

$$S=\frac{\tau_{uo}+0.75\tau_{min}}{\tau_{max}} \geqslant S_{min}$$

式中，S 为安全系数；τ_{u0} 为弹簧在脉动循环载荷下的脉动疲劳极限应力，对于高优质钢丝、不锈钢丝、铍青铜和硅青铜参照表 5-259 选取；τ_{min} 为最小工作载荷所产生的最小切应力（MPa）；τ_{max} 为最大工作载荷所产生的最大切应力（MPa）；S_{min} 为最小安全系数；当弹簧的设计计算和材料试验精度高时，取 $S_{min}=1.3\sim1.7$；当精确度低时，取 $S_{min}=1.8\sim2.2$。

表 5-259 高优质钢丝、不锈钢丝、铍青铜和硅青铜循环载荷下的脉动疲劳极限应力 τ_{u0}

循环载荷作用次数 N	10^4	10^5	10^6	10^7
τ_{u0}/MPa	$0.45R_m$①	$0.35R_m$	$0.32R_m$	$0.3R_m$

① 对于硅青铜、不锈钢丝，此值取 $0.35R_m$。

$$\tau_{max}=\frac{8KD}{\pi d^3}F_n$$

式中，K 为系数，按表 5-263 选取；D 为弹簧中径（mm）；d 为弹簧钢丝直径（mm）；F_n 为最大载荷（N）。

② 共振验算。对于高速运转中承受循环载荷的弹簧，需进行共振验算，验算公式如下：

$$f=\frac{3.56d}{nD^2}\sqrt{\frac{G}{\rho}}>10f_r$$

式中，f 为弹簧自振频率（Hz）；f_r 为强迫机械振动频率（Hz）；d 为弹簧钢丝直径（mm）；D 为弹簧中径（mm）；n 为弹簧有效圈数；G 为材料切变模量（MPa）；ρ 为密度（kg/m^3），一般钢制弹簧 $\rho=7.8\times10^{-6}kg/mm^3$。

对于减振弹簧，按下式进行验算：

$$f=\frac{1}{2\pi}\sqrt{\frac{F'g}{W}} \leqslant 0.05f_r$$

式中，g 为重力加速度，$g=9800mm/s^2$；F' 为弹簧刚度（N/mm）；W 为载荷（N）。

5. 圆柱螺旋压缩弹簧计算表

由于圆柱螺旋压缩弹簧计算起来比较烦琐，为了快速简捷地确定弹簧的尺寸和参数，设计者可根据弹簧的工作条件，直接从表中查出与设计相近的弹簧。本表包括了弹簧材料直径≤13mm，用碳素钢丝 C 级；材料直径 >13mm 时，用 60Si2Mn、冷卷制成的Ⅲ类载荷压缩弹簧的主要参数和尺寸。即适用于受交变载荷 10^3 次以下。也适用于受交变载荷在 $10^3\sim10^5$ 次或冲击载荷的圆柱螺旋压缩弹簧。

当材料的抗拉强度 R_m 不同于表 5-261 的 R'_m 值时，要对表中的工作极限载荷 F_j 及工作极限载荷下的单圈变形 f_j 进行修正，修正系数见表 5-261。

表中的工作极限载荷 F_j 和工作极限载荷下的单圈变形 f_j 及单圈弹簧刚度 F'_d 等公式见表 5-260。

如果已知最大工作载荷 F_n，用下式求出不同载荷类别的计算载荷 F_j：

$$F_j = K_1 F_n$$

式中，K_1 为载荷类别系数见表 5-263。

由于表 5-262 中给出的弹簧尺寸及参数尚未完全考虑 I 类载荷弹簧的性能，因此，计算 I 类弹簧除查用本计算表外，尚需进行有关的验算。

表 5-260 F_j、f_j、F'_d、τ、τ_j 及 G 的计算公式

适用范围	工作极限载荷 F_j/N	工作极限载荷下单圈变形 f_j/mm	单圈弹簧刚度 F'_d/(N/mm)	许用切应力 τ/MPa		工作极限应力 τ_j/MPa		切变模量 G/(N/mm²)
				压簧	拉簧	压簧	拉簧	
变载荷作用次数 < 10^3	$\dfrac{\pi d^3 n_j}{8DK}$	$\dfrac{\pi D^2 \tau_j}{KGd}$ 或者 $\dfrac{F_j}{F'_d}$	$\dfrac{Gd^4}{8D^3}$	$0.5R_m$	$0.4R_m$	$\tau_j \leqslant 1.12\tau_P$ 取 $\tau_j = \tau_p$ $0.5R_m$	$0.4R_m$	79000

表 5-261 材料的抗拉强度 R_m 不同于 R'_m 时，F_j 和 f_j 的修正系数

材料直径 d/mm	0.5	0.6	0.7	0.8~0.9	1.0	1.2	1.4	1.6	1.8	2.0
R'_m/MPa	2200	2100	2060	2010	1960	1910	1860	1810	1760	1710
F_j 的修正系数	$\dfrac{R_m}{2200}$	$\dfrac{R_m}{2100}$	$\dfrac{R_m}{2060}$	$\dfrac{R_m}{2010}$	$\dfrac{R_m}{1960}$	$\dfrac{R_m}{1910}$	$\dfrac{R_m}{1860}$	$\dfrac{R_m}{1810}$	$\dfrac{R_m}{1760}$	$\dfrac{R_m}{1710}$
f_j 的修正系数	$\dfrac{36R_m}{G}$	$\dfrac{38R_m}{G}$	$\dfrac{39R_m}{G}$	$\dfrac{40R_m}{G}$	$\dfrac{41R_m}{G}$	$\dfrac{42R_m}{G}$	$\dfrac{43R_m}{G}$	$\dfrac{44R_m}{G}$	$\dfrac{45R_m}{G}$	$\dfrac{47R_m}{G}$
材料直径 d/mm	2.5	30	3.5	4.0~4.5	5.0	6.0	8.0	10.0	12.0	14~45
R'_m/MPa	1660	1570	1570	1520	1470	1420	1370	1320	1270	1480
F_j 的修正系数	$\dfrac{R_m}{1660}$	$\dfrac{R_m}{1570}$	$\dfrac{R_m}{1570}$	$\dfrac{R_m}{1520}$	$\dfrac{R_m}{1470}$	$\dfrac{R_m}{1420}$	$\dfrac{R_m}{1370}$	$\dfrac{R_m}{1320}$	$\dfrac{R_m}{1270}$	$\dfrac{R_m}{1480}$
f_j 的修正系数	$\dfrac{48R_m}{G}$	$\dfrac{51R_m}{G}$	$\dfrac{51R_m}{G}$	$\dfrac{53R_m}{G}$	$\dfrac{54R_m}{G}$	$\dfrac{56R_m}{G}$	$\dfrac{58R_m}{G}$	$\dfrac{61R_m}{G}$	$\dfrac{63R_m}{G}$	$\dfrac{54R_m}{G}$

注：表中的 R_m 及 G 分别为被采用材料的抗拉强度和切变模量。

表 5-262 圆柱螺旋压缩弹簧计算表（TH_7）

材料直径 d/mm	弹簧中径 D/mm	许用切应力 [τ]/MPa	工作极限载荷 F_j/N	工作极限载荷下的单圈变形量 f_j/mm	单圈弹簧刚度 F'_d/(N/mm)	最大心轴直径 D_{Xmax}/mm	最小套筒直径 $D_{\tau min}$/mm	初拉力 F_0（用于拉伸弹簧）/N
0.5	3	1100	14.36	0.627	22.9	1.9	4.1	1.64
	3.5		12.72	0.883	14.4	2.4	4.6	1.2
	4		11.39	1.181	9.64	2.9	5.1	0.92
	4.5		10.32	1.524	6.77	3.4	5.6	—
	5		9.43	1.912	4.93	3.9	6.1	0.589
	6		8.04	2.812	2.86	4.5	7.5	0.409
	7		7.00	3.888	1.80	5.5	8.5	—
0.6	3	1055	22.75	0.480	47.4	1.8	4.2	3.39
	3.5		20.28	0.680	29.8	2.3	4.7	2.49
	4		18.26	0.913	20.0	2.8	5.2	1.91
	4.5		16.62	1.183	14.0	3.3	5.7	—
	5		15.22	1.486	10.2	3.8	6.2	1.22
	6		13.03	2.197	5.93	4.4	7.6	0.843
	7		11.38	3.051	3.73	5.4	8.6	0.622
	8		10.11	4.042	2.50	6.4	9.6	—

（续）

材料直径 d/mm	弹簧中径 D/mm	许用切应力 $[\tau]$/MPa	工作极限载荷 F_j/N	工作极限载荷下的单圈变形量 f_j/mm	单圈弹簧刚度 F'_d/(N/mm)	最大心轴直径 D_{Xmax}/mm	最小套筒直径 $D_{\tau min}$/mm	初拉力 F_0(用于拉伸弹簧)/N
[0.7]	3.5	1030	30.23	0.547	55.3	2.2	4.8	—
	4		27.37	0.739	37.0	2.7	5.3	
	4.5		24.98	0.960	26.0	3.2	5.8	
	5		22.97	1.211	19.0	3.7	6.3	
	6		19.74	1.799	11.0	4.3	7.7	
	7		17.31	2.504	6.91	5.3	8.7	
	8		15.40	3.325	4.63	6.3	9.7	
	9		13.88	4.266	3.25	7.3	10.7	
0.8	4	1005	38.54	0.609	63.2	2.6	5.4	6.03
	4.5		35.30	0.796	44.4	3.1	5.9	—
	5		32.55	1.006	32.4	3.6	6.4	3.87
	6		28.14	1.502	18.7	4.2	7.8	2.68
	7		24.74	2.098	11.8	5.2	8.8	1.97
	8		22.06	2.792	7.90	6.2	9.8	1.51
	9		19.90	3.588	5.55	7.2	10.8	1.19
	10		18.14	4.485	4.04	8.2	11.8	—
[0.9]	4	1005	53.05	0.524	101	2.5	5.5	—
	4.5		48.77	0.686	71.1	3	6	
	5		45.13	0.871	51.8	3.5	6.5	
	6		39.14	1.305	30.0	4.1	7.9	
	7		34.54	1.829	18.9	5.1	8.9	
	8		30.89	2.442	12.7	6.1	9.9	
	9		27.92	3.141	8.89	7.1	10.9	
	10		25.46	3.930	6.48	8.1	11.9	
1.0	4.5	980	63.30	0.584	108	2.9	6.1	—
	5		58.73	0.743	79.0	3.4	6.6	9.42
	6		51.19	1.120	45.7	4	8	6.54
	7		45.33	1.575	28.8	5	9	4.81
	8		40.63	2.106	19.3	6	10	3.68
	9		36.80	2.717	13.5	7	11	2.91
	10		33.62	3.403	9.88	8	12	2.36
	12		28.66	5.019	5.71	9	15	1.64
	14		24.95	6.931	3.60	11	17	—
1.2	6	955	82.38	0.869	94.8	3.8	8.2	13.57
	7		73.42	1.230	59.7	4.8	9.2	9.97
	8		66.13	1.653	40.0	5.8	10.2	7.63
	9		60.16	2.141	28.1	6.8	11.2	6.03
	10		55.10	2.691	20.5	7.8	12.2	4.89
	12		47.16	3.980	11.9	8.8	15.2	3.39
	14		41.22	5.524	7.46	10.8	17.2	2.49
	16		36.59	7.319	5.00	12.8	19.2	—
[1.4]	7	930	109.23	0.987	111	4.6	9.4	—
	8		98.90	1.335	74.1	5.6	10.4	
	9		90.19	1.734	52.0	6.6	11.4	
	10		82.94	2.187	37.9	7.6	12.4	
	12		71.32	2.634	22.0	8.6	15.4	
	14		62.52	4.522	13.8	10.6	17.4	
	16		55.62	6.006	9.26	12.6	19.4	
	18		50.11	7.704	6.50	14.6	21.4	
	20		45.55	9.609	4.74	15.6	24.4	

（续）

材料直径 d/mm	弹簧中径 D/mm	许用切应力 $[\tau]$/MPa	工作极限载荷 F_j/N	工作极限载荷下的单圈变形量 f_j/mm	单圈弹簧刚度 F'_d/(N/mm)	最大心轴直径 D_{Xmax}/mm	最小套筒直径 $D_{\tau min}$/mm	初拉力 F_0(用于拉伸弹簧)/N
1.6	8	905	138.82	1.098	126	5.4	10.6	24.1
	9		127.12	1.432	88.8	6.4	11.6	19.1
	10		117.32	1.812	64.7	7.4	12.6	15.4
	12		101.33	2.706	37.5	8.4	15.6	10.7
	14		89.12	3.778	23.6	10.4	17.6	7.87
	16		79.46	5.029	15.8	12.4	19.6	6.03
	18		71.69	6.461	11.1	14.4	21.6	4.77
	20		65.33	8.076	8.09	15.4	23.6	—
	22		59.94	9.864	6.08	17.4	26.6	—
[1.8]	9	680	170.78	1.201	142	6.2	11.8	
	10		157.80	1.522	104	7.2	12.8	
	12		137.06	2.286	60.0	8.2	15.8	
	14		120.92	3.203	37.8	10.2	17.8	
	16		108.34	4.279	25.3	12.2	19.8	—
	18		97.82	5.501	17.8	14.2	21.8	
	20		89.20	6.882	13.0	15.2	24.8	
	22		82.01	8.424	9.74	17.2	26.8	
	25		73.16	11.03	6.63	20.2	29.8	
2.0	10	855	204.88	1.297	158	7	13	37.7
	12		178.61	1.954	91.4	8	16	26.2
	14		158.20	1.923	57.6	10	18	19.2
	16		141.80	3.676	38.6	12	20	14.7
	18		128.40	4.740	27.1	14	22	11.6
	20		117.29	5.939	19.8	15	25	9.42
	22		107.96	7.275	14.9	17	27	7.79
	25		96.41	9.542	10.1	20	30	—
	28		87.05	12.10	7.20	23	33	—
2.5	12	830	320.30	1.435	223	7.5	16.5	63.9
	14		285.78	2.033	141	9.5	18.5	47
	16		257.73	2.733	94.2	11.5	20.5	36
	18		234.58	3.547	66.1	13.5	22.5	28.4
	20		215.03	4.460	48.2	14.5	25.5	23
	22		198.54	5.480	36.2	16.5	27.5	19
	25		177.90	7.206	24.7	19.5	30.5	14.7
	28		161.26	9.175	17.6	22.5	33.5	—
	30		151.74	10.62	14.3	24.5	35.5	—
	32		143.16	12.16	11.8	25.5	38.5	—
3.0	14	785	444.99	1.257	291	9	19	97.4
	16		403.88	2.068	195	11	21	74.6
	18		369.03	2.690	137	13	23	58.9
	20		339.76	3.398	100	14	26	47.7
	22		314.73	4.190	75.1	16	28	39.4
3.0	25	785	283.08	5.531	51.2	19	31	30.5
	28		264.50	7.258	36.4	22	34	24.3
	30		242.27	8.179	29.6	24	36	—
	32		229.16	9.392	24.4	25	39	—
	35		211.75	11.35	18.7	28	42	—
	38		196.77	13.50	14.6	31	45	—

（续）

材料直径 d/mm	弹簧中径 D/mm	许用切应力 $[\tau]$/MPa	工作极限载荷 F_j/N	工作极限载荷下的单圈变形量 f_j/mm	单圈弹簧刚度 F'_d/(N/mm)	最大心轴直径 D_{Xmax}/mm	最小套筒直径 $D_{\tau min}$/mm	初拉力 F_0(用于拉伸弹簧)/N
3.5	16	785	614.66	1.699	362	10.5	21.5	—
	18		564.41	2.221	254	12.5	23.5	109
	20		521.63	2.816	185	13.5	26.5	88.5
	22		484.52	3.481	139	15.5	28.5	73.1
	25		437.67	4.614	94.8	18.5	31.5	56.6
	28		398.65	5.906	67.5	21.5	34.5	45.1
	30		376.26	6.855	54.9	23.5	36.5	—
	32		356.30	7.880	45.2	24.5	39.5	34.5
	35		329.78	9.546	34.6	27.5	42.5	28.9
	38		306.97	11.37	27.0	30.5	45.5	—
	40		293.40	12.67	23.2	32.5	47.5	22.1
4	20	760	728.45	2.305	316	13	27	151
	22		679.34	2.861	237	15	29	125
	25		615.63	3.804	162	18	32	96.5
	28		562.40	4.884	115	21	35	76.9
	30		531.91	5.680	93.6	23	37	—
	32		504.14	6.535	77.1	24	40	58.9
	35		467.6	7.931	59.0	27	43	49.2
	38		435.9	9.462	46.1	30	46	—
	40		417.0	10.56	39.5	32	48	37.7
	45		376.3	13.56	27.7	37	53	29.8
	50		342.9	16.96	20.2	42	58	—
4.5	22	760	937.0	2.464	380	14.5	29.5	200
	25		853.3	3.293	259	17.5	32.5	155
	28		782.04	4.234	184	20.5	35.5	123
	30		740	4.935	150	22.5	37.5	—
	32		702.9	5.688	124	23.5	40.5	94.5
	35		652.9	6.913	94.4	26.5	43.5	78.9
	38		609.6	8.261	73.8	29.5	46.5	—
	40		584.1	9.235	63.3	41.5	48.5	60.4
	45		527.8	11.88	44.4	36.5	53.5	47.7
	50		481.3	14.86	32.4	41.5	58.5	38.6
	55		442.7	18.19	24.3	45.5	64.5	31.9
5	25	735	1100.6	2.787	395	17	33	236
	28		1012.5	3.60	281	20	36	188
	30		960	4.199	229	22	38	164
	32		912.6	4.847	188	23	41	144
	35		850	5.903	144	26	44	120
	38		794.6	7.046	112	29	47	—
	40		761.8	7.900	96.4	31	49	92
	45		690	10.19	67.7	36	54	72.7
	50		630.2	12.76	49.4	41	59	58.9
	55		580	15.63	37.1	45	65	48.7
	60		537.3	18.80	28.6	50	70	40.9

（续）

材料直径 d/mm	弹簧中径 D/mm	许用切应力 [τ]/MPa	工作极限载荷 F_j/N	工作极限载荷下的单圈变形量 f_j/mm	单圈弹簧刚度 F'_d/(N/mm)	最大心轴直径 D_{Xmax}/mm	最小套筒直径 $D_{\tau min}$/mm	初拉力 F_0(用于拉伸弹簧)/N
6	30	710	1530.9	3.230	471	21	39	339
	32		1461.1	3.741	391	22	42	298
	35		1364.8	4.572	298	25	45	249
	38		1280.3	5.489	233	28	48	—
	40		1209.6	6.047	200	30	50	191
	45		1117.8	7.901	140	35	55	151
	50		1023.8	10.00	102	40	60	122
	55		944.78	12.28	76.9	44	66	101
	60		876.9	14.79	59.3	49	71	84.8
	65		817.7	17.55	46.6	54	76	72.3
	70		766.1	20.53	37.3	59	81	62.3
8	32	685	3065.5	2.484	1234	20	44	—
	35		2887	3.060	943	23	47	—
	38		2726.9	3.700	737	26	50	—
	40		2626.2	4.156	632	28	52	603
	45		2408.3	5.425	444	33	57	477
	50		2220	6.860	324	38	62	386
	55		2057.5	8.463	243	42	68	319
	60		1917.3	10.24	187	47	73	268
	65		1794.2	12.18	147	52	78	228
	70		1686.4	14.29	118	57	83	197
	75		1589.6	16.58	95.9	62	88	—
	80		1504	19.03	79.0	67	93	151
	85		1422	21.60	65.9	71	99	—
	90		1356	24.36	55.5	76	104	—
10	40	660	4615	2.991	1543	26	54	1470
	45		4264	3.934	1084	31	59	1163
	50		3954	5.005	790	36	64	942
	55		3687	6.212	593	40	70	779
	60		3448	7.541	457	45	75	654
	65		3239	9.01	360	50	80	557
	70		3053	10.60	288	55	85	481
	75		2887	12.33	234	60	90	419
	80		2736	14.19	193	65	95	368
	85		2602	16.16	161	69	101	326
	90		2479	18.30	135	74	106	291
	95		2366	20.55	115	79	111	261
	100		2264	22.93	98.8	84	116	236
12	50	635	6227	3.801	1638	34	66	1953
	55		5833	4.740	1231	38	72	1614
	60		5478	5.779	948	43	77	1356
	65		5147	6.930	746	48	82	1156
	70		4882	8.176	597	53	87	997
	75		4629	9.541	485	58	92	868
	80		4397	11.00	400	63	97	763
	85		4189	12.56	333	67	103	676
	90		4000	14.24	281	72	108	603
	95		3825	16.01	239	77	113	541
	100		3664	17.89	205	82	118	488
	110		3383	21.99	154	92	128	404
	120		3136	26.46	119	102	138	339

（续）

材料直径 d/mm	弹簧中径 D/mm	许用切应力 $[\tau]$/MPa	工作极限载荷 F_j/N	工作极限载荷下的单圈变形量 f_j/mm	单圈弹簧刚度 F'_d/(N/mm)	最大心轴直径 D_{Xmax}/mm	最小套筒直径 $D_{\tau min}$/mm	初拉力 F_0(用于拉伸弹簧)/N
14	60	740	9693.7	5.590	1734	41	79	
	65		9162	6.718	1364	46	84	
	70		8689	7.96	1092	51	89	
	75		8261	9.31	888	56	94	
	80		7867	10.76	732	61	99	
	85		7511	12.31	610	65	105	
	90		7180	13.97	514	70	110	
	95		6880	15.75	437	75	115	
	100		6601	18.99	348	80	120	
	110		6102	21.68	281	90	130	
	120		5675	26.18	217	100	140	
	130		5302	31.10	170	109	151	
16	65	740	13117	5.64	2327	44	86	
	70		12475	6.70	1863	49	91	
	75		11888	7.85	1515	54	96	
	80		11349	9.09	1248	59	101	
	85		10855	10.43	1040	63	107	
	90		10405	11.87	877	68	112	
	95		9983	13.39	745	73	117	
	100		9591	15.01	639	78	122	
	110		8481	18.52	480	88	132	
	120		8287	22.40	370	98	142	
	130		7753	26.66	291	107	153	
	140		7285	31.29	233	117	163	
	150		6870	36.28	189	127	173	
18	75	740	16327	6.75	2426	52	98	
	80		15623	7.82	1999	57	103	
	85		14968	8.98	1667	61	109	
	90		14364	10.23	1404	66	114	
	95		13808	11.56	1194	71	119	
	100		13292	12.99	1024	76	124	
	110		12355	16.07	769	86	134	
	120		11529	19.46	592	96	144	
	130		10819	23.22	466	105	155	
	140		10172	27.27	373	115	165	
	150		9607	31.68	303	125	175	
	160		9100	36.42	250	134	186	
	170		8639	41.46	208	143	197	
20	80	740	20698	6.79	3047	55	105	
	85		19891	7.83	2540	59	111	
	90		19120	8.93	2140	64	116	
	95		18413	10.12	1820	69	121	
	100		17733	11.37	1560	74	126	
	110		16537	14.11	1172	84	136	
	120		15461	17.13	903	94	146	
	130		14527	20.46	710	103	157	
	140		13690	24.08	569	113	167	
	150		12949	28.01	462	123	177	
	160		12271	32.22	381	132	188	
	170		11658	36.72	318	141	199	
	180		11114	41.55	267	151	209	
	190		10612	46.66	227	160	220	

（续）

材料直径 d/mm	弹簧中径 D/mm	许用切应力 $[\tau]$/MPa	工作极限载荷 F_j/N	工作极限载荷下的单圈变形量 f_j/mm	单圈弹簧刚度 F'_d/(N/mm)	最大心轴直径 D_{Xmax}/mm	最小套筒直径 $D_{\tau min}$/mm	初拉力 F_0(用于拉伸弹簧)/N
25	100	740	32340	8.49	3809	69	131	
	110		30351	10.61	2861	79	141	
	120		28557	12.96	2204	89	151	
	130		26930	15.54	1734	98	162	
	140		25478	18.36	1388	108	172	
	150		24159	21.40	1128	118	182	
	160		22979	24.71	930	127	193	
	170		21893	28.24	775	136	204	
	180		20916	32.03	653	146	214	
	190		19998	36.01	555	155	225	
	200		19175	40.28	476	165	235	
	220		17700	49.49	358	184	256	
30	120	740	46570	10.10	4570	84	156	
	130		44137	12.28	3595	93	167	
	140		41949	14.57	2878	103	177	
	150		38899	17.05	2340	113	187	
	160		38073	19.74	1928	122	198	
	170		36370	22.62	1607	131	209	
	180		34788	25.69	1354	141	219	
	190		33356	28.97	1151	150	230	
	200		32025	32.44	987	160	240	
	220		29670	40.00	742	179	261	
	240		27611	48.34	571	198	282	
	260		25814	57.45	499	217	303	
35	140	740	63386	11.89	5332	98	182	
	150		60585	13.98	4335	108	192	
	160		57897	16.20	3572	117	203	
	170		55481	18.63	2978	126	214	
	180		53204	21.21	2509	136	224	
	190		51111	23.96	2133	145	235	
	200		49168	26.88	1829	155	245	
	220		45672	33.24	1374	174	266	
	240		42622	40.27	1058	193	287	
	260		39967	48.02	832	212	308	
	280		37583	56.39	667	231	329	
	300		35467	65.45	542	250	350	
40	160	740	82791	13.59	6093	112	208	
	170		79564	15.66	5080	121	219	
	180		76479	17.87	4280	131	229	
	190		73653	20.24	3639	140	240	
	200		70931	22.73	3120	150	250	
	220		66148	28.22	2344	169	271	
	240		61840	34.25	1806	188	292	
	260		58109	40.92	1420	207	313	
	280		54758	48.16	1137	226	334	
	300		51791	56.02	924	245	355	
	320		49088	64.44	762	264	376	

（续）

材料直径 d/mm	弹簧中径 D/mm	许用切应力 $[\tau]$/MPa	工作极限载荷 F_j/N	工作极限载荷下的单圈变形量 f_j/mm	单圈弹簧刚度 F'_d/(N/mm)	最大心轴直径 D_{Xmax}/mm	最小套筒直径 $D_{\tau min}$/mm	初拉力 F_0(用于拉伸弹簧)/N
45	180	740	104782	15.41	6855	126	234	
	190		101141	17.35	5829	135	245	
	200		97642	19.54	4998	145	255	
	220		91325	24.32	3755	164	276	
	240		85665	29.62	2892	183	297	
	260		80640	35.45	2275	202	318	
	280		76147	41.81	1821	221	339	
	300		72056	48.66	1481	240	360	
	320		68447	56.10	1220	259	381	
	340		65120	64.02	1017	278	402	
50	200	740	129361	16.98	7617	140	260	
	220		121406	21.21	5723	159	281	
	240		112781	25.59	4408	178	302	
	260		107718	31.07	3467	197	323	
	280		101909	36.71	2776	216	344	
	300		96634	42.82	2257	235	365	
	320		91915	49.43	1860	254	386	
	340		87571	56.48	1550	273	407	

6. 圆柱螺旋压缩弹簧计算系数

C、K、K_1、$\frac{8}{\pi}KC^3$ 见表 5-263。

表 5-263　圆柱螺旋压缩弹簧计算系数（TH_8）

C	K	K_1	$\frac{8}{\pi}KC^3$	C	K	K_1	$\frac{8}{\pi}KC^3$
2.5	1.746		69.46	4.7	1.334		352.66
2.6	1.705		76.31	4.8	1.325		373.09
2.7	1.669		83.64	4.9	1.318		394.83
2.8	1.636		91.44	5	1.311	1.19	417.3
2.9	1.607		99.8	5.1	1.304		440.4
3	1.58		108.63	5.2	1.297		464.34
3.1	1.556		118.02	5.3	1.29		489.03
3.2	1.533		127.9	5.4	1.284		514.84
3.3	1.512		138.34	5.5	1.279	1.17	541.85
3.4	1.493		149.42	5.6	1.273		569.27
3.5	1.476		161.14	5.7	1.267		579.36
3.6	1.459		173.34	5.8	1.262		627.01
3.7	1.444		186.24	5.9	1.257		657.38
3.8	1.43		199.78	6	1.253	1.15	689.13
3.9	1.416		213.88	6.1	1.248		721.25
4	1.404	1.25	228.81	6.2	1.243		754.26
4.1	1.392		244.26	6.3	1.239		788.74
4.2	1.381		260.49	6.4	1.235		824.39
4.3	1.37		277.32	6.5	1.231	1.14	800.78
4.4	1.36		295.01	6.6	1.227		898.14
4.5	1.351	1.2	313.47	6.7	1.223		936.45
4.6	1.342		332.63	6.8	1.22		976.75

（续）

C	K	K_1	$\frac{8}{\pi}KC^3$	C	K	K_1	$\frac{8}{\pi}KC^3$
6.9	1.216		1017.1	11.5	1.125		4355.8
7	1.213	1.13	1059.5	11.6	1.124		4466.6
7.1	1.21		1102.6	11.7	1.123		4579.3
7.2	1.206		1146.1	11.8	1.122		4693.8
7.3	1.203		1191.6	11.9	1.121		4810.1
7.4	1.2		1238	12	1.12	1.07	4928.3
7.5	1.197	1.12	1285.9	12.1	1.118		5042.6
7.6	1.195		1335.5	12.2	1.117		5164.3
7.7	1.192		1385.7	12.3	1.116		5287.8
7.8	1.189		1436.6	12.4	1.115		5413.3
7.9	1.187		1490.2	12.5	1.114		5539.1
8	1.184	1.11	1543.5	12.6	1.114		5673.1
8.1	1.182		1599.4	12.7	1.113		5804.3
8.2	1.179		1655	12.8	1.112		5937.4
8.3	1.177		1713.5	12.9	1.111		6072.5
8.4	1.175		1773.4	13	1.11		6210.6
8.5	1.172	1.1	1832.5	13.1	1.109		6348.6
8.6	1.17		1894.9	13.2	1.108		6487.7
8.7	1.168		1958.1	13.3	1.107		6630.7
8.8	1.166		2023.2	13.4	1.106		6775.5
8.9	1.164		2089.5	13.5	1.106		6928.4
9	1.162	1.09	2156.7	13.6	1.105		7077.5
9.1	1.16		2225.7	13.7	1.104		7228.6
9.2	1.158		2296.2	13.8	1.103		7379.6
9.3	1.157		2369.3	13.9	1.102		7534.8
9.4	1.155		2442.6	14	1.102	1.06	7698.6
9.5	1.153		2517.3	14.1	1.101		7858
9.6	1.151		2592.6	14.2	1.1		8019.5
9.7	1.15		2672.3	14.3	1.099		8183.1
9.8	1.147		2751.3	14.4	1.099		8360
9.9	1.146		2830.9	14.5	1.098		8523.9
10	1.145	1.08	2915.2	14.6	1.097		8691.6
10.1	1.143		2998.6	14.7	1.097		8871.4
10.2	1.142		3086	14.8	1.096		9045.9
10.3	1.14		3171.5	14.9	1.095		9222.6
10.4	1.139		3262.1	15	1.095		9406.5
10.5	1.138		3354.3	15.1	1.094		9590.7
10.6	1.136		3444.4	15.2	1.093		9774.1
10.7	1.135		3539.9	15.3	1.093		9968.2
10.8	1.133		3634	15.4	1.092		10153.3
10.9	1.132		3732.8	15.5	1.091		10344.9
11	1.131		3833.2	15.6	1.091		10546.4
11.1	1.13		3934.4	15.7	1.09		10742
11.2	1.128		4034.9	15.8	1.09		10949.4
11.3	1.127		4140.5	15.9	1.089		11146.5
11.4	1.126		4247.9	16	1.088	1.05	11345.9

7. 弹簧材料及许用应力

选择弹簧材料主要是根据弹簧的工作条件、弹簧承受载荷的类型、是否受冲击载荷及弹簧材料的许用应力等因素确定。同时也应考虑弹簧制造的工艺性。弹簧的常用材料见表5-264，其中部分弹簧钢丝及青铜线材的抗拉强度 R_m 见表5-265～表5-267，弹簧许用应力见表5-268。

表5-264　弹簧常用材料（GB/T 23935）

材料名称	牌　号	直径规格尺寸 /mm	切变模量 G /GPa	弹性模量 E /GPa	推荐硬度范围 HRC	推荐温度范围 /℃	性　能
碳素弹簧钢丝，GB/T 4357	25～80 40Mn～70Mn	B级：0.08～13.0 C级：0.08～13.0 D级：0.08～6.0	79	206	—	-40～130	强度高，性能好，B级用于低应力弹簧，C级用于中等应力弹簧，D级用于高应力弹簧
琴钢丝，GB/T 4358	60～80 T8MnA～T9A 60Mn～70Mn	G_1组：0.08～6.0 G_2组：0.08～6.0 F组：2.0～5.0					强度高，韧性好，用于重要的小弹簧，G_2组较G_1组强度高，F组主要用于阀门弹簧
阀门用油淬火回火碳素弹簧钢丝，GB/T 18983	65Mn 70	2.0～6.0				-40～150	强高度，性能好，用于内燃机阀门弹簧或类似用途弹簧
油淬火回火碳素弹簧钢丝，GB/T 18983	55、60、60Mn 65、65Mn、70、 70Mn、75、80	A类、B类 2.0～12.0					强度高，性能好，适用于普通机械用弹簧，B类较A类强度高
油淬火回火硅锰弹簧钢丝，GB/T 18983	60Si2MnA	A类、B类、C类 2.0～14.0				-40～200	强度高，弹性好，易脱碳，用于较高载荷的弹簧。A类用于一般用途和汽车悬架弹簧，C类用于汽车悬架弹簧
阀门用油淬火回火铬硅弹簧钢丝，GB/T 18983	55CrSi	1.6～8.0				-40～250	有较高的疲劳强度，用于较高工作温度的高应力内燃机阀门弹簧或其他类似弹簧
阀门用油淬火回火铬钒弹簧钢丝，GB/T 18983	50CrVA	1.0～10.0			45～50	-40～210	
硅锰弹簧钢丝，YB/T 5318	60Si2MnA 65Si2MnWA 70Si2MnA	1.0～2.0				-40～200	强度高，弹性较好，易脱碳，用于普通机械的较大弹簧
铬钒弹簧钢丝，YB/T 5318	50CrVA	0.8～12.0				-40～210	高温时强度性能稳定，用于较高工作温度下的弹簧，如内燃机阀门弹簧等
阀门用铬钒弹簧钢丝	50CrVA	0.5～12.0					
铬硅弹簧钢丝，YB/T 5318	55CrSiA	2.8～6.0				-40～250	高温时性能稳定，用于较高工作温度下的高应力弹簧

（续）

材料名称	牌　号	直径规格尺寸/mm	切变模量 G/GPa	弹性模量 E/GPa	推荐硬度范围 HRC	推荐温度范围/℃	性　能
弹簧用不锈钢丝	A组 12Cr18Ni9 06Cr19Ni10 06Cr17Ni12Mo2 B组 12Cr18Ni9 06Cr19Ni10 C组 07Cr17Ni7Al	A组、B组、C组 0.8～12.0	71	193	—	-200～300	耐腐蚀，耐高、低温，用于腐蚀或高、低温工作条件下的小弹簧
硅青铜线，GB/T 21652	QSn3-1		41			-40～120	用较高的耐腐蚀和防磁性能，用于机械或仪表等用弹性元件
锡青铜线，GB/T 21652	QSn4-3 QSn6.5-0.1 QSn6.5-0.4 QSn7-0.2	0.1～6.0	40	93.2	90～100 HB	-250～120	有较高的耐磨损，耐腐蚀和防磁性能，用于机械或仪表等用弹性元件
铍青铜线，YS/T 571	QBe2	0.03～6.0	44	129.5	37～40	-200～120	耐磨损、耐腐蚀、防磁和导电性能均较好，用于机械或仪表等用精密弹性元件
热轧弹簧钢，GB/T 1222	65Mn	5～80	78	196	45～50	-40～120	弹性好，用于普通机械用弹簧
	55Si2Mn 55Si2Mn8 60Si2Mn 60Si2MnA					-40～200	较高的疲劳强度，弹性好，广泛用于各种机械、交通工具等用弹簧
	50CrMnA 60CrMnA				47～52	-40～250	强度高，抗高温，用于承受较重载荷的较大弹簧
	50CrVA				45～50	-40～210	疲劳性能好，抗高温，用于较高工作温度下的较大弹簧

表 5-265 弹簧钢丝的抗拉强度 （单位：MPa）

钢丝公称直径/mm	碳素弹簧钢丝抗拉强度（GB/T 4357）					琴钢丝抗拉强度（YB/T 5311）		
	SL 型	SM 型	DM 型	SH 型	DH 型	E 组	F 组	G 组
0.05					2800~3520			
0.06			—		2800~3520			
0.07					2800~3520	—	—	—
0.08			2780~3100		2800~3480			
0.09			2740~3060		2800~3430			
0.10			2710~3020		2800~3380	2440~2890	2900~3380	—
0.11			2690~3000		2800~3350	—	—	—
0.12		—	2660~2960	—	2800~3320	2440~2860	2870~3320	—
0.14			2620~2910		2800~3250	2440~2840	2850~3250	—
0.16			2570~2860		2800~3200	2440~2840	2850~3200	—
0.18			2530~2820		2800~3160	2390~2770	2780~3160	—
0.20			2500~2790		2800~3110	2390~2750	2760~3110	—
0.22			2470~2760		2770~3080	2370~2720	2730~3080	—
0.25			2420~2710		2720~3010	2340~2690	2700~3050	—
0.28			2390~2670		2680~2970	2310~2660	2670~3020	—
0.30		2370~2650	2370~2650	2660~2940	2660~2940	2290~2640	2650~3000	—
0.32		2350~2630	2350~2630	2640~2920	2640~2920	2270~2620	2630~2980	—
0.35	—	2330~2600	2330~2600	2610~2890	2610~2890	2250~2600	2610~2960	—
0.36		2310~2580	2310~2580	2590~2890	2590~2890	—	—	—
0.38		2290~2560	2290~2560	2570~2850	2570~2850			
0.40		2270~2550	2270~2550	2560~2830	2570~2830	2250~2580	2590~2940	—
0.43		2250~2520	2250~2520	2530~2800	2570~2800	—	—	—
0.45		2240~2500	2240~2500	2510~2780	2570~2780	2210~2560	2570~2920	—
0.48		2220~2480	2240~2500	2490~2760	2570~2760	—	—	—
0.50		2200~2470	2200~2470	2480~2740	2480~2740	2190~2540	2550~2900	—
0.53		2180~2450	2180~2450	2460~2720	2460~2720	—	—	—
0.55		2170~2430	2170~2430	2440~2700	2440~2700	2170~2520	2530~2880	—
0.60		2140~2400	2140~2400	2410~2670	2410~2670	2150~2500	2510~2850	—
0.63		2130~2380	2130~2380	2390~2650	2390~2650	2130~2480	2490~2830	—
0.65		2120~2370	2120~2370	2380~2640	2380~2640	—	—	—
0.70		2090~2350	2090~2350	2360~2610	2360~2610	2100~2460	2470~2800	—
0.80		2050~2300	2050~2300	2310~2560	2310~2560	2080~2430	2440~2770	—
0.85		2030~2280	2030~2280	2290~2530	2290~2530	—	—	—
0.90		2010~2260	2010~2260	2270~2510	2270~2510	2070~2400	2410~2740	—
0.95		2000~2240	2000~2210	2250~2490	2250~2490	—	—	—
1.00	1720~1970	1980~2220	1980~2220	2230~2470	2230~2470	2020~2350	2360~2660	1850~2110
1.05	1710~1950	1960~2220	1960~2220	2210~2450	2210~2450	—	—	—
1.10	1690~1940	1950~2190	1950~2190	2200~2430	2200~2430			
1.20	1670~1910	1920~2160	1920~2160	2170~2400	2170~2400	1940~2270	2280~2580	1820~2080
1.25	1660~1900	1910~2130	1910~2130	2140~2380	2140~2380	—	—	—
1.30	1640~1890	1900~2130	1900~2130	2140~2370	2140~2370			

（续）

钢丝公称直径/mm	碳素弹簧钢丝抗拉强度（GB/T 4357）					琴钢丝抗拉强度（YB/T 5311）		
	SL型	SM型	DM型	SH型	DH型	E组	F组	G组
1.40	1620~1860	1870~2100	1870~2100	2110~2340	2110~2340	1880~2200	2210~2510	1780~2040
1.50	1600~1840	1850~2080	1850~2080	2090~2310	2090~2310	—	—	—
1.60	1590~1820	1830~2050	1830~2050	2060~2290	2060~2290	1820~2140	2150~2450	1750~2010
1.70	1570~1800	1810~2030	1810~2030	2040~2260	2040~2260	—	—	—
1.80	1550~1780	1790~2010	1790~2010	2020~2240	2020~2240	1800~2120	2060~2360	1700~1960
1.90	1540~1760	1770~1990	1770~1990	2000~2220	2000~2220	—	—	—
2.00	1520~1750	1760~1970	1760~1970	1980~2200	1980~2200	1790~2090	1970~2250	1670~1910
2.10	1510~1730	1740~1960	1740~1960	1970~2180	1970~2180	—	—	—
2.25	1490~1710	1720~1930	1720~1930	1940~2150	1940~2150			
2.40	1470~1690	1700~1910	1700~1910	1920~2130	1920~2130			
2.50	1460~1680	1690~1890	1690~1890	1900~2110	1900~2110	1680~1960	1830~2110	1620~1860
2.60	1450~1660	1670~1880	1670~1880	1890~2100	1890~2100	—	—	—
2.80	1420~1640	1650~1850	1650~1850	1860~2070	1860~2070	1630~1910	1810~2070	1570~1810
3.00	1410~1620	1630~1830	1630~1830	1840~2040	1840~2040	1610~1890	1780~2040	1570~1810
3.20	1390~1600	1610~1810	1610~1810	1820~2020	1820~2020	1560~1840	1760~2020	1570~1810
3.40	1370~1580	1590~1780	1590~1780	1790~1990	1790~1990	—	—	—
3.60	1350~1560	1570~1760	1570~1760	1770~1970	1770~1970			
3.80	1340~1540	1550~1740	1550~1740	1750~1950	1750~1950			
4.00	1320~1520	1530~1730	1530~1730	1740~1930	1740~1930	1470~1730	1680~1930	1470~1710
4.25	1310~1500	1510~1700	1510~1700	1710~1900	1710~1900	—	—	—
4.50	1290~1490	1500~1680	1500~1680	1690~1880	1690~1880	1420~1680	1630~1880	1470~1710
4.75	1270~1470	1480~1670	1480~1670	1680~1840	1680~1840	—	—	—
5.00	1260~1450	1460~1650	1460~1650	1660~1830	1660~1830	1400~1650	1580~1830	1420~1660
5.30	1240~1430	1440~1630	1440~1630	1640~1820	1640~1820	—	—	—
5.60	1230~1420	1430~1610	1430~1610	1620~1800	1620~1800			
6.00	1210~1390	1400~1580	1400~1580	1590~1770	1590~1770	1350~1580	1520~1770	1350~1590
6.30	1190~1380	1390~1560	1390~1560	1570~1750	1570~1750	—	—	—
6.50	1180~1370	1380~1550	1380~1550	1560~1740	1560~1740	1320~1550	1490~1740	1350~1590
7.00	1160~1340	1350~1530	1350~1530	1540~1710	1540~1710	1300~1530	1460~1710	1300~1540

表5-266 弹簧钢丝力学性能

直径范围/mm	静态级、中疲劳级					
	抗拉强度 R_m/MPa					
	FDC① TDC①	FDCrV-A① TDCrV-A①	FDSiMn① TDSiMn①	FDSiCr① TDSiCr-A①	TDSiCr-B①	TDSiCr-C①
0.50~0.80	1800~2100	1800~2100	1850~2100	2000~2250	—	—
>0.80~1.00	1800~2060	1780~2080	1850~2100	2000~2250	—	—
>1.00~1.30	1800~2010	1750~2010	1850~2100	2000~2250	—	—
>1.30~1.40	1750~1950	1750~1990	1850~2100	2000~2250	—	—
>1.40~1.60	1740~1890	1710~1950	1850~2100	2000~2250	—	—
>1.60~2.00	1720~1890	1710~1890	1820~2000	2000~2250	—	—

（续）

静态级、中疲劳级						
直径范围 /mm	抗拉强度 R_m/MPa					
	FDC① TDC①	FDCrV-A① TDCrV-A①	FDSiMn① TDSiMn①	FDSiCr① TDSiCr-A①	TDSiCr-B①	TDSiCr-C①
>2.00~2.50	1670~1820	1670~1830	1800~1950	1970~2140	—	—
>2.50~2.70	1640~1790	1660~1820	1780~1930	1950~2120	—	—
>2.70~3.00	1620~1770	1630~1780	1760~1910	1930~2100	—	—
>3.00~3.20	1600~1750	1610~1760	1740~1890	1910~2080	—	—
>3.20~3.50	1580~1730	1600~1750	1720~1870	1900~2060	—	—
>3.50~4.00	1550~1700	1560~1710	1710~1860	1870~2030	—	—
>4.00~4.20	1540~1690	1540~1690	1700~1850	1860~2020	—	—
>4.20~4.50	1520~1670	1520~1670	1690~1840	1850~2000	—	—
>4.50~4.70	1510~1660	1510~1660	1680~1830	1840~1990	—	—
>4.70~5.00	1500~1650	1500~1650	1670~1820	1830~1980	—	—
>5.00~5.60	1470~1620	1460~1610	1660~1810	1800~1950	—	—
>5.60~6.00	1460~1610	1440~1590	1650~1800	1780~1930	—	—
>6.00~6.50	1440~1590	1420~1570	1640~1790	1760~1910	—	—
>6.50~7.00	1430~1580	1400~1550	1630~1780	1740~1890	—	—
>7.00~8.00	1400~1550	1380~1530	1620~1770	1710~1860	—	—
>8.00~9.00	1380~1530	1370~1520	1610~1760	1700~1850	1750~1850	1850~1950
>9.00~10.00	1360~1510	1350~1500	1600~1750	1660~1810	1750~1850	1850~1950
>10.00~12.00	1320~1470	1320~1470	1580~1730	1660~1810	1750~1850	1850~1950
>12.00~14.00	1280~1430	1300~1450	1560~1710	1620~1770	1750~1850	1850~1950
>14.00~15.00	1270~1420	1290~1440	1550~1700	1620~1770	1750~1850	1850~1950
>15.00~17.00	1250~1400	1270~1420	1540~1690	1580~1730	1750~1850	1850~1950

高疲劳级				
直径范围 /mm	抗拉强度 R_m/MPa			
	VDC①	VDCrV-A①	VDSiCr①	VDSiCrV①
0.50~0.80	1700~2000	1750~1950	2080~2230	2230~2380
>0.80~1.00	1700~1950	1730~1930	2080~2230	2230~2380
>1.00~1.30	1700~1900	1700~1900	2080~2230	2230~2380
>1.30~1.40	1700~1850	1680~1860	2080~2230	2210~2360
>1.40~1.60	1670~1820	1660~1860	2050~2180	2210~2360
>1.60~2.00	1650~1800	1640~1800	2010~2110	2160~2310
>2.00~2.50	1630~1780	1620~1770	1960~2060	2100~2250
>2.50~2.70	1610~1760	1610~1760	1940~2040	2060~2210
>2.70~3.00	1590~1740	1600~1750	1930~2030	2060~2210
>3.00~3.20	1570~1720	1580~1730	1920~2020	2060~2210
>3.20~3.50	1550~1700	1560~1710	1910~2010	2010~2160
>3.50~4.00	1530~1680	1540~1690	1890~1990	2010~2160
>4.00~4.20	1510~1660	1520~1670	1860~1960	1960~2110
>4.20~4.50	1510~1660	1520~1670	1860~1960	1960~2110
>4.50~4.70	1490~1640	1500~1650	1830~1930	1960~2110
>4.70~5.00	1490~1640	1500~1650	1830~1930	1960~2110
>5.00~5.60	1470~1620	1480~1630	1800~1900	1910~2060
>5.60~6.00	1450~1600	1470~1620	1790~1890	1910~2060
>6.00~6.50	1420~1570	1440~1590	1760~1860	1910~2060
>6.50~7.00	1400~1550	1420~1570	1740~1840	1860~2010
>7.00~8.00	1370~1520	1410~1560	1710~1810	1860~2010
>8.00~9.00	1350~1500	1390~1540	1690~1790	1810~1960
>9.00~10.00	1340~1490	1370~1520	1670~1770	1810~1960

① 均为材料代号，详见 GB/T 18983—2017 中表 1。

表 5-267 青铜线的抗拉极限强度 R_m （单位：MPa）

材料	硅青铜线（GB/T 21652—2017）		锡青铜线（GB/T 21652—2017）	铍青铜线（YS/T 571—2009）			
线材直径/mm	0.1~8.5	8.5~18.0	0.1~8.5	状态①	时效热处理前	状态①	时效热处理后
				软（M）	400~580	TF00	1050~1380
抗拉强度 R_m	350~1130	350~580	350~1130	半硬（Y_2）	710~930	TH01	1150~1450
				硬（Y）	915~1140	TH04	1300~1585

① 详见 YS/T 571—2009 中表 A.10。

圆柱螺旋弹簧按所受载荷的情况分为三类：

Ⅰ类——受循环载荷作用次数在 1×10^6 次以上的弹簧。

Ⅱ类——受循环载荷作用次数在（1×10^3）~（1×10^6）次范围内及受冲击载荷的弹簧。

Ⅲ类——受静载荷及受循环载荷作用次数在 1×10^3 次以下的弹簧。

表 5-268 弹簧的许用应力 （单位：MPa）

应力类型		材料：油淬火-退火弹簧钢丝	碳素弹簧钢丝、重要用途碳素弹簧钢丝	弹簧用不锈钢丝	铜及铜合金线材铍青铜线
试验弯曲应力		$0.80R_m$	$0.78R_m$	$0.75R_m$	$0.75R_m$
静负荷许用弯曲应力		$0.72R_m$	$0.70R_m$	$0.68R_m$	$0.68R_m$
动负荷许用弯曲应力	有限疲劳寿命	$(0.60\sim0.68)R_m$	$(0.58\sim0.66)R_m$	$(0.55\sim0.65)R_m$	$(0.55\sim0.65)R_m$
	无限疲劳寿命	$(0.50\sim0.60)R_m$	$(0.49\sim0.58)R_m$	$(0.45\sim0.55)R_m$	$(0.45\sim0.55)R_m$

应力类型			材料：60Si2Mn、60Si2MnA、50CrVA、55CrSiA、60CrMnA、60CrMnBA、60Si2CrA、60Si2CrVA
压缩弹簧	试验切应力		710~890
	静负荷许用切应力		
	动负荷许用切应力	有限疲劳寿命	568~712
		无限疲劳寿命	426~534
拉伸弹簧	试验切应力		475~596
	静负荷许用切应力		
	动负荷许用切应力	有限疲劳寿命	405~507
		无限疲劳寿命	356~447
扭转弹簧	试验弯曲应力		994~1232
	静负荷许用弯曲应力		
	动负荷许用弯曲应力	有限疲劳寿命	795~986
		无限疲劳寿命	636~788

注：1. 抗拉强度 R_m 取材料标准的下限值。

2. 弹簧硬度范围为 42~52HRC（392~535HBW）。当硬度接近下限，试验应力或许用应力则取下限值；当硬度接近上限，试验应力或许用应力则取上限值。

3. 拉伸、扭转弹簧试验应力或许用应力一般取下限值。

在选取材料和确定许用应力时应注意以下几点：①对重要弹簧，其损坏对整个机械有重大影响时、许用应力应适当降低。②经强压处理的弹簧，能提高疲劳极限，对改善载荷下的松弛有明显效果，可适当提高许用应力。③经喷丸处理的弹簧，也能提高疲劳强度或疲劳寿命，其许用应力可提高 20%。④当工作温度超过 60℃时，应对切变模量 G 进行修正，其修正公式为

$$G_t = K_t G$$

式中，G 为常温下的切变模量（GPa）；G_t 为工作温度下的切变模量（GPa）；K_t 为温度修正系数，其值从表 5-269 中查取。

表 5-269 温度修正系数

材料	工作温度/℃ ≤60	150	200	250
	K_t			
50GrVA	1	0.96	0.95	0.94
60Si2Mn	1	0.99	0.98	0.98
12Cr18Ni9	1	0.98	0.94	0.90
06Cr17Ni7Al	1	0.95	0.94	0.92
QBe2	1	0.95	0.94	

5.3.13.2 碟形弹簧

碟形弹簧是用金属材料或锻压坯料而制成的截锥形截面的垫圈式弹簧。

碟形弹簧的特点是：①刚度大、缓冲及吸振能力强，能以小变形承受大载荷，适合于轴向空间要求小的场合。②具有变刚度特性，可通过适当的选择碟形弹簧的压平时变形量 h_o 和厚度 t 之比得到不同的特性曲线。其特性曲线可以呈直线形、渐增形或是它们的组合。这种弹簧具有很广范围的非线性特性。③用同样的碟形弹簧采用不同的组合方式，能使弹簧特性在很大范围内变化。可采用对合、叠合的组合方式，也可以采用复合不同的厚度、不同的片数等组合方式。

（1）碟形弹簧（普通碟形弹簧）的分类及系列　普通碟形弹簧是阀门产品中应用最广的一种，已标准化，其标准代号为 GB/T 1972—2005，其分类方法有以下三种。

1）按结构型式分为无支撑面及有支撑面两种如图 5-223 所示。

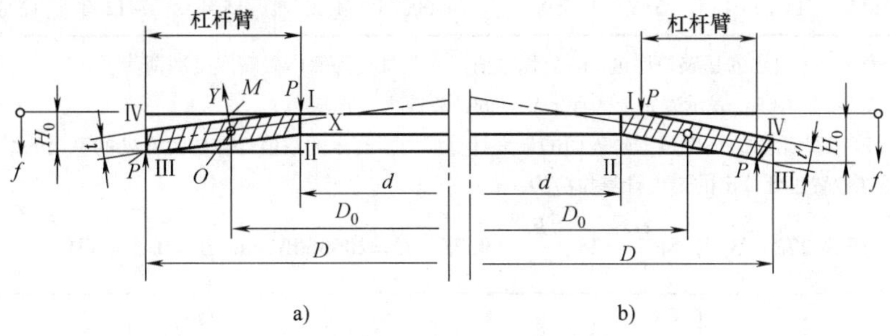

图 5-223　单个碟形弹簧及计算应力的截面位置

a）无支撑面　b）有支撑面

2）按厚度 t 分为三类。表 5-270 给出了其厚度范围及有无支撑面厚度减薄的现象。

表 5-270　碟形弹簧的厚度分类（TH_9）

类别	碟形弹簧厚度 t/mm	支撑面的减薄厚度
1	<1.25	无
2	1.25~6.0	无
3	>6.0	有

3）碟形弹簧的尺寸、参数，根据外径和厚度比值（D/t）及碟形弹簧压平时变形量计算值与厚度的比值（h_0/t）的不同，分为 A、B、C 三个系列。A 系列 $D/t \approx 18$，$h_0/t = 0.4$，见表 5-271；B 系列 $D/t \approx 28$、$h_0/t \approx 0.75$，见表 5-272；C 系列 $D/t \approx 40$、$h_0/t \approx 1.3$，见表 5-273。

表 5-271　A_s 系列 $\frac{D}{t} \approx 18$；$\frac{h_0}{t} \approx 0.4$；$E = 206000$MPa；$\mu = 0.3$（$TH_{10}$）

类别	D/mm	d/mm	t（t'）①/mm	h_0/mm	H_0/mm	$f \approx 0.75h_0$					Q/(kg/1000 件)
						F/N	f/mm	H_0-f/mm	σ_{OM}②/MPa	σ_{II}③、σ_{III}/MPa	
1	8	4.2	0.4	0.2	0.6	210	0.15	0.45	-1200	1200*	0.114
	10	5.2	0.5	0.25	0.75	329	0.19	0.56	-1210	1240*	0.225
	12.5	6.2	0.7	0.3	1	673	0.23	0.77	-1280	1420*	0.508
	14	7.2	0.8	0.3	1.1	813	0.23	0.87	-1190	1340*	0.711
	16	8.2	0.9	0.35	1.25	1000	0.26	0.99	-1160	1290*	1.050
	18	9.2	1	0.4	1.4	1250	0.3	1.1	-1170	1300*	1.480
	20	10.2	1.1	0.45	1.55	1530	0.34	1.21	-1180	1300*	2.010
2	22.5	11.2	1.25	0.5	1.75	1950	0.38	1.37	-1170	1320*	2.940
	25	12.2	1.5	0.55	2.05	2910	0.41	1.64	-1210	1410*	4.40
	28	14.2	1.5	0.65	2.15	2850	0.49	1.66	-1180	1280*	5.390
	31.5	16.3	1.75	0.7	2.45	3900	0.53	1.92	-1190	1310*	7.840
	35.5	18.3	2	0.8	2.8	5190	0.6	2.2	-1210	1330*	11.40
	40	20.4	2.25	0.9	3.15	6540	0.68	2.47	-1210	1340*	16.40
	45	22.4	2.5	1	3.5	7720	0.75	2.75	-1150	1300*	23.50
	50	25.4	3	1.1	4.1	12000	0.83	3.27	-1250	1430*	34.30
	56	28.5	3	1.3	4.3	11400	0.98	3.32	-1180	1280*	43.00
	63	31	3.5	1.4	4.9	15000	1.05	3.85	-1140	1300*	64.90
	71	36	4	1.6	5.6	20500	1.2	4.4	-1200	1330*	91.80
	80	41	5	1.7	6.7	33700	1.28	5.42	-1260	1460*	145.0
	90	46	5	2	7	31400	1.5	5.5	-1170	1300*	184.5
	100	51	6	2.2	8.2	48000	1.65	6.55	-1250	1420*	273.7
	112	57	6	2.5	8.5	43800	1.88	6.62	-1130	1240*	343.8

（续）

类别	D/mm	d/mm	t (t')① /mm	h_0/mm	H_0/mm	$f\approx0.75h_0$ F/N	f/mm	H_0-f/mm	σ_{OM}②/MPa	$\sigma_{Ⅱ}$③、$\sigma_{Ⅲ}$/MPa	Q/(kg/1000件)
3	125	64	8 (7.5)	2.6	10.6	85900	1.95	8.65	-1280	1330*	533.0
	140	72	8 (7.5)	3.2	11.2	85300	2.4	8.8	-1260	1280*	666.6
	160	82	10 (9.4)	3.5	13.5	139000	2.63	10.87	-1320	1340*	1094
	180	92	10 (9.4)	4.0	14.0	125000	3.0	11.0	-1180	1200*	1387
	200	102	12 (11.25)	4.2	16.2	183000	3.15	13.05	-1210	1230*	2100
	225	112	12 (11.25)	5.0	17.0	171000	3.75	13.25	-1120	1140*	2640
	250	127	14 (13.1)	5.6	19.6	249000	4.2	15.4	-1200	1220*	3750

① 表5-271～表5-273给出的是碟簧厚度t的公称数值。在第Ⅲ类碟簧中碟簧厚度减薄为t'。

② 表5-271～表5-273中δ_{OM}表示碟簧上表面OM点的计算应力（压应力）。

③ 表5-271～表5-273给出的是碟簧下限表面的最大计算应力，有＊的数值是在位置Ⅱ处的算出的最大计算拉应力，无＊的数值是在位置Ⅲ处算出的最大计算拉应力。

表5-272 B_s系列$\frac{D}{t}\approx28$；$\frac{h_0}{t}\approx0.75$；$E=206000$MPa；$\mu=0.3$（TH_{11}）

类别	D/mm	d/mm	t (t')① /mm	h_0/mm	H_0/mm	$f\approx0.75h_0$ F/N	f/mm	H_0-f/mm	δ_{OM}②/MPa	$\delta_{Ⅱ}$③、$\delta_{Ⅲ}$/MPa	Q/(kg/1000件)
1	8	4.2	0.3	0.25	0.55	119	0.19	0.36	-1140	1300	0.086
	10	5.2	0.4	0.3	0.7	213	0.23	0.47	-1170	1300	0.180
	12.5	6.2	0.5	0.35	0.85	291	0.26	0.59	-1000	1110	0.363
	14	7.2	0.5	0.4	0.9	279	0.3	0.6	-970	1100	0.444
	16	8.2	0.6	0.45	1.05	412	0.4	0.71	-1010	1120	0.698
	18	9.2	0.7	0.5	1.2	572	0.38	0.82	-1040	1130	1.030
	20	10.2	0.8	0.55	1.35	745	0.41	0.94	-1030	1110	1.460
	22.5	11.2	0.8	0.65	1.45	710	0.49	0.96	-962	1080	1.880
	25	12.2	0.9	0.7	1.6	868	0.53	1.07	-938	1030	2.640
	28	14.2	1	0.8	1.8	1110	0.6	1.2	-961	1090	3.590
2	31.5	16.3	1.25	0.9	2.15	1920	0.68	1.47	-1090	1190	5.600
	35.5	18.3	1.25	1	2.25	1700	0.75	1.5	-944	1070	7.130
	40	20.4	1.5	1.15	2.65	2620	0.86	1.79	-1020	1130	10.95
	45	22.4	1.75	1.3	3.05	3660	0.98	2.07	-1050	1150	16.40
	50	25.4	2	1.4	3.4	4760	1.05	2.35	-1060	1140	22.90
	56	28.5	2	1.6	3.6	4440	1.2	2.4	-963	1090	28.70
	63	31	2.5	1.75	4.25	7180	1.31	2.94	-1020	1090	46.40
	71	36	2.5	2	4.5	6730	1.5	3	-934	1060	57.70
	80	41	3	2.3	5.3	10500	1.73	3.57	-1030	1140	87.30
	90	46	3.5	2.5	6	14200	1.88	4.12	-1030	1120	129.1
	100	51	3.5	2.8	6.3	13100	2.1	4.2	-926	1050	159.7
	112	57	4	3.2	7.2	17800	2.4	4.8	-963	1090	229.2
	125	64	5	3.5	8.5	30000	2.63	5.87	-1060	1150	355.4
	140	72	5	4	9	27900	3	6	-970	1110	444.4
	160	85	6	4.5	10.5	41100	3.38	7.12	-1000	1110	698.3
	180	92	6	5.1	11.1	37500	3.83	7.27	-895	1040	885.4
3	200	102	8 (7.5)	5.6	13.6	76400	4.2	9.4	-1060	1250	1369
	225	112	8 (7.5)	6.5	14.5	70800	4.88	9.62	-951	1180	1761
	250	127	10 (9.4)	7	17	11900	5.25	11.75	-1050	1240	2687

①、②、③同表5-271。

表 5-273 C_s 系列 $\frac{D}{t}\approx 40$；$\frac{h_0}{t}\approx 1.3$；$E=206000MPa$；$\mu=0.3$（TH_{12}）

类别	D/mm	d/mm	t（t'）①/mm	h_0/mm	H_0/mm	$f\approx 0.75h_0$					Q/(kg/1000 件)
						F/N	f/mm	H_0-f/mm	δ_{OM}②/MPa	δ_{II}③、δ_{III}/MPa	
1	8	4.2	0.2	0.25	0.45	39	0.19	0.26	−762	1040	0.057
	10	5.2	0.25	0.3	0.55	58	0.23	0.32	−734	980	0.112
	12.5	6.2	0.35	0.45	0.8	152	0.34	0.46	−944	1280	0.252
	14	7.2	0.35	0.45	0.8	123	0.34	0.46	−769	1060	0.311
	16	8.2	0.4	0.5	0.9	155	0.38	0.52	−751	1020	0.466
	18	9.2	0.45	0.6	1.05	214	0.45	0.6	−789	1110	0.661
	20	10.2	0.5	0.65	1.15	254	0.49	0.66	−772	1070	0.912
	22.5	11.2	0.6	0.8	1.4	425	0.6	0.8	−883	1230	1.410
	25	12.2	0.7	0.9	1.6	601	0.68	0.92	−936	1270	2.060
	28	14.2	0.8	1	1.8	801	0.75	1.05	−961	1300	2.870
	31.5	16.3	0.8	1.05	1.85	687	0.79	1.06	−810	1130	3.580
	35.5	18.3	0.9	1.15	2.05	831	0.86	1.19	−779	1080	5.140
	40	20.4	1	1.3	2.3	1020	0.98	1.32	−772	1070	7.300
2	45	22.4	1.25	1.6	2.85	1890	1.2	1.65	−920	1250	11.70
	50	22.4	1.25	1.6	2.85	1550	1.2	1.65	−754	1040	14.30
	56	28.5	1.5	1.95	3.45	2620	1.46	1.99	−879	1220	21.50
	63	31	1.8	2.35	4.15	4240	1.76	2.39	−985	1350	33.40
	71	36	2	2.6	4.6	5140	1.95	2.65	−971	1340	46.20
	80	41	2.25	2.95	5.2	6610	2.21	2.99	−982	1370	65.50
	90	46	2.5	3.2	5.7	7680	2.4	3.3	−935	1290	92.20
	100	51	2.7	3.5	6.2	8610	2.63	3.57	−895	1240	123.2
	112	57	3	3.9	6.9	10500	2.93	3.97	−882	1220	171.9
	125	61	3.5	4.5	8	15100	3.38	4.62	−956	1320	248.9
	140	72	3.8	4.9	8.7	17200	3.68	5.02	−904	1250	337.7
	160	82	4.3	5.6	9.9	21800	4.2	5.7	−892	1240	500.4
	180	92	4.8	6.2	11	26400	4.65	6.35	−869	1200	708.4
	200	102	5.5	7	12.5	36100	5.25	7.25	−910	1250	1004
3	225	112	6.5（6.2）	7.1	13.6	44600	5.33	8.27	−840	1140	1456
	250	127	7（6.7）	7.8	14.8	50500	5.85	8.95	−814	1120	1915

①、②、③同表 5-271。

（2）碟形弹簧的计算

1）单片碟形弹簧的计算公式见表 5-274。

表 5-274 单片碟形弹簧计算表（TH_{13}）

项目	公式及数据
碟形弹簧载荷 F/N	$$F=\frac{4E}{1-\mu^2}\ \frac{t^4}{K_1D^2}K_4^2\ \frac{f}{t}\left[K_4^2\left(\frac{h_0}{t}-\frac{f}{t}\right)\left(\frac{h_0}{t}-\frac{f}{2t}\right)+1\right]$$ 当 $f=h_0$，即碟形弹簧压平时，上式简化为 $$F_c=\frac{4E}{1-\mu^2}\ \frac{t^3h_0}{K_1D^2}K_4^2$$ 式中 F——单个弹簧的载荷（N） F_c——压平时的碟形弹簧载荷计算值（N） t——碟簧厚度（mm） D——碟簧弹簧外径（mm） f——单片碟形弹簧的变形量（mm） h_0——碟形弹簧压平时变形量的计算值（mm） E——弹性模量（MPa） μ——泊松比 K_1、K_4——见本表
计算应力/MPa σ_{OM}、σ_I、σ_{II}、σ_{III}、σ_{IV}	$$\sigma_{OM}=\frac{4E}{1-\mu^2}\ \frac{t^2}{K_1D^2}K_4\ \frac{f}{t}\ \frac{3}{\pi}$$ $$\sigma_I=-\frac{4E}{1-\mu^2}\ \frac{t^2}{K_1D^2}K_4\ \frac{f}{t}\left[K_4K_2\left(\frac{h_0}{t}-\frac{f}{2t}\right)+K_3\right]$$ $$\sigma_{II}=-\frac{4E}{1-\mu^2}\ \frac{t^2}{K_1D^2}K_4\ \frac{f}{t}\left[K_4K_2\left(\frac{h_0}{t}-\frac{f}{2t}\right)-K_3\right]$$

（续）

<table>
<tr><th>项目</th><th>公式及数据</th></tr>
<tr><td>计算应力/MPa
σ_{OM}、$\sigma_{Ⅰ}$、$\sigma_{Ⅱ}$、$\sigma_{Ⅲ}$、$\sigma_{Ⅳ}$</td><td>

$$\sigma_{Ⅲ}=-\frac{4E}{1-\mu^2}\frac{t^2}{K_1D^2}K_4\frac{1}{C}\frac{f}{t}\left[K_4\cdot(K_2-2K_3)\left(\frac{h_0}{t}-\frac{f}{2t}\right)-K_3\right]$$

$$\sigma_{Ⅳ}=-\frac{4E}{1-\mu^2}\frac{t^2}{K_1D^2}K_4\frac{1}{C}\cdot\frac{f}{t}\left[K_4\cdot(K_2-2K_3)\left(\frac{h_0}{t}-\frac{f}{2t}\right)+K_3\right]$$

计算应力为正值时是拉应力，负值为压应力
式中 C——外径和内径的比值，$C=\frac{D}{d}$
σ_{OM}、$\sigma_{Ⅰ}$、$\sigma_{Ⅱ}$、$\sigma_{Ⅲ}$、$\sigma_{Ⅳ}$——OM、Ⅰ、Ⅱ、Ⅲ、Ⅳ点的应力
K_2、K_3——见本表
</td></tr>
<tr><td>碟形弹簧刚度 F'/(N/mm)</td><td>

$$F'=\frac{dF}{df}=\frac{4E}{1-\mu^2}\frac{t^3}{K_1D^2}K_4^2\left\{K_4^2\left[\left(\frac{h_0}{t}\right)^2-3\frac{h_0}{t}\frac{f}{t}+\frac{3}{2}\left(\frac{f}{t}\right)^2\right]+1\right\}$$

</td></tr>
<tr><td>碟形弹簧变形能 U/(N·mm)</td><td>

$$U=\int_0^f F\mathrm{d}f=\frac{2E}{1-\mu^2}\frac{t^5}{K_1D^2}K_4^2\left(\frac{f}{t}\right)^2\left[K_4^2\left(\frac{h_0}{t}-\frac{f}{2t}\right)^2+1\right]$$

</td></tr>
<tr><td>计算系数 K_1、K_2、K_3、K_4</td><td>

$$K_1=\frac{1}{\pi}\frac{\left(\frac{C-1}{C}\right)^2}{\frac{C+1}{C-1}-\frac{2}{\ln C}}$$

$$K_2=\frac{6}{\pi}\frac{\frac{C-1}{\ln C}-1}{\ln C}$$

$$K_3=\frac{3}{\pi}\frac{C-1}{\ln C}$$

$$K_4=\sqrt{-\frac{C_1}{2}+\sqrt{\left(\frac{C_1}{2}\right)+C_2}}$$

$$C_1=\frac{\left(\frac{t'}{t}\right)^2}{\left(\frac{1}{4}\frac{H_0}{t}-\frac{t'}{t}+\frac{3}{4}\right)\left(\frac{5}{8}\frac{H_0}{t}-\frac{t'}{t}+\frac{3}{8}\right)}$$

$$C_2=\frac{C_1}{\left(\frac{t'}{t}\right)^3}\left[\frac{5}{32}\left(\frac{H_0}{t}-1\right)^2+1\right]$$

计算系数 K_1、K_2、K_3 的值也可根据 $C=\frac{D}{d}$ 从下表中查取。

<table>
<tr><td>$C=\frac{D}{d}$</td><td>1.90</td><td>1.92</td><td>1.94</td><td>1.96</td><td>1.98</td><td>2.00</td><td>2.02</td><td>2.04</td></tr>
<tr><td>K_1</td><td>0.672</td><td>0.677</td><td>0.682</td><td>0.686</td><td>0.690</td><td>0.694</td><td>0.698</td><td>0.702</td></tr>
<tr><td>K_2</td><td>1.197</td><td>1.201</td><td>1.206</td><td>1.211</td><td>1.215</td><td>1.220</td><td>1.224</td><td>1.229</td></tr>
<tr><td>K_3</td><td>1.339</td><td>1.347</td><td>1.355</td><td>1.362</td><td>1.370</td><td>1.378</td><td>1.385</td><td>1.393</td></tr>
</table>
</td></tr>
</table>

对于无支承面弹簧 $K_4=1$

对于有支承面弹簧，K_4 按本表中 K_4 的计算公式计算。为了使上面公式能适用于有支承面的碟簧，需将其厚度的计算值按右表减薄，然后以减薄后的厚度 t' 代替 t 和以 $h_0'=H_0'-t'$ 代替 h_0

有支承面碟簧厚度减薄量

系列	A	B	C
t'/t	0.94	0.94	0.96

2）单片碟形弹簧的特性曲线。

不同 h_0/t 或 $K_4 \cdot \dfrac{h_0'}{t'}$ 计算的碟形弹簧特性曲线如图 5-224 所示。

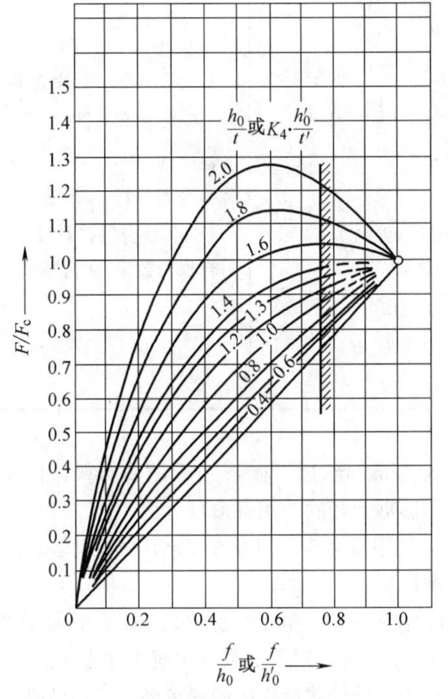

图 5-224 单片碟形弹簧特性曲线

3）组合式碟形弹簧的计算公式。使用单片碟形弹簧时，由于变形量和载荷值往往不能满足要求，故常用若干碟形弹簧以不同形式组合。以满足不同的使用要求，表 5-275 为碟形弹簧的组合形式。

使用组合弹簧时，必须考虑摩擦力对特征曲线的影响。摩擦力与组合碟形弹簧的组数、每个叠层的片数有关，也与碟形弹簧表面质量和润滑情况有关。由于摩擦力的阻尼作用，叠合组合碟形弹簧的刚性比理论计算值大，对组合碟形弹簧各片的变形量将依次递减。在冲击载荷下使用组合碟形弹簧，外力的传递对各片也依次递减，所以组合碟形弹簧的片数不宜用得过多，应尽可能采用直径较大、片数较少的组合碟形弹簧。

叠合组合碟形弹簧，摩擦力存在于碟形弹簧接触面和承载边缘处，加载时使弹簧负荷增大，卸载时则使弹簧负荷减小，考虑摩擦力影响时的碟形弹簧载荷 F_R(N)，按下式计算

$$F_R = F \times \frac{n}{1 \pm f_M(n-1) \pm f_R}$$

式中，f_M 为碟形弹簧锥面间的摩擦因数，见表 5-276；f_R 为承载边缘处的摩擦因数，见表 5-276；n 为各叠合层碟形弹簧数量。

上式用于加载时取（－）号，卸载时取（＋）号。

表 5-275 组合碟形弹簧形式与计算公式（TH_{14}）

组合形式	简图及特性曲线	计算公式	说　明
叠合组合（由 n 个同方向，同规格的一组碟簧组成）	弹簧载荷 变形量	$F_z = nF$ $f_z = f$ $H_z = H_0 + (n-1)t$	F_z、f_z、H_z 为组合碟簧的载荷、变形量和自由高度
对合组合（由 i 个相向同规格的一组碟簧组成）	弹簧载荷 变形量	$F_z = F$ $f_z = if$ $H_z = iH_0$	
复合组合（由叠合与对合组成）	弹簧载荷 变形量	$F_z = nF$ $f_z = if$ $H_z = i\ [H_0 + (n-1)\ t]$	F、f、H_0 为单片碟簧的载荷、变形量和高度 $f_{2(F_1)}$、$f_{3(F_1)}$ 为碟簧 2、3 在载荷为 F_1 时的变形量 n 为各叠合层碟簧数量；i 为对合碟簧数量；t 为厚度

（续）

组合形式	简图及特性曲线	计算公式	说　明
由不同厚度碟簧组成的组合弹簧		以图示为例 $F_z=F_1$ $f_z=2\ [f_1+f_{2(F_1)}+f_{3(F_1)}]$ $H_z=2\ (H_1+H_2+H_3)$	F、f、H_0 为单片碟簧的载荷、变形量和高度 $f_{2(F_1)}$、$f_{3(F_1)}$ 为碟簧2、3在载荷为 F_1 时的变形量 n 为各叠合层碟簧数量；i 为对合碟簧数量；t 为厚度
由尺寸相同但各组片数逐渐增加的碟簧组成的组合		以图示为例 $F_z=F$ $f_z=6f$ $H_z=6\ (H_0+t)$	

表5-276　组合碟形弹簧接触处的摩擦因数

系列	f_M	f_R
A	0.005～0.03	0.03～0.05
B	0.003～0.02	0.02～0.04
C	0.002～0.015	0.01～0.03

复合组合碟形弹簧即由多组叠合碟形弹簧对组合成复合碟形弹簧，仅考虑叠合表面间的摩擦时，可按下式计算：

$$F_R=F\times\frac{n}{1+f_M\ (n-1)}$$

（3）碟形弹簧的材料及许用应力

1）碟形弹簧的材料应具有较高的弹性极限、屈服极限、耐冲击性能和足够的塑性变形性能。目前我国常用60Si2MnA和50CrVA或力学性能与此相近的弹簧钢制造。

2）许用应力及极限应力曲线。

① 载荷类型。许用应力和载荷性质有关，按载荷性质不同，可分为静载荷与变载荷两类。

a. 静载荷。作用于碟形弹簧上的载荷不变，或长时间内只有偶然的变化，在规定的寿命内变化次数 $N\leqslant1\times10^4$ 次。

b. 变载荷。作用于碟形弹簧上的载荷在预加载荷和工作载荷之间循环变化，在规定寿命内变化次数 $N\geqslant1\times10^4$ 次。

② 静载荷作用下碟形弹簧的许用应力。静载荷作用下的碟形弹簧应通过校验 OM 点的应力 σ_{OM} 来保证自由高度 H_0 的稳定。平时碟形弹簧的 σ_{OM} 应接近（小于）碟形弹簧材料的屈服极限 σ_s，对于常用的碟形弹簧材料60Si2MnA或50CrVA，σ_s = 140.0～160.0MPa。

③ 变载荷作用下碟形弹簧的疲劳极限。变载荷作用下碟形弹簧的使用寿命可分为：

a. 无限寿命。可以承受 2×10^6 或更多加载次数而不被破坏。

b. 有限寿命。可以在持久极限范围内承受 $1\times10^4\sim2\times10^6$ 次有限的加载变化直至被破坏。

对于承受变载荷作用的碟形弹簧，疲劳破坏一般发生在最大接应力位置Ⅱ或Ⅲ处，如图5-225所示。研究发生在最大拉应力位置Ⅱ处还是Ⅲ处，将取决于 $C=D/d$ 值和 h_0/t 值（无支承面碟形弹簧）或 K_4 (h_0'/t')（有支承面碟形弹簧）。图5-225是用于判断最大应力位置（疲劳破坏关键位置）的曲线。在曲线上部，最大应力出现在Ⅲ处，在曲线下部，最大应力出现Ⅱ处；在两曲线的过渡区，最大应力可能出现在Ⅱ处或Ⅲ处，届时应校验 $\sigma_{Ⅱ}$ 和 $\sigma_{Ⅲ}$。

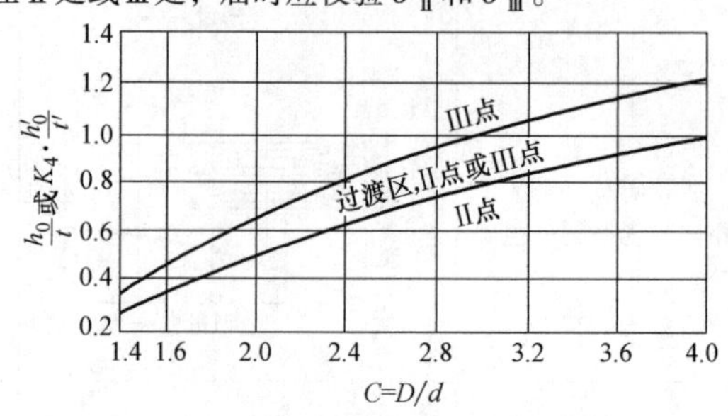

图5-225　碟形弹簧疲劳破坏关键部位

变载荷作用下的碟形弹簧安装时，必须有预压变形量 f_1。一般 $f_1=(0.15\sim0.20)h_0$，它能防止Ⅰ处出现径向小裂纹，有利于提高碟形弹簧的寿命。

对于材料为50CrVA的单片（或对合组合不超过10片）碟形弹簧的疲劳极限，根据寿命要求，碟形弹簧厚度计算的上限应力 σ_{max}（对应于工作时的最大变形量）和下限应力 σ_{min}（对应预压变形量），可根据图 5-226、图 5-227、图 5-228 查取。

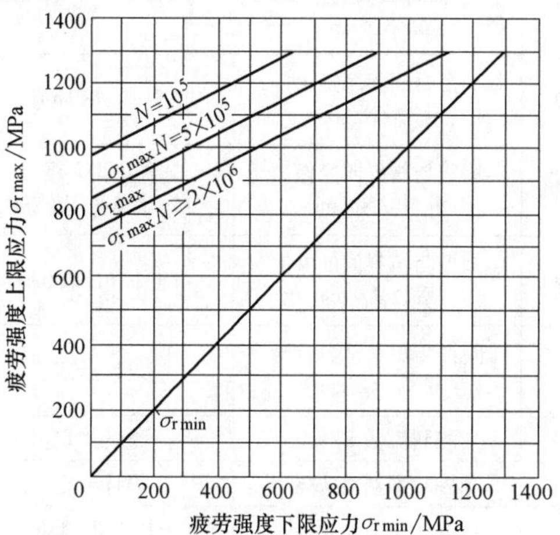

图 5-226　$t<1.25$mm 碟形弹簧的极限应力曲线

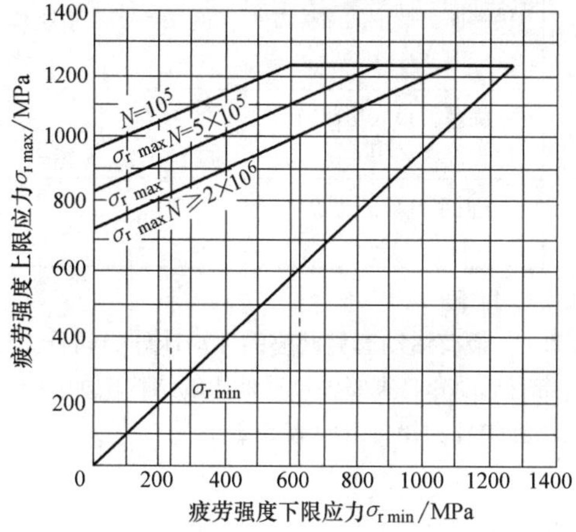

图 5-227　1.25mm $<t\leqslant$6mm 碟形弹簧的极限应力曲线

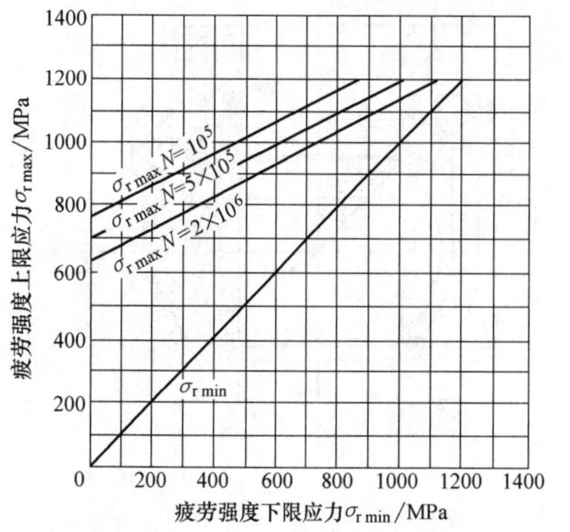

图 5-228　6mm $<t\leqslant$14mm 碟形弹簧的极限应力曲线

对于厚度超过 14mm，较多片数组合的碟形弹簧，其他材料的碟形弹簧和在特殊环境下（如高温、有化学影响等）工作的碟形弹簧，应酌情降低。

5.4 阀门专用部分计算式

5.4.1 旋塞阀

5.4.1.1 旋塞通道孔面积的设计与计算（图 5-229、表 5-277）

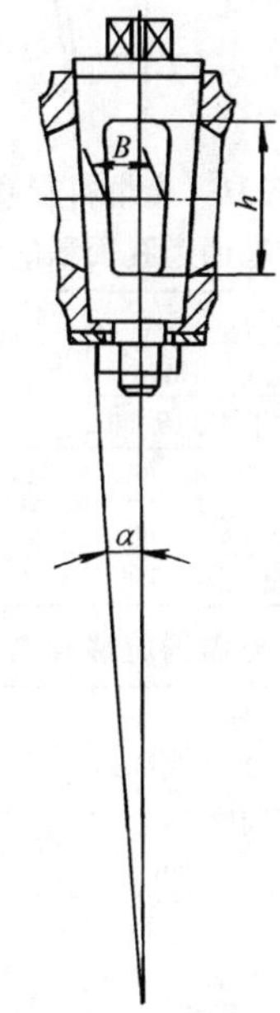

图 5-229　旋塞通道形状及尺寸

5.4.1.2 旋塞阀阀杆力矩

1）无填料旋塞阀如图 5-230、表 5-278 所示。

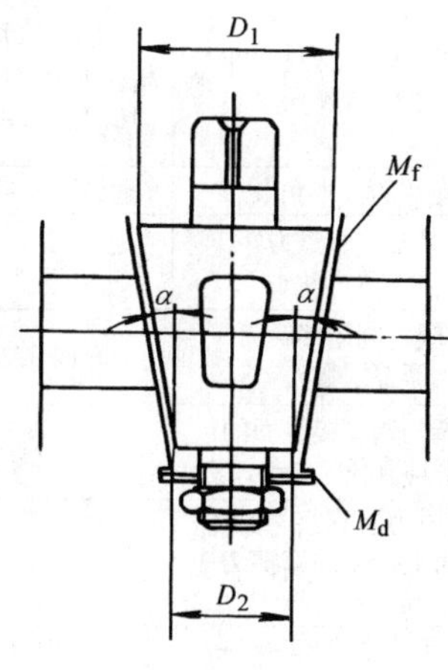

图 5-230　不带填料旋塞阀

2）有填料旋塞阀如图 5-231、表 5-279 所示。

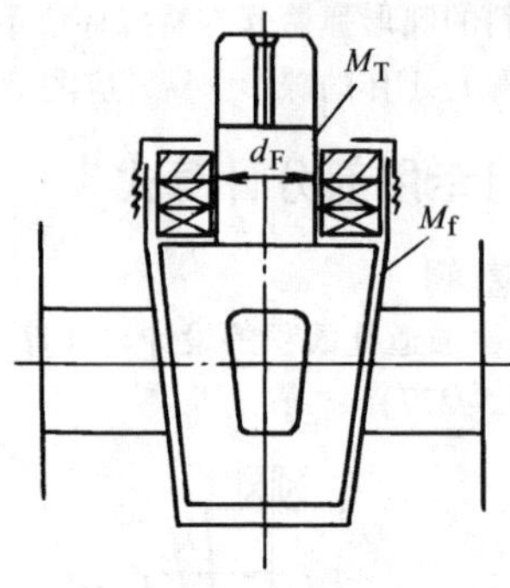

图5-231 带填料旋塞阀

表5-277 旋塞通道孔面积的设计与计算

序号	名称	公式或索引
1	通道孔面积 A/mm^2	Bh
2	通道孔平均宽度 B/mm	0.57d
3	进出口内径 d/mm	取DN（设计给定）
4	通道孔长度 h/mm	一般取2.5B
5	旋塞体锥度	一般取1∶6或1∶7

表5-278 无填料旋塞阀力矩计算式

序号	名　称	公式或索引
1	阀杆最大力矩 M/N·mm	$M_f+M_d+M_J$
2	密封面间摩擦力矩 M_f/N·mm	$FD_P f_M/2\sin\alpha\left(1+\dfrac{f_M}{\tan\alpha}\right)$
3	阀杆最大轴向力 F/N	$\dfrac{\pi}{4}q_{MF}\ (D_1^2-D_2^2)\left(1+\dfrac{f_M}{\tan\alpha}\right)$
4	密封面必需比压 q_{MF}/MPa	取 $q_{MF}=0.2PN$、PN设计给定
5	旋塞大端直径 D_1/mm	设计选定
6	旋塞小端直径 D_2/mm	设计选定
7	旋塞与阀体密封面间摩擦因数 f_M	对于有润滑的情况 $f_M=0.08$ 对于无润滑的情况 $f_M=0.12\sim0.18$
8	旋塞的锥半角 α	通常 $\alpha=4°5'\sim4°46'$
9	垫圈处的摩擦力矩 M_d/N·mm	$Ff_d d_1/2$
10	垫圈与阀体接触面摩擦因数 f_d	取0.2～0.3
11	垫圈与阀体接触面的平均直径 d_1/mm	设计选取
12	介质压力在旋塞与阀体接触面上产生的摩擦力矩 M_J/N·mm	$\dfrac{\pi}{8}d^2pf_M D_P$
13	阀体进出口直径 d/mm	取 d=DN
14	介质工作压力 p/MPa	p=PN/10
15	旋塞平均直径 D_p/mm	$(D_1+D_2)/2$
16	旋塞上最大扭应力 τ_N/MPa	$4.8M/S^3$
17	扳手方口的边长 S/mm	设计选定

表5-279 带填料旋塞阀力矩计算式

序号	名　称	公式或索引
1	阀杆最大力矩 M/N·mm	$M_f+M_T+M_J$
2	密封面间摩擦力矩 M_f/N·mm	见表5-278序号2
3	填料与阀杆向摩擦力矩 M_T/N·mm	见表5-212序号25，$0.6\pi\mu_T d_F^2 Zhp$
4	阀杆与填料间的摩擦系数 μ_T/mm	对于PTFE取0.05
5	阀杆与填料部分接触直径 d_F/mm	设计给定
6	填料圈数 Z/mm	设计给定
7	单圈填料高度 h/mm	设计给定
8	设计压力 p/MPa	取公称压力PN数的1/10
9	介质压力在旋塞与阀体接触面上产生的摩擦力矩 M_J/N·mm	见表5-278序号12
10	旋塞上最大扭应力 τ_N/MPa	$4.8M/S^3$
11	扳手方口的边长 S/mm	设计选定

5.4.2 球阀

5.4.2.1 带有活动套筒阀座的浮动球球阀阀杆力矩

带有活动套筒阀座的浮动球阀的结构图如图5-232所示，其阀杆力矩计算见表5-280。

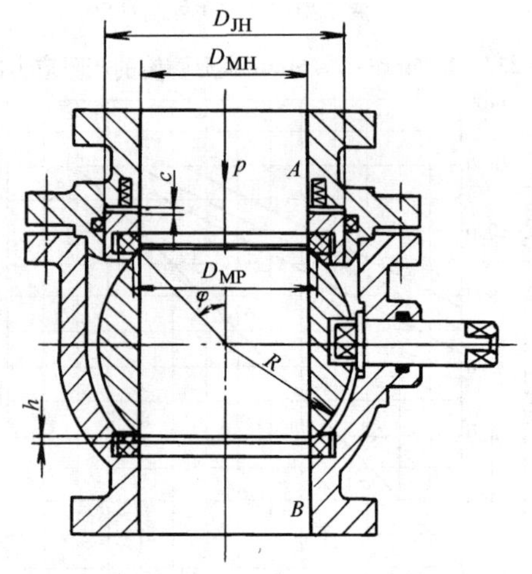

图5-232 带有活动套筒阀座的浮动球球阀的结构图

表 5-280 带有活动套筒阀座的浮动球球阀阀杆力矩计算式

序号	名 称	公式或索引
1	阀杆力矩 M_F/N·mm	$M_{QF}+M_{FT}+M_u$
2	浮动球球阀的球体与阀座密封面间的摩擦力矩 M_{QF}/N·mm	$M_{QF1}+M_{QF2}$
3	进口端阀座密封面与球体间的摩擦力矩 M_{QF1}/N·mm	$M'_{QF1}+M''_{QF1}$
4	进口端阀座对球体预紧力产生的摩擦力矩 M'_{QF1}/N·mm	$\frac{\pi}{8}q_M f_M R(D_{JH}^2-D_{MN}^2)(1+\cos\varphi)$
5	球阀最小预紧比压 q_M/MPa	0.1p 但不小于 2MPa；对聚四氟乙烯或卡普隆密封圈 $q_M \geqslant 1$MPa
6	计算压力 p/MPa	取公称压力 PN10
7	球体与密封面的摩擦因数 f_M	对聚四氟乙烯密封面为 0.05；对卡普隆密封面为 0.1~0.15
8	球体半径 R/mm	设计选定
9	活动套筒外径 D_{JH}/mm	设计选定
10	阀座密封圈内径 D_{MN}/mm	设计选定（一般取 DN）
11	球体与密封圈接触点与通道轴法向夹角 φ/(°)	设计选定
12	介质对进口阀座的作用力而产生的摩擦力矩 M''_{QF1}/N·mm	$\pi p f_M R\cdot(D_{JH}^2-0.5D_{MW}^2-0.5D_{MN}^2)(1+\cos\varphi)/8\cos\varphi$
13	阀座密封圈与球体接触外径 D_{MW}/mm	设计选定
14	球体与出口阀座密封面间摩擦力 M_{QF2}/N·mm	$\pi D_{JH}^2 p f_M R(1+\cos\varphi)/8\cos\varphi$
15	填料与阀杆间摩擦力矩 M_{FT}/N·mm	$F_T\frac{d_F}{2}$
16	阀杆与填料摩擦力 F_T/N	$\psi d_F b_T p$
17	系数 ψ	查表 3-31（按 h_T/b_T）
18	阀杆直径 d_F/mm	设计选定
19	填料宽度 b_T/mm	设计选定
20	填料深度 h_T/mm	设计选定
21	阀杆台肩与止推垫间摩擦力矩 M_u/N·mm	$\frac{\pi}{64}(D_T+d_F)^3\mu_T p$
22	台肩外径或止推垫外径 D_T/mm	设计给定
23	止推垫与阀杆台肩摩擦系数 μ_T	对于 PTFE 取 0.05 对 RPTFE 取 0.07~0.12

5.4.2.2 球阀阀杆的强度计算（图 5-184、图 5-186、表 5-281、表 5-282）

表 5-281 阀杆端头扭转剪切应力计算式

序号	名 称	公式或索引
1	阀杆端头扭转切应力 τ_N/MPa	$M_F/\overline{W}_s$
2	阀杆端头所受力矩 M_F/N·mm	见表 5-279 ~ 表 5-281
3	Ⅰ-Ⅰ断面抗转矩截面系数 $\overline{W}_s$/mm³	见图 5-184，对于正方形断面 $\overline{W}_s=\frac{b^3}{4.8}$；对于矩形断面 $\overline{W}_s=\beta a^2 b$
4	系数 β	见表 5-282
5	阀杆头方形断面边长 b/mm	见图 5-184a
6	阀杆头矩形断面厚度 a/mm	见图 5-184b

表 5-282 系数 β 值

$\frac{b}{a}$	1.0	1.2	1.5	2.0	2.5	3.0	4.0
β	0.208	0.219	0.231	0.246	0.258	0.267	0.282

5.4.3 蝶阀

5.4.3.1 蝶阀阀杆力矩计算式

中心对称蝶阀见表 5-283。

5.4.3.2 蝶板的设计计算

1）蝶板厚度（图 5-233、表 5-285）。

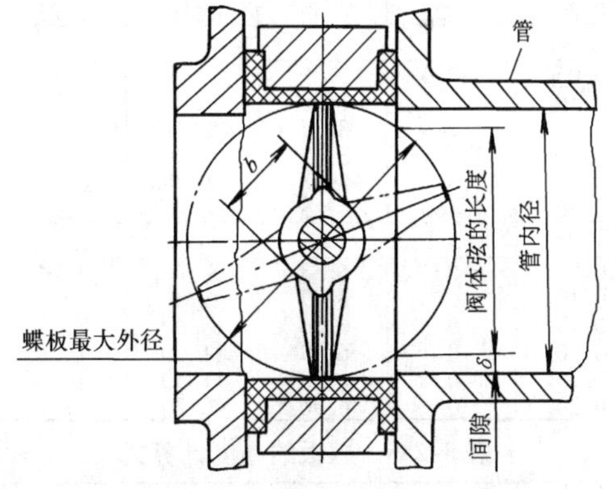

图 5-233 蝶板的结构尺寸

2）蝶板与连接管道内壁间的最小间隙 δ 值（图 5-233、表 5-286）。

3）蝶阀阀座的最小孔径 D_{min}（表 5-287）。

参考 JIS B2032，对于中心对称转轴的蝶阀 D_{min} = 0.9DN；对于偏心转轴的蝶阀 D_{min} =0.85DN。

4）蝶板的强度计算。如图 5-234 所示，应对蝶板的 A—A 断面和 B—B 断面进行强度校核，见表 5-288 和表 5-289。

表 5-283 中心对称蝶阀阀杆力矩计算式

序号	名称	公式或索引
1	蝶阀阀杆力矩 M_D/N·mm	$M_M + M_C + M_T + M_j + M_d$
2	密封面间摩擦力矩 M_M/N·mm	$4q_M b_M f_M R^2$
3	密封面必需比压 q_M/MPa	对中等硬度橡胶 $(0.4+0.6p)/\sqrt{b_M/10}$
4	密封面的接触宽度 b_M/mm	设计选定
5	计算压力 p/MPa	取公称压力 PN
6	密封面间的摩擦因数 f_M	对于橡胶密封圈为 0.8~1.0
7	蝶板的密封半径 R/mm	设计选定
8	阀杆轴承的摩擦力矩 M_C/N·mm	$F_C f_C d_F/2$
9	作用在阀杆轴承上的载荷 F_C/N	
9-1	当蝶板处于密封状态时	$\pi D^2 p/4$
9-2	蝶板直径 D/mm	设计选定
10	当蝶阀处于启闭过程时	为 F_d
11	动水作用力 F_d/N	$\dfrac{2\times10^{-11} g\lambda_\alpha HD^2}{\zeta_\alpha-\zeta_0+2gH/v_0^2}$
12	重力加速度 g/(mm/s²)	9810
13	蝶板开度为 α 角时的动水力系数 λ_α	见表 5-284
14	计算升压在内的最大静水压头 H/mm	$9.8\times10^4\ (p+\Delta p)$
15	计算压力 p/MPa	取公称压力 PN
16	由于水击作用在阀前产生的压力升值 Δp/MPa	$0.04q_V/At$
17	体积流量 q_V/(m³/h)	
18	管子截面积 A/m²	设计选定
19	关阀时间 t/s	设计确定
20	蝶板开度为 α 角时的流阻系数 ζ	见表 5-284
21	蝶板全开时的流阻系数 ζ	见表 5-284
22	全开时介质的流速 v_0/(mm/s)	—
23	密封填料的摩擦力矩 M_T/N·mm	见表 5-280
24	静水力矩 M_J/N·mm	当阀杆垂直安装时为 0
25	动水力矩（最大值通常在 $\alpha=60°\sim80°$ 范围内）M_d/N·mm	$\dfrac{2\times10^{-14} g\mu_\alpha HD^2}{\zeta_\alpha-\zeta_0+2gH/v_0^2}$
26	蝶板开度为 α 角时的动水力矩系数 μ_α	见表 5-284

表 5-284 ζ_α、λ_α、μ_α 值

b/D	α/(°)									
	0	10	20	30	40	50	60	70	80	90
	ζ_α									
0.05	0.031	0.26	1.15	3.18	9.00	27.0	74.0	332	3620	∞
0.10	0.044	0.25	1.09	3.02	8.25	24.0	68.0	332	3620	∞
0.15	0.065	0.25	1.02	2.96	7.82	23.0	66.0	332	3620	∞
0.20	0.096	0.28	1.00	2.96	7.82	22.4	65.8	332	3620	∞
0.25	0.147	0.36	1.07	3.05	8.22	24.0	71.5	332	3620	∞
0.30	0.222	0.45	1.18	3.25	9.27	26.8	79.2	332	3620	∞
b/D	λ_α									
0.05	1.236	36.9	95.4	220.5	515	1357	3357	13960	146200	∞
0.10	1.253	36.6	92.8	210.0	477	1213	3113	13960	146200	∞
0.15	1.278	36.6	89.6	207.0	455	1162	2997	13960	146200	∞
0.20	1.315	37.5	88.8	270.0	455	1134	2990	13960	146200	∞
0.25	1.376	39.8	91.8	211.5	475	1213	3243	13960	146200	∞
0.30	1.466	42.5	96.7	222.0	530	1350	3589	13960	146200	∞
b/D	μ_α									
0.05	0	6.53	8.67	11.4	16.1	25	28.6	84.7	615	
0.10	0	6.47	9.50	12.1	16.9	24.4	32.5	84.7	615	
0.15	0	6.26	10.30	13.1	17.2	25.5	31.3	84.7	615	
0.20	0	6.09	11.00	14.8	18.7	25.8	34.0	84.7	615	
0.25	0	6.18	11.50	16.0	20.9	27.6	37.0	84.7	615	
0.30	0	6.90	10.20	17.7	24.4	31.8	40.9	84.7	615	

表 5-285 蝶板的厚度计算式

序号	名称	公式或索引
1	蝶板中心处厚度 b/mm	$0.054D\sqrt[3]{H}$
2	蝶阀流道直径 D/mm	设计选定，通常 $b/D=0.15\sim0.25$
3	考虑到水击升压的介质最大静压水头 H/m	$100\ (\mathrm{PN}+\Delta p)$
4	由于蝶板的快速关闭，在管路中产生的水击升压值 Δp/MPa	$400q_V/At$
5	体积流量 q_V/(m³/h)	设计选定
6	阀座通道截面积 A/mm²	设计选定

（续）

序号	名称	公式或索引
7	蝶板从全开至全关所经历的时间 t/s	设计确定

表 5-286 蝶板与接管内壁间的最小间隙 δ 值 （单位：mm）

公称尺寸	标准代号	
	API 609—2016	JIS B2032—2013
DN50~DN150（NPS2~NPS6）	1.5	2
DN200~DN500（NPS8~NPS20）	3.0	3
DN600~DN1200（NPS24~NPS48）	6.4	3

表 5-287 蝶阀阀座最小孔径及阀座孔面积（JB/T 8527—2015）

公称尺寸		Class150		公称尺寸		Class150	
		阀座最小孔径 D_{min}/mm	阀座孔面积/m^2			阀座最小孔径 D_{min}/mm	阀座孔面积/m^2
DN50	NPS2	44	0.0015197	DN1000	NPS40	970	0.7386065
DN65	NPS2½	59	0.0027325	DN1200	NPS48	1160	1.056296
DN80	NPS3	74	0.0042986	DN1400	NPS56	1360	1.451936
DN100	NPS4	94	0.0069362	DN1600	NPS64	1560	1.910376
DN125	NPS5	119	0.0111163	DN1800	NPS72	1760	2.431616
DN150	NPS6	144	0.0162777	DN2000	NPS80	1960	3.015656
DN200	NPS8	190	0.0283385	DN2200	NPS88	2140	3.594986
DN250	NPS10	230	0.0415265	DN2400	NPS96	2340	4.298346
DN300	NPS12	280	0.061544	DN2600	NPS104	2540	5.064506
DN350	NPS14	325	0.0829156	DN2800	NPS112	2740	5.893466
DN400	NPS16	375	0.1103906	DN3000	NPS120	2940	6.785226
DN450	NPS18	425	0.1417906	DN3200	NPS128	3120	7.641504
DN500	NPS20	475	0.1771156	DN3400	NPS136	3320	8.652584
DN600	NPS24	575	0.295406	DN3600	NPS144	3520	9.276464
DN700	NPS28	670	0.3523865	DN3800	NPS152	3720	10.863144
DN800	NPS32	770	0.4654265	DN4000	NPS160	3920	12.062624
DN900	NPS36	870	0.5941665				

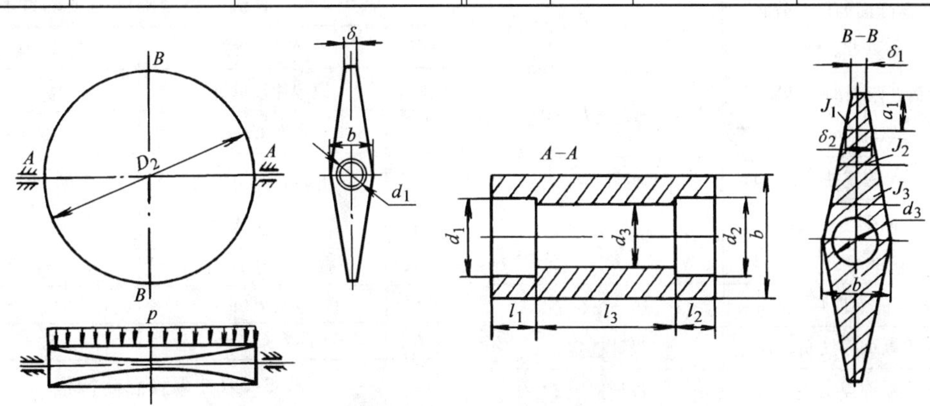

图 5-234 蝶板尺寸及受力分析图

表 5-288 *A-A* 断面的强度校核

序号	名　称	公式或索引	序号	名　称	公式或索引
1	*A*－*A* 断面的弯应力 σ_{WA}/MPa	$M_A/W_A \leqslant [\sigma_W]$	5	*A*－*A* 断面的抗弯断面系数 W_A/mm^3	$2J_A/b$
2	*A*－*A* 断面的弯矩 M_A/N·mm	$pD_2^3/12$	6	*A*－*A* 断面的惯性矩 J_A/mm^4	$\frac{l_1}{12}(b^3-d_1^3)+\frac{l_2}{12}(b^3-d_2^3)+\frac{l_3}{12}(b^3-d_3^3)$
3	介质压力 p/MPa	取 p = PN	7	左轴承孔长度 l_1/mm	设计选定
4	蝶板外径 D_2/mm	设计选取	8	蝶板中心处最大厚度 b/mm	见表 5-285

（续）

序号	名　　称	公式或索引
9	左轴承孔直径 d_1/mm	设计选定
10	右轴承孔长度 l_2/mm	设计选定
11	右轴承孔直径 d_2/mm	设计选定
12	蝶板与阀杆配合孔长度 l_3/mm	设计选定
13	蝶板与阀杆配合孔直径 d_3/mm	设计选定
14	材料许用弯应力 $[\sigma_W]$/MPa	查《实用阀门设计手册》（第3版）中表3-5

表 5-289　*B-B* 断面的强度校核

序号	名　　称	公式或索引
1	*B-B* 断面的弯应力 σ_{WB}/MPa	$M_B/W_B \leqslant [\sigma_W]$
2	*B-B* 断面的弯矩 M_B/N·mm	$\frac{Q_j}{2}\left(\frac{D_2}{2}-\frac{2D_2}{3\pi}\right)=0.113pD_2^3$
3	计算压力 p/MPa	取公称压力 PN
4	蝶板外径 D_2/mm	设计选定
5	*B-B* 断面的抗弯截面系数 W_B/mm³	$2J_B/b$
6	*B-B* 断面的惯性矩 J_B/mm⁴	$\Sigma J_i = J_1+J_2+J_3+\cdots+J_n$
7	1-1 断面的惯性矩 J_1/mm⁴	$a_1\delta^3/12$
8	1-1 断面至蝶板边缘距离 a_1/mm	设计选定
9	*B-B* 断面平均厚度 δ/mm	$\delta_1+\delta_2/2$
10	1-1 断面厚度 δ_1/mm	设计选定
11	2-2 断面厚度 δ_2/mm	设计选定
12	蝶板中心处最大厚度 b/mm	见表 5-285

5.4.4　隔膜阀

5.4.4.1　隔膜厚度的计算（图5-235、表5-290）

5.4.4.2　隔膜的启闭行程（图5-235、表5-291）

5.4.4.3　密封面挤压校核（表5-292）

5.4.5　蒸汽疏水阀临界开启时力平衡方程计算式

5.4.5.1　机械型杠杆浮球式蒸汽疏水阀（图5-236、表5-293）

5.4.5.2　机械型双阀瓣杠杆浮球式蒸汽疏水阀（图5-237、表5-294）

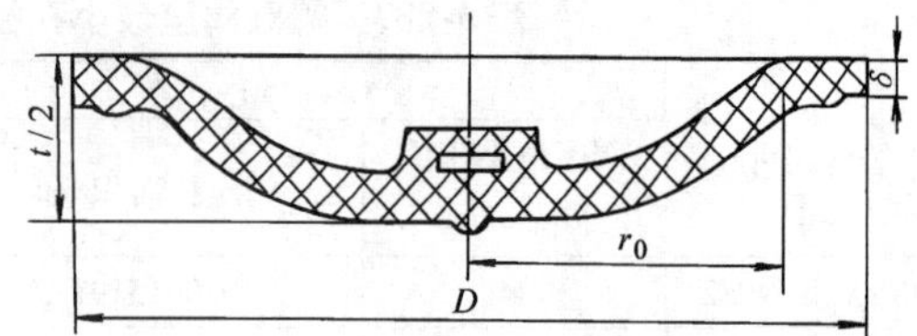

图 5-235　堰式隔膜阀的隔膜

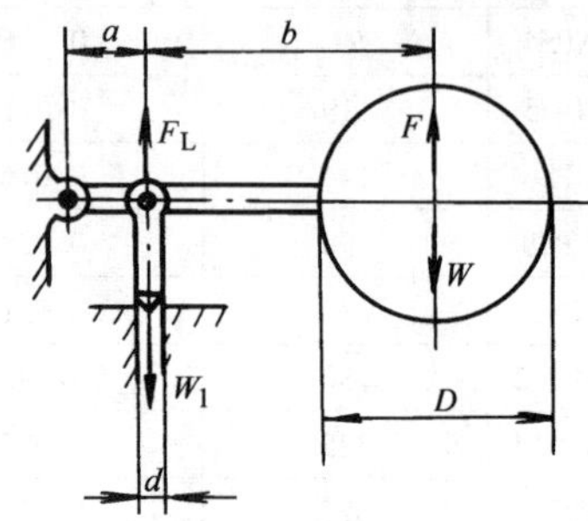

图 5-236　机械型杠杆浮球式蒸汽疏水阀

5.4.5.3　机械型自由浮球式蒸汽疏水阀（图5-238、表5-295）

5.4.5.4　机械型敞口向上浮子式蒸汽疏水阀（图5-239、表5-296）

表 5-290　堰式隔膜阀隔膜厚度的计算式

序号	名　　称	公式或索引
1	隔膜厚度 δ/mm	$r_0/16+C$
2	常数 C/mm	取 3～5
3	折挠处到中心的距离 r_0/mm	$\sqrt{\frac{D^2}{2}+\frac{B^2}{\pi}+\frac{B}{\pi}}$
4	隔膜外径 D/mm	设计选定
5	参数 B/mm	$DN/8+C_1$
6	常数 C_1/mm	取 6～8

表 5-291　隔膜启闭行程

序号	名　　称	公式或索引
1	隔膜行程 t/mm	17DN/32
2	公称尺寸 DN/mm	设计给定

表 5-292　密封面挤压应力

序号	名　　称	公式或索引
1	密封面挤压应力 q/MPa	$\frac{\pi}{4}D_{mp}^2\cdot p+D_{mp}b_m q_{MF}/D_{mp}b_m \leqslant [q]$
2	密封面平均直径 D_{mp}/mm	设计选定
3	密封面宽度 b_m/mm	设计选定

（续）

序号	名 称	公式或索引
4	计算压力 p/MPa	取公称压力 PN
5	密封面必需比压 q_{MF}/MPa	查表 3-29
6	密封材料的许用比压 $[q]$/MPa	查表 3-30

表 5-293 机械型杠杆浮球式蒸汽疏水阀临界开启时力平衡方程计算式

序号	名 称	公式或索引
0	杠杆浮球式临界开启时的力平衡方程	$(F-W)\ (a+b)=\left(\frac{\pi}{4}d^2p+W_1\right)a$
1	浮球所受浮力 F/N	$\frac{\pi}{6}10^{-9}D^3\rho g$
2	浮球直径 D/mm	设计给定
3	相应工作温度下凝结水密度 ρ/(kg/m³)	查《实用阀门设计手册》（第 3 版）中参考文献［7］的表 6
4	重力加速度 g/(m/s²)	设计给定
5	浮球和杠杆的重力折合在球心的等效力 W/N	设计给定
6	力臂 a/mm	设计给定
7	阀瓣密封面平均直径 d/mm	设计给定
8	介质压力 p/MPa	设计给定
9	阀瓣重力 W_1/N	设计给定

表 5-294 机械型双阀瓣杠杆浮球式蒸汽疏水阀临界开启时力平衡方程计算式

序号	名 称	公式或索引
0	临界开启时的力平衡方程	$(F-W)\ b=W_1a$
1	浮球所受浮力 F/N	$\frac{\pi}{6}10^{-9}D^3\rho g$
2	浮球直径 D/mm	设计给定
3	相应工作温度下凝结水密度 ρ/(kg/m³)	查《实用阀门设计手册》（第 3 版）中参考文献［7］的表 6
4	重力加速度 g/(m/s²)	设计给定
5	浮球和杠杆的重力折合在球心的等效力 W/N	设计给定
6	力臂 a/mm	设计给定
7	阀瓣重力 W_1/N	设计给定

表 5-295 机械型自由浮球式蒸汽疏水阀临界开启时的力平衡方程计算式

序号	名 称		公式或索引
0	自由浮球式临界开启时的力平衡方程		$(F-W)\ a\cos\alpha=\left[\frac{\pi}{4}d^2p-(F-W)\ \sin\alpha\right]\frac{d}{2}$
1	浮球所受浮力 F/N		$\frac{\pi}{6}10^{-9}D^3\rho g$
2	浮球直径 D/mm		设计给定
3	相应工作温度下凝结水密度 ρ/(kg/m³)		查《实用阀门设计手册》（第 3 版）中参考文献［7］的表 6
4	重力加速度 g/(m/s²)		设计给定
5	浮球重力 W/N		设计给定
6	力臂 a/mm		$\frac{D}{2}\cos\beta$
7	角度	β	见图 5-238
		α	设计给定
8	阀座排水孔直径 d/mm		$\frac{\sqrt{0.7856q_V/C\pi}}{\sqrt{\rho\ (p_1-p_2)}}$
9	给定凝结水排量 q_V/(kg/h)		设计给定
10	排水系数 C		0.4～0.7
11	疏水阀入口压力 p_1/MPa		设计给定
12	疏水阀出口压力 p_2/MPa		设计给定
13	介质压力 p/MPa		设计给定

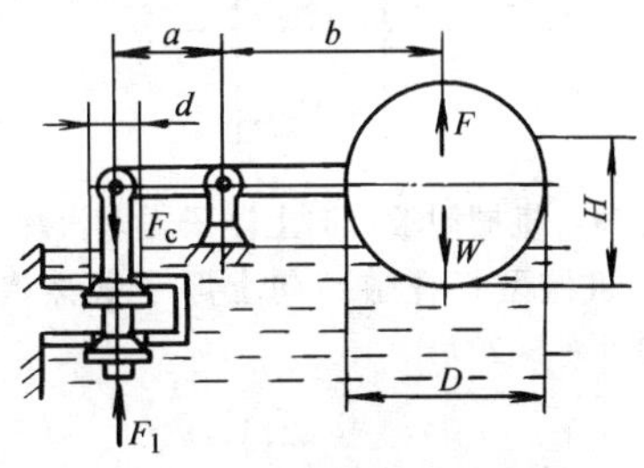

图 5-237 机械型双阀瓣杠杆浮球式蒸汽疏水阀

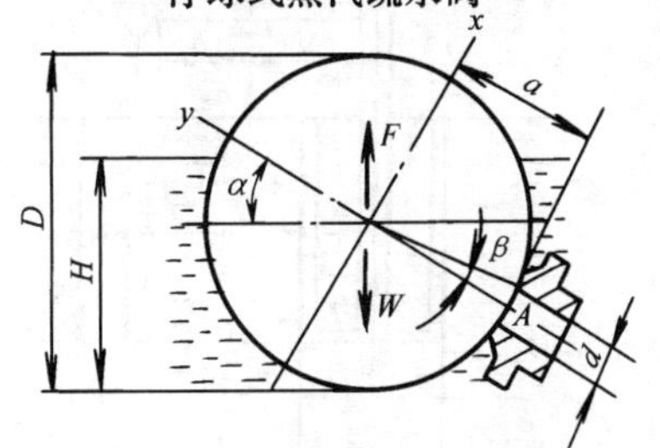

图 5-238 机械型自由浮球式蒸汽疏水阀

表5-296　机械型敞口向上浮子式蒸汽疏水阀临界开启时的力平衡方程计算式

序号	名　　称	公式或索引
0	敞口向上浮子式临界开启时的力平衡方程	$F_C+F=W$
1	介质压力 p 作用在阀瓣上的力 F_C/N	$\frac{\pi}{4}d^2p$
2	阀座排水孔直径 d/mm	设计给定
3	介质压力 p/MPa	设计给定
4	介质对浮子的浮力 F/N	$\frac{\pi}{4}D^2H\rho g$
5	浮子直径 D/mm	设计给定
6	浮子高度 H/mm	设计给定
7	相应工作温度下凝结水密度 ρ/kg/m^3	查《实用阀门设计手册》（第3版）中参考文献［7］的表6
8	重力加速度 g/m/s^2	设计给定
9	浮子组件及浮子内凝结水的重力和 W/N	设计给定

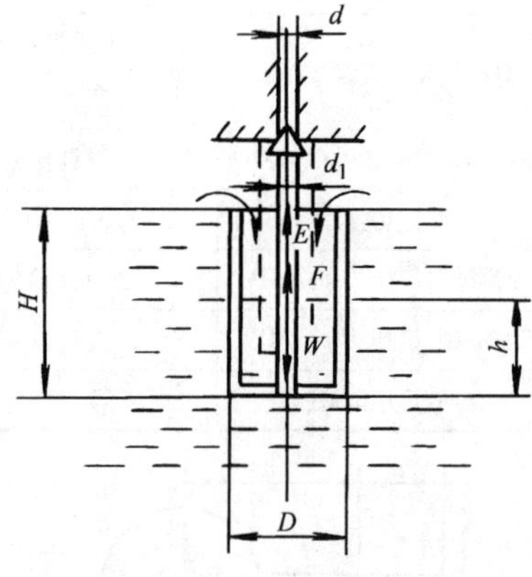

图5-239　机械型敞口向上浮子式蒸汽疏水阀

5.4.5.5　机械型杠杆敞口向上浮子式蒸汽疏水阀（图5-240、表5-297）

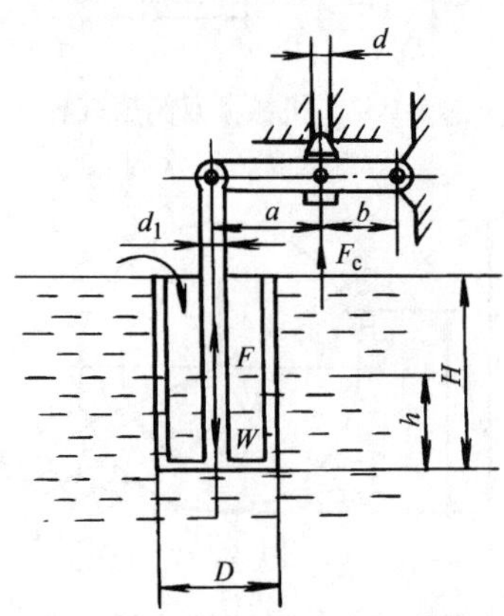

图5-240　机械型杠杆敞口向上浮子式蒸汽疏水阀

表5-297　机械型杠杆敞口向上浮子式蒸汽疏水阀临界开启时的力平衡方程计算式

序号	名　　称	公式或索引
0	杠杆敞口向上浮子式临界开启时的力平衡方程	$(W-F)(a+b)=\frac{\pi}{4}d^2pa$
1	浮子组件、杠杆及浮子内凝结水的重力和折合到浮子轴线上的等效力 W/N	设计给定
2	介质对浮子的浮力 F/N	$\frac{\pi}{4}\times10^{-9}D^2H\rho g$
3	浮子直径 D/mm	设计给定
4	浮子高度 H/mm	设计给定
5	相应工作温度下凝结水密度 ρ/(kg/m^3)	查《实用阀门设计手册》（第3版）中参考文献［7］的表6
6	重力加速度 g/(m/s^2)	设计给定
7	力臂 a/mm	设计给定
	b/mm	设计给定
8	阀座排水孔直径 d/mm	设计给定
9	介质压力 p/MPa	设计给定

5.4.5.6　机械型敞口向上活塞浮子式蒸汽疏水阀（图5-241、表5-298）

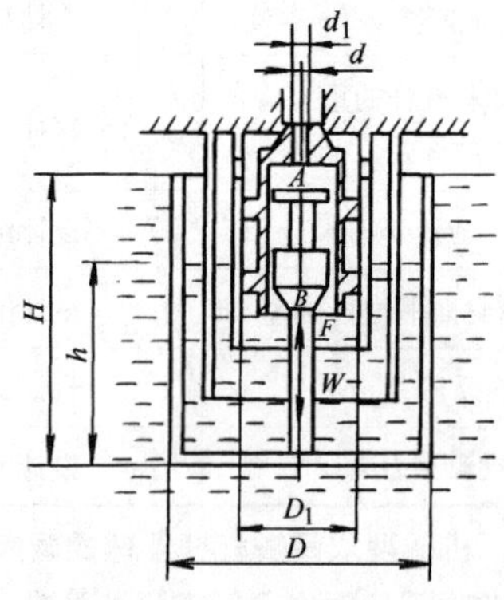

图5-241　机械型敞口向上活塞浮子式蒸汽疏水阀

5.4.5.7　机械型杠杆敞口向下浮子式蒸汽疏水阀（图5-242、表5-299）

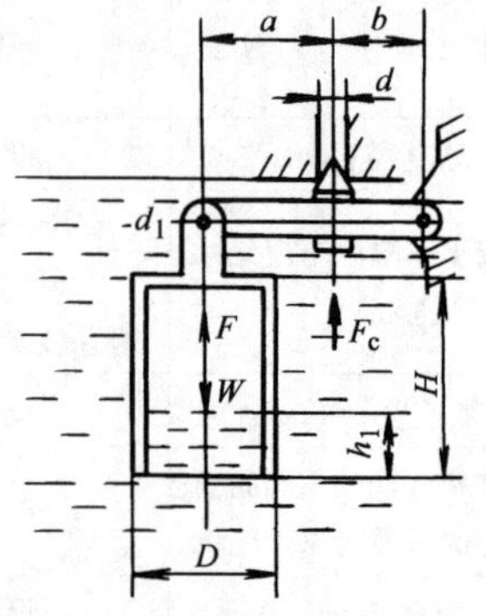

图5-242　机械型杠杆敞口向下浮子式蒸汽疏水阀

表 5-298　机械型敞口向上活塞浮子式蒸汽疏水阀临界开启时的力平衡方程计算式

序号	名　　称	公式或索引
0	活塞浮子式副阀即将开启时的力平衡方程	$F+\frac{\pi}{4}d_1^2p=W$
1	浮子所受浮力 F/N	$\frac{\pi}{4}D^2H\rho g$
2	浮子直径 D/mm	设计给定
3	浮子高度 H/mm	设计给定
4	相应工作温度下凝结水密度 ρ/(kg/m^3)	查《实用阀门设计手册》(第3版)参考文献［7］的表6
5	重力加速度 g/(m/s^2)	设计给定
6	副阀座排水孔直径 d_1/mm	设计给定
7	介质压力 p/MPa	设计给定
8	浮子组件及浮子内凝结水的重力和 W/N	设计给定

表 5-299　机械型杠杆敞口向下浮子式蒸汽疏水阀临界开启时的力平衡方程计算式

序号	名　　称	公式或索引
0	杠杆敞口向下浮子式临界开启时的力平衡方程	$(W-F)(a+b)=\frac{\pi}{4}d^2pb$
1	浮子重、杠杆重和阀瓣重折合在浮子轴线上的等效力 W/N	设计给定
2	浮子所受浮力 F/N	$\frac{\pi}{4}\times10^{-9}D^2H\rho g$
3	浮子直径 D/mm	设计给定
4	浮子高度 H/mm	设计给定
5	相应温度下凝结水密度 ρ/(kg/m^3)	查《实用阀门设计手册》(第3版)参考文献［7］的表6
6	重力加速度 g/(m/s^2)	设计给定
7	力臂 a/mm	设计给定
	力臂 b/mm	设计给定
8	阀座排水孔直径 d/mm	设计给定
9	介质压力 p/MPa	设计给定

5.4.5.8　机械型敞口向下自由浮子式蒸汽疏水阀（图 5-243、表 5-300）

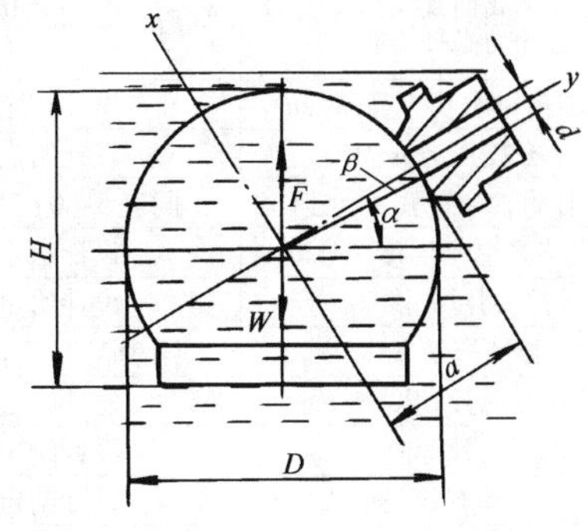

图 5-243　机械型敞口向下自由浮子式蒸汽疏水阀

5.4.5.9　热静力型膜盒式蒸汽疏水阀（图 5-244、表 5-301）

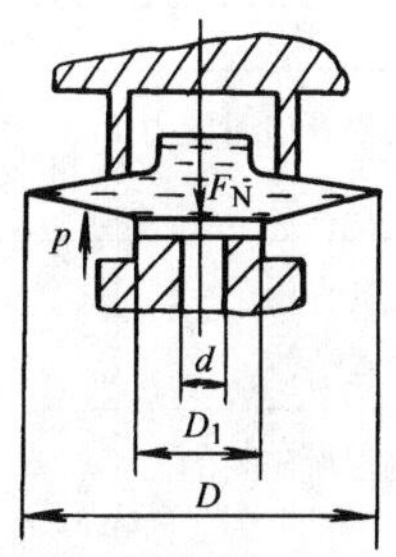

图 5-244　热静力型膜盒式蒸汽疏水阀

表 5-300　机械型敞口向下自由浮子式蒸汽疏水阀临界开启时的力平衡方程计算式

序号	名　　称	公式或索引
0	敞开向下自由浮子式临界开启时的力平衡方程	$a(W-F)\cos\alpha=\left[\frac{\pi}{4}d^2p-(W-F)\sin\alpha\right]\frac{d}{2}$
1	临界开启时浮子中心至阀座密封面间距离 a/mm	设计给定
2	半浮球组件重力 W/N	设计给定
3	介质对半浮球的浮力 F/N	设计给定
4	临界开启时浮子中心线和阀座排水孔轴线夹角 α	设计给定
5	阀座排水孔直径 d/mm	设计给定
6	介质压力 p/MPa	设计给定

表 5-301　热静力型膜盒式蒸汽疏水阀临界开启时的力平衡方程计算式

序号	名　　称	公式或索引
0	膜盒式临界开启时的力平衡方程	$F_B+F_Y=F_N$
1	使膜片变型所需要的力 F_B/N	设计给定
2	介质压力 p 作用于膜盒外的力 F_Y/N	设计给定
3	低沸点液体的蒸汽压力作用于膜盒内的力 F_N/N	设计给定

5.4.5.10　热静力型隔膜式蒸汽疏水阀（图 5-245、表 5-302）

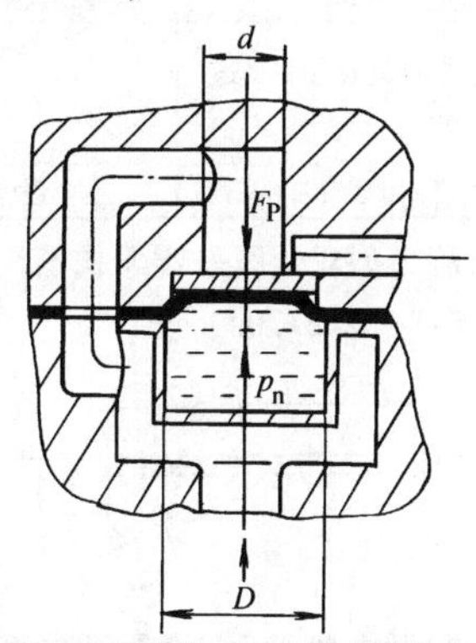

图 5-245　热静力型隔膜式蒸汽疏水阀

表5-302 热静力型隔膜式蒸汽疏水阀临界开启时的力平衡方程计算式

序号	名称	公式或索引
0	隔膜式临界开启时的力平衡方程	$F_P + F_0 = F_n$
1	介质压力 p 作用于阀座上的力 F_P/N	设计给定
2	使隔膜变形所需要的力 F_0/N	设计给定
3	填充液压力作用于隔膜上的力 F_n/N	设计给定

5.4.5.11 热静力型波纹管式蒸汽疏水阀（图5-246、表5-303）

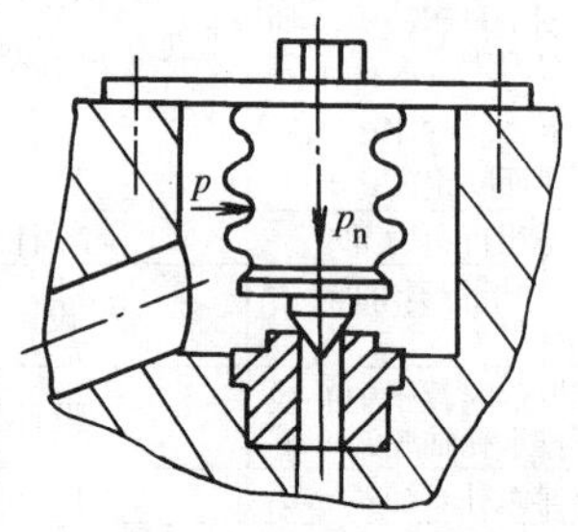

图5-246 热静力型波纹管式蒸汽疏水阀

表5-303 热静力型波纹管式蒸汽疏水阀临界开启时的力平衡方程计算式

序号	名称	公式或索引
0	波纹管式临界开启时的力平衡方程	$\frac{\pi}{4}D^2 p_n = \frac{\pi}{4}(D^2 - d^2)\ p + LK$
1	波纹管有效直径 D/mm	设计给定
2	波纹管内填充液压力 p_n/MPa	设计给定
3	阀座排水孔直径 d/mm	设计给定
4	介质压力 p/MPa	设计给定
5	波纹管恢复自由状态的距离 L/mm	设计给定
6	波纹管刚度 K/(N/mm²)	设计给定

5.4.5.12 热静力型双金属悬臂梁式蒸汽疏水阀（图5-247、表5-304）

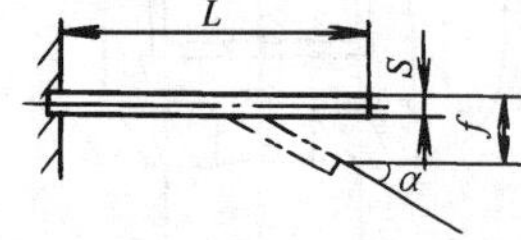

图5-247 热静力型双金属悬臂梁式蒸汽疏水阀

表5-304 热静力型双金属悬臂梁式蒸汽疏水阀临界开启时的力平衡方程计算式

序号	名称	公式或索引
0	双金属悬臂梁式临界开启时的力平衡方程	$\frac{\pi}{4}d^2 p = [K\ (T - T_0)\ EBS^2/4L]\ n$
1	阀座排水孔直径 d/MPa	设计给定
2	介质压力 p/MPa	设计给定
3	比弯曲 K/(10^{-6}/℃)	设计给定
4	终了测量温度 T/℃	设计给定
5	初始测量温度 T_0/℃	设计给定
6	弹性模量 E/MPa	查GB/T 4461《热双金属带材》
7	双金属片宽度 B/mm	设计给定
8	双金属片厚度 S/mm	设计给定
9	双金属片有效长度 L/mm	设计给定
10	每组双金属片重叠的片数 n	设计给定

5.4.5.13 热静力型双金属简支梁式蒸汽疏水阀（图5-248、表5-305）

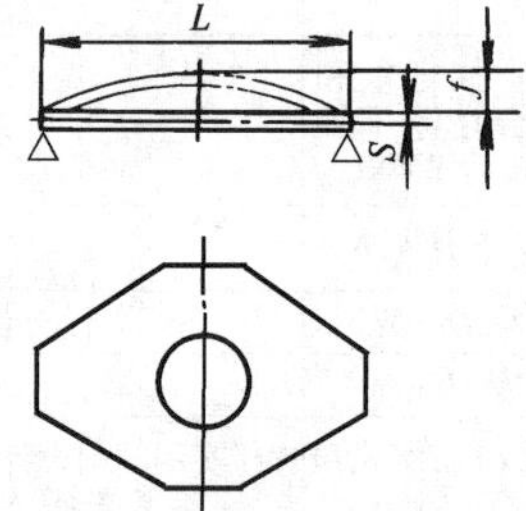

图5-248 热静力型双金属简支梁式蒸汽疏水阀

表5-305 热静力型双金属简支梁式蒸汽疏水阀临界开启时的力平衡方程计算式

序号	名称	公式或索引
0	双金属简支梁式临界开启时的力平衡方程	$\frac{\pi}{4}d^2 p = \frac{K\ (T - T_0)\ EBS^2}{L}n$
1	阀座排水孔直径 d/mm	设计给定
2	介质压力 p/MPa	设计给定
3	比弯曲 K/(10^{-6}/℃)	同表5-304序号3
4	终了测量温度 T/℃	设计给定
5	初始测量温度 T_0/℃	设计给定
6	弹性模量 E/MPa	同表5-304序号6
7	双金属片宽度 B/mm	设计给定
8	双金属片厚度 S/mm	设计给定
9	双金属片有效长度 L/mm	设计给定
10	每组双金属片重叠的片数 n	设计给定

5.4.5.14 热静力型双金属圆环式蒸汽疏水阀（图5-249、表5-306）

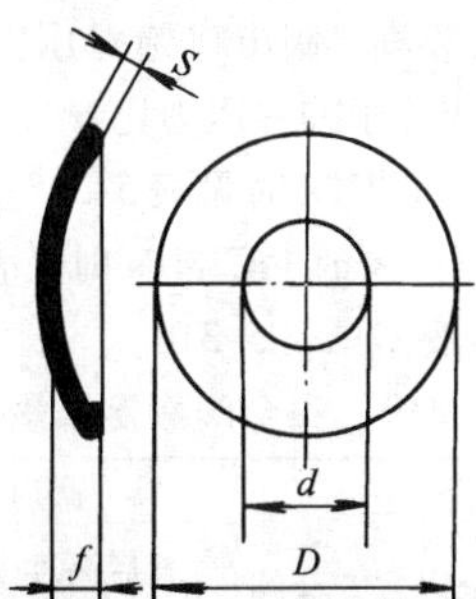

图 5-249 热静力型双金属圆环式蒸汽疏水阀

5.4.5.15 热动力型脉冲式蒸汽疏水阀（图 5-250、表 5-307）

5.4.5.16 热动力型圆盘式蒸汽疏水阀（图 5-251、表 5-308）

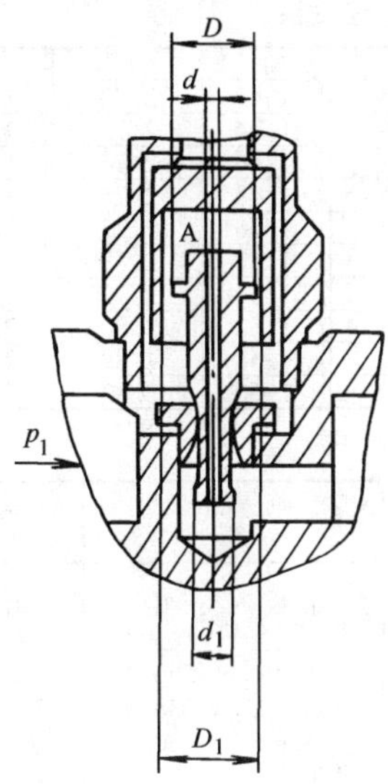

图 5-250 热动力型脉冲式蒸汽疏水阀

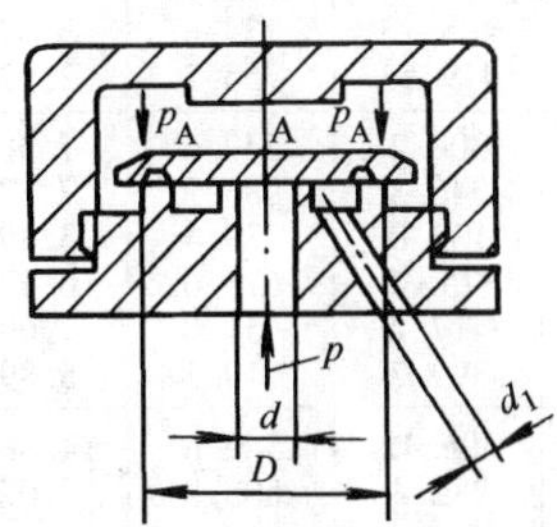

图 5-251 热动力型圆盘式蒸汽疏水阀

表 5-306 热静力型双金属圆环式蒸汽疏水阀临界开启时的力平衡方程计算式

序号	名　称	公式或索引
0	双金属圆环式临界开启时的力平衡方程	$\frac{\pi}{4}d^2p=K(T-T_0)ES^2n$
1	阀座排水孔直径 d/mm	设计给定
2	介质压力 p/MPa	设计给定
3	比弯曲 $K/(10^{-6}/℃)$	同表 5-304 序号 3
4	终了测量温度 T/℃	设计给定
5	初始测量温度 T_0/℃	设计给定
6	弹性模量 E/MPa	同表 5-304 序号 6
7	双金属片厚度 S/mm	设计给定
8	每组双金属片重叠的片数 n	设计给定

表 5-307 热动力型脉冲式蒸汽疏水阀临界开启时的力平衡方程计算式

序号	名　称	公式或索引
0	脉冲式临界开启时的力平衡方程	$\frac{\pi}{4}(D^2-d^2)p_A+W=\frac{\pi}{4}(D^2-d_1^2)p_1$
1	阀瓣凸缘直径 D/mm	设计给定
2	阀瓣中心小孔直径 d/mm	设计给定
3	中间室压力 p_A/MPa	设计给定
4	阀瓣重力 W/N	设计给定
5	阀座排水孔直径 d_1/mm	设计给定
6	入口介质压力 p_1/MPa	设计给定

表 5-308 热动力型圆盘式蒸汽疏水阀临界开启时的力平衡方程计算式

序号	名　称	公式或索引
0	圆盘式临界开启时的力平衡方程	$\frac{\pi}{4}d^2p=\frac{\pi}{4}D^2p_A$
1	阀座进水口直径 d/mm	设计给定
2	入口介质压力 p/MPa	设计给定
3	阀座密封面外圆直径 D/mm	设计给定
4	中间室压力 p_A/MPa	设计给定

5.4.6 安全阀

5.4.6.1 安全阀额定排量的计算

1）介质为气体，阀出口的绝对压力与进口的绝对压力之比 σ 小于或等于临界压力比 σ^*，见表 5-309。

表 5-309 介质为气体时安全阀额定排量计算式

序号	名　称	公式或索引
1	额定排量 W_r/(kg/h)	$10K_{dr}CAp_{dr}\sqrt{\frac{M_r}{ZT}}$
2	额定排量系数 K_{dr}	见表 5-310
3	气体特性系数 C	为等熵指数 κ 的函数，见表 5-311
4	流道面积 A/mm^2	$\frac{\pi}{4}d_0^2$
5	喉径 d_0/mm	设计选定
6	绝对额定排放压力 p_{dr}/MPa	$1.1p_s+0.1$
7	整定压力 p_s/MPa	设计确定
8	气体相对分子质量 M_r /(kg/kmol)	查表 5-312

（续）

序号	名　　称	公式或索引
9	排放时阀进口绝对温度 T/K	设计确定
10	气体压缩系数 Z	根据介质的对比压力和对比温度确定，见图5-252
11	气体特性系数 C	也可按 $3.948\sqrt{\kappa\left(\frac{2}{\kappa+1}\right)^{\frac{\kappa+1}{\kappa-1}}}$
12	等熵指数 κ	表5-311
13	临界压力比 σ^*	$\left(\frac{2}{\kappa+1}\right)^{\frac{\kappa}{\kappa-1}}$，表5-313
14	背压修正系数 K_b	$\sqrt{\frac{2\kappa}{\kappa-1}\left[\left(\frac{p_b}{p_{dr}}\right)^{\frac{2}{\kappa}}-\left(\frac{p_b}{p_{dr}}\right)^{\frac{\kappa+1}{\kappa}}\right]/\kappa\left(\frac{2}{\kappa+1}\right)^{\frac{\kappa+1}{\kappa-1}}}$ 或查表5-314
15	阀门的出口压力 p_b/MPa	设计选定

2）介质为蒸汽，阀出口绝对压力与进口绝对压力之比 σ 小于或等于临界压力比 σ^*：

① 当 $p_{dr} \leqslant 11$MPa 时见表5-315；

② 当 11MPa $< p_{dr} \leqslant 22$MPa 时见表5-316。

3）介质为液体见表5-318。

表5-310　安全阀额定排量系数

安全阀类型	全启式安全阀	微启式安全阀	
		开启高度 $\geqslant \frac{1}{40}d_0$	开启高度 $\geqslant \frac{1}{20}d_0$
额定排量系数 K_{dr}	0.7～0.8	0.07～0.08	0.14～0.16

注：d_0——安全阀流道直径。

表5-311　气体特性系数 C 与 κ 值的对应关系

κ	C	κ	C	κ	C	κ	C	κ	C	κ	C
0.40	1.65	0.84	2.24	1.02	2.41	1.22	2.58	1.42	2.72	1.62	2.84
0.45	1.73	0.86	2.26	1.04	2.43	1.24	2.59	1.44	2.73	1.64	2.85
0.50	1.81	0.88	2.28	1.06	2.45	1.26	2.61	1.46	2.74	1.66	2.86
0.55	1.89	0.90	2.30	1.08	2.46	1.28	2.62	1.48	2.76	1.68	2.87
0.60	1.96	0.92	2.32	1.10	2.48	1.30	2.63	1.50	2.77	1.70	2.89
0.65	2.02	0.94	2.34	1.12	2.50	1.32	2.65	1.52	2.78	1.80	2.94
0.70	2.08	0.96	2.36	1.14	2.51	1.34	2.66	1.54	2.79	1.90	2.99
0.75	2.14	0.98	2.38	1.16	2.53	1.36	2.68	1.56	2.80	2.00	3.04
0.80	2.20	0.99	2.39	1.18	2.55	1.38	2.69	1.58	2.82	2.10	3.09
0.82	2.22	1.001	2.40	1.20	2.56	1.40	2.70	1.60	2.83	2.20	3.13

表5-312　气体相对分子质量

气　体		相对分子质量 M_r	气体常数 R		等熵指数 κ p：大气压 T=273K =462°R	临界温度 T_c		p_c 临界压力（绝对）	
			J/(kg·K)	(ft·lbf)/(lb·°R)		K	°R	MPa	lbf/in²
乙炔	C_2H_2	26.078	318.88	59.24	1.23	309.09	556.4	6.237	904.4
空气		28.96	287.10	53.35	1.40	132.4	238.3	3.776	547.5
氨	NH_3	17.032	488.17	90.71	1.31	405.6	730.1	11.298	1638.2
氩	Ar	39.949	208.15	38.08	1.65	150.8	271.4	4.864	705.3
苯	C_6H_6	78.108	106.45	19.78	—	561.8	1011.2	4.854	703.9
正丁烷	C_4H_{10}	58.124	143.04	26.58	—	425.2	765.4	3.506	508.4
异丁烷	C_4H_{10}	58.124	143.04	26.58	—	408.13	734.6	3.648	529.0
乙烯	C_4H_{10}	56.108	148.18	27.54	—	419.55	755.2	3.926	569.2
二氧化碳	CO_2	44.011	188.91	35.10	1.30	304.2	547.6	7.385	1070.8
二硫化碳	CS_2	76.142	109.19	20.29	—	546.3	983.3	7.375	1069.4
一氧化碳	CO	28.011	296.82	55.16	1.40	133.0	239.4	3.491	506.2
硫氧化碳	COS	60.077	138.39	25.73	—	375.35	675.6	6.178	895.9
氯气	Cl_2	70.914	117.24	21.79	1.34	417.2	751.0	7.698	1116.3
氰（乙二腈）	C_2N_2	52.038	159.77	29.69	—	399.7	719.5	5.894	854.6
乙烷	C_2H_6	30.070	276.49	51.38	1.20	305.42	549.8	4.884	708.2
乙烯	C_2H_4	28.054	296.46	55.07	1.25	282.4	508.8	5.070	735.2
氦气	He	4.003	2076.96	385.95	1.63	5.2	9.4	0.229	33.22
氢气	H_2	2.016	4124.11	766.36	1.41	33.3	59.9	1.295	187.7
氯化氢	HCl	36.465	228.01	42.37	1.39	324.7	584.5	8.307	1204.4
氢腈酸	HCN	27.027	307.63	57.16	—	456.7	822.1	5.394	782.1
硫化氢	H_2S	34.082	243.94	45.33	1.33	373.53	672.4	9.013	1306.8
甲烷	CH_4	16.034	518.24	98.36	1.31	190.7	343.3	4.629	671.2
氯化甲基	CH_3Cl	50.491	164.66	30.60	—	416.2	749.4	6.669	667.0
氖气	Ne	20.183	411.94	76.55	1.64	44.4	79.9	2.654	384.8
氧化氮	NO	30.008	277.06	51.48	1.39	180.2	324.4	6.541	948.5
氮气	N_2	28.016	296.76	55.15	1.40	126.3	227.8	3.383	490.6
一氧化二氮	N_2O	44.016	188.89	35.10	1.28	309.7	557.5	7.267	1053.7

（续）

气体		相对分子质量 M_r	气体常数 R J/(kg·K)	气体常数 R (ft·1bf)/(lb·°R)	等熵指数 κ p：大气压 $T=273K=462°R$	临界温度 T_c K	临界温度 T_c °R	p_c 临界压力（绝对） MPa	p_c 临界压力（绝对） lbf/in²
氧气	O_2	32.000	259.82	48.28	1.40	154.77	278.6	5.080	736.6
二氧化硫	SO_2	64.066	125.77	24.11	1.28	430.7	775.3	7.885	1143.3
丙烷	C_3H_8	44.097	188.54	35.04	—	370.0	666.0	4.256	617.15
丙烯	C_3H_6	42.081	197.56	36.71	—	364.91	656.8	4.621	670.1
甲苯	C_7H_8	92.134	90.24	16.77	—	593.8	1068.8	4.207	610.0
水汽	H_2O	18.016	461.48	85.75	1.33	647.3	1165.1	22.129	3208.8
二甲苯	C_8H_{10}	106.16	78.32	14.55	—	—	—	—	—

表 5-313 临界压力比 σ^* 与 κ 值的对应关系

κ	σ^*	κ	σ^*	κ	σ^*	κ	σ^*	κ	σ^*	κ	σ^*
0.40	0.788	0.84	0.645	1.02	0.602	1.22	0.561	1.42	0.525	1.62	0.494
0.45	0.769	0.86	0.640	1.04	0.598	1.24	0.557	1.44	0.522	1.64	0.491
0.50	0.750	0.88	0.635	1.06	0.593	1.26	0.553	1.46	0.518	1.66	0.488
0.55	0.732	0.90	0.630	1.08	0.589	1.28	0.549	1.48	0.515	1.68	0.485
0.60	0.716	0.92	0.625	1.10	0.585	1.30	0.546	1.50	0.512	1.70	0.482
0.65	0.700	0.94	0.621	1.12	0.581	1.32	0.542	1.52	0.509	1.80	0.469
0.70	0.684	0.96	0.616	1.14	0.576	1.34	0.539	1.54	0.506	1.90	0.456
0.75	0.670	0.98	0.611	1.16	0.572	1.36	0.535	1.56	0.503	2.00	0.444
0.80	0.656	0.99	0.609	1.18	0.568	1.38	0.532	1.58	0.500	2.10	0.433
0.82	0.651	1.001	0.606	1.20	0.564	1.40	0.528	1.60	0.497	2.20	0.422

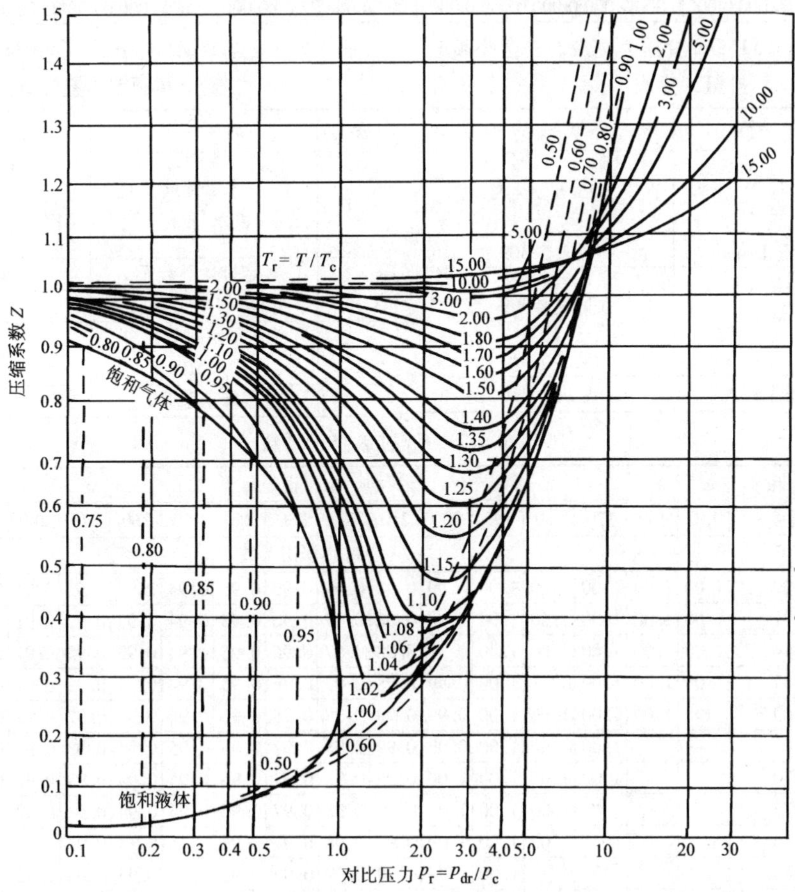

图 5-252 压缩系数 Z 与对比压力 p_r 和对比温度 T_r 的关系

p_c—介质临界点绝对压力（MPa） T_c—介质临界点绝对温度（K）

表 5-314 排量的背压修正系数 K_b

σ^*	等熵指数 κ																		
	0.4	0.5	0.6	0.7	0.8	0.9	1.0	1.1	1.2	1.3	1.4	1.5	1.6	1.7	1.8	1.9	2.0	2.1	2.2
	排量的背压力修正系数 K_b																		
0.45																	1.00	0.999	0.999
0.50												1.000	1.000	0.999	0.999	0.996	0.994	0.992	0.989
0.55									0.999	1.000	0.999	0.997	0.994	0.991	0.989	0.983	0.979	0.975	0.971
0.60							1.000	0.999	0.997	0.993	0.989	0.983	0.978	0.972	0.967	0.961	0.955	0.950	0.945
0.65						0.999	0.995	0.989	0.982	0.974	0.967	0.959	0.951	0.944	0.936	0.929	0.922	0.915	0.909
0.70			0.999	0.999	0.993	0.985	0.975	0.964	0.953	0.943	0.932	0.922	0.913	0.903	0.895	0.886	0.879	0.871	0.864
0.75		1.000	0.995	0.983	0.968	0.953	0.938	0.923	0.909	0.896	0.884	0.872	0.861	0.851	0.841	0.832	0.824	0.815	0.808
0.80	0.999	0.985	0.965	0.942	0.921	0.900	0.881	0.864	0.847	0.833	0.819	0.806	0.794	0.783	0.773	0.764	0.755	0.747	0.739
0.82	0.992	0.970	0.944	0.918	0.894	0.872	0.852	0.833	0.817	0.801	0.787	0.774	0.763	0.752	0.741	0.732	0.723	0.715	0.707
0.84	0.979	0.948	0.917	0.888	0.862	0.839	0.818	0.799	0.782	0.766	0.752	0.739	0.727	0.716	0.706	0.697	0.688	0.680	0.672
0.86	0.957	0.919	0.884	0.852	0.800	0.779	0.769	0.742	0.727	0.712	0.700	0.688	0.677	0.667	0.667	0.658	0.649	0.641	0.634
0.88	0.924	0.881	0.842	0.809	0.780	0.755	0.733	0.714	0.697	0.682	0.668	0.655	0.644	0.633	0.624	0.615	0.606	0.599	0.592
0.90	0.880	0.831	0.791	0.757	0.728	0.703	0.681	0.662	0.645	0.631	0.619	0.605	0.594	0.584	0.575	0.566	0.558	0.551	0.544
0.92	0.820	0.769	0.727	0.693	0.664	0.640	0.619	0.601	0.585	0.571	0.559	0.547	0.537	0.527	0.519	0.511	0.504	0.497	0.490
0.94	0.739	0.687	0.647	0.614	0.587	0.565	0.545	0.528	0.514	0.501	0.489	0.479	0.470	0.461	0.453	0.446	0.440	0.434	0.428
0.96	0.628	0.579	0.542	0.513	0.489	0.469	0.452	0.438	0.425	0.414	0.404	0.395	0.387	0.380	0.373	0.367	0.362	0.357	0.352
0.98	0.462	0.422	0.393	0.371	0.353	0.337	0.325	0.314	0.306	0.296	0.289	0.282	0.277	0.271	0.266	0.262	0.258	0.254	0.251
1.00	0.000	0.000	0.000	0.000	0.000	0.000	0.000	0.000	0.000	0.000	0.000	0.000	0.000	0.000	0.000	0.000	0.000	0.000	0.000

表 5-315 当 p_{dr}≤11MPa 介质为蒸汽时安全阀额定排量计算式

序号	名 称	公式或索引
1	额定排量 W_r/(kg/h)	$5.25/K_{dr}Ap_{dr}K_{sh}$
2	流道面积 A/mm^2	见表 5-309
3	绝对额定排放压力 p_{dr}/MPa	见表 5-309
4	过热修正系数 K_{sh}	见表 5-317
5	额定排量系数 K_{dh}	见表 5-310

表 5-316 当 11MPa < p_{dr} ≤22MPa 介质为蒸汽时安全阀额定排量计算式

序号	名 称	公式或索引
1	额定排量 W_r/(kg/h)	$5.25K_{dr}Ap_{dr}\left(\dfrac{27.644p_{dr}-1000}{33.242p_{dr}-1061}\right)K_{sh}$
2	额定排量系数 K_{dr}	见表 5-310
3	流道面积 A/mm^2	见表 5-309
4	绝对额定排放压力 p_{dr}/MPa	见表 5-310
5	过热修正系数 K_{sh}	见表 5-317

表 5-317 K_{sh} 过热修正系数

绝对压力/MPa	饱和温度/℃	进口温度/℃																
		150	160	170	180	190	200	210	220	230	240	250	260	270	280	290	300	310
		过热修正系数 K_{sh}																
0.2	120	1.00	1.00	1.00	1.00	1.00	0.99	0.98	0.97	0.99	0.95	0.94	0.93	0.92	0.91	0.90	0.09	0.89
0.3	131	1.00	1.00	1.00	1.00	1.00	0.99	0.98	0.97	0.96	0.95	0.94	0.93	0.92	0.91	0.90	0.89	0.89
0.4	144	1.00	1.00	1.00	1.00	1.00	0.99	0.98	0.97	0.96	0.95	0.94	0.93	0.92	0.91	0.90	0.90	0.89
0.5	157	1.00	1.00	1.00	1.001	1.00	0.99	0.98	0.97	0.96	0.95	0.94	0.93	0.92	0.91	0.90	0.90	0.89
0.6	169		1.00	1.00	1.00	1.00	0.99	0.99	0.98	0.98	0.95	0.94	0.93	0.92	0.92	0.91	0.90	0.89
0.7	105			1.00	1.00	1.00	0.99	0.99	0.98	0.97	0.96	0.95	0.94	0.93	0.92	0.92	0.90	0.89
0.8	170			1.00	1.00	1.00	1.00	0.99	0.98	0.97	0.96	0.95	0.94	0.93	0.92	0.92	0.90	0.89
0.9	175				1.00	1.00	1.00	0.99	0.98	0.97	0.96	0.95	0.94	0.93	0.92	0.92	0.90	0.89
10	180				1.00	1.00	1.00	0.99	0.98	0.97	0.96	0.95	0.94	0.93	0.92	0.92	0.90	0.89
11	184					1.00	1.00	0.98	0.99	0.97	0.96	0.95	0.94	0.93	0.92	0.92	0.90	0.89
12	188					1.00	1.00	0.99	0.99	0.98	0.97	0.95	0.94	0.93	0.92	0.92	0.90	0.90
13	182						1.00	1.00	0.99	0.98	0.97	0.96	0.94	0.90	0.92	0.92	0.91	0.90

（续）

绝对压力/MPa	饱和温度/℃	进口温度/℃																
		150	160	170	180	190	200	210	220	230	240	250	260	270	280	290	300	310
		过热修正系数 K_{sh}																
14	195						1.00	1.00	0.99	0.98	0.97	0.96	0.95	0.94	0.93	0.92	0.91	0.90
15	198						1.00	1.00	0.99	0.98	0.97	0.96	0.95	0.94	0.93	0.92	0.91	0.90
16	201						1.00	1.00	0.99	0.98	0.97	0.96	0.95	0.94	0.93	0.92	0.91	0.90
17	204							1.00	0.99	0.99	0.98	0.96	0.95	0.94	0.93	0.92	0.91	0.90
18	207							1.00	1.00	0.99	0.98	0.96	0.95	0.94	0.93	0.92	0.91	0.90
19	210							1.00	1.00	0.99	0.98	0.97	0.96	0.95	0.93	0.92	0.91	0.90
20	212								1.00	0.99	0.98	0.97	0.96	0.95	0.93	0.92	0.91	0.90
21	216								1.00	0.99	0.98	0.97	0.96	0.95	0.94	0.92	0.91	0.90
22	217								1.00	0.99	0.98	0.97	0.96	0.95	0.94	0.93	0.92	0.91
23	220								1.00	0.99	0.98	0.97	0.96	0.96	0.94	0.93	0.92	0.91
24	222									1.00	0.99	0.98	0.96	0.95	0.94	0.93	0.92	0.91
26	220									1.00	0.99	0.98	0.97	0.95	0.94	0.93	0.92	0.91
28	230									1.00	0.99	0.99	0.97	0.96	0.95	0.93	0.92	0.91
30	234										0.99	0.98	0.98	0.96	0.95	0.94	0.93	0.91
32	237										1.00	0.99	0.98	0.96	0.95	0.94	0.93	0.92
34	241										1.00	0.99	0.98	0.97	0.96	0.95	0.93	0.92
36	244											1.00	0.98	0.97	0.96	0.95	0.93	0.92
38	247											1.00	0.99	0.97	0.96	0.95	0.94	0.93
40	250											1.00	0.99	0.99	0.97	0.96	0.94	0.93
42	253												0.99	0.98	0.97	0.96	0.94	0.93
44	258												0.99	0.98	0.97	0.96	0.94	0.93
46	259												1.00	0.99	0.97	0.96	0.95	0.94
48	261												1.00	0.99	0.98	0.97	0.95	0.94
50	264													0.99	0.98	0.97	0.95	0.94
52	266													0.99	0.98	0.97	0.96	0.94
54	269													1.00	0.99	0.97	0.96	0.95

绝对压力/MPa	饱和温度/℃	进口温度/℃																
		320	330	340	350	360	370	380	390	400	410	420	430	440	450	460	470	480
		过热修正系数 K_{sh}																
0.2	120	0.88	0.87	0.86	0.86	0.85	0.84	0.83	0.83	0.82	0.82	0.81	0.80	0.80	0.79	0.79	0.78	0.77
0.3	131	0.88	0.87	0.66	0.86	0.85	0.84	0.84	0.83	0.82	0.82	0.81	0.80	0.80	0.79	0.79	0.78	0.78
0.4	144	0.88	0.87	0.86	0.86	0.85	0.84	0.84	0.83	0.82	0.82	0.81	0.80	0.80	0.79	0.79	0.78	0.78
0.5	157	0.88	0.87	0.87	0.86	0.86	0.84	0.84	0.83	0.82	0.82	0.81	0.80	0.80	0.79	0.79	0.79	0.78
0.6	169	0.88	0.87	0.87	0.86	0.85	0.84	0.84	0.83	0.82	0.82	0.81	0.80	0.80	0.79	0.79	0.78	0.78
0.7	105	0.88	0.87	0.87	0.86	0.85	0.84	0.84	0.83	0.82	0.82	0.81	0.80	0.80	0.79	0.79	0.78	0.78
0.8	170	0.88	0.88	0.87	0.86	0.86	0.85	0.84	0.83	0.82	0.82	0.81	0.80	0.80	0.79	0.79	0.78	0.78
0.9	175	0.89	0.88	0.87	0.86	0.85	0.85	0.84	0.83	0.83	0.82	0.81	0.80	0.80	0.79	0.79	0.78	0.78
10	100	0.88	0.88	0.87	0.86	0.85	0.85	0.84	0.83	0.83	0.82	0.81	0.80	0.80	0.79	0.79	0.78	0.78
11	104	0.89	0.88	0.87	0.86	0.85	0.86	0.84	0.83	0.83	0.82	0.81	0.80	0.80	0.79	0.79	0.78	0.78
12	188	0.89	0.88	0.87	0.86	0.85	0.86	0.84	0.86	0.86	0.82	0.81	0.81	0.80	0.79	0.79	0.78	0.78
13	182	0.89	0.88	0.87	0.86	0.86	0.85	0.84	0.83	0.83	0.82	0.81	0.81	0.80	0.80	0.78	0.78	0.78
14	195	0.89	0.88	0.87	0.86	0.86	0.85	0.84	0.83	0.83	0.82	0.81	0.81	0.80	0.80	0.79	0.78	0.78
15	198	0.89	0.88	0.87	0.86	0.86	0.86	0.84	0.84	0.83	0.82	0.81	0.81	0.80	0.80	0.79	0.78	0.78
16	201	0.89	0.88	0.88	0.87	0.86	0.85	0.84	0.84	0.83	0.82	0.82	0.81	0.80	0.80	0.79	0.78	0.78
17	204	0.89	0.88	0.88	0.87	0.86	0.85	0.84	0.84	0.83	0.82	0.82	0.81	0.80	0.80	0.79	0.78	0.78
18	207	0.89	0.88	0.88	0.87	0.86	0.85	0.84	0.84	0.83	0.82	0.82	0.81	0.80	0.80	0.79	0.78	0.78

（续）

绝对压力/MPa	饱和温度/℃	进口温度/℃																
		320	330	340	350	360	370	380	390	400	410	420	430	440	450	460	470	480
		过热修正系数 K_{sh}																
19	210	0.89	0.88	0.88	0.87	0.86	0.83	0.85	0.84	0.83	0.82	0.82	0.81	0.80	0.80	0.79	0.78	0.78
20	212	0.89	0.89	0.88	0.87	0.86	0.85	0.85	0.84	0.83	0.82	0.82	0.81	0.80	0.80	0.79	0.78	0.78
21	216	0.90	0.89	0.88	0.87	0.86	0.86	0.85	0.84	0.86	0.82	0.82	0.82	0.80	0.80	0.79	0.78	0.78
22	217	0.90	0.89	0.88	0.87	0.86	0.85	0.85	0.84	0.83	0.83	0.82	0.82	0.80	0.80	0.79	0.78	0.79
23	220	0.90	0.89	0.88	0.87	0.86	0.86	0.86	0.84	0.84	0.83	0.82	0.82	0.80	0.80	0.79	0.79	0.78
24	222	0.90	0.89	0.88	0.87	0.86	0.86	0.85	0.84	0.84	0.83	0.82	0.82	0.80	0.80	0.79	0.79	0.78
26	220	0.90	0.89	0.88	0.87	0.87	0.86	0.85	0.84	0.84	0.83	0.82	0.82	0.81	0.80	0.79	0.79	0.78
28	230	0.90	0.89	0.88	0.87	0.87	0.86	0.85	0.84	0.84	0.83	0.82	0.82	0.81	0.80	0.79	0.79	0.78
30	234	0.90	0.90	0.89	0.88	0.87	0.86	0.85	0.84	0.84	0.83	0.82	0.82	0.81	0.80	0.79	0.79	0.78
32	237	0.91	0.90	0.89	0.88	0.87	0.86	0.85	0.84	0.84	0.83	0.82	0.82	0.81	0.80	0.79	0.79	0.79
34	241	0.91	0.90	0.89	0.88	0.87	0.86	0.85	0.84	0.84	0.83	0.82	0.82	0.81	0.80	0.80	0.79	0.79
36	244	0.91	0.90	0.90	0.88	0.87	0.86	0.86	0.84	0.84	0.83	0.83	0.82	0.81	0.81	0.80	0.79	0.79
38	247	0.91	0.90	0.90	0.88	0.87	0.87	0.86	0.85	0.84	0.83	0.83	0.82	0.81	0.81	0.80	0.79	0.79
40	250	0.92	0.90	0.90	0.90	0.88	0.87	0.86	0.86	0.84	0.83	0.83	0.82	0.81	0.81	0.80	0.79	0.79
42	253	0.92	0.91	0.90	0.90	0.88	0.87	0.86	0.85	0.84	0.84	0.83	0.82	0.81	0.81	0.80	0.79	0.79
44	258	0.92	0.91	0.90	0.89	0.88	0.87	0.86	0.85	0.84	0.84	0.83	0.82	0.81	0.81	0.80	0.80	0.79
46	259	0.92	0.91	0.90	0.89	0.88	0.87	0.88	0.86	0.85	0.84	0.83	0.82	0.82	0.81	0.80	0.80	0.79
48	261	0.93	0.92	0.90	0.89	0.88	0.87	0.86	0.86	0.85	0.84	0.83	0.82	0.82	0.81	0.80	0.80	0.79
50	264	0.93	0.92	0.91	0.89	0.88	0.87	0.87	0.86	0.85	0.84	0.83	0.83	0.82	0.81	0.80	0.80	0.79
52	266	0.93	0.92	0.91	0.90	0.89	0.88	0.87	0.86	0.85	0.84	0.83	0.83	0.82	0.81	0.81	0.80	0.79
54	269	0.93	0.92	0.91	0.90	0.89	0.88	0.87	0.86	0.85	0.84	0.84	0.83	0.82	0.81	0.81	0.80	0.79

绝对压力/MPa	饱和温度/℃	进口温度/℃															
		490	500	510	520	530	540	550	560	570	580	590	600	610	620	630	640
		过热修正系数 K_{sh}															
0.2	120	0.77	0.76	0.76	0.85	0.75	0.74	0.74	0.73	0.73	0.73	0.72	0.72	0.71	0.71	0.70	0.70
0.3	131	0.77	0.76	0.76	0.75	0.75	0.74	0.74	0.73	0.73	0.73	0.72	0.72	0.71	0.71	0.70	0.70
0.4	144	0.77	0.76	0.76	0.75	0.75	0.74	0.74	0.73	0.73	0.73	0.72	0.72	0.71	0.71	0.70	0.70
0.5	157	0.77	0.76	0.76	0.75	0.75	0.74	0.74	0.74	0.73	0.73	0.72	0.72	0.71	0.71	0.70	0.70
0.6	169	0.77	0.76	0.76	0.75	0.75	0.74	0.74	0.74	0.73	0.73	0.72	0.72	0.71	0.71	0.70	0.70
0.7	105	0.77	0.76	0.76	0.76	0.75	0.74	0.74	0.74	0.73	0.73	0.72	0.72	0.71	0.71	0.70	0.70
0.8	170	0.77	0.77	0.76	0.76	0.75	0.75	0.74	0.74	0.73	0.73	0.72	0.72	0.71	0.71	0.70	0.70
0.9	175	0.77	0.77	0.76	0.76	0.75	0.75	0.74	0.74	0.73	0.73	0.72	0.72	0.71	0.71	0.70	0.70
10	180	0.77	0.77	0.76	0.76	0.75	0.75	0.74	0.74	0.73	0.73	0.72	0.72	0.71	0.71	0.70	0.70
11	184	0.77	0.77	0.76	0.76	0.75	0.75	0.74	0.74	0.73	0.73	0.72	0.72	0.71	0.71	0.70	0.70
12	188	0.77	0.77	0.76	0.76	0.75	0.75	0.74	0.74	0.73	0.73	0.72	0.72	0.71	0.71	0.70	0.70
13	182	0.77	0.77	0.76	0.76	0.75	0.75	0.74	0.74	0.73	0.73	0.72	0.72	0.71	0.71	0.70	0.70
14	195	0.77	0.77	0.76	0.76	0.75	0.75	0.74	0.74	0.73	0.73	0.72	0.72	0.71	0.71	0.70	0.70
15	198	0.77	0.77	0.76	0.76	0.75	0.75	0.74	0.74	0.73	0.73	0.72	0.72	0.71	0.71	0.70	0.70
16	201	0.77	0.77	0.76	0.76	0.75	0.75	0.74	0.74	0.73	0.73	0.72	0.72	0.71	0.71	0.70	0.70
17	204	0.77	0.77	0.76	0.76	0.75	0.75	0.74	0.74	0.73	0.73	0.72	0.72	0.71	0.71	0.70	0.70
18	207	0.77	0.77	0.76	0.76	0.75	0.75	0.74	0.74	0.73	0.73	0.72	0.72	0.71	0.71	0.70	0.70
19	210	0.77	0.77	0.76	0.76	0.75	0.75	0.74	0.74	0.73	0.73	0.72	0.72	0.71	0.71	0.70	0.70
20	212	0.77	0.77	0.76	0.76	0.75	0.75	0.74	0.74	0.73	0.73	0.72	0.72	0.71	0.71	0.70	0.70
21	216	0.77	0.77	0.76	0.76	0.75	0.75	0.74	0.74	0.73	0.73	0.72	0.72	0.71	0.71	0.70	0.70
22	217	0.77	0.77	0.76	0.76	0.75	0.75	0.74	0.74	0.73	0.73	0.72	0.72	0.71	0.71	0.70	0.70
23	220	0.77	0.77	0.76	0.76	0.75	0.75	0.74	0.74	0.73	0.73	0.72	0.72	0.71	0.71	0.70	0.70

（续）

绝对压力/MPa	饱和温度/℃	进口温度/℃															
		490	500	510	520	530	540	550	560	570	580	590	600	610	620	630	640
		过热修正系数 K_{sh}															
24	222	0.77	0.77	0.76	0.76	0.75	0.75	0.74	0.74	0.73	0.73	0.72	0.72	0.71	0.71	0.70	0.70
26	220	0.78	0.77	0.76	0.76	0.76	0.75	0.74	0.74	0.73	0.73	0.73	0.72	0.72	0.71	0.71	0.70
28	230	0.78	0.77	0.77	0.76	0.76	0.75	0.74	0.74	0.73	0.73	0.73	0.72	0.72	0.71	0.71	0.70
30	234	0.78	0.77	0.77	0.76	0.76	0.75	0.74	0.74	0.73	0.73	0.73	0.72	0.72	0.71	0.71	0.70
32	237	0.78	0.77	0.77	0.76	0.76	0.75	0.74	0.74	0.73	0.73	0.73	0.72	0.72	0.71	0.71	0.70
34	241	0.78	0.77	0.77	0.76	0.76	0.75	0.74	0.74	0.73	0.73	0.73	0.72	0.72	0.71	0.71	0.70
36	244	0.78	0.77	0.77	0.76	0.76	0.75	0.74	0.74	0.73	0.73	0.73	0.72	0.72	0.71	0.71	0.70
38	247	0.78	0.77	0.77	0.76	0.76	0.75	0.74	0.74	0.73	0.73	0.73	0.72	0.72	0.71	0.71	0.70
40	250	0.78	0.77	0.77	0.76	0.76	0.75	0.74	0.74	0.73	0.73	0.73	0.72	0.72	0.71	0.71	0.70
42	253	0.78	0.78	0.77	0.77	0.76	0.75	0.75	0.74	0.74	0.73	0.73	0.72	0.72	0.71	0.71	0.71
44	258	0.78	0.78	0.77	0.77	0.76	0.75	0.75	0.74	0.74	0.73	0.73	0.72	0.72	0.72	0.71	0.71
46	259	0.78	0.78	0.77	0.77	0.76	0.75	0.75	0.74	0.74	0.73	0.73	0.72	0.72	0.72	0.71	0.71
48	261	0.78	0.78	0.77	0.77	0.76	0.75	0.75	0.74	0.74	0.73	0.73	0.72	0.72	0.72	0.71	0.71
50	264	0.78	0.78	0.77	0.77	0.76	0.75	0.75	0.74	0.74	0.73	0.73	0.72	0.72	0.72	0.71	0.71
52	266	0.78	0.78	0.77	0.77	0.76	0.75	0.75	0.74	0.74	0.73	0.73	0.72	0.72	0.72	0.71	0.71
54	269	0.78	0.78	0.77	0.77	0.76	0.75	0.75	0.74	0.74	0.73	0.73	0.72	0.72	0.72	0.71	0.71

绝对压力/MPa	饱和温度/℃	进口温度/℃																
		150	160	170	180	190	200	210	220	230	240	250	260	270	280	290	300	310
		过热修正系数 K_{sh}																
56	271													1.00	0.99	0.98	0.96	0.95
58	271													—	0.99	0.99	0.96	0.95
60	276													—	0.99	0.98	0.97	0.96
62	276													—	0.99	0.99	0.97	0.96
64	280														1.00	0.99	0.97	0.96
66	282														—	0.99	0.97	0.96
68	284														—	0.99	0.98	0.96
70	286														—	0.99	0.98	0.97
75	290															1.00	0.99	0.97
80	295															—	0.99	0.98
85	299																1.00	0.98
90	303																—	0.99
96	307																—	0.99
100	311																	1.00
105	314																	—
110	318																	
115	321																	
120	324																	
126	327																	
130	331																	
135	333																	
140	336																	

（续）

绝对压力/MPa	饱和温度/℃	进口温度/℃																
		150	160	170	180	190	200	210	220	230	240	250	260	270	280	290	300	310
		过热修正系数 K_{sh}																
145	338																	
150	342																	
155	344																	
160	347																	
165	350																	
170	352																	
175	354																	
180	357																	
185	359																	
190	361																	
195	361																	
200	366																	
205	368																	
210	370																	
215	372																	
220	374																	

绝对压力/MPa	饱和温度/℃	进口温度/℃																
		320	330	340	350	360	370	380	390	400	410	420	430	440	450	460	470	480
		过热修正系数 K_{sh}																
56	271	0.94	0.92	0.91	0.90	0.89	0.88	0.87	0.86	0.85	0.84	0.84	0.83	0.82	0.81	0.81	0.80	0.79
58	271	0.94	0.93	0.91	0.90	0.89	0.88	0.87	0.86	0.85	0.85	0.84	0.83	0.82	0.82	0.81	0.80	0.80
60	276	0.94	0.93	0.92	0.90	0.89	0.88	0.87	0.86	0.85	0.85	0.84	0.83	0.82	0.82	0.81	0.80	0.80
62	276	0.94	0.93	0.92	0.91	0.90	0.89	0.88	0.87	0.86	0.85	0.84	0.83	0.82	0.82	0.81	0.80	0.80
64	280	0.95	0.94	0.92	0.91	0.90	0.89	0.88	0.87	0.86	0.85	0.84	0.83	0.83	0.82	0.81	0.80	0.80
66	282	0.95	0.94	0.92	0.91	0.90	0.89	0.88	0.87	0.86	0.85	0.84	0.84	0.83	0.82	0.81	0.80	0.80
68	284	0.95	0.94	0.94	0.93	0.90	0.89	0.88	0.87	0.86	0.85	0.84	0.84	0.83	0.82	0.81	0.81	0.80
70	286	0.95	0.94	0.94	0.92	0.90	0.89	0.88	0.87	0.86	0.85	0.84	0.84	0.83	0.82	0.81	0.81	0.80
75	290	0.96	0.95	0.94	0.92	0.91	0.90	0.89	0.88	0.87	0.86	0.85	0.84	0.83	0.82	0.81	0.81	0.80
80	295	0.96	0.96	0.94	0.93	0.91	0.91	0.89	0.88	0.87	0.86	0.85	0.84	0.83	0.83	0.82	0.81	0.80
85	299	0.97	0.96	0.95	0.93	0.92	0.91	0.90	0.88	0.87	0.86	0.85	0.84	0.83	0.83	0.82	0.81	0.81
90	303	0.98	0.97	0.96	0.94	0.93	0.91	0.90	0.89	0.88	0.87	0.86	0.84	0.84	0.83	0.82	0.81	0.81
96	307	0.98	0.97	0.97	0.95	0.93	0.92	0.90	0.89	0.88	0.87	0.86	0.85	0.84	0.83	0.82	0.82	0.81
100	311	0.99	0.97	0.97	0.96	0.94	0.92	0.91	0.90	0.88	0.87	0.86	0.85	0.85	0.84	0.83	0.82	0.81
105	314	0.99	0.98	0.97	0.97	0.95	0.93	0.92	0.90	0.89	0.88	0.87	0.86	0.85	0.84	0.83	0.82	0.81
110	318	1.00	0.99	0.98	0.97	0.95	0.94	0.92	0.91	0.89	0.88	0.87	0.86	0.85	0.84	0.83	0.82	0.81
115	321	1.00	0.99	0.98	0.97	0.96	0.94	0.92	0.91	0.89	0.88	0.87	0.86	0.85	0.84	0.83	0.82	0.81
120	324	—	0.99	0.98	0.97	0.96	0.94	0.92	0.91	0.90	0.89	0.87	0.86	0.85	0.84	0.93	0.82	0.81
126	327	—	0.99	0.98	0.97	0.97	0.95	0.93	0.91	0.90	0.88	0.87	0.86	0.85	0.84	0.83	0.82	0.81
130	331		1.00	0.98	0.97	0.97	0.96	0.93	0.91	0.90	0.88	0.87	0.86	0.85	0.84	0.83	0.82	0.81
135	333			0.99	0.97	0.93	0.95	0.93	0.91	0.90	0.88	0.87	0.86	0.85	0.84	0.83	0.82	0.81
140	336			0.99	0.97	0.96	0.96	0.93	0.91	0.90	0.88	0.87	0.86	0.85	0.83	0.82	0.82	0.81
145	338			1.00	0.98	0.96	0.96	0.94	0.92	0.90	0.88	0.87	0.86	0.84	0.83	0.82	0.81	0.80
150	342			1.00	0.98	0.96	0.96	0.94	0.92	0.90	0.88	0.87	0.86	0.84	0.83	0.82	0.81	0.80
155	344				0.99	0.97	0.96	0.94	0.92	0.90	0.89	0.87	0.86	0.84	0.83	0.82	0.81	0.80
160	347				1.00	0.97	0.96	0.95	0.92	0.90	0.88	0.87	0.86	0.84	0.83	0.82	0.81	0.80
165	350				—	0.97	0.95	0.96	0.92	0.90	0.88	0.87	0.86	0.84	0.83	0.82	0.80	0.79

（续）

绝对压力/MPa	饱和温度/℃	进口温度/℃																
		320	330	340	350	360	370	380	390	400	410	420	430	440	450	460	470	480
		过热修正系数 K_{sh}																
170	352				—	0.97	0.96	0.95	0.92	0.90	0.88	0.86	0.86	0.84	0.82	0.81	0.80	0.79
175	354				—	0.98	0.95	0.94	0.93	0.90	0.88	0.86	0.86	0.83	0.82	0.81	0.80	0.79
180	357				—	0.98	0.95	0.94	0.93	0.90	0.88	0.86	0.86	0.83	0.82	0.80	0.79	0.78
185	359					1.00	0.96	0.94	0.93	0.90	0.88	0.86	0.85	0.83	0.81	0.80	0.79	0.78
190	361					1.00	0.96	0.94	0.93	0.90	0.88	0.86	0.84	0.82	0.81	0.80	0.79	0.78
195	361						0.96	0.94	0.92	0.90	0.87	0.86	0.83	0.82	0.80	0.79	0.79	0.77
200	366						0.97	0.93	0.92	0.90	0.87	0.86	0.83	0.81	0.80	0.79	0.78	0.78
205	368						0.98	0.93	0.92	0.90	0.87	0.86	0.83	0.81	0.70	0.78	0.77	0.76
210	370						1.00	0.93	0.91	0.90	0.87	0.84	0.82	0.80	0.79	0.78	0.76	0.75
215	372							0.94	0.91	0.90	0.86	0.84	0.82	0.80	0.78	0.77	0.76	0.74
220	374							0.94	0.90	0.89	0.86	0.83	0.81	0.79	0.78	0.76	0.75	0.74

绝对压力/MPa	饱和温度/℃	进口温度/℃															
		490	500	510	520	530	540	550	560	570	580	590	600	610	620	630	640
		过热修正系数 K_{sh}															
56	271	0.79	0.78	0.78	0.77	0.76	0.76	0.75	0.75	0.74	0.74	0.73	0.73	0.72	0.72	0.71	0.71
58	271	0.79	0.78	0.78	0.77	0.76	0.76	0.75	0.75	0.74	0.74	0.73	0.73	0.72	0.72	0.71	0.71
60	276	0.79	0.78	0.78	0.77	0.76	0.76	0.75	0.75	0.74	0.74	0.73	0.73	0.72	0.72	0.71	0.71
62	276	0.79	0.78	0.78	0.77	0.76	0.76	0.75	0.75	0.74	0.74	0.73	0.73	0.72	0.72	0.71	0.71
64	280	0.79	0.78	0.78	0.77	0.77	0.76	0.75	0.75	0.74	0.74	0.73	0.73	0.72	0.72	0.71	0.71
66	282	0.79	0.78	0.78	0.77	0.77	0.76	0.75	0.75	0.74	0.74	0.73	0.73	0.72	0.72	0.71	0.71
68	284	0.79	0.79	0.78	0.77	0.77	0.76	0.76	0.75	0.74	0.74	0.73	0.73	0.72	0.72	0.71	0.71
70	286	0.79	0.79	0.78	0.77	0.77	0.76	0.76	0.75	0.74	0.74	0.73	0.73	0.72	0.72	0.71	0.71
75	290	0.79	0.79	0.78	0.78	0.77	0.76	0.76	0.75	0.75	0.74	0.74	0.73	0.73	0.72	0.72	0.71
80	295	0.80	0.79	0.78	0.78	0.77	0.76	0.76	0.75	0.75	0.74	0.74	0.73	0.73	0.72	0.72	0.71
85	299	0.80	0.79	0.78	0.78	0.77	0.77	0.76	0.75	0.75	0.74	0.74	0.73	0.73	0.72	0.72	0.71
90	303	0.80	0.79	0.79	0.78	0.77	0.77	0.76	0.76	0.75	0.74	0.74	0.73	0.73	0.72	0.72	0.71
96	307	0.80	0.80	0.79	0.78	0.78	0.77	0.76	0.76	0.75	0.75	0.75	0.73	0.73	0.72	0.72	0.71
100	311	0.80	0.80	0.79	0.78	0.78	0.77	0.76	0.76	0.75	0.75	0.75	0.74	0.73	0.73	0.72	0.71
105	314	0.81	0.80	0.79	0.78	0.78	0.77	0.77	0.76	0.75	0.75	0.75	0.74	0.73	0.73	0.72	0.72
110	318	0.81	0.80	0.79	0.79	0.78	0.77	0.77	0.76	0.75	0.75	0.75	0.74	0.73	0.72	0.72	0.72
115	321	0.81	0.80	0.79	0.78	0.78	0.77	0.76	0.76	0.75	0.75	0.75	0.74	0.73	0.72	0.72	0.71
120	324	0.81	0.80	0.79	0.78	0.78	0.77	0.76	0.76	0.75	0.74	0.74	0.73	0.73	0.72	0.72	0.71
126	327	0.80	0.80	0.79	0.78	0.77	0.77	0.76	0.75	0.75	0.74	0.74	0.73	0.73	0.72	0.71	0.71
130	331	0.80	0.79	0.79	0.78	0.77	0.76	0.76	0.75	0.75	0.74	0.74	0.73	0.72	0.72	0.71	0.71
135	333	0.80	0.79	0.78	0.78	0.77	0.76	0.76	0.75	0.74	0.74	0.74	0.73	0.72	0.71	0.71	0.70
140	336	0.80	0.79	0.78	0.77	0.77	0.76	0.75	0.75	0.74	0.73	0.73	0.72	0.72	0.71	0.71	0.70
145	338	0.80	0.79	0.78	0.77	0.76	0.76	0.75	0.74	0.74	0.73	0.73	0.72	0.71	0.71	0.70	0.70
150	342	0.79	0.78	0.78	0.77	0.76	0.75	0.75	0.74	0.73	0.73	0.73	0.72	0.71	0.71	0.70	0.70
155	344	0.79	0.78	0.77	0.77	0.76	0.75	0.74	0.74	0.73	0.73	0.73	0.71	0.71	0.70	0.70	0.69
160	347	0.79	0.78	0.77	0.76	0.76	0.75	0.74	0.73	0.73	0.72	0.72	0.71	0.70	0.70	0.69	0.69
165	350	0.78	0.78	0.77	0.76	0.75	0.74	0.74	0.73	0.72	0.72	0.72	0.71	0.70	0.70	0.69	0.69
170	352	0.78	0.77	0.76	0.76	0.75	0.74	0.73	0.73	0.72	0.71	0.71	0.70	0.70	0.69	0.69	0.68
175	354	0.78	0.77	0.76	0.75	0.74	0.74	0.73	0.72	0.72	0.71	0.71	0.70	0.69	0.69	0.68	0.68
180	357	0.77	0.76	0.76	0.75	0.74	0.73	0.73	0.72	0.71	0.71	0.71	0.69	0.69	0.68	0.68	0.67
185	359	0.77	0.76	0.75	0.74	0.74	0.73	0.72	0.71	0.71	0.70	0.70	0.69	0.68	0.68	0.67	0.67
190	361	0.77	0.76	0.75	0.74	0.73	0.73	0.72	0.71	0.70	0.70	0.70	0.68	0.68	0.67	0.67	0.66
195	361	0.76	0.75	0.74	0.73	0.72	0.72	0.71	0.70	0.70	0.69	0.69	0.68	0.67	0.67	0.66	0.66
200	366	0.76	0.74	0.74	0.73	0.72	0.72	0.70	0.70	0.69	0.69	0.68	0.67	0.67	0.66	0.66	0.65
205	368	0.75	0.74	0.73	0.72	0.71	0.71	0.70	0.69	0.68	0.68	0.68	0.66	0.66	0.66	0.65	0.64
210	370	0.74	0.73	0.72	0.71	0.70	0.70	0.69	0.68	0.68	0.67	0.67	0.66	0.66	0.65	0.64	0.64
215	372	0.73	0.72	0.71	0.71	0.70	0.69	0.68	0.67	0.67	0.66	0.66	0.65	0.64	0.64	0.63	0.63
220	374	0.73	0.72	0.71	0.70	0.69	0.69	0.67	0.67	0.66	0.65	0.65	0.64	0.64	0.63	0.63	0.62

表 5-318　介质为液体时安全阀的额定排量计算式

序号	名　称	公式或索引
1	额定排量 W_r/(kg/h)	$\dfrac{K_{dr}A\sqrt{\Delta p\rho}}{0.1964}$
2	额定排量系数 K_{dr}	见表 5-310
3	流道面积 A/mm^2	见表 5-309
4	安全阀前后压差 Δp/MPa	$p_{dr}-p_b$
5	额定排放压力 p_{dr}/MPa	通常取 $1.2p_s$
6	密封试验压力 p_s/MPa	1.1PN
7	安全阀出口压力 p_b/MPa	设计选定
8	介质密度 ρ/(g/cm^3)	见表 5-319

表 5-319　介质的密度

（单位：g/cm^3）

介质名称	密　度
饱和蒸汽 $p_{绝对}$=0.1MPa，99.09℃	0.0005797
水（4℃）	1
空气（20℃）	0.0012
丙烷（843.37kPa）（20℃）	0.4998
乙烷（205.94kPa）（20℃）	0.5785
液化石油气（20℃）	0.5
汽油	0.66～0.75
煤油	0.78～0.82
石油（原油）	0.82
各类润滑油	0.9～0.95
汞	13.55
磷酸	1.78
盐酸	1.2
硫酸（87%）	1.8
硝酸	1.54
酒精	0.8
苯（C_6H_6）	0.88
四氯化碳（CCl_4）	1.6
癸烷（$C_{10}H_{22}$）	0.72
萘烷（$C_{10}H_{18}$）	0.89
溴代苯（C_5H_6Br）	1.49
一氯代萘（$C_{10}H_7Cl$）	1.19
碳氟化合物	1.80

5.4.6.2　安全阀流道直径与公称尺寸的确定

若额定排量等于被保护设备的安全泄放量，即可计算出安全阀必需的流道面积 A。则安全阀的流道直径 d_0 计算式见表 5-320。然后可按表 5-309 选取稍大而又接近计算值的流道直径标准值；根据实际需要，也可选用非标准的 d_0 值。

表 5-320　安全阀流道直径 d_0 的计算式

序号	名　称	公式或索引
1	流道直径 d_0/mm	$\sqrt{\dfrac{4A}{\pi}}$
2	流道面积 A/mm^2	设计选定

流道直径 d_0 确定后，即可按表 5-321 或者参考 ANSI B146.1 等标准中规定的对应关系确定安全阀的公称尺寸 DN。

表 5-321　安全阀公称尺寸 DN 与流道直径 d_0

DN		15	20	25	32	40	50	65	80	100	150	200
d_0/mm	全启式	—	—	—	20	25	32	40	50	65	100	125
	微启式	12	16	20	25	32	40	50	65	80	—	—

5.4.6.3　安全阀密封计算

1）当被保护设备处于正常运行压力（相当于安全阀的密封压力）p 时，安全阀密封面上的比压应大于或等于密封面必需比压（图 5-253、表 5-322）。

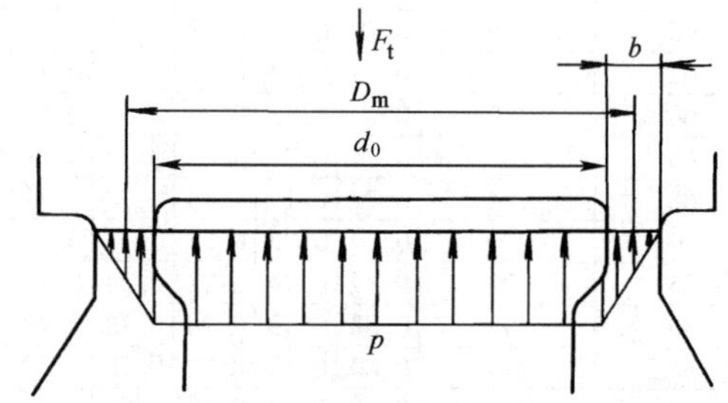

图 5-253　平面密封安全阀在关闭状态下作用力示意图

F_t—弹簧力　p—介质压力　D_m—密封面平均直径　b—密封面宽度　d_0—密封面内径

2）当安全阀进口无介质压力时，密封面上的比压应小于或等于许用比压，其计算式见表 5-323。

表 5-322　正常运行时安全阀密封面上的比压

序号	名　称	公式或索引
1	介质压力为 p 时密封面比压力 q_1/MPa	$\left[F_t-\left(\dfrac{\pi}{4}d_0^2p\right)\right]/\pi D_m b$
2	设备正常运行压力 p/MPa	设计确定
3	弹簧力 F_t/N	设计确定
4	关闭件密封面平均直径 D_m/mm	设计确定
5	关闭件密封面内径 d_0/mm	设计确定
6	关闭件密封面宽度 b/mm	设计确定
7	密封面必需比压 q_{MF}/MPa	表 3-29

表 5-323 进口无介质压力时安全阀密封面上的比压

序号	名 称	公式或索引
1	安全阀进口无介质压力时密封面上比压 q_2/MPa	$F_t/\pi D_m \times b$
2	关闭件密封面平均直径 D_m/mm	设计确定
3	关闭件密封面宽度 b/mm	设计确定
4	弹簧力 F_t/N	设计确定
5	密封面材料许用比压 [q] /MPa	表 3-30

5.4.6.4 弹簧式安全阀动作特性计算及弹簧刚度的确定

弹簧式安全阀的动作特性，即排放压力、开启高度、回座压力等性能，取决于阀门开启和关闭（回座）过程中流体对阀瓣作用的升力与弹簧载荷力的共同作用结果。上述两力在阀门动作过程中都是变化的。

阀瓣升力的变化情况可用升力系数 ρ 来表述。升力系数 ρ 是阀瓣升力 F_s 与介质静压力作用在等于流道面积的阀瓣面积上产生的作用力的比值，即

$$\rho = \frac{F_s}{\frac{\pi}{4}d_0^2 p}$$

式中，ρ 为升力系数；F_s 为阀瓣升力，即流体作用在阀瓣上总的向上合力（N）；p 为阀进口介质静压力（MPa）；d_0 为流道直径（mm）。

升力系数 ρ 取决于阀门结构以及影响介质流动的各零件的形状和尺寸，并且随开启高度、调节圈位置和介质的不同而变化，通常只能借助试验来确定。图 5-254 为安全阀阀瓣升力系数曲线的一些例子。

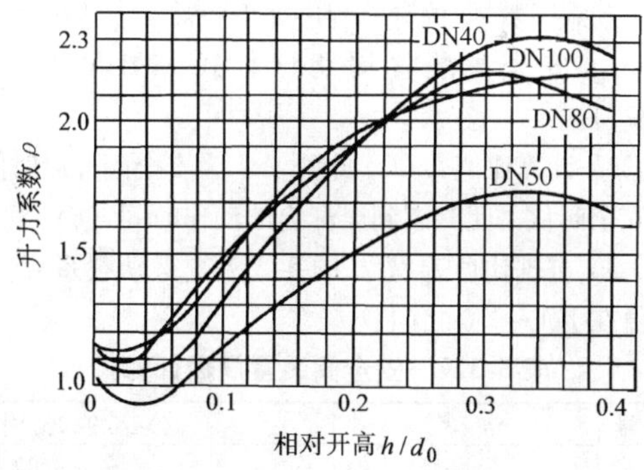

图 5-254 A42Y-16C 型全启式安全阀升力系数

弹簧载荷力的变化决定于弹簧刚度。为了获得要求的动作性能，应根据升力系数来确定弹簧刚度。其主要方法有下列两种。

（1）计算法 为达到规定的开启高度 h，在开高 h 下的阀瓣升力应大于或等于此时的弹簧力。据此确定弹簧刚度的最大值为

$$\lambda = \frac{0.9}{h}\left(\frac{\pi}{4}d_0^2 p_{dr}\rho_h - \frac{\pi}{4}D_m^2 p_s\right)$$

式中，λ 为弹簧计算刚度（N/mm）；h 为阀门开启高度（mm）；d_0 为流道直径（mm）；D_m 为关闭件密封面平均直径（mm）；p_{dr} 为额定排放压力（MPa）；p_s 为整定压力（MPa）；ρ_h 为开启高度为 h 时的阀瓣升力系数。

计算法的缺点是没有考虑开启的全过程，仅仅考虑了达到规定升高，而且没有考虑回座过程。

（2）图解法 为保证安全阀在压力不高于额定排放压力时达到规定开启高度，并在压力不低于规定回座压力时回座，在开启高度为零到规定升高范围内的弹簧力曲线应位于额定排放压力和回座压力下的阀瓣升力曲线之间。

图 5-255 是用作图法确定弹簧刚度的示例。图中曲线 Ⅰ 是阀进口整定压力为 p_s 时的升力曲线（将如图 5-254 所示的升力系数 ρ 的曲线图的纵坐标乘以 $\frac{\pi}{4}d_0 p_s$，就得到曲线 Ⅰ），即

$$F_{s\,\text{I}} = \frac{\pi}{4}d_0^2 p_s \rho$$

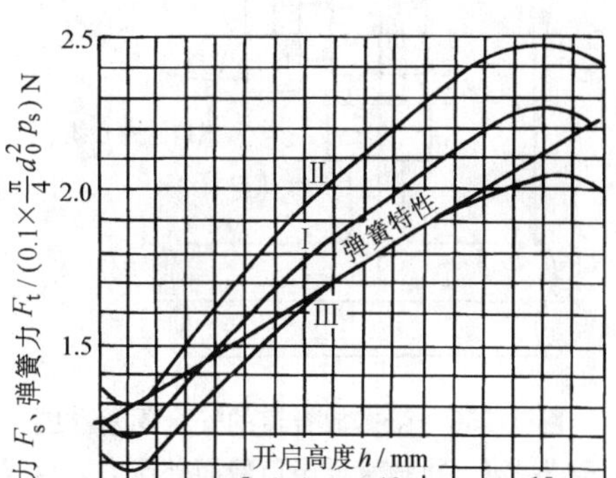

图 5-255 图解法确定弹簧刚度

曲线 Ⅱ 是阀进口压力为额定排放压力 p_{dr} 时的升力曲线（将 $F_{s\,\text{I}}$ 按比例 p_{dr}/p_s 放大），即

$$F_{s\,\text{II}} = \frac{\pi}{4}d_0^2 p_{dr}\rho$$

曲线 Ⅲ 是阀进口压力为回座压力 p_r 时的升力曲线（将 $F_{s\text{I}}$ 按比例 p_r/p_s 缩小，即得 $F_{s\text{III}}$），即

$$F_{s\,\text{III}} = \frac{\pi}{4}d_0^2 p_r \rho$$

以纵坐标轴上数值为 $\frac{D_m^2}{d_0^2}\left(\frac{\pi}{4}d_0^2 p_s\right) = \frac{\pi}{4}D_m^2 p_s$ 的点（相当于 $h=0$ 时的弹簧预压缩力）为起点作弹簧特性线，使之位于曲线 Ⅱ 和 Ⅲ 之间，并量度其倾

角 β。

以图5-255为例。图中，横坐标轴 h 上每格表示升高（即弹簧压缩量）为1mm，纵坐标轴上同样长度表示的弹簧力为 $0.1\times\frac{\pi}{4}d_0^2p_s$，故弹簧刚度为：

$\lambda=0.1\times\frac{\pi}{4}d_0^2p_s\tan\beta$。

以不同的 p_s 值代入，即可求得不同整定压力下的弹簧刚度。

5.4.6.5　安全阀排气反作用力的计算

安全阀排放时，大量的气体或蒸汽以声速或亚声速排出，给予阀门巨大的反作用力，对阀门与设备连接处产生很大的力矩。计算安全阀与设备连接部位的强度时，必须考虑到上述排气的反作用力。

设安全阀通过排放管向大气排放（图5-256），排放管道出口截面处压力计算式按表5-324。

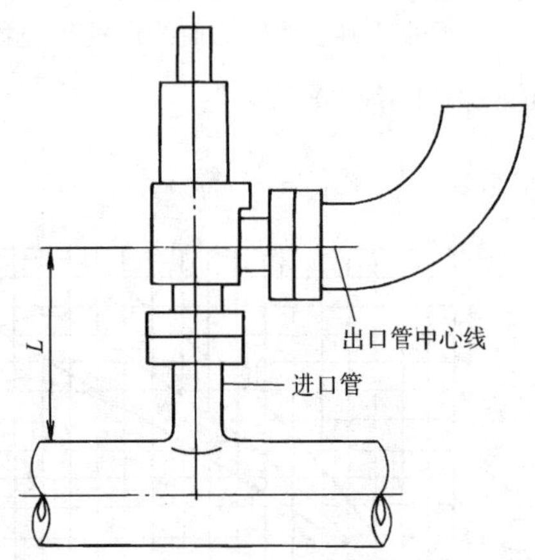

图5-256　带排放管道的安全阀示意图

表5-324　排放管道出口截面处压力计算式

序号	名　称	公式或索引
1	排放管出口截面处绝对压力 p_c/Pa	$\frac{K_{dr}Ap}{0.9A_c}\left(\frac{2}{\kappa+1}\right)^{\frac{\kappa}{\kappa+1}}\sqrt{\frac{1}{Z}}$
2	排放时阀进口绝对压力 p/Pa	设计给定
3	安全阀额定排量系数 K_{dr}	见表5-309
4	安全阀流道面积 A/m^2	见表5-308
5	排放管出口截面积 A_c/m^2	设计选定
6	气体等熵指数 κ	见表5-311
7	气体压缩系数 Z	见图5-252

若 p_c 值大于或等于大气压力，则排气速度为声速。此时，排放反作用力计算式按表5-325。

若 p_c 小于大气压力，则排气速度为亚声速。此时，排气反作用力计算式按表5-326。

考虑到安全阀排气反作用力具有冲击载荷的性质，通常还需对计算得出的排气反作用力 F_{pf} 乘以动

表5-325　排气速度为声速时排放反作用力计算式

序号	名　称	公式或索引
1	排气反作用压力 F_{pf}/Pa	$(1+\kappa)\left[\frac{K_{dr}}{0.9}Ap\left(\frac{2}{\kappa+1}\right)^{\frac{\kappa}{\kappa-1}}\sqrt{\frac{1}{Z}}\right]-A_cp_A$
2	气体等熵指数 κ	见表5-311
3	安全阀流道面积 A/m^2	见表5-308
4	安全阀额定排量系数 K_{dr}	见表5-309
5	排放时阀进口绝对压力 p/Pa	设计给定
6	气体压缩系数 Z	见图5-252
7	排放管出口截面积 A_c/m^2	设计选定
8	大气压力 p_A/Pa	1.013×10^5

表5-326　排气速度为亚声速时排放反作用力计算式

序号	名　称	公式或索引
1	排气反作用压力 F_{pf}/Pa	$\frac{(K_{dr}Ap)^2}{0.81A_cp_AZ}\kappa\left(\frac{2}{\kappa+1}\right)^{\frac{2\kappa}{\kappa-1}}$
2	安全阀额定排量系数 K_{dr}	见表5-310
3	安全阀流道面积 A/m^2	见表5-309
4	排放时阀进口绝对压力 p/Pa	设计给定
5	排放管出口截面积 A_c/m^2	设计选定
6	大气压力 p_A/Pa	1.013×10^5
7	气体压缩系数 Z	见图5-252
8	气体等熵指数 κ	见表5-312

载系数 ζ_d。

动载系数 ζ_α 的计算程序如下：

1）安全阀装置周期计算式（图5-256、表5-327）。

2）计算比值 t_K/T　此处，t_K 为安全阀开启时间，即安全阀从关闭状态到全开启的动作时间（s）。

3）根据比值 t_K/T 从图5-257查得动载系数，ζ_d 的值在1.1～2.0之间。

表5-327　安全阀装置周期计算式

序号	名　称	公式或索引
1	安全阀装置周期 T/s	$0.1846\sqrt{\frac{WL}{EI}}$
2	安全阀、安装管道、法兰、附件等的重量 W/N	设计确定
3	从被保护设备到安全阀出口管中心线的距离 L/mm	设计确定
4	安全阀进口管在设计温度下的弹性模量 E/MPa	见表3-6
5	进口管惯性矩 I/mm^4	按GB/T 8163—2018中钢管直径进行计算

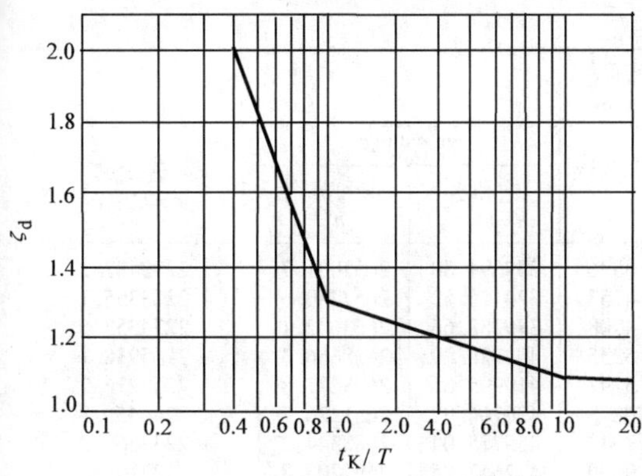

图 5-257 动载系数

5.4.7 减压阀

5.4.7.1 减压阀流量的计算（表 5-328 ~ 表 5-330）

表 5-328 水和空气质量流量计算式

序号	名 称	公式或索引
1	质量流量 q_m/(kg/s)	$\frac{\pi\times10^{-6}}{4}DN^2u\rho$
2	计算内径 D_n/mm	设计给定
3	介质的流动速度 u/(m/s)	见表 5-331
4	介质的密度 ρ/(kg/m³)	见表 5-319

表 5-329 蒸汽质量流量计算式

序号	名 称	公式或索引
1	质量流量 q_m /(kg/s)	$\pi\times10^{-6}DN^2\mu$ $/4v''$
2	计算内径 D_n /mm	设计给定
3	介质的流动速度 u /(m/s)	见表 5-331
4	蒸汽的比体积 v'' /(m³/kg)	见表 5-332

表 5-330 体积流量计算式

序号	名 称	公式或索引
1	体积流量 q_V/(m³/s)	q_m/ρ
2	质量流量 q_m/(kg/s)	见表 5-328、见表 5-329
3	介质的密度 ρ/(kg/m³)	见表 5-319

表 5-331 介质的流动速度 u

介 质	压力/MPa	流动速度 u/(m/s)
液体		1 ~ 3
低压气体	≤0.8	2 ~ 10
中压气体	>0.8	10 ~ 20
低压蒸汽	≤1.6	20 ~ 40
中压蒸汽	2.5 ~ 6.3	40 ~ 60
高压蒸汽	≥10	60 ~ 80

表 5-332 饱和蒸汽的性质

压力	饱和(沸腾)温度	比体积/(m³/kg)		密度/(kg/m³)	比焓/(J/kg)		
					拥有热量		
$p_{绝对}$ /MPa	t /℃	饱和水 v'	饱和蒸汽 v''	饱和蒸汽 γ	饱和水 h'	饱和蒸汽 h''	蒸发热 $r=h''-h'$
0.001	6.700	0.0010001	131.6	0.0076	28177.164	2512498.6	2484321.5
0.002	17.202	0.0010013	68.25	0.0147	72180.432	2531757.9	2459577.5
0.003	23.771	0.0010027	46.50	0.0215	99603.972	2543481	2443877.1
0.004	28.641	0.0010040	35.43	0.0282	119951.82	2552273.2	2432321.4
0.005	32.55	0.0010052	28.70	0.0348	136280.34	2559390.8	2423110.5
0.006	35.82	0.0010062	24.17	0.0414	149929.3	2565252.3	2415323
0.007	38.66	0.0010074	20.90	0.0478	161777.95	2570276.5	2408498.6
0.008	41.16	0.0010083	18.43	0.0542	172244.95	2574882	2402637.1
0.009	43.41	0.0010093	16.50	0.0606	181623.38	2579068.8	2397445.5
0.010	45.45	0.0010101	14.94	0.0669	190122.58	2582418.2	2392295.7
0.012	49.05	0.0010117	12.58	0.0796	205153.2	2589117.1	2383963.9
0.014	52.17	0.0010131	10.89	0.0918	218216.01	2594141.2	2375925.2
0.016	54.93	0.0010144	9.602	0.1041	229729.71	2599165.4	2369435.7
0.018	57.41	0.0010157	8.597	0.1163	240112.98	2603352.2	2363239.3
0.020	59.66	0.0010169	7.787	0.1284	249533.28	2607120.3	2357587.1
0.022	61.73	0.0010180	7.121	0.1404	258199.95	2610888.4	2352688.5
0.026	65.43	0.0010201	6.088	0.1643	273691.11	2617587.3	2343896.2
0.030	68.67	0.0010220	5.323	0.1878	287214.48	2623030.2	2335815.8
0.040	75.41	0.0010261	4.065	0.2462	315475.38	2634334.5	2318859.2
0.050	80.86	0.0010296	3.299	0.3030	338335.3	2643545.5	2305210.2

（续）

压力	饱和（沸腾）温度	比体积/（m^3/kg）		密度/（kg/m^3）	比焓/（J/kg）		
					拥有热量		
$p_{绝对}$ /MPa	t /℃	饱和水 v'	饱和蒸汽 v''	饱和蒸汽 γ	饱和水 h'	饱和蒸汽 h''	蒸发热 $r=h''-h'$
0.060	85.45	0.0010327	2.781	0.3596	357594.58	2651081.7	2293487.2
0.070	89.45	0.0010355	2.408	0.4153	374425.52	2657780.6	2283355.1
0.080	92.99	0.0010381	2.124	0.4708	389288.66	2663642.1	2274353.5
0.090	96.18	0.0010405	1.903	0.5255	402728.29	2668666.3	2265938.1
0.10	99.09	0.0010428	1.725	0.5797	414995.61	2673271.8	2258276.2
0.12	104.25	0.0010468	1.454	0.6878	436766.97	2681226.7	2244459.8
0.14	108.74	0.0010505	1.259	0.7943	455775.04	2688344.2	2232569.2
0.16	112.73	0.0010538	1.110	0.9009	472647.85	2694205.8	2221558
0.18	116.33	0.0010570	0.9953	1.004	487887.8	2699648.6	2211760.8
0.20	119.62	0.0010600	0.9018	1.109	501829.84	2704672.8	2202843
0.22	122.64	0.0010627	0.8249	1.212	514641.45	2708859.6	21942218.2
0.24	125.46	0.0010653	0.7603	1.315	526866.91	2713046.4	2186179.5
0.26	128.08	0.0010679	0.7054	1.418	537794.46	2716814.5	2179020.1
0.28	130.55	0.0010702	0.6581	1.519	548387.06	2720163.9	2171776.9
0.30	132.88	0.0010725	0.6170	1.621	558351.64	2723513.4	2165161.8
0.32	135.08	0.0010747	0.5806	1.722	567771.94	2726444.1	2158672.2
0.34	137.18	0.0010768	0.5486	1.823	576773.56	2729374.9	2152601.4
0.36	139.18	0.0010789	0.5198	1.924	585314.64	2731887	2146572.4
0.38	141.09	0.0010809	0.4941	2.024	593478.9	2734399	2140920.1
0.40	142.92	0.0010828	0.4709	2.124	601350.08	2736911.1	2135561.1
0.42	144.58	0.0010847	0.4498	2.223	608970.06	2739004.5	2130034.5
0.44	146.38	0.0010865	0.4306	2.322	616338.82	2741097.9	2124759.1
0.46	148.01	0.0010884	0.4130	2.421	623372.65	2743191.3	2119818.7
0.48	149.59	0.0010901	0.3968	2.520	630071.53	2745284.7	2115213.2
0.50	151.11	0.0010918	0.3818	2.619	636561.07	2746959.4	2110398.4
0.52	152.59	0.0010935	0.3680	2.717	643008.74	2748634.2	2105625.5
0.54	154.02	0.0010951	0.3551	2.816	649163.34	2750308.9	2101145.6
0.56	155.41	0.0010967	0.3431	2.914	655150.46	2751983.6	2096833.2
0.58	156.76	0.0010983	0.3320	3.012	661011.98	2753658.3	2092646.4
0.60	158.08	0.0010998	0.3215	3.110	666747.9	2755333	2088585.1
0.62	159.36	0.0011013	0.3117	3.208	672400.08	2756589.1	2084189.1
0.64	160.61	0.0011028	0.3025	3.301	677842.92	2757845.1	2080002.2
0.66	161.82	0.0011042	0.2938	3.404	683118.28	2759519.8	2076401.6
0.68	163.01	0.0011056	0.2857	3.500	688351.78	2760775.9	2072424.2
0.70	164.17	0.0011070	0.2779	3.598	693334.08	2762031.9	2068697.9
0.72	165.31	0.0011084	0.2706	3.695	698358.24	2763288	2064929.8
0.74	166.42	0.0011098	0.2638	3.791	703131.19	2764125.3	2060994.2
0.76	167.50	0.0011111	0.2571	3.890	707778.54	2765381.4	2057602.9
0.78	168.57	0.0011125	0.2509	3.986	712467.75	2766637.4	2054169.7
0.80	169.61	0.0011139	0.2449	4.083	717031.36	2767474.8	2050443.5
0.82	170.63	0.0011152	0.2393	4.179	721469.37	2768730.8	2047261.5
0.84	171.63	0.0011165	0.2338	4.277	725991.12	2769568.2	2043577.1
0.86	172.62	0.0011177	0.2288	4.371	730303.52	2770824.2	2040520.7
0.88	173.58	0.0011189	0.2239	4.466	734532.19	2771661.6	2037129.5
0.90	174.53	0.0011202	0.2191	4.564	738760.86	2772498.9	2033738.1
0.92	175.47	0.0011215	0.2145	4.665	742863.92	2773336.3	2030472.4
0.94	176.38	0.0011227	0.2102	4.757	746841.38	2774173.6	2027332.3
0.96	177.28	0.0011233	0.2060	4.854	750776.97	2775011	2024234.1
0.98	178.17	0.0011250	0.2020	4.951	754670.7	2775848.4	2021177.7
1.0	179.04	0.0011262	0.1981	5.048	758606.29	2776685.7	2018079.5
1.1	183.20	0.0011318	0.1806	5.537	776860.74	2780453.8	2003593.1
1.2	187.08	0.0011373	0.1662	6.017	794110.35	2783384.6	1989274.3
1.3	190.71	0.0011425	0.1540	6.494	810271.4	2786315.4	1976044
1.4	194.13	0.0011476	0.1436	6.964	825553.22	2788827.4	1963274.2
1.5	197.36	0.0011524	0.1344	7.440	839997.68	2790920.8	1950923.2
1.6	200.43	0.0011571	0.1263	7.918	853939.72	2793014.2	1939074.5
1.7	203.36	0.0011618	0.1190	8.403	867086.28	2794689	1927602.8
1.8	206.16	0.0011662	0.1126	8.881	879814.15	2796363.7	1916549.6
1.9	208.82	0.0011706	0.1067	9.372	891955.87	2797619.7	1905663.9
2.0	211.38	0.0011749	0.1015	9.852	903595.17	2798875.8	1895280.7

（续）

压力	饱和（沸腾）温度	比体积/(m^3/kg)		密度/(kg/m^3)	比焓/(J/kg)		
					拥有热量		
$p_{绝对}$/MPa	t/℃	饱和水 v'	饱和蒸汽 v''	饱和蒸汽 γ	饱和水 h'	饱和蒸汽 h''	蒸发热 $r=h''-h'$
2.1	213.85	0.0011791	0.09681	10.329	914941.4	2799713.1	1884771.7
2.2	216.23	0.0011832	0.09249	10.812	925785.21	2800550.5	1874765.3
2.3	218.53	0.0011873	0.08854	11.294	936377.82	2801387.8	1865010
2.4	220.75	0.0011914	0.08490	11.778	946761.08	2802225.2	1855464.2
2.5	222.90	0.0011953	0.08153	12.265	956767.53	2802643.9	1845876.4
2.6	224.98	0.0011992	0.07842	12.750	966397.17	2803062.6	1836665.5
2.7	227.01	0.0012030	0.07556	13.235	975943.08	2803481.2	1827538.2
2.8	228.97	0.0012067	0.07285	13.727	985028.43	2803899.9	1818871.5
2.9	230.89	0.0012104	0.07036	14.212	994071.92	2803899.9	1809828
3.0	232.73	0.0012141	0.06800	14.706	1002780.4	2803899.9	1801119.5
3.1	234.57	0.0012178	0.06580	15.198	1010107.3	2803899.9	1793792.6
3.2	236.34	0.0012215	0.06373	15.691	1020113.8	2803899.9	1783786.1
3.3	238.07	0.0012251	0.06178	16.186	1027859.4	2803899.9	1776040.5
3.4	239.76	0.0012286	0.05994	16.683	1036233.3	2803899.9	1767666.6
3.5	241.41	0.0012321	0.05822	17.176	1043978.5	2803481.2	1759493.7
3.6	243.03	0.0012356	0.05658	17.674	1051724.1	2803062.6	1751338.5
3.7	244.61	0.0012390	0.05502	18.175	1059302.2	2803062.6	1743760.4
3.8	246.16	0.0012425	0.05354	18.678	1066671	2802643.9	1735972.9
3.9	247.68	0.0012458	0.05213	19.183	1073914.2	2802225.2	1728311
4.0	249.17	0.0012492	0.05079	15.689	1081241.1	2801806.5	1720565.4
4.2	252.07	0.0012560	0.04830	20.704	1095434.3	2800550.5	1705116.2
4.4	254.85	0.0012626	0.04603	21.725	1109208.9	2799713.1	1690504.2
4.6	257.56	0.0012693	0.04394	22.758	1122397.3	2798038.4	1675641.1
4.8	260.17	0.0012760	0.04202	23.798	1135292.6	2796782.4	1661489.8
5.0	262.70	0.0012826	0.04026	24.839	1147811.2	2795107.6	1647296.4
5.5	268.69	0.0012896	0.03640	27.473	1178039.9	2794689	1616649.1
6.0	274.29	0.0013147	0.03312	30.273	1206803.2	2790502.2	1583699
6.5	279.54	0.0013306	0.03036	32.938	1233975.5	2779616.5	1545641
7.0	284.48	0.0013664	0.02795	35.778	1259933.7	2773336.3	1513402.6
7.5	289.17	0.0013625	0.02587	38.655	1284970.7	2766637.4	1481666.7
8.0	293.62	0.0013786	0.02404	41.597	1309003	2759519.8	1450516.8
8.5	297.86	0.0013950	0.02242	44.603	1331821	2751983.6	1420162.6
9.0	301.91	0.0014114	0.02095	47.733	1354471.6	2744028.7	1389557.1
9.5	305.80	0.0014283	0.01964	50.916	1376326.7	2735655.1	1359328.4
10.0	309.53	0.0014452	0.01845	54.201	1397721.3	2726862.8	1329141.5
10.5	313.11	0.0014623	0.01739	57.504	1418487.8	2718070.5	1299591.7
11.0	316.57	0.0014801	0.01640	60.976	1438668.2	2708859.6	1270191.4
11.5	319.90	0.0014987	0.01549	64.558	1459183.5	2698811.2	1239627.7
12.0	323.14	0.0015176	0.01465	68.260	1479782.5	2688762.9	1208980.4
13.0	329.39	0.0015568	0.01315	76.047	1519096.6	2666991.6	1147895
14.0	335.08	0.0015994	0.01185	84.390	1558368.8	2643964.2	1085595.4
15.0	340.55	0.0016461	0.01068	93.634	1597682.8	2618424.7	1020741.9
16.0	345.74	0.0016975	0.00963	103.84	1637876.1	2590791.8	952915.7
17.0	350.66	0.001755	0.00869	115.07	1677232	2559390.8	882158.8
18.0	355.35	0.001820	0.00780	128.21	1681418.8	2523803	842384.2
19.0	359.82	0.001903	0.00697	143.5	1764317.5	2484028.4	719710.9
20.0	364.09	0.002004	0.00616	162.3	1812884.4	2436717.6	623833.2
21.0	368.16	0.002141	0.00537	186.2	1867731.4	2377265	509533.6
22.0	372.04	0.002385	0.00449	222.7	1943931.2	2294785	350853.8
22.5	374.15	0.00318	0.00318	314.5	2116846	2116846	0

注：1. 本表摘自日本机械学会修订蒸汽表，供参考。

2. 本表以压力为基准。

3. h 为比焓。

5.4.7.2 主阀流通面积的计算

1）液体介质见表5-333。

2）理想气体见表5-335、表5-336。

3）干饱和蒸汽$\sigma \leqslant \sigma^*$，见表5-338、表5-339。

4）空气或其他真实气体，见表5-340。

5）主阀的实际流通面积见表5-341。

表5-333 液体介质主阀流通面积计算式

序号	名称	公式或索引
1	主阀流通面积A_Z/mm²	$\dfrac{707q_m}{\mu\sqrt{\Delta p_z \rho}}=\dfrac{707q_V}{\mu\sqrt{\dfrac{\Delta p_z}{\rho}}}$
2	质量流量q_m/(kg/s)	见表5-327、表5-328
3	体积流量q_V(m³/s)	见表5-329
4	流量系数μ	见表5-334
5	减压阀进口和出口压差Δp_z/MPa	p_j-p_c
6	减压阀进口压力p_j/MPa	设计给定
7	减压阀出口压力p_c/MPa	设计给定

表5-334 流量系数

介质	水	空气	煤气	蒸气
μ	0.5	0.7	0.6	0.8

表5-335 $\sigma \leqslant \sigma^*$时，理想气体主阀流通面积计算式

序号	名称	公式或索引
1	主阀流通面积A_Z/mm²	$3.13\times10^3 q_m/\mu\sqrt{g\kappa\left(\dfrac{2}{\kappa+1}\right)^{\frac{\kappa+1}{\kappa-1}}\dfrac{p_j}{v_j}}$
2	质量流量q_m/(kg/s)	见表5-328、表5-329
3	流量系数μ	见表5-334
4	重力加速度g/(m/s)	9.8
5	等熵指数κ	c_p/c_v，见表5-337
6	比定压热容	c_p/[J/(kg·℃)]
7	比定容热容c_v/[J/(kg·℃)]	
8	减压阀进口压力p_j/MPa	设计给定
9	进口处流体在p_j绝对压力下的比体积v_j/(m³/kg)	见表5-332
10	减压阀的减压比σ	κ_c/κ_j
11	减压阀进口处等熵指数κ_j	
12	减压阀出口处等熵指数κ_c	
13	临界压力比σ^*	$\left(\dfrac{2}{\kappa+1}\right)^{\frac{\kappa}{\kappa-1}}$，见表5-337

表5-336 $\sigma > \sigma^*$时，理想气体主阀流通面积计算式

序号	名称	公式或索引
1	主阀流通面积A_Z/mm²	$\dfrac{3.13\times10^3 q_m}{\mu\sqrt{2g\dfrac{\kappa}{\kappa-1}\left(\dfrac{p_j}{v_j}\right)\left[\left(\dfrac{p_c}{p_j}\right)^{\frac{2}{\kappa}}-\left(\dfrac{p_c}{p_j}\right)^{\frac{\kappa+1}{\kappa}}\right]}}$
2	质量流量q_m/(kg/s)	见表5-328、表5-329
3	流量系数μ	见表5-334
4	重力加速度g/(m/s²)	9.8
5	等熵指数κ	见表5-337
6	减压阀进口压力p_j/MPa	设计给定
7	进口处流体在p_j绝对压力下的比体积v_j/(m³/kg)	见表5-332
8	减压阀出口处压力p_c/MPa	设计给定

表5-337 σ^*、κ表

介质	σ^*	κ	$\sqrt{2g\dfrac{\kappa}{\kappa-1}}$	$\sqrt{g\kappa\left(\dfrac{2}{\kappa+1}\right)^{\frac{\kappa+1}{\kappa-1}}}$
饱和蒸汽	0.577	1.135	12.84	1.99
过热蒸汽及三原子气体	0.546	1.3	9.22	2.09
双原子气体（空气、煤气）	0.528	1.4	8.29	2.15
单原子气体	0.498	1.667	7.00	2.27

表5-338 干饱和蒸汽$p_j \leqslant 11$MPa时，主阀流通面积计算式

序号	名称	公式或索引
1	主阀流通面积A_Z/mm²	$685.7q_m/\mu p_j$
2	质量流量q_m/(kg/s)	见表5-328、表5-329
3	流量系数μ	见表5-334
4	减压阀进口压力p_j/MPa	设计给定

表5-339 干饱和蒸汽11MPa$\leqslant p_j \leqslant$22MPa时，主阀流通面积计算式

序号	名称	公式或索引
1	主阀流通面积A_Z/mm²	$685.7\dfrac{q_m}{\mu p_j}\left(\dfrac{33.242p_j-1061}{27.644p_j-1000}\right)$
2	质量流量q_m/(kg/s)	见表5-328、表5-329
3	流量系数μ	见表5-334
4	减压阀进口压力p_j/MPa	设计给定

表 5-340 $\sigma \leqslant \sigma^*$ 时，空气或其他真实气体主阀流通面积计算式

序号	名 称	公式或索引
1	主阀流通面积 A_Z/mm²	$\dfrac{91.2q_m}{\mu p_j \sqrt{\kappa\left(\dfrac{2}{\kappa+1}\right)^{\frac{\kappa+1}{\kappa-1}}\dfrac{M_r}{ZT}}}$
2	质量流量 q_m/(kg/s)	见表 5-328、表 5-329
3	流量系数 μ	见表 5-334
4	减压阀进口压力 p_j/MPa	设计给定
5	等熵指数 κ	见表 5-337
6	气体摩尔质量 M_r /(kg/kmol)	见表 5-312
7	减压阀进口热力学温度 T/K	见表 5-332
8	压缩系数 Z	见图 5-258；对于通常试验条件下的空气，Z = 1

表 5-341 主阀实际流通面积计算式

序号	名 称	公式或索引
1	主阀实际流通面积 A_Z'/mm²	$\dfrac{\pi}{4}D_T^2$
2	主阀的通道直径 D_T/mm	液体介质为 D_T = DN 蒸汽介质为 D_T = 0.8DN 空气介质为 D_T = 0.6DN

注：GB/T 12246 规定，先导式减压阀主阀的通道直径一般不小于 0.8DN(mm)。

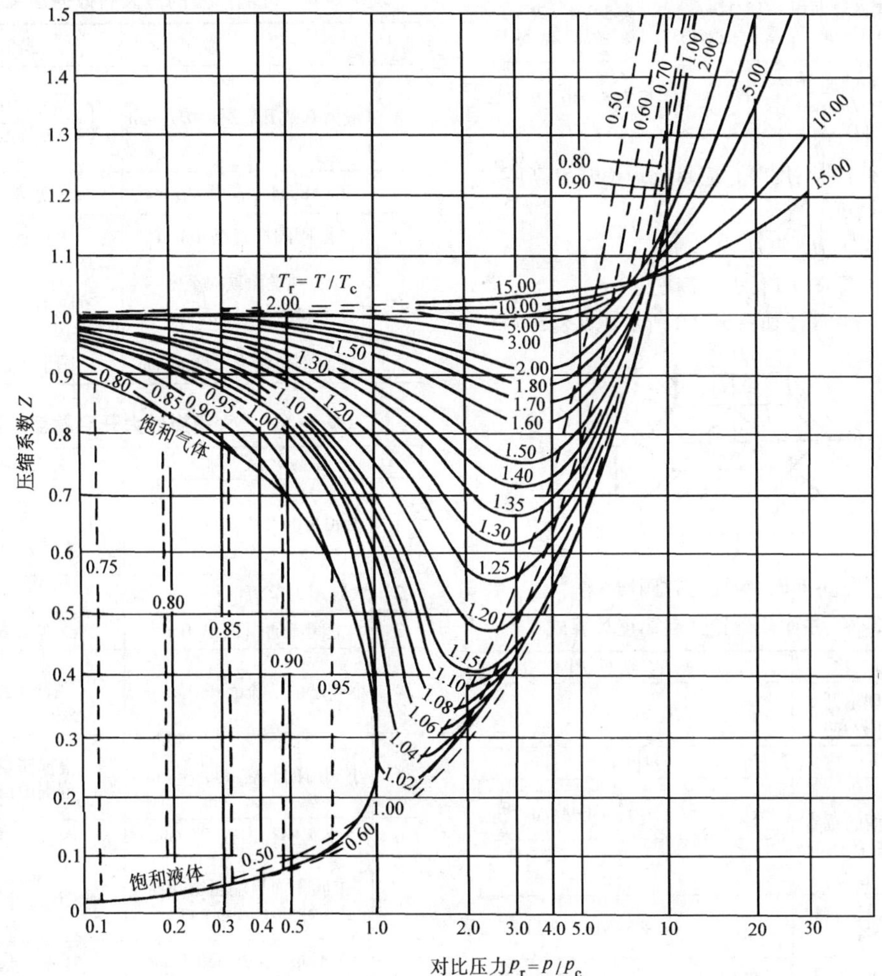

图 5-258 压缩系数 Z 与对比压力 p_r 和对比温度 T_r 的关系

p_c—介质临界点的绝对压力(MPa) t_c—介质临界点的热力学温度(K)

p—减压阀进口处介质的绝对压力(MPa)

5.4.7.3 主阀瓣开启高度的计算

1）平面密封阀瓣如图5-259及表5-342所示。

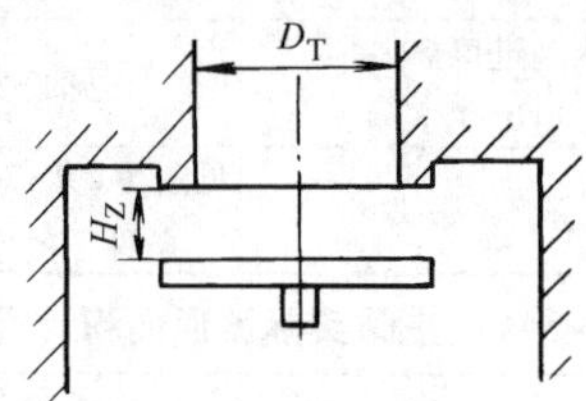

图5-259 平面密封阀瓣

表5-342 主阀瓣理论开启高度计算式

序号	名　称	公式或索引
1	主阀瓣理论开启高度 H_Z/mm	$A_Z/\pi D_T$
2	主阀流通面积 A_Z/mm^2	见表5-332、表5-334、表5-335、表5-337、表5-338、表5-339
3	主阀的通道直径 D_T/mm	见表5-340

选定实际开启高度时，应超过理论开启高度 H_Z 值，一般可取：

$$H_Z' = D_T/4 > H_Z$$

式中，H_Z'为主阀瓣的实际开启高度（mm）。

2）锥面密封阀瓣如图5-260所示及见表5-343。

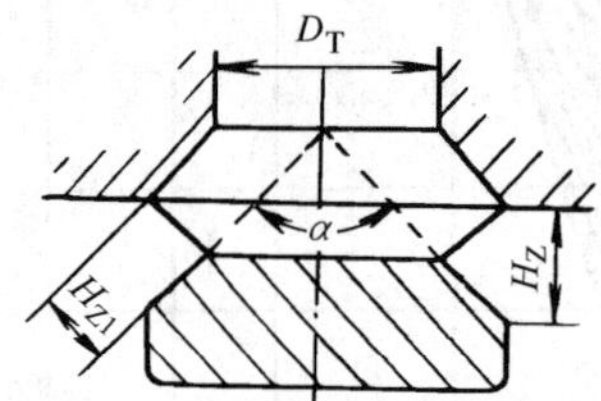

图5-260 锥面密封阀瓣

表5-343 主阀瓣理论开启高度计算式

序号	名　称	公式或索引
1	主阀瓣理论开启高度 H_Z/mm	$H_{Z1}/\sin\frac{\alpha}{2}$
2	锥角 α/(°)	设计给定
3	主阀锥面的垂直开启高度 H_{Z1}/mm	$\dfrac{\pi D_T-\sqrt{(\pi D_T)^2-4\pi A_Z\cos\frac{\alpha}{2}}}{2\pi\cos\frac{\alpha}{2}}$
4	主阀的通道直径 D_T/mm	见表5-341
5	主阀流通面积 A_Z/mm^2	见表5-333、表5-335、表5-336、表5-338、表5-339、表5-340

选定实际开启高度 H_Z'时，应使 $H_Z' > H_Z$。

3）双阀瓣密封结构（图5-261、表5-344、表5-345）。

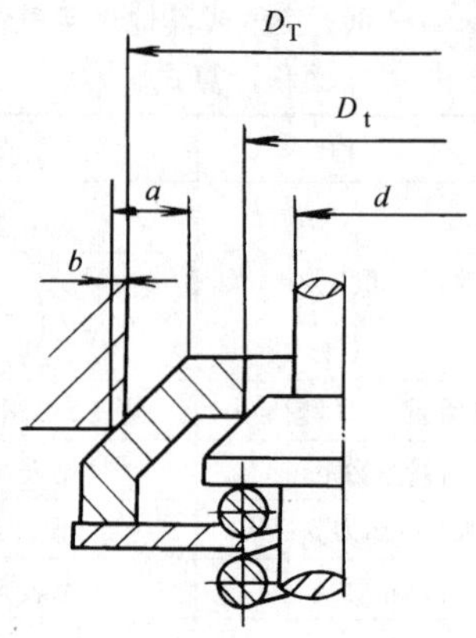

图5-261 双阀瓣密封结构

表5-344 可能产生的最大有效开启高度计算式

序号	名　称	公式或索引
1	最大有效开启高度 H_Z'/mm	$\sqrt{\left[\dfrac{(D_T^2-d^2)}{4(D_T+2b-a)}\right]^2-a^2}+a$
2	主阀的通道直径 D_T/mm	见表5-341
3	副阀阀杆直径 d/mm	图示，设计选定
4	主阀平面顶端至密封外径距离 a/mm	图示，设计给定
5	密封部位投影宽度 b/mm	图示，设计选定

表5-345 大阀瓣最大开启高度计算式

序号	名　称	公式或索引
1	大阀瓣的开启高度 H_D/mm	$\sqrt{\left[\dfrac{A_D}{\pi(D_T+2b-a)}\right]^2-a^2}+a$
2	大阀瓣的节流面积 A_D/mm^2	A_Z-A_c
3	主阀流通面积 A_Z/mm^2	见表5-343
4	小阀瓣的节流面积 A_C/mm^2	$\dfrac{\pi}{\sqrt{2}}H_C\left(D_t-\dfrac{H_C}{2}\right)$
5	小阀瓣的开启高度 H_C/mm	根据流量的最小范围由设计选定
6	小阀座孔内径 D_t/mm	图示，设计确定
7	主阀平面顶端至密封面外径距离 a/mm	图示，设计选定
8	密封部位投影宽度 b/mm	图示，设计选定

5.4.7.4 副阀流通面积及副阀瓣开启高度的计算

1）副阀泄漏量。

①临界压力的计算式如图5-262及表5-346所示。

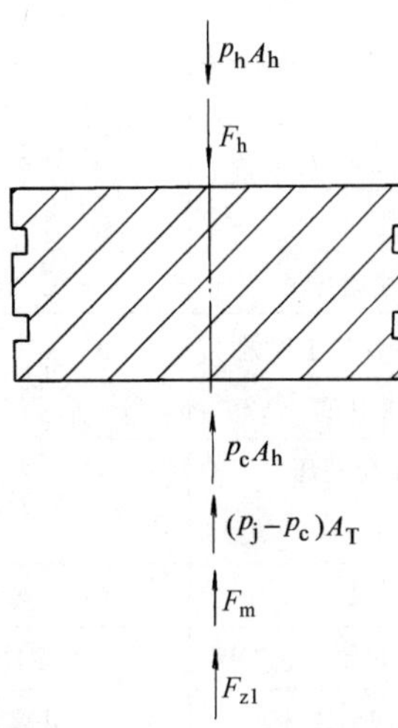

图 5-262 作用在活塞上的力

表 5-346 出口压力 p_c 的临界压力计算式

序号	名 称	公式或索引
1	临界压力 p_L/MPa	$0.85p_h/\sqrt{Z_1+1.5}$
2	活塞环数 Z_1	设计确定
3	作用于活塞上腔的绝对压力 p_h/MPa	$p_c+(p_j-p_c)A_T+F_m-F_{z1}-F_h/A_h$
4	减压阀出口处的压力 p_c/MPa	设计给定
5	减压阀进口压力 p_j/MPa	设计给定
6	主阀瓣通道面积 A_T/mm²	$\frac{\pi}{4}D_T^2$
7	主阀的通道直径 D_T/mm	见表 5-341
8	活塞环的摩擦力 F_m/N	f_1F_1
9	摩擦因数 f_1	取 0.2
10	活塞环对气缸壁的作用力 F_1/N	qB_1
11	活塞环对气缸壁的比压 q/MPa	$\frac{\Delta}{h}E/7.08\frac{D_h}{h}\left(\frac{D_h}{h}-1\right)^3$
12	活塞环处于自由状态和工作状态时缝隙之差 Δ/mm	设计给定
13	活塞环的径向厚度 h/mm	设计给定
14	活塞环的弹性模量 E/MPa	当采用铸铁时可取 1×10^5
15	活塞直径 D_h/mm	一般取 $1.5D_T$
16	活塞环和气缸的接触面积 B_1/mm²	πD_hbZ_1
17	活塞环的宽度 b/mm	设计给定
18	主阀瓣弹簧作用力 F_{zt}/N	$p'H+F_a$
19	主阀瓣弹簧的刚度 p'/(N/mm)	见表 5-251
20	主阀瓣开启高度 H/mm	见表 5-342、表 5-343、表 5-344、表 5-345
21	主阀瓣弹簧安装负荷 F_a/N	取 $1.2F_h$
22	活塞和主阀瓣的重力 F_h/N	设计确定
23	活塞面积 A_h/mm²	$\frac{\pi}{4}D_h^2$
24	活塞上腔的压力 p_h/MPa	$\frac{1}{2}(p_j+p_c)$

② 当出口压力大于临界压力时副阀座泄漏量计算式见表 5-347。

③ 当出口压力小于或等于临界压力副阀阀座泄漏量计算式见表 5-348。

2）副阀流通面积。

① 液体介质见表 5-349。

② 理想气体见表 5-350、表 5-351。

③ 干饱和蒸汽 $\sigma_f\leqslant\sigma^*$ 见表 5-352、表 5-353。

④ 空气或其他真实气体 当 $\sigma_f\leqslant\sigma^*$ 时见表 5-354。

表 5-349～表 5-354 中计算的副阀流通面积仅是理论值，实际流通面积为

$$A_f'=\frac{\pi}{4}d_f^2$$

式中，d_f 为副阀阀座孔直径（mm），由设计给定。实际取值时，应该使 $A_f'>A_f$。

3）副阀瓣开启高度。副阀瓣通常采用锥面密封，其开启高度计算式见表 5-355。

表 5-347 出口压力大于临界压力时副阀座泄漏量计算式

序号	名 称	公式或索引
1	通过副阀的泄漏量 W_f/(kg/s)	$W_{f1}+W_{f2}$
2	通过活塞环的泄漏量 W_{f1}/(kg/s)	$3.13\times10^{-3}\mu A_1\sqrt{\frac{g\ (p_h^2-p_c^2)}{Z_1p_h\nu_h}}$
3	流量系数 μ	见表 5-334
4	活塞环与气缸之间的间隙面积 A_1/mm²	$\pi D_h\delta$；$\delta=0.03$
5	重力加速度 g/(mm/s²)	9800
6	活塞上腔的绝对压力 p_h/MPa	见表 5-346
7	减压阀出口压力 p_c/MPa	设计给定
8	流体在 p_h 绝对压力下的比体积 ν_h/(mm³/kg)	见表 5-332
9	通过副阀阀杆的泄漏量 W_{f2}/(kg/s)	$3.13\times10^{-3}\mu A_2\sqrt{\frac{g\ (p_h^2-p_c^2)}{Z_2p_h\nu_h}}$
10	副阀阀杆与阀座之间的最大间隙面积 A/mm²	设计确定
11	副阀阀杆上的迷宫槽数 Z_2	设计确定

表 5-348 出口压力小于或等于临界压力时副阀阀座泄漏量计算式

序号	名 称	公式或索引
1	通过副阀的泄漏量 W_f/(kg/s)	$W_{f1}+W_{f2}$

（续）

序号	名 称	公式或索引
2	通过活塞环的泄漏量 $W_{f1}/(kg/s)$	$3.13\times10^{-3}\mu A_1\sqrt{\dfrac{gp_h}{(Z_1+1.5)\ v_h}}$
3	流量系数 μ	见表5-334
4	活塞环与气缸之间的间隙面积 A_1/mm^2	$\pi D_h\delta$
5	活塞直径 D_h/mm	见表5-346
6	活塞环与气缸之间的间隙 δ/mm	一般取0.03
7	重力加速度 $g/(mm/s^2)$	9800
8	活塞上腔的绝对压力 p_h/MPa	见表5-346
9	活塞环数 Z_1	设计确定
10	流体在 p_h 绝对压力下的比体积 $v_h/(mm^3/kg)$	见表5-332
11	通过副阀阀杆的泄漏量 $W_{f2}/(kg/s)$	$3.13\times10^{-3}\mu A_2\sqrt{\dfrac{gp_h}{(Z_2+1.5)\ v_h}}$
12	副阀阀杆与阀座之间的最大间隙面积 A_2/mm^2	设计确定
13	副阀阀杆上的迷宫槽数 Z_2	设计确定

表5-349 液体介质副阀流通面积

序号	名 称	公式或索引
1	副阀的流通面积 A_f/mm^2	$707q_{vf}/\mu\ \sqrt{\Delta p_f/\rho}$
2	副阀的体积泄漏量 $q_{vf}/(m^3/s)$	q_{mf}/ρ
3	副阀的质量泄漏量 $q_{mf}/(kg/s)$	见表5-347、表5-348
4	介质密度 $\rho/(g/cm^3)$	见表5-319
5	副阀的压力差 $\Delta p_f/MPa$	p_h-p_c
6	作用于活塞上腔的绝对压力 p_h/MPa	见表5-346
7	减压阀出口处的压力 p_c/MPa	设计给定

表5-350 $\sigma_f\leqslant\sigma^*$ 时，理想气体副阀的流通面积计算式

序号	名 称	公式或索引
1	副阀的流通面积 A_f/mm^2	$3.13\times10^3q_{mf}/\mu\sqrt{g\kappa\left(\dfrac{2}{\kappa+1}\right)^{\frac{\kappa+1}{\kappa-1}}\dfrac{p_h}{v_h}}$
2	副阀的质量泄漏量 $W_f/(kg/s)$	见表5-347、表5-348

（续）

序号	名 称	公式或索引
3	流量系数 μ	见表5-334
4	重力加速度 $g/(mm/s^2)$	9800
5	等熵指数 κ	见表5-337
6	作用于活塞上腔的绝对压力 p_h/MPa	见表5-346
7	流体在 p_h 绝对压力下的比体积 $v_h/(mm^3/kg)$	见表5-332
8	副阀的减压比 σ_f	p_c/p_h
9	减压阀出口压力 p_c/MPa	设计给定
10	临界压力比 σ^*	见表5-337

表5-351 $\sigma_f>\sigma^*$ 时，理想气体副阀的流通面积计算式

序号	名 称	公式或索引
1	副阀的流通面积 A_f/mm^2	$\dfrac{3.13\times10^3W_f\ /}{\mu\sqrt{2g\dfrac{\kappa}{\kappa-1}\left(\dfrac{p_h}{v_h}\right)\left[\left(\dfrac{p_c}{p_h}\right)^{\frac{2}{\kappa}}-\left(\dfrac{p_c}{p_h}\right)^{\frac{\kappa+1}{\kappa}}\right]}}$
2	通过副阀的质量泄漏量 $W_f\ /(kg/s)$	见表5-347、表5-348
3	流量系数 μ	见表5-334
4	重力加速度 $g/(mm/s^2)$	9800
5	等熵指数 κ	见表5-337
6	作用于活塞上腔的绝对压力 p_h/MPa	见表5-346
7	流体在 p_h 绝对压力下的比体积 $v_h/(mm^3/kg)$	见表5-332
8	减压阀出口压力 p_c/MPa	设计给定

表5-352 干饱和蒸汽 $p_h\leqslant11MPa$ 时，副阀流通面积计算式

序号	名 称	公式或索引
1	副阀的流通面积 A_f/mm^2	$685.7W_f/\mu p_h$
2	通过副阀的泄漏量 $W_f/(kg/s)$	见表5-347、表5-348
3	流量系数 μ	见表5-334
4	作用于活塞上腔的绝对压力 p_h/MPa	见表5-346

表 5-353 干饱和蒸汽 11MPa≤p_h≤22MPa 时，副阀的流通面积计算式

序号	名 称	公式或索引
1	副阀的流通面积 A_f/mm²	$685.7\frac{W_f}{\mu p_h}\left(\frac{33.242p_h-1061}{27.644p_h-1000}\right)$
2	通过副阀的泄漏量 W_f/(kg/s)	见表 5-347、表 5-348
3	流量系数 μ	见表 5-334
4	作用于活塞上腔的绝对压力 p_h/MPa	见表 5-346

表 5-354 空气或其他真实气体副阀的流通面积

序号	名 称	公式或索引
1	副阀流通面积 A_f/mm²	$91.2W_f/\mu p_h\sqrt{\kappa\left(\frac{2}{\kappa+1}\right)^{\frac{\kappa+1}{\kappa-1}}\frac{M_r}{ZT}}$
2	通过副阀的泄漏量 W_f/(kg/s)	见表 5-347、表 5-348
3	流量系数 μ	见表 5-334
4	作用于活塞上腔的绝对压力 p_h/MPa	见表 5-346
5	等熵指数 κ	见表 5-337
6	气体相对分子质量 M_r	见表 5-312
7	减压阀进口热力学温度 T/K	见表 5-332
8	压缩系数 Z	见图 5-258

表 5-355 副阀瓣开启高度计算式

序号	名 称	公式或索引
1	副阀瓣开启高度 H_f/mm	$H_{f1}/\sin\frac{\alpha}{2}$
2	副阀瓣开启后密封锥面间的垂直距离 H_{f1}/mm	$\pi d_f-\sqrt{(\pi d_f)^2-4\pi A_f\cos\frac{\alpha}{2}}\Big/2\pi\cos\frac{\alpha}{2}$ $\approx\frac{A_f}{\pi d_f}$
3	副阀阀座孔直径 d_f/mm	设计给定
4	副阀的流通面积 A_f/mm²	见表 5-349 ~ 表 5-354
5	锥半角 α/(°)	设计给定

5.4.7.5 减压阀弹簧的计算

减压阀弹簧主要包括主阀瓣弹簧、副阀瓣弹簧和调节弹簧等。计算时，应首先确定弹簧的最大工作负荷，据此再确定弹簧钢丝直径。亦可根据结构情况先选定标准弹簧，然后进行核算。有关弹簧的基本计算公式和数据见 GB/T 1239.2—2009、GB/T 23934—2015、GB/T 23935—2009、GB/T 1358—2009、GB/T 1805—2001、GB/T 1973.3—2005、GB/T 2089—2009、GB/T 16947—2009。

1）调节弹簧的负荷见表 5-356。

2）调节弹簧的尺寸。

调节弹簧的负荷确定后，可根据 GB/T 23935—2009《圆柱螺旋弹簧设计计算》及 GB/T 1358—2009《圆柱螺旋弹簧尺寸系列》来计算和选定弹簧的钢丝直径、圈数、刚度、间距、自由长度等，并验算材料的剪切强度。

表 5-356 调节弹簧负荷的计算式

序号	名 称	公式或索引
1	调节弹簧的负荷 F_t/N	$p_c\left(A_m-\frac{\pi}{4}d_f^2\right)+$ $p_j\frac{\pi}{4}d_f^2+F_{fa}+p'H_f$
2	减压阀出口压力 p_c/MPa	设计给定
3	受压膜片的有效面积 A_m/mm²	$0.262\ (D_m^2+D_md_m+d_m^2)$
4	膜片有效直径 D_m/mm	设计给定
5	调节弹簧垫块直径 d_m/mm	设计给定
6	副阀阀座孔直径 d_f/mm	设计给定
7	减压阀进口压力 p_j/MPa	设计给定
8	副阀瓣弹簧的安装负荷 F_{fa}/N	取副阀瓣重力的 1.2 倍
9	副阀弹簧的刚度 F'/(N/mm)	见表 5-252
10	副阀瓣的开启高度 H_f/mm	见表 5-355

5.4.7.6 膜片的计算

减压阀的膜片（薄膜）通常是一侧受介质出口压力 p_c 的作用，另一侧受调节弹簧力的作用，两者保持平衡，如图 5-263 所示，膜片材料可根据介质的特性选择金属（铜或不锈钢等）和橡胶。

有关金属和橡胶膜片的应力、挠度和厚度计算见表 5-357 ~ 表 5-359。

5.4.7.7 减压阀静态特性偏差值的验算

先导式减压阀的性能主要取决于副阀的性能，实际上是把副阀当作反作用式液压阀的性能来考虑。

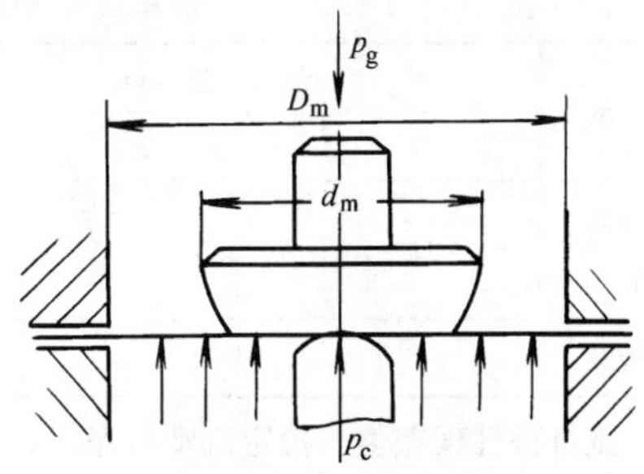

图 5-263 膜片的受力

表 5-357　金属膜片应力计算式

序号	名　　称	公式或索引
1	金属膜片的应力 σ_m/MPa	$0.423\sqrt[3]{Ep_c^2\dfrac{D_m}{\delta_m}}$
2	材料的弹性模量 E/MPa	对于钢取 2.2×10^5 对于铜取 1.2×10^5
3	减压阀的出口压力 p_c/MPa	设计给定
4	膜片直径 D_m/mm	设计确定
5	膜片厚度 δ_m/mm	当材料为 12Cr18Ni9 时， $D_m=25\sim60$mm 一般取 0.1～0.3mm

表 5-358　金属膜片的挠度计算式

序号	名　　称	公式或索引
1	金属膜片的挠度 f_m/mm	$0.662\sqrt[3]{\dfrac{p_cD_m}{2E\delta_m}}$
2	减压阀的出口压力 p_c/MPa	设计给定
3	膜片直径 D_m/mm	设计确定
4	材料的弹性模量 E/MPa	见表 5-357
5	膜片厚度 δ_m/mm	见表 5-357

表 5-359　橡胶膜片厚度计算式

序号	名　　称	公式或索引
1	橡胶膜片的厚度 δ_m/mm	$0.7p_cA_{mz}/\pi D_m\ [\tau]$
2	减压阀的出口压力 p_c/MPa	设计给定
3	膜片的自由面积 A_{mz}/mm²	设计确定
4	膜片的直径 D_m/mm	设计确定
5	橡胶材料的许用切应力 $[\tau]$ /MPa	见表 5-360

表 5-360　橡胶的许用切应力 $[\tau]$

（单位：MPa）

材　　料	最大厚度/mm		
	2.7	5	7
带夹层的橡胶	3	2.4	2.1
氯丁橡胶	4～5		

1）流量特性偏差值。稳定流动状态下，当进口压力一定时，减压阀流量变化所引起的出口压力变化值即为流量特性偏差值，其值按表 5-361 计算。

表 5-361　流量特性偏差值的计算式

序号	名　　称	公式或索引
1	流量特性偏差的计算值 Δp_{CL}/MPa	$-\dfrac{p'-p'_T}{A_m-p'}\Delta H_f$
2	副阀弹簧的刚度 F'/(N/mm)	见表 5-252
3	调节弹簧的刚度 F'_T/(N/mm)	见表 5-252
4	受压膜片的有效面积 A_m/mm²	见表 5-356
5	副阀的流通面积 A_f/mm²	见表 5-349～表 5-354
6	由于流量改变而引起的副阀瓣开启高度变化值 ΔH_f/mm	设计确定

对于先导式减压阀，GB/T 12246《先导式减压阀》要求的流量特性出口压力的负偏差值应不大于出口压力的 10%，见表 5-362。

表 5-362　出口压力的负偏差值

（单位：MPa）

出口压力	负偏差值
0.1～1.0	≤0.01～0.10
1.0～1.6	≤0.10～0.16
1.6～3.0	≤0.4～0.3

经验算的流量特性偏差值应小于或等于标准规定的偏差值。

2）压力特性偏差值。出口流量一定，进口压力改变时，出口压力的变化值即为压力特性偏差值，其值按表 5-363 验算。

对于先导式减压阀，GB/T 12246—2006 要求的压力特性偏差值见表 5-364。

经验算的压力特性偏差值应小于或等于标准规定的偏差值。

表 5-363　压力特性偏差值的计算式

序号	名　　称	公式或索引
1	压力特性偏差的计算值 Δp_{cy}/MPa	$-\dfrac{A_f}{A_m-A_f}\Delta p_j$
2	副阀的流通面积 A_f/mm²	见表 5-349～表 5-354
3	受压膜片的有效面积 A_m/mm²	见表 5-356
4	进口压力的变化值 Δp_j/MPa	设计确定

表 5-364 GB/T 12246—2006 规定的压力特性偏差值 （单位：MPa）

出口压力 p_c	偏差值
<1.0	±0.05
1.0~1.6	±0.06
>1.6~3.0	±0.10

5.4.7.8 先导式减压阀设计的基本要求

GB/T 12246—2006 对零部件的设计及材料的选用提出了如下具体要求。

1）零部件要求

① 阀体两端连接法兰的流道直径应相同，且与公称尺寸一致。

② 阀体底部应设有排泄孔，并用螺塞堵封。

③ 主阀座喉部直径一般不小于0.8DN。

④ 导阀瓣采用锥面密封，其密封面宽度不大于0.5mm。

⑤ 导阀瓣上端面与膜片应有0.1~0.3mm的间隙。

⑥ 弹簧的设计制造应按GB/T 1239.2—2009《冷卷圆柱螺旋压缩弹簧　技术条件》中二级精度的规定。其调节弹簧压力级分档按表5-365的规定。

⑦ 弹簧指数（中径和钢丝直径之比）应在4~9范围内选取。

⑧ 弹簧两端应各有不少于3/4圈的支承面，支承圈不应小于1圈。

⑨ 弹簧的工作变形量应在全变形量的20%~80%范围内选取。

2）材料要求。除了表5-366规定的材料外，其他经试验证明确实不降低使用性能和寿命的材料允许代用。

表 5-365 调节弹簧压力级分档 （单位：MPa）

公称压力	出口压力	弹簧压力级
PN16	0.1~1.0	0.05~0.5 0.5~1.0
PN25	0.1~1.6	0.1~1.0 1.0~1.6
PN40	0.1~2.5	0.1~1.0 1.0~2.5
PN63	0.1~3.0	0.1~1.0 1.0~3.0

表 5-366 主要零件的材料

主要零件名称	PN16			PN25~PN63		
	材料					
	名称	牌号	标准号	名称	牌号	标准号
阀座、阀瓣	不锈钢	20Cr13	GB/T 1220	不锈钢	20Cr13	GB/T 1220
活塞气缸	铜	ZCuSn10Zn2 ZCuAl10Fe3	GB/T 12225	不锈钢	20Cr13	GB/T 1220
	不锈钢	20Cr13	GB/T 1220			
膜片	锡青铜	QSn6.5-0.1	GB/T 2059	不锈钢	12Cr18Ni9	GB/T 1220
主弹簧	弹簧钢	50CrVA	GB/T 1222	弹簧钢	50CrVA 40CrNiMo 30W4Cr2VA	GB/T 1222
调节弹簧	弹簧钢	60Si2Mn	GB/T 1222	弹簧钢	60Si2Mn 50CrVA	GB/T 1222
双头螺栓	优质碳素钢	35、45	GB/T 699	合金结构钢	30CrMo、35CrMo	GB/T 3077
	合金结构钢	30CrMo、35CrMo	GB/T 3077			
	不锈钢	12Cr17、12Cr18Ni9	GB/T 1220	不锈钢	12Cr17、12Cr18Ni9	GB/T 1220
螺母	优质碳素钢	35、45	GB/T 699	优质碳素钢	35、45	GB/T 699
	不锈钢	12Cr13、12Cr18Ni9	GB/T 1220	不锈钢	12Cr13、12Cr18Ni9	GB/T 1220
垫片	不锈钢+石墨缠绕垫	—	GB/T 4622.3	不锈钢+石墨缠绕垫	—	GB/T 4622.3
	不锈钢+四氟缠绕垫	—				
	聚四氟乙烯	SEB-2		不锈钢+四氟缠绕垫	—	

5.4.8 控制阀（调节阀）

5.4.8.1 控制阀的固有流量特性

控制阀的流量特性是指流体流过控制阀的相对流量与相对位移（控制阀的相对开度）之间的关系，数学表达式如下：

$$\frac{Q}{Q_{max}} = f\left(\frac{l}{L}\right) \quad (5\text{-}1)$$

式中，$\frac{Q}{Q_{max}}$为相对流量，控制阀在某一开度时的流量 Q 与全开时的流量 Q_{max} 之比；$\frac{l}{L}$为相对位移，控制阀在某一开度时阀芯位移 l 与全开时的位移 L 之比。

一般来说，改变控制阀的阀芯与阀座之间的流通截面积便可以控制流量。但实际上，由于多种因素的影响，如在节流面积变化的同时，还发生阀前、阀后的压差变化，而压差的变化又将引起流量的变化。为了便于分析，先假定阀前、阀后的压差不变，然后再引伸到真实情况进行研究分析，前者称为理想流量特性，后者称为工作流量特性。

理想流量特性又称固有流量特性，它不同于阀的结构特性，阀的结构特性是指阀芯位移与流体通过的截面积之间的关系，不考虑压差的影响，纯粹由阀芯大小和几何形状所决定；而理想流量特性则是阀前、阀后压差保持不变的特性。

理想流量特性主要有直线、等百分比（对数）、抛物线及快开四种。

1. 直线流量特性

直线流量特性是指控制阀的相对流量与相对位移成直线关系，即单位位移变化所引起的流量变化是常数，其数学表达式为

$$\frac{d\left(\frac{Q}{Q_{max}}\right)}{d\left(\frac{l}{L}\right)} = K \quad (5\text{-}2)$$

式中，K 为常数，即控制阀的放大系数。

将式（5-2）积分得

$$\frac{Q}{Q_{max}} = K\frac{l}{L} + C \quad (5\text{-}3)$$

式中，C 为积分常数。

已知边界条件：$l=0$ 时，$Q=Q_{min}$；$l=L$ 时，$Q=Q_{max}$。

把边界条件代入式（5-3），求得各常数项为

$$\frac{Q_{min}}{Q_{max}} = K\frac{0}{L} + C = C = \frac{1}{R}$$

$$\frac{Q_{max}}{Q_{max}} = K\frac{L}{L} + C = K + C$$

$$K = 1 - C = 1 - \frac{1}{R}$$

将上述常数项值代入式（5-3）得

$$\frac{Q}{Q_{max}} = K\frac{l}{L} + C = \left(1 - \frac{1}{R}\right)\frac{l}{L} + \frac{1}{R}$$

$$= \frac{1}{R}\left[1 + (R-1)\frac{l}{L}\right] \quad (5\text{-}4)$$

式（5-4）表明，$\frac{Q}{Q_{max}}$与$\frac{l}{L}$之间呈直线关系；以不同的$\frac{l}{L}$代入式（5-4），可求出$\frac{Q}{Q_{max}}$的对应值，在直角坐标上即得到一直线。

直线流量特性控制阀的曲线斜率是常数，即放大系数是一个常数。

可调比 R 不同，表示最大流量系数与最小流量系数之比不同。从相对流量坐标看，表示为相对行程为零时的起点不同，起点的相对流量是$\frac{1}{R}$。由于在最大行程时获得最大流量，因此，相对行程为1时的相对流量应为1。

线性流量特性控制阀在不同的行程，如果行程变化量相同，则流量的相对变化量不同。

不同相对行程时的相对流量见表5-367。

表 5-367　线性流量特性控制阀相对行程和相对流量的关系（$R=30$）

相对行程（%）	0	10	20	30	40	50	60	70	80	90	100
相对流量（%）	3.33	13.0	22.67	32.33	42.0	51.67	61.33	71.00	80.67	90.33	100

［例］　试计算 $R=30$ 时线性流量特性控制阀。当行程变化量为10%时，不同行程位置的相对流量变化量。

相对行程变化10%，在相对行程10%处，相对流量的变化为

$$\frac{22.67-13.0}{13.0} \times 100\% \approx 74.38\%$$

相对行程变化10%，在相对行程5%处，相对流量的变化为

$$\frac{61.33-51.67}{51.67} \times 100\% \approx 18.7\%$$

相对行程变化10%，在相对行程90%处，相对流量的变化为

$$\frac{100-90.33}{90.33} \times 100\% \approx 10.71\%$$

说明线性流量特性的控制阀在小开度时，流量小，但流量相对变化量大，即灵敏度很高；由于行程稍有变化就会引起流量的较大变化，因此在小开度时容易发生振荡。在大开度时，流量大，但流量相对变化量小，即灵敏度很低；由于行程要有较大变化才能够使流量有所变化，因此在大开度时控制呆滞，使调节不及时容易超调及过渡过程变长。

2. 等百分比（对数）流量特性

等百分比流量特性也称对数流量特性，它是指单位相对位移变化所引起的相对流量变化与此点的相对流量成正比关系，即控制阀的放大系数是变化的，它随相对流量的增大而增大，其数学表达式为

$$\frac{d\left(\frac{Q}{Q_{max}}\right)}{d\left(\frac{l}{L}\right)}=K\frac{Q}{Q_{max}} \tag{5-5}$$

将式（5-5）积分得

$$\ln\frac{Q}{Q_{max}}=K\frac{l}{L}+C \tag{5-6}$$

已知边界条件：$l=0$ 时，$Q=Q_{min}$；$l=L$ 时，$Q=Q_{max}$。

把边界条件代入式（5-6），求得常数项为

$$C=\ln\frac{Q_{min}}{Q_{max}}=\ln\frac{1}{R}=-\ln R$$

$$\ln\frac{Q_{max}}{Q_{max}}=K\frac{L}{L}+C$$

$$\ln 1=K+C$$

$$0=K+(-\ln R)$$

$$K=\ln R$$

将上述常数项值代入式（5-6）得

$$\ln\frac{Q}{Q_{max}}=\ln R\frac{l}{L}-\ln R=\ln R\left(\frac{l}{L}-1\right)$$

$$\frac{Q}{Q_{max}}=e^{\left(\frac{l}{L}-1\right)\ln R} \tag{5-7}$$

或

$$\frac{Q}{Q_{max}}=R^{\left(\frac{l}{L}-1\right)} \tag{5-8}$$

上述公式表明，等百分比流量特性控制阀的相对行程与相对流量的对数成正比关系，即在半对数坐标上，流量特性曲线呈直线，或在直角坐标上流量特性曲线是一条对数曲线，由式（5-8）可知，$\ln\frac{Q}{Q_{max}}\propto\frac{l}{L}$，即相对流量的对数与相对行程成正比，因此，等百分比流量特性也称为对数流量特性。

为了和直线流量特性进行比较，同样以行程的10%、50%、80%三点进行研究。行程变化量为10%时，不同行程位置的相对流量变化量见表5-368。

表5-368 等百分比流量特性控制阀相对行程和相对流量的关系（$R=30$）

相对行程（%）	0	10	20	30	40	50	60	70	80	90	100
相对流量（%）	3.33	4.683	6.58	9.25	12.99	18.26	25.65	36.05	50.65	71.17	100

［例］ 试计算 $R=30$ 时，等百分比流量特性控制阀，当行程变化量为10%时，不同行程位置的相对流量变化量。

相对行程变化10%，在相对行程10%处，相对流量的变化为

$$\frac{6.58-4.68}{4.68}\times100\%\approx40.5\%$$

相对行程变化10%，在相对行程50%处，相对流量的变化为

$$\frac{25.65-18.26}{18.26}\times100\%\approx40.5\%$$

相对行程变化10%，在相对行程80%处，相对流量的变化为

$$\frac{71.17-50.65}{50.65}\times100\%\approx40.5\%$$

说明等百分比流量特性的控制阀在不同开度下，相同的行程变化引起相对流量的变化是相等的，因此称为等百分比流量特性。等百分比流量特性控制阀在全行程范围内具有相同的控制精度。等百分比流量特性控制阀在小开度时，放大系数较小，因此调节平稳；在大开度时，虽放大系数较大，也能有效地进行调节，并使调节及时。理想的等百分比流量特性曲线在线性流量特性曲线的下部，表示同样的相对行程时，等百分比流量特性控制阀流过的相对流量要比线性流量特性的控制阀少；反之，在同样的相对流量下等百分比流量特性控制阀的开度要大些。因此，为满足相同的流通能力，通常选用等百分比流量特性控制阀的公称尺寸（DN）要比线性流量特性控制阀的公称尺寸（DN）大些。

3. 抛物线流量特性

抛物线流量特性是指单位相对位移的变化所引起的相对流量变化与此点的相对流量值的平方根成正比关系，其数学表达式为

$$\frac{d\left(\frac{Q}{Q_{max}}\right)}{d\left(\frac{l}{L}\right)}=K\sqrt{\frac{Q}{Q_{max}}} \tag{5-9}$$

已知边界条件：$l=0$ 时，$Q=Q_{min}$；$l=L$ 时，$Q=Q_{max}$。

积分后代入边界条件再整理得

$$\frac{Q}{Q_{\max}}=\frac{1}{R}\left[1+(\sqrt{R}-1)\frac{l}{L}\right]^2 \qquad (5\text{-}10)$$

式（5-10）表明相对流量与相对位移之间为抛物线关系，在直角坐标系上为一条抛物线，它介于线性流量特性和等百分比流量特性之间，抛物线流量特性控制阀相对行程和相对流量的关系见表5-369。

表5-369 抛物线流量特性控制阀相对行程和相对流量的关系（$R=30$）

相对行程（%）	0	10	20	30	40	50	60	70	80	90	100
相对流量（%）	3.33	6.99	11.98	18.30	25.96	34.96	45.30	56.97	69.98	84.32	100

4. 快开流量特性

快开流量特性在开度小时就有较大的相对流量。随着相对开度的增大，相对流量很快就达到最大；此后再增加相对开度，相对流量变化则很小，故称快开流量特性。其数学表达式为

$$\frac{d\left(\frac{Q}{Q_{\max}}\right)}{d\left(\frac{l}{L}\right)}=K\left(\frac{Q}{Q_{\max}}\right)^{-1} \qquad (5\text{-}11)$$

已知边界条件：$l=0$ 时，$Q=Q_{\min}$；$l=L$ 时，$Q=Q_{\max}$。

积分后代入边界条件再整理得

$$\frac{Q}{Q_{\max}}=\frac{1}{R}\left[1+(R^2-1)\frac{l}{L}\right]^{\frac{1}{2}} \qquad (5\text{-}12)$$

快开流量特性的阀芯形式是平板形的，它的有效位移一般为阀座直径的$\frac{1}{4}$。当位移再增大时，阀的流通面积就不再增大，失去了调节作用。快开流量特性控制阀适用于快速启闭的切断阀或双位调节系统。

快开流量特性控制阀相对行程和相对流量关系见表5-370。

表5-370 快开流量特性控制阀相对行程和相对流量的关系（$R=30$）

相对行程（%）		0	10	20	30	40	50	60	70	80	90	100
相对流量（%）	理想快开	33	31.78	44.82	54.84	63.30	70.75	77.49	83.69	89.46	94.87	100
	实际快开	3.33	21.70	38.13	52.63	65.20	75.83	84.53	91.30	96.13	99.03	100

5. 控制阀理想流量特性曲线（图5-264）

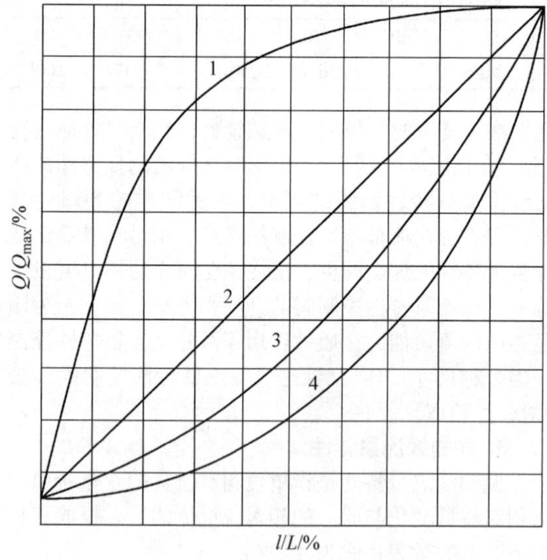

图5-264 理想流量特性曲线

1—快开 2—直线 3—抛物线 4—等百分比

5.4.8.2 控制阀开度的计算

根据流量和压差计算得到 K_v 值，并按制造厂提供的各类控制阀的标准系列选取控制阀的公称尺寸（DN/NPS），并考虑选用时的圆整处理。因此，对工作时调节阀的开度应该进行验算。

一般说来，最大流量时控制阀的开度应在85%左右。最大开度过小，说明控制阀选的公称尺寸DN（NPS）过大，使它经常在小开度下工作，可调比缩小，造成了调节性能下降和经济上的浪费。一般不希望最小开度小于10%，否则阀芯和阀座由于开度小，受流体冲蚀严重，导致特性变坏，甚至失灵。

不同的流量特性其相对开度和相对流量的对应关系是不一样的，理想特性和工作特性又有差别，因此计算开度时应按不同特性进行。

控制阀在串联管路的工作条件下，传统的开度验算公式如下：

$$\frac{Q}{Q_{100}}=f\left(\frac{l}{L}\right)\sqrt{\frac{1}{(1-S)f^2\left(\frac{l}{L}\right)+S}} \qquad (5\text{-}13)$$

式中，Q 为控制阀在某一开度时的流量；Q_{100} 为表示存在管道阻力时控制阀全开时的流量；l 为控制阀在某一开度时的阀芯的位移；L 为控制阀全开时阀芯的位移；S 为阀阻比，控制阀全开时的压差 Δp_v 和系统的压力损失总和 Δp_s 之比：

$$S=\frac{\Delta p_v}{\Delta p_v+\Delta p_\Sigma} \qquad (5\text{-}14)$$

一般不希望 S 值小于0.3，常选 $S=0.3\sim0.5$。

由式（5-13）变换可得

$$f\left(\frac{l}{L}\right)=\sqrt{\frac{S}{S+\left(\frac{Q_{100}}{Q}\right)^2-1}} \tag{5-15}$$

当流过控制阀的流量 $Q=Q_i$ 时，则

$$f\left(\frac{l}{L}\right)=\sqrt{\frac{S}{S+\frac{K_v^2\Delta p}{Q_i^2\gamma}-1}} \tag{5-16}$$

式中，K_v 为所选用控制阀的流量系数；Δp 为控制阀全开时的压差，即计算压差，100kPa；γ 为介质重度（g/cm^3）；Q_i 为被验算开度处的流量（m^3/h）。

若理想流量特性为直线时，把可调比 $R=30$ 代入式（5-4）得

$$\frac{Q}{Q_{max}}=\frac{1}{R}\left[1+(R-1)\frac{l}{L}\right]=\frac{1}{R}+\left(1-\frac{1}{R}\right)\frac{l}{L}$$

$$f\left(\frac{l}{L}\right)=\frac{1}{30}+\frac{29}{30}\frac{l}{L} \tag{5-17}$$

若理想流量特性为等百分比时，把可调比 $R=30$ 代入式（5-8）得

$$\frac{Q}{Q_{max}}=R^{\left(\frac{l}{L}-1\right)}$$

$$f\left(\frac{l}{L}\right)=30^{\left(\frac{l}{L}-1\right)} \tag{5-18}$$

若理想流量特性为抛物线时，把可调比 $R=30$ 代入式（5-10）得

$$\frac{Q}{Q_{max}}=\frac{1}{R}\left[1+(\sqrt{R}-1)\frac{l}{L}\right]^2$$

$$\frac{l}{L}=\frac{\sqrt{R\frac{Q}{Q_{max}}}-1}{\sqrt{R}-1}$$

$$\frac{l}{L}=\frac{5.4772\sqrt{\frac{Q}{Q_{max}}}-1}{4.4772} \tag{5-19}$$

若理想流量特性为快开时，则

$$\frac{Q}{Q_{max}}=\frac{1}{R}\sqrt{1+(R^2-1)\frac{l}{L}} \tag{5-20}$$

当考虑阀阻比（压降比）S 时，控制阀开度的计算公式如下。

线性流量特性：

$$K\approx\left[\frac{R}{R-1}\sqrt{\frac{S}{S+\frac{K_v^2\Delta p}{100Q_i^2\frac{\rho}{\rho_0}}-1}}-\frac{1}{R-1}\right]\times100\% \tag{5-21}$$

等百分比流量特性：

$$K\approx\left[\frac{1}{\lg R}\lg\sqrt{\frac{S}{S+\frac{K_v^2\Delta p}{100Q_i^2\frac{\rho}{\rho_0}}-1}}+1\right]\times100\% \tag{5-22}$$

抛物线流量特性：

$$K\approx\frac{1-\sqrt{\frac{SR}{S+\frac{K_v^2\Delta p}{100Q_i^2\frac{\rho}{\rho_0}}-1}}}{\sqrt{R}-1}\times100\% \tag{5-23}$$

实际工厂快开流量特性：

$$K\approx\left[1-\sqrt{\frac{\sqrt{\frac{S}{S+\frac{K_v^2\Delta p}{100Q_i\frac{\rho}{\rho_0}}-1}}-1}{1-\frac{1}{R}}}\right]\times100\% \tag{5-24}$$

式中，K 为流量 Q_i 处的控制阀开度（%）；K_v 为最大流量时的控制阀流量系数（m^3/h）；S 为调节阀全开时，阀两端的压降与系统总压降之比，无量纲；Δp 为调节阀全开时阀两端的压降（kPa）；$\frac{\rho}{\rho_0}$ 为流体相对于水（15℃）的密度；Q_i 为被计算处的流量（m^3/h）；R 为可调比。

《调节阀口径计算指南》（奚文群、谢海维编）提出了利用控制阀放大系数 m 的方法。这里的调节阀放大系数 m 是指圆整后选定的 K_v 值与计算的 $K_{v计}$ 值的比值，即

$$m=\frac{K_v}{K_{v计}} \tag{5-25}$$

m 值的取定由多种因素决定。根据所给的计算条件、采用的流量特性、选择的流量特性、选择的工作开度及考虑扩大生产等因素，可以取不同的 m 值。

可以推导出放大系数 m 值的计算公式，它是控制阀固有流量特性表达式 $f\left(\frac{l}{L}\right)$ 的倒数。

m 的计算式如下。

直线流量特性时，即

$$m=\frac{R}{\left(\frac{l}{L}\right)(R-1)+1} \tag{5-26}$$

等百分比流量特性时，即

$$m=R^{\left(1-\frac{l}{L}\right)} \tag{5-27}$$

抛物线流量特性时，即

$$m=\frac{R}{\left[1+(\sqrt{R}-1)\frac{l}{L}\right]^2} \tag{5-28}$$

快开特性时，即

$$m=\frac{1}{1-\frac{1}{R}(R-1)\left(1-\frac{l}{L}\right)^2} \tag{5-29}$$

根据不同开度$\left(\frac{l}{L}\right)$计算的 m 值如表 5-371 所示。

表 5-371　控制阀计算流量系数与相对开度关系

R	流量特性	相对行程（%）													
		10	20	30	40	50	60	65	70	75	80	85	90	95	100
		m													
30	直线	7.692	4.412	3.093	2.381	1.935	1.630	1.511	1.409	1.319	1.240	1.170	1.107	1.051	1
	等百分比	21.35	15.19	10.81	7.696	5.477	3.898	3.289	2.774	2.340	1.974	1.666	1.405	1.185	1
	抛物线	14.31	8.35	5.464	3.852	2.860	2.208	1.962	1.755	1.580	1.429	1.299	1.186	1.087	1
	实际快开	3.147	2.231	1.823	1.580	1.413	1.291	1.240	1.195	1.155	1.118	1.085	1.054	1.026	1
50	直线	8.47	4.63	3.18	2.43	1.96	1.64	1.53	1.42	1.33	1.24	1.17	1.11	1.055	1
	等百分比	33.8	22.9	15.5	10.4	7.07	4.78	4.01	3.23	2.71	2.19	1.84	1.48	1.24	1
	抛物线	19.4	10.2	6.28	4.25	3.07	2.32	2.065	1.81	1.635	1.46	1.33	1.20	1.1	1
	实际快开	4.85	2.68	1.92	1.54	1.32	1.18	1.14	1.10	1.07	1.04	1.025	1.01	1.005	1

按 m 值法进行开度计算的公式如下。

直线流量特性时，即

$$K=\frac{l}{L}=\frac{R-m}{(R-1)m} \tag{5-30}$$

等百分比流量特性时，即

$$K=\frac{l}{L}=1-\frac{\lg m}{\lg R} \tag{5-31}$$

抛物线流量特性时，即

$$K=\frac{l}{L}=\frac{\sqrt{\frac{R}{m}}-1}{\sqrt{R}-1} \tag{5-32}$$

快开特性时，即

$$K=\frac{l}{L}=1-\sqrt{\frac{R(m-1)}{m(R-1)}} \tag{5-33}$$

如果用正常流量计算 K_v 值，先要确定控制阀正常工作开度，并根据所选用阀的流量特性从式(5-26)～式(5-29)中选择合适的公式计算 m 值，或从表 5-371 中查出 m 值，得到放大后的流量系数（等于 $mK_{v计}$）；然后按所选用的阀的系列 K_v 值圆整，设圆整后的流量系数为 K'_v，则实际放大系数为 m'（$m'=\frac{K'_v}{K_{v计}}$）。根据所选用的阀流量特性，从式（5-30）～式（5-33）中选择合适的公式进行开度验算。

5.4.8.3　可调比计算

控制阀的固有可调比是最大相对流量系数（Φ_{max}）与最小相对流量系数（Φ_{min}）之比。在此范围内，规定的固有流量特性的偏差应不超出表 5-372 明确的允许偏差。

一个特定控制阀的规定固有可调比只与阀的节流件和节流孔之间的相互作用有关。控制阀安装后比给定值可能会不适用。因此，在推导某一特定应用场合阀安装后的可调比时，应考虑诸如执行机构的定位精度、附接管道湍流阻力的影响因素。

表 5-373 规定的极限流量系数范围内，流量系数偏差和斜率偏差均适用于确定的固有可调比。在此范围（表 5-373），只能采用斜率偏差确定固有可调比。

表 5-372　允许偏差

额定流量系数（%）	相对流量系数 Φ	允许偏差（%）（±）	Φ 的范围	
			下限	上限
5	0.05	18.2	0.0409	0.0591
10	0.1	15.8	0.0842	0.116
20	0.2	13.8	0.172	0.227
30	0.3	12.7	0.262	0.338
40	0.4	12.0	0.352	0.448
50	0.5	11.5	0.443	0.557
60	0.6	11.1	0.533	0.667
70	0.7	10.7	0.625	0.775
80	0.8	10.4	0.717	0.883
90	0.9	10.2	0.808	0.992
100	1.0	10.0	0.900	1.10

表 5-373　流量系数极限值

流量系数	下限	上限
K_v	4.3	$(4.0\times10^{-2})d^2$
C_v	5	$(4.7\times10^{-2})d^2$

注：d = 阀的尺寸（mm），计算时其数值相当于公称尺寸 DN。

当利用试验数据画出控制阀在规定行程增量上的固有流量特性时，其斜率应无较大的偏差。根据定义可以看出，当连接两个相邻试验点的直线斜率偏离制造商规定的相同行程位置的流量系数之间画出的直线斜率超过1~2倍或0.5倍~1倍时，就会发生较大的偏差（图5-265和图5-266）。表5-373给出的流量系数极限值并不适用对斜率偏差的要求。

控制阀固有可调比在出厂时已经确定，它由控制阀的结构和所选用的流量特性确定。通常，国产控制阀的固有可调比 $R=30$。可调比计算是确定实际运行时控制阀可达到的可调比，即实际可调比，计算目的是验证其是否满足工艺操作要求。

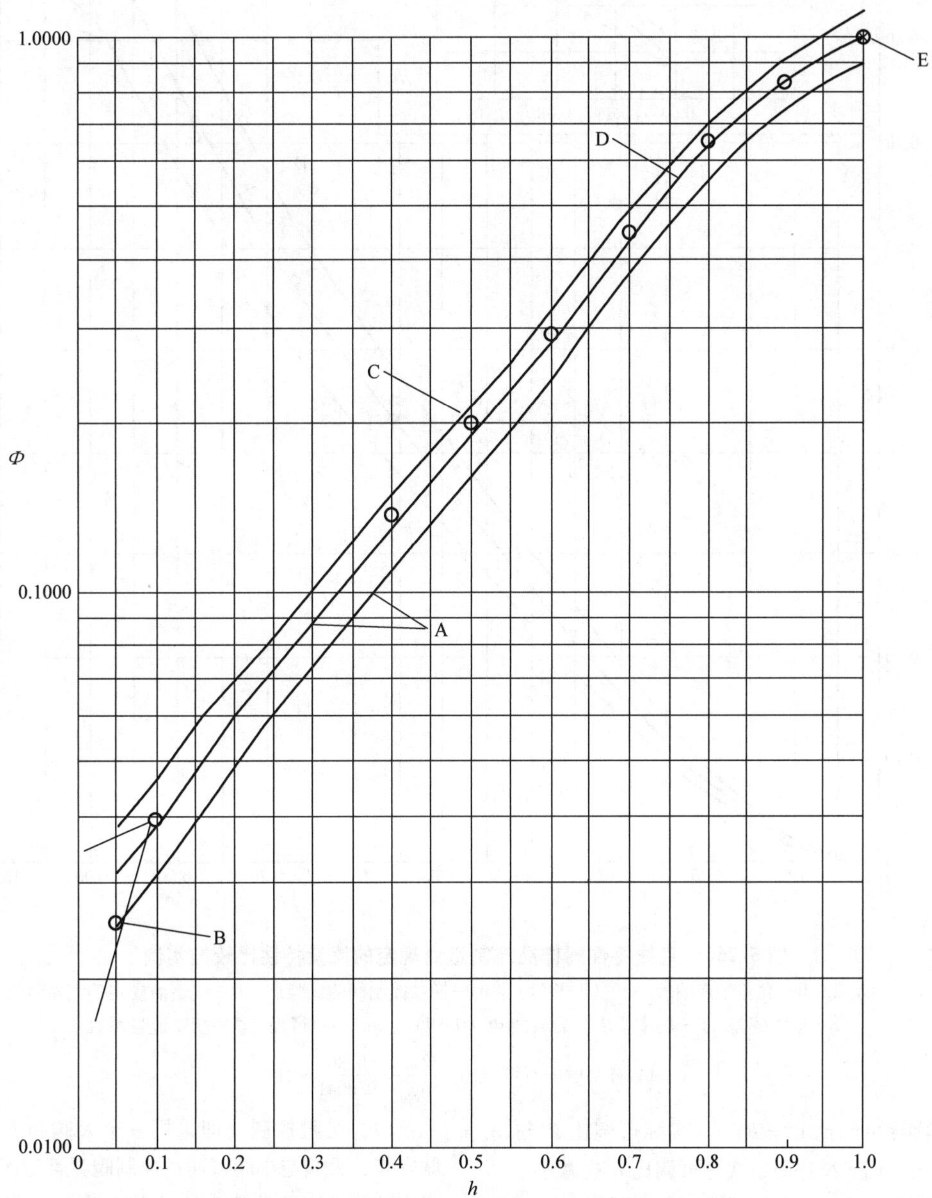

图5-265　等百分比特性阀样品与制造商规定的流量特性比较的实例

A—允差带　B—允差带和斜率要求内的最小 Φ（0.0253）　C—样品控制阀的试验点

D—制造商规定的流量特性　E—斜率要求内的最大 Φ（1.0）　h—相对行程　Φ—相对流量系数

试验样品的固有可调比：$\dfrac{\Phi_{max}}{\Phi_{min}}=\dfrac{1.000}{0.0253}\approx 39.5$

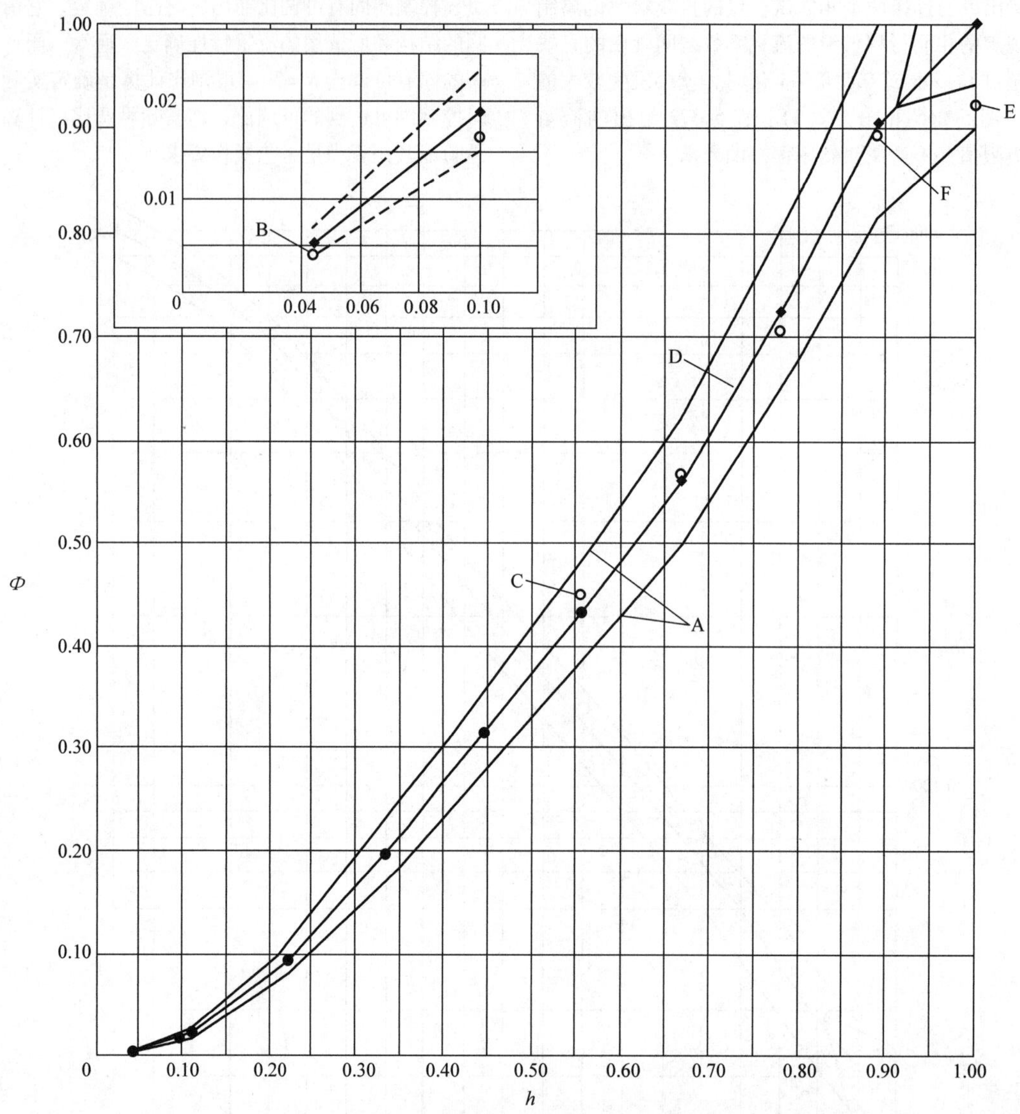

图 5-266 直线特性阀样品与制造商规定的流量特性比较的实例

A—允差带 B—允差带内的最小 Φ（0.0041） C—样品控制阀的试验点 D—制造商规定的流量特性 E—较大偏差 F—斜率要求内的最大 Φ（0.89） h—相对行程 Φ—相对流量系数

试验样品的固有可调比：$\dfrac{\Phi_{max}}{\Phi_{min}}=\dfrac{0.89}{0.0041}\approx 217$

根据实际可调比 $R'=R\sqrt{S}$，实际可调比 R' 与压降比 S 有关。当 S 减小时，实际可调比 R' 也减小。

在实际应用中，通常对最小开度有限制，如不小于10%，则直线流量特性控制阀在相对行程10%的流量为13% Q_{max}，从而使可调比下降到7.7。当压降比 S 较小时，如 $S=0.3$ 时，实际可调比只有 $R'=4.2$。一旦工艺过程要求的最大与最小流量的比值大于调节阀可提供的可调比（如4.2）时，就需要采用到下列措施来提高实际可调比。

（1）分程控制 即采用一个大阀和一个小阀并联安装，大阀与小阀可通过控制阀弹簧范围进行调整或安装阀的定位器等方法使其工作在不同的信号范围。如小阀需工作在20～60kPa，大阀需工作在60～100kPa；在pH控制系统中为了精确控制pH值及满足大的可调比控制要求，通常采用分程控制。

（2）提高压降比 实际可调比的下降是由于压降比低，因此，各种提高压降比的方法都可提高实际可调比。如对工艺设计的改进，通过改进工艺配管及减少弯头和阀门；又如提高系统入口压力或选用出口压力高的泵等；再如对控制方案的改进，即通过在泵出口压力控制系统中采用旁路控制，而不采用直接节流来控制压力。

5.4.8.4 阀瓣形面的绘制和计算

控制阀的工作流量特性曲线，可用阀瓣的位移与介质流量的关系确定。通常用下式表示：

$$W = f(h)$$

已知这种关系，便可计算阀瓣在与其开启高度 h 相应的各种位置下，阀门所要求的通过能力 W_k。

按通过能力 W_k，或公称通过能力 W_{yk} 的大小，确定阀瓣在不同位置时阀座的开启截面积 A_k。阀瓣尺寸的计算和绘制，根据 A_k 值进行。

（1）阀瓣开启截面积的计算　阀门的流量 W_k 可以绝对值计算（t/h）。但流量往往不以绝对值表示，而以相对值 $\overline{W}_k$（与在调节范围内的最大流量 $W_{\max}$ 的比值）计算，并要求流量按一定的曲线图变化。

在这种情况下，将阀瓣在各种不同位置下阀座的开启截面积 A_k 折算成阀门通道孔面积 A_y 的比值，这样计算起来更方便些。阀瓣全开时，其开启截面的最大面积为

$$A_6 = mA_y$$

式中，m 为全通过系数，$m \leqslant 1$。

系数 m 表示阀瓣在全开启时，阀座开启截面积与通道孔面积的比值。$m=1$ 的阀门通常称为“全通阀”。

A_k 值可用阻力系数 ζ_k、总流量系数 K_{v_k}、阀座的流量系数 K_{vb} 及公称通过能力 W_{yk}（或者流量系数 K_v）进行计算。在利用这些系数值的试验数据时，应将所依据的截面积和其相应的介质流速考虑在内。

当流量的绝对值为已知数时，阀座开启截面积借助阻力系数 ζ_k，用下列方法求出。

利用关系式（$W_k = f(h_k)$），即流量值与阀瓣开启高度的关系式，确定阀瓣在不同开启位置下的必需 W_k 值。W_k 与相应的 ζ_k 关系如下：

$$\zeta_k = 5.04^2 \left(\frac{A_y}{W_k}\right) \Delta p \rho$$

式中，Δp 值应给定，或者由 q_{mk} 的值确定。一般在一定条件下，取 Δp = 常数。令 $\overline{A}_k = A_k / A_y$。$\overline{A}_k$ 为以相对值表示的阀门开启截面积。当 $A_k = A_y$ 时，$\overline{A}_k = 1$。

利用所给定阀门的形式和尺寸的关系式 $\zeta = \Theta(\overline{A}_k)$ 求出与给定的 ζ_k 值相应的必需开度 $\overline{A}_k$。然后由下式确定阀座的开启截面积 A_k。

$$A_k = \overline{A}_k A_y$$

对双座式控制阀，其关系式为 $\zeta_k = \Theta(\overline{A}_k)$ 的曲线如图 5-267 所示。

研究证明，阀瓣在给定开启位置时，阀门的流阻系数 ζ_k 基本上决定了阀的开启度。开启度决定于阀体形状，而阀瓣形面的变化 A_k 则影响很少。因此，曲线图可用于计算各种不同阀瓣形面调节阀的阻力系数。按给定的阀体阻力系数选用曲线。

如果流量的绝对值为未知数，但可以曲线图或公式形式绘出相对值 W_k，则阀座开启截面积按下列程序进行计算。

知道阀体结构尺寸后，就给定了与（在调节行程范围内）阀的最大开启度相应的阻力系数值 ζ_M。确定 ζ_k 和 ζ_M 之间的关系式，并计算阀瓣在不同位置下的 ζ_k 值。利用 $\zeta_k = \Theta(\overline{A}_k)$ 曲线图，确定与求出的 ζ_k 相应的 $\overline{A}_k$ 值。

计算开启截面积为

$$A_k = \overline{A}_k A_y$$

下面列举在恒定压力损失下，按流量值计算开启截面积的例题。

［例］　在全开启时，阀门的阻力系数 $\zeta_M = 8.0$，试求 DN80 的直线特性曲线的双座式调节阀阀座的开启截面积。

所考虑的阀门的阀瓣为直线特性曲线。由此得出关系式：

$$W_k = W_{\max} \overline{h}$$

将阀瓣的全行程 h_n 分成 n 个部分，并用字母 k 代表所研究的与阀瓣开启高度 h_k 相应各截面的序号，阀瓣的行程以相对值表示：

$$\overline{h}_k = \frac{h_k}{h_n} = \frac{k}{n}$$

因为
$$W_{\max} = \frac{5.04 A_y}{\sqrt{\zeta_M}} \sqrt{\Delta p \rho}$$

和
$$W_k = \frac{5.04 A_y}{\sqrt{\zeta_k}} \sqrt{\Delta p \rho}$$

故
$$\frac{W_{\max}}{W_k} = \sqrt{\frac{\zeta_k}{\zeta_M}} \text{ 或 } \zeta_k = \zeta_M \frac{W_{\max}^2}{W_{\min}^2}$$

但是
$$\frac{W_{\max}}{W_{\min}} = \frac{1}{\overline{h}} = \frac{n}{k}$$

因而对于直线特性曲线：

$$\zeta_k = \zeta_M \left(\frac{n}{k}\right)^2$$

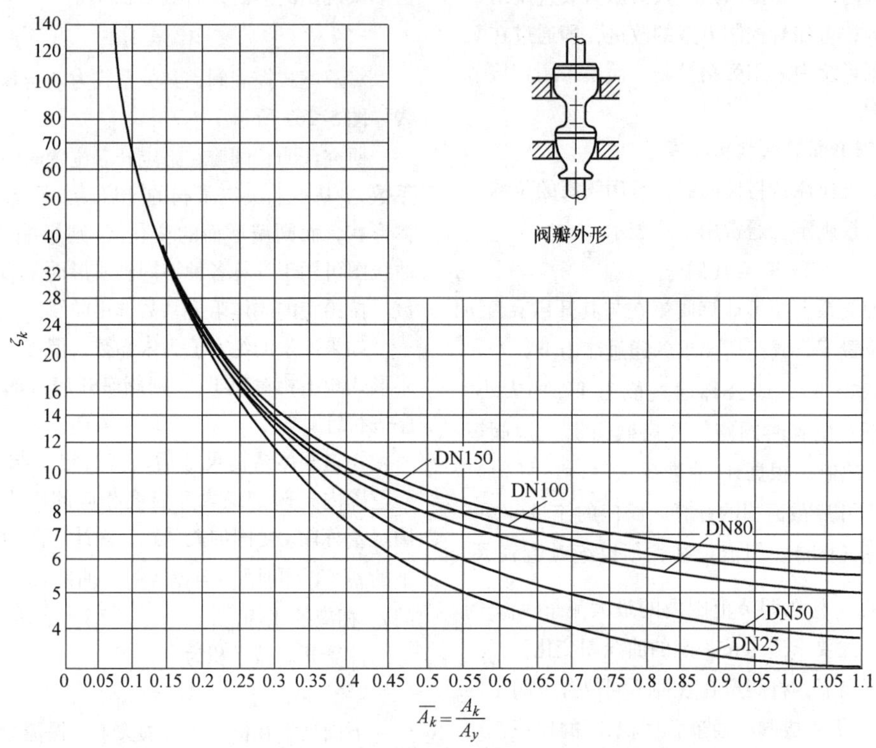

图5-267　双座式控制阀因开启高度而变化的流体阻力系数曲线图

取 $n=10$，并将 k 的不同值代入此公式，得出阀瓣在每一开启位置下的 ζ_k 值。

利用图5-267的曲线图，确定相应于 ζ_k 值的开度 $\overline{A}_k$。

计算阀座的开启截面积。对于所研究的阀而言：

$$A_y = 0.785\times 8\text{cm}^2 = 6.28\text{cm}^2$$

计算数据列于表5-374。

表5-374　数值 $\left(\frac{n}{k}\right)^2$、$\zeta_k$、$\overline{A}_k$、$A_k$ 和 A_k' 的计算值

截面 k 的序号	$\left(\frac{n}{k}\right)^2$	阻力系数 $\zeta_k=\zeta_M\left(\frac{n}{k}\right)^2$	$\overline{A}_k=\frac{A_k}{A_y}$	总开启面积/cm² $A_k=\overline{A}_kA_y$	每个阀瓣的开启面积 $A_k'=\frac{A_k}{2}$
1	100	800.0	0.031	1.56	0.78
2	25	200.0	0.056	2.82	1.41
3	11.1	88.8	0.088	4.43	2.21
4	6.25	50.0	0.12	6.04	3.02
5	4.00	32.0	0.16	8.05	4.02
6	2.78	22.21	0.21	10.45	5.22
7	2.04	16.32	0.26	13.10	6.55
8	1.56	12.50	0.32	16.10	8.05
9	1.23	9.85	0.40	20.10	10.05
10	1.00	8.00	0.51	25.64	12.82

（2）阀瓣的形面绘制 利用表格或曲线图所示的阀瓣，在不同开启位置下的开启面积 A_k 来绘制阀瓣的形面。对于各种类型的阀瓣，其形面绘制方法各异。

1）柱塞形阀瓣。首先研究用柱塞形阀瓣调节液流时，介质的流动情况在不同时刻，相对于阀座而言，阀瓣处于不同的开启位置，与开启截面积有关的介质流量也就大小不同。在绘制阀瓣形面时，其任务是根据所计算出的数值，来规定与阀瓣各截面相应的开启截面积的尺寸。

从图 5-268 看，似乎在 A—A 平面上的阀瓣与阀座之间的环形截面积，是起限制作用的面积。但此截面完全不是最窄的截面，而且它对介质不能起完全的节流作用。起限制作用的面积 A_k，是截锥体 MNN_1M_1 的侧表面面积，此截锥体的母线 MN 是位于阀座上的靠近于阀瓣的一点，至阀瓣侧面的垂直线。

采用使具有侧表面为等值面积的截锥体所形成的曲线，来绘制阀瓣形面的方法，所得出的结果最正确。为了简便起见，以后把这些曲线简称为等值面积曲线。

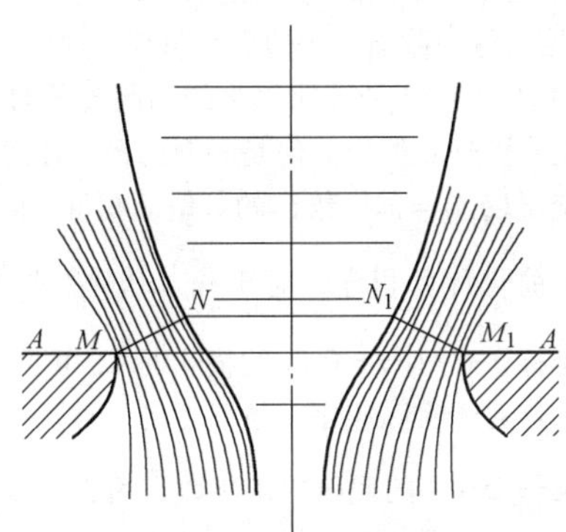

图 5-268 流体在阀瓣与阀座之间流动示意图

图 5-269 所示，当给定阀瓣位时，保证开启截面积 A_k，就意味着要使介质通过最窄处的面积等于 A_k。

自 M 点以各种不同角度 α 引若干射线，假如这些射线为锥体的母线，且锥体的侧表面面积等于 A_k，则在这些射线上，可得出截距 MC_1、MC_2、MC_3 等等。

连接 C_1、C_2、C_3 等点，得出其值等于 A_k 的侧表面积的截锥体母线。流束在阀瓣与阀座之间通过时，将绕过 M 点。因此在阀瓣与阀座间，间隙最窄处向下的一段，所绘制的阀瓣形面，应该与等值面积母线的曲线相交，母线上的一点（限制的），应与阀瓣的形面重合，而且此形面在此点与等值面积的曲线相切。

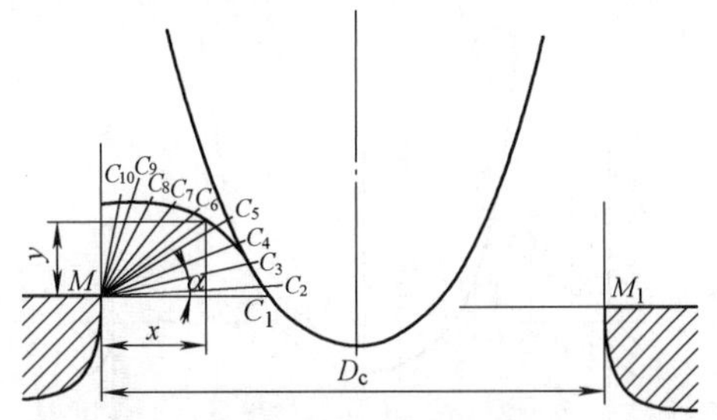

图 5-269 按 x 和 y 坐标系绘制等值面积曲线示意图

等值面积母线曲线可按下列数据绘制：截锥体侧表面面积应等于阀瓣开启截面积，即

$$A_k = \frac{\pi l(D + d)}{2}$$

式中，l 为母线长度，$l = MC$；D 为下遮盖直径，$D = D_C$；d 为上遮盖直径，$d = D_C - 2l\cos\alpha$。

将数值代入上式，得

$$A_k = \pi l D_C - \pi l^2 \cos\alpha$$

为了绘制等值面积母线曲线，确定以 M 点为坐标原点，则

$$l = \sqrt{x^2 + y^2} \text{ 及 } \cos\alpha = \frac{x}{\sqrt{x^2 + y^2}}$$

因此
$$A_k = \pi \sqrt{x^2 + y^2}(D_C - x)$$

$$x^2 + y^2 = \frac{A_k^2}{\pi^2 (D_C - x)^2}$$

$$y^2 = \left(\frac{A_k}{\pi}\right)^2 \frac{1}{(D_C - x)^2} - x^2$$

利用方程来绘制图 5-270 所示的等值面积曲线，用 X 和 R 坐标绘制等值面积曲线。x 为横坐标，R 为距计算原点的距离，如图 5-270 所示。绘制时，在横坐标 x 上作垂线，并在原点上以 R 为半径截取高度，$R = \dfrac{A_k}{\pi\ (D_C - x)}$。

由于流量系数随开启截面积的改变而变化，所以等值面积母线可能这样分布，即其中有一根曲线越出公用包络线，也就是说不可能绘制出全部等值面积曲线的公用包络线，为阀瓣的全行程 h_n 不够时将产生这种现象。

为了保证绘制公用包络线的可能，必须满足下列条件：

$$h_n \geqslant n\{y_{(i-1)}[x^0_{(i-2)}] - y_i[x^0_{(i-2)}]\}$$

式中，$y_{(i-1)}[x^0_{(i-2)}]$ 为当位于序号 $i-2$ 曲线上横坐

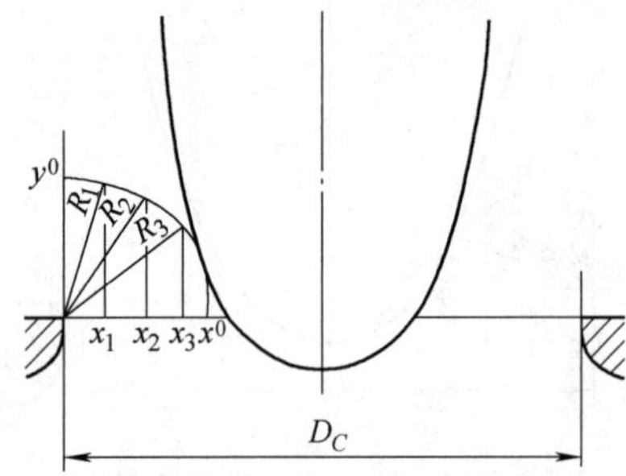

图5-270　按 x 与 R 坐标绘制的等值面积曲线图

标等于 x^0 时，在序号 $i-1$ 曲线上的纵坐标；$y_i\left[x^0_{(i-2)}\right]$为当位于序号 $i-2$ 曲线上的横坐标为 x^0 时，序号 $i-1$ 曲线上的纵坐标。

在校验是否满足给定条件时，通常需要这些曲线中的最后几根曲线。如果是绘制阀瓣形面曲线，通常取10个截面已足够了，如图5-271所示，则

$$h_n \geqslant \frac{10x_8^0}{A_8}\sqrt{A_{10}^2-A_8^2}-\sqrt{A_9^2-A_8^2}$$

$$=\frac{10}{A_8}\left(\frac{D_C}{2}-\sqrt{\frac{A_C-A_B}{\pi}}\right)\left(\sqrt{A_{10}^2-A_8^2}-\sqrt{A_9^2-A_8^2}\right)$$

式中，A_C 为阀座孔面积；x^0 为如图5-271所示；A_8、A_9、A_{10} 为当 $\bar{h}=0.8$、0.9、1.0时，阀瓣的开启截面积。

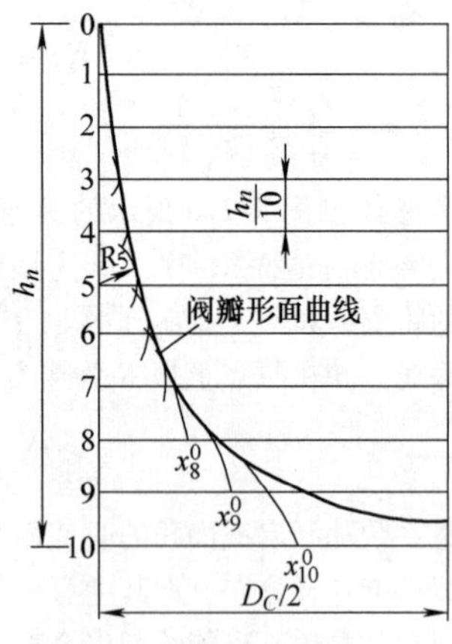

图5-271　等值面积曲线与圆弧曲线的交界区分布

以上述资料为基础，按以下步骤绘制阀瓣的形面，如图5-272所示。

① 选定绘制阀瓣形面的比例（通常为10∶1），

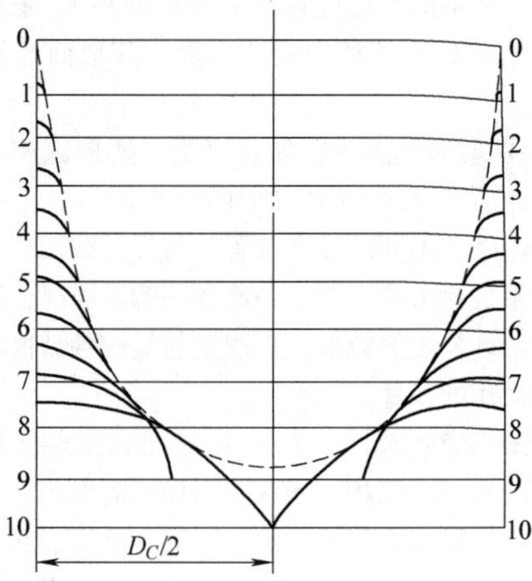

图5-272　阀瓣型面的形成示意图

并引出阀瓣的纵坐标轴，在轴的两侧再以相当于$\frac{D_C}{2}$的距离绘出两条线（按选定的比例）。

② 量取阀瓣行程，并将它划分成 n 等分。

③ 求出1~10截面每一截面的 A_k 值。

④ 绘出每一截面的等值面积母线的曲线。

⑤ 画出已绘出曲线的包络线。阀瓣的最下部分的外形轮廓可任意绘出。但是阀瓣的形面任何地方也不应相交于以 $A_k=mA_y$ 绘出的等值面积母线的曲线。

为了简化计算程序，对于$\frac{y^0}{x^0}\geqslant 0.9$（$y^0$ 为 $x=0$ 时的纵坐标；x^0 为 $y=0$ 时的横坐标），可用圆弧代替曲线。这对于实际应用，精确度已足够了。

定出$\frac{y^0}{x^0}\geqslant 0.9$ 的截面的初步数目后，可以不绘制这些曲线。

因为
$$y=\left(\frac{A_k}{\pi}\right)^2\frac{1}{(D_C-x)^2}-x^2$$

则当 $x=0$ 时，$y^0=\dfrac{A_k}{\pi D_C}$

当 $y=0$ 时，$x^0=\dfrac{D_C}{2}\pm\sqrt{\dfrac{D_C^2}{2}-\dfrac{A_k}{\pi}}$

利用形面的一侧，$x^0=\dfrac{D_C}{2}-\sqrt{\dfrac{D_C^2}{4}-\dfrac{A_k}{\pi}}$

根据求出的数据列出不等式：

$$\frac{A_k}{\pi D_C}\geqslant 0.9\left(\frac{D_C}{4}-\sqrt{\frac{D_C^2}{4}-\frac{A_k}{\pi}}\right)$$

经适当整理后，得

$$A_k \leqslant 0.09\pi D_C^2 \text{或} A_k \leqslant 0.36A_C$$

其中，$A_C=0.785D_C^2$。

因此，对于$\frac{A_k}{A_C}\leqslant0.36$截面的（全通阀$\frac{A_k}{A_y}\leqslant0.36$）等值面积曲线，可以用圆弧代替。

［例］ 绘制DN50，控制阀行程$h_n=65$mm，具有直线特性的单座式控制阀阀瓣的形面，阀门的压力损失恒定，A_k值参照表5-375的数据。

计算10个截面，得出每一截面的等值面积曲线方程的计算值。方法是将与该截面相应的A_k值代入式内。

采用以下两种方法。

a. 直角坐标系法：

$$y^2=\left(\frac{A_k}{\pi}\right)^2\frac{1}{(D_C-x)^2}-x^2$$

列出方程计算每一截面x^0在$y=0$时的x值，截面y^0在$x=0$时的y值。

对于那些曲线形状接近于圆弧的截面不绘制曲线，而绘制半径为$R=\frac{x^0+y^0}{2}$的圆弧。这种做法适用于$\frac{y^0}{x^0}\geqslant0.9$的截面（表5-376，截面$\overline{h}=0.1\sim0.6$）。此方案通常用于截面$A_k=0.36A_C$的场合。

绘制曲线可以限制在曲线与阀瓣形面预计切点附近的线段，如图5-273所示。

b. x与R坐标系法：

$$R=\frac{A_k}{\pi(D_C-x)}$$

对于$A_k\leqslant0.36A_C$的截面，其公式改为

$$R=\frac{0.327A_k}{D_C}$$

计算结果列于表5-377，绘制曲线为$x_{k-1}^0\sim x_k^0$（x_k^0为当$y=0$时的横坐标）。

x_k^0值按下式求得

$$x_k^0=\frac{D_C}{2}-\sqrt{\frac{A_c-A_k}{\pi}}$$

阀瓣的形面是绘制出的全部曲线和圆弧的包络线。包络线一般用图解法绘制，也可以用解析法计算。

前面已指出，阀瓣最下面部分的外形轮廓可以任意做出，然而阀瓣形面的任何部位都不应与A_{10}的等值面积曲线相交。

阀瓣形面绘出后，再计算标注在阀瓣施工图上每

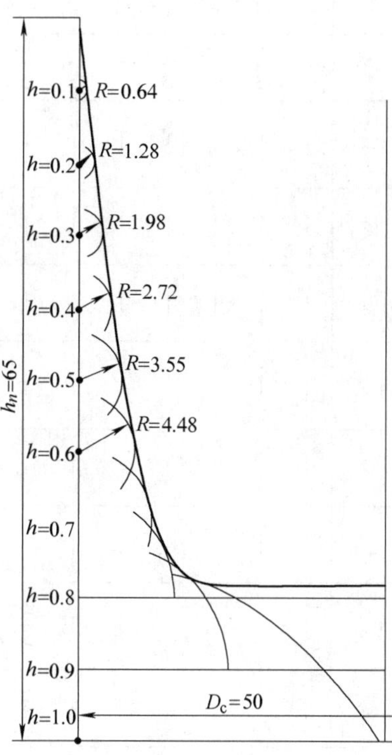

图5-273 柱塞形阀瓣形面的绘制

一截面的直径。

首先确定阀瓣上部（其母线为直线）的锥形段，然后确定锥形段下面的异形段。在图上标注多少截面数。与所要求的形面精确度及曲率有关。

为了将异形段形面曲线修正圆滑，应当将等距截面前一段的阀瓣直径增大，后一段减小。

2）套筒窗形阀瓣。在套筒窗形阀瓣内，介质通过阀瓣套筒壁上的窗口所形成的截面。套筒阀瓣的窗口可以是方形或异形。

异形窗口的形面按下列程序进行绘制：

首先做出以直线线段组成的近似的形面，然后绘制出窗口的最终形面的曲线，如图5-274所示。

近似形面按下列公式进行绘制：

$$l_k=\frac{2(A_k-A_{k-1})}{Zh}-l_{k-1}$$

式中，l_k为所要求的截面内的窗口宽度（cm）；l_{k-1}为前一截面内的窗口宽度（cm）；A_k为所计算截面内阀瓣窗口的开启面积（cm^2）；A_{k-1}为前一截面内的窗口开启面积（cm^2）；h为截面之间的距离（cm）；Z为窗口数目。

表 5-375　利用总流量系数 K_v 的近似法计算单座式控制阀阀座开启面积

截面 k 的序号	有效面积 $K_{vk}A_k$	原始数值		第一近似值			第二近似值			第三近似值			第四近似值			第五近似值			选取值	
		$\overline{A}_k=\frac{A_k}{A_y}$	K_{vk}	K_{vk}	K_k	$\overline{A}_k$	K_{vk}	K_k	$\overline{A}_k$	K_{vk}	K_k	$\overline{A}_k$	K_{vk}	K_k	$\overline{A}_k$	K_{vk}	K_k	$\overline{A}_k$	K_{vk}	A_k/cm^2
1	0.825	0.1	0.80	0.75	1.10	0.056	0.80	1.03	0.051	0.80	—	—	—	—	—	—	—	—	0.80	1.03
2	1.650	0.2	0.80	0.80	2.06	0.105	0.80	—	—	—	—	—	—	—	—	—	—	—	0.80	2.06
3	2.475	0.3	0.78	0.80	3.09	0.157	0.80	—	—	—	—	—	—	—	—	—	—	—	0.80	3.09
4	3.300	0.4	0.73	0.80	4.13	0.210	0.80	—	—	—	—	—	—	—	—	—	—	—	0.80	4.13
5	4.125	0.5	0.66	0.80	5.16	0.262	0.79	5.22	0.266	0.79	—	—	—	—	—	—	—	—	0.79	5.22
6	4.950	0.6	0.59	0.79	6.76	0.319	0.77	6.44	0.328	0.76	—	—	—	—	—	—	—	—	0.77	6.44
7	5.775	0.7	0.53	0.76	7.60	0.387	0.74	7.80	0.397	0.73	7.92	0.403	—	—	—	—	—	—	0.73	7.92
8	6.600	0.8	0.48	0.73	9.05	0.460	0.69	9.57	0.487	0.67	9.85	0.502	0.66	10.00	0.510	0.65	10.15	0.517	0.65	10.20
9	7.425	0.9	0.45	0.56	13.33	0.680	0.55	13.60	0.693	0.54	13.90	0.710	0.53	14.00	0.714	0.52	14.05	0.695	0.53	14.05
10	8.250	1.0	0.42	0.42	19.63	—	—	—	—	—	—	—	—	—	—	—	—	—	0.42	19.63

表 5-376　在直角坐标系中用于绘制阀瓣形面的计算数据

截面 k 的序号	阀瓣的相对开度 $\overline{h}=\frac{k}{n}$	等截面曲线方程式	坐标	坐标 x 和 y 的数值/mm															坐标比 $\frac{y^0}{x^0}$	圆弧半径 R
0	0	$x=0\quad y=0$	—	—	—	—	—	—	—	—	—	—	—	—	—	—	—	—	—	—
1	0.1	$y^2=\frac{978}{(50-x)^2}-x^2$	x	0	—	—	—	—	—	—	—	—	—	—	—	—	—	0.65	0.972	0.64
			y	0.63	—	—	—	—	—	—	—	—	—	—	—	—	—	0		
2	0.2	$y^2=\frac{4000}{(50-x)^2}-x^2$	x	0	—	—	—	—	—	—	—	—	—	—	—	—	—	1.30	0.972	1.28
			y	1.26	—	—	—	—	—	—	—	—	—	—	—	—	—	0		
3	0.3	$y^2=\frac{9250}{(50-x)^2}-x^2$	x	0	—	—	—	—	—	—	—	—	—	—	—	—	—	2.0	0.971	1.98
			y	1.94	—	—	—	—	—	—	—	—	—	—	—	—	—	0		
4	0.4	$y^2=\frac{17390}{(50-x)^2}-x^2$	x	0	—	—	—	—	—	—	—	—	—	—	—	—	—	2.8	0.945	2.72
			y	2.65	—	—	—	—	—	—	—	—	—	—	—	—	—	0		
5	0.5	$y^2=\frac{29000}{(50-x)^2}-x^2$	x	0	—	—	—	—	—	—	—	—	—	—	—	—	—	3.7	0.920	3.55
			y	3.40	—	—	—	—	—	—	—	—	—	—	—	—	—	0		

6	0.6	$y^2=\dfrac{45400}{(50-x)^2}-x^2$	x	0	—	—	—	—	—	—	—	—	—	—	—	—	—	4.7	0.907	4.48
			y	4.26	—	—	—	—	—	—	—	—	—	—	—	—	—	0		
7	0.7	$y^2=\dfrac{69100}{(50-x)^2}-x^2$	x	0	2	3	4	5	5.5	—	—	—	—	—	—	—	—	6.0	0.879	按坐标作出曲线
			y	5.26	5.11	4.73	4.06	3.21	2.16	—	—	—	—	—	—	—	—	0	0.845	
8	0.8	$y^2=\dfrac{10600}{(50-x)^2}-x^2$	x	0	3	4	5	6	7	—	—	—	—	—	—	—	—	7.7		
			y	6.51	6.25	5.84	5.24	4.32	2.88	—	—	—	—	—	—	—	—	0	0.785	
9	0.9	$y^2=\dfrac{177000}{(50-x)^2}-x^2$	x	0	6	7	8	9	10	—	—	—	—	—	—	—	—	10.7	0.500	
			y	8.41	7.45	6.84	6.05	4.92	3.28	—	—	—	—	—	—	—	—	0		
10	1.0	$y^2=\dfrac{390600}{(50-x)^2}-x^2$	x	0	8	9	10	11	12	13	14	15	16	17	18	19	20	25.0		
			y	12.5	12.53	12.20	12.0	11.66	11.22	10.82	10.25	9.69	9.06	8.40	7.58	6.78	5.83	0		

表 5-377 在 x 和 R 坐标系中用于绘制阀瓣形面的计算数据

截面 k 的序号	相对开度 $\overline{h}=\dfrac{k}{n}$	开启截面积 A_k/mm²	开启截面的相对值 $\overline{A}_k=\dfrac{A_k}{A_y}$	等截面曲线方程式	截面 k 的序号	相对开度 $\overline{h}=\dfrac{k}{n}$	开启截面积 A_k/mm²	开启截面的相对值 $\overline{A}_k=\dfrac{A_k}{A_y}$	等截面曲线方程式
0	0	0	0	$R_0=0$	4	0.4	413	0.210	$R_4=\dfrac{0.327\times413}{50}=2.70$
1	0.1	103	0.051	$R_1=\dfrac{0.327\times103}{50}=0.67$					
2	0.2	206	0.105	$R_2=\dfrac{0.327\times206}{50}=1.34$	5	0.5	522	0.266	$R_5=\dfrac{0.327\times522}{50}=3.41$
3	0.3	309	0.157	$R_3=\dfrac{0.327\times309}{50}=2.02$	6	0.6	644	0.328	$R_6=\dfrac{0.327\times644}{50}=4.21$

截面 k 的序号	相对开度 $\overline{h}=\dfrac{k}{n}$	开启截面积 A_k/mm²	开启截面的相对值 $\overline{A}_k=\dfrac{A_k}{A_y}$	等截面曲线方程式	半径 R 的计算值									
7	0.7	792	0.403	$R_7=\dfrac{792}{\pi(50-x)}$	$x_k^0=\left(25-\sqrt{\dfrac{1963-792}{3.14}}\right)\text{mm}=5.7\text{mm}$	x	0	2	3	4	5	—	—	
						R_7	5.04	5.25	5.36	5.48	5.60	—	—	
8	0.8	1020	0.502	$R_8=\dfrac{1020}{\pi(50-x)}$	$x_k^0=\left(25-\sqrt{\dfrac{1963-1020}{3.14}}\right)\text{mm}=7.7\text{mm}$	x	0	3	4	5	6	7	—	
						R_8	6.50	6.92	7.07	7.22	7.39	7.56	—	
9	0.9	1450	0.710	$R_9=\dfrac{1450}{\pi(50-x)}$	$x_k^0=\left(25-\sqrt{\dfrac{1963-1405}{3.14}}\right)\text{mm}=11.4\text{mm}$	x	0	6	7	8	9	10	11	
						R_9	8.95	10.1	10.4	10.6	10.9	11.2	11.5	
10	1.0	1963	1.00	$R_{10}=\dfrac{1963}{\pi(50-x)}$	$x_k^0=25\text{mm}$	x	0	8	9	10	11	12	13	
						R_{10}	12.5	14.8	15.2	15.6	16.0	16.4	16.9	
					$x_k^0=25\text{mm}$	x	14	15	16	17	18	19	20	25
						R_{10}	17.4	17.8	18.4	18.9	19.5	20.1	20.9	25

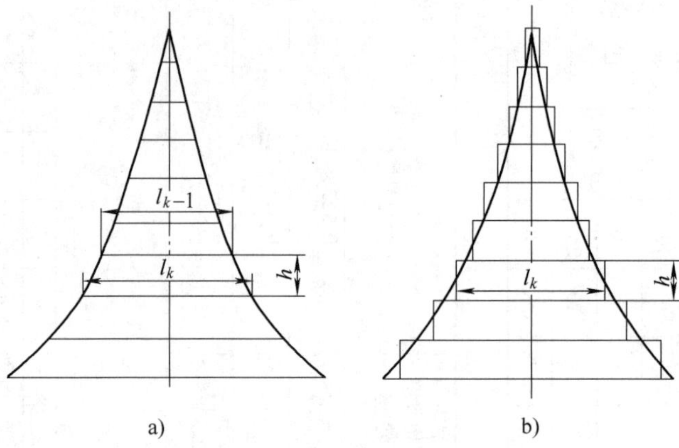

图5-274　套筒窗形阀瓣形面的绘制

a）梯形法　b）矩形法

当流量系数变化平缓时，面积 $A_k - A_{k-1}$ 也逐渐增加，比较容易用圆滑曲线直接绘制近似形面。当流量系数按复杂曲线变化时，截面 $A_k - A_{k-1}$ 的变化很大，所得到的形面与齿形相似。在这种情况下，必须增加复杂曲线段的截面数目，以减小 h 值。

初始形面可用矩形法绘制，如图5-274b所示。此时：

$$l_k = \frac{A_k - A_{k-1}}{Zh}$$

型面作图的精确度，在很大程度上取决于计算截面的数目。因此建议计算截面尽可能选得多一些。

3）扇形阀瓣。在扇形阀瓣内，介质所通过的开启截面是阀座与阀瓣表面之间，在断面 A-A 的垂直面上的投影所形成的圆扇形孔，如图5-275所示。

开启截面积　$A_k = \dfrac{1}{2}[l_r - a(r-h)\cos\phi]$

或　$A_k = \dfrac{r^2}{2}\left(\dfrac{\pi\alpha^\circ}{180} - \sin\alpha\right)\cos\phi$

在阀瓣上制作一个或几个切口的扇形阀瓣，仅适用于通过能力很小的小规格的调节阀。

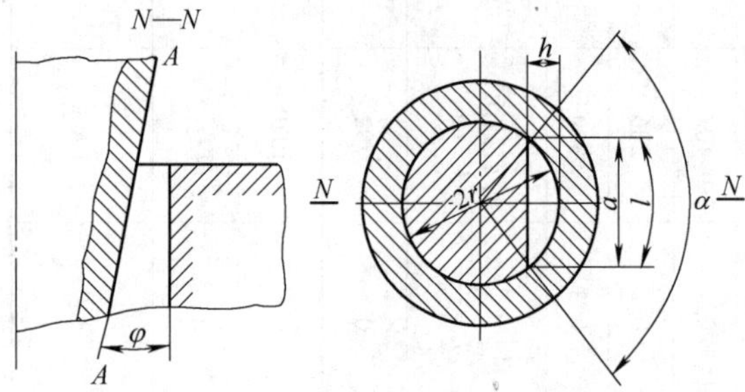

图5-275　扇形阀瓣形面的绘制

［例］　试确定轴流式套筒调节阀的套筒钻孔直径、数量及排列方式。

已知：控制阀的形式为轴流式套筒钻孔阀；公称压力和公称尺寸为Class600、NPS10，Class900、NPS12；环境温度为 -40～60℃；入口介质温度为0～60℃；介质为天然气（CH_4）96.226%，气体常数 R=518kJ/kg，密度 ρ=0.7174kg/Nm^3，相对密度（空气=1）=0.5548，熔点=-182.5℃，沸点=-161.49℃，比定压热容 c_p=1.545kJ/Nm^3，绝热指数 K=1.369，临界压力 p_o=4.641MPa，临界温度 T_o=190.7K，临界比容 V_o=0.0995m^3/kmol，临界压缩系数 Z_o=0.290，导热系数（热导率）λ=0.084W/m·K，动力黏度 $\mu\times10^6$=10.395Pa·s，运动黏度 $v\times10^6$=14.50m^2/s；流量特性为等百分比或近似等百分比。流量对于Class600、NPS10，Q_{max}=70×10^{4}m^3/h、Q_{min}=9×10^{4}m^3/h；对于Class900、NPS12，Q_{max}=90×10^{4}m^3/h；Q_{min}=10×10^{4}m^3/h；对于Class600、NPS10，入口压力 p_1 为10.0MPa；对于Class900、NPS12，入口压力 p_1 为12.0MPa；对于Class600、NPS10，出口压力 p_2 为4.0MPa；对于Class900、NPS12，出口压力 p_2 为4.0MPa；压比为大于等于1.6；阀门开度为15%～85%；精度为±1.0%；回差为≤1.0%；流量必须以最大流量的110%为基础；流过阀内件的速度头低于480kPa；阀芯出口流速为≤0.2M（马赫数）；出口处流速为≤40m/s；噪声为距阀门1m处不得超过85dB；泄漏等级为1EC 60534.4中Ⅵ级；流体方向为流关。

1）首先把标准流量换算为工况流量。

① Class600、NPS10，Q_{pmax}=70×10^{4}m^3/h/(100+1)=6930.69m^3/h；Q_{pmin}=9×10^{4}m^3/h/(100+1)=891.09m^3/h。

② Class900、NPS12，Q_{pmax}=90×10^{4}m^3/h/(120

+1) =7438.02m³/h; $Q_{pmin}=10\times10^4\text{m}^3/\text{h}/(120+1)=826.446\text{m}^3/\text{h}$。

2）计算设计工况流量。

① Class600、NPS10，$6930.69\text{m}^3/\text{h}\times110\%=7623.759\text{m}^3/\text{h}$。

② Class900、NPS12，$7438.02\text{m}^3/\text{h}\times110\%=8181.822\text{m}^3/\text{h}$。

3）判断是否为阻塞流。对于气体当 $X\geqslant F_rX_T$ 时为阻塞流；当 $X<F_rX_T$ 时为非阻塞流。

① 对于 Class600、NPS10，$X=\Delta p/p_1=p_1-p_2/p_1=(10-4)\text{MPa}/10\text{MPa}=0.6$；查 GB/T 17213.2—2005/IEC 60534-2-1：1998，CH_4：$r=1.32$、$F_r=0.943$、$X_T=0.68$，也可计算 F_r：

$$F_r=\frac{r}{1.40}=\frac{1.32}{1.40}=0.942857142$$

$$F_rX_T=0.641$$

$$X<F_rX_T$$

式中，X 为压差与入口绝对压力之比（$\Delta p/p_1$），无量纲；X_T 为阻塞流条件下无附接管件调节阀的压差比系数，无量纲；F_r 为比热比系数，无量纲。

因此，判定流态是非阻塞流。

② 对于 Class900、NPS12，$X=\Delta p/p_1=0.8/12=0.667$；查 GB/T 17213.2—2005/IEC 60534-2-1：1998，CH_4：$r=1.32$、$F_r=0.943$、$X_T=0.68$，计算 F_r：

$$F_r=\frac{r}{1.40}=\frac{1.32}{1.40}=0.942857142$$

$$F_rX_T=0.942857142\times0.68=0.6411$$

$$X>F_rX_T$$

因此，判定流态是阻塞流。

4）计算流量系数 C。

① 对于 Class600、NPS10，流态是非阻塞流；

计算膨胀系数 Y：

$$Y=1-\frac{X}{3F_rX_T}=1-\frac{0.594}{3\times0.943\times0.68}=0.6912$$

计算流量系数 C（K_v）：

$$C=\frac{q_V}{N_qp'_1Y}\sqrt{\frac{MT_1Z}{X}}$$

式中，C 为流量系数（K_v）；q_V 为体积流量（m³/h）；N_q 为数字常数，$t_s=15℃$，$N_q=2.60\times10^3$；p'_1 为上游取压口测得的入口绝对静压力，$p'_1=(100+1)\text{bar}=101\text{bar}$；$M$ 为分子量，$M=16.04\text{kg/kmol}$；T_1 为入口绝对温度，$T_1=(273+60)\text{K}=333\text{K}$；$Z$ 为压缩系数，按比压力 p_r 和比温度 T_r 查图 1-22。

$$p_r=\frac{p'_1}{p_c}=\frac{101}{46}=2.2$$

式中，p_r 为比压力；p_c 为绝对热力临界压力，$p_c=4600\text{kPa}$（查 GB/T 17213.2—2005/IEC 60534-2-1：1998）。

$$T_r=\frac{T_1}{T_c}=\frac{333}{191}=1.7435$$

式中，T_r 为比温度；T_c 为绝对热力临界温度，$T_c=191\text{K}$。

查 GB/T 17213.2—2005/IEC 60534-2-1：1998；$Z=0.91$；F_r 为比热比系数，$F_r=0.943$；X 为压差与入口绝对压力之比（$\Delta p/p'_1$）$X=0.594$，则

$$C(K_v)=\frac{70\times10^4}{2.6\times10^3\times101\times0.6912}\sqrt{\frac{16.04\times333\times0.91}{0.594}}$$

$$=\frac{700000}{181509.12}\times\sqrt{\frac{4860.6}{0.594}}$$

$$=3.85656\times90.459=348.86$$

最小流量时的流量系数 $C(K_v)$ 值：

$$C(K_v)=\frac{9\times10^4}{2.6\times10^3\times101\times0.6912}\sqrt{\frac{16.04\times333\times0.91}{0.594}}$$

$$=\frac{90000}{181509.12}\times\sqrt{\frac{4860.6}{0.594}}$$

$$=0.4958\times90.459=44.85$$

② 对于 Class900、NPS12，流态是阻塞流；计算流量系数 $C(K_v)$：

$$C(K_v)=\frac{q_V}{0.667N_qp'_1}\sqrt{\frac{MT_1Z}{F_rX_T}}$$

式中，C 为流量系数（K_v）；q_V 为体积流量（m³/h）；N_q 为数字常数；$t_s=15℃$，$N_q=2.60\times10^3$；p'_1 为上游取压口测得的入口绝对静压力 $p'_1=(120+1)\text{bar}=121\text{bar}$；$M$ 为分子量，$M=16.04\text{kg/kmol}$；T_1 为入口绝对温度，$T_1=(273+60)\text{K}=333\text{K}$；$Z$ 为压缩系数，按比压力和比温度查图 1-22。

$$p_r=\frac{p'_1}{p_c}=\frac{121}{46}=2.63$$

式中，p_r 为比压力；p_c 为绝对热力临界压力，$p_c=4600\text{kPa}$（查 GB/T 17213.2—2005/IEC 60534-2-1：1998）。

$$T_r=\frac{T_1}{T_c}=\frac{333}{191}=1.7435$$

式中，T_r 为比温度；T_c 为绝对热力临界温度，$T_c=191\text{K}$。

查 GB/T 17213.2—2005/IEC 60534-2-1：1998；$Z=0.9$；F_r 为比热比系数，$F_r=0.943$；X_T 为阻塞流条件下无附接管件调节阀的压差比系数，$X_T=0.68$（查表 1-70）。

$$C(K_v)=\frac{90\times10^4}{0.667\times2.6\times10^3\times121}\sqrt{\frac{16.04\times333\times0.9}{0.943\times0.68}}$$

$$=\frac{900000}{209838.2}\times\sqrt{\frac{4807.188}{0.64124}}$$

$$=4.289\times 86.5835=371.3567$$

最小流量时的流量系数 $C(K_v)$ 值：

$$C(K_v)=\frac{10\times 10^4}{0.667\times 2.6\times 10^3\times 121}\times\sqrt{\frac{16.04\times 333\times 0.9}{0.943\times 0.68}}$$

$$=\frac{100000}{209838.2}\times\sqrt{\frac{4807.188}{0.64124}}$$

$$=0.4766\times 86.5835=41.266$$

5）计算控制阀雷诺数（$R_e<10000$ 时）。

① 控制阀雷诺数计算公式。

$$Re_v=\frac{N_4F_dq_V}{v\sqrt{C_iF_L}}\left(\frac{F_L^2C_i^2}{N_2d^4}+1\right)^{\frac{1}{4}}$$

式中，Re_v为控制阀的雷诺数；N_4 为数字常数，$N_4=7.07\times 10^{-2}$；F_d 为控制阀类型修正系数，$F_d=0.09$（查表1-70）；q_V 为体积流量（m^3/h），对于Class600、NPS10，$q_{V\max}=70\times 10^4$、$q_{V\min}=9\times 10^4$；对于Class900、NPS12，$q_{V\max}=90\times 10^4$、$q_{V\min}=10\times 10^4$；ν 为运动黏度，$\nu=14.5m^2/s$；C_i 为用于反复计算的假定流量系数，$C_i=1.3C$；对于Class600、NPS10，$C_{i\max}=1.3C(K_v)_{\max}=1.3\times 348.86=453.518$，$C_{i\min}=1.3C(K_v)_{\min}=1.3\times 44.85=58.305$；对于Class900、NPS12，$C_{i\max}=1.3C(K_v)_{\max}=1.3\times 371.3567=482.76371$，$C_{i\min}=1.3C(K_v)_{\min}=1.3\times 41.262=53.64$；$F_L$ 为无附接管件控制阀的液体压力恢复系数，查表1-70，$F_L=0.9$；N_2 为数字常数，$N_2=1.6\times 10^{-3}$；d 为管道内径，对于Class600，NPS10，$d=247.7mm$；对于Class900，NPS12，$d=282.4mm$。

Class600、NPS10：

$$Re_v=\frac{7.07\times 10^{-2}\times 0.09\times 70\times 10^4}{14.5\times\sqrt{348.86\times 0.9}}\times\left(\frac{0.9^2\times 348.86}{1.6\times 10^{-3}\times 247.7}+1\right)^{\frac{1}{4}}$$

$$=\frac{4454.1}{256.93}\times(248738.5672)^{\frac{1}{4}}$$

$$=17.34\times 22.3324=387.24$$

Class900、NPS12：

$$Re_v=\frac{7.07\times 10^{-2}\times 0.09\times 90\times 10^4}{14.5\times\sqrt{371.3567\times 0.9}}\times\left(\frac{0.9^2\times 371.3567^2}{1.6\times 10^{-3}\times 282.4}+1\right)^{\frac{1}{4}}$$

$$=\frac{5726.7}{265.085}\times(247220.5839)^{\frac{1}{4}}$$

$$=21.6\times 22.2982=481.6411$$

因 $Re_v<10000$，需用 $C_i=1.3C$ 修正，应对上式重新计算 Re_v，则

Class600、NPS10：

$$Re_v=\frac{7.07\times 10^{-2}\times 0.09\times 70\times 10^4}{14.5\times\sqrt{453.518\times 0.9}}\times\left(\frac{0.9^2\times 453.518^2}{1.6\times 10^{-3}\times 247.7}+1\right)^{\frac{1}{4}}$$

$$=\frac{4454.1}{292.95}\times(420367.49)^{\frac{1}{4}}$$

$$=15.2\times 25.46=386.992$$

Class900、NPS12：

$$Re_v=\frac{7.07\times 10^{-2}\times 0.09\times 90\times 10^4}{14.5\times\sqrt{482.7637\times 0.9}}\times\left(\frac{0.9^2\times 482.7637^2}{1.6\times 10^{-3}\times 282.4}+1\right)^{\frac{1}{4}}$$

$$=\frac{5726.7}{302.24}\times(417802.0798)^{\frac{1}{4}}$$

$$=18.95\times 25.4239=481.7829$$

② 计算雷诺数系数 F_R。

对于过渡流状态（$Re_v\geqslant 10$），公式如下。

对于Class600、NPS10：

$$F_R=1+\left(\frac{0.33F_L^{\frac{1}{2}}}{n^{\frac{1}{4}}}\right)\lg\left(\frac{Re_v}{10000}\right)$$

式中，F_R 为雷诺数系数；F_L 为无附接管件控制阀的液体压力恢复系数，查表1-70，$F_L=0.9$；n 为常量，取决于阀内件类型（本题 $C_{rated}/d^2N_{18}<0.016$）则

$$n=1+N_{32}\left(\frac{C_i}{d^2}\right)^{\frac{2}{3}}=1+1.4\times 10^2\times\left(\frac{453.518}{247.7^2}\right)^{\frac{2}{3}}$$

$$=1+140\times（0.007391669）^{\frac{2}{3}}$$

$$=1+140\times 0.0379=6.306$$

式中，N_{32}为数字常数，$N_{32}=1.4\times 10^2$（查表1-71）；C_i 为用于反复计算的流量系数，$C_i=1.3C=1.3\times 348.86=453.518$；$d$ 为控制阀通道直径，$d=247.7mm$；Re_v 为控制阀雷诺数，取 $Re_v=386.992$，则

$$F_R=1+\left(\frac{0.33F_L^{\frac{1}{2}}}{n_2^{\frac{1}{4}}}\right)\lg\left(\frac{Re_v}{10000}\right)=1+\frac{0.313}{n_2^{\frac{1}{4}}}\lg 0.0387$$

$$=1+\frac{0.313}{5.306^{\frac{1}{4}}}\times(-1.4123)=1-0.29=0.71$$

对于Class900、NPS12：

$$F_R=1+\left(\frac{0.33F_L^{\frac{1}{2}}}{n^{\frac{1}{4}}}\right)\lg\left(\frac{Re_v}{10000}\right)$$

式中，F_R 为雷诺数系数；F_L 为无附接管件控制阀的液体压力恢复系数，查表1-70，$F_L=0.9$；n 为常量，同前，则

$$n=1+N_{32}\left(\frac{C_i}{d^2}\right)^{\frac{2}{3}}=1+1.4\times 10^2\times\left(\frac{482.7637}{282.4^2}\right)^{\frac{2}{3}}$$

$$=1+140(0.006)^{\frac{2}{3}}=1+140\times 0.033=5.62$$

式中，C_i 为用于反复计算的流量系数，$C_i = 1.3C = 1.3\times371.3567 = 482.76371$；$d$ 为控制阀通道直径，$d = 282.4\text{mm}$；Re_v 为控制阀雷诺数，取 $Re_v = 481.7832$，则

$$F_R = 1 + \left(\frac{0.33F_L^{\frac{1}{2}}}{n_2^{\frac{1}{4}}}\right)\lg\left(\frac{Re_v}{10000}\right) = 1 + \frac{0.313}{n_2^{\frac{1}{4}}}\lg 0.0482$$

$$= 1 + \frac{0.313}{5.62^{\frac{1}{4}}}\times(-1.3169) = 1 - 0.28 = 0.72$$

b. 层流状态（$Re<10$）公式如下。

对于 Class600、NPS10：

$$F_R = \frac{0.026}{F_L}\sqrt{nRe_v} = \frac{0.026}{0.9}\times\sqrt{5.306\times386.992}$$
$$=0.029\times45.31=1.31$$

对于 Class900、NPS12：

$$F_R = \frac{0.026}{F_L}\sqrt{nRe_v} = \frac{0.026}{0.9}\times\sqrt{5.62\times481.7832}$$
$$=0.029\times52.03=1.509$$

6）控制阀额定流量系数的确定。

控制阀额定流量系数是控制阀出厂时所具有的流量系数。额定流量系数与控制阀类型、口径等因素有关。口径越大，额定流量系数越大。通常，控制阀流路越复杂，额定流量系数越小，如同口径低噪声控制阀的流量系数要比直通单座调节阀小，同口径蝶阀比直通单座阀的额定流量系数大等。

根据控制阀的计算流量系数（用 C 表示），所选调节阀的固有流量特性等，确定控制阀的额定流量系数（用 C_{100}表示），在确定额定流量系数后，需要核算控制阀开度、实际可调比等数据。检查它们是否满足工艺过程控制和操作的要求。如果不满足，则需要重新选用控制阀额定流量系数，并进行核算，直到满足所需要求。

计算流量系数的圆整——对控制阀计算流量系数进行圆整的原因如下：

① 控制阀制造商提供的额定流量系数与计算流量系数不可能一致，因此要对计算流量系数进行放大，并圆整到控制阀制造商能够提供的额定流量系数。

② 控制阀计算流量系数是最大流量工况下的计算值，没有考虑一定的操作裕度，因此要进行必要的放大。

③ 通常，希望控制阀在最大流量时的开度为 80%，对不同流量特性的调节阀，在最大流量时的开度不同；如固有可调比为 30 的控制阀，直线流量特性控制阀的开度为 79.3%，等百分比流量特性控制阀的开度为 93.4%。因此选用直线流量特性控制阀时，通常要放大一级；而选用等百分比流量特性调节阀时，需放大两级。

④ 不同压降比 S 下，最大流量时控制阀的开度也有变化，因此需要考虑压降比的影响。

计算流量系数 C 圆整的经验方法是：向上圆整一级或圆整二级。圆整后的流量系数是控制阀额定流量系数 C_{100}。也可按相对开度确定应放大的倍率 k，$C_{100} = m_C$。

表 5-371 是所需的放大倍率与相对开度的关系。

对于 Class600、NPS10 的修正计算流量系数 C（K_v）$=1.3C_i=1.3\times453.518=589.5734$；阀门的开度为 85%，按表 5-371 选用所需倍率 m 为 1.666。额定流量系数 C_{100}（K_{v100}）$= mC = 1.666\times589.5734 = 982.23$。

对于 Class900、NPS12 的修正计算流量系数 $C(K_v)=1.3C_i=1.3\times482.7637=627.59281$；阀门的开度为 85%，表 5-371 选用所需倍率 m 为 1.666，额定流量系数 $C_{100}(K_{v100})=mC=1.666\times627.5928=1045.57$。

7）控制阀的开度计算。不同流量特性调节阀，其开度计算公式不同，压降比 S 为 1 时，等百分比流量特性控制阀的开度计算如下。

对于 Class600、NPS10：

$$K = \frac{l}{L_{max}} = 1 + \frac{1}{\lg R}\times\lg\frac{C}{C_{100}}$$

当 $R=30$ 时，

$$K = \frac{l}{L_{max}} = 1 + \frac{1}{\lg 30}\times\lg\frac{598.5734}{982.23} = 1 + 0.677\times\lg 0.6$$
$$= 1+0.677\times(-0.2218) = 1-0.15 = 0.85 = 85\%$$

对于 Class900、NPS12：

$$K = \frac{l}{L_{max}} = 1 + \frac{1}{\lg R}\times\lg\frac{C}{C_{100}}$$

当 $R=30$ 时，

$$K = \frac{l}{L_{max}} = 1 + \frac{1}{\lg 30}\times\lg\frac{627.5928}{1045.57} = 1+0.677\times\lg 0.6$$
$$=1+0.677\times(-0.2218)=1-0.15=0.85$$
$$=85\%$$

8）控制阀套筒开孔面积的计算及套筒开孔尺寸和排列的建议。

① 等百分比控制阀的流量特性，见 5.4.8.1 中 2.。

② 确定控制阀的公称尺寸 NPS。根据额定流量系数 K_{v100} 值，查有关控制阀生产厂家的样本，确定

公称尺寸（NPS）。

对于 Class600、$q_{V\max}=70\times10^4\mathrm{m}^3/\mathrm{h}$，额定流量系数 $K_{v100}=982.23$；选用公称尺寸 NPS10 控制阀，其内径可按 ASME B16.34 中附录 A 选择，内径 $d=247.7\mathrm{mm}$。

对于 Class900、$q_{V\max}=90\times10^4\mathrm{m}^3/\mathrm{h}$，额定流量系数 $K_{v100}=1045.57$；选用公称尺寸 NPS12 控制阀，其内径可按 ASME B16.34 中附录 A 选择，内径 $d=282.4\mathrm{mm}$。

③ 额定行程 L 的确定。根据控制阀的流量特性要求为等百分比流量特性。如额定行程 L 选择太小，如 $\frac{1}{4}d$，则成快开流量特性，无法控制。若额定行程 L 选择过大，势必增大控制阀的结构，使执行机构和驱动装置较为难选，同时也增加控制阀的成本。根据控制阀的结构要求，控制阀的额定行程宜选择（40% ~60%）NPS 为宜。

结合国产化产品：

对于 Class600、NPS10，额定行程选择为 $L=120\mathrm{mm}$。

对于 Class900、NPS12，额定行程选择为 $L=120\mathrm{mm}$。

④ 套筒开孔截面积的计算：

根据 $\frac{q_V}{q_{V\max}}=\frac{K_v}{K_{v\max}}=\frac{A}{A_{\max}}=R^{\left(\frac{l}{L}-1\right)}$ 和相对行程和相对流量的关系，计算每一相对行程位置对应的通道横截面积。

对于 Class600、NPS10，控制阀额定通道横截面积：

$$A_{\max}=\frac{\pi}{4}d^2=0.785\times247.7^2\mathrm{mm}^2=48163.9\mathrm{mm}^2$$

则：开度 0 位 $=1603.86\mathrm{mm}^2$；开度 10% 位 $=2255.52\mathrm{mm}^2$；开度 20% 位 $=3169.18\mathrm{mm}^2$；开度 30% 位 $=4455.16\mathrm{mm}^2$；开度 40% 位 $=6256.49\mathrm{mm}^2$；开度 50% 位 $=8794.73\mathrm{mm}^2$；开度 60% 位 $=12354.04\mathrm{mm}^2$；开度 70% 位 $=17363.09\mathrm{mm}^2$；开度 80% 位 $=24395.02\mathrm{mm}^2$；开度 90% 位 $=34278.25\mathrm{mm}^2$；开度 100% 位 $=48163.9\mathrm{mm}^2$。

对于 Class900、NPS12，控制阀额定通道横截面积：

$$A_{\max}=\frac{\pi}{4}d^2=0.785\times282.4^2\mathrm{mm}^2=62603.56\mathrm{mm}^2$$

则：开度 0 位 $=2065.92\mathrm{mm}^2$；开度 10% 位 $=2931.72\mathrm{mm}^2$；开度 20% 位 $=4119.31\mathrm{mm}^2$；开度 30% 位 $=5790.83\mathrm{mm}^2$；开度 40% 位 $=8132.20\mathrm{mm}^2$；开度 50% 位 $=11431.41\mathrm{mm}^2$；开度 60% 位 $=16057.81\mathrm{mm}^2$；开度 70% 位 $=22568.58\mathrm{mm}^2$；开度 80% 位 $=31708.70\mathrm{mm}^2$；开度 90% 位 $=44554.95\mathrm{mm}^2$；开度 100% 位 $=62603.56\mathrm{mm}^2$。

⑤ 套筒开孔尺寸和排列的建议。

对于 Class600、NPS10，如图 5-276 所示。

对于 Class900、NPS12，如图 5-277 所示。

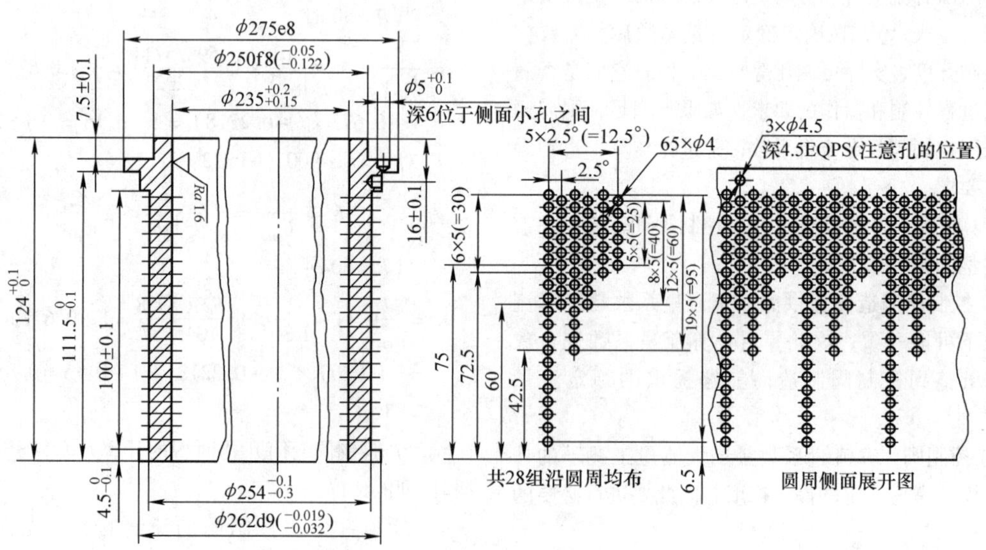

图 5-276　等百分比流量特性钻孔结构

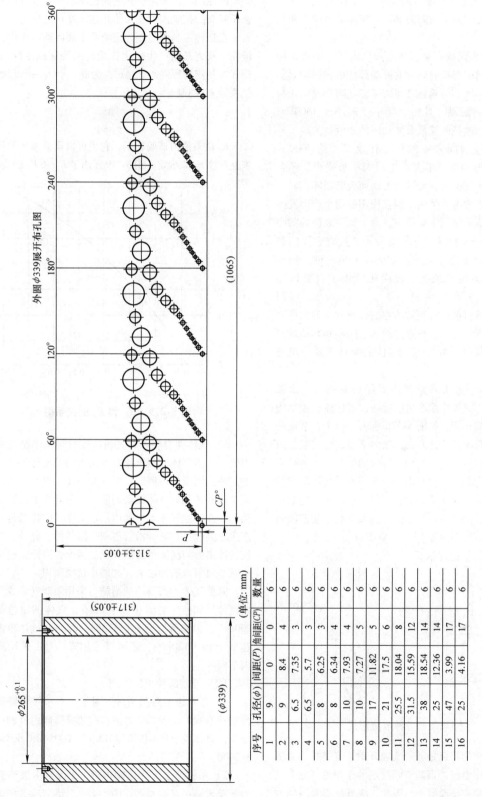

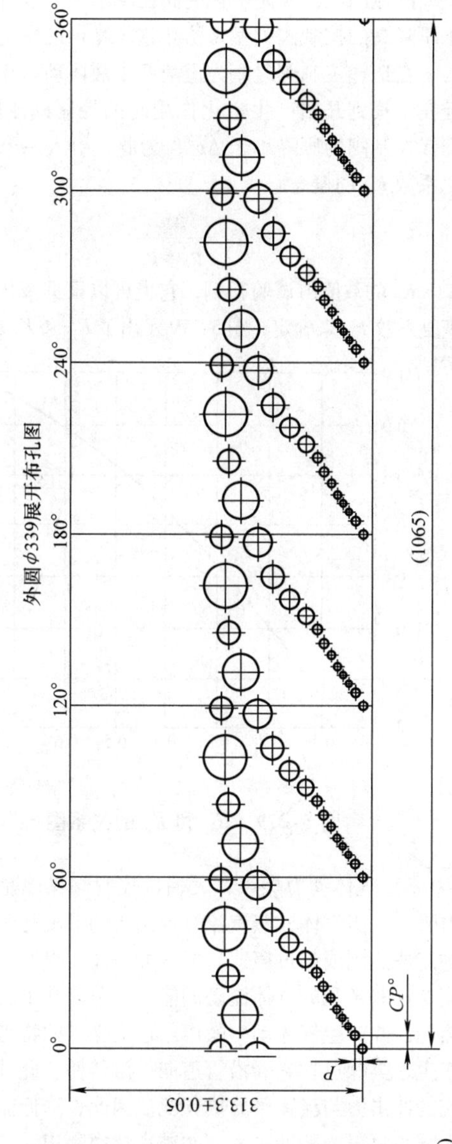

(单位: mm)

序号	孔径(φ)	间距(P)	角间距(CP)	数量
1	9	0	0	6
2	9	8.4	4	6
3	6.5	7.35	3	6
4	6.5	5.7	3	6
5	8	6.25	3	6
6	8	6.34	4	6
7	10	7.93	4	6
8	10	7.27	5	6
9	17	11.82	5	6
10	21	17.5	6	6
11	25.5	18.04	8	6
12	31.5	15.59	12	6
13	38	18.54	14	6
14	25	12.36	14	6
15	47	3.99	17	6
16	25	4.16	17	6

图 5-277 等百分比流量特性钻孔结构

5.4.8.5　控制阀的噪声

（1）控制阀产生噪声的原因　控制阀产生噪声的类型有三种，即机械振荡噪声、液体动力噪声和气体动力噪声。

1）机械振荡噪声是流体在阀体内部的不规则冲击和压力波动引起控制阀内的可动部件机械振动而发出的噪声，如阀芯与阀座之间的碰撞。阀杆导向块与导向面的横向运动。其振动频率一般小于1500Hz，噪声的幅值与碰撞的能量及振动体的质量有关。

当引起控制阀内件在其固有频率（约3000～7000Hz）下谐振时，不仅产生很大机械噪声，还会造成很大的机械应力，使设备振动而疲劳损坏。

机械噪声中有一种由于相互作用的两个表面发生相对运动造成摩擦的干摩擦声。由于运动表面的微小凸起会相互嵌入和发生分子的凝聚，造成表面的黏附。导致表面发热和磨损，干摩擦声是一种高频噪声，它和表面运动速度、表面粗糙度、润滑情况有关。

机械噪声目前没有预估的方法，通常这类噪声直接用仪表在现场测定，可通过阀芯、阀座和其他运动零件的结构设计，减少可动零件的质量来减小机械噪声。

2）液体动力噪声是流体流经控制阀时，由紊流、空化和闪蒸等作用产生的噪声。液体流经控制阀时，产生节流作用，如图5-278所示。由于在节流孔处流通面积缩小，流速升高，压力下降，容易发生阻塞流现象，产生闪蒸和空化，气泡的爆裂产生的噪声称为液体动力噪声，它是由于节流断面处流体的突然膨胀造成流体不稳定流动，它不仅产生噪声，还会对阀芯和阀座等内件造成严重的冲刷和空化，使控制阀损坏，其噪声频率约为15～10000Hz。

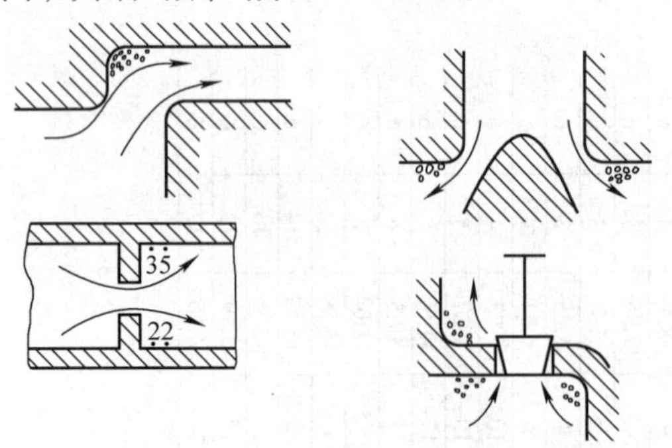

图5-278　各种节流形式

这类噪声的特点是随着气蚀开始，这类噪声会随气泡的增加而增强，当调节阀两端的压差达到完全汽蚀压差时，噪声反而减小。因此，降低这类噪声的方法是使控制阀两端的压降小于开始空化的压降。不同类型的控制阀，开始空化的阀压降不同。也可选用空化压降高的控制阀类型来防止这类噪声的发生。

在选择控制阀时，为避免产生液体动力噪声，关键在于找到开始产生空化作用时的控制阀压降 Δp_c，确保控制阀的压降小于 Δp_c，为此，引入一个起始空化系数 K_c 的概念。

$$K_c=\frac{\Delta p_c}{p_1-p_v}$$

K_c 的数值由试验得到，它也可以根据液体的压力恢复系数 F_L 来确定，图5-279示出了 F_L 和 K_c 的关系。

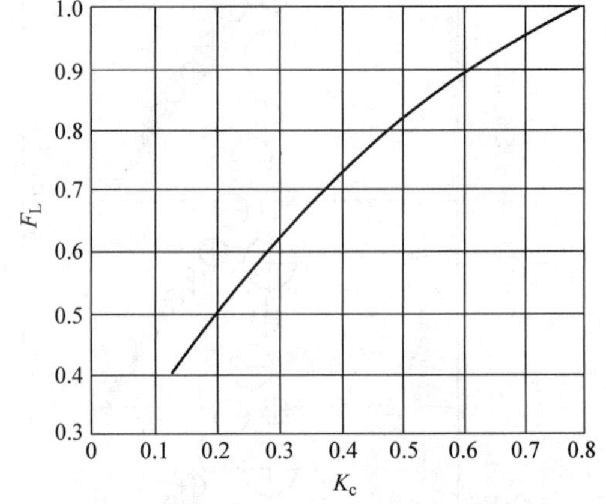

图5-279　F_L 和 K_c 的关系图

3）气体动力噪声，大多数控制阀噪声是气体动力噪声。当气体或蒸汽流过控制阀的节流孔时，气体的流速达到或超过声速，形成冲击波、喷射流和漩涡流，这些杂乱的气体流动的能量在节流孔下游转换为热能，并产生气体动力噪声。这类噪声的特点是一旦产生这类噪声，它会沿管道向下游传播。此外，喷射流的冲击力与流速平方成正比。因此，降低流速可大大减小喷射流的冲击力，并减小这类噪声。

降低气体动力噪声的措施可采用限制气体或蒸汽的流速。如液体的流速低于6m/s；气体的流速低于200m/s；饱和蒸汽流速低于50～80m/s；过热蒸汽流速低于80～120m/s，还可以采用降噪器，采用降噪调节阀等。

（2）控制阀噪声的治理

1）带单级多路阀内件。对于具有单级多路阀内件的控制阀，图5-280是诸多有效降噪阀内件的一个示例。具体说明见GB/T 17213.15—2005/IEC 60534-8-3:2000。

2）单流路多级降压阀内件（2级或多级节流）。对于单流路多级控制阀，图5-281是诸多有效的降噪

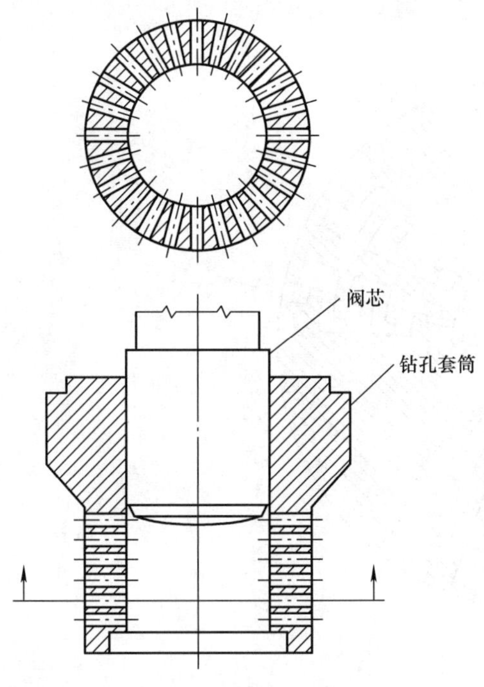

图 5-280 单级多流路阀内件

注：这是诸多有效降噪阀内件的一个示例。

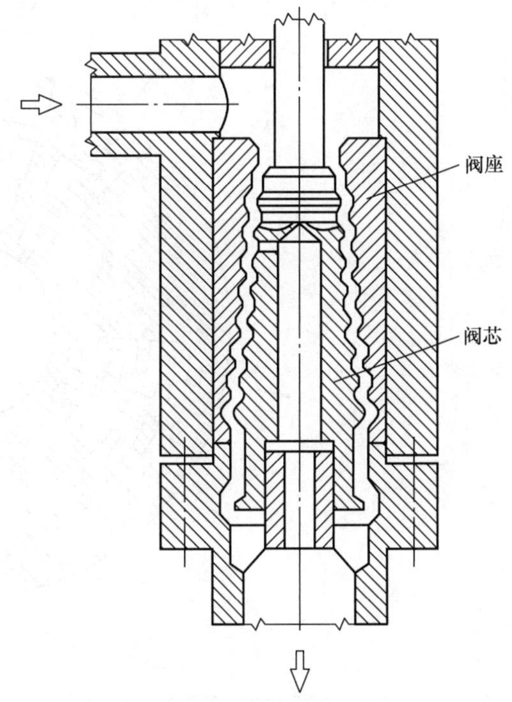

图 5-281 单流路多级降噪阀内件

注：这是诸多有效降噪阀内件的一个示例。

阀内件的一个示例。

应使用流量系数 C_n 取代 C，这适用于多级阀内件的最后一级。如果控制阀制造商不能提供 C_n 值，则应使用下式计算：

$$C_n = N_{16} A_n$$

式中，C_n 为 n 级的多级阀内件最后一级的流量系数（K_v 或 C_v）；N_{16} 为数字常数，$N_{16}=4.23\times10^4$；A_n 为给定行程下 n 级的多级阀内件最后一级的总流通面积（m^2）；其余说明见 GB/T 17213.15—2005/IEC 60534-8-3：2000。

3）多流路多级阀内件（2 个或更多流路，2 级或更多级阀内件），图 5-282 是诸多有效降噪阀内件的一个示例。所有流路都应有相同的水力直径，且流路间应有足够的距离以防射流互相干扰，入口与出口间每一级的流路截面积应逐步增加。其余说明见 GB/T 17213.15—2005/IEC 60534-8-3：2000。

5.4.8.6 波纹管的强度计算

（1）无介质压力的波纹管的刚度计算：

$$G_0 = \frac{F_{yc}}{\lambda}$$

式中，F_{yc}为无介质压力的波纹管弹力（N）；λ 为弹性变位（mm）。

在弹性行程的基本段上，刚度 G_0（N/mm）为常数值，因而，由于变位而引起的力的变化的近似曲线将为一通过坐标原点的直线，如图 5-283 所示。

波纹管按制造方法可分成整体的如图 5-284a 所示和焊接的如图 5-284b 所示。

由于有的圈存在滞后现象（图 5-283 中虚线）因此这样的曲线不能正好符合波纹管的性质，但对于实践则完全适用。

整体成形的单层波纹管的刚度在没有介质压力时可按下式确定：

$$G_0 = \frac{2.5D_H(1+0.13t^2)\delta^{2.45}}{n(D_H-D_B)^3}$$

式中，D_H 为波纹管的外径（mm）；D_B 为波纹管的内径（mm）；t 为波纹管的间距（mm）；n 为波纹管的波纹数目；δ 为波纹管壁厚（mm）。

借助此诸模图，得出计算刚度 G_0（N/mm）的公式：

$$G_0 = \frac{ED_H}{n(D_H-D_B)^3}\gamma$$

式中，E 为标准弹性模量（MPa）；对于高锌黄铜 $E=116000$MPa；对于不锈钢 12Cr18Ni9，$E=20200$MPa。

为简化计算起见，令 $r=2.5\times(1+0.013t^2)\delta^{2.45}$ 数值的诸模图示于图 5-285。

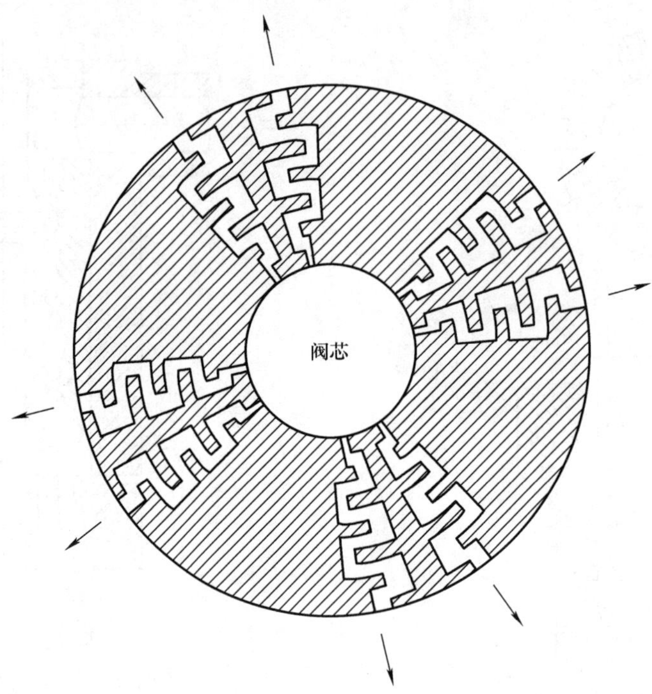

图 5-282　多流路多级阀内件（2个或更多流路，2级或更多级阀内件）

注：这是诸多有效降噪阀内件的一个示例。

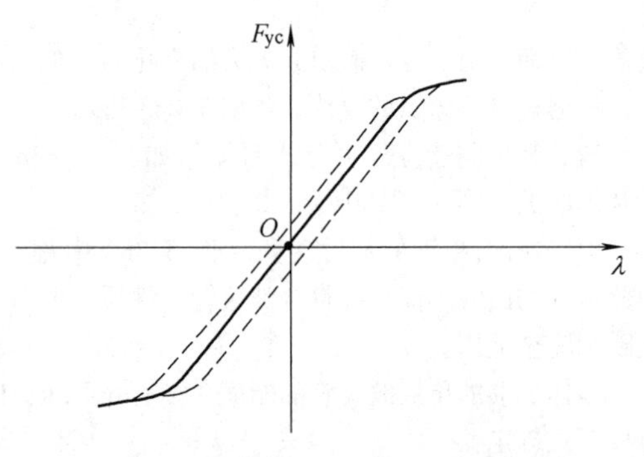

图 5-283　波纹管的特性

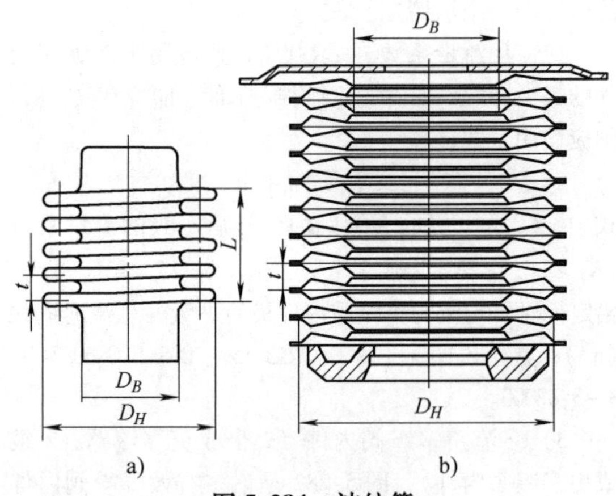

图 5-284　波纹管

a）整体成形　b）焊接成形

从公式中看出，波纹管的壁厚δ对波纹管的刚度影响很大（为2.45次方的关系）。在制造过程中波纹管壁厚的变动允许在10%的限度内。这样波纹管的实际刚度与计算刚度会有很大偏差。

为获得较精确的结果，根据波纹管的实际重量取壁厚的平均值，所求得的数值$\delta=\delta_1$代入公式内，

$$\delta_1 = \frac{\delta_H W_\phi}{W_H}$$

式中，δ_H为标准规定的波纹管壁厚（mm）；W_H为标准规定的波纹管的计算重量（kg）；W_ϕ为所计算的波纹管实际重量（kg）。

如果波纹管的刚度是按壁厚δ_H计算的，即取的是波纹管的理论刚度，那么按平均壁厚δ_1确定刚度可用乘以相应值$\left(\frac{\delta_1}{\delta_H}\right)^{2.45}$的方法进行，即

$$G_0' = G_0\left(\frac{\delta_1}{\delta_H}\right)^{2.45}$$

式中，G_0'为较精确计算的G_0（N/mm）值。

G_0值与波纹管在无介质压力作用下工作时的刚度相符合。在产生外压或内压时，波纹管的刚度亦改变。

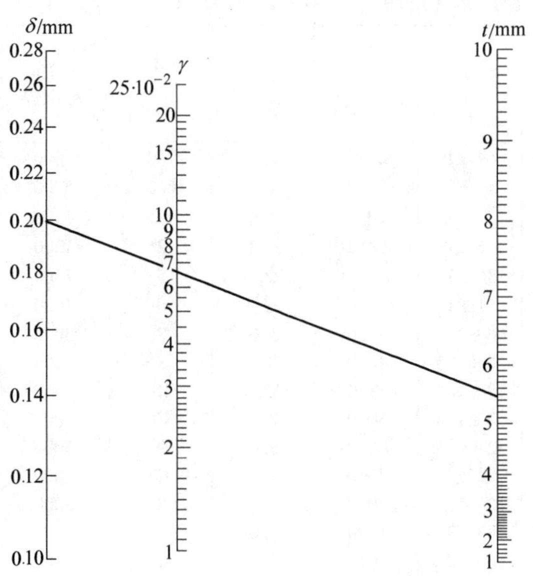

图 5-285 计算系数 γ 用的诺模图

图中直线是 $\delta=0.2\text{mm}$，
$t=5.5\text{mm}$ 求出 $\gamma=6.5\times10^{-2}$

（2）有介质静压力时对刚度 G_0 的影响 当介质静压力从外部或内部作用在波纹管上时，波纹管在力 $F_{cp}=p\cdot A$ 的作用下变形。

式中，A 为介质压力的作用面积（mm^2），$A=0.785D^2$；其中 $D=\dfrac{D_H+D_B}{2}$（mm）。

在绝大多数情况下，波纹管在压缩状态下工作，只有极少数场合其部分区段为拉伸行程。

压缩时波纹管的弹性反力的方向与介质作用力的方向相同，拉伸时则相反。

$$F=F_{cp}\pm F_{yc}$$

式中，F 为波纹管所传递的力（N）。

对压缩波纹管用十号；对拉伸的取一号。

在类似情况下（薄膜的计算），为了考虑介质压力和弹力所造成的力的总结果，可以引用“有效面积”这一概念。

取 $F=pA_0$，平衡 $pA_0=F_{cp}\pm F_{yc}$ 得出

$$A_0=\frac{F_{cp}\pm F_{yc}}{p}$$

既然波纹管内的 F_{yc} 决定于压力，那么 A_0（mm^2）也就是压力的函数，即 $A_0=f(p)$。

如果分别计算 F_{cp} 和 F_{yc}（N/mm），那么应取：

$$F_{yc}=G_P\lambda,\ \text{N};\ G_P=G_0+k_p$$

式中，k 为比例系数（试验确定）。

图 5-286 介绍了在设计波纹管时所采用的一种计算图表。该图表适用于波纹管外径 $D_H=27\text{mm}\pm0.84\text{mm}$ 和内径 $D_B=17.3\text{mm}$ 的双层波纹管。波纹的间距 $t=2.5\text{mm}$，$A=375\text{mm}^2$。

对于该种波纹管 $G_0=20\text{N/mm}$，$K=\dfrac{G_P-G_0}{p}$；在 $p=5.0\text{MPa}$ 时，$G_P=30\text{N/mm}$，故 $K=\dfrac{10}{5.0}=2\text{mm}^2/\text{mm}$。

当波纹管刚性产生的力比介质的作用力小很多时，在这种情况下，F_{yc} 值忽略不计，而取 $F=F_{cp}$。波纹管的某些数据示于表 5-378、表 5-379。

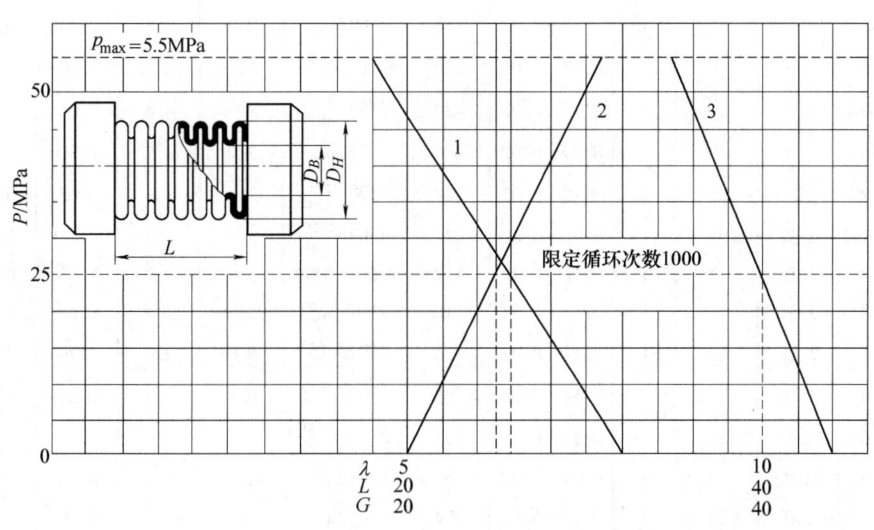

图 5-286 波纹管计算图表

1—直线行程 λ 2—刚度 G 3—确定长度 L

表 5-378 耐酸钢 12Cr18Ni9 制的多层波纹管数据（适用于介质温度 $T \leqslant 450℃$）

尺寸							刚度 G /(N/mm)	允许外压 /MPa	允许行程 /mm	限定循环次数
外径 D_H /mm	内径 D_B /mm	波纹间距 t /mm	波纹数目 n	每一层壁厚 δ/mm	层数 Z	波纹段长度 L				
27 ±1	17.3	3.8	12	0.16	2	44 ±1	20.0	2.5	7.0	5000
27 ±1	17.0	3.8	12	0.16	3	44 ±1	32.0	4.0	6.0	5000
27 ±1	16.5	3.8	10	0.14	5	37 ±1	70.0	16.0	4.5	1500
27 ±1	16.0	3.8	4	0.14	6	16 ±1	290.0	22.5	2	1500
27 ±1	16.0	3.8	9	0.14	6	36 ±1	130.0	22.5	5	1500
27 ±1	16.0	3.8	13	0.14	6	51 ±1	90.0	22.5	6	1500
38 ±1.5	24.6	5.5	12	0.2	3	66 ±1.5	35.0	5.0	8	5000
38 ±1.5	24.2	5.5	12	0.2	4	66 ±1.5	40.0	8.0	8	5000
38 ±1.5	23.5	5.5	13	0.2	6	72 ±1.5	85.0	22.5	10	1500
48 ±1.5	32.8	5.1	10	0.2	2	52 ±1.5	30.0	2.5	10	3000
48 ±1.5	32.0	5.1	10	0.2	4	52 ±1.5	60.0	5.0	9	5000
48 ±1.5	32.0	5.1	16	0.2	4	82 ±2	40.0	4.0	12	5000
48 ±1.5	31.3	5.1	10	0.2	6	52 ±1.5	80.0	8.0	8	5000
63 ±2.0	44.0	9.0	10	0.2	2	88 ±2	13.0	2.0	15	5000
63 ±2.0	43.3	9.0	10	0.2	4	88 ±2	30.0	4.0	15	5000
63 ±2.0	41.0	9.0	10	0.2	8	90 ±2	60.0	14.0	12.5	1500
73 ±2.0	54.0	6.5	13	0.16	5	85 ±2	30.0	3.5	12.0	5000
92 ±2.0	71.5	8.0	11	0.2	4	90 ±2	30.0	2.5	20	3000
92 ±2.0	71	8.0	11	0.2	5	90 ±2	47.0	3.5	25	1500
92 ±2.0	71	8.0	15	0.24	6	122 ±2	45.0	6.0	20	1500

表 5-379 H80 制整体波纹管数据

外径 D_H /mm	内径 D_B /mm	波纹间距 t /mm	波纹的标准数目 n	层数 Z	每一层的壁厚 δ/mm	面积 A /mm²	刚度 G_0 /(N/mm)	压缩最大行程 /mm	拉伸最大行程 /mm	最大外压 p_E /MPa	最大内压 p_B /MPa	气密性试验内压/MPa
12	7.5	1	15	1	0.14 ±0.02	75	16300^{+6400}_{-5270}	0.8	0.5	1.77	1.03	0.35
12	7.2	1	15	2	0.12 ±0.02	75	32000	0.9	0.6	—	1.30	0.35
16	9.5	1.3	20	1	0.08 ±0.02	127	1800	6.0	3.5	0.20	0.12	0.25
17	9.0	1.5	12	1	0.13 ±0.02	135	4400^{+1900}_{-2500}	0.9	0.4	0.53	0.49	0.35
19	12.5	1.5	5	1	0.07 ±0.02	220	4600 ±2000	1.5	0.7	0.60	0.50	0.25
28	18.76	1.8	16	1	0.12 ±0.02	429	2850^{+1350}_{-1050}	7.4	4.4	0.60	0.33	0.25
28.5	16.6	2.5	7	1	0.09 ±0.02	400	1600	3.0	1.2	0.30	0.12	0.15
28.5	18.76	2	8	1	0.12 ±0.02	429	5800^{+2700}_{-2100}	2.9	1.6	0.65	0.65	0.30
28.5	18.76	2.57	9	1	0.12 ±0.02	437	4600^{+2120}_{-1780}	3.2	1.8	0.65	0.65	0.30
28.5	18.76	2.75	11	1	0.12 ±0.02	437	4350 ±2000	3.9	2.2	0.65	0.65	0.30
32	19.2	3.31	11	1	0.12 ±0.02	510	2040^{+960}_{-750}	2.6	3.3	0.38	0.28	0.25
34	21.7	2.25	12	1	0.15 ±0.02	620	4100^{+1450}_{-1200}	8.0	2.0	0.70	0.30	0.30
38	25.6	2.85	7	1	0.11 ±0.02	795	3200^{+1650}_{-1050}	6.1	3.3	0.23	0.10	0.25
38	25.6	2.8	10	1	0.11 ±0.02	795	2800^{+1400}_{-1100}	—	—	—	—	0.20
38	26.9	2.7	17	2	0.15 ±0.02	820	8000^{+3000}_{-2500}	10.9	5.3	0.13	0.73	0.35
40	27.0	3.0	16	3	0.17 ±0.02	879	17500	10	5	2.00	1.00	0.35
44.5	31.7	1.9	17	1	0.14 ±0.02	1140	2400 ±1000	8	3	0.18	0.15	0.25
47	31.7	3.4	5	1	0.12 ±0.02	1244	3820	4.2	1.8	0.23	0.21	0.30

（续）

外径 D_H /mm	内径 D_B /mm	波纹间距 t /mm	波纹的标准数目 n	层数 Z	每一层的壁厚 δ/mm	面积 A /mm²	刚度 G_0 /(N/mm)	压缩最大行程 /mm	拉伸最大行程 /mm	最大外压 p_E /MPa	最大内压 p_B /MPa	气密性试验内压/MPa
50	34.9	4.7	10	2	0.15±0.02	1420	8350^{+3050}_{-2300}	5.6	4.5	0.80	0.19	0.30
50	34.9	4.2	9	2	0.15±0.02	1420	8800^{+3300}_{-2600}	5.1	4.1	0.80	0.19	0.30
50	34.9	3.51	10	2	0.15±0.02	1420	7450^{+1400}_{-1250}	5.6	4.5	0.80	0.19	0.30
51	35.6	3.48	16	1	0.12±0.02	1470	1300^{+600}_{-470}	15	4	0.20	0.18	0.25
51	35.6	3.41	15	1	0.12±0.02	1470	1300^{+600}_{-470}	15	4	0.20	0.18	0.25
56	37.2	4.26	11	2	0.20±0.02	1700	8750^{+2350}_{-2050}	7	6	0.70	0.20	0.30
57	34.6	4.7	12	1	0.18±0.02	1650	1800±500	11	6	0.10	0.12	0.25
60	37.0	4.8	10	1	0.18±0.02	1840	1800	12	6.6	0.10	0.12	0.25
78.5	55	5.45	13	1	0.20±0.02	3500	2850^{+970}_{-810}	—	—	—	—	0.15
100	76	5.64	11	1	0.20±0.02	6070	4250^{+1450}_{-1210}	—	—	—	—	0.15

注：刚度偏差系数按壁厚的极限偏差给出。

（3）波纹管的寿命　波纹管的寿命以其在破裂前所能完成的循环次数来确定。波纹管的破裂由波纹管内反复发生的弯曲应力引起，并决定于这些应力的大小。波纹管的应力由介质的作用力和波纹管的行程（挠度）来确定。

单层波纹管管壁上的最大弯曲应力可按下式确定：

$$\sigma_W = \beta \frac{ED_H}{(D_H - D_B)^3} \frac{\gamma}{\delta^2} \lambda$$

式中：$\beta = \frac{3}{2\pi}\left[1 - \frac{2\ln\alpha}{\alpha^2 - 1}\right]$；$\alpha = \frac{D_H}{D_B}$；$\gamma$ 为 2.5（1 + 0.013t^2）$\delta^{2.45}$，按图 5-275 诺模图计算；λ 为波纹管的行程（mm）；δ 为波纹管管壁厚度（mm）。

根据上述公式可估计出波纹管的各种不同参数对所产生的应力值的影响，从而间接地估计出波纹管的寿命。

介质压力作用于波纹管上时其刚度改变，波纹管上的应力也改变。可利用图 5-287 的图表根据最大允许行程和压力的百分数来概略的确定高锌黄钢 H80 制的整体波纹管的寿命。

［例］　试确定 D_H = 34mm，12 个波纹，压缩行程为 4mm 和内压力为 0.06MPa 的波纹管寿命。

最大允许压力为 0.3MPa，因此在这种情况下工作压力值为最大压力的 20%。

用直线连接相应行程刻度上的 50% 和压力刻度上 20% 两点，直线与中间的刻度交叉在 3000000 循环次一点上，这就求出在给定条件下波纹管的大约寿命。

也可利用图 5-288 所示的一种图表来确定波纹管的寿命。此图表适用于外径 D_H = 38mm，12 个波纹，壁厚 δ = 0.22mm 的单层波纹管。

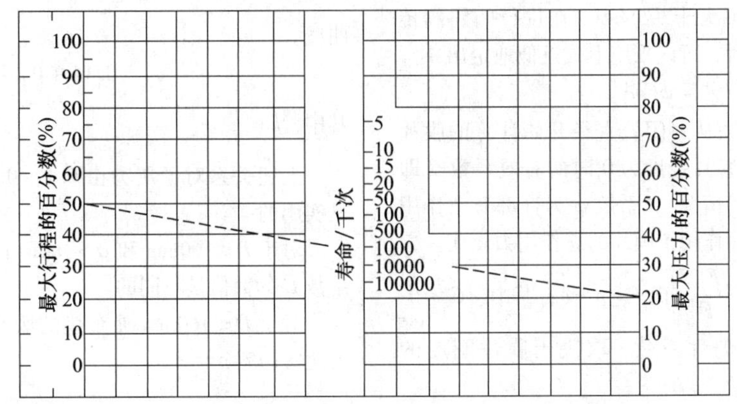

图 5-287　确定高锌黄铜单层波纹管寿命用的诺模图

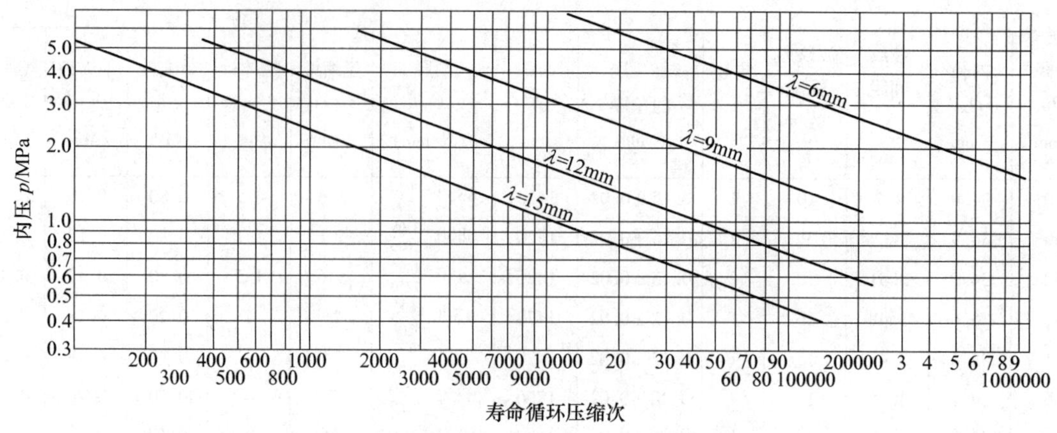

图 5-288 D_H38-12-0.22 波纹管寿命的曲线图

5.4.8.7 橡胶膜片传动装置力的计算

橡胶膜片传动装置力的计算，应先根据已知行程确定膜片的直径。设计时，建议采用尺寸最小的膜片，这样就可以使用作用力最小的弹簧。

在进行计算时，最重要的是确定取决于膜片挠度的膜片拉力或调位时的作用力。

由膜片传给杆部的作用力 F_G（N），应小于压力 p 作用于直径为 D 的圆面积上所引起的力，作用力 F_G 的大小取决于尺寸 D 及 d，橡胶性质和膜片类型，可用下式确定之。

$$F_G = p \cdot A_M$$

式中，p 为介质压力（MPa）；A_M 为膜片的有效面积（mm^2）。

由几何形状的关系可得出下面的关系式：

$$A_M = \frac{\pi}{12}(D^2 + Dd + d^2)$$

式中，D 为封闭处圆周的直径（mm）；d 为压缩气缸的直径（mm^2）。

若膜片的行程不大于 ±5% D，在进行闭路阀传动装置的受力计算时，可以采用上式近似地定出 A_M。

$$F_G = \varphi CpA$$

式中，$A = 0.785D^2$ 为从封闭处直径开始计算的膜片面积（mm）^{2}；φ 为膜片挠度为 0 时的有效系数（即膜片处于中间状态的情况），系数 φ 为杆部有效作用力与由于介质压力而作用于膜片的总作用力之比。

当 $C=1$ 时，$\varphi = \frac{F_G}{F}$，而 $F = p \cdot A$；其中，C 考虑到 F_M 的变化不均匀性系数，取决于膜片刚度的影响。

对于厚度由 3～5mm，直径 $D = 100 \sim 300$mm 的夹布垫和不夹布垫的平面膜片，其有效系数的关系如下式所示，如图 5-289 所示。

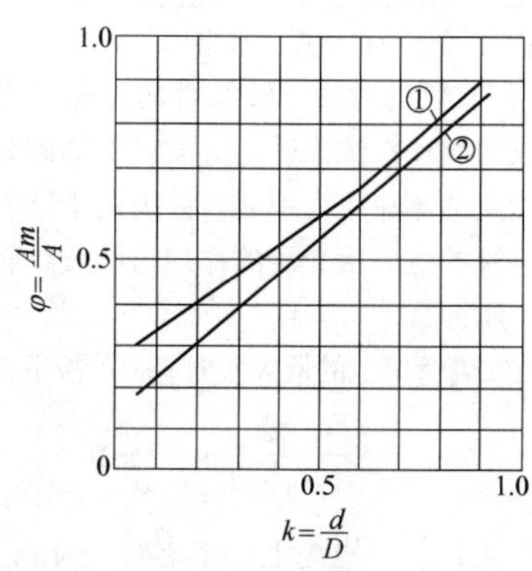

图 5-289 平面橡胶膜片的有效系数 φ

① 用公式 $A_M = \frac{\pi}{12}(D^2 + Dd + d^2)$ 求得之面积曲线。

② 用公式 $A_M = \frac{\pi D^2}{4}(0.14 + 0.8\frac{d}{D})$ 求得之面积曲线。

$$\varphi \approx 0.14 + 0.8k$$

其中，$k = \frac{d}{D}$。

上述关系对于压力由 0.1～0.8MPa 的范围来说是实用的。

对于 $D \leqslant 160$mm 和 $D > 160$mm 的膜片，不均匀性系数 C 的数值是不同的。

对于 $D \leqslant 160$mm 夹布垫的膜片，可以取（精度可达 ±10%）

$$C \approx 1 + \frac{\frac{h}{D}}{0.14 + 0.8k}$$

因此，当 $k=0.8$，$C=1+1.28\dfrac{h}{D}$；

当 $k=0.7$，$C=1+1.43\dfrac{h}{D}$；

当 $k=0.6$，$C=1+1.61\dfrac{h}{D}$。

式中，h 为膜片相对于中间距离的移动。

对于不夹布垫的 $D\leqslant160$mm 的膜片，所有 k 值都取1。

对于夹布垫和不夹布垫的 $D>160$mm 的膜片，经常取 $k=0.6\sim0.8$，其不均匀性系数为

$$C\approx1\pm2.15\frac{h}{D}$$

当膜片相对于其中间位置移动时，若其移动方向使作用膜片上的介质容积减小时，取"+"号，如图5-290所示位置Ⅰ；若膜片移动方向使介质的容积增加，则取"-"号，如图5-290所示位置Ⅱ。

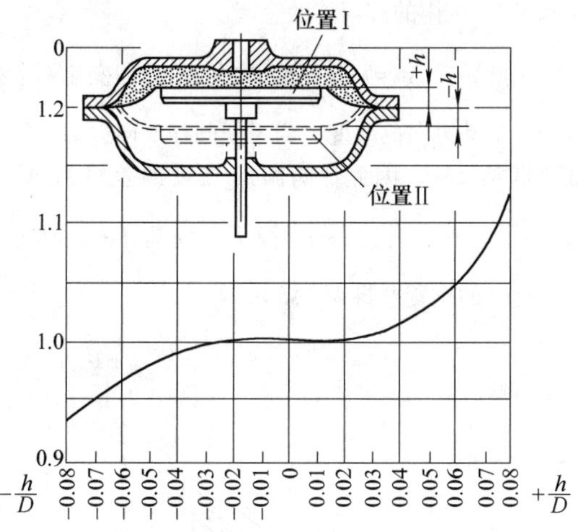

图5-290 用于橡胶组合式膜片的不均匀性系数C

平面组合式膜片由下述方法得出。

将膜片固定在零件上，使其不呈平滑表面而有袋状松弛处。为此目的，应将菌状顶片顶紧或放松，然后再将膜片固定在法兰盘之间，或者用螺栓穿过分布于膜片大圆周上的孔而固定于阀体和阀盖之间。

当$\dfrac{h}{D}$由 $+0.08\sim-0.08$，压力小于1.2MPa，膜片厚度在5~7mm以内，$D=90\sim130$mm 的由单层橡胶制成的夹单层布垫的膜片，其不均匀性系数可以近似取为

$$C=1+200\left(\frac{h}{D}\right)^3+800\left(\frac{h}{D}\right)^4$$

图5-290所示，膜片处于位置Ⅱ时，h 为负值，膜片处于位置Ⅰ时，h 为正值。

模压式膜片的试验结果列于图5-291。

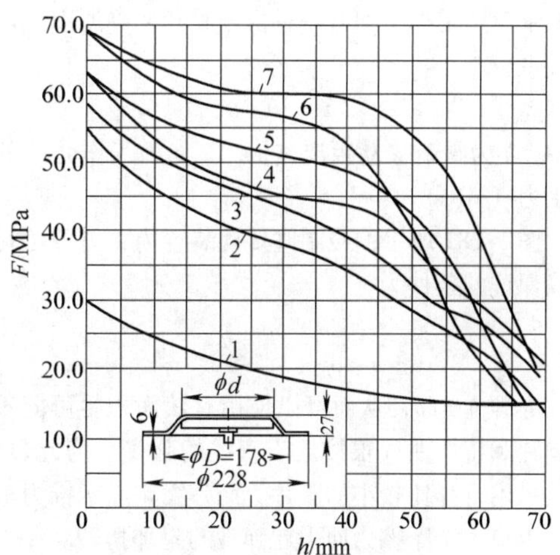

图5-291 膜压式膜片杆上作用力 F 的变化与膜片行程的关系

1—$\dfrac{d}{D}=0$ 2—$\dfrac{d}{D}=0.34$ 3—$\dfrac{d}{D}=0.39$

4—$\dfrac{d}{D}=0.45$ 5—$\dfrac{d}{D}=0.58$ 6—$\dfrac{d}{D}=0.62$

7—$\dfrac{d}{D}=0.67$

利用下式进行橡胶膜片的强度计算。

$$0.7PA_H=\pi D\delta[\tau]$$

式中，P 为作用于膜片上的介质压力（MPa）；A_H 为环形面积，$A_H=0.785(D^2-d^2)$（mm²）；δ 为膜片的总厚度（mm）；［τ］为橡胶的允许剪切应力（MPa）。

根据断裂强度 $\sigma=5.0$MPa 的橡胶试验结果，若利用此种橡胶做成夹单层布垫的膜片时，可采用如下许用切应力：

δ/mm	2.7	5.0	7.0
［τ］/MPa	3.0	2.4	2.1

膜片行程的选择，对于平面式膜片，不大于0.15D，对于模压式膜片，不大于（0.2~0.25）D。

菌状顶片的直径 d 根据杆上必须的作用力及此力变化范围的大小而定。膜片的有效面积随比值$\dfrac{d}{D}$的增加而增加，但在给定作用力变化范围内，其允许行程会减小。

通常，用得最多的是$\dfrac{d}{D}=0.8$。

有时为了能得到比较均匀的作用力，可采用$\dfrac{d}{D}=0.7$。

控制阀的膜片传动装置在很多情况下按图5-292中的示意图工作，即有一种由于膜片回弹所形成的必然关系：

$$h = f(p)$$

式中，h 为阀瓣移动距离（mm）；p 为工作介质的驱动压力（MPa）。

图5-282所示的控制阀传动装置内，需要尽可能准确保证的条件为

$$\frac{\mathrm{d}h}{\mathrm{d}p} = 常数$$

亦即 $h=cp$，从而可以使用有效面积尽可能不变的膜片和特性曲线很接近于直线的弹簧。为此目的，可以采用行程比较小的膜片，而弹簧则靠于推力轴承上，以免由于摩擦力而引起弹簧的附加扭转。

在图5-291中，由于空气的压力而作用于膜片上的力所绘成的近似图，根据膜片的行程得出下式，坐标的起端和末端相应等于：

$$F_1 = p_1 A_{OM} 和 F_n = p_n A_{OM}$$

式中，p_1 和 p_n 为行程起端和末端 h_n 作用于膜片上的压力（MPa）；A_{OM} 为挠度为0值时的膜片有效面积（mm^2）。

由此，在图中标出带倾斜角 α 的直线Ⅰ-Ⅰ。

$$\tan\alpha = \frac{F_n - F_1}{h_n} = \frac{A_{OM}(P_n - P_1)}{h_n}$$

在图上恒定的作用力：

① $F_p + F_{mn}$ 为由控制阀内压力损失作用于阀座内上部和底部面积差上的力和推动阀杆的力所组成（单位为N）。此力作用于弹簧活动方向，因而标于图中零线的上方，并得出横线Ⅱ-Ⅱ。

② F_G 为装在阀杆上的零件重量（单位为N），此力的作用方向与弹簧活动的方向相反，因而将其标在横线Ⅱ-Ⅱ的下方，并得出横线Ⅲ-Ⅲ。

坐标段Ⅰ-Ⅲ，给出弹簧作用力的必须值，其中 F_{ycT} 为作用于行程的起端，$F_{pa\delta}$ 为作用于行程末端。

在装有气动传动装置的调节阀内，最常采用的是 $p_1=0.02\text{MPa}$，$p_n=0.1\text{MPa}$。

填料和阀瓣导向部分及阀杆和传动装置的摩擦力 F_T 形成一定的阀门不敏感区，在不敏感区内，当阀杆上的作用力在小于 $2F_T$ 范围内变动时，阀杆的运动方向不变。沿线Ⅰ-Ⅱ加上 $\pm F_T$ 值而得出处于线Ⅳ-Ⅳ和Ⅴ-Ⅴ区内的阀门不敏感区。

由此，在 $\Delta p = \pm\dfrac{F_T}{A_{OM}}$ 范围内，压力的变化不会导致阀杆运动方向的改变。为了使阀杆反向运动，压力变化常达 $2\Delta p$，因此，阀瓣的位置偏差将为 $\Delta h = \pm\dfrac{A_{OM}\Delta p}{\tan\alpha}$。在压力为 p 的情况下改变阀杆的运动方向时，阀杆的位置差将为 $2\Delta h$。

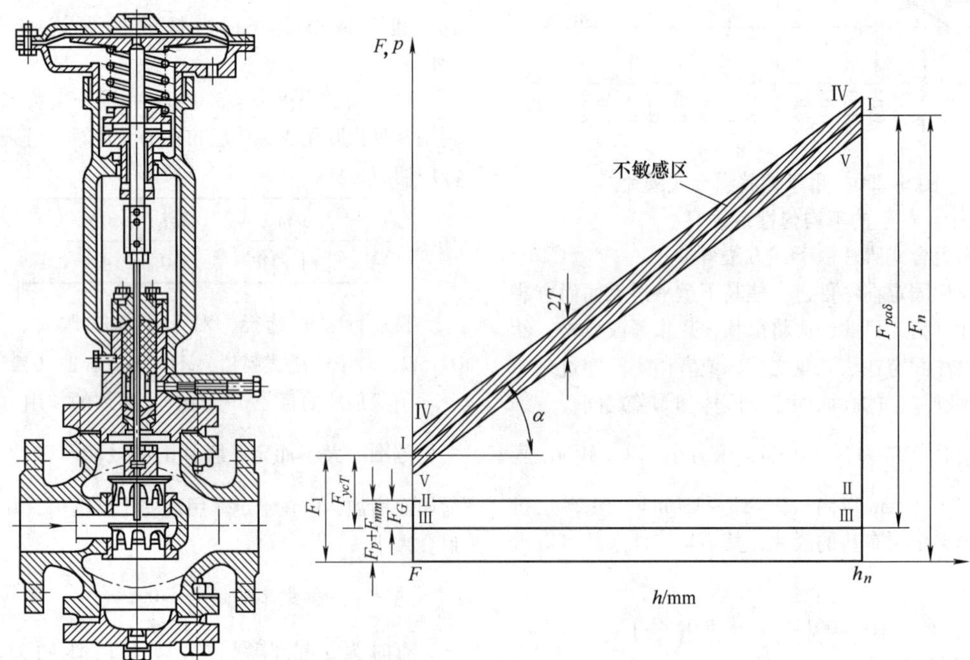

图5-292　膜片传动装置的结构和计算图

进行进一步核算时，应考虑到弹簧的非线性偏差和行程变化的膜片的有效面积的改变。

弹簧挠度增加时，其受压刚性有降低，因此，整个弹簧的刚度应降低。这对长的弹簧是正确的。对于有较大刚性的短弹簧，阀门传动采用这种弹簧，随着载荷的增加弹簧圈的刚性降低，而弹簧的刚度不降低；反之，由于在工作时圈数的减少，因为螺旋最初在全部长度上和螺旋的支持点接触，故弹簧的刚度随挠度的增加而增加，因此，校正后的弹簧特性将是一条曲线，如图 5-293a 所示。假如用直线 3 代替计算所得的特性线 1，就将在两直线之间产生 α_1 角，则在行程中途的工作误差有少许增加，而其最终作用力将与计算所得的特性线重合。

平面式和模压式橡胶膜片的有效面积不是恒定值。在行程起始时，其值较大，而在行程末期则具有较小的数值。只有当膜片挠度近于零时才能保持 A_M 的稳定性。用倾斜角 α_2 值，连接图 5-293b 中 A-A 两点的直线 AA 来代替图中的水平线，可以得到较为精确的计算结果。

为了进行更精确的计算，最好按图 5-293 中 A-A 点的有效面积来绘制图 5-292 中的Ⅰ-Ⅰ线。而弹簧的特性曲线则按图 5-293a 中的直线 3 绘制，由此可得出图 2-293b，其中直线 1 为 $F=ch$ 的理论直线性图形，直线 2 表示出行程为 h 时弹簧作用力的变化，曲线 3 表示出当压力按直线 1 变化时膜片上作用力的变化。

由图 5-293c 看出，在所论述的条件下，可以保持 A 点和 B 点具有所要求的压力，但不能保持 AB 之间过渡点上图形的直线性。

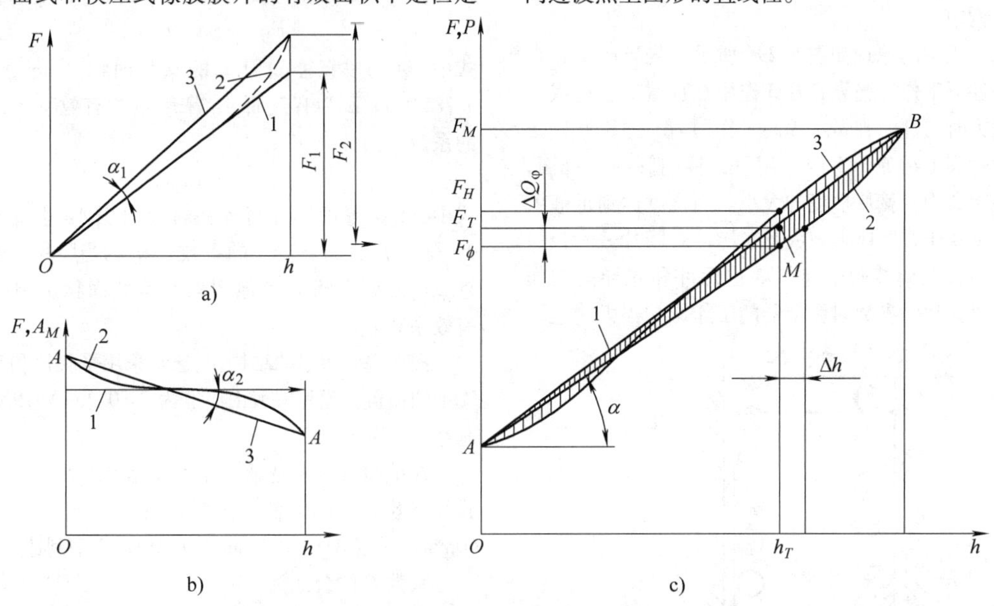

图 5-293 计算膜片传动装置校正曲线图

a）弹簧的影响

1—计算特性曲线 2—校正后的特性曲线 3—近似特性曲线

b）膜片的影响

1—当 A_M 为常数值时作用力 F 为恒定值 2—当 P 为常数时膜片的实际特性曲线 $F=f(h)$ 3—膜片近似特性线

c）膜片和弹簧的综合影响

1—所要求的理论图线 2—弹簧作用力的变化，$F=f(h)$ 3—膜片上作用力的变化

考察一下挠度为 h_T 时的任意点 M，在 M 点将出现作用力 F_ϕ 来代替弹簧的理论作用力 F_T。在某一给定 h 值时，膜片的有效面积比所必需的要大，因此，需要在压力 $p_\phi=\frac{F_\phi}{A_M}$ 时才能保持平衡。式中 A_M 为行程为 h 时的有效面积。p_ϕ 值在纵坐标上形成不均匀间距。利用弹簧作用力的变化和取决于行程的膜片有效面积可以做出校正图。$h=f(p)$ 或者 $p=\varphi(h)$。

膜片行程与作用力在比例关系上的偏差可由以下方法确定。

当压力为 p_T 时，在 M 点上，实际的膜片行程不等于理论行程 h_T，而要小 Δh，其近似值为

$$\Delta h \approx \frac{\Delta F_\phi}{\tan\alpha} \text{ 或 } \Delta h = \frac{F_\phi - F_T}{\tan\alpha} \approx \frac{(p_\phi - p_T)A_M}{\tan\alpha}$$

此时，膜片上的实际压力为

$$p_\phi = \frac{F_\phi}{A_M}$$

或者

$$p_\phi = \frac{F_T + \Delta F_\phi}{A_M}$$

在调节阀内，除了所论及的作用力外，还产生介质作用于阀瓣上压力和力矩。介质压力形成阀瓣柱塞的轴向力，并力图关闭阀门，介质作用力可达很大数值，对阀门工作的影响严重，这些作用力不能用理论计算，必须由试验确定。

5.4.8.8　金属膜片传动装置力的计算

在阀门中金属膜片最常使用于直接作用调节器的脉冲机构中。

脉冲机构的原理如图5-294所示。先导阀1在常开的条件下工作。当靠膜片3作用在顶盖2上造成一定的压力时，这时弹簧4提高了作用力，弹簧开始压缩，同时阀1在弹簧5的作用下，移向阀座的一面，其移动距离为弹簧4挠度的大小。当挠度达到足够大时，阀1就压在阀座上，因此在脉冲式膜片——弹簧的传动装置在调节阀中起了敏感元件和先导阀的作用，所以膜片的参数对调节器的工作影响很大。

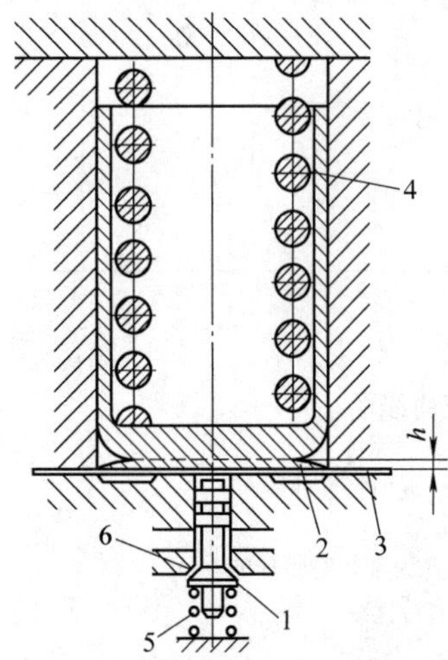

图5-294　直接作用调节器的脉冲机构

1—先导阀阀瓣　2—顶盖弹簧座
3—金属膜片　4—大弹簧
5—小弹簧　6—先导阀座

由小弹簧5和先导阀阀瓣1产生的力，一般不大，可以忽略，可以认为是顶盖2在大弹簧4由膜片3上的介质压力和膜片弹性所产生力的作用下处于平衡。其平衡式为

$$F_n - F_p + F_{yM} = 0$$

式中，F_n 为弹簧产生的力（N）；F_p 为介质压力在膜片上产生的力，不考虑弹簧刚性（N）；F_{yM} 为膜片刚性所产生的力（N）。

为了计算方便，通常把 F_p 和 F_{My} 作为一起，可用下式表示：

$$F_M = F_p - F_{yM} = PA_M$$

式中，A_M 为膜片的有效面积（mm^2）。

由此得出膜片有效面积是膜片面积，几何尺寸、膜片的刚性、顶盖直径和顶盖的球半径的影响所表现的力的大小，为使介质压力通过膜片传到顶盖上，膜片要夹得相当平整。

不论其他因素如何，按夹住周边计算的膜片直径 D 是不变的，并完全可以确定。因此，膜片有效面积的合理计算是根据直径 D 的相当面积 A 来计算的，即

$$F_M = \varphi A \quad \text{mm}^2$$

式中，A 为按直径 D 计算的膜片面积（mm^2），$A = 0.785D^2$）；φ 为有效面 A_M 来表示的有效系数，合理的系数 φ 应为

$$\varphi = C\varphi_0$$

式中，C 为考虑膜片行程在有效面积 A_M 上（当 $h = 0$，$C = 1$）影响 φ 变化的系数；φ_0 为当膜片在中间位置 $\varphi = \varphi_0$ 时考虑到其他因素对有效面积影响的初始有效系数。

图5-294所示的结构中，通常采用平膜片和带球面支承的顶盖，膜片一般由厚度为 $\delta = 0.2$mmCr19Ni10钢制造。

在试验研究的基础上才可能提出下列确定平金属膜片有效面积的方法，这种膜片是由直径 $D = 25 \sim 60$mm，厚度 $0.1 \sim 0.3$mm 的Cr19Ni10钢制造。

系数 C 的公式为

$$C = 1 \pm W_C h$$

式中，W_C 为膜片刚度系数；h 为膜片行程（mm）。

“+”号用于膜片由中间位置弯向到工作介质一面，“−”号用于膜片由中间位置弯向弹簧一面。

初始有效系数值可按下式确定：

$$\varphi_0 = 0.7K_\delta K_d K_R K_p K_M K_n$$

式中，各系数 K_δ、K_d、K_R、K_p、K_M 及 K_n 是分别考虑到膜片厚度 δ，顶盖直径 d，顶盖外表面半径 R，介质压力 p，材料化学元素质量分数和片数 n 对 φ_0 的影响见表5-380。

膜片刚度系数值按下式确定：

$$W_C = 0.4\lambda_D\lambda_\delta\lambda_M\lambda_p\lambda_n$$

式中，各系数 λ_D、λ_δ、λ_M、λ_p 及 λ_n 是分别考虑到膜片直径 D、膜片厚度 δ、材料化学元素的质量分数、

介质压力 p 和片数 n 对 W_C 的影响见表 5-381。

表 5-380　各系数 K 的值

系数	条件		值
K_δ	$\delta=0.1$ $\delta=0.2$ $\delta=0.3$		$K_\delta=1.05$ $K_\delta=1.00$ $K_\delta=0.92$
K_d $D=40\text{mm}$	$R\leqslant 2D$		$K_d=1.0$
	$R\geqslant 3D$	$\frac{d}{D}=0.5$	$K_d=0.85$
		$\frac{d}{D}=0.6$	$K_d=0.92$
		$\frac{d}{D}=0.7$	$K_d=0.98$
		$\frac{d}{D}=0.8$	$K_d=1.03$
		$\frac{d}{D}=0.9$	$K_d=1.10$
		$\frac{d}{D}=0.95$	$K_d=1.16$
K_R	$R=2D$ $R=4D$		$K_R=0.90$ $K_R=1.00$
K_p	$D=25\text{mm}$	$p=100\text{MPa}$ $p=150\text{MPa}$ $p=200\text{MPa}$	$K_p=1.10$ $K_p=1.00$ $K_p=1.04$
	$D=40\text{mm}$	$p=60\text{MPa}$ $p=100\text{MPa}$ $p=120\text{MPa}$	$K_p=1.08$ $K_p=1.00$ $K_p=0.92$
	$D=60\text{mm}$	$p=20\text{MPa}$ $p=40\text{MPa}$ $p=60\text{MPa}$	$K_p=1.03$ $K_p=0.98$ $K_p=0.90$
K_M	H 和 OH	$K_M=1.0$	
	柔软的 M	$K_M=1.08$	
K_n	$n=1$ $n=2\sim3$	$K_n=1.0$ $K_n=0.94$	

在选择金属膜片全行程 h_n 值时推荐下列规定范围。

D/mm	25	40	60
h_n/mm	±0.12	±0.16	±0.22

在这些范围内，当压力不变时，膜片升高 h 与顶盖上力的变化关系，当 $x=0$ 时，斜角的正弦为 $\tan\alpha=W_C$ 时，通过点 $y=p\varphi_0A$ 为直线关系。

在选择行程大小时，必须考虑到膜片使用的耐久性。

采用双层和三层膜片初始有效面积，φ_0F 值降低不大（如为 6%），但是膜片刚度增大很大，由二片组成的膜片增加 20%，而三片组成的膜片比同样的单层膜片有更大的刚性，可增加 40%。

表 5-381　各系数 λ 的值

系数	条件		值
λ_D	$D=25\text{mm}$ $D=40\text{mm}$ $D=60\text{mm}$		$\lambda_D=1.25$ $\lambda_D=0.95$ $\lambda_D=0.60$
λ_δ	$\delta=0.1\text{mm}$ $\delta=0.2\text{mm}$ $\delta=0.3\text{mm}$		$\lambda_\delta=0.85$ $\lambda_\delta=1.00$ $\lambda_\delta=1.15$
λ_M	H		$\lambda_M=1.0$
	OH		$\lambda_M=1.1$
	柔软的	M	$\lambda_M=0.75$
λ_p	$D=25\text{mm}$	$p=100\text{MPa}$ $p=150\text{MPa}$ $p=200\text{MPa}$	$\lambda_p=1.0$ $\lambda_p=0.80$ $\lambda_p=0.75$
	$D=40\text{mm}$	$p=60\text{MPa}$ $p=100\text{MPa}$ $p=120\text{MPa}$	$\lambda_p=1.1$ $\lambda_p=0.80$ $\lambda_p=0.72$
	$D=60\text{mm}$	$p=20\text{MPa}$ $p=40\text{MPa}$ $p=60\text{MPa}$	$\lambda_p=1.0$ $\lambda_p=0.95$ $\lambda_p=0.90$
λ_n	$n=1$ $n=2$ $n=3$		$\lambda_n=1.0$ $\lambda_n=1.2$ $\lambda_n=1.4$

在带有先导阀的直接作用调节阀中，膜片是传动装置，但这时膜片同样是起着根据被调介质压力变化从而保证在活塞上压力变化的敏感元件作用。调节器的灵敏度比脉冲机构的灵敏度更高。

脉冲机构灵敏度可由$\frac{\Delta h}{\Delta p}$的比值来表示，即膜片行程的增量和压力增量的比值，因此，膜片的刚性，随着行程的增加而变化，故比值$\frac{\Delta h}{\Delta p}$就取决于所研究膜片的位置。要很快确定行程增量，是膜片在中间位，那时把 $\Delta h=h$ 代入后，得出比值$\frac{h}{\Delta p}$，在此 h 为压力变化 Δp 值时的膜片行程。

以面讨论各种因素对膜片行程大小的影响。

膜片中心上升 h 时，顶盖和膜片平衡方程式如下：

$$F_1+C_1h-(F_2-C_2h)-p_1\varphi A=0$$

式中，F_1 和 F_2 为大弹簧和小弹簧所产生的力（$h=0$）；C_1 和 C_2 为大弹簧和小弹簧的刚度；p_1 为与膜片上升高度 h 相适应的介质压力；φ 为膜片上升高度为 h 时的有效系数。

用 $\varphi=C\varphi_0$ 代替，在此 $C=1-W_Ch$（当膜片升高到中间位置时）同时考虑到 $F_1-F_2=p_0\varphi_0A$（p_0，当 $h=0$ 时，介质压力），经过适当整理后得到：

$$\frac{h}{\Delta p}=\frac{\varphi_0A}{C_1+C_2+W_C\varphi_0A(p_0+\Delta p)}$$

在压力增量相同时，膜片行程 h 随着比值$\frac{h}{\Delta p}$的增加而增加，也就是阀门有较大的灵敏度。因此，阀的灵敏度是随初始有效面积 φ_0A 的增加及弹簧刚性

C_1、C_2 和膜片刚度 W_C 的减少而增加。但是，在这种情况下，应注意弹簧力随着初始有效面积的增加而增加。因此，这种变化与弹簧刚度有关。

如果 C_2 和 C_1 比较，Δp 和 Δp_0 比较，C_2 和 Δp 都可以忽略的话，那么得到

$$\frac{h}{\Delta p}=\frac{\varphi_0 A}{C_1+W_C\varphi_0 A p_0} \text{ 或 } \frac{h}{\Delta p}=\frac{1}{\dfrac{C_1}{\varphi_0 A}+W_C p_0}$$

因此，膜片传动的灵敏度取决于$\dfrac{C_1}{\varphi_0 A}$和 $W_C p_0$ 两个值的总量，从前者可以得出有效面积的增加，只有当它仍不能与弹簧刚度 C_1 的增量成正比时，才是合理的。同样为了增加灵敏度，就应合理减小膜片刚度系数 W_C。在其他条件相同的情况下，随 p_0 的增加膜片传动的灵敏度降低。

下面来讨论膜片直径 D 对膜片传动装置灵敏度的影响。如弹簧圈数不变同时弹簧平均直径和膜片的直径是成比例的。

当 φ_0 不变时，膜片有效面积与膜片直径成 D^2 的关系。当膜片直径增加 n 倍时，为了平衡介质作用力，弹簧作用力必须增加 n^2 倍，弹簧作用力可用下述关系式表示：

$$F=C_0\frac{d^3}{D_{\rm cp}}$$

式中，C_0 为总的系数；d 为金属丝直径（mm）；$D_{\rm cp}$ 为弹簧平均直径（mm）。

在直径 $D_{\rm cp}$ 增加 n 倍时，为了使弹簧力增加 n^2 倍，金属丝的直径必须增加 n 倍。在这种情况下，每圈弹簧的刚度也增加 n 倍，因此可用下式表示：

$$C=\frac{Gd_4}{8D_{\rm cp}^3 k_2}$$

式中，G 为切变模量（MPa）；k_2 为系数，见表5-382。

表5-382　不同 $m=\dfrac{D_{cp}}{d}$ 值时的 k_1 和 k_2 值

m	k_1	k_2	m	k_1	k_2	m	k_1	k_2
4.00	1.407	1.094	6.70	1.223	1.063	9.40	1.156	1.047
4.10	1.394	1.092	6.80	1.220	1.063	9.50	1.154	1.047
4.20	1.381	1.091	6.90	1.216	1.062	9.60	1.152	1.047
4.30	1.370	1.089	7.00	1.213	1.061	9.70	1.150	1.046
4.40	1.361	1.087	7.10	1.210	1.060	9.80	1.148	1.046
4.50	1.352	1.086	7.20	1.207	1.060	9.90	1.146	1.045
4.60	1.342	1.085	7.30	1.204	1.059	10.00	1.144	1.045
4.70	1.333	1.084	7.40	1.201	1.059	10.10	1.143	1.045
4.80	1.325	1.082	7.50	1.198	1.058	10.20	1.141	1.044
4.90	1.317	1.081	7.60	1.195	1.057	10.30	1.140	1.044
5.00	1.310	1.080	7.70	1.192	1.057	10.40	1.139	1.043
5.10	1.303	1.079	7.80	1.189	1.056	10.50	1.138	1.043
5.20	1.297	1.078	7.90	1.186	1.056	10.60	1.136	1.043
5.30	1.290	1.077	8.00	1.184	1.055	10.70	1.135	1.042
5.40	1.284	1.076	8.10	1.181	1.054	10.80	1.134	1.042
5.50	1.278	1.075	8.20	1.179	1.054	10.90	1.132	1.041
5.60	1.272	1.074	8.30	1.176	1.053	11.00	1.131	1.041
5.70	1.267	1.073	8.40	1.174	1.053	11.10	1.130	1.041
5.80	1.261	1.072	8.50	1.172	1.052	11.20	1.129	1.040
5.90	1.257	1.071	8.60	1.170	1.051	11.30	1.128	1.040
6.00	1.252	1.070	8.70	1.168	1.051	11.40	1.127	1.040
6.10	1.247	1.069	8.80	1.166	1.050	11.50	1.126	1.040
6.20	1.243	1.068	8.90	1.164	1.050	11.60	1.124	1.039
6.30	1.239	1.067	9.00	1.162	1.049	11.70	1.123	1.039
6.40	1.235	1.066	9.10	1.160	1.049	11.80	1.122	1.039
6.50	1.231	1.065	9.20	1.159	1.048	11.90	1.121	1.038
6.60	1.227	1.064	9.30	1.157	1.048	12.00	1.120	1.038

因此膜片直径增加 n 倍时，弹簧刚度也增加 n 倍，而有效面积增加 n^2 倍，故$\dfrac{C_1}{\varphi_0 A}$比值减小 n 倍，由此可见，随着膜片直径的增加，膜片装置灵敏度也增加。

5.4.8.9　压缩弹簧的计算

调节阀用的压缩弹簧如图5-295所示。一般采用一级精度的弹簧。一级精度的弹簧其变形的允许偏差应小于标定的 ±10%。

作用在弹簧上的静压力所产生弹簧金属丝横断面上的剪切和扭转的总应力（MPa）：

$$\tau\approx\frac{8FD_{\rm cp}}{\pi d^3}$$

由此得出弹簧的变形（mm）：

$$f=\frac{8FD_{\rm cp}^3 n}{Gd^4}$$

式中，D_{cp}为按螺旋截面轴线计算的弹簧直径（平均直径）（mm）；d为弹簧金属丝的直径（mm）；G为切变模量（MPa）。

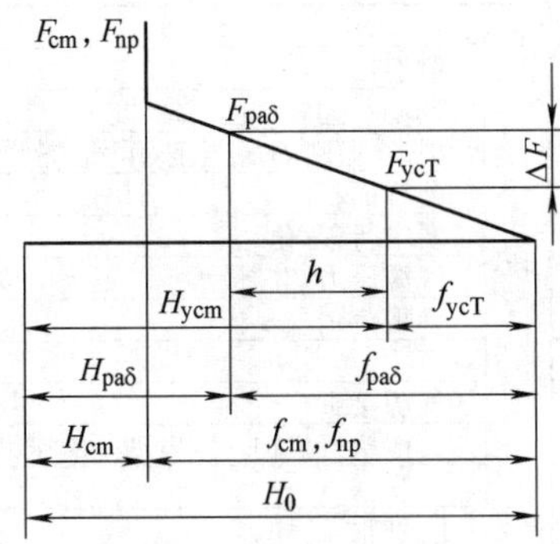

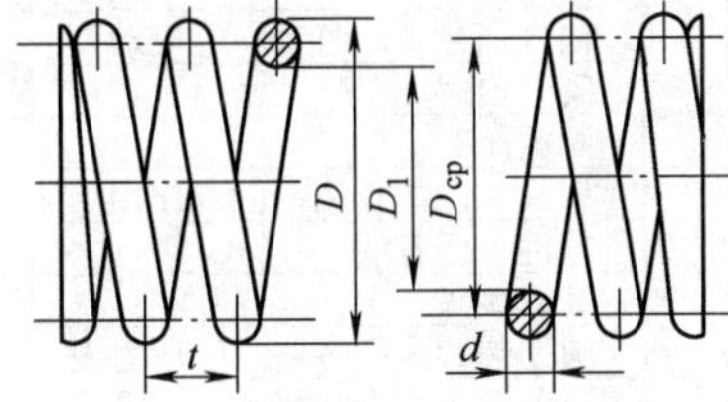

图 5-295 弹簧压缩时力的变化

F_{ycT}—弹簧在装置机构中的预压缩力（F_{ycT}值相应于在机构中工作时的最小的力）

$F_{pa\delta}$—弹簧在工作过程中所达到的最大力

F_{np}—试验载荷

F_{cm}—弹簧压缩到弹簧圈并紧时的作用力

ΔF—由 F_{ycT} 到 $F_{pa\delta}$ 时所增加的力。

$\Delta F = F_{pa\delta} - F_{ycT}$ f_{ycT}、$f_{pa\delta}$、f_{np}、f_{cm}，相当于 F_{ycT}、$F_{pa\delta}$、F_{np}、F_{cm} 的弹簧变形

h—弹簧行程，$h = f_{pa\delta} - f_{ycT}$

为考虑到附加因素的影响采用修正系数，得到如下的应力公式：

$$\tau = k_1 \frac{2.55FD_{cp}}{d^3}$$

式中，$k_1 = \dfrac{4m-1}{4m-4} + \dfrac{0.615}{m}$；$m = \dfrac{D_{cp}}{d}$。

求弹簧变形的公式为

$$f = k_2 \frac{8FD_{cp}^3 n}{Gd^4}$$

式中，k_1、k_2 见表 5-382。

弹簧在正常工作时的 m 值的范围为 $4 \leqslant m \leqslant 12$（在特殊情况下达到 $3 \leqslant m \leqslant 20$）。

5.5 阀门的结构设计

5.5.1 阀门设计程序

5.5.1.1 阀门设计的基本内容

阀门作为管道系统中的一个重要组成部分，应保证安全可靠地执行管道系统对阀门提出的使用要求。因此，阀门设计必须满足工作介质的压力、温度、腐蚀、流体特性及操作、制造、安装、维修等方面对阀门提出的全部要求。

阀门设计必须明确给定的技术数据，即“设计输入”，在此基础上方可正确完成设计。

（1）通用阀门“设计输入”必须具备的基本数据

1）阀门的用途或种类。

2）阀门公称压力 PN 或 Class。

3）介质的工作温度。

4）介质的物理、化学性能（腐蚀性、易燃易爆性、毒性、物态等）。

5）公称尺寸 DN 或 NPS。

6）结构长度。

7）与管道的连接形式。

8）阀门的操作方式（手动、齿轮传动、蜗杆传动、电动、气动、液动等）。

在阀门技术设计和工作图设计时应当掌握的数据和技术要求有：

1）阀门的流通能力和流体阻力系数。

2）阀门启闭速度和启闭次数。

3）驱动装置能源特性（交流电或直流电，电压，空气压力等）。

4）阀门工作环境及其保养条件（是否防爆，是否热带气候条件等）。

5）外形尺寸的限制。

6）重量的限制。

7）抗地震要求。

在阀门材料方面的要求：

1）壳体材料：即阀体、阀盖材料。

2）内件材料：即阀杆、上密封座、密封面、闸板（阀瓣、球体、蝶板）密封面的材料。

3）壳体材料有无抗硫要求：碳钢壳体材料是否要求作 SSC、HIC 试验；碳钢壳体内表面是否要求堆焊镍基合金等。

阀门密封面的结构要求：

1）双截断-泄放阀：DBB 结构。

2）双隔离-泄放阀：DIB 结构。

DIB-1：两个阀座双向密封；

DIB-2：两个阀座一个阀座单向密封、一个阀座双向密封。

3）是否要求双阀座阀门中腔泄压。

4）是否要求做逸散性捡漏。

（2）调节阀“设计输入”必须具备的基本数据见表5-383。

表 5-383　调节阀数据单

1	2	3	4	5	1	2	3	4	5
	1		有关选择控制阀的过程数据	位置		57		执行机构	制造厂　型号
	2			用途		58			气动　□膜片□活塞
	3			危险场所等级		59			型式　□弹簧复位□双作用□带弹簧的双作用
	4			环境温度　最低　最高		60			公称面积
	5			允许声压等级　dB（A）		61			要求行程/角
	6			管道识别编号		62			气源压力　最小　最大
	7			DN　/　SCH　mm		63			弹簧范围
	8			管道材料		64			
	9			管道隔离　□隔热　□隔声		65			气源接头
	10					66			其他执行机构　□电动□液压□手动
	11			管道连接		67			
	12			过程流体		68			□手轮
	13			上游条件　□液体□蒸汽□气体		69			
	14					70		定位器	制造厂　型号
	15			流量　最小　正常　最大　单位		71			输入信号　□气动　□电动
	16					72			阀开启时
	17			入口压力 p_1		73			阀关闭时
	18			出口压力 p_2		74			型式　□单作用　□双作用
	19			温度 T_1		75			特性　□直线
	20			入口密度 ρ_1 或 M		76			气源接头
	21			蒸汽压力 p_v		77			辅助装置　□旁路　□压力表
	22			临界压力 p_c		78			隔爆要求　□本质安全　□隔爆
	23			黏度		79			
	24			比热比　γ		80		指示开关	制造厂　型号
	25			可压缩性系数 Z		81			开关类型　□机械　□接近式　□气动
	26					82			开关位置　□关闭　□行程百分数　□开启
	27			关闭压力 p_1、p_2		83			开关方式　□接通　□断开
	28			气源　□最小　□最大		84			隔爆要求　□本质安全　□隔爆
	29			动力故障时的位置　□开□关□保持		85			
	30					86		电磁阀	制造厂　型号
	31		C/SPL	计算最大流量系数　K_v		87			阀的型式　□直通　□三通　□四通
	32			计算最小流量系数　K_v		88			断电时　□开启　□关闭　□保持
	33			所选流量系数　K_v		89			
	34			预定声压等级　dB（A）		90			阀气接头　进气口尺寸
	35		阀体组件	制造厂　型号		91			电气数据　V　Hz　W
	36			阀体类型		92			隔爆要求　□本质安全　□隔爆
	37			流动方向		93			
	38			压力等级		94		其他	□减压阀制造厂　型号
	39			公称尺寸		95			□带过滤器　□带压力表
	40			连接端　□法兰□无法兰□焊接□螺纹		96			□转换器制造厂　型号
	41					97			
	42			端部加长件		98			□继动器制造厂　型号
	43			阀盖的型式　□标准□加长□波纹管		99			
	44					100			□自锁阀制造厂　型号
	45			阀体/阀盖材料		101			
	46			阀内组件　□标准□低噪声		102			管道　材料
	47			特性　□直线□等百分比		103			
	48			阀芯/阀杆材料		104		特殊要求	试验证书　□化学和机械试验
	49			导向套/阀座材料		105			其他试验
	50					106			待试验的部件　□阀体/阀盖
	51			阀座形式		107			□螺栓/螺母　□阀内组件
	52			阀内组件涂层		108			
	53					109			
	54			泄漏量规范		110			
	55			填料材料		111			
	56					112			

备注：

5.5.1.2　阀门设计程序

（1）设计和开发策划

1）设计和开发阶段。

2）适合于每个设计和开发阶段的评审、验证和确认活动。

3）设计和开发的职责和权限。

（2）设计和开发输入

1）功能和性能要求。

2）适用的法律法规要求。

3）以前类似设计提供的信息。

4）设计和开发所必需的其他要求。

（3）设计和开发的输出

1）满足设计和开发输入的要求。

2）给出采购、生产和服务提供的适当信息。

3）包含或引用产品接收准则。

4）规定对产品的安全和正常使用所必需的产品特性。

（4）设计和开发评审

1）评价设计和开发的结果满足要求的能力。

2）识别任何问题并提出必要的措施。

（5）设计和开发的验证

1）变换方法进行计算。

2）与已证实的类似设计比较。

3）试验和演示。

（6）设计和开发确认　以产品鉴定的方式进确认。

（7）设计和开发的更改　略。

5.5.2　阀体的结构设计

由于阀门有多种类型，同类型的阀门结构型式又分成许多类别，因此，阀体的形状千变万化。尽管如此，由于阀体在受力和功能方面基本相似，故在结构上也有共性，在此将重点介绍阀体结构设计中最具代表性的截止阀阀体和闸阀阀体的结构设计。

5.5.2.1　截止阀阀体结构设计

截止阀阀体结构设计的原则适用于节流阀、调节阀、安全阀、减压阀、柱塞阀及止回阀等阀体的结构设计。

（1）阀体的流道　截止阀阀体的流道可分为直通式、直角式和直流式三种，如图5-296所示。

阀体流道设计的原则如下：

1）阀体端口必须为圆形，介质流道应尽可能设计成直线形或流线型，尽可能避免介质流动方向的突然改变和通道形状和截面积的急剧变化，以减少流体阻力、腐蚀和冲蚀。

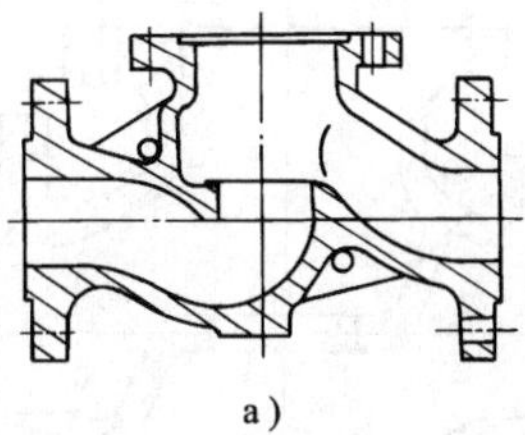

a）

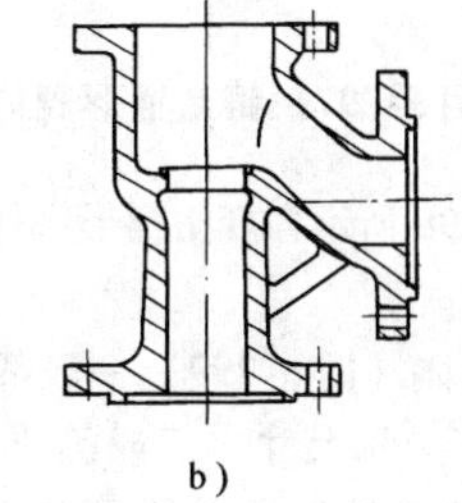

b）

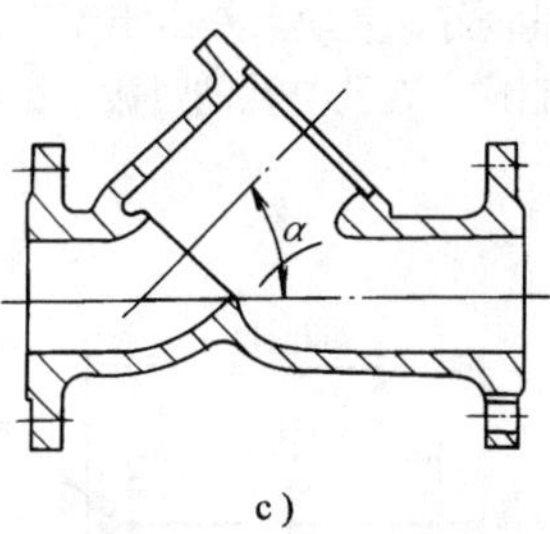

c）

图5-296　阀体流道形式

a）直通式　b）直角式　c）直流式

2）在直通式阀体设计时应保证通道喉部的流通面积至少等于阀体端口的截面积。

3）阀座直径不得小于阀体端口直径（公称尺寸）的90%。

4）直流式阀体设计时，阀瓣启闭轴线（阀杆轴线）与阀体流道出口端轴线的夹角 α 通常为45°~60°。

（2）阀体的结构

1）铸造阀体是目前应用最广的一种结构型式。其最大优点是通过铸件造型，既能达到所要求的合理的几何形状，特别是流道形状，又可少受重量方面的限制。

图5-297为铸造桶形阀体示意图，这种阀体结构常用于低压铜制、铸铁制及钢制（多见于碳钢）阀门。

Class150、NPS1桶形铸钢截止阀设计图及主要尺

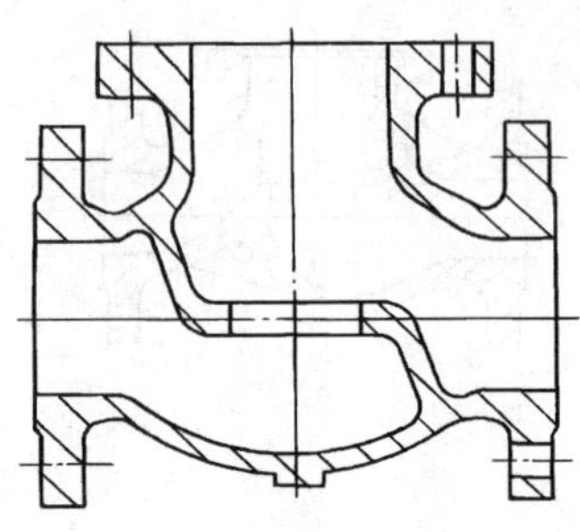

图 5-297　铸造桶形阀体

寸标注如图5-298所示各规格桶形阀体的桶体直径参考值见表5-384。

2）锻造阀体（图5-299）一般都用于小口径阀门，特别是用于公称尺寸小于或等于DN50的高温、高压阀门。锻造阀体的优点是质量能保证、组织致密，表面质量较好。其缺点是由于流道孔采用机械加工（钻孔）制成，在孔与孔的过渡区会产生锐角过渡面，造成流阻大，且易产生湍流，介质对阀体侵蚀大；锻件截面与铸件截面相比较不均匀性更大，因此在厚壁处所产生的热应力很大（特别是高温场合），常会在流道的锐角处发生开裂，并且锻造阀体材料利用率较低。

图5-300为按API 602—2015设计的锻钢截止阀阀体及主要尺寸标注。

3）锻焊与铸焊阀体，锻焊阀体如图5-301所示。若锻造重量受到限制或由于工艺上的原因，可以考虑采用这种形式（应按相应标准规定）。

4）焊接阀体（图5-302）有钢管焊接和钢板焊接两种。这种结构既节省材料又能获得理想流道。对于清洁度要求较高的大口径阀门，这种结构也是比较理想的。其优点是重量轻，表面质量好，清洁度高，流阻小，结构简单，加工方便；缺点是焊缝多，焊接较困难。对于不锈钢焊接阀体，要防止或消除晶间腐蚀和焊接变形。因此，应根据不同情况，在工艺上要采取相应措施。

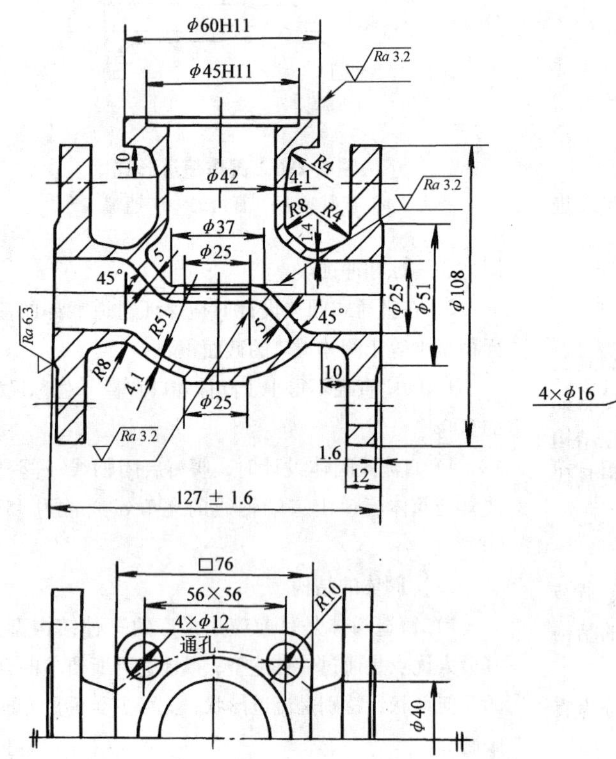

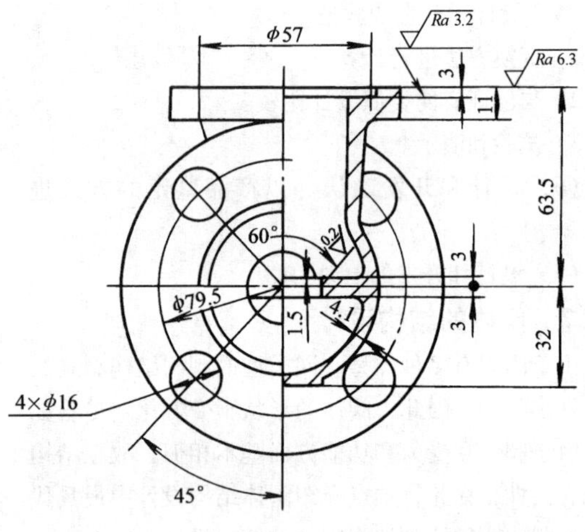

图 5-298　Class150、NPS1 铸钢截止阀阀体设计图

表 5-384 桶形铸造阀体的桶体直径（JIS 标准参考值） （mm）

<table>
<tr><th rowspan="3">公称尺寸</th><th colspan="4">铸 钢
JIS B2071—2000</th><th colspan="2">灰铸铁
JIS B2031—2013</th><th colspan="6">青 铜
JIS B2011—2010</th></tr>
<tr><th colspan="2">截止阀、角阀</th><th colspan="2">旋启式
止回阀</th><th>截止阀
角阀</th><th>旋启式
止回阀</th><th colspan="3">截止阀、角阀</th><th colspan="2">升降式
止回阀</th><th>旋启式
止回阀</th></tr>
<tr><th>10K</th><th>20K</th><th>10K</th><th>20K</th><th>10K</th><th>10K</th><th>5K</th><th>10K</th><th>10K</th><th>5K</th><th>10K</th><th>10K</th></tr>
<tr><td>DN8</td><td>—</td><td>—</td><td colspan="2">—</td><td>—</td><td>—</td><td>—</td><td>24</td><td>—</td><td>—</td><td>24</td><td>—</td></tr>
<tr><td>DN10</td><td>—</td><td>—</td><td colspan="2">—</td><td>—</td><td>—</td><td>—</td><td>26</td><td>—</td><td>—</td><td>26</td><td>26</td></tr>
<tr><td>DN15</td><td>—</td><td>—</td><td colspan="2">—</td><td>—</td><td>—</td><td>32</td><td>34</td><td>34</td><td>32</td><td>34</td><td>34</td></tr>
<tr><td>DN20</td><td>—</td><td>—</td><td colspan="2">—</td><td>—</td><td>—</td><td>38</td><td>40</td><td>40</td><td>38</td><td>40</td><td>40</td></tr>
<tr><td>DN25</td><td>—</td><td>—</td><td colspan="2">—</td><td>—</td><td>—</td><td>48</td><td>50</td><td>50</td><td>48</td><td>50</td><td>50</td></tr>
<tr><td>DN32</td><td>—</td><td>—</td><td colspan="2">—</td><td>—</td><td>—</td><td>58</td><td>60</td><td>60</td><td>58</td><td>60</td><td>60</td></tr>
<tr><td>DN40</td><td>—</td><td>95</td><td colspan="2">—</td><td>95</td><td>—</td><td>66</td><td>68</td><td>68</td><td>66</td><td>68</td><td>68</td></tr>
<tr><td>DN50</td><td>100</td><td>110</td><td colspan="2">112</td><td>110</td><td>90</td><td>82</td><td>84</td><td>84</td><td>82</td><td>84</td><td>84</td></tr>
<tr><td>DN65</td><td>120</td><td>140</td><td colspan="2">122</td><td>130</td><td>115</td><td>102</td><td>106</td><td>106</td><td>—</td><td>—</td><td>—</td></tr>
<tr><td>DN80</td><td>130</td><td>160</td><td colspan="2">140</td><td>150</td><td>130</td><td>120</td><td>125</td><td>125</td><td>—</td><td>—</td><td>—</td></tr>
<tr><td>DN100</td><td>170</td><td>185</td><td colspan="2">180</td><td>175</td><td>165</td><td>—</td><td>162</td><td>162</td><td>—</td><td>—</td><td>—</td></tr>
<tr><td>DN125</td><td>225</td><td>230</td><td colspan="2">196</td><td>225</td><td>205</td><td>—</td><td>—</td><td>—</td><td>—</td><td>—</td><td>—</td></tr>
<tr><td>DN150</td><td>260</td><td>270</td><td colspan="2">220</td><td>270</td><td>240</td><td>—</td><td>—</td><td>—</td><td>—</td><td>—</td><td>—</td></tr>
<tr><td>DN200</td><td>330</td><td>340</td><td colspan="2">300</td><td>330</td><td>305</td><td>—</td><td>—</td><td>—</td><td>—</td><td>—</td><td>—</td></tr>
<tr><td>DN250</td><td>—</td><td>—</td><td colspan="2">365</td><td>—</td><td>—</td><td>—</td><td>—</td><td>—</td><td>—</td><td>—</td><td>—</td></tr>
<tr><td>DN300</td><td>—</td><td>—</td><td colspan="2">450</td><td>—</td><td>—</td><td>—</td><td>—</td><td>—</td><td>—</td><td>—</td><td>—</td></tr>
<tr><td>连接形式</td><td colspan="6">法兰连接</td><td colspan="2">螺纹连接</td><td>法兰
连接</td><td colspan="3">螺纹连接</td></tr>
</table>

注：角阀通常按桶形阀体设计。

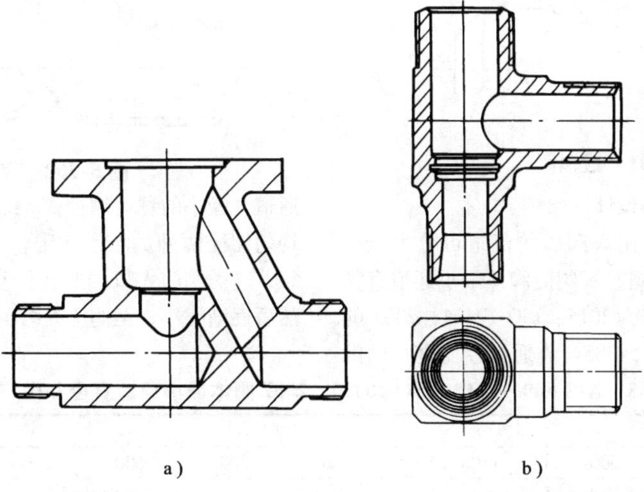

图 5-299 锻造截止阀阀体

a）直通式 b）角式

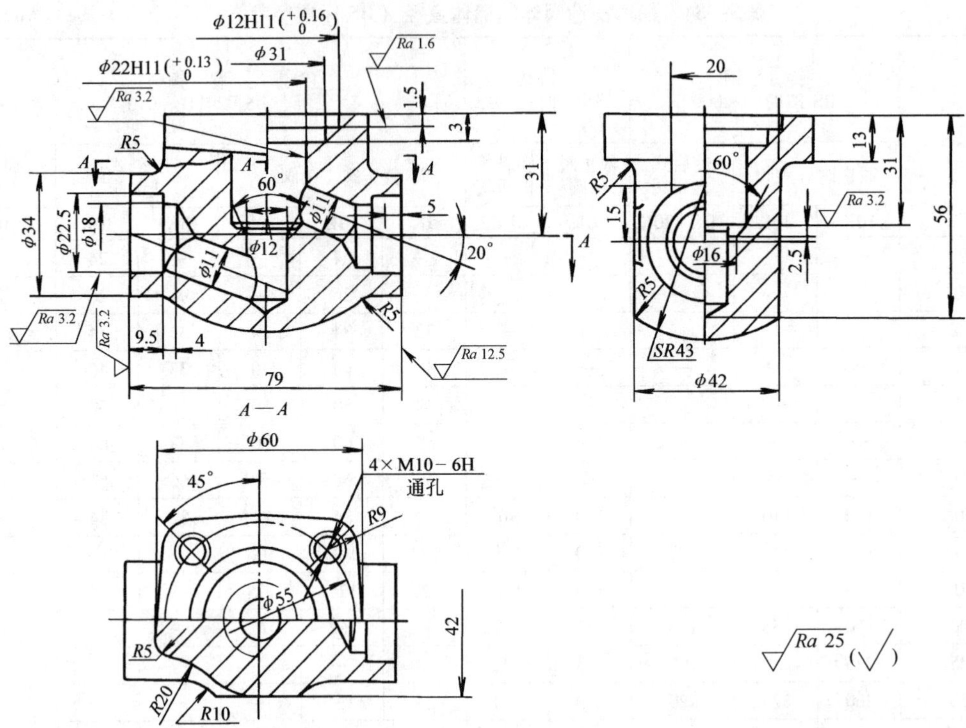

图 5-300　Class800、DN15 的截止阀阀体设计图

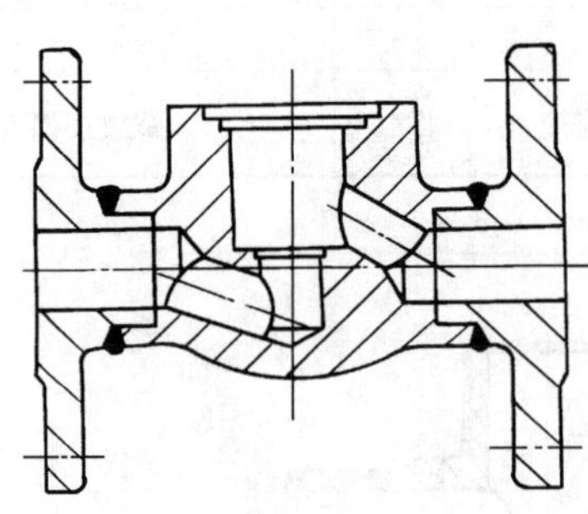

图 5-301　锻钢阀体

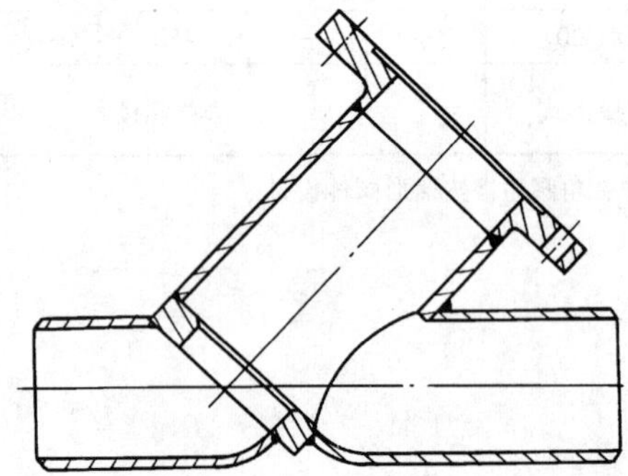

图 5-302　焊接阀体

5.5.2.2　闸阀阀体结构设计

（1）阀体的流道　闸阀阀体的流道可分为全通径式和缩径式两种。全道径式阀门阀体最小通道直径标准中有规定，API 600—2015、ISO 10434：2007 的阀体最小通道直径见表 5-385。流通孔径比全径阀门通道直径小的称为缩径式。缩径形式有均匀缩径和非均匀缩径两种。流道呈锥管形的即是一种非均匀缩径，这类阀门入口端的孔径基本上与公称尺寸相同，然后逐渐缩小，至阀座处缩至最小。

表 5-385　API 600—2015、ISO 10434：2007 阀体最小通道直径和阀座孔面积

公称尺寸		Class											
		150	300	600	900	1500	2500	150	300	600	900	1500	2500
DN	NPS	阀座最小孔径 D/mm						阀座孔面积/m^2					
25	1	25	25	25	22	22	19	0. 004906	0. 0004906	0. 0004906	0. 0003799	0. 0003799	0. 0002833
32	1¼	31	31	31	28	28	25	0. 0007543	0. 0007543	0. 0007543	0. 0006154	0. 0006154	0. 0004906
40	1½	38	38	38	34	34	28	0. 0011335	0. 0011335	0. 0011335	0. 0009074	0. 0009074	0. 0006154
50	2	50	50	50	47	47	38	0. 0019625	0. 0019625	0. 0019625	0. 001734	0. 001734	30011335
65	2½	63	63	63	57	57	47	0. 0031156	0. 0031156	0. 0031156	0. 0025504	0. 0025504	0. 001734

（续）

公称尺寸		Class											
		150	300	600	900	1500	2500	150	300	600	900	1500	2500
DN	NPS	阀座最小孔径 D/mm						阀座孔面积/m^2					
80	3	76	76	76	72	69	57	0.0045341	0.0045341	0.0045341	0.0040694	0.0037373	0.0025504
100	4	100	100	100	98	92	72	0.00785	0.00785	0.00785	0.0075391	0.0066442	0.0037373
125	5	125	125	125	122	155	—	0.0122656	0.0122656	0.0122656	0.016839	0.0103816	—
150	6	150	150	150	146	136	11	0.01766625	0.0176625	0.0176625	0.016733	0.0145193	0.0096719
200	8	200	200	199	190	177	146	0.0314	0.0314	0.0310867	0.0283385	0.0245932	0.016733
250	10	250	250	247	238	222	184	0.0490625	0.0490625	0.047892	0.044655	0.0386879	0.0265769
300	12	300	300	298	282	263	218	0.08065	0.07065	0.0697111	0.0624263	0.0542976	0.0373063
350	14	336	336	326	311	288	241	0.0886233	0.0886233	0.0834266	0.0759259	0.065111	0.0455935
400	16	387	387	374	355	330	276	0.1175686	0.1175686	0.1098026	0.0989296	0.0854865	0.0597981
450	18	438	431	419	400	371	311	0.1505975	0.1458223	0.1378153	0.1256	0.1080481	0.0759259
500	20	488	482	463	444	415	342	0.186943	0.1823743	0.1682796	0.1547517	0.1351966	0.0918167
600	24	590	584	558	533	498	412	0.2732585	0.2677289	0.2444207	0.2230098	0.1946831	0.133249

采用缩径式流道（无论是锥管形非均匀缩径或均匀缩径），其优点是同一规格的阀门，可减小闸板的尺寸、启闭力与力矩；其缺点是流阻增加，压降和能耗增大，所以缩孔不宜太大。对锥管形缩径来说，阀座的内径与公称尺寸之比通常取0.8～0.95。公称尺寸小于DN250的缩径阀门，其阀座内径一般比公称尺寸降低一档；公称尺寸等于或大于DN300的缩径阀门，其阀座内径一般比公称尺寸降低二档。

均匀缩径式通常应用于大口径低中压阀门或高压阀门中，缩径的大小应按有关标准的规定。

（2）阀体的结构　闸阀阀体的结构决定于阀体与管道、阀体与阀盖的连接。就制造方法而言，有铸造、锻造、锻焊、铸焊以及管板焊接等几种。

通常从经济性考虑，公称尺寸等于或大于DN50的阀门采用铸造，小于DN50的采用锻造。但是随着现代铸、锻技术的发展，已经逐步突破这种限制。锻造阀体已向大口径方向发展，而铸造阀体逐渐向小口径方向发展；任何一种闸阀阀体既可锻造，也可铸造，应根据用户要求以及制造厂拥有的制造手段而定。

管板焊接的阀体通常应用于大口径的中、低压阀门。

1）铸造阀体。阀体与阀盖为法兰连接的铸造阀体如图5-303所示。非圆形的阀盖法兰（通常为椭圆形或方形）用于公称压力小于或等于Class150的阀门及公称尺寸小于或等于NPS2½的各压力级阀门；圆形的用于公称压力等于或大于Class300的阀门。高温高压阀门阀体与管道的连接端通常采用对接焊。

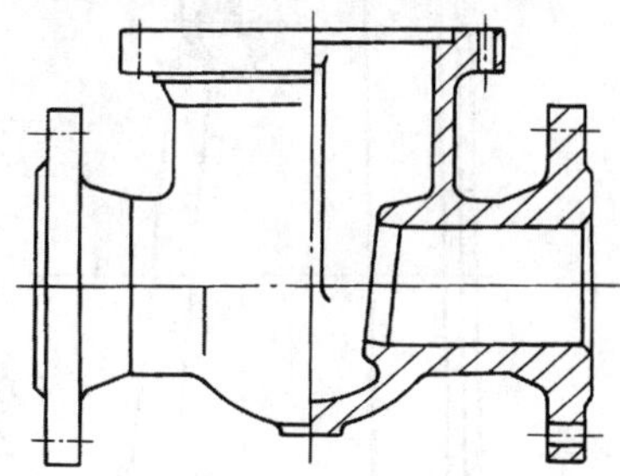

图5-303　铸造闸阀阀体

阀体与阀盖采用内压自封式连接的铸造阀体，如图5-304所示。连接端也可采用法兰。这种阀体多用于公称压力等于或大于Class900的高压闸阀。

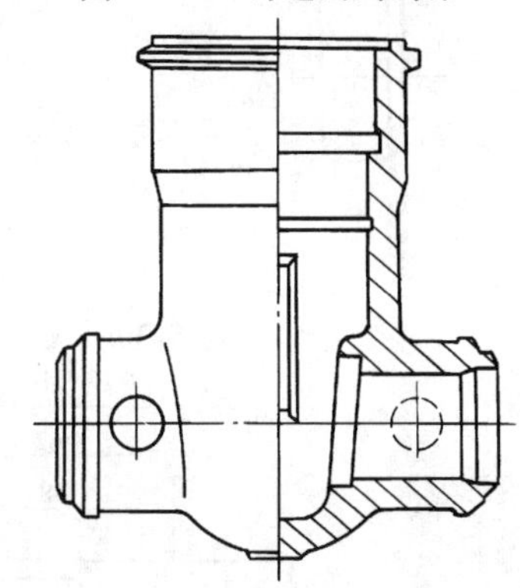

图5-304　内压自紧密封铸造阀体

图5-305为根据API 600—2015、ISO 10434：2007设计的Class150铸造闸阀阀体的设计图（主视图）及主要尺寸标注。

2）锻造阀体。典型的小口径锻造阀体的连接端有内螺纹、承插焊、法兰（整锻或对接焊）、以及对接焊四种。阀体与阀盖的连接也有螺纹、法兰、焊接和压力自紧式四种。

Class800承插焊端锻钢闸阀阀体设计图（主视图）及主要尺寸标准如图5-306所示自紧式阀盖的锻钢闸阀阀体设计图（主视图）及主要尺寸标注如图5-307所示。

3）锻焊或铸焊阀体。对于整体锻造工艺上有困难，且用于重要场合（如核电站用阀门）的阀门，阀体可采用锻焊结构（图5-308）。整体铸造无法满足要求的可用铸焊结构，如图5-309所示。

4）管板焊接阀体。管板焊接结构的阀体一般适用于公称压力小于或等于Class300的大口径阀门。如图5-310所示。这种阀体具有重量轻、内腔易于加工的特点，但设计时应特别注意加强筋的布置，以防体腔受内压后变形。

（3）阀体中腔尺寸的确定　图5-311为推荐的闸阀阀体中腔尺寸，椭圆长轴A与阀体公称尺寸DN/NPS之比，大致呈抛物线关系；长轴A与短轴B之比，呈相似的抛物线关系。

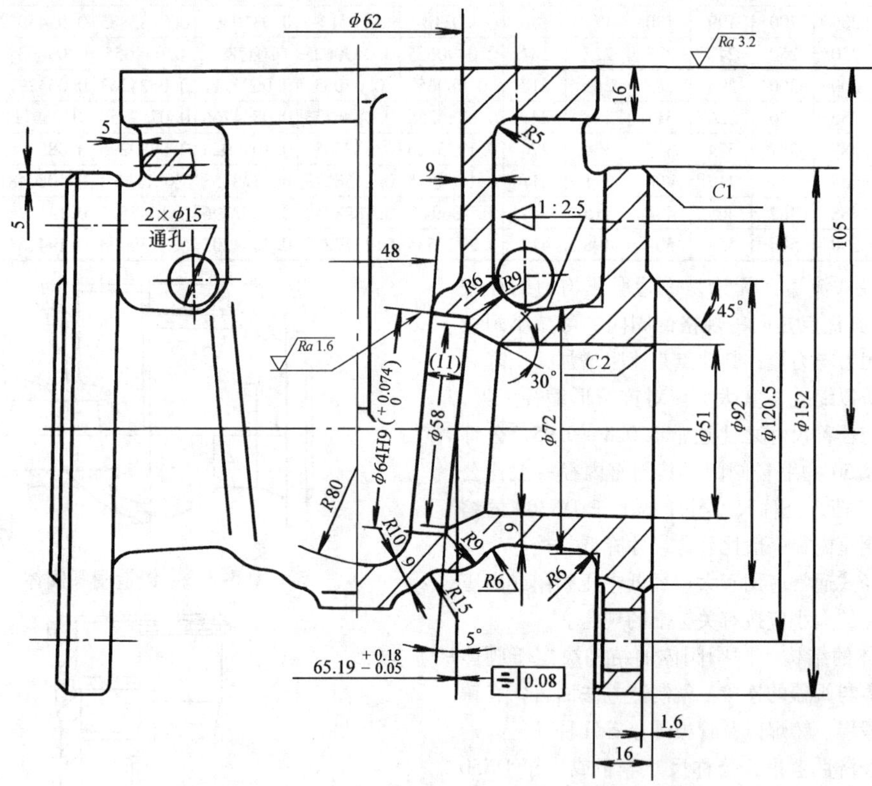

图5-305　Class150、DN50/NPS2铸造闸阀体设计图

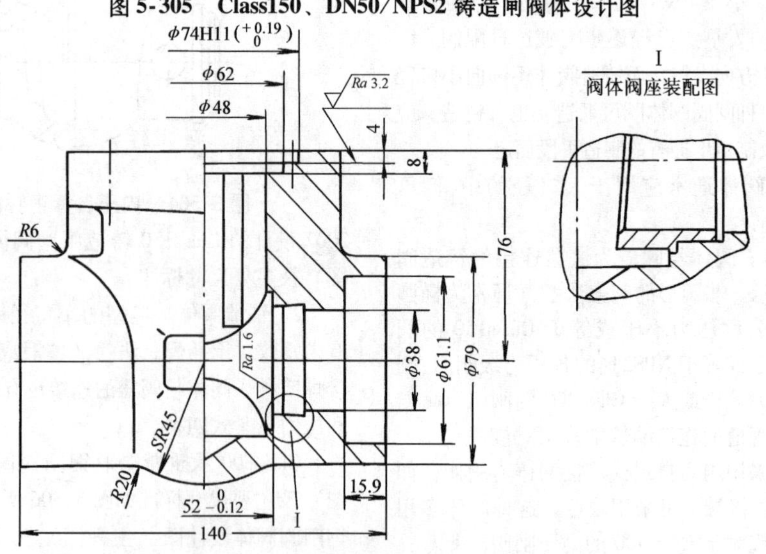

图5-306　Class800承插焊端锻钢闸阀阀体设计图

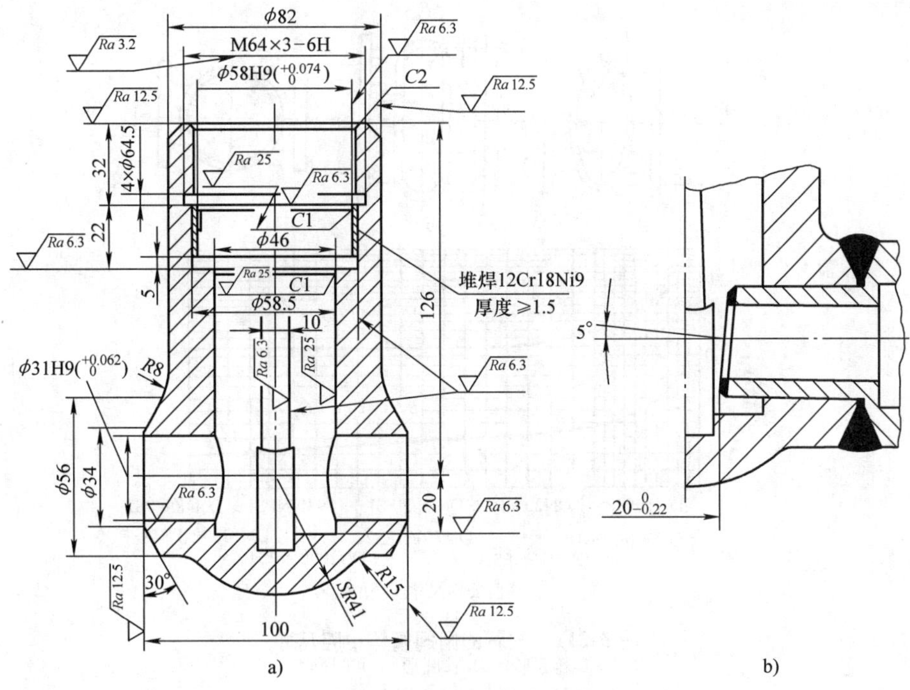

图 5-307 自紧式阀盖的锻钢闸阀阀体设计图

a）阀体 b）阀体、密封座装配图

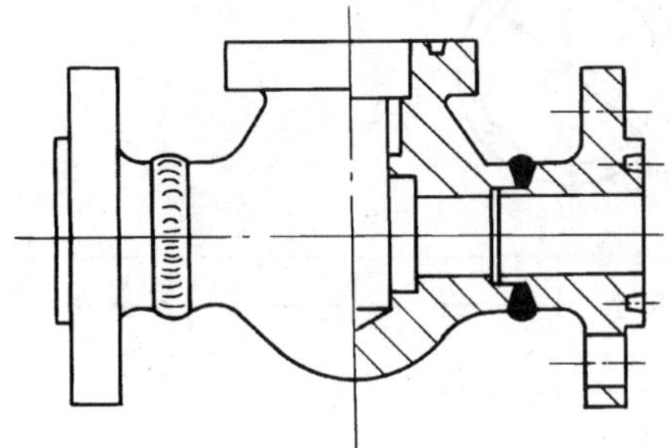

图 5-308 锻焊阀体

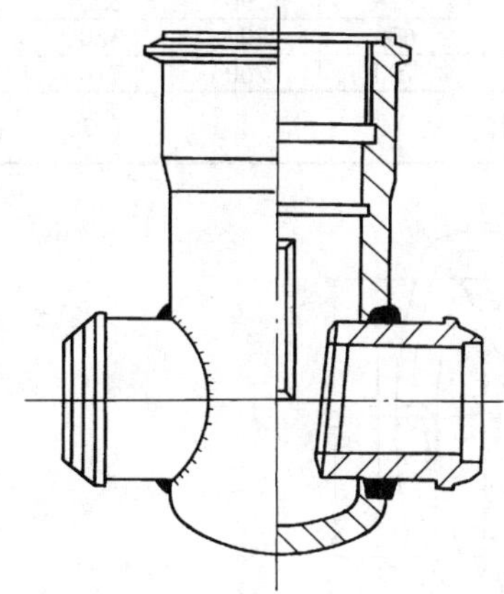

图 5-309 铸焊阀体

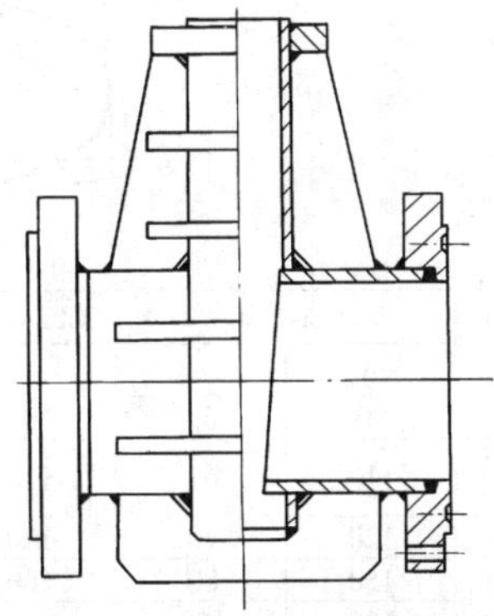

图 5-310 管板焊接阀体

因此只要确定了阀体的通径就可得到闸阀椭圆形阀体的中腔尺寸。

楔式闸阀阀体的中腔尺寸一般可根据闸板的最大对角尺寸加余量的方法予以确定。表 5-386 为推荐的余量值。

表 5-387 为推荐的闸阀阀体中腔尺寸。

表 5-388 和表 5-389 为推荐使用的中法兰尺寸。

表 5-386 推荐的余量值

（单位：mm）

阀门公称尺寸	余量
≤DN100/NPS4	≥8
DN125/NPS5 ~ DN300/NPS12	≥12
≥DN350/NPS14	15

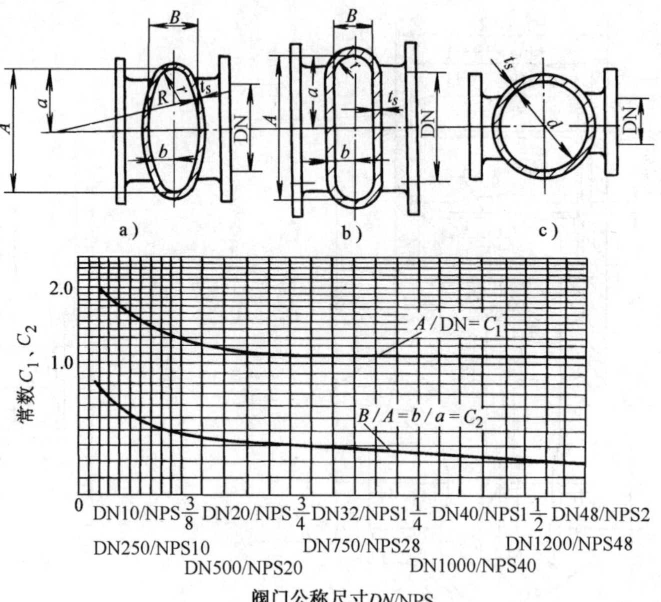

图 5-311 推荐的闸阀阀体中腔尺寸

a）椭圆形 b）长圆形 c）圆形

表 5-387 中腔尺寸推荐值 （单位：mm）

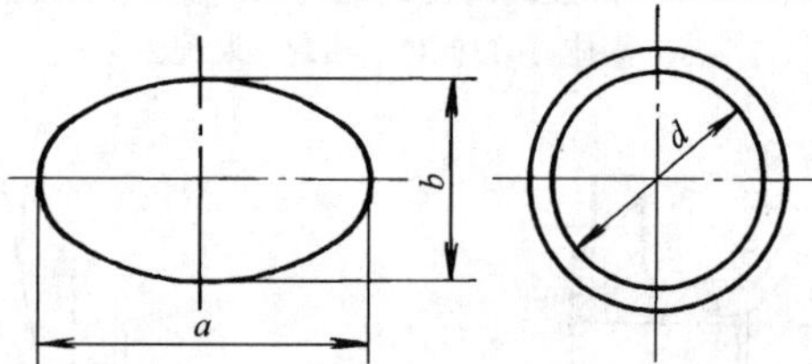

公称尺寸	Class150		Class300	Class600	公称尺寸	Class150		Class300	Class600
	a	b	d			a	b	d	
DN50/NPS2	90	62	100	100	DN250	320	130	320	328
DN65/NPS2$\frac{1}{2}$	110	64	110	120	DN300	370	140	374	380
DN80/NPS3	120	70	120	130	DN350	420	170	420	440
DN100/NPS4	150	80	160	158	DN400	480	172	475	475
DN125/NPS5	180	100	175	190	DN450	528	190	520	520
DN150/NPS6	210	100	230	218	DN500	600	204	580	580
DN200/NPS8	268	118	270	274	DN600	700	260	710	685

表 5-388 Class150 中法兰推荐尺寸 （单位：mm）

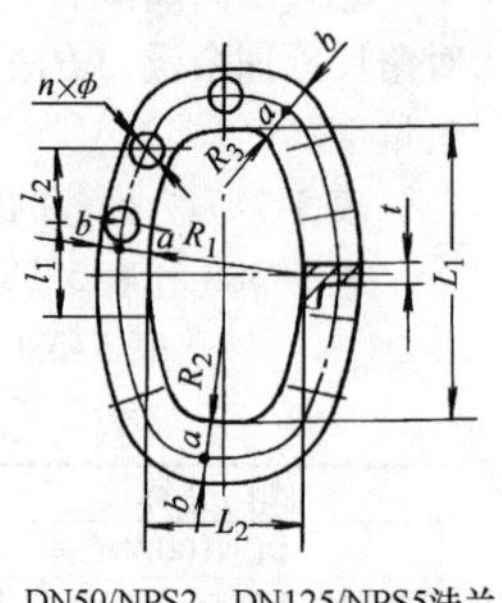

DN50/NPS2、DN125/NPS5法兰

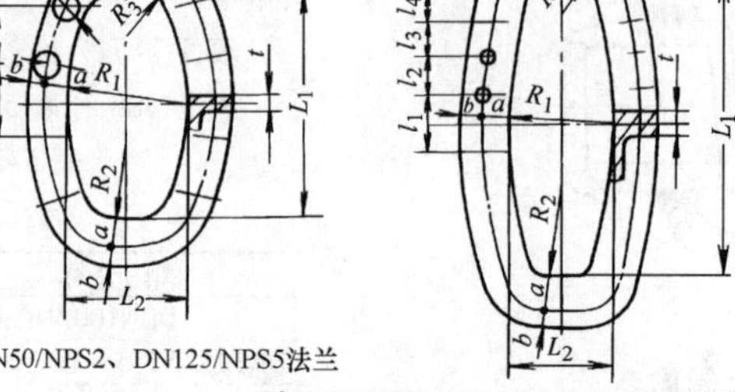

除DN50/NPS2、DN125/NPS5以外的法兰

（续）

阀门公称尺寸	中法兰尺寸															
	L_1	L_2	R_1	a	b	R_2	R_3	t	l_0	l_1	l_2	l_3	l_4	l_5	n	ϕ
DN50/NPS2	90	62	120	25	15	80	10	16	—	72	—	—	—	—	6	15
DN65/NPS2 $\frac{1}{2}$	110	64	135	29	16	100	10	20	62	62	—	—	—	—	8	17
DN80/NPS3	120	70	160	30	17	150	10	22	68	64	—	—	—	—	8	17
DN100/NPS4	150	80	250	32	18	145	10	24	80	36	—	—	—	—	8	19
DN125/NPS5	180	100	300	32	20	90	15	24	—	68	68	—	—	—	10	17
DN150/NPS6	210	100	450	35	18	120	15	26	64	64	64	—	—	—	12	17
DN200/NPS8	268	118	554	32	20	144	15	28	72	72	72	—	—	—	12	19
DN250/NPS10	320	130	600	38	20	160	15	30	64	64	64	64	—	—	16	19
DN300/NPS12	370	140	700	42	24	185	15	32	72	72	72	72	—	—	16	23
DN350/NPS14	420	170	700	48	27	210	20	35	82	82	82	82	—	—	16	25
DN400/NPS16	480	172	1200	62	26	240	20	38	76	76	76	76	76	—	20	25
DN450/NPS18	528	190	1220	60	30	264	20	42	82	82	82	82	82	—	20	29
DN500/NPS20	600	204	1700	65	28	300	25	42	92	92	92	92	92	—	20	30
DN600/NPS24	700	260	2000	76	34	350	25	50	92	92	92	92	92	80	24	32

表 5-389 钢制闸阀圆形中法兰推荐尺寸 （单位：mm）

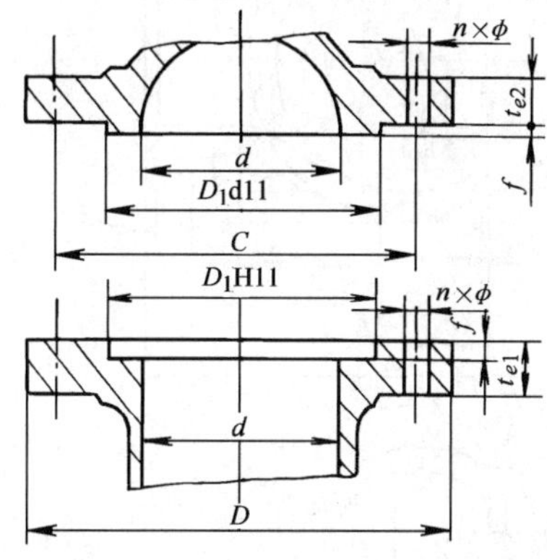

公称尺寸	Class300									Class600								
	d	D	D_1	C	n	ϕ	f	t_{e1}	t_{e2}	d	D	D_1	C	n	ϕ	f	t_{e1}	t_{e2}
DN50/NPS2	100	200	129	170	8	18		32	23	100	215	142	175	8	22		32	
DN65/NPS2 $\frac{1}{2}$	110	228	142	190	8	22		30	26	120	260	160	220	8	24		35	
DN80/NPS3	120	240	159	200	8	22		34	30	130	280	188	230	8	27		40	
DN100/NPS4	160	270	188	228	12	22		36	32	158	310	218	258	12	27		46	
DN125/NPS5	175	325	218	280	12	22		38	34	190	380	218	320	12	30		50	
DN150/NPS6	230	370	272	320	12	26		40	36	218	425	272	372	16	30		56	
DN200/NPS8	270	425	326	370	16	29	6	42	38	274	495	326	432	16	33	6	64	
DN250/NPS10	320	485	383	425	20	29		46	42	328	560	383	490	20	35		68	
DN300/NPS12	374	556	415	494	16	35		46	42	380	686	472	603	20	42		76	
DN350/NPS14	420	625	462	560	20	35		64	60	440	743	535	654	20	45		80	
DN400/NPS16	475	711	535	628.5	24	35		66	62	475	743	535	654	20	45		85	
DN450/NPS18	520	750	576	680	24	38		68	64	520	813	576	724	24	45		90	
DN500/NPS20	580	792	633	725	24	38		70	66	580	870	633	778	24	48		95	
DN600/NPS24	710	960	782	870	24	45		74	70	585	1015	731	914	28	51		108	

5.5.2.3 旋启式止回阀阀体结构设计

铸钢旋启式止回阀阀体设计图及主要尺寸标注如图 5-312 所示。

摇杆的回转中心及腰鼓形桶体尺寸（参考值）见表 5-390。

旋启式止回阀阀体设计与截止阀铸造阀体基本相似，但特别应注意如下情况。

（1）摇杆回转中心距　即摇杆销轴孔至阀座中心

的距离，在整体尺寸允许的情况下要增加一些，从而增大以销轴孔为支点的阀瓣开启力矩。

（2）阀瓣　应有适当的开启高度。

（3）阀瓣开启　必须使流道任意处的横截面面积不小于通道口的截面积，因此要特别注意阀体腰鼓形桶体的横断面中心直径 d_3 及纵截面的半径 R 的尺寸。

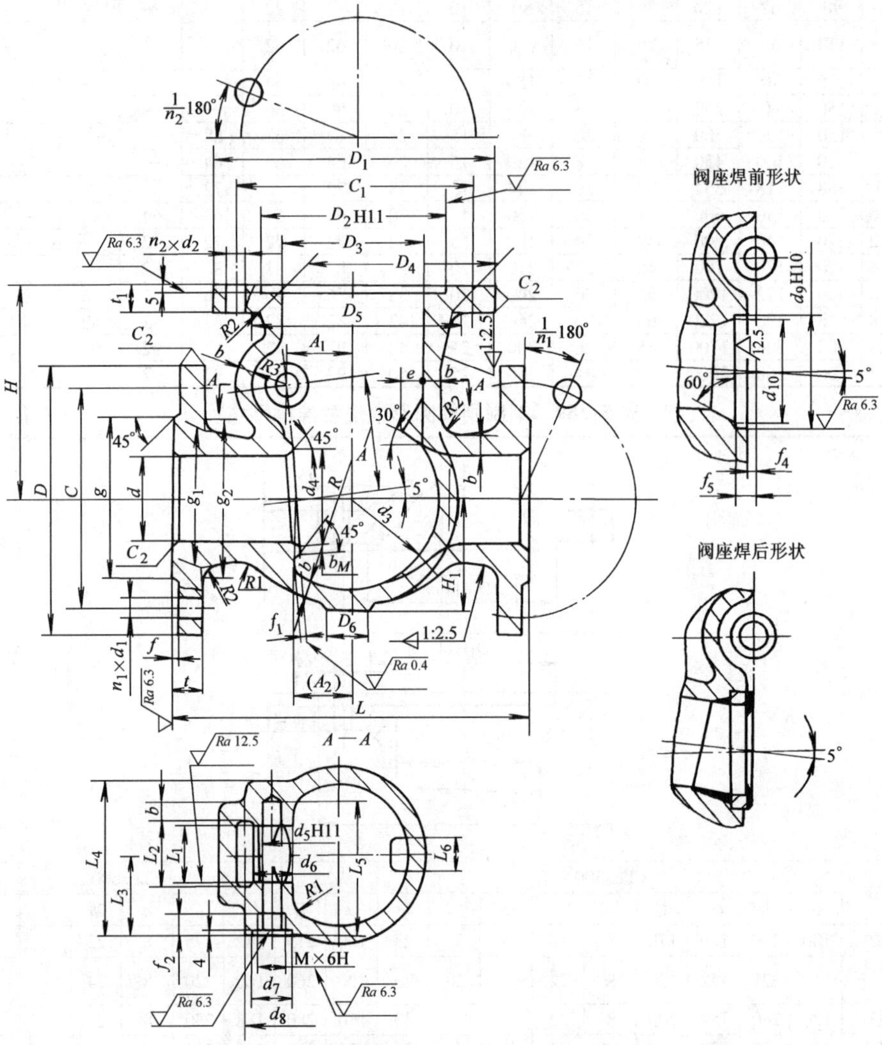

图 5-312　铸钢旋启式止回阀阀体设计图

表 5-390　铸钢旋启式止回阀主要尺寸（参考值）

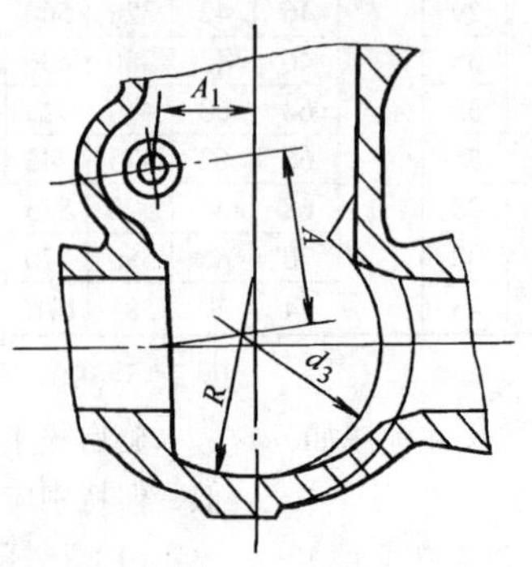

（续）

（单位：mm）

公称尺寸	Class150				Class300				Class600			
	A_1	A	R	d_3	A_1	A	R	d_3	A_1	A	R	d_3
DN50/NPS2	38	53	100	100	38	53	100	100	38	53	100	100
DN65/NPS2 $\frac{1}{2}$	41	62	120	110	41	62	120	110	41	62	120	110
DN80/NPS3	50	75	130	130	50	75	130	130	50	75	130	130
DN100/NPS4	56	70	140	175	56	70	140	175	56	70	140	175
DN125/NPS5	65	110	140	200	110	65	140	200	110	65	—	—
DN150/NPS6	76	122	220	220	76	122	220	220	76	122	220	220
DN200/NPS8	112	170	260	300	112	170	260	300	112	170	260	300
DN250/NPS10	132	190	350	350	132	190	350	350	132	190	350	350
DN300/NPS12	160	230	420	420	160	230	420	420	160	230	420	420
DN350/NPS14	190	260	480	480	190	260	480	480	190	260	480	480

5.5.2.4　升降式止回阀阀体结构设计

升降式止回阀阀体公称尺寸≤DN50时，常采用锻造阀体，它的结构型式，设计原则及外形尺寸与锻造截止阀阀体相同。

5.5.2.5　对分式浮动球球阀阀体结构设计

球阀的类型很多，以下仅介绍应用最广的对分式浮动球球阀阀体的设计原则。

（1）密封调整垫的尺寸　对分式浮动球球阀的左阀体和右阀体的连接，通常采用法兰连接。控制两体之间的密封调整垫尺寸，可控制密封座的预紧比压。在设计时，密封调整垫垫槽的深度应比调整垫厚度小（一般取0.5mm左右）。

（2）左阀体与阀体之间的连接法兰尺寸　左阀体与右阀体之间连接法兰尺寸可按闸阀、截止阀的中法兰计算方法确定。

5.5.3　阀体与阀盖的连接形式

阀体与阀盖的连接形式有螺纹连接、法兰连接、夹箍连接、焊接连接、自紧式密封结构的连接。各种连接的结构型式、特点及应用范围见表5-391。

1. 螺栓的间距

螺栓的最小间距应满足扳手操作空间的要求，推荐的螺栓最小间距 $\overline{S}$ 和法兰的径向尺寸 S、S_e 按表5-392确定。

2. 法兰密封面形式

根据法兰密封面的形式，可分为光滑式、凹凸式、榫槽式、梯形槽式、透镜垫式，分别采用平垫片、缠绕式垫片、金属齿形垫片、椭圆形垫片、透镜垫、金属环垫片等密封，见表5-393。

3. 自紧密封结构型式、工作原理及应用范围（表5-394）

表5-391　阀体与阀盖的连接方式和特点

连接方式	简　图	特　点	应用范围
螺纹连接	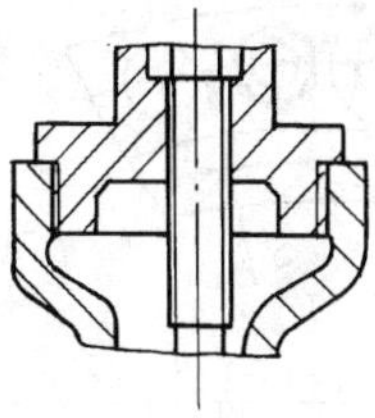	螺纹连接可分为内螺纹和外螺纹连接两种。其结构简单，紧凑；但螺纹易锈蚀，且锈蚀后拆卸很困难	用于低压，较小口径阀门
法兰连接	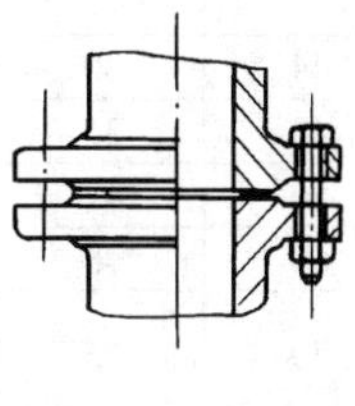	法兰通常是与壳体制成一体的，法兰连接结构虽然尺寸较大，但拆卸方便，密封可靠	用于各种压力的大小口径的阀门

（续）

连接方式	简　图	特　点	应用范围
夹箍连接	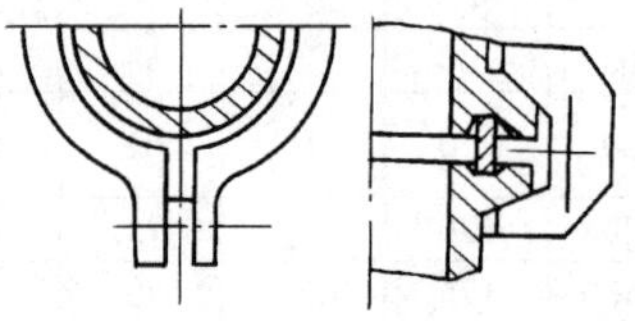	是一种不带法兰的连接。夹箍连接用的螺栓仅有两个，因此装卸方便，可以实现快速装卸。而且比法兰连接结构紧凑，但结构较复杂，加工困难，因此这种形式很少采用	用于中、高压，中、大口径的阀门
焊接连接	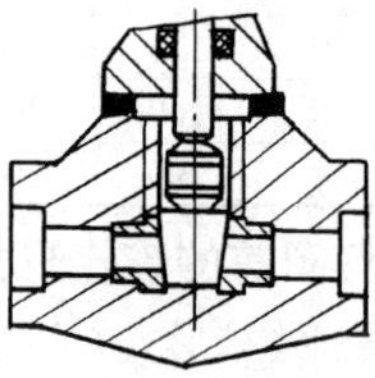	是一种不可拆卸的连接，连接密封可靠，但阀门内件损坏，导致内漏时，无法拆卸进行维修	适用于对密封性要求严格，而不需经常拆卸的场合
自紧式密封结构的连接	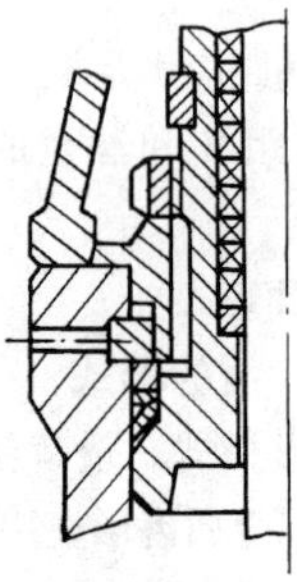	利用介质自身的压力来达到密封的目的，因此介质压力越高，密封效果越好	适用于高温、高压阀门

表 5-392　螺栓的布置

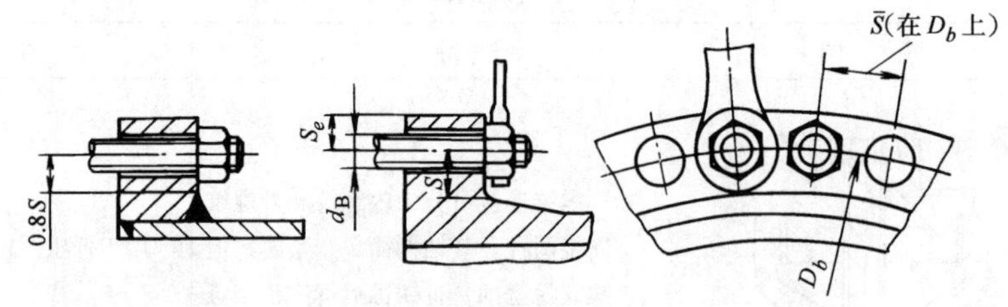

（单位：mm）

螺栓公称直径 d_B	S	S_e	螺栓最小间距 $\overline{S}$	螺栓公称直径 d_B	S	S_e	螺栓最小间距 $\overline{S}$
12	20	16	32	30	44	30	70
16	24	18	38	36	48	36	80
20	30	20	46	42	56	42	90
22	32	24	52	48	60	48	102
24	34	26	56	56	70	55	116
27	38	28	62				

表 5-393 法兰密封面形式

密封面形式	简图	常用垫片	应用范围
光滑式	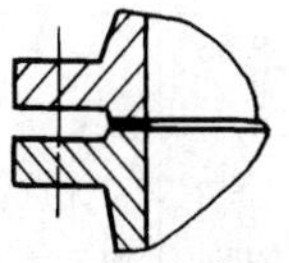	橡胶石棉板、聚四氟乙烯包嵌石棉板、铝板	适用于较低压力的阀门
凹凸式	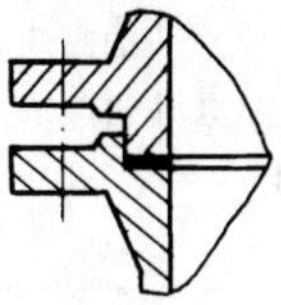	橡胶石棉板、缠绕式垫片	适用于各种压力的阀门
榫槽式	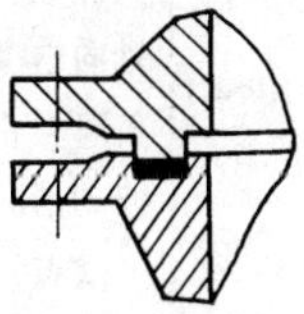	氟塑料板、缠绕式垫片、金属石棉垫片、铜板	使用能够塑性变形的垫片，适用于腐蚀性较强，密封性要求严格的阀门
梯形槽式	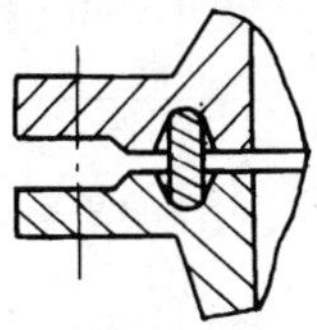	金属椭圆形垫、金属八角形垫	主要用于高温高压阀门
透镜式	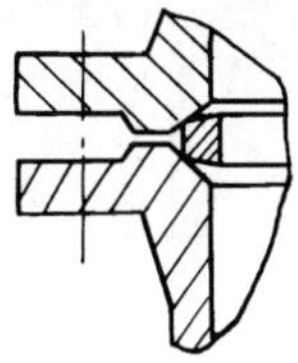	金属透镜垫	主要用于高温高压阀门

表 5-394 自紧密封结构型式、工作原理及选用表

序号	名称	简图	结构型式及工作原理	应用范围	优缺点
1	楔形垫组合密封（伍德密封）	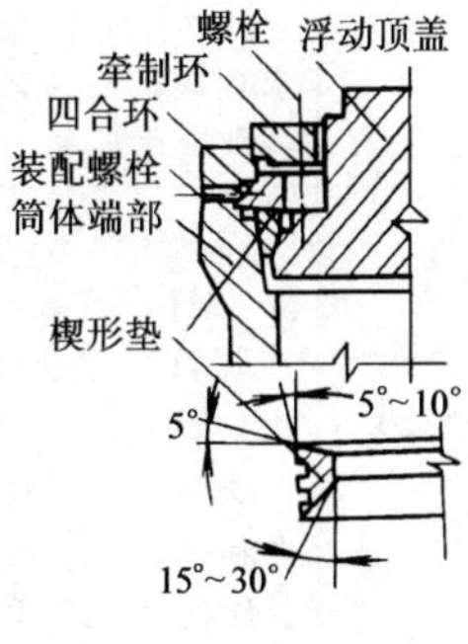 螺栓 浮动顶盖 牵制环 四合环 装配螺栓 筒体端部 楔形垫 5° 5°~10° 15°~30°	拧紧牵制螺栓，浮动顶盖与弹性楔形垫之间、弹性楔形垫与圆筒体顶端之间产生预紧密封力。内压作用时，浮动顶盖继续轴向移动，牵制螺栓开始卸载，而它们之间相互作用的密封力，随压力增加而增加，保持良好密封	≤DN600/NPS24 ≥PN400 或 Class2500 t≥350℃	优点：无主螺栓连接，密封可靠，开启快，弹性密封垫可多次使用；对顶盖安装误差要求不高；在温度和压力波动情况下，密封性能仍良好 缺点：结构复杂，零件多，笨重；加工精度及装配要求很高，制造困难；圆筒体顶端锻件大；高压空间占去多

（续）

序号	名称	简　　图	结构型式及工作原理	应用范围	优　缺　点
2	双锥密封	顶盖 主螺栓 筒体端部 双锥环	半自紧密封。内压作用下，介质进入双锥环与顶盖、筒体的环形空隙里，供双锥环向外扩张，两个锥面分别压紧在顶盖的内锥面和筒体端部内锥面上。由此达到密封，内压愈高，自紧力愈大，密封性能愈好	≤DN1400/NPS56 ≤PN160 或 Class900 ≤DN1000/NPS40 ≤PN400 或 Class2500 ≤DN600/NPS24 ≤Class4500 t≤425℃	优点：密封可靠，结构简单，加工精度要求不高，制造容易，可用于直径大，压力和温度高的阀门。在压力、温度波动的情况下，密封性良好
3	楔形垫密封	主螺栓　浮动顶盖 法兰 筒体端部 楔形垫	密封垫放置在浮动顶盖和圆筒体端部之间，拧紧螺栓产生密封预紧力。操作时，介质压力作用于浮动顶盖上，使密封垫更加压缩挤紧，从而达到自紧密封。压力越大，密封力越大，密封性越可靠	≤DN1000/NPS40 ≤PN320 或 Class1500 t≤425℃	优点：螺栓预紧力较小，有轴向自紧作用，密封可靠，顶盖可自由浮动。在温度、压力波动情况下，密封性良好 缺点：塑性密封垫拆卸困难，结构笨重，需要金属多，占去一定的高压空间
4	C形环密封	螺栓　顶盖　C形环 筒体端部	依靠C形环两个凸出圆弧形部分与顶盖及圆筒体顶端紧密接触实现密封。预紧时，C形环受到弹性压缩，环的两圆弧接触处产生初密封比压，当内压上升时，介质进入C形环的内腔，使密封环轴向张开。同时，顶盖因介质压力有离开圆筒体顶端向上移动的趋势	≤DN1000/NPS40 ≤PN320 或 Class1500 t≤425℃	优点：预紧力小，结构简单，制造较方便，可用于无主螺栓的快开连接装置 缺点：C形环凸面加工困难
5	B形环密封	顶盖　B形环 螺栓 筒体端部	依靠B形环两个波峰分别与法兰和圆筒体顶盖的环向密封面接触，靠径向过盈产生预紧比压，以实现密封。当内压作用时，B形环向外扩张，密封比压相应增加，达到径向自紧	≤DN800/NPS32 ≤PN320 或 Class1500 t≤425℃	优点：具有单纯径向自紧作用，对连接件的刚度要求低，即使连接系统有较大的轴向位移时，仍能保证密封。对压力和温度波动的使用场合具有优越性 缺点：加工精度和光洁度要求很高；制造困难，成本高；装拆需谨慎
6	空心金属O形环密封	螺栓　顶盖　金属O形环 筒体端部	O形环内侧钻有一些小孔，使压力介质进入O形环。依靠本身的弹性回弹变形和环截面受内压作用后的膨胀实现密封。O形环材料根据设计温度选择	DN500/NPS20 ~ DN1000/NPS40 PN100 ~ PN320 Class600 ~ Class1500 t≤425℃	优点：预紧力小，密封性能好，结构简单，可用卡箍连接代替主螺栓，装拆快，可以多次使用O形环 缺点：当O形环有椭圆形弧曲和表面有手感不平时，密封性能低劣，甚至于产生严重的泄漏

（续）

序号	名称	简　图	结构型式及工作原理	应用范围	优　缺　点
7	三角垫密封	顶盖 密封垫 螺栓 筒体端部	三角垫在自由状态下的直径略大于密封槽的直径，拧紧螺栓时，端盖与圆筒体顶端靠合，三角垫径向压缩，与上下密封槽贴合，在上下端点处产生预紧密封比压。内压力作用时，三角垫向外弯曲，其锥面与密封槽锥面紧密扣合，实现密封	≤DN1000/NPS40 ≤PN250 或 Class1500 t≤425℃	优点：密封性好，开启方便，预紧力小，结构紧凑，适用于压力和温度波动的高压阀门 缺点：三角垫尺寸公差和粗糙度规定较严，制造困难，成本高，安装时需特别谨慎
8	八角垫密封椭圆垫密封	端盖 八角垫 筒体端部	椭圆垫与八角垫只是形状不同，其密封原理完全一样。都是径向自紧密封。密封垫平均直径比密封槽平均直径略大，靠垫圈与垫槽的内外斜面（主要是外斜面）接触，压紧而形成密封。密封原理与双锥环密封相似	自紧式： ≤DN1000/NPS40 ≤PN320 或 Class1500 t≤425℃ 非自紧式： ≤DN600/NPS24 ≤PN400 或 Class2500 t≤425℃	优点：密封性可靠，抗冲击和振动载荷，使用压力高，密封口径大，结构简单紧凑 缺点：垫圈宽度要求较宽（较窄易被挤坏）所以连接螺栓、顶盖、筒体法兰等尺寸都较大
9	平垫自紧密封	螺纹套筒 顶盖 压环 平垫片 筒体端部	轴向自紧密封，在筒体端部、顶盖、压环之间放平垫片，利用作用在顶盖端面上的压力使顶盖在轴向作一定范围的自由移动而压紧垫片，形成自紧密封 密封所需外力只需达到垫片初密封所需的程度，内压越高，密封力越大，密封越可靠	≤DN350/NPS14 ≤PN400 或 Class2500 t≤425℃	优点：结构简单，没有需经特殊加工或加工要求很高的零件，加工方便，成本低 缺点：占去较多高压空间，平垫片有可能挤压在筒体、顶盖、压环之间，只适用于直径较小场合（直径较大时，螺纹难加工，且不易拧紧）

5.5.4 常见阀盖的结构型式

5.5.4.1 阀杆螺母下装式整体阀盖（图 5-313）

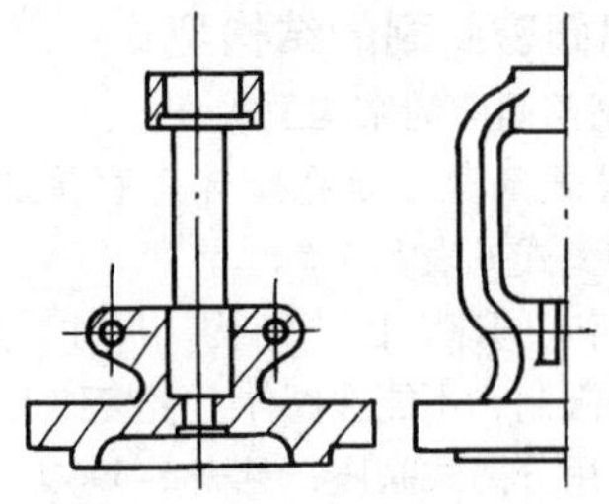

图 5-313 阀杆螺母下装式整体阀盖

5.5.4.2 阀杆螺母上装式整体阀盖（图 5-314）

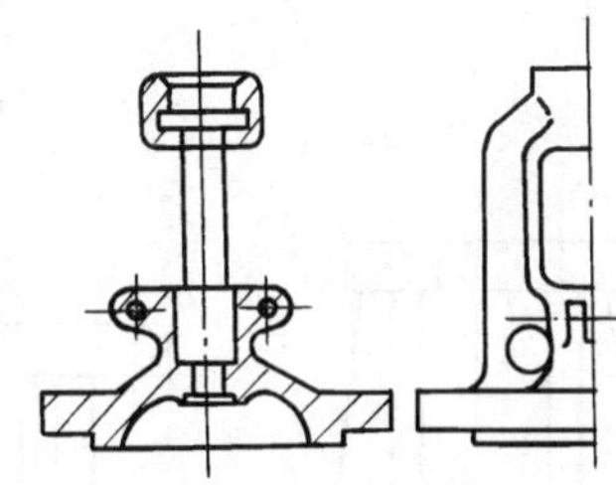

图 5-314 阀杆螺母上装式整体阀盖

5.5.4.3 分离式支架阀盖（图 5-315）

根据阀杆螺母与支架的不同安装方式，支架可分为：

1）阀杆螺母式支架：主要用于手轮操作的阀门（图 5-316）

2）立柱横梁式支架：主要用于小口径阀门或低压阀门（图 5-317）

3）法兰连接式支架：主要用于安装各种操纵机构（如蜗杆传动装置、电动装置、气动装置、液动装置等）的大口径阀门（图 5-318）。

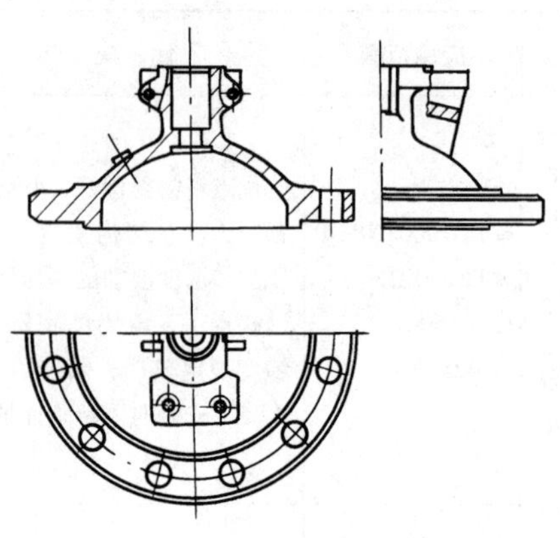

图 5-315　分离式支架阀盖

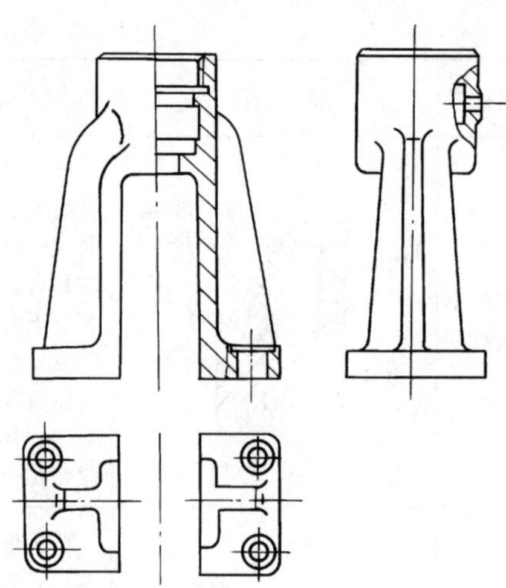

图 5-316　阀杆螺母式支架

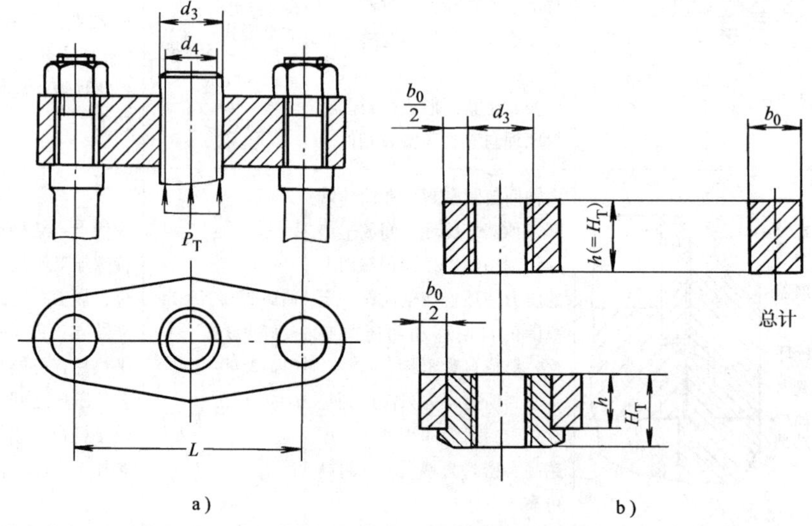

图 5-317　立柱横梁式支架

a）立柱横梁式支架　b）横梁的螺纹部分截面

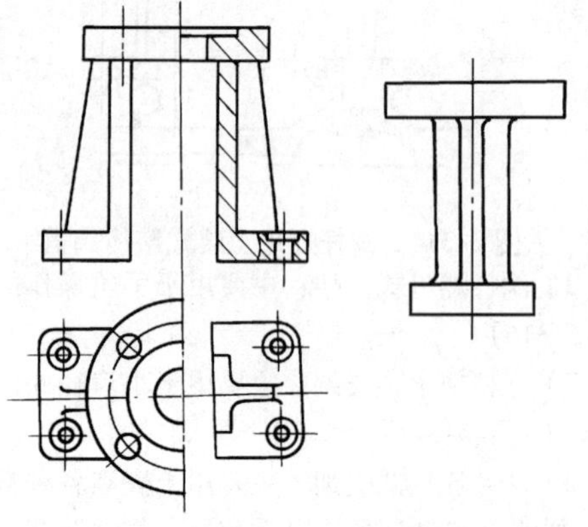

图 5-318　法兰连接式支架

5.5.5　闸阀密封副的结构型式

5.5.5.1　闸阀阀座的结构型式

1）整体式阀座　是在阀体上直接加工出来的，其常用结构型式见表 5-395。

2）分离式阀座，由于结构、尺寸、加工工艺或密封材料的限制，不能在阀体上直接加工或堆焊出阀座时，可采用分离式阀座，见表 5-396。

3）推荐使用的阀座尺寸（表 5-397、表 5-398）

5.5.5.2　闸板的结构型式

1）闸板的结构、特点及应用范围（表 5-399）

2）闸板密封面最小磨损余量（表 5-400）

3）闸板的推荐尺寸（表 5-401 ~ 表 5-403）

表 5-395 闸阀整体式阀座结构型式

项目								
简图		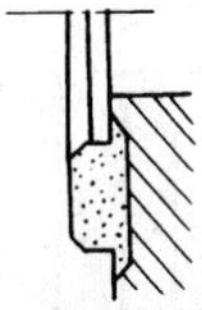			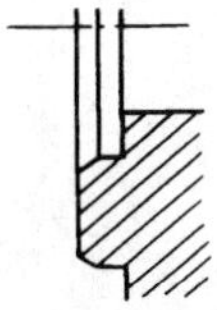			
加工方法		无圈结构的堆焊或喷焊			直接加工制成			
材料	密封面	铜合金	铬不锈钢、硬质合金、18-8 钢	硬质合金	铜合金	铸铁	不锈钢（奥氏体）	蒙乃尔合金
	基体	铸铁	钢	不锈钢	铜合金	铸铁	不锈钢（奥氏体）	蒙乃尔合金
应用范围		低压阀门的闸板	高、中压阀门的阀体、闸板		中、低压阀门的阀体、闸板			

表 5-396 闸阀分离式阀座结构型式

项目					
简图	密封圈形式	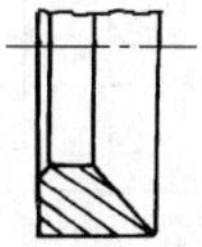	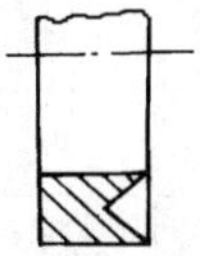	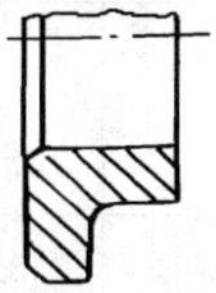	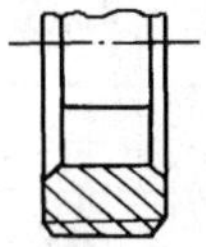
	装配后形式	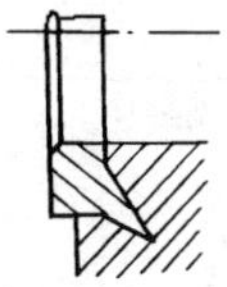	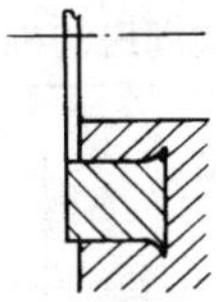	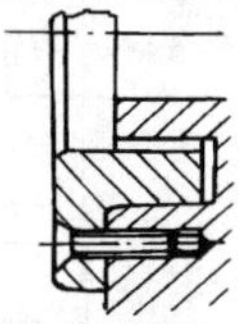	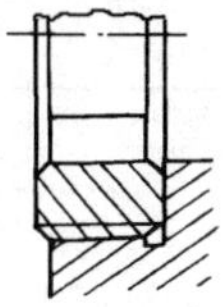
固定方法		压入斜口产生单面塑性变形	压入燕尾槽后产生双面塑性变形	用螺钉固定	用螺纹固定
材料	密封圈	铜合金	铜合金	铜合金	铬不锈钢
	阀体	铸铁	铸铁	铸铁	钢
应用范围		低压中、小口径阀门的阀体、闸板	低压中、小口径阀门的阀体、闸板	低压大口径阀门的阀体、闸板	高、中压阀门的阀体

项目						
简图	密封圈形式	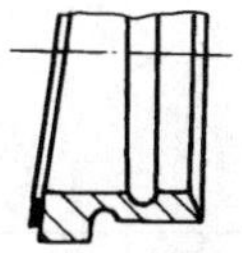			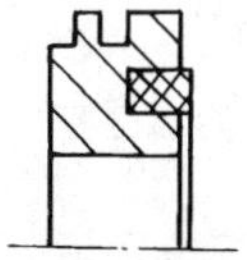	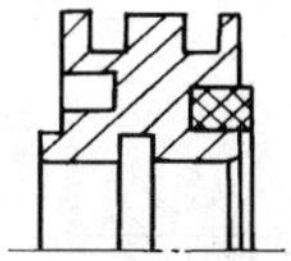
	装配后形式	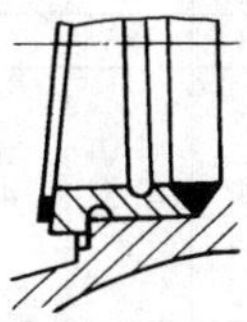	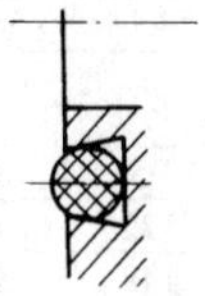	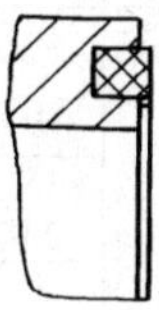	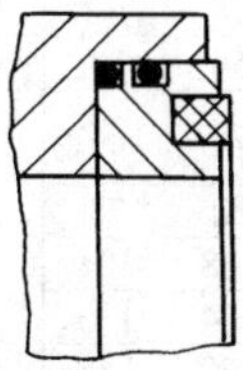	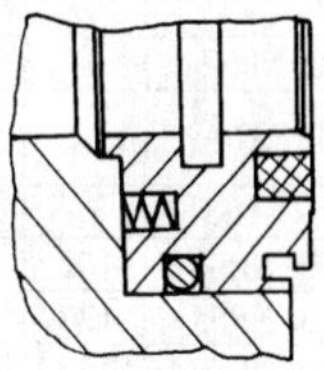
材料	密封圈	碳钢圈上堆焊铬不锈钢、18-8 钢、硬质合金	塑料、橡胶	聚四氟乙烯	聚四氟乙烯 + 钢	聚四氟乙烯 + 钢
	阀体	钢	铸铁、钢	钢	钢	钢
应用范围		高、中压阀门的阀体	中、低压阀门的闸板	高、中压平行闸阀	高、中压平行闸阀	高、中压平行闸阀

表5-397　Class150～Class900锻钢闸阀胀圈阀座推荐尺寸

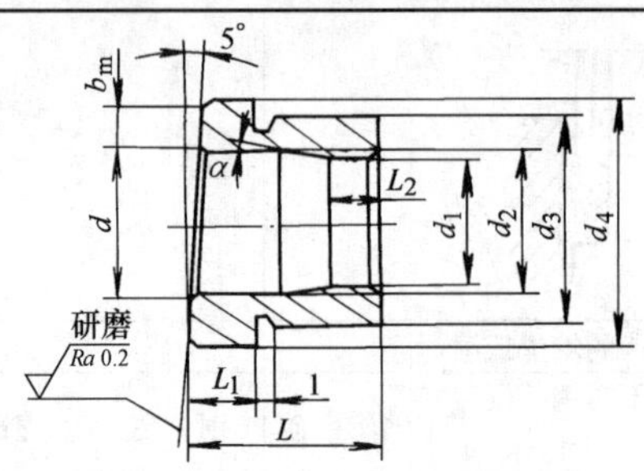

（单位：mm）

公称尺寸	d_2	d	b_m	d_1	d_3	d_4	α	L	L_1	L_2
DN10/NPS $\frac{3}{8}$	9.6	11	3	8.4	13.6	18	8°32′	14	7	4
DN15/NPS $\frac{1}{2}$	12.7	14	3	11.4	16.7	21	9°14′	18	10	4
DN20/NPS $\frac{3}{4}$	18.5	20	3	17	22.5	27	10°37′	18	10	4
DN25/NPS1	23.5	25	4	22	28.5	34	8°32′	24	14	5
DN32/NPS1 $\frac{3}{8}$	29	30	4	27.5	34	39	8°32′	24	14	5
DN40/NPS1 $\frac{1}{2}$	34.5	36	4	33	39.5	45	8°32′	26	16	5

表5-398　铸钢闸阀焊接式阀座的推荐尺寸

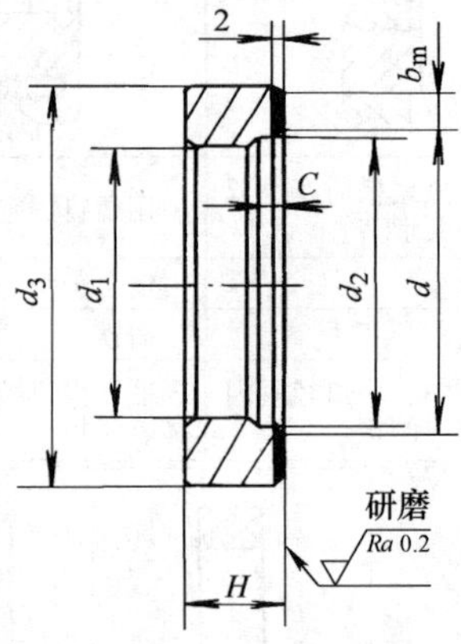

（单位：mm）

公称尺寸	Class150							Class300						
	d_1	d_3	d	d_2	b_m	C	H	d_1	d_3	d	d_2	b_m	C	H
DN50/NPS2	51	64	54	53	3.5	1.5	16	51	64	54	53	3.5	1.5	16
DN65/NPS2 $\frac{1}{2}$	64	83	70	66	4.5	4	16	64	83	70	66	4.5	4	16
DN80/NPS3	76	95	82	78			16	76	95	82	78			16
DN100/NPS4	102	122	108	104			20	102	122	108	104			20
DN125/NPS5	127	148	134	130			20	127	148	134	130			20
DN150/NPS6	152	175	160	155	5	4.5	20	152	175	160	155	5	4.5	20
DN200/NPS8	203	230	211	206	6		24	203	230	211	206	6		24
DN250/NPS10	254	283	262	257	7		24	254	283	262	257	8		24
DN300/NPS12	305	336	313	308	8		24	305	336	313	308	9		24
DN350/NPS14	337	370	345	340	9		24	337	370	345	340			24
DN400/NPS16	387	422	395	390	10		26	387	422	395	390			26
DN450/NPS18	438	475	446	441	11	5	28	432	470	440	435	11		28
DN500/NPS20	489	529	497	492	12		30	483	523	491	486	12		30
DN550/NPS22	540	582	548	543	13		32	533	575	541	536	13		32
DN600/NPS24	591	637	599	534	14		34	584	630	592	587	14		34

（续）

公称尺寸	Class400							Class600						
	d_1	d_3	d	d_2	b_m	C	H	d_1	d_3	d	d_2	b_m	C	H
DN50/NPS2	51	64	54	53	3.5	1.5	16	51	68	56	53	4.5	4	16
DN65/NPS2 $\frac{1}{2}$	64	83	70	66	4.5	4	16	64	83	70	66	4.5		16
DN80/NPS3	76	95	82	78			16	76	95	82	78	4.5		16
DN100/NPS4	102	122	108	104			20	102	122	108	104	5		20
DN125/NPS5	127	148	134	130			20	127	150	134	130	6	4.5	20
DN150/NPS6	152	175	160	155	5	4.5	20	152	176	160	155	7		20
DN200/NPS8	203	230	211	206	6		24	200	228	208	203	8		24
DN250/NPS10	254	283	262	257	7		24	248	278	256	251	9		24
DN300/NPS12	305	336	313	308	8		24	298	330	306	301	10		24
DN350/NPS14	333	368	341	336	10		24	327	362	335	330	11		24
DN400/NPS16	381	418	389	384	11		26	375	415	384	379	12		26
DN450/NPS18	432	472	440	435	12		28	419	460	428	423	13		28
DN500/NPS20	479	522	487	482	13	5	30	464	506	472	466	14	5	30
DN550/NPS22	527	572	535	530	14									
DN600/NPS24	575	623	583	528	15	5	32	559	608	568	562	15		34

表 5-399　闸板的结构型式

种类	楔式单闸板	楔式单闸板	楔式单闸板
结构		d_B	
特点	结构简单、尺寸小、制造方便配合精度高。温度变化容易引起比压局部增大造成擦伤	结构简单、尺寸小，但配合精度要求较高。温度变化容易引起比压局部增大造成擦伤	
应用范围	适用小口径闸阀，闸板上部与阀体配合，起导向作用	常温、中温，各种介质和压力	适用于大口径闸阀或安装空间受限制的场合
种类	弹性闸板	弹性闸板	弹性闸板
结构			
特点	具有微变补偿作用，容易密封，温度变化不易造成擦伤，楔角精度要求较低，阀上应有限位机构，防止力矩过大使闸板失去弹性		
应用范围	各种温度、压力，中小口径闸阀，介质的固体杂质要少	各种温度、压力，大口径闸阀，介质的固体杂质要少	

（续）

种类	楔式弹性闸板	楔式弹性闸板	平行式浮动闸板
结构		阀体 闸板	
特点	波纹管式弹性阀座焊在楔式闸板上密封面堆焊硬质合金	将弹性阀座用螺纹拧紧在闸板上，变形槽车在阀座柱面上	将密封圈、O形圈和弹簧组合装入闸板，形成浮动闸板
应用范围	适用于中低压非腐蚀性介质	适用于中低压、中小口径闸阀	各种压力、口径的平行式闸阀
种类	楔式双闸板	楔式双闸板	楔式双闸板
结构	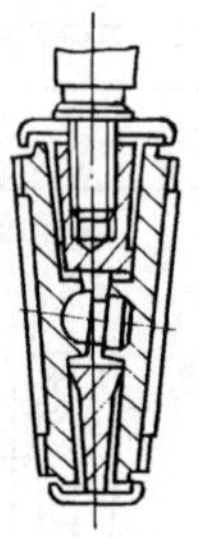	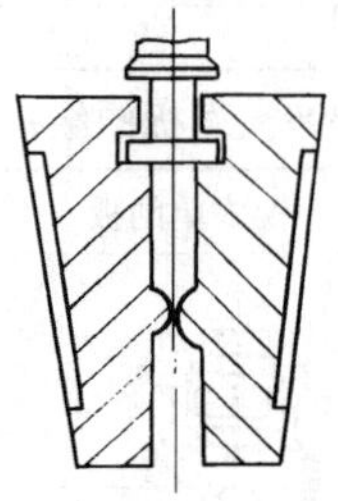	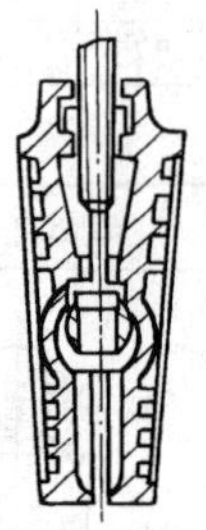
特点	楔角精度要求低，容易密封，温度变化不易造成擦伤，密封面磨损后维修方便。结构复杂，零件数较多，阀门的体形及重量大	楔角精度要求低，容易密封，结构简单，密封面磨损后维修方便	楔角精度要求低，容易密封，结构较复杂
应用范围	不适用于黏性大和含有固体杂质的介质。常用于电站阀	低中压、大中口径的腐蚀性介质	低压、大口径和非腐蚀性介质
种类	平行式单闸板	平行式双闸板	平行式双闸板
结构			放大 间隙
特点	阀座密封采用固定或浮动的软密封，结构简单，制造容易，磨损较小，密封性好，但体形高，不能强制密封	通过顶楔产生密封力，密封面间相对移动小，不易擦伤。制造维修方便，结构较复杂	依靠介质的压力把闸板压向出口侧阀座密封面，达到单面密封的目的，介质压力小，阀门启闭时密封面易被擦伤和磨损
应用范围	中低压、大中口径闸阀，适用于油类和天然气等介质	多用于低压，中小口径闸阀	中高压、大中口径闸阀

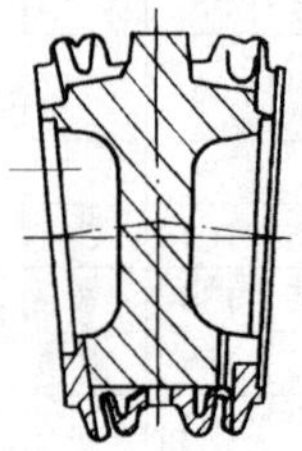

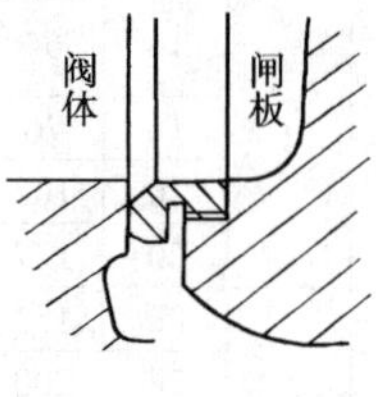

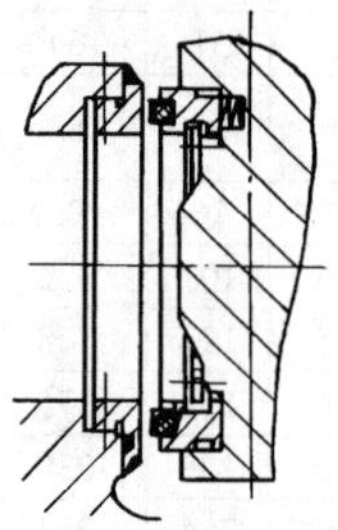

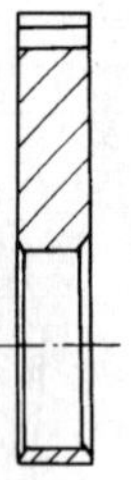

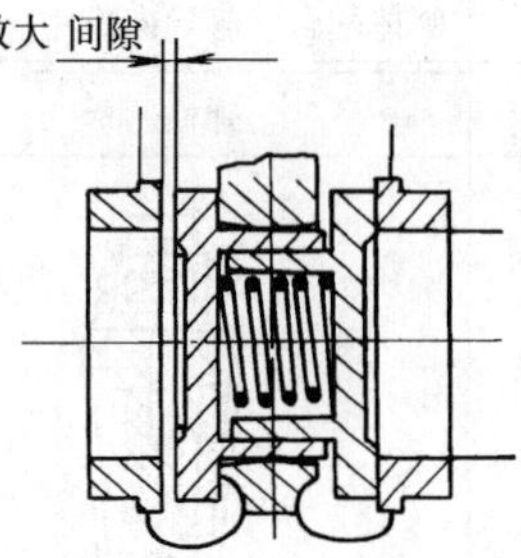

表 5-400 闸板密封面最小磨损余量 （续）

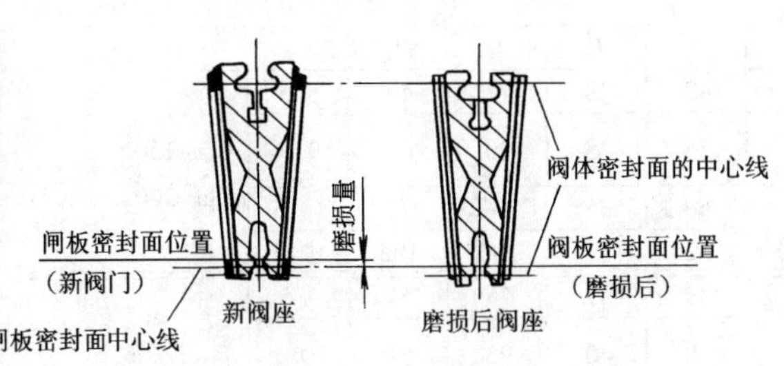

公称尺寸	最小磨损余量/mm
≥DN50/NPS2	2.3
DN65/NPS2 $\frac{1}{2}$ ~ DN150/NPS6	3.3
DN200/NPS8 ~ DN300/NPS12	6.4
DN350/NPS14 ~ DN450/NPS18	9.7
DN500/NPS20 ~ DN600/NPS24	12.7
DN650/NPS26 ~ DN700/NPS28	16.0
DN750/NPS30 ~ DN900/NPS36	19.1
DN950/NPS38 ~ DN1050/NPS42	25.4

表 5-401 小型锻钢闸阀楔式闸板的推荐尺寸

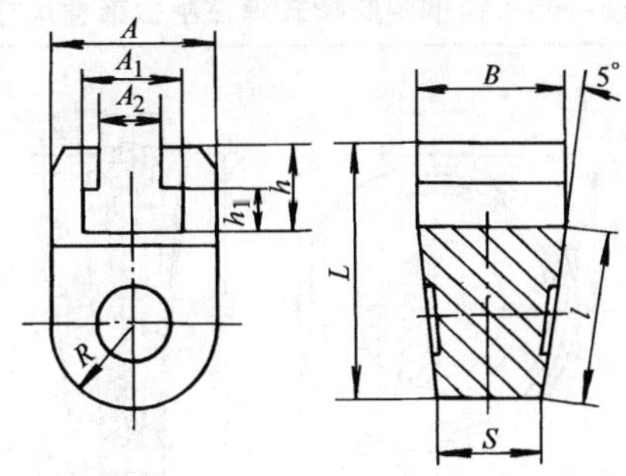

（单位：mm）

公称尺寸	S	B	L	l	R	A	A_1	A_2	h	h_1	适用范围
DN10/NPS $\frac{3}{8}$	12	15	29	17	10	20	11	6	11	6	公称压力≤PN150
DN15/NPS $\frac{1}{2}$	14	17.5	32	20	11	22	12	7	11	6	
DN20/NPS3/4	14	17.5	32	22.5	11	22	12	7	11	6	
DN25/NPS1	16	21	43	28.5	14	28	15.5	8	13	6.5	
DN32/NPS1 $\frac{1}{4}$	18	24.5	53	36	17.5	35	17.5	10	15	7.5	
DN40/NPS1 $\frac{1}{2}$	20	27.4	61	42	20	40	19	11	18	10	

表 5-402 铸钢闸阀（DN50/NPS2 ~ DN100/NPS4）楔式弹性闸板推荐尺寸

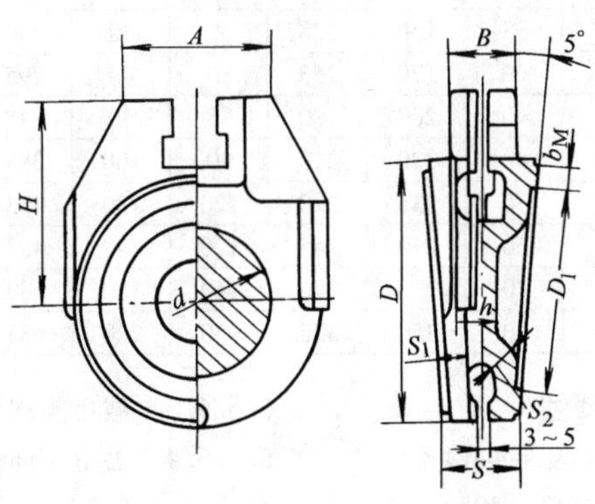

（续）

（单位：mm）

公称尺寸	S	S_1	S_2	h	d	H	A	B	D	D_1	b_M	适用范围
DN50/NPS2	28	12	10	16	40	62	40	28	71	49	8.5	Class150、Class300
DN65/NPS2 $\frac{1}{2}$	32	13	11	16	48	70	55	35	90	66	9.5	
DN80/NPS3	34	14	12	18	55	86	60	35	102	76	10.5	
DN100/NPS4	38	15	13	18	72	100	82	38	130	102	10.5	
DN50/NPS2	40	15	12	18	40	65	42	35	75	51	9.5	PN100/Class600
DN65/NPS2 $\frac{1}{2}$	40	15	12	18	50	82	58	40	92	64	10.5	
DN80/NPS3	42	17	13	20	52	88	60	40	104	76	10.5	
DN100/NPS4	48	19	16	20	72	108	80	48	133	102	11	

表5-403 铸钢闸阀楔式弹性闸板推荐尺寸

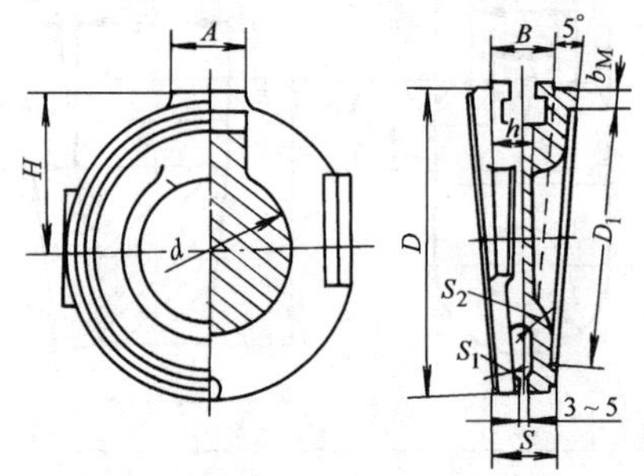

（单位：mm）

公称尺寸	S	S_1	S_2	h	d	H	A	B	D	D_1	b_M	适用范围
DN125/NPS5	48	17	14.5	18	85	82	60	55	155	128	10.5	Class150、Class300
DN150/NPS6	48	15	12	18	100	94	60	55	185	154	12	
DN200/NPS8	50	19	13	20	140	122	60	60	240	202	15	
DN250/NPS10	50	20	14	22	180	150	80	60	295	253	16	
DN300/NPS12	52	20	16	24	210	175	80	80	346	304	17	
DN350/NPS14	76	30	26	35	215	200	100	100	385	332	22	
DN400/NPS16	80	30	26	40	250	225	100	100	438	382	23	
DN450/NPS18	80	32	27	40	285	248	110	110	492	433	24	
DN500/NPS20	86	33	28	45	300	275	120	130	547	481	28	
DN600/NPS24	120	42	35	70	360	335	150	160	655	583	30	
DN125/NPS5	62	20	18	28	80	94	55	60	160	128	12	PN100/Class600
DN150/NPS6	64	22	19.5	28	100	100	65	65	188	154	13	
DN200/NPS8	76	28	26	38	130	128	70	70	200	199	17	
DN250/NPS10	78	32	29	40	170	155	80	80	295	297	18	
DN300/NPS12	88	35	32	40	200	180	80	80	348	297	19	
DN350/NPS14	100	39	36	48	220	210	90	100	385	322	24	
DN400/NPS16	108	42	39	50	235	220	120	130	435	371	25	
DN450/NPS18	118	45	42	60	260	245	120	140	482	4.5	26	
DN500/NPS20	130	48	45	70	290	270	140	160	532	456	30	
DN600/NPS24	150	55	52	80	350	320	150	200	632	552	32	

5.5.6 截止阀密封副的结构型式

5.5.6.1 截止阀整体式阀座结构（表5-404）

5.5.6.2 截止阀分离式阀座结构（表5-405）

5.5.6.3 截止阀阀座的推荐尺寸（表5-406）

5.5.6.4 截止阀阀瓣的推荐尺寸（表5-407～表5-414）

表 5-404 截止阀整体式阀座结构

简图				
结构特点	阀瓣密封圈压入或浇注形成，阀体的密封面直接加工制成	阀瓣和阀体的密封面堆焊制成	阀瓣和阀体的密封面堆焊制成或在阀体和阀瓣上直接加工而成	阀瓣密封面直接加工制成，阀体的密封圈用摩擦焊固定
材料	密封圈为氟塑料或巴氏合金，阀体为铸铁	密封面堆焊铬不锈钢，阀体为钢	密封面堆焊硬质合金，阀体为钢、不锈钢	密封圈为铬不锈钢，阀体为锻钢
应用范围	氨阀	高、中压阀门	高温、高压合金钢与不锈钢阀门	高、中压小口径阀门

表 5-405 截止阀分离式阀座结构

简图				
结构特点	阀瓣密封圈用螺钉固定，阀体密封面直接加工制成，或压入密封圈	阀瓣密封面直接加工制成，阀体的密封圈用螺纹旋入	阀瓣的密封圈压入燕尾槽中，阀体的密封圈压入斜口	阀瓣密封面直接加工制成，阀体的密封圈压入斜口
材料	密封圈为橡胶、塑料、皮革或铜合金（体圈），阀体为铸铁	密封圈为铬不锈钢，阀体为可锻铸铁或碳钢	密封圈为铜合金，阀体和阀瓣为铸铁	密封圈和阀瓣为铜合金、铬不锈钢，阀体为铸铁或锻钢
应用范围	低压小口径阀门	中压小口径阀门	低压阀门	小口径阀门

表 5-406 截止阀阀座的推荐尺寸

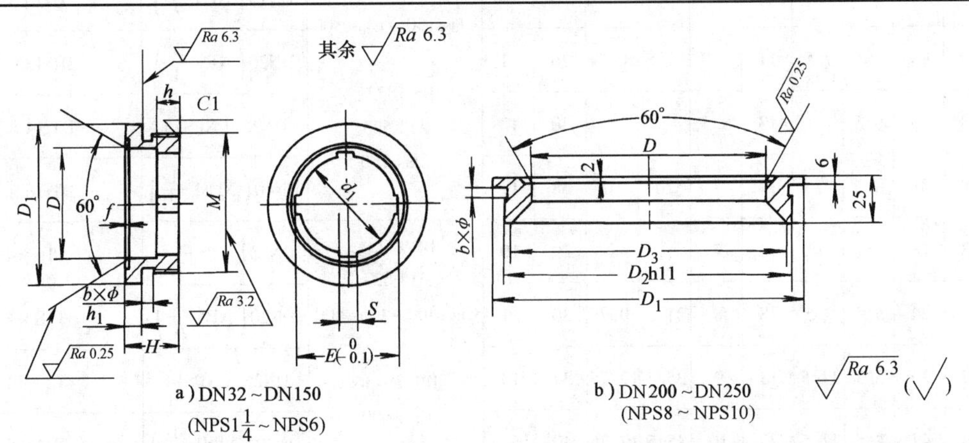

a) DN32～DN150 (NPS1$\frac{1}{4}$～NPS6)

b) DN200～DN250 (NPS8～NPS10)

（续）

（单位：mm）

公称尺寸		D	D_1	M-7g（6g）	d_1	H	h_1	f	$b\times\phi$	h	E	S	C	重量/kg
DN32	NPS1 $\frac{1}{4}$	32	45	M39×1.5	28	15	5	0.5	2.5×36.7	6	31	5	1.5	0.10
DN40	NPS1 $\frac{1}{2}$	40	55	M48×1.5	35				2.5×45.7		38			0.13
DN50	NPS2	50	68	M60×1.5	44			1	2.5×57.7		48			0.15
DN65	NPS2 $\frac{1}{2}$	65	84	M76×1.5	59				2.5×73.7		63			0.20
DN80	NPS3	80	98	M90×2	74	25	8		3.5×87	10	78	8	2	0.38
DN100	NPS4	100	118	M110×2	94				3.5×107		98			0.66
DN150	NPS6	150	180	M170×3	142	32	10	2	4.5×165.6	12	148	10	2.5	1.71

公称尺寸		D	D_1	D_2h11	D_3	$b\times\phi$	重量/kg
DN200	NPS8	200	240	230	226	4×ϕ229.5	1.99
DN250	NPS10	250	290	280	276	4×ϕ279.5	2.45

阀座母体材料	堆焊层材料	热处理
25	堆 EDCoCr-A-xx	—
06Cr19Ni10 06Cr17Ni12Mo2Ti		母体为固溶化状态，并按 GB/T 20878—2007 中“T”法作晶间腐蚀检查

注：堆焊槽结构及尺寸由工艺决定，但加工后堆焊层厚度不小于2mm；堆焊后热处理消除应力，堆焊层硬度≥40HRC。

表5-407　小型锻钢截止阀阀瓣的推荐尺寸

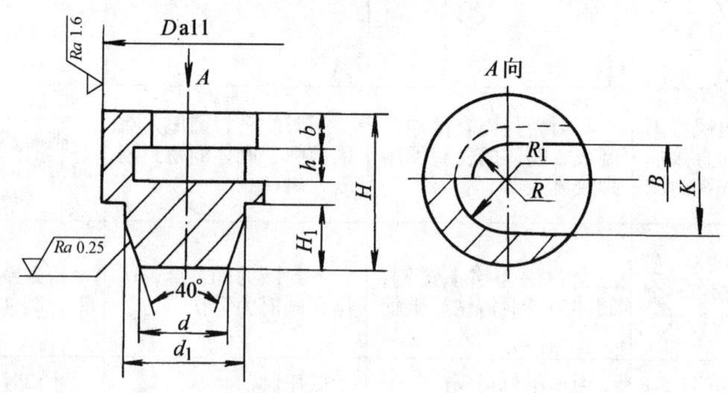

（单位：mm）

D	d	d_1	b	h	B	R	k	R_1	H	H_1	适用范围	公称尺寸	适用阀杆
22	10	15	4	6.5	9	4.5	15.5	7.75	23	10	BS 5352 Class150 ~ Class800	DN15（NPS $\frac{1}{2}$）	DTr10×2
26	13	19	5	7.5	11	5.5	17.5	8.75	26	11	BS 1873、API 623 Class150	DN20（NPS $\frac{3}{4}$）	DTr12×2
32	18	25	6.5	7	13	6.5	20	10	30	12		DN25（NPS1）	DTr14×3
48	28	38	8.5		14	7			38	17		DN40（NPS1 $\frac{1}{2}$）	DTr16×4
28	13	18	6		14	7			29	10	BS 1873、API 623 Class300 ~ Class600	DN15（NPS $\frac{1}{2}$）	T16×4
32	18	24	5.5	9.5	18	8	21.5	10.75	30	11		DN20（NPS $\frac{3}{4}$）	T18×4
36	22	30	5.5	11.5	18	9	25.5	12.75	34	13	JPI-7S-36 Class600	DN25（NPS1）	T20×4
52	34	44	7.5	11.5	20	10	25.5	12.75	40	16.5		DN40（NPS1 $\frac{1}{2}$）	T24×5

表 5-408 ≤PN100/Class600 铸钢截止阀阀瓣的推荐尺寸

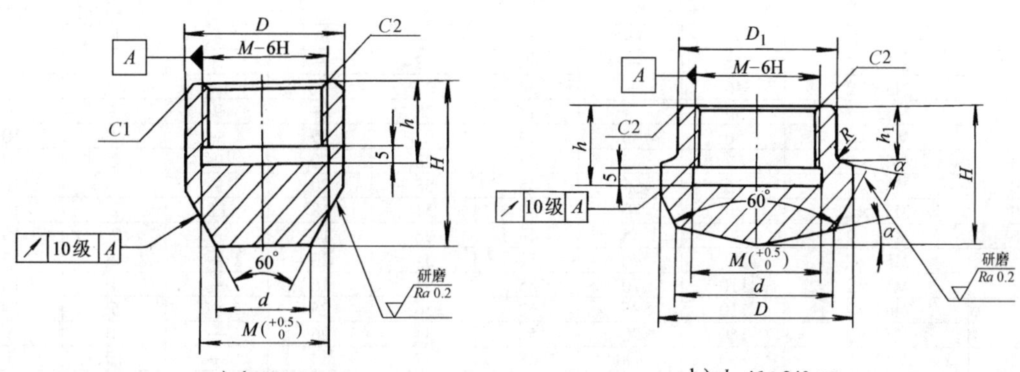

a) d=28~36mm　　b) d=46~240mm

（单位：mm）

d	M-6H	D	D_1	H	h	h_1	R	α
28	M36×2	44	—	40	22	—	—	—
36	M36×2	46	—	34	22	—	—	—
38	M42×2	55	—	48	28	—	—	—
46	M36×2	56	46	37	22	15	2	10°
46	M42×2	62	55	44	28	20	2	10°
60	M42×2	75	55	45	28	20	2	10°
60	M52×2	80	70	52	31	18	2	10°
76	M42×2	90	55	48	28	18	2	10°
76	M52×2	90	70	52	31	20	2	10°
94	M52×2	110	70	55	31	16	5	10°
94	M64×2	110	65	62	36	25	5	10°
145	M52×2	160	70	59	31	26	10	5°
145	M72×2	160	100	66	42	34	10	5°
145	M65×2	160	110	78	47	38	10	5°
190	M64×2	210	95	68	36	26	10	5°
190	M85×2	210	110	80	47	30	10	5°
240	M72×2	260	100	82	42	32	10	5°
240	M85×2	260	120	90	47	28	10	5°

表 5-409 ≤PN100/Class600 铸钢截止阀阀瓣的推荐尺寸（堆焊）

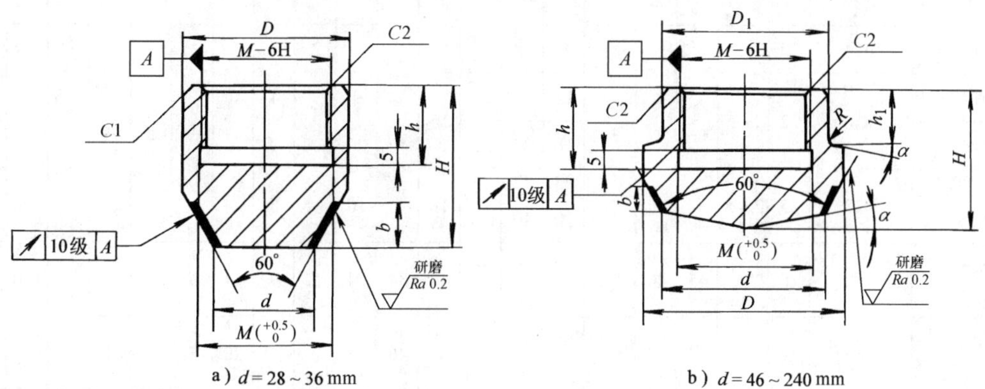

a) d=28~36mm　　b) d=46~240mm

（续）

（单位：mm）

d	M-6H	D	D_1	H	h	h_1	b	R	α
28	M36×2	44	—	40	22	—	11	—	—
35	M36×2	46	—	34	22	—	—	—	—
38	M42×2	55	—	48	28	—	9	—	—
46	M36×2	56	46	37	22	15	—	2	10°
48	M42×2	62	55	44	28	20	9	2	10°
60	M42×2	75	55	45	28	20	9	2	10°
60	M52×2	80	70	52	31	18	11	2	10°
76	M42×2	90	55	48	28	18	—	2	10°
76	M52×2	90	70	52	31	20	—	2	10°
94	M52×2	110	70	55	31	16	—	5	10°
94	M64×2	110	85	62	36	25	—	5	10°
145	M52×2	160	70	58	31	26	—	10	5°
145	M72×2	160	100	68	42	34	—	10	5°
145	M85×2	160	110	78	47	38	—	10	5°
190	M64×2	210	85	68	36	26	—	10	5°
190	M85×2	210	110	80	47	30	—	10	5°
240	M72×2	260	100	82	42	32	—	10	5°
240	M95×2	260	120	90	47	28	—	10	5°

表 5-410　PN25/Class150 氨阀阀瓣的推荐尺寸

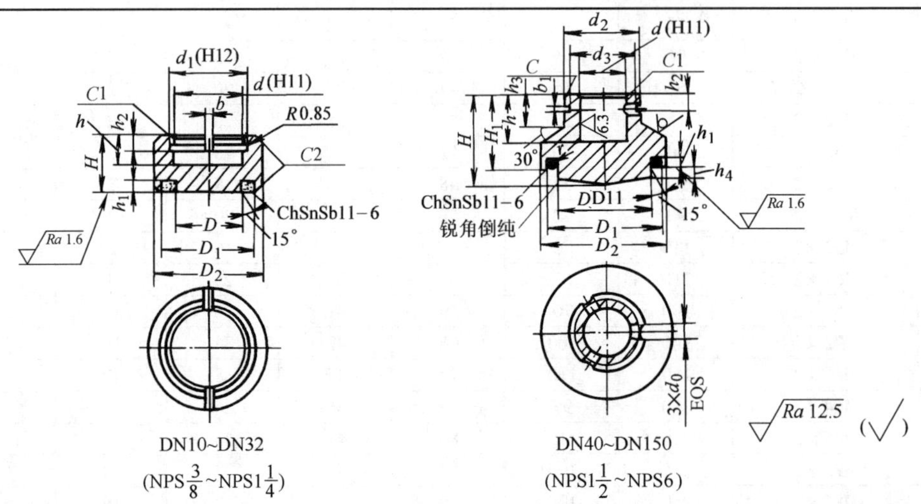

（单位：mm）

<table>
<tr><th>公称尺寸</th><th>阀杆螺纹直径</th><th>d</th><th>d_1</th><th>d_2</th><th>d_3</th><th>d_0</th><th>D</th><th>D_1</th><th>D_2</th><th>H</th><th>H_1</th><th>h</th><th>h_1</th><th>h_2</th><th>h_3</th><th>h_4</th><th>b</th><th>b_1</th><th>r</th><th>C</th><th>重量/kg ≈</th></tr>
<tr><td>DN10/NPS $\frac{3}{8}$</td><td>M14</td><td>20</td><td>21.5</td><td rowspan="5">—</td><td rowspan="5">—</td><td rowspan="5">—</td><td>8</td><td>18</td><td>26</td><td>15</td><td rowspan="5">—</td><td rowspan="3">9</td><td>3</td><td rowspan="3">4</td><td rowspan="5">—</td><td rowspan="5">—</td><td rowspan="5">2</td><td rowspan="5">—</td><td rowspan="3">0.5</td><td rowspan="4">0.5</td><td>0.03</td></tr>
<tr><td>DN15/NPS $\frac{1}{2}$</td><td rowspan="2">M16</td><td rowspan="2">22</td><td rowspan="2">23.5</td><td>12</td><td>22</td><td>28</td><td rowspan="2">16</td><td rowspan="4">3.5</td><td>0.05</td></tr>
<tr><td>DN20/NPS $\frac{3}{4}$</td><td>18</td><td>28</td><td>32</td><td>0.07</td></tr>
<tr><td>DN25/NPS1</td><td rowspan="2">M18</td><td rowspan="2">25</td><td rowspan="2">26.5</td><td>23</td><td>33</td><td>38</td><td rowspan="2">18</td><td rowspan="2">10</td><td rowspan="2">5</td><td rowspan="4">1.0</td><td>0.12</td></tr>
<tr><td>DN32/NPS1 $\frac{1}{4}$</td><td>30</td><td>40</td><td>46</td><td rowspan="4">1.0</td><td>0.20</td></tr>
<tr><td>DN40/NPS1 $\frac{1}{2}$</td><td rowspan="2">M22</td><td rowspan="2">26</td><td rowspan="4">—</td><td rowspan="2">45</td><td rowspan="2">40</td><td rowspan="2">4.5</td><td>40</td><td>50</td><td>56</td><td rowspan="2">40</td><td rowspan="2">34</td><td rowspan="2">24</td><td rowspan="2">5</td><td rowspan="2">9</td><td rowspan="2">14</td><td rowspan="2">5</td><td rowspan="4">—</td><td rowspan="2">3</td><td>0.47</td></tr>
<tr><td>DN50/NPS2</td><td>50</td><td>60</td><td>66</td><td>0.65</td></tr>
<tr><td>DN65/NPS2 $\frac{1}{2}$</td><td rowspan="2">T28×5</td><td rowspan="2">32</td><td rowspan="2">52</td><td rowspan="2">47</td><td rowspan="2">5.5</td><td>65</td><td>75</td><td>85</td><td rowspan="2">55</td><td rowspan="2">46</td><td rowspan="2">32</td><td rowspan="2">6</td><td rowspan="2">10</td><td rowspan="2">20</td><td rowspan="2">7</td><td rowspan="2">4</td><td rowspan="2">1.5</td><td>1.47</td></tr>
<tr><td>DN80/NPS3</td><td>80</td><td>90</td><td>100</td><td rowspan="2">1.5</td><td>2.09</td></tr>
<tr><td>DN100/NPS4</td><td>T36×6</td><td>42</td><td rowspan="3">—</td><td>62</td><td>56</td><td>8.5</td><td>100</td><td>114</td><td>125</td><td>62</td><td>50</td><td>37</td><td rowspan="2">6</td><td>14</td><td>22</td><td rowspan="2">8</td><td rowspan="3">—</td><td rowspan="3">4</td><td rowspan="3">1.5</td><td>3.17</td></tr>
<tr><td>DN125/NPS5</td><td rowspan="2">T40×6</td><td rowspan="2">46</td><td rowspan="2">70</td><td rowspan="2">64</td><td rowspan="2">10.5</td><td>125</td><td>140</td><td>152</td><td>66</td><td>54</td><td rowspan="2">40</td><td rowspan="2">15</td><td rowspan="2">25</td><td rowspan="2">1.5</td><td>5.05</td></tr>
<tr><td>DN150/NPS6</td><td>150</td><td>165</td><td>178</td><td>75</td><td>60</td><td>7</td><td>10</td><td>8.22</td></tr>
</table>

表 5-411 短型阀瓣盖的推荐尺寸

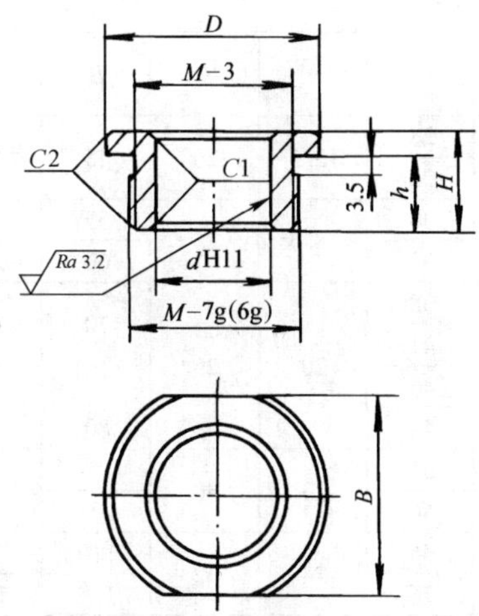

（单位：mm）

d	M-7g（6g）	D	H	h	B	适用阀杆直径
22	M36×2	44	20	15.5	39	18
25						20
30	M42×2	55	25	19.5	48	24
32						26
38	M52×2	70	26	20	60	30
40						32
45	M64×2	85			74	36
48						40
50	M72×2	100	30	23	85	42
55						48
65	M85×2	110	32	24	95	52
75	M85×2	120			105	60

表 5-412 长型阀瓣盖的推荐尺寸

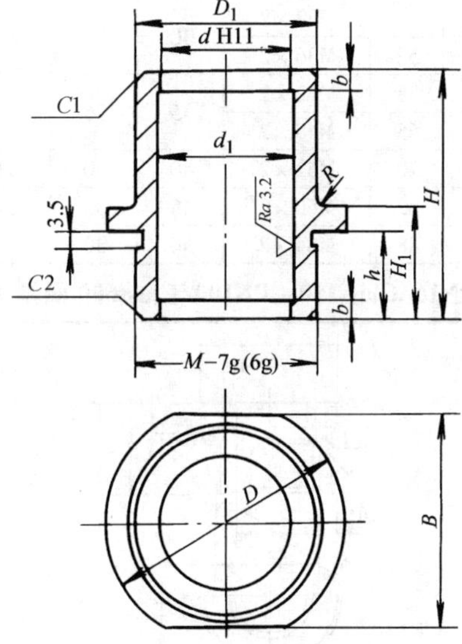

（续）

（单位：mm）

<table>
<tr><th>d</th><th>M-7g（6g）</th><th>D</th><th>D_1</th><th>d_1</th><th>h</th><th>H_1</th><th>H</th><th>B</th><th>b</th><th>R</th><th>适用阀杆直径</th></tr>
<tr><td>22</td><td rowspan="2">M36×2</td><td rowspan="2">44</td><td rowspan="2">36</td><td>23</td><td rowspan="2">15.5</td><td rowspan="2">20</td><td rowspan="2">45</td><td rowspan="2">38</td><td rowspan="4">4</td><td rowspan="4">2</td><td>18</td></tr>
<tr><td>25</td><td>26</td><td>20</td></tr>
<tr><td>30</td><td rowspan="2">M42×2</td><td rowspan="2">55</td><td rowspan="2">42</td><td>30</td><td rowspan="2">18.5</td><td rowspan="2">25</td><td>55</td><td rowspan="2">48</td><td>24</td></tr>
<tr><td>32</td><td>33</td><td>60</td><td>26</td></tr>
<tr><td>38</td><td rowspan="2">M52×2</td><td rowspan="2">70</td><td rowspan="2">52</td><td>38</td><td rowspan="4">20</td><td rowspan="4">26</td><td rowspan="2">70</td><td rowspan="2">60</td><td rowspan="4">6</td><td rowspan="4">2.5</td><td>30</td></tr>
<tr><td>40</td><td>41</td><td>32</td></tr>
<tr><td>45</td><td rowspan="2">M64×2</td><td rowspan="2">85</td><td rowspan="2">64</td><td>46</td><td rowspan="3">80</td><td rowspan="2">74</td><td>36</td></tr>
<tr><td>48</td><td>48</td><td>40</td></tr>
<tr><td>50</td><td rowspan="2">M72×2</td><td rowspan="2">100</td><td rowspan="2">72</td><td>51</td><td rowspan="2">23</td><td rowspan="2">30</td><td rowspan="2">85</td><td rowspan="4">8</td><td rowspan="4">3</td><td>42</td></tr>
<tr><td>55</td><td>56</td><td>100</td><td>46</td></tr>
<tr><td>65</td><td>M85×2</td><td>110</td><td>85</td><td>66</td><td rowspan="2">24</td><td rowspan="2">32</td><td>110</td><td>95</td><td>52</td></tr>
<tr><td>75</td><td>M85×2</td><td>120</td><td>95</td><td>76</td><td>120</td><td>105</td><td>60</td></tr>
</table>

表 5-413 阀瓣盖式阀瓣连接槽的推荐尺寸

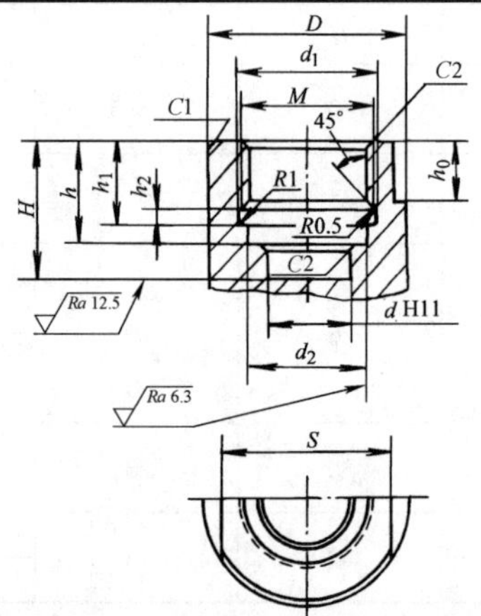

（单位：mm）

<table>
<tr><th>阀杆螺纹直径</th><th>d</th><th>d_1</th><th>d_2</th><th>D</th><th>M</th><th>H</th><th>h</th><th>h_1</th><th>h_2</th><th>h_3</th><th>S</th><th>C</th></tr>
<tr><td>T18×4</td><td>18</td><td>30.3</td><td>28</td><td rowspan="2">48</td><td>M30×2</td><td>25</td><td>20</td><td>16</td><td>3</td><td rowspan="5">15</td><td rowspan="2">41</td><td>1</td></tr>
<tr><td>T20×4</td><td>20</td><td>33.4</td><td>30</td><td>M33×2</td><td rowspan="2">30</td><td rowspan="2">24</td><td rowspan="4">20</td><td rowspan="7">5</td><td rowspan="7">1.5</td></tr>
<tr><td>T24×5</td><td>24</td><td>36.4</td><td>33</td><td>52</td><td>M36×2</td><td>46</td></tr>
<tr><td>T28×5</td><td>28</td><td>42.4</td><td>39</td><td>58</td><td>M42×2</td><td rowspan="2">35</td><td rowspan="2">26</td><td>50</td></tr>
<tr><td>T32×6</td><td>32</td><td>48.4</td><td>45</td><td>65</td><td>M48×2</td><td>55</td></tr>
<tr><td>T36×6</td><td>36</td><td>52.4</td><td>49</td><td>70</td><td>M52×2</td><td>40</td><td>30</td><td>22</td><td rowspan="3">20</td><td>60</td></tr>
<tr><td>T40×6</td><td>40</td><td>60.4</td><td>57</td><td>82</td><td>M60×2</td><td>45</td><td>32</td><td>24</td><td>70</td></tr>
<tr><td>T44×8</td><td>44</td><td>64.4</td><td>61</td><td>88</td><td>M64×2</td><td>50</td><td>36</td><td>26</td><td>75</td></tr>
</table>

表 5-414 PN16/Class150～PN100/Class600 阀瓣盖推荐尺寸

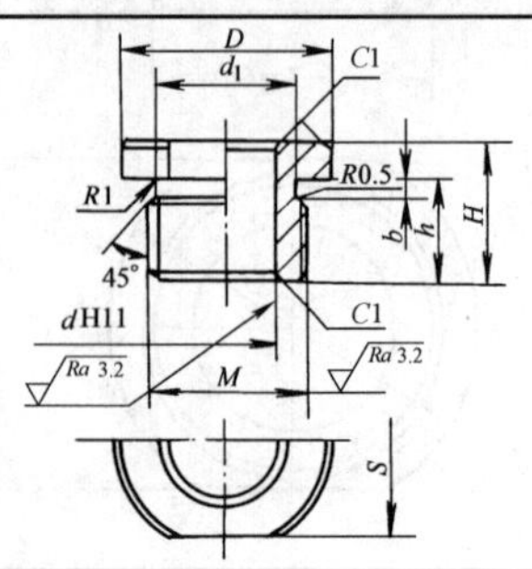

（续）

（单位：mm）

阀杆螺纹直径	d	D	M	d_1	S	H	h	b	c
T18×4	18	38	M30×2	27.8	32	20	14	4	1.5
T20×4	20	42	M33×2	30	36	22	16		
T24×5	24	45	M36×2	33	38				
T28×5	28	52	M42×2	39	46	24			
T32×6	32	58	M48×2	45	50				
T36×6	36	65	M52×2	49	55	26	18		
T40×6	40	70	M60×2	57	60	30	20		
T44×8	44	75	M64×2	61	65	32	22		

5.5.7　止回阀密封副的结构型式

5.5.7.1　止回阀阀座

止回阀阀座与截止阀基本相同，但其密封面上只有介质压力的作用而无强制密封力的作用，所以密封性能通常要比截止阀差。止回阀的阀座推荐尺寸见表5-415。

表5-415　钢制旋启式止回阀焊接阀座的推荐尺寸

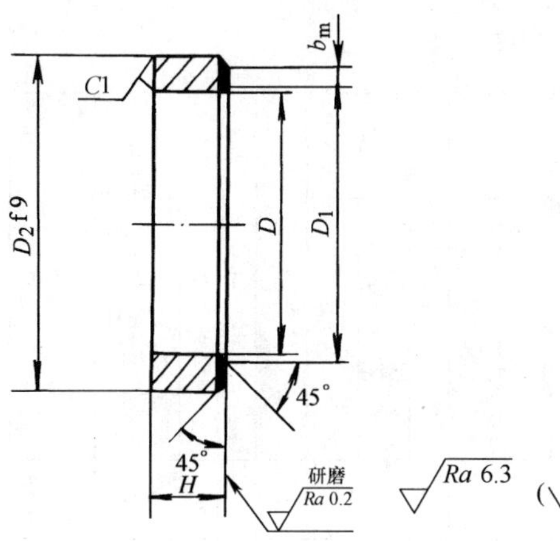

（单位：mm）

公称尺寸		D	D_1	D_2f9	b_m	H	重量/kg
DN50	NPS2	51	54	$64^{-0.030}_{-0.104}$	2.5	$15^{0}_{-0.1}$	0.23
DN65	NPS2 $\frac{1}{2}$	64	67	$78^{-0.030}_{-0.104}$	3	$16^{0}_{-0.12}$	0.28
DN80	NPS3	76	80	$90^{-0.036}_{-0.123}$	3		0.34
DN100	NPS4	102	107	$120^{-0.036}_{-0.123}$	4	$20^{0}_{-0.15}$	0.58
DN125	NPS5	127	132	$145^{-0.043}_{-0.143}$	5		0.72
DN150	NPS6	152	157	$172^{-0.043}_{-0.143}$	6		0.90
DN200	NPS8	203	208	$226^{-0.050}_{-0.165}$	8	$24^{0}_{-0.2}$	1.60
DN250	NPS10	254	260	$282^{-0.056}_{-0.186}$	10		2.10
DN300	NPS12	305	311	$335^{-0.062}_{-0.202}$	11	$24^{0}_{-0.2}$	2.58
DN350	NPS14	337	343	$370^{-0.062}_{-0.202}$	12		3.40

5.5.7.2　止回阀阀瓣

钢制旋启式止回阀阀瓣及其摇杆、销轴、阀瓣盖的尺寸，分别见表5-416～表5-419。

表 5-416 钢制旋启式止回阀阀瓣的推荐尺寸

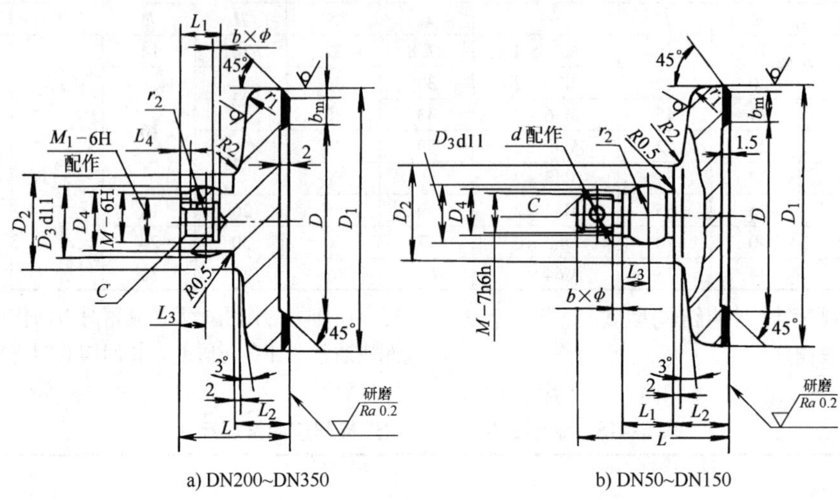

a) DN200~DN350　　b) DN50~DN150

（单位：mm）

公称尺寸		D	D_1	D_2	D_3 d11	D_4	b_m	L PN16~PN50	L PN100	L_1	L_2 PN16~PN50	L_2 PN100	L_3	r_1	r_2	M-7h6h（外螺纹）M-6H（内螺纹）	$b\times\phi$	d	M_1-6H	L_4	C	重量/kg PN16~PN50	重量/kg PN100
DN50	NPS2	52	65	25	16	13	4.5	36		12	12		6	3	8	M10	2.5×ϕ7.7	2.5	—	—	1.5	0.28	
DN65	NPS2$\frac{1}{2}$	65	78	30	18	15	5	44		14	16		7		9	M12	2.5×ϕ9.4				2	0.62	
DN80	NPS3	77	93	34	22	18	6	49		17	18		8.5		11							0.96	
DN100	NPS4	104	122	42	28	23	7	59		20	21		10	5	14	M16	3.5×ϕ13				2.5	1.86	
DN125	NPS5	128	150	50	34	29	9	71	76	24	22	27	12		17	M24	4.5×ϕ19.6	3				2.8	3.6
DN150	NPS6	153	178	60	40	35	10	82	90	28	25	32	14		20	M30	4.5×ϕ25	4			3	4.5	5.8
DN200	NPS8	204	232	76	50	45	12	65	75	25	30	40	19	8	25	M27×2	5×ϕ27.5	—	M5	10	2	8.3	12.7
DN250	NPS10	256	288	94	62	56	14	74	86	30	36	48	20		31	M33×2	5×ϕ33.5		M6	12		17.1	23.1
DN300	NPS12	307	342	110	75	70	15	84	100	38	42	58	22.5	12	38	M42×3	7×ϕ42.5		M8	16	2.5	28.3	40
DN350	NPS14	338	376	125	90	82	16	94	112	44	46	64	25		45	M52×3	7×ϕ52.5		M10	20		39	53

表 5-417 钢制旋启式止回阀摇杆的推荐尺寸

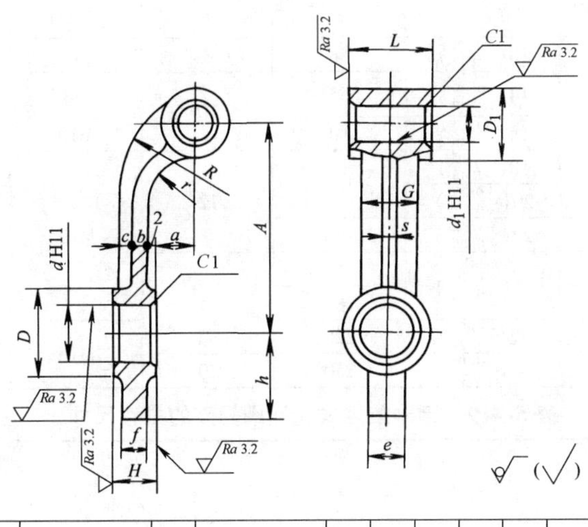

(单位:mm)

公称尺寸		dH11	D	d_1H11	D_1	a		b	c	A	h	r	R	f	H	L	G	s	e	重量/kg
						PN16 ~ PN40	PN100													
DN50	NPS2	$16(^{+0.11}_{0})$	26	$10(^{+0.09}_{0})$	22	12		4	2	53	26	10	38	8	10	22	18	6	12	0.5
DN65	NPS2$\frac{1}{2}$	$18(^{+0.11}_{0})$	28	$14(^{+0.11}_{0})$	25	16		5	3	62	30		50	8	12	26	22	7	14	0.7
DN80	NPS3	$22(^{+0.13}_{0})$	34	$16(^{+0.11}_{0})$	30	18		6	5	75	34	15	58	10	15	40	30	8	16	1
DN100	NPS4	$28(^{+0.13}_{0})$	40	$18(^{+0.11}_{0})$	35	21		7	7	90	44		66	12	18		32	9	18	1.2
DN125	NPS5	$34(^{+0.16}_{0})$	48	$20(^{+0.13}_{0})$		22	27	8	10	110	54	20	72	15	22		36	10	20	1.8
DN150	NPS6	$40(^{+0.16}_{0})$	56	$22(^{+0.13}_{0})$	38	25	32	8	13	122	63		80	18	26	50	42	12	24	2.4
DN200	NPS8	$50(^{+0.16}_{0})$	70	$25(^{+0.13}_{0})$	50	30	40	10	19	170	82	28	98	24	33	60	50	14	28	3.5
DN250	NPS10	$62(^{+0.19}_{0})$	84			36	48	12	20	180	100		118	26	36	80	70	16	32	4.8
DN300	NPS12	$76(^{+0.19}_{0})$	102	$32(^{+0.16}_{0})$	60	42	58	15	21	230	118	36	130	28	40	100	85	18	36	6
DN350	NPS14	$90(^{+0.22}_{0})$	120	$36(^{+0.16}_{0})$		46	64	18	24	260	134		150	32	46			20	45	7.8

表 5-418 钢制旋启式止回阀销轴的推荐尺寸

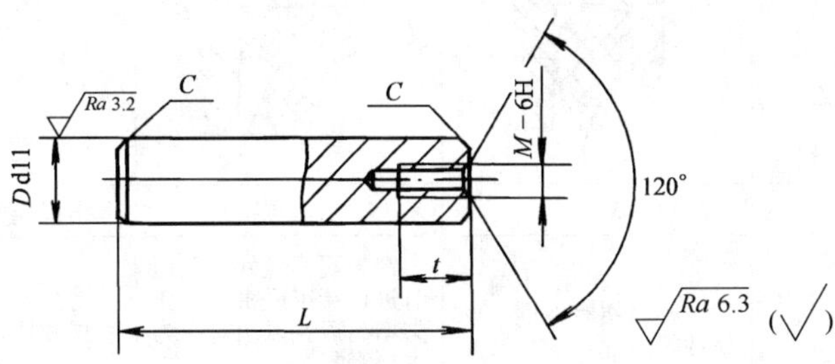

（续）

（单位：mm）

公称尺寸		Dd11	L	t	M-6H	C	重量/kg
DN50	NPS2	$10(^{-0.04}_{-0.13})$	58	8	M6	1	0.04
DN65	NPS2½	$14(^{-0.05}_{-0.16})$	65	10	M8	1.5	0.08
DN80	NPS3	$16(^{-0.05}_{-0.16})$	80		M10		0.13
DN100	NPS4	$18(^{-0.05}_{-0.16})$	100	12	M12		0.20
DN125	NPS5	$20(^{-0.065}_{-0.195})$				2	0.24
DN150	NPS6	$22(^{-0.065}_{-0.195})$	130				0.38
DN200	NPS8	$25(^{-0.065}_{-0.195})$	155	15			0.60
DN250	NPS10		180				0.70
DN300	NPS12	$32(^{-0.08}_{-0.24})$	220		M16	2.5	1.27
DN350	NPS14	$36(^{-0.08}_{-0.24})$	250	20			2.05

表5-419 钢制旋启式止回阀阀瓣的推荐尺寸

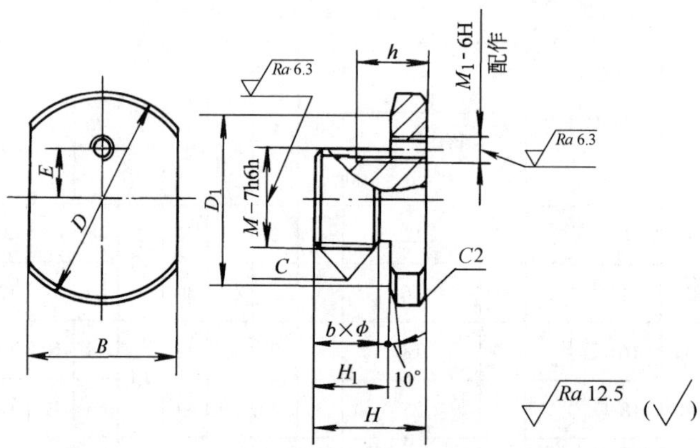

（单位：mm）

公称尺寸		M-7h(6h)	D	D_1	B	H	H_1	$b\times\phi$	M_1-6H	h	E	C	重量/kg
DN200	NPS8	M27×2	80	70	70	34	24	3.5×ϕ24	M5	24	13	2	0.5
DN250	NPS10	M33×2	96	84	84	43	28	3.5×ϕ30	M6	28	16		1.0
DN300	NPS12	M42×3	116	102	102	56	36	4.5×ϕ37.6	M8	36	20	2.5	2
DN350	NPS14	M52×3	138	120	120	67	42	4.5×ϕ47.6	M10	42	25		3.5

5.5.8 球阀密封副的结构

5.5.8.1 球阀密封副结构

浮动球球阀和固定球球阀的密封面结构分别见表5-420和表5-421，以及如图5-319～图5-321所示。

表5-420 浮动球球阀的密封面结构

序号	1	2	3	4
简图				
密封位置	出口端密封	出口端密封	进、出口端密封	出口端密封
说明	靠压差在出口端密封。低压时不易密封	靠压差在出口端密封。密封圈有弹性，密封性好	密封圈弹性好，低压时进口端可以密封，压力增高后，以出口端为主要密封	密封圈和球为不锈钢表面堆焊或喷焊硬质合金，适用于高温

（续）

序号	5	6	7
简图			
密封位置	进、出口端密封	密封位置由结构决定，油脂起辅助密封作用	出口端
说明	靠弹簧力预紧，压力增高后，进、出口端都密封，适用于密封要求高的场合	适用于固定式球阀，多用于气体介质	用于要求防火的浮动式球阀上。在塑料密封圈被烧失后，可以依靠介质力使球与金属座接触达到密封

表 5-421 固定球球阀的密封面结构

简图	DBB 结构图如图 5-319 所示	DIB-1 结构图如图 5-320 所示	DIB-2 结构图如图 5-321 所示
密封位置	进、出口压力源，进、出口	进口	进口
说明	具有两个密封副的阀门，当处于关闭状态时，进出口同时进压，两个密封面的体腔通大气或排空时，阀门体腔两端的液体应被切断	具有两个密封副的阀门，任一方向，当处于关闭状态时，两个密封面阀的体腔通大气或排空时进入阀门体腔那端的流体，应被切断。两个阀都是双向密封	具有两个密封副的阀门，任一方向当处于关闭状态时，两个密封面间的通道通大气或排空时进入阀门体腔那端的流体，应被切断。两个阀座一个阀座单向密封一个阀座双向密封，此阀座结构可用于中腔泄压

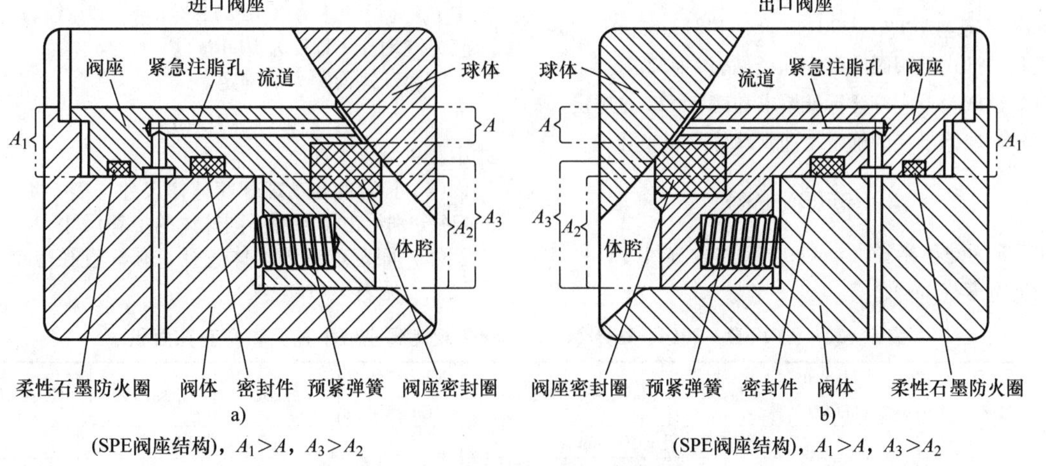

(SPE阀座结构)，$A_1>A$，$A_3>A_2$　　(SPE阀座结构)，$A_1>A$，$A_3>A_2$

图 5-319 DBB 阀座密封结构

a）进口端阀座 b）出口端阀座

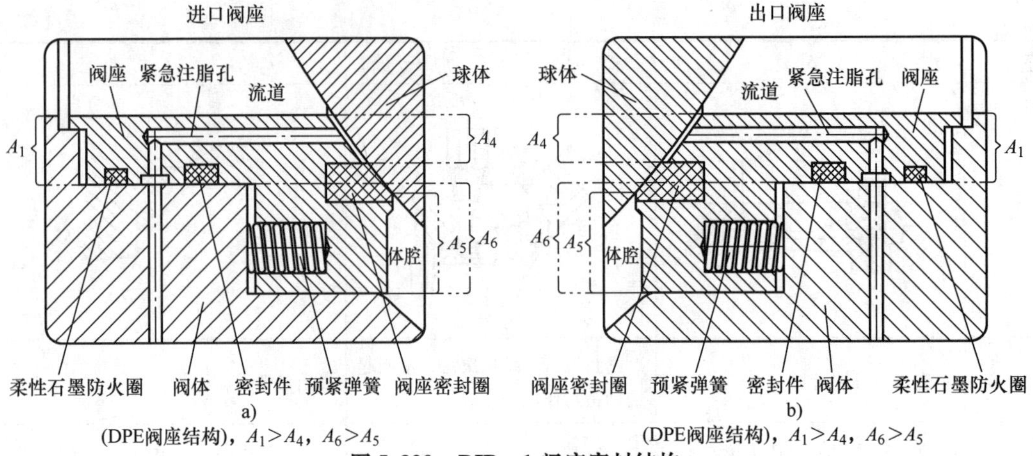

图 5-320　DIB-1 阀座密封结构

a) 进口端阀座　b) 出口端阀座

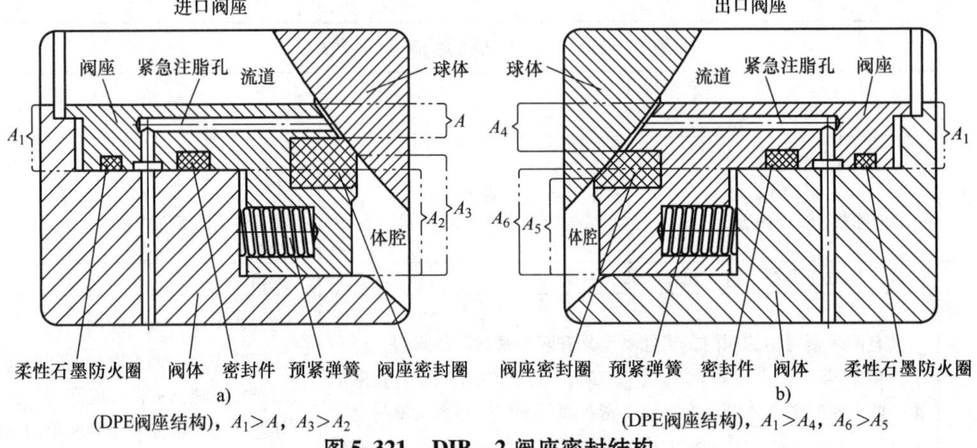

图 5-321　DIB-2 阀座密封结构

a) 进口端阀座　b) 出口端阀座

5.5.8.2　球体的不同结构

（1）球体流道直径 d 的确定　全通径球阀：按有关标准规定。API 6D—2014、ISO 14313：2007 规定球阀和平行式闸阀阀座最小孔径见表 5-422。

缩径球阀：应符合标准要求和表 5-422 的规定。

（2）球体半径的确定　通常球体最小半径为

$$R=\frac{\sqrt{2}}{2}(\mathrm{DN}+W)$$

式中，R 为球体半径（mm）；DN 为公称尺寸；W 为密封面宽度（mm）。

$$W=\frac{p\mathrm{DN}}{4\left[\sigma_{ZY}\right]-p}$$

式中，p 为设计压力（MPa）；$[\sigma_{ZY}]$ 为材料许用挤压应力（对于 PTFE 为 10MPa）。

（3）球体面距 L 的确定

$$L<\sqrt{D^2-d^2}$$

式中，D 为球体直径。

（4）推荐的浮动球球阀球体尺寸　表 5-423、表 5-424 分别给出了各种不同球体的推荐尺寸。

（5）固定球球阀球体直径、阀杆直径等结构推荐尺寸　见表 5-425。

表 5-422　API 6D—2014、ISO 14313：2007 规定阀座最小孔径和阀座孔面积

公称尺寸		Class150～Class600	Class900	Class1500	Class2500	Class150～Class600	Class900	Class1500	Class2500
		阀座最小孔径 D/mm				阀座孔面积/m^2			
DN15	NPS1/2	13	13	13	13	0.0001326	0.0001326	0.0001326	0.0001326
DN20	NPS3/4	19	19	19	19	0.0002833	0.0002833	0.0002833	0.0002833
DN25	NPS1	25	25	25	25	0.0004906	0.0004906	0.0004906	0.0004906

（续）

公称尺寸		Class150 ~ Class600	Class900	Class1500	Class2500	Class150 ~ Class600	Class900	Class1500	Class2500
		阀座最小孔径 D/mm				阀座孔面积/m^2			
DN32	NPS1 ¼	32	32	32	32	0.0008038	0.0008038	0.0008038	0.0008038
DN40	NPS1 ½	38	38	38	38	0.0011335	0.0011335	0.0011335	0.0011335
DN50	NPS2	49	49	49	42	0.0018847	0.0018847	0.0018847	0.0013847
DN65	NPS2 ½	62	62	62	52	0.0030175	0.0030175	0.0030175	0.0021226
DN80	NPS3	74	74	74	62	0.0042986	0.0042986	0.0042986	0.0030175
DN100	NPS4	100	100	100	87	0.00785	0.00785	0.00785	0.0059416
DN125	NPS5	125	125	—	—	0.0122656	0.0122656	0.0122656	0.0122656
DN150	NPS6	150	150	144	131	0.0176625	0.0176625	0.0162777	0.0134713
DN200	NPS8	201	201	192	179	0.0317147	0.0317147	0.0289382	0.0251521
DN250	NPS10	252	252	239	223	0.0498506	0.0498506	0.0448399	0.0390372
DN300	NPS12	303	303	287	265	0.07207	0.07207	0.0646596	0.0551266
DN350	NPS14	334	332	315	—	0.0875714	0.0813919	0.0778916	—
DN400	NPS16	385	373	360	—	0.1163566	0.1092162	0.101736	—
DN450	NPS18	436	423	—	—	0.1492253	0.1404592	—	—
DN500	NPS20	487	471	—	—	0.1861776	0.1741451	—	—
DN550	NPS22	538	522	—	—	0.2272135	0.2138999	—	—
DN600	NPS24	589	570	—	—	0.2723329	0.2550465	—	—
DN650	NPS26	633	617	—	—	0.3145408	0.2988408	—	—
DN700	NPS28	684	665	—	—	0.3672669	0.3471466	—	—
DN750	NPS30	735	712	—	—	0.4240766	0.397951	—	—
DN800	NPS32	779	760	—	—	0.4763701	0.453415	—	—
DN850	NPS34	830	808	—	—	0.5407865	0.5124982	—	—
DN900	NPS36	874	855	—	—	0.5996426	0.5738546	—	—
DN950	NPS38	925	—	—	—	0.6716656	—	—	—
DN1000	NPS40	976	—	—	—	0.747772	—	—	—
DN1050	NPS42	1020	—	—	—	0.816714	—	—	—
DN1200	NPS48	1166	—	—	—	1.0672514	—	—	—
DN1350	NPS54	1312	—	—	—	1.351255	—	—	—
DN1400	NPS56	1360	—	—	—	1.451936	—	—	—
DN1500	NPS60	1458	—	—	—	1.6687247	—	—	—

表 5-423 浮动球球阀球体的推荐尺寸

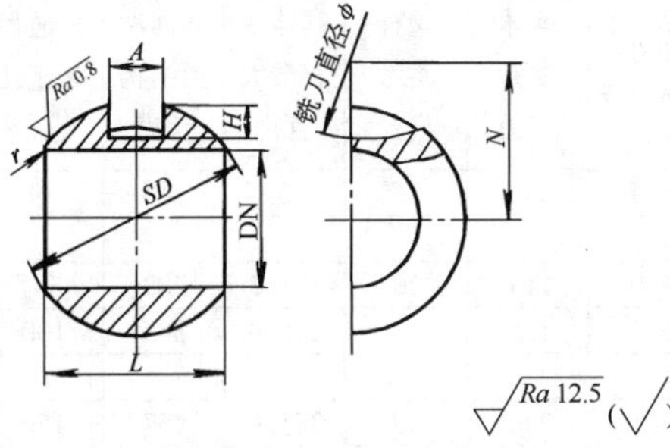

$\sqrt{Ra\ 12.5}$ ($\sqrt{}$)

（单位：mm）

公称尺寸	球 D		L	A	$N\approx$	H	铣刀直径 ϕ	r	重量/kg ≈
	尺寸	偏差							
DN10	22	+0.084	19	6	33	3	50	0.5	0.03
DN15	32	+0.10	27	8	42	5	63		0.09
DN20	40		33	9	46				0.16
DN25	48		39	10	55	6	75		0.27

（续）

公称尺寸	球 D		L	A	$N\approx$	H	铣刀直径 ϕ	r	重量/kg ≈
	尺寸	偏差							
DN32	60	+0.12	48	12	66	8	90	1	0.51
DN40	72		57	14	80	10	110		0.86
DN50	88	+0.14	70	18	96	12	130		1.51
DN65	110		86		107			2	2.79
DN80	130	+0.16	99	22	114	15			4.27
DN100	160		122	24	136	18	150		7.77
DN125	200	+0.185	125	28	156				15.33
DN150	240		182	32	184	22	175	3	26.49

表 5-424 三通球阀球体的推荐尺寸

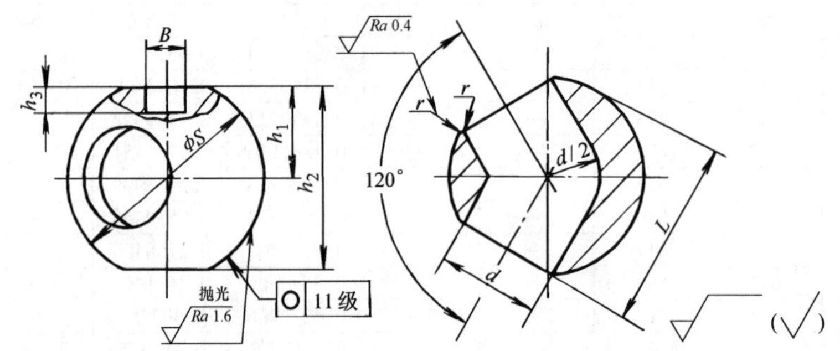

d	ϕS	L	B	h_1	h_2	h_3	r
20	44	40.5	8	20	40	6	0.5
25	48	44	10	22	44	6.5	0.5
40	72	64	12	33	66	9	0.5
50	84	73	14	40	75	11	1
80	127	110	20	60	113	15	1
100	160	141	24	78	143	20	1
150	240	210	28	117	232	24	2

表 5-425 固定球球阀结构推荐尺寸 （单位：mm）

公称尺寸		Class150						Class300					
		凸面法兰结构长度	全通径阀座孔直径	最小壁厚	球体参考直径	阀杆参考直径	阀体中腔最大直径	凸面法兰结构长度	全通径阀座孔直径	最小壁厚	球体参考直径	阀杆参考直径	阀体中腔最大直径
DN50	NPS2	178	49	5.5	80	26	127	216	49	6.0	80	26	127
DN65	NPS2½												
DN80	NPS3	203	74	6.0	114	26	171.5	283	74	6.9	114	26	171.5
DN100	NPS4	229	100	6.5	155	40	215.9	305	100	7.7	155	40	215.9
DN125	NPS5											40	
DN150	NPS6	394	150	7.1	230	40	285.8	457	150	9.4	230	40	285.8
DN200	NPS8	457	201	8.0	310	55	393.7	502	201	11.0	310	55	393.7
DN250	NPS10	533	252	8.8	390	55	469.9	568	252	12.7	390	55	469.9
DN300	NPS12	610	303	9.6	465	80	567.9	648	303	14.3	465	80	567.9
DN350	NPS14	684	334	10.2	515	80	609.6	762	334	15.7	515	80	609.6
DN400	NPS16	762	385	11.1	595	80	668.5	838	385	17.3	595	80	668.5
DN450	NPS18	864	436	11.9	675	105	741.7	914	436	18.9	675	105	741.7
DN500	NPS20	914	487	12.7	750	105	819.7	991	487	20.6	750	105	819.7
DN550	NPS22	—	538	13.5	830	105	914.4	1092	538	22.2	830	105	914.4

（续）

公称尺寸		Class150						Class300					
		凸面法兰结构长度	全通径阀座孔直径	最小壁厚	球体参考直径	阀杆参考直径	阀体中腔最大直径	凸面法兰结构长度	全通径阀座孔直径	最小壁厚	球体参考直径	阀杆参考直径	阀体中腔最大直径
DN600	NPS44	1067	589	14.3	910	105	984.5	1143	589	23.9	910	105	984.5
DN650	NPS26	1143	633	15.1	975	130	1060.5	1245	633	25.5	975	130	1060.5
DN700	NPS28	1245	684	15.9	1055	130	1139.4	1346	684	27.2	1055	130	1139.4
DN750	NPS30	1295	735	16.8	1130	130	1216.7	1397	735	28.8	1130	130	1216.7
DN800	NPS32	1372	779			130		1524				130	
DN850	NPS34	1473	830	184	1280	130	1371.6	1626	830	32.1	1280	130	1371.6
DN900	NPS36	1524	874	19.0	1345	130	1443.5	1727	874	33.4	1345	195	1443.5
DN1000	NPS40		976	20.7	1500	195	1651		976	36.7	1500	195	1651
DN1050	NPS42		1020	21.3	1600	195	1742.4		1020	38.1	1600	195	1742.4
DN1200	NPS48		1166	23.9	1795	195	1956		1166	43.3	1795	195	1956
DN1400	NPS56		1360										

公称尺寸		Class400						Class600					
		凸面法兰结构长度	全通径阀座孔直径	最小壁厚	球体参考直径	阀杆参考直径	阀体中腔最大直径	凸面法兰结构长度	全通径阀座孔直径	最小壁厚	球体参考直径	阀杆参考直径	阀体中腔最大直径
DN50	NPS2	—	49	6.1	80	26	127	292	49	6.2	80	26	127
DN65	NPS2½	—	62	6.9				330	62	7.2		26	
						25							
DN80	NPS3	—	74	7.6	114	26	171.5	365	74	8.2	114	26	171.5
DN100	NPS4	406	100	8.6	155	40	215.9	432	100	9.5	155	40	215.9
DN125	NPS5					40						40	
DN150	NPS6	495	150	11.2	230	40	285.8	559	150	12.9	230	40	285.8
DN200	NPS8	597	201	13.8	310	55	393.7	660	201	16.3	310	55	393.7
DN250	NPS10	673	252	16.2	390	55	469.9	787	252	19.7	390	55	469.9
DN300	NPS12	762	303	18.7	465	80	567.9	838	303	23.0	465	80	567.9
DN350	NPS14	826	334	20.7	515	80	609.6	889	334	25.7	515	80	609.6
DN400	NPS16	902	385	23.2	595	105	668.5	991	385	29.1	595	105	668.5
DN450	NPS18	978	436	25.7	675	105	741.7	1092	436	32.5	675	105	741.7
DN500	NPS20	1054	487	28.3	750	130	819.7	1194	487	35.9	750	130	819.7
DN550	NPS22	1143	538	30.7	830	130	914.4	1295	538	39.2	830	130	914.4
DN600	NPS24	1232	589	33.3	910	130	984.5	1397	589	42.6	910	130	984.5
DN650	NPS26	1308	633	35.8	975	130	1060.5	1448	633	46.0	975	130	1060.5
DN700	NPS28	1397	684	38.3	1055	130	1139.4	1549	684	49.4	1055	195	1139.4
DN750	NPS30	1524	735	40.8	1130	130	1216.7	1651	735	52.7	1130	195	1216.7
DN800	NPS32	1561	779			195		1778	779			195	
DN850	NPS34	1778	830	45.8	1280	195	1362.5	1930	830	59.5	1280	195	1371.6
DN900	NPS36	1880	874	47.8	1345	195	1443.5	2083	874	62.2	1345	195	1443.5
DN1000	NPS40		976	52.8	1500	195	1651		976	68.9	1500	230	1651
DN1050	NPS42		1020	54.9	1600	195	1742.4		1020	71.6	1600	230	1742.4
DN1200	NPS48		1166	62.9	1795	230	1965		1166	82.4	1795	280	1964.2
DN1400	NPS56		1360						1360				

（续）

公称尺寸		Class900						Class1500					
		凸面法兰结构长度	全通径阀座孔直径	最小壁厚	球体参考直径	阀杆参考直径	阀体中腔最大直径	凸面法兰结构长度	全通径阀座孔直径	最小壁厚	球体参考直径	阀杆参考直径	阀体中腔最大直径
DN50	NPS2	368	49	7.8	80	26	127	368	49	11.8	80	26	127
DN65	NPS2½					40							
DN80	NPS3	381	74	9.9	114	40	177.8	470	74	15.5	114	40	177.8
DN100	NPS4	457	100	13.0	155	55	235	546	100	21.0	155	55	235
DN125	NPS5												
DN150	NPS6	610	150	18.2	230	55	317.5	705	144	30.2	230	55	317.5
DN200	NPS8	737	201	23.4	310	55	393.7	832	192	39.4	310	80	416.1
DN250	NPS10	838	252	28.7	390	80	469.9	991	239	46.8	390	165	495.3
DN300	NPS12	965	303	33.9	465	80	567.9	1130	287	56.0	465	105	593.9
DN350	NPS14	1029	322	37.0	515	130	622.3	1257	315	61.6	515	130	660.4
DN400	NPS16	1130	373	42.2	595	130	692.5	1384	360	68.9	595	130	743
DN450	NPS18	1219	423	47.5	675	130	790	1537	406	78.2	675	195	850
DN500	NPS20	1321	471	52.1	750	195	875	1664	454	87.4	750	195	945
DN550	NPS22	—	522	57.9	830	195	965			96.6	830	195	1040
DN600	NPS24	1549	570	62.1	910	195	1050		546	104.0	910	195	1140
DN650	NPS26	1651	617	67.3	990	195	1145	1943	594	113.2	990		1240
DN700	NPS28	—	665	72.5	1065	195	1240		641	122.4	1065		1330
DN750	NPS30	1880	712	77.8	1140	195	1315		686	129.8	1140		1420
DN800	NPS32	—				230							
DN850	NPS34	—	808	88.2	1300	230	1500		775	146.4	1300		1610
DN900	NPS36	2286	855	92.4	1370	230	1575						
DN1000	NPS40		956	102.9	1530		1755						
DN1050	NPS42		1006	109.1	1620		1860						
DN1200	NPS48		1149	123.7	1850		2120						
DN1400	NPS56												

公称尺寸		Class2500					
		凸面法兰结构长度	全通径阀座孔直径	最小壁厚	球体参考直径	阀杆参考直径	阀体中腔最大直径
DN50	NPS2	451	42	19.6	80	26	138
DN65	NPS2½						
DN80	NPS3	578	62	24.7	114	40	190.5
DN100	NPS4	67.3	87	33.2	155	55	247.7
DN125	NPS5						
DN150	NPS6	914	131	50.3	230	80	342.9
DN200	NPS8	1022	179	63.9	310	105	460
DN250	NPS10	1270	223	80.9	390	105	570
DN300	NPS12	1422	265	94.6	465	130	675
DN350	NPS14		292	104.8	515	195	745
DN400	NPS16		333	118.4	595	195	850
DN450	NPS18		374	132.1	675	230	950
DN500	NPS20		419	145.7	750	230	1060

5.5.8.3　阀座设计

球阀阀座的推荐尺寸见表 5-426。

5.5.8.4　浮动球球阀预紧力的调节

对于浮动球阀来说，通常利用左阀体和右阀体间的密封垫片来调节球体和阀座之间的预力。调节垫片的推荐尺寸见表 5-427。

5.5.9　旋塞阀密封副的结构

5.5.9.1　旋塞的结构

旋塞的结构如图 5-322 所示。

表 5-426 弹性阀座的推荐尺寸

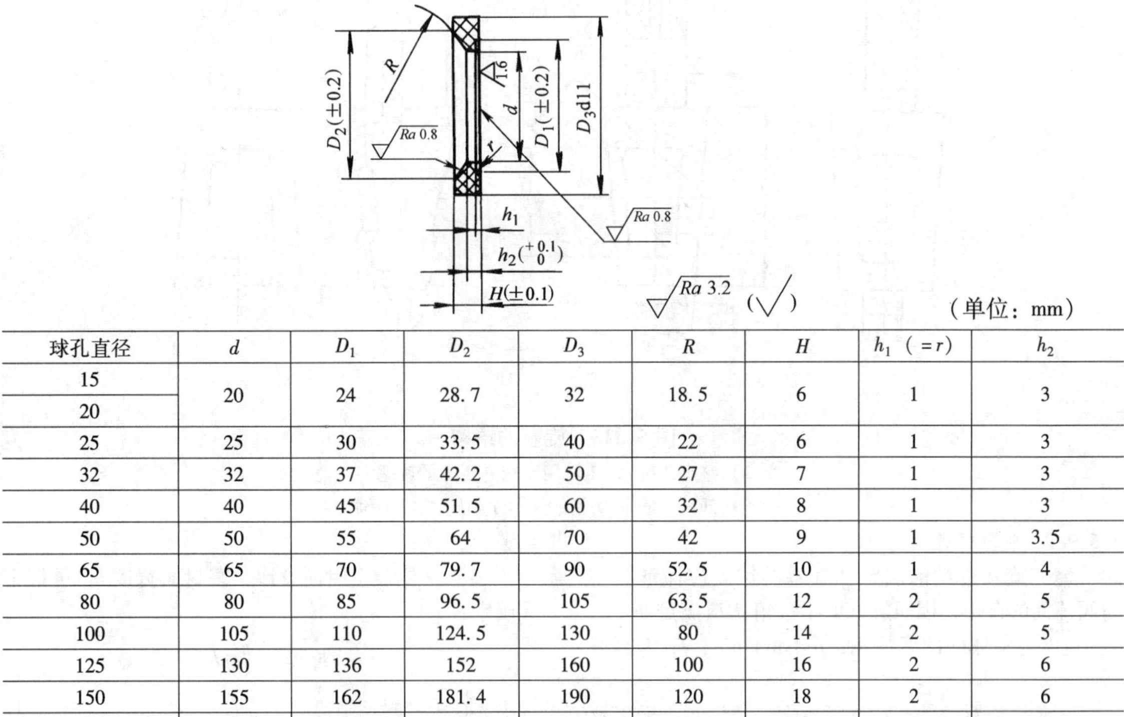

（单位：mm）

球孔直径	d	D_1	D_2	D_3	R	H	h_1（$=r$）	h_2
15	20	24	28.7	32	18.5	6	1	3
20								
25	25	30	33.5	40	22	6	1	3
32	32	37	42.2	50	27	7	1	3
40	40	45	51.5	60	32	8	1	3
50	50	55	64	70	42	9	1	3.5
65	65	70	79.7	90	52.5	10	1	4
80	80	85	96.5	105	63.5	12	2	5
100	105	110	124.5	130	80	14	2	5
125	130	136	152	160	100	16	2	6
150	155	162	181.4	190	120	18	2	6
200	205	212	236	250	159	20	2	6

表 5-427 球阀密封调节垫片的推荐尺寸

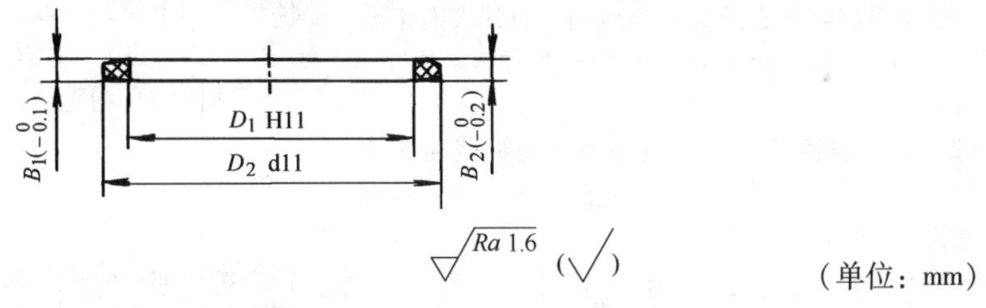

Ra 1.6 (√)

（单位：mm）

球孔直径		D_1	D_2	B_1	B_2	每 1000 个重量 /kg
mm	in					
15	$\frac{1}{2}$	39	45	3	2	1.66
20	$\frac{3}{4}$					
25	1	47	55			2.23
32	$1\frac{1}{4}$	56	63			2.75
40	$1\frac{1}{2}$	68	75	3.5	2.5	4.62
50	2	86	84			5.34
65	$2\frac{1}{2}$	110	120	4	3	11.38
80	3	138	146			13.76
100	4	172	182			17.52
125	5	212	222			21.47
150	6	254	264			25.63
200	8	334	344			34.34

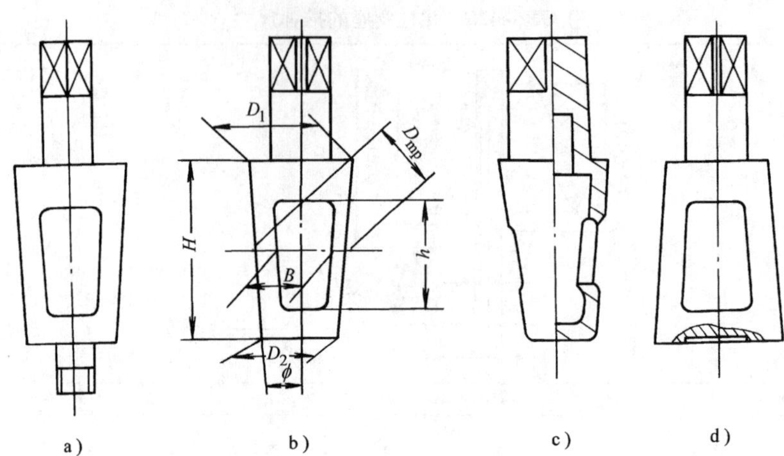

图 5-322　旋塞的结构

a）整定式旋塞　b）用于较高压力的旋塞

c）用于较低压力的等壁厚旋塞　d）用于高压的倒旋塞

5.5.9.2　旋塞的设计

（1）旋塞锥度的确定　旋塞的锥度应保证旋塞与阀体间的自锁，因而旋塞的半锥角 ϕ 应满足 $\phi \leqslant \rho$，ρ 为旋塞与阀体间的摩擦角，$\rho = \arctan f_m$，f_m 为摩擦系数。

对于铸铁对铸铁、铸铁对黄铜、铸铁对青铜以及钢对钢的金属密封副，当其中表面粗糙度 $Ra = 0.2\mu m$ 时，$f_m = 0.08$，对应摩擦角 $\rho = 4°34'$，故通常取 $\phi = 3°30' \sim 4°30'$。

对于钢对聚四氟乙烯的软密封副，当其表面粗糙度 $Ra = 0.2\mu m$ 时，$f_m = 0.04$，对应摩擦角 $\rho = 2°17'$，故取 $\phi = 2°$。

（2）旋塞通道的设计　旋塞通道的纵截面通常为梯形，如图 5-321 所示。通道的面积 A（mm^2）可按下式确定：

$$A = Bh = \frac{\pi}{4}d^2\eta$$

式中，B 为旋塞通道的平均宽度（mm），一般 $B = h/2.5$，$B = 0.56d\eta^{1/2}$；d 为通道直径（mm），取 $d = DN$；h 为旋塞通道的高（mm）；η 为旋塞的缩孔系数。

（3）塞体及密封面设计　密封面宽度 b_m 可按下式确定：

$$b_m = \frac{C\pi}{36}\eta d$$

式中，C 为密封面宽度系数，$C = 1 \sim 2$。

当旋塞无缩孔，$\eta = 1$，则 $b_m = 0.087Cd$。表 5-428 给出了旋塞密封面宽度的经验值。

塞体的高度 H 的确定，应考虑到密封面磨损塞体位置的下移，故取：

$$H \geqslant h + 2b_m$$

塞体的平均直径：

$$D_{mp} = \frac{4}{\pi}(b_m + B)$$

（4）塞杆直径的确定　旋塞阀利用塞体的锥面作为密封面，故密封面面积较大，启闭时摩擦阻力大，因而塞杆力矩大，所以塞杆直径也较大。表 5-429 给出了塞杆直径的经验值。

（5）旋塞尺寸实例　表 5-430 是 JIS B2191：1995 规定的青铜旋塞阀的旋塞设计尺寸。

表 5-428　旋塞密封面宽度经验值　（单位：mm）

公称尺寸	DN10/NPS $\frac{3}{8}$	DN15/NPS $\frac{1}{2}$	DN20/NPS $\frac{3}{4}$	DN25/NPS1	DN32/NPS1 $\frac{1}{4}$	DN40/NPS1 $\frac{1}{2}$	DN65/NPS2 $\frac{1}{2}$	DN80/NPS3	DN100/NPS4	DN125/NPS5	DN150/NPS6	DN200/NPS8
密封面宽度 b_m	2.5	3	3	3.5	4	4.5	5	6	7	8	10	12

表 5-429　塞杆直径的经验值　（单位：mm）

公称尺寸	DN20/NPS3/4	DN25/NPS1	DN32/NPS1 $\frac{1}{4}$	DN40/NPS1 $\frac{1}{2}$	DN50/NPS2	DN65/NPS2 $\frac{1}{2}$	DN80/NPS3	DN100/NPS4	DN125/NPS5	DN150/NPS6
塞杆直径	20	24	26	32	38	45	50	65	70	78

表 5-430 青铜旋塞阀的旋塞设计尺寸

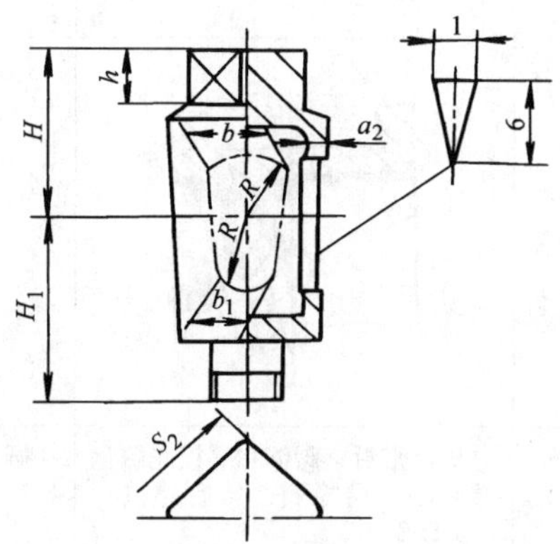

（单位：mm）

公称尺寸	a_2	H	H_1	S_2	h	R	b_1	b
DN10/NPS $\frac{3}{8}$	2.5	35	31	10	11	9	5.4	6.6
DN15/NPS $\frac{1}{2}$	3	40	36	12	12	11	7.3	8.8
DN20/NPS $\frac{3}{4}$	3.5	49	43	14	14	14	10	12
DN25/NPS1	4.5	56	50	17	16	18	12.7	15.3
DN32/NPS1 $\frac{1}{4}$	5.5	67	61	19	18	22.5	16.3	19.8
DN40/NPS1 $\frac{1}{2}$	6	77	67	23	22	25	22	26
DN50/NPS2	6.5	91	81	26	24	32	26.4	31.6

5.5.10 蝶阀密封副的结构型式

5.5.10.1 强制密封蝶阀

强制密封蝶阀是指关闭时，靠一定的过盈量在阀座与蝶板密封面之间造成密封比压。表 5-431 为非金属密封副的结构。表 5-432 为金属密封副的结构。

表 5-431 强制密封蝶阀非金属密封副的结构型式

序号	1	2	3
简图	树脂橡胶、软橡胶芯子、浸渍橡胶粗擦布、压板、蝶板、橡胶垫圈、阀体		橡胶衬垫、聚偏氟二乙烯
结构特点	复合式橡胶座阀座安装在阀体内腔壁凹槽处，用压板螺栓和橡胶圈固定，回弹性能好，密封可靠	巴式橡胶阀座。阀体内腔硫化一层橡胶衬或包一层橡胶衬，有平立形和凸起形两种，凸起形如图所示，其内径比蝶板外径小	巴式复合阀座，外层为 PVDF（聚偏氟二乙烯）内层为橡胶衬垫。蝶板用 PTFE 制造
应用范围	一般性介质的截断和调节	工作压力小于 1.0MPa 的一般性介质的截断和调节	工作压力等于 0.7MPa 腐蚀性介质的截断和调节

（续）

序号	4	5	6
简图	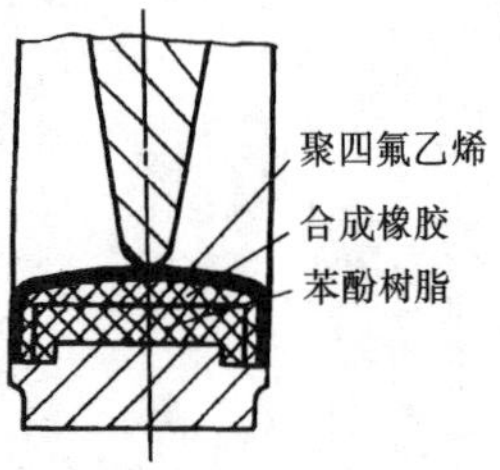 聚四氟乙烯 合成橡胶 苯酚树脂	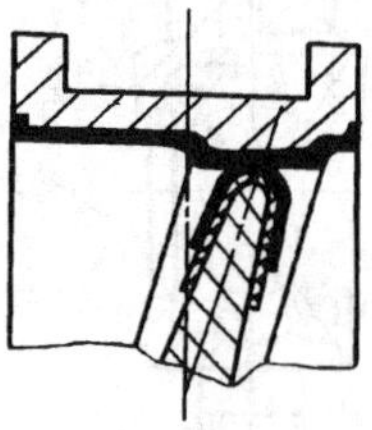	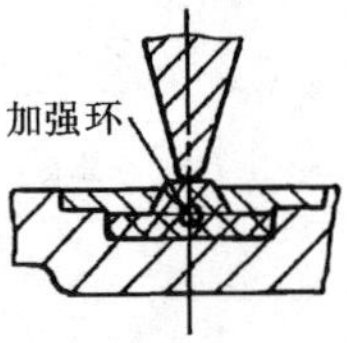 加强环
结构特点	巴式复合阀座。外层为PTFE，中层为合成橡胶，里层为苯酚树脂	复合密封副阀体和蝶板先硫化或粘贴一层橡胶，然后外包一层PTFE	圆弧形接触密封副。这种形式的密封副结构型式很多，特点是蝶板与密封圈接触而二者之一必须是圆弧形的
应用范围	工作压力为0.7MPa，-40～130℃的医药，食品等高度纯洁的工业管道	腐蚀性介质的截断和调节	工作压力1.8～4.0MPa工业介质的截断和调节

序号	7	8	9
简图	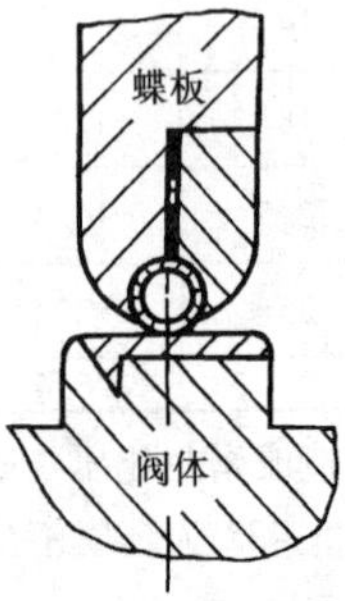 蝶板 阀体	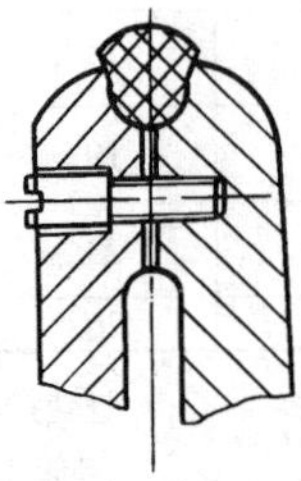	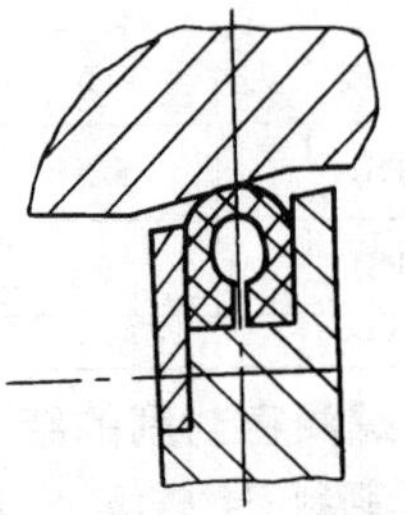
结构特点	圆形高弹性密封圈。密封圈为泡沫塑料包橡胶，具有极高的弹性和柔性，压弹量可以通过压板调节	扇形弹性密封圈。用压板和紧固螺栓固定，密封副的配合可用螺栓调节	Ω形高弹性密封圈，用压板压住，并用螺栓固定，内部镶嵌金属钢丝索加强环，有柔性，能防止密封圈径向胀缩
应用范围	通风、煤气和水等低压管道	工作压力为1.0MPa的管道	高、中压管路系统

序号	10	11	12	13
简图	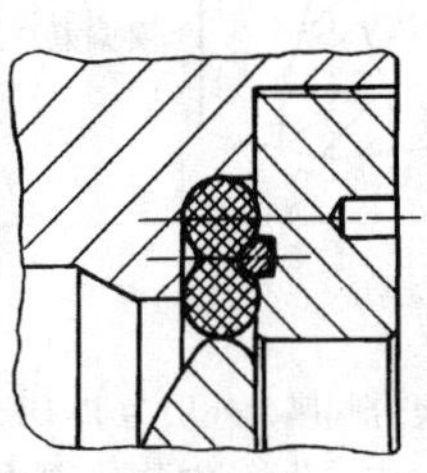	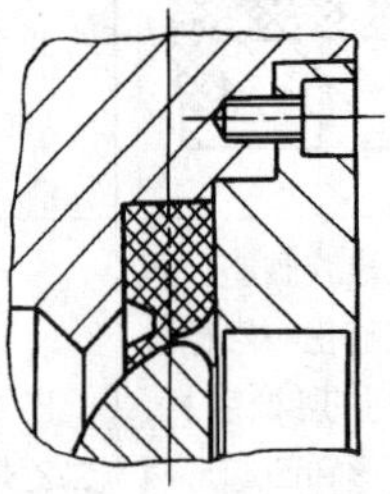	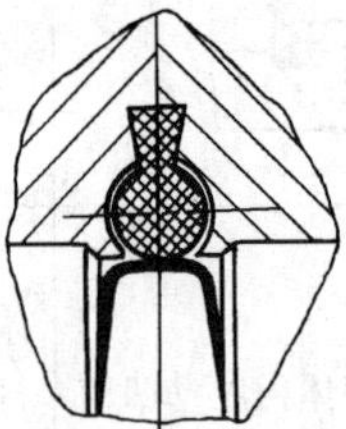	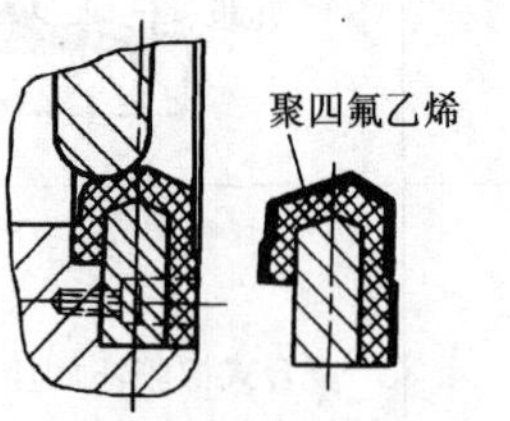 聚四氟乙烯
结构特点	哑铃形橡胶密封圈，用O形固定环对密封圈进行限制，阻止密封圈滑出沟槽，密封性能非常好，寿命特长	鸭形密封圈，用压板压住，具有高弹性，密封性能好	葫芦形橡胶密封圈，侧向用压紧衬套压住，并用螺栓固定，蝶板密封面镀硬铬	J形橡胶密封圈。密封圈由金属母材外包特种橡胶硫化层组成。拆装方便，能承受压力高，橡胶厚度通常为7～12mm
应用范围	-30～100℃管路系统	-200～200℃管路系统	工作压力2.5MPa的管路系统	高、中压管路系统

表 5-432　强制密封蝶阀金属密封副结构型式

序号	1	2	3
简图			阀体 不锈钢 密封环 可调螺钉 蝶板
结构特点	金属对金属刚性密封副。阀座为螺纹施入式或在阀体上直接加工或堆焊 蝶板的倾斜角度为15°	金属膨胀密封圈。蝶板和密封圈受热后可径向自由膨胀，密封圈径向膨胀后，使蝶板有轴向位移	金属环可调节的密封副。用调节螺钉调节蝶板与阀座的配合
应用范围	排气、通风、水力发电等泄漏要求不高的管路系统	高温、高压管路系统	高温、高压管路系统
序号	4	5	6
简图	x		
结构特点	L形金属密封圈。该密封圈具有弹性。蝶板密封面材料为钴基合金	S形柔形金属密封圈。密封圈由耐低温不锈钢制成	金属弹性密封圈
应用范围	工作压力0.6MPa，400℃高温管路系统	适用于低温管路系统	高温（600℃）、高压管路系统

5.5.10.2　充压密封密封副结构

充压密封蝶阀的密封副结构如图5-323所示，它的工作原理是当蝶板旋转至关闭位置后，向设置于阀座或蝶板上的弹性密封元件内充压，使密封副紧密接触形成密封。在弹性密封元件充压前，蝶板与阀座密封面间存在间隙或微量过盈，因而大大降低了蝶板的关闭力矩。

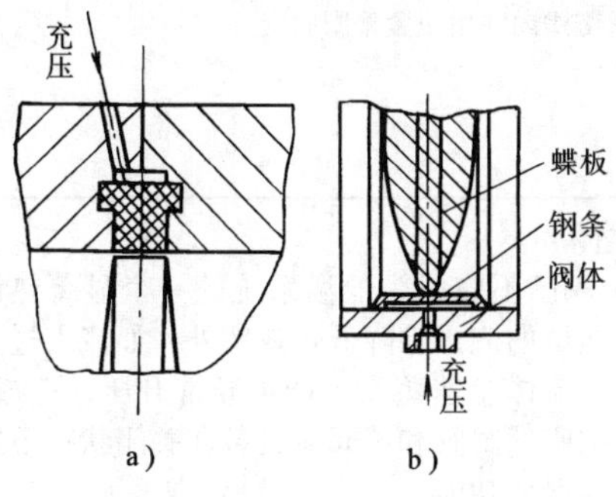

图 5-323　充压密封蝶阀的密封副结构

a）充压前有间隙　b）充压前有微量过盈

5.5.10.3　自动密封蝶阀的密封副结构

图5-324为自动密封蝶阀的密封副结构。这种密

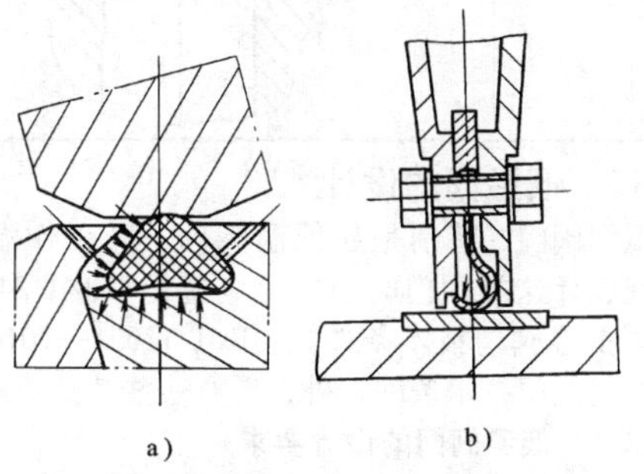

图 5-324　自动密封蝶阀的密封副结构

a）非金属密封　b）金属密封

封形式，当蝶板在关闭位置时，密封副间有一定的过盈量，以保证初始密封。其密封作用主要是靠介质的压力使蝶板或阀座上的密封副产生弹性变形，而造成足够的密封比压。

5.5.11　安全阀关闭件的密封结构及特点（表5-433）

表5-433　安全阀关闭件的密封结构及特点

序号	结构型式	参考结构图	特　点
1	平面密封	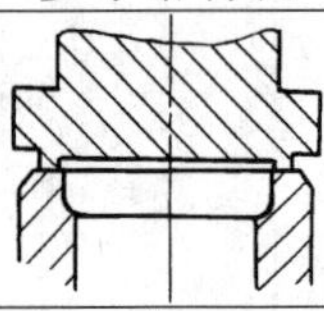	便于加工、研磨和修复、应用广泛
2	锥形密封	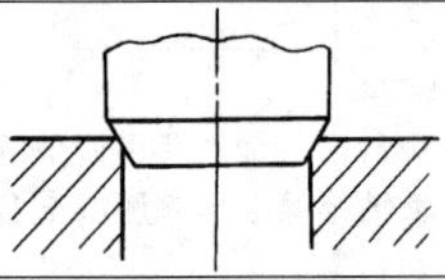	通常适用于高压，小口径的场合。为避免卡住，密封面锥角一般不小于90°
3	弹性密封	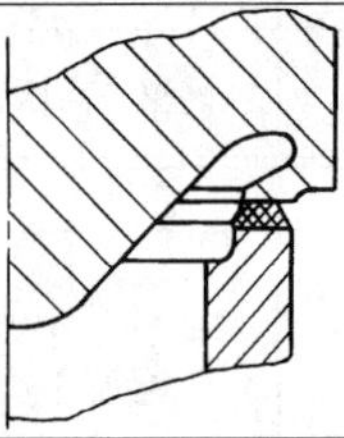	其阀瓣带有弹性密封唇。作用在密封唇上的介质压力起到一定的压力密封作用。由于密封唇较薄、热传导较快，故密封面前后的温差较小；当发生微泄漏时，由于介质膨胀降温而产生的温差也较小。从而减小了温差变形，提高了在高温条件下的密封性
4	双密封面弹性密封	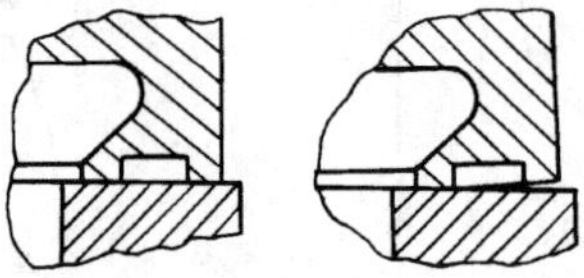	同上。其阀瓣密封面被一个环形槽分割为两部分，外侧部分与阀座密封面成一个小的倾角，或者被适当磨低一些。内侧密封面起密封作用，而外侧密封面起保护内侧密封面作用
5	软密封之一	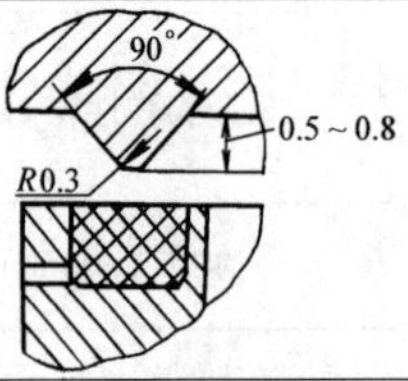 90° 0.5～0.8 R0.3	阀座密封面由压入阀座的氟塑料等弹性非金属材料构成，阀瓣密封面为刀形金属密封面
6	软密封之二	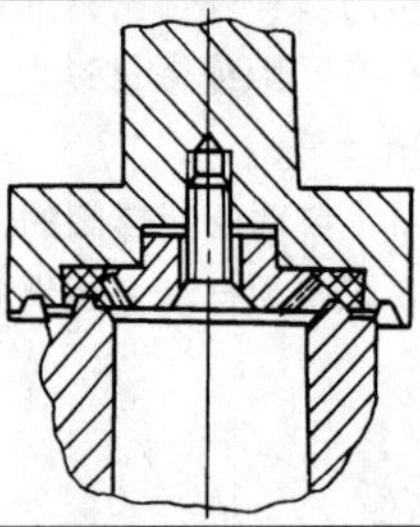	阀座为刀形或平面形金属密封面，弹性非金属材料的密封圈嵌入阀瓣槽内并用压紧垫圈固定

5.5.12　低温阀的设计

低温阀门，特别是超低温阀门，其工作温度极低。在设计这类阀门时，除了应遵循GB/T 24925—2010《低温阀门技术条件》、JB/T 12621—2016《液化天然气阀门技术条件》外，还有一些特殊要求。

5.5.12.1　低温阀门的设计要求

根据使用条件，低温阀的设计有下列要求：

1）阀门在低温介质及周围环境温度下应具有长时间工作的能力，一般使用寿命为10年或3000～5000次循环。

2）阀门不应成为低温系统的一个显著热源。这是因为热量的流入除降低热效率外，如流入过多，还会使内部流体急速蒸发，产生异常升压，造成危险。对于双阀座的闸阀和球阀应具备在关闭状态下中腔应具有自动泄压功能。

3）低温介质不应对手轮操作及填料密封性能产生有害的影响。

4）直接与低温介质接触的阀门组合件应具有防

爆和防火结构。

5）在低温下工作的阀门组合件无法润滑，所以需要采取结构措施，以防止摩擦件擦伤。

5.5.12.2 低温阀的材料选用

（1）低温阀主体材料

1）主体材料选用应满足 JB/T 7248—2008、ASTM A320、ASTM A352 外还应考虑的因素。从金相考虑，金属材料中除了具有面心立方晶格的奥氏体钢、铜、铝等以外，一般的钢材在低温状态下会出现低温脆性，从而降低阀门的强度和使用寿命。选择主体材料时首先要选用适合于低温下工作的材料。表 5-434 规定了几类材料的最低使用温度。

表 5-434 几类材料的最低使用温度

材 料	最低使用温度/℃
铸铁	-32
铸钢（LCB、LCC）	-46
青铜（B-61，B-62）蒙乃尔合金	-212
不锈钢（304、316）	-252.8

铝在低温下不会出现低温脆性，但因铝及铝合金的硬度不高，铝密封面的耐磨、耐擦伤性能差，所以在低温阀门中的使用有一定的限制，仅在低压和小口径阀中选用。

除此以外，低温阀门的材料选用还应考虑以下一些因素：

① 阀门的最低使用温度。

② 金属材料在低温下保持工作条件所需要的力学性能，特别是冲击韧性、相对延伸率及组织稳定性。

③ 在低温及无油润滑的情况下，具有良好的耐磨性。

④ 具有良好的耐蚀性。

⑤ 采用焊接连接时还需考虑材料的焊接性能。

2）阀体、阀盖、阀座、阀瓣（闸板）、阀杆材料的选用。这些主体零部件材料的选用原则大致是：温度高于-100℃时选用铁素体钢；温度低于-100℃时选用奥氏体钢；低压及小口径阀门可选用铜和铝等材料。设计时根据最低使用温度选择适当的材料，表 5-435是美国 ASTM 标准日本 JIS 标准低温阀门中使用的具有代表性的材料；表 5-436 列出了这些材料的化学成分及力学性能。

3）紧固件的材料选用。温度高于-100℃时，螺栓材料采用 Ni、Cr-Mo 等合金钢，经适当的热处理，以提高抗拉强度和防止螺纹咬伤等。

温度低于-100℃时，采用奥氏体不锈耐酸钢制造。

为防止螺母与螺栓咬死，螺母一般采用 Mo 钢或 Ni 钢，同时在螺纹表面涂二硫化钼。

低温阀门的紧固件常用材料的化学成分和力学性能见表 5-437 和表 5-438。

表 5-435 阀体低温材料最低使用温度

种类	通用名称	标准号	钢号	最低使用温度/℃
锻件	C-Mn-Si	ASTM A350/A350M	LF1	-29
	C-Mn-Si		LF2-1 级	-46
	C-Mn-Si		LF2-2 级	-18
	3½Ni		LF3-1 级和 2 级	-101
			LF5-1 级和 2 级	-59
	C-Mn-Si-V		LF6-1 级和 2 级	-51
	C-Mn-Si-V		LF6-3 级	-18
			LF9	-73
			LF787 2 级	-59
			LF787 3 级	-73
	18-8	JISG 4303	SUS 304	-254
铸件	碳钢	ASTM A352/A352M	LCA	-32
	C-Si		LCB	-46
	C-Mn-Si		LCC	-46
	C-Mo		LC1	-59
	2½Ni		LC2	-73
	2½Ni		LC2-1	-73
	3½Ni		LC3	-101
	4½Ni		LC4	-115
	9% Ni		LC9	-196
	12½Cr-Ni-Mo		CA6NM	-73
	18Cr-8Ni 16Cr-12Ni-2Mo	ASTM A351/A351M	所有牌号	-184 ~ -254
	CS	J1S G 5152	SCPL1	-45
	½Mo	J1S G 5152	SCPL11	-60
	2½Ni	J1S G 5152	SCPL21	-70
	3½Ni	J1S G 5152	SCPL31	-100
	18-8	J1S G 5121	SCS13、SCS19	-254

表 5-436 低温钢的化学成分及力学性能

种类	钢号	化学成分（质量分数,%）								力学性能⑥				冲击吸收能量⑧⑨		
		C	Si①	Mn	P	S	Ni	Mo	Cr	R_m /MPa	$R_{p0.2}$⑦ /MPa	A (%)⑧	Z (%)	试验温度 /℃	单个试样最小冲击吸收能量/J	三个试样平均冲击吸收能量/J
锻件	LF1	≤0.30	0.15~0.30	0.60~1.35	≤0.035	≤0.04	≤0.40②	≤0.12②③	≤0.30②③	415~585	205	25	38	-29	14	18
	LF2	≤0.30	0.15~0.30	0.60~1.35	≤0.035	≤0.04	≤0.40②	≤0.12②③	≤0.30②③	485~655	250	22	30	-46	16	20
	LF3	≤0.20	0.20~0.35	≤0.90	≤0.035	≤0.04	3.30~3.70	≤0.12③	≤0.30③	485~655	260	22	35	-101	16	20
	LF5	≤0.30	0.20~0.35	0.60~1.35	≤0.035	≤0.04	1.0~2.0	≤0.12③	≤0.30③	485~655	260	22	35	-59	16	20
	LF6-2	≤0.22	0.15~0.30	1.15~1.50	≤0.025	≤0.025	≤0.40②	≤0.12②③	≤0.30②③	515~690	415	20	40	-51	20	27
	LF9	≤0.20	—	0.40~1.06	≤0.035	≤0.04	1.60~2.24	≤0.12③	≤0.30③	435~605	315	25	38	-73	14	18
	LF787-2	≤0.07	≤0.40	0.40~0.70	≤0.025	≤0.025	0.70~1.00	0.15~0.25	0.60~0.90	450~585	380	20	45	-59	16	20
	SUS 304	<0.08	<1.00	<2.00	<0.04	<0.03	8~10.5	—	18~20	530	210	40	60	—	—	—
铸件	LCA④	0.25④	0.60	0.70④	0.04	0.045	0.50⑤	0.20	0.50⑤	415~585	205	24	35	-32	14	18
	LCB	0.30④	0.60	1.00④	0.04	0.045	0.50⑤	0.20⑤	0.50⑤	450~620	240	24	35	-46	14	18
	LCC④	0.25④	0.60	1.20④	0.04	0.045	0.50⑤	0.20⑤	0.50⑤	485~655	275	22	35	-46	16	20
	LC1	0.25	0.60	1.20	0.04	0.045	—	0.45~0.65	—	450~620	240	24	35	-59	14	18
	LC2	0.25	0.60	0.50~0.80	0.04	0.045	2.0~3.0	—	—	485~655	275	24	35	-73	16	20
	LC2-1	0.22	0.50	0.55~0.75	0.04	0.045	2.50~3.50	0.30~0.60	1.35~1.85	725~895	550	18	30	-73	34	41
	LC3	0.15	0.60	0.50~0.80	0.04	0.045	3.0~4.0	—	—	485~655	275	24	35	-101	16	20
	LC4	0.15	0.60	0.50~0.80	0.04	0.045	4.0~5.0	—	—	485~655	275	24	35	-115	16	20
	LC9	0.13	0.45	0.90	0.04	0.045	8.5~10.0	0.20	0.50	585	515	20	30	-196	20	27
	CA6NM	0.06	1.00	1.00	0.04	0.03	3.5~4.5	0.4~1.0	11.5~14.0	760~930	550	15	35	-73	20	27
	SCPL1	<0.30	<0.60	<1.00	<0.04	<0.04	—	—	—	460	250	24	35	-45	>14	>21
	SCPL11	<0.25	<0.60	0.50~0.80	<0.04	<0.04	—	0.45~0.65	—	460	250	24	35	-60	>14	>21
	SCPL21	<0.25	<0.60	0.50~0.80	<0.04	<0.04	2.0~3.0	—	—	460	280	24	35	-70	>14	>21
	SCPL31	<0.15	<0.60	0.50~0.80	<0.04	<0.04	3.0~4.0	—	—	460	280	24	35	-100	>14	>21
	SCS13	<0.08	<2.00	<2.00	<0.04	<0.04	8.0~11.0	—	18.0~21.0	450	—	30	—	—	—	—
	SCS19	<0.03	<2.00	<2.00	<0.04	<0.04	8.0~11.0	—	17.0~20.0	400	—	35	—	—	—	—

① 当要求真空碳脱氧时，Si 含量最高应为 0.12%。
② 熔炼分析中 Cu、Ni、Cr、V 和 Mo 的总含量不得超过 1.00%。
③ 熔炼分析中 Cr 和 Mo 元素的总含量不得超过 0.32%。
④ 在规定的最大含 C 量以下，碳含量每降低 0.01%，则允许锰规定的最大含量增加 0.04%，直至最大含量达 1.10%（LCA）、1.28%（LCB）、1.40%（LCC）。
⑤ 残留元素的总量最大值为 1.00%。
⑥ 见 ASTM A352/A352M—2017 第 1.2 条。
⑦ 用 0.2% 残余变形法或载荷下 0.5% 伸长法测定。
⑧ 当按标准 ASTM A703/A703M 规定，用 ICI 试验棒作拉伸试验时，标长和收缩断面直径之比应为 4:1。
⑨ 见 ASTM A352/A352M 附录Ⅺ。

表 5-437 紧固件材料（ASTM A320/A320M—2017）

类型	牌号	通用名称	AISI牌号	UNS编号	化学成分（质量分数,%）[1]												
					C	Mn	P≤	S≤	Si	Ni	Cr	Mo	B	Nb+Ta	Se	Ti	N
铁素体钢	L7、L7M、L70	Cr-Mo[2]	—	—	0.38~0.48[3]	0.75~1.00	0.035	0.04	0.15~0.35	—	0.80~1.10	0.15~0.25	—	—	—	—	—
	L7A、L71	C-Mo	4037	—	0.35~0.40	0.70~0.90	0.035	0.04	0.15~0.35	—	—	0.20~0.30	—	—	—	—	—
	L7B、L72	Cr-Mo	4137	—	0.35~0.40	0.70~0.90	0.035	0.04	0.15~0.35	—	0.80~1.10	0.15~0.25	—	—	—	—	—
	L7C、L73	Ni-Cr-Mo	8740	—	0.38~0.43	0.75~1.00	0.035	0.04	0.15~0.35	0.40~0.70	0.40~0.60	0.20~0.30	—	—	—	—	—
	L43	Ni-Cr-Mo	4340	—	0.38~0.43	0.60~0.85	0.035	0.04	0.15~0.35	1.65~2.00	0.70~0.90	0.20~0.30	—	—	—	—	—
	L1	低C-B	—	—	0.17~0.24	0.70~1.40	0.035	0.05	0.15~0.30	—	—	—	0.001~0.003	—	—	—	—
奥氏体钢 1、1A、2级[4]	B8、B8A	—	—	S30400	≤0.08	≤2.00	0.045	0.03	≤1.00	8.0~11.0	18.0~20.0	—	—	—	—	—	—
	B8C、B8CA	—	—	S34700	≤0.08	≤2.00	0.045	0.03	≤1.00	9.0~12.0	17.0~19.0	—	—	>10×C~1.10	—	—	—
	B8T、B8TA	—	—	S32100	≤0.08	≤2.00	0.045	0.03	≤1.00	9.0~12.0	17.0~19.0	—	—	—	—	5×(C+N)~0.7	≤0.10
	B8P、B8PA	—	—	S30500	≤0.08	≤2.00	0.045	0.03	≤1.00	11.0~13.0	17.0~19.0	—	—	—	—	—	—
	B8F、B8FA	—	—	530300	≤0.15	≤2.00	0.20	0.15	≤1.00	8.0~10.0	17.0~19.0	—	—	—	—	—	—
		—	—	S30323	≤0.15	≤2.00	0.20	0.06	≤1.00	8.0~10.0	17.0~19.0	—	—	—	0.15~0.35	—	—
	B8M、B8MA	—	—	S31600	≤0.08	≤2.00	0.045	0.03	≤1.00	10.0~14.0	16.0~18.0	2.00~3.00	—	—	—	—	—
奥氏体钢 1、1A级	B8LN、B8LNA	—	—	S30453	≤0.03	≤2.00	0.045	0.03	≤1.00	8.0~11.0	18.0~20.0	—	—	—	—	—	0.10~0.16
	B8MLN、B8MLNA	—	—	S31653	≤0.03	≤2.00	0.045	0.03	≤1.00	10.0~13.0	16.0~18.0	2.00~3.00	—	—	—	—	0.10~0.16

① 除牌号 B8F 外，不允许有意添加 Bi、Se、Te 和 Pb，并对 Se 作了规定和要求。

② 典型的钢成分应该包括牌号 4140、4142、4145、4140H、4142H、4145H。

③ 对于牌号 L7M，只要所包括的截面尺寸的抗拉强度满足要求，则允许碳的最低含量为 0.28%，允许采用 A1S1 4130 或 4130H。

④ 1 级产品是由经固溶处理的材料制造的。1A 级产品（B8A、B8CA、B8MA、B8PA、B8FA、B8TA）是在最终加工后经固溶处理的。2 级产品是由经固溶处理和应变硬化的材料制成的。

表 5-438 紧固件材料的力学性能（ASTM A320/A320M—2017）

级别、牌号和直径 /in（mm）		热处理	最低回火温度 /℃	最小抗拉强度 R_m/MPa	最小屈服强度 $R_{p0.2}$/MPa	最小伸长率 A（%）	最小断面收缩 Z（%）	最高硬度 ≤
		铁素体钢						
L7、L7A、L7B、L7C、L7D、L71、L72、L73 d≤2½（65）①		淬火+回火	593	860	725	≥16	≥50	321HBW 或 35HRC
L43 d≤4（100）①		淬火+回火	593	860	725	≥16	≥50	321HBW 或 35HRC
L7M d≤2½（65）①		淬火+回火	620	690	550	≥18	≥50	235HBW②或 99HRB
L1 d≤1（25）①		淬火+回火		860	725	≥16	≥50	—
		奥氏体钢③						
1 级：B8、B8C、B8M、B8P、B8F、B8T B8LN、B8MLN 所有直径		碳化物固溶处理		515	205	≥30	≥50	223HBW④或 96HRB
1A 级：B8A、B8CA、B8MA、B8PA、B8FA B8TA、B8LNA、B8MLNA 所有直径		完全状态固溶处理		515	205	≥30	≥50	192HBW 或 90HRB
2 级：B8、B8C B8P、B8F B8T	≤3/4（20）	碳化物固溶处理加应变硬化		860	690	≥12	≥35	321HBW 或 35HRC
	>3/4（20）~1（25）			795	550	≥15	≥30	321HBW 或 35HRC
	>1（25）~1¼（32）			725	450	≥20	≥35	321HBW 或 35HRC
	>1¼（32）~1½（40）①			690	345	≥28	≥45	321HBW 或 35HRC
2 级：B8M	≤3/4（20）	碳化物固溶处理加应变硬化		760	655	≥15	≥45	321HBW 或 35HRC
	>3/4（20）~1（25）			690	550	≥20	≥45	321HBW 或 35HRC
	>1（25）~1¼（32）			655	450	≥25	≥45	321HBW 或 35HRC
	>1¼（32）~1½（40）①			620	345	≥30	≥45	321HBW 或 35HRC

① 以上这些直径极限是建立在一贯符合性能规范极限的可利用的最大尺寸基础上的。这并不意味着超过极限尺寸的螺栓材料不再根据本标准鉴定。

② 为满足抗拉强度要求，硬度不应小于 200HBW 或 93HRB。

③ 1 级产品是由经固溶处理的材料制造的。1A 级产品在最终加工后经固溶处理，使其具有耐腐蚀性能，热处理是提高其物理性能和满足力学性能要求的关键措施。2 级产品是由经固溶处理和应变硬化的材料制成的。对于应变硬化的奥氏体钢，尤其是直径大于 3/4in（20mm）时，在横截面上会显示出不均匀性。

④ 对于直径小于 3/4in（20mm），最大布氏硬度允许值为 241HBW（100HRB）。

（2）低温阀垫片、填料材料的选用　随着温度降低，氟塑料收缩量很大，会使密封性能下降，容易引起泄漏。石棉填料无法避免渗透性泄漏。橡胶对液化天然气有泡胀性，在低温下不可采用。

在低温阀门设计中，一方面由结构设计来保证填料处于接近环境温度下工作，例如采用长颈阀盖结构，使填料函离低温介质尽量远些，另一方面在选择填料时要考虑填料的低温特性。低温阀中一般采用浸渍聚四氟乙烯的石棉填料。

柔性石墨是新近发展起来的一种优良的密封材料。这种材料对气体、液体均不渗透，在厚度方向有10%~15%的弹性，较低的紧固压力就可达到密封。它还有自润滑性，用作阀门填料可以防止填料与阀杆的磨损。柔性石墨填料使用温度范围为-196~870℃。

低温阀门也可采用无填料的波纹管密封结构。但单层波纹管即使采用加强环，其使用寿命仍然很短。这是由于低温阀中阀门快速关闭或液体管道中可能存在气穴等引起水击所致，但使用多层波纹管就可大大提高阀门的使用寿命。

低温阀门用垫片必须在常温、低温及温度变化下具有可靠的密封性和复原性。由于垫片材料在低温下会硬化和降低塑性，所以应选择性能变化小的垫片材料。

使用温度为-196℃，最高使用压力3MPa时，采用长纤维白石棉的石棉橡胶板。

使用温度为-196℃，最高使用压力5MPa时，采用耐酸钢带夹石棉缠制而成的缠绕式垫片，或聚四氟乙烯和耐酸钢带绕制而成的缠绕式垫片。柔性石墨与耐酸钢绕制而成的缠绕式垫片用于-196℃的低温阀门上比较理想。表5-439中的应用实例，可供设计参考。

表5-439　美国、日本几家公司垫片、填料的选用情况表

单　位	美国金肯斯（Jerkins）公司		美国瓦尔吾茨（Walworth）公司		日本平田阀门公司
主体材料	青铜	不锈钢	青铜	不锈钢	不锈钢
最低使用温度	-212℃ （-350°F）	-253℃ （-423°F）	-254℃[①] （-425°F）	-254℃ （-425°F）	-196℃
填料	TFE	V型TFE	PTFE	V型PTFE	聚四氟乙烯石棉编织材料或柔性石墨填料
垫片	—	TFE	退火铜，不锈钢、石棉	石棉	石棉缠绕式垫片或柔性石墨缠绕式垫片

① 原样本上为-254℃（-425°F）一般青铜只适用于-212℃（-350°F）。

5.5.12.3　低温阀门的特殊结构

低温阀门主要有：蝶阀，其结构如图5-325、图5-326所示，液化天然气用蝶阀的设计按JB/T 12623—2016；止回阀，其结构如图5-327，图5-328所示，液化天然气用止回阀的设计按JB/T 12624—2016；截止阀，其结构如图5-329所示，液化天然气用截止阀的设计按JB/T 12624—2016；球阀，其结构如图5-330、图3-331所示，液化天然气用球阀的设计按JB/T 12625—2016；闸阀，其结构如图5-332、图5-333所示，液化天然气用闸阀的设计按JB/T 12626—2016。除阀盖应设计成便于保冷的阀盖加长颈结构和带有隔离滴盘，以及双阀座的闸阀和球阀在关闭状态时要保证中腔异常升压时能排除外，其主要结构与一般阀门大致相同。

（1）阀体　阀体的最小壁厚应满足GB 26640—2011《阀门壳体最小壁厚尺寸要求规范》的要求，还应充分承受温度变化而引起的收缩、膨胀，而且阀座部位的结构不会因温度变化而产生永久变形。

（2）阀盖　阀盖应采用长颈阀盖结构，根据用户要求可带有隔离滴盘，如图5-325、图5-326、图5-329~图5-333所示，其目的在于使填料函所处的温度在0℃以上。因为填料函的密封性能是低温阀的关键之一，该处如有泄漏，将降低保冷效果，导致液化气体气化。这是因为在低温状态下，随着温度的降低，填料的弹性逐渐消失，防漏性能随之下降，由于介质泄漏造成填料与阀杆处结冰，影响阀杆正常操作，同时也会因阀杆上下移动而将填料划伤，引起严重泄漏。所以低温阀门必须采用长颈阀盖结构形式。此外，长颈阀盖结构还便于缠绕保冷材料，防止冷能损失。

长颈阀盖的颈长是按材料的导热系数、导热面积及表面散热系数等因素来决定的。同时也要满足保冷层厚度的需要。颈长可用实验方法求得。表5-440是日本丰田公司根据低温阀门使用温度和保冷材料的厚度而设计的长颈阀盖的颈部长度。

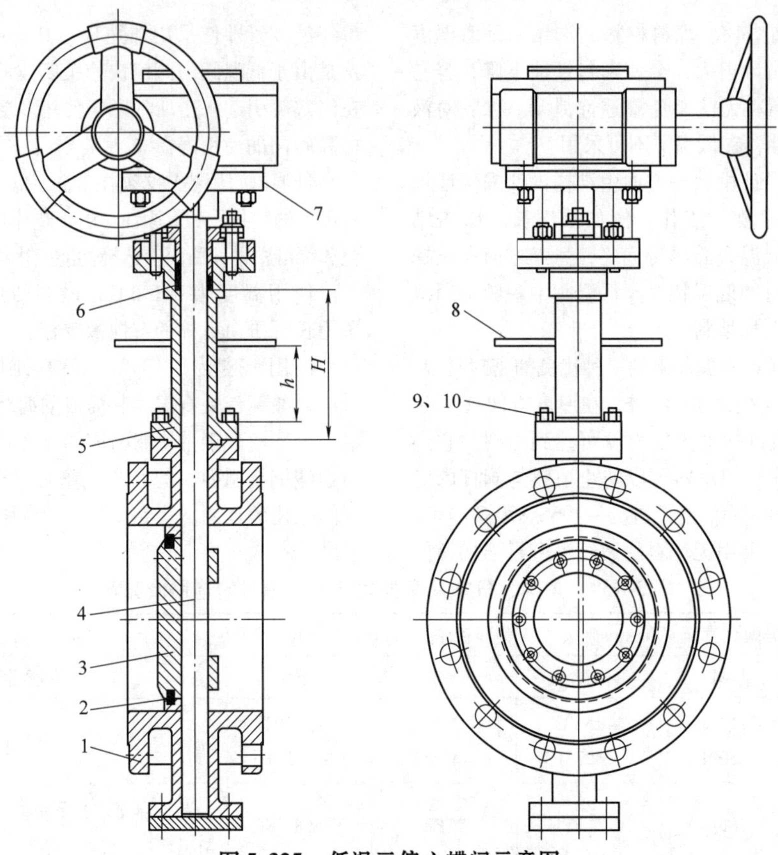

图5-325 低温三偏心蝶阀示意图

1—阀体 2—阀座 3—蝶板 4—阀杆 5—阀盖 6—填料 7—驱动装置 8—隔离滴盘 9、10—螺栓、螺母

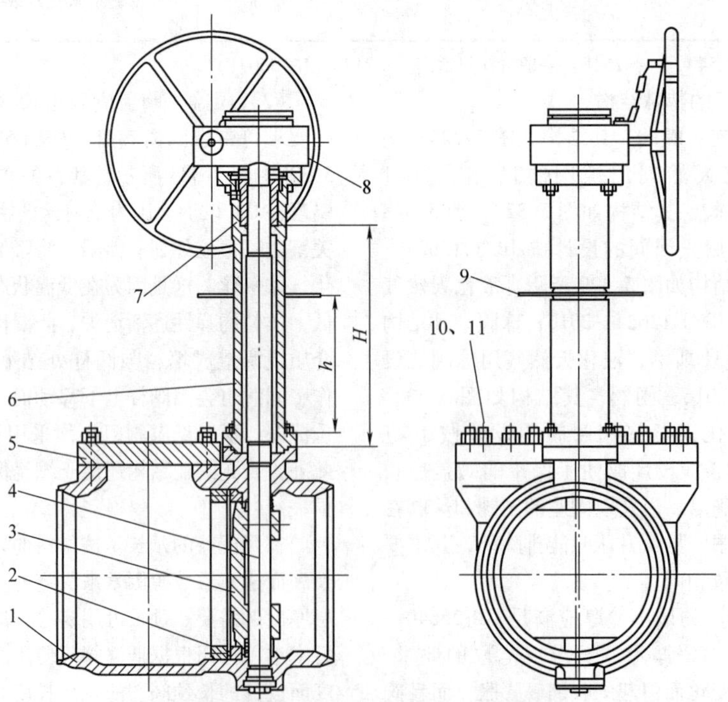

图5-326 可在线维修低温双偏心蝶阀

1—阀体 2—阀座 3—蝶板 4—阀杆 5—检修盖 6—阀盖 7—填料 8—驱动装置 9—隔离滴盘 10、11—螺栓、螺母

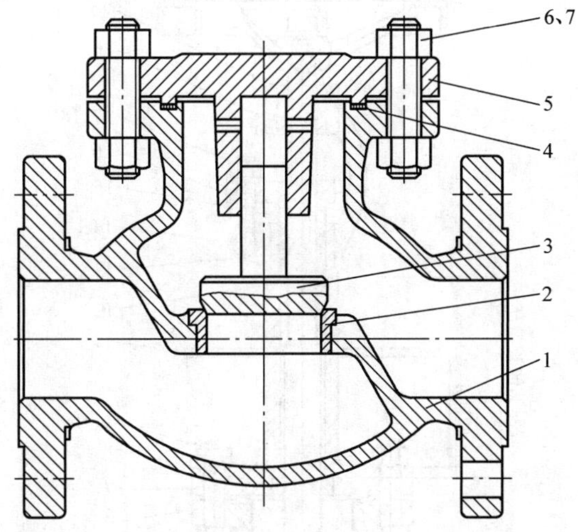

图 5-327 液化天然气用升降式止回阀典型结构图

1—阀体 2—阀座 3—阀瓣 4—垫片 5—阀盖 6、7—螺柱、螺母

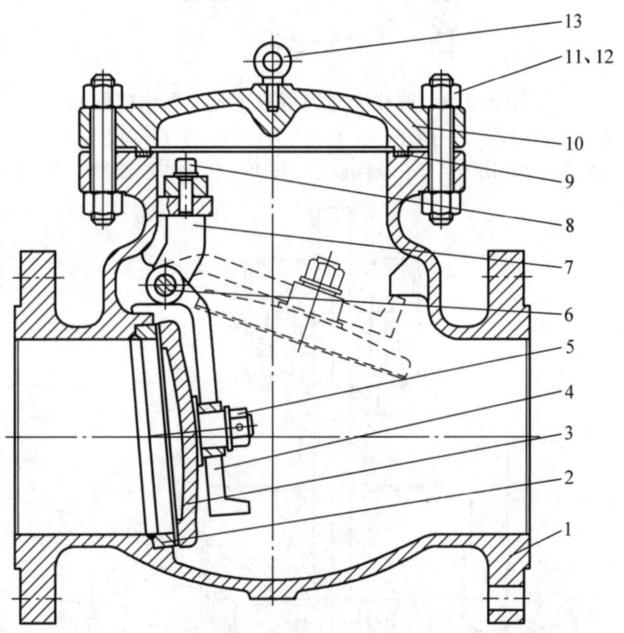

图 5-328 液化天然气用旋启式止回阀典型结构图

1—阀体 2—阀座 3—阀瓣 4—摇杆 5—螺母 6—销轴 7—支架 8—螺栓 9—垫片 10—阀盖 11、12—螺柱、螺母 13—吊环螺钉

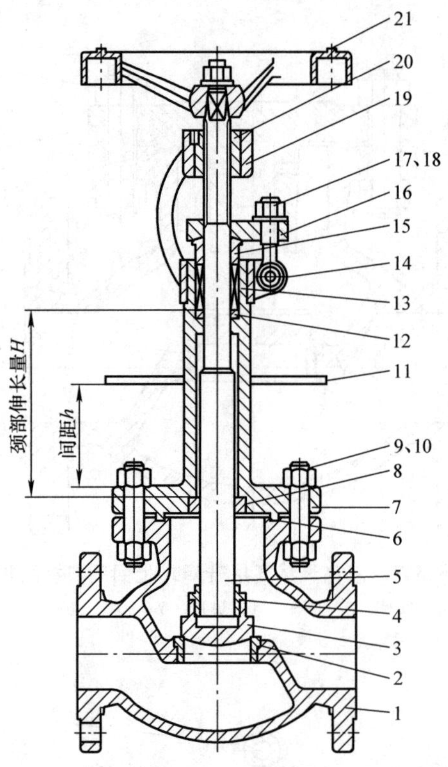

图5-329 液化天然气用截止阀典型结构图

1—阀体 2—阀座 3—阀瓣 4—阀瓣盖 5—阀杆 6—垫片 7—阀盖 8—导向套 9、10—螺柱、螺母 11—隔离滴盘 12—填料垫 13—填料 14—销 15—填料压套 16—填料压板 17、18—活节螺栓、螺母 19—支架 20—阀杆螺母 21—手轮

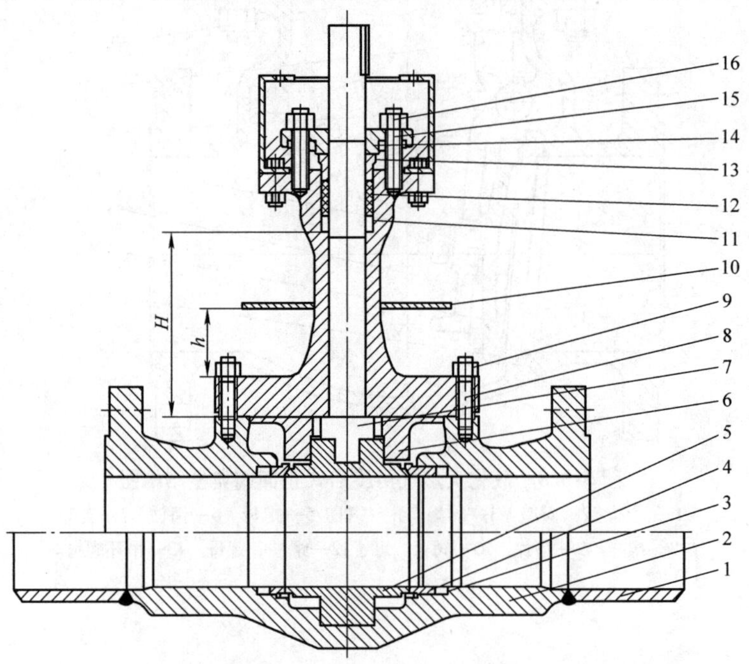

图5-330 液化天然气用固定球阀典型结构图

1—袖管 2—阀体 3—碟簧 4—阀座 5—球体 6—阀盖 7—阀杆 8、15—螺柱 9、16—螺母 10—隔离滴盘 11—填料垫 12—填料 13—填料压套 14—填料压板

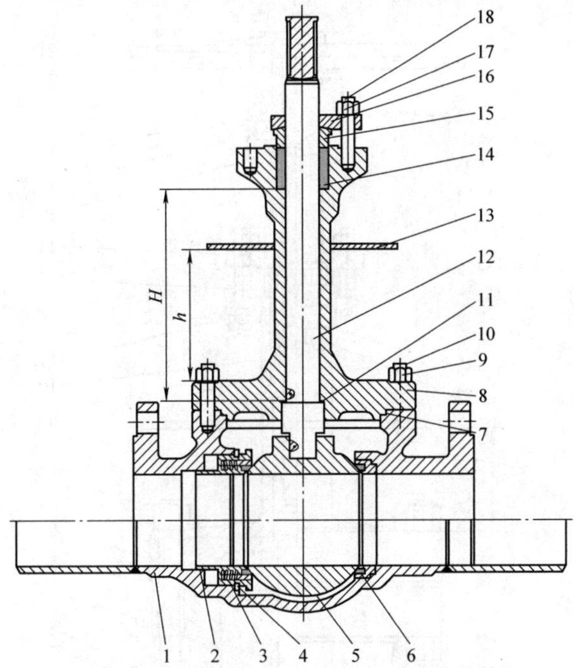

图 5-331 液化天然气用浮动球阀典型结构图

1—阀体 2—阀座 3—弹簧 4—挡圈 5—球体 6—密封圈 7—阀盖垫片 8—阀盖 9、17—螺柱 10、18—螺母 11—止推垫片 12—阀杆 13—隔离滴盘 14—填料 15—填料压套 16—填料压盖

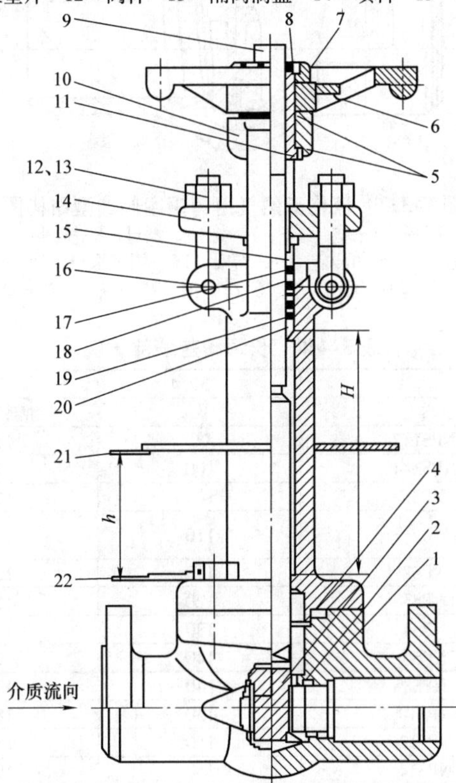

图 5-332 液化天然气用锻钢闸阀典型结构图

1—阀体 2—阀座 3—闸板 4、5—垫片 6—手轮 7—螺母 8—螺钉 9—阀杆 10—阀盖 11—阀杆螺母 12、13—螺母、活节螺栓 14—压板 15—压套 16—销轴 17—隔环 18—O 形密封圈 19—阀杆填料 20—填料垫 21—隔离滴盘 22—螺栓

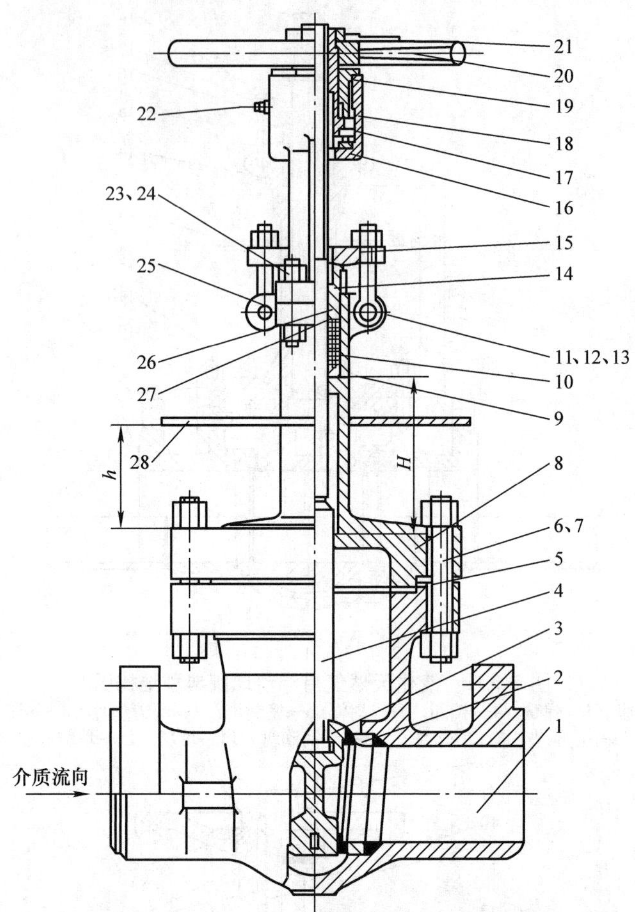

图 5-333 液化天然气用铸钢闸阀典型结构图

1—阀体 2—阀座 3—闸板 4—阀杆 5—垫片 6、7—螺柱、螺母 8—阀盖 9—填料垫 10—填料 11—销轴 12—活节螺栓 13—螺母 14—压套 15—压板 16—支架 17—阀杆螺母 18—轴承 19—阀盖螺母 20—手轮 21—销紧螺母 22—油杯 23、24—螺柱、螺母 25—销 26—隔环 27—O形密封圈 28—隔离滴盘

表 5-440 长颈阀盖颈部长度

最低使用温度/℃		-59.4	-101.1	-196
公称尺寸		颈部长度/mm		
DN15	NPS1/2	90	110	130
DN20	NPS3/4	100	110	140
DN25	NPS1	100	120	150
DN40	NPS1 $\frac{1}{2}$	110	130	160
DN50	NPS2	110	130	170
DN80	NPS3	120	150	190
DN100	NPS4	130	160	200
DN150	NPS6	140	170	220
DN200	NPS8	140	170	220
DN250	NPS10	150	180	240
DN300	NPS12	150	180	240
DN350	NPS14	160	190	250
DN400	NPS16	160	190	250
DN450	NPS18	160	190	250
DN500	NPS20	170	200	260
DN600	NPS24	170	200	260

BS 6364：1984 规定，除冷箱用途外，其他用途的低温阀长颈阀盖的颈长部分最小长度为250mm。

MSS SP－134—2012《低温用阀体/阀盖加长体的要求》规定，从阀体通道中心到填料底部的尺寸见表 5-441。

表 5-441 阀体/阀盖加长部分的长度

（单位：mm）

公称尺寸	阀体/阀盖加长部分长度			
	升降阀杆阀门		转 1/4r 阀门	
	冷箱	非冷箱	冷箱	非冷箱
DN15/NPS $\frac{1}{2}$	425	300	400	200
DN20/NPS $\frac{3}{4}$	425	300	400	200
DN25/NPS1	425	300	400	200
DN40/NPS1 $\frac{1}{2}$	500	350	500	225
DN50/NPS2	500	400	500	250
DN80/NPS3	600	450	550	300
DN100/NPS4	650	550	600	350
DN150/NPS6	750	600	600	425
DN200/NPS8	900	700	650	450
DN250/NPS10	1000	800	700	600
DN300/NPS12	1150	900	800	700

JB/T 12621—2016《液化天然气阀门 技术条件》规定，阀盖加长颈的最小尺寸 H 和隔离滴盘最小间距尺寸 h 如图 5-334 及表 5-442 所示。

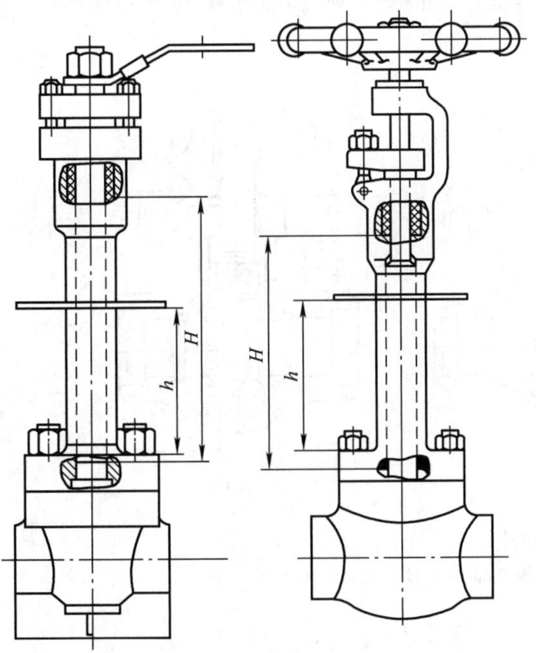

图 5-334 阀盖加长颈和隔离滴盘位置简图

表 5-442 阀盖加长颈最小尺寸 H 和隔离滴盘最小间距尺寸 h

阀门公称尺寸 DN/NPS	阀盖加长颈最小尺寸 H/mm	隔离滴盘最小间距尺寸 h①/mm
25/1	200	100
32～65/1¼～2½	250	110
80～125/3～5	300	125
150～200/6～8	350	150
250～300/10～12	400	175
350～400/14～16	450	180
450～650/18～26	500	220
700～850/28～34	600	220
900～1200/36～48	700	250

① 以 JB/T 12621—2016 为准。

（3）闸板、阀瓣　闸板采用弹性闸板或双闸板；截止阀的阀瓣采用小锥面及球面密封。无论温度如何变化，这些结构型式均能保持可靠的密封性。

（4）阀杆　阀杆需镀铬、锻镍磷或经氮化处理，以提高阀杆表面硬度，防止阀杆与填料、填料压套（压盖）相互咬死，损坏密封填料，造成填料函泄漏。

（5）垫片　垫片选用要考虑垫片材料的低温性能，如压缩回弹性、预紧力、紧固压力分布以及应力松弛特性等。

（6）填料函及填料　填料函不能与低温段直接接触，而设在长颈阀盖顶端，使填料函处于离低温较远的位置，在0℃以上的温度环境下工作。这样，提高了填料函的密封效果。在泄漏时，或当低温流体直接接触填料造成密封效果下降时，可以从填料函中间加入润滑脂形成油封层，降低填料函的压差，作为辅助密封措施。填料函多采用带有中间金属隔离环的二段填料结构。但也有的采用一般阀门填料函结构和阀杆能自紧的双重填料函结构等其他形式。

（7）上密封　低温阀都设上密封座结构，上密封面要堆焊钴铬钨硬质合金，精加工后研磨。

（8）阀座、阀瓣（闸板）密封面　低温阀的关闭件采用钴铬钨硬质合金堆焊结构。软密封结构由于聚四氟乙烯膨胀系数大，低温变脆，所以仅适用于温度高于－70℃的低温阀，但聚三氟乙烯可用于－162℃的低温阀。

（9）中法兰螺栓

1）螺栓应有足够的强度，这是因为螺栓在反复载荷下工作，常会因疲劳而产生断裂。

2）因螺栓在螺纹根部易引起应力集中，所以最好采用全螺纹结构的螺栓。

3）拧紧螺栓的预紧力大小不均匀时，易产生疲劳破坏，所以最好用力矩扳手来拧紧螺栓。

（10）隔离滴盘　如图5-333所示，隔离滴盘是一块焊在填料函下部长颈部分的圆形板。其主要作用一是支持保温材料，二是提高保温效果，三是为避免冷凝物进入保温层。

（11）预防异常升压的措施　阀门关闭后，阀腔内会残留一些液体。随着时间的增加，这些残留在阀腔里的液体会渐渐吸收大气中的热量，回升到常温并重新气化。汽化后，其体积激剧膨胀，约增加600倍之多，因而产生极高的压力，并作用于阀体内部。这种情况称为异常升压，这是低温阀门特有的现象。例如液化天然气在－162℃时压力为0.2～0.4MPa，当温度回升到20℃时，压力增加到29.3MPa。发生异常升压现象时，会使闸板紧压在阀座上，导致闸板不能开启。这时，高压会将中法兰垫片冲出或冲坏填料；也可能引起阀体、阀盖变形，使阀座密封性显著下降；甚至阀盖破裂，造成严重事故。

为防止异常升压现象发生，一般低温阀门在结构上采用以下措施：

1）设置泄压孔，又称压力平衡孔或排气孔，即在弹性闸板或双闸板进口侧钻一小孔，作为阀体内腔和进口侧的压力平衡孔，如图5-334所示。当阀腔压力升高时，气体可以通过小孔排出。这种方法比较简单，目前已被广泛采用。

采用泄压孔防止异常升压，在阀体设计时，应有指示流体流向的箭头；安装时，要注意泄压孔的位置，保证泄压孔通向介质进口的一侧，泄压孔开设在闸板上时，更要注意。

泄压孔开设的位置视阀门结构而定，有的在阀体上，如图5-335a所示；有的在闸板上，如图5-335b、c所示。

2）在阀门上设置引出管或安装安全阀以排出异常高压。一般是在阀盖上装一只安全阀。当压力升高到某一定值时，安全阀开启，排放出异常高压，保证阀体安全。也可在阀体下部安装排气阀，将阀体中腔内的残液排尽，以预防异常升压的发生。

3）对于固定球球阀可以采用DIB－2阀座密封结构，即一个阀座单向密封，一个阀座双向密封。固定球球阀在完全关闭或完全开启时，体腔会形成一个密闭的空间，一旦温度升高，中腔的压力会升高。当中腔压力升高到额定压力的1.33倍时，单向阀座应被推开，排放多余介质，降低体腔压力，保证阀门的安全。单向阀座的设计应满足下式要求

$$D_{JH} > \sqrt{\frac{1.53D_{MW}^2 - 1.2D_{MN}^2}{0.33}}$$

式中，D_{JH}为阀座活动套筒的外径（mm）；D_{MW}为阀座密封面外径（mm）；D_{MN}为阀座密封面内径（mm）。

上式适用于公称压力Class600的固定球球阀，对于其他公称压力等级的固定球球阀设计，应根据其设计压力等级重新推导阀座活动套筒的外径尺寸。

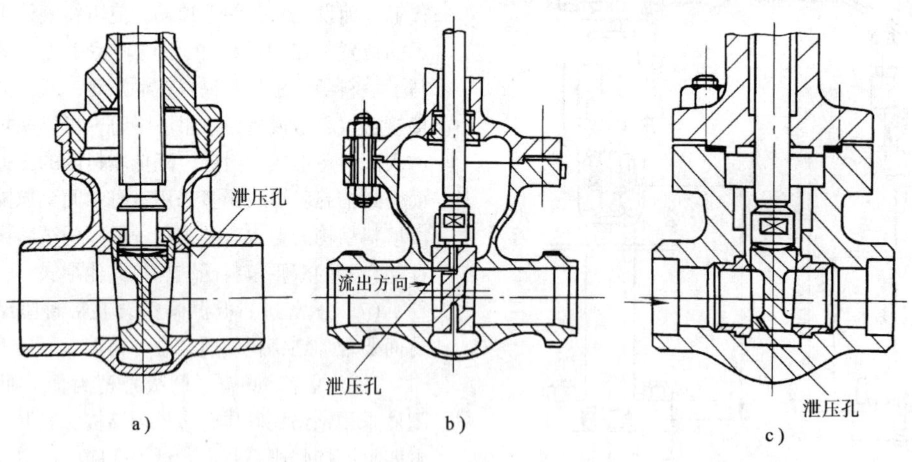

图5-335　泄压孔

a）泄压孔在阀体上　b）泄压孔在闸板上部　c）泄压孔在闸板下部

第 6 章　阀门结构要素

6.1　阀杆头部尺寸

阀杆头部的结构型式及尺寸如图 6-1 及表 6-1 所示。

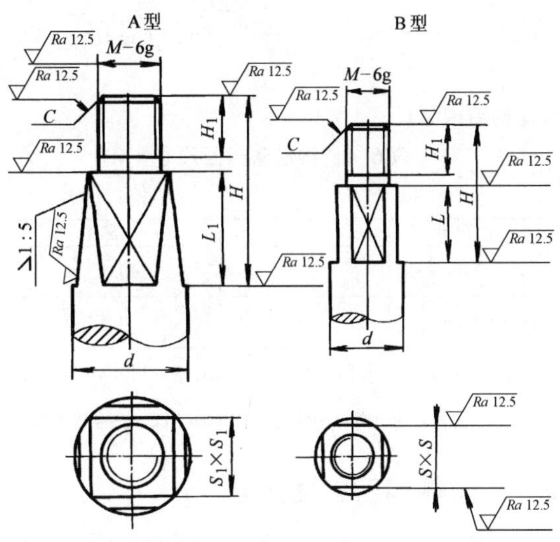

图 6-1　阀杆头部的结构型式

表 6-1　阀杆头部尺寸

（单位：mm）

d	A 型		B 型		M	H	H_1	C
	S_1	L_1	S	L				
8	—	—	6	9	5	17	6	1
10	—	—	8	11	6	19		
12	—	—	9	13	8	23	8	1.5
14	10.3	16	—	—		30		
16	12.3	20	—	—	10	35	13	
18			—	—				
20	14.3	22	—	—	12	38		2
22	17.3	26	—	—		45		
24			—	—				
26	19.3	30	—	—	16	52	19	
28			—	—				
32	24.3	32	—	—		55		2.5
36	27.3	36	—	—	20	60	20	
40	30.3	40	—	—	24	68	23	
44	32.3	45	—	—		80		

6.2　上密封座尺寸

堆焊式上密封座的结构型式及尺寸如图 6-2 及表 6-2 所示；镶座式上密封座的结构型式及尺寸如图 6-3及表 6-3 所示。

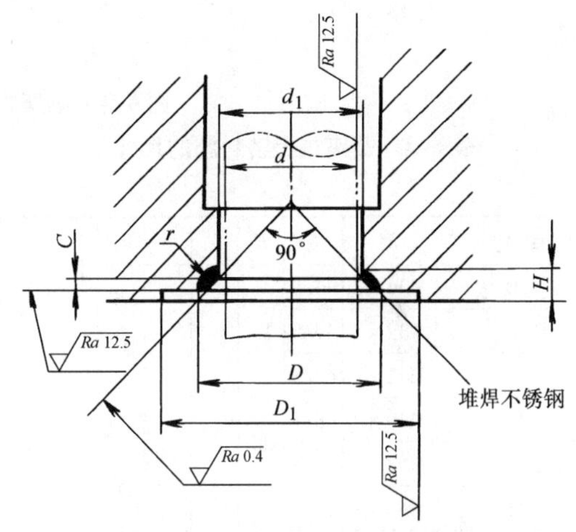

图 6-2　堆焊式上密封座的结构型式

表 6-2　堆焊式上密封座的尺寸

（单位：mm）

d	d_1	D	r	H	C
14	15	22	3.5	5.5	1.5
16	17	24			
18	20	28	4	6	
20	22	30			
22	24	32			
24	26	34			2
28	30	38			
32	34	42			
36	38	46			
40	42	50			
44	46	54			
50	52	60			
55	57	65			
60	62	70			2.5
65	67	75			
70	72	82	5	7	
75	77	88	5.5	7.5	
80	82	94	6	8	
90	92	104			

注：对于堆焊式上密封座，当填料箱内不装填料垫时尺寸 $d_1 = d$，公差为 H11。

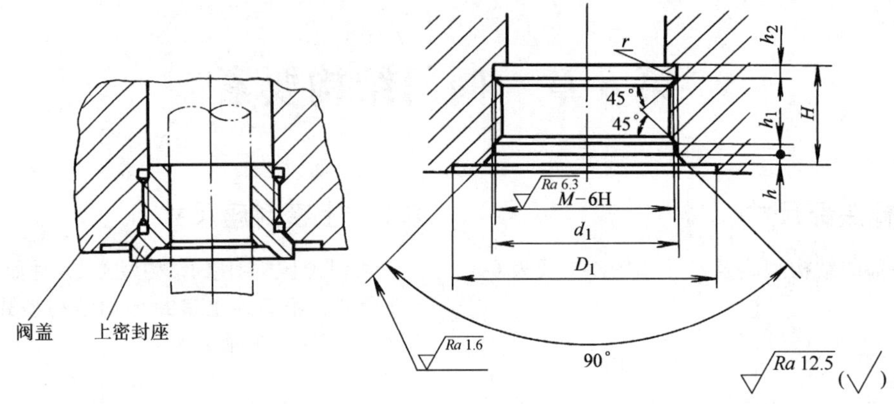

图6-3 镶座式上密封座的结构型式

表6-3 镶座式上密封座的尺寸

(单位：mm)

阀杆螺纹直径	M	d_1	H	h	h_1	h_2	r
20	M36×2	36.5	19	3	2.5	5	1
22	M39×2	39.5					
26	M42×2	42.5					
28	M48×2	48.5	22				
32	M52×2	52.5					
36	M56×2	56.5	24				
38	M64×2	64.5					
42	M65×2	65.5					
44	M68×2	68.5	27				
48	M72×2	72.5					

注：尺寸 D_1 由设计定。

6.3 锥形密封面尺寸

锥形密封面的结构型式及尺寸如图6-4及表6-4所示。

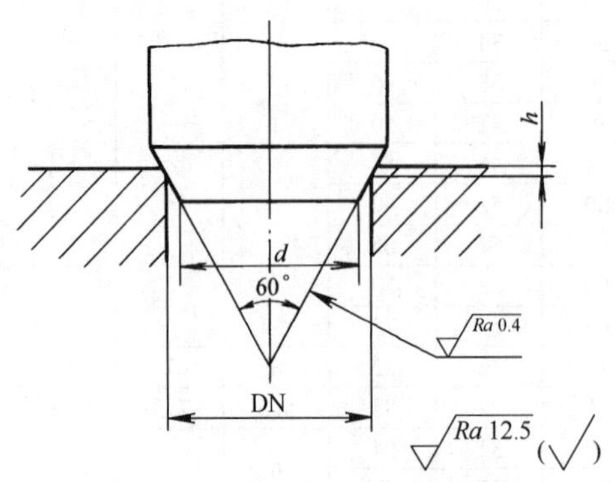

图6-4 锥形密封面的结构型式

表6-4 锥形密封面尺寸

(单位：mm)

公称尺寸	d	h
DN6/NPS $\frac{1}{4}$	5	0.3
DN10/NPS $\frac{3}{8}$	9	0.5

注：仅适用于公称压力PN6/Class75～PN40/Class300，公称尺寸DN6/NPS $\frac{1}{4}$～DN10/NPS $\frac{1}{2}$ 的截止阀。

6.4 阀体铜密封面尺寸

公称压力PN2.5/Class25～PN16/Class150，公称尺寸DN15/NPS $\frac{1}{2}$～DN1800/NPS72的灰铸铁闸阀、截止阀和止回阀阀体铜密封面的结构型式及尺寸如图6-5及表6-5所示。

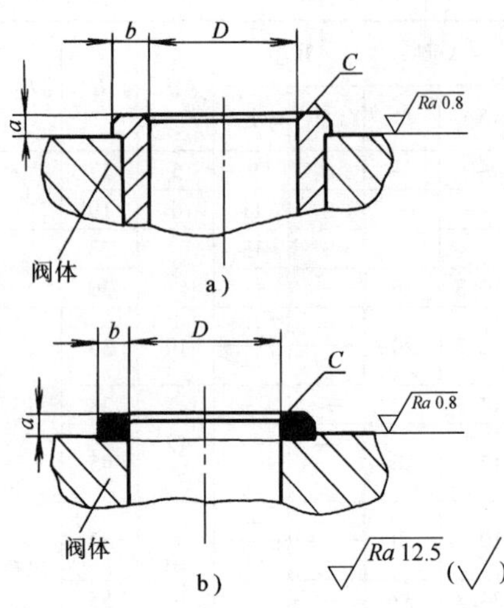

图6-5 灰铸铁阀体铜密封面的结构型式

a) 镶圈式公称尺寸≥DN500/NPS20

b) 堆焊式公称尺寸≤DN450/NPS18

表 6-5　灰铸铁阀体铜密封面尺寸　（单位：mm）

公称尺寸	D	b	C	a
DN15/NPS $\frac{1}{2}$	15	3	0.25	2
DN20/NPS $\frac{3}{4}$	20			
DN25/NPS1	25	3.5		
DN32/NPS1 $\frac{1}{4}$	32			
DN40/NPS1 $\frac{1}{2}$	40	4		
DN50/NPS2	50		0.5	2.5
DN65/NPS2 $\frac{1}{2}$	65	5		
DN80/NPS3	80			
DN100/NPS4	100	6		
DN125/NPS5	125			
DN150/NPS6	150	7		3
DN200/NPS8	200	8	0.5	3
DN250/NPS10	250	9	1.0	3.5
DN300/NPS12	300	10		
DN350/NPS14	350	11		4
DN400/NPS16	400	12		
DN450/NPS18	450	13	1.5	5
DN500/NPS20	500	14		6
DN600/NPS24	600	18		8
DN700/NPS28	700	20		
DN800/NPS32	800			10
DN900/NPS36	900	25		
DN1000/NPS40	1000	35		
DN1200/NPS48	1200			14
DN1400/NPS56	1400			
DN1600/NPS64	1600	40	2	16
DN1800/NPS72	1800			

注：1. 公称尺寸≤DN450/NPS18 采用镶圈式密封面时，a 尺寸可大于表中的规定。

2. 公称尺寸≥DN500/NPS20 采用堆焊式密封面时，a 尺寸不小于 4mm，具体尺寸由设计定。

6.5　闸板和阀瓣铜密封面尺寸

公称压力 PN2.5/Class25 ~ PN16/Class150，公称尺寸 DN15/NPS $\frac{1}{2}$ ~ DN1800/NPS72 的灰铸铁闸阀、截止阀和止回阀闸板和阀瓣铜密封面的结构型式和尺寸如图 6-6 及表 6-6 所示。

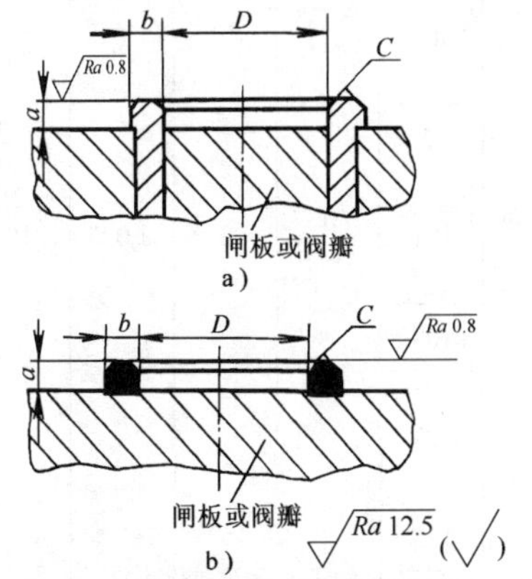

图 6-6　灰铸铁闸板和阀瓣的结构型式

a）镶圈式公称尺寸≥DN500/NPS20

b）堆焊式公称尺寸≤DN450/NPS18

表 6-6　灰铸铁闸板和阀瓣铜密封面尺寸

（单位：mm）

公称尺寸	D	b	C	a
DN15/NPS $\frac{1}{2}$	14	4	0.25	2.0
DN20/NPS $\frac{3}{4}$	19			
DN25/NPS1	24	4.5		
DN32/NPS1 $\frac{1}{4}$	30	5.5		
DN40/NPS1 $\frac{1}{2}$	38	6		
DN50/NPS2	46	8	0.50	2.5
DN65/NPS2 $\frac{1}{2}$	60	10		
DN80/NPS3	75			
DN100/NPS4	95	11		
DN125/NPS5	120			
DN150/NPS6	144	13		3.0
DN200/NPS8	194	14		
DN250/NPS10	244	15	1.0	3.5
DN300/NPS12	294	16		
DN350/NPS14	344	17		4.0
DN400/NPS16	392	20		4.0
DN450/NPS18	442	21	1.5	5.0
DN500/NPS20	490	24		6.0
DN600/NPS24	590	28		8.0
DN700/NPS26	690	30		
DN800/NPS28	790			10
DN900/NPS32	890	35		
DN1000/NPS36	990	45		
DN1200/NPS40	1190			14
DN1400/NPS48	1390			
DN1600/NPS64	1590	50	2.0	16
DN1800/NPS72	1790			

注：1. 公称尺寸≤DN450/NPS18 采用镶圈式密封面时，a 尺寸可大于表中的规定。

2. 公称尺寸≥DN500/NPS20 采用堆焊式密封面时，a 尺寸不小于 4mm，具体尺寸由设计定。

6.6　楔式闸阀阀体、闸板导轨和导轨槽尺寸

1）公称压力 PN100/Class600，公称尺寸 DN50/NPS2 ~ DN450/NPS18 的楔式闸阀阀体、闸板导轨和导轨槽的形式和尺寸如图 6-7 及表 6-7 所示。

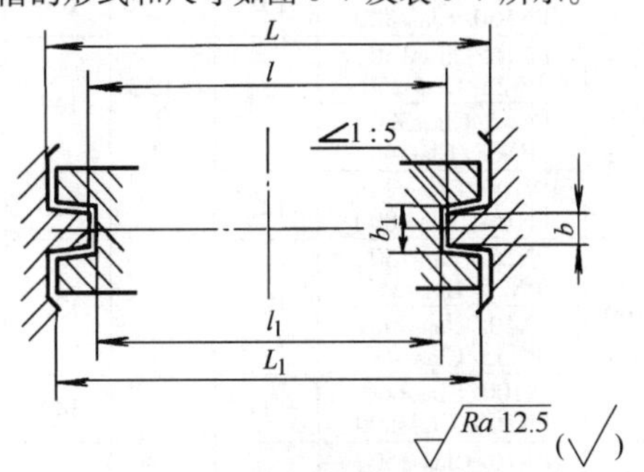

图 6-7　楔式闸阀阀体、闸板导轨和导轨槽的形式

表6-7　楔式闸阀阀体、闸板导轨和导轨槽尺寸　　(单位：mm)

公称尺寸	L		L_1		l		l_1		b		b_1	
	基本尺寸	极限偏差	基本尺寸	极限偏差	基本尺寸	极限偏差	基本尺寸	极限偏差	基本尺寸	极限偏差	基本尺寸	极限偏差
DN50/NPS2	86	+1.5 0	82	0 -1.5	70	+1.5 0	68	0 -1.5	6	0 -1.5	8	+0.5 0
DN65/NPS2 $\frac{1}{2}$	100		96		86		84		7		9	
DN80/NPS3	116		112		104		102		8		10	
DN100/NPS4	136	+2.0 0	132	0 -2.0	124	+2.0 0	121	0 -2.0	9	0 -0.8	11	+0.8 0
DN125/NPS5	166		162		150		147		10		12	
DN150/NPS6	206		202		181		178		11		14	
DN200/NPS8	256		252		235		232		12		15	+1.0 0
DN250/NPS10	312	+3.0 0	308	0 -3.0	287	+3.0 0	284	0 -3.0	13	0 -1.0	16	
DN300/NPS12	364		360		337		334		14		18	
DN350/NPS14	415		410		388		384		16		20	
DN400/NPS16	470		465		440		436		18		22	
DN450/NPS18	520	+4.0 0	514	0 -4.0	495	+4.0 0	490	0 -4.0	20		24	

2）公称压力PN16/Class150～PN160/Class800，公称尺寸DN50/NPS2～DN500/NPS20的楔式闸阀阀体、闸板导轨和导轨槽的形式和尺寸如图6-8及表6-8所示。

3）公称压力PN40/Class300～PN160/Class800，公称尺寸DN15/NPS $\frac{1}{2}$～DN40/NPS1 $\frac{1}{2}$的楔式闸阀阀体、闸板导轨和导轨槽的形式和尺寸如图6-9及表6-9所示。

表6-8　楔式闸阀阀体、闸板导轨和导轨槽尺寸　　(单位：mm)

公称尺寸	公称压力	L		D或L_1		l		l_1		b		b_1	
		基本尺寸	极限偏差	基本尺寸	极限偏差	基本尺寸	极限偏差	基本尺寸	极限偏差	基本尺寸	极限偏差	基本尺寸	极限偏差
DN50/NPS2	PN25/Class250	79	+0.3 0	78	0 -0.3	70	+0.3 0	69	0 -0.3	8	±0.5	10	+0.3 -0.15
	PN40/Class300，PN63/Class400												
	PN100/Class600，PN160/Class800	84		82		72		70					
DN65 NPS2 $\frac{1}{2}$	PN16/Class150，PN25/Class250	93		92		84		83					
	PN40/Class300，PN63/Class40												
	PN100/Class600，PN160/Class800	102		100		87		85					
DN80/NPS3	PN16/Class150，PN25/Class250	113		112		102		101					
	PN40/Class300，PN63/Class40												
	PN100/Class600，PN160/Class800	122		120		110		108					
DN100/NPS4	PN16/Class150，PN25/Class250	137		136		124		123					
	PN40/Class300，PN63/Class400												
	PN100/Class600，PN160/Class800	144		142		134		132					
DN125/NPS5	PN16/Class150，PN25/Class250	164		162		152		150					
	PN40/Class300，PN63/Class400												

（续）

<table>
<tr><th rowspan="2">公称尺寸</th><th rowspan="2">公称压力</th><th colspan="2">L</th><th colspan="2">D 或 L_1</th><th colspan="2">l</th><th colspan="2">l_1</th><th colspan="2">b</th><th colspan="2">b_1</th></tr>
<tr><th>基本尺寸</th><th>极限偏差</th><th>基本尺寸</th><th>极限偏差</th><th>基本尺寸</th><th>极限偏差</th><th>基本尺寸</th><th>极限偏差</th><th>基本尺寸</th><th>极限偏差</th><th>基本尺寸</th><th>极限偏差</th></tr>
<tr><td>DN125/NPS5</td><td>PN100/Class600,PN160/Class800</td><td>177</td><td>+0.3
0</td><td>175</td><td>0
-0.3</td><td>162</td><td>+0.3
0</td><td>160</td><td>0
-0.3</td><td>8</td><td rowspan="19">±0.5</td><td>10</td><td rowspan="19">+0.3
-0.15</td></tr>
<tr><td rowspan="3">DN150/NPS6</td><td>PN16/Class150,PN25/Class250</td><td rowspan="2">196</td><td rowspan="3">+0.5
0</td><td rowspan="2">194</td><td rowspan="3">0
-0.5</td><td rowspan="2">180</td><td rowspan="3">+0.5
0</td><td rowspan="2">178</td><td rowspan="3">0
-0.5</td><td rowspan="3">10</td><td rowspan="3">12</td></tr>
<tr><td>PN40/Class300,PN63/Class400</td></tr>
<tr><td>PN100/Class600,PN160/Class800</td><td>202</td><td>200</td><td>182</td><td>180</td></tr>
<tr><td rowspan="3">DN200/NPS8</td><td>PN16/Class150,PN25/Class250</td><td>242</td><td rowspan="15">+0.8
0</td><td>240</td><td rowspan="15">0
-0.8</td><td>232</td><td rowspan="15">+0.8
0</td><td>230</td><td rowspan="15">0
-0.8</td><td rowspan="6">12</td><td rowspan="6">14</td></tr>
<tr><td>PN40/Class300,PN63/Class400</td><td rowspan="2">252</td><td rowspan="2">250</td><td rowspan="2">237</td><td rowspan="2">235</td></tr>
<tr><td>PN100/Class600,PN160/Class800</td></tr>
<tr><td rowspan="3">DN250/NPS10</td><td>PN16/Class150,PN25/Class250</td><td>302</td><td>300</td><td>287</td><td>285</td></tr>
<tr><td>PN40/Class300,PN63/Class400</td><td>307</td><td>305</td><td>292</td><td>290</td></tr>
<tr><td>PN100/Class600</td><td>—</td><td>—</td><td>—</td><td>—</td></tr>
<tr><td rowspan="3">DN300/NPS12</td><td>PN16/Class150,PN25/Class250</td><td>357</td><td>355</td><td>337</td><td>335</td><td rowspan="9">14</td><td rowspan="9">16</td></tr>
<tr><td>PN40/Class300,PN63/Class400</td><td rowspan="2">—</td><td rowspan="2">—</td><td rowspan="2">—</td><td rowspan="2">—</td></tr>
<tr><td>PN100/Class600</td></tr>
<tr><td rowspan="2">DN350/NPS14</td><td>PN16/Class150,PN25/Class250</td><td>412</td><td>410</td><td>392</td><td>390</td></tr>
<tr><td>PN40/Class300,PN63/Class400</td><td>—</td><td>—</td><td>—</td><td>—</td></tr>
<tr><td rowspan="2">DN400/NPS16</td><td>PN16/Class150,PN25/Class250</td><td>482</td><td>480</td><td>457</td><td>455</td></tr>
<tr><td>PN40/Class300,PN63/Class400</td><td>—</td><td>—</td><td>—</td><td>—</td></tr>
<tr><td>DN450/NPS18</td><td>PN16/Class350</td><td>552</td><td>550</td><td>507</td><td>505</td></tr>
<tr><td>DN500/NPS20</td><td>PN16/Class150</td><td>602</td><td>600</td><td>557</td><td>550</td></tr>
</table>

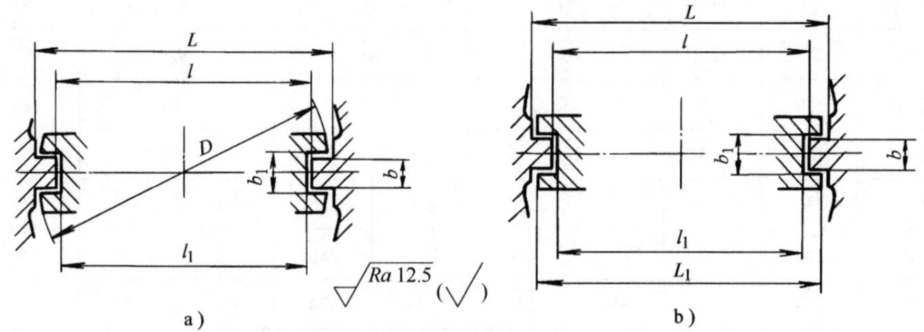

图 6-8　楔式闸阀阀体、闸板导轨和导轨槽的形式

a）公称尺寸≤DN150NPS6　b）公称尺寸≥DN200/NPS8

4）公称压力 PN16/Class150～PN63/Class800，公称尺寸 DN50/NPS2～DN300/NPS12 的铸钢闸阀阀体、闸板导轨和导轨槽的形式和尺寸如图 6-10 及表 6-10 所示。

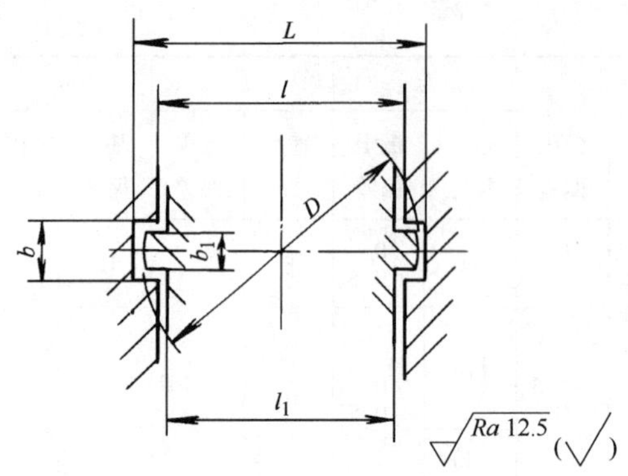

图6-9　楔式闸阀阀体、闸板导轨和导轨槽的形式

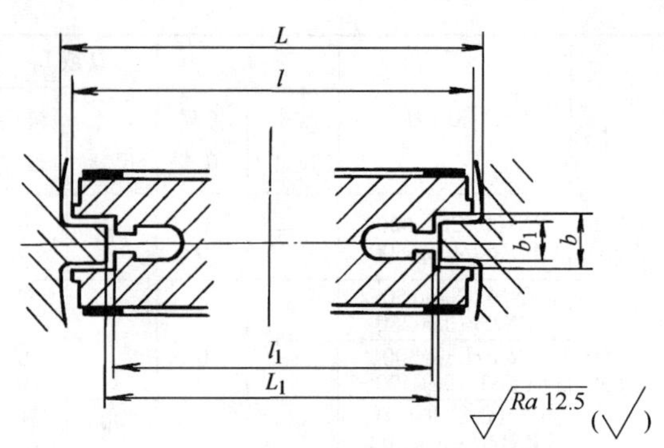

图6-10　铸钢闸阀阀体、闸板导轨和导轨槽的形式

表6-9　楔式闸阀阀体、闸板导轨和导轨槽尺寸　　(单位：mm)

公称尺寸	L	D	l	l_1	b	b_1
DN15/NPS $\frac{1}{2}$	30	29	24	22		
DN20/NPS $\frac{3}{4}$	37	36	30	28	7	
DN25/NPS1	43	42	36	34		6
DN32/NPS1 $\frac{1}{4}$	51	50	44	42	8	
DN40/NPS1 $\frac{1}{2}$	61	60	52	50		

表6-10　铸钢闸阀阀体、闸板导轨和导轨槽尺寸　　(单位：mm)

公称尺寸	L		$l \pm 0.5$		$L_1 \pm 1.5$		$l_1 \pm 0.5$		$b \pm 0.5$	$b_1 \pm 0.3$
	PN16/Class150 PN25/Class250	PN40/Class300 PN63/Class800	PN16/Class150 PN25/Class250	PN40/Class300 PN63/Class800	PN16/Class150 PN25/Class250	PN40/Class300 PN63/Class800	PN16/Class150 PN25/Class250	PN40/Class300 PN63/Class800		
DN50/NPS2	75	95	82		72		68		8	12
DN65/NPS2 $\frac{1}{2}$	75	110	94		84		80		8	12
DN80/NPS3	75	120	106		96		92		8	14
DN100/NPS4	100	145	132		121		116		8	14
DN150/NPS6	103	205	186		174		168		10	16
DN200/NPS8	130	270	242	252	226	236	220	230	12	18
DN250/NPS10	158	320	296	204	278	286	272	280	14	20
DN300/NPS12	183	370	348	354	328	334	322	328	16	22

6.7　楔式闸阀阀体密封面间距和楔角尺寸

1）公称压力PN16/Class150～PN160/Class800，公称尺寸DN50/NPS2～DN500/NPS20的球墨铸铁和铸钢闸阀；公称压力PN40/Class300～PN160/Class800，公称尺寸DN15/NPS $\frac{1}{2}$～DN40/NPS1 $\frac{1}{2}$的锻钢闸阀，阀体密封面间距和楔角尺寸如图6-11及表6-11所示。

2）公称压力PN16/Class150～PN63/Class400，公

称尺寸 DN50/NPS2 ~ DN300/NPS12 的铸钢闸阀阀体密封面间距和楔角尺寸如图 6-12及表 6-12 所示。

表 6-11 楔式闸阀阀体密封面间距和楔角尺寸 （单位：mm）

公称尺寸	PN16/Class150、PN25/Class250					PN40/Class300、PN63/Class400					PN100/Class600、PN160/Class800				
	L		D	b	a	L		D	b	a	L		D	b	a
	基本尺寸	极限偏差				基本尺寸	极限偏差				基本尺寸	极限偏差			
DN15/NPS $\frac{1}{2}$	—	—	—	—	—	18	+0.06 0	15	4	2	18	+0.06 0	15	4	2
DN20/NPS $\frac{3}{4}$						20		20			20		20		
DN25/NPS1						22		25			22		25		
DN32/NPS1 $\frac{1}{4}$						25		32	5		25		32	5	
DN40/NPS1 $\frac{1}{2}$						28		40			28		40		
DN50/NPS2	40	±0.11	52	5	3	40	±0.11	52		3	45	±0.11	52		3
DN65/NPS2 $\frac{1}{2}$	45		67			45		67			58		67		
DN80/NPS3	50	±0.13	82	6		50	±0.13	82	6		64	±0.13	82	6	
DN100/NPS4	55		102			55		102			70		102	7	
DN125/NPS5	60	±0.15	127	7		60	±0.15	127	7		80	±0.15	127	9	
DN150/NPS6	70		152	8		70		152	8		90		152	11	
DN200/NPS8			204			85		204	10		105		204	13	
DN250/NPS10	75	±0.18	254	10		100	±0.18	254	12		—	—	—	—	—
DN300/NPS12	90		306	12	4	115		304	14						
DN350/NPS14	110	±0.20	356	14		—	—	—	—	—					
DN400/NPS16	130		406	16											
DN450/NPS18	150	±0.22	456	18											
DN500/NPS20	170		506	20											

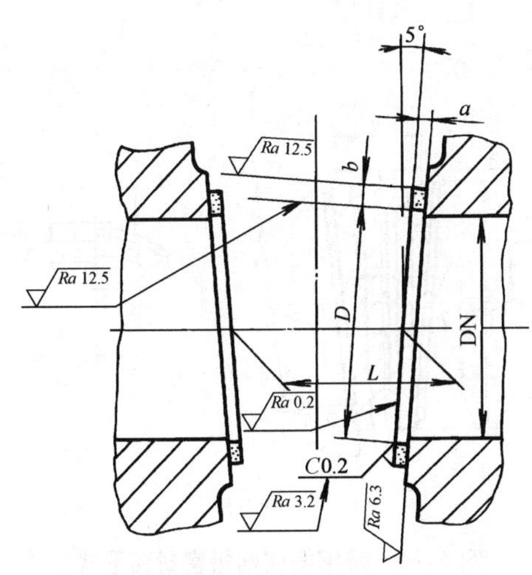

图 6-11 楔式闸阀阀体密封面间距和楔角尺寸图

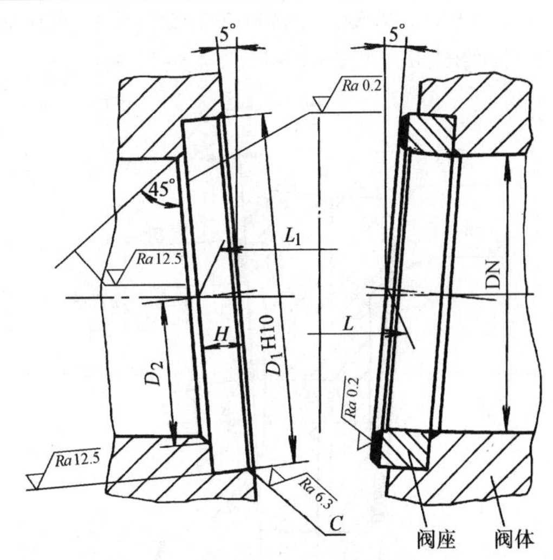

图 6-12 铸钢楔式闸阀阀体密封面间距和楔角尺寸图

表 6-12　铸钢楔式闸阀阀体密封面间距和楔角尺寸　　（单位：mm）

公称尺寸	L			L_1			D_1	D_2	H	C
	PN16/Class150 PN25/Class250	PN40/Class300	PN63/Class400	PN16/Class150 PN25/Class250	PN40/Class300	PN63/Class400				
DN50/NPS2	$36^{+0.28}_{-0.13}$			$67.88^{+0.18}_{-0.05}$			72	58	11	0.5
DN65/NPS2 $\frac{1}{2}$	$40^{+0.28}_{-0.13}$			$71.88^{+0.18}_{-0.05}$			85	73	11	
DN80/NPS3	$42^{+0.28}_{-0.13}$			$73.88^{+0.18}_{-0.05}$			100	88	11	
DN100/NPS4	$48^{+0.28}_{-0.13}$			$87.84^{+0.18}_{-0.05}$			125	110	14	
DN150/NPS6	$60^{+0.28}_{-0.13}$	$65^{+0.28}_{-0.13}$	$72^{+0.28}_{-0.13}$	$99.85^{+0.18}_{-0.05}$	$104.85^{+0.18}_{-0.05}$	$111.85^{+0.18}_{-0.05}$	175	160	14	1
DN200/NPS8	$70^{+0.35}_{-0.13}$	$75^{+0.35}_{-0.13}$	$85^{+0.35}_{-0.13}$	$117.8^{+0.20}_{-0.05}$	$122.8^{+0.20}_{-0.05}$	$132.8^{+0.20}_{-0.05}$	230	210	18	
DN250/NPS10	$75^{+0.35}_{-0.13}$	$85^{+0.35}_{-0.13}$	$95^{+0.35}_{-0.13}$	$122.82^{+0.20}_{-0.05}$	$132.82^{+0.20}_{-0.05}$	$142.82^{+0.20}_{-0.05}$	285	260	18	
DN300/NPS12	$80^{+0.35}_{-0.13}$	$90^{+0.35}_{-0.13}$	$100^{+0.35}_{-0.13}$	$127.82^{+0.20}_{-0.05}$	$137.82^{+0.20}_{-0.05}$	$147.82^{+0.20}_{-0.05}$	336	310	18	

6.8　楔式闸板密封面尺寸

1）公称压力 PN16/Class150 ~ PN40/Class300，公称尺寸 DN50/NPS2 ~ DN500/NPS20 的球墨铸铁闸阀；公称压力 PN40/Class300 ~ PN160/Class800，公称尺寸 DN15/NPS $\frac{1}{2}$ ~ DN40/NPS1 $\frac{1}{2}$ 的锻钢闸阀，闸板密封面形式和尺寸如图 6-13 及表 6-13 所示。

2）公称压力 PN16/Class150 ~ PN63/Class400，公称尺寸 DN50/NPS2 ~ DN300/NPS12 的铸钢闸阀闸板密封面形式和尺寸如图 6-14 及表 6-14 所示。

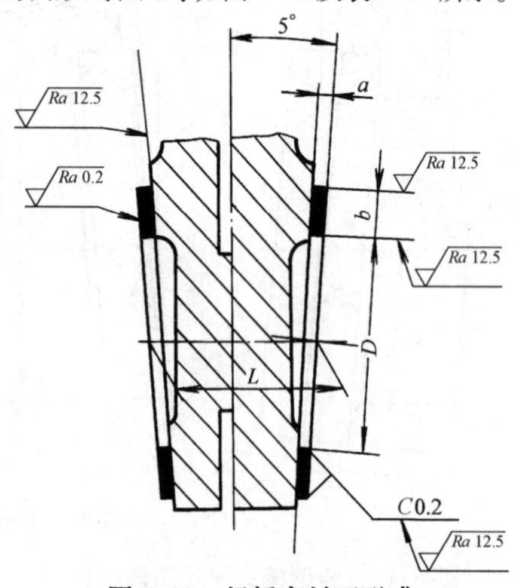

图 6-13　闸板密封面形式

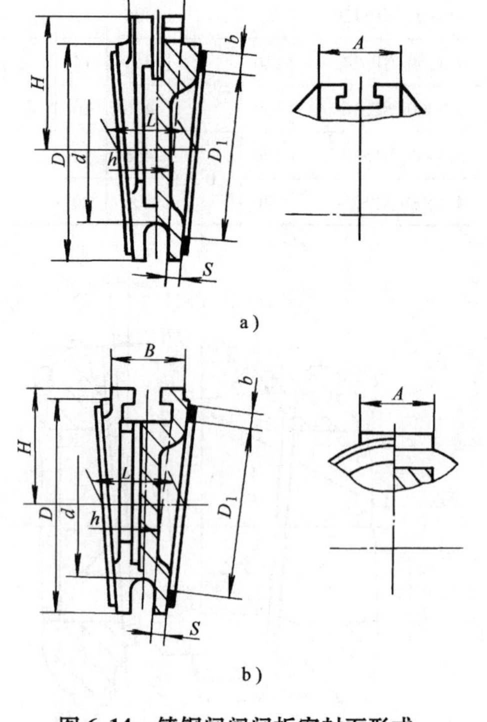

图 6-14　铸钢闸阀闸板密封面形式

a）公称尺寸 < DN150/NPS6

b）公称尺寸 ≥ DN150/NPS6

表 6-13 闸板密封面尺寸 （单位：mm）

公称尺寸	PN16/Class150、PN25/Class250					PN40/Class300、PN63/Class400					PN100/Class600、PN160/Class800				
	L		*D*	*b*	*a*	*L*		*D*	*b*	*a*	*L*		*D*	*b*	*a*
	基本尺寸	极限偏差				基本尺寸	极限偏差				基本尺寸	极限偏差			
DN15/NPS $\frac{1}{2}$	—	—	—	—	—	18.36	$^{0}_{-0.06}$	8	8	2	18.36	$^{0}_{-0.06}$	8	8	2
DN20/NPS $\frac{3}{4}$						20.36			10		20.36		10	10	
DN25/NPS1						22.36		15			22.36		15		
DN32/NPS1 $\frac{1}{4}$						25.36		20	12		25.36		20	12	
DN40/NPS1 $\frac{1}{2}$						28.36		22	15		28.36		22	15	
DN50/NPS2	40.44	±0.11	48	10	3	40.44	±0.11	48	10	3	45.44	±0.11	48	10	3
DN65/NPS2 $\frac{1}{2}$	45.44		62			45.44		62			58.44		62		
DN80/NPS3	50.52	±0.13	75	12		50.52	±0.13	75	12		64.52	±0.13	75	12	
DN100/NPS4	55.52		95			55.52		95			70.52		95	13	
DN125/NPS5	60.61	±0.15	120	14		60.61	±0.15	120	14		80.61	±0.15	120	16	
DN150/NPS6	70.61		145	15		70.61		145	15		90.61		145	18	
DN200/NPS8			198			85.61		198	17		105.61		198	20	
DN250/NPS10	75.70	±0.18	245	18		100.70	±0.18	245	20		—	—	—	—	—
DN300/NPS12	90.70		298	20	4	115.70		295	22						
DN350/NPS14	110.79	±0.20	345	23		—	—	—	—	—					
DN400/NPS16	130.79		398	25											
DN450/NPS18	150.87	±0.22	445	28											
DN500/NPS20	170.87		498	30											

表 6-14 楔式闸板密封面尺寸 （单位：mm）

公称尺寸	$L^{+0.04}_{-0.10}$			D_1			*b*			*d*		
	PN16/Class150 PN25/Class250	PN40/Class300	PN63/Class400	PN16/Class150 PN25/Class250	PN40/Class300	PN63/Class400	PN16/Class150 PN25/Class250	PN40/Class300	PN63/Class400	PN16/Class150 PN25/Class250	PN40/Class300	PN63/Class400
DN50/NPS2	36.48			52			10			38		
DN65/NPS2 $\frac{1}{2}$	40.48			65			10			46		
DN80/NPS3	42.48			78			10			55		
DN100/NPS4	48.48			104			10			72		
DN125/NPS5	55.48			130			10			90		
DN150/NPS6	60.52	65.52	72.52	154			11			110		
DN200/NPS8	70.78	75.78	85.78	203			15	15	16	145		
DN250/NPS10	75.78	85.78	95.78	253			16	16	17	180		
DN300/NPS12	80.78	90.78	100.78	304			17	17	18	215		

（续）

<table>
<tr><th rowspan="2">公称尺寸</th><th colspan="3">S</th><th colspan="3">h</th><th colspan="3">A</th><th colspan="3">B</th><th rowspan="2">D</th><th rowspan="2">H</th></tr>
<tr><th>PN16 /Class150 PN25 /Class250</th><th>PN40 /Class300</th><th>PN63 /Class400</th><th>PN16 /Class150 PN25 /Class250</th><th>PN40 /Class300</th><th>PN63 /Class400</th><th>PN16 /Class150 PN25 /Class250</th><th>PN40 /Class300</th><th>PN63 /Class400</th><th>PN16 /Class150 PN25 /Class250</th><th>PN40 /Class300</th><th>PN63 /Class400</th></tr>
<tr><td>DN50/NPS2</td><td colspan="3">10</td><td colspan="3">13</td><td colspan="3">55</td><td colspan="3">35</td><td>78</td><td>70</td></tr>
<tr><td>DN65/NPS2 $\frac{1}{2}$</td><td colspan="3">11</td><td colspan="3">14</td><td colspan="3">55</td><td colspan="3">35</td><td>90</td><td>76</td></tr>
<tr><td>DN80/NPS3</td><td colspan="3">12</td><td colspan="3">16</td><td colspan="3">60</td><td colspan="3">40</td><td>104</td><td>90</td></tr>
<tr><td>DN100/NPS4</td><td colspan="3">13</td><td colspan="3">17</td><td colspan="3">80</td><td colspan="3">45</td><td>130</td><td>106</td></tr>
<tr><td>DN125/NPS5</td><td colspan="3">14.5</td><td colspan="3">18</td><td colspan="3">80</td><td colspan="3">50</td><td>156</td><td>120</td></tr>
<tr><td>DN150/NPS6</td><td>12</td><td>16</td><td>17</td><td>18</td><td>20</td><td>22</td><td>65</td><td>65</td><td>70</td><td>55</td><td>55</td><td>65</td><td>182</td><td>98</td></tr>
<tr><td>DN200/NPS8</td><td>13</td><td>17.5</td><td>19.5</td><td>19</td><td>22</td><td>25</td><td>65</td><td>70</td><td>80</td><td>55</td><td>65</td><td>75</td><td>240</td><td>125</td></tr>
<tr><td>DN250/NPS10</td><td>14.5</td><td>19.5</td><td>21.5</td><td>20</td><td>25</td><td>28</td><td>70</td><td>80</td><td>90</td><td>65</td><td>75</td><td>80</td><td>292</td><td>152</td></tr>
<tr><td>DN300/NPS12</td><td>16</td><td>21</td><td>24</td><td>22</td><td>28</td><td>32</td><td>80</td><td>80</td><td>90</td><td>75</td><td>75</td><td>80</td><td>345</td><td>176</td></tr>
</table>

6.9　氨阀阀体密封面尺寸

公称压力 PN25/Class250，公称尺寸 DN10/NPS $\frac{3}{8}$ ~ DN150/NPS6 的氨阀阀体密封面形式和尺寸如图 6-15 及表 6-15 所示。

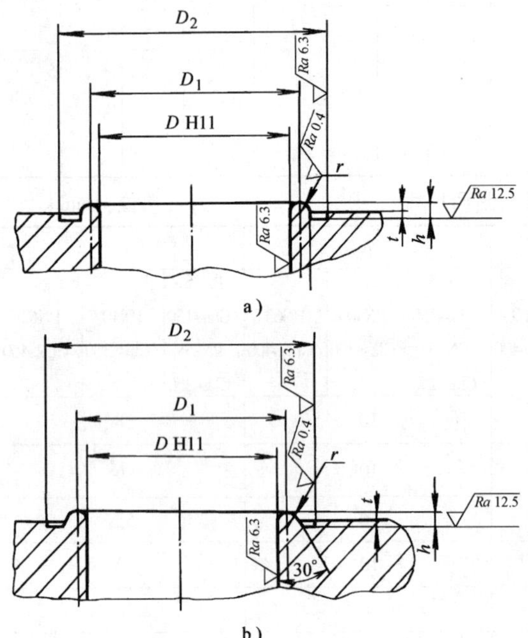

图 6-15　氨阀阀体密封面形式

a) DN10/NPS $\frac{3}{8}$ ~ DN50/NPS2

b) DN65/NPS2 $\frac{1}{2}$ ~ DN150/NPS6

表 6-15　氨阀阀体密封面尺寸

（单位：mm）

<table>
<tr><th>公称尺寸</th><th>D</th><th>D_1</th><th>D_2 ≈</th><th>r</th><th>t ≈</th><th>h</th></tr>
<tr><td>DN10/NPS $\frac{3}{8}$</td><td>10</td><td>12.5</td><td>28</td><td>1.25</td><td rowspan="6">0.5</td><td>2.5</td></tr>
<tr><td>DN15/NPS $\frac{1}{2}$</td><td>15</td><td>18</td><td>32</td><td rowspan="4">1.5</td><td rowspan="6">3</td></tr>
<tr><td>DN20/NPS $\frac{3}{4}$</td><td>20</td><td>23</td><td>36</td></tr>
<tr><td>DN25/NPS1</td><td>25</td><td>28</td><td>42</td></tr>
<tr><td>DN32/NPS1 $\frac{1}{4}$</td><td>32</td><td>35</td><td>46</td></tr>
<tr><td>DN40/NPS1 $\frac{1}{2}$</td><td>40</td><td>43.5</td><td>54</td><td rowspan="2">1.75</td></tr>
<tr><td>DN50/NPS2</td><td>50</td><td>53.5</td><td>68</td><td rowspan="4">1.0</td></tr>
<tr><td>DN65/NPS2 $\frac{1}{2}$</td><td>65</td><td>69</td><td>94</td><td rowspan="5">2.0</td><td rowspan="5">4</td></tr>
<tr><td>DN80/NPS3</td><td>80</td><td>84</td><td>100</td></tr>
<tr><td>DN100/NPS4</td><td>100</td><td>104</td><td>126</td></tr>
<tr><td>DN125/NPS5</td><td>125</td><td>129</td><td>155</td><td rowspan="2">1.5</td></tr>
<tr><td>DN150/NPS6</td><td>150</td><td>154</td><td>180</td></tr>
</table>

6.10　承插焊连接和配管端部尺寸

公称压力 PN40/Class300 ~ PN160/Class800，公称尺寸 DN10/NPS $\frac{3}{8}$ ~ DN40/NPS1 $\frac{1}{2}$ 锻钢阀门承插焊连接和配管端部形式和尺寸如图 6-16 及表 6-16 所示。

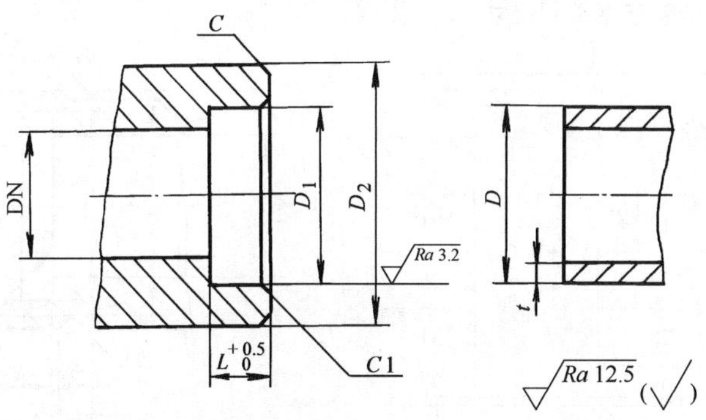

图 6-16 锻钢阀门承插焊连接端和配管端部形式

表 6-16 锻钢阀门承插焊连接端和配管端部尺寸 （单位：mm）

名称	承插焊连接端部							配管端部		
公称压力	PN40/Class300、PN100/Class600、PN16/Class800				PN40/Class300	PN100/Class600	PN160/Class800	PN40/Class300	PN100/Class600	PN160/Class800
公称尺寸	D_1	极限偏差	L	C	D_2			$D\times t$	$D\times t$	$D\times t$
DN10/NPS $\frac{3}{8}$	18.4	+0.3 0	10	2	28		—	18×3	18×3.5	—
DN15/NPS $\frac{1}{2}$	22.5				34		36	22×3	22×4	22×5
DN20/NPS $\frac{3}{4}$	28.5		11		40		44	28×3	28×4	28×5.5
DN25/NPS1	34.5	+0.35 0	12	3	48	50	52	34×3.5	34×4.5	34×6
DN32/NPS1 $\frac{1}{4}$	43.0		14		56	58	62	42×3.5	42×5	42×6
DN40/NPS1 $\frac{1}{2}$	49.0		15		64	66	70	48×4	48×5	48×7

6.11 外螺纹连接端部尺寸

公称压力 PN40/Class300，公称尺寸 DN6/NPS $\frac{1}{4}$ ~DN25/NPS1 的锻钢阀门外螺纹连接端部形式和尺寸如图 6-17 及表 6-17 所示。

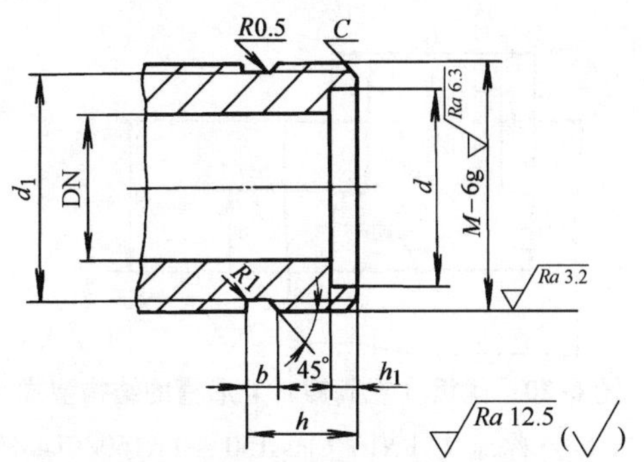

图 6-17 锻钢阀门外螺纹连接端部形式

表 6-17 锻钢阀门外螺纹连接端部尺寸

（单位：mm）

公称尺寸	M	d	d_1	h	h_1	b	C
DN6/NPS $\frac{1}{4}$	M20×1.5	14.4	17.7	15	4	4.5	1.5
DN10/NPS $\frac{3}{8}$	M24×1.5	18.4	21.7	16			
DN15/NPS $\frac{1}{2}$	M30×2	22.5	27	18	5	5	2
DN20/NPS $\frac{3}{4}$	M36×2	28.5	33				
DN25/NPS1	M42×2	34.5	39	20			

6.12 卡套连接端部尺寸

公称压力 PN40/Class300，公称尺寸 DN6/NPS $\frac{1}{4}$ ~ DN25/NPS1 锻钢阀门卡套连接端部的形式和尺寸如图 6-18 及表 6-18 所示。

表6-18 锻钢阀门卡套连接端部尺寸

（单位：mm）

公称尺寸	M	d 基本尺寸	d 极限偏差	d_1
DN6/NPS $\frac{1}{4}$	M20×1.5	14	+0.4 +0.3	17
DN10/NPS $\frac{3}{8}$	M24×1.5	18		21
DN15/NPS $\frac{1}{2}$	M30×2	22		25
DN20/NPS $\frac{3}{4}$	M36×2	28		31
DN25/NPS1	M42×2	34		37

公称尺寸	d_2	H	h 基本尺寸	h 极限偏差	b	C
DN6/NPS $\frac{1}{4}$	17.7	15	9	+0.5 0	4	1.5
DN10/NPS $\frac{3}{8}$	21.7	16	10			
DN15/NPS $\frac{1}{2}$	27	18			5	2
DN20/NPS $\frac{3}{4}$	33		11			
DN25/NPS1	39	20	12			

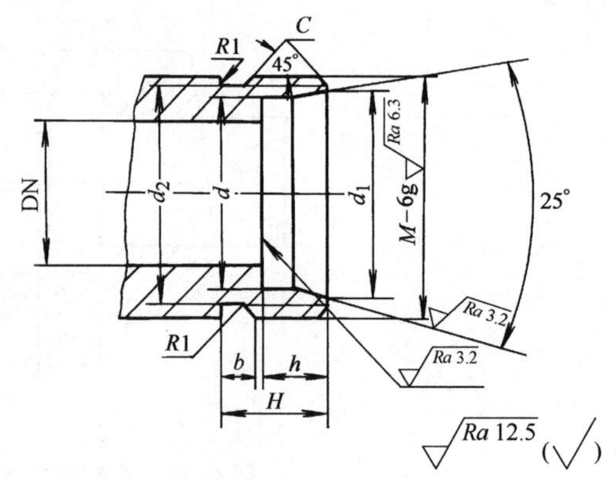

图6-18 锻钢阀门卡套连接端部的形式

6.13 板体尺寸

阀门板体的形式和尺寸如图6-19及表6-19所示。

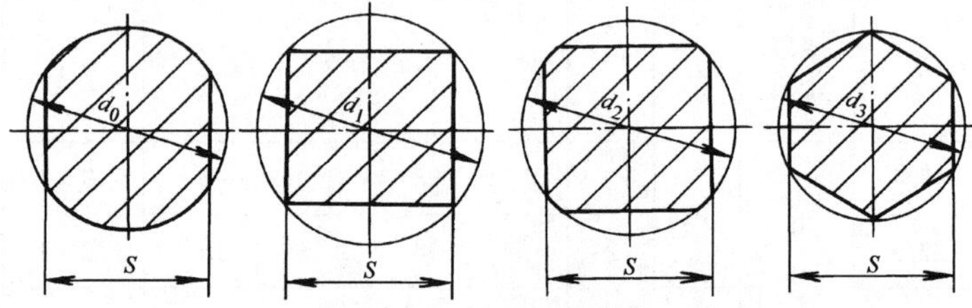

图6-19 阀门板体形式

表6-19 阀门板体尺寸

（单位：mm）

S	d_0	d_1	d_2	d_3	S	d_0	d_1	d_2	d_3
6	8	8.5	8	6.9	27	32	38.2	36	31.2
7	9	9.9	(9)	8.1	30	36	42.4	(38)	34.6
8	10	11.3	10	9.2	32	38	45.3	40	36.9
9	12	12.7	12	10.4	36	42	50.9	44	41.6
10	13	14.1	(13)	11.5	38	45	53.7	50	43.9
11	14	15.6	14	12.7	41	48	58.0	55	47.3
12	16	17.0	16	13.9	46	52	65.1	60	53.1
14	18	19.8	18	16.2	50	58	70.7	65	57.7
17	22	24.0	20	19.6	55	65	77.8	70	63.5
19	24	26.9	24	21.9	60	70	84.9	80	69.3
22	27	31.1	28	25.4	65	75	91.9	85	75.1
24	29	33.9	32	27.7	70	82	99.0	90	80.8

注：1. d_2（阀杆螺纹直径）为22mm，S为17mm；d_2为26mm，S为19mm；d_2为75mm，S为55mm。

2. 括号内尺寸尽量不选用。

6.14 闸板或阀瓣T形槽尺寸

1）公称压力PN40/Class300和PN160/Class800，公称尺寸DN15/NPS $\frac{1}{2}$ ~ DN40/NPS1 $\frac{1}{2}$ 锻钢闸阀闸板；公称压力PN40/Class300和PN100/Class600，公称尺寸DN10/NPS $\frac{3}{8}$ ~ DN25/NPS1及公称压力PN160/Class800，公称尺寸DN15/NPS $\frac{1}{2}$ ~ DN40/NPS1 $\frac{1}{2}$ 锻钢截止阀和节流阀阀瓣T形槽的结构型式和尺寸如图6-20及表6-20所示。

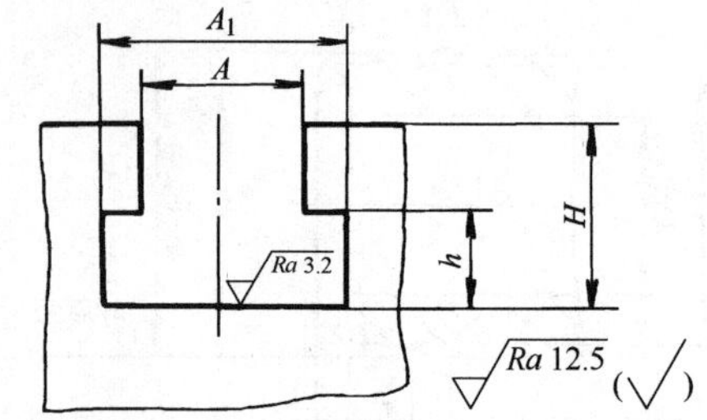

图6-20 闸板（或阀瓣）T形槽的结构型式

2）公称压力PN16/Class150 ~ PN160/Class800，公称尺寸DN50/NPS2 ~ DN500/NPS20球墨铸铁闸阀

或铸钢闸阀的闸板 T 形槽的结构型式和尺寸如图 6-20 及表 6-21 所示。

3）公称压力 PN16 ~ PN63（Class150 ~ Class400），公称尺寸 DN50 ~ DN300（NPS2 ~ NPS12）的铸钢闸阀闸板 T 形槽的结构型式和尺寸如图 6-21 及表 6-22 所示。

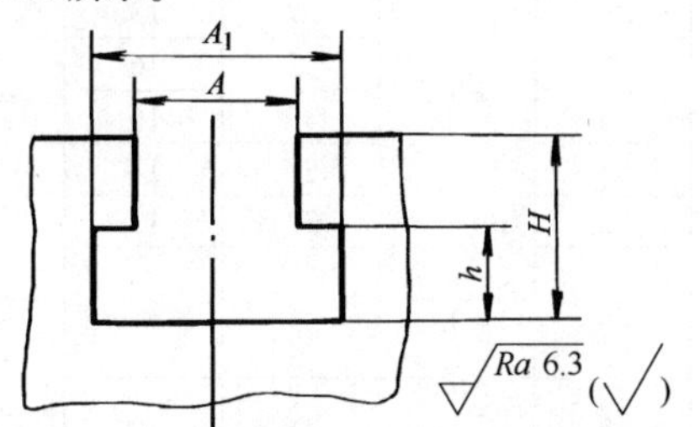

图 6-21　铸钢闸阀闸板 T 形槽的结构型式

4）公称压力 PN10/Class125，公称尺寸 DN50 ~ DN450（NPS2 ~ NPS18）的灰铸铁闸阀闸板 T 形槽的结构型式和尺寸如图 6-22 及表 6-23 所示。

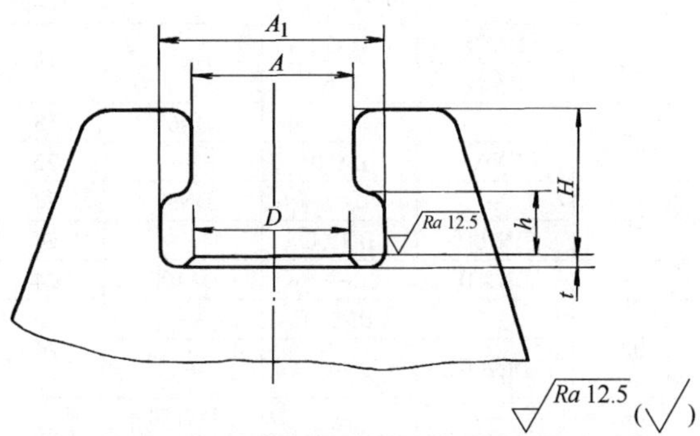

图 6-22　灰铸铁闸阀闸板 T 形槽的结构型式

表 6-20　闸板（或阀瓣）T 形槽尺寸　　（单位：mm）

阀杆螺纹直径	公称压力①				A	A_1		H	h	
	PN40	PN100		PN160		基本尺寸	极限偏差		基本尺寸	极限偏差
	截止阀、节流阀	闸阀	截止阀、节流阀	闸阀						
	公称尺寸②									
14	DN10，DN15	DN15	DN10，DN15	DN15	10	15	+0.5 0	10	6	—
16	DN20	DN20	DN20	DN20	11	17		12	7	
18	DN25	DN25	DN25	DN25	13	20.5	+1.0 0	15	9	+0.5 0
	—	DN32	—	—	15	24.5		18	11	
20	—	—	—	DN32						
	—	DN40	—	—	19	28		20	12	
24	—	—	—	DN40						

① PN 与 Class 对应如下：PN40/Class300、PN100/Class600、PN160/Class800。

② DN 与 NPS 对应如下：DN10/NPS $\frac{3}{8}$、DN15/NPS $\frac{1}{2}$、DN20/NPS $\frac{3}{4}$、DN25/NPS1、DN32/NPS1 $\frac{1}{4}$、DN40/NPS1 $\frac{1}{2}$。

表 6-21　闸板 T 形槽尺寸　　（单位：mm）

阀杆螺纹直径	公称压力①					A		A_1		H	h	
	PN16，PN25	PN40	PN63	PN100	PN160	基本尺寸	极限偏差	基本尺寸	极限偏差		基本尺寸	极限偏差
	公称尺寸②											
18	DN50，DN65	—		—	—	18	+0.2 −1.0	25.5	+0.2 −1.0	19.5	11.5	+0.2 −0.8
20	—	DN50，DN65										
	DN80	—				20		32		27	15	
24	—	DN80										
	DN100	—		DN50，DN65		22		35		30	16	
28	—	DN100		—	DN50，DN65							
	DN125，DN150	—		DN28	—	28		42		35	19	
32	DN200	DN125		—	DN80							
	—	DN150	—	DN100	—	32		49		40	22	
36	DN250	DN200	DN150	DN125	DN100							
40	—	—	DN200	—	DN125							
	DN300	DN250	—	DN150	—	36		55		44	24	
44	—	—	DN250	—	DN150							
	DN350	DN300	—	DN200	—							
50	DN400	DN350	DN300	DN250	DN200	40	+0.2 −1.3	63	+0.2 −1.3	49	27	
55	DN450	—	DN350	—	—							
	—	DN400	—	DN300	—	45		73		57	31	
60	DN500	—	DN400	—	—							

① PN 与 Class 对应如下：PN16/Class150、PN25/Class250、PN40/Class300、PN63/Class400、PN100/Class600、PN160/Class800。

② DN 与 NPS 对应如下：DN50/NPS2、DN65/NPS2 $\frac{1}{2}$、DN80/NPS3、DN100/NPS4、DN125/NPS5、DN150/NPS6、DN200/NPS8、DN250/NPS10、DN300/NPS12、DN350/NPS14、DN400/NPS16、DN450/NPS18、DN500/NPS20。

表 6-22　铸钢闸阀闸板 T 形槽尺寸　（单位：mm）

阀杆螺纹直径	公称压力① PN16、PN25	PN40	PN63	A 基本尺寸	A 极限偏差	A_1 基本尺寸	A_1 极限偏差	H	h 基本尺寸	h 极限偏差
	公称尺寸②									
20	DN50	DN50	DN50	18	±0.3	29	±0.3	27	13	±0.3
	DN65	DN65								
22	—	—	DN65	18		29		27	13	
	DN80	DN80	—	22		35		33	16	
26	—	—	DN80	22		35		33	16	
	DN100	DN100	—	24		38		37	17	
28	DN150	—	DN100	24		38		37	17	
32	—	DN150	—	24		38		37	17	
	DN200	—	—		+0.2 −1.0		+0.2 −1.0			+0.2 −0.8
36	—	—	DN150	26	±0.3	42	±0.3	41	19	±0.3
38	DN250	DN200	—		+0.2 −1.0		+0.2 −1.0			+0.2 −0.8
42	DN300	DN250	DN200	32		49		46	22	
44	—	DN300	—	32		49		50	22	
48	—	—	DN250	35		55		56	24	
	—	—	DN300	35		55		56	24	

①、②见表 6-21。

表 6-23　灰铸铁闸阀闸板 T 形槽尺寸

（单位：mm）

阀杆螺纹直径	A	A_1	D	H	h	t
18	35	48	34	30	14	2
20	38	52	36	32		
24	45	66	42	41	17	3
28	52	72	50	47	21	
36	62	90	60	52	27	
44	74	102	72	62	30	

6.15　填料函尺寸

1）公称压力 PN25/Class250，公称尺寸 DN6/NPS $\frac{1}{4}$ ~ DN150/NPS6 氨阀填料压套式填料函的结构型式和尺寸如图 6-23 及表 6-24 所示。

2）公称压力 PN16/Class150，公称尺寸 DN15/NPS $\frac{1}{2}$ ~ DN65/NPS2 $\frac{1}{2}$ 灰铸铁截止阀填料函的结构型式和尺寸如图 6-24 及表 6-25所示。

3）公称压力 PN10/Class125 ~ PN63/Class400，公称尺寸 DN32/NPS2 $\frac{1}{4}$ ~ DN1800/NPS72 通用阀门填料函的结构型式和尺寸如图 6-25 及表 6-26 所示。

4）公称压力 PN16/Class150 ~ PN40/Class300，公称尺寸 DN50/NPS2 ~ DN800/NPS72 的球墨铸铁阀门填料函的结构型式和尺寸如图 6-26 及表 6-27 所示。

5）公称压力 PN16/Class150 ~ PN63/Class400，公称尺寸 DN50/NPS2 ~ DN300/NPS12 的铸钢闸阀填料函的结构型式和尺寸如图 6-27及表 6-28 所示。

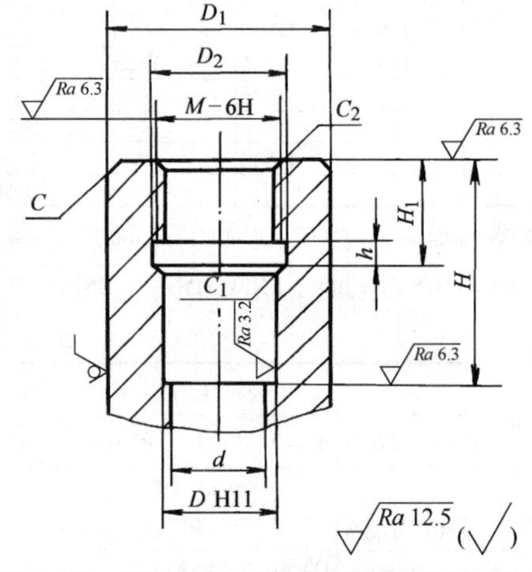

图 6-23　氨阀填料压套式填料函的结构型式

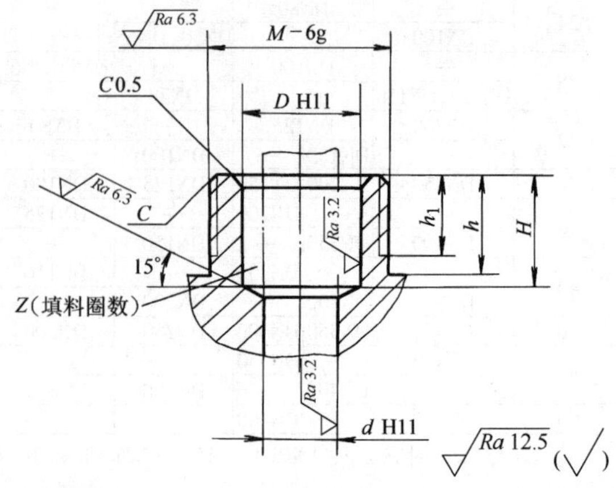

图 6-24　灰铸铁截止阀填料函的结构型式

表 6-24　氨阀填料压套式填料函的尺寸　（单位：mm）

<table>
<tr><th>阀杆螺纹尺寸</th><th>d</th><th>D</th><th>D_1</th><th>D_2</th><th>M</th><th>H</th><th>H_1</th><th>h</th><th>C</th><th>C_1</th><th>C_2</th></tr>
<tr><td>M12</td><td>13</td><td>14</td><td>30</td><td>18.5</td><td>M18×1.5</td><td rowspan="2">30</td><td rowspan="2">15</td><td>3</td><td rowspan="2">1.5</td><td rowspan="2">—</td><td>1.5</td></tr>
<tr><td>M14</td><td>15</td><td>16</td><td>35</td><td>20.5</td><td>M20×2</td><td rowspan="7">4</td><td rowspan="7">2</td></tr>
<tr><td>M16</td><td>17</td><td>20</td><td>40</td><td>24.5</td><td>M24×2</td><td>33</td><td>18</td><td rowspan="6">2</td><td rowspan="6">1</td></tr>
<tr><td>M18</td><td>19</td><td>22</td><td>45</td><td>27.5</td><td>M27×2</td><td>37</td><td rowspan="2">20</td></tr>
<tr><td>M22</td><td>23</td><td>28</td><td>53</td><td>33.5</td><td>M33×2</td><td>43</td></tr>
<tr><td>Tr28×5</td><td>30</td><td>34</td><td>65</td><td>39.5</td><td>M39×2</td><td>45</td><td rowspan="3">22</td></tr>
<tr><td>Tr36×6</td><td>38</td><td>44</td><td>75</td><td>48.5</td><td>M48×2</td><td rowspan="2">46</td></tr>
<tr><td>Tr40×6</td><td>42</td><td>48</td><td>82</td><td>52.5</td><td>M52×2</td></tr>
</table>

表 6-25　灰铸铁截止阀填料函的尺寸　（单位：mm）

<table>
<tr><th>阀杆螺纹直径</th><th>d</th><th>D</th><th>M</th><th>h_1</th><th>h</th><th>C</th><th>H</th><th>Z 圈</th></tr>
<tr><td>12</td><td>8</td><td>14</td><td>M22×1.5</td><td rowspan="2">9</td><td rowspan="2">12</td><td rowspan="2">1.5</td><td rowspan="2">≥15</td><td rowspan="4">≥5</td></tr>
<tr><td>14</td><td>10</td><td>16</td><td>M24×1.5</td></tr>
<tr><td>18</td><td>12</td><td>20</td><td>M30×2</td><td>11</td><td>15</td><td rowspan="2">2</td><td rowspan="2">≥20</td></tr>
<tr><td>20</td><td>14</td><td>22</td><td>M33×2</td><td>14</td><td>18</td></tr>
</table>

表 6-26　通用阀门填料函的尺寸　（单位：mm）

<table>
<tr><th rowspan="3">阀杆螺纹直径</th><th colspan="2">d</th><th rowspan="3">D</th><th rowspan="3">D_1</th><th rowspan="3">d_0</th><th rowspan="3">C</th><th rowspan="3">A</th><th rowspan="3">L</th><th rowspan="3">h_1</th><th rowspan="3">h_2</th><th rowspan="3">B</th><th rowspan="3">B_1</th><th rowspan="3">b</th><th rowspan="3">b_1</th><th rowspan="3">r</th><th rowspan="3">r_1</th><th rowspan="3">r_2</th><th colspan="2">石棉填料</th><th colspan="2">塑料填料</th></tr>
<tr><th rowspan="2">不带填料垫</th><th rowspan="2">带填料垫</th><th rowspan="2">H</th><th>Z</th><th rowspan="2">H</th><th>Z</th></tr>
<tr><th>圈</th><th>圈</th></tr>
<tr><td>14</td><td>14</td><td>15</td><td>22</td><td>38</td><td rowspan="2">M8</td><td rowspan="11">1.0</td><td>50</td><td>64</td><td rowspan="2">12</td><td rowspan="5">1.5</td><td rowspan="2">28</td><td rowspan="2">10</td><td rowspan="5">10</td><td rowspan="5">12</td><td rowspan="2">10</td><td rowspan="13">2.0</td><td rowspan="8">3</td><td>≥20</td><td rowspan="4">≥5</td><td rowspan="9">≥18</td><td rowspan="20">≥3</td></tr>
<tr><td>16</td><td>16</td><td>17</td><td>26</td><td>42</td><td>55</td><td>70</td><td rowspan="2">≥25</td></tr>
<tr><td>18</td><td>18</td><td>19</td><td>28</td><td>46</td><td rowspan="3">M10</td><td>60</td><td>76</td><td rowspan="3">14</td><td rowspan="3">30</td><td rowspan="3">12</td><td rowspan="3">12</td></tr>
<tr><td>20</td><td>20</td><td>21</td><td>32</td><td>50</td><td>65</td><td>82</td><td>≥30</td></tr>
<tr><td>22</td><td>22</td><td>23</td><td>34</td><td>54</td><td>70</td><td>88</td><td rowspan="2">≥36</td><td rowspan="2">≥6</td></tr>
<tr><td>24</td><td>24</td><td>25</td><td>36</td><td>56</td><td rowspan="3">M12</td><td>75</td><td>92</td><td rowspan="3">16</td><td rowspan="5">2.0</td><td rowspan="3">34</td><td rowspan="3">14</td><td rowspan="3">12</td><td rowspan="3">14</td><td rowspan="3">14</td></tr>
<tr><td>26</td><td>26</td><td>27</td><td>42</td><td>62</td><td>80</td><td>98</td><td rowspan="5">≥56</td><td rowspan="10">≥7</td></tr>
<tr><td>28</td><td>28</td><td>29</td><td>44</td><td>66</td><td>85</td><td>102</td></tr>
<tr><td>32</td><td>32</td><td>33</td><td>48</td><td>70</td><td rowspan="5">M16</td><td>90</td><td>116</td><td rowspan="2">20</td><td rowspan="2">46</td><td rowspan="5">18</td><td rowspan="2">14</td><td rowspan="2">16</td><td rowspan="5">18</td><td rowspan="5">4</td></tr>
<tr><td>36</td><td>36</td><td>37</td><td>52</td><td>75</td><td>95</td><td>122</td><td rowspan="4">≥22</td></tr>
<tr><td>40</td><td>40</td><td>41</td><td>56</td><td>80</td><td>100</td><td>126</td><td rowspan="3">24</td><td rowspan="3">3.0</td><td rowspan="3">50</td><td rowspan="3">16</td><td rowspan="3">18</td></tr>
<tr><td>44</td><td>44</td><td>45</td><td>64</td><td>90</td><td rowspan="5">1.5</td><td>110</td><td>138</td><td rowspan="5">≥70</td></tr>
<tr><td>50</td><td>50</td><td>51</td><td>70</td><td>100</td><td>120</td><td>148</td></tr>
<tr><td>55</td><td>55</td><td>57</td><td>75</td><td>105</td><td rowspan="6">M20</td><td>130</td><td>160</td><td rowspan="6">30</td><td rowspan="6">4.0</td><td rowspan="3">60</td><td rowspan="6">23</td><td rowspan="2">18</td><td rowspan="2">22</td><td rowspan="6">23</td><td rowspan="7">2.5</td><td rowspan="7">5</td><td rowspan="3">≥28</td></tr>
<tr><td>60</td><td>60</td><td>62</td><td>80</td><td>115</td><td>140</td><td>170</td></tr>
<tr><td>65</td><td>65</td><td>67</td><td>85</td><td>125</td><td>145</td><td>175</td><td>20</td><td>24</td></tr>
<tr><td>70</td><td>70</td><td>72</td><td>96</td><td>135</td><td rowspan="4">2.0</td><td>155</td><td>185</td><td rowspan="3">65</td><td rowspan="4">22</td><td rowspan="4">26</td><td rowspan="4">≥100</td><td rowspan="4">≥8</td><td rowspan="4">≥35</td></tr>
<tr><td>75</td><td>75</td><td>77</td><td>101</td><td>140</td><td>165</td><td>195</td></tr>
<tr><td>80</td><td>80</td><td>82</td><td>106</td><td>145</td><td>170</td><td>200</td></tr>
<tr><td>90</td><td>90</td><td>92</td><td>120</td><td>160</td><td>M24</td><td>185</td><td>220</td><td>34</td><td>5.0</td><td>70</td><td>25</td><td>27</td></tr>
</table>

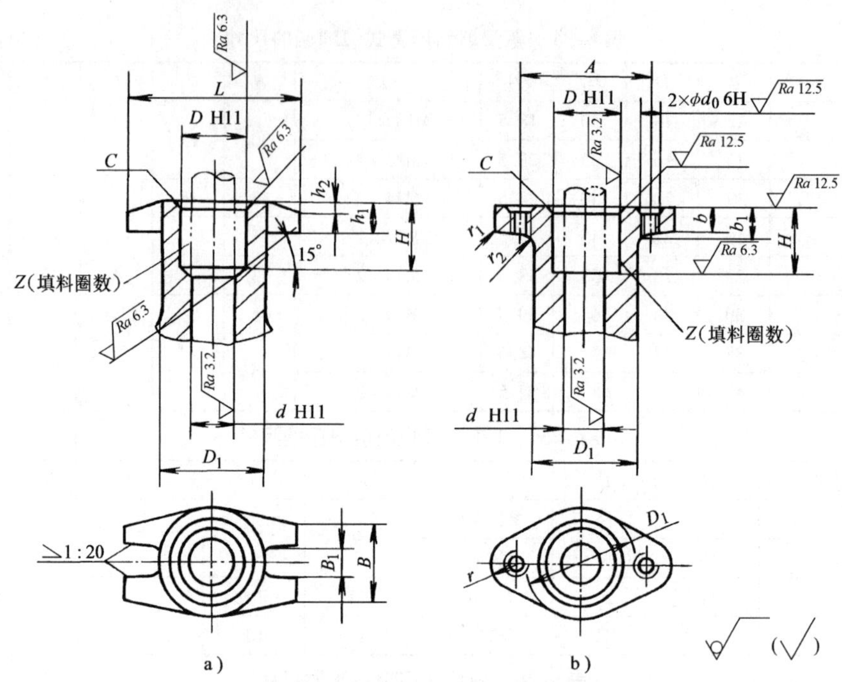

图 6-25　通用阀门填料函的结构型式

a）用于石棉填料的结构型式　b）用于塑料填料的结构型式

表 6-27　球墨铸铁阀门填料函的尺寸　　（单位：mm）

<table>
<tr><th rowspan="2">阀杆螺纹直径</th><th rowspan="2">D</th><th rowspan="2">d</th><th rowspan="2">d_0</th><th rowspan="2">C</th><th rowspan="2">A</th><th rowspan="2">L</th><th rowspan="2">r</th><th rowspan="2">r_1</th><th rowspan="2">B</th><th rowspan="2">b</th><th rowspan="2">H</th><th>Z</th></tr>
<tr><th>圈</th></tr>
<tr><td>14</td><td>22</td><td>15</td><td rowspan="2">6</td><td rowspan="9">1.0</td><td>55</td><td>53</td><td rowspan="3">37.5</td><td rowspan="2">9</td><td rowspan="2">24</td><td rowspan="2">12</td><td>≥36</td><td rowspan="18">≥8</td></tr>
<tr><td>16</td><td>26</td><td>17</td><td>60</td><td>55</td><td rowspan="2">≥45</td></tr>
<tr><td>18</td><td>28</td><td>20</td><td rowspan="2">8</td><td>65</td><td>56</td><td rowspan="2">10</td><td rowspan="2">28</td><td rowspan="2">14</td></tr>
<tr><td>20</td><td>32</td><td>22</td><td>70</td><td>66</td><td rowspan="2">45</td><td rowspan="2">≥55</td></tr>
<tr><td>24</td><td>36</td><td>26</td><td rowspan="2">10</td><td>80</td><td>70</td><td rowspan="2">12</td><td rowspan="2">32</td><td rowspan="2">16</td></tr>
<tr><td>28</td><td>44</td><td>30</td><td>90</td><td>95</td><td rowspan="4">65</td><td rowspan="4">≥72</td></tr>
<tr><td>32</td><td>48</td><td>34</td><td rowspan="3">12</td><td>100</td><td>96</td><td rowspan="3">16</td><td rowspan="3">42</td><td rowspan="3">20</td></tr>
<tr><td>36</td><td>52</td><td>38</td><td>110</td><td>100</td></tr>
<tr><td>40</td><td>56</td><td>42</td><td>120</td><td>105</td></tr>
<tr><td>44</td><td>64</td><td>46</td><td rowspan="3">16</td><td rowspan="6">1.5</td><td>130</td><td>116</td><td rowspan="3">75</td><td rowspan="3">20</td><td rowspan="3">44</td><td rowspan="3">24</td><td rowspan="6">≥90</td></tr>
<tr><td>50</td><td>70</td><td>52</td><td>145</td><td>124</td></tr>
<tr><td>55</td><td>75</td><td>57</td><td>150</td><td>126</td></tr>
<tr><td>60</td><td>80</td><td>62</td><td rowspan="3">20</td><td>155</td><td>129</td><td rowspan="3">87.5</td><td rowspan="3">24</td><td rowspan="3">56</td><td rowspan="3">28</td></tr>
<tr><td>65</td><td>85</td><td>67</td><td>170</td><td>142</td></tr>
<tr><td>70</td><td>96</td><td>72</td><td>180</td><td>148</td></tr>
<tr><td>75</td><td>101</td><td>77</td><td rowspan="3">25</td><td rowspan="3">2.0</td><td>190</td><td>156</td><td rowspan="3">100</td><td rowspan="3">30</td><td rowspan="3">74</td><td rowspan="3">36</td><td rowspan="2">≥118</td></tr>
<tr><td>80</td><td>106</td><td>82</td><td>200</td><td>165</td></tr>
<tr><td>90</td><td>122</td><td>92</td><td>210</td><td>170</td><td>≥145</td></tr>
</table>

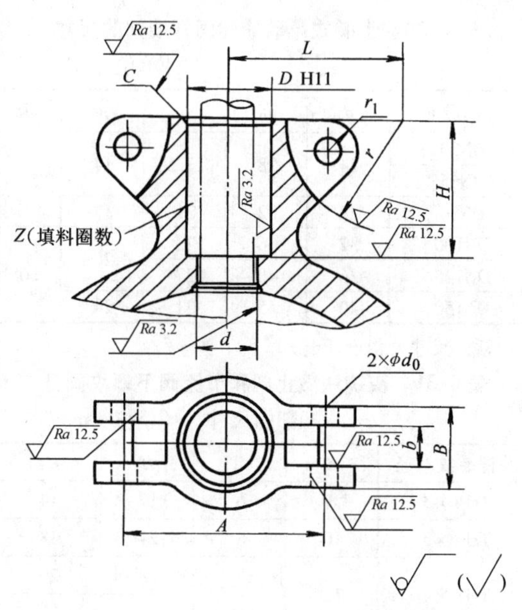

图 6-26　球墨铸铁阀门填料函的结构型式

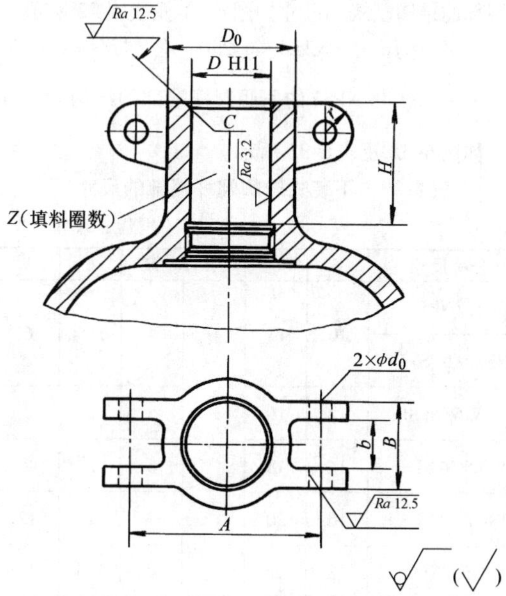

图 6-27　铸钢闸阀填料函的结构型式

表 6-28　铸钢闸阀填料函的尺寸　（单位：mm）

阀杆螺纹直径	D	d_0	C	A	r	B	b	Z 圈
20	32	8	1	78	10	32	16	≥7
22	34	10		85	12	34	18	
26	38			90				
28	44	12		110	16	44	22	
32	48		1.5	115				
36	52			125				
38	58	16		140	20	50	26	
42	62			150				
44	64			160				
48	68			165				

注：图中尺寸 D_0 和 H 由设计定。

6.16　阀杆端部尺寸

1）公称压力 PN16 ~ PN63，公称尺寸 DN15 ~ DN50 的下装式球阀阀杆端部的结构型式和尺寸如图 6-28 及表 6-29 所示。

2）公称压力 PN16 ~ PN63，公称尺寸 DN15 ~ DN150 的上装式浮动球阀阀杆端部的结构型式和尺寸如图 6-29 及表 6-30 所示。

3）公称压力 PN16，公称尺寸 DN15 ~ DN65 的灰铸铁截止阀和节流阀的下螺纹阀杆端部的结构型式和尺寸如图 6-30 及表 6-31 所示。

4）公称压力 PN16 ~ PN100，公称尺寸 DN32 ~ DN150 的球墨铸铁、铸钢截止阀和节流阀的上螺纹阀

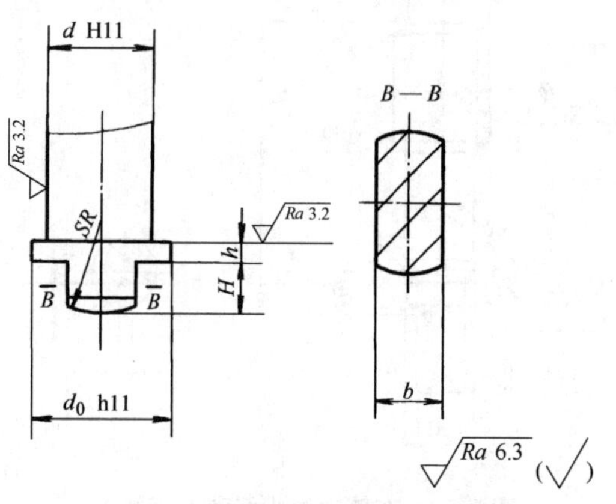

图 6-28　下装式球阀阀杆端部的结构型式

杆端部的结构型式和尺寸如图6-31及表6-32所示。

5）公称压力PN25/Class250，公称尺寸DN10/NPS $\frac{3}{8}$ ~ DN150/NPS6的氨阀阀杆端部的结构型式和尺寸如图6-32及表6-33所示。

表6-29　下装式球阀阀杆端部的尺寸

（单位：mm）

公称尺寸	d	d_0	SR	H	h	b
DN15/NPS $\frac{1}{2}$	10	14	50	4	1.5	6
DN20/NPS $\frac{3}{4}$						
DN25/NPS1	12	16		5	2	8
DN32/NPS1 $\frac{1}{4}$	14	18		6	2	8
DN40/NPS1 $\frac{1}{2}$	16	20		7	2	12
DN50/NPS2	18	22		9	2.5	14

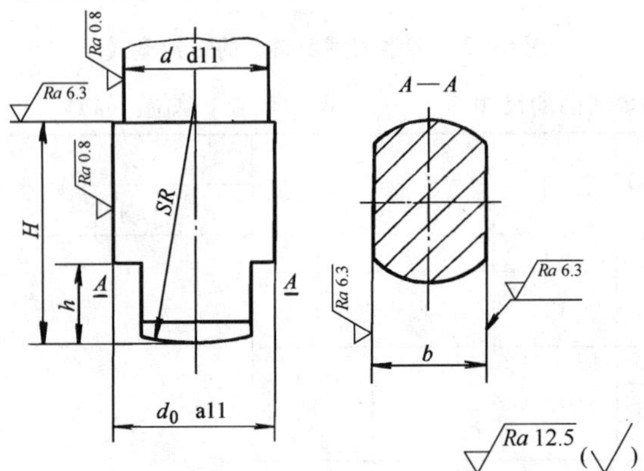

图6-29　上装式浮动球阀阀杆端部的结构型式

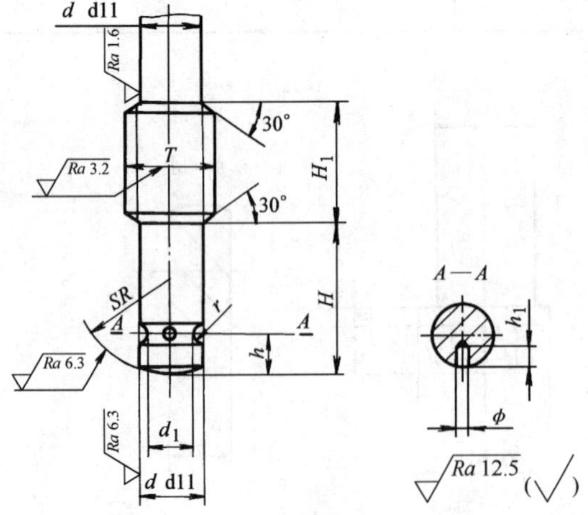

图6-30　灰铸铁截止阀和节流阀下螺纹阀杆端部的结构型式

表6-30　上装式浮动球阀阀杆端部的尺寸

（单位：mm）

公称尺寸	d	d_0	b	h	SR
DN50	24	28	17.5	14	50
DN65					
DN80	28	32	21	17	
DN100	32	36	23	20	60
DN125	36	40	27		
DN150	40	45	31	24	

注：尺寸H由设计定。

表6-31　灰铸铁截止阀和节流阀下螺纹阀杆端部的尺寸　（单位：mm）

阀杆螺纹直径	d	d_1	H	H_1
Tr12×3	8	6	17	14
Tr14×3	10	8	21	18
Tr18×4	12	9	23	20
			26	22
Tr20×4	14	11	30	24
			33	26

阀杆螺纹直径	h	r	SR	h_1	ϕ
Tr12×3	5	1.5	15	3	2
Tr14×3	6			4	
Tr18×4	8	2.0	20		3
Tr20×4	9			5	

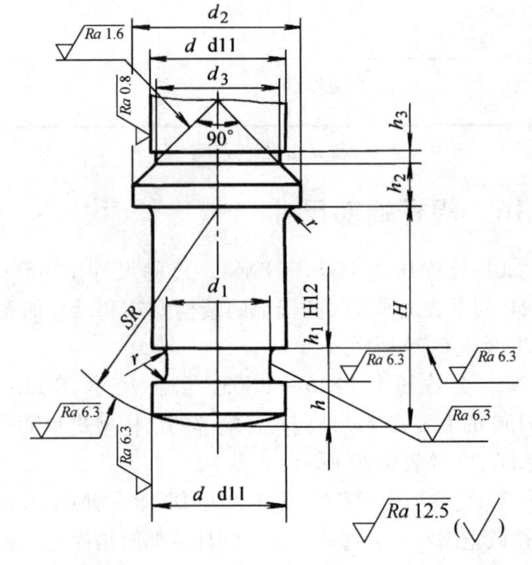

图6-31　球墨铸铁、铸钢截止阀和节流阀上螺纹阀杆端部的结构型式

表 6-32　球墨铸铁、铸钢截止阀和节流阀上螺纹阀杆的端部尺寸　（单位：mm）

阀杆螺纹直径	d	d_1	d_2	d_3	H	h	h_1	h_2	h_3	SR	r
18	18	13	24	17	35	6	5	7	2	25	0.5
20	20	15	26	19	42	8	6			30	
24	24	18	30	23				8		40	
28	28	22	35	27	50	10	8			50	1.0
32	32	25	40	30				10	3		
36	36	29	45	34	55	12	10			60	
40	40	33	50	38	62	15		12			
44	44	35	55	42	68		12				

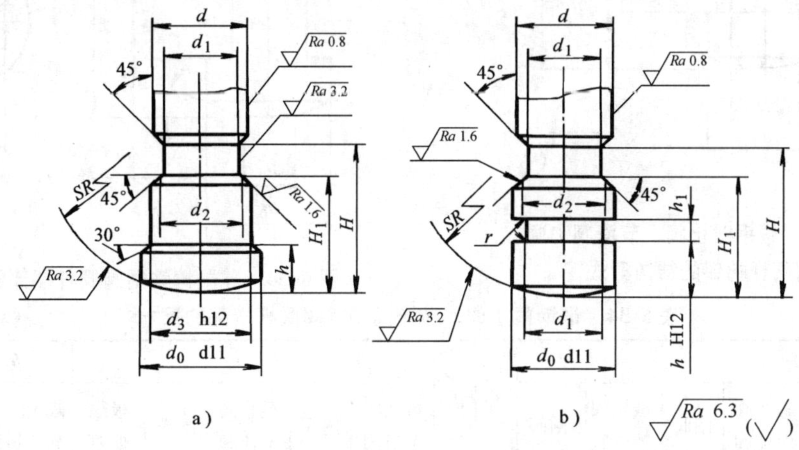

图 6-32　氨阀阀杆端部的结构型式

a）DN10/NPS $\frac{3}{8}$ ~ DN32/NPS1 $\frac{1}{4}$　b）DN40/NPS1 $\frac{1}{2}$ ~ DN150/NPS6

表 6-33　氨阀阀杆端部的尺寸　（单位：mm）

公称尺寸	阀杆螺纹直径 d	d_1	d_2	d_3	d_0	H	H_1	h	h_1	SR	r
DN10/NPS $\frac{3}{8}$	M14	10	10.5	16.5	20	17	12	5	—	30	—
DN15/NPS $\frac{1}{2}$	M16	12	14.5	18.5	22	18					
DN20/NPS $\frac{3}{4}$											
DN25/NPS1	M18	14	15.5	21.5	25	20	14				
DN32/NPS1 $\frac{1}{4}$											
DN40/NPS1 $\frac{1}{2}$	M22	18	20	—	26	35	28	12	6	40	0.5
DN50/NPS2											
DN65/NPS2 $\frac{1}{2}$	Tr28 ×5	22	26		32	63	50	18	10	50	
DN80/NPS3											
DN100/NPS4	Tr36 ×6	28	34		42	73	56		12	60	1.0
DN125/NPS5	Tr40 ×6	32	38		46	75	57	19	15		
DN150/NPS6											

6）公称压力 PN40/Class300 ~ PN160/Class800，公称尺寸 DN10/NPS $\frac{3}{8}$ ~ DN40/NPS1 $\frac{1}{2}$ 的锻钢截止阀、节流阀和闸阀阀杆端部的结构型式和尺寸如图 6-33 及表 6-34 所示。

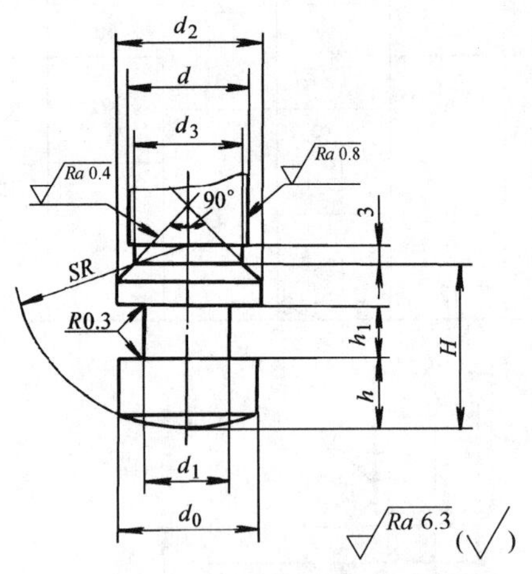

图 6-33　锻钢截止阀、节流阀和闸阀阀杆端部的结构型式

7）公称压力 PN16/Class150 ~ PN40/Class300，公称尺寸 DN50/NPS2 ~ DN500/NPS20 的球墨铸铁闸阀阀杆端部的结构型式和尺寸如图 6-34 及表 6-35 所示。

8）公称压力 PN16/Class150 ~ PN63/Class400，公称尺寸 DN50/NPS2 ~ DN300/NPS12 的铸钢闸阀阀杆端部的结构型式和尺寸如图 6-35及表 6-36 所示。

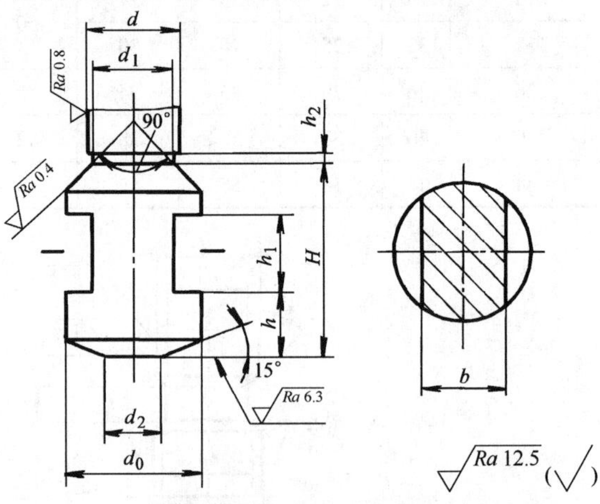

图 6-34　球墨铸铁闸阀阀杆端部的结构型式

表 6-34　锻钢截止阀、节流阀和闸阀阀杆端部的尺寸　　（单位：mm）

<table>
<tr><th rowspan="2">阀杆螺纹直径 d</th><th colspan="2">d_0</th><th colspan="2">d_1</th><th rowspan="2">d_2</th><th rowspan="2">d_3</th><th colspan="2">H</th><th colspan="3">h</th><th colspan="2">h_1</th><th rowspan="2">SR</th></tr>
<tr><th>截止阀节流阀</th><th>闸阀</th><th>截止阀节流阀</th><th>闸阀</th><th>截止阀节流阀</th><th>闸阀</th><th>截止阀节流阀</th><th>闸阀</th><th>极限偏差</th><th>截止阀节流阀</th><th>闸阀</th></tr>
<tr><td>14</td><td colspan="2">14</td><td colspan="2">9</td><td>18</td><td>13</td><td>16</td><td>19</td><td colspan="2">6</td><td rowspan="7">-0.05
-0.20</td><td>5.5</td><td>7</td><td>20</td></tr>
<tr><td>16</td><td colspan="2">16</td><td colspan="2">10</td><td>20</td><td>15</td><td>20</td><td>22</td><td colspan="2">7</td><td>7</td><td>8</td><td>25</td></tr>
<tr><td rowspan="2">18</td><td colspan="2">19.5</td><td colspan="2">12</td><td rowspan="2">22</td><td rowspan="2">17</td><td>24</td><td>25</td><td colspan="2">9</td><td>8</td><td>9</td><td rowspan="3">30</td></tr>
<tr><td>—</td><td>23.5</td><td>—</td><td>14</td><td>—</td><td rowspan="2">28</td><td>—</td><td rowspan="2">11</td><td>—</td><td rowspan="2">10</td></tr>
<tr><td rowspan="2">20</td><td colspan="2">23.5</td><td colspan="2">14</td><td rowspan="2">24</td><td rowspan="2">19</td><td>27</td><td>11</td><td>9</td></tr>
<tr><td>—</td><td>27</td><td>—</td><td>18</td><td>—</td><td rowspan="2">32</td><td>—</td><td rowspan="2">12</td><td>—</td><td rowspan="2">11</td><td rowspan="2">40</td></tr>
<tr><td>24</td><td colspan="2">27</td><td colspan="2">18</td><td>30</td><td>23</td><td>28</td><td>12</td><td>10</td></tr>
</table>

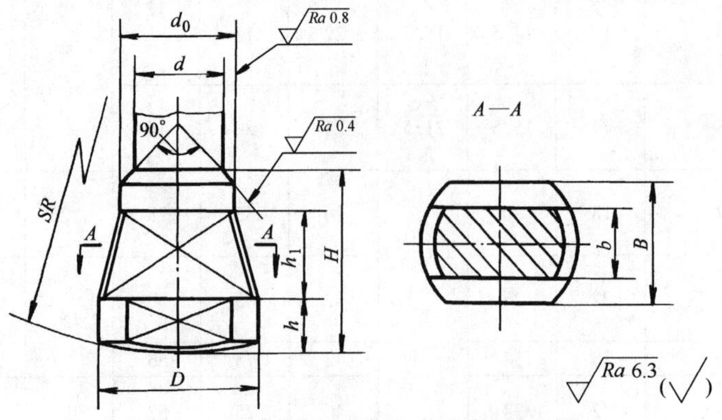

图 6-35　铸钢闸阀阀杆端部的结构型式

表 6-35　球墨铸铁闸阀阀杆端部的尺寸　　（单位：mm）

阀杆螺纹直径 d	公称压力① PN16、PN25 公称尺寸②	公称压力① PN40 公称尺寸②	d_0	d_1	d_2	h 基本尺寸	h 极限偏差	h_1 基本尺寸	h_1 极限偏差	h_2	H	b
18	DN50 DN65	—	23.5	17	10	10	+0.5 0	10	+0.2 -1.0	2	26	16
20	—	DN50		19								
	DN80	—	30		12	13.5		16			40	18
24	—	DN80		23								
	DN100	—	33		15	14.5		18			42	20
28	—	DN100		27								
	DN125 DN150	—	40		20	17.5		20			48	26
32	DN200	DN125		30						3		
	—	DN150	47			20	+1.0 0	22			55	30
36	DN250	DN200		34								
40	—	—		38								
	DN300	DN250	53			22		24			60	34
44	—	—		42								
	DN350	DN300	60			25		28			70	37
50	DN400	DN350		48								
55	DN450	—		52						4		
	—	DN400	70		30	29		32			80	42
60	DN500	—		57								

①②同表 6-21。

表 6-36　铸钢闸阀阀杆端部的尺寸　　（单位：mm）

阀杆螺纹直径 d	公称压力① PN16、PN25 公称尺寸②	公称压力① PN40 公称尺寸②	公称压力① PN63 公称尺寸②	D	d_0	SR	h 基本尺寸	h 极限偏差	h_1 基本尺寸	h_1 极限偏差	H	b	B
20	DN50 DN65	DN50 DN65	DN50	35	26	160	11	+0.5 0	18	+0.2 -1.0	38	15	26
22			DN65	35	30		11		18		38	15	26
	DN80	DN80		40	30		14		22		45	18	32
26			DN80	45	32		14		22		45	18	32
	DN100	DN100		50	36		15		25		52	20	35
28	DN150		DN100	50	36		15		25		52	20	35
32	DN200	DN150		50	40		15		25		52	20	35
36	DN250	DN200	DN150	60	44		16		28		56	22	38
38	DN300	DN250	DN200	70	46		19		30		62	28	45
42	—	DN300		70	48	200	19		36		66	28	45
44	—	—	DN250	75	52		21		40		72	31	52
48	—	—	DN300	75	56		21		40		72	31	52

①②同表 6-21。

6.17　阀瓣与阀杆连接槽尺寸

1）公称压力 PN16/Class150，公称尺寸 DN15/NPS $\frac{1}{2}$ ~ DN65/NPS2 $\frac{1}{2}$ 连接圈式连接槽的结构型式和尺寸如图 6-36 及表 6-37 所示。

2）公称压力 PN16/Class150 ~ PN100/Class600，公称尺寸 DN32/NPS2 $\frac{1}{4}$ ~ DN150/NPS6 阀瓣盖式连接槽的结构型式和尺寸如图 6-37 及表 6-38 所示。

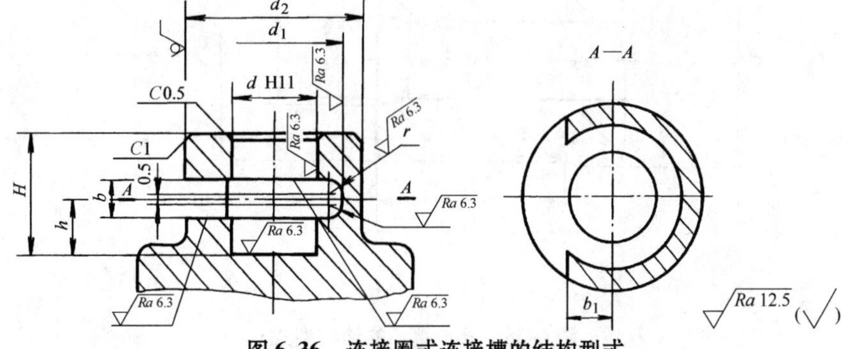

图 6-36　连接圈式连接槽的结构型式

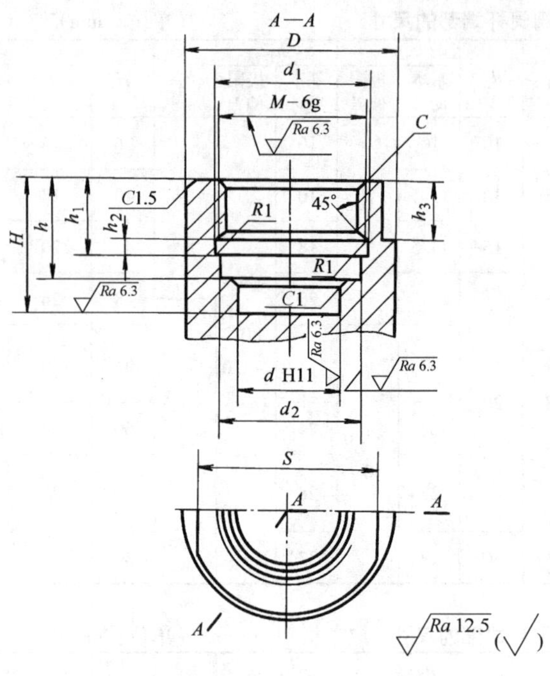

图6-37　阀瓣盖式连接槽的结构型式

表6-37　连接圈式连接槽的尺寸

（单位：mm）

阀杆螺纹直径	d	d_1	d_2	H
12	8	13	22	12
14	10			13
18	12	16	25	15
20	14	18	30	18
阀杆螺纹直径	h	b	b_1	r
12	5	3.5	5	1.5
14	6			
18	8	4.5	6	2.0
20	9		7	

表6-38　阀瓣盖式连接槽的尺寸　　（单位：mm）

阀杆螺纹直径	d	d_1	d_2	D	M	H	h	h_1	h_2	h_3	S	C
18	18	30.5	28	48	M30×2	25	20	16	5	12	41	2
20	20	33.5	30		M33×2	30	24	20		15		
24	24	36.5	33	52	M36×2						46	
28	28	42.5	39	58	M42×2	35	26				50	
32	32	48.5	45	65	M48×2						55	
36	36	52.5	49	70	M52×2	40	30	22			60	
40	40	60.5	57	82	M60×2	45	30	24		20	70	
44	44	64.5	61	88	M64×2	50	36	26			75	

6.18　PN2500管子端部

PN2500管子端部的结构型式及尺寸如图6-38及表6-39所示。

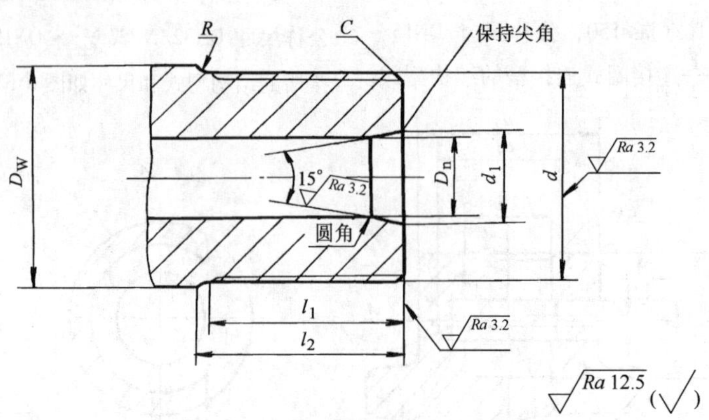

图6-38　管子端部的结构型式

表 6-39 管子端部的尺寸（JB/T 1308.3—2011） （单位：mm）

<table>
<tr><th rowspan="2">公称尺寸</th><th rowspan="2">管子规格
（外径×壁厚）</th><th rowspan="2">螺纹代号
d</th><th rowspan="2">D_W</th><th rowspan="2">D_n</th><th colspan="2">d_1</th><th rowspan="2">l_1</th><th rowspan="2">l_2</th><th rowspan="2">C</th><th rowspan="2">R</th></tr>
<tr><th>尺寸</th><th>偏差</th></tr>
<tr><td>DN3/NPS $\frac{1}{8}$</td><td>11×4</td><td>M10×1-6g-LH</td><td>11</td><td>3</td><td>5</td><td>+0.5
0</td><td>15</td><td>18</td><td>0.7</td><td rowspan="3">1</td></tr>
<tr><td>DN6/NPS $\frac{1}{4}$</td><td>15×5</td><td>M14×1.5-6g-LH</td><td>15</td><td>5</td><td>7</td><td>+0.7
0</td><td>22</td><td>25</td><td rowspan="2">1</td></tr>
<tr><td>DN10/NPS $\frac{3}{8}$</td><td>21×6.5</td><td>M20×1.5-6g-LH</td><td>21</td><td>8</td><td>10</td><td>+1.0
0</td><td>30</td><td>33</td></tr>
<tr><td>DN15/NPS $\frac{1}{2}$</td><td>35×11</td><td>M33×2-6g-LH</td><td>35</td><td>13</td><td>15</td><td>+1.5
0</td><td>44</td><td>48</td><td rowspan="2">1.5</td><td>2</td></tr>
<tr><td>DN20/NPS $\frac{3}{4}$</td><td>50×16</td><td>M48×2-6g-LH</td><td>50</td><td>18</td><td>20</td><td rowspan="2">+2.0
0</td><td>52</td><td>56</td><td>3</td></tr>
<tr><td>DN25/NPS1</td><td>64×19.5</td><td>M60×3-6g-LH</td><td>64</td><td>25</td><td>27</td><td>62</td><td>68</td><td>2</td><td>4</td></tr>
</table>

6.19 PN2500 带颈接头

PN2500 带颈接头的结构型式及尺寸如图 6-39 及表 6-40 所示。

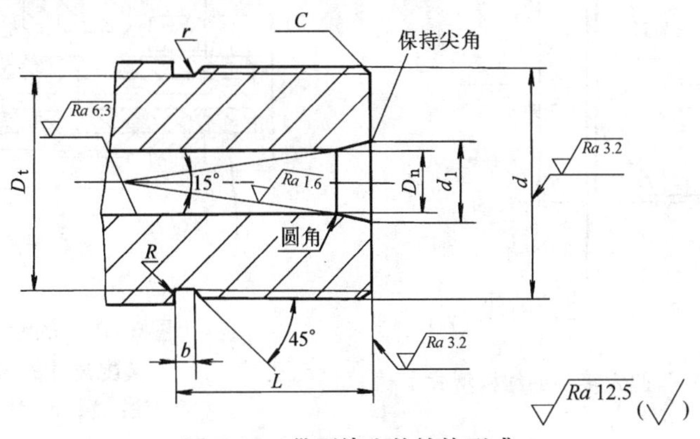

图 6-39 带颈接头的结构型式

表 6-40 带颈接头的尺寸（JB/T 1308.4—2011） （单位：mm）

<table>
<tr><th rowspan="2">公称尺寸</th><th rowspan="2">螺纹代号
d</th><th colspan="2">D_n</th><th colspan="2">d_1</th><th rowspan="2">D_t</th><th rowspan="2">L</th><th rowspan="2">b</th><th rowspan="2">R</th><th rowspan="2">r</th><th rowspan="2">C</th></tr>
<tr><th>尺寸</th><th>偏差</th><th>尺寸</th><th>偏差</th></tr>
<tr><td colspan="12">管接头连接</td></tr>
<tr><td>DN3/NPS $\frac{1}{8}$</td><td>M20×1.5-6g</td><td>3</td><td>+0.3
0</td><td>5</td><td>+0.5
0</td><td>17.8</td><td>28</td><td>3</td><td rowspan="4">1</td><td rowspan="4">0.5</td><td>1</td></tr>
<tr><td>DN6/NPS¼</td><td>M24×2-6g</td><td>5</td><td>+0.5
0</td><td>7</td><td>+0.7
0</td><td>21</td><td>33</td><td rowspan="3">4</td><td rowspan="3">1.5</td></tr>
<tr><td>DN10/NPS $\frac{3}{8}$</td><td>M33×2-6g</td><td>8</td><td>+1.0
0</td><td>10</td><td>+1.0
0</td><td>30</td><td>40</td></tr>
<tr><td>DN15/NPS $\frac{1}{4}$</td><td>M48×2-6g</td><td>13</td><td>+1.5
0</td><td>15</td><td>+1.5
0</td><td>45</td><td>42</td></tr>
<tr><td colspan="12">法兰连接</td></tr>
<tr><td>DN15/NPS $\frac{1}{2}$</td><td>M48×2-6g-LH*</td><td>13</td><td>+1.5
0</td><td>15</td><td>+1.5
0</td><td>45</td><td>56</td><td>4</td><td>1</td><td>0.5</td><td>1.5</td></tr>
<tr><td rowspan="2">DN20/NPS $\frac{3}{4}$</td><td>M48×2-6g-LH</td><td rowspan="2">18</td><td rowspan="4">+2
0</td><td rowspan="2">20</td><td rowspan="4">+2
0</td><td rowspan="3">55.5</td><td rowspan="4">60</td><td rowspan="4">6</td><td rowspan="4">1.5</td><td rowspan="4">1</td><td rowspan="4">2</td></tr>
<tr><td>M60×3-6g-LH*</td></tr>
<tr><td rowspan="2">DN25/NPS1</td><td>M60×3-6g-LH</td><td rowspan="2">25</td><td rowspan="2">27</td></tr>
<tr><td>M72×3-6g-LH*</td><td>67.5</td></tr>
</table>

注：*号为加热阀门用。

6.20 PN2500 凹穴接头

PN2500 凹穴接头的结构型式及尺寸如图 6-40、图 6-41 及表 6-41 所示。

表6-41　凹穴接头的尺寸（JB/T 1308.5—2011）　（单位：mm）

公称尺寸	螺纹代号 d	D_n 尺寸	D_n 偏差	d_1 尺寸	d_1 偏差	d_t	D 尺寸	D 偏差	L	l	b	R	r	C
DN3/NPS $\frac{1}{8}$	M24×2-6H	3	$^{+0.3}_{0}$	5	$^{+0.5}_{0}$	24.4	—	—	—	22	5	0.5	—	1.5
DN6/NPS $\frac{1}{4}$		5	$^{+0.5}_{0}$	7	$^{+0.7}_{0}$		21	$^{+0.045}_{0}$	45	23			1	
DN10/NPS $\frac{3}{8}$	M33×2-6H	8	$^{+1.0}_{0}$	10	$^{+1.0}_{0}$	33.4	30		60	28				
DN15/NPS $\frac{1}{2}$	M48×2-6H	13	$^{+1.5}_{0}$	15	$^{+1.5}_{0}$	48.4	45	$^{+0.050}_{0}$	70	30				

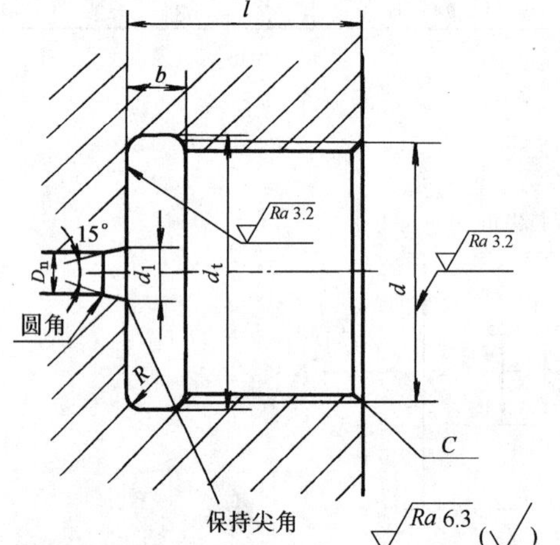

图6-40　DN3/NPS $\frac{1}{8}$凹穴接头的结构型式

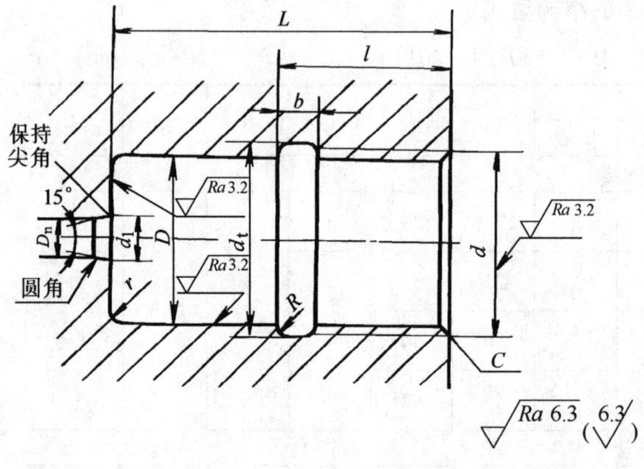

图6-41　DN6/NPS $\frac{1}{4}$、DN10/NPS $\frac{3}{8}$、DN15/NPS $\frac{1}{2}$凹穴接头的结构型式

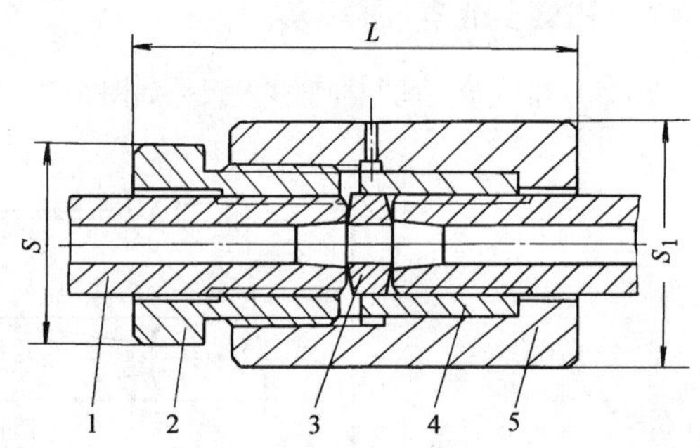

图6-42　管道管接头连接装配尺寸的结构型式

注：零件说明见表6-42。

表6-42　管道管接头连接装配尺寸

（单位：mm）

序号	1	2	3	4	5	装配尺寸		
名称	管子	内外螺母	锥面垫	螺套	接头螺母	L	S	S_1
公称尺寸	规格							
DN3/NPS $\frac{1}{8}$	11×4	DN3				60	27	27
DN6/NPS $\frac{1}{4}$	15×5	DN6				75	32	36
DN10/NPS $\frac{3}{8}$	21×6.5	DN10				98	41	50
DN15/NPS $\frac{1}{2}$	35×11	DN15				118	55	70

6.21　PN2500 管道管接头

PN2500 管道管接头连接装配尺寸如图6-42及表6-42所示。

6.22　PN2500 带颈管接头

PN2500 带颈管接头连接装配尺寸如图6-43及表6-43所示。

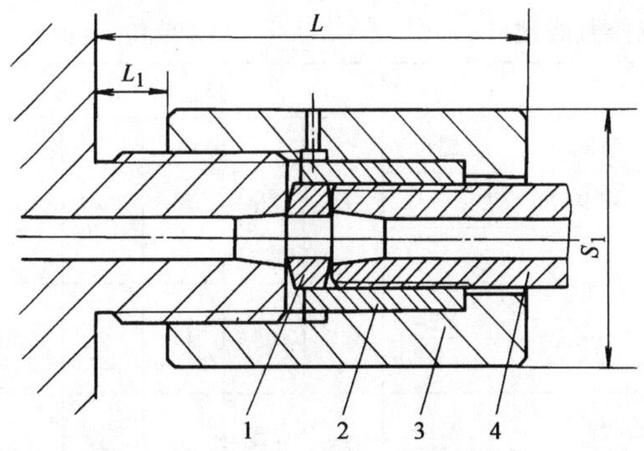

图 6-43 带颈管接头连接装配尺寸的结构型式

注：零件说明见表 6-43。

表 6-43 带颈管接头连接装配尺寸

（单位：mm）

序号	1	2	3	4	装配尺寸		
名称	锥面垫	螺套	接头螺母	管子	L	L_1	S_1
公称尺寸	规格						
DN3/NPS $\frac{1}{8}$	DN3/NPS $\frac{1}{8}$			11×4	55	10	27
DN6/NPS $\frac{1}{4}$	DN6/NPS $\frac{1}{4}$			15×5	70	12	36
DN10/NPS $\frac{3}{8}$	DN10/NPS $\frac{3}{8}$			21×6.5	90	15	50
DN15/NPS $\frac{1}{2}$	DN15/NPS $\frac{1}{2}$			35×11	105	17	70

6.23 PN2500 凹穴接头

PN2500 凹穴接头连接装配尺寸如图 6-44 及表 6-44所示。

表 6-44 凹穴接头连接装配尺寸

（单位：mm）

序号	1	2	3	4	装配尺寸			
名称	锥面垫	螺套	外螺母	管子	L	L_1	L_2	S
公称尺寸	规格							
DN3/NPS $\frac{1}{8}$	DN3/NPS $\frac{1}{8}$			11×4	17	7	22	27
DN6/NPS $\frac{1}{4}$	DN6/NPS $\frac{1}{4}$			15×5	18	6	45	32
DN10/NPS $\frac{3}{8}$	DN10/NPS $\frac{3}{8}$			21×6.5	23	7	60	41
DN15/NPS $\frac{1}{2}$	DN15/NPS $\frac{1}{2}$			35×11	25	6	70	55

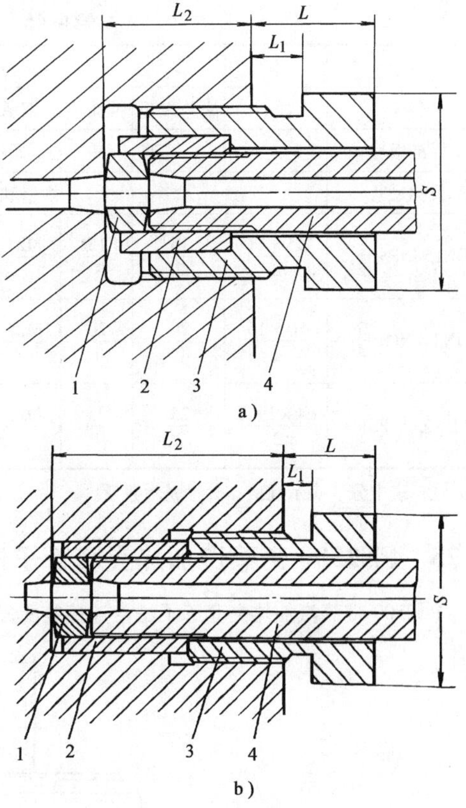

图 6-44 凹穴接头连接装配的结构型式

a）适用于 DN3/NPS $\frac{1}{8}$ b）适用于 DN6/NPS $\frac{1}{4}$、DN10/NPS $\frac{3}{8}$、DN15/NPS $\frac{1}{2}$

注：零件说明见表 6-44。

6.24 PN2500 管子法兰

PN2500 管子法兰连接装配尺寸如图 6-45 及表 6-45所示。

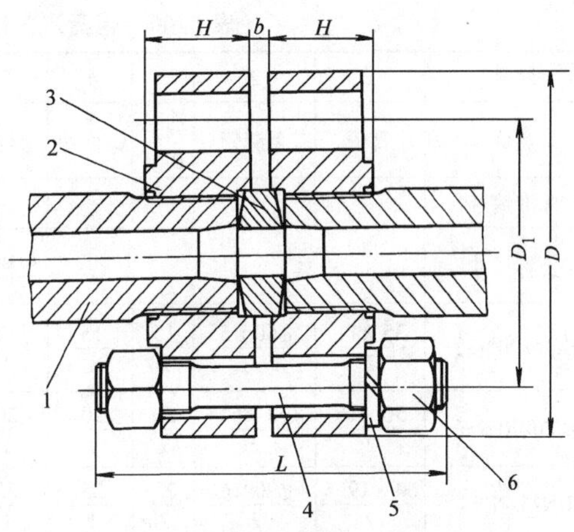

图 6-45 管子法兰连接装配尺寸的结构型式

注：零件说明见表 6-45。

表 6-45 管子法兰连接装配尺寸 （单位：mm）

序号	1	2	3	4	5	6	装配尺寸				
名称	管子	法兰 A 型	锥面垫	双头螺柱	垫圈	螺母	D	D_1	H	b	L
标准编号	—	—	—	—	GB 93	—					
公称尺寸	规格和数量										
DN15/NPS $\frac{1}{2}$	$\frac{35\times11}{2}$	$\frac{15}{2}$	$\frac{15}{1}$	$\frac{M24\times150}{4}$	$\frac{24}{4}$	$\frac{M24}{8}$	140	95	44	5	150
DN20/NPS $\frac{3}{4}$	$\frac{50\times16}{2}$	$\frac{20}{2}$	$\frac{20}{1}$	$\frac{M27\times170}{4}$	$\frac{27}{4}$	$\frac{M27}{8}$	165	115	49	8	170
DN25/NPS1	$\frac{64\times19.5}{2}$	$\frac{25}{2}$	$\frac{25}{1}$	$\frac{M27\times190}{6}$	$\frac{27}{6}$	$\frac{M27}{12}$	185	135	54	10	190

注：表中分子表示规格，分母表示数量。

6.25 PN2500 带蒸汽加热夹套管子法兰

PN2500 带蒸汽加热夹套管子法兰连接装配尺寸如图 6-46 及表 6-46 所示。

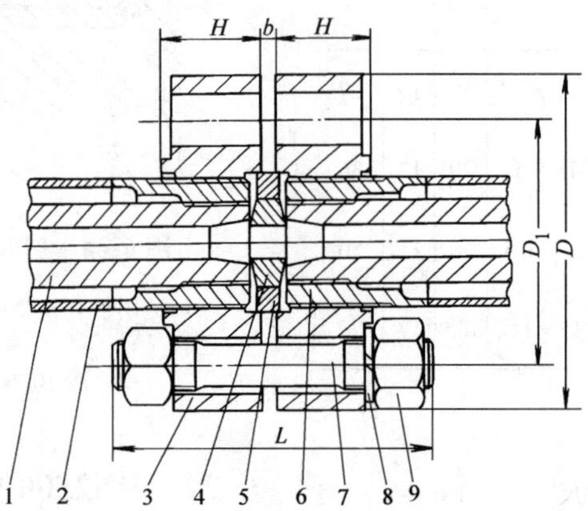

图 6-46 带蒸汽加热夹套管子法兰连接装配尺寸的结构型式

注：零件说明见表 6-46。

表 6-46 带蒸汽加热夹套管子法兰连接装配尺寸 （单位：mm）

序号	1	2	3	4	5	6	7	8	9	装配尺寸				
名称	管子	无缝管	法兰 B 型	锥面垫	定位环	内外螺套	双头螺柱	垫圈	螺母	D	D_1	H	b	L
标准编号	—	—	—	—	—	—	—	GB 93	—					
公称尺寸	规格和数量													
DN15/NPS $\frac{1}{2}$	$\frac{35\times11}{2}$	$\frac{\phi60\times5}{2}$	$\frac{15}{2}$	$\frac{15}{1}$	$\frac{15}{1}$	$\frac{15}{2}$	$\frac{M27\times170}{4}$	$\frac{27}{4}$	$\frac{M27}{8}$	165	115	49	5	170
DN20/NPS $\frac{3}{4}$	$\frac{50\times16}{2}$	$\frac{\phi73\times5.5}{2}$	$\frac{20}{2}$	$\frac{20}{1}$	$\frac{20}{1}$	$\frac{20}{2}$	$\frac{M27\times190}{4}$	$\frac{27}{4}$	$\frac{M27}{8}$	185	135	54	8	190
DN25/NPS1	$\frac{64\times19.5}{2}$	$\frac{\phi90\times6}{2}$	$\frac{25}{2}$	$\frac{25}{1}$	$\frac{25}{1}$	$\frac{25}{2}$	$\frac{M27\times210}{6}$	$\frac{27}{6}$	$\frac{M27}{12}$	205	155	59	10	210

注：表中分子表示规格，分母表示数量。

6.26 PN2500 带颈接头法兰

PN2500 带颈接头法兰连接装配尺寸如图 6-47 及表 6-47 所示。

表 6-47 带颈接头法兰连接装配尺寸 （单位：mm）

序号	1	2	3	4	5	6	7	装配尺寸				
名称	带颈接头	法兰 A 型	锥面垫	双头螺柱	垫圈	螺母	管子	D	D_1	H	b	L
标准编号	—	—	—	—	GB 93	—	—					
公称尺寸	规格和数量											
DN20/NPS $\frac{3}{4}$	$\frac{20}{1}$	$\frac{20}{2}$	$\frac{20}{1}$	$\frac{M27\times170}{4}$	$\frac{27}{4}$	$\frac{M27}{8}$	$\frac{50\times16}{1}$	160	115	49	8	170
DN25/NPS1	$\frac{25}{1}$	$\frac{25}{2}$	$\frac{25}{1}$	$\frac{M27\times190}{6}$	$\frac{27}{6}$	$\frac{M27}{12}$	$\frac{64\times19.5}{1}$	185	135	54	10	190

注：表中分子表示规格，分母表示数量。

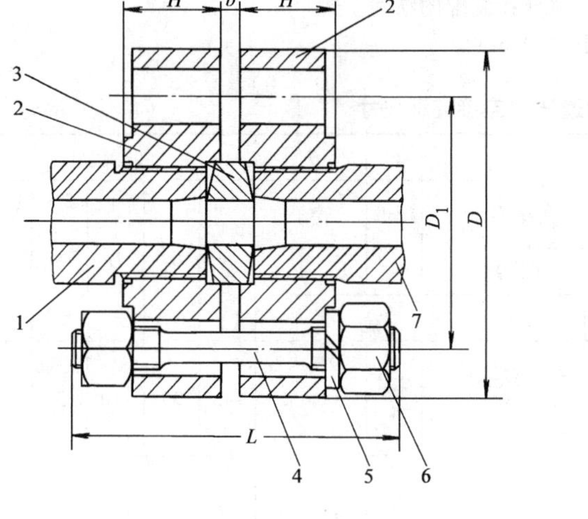

图 6-47 带颈接头法兰连接装配尺寸的结构型式

注：零件说明见表 6-47。

6.27 PN2500 带颈接头和带蒸汽加热夹套管子法兰

PN2500 带颈接头和带蒸汽加热夹套管子法兰连接装配尺寸如图 6-48 及表 6-48 所示。

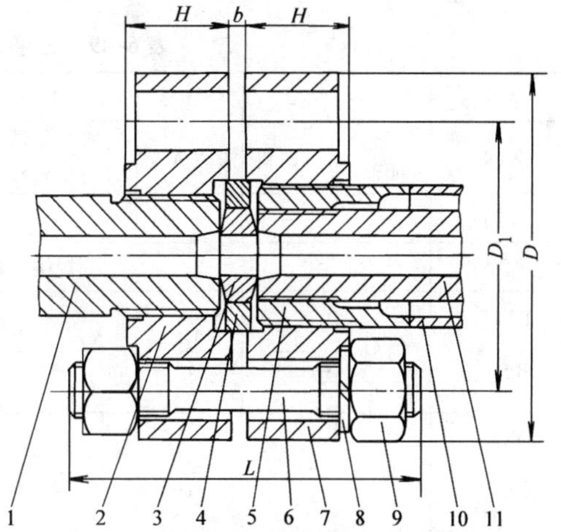

图 6-48 带颈接头和带蒸汽加热夹套管子法兰连接装配的结构型式

注：零件说明见表 6-48。

表 6-48 带颈接头和带蒸汽加热夹套管子法兰连接装配尺寸 （单位：mm）

序号	1	2	3	4	5	6	7	8	9	10	11	装配尺寸				
名称	带颈接头	法兰 C 型	锥面垫	定位环	内外螺套	双头螺柱	法兰 B 型	垫圈	螺母	无缝管	管子	D	D_1	H	b	L
标准编号	—	—	—	—	—	—	—	GB 93	—	—	—					
公称尺寸	规格和数量															
DN15/NPS $\frac{1}{2}$	$\frac{15}{1}$	$\frac{15}{1}$	$\frac{15}{1}$	$\frac{15}{1}$	$\frac{15}{1}$	$\frac{M27\times170}{4}$	$\frac{15}{1}$	$\frac{27}{4}$	$\frac{M27}{8}$	$\frac{\phi60\times5}{1}$	$\frac{35\times11}{1}$	165	115	49	5	170
DN20/NPS $\frac{3}{4}$	$\frac{20}{1}$	$\frac{20}{1}$	$\frac{20}{1}$	$\frac{20}{1}$	$\frac{20}{1}$	$\frac{M27\times190}{4}$	$\frac{20}{1}$	$\frac{27}{4}$	$\frac{M27}{8}$	$\frac{\phi73\times5.5}{1}$	$\frac{50\times16}{1}$	185	135	54	8	190
DN25/NPS1	$\frac{25}{1}$	$\frac{25}{1}$	$\frac{25}{1}$	$\frac{25}{1}$	$\frac{25}{1}$	$\frac{M27\times210}{6}$	$\frac{25}{1}$	$\frac{27}{6}$	$\frac{M27}{12}$	$\frac{\phi90\times6}{1}$	$\frac{64\times19.5}{1}$	205	155	59	10	210

注：表中分子表示规格，分母表示数量。

6.28 PN2500 三通、四通法兰

PN2500 三通、四通法兰连接装配尺寸如图 6-49 及表 6-49 所示。

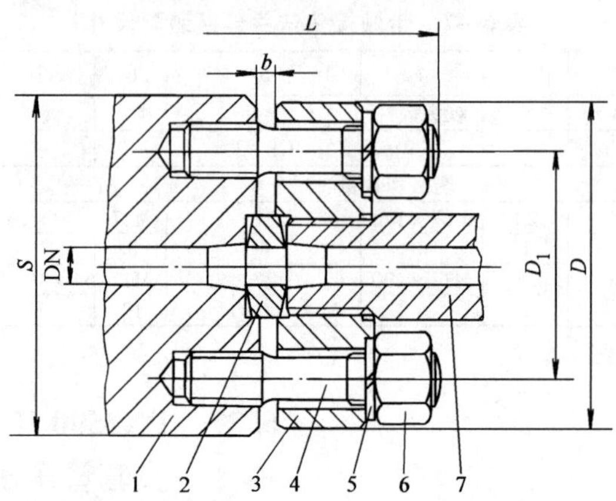

图 6-49 三通、四通法兰连接装配的结构型式

注：零件说明见表 6-49。

表 6-49 三通、四通法兰连接装配尺寸 （单位：mm）

序号	1	2	3	4	5	6	7	装配尺寸				
名称	三通 四通	锥面垫	法兰 A 型	阶端 双头螺柱	垫圈	螺母	管子	S	D_1	D	b	L
标准编号	—	—	—	—	GB 93	—	—					
公称尺寸	规格和数量											
DN15 /NPS $\frac{1}{2}$	15	$\frac{15}{1}$	$\frac{15}{1}$	$\frac{M24\times125}{4}$	$\frac{24}{4}$	$\frac{M24}{4}$	35×11	145	95	140	5	305
DN20 /NPS $\frac{3}{4}$	20	$\frac{20}{1}$	$\frac{20}{1}$	$\frac{M27\times145}{4}$	$\frac{27}{4}$	$\frac{M27}{4}$	50×16	170	115	165	8	360
DN25 /NPS1	25	$\frac{25}{1}$	$\frac{25}{1}$	$\frac{M27\times150}{6}$	$\frac{27}{6}$	$\frac{M27}{6}$	64×19.5	190	135	185	10	390

注：表中分子表示规格，分母表示数量。

第 7 章　阀门零部件

7.1　扳手、手柄和手轮（JB/T 93—2008）

7.1.1　扳手

A 型和 B 型扳手的结构型式及尺寸如图 7-1 及表 7-1 所示。扳手的材料为球墨铸铁 QT350-10、铸钢 ZG200-400、ZG230-450。

7.1.2　手柄

A 型和 B 型手柄的结构型式及尺寸如图 7-2 及表 7-2 所示。手柄的材料为碳素钢 Q235、铸钢 ZG230-450。

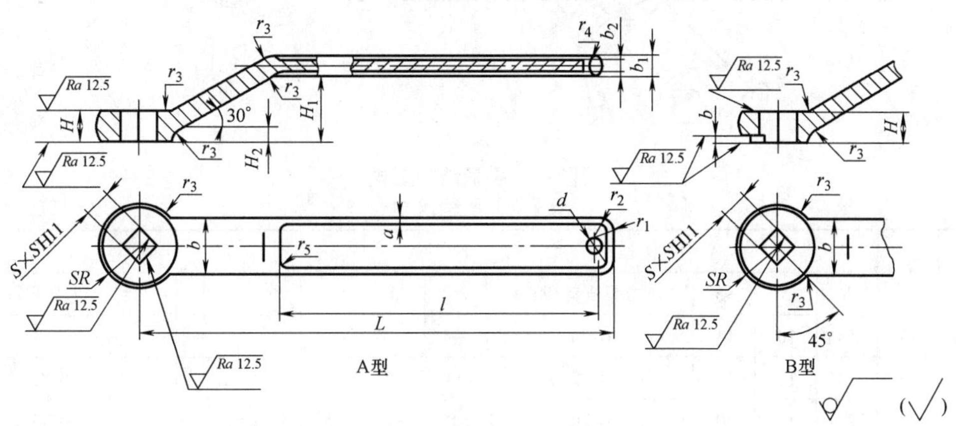

图 7-1　扳手结构型式

表 7-1　扳手的尺寸　　（单位：mm）

<table>
<tr><th rowspan="2">S</th><th rowspan="2">L</th><th rowspan="2">H</th><th rowspan="2">SR</th><th rowspan="2">H1</th><th rowspan="2">b</th><th rowspan="2">l</th><th rowspan="2">b1</th><th rowspan="2">b2</th><th rowspan="2">H2</th><th rowspan="2">a</th><th rowspan="2">d</th><th rowspan="2">r1</th><th rowspan="2">r2</th><th rowspan="2">r3</th><th rowspan="2">r4</th><th rowspan="2">r5</th><th colspan="2">参考质量/kg</th></tr>
<tr><th>A 型</th><th>B 型</th></tr>
<tr><td>8</td><td>120</td><td>8</td><td>14</td><td>20</td><td>15</td><td rowspan="4">—</td><td>5</td><td rowspan="4">—</td><td>2</td><td rowspan="4">—</td><td>5</td><td>5</td><td rowspan="4">—</td><td>4</td><td rowspan="3">2</td><td rowspan="4">—</td><td>0.08</td><td>0.07</td></tr>
<tr><td>9</td><td>140</td><td rowspan="2">10</td><td>16</td><td rowspan="2">25</td><td rowspan="2">20</td><td rowspan="2">6</td><td>3</td><td rowspan="4">8</td><td rowspan="2">8</td><td rowspan="2">6</td><td>0.15</td><td>0.14</td></tr>
<tr><td>11</td><td>160</td><td>18</td><td>4</td><td>0.18</td><td>0.17</td></tr>
<tr><td>12</td><td>200</td><td>12</td><td>20</td><td>30</td><td>25</td><td>8</td><td>6</td><td rowspan="2">10</td><td>8</td><td rowspan="5">3</td><td>0.33</td><td>0.32</td></tr>
<tr><td>14</td><td>250</td><td>16</td><td>22</td><td rowspan="2">35</td><td>30</td><td>180</td><td rowspan="2">10</td><td rowspan="2">5</td><td>8</td><td rowspan="2">3</td><td>7</td><td>10</td><td rowspan="2">3</td><td>0.55</td><td>0.54</td></tr>
<tr><td>17</td><td>300</td><td>20</td><td>25</td><td>35</td><td>220</td><td>10</td><td>10</td><td>13</td><td rowspan="4">10</td><td rowspan="2">15</td><td>0.83</td><td>0.80</td></tr>
<tr><td>19</td><td>350</td><td>25</td><td>28</td><td>40</td><td rowspan="2">40</td><td>260</td><td>12</td><td>6</td><td>12</td><td rowspan="3">5</td><td rowspan="3">15</td><td rowspan="3">15</td><td rowspan="2">5</td><td>1.33</td><td>1.30</td></tr>
<tr><td>22</td><td>400</td><td rowspan="2">30</td><td rowspan="2">30</td><td>50</td><td>300</td><td>14</td><td>7</td><td rowspan="2">15</td><td>20</td><td>1.78</td><td rowspan="2">—</td></tr>
<tr><td>24</td><td>500</td><td>55</td><td>45</td><td>380</td><td>16</td><td>8</td><td>25</td><td>—</td><td>—</td><td>2.48</td></tr>
</table>

7.1.3 伞形手轮

A型和B型伞形手轮的结构型式及尺寸如图7-3及表7-3所示。手轮的材料为球墨铸铁QT400-15、QT400-17、QT400-18或可锻铸铁KTH330-08、KTH350-10。

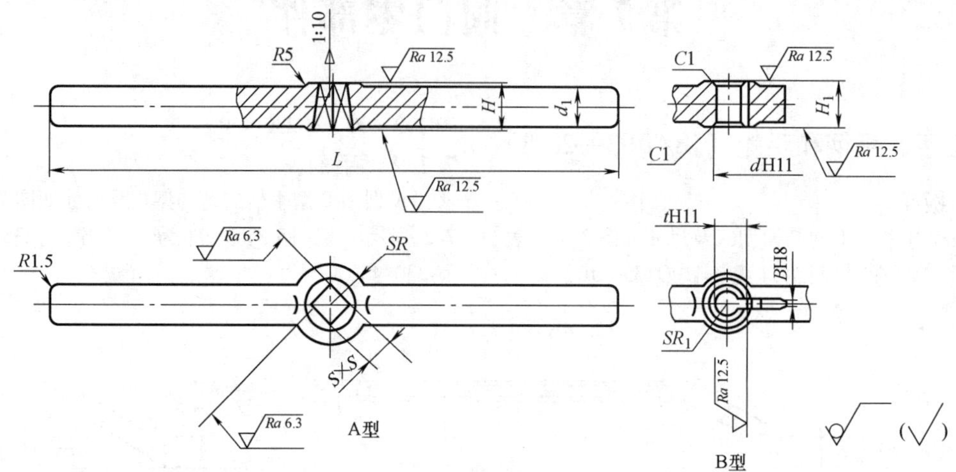

图7-2 手柄结构型式

表7-2 手柄尺寸

（单位：mm）

<table>
<tr><th rowspan="2">L</th><th rowspan="2">d_1</th><th colspan="4">A型</th><th colspan="6">B型</th></tr>
<tr><th>H</th><th>S</th><th>SR</th><th>参考质量/kg</th><th>H_1</th><th>d</th><th>SR_1</th><th>t</th><th>B</th><th>参考质量/kg</th></tr>
<tr><td>200</td><td>13</td><td>16</td><td>10</td><td>14</td><td>0.24</td><td>—</td><td>—</td><td>—</td><td>—</td><td>—</td><td>—</td></tr>
<tr><td>250</td><td>15</td><td>20</td><td>12</td><td>17</td><td>0.42</td><td>24</td><td>28</td><td>22</td><td>30.1</td><td rowspan="2">5</td><td>0.45</td></tr>
<tr><td>300</td><td>18</td><td>22</td><td>14</td><td>20</td><td>0.70</td><td>28</td><td>35</td><td>25</td><td>37.1</td><td>0.72</td></tr>
<tr><td>350</td><td>20</td><td>26</td><td>17</td><td>22</td><td>1.00</td><td rowspan="2">32</td><td rowspan="2">40</td><td rowspan="2">32</td><td rowspan="2">42.6</td><td rowspan="3">6</td><td>1.19</td></tr>
<tr><td>400</td><td rowspan="3">24</td><td rowspan="3">30</td><td rowspan="2">19</td><td rowspan="2">26</td><td>1.64</td><td>1.68</td></tr>
<tr><td>500</td><td>1.99</td><td rowspan="2">34</td><td>45</td><td>35</td><td>47.6</td><td>2.12</td></tr>
<tr><td>600</td><td>24</td><td>28</td><td>2.36</td><td>50</td><td>38</td><td>53.1</td><td>8</td><td>2.54</td></tr>
</table>

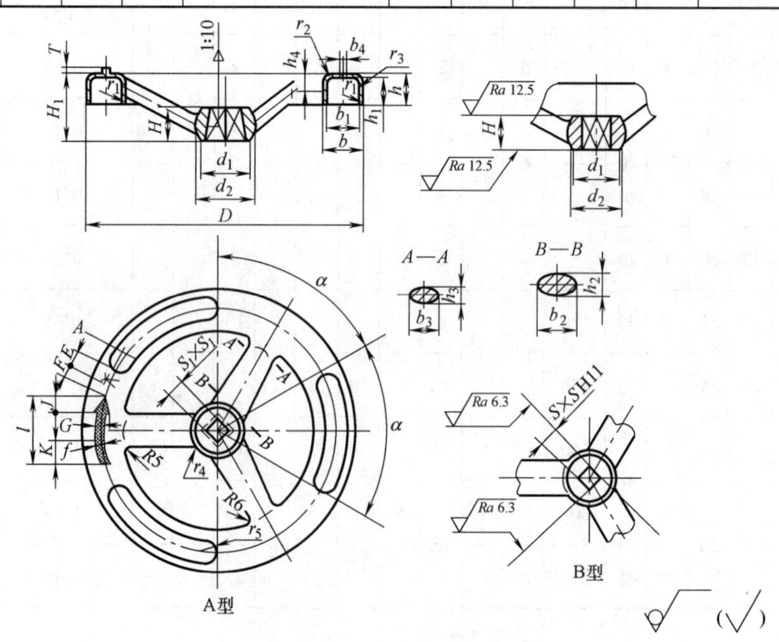

图7-3 伞形手轮结构型式

表 7-3 伞形手轮的尺寸

（单位：mm）

<table>
<tr><th rowspan="2">手轮直径 D</th><th rowspan="2">H_1</th><th colspan="6">轮　毂</th><th colspan="6">轮　辐</th><th colspan="10">轮　缘</th><th colspan="9">箭头和铸字</th><th rowspan="2">参考质量 /kg</th></tr>
<tr><th>H</th><th>S_1</th><th>S</th><th>d_1</th><th>d_2</th><th>r_4</th><th>根数</th><th>b_2</th><th>h_2</th><th>b_3</th><th>h_3</th><th>h_4</th><th>h</th><th>h_1</th><th>b</th><th>b_1</th><th>b_4</th><th>r_1</th><th>r_2</th><th>r_3</th><th>r_5</th><th>α</th><th>l</th><th>F</th><th>E</th><th>A</th><th>K</th><th>J</th><th>f</th><th>G</th><th>T</th></tr>
<tr><td>50</td><td>16</td><td rowspan="2">10</td><td rowspan="4">—</td><td rowspan="2">6</td><td>16</td><td>20</td><td rowspan="4">4</td><td rowspan="10">3</td><td rowspan="3">12</td><td rowspan="3">6</td><td rowspan="3">10</td><td rowspan="3">5</td><td>4</td><td rowspan="2">10</td><td rowspan="2">7</td><td rowspan="2">12</td><td rowspan="2">6</td><td rowspan="4">—</td><td>10</td><td rowspan="4">2</td><td rowspan="3">4</td><td rowspan="4" colspan="2">—</td><td rowspan="5">25</td><td rowspan="5">6</td><td rowspan="5" colspan="2">7</td><td rowspan="5">10</td><td rowspan="5">7</td><td rowspan="5">2</td><td rowspan="5">5</td><td rowspan="8">2</td><td>0.09</td></tr>
<tr><td>65</td><td>18</td><td>18</td><td>22</td><td>5</td><td>12</td><td>0.12</td></tr>
<tr><td>80</td><td>22</td><td>12</td><td>8</td><td>22</td><td>26</td><td>6</td><td>12</td><td>9</td><td>14</td><td>8</td><td>14</td><td>0.19</td></tr>
<tr><td>100</td><td>28</td><td>14</td><td>9</td><td rowspan="2">24</td><td rowspan="2">28</td><td>16</td><td>8</td><td>14</td><td>7</td><td>7</td><td>14</td><td>11</td><td>16</td><td>10</td><td>16</td><td>5</td><td>0.30</td></tr>
<tr><td>120</td><td>30</td><td>16</td><td>10</td><td rowspan="10">—</td><td rowspan="5">5</td><td>18</td><td>9</td><td>16</td><td>8</td><td>7.5</td><td>15</td><td>12</td><td>18</td><td>12</td><td>6</td><td>18</td><td rowspan="4">3</td><td rowspan="4">6</td><td>3</td><td rowspan="6">60°</td><td>0.38</td></tr>
<tr><td>140</td><td>34</td><td>18</td><td rowspan="2">12</td><td rowspan="2">30</td><td rowspan="2">34</td><td>20</td><td>10</td><td>18</td><td>9</td><td>8</td><td>16</td><td>13</td><td>20</td><td>14</td><td>8</td><td>20</td><td>4</td><td rowspan="3">40</td><td rowspan="3">8</td><td rowspan="3" colspan="2">10</td><td rowspan="3">15</td><td rowspan="3">10</td><td rowspan="7">3</td><td rowspan="7">6</td><td>0.52</td></tr>
<tr><td>160</td><td>38</td><td>20</td><td rowspan="2">24</td><td rowspan="2">12</td><td rowspan="3">20</td><td rowspan="3">10</td><td>9</td><td>18</td><td>15</td><td>22</td><td>16</td><td>10</td><td>22</td><td>5</td><td>0.69</td></tr>
<tr><td>180</td><td>42</td><td rowspan="2">22</td><td rowspan="2">14</td><td>32</td><td>36</td><td>10</td><td>20</td><td>17</td><td>26</td><td>20</td><td rowspan="3">14</td><td>26</td><td rowspan="3">7</td><td>0.83</td></tr>
<tr><td>200</td><td>46</td><td>34</td><td>40</td><td>26</td><td>13</td><td>11</td><td>22</td><td>18</td><td rowspan="2">30</td><td rowspan="2">22</td><td rowspan="2">30</td><td rowspan="4">4</td><td rowspan="4">8</td><td rowspan="4">50</td><td rowspan="4">10</td><td rowspan="4" colspan="2">12</td><td rowspan="4">18</td><td rowspan="4">12</td><td rowspan="6">3</td><td>1.24</td></tr>
<tr><td>240</td><td>50</td><td>26</td><td>17</td><td>40</td><td>48</td><td rowspan="5">8</td><td rowspan="2">28</td><td rowspan="2">14</td><td>22</td><td>11</td><td rowspan="2">12</td><td rowspan="2">24</td><td rowspan="2">20</td><td>1.73</td></tr>
<tr><td>280</td><td>54</td><td rowspan="2">30</td><td>19</td><td>46</td><td>54</td><td rowspan="4">5</td><td>24</td><td>12</td><td rowspan="2">32</td><td rowspan="2">24</td><td rowspan="3">15</td><td rowspan="2">32</td><td rowspan="3">7.5</td><td rowspan="4">36°</td><td>2.58</td></tr>
<tr><td>320</td><td>56</td><td>24</td><td>54</td><td>62</td><td>30</td><td>15</td><td>26</td><td>13</td><td>13</td><td>26</td><td>22</td><td>3.30</td></tr>
<tr><td>360</td><td>60</td><td>34</td><td>27</td><td>60</td><td>70</td><td>32</td><td>16</td><td>28</td><td>14</td><td>15</td><td>30</td><td>25.5</td><td>36</td><td>27</td><td>4.5</td><td>4.5</td><td>9</td><td rowspan="2">65</td><td rowspan="2">15</td><td rowspan="2" colspan="2">16</td><td rowspan="2">20</td><td rowspan="2">15</td><td rowspan="2">4</td><td rowspan="2">8</td><td>4.62</td></tr>
<tr><td>400</td><td>65</td><td>38</td><td>30</td><td>62</td><td>75</td><td>34</td><td>17</td><td>30</td><td>15</td><td>16</td><td>32</td><td>27</td><td>38</td><td>28</td><td>18</td><td>5</td><td>5</td><td>10</td><td>9</td><td>5.96</td></tr>
</table>

7.1.4 平形手轮

平形手轮结构型式分为 A、B、C、D 型四种。A、B、C 型的结构型式及尺寸如图 7-4 和表 7-4 所示。D 型平形手轮的结构型式及尺寸如图 7-5 和表 7-5 所示。平形手轮的材料为球墨铸铁 QT400-15、QT400-17、QT400-18 或可锻铸铁 KTH330-08、KTH350-10。

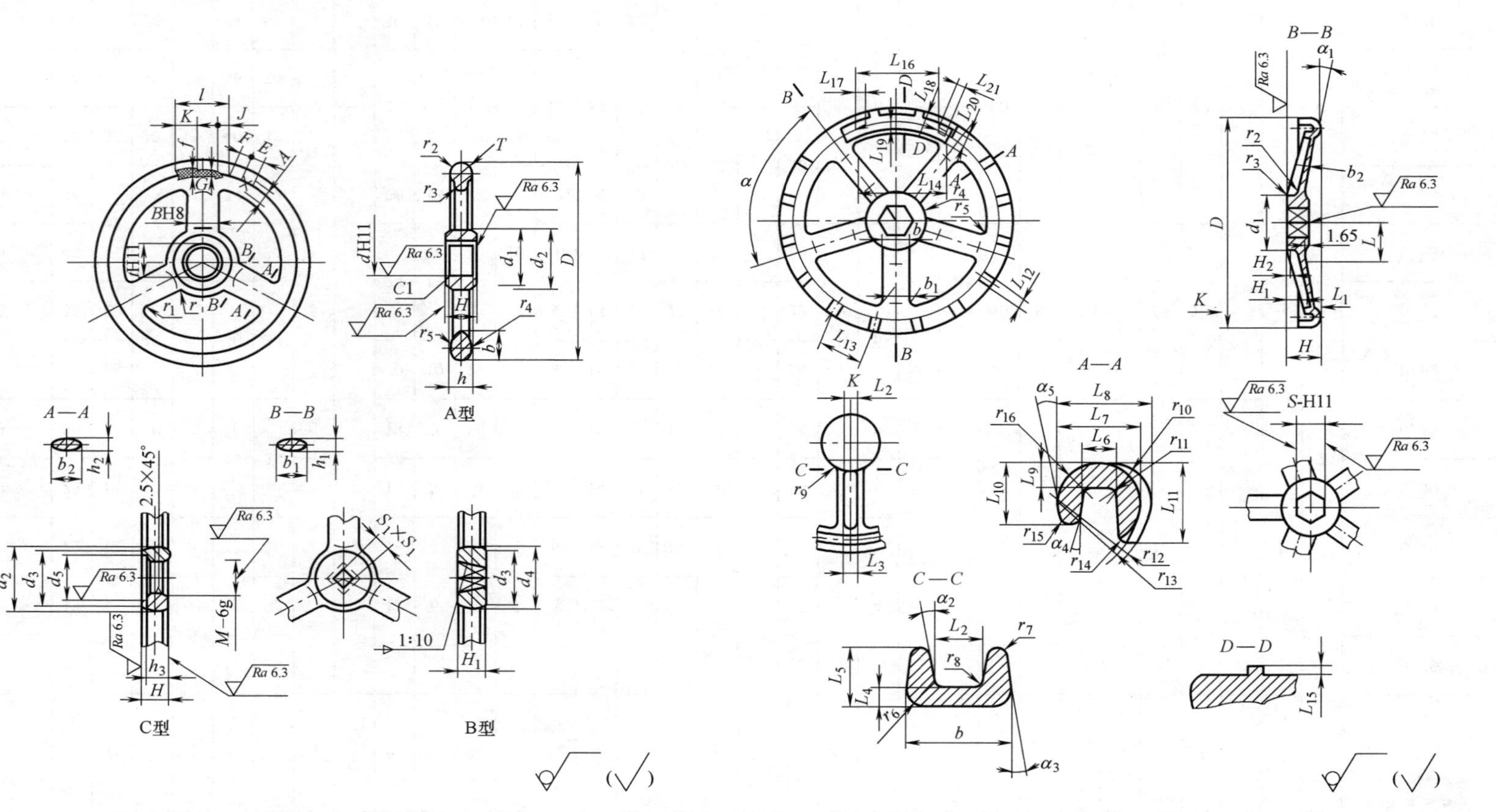

图 7-4 平形手轮 A、B、C 型结构型式

图 7-5 平形手轮 D 型结构型式

表 7-4 平形手轮 A、B、C 型的尺寸

（单位：mm）

手轮直径 D	轮毂 A、C型 H	轮毂 A、C型 d_1	轮毂 A、C型 d_2	轮毂 A型 d	轮毂 A型 B	轮毂 A型 t	轮毂 C型 M	轮毂 C型 d_5	轮毂 C型 h_3	轮毂 B型 H_1	轮毂 B型 S_1	轮毂 B型 d_3	轮毂 B型 d_4	轮辐 根数	轮辐 b_1	轮辐 h_1	轮辐 b_2	轮辐 h_2	轮辐 r	轮辐 r_1	轮缘 h	轮缘 b	轮缘 r_2	轮缘 r_3	轮缘 r_4	轮缘 r_5	箭头和铸字 l	箭头和铸字 F	箭头和铸字 E	箭头和铸字 A	箭头和铸字 K	箭头和铸字 J	箭头和铸字 f	箭头和铸字 G	箭头和铸字 T	参考质量/kg
120	18	42	45	—	—	—	M27×2	34	12	—	—	—	—	3	18	9	16	8	6	3	14	18	7	4	3	8	30	6	8	8	10	6	2	5	1.5	0.63
140	20		48	26	5	28.1	M30×2	38	16	18	12	30	32		20	10	18	9	8	5	16	20	8			10	40	8	10	10	15	10	3	6	2	0.90
160		45	50							20			34		24	12	20	10			18	22	9	5												1.32
180	22	50	55	28		30.1				22		32	36								20	25	10													1.74
200	24	55	60	32		34.1	M27×2	42	18		44	34	40						10	6							50	10	12	12	18	12			3	2.01
240	28	65	70				M27×2	50	22	26	17	40	48	5	26	13	22	11			22	28	11	6												3.32
280	30	70	75	35		37.1	—	—	—	—	—	—	—													12										4.00
320	32	80	85	40	6	42.6	M27×2	58	26	30	19	58	62		28	14	24	12	12	8	26	32	13		4		65	15	16	16	20	15	4	8		5.83
360	34	85	90	45		47.6	—	—	—	—	—	—	—		30	15	26	13								14										6.86
400		95	100	50	8	53.1	M27×2	70	30	38	27	62	75		32	16	28	14			30	36	15	7												9.65
450	44	102	110	55		58.1	M27×2	74	34	42	32	70	85		34	17	30	15	15	10						16	80	18	20	20	25	20				11.76
500		113	120				M27×2	82				75	95		38	19	32	16			34	40	17	8									5	12		16.35
560	54	120	130	60	10	63.6	—								40	20	34	17	20	15																19.33
640	60			65		68.6									42	21	36	18			36	42	18	9	5	20	95	20	22	22	30	25	6	15		25.01
720	70	125	140	70	12	73.6																														29.11
800		146	160	80	14	84.1																														33.64
900	80	160	180	90	16	95.1								7	44	22	38	19	22	18	38	44	19	10	6	25	110	22	25	25	35	30	8	18		46.77
1000	90	170	190	100	18	105.1																														57.32

表 7-5 平形手轮 D 型的尺寸

（单位：mm）

手轮直径 D	总高 H	轮毂				轮辐																					
		H_1	H_2	d_1	S	根数	b	b_1	b_2	r_2	r_3	r_4	r_5	r_6	$r_7\approx$	r_8	r_9	α	α_1	α_2	α_3	L	L_1	L_2	L_3	L_4	L_5
250	38	24		70	34 36		28	25	6	7		7	6	7	3							46	—	13	10	6	19
300			3.5	80	40 48	5	33	30	7		5	8		8	3.2	3	4	72°	10°		3°	52	6.5			7	
350	42	26		90	48 50		34	31	8	8		9	7		3.5					5°		65	6	16	13	8	21
400			2.5	95	55		36	33	9			10	8	9					8°			74		18	15	9	22
500	52	28	4.5	120	60		38	35	10			12	10		4							90	9	19	16	10	
600	60	36	10.5	130	70	6	41	38	11	10	6					5	6	60°	10°		5°	105	8	20	17	11	24
650			9.5	140			44	41				14	12				8		8°			115		23	20		25

手轮直径 D	轮缘																	箭头和字								参考质重 /kg
	L_6	L_7	L_8	L_9	L_{10}	L_{11}	L_{12}	$L_{13}\approx$	r_{10}	r_{11}	r_{12}	r_{13}	r_{14}	$r_{15}\approx$	r_{16}	α_4	α_5	L_{14}	L_{15}	L_{16}	L_{17}	L_{18}	L_{19}	L_{20}	L_{21}	
250	10	22	25	6	16	20		48.8	11	11	22	22		2.5				115	2		12	6	2.5			2.58
300	11	27	30	8	21	27		58.2	13.5	13.5	27	27					10°		2.5							4.22
350	12	28	31	9	22	28	12	60.8	14	14	28	28	2	3.5	16			140	3	90				10	7	5.45
400		30	33	10	23	30		65.8	15	15	30	30		4		5°	15°		2		14	8	3			7.90
500								32.7											2							13.42
600	16	38	41	12	29	38	13	39.2	19	19	38	38	3	5	19		5°	180	2.5	125				14	9	19.14
650								42.5																		21.70

7.2 螺母、螺栓和螺塞（JB/T 1700—2008）

7.2.1 锁紧螺母

锁紧螺母的结构型式分为A型、B型、C型，具体结构如图7-6所示。A型、B型锁紧螺母的尺寸按表7-6的规定；C型锁紧螺母的尺寸按表7-7的规定。A型、B型锁紧螺母的材料为HT200；C型锁紧螺母的材料为45钢。A型、B型锁紧螺母用于公称压力PN6～PN10的通用阀门阀杆螺母；C型锁紧螺母用于公称压力PN16～PN63、公称尺寸DN50～DN300的铸钢闸阀阀杆螺母。

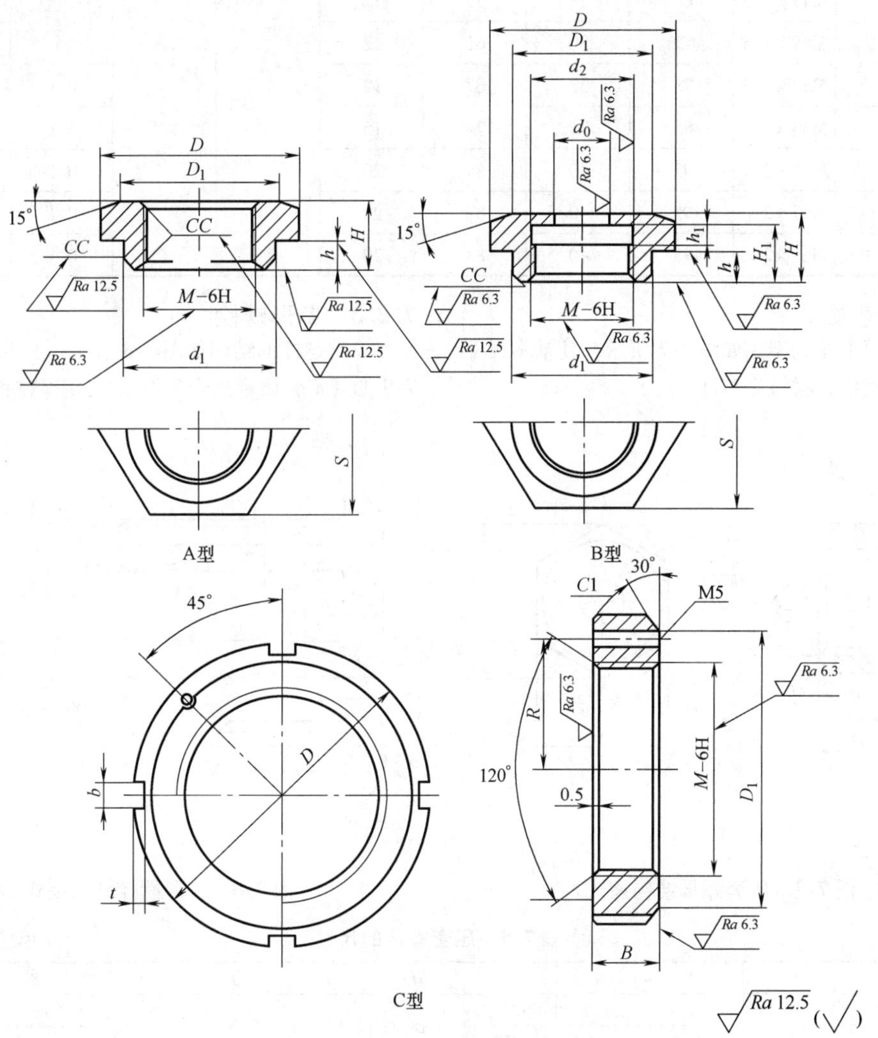

图7-6 锁紧螺母结构型式

表7-6 A型、B型锁紧螺母的尺寸 （单位：mm）

M	d_0	d_1	d_2	D	D_1	H	H_1	h	h_1	S	C	参考质量/kg	
												A型	B型
M24×2LH	10	32	24.5	≈41.6	32	15	12	7		36		0.05	0.06
M27×2LH	12	36	27.5	≈47.3	36					41		0.08	0.09
M30×2LH	15	40	30.5	≈53.1	40	18	15	8		46		0.11	0.12
M36×2LH	18	48	36.5	≈63.5	48				5	55	2	0.15	0.17
M42×2LH	22	56	42.5	≈75	56	22	18	10		65		0.26	0.28
M52×2LH	30	68	52.5	≈86.5	68					75		0.33	0.36
M64×2LH	—	80	—	≈104	80	24	—	12	—	90		0.45	—

表 7-7　C 型锁紧螺母的尺寸　　（单位：mm）

阀杆螺纹直径	M	D	R	D_1	B	b	t	ΔT	参考质量/kg
20	M33×1.5	52	22	43	10	6	3	0.8	0.085
22	M33×1.5	52	22	43	10				0.085
26	M36×1.5	55	22	46	10				0.093
28	M45×1.5	68	28	59	12	8	3.5		0.14
32	M48×1.5	72	30	61	12				0.18
36	M52×1.5	78	32	67	12			0.1	0.22
38	M56×2	85	35	74	15			0.1	0.28
42	M65×2	95	40	84	20			0.1	0.59
44	M65×2	95	40	84	20			0.1	0.59
48	M65×2	95	40	84	20			0.1	0.59

7.2.2　压套螺母

压套螺母的结构型式如图 7-7 所示，其基本尺寸按表 7-8 的规定，材料为 HT150。

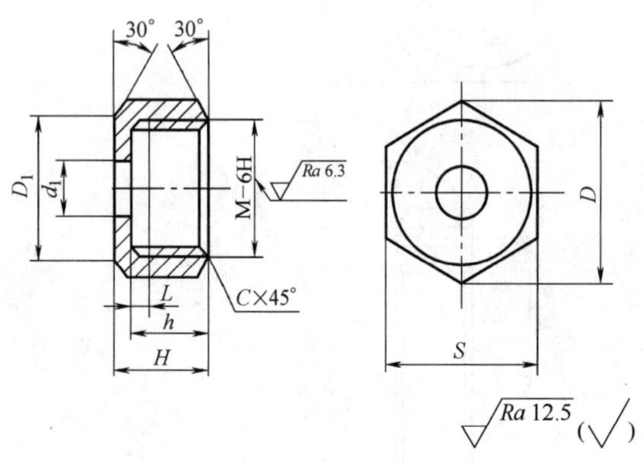

图 7-7　压套螺母结构型式

7.2.3　T 形螺栓

T 型螺栓的结构如图 7-8 所示，其基本尺寸按表 7-9 的规定，质量按表 7-10 的规定，材料为 45 钢。

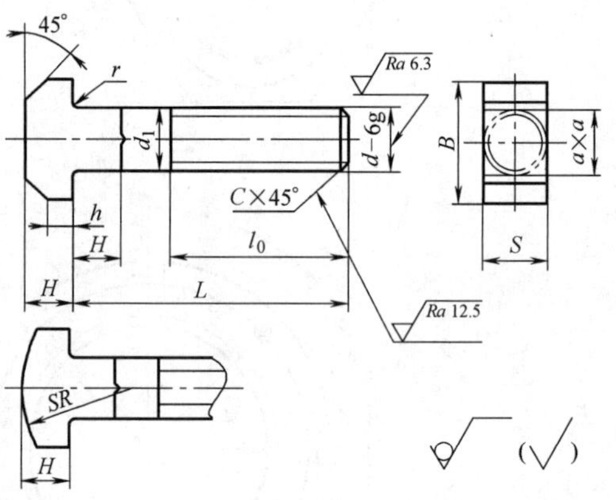

图 7-8　T 形螺栓结构型式

表 7-8　压套螺母的尺寸　　（单位：mm）

M	d_1	D	D_1	S	H	h	L	C	参考质量/kg
M22×1.5	9	≈31.2	26.0	27	18	14	3	1.5	0.04
M24×1.5	11	≈34.6	29.0	30					0.05
M30×2	13	≈41.6	34.5	36	22	18	4	2	0.08
M33×2	15	≈47.3	39.0	41					0.12

表 7-9　T 形螺栓的尺寸　　（单位：mm）

d	B	S	H	a	h	SR	r	C
M8	15	8	6	8	3.0	14	0.5	1.0
M10	20	10	7	10	3.5	18		
M12	25	12	9	12	4.5	22		1.5
M16	30	16	12	16	6.0	28	1.0	
M20	38	20	14	20	7.0	35		2.0
M24	46	24	16	24	8.0	42	1.5	

（续）

L		l_0					
尺寸	极限偏差	M8	M10	M12	M16	M20	M24
35	±1.6	20	—	—	—	—	—
40		25	25				
45		28	28				
50		30	30	30			
55	±1.9						
60		—	35	35			
65			40	40			
70			45	45	45		
75			—	50	50		
80				55	55	55	
85	±2.2			—			
90					60	60	
95							
100					65		
105							
110					—	65	
115							
120						70	70
125	±2.5						
130						75	75
140						80	80
150						85	85
160						—	90
l_0 的极限偏差		$^{+2.0}_{0}$	$^{+3.0}_{0}$	$^{+3.5}_{0}$	$^{+4.0}_{0}$	$^{+5.0}_{0}$	$^{+5.0}_{0}$

表 7-10　T 形螺栓的参考质量　（单位：mm）

L	每 1000 个参考质量/kg					
	M8	M10	M12	M16	M20	M24
35	17.69	—	—	—	—	—
40	19.20	32.93				
45	20.90	35.66				
50	22.68	38.51	60.78			
55	24.65	41.59	65.22			
60	—	44.09	68.81			
65		46.58	72.41			
70		49.08	76.00	145.24		
75		—	79.60	151.90		
80			83.19	158.53	260.41	
85			—	166.44	272.73	
90				173.10	283.05	
95				180.99	295.38	
100				187.65	307.70	
105				195.53	320.02	
110				—	330.34	
115					342.67	
120					352.99	528.41
125					365.31	546.16
130					375.63	561.07
140					398.27	593.73
150					420.91	626.39
160					—	659.05

7.2.4 六角螺塞

六角螺塞的结构如图7-9所示，其尺寸按表7-11的规定。六角螺塞的材料为HT200、Q235、35、35CrMo、25Cr2MoV、20Cr13、12Cr18Ni9、06Cr17Ni12Mo2，也可以选用性能不低于以上材料的其他材料。普通螺纹的尺寸按GB/T 196—2003的规定，其公差按GB/T 197—2018的规定。

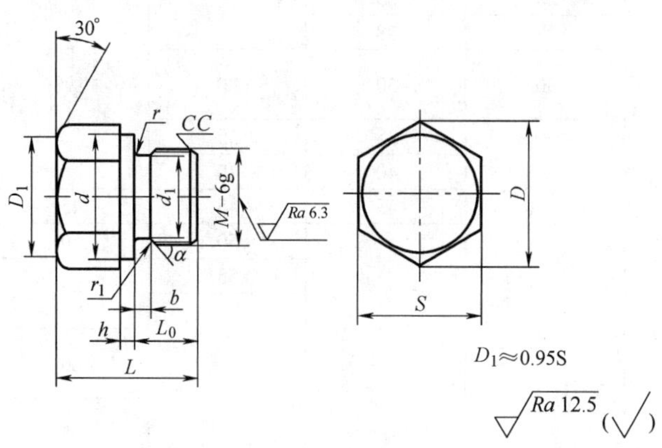

图7-9 六角螺塞的结构

表7-11 六角螺塞的尺寸 （单位：mm）

M	d_1	d	D	S 尺寸	S 极限偏差	h	L		L_0		C	b	r	r_1	α	参考质量/kg
M8×1	6.5	14	16.2	14	0 −0.26	2	18	20	10	12	1	2.5	0.5	—	—	0.01
M10×1	8.5	16	19.6	17			20	22								0.02
M12×1.25	10.2	18	21.9	19	0 −0.43	3	24	26	12		1.2	3				0.03
M14×1.5	11.5	22	25.4	22			26	30	14	18	1.5	4	1.0	0.5	45°	0.04
M16×1.5	13.8	24	27.7	24			28	32		20						0.07
M20×1.5	17.8	28	34.0	30	0 −0.52	4	30	35								0.11
M24×1.5	21.0	32	36.9	32			32	40	16	24						0.15
M27×2	24.0	36	43.9	38			36	45	20	28	2	5				0.22
M30×2	27.0	40	47.3	41			40	50	22	30						0.31
M36×2	33.0	46	53.1	46	0 −0.62		44	55								0.42
M42×2	39.0	54	63.5	55		6	48	60	24	32						0.69
M48×2	45.0	60	69.3	60			52	65								0.92
M56×2	53.0	70	80.8	70	0 −0.74		56	70	26	34						1.29

7.3 阀杆螺母（JB/T 1701—2010）

7.3.1 A型阀杆螺母

A型阀杆螺母结构型式如图7-10所示，尺寸按表7-12的规定，其材料为ZCuZn38Mn2Pb2。适用于公称压力不大于PN16、公称尺寸DN25～DN65的灰铸铁截止阀和节流阀的下螺纹阀杆。

7.3.2 B型阀杆螺母

B型阀杆螺母的结构型式如图7-11所示，其尺寸按表7-13的规定，材料为ZCuAL10Fe3、ZCuZn38Mn2Pb2。B型为上螺纹阀杆螺母，适用于公称压力不大于PN16、公称尺寸DN80～DN150的灰铸铁截止阀，公称压力PN16～PN160、公称尺寸DN15～DN150的球墨铸铁和铸钢或锻钢截止阀及节流阀。

表 7-12　A 型阀杆螺母尺寸　（单位：mm）

Tr	M	L	M_1	L_1	C	参考质量/kg
Tr14×3—7H	M24×2	16	M4	10	2	0.04
Tr18×4—7H	M27×2	20			2.5	0.05
Tr20×4—7H	M30×2	22	M5	12		0.07

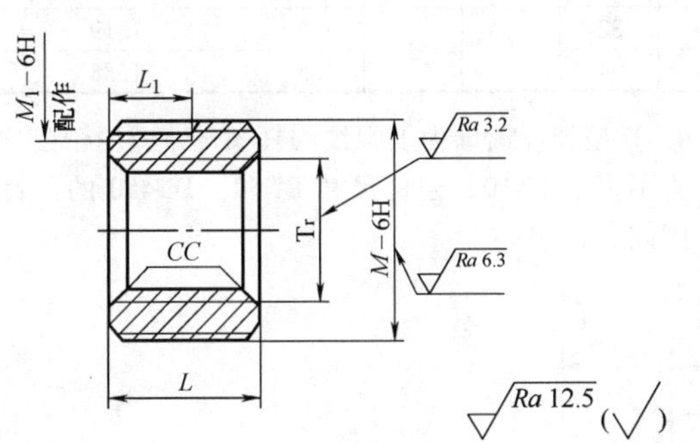

图 7-10　A 型阀杆螺母

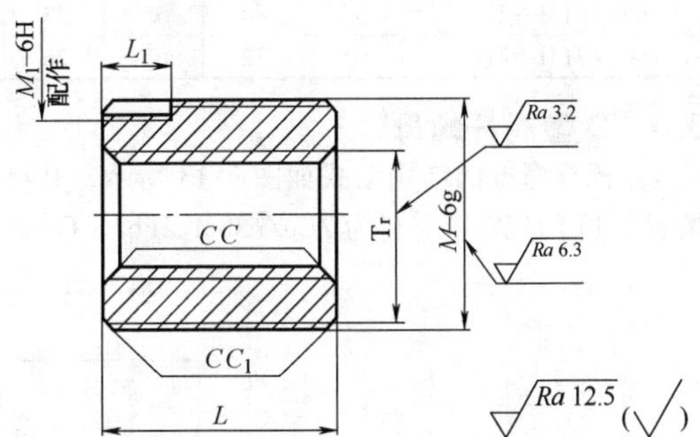

图 7-11　B 型阀杆螺母

表 7-13　B 型阀杆螺母的尺寸　（单位：mm）

Tr	M	L	M_1	L_1	C	C_1	参考质量/kg
Tr14×3—7H	M27×2	25	M6	10	2	2	0.09
Tr16×4—7H	M30×2	30			2.5		0.12
Tr18×4—7H	M33×2	32					0.16
Tr20×4—7H	M36×2	35		12			0.20
Tr22×5—7H	M39×2	40			3		0.27
Tr24×5—7H	M42×2	42					0.33
Tr26×5—7H	M45×2	45					0.40
Tr28×5—7H	M48×2	50					0.50
Tr32×6—7H	M52×2	55			3.5		0.63
Tr36×6—7H	M56×3	60	M8	16		2.5	0.72
Tr40×7—7H	M65×3	65					1.06

7.3.3　C 型阀杆螺母

C 型阀杆螺母的结构型式如图 7-12 所示，其尺寸按表 7-14 的规定，材料为 ZCuZn38Mn2Pb2、QAl9-4。C 型为下螺纹阀杆螺母，适用于公称压力不大于 PN10、公称尺寸 DN50～DN450 的灰铸铁闸阀。

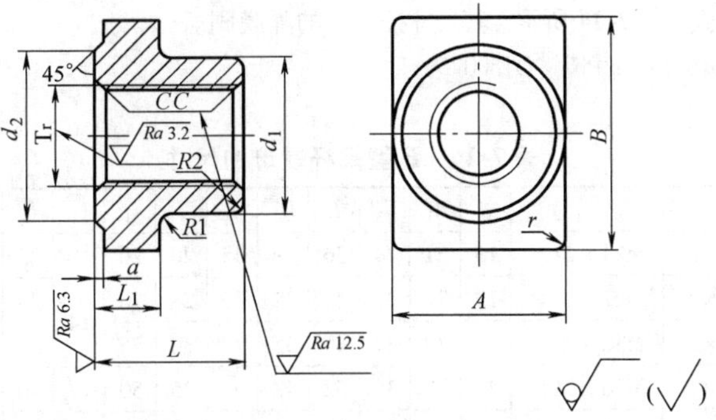

图 7-12　C 型阀杆螺母

表 7-14　C 型阀杆螺母的尺寸　（单位：mm）

Tr	d_1	d_2	L	L_1	A	B	r	a	C	参考质量/kg
Tr18×4LH—7H	32	34	32	12	38	44	2	2	2.5	0.24
Tr20×4LH—7H	35	36	34	12	40	48				0.29
Tr24×5LH—7H	40	42	45	14	46	60	3		3.0	0.50
Tr28×5LH—7H	45	50	50	18	54	66				0.70
Tr36×6LH—7H	55	60	55	23	66	82	4	3	3.5	1.19
Tr44×7LH—7H	65	72	65	26	78	94			4.5	1.88

7.3.4　D 型阀杆螺母

D 型阀杆螺母的结构型式如图 7-13 所示，其尺寸按表 7-15 的规定，材料为 ZCuZn38Mn2Pb2、QAl9-4。D 型阀杆螺母为上螺纹阀杆螺母，适用于公称压力不大于 PN10、公称尺寸 DN50～DN450 的灰铸铁闸阀。

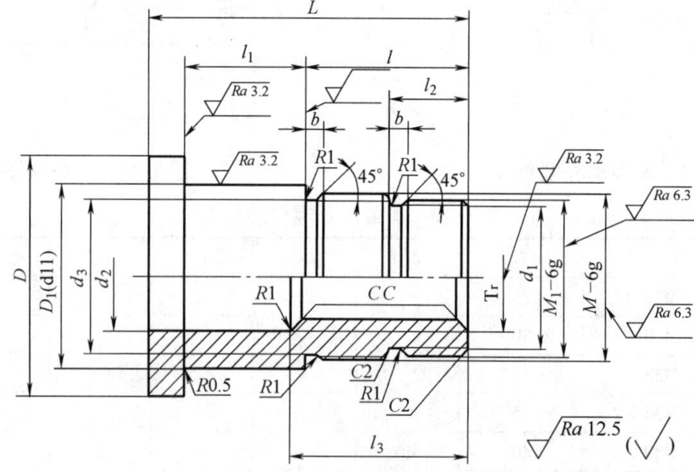

图 7-13　D 型阀杆螺母

表 7-15　D 型阀杆螺母尺寸　（单位：mm）

Tr	M	M_1	d_1	d_2	d_3	D	D_1	L	l	l_1	l_2	l_3	C	b	参考质量/kg
Tr18×4LH—7H	M30×2	M27×2LH	24	20	27	45	35	62	32	24	20	35	2.5	5	0.30
Tr20×4LH—7H	M33×2	M30×2LH	27	22	30			66	34						0.33
Tr24×5LH—7H	M39×2	M36×2LH	33	26	36	52	42	78	36	32		45	3		0.58
Tr28×5LH—7H	M45×2	M42×2LH	39	30	42	65	50	90	46	34	22	50			0.94
Tr36×6LH—7H	M56×2	M52×2LH	49	38	53	75	60	104	50	42	25	55	3.5		1.51
Tr44×7LH—7H	M68×2	M64×2LH	61	46	65	90	70	124	58	50	29	65	4.5		2.41

7.3.5　E 型阀杆螺母

E 型阀杆螺母的结构型式如图 7-14 所示，其尺寸按表 7-16 的规定，材料为 ZCuZn38Mn2Pb2、QT500-5，适用于公称压力不大于 PN6、公称尺寸 DN15～DN200 的隔膜阀。

表 7-16　E 型阀杆螺母的尺寸　（单位：mm）

Tr	M	M_1	d	d_1	d_3	D	D_1	L	l	l_1	l_2	l_3	b	C	参考质量/kg
Tr14×3LH—7H	M27×2	M24×2LH	15	21	24	36	30	45	20	20	10	22	5	2	0.17
Tr16×4LH—7H	M30×2	M27×2LH	18	24	27	42	32	60	28	26	14	25		2.5	0.26
Tr20×4LH—7H	M33×2	M30×2LH	22	27	30	45	35	72	30	35		30			0.39
Tr24×5LH—7H	M39×2	M36×2LH	26	33	36	52	42	95	35	50	17	40		3	0.70
Tr28×5LH—7H	M45×2	M42×2LH	30	39	42	65	50	126	40	76	18	45			1.34
Tr36×6LH—7H	M56×2	M52×2LH	38	49	53	75	60	175	45	119	19	55		3.5	2.66

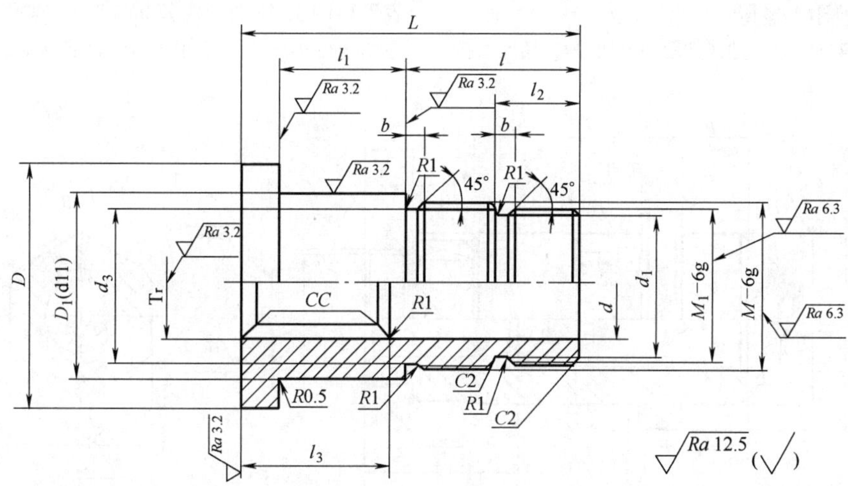

图 7-14　E 型阀杆螺母

7.3.6　F 型阀杆螺母

F 型阀杆螺母的结构型式如图 7-15 所示，其尺寸按表 7-17 的规定，材料为 ZCuAl10Fe3、ZCuZn25Al6Fe3Mn3，适用于公称压力不小于 PN16 的钢制闸阀。

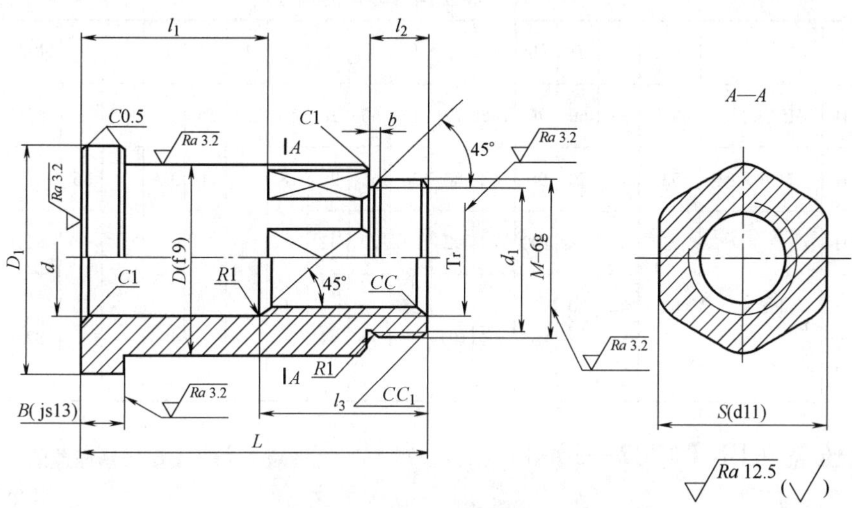

图 7-15　F 型阀杆螺母

表 7-17　F 型阀杆螺母的尺寸　（单位：mm）

Tr	M	d_1	d	D	D_1	L	l_1	l_2	l_3	B	b	S	C	C_1	参考质量/kg
Tr20 ×4LH—7H	M33 ×1.5	30.7	22	40	48	70	34	14	30	9	2.5	36	2.5	1.5	0.52
Tr22 ×5LH—7H			24						40				3		0.56
Tr26 ×5LH—7H	M36 ×1.5	33.7	28	44	52	82	44			10		40			0.61
Tr28 ×5LH—7H	M45 ×1.5	42.7	30	52	65	90	50	16	45	11		48			1.09
Tr32 ×6LH—7H	M48 ×1.5	45.7	34	55	68				50			50	3.5		1.10

7.3.7　G型阀杆螺母

G型阀杆螺母的结构型式如图7-16所示，其尺寸按表7-18的规定，材料为ZCuAl10Fe3、ZCuZn25Al6Fe3Mn3，适用于公称压力不小于PN16的钢制闸阀。

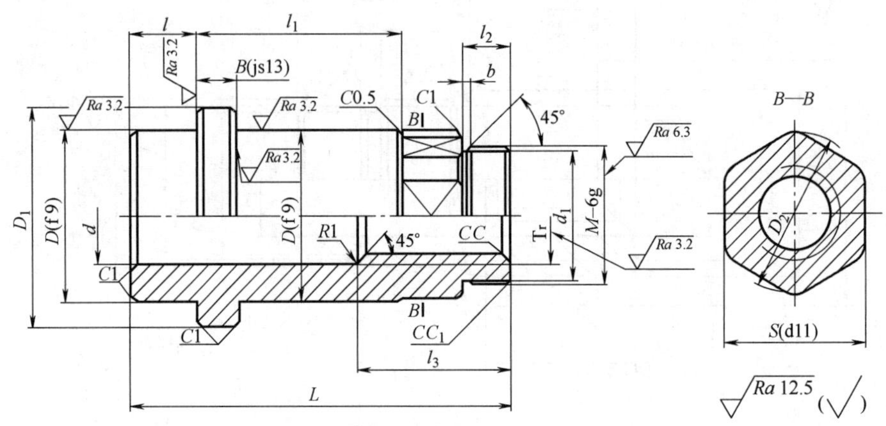

图7-16　G型阀杆螺母

表7-18　G型阀杆螺母的尺寸　（单位：mm）

Tr	M	d_1	d	D	D_1	L	l_1	l_2	l_3	l	B	b	S	C	C_1	D_2	轴承号	参考质量/kg
Tr36×6LH—7H	M52×1.5	49.7	38	60	80	145	79	16	55	26	16	2.5	55	3.5	1.5	—	8112	2.23
Tr38×7LH—7H	M56×2	53	42	70	90	162	88	20	65	28	18	3.5	60		2	65	8114	3.52
Tr42×7LH—7H	M65×2	62	46	80	100	183	92	25	70	32	20		70			75	8116	5.05
Tr44×7LH—7H			48		104	204	101		75	44				4.5			8216	5.32
Tr48×8LH—7H			52															5.78

7.4　轴承压盖（JB/T 1702—2008）

7.4.1　A型轴承压盖

A型轴承压盖的结构型式如图7-17所示，其尺寸按表7-19的规定，材料为45钢。A型结构适用于带滚动轴承的闸阀阀杆螺母。

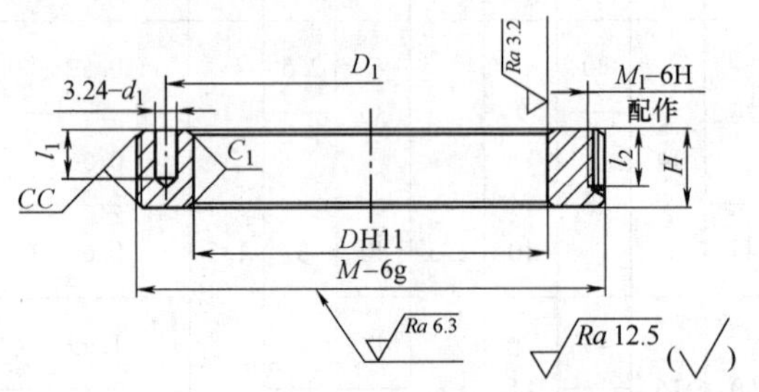

图7-17　A型轴承压盖结构型式

表7-19　A型轴承压盖的尺寸　（单位：mm）

M	D	D_1	d_1	H	M_1	l_1	l_2	C	参考质量/kg
M85×2	64	73	5	16	M6	8	12	2	0.28
M95×2	72	82	6			10			0.34
M100×2	78	88							0.35
M105×2	82	92							0.39
M130×2	98	113	8	18	M8	12	14		0.76
M140×2	105	121		20					1.00
M155×3	118	133		22				2.5	1.27

7.4.2　B 型轴承压盖

B 型轴承压盖的结构型式如图 7-18 所示，其尺寸按表 7-20 的规定，材料为 35 钢。B 型结构适用于铸钢闸阀。

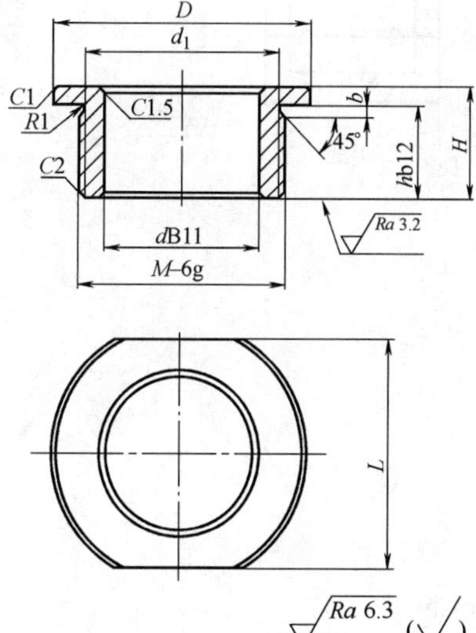

图 7-18　B 型轴承压盖结构型式

表 7-20　B 型轴承压盖尺寸

（单位：mm）

阀杆螺纹直径	dB11	D	d_1	M	hb12	b	H	L	参考质量/kg
20	40	65	49	M52×2	18	3.5	22	60	0.19
22	40	65	49	M52×2	18		22	60	0.19
26	44	72	57	M60×2	25		30	65	0.34
28	52	85	65	M68×2	30		36	75	0.52
32	55	95	73	M76×2	30		36	85	0.73
36	60	105	87	M90×2	35		42	95	1.28
38	70	125	97	M100×2	35		45	115	1.75
42	80	135	107	M110×2	38		48	125	2.05
44	80	145	117	M120×2	38		48	135	2.19
48	80	145	117	M120×2	38		48	135	2.69

7.5　衬套（JB/T 1703—2008）

衬套的结构型式如图 7-19 所示，其尺寸按表 7-21的规定，材料为 Q235。

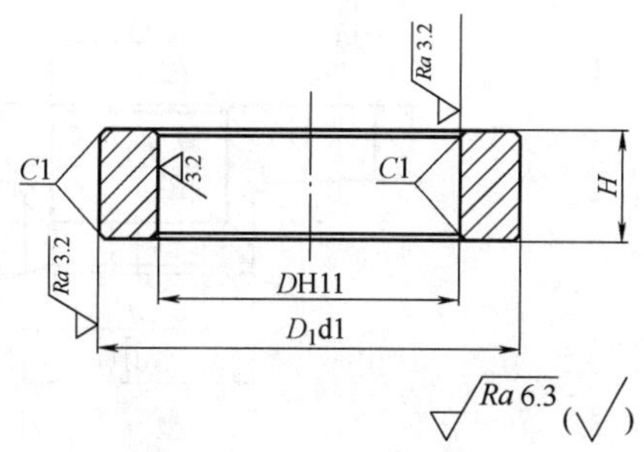

图 7-19　衬套结构型式

表 7-21　衬套的尺寸

（单位：mm）

D	D_1	H	参考质量/kg
50	64	20	0.19
55	72		0.26
60	78		0.30
65	82		0.31
70	98	23	0.66
75	105	26	0.86
85	118	28	1.15

7.6　填料压盖、填料压套和填料压板（JB/T 1708—2010）

7.6.1　填料压盖

A 型、B 型填料压盖的结构型式如图 7-20 所示，其尺寸按表 7-22 的规定。填料压盖的材料为 HT200、QT400-18、Q235、14Cr17Ni2、12Cr18Ni9、06Cr17Ni12Mo2、WCB、CF8、CF8M。A 型填料压盖结构一般适用于柔性石墨填料，B 型填料压盖结构一般适用于塑料填料。

7.6.2　填料压套

A 型、B 型、C 型填料压套的结构型式如图 7-21 所示，其尺寸 A 型按表 7-23 的规定、B 型按表 7-24 的规定、C 型按表 7-25 的规定。A 型填料压套的材料为 HT200、H62，B 型填料压套的材料为 12Cr13、12Cr18Ni9、06Cr17Ni12Mo2，C 型填料压套的材料为 Q235。A 型填料压套一般用于公称压力 PN16、公称尺寸 DN15 ~ DN65 的灰铸铁截止阀，B 型填料压套一般用于公称压力不小于 PN16 铸钢闸阀和铸钢截止阀，C 型填料压套一般用于公称压力 PN25、公称尺寸 DN6 ~ DN150 的氨阀。

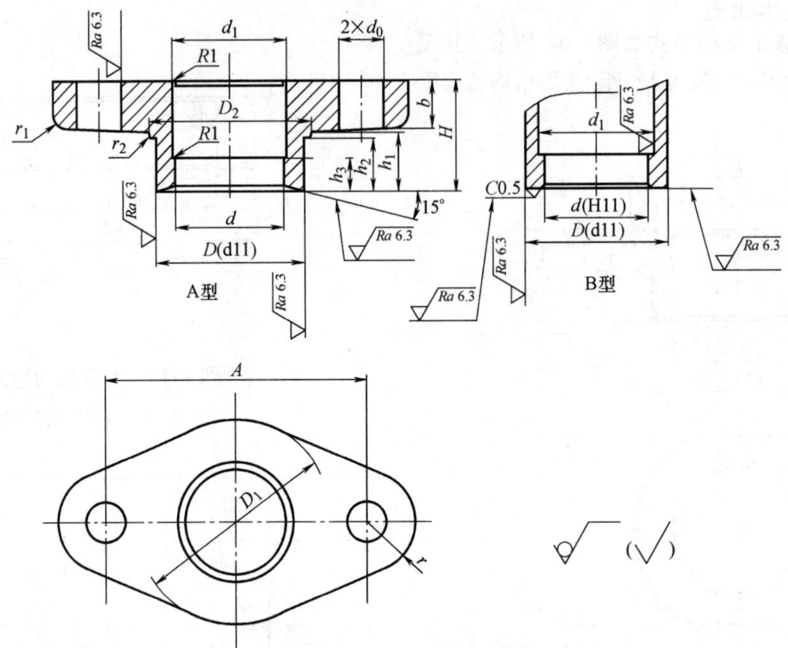

图 7-20　填料压盖结构型式

表 7-22　填料压盖的尺寸　（单位：mm）

<table>
<tr><th>d</th><th>D</th><th>D_1</th><th>D_2</th><th>d_1</th><th>d_0</th><th>A</th><th>H</th><th>h_1</th><th>h_2</th><th>h_3</th><th>b</th><th>r</th><th>r_1</th><th>r_2</th></tr>
<tr><td>14</td><td>22</td><td>36</td><td>≈26</td><td rowspan="2">—</td><td rowspan="2">10</td><td>50</td><td rowspan="4">28</td><td rowspan="4">16</td><td rowspan="4">14</td><td rowspan="2">—</td><td rowspan="5">10</td><td rowspan="2">10</td><td rowspan="8">3</td><td rowspan="13">2. 0</td></tr>
<tr><td>16</td><td>26</td><td>40</td><td>≈30</td><td>55</td></tr>
<tr><td>18</td><td>28</td><td>42</td><td>≈32</td><td>20</td><td rowspan="3">12</td><td>60</td><td rowspan="3">8</td><td rowspan="3">12</td></tr>
<tr><td>20</td><td>32</td><td>46</td><td>≈36</td><td>22</td><td>65</td></tr>
<tr><td>22</td><td>34</td><td>48</td><td>≈38</td><td>24</td><td>70</td><td>30</td><td rowspan="3">18</td><td rowspan="3">16</td></tr>
<tr><td>24</td><td>36</td><td>52</td><td>≈40</td><td>26</td><td rowspan="3">14</td><td>75</td><td>32</td><td rowspan="5">10</td><td rowspan="3">12</td><td rowspan="3">14</td></tr>
<tr><td>26</td><td>42</td><td>58</td><td>≈46</td><td>28</td><td>80</td><td rowspan="2">34</td></tr>
<tr><td>28</td><td>44</td><td>60</td><td>≈48</td><td>30</td><td>85</td><td>20</td><td>18</td></tr>
<tr><td>32</td><td>48</td><td>64</td><td>≈52</td><td>34</td><td rowspan="5">18</td><td>90</td><td rowspan="2">38</td><td rowspan="3">22</td><td rowspan="3">20</td><td rowspan="2">14</td><td rowspan="5">18</td><td rowspan="5">4</td></tr>
<tr><td>36</td><td>52</td><td>70</td><td>≈56</td><td>38</td><td>95</td></tr>
<tr><td>40</td><td>56</td><td>76</td><td>≈60</td><td>44</td><td>100</td><td>40</td><td rowspan="6">12</td><td rowspan="3">16</td></tr>
<tr><td>44</td><td>64</td><td>84</td><td>≈68</td><td>48</td><td>110</td><td rowspan="2">45</td><td rowspan="2">28</td><td rowspan="2">25</td></tr>
<tr><td>50</td><td>70</td><td>90</td><td>≈74</td><td>54</td><td>120</td></tr>
<tr><td>55</td><td>75</td><td>96</td><td>≈80</td><td>60</td><td rowspan="6">23</td><td>130</td><td rowspan="2">54</td><td rowspan="2">33</td><td rowspan="2">30</td><td rowspan="2">18</td><td rowspan="6">23</td><td rowspan="7">5</td><td rowspan="7">2. 5</td></tr>
<tr><td>60</td><td>80</td><td>100</td><td>≈85</td><td>65</td><td>140</td></tr>
<tr><td>65</td><td>85</td><td>110</td><td>≈90</td><td>70</td><td>145</td><td>60</td><td>38</td><td>35</td><td>20</td></tr>
<tr><td>70</td><td>96</td><td>120</td><td>≈100</td><td>75</td><td>155</td><td rowspan="4">70</td><td rowspan="4">44</td><td rowspan="4">40</td><td rowspan="4">16</td><td rowspan="4">22</td></tr>
<tr><td>75</td><td>101</td><td>130</td><td>≈105</td><td>80</td><td>165</td></tr>
<tr><td>80</td><td>106</td><td>135</td><td>≈110</td><td>85</td><td>170</td></tr>
<tr><td>90</td><td>122</td><td>150</td><td>≈125</td><td>95</td><td>27</td><td>185</td><td>27</td></tr>
</table>

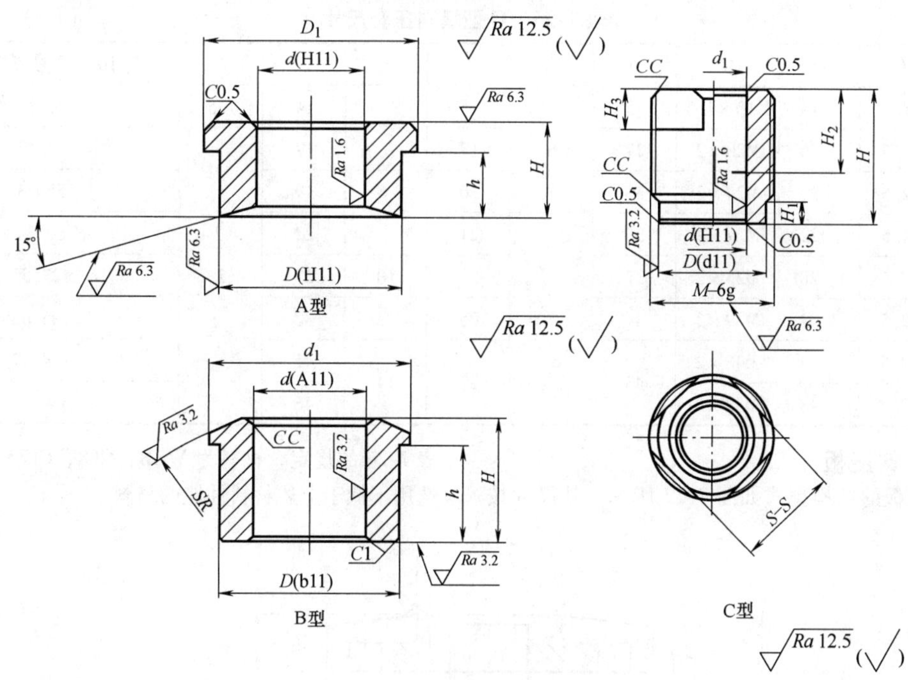

图 7-21　填料压套结构型式

表 7-23　A 型填料压套尺寸　（单位：mm）

d	D	D_1	H	h	每 1000 个参考质量/kg
8	14	18	8	5	8.19
10	16	20			10.86
12	20	24	10	7	19.84
14	22	26			22.19

表 7-24　B 型填料压套尺寸　（单位：mm）

阀杆螺纹直径	d	D	D_1	h	H	SR	C	参考质量/kg
20	20	32	38	18	23	55	1.5	0.087
22	22	34	40			70		0.094
26	26	38	44				2	0.11
28	28	44	50	24	30	70		0.21
32	32	48	54					0.24
36	36	52	58					0.24
38	38	58	65	30	38	80		0.45
42	42	62	70					0.48
44	44	64	72	35	44			0.58
48	48	68	76					0.63
50	50	70	78			100		0.67
55	55	75	83					0.73
60	60	80	88		45			0.81
65	65	85	93					0.86
70	70	96	106	40	50	130		1.35
75	75	101	111					1.42

表 7-25　C 型填料压套尺寸　　（单位：mm）

d	d_1	D	M	H	H_1	H_2	H_3	S	C	每1000个参考质量/kg
8	8.5	14	M18×1.5	25	6	15	8	14	1.5	26.34
10	10.5	16	M20×2	27		17		17	2	33.47
12	12.5	20	M24×2	30		20	9	19		55.23
14	14.5	22	M27×2	35	7	21		22		81.34
18	18.5	28	M33×2	37		23	10	27		127.55
22	22.5	34	M39×2	41		25	12	32		195.66
28	28.5	44	M48×2	43		27	14	41		314.47
32	32.5	48	M52×2					46		346.84

7.6.3　填料压板

填料压板的结构型式如图 7-22 所示，其尺寸按表 7-26 的规定，材料为 WCB、CF8、CF8M，也可以选用不低于上述材料性能的材料。

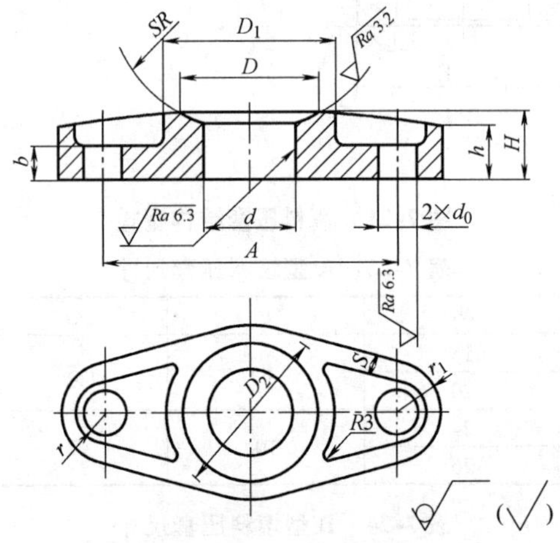

图 7-22　填料压板结构型式

表 7-26　填料压板的尺寸　　（单位：mm）

阀杆螺纹直径	A		d		D	D_1	D_2	H		h	b	r	r_1	d_0		S	SR	参考质量/kg
20	78	±0.5	22	±0.5	38	45	45	16	±0.1	16	8	6	12	12	±0.5	6	55	0.28
22	85		26		40	50	50	18		18	9	7	14	14		7	70	0.43
26	90		29		44	55	55	20		20	10	7	14	14		7	70	0.44
28	110		32		50	60	60	20		20	11	11	18	18		7	70	0.51
32	115		35		54	65	65	20		20	11	11	18	18		7	70	0.66
36	125		38		58	70	70	26		22	14	11	18	18		7	70	0.85
38	140		42		65	80	80	30		25	16	14	22	22		8	80	1.37
42	150		46		70	85	85	32		28	16	14	22	22		8	80	3.16
44	150		48		72	90	90	35		30	18	14	22	22		8	80	3.72
48	165		52		75	95	95	35		30	18	14	22	22		8	80	3.98
50	165		54		78	98	98	36	±0.2	30	20	14	22	22		8	100	2.62
55	200		59		83	110	110	38		32	20	17	28	26		10	110	2.72
60	200		64		88	115	115	40		33	22	17	28	26		10	110	2.86
65	220		70		93	121	121	40		33	22	18	28	28		12	110	4.34
70	220		75		106	135	135	45		38	23	20	32	32		12	130	6.11
75	240		80		111	140	140	45		38	23	20	32	32		12	130	6.64

7.7 填料和填料垫（JB/T 1712—2008）

7.7.1 柔性石墨填料

柔性石墨填料的结构型式如图 7-23 所示，其尺寸按表 7-27 的规定，材料为柔性石墨，技术要求按 JB/T 6617—2016《柔性石墨填料环技术条件》的规定。

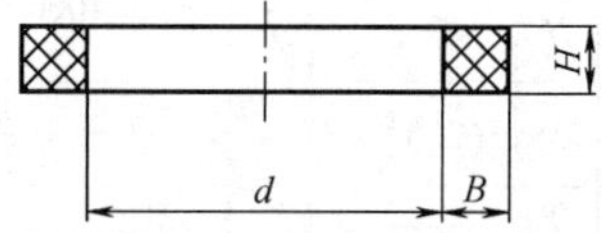

图 7-23 柔性石墨填料结构型式

表 7-27 柔性石墨填料的尺寸 （单位：mm）

d	B	H	每1000个参考质量/kg		d	B	H	每1000个参考质量/kg	
			不夹铜丝	夹铜丝				不夹铜丝	夹铜丝
8	3		0.28	0.35	40	8		8.70	10.63
10			0.33	0.41	42			15.30	18.70
12	4		0.73	0.90	44	10			20.79
14			0.82	1.00	48				22.55
16	5		1.49	1.82	50			17.01	24.20
18			1.64	2.01	55			18.45	25.96
20	6		2.66	3.25	60			19.80	48.52
22			2.85	3.48	65			21.24	51.49
24			3.08	3.76	70	13		39.70	54.47
26	8		5.82	7.11	75			42.13	93.77
28			6.57	8.03	80			44.57	10.63
32			7.26	8.87	90	16		76.72	18.70
36			8.01	9.79	—	—		—	—

7.7.2 塑料填料

塑料填料的结构型式如图 7-24 所示，其尺寸按表 7-28 和表 7-29 的规定，材料为聚四氟乙烯、尼龙 66、尼龙 1010。

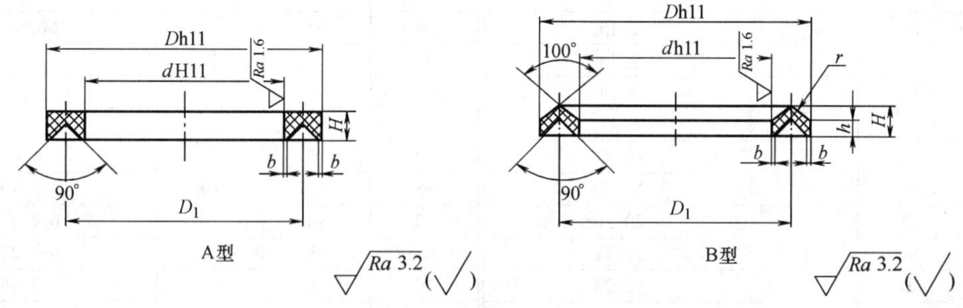

图 7-24 塑料填料结构型式

表 7-28 A 型塑料填料的尺寸 （单位：mm）

d	D	D_1	H	b	每1000个参考质量/kg	d	D	D_1	H	b	每1000个参考质量/kg
8	14	11	3.5	0.2	0.67	22	34	28	5	0.2	3.57
10	16	13			0.77	24	36	30			5.09
12	20	16	4		1.41	28	44	36	6	0.5	8.89
14	22	18			1.59	32	48	40			9.88
16	26	21	4.5		2.49	36	52	44			10.87
18	28	23			2.73	40	56	48			11.85
20	32	26	5		3.98	—	—	—	—	—	—

表7-29　B型塑料填料的尺寸　　（单位：mm）

d	D	D_1	H	h	r	b	每1000个参考质量/kg	d	D	D_1	H	h	r	b	每1000个参考质量/kg
8	14	11	3.5	≈2.5	1	0.2	0.56	22	34	28	5	≈3.1	2	0.2	3.18
10	16	13					0.66	24	36	30					3.91
12	20	16	4	≈2.6			1.10	28	44	36	6	≈3.4	2.5	0.5	5.84
14	22	18					1.19	32	48	40					6.52
16	26	21	4.5	≈2.7			1.85	36	52	44					7.13
18	28	23					2.01	40	56	48					8.35
20	32	26	5	≈3.1	2		2.88	—	—	—	—	—	—	—	—

7.7.3　填料垫

7.7.3.1　柔性石墨填料垫

用于柔性石墨填料函的填料垫结构型式如图7-25所示，其尺寸按表7-30的规定。柔性石墨填料垫的材料为HT150、HT200、QSn3-12-5、20Cr13、12Cr18Ni9、06Cr17Ni12Mo2。

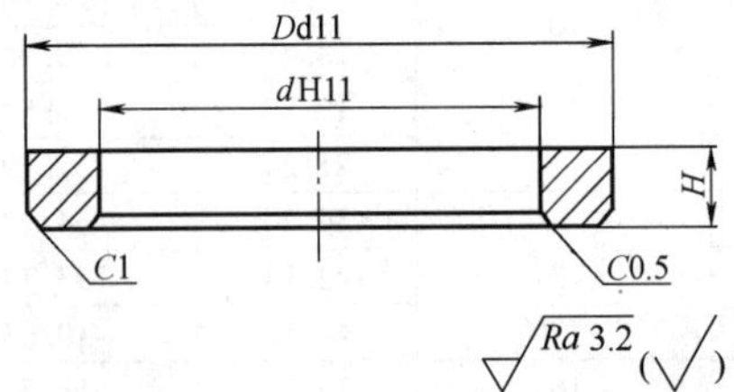

图7-25　用于柔性石墨填料函的填料垫结构型式

7.7.3.2　塑料填料垫

用于塑料填料函的填料垫结构型式如图7-26所示，其尺寸按表7-31的规定。塑料填料垫的材料为20Cr13、12Cr18Ni9、06Cr17Ni12Mo2、Q235。

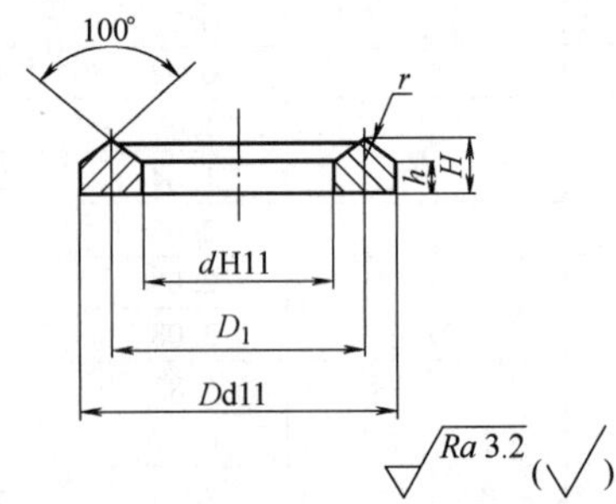

图7-26　用于塑料填料函的填料垫结构型式

表7-30　用于柔性石墨填料函的填料垫尺寸　　（单位：mm）

d	D	H	每1000个参考质量/kg	d	D	H	每1000个参考质量/kg
8	14	3	2.15	36	52	8	60.47
10	16		2.53	38	—		—
12	20	4	5.54	40	56		65.87
14	22		6.21	44	64	10	116.00
16	26	5	11.34	50	70		128.65
18	28		12.39	55	75		139.19
20	32	6	20.20	60	80		149.73
22	34		21.72	65	85		160.27
24	36		23.24	70	96	13	300.46
26	42	8	46.98	75	101		318.27
28	44		49.68	80	106		336.08
32	48		55.08	90	122	16	580.92

表7-31　用于塑料填料函的填料垫尺寸　　（单位：mm）

d	D	D_1	H	h	r	每1000个参考质量/kg	d	D	D_1	H	h	r	每1000个参考质量/kg
8	14	11	3.5	≈2.5	1	2.63	22	34	28	5	≈3.1	2	16.35
10	16	13				2.85	24	36	30				17.55
12	20	16	4	≈2.6		4.00	28	44	36	6	≈3.4	2.5	32.34
14	22	18				5.70	32	48	40				36.08
16	26	21	4.5	≈2.7		9.05	36	52	44				40.00
18	28	23				9.93	40	56	48				43.50
20	32	26	5	≈3.1	2	15.16	—	—	—	—	—	—	—

7.8 垫片和止动垫圈（JB/T 1718—2008）

7.8.1 垫片

垫片的结构型式如图 7-27 所示，A 系列通用垫片的尺寸按表 7-32 的规定，B 系列通用垫片的尺寸按表 7-33的规定。垫片的材料为 3001 或 SFB-1。JB/T 1718 规定的垫片适用于中法兰连接垫片。

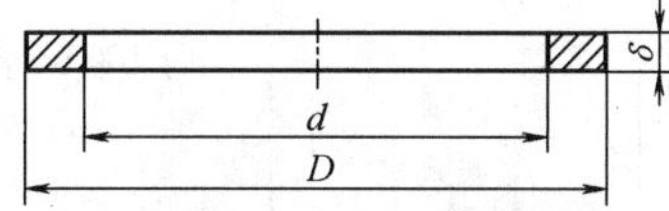

图 7-27 通用垫片结构型式

表 7-32 A 系列通用垫片尺寸 （单位：mm）

d 尺寸	d 极限偏差	D 尺寸	D 极限偏差	δ	每 1000 个参考质量 /kg	d 尺寸	d 极限偏差	D 尺寸	D 极限偏差	δ	每 1000 个参考质量 /kg
18	+0.5 0	26	0 -0.5	1.5	0.83	68	+0.5 0	82	0 -0.5	1.5	4.95
20		28			0.90	70		85		2	7.30
22		30			0.98	75		90			7.77
24		32			1.06	85		100			8.71
27		35			1.17	90		110	0 -1.0		12.56
30		38			1.28	95		115			13.19
33		43			1.79	105		125			14.44
36		46			1.93	110		130			15.07
39		50			2.31	115		135			15.70
42		52			2.21	130		150			17.58
45		58			3.15	135		155			18.21
52		65			3.58	140		160			18.34
56		70			4.16	160		190		3	49.46
60		75			4.77	180		215			56.52

注：本系列适用于灰铸铁件和可锻铸铁件阀门的中法兰连接处垫片。

表 7-33 B 系列通用垫片尺寸 （单位：mm）

d 尺寸	d 极限偏差	D 尺寸	D 极限偏差	δ	每 1000 个参考质量 /kg	d 尺寸	d 极限偏差	D 尺寸	D 极限偏差	δ	每 1000 个参考质量 /kg
28	+1.0 0	42	0 -1.0	2	3.08	120	+1.5 0	150	0 -1.5	3	28.15
35		50			4.00	130		160			40.98
40		55			4.41	140		170			43.80
45		60			4.95	145		175			45.22
50		65			5.42	150		180			46.63
55		70			5.89	155		185			48.04
60		75			6.36	160		190			49.46
65		85			9.42	165		195			50.87
70		90			10.05	170		200			52.28
75	+1.5 0	95	0 -1.5		10.68	175		205			53.69
80		100			11.30	190		220			57.93
85		105			11.93	195		225			59.35
95		115			13.19	205		235			62.17
100		125		3	26.49	220		250			66.41
105		130			27.67	240		270			72.06
110		135			28.85	250		285			88.19

（续）

d		D		δ	每1000个参考质量/kg	d		D		δ	每1000个参考质量/kg
尺寸	极限偏差	尺寸	极限偏差			尺寸	极限偏差	尺寸	极限偏差		
260		295			91.49	390		430			154.49
270		305			94.79	410		450			162.02
280		315			98.09	420		460			165.79
295		330			103.03	430		470			169.56
305		340			106.33	460		500			180.86
310		345			107.98	480		520			188.40
320	+2.0 0	355	0 −2.0	3	112.27	495	+2.0 0	545	0 −2.0	3	244.92
330		365			114.57	560		610			275.54
340		375			117.87	630		690			373.03
360		395			124.46	660		720			389.99
365		400			126.11	780		850			537.41
370		410			146.95	840		910			576.98
380		420			150.72	950		1030			746.06

注：本系列适用于球墨铸铁和钢阀门的中法兰连接处垫片。

7.8.2　止动垫圈

止动垫圈的结构型式如图7-28所示，其尺寸按表7-34的规定。材料为1060、12Cr18Ni9（1Cr18Ni9），适用于公称压力PN16～PN100、公称尺寸DN32～DN150的球墨铸铁、灰铸铁截止阀和节流阀用止动垫圈。

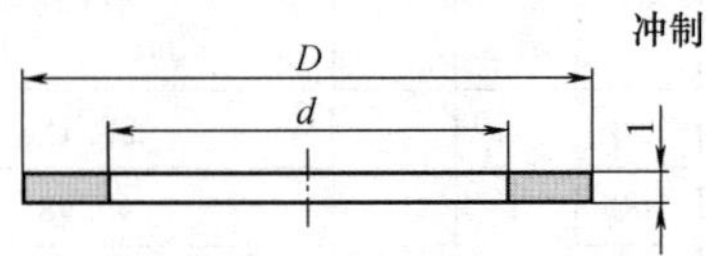

图7-28　止动垫圈结构型式

表7-34　止动垫圈的尺寸

（单位：mm）

公称直径（阀瓣盖螺纹直径）	d	D	每1000个参考质量/kg
30	30.5	45	6.75
33	33.5	50	8.49
36	36.5	55	10.43
42	42.5	60	11.05
48	48.5	68	14.00
52	52.5	72	14.96
60	60.5	80	16.88
64	64.5	85	18.89

7.8.3　螺塞垫

螺塞垫的结构型式如图7-29所示，其尺寸按表7-35的规定，材料为10钢、12Cr18Ni9（1Cr18Ni9）适用于通用阀门螺塞垫。

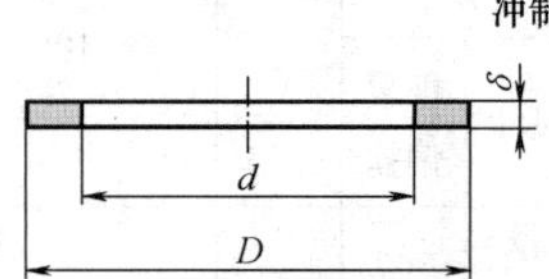

图7-29　螺塞垫结构型式

表7-35　螺塞垫的尺寸

（单位：mm）

螺塞螺纹直径	d	D	δ	每1000个参考质量/kg
8	8.5	14		1.14
10	10.5	16		1.98
12	12.5	18		2.25
14	14.5	22	1.5	2.53
16	16.5	24		2.81
20	20.5	28		4.43
24	24.5	32		5.14
27	27.5	36		8.47
30	30.5	40		10.27
36	36.5	46		11.92
42	42.5	54	2.0	15.02
48	48.5	60		18.38
56	56.5	70		21.04

7.9　阀瓣盖和对开环（JB/T 1726—2008）

7.9.1　阀瓣盖

阀瓣盖的结构型式如图7-30所示，其尺寸按表7-36的规定，材料为Q235、06Cr19Ni10（0Cr18Ni9）、06Cr17Ni12Mo2（0Cr17Ni12Mo2），适用于公称压力PN16～PN100，公称尺寸DN32～DN150的球墨铸铁、铸钢截止阀和节流阀。

7.9.2　对开圆环

对开圆环的结构型式如图7-31所示，其尺寸按表7-37的规定，材料为Q235、12Cr18Ni9（1Cr18Ni9），适用于公称压力PN16～PN100，公称尺寸DN32～DN150的球墨铸铁、铸铁截止阀和节流阀。

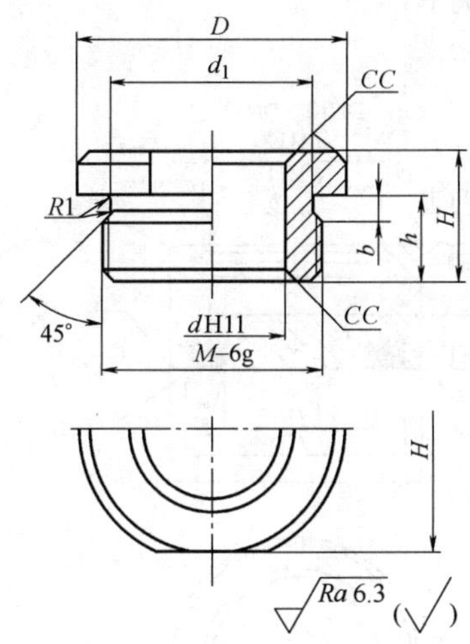

图7-30　阀瓣盖结构型式

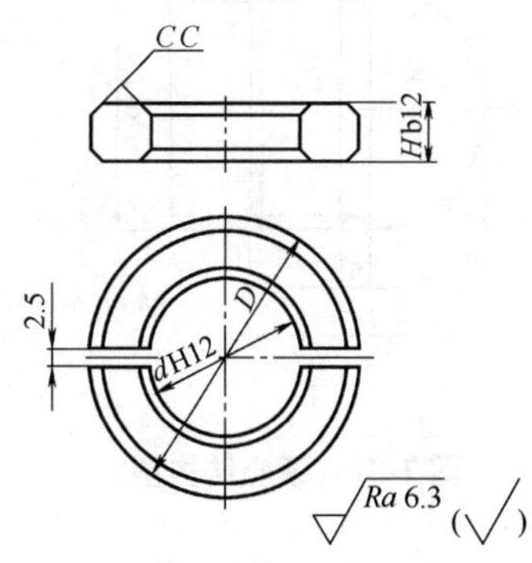

图7-31　对开圆环结构型式

表7-36　阀瓣盖的尺寸　（单位：mm）

阀杆螺纹直径	d	D	M	d_1	S	H	h	b	C	参考质量/kg
Tr18×4	18	38	M30×2	27	32	20	14	5	1	0.08
Tr20×4	20	42	M33×2	30	36	22	16		2	0.10
Tr24×5	24	45	M36×2	33	38					0.11
Tr28×5	28	52	M42×2	39	46	24				0.17
Tr32×6	32	58	M48×2	45	50					0.22
Tr36×6	36	65	M52×2	49	55	26	18			0.27
Tr40×7	40	70	M60×2	57	60	30	20			0.41
Tr44×7	44	75	M64×2	61	65	32	22			0.48

表7-37　对开圆环的尺寸　（单位：mm）

阀杆螺纹直径	d	D	H	C	参考质量/kg
Tr18×4	13	27.0	5	1	0.01
Tr20×4	15	29.5	6	1.5	0.02
Tr24×5	18	32.6			0.03
Tr28×5	22	38.5	8		0.04
Tr32×6	25	44.5			0.06
Tr36×6	29	48.5	10		0.09
Tr40×6	33	56.5			0.12
Tr44×8	35	60.5	12		0.17

注：计算密度7.85。

7.10　顶心（JB/T 1741—2008）

顶心的结构型式如图7-32所示，其尺寸按表7-38的规定，材料为碳素钢或不锈钢。顶心球面应进行硬化处理，硬度不小于43HRC。适用于楔式双闸板闸阀。

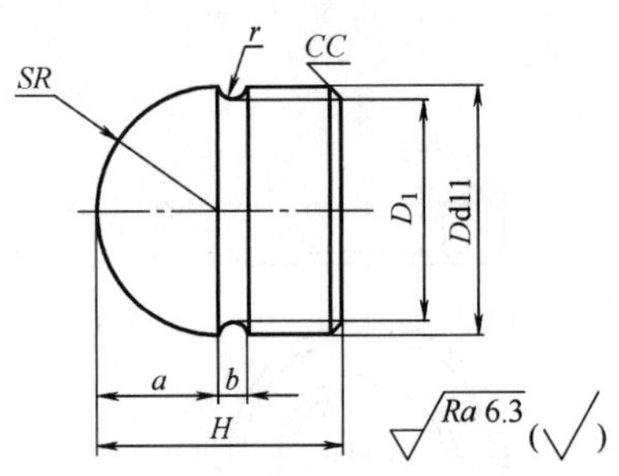

图7-32　顶心结构型式

表7-38　顶心的尺寸

（单位：mm）

D	D_1	H	SR	a	b	r	C	参考质量/kg
20	17	20	10	10	3	1.5	1.0	0.04
24	21	24	12	12				0.07
30	26	30	15	15	4	2.0	1.5	0.13
36	32	36	18	18				0.23
40	35	40	20	20	5	2.5	2.0	0.32
44	39	44	22	22				0.42
50	45	50	25	25				0.63
60	55	60	30	30				1.09
70	64	70	35	35	6	3.0	2.5	1.73
80	74	80	40	40				2.60
90	84	82	45	45				3.31
100	94	85	50	50				4.17
110	104	90	55	55				5.30
120	114	100	60	60				7.05

7.11　氨阀阀瓣（JB/T 1749—2008）

氨阀阀瓣的结构型式如图7-33所示，其尺寸按表7-39的规定。DN10～DN32氨阀阀瓣的材料为Q235，DN40～DN150氨阀阀瓣的材料为HT200。铸铁氨阀阀瓣使用压力不大于PN10；碳钢氨阀阀瓣使用压力不大于PN25。

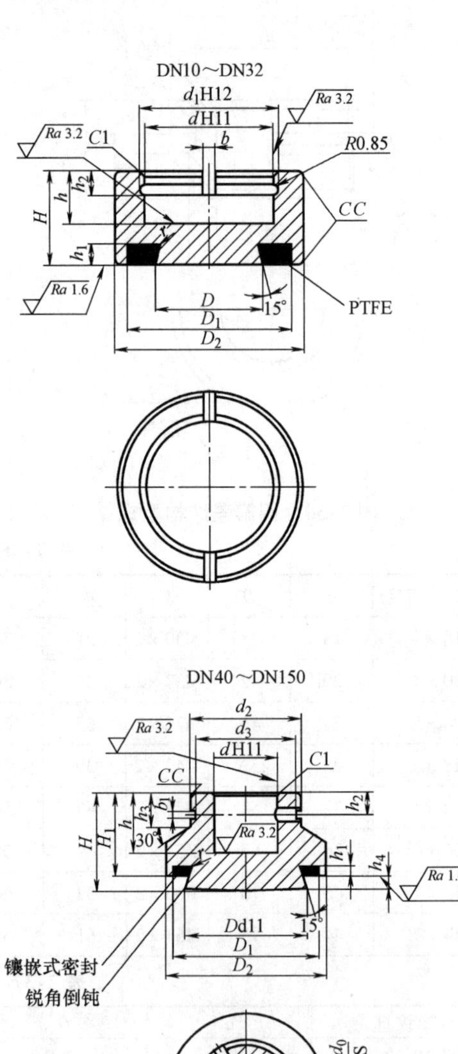

图7-33　氨阀阀瓣的结构型式

表 7-39 氨阀阀瓣的尺寸

（单位：mm）

<table>
<tr><th>公称尺寸</th><th>阀杆螺纹直径</th><th>d</th><th>d_1</th><th>d_2</th><th>d_3</th><th>d_0</th><th>D</th><th>D_1</th><th>D_2</th><th>H</th><th>H_1</th><th>h</th><th>h_1</th><th>h_2</th><th>h_3</th><th>h_4</th><th>b</th><th>b_1</th><th>r</th><th>C</th><th>参考质量/kg</th></tr>
<tr><td>DN10</td><td>M14</td><td>20</td><td>21.5</td><td rowspan="5">—</td><td rowspan="5">—</td><td rowspan="5">—</td><td>8</td><td>18</td><td>26</td><td>15</td><td rowspan="5">—</td><td rowspan="3">9</td><td>3</td><td rowspan="3">4</td><td rowspan="5">—</td><td rowspan="5">—</td><td rowspan="5">2</td><td rowspan="5">—</td><td rowspan="3">0.5</td><td rowspan="3">0.5</td><td>0.03</td></tr>
<tr><td>DN15</td><td rowspan="2">M16</td><td rowspan="2">22</td><td rowspan="2">23.5</td><td>12</td><td>22</td><td>28</td><td rowspan="2">16</td><td rowspan="4">3.5</td><td>0.05</td></tr>
<tr><td>DN20</td><td>18</td><td>28</td><td>32</td><td>0.07</td></tr>
<tr><td>DN25</td><td rowspan="2">M18</td><td rowspan="2">25</td><td rowspan="2">26.5</td><td>23</td><td>33</td><td>38</td><td rowspan="2">18</td><td rowspan="2">10</td><td rowspan="2">5</td><td rowspan="5">1.0</td><td rowspan="5">1.0</td><td>0.12</td></tr>
<tr><td>DN32</td><td>30</td><td>40</td><td>46</td><td>0.20</td></tr>
<tr><td>DN40</td><td rowspan="2">M22</td><td rowspan="2">26</td><td rowspan="7">—</td><td rowspan="2">45</td><td rowspan="2">40</td><td rowspan="2">4.5</td><td>40</td><td>50</td><td>56</td><td rowspan="2">40</td><td rowspan="2">34</td><td rowspan="2">24</td><td rowspan="2">5</td><td rowspan="2">9</td><td rowspan="2">14</td><td rowspan="2">5</td><td rowspan="7">—</td><td rowspan="3">3</td><td>0.47</td></tr>
<tr><td>DN50</td><td>50</td><td>60</td><td>66</td><td>0.65</td></tr>
<tr><td>DN65</td><td rowspan="2">Tr28 ×5</td><td rowspan="2">32</td><td rowspan="2">52</td><td rowspan="2">47</td><td rowspan="2">5.5</td><td>65</td><td>75</td><td>85</td><td rowspan="2">55</td><td rowspan="2">46</td><td rowspan="2">32</td><td rowspan="4">6</td><td rowspan="2">10</td><td rowspan="2">20</td><td rowspan="2">7</td><td>1.47</td></tr>
<tr><td>DN80</td><td>80</td><td>90</td><td>100</td><td rowspan="4">4</td><td rowspan="4">1.5</td><td rowspan="4">1.5</td><td>2.09</td></tr>
<tr><td>DN100</td><td>Tr36 ×6</td><td>42</td><td>62</td><td>56</td><td>8.5</td><td>100</td><td>114</td><td>125</td><td>65</td><td>50</td><td>37</td><td>14</td><td>22</td><td rowspan="2">8</td><td>3.17</td></tr>
<tr><td>DN125</td><td rowspan="2">Tr40 ×6</td><td rowspan="2">46</td><td rowspan="2">70</td><td rowspan="2">64</td><td rowspan="2">10.5</td><td>125</td><td>140</td><td>152</td><td>66</td><td>54</td><td rowspan="2">40</td><td rowspan="2">15</td><td rowspan="2">25</td><td>5.05</td></tr>
<tr><td>DN150</td><td>150</td><td>165</td><td>178</td><td>75</td><td>60</td><td>7</td><td>10</td><td>8.22</td></tr>
</table>

7.12　接头组件（JB/T 1754—2008）

7.12.1　中压接头组件

7.12.1.1　中压接头

中压接头的结构型式如图7-34所示，其尺寸按表7-40的规定。材料为06Cr19Ni10、06Cr17Ni12Mo2、25、35。中压接头适用于公称压力不大于PN40、公称尺寸为DN6～DN25的锻钢阀门。

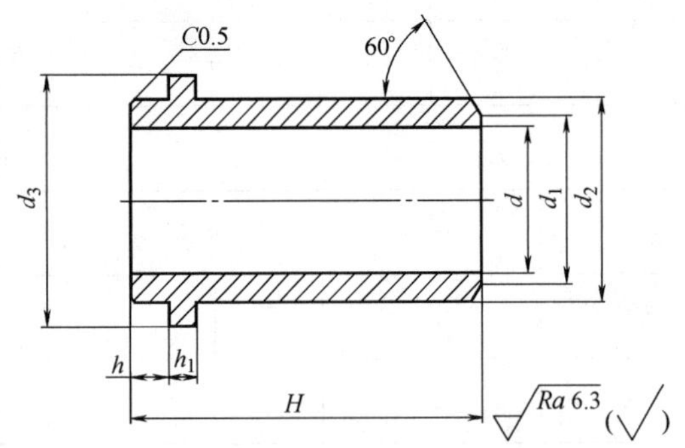

图7-34　中压接头结构型式

表7-40　中压接头的尺寸　（单位：mm）

公称尺寸	d	d_1	d_2	d_3	H	h	h_1	参考质量/kg
DN6	9	11	14	18	30	4	3	0.02
DN10	12	14	18	22	32			0.03
DN15	16	18	22	27	38	5	4	0.05
DN20	22	24	28	33	45			0.08
DN25	27	29	34	39	48		5	0.12

7.12.1.2　中压接头垫

中压接头垫的结构型式如图7-35所示，其尺寸按表7-41的规定，材料为1060，适用于公称压力不大于PN40、公称尺寸为DN6～DN25的锻钢阀门。

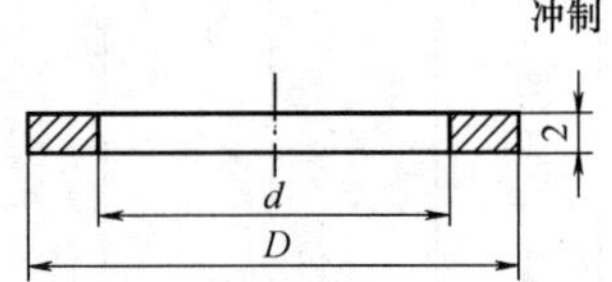

图7-35　中压接头垫的结构型式

表7-41　中压接头垫的尺寸

（单位：mm）

公称尺寸	d	D	每1000个参考质量/kg
DN6	6	14	0.69
DN10	10	18	0.96
DN15	15	22	1.11
DN20	20	28	1.65
DN25	25	34	2.28

7.12.1.3　中压接头螺母

中压接头螺母的结构型式如图7-36所示，其尺寸按表7-42的规定，材料为35、14Cr17Ni2，适用于公称压力不大于PN40、公称尺寸为DN6～DN25的锻钢阀门。

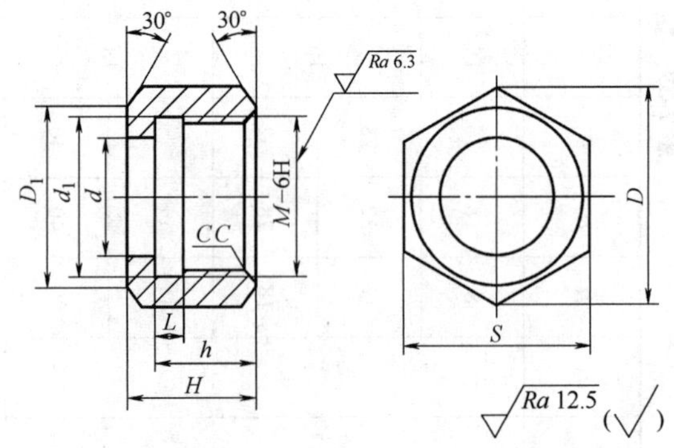

图7-36　中压接头螺母结构型式

表7-42　中压接头螺母的尺寸　（单位：mm）

公称尺寸	M	d	d_1	D	D_1	S	H	h	L	C	参考质量/kg
DN6	M20×1.5	14.5	20.5	≈27.7	22.6	24	22	17	4	1.5	0.04
DN10	M24×1.5	18.5	24.5	≈34.6	28.5	30	22	17			0.07
DN15	M30×2	22.5	30.5	≈41.5	34.2	36	24	19	5	2	0.10
DN20	M36×2	28.5	36.5	≈47.3	39.0	41	26	20			0.12
DN25	M42×2	34.5	42.5	≈57.7	47.5	50	28	22			0.21

7.12.1.4 中压接头组件

中压接头组件的装配组合如图 7-37 所示。

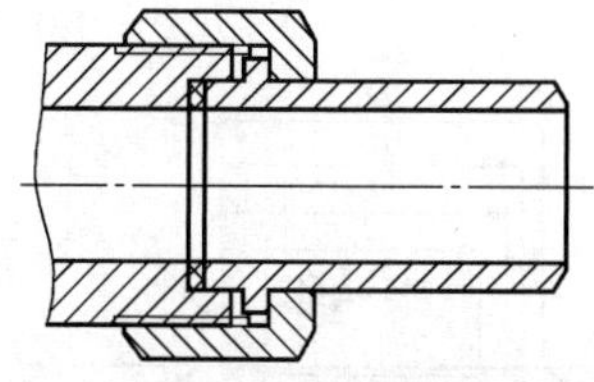

图 7-37 中压接头组件的装配示意图

7.12.2 高压接头组件

7.12.2.1 高压接头

高压接头的结构型式如图 7-38 所示，其尺寸按表 7-43 的规定，材料为 20、06Cr17Ni12Mo2，适用于公称压力为 PN160 ~ PN320、公称尺寸为 DN3 ~ DN25 的锻造高压阀门的外螺纹连接。

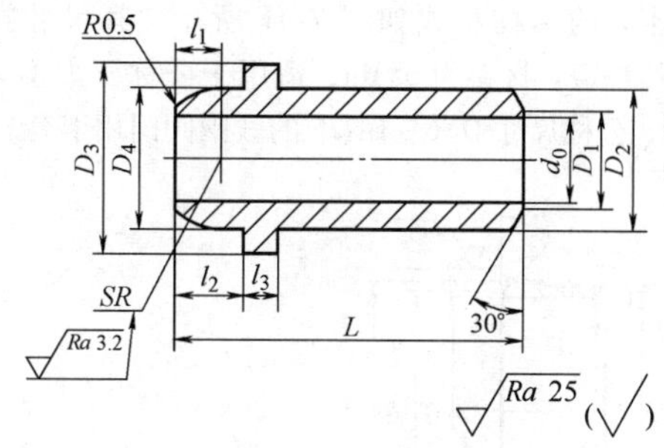

图 7-38 高压接头结构型式

表 7-43 高压接头的尺寸 （单位：mm）

公称压力	公称尺寸	d_0	D_1	D_2	D_3	D_4	SR	l_1	l_2	l_3	L	参考质量/kg
PN250、PN320	DN3、DN6	6	8	15	22	16	8	4.5	10	5	40	0.044
PN160 PN220	DN10	11	13	25	32	24	12	8	11	6	60	0.175
	DN15	15	17									0.141
	DN25	23	25	35	44	36	18	8	12	7	65	0.277

7.12.2.2 高压接头螺母

高压接头螺母的结构型式如图 7-39 所示，其尺寸按表 7-44 的规定，材料为 35、14Cr17Ni2，适用于公称压力为 PN160 ~ PN320、公称尺寸为 DN6 ~ DN25 的锻造高压阀门的外螺纹连接。

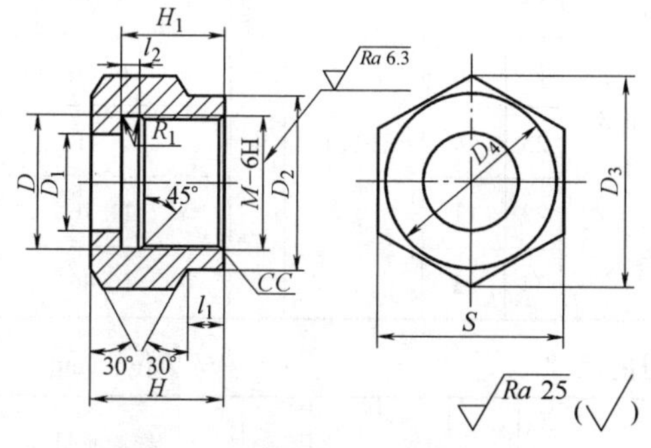

图 7-39 高压接头螺母结构型式

7.12.2.3 高压接头组件

高压接头组件的装配组合如图 7-40 所示。

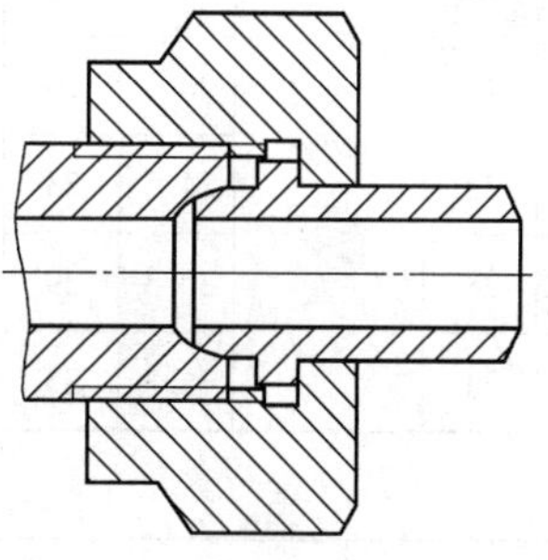

图 7-40 高压接头组件的装配示意图

表 7-44 高压接头螺母的尺寸 （单位：mm）

公称压力	公称尺寸	螺纹代号	D	D_1	D_2	D_3	D_4	l_1	l_2	S	C	H	H_1	参考质量/kg
PN250、PN320	DN3、DN6	M24×1.5	24.3	16	30	36.9	30	6	5	32	1.0	25	20	0.172
PN160、PN220	DN10、DN15	M36×2	36.4	26	47	57.7	47.5	10		50		36	28	0.298
	DN25	M42×2	48.4	36	57	69.3	57	14		60	1.5	45	35	0.413

7.13　卡套、卡套螺母(JB/T 1757—2008)

7.13.1　卡套

卡套的结构型式如图7-41所示，其尺寸按表7-45的规定，材料为65Mn，适用于公称压力不大于PN40，公称尺寸DN6～DN25的锻钢阀门用卡套。

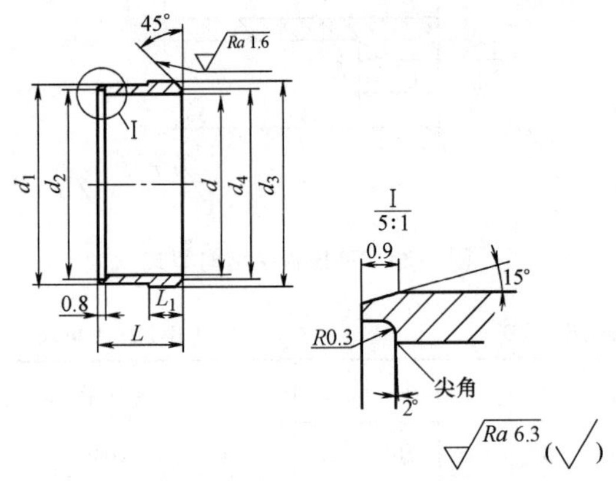

图7-41　卡套的结构型式

7.13.2　卡套螺母

卡套螺母的结构型式如图7-42所示，其尺寸按表7-46的规定，材料为25钢，适用于公称压力不大于PN40，公称尺寸DN6～DN25的锻钢阀卡套螺母。

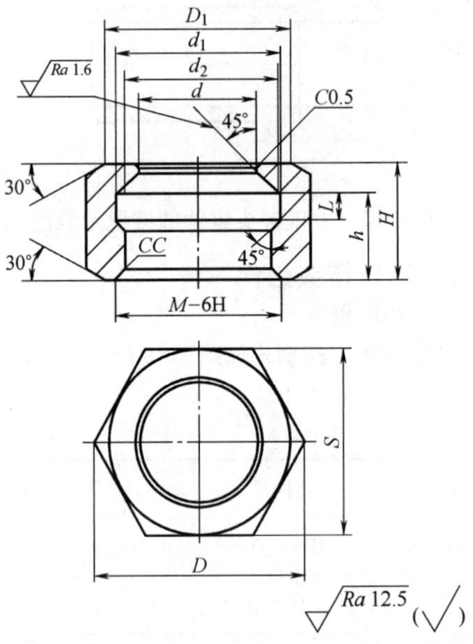

图7-42　卡套螺母结构型式

表7-45　卡套的尺寸　　(单位：mm)

公称尺寸	d		d_1	d_2		d_3		d_4	L		L_1	每1000个参考质量/kg
	尺寸	极限偏差		尺寸	极限偏差	尺寸	极限偏差		尺寸	极限偏差		
DN6	14	+0.4 +0.3	16.3	15	+0.4 +0.3	15	+0.5 0	15	10	±0.1	3.5	4.80
DN10	18		20.3	19		19		19			4	6.14
DN15	22		24.3	23		23		23				7.41
DN20	28		30.3	29		29		29	11			11.70
DN25	34		36.3	35		35		35	13		4.5	16.46

表7-46　卡套螺母的尺寸　　(单位：mm)

公称尺寸	M	d		d_1	d_2	D	D_1	S	H	h	L	C	参考质量/kg
		尺寸	极限偏差										
DN6	M20×1.5	14	+0.4 +0.3	20.5	19	≈27.7	22.6	24	20	14	4	1.5	0.04
DN10	M24×1.5	18		24.5	23	≈34.6	28.5	30		15			0.06
DN15	M30×2	22		30.5	27	≈41.5	34.2	36	22	16	5	2	0.09
DN20	M36×2	28		36.5	34	≈47.3	39.0	41		17			0.10
DN25	M42×2	34		42.5	41	≈57.7	47.5	50	26	18			0.12

7.14 轴套（JB/T 1759—2010）

轴套的结构型式如图7-43所示，其尺寸按表7-47的规定，材料为HMn58-2-2、QAl9-4、ZCuAl10Fe3、ZCuSn10Pb1、20Cr13、06Cr18Ni10、06Cr17Ni12Mo2，适用于通用阀门用轴套。

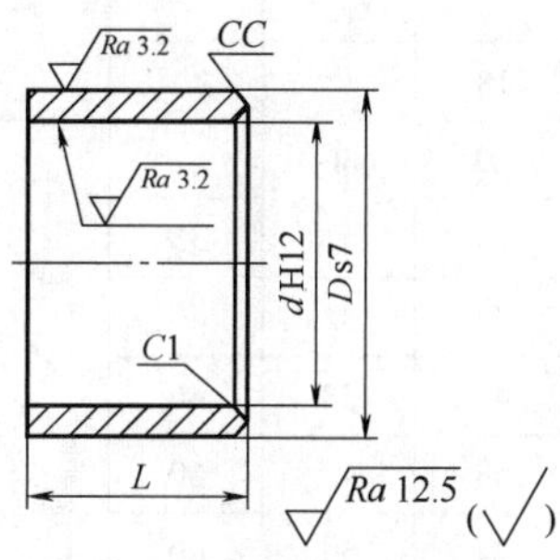

图7-43 轴套结构型式

表7-47 轴套的尺寸 （单位：mm）

d	D	L	C	每1000个参考质量/kg
10	14	10	0.5	6.41
12	16	12		8.97
14	18			10.25
16	20	14		13.45
18	22	16		17.08
20	25	18	1.0	27.02
22	28	20		40.04
25	30	20		36.70
30	36	25		66.06
35	40	30	1.5	75.07
40	48	35		164.41
45	55	45		300.26
50	60	50		366.99
60	70	65		563.83

7.15 高压管子、管件和阀门端部尺寸（JB/T 2768—2010）

7.15.1 外螺纹连接的管件和阀门端部

外螺纹连接的管件和阀门端部的结构型式如图7-44所示，其尺寸按表7-48的规定，适用于公称压力PN160～PN320、公称尺寸DN3～DN200的管子和阀门端部。

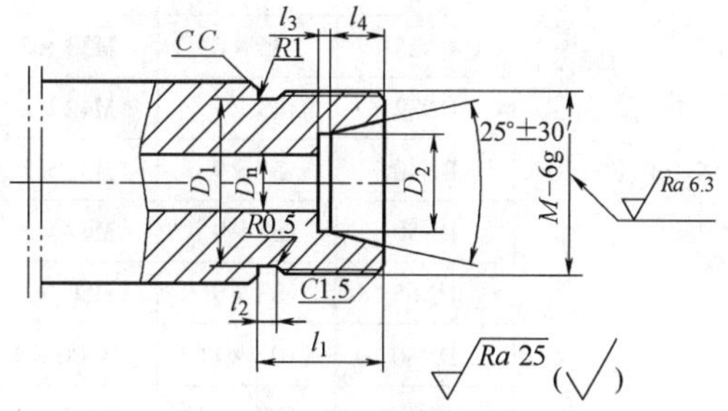

图7-44 外螺纹连接的管件和阀门端部的结构型式

7.15.2 螺纹法兰连接的管子、管件和阀门端部

螺纹法兰连接的管子、管件和阀门端部的结构型式如图7-45所示，其尺寸按表7-49的规定。适用于公称压力PN160～PN320、公称尺寸DN3～DN200的管子和阀门端部。

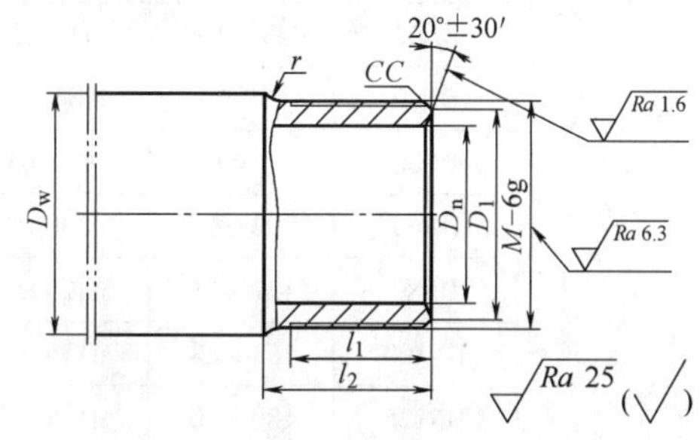

图7-45 螺纹法兰连接管子、管件和阀门端部的结构型式

表7-48 外螺纹连接的管件和阀门端部尺寸 （单位：mm）

公称压力	公称尺寸	螺纹代号 M	D_n	D_1	D_2	l_1	l_2	l_3	l_4	C
PN250 PN320	DN3	M24×1.5	3	21.8	13.5	18	3	2	10	1
	DN6		6							
PN160	DN10	M36×2	11	33	20	26	4	3	11	1.5
	DN15		15							
	DN25	M48×2	25	45	32	32		4	12	

表 7-49　螺纹法兰连接管子、管件和阀门端部尺寸　　（单位：mm）

公称压力	公称尺寸	管子规格 外径×壁厚 (mm×mm)	螺纹代号 M	D_w	D_n	D_1	l_1	l_2	r	C
PN160、PN220	DN3	15×6	M14×1.5	15	3	10	20	25	3	1
	DN6	15×4.5			6					
	DN10	25×7	M24×2	25	11	18	30	35		1.5
	DN15	25×5	M24×2		15	20			5	
	DN25	35×6	M33×2	35	23	28		35		
	DN32	43×7	M42×2	43	29	37	32	40		
	DN40	57×9	M52×2	57	39	47	38	46		2
	DN50	68×9	M64×3	68	50	59	42	50		
	DN65	83×9	M80×3	83	65	74	50	60		
	DN80	102×11	M100×3	102	80	94	60	70	8	
	DN100	127×14	M125×4	127	99	115	75	85		3
	DN125	159×18	M155×4	159	123	146	90	100		
	DN150	180×19	M175×6	180	142	163	95	105		4
PN250、PN320	DN3	15×1.5	M14×1.5	15	3	10	20	25	3	1
	DN6	15×4.5			6					
	DN10	25×7	M24×2	25	11	18	30	35		1.5
	DN15	35×9	M33×2	35	17	27	30			
	DN25	43×10	M42×2	43	23	35	32	40	5	
	DN32	49×10	M48×2	49	29	41	35	43		
	DN40	68×13	M64×3	68	42	58	42	50		
	DN50	83×15	M80×3	83	53	70	50	60		2
	DN65	102×17	M100×3	102	68	90	60	70		
	DN80	127×21	M125×4	127	85	112	75	85	8	3
	DN100	159×28	M155×4	159	103	130	90	100		
	DN125	180×30	M175×6	180	120	155	95	105		4
	DN150	219×35	M215×6	219	149	193	115	125		
	DN200	273×10	M265×6	273	193	243	145	155		

7.16　高压螺纹法兰（JB/T 2769—2008）

高压螺纹法兰的结构型式如图 7-46 所示，其尺寸按表 7-50 的规定，材料为 35、40MnVB、35CrMoA，适用于公称压力 PN160～PN320，公称尺寸 DN3～DN200 的螺纹法兰。

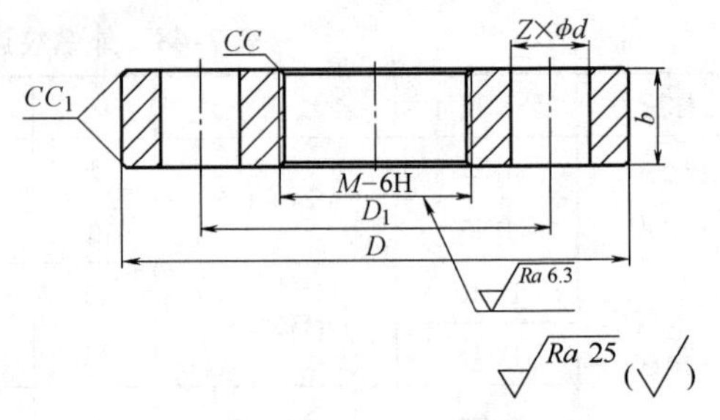

图 7-46　螺纹法兰结构型式

表 7-50 螺纹法兰尺寸 （单位：mm）

公称尺寸		螺纹代号 M	D	D_1	C_1	$Z \times \phi d$	b	C	参考质量 /kg
PN160、PN220	PN250、PN320								
DN3、DN6	DN3、DN6	M14×1.5	70	42	1	3×ϕ16	15	1	0.367
DN10、DN15	DN10	M24×2	95	60		3×ϕ18	20	1.5	0.930
DN25	DN15	M33×2	105	68		3×ϕ18			1.116
DN32	DN25	M42×2	115	80		4×ϕ18	22		1.392
—	DN32	M48×2	135	95		4×ϕ22	25		2.174
DN40	—	M52×2	165	115		6×ϕ26	28		3.557
DN50	DN40	M64×3	165	115	1.5	6×ϕ26	32		3.817
DN65	DN50	M80×3	200	145		6×ϕ29	40		7.120
DN80	DN65	M100×3	225	170	2	6×ϕ33	50	2	10.642
DN100	DN80	M125×4	260	195		6×ϕ36	60		17.040
DN125	DN100	M155×4	300	235	3	8×ϕ39	75		25.160
DN150	DN125	M175×6	330	255		8×ϕ42	78	2.5	31.450
—	DN150	M215×6	400	315		8×ϕ48	90		53.730
—	DN200	M265×6	480	380		8×ϕ60	120		98.800

7.17 高压盲板（JB/T 2772—2008）

高压盲板的结构型式如图 7-47 所示，其尺寸按表 7-51 和表 7-52 的规定，材料为 35、40MnVB、35CrMoA，其力学性能符合 GB/T 699—2015 和 GB/T 3077—2015 的规定，适用于公称压力 PN160 ~ PN320，公称尺寸 DN3 ~ DN200 的盲板。

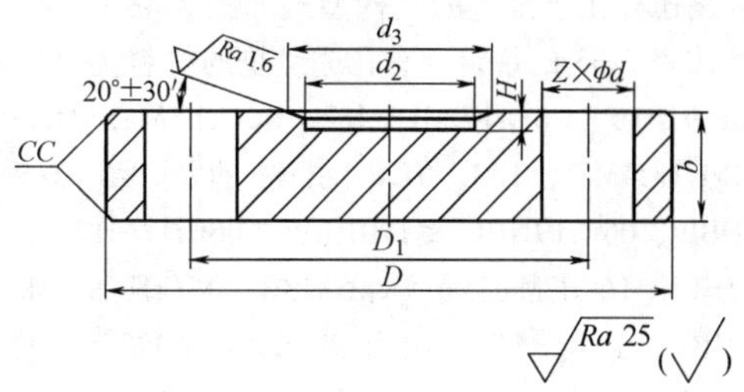

图 7-47 盲板的结构型式

表 7-51 高压盲板的尺寸 （单位：mm）

公称尺寸		D	D_1	C	$Z \times \phi d$	b	参考质量 /kg
PN160、PN220	PN250、PN320						
DN6	DN6	70	42	1	3×ϕ16	15	0.382
DN10、DN15	DN10	95	60		3×ϕ18	20	0.991
DN25	DN15	105	68				1.232
DN32	DN25	115	80		4×ϕ18	22	1.600
—	DN32	135	95		4×ϕ22	25	2.484
DN40	—	165	115		6×ϕ26	28	3.939
DN50	DN40	165	115	1.5	6×ϕ26	32	4.507
DN65	DN50	200	145		6×ϕ29	40	8.497
DN80	DN65	225	170	2	6×ϕ33	50	13.388
DN100	DN80	260	195		6×ϕ39	60	21.711
DN125	DN100	300	235	3	8×ϕ39	75	35.285
DN150	DN125	330	255		8×ϕ42	78	44.519
—	DN150	400	315		8×ϕ48	90	76.668
—	DN200	480	380		8×ϕ60	120	145.562

表7-52 高压盲板尺寸 （单位：mm）

<table>
<tr><th rowspan="2">公称尺寸</th><th>d_2</th><th>d_3</th><th>H</th><th>r</th><th>d_2</th><th>d_3</th><th>H</th><th>r</th></tr>
<tr><th colspan="4">PN160、PN220</th><th colspan="4">PN250、PN320</th></tr>
<tr><td>DN6</td><td>6</td><td>10</td><td rowspan="4">3</td><td rowspan="12">1</td><td>6</td><td>10</td><td rowspan="3">3</td><td rowspan="10">1</td></tr>
<tr><td>DN10</td><td>11</td><td>18</td><td>11</td><td>18</td></tr>
<tr><td>DN15</td><td>15</td><td>20</td><td>17</td><td>27</td></tr>
<tr><td>DN25</td><td>23</td><td>28</td><td>23</td><td>35</td><td rowspan="2">4</td></tr>
<tr><td>DN32</td><td>29</td><td>37</td><td rowspan="2">4</td><td>29</td><td>41</td></tr>
<tr><td>DN40</td><td>39</td><td>47</td><td>42</td><td>58</td><td>5</td></tr>
<tr><td>DN50</td><td>50</td><td>60</td><td>5</td><td>53</td><td>70</td><td rowspan="2">6</td></tr>
<tr><td>DN65</td><td>65</td><td>74</td><td>6</td><td>68</td><td>90</td></tr>
<tr><td>DN80</td><td>80</td><td>94</td><td></td><td>85</td><td>112</td><td>7</td></tr>
<tr><td>DN100</td><td>99</td><td>115</td><td>7</td><td>103</td><td>130</td><td>8</td></tr>
<tr><td>DN125</td><td>128</td><td>146</td><td>8</td><td>120</td><td>155</td><td>9</td><td rowspan="3">1.5</td></tr>
<tr><td>DN150</td><td>142</td><td>163</td><td>9</td><td>149</td><td>193</td><td>10</td></tr>
<tr><td>DN200</td><td>—</td><td>—</td><td>—</td><td>—</td><td>193</td><td>243</td><td>12</td></tr>
</table>

7.18 高压透镜垫（JB/T 2776—2010）

7.18.1 高压有孔透镜垫

高压有孔透镜垫的结构型式如图7-48所示，其尺寸按表7-53的规定。有孔透镜垫的材料为20钢、06Cr19Ni10、06Cr17Ni12Mo2、06Cr17Mn13Mo2N、022Cr17Ni14Mo2、TA3、TC4。材料的硬度：20钢≤156HBW、06Cr19Ni10≤170HBW、06Cr17Ni12Mo2≤185HBW、06Cr17Mn13Mo2N≤250HBW、022Cr17- Ni14Mo2≤187HBW，适用于公称压力PN160～PN320、公称尺寸DN3～DN200，使用温度为-30～200℃的有孔透镜垫。

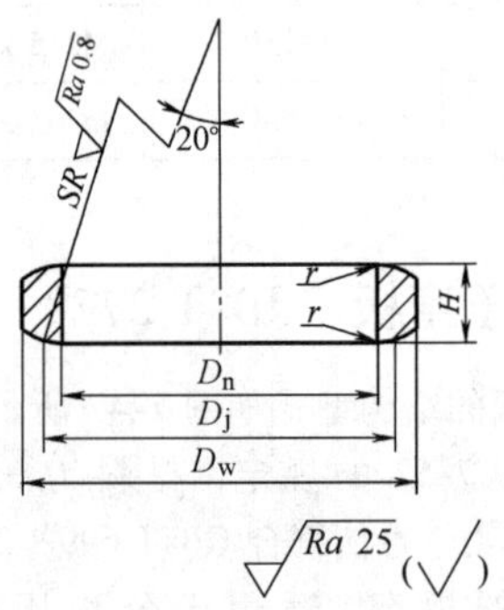

图7-48 有孔透镜垫结构型式

表7-53 有孔透镜垫尺寸 （单位：mm）

公称压力	公称尺寸	D_w	D_n	SR	D_j	H	r	参考质量/kg
PN160、PN220	DN3	14	3	12±0.2	8.2	8.5	0.3	0.008
	DN6	14	6	12±0.2	8.2	8.5	0.3	0.007
	DN10	20	11	22±0.2	15.1	8.5	0.4	0.012
	DN15	24	15	27±0.3	18.5	8	0.4	0.014
	DN25	32	23	38±0.3	26	8	0.5	0.019
	DN32	40	29	50±0.3	34.2	9	0.6	0.032
	DN40	50	39	65±0.4	44.5	10	0.6	0.048
	DN50	64	50	84±0.4	57.5	12	0.8	0.093
	DN65	80	65	104±0.4	71	14	0.8	0.142
	DN80	100	80	130±0.5	89	16	1	0.273
	DN100	120	99	158±0.5	108	18	1	0.400
	DN125	150	123	198±0.5	135.5	20	1	0.679
	DN150	170	142	226±0.6	154.6	22	1.25	0.906

（续）

公称压力	公称尺寸	D_w	D_n	SR	D_j	H	r	参考质量/kg
PN250、PN320	DN3	14	3	12 ±0.2	8.2	8.5	0.3	0.007
	DN6	14	6	12 ±0.2	8.2	8.5	0.3	0.007
	DN10	20	11	22 ±0.2	15.1	8.5	0.4	0.012
	DN15	30	17	35 ±0.3	23.9	9	0.4	0.024
	DN25	38	23	43 ±0.3	29.4	10	0.5	0.040
	DN32	45	29	52.5 ±0.3	35.9	11	0.6	0.058
	DN40	62	42	73 ±0.4	49.9	12	0.6	0.104
	DN50	75	53	90 ±0.4	61.6	14	0.8	0.170
	DN65	95	68	116 ±0.4	79.4	16	0.8	0.294
	DN80	120	85	145 ±0.5	99.3	20	1	0.588
	DN100	150	103	170 ±0.5	116.3	24	1	1.096
	DN125	170	120	200 ±0.5	136.8	28	1	1.650
	DN150	205	149	240 ±0.6	164	32	1.25	2.600
	DN200	265	193	320 ±0.6	218.9	40	1.25	5.330

7.18.2 无孔透镜垫

无孔透镜垫的结构型式如图7-49所示，其尺寸按表7-54的规定。无孔透镜垫的材料为20、06Cr19Ni10、06Cr17Ni12Mo2、06Cr17Mn13Mo2N、022Cr17Ni14Mo2、TA3、TC4。材料的硬度为：20钢≤156HBW、06Cr19Ni10≤170HBW、06Cr17Ni12Mo2≤185HBW、06Cr17Mn13Mo2N≤250HBW、022Cr17-Ni14Mo2≤170HBW，适用于公称压力PN160～PN320、公称尺寸DN3～DN200。使用温度为－30～200℃的无孔透镜垫。

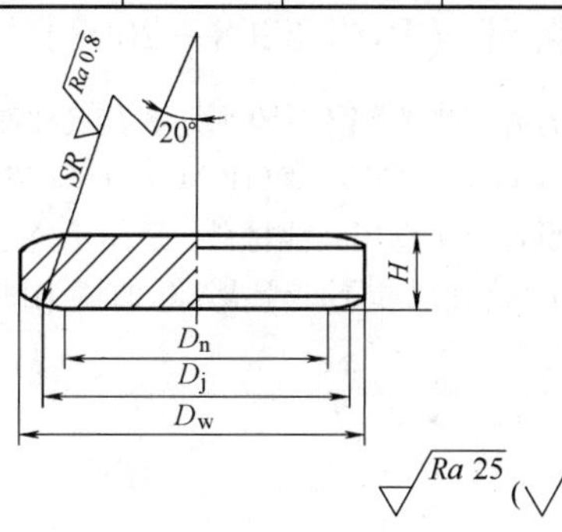

图7-49 无孔透镜垫结构型式

表7-54 无孔透镜垫尺寸 （单位：mm）

公称压力	公称尺寸	D_w	D_n	SR	D_j	H	参考质量/kg
PN160、PN220	DN3、DN6	14	6	12 ±0.2	8.2	8.5	0.009
	DN10	20	11	22 ±0.2	15.1		0.018
	DN15	24	15	27 ±0.3	18.5	8	0.025
	DN25	32	23	38 ±0.3	26		0.045
	DN32	40	29	50 ±0.3	34.2	9	0.075
	DN40	50	39	65 ±0.4	44.5	10	0.142
	DN50	64	50	84 ±0.4	57.5	12	0.262
	DN65	80	65	104 ±0.4	71	14	0.514
	DN80	100	80	130 ±0.5	89	16	0.904
	DN100	120	99	158 ±0.5	108	18	0.490
	DN125	150	123	198 ±0.5	135.5	20	2.540
	DN150	170	142	226 ±0.6	154.6	22	3.600

（续）

公称压力	公称尺寸	D_w	D_n	SR	D_j	H	参考质量/kg
PN250、PN320	DN3、DN6	14	6	12 ±0.2	8.2	8.5	0.009
	DN10	20	11	22 ±0.2	15.1		0.018
	DN15	30	17	35 ±0.3	23.9	9	0.040
	DN25	38	23	43 ±0.3	29.4	10	0.072
	DN32	45	29	52.5 ±0.3	35.9	11	0.115
	DN40	62	42	73 ±0.4	49.9	12	0.235
	DN50	75	53	90 ±0.4	61.6	14	0.413
	DN65	95	68	116 ±0.4	79.4	16	0.294
	DN80	120	85	145 ±0.5	99.3	20	1.400
	DN100	150	103	170 ±0.5	116.3	24	2.660
	DN125	170	120	200 ±0.5	136.8	28	4.130
	DN150	205	149	240 ±0.6	164	32	7.000
	DN200	265	193	320 ±0.8	218.9	40	14.550

7.19　隔环（JB/T 5208—2008）

隔环的结构型式如图7-50所示，其尺寸按表7-55的规定，材料为12Cr13、06Cr19Ni10、06Cr17Ni12Mo2，也可根据设计要求选用其他材料，适用于公称压力不小于PN16、公称尺寸不小于DN50的铸钢闸阀填料函用隔环。

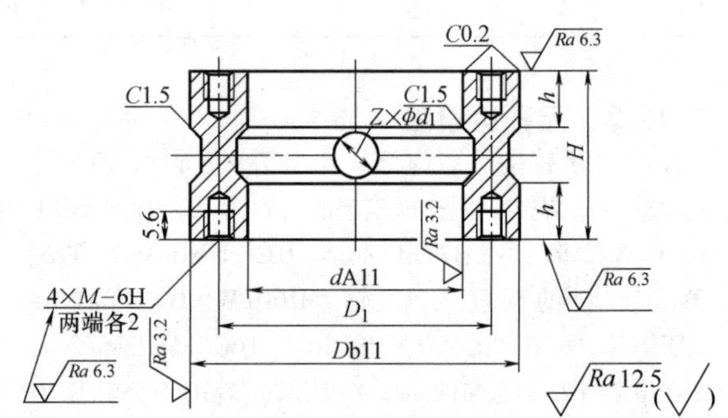

图7-50　隔环结构型式

表7-55　隔环的尺寸　（单位：mm）

阀杆直径	d	D	D_1	M	H	h	$Z\times\phi d_1$	参考质量/kg
20	20	32	26	4	20	6	—	0.065
22	22	34	28					0.072
26	26	38	32					0.082
28	28	44	36		25	8		0.14
32	32	48	40				2×φ6.5	0.17
36	36	52	44					0.18
38	38	58	48	6	30	11		0.32
42	42	62	52					0.36
44	44	64	54					0.38
48	48	68	58					0.41
50	50	70	60					—
55	55	75	65					—
60	60	80	70					—
65	65	85	75					—
70	70	—	83					—
75	75	—	88		40	12		—

7.20 上密封座（JB/T 5210—2010）

上密封座的结构型式如图 7-51 所示，其尺寸按表 7-56 的规定，材料为 12Cr13、06Cr19Ni10、06Cr17Ni12Mo2，也可选用性能不低于上述材料的其他材料，适用于碳素铸钢的闸阀和截止阀的上密封座。

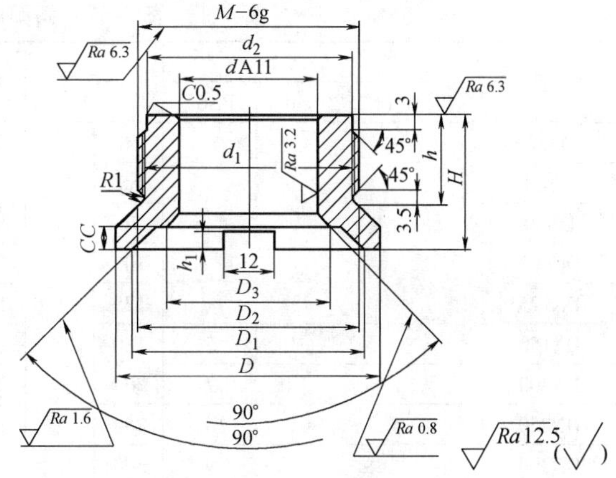

图 7-51 上密封座结构型式

表 7-56 上密封座的尺寸 （单位：mm）

阀杆螺纹直径	d	M	d_1	d_2	D	D_1	D_2	D_3	h	H	h_1	C	参考质量/kg
20	20	M36×2	33	32	43	39	36	24	17	25	3	4	0.12
22	22	M39×2	36	34	46	40	39	28	17	25	3	4	0.19
26	26	M42×2	39	38	50	44	42	32	17	25	3	4	0.23
28	28	M48×2	45	44	56	48	48	34	20	30	4	5	0.34
32	32	M52×2	49	48	62	54	52	38	20	30	4	5	0.45
36	36	M56×2	53	52	66	56	56	42	22	32	4	5	0.54
38	38	M64×2	61	58	74	64	64	44	22	32	4	5	0.62
42	42	M65×2	62	62	74	64	65	48	22	32	4	5	0.65
44	44	M68×2	65	64	78	68	68	50	25	35	4	5	0.69
48	48	M72×2	69	69	82	72	72	54	25	35	4	5	0.75
50	50	M76×2	73	70	86	76	76	56	25	35	4	5	—
55	55	M80×2	77	75	90	80	80	61	30	40	4	5	—
60	60	M85×2	82	80	95	85	85	66	32	44	4	5	—
65	65	M90×2	87	85	100	90	90	71	32	44	5	6	—
70	70	M100×2	97	96	110	95	100	76	32	44	5	6	—
75	75	M105×2	102	101	115	100	105	81	34	46	5	6	—
80	80	M110×2	107	106	120	106	110	86	34	46	5	6	—
90	90	M125×2	122	122	135	118	125	96	40	53	5	6	—

7.21 闸阀阀座（JB/T 5211—2008）

闸阀阀座的结构型式如图 7-52 所示，其尺寸按表 7-57 的规定，材料为 A105，也可根据设计采用其他材料，适用于碳素钢制闸阀。

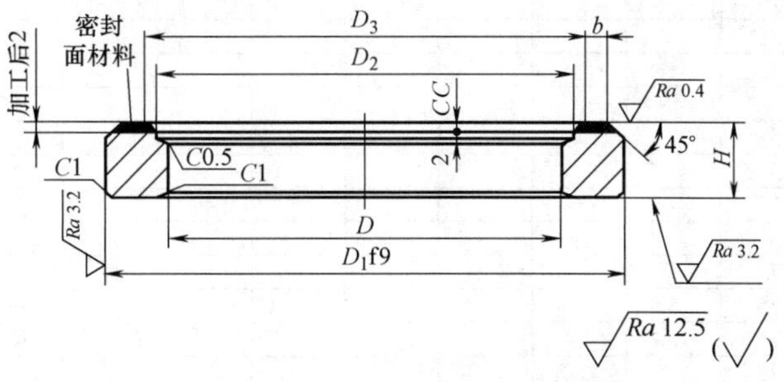

图 7-52 闸阀阀座的结构型式

表 7-57 闸阀阀座的基本尺寸 （单位：mm）

公称尺寸	b		D		D_1	D_2	D_3	C	H	参考质量/kg
	PN16、PN25、PN40	PN63								
DN50	4.5	4.5	50	±1.0	72	54	58	2	$16^{+0.04}_{-0.05}$	0.23
DN65			65		85	66	70			0.28
DN80			76		100	80	84			0.43
DN100			100		125	106	110		$20^{+0.04}_{-0.05}$	0.59
DN125			125		150	130	135	2.5		0.72
DN150	5	5	150		175	155	160			0.89
DN200	6	7	200		230	207	212		$24^{+0.040}_{-0.075}$	1.61
DN250	7	8	250		285	256	262	3		2.10
DN300	8	9	300		336	307	313			2.59

7.22 活节螺栓

公称压力 PN16 ~ PN63，公称尺寸 DN50 ~ DN300 的铸钢闸阀、铸钢截止阀及节流阀用活节螺栓的结构型式及尺寸如图 7-53 及表 7-58 所示。活节螺栓的技术条件按表 7-59 的规定。

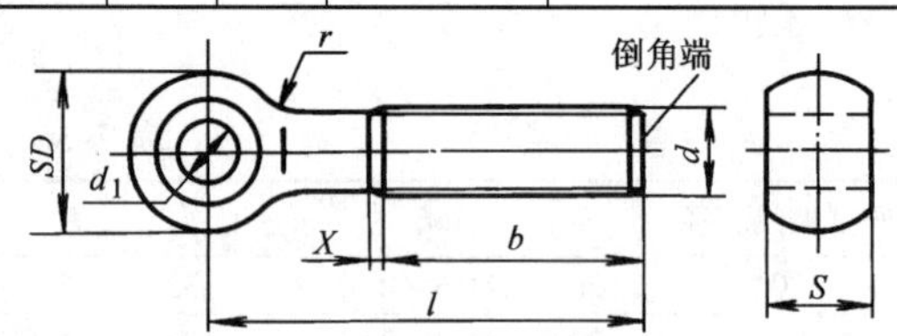

图 7-53 活节螺栓的结构型式

注：末端按 GB/T 2—2016 的规定；无螺纹部分杆径约等于螺纹中径或等于螺纹大径。

表 7-58 活节螺栓的尺寸（GB/T 798—1988） （单位：mm）

螺纹规格 d			M4	M5	M6	M8	M10	M12	M16	M20	M24	M30	M36
d_1	公称		3	4	5	6	8	10	12	16	20	25	30
	min		3.07	4.08	5.08	6.08	8.095	10.095	12.095	16.11	20.11	20.11	30.12
	max		3.119	4.23	5.23	6.23	8.275	10.275	12.275	16.32	20.32	20.32	30.37
S	公称		5	6	8	10	12	14	18	22	26	34	40
	min		4.75	5.75	7.70	9.70	11.635	13.635	17.635	21.56	25.56	33.5	39.48
	max		4.93	5.93	7.92	9.92	11.905	13.905	17.905	21.89	25.89	33.88	39.87
b			14	16	18	22	26	30	38	52	60	72	84
D			8	10	12	14	18	20	28	34	42	52	64
r（min）			3	4	5	5	6	8	10	12	16	20	22
X（max）			1.75	2	2.5	3.2	3.8	4.2	5	6.3	7.5	8.8	10
l			M4	M5	M6	M8	M10	M12	M16	M20	M24	M30	M36
公称长度	min	max											
20	18.95	21.05											
25	23.95	26.05											
30	28.95	31.05											
35	33.75	36.25											
40	38.75	41.25											
45	43.75	46.25											
50	48.75	51.25											
(55)	53.5	56.5											
60	58.5	61.5					商						
(65)	63.5	66.5											
70	68.5	71.5						品					
80	78.5	81.5											
90	88.25	91.75							规				
100	98.25	101.75											
110	108.25	111.75								格			
120	118.25	121.75											
130	128	132									范		
140	138	142											

（续）

螺纹规格 *d*			M4	M5	M6	M8	M10	M12	M16	M20	M24	M30	M36
公称长度	min	max											
150	148	152										围	
160	156	164											
180	176	184											
200	195.4	204.6											
220	215.4	224.6											
240	235.4	244.6											
260	254.8	265.2											
280	274.8	285.2											
300	294.8	305.2											

注：尽可能不采用括号内的长度规格。

表 7-59 活节螺栓的技术条件（GB/T 798—1988）

材　料		钢
螺　纹	公　差	8g
	标　准	GB/T 196、GB/T 197
力学性能	等　级	4.6、5.6
	标　准	GB/T 3098.1
公　差	产品等级	除第 3 章规定外，其余按 C 级
	标准	GB/T 3103.1
表 面 处 理		① 不经处理 ② 镀锌钝化　GB/T 5267.1
验收及包装		GB/T 90.1

注：由于结构的原因，活节螺栓不进行楔负载及头杆结合强度试验。

7.23 PN2500 锥面垫、锥面盲垫（JB/T 1308.6—2011）

PN2500 锥面垫及锥面盲垫的结构型式及尺寸如图 7-54 及表 7-60 所示。

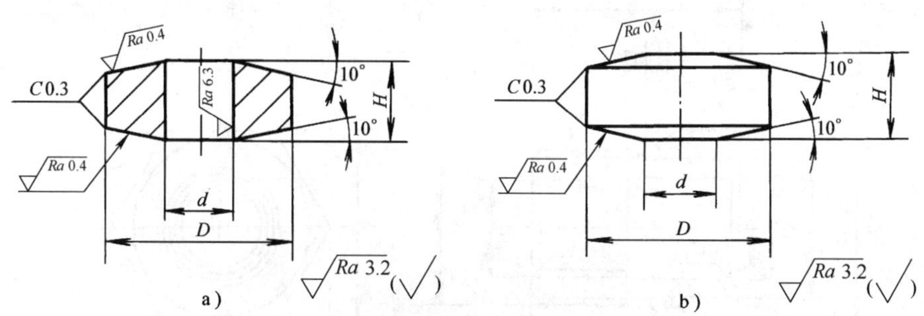

图 7-54 锥面垫、锥面盲垫的结构型式

a）锥面垫　b）锥面盲垫

表 7-60 锥面垫、锥面盲垫的尺寸（JB/T 1308.6—2011）　　（单位：mm）

公称尺寸	*D*		*d*	*H*	参考质量/kg	
	尺　寸	偏　差			锥面垫	锥面盲垫
DN3	11	-0.020 -0.070	3	6.5	0.004	0.005
DN6	15		5	8	0.008	0.010
DN10	21	-0.025 -0.085	8	10	0.022	0.027
DN15	35	-0.032 -0.100	13	15	0.070	0.080
DN20	50		18	20	0.215	0.247
DN25	64	-0.040 -0.120	25	25	0.530	0.630

7.24　PN2500 螺套（JB/T 1308.7—2011）

PN2500 螺套的结构型式及尺寸如图 7-55 及表 7-61 所示。

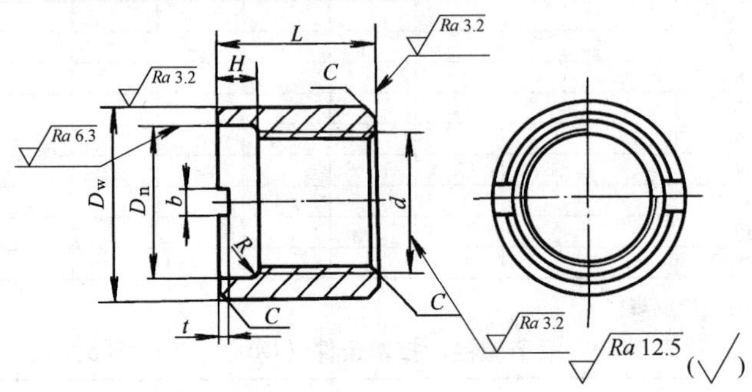

图 7-55　螺套的结构型式

表 7-61　螺套的尺寸（JB/T 1308.7—2011）　　（单位：mm）

公称尺寸	螺纹代号 d	D_w		D_n		L	H	b	t	R	C	质量 /kg
		尺寸	偏差	尺寸	偏差							
DN3	M10×1.5-6H-LH	16	0 −0.035	11	+0.035 0	16	3.5	2.5	1.2	0.8	0.7	0.02
DN6	M14×1.5-6H-LH	21	0 −0.045	15		24	6	4	1.5		1	0.04
DN10	M20×1.5-6H-LH	30		21	+0.045 0	34	8	6	2		1.5	0.11
DN15	M33×2-6H-LH	45	0 −0.050	35	+0.050 0	38	10		2.5			0.23

7.25　PN2500 内外螺母（JB/T 1308.8—2011）

PN2500 内外螺母的结构型式及尺寸如图 7-56 及表 7-62 所示。

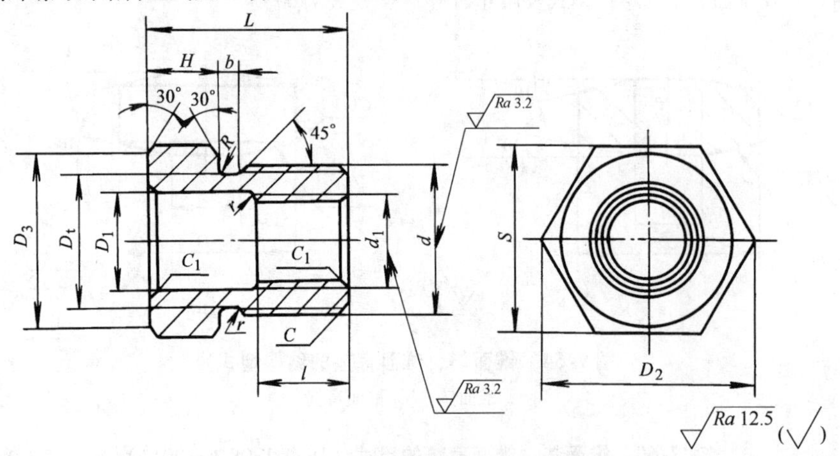

图 7-56　内外螺母的结构型式

表 7-62　内外螺母的尺寸（JB/T 1308.8—2011）　　（单位：mm）

公称尺寸	螺纹代号 d	螺纹代号 d_1	D_t	L	H	b	l	R	r	C	C_1	D_1	D_2	D_3 ≈	S	质量 /kg
DN3	M20×1.5-6g	M10×1-6H-LH	17.8	32	10	3	13	1	0.5	1	0.7	12	31.2	25.5	27	0.08
DN6	M24×2-6g	M14×1.5-6H-LH	21	36	12	4	16			1.5	1	16	36.9	30	32	0.12
DN10	M33×2-6g	M20×1.5-6H-LH	30	45	16		21					22	47.3	39	41	0.25
DN15	M48×2-6g	M33×2-6H-LH	45	50	19		23				1.5	36	63.5	52.5	55	0.46

7.26 PN2500 接头螺母（JB/T 1308.9—2011）

PN2500 接头螺母的结构型式和尺寸如图 7-57 及表 7-63 所示。

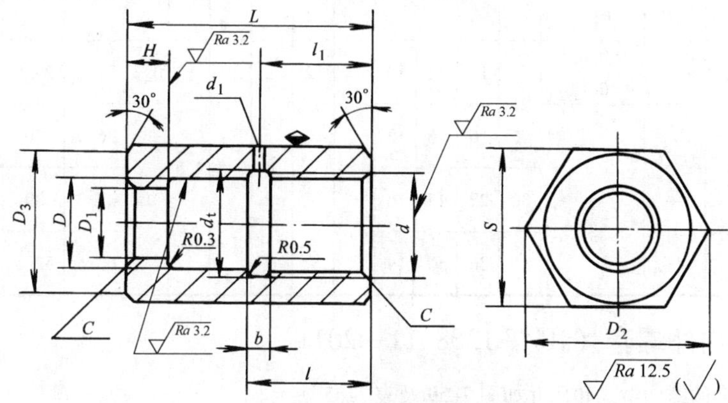

图 7-57 接头螺母的结构型式

表 7-63 接头螺母的尺寸（JB/T 1308.9—2011） （单位：mm）

公称尺寸	螺纹代号 d	D 尺寸	D 偏差	D_1	d_t	L	H	l	b	l_1	d_1	C	D_2	D_3 ≈	S	质量 /kg
DN3	M20×1.5-6H	16	+0.035 0	12	20.3	45	7	25	3	23.5	1.5	1	31.2	25.5	27	0.14
DN6	M24×2-6H	21	+0.045 0	16	24.4	58	10	29	5	26.5	2	1.5	41.6	34	36	0.35
DN10	M33×2-6H	30		22	33.4	75	13	33		30.5			57.7	47.5	50	0.97
DN15	M48×2-6H	45	+0.050 0	36	48.4	88	19	35		32.5	3		80.8	67	70	1.85

7.27 PN2500 外螺母（JB/T 1308.10—2011）

PN2500 外螺母的结构型式和尺寸如图 7-58 及表 7-64 所示。

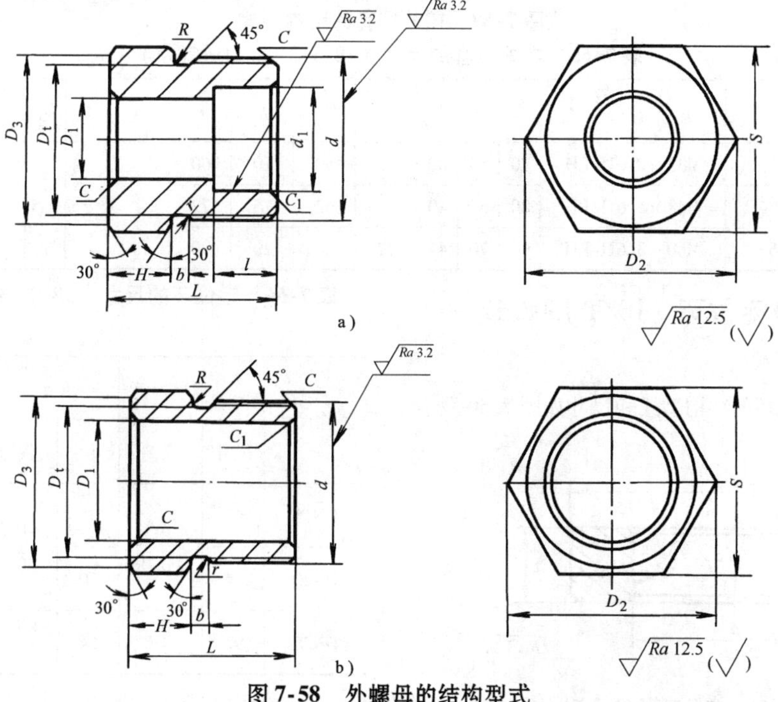

a）

b）

图 7-58 外螺母的结构型式

a）DN3 外螺母 b）DN6、DN10、DN15 外螺母

表 7-64 外螺母的尺寸（JB/T 1308. 10—2011） （单位：mm）

公称尺寸	螺纹代号 d	d_1 尺寸	d_1 偏差	D_t	D_1	L	H	b	l	R	r	C	C_1	D_2	D_3 ≈	S	质量 /kg
DN3	M24 ×2-6g	16	+0.035 0	21	12	32	10	4	12	1	0.5	1.5	0.7	31.2	25.5	27	0.08
DN6		—	—		16	36	12		—				1	36.9	30	32	0.11
DN10	M33 ×2-6g			30	22	45	16							47.3	39	41	0.23
DN15	M48 ×2-6g			45	36	50	19							63.5	52.5	55	0.43

7.28 PN2500 内外螺套（JB/T 1308. 11—2011）

PN2500 内外螺套的结构型式和尺寸如图 7-59 及表 7-65 所示。

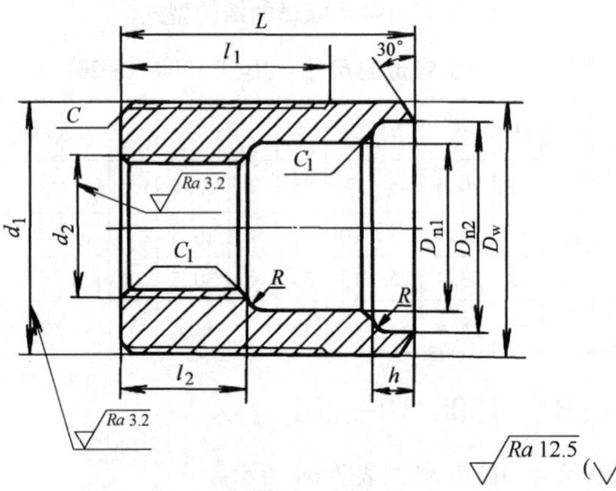

图 7-59 内外螺套的结构型式

表 7-65 内外螺套的尺寸（JB/T 1308. 11—2011） （单位：mm）

公称尺寸	螺纹代号 d_1	螺纹代号 d_2	L	l_1	l_2	D_{n1}	D_{n2}	h	D_w	R	C	C_1	质量/kg
DN15	M60 ×3-6g	M33 ×2-6H-LH	70	50	30	40	50	10	60	2	2	1.5	0.83
DN20	M72 ×3-6g	M48 ×2-6H-LH	80	60	40	54	62	15	72				1.11
DN25	M90 ×3-6g	M60 ×3-6H-LH	90	70	45	72	78	20	90				1.64

7.29 PN2500 定位环（JB/T 1308. 12—2011）

PN2500 定位环的结构型式和尺寸如图 7-60 及表 7-66 所示。

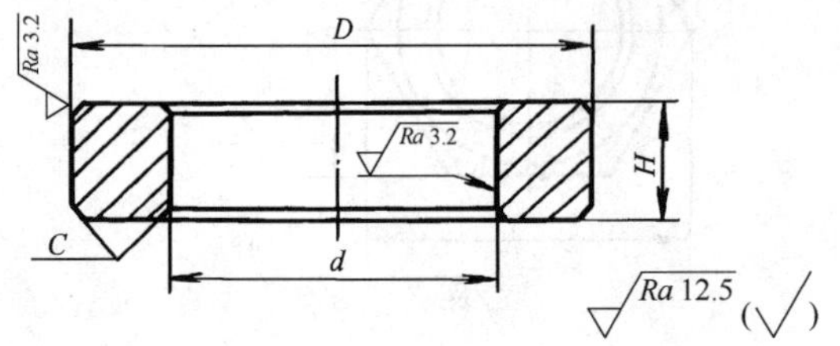

图 7-60 定位环的结构型式

表 7-66 定位环的尺寸（JB/T 1308. 12—2011） （单位：mm）

公称尺寸	D 尺寸	D 偏差	d 尺寸	d 偏差	H	C	质量 /kg
DN15	62	0 −0.06	35	+0.05 0	10	0.5	0.17
DN20	74		50		15		0.27
DN25	92	0 −0.07	64	+0.06 0	17		0.46

7.30 PN2500 螺纹法兰（JB/T 1308.13—2011）

PN2500 螺纹法兰的结构型式和尺寸如图 7-61 及表 7-67 所示。

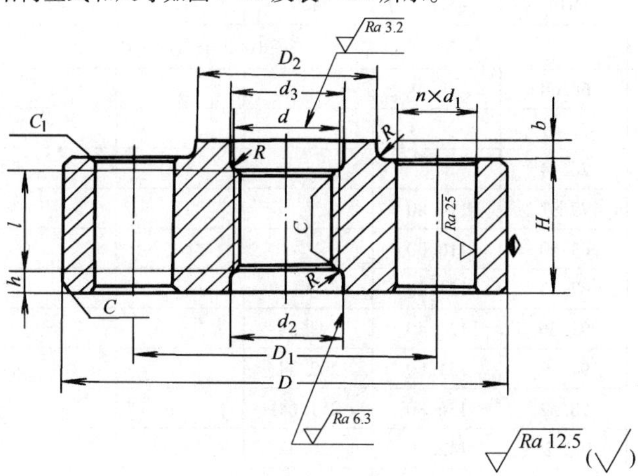

图 7-61 螺纹法兰的结构型式

表 7-67 螺纹法兰的尺寸（JB/T 1308.13—2011） （单位：mm）

型式	公称尺寸	螺纹代号 d	D	D_1	n	d_1	H	D_2 尺寸	D_2 偏差	b	d_2 尺寸	d_2 偏差	h	l	d_3	R	C	C_1	质量/kg
A	DN15	M33×2-6H-LH	140	95	4	26	40	57	±0.5	4	35	+0.05 0	6	30	37	0.5	1.5	0.5	3.95
	DN20	M48×2-6H-LH	165	115		29	45	72			50		8	35	52				6.05
	DN25	M60×3-6H-LH	185	135	6		50	92			64	+0.06 0		40	66		2		8.01
B	DN15	M60×3-6H	165	115	4		45	72			62			35	62				5.61
	DN20	M72×3-6H	185	135			50	92			74			40	74				7.89
	DN25	M90×3-6H	205	155	6		55	110			92	+0.07 0	10		92				9.71
C	DN15	M48×2-6H-LH	165	115	4		45	72			62	+0.06 0	8	35	50				5.91
	DN20	M60×3-6H-LH	185	135			50	92			74			40	62				8.33
	DN25	M72×3-6H-LH	205	155	6		55	110			92	+0.07 0	10		74				10.58

7.31 PN2500 双头螺柱（JB/T 1308.14—2011）

PN2500 双头螺柱的结构型式和尺寸如图 7-62 及表 7-68、表 7-69 所示。

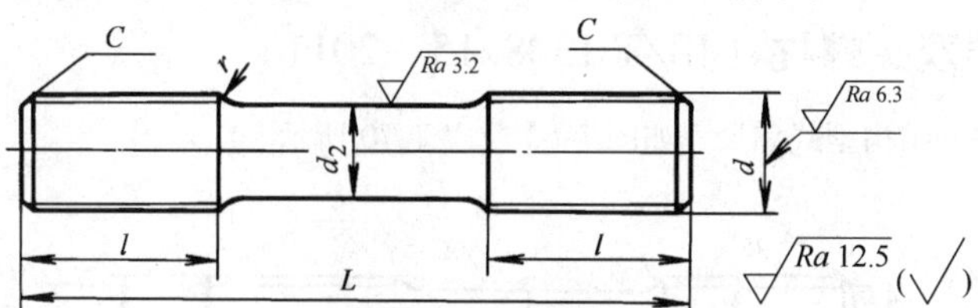

图 7-62 双头螺柱的结构

表 7-68 双头螺柱的尺寸（JB/T 1308.14—2011） （单位：mm）

d	M14	M16	M20	M24	M27	M30
C	1.5	1.5	2	2	2	2.5
r	6	6	8	8	8	10
l	25	32	38	45	48	50
d_2	11	13	16.4	19.5	22.5	25

表7-69　双头螺柱的长度系列和质量

L /mm		d/mm					
		M14	M16	M20	M24	M27	M30
公称尺寸	偏　差	每1000个质量/kg　≈					
70	±1.3	68.68					
75		72.41					
80		76.14					
85		79.87	110.80				
90		83.60	116.00				
95		87.33	121.20				
100		91.06	126.40	193.84			
105	±1.5	94.79	131.60	202.74			
110		98.52	136.80	211.64			
115		102.25	142.00	220.54			
120		105.98	147.20	229.44			
125		109.71	152.40	238.34			
130			157.60	247.24			
135				256.14			
140				265.04	391.70		
145				273.94	404.05		
150				282.84	416.40		
160				300.64	441.10	578.24	
170				318.44	465.80	610.84	
180					490.50	643.44	794.92
190					515.20	676.04	833.42
200					539.90	708.64	871.92
210	±1.8					741.24	910.42
220						773.84	948.92
230						806.44	987.42
240							1025.92
250							1064.42

7.32　PN2500 阶端双头螺柱（JB/T 1308.15—2011）

PN2500 阶端双头螺柱的结构型式和尺寸如图7-63及表7-70所示。

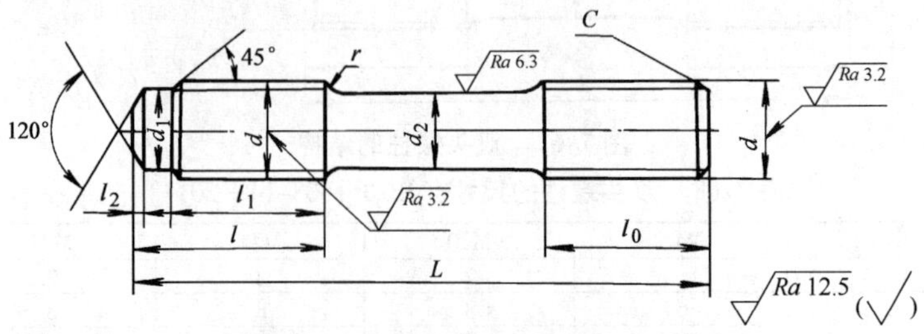

图7-63　阶端双头螺柱的结构型式

表 7-70　阶端双头螺柱的尺寸（JB/T 1308.15—2011）　（单位：mm）

d	d_1	l_1	r	l_2	l	l_0	C	d_2	L			每 1000 个质量/kg
									DN15	DN20	DN25	
M24	18	35	8	3	48	45	2	19.5	125	—	—	375
M27	20	40			52	48		22.5	—	145	150	540（$L=145$） 580（$L=150$）

7.33　PN2500 螺母（JB/T 1308.16—2011）

PN2500 螺母的结构型式和尺寸如图 7-64 及表 7-71 所示。

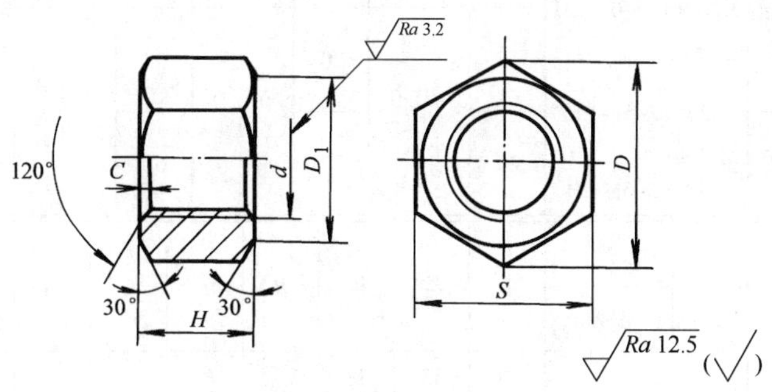

图 7-64　螺母的结构型式

表 7-71　螺母的尺寸（JB/T 1308.16—2011）　（单位：mm）

螺纹代号 d	S		H		D	D_1 ≈	C	螺孔中心线的偏差 ≤	每 1000 个质量 /kg
	尺寸	偏差	尺寸	偏差					
M14	22	0 −0.28	14	0 −0.70	25.4	20.8	1.5	0.4	30.55
M16	24		16		27.7	22.8		0.5	39.81
M20	30		20	0 −0.84	34.6	28.5	2		77.10
M24	36	0 −0.34	24		41.6	34		0.6	134.8
M27	41		27		47.3	39			197.8
M30	46		30		53.1	43.5	2.5		279.0

7.34　PN2500 异径管（JB/T 1308.17—2011）

PN2500 异径管的结构型式及尺寸如图 7-65 和表 7-72 所示。

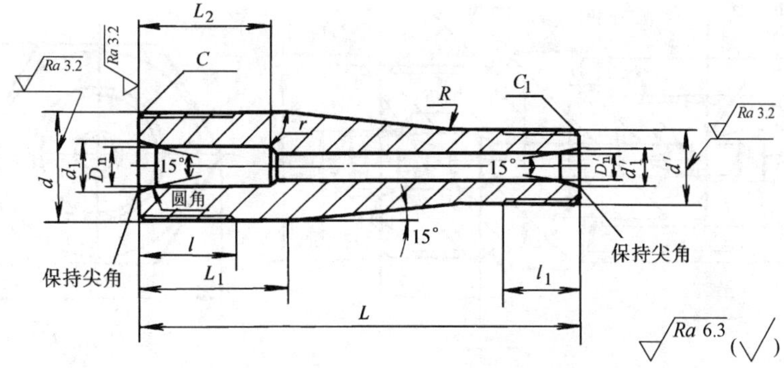

图 7-65　异径管的结构型式

表 7-72　异径管的尺寸（JB/T 1308.17—2011）　　（单位：mm）

公称尺寸 DN	螺纹代号 d	螺纹代号 d'	D_n		d_1		l		D_n'	
			尺寸	偏差	尺寸	偏差	尺寸	偏差	尺寸	偏差
6×3	M14×1.5-6g-LH	M10×1.5-6g-LH	5	+0.5 0	7	+0.7 0	22	+1.0 0	3	+0.3 0
10×3	M20×1.5-6g-LH		8	+1.0 0	10	+1.0 0	30			
10×6		M14×1.5-6g-LH							5	+0.5 0
15×6	M33×2-6g-LH		13	+1.5 0	15	+1.5 0	35	+1.5 0		
15×10		M20×1.5-6g-LH							8	+1.0 0
20×10	M48×2-6g-LH		18	+2.0 0	20	+2.0 0	58	+2.0 0		
20×15		M33×2-6g-LH							13	+1.5 0
25×15	M60×3-6g-LH		25		27		62			
25×20		M48×2-6g-LH							18	+2.0 0

公称尺寸 DN	d'_1		l_1		L	L_1	L_2	R	r	C	C_1	质量/kg
	尺寸	偏差	尺寸	偏差								
6×3	5	+0.5 0	15	+1.0 0	110	35	28	25	30	1	0.7	0.08
10×3					135	48	40					0.15
10×6	7	+0.7 0	22		145						1	0.20
15×6					180	58	50			1.5		0.46
15×10	10	+1.0 0	30		190							0.58
20×10					195	68	55					1.34
20×15	15	+1.5 0	35	+1.5 0	200						1.5	1.64
25×15					210	78	65			2		2.42
25×20	20	+2.0 0	58	+2.0 0	215							3.1

7.35　PN2500 异径接头（JB/T 1308.18—2011）

PN2500 异径接头的结构型式和尺寸如图 7-66 及表 7-73 所示。

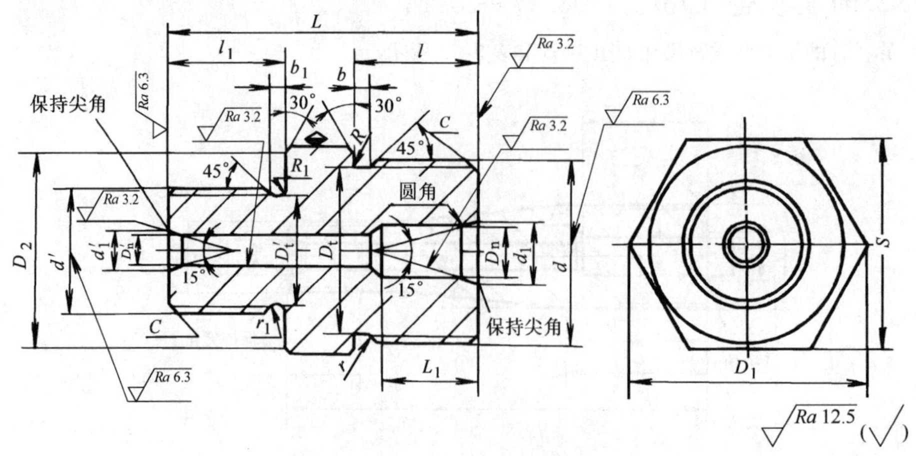

图 7-66　异径接头的结构型式

表 7-73　异径接头的尺寸（JB/T 1308.18—2011）　（单位：mm）

公称尺寸 DN	螺纹代号 d	螺纹代号 d'	D_n 尺寸	D_n 偏差	d_1 尺寸	d_1 偏差	D'_n 尺寸	D'_n 偏差	d_1' 尺寸	d_1' 偏差
6×3	M24×2-6g	M20×1.5-6g	5	+0.5 0	7	+0.7 0	3	+0.3	5	+0.5 0
10×3	M33×2-6g		8	+1.0 0	10	+1.0 0				
10×6		M24×2-6g					5	+0.5	7	+0.7 0
15×6	M48×2-6g		13	+1.5 0	15	+1.5 0				
15×10		M33×2-6g					8	+1.0	10	+1.0 0

公称尺寸 DN	D_t	L	L_1	D_1	D_2	S	l	b	R	r	C	D_t'	l_1	b_1	R_1	r_1	C_1	质量/kg
6×3	21	65	20	36.9	30	32	28	4	1	0.5	1.5	17.8	25	3	1	0.5	1	0.22
10×3	30	73	25	47.3	39	41	32											0.42
10×6		76										21	28	4			1.5	0.45
15×6	45	79		63.5	52.5	55												0.88
15×10		83										30	32					0.96

7.36　PN2500 等径三通、等径四通（JB/T 1308.19—2011）

PN2500 管接头连接的等径三通、等径四通的结构型式及尺寸如图 7-67、图 7-68 及表 7-74 所示。

PN2500 法兰连接的等径三通、等径四通的结构型式及尺寸如图 7-69、图 7-70 及表 7-75 所示。

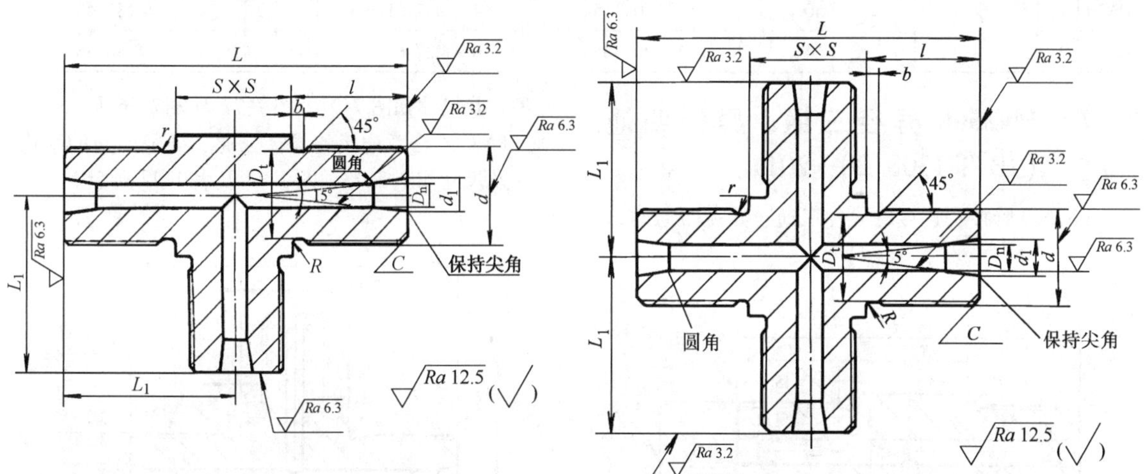

图 7-67　管接头连接的等径三通的结构型式

图 7-68　管接头连接的等径四通的结构型式

表 7-74　管接头连接的等径三通、等径四通的尺寸（JB/T 1308.19—2011）（单位：mm）

公称尺寸	螺纹代号 d	D_n 尺寸	D_n 偏差	d_1 尺寸	d_1 偏差	D_t	b	L	L_1	l	S	R	r	C	质量/kg 等径三通	质量/kg 等径四通
DN3	M20×1.5-6g	3	+0.3 0	5	+0.5 0	17.8	3	80	40	28	24	1	0.5	1	0.24	0.35
DN6	M24×2-6g	5	+0.5 0	7	+0.7 0	21	4	96	48	33	30			1.5	0.51	0.62
DN10	M33×2-6g	8	+1.0 0	10	+1.0 0	30		120	60	40	40				1.17	1.39
DN15	M48×2-6g	13	+1.5 0	15	+1.5 0	45		136	68	42	52				2.67	3.14

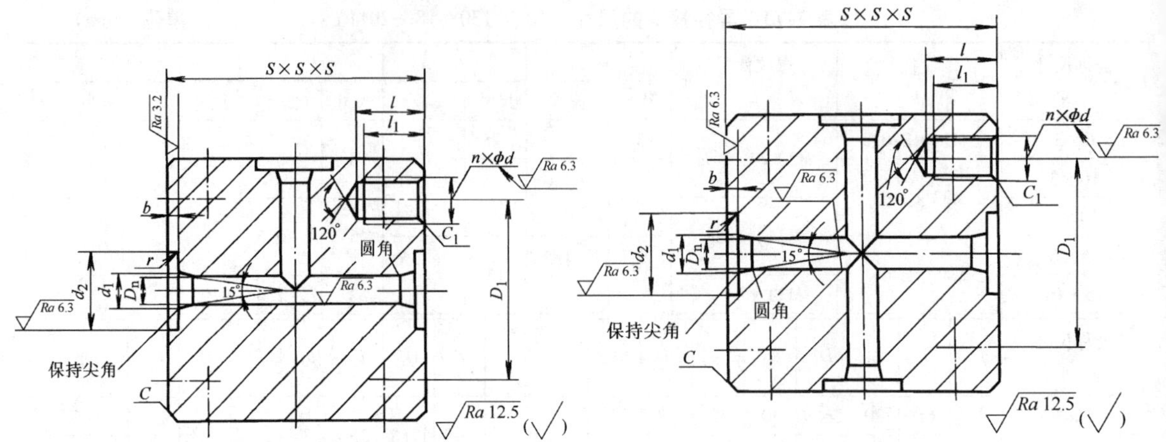

图 7-69　法兰连接的等径三通的结构型式　　**图 7-70　法兰连接的等径四通的结构型式**

表 7-75　法兰连接的等径三通、等径四通的尺寸（JB/T 1308.19—2011）（单位：mm）

公称尺寸	D_n		d_1		d_2		b	S	D_1	l	l_1	$n\times\phi d$	r	C	C_1	质量/kg	
	尺寸	偏差	尺寸	偏差	尺寸	偏差										等径三通	等径四通
DN15	13	+1.5 0	15	+1.5 0	35	+0.05 0	5	145	95	42	36	4×M24-6H	0.5	4	2	22.14	21.54
DN20	18	+2.0 0	20	+2.0 0	50		6	170	115	45	40	4×M27-6H		5		36.25	35.48
DN25	25		27		64	+0.06 0	7.5	190	135			6×M27-6H				50.03	48.76

7.37　PN2500 异径三通、异径四通（JB/T 1308.20—2011）

PN2500 管接头连接的异径三通、异径四通的结构型式及尺寸如图 7-71、图 7-72 及表 7-76 所示。

PN2500 法兰连接的异径三通、异径四通的结构型式及尺寸如图 7-73、图 7-74 及表 7-77 所示。

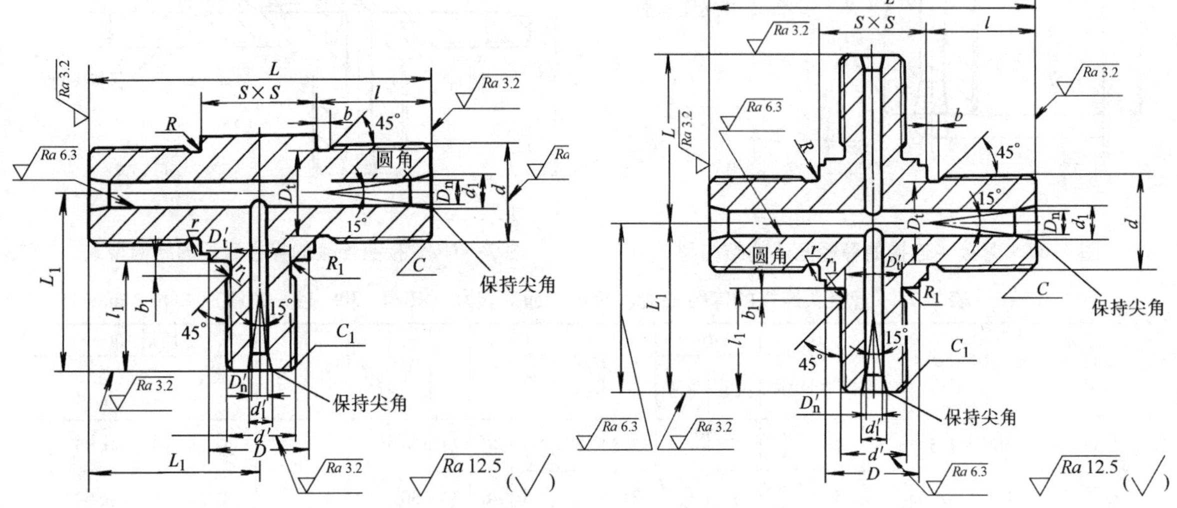

图 7-71　管接头连接的异径三通的结构型式　　**图 7-72　管接头连接的异径四通的结构型式**

表 7-76 管接头连接的异径三通、异径四通的尺寸（JB/T 1308.20—2011）（单位：mm）

公称尺寸 DN	螺纹代号 d	螺纹代号 d'	D_n		d_1		D_t	l	b	R	r	C
			尺寸	偏差	尺寸	偏差						
6×3	M24×2-6g	M20×1.5-6g	5	+0.5 0	7	+0.7 0	21	33	4	1	0.5	1.5
10×3	M33×2-6g		8	+1.0 0	10	+1.0 0	30	40				
10×6		M24×2-6g										
15×6	M48×2-6g		13	+1.5 0	15	+1.5 0	45	42				
15×10		M33×2-6g										

公称尺寸 DN	D'_n		d'_1		D	D'_t	l_1	b_1	R_1	r_1	C_1	S	L	L_1	质量/kg	
	尺寸	偏差	尺寸	偏差											异径三通	异径四通
6×3	3	+0.3 0	5	+0.5 0	27	17.8	28	3	1	0.5	1	30	96	48	0.49	0.35
10×3												40	120	60	1.05	1.16
10×6	5	+0.5 0	7	+0.7 0	35	21	33	4			1.5				1.10	1.28
15×6												52	136	68	2.37	2.55
15×10	8	+1.0 0	10	+1.0 0	40	30	40								2.46	2.72

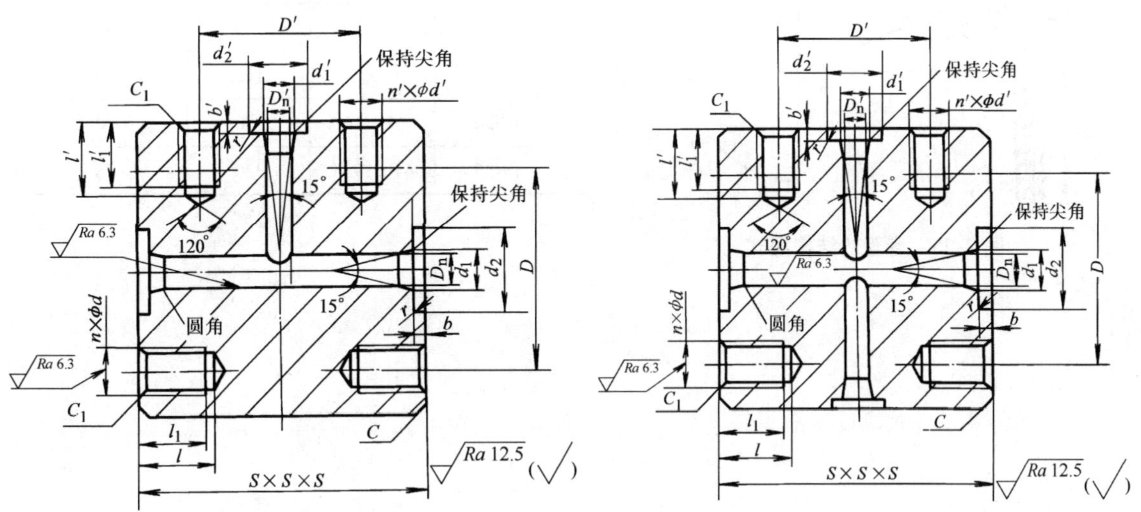

图 7-73 法兰连接的异径三通的结构型式

图 7-74 法兰连接的异径四通的结构型式

表7-77　法兰连接的异径三通、异径四通的尺寸（JB/T 1308.20—2011）（单位：mm）

<table>
<tr><th rowspan="2">公称尺寸
DN</th><th colspan="2">D_n</th><th colspan="2">d_1</th><th colspan="2">d_2</th><th rowspan="2">b</th><th rowspan="2">S</th><th rowspan="2">D</th><th rowspan="2">l</th><th rowspan="2">l_1</th><th rowspan="2">$n\times\phi d$</th><th rowspan="2">r</th><th rowspan="2">C</th><th rowspan="2">C_1</th></tr>
<tr><th>尺寸</th><th>偏差</th><th>尺寸</th><th>偏差</th><th>尺寸</th><th>偏差</th></tr>
<tr><td>20×15</td><td>18</td><td rowspan="3">+2.0
0</td><td>20</td><td rowspan="3">+2.0
0</td><td>50</td><td>+0.05
0</td><td>6</td><td>170</td><td>115</td><td rowspan="3">45</td><td rowspan="3">40</td><td>4×M27-6H</td><td rowspan="3">0.5</td><td rowspan="3">5</td><td rowspan="3">2</td></tr>
<tr><td>25×15</td><td rowspan="2">25</td><td rowspan="2">27</td><td rowspan="2">64</td><td rowspan="2">+0.06
0</td><td rowspan="2">7.5</td><td rowspan="2">190</td><td rowspan="2">135</td><td rowspan="2">6×M27-6H</td></tr>
<tr><td>25×20</td></tr>
</table>

<table>
<tr><th rowspan="2">公称尺寸
DN</th><th colspan="2">D'_n</th><th colspan="2">d'_1</th><th colspan="2">d'_2</th><th rowspan="2">b'</th><th rowspan="2">D'</th><th rowspan="2">l'</th><th rowspan="2">l'_1</th><th rowspan="2">$n'\times\phi d'$</th><th colspan="2">质量/kg</th></tr>
<tr><th>尺寸</th><th>偏差</th><th>尺寸</th><th>偏差</th><th>尺寸</th><th>偏差</th><th>异径三通</th><th>异径四通</th></tr>
<tr><td>20×15</td><td rowspan="2">13</td><td rowspan="2">+1.5
0</td><td rowspan="2">15</td><td rowspan="2">+1.5
0</td><td rowspan="2">35</td><td rowspan="3">+0.05
0</td><td rowspan="2">5</td><td rowspan="2">95</td><td rowspan="2">42</td><td rowspan="2">36</td><td rowspan="2">4×M24-6H</td><td>36.43</td><td>35.87</td></tr>
<tr><td>25×15</td><td>50.63</td><td>50.06</td></tr>
<tr><td>25×20</td><td>18</td><td>+2.0
0</td><td>20</td><td>+2.0
0</td><td>50</td><td>6</td><td>115</td><td>45</td><td>40</td><td>4×M27-6H</td><td>50.51</td><td>49.82</td></tr>
</table>

7.38　PN2500弯管（JB/T 1308.21—2011）

PN2500弯管的结构型式和尺寸如图7-75及表7-78所示。

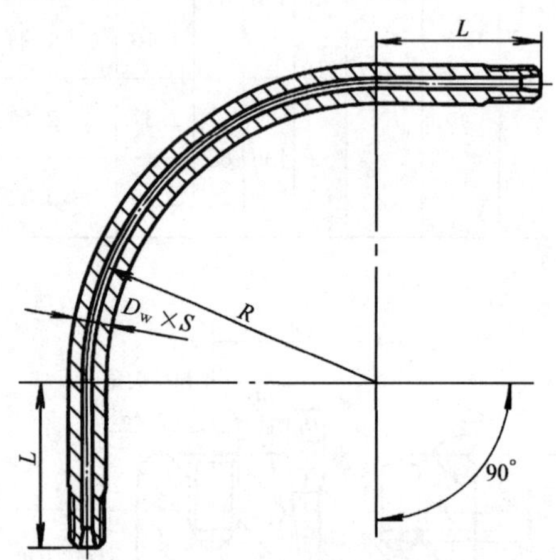

图7-75　弯管的结构型式

表7-78　弯管的尺寸
（JB/T 1308.21—2011）
（单位：mm）

公称尺寸	管子规格 $D_w\times S$	最小弯曲半径 R	最小直边长度 L
DN3	11×4	90	50
DN6	15×5	105	55
DN10	21×6.5	125	60
DN15	35×11	175	65
DN20	50×16	250	70
DN25	64×19.5	320	75

第 8 章　阀门驱动装置

8.1　阀门驱动装置的选择

8.1.1　阀门驱动方式的分类

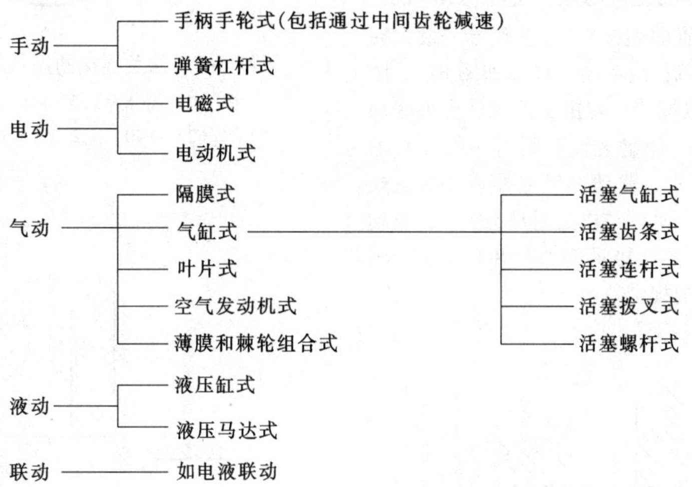

按驱动机构的运动方式，阀门驱动装置分为直行程和角行程两种。

按驱动结构，阀门驱动装置分为：

8.1.2　各类驱动装置的特点（表 8-1）

8.1.3　阀门驱动方式的选择

阀门驱动方式的选用依据是：

1）阀门的形式、规格与结构。

2）阀门的启闭力矩（管线压力、阀门的最大压差）、推力。

3）最高环境温度与流体温度。

4）使用方式与使用次数。

5）启闭速度与时间。

6）阀杆直径、螺距、旋转方向。

7）连接方式。

8）动力源参数：电动的电源电压、相数、频率；

表 8-1　电动、液动和气动驱动装置的特点

	电　动　装　置	液　动　装　置	气　动　装　置
特点	1）适用性较强，不受环境温度影响 2）输出转矩范围广 3）控制方便，能自由地采用直流、交流、短波、脉冲等各种信号，适于放大、记忆、逻辑判断和计算等工作 4）可实现超小型化 5）具有机械自锁性 6）安装方便 7）维护检修方便	1）结构简单、紧凑，体积小 2）输出力大 3）容易获得低速或高速，能无级变速 4）能远距离自动控制 5）由于液压油的黏性而效率较高，有自润滑性能和防锈性能	1）结构简单 2）气源容易获得 3）能得到较高的开关速度 4）可安装调速器，使开关速度按需要进行调整 5）气体压缩性大，关闭时有弹性
缺点	1）结构复杂 2）机械效率低，一般只有 25% ~60% 3）输出转速不能太低或太高 4）易受电源电压、频率变化的影响	1）油温变化引起油黏度的变化 2）液压元件和管道易渗漏 3）配管，维修不方便 4）不适于对于信号进行各种运算	1）与液动装置相比结构较大，不适于大口径高压力的阀门 2）因气体有压缩性所以速度不易均匀

气动的气源压力；液动的液压源压力。

9）特殊考虑：低温、防腐、防爆、防水、防火、防辐照等。

8.1.4 阀门驱动装置的连接

8.1.4.1 多回转阀门驱动装置的连接

多回转阀门驱动装置是指对阀门产生直行程的驱动装置。该驱动装置和阀门连接的法兰尺寸和法兰代号与其相对应的最大转矩及最大推力和驱动件的结构型式和尺寸按 GB/T 12222—2005、ISO 5210：2017《多回转阀门驱动装置的连接》，法兰代号—最大转矩和最大推力见表 8-2；法兰连接尺寸如图 8-1、图 8-2 及表 8-3 所示。既能传递转矩又能承受推力驱动件结构如图 8-3 所示，驱动装置和阀门（阀杆）的连接示例如图 8-4 所示，驱动件尺寸按表 8-4 的规定。仅能传递转矩的驱动件结构如图 8-5 所示，驱动装置和阀门（阀杆）的连接示例如图 8-6 所示，驱动件的尺寸按表 8-5 的规定。

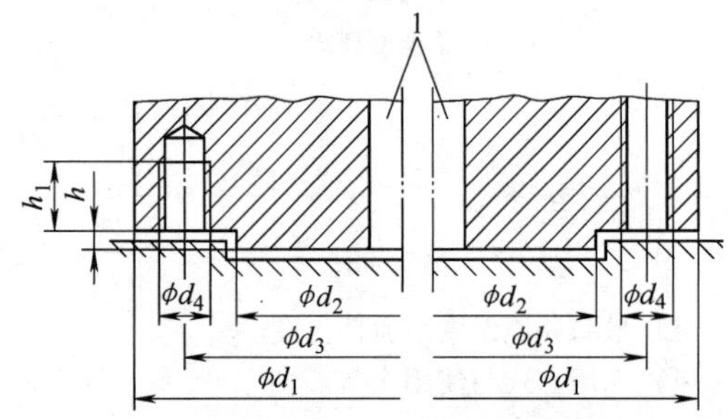

图 8-1 驱动装置与阀门的法兰连接示意图

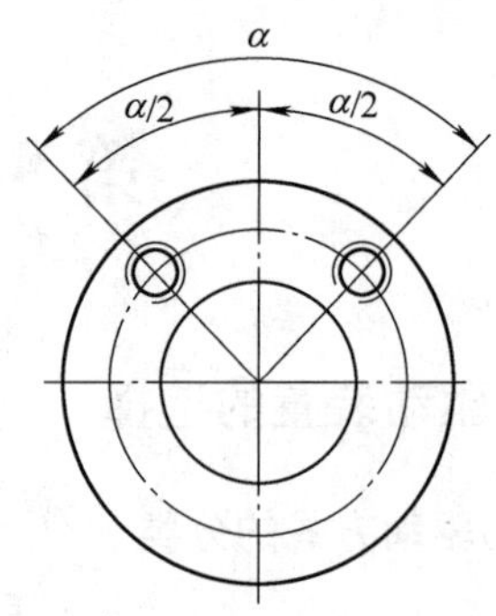

图 8-2 法兰连接的螺柱和螺栓孔的位置

注：法兰代号为 F07 ~ F16，$\alpha/2$ 为45°；法兰代号为 F25 ~ F40，$\alpha/2$ 为22.5°。

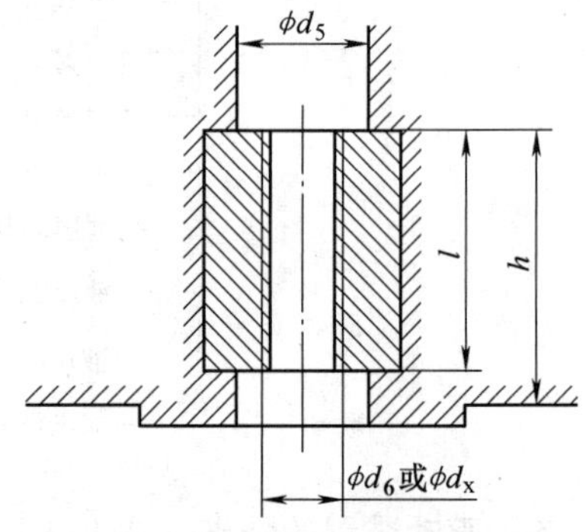

图 8-3 既能传递转矩又能承受推力驱动件结构示意图

表 8-2 法兰代号—最大转矩和最大推力值

法兰代号	F07	F10	F12	F14	F16	F25	F30	F35	F40
转矩/N·m	40	100	250	400	700	1200	2500	5000	10000
推力/kN	20	40	70	100	150	200	325	700	1100

注：表中的转矩和推力来自以下的假定：

1. 螺栓的力学性能等级为 8.8 级，屈服强度为 628N/mm^2，许用应力为 200N/mm^2。
2. 螺栓只承受拉力，不考虑拧紧螺栓时引起的附加应力。
3. 法兰面之间的摩擦因数：0.3。
4. 以上计算参数的变化将导致可传递转矩和推力值的变化。
5. 具体应用时，法兰代号的选择应考虑因惯性或其他类似因素而在阀杆上产生的附加转矩。

表 8-3 驱动装置与阀门相连接的法兰尺寸 （单位：mm）

法兰代号	d_1	d_2	d_3	d_4	h_{max}	h_{1min}	螺柱或螺栓数/个
F07	90	55	70	M8	3	12	4
F10	125	70	102	M10	3	15	4
F12	150	85	125	M12	3	18	4
F14	175	100	140	M16	4	24	4
F16	210	130	165	M20	5	30	4
F25	300	200	254	M16	5	24	8
F30	350	230	298	M20	5	30	8
F35	415	260	356	M30	5	45	8
F40	475	300	406	M36	8	54	8

表 8-4 既能传递转矩又能承受推力驱动件的尺寸 （单位：mm）

法兰代号	F07	F10	F12	F14	F16	F25	F30	F35	F40
$d_6$①	20	28	32	36	44	60	80	100	120
d_x①	26	40	48	55	75	85	100	150	175
l_{min}	25	40	48	55	70	90	110	150	180
h_{max}	60	80	95	110	135	150	175	250	325

① 驱动件应能通过直径不大于 d_6 的阀杆。若没有限制，则驱动件应能通过直径达到 d_x 的阀杆。

表 8-5 仅能传递转矩驱动件的尺寸 （单位：mm）

法兰代号	F07	F10	F12	F14	F16	F25	F30	F35	F40
d_{5min}	22	30	35	40	50	65	85	110	130
d_7 H9	28	42	50	60	80	100	120	160	180
d_{10}① H9	16	20	25	30	40	50	60	80	100
d_{ymax}	25	35	40	45	60	75	90	120	160
h_{1max}	3	3	3	4	5	5	5	5	8
l_{1min}	35	45	55	65	80	110	130	180	200

① 驱动件应能通过不大于 d_{10} 值直径的阀杆。若没有限制，则驱动件应能通过直径达到 d_y 的阀杆。

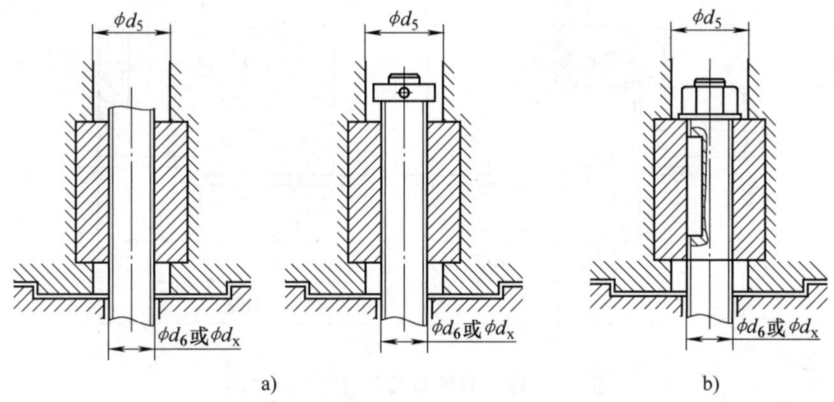

图 8-4 既能传递转矩又能承受推力驱动装置与阀门连接示例

a）明杆阀门 b）暗杆阀门

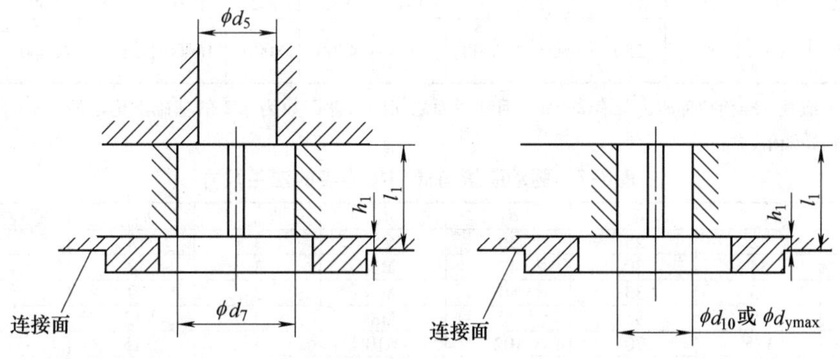

图 8-5 仅能传递转矩的驱动件结构示意图

8.1.4.2 部分回转阀门驱动装置的连接

部分回转阀门驱动装置是指对阀门产生角行程的驱动装置。该驱动装置和阀门连接的法兰尺寸和法兰代号与其相对应的最大转矩和驱动件的结构型式和尺寸按 GB/T 12223—2005、ISO 5211:2017）《部分回转阀门驱动装置的连接》规定。法兰代号—最大转矩见表 8-6。法兰连接尺寸如图 8-7、图 8-8 及表 8-7 所示。键连接的驱动件尺寸应满足图 8-9 和表 8-8 的要求。键的尺寸应符合 GB/T 1095 中的规定值。采用多键传递转矩时，表 8-8 中规定的尺寸仍适用。

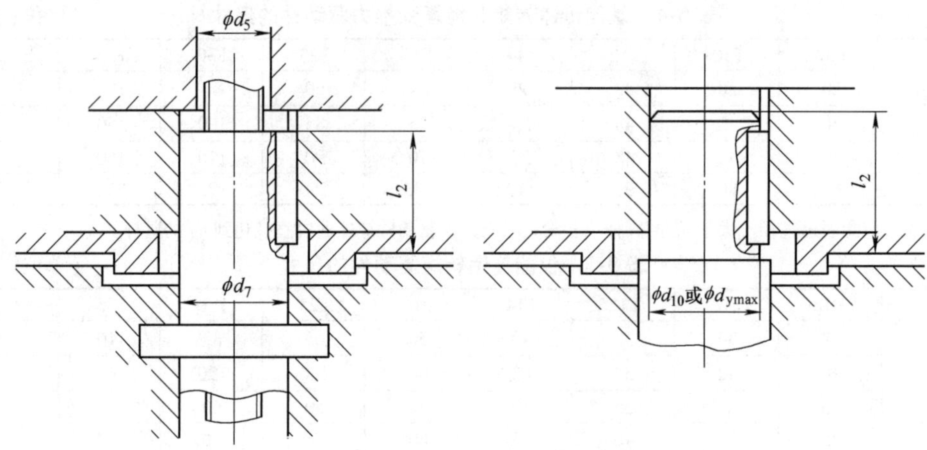

图8-6　仅能传递转矩驱动装置与阀门的连接示意图

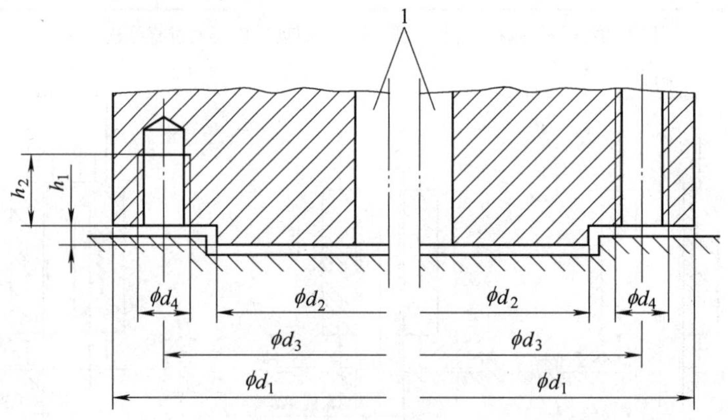

图8-7　驱动装置与阀门的连接示意图

1—部分回转执行器

表8-6　法兰代号—最大转矩

法兰代号	F03	F04	F05	F07	F10	F12	F14	F16	F25	F30	F35	F40	F48	F60
最大转矩/N·m	32	63	125	250	500	1000	2000	4000	8000	16000	32000	63000	125000	250000

注：表中规定值是在螺栓拉伸应力只有290MPa且法兰面之间的摩擦因数为0.2的基础上确定的，不同的参数会得出不同的传输转矩值。

表8-7　驱动装置与阀门相连接的法兰尺寸　　（单位：mm）

法兰代号	d_1	d_2	d_3	d_4	h_{1max}	h_{2min}	螺柱或螺栓数量/个
F03	46	25	36	M5	3	8	4
F04	54	30	42	M5	3	8	4
F05	65	35	50	M6	3	9	4
F07	90	55	70	M8	3	12	4
F10	125	70	102	M10	3	15	4
F12	150	85	125	M12	3	18	4
F14	175	100	140	M16	4	24	4
F16	210	130	165	M20	5	30	4
F25	300	200	254	M16	5	24	8
F30	350	230	298	M20	5	30	8
F35	415	260	356	M30	5	45	8
F40	475	300	406	M36	8	54	8
F48	560	370	483	M36	8	54	12
F60	686	470	603	M36	8	54	20

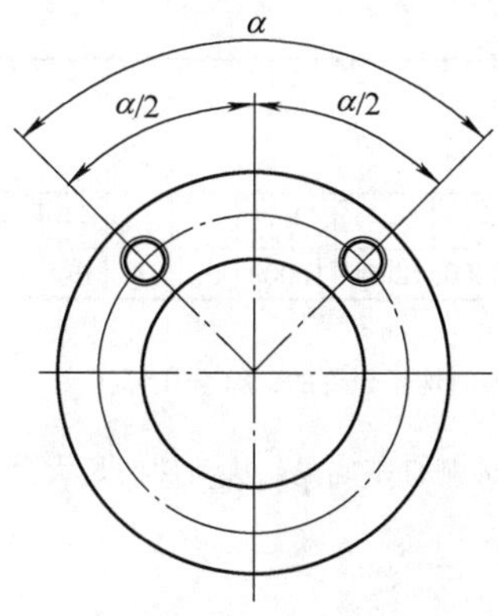

图 8-8　螺柱和螺栓孔的位置

法兰代号	F03 ~ F16	F25 ~ F40	F48	F60
α/2	45°	22.5°	15°	9°

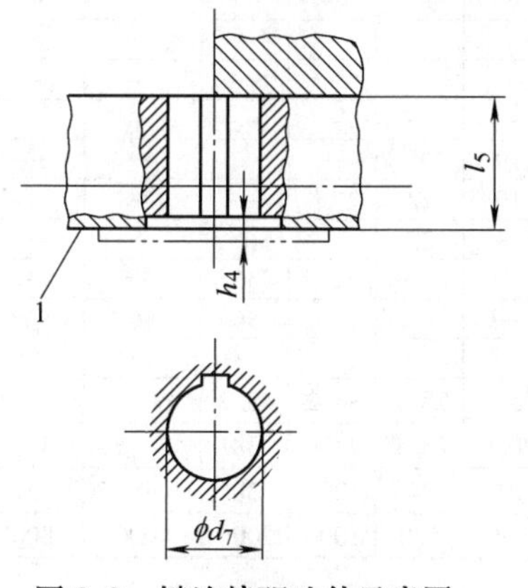

图 8-9　键连接驱动件示意图

1—连接面

平行方头或对角方头连接驱动件的尺寸应符合图 8-10、图 8-11 和表 8-9 的要求，d_8 和 d_9 可根据生产工艺进行选择。

扁头驱动件的尺寸应符合图 8-12 和表 8-10 的要求。

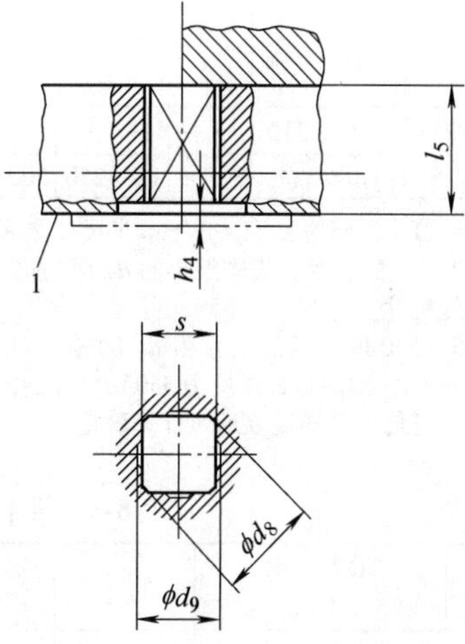

图 8-10　平行方头驱动件示意图

1—连接面

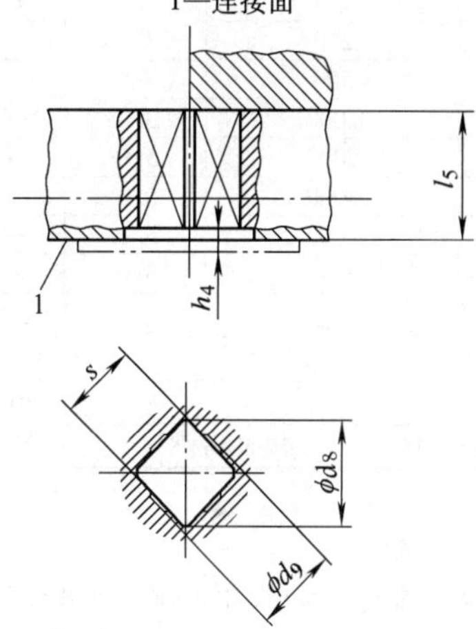

图 8-11　对角方头驱动件示意图

1—连接面

表 8-8　键连接驱动件的尺寸和转矩　（单位：mm）

法兰代号	最大转矩 /N·m	h_{4max}⑥	l_{5min}	d_7 H9①②																		
F05	125	3.0	30	12	14	18③	22	—	—	—	—	—	—	—	—	—	—	—	—	—	—	—
F07	250	3.0	35	—	14	18	22③	28	—	—	—	—	—	—	—	—	—	—	—	—	—	—
F10	500	3.0	45	—	—	18	22	28③	36	42	—	—	—	—	—	—	—	—	—	—	—	—
F12	1000	3.0	55	—	—	—	22	28	36③	42	48	50	—	—	—	—	—	—	—	—	—	—
F14	2000	5.0	65	—	—	—	—	28	36	42	48③	50	60	—	—	—	—	—	—	—	—	—
F16	4000	5.0	80	—	—	—	—	—	—	42	48	50	60③	72	80	—	—	—	—	—	—	—
F25	8000	5.0	110	—	—	—	—	—	—	—	48	50	60	72③	80	98	100	—	—	—	—	—
F30	16000	5.0	130	—	—	—	—	—	—	—	—	—	60	72	80	98③	100	120	—	—	—	—
F35	32000	5.0	180	—	—	—	—	—	—	—	—	—	—	—	—	—	—	—	160	—	—	—
F40	63000	8.0	200	—	—	—	—	—	—	—	—	—	—	—	—	—	—	—	—	180	—	—
F48	125000	8.0	250	—	—	—	—	—	—	—	—	—	—	—	—	—	—	—	—	—	220	—

（续）

法兰代号	最大转矩 /N·m	$h_{4\max}$⑥	$l_{5\min}$	d_7H9①②																		
F60	250000	8.0	310	—	—	—	—	—	—	—	—	—	—	—	—	—	—	—	—	—	—	280
最大可传递的转矩/Nm④				32	63	125	250	500	1000	1500	2000	3000	4000	8000	12000	16000	⑤	⑤	⑤	⑤	⑤	⑤

① F05 ~ F3 类型的法兰，介于本表尺寸之间的 d_7 尺寸。

② F30 以上的法兰，表中给出的 d_7 值为最大值，高达此最大值的任何其他值均是允许的，符合注释④。

③ 最佳尺寸。

④ F05 ~ F30 的法兰，尺寸为 d_7 的驱动件所能传送的转矩。表中数值的制订基础是：从动件的最大允许扭转应力 280MPa、键的最大压应力 350MPa 和键的有效啮合长度（$l_5 - h_4$）。

⑤ 最大可传送的转矩要通过计算确定。

⑥ $h_{4\min}$ = 0.5mm。

表 8-9 平行方头和对角方头驱动件的尺寸和转矩（单位：mm）

法兰代号	最大转矩 /N·m	$h_{4\max}$①	sH11										
F03	32	1.5	9	—	—	—	—	—	—	—	—	—	—
F04	63	1.5	9	11②	—	—	—	—	—	—	—	—	—
F05	125	3.0	9	11	14②	—	—	—	—	—	—	—	—
F07	250	3.0	—	11	14	17②	—	—	—	—	—	—	—
F10	500	3.0	—	—	14	17	19	22②	—	—	—	—	—
F12	1000	3.0	—	—	—	17	19	22	27②	—	—	—	—
F14	2000	5.0	—	—	—	—	—	22	27	36②	—	—	—
F16	4000	5.0	—	—	—	—	—	—	27	36	46②	—	—
F25	8000	5.0	—	—	—	—	—	—	—	36	46	55②	—
F30	16000	5.0	—	—	—	—	—	—	—	—	46	55	75②
$d_{8\min}$			12.1	14.1	18.1	22.2	25.2	28.2	36.2	48.2	60.2	72.2	98.2
$d_{9\max}$			9.5	11.6	14.7	17.9	20.0	23.1	28.4	38	48.5	57.9	79.1
$l_{5\min}$			10	12	16	19	21	24	29	38	48	57	77
最大可输出的转矩/N·m③			32	63	125	250	350	500	1000	2000	4000	8000	16000

① $h_{4\min}$ = 0.5mm。

② 最佳尺寸。

③ 最大可输出转矩以从动件的最大允许扭应力 280MPa 为基础。

表 8-10 扁头驱动件的尺寸和转矩（单位：mm）

法兰代号	最大转矩 /N·m	$h_{4\max}$①	sH11										
F03	32	1.5	9	—	—	—	—	—	—	—	—	—	—
F04	63	1.5	9	11②	—	—	—	—	—	—	—	—	—
F05	125	3.0	9	11	14②	—	—	—	—	—	—	—	—
F07	250	3.0	—	11	14	17②	—	—	—	—	—	—	—
F10	500	3.0	—	—	14	17	19	22②	—	—	—	—	—
F12	1000	3.0	—	—	—	17	19	22	27②	—	—	—	—
F14	2000	5.0	—	—	—	—	—	22	27	36②	—	—	—
F16	4000	5.0	—	—	—	—	—	—	27	36	46②	—	—
F25	8000	5.0	—	—	—	—	—	—	—	36	46	55②	—
F30	16000	5.0	—	—	—	—	—	—	—	—	46	55	75②
$d_{8\min}$			12.1	14.1	18.1	22.2	25.2	28.2	36.2	48.2	60.2	72.2	98.2
$l_{5\min}$			16	19	25	30	34	39	48	64	82	99	135
最大可传送的转矩/N·m③			32	63	125	250	350	500	1000	2000	4000	8000	16000

① $h_{4\min}$ = 0.5mm。

② 最佳尺寸。

③ 最大可传送转矩以从动件的最大允许扭应力 280MPa 为基础。

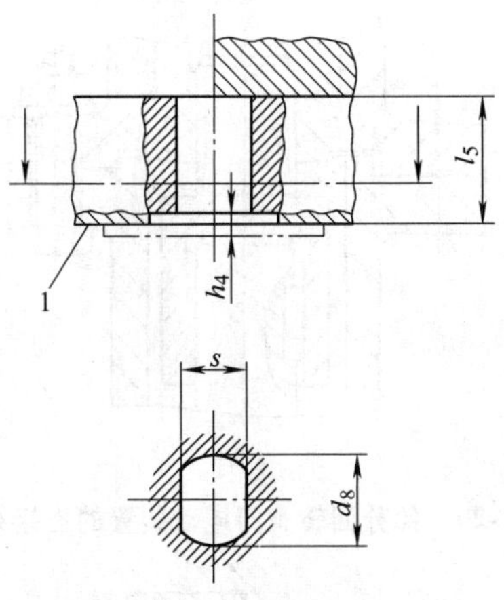

图 8-12　扁头驱动件示意图

1—连接面

从动件在执行器接合面的位置：

键传动：可用一个键或两个键进行传动，阀门关闭时，键应位于图 8-13 或图 8-14 中所示的位置。如果需要两个以上的键，其位置应按买卖双方的协议，标准关闭方向是从接合面的上方观看的顺时针方向。

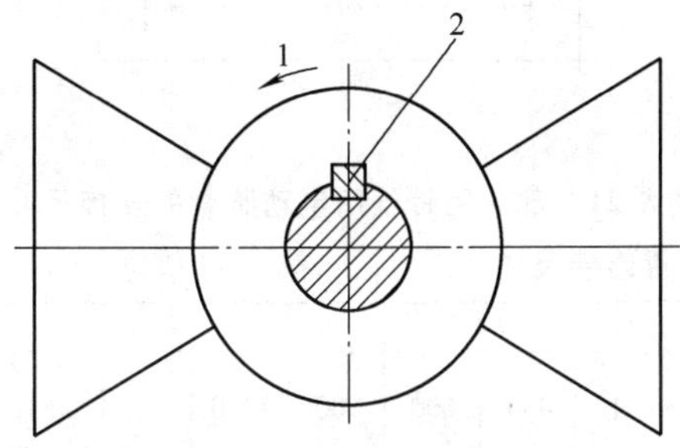

图 8-13　从动件中主键的位置

1—开启方向　2—主键

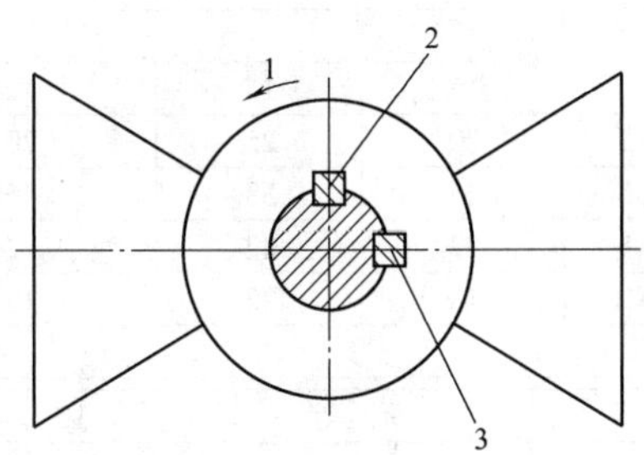

图 8-14　从动件中主键和次键的位置

1—开启方向　2—主键　3—次键

平行方头或对角方头传动：阀门关闭时，方头驱动件的直边应处于图 8-15 或图 8-16 所示的位置。

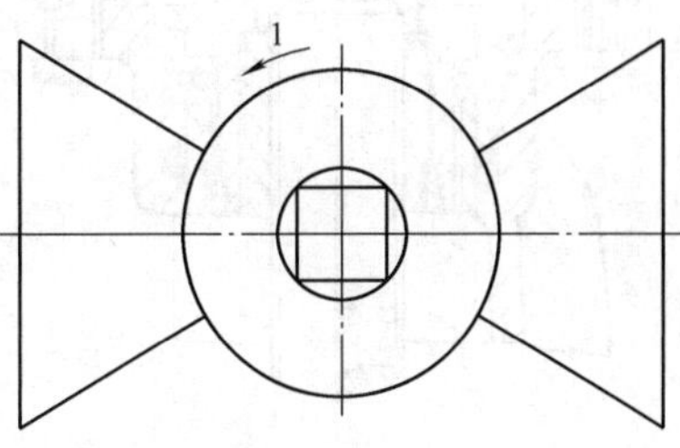

图 8-15　从动件平行方头的位置

1—开启方向

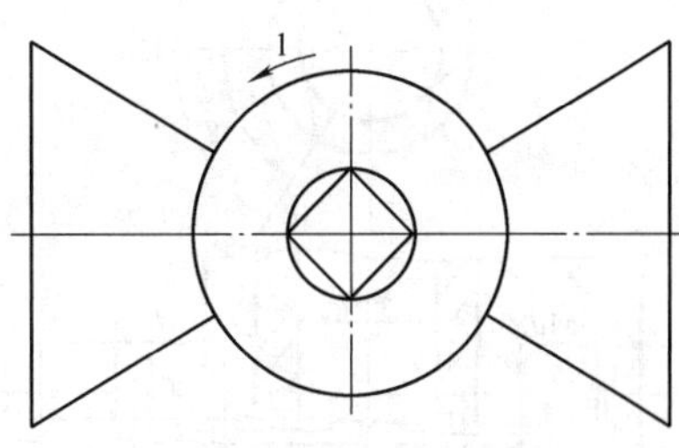

图 8-16　从动件中对角方头的位置

1—开启方向

扁头传动：阀门关闭时，扁头的直边应处于图 8-17所示的位置。

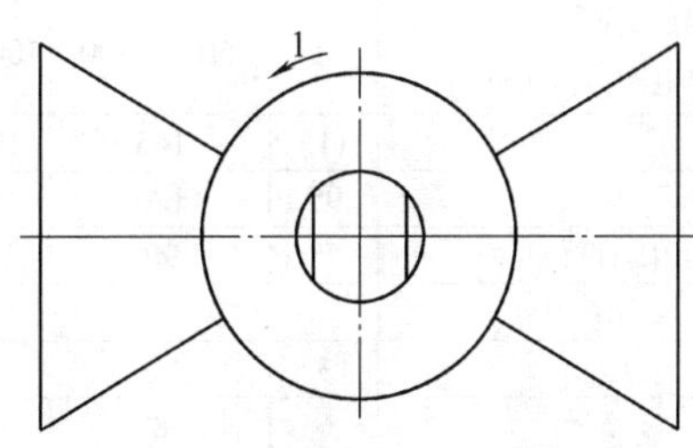

图 8-17　从动件中扁头的位置

1—开启方向

8.1.4.3　阀门电动装置目前常用的连接尺寸

多回转阀门电动装置的连接，如图 8-18、图 8-19及表 8-11 所示。

部分回转阀门电动装置的连接，如图 8-20、图 8-21 及表 8-12 所示。

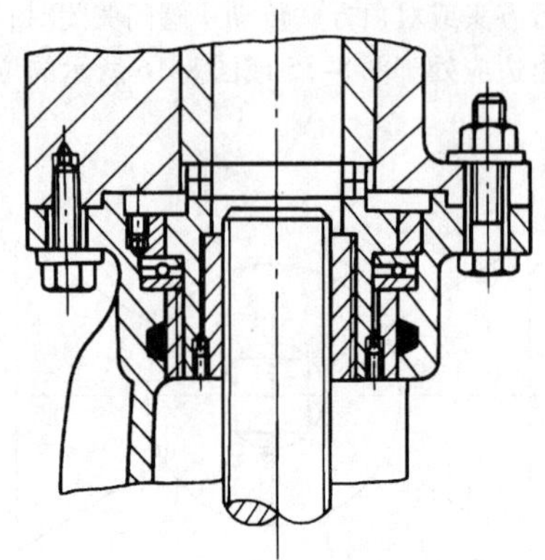

图 8-18　多回转阀门电动装置的连接结构

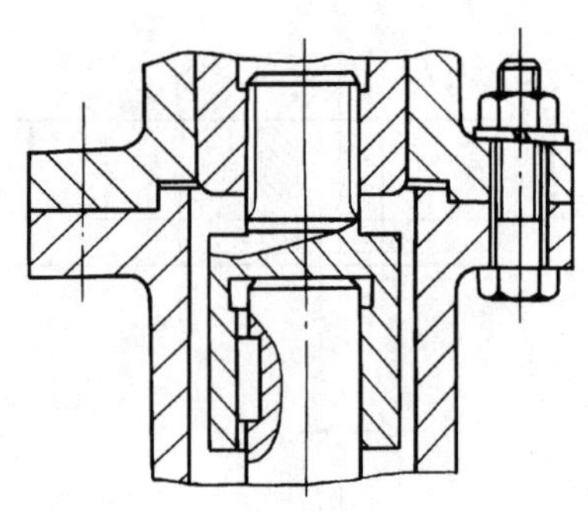

图 8-20　部分回转阀门电动装置的连接结构

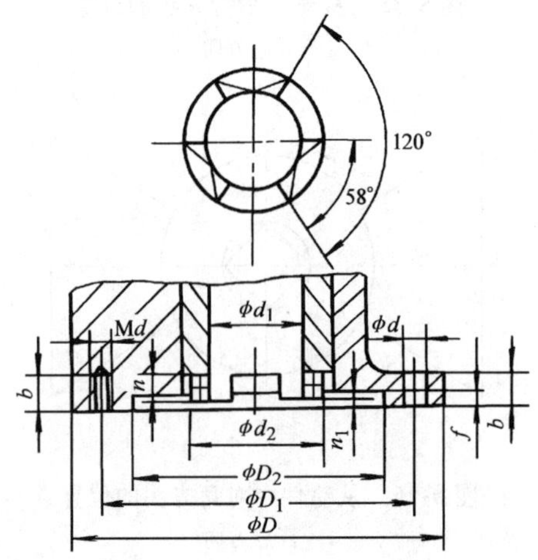

图 8-19　多回转阀门电动装置的连接尺寸

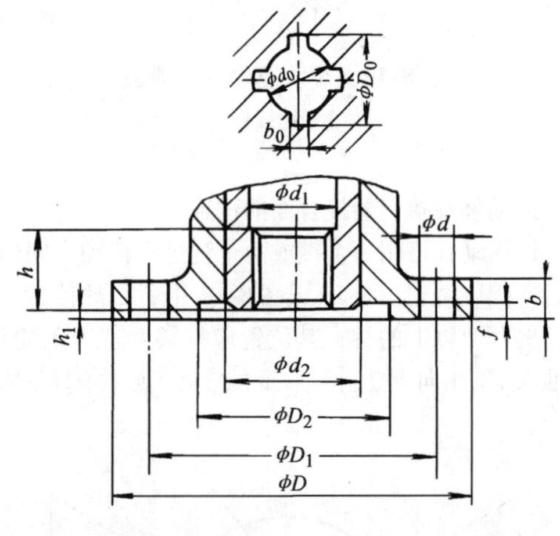

图 8-21　部分回转阀门电动装置的连接尺寸

表 8-11　多回转阀门电动装置连接尺寸　　（单位：mm）

机座号	1	2		2 Ⅰ	3		3 Ⅰ	4		5		5 Ⅰ
输出轴额定力矩 M_H/N · m	25	50	100	100 Ⅰ	200	300	300 Ⅰ	450	600	900	1200	1200 Ⅰ
D	115	145		115	185		145	225		275		230
D_1	95	120		95	160		120	195		235		195
D_2 H9①	75	90		75	125		90	150		180		150
h_1	2											
f_{min}	3	4						5				
h	6	8		6	10		8	12		14		12
b	10	12		10	15		12	20		25		20
d_1	20	30		26	42		30	46		58		46
d_2	28	45		39	58		45	72		82		72
d	M8	M10		M8	M12		M10	18		22		18
螺钉或螺栓数量/个	4											

机座号	6		7		8		9		10	
输出轴额定力矩 M_H/N · m	900 Ⅱ	1200 Ⅱ	1800	2500	3500	5000	6500	8000	10000	12000
D	350		330		380		430		510	
D_1	295		285		340		380		450	

（续）

机座号	6		7		8		9		10	
输出轴额定力矩 M_H/N·m	900 Ⅱ	1200 Ⅱ	1800	2500	3500	5000	6500	8000	10000	12000
D_2 H9①	230		220		280		300		360	
h_1	3									
f_{min}	6						8			
h	16		16		20		25		30	
b	30		30		35		40		45	
d_1	85		65		80		85		105	
d_2	108		98		118		128		158	
d	26		26		22		26		33	
螺钉或螺栓数量/个	4				8					

① H9 表示配合精度等级。

表 8-12　部分回转阀门电动装置连接尺寸　（单位：mm）

机座号	1	2	3	4	5	6	7	8	9	10
输出轴额定力矩 M_H/N·m	100	300	600	1200	2500	5000	10000	20000	40000	80000
D	125	150	170	200	280	350		450	550	650
D_1	105	125	140	165	230	300		390	490	590
D_2 H9①	85	105	110	135	180	250		310	390	490
$Z-D_0\times d_0\times b_0$	6－20×16×4	6－28×23×6	6－32×26×6	8－42×36×7	8－48×42×8	8－60×52×10	10－82×72×12	10－120×112×18	10－140×125×20	10－160×145×22
f	5									
h_{min}	40	40	45	55	60	100		170	240	310
h_1	2									
b	15		20		25	30		40	45	50
d_1	22	30	35	45	55	70	90	130	150	170
d_2	35	45	52	65	90	110	145	210	240	270
d	10	12	16	18	22	26		30	33	30
螺栓数量/个	4			8						12

① H9 表示配合精度等级。

8.2　阀门手动装置

8.2.1　手轮

1. 手轮材料

手轮可采用可锻铸铁、球墨铸铁或钢，也可采用铝合金或塑料等材料。

2. 手轮直径

手轮直径按下式确定：

$$D_s = \frac{2\Sigma M}{F} \tag{8-1}$$

式中，D_s 为手轮直径（mm）；ΣM 为阀杆上的最大力矩（N·mm）；F 为手轮上的圆周力（N）。

图 8-22 表示手轮直径与圆周力的关系。

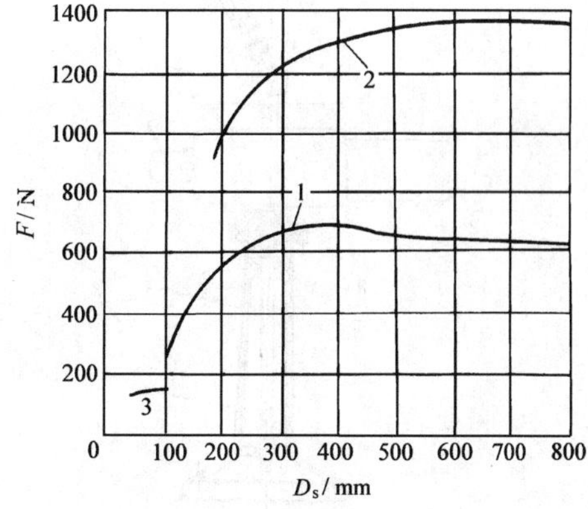

图 8-22　手轮直径与圆周力的关系

注：1— 一个人用两手操作的力。2—两个人操作的力。3— 一个人用一手操作的力。

3. 手轮旋向

关阀：顺时针；开阀：逆时针。

4. 撞击式手轮

图 8-23 所示的撞击式手轮适用于要求启闭力矩较大的截止阀。其工作范围见表 8-13。

表 8-13 撞击手轮的工作范围

公称压力	Class150	Class300	Class400	Class600
公称尺寸	≥DN250 /NPS100	≥DN200 /NPS8	≥DN150 /NPS6	≥DN100 /NPS4
公称压力	Class900	Class1500	Class2500	
公称尺寸	≥DN65/NPS2 $\frac{1}{2}$			

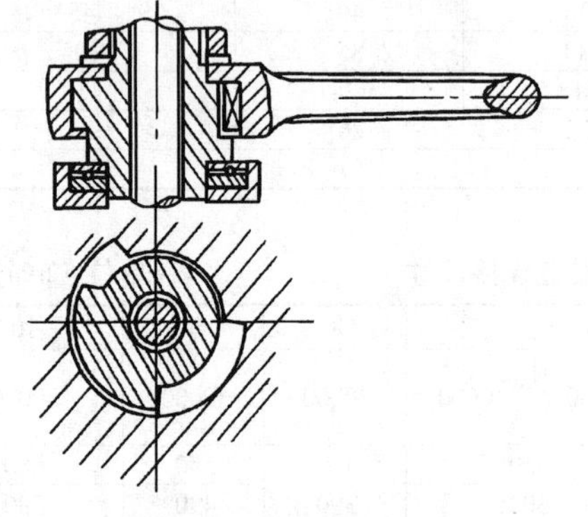

图 8-23 撞击式手轮

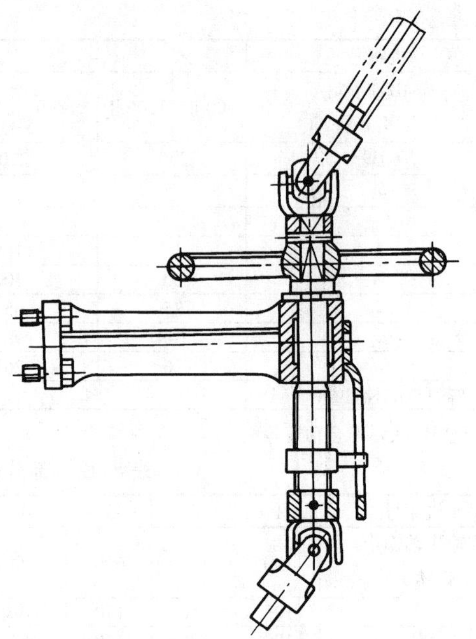

图 8-25 侧向安装机架的手动装置

8.2.2 远距离操纵手动装置

远距离操纵手动装置是用机械手段克服由于阀门安装位置限制带来的操作不便而采用的一种装置。该装置可以配合手动阀门安装，也可以配合电动阀门安装，通常在阀杆顶部采用万向联轴器过渡。

图 8-24 为一种带电动装置落地安装的远距离操纵手动装置。图 8-25 为侧向机架的手动装置。图 8-26为远距离操作用装置的部件。

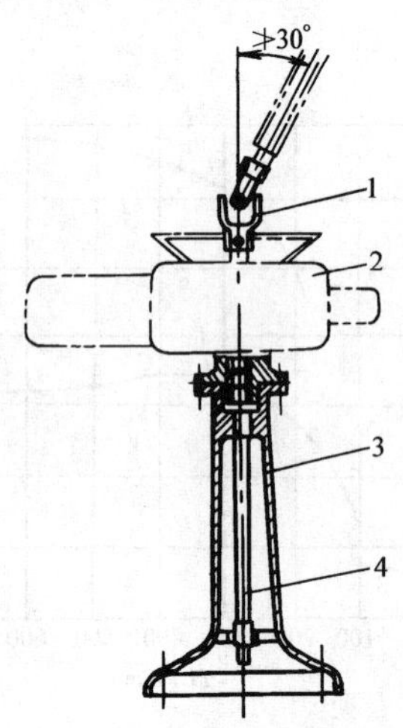

图 8-24 带电动装置落地安装的远距离操纵手动装置

1—万向联轴器 2—电动装置 3—支架 4—传动轴

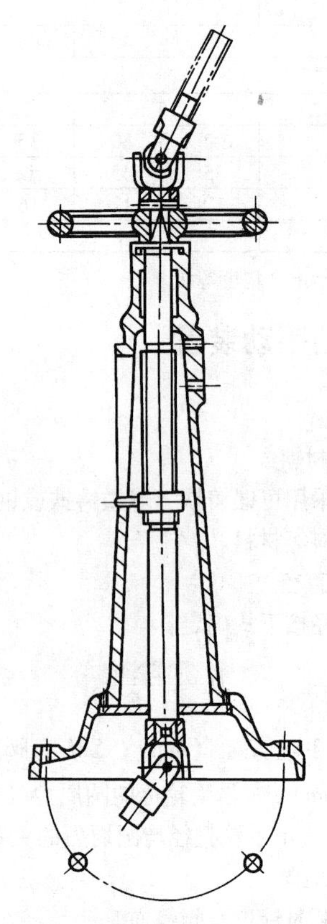

图 8-26 远距离操作用装置的部件

8.2.3 齿轮传动手动装置

齿轮传动手动装置分两种，一种是在阀门支架上设置齿轮减速机构，一种是齿轮减速箱式手动装置。前者大多为一级齿轮减速，如图 8-27 所示。后者又可分为多回转手动装置，如图 8-28 所示和部分回转手动装置，如图 8-29 所示。

减速箱式手动装置设有开度指示和调整机构。手动装置与阀门的连接可以与电动驱动装置一致。

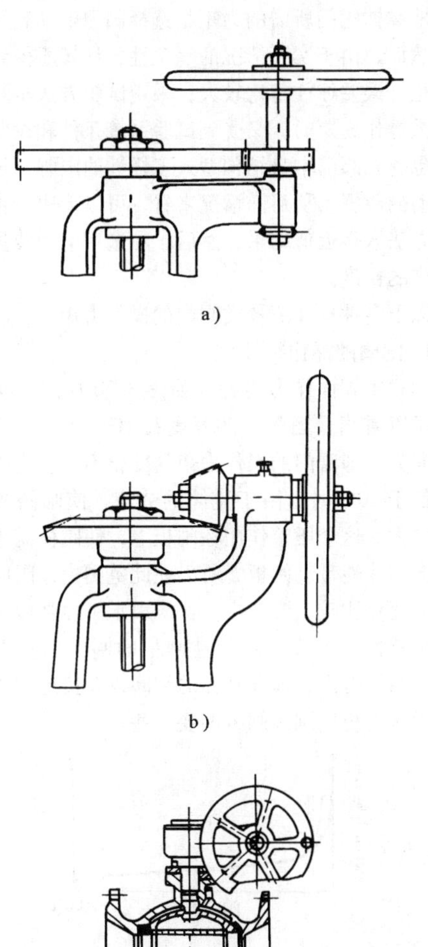

图 8-27 齿轮、蜗杆传动

a）圆柱直齿轮传动 b）圆锥齿轮传动 c）蜗杆传动

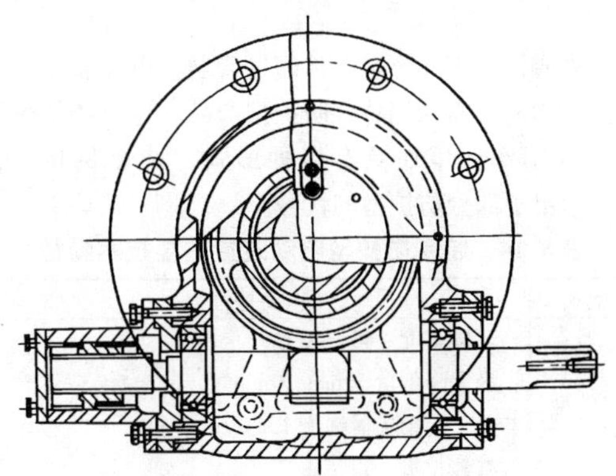

图 8-28 多回转手动装置

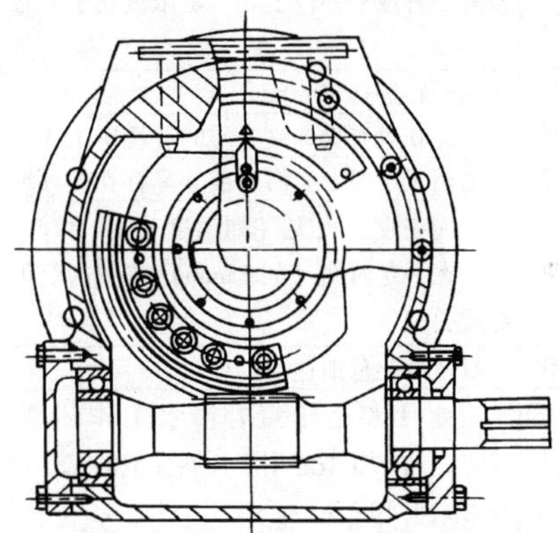

图 8-29 部分回转手动装置

8.3 阀门电动装置

8.3.1 电动装置的分类

与其他阀门驱动装置相比，电动驱动装置具有动力源广泛，操作迅速、方便等特点，并且容易满足各种控制要求。所以，在阀门驱动装置中，电动装置占主导地位。

阀门电动装置按输出方式分为多回转型（Z 型）和部分回转型（Q 型）两种，前者用于升降杆类阀门，包括闸阀、截止阀、节流阀、隔膜阀等；后者用于回转杆类阀门，包括球阀、旋塞阀、蝶阀等，通常在90°范围内启闭。

阀门电动装置按防护类型分为普通型和特殊防护型两大类。

普通型电动装置的使用环境如下：

1）环境温度 -25 ~ 40℃。

2）环境相对湿度≤90%（25℃时）。

3）海拔≤1000m。

4）工作环境要求不含有腐蚀性、易燃、易爆的介质。

如阀门的工作环境条件超过普通型电动装置所具有的能力时，需采用特殊防护型产品。这类产品根据其所处工作环境而具有多种形式，见表8-14。表8-15给出了部分防护型的代号。

表8-14　特殊防护型电动装置主要技术特性

型式	主要特性
户外型	环境温度-40~40℃ 最大降雨量50mm/10min 最大太阳辐射强度1.4J/cm²·min 有砂、雪、霜、露
高温型	最高环境温度可达80℃
低温型	最低环境温度可至-55℃
防腐型	有一种或一种以上含一定浓度化学腐蚀性介质的环境
高速型	阀杆转速达70r/min
防爆型	应能在具有爆炸性介质的环境中工作
船舶型	适用于轮船上有海水或盐雾存在的环境中
耐火型	应能在发生火灾（如温度达1300℃）的环境中，在一定时间（如15min）范围内仍能正常开启或关闭
双速型	双速变化范围达60:1
潜水型	耐水Ⅰ型适于短时浸水工作环境（10m、72h）；耐水Ⅱ型适用于长期浸泡的工作环境，水深可大于10m
防辐射型	适用于核电站特殊要求的场合

表8-15　防护型代号

代号	防护类型
B	防爆型
R	耐热型
BWF	户外、防腐、隔爆型

8.3.2　型号编制方法

阀门电动装置的型号编制方法如下：

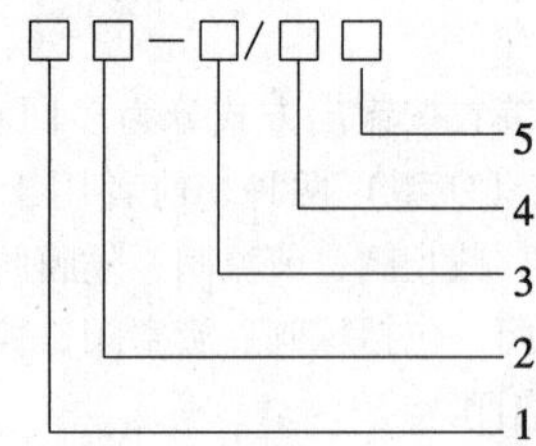

代号说明：

1——以汉语拼音字母表示电动装置的类型，Z为多回转型，Q为部分回转型；

2——以数字表示电动装置额定输出力矩（10N·m）；

3——以数字表示电动装置额定输出转速（r/min）或开关旋转90°的额定输出时间（s/90°）；

4——输出轴最大转圈数（部分回转型不注）；

5——防护型式（普通型不注）。

如Z10-18/80B表示输出力矩100N·m(10kgf·m)、输出转速18r/min，最大输出转圈数为80的防爆型多回转的阀门电动装置。

8.3.3　电动装置的选择及安装连接方式

8.3.3.1　操作力矩

操作力矩是选择阀门电动装置的最主要参数。电动装置的输出力矩应大于阀门操作过程中所需的最大力矩，一般前者应等于后者的1.2~1.5倍。因此，准确地掌握阀门所需的力矩是选择阀门电动装置的关键。然而，由于实际情况的复杂性，计算所得到的阀门力矩，误差往往都比较大；采用试验方法实测阀门的最大操作力矩时，又受到试验系统条件和设备的限制，也受到阀门本身结构型式多样性的限制，很难取得典型的数据。从目前情况来看，可以采用计算或实测的方法取得近似结果，然后，在选用电动装置时留有适当的裕度。

以下定性地介绍各类阀门的操作力矩。

1. 闸阀的操作特性

楔式闸阀操作力矩特性如图8-30所示。从图中曲线可以看出，当阀门的开度在10%以上时，阀门的轴向力，即阀门的操作力矩的变化不大。当阀门的开度低于10%时，由于流体的节流，使闸阀的前后压差增大。这个压差作用在闸板上，使阀杆需要较大的轴向力才能带动闸板，所以在此范围内，阀门操作力矩的变化比较大。图中，实线表示刚性闸板闸阀操作力矩特性；虚线表示弹性闸板的闸阀操作力矩特性。从曲线看出，弹性闸板的闸阀，在接近关闭时所需的操作力矩比刚性闸板的要大些。

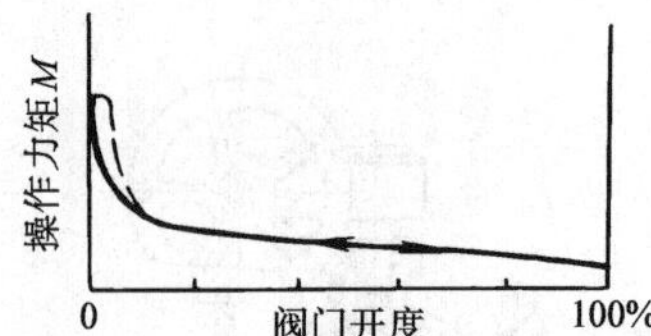

图8-30　闸阀操作力矩特性

闸板关闭时，由于密封面的密封方式不同，会产生不同的情况。对于自动密封闸阀（包括平板闸阀），在阀关闭时，闸板的密封面恰好对正阀座密封面，即是阀门的全关位置。但此位置在阀门运行条件下是无法监视的，因此在实际使用时是将阀门关至下止点的位置作为闸阀全关位置。由此可见，自动密封的阀门全关位置是按闸板的位置（即行程）来确定的。对于强制密封的闸阀，阀门关闭时必须使闸板向阀座施加压力。此压力可以保证闸板和阀座之间的密封面严格地密封，是强制密封阀门的密封力。这个密封力由于阀杆螺纹的自锁将会继续作用。显然，为了向闸板提供密封力，阀杆螺母传递的力矩比阀门操作过程中的力矩大。由此可见，对于强制密封的闸阀，阀门的全关位置是按阀杆螺母所受的力矩大小来确定的。

阀门关闭后，由于介质或环境温度的变化，阀门部件的热膨胀会使闸板和阀座之间的压力变大，反映到阀杆螺母上，就为再次开启阀门带来困难。所以，开启阀门所需的力矩比关闭阀门所需的力矩大。此外，对于一对互相接触的密封面来说，它们之间的静摩擦因数也比动摩擦因数大，要使它们从静止状态产生相对运动时，同样需施加较大的力以克服静摩擦力；由于温度变化，使密封面间的压力变大，需要克服的静摩擦力也随之变大，从而使开启阀门时，对阀杆螺母上需施加的力矩有时会增大很多。

公称压力 PN 表示的闸阀的操作力矩可参照图 8-31、表 8-16；公称压力 Class 表示的楔式闸阀操作力矩可参照图 8-32、表 8-17；公称压力压力自密封阀至楔式闸阀操作力矩可参照图 8-33、表 8-18；平行式单闸板闸阀操作力矩可参照图 8-34、表 8-19；平行式双闸板闸阀操作力矩可参照图 8-35、表 8-20。

应用实例：有一闸阀，公称压力 PN25/Class250 公称尺寸为 DN80/NPS3，查表 8-16 得阀门操作力矩 86N·m，所选电动装置力矩值应为 86×（1.1～1.3）N·m=94.6～111.8N·m。

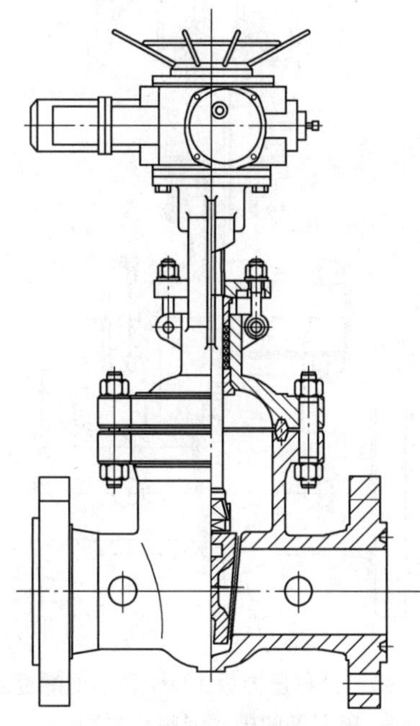

图 8-31 公称压力 PN 表示的螺栓连接阀盖的楔式闸阀结构图

表 8-16 公称压力 PN 表示的螺栓连接阀盖的楔式闸阀力矩参考表

公称尺寸	公称压力										
	PN2.5	PN6	PN10	PN16	PN25	PN40	PN63	PN100	PN160	PN200	PN320
	力矩/N·m										
DN50/NPS2	25	25	25	30	33	37	48	60	107	134	200
DN65/NPS2 $\frac{1}{2}$	25	50	55	63	68	76	103	135	203	250	600
DN80/NPS3	50	50	68	77	86	107	132	180	230	284	900
DN100/NPS4	50	50	80	92	107	139	181	257	278	300	1200
DN125/NPS5	50	50	102	119	145	166	237	364	440	480	—
DN150/NPS6	50	100	120	139	176	189	312	491	636	768	—
DN200/NPS8	100	200	201	220	243	284	457	735	1181	1312	—
DN250/NPS10	100	200	298	324	387	448	735	1313	1569	2414	—
DN300/NPS12	200	300	412	444	490	563	1179	1976	2493	—	—
DN350/NPS14	300	300	576	616	651	887	1261	2237	—	—	—
DN400/NPS16	300	450	785	885	947	1138	1754	3235	—	—	—
DN450/NPS18	450	450	986	1123	1213	1516	1896	3790	—	—	—
DN500/NPS20	450	600	1120	1403	1526	1913	2416	5614	—	—	—
DN600/NPS24	500	900	1865	2023	2325	3053	4317	—	—	—	—
DN700/NPS28	600	1200	2635	3035	3327	4602	—	—	—	—	—
DN800/NPS32	900	1200	3775	4373	4573	6344	—	—	—	—	—
DN900/NPS36	1000	1800	4720	5821	6085	—	—	—	—	—	—
DN1000/NPS40	1200	1800	6755	7957	8580	—	—	—	—	—	—
DN1200/NPS48	1800	2500	7957	—	—	—	—	—	—	—	—
DN1400/NPS56	2500	3500	—	—	—	—	—	—	—	—	—

注：1. 表中提供的闸阀操作力矩未经实物测定和理论计算，是一般使用条件下的经验数据，仅供参考。

2. 被选用的电动装置力矩值应为表中查得的阀门操作力矩值的 1.1～1.3 倍。

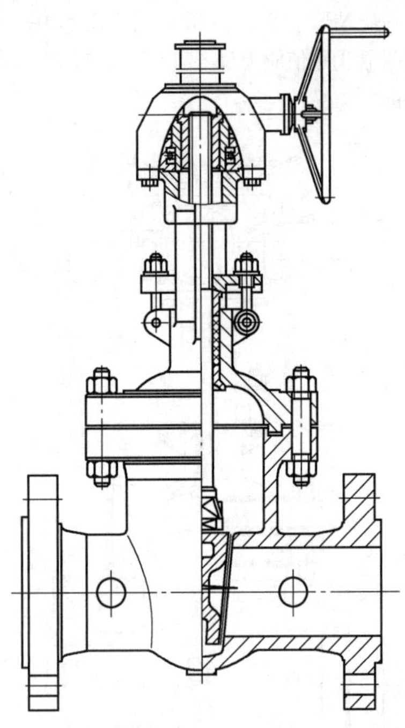

图8-32　公称压力级Class表示的螺栓连接阀盖的楔式闸阀结构图

2. 截止阀的操作特性

截止阀的操作力矩特性如图8-36所示。图中的曲线是介质由阀门下部进入阀门内腔的关阀操作力矩特性。在阀门由全开位置开始关闭的阶段，随着阀瓣的下降，流体在阀瓣前后造成压差，以阻止阀瓣下降，而且这个阻力随阀瓣下降而迅速增加。当阀门全关时，阀瓣前后压差等于介质工作压力，这时阻力最大。再加以强制的密封力，使阀门关闭瞬间的操作力增加很快。在阀门开启过程中，由于介质压力或阀瓣前后压差造成的推力都是帮助开启阀门的，所以开阀特性曲线的形状与图中曲线相似，但位于图中曲线的下方。应该指出的是，在开阀的瞬间的力矩有可能超过关阀时的力矩，因为此时要克服较大的静摩擦力。

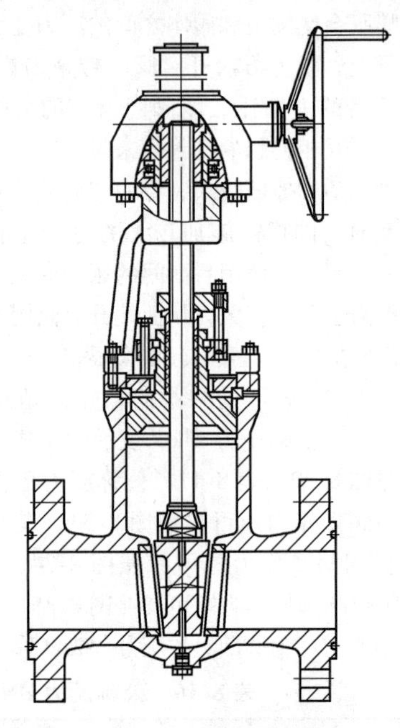

图8-33　公称压力级Clas表示的压力自密封阀盖的楔式闸阀结构图

表8-17　公称压力级Class表示的螺栓连接阀盖楔式闸阀力矩参考表

公称尺寸		公称压力					公称尺寸		公称压力				
		Class150	Class300	Class600	Class900	Class1500			Class150	Class300	Class600	Class900	Class1500
		力矩/N·m							力矩/N·m				
DN40	NPS1½	12	15	20	24	32	DN500	NPS20	341	1009	2185	—	—
DN50	NPS2	13	16	23	39	54	DN600	NPS24	602	1451	3053	—	—
DN65	NPS2½	13	18	—	56	76	DN650	NPS26	—	—	—	—	—
DN80	NPS3	15	21	50	64	108	DN700	NPS28	—	—	—	—	—
DN100	NPS4	27	42	68	118	167	DN750	NPS30	1079	3140	5452	—	—
DN150	NPS6	36	86	183	243	426	DN800	NPS32	—	—	—	—	—
DN200	NPS8	63	128	270	427	801	DN900	NPS36	1497	4293	7675	—	—
DN250	NPS10	84	215	479	783	1268	DN1000	NPS40	—	—	—	—	—
DN300	NPS12	131	289	650	1163	2078	DN1050	NPS42	—	—	—	—	—
DN350	NPS14	151	423	988	1331	2392	DN1150	NPS46	—	—	—	—	—
DN400	NPS16	235	537	1243	—	—	DN1200	NPS48	—	—	—	—	—
DN450	NPS18	285	649	1512	—	—	—	—	—	—	—	—	—

表 8-18 公称压力级 Class 表示的压力自密封阀盖的楔式闸阀力矩参考表

公称尺寸		公称压力			
		Class600	Class900	Class1500	Class2500
		力矩/N·m			
DN80	NPS3	29	40	69	110
DN100	NPS4	50	71	111	194
DN150	NPS6	129	174	307	381
DN200	NPS8	232	319	537	727
DN250	NPS10	379	530	948	1398
DN300	NPS12	550	740	1409	1980
DN350	NPS14	—	1008	1823	2593
DN400	NPS16	—	1400	2516	3952
DN450	NPS18	—	1696	3767	5735
DN500	NPS20	—	2302	5283	7804
DN600	NPS24	—	4224	8228	11798
DN700	NPS28	—	—	—	—

表 8-19 平行式单闸板闸阀力矩参考表

公称尺寸		公称压力					
		PN16/Class150、PN25/Class150	PN40/Class300	PN63/Class400	PN100/Class600	PN160/Class900	PN16/Class150、PN25/Class150短型
		力矩/N·m					
DN40	NPS1½	14	16	19	24	33	—
DN50	NPS2	15	18	24	30	54	—
DN65	NPS2½	31	38	51	67	102	—
DN80	NPS3	38	54	66	90	115	—
DN100	NPS4	46	73	90	130	139	46
DN150	NPS6	60	90	156	182	318	60
DN200	NPS8	110	142	228	245	590	110
DN250	NPS10	162	224	368	567	785	162
DN300	NPS12	222	281	550	980	997	222
DN350	NPS14	310	443	630	1118	1140	310
DN400	NPS16	440	565	870	1618	1645	440
DN450	NPS18	560	760	980	2160	2245	560
DN500	NPS20	700	950	1208	2810	3451	700
DN600	NPS24	1010	1510	2150	—	3996	1010
DN700	NPS28	1560	2300	—	—	4611	1560
DN800	NPS32	2150	3170	—	—	—	2150
DN900	NPS36	2910	4450	—	—	—	2190
DN1000	NPS40	3920	—	—	—	—	3920

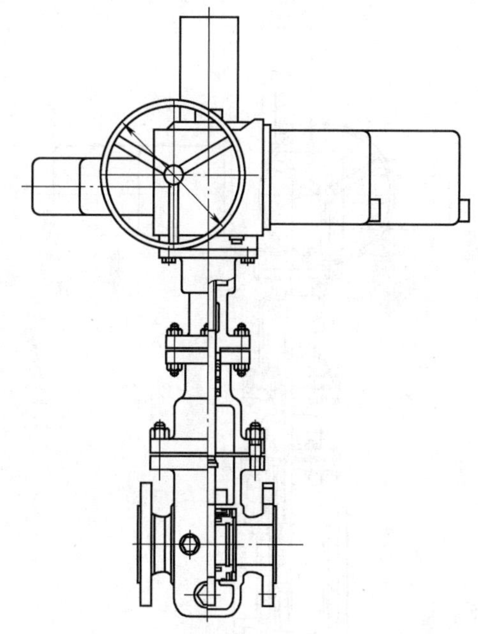

图 8-34 平行式单闸板闸阀的结构图

表 8-20 平行式双闸板闸阀力矩参考表

公称尺寸		公称压力				
		PN16/Class150、PN25/Class150	PN40/Class300	PN63/Class400	PN100/Class600	PN160/Class900
		力矩/N·m				
DN50	NPS2	18	22	29	30	54
DN65	NPS2½	37	46	61	67	102
DN80	NPS3	46	65	79	90	115
DN100	NPS4	55	88	108	130	169
DN150	NPS6	72	108	187	282	338
DN200	NPS8	132	170	274	345	590
DN250	NPS10	194	269	442	567	785
DN300	NPS12	266	337	660	980	1080
DN350	NPS14	372	532	756	1118	1440
DN400	NPS16	528	678	1044	1618	2245
DN450	NPS18	672	912	1176	2160	2951
DN500	NPS20	840	1140	1450	2810	3966
DN600	NPS24	1212	1812	2850	—	—
DN700	NPS28	1872	2760	—	—	—
DN800	NPS32	2580	3804	—	—	—
DN900	NPS36	3492	5340	—	—	—
DN1000	NPS40	—	—	—	—	—

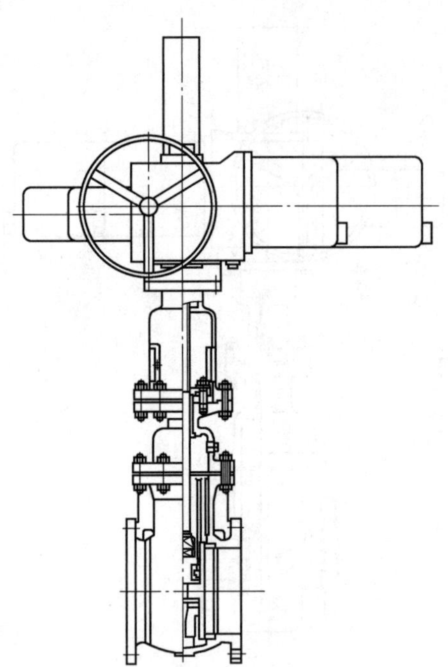

图 8-35　平行式双闸板闸阀的结构图

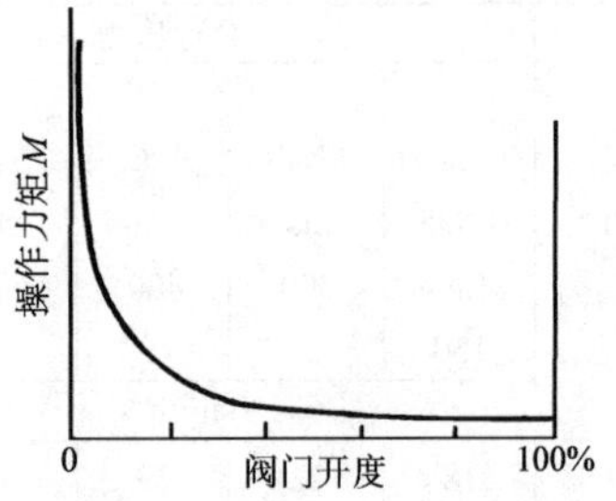

图 8-36　截止阀操作力矩特性

截止阀开启时，阀瓣的开启高度达到阀门公称直径的25%～30%时，流量即已达到最大，即表明阀门已达到全开位置，所以截止阀的全开位置应由阀瓣行程来确定。截止阀关闭时的情况和关严后再次开启的情况与强制密封式的闸阀相似，因此，阀门的关闭位置应按操作力矩增加到规定值来确定。

公称压力PN表示的截止阀的操作力矩可参照图8-37、表8-21；API铸钢截止阀操作力矩可参照图8-38、表8-22选取。

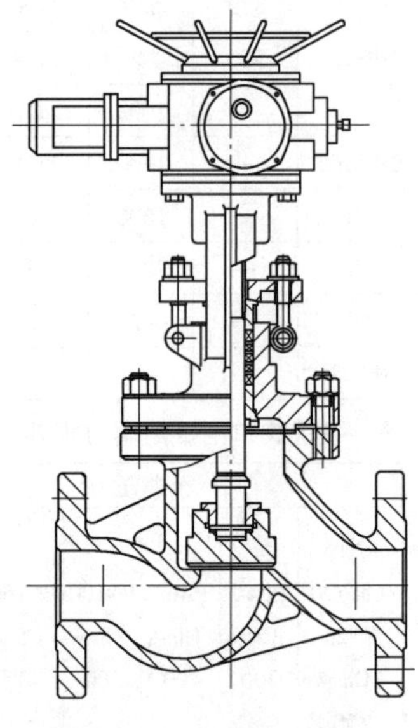

图 8-37　公称压力 PN 表示的截止阀结构图

表 8-21　公称压力 PN 表示的截止阀力矩参考表

公称尺寸	公称压力										
	PN2.5	PN6	PN10	PN16	PN25	PN40	PN63	PN100	PN160	PN200	PN320
	力矩/N·m										
DN15/NPS½	—	—	—	—	—	—	—	—	—	—	65
DN20/NPS¾	—	—	—	—	—	—	—	—	—	—	122
DN25/NPS1	—	—	—	—	—	—	—	—	—	—	194
DN32/NPS1¼	—	—	—	—	—	—	—	—	—	—	264
DN40/NPS1½	15	18	20	24	29	35	46	63	102	162	364
DN50/NPS2	19	24	29	38	43	60	66	125	196	266	462
DN65/NPS2½	24	38	53	48	53	71	97	201	296	392	688
DN80/NPS3	29	53	70	79	86	138	207	296	588	884	1472
DN100/NPS4	38	62	86	98	108	214	310	394	774	1168	1942
DN125/NPS5	48	79	98	161	171	322	414	592	1169	1761	2930

（续）

公称尺寸	公称压力										
	PN2.5	PN6	PN10	PN16	PN25	PN40	PN63	PN100	PN160	PN200	PN320
	力矩/N·m										
DN150/NPS6	78	98	158	245	262	461	620	789	1623	2412	4035
DN200/NPS8	90	161	245	313	349	642	827	1154	2244	3398	5640
DN225/NPS9	178	262	313	—	—	—	—	—	—	—	—
DN250/NPS10	245	349	461	—	—	—	—	—	—	—	—
DN300/NPS12	313	462	588	—	—	—	—	—	—	—	—
DN350/NPS14	460	592	789	—	—	—	—	—	—	—	—

注：1. 表中提供的截止阀操作力矩未经实物测定和理论计算，是一般使用条件下的经验数据，仅供参考。

2. 被选用的电动装置转矩值应为表中查得的阀门操作力矩值的1.1~1.3倍。

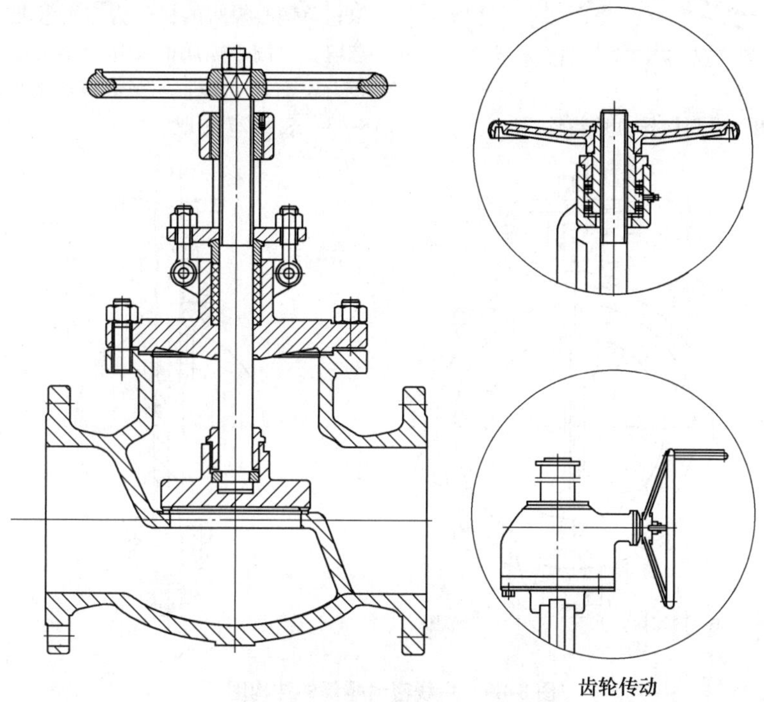

图 8-38 API 铸钢截止阀的结构图

表 8-22 API 铸钢截止阀力矩参考表

公称尺寸		公称压力				
		Class150	Class300	Class600	Class900	Class1500
		力矩/N·m				
DN40	NPS1½	16	24	30	66	112
DN50	NPS2	19	30	66	108	332
DN65	NPS2½	29	51	103	212	617
DN80	NPS3	45	84	175	598	1208
DN100	NPS4	67	145	332	1960	3122
DN150	NPS6	129	319	819	3266	4112
DN200	NPS8	245	617	1208	4122	5246
DN250	NPS10	385	1126	2266	5145	8445
DN300	NPS12	601	1988	4140	—	—
DN350	NPS14	649	—	—	—	—
DN400	NPS16	1982	—	—	—	—

3. 蝶阀的操作特性

蝶阀的操作特性如图8-39所示。图中虚线部分是密封型蝶阀的特性。蝶阀的操作力矩特性曲线是中间高、两端低。造成这现象的原因是，蝶阀在中间位置时，流体受蝶板的阻碍，绕过蝶板流动，会在蝶板两侧形成旋流，对蝶板形成一流水力矩，此力矩是迫使蝶板关闭的。随着蝶板的开启或关闭，流体在蝶板两侧造成的旋流的影响越来越小，直到旋流消失，这时蝶板受到的阻力也越来越小，因此形成中间高、两端低的特性曲线。至于阀门开启过程中的操作力矩比关闭过程中的大，其原因则是由于流体对蝶板造成的动水力矩始终是向着关阀方向的。非密封型蝶阀的最大操作力矩出现在中间位置，而密封型蝶阀的最大操作力矩出现在阀门关闭时，这是因为要附加上强制密封力矩的缘故。

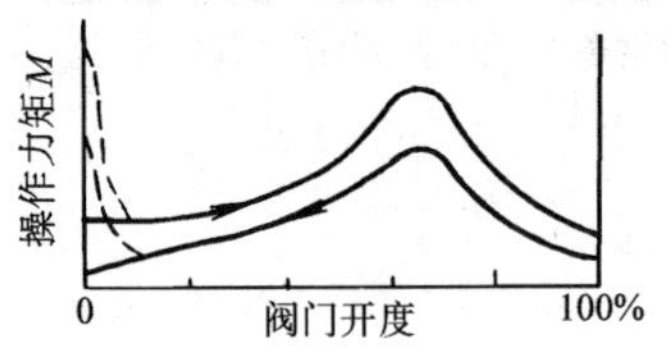

图8-39　蝶阀操作力矩特性

蝶阀的阀杆只做旋转运动，它的蝶板和阀杆本身是没有自锁能力的。为了使蝶板定位（停止在指定位置上），一种办法是在阀杆上附加一个具有自锁能力的减速器，在附加蜗轮减速器之后，可以使角位移增加到几十圈，而操作力矩却相应降低，这样可以使蝶阀的某些操作性能（如总转圈数和操作力矩）与其他阀门接近，便于配用电动装置。

对于强制性密封的蝶阀，它的关闭位置应该按操作力矩升高到规定值来确定。

中线蝶阀的操作力矩可参照图8-40、表8-23选取；单偏心蝶阀的操作力矩可参照图8-41、表8-24选取；双偏心蝶阀的操作力矩可参照图8-42、表8-25、表8-26选取；三偏心蝶阀的操作力矩可参照图8-43、表8-27选取。

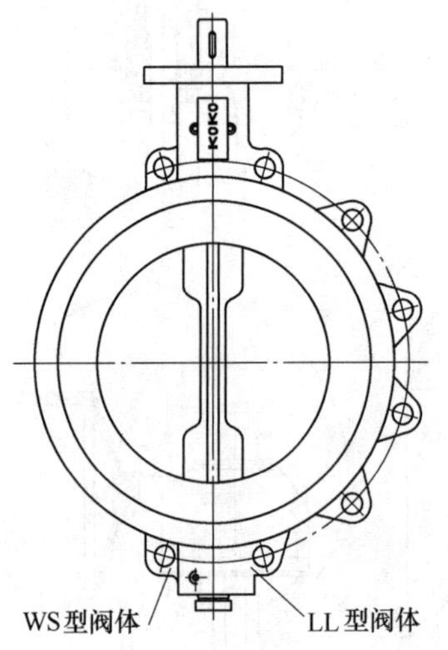

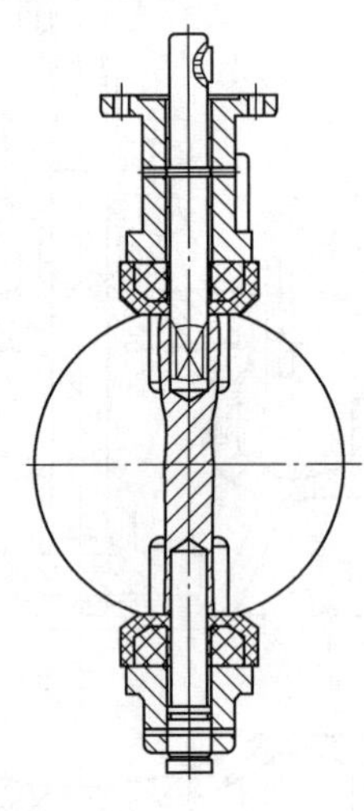

图8-40　中线密封蝶阀的结构图

表8-23　中线密封蝶阀的力矩参考表

公称尺寸		公称压力			压力等级/psi				
		PN10	PN16	Class150	50	100	150	200	285
		力矩/N·m							
DN50	NPS2	12	13	18	16	17	18	19	20
DN65	NPS2½	15	17	21	22	24	25	26	28
DN80	NPS3	22	23	28	30	31	33	35	37
DN100	NPS4	37	40	50	42	45	49	52	58
DN125	NPS5	58	62	88	65	71	76	82	91
DN150	NPS6	94	102	136	99	107	115	123	136
DN200	NPS8	173	192	211	167	176	186	195	211
DN250	NPS10	286	323	363	277	295	313	331	363

（续）

公称尺寸		公称压力			压力等级/psi				
		PN10	PN16	Class150	50	100	150	200	285
		力矩/N·m							
DN300	NPS12	429	490	553	440	464	488	512	553
DN350	NPS14	550	625	734	586	618	649	680	734
DN400	NPS16	755	846	1551	1241	1307	1373	1439	1551
DN450	NPS18	1012	1131	1969	1576	1660	1744	1827	1970
DN500	NPS20	1350	1431	2077	1660	1749	1837	1926	2076
DN600	NPS24	2111	2300	4200	3360	3539	3718	3896	4200
DN700	NPS28	3272	—	—	3752	4213	4581	—	—
DN750	NPS30	3766	—	—	4488	4903	5317	—	—
DN800	NPS32	4307	—	—	5128	5548	6031	—	—
DN900	NPS36	5257	—	—	6426	6878	7360	—	—
DN1000	NPS40	8925	—	—	7787	8366	8925	—	—
DN1050	NPS42	9023	—	—	7880	8432	9023	—	—
DN1200	NPS48	12553	—	—	10801	11732	12554	—	—

软密封结构

密封圈在蝶板上　　密封圈在阀体上

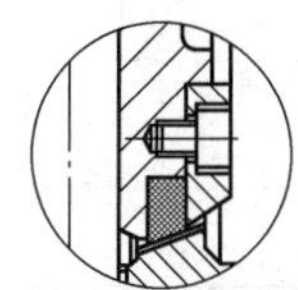

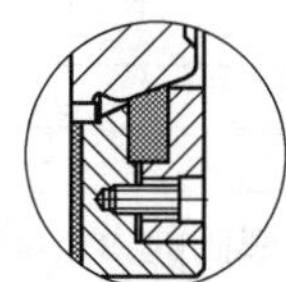

多层次硬密封结构

密封圈在蝶板上　　密封圈在阀体上　　软密封防火结构

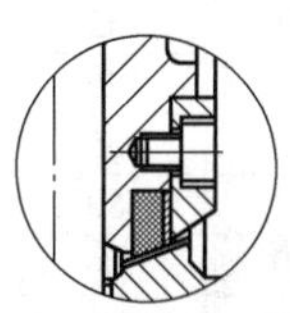

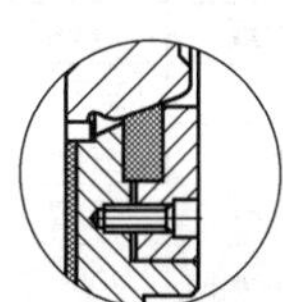

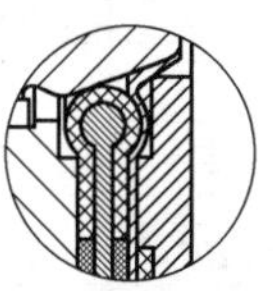

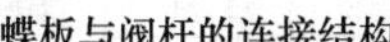

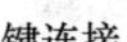

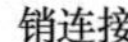

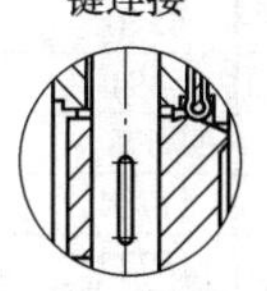

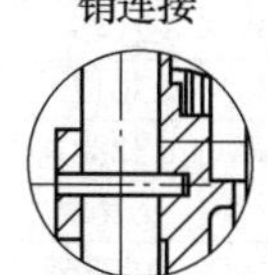

阀杆底端的连接结构

螺栓连接　　对开环连接

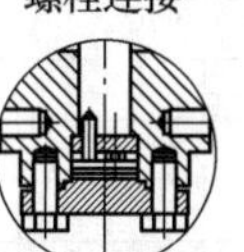

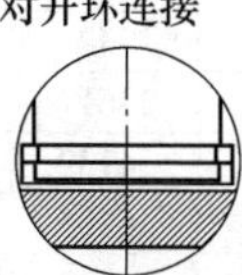

图 8-41　单偏心蝶阀的结构图

表 8-24 单偏心蝶阀的力矩参考表

公称尺寸		压力等级/psi								
		100	200	285	300	400	500	600	700	740
		力矩/N·m								
DN50	NPS2	25	27	29	31	33	36	39	42	45
DN65	NPS2½	29	31	33	34	36	41	45	47	49
DN80	NPS3	34	37	39	42	46	51	55	60	62
DN100	NPS4	47	53	58	70	79	88	97	106	110
DN125	NPS5	65	76	86	115	132	151	169	186	193
DN150	NPS6	97	113	126	161	188	214	241	287	278
DN200	NPS8	164	193	217	313	368	422	477	532	554
DN250	NPS10	222	274	318	480	572	664	756	848	885
DN300	NPS12	290	391	475	667	790	913	1035	1158	1207
DN350	NPS14	491	684	849	1117	1372	1627	1882	2137	2239
DN400	NPS16	628	876	1087	1340	1643	1946	2248	2550	2671
DN450	NPS18	816	1142	1423	1734	2118	2502	2885	3269	3422
DN500	NPS20	1098	1544	1926	2314	2842	3369	3897	4424	4635
DN600	NPS24	1673	2384	2983	3131	3840	4549	5258	5967	6251
DN750	NPS30	2942	3986	4873	5708	6888	8069	9347	10426	10898
DN800	NPS32	3682	4876	5896	6123	8121	9789	12134	13876	14312
DN900	NPS36	4786	6589	8121	9789	11877	13965	16052	18141	18976
DN1050	NPS42	7837	10928	13558	—	—	—	—	—	—
DN1200	NPS48	12433	17409	21638	—	—	—	—	—	—
DN1350	NPS54	17558	24269	29977	—	—	—	—	—	—
DN1500	NPS60	25790	35310	43397	—	—	—	—	—	—

表 8-25 双偏心高性能防火蝶阀的力矩参考表

公称尺寸		压力等级/psi									
		100	150	200	285	400	600	740	1000	1200	1480
		力矩/N·m									
DN50	NPS2	42	51	64	75	88	99	118	129	153	177
DN65	NPS2½	56	65	76	86	106	118	131	152	181	196
DN80	NPS3	67	77	87	107	116	134	147	179	215	256
DN100	NPS4	71	81	92	113	130	167	198	258	302	371
DN125	NPS5	130	147	169	228	329	457	512	553	608	696
DN150	NPS6	198	248	297	424	453	511	559	606	698	856
DN200	NPS8	463	497	531	593	680	870	1039	1314	1621	1909
DN250	NPS10	610	712	815	1037	1129	1297	1424	2271	2700	3175
DN300	NPS12	936	1087	1238	1780	1907	2121	2288	3576	4221	5011
DN350	NPS14	1644	1698	1743	1829	2754	3841	4604	5566	6335	7048
DN400	NPS16	1896	2020	2145	2306	4576	6489	7828	9457	10767	11976
DN450	NPS18	2813	2915	3017	3220	5491	7813	9439	11411	12993	14451
DN500	NPS20	3603	3746	3888	4180	7698	11025	13355	16157	18383	20450
DN600	NPS24	5722	5945	6168	6547	11784	16948	20495	24766	28190	31365
DN700	NPS28	6542	8022	10736	11629	18272	25672	37128	—	—	—
DN750	NPS30	11570	10813	12349	13118	25376	37002	45137	—	—	—
DN800	NPS32	12896	13929	14962	16112	—	—	—	—	—	—
DN900	NPS36	16213	16818	17422	18292	—	—	—	—	—	—
DN1000	NPS40	17878	20636	23617	27318	—	—	—	—	—	—
DN1050	NPS42	18869	23727	34132	36407	—	—	—	—	—	—
DN1200	NPS48	33251	34121	36505	38618	—	—	—	—	—	—
DN1350	NPS54	36432	39375	41232	—	—	—	—	—	—	—
DN1400	NPS56	39370	41286	52317	—	—	—	—	—	—	—

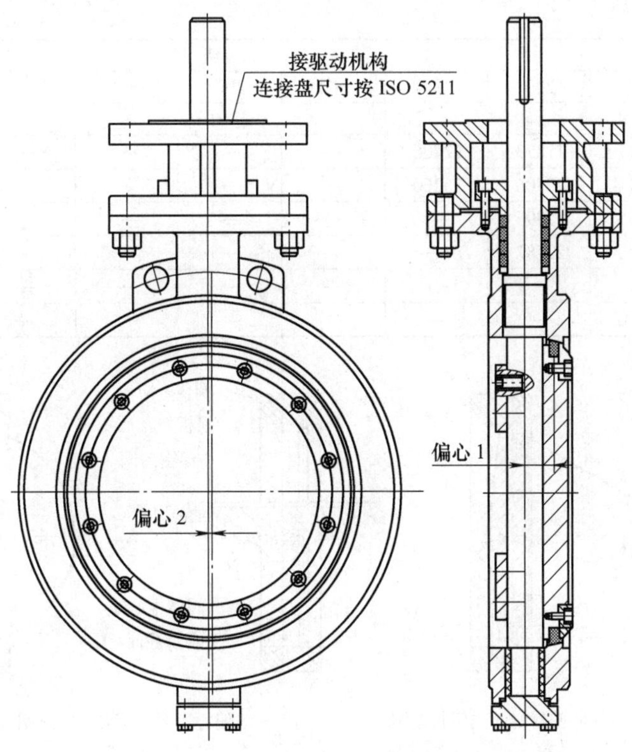

图 8-42 双偏心蝶阀的结构图

表 8-26 双偏心 PTFE 阀座蝶阀力矩参考表

公称尺寸		压力等级/psi								
		100	200	285	300	400	600	740	1200	1480
		力矩/N·m								
DN50	NPS2	27	33	37	40	48	59	70	83	130
DN65	NPS2½	31	39	46	47	55	71	82	95	142
DN80	NPS3	43	54	64	66	77	100	115	133	199
DN100	NPS4	83	111	134	138	166	222	261	305	333
DN125	NPS5	125	167	202	208	250	333	391	458	700
DN150	NPS6	188	250	304	313	375	500	588	687	718
DN200	NPS8	363	476	572	589	702	929	1087	1268	1409
DN250	NPS10	602	806	980	1010	1215	1623	1909	2236	2862
DN300	NPS12	910	1250	1538	1589	1929	2609	3084	3628	4579
DN350	NPS14	1052	1411	1715	1767	2127	2844	3346	4824	5357
DN400	NPS16	1317	1758	2133	2199	2640	3522	4139	8202	9124
DN450	NPS18	1817	2488	3058	3159	3830	5172	6111	9893	11005
DN500	NPS20	2501	3346	4064	4191	5037	6726	7910	13999	15569
DN600	NPS24	3496	4698	5719	5900	7102	9505	11188	21467	23885
DN700	NPS28	4130	6018	6870	8079	10668	15273	18500	—	—
DN750	NPS30	4949	6678	8021	9169	12451	18157	22156	—	—
DN800	NPS32	5292	7254	8731	—	—	—	—	—	—
DN900	NPS36	5982	8406	10151	—	—	—	—	—	—
DN1000	NPS40	8344	11208	14515	—	—	—	—	—	—
DN1050	NPS42	9525	12609	16698	—	—	—	—	—	—

（续）

公称尺寸		压力等级/psi								
		100	200	285	300	400	600	740	1200	1480
		力矩/N·m								
DN1150	NPS46	13117	17873	22406	—	—	—	—	—	—
DN1200	NPS48	14914	20506	25260	—	—	—	—	—	—
DN1300	NPS52	17395	19896	—	—	—	—	—	—	—
DN1400	NPS56	19876	22787	—	—	—	—	—	—	—
DN1500	NPS60	21517	—	—	—	—	—	—	—	—
DN1600	NPS64	25690	—	—	—	—	—	—	—	—

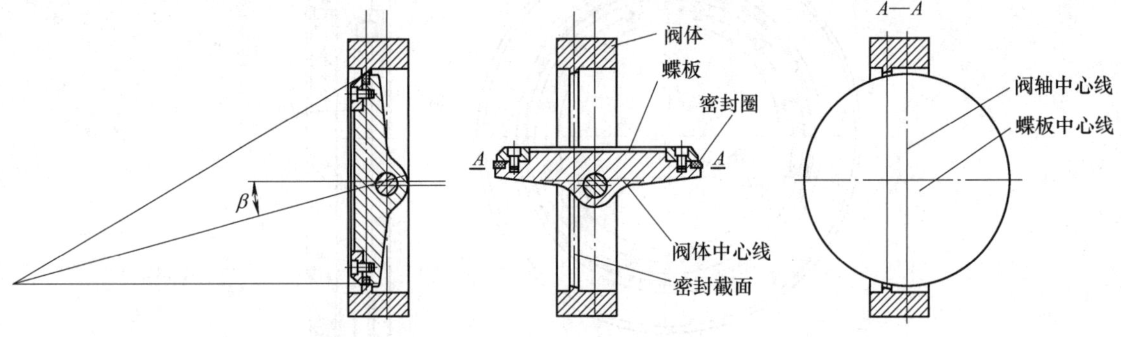

图 8-43 三偏心蝶阀的结构图

表 8-27 三偏心蝶阀的力矩参考表

公称尺寸		公称压力								
		PN6	PN10	PN16	PN25	PN40	PN63	Class150	Class300	Class600
		力矩/N·m								
DN50	NPS2	25	29	37	59	83	127	42	92	182
DN65	NPS2½	29	35	60	82	106	142	69	123	213
DN80	NPS3	34	57	81	102	148	290	174	271	460
DN100	NPS4	61	102	141	180	259	526	250	395	834
DN125	NPS5	104	165	228	289	412	641	283	548	979
DN150	NPS6	178	250	450	564	790	1060	473	825	2938
DN200	NPS8	201	400	601	800	1201	1567	674	1503	3616
DN250	NPS10	353	518	956	1250	1862	2697	983	1887	5649
DN300	NPS12	635	992	1352	1711	2428	3147	2022	2508	11863
DN350	NPS14	819	1623	2234	2844	4067	4855	2520	4158	14123
DN400	NPS16	1047	1944	2842	3738	5533	6473	3175	6271	17061
DN450	NPS18	1451	2451	3452	4412	6454	13450	4239	7864	21015
DN500	NPS20	2043	3285	4527	5769	8253	16993	5531	10361	26551
DN600	NPS24	2779	5548	6018	9495	13443	24586	6011	17559	38415
DN700	NPS28	3080	6331	6890	14200	22720	—	10440	27923	—
DN750	NPS30	3230	6723	7700	16552	26483	—	12654	33105	—
DN800	NPS32	3912	7307	8760	19847	31755	—	14462	39696	—
DN900	NPS36	5275	8474	9750	26438	36188	—	18078	52877	—
DN1000	NPS40	6915	11717	13560	35553	44113	—	24179	71105	—
DN1050	NPS42	8135	15253	16270	40110	51827	—	28457	80219	—
DN1200	NPS48	12540	20563	23360	48900	61962	—	36155	—	—
DN1350	NPS54	18300	21806	29977	—	—	—	—	—	—
DN1400	NPS56	24650	26589	34900	—	—	—	—	—	—
DN1500	NPS60	26440	36155	43397	—	—	—	—	—	—
DN1600	NPS64	40850	43375	48600	—	—	—	—	—	—

4. 球阀的操作特性

球阀的操作力矩特性如图 8-44 所示。

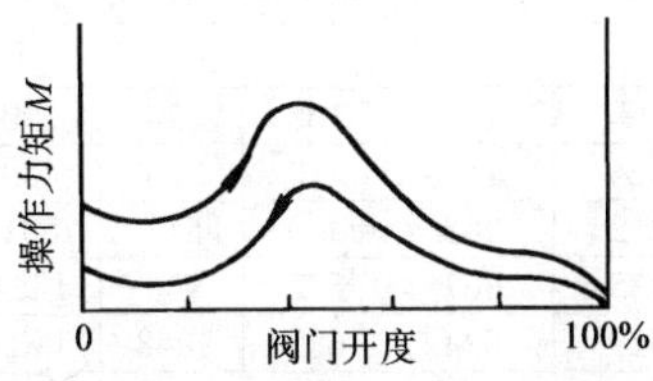

图 8-44 球阀操作力矩特性

从图中可以看出，球阀的操作力矩特性曲线与蝶阀的很相似，其原因也是由于流体在球体中流向改变时造成旋流的影响。旋流的影响随阀门的开启或关闭逐渐减小。

球阀由全开到全关，阀杆的旋转角度为 90°，球阀要设机械限位。球阀的开启位置和关闭位置都应按阀杆旋转角度来确定的，故球阀是按行程定位的。

浮动球阀的操作力矩可参照图 8-45、表 8-28 选取；固定球球阀的操作力矩可参照图 8-46、表 8-29 选取；上装式球阀的操作力矩可参照图 8-47、表 8-30选取。压力平衡式旋塞阀的操作力矩可参照图 8-48、表 8-31 选取。

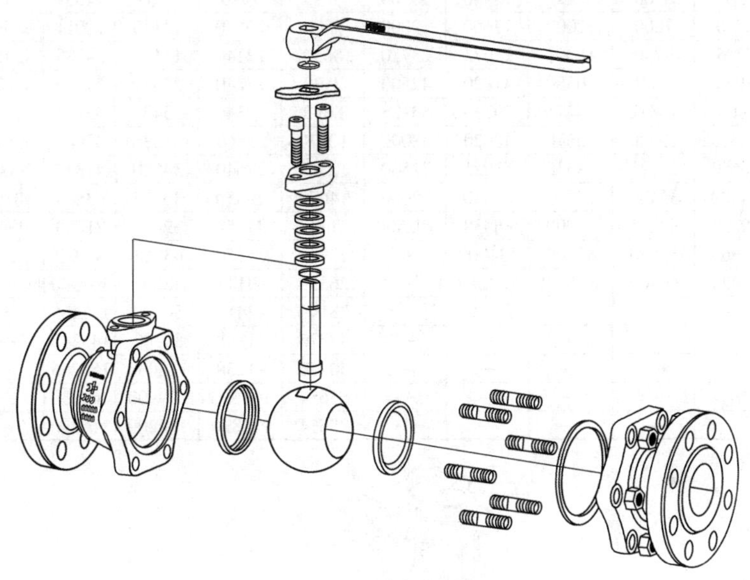

图 8-45 浮动球球阀的结构图

表 8-28 浮动球球阀的力矩参考表

公称尺寸		公称压力											
		PN16	PN25	PN40	PN63	PN100	PN160	Class150	Class300	Class400	Class600	Class900	Class1500
		力矩/N·m											
DN15	NPS1/2	3	5	7	15	19	30	5	8	15	19	24	32
DN20	NPS3/4	5	7	10	30	35	56	7	12	30	35	44	55
DN25	NPS1	10	11	24	50	68	108	13	20	50	68	85	115
DN40	NPS1½	16	18	35	80	130	208	22	38	90	130	163	171
DN50	NPS2	25	30	50	100	190	304	30	60	140	190	238	296
DN65	NPS2½	50	60	100	200	360	576	60	110	240	360	450	563
DN80	NPS3	65	80	150	300	460	736	80	140	350	460	575	718
DN100	NPS4	125	140	250	400	770	1232	130	260	540	770	963	1204
DN125	NPS5	250	300	450	600	998	—	250	600	980	—	—	—
DN150	NPS6	340	400	585	997	1890	—	470	930	1870	—	—	—
DN200	NPS8	485	680	996	2106	3370	—	780	1550	2480	—	—	—
DN250	NPS10	980	1897	2197	—	—	—	1897	3500	—	—	—	—
DN300	NPS12	1964	3122	4500	—	—	—	3122	—	—	—	—	—

表 8-29　固定球球阀的力矩参考表

公称尺寸		公称压力											
		PN16	PN25	PN40	PN63	PN100	Class150	Class300	Class400	Class600	Class900	Class1500	Class2500
		力矩/N·m											
DN50	NPS2	30	40	50	100	190	57	99	124	168	228	390	589
DN65	NPS2½	50	60	100	200	360	71	124	155	210	263	488	736
DN80	NPS3	65	80	150	300	460	95	212	265	360	512	831	1577
DN100	NPS4	125	140	250	400	770	192	335	467	572	946	1524	1965
DN125	NPS5	250	300	450	650	1050	240	419	524	655	1048	1905	2456
DN150	NPS6	340	400	585	890	1980	495	544	650	912	1784	2934	5501
DN200	NPS8	485	680	996	1500	3280	832	1250	1806	2177	4116	7215	11786
DN250	NPS10	810	1140	1690	2560	5250	1105	1736	2638	3093	5910	10990	13222
DN300	NPS12	1310	1870	2800	4290	7200	1655	2388	2929	4282	10137	16103	20075
DN350	NPS14	1910	2740	4110	6320	9860	2695	3224	3971	7458	14141	24518	—
DN400	NPS16	2860	4150	6300	9750	14500	3164	5139	6307	9310	18866	29630	—
DN450	NPS18	4500	6500	8900	13500	16900	3793	7970	9165	14639	22400	34392	—
DN500	NPS20	5860	7800	12000	17660	19000	5500	10570	12155	20011	28544	40918	—
DN550	NPS22	7325	9750	15000	22075	23750	6650	12140	15175	24785	42427	46075	—
DN600	NPS24	8920	13210	20380	31820	42500	7529	17240	21550	31226	43276	65351	—
DN650	NPS26	11150	16512	25475	39775	53125	8693	20340	25425	35184	47580	—	—
DN700	NPS28	13320	19380	30670	48020	58000	10770	25069	31336	38987	59410	—	—
DN750	NPS30	16650	24225	38338	60025	72500	12365	27640	34550	41832	76000	—	—
DN800	NPS32	24000	35420	55200	68830	82000	14070	29550	36937	63865	90195	—	—
DN850	NPS34	30000	44275	69000	86038	102500	21148	31558	39447	71720	100430	—	—
DN900	NPS36	34960	52870	82700	134000	—	22987	35170	43962	89020	131675	—	—
DN1000	NPS40	43420	66700	102820	162210	—	26059	39115	48894	109900	—	—	—
DN1050	NPS42	—	—	—	—	—	28149	42414	50300	121165	—	—	—
DN1200	NPS48	—	—	—	—	—	42776	71868	80302	145345	—	—	—
DN1350	NPS54	—	—	—	—	—	50276	91238	116000	158255	—	—	—
DN1400	NPS56	—	—	—	—	—	65654	108550	129900	169230	—	—	—
DN1500	NPS60	—	—	—	—	—	85654	122820	178200	216270	—	—	—

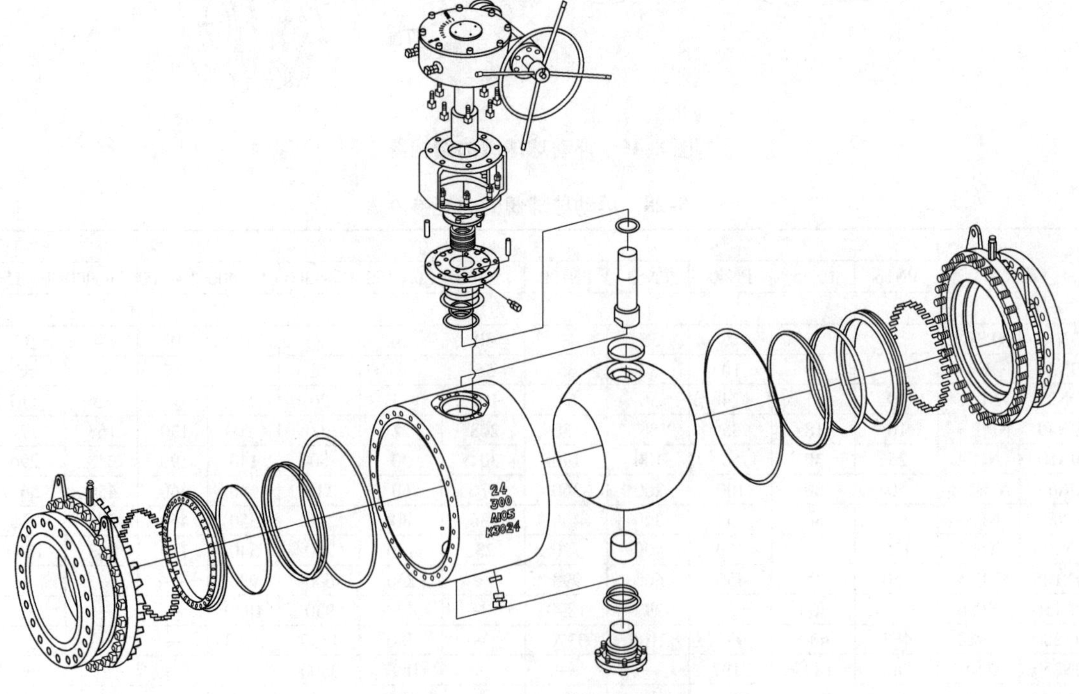

图 8-46　固定球球阀的结构图

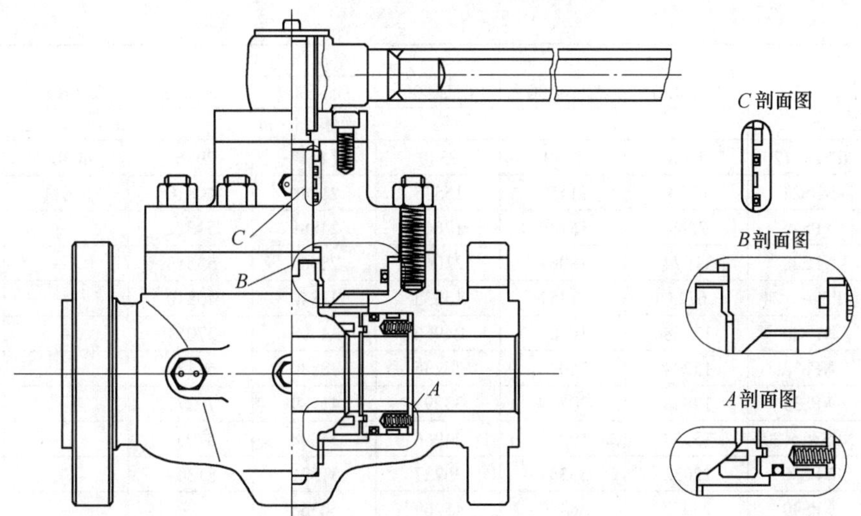

图 8-47　上装式球阀的结构图

表 8-30　上装式球阀的力矩参考表

公称尺寸		公称压力						
		Class150	Class300	Class400	Class600	Class900	Class1500	Class2500
		力矩/N·m						
DN50×40	NPS2×1½	61	81	85	102	149	238	382
DN50	NPS2	68	108	138	177	203	333	562
DN80×50	NPS3×2	68	108	138	177	203	333	562
DN80	NPS3	149	244	312	399	422	811	1460
DN100×80	NPS4×3	149	244	312	399	422	811	1460
DN100	NPS4	244	407	422	453	583	1505	1923
DN150×100	NPS6×4	244	407	422	453	583	1505	1923
DN150	NPS6	323	544	647	1006	1299	2940	5840
DN200×150	NPS8×6	323	544	647	1006	1299	2940	5840
DN200	NPS8	647	955	1157	2532	2766	6489	12181
DN250×200	NPS10×8	647	955	1157	2532	2766	6489	12181
DN250	NPS10	882	1822	2178	3941	5446	12181	15281
DN300×250	NPS12×10	882	1822	2178	3941	5446	12181	15281
DN350×250	NPS14×10	882	1822	2178	3941	5446	12181	15281
DN300	NPS12	1577	2591	3064	6893	7909	15564	19834
DN350×300	NPS14×12	1577	2591	3064	6893	7909	15564	—
DN400×300	NPS16×12	1577	2591	3064	6893	7909	15564	—
DN350	NPS14	1873	3224	3853	7205	10948	23512	—
DN400×350	NPS16×14	1873	3224	3853	7205	10948	23512	—
DN400	NPS16	3050	5447	6529	8817	13682	27039	—
DN450×400	NPS18×16	3050	5447	6529	8817	13682	27039	—
DN500×400	NPS20×16	3050	5447	6529	8817	13682	27039	—
DN450	NPS18	3819	6197	7461	11231	17705	37085	—
DN500	NPS20	4508	7830	9348	14919	29866	40309	—
DN550	NPS22	5490	9453	11302	16058	39324	50386	—

（续）

公称尺寸		公称压力						
		Class150	Class300	Class400	Class600	Class900	Class1500	Class2500
		力矩/N·m						
DN600×500	NPS24×20	4508	7830	9348	14919	29866	40309	—
DN600	NPS24	6723	11457	15535	21840	40810	64671	—
DN650	NPS26	9289	15139	17869	24889	51322	—	—
DN700	NPS28	11674	18067	21063	28767	53515	—	—
DN750×600	NPS30×24	6723	11457	15535	21840	40810	—	—
DN750	NPS30	13558	19207	24966	34398	57057	—	—
DN800	NPS32	15224	24095	28235	38880	61123	—	—
DN850	NPS34	17846	30249	33291	41789	70277	—	—
DN900×750	NPS36×30	13558	19207	24966	34398	57057	—	—
DN900	NPS36	22032	33331	36227	51521	81349	—	—
DN1000	NPS40	25972	36490	45269	60368	—	—	—
DN1050	NPS42	27034	40425	53515	70277	—	—	—
DN1200	NPS48	42606	64985	79311	112293	—	—	—

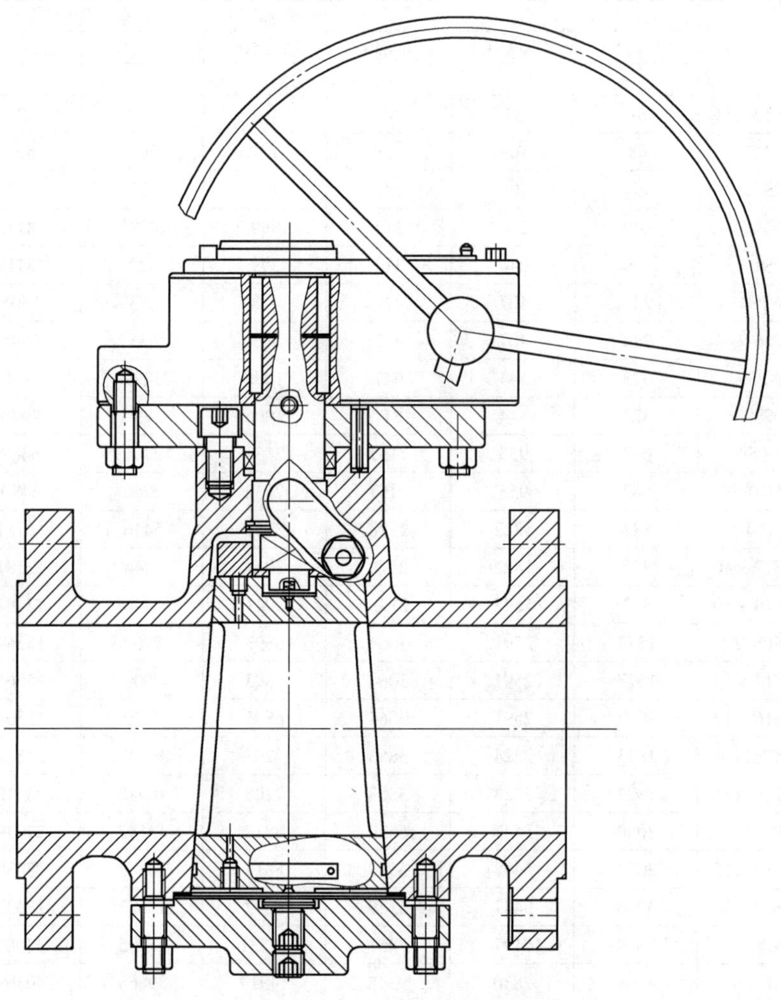

图8-48 压力平衡式旋塞阀的结构图

表 8-31 压力平衡式旋塞阀的力矩参考表

公称尺寸		公称压力				
		Class150	Class300	Class600	Class900	Class1500
		力矩/N·m				
DN50	NPS2	98	172	292	417	654
DN80	NPS3	120	218	380	540	862
DN100	NPS4	302	536	918	1258	2064
DN150	NPS6	628	1080	1814	2548	4022
DN200	NPS8	2032	3208	5114	7022	10848
DN250	NPS10	2166	3258	6088	8516	13388
DN300	NPS12	3119	5202	8594	11986	18792
DN350	NPS14	4846	8486	14406	20326	—
DN400	NPS16	6032	10696	18242	—	—
DN450	NPS18	9142	15940	26998	—	—
DN500	NPS20	12022	21040	35972	—	—
DN550	NPS22	13866	24282	41220	—	—
DN600	NPS24	19424	34478	58962	—	—

8.3.3.2 操作推力

阀门电动装置的主机结构，一种是不配置推力盘的，此时直接输出力矩；一种是配置有推力盘的，此时输出力矩通过推力盘中的阀杆螺母转换为输出推力。输出力矩换算成输出推力时引入了阀杆系数的概念。输出力矩与输出推力之比称为阀杆系数。阀杆螺母的梯形螺纹确定以后，阀杆系数按下式计算：

$$\text{关阀}\ \lambda=\frac{d_p\,(f+\cos\beta\tan\alpha)}{2\,(\cos\beta-f\tan\alpha)} \tag{8-2}$$

$$\text{开阀}\ \lambda'=\frac{d_p\,(f'-\cos\beta\tan\alpha)}{2\,(\cos\beta-f'\tan\alpha)} \tag{8-3}$$

式中，λ 为关阀时的阀杆系数（m）；λ'为开阀时的阀杆系数（m）；d_p 为梯形螺纹平均直径（m）；f 为阀杆螺纹摩擦因数，见表8-32；f'为开阀时阀杆螺纹摩擦因数，$f'=f+0.1$；α 为梯形螺纹升角（°）；2β 为梯形螺纹的牙形角（°）。

牙型角 $2\beta=30°$时的阀杆系数见表8-33。

英制螺纹牙型角29°，其阀杆系数见表8-34。

表 8-32 阀杆螺纹摩擦因数

阀杆材料	阀杆螺母材料	有良好润滑	有润滑	螺纹在介质中
钢	铜、铸铁	0.15	0.17	0.20～0.25
钢	钢	0.20	0.25	0.30～0.35
钢	塑料	0.10	0.12	

8.3.3.3 输出轴转动圈数

电动装置输出轴转动圈数的多少与阀门的口径、阀杆螺距、螺纹头数有关，按式（8-4）计算：

表 8-33 梯形螺纹阀杆系数

阀杆尺寸 直径×螺距 /mm×mm	阀杆系数 /m	阀杆尺寸 直径×螺距 /mm×mm	阀杆系数 /m
10×3	0.00111	44×8	0.00420
12×3	0.00125	46×8	0.00435
14×3	0.00140	48×8	0.00449
16×3	0.00154	50×8	0.00464
16×4	0.00167	52×8	0.00478
18×4	0.00181	55×8	0.00500
20×4	0.00195	60×8	0.00536
22×5	0.00223	65×10	0.00598
24×5	0.00238	70×10	0.00634
26×5	0.00252	75×10	0.00670
28×5	0.00266	80×10	0.00706
30×6	0.00294	85×12	0.00768
32×6	0.00308	90×12	0.00804
34×6	0.00323	95×12	0.00840
36×6	0.00337	100×12	0.00876
38×6	0.00351	110×12	0.00948
40×6	0.00366	120×16	0.01072
42×6	0.00380		

注：1. 对于暗杆阀，阀杆系数要乘以1.5。
2. 对于水闸，阀杆系数要乘以1.25，并确保估算的推力至少为阀门质量的3倍。

表 8-34 英制螺纹的螺距与阀杆系数（29°梯形螺纹）

阀杆直径 /mm	牙数 /in	螺距/mm		阀杆系数/m	
		单头	双头	单头	双头
10	8	3.2	6.4	0.0014	0.0020
12	8	3.2	6.4	0.0016	0.0022
14	6	4.2	8.5	0.0020	0.0027
16	6	4.2	8.5	0.0022	0.0029
18	6	4.2	8.5	0.0024	0.0031
20	6	4.2	8.5	0.0026	0.0033
22	5	5.1	10.2	0.0029	0.0038
24	5	5.1	10.2	0.0031	0.0040
26	5	5.1	10.2	0.0033	0.0042
28	5	5.1	10.2	0.0035	0.0044
30	4	6.4	12.7	0.0039	0.0050
32	4	6.4	12.7	0.0041	0.0052
34	4	6.4	12.7	0.0043	0.0054
36	4	6.4	12.7	0.0045	0.0056
38	3½	7.3	14.5	0.0048	0.0060
40	3½	7.3	14.5	0.0050	0.0062
42	3½	7.3	14.5	0.0052	0.0064
44	3½	7.3	14.5	0.0054	0.0065
46	3	8.5	16.9	0.0058	0.0072
48	3	8.5	16.9	0.0060	0.0074
50	3	8.5	16.9	0.0062	0.0076
52	3	8.5	16.9	0.0064	0.0078

（续）

阀杆直径/mm	牙数/in	螺距/mm		阀杆系数/m	
		单头	双头	单头	双头
55	3	8.5	16.9	0.0067	0.0081
58	3	8.5	16.9	0.0070	0.0085
60	3	8.5	16.9	0.0072	0.0087
62	3	8.5	16.9	0.0074	0.0089
65	2½	10.2	20.3	0.0079	0.0097
68	2½	10.2	20.3	0.0082	0.0100
70	2½	10.2	20.3	0.0084	0.0102
72	2½	10.2	20.3	0.0086	0.0104
75	2½	10.2	20.3	0.0089	0.0107
78	2½	10.2	20.3	0.0092	0.0110
80	2½	10.2	20.3	0.0095	0.0112
82	2½	10.2	20.3	0.0097	0.0114
85	2	12.7	25.4	0.0103	0.0115
88	2	12.7	25.4	0.0106	0.0120
90	2	12.7	25.4	0.0108	0.0130
92	2	12.7	25.4	0.0110	0.0132
95	2	12.7	25.4	0.0113	0.0135
98	2	12.7	25.4	0.0116	0.0138
100	2	12.7	25.4	0.0118	0.0140
105	2	12.7	25.4	0.0124	0.0145
110	2	12.7	25.4	0.0129	0.0150
120	1¾	14.5	29.0	0.0141	0.0165

$$M = \frac{H}{ZS} \tag{8-4}$$

式中，M 为电动装置应满足的总转动圈数；H 为阀门的开启高度，即阀门启闭件的全行程（mm）；S 为阀杆螺纹的螺距（mm）；Z 为阀杆螺纹头数。

8.3.3.4　阀杆直径

对于多回转类的升降杆阀门来说，如果电动装置允许通过的最大阀杆直径不能通过所配阀门的阀杆时是不能组装成电动阀门的，因此，电动装置空心输出轴的内径必须大于升降杆阀门的阀杆外径。对于部分回转阀门及多回转阀门中的旋转杆阀门，虽不用考虑阀杆直径的通过问题，但在选配时亦应充分考虑阀杆直径与键及键槽的尺寸，使之装配后能正常工作。

8.3.3.5　输出转速

阀门的操作速度快，对工业生产过程是有利的。但操作速度过快容易产生水击现象，因此应根据不同的使用条件选择合适的操作速度。表8-35表示可避免水击现象的几种阀门的操作速度范围。

8.3.3.6　安装、连接方式

1. 安装方式

电动装置的安装方式有垂直安装、水平安装、落地安装。

表8-35　可避免水击现象的阀门操作速度范围

阀类	公称尺寸	阀杆螺距 S/mm	操作时间 t/s
闸阀	DN100/NPS4 ~ DN150/NPS6	5 ~ 6	>30 ~ 40
	DN1000/NPS40 ~ DN2000/NPS80	10 ~ 12	>140 ~ 200
截止阀	≤DN100/NPS4	4 ~ 6	>10
蝶阀	—	—	—

阀类	阀杆转速 n/(r/min)	操作速度 v/(mm/s)	转周数
闸阀	<40 ~ 60	<4 ~ 5	<16
	<20 ~ 30	<4 ~ 5	≤160
截止阀	<10 ~ 25	<1 ~ 1.7	<16
蝶阀	<0.5 ~ 4	<0.5 ~ 1rad/s	

2. 连接方式

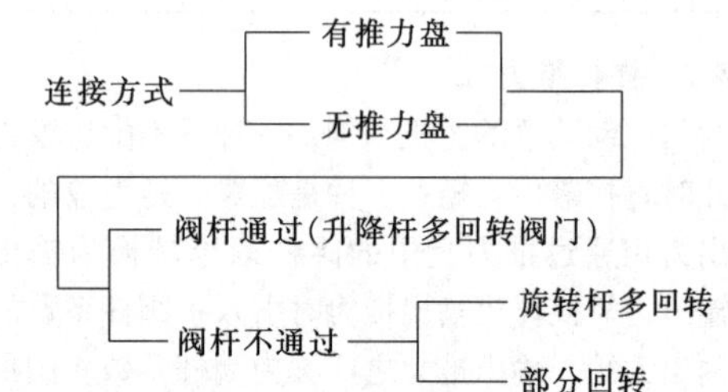

8.3.4　阀门电动装置的结构

阀门电动装置中各部件按其功能所组成的结构如图8-49所示。

图8-50表示阀门电动装置由各零部件组成的典型结构。

8.3.4.1　箱体

阀门电动装置的箱体设计决定了它的防护性能，如可用于户外、防爆、防火等。通常箱体材料采用灰铸铁，防爆型产品的灰铸铁牌号不低于HT250。也有采用铝合金作为箱体材料的，其优点是质量轻，压铸的铝合金箱体外形美观。但铝合金箱体作为防爆产品有一定难度；另外，铝合金箱体电动装置的轴向推力应由铸铁制造的内置阀杆螺母的推力盘承担。

8.3.4.2　传动机构

阀门电动装置的传动机构起到减速器的作用，它将专用电动机的高速度降低为对阀门的操作速度。传动部分均采用齿轮传动机构，所选用的有以下几种：①圆柱齿轮传动；②蜗杆传动；③行星齿轮传动；④一齿差或少齿差齿轮传动；⑤摆线针轮传动；⑥谐波齿轮传动；⑦转臂丝杠传动。

以下介绍几种主要传动机构的参数计算及强度校核。

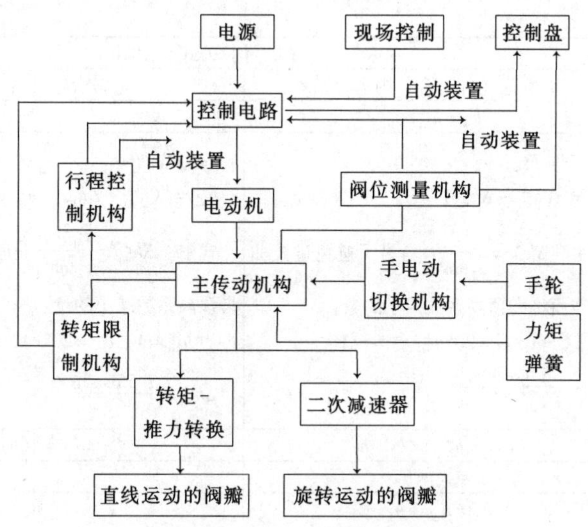

图 8-49 电动装置构成框图

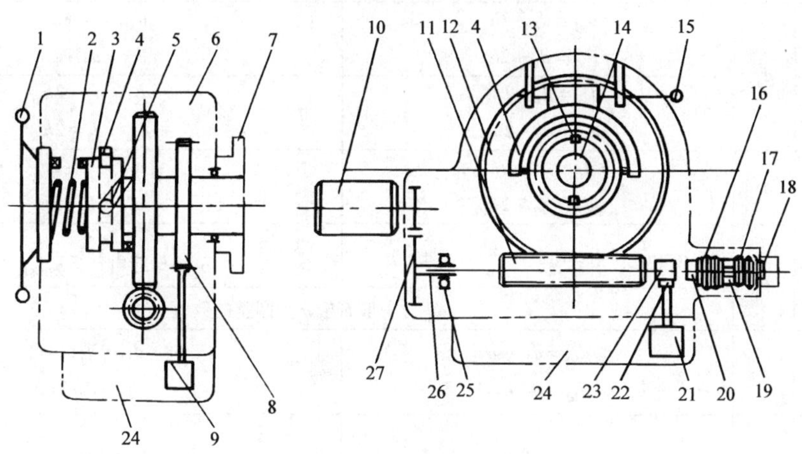

图 8-50 电动装置典型结构示意图

1—手轮 2—离合器复位弹簧 3—手动-电动离合器 4—拨叉 5—直立杆 6—箱体 7—（与阀门相连）接盘 8—行程主动轮 9—行程控制机构 10—电动机 11—蜗杆 12—蜗轮 13—键 14—输出套筒 15—手柄 16—关向转矩弹簧 17—开向转矩弹簧 18—转矩弹簧调整螺母 19、25—轴承 20—轴肩 21—转矩限制机构 22—环形齿条 23—转矩齿轮 24—电动控制箱 26—花键 27—圆柱齿轮

1. 圆柱齿轮传动

渐开线圆柱齿轮传动的几何计算见表 8-36 和表 8-37。

2. 蜗杆传动

（1）蜗轮蜗杆参数选择 蜗杆传动是阀门电动装置中最常见的传动机构。用于阀门电动装置的基本参数选择见表 8-38 和表 8-39。

（2）蜗杆的参数计算与强度计算 见表 8-40 和表 8-41。在多回转阀门电动装置中，常采用蜗轮蜗杆作为主传动，强度计算以蜗轮轮齿表面的接触强度为基础，弯曲强度进行校核，算式见表 8-41。

表 8-36 标准齿轮传动的几何计算

项目	代号	计算公式及说明	
		直齿轮（外啮合、内啮合）	斜齿轮（外啮合、内啮合）
分度圆直径	d	$d_1 = mz_1$ $d_2 = mz_2$	$d_1 = m_t z_1 = \dfrac{m_n z_1}{\cos\beta}$ $d_2 = m_t z_2 = \dfrac{m_n z_2}{\cos\beta}$

（续）

项目		代号	计算公式及说明	
			直齿轮（外啮合、内啮合）	斜齿轮（外啮合、内啮合）
齿顶高	外啮合	h_a	$h_a = h_a^* m$	$h_a = h_{an}^* m_n$
	内啮合		$h_{a1} = h_a^* m$ $h_{a2} = (h_a^* - \Delta h_a^*)\ m$ 式中 $\Delta h_a^* = \dfrac{h_a^{*2}}{z_2 \tan^2\alpha}$是为了避免过渡曲线干涉而将齿顶高系数减小的量。 当 $h_{an}^* = 1$、$\alpha = 20°$时， $\Delta h_a^* = \dfrac{7.55}{z_2}$	$h_{a1} = h_{an}^* m_n$ $h_{a2} = (h_{an}^* - \Delta h_{an}^*)\ m_n$ 式中 $\Delta h_{an}^* = \dfrac{h_{an}^{*2}\cos^3\beta}{z_2 \tan^2\alpha_n}$是为了避免过渡曲线干涉而将齿顶高系数减小的量。 当 $h_{an}^* = 1$、$\alpha_n = 20°$时， $\Delta h_{an}^* = \dfrac{7.55\cos^3\beta}{z_2}$
齿根高		h_f	$h_f = (h_a^* + c^*)\ m$	$h_f = (h_{an}^* + c_n^*)\ m_n$
齿高	外啮合	h	$h = h_a + h_f$	$h = h_a + h_f$
	内啮合		$h_1 = h_{a1} + h_f$ $h_2 = h_{a2} + h_f$	$h_1 = h_{a1} + h_f$ $h_2 = h_{a2} + h_f$
齿顶圆直径	外啮合	d_a	$d_{a1} = d_1 + 2h_a$ $d_{a2} = d_2 + 2h_a$	$d_{a1} = d_1 + 2h_a$ $d_{a2} = d_2 + 2h_a$
	内啮合		$d_{a1} = d_1 + 2h_{a1}$ $d_{a2} = d_2 - 2h_{a2}$	$d_{a1} = d_1 + 2h_{a1}$ $d_{a2} = d_2 - 2h_{a2}$
齿根圆直径		d_f	$d_{f1} = d_1 - 2h_f$ $d_{f2} = d_2 \mp 2h_f$	$d_{f1} = d_1 - 2h_f$ $d_{f2} = d_2 \mp 2h_f$
中心距		a	$a = \dfrac{1}{2}(d_2 \pm d_1) = \dfrac{m}{2}(z_2 \pm z_1)$	$a = \dfrac{1}{2}(d_2 \pm d_1) = \dfrac{m_n}{2\cos\beta}(z_2 \pm z_1)$
			一般希望 a 为圆整的数值	
基圆直径		d_b	$d_{b1} = d_1\cos\alpha$ $d_{b2} = d_2\cos\alpha$	$d_{b1} = d_1\cos\alpha_t$ $d_{b2} = d_2\cos\alpha_t$
齿顶圆压力角		α_a	$\alpha_{a1} = \arccos\dfrac{d_{b1}}{d_{a1}}$ $\alpha_{a2} = \arccos\dfrac{d_{b2}}{d_{a2}}$	$\alpha_{at1} = \arccos\dfrac{d_{b1}}{d_{a1}}$ $\alpha_{at2} = \arccos\dfrac{d_{b2}}{d_{a2}}$
当量齿数		z_v	—	$z_{v1} = \dfrac{z_1}{\cos^2\beta_b\cos\beta} \approx \dfrac{z_1}{\cos^3\beta}$ $z_{v2} = \dfrac{z_2}{\cos^2\beta_b\cos\beta} \approx \dfrac{z_2}{\cos^3\beta}$

注：1. 有“±”或“∓”号处，上面的符号用于外啮合；下面的符号用于内啮合。

2. 符号说明：z—齿数；m—模数；m_t—端面模数；m_n—法向模数；β—分度圆螺旋角；h_a^*—齿顶高系数；h_{an}^*—法面齿顶高系数；α—压力角；α_n—法面齿形角；c^*—径向间隙系数按标准规定 $c^* = 0.25$；c_n^*—法面径向间隙系数。

表 8-37 高变位齿轮传动的几何计算

项目	代号	计算公式及说明	
		直齿轮（外啮合、内啮合）	斜齿轮（外啮合、内啮合）
分度圆直径	d	$d_1 = mz_1$ $d_2 = mz_2$	$d_1 = m_t z_1 = \dfrac{m_n z_1}{\cos\beta}$ $d_2 = m_t z_2 = \dfrac{m_n z_2}{\cos\beta}$

（续）

项目		代号	计算公式及说明	
			直齿轮（外啮合、内啮合）	斜齿轮（外啮合、内啮合）
齿顶高	外啮合	h_a	$h_{a1}=(h_a^*+x_1)\ m$ $h_{a2}=(h_a^*+x_2)\ m$	$h_{a1}=(h_{an}^*+x_{n1})\ m_n$ $h_{a2}=(h_{an}^*+x_{n2})\ m_n$
	内啮合		$h_{a1}=(h_a^*+x_1)\ m$ $h_{a2}=(h_a^*-\Delta h_a^*-x_2)\ m$ 式中 $\Delta h_a^*=\dfrac{(h_a^*-x_2)^2}{z_2\tan^2\alpha}$是为避免过渡曲线干涉而将齿顶高系数减小的量。当$h_a^*=1$、$\alpha=20°$时， $\Delta h_a^*=\dfrac{7.55\ (1-x_2)^2}{z_2}$	$h_{a1}=(h_{an}^*+x_{n1})\ m_n$ $h_{a2}=(h_{an}^*-\Delta h_{an}^*-x_{n2})\ m_n$ 式中 $\Delta h_{an}^*=\dfrac{(h_{an}^*-x_{n2})^2\cos^3\beta}{z_2\tan^2\alpha_n}$是为避免过渡曲线干涉而将齿顶高系数减小的量，当$h_{an}^*=1$，$\alpha_n=20°$时， $\Delta h_{an}^*=\dfrac{7.55\ (1-x_{n2})^2\cos^3\beta}{z_2}$
齿根高		h_f	$h_{f1}=(h_a^*+c^*-x_1)\ m$ $h_{f2}=(h_a^*+c^*\mp x_2)\ m$	$h_{f1}=(h_{an}^*+c_{an}^*-x_{n1})\ m_n$ $h_{f2}=(h_{an}^*+c_n^*\mp x_{n2})\ m_n$
齿高		h	$h_1=h_{a1}+h_{f1}$ $h_2=h_{a2}+h_{f2}$	$h_1=h_{a1}+h_{f1}$ $h_2=h_{a2}+h_{f2}$
齿顶圆直径		d_a	$d_{a1}=d_1+2h_{a1}$ $d_{a2}=d_2\pm 2h_{a2}$	$d_{a1}=d_1+2h_{a1}$ $d_{a2}=d_2\pm 2h_{a2}$
齿根圆直径		d_f	$d_{f1}=d_{f1}-2h_{f1}$ $d_{f2}=d_2\mp 2h_{f2}$	$d_{f1}=d_1-2h_{f1}$ $d_{f2}=d_2\mp 2h_{f2}$
中心距		a	$a=\dfrac{1}{2}\ (d_2\pm d_1)\ =\dfrac{m}{2}\ (z_2\pm z_1)$	$a=\dfrac{1}{2}\ (d_2\pm d_1)\ =\dfrac{m_n}{2\cos\beta}\ (z_2\pm z_1)$
基圆直径		d_b	$d_{b1}=d_1\cos\alpha$ $d_{b2}=d_2\cos\alpha$	$d_{b1}=d_1\cos\alpha_t$ $d_{b2}=d_2\cos\alpha_t$
齿顶圆压力角		α_a	$\alpha_{a1}=\arccos\dfrac{d_{b1}}{d_{a1}}$ $\alpha_{a2}=\arccos\dfrac{d_{b2}}{d_{a2}}$	$\alpha_{at1}=\arccos\dfrac{d_{b1}}{d_{a1}}$ $\alpha_{at2}=\arccos\dfrac{d_{b2}}{d_{a2}}$
当量齿数		z_v	—	$z_{v1}=\dfrac{z_1}{\cos^2\beta_b\cos\beta}\approx\dfrac{z_1}{\cos^2\beta}$ $z_{v2}=\dfrac{z_2}{\cos^2\beta_b\cos\beta}\approx\dfrac{z_2}{\cos^2\beta}$

注：1. 表中有“±”或“∓”号处，上面的符号用于外啮合；下面的符号用于内啮合。

2. 表中符号说明同表8-36。

表8-38 轴向模数 m_s 和蜗杆直径系数 q

m_s/mm	1	1.5	2	2.5	3	3.5	4	4.5
普通蜗杆	14	14	13	12	12	12	11	11
圆弧齿蜗杆	—	—	—	13	13	13	11	11.333

m_s/mm	5	5.5	6	7	8	9	10	12
普通蜗杆	10（12）	—	9（11）	9（11）	8（11）	8（11）	8（11）	8（11）
圆弧齿蜗杆	10.5	10.545	9.5	10	10.25	—	9.3	9.25

表 8-39 部分参数选择范围

蜗杆头数 z_1		1~2	变位系数 x	
蜗轮齿数 z_2		27~80	普通蜗杆	$-1 \leqslant x \leqslant 1$
圆弧齿数 z_2		29~31	圆弧蜗杆	0.7~1.2
蜗杆直径系数 q	自锁	>10	圆弧蜗杆轴向齿廓角 α_s	22°~24°
	非自锁	$<8\sim9$	蜗杆旋向	左

表 8-40 蜗轮蜗杆基本参数计算公式

项目	代号	公式			
蜗杆轴向模数（蜗轮端面模数）	m_s	$m_s = \dfrac{2A}{q+Z_2+2x}$			
传动比	i	$i = \dfrac{z_2}{z_1}$			
蜗杆、蜗轮分度圆直径	d'_{f1}、d'_{f2}	$d'_{f1} = qm_s$，　$d'_{f2} = m_s z_2$			
蜗杆、蜗轮节圆直径	d_1、d_2	$d_1 = m_s(q+2x)$；$d_2 = d_{f2}$			
蜗杆分度圆导程角	λ	$\tan\lambda = \dfrac{z_1}{q}$			
蜗杆、蜗轮齿顶高	h_{a1}、h_{a2}	$h_{a1} = m_s$；　$h_{a2} = (1+x)m_s$			
蜗杆、蜗轮齿根高	h_{f1}、h_{f2}	$h_{f1} = 1.2m_s$；　$h_{f2} = (1.2-x)m_s$			
蜗杆、蜗轮齿顶圆直径	d_{a1}、d_{a2}	$d_{a1} = (q+2)m_s$；　$d_{a2} = (z_2+2+2x)m_s$			
蜗杆蜗轮齿根圆直径	d_{f1}、d_{f2}	$d_{f1} = (q-2.4)m_s$；$d_{f2} = (z_2+2x-2.4)m_s$			
蜗轮最大外圆直径	d_{a2max}	z_1	1	2.3	圆弧齿
		$d_{a2max} \leqslant$	$d_{a2}+2m_s$	$d_{a2}+1.5m_s$	$d_{a2}+m_s$
蜗轮轮缘宽度	b	$b = (0.6\sim0.75)d_{a1}$			
蜗轮齿顶圆弧半径	r_{a2}	$r_{a2} = 0.5d_{f1}+0.2m_s$			
蜗轮齿根圆弧半径	r_{f2}	$r_{f2} = 0.5d_{a1}+0.2m_s$			
蜗杆螺纹部分长度（普通蜗杆，$x=0$）	L	$L \geqslant (11+0.06z_2)m_s$			

表 8-41 蜗杆传动的强度计算

项目	设计计算公式/cm	验算计算公式/MPa
接触强度	$A \geqslant \left(\dfrac{z_2}{q}+1\right)\sqrt[3]{\left(\dfrac{5400}{\frac{z_2}{q}[\sigma_{jc}]}\right)^2\dfrac{KM_{n2}}{10H}}$ 或 $A \geqslant \left(\dfrac{z_2}{q}+1\right)\sqrt[3]{\left(\dfrac{1690000}{\frac{z_2}{q}[\sigma_{jc}]}\right)^2\dfrac{KN_2}{Hn_2}}$	$\sigma_{jc} = \dfrac{5400}{\frac{z_2}{q}}\sqrt{\left(\dfrac{\frac{z_2}{q}+1}{A}\right)^3\dfrac{KM_{n2}}{10H}}$
弯曲强度	$m_s \geqslant 1.06\sqrt[3]{\dfrac{KM_{n2}}{z_2qy[\sigma_w]}}$	$\sigma_w \approx \dfrac{1.2KM_{n2}}{M_s^3qz_2y} \leqslant [\sigma_w]$

注：K—载荷系数，一般 $K=1.1\sim1.4$，当载荷平稳，蜗轮的滑动速度较低（$v_n \leqslant 3$m/s），$q \geqslant 11$ 时，K 取较小值，否则取较大值；M_{n2}—蜗轮轴上的转矩（N·mm）；A—中心距（mm）；H—承载能力系数，普通蜗杆 $H=1$；圆弧齿蜗杆 $H=1.5\sim2$；N_2—蜗轮轴上的功率（kW）；〔σ_{jc}〕—许用接触应力（MPa），表 8-42；〔σ_w〕—许用弯曲应力（MPa），表 8-43；y—齿形系数，根据蜗轮齿数 z_2；查图 8-51。

表 8-42 无锡青铜和黄铜的许用接触应力〔σ_{jc}〕　　（单位：MPa）

蜗轮材料	蜗杆材料	滑动速度/（m/s）							
		0.25	0.5	1	2	3	4	6	8
ZCuAl10Fe3	钢经淬火①	—	25000	23000	21000	18000	16000	12000	9000
ZCuAl10Fe3Mn2			21500	20000	18000	15000	13500	9500	7500
ZCuZn38Mn2Pb2	钢经淬火①	—	21500	20000	18000	15000	13500	9500	7500

① 蜗杆未经淬火，须将表中〔σ_{jc}〕值降低20%。

表8-42表示正常工作载荷下的许用接触应力。当以蜗轮蜗杆作为阀门电动装置的主传动时，按阀门的启闭工作性质，应该选取尖峰载荷下表8-43的许用应力，否则电动装置的体积过大。

表8-43 许用应力

蜗轮材料	铸造方法	适用的滑动速度/(m/s)	尖峰载荷的最大许用应力/MPa	
			$[\sigma_{jc}]_{max}$	$[\sigma_w]_{max}$
ZCuSn10P1	砂模、金属模	≤25	560	168
ZCuSn6Zn6Pb3	砂模、金属模	≤12	320	96
ZCuAl10Fe3	砂模、金属模	≤10	400	240
ZCuZn38Mn2Pb2	砂模、金属模	≤10	—	—

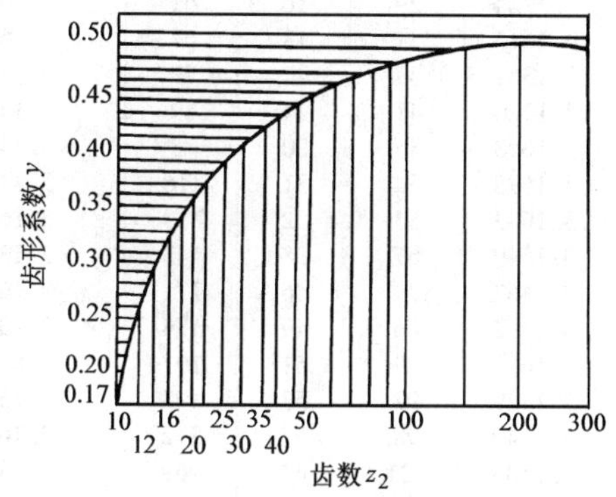

图8-51 齿形系数y

（3）蜗杆传动的效率 蜗杆传动作为阀门电动装置主传动时，它的效率在整个装置的效率中起着主导作用。蜗轮蜗杆的啮合效率由式（8-5）计算：

$$\eta = \frac{\tan\lambda}{\tan(\lambda + \rho')} \tag{8-5}$$

式中，λ为蜗杆导程升角，见表8-40中公式；ρ'为当量摩擦因数，查表8-44，表中蜗杆滑动速度v_H由式（8-6）计算：

$$v_H = \frac{\pi d_1 n}{6000\cos\lambda} \tag{8-6}$$

式中，n为蜗杆转速（r/min）。

3. 行星齿轮传动

阀门电动装置常用的行星齿轮传动可以参考表8-45所列NGW型行星齿轮传动选择。

表8-44 圆柱蜗杆传动的当量摩擦因数ρ′

蜗轮材料	锡青铜		无锡青铜	灰铸铁	
蜗杆螺牙表面硬度	≥45HRC	其他情况	≥45HRC	≥45HRC	其他情况
滑动速度 v_h/(m/s)	ρ'	ρ'	ρ'	ρ'	ρ'
0.01	6°17′	6°51′	10°12′	10°12′	10°45′
0.05	5°09′	5°43′	7°58′	7°58′	9°05′
0.10	4°34′	5°09′	7°24′	7°24′	7°58′
0.25	3°43′	4°17′	5°43′	5°43′	6°51′
0.50	3°09′	3°43′	5°09′	5°09′	5°43′
1.0	2°35′	3°09′	4°00′	4°00′	5°09′
1.5	2°17′	2°52′	3°43′	3°43′	4°34′
2.0	2°00′	2°35′	3°09′	3°09′	4°00′
2.5	1°43′	2°17′	2°52′		
3.0	1°36′	2°00′	2°35′		
4	1°22′	1°47′	2°17′		
5	1°16′	1°40′	2°00′		
8	1°02′	1°29′	1°43′		
10	0°55′	1°22′			
15	0°48′	1°09′			
24	0°45′				

注：1. 蜗杆表面粗糙度为0.2~0.8μm。

2. 已经将滚动轴承的摩擦包含在内。

根据上表确定行星齿轮传动中各齿轮基本参数之后，其余参数关系可按圆柱齿轮传动计算。

4. 转臂丝杠传动

转臂丝杠传动（图8-52）大多是上接多回转电动装置而构成较大输出力矩的部分回转电动装置。其输出转矩特性如图8-53所示。

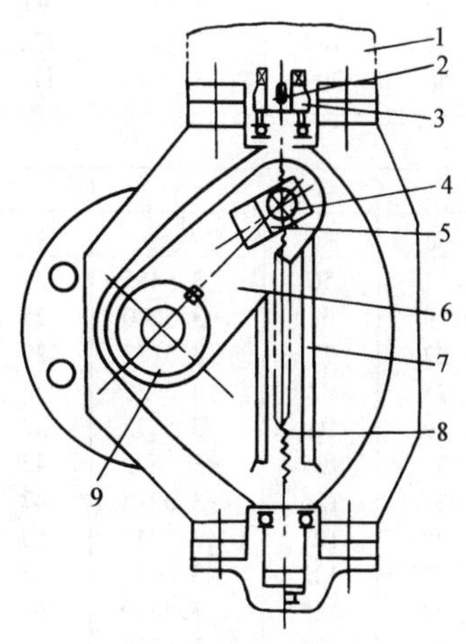

图8-52 转臂丝杠传动

1—Z型电动装置 2—键 3—爪形联轴器 4—摇臂螺母 5—滑块 6—摇臂 7—导向滑块 8—丝杠 9—输出轴

表 8-45 NGW 型行星齿轮传动的齿数组合

$i=2.8$											
$C_s=3$				$C_s=4$				$C_s=5$			
z_A	z_C	z_B	$\dot{i}_{AX}^{B}$	z_A	z_C	z_B	$\dot{i}_{AX}^{B}$	z_A	z_C	z_B	$\dot{i}_{AX}^{B}$
32	13	58	2.8125	33	13	59	2.7879	32	13	58	2.8125
41	16	73	2.7805	37	15	67	2.8108	39	16	71	2.8205
43	17	77	2.7907	43	17	77	2.7907	43	17	77	2.7907
47	19	85	2.8085	47	19	85	2.8085	45	19	84	2.8261
49	20	89	2.8763	53	21	95	2.7925	64	26	116	2.8125
58	23	104	2.7931	59	23	105	2.7797	71	29	129	2.8169
62	25	112	2.8065	67	27	121	2.8060	79	31	141	2.7848
65	26	117	*2.8000	71	29	129	2.8169	89	36	161	2.8090
73	29	131	2.7945	79	31	141	2.7848	104	41	186	2.7885
75	30	135	*2.8000	81	33	147	2.8148	118	47	212	2.7966
77	31	139	2.8052	89	35	159	2.7865	121	49	219	2.8099
92	37	166	2.8043	97	39	175	2.8041	132	53	238	2.8030
118	47	212	2.7966	121	49	219	2.8099	146	59	264	2.8082
				123	49	221	2.7967	154	61	276	2.7922
				141	57	255	2.8085	161	64	289	2.7950
				153	61	275	2.7974	168	67	302	2.7976

$i=3.15$											
$C_s=3$				$C_s=4$				$C_s=5$			
z_A	z_C	z_B	$\dot{i}_{AX}^{B}$	z_A	z_C	z_B	$\dot{i}_{AX}^{B}$	z_A	z_C	z_B	$\dot{i}_{AX}^{B}$
25	14	53	3.1200	23	13	49	3.1304	22	13	48	3.1818
29	16	61	3.1034	29	17	63	3.1724	29	16	61	3.1034
31	18	67	3.1613	33	19	71	3.1515	31	18	67	3.1613
32	19	70	3.1875	37	21	79	3.1351	37	21	79	3.1351
35	20	75	*3.1429	41	23	87	3.1220	41	24	89	3.1707
37	21	79	3.1351	43	25	93	3.1628	35	20	75	*3.1429
40	23	86	3.1500	53	31	115	3.1698	54	31	116	3.1481
44	25	94	3.1364	67	39	145	3.1642	55	32	119	3.1636
53	31	115	3.1698	71	41	153	3.1549	67	38	143	*3.1343
55	32	119	3.1636	75	43	161	3.1467	79	46	171	3.1646
67	38	143	3.1343	79	45	169	3.1392	86	49	184	3.1395
70	41	152	3.1714	81	47	175	3.1605	89	51	191	3.6461
74	43	160	3.1622	85	49	183	3.1529	92	53	198	3.1522
82	47	176	3.1463	97	55	207	3.1340	98	57	212	3.1633
86	49	184	3.1395	121	69	259	3.1405	121	69	269	3.1405
97	56	209	3.1546	123	71	265	3.1545	83	47	177	3.1325

$i=3.55$											
$C_s=3$				$C_s=4$				$C_s=5$			
z_A	z_C	z_B	$\dot{i}_{AX}^{B}$	z_A	z_C	z_B	$\dot{i}_{AX}^{B}$	z_A	z_C	z_B	$\dot{i}_{AX}^{B}$
22	17	56	3.5455	23	17	57	3.4783	23	17	57	3.4783
25	19	63	*3.5200	25	19	63	3.5260	24	19	62	3.5833
29	22	73	3.5172	29	23	75	3.5862	26	20	66	*3.5854
32	25	82	3.5625	33	25	83	3.5152	27	21	69	*3.5556
37	29	95	3.5675	37	29	95	3.5676	29	22	73	3.5172
41	32	105	*3.5609	45	35	115	*3.5556	31	24	79	3.5484
46	35	116	3.5217	47	37	121	3.5745	36	28	92	*3.5556
47	37	121	3.5745	53	41	135	3.5472	37	28	93	3.5135
48	37	122	*3.5417	55	43	141	3.5636	43	33	109	2.5349
49	38	125	3.5510	61	47	155	3.5410	46	35	116	3.5217
52	41	134	3.5769	69	53	175	3.5362	48	37	122	3.5417
56	43	142	3.5357	73	57	187	3.5616	54	41	136	3.5185
61	47	155	3.5410	77	59	195	3.5325	73	57	187	3.5616
73	56	185	3.5342	79	61	201	3.5443	76	59	194	3.5586
76	59	194	3.5526	83	65	213	3.5663	79	61	201	3.5443
86	67	220	3.5581	87	67	221	3.5402	82	63	208	3.5366

（续）

$i=4$											
$C_s=3$				$C_s=4$				$C_s=5$			
z_A	z_C	z_B	i_{AX}^{B}	z_A	z_C	z_B	i_{AX}^{B}	z_A	z_C	z_B	i_{AX}^{B}
20	19	58	3.9000	23	22	67	3.9130	18	17	52	3.8889
22	23	68	4.0909	25	27	79	4.1600	22	23	68	4.0909
23	22	67	3.9130	27	29	85	4.1481	23	22	67	3.9130
26	25	76	3.9231	29	31	91	4.1379	24	25	74	4.0833
28	27	82	3.9286	31	33	97	4.1290	26	25	76	3.9231
29	28	85	3.9310	33	32	97	3.9394	28	27	82	3.9286
32	31	94	3.9375	37	39	115	4.1081	29	31	91	4.1379
38	37	112	3.9474	39	41	121	4.1026	31	33	97	4.1290
44	43	130	3.9545	43	45	133	4.0930	33	32	97	3.9394
47	49	145	4.0851	45	46	137	4.0444	38	37	112	3.9474
50	49	148	3.9600	47	49	145	4.0851	39	41	121	4.1026
56	55	166	3.9643	49	50	149	4.0408	48	47	142	3.9583
59	58	175	3.9661	55	57	169	4.0727	41	40	121	3.9512
62	61	184	3.9677	57	59	175	4.0702	58	57	172	3.9655
68	67	202	3.9706	61	63	187	4.0656	63	62	187	3.9683
74	73	220	3.9730	67	69	205	4.0597	68	67	202	3.9706

$i=4.5$								$i=5$			
$C_s=3$				$C_s=4$				$C_s=3$			
z_A	z_C	z_B	i_{AX}^{B}	z_A	z_C	z_B	i_{AX}^{B}	z_A	z_C	z_B	i_{AX}^{B}
17	22	61	4.5882	17	21	59	4.4706	16	23	62	4.8750
19	23	65	4.4211	19	23	65	4.4211	17	25	67	4.9412
23	28	79	4.4348	21	26	73	4.4762	19	29	77	5.0526
25	32	89	4.5600	23	29	81	4.5217	20	31	82	5.1000
26	33	92	4.5385	25	31	87	4.4800	23	34	91	4.9565
28	35	98	4.5000	27	34	95	4.5184	28	41	110	4.9286
31	39	109	4.5161	33	41	115	4.4848	31	47	125	5.0323
35	43	121	4.4571	35	43	121	4.4571	40	59	158	4.9500
37	45	127	4.4324	41	51	143	4.4878	44	67	178	5.0455
41	52	145	4.5366	47	59	165	4.5106	47	70	187	4.9787
52	65	182	4.5000	49	61	171	4.4898	52	77	206	4.9615
53	67	187	4.5283	50	62	174	4.4800	55	83	221	5.0182
59	73	205	4.4746	53	67	187	4.5283	56	85	226	5.0357
61	77	215	4.5246	59	73	205	4.4746	59	88	235	4.9831
68	85	238	4.5000	61	77	215	4.5246	64	95	254	4.9688
71	88	247	4.4789	71	89	249	4.5070	65	97	259	4.9846

$i=5$				$i=5.6$				$i=6.3$			
$C_s=4$				$C_s=3$				$C_s=3$			
z_A	z_C	z_B	i_{AX}^{B}	z_A	z_C	z_B	i_{AX}^{B}	z_A	z_C	z_B	i_{AX}^{B}
17	25	67	4.9412	13	23	59	5.5385	13	29	71	6.4615
19	29	77	5.0526	14	25	64	5.5714	14	31	76	6.4286
21	31	83	4.9574	16	29	74	5.6250	16	35	86	6.3750
23	35	93	5.0435	17	31	79	5.6471	17	37	91	6.3529
25	37	99	4.9600	19	35	89	5.6842	19	41	101	6.3158
29	43	115	4.9655	20	37	94	5.7000	20	43	106	6.3000
31	47	125	5.0323	22	41	104	5.7273	22	47	116	6.2727
35	53	141	5.0786	29	52	133	5.5862	23	49	121	6.2609
37	55	147	4.9730	31	56	143	5.6129	25	54	133	6.3200
47	71	189	5.0713	40	71	182	5.5500	26	55	136	6.2308
49	73	195	4.9796	41	73	187	5.5610	28	39	146	6.2143
51	77	205	5.0196	44	79	202	5.5909	31	66	163	6.2581
55	83	221	5.0182	46	83	212	5.6087	35	76	187	6.3429
59	89	237	5.0160	47	85	217	5.6170	37	80	197	6.3243
63	95	253	5.0159	50	91	232	5.6400	41	88	217	6.2927
65	97	259	4.9846	52	95	242	5.6538	47	100	247	6.2553

（续）

$i=7.1$				$i=8$				$i=9$			
$C_s=3$				$C_s=3$				$C_s=3$			
z_A	z_C	z_B	i_{AX}^B	z_A	z_C	z_B	i_{AX}^B	z_A	z_C	z_B	i_{AX}^B
13	32	77	6.9231	13	38	89	7.8462	14	49	112	9.0000
14	37	88	7.2857	14	43	100	8.1429	16	56	128	*9.0000
16	41	98	7.1250	16	47	110	7.8750	17	58	133	8.8236
17	43	103	7.0588	17	49	115	7.7647	19	68	155	9.1579
19	50	119	7.2632	17	52	121	8.1176	20	70	160	*9.0000
20	51	122	7.1000	20	61	142	8.1000	22	77	176	9.0000
22	56	134	*7.0909	22	65	152	7.9091	23	82	187	9.1304
23	58	139	7.0435	26	79	184	8.0769	25	89	203	9.1200
26	67	160	7.1538	28	83	194	7.9286	26	91	208	9.0000
28	71	170	7.0714	29	88	205	8.0690	28	98	224	*9.0000
29	73	175	7.0345	31	92	215	7.9355	29	102	233	9.0345
35	91	217	7.2000	32	97	226	8.0625	31	108	247	8.9677
38	97	232	7.1053	34	101	236	7.9412	32	112	256	*9.0000
41	106	253	7.1707	35	106	247	8.0571	34	119	272	9.0000
46	119	284	7.1739	40	119	278	7.9500	35	121	277	8.9143
47	121	289	7.1489	41	124	289	8.0488	37	128	293	8.9189

$i=10$				$i=11.2$				$i=12.5$			
$C_s=3$				$C_s=3$				$C_s=3$			
z_A	z_C	z_B	i_{AX}^B	z_A	z_C	z_B	i_{AX}^B	z_A	z_C	z_B	i_{AX}^B
13	53	119	10.1538	14	61	136	10.7143	13	71	155	12.9231
14	58	130	10.2857	16	71	158	10.8750	14	73	160	12.4286
16	65	146	10.1250	16	74	164	*11.2500	16	83	182	12.3750
17	67	151	9.8824	17	76	169	10.9412	16	86	188	*12.7500
19	77	173	10.1053	17	79	175	11.2941	17	88	193	12.3529
20	79	178	9.9000	19	86	191	11.0526	19	98	215	12.3158
22	89	200	10.0909	20	91	202	11.1000	20	106	232	*12.6000
23	91	205	9.9130	22	101	224	11.1818	22	116	254	*12.5455
25	98	221	9.8400	23	106	235	11.2174	23	118	259	12.2609
26	103	232	9.9231	26	121	268	11.3077	23	121	265	12.5217
28	113	254	10.0714	28	125	278	10.9286	25	131	287	12.4800
29	115	259	9.9310	28	128	284	*11.1429	26	135	298	12.4615
29	118	265	10.1379	29	130	289	10.9655	26	139	304	12.6923
31	122	275	9.8710	29	133	295	11.1724	28	147	322	*12.5000
32	130	292	*10.1250	31	143	317	11.2258	29	153	335	12.5517
34	144	302	*9.8824					31	163	257	12.5161

注：1. 表中齿数满足装配条件、同心条件和邻接条件，且$\frac{z_A}{z_C}$、$\frac{z_B}{z_L}$、$\frac{z_A}{C_S}$及$\frac{z_B}{C_S}$无公因数（带“*”者除外），以提高传动平稳性。

2. 本表可直接用于非变位，高变位和等角变位（$\alpha_{wtAC}=\alpha_{wtCB}$）。当采用不等角的角变位（$\alpha_{wtAC}>\alpha_{wtCB}$）时，应将表中的$z_C$值适当减少1~2齿，以适应变位需要。

3. 当齿数少于17且不允许根切时，应进行变位。

4. 表中i为名义传动比，其所对应的不同齿数组合应根据齿轮强度条件选择。

5. i_{AX}^B为实际传动比。

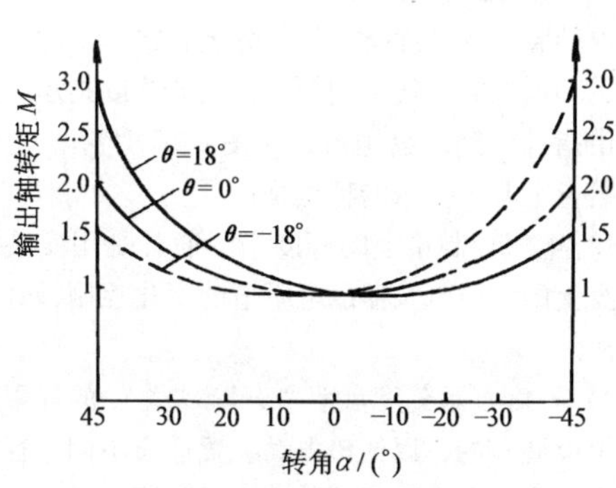

图 8-53　输出轴转矩特性

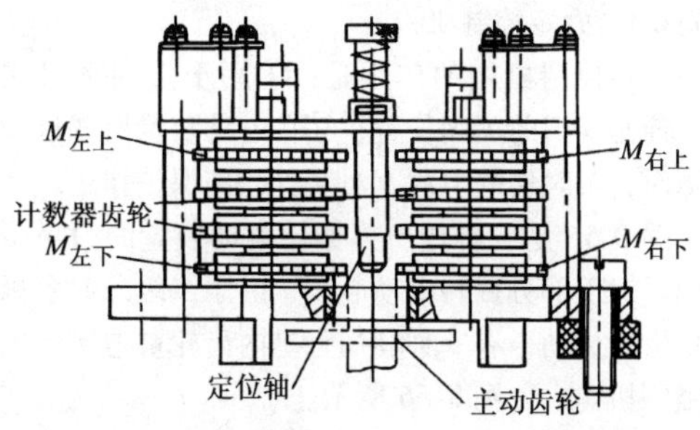

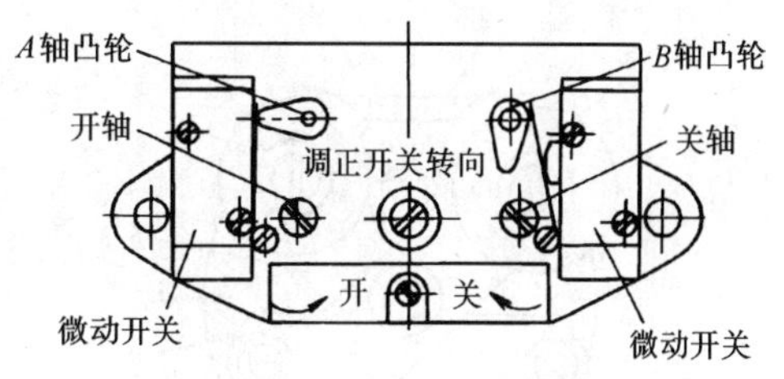

图 8-54　计数器式行程控制机构

8.3.4.3　行程控制机构

行程控制机构的种类有凸轮式、丝杠螺母式等。但最普遍采用的是计数器式，如图 8-54 所示。其特点是结构紧凑，控制行程的输出轴转圈数范围大，调整精度高。行程计数器与阀门的调整必须仔细进行，其方法如下面的框图所示。

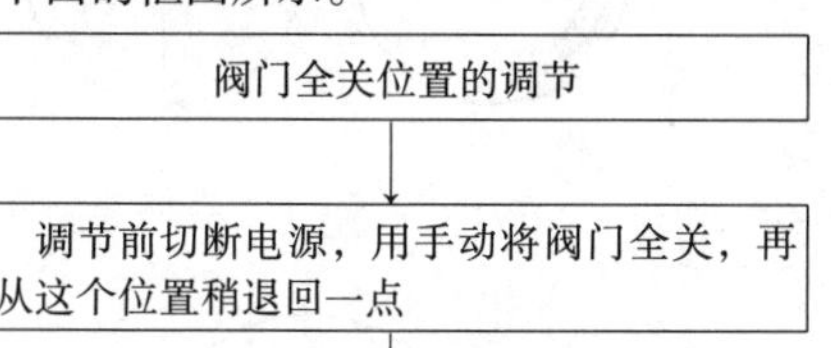

阀门全关位置的调节

↓

调节前切断电源，用手动将阀门全关，再从这个位置稍退回一点

↓

阀门全开位置的调节

↓

调节前切断电源，用手动将阀门开到全开位置之前停止（建议开到全行程 95% 左右）

↓

用螺钉旋具将计数器中间的定位轴轻轻压下转 90°可卡住为止，此时输入齿轮与计数器齿轮脱开

↓

此时，如果 B 轴上的凸轮没有压动微动开关，则用螺钉旋具将关轴按关的方向旋转，使 B 轴凸轮旋转 90°压动微动开关，此时控制箱面板上的绿灯亮

此时，如果 B 轴上的凸轮压动微动开关，为了消除可能存在的齿间间隙，应用螺钉旋具将关轴按关的相反方向旋转使凸轮转 90°后再按关的方向旋转，直至 B 轴凸轮旋转 90°压动微动开关为止，此时绿灯亮

↓

将定位轴转 90°退出，使输入齿轮同计数器中的齿轮啮合，并试用旋具将关轴轻轻左右转动，确认是否啮合

此时，如果 A 轴上的凸轮没有压动微动开关，则用螺钉旋具将开轴按开的方向旋转，使 A 轴凸轮旋转 90°压动微动开关，此时控制箱面板上的红灯亮

此时，如果 A 轴上的凸轮压动微动开关，为了消除可能存在的齿间间隙应用螺钉旋具将开轴按开的相反方向旋转，使凸轮旋转 90°后，再按开的方向旋转，直至 A 轴凸轮旋转 90°压动微动开关为止，此时红灯亮

↓

将定位轴转 90°退出，使输入齿轮同计数器中的齿轮啮合，并试用螺钉旋具将开轴轻轻左右转动，确认是否啮合

↓

调整后，用手动，将阀门运转到中间位置，接通电源

↓

按关按钮，观察行程控制机构动作，至所调关阀位电动停止后，是否过紧（切断电源，电动装置本身还有一定惯性）或过松，必要时再按上述过程做微调，直至适度为止

按开按钮，观察行程控制机构动作，至所调开阀位电动停止后，检查是否留有一定间隙，必要时按上述过程做微调，直至适度为止

8.3.4.4　力矩控制机构

力矩控制机构的作用是：①用于强制密封式阀门，控制阀门的关闭位置；②在电动装置出现过力矩故障时，及时切断电源，对装置起到保护作用。

图8-55是一种用于多回转电动装置的力矩限制机构。对于部分回转电动装置，由于二级减速多采用行星齿轮传动，有一种利用行星内齿轮被迫转动的力矩限制机构，如图8-56所示。

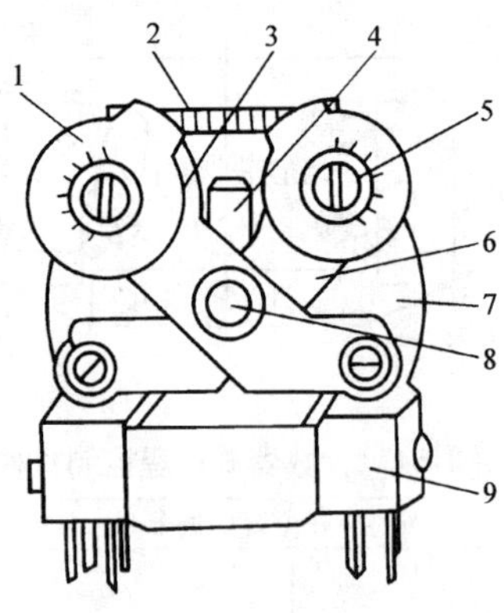

图8-55　力矩控制机构

1—刻度盘　2—拉簧　3—微调凸轮
4—拨块　5—微调螺钉　6—杠杆
7—基架　8—心轴　9—微动开关

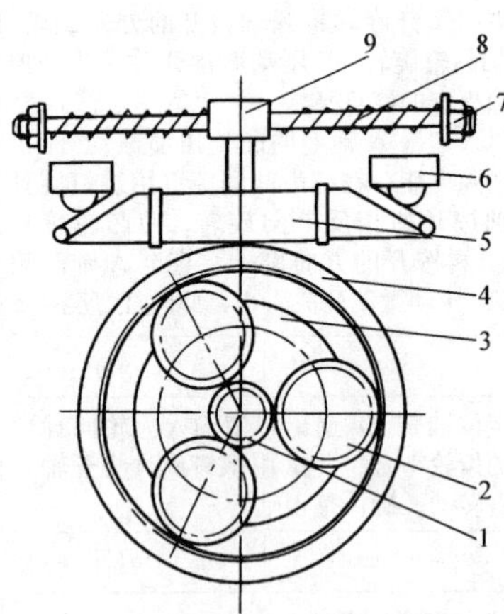

图8-56　行星齿轮传动的转矩限制机构

1—主动轮　2—行星轮　3—转臂轮
4—内齿轮　5—转矩滑块　6—微动开关
7—调整螺母　8—转矩弹簧　9—弹簧压块

8.3.4.5　开度指示机构

电动装置的开度指示机构分装置本体上的现场开度指示和遥控时电气控制箱面板上的开度指示。开度指示由指针、刻度盘组成，如图8-57所示。但阀门电动装置上开度指示的特点是：

1）电气控制箱上的开度指示通常是用安装在装置本身上的绕线电位器的电阻值的变化控制指针显示出来的。

2）开度指示刻度盘上“开”、“关”的界限线必须是可以调节的，以便该电动装置适应不同口径阀门的需要。为此有多种不同的开度界限调整机构。

现场开度指示、遥控开度指示必须调整到与阀门的实际开度一致。

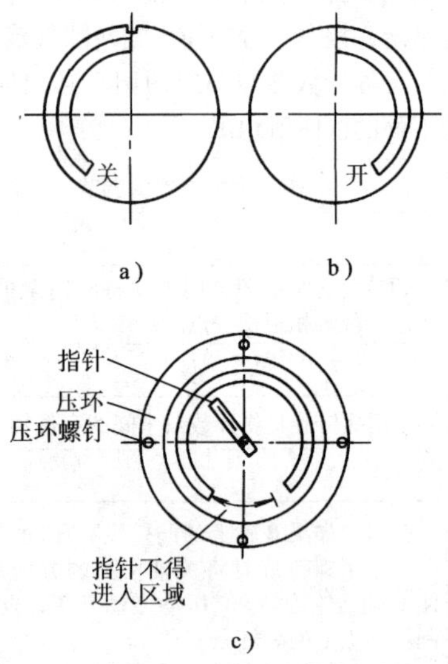

图8-57　开度指示机构的刻度盘

a）固定刻度盘　b）可调刻度盘　c）组合图

8.3.4.6　手电动切换机构

阀门电动装置手电动切换以半自动为主。即在电动装置由电动操作改变为手动操作时要辅以人工操作进行切换；而由手动操作改为电动操作则是自动进行的。

手电动切换分高速档切换和低速档切换两种。前者切换机构设置在转速比较高的蜗杆轴上，手动速比大，但手柄的切换力比较小，如图8-58所示。后者切换机构设置在转速比较低的输出轴上，一般手动输出速比为1∶1，但切换力比较大，用在需要迅速以手动启闭阀门的情况，如图8-59所示。为了降低切换力，有的低速档切换的电动装置，采用非自锁蜗杆降低切换力，克服低速档切换的缺点。

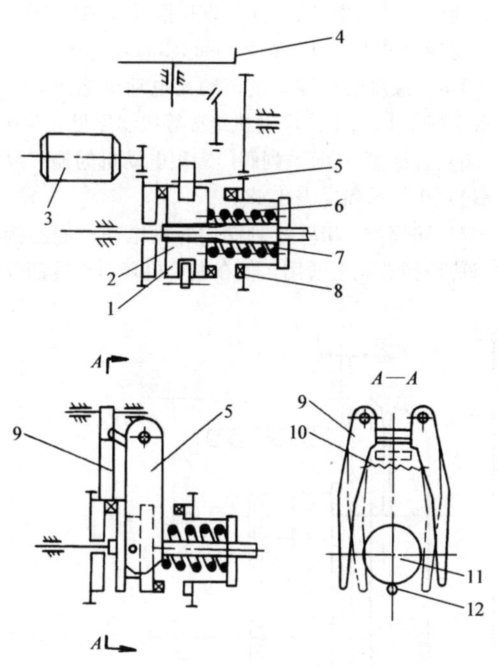

图 8-58 半自动切换机构原理

1—中间离合器 2—电动半离合器 3—电动机 4—手轮 5—拨叉 6—弹簧 7—花键轴 8—手动半离合器 9—脱扣器 10—拉簧 11—轴 12—脱扣销

8.3.4.7 电动机

1. 阀门专用电动机的特点

阀门用电动机的特点是高起动转矩、低惯量、短时工作制。起动转矩和最大转矩对额定转矩之比不低于2.5；转动惯量比一般电动机约小1/3；额定时间10min，也有15min和30min的。

2. 阀门专用电动机型号编制

1）普通型阀门专用电动机型号：

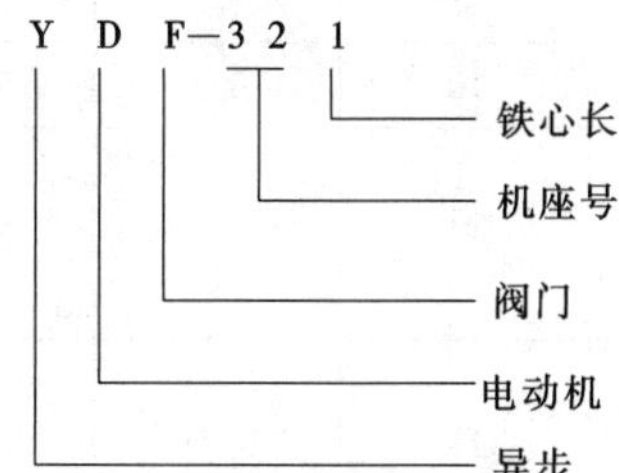

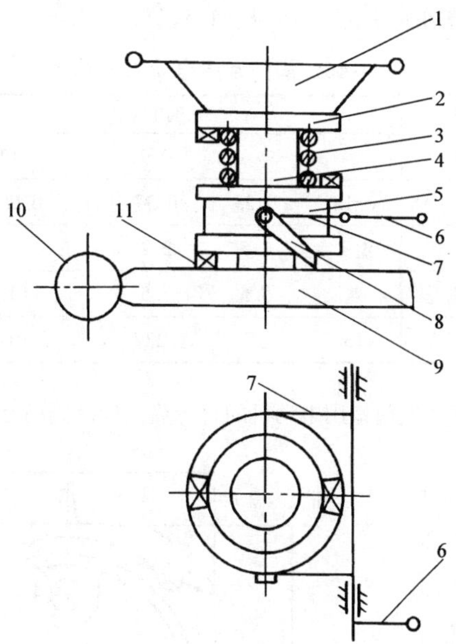

图 8-59 离合器和脱扣器都在低速轴上的半自动切换机构原理

1—手轮 2—手动半离合器 3—弹簧 4—输出轴 5—中间离合器 6—手柄 7—拨叉 8—直立杆 9—蜗轮 10—蜗杆 11—电动半离合器

2）防爆型阀门专用电动机型号：

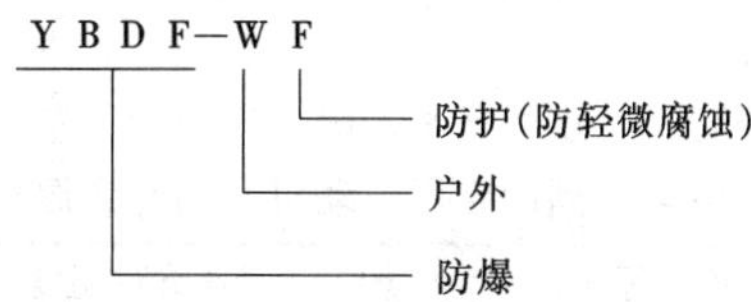

3）阀门专用电动机的功率系列见表8-46。

4）阀门专用电动机功率与电动装置输出转矩的关系：

$$P = \frac{Mn}{9545K\eta} \qquad (8\text{-}7)$$

式中，P为电动机功率（kW）；M为电动装置最大输出转矩（N·m）；n为电动装置的输出转速（r/min）；η为电动装置的整机效率；K为阀门专用电动机的利用系数。利用系数K是由专用电动机的最大转矩或起动转矩提供的，而专用电动机的最大转矩或起动转矩与额定转矩之比一般大于2.5，所以电动装置选用电动机时一般要考虑这个裕量，这就是计算功率时引入利用系数K的原因，考虑到专用电动机制造过程中的容差和运行过程中电源电压波动的影响，K值应比2.5小得多，一般取 $K=1.5$。

表8-46　阀门专用电动机的功率

机座号	功率/kW			
1			0.9	0.12
2	0.18	0.25	0.37	0.55
3	1.1	1.5	2.2	3
4	4	5.5	7.5	10
5	13	17	22	30

5）阀门专用电动机的自身热保护。阀门专用电动机绕组中埋入一温度继电器，使它连接在阀门电动装置控制电路中。当电动机过载时，使定子绕组的温升达到该温度继电器的整定值时，该温度继电器动作，断开电动机电源，对电动阀门起到保护作用。温度继电器尺寸约为17mm×5mm×3mm，动作温度误差±3%，温度继电器整定值约比电动机绝缘等级温度低10%，阀门专用电动机绝缘等级温度见表8-47。

6）普通型YDF系列阀门专用电动机的连接尺寸如图8-60所示和见表8-48。

7）防爆型YBDF系列阀门专用电动机的连接尺寸与普通型的完全通用，仅在电动机端面出线部分考虑隔爆需要加装出线套筒。出线孔 S_4（图8-61）按表8-49选用。

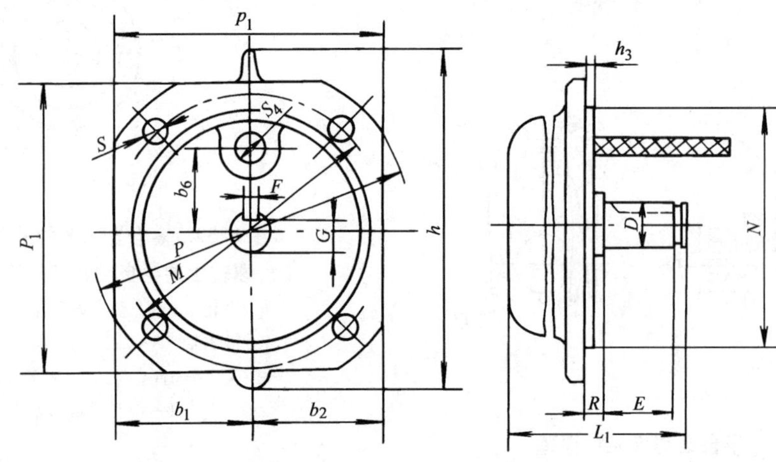

图8-60　YDF电动机接线盘

出线套筒尺寸参照图8-61按表8-50选用。

表8-47　阀门专用电动机最高允许温度

绝缘等级	最高允许温度/℃
E	102
B	118
F	123
H	165

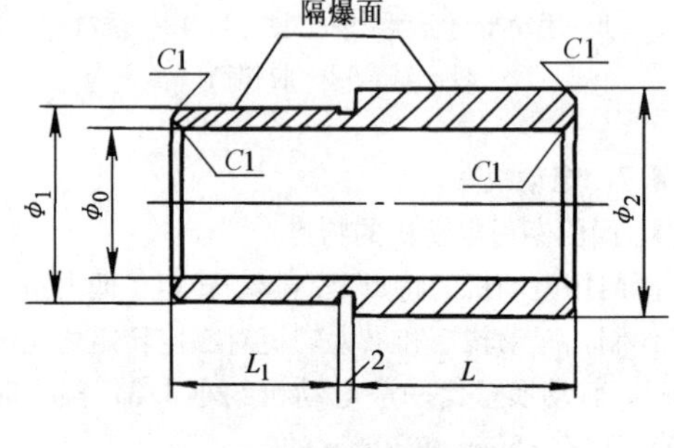

图8-61　出线套筒

表8-48　YDF阀门专用电动机的连接　　（单位：mm）

机座号	安装尺寸及其公差								
	Dgc	E	F（JZ）	Gd6	M	Nd3	S	S_X	h_3
11	$11^{+0.014}_{+0.002}$	23±0.28	$4^{\ 0}_{-0.040}$	$8.5^{\ 0}_{-0.10}$	130	$110^{\ 0}_{-0.035}$	10	0.5	5±0.15
21	$14^{+0.014}_{+0.002}$	30±0.34	$4^{\ 0}_{-0.040}$	$11.5^{\ 0}_{-0.12}$	145	$120^{\ 0}_{-0.035}$	12	0.5	5±0.15
22	$16^{+0.014}_{+0.002}$		$5^{\ 0}_{-0.040}$	$12.8^{\ 0}_{-0.12}$					
31	$22^{+0.017}_{+0.002}$	50±0.34	$6^{\ 0}_{-0.040}$	$18.2^{\ 0}_{-0.14}$	215	$180^{\ 0}_{-0.040}$	15	0.75	5±0.15
32	$28^{+0.017}_{+0.002}$		$8^{\ 0}_{-0.045}$	$23.5^{\ 0}_{-0.14}$					

（续）

机座号	安装尺寸及其公差								
	Dgc	E	F（JZ）	Gd6	M	Nd3	S	S_X	h_3
41	$32^{+0.020}_{+0.003}$	60±0.40	$10^{\ 0}_{-0.045}$	$26.8^{\ 0}_{-0.14}$	265	$230^{\ 0}_{-0.047}$	15	0.75	6±0.15
42	$38^{+0.020}_{+0.003}$		$12^{\ 0}_{-0.050}$	$32.8^{\ 0}_{-0.17}$					
51	$42^{+0.020}_{+0.003}$	90±0.40	$12^{\ 0}_{-0.050}$	$36.8^{\ 0}_{-0.17}$	350	$300^{\ 0}_{-0.054}$	19	0.75	6±0.15
52	$48^{+0.020}_{+0.003}$		$14^{\ 0}_{-0.050}$	$42.2^{\ 0}_{-0.17}$					

机座号	安装尺寸及其公差				外形尺寸				
	S_4	R	b_6	P	b_1	b_2	h	L	P_1
11	$12^{\ 0}_{+0.24}$	6+1.5	38±0.25	160±1.0	65	65	145	220	130
21	$12^{+0.24}_{\ 0}$	6±1.5	42±0.25	175±1.0	72.5	72.5	155	235	145
22								280	
31	$16^{+0.24}_{\ 0}$	6±1.5	72±0.25	250±1.0	100	100	255	345	200
32		6±2						415	
41	$20^{+0.28}_{\ 0}$	9±2	92±0.25	300±1.5	125	125	340	430	250
42								505	
51	$28^{+0.28}_{\ 0}$	9±2	115±0.25	400±1.5	180	180	440	515	360
52		9±2.5						630	

表 8-49 出线孔 S_4 的尺寸及偏差 （单位：mm）

机座号	孔 S_4			机座号	孔 S_4		
	尺寸	极限偏差	对标称位置偏移		尺寸	极限偏差	对标称位置偏移
11	16	+0.027 0	±0.075	41	22	+0.033 0	±0.085
21				42			
22				51	35	+0.039 0	±0.085
31	20	+0.033 0	±0.085	52			
32							

表 8-50 出线套筒尺寸 （单位：mm）

机座号	ϕ_1	ϕ_0	L_1	L	W_1 直径差	W 直径差	ϕ_2
1	$15.9^{-0.050}_{-0.073}$	9	≥12.5	≥25	≤0.2		$17.9^{-0.050}_{-0.073}$
2		9					
3	$19.9^{-0.044}_{-0.067}$	12	≥25				$21.9^{-0.044}_{-0.067}$
4	$21.9^{-0.044}_{-0.067}$	15	≥25	≥40	≤0.2	≤0.25	$24.85^{-0.044}_{-0.067}$
5	$34.9^{-0.038}_{-0.061}$	28					$39.85^{-0.061}_{-0.061}$

8.3.4.8 碟簧

阀门电动装置的碟簧可按照出力要求由表 8-51 所列参数选取。

8.3.5 阀门电动装置对阀门的控制功能及电气控制线路

8.3.5.1 阀门电动装置的功能

阀门电动装置具有下述功能：

1. 控制功能

表 8-51 碟簧参数选择

p—负荷（N）；
σ—应力（MPa）；
F—变形量（mm）。

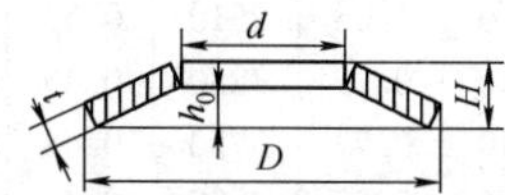

（续）

尺寸/mm						$F=0.25h_0$		$F=0.50h_0$		$F=0.75h_0$			$F=h_0$	
D	d	t	h_0	H	h_0/t	p	F	p	F	p	F	σ	p	H
25.0	12.2	0.7	0.91	1.60	1.29	360	0.23	550	0.45	640	0.68	1340	680	0.91
25.0	12.2	0.9	0.71	1.60	0.79	400	0.18	690	0.36	920	0.53	1100	1120	0.71
25.0	12.2	1.0	0.81	1.80	0.81	640	0.20	1110	0.40	14.70	0.61	1420	1780	0.81
25.0	12.2	1.25	0.71	1.95	0.57	930	0.18	1720	0.36	2410	0.53	1410	3060	0.71
28.0	12.2	1.5	0.76	2.25	0.50	1260	0.19	2370	0.38	3370	0.57	1550	4320	0.76
28.0	14.2	0.8	1.01	1.80	1.26	470	0.25	740	0.50	870	0.76	1410	920	1.01
28.0	14.2	1.0	0.81	1.80	0.81	520	0.20	900	0.40	1200	0.61	1170	1450	0.81
28.0	14.2	1.5	0.65	2.15	0.44	1130	0.16	2150	0.33	3100	0.49	1380	4010	0.65
31.5	12.2	1.0	1.11	2.10	1.11	630	0.28	1030	0.55	1260	0.83	1160	1410	1.11
31.5	12.2	1.25	0.96	2.20	0.76	820	0.24	1450	0.48	1950	0.72	1090	2380	0.96
31.5	12.2	1.5	0.85	2.35	0.87	1120	0.21	2070	0.43	2910	0.64	1370	3690	0.85
31.5	16.3	1.25	0.91	2.15	0.73	850	0.23	1520	0.45	2060	0.68	1280	2540	0.91
31.5	16.3	1.5	0.91	2.40	0.61	1380	0.23	2530	0.45	3520	0.68	1460	4440	0.91
31.5	16.3	1.75	0.71	2.45	0.40	1520	0.18	2910	0.35	4220	0.53	1400	5480	0.71
31.5	16.3	2.0	0.76	2.75	0.38	2430	0.19	4670	0.38	6790	0.57	1760	8850	0.76
34.0	16.3	1.5	1.06	2.55	0.71	1400	0.27	2510	0.53	3420	0.79	1420	4230	1.06
35.5	18.3	0.9	1.16	2.05	1.29	490	0.29	760	0.58	880	0.87	1140	930	1.16
35.5	18.3	1.25	1.01	2.25	0.81	780	0.25	1370	0.50	1810	0.76	1140	2190	1.01
35.5	18.3	2.5	0.81	2.80	0.41	2020	0.20	3870	0.41	5600	0.61	1430	7290	0.81
40.0	14.3	1.5	1.26	2.75	0.84	1210	0.31	2100	0.63	2770	0.94	1060	3330	1.26
40.0	14.3	2.0	1.06	3.05	0.53	1970	0.27	3680	0.53	5210	0.79	1500	6660	1.06
40.0	16.3	1.5	1.31	2.80	0.87	1330	0.33	2290	0.65	2990	0.98	1210	3560	1.31
40.0	16.3	2.0	1.11	3.10	0.55	2160	0.28	4000	0.55	5640	0.83	1460	7180	1.11
40.0	18.3	2.0	1.16	3.15	0.58	2400	0.29	4420	0.58	6190	0.87	1450	7840	1.13
40.0	20.4	1.0	1.31	2.30	1.31	610	0.33	940	0.65	1090	0.98	1140	1150	1.31
40.0	20.4	1.5	1.16	2.65	0.77	1210	0.29	2120	0.58	6840	0.87	1230	3470	1.13
40.0	20.4	2.0	1.11	3.10	0.56	2390	0.28	4440	0.56	6250	0.83	1430	7940	1.11
45.0	22.4	1.25	1.61	2.85	1.29	1120	0.40	1740	0.81	2030	1.21	1340	2150	1.61
45.0	22.4	1.75	1.31	3.05	0.75	1650	0.33	2920	0.66	3940	0.98	1230	4830	1.31
45.0	22.4	2.5	1.01	3.50	0.41	3020	0.25	5970	0.51	8400	0.76	1400	1092	1.01
50.0	18.4	1.25	1.61	2.85	1.29	810	0.40	1260	0.80	1460	1.21	860	1550	1.61
50.0	18.4	2.0	1.51	3.50	0.76	2076	0.38	3660	0.75	4920	1.13	1120	6020	1.51
50.0	18.4	2.5	1.61	4.10	0.65	4040	0.40	7340	0.81	10140	1.21	1650	12690	1.61
50.0	18.4	3.0	1.41	4.40	0.47	5520	0.35	10450	0.71	14970	1.06	1990	19290	1.41
50.0	20.4	2.0	1.51	3.50	0.76	2120	0.38	3750	0.76	5040	1.13	1120	6170	1.51
50.0	20.4	2.5	1.36	3.85	0.54	3270	0.34	6070	0.68	8580	1.02	1440	10930	1.36
50.0	22.4	2.0	1.62	3.60	0.81	2430	0.40	4230	0.81	5620	1.21	1310	6800	1.62
50.0	22.4	2.5	1.41	3.90	0.57	3450	0.35	6550	0.71	9220	1.06	1420	11700	1.41
50.0	25.4	1.5	1.61	3.10	1.07	1330	0.40	2170	0.81	2680	1.21	1220	3030	1.61
50.0	25.4	2.5	1.42	3.90	0.57	3780	0.35	7000	0.71	9840	1.06	1450	12490	1.42
50.0	25.4	3.0	1.11	4.10	0.37	4630	0.28	8940	0.56	13020	0.83	1530	17000	1.11
56.0	28.5	1.5	1.96	3.45	1.31	1580	0.49	2440	0.98	2820	1.47	1310	2970	1.96
56.0	28.5	2.0	1.62	3.60	0.81	2070	0.40	3600	0.81	4780	1.21	1170	5790	1.62
56.0	28.0	3.0	1.32	4.30	0.44	4530	0.33	8630	0.66	12440	0.99	1380	16100	1.32
57.0	22.6	2.0	1.92	3.90	0.96	2380	0.48	4000	0.96	5100	1.44	1170	5940	1.92
60.0	20.5	2.0	2.11	4.10	1.06	2510	0.53	4110	1.06	5100	1.58	1130	5790	2.11
60.0	20.5	2.5	1.81	4.30	0.72	3280	0.45	5840	0.91	7920	1.36	1250	9750	1.81
60.0	25.5	2.5	1.92	4.40	0.77	3750	0.48	6600	0.96	8850	1.44	1280	10810	1.92
60.0	25.5	3.0	1.67	4.65	0.55	4900	0.42	9100	0.83	12820	1.25	1440	16310	1.67

（续）

尺寸/mm						$F=0.25h_0$		$F=0.50h_0$		$F=0.75h_0$			$F=h_0$	
D	d	t	h_0	H	h_0/t	p	F	p	F	p	F	σ	p	H
60.0	30.5	2.5	1.82	4.30	0.73	3760	0.45	6680	0.91	9050	1.37	1390	11140	1.82
60.0	30.5	3.0	1.72	4.70	0.57	5570	0.43	10290	0.86	14440	1.29	1480	18310	1.72
63.0	31.0	1.8	2.37	4.15	1.32	2550	0.59	3940	1.19	4550	1.78	1450	4780	2.37
63.0	31.0	2.5	1.77	4.25	0.71	3170	0.44	5680	0.88	7730	1.33	1170	9560	1.77
63.0	31.0	3.0	1.82	4.80	0.61	5330	0.45	9770	0.91	13620	1.37	1390	17180	1.82
63.0	31.0	3.5	1.41	4.90	0.40	5870	0.35	11250	0.71	16300	1.06	1400	21190	1.41
70.0	30.5	2.5	2.42	4.90	0.97	4050	0.60	6770	1.21	8620	1.82	1310	10020	2.42
70.0	30.5	3.0	2.12	5.10	0.71	5050	0.53	9040	1.06	12310	1.59	1230	15230	2.12
70.0	35.5	3.0	2.13	5.10	0.71	8450	0.53	9740	1.06	13260	1.59	1410	16400	2.13
70.0	35.5	4.0	1.82	5.80	0.46	9550	0.46	18130	0.91	26050	1.37	1610	33640	1.82
70.0	40.5	4.0	1.63	5.60	0.41	9180	0.41	17590	0.81	25490	1.22	1510	33130	1.63
70.0	40.5	5.0	1.22	6.20	0.24	12640	0.31	24860	0.61	36820	0.91	1590	48640	1.22
71.0	36.0	2.0	2.62	4.60	1.31	3080	0.66	4750	1.31	5500	1.97	1430	5770	2.62
71.0	36.0	2.5	2.02	4.50	0.81	3110	0.56	5410	1.01	7190	1.51	1130	8700	2.02
80.0	31.0	3.0	2.52	5.50	0.84	4890	0.63	8460	1.26	11140	1.89	1100	13380	2.52
80.0	31.0	4.0	2.12	6.10	0.53	7950	0.53	14840	1.06	21030	1.59	1440	26870	2.12
80.0	36.0	3.0	2.72	5.70	0.91	5860	0.68	9950	1.36	12870	2.04	1360	15200	2.72
80.0	36.0	4.0	2.22	6.20	0.55	8890	0.55	16500	1.11	23250	1.67	1410	29570	2.22
80.0	41.0	3.0	2.32	5.30	0.77	4800	0.58	8430	1.16	11300	1.74	1220	13770	2.32
80.0	41.0	4.0	2.23	6.20	0.56	9510	0.56	17640	1.11	24860	1.67	1420	31600	2.23
80.0	41.0	5.0	1.72	6.70	0.35	12900	0.43	25000	0.86	36570	1.29	1580	47870	1.72
90.0	46.0	2.5	3.23	5.70	1.29	4570	0.81	7090	1.61	8250	2.42	1380	8720	3.23
90.0	46.0	3.5	2.52	6.00	0.72	6310	0.63	11250	1.26	15270	1.89	1200	18830	2.52
90.0	46.0	5.0	2.02	7.00	0.41	12290	0.51	23550	1.01	34130	1.52	1400	44370	2.02
100.0	41.0	4.0	3.23	7.20	0.81	9420	0.81	16430	1.61	21830	2.42	1230	26420	3.23
100.0	41.0	5.0	2.77	7.75	0.55	13390	0.69	24840	1.39	35020	2.08	1450	44540	2.77
100.0	51.0	3.5	2.82	6.30	0.81	6040	0.71	10530	1.41	13990	2.12	1120	16930	2.82
100.0	51.0	4.0	3.03	7.00	0.76	9400	0.76	16590	1.52	22310	2.27	1350	27290	3.03
100.0	51.0	5.0	2.81	7.80	0.57	15200	0.71	28120	1.42	39530	2.13	1460	50180	2.84
100.0	51.0	6.0	2.23	8.20	0.37	18590	0.56	35870	1.11	52260	1.67	1530	68210	2.23
112.0	57.0	3.0	3.93	6.90	1.31	6260	0.98	9680	1.97	11200	2.95	1300	11770	3.93
112.0	57.0	4.0	3.23	7.20	0.81	8220	0.81	14330	1.62	19040	2.42	1160	23040	3.23
112.0	57.0	6.0	2.53	8.50	0.42	17120	0.63	32710	1.26	47280	1.90	1330	61350	2.53
125.0	41.0	4.0	4.22	8.20	1.06	9180	1.06	15040	2.11	18680	3.16	1010	21220	4.22
125.0	51.0	4.0	4.53	8.50	1.13	10900	1.13	17540	2.27	21320	3.40	1260	23690	4.53
125.0	51.0	5.0	3.93	8.90	0.79	14150	0.98	24800	1.97	33120	2.95	1190	40270	3.93
125.0	51.0	6.0	3.43	9.40	0.57	18500	0.86	34200	1.71	48030	2.57	1360	60930	3.43
125.0	61.0	5.0	4.04	9.00	0.81	15880	1.01	27660	2.02	36730	3.03	1420	44430	4.04
125.0	61.0	6.0	3.64	9.60	0.61	21590	0.91	39580	1.82	55160	2.73	1400	69540	3.64
125.0	61.0	7.49	3.46	10.90	0.46	37900	0.86	71830	1.73	103100	2.59	1850	133040	3.46
125.0	64.0	3.5	4.54	8.00	1.30	9190	1.14	14250	2.27	16550	3.41	1410	17470	4.54
125.0	64.0	5.0	3.54	8.50	0.71	13240	0.88	23670	1.77	32240	2.65	1240	39860	3.54
125.0	64.0	7.49	3.15	10.60	0.42	34760	0.79	66410	1.58	96000	2.36	1730	124550	3.15
125.0	71.0	6.0	3.35	9.30	0.56	21410	0.84	39710	1.68	55930	2.51	1490	71110	3.35
125.0	71.0	7.49	2.96	10.40	0.40	34850	0.74	66920	1.48	97150	2.22	1680	126450	2.96
125.0	71.0	9.4	2.45	11.80	0.26	54270	0.61	106560	1.23	157520	1.84	1920	207830	2.45
140.0	72.0	5.0	4.04	9.00	0.81	12940	1.01	22550	2.02	29950	3.03	1180	36240	4.04
140.0	72.0	7.49	3.76	11.20	0.50	34120	0.94	64660	1.88	921100	2.82	1540	118170	3.76
150.0	61.0	5.0	5.34	10.30	1.07	16480	1.31	26920	2.67	33320	4.00	1250	37110	5.34
150.0	61.0	6.0	4.84	10.80	0.81	21150	1.21	36880	2.42	48990	3.63	1220	593300	4.84
150.0	71.0	6.0	4.85	10.80	0.81	22470	1.21	39160	2.42	51990	3.64	1380	62900	4.85
150.0	71.0	5.6	5.27	10.80	0.94	22410	1.32	37750	2.63	48370	3.95	1520	56630	5.27
150.0	71.0	7.49	4.56	12.00	0.61	37050	1.14	67890	2.28	94590	3.42	1520	119210	4.56
150.0	81.0	7.49	4.27	11.70	0.57	30700	1.07	67860	2.14	95340	3.20	1600	120970	4.27

（1）整体控制功能：

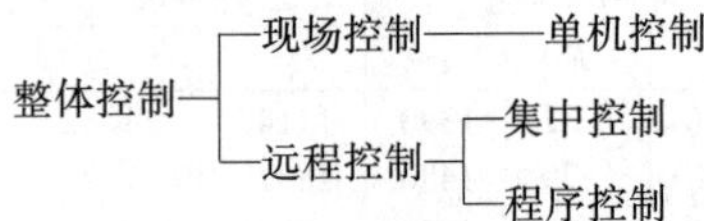

（2）开启、关闭控制功能：

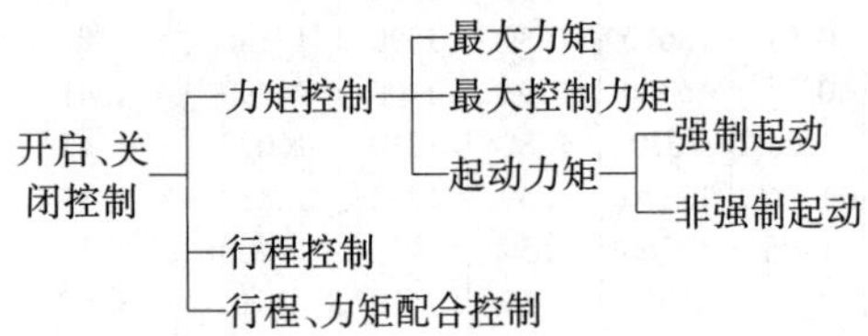

2. 显示功能

如下表所示：

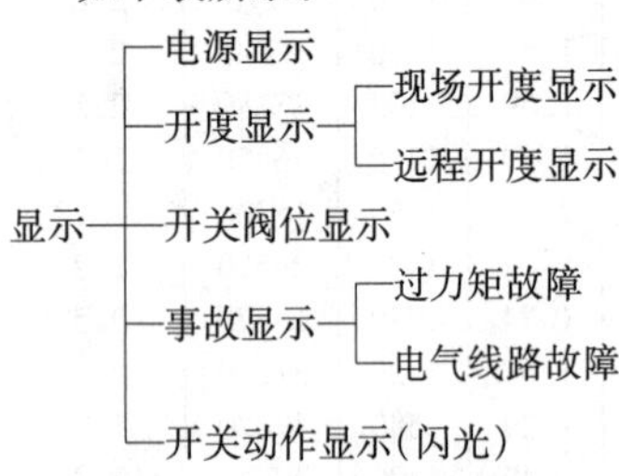

3. 操作功能

如下表所示：

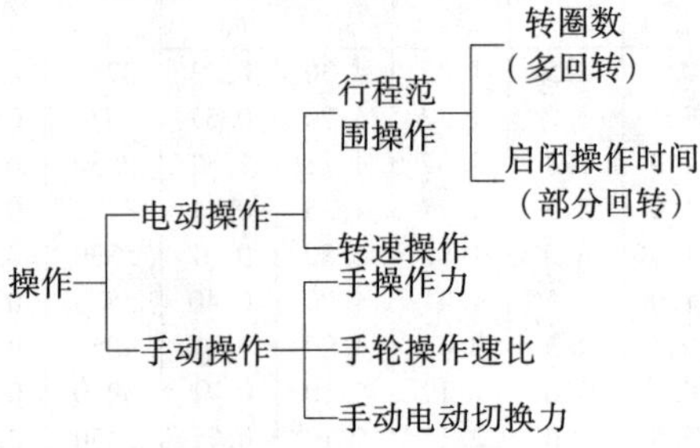

4. 保护功能

如下表所示：

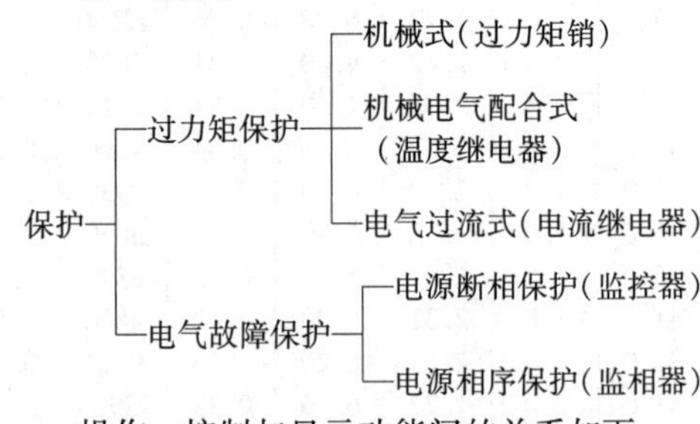

操作、控制与显示功能间的关系如下：

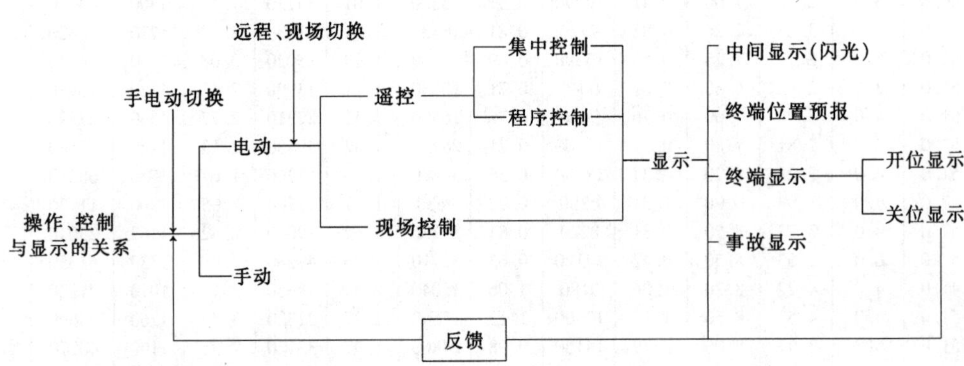

阀门启闭的常用定位方式见表8-52。

表8-52　阀门启闭的常用定位方式

阀门的结构型式	全开位置	全闭位置
楔式闸阀	行程控制	转矩限制
平行式闸阀	行程控制	行程控制和转矩限制
平行式单闸板闸阀	行程控制和转矩限制	行程控制和转矩限制
楔式双闸板闸阀	转矩限制	转矩限制
截止阀	行程控制	转矩限制
截止阀（带上密封）	转矩限制	转矩限制
密封蝶阀	行程控制	转矩限制
普通蝶阀或调节挡板	行程控制	行程控制和转矩限制
球阀	行程控制和转矩限制	行程控制和转矩限制
旋塞	行程控制和转矩限制	行程控制和转矩限制

8.3.5.2　阀门电动装置电气控制线路

典型的阀门电动装置电气控制线路如图8-62所示。1SM、2SM、3SM、4SM、5SM、1RP、$2SB_2$、2SB（C）

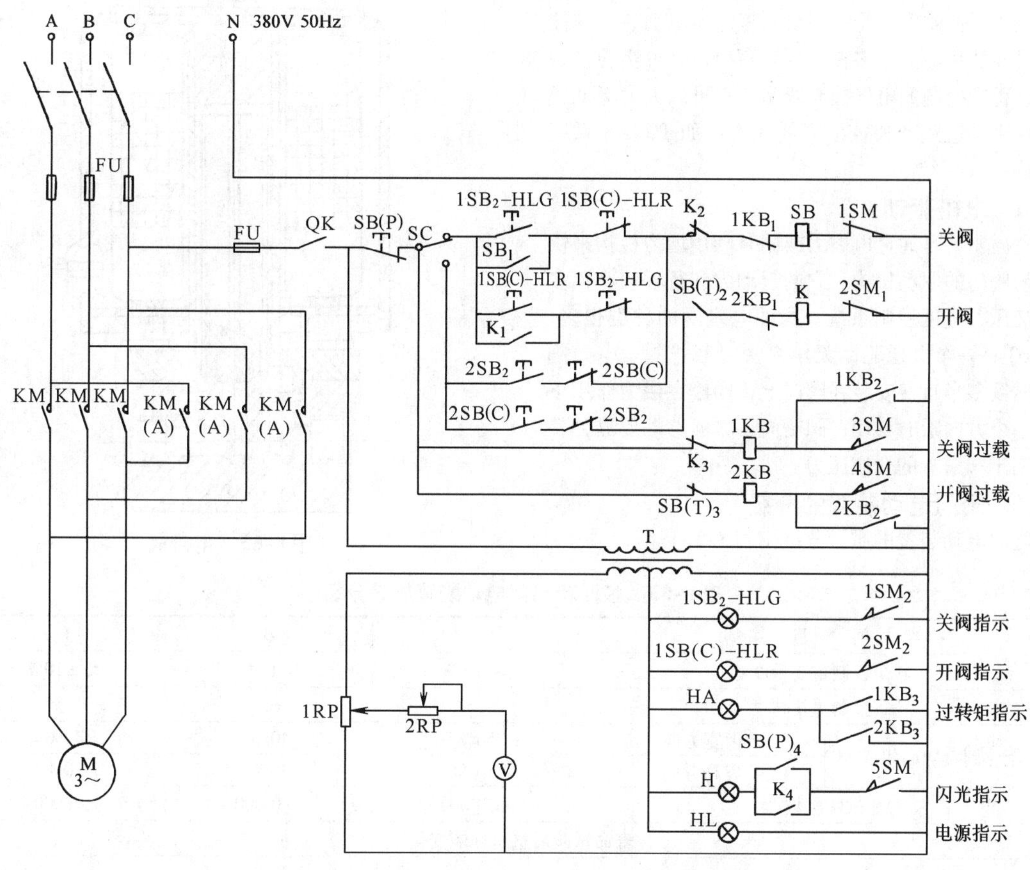

图 8-62 典型的阀门电动装置电气控制线路图

FU—熔断器 QK—电源开关 SB（P）—停止按钮 SC—转换开关 $1SB_2$-HLG—关阀按钮及指示灯 $2SB_2$—关阀按钮 1SB（C）-HLR—开阀按钮及指示灯 2SB（C）—开阀按钮 KM、KM（A）—交流接触器 1KB、2KB—小型通用继电器 T—变压器 HL—电源指示灯 HA—报警指示灯 H—闪光指示灯 V—阀门开度指示表 1RP、2RP—电位器 M—电动机 1～5SM—微动开关

等电气元件在电动装置上，其余在控制箱里。

当三相电源接通后，合上控制线路电源开关 SC，指示灯 HL 亮；揿动按钮 $1SB_2$-HLG，交流接触器的线圈通电，常闭触点 KM_2、KM_3 断开，常开触点 KM、SB_1、SB_2 闭合，同时电动机向着关阀方向旋转。当行程到达极限位置时，微动开关 1SM 脱开，切断 KM 线圈电源，电动机停止转动。同时，微动开关 $1SM_2$ 闭合，接通 $1SB_2$-HLG 灯光电源。当要使电动机向着开阀方向旋转时，则揿动按钮 1SB（C）-HLR，接触器 K 线圈通电，常闭触点 K_2、K_3 断开，常开触点 K、K_1、K_4 闭合，同时电动机向着开阀方向旋转。当行程到达极限位置时，微动开关 $2SM_1$ 脱开，切断 K 线圈电源，电动机停止转动，同时微动开关 $2SM_2$ 闭合，接通 1SB（C）-HLR 灯光电源。3SM、4SM 为阀门过转矩微动开关。当关闭产生过转矩时，使微动开关接触（在电动装置上实际使用常闭触点），接通继电器 1KB 线圈电源，常开触点 $1KB_2$、$1KB_3$ 闭合，报警指示灯 HA 亮，同时常闭触点 $1KB_1$ 断开，电动机停止转动。当开阀产生过转矩时，使微动开关 4SM 接触，接通继电器 2KB 线圈电源，常开触点 $2KB_2$、$2KB_3$ 闭合，过转矩指示灯 HA 亮，同时常闭触点 $2KB_1$ 断开，电动机停止转动。SB（P）为开阀和关阀过程中停止电动机转动按钮。微动开关 5SM 在开阀和关阀过程中通过凸轮使它断续接通闪光指示灯 H 的电源。1RP、2RP、V 为阀门开度指示线路部分。转换开关 SC 在图中为远距离操作位置，如需要现场操作，将SC转至下方触点即可。

两线制控制电路是一种可以将每台电动装置的控制信号线从目前的十多根减少到两根，且可实现多台联网、程序控制的电气控制线路。它可以大大降低成本，特别是远距离遥控的导线成本，如TWC-8系统或pak-scan系统。

8.3.6 电磁驱动

电磁驱动是通过电磁力或同时利用增力机构来快速启闭阀门的驱动机构。它的起动力和行程较小，多用于液压、气压控制系统。这种电磁阀的种类很多，图8-63是一个电磁驱动无填料密封截止阀。电磁阀的电磁铁多半直接安装在阀门上，阀瓣在磁力作用下仅向一个方向瞬时移动；阀瓣向反方向移动要靠弹簧或作用于阀瓣上的介质压力。

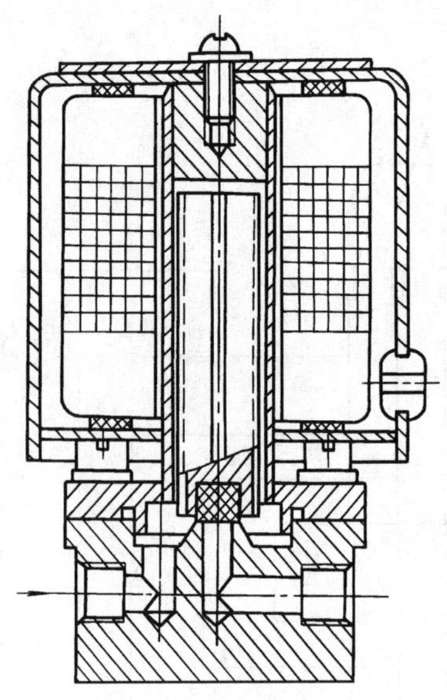

图8-63 电磁阀

8.3.7 阀门电动装置的分级

阀门电动装置的质量分级见表8-53。

表8-53 多回转阀门电动装置质量分级

项目		A	B	C
转矩控制重复精度		≤±8%	≤±9%	≤±10%
行程控制重复精度		±5°	±5°	±5°
蜗轮副接触面积	齿宽方向	50%	40%	30%
	齿高方向	50%	40%	30%
寿命试验次数/次		≥12000	≥10000	≥8000
寿命试验后整机性能变化				
测量项目	测量参数	误差		
运行效率	输入输出转矩相对误差	≤9%	≤10%	≤10%
位置控制精度	阀杆起闭位置变化/mm	≤0.18	≤0.2	≤0.2
转矩弹簧	自由高度/mm	≤0.18	≤0.2	≤0.2
	负荷变形特性	≤6%	≤8%	≤10%
接点电阻	接点电阻/mΩ	≤0.16	≤1.8	≤2
寿命试验后主要传动件磨损量/mm				
电机轴齿轮	公法线长度	≤0.05	≤0.08	≤0.1
蜗杆轴齿轮	公法线长度	≤0.05	≤0.08	≤0.1
蜗杆	齿厚	≤0.05	≤0.08	≤0.1
蜗轮	侧向齿隙	小于1/10齿厚，最大不超过0.2		
阀杆螺母	侧向齿隙	小于1/10齿厚，最大不超过0.2		
蜗杆轴轴承	轴承宽度	≤0.15	≤0.18	≤0.2
蜗轮轴轴承	轴承宽度	≤0.15	≤0.18	≤0.2

8.4 防护型阀门电动装置

8.4.1 隔爆型阀门电动装置

当电动阀门在含有爆炸性混合物的环境中使用时，该阀门电动装置需要选用隔爆型的。由于隔爆型阀门电动装置是按照隔爆有关规定条件设计制造的，因而其电气部分不会引起周围爆炸性混合物爆炸。

隔爆型阀门电动装置是采用隔爆型形式，即电动装置电气部分的外壳具有能承受内部爆炸性气体混合物的爆炸压力，并阻止内部的爆炸向外壳周围爆炸性混合物传播的能力。

8.4.1.1 隔爆标志与等级

1. 隔爆标志与等级代号

如E_x dⅡBT4，表示B级第Ⅱ类 最高表面温度为第4组的防爆电动装置。

2. 隔爆类别

隔爆类别分为两类：Ⅰ类——煤矿井下使用；Ⅱ类——工厂用。

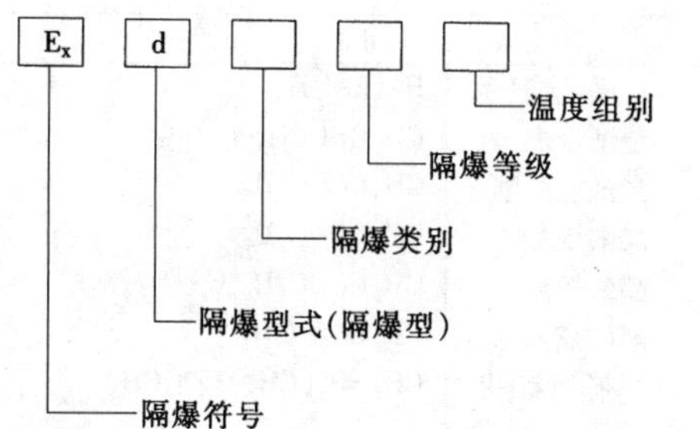

3. 隔爆级别

Ⅱ类电气设备，按其适用于爆炸性气体混合物最大试验安全间隙或最小点燃电流分为 A、B、C 三级，以 C 级要求最高，见表 8-54。

表 8-54　隔爆级别

类别	级别	最小点燃能量/mJ
Ⅰ		0.28
Ⅱ	A	0.20
	B	0.06
	C	0.019

4. 最高表面温度

Ⅱ类电气设备的允许最高表面温度须符合表 8-55 的规定。

5. 隔爆等级的选择

爆炸性环境可燃性气体、蒸气级别、温度组别的隔爆选择参考表 8-56。常用气体隔爆选择见表 8-57。

表 8-55　最高表面温度

温度组别	允许最高表面温度/℃
T1	450
T2	300
T3	200
T4	135
T5	100
T6	85

表 8-56　可燃性气体、蒸汽级别、温度组别举例（参考件）

序号	气体、蒸汽名称	分子式	温度组别
	ⅡA		
	1. 烃类		
	1.1 链烷类		
1	甲烷	CH_4	T1
2	乙烷	C_2H_6	T1
3	丙烷	C_3H_8	T1
4	丁烷	C_4H_{10}	T2
5	戊烷	C_5H_{12}	T3
6	己烷	C_6H_{14}	T3
7	庚烷	C_7H_{16}	T3
8	辛烷	C_8H_{18}	T3
9	壬烷	C_9H_{20}	T3
10	癸烷	$C_{10}H_{22}$	T3
11	环丁烷	$CH_2(CH_2)_2CH_2$	—
12	环戊烷	$CH_2(CH_2)_3CH_2$	T2
13	环己烷	$CH_2(CH_2)_4CH_2$	T3
14	环庚烷	$CH_2(CH_2)_5CH_2$	—
15	甲基环丁烷	$CH_3CH(CH_2)_2CH_2$	—
16	甲基环戊烷	$CH_3CH(CH_2)_3CH_2$	T2
17	甲基环己烷	$CH_3CH(CH_2)_4CH_2$	T3
18	乙基环丁烷	$C_2H_5CH(CH_2)_2CH_2$	T3
19	乙基环戊烷	$C_2H_5CH(CH_2)_3CH_2$	T3
20	乙基环己烷	$C_2H_5CH(CH_2)_4CH_2$	T3
21	萘烷（十氢化萘）	$CH_2(CH_2)_3CHCH(CH_2)_3CH_2$	T3
	1.2 链烯类		
22	丙烯	$C_2H_4=CH_2$	T2
	1.3 芳烃类		
23	苯乙烯	$C_6H_5CH=CH_2$	T1
24	异丙烯基苯（甲基苯乙烯）	$C_6H_5C(CH_3)=CH_2$	T1
	1.4 苯类		
25	苯	C_6H_6	T1
26	甲苯	$C_6H_5CH_3$	T1
27	二甲苯	$C_6H_4(CH_3)_2$	T1
28	乙苯	$C_6H_5C_2H_5$	T2
29	三甲苯	$C_6H_3(CH_2)_2$	T1
30	萘	$C_{10}H_4$	T1
31	异丙苯（异丙基苯）	$C_6H_5CH(CH_2)_2$	T2
32	甲基·异丙基苯	$(CH_3)_2CHC_6H_4CH_3$	T2
	1.5 混合烃类		
33	甲烷(工业)①		T1
34	松节油		T3
35	石脑油		T3
36	煤焦油石脑油		T3
37	石油(包括车用汽油)		
38	溶剂石油或洗净石油		T3

（续）

序号	气体、蒸汽名称	分子式	温度组别
	ⅡA		
39	燃料油		T3
40	煤油		T3
41	柴油		T3
42	动力苯		T1
	2 含氧化合物		
	2.1 氧化物(包括醚)		
43	一氧化碳[②]	CO	T1
44	(二)丙醚	$(C_3H_7)_2O$	—
	2.2 醇和酚类		
45	甲醇	CH_3OH	T2
46	乙醇	C_2H_5OH	T2
47	丙醇	C_5H_7OH	T2
48	丁醇	C_4H_9OH	T2
49	戊醇	$C_5H_{11}OH$	T3
50	己醇	$C_6H_{13}OH$	T3
51	庚醇	$C_7H_{15}OH$	—
52	辛醇	$C_8H_{17}OH$	—
53	壬醇	$C_9H_{19}OH$	—
54	环己醇	$CH_2(CH_2)_4CHOH$	T3
55	甲基环己醇	$CH_3CH(CH_2)_4CHOH$	T3
56	苯酚	C_6H_5OH	T1
57	甲酚	$CH_3C_6H_4OH$	T1
58	4-羟基-4-甲基戊酮(双丙酮醇)	$(CH_3)_2C(OH)CH_2COCH_3$	T1
	2.3 醛类		
59	乙醛	CH_3CHO	T4
60	副醛(聚乙醛)	$(CH_3CHO)_n$	—
	2.4 酮类		
61	丙酮	$(CH_3)_4CO$	T1
62	2-丁酮(乙基甲基酮)	$C_2H_5COCH_3$	T1
63	2-戊酮(甲基·丙基甲酮)	$C_3H_7COCH_3$	T1
64	2-己酮(甲基·丁基甲酮)	$C_4H_9COCH_3$	T1
65	戊基甲基甲酮	$C_5H_{11}COCH_5$	—
66	戊间二酮(乙酰丙酮)	$CH_3COCH_2COCH_3$	T2
67	环己酮	$(CH_2)_5CO$	T2
	2.5 酯类		
68	甲酸甲酯	$HCOOCH_3$	T2
	ⅡA		
69	甲酸乙酯	$HCOOC_2H_5$	T2
70	醋酸甲酯	CH_3COOCH_3	T1
71	醋酸乙醌酯	$CH_3COOC_2H_5$	T2
72	醋酸丙酯	$CH_3COOC_3H_7$	T2
73	醋酸丁酯	$CH_3COOC_4H_9$	T2
74	醋酸戊酯	$CH_3COOC_5H_{11}$	T2
75	甲基丙烯酸甲酯(异丁烯酸甲酯)	$CH_2=C(CH_3)COOCH_3$	T2
76	甲基丙烯酸乙酯(异丁烯酸乙酯)	$CH_2=C(CH_3)COOC_2H_5$	—
77	醋酸乙烯酯	$CH_3COOCH=CH_2$	T2
78	乙酰基醋酸乙酯	$CH_3COCH_2COOC_2H_5$	T2
	2.6 酸类		
79	醋酸	CH_3COOH	T1
	3 含卤化合物		
	3.1 无氧化合物		
80	甲基氯	CH_3Cl	T1
81	氯乙烷	C_2H_5CL	T1
82	溴乙烷	C_2H_5Br	T1
83	氯丙烷	C_3H_7Cl	T1
84	氯丁烷	C_4H_9Cl	T3
85	溴丁烷	C_4H_9Br	T3
86	二氯乙烷	$C_2H_4Cl_2$	T2
87	二氯丙烷	$C_3H_6Cl_2$	T1
88	氯苯	C_6H_5Cl	T1
89	苄基氯	$C_6H_5CH_2Cl$	T1
90	二氯苯	$C_6H_4Cl_2$	T1
91	烯丙基氯	$CH_2=CHCH_2Cl$	T2
92	二氯乙烯	$CHCl=CHCl$	T1
93	氯乙烯	$CH_2=CHCl$	T2
94	三氟甲苯	$C_6H_5CF_3$	T1
95	二氯甲烷(甲叉二氯)	CH_2Cl_2	T1
	3.2 含氧化合物		
96	乙酰氯	CH_3COCl	T3
97	氯乙醇	CH_2ClCH_2OH	T2
	4 含硫化合物		
98	乙硫醇	C_2H_5SH	T3
99	丙硫醇	C_3H_7SH	—
100	噻吩	$CH;CHCH;CHS$	T2
101	四氢噻吩	$CH_2;(CH_2)_2;CH_2S$	T3
	5 含氮化合物		

（续）

序号	气体、蒸汽名称	分子式	温度组别
		ⅡA	
102	氨	NH_3	T1
103	乙腈	CH_3CN	T1
104	亚硝酸乙酯	CH_3CH_2ONO	T6
105	硝基甲烷	CH_3NO_2	T2
106	硝基乙烷	$C_2H_5NO_2$	T2
	5.1 胺类		
107	甲胺	CH_3NH_2	T2
108	二甲胺	$(CH_3)_2NH$	T2
109	三甲胺	$(CH_3)_2N$	T4
110	二乙胺	$(C_2H_5)_2NH$	T2
111	三乙胺	$(C_2H_5)_3N$	T1
112	正丙胺	$C_3H_7NH_2$	T2
113	正丁胺	$C_4H_9NH_2$	T2
114	环己胺	$CH_2(CH_2)_4CHNH_2$	T3
115	2-乙醇胺	$NH_2CH_2CH_2OH$	—
116	2-二乙胺基乙醇	$(C_2H_5)_2NCH_2CH_2OH$	—
117	二氨基乙烷	$NH_2CH_2CH_2NH_2$	T2
118	苯胺	$C_6H_5NH_2$	T1
119	NN-二甲基苯胺	$C_6H_5N(CH_3)_2$	T2
120	苯氨基丙烷	$C_6H_5CH_2CH(NH_2)CH_3$	—
121	甲苯胺	$CH_3C_6H_4NH_2$	T1
122	吡啶〔氮（杂）苯〕	C_5H_5N	T1
		ⅡB	
	1. 烃类		
123	丙炔	$CH_3C=CH$	T1
124	乙烯	C_2H_4	T2
125	环丙烷	$CH_2CH_2CH_2$	T1
126	3-丁二烯	$CH_2=CHCH=CH_2$	T2
	2. 含氮化合物		
127	丙烯腈	$CH_2=CHCN$	T1
128	异丙基硝酸盐	$(CH_3)_2CHONO_2$	—
129	氰化氢	HCN	T1
	3. 含氧化合物		
130	二甲醚	$(CH_3)_2O$	T3
131	乙基甲基醚	$CH_3OC_2H_5$	T4
132	二乙醚	$(C_2H_5)_2O$	T4
133	二丁醚	$(C_4H_9)_2O$	T4
134	环氧乙烷	CH_2CH_2O	T2
135	1,2-环氧丙烷	CH_3CHCH_2O	T2
136	1,3-二恶戊烷	$CH_2CH_2OCH_2O$	—
137	1,4-二恶烷	$CH_2CH_2OCH_2CH_2O$	T2
138	1,3,5-三恶烷	$CH_2OCH_2OCH_2O$	T2
139	羟基醋酸丁酯	$HOCH_2COOC_4H_9$	—
140	四氢糠醇	$CH_2CH_2CH_2OCHCH_2OH$	T3

（续）

序号	气体、蒸汽名称	分子式	温度组别
		ⅡB	
141	丙烯酸甲酯	$CH_2=CHCOOCH_3$	T2
142	丙烯酸乙酯	$CH_2=CHCOOC_2H_5$	T2
143	呋喃	$CH=CHCH=CHO$	T2
144	丁烯醛（巴豆醛）	$CH_3CH=CHCHO$	T3
145	丙烯醛	$CH_2=CHCHO$	T3
146	四氢呋喃	$CH_2(CH_2)_2CH_2O$	T3
	4. 混合物		
147	焦炉煤气		T1
	5. 含卤化合物		
148	四氟乙烯	C_3F_4	T4
149	氯甲代氧丙烷,2-氯-1,2-环氧丙烷	OCH_2CHCH_2Cl	T2
150	硫化氢	H_2S	T3
		ⅢC	
151	氢	H_2	T1
152	乙炔	C_2H_2	T2
153	二硫化碳	CS_2	T5
154	硝酸乙酯	$C_2H_5ONO_2$	T6
155	水煤气		T1

① 甲烷（工业）包括15%以下（体积计的）氢气的甲烷混合物。

② 一氧化碳在异常环境温度下可以含有使它与空气的混合物饱和水分。

表 8-57 爆炸性混合物分级分组

级别	组别			
	a	b	c	d
1	甲烷、氨、醋酸	丁醇、醋酸酐	环己烷	
2	乙烷、丙烷、丙酮、苯乙烯、氯乙烯、苯、氯苯、甲醇、甲苯、二氧化碳、醋酸乙酯			

8.4.1.2 隔爆型电动装置的设计

1. 平面、圆筒隔爆结构与结构参数

平面式隔爆结构如图 8-64 所示，止口式隔爆结构如图 8-65 所示，圆筒式隔爆结构如图 8-66 所示。

各类结合面的结构参数见表 8-58 ~ 表 8-61。

2. 接线盒

1）接线盒空腔与主空腔之间按隔爆结构要求设计。具体结构如图 8-67 所示。

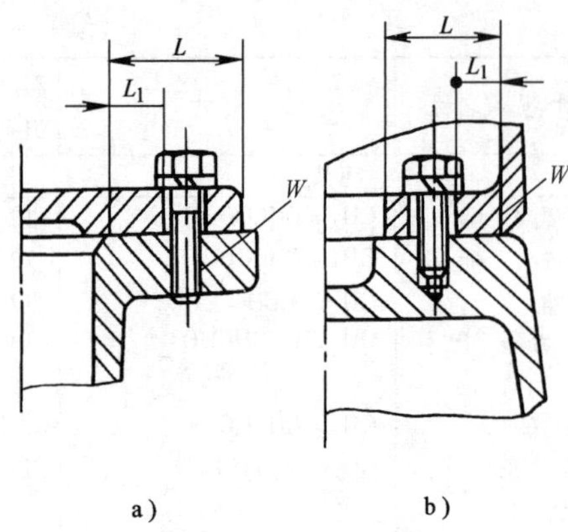

图 8-64 平面式隔爆结构

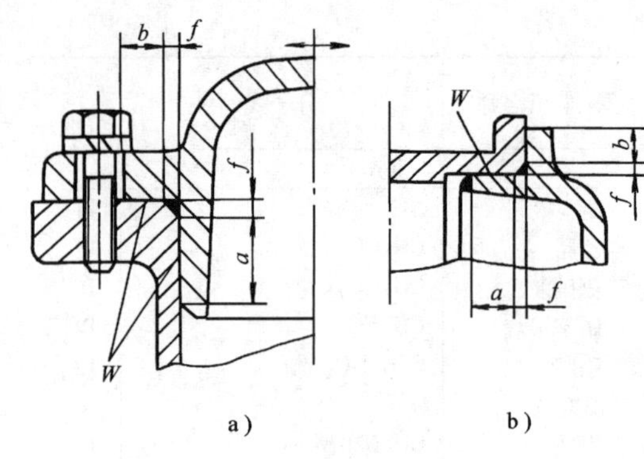

图 8-65 止口式隔爆结构

a）当 $W \leqslant 0.2$，$f \leqslant 0.1$ 时，$L_1 = a + b$；否则 $L_1 = a$

b）当 $f \leqslant 1.0$ 时，$L = a + b$

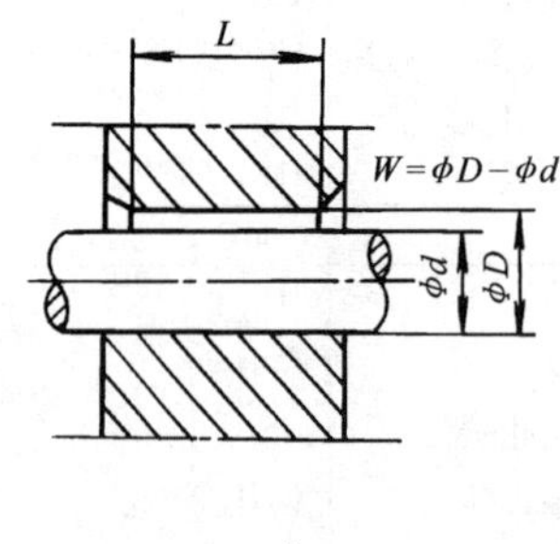

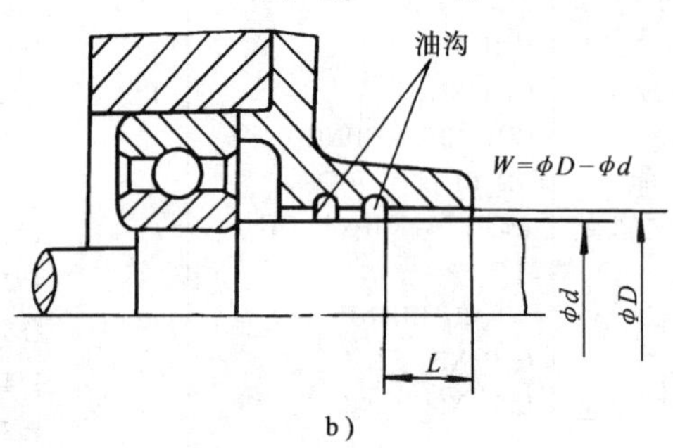

图 8-66 圆筒式隔爆结构

a）$W = \phi D\text{-}\phi d$ b）$W = \phi D - \phi d$

表 8-58 Ⅰ类隔爆接合面结构参数

接合面形式	L /mm	L_1 /mm	W/mm	
			外壳容积 V/L	
			$V \leqslant 0.1$	$V > 0.1$
平面、止口或圆筒①结构	6.0	6.0	0.30	—
	12.5	8.0	0.40	0.40
	25.0	9.0	0.50	0.50
	40.0	15.0	—	0.60
带有滚动轴承的圆筒结构②	6.0	—	0.40	0.40
	12.5	—	0.50	0.50
	25.0	—	0.60	0.60
	40.0	—	—	0.80

① 当直径 d 不大于6mm，隔爆结合面长度 L 不小于6mm；d 不大于25mm，L 不小于直径 d；d 大于25mm；L 不小于25mm。

② 轴与轴孔的最大单边间隙 m（图 8-66）应不大于表中 W 值的2/3。

表 8-59 ⅡA 隔爆接合面结构参数

接合面形式	L /mm	L_1 /mm	W/mm		
			外壳容积 V/L		
			$V \leqslant 0.1$	$0.1 < V \leqslant 2.0$	$V > 2.0$
平面、止口或圆筒①结构	6.0	6.0	0.30	—	—
	12.5	8.0	0.30	0.30	0.20
	25.0	9.0	0.40	0.40	0.40
	40.0	15.0	—	0.50	0.50

（续）

接合面形式		L /mm	L_1 /mm	W/mm		
				外壳容积 V/L		
				V≤0.1	0.1<V≤2.0	V>2.0
带有右列轴承的电动机圆筒结构	滑动轴承①	6.0	—	0.30	—	—
		12.5	—	0.35	0.30	0.20
		25.0	—	0.40	0.40	0.40
		40.0	—	0.50	0.50	0.50
	滚动轴承②	6.0	—	0.45	—	—
		12.5	—	0.50	0.45	0.30
		25.0	—	0.60	0.60	0.60
		40.0	—	0.75	0.75	0.75

① 同表8-58注①。

② 同表8-58注②。

表8-60 ⅡB隔爆接合面结构参数

接合面形式		L /mm	L_1 /mm	W/mm		
				外壳容积 V/L		
				V≤0.1	0.1<V≤2.0	V>2.0
平面、止口或圆筒①结构		6.0	6.0	0.20	—	—
		12.5	8.0	0.20	0.20	0.15
		25.0	9.0	0.20	0.20	0.20
		40.0	15.0	—	0.25	0.25
带有右列轴承的电动机圆筒结构	滑动轴承①	6.0	—	0.20	—	—
		12.5	—	0.25	0.20	—
		25.0	—	0.30	0.25	0.20
		40.0	—	0.40	0.30	0.25
	滚动轴承②	6.0	—	0.30	—	—
		12.5	—	0.40	0.30	0.20
		25.0	—	0.45	0.40	0.30
		40.0	—	0.60	0.45	0.40

① 同表8-58注①。

② 同表8-58注②。

表8-61 ⅡC（不包括乙炔）隔爆接合面结构参数

接合面型式	L /mm	L_1 /mm	W/mm		
			外壳容积 V/L		
			V≤0.1	0.1<V≤2.0	V>2.0
平面、止口或圆筒①结构	6.0	6.0	0.10	—	—
	12.5	8.0	0.15	0.10	—
	25.0	9.0	0.15	0.10	0.10
滚动轴承②③	6.0	—	0.15	—	—
	12.5	—	0.20	0.15	—
	25.0	—	0.25	0.20	0.20

① 同表8-58注①。

② 同表8-58注②。

③ 转动部分应考虑摩擦而镶衬套（如黄铜材料）。

2）接线盒的电气间隙（图8-68）和爬电距离应符合表8-62、表8-63的规定。

3）引入电缆或导线须采用压盘式（图8-69）或压紧螺母式（图8-70），并须具有防松与防止电缆拔脱的措施。

4）在图8-69、图8-70中使用的密封圈采用硬度45~55HS的橡胶制造。为配合不同外径的电缆，允许密封圈上切割同心槽如图8-71所示。

图8-70中连通节6安装密封圈的孔径与密封圈外径配合直径差须不大于表8-65规定。

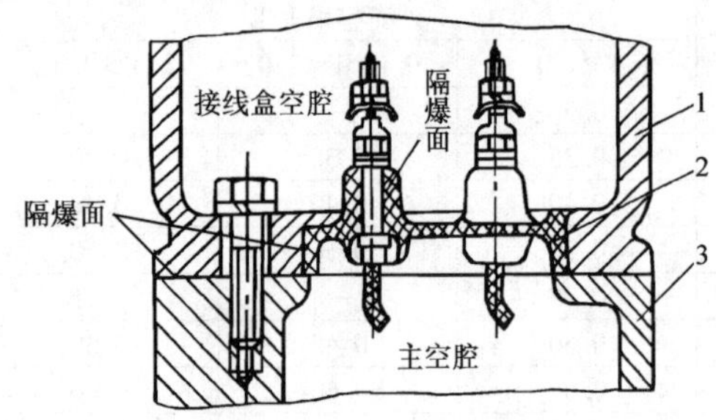

图8-67　接线盒结构

1—接线盒　2—接线板　3—接线盒座

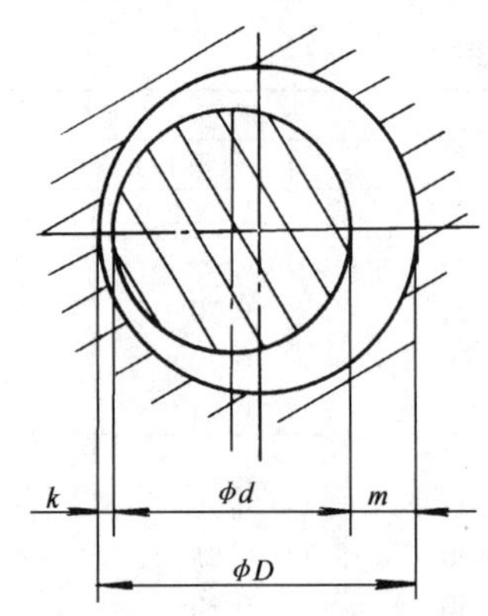

图8-68　轴与轴孔的最大单边间隙

k—最小单边间隙　m—最大单边间隙

ϕD、ϕd—径向直径

表8-62　电气间隙

额定电压/V	最小电气间隙/mm	额定电压/V	最小电气间隙/mm
36	4	220	6
60	6	380	8
127	6	660	10

注：电气设备的额定电压可以高于表列数值的10%。

表8-63　爬电距离

额定电压/V	最小爬电距离/mm			
	a	b	c	d
36	4	4	4	4
60	6	6	6	6
127	6	7	8	10
220	6	8	10	12
380	8	10	12	15
660	12	16	20	25

注：表8-63中a、b、c、d根据表8-64中绝缘材料的级别确定。

表8-64　绝缘材料的分级

绝缘材料耐泄痕性分级	绝缘材料
a	上釉的陶瓷、云母、玻璃
b	三聚氰胺石棉耐弧塑料、硅有机石棉耐弧塑料
c	聚四氟乙烯塑料　三聚腈胺玻璃纤维塑料　表面耐弧漆处理的环氧玻璃布板
d	酚醛塑料、层压制品

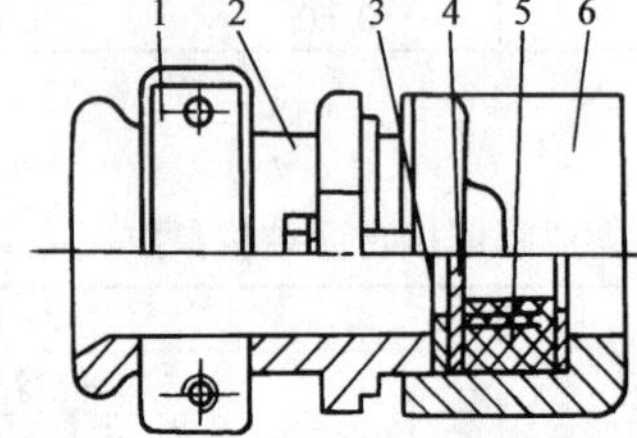

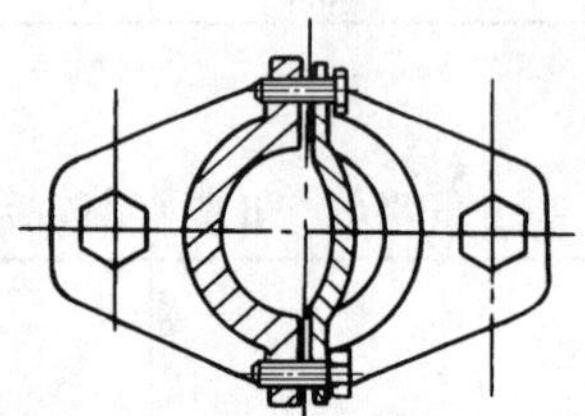

图8-69　压盘式引入装置

1—防止电缆拔脱装置　2—压盘　3—金属垫圈　4—金属垫片　5—密封圈　6—连通节

表8-65　连通节的孔径与密封圈外径的配合尺寸

（单位：mm）

密封圈外径	连通节的孔径－密封圈外径
≤20	1.0
20～60（含60）	1.5
>60	2.0

5）接线盒内壁和可能生产火花部分的金属外壳的内壁须均匀地涂耐弧漆。

3. 透明观察窗

透明观察窗采用密封结构，密封垫的厚度须不小于2.0mm。当外壳净容积不大于0.1L时，嵌入部分宽度不小于6.0mm；外壳净容积大于0.1L时，不小于10mm，如图8-72所示。

4. 其他要求

1）外壳采用灰铸铁，材料牌号不低于HT250。

2）隔爆电气设备需设内接地和外接地。外接地螺栓的规格有以下几种：①设备功率大于10kW，不

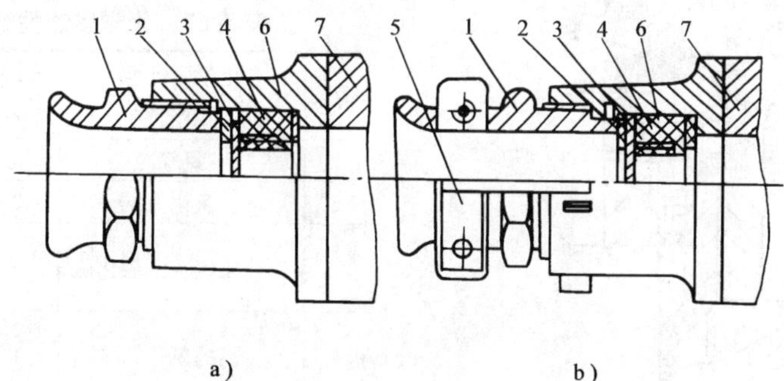

图 8-70 压紧螺母式引入装置

a）适用于公称外径不大于20mm的电缆 b）适用于公称外径不大于30mm的电缆

1—压紧螺母 2—金属垫圈 3—金属垫片 4—密封圈 5—防止电缆拔脱及防松装置 6—连通节 7—接线盒

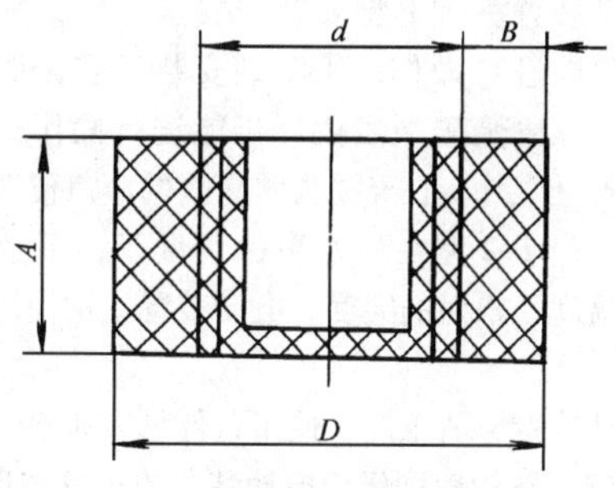

图 8-71 密封圈

d—电缆公称外径，公差±1mm

$A \geqslant 0.7d$（不小于10mm）

$B \geqslant 0.3d$（不小于4mm）

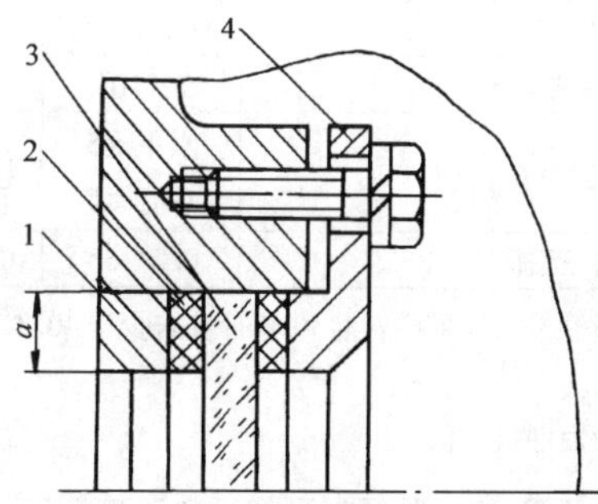

图 8-72 观察窗

1—外壳 2—密封垫 3—透明板 4—压板

小于M12；②功率5~10kW，不小于M10；③功率250W~5kW，不小于M8；④功率小于250W且电流不大于5A，不小于M6。

此外，接地线需用不锈钢或作防锈处理。

3）隔爆接合面粗糙度 Ra 不大于6.3μm。

4）隔爆接合面需有防锈措施，如电镀、磷化、涂204-1防锈油等，不允许涂漆。

5）外壳上不应有穿透螺孔，其周围及底部的厚度须不小于螺栓直径的1/3，但至少为3mm。

6）接线柱参考图8-73。

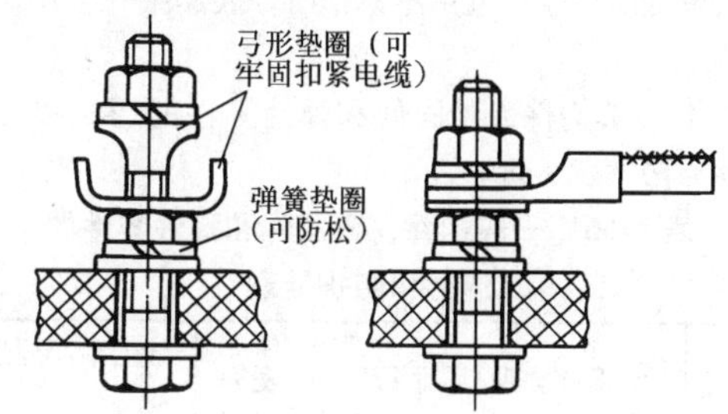

图 8-73 接线柱

8.4.2 户外型阀门电动装置

8.4.2.1 户外条件

环境温度：－25~40℃；空气最大相对湿度：90%（25℃时）；最大降水量：50mm/10min；最大太阳辐射强度：5862J/（cm^2·min）；其他：有砂、尘、冰、雪、霜、露等。

8.4.2.2 设计的防护措施

1）外壳采用圆形结合面，由O形密封圈密封。

2）动力和控制回路的导线最好由一根电缆进入，电缆进口按防爆要求密封。

3）在220V的控制回路中串入电阻加热器，以降低电器箱内昼夜的温差，从而减少凝霜。加热器可视电气箱体积大小在功率为5~15W之间选取。

4）外露紧固件应采用内六角螺钉，端部用211号丁基橡胶封泥填封，如图8-74所示。

5）材料选择和表面防护要求：

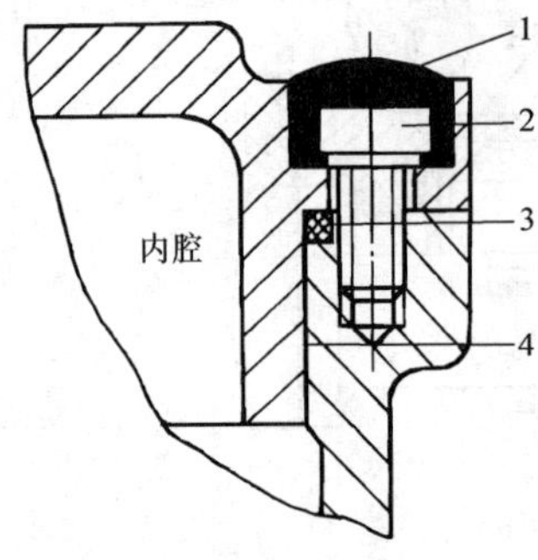

图8-74　外露紧固件的填封方式

1—丁基橡胶封泥　2—内六角螺钉

3—O形密封圈　4—隔爆结合面

① 全部O形密封圈（垫）都采用丁腈橡胶，以提高耐寒、耐热、抗老化和抗轻微腐蚀的能力。

② 在减速箱体内选用耐寒、耐热、耐腐蚀、承载能力高的半流体锂基润滑脂润滑；不能油浸润滑的各部位，选用3号或5号锂基润滑脂。

③ 铭牌、铭牌铆钉选用黄铜时，表面电镀Ni/Cr，最小镀层厚度0.3～9μm，后经抛光处理，并涂一层聚氨酯清漆；选用不锈钢时，表面涂一层聚氨酯清漆。

④ 一般构件、紧固件和弹性零件的选材和防护处理方法见表8-66。

表8-66　一般构件、紧固件和弹性零件的选材和防护处理

材料	零件类别		镀层	后处理	镀层最小厚度/μm
碳钢	一般构件	外露	铜/镍/铬	抛光	24/12/0.3
		内部	锌	钝化	24
	紧固件	≥M14	锌	钝化	12
		M8～M12	锌	钝化	9
		≤M6	锌	钝化	6
65Mn	弹性零件		锌	驱氢+钝化	12

⑤ 外壳表面应涂漆防护，涂二层环氧铁红底漆，一层聚氨酯皱纹纹面漆；外壳内表面涂一层磷化底漆，一层环氧铁红与1504环氧清漆以1∶4混合的面漆。表面涂漆的质量要求漆膜均匀光滑，厚度应在规定的范围内，并无脱漆、发皱、漏喷等现象；漆面不得有可见的颗粒存在。

8.4.2.3　轻微防腐

经以上措施设计的电动装置具有轻微防腐的能力，适用于空气中经常或不定期地存在有一种或一种以上的化学腐蚀介质，其允许质量分数见表8-67。

表8-67　化学腐蚀性介质的允许含量

序号	化学腐蚀性介质名称	允许含量/(mg/m³)	备注
1	氯气	0.25	—
2	氯化氢	2.00	—
3	二氧化硫　三氧化硫	3.00	折算为二氧化硫浓度
4	氮的氧化物	1.50	折算为五氯化二氮浓度
5	硫化氢	4.50	—
6	氨气	5.00	—
7	酸雾　碱雾	少数	—

8.4.3　防辐射型阀门电动装置

防辐射型阀门电动装置是指用于核电站电动阀门上的电动装置。HN1型安装于安全壳内，失水事故发生后仍能进行操作；HN2型安装于安全壳内，在最大主蒸汽管道破裂发生后仍能进行操作；HY1型安装于安全壳外，在经受失水事故的蒸汽侵袭后仍能进行操作；HY2型在失水事故情况下，不承受蒸汽侵袭和温度及辐射的突变。电动装置正常使用条件见表8-68。

电动装置事故工况下使用条件见表8-69。

表8-68　防辐射型阀门电动装置的正常使用条件

环境条件	型号	
	HN1,HN2	HY1,HY2
压力/MPa	0～0.14	0
温度/℃	40～60	≤40
相对湿度（%）	80～100②	55～95②
辐射累积剂量/Cy①	7×10^5	2×10^4
地震加速度/g	水平≤5 垂直≤5	水平≤5 垂直≤5
地震频率范围/Hz	0.2～33	0.2～33

① 辐射累积剂量按寿期40年计算若少于40年可适当降低。

② 为短期最大值。

表8-69　防辐射型阀门电动装置事故工况下使用条件

环境条件	型号		
	HN1	HN2	HY1
压力/MPa	0.53	0.78	0.034～0.1
温度/℃	185	256	108
相对湿度（%）	100	100	100
辐射累积剂量/Cy	1.2×10^6	3×10^5	2×10^4

8.5　阀门电动装置的选择

8.5.1　选用电动阀门应考虑的问题

在管道工程中，正确选用电动阀门是满足使用要求的保证条件之一。如果对所使用的电动阀门选择不当，不仅会影响使用，而且还会带来不良后果或严重的损失，因此，在管道工程设计中应正确选用电动阀门。

8.5.1.1　电动阀门的工作环境

电动阀门除应注意管道参数外，尚应特别注意其工作的环境条件，因为电动阀门中的电动装置是机电设备，其工作情况受其工作环境影响很大。

通常情况下，电动阀门所处工作环境有以下几种：①室内安装或有防护措施户外使用；②户外露天安装，有风、砂、雨露、阳光等侵蚀；③具有易燃、易爆气体或粉尘环境；④湿热带、干热带地区环境；⑤管道介质温度高达480℃以上；⑥环境温度低于－20℃以下；⑦易遭水淹或浸水中；⑧具有放射性物质（核电站及放射性物质试验装置）环境；⑨舰船上或船坞码头（有盐雾、酶菌、潮湿）的环境；⑩具有剧烈振动的场合；⑪易于发生火灾的场合。

对于上述工作环境中的电动阀门，其电动装置结构、材料和防护措施皆不同。因此，应依据上述工作环境选择相应的阀门电动装置。

8.5.1.2　电动阀门功能要求

根据工程控制要求，对电动阀门来讲，其控制功能是由电动装置来完成的。使用电动阀门的目的，就是对阀门的开、闭以及调节联动实现非人工的电气控制或计算机控制。目前的电动装置使用已不只是为了节省人力了。由于不同厂家产品的功能和质量差异较大，因此，选择电动装置和选择所配阀门对工程是同等重要的。

8.5.1.3　电动阀门的电气控制

由于工业自动化水平的要求不断提高，一方面对电动阀门的使用量越来越多；另一方面对电动阀门的控制要求也越来越高，越来越复杂。所以电动阀门在电气控制方面的设计也在不断更新。随着科学技术的进步及计算机的普及应用，新型的、多样的电气控制方式将会不断地出现。

对电动阀门总体控制方面的考虑，应注意选择电动阀门的控制方式。如根据工程需要，是否使用集中控制方式，还是单台控制方式，是否与其他设备联动，程序控制还是应用计算机程序控制等，其控制原理都不一样。阀门电动装置厂家样本给出的仅是标准电气控制原理图，因此使用部门应与电动装置生产厂进行技术交底，明确技术要求。

此外，在选择电动阀门时，应考虑是否附加购置电动阀门控制器。因为一般情况下，控制器是需要单独购买的。多数情况下，采用单台控制时，是需要购买控制器的，因为购买控制器比用户自行设计、制造要方便、便宜。

当电气控制性能满足不了工程设计要求时，应向生产厂提出修改或重新设计。

下面介绍三个典型的特殊电控型式电动阀门：

1. 自动调节型（EPC 型）

自动调节型电动装置采用专用三相异步和单相电动机驱动的执行机构，有两种形式：直行程电动执行机构和角行程电动执行机构。

1）接收：DC0～10mA、4～20mA、0～10V信号。

2）发出：DC4～20mA。

可与各种调节阀匹配。

2. 双线控制型（TWC 型）

双线控制型电动阀门是指电动阀门所配的电动装置，其控制导线采用最少为2根导线的控制形式。如果对多台（2台或2台以上）进行控制时，则需要（$n+1$）根导线，“n”为控制电动阀门的台数，所以又称作（$n+1$）控制方式。此种电动阀门的控制形式适用于多台远距离的控制。采用此种控制形式的特点是可以节省大量配线费用，而且还有利于提高电动阀门的控制可靠性，因为使用导线数量少，而且信号采用脉冲方式，可以避免和减少由于配线电阻的压降及配线间电容引起的电动装置误动作。双线控制型与普通型相比具有以下特点：①配线简单、节省导线及配线时间；②更适用于远距离操作，控制距离大于800m更好；③具有过电压保护回路，可以避免线路过电压或雷击引起的误动作；④具有错误判断回路，可以及时判断发现由某种原因引起的误动作；⑤能与计算机联网，能够直接接收计算机信号进行工作。

3. 双速控制型（Hi-Lo 型）

一般工况采用的电动阀门，在工作运行中开阀和关阀的速度都是单一的，速度无变化，在开阀或关阀瞬间，易使管道系统出现事故或影响正常工作。双速控制型电动阀门在开启和关闭的每个过程中都是由两种速度完成的。

假设阀门全行程为100%，阀门在打开（0～10%）的行程内为低速运行，其余行程为高速运行。阀门在关闭时从（100%～10%）的行程为高速运行，从（10%～0）为低速运行。低速和高速运行的转换点可根据实际工况进行调整。速度的转换自动完成。

电动阀门的控制形式还很多，如 EPC、TWC 和 Hi-Lo 型。

8.5.2　阀门电动装置的选择方法

由于电动阀门是由阀门和电动装置组合而成，所以当阀门确定后如何正确选择电动装置是关系到实际使用中是否能够满足工程需要的重要因素。在选择电动装置时不但应考虑前述的工作环境、电气控制和一般技术性能，而且对电动装置的综合技术性能亦应进行全面的考虑。

8.5.2.1　电动装置的输出转矩与转速

输出转矩值是电动装置的重要技术参数之一，也是使用中需要选择的重要参数。如果在组配电动阀门时选用的电动装置输出转矩过大或不足都是不可取的。因为一般情况下，电动装置生产厂在产品出厂时均需进行输出转矩值的测试与调整，是相对比较准确的。如果选用过大的输出转矩余量，将会使电动阀门具有很大的潜在危险性，一旦发生控制保护失灵情况将很容易造成阀门损坏（阀杆弯曲、阀体破裂）现象，极易造成管道系统事故。所以输出转矩余量选择过大是不可取的。如果在实际工作中打不开阀门也是属于选择不合理。

根据 GB/T 24923—2010《普通型阀门电动装置技术条件》规定和经验，选择阀门电动装置输出转矩及其有关转矩间的关系应按如下原则：

$$M_{km} = (1.1 \sim 1.3)M_{fm}$$

$$1.1M_{km} \leqslant M_m \leqslant 1.8M_{fm}$$

式中，M_{km}为阀门电动装置最大控制转矩；M_{fm}为阀门开、关所需最大转矩；M_m 为阀门电动装置最大输出转矩。

关于对电动装置输出转速的确定，在阀门对其启闭时间没有严格要求时，应尽量选用较慢的速度：

$$S = \frac{N}{n}$$

式中，S 为阀门启闭时间（min）；N 为电动装置输出轴转圈数（圈）；n 为电动装置输出轴转速（r/min）。

因为不必要的较快速度，在相同转矩要求下将会增大电动机功率，这样不但浪费能源，提高工程造价，而且也会使电动装置体积增大造成多方面的浪费。

目前国内自行开发研制的电动装置，在每个机座号中设计配用的电动机规格数量不多（一般为 2 个或 3 个规格），以及主体传动中齿轮副和蜗杆副的速比范围变化有限，所以每个机座号的转矩分档和转速分档都不多。天津市阀门公司产品每个机座号具有 4 ~ 6 个规格电动机，主体传动具有 5 ~ 10 对以上齿轮副和 3 对或 4 对蜗杆副相匹配，所以输出转矩和输出转速配比范围相当广泛，转速选择方便。

8.5.2.2　电动装置的最大推力允许值

如果阀门轴向力由电动装置承担（即阀杆螺母在电动装置中），其推力值不允许超过电动装置的允许值。

8.5.2.3　阀杆螺母的最大转圈数

在选用多回转阀门电动装置时必须说明阀门工作时阀杆螺母的最大转圈数，这样可以正确选配电动装置中位置指示机构的有关齿轮速比，以使位置指示有足够的精度满足阀门工作过程中对阀门开、关程度的观察，否则易造成错觉，影响正常工作。

$$N = \frac{D_N}{T \cdot Z}$$

式中，N 为阀杆螺母的最大转圈数（圈）；D_N 为阀门实际通径（mm）；T 为阀杆螺纹的螺距（mm）；Z 为阀杆螺纹的头数。

8.5.2.4　阀杆直径的允许值

升降杆阀门选择电动装置应注意其允许通过的阀杆直径值，阀杆直径必须小于该值。

另外，对于多回转电动装置，在选用时还应提出对阀杆罩高度的要求（与阀门通径有关）。旋转杆阀门可不配带阀杆罩。

8.5.2.5　阀门与电动装置的连接

阀门与电动装置的连接形式与尺寸应符合国家标准或国际标准，GB/T 12222—2005《多回转阀门驱动装置的连接》，GB/T 12223—2005《部分回转阀门驱动装置的连接》，ISO 5210—2017，ISO 5211—2017。

目前，部分回转阀门电动装置均有机械限位，以防止无法判断阀瓣位置，这类阀门与电动装置之间的连接螺孔和键槽位置的对应关系要求是严格的。为了解决这一问题，天津市阀门公司生产的部分回转阀门电动装置（SMC/HBC 系列、QB 系列）均设计了花键接头，不仅解决了上述问题，而且还大大方便了电动装置与阀门的装配工作。

8.5.2.6　其他

1）阀门种类很多，本手册仅闸阀部分编写的较为详细，其他阀类仅编写一种或两种典型产品。选择其他种阀门时，依据阀门类型，公称尺寸 DN/NPS 和公称压力 PN/Class。亦可根据本手册确定阀门驱动装置的型号和具体参数。

2）当选用气动阀门时，亦可根据本手册给出的技术参数确定气动装置的型号，因此本手册也可作为选用气动阀门的工具书。

3）对于闸阀、截止阀当介质温度达480℃及以上时，或阀杆直线速度超过305mm/min（闸阀）和102mm/min（截止阀）时，应考虑选用SCD型。如在高速情况选择规格时，相对SMC系列应大一个机座号。

4）对电动装置还有其他特殊要求时，应与生产厂家协商。

5）选择电动装置时，务必说明阀门类型，因为部分回转型电动装置用于球阀出厂时处于“开位置”。其他类型阀门所配用的电动装置，出厂时均处于“关位置”。

6）本手册所提供的电气控制原理图是几类典型图，如需其他类型亦应与生产厂家协商。

8.5.3 阀门电动装置专用电动机技术参数

1）SMC系列阀门电动装置及其组合、派生产品用电动机技术参数见表8-70。

2）ZA、QB系列阀门电动装置及其组合、派生产品用电动机技术参数见表8-71。

8.5.4 阀门电动装置主要技术参数

1）多回转型SMC系列阀门电动装置技术参数见表8-72。

2）多回转型ZA系列阀门电动装置技术参数见表8-73。

3）多回转型SMC系列阀门电动装置典型规格技术参数见表8-74。

4）部分回转型SMC/HBC系列阀门电动装置技术参数见表8-75。

5）部分回转型QB系列阀门电动装置技术参数见表8-76。

8.5.5 阀门电动装置电气元件

1）SMC系列阀门电动装置电气元件明细见表8-77。

表8-70 SMC系列阀门电动装置及其组合、派生产品用电动机技术参数

产品型号＼电动机	功率/kW	额定			堵转电流倍数	堵转转矩倍数	绕组温升限值/K
		转矩/N·m	电流/A	转速/(r/min)			
SMC—04	0.08	0.5	0.51	1400	7（堵转电流与额定电流之比）	5（堵转转矩与额定转矩之比）	90
	0.12	0.75	0.66				
	0.20	1.3	1.07				
	0.30	1.9	1.31				
SMC—03	0.12	0.75	0.66				
	0.20	1.3	1.07				
	0.30	1.9	1.31				
	0.40	2.5	1.72				
	0.60	3.7	3.24				
SMC—00	0.30	1.9	1.34				
	0.40	2.5	1.72				
	0.60	3.7	3.24				
	1.10	6.2	3.53				
SMC—0	0.40	2.5	1.72				
	0.60	3.7	3.24				
	1.10	6.2	3.53				
	1.50	10	4.39				
SMC—1	0.40	2.5	1.72				
	0.60	3.7	3.21				
	1.10	6.2	3.53				
	1.50	10	4.39				
	2.20	15	5.93				
SMC—2	0.60	3.7	3.24				
	1.10	6.2	3.53				
	1.50	10	4.39				
	2.20	15	5.93				
	3.00	20	7.79				

（续）

产品型号＼电动机	功率/kW	额定			堵转电流倍数	堵转转矩倍数	绕组温升限值/K
		转矩/N·m	电流/A	转速/(r/min)			
SMC—3	2.20	15	5.93	1400	7	5	90
	3.00	20	7.79				
	4.00	25	10.59				
	5.50	37.5	13.10				
SMC—4	4.00	25	10.59				
	5.50	37.5	13.10				
	7.50	49.9	17.20				
SMC—5	5.50	37.5	13.10				
	7.50	49.9	17.20				
	10.00	62.4	22.23				
	13.00	87.4	27.80				

注：表内电动机型号为YLT、YBLT型。

表8-71 ZA、QB系列阀门电动装置及其组合、派生产品用电动机技术参数

产品型号＼电动机	功率/kW	额定		堵转电流倍数	堵转转矩倍数	绕组温升限值/K
		电流/A	转速/(r/min)			
QB1 ZA1	0.04	0.40	1340	堵转电流与额定电流之比	堵转转矩与额定转矩之比	
	0.06	0.40				
	0.09	0.60				
	0.12	0.70				
QB2 ZA2	0.12	0.70	1360			
	0.18	0.95				
	0.25	1.30				
	0.37	1.60				
	0.55	2.40				
	0.75	2.72				
	1.10	3.40				
ZA2.5	1.10	3.40	1370			
	1.50	4.50				
	2.20	6.50				
QB3 ZA3	0.37	1.60	1360	7	3	85
	0.55	2.40				
	1.10	3.40				
	2.20	6.50	1370			
	3.00	9.00				
	4.00	11.00	1380			
	5.50	14.00				
QB4 ZA4	0.55	2.40	1360			
	1.10	3.40				
	5.50	14.00	1380			
	7.50	19.00				
	11.00	26.00				
QB5	0.55	2.40	1360			
	1.10	3.40				
	2.20	6.50	1370			

注：表内电动机型号为YDF、YBDF。

表 8-72 多回转型 SMC 系列阀门电动装置技术参数

产品型号 \ 项目	输出转矩 /N·m	允许推力 /kN	允许阀杆直径/mm	最小速比	最大速比	配用电动机功率 /kW	参考质量 /kg
SMC—04	~107	35	26	18.74	90.64	0.08, 0.12, 0.2, 0.3	40~44
SMC—03	~270	45	38	15.65	131.73	0.12, 0.2, 0.3, 0.4, 0.6, 1.1	60~70
SMC—00	~490	89	50	11.10	145.50	0.3, 0.4, 0.6, 1.1, 1.5	100~110
SMC—0	~950	155	65	12.90	198.00	0.4, 0.6, 1.1, 1.5	130~150
SMC—1	~1760	245	76	13.00	234.00	0.4, 0.6, 1.1, 1.5, 2.2	170~185
SMC—2	~2710	333	89	10.60	212.00	0.6, 1.1, 1.5, 2.2, 3.0	190~210
SMC—3	~5680	617	127	11.00	153.00	2.2, 3.0, 4.0, 5.5	220~250
SMC—4	~9800	1078	127	13.40	148.00	4.0, 5.5, 7.5	270~290
SMC—5	~26480	—	159	73.00	228.00	5.5, 7.5, 13.0, 17.0	320~350

表 8-73 多回转型 ZA 系列阀门电动装置技术参数

产品型号 \ 项目	输出转矩 /N·m	输出转速 /(r/min)	电机功率 /kW	允许阀门直径 /mm	参考质量 /kg	备　注
ZA1	25	12	0.06	20	30	本系列产品如需承受推力,订货时应说明
	50		0.12			
ZA2	50	18	0.18	36	48~64	
		36	0.25			
	100	18	0.25			
		36	0.37			
	150	18	0.37			
		36	0.55			
	200	18	0.55			
		36	0.75			
	300	18	0.75			
		36	1.10			
ZA2.5	400	18	1.10	65	150	
		32	1.50			
	600	18	1.50			
		32	2.20			
ZA3	900	18	2.20	80	180	
		24	3.00			
		36	4.00			
	1200	18	3.00			
		24	4.00			
		36	5.50			
ZA4	1600	22	5.50	96	270	
		40	7.50			
	2400	22	7.50			
		40	11.00			

表 8-74　多回转型 SMC 系列阀门电动装置典型规格技术参数

<table>
<tr><th>项目
产品型号</th><th>输出转矩
/N·m</th><th>输出转速
/(r/min)</th><th>电动机功率
/kW</th><th>允许推力
/kN</th><th>允许阀杆直径
/mm</th><th>参考质量
/kg</th></tr>
<tr><td rowspan="3">SMC—04</td><td>70</td><td>15</td><td>0.12</td><td rowspan="3">35</td><td rowspan="3">26</td><td rowspan="3">40~44</td></tr>
<tr><td>100</td><td>15</td><td>0.20</td></tr>
<tr><td>100</td><td>25</td><td>0.30</td></tr>
<tr><td rowspan="2">SMC—03</td><td>190</td><td>15</td><td>0.40</td><td rowspan="2">45</td><td rowspan="2">38</td><td rowspan="2">60~70</td></tr>
<tr><td>270</td><td>15</td><td>0.60</td></tr>
<tr><td rowspan="3">SMC—00</td><td>520</td><td>12</td><td>0.60</td><td rowspan="3">89</td><td rowspan="3">50</td><td rowspan="3">100~110</td></tr>
<tr><td>520</td><td>20</td><td>1.10</td></tr>
<tr><td>500</td><td>34</td><td>1.50</td></tr>
<tr><td rowspan="3">SMC—0</td><td>640</td><td>6</td><td>0.60</td><td rowspan="3">155</td><td rowspan="3">65</td><td rowspan="3">130~150</td></tr>
<tr><td>640</td><td>12</td><td>1.10</td></tr>
<tr><td>1000</td><td>12</td><td>1.50</td></tr>
<tr><td rowspan="2">SMC—1</td><td>1600</td><td>6</td><td>1.50</td><td rowspan="2">245</td><td rowspan="2">76</td><td rowspan="2">170~185</td></tr>
<tr><td>1800</td><td>10</td><td>2.20</td></tr>
<tr><td rowspan="2">SMC—2</td><td>2500</td><td>6</td><td>2.20</td><td rowspan="2">333</td><td rowspan="2">89</td><td rowspan="2">190~210</td></tr>
<tr><td>2300</td><td>10</td><td>3.00</td></tr>
<tr><td rowspan="2">SMC—3</td><td>3400</td><td>12</td><td>4.00</td><td rowspan="2">617</td><td rowspan="2">127</td><td rowspan="2">220~250</td></tr>
<tr><td>5100</td><td>12</td><td>5.50</td></tr>
<tr><td rowspan="2">SMC—4</td><td>6200</td><td>9</td><td>5.50</td><td rowspan="2">1078</td><td rowspan="2">127</td><td rowspan="2">270~290</td></tr>
<tr><td>7400</td><td>10</td><td>7.50</td></tr>
<tr><td rowspan="4">SMC—5</td><td>10000</td><td>9</td><td>10.00</td><td rowspan="4">—</td><td rowspan="4">159</td><td rowspan="4">320~390</td></tr>
<tr><td>14000</td><td>9</td><td>13.00</td></tr>
<tr><td>18000</td><td>10</td><td>17.00</td></tr>
<tr><td>27000</td><td>7</td><td>17.00</td></tr>
</table>

表 8-75　部分回转型 SMC/HBC 系列阀门电动装置技术参数

<table>
<tr><th>项目
产品型号</th><th>输出转矩
/N·m</th><th>输出转速
/(r/min)</th><th>电动机功率
/kW</th><th>运行(90°)时间
/s</th><th>参考质量
/kg</th></tr>
<tr><td rowspan="2">SMC—04/H0BC</td><td>330</td><td rowspan="6">1.00</td><td>0.12</td><td rowspan="6">15</td><td rowspan="2">74</td></tr>
<tr><td>560</td><td>0.20</td></tr>
<tr><td>SMC—03/H1BC</td><td>1690</td><td>0.40</td><td>120</td></tr>
<tr><td>SMC—03/H2BC</td><td>2530</td><td>0.60</td><td>140</td></tr>
<tr><td rowspan="3">SMC—00/H3BC</td><td>4310</td><td>1.10</td><td rowspan="3">220</td></tr>
<tr><td>6890</td><td>1.50</td></tr>
<tr><td>6270</td><td>0.50</td><td>1.10</td><td>30</td></tr>
<tr><td rowspan="4">SMC—0/H4BC</td><td>2450</td><td rowspan="2">1.80</td><td>1.10</td><td rowspan="2">8.5</td><td rowspan="4">350</td></tr>
<tr><td>3920</td><td>1.50</td></tr>
<tr><td>5710</td><td rowspan="2">0.50</td><td>1.10</td><td rowspan="2">30</td></tr>
<tr><td>9140</td><td>1.50</td></tr>
<tr><td rowspan="6">SMC—1/H5BC</td><td>6860</td><td rowspan="2">1.00</td><td>1.50</td><td rowspan="2">15</td><td rowspan="6">480</td></tr>
<tr><td>10300</td><td>2.20</td></tr>
<tr><td>9150</td><td rowspan="2">0.50</td><td>1.50</td><td rowspan="2">30</td></tr>
<tr><td>13700</td><td>2.20</td></tr>
<tr><td>17900</td><td rowspan="2">0.25</td><td>1.50</td><td rowspan="2">60</td></tr>
<tr><td>26900</td><td>2.20</td></tr>
<tr><td rowspan="2">SMC—2/H5BC</td><td>19800</td><td>0.50</td><td rowspan="2">3.00</td><td>30</td><td rowspan="2">510</td></tr>
<tr><td>39000</td><td>0.25</td><td>60</td></tr>
<tr><td rowspan="2">SMC—3/H6BC</td><td>37700</td><td rowspan="2">0.50</td><td>4.00</td><td rowspan="2">30</td><td rowspan="2">660</td></tr>
<tr><td>56600</td><td>5.50</td></tr>
</table>

（续）

产品型号＼项目	输出转矩 /N·m	输出转速 /(r/min)	电动机功率 /kW	运行(90°)时间 /s	参考质量 /kg
SMC—3/H6BC	40500	0.30	4.00	50	660
	60900		5.50		
SMC—3/H7BC	78450	0.50	5.50	30	770
	98000	0.30		50	
SMC—3/H10BC	196000	0.18		83	940

表 8-76 部分回转型 QB 系列阀门电动装置技术参数

产品型号＼项目	输出转矩 /N·m	输出转速 /(r/min)	电动机功率 /kW	运行(90°) 时间/s	参考质量 /kg
QB1	50	1.00	0.04	15.0	22
	100		0.06		
	150		0.09		
	200		0.09		
	300		0.12		
QB2	400	1.00	0.12	15.0	35
	600		0.18		
		2.00	0.37	7.5	
QB3	900	1.00	0.37	15.0	63
		2.00	0.55	7.5	
	1200	1.00	0.37	15.0	
		2.00	0.55	7.5	
	2000	1.00	0.55	15.0	
		2.00	1.10	7.5	
	2500	1.00	0.55	15.0	
		2.00	1.10	7.5	
QB4	4000	0.30	0.55	50.0	135
		0.60	1.10	25.0	
	5000	0.30	0.55	50.0	
		0.60	1.10	25.0	
	6000	0.25	0.55	60.0	
		0.50	1.10	30.0	
QB5	8000	0.25	0.55	60.0	215
		0.50	1.10	30.0	
	10000	0.25	1.5	60.0	
		0.50	2.20	30.0	

表 8-77 SMC 系列阀门电动装置电气元件明细表

序号	代　号	名　称	型号规格	数量	备　注
1	M	电动机	YLT	1	阀门专用电动机
2	KH	热继电器	JR16—20/3	1	
3	KO、KC	交流接触器	CJ10—10(20、40)	2	或 3TB 系列
4	FU	熔断器	BLX—1　18mm	1	合理选择
5	QC_1	电源开关	KN3—1×1	1	
6	QC_2	转换开关	KN3—2×2	1	
7	SO、SC、SS	远控按钮	LA19—11D	3	红、绿、黄各 1 个，红、绿分别在 SO、SC 上
8	SBO、SBC	现场按钮	JW2—1×1	2	

（续）

序号	代　号	名　称	型号规格	数量	备　注
9	RH_1	加热电阻	RX10—10	1	
10	RH_2	加热电阻	RX20—25	1	
11	R_1、R_2	电　阻	JR型、100kΩ 2W	2	
12	T	变压器	BK—3 220/6.3	1	
13	RP_1	电位器	WX14—12,1k	1	
14	RP_2	电位器	WH18X 4.7k	1	
15	H_1、H_2	指示灯	XDo型220V	2	表示过力矩
16	HW_1、HR_1、HG_1	指示灯	XDX1—6.3V	3	用于表示远控
17	HW_2、HR_2、HG_2	指示灯	XDo型6.3V	3	用于表示现场
18	Idc	开度指示表	84L1	1	2.5级　内阻5kΩ
19	STO、STC	转矩开关			主机自带
20	SL_1—SL_8	行程开关			主机自带
21	V_1	二极管	1N4001 1A 100V	1	
22	V_2	稳压二极管	2CW7B 5V	1	
23	R_3	电　阻	100Ω 1/2W		
24	C	电解电容	220μF/16V		

2）ZA、QB系列阀门电动装置电气元件明细见表8-78。

表8-78　ZA、QB系列阀门电动装置电气元件明细表

序号	代　号	名　称	型号规格	数量	备　注
1	M	电动机	YDF	1	阀门专用电动机
2	KH	热继电器	JR16—20/3	1	
3	KO、KC	交流接触器	CJ10系列	2	
4	FU	熔断器	BLX—1 18mm	1	合理选择
5	QC	电源开关	KN3—1×1	1	
6	SO、SC、SS	按　钮	LA19—11D	3	红、绿、黄各1个，红、绿分别在SO、SC上
7	SL_1、SL_2	行程微动开关	WK3—1	2	
8	STO、STC	转矩微动开关	WK3—1	2	
9	SBO、SBC	现场按钮微动开关	WK3—1	2	
10	T	控制变压器	BK—3 220/6.3	1	
11	HW、HR、HG、HY	信号灯	XDX—6.3V	4	分别表示电源、开关到位及过转矩
12	RP_1	电位器	WX—030 560Ω	1	
13	RP_2	电位器	WX5—Ⅱ 1W 10k	1	
14	Idc	开度指示表	84L1	1	精度2.5级，内阻5kΩ
15	V_1	二极管	1N4001 1A 100V	1	
16	V_2	稳压管	2CW7B 5V	1	
17	C	电　容	200μF/16V	1	
18	R	电　阻	100Ω 1/2W	1	

8.6 阀门气动装置

阀门气动驱动装置安全、可靠、成本低，使用维修方便，是阀门驱动机构中的一大分支。目前气动装置在具有防爆要求的场合应用较多。阀门气动驱动装置采用气源的工作压较低，一般不大于0.82MPa，又因结构尺寸不宜过大，因而阀门气动驱动装置的总推力不可能很大。

8.6.1 阀门气动驱动装置的使用条件

阀门气动驱动装置的使用条件见表8-79。

表8-79 气动装置使用条件

气源工作压力	0.4～0.7MPa
环境温度和介质温度	5～60℃
活塞工作速度和叶片外径线速度	10～500mm/s
电磁控制输入信号电流	4～20mA

8.6.2 阀门气动驱动装置的分类和结构特点

阀门气动驱动装置按其结构特点分为三种形式：薄膜式气动驱动装置、气缸或气动驱动装置、摆动式气动驱动装置。此外，还有气动马达式气动驱动装置。

各类气动驱动装置的构成如下：

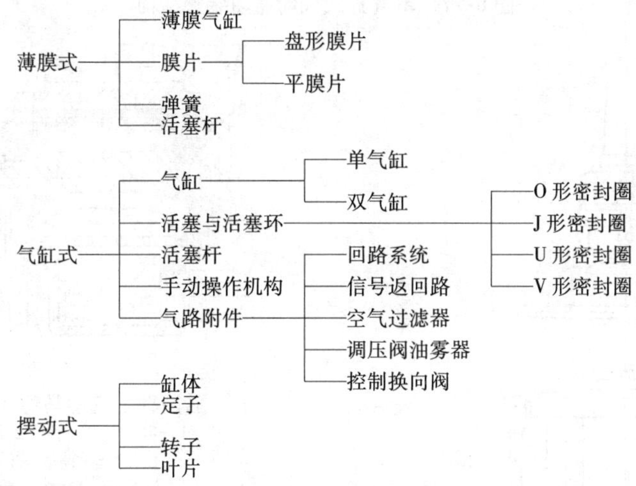

薄膜式气动驱动装置如图8-75所示。气缸式气动驱动装置的结构如图8-76～图8-78所示。摆动式气动驱动装置如图8-79所示。气动马达式气动驱动装置的结构如图8-80所示。

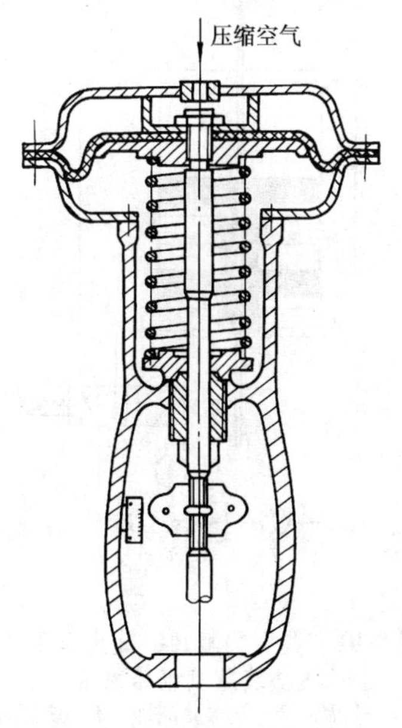

图8-75 薄膜式气动驱动装置

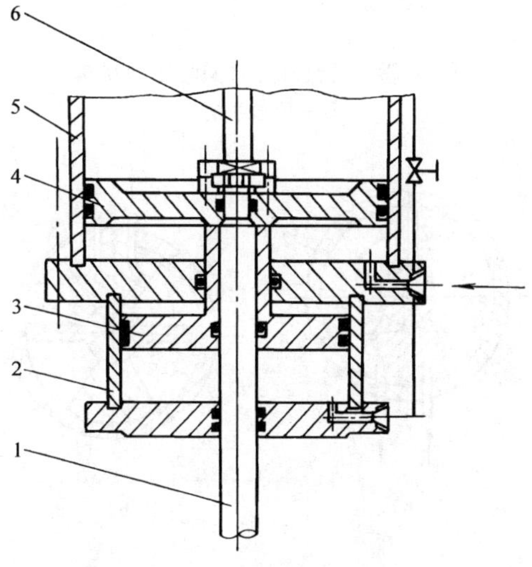

图8-76 双气缸式气动驱动装置的结构

1—活塞杆 2—副气缸 3—副活塞 4—主活塞 5—主气缸 6—手动阀杆

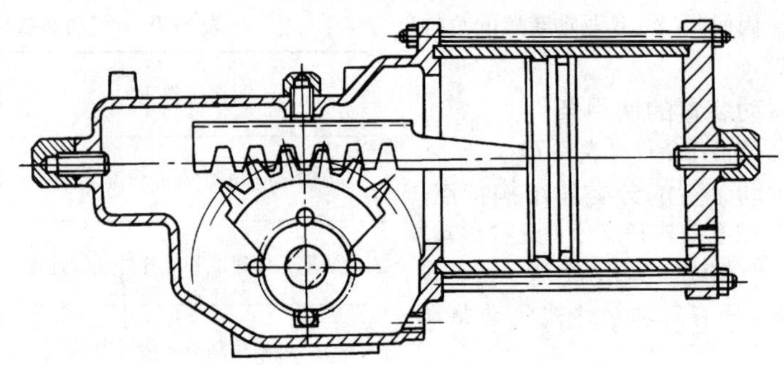

图8-77　单气缸式气动驱动装置结构

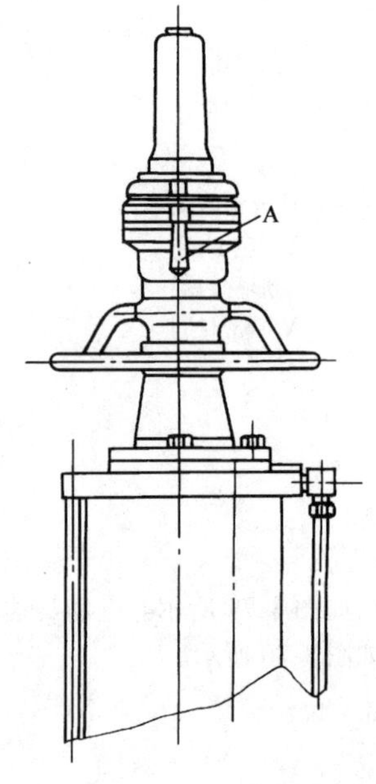

图8-78　气缸式开合螺母手动机构

A—开合手柄

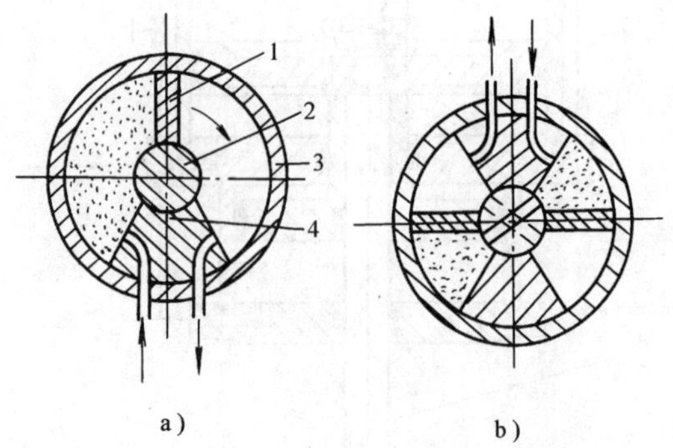

图8-79　摆动式气动驱动装置气缸的结构

a) 单叶片　b) 双叶片

1—叶片　2—转子　3—缸体　4—定子

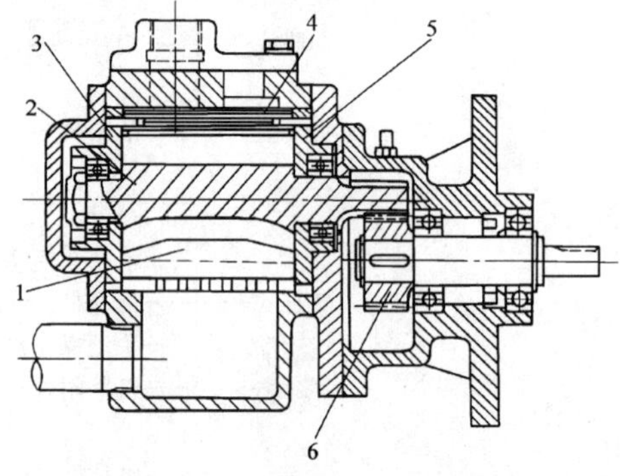

图8-80　气动马达式气动驱动装置

1—叶片　2—转子　3—挡板（左）

4—气腔　5—挡板（右）　6—中间齿轮

8.6.3　典型的气动驱动装置及气路系统（图8-81、图8-82）

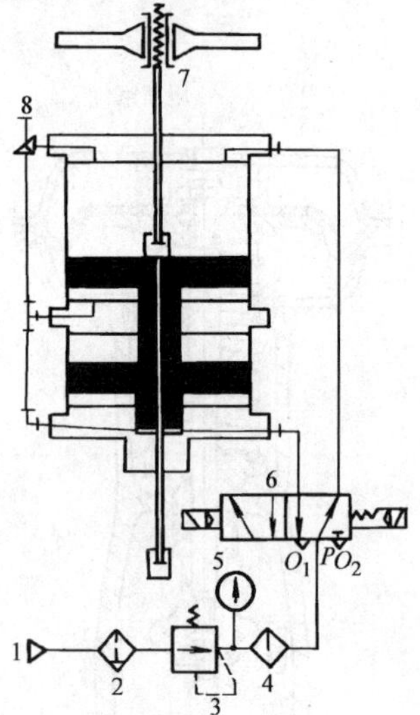

图8-81　典型的闸阀、截止阀用气动驱动装置及气路系统

1—气源　2—气水分离器　3—减压阀

4—油雾器　5—压力表

6—二位四通（或五通）换向阀

7—手动机构　8—针形阀

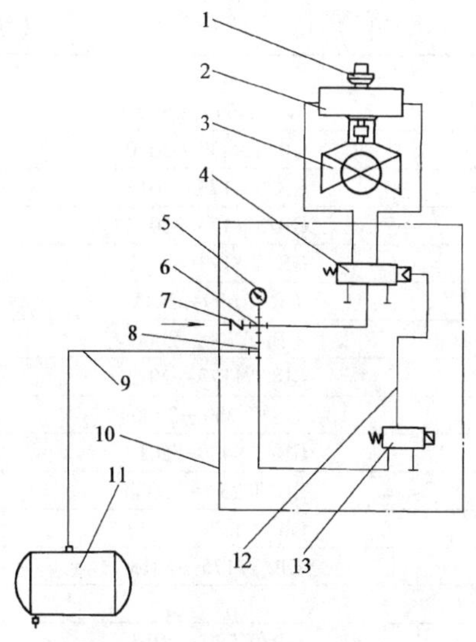

图8-82　典型的球阀、蝶阀用气动驱动装置及气路系统

1—开、关位置指示器　2—双作用气缸　3—球阀或蝶阀　4—2位五通气动换向阀　5—压力表　6—四通接头　7—进气阀　8—三通接头　9—进气管路　10—阀门执行器元件固定板　11—贮气缸　12—气路系统和配件　13—两位三通电磁换向阀（直流24V）

8.6.4　各类气动驱动装置的结构特点

各类气动驱动装置的结构特点见表8-80。气动驱动装置缓冲行程长度与气动驱动装置主要零件缸体直径的关系见表8-81。

8.6.5　气动驱动装置主要零件材料及其加工精度

气动驱动装置主要零件材料及热处理要求见表8-82。气动驱动装置主要零件的主要表面的加工精度见表8-83。

8.6.6　气动驱动装置的设计计算

8.6.6.1　薄膜式气动驱动装置的设计计算

活塞杆上的推力按式（8-8）计算：

$$F_{\mathrm{T}} = \frac{\pi}{12}(D^2 - Dd + d^2)p_{\mathrm{s}} \times 10^6 - F_{\mathrm{f}} \tag{8-8}$$

式中，F_{T} 为活塞杆上的推力（N）；D 为气缸直径（m）；d 为薄膜直径（m）；p_{s} 为气源压力（MPa）；F_{f} 为弹簧反力（N）。

活塞杆的有效直径按式（8-9）计算：

$$D_2 = \sqrt{\frac{1}{3}(D^2 - Dd + d^2)} \tag{8-9}$$

8.6.6.2　气缸式气动装置的设计计算

1. 单气缸

表8-80　气动驱动装置的结构特点

型式	薄膜式	气缸式	摆动式	气动马达式
特点	行程短，＜40mm，结构紧凑，灵活，无手动机构	行程长，必要时须加缓冲机构，出力不够采用双气缸结构，有手动和手气动切换机构	结构简单，成本低，往复运动直接变成旋转运动	可以直接代替阀门电动装置的电动机而成为气动装置，因而可具有电动装置的力矩控制等功能，但结构复杂

表8-81　气动驱动装置缸体内径与缓冲行程的关系　（单位：mm）

缸体内径	缓冲行程长度
＜55	15～20
80～125	20～30
＞125	30～40

表8-82　气动驱动装置主要零件材料及热处理要求

零件名称	材料及热处理要求	标准号
气缸	冷拔黄铜	YS/T 649—2007
	离心浇铸青铜 ZCuAl10Fe3 ZCuSn6Zn6Pb3	GB 1176—2013
	铝合金表面阳极氧化	GB/T 1173—2013
	无缝钢管　镀铬 20	GB/T 699—2015
	碳素钢镀铬 45	GB/T 699—2015
	铸铁 HT150	GB/T 9439—2010
	HT200	GB/T 9439—2010

（续）

零件名称	材料及热处理要求		标准号
活塞	优质碳素钢镀铬45		GB/T 699—2015
	铸铁 镀镉HT200		GB/T 9439—2010
	铝合金	ZL101	GB/T 1173—2013
		ZL106	GB/T 1173—2013
叶片	铝合金ZL101、ZL106		GB/T 1173—2013
	优质碳素钢45		GB/T 699—2015
	碳素钢Q235—A		GB/T 700—2006
端盖	铝合金ZL101、ZL106		GB/T 1173—2013
	碳素钢Q235—A		GB/T 700—2006
	铸铁HT200		GB/T 9439—2010
密封件	橡胶、皮革等		HG/T 2579—2008
轴套	青铜ZCuSn6Zn6Pb3		GB/T 1176—2013
	黄铜ZCuZn38Mn2Pb2		GB/T1176—2013
	铜基粉末冶金		
活塞杆	优质碳素钢 镀铬45		GB/T 699—2015
	不锈钢12Cr13、20Cr13		GB/T 1220—2007

表8-83 气动驱动装置主要零件主要表面的加工精度

滑动面		表面粗糙度 $Ra/\mu m$
活塞杆的滑动面		0.8～0.4
缸体内表滑动面	缸径≤200mm	0.8～0.4
	350mm＞缸径＞200mm	1.6～0.8
	缸径≥350mm	3.2～1.6
活塞的滑动面		1.6～0.8
衬套的滑动面		3.2～1.6

普通单向作用气缸，压缩空气仅从气缸的一端进入气缸，以推动活塞前进；活塞的返回是借助于弹簧力。单向作用缸的输出推力按式（8-10）计算：

$$F = \frac{1}{4}\pi D^2 p_s \eta - F_f \tag{8-10}$$

式中，F 为活塞杆输出推力（N）；p_s 为气源压力（表压）（MPa）；D 为活塞直径（mm）；η 为考虑摩擦阻力影响而引入的系数，取 $\eta=0.80$；F_f 为压缩弹簧的反作用力（N）。

弹簧反作用力可按式（8-11）计算：

$$F_f = (S+L)\frac{Gd_1^4}{8(D_1-\mathrm{d}_1)^3 n} \tag{8-11}$$

式中，L 为弹簧预压缩量（mm）；S 为活塞行程（mm）；G 为弹簧材料抗剪模量（MPa）；d_1 为弹簧钢丝直径（mm）；D_1 为弹簧外圈直径（mm）；n 为弹簧工作圈数。

2. 双气缸

（1）单活塞杆双作用气缸 活塞的推力 F_T 和拉力 F_L 按式（8-12）、式（8-13）计算：

$$F_T = \frac{\pi}{4}D^2 p_s \eta \tag{8-12}$$

$$F_L = \frac{\pi}{4}(D^2-d^2)p_s \tag{8-13}$$

式中，F_T 为活塞的推力（N）；F_L 为活塞的拉力（N）；d 为活塞杆直径（mm）；D 为活塞直径（mm）；p_s 为气源压力（MPa）；η 为考虑摩擦阻力影响引入的系数，取 $\eta=0.8$。

（2）双活塞双作用气缸 串联式气缸的输出力按式（8-14）计算：

$$\begin{aligned} F &= \frac{\pi}{4}D^2 p_s \eta + \frac{\pi}{4}(D^2-d^2)p_s \eta \\ &= \frac{\pi}{4}(2D^2-d^2)p_s h \end{aligned} \tag{8-14}$$

式中符号同上。

8.6.6.3 摆动式气动装置

摆动式气动装置输出转矩按式（8-15）计算：

$$M = 0.09 p_s b(D^2-d^2) \tag{8-15}$$

式中，p_s 为气源压力（MPa）；b 为叶片轴向长度（mm）；d 为输出轴直径（mm）；D 为气缸内径（mm）；M 为叶片产生的转矩（N·mm）。

8.7 阀门液动装置

8.7.1 阀门液动装置的特点

1. 优点

1）结构简单、紧凑、体积小。

2）传动平稳可靠。

3）可以获得很大的输出力矩。

4）输出力矩可以通过定压溢流阀得到精确的调

整，包括开启和关闭力矩的调整，甚至可以通过液压仪表直接反映出来。

5）速度调节方便。

6）在突然发生事故动力中断时，仍可利用蓄能器进行一次或数次动力操作。这对长输管线自动紧急切断阀和井口喷放阀有特殊意义。

2. 缺点

1）油温受环境温度影响较大，油温变化引起油的黏度变化，影响操作。

2）配管麻烦，易产生渗漏。

3）不适于对信号产生各种运算（如信号放大、记忆、逻辑判断等运算）的场合。

8.7.2　液动与气动装置的性能比较

以闸阀为例，液动与气动装置的比较见表8-84。

8.7.3　阀门液动装置的构成

阀门液动装置由动力、控制和执行机构三大部分组成。动力部分的作用是把电动或气动马达旋转轴上的有效功率转变成液压传动的流体压力能。它由电动机或气动马达、液压泵、油箱等件构成。控制部分由控制阀，如压力控制阀、流量控制阀、方向控制阀等和电气控制系统组成。执行机构有两种，一种是液压缸执行机构，实现往复直线运动；另一种是液压马达执行机构，实现回转运动。图8-83是液压闸阀液压驱动系统。

表8-84　液动闸阀与气动闸阀性能比较

技术性能指标	气动闸阀	液动闸阀
阀门工作压力	≤PN25/Class250	≤PN250/Class900
阀门驱动源	压缩空气（低压）	中高压油
阀门驱动压力	≤0.7MPa	PN25/Class250、PN63/Class400、PN100/Class600、PN160/Class800、PN320/Class1500
驱动压力设备	空气压缩机 投资费用大	齿轮泵、叶片泵、柱塞泵等 投资费用小
工作环境	-4℃以下气源易结冰，能防爆	采用不同液压油，可在-45~120℃温度范围内工作，能防爆
阀门规格	≤DN250/NPS10	任何规格
阀门启闭平稳性	有冲击现象	有缓冲无撞击现象
阀门应急装置	备有手动操作机构	液压源备有蓄能装置
自动化程度	信号操作控制	可程序控制、微机控制等
阀门价格	—	略低于气动阀

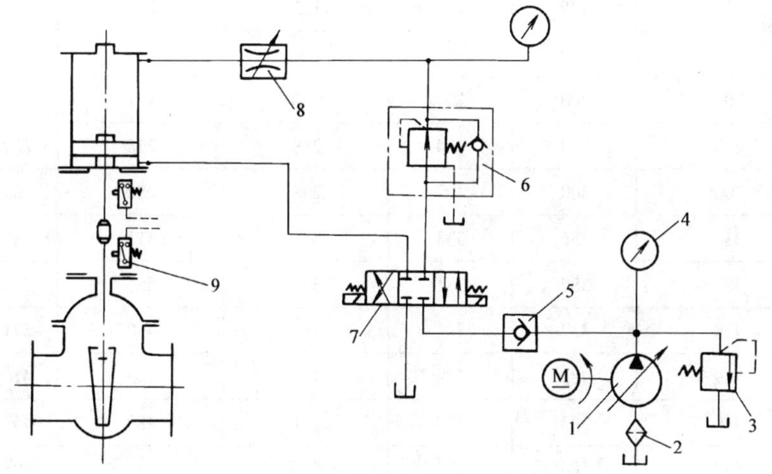

图8-83　液压驱动闸阀的液压驱动系统

1—变量叶片泵　2—线隙式过滤器　3—中压溢流阀
4—压力表　5—单向阀　6—单向减压阀
7—三位四通电磁换向阀　8—调速阀　9—防爆微动开关

第9章 设计数据

9.1 公称尺寸和阀体端部基本内径的关系

9.1.1 中国标准数据

1）GB 26640—2011《阀门壳体最小壁厚尺寸要求规范》钢制阀门公称尺寸和阀体端部基本内径的关系见表9-1。

2）GB/T 12224—2015《钢制阀门　一般要求》Class系列阀门公称尺寸和阀体端部基本内径的关系见表9-6。

3）NB/T 47044—2014《电站阀门》公称尺寸和内径的关系见表9-2。

表9-1　钢制阀门公称尺寸和阀体端部基本内径的关系　　（单位：mm）

<table>
<tr><th rowspan="2">管道公称尺寸</th><th colspan="14">公称压力PN</th></tr>
<tr><th>16</th><th>20</th><th>25</th><th>40</th><th>50</th><th>63</th><th>67</th><th>100</th><th>110</th><th>150</th><th>160</th><th>260</th><th>320</th><th>420</th></tr>
<tr><td>15</td><td colspan="3">15</td><td colspan="2">15</td><td colspan="2">15</td><td colspan="2">15</td><td colspan="2">12.7</td><td>12.7</td><td>12.1</td><td>11.2</td></tr>
<tr><td>20</td><td colspan="3">20</td><td colspan="2">20</td><td colspan="2">20</td><td colspan="2">20</td><td colspan="2">15.2</td><td>15.2</td><td>14.8</td><td>14.2</td></tr>
<tr><td>25</td><td colspan="3">25</td><td colspan="2">25</td><td colspan="2">25</td><td colspan="2">25</td><td colspan="2">22.1</td><td>22.1</td><td>21.0</td><td>19.1</td></tr>
<tr><td>32</td><td colspan="3">32</td><td colspan="2">32</td><td colspan="2">32</td><td colspan="2">32</td><td colspan="2">28.4</td><td>28.4</td><td>27.3</td><td>25.4</td></tr>
<tr><td>40</td><td colspan="3">38.1</td><td colspan="2">38.1</td><td colspan="2">38.1</td><td colspan="2">38.1</td><td colspan="2">35</td><td>35</td><td>32.5</td><td>28.4</td></tr>
<tr><td>50</td><td colspan="3">50</td><td colspan="2">50</td><td colspan="2">50</td><td colspan="2">50</td><td colspan="2">47.5</td><td>47.5</td><td>44.0</td><td>38.1</td></tr>
<tr><td>65</td><td colspan="3">63.5</td><td colspan="2">63.5</td><td colspan="2">63.5</td><td colspan="2">63.5</td><td colspan="2">57.2</td><td>57.2</td><td>53.6</td><td>47.5</td></tr>
<tr><td>80</td><td colspan="3">76.2</td><td colspan="2">76.2</td><td colspan="2">76.2</td><td colspan="2">76.2</td><td colspan="2">72.9</td><td>70</td><td>65.2</td><td>57.2</td></tr>
<tr><td>100</td><td colspan="3">100</td><td colspan="2">100</td><td colspan="2">100</td><td colspan="2">100</td><td colspan="2">98.3</td><td>91.9</td><td>84.8</td><td>72.9</td></tr>
<tr><td>125</td><td colspan="3">125</td><td colspan="2">125</td><td colspan="2">125</td><td colspan="2">125</td><td colspan="2">121</td><td>111</td><td>104</td><td>92</td></tr>
<tr><td>150</td><td colspan="3">150</td><td colspan="2">150</td><td colspan="2">150</td><td colspan="2">150</td><td colspan="2">146</td><td>136</td><td>127</td><td>111</td></tr>
<tr><td>200</td><td colspan="3">200</td><td colspan="2">200</td><td colspan="2">200</td><td colspan="2">200</td><td colspan="2">191</td><td>178</td><td>166</td><td>146</td></tr>
<tr><td>250</td><td colspan="3">250</td><td colspan="2">250</td><td colspan="2">250</td><td colspan="2">248</td><td colspan="2">238</td><td>222</td><td>208</td><td>184</td></tr>
<tr><td>300</td><td colspan="3">300</td><td colspan="2">300</td><td colspan="2">300</td><td colspan="2">298</td><td colspan="2">282</td><td>263</td><td>247</td><td>219</td></tr>
<tr><td>350</td><td colspan="3">336</td><td colspan="2">336</td><td colspan="2">333</td><td colspan="2">327</td><td colspan="2">311</td><td>289</td><td>271</td><td>241</td></tr>
<tr><td>400</td><td colspan="3">387</td><td colspan="2">387</td><td colspan="2">381</td><td colspan="2">375</td><td colspan="2">356</td><td>330</td><td>310</td><td>276</td></tr>
<tr><td>450</td><td colspan="3">438</td><td colspan="2">432</td><td colspan="2">432</td><td colspan="2">419</td><td colspan="2">400</td><td>371</td><td>349</td><td>311</td></tr>
<tr><td>500</td><td colspan="3">489</td><td colspan="2">483</td><td colspan="2">479</td><td colspan="2">464</td><td colspan="2">445</td><td>416</td><td>389</td><td>343</td></tr>
<tr><td>550</td><td colspan="3">540</td><td colspan="2">533</td><td colspan="2">527</td><td colspan="2">511</td><td colspan="2">489</td><td>457</td><td>427</td><td>378</td></tr>
<tr><td>600</td><td colspan="3">590</td><td colspan="2">584</td><td colspan="2">575</td><td colspan="2">556</td><td colspan="2">533</td><td>498</td><td>466</td><td>413</td></tr>
<tr><td>650</td><td colspan="3">641</td><td colspan="2">635</td><td colspan="2">622</td><td colspan="2">603</td><td colspan="2">578</td><td>540</td><td>505</td><td>448</td></tr>
<tr><td>700</td><td colspan="3">692</td><td colspan="2">686</td><td colspan="2">670</td><td colspan="2">648</td><td colspan="2">622</td><td>584</td><td>546</td><td>483</td></tr>
<tr><td>750</td><td colspan="3">743</td><td colspan="2">737</td><td colspan="2">718</td><td colspan="2">695</td><td colspan="2">667</td><td>625</td><td>585</td><td>517</td></tr>
</table>

表 9-2 公称尺寸和内径的关系

Class 压力级别		150 ~ 300				600	900	1500	2500			4500				管子外径 OD	
PN 压力级别		PN 16	PN 25	PN 40	PN 63	PN 100	PN 160	PN 250	PN 320	PN 400	PN 420	PN 500	PN 630	PN 760	PN 800		
DN	NPS	内径 d/mm														mm	in
6	1/8	7	7	7	7	7	7	6	—	—	—	—	—	—	—	—	—
8	1/4	7	7	7	7	7	7	6	—	—	—	—	—	—	—	13.7	0.54
10	3/8	13	13	13	13	13	13	11	—	—	—	—	—	—	—	17.2	0.675
15	1/2	16	13	13	13	13	13	13	11	11	11	—	—	10	10	21.3	0.84
20	3/4	21	19	19	19	19	17	17	14	14	14	—	—	13	13	26.7	1.05
25	1	27	25	25	25	25	22	22	19	19	19	—	—	16	16	33.4	1.32
32	$1\frac{1}{4}$	35	32	32	32	32	28	28	25	25	25	—	—	21	21	42.4	1.66
40	$1\frac{1}{2}$	41	38	38	38	38	35	35	28	28	28	—	—	25	25	48.3	1.90
50	2	53	51	51	51	51	47	47	38	38	38	—	—	29	29	60.3	2.38
65	$2\frac{1}{2}$	64	64	64	64	64	57	57	47	47	47	—	—	36	36	73.0	2.88
80	3	78	76	76	76	76	73	70	57	57	57	43	43	43	43	88.9	3.50
100	4	102	102	102	102	102	98	92	73	73	73	64	56	56	56	114.3	4.50
125	5	127	127	127	127	127	121	111	92	92	92	84	76	69	69	141.3	5.56
150	6	152	152	152	152	152	146	136	111	111	111	104	88	82	82	168.3	6.62
200	8	203	203	203	203	200	190	178	146	146	146	139	119	107	107	219.1	8.62
250	10	254	254	254	254	248	238	222	184	184	184	153	143	133	133	273	10.75
300	12	305	305	305	305	298	282	263	219	219	219	194	175	158	158	323.9	12.75
350	14	343	337	337	337	327	311	289	241	241	241	216	196	173	173	355.6	14
400	16	394	387	387	387	375	356	330	276	276	276	251	206	198	198	406.4	16
450	18	445	438	432	429	419	400	371	311	311	311		210	223	223	457	18
500	20	495	489	483	483	464	445	416	343	343	343	—	234	247	247	508	20
550	22	546	540	533	528	511	489	457	378	378	378	—	260	272	272	559	22
600	24	597	591	584	584	559	533	498	413	413	413	—	286	297	297	610	24
650	26	645	641	635	628	603	579	539	448	448	448	—	—	323	323	660	26
700	28	695	692	686	678	648	622	565	483	483	483	—	—	346	346	711	28
750	30	746	743	737	728	695	667	605	517	517	517	—	—	371	371	762	30
800	32	793	788	786	776	741	708	645	551	551	551	—	—	396	396	813	32
850	34	843	838	835	825	788	752	686	586	586	586	—	—	421	421	864	34
900	36	889	889	884	873	835	796	726	620	620	620	—	—	444	444	914	36
950	38	940	940	934	922	880	841	766	655	655	655	—	—	470	470	965	38
1000	40	991	991	983	971	928	885	807	689	689	689	—	—	495	495	1016	40
1050	42	1035	1035	1032	1019	973	928	847	726	726	726	—	—	520	520	1067	42
1100	44	1086	1086	1081	1057	1019	973	887	758	758	758	—	—	544	544	1118	44
1150	46	1137	1137	1130	1116	1066	1019	928	793	793	793	—	—	569	569	1168	46
1200	48	1188	1188	1179	1164	1112	1062	968	—	—	827	—	—	594	594	1219	48
1250	50	1238	1238	1228	1212	1158	1106	1008	—	—	862	—	—	620	620	1270	50

4）GB/T 12238—2008《法兰和对夹连接弹性密封蝶阀》阀座流道的最小尺寸见表9-3。

表9-3　阀座流道最小尺寸　（单位：mm）

公称尺寸	阀座流道最小尺寸	公称尺寸	阀座流道最小尺寸
DN50	44	DN1000	970
DN65	55	DN1200	1160
DN80	69	DN1400	1360
DN100	88	DN1600	1560
DN125	117	DN1800	1760
DN150	138	DN2000	1950
DN200	185	DN2200	2140
DN250	230	DN2400	2340
DN300	275	DN2600	2540
DN350	321	DN2800	2740
DN400	371	DN3000	2940
DN450	422	DN3200	3120
DN500	472	DN3400	3320
DN600	575	DN3600	3520
DN700	670	DN3800	3720
DN800	770	DN4000	3920
DN900	870	—	—

5）GB/T 28776—2012《石油和天然气工业用钢制闸阀、截止阀和止回阀（≤DN100）阀座孔最小直径见表9-4。

表9-4　阀座孔最小直径　（单位：mm）

公称尺寸	Class150、Class300、Class600、Class800		
	所有结构阀门	闸阀	截止阀
DN8	6	6	5
DN10	6	6	5
DN15	9	9	8
DN20	12	12	9
DN25	17	15	14
DN32	23	22	20
DN40	28	27	25
DN50	36	34	27
DN65	44	38	—
DN80	50	47	—
DN100	69	63	—

9.1.2　美国标准数据

1）ASME B16.1—2015《灰铸铁管法兰及法兰管件（Class25、Class125、Class250）》规定的流道直径见表9-5。

2）ASME B16.34—2017《法兰、螺纹和焊接端阀门》公称尺寸和内径的关系见表9-6。

表9-5　公称尺寸和流道直径　（单位：mm）

公称尺寸	流道直径			公称尺寸	流道直径		
	Class25	Class125	Class250		Class25	Class125	Class250
NPS1/DN25	—	25	25	NPS12/DN300	305	305	305
NPSI $\frac{1}{4}$/DN32	—	32	32	NPS14/DN350	356	356	337
NPS1 $\frac{1}{2}$/DN40	—	38	38	NPS16/DN400	406	406	387
NPS2/DN50	—	51	51	NPS18/DN450	457	457	432
NPS2 $\frac{1}{2}$/DN65	—	64	64	NPS20/DN500	508	508	483
NPS3/DN80	—	76	76	NPS24/DN600	610	610	584
NPS3 $\frac{1}{2}$	—	89	89	NPS30	762	762	737
NPS4/DN100	102	102	102	NPS36/DN900	914	914	—
NPS5/DN125	127	127	127	NPS42	1067	1067	—
NPS6/DN150	152	152	152	NPS48/DN1200	1219	1219	—
NPS8/DN200	203	203	203	NPS54	1372	—	—
NPS10/DN250	254	254	254	NPS60/DN1500	1524	—	—
				NPS72/DN1800	1829	—	—

表 9-6 公称尺寸和内径的关系

公称尺寸 NPS	Class												公称尺寸 DN
	150		300		600		900		1500		2500		
	mm	in	mm	in	mm	in	mm	in	mm	in	mm	in	
½	12.7	0.50	12.7	0.50	12.7	0.50	12.7	0.50	12.7	0.50	11.2	0.44	15
¾	19.1	0.75	19.1	0.75	19.1	0.75	17.5	0.69	17.5	0.69	14.2	0.56	20
1	25.4	1.00	25.4	1.00	25.4	1.00	22.1	0.87	22.1	0.87	19.1	0.75	25
1¼	31.8	1.25	31.8	1.25	31.8	1.25	28.4	1.12	28.4	1.12	25.4	1.00	32
1½	38.1	1.50	38.1	1.50	38.1	1.50	34.8	1.37	34.8	1.37	28.4	1.12	40
2	50.8	2.00	50.8	2.00	50.8	2.00	47.5	1.87	47.5	1.87	38.1	1.50	50
2½	63.5	2.50	63.5	2.50	63.5	2.50	57.2	2.25	57.2	2.25	47.5	1.87	65
3	76.2	3.00	76.2	3.00	76.2	3.00	72.9	2.87	69.9	2.75	57.2	2.25	80
4	101.6	4.00	101.6	4.00	101.6	4.00	98.3	3.87	91.9	3.62	72.9	2.87	100
5	127.0	5.00	127.0	5.00	127.0	5.00	120.7	4.75	111.0	4.37	91.9	3.62	125
6	152.4	6.00	152.4	6.00	152.4	6.00	146.1	5.75	136.4	5.37	111.0	4.37	150
8	203.2	8.00	203.2	8.00	199.9	7.87	190.5	7.50	177.8	7.00	146.1	5.75	200
10	254.0	10.00	254.0	10.00	247.7	9.75	238.0	9.37	222.3	8.75	184.2	7.25	250
12	304.8	12.00	304.8	12.00	298.5	11.75	282.4	11.12	263.4	10.37	218.9	8.62	300
14	336.6	13.25	336.6	13.25	326.9	12.87	311.2	12.25	288.8	11.37	241.3	9.50	350
16	387.4	15.25	387.4	15.25	374.7	14.75	355.6	14.00	330.2	13.00	276.1	10.87	400
18	438.2	17.25	431.8	17.00	419.1	16.50	400.1	15.75	371.3	14.62	311.2	12.25	450
20	489.0	19.25	482.6	19.00	463.6	18.25	444.5	17.50	415.8	16.37	342.9	13.50	500
22	539.8	21.25	533.4	21.00	511.0	20.12	489.0	19.25	457.2	18.00	377.7	14.87	550
24	590.6	23.25	584.2	23.00	558.8	22.00	533.4	21.00	498.3	19.62	412.8	16.25	600
26	641.4	25.25	635.0	25.00	603.3	23.75	577.9	22.75	539.8	21.25	447.5	17.62	650
28	692.2	27.25	685.8	27.00	647.7	25.50	622.3	24.50	584.2	23.00	482.6	19.00	700
30	743.0	29.25	736.6	29.00	695.2	27.37	666.8	26.25	625.3	24.62	517.4	20.37	750
32	793.7	31.25	787.4	31.00	736.6	29.00	711.2	28.00	…	…	…	…	800
34	844.5	33.25	838.2	33.00	781.0	30.75	755.6	29.75	…	…	…	…	850
36	895.3	35.25	889.0	35.00	828.5	32.62	800.1	31.50	…	…	…	…	900
38	946.1	37.25	939.8	37.00	872.9	34.37	844.5	33.25	…	…	…	…	950
40	996.9	39.25	990.6	39.00	920.7	36.25	889.0	35.00	…	…	…	…	1000
42	1047.7	41.25	1041.4	41.00	965.2	38.00	933.4	36.75	…	…	…	…	1050
44	1098.5	43.25	1092.2	43.00	1012.6	39.87	977.9	38.50	…	…	…	…	1100
46	1149.3	45.25	1143.0	45.00	1057.1	41.62	1022.3	40.25	…	…	…	…	1150
48	1200.1	47.25	1193.8	47.00	1104.9	43.50	1066.8	42.00	…	…	…	…	1200
50	1250.9	49.25	1244.6	49.00	1149.3	45.25	1111.2	43.75	…	…	…	…	1250

3）API 6D—2014《管线和管道阀门规范》全通径阀的最小孔径见表 9-7。

表9-7 全通径阀的最小孔径

NPS	DN	各压力级最小孔径尺寸 /in（mm）			
		Class150～Class600	Class900	Class1500	Class2500
½	15	0.50(13)	0.50(13)	0.50(13)	0.50(13)
¾	20	0.75(19)	0.75(19)	0.75(19)	0.75(19)
1	25	1.00(25)	1.00(25)	1.00(25)	1.00(25)
1¼	32	1.25(32)	1.25(32)	1.25(32)	1.25(32)
1½	40	1.50(38)	1.50(38)	1.50(38)	1.50(38)
2	50	1.94(49)	1.94(49)	1.94(49)	1.69(42)
2½	65	2.44(62)	2.44(62)	2.44(62)	2.06(52)
3	80	2.94(74)	2.94(74)	2.94(74)	2.44(62)
4	100	3.94(100)	3.94(100)	3.94(100)	3.44(87)
6	150	5.94(150)	5.94(150)	5.69(144)	5.19(131)
8	200	7.94(201)	7.94(201)	7.56(192)	7.06(179)
10	250	9.94(252)	9.94(252)	9.44(239)	8.81(223)
12	300	11.94(303)	11.94(303)	11.31(287)	10.44(265)
14	350	13.19(334)	12.69(322)	12.44(315)	11.50(292)
16	400	15.19(385)	14.69(373)	14.19(360)	13.13(333)
18	450	17.19(436)	16.69(423)	16.00(406)	14.75(374)
20	500	19.19(487)	18.56(471)	17.88(454)	16.50(419)
22	550	21.19(538)	20.56(522)	19.69(500)	—
24	600	23.19(589)	22.44(570)	21.50(546)	—
26	650	24.94(633)	24.31(617)	23.38(594)	—
28	700	26.94(684)	26.19(655)	25.25(641)	—
30	750	28.94(735)	28.06(712)	27.00(686)	—
32	800	30.69(779)	29.94(760)	28.75(730)	—
34	850	32.69(830)	31.81(808)	30.50(775)	—
36	900	34.44(874)	33.69(855)	32.25(819)	—
38	950	36.44(925)	35.63(904)	—	—
40	1000	38.44(976)	37.63(956)	—	—
42	1050	40.19(1020)	39.63(1006)	—	—
48	1200	45.94(1166)	45.25(1149)	—	—
54	1350	51.69(1312)	—	—	—
56	1400	53.56(1360)	—	—	—
60	1500	57.44(1458)	—	—	—

注：NPS单位为in，DN单位为mm。

9.1.3 欧洲标准数据

EN12516－1：2014《工业阀门 壳体强度设计 第1部分：钢制阀门壳体强度的列表法》公称尺寸和管道内径和管道外径之间的关系见表9-8。

表 9-8 公称尺寸和内径 D_i 的关系 （单位：mm）

公称尺寸 DN	PN2.5	PN6	PN10	PN16	PN25	PN40	PN63	PN100	PN160	PN250	PN320	PN400	Class 150	Class 300	Class 600	Class 900	Class 1500	Class 2500	Class 4500
	D_i																		
6	7	7	7	7	7	7	7	7	7	6	—	—	7	7	7	7	6	—	—
8	7	7	7	7	7	7	7	7	7	6	—	—	7	7	7	7	6	—	—
10	13	13	13	13	13	13	13	13	13	11	—	—	13	13	13	13	11	—	—
15	16	16	16	16	13	13	13	13	13	11	—	10	13	13	13	13	13	11	10
20	21	21	21	21	19	19	19	19	17	14	—	14	19	19	19	17	17	14	13
25	27	27	27	27	25	25	25	25	22	22	—	19	25	25	25	22	22	19	16
32	35	35	35	35	32	32	32	32	28	28	—	25	32	32	32	28	28	25	21
40	41	41	41	41	38	38	38	38	35	35	—	28	38	38	38	35	35	28	25
50	53	53	53	53	51	51	51	51	47	47	—	38	51	51	51	47	47	38	29
65	64	64	64	64	64	64	64	64	57	57	—	47	64	64	64	57	57	47	36
80	78	78	78	78	76	76	76	76	73	70	—	57	76	76	76	73	70	57	43
100	102	102	102	102	102	102	102	102	98	92	—	73	102	102	102	98	92	73	56
125	127	127	127	127	127	127	127	127	121	111	—	92	127	127	127	121	111	92	69
150	152	152	152	152	152	152	152	152	146	136	—	111	152	152	152	146	136	111	82
200	203	203	203	203	203	203	203	200	190	178	—	146	203	203	200	190	178	146	107
250	254	254	254	254	254	254	254	248	238	217	—	184	254	254	248	238	217	184	133
300	305	305	305	305	305	305	305	298	282	257	—	219	305	305	298	282	257	219	158
350	343	343	343	343	337	337	337	327	311	282	—	241	337	337	327	311	282	241	173
400	394	394	394	394	387	387	384	375	356	323	—	276	387	387	375	356	323	276	198
450	445	445	445	445	438	432	429	419	400	363	—	311	438	432	419	400	363	311	223
500	495	495	495	495	489	483	479	464	444	403	—	343	489	483	464	444	403	343	247
550	546	546	546	546	540	533	528	511	489	444	—	378	540	533	511	489	444	378	272
600	597	597	597	597	591	584	579	559	533	484	—	413	591	584	559	533	484	413	297
650	645	645	645	645	641	635	628	603	579	524	—	448	641	635	603	579	524	448	323
700	695	695	695	695	692	686	678	648	622	565	—	483	692	686	648	622	565	483	346
750	746	746	746	746	743	737	728	695	667	605	—	517	743	737	695	667	605	517	371
800	800	800	800	793	788	786	776	741	708	645	—	551	788	786	741	708	645	551	396
850	850	850	850	843	838	835	825	788	752	686	—	586	838	835	788	752	686	586	421
900	900	900	900	889	889	884	873	835	796	726	—	620	889	884	835	796	726	620	444
950	950	950	950	940	940	934	922	880	841	766	—	655	940	934	880	841	766	655	470
1000	1000	1000	1000	991	991	983	971	928	885	807	—	689	991	983	928	885	807	689	495
1050	1050	1050	1050	1035	1035	1032	1019	973	928	847	—	726	1035	1032	973	928	847	726	520
1100	1100	1100	1100	1086	1086	1081	1057	1019	973	887	—	758	1086	1081	1019	973	887	758	544
1150	1150	1150	1150	1137	1137	1130	1116	1066	1019	928	—	793	1137	1130	1066	1019	928	793	569
1200	1200	1200	1200	1188	1188	1179	1164	1112	1062	968	—	827	1188	1179	1112	1062	968	827	594
1250	1250	1250	1250	1238	1238	1228	1212	1158	1106	1008	—	862	1238	1228	1158	1106	1008	862	620
1300	1300	1300	1300	—	—	—	—	—	—	—	—	—	—	—	—	—	—	—	—
1350	1350	1350	1350	—	—	—	—	—	—	—	—	—	—	—	—	—	—	—	—
1400	1400	1400	1400	—	—	—	—	—	—	—	—	—	—	—	—	—	—	—	—
1450																			
1500																			

9.2　壳体最小壁厚

9.2.1　中国标准数据

1. GB 26640—2011《阀门壳体最小壁厚尺寸要求规范》

1）钢制阀门和石油、化工及相关工业用钢制球阀壳体最小壁厚按表9-9的规定。

2）石油、石化及相关工业用钢制闸阀、截止阀、旋塞阀、升降式止回阀、旋启式止回阀和对夹式止回阀壳体的最小壁厚按表9-10的规定。

3）一般工况用钢制旋塞阀壳体的最小壁厚按表9-11的规定。

4）紧凑型钢制阀门壳体的最小壁厚按表9-12的规定。

5）铁制闸阀壳体的最小壁厚按表9-13的规定。

6）铁制截止阀，升降式止回阀壳体的最小壁厚按表9-14的规定。

7）铁制旋启式止回阀壳体的最小壁厚按表9-15的规定。

表9-9　阀门壳体最小壁厚 t_m　　（单位：mm）

内径 d	公称压力												
	PN16		PN25	PN40		PN63	PN100			PN160			
		PN20			PN50			PN110	PN150		PN260	PN420	PN760
3	2.5	2.5	2.5	2.5	2.5	2.6	2.8	2.8	2.8	2.8	3.1	3.6	4.9
6	2.7	2.7	2.7	2.7	2.7	2.8	3.0	3.0	3.1	3.1	3.5	4.2	6.5
9	2.8	2.8	2.8	2.9	2.9	3.0	3.2	3.2	3.4	3.4	3.8	4.9	8.0
12	2.9	2.9	2.9	3.0	3.0	3.1	3.3	3.4	3.7	3.7	4.2	5.6	9.6
15	3.1	3.1	3.1	3.2	3.3	3.4	3.6	3.6	4.2	4.3	4.8	6.6	12.0
18	3.3	3.3	3.3	3.4	3.5	3.6	3.8	3.9	4.7	4.8	5.3	7.7	14.3
21	3.5	3.5	3.5	3.6	3.7	3.8	4.1	4.2	5.2	5.3	5.9	8.7	16.7
24	3.7	3.7	3.8	3.9	4.0	4.1	4.3	4.4	5.7	5.8	6.4	9.7	19.0
27	3.8	3.9	4.0	4.2	4.3	4.4	4.7	4.8	6.3	6.4	7.2	11.1	22.2
31	4.2	4.3	4.4	4.6	4.7	4.8	5.0	5.1	6.6	6.7	8.1	12.8	26.1
35	4.5	4.6	4.7	4.9	5.1	5.2	5.4	5.4	6.9	7.1	9.0	14.5	30.0
40	4.8	4.9	5.0	5.3	5.5	5.5	5.7	5.7	7.2	7.4	9.9	16.2	33.9
45	5.1	5.2	5.3	5.7	5.9	5.9	6.0	6.0	7.5	7.8	10.8	17.9	37.9
50	5.4	5.5	5.6	6.0	6.3	6.3	6.3	6.3	7.8	8.2	11.8	19.6	41.8
55	5.5	5.6	5.8	6.2	6.5	6.5	6.3	6.3	8.3	8.7	12.7	21.3	45.7
60	5.6	5.7	5.9	6.3	6.6	6.6	6.6	6.6	8.8	9.2	13.6	23.0	49.6
65	5.7	5.8	6.0	6.5	6.8	6.8	6.9	6.9	9.3	9.8	14.5	24.7	53.6
70	5.8	5.9	6.1	6.6	6.9	7.0	7.2	7.3	9.9	10.4	15.5	26.4	57.5
75	5.9	6.0	6.2	6.7	7.1	7.2	7.5	7.6	10.4	10.9	16.4	28.1	61.4
80	6.0	6.1	6.3	6.8	7.2	7.4	7.9	8.0	10.9	11.5	17.3	29.8	65.3
85	6.0	6.2	6.4	7.0	7.4	7.6	8.2	8.3	11.4	12.0	18.2	31.5	69.3
90	6.1	6.3	6.5	7.1	7.5	7.7	8.4	8.6	11.9	12.6	19.1	33.2	73.2
95	6.2	6.4	6.6	7.3	7.7	8.0	8.8	9.0	12.5	13.2	20.1	34.9	77.1
100	6.3	6.5	6.7	7.4	7.8	8.1	9.1	9.3	13.0	13.7	21.0	36.6	81.0
110	6.3	6.5	6.8	7.5	8.0	8.4	9.7	10.0	14.0	14.8	22.8	40.0	88.9
120	6.5	6.7	7.0	7.8	8.3	8.8	10.3	10.7	15.1	16.0	24.7	43.4	96.7
130	6.5	6.8	7.1	8.1	8.7	9.3	11.0	11.4	16.1	17.0	26.5	46.9	104.6
140	6.7	7.0	7.3	8.3	9.0	9.7	11.5	12.0	17.2	18.2	28.4	50.3	112.4
150	6.8	7.1	7.5	8.6	9.3	10.0	12.1	12.7	18.2	19.3	30.2	53.7	120.3

（续）

内径 d	公称压力												
	PN16		PN25	PN40		PN63	PN100			PN160			
		PN20			PN50			PN110	PN150		PN260	PN420	PN760
160	7.0	7.3	7.7	8.9	9.7	10.5	12.8	13.4	19.3	20.5	32.0	57.1	128.1
170	7.2	7.5	7.9	9.2	10.0	10.9	13.4	14.1	20.3	21.5	33.9	60.5	136.0
180	7.2	7.6	8.1	9.4	10.3	11.3	14.0	14.7	21.3	22.6	35.7	63.9	143.8
190	7.4	7.8	8.3	9.7	10.7	11.7	14.6	15.4	22.4	23.8	37.6	67.3	151.7
200	7.6	8.0	8.5	10.0	11.0	12.1	15.3	16.1	23.4	24.9	39.4	70.7	159.5
210	7.7	8.1	8.6	10.2	11.3	12.5	15.9	16.8	24.5	26.0	41.3	74.1	167.4
220	7.8	8.3	8.9	10.6	11.7	12.9	16.5	17.4	25.5	27.1	43.1	77.5	175.2
230	7.9	8.4	9.0	10.8	12.0	13.3	17.1	18.1	26.6	28.3	45.0	80.9	183.1
240	8.1	8.6	9.2	11.1	12.3	13.7	17.7	18.8	27.6	29.3	46.8	84.4	190.9
250	8.3	8.8	9.5	11.4	12.7	14.2	18.4	19.5	28.7	30.5	48.6	87.8	198.8
260	8.4	8.9	9.6	11.6	13.0	14.6	19.0	20.2	29.7	31.6	50.5	91.2	206.6
270	8.5	9.1	9.8	11.9	13.3	14.9	19.6	20.8	30.8	32.8	52.3	94.6	214.5
280	8.7	9.3	10.0	12.2	13.7	15.4	20.2	21.5	31.8	33.8	54.2	98.0	222.3
290	8.8	9.4	10.2	12.5	14.0	15.8	20.8	22.2	32.8	34.9	56.0	101.4	230.2
300	9.0	9.6	10.4	12.7	14.3	16.2	21.5	22.9	33.9	36.1	57.9	104.8	238.0
310	9.1	9.8	10.6	13.1	14.7	16.6	22.0	23.5	34.9	37.2	59.7	108.2	245.9
320	9.2	9.9	10.8	13.3	15.0	17.0	22.7	24.2	36.0	38.3	61.6	111.6	253.7
330	9.4	10.1	11.0	13.6	15.3	17.4	23.3	24.9	37.0	39.4	63.4	115.0	261.6
340	9.5	10.2	11.1	13.9	15.7	17.8	24.0	25.6	38.1	40.6	65.2	118.4	269.4
350	9.7	10.4	11.3	14.1	16.0	18.2	24.6	26.3	39.1	41.6	67.1	121.9	277.2
360	9.8	10.6	11.6	14.4	16.3	18.6	25.1	26.9	40.2	42.8	68.9	125.3	285.1
370	9.9	10.7	11.7	14.7	16.7	19.1	25.8	27.6	41.2	43.9	70.8	128.7	292.9
380	10.1	10.9	11.9	15.0	17.0	19.4	26.4	28.3	42.2	45.0	72.6	132.1	300.8
390	10.3	11.1	12.1	15.2	17.3	19.8	27.1	29.0	43.3	46.1	74.5	135.5	308.6
400	10.3	11.2	12.3	15.5	17.7	20.3	27.6	29.6	44.3	47.2	76.3	138.9	316.5
410	10.5	11.4	12.5	15.8	18.0	20.7	28.3	30.3	45.4	48.4	78.2	142.3	324.3
420	10.6	11.5	12.6	16.0	18.3	21.1	28.9	31.0	46.4	49.5	80.0	145.7	332.2
430	10.8	11.7	12.9	16.4	18.7	21.5	29.5	31.7	47.5	50.6	81.8	149.1	340.0
440	11.0	11.9	13.1	16.6	19.0	21.9	30.2	32.4	48.5	51.7	83.7	152.5	347.9
450	11.0	12.0	13.2	16.9	19.4	22.3	30.7	33	49.6	52.9	85.5	155.9	355.7
460	11.2	12.2	13.5	17.2	19.7	22.7	31.4	33.7	50.6	53.9	87.4	159.4	363.6
470	11.4	12.4	13.7	17.5	20.0	23.1	32.0	34.4	51.7	55.1	89.2	162.8	371.4
480	11.4	12.5	13.8	17.8	20.4	23.6	32.7	35.1	52.1	55.6	91.1	166.2	379.3
490	11.6	12.7	14.0	18.0	20.7	24.0	33.2	35.7	53.7	57.3	92.9	169.6	387.1
500	11.8	12.9	14.3	18.3	21.0	24.3	33.8	36.4	54.8	58.4	94.8	173.0	395.0
510	11.9	13.0	14.4	18.6	21.4	24.8	34.5	37.1	55.8	59.5	96.6	176.4	402.8
520	12.1	13.2	14.6	18.9	21.7	25.2	35.1	37.8	56.9	60.7	98.4	179.8	410.7
530	12.1	13.3	14.8	19.1	22.0	25.6	35.8	38.5	57.9	61.8	100.3	183.2	418.5
540	12.3	13.5	15.0	19.4	22.4	26.0	36.3	39.1	59.0	62.9	102.1	186.6	426.4

（续）

内径 d	公称压力												
	PN16		PN25	PN40		PN63	PN100			PN160			
		PN20			PN50			PN110	PN150		PN260	PN420	PN760
550	12.5	13.7	15.2	19.7	22.7	26.4	37.0	39.8	60.0	64.0	104.0	190.0	434.2
560	12.6	13.8	15.3	19.9	23.0	26.8	37.6	40.5	61.1	65.2	105.8	193.4	442.1
570	12.7	14.0	15.6	20.3	23.4	27.3	38.2	41.2	62.1	66.2	107.7	196.9	449.9
580	12.9	14.2	15.8	20.5	23.7	27.6	38.8	41.8	63.1	67.3	109.5	200.3	457.8
590	13.0	14.3	15.9	20.8	24.0	28.0	39.4	42.5	64.2	68.5	111.4	203.7	465.6
600	13.2	14.5	16.2	21.1	24.4	28.5	40.1	43.2	65.2	69.6	113.2	207.1	473.5
610	13.3	14.6	16.3	21.3	24.7	28.9	40.7	43.9	66.3	70.7	115.0	210.5	481.3
620	13.4	14.8	16.5	21.6	25.0	29.2	41.3	44.6	67.3	71.8	116.9	213.9	489.2
630	13.6	15.0	16.7	21.9	25.4	29.7	41.9	45.2	68.4	73.0	118.7	217.3	497.0
640	13.7	15.1	16.9	22.2	25.7	30.1	42.5	45.9	69.4	74.1	120.6	220.7	504.9
650	13.9	15.3	17.1	22.4	26.0	30.5	43.2	46.6	70.5	75.2	122.4	224.1	512.7
660	14.0	15.5	17.3	22.8	26.4	30.9	43.8	47.3	71.5	76.3	124.3	227.5	520.6
670	14.1	15.6	17.5	23.0	26.7	31.3	44.4	47.9	72.5	77.4	126.1	230.9	528.4
680	14.3	15.8	17.7	23.3	27.0	31.7	45.0	48.6	73.6	78.5	128	234.4	536.3
690	14.4	15.9	17.8	23.6	27.4	32.1	45.7	49.3	74.6	79.6	129.8	237.8	544.1
700	14.6	16.1	18.0	23.8	27.7	32.5	46.3	50.0	75.7	80.8	131.6	241.2	552.0
710	14.7	16.3	18.3	24.1	28.0	32.9	46.9	50.7	76.1	81.3	133.5	244.6	559.8
720	14.8	16.4	18.4	24.4	28.4	33.4	47.5	51.3	77.8	83.0	135.3	248.0	567.7
730	15.0	16.6	18.6	24.7	28.7	33.7	48.1	52.0	78.8	84.1	137.2	251.4	575.5
740	15.2	16.8	18.8	24.9	29.0	34.1	48.8	52.7	79.9	85.3	139.0	254.8	583.4
750	15.2	16.9	19.0	25.2	29.4	34.6	49.4	53.4	80.9	86.4	140.9	258.2	591.2
760	15.4	17.1	19.2	25.5	29.7	35.0	50.0	54.0	82.0	87.5	142.7	261.6	599.0
770	15.6	17.3	19.4	25.8	30.0	35.4	50.6	54.7	83.0	88.6	144.6	265.0	606.9
780	15.7	17.4	19.6	26.1	30.4	35.8	51.2	55.4	84.0	89.7	146.4	268.4	614.7
790	15.9	17.6	19.8	26.3	30.7	36.2	51.9	56.1	85.1	90.8	148.2	271.9	622.6
800	15.9	17.7	19.9	26.6	31.0	36.6	52.5	56.8	86.1	91.9	150.1	275.3	630.4
820	16.3	18.1	20.4	27.2	31.7	37.4	53.7	58.1	88.2	94.2	153.8	282.1	646.1
840	16.5	18.4	20.7	27.7	32.4	38.3	55.0	59.5	90.3	96.4	157.5	288.9	661.8
860	16.8	18.7	21.1	28.2	33.0	39.0	56.2	60.8	92.4	98.6	161.1	295.7	677.5
880	17.0	19.0	21.5	28.8	33.7	39.9	57.5	62.2	94.5	100.9	164.8	302.5	693.2
900	17.4	19.4	21.9	29.4	34.4	40.7	58.7	63.5	96.6	103.1	168.5	309.4	708.9
920	17.7	19.7	22.3	29.9	35.0	41.5	59.9	64.9	98.7	105.4	172.2	316.2	724.6
940	17.9	20.0	22.6	30.5	35.7	42.3	61.1	66.2	100.8	107.6	175.9	323.0	740.3
960	18.2	20.3	23.0	31.0	36.4	43.2	62.4	67.6	102.9	109.9	179.6	329.6	756.0
980	18.5	20.7	23.4	31.6	37.1	44.0	63.7	69.0	104.9	112.0	183.3	336.6	771.7
1000	18.8	21.0	23.8	32.1	37.7	44.8	64.9	70.3	107.0	114.3	187.0	343.5	787.4
1020	19.0	21.3	24.2	32.7	38.4	45.6	66.2	71.7	109.1	116.5	190.7	350.3	803.1
1040	19.4	21.7	24.6	33.3	39.1	46.4	67.4	73.0	111.2	118.8	194.3	357.1	818.8
1060	19.6	22.0	25.0	33.8	39.7	47.2	68.6	74.4	113.3	121.0	198.0	363.9	834.5

（续）

内径 d	公称压力												
	PN16		PN25	PN40		PN63	PN100			PN160			
		PN20			PN50			PN110	PN150		PN260	PN420	PN760
1080	19.9	22.3	25.3	34.4	40.4	48.0	69.8	75.7	115.4	123.2	201.7	370.7	850.2
1100	20.1	22.6	25.7	34.9	41.4	48.9	71.1	77.1	117.5	125.5	205.4	377.5	865.9
1120	20.5	23.0	26.1	35.5	41.7	49.7	72.3	78.4	119.6	127.7	209.1	384.4	881.6
1140	20.8	23.3	26.5	36.0	42.4	50.5	73.6	79.8	121.7	130.0	212.8	391.2	897.3
1160	21.0	23.6	26.9	36.6	43.1	51.4	74.9	81.2	123.7	132.1	216.5	398.0	913.0
1180	21.3	23.9	27.2	37.1	43.7	52.1	76.0	82.5	125.8	134.4	220.2	404.8	928.7
1200	21.6	24.3	27.7	37.7	44.4	53.0	77.3	83.9	127.9	136.6	223.9	411.6	944.4
1220	21.9	24.6	28.0	38.3	45.1	53.8	78.5	85.2	130.0	138.9	227.5	418.5	960.1
1240	22.1	24.9	28.4	38.8	45.7	54.6	79.8	86.6	132.1	141.1	231.2	425.3	975.8
1260	22.4	25.2	28.7	39.3	46.4	55.4	81.0	87.9	134.2	143.4	234.9	432.1	991.5
1280	22.7	25.6	29.2	39.9	47.1	56.2	82.3	89.3	136.3	145.6	238.6	438.9	1007.2
1300	23.0	25.9	29.5	40.4	47.7	57.0	83.5	90.6	138.4	147.8	242.3	445.7	1022.9

表 9-10　石油、化工及相关工业用钢制阀门的壳体最小壁厚

公称尺寸 DN	公称压力									
	PN16	PN20	PN25	PN40	PN50	PN63	PN100、PN110	PN150、PN160	PN250、PN260	PN420
	阀体最小壁厚/mm									
50	7.9	8.6	8.8	9.3	9.7	10.0	11.2	15.8	19.1	22.4
65	8.7	9.7	10.0	10.7	11.2	11.4	11.9	18.0	22.4	25.4
80	9.4	10.4	10.7	11.4	11.9	12.1	12.7	19.1	23.9	30.2
100	10.3	11.2	11.5	12.2	12.7	13.4	16.0	21.3	28.7	35.8
150	11.9	11.9	12.6	14.6	16.0	16.7	19.1	26.2	38.1	48.5
200	12.7	12.7	13.5	15.9	17.5	19.2	25.4	31.8	47.8	62.0
250	14.2	14.2	15.0	17.5	19.1	21.2	28.7	36.6	57.2	67.6
300	15.3	16.0	16.8	19.1	20.6	23.0	31.8	42.2	66.8	86.6
350	15.9	16.8	17.7	20.5	22.4	25.2	35.1	46.0	69.9	—
400	16.4	17.5	18.6	21.8	23.9	27.0	38.1	52.3	79.5	—
450	16.9	18.3	19.5	23.0	25.4	28.9	41.4	57.2	88.9	—
500	17.6	19.1	20.4	24.3	26.9	30.7	44.5	63.5	98.6	—
600	19.6	20.6	22.2	27.0	30.2	34.7	50.8	73.2	114.3	—

表 9-11　一般工况用钢制旋塞阀的壳体最小壁厚

公称尺寸 DN	公称压力										
	PN10	PN16	PN25	PN40	PN20	PN50	PN100/PN110	PN140①	PN160/PN150	PN250/PN260	PN420
	阀体最小壁厚/mm										
15	4.0	4.0	4.0	4.0	4.0	4.0	5.0	4.0	—	6.0	8.0
20	4.0	4.0	4.0	4.0	4.0	4.0	5.0	4.3	—	7.0	9.0

（续）

公称尺寸DN	公称压力										
	PN10	PN16	PN25	PN40	PN20	PN50	PN100/PN110	PN140①	PN160/PN150	PN250/PN260	PN420
	阀体最小壁厚/mm										
25	5.0	5.0	5.0	5.0	5.0	6.0	6.0	5.0	—	8.0	11.0
32	6.0	6.0	6.0	6.0	6.0	7.0	7.0	5.6	—	10.0	14.0
40	6.0	6.0	6.0	6.0	6.0	7.0	7.0	5.6	—	12.0	16.0
50	6.5	6.5	7.5	8.0	7.0	8.0	8.0	6.1	—	14.0	20.0
65	6.5	7.0	7.5	8.0	7.0	8.0	9.0	—	—	16.0	23.0
80	6.5	7.0	7.5	8.0	7.0	9.0	10.0	—	13.0	20.0	26.0
100	7.5	7.5	8.0	9.0	8.0	10.0	12.0	—	16.0	23.0	32.0
150	8.0	9.0	9.0	11.0	9.0	12.0	16.0	—	22.0	32.0	44.0
200	9.0	10.0	11.0	13.0	10.0	14.0	20.0	—	26.0	40.0	56.0
250	9.5	11.0	12.0	14.0	11.0	16.0	23.0	—	31.0	48.0	70.0
300	11.0	12.0	13.0	16.0	12.0	18.0	27.0	—	36.0	55.0	81.0
350	11.0	12.5	14.0	17.5	13.0	20.0	29.0	—	—	60.0	—
400	12.0	14.0	16.0	19.0	14.0	22.0	32.0	—	—	68.0	—
450	13.0	15.0	18.0	—	15.0	—	—	—	—	—	—
500	14.0	16.0	20.0	—	16.0	—	—	—	—	—	—
600	15.0	18.0	22.0	—	18.0	—	—	—	—	—	—

① PN140压力级仅适用于锻造或棒材制作的阀体。

表9-12 紧凑型钢制阀门的壳体最小壁厚

公称尺寸DN	公称压力	
	PN16～PN140	PN250
	阀体最小壁厚/mm	
8	3.1	3.8
10	3.3	4.3
15	4.1	4.8
20	4.8	6.1
25	5.6	7.1
32	5.8	8.4
40	6.1	9.7
50	7.1	11.9
65	8.4	14.2
80	9.7	16.5
100	11.9	21.3

表9-13 铁制闸阀壳体最小壁厚（单位：mm）

公称尺寸DN	公称压力					
	PN1	PN2.5	PN6	PN10	PN16	PN25
	灰铸铁			球墨铸铁		
15	—	—	—	5	4	5
20	—	—	—	5	4	5

（续）

公称尺寸DN	公称压力					
	PN1	PN2.5	PN6	PN10	PN16	PN25
	灰铸铁			球墨铸铁		
25	—	—	—	5	4	5
32	—	—	—	5.5	4.5	6
40	—	—	—	6	5	7
50	—	—	—	7	7	8
65	—	—	—	7	7	8
80	—	—	—	8	8	9
100	—	—	—	9	9	10
125	—	—	—	10	10	12
150	—	—	—	11	11	12
200	—	—	—	12	12	14
250	—	—	—	13	13	16
300	13	—	—	14	14	16
350	14	—	—	14	15	—
400	15	—	—	15	16	—
450	15	—	—	16	17	—
500	16	16	—	16	18	—
600	18	18	—	18	18	—
700	20	20	—	20*	20	—

（续）

公称尺寸DN	公称压力					
	PN1	PN2.5	PN6	PN10	PN16	PN25
	灰铸铁				球墨铸铁	
800	20	22	—	22 *	22	—
900	20	22	—	24 *	24	—
1000	20	24	—	26 *	26	—
1200	22	26 *	26 *	28 *	28	—
1400	25	26 *	28 *	30 *	—	—
1600	—	30 *	32 *	35 *	—	—
1800	—	32 *	35 *	—	—	—
2000	—	34 *	38 *	—	—	—

注：带 * 为HT250、球墨铸铁QT450-10。

表9-14　铁制截止阀、升降式止回阀壳体最小壁厚

（单位：mm）

公称尺寸DN	公称压力					
	PN10	PN16	PN10	PN16	PN16	PN25
	灰铸铁		可锻铸铁		球墨铸铁	
15	5	5	5	5	5	6
20	6	6	6	6	6	7
25	6	6	6	6	6	7
32	6	7	6	7	7	8
40	7	7	7	7	7	8
50	7	8	7	8	8	9
65	8	8	8	8	8	9
80	8	9	8	9	9	10
100	9	10	9	10	10	11
125	10	—	—	—	12	—
150	11	—	—	—	12	—
200	12	—	—	—	14	—

表9-15　铁制旋启式止回阀壳体最小壁厚

（单位：mm）

公称尺寸DN	公称压力				
	PN2.5	PN6	PN10	PN16	PN25
	灰铸铁			球墨铸铁	
50	6	8	8	8	8
65	6	8	8	9	9
80	6	9	9	10	10
100	8	9	9	11	11
125	9	10	10	12	12
150	9	10	10	14	14

（续）

公称尺寸DN	公称压力				
	PN2.5	PN6	PN10	PN16	PN25
	灰铸铁			球墨铸铁	
200	10	12	12	15	15
250	12	13	13	15	—
300	13	14	14	16	—
350	14	15	15	16	—
400	14	16	16	18	—
450	15	17	17	20	—
500	15	18	18	23	—
600	16	20	20	23	—
700	20	24	26	—	—
800	20	24	26	—	—
900	22	25	28	—	—
1000	22	26	30	—	—
1200	23	26	—	—	—
1400	24	30	—	—	—
1600	24	30	—	—	—
1800	26		—	—	—

8）铁制球阀壳体最小壁厚按表9-16的规定。

表9-16　铁制球阀壳体最小壁厚

（单位：mm）

公称尺寸DN	公称压力			
	PN10	PN16	PN16	PN25
	灰铸铁		球墨铸铁	
15	5	5	5	6
20	5	5	5	7
25	6	6	6	7
32	6	7	6	8
40	7	7	7	8
50	7	8	7	9
65	8	8	8	9
80	8	9	8	10
100	9	10	9	11
125	10	—	10	12
150	11	—	11	13
200	12	—	12	—
250	13	—	13	—
300	14	—	14	—

9）铁制蝶阀壳体的最小壁厚按表9-17的规定。

表9-17 铁制蝶阀壳体最小壁厚

（单位：mm）

<table>
<tr><th rowspan="3">公称尺寸
DN</th><th colspan="5">公称压力</th></tr>
<tr><th>PN2.5</th><th>PN6</th><th>PN10</th><th>PN10</th><th>PN16</th></tr>
<tr><th colspan="3">灰铸铁</th><th colspan="2">球墨铸铁</th></tr>
<tr><td>40</td><td rowspan="2">7</td><td rowspan="2">7.5</td><td rowspan="2">8</td><td rowspan="2">7.5</td><td rowspan="2">8</td></tr>
<tr><td>50</td></tr>
<tr><td>65</td><td rowspan="3">8</td><td rowspan="3">8.5</td><td rowspan="3">9</td><td rowspan="3">8.5</td><td rowspan="3">9</td></tr>
<tr><td>80</td></tr>
<tr><td>100</td></tr>
<tr><td>125</td><td rowspan="2">9</td><td rowspan="2">9.5</td><td rowspan="2">10</td><td rowspan="2">9.5</td><td rowspan="2">10</td></tr>
<tr><td>150</td></tr>
<tr><td>200</td><td rowspan="2">10</td><td rowspan="2">11</td><td rowspan="2">12</td><td rowspan="2">11</td><td rowspan="2">12</td></tr>
<tr><td>250</td></tr>
<tr><td>300</td><td rowspan="2">11</td><td>12</td><td>14</td><td>12</td><td>14</td></tr>
<tr><td>350</td><td>13</td><td rowspan="2">15</td><td>13</td><td rowspan="2">15</td></tr>
<tr><td>400</td><td>12</td><td>14</td><td>14</td></tr>
<tr><td>450</td><td>12</td><td>15</td><td>16</td><td>15</td><td>16</td></tr>
<tr><td>500</td><td>13</td><td>16</td><td>17</td><td>16</td><td>17</td></tr>
<tr><td>600</td><td>14</td><td>17</td><td>18</td><td>17</td><td>18</td></tr>
<tr><td>700</td><td>15</td><td>18</td><td>19</td><td>18</td><td>19</td></tr>
<tr><td>800</td><td>16</td><td>19</td><td>20</td><td>19</td><td>20</td></tr>
<tr><td>900</td><td>18</td><td>20</td><td>22</td><td>20</td><td>22</td></tr>
<tr><td>1000</td><td>20</td><td>21</td><td>23</td><td>21</td><td>23</td></tr>
<tr><td>1200</td><td>21</td><td>23</td><td>26</td><td>23</td><td>26</td></tr>
<tr><td>1400</td><td>22</td><td>25</td><td>30</td><td>25</td><td>—</td></tr>
<tr><td>1600</td><td>24</td><td>28</td><td>34</td><td>28</td><td>—</td></tr>
<tr><td>1800</td><td>26</td><td>31</td><td>38</td><td>31</td><td>—</td></tr>
<tr><td>2000</td><td>28</td><td>34</td><td>42</td><td>34</td><td>—</td></tr>
<tr><td>2200</td><td>32</td><td>36</td><td>47</td><td>36</td><td>—</td></tr>
<tr><td>2400</td><td>35</td><td>38</td><td>50</td><td>38</td><td>—</td></tr>
<tr><td>2600</td><td>38</td><td>41</td><td>55</td><td>41</td><td>—</td></tr>
<tr><td>2800</td><td>41</td><td>45</td><td>60</td><td>45</td><td>—</td></tr>
<tr><td>3000</td><td>44</td><td>50</td><td>65</td><td>50</td><td>—</td></tr>
</table>

10）铁制隔膜阀壳体的最小壁厚按表9-18的规定。

11）铁制旋塞阀壳体的最小壁厚按表9-19的规定。

表9-18 铁制隔膜阀壳体最小壁厚

（单位：mm）

公称尺寸 DN	公称压力			
	PN10		PN16	
	灰铸铁		球墨铸铁	
	阀体	阀盖	阀体	阀盖
8	5	3	5	3
10	5	3.5	5	3.5
15	5	3.5	5	3.5
20	5	4	5	4
25	5	4	5	4
32	6	5	6	5
40	7	6	7	6
50	8	6	8	6
65	8	7	8	7
80	9	7	9	7
100	10	8	10	8
125	11	9	11	9
150	12	10	12	10
200	13	11	13	11
250	15	12	15	12
300	16	13	16	13
350	17	14	17	14
400	18	15	18	15

表9-19 铁制旋塞阀壳体最小壁厚

（单位：mm）

公称尺寸 DN	公称压力			
	PN10	PN16	PN10	PN16
	灰铸铁		球墨铸铁	
≤25	6	8	4	6
32	7	9.5	5	7
40	8	11	6	8
50	9	12	7	9
65	10	13	8	10
80	11	15	9	11
100	13	16	11	13
150	16	—	14	16
200	20	—	18	20

2. NB/T 47044—2014《电站阀门》

1）PN系列阀门壳体的最小壁厚按表9-20的规定。

2）Class系列阀门壳体的最小壁厚按表9-21的规定。

表 9-20 PN 系列阀门壳体的最小壁厚

内径 d /mm	PN系列 压力级别														
	PN 16	PN 25	PN 40	PN 63	PN 100	PN 160	PN 200	PN 250	PN 320	PN 400	PN 420	PN 500	PN 630	PN 760	PN 800
	壳体最小壁厚 t_m/mm														
3	2.5	2.5	2.5	2.8	2.8	2.8	2.9	3.1	3.3	3.5	3.6	3.9	4.4	4.9	5.1
6	2.7	2.7	2.8	2.9	3.1	3.2	3.4	3.6	4.0	4.5	4.6	5.2	6.2	7.2	7.5
9	2.9	2.9	3.0	3.1	3.3	3.6	3.9	4.2	4.8	5.4	5.6	6.5	8.1	9.6	10.1
10	3.0	3.0	3.1	3.2	3.4	3.8	4.1	4.4	5.0	5.7	5.9	7.0	8.7	10.4	10.9
12	3.1	3.1	3.2	3.4	3.6	4.1	4.4	4.8	5.5	6.4	6.6	7.9	9.9	12.0	12.6
15	3.3	3.3	3.4	3.6	3.8	4.5	4.9	5.3	6.3	7.4	7.7	9.3	11.8	14.3	15.1
18	3.5	3.5	3.6	3.8	4.0	5.0	5.4	5.9	7.1	8.4	8.7	10.6	13.6	16.7	17.6
21	3.7	3.8	3.9	4.1	4.3	5.4	5.8	6.4	7.8	9.3	9.7	11.9	15.4	19.0	20.1
24	3.9	4.0	4.1	4.3	4.5	5.9	6.4	7.0	8.5	10.3	10.7	13.2	17.3	21.4	22.7
25	3.9	4.0	4.2	4.4	4.6	6.1	6.6	7.2	8.8	10.6	11.0	13.7	17.9	22.2	23.5
27	4.1	4.2	4.3	4.5	4.8	6.4	6.9	7.5	9.2	11.2	11.7	14.5	19.1	23.7	25.1
31	4.2	4.4	4.6	4.8	5.0	6.7	7.4	8.3	10.3	12.5	13.1	16.3	21.6	26.9	28.5
35	4.5	4.7	4.9	5.1	5.3	6.9	7.8	9.0	11.3	13.9	14.5	18.1	24.1	30.0	31.8
40	4.8	5.0	5.2	5.4	5.6	7.2	8.4	9.9	12.5	15.5	16.2	20.4	27.1	33.9	36.0
45	5.1	5.3	5.5	5.7	5.9	7.5	9.0	10.8	13.7	17.1	17.9	22.6	30.3	37.9	40.3
50	5.4	5.6	5.8	6.0	6.2	7.8	9.6	11.8	15.0	18.7	19.6	24.8	33.3	41.8	44.4
55	5.5	5.7	6.0	6.3	6.5	8.3	10.3	12.7	16.2	20.3	21.3	27.0	36.4	45.7	48.6
60	5.6	5.8	6.2	6.5	6.7	8.8	10.9	13.6	17.5	21.9	23.0	29.3	39.4	49.6	52.7
65	5.7	5.9	6.3	6.7	7.1	9.3	11.6	14.5	18.7	23.5	24.7	31.5	42.6	53.6	57.0
70	5.8	6.0	6.4	6.9	7.4	9.9	12.4	15.5	20.0	25.1	26.4	33.7	45.6	57.5	61.2
75	5.9	6.2	6.6	7.1	7.7	10.4	13.1	16.4	21.2	26.7	28.1	35.9	48.7	61.4	65.3
80	6.0	6.3	6.7	7.3	8.0	10.9	13.7	17.3	22.4	28.3	29.8	38.2	51.7	65.3	69.5
85	6.1	6.4	6.9	7.5	8.3	11.4	14.4	18.2	23.7	29.9	31.5	40.4	54.8	69.3	73.7
90	6.2	6.5	7.0	7.7	8.7	11.9	15.1	19.1	24.9	31.5	33.2	42.6	57.9	73.2	77.9
95	6.3	6.6	7.1	7.9	8.9	12.5	15.9	20.1	26.2	33.2	34.9	44.8	61.0	77.1	82.1
100	6.3	6.7	7.3	8.1	9.2	13.0	16.6	21.0	27.4	34.8	36.6	47.0	64.0	81.0	86.2
110	6.3	6.8	7.5	8.5	9.8	14.0	17.9	22.8	29.9	38.0	40.0	51.5	70.2	88.9	94.7
120	6.5	7.0	7.8	8.9	10.5	15.1	19.4	24.7	32.4	41.2	43.4	55.9	76.3	96.7	103.0
125	6.5	7.1	8.0	9.1	10.8	15.6	20.0	25.6	33.7	42.9	45.2	58.2	79.4	100.7	107.2
130	6.5	7.1	8.1	9.3	11.1	16.1	20.7	26.5	34.9	44.5	46.9	60.5	82.5	104.6	111.4
140	6.7	7.3	8.3	9.7	11.7	17.2	22.2	28.4	37.4	47.7	50.3	64.9	88.7	112.4	119.7
150	6.8	7.5	8.6	10.2	12.3	18.2	23.5	30.2	39.9	50.9	53.7	69.4	94.8	120.3	128.1
160	7.0	7.7	8.9	10.5	13.0	19.3	24.9	32.0	42.3	54.1	57.1	73.8	101.0	128.1	136.5
170	7.2	7.9	9.2	10.9	13.6	20.3	26.3	33.9	44.9	57.4	60.5	78.3	107.1	136.0	144.9
180	7.2	8.1	9.4	11.3	14.1	21.3	27.7	35.7	47.3	60.6	63.9	82.7	113.3	143.8	153.2
190	7.4	8.3	9.7	11.8	14.8	22.4	29.2	37.6	49.8	63.8	67.3	87.2	119.4	151.7	161.6
200	7.6	8.5	10.0	12.1	15.4	23.4	30.5	39.4	52.3	67.0	70.7	91.6	125.5	159.5	169.9
210	7.7	8.6	10.2	12.5	16.1	24.5	32.0	41.3	54.8	70.2	74.1	96.1	131.7	167.4	178.4

（续）

内径 d /mm	PN系列 压力级别														
	PN 16	PN 25	PN 40	PN 63	PN 100	PN 160	PN 200	PN 250	PN 320	PN 400	PN 420	PN 500	PN 630	PN 760	PN 800
	壳体最小壁厚 t_m/mm														
220	7.8	8.9	10.6	13.0	16.6	25.5	33.3	43.1	57.3	73.5	77.5	100.5	137.8	175.2	186.7
230	7.9	9.0	10.8	13.4	17.3	26.6	34.8	45.0	59.8	76.7	80.9	104.9	144.0	183.1	195.1
240	8.1	9.2	11.1	13.8	17.9	27.6	36.1	45.8	62.3	80.0	84.4	109.5	150.2	190.9	203.4
250	8.3	9.5	11.4	14.2	18.5	28.7	37.5	48.6	64.7	83.2	87.8	113.9	156.4	198.8	211.9
260	8.4	9.6	11.6	14.6	19.1	29.7	38.9	50.5	67.3	86.4	91.2	118.4	162.5	206.6	220.2
270	8.5	9.8	11.9	15.0	19.7	30.8	40.4	52.3	69.7	89.6	94.6	122.8	168.7	214.5	228.6
280	8.7	10.0	12.2	15.4	20.4	31.8	41.8	54.2	72.2	92.8	98.0	127.2	174.8	222.3	236.9
290	8.8	10.2	12.5	15.8	21.0	32.8	43.1	56.0	74.7	96.1	101.4	131.7	181.0	230.2	245.4
300	9.0	10.4	12.7	16.2	21.6	33.9	44.6	57.9	77.2	99.3	104.8	136.1	187.1	238.0	253.7
310	9.2	10.6	13.0	16.6	22.2	34.9	45.9	59.7	79.7	102.5	108.2	140.6	193.3	245.9	262.1
320	9.2	10.8	13.3	17.0	22.8	36.0	47.4	61.6	82.2	105.7	111.6	145.0	199.4	253.7	270.4
330	9.4	11.0	13.6	17.4	23.5	37.0	48.7	63.4	84.6	108.9	115.0	149.5	205.5	261.6	278.8
340	9.5	11.1	13.8	17.8	24.0	38.1	50.1	65.2	87.1	112.1	118.4	153.9	211.7	269.4	287.2
350	9.7	11.3	14.1	18.3	24.7	39.1	51.5	67.1	89.7	115.5	121.9	158.4	217.8	277.2	295.5
360	9.8	11.6	14.4	18.6	25.3	40.2	53.0	68.9	92.1	118.7	125.3	162.9	224.0	285.1	303.9
370	9.9	11.7	14.6	19.0	25.9	41.2	54.4	70.8	94.6	121.9	128.7	167.3	230.1	292.9	312.2
380	10.1	11.9	14.9	19.4	26.5	42.2	55.7	72.6	97.1	125.1	132.1	171.8	236.3	300.8	320.6
390	10.3	12.1	15.2	19.9	27.1	43.3	57.2	74.5	99.6	128.3	135.5	176.2	242.4	308.6	329.0
400	10.3	12.3	15.5	20.2	27.8	44.3	58.5	76.3	102.1	131.5	138.9	180.7	248.6	316.5	337.4
410	10.5	12.5	15.7	20.6	28.4	45.4	60.0	78.2	104.6	134.8	142.3	185.1	254.7	324.3	345.7
420	10.6	12.6	16.0	21.1	29.0	46.4	61.3	80.0	107.1	138.0	145.7	189.6	260.9	332.2	354.1
430	10.8	12.9	16.3	21.5	29.6	47.5	62.7	81.8	109.5	141.2	149.1	194.0	267.0	340.0	362.5
440	11.0	13.1	16.6	21.8	30.2	48.5	64.1	83.7	112.0	144.4	152.5	198.5	273.2	347.9	370.9
450	11.0	13.2	16.9	22.3	30.9	49.6	65.6	85.5	114.5	147.6	155.9	202.9	279.3	355.7	379.2
460	11.2	13.4	17.1	22.7	31.4	50.6	67.0	87.4	117.0	150.9	159.4	207.4	285.5	363.6	387.6
470	11.4	13.7	17.4	23.1	32.1	51.7	68.4	89.2	119.5	154.1	162.8	211.9	291.6	371.4	395.9
480	11.5	13.8	17.6	23.5	32.7	52.7	69.8	91.1	122.0	157.4	166.2	216.3	297.8	379.3	404.4
490	11.6	14.0	18.0	23.9	33.4	53.7	71.1	92.9	124.5	160.6	169.6	220.8	303.9	387.1	412.7
500	11.8	14.2	18.2	24.3	33.9	54.8	72.6	94.8	127.0	163.8	173.0	225.2	310.1	395.0	421.1
510	11.9	14.4	18.5	24.7	34.5	55.8	73.9	96.6	129.5	167.0	176.4	229.7	316.2	402.8	429.4
520	12.1	14.6	18.8	25.1	35.2	56.9	75.3	98.4	131.9	170.2	179.8	234.1	322.4	410.7	437.9
530	12.2	14.7	19.0	25.5	35.8	57.9	76.7	100.3	134.4	173.4	183.2	238.6	328.5	418.5	446.2
540	12.3	15.0	19.3	25.9	36.4	59.0	78.2	102.1	136.9	176.7	186.6	243.0	344.7	426.4	454.6
550	12.5	15.2	19.6	26.3	37.0	60.0	79.6	104.0	139.4	179.9	190.0	247.5	340.8	434.2	462.9
560	12.6	15.3	19.9	26.7	37.7	61.1	81.0	105.8	141.9	183.1	193.4	251.9	347.0	442.1	471.4
570	12.8	15.5	20.1	27.1	38.3	62.1	82.4	107.7	144.4	186.4	196.9	256.4	353.2	449.9	479.7
580	13.0	15.8	20.4	27.5	38.8	63.1	83.7	109.5	146.9	189.6	200.3	260.9	359.3	457.8	488.1
590	13.0	15.9	20.7	28.0	39.5	64.2	85.2	111.4	149.4	192.8	203.7	265.3	365.5	465.6	496.4

（续）

内径 d /mm	PN系列 压力级别														
	PN 16	PN 25	PN 40	PN 63	PN 100	PN 160	PN 200	PN 250	PN 320	PN 400	PN 420	PN 500	PN 630	PN 760	PN 800
	壳体最小壁厚 t_m/mm														
600	13.2	16.1	21.0	28.3	40.1	65.2	86.5	113.2	151.9	196.1	207.1	269.8	371.6	473.5	504.8
610	13.3	16.3	21.2	28.7	40.8	66.3	87.9	115.0	154.3	199.3	210.5	274.2	377.8	481.3	513.2
620	13.5	16.5	21.5	29.2	41.3	67.3	89.3	116.9	156.8	202.5	213.9	278.7	383.9	489.2	521.6
630	13.6	16.7	21.8	29.6	42.0	68.4	90.8	118.7	159.3	205.7	217.3	283.1	390.1	497.0	529.9
640	13.7	16.8	22.0	29.9	42.6	69.4	92.2	120.6	161.8	208.9	220.7	287.6	396.2	504.9	538.3
650	13.9	17.1	22.4	30.4	43.2	70.5	93.6	122.4	164.3	212.1	224.1	292.0	402.4	512.7	546.7
660	14.1	17.3	22.6	30.8	43.8	71.5	95.0	124.3	166.8	215.4	227.5	296.5	408.5	520.6	555.1
670	14.1	17.4	22.9	31.2	44.4	72.5	96.3	126.1	169.3	218.6	230.9	300.9	414.7	528.4	563.4
680	14.3	17.6	23.1	31.5	45.1	73.6	97.8	128.0	171.8	221.9	234.4	305.4	420.9	536.3	571.8
690	14.4	17.8	23.4	32.0	45.7	74.6	99.1	129.8	174.3	225.1	237.8	309.9	427.0	544.1	580.1
700	14.6	18.0	23.7	32.4	46.3	75.7	100.5	131.6	176.7	228.3	241.2	314.3	433.2	552.0	588.6
710	14.8	18.2	24.0	32.8	46.9	76.7	101.9	133.5	179.2	231.5	244.6	318.8	439.3	559.8	596.9
720	14.8	18.4	24.3	33.2	47.5	77.8	103.4	135.3	181.7	234.7	248.0	323.2	445.5	567.7	605.3
730	15.0	18.6	24.5	33.6	48.2	78.8	104.8	137.2	184.2	238.0	251.4	327.7	451.6	575.5	613.6
740	15.2	18.8	24.8	34.0	48.7	79.9	106.2	139.0	186.7	241.2	254.8	332.1	457.8	583.4	622.1
750	15.3	19.0	25.1	34.4	49.4	80.9	107.6	140.9	189.2	244.4	258.2	336.6	463.9	591.2	630.4
760	15.4	19.2	25.4	34.8	50.0	82.0	109.0	142.7	191.7	247.6	261.6	341.0	470.0	599.0	638.7
770	15.6	19.4	25.6	35.2	50.6	83.0	110.4	144.6	194.2	250.8	265.0	345.4	476.2	606.9	647.1
780	15.7	19.5	25.9	35.6	51.2	84.0	111.7	146.4	196.6	254.0	268.4	349.9	482.3	614.7	655.4
790	15.9	19.8	26.2	36.0	51.8	85.1	113.1	148.2	199.1	257.3	271.9	354.4	488.5	622.6	663.9
800	16.0	19.9	26.4	36.4	52.5	86.1	114.5	150.1	201.7	260.6	275.3	358.9	494.6	630.4	672.2
820	16.3	20.3	27.0	37.3	53.7	88.2	117.4	153.8	206.6	267.0	282.1	367.7	506.9	646.1	688.9
840	16.6	20.7	27.5	38.0	54.9	90.3	120.2	157.5	211.6	273.4	288.9	376.6	519.2	661.8	705.7
860	16.8	21.1	28.1	38.9	56.1	92.4	122.9	161.1	216.5	279.9	295.7	385.5	531.5	677.5	722.4
880	17.1	21.4	28.6	39.6	57.4	94.5	125.7	164.8	221.5	286.3	302.5	394.4	543.8	693.2	739.2
900	17.4	21.9	29.2	40.5	58.6	96.6	128.6	168.5	226.5	292.8	309.4	403.4	556.2	708.9	755.9
920	17.7	22.2	29.8	41.3	59.9	98.7	131.4	172.2	231.5	299.3	316.2	412.3	568.4	724.6	722.6
940	17.9	22.6	30.3	42.1	61.1	100.8	134.2	175.9	236.5	305.7	323.0	421.2	580.7	740.3	789.4
960	18.2	22.9	30.8	42.9	62.4	102.9	137.0	179.6	241.4	312.1	329.8	430.1	593.0	756.0	806.1
980	18.6	23.4	31.4	43.7	63.5	104.9	139.7	183.3	246.4	318.6	336.6	439.0	605.3	771.7	822.9
1000	18.8	23.7	31.9	44.5	64.8	107.0	142.6	187.0	251.4	325.1	343.5	447.9	617.7	787.4	839.6
1020	19.1	24.1	32.5	45.4	66.0	109.1	145.4	190.7	256.4	331.5	350.3	456.8	630.0	803.1	856.4
1040	19.4	24.5	33.0	46.1	67.3	111.2	148.1	194.3	261.3	337.9	357.1	465.7	642.3	818.8	873.1
1060	19.7	24.9	33.6	47.0	68.5	113.3	150.9	198.0	266.3	344.4	363.9	474.6	654.6	834.5	889.9
1080	19.9	25.3	34.1	47.7	69.8	115.4	153.8	201.7	271.3	350.8	370.7	483.5	666.9	850.2	906.6
1100	20.2	25.6	34.7	48.6	71.0	117.5	156.6	205.4	276.3	357.3	377.5	492.4	679.2	865.9	923.4
1120	20.5	26.1	35.3	49.4	72.2	119.6	159.4	209.1	281.3	363.8	384.4	501.4	691.5	881.6	940.1
1140	20.8	26.4	35.8	50.2	73.4	121.7	162.2	212.8	286.3	370.2	391.2	510.3	703.8	897.3	956.8

（续）

内径 d /mm	PN系列　压力级别														
	PN 16	PN 25	PN 40	PN 63	PN 100	PN 160	PN 200	PN 250	PN 320	PN 400	PN 420	PN 500	PN 630	PN 760	PN 800
	壳体最小壁厚 t_m/mm														
1160	21.1	26.8	36.3	51.0	74.7	123.7	164.9	216.5	291.2	376.6	398.0	519.2	716.1	913.0	973.6
1180	21.3	27.1	36.8	51.8	75.9	125.8	167.8	220.2	296.2	383.1	404.8	528.1	728.4	928.7	990.3
1200	21.7	27.6	37.4	52.6	77.2	127.9	170.6	223.9	301.2	389.5	411.5	537.0	740.7	944.4	1007.1
1220	21.9	28.0	38.0	53.5	78.4	130.0	173.3	227.5	306.1	396.0	418.5	545.9	753.0	960.1	1023.8
1240	22.2	28.3	38.5	54.2	79.6	132.1	176.1	231.2	311.1	402.5	425.3	554.8	765.3	975.8	1040.6
1260	22.4	28.7	39.1	55.1	80.8	134.2	179.0	234.9	316.1	408.9	432.1	563.7	777.6	991.5	1057.3
1280	22.8	29.1	39.6	55.8	82.1	136.3	181.8	238.6	321.1	415.3	438.9	572.6	789.9	1007.2	1074.1
1300	23.0	29.5	40.2	56.7	83.3	138.4	184.6	242.3	326.1	421.8	445.7	581.5	802.2	1022.9	1090.8

表9-21　Class系列阀门壳体的最小壁厚

内径 d/mm	Class系列　压力级别						
	Class150	Class300	Class600	Class900	Class1500	Class2500	Class4500
	最小壁厚 t_m/mm						
3	2.5	2.5	2.8	2.8	3.1	3.6	4.9
6	2.7	2.8	3.1	3.2	3.6	4.6	7.2
9	2.9	3.0	3.3	3.6	4.2	5.6	9.6
10	3.0	3.1	3.4	3.8	4.4	5.9	10.4
12	3.1	3.3	3.6	4.1	4.8	6.6	12.0
15	3.3	3.5	3.8	4.5	5.3	7.7	14.3
18	3.5	3.7	4.1	5.0	5.9	8.7	16.7
21	3.7	4.0	4.3	5.4	6.4	9.7	19.0
24	3.9	4.2	4.6	5.9	7.0	10.7	21.4
25	4.0	4.3	4.7	6.1	7.2	11.0	22.2
27	4.1	4.4	4.9	6.4	7.5	11.7	23.7
31	4.3	4.7	5.1	6.7	8.3	13.1	26.9
35	4.6	5.0	5.3	6.9	9.0	14.5	30.0
40	4.9	5.3	5.6	7.2	9.9	16.2	33.9
45	5.2	5.7	5.9	7.5	10.8	17.9	37.9
50	5.5	6.0	6.2	7.8	11.8	19.6	41.8
55	5.6	6.2	6.5	8.3	12.7	21.3	45.7
60	5.7	6.4	6.8	8.8	13.6	23.0	49.6
65	5.8	6.5	7.2	9.3	14.5	24.7	53.6
70	5.9	6.7	7.5	9.9	15.5	26.4	57.5
75	6.0	6.9	7.9	10.4	16.4	28.1	61.4
80	6.1	7.0	8.2	10.9	17.3	29.8	65.3
85	6.2	7.2	8.5	11.4	18.2	31.5	69.3
90	6.3	7.4	8.9	11.9	19.1	33.2	73.2
95	6.4	7.5	9.2	12.5	20.1	34.9	77.1

（续）

内径 d/mm	Class 系列 压力级别						
	Class150	Class300	Class600	Class900	Class1500	Class2500	Class4500
	最小壁厚 t_m/mm						
100	6.5	7.7	9.5	13.0	21.0	36.6	81.0
110	6.5	8.0	10.2	14.0	22.8	40.0	88.9
120	6.7	8.4	10.9	15.1	24.7	43.4	96.7
125	6.8	8.6	11.3	15.6	25.6	45.2	100.7
130	6.8	8.7	11.6	16.1	26.5	46.9	104.6
140	7.0	9.0	12.2	17.2	28.4	50.3	112.4
150	7.1	9.4	12.9	18.2	30.2	53.7	120.3
160	7.3	9.7	13.6	19.3	32.0	57.1	128.1
170	7.5	10.0	14.3	20.3	33.9	60.5	136.0
180	7.6	10.3	14.9	21.3	35.7	63.9	143.8
190	7.8	10.7	15.6	22.4	37.6	67.3	151.7
200	8.0	11.0	16.3	23.4	39.4	70.7	159.5
210	8.1	11.3	17.0	24.5	41.3	74.1	167.4
220	8.3	11.7	17.6	25.5	43.1	77.5	175.2
230	8.4	12.0	18.3	26.6	45.0	80.9	183.1
240	8.6	12.3	19.0	27.6	46.8	84.4	190.9
250	8.8	12.7	19.7	28.7	48.6	87.8	198.8
260	8.9	13.0	20.3	29.7	50.5	91.2	206.6
270	9.1	13.3	21.0	30.8	52.3	94.6	214.5
280	9.3	13.6	21.7	31.8	54.2	98.0	222.3
290	9.4	14.0	22.4	32.8	56.0	101.4	230.2
300	9.6	14.3	23.0	33.9	57.9	104.8	238.0
310	9.8	14.6	23.7	34.9	59.7	108.2	245.9
320	9.9	15.0	24.4	36.0	61.6	111.6	253.7
330	10.1	15.3	25.1	37.0	63.4	115.0	261.6
340	10.2	15.6	25.7	38.1	65.2	118.4	269.4
350	10.4	16.0	26.4	39.1	67.1	121.9	277.2
360	10.6	16.3	27.1	40.2	68.9	125.3	285.1
370	10.7	16.6	27.8	41.2	70.8	128.7	292.9
380	10.9	16.9	28.4	42.2	72.6	132.1	300.8
390	11.1	17.3	29.1	43.3	74.5	135.5	308.6
400	11.2	17.6	29.8	44.3	76.3	138.9	316.5
410	11.4	17.9	30.5	45.4	78.2	142.3	324.3
420	11.5	18.3	31.1	46.4	80.0	145.7	332.2
430	11.7	18.6	31.8	47.5	81.8	149.1	340.0
440	11.9	18.9	32.5	48.5	83.7	152.5	347.9
450	12.0	19.3	33.2	49.6	85.5	155.9	355.7
460	12.2	19.6	33.8	50.6	87.4	159.4	363.6
470	12.4	19.9	34.5	51.7	89.2	162.8	371.4

（续）

内径 d/mm	Class 系列 压力级别						
	Class150	Class300	Class600	Class900	Class1500	Class2500	Class4500
	最小壁厚 t_m/mm						
480	12.5	20.2	35.2	52.7	91.1	166.2	379.3
490	12.7	20.6	35.9	53.7	92.9	169.6	387.1
500	12.9	20.9	36.5	54.8	94.8	173.0	395.0
510	13.0	21.2	37.2	55.8	96.6	176.4	402.8
520	13.2	21.6	37.9	56.9	98.4	179.8	410.7
530	13.3	21.9	38.6	57.9	100.3	183.2	418.5
540	13.5	22.2	39.2	59.0	102.1	186.6	426.4
550	13.7	22.6	39.9	60.0	104.0	190.0	434.2
560	13.8	22.9	40.6	61.1	105.8	193.4	442.1
570	14.0	23.2	41.3	62.1	107.7	196.9	449.9
580	14.2	23.5	41.9	63.1	109.5	200.3	457.8
590	14.3	23.9	42.6	64.2	111.4	203.7	465.6
600	14.5	24.2	43.3	65.2	113.2	207.1	473.5
610	14.6	24.5	44.0	66.3	115.0	210.5	481.3
620	14.8	24.9	44.6	67.3	116.9	213.9	489.2
630	15.0	25.2	45.3	68.4	118.7	217.3	497.0
640	15.1	25.5	46.0	69.4	120.6	220.7	504.9
650	15.3	25.9	46.7	70.5	122.4	224.1	512.7
660	15.5	26.2	47.3	71.5	124.3	227.5	520.6
670	15.6	26.5	48.0	72.5	126.1	230.9	528.4
680	15.8	26.8	48.7	73.6	128.0	234.4	536.3
690	15.9	27.2	49.4	74.6	129.8	237.8	544.1
700	16.1	27.5	50.0	75.7	131.6	241.2	552.0
710	16.3	27.8	50.7	76.7	133.5	244.6	559.8
720	16.4	28.2	51.4	77.8	135.3	248.0	567.7
730	16.6	28.5	52.1	78.8	137.2	251.4	575.5
740	16.8	28.8	52.7	79.9	139.0	254.8	583.4
750	16.9	29.2	53.4	80.9	140.9	258.2	591.2
760	17.1	29.5	54.1	82.0	142.7	261.6	599.0
770	17.3	29.8	54.8	83.0	144.6	265.0	606.9
780	17.4	30.1	55.4	84.0	146.4	268.4	614.7
790	17.6	30.5	56.1	85.1	148.2	271.9	622.6
800	17.7	30.8	56.8	86.1	150.1	275.3	630.4
820	18.1	31.5	58.1	88.2	153.8	282.1	646.1
840	18.4	32.1	59.5	90.3	157.5	288.9	661.8
860	18.7	32.8	60.8	92.4	161.1	295.7	677.5
880	19.0	33.4	62.2	94.5	164.8	302.5	693.2
900	19.4	34.1	63.5	96.6	168.5	309.4	708.9
920	19.7	34.8	64.9	98.7	172.2	316.2	724.6

（续）

内径 d/mm	Class系列 压力级别						
	Class150	Class300	Class600	Class900	Class1500	Class2500	Class4500
	最小壁厚 t_m/mm						
940	20.0	35.4	66.2	100.8	175.9	323.0	740.3
960	20.3	36.1	67.6	102.9	179.6	329.8	756.0
980	20.7	36.7	68.9	104.9	183.3	336.6	771.7
1000	21.0	37.4	70.3	107.0	187.0	343.5	787.4
1020	21.3	38.1	71.6	109.1	190.7	350.3	803.1
1040	21.7	38.7	73.0	111.2	194.3	357.1	818.8
1060	22.0	39.4	74.3	113.3	198.0	363.9	834.5
1080	22.3	40.0	75.7	115.4	201.7	370.7	850.2
1100	22.6	40.7	77.0	117.5	205.4	377.5	865.9
1120	23.0	41.4	78.4	119.6	209.1	384.4	881.6
1140	23.3	42.0	79.7	121.7	212.8	391.2	897.3
1160	23.6	42.7	81.1	123.7	216.5	398.0	913.0
1180	23.9	43.3	82.4	125.8	220.2	404.8	928.7
1200	24.3	44.0	83.8	127.9	223.9	411.6	944.4
1220	24.6	44.7	85.1	130.0	227.5	418.5	960.1
1240	24.9	45.3	86.5	132.1	231.2	425.3	975.8
1260	25.2	46.0	87.8	134.2	234.9	432.1	991.5
1280	25.6	46.6	89.2	136.3	238.6	438.9	1007.2
1300	25.9	47.3	90.5	138.4	242.3	445.7	1022.9

3. GB/T 12224—2015《钢制阀门 一般要求》

1）Class系列阀门壳体的最小壁厚按表9-26的规定。

2）PN系列阀门壳体的最小壁厚按表9-29的规定。

9.2.2 美国标准数据

1）ASME B16.1—2015《灰铸管法兰及法兰管件（Class25、Class125、Class250）》壳体的最小壁厚见表9-22。

表9-22 铸铁阀门壳体的最小壁厚 （单位：mm）

公称尺寸		公称压力			公称尺寸		公称压力		
		Class25	Class125	Class250			Class25	Class125	Class250
NPS1	DN25	—	7.9	11.1	NPS14	DN350	15	22.2	28.6
NPS1¼	DN32	—	7.9	11.1	NPS16	DN400	15	25.4	31.8
NPS1½	DN40	—	7.9	11.1	NPS18	DN450	16	27.0	34.9
NPS2	DN50	—	7.9	11.1	NPS20	DN500	17	28.6	38.1
NPS2½	DN65	—	7.9	12.7	NPS24	DN600	19	31.8	41.3
NPS3	DN75	—	9.5	14.3	NPS30	DN750	22	36.5	50.8
NPS3½	DN90	—	11.1	14.3	NPS36	DN900	25	41.3	—
NPS4	DN100	11	12.7	15.9	NPS42	DN1050	28	46.0	—
NPS5	DN125	11	12.7	17.5	NPS48	DN1200	32	50.8	—
NPS6	DN150	11	14.3	19.0	NPS54	DN1350	34	—	—
NPS8	DN200	12	15.9	20.6	NPS60	DN1500	35	—	—
NPS10	DN250	13	19.0	23.8	NPS72	DN1800	41	—	—
NPS12	DN300	14	20.6	25.4					

2）ASME B16.42—2016《球墨铸铁管法兰及法兰管件（Class150 和 Class300）》壳体的最小壁厚见表 9-23。

3）ASME B16.3—2011《可锻铸铁螺纹管件（Class150 和 Class300）》壳体的最小壁厚见表 9-24。

表 9-23　球墨铸铁阀门壳体的最小壁厚　（单位：mm）

公称尺寸		公称压力		公称尺寸		公称压力	
		Class150	Class300			Class150	Class300
NPS1	DN25	4.0	4.8	NPS6	DN150	7.1	9.6
NPS1¼	DN32	4.8	4.8	NPS8	DN200	7.9	11.2
NPS1½	DN40	4.8	4.8	NPS10	DN250	8.6	12.7
NPS2	DN50	5.6	6.4	NPS12	DN300	9.5	14.2
NPS2½	DN65	5.6	6.4	NPS14	DN350	10.3	15.7
NPS3	DN80	5.6	7.1	NPS16	DN400	11.1	17.5
NPS3½	DN90	6.3	7.4	NPS18	DN450	11.9	19.1
NPS4	DN100	6.3	7.9	NPS20	DN500	12.7	20.6
NPS5	DN125	7.1	9.6	NPS24	DN600	14.3	23.9

表 9-24　可锻铸铁阀门壳体的最小壁厚　（单位：mm）

公称尺寸		公称压力		公称尺寸		公称压力	
		Class150	Class300			Class150	Class300
NPS½	DN15	2.67	4.1	NPS2½	DN65	5.33	7.9
NPS¾	DN20	3.05	4.6	NPS 3	DN80	5.87	8.9
NPS1	DN25	3.40	5.1	NPS3½	DN90	6.30	—
NPS1¼	DN32	3.68	5.6	NPS4	DN100	6.73	—
NPS1½	DN40	3.94	6.1	NPS5	DN125	7.62	—
NPS2	DN50	4.39	6.6	NPS6	DN150	8.53	—

4）ASME B16.24—2016《铸铜合金管法兰和法兰管件（Class150 和 Class300）》壳体的最小壁厚见表 9-25。

5）ASME B16.34—2017《法兰、螺纹和焊接端阀门》壳体的最小壁厚见表 9-26。

表 9-25　铸铜合金阀门壳体的最小壁厚　（单位：mm）

公称尺寸		公称压力		公称尺寸		公称压力	
		Class150	Class300			Class150	Class300
NPS½	DN15	2.3	3.0	NPS3½	DN90	6.4	9.1
NPS¾	DN20	2.8	4.1	NPS4	DN100	6.8	10.4
NPS1	DN25	3.0	4.3	NPS5	DN125	7.6	12.2
NPS1¼	DN32	3.6	4.8	NPS6	DN150	8.4	14.2
NPS1½	DN40	4.1	5.1	NPS8	DN200	10.4	18.3
NPS2	DN50	4.8	6.4	NPS10	DN250	12.2	—
NPS2½	DN65	5.1	7.1	NPS12	DN300	14.2	—
NPS3	DN80	5.6	8.4	—	—	—	—

表 9-26　壳体最小壁厚 t_m

内径 d/mm	最小壁厚 t_m/mm						
	Class						
	150	300	600	900	1500	2500	4500
3	2.5	2.5	2.8	2.8	3.1	3.6	4.9
6	2.7	2.8	3.1	3.2	3.6	4.6	7.2
9	2.9	3.0	3.3	3.6	4.2	5.6	9.6
12	3.1	3.3	3.6	4.1	4.8	6.6	12.0
15	3.3	3.5	3.8	4.5	5.3	7.7	14.3
18	3.5	3.7	4.1	5.0	5.9	8.7	16.7
21	3.7	4.0	4.3	5.4	6.4	9.7	19.0
24	3.9	4.2	4.6	5.9	7.0	10.7	21.4
27	4.1	4.4	4.9	6.4	7.5	11.7	23.7
31	4.3	4.7	5.1	6.7	8.3	13.1	26.9
35	4.6	5.0	5.3	6.9	9.0	14.5	30.0
40	4.9	5.3	5.6	7.2	9.9	16.2	33.9
45	5.2	5.7	5.9	7.5	10.8	17.9	37.9
50	5.5	6.0	6.2	7.8	11.8	19.6	41.8
55	5.6	6.2	6.5	8.3	12.7	21.3	45.7
60	5.7	6.4	6.8	8.8	13.6	23.0	49.6
65	5.8	6.5	7.2	9.3	14.5	24.7	53.6
70	5.9	6.7	7.5	9.9	15.5	26.4	57.5
75	6.0	6.9	7.9	10.4	16.4	28.1	61.4
80	6.1	7.0	8.2	10.9	17.3	29.8	65.3
85	6.2	7.2	8.5	11.4	18.2	31.5	69.3
90	6.3	7.4	8.9	11.9	19.1	33.2	73.2
95	6.4	7.5	9.2	12.5	20.1	34.9	77.1
100	6.5	7.7	9.5	13.0	21.0	36.6	81.0
110	6.5	8.0	10.2	14.0	22.8	40.0	88.9
120	6.7	8.4	10.9	15.1	24.7	43.4	96.7
130	6.8	8.7	11.6	16.1	26.5	46.9	104.6
140	7.0	9.0	12.2	17.2	28.4	50.3	112.4
150	7.1	9.4	12.9	18.2	30.2	53.7	120.3
160	7.3	9.7	13.6	19.3	32.0	57.1	128.1
170	7.5	10.0	14.3	20.3	33.9	60.5	136.0
180	7.6	10.3	14.9	21.3	35.7	63.9	143.8
190	7.8	10.7	15.6	22.4	37.6	67.3	151.7
200	8.0	11.0	16.3	23.4	39.4	70.7	159.5
210	8.1	11.3	17.0	24.5	41.3	74.1	167.4
220	8.3	11.7	17.6	25.5	43.1	77.5	175.2
230	8.4	12.0	18.3	26.6	45.0	80.9	183.1
240	8.6	12.3	19.0	27.6	46.8	84.4	190.9
250	8.8	12.7	19.7	28.7	48.6	87.8	198.8
260	8.9	13.0	20.3	29.7	50.5	91.2	206.6
270	9.1	13.3	21.0	30.8	52.3	94.6	214.5
280	9.3	13.6	21.7	31.8	54.2	98.0	222.3
290	9.4	14.0	22.4	32.8	56.0	101.4	230.2

（续）

内径 d/mm	最小壁厚 t_m/mm						
	Class						
	150	300	600	900	1500	2500	4500
300	9.6	14.3	23.0	33.9	57.9	104.8	238.0
310	9.8	14.6	23.7	34.9	59.7	108.2	245.9
320	9.9	15.0	24.4	36.0	61.6	111.6	253.7
330	10.1	15.3	25.1	37.0	63.4	115.0	261.6
340	10.2	15.6	25.7	38.1	65.2	118.4	269.4
350	10.4	16.0	26.4	39.1	67.1	121.9	277.2
360	10.6	16.3	27.1	40.2	68.9	125.3	285.1
370	10.7	16.6	27.8	41.2	70.8	128.7	292.9
380	10.9	16.9	28.4	42.2	72.6	132.1	300.8
390	11.1	17.3	29.1	43.3	74.5	135.5	308.6
400	11.2	17.6	29.8	44.3	76.3	138.9	316.5
410	11.4	17.9	30.5	45.4	78.2	142.3	324.3
420	11.5	18.3	31.1	46.4	80.0	145.7	332.2
430	11.7	18.6	31.8	47.5	81.8	149.1	340.0
440	11.9	18.9	32.5	48.5	83.7	152.5	347.9
450	12.0	19.3	33.2	49.6	85.5	155.9	355.7
460	12.2	19.6	33.8	50.6	87.4	159.4	363.6
470	12.4	19.9	34.5	51.7	89.2	162.8	371.4
480	12.5	20.2	35.2	52.1	91.1	166.2	379.3
490	12.7	20.6	35.9	53.7	92.9	169.6	387.1
500	12.9	20.9	36.5	54.8	94.8	173.0	395.0
510	13.0	21.2	37.2	55.8	96.6	176.4	402.8
520	13.2	21.6	37.9	56.9	98.4	179.8	410.7
530	13.3	21.9	38.6	57.9	100.3	183.2	418.5
540	13.5	22.2	39.2	59.0	102.1	186.6	426.4
550	13.7	22.6	39.9	60.0	104.0	190.0	434.2
560	13.8	22.9	40.6	61.1	105.8	193.4	442.1
570	14.0	23.2	41.3	62.1	107.7	196.9	449.9
580	14.2	23.5	41.9	63.1	109.5	200.3	457.8
590	14.3	23.9	42.6	64.2	111.4	203.7	465.6
600	14.5	24.2	43.3	65.2	113.2	207.1	473.5
610	14.6	24.5	44.0	66.3	115.0	210.5	481.3
620	14.8	24.9	44.6	67.3	116.9	213.9	489.2
630	15.0	25.2	45.3	68.4	118.7	217.3	497.0
640	15.1	25.5	46.0	69.4	120.6	220.7	504.9
650	15.3	25.9	46.7	70.5	122.4	224.1	512.7
660	15.5	26.2	47.3	71.5	124.3	227.5	520.6
670	15.6	26.5	48.0	72.5	126.1	230.9	528.4
680	15.8	26.8	48.7	73.6	128.0	234.4	536.3

（续）

内径 d/mm	最小壁厚 t_m/mm						
	Class						
	150	300	600	900	1500	2500	4500
690	15.9	27.2	49.4	74.6	129.8	237.8	544.1
700	16.1	27.5	50.0	75.7	131.6	241.2	552.0
710	16.3	27.8	50.7	76.1	133.5	244.6	559.8
720	16.4	28.2	51.4	77.8	135.3	248.0	567.7
730	16.6	28.5	52.1	78.8	137.2	251.4	575.5
740	16.8	28.8	52.7	79.9	139.0	254.8	583.4
750	16.9	29.2	53.4	80.9	140.9	258.2	591.2
760	17.1	29.5	54.1	82.0	142.7	261.6	599.0
770	17.3	29.8	54.8	83.0	144.6	265.0	606.9
780	17.4	30.1	55.4	84.0	146.4	268.4	614.7
790	17.6	30.5	56.1	85.1	148.2	271.9	622.6
800	17.7	30.8	56.8	86.1	150.1	275.3	630.4
820	18.1	31.5	58.1	88.2	153.8	282.1	646.1
840	18.4	32.1	59.5	90.3	157.5	288.9	661.8
860	18.7	32.8	60.8	92.4	161.1	295.7	677.5
880	19.0	33.4	62.2	94.5	164.8	302.5	693.2
900	19.4	34.1	63.5	96.6	168.5	309.4	708.9
920	19.7	34.8	64.9	98.7	172.2	316.2	724.6
940	20.0	35.4	66.2	100.8	175.9	323.0	740.3
960	20.3	36.1	67.6	102.9	179.6	329.6	756.0
980	20.7	36.7	68.9	104.9	183.3	336.6	771.7
1000	21.0	37.4	70.3	107.0	187.0	343.5	787.4
1020	21.3	38.1	71.6	109.1	190.7	350.3	803.1
1040	21.7	38.7	73.0	111.2	194.3	357.1	818.8
1060	22.0	39.4	74.3	113.3	198.0	363.9	834.5
1080	22.3	40.0	75.7	115.4	201.7	370.7	850.2
1100	22.6	40.7	77.0	117.5	205.4	377.5	865.9
1120	23.0	41.4	78.4	119.6	209.1	384.4	881.6
1140	23.3	42.0	79.7	121.7	212.8	391.2	897.3
1160	23.6	42.7	81.1	123.7	216.5	398.0	913.0
1180	23.9	43.3	82.4	125.8	220.2	404.8	928.7
1200	24.3	44.0	83.8	127.9	223.9	411.6	944.4
1220	24.6	44.7	85.1	130.0	227.5	418.5	960.1
1240	24.9	45.3	86.5	132.1	231.2	425.3	975.8
1260	25.2	46.0	87.8	134.2	234.9	432.1	991.5
1280	25.6	46.6	89.2	136.3	238.6	438.9	1007.2
1300	25.9	47.3	90.5	138.4	242.3	445.7	1022.9

6）API 600—2015《法兰和对焊端螺栓连接阀盖钢制闸阀》壳体的最小壁厚见表9-27。

7）API 623—2015《法兰和对焊端螺栓连接阀盖钢制截止阀》壳体的最小壁厚见表9-28。

表 9-27 壳体最小壁厚 t_m ［单位：mm（in）］

公称尺寸		公称压力					
		Class150	Class300	Class600	Class900	Class1500	Class2500
DN25	NPS1	6.4(0.25)	6.4(0.25)	7.9(0.31)	12.7(0.50)	12.7(0.50)	15.0(0.59)
DN32	MPS1¼	6.4(0.25)	6.4(0.25)	8.6(0.34)	14.2(0.56)	14.2(0.56)	17.5(0.69)
DN40	NPS1½	6.4(0.25)	7.9(0.31)	9.4(0.37)	15.0(0.59)	15.0(0.59)	19.1(0.75)
DN50	NPS2	8.6(0.34)	9.7(0.38)	11.2(0.44)	19.1(0.75)	19.1(0.75)	22.4(0.88)
DN65	NPS2½	9.7(0.38)	11.2(0.44)	11.9(0.47)	22.4(0.88)	22.4(0.88)	25.4(1.00)
DN80	NPS3	10.4(0.41)	11.9(0.47)	12.7(0.50)	19.1(0.75)	23.9(0.94)	30.2(1.19)
DN100	NPS4	11.2(0.44)	12.7(0.50)	16.0(0.63)	21.3(0.84)	28.7(1.13)	35.8(1.41)
DN150	NPS6	11.9(0.47)	16.0(0.63)	19.1(0.75)	26.2(1.03)	38.1(1.50)	48.5(1.91)
DN200	NPS8	12.7(0.50)	17.5(0.69)	25.4(1.00)	31.8(1.25)	47.8(1.88)	62.0(2.44)
DN250	NPS10	14.2(0.56)	19.1(0.75)	28.7(1.13)	36.6(1.44)	57.2(2.25)	67.6(2.66)
DN300	NPS12	16.0(0.63)	20.6(0.81)	31.8(1.25)	42.2(1.66)	66.8(2.63)	86.6(3.41)
DN350	NPS14	16.8(0.66)	22.4(0.88)	35.1(1.38)	46.0(1.81)	69.9(2.75)	—
DN400	NPS16	17.5(0.69)	23.9(0.94)	38.1(1.50)	52.3(2.06)	79.5(3.13)	—
DN450	NPS18	18.3(0.72)	25.4(1.00)	41.4(1.63)	57.2(2.25)	88.9(3.50)	—
DN500	NPS20	19.1(0.75)	26.9(1.06)	44.5(1.75)	63.5(2.50)	98.6(3.88)	—
DN600	NPS24	20.6(0.81)	30.2(1.19)	50.8(2.00)	73.2(2.88)	114.3(4.50)	—
DN650	NPS26	21.4(0.84)	31.6(1.24)	—	—	—	—
DN700	NPS28	22.2(0.87)	33.3(1.31)	—	—	—	—
DN750	NPS30	23.0(0.91)	34.9(1.37)	—	—	—	—
DN800	NPS32	23.8(0.94)	36.0(1.41)	—	—	—	—
DN850	NPS34	24.6(0.97)	38.1(1.50)	—	—	—	—
DN900	NPS36	25.3(1.00)	39.6(1.56)	—	—	—	—
DN950	NPS38	26.1(1.03)	41.3(1.63)	—	—	—	—
DN1000	NPS40	27.0(1.06)	43.0(1.69)	—	—	—	—
DN1050	NPS42	27.7(1.09)	44.4(1.75)	—	—	—	—

表 9-28 壳体最小壁厚 t_m ［单位:mm(in)］

公称尺寸		公称压力					
		Class150	Class300	Class600	Class900	Class1500	Class2500
DN50	NPS2	8.6(0.34)	9.7(0.38)	11.2(0.44)	13.7(0.54)	19.1(0.75)	22.4(0.88)
DN65	NPS2½	9.7(0.38)	11.2(0.44)	11.9(0.47)	15.5(0.61)	22.4(0.88)	25.4(1.00)
DN80	NPS3	10.4(0.41)	11.9(0.47)	12.7(0.50)	19.1(0.75)	23.9(0.94)	30.0(1.19)
DN100	NPS4	11.2(0.44)	12.7(0.50)	16.0(0.63)	21.3(0.84)	28.7(1.13)	35.8(1.41)
DN150	NPS6	11.9(0.47)	16.0(0.63)	19.1(0.75)	26.2(1.03)	38.1(1.50)	48.5(1.91)
DN200	NPS8	12.7(0.50)	17.5(0.69)	25.4(1.00)	31.8(1.25)	47.8(1.88)	62.0(2.44)
DN250	NPS10	14.2(0.56)	19.1(0.75)	28.7(1.13)	36.6(1.44)	57.2(2.25)	67.6(2.66)
DN300	NPS12	16.0(0.63)	20.6(0.81)	31.8(1.25)	42.2(1.66)	66.8(2.63)	86.6(3.41)
DN350	NPS14	16.8(0.66)	22.4(0.88)	35.1(1.38)	46.0(1.81)	69.9(2.75)	—
DN400	NPS16	17.5(0.69)	23.9(0.94)	38.1(1.50)	52.3(2.06)	79.5(3.13)	—
DN450	NPS18	18.3(0.72)	25.4(1.00)	41.4(1.63)	57.2(2.25)	88.9(3.50)	—
DN500	NPS20	19.1(0.75)	26.9(1.06)	44.5(1.75)	63.5(2.50)	98.6(3.88)	—
DN600	NPS24	20.6(0.81)	30.2(1.19)	50.8(2.00)	73.2(2.88)	114.3(4.50)	—

9.2.3　欧洲标准数据

1）EN 12516-1：2014《工业阀门　壳体强度设计　第1部分：钢制阀门壳体强度的列表法》壳体最小壁厚见表9-29。

2）EN 1171：2015《工业阀门　铸铁闸阀》壳体最小壁厚见表9-30。

3）EN 12288：2010《工业阀门　铜合金闸阀》壳体最小壁厚见表9-31。

表9-29　钢制阀门壳体的最小壁厚 e_{min}（单位：EN 12516－1：2014）

内径尺寸	公称压力																		
D_i	PN 2.5	PN 6	PN 10	PN 16	PN 25	PN 40	PN 63	PN 100	PN 160	PN 250	PN 320	PN 400	Class 150	Class 300	Class 600	Class 900	Class 1500	Class 2500	Class 4500
3	3.0	3.0	3.0	3.0	3.1	3.1	3.1	3.2	3.2	3.2	3.4	3.7	3.0	3.1	3.1	3.1	3.1	3.6	4.9
5	3.0	3.0	3.0	3.1	3.1	3.2	3.2	3.4	3.4	3.6	4.0	4.5	3.1	3.2	3.3	3.3	3.5	4.2	6.5
9	3.0	3.0	3.1	3.1	3.2	3.3	3.4	3.7	3.7	4.5	5.2	6.1	3.1	3.3	3.6	3.6	4.2	5.6	9.6
10	3.0	3.0	3.1	3.1	3.2	3.3	3.5	3.8	3.9	4.7	5.5	6.5	3.2	3.3	3.7	3.6	4.4	5.9	10.4
12	3.0	3.1	3.1	3.1	3.2	3.4	3.6	4.0	4.1	5.2	6.1	7.3	3.2	3.4	3.8	3.8	4.8	6.6	12.0
15	3.0	3.1	3.1	3.2	3.3	3.5	3.7	4.2	4.5	5.8	7.0	8.5	3.2	3.5	4.0	4.1	5.3	7.7	14.3
20	3.0	3.1	3.2	3.2	3.4	3.6	4.0	4.6	5.2	7.0	8.5	10.4	3.3	3.7	4.4	4.6	6.2	9.4	18.2
24	3.0	3.1	3.2	3.3	3.5	3.7	4.2	4.9	5.7	7.8	9.7	12.0	3.4	3.8	4.6	5.0	7.0	10.7	21.4
25	4.0	4.1	4.2	4.3	4.2	4.5	4.5	5.3	7.7	8.1	10.0	12.4	4.4	4.5	5.0	7.0	7.1	11.1	22.2
27	4.1	4.1	4.2	4.3	4.2	4.5	4.6	5.5	8.0	8.5	10.6	13.2	4.4	4.6	5.1	7.2	7.5	11.7	23.7
30	41.1	4.1	4.2	4.4	4.3	4.6	4.8	5.7	8.4	9.2	11.5	14.4	4.5	4.7	5.3	7.5	8.1	12.8	26.1
31	4.1	4.1	4.2	4.4	4.3	4.7	4.8	5.8	8.5	9.4	11.7	14.8	4.5	4.7	5.4	7.6	8.3	13.1	26.9
40	4.1	4.2	4.3	4.5	4.5	4.9	5.3	6.5	9.7	11.4	14.4	18.3	4.7	5.0	6.0	8.6	9.9	16.2	33.9
45	4.1	4.2	4.3	4.5	4.6	5.1	5.5	6.9	10.4	12.5	15.9	20.3	4.7	5.2	6.3	9.1	10.8	17.9	37.8
50	4.6	4.7	4.9	5.1	5.4	5.9	6.5	6.8	9.2	13.6	17.4	22.3	5.3	6.0	6.2	7.8	11.8	19.6	41.8
55	4.6	4.8	4.9	5.2	5.4	6.1	6.7	7.2	9.8	14.7	18.9	24.3	5.4	6.2	6.5	8.3	12.7	21.3	45.7
60	4.6	4.8	5.0	5.2	5.5	6.2	6.9	7.6	10.5	15.8	20.4	26.2	5.5	6.4	6.9	8.8	13.6	23.0	49.6
65	4.6	4.8	5.0	5.3	5.6	6.4	7.2	8.0	11.2	16.9	21.9	28.2	5.6	6.5	7.2	9.3	14.5	24.7	53.5
70	4.6	4.8	5.0	5.3	5.7	6.6	7.4	8.4	11.8	18.0	23.3	30.2	5.6	6.7	7.5	9.8	15.4	26.4	57.5
75	4.6	4.9	5.1	5.4	5.8	6.7	7.7	8.8	12.5	19.1	24.8	32.1	5.7	6.9	7.9	10.4	16.4	28.1	61.4
80	4.7	4.9	5.1	5.5	5.9	6.9	7.9	9.2	13.2	20.2	26.3	34.1	5.8	7.0	8.2	10.9	17.3	29.8	65.3
85	4.7	4.9	5.1	5.5	6.0	7.0	8.2	9.6	13.8	21.3	27.8	36.1	5.9	7.2	8.5	11.4	18.2	31.5	69.2
90	4.7	4.9	5.2	5.6	6.1	7.2	8.4	10.0	14.5	22.4	29.3	38.1	6.0	7.4	8.9	11.9	19.1	33.2	73.1
95	4.7	5.0	5.2	5.7	6.2	7.3	8.7	10.4	15.2	23.5	30.8	40.0	6.0	7.5	9.2	12.5	20.1	34.9	77.1
100	4.7	5.0	5.3	5.7	6.3	7.5	8.9	10.8	15.8	24.6	32.2	42.0	6.1	7.7	9.6	13.0	21.0	36.6	81.0
105	4.9	5.2	5.5	6.0	6.4	7.6	9.2	11.2	16.5	25.7	33.7	44.0	6.4	7.9	9.9	13.5	21.9	38.3	84.9
110	4.9	5.2	5.5	6.0	6.5	7.8	9.4	11.6	17.1	26.8	35.2	46.0	6.5	8.0	10.2	14.0	22.8	40.0	88.8
115	4.9	5.2	5.6	6.1	6.6	7.9	9.6	12.0	17.8	27.9	36.7	47.9	6.6	8.2	10.6	14.5	23.7	41.7	92.8
120	4.9	5.3	5.6	6.2	6.7	8.1	9.9	12.4	18.5	29.0	38.2	49.9	6.7	8.4	10.9	15.1	24.7	43.4	96.7
125	4.9	5.3	5.6	6.2	6.8	8.2	10.1	12.8	16.1	30.1	39.7	51.9	6.7	8.5	11.3	15.6	25.6	45.1	100.6
130	4.9	5.3	5.7	6.3	6.9	8.4	10.4	13.2	19.8	31.2	41.2	53.9	6.8	8.7	11.6	16.1	26.5	46.8	104.5
135	5.0	5.3	5.7	6.3	7.0	8.5	10.6	13.6	20.5	32.3	42.6	55.8	6.9	8.9	11.9	16.6	27.4	48.5	108.4
140	5.0	5.4	5.8	6.4	7.1	8.7	10.9	14.0	21.1	33.4	44.1	57.8	7.0	9.0	12.3	17.2	28.4	50.2	112.4
145	5.0	5.4	5.8	6.5	7.2	8.9	11.1	14.4	21.8	34.5	45.6	59.8	7.1	9.2	12.6	17.7	29.3	51.9	116.3

（续）

内径尺寸	公称压力																	
D_i	PN 2.5	PN 6	PN 10	PN 16	PN 25	PN 40	PN 63	PN 100	PN 160	PN 250	PN 320	PN 400	Class 150	Class 300	Class 600	Class 900	Class 1500	Class 2500	Class 4500
150	5.0	5.4	5.8	6.5	7.3	9.0	11.4	14.8	22.5	35.6	47.1	61.8	7.1	9.3	12.9	18.2	30.2	53.7	120.2
155	5.0	5.4	5.9	6.6	7.4	9.2	11.6	15.2	23.1	36.7	48.6	63.7	7.2	9.5	13.3	18.7	31.1	55.4	124.1
160	5.0	5.5	5.9	6.6	7.4	9.3	11.9	15.6	23.8	37.8	50.1	65.7	7.3	9.7	13.6	19.2	32.0	57.1	128.1
165	5.0	5.5	5.9	6.7	7.5	9.5	12.1	16.0	24.4	38.9	51.6	67.7	7.4	9.8	14.0	19.8	33.0	58.8	132.0
170	5.0	5.5	6.0	6.8	7.6	9.6	12.3	16.3	25.1	40.0	53.0	69.7	7.5	10.0	14.3	20.3	33.9	60.5	135.9
175	5.0	5.5	6.0	6.8	7.7	9.8	12.6	16.7	25.8	41.1	54.5	71.6	7.5	10.2	14.6	20.8	34.8	62.2	139.8
180	5.0	5.6	6.1	6.9	7.8	9.9	12.8	17.1	26.4	42.2	56.0	73.6	7.6	10.3	15.0	21.3	35.7	63.9	143.8
185	5.0	5.6	6.1	6.9	7.9	10.1	13.1	17.5	27.1	43.3	57.5	75.6	7.7	10.5	15.3	21.9	36.7	65.6	147.7
190	5.1	5.6	6.1	7.0	8.0	10.2	13.3	17.9	27.8	44.5	59.0	77.5	7.8	10.7	15.7	22.4	37.6	67.3	151.6
195	5.1	5.6	6.2	7.1	8.1	10.4	13.6	18.3	28.4	45.6	60.5	79.5	7.9	10.8	16.0	22.9	38.5	69.0	155.5
200	5.1	5.6	6.2	7.1	8.2	10.5	13.8	18.7	29.1	46.7	62.0	81.5	8.0	11.0	16.3	23.4	39.4	70.7	159.4
210	5.1	5.7	6.3	7.2	8.4	10.9	14.3	19.5	30.4	48.9	64.9	85.4	8.1	11.3	17.0	24.5	41.3	74.1	167.3
220	5.1	5.7	6.4	7.4	8.6	11.2	14.8	20.3	31.7	51.1	67.9	89.4	8.3	11.7	17.7	25.5	43.1	77.5	175.1
230	5.1	5.8	6.4	7.5	8.8	11.5	15.3	21.1	33.1	53.3	70.9	93.3	8.4	12.0	18.4	26.6	44.9	80.9	183.0
240	5.2	5.8	6.5	7.6	9.0	11.8	15.8	21.9	34.4	55.5	73.8	97.3	8.6	12.3	19.0	27.6	46.8	84.3	190.8
250	5.2	5.9	6.6	7.7	9.2	12.1	16.3	22.7	35.7	57.7	76.8	101.2	8.8	12.6	19.7	28.6	48.6	87.7	198.7
260	5.2	5.9	6.7	7.9	9.3	12.4	16.8	23.5	37.1	59.9	79.8	105.2	8.9	13.0	20.4	29.7	50.5	91.1	206.5
270	5.2	6.0	6.7	8.0	9.5	12.7	17.3	24.3	38.4	62.1	82.8	109.1	9.1	13.3	21.1	30.7	52.3	94.5	214.4
280	5.2	6.0	6.8	8.1	9.7	13.0	17.7	25.1	39.7	64.3	85.7	113.1	9.3	13.6	21.8	31.8	54.2	97.9	222.2
290	5.2	6.1	6.9	8.2	9.9	13.3	18.2	25.9	41.0	66.5	88.7	117.0	9.4	14.0	22.4	32.8	56.0	101.4	230.0
300	5.3	6.1	7.0	8.3	10.1	13.6	18.7	26.7	42.4	68.7	91.7	121.0	9.6	14.3	23.1	33.9	57.9	104.8	237.9
310	5.3	6.2	7.0	8.5	10.3	13.9	19.2	27.5	43.7	70.9	94.6	124.9	9.7	14.6	23.8	34.9	59.7	108.2	245.7
320	5.3	6.2	7.1	8.6	10.5	14.2	19.7	28.3	45.0	73.1	97.6	128.9	9.9	15.0	24.5	36.0	61.5	111.6	253.6
330	5.3	6.3	7.2	8.7	10.7	14.5	20.2	29.1	46.4	75.3	100.6	132.8	10.1	15.3	25.1	37.0	63.4	115.0	261.4
340	5.3	6.3	7.3	8.8	10.9	14.8	20.7	29.9	47.7	77.5	103.5	136.8	10.2	15.6	25.8	38.0	65.2	118.4	269.3
350	5.4	6.4	7.3	8.9	11.1	15.2	21.2	30.7	49.0	79.7	106.5	140.7	10.4	15.9	26.5	39.1	67.1	121.8	277.1
400	5.5	6.6	7.7	9.5	12.0	16.7	23.6	34.7	55.6	90.8	121.4	160.4	11.2	17.6	29.9	44.3	76.3	138.8	316.3
410	5.5	6.6	7.8	9.7	12.2	17.0	24.1	35.5	57.0	93.0	124.3	164.4	11.4	17.9	30.6	45.4	78.1	142.2	324.2
420	5.5	6.7	7.9	9.8	12.4	17.3	24.6	36.3	58.3	95.2	127.3	168.3	11.5	18.2	31.2	46.4	80.0	145.6	332.0
430	5.5	6.7	7.9	9.9	12.6	17.6	25.1	37.1	59.6	97.4	130.3	172.3	11.7	18.6	31.9	47.4	81.8	149.1	339.9
440	5.5	6.8	8.0	10.0	12.8	17.9	25.6	37.9	61.0	99.6	133.3	176.2	11.9	18.9	32.6	48.5	83.7	152.5	347.7
450	5.5	6.8	8.1	10.2	13.0	18.2	26.1	38.7	62.3	101.8	136.2	180.2	12.0	19.2	33.3	49.5	85.5	155.9	355.6
460	5.6	6.9	8.2	10.3	13.2	18.5	26.6	39.5	63.6	104.0	139.2	184.1	12.2	19.6	33.9	50.6	87.4	159.3	363.4
470	5.6	6.9	8.2	10.4	13.3	18.8	27.1	40.3	64.9	106.2	142.2	188.1	12.4	19.9	34.6	51.6	89.2	162.7	371.3
480	5.6	7.0	8.3	10.5	13.5	19.2	27.6	41.1	66.3	108.4	145.1	192.0	12.5	20.2	35.3	52.7	91.0	166.1	379.1
490	5.6	7.0	8.4	10.6	13.7	19.5	28.1	41.9	67.6	110.6	148.1	196.0	12.7	20.6	36.0	53.7	92.9	169.5	386.9
500	5.6	7.1	8.5	10.8	13.9	19.8	28.5	42.7	68.9	112.8	151.1	199.9	12.8	20.9	36.7	54.8	94.7	172.9	394.8
510	5.7	7.1	8.5	10.9	14.1	20.1	29.0	43.5	70.3	115.0	154.1	203.9	13.0	21.2	37.3	55.8	96.6	176.3	402.6

（续）

内径尺寸	公称压力																		
D_i	PN 2.5	PN 6	PN 10	PN 16	PN 25	PN 40	PN 63	PN 100	PN 160	PN 250	PN 320	PN 400	Class 150	Class 300	Class 600	Class 900	Class 1500	Class 2500	Class 4500
520	5.7	7.2	8.6	11.0	14.3	20.4	29.5	44.3	71.6	117.2	157.0	207.8	13.2	21.5	38.0	56.8	98.4	179.7	410.5
530	5.7	7.2	8.7	11.1	14.5	20.7	30.0	45.1	72.9	119.5	160.0	211.8	13.3	21.9	38.7	57.9	100.3	183.1	418.3
540	5.7	7.3	8.8	11.2	14.7	21.0	30.5	45.9	74.2	121.7	163.0	215.7	13.5	22.2	39.4	58.9	102.1	186.5	426.2
550	5.7	7.3	8.8	11.4	14.9	21.3	31.0	46.7	75.6	123.9	165.9	219.7	13.7	22.5	40.0	60.0	104.0	189.9	434.0
560	5.8	7.4	8.9	11.5	15.1	21.6	31.5	47.5	76.9	126.1	168.9	223.6	13.8	22.9	40.7	61.0	105.8	193.4	441.9
570	5.8	7.4	9.0	11.6	15.2	21.9	32.0	48.3	78.2	128.3	171.9	227.6	14.0	23.2	41.4	62.1	107.6	196.8	449.7
580	5.8	7.4	9.1	11.7	15.4	22.2	32.5	49.1	79.5	130.5	174.9	231.5	14.1	23.5	42.1	63.1	109.5	200.2	457.6
590	5.8	7.5	9.2	11.8	15.6	22.5	33.0	49.8	80.9	132.7	177.8	235.5	14.3	23.9	42.8	64.2	111.3	203.6	465.4
600	5.8	7.5	9.2	12.0	15.8	22.8	33.5	50.6	82.2	134.9	180.8	239.4	14.5	24.2	43.4	65.2	113.2	207.0	473.2
610	5.8	7.6	9.3	12.1	16.0	23.1	33.9	51.4	83.5	137.1	183.8	243.3	14.6	24.5	44.1	66.2	115.0	210.4	481.1
620	5.9	7.6	9.4	12.2	16.2	23.5	34.4	52.2	84.9	139.3	186.7	247.3	14.8	24.8	44.8	67.3	116.9	213.8	488.9
630	5.9	7.7	9.5	12.3	16.4	23.8	34.9	53.0	86.2	141.5	189.7	251.2	15.0	25.2	45.5	68.3	118.7	217.2	496.8
640	5.9	7.7	9.5	12.5	16.6	24.1	35.4	53.8	87.5	143.7	192.7	255.2	15.1	25.5	46.1	69.4	120.6	220.6	504.6
650	5.9	7.8	9.6	12.6	16.8	24.4	35.9	54.6	88.8	145.9	195.6	259.1	15.3	25.8	46.8	70.4	122.4	224.0	512.5
660	5.9	7.8	9.7	12.7	17.0	24.7	36.4	55.4	90.2	148.1	198.6	263.1	15.4	26.2	47.5	71.5	124.2	227.4	520.3
670	6.0	7.9	9.8	12.8	17.2	25.0	36.9	56.2	91.5	150.3	201.6	267.0	15.6	26.5	48.2	72.5	126.1	230.8	528.2
680	6.0	7.9	9.8	12.9	17.3	25.3	37.4	57.0	92.8	152.5	204.6	271.0	15.8	26.8	48.8	73.6	127.9	234.2	536.0
690	6.0	8.0	9.9	13.1	17.5	25.6	37.9	57.8	94.1	154.7	207.5	274.9	15.9	27.2	49.5	74.6	129.8	237.6	543.9
700	6.0	8.0	10.0	13.2	17.7	25.9	38.4	58.6	95.5	157.0	210.5	278.9	16.1	27.5	50.2	75.6	131.6	241.1	551.7
710	6.0	8.1	10.1	13.3	17.9	26.2	38.9	59.4	96.8	159.2	213.5	282.8	16.3	27.8	50.9	76.7	133.5	244.5	559.5
720	6.1	8.1	10.1	13.4	18.1	26.5	39.3	60.2	98.1	161.4	216.4	286.8	16.4	28.1	51.6	77.7	135.3	247.9	567.4
730	6.1	8.2	10.2	13.5	18.3	26.8	39.8	61.0	99.5	163.6	219.4	290.7	16.6	28.5	52.2	78.8	137.1	251.3	575.2
740	6.1	8.2	10.3	13.7	18.5	27.1	40.3	61.8	100.8	165.8	222.4	294.7	16.8	28.8	52.9	79.8	139.0	254.7	583.1
750	6.1	8.3	10.4	13.8	18.7	27.4	40.8	62.6	102.1	168.0	225.4	298.6	16.9	29.1	53.6	80.9	140.8	258.1	590.9
760	6.1	8.3	10.4	13.9	18.9	27.8	41.3	63.4	103.4	170.2	228.3	302.6	17.1	29.5	54.3	81.9	142.7	261.5	598.8
770	6.1	8.4	10.5	14.0	19.1	28.1	41.8	64.2	104.8	172.4	231.3	306.5	17.2	29.8	54.9	82.9	144.5	264.9	606.6
780	6.2	8.4	10.6	14.2	19.2	28.4	42.3	65.0	106.1	174.6	234.3	310.5	17.4	30.1	55.6	84.0	146.4	268.3	614.5
790	6.2	8.4	10.7	14.3	19.4	28.7	42.8	65.8	107.4	176.8	237.2	314.4	17.6	30.4	56.3	85.0	148.2	271.7	622.3
800	6.2	8.5	10.7	14.4	19.6	29.0	43.6	66.6	108.8	179.0	240.2	318.4	17.7	30.8	57.0	86.1	150.1	275.1	630.1
810	6.2	8.5	10.8	14.5	19.8	29.3	43.8	67.4	110.1	181.2	243.2	322.3	17.9	31.1	57.7	87.1	151.9	278.5	638.0
820	6.2	8.6	10.9	14.6	20.0	29.6	44.3	68.2	111.4	183.4	246.2	326.3	18.1	31.4	58.3	88.2	153.7	281.9	645.8
830	6.3	8.6	11.0	14.8	20.2	29.9	44.7	69.0	112.7	185.6	249.1	330.2	18.2	31.8	59.0	89.2	155.6	285.4	653.7
840	6.3	8.7	11.0	14.9	20.4	30.2	45.2	69.8	114.1	187.8	252.1	334.1	18.4	32.1	59.7	90.3	157.4	288.8	661.5
850	6.3	8.7	11.1	15.0	20.6	30.5	45.7	70.6	115.4	190.0	255.1	338.1	18.5	32.4	60.4	91.3	159.3	292.2	669.4
860	6.3	8.8	11.2	15.1	20.8	30.8	46.2	71.4	116.7	192.2	258.0	342.0	18.7	32.8	61.0	92.3	161.1	295.6	677.2
870	6.3	8.8	11.3	15.2	21.0	31.1	46.7	72.2	118.0	194.5	261.0	346.0	18.9	33.1	61.7	93.4	163.0	299.0	685.1
880	6.4	8.9	11.3	15.4	21.1	31.4	47.2	73.0	119.4	196.7	264.0	349.9	19.0	33.4	62.4	94.4	164.8	302.4	692.9
890	6.4	8.9	11.4	15.5	21.3	31.8	47.7	73.8	120.7	198.9	266.9	353.9	19.2	33.7	63.1	95.5	166.6	305.8	700.8

（续）

内径尺寸	公称压力																		
D_i	PN 2.5	PN 6	PN 10	PN 16	PN 25	PN 40	PN 63	PN 100	PN 160	PN 250	PN 320	PN 400	Class 150	Class 300	Class 600	Class 900	Class 1500	Class 2500	Class 4500
900	6.4	9.0	11.5	15.6	21.5	32.1	48.2	74.6	122.0	201.1	269.9	357.8	19.4	34.1	63.7	96.5	168.5	309.2	708.6
910	6.4	9.0	11.6	15.7	21.7	32.4	48.7	75.4	123.4	203.3	272.9	361.8	19.5	34.4	64.4	97.6	170.3	312.6	716.4
920	6.4	9.1	11.6	15.8	21.9	32.7	49.2	76.2	124.7	205.5	275.9	365.7	19.7	34.7	65.1	98.6	172.2	316.0	724.3
930	6.4	9.1	11.7	16.0	22.1	33.0	49.7	77.0	126.0	207.7	278.8	369.7	19.8	35.1	65.8	99.7	174.0	319.4	732.1
940	6.5	9.2	11.8	16.1	22.3	33.3	50.1	77.8	127.3	209.9	281.8	373.6	20.0	35.4	66.5	100.7	175.9	322.8	740.0
950	6.5	9.2	11.9	16.2	22.5	33.6	50.6	78.6	128.7	212.1	284.8	377.6	20.2	35.7	67.1	101.7	177.7	326.2	747.8
960	6.5	9.3	11.9	16.3	22.7	33.9	51.5	79.4	130.0	214.3	287.7	381.5	20.3	36.1	67.8	102.8	179.6	329.6	755.7
970	6.5	9.3	12.0	16.5	22.9	34.2	51.6	80.2	131.3	216.5	290.7	385.5	20.5	36.4	68.5	103.8	181.4	333.1	763.5
980	6.5	9.3	12.1	16.6	23.1	34.5	52.1	81.0	132.7	218.7	293.7	389.4	20.7	36.7	69.2	104.9	183.2	336.5	771.4
990	6.6	9.4	12.2	16.7	23.2	34.8	52.6	81.8	134.0	220.9	296.7	393.4	20.8	37.0	69.8	105.9	185.1	339.9	779.2
1000	6.6	9.4	12.2	16.8	23.4	35.1	53.1	82.5	135.3	223.1	299.6	397.3	21.0	37.4	70.5	107.0	186.9	343.3	787.0
1010	6.6	9.5	12.3	16.9	23.6	35.4	53.6	83.3	136.6	225.3	302.6	401.3	21.1	37.7	71.2	108.0	188.8	346.7	794.9
1020	6.6	9.5	12.4	17.1	23.8	35.7	54.1	84.1	138.0	227.5	305.6	405.2	21.3	38.0	71.9	109.1	190.6	350.1	802.7
1030	6.6	9.6	12.5	17.2	24.0	36.1	54.6	84.9	139.3	229.7	308.5	409.2	21.5	38.4	72.6	110.1	192.5	353.5	810.6
1040	6.7	9.6	12.5	17.3	24.2	36.4	55.1	85.7	140.6	232.0	311.5	413.1	21.6	38.7	73.2	111.1	194.3	356.9	818.4
1050	6.7	9.7	12.6	17.4	24.4	36.7	55.5	86.5	141.9	234.2	314.5	417.0	21.8	39.0	73.9	112.2	196.2	360.3	826.3
1060	6.7	9.7	12.7	17.5	24.6	37.0	56.0	87.3	143.3	236.4	317.5	421.0	22.0	39.4	74.6	113.2	198.0	363.7	834.1
1070	6.7	9.8	12.8	17.7	24.8	37.3	56.5	88.1	144.6	238.6	320.4	424.9	22.1	39.7	75.3	114.3	199.8	367.1	842.0
1080	6.7	9.8	12.8	17.8	25.0	37.6	57.0	88.9	145.9	240.8	323.4	428.9	22.3	40.0	75.9	115.3	201.7	370.5	849.8
1090	6.7	9.9	12.9	17.9	25.1	37.9	57.5	89.7	147.3	243.0	326.4	432.8	22.4	40.3	76.6	116.4	203.5	373.9	857.7
1100	6.8	9.9	13.0	18.0	25.3	38.2	58.0	90.5	148.6	245.2	329.3	436.8	22.6	40.7	77.3	117.4	205.4	377.4	865.5
1110	6.8	10.0	13.1	18.2	25.5	38.5	58.5	91.3	149.9	247.4	332.3	440.7	22.8	41.0	78.0	118.5	207.2	380.8	873.3
1120	6.8	10.0	13.1	18.3	25.7	38.8	59.0	92.1	151.2	249.6	335.3	444.7	22.9	41.3	78.6	119.5	209.1	384.2	881.2
1130	6.8	10.1	13.2	18.4	25.9	39.1	59.5	92.9	152.6	251.8	338.2	448.6	23.1	41.7	79.3	120.5	210.9	387.6	889.0
1140	6.8	10.1	13.3	18.5	26.1	39.4	60.0	93.7	153.9	254.0	341.2	452.6	23.3	42.0	80.0	121.6	212.7	391.0	896.9
1150	6.9	10.2	13.4	18.6	26.3	39.7	60.5	94.5	155.2	256.2	344.2	456.5	23.4	42.3	80.7	122.6	214.6	394.4	904.7
1160	6.9	10.2	13.4	18.8	26.5	40.0	60.9	95.3	156.5	258.4	347.2	460.5	23.6	42.6	81.4	123.7	216.4	397.8	912.6
1170	6.9	10.2	13.5	18.9	26.7	40.4	61.4	96.1	157.9	260.6	350.1	464.4	23.8	43.0	82.0	124.7	218.3	401.2	920.4
1180	6.9	10.3	13.6	19.0	26.9	40.7	61.9	96.9	159.2	262.8	353.1	468.4	23.9	43.3	82.7	125.8	220.1	404.6	928.3
1190	6.9	10.3	13.7	19.1	27.0	41.0	62.4	97.7	160.5	265.0	356.1	472.3	24.1	43.6	83.4	126.8	222.0	408.0	936.1
1200	7.0	10.4	13.8	19.2	27.2	41.3	62.9	98.5	161.9	267.2	359.0	476.3	24.2	44.0	84.1	127.9	223.8	411.4	943.9
1210	7.0	10.4	13.8	19.4	27.4	41.6	63.4	99.3	163.2	269.5	362.0	480.2	24.4	44.3	84.7	128.9	225.7	414.8	951.8
1220	7.0	10.5	13.9	19.5	27.6	41.9	63.9	100.1	164.5	271.7	365.0	484.2	24.6	44.6	85.4	129.9	227.5	418.2	959.6
1250	7.0	10.6	14.1	19.8	28.2	42.8	65.4	102.5	168.5	278.3	373.9	496.0	25.1	45.6	87.5	133.1	233.0	428.5	983.2
1300	7.1	10.9	14.5	20.5	29.1	44.4	67.8	106.5	175.1	289.3	388.8	515.7	25.9	47.3	90.8	138.3	242.2	445.5	1022.4

表 9-30 铸铁闸阀壳体的最小壁厚

公称尺寸		公称压力			
		Class125		Class250	
		in	mm	in	mm
NPS$1\frac{1}{2}$	DN40	$\frac{5}{16}$	7.9	$\frac{7}{16}$	11.1
NPS2	DN50	$\frac{5}{8}$	9.5	$\frac{1}{2}$	12.7
NPS$2\frac{1}{2}$	DN65	$\frac{9}{8}$	9.5	$\frac{1}{2}$	12.7
NPS3	DN80	$\frac{7}{16}$	11.1	$\frac{9}{16}$	14.2
NPS$3\frac{1}{2}$	DN90				
NPS4	DN100	$\frac{1}{2}$	12.7	$\frac{5}{8}$	15.8
NPS5	DN125	$\frac{1}{2}$	12.7	$\frac{11}{16}$	17.4
NPS6	DN150	$\frac{9}{16}$	14.2	$\frac{3}{4}$	19.0
	DN175				
NPS8	DN200	$\frac{5}{8}$	15.8	$\frac{13}{6}$	20.6
	DN225				
NPS10	DN250	$\frac{3}{4}$	19.0	$\frac{15}{16}$	23.8
NPS12	DN300	$\frac{13}{16}$	20.6	1	25.4
NPS14	DN350	$\frac{7}{8}$	22.2	$1\frac{1}{8}$	28.5
NPS16	DN400	1	25.4	$1\frac{1}{4}$	31.7
NPS18	DN450	$1\frac{1}{16}$	26.9	$1\frac{3}{8}$	34.9
NPS20	DN500	$1\frac{1}{8}$	28.5	$1\frac{1}{2}$	38.1
NPS24	DN600	$1\frac{1}{4}$	31.7	$1\frac{5}{8}$	41

表 9-31 铜合金闸阀壳体的最小壁厚

公称尺寸		公称压力									
		Class100		Class125		Class150		Class200		Class250	
		in	mm	in	mm	in	mm	in	mm	in	mm
DN10	NPS $\frac{1}{4}$	0.065	1.6	0.070	1.7	0.075	1.9	0.080	2.0	0.090	2.2
DN12	NPS $\frac{3}{8}$	0.070	1.7	0.075	1.9	0.080	2.0	0.085	2.1	0.095	2.4
DN15	NPS $\frac{1}{2}$	0.075	1.9	0.080	2.0	0.085	2.1	0.095	2.4	0.105	2.6
DN20	NPS $\frac{3}{4}$	0.075	1.9	0.085	2.1	0.095	2.4	0.100	2.5	0.115	2.9
DN25	NPS1	0.080	2.0	0.090	2.2	0.100	2.5	0.115	2.9	0.130	3.3
DN32	NPS$1\frac{1}{4}$	0.090	2.2	0.100	2.5	0.105	2.6	0.125	3.1	0.145	3.6
DN40	NPS$1\frac{1}{2}$	0.090	2.2	0.100	2.5	0.110	2.7	0.130	3.3	0.150	3.8
DN50	NPS2	0.100	2.5	0.115	2.9	0.125	3.1	0.150	3.8	0.170	4.3
DN65	NPS$2\frac{1}{2}$	0.110	2.7	0.125	3.1	0.140	3.5	0.170	4.3	0.195	4.9
DN80	NPS3	0.120	3.0	0.135	3.4	0.150	3.8	0.185	4.6	0.215	5.4
DN90	NPS$3\frac{1}{2}$	—	—	—	—	—	—	—	—	—	—
DN100	NPS4	—	—	—	—	—	—	—	—	—	—

9.3 阀杆直径和填料函尺寸

9.3.1 阀杆直径

1. 中国标准数据

1）GB/T 12234—2019《石油、天然气工业用螺柱连接阀盖的钢制闸阀》阀杆最小直径按表9-32的规定。

2）GB/T 12235—2007《石油、石化及相关工业用钢制截止阀和升降式止回阀》阀杆最小直径按表9-33的规定。

3）GB/T 28776—2012《石油和天然气工业用钢制闸阀、截止阀和止回阀（≤DN100）阀杆最小直径按表9-34的规定。

表9-32 钢制闸阀阀杆最小直径（GB/T 12234—2019） （单位：mm）

公称尺寸DN	公称压力/压力等级										公称尺寸NPS
	PN16	PN20/Class150	PN25	PN40	PN50/Class300	PN63	PN100/Class600	PN150/Class900	PN260/Class1500	PN420/Class2500	
	阀杆的最小直径										
25	14.00	15.89	15.89	15.89	15.89	15.89	15.89	19.05	19.05	19.05	1
32	15.59	15.89	15.89	15.89	15.89	15.89	15.89	19.05	19.05	19.05	1¼
40	17.17	17.46	18.00	18.00	19.05	19.05	19.05	22.23	22.23	22.23	1½
50	18.00	19.05	19.05	19.05	19.05	19.05	19.05	25.40	25.40	25.40	2
65	18.77	19.05	19.05	19.05	19.05	21.87	22.23	28.58	28.58	31.75	2½
80	21.87	22.23	22.23	22.23	22.23	24.00	25.40	28.58	31.75	31.75	3
100	24.00	25.40	25.40	25.40	25.40	26.00	28.58	31.75	34.93	34.93	4
150	28.00	28.58	28.58	30.00	31.75	32.00	38.10	41.28	44.45	47.63	6
200	31.39	31.75	32.00	34.00	34.93	38.00	41.28	47.63	53.98	60.33	8
250	34.47	34.93	36.00	37.62	38.10	42.00	47.63	53.98	63.50	73.03	10
300	37.62	38.10	38.00	40.00	41.28	46.00	50.80	57.15	69.85	82.55	12
350	40.77	41.28	42.00	43.84	44.45	50.00	57.15	60.33	76.20	—	14
400	43.84	44.45	46.00	46.00	47.63	55.00	60.33	63.50	76.20	—	16
450	46.94	47.63	48.00	50.00	50.80	60.00	63.50	69.85	—	—	18
500	50.00	50.80	50.80	52.00	53.98	60.00	69.85	76.20	—	—	20

表9-33 钢制截止阀阀杆最小直径（GB/T 12235—2007） （单位：mm）

公称尺寸DN	公称压力							
	PN16	PN20	PN25、PN40、PN50	PN63、PN64	PN100、PN110	PN150、PN160	PN250、PN260	PN420
15	11.1	11.1	11.1	13.5	13.5	13.5	15.9	15.9
20	12.7	12.7	12.7	15.9	15.9	15.9	15.9	19.0
25	15.9	15.9	15.9	15.9	15.9	19.0	19.0	25.4
32	15.9	15.9	15.9	19.0	19.0	22.2	22.2	28.6
40	19.0	19.0	19.0	19.0	19.0	25.4	25.4	31.8
50	19.0	19.0	19.0	22.0	22.0	28.6	28.6	38.1
65	22.2	22.2	22.2	25.4	25.4	31.8	31.8	41.3
80	24.0	25.4	25.4	28.6	28.6	31.8	35.0	44.4
100	28.0	28.6	28.6	31.8	31.8	35.0	38.1	50.8
150	31.8	31.8	35.0	38.1	41.3	44.4	50.8	63.5
200	35.0	35.0	38.1	41.3	44.4	50.8	57.2	76.2
250	38.1	38.1	41.3	47.6	50.8	57.2	66.7	88.9
300	41.3	41.3	44.4	50.8	54.0	60.3	73.0	95.2
350	44.4	44.4	—	—	—	63.5	79.4	—
400	47.6	47.6	—	—	—	—	—	—

4）GB/T 12232—2005《通用阀门　法兰连接铁制闸阀》阀杆的最小直径按表9-35的规定。

5）GB/T 12233—2005《通用阀门　铁制截止阀与升降式止回阀》阀杆的最小直径按表9-36的规定。

表9-34　阀杆的最小直径（GB/T 28776—2012）　（单位：mm）

公称尺寸 DN	PN20、PN50、PN100、PN140	PN250	
	闸阀和截止阀	闸阀	截止阀
8、10	7.0	10.0	10.0
15	8.5	10.0	10.0
20	9.5	11.0	11.0
25	11.0	14.0	14.0
32	12.5	15.5	15.5
40	14.0	15.5	15.5
50	15.5	16.5	16.5
65	17.5	19.0	—
80	19.0	25.0	—
100	22.0	28.5	—

表9-35　阀杆的最小直径（GB/T 12232—2005）　（单位：mm）

公称尺寸 DN	公称压力					
	PN1	PN2.5	PN6	PN10	PN16	PN25
50	—	—	—	18	18	18
65	—	—	—	18	18	18
80	—	—	—	20	20	20
100	—	—	—	20	24	24
125	—	—	—	22	28	28
150	—	—	—	24	28	28
200	—	—	—	28	32	32
250	—	—	—	28	36	—
300	36	—	—	36	38	—
350	36	—	—	36	38	—
400	36	—	—	40	40	—
450	40	—	—	44	45	—
500	40	—	—	50	50	—
600	44	—	—	50	50	—
700	55	—	—	65	65	—
800	65	—	—	65	65	—
900	65	—	—	70	70	—
1000	70	—	—	70	70	—
1200	70	—	80	80	80	—
1400	80	—	80	80	—	—
1600	—	80	80	80	—	—
1800	—	90	—	—	—	—
2000	—	100	—	—	—	—

表 9-36　阀杆的最小直径（GB/T 12233—2005）

（单位：mm）

公称尺寸	公称压力
	PN10、PN16
DN15	10
DN20	12
DN25	14
DN32	18
DN40	18
DN50	20
DN65	20
DN80	24
DN100	28
DN125	32
DN150	36
DN200	40

2. 美国标准数据

1）API 600—2015《法兰、对焊连接螺栓连接阀盖钢制闸阀》阀杆的最小直径按表 9-37 的规定。

2）API 602—2015《石油和天然气工业用公称尺寸≤DN100 的钢制闸阀、截止阀和止回阀》阀杆的最小直径按表 9-38 的规定。

3）API 603—2018《法兰端和对焊端螺栓连接阀盖的耐腐蚀闸阀》阀杆的最小直径按表 9-39 的规定。

4）API 623—2013《法兰和对焊端螺栓连接阀盖钢制截止阀》阀杆的最小直径按表 9-40 的规定。

3. 美国某阀门制造公司全通径和缩径固定球球阀阀杆直径的推荐尺寸（表 9-41）

表 9-37　阀杆的最小直径（API 600—2015）　　［单位：mm（in）］

公称尺寸		公称压力					
		Class150	Class300	Class600	Class900	Class1500	Class2500
DN	NPS	阀杆最小直径 d_s/mm（in）					
25	1	15.89($\frac{5}{8}$)	15.89($\frac{5}{8}$)	15.89($\frac{5}{8}$)	19.05($\frac{3}{4}$)	19.05($\frac{3}{4}$)	19.05($\frac{3}{4}$)
32	$1\frac{1}{4}$	15.89($\frac{5}{8}$)	15.89($\frac{5}{8}$)	15.89($\frac{5}{8}$)	19.05($\frac{3}{4}$)	19.05($\frac{3}{4}$)	19.05($\frac{3}{4}$)
40	$1\frac{1}{2}$	17.46($\frac{11}{16}$)	19.05($\frac{3}{4}$)	19.05($\frac{3}{4}$)	22.23($\frac{7}{8}$)	22.23($\frac{7}{8}$)	22.23($\frac{7}{8}$)
50	2	19.05($\frac{3}{4}$)	19.05($\frac{3}{4}$)	19.05($\frac{3}{4}$)	25.40(1)	25.40(1)	25.40(1)
65	$2\frac{1}{2}$	19.05($\frac{3}{4}$)	19.05($\frac{3}{4}$)	22.23($\frac{7}{8}$)	28.58($1\frac{1}{8}$)	28.58($1\frac{1}{8}$)	31.75($1\frac{1}{4}$)
80	3	22.23($\frac{7}{8}$)	22.23($\frac{7}{8}$)	25.40(1)	28.58($1\frac{1}{8}$)	31.75($1\frac{1}{4}$)	31.75($\frac{1}{4}$)
100	4	25.40(1)	25.40(1)	28.58($1\frac{1}{8}$)	31.75($1\frac{1}{4}$)	34.93($1\frac{3}{8}$)	34.93($1\frac{3}{8}$)
150	6	28.58($1\frac{1}{8}$)	31.75($1\frac{1}{4}$)	38.10($1\frac{1}{2}$)	41.28($1\frac{5}{8}$)	44.45($1\frac{3}{4}$)	47.63($1\frac{7}{8}$)
200	8	31.75($1\frac{1}{4}$)	34.93($1\frac{3}{8}$)	41.28($1\frac{5}{8}$)	47.63($1\frac{7}{8}$)	53.98($2\frac{1}{8}$)	60.33($2\frac{3}{8}$)
250	10	34.93($1\frac{3}{8}$)	38.10($1\frac{1}{2}$)	47.63($1\frac{7}{8}$)	53.98($2\frac{1}{8}$)	63.50($2\frac{1}{2}$)	73.03($2\frac{7}{8}$)
300	12	38.10($1\frac{1}{2}$)	41.28($1\frac{5}{8}$)	50.80(2)	57.15($2\frac{1}{4}$)	69.85($2\frac{3}{4}$)	82.55($3\frac{1}{4}$)
350	14	41.28($1\frac{5}{8}$)	44.45($1\frac{3}{4}$)	57.15($2\frac{1}{4}$)	60.33($2\frac{3}{8}$)	76.20(3)	—
400	16	44.45($1\frac{3}{4}$)	47.63($1\frac{7}{8}$)	60.33($2\frac{3}{8}$)	63.50($2\frac{1}{2}$)	76.20(3)	—
450	18	47.63($1\frac{7}{8}$)	50.80(2)	63.50($2\frac{1}{2}$)	69.85($2\frac{3}{4}$)	—	—
500	20	50.80(2)	53.98($2\frac{1}{8}$)	69.85($2\frac{3}{4}$)	76.20(3)	—	—
600	24	57.15($2\frac{1}{4}$)	63.50($2\frac{1}{2}$)	76.20(3)	—	—	—
650	26	60.33($2\frac{3}{8}$)	69.85($2\frac{3}{4}$)	—	—	—	—
700	28	63.50($2\frac{1}{2}$)	76.20(3)	—	—	—	—
750	30	63.50($2\frac{1}{2}$)	82.60($3\frac{1}{4}$)	—	—	—	—
800	32	66.68($2\frac{5}{8}$)	85.73($3\frac{3}{8}$)	—	—	—	—
850	34	69.85($2\frac{3}{4}$)	85.73($3\frac{3}{8}$)	—	—	—	—
900	36	69.85($2\frac{3}{4}$)	88.90($3\frac{1}{2}$)	—	—	—	—
950	38	76.20(3)	95.25($3\frac{3}{4}$)	—	—	—	—
1000	40	79.38($3\frac{1}{8}$)	98.43($3\frac{7}{8}$)	—	—	—	—
1050	42	82.60($3\frac{1}{4}$)	101.60(4)	—	—	—	—

表 9-38 阀杆的最小直径 d_s（API 602—2015） （单位：mm）

公称尺寸		Class150、Class300、Class600、Class800	Class1500	
DN	NPS	闸阀或截止阀	闸阀	截止阀
8	¼	7.0	10.0	10.0
10	⅜	7.0	10.0	10.0
15	½	8.5	10.0	10.0
20	¾	9.5	11.0	11.0
25	1	11.0	14.0	14.0
32	1¼	12.5	15.5	15.5
40	1½	14.5	15.5	15.5
50	2	16.0	16.5	16.5
65	2½	17.5	19.0	—
80	3	19.0	25.0	—
100	4	22.0	28.5	—

表 9-39 阀杆的最小直径（API 603—2018） ［单位：mm(in)］

公称尺寸		公称压力		
DN	NPS	Class150	Class300	Class600
15	½	10.7(0.42)	12.3(0.48)	12.3(0.48)
20	¾	10.7(0.42)	12.3(0.48)	12.3(0.48)
25	1	12.3(0.48)	15.5(0.61)	15.5(0.61)
32	1¼	12.3(0.48)	15.5(0.61)	15.5(0.61)
40	1½	13.9(0.55)	18.7(0.73)	18.7(0.73)
50	2	15.5(0.61)	18.7(0.73)	18.7(0.73)
65	2½	15.5(0.61)	18.7(0.73)	21.8(0.86)
80	3	18.7(0.73)	21.8(0.86)	25.0(0.98)
100	4	21.8(0.86)	25.0(0.98)	28.2(1.11)
150	6	25.0(0.98)	31.3(1.23)	37.6(1.48)
200	8	28.2(1.11)	34.4(1.35)	40.7(1.60)
250	10	31.3(1.23)	37.6(1.48)	46.9(1.84)
300	12	34.4(1.35)	40.7(1.60)	50.1(1.97)
350	14	40.7(1.60)	43.8(1.72)	56.4(2.22)
400	16	43.8(1.72)	46.9(1.84)	59.5(2.34)
450	18	46.9(1.84)	50.1(1.97)	62.7(2.47)
500	20	50.1(1.97)	53.2(2.09)	69.1(2.72)
600	24	56.4(2.22)	62.7(2.47)	75.4(2.97)

表 9-40 阀杆的最小直径 d_s（API 623—2015） ［单位：in(mm)］

公称尺寸		公称压力					
NPS	DN	Class150	Class300	Class600	Class900	Class1500	Class2500
2	50	¾(19)	¾(19)	⅞(22)	1(25)	1⅛(29)	1½(38)
2½	65	⅞(22)	⅞(22)	1(25)	1⅜(35)	1⅜(35)	1⅝(41)
3	80	1(25)	1(25)	1⅛(29)	1⅜(35)	1½(38)	1¾(44)
4	100	1⅛(29)	1⅛(29)	1¼(32)	1¾(44)	1⅞(48)	2(51)

（续）

公称尺寸		公称压力					
NPS	DN	Class150	Class300	Class600	Class900	Class1500	Class2500
6	150	1¼(32)	1⅜(35)	1⅞(48)	2¼(57)	2¾(70)	3⅛(79)
8	200	1⅜(35)	1¾(44)	2½(64)	2⅞(73)	3½(89)	4(102)
10	250	1½(38)	2¼(57)	3¼(83)	3½(89)	4¼(108)	4⅞(124)
12	300	1¾(44)	2⅝(67)	3⅜(86)	4⅛(105)	5(127)	5¾(146)
14	350	1⅞(48)	2⅞(73)	3⅞(98)	—	—	—
16	400	2¼(57)	3⅜(86)	—	—	—	—
18	450	2½(64)	—	—	—	—	—
20	500	2¾(70)	—	—	—	—	—
24	600	3½(89)	—	—	—	—	—

表9-41 固定球球阀阀杆直径参考尺寸 （单位：mm）

公称尺寸		公称压力											
		Class150		Class300		Class600		Class900		Class1500		Class2500	
NPS	DN	全通径	缩径	全通径	缩径	全通径	缩径	全通径	缩径	全通径	缩径	全通径	缩径
2	50	25.4		25.4		25.4		25.4		25.4		25.4	
3	80	25.4	25.4	25.4	25.4	25.4	25.4	38.1	25.4	38.1	25.4	38.1	25.4
4	100	38.1	25.4	38.1	25.4	38.1	25.4	50.8	38.1	50.8	38.1	50.8	38.1
6	150	38.1	38.1	38.1	38.1	38.1	38.1	50.8	50.8	50.8	50.8	76.2	50.8
8	200	50.8	38.1	50.8	38.1	50.8	38.1	50.8	50.8	76.2	50.8	101.6	76.2
10	250	50.8	50.8	50.8	50.8	50.8	50.8	76.2	50.8	101.6	76.2	101.6	101.6
12	300	76.2	50.8	76.2	50.8	76.2	50.8	76.2	76.2	101.6	101.6	127.0	101.6
14	350	76.2	76.2	76.2	76.2	76.2	76.2	127.0	76.2	127.0	101.6	—	—
16	400	76.2	76.2	76.2	76.2	101.6	76.2	127.0	127.0	127.0	127.0	—	—
18	450	101.6	76.2	101.6	76.2	101.6	101.6	127.0	—	190.5	—	—	—
20	500	101.6	101.6	101.6	101.6	127.0	101.6	190.5	—	190.5	—	—	—
22	550	101.6	101.6	101.6	101.6	127.0	127.0	190.5	—	190.5	—	—	—
24	600	101.6	101.6	101.6	101.6	127.0	127.0	190.5	—	190.5	—	—	—
26	650	127.0	101.6	127.0	101.6	127.0	127.0	190.5	—	—	—	—	—
28	700	127.0	101.6	127.0	127.0	190.5	127.0	190.5	—	—	—	—	—
30	750	127.0	127.0	127.0	127.0	190.5	190.5	190.5	—	—	—	—	—
34	850	127.0	127.0	127.0	127.0	190.5	190.5	228.6	—	—	—	—	—
36	900	127.0	127.0	190.5	127.0	190.5	190.5	228.6	—	—	—	—	—
40	1000	190.5	127.0	190.5	190.5	228.6	190.5	—	—	—	—	—	—
42	1050	190.5	127.0	190.5	190.5	228.6	190.5	—	—	—	—	—	—
48	1200	190.5	—	190.5	—	279.4	—	—	—	—	—	—	—

4. 欧洲标准数据

1）EN ISO 10434：2004《石油、石化和相关工业用螺栓连接阀盖钢制闸阀》阀杆的最小直径按表9-42的规定。

2）EN ISO 15761：2002《石油和天然气工业用≤DN100钢制闸阀、截止阀和止回阀》阀杆的最小直径按表9-43的规定。

3）BS 5154：1991《铜合金截止阀、截止止回阀和闸阀》阀杆的最小直径按表9-44的规定。

表 9-42 阀杆的最小直径 （单位：mm）

公称尺寸		公称压力					
DN	NPS	Class150	Class300	Class600	Class900	Class1500	Class2500
25	1	15.59	15.59	15.59	18.77	18.77	18.77
32	1¼	15.59	15.59	15.59	18.77	18.77	18.77
40	1½	17.17	18.77	18.77	21.87	21.87	21.87
50	2	18.17	18.17	18.77	25.04	25.04	25.04
65	2½	18.77	18.77	21.87	26.22	26.22	26.22
80	3	21.87	21.87	25.04	28.22	31.69	31.39
100	4	25.04	25.04	26.22	31.39	34.47	34.47
150	6	28.22	31.39	37.62	40.77	43.84	46.94
200	8	31.39	34.47	40.77	46.94	53.24	59.64
250	10	34.47	37.62	46.94	53.24	62.74	72.24
300	12	37.62	40.77	50.29	56.44	69.14	81.84
350	14	40.77	43.84	56.44	59.54	75.44	—
400	16	43.84	46.94	59.54	62.74	75.44	—
450	18	46.94	50.14	62.74	69.14	—	—
500	20	50.14	53.24	69.14	75.44	—	—
600	24	56.44	62.74	75.44	—	—	—

表 9-43 阀杆的最小直径 （单位：mm）

公称尺寸		公称压力					
		Class150 ~ Class800		Class1500	Class150 ~ Class800		Class1500
		钢制闸阀			钢制截止阀		
DN	NPS	(N)	(R)	(N)	(N)	(R)	(N)
8	5/16	7.0	7.0	10.0	7.0	7.0	10.0
10	⅜	7.0	7.0	10.0	7.0	7.0	10.0
15	½	8.5	8.5	10.0	8.5	8.5	10.0
20	¾	9.5	9.5	11.0	9.5	9.5	11.0
25	1	11.0	11.0	14.0	11.0	11.0	14.0
32	1¼	12.5	12.5	15.5	12.5	12.5	15.5
40	1½	14.5	14.5	15.5	14.5	14.5	15.5
50	2	16.0	16.0	16.5	16.0	16.0	16.5
65	2½	17.5	17.5	19.0	17.5	17.5	—
80	3	19.0	19.0	25.0	19.0	19.0	—
100	4	22.0	22.0	28.5	22.0	22.0	—

注：(N) 代表全径，(R) 代表缩径。

表 9-44 阀杆的最小直径 （单位：mm）

公称尺寸		公称压力					
		PN16	PN25、Class150	PN40、Class300	PN16	PN25、Class150	PN40、Class300
DN	NPS	闸阀			截止阀		
6	¼	5.5	6.0	6.5	5.5	6.0	6.5
10	⅜	6.0	6.5	7.5	6.0	6.5	7.5

（续）

公称尺寸		公称压力					
		PN16	PN25、Class150	PN40、Class300	PN16	PN25、Class150	PN40、Class300
DN	NPS	闸阀			截止阀		
15	½	6.5	7.0	8.0	6.5	7.0	8.0
20	¾	7.5	8.0	9.5	7.5	8.0	9.5
25	1	8.5	9.5	11.0	8.5	9.5	11.0
32	1¼	9.5	10.5	12.0	9.5	10.5	12.0
40	1½	10.5	11.0	12.5	10.5	12.0	14.0
50	2	12.0	12.5	14.0	12.0	13.5	15.5
65	2½	13.5	14.0	16.0	13.5	15.0	17.5
80	3	15.0	15.5	17.5	15.0	16.5	19.0
100	4	17.0	18.0	20.0	17.0	19.0	22.0

9.3.2　填料函尺寸

9.3.2.1　填料函内径及填料宽度

1. 德国DIN3780：2000的规定

DIN3780：2000标准规定的填料函内径及填料宽度如图9-1所示及见表9-45。

2. 其他标准的规定

其他标准规定的填料函内径及填料宽度见表9-46。

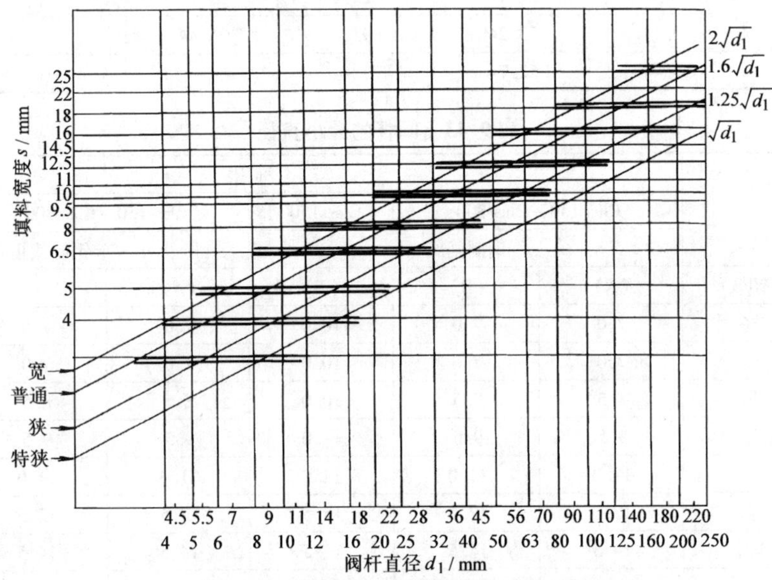

图9-1　阀杆直径与填料宽度的关系

表9-45　填料函内径　　（单位：mm）

阀杆直径 d_1	填料宽度 s													
	3	4	5	6.5	8	9.5	10	11	12.5	14.5	16	19	22	25
4	10	12	—	—	—	—	—	—	—	—	—	—	—	—
4.5	10.5	12.5	—	—	—	—	—	—	—	—	—	—	—	—
5	11	13	15	—	—	—	—	—	—	—	—	—	—	—
5.5	11.5	13.5	15.5	—	—	—	—	—	—	—	—	—	—	—
6	12	14	16	—	—	—	—	—	—	—	—	—	—	—
7	13	15	17	—	—	—	—	—	—	—	—	—	—	—
8	14	16	18	21	—	—	—	—	—	—	—	—	—	—
9	15	17	19	22	—	—	—	—	—	—	—	—	—	—
10	16	18	20	23	—	—	—	—	—	—	—	—	—	—

（续）

阀杆直径 d_1	填料宽度 s													
	3	4	5	6.5	8	9.5	10	11	12.5	14.5	16	19	22	25
11	17	19	21	24	—	—	—	—	—	—	—	—	—	—
12	18	20	22	25	28	—	—	—	—	—	—	—	—	—
14	20	22	24	27	30	—	—	—	—	—	—	—	—	—
15	—	23	25	28	31	—	—	—	—	—	—	—	—	—
16	—	24	26	29	32	—	—	—	—	—	—	—	—	—
17	—	25	27	30	33	—	—	—	—	—	—	—	—	—
18	—	26	28	31	34	—	—	—	—	—	—	—	—	—
20	—	—	30	33	36	39	40	—	—	—	—	—	—	—
22	—	—	32	35	38	41	42	—	—	—	—	—	—	—
24	—	—	34	37	40	43	44	—	—	—	—	—	—	—
25	—	—	35	38	41	44	45	—	—	—	—	—	—	—
26	—	—	—	39	42	45	46	—	—	—	—	—	—	—
28	—	—	—	41	44	47	48	—	—	—	—	—	—	—
30	—	—	—	43	46	49	50	—	—	—	—	—	—	—
32	—	—	—	—	48	51	52	54	57	—	—	—	—	—
34	—	—	—	—	50	53	54	56	59	—	—	—	—	—
35	—	—	—	—	51	54	55	57	60	—	—	—	—	—
36	—	—	—	—	52	55	56	58	61	—	—	—	—	—
38	—	—	—	—	54	57	58	60	63	—	—	—	—	—
40	—	—	—	—	56	59	60	62	65	—	—	—	—	—
42	—	—	—	—	58	61	62	64	67	—	—	—	—	—
44	—	—	—	—	60	63	64	66	69	—	—	—	—	—
45	—	—	—	—	61	64	65	67	70	—	—	—	—	—
48	—	—	—	—	64	67	68	70	73	—	—	—	—	—
50	—	—	—	—	—	69	70	72	75	79	82	—	—	—
53	—	—	—	—	—	72	73	75	78	82	85	—	—	—
55	—	—	—	—	—	74	75	77	80	84	87	—	—	—
56	—	—	—	—	—	75	76	78	81	85	88	—	—	—
60	—	—	—	—	—	79	80	82	85	89	92	—	—	—
63	—	—	—	—	—	82	83	85	88	92	95	—	—	—
65	—	—	—	—	—	84	85	87	90	94	97	—	—	—
67	—	—	—	—	—	86	87	89	92	96	99	—	—	—
70	—	—	—	—	—	89	90	92	95	99	102	—	—	—
71	—	—	—	—	—	90	91	93	96	100	103	—	—	—
75	—	—	—	—	—	94	95	97	100	104	107	—	—	—
80	—	—	—	—	—	99	100	102	105	109	112	118	124	—
85	—	—	—	—	—	—	—	107	110	114	117	123	129	—
90	—	—	—	—	—	—	—	112	115	119	122	128	134	—
95	—	—	—	—	—	—	—	117	120	124	127	133	139	—
100	—	—	—	—	—	—	—	122	125	129	132	138	144	—
105	—	—	—	—	—	—	—	127	130	134	137	143	149	—
106	—	—	—	—	—	—	—	128	131	135	138	144	150	—
110	—	—	—	—	—	—	—	132	135	139	142	148	154	—
112	—	—	—	—	—	—	—	134	137	141	144	150	156	—
115	—	—	—	—	—	—	—	137	140	144	147	153	159	—
118	—	—	—	—	—	—	—	140	143	147	150	156	162	—

（续）

阀杆直径 d_1	填料宽度 s													
	3	4	5	6.5	8	9.5	10	11	12.5	14.5	16	19	22	25
120	—	—	—	—	—	—	—	142	145	149	152	158	164	—
125	—	—	—	—	—	—	—	—	—	154	157	163	169	175
130	—	—	—	—	—	—	—	—	—	159	162	168	174	180
132	—	—	—	—	—	—	—	—	—	161	164	170	176	182
135	—	—	—	—	—	—	—	—	—	164	167	173	179	185
140	—	—	—	—	—	—	—	—	—	169	172	178	184	190
150	—	—	—	—	—	—	—	—	—	179	182	188	194	200
160	—	—	—	—	—	—	—	—	—	189	192	198	204	210
170	—	—	—	—	—	—	—	—	—	199	202	208	214	220
180	—	—	—	—	—	—	—	—	—	209	212	218	224	230
190	—	—	—	—	—	—	—	—	—	219	222	228	234	240
200	—	—	—	—	—	—	—	—	—	—	—	238	244	250
210	—	—	—	—	—	—	—	—	—	—	—	248	254	260

表9-46 填料函内径及填料宽度① （单位：mm）

阀杆直径 d_1		API 600—2015 EN ISO 10434:2004		API 603—2018 MSS-SP-42—2009		API 623—2015 BS 1873—1998		JB/T 11487—2013		ISO 10434—2004	
in	mm	d_2	s	d_2	s	d_2	s	d_2	s	d_2	s
$\frac{5}{16}$	7.93	—	—	—	—	—	—	—	—	—	—
$\frac{3}{8}$	9.52	—	—	—	—	—	—	—	—	—	—
$\frac{7}{16}$	11.11	—	—	19.0	4.0	—	—	—	—	—	—
$\frac{1}{2}$	12.70	—	—	22.2	4.8	—	—	—	—	—	—
$\frac{9}{16}$	14.28	—	—	23.8	4.8	—	—	24.28	4.8	—	—
$\frac{5}{8}$	15.89	29.09	6.4	28.6	6.4	—	—	29.09	6.4	29.09	6.4
$1\frac{1}{16}$	17.46	30.66	6.4	30.2	6.4	—	—	30.66	6.4	30.66	6.4
$\frac{3}{4}$	19.05	32.25	6.4	31.8	6.4	32.25	6.4	32.25	6.4	32.25	6.4
$\frac{7}{8}$	22.23	35.43	6.4	35.0	6.4	35.43	6.4	35.43	6.4	35.43	6.4
1	25.40	38.60	6.4	38.1	6.4	38.60	6.4	38.60	6.4	38.60	6.4
$1\frac{1}{8}$	28.58	44.78	7.9	44.4	7.9	44.78	7.9	44.78	7.9	44.78	7.9
$1\frac{1}{4}$	31.75	47.95	7.9	47.6	7.9	47.95	7.9	47.95	7.9	47.95	7.9
$1\frac{3}{8}$	34.93	51.13	7.9	50.8	7.9	51.13	7.9	51.13	7.9	51.13	7.9
$1\frac{1}{2}$	38.10	57.50	9.5	57.2	9.5	57.50	9.5	57.50	9.5	57.50	9.5
$1\frac{5}{8}$	41.28	60.68	9.5	60.3	9.5	60.68	9.5	60.68	9.5	60.68	9.5
$1\frac{3}{4}$	44.45	63.85	9.5	64.3	9.5	63.85	9.5	63.8	9.5	63.85	9.5
$1\frac{7}{8}$	47.63	67.03	9.5	66.7	9.5	67.03	9.5	67.3	9.5	67.03	9.5
2	50.80	73.80	11.1	73.0	11.1	73.80	11.1	73.80	11.1	73.80	11.1
$2\frac{1}{8}$	53.98	76.98	11.1	77.0	11.2	76.98	11.1	76.98	11.1	76.98	11.1

（续）

阀杆直径 d_1		API 600—2015 EN ISO 10434;2004		API 603—2018 MSS-SP-42—2009		API 623—2015 BS 1873—1998		JB/T 11487—2013		ISO 10434—2004	
in	mm	d_2	s	d_2	s	d_2	s	d_2	s	d_2	s
$2\frac{1}{4}$	57.15	83.35	12.7	82.6	12.7	83.35	12.7	83.35	12.7	83.35	12.7
$2\frac{3}{8}$	60.33	86.53	12.7	85.7	12.7	86.53	12.7	86.53	12.7	86.53	12.7
$2\frac{1}{2}$	63.50	89.70	12.7	89.7	12.7	89.70	12.7	89.70	12.7	89.70	12.7
$2\frac{3}{4}$	69.85	96.05	12.7	96.1	12.7	96.05	12.7	96.05	12.7	96.05	12.7
3	76.20	105.60	14.3	105.6	14.3	105.60	14.3	105.60	14.3	105.60	14.3
$3\frac{1}{8}$	79.38	108.75	14.3	—	—	108.75	14.3	108.75	14.3	108.75	14.3
$3\frac{1}{4}$	82.60	112.00	14.3	—	—	112.00	14.3	112.00	14.3	112.00	14.3
$3\frac{1}{2}$	88.90	118.30	14.3	—	—	118.30	14.3	118.30	14.3	118.30	14.3
$3\frac{3}{4}$	95.25	124.65	14.3	—	—	127.85	15.9	124.65	14.3	124.65	14.3
$3\frac{7}{8}$	98.43	127.83	14.3	—	—	131.03	15.9	127.83	14.3	127.83	14.3
4	101.6	131.00	14.3	—	—	134.20	15.9	131.00	14.3	131.00	14.3

① d_2 表示填料函内径，s 表示填料宽度。

9.3.2.2 填料函深度

阀门填料函深度见表9-47和表9-48。

表9-47 不同公称尺寸阀门的填料函深度 （单位：mm）

公称尺寸	API 602—2015		GB/T 12234—2019、API 600—2015①、API 603—2018②、API 623—2015③	
	外螺纹阀	内螺纹阀	不装隔环	安装隔环①
DN6(NPS $\frac{1}{4}$)	12.7	12.7	1)≤PN25(Class150)：正方形填料6圈 2)≥PN40(≥Class300)：正方形填料7圈	≥PN40(≥Class300)：5圈+隔环高度+2圈(正方形填料)
DN10(NPS $\frac{3}{8}$)	12.7	12.7		
DN15(NPS $\frac{1}{2}$)	15.88	15.88		
DN20(NPS $\frac{3}{4}$)	15.88	15.88		
DN25(NPS1)	25.40	22.23		
DN32(NPS1 $\frac{1}{4}$)	25.40	23.81		
DN40(NPS1 $\frac{1}{2}$)	28.58	23.81		
DN50(NPS2)	28.58	28.58		
DN65(NPS2 $\frac{1}{2}$)	31.75	—		

（续）

公称尺寸	API 602—2015		GB/T 12234—2019、API 600—2015[①]、API 603—2018[②]、API 623—2015[③]	
	外螺纹阀	内螺纹阀	不装隔环	安装隔环[①]
DN80（NPS3）	38.10	—	1）≤PN25（Class150）： 正方形填料6圈 2）≥PN40（≥Class300）： 正方形填料7圈	≥*PN*40（≥Class300）： 5圈+隔环高度+2圈 （正方形填料）
DN100（NPS4）	44.45	—		
DN125～DN600（NPS5～NPS24）	—	—		

① 详见API 600—2015中5.9。
② 详见API 603—2018中5.9。
③ 详见API 623—2015中5.9。

表9-48 几种材料的阀门填料函深度[②] （单位：mm）

阀杆直径	填料箱内径	青铜		铸铁		铸钢	
		0.5MPa	1.0MPa	0.5MPa	1.0MPa	1.0MPa	2.0MPa
8.5	14.5	9	12	—	—	—	—
10	16	9	12	—	—	—	—
11	18	10.5	14	—	—	—	—
13	21	12	16	—	—	—	—
15	23	12	16	—	—	—	—
16	26	15	20	—	—	—	—
18	28（31）[①]	—	20	26	32.5	—	71.5
20	33	—	26	26	32.5	39	71.5
22	35	—	26	26	32.5	39	71.5
24	37	—	—	26	32.5	39	71.5
26	39	—	—	26	32.5	39	71.5
28	41	—	—	26	32.5	39	71.5
30	46	—	—	32	40	48	88
32	48	—	—	32	40	48	88
35	—	—	—	—	—	—	—
36	55	—	—	—	47.5	57	104.5
38	57	—	—	—	47.5	57	104.5
40	59	—	—	—	47.5	57	104.5
42	61	—	—	—	—	—	104.5
44	63	—	—	—	—	—	104.5
46	65	—	—	—	—	—	104.5
52	78	—	—	—	—	—	103

① 31mm为铸铁阀及铸钢阀的填料函内径。
② 填料函深度包括隔热间隙、密封间隙等。

9.4 常用紧固件尺寸

9.4.1 螺纹

9.4.1.1 普通螺纹

1. 普通螺纹的尺寸及偏差

普通螺纹的直径与螺距见表9-49，普通螺纹的基本尺寸见表9-50，普通螺纹的偏差见表9-51。

表 9-49 直径与螺距（GB/T 193—2003） （单位：mm）

公称直径 D、d			螺距 P	
第一系列	第二系列	第三系列	粗牙	细牙
3	—	—	0.5	0.35
—	3.5	—	(0.6)	
4	—	—	0.7	0.5
—	4.5	—	(0.75)	
5	—	—	0.8	
—	—	5.5	—	
6	—	7	1	0.75,(0.5)
8	—	—	1.25	1,0.75,(0.5)
—	—	9	(1.25)	
10	—	—	1.5	1.25,1,0.75,(0.5)
—	—	11	(1.5)	1,0.75,(0.5)
—	—	28	—	2,1.5,1
30	—	—	3.5	(3),2,1.5,1,(0.75)
—	—	32	—	2,1.5
—	33	—	3.5	(3),2,1.5,(1),(0.75)
—	—	35	—	1.5
36	—	—	4	3,2,1.5,(1)
—	—	38	—	1.5
—	39	—	4	3,2,1.5,(1)
—	—	40	—	(3),(2),1.5
42	45	—	4.5	(4),3,2,1.5,(1)
48	—	—	5	
—	—	50	—	(3),(2),1.5
—	52	—	5	(4),3,2,1.5(1)
—	—	55	—	(4),(3)2,1.5
56	—	—	5.5	4,3,2,1.5(1)
12	—	—	1.75	1.5,1.25,1,(0.75),(0.5)
—	14	—	2	1.5,1.25,1,(0.75),(0.5)
—	—	15	—	1.5,(1)
16	—	—	2	1.5,1,(0.75),(0.5)
—	—	17	—	1.5,(1)
20	18	—	2.5	2,1.5,1,(0.75),(0.5)
—	22	—	2.5	2,1.5,1,(0.75),(0.5)
24	—	—	3	2,1.5,1,(0.75)
—	—	25	—	2,1.5,(1)
—	—	26	—	1.5
—	27	—	3	2,1.5,1,(0.75)
125	115	—	—	6,4,3,2,(1.5)
—	120	—	—	
—	130	135	—	
140	150	145	—	
—	—	155	—	6,4,3,(2)
160	170	165	—	
180	—	175	—	
—	190	185	—	
200	—	195	—	

公称直径 D、d			螺距 P	
第一系列	第二系列	第三系列	粗牙	细牙
—	—	205	—	6,4,3
—	210	215	—	
220	—	225	—	
—	—	230	—	
—	240	235	—	
250	—	245	—	
—	—	58	—	(4),(3),2,1.5
—	60	—	(5.5)	4,3,2,1.5,(1)
—	—	62	—	(4),(3),2,1.5
64	—	—	6	4,3,2,1.5,(1)
—	—	65	—	(4),(3),2,1.5
—	68	—	6	4,3,2,1.5,(1)
—	—	70	—	(6),(4),(3),2,1.5
72	—	—	—	6,4,3,2,1.5,(1)
—	—	75	—	(4),(3),2,1.5
—	76	—	—	6,4,3,2,1.5,(1)
—	—	78	—	2
80	—	—	—	6,4,3,2,1.5,(1)
—	—	82	—	2
90	85	—	—	6,4,3,2,(1.5)
100	95	—	—	
110	105	—	—	
500	520	510	—	6
550	540	530	—	
—	—	255	—	6,4,(3)
—	260	265	—	
—	—	270	—	
—	—	275	—	
280	—	285	—	
—	—	290	—	
—	300	295	—	6,4,(3)
—	—	310	—	6,4
320	—	330	—	
—	340	350	—	
360	—	370	—	
400	380	390	—	
—	420	410	—	6
—	440	430	—	
450	460	470	—	
—	480	490	—	
—	560	570	—	6
600	580	590	—	

注：1. 优先选用第一系列，其次是第二系列，第三系列尽可能不用。

2. M14×1.25 仅用于火花塞；M35×1.5 仅用于滚动轴承锁紧螺母。

3. 括号内尺寸尽可能不用。

4. 标准中螺距 P 尚有：粗牙——0.25，0.3，0.35，0.4，0.45；

细牙——0.2，0.25。

表 9-50 普通螺纹基本尺寸（GB/T 196—2003） （单位：mm）

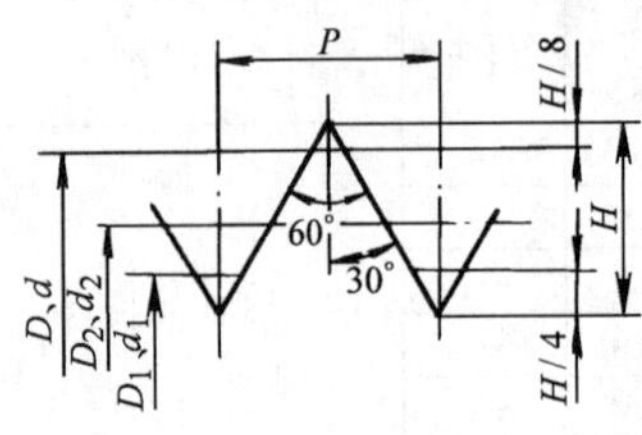

表中数值按下列公式计算，数值圆整到小数点后第三位数

$$D_1 = D - 2 \times \frac{5}{8}H \quad D_2 = D - 2 \times \frac{3}{8}H$$

$$d_1 = d - 2 \times \frac{5}{8}H \quad d_2 = d - 2 \times \frac{3}{8}H$$

$$H = \frac{\sqrt{3}}{2}P = 0.866025404P$$

公称直径 D、d	螺距 P		中径 D_2 或 d_2	小径 D_1 或 d_1
	粗牙	细牙		
1	0.25	—	0.838	0.729
	—	0.2	0.870	0.783
1.1	0.25	—	0.938	0.829
	—	0.2	0.970	0.883
1.2	0.25	—	1.038	0.929
	—	0.2	1.070	0.983
1.4	0.3	—	1.205	1.075
	—	0.2	1.270	1.183
1.6	0.35	—	1.373	1.221
	—	0.2	1.470	1.383
1.8	0.35	—	1.573	1.421
	—	0.2	1.670	1.583
2	0.4	—	1.740	1.567
	—	0.25	1.838	1.729
2.2	0.45	—	1.908	1.713
	—	0.25	2.038	1.929
2.5	0.45	—	2.208	2.013
	—	0.35	2.273	2.121
3	0.5	—	2.675	2.459
	—	0.35	2.773	2.621
3.5	(0.6)	—	3.110	2.850
	—	0.35	3.273	3.121
4	0.7	—	3.545	3.242
	—	0.5	3.675	3.459
4.5	(0.75)	—	4.013	3.688
	—	0.5	4.175	3.959
5	0.8	—	4.480	4.134
	—	0.5	4.675	4.459
(5.5)	—	0.5	5.175	4.959
6	1	—	5.350	4.917
	—	0.75	5.513	5.188
	—	(0.5)	5.675	5.459
(7)	1	—	6.350	5.917
	—	0.75	6.513	6.188
	—	0.5	6.675	6.459
8	1.25	—	7.188	6.647
	—	1	7.350	6.917
	—	0.75	7.513	7.188
	—	(0.5)	7.675	7.459
(9)	(1.25)	—	8.188	7.647
	—	1	8.350	7.917
	—	0.75	8.513	8.188
	—	0.5	8.675	8.459
10	1.5	—	9.026	8.376
	—	1.25	9.188	8.647
	—	1	9.350	8.917
	—	0.75	9.513	9.188
	—	(0.5)	9.675	9.459
(11)	(1.5)	—	10.026	9.376
	—	1	10.350	9.917
	—	0.75	10.513	10.188
	—	0.5	10.675	10.459
12	1.75	—	10.863	10.106
	—	1.5	11.026	10.376
	—	1.25	11.188	10.647
	—	1	11.350	10.917
	—	(0.75)	11.513	11.188
	—	(0.5)	11.675	11.459
14	2	—	12.701	11.835
	—	1.5	13.026	12.376
	—	(1.25)*	13.188	12.647
	—	1	13.350	12.917
	—	(0.75)	13.513	13.188
	—	(0.5)	13.675	13.459
(15)	—	1.5	14.026	13.376
	—	(1)	14.350	13.917
16	2	—	14.701	13.835
	—	1.5	15.026	14.376
	—	1	15.350	14.917
	—	(0.75)	15.513	15.188
	—	(0.5)	15.675	15.459
(17)	—	1.5	16.026	15.376
	—	(1)	16.350	15.917
18	2.5	—	16.376	15.294
	—	2	16.701	15.835
	—	1.5	17.026	16.376
	—	1	17.350	16.917
	—	(0.75)	17.513	17.188
	—	(0.5)	17.675	17.459

（续）

公称直径 $D、d$	螺距 P 粗牙	螺距 P 细牙	中径 D_2 或 d_2	小径 D_1 或 d_1
20	2.5	—	18.376	17.294
	—	2	18.701	17.835
	—	1.5	19.026	18.376
	—	1	19.350	18.917
	—	(0.75)	19.513	19.188
	—	(0.5)	19.675	19.459
22	2.5	—	20.376	19.291
	—	2	20.701	19.835
	—	1.5	21.026	20.376
	—	1	21.350	20.917
	—	(0.75)	21.513	21.188
	—	(0.5)	21.675	21.459
24	3	—	22.051	20.752
	—	2	22.701	21.835
	—	1.5	23.026	22.376
	—	1	23.350	22.917
	—	(0.75)	23.513	23.188
(25)	—	2	23.701	22.835
	—	1.5	24.026	23.376
	—	(1)	24.350	23.917
(26)	—	1.5	25.026	24.376
27	3	—	25.051	23.752
	—	2	25.701	24.835
	—	1.5	26.026	25.376
	—	1	26.350	25.917
	—	(0.75)	26.513	26.188
(28)	—	2	26.701	25.835
	—	1.5	27.026	26.376
	—	1	27.350	26.917
30	3.5	—	27.727	26.211
	—	(3)	28.051	26.752
	—	2	28.701	27.835
	—	1.5	29.026	28.376
	—	1	29.350	28.917
		(0.75)	29.513	29.188
(32)	—	2	30.701	29.835
		1.5	31.026	30.376
33	3.5	—	30.727	29.211
	—	(3)	31.051	29.752
		2	31.701	30.835
		1.5	32.026	31.376
		(1)	32.350	31.917
		(0.75)	32.513	32.188
(35)**	—	1.5	34.026	33.376
36	4	—	33.402	31.670
	—	3	34.051	32.752
		2	34.701	33.835
		1.5	35.026	34.376
		(1)	35.350	34.917

公称直径 $D、d$	螺距 P 粗牙	螺距 P 细牙	中径 D_2 或 d_2	小径 D_1 或 d_1
(38)	—	1.5	37.026	36.376
39	4	—	36.402	34.670
	—	3	37.051	35.752
		2	37.701	36.835
		1.5	38.026	37.376
		(1)	38.350	37.917
(40)	—	(3)	38.051	36.752
		(2)	38.701	37.835
		1.5	39.026	38.376
42	4.5	—	39.077	37.129
	—	(4)	39.402	37.670
		3	40.051	38.752
		2	40.701	39.835
		1.5	41.026	40.376
		(1)	41.350	40.917
45	4.5	—	42.077	40.129
45	—	(4)	42.402	40.670
		3	43.051	41.752
		2	43.701	42.835
		1.5	44.026	43.376
		(1)	44.350	43.917
48	5	—	44.752	42.587
	—	(4)	45.402	43.670
		3	46.051	44.752
		2	46.701	45.835
		1.5	47.026	46.376
		(1)	47.350	46.917
(50)	—	(3)	48.051	46.752
		(2)	48.701	47.835
		1.5	49.026	48.376
52	5	—	48.752	46.587
	—	(4)	49.402	47.670
		3	50.051	48.752
		2	50.701	49.835
		1.5	51.026	50.376
		(1)	51.350	50.917
(55)	—	(4)	52.402	50.670
		(3)	53.051	51.752
		2	53.701	52.835
		1.5	54.026	53.376
56	5.5	—	52.428	50.046
	—	4	53.402	51.670
		3	54.051	52.752
		2	54.701	53.835
		1.5	55.026	54.376
		(1)	55.350	54.917
(58)	—	(4)	55.402	53.670
		(3)	56.051	54.752
		2	56.701	55.835

（续）

公称直径	螺距 P		中径	小径	公称直径	螺距 P		中径	小径
D、d	粗牙	细牙	D_2 或 d_2	D_1 或 d_1	D、d	粗牙	细牙	D_2 或 d_2	D_1 或 d_1
(58)	1.5	57.026	56.376		(78)	—	2	76.701	75.835
60	(5.5)	—	56.428	54.046	80	—	6	76.103	73.505
	—	4	57.402	55.670			4	77.402	75.670
		3	58.051	56.752			3	78.051	76.752
		2	58.701	57.835			2	78.701	77.835
		1.5	59.026	58.376			1.5	79.026	78.376
		(1)	59.350	58.917			(1)	79.350	78.917
(62)	—	(4)	59.402	57.670	(82)	—	2	80.701	79.835
		(3)	60.051	58.752	85	—	6	81.103	78.505
		2	60.701	59.835			4	82.402	80.670
		1.5	61.026	60.376			3	83.051	81.752
64	6	—	60.103	57.505			2	83.701	82.835
	—	4	61.402	59.670			(1.5)	84.026	83.376
		3	62.051	60.752	90	—	6	86.103	83.505
		2	62.701	61.835			4	87.402	85.670
		1.5	63.026	62.376			3	88.051	86.752
		(1)	63.350	62.917			2	88.701	87.835
(65)	—	(4)	62.402	60.670			(1.5)	89.026	88.376
		(3)	63.051	61.752	95	—	6	91.103	88.505
		2	63.701	62.835			4	92.402	90.670
		1.5	64.026	63.376			3	93.051	91.752
68	6	—	64.103	61.505			2	93.701	92.835
	—	4	65.402	63.670			(1.5)	94.026	93.376
		3	66.051	64.752	100	—	6	96.103	93.505
		2	66.701	65.835			4	97.402	95.670
		1.5	67.026	66.376			3	98.051	96.752
		(1)	67.350	66.917			2	98.701	97.835
(70)	—	(6)	66.103	63.505			(1.5)	99.026	98.376
		(4)	67.402	65.670	105	—	6	101.103	98.505
		(3)	68.051	66.752			4	102.402	100.670
		2	68.701	67.835			3	103.051	101.752
		1.5	69.026	68.376			2	103.701	102.835
72	—	6	68.103	65.505			(1.5)	104.026	103.376
		4	69.402	67.070	110	—	6	106.103	103.505
		3	70.051	68.752			4	107.402	105.670
		2	70.701	69.835			3	108.051	106.752
		1.5	71.026	70.376			2	108.701	107.835
		(1)	71.350	70.917			(1.5)	109.026	108.376
(75)	—	(4)	72.402	70.670	115	—	6	111.103	108.505
		(3)	73.051	71.752			4	112.402	110.670
		2	73.701	72.835			3	113.051	111.752
		1.5	74.026	73.376			2	113.701	112.835
76	—	6	72.103	69.505			(1.5)	114.026	113.376
		4	73.402	71.670	120	—	6	116.103	113.505
		3	74.051	72.752			4	117.402	115.670
		2	74.701	73.835			3	118.051	116.752
		1.5	75.026	74.376			2	118.701	117.835
		(1)	75.350	74.917			(1.5)	119.026	118.376

（续）

公称直径 $D、d$	螺距 P 粗牙	螺距 P 细牙	中径 D_2 或 d_2	小径 D_1 或 d_1	公称直径 $D、d$	螺距 P 粗牙	螺距 P 细牙	中径 D_2 或 d_2	小径 D_1 或 d_1
125	—	6	121.103	118.505	(175)	—	3	173.051	171.752
		4	122.402	120.670			2	173.701	172.835
		3	123.051	121.752	180	—	6	176.103	173.505
		2	123.701	122.835			4	177.402	175.670
		(1.5)	124.026	123.376			3	178.051	176.752
130	—	6	126.103	123.505			(2)	178.701	177.835
		4	127.402	125.670	(185)	—	6	181.103	178.505
		3	128.051	126.752			4	182.402	180.670
		2	128.701	127.835			3	183.051	181.752
		(1.5)	129.026	128.376			2	183.701	182.835
(135)	—	6	131.103	128.505	190	—	6	186.103	183.505
		4	132.402	130.670			4	187.402	185.670
		3	133.051	131.752			3	188.051	186.752
		2	133.701	132.835			(2)	188.701	187.835
		1.5	134.026	133.376	(195)	—	6	191.103	188.505
140	—	6	136.103	133.505			4	192.402	190.670
		4	137.402	135.670			3	193.051	191.752
		3	138.051	136.752			2	193.701	192.835
		2	138.701	137.835	200	—	6	196.103	193.505
		(1.5)	139.026	138.376			4	197.402	195.670
(145)	—	6	141.103	138.505			3	198.051	196.752
		4	142.402	140.670			(2)	198.701	197.835
		3	143.051	141.752	(205)	—	6	201.103	198.505
		2	143.701	142.835			4	202.402	200.670
		1.5	144.026	143.376			3	203.051	201.752
150	—	6	146.103	143.505	210	—	6	206.103	203.505
		4	147.402	145.670			4	207.402	205.670
		3	148.051	146.752			3	208.051	206.752
		2	148.701	147.835	(215)	—	6	211.103	208.505
		(1.5)	149.026	148.376			4	212.402	210.670
(155)	—	6	151.103	148.505			3	213.051	211.752
		4	152.402	150.670	220	—	6	216.103	213.505
		3	153.051	151.752			4	217.402	215.670
		2	153.701	152.835			3	218.051	216.752
160	—	6	156.103	153.505	(225)	—	6	221.103	218.505
		4	157.402	155.670			4	222.402	220.670
		3	158.051	156.752			3	223.051	221.752
		(2)	158.701	157.835	(230)	—	6	226.103	223.505
(165)	—	6	161.103	158.505			4	227.402	225.670
		4	162.402	160.670			3	228.051	226.752
		3	163.051	161.752	(235)	—	6	231.103	228.505
		2	163.701	162.835			4	232.402	230.670
170	—	6	166.103	163.505			3	233.051	231.752
		4	167.402	165.670	240	—	6	236.103	233.505
		3	168.051	166.752			4	237.402	235.670
		(2)	168.701	167.835			3	238.051	236.752
(175)	—	6	171.103	168.505	(245)	—	6	241.103	238.505
		4	172.402	170.670			4	242.402	240.670
							3	243.051	241.752

（续）

公称直径 D、d	螺距 P 粗牙	螺距 P 细牙	中径 D_2 或 d_2	小径 D_1 或 d_1	公称直径 D、d	螺距 P 粗牙	螺距 P 细牙	中径 D_2 或 d_2	小径 D_1 或 d_1
250	—	6	246.103	243.505	(270)	—	4	267.402	265.670
		4	247.402	245.670			3	268.051	266.752
		3	248.051	246.752	(275)	—	6	271.103	268.505
(255)	—	6	251.103	248.505			4	272.402	270.670
		4	252.402	250.670			3	273.051	271.752
		3	253.051	251.752	280	—	6	276.103	273.505
260	—	6	256.103	253.505			4	277.402	275.670
		4	257.402	255.670			(3)	278.051	276.752
		(3)	258.051	256.752	(285)	—	6	281.103	278.505
(265)	—	6	261.103	258.505			4	282.402	280.670
		4	262.402	260.670			3	283.051	281.752
		3	263.051	261.752	(290)	—	6	286.103	283.505
(270)	—	6	266.103	263.505			4	287.402	285.670

表9-51 普通螺纹极限偏差（GB/T 2516—2003 中表1） （单位：μm）

直径分段 D、d/mm		螺距 P /mm	内螺纹					外螺纹				
			公差带	中径 D_2		小径 D_1		公差带	中径 d_2		大径 d	
>	≤			ES	EI	ES	EI		es	ei	es	ei
0.99	1.4	0.2	—	—	—	—	—	3h4h	0	-24	0	-36
								4h	0	-30	0	-36
			5H	—	—	—	—	5g6g	-17	-55	-17	-73
			—					5h6h	0	-38	0	-56
			6G					6g	-17	-65	-17	-73
			6H					6h	0	-48	0	-56
		0.25	—	—	—	—	—	3h4h	0	-26	0	-42
			4H	+45	0	+45	0	4h	0	-34	0	-42
			5G	+74	+18	+74	+18	5g6g	-18	-60	-18	-85
			5H	+56	0	+56	0	5h4h	0	-42	0	-42
			—	—	—	—	—	5h6h	0	-42	0	-67
			6G					6g	-18	-71	-18	-85
			6H					6h	0	-53	0	-67
		0.3	—	—	—	—	—	3h4h	0	-28	0	-48
			4H	+45	0	+67	0	4h	0	-36	0	-48
			5G	+78	+18	+85	+18	5g6g	-18	-63	-18	-93
			5H	+60	0	+67	0	5h4h	0	-45	0	-48
			—	—	—	—	—	5h6h	0	-45	0	-75
			6G					6g	-18	-74	-18	-93
			6H					6h	0	-56	0	-75
1.4	2.8	0.2	—	—	—	—	—	3h4h	0	-25	0	-36
			4H	+42	0	+38	0	4h	0	-32	0	-36
			—	—	—	—	—	5g6g	-17	-57	-17	-73
								5h6h	0	-40	0	-56
			6G					6g	-17	-67	-17	-73
			6H					6h	0	-50	0	-56
		0.25	—	—	—	—	—	3h4h	0	-28	0	-42
			4H	+48	0	+56	0	4h	0	-36	0	-42
			5G	+78	+18	+74	+18	5g6g	-18	-63	-18	-85
			5H	+60	0	+56	0	5h6h	0	-45	0	-67
			6G	—	—	—	—	6g	-18	-74	-18	-85

（续）

直径分段 D、d/mm		螺距 P /mm	内 螺 纹					外 螺 纹				
			公差带	中径 D_2		小径 D_1		公差带	中径 d_2		大径 d	
>	≤			ES	EI	ES	EI		es	ei	es	ei
1.4	2.8	0.25	6H					6h	0	-56	0	-67
		0.35	—	—	—	—	—	3h4h	0	-32	0	-53
			4H	+53	0	+63	0	4h	0	-40	0	-53
			5G	+86	+19	+99	+19	5g6g	-19	-69	-19	-104
			5H	+67	0	+80	0	5h4h	0	-50	0	-53
			—	—	—	—	—	5h6h	0	-50	0	-85
			6G	+104	+19	+119	+19	6g	-19	-82	-19	-104
			6H	+85	0	+100	0	6h	0	63	0	-85
			—									
			7G	—	—	—	—	7g6g	-19	-99	-19	-104
			7H					7h6h	0	-80	0	-85
		0.4	—	—	—	—	—	3h4h	0	-34	0	-60
			4H	+56	0	+71	0	4h	0	-42	0	-60
			5G	+90	+19	+109	+19	5g6g	-19	-72	-19	-114
			5H	+71	0	+90	0	5h4h	0	-53	0	-60
			—	—	—	—	—	5h6h	0	-53	0	-95
								6f	-34	-101	-34	-129
			6G	+109	+19	+131	+19	6g	-19	-86	-19	-114
			6H	+90	0	+112	0	6h	0	-67	0	-95
			7G	—	—	—	—	7g6g	-19	-104	-19	-114
			7H					7h6h	0	-85	0	-95
		0.45	—	—	—	—	—	3h4h	0	-36	0	-63
			4H	+60	0	+80	0	4h	0	-45	0	-63
			5G	+95	+20	+120	+20	5g6g	-20	-76	-20	-120
			5H	+75	0	+100	0	5h4h	0	-56	0	-63
			—	—	—	—	—	5h6h	0	-56	0	-100
								6f	-35	-106	-35	-135
			6G	+115	+20	+145	+20	6g	-20	-91	-20	-120
			6H	+95	0	+125	0	6h	0	-71	0	-100
			7G	—	—	—	—	7g6g	-20	-110	-20	-120
			7H					7h6h	0	-90	0	-100
2.8	5.6	0.35	—	—	—	—	—	3h4h	0	-34	0	-53
			4H	+56	0	+62	0	4h	0	-42	0	-53
			5G	+90	+19	+99	+19	5g6g	-19	-72	-19	-104
			5H	+71	0	+80	0	5h4h	0	-53	0	-53
			—	—	—	—	—	5h6h	0	-53	0	-85
								6f	-34	-101	-34	-119
			6G	+109	+19	+119	+19	6g	-19	-86	-19	-104
			6H	+90	0	+100	0	6h	0	-67	0	-85
			7G	—	—	—	—	7g6g	-19	-104	-19	-104
			7H					7h6h	0	-85	0	-85
		0.5	—	—	—	—	—	3h4h	0	-38	0	-67
			4H	+63	0	+100	0	4h	0	-48	0	-67
			5G	+100	+20	+132	+20	5g6g	-20	-80	-20	-126
			5H	+80	0	+112	0	5h4h	0	-60	0	-67
			—	—	—	—	—	5h6h	0	-60	0	-106
								6e	-50	-125	-50	-156
								6f	-36	-111	-36	-142
			6G	+120	+20	+160	+20	6g	-20	-95	-20	-126
			6H	+100	0	+140	0	6h	0	-75	0	-106
			7G	+145	+20	+200	+20	7g6g	-20	-115	-20	-126
			7H	+125	0	+180	0	7h6h	0	-95	0	-106
		0.6	—	—	—	—	—	3h4h	0	-42	0	-80
			4H	+71	0	+100	0	4h	0	-53	0	-80
			5G	+111	+21	+146	+21	5g6g	-21	-88	-21	-146
			5H	+90	0	+125	0	5h4h	0	-67	0	-80
			—	—	—	—	—	5h6h	0	-67	0	-125
								6e	-53	-138	-53	-178
								6f	-36	-121	-36	-161
			6G	+133	+21	+181	+21	6g	-21	-106	-21	-146
			6H	+112	0	+160	0	6h	0	-85	0	-125
			7G	+161	+21	+221	+21	7g6g	-21	-127	-21	-146
			7H	+140	0	+200	0	7h6h	0	-106	0	-125
		0.7	—	—	—	—	—	3h4h	0	-45	0	-90

（续）

直径分段 D、d/mm		螺距 P /mm	内螺纹					外螺纹				
			公差带	中径 D_2		小径 D_1		公差带	中径 d_2		大径 d	
>	≤			ES	EI	ES	EI		es	ei	es	ei
2.8	5.6	0.7	4H	+75	0	+112	0	4h	0	-56	0	-90
			5G	+117	+22	+162	+22	5g6g	-22	-93	-22	-162
			5H	+95	0	+140	0	5h4h	0	-71	0	-90
			—	—	—	—	—	5h6h	0	-71	0	-140
								6e	-56	-146	-56	-196
								6f	-38	-128	-38	-178
			6G	+140	+22	+202	+22	6g	-22	-112	-22	-162
			6H	+118	0	+180	0	6h	0	-90	0	-140
			7G	+172	+22	+246	+22	7g6g	-22	-134	-22	-162
			7H	+150	0	+224	0	7h6h	0	-112	0	-140
		0.75	—	—	—	—	—	3h4h	0	-45	0	-90
			4H	+75	0	+118	0	4h	0	-56	0	-90
			5G	+117	+22	+172	+22	5g6g	-22	-93	-22	-162
			5H	+95	0	+150	0	5h4h	0	-71	0	-90
			—	—	—	—	—	5h6h	0	-71	0	-140
								6e	-56	-146	-56	-196
								6f	-38	-128	-38	-178
			6G	+140	+22	+212	+22	6g	-22	-112	-22	-162
			6H	+118	0	+190	0	6h	0	-90	0	-140
			7G	+172	+22	+258	+22	7g6g	-22	-134	-22	-162
			7H	+150	0	+236	0	7h6h	0	-112	0	-140
		0.8	—	—	—	—	—	3h4h	0	-48	0	-95
			4H	+80	0	+125	0	4h	0	-60	0	-95
			5G	+124	+24	+184	+24	5g6g	-24	-99	-24	-174
			5H	+100	0	+160	0	5h4h	0	-75	0	-95
			—	—	—	—	—	5h6h	0	-75	0	-150
								6e	-60	-155	-60	-210
								6f	-38	-133	-38	-188
			6G	+149	+24	+224	+24	6g	-24	-119	-24	-174
			6H	+125	0	+200	0	6h	0	-95	0	-150
			7G	+184	+24	+274	+24	7g6g	-24	-142	-24	-174
			7H	+160	0	+250	0	7h6h	0	-118	0	-150
			8G	+224	+24	+339	+24	8g	-24	-174	-24	-260
			8H	+200	0	+315	0	9g9h	-24	-214	-24	-260
5.6	11.2	0.75	—	—	—	—	—	3h4h	0	-50	0	-90
			4H	+85	0	+118	0	4h	0	-63	0	-90
			5G	+128	+22	+172	+22	5g6g	-22	-102	-22	-162
			5H	+106	0	+150	0	5h4h	0	-80	0	-90
			—	—	—	—	—	5h6h	0	-80	0	-140
								6e	-56	-156	-56	-196
								6f	-38	-138	-38	-178
			6G	+154	+22	+212	+22	6g	-22	-122	-22	-162
			6H	+132	0	+190	0	6h	0	-100	0	-140
			7G	+192	+22	+258	+22	7g6g	-22	-147	-22	-162
			7H	+170	0	+236	0	7h6h	0	-125	0	-140
		1	—	—	—	—	—	3h4h	0	-56	0	-112
			4H	+95	0	+150	0	4h	0	-71	0	-112
			5G	+144	+26	+216	+26	5g6g	-26	-116	-26	-206
			5H	+118	0	+190	0	5h4h	0	-90	0	-112
			—	—	—	—	—	5h6h	0	-90	0	-180
								6e	-60	-172	-60	-240
								6f	-40	-152	-40	-220
			6G	+176	+26	+262	+26	6g	-26	-138	-26	-206

（续）

直径分段 D、d/mm		螺距 P /mm	内螺纹					外螺纹				
			公差带	中径 D_2		小径 D_1		公差带	中径 d_2		大径 d	
>	≤			ES	EI	ES	EI		es	ei	es	ei
5.6	11.2	1	6H	+150	0	+236	0	6h	0	-112	0	-180
			7G	+216	+26	+326	+26	7g6g	-26	-166	-26	-206
			7H	+190	0	+300	0	7h6h	0	-140	0	-306
			8G	+262	+26	+401	+26	8g	-26	-206	-26	-306
			8H	+236	0	+375	0	9g8g	-26	-250	-26	-306
		1.25	—	—	—	—	—	3h4h	0	-60	0	-132
			4H	+100	0	+170	0	4h	0	-75	0	-132
			5G	+153	+28	+240	+28	5g6g	-28	-123	-28	-240
			5H	+125	0	+212	0	5h4h	0	-95	0	-132
								5h6h	0	-95	0	-212
			—	—	0	+265	0	6e	-63	-181	-63	-275
								6f	-42	-160	-42	-254
			6G	+188	+28	+293	+28	6g	-28	-146	-28	-240
			6H	+160	0	+265	0	6h	0	-118	0	-212
			7G	+228	+28	+363	+28	7g6g	-28	-178	-28	-240
			7H	+200	0	+335	0	7h6h	0	-150	0	-212
			8G	+278	+28	+453	+28	8g	-28	-218	-28	-363
			8H	+260	0	+425	0	9g8g	-28	-264	-28	-363
		1.5	—	—	—	—	—	3h4h	0	-67	0	-150
			4H	+112	0	+190	0	4h	0	-85	0	-150
			5G	+172	+32	+268	+32	5g6g	-32	-138	-32	-268
			5H	+140	0	+236	0	5h4h	0	-106	0	-150
								5h6h	0	-106	0	-236
			—	—	—	—	—	6e	-67	-199	-67	-303
								6f	-45	-177	-45	-281
			6G	+212	+32	+332	+32	6g	-32	-164	-32	-268
			6H	+180	0	+300	0	6h	0	-132	0	-236
			7G	+256	+32	+407	+32	7g6g	-32	-202	-32	-268
			7H	+224	0	+375	0	7h6h	0	-170	0	-236
			8G	+312	+32	+507	+32	8g	-32	-244	-32	-407
			8H	+280	0	+475	0	9g8g	-32	-297	-32	-407
11.2	22.4	1	—	—	—	—	—	3h4h	0	-60	0	-112
			4H	+100	0	+150	0	4h	0	-75	0	-112
			5G	+151	+26	+216	+26	5g6g	-26	-121	-26	-206
			5H	+125	0	+190	0	5h4h	0	-95	0	-112
								5h6h	0	-95	0	-180
			—	—	—	—	—	6e	-60	-178	-60	-240
								6f	-40	-158	-40	-220
			6G	+186	+26	+262	+26	6g	-26	-144	-26	-206
			6H	+160	0	+236	0	6h	0	-118	0	-180
			7G	+226	+26	+326	+26	7g6g	-26	-176	-26	-206
			7H	+200	0	+300	0	7h6h	0	-150	0	-180
			8G	+276	+26	+401	+26	8g	-26	-216	-26	-306
			8H	+250	0	+375	0	9g8g	-26	-262	-26	-280

（续）

直径分段 D、d/mm		螺距 P /mm	内螺纹					外螺纹				
			公差带	中径 D_2		小径 D_1		公差带	中径 d_2		大径 d	
>	≤			ES	EI	ES	EI		es	ei	es	ei
11.2	22.4	1.25	—	—	—	—	—	3h4h	0	-67	0	-132
			4H	+112	0	+170	0	4h	0	-85	0	-132
			5G	+168	+28	+240	+28	5g6g	-28	-134	-28	-240
			5H	+140	0	+212	0	5h4h	0	-106	0	-132
								5h6h	0	-106	0	-212
			—	—	—	—	—	6e	-63	-195	-63	-275
								6f	-42	-174	-42	-254
			6G	+208	+28	+293	+28	6g	-28	-160	-28	-240
			6H	+180	0	+265	0	6h	0	-132	0	-212
			7G	+252	+28	+363	+28	7g6g	-28	-198	-28	-240
			7H	+224	0	+335	0	7h6h	0	-170	0	-212
			8G	+308	+28	+453	+28	8g	-28	-240	-28	-363
			8H	+280	0	+425	0	9g8g	0	-212	-28	-363
		1.5	—	—	—	—	—	3h4h	0	-71	0	-150
			4H	+118	0	+190	0	4h	0	-90	0	-150
			5G	+182	+32	+268	+32	5g6g	-32	-144	-32	-268
			5H	+150	0	+236	0	5h4h	0	-112	0	-150
								5h6h	0	-112	0	-236
			—	—	—	—	—	6e	-67	-207	-67	-303
								6f	-45	-185	-45	-281
			6G	+222	+32	+332	+32	6g	-32	-172	-32	-263
			6H	+190	0	+300	0	6h	0	-140	0	-236
			7G	+268	+32	+407	+32	7g6g	-32	-212	-32	-268
			7H	+236	0	+375	0	7h6h	0	-180	0	-236
			8G	+332	+32	+507	+32	8g	-32	-256	-32	-407
			8H	+300	0	+475	0	9g8g	-32	-312	-32	-407
		1.75	—	—	—	—	—	3h4h	0	-75	0	-170
			4H	+125	0	+212	0	4h	0	-95	0	-170
			5G	+194	+34	+299	+34	5g6g	-34	-152	-34	-299
			5H	+160	0	+265	0	5h4h	0	-118	0	-170
								5h6h	0	-118	0	-265
			—	—	—	—	—	6e	-71	-221	-71	-336
								6f	-48	-198	-48	-313
			6G	+234	+34	+369	+34	6g	-34	-184	-34	-299
			6H	+200	0	+335	0	6h	0	-150	0	-265
			7G	+284	+34	+459	+34	7g6g	-34	-224	-34	-299
			7H	+250	0	+425	0	7h6h	0	-190	0	-265
			8G	+349	+34	+564	+34	8g	-34	-270	-34	-459
			8H	+315	0	+530	0	9g8g	-34	-334	-34	-459
		2	—	—	—	—	—	2h4h	0	-80	0	-180
			4H	+132	0	+236	0	4h	0	-100	0	-180
			5G	+208	+38	+338	+38	5g6g	-38	-163	-38	-318
			5H	+170	0	+300	0	5h4h	0	-125	0	-180
								5h6h	0	-125	0	-280
			—	—	—	—	—	6e	-71	-231	-71	-351
								6f	-52	-212	-52	-332
			6G	+250	+38	+413	+38	6g	-38	-198	-38	-318
			6H	+212	0	+375	0	6h	0	-160	0	-280
			7G	+303	+38	+513	+38	7g6g	-38	-238	-38	-318
			7H	+265	0	+475	0	7h6h	0	-200	0	-280
			8G	+373	+38	+638	+38	8g	-38	-288	-38	-488
			8H	+375	0	+600	0	9g8g	-38	-353	-38	-448
		2.5	—	—	—	—	—	3h4h	0	-85	0	-212
			4H	+140	0	+280	0	4h	0	-106	0	-212
			5G	+222	+42	+397	+42	5g6g	-42	-174	-42	-377
			5H	+180	0	+355	0	5h4h	0	-132	0	-212
								5h6h	0	-132	0	-335
			—	—	—	—	—	6e	-80	-250	-80	-415
								6f	-58	-228	-58	-393
			6G	+266	+42	+492	+42	6g	-42	-212	-42	-377
			6H	+224	0	+450	0	6h	0	-170	0	-335
			7G	+322	+42	+602	+42	7g6g	-42	-254	-42	-377
			7H	+280	0	+560	0	7h6h	0	-212	0	-335
			8G	+397	+42	+752	+42	8g	-42	-307	-42	-572

（续）

直径分段 D、d/mm		螺距 P/mm	内螺纹					外螺纹				
			公差带	中径 D_2		小径 D_1		公差带	中径 d_2		大径 d	
>	≤			ES	EI	ES	EI		es	ei	es	ei
11.2	22.4	2.5	8H	+355	0	+710	0	9g8g	-42	-377	-42	-572
22.4	45	1	—	—	—	—	—	3h4h	0	-63	0	-112
			4H	+106	0	+150	0	4h	0	-80	0	-112
			5G	+158	+26	+218	+26	5g6g	-26	-126	-26	-206
			5H	+132	0	+190	0	5h4h	0	-100	0	-112
								5h6h	0	-100	0	-180
			—	—	—	—	—	6e	-60	-185	-60	-240
								6f	-40	-165	-40	-220
			6G	+196	+26	+262	+26	6g	-26	-151	-26	-206
			6H	+170	0	+236	0	6h	0	-125	0	-180
			7G	+238	+26	+326	+26	7g6g	-26	-186	-26	-206
			7H	+212	0	+300	0	7h6h	0	-160	0	-180
			8G	—	—	—	—	8g	-26	-226	-26	-306
			8H	—	—	—	—	9g8g	-26	-276	-26	-306
		1.5	—	—	—	—	—	3h4h	0	-75	0	-150
			4H	+125	0	+190	0	4h	0	-95	0	-150
			5G	+192	+32	+268	+32	5g6g	-32	-150	-32	-268
			5H	+160	0	+236	0	5h4h	0	-118	0	-150
								5h6h	0	-118	0	-236
			—	—	—	—	—	6e	-67	-217	-67	-303
								6f	-45	-195	-45	-281
			6G	+232	+32	+332	+32	6g	-32	-182	-32	-268
			6H	+200	0	+300	0	6h	0	-150	0	-236
			7G	+282	+32	+407	+32	7g6g	-32	-222	-32	-268
			7H	+250	0	+375	0	7h6h	0	-190	0	-236
			8G	+347	+32	+507	+32	8g	-32	-268	-32	-407
			8H	+315	0	+475	0	9g8g	-32	-332	-32	-407
		2	—	—	—	—	—	3h4h	0	-85	0	-180
			4H	+140	0	+236	0	4h	0	-106	0	-180
			5G	+218	+38	+338	+38	5g6g	-38	-170	-38	-318
			5H	+180	0	+300	0	5h4h	0	-132	0	-180
								5h6h	0	-132	0	-280
			—	—	—	—	—	6e	-71	-241	-71	-351
								6f	-52	-222	-52	-332
			6G	+262	+38	+413	+38	6g	-38	-208	-38	-318
			6H	+224	0	+375	0	6h	0	-170	0	-280
			7G	+318	+38	+513	+38	7g6g	-38	-250	-38	-318
			7H	+280	0	+475	0	7h6h	0	-212	0	-280
			8G	+393	+38	+638	+38	8g	-38	-303	-38	-488
			8H	+355	0	+600	0	9g8g	-38	-373	-38	-488
		3	—	—	—	—	—	3h4h	0	-100	0	-236
			4H	+170	0	+315	0	4h	0	-125	0	-236
			5G	+260	+48	+448	+48	5g6g	-48	-208	-48	-423
			5H	+212	0	+400	0	5h4h	0	-160	0	-236
								5h6h	0	-160	0	-375
			—	—	—	—	—	6e	-85	-285	-85	-460
								6f	-63	-263	-63	-438
			6G	+313	+48	+548	+48	6g	-48	-248	-48	-423
			6H	+265	0	+500	0	6h	0	-200	0	-375
			7G	+383	+48	+678	+48	7g6g	-48	-298	-48	-423
			7H	+335	0	+630	0	7h6h	0	-250	0	-375
			8G	+473	+48	+848	+48	8g	-48	-363	-48	-648
			8H	+425	0	+800	0	9g8g	-48	-448	-48	-648

（续）

直径分段 D、d/mm		螺距 P /mm	内螺纹					外螺纹				
			公差带	中径 D_2		小径 D_1		公差带	中径 d_2		大径 d	
>	≤			ES	EI	ES	EI		es	ei	es	ei
22.4	45	3.5	—	—	—	—	—	3h4h	0	-106	0	-265
			4H	+180	0	+355	0	4h	0	-132	0	-265
			5G	+277	+53	+503	+53	5g6g	-53	-223	-53	-478
			5H	+224	0	+450	0	5h4h	0	-170	0	-265
								5h6h	0	-170	0	-425
			—	—	—	—	—	6e	-90	-302	-90	-515
								6f	-70	-282	-70	-495
			6G	+333	+53	+613	+53	6g	-53	-265	-53	-478
			6H	+280	0	+560	0	6h	0	-212	0	-425
			7G	+408	+53	+763	+53	7g6g	-53	-318	-53	-478
			7H	+355	0	+710	0	7h6h	0	-265	0	-425
			8G	+503	+53	+953	+53	8g	-53	-388	-53	-723
			8H	+450	0	+900	0	9g8g	-53	-478	-53	-723
		4	—	—	—	—	—	3h4h	0	-112	0	-300
			4H	+190	0	+375	0	4h	0	-140	0	-300
			5G	+296	+60	+535	+60	5g6g	-60	-240	-60	-535
			5H	+236	0	+475	0	5h4h	0	-180	0	-300
								5h6h	0	-180	0	-475
			—	—	—	—	—	6e	-95	-319	-95	-570
								6f	-75	-299	-75	-550
			6G	+360	+60	+660	+60	6g	-60	-284	-60	-535
			6H	+300	0	+600	0	6h	0	-224	0	-475
			7G	+435	+60	+810	+60	7g6g	-60	-340	-60	-535
			7H	+375	0	+750	0	7h6h	0	-280	0	-475
			8G	+535	+60	+1010	+60	8g	-60	-415	-60	-810
			8H	+475	0	+950	0	9g8g	-60	-510	-60	-810
		4.5	—	—	—	—	—	3h4h	0	-118	0	-315
			4H	+200	0	+425	0	4h	0	-150	0	-315
			5G	+313	+63	+593	+63	5g6g	-63	-253	-63	-563
			5H	+250	0	+530	0	5h4h	0	-190	0	-315
								5h6h	0	-190	0	-500
			—	—	—	—	—	6e	-100	-336	-100	-600
								6f	-80	-316	-80	-580
			6G	+378	+63	+733	+63	6g	-63	-299	-63	-563
			6H	+315	0	+670	0	6h	0	-236	0	-500
			7G	+463	+63	+913	+63	7g6g	-63	-363	-63	-563
			7H	+400	0	+850	0	7h6h	0	-300	0	-500
			8G	+563	+63	+1123	+63	8g	-63	-438	-63	-863
			8H	+500	0	+1060	0	9g8g	-63	-538	-63	-863
45	90	1.5	—	—	—	—	—	3h4h	0	-80	0	-150
			4H	+132	0	+190	0	4h	0	-100	0	-150
			5G	+202	+32	+268	+32	5g6g	-32	-157	-32	-268
			5H	+170	0	+236	0	5h4h	0	-125	0	-150
								5h6h	0	-125	0	-236
			—	—	—	—	—	6e	-67	-227	-67	-303
								6f	-45	-205	-45	-281
			6G	+244	+32	+332	+32	6g	-32	-192	-32	-268
			6H	+212	0	+300	0	6h	0	-160	0	-236
			7G	+297	+32	+407	+32	7g6g	-32	-232	-32	-268
			7H	+265	0	+375	0	7h6h	0	-200	0	-236
			8G	+367	+32	+507	+32	8g	-32	-282	-32	-407

（续）

直径分段 D、d/mm		螺距 P /mm	内螺纹					外螺纹				
			公差带	中径 D_2		小径 D_1		公差带	中径 d_2		大径 d	
>	≤			ES	EI	ES	EI		es	ei	es	ei
45	90	1.5	8H	+335	0	+475	0	9g8g	-32	-347	-32	-407
		2	—	—	—	—	—	3h4h	0	-90	0	-180
			4H	+150	0	+236	0	4h	0	-112	0	-180
			5G	+228	+38	+338	+38	5g6g	-38	-178	-38	-318
			5H	+190	0	+300	0	5h4h	0	-140	0	-180
								5h6h	0	-140	0	-280
			—	—	—	—	—	6e	-71	-251	-71	-351
								6f	-52	-232	-52	-332
			6G	+274	+38	+413	+38	6g	-38	-218	-38	-318
			6H	+236	0	+375	0	6h	0	-180	0	-280
			7G	+338	+38	+513	+38	7g6g	-38	-262	-38	-318
			7H	+300	0	+475	0	7h6h	0	-224	0	-280
			8G	+413	+38	+638	+38	8g	-38	-318	-38	-488
			8H	+375	0	+600	0	9g8g	-38	-393	-38	-488
		3	—	—	—	—	—	3h4h	0	-106	0	-236
			4H	+180	0	+315	0	4h	0	-132	0	-236
			5G	+272	+48	+448	+48	5g6g	-48	-218	-48	-423
			5H	+224	0	+400	0	5h4h	0	-170	0	-236
								5h6h	0	-170	0	-375
			—	—	—	—	—	6e	-85	-297	-85	-460
								6f	-63	-275	-63	-438
			6G	+328	+48	+548	+48	6g	-48	-260	-48	-423
			6H	+280	0	+500	0	6h	0	-212	0	-375
			7G	+403	+48	+678	+48	7g6g	-48	-313	-48	-423
			7H	+355	0	+630	0	7h6h	0	-265	0	-375
			8G	+498	+48	+848	+48	8g	-48	-383	-48	-648
			8H	+450	0	+800	0	9g8g	-48	-473	-48	-648
		4	—	—	—	—	—	3h4h	0	-118	0	-300
			4H	+200	0	+375	0	4h	0	-150	0	-300
			5G	+310	+60	+535	+60	5g6g	-60	-250	-60	-535
			5H	+250	0	+475	0	5h4h	0	-190	0	-300
								5h6h	0	-190	0	-475
			—	—	—	—	—	6e	-95	-331	-95	-570
								6f	-75	-311	-75	-550
			6G	+375	+60	+660	+60	6g	-60	-296	-60	-535
			6H	+315	0	+600	0	6h	0	-236	0	-475
			7G	+460	+60	+810	+60	7g6g	-60	-360	-60	-535
			7H	+400	0	+750	0	7h6h	0	-300	0	-475
			8G	+560	+60	+1010	+60	8g	-60	-435	-60	-810
			8H	+500	0	+950	0	9g8g	-60	-535	-60	-820
		5	—	—	—	—	—	3h4h	0	-125	0	-335
			4H	+212	0	+450	0	4h	0	-160	0	-335
			5G	+336	+71	+631	+71	5g6g	-71	-271	-71	-601
			5H	+265	0	+560	0	5h4h	0	-200	0	-335
								5h6h	0	-200	0	-530
			—	—	—	—	—	6e	-106	-356	-106	-636
								6f	-85	-335	-85	-615
			6G	+406	+71	+781	+71	6g	-71	-321	-71	-601
			6H	+335	0	+710	0	6h	0	-250	0	-530
			7G	+496	+71	+971	+71	7g6g	-71	-386	-71	-601
			7H	+425	0	+900	0	7h6h	0	-315	0	-530
			8G	+601	+71	+1191	+71	8g	-71	-471	-71	-921
			8H	+530	0	+1120	0	9g8g	-71	-571	-71	-921
		5.5	—	—	—	—	—	3h4h	0	-132	0	-355
			4H	+224	0	+475	0	4h	0	-170	0	-355
			5G	+355	+75	+675	+75	5g6g	-75	-287	-75	-635
			5H	+280	0	+600	0	5h4h	0	-212	0	-355
								5h6h	0	-212	0	-560
			—	—	—	—	—	6e	-112	-377	-112	-672
								6f	-90	-355	-90	-650
			6G	+430	+75	+825	+75	6g	-75	-340	-75	-635
			6H	+355	0	+750	0	6h	0	-265	0	-560
			7G	+525	+75	+1025	+75	7g6g	-75	-410	-75	-635
			7H	+450	0	+950	0	7h6h	0	-335	0	-560

（续）

直径分段 D、d/mm		螺距 P /mm	内螺纹					外螺纹				
			公差带	中径 D_2		小径 D_1		公差带	中径 d_2		大径 d	
>	≤			ES	EI	ES	EI		es	ei	es	ei
45	90	5.5	8G	+635	+75	+1255	+75	8g	-75	-500	-75	-975
			8H	+560	0	+1180	0	9g8g	-75	-605	-75	-975
		6	—	—	—	—	—	3h4h	0	-140	0	-375
			4H	+236	0	+500	0	4h	0	-180	0	-375
			5G	+380	+80	+710	+80	5g6g	-80	-304	-80	-680
			5H	+300	0	+630	0	5h4h	0	-224	0	-375
			—	—	—	—	—	5h6h	0	-224	0	-600
								6e	-118	-398	-118	-718
								6f	-95	-375	-95	-695
			6G	+455	+80	+880	+80	6g	-80	-360	-80	-680
			6H	+375	0	+800	0	6h	0	-280	0	-600
			7G	+555	+80	+1080	+80	7g6g	-80	-435	-80	-680
			7H	+475	0	+1000	0	7h6h	0	-355	0	-600
			8G	+680	+80	+1330	+80	8g	-80	-530	-80	-1030
			8H	+600	0	+1250	0	9g8g	-80	-640	-80	-1030
90	180	2	—	—	—	—	—	3h4h	0	-95	0	-180
			4H	+160	0	+236	0	4h	0	-118	0	-180
			5G	+238	+38	+338	+38	5g6g	-38	-188	-38	-318
			5H	+200	0	+300	0	5h4h	0	-150	0	-180
			—	—	—	—	—	5h6h	0	-150	0	-280
								6e	-71	-261	-71	-351
								6f	-52	-242	-52	-332
			6G	+288	+38	+413	+38	6g	-38	-228	-38	-318
			6H	+250	0	+375	0	6h	0	-190	0	-280
			7G	+353	+38	+513	+38	7g6g	-38	-274	-38	-318
			7H	+315	0	+475	0	7h6h	0	-236	0	-280
			8G	+438	+38	+638	+38	8g	-38	-338	-38	-488
			8H	+400	0	+600	0	9g8g	-38	-413	-38	-488
		3	—	—	—	—	—	3h4h	0	-112	0	-236
			4H	+190	0	+315	0	4h	0	-140	0	-236
			5G	+284	+48	+448	+48	5g6g	-48	-228	-48	-423
			5H	+236	0	+400	0	5h4h	0	-180	0	-236
			—	—	—	—	—	5h6h	0	-180	0	-375
								6e	-85	-309	-85	-460
								6f	-63	-287	-63	-438
			6G	+348	+48	+548	+48	6g	-48	-272	-48	-423
			6H	+300	0	+500	0	6h	0	-224	0	-375
			7G	+423	+48	+678	+48	7g6g	-48	-328	-48	-423
			7H	+375	0	+630	0	7h6h	0	-280	0	-375
			8G	+523	+48	+848	+48	8g	-48	-403	-48	-648
			8H	+475	0	+800	0	9g8g	-48	-498	-48	-648
		4	—	—	—	—	—	3h4h	0	-125	0	-300
			4H	+212	0	+375	0	4h	0	-160	0	-300
			5G	+325	+60	+535	+60	5g6g	-60	-260	-60	-535
			5H	+265	0	+475	0	5h4h	0	-200	0	-300
			—	—	—	—	—	5h6h	0	-200	0	-475
								6e	-95	-345	-95	-570
								6f	-75	-325	-75	-550
			6G	+395	+60	+660	+60	6g	-60	-310	-60	-535
			6H	+335	0	+600	0	6h	0	-250	0	-475
			7G	+485	+60	+810	+60	7g6g	-60	-375	-60	-535

（续）

直径分段 D、d/mm		螺距 P /mm	内螺纹					外螺纹				
			公差带	中径 D_2		小径 D_1		公差带	中径 d_2		大径 d	
>	≤			ES	EI	ES	EI		es	ei	es	ei
90	180	4	7H	+425	0	+750	0	7H6h	0	-315	0	-475
			8G	+590	+60	+1010	+60	8g	-60	-460	-60	-810
			8H	+530	0	+950	0	9g8g	-60	-560	-60	-810
		6	—	—	—	—	—	3h4h	0	-150	0	-375
			4H	+250	0	+500	0	4h	0	-190	0	-375
			5G	+395	+80	+710	+80	5g6g	-80	-316	-80	-680
			5H	+315	0	+630	0	5h4h	0	-236	0	-375
								5h6h	0	-236	0	-600
			—	—	—	—	—	6e	-118	-418	-118	-718
								6f	-95	-395	-95	-695
			6G	+480	+80	+880	+80	6g	-80	-380	-80	-680
			6H	+400	0	+800	0	6h	0	-300	0	-600
			7G	+580	+80	+1080	+80	7g6g	-80	-455	-80	-680
			7H	+500	0	+1000	0	7h6h	0	-375	0	-600
			8G	+710	+80	+1330	+80	8g	-80	-555	-80	-1030
			8H	+630	0	+1250	0	9g8g	-80	-680	-80	-1030
180	355	3	—	—	—	—	—	3h4h	0	-125	0	-236
			4H	+212	0	+315	0	4h	0	-160	0	-236
			5G	+313	+48	+448	+48	5g6g	-48	-248	-48	-423
			5H	+265	0	+400	0	5h4h	0	-200	0	-236
								5h6h	0	-200	0	-375
			—	—	—	—	—	6e	-85	-335	-85	-460
								6f	-63	-313	-63	-438
			6G	+383	+48	+548	+48	6g	-48	-298	-48	-423
			6H	+335	0	+500	0	6h	0	-250	0	-375
			7G	+473	+48	+678	+48	7g6g	-48	-363	-48	-423
			7H	+425	0	+630	0	7h6h	0	-315	0	-375
			8G	+578	+48	+848	+48	8g	-48	-448	-48	-648
			8H	+530	0	+900	0	9g8g	-48	-548	-48	-648
		4	—	—	—	—	—	3h4h	0	-140	0	-300
			4H	+236	0	+375	0	4h	0	-180	0	-300
			5G	+360	+60	+535	+60	5g6g	-60	-284	-60	-535
			5H	+300	0	+475	0	5h4h	0	-224	0	-300
								5h6h	0	-224	0	-475
			—	—	—	—	—	6e	-95	-375	-95	-570
								6f	-75	-355	-75	-550
			6G	+435	+60	+660	+60	6g	-60	-340	-60	-535
			6H	+375	0	+600	0	6h	0	-280	0	-475
			7G	+535	+60	+810	+60	7g6g	-60	-415	-60	-535
			7H	+475	0	+750	0	7h6h	0	-355	0	-475
			8G	+660	+60	+1010	+60	8g	-60	-510	-60	-810
			8H	+600	0	+950	0	9g8g	-60	-620	-60	-810
		6	—	—	—	—	—	3h4h	0	-160	0	-375
			4H	+265	0	+630	0	4h	0	-200	0	-375
			5G	+415	+80	+710	+80	5g6g	-80	-330	-80	-680
			5H	+335	0	+630	0	5h4h	0	-250	0	-375
								5h6h	0	-250	0	-600
			—	—	—	—	—	6e	-118	-433	-118	-718
								6f	-95	-410	-95	-695
			6G	+505	+80	+880	+80	6g	-80	-395	-80	-680

（续）

直径分段 D、d/mm		螺距 P /mm	内螺纹					外螺纹				
			公差带	中径 D_2		小径 D_1		公差带	中径 d_2		大径 d	
>	≤			ES	EI	ES	EI		es	ei	es	ei
180	355	6	6H	+425	0	+800	0	6h	0	-315	0	-600
			7G	+610	+80	+1080	+80	7g6g	-80	-480	-80	-680
			7H	+530	0	+1000	0	7h6h	0	-400	0	-600

2. 螺纹的选用公差带与配合（GB/T 197—2018）

根据螺纹配合的要求，将公差等级和公差位置组合，可得到各种公差带。但为了减少量刃具的规格，普通螺纹公差带一般应按表9-52和表9-53，其极限偏差值按GB/T 2516的规定。在表9-52和表9-53中，螺纹公差带按短、中、长三组旋合长度给出了精密、中等、粗糙三种精度。选用时可按下述原则考虑：精密：用于精密螺纹，当要求配合性质变动较小时采用；中等：一般用途；粗糙：对精度要求不高或制造比较困难时采用。

内、外螺纹的选用公差带可以任意组合，为了保证足够的接触高度，完工后的零件最好组合成H/g、H/h或G/h的配合。对直径小于和等于1.4mm的螺纹副，应采用5H/6h或更精密的配合。

对需要涂镀保护层的螺纹，如无特殊需要，镀前一般应按本标准规定选择螺纹公差带。镀后螺纹的实际轮廓上的任何点均不应超越按H、h确定的最大实体牙型。

螺纹的旋合长度见表9-54。

表9-52 内螺纹选用公差带

精度	公差带位置G			公差带位置H		
	S	*N*	*L*	*S*	*N*	*L*
精度	—	—	—	4H	5H	6H
中等	(5G)	6G	(7G)	5H	[6H]	7H
粗糙	—	(7G)	(8G)	—	7H	8H

表9-53 外螺纹选用公差带

精度	公差带位置e			公差带位置f			公差带位置g			公差带位置h		
	S	*N*	*L*	*S*	*N*	*L*	*S*	*N*	*L*	*S*	*N*	*L*
精密	—	—	—	—	—	—	—	(4g)	(5g4g)	(3h4h)	4h	(5h4h)
中等	—	6e	(7e6e)	—	6f	—	(5g6g)	[6g]	(7g6g)	(5h6h)	6h	(7h6h)
粗糙	—	(8e)	(9e8e)	—	—	—	—	8g	(9g8g)	—	—	—

表9-54 螺纹旋合长度（GB/T 197—2018）（单位：mm）

公称直径 D、d		螺距 P	旋合长度			
			S	*N*		*L*
>	≤		≤	>	≤	>
0.99	1.4	0.2	0.5	0.5	1.4	1.4
		0.25	0.6	0.6	1.7	1.7
		0.3	0.7	0.7	2	2
1.4	2.8	0.2	0.5	0.5	1.5	1.5
		0.25	0.6	0.6	1.9	1.9
		0.35	0.8	0.8	2.6	2.6
		0.4	1	1	3	3
		0.45	1.3	1.3	3.8	3.8

公称直径 D、d		螺距 P	旋合长度			
			S	*N*		*L*
>	≤		≤	>	≤	>
2.8	5.6	0.35	1	1	3	3
		0.5	1.5	1.5	4.5	4.5
		0.6	1.7	1.7	5	5
		0.7	2	2	6	6
		0.75	2.2	2.2	6.7	6.7
		0.8	2.5	2.5	7.5	7.5
5.6	11.2	0.75	2.4	2.4	7.1	7.1
		1	3	3	9	9
		1.25	4	4	12	12
		1.5	5	5	15	15

（续）

公称直径 D、d		螺距 P	旋合长度			
			S	N		L
>	≤		≤	>	≤	>
11.2	22.4	1	3.8	3.8	11	11
		1.25	4.5	4.5	13	13
		1.5	5.6	5.6	16	16
		1.75	6	6	18	18
		2	8	8	24	24
		2.5	10	10	30	30
22.4	45	1	4	4	12	12
		1.5	6.3	6.3	19	19
		2	8.5	8.5	25	25
		3	12	12	36	36
		3.5	15	15	45	45
		4	18	18	53	53
		4.5	21	21	63	63

公称直径 D、d		螺距 P	旋合长度			
			S	N		L
>	≤		≤	>	≤	>
45	90	1	4.8	4.8	14	14
		1.5	7.5	7.5	22	22
		2	9.5	9.5	28	28
		3	15	15	45	45
		4	19	19	56	56
		5	24	24	71	71
		5.5	28	28	85	85
		6	32	32	95	95
90	180	2	12	12	36	36
		3	18	18	53	53
		4	24	24	71	71
		6	36	36	106	106
		8	45	45	132	132
180	355	3	20	20	60	60
		4	26	26	80	80
		6	40	40	118	118
		8	50	50	150	150

注：*S*、*N* 和 *L* 分别表示短旋合长度、中等旋合长度和长旋合长度。

3. 普通螺纹的标记

螺纹的完整标记由螺纹代号、螺纹公差带代号和螺纹旋合长度代号所组成。

螺纹公差带代号包括中径公差带代号与顶径（指外螺纹大径和内螺纹小径）公差带代号。公差带代号是由表示其大小的公差等级数字和表示其位置的字母所组成，如 6H、6g 等。

螺纹公差带代号标注在螺纹代号之后，中间用“—”分开。如果螺纹的中径公差带与顶径公差带代号不同，则分别注出。前者表示中径公差带，后者表示顶径公差带。如果中径公差带与顶径公差带代号相同，则只标注一个代号。例如：

M10 — 5g6g
　　顶径公差带代号
　　中径公差带代号

M10×1 — 6H
　　中径和顶径公差带代号（相同）

内、外螺纹装配在一起，其公差带代号用斜线分开，左边表示内螺纹公差带代号，右边表示外螺纹公差带代号，如 M20×2-6H/6g，M20×2-6H/5g6g-LH。

在一般情况下，不标注螺纹旋合长度，其螺纹公差带按中等旋合长度确定。必要时，在螺纹公差带代号之后加注旋合长度代号 *S* 或 *L*，中间用“－”分开，如 M10-5g6g-*S*，M10-7H-*L*。特殊需要时，可注明旋合长度的数值，中间用“－”分开。例如：M20×2-7g6g-40。

9.4.1.2　短牙梯形螺纹（JB/T 12005—2014）

1. 短牙梯形螺纹的尺寸

短牙梯形螺纹的基本尺寸见表 9-55，内螺纹的公差见表 9-56 及表 9-57，外螺纹的公差见表 9-58 ~ 表 9-60。

2. 螺纹精度及公差带的选用

短牙梯形螺纹规定了中级和粗级两种精度。中级为一般用途用，粗级用于精度要求不高或制造有困难的场合，推荐公差带见表 9-61。

3. 短牙梯形螺纹的标记

短牙梯形螺纹的完整标记由螺纹标记、螺纹公差带代号和螺纹旋合长度代号组成。

螺纹公差带代号只标注中径公差带，内外螺纹的顶径公差带和底径公差带不标出。

螺纹旋合长度（表 9-62）为中等旋合长度 *N* 组时不标出；为 *L* 组时，将组别代号“*L*”写在公差带代号的后面，用短划分开。

标记示例如下：

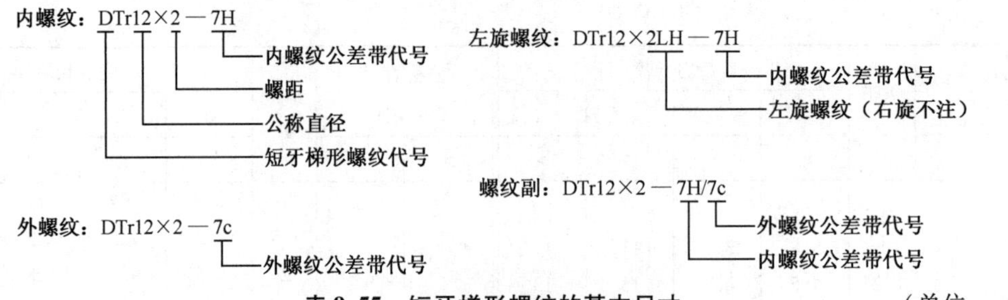

表 9-55　短牙梯形螺纹的基本尺寸　　（单位：mm）

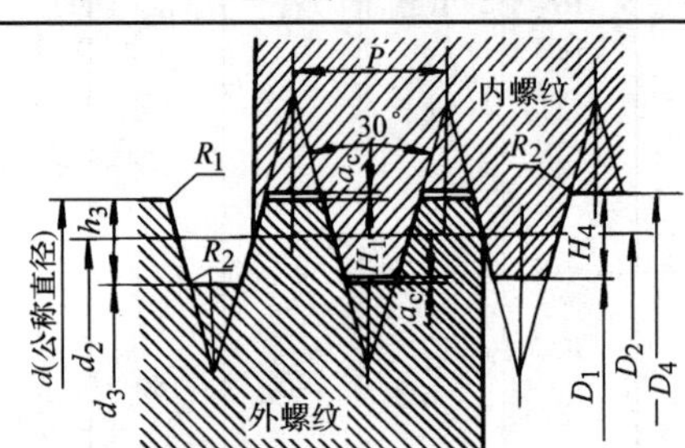

公称直径 d		螺距	中径	大径	小径	
第一系列	第二系列	P	$d_2=D_2$	D_4	d_3	D_1
8		1.5	7.550	8.300	6.800	7.100
	9	2	8.400	9.500	7.300	7.800
10		2	9.400	10.500	8.300	8.800
	11	2	10.400	11.500	9.300	9.800
		3	10.100	11.500	8.700	9.200
12		3	11.100	12.500	9.700	10.200
	14	3	13.100	14.500	11.700	12.200
16		4	14.800	16.500	13.100	13.600
	18	4	16.800	18.500	15.100	15.600
20		4	18.800	20.500	17.100	17.600
	22	5	20.500	22.500	18.500	19.000
		8	19.600	23.000	16.200	17.200
24		5	22.500	24.500	25.500	21.000
		8	21.600	25.000	18.200	19.200
	26	5	24.500	26.500	22.500	23.000
		8	23.600	27.000	20.200	21.200
28		5	26.500	28.500	24.500	25.000
		8	25.600	29.000	22.200	23.200
	30	6	28.200	31.000	25.400	26.400
		10	27.000	31.000	23.000	24.000
32		6	30.200	33.000	27.400	28.400
		10	29.000	33.000	25.000	26.000

表 9-56　内螺纹小径公差 T_{D1}

螺距 P/mm	4 级公差 T_{D1}/μm	螺距 P/mm	4 级公差 T_{D1}/μm
1.5	190	6	500
2	236	8	630
3	315	9	670
4	375	10	710
5	450		

表 9-57 内螺纹中径公差 T_{D2}

公称直径 d		螺距 P	T_{D2} 公差等级		
mm			7	8	9
>	≤		μm		
5.6	11.2	1.5	224	280	355
		2	250	315	400
		3	280	355	450
11.2	22.4	2	265	335	425
		3	300	375	475
		4	355	450	560
		5	375	475	600
		8	475	600	750
22.4	32	5	400	500	630
		6	450	560	710
		8	500	630	800
		10	530	670	850

表 9-58 外螺纹大径公差 T_d

螺距 P/mm	4 级公差 T_d/μm	螺距 P/mm	4 级公差 T_d/μm
1.5	150	6	375
2	180	8	450
3	236	9	500
4	300	10	530
5	335		

表 9-59 外螺纹中径公差 T_{d2}

公称直径 d		螺距 P	T_{d2} 公差等级		
mm			7	8	9
>	≤		μm		
5.6	11.2	1.5	170	212	265
		2	190	236	300
		3	212	265	335
11.2	22.4	2	200	250	315
		3	224	280	355
		4	265	335	400
		5	280	355	450
		8	355	450	560
22.4	32	5	300	375	475
		6	335	425	530
		8	375	475	600
		10	400	500	630

表 9-60 外螺纹小径公差 T_{d3}

公称直径 d		螺距 P	中径公差的公差带位置 C 公 差 等 级			中径公差的公差位置 e 公 差 等 级		
mm			7	8	9	7	8	9
>	≤		μm					
5.6	11.2	1.5	352	405	471	279	332	398
		2	388	445	525	309	366	446
		3	435	501	589	350	416	504
11.2	22.4	2	400	462	544	321	383	465
		3	450	520	614	365	435	829
		4	521	609	690	426	514	595
		5	562	656	775	456	550	696
		8	709	828	965	576	695	832
22.4	32	5	587	681	806	481	575	700
		6	655	767	899	537	649	781
		8	734	859	1015	601	726	882
		10	800	925	1087	650	775	937

表 9-61　短牙梯形螺纹推荐公差带

精度等级	内螺纹		外螺纹	
	中径公差带		中径公差带	
	N 组	*L* 组	*N* 组	*L* 组
中级	7H	8H	7e	8e
粗级	8H	9H	8c	9c

表 9-62　短牙梯形螺纹的旋合长度　　（单位：mm）

螺纹公称直径 *d*		螺距 *P*	螺纹旋合长度		
			N 组		*L* 组
>	≤		>	≤	>
5.6	11.2	1.5	5	15	15
		2	6	19	19
		3	10	28	28
11.2	22.4	2	8	24	24
		3	11	32	32
		4	15	43	43
		5	18	53	53
		8	30	85	85
22.4	32	5	21	63	63
		6	25	75	75
		8	34	100	100
		10	42	125	125

注：*N* 代表中等旋合长度；*L* 代表长旋合长度。

9.4.1.3　梯形螺纹

梯形螺纹各参数间的关系见表 9-63。螺纹的基本尺寸见表 9-64。螺纹的公差带位置与基本偏差见表 9-65 及表 9-66。螺纹的旋合长度见表 9-67。螺纹精度、公差带的选用及标注见表 9-68。

表 9-63　梯形螺纹各参数间的关系

名　　称	代号	关系式
外螺纹大径(公称直径)	d	
螺距	P	
牙顶间隙	a_c	
基本牙型牙高	H_1	
外螺纹牙高	h_3	
内螺纹牙高	H_4	$H_4 = h_3 = H_1 + a_c = 0.3P + a_c$
外螺纹中径	d_2	$d_2 = D_2 = d - H_1 = d - 0.3P$
内螺纹中径	D_2	$D_2 = d - 2Z = d - 0.5P$
外螺纹小径	d_3	$d_3 = d - 2h_3 = d - 0.6P - 2a_c$
内螺纹小径	D_1	$D_1 = d - 2H_1 = d - 0.6P$
内螺纹大径	D_4	$D_4 = d + 2a_c$
外螺纹牙顶倒角圆弧半径	R_1	$R_{1\max} = 0.5a_c$
牙底倒角圆弧半径	R_2	$R_{2\max} = a_c$

表 9-64　梯形螺纹的基本尺寸（GB/T 5796.3—2005）　　（单位：mm）

公称直径 *d*		螺距	中径	大径	小径	
第一系列	第二系列	P	$d_2 = D_2$	D_4	d_3	D_1
8		1.5	7.250	8.300	6.200	6.500
	9	1.5	8.250	9.300	7.200	7.500
		2	8.000	9.500	6.500	7.000
10		1.5	9.250	10.300	8.200	8.500
		2	9.000	10.500	7.500	8.000

（续）

公称直径 d		螺距	中径	大径	小径	
第一系列	第二系列	P	$d_2=D_2$	D_4	d_3	D_1
	11	2	10.000	11.500	8.500	9.000
		3	9.500	11.500	7.500	8.000
12		2	11.000	12.500	9.500	10.000
		3	10.500	12.500	8.500	9.000
	14	2	13.000	14.500	11.500	12.000
		3	12.500	14.500	10.500	11.000
16		2	15.000	16.500	13.500	14.000
		4	14.000	16.500	11.500	12.000
	18	2	17.000	18.500	15.500	16.000
		4	16.000	18.500	13.500	14.000
20		2	19.000	20.500	17.500	18.000
		4	18.000	20.500	15.500	16.000
	22	3	20.500	22.500	18.500	19.000
		5	19.500	22.500	16.500	17.000
		8	18.000	23.000	13.000	14.000
24		3	22.500	24.500	20.500	21.000
		5	21.500	24.500	18.500	19.000
		8	20.000	25.000	15.000	16.000
	26	3	24.500	26.500	22.500	23.000
		5	23.500	26.500	20.500	21.000
		8	22.000	27.000	17.000	18.000
28		3	26.500	28.500	24.500	25.000
		5	25.500	28.500	22.500	23.000
		8	24.000	29.000	19.000	20.000
	30	3	28.500	30.500	26.500	27.000
		6	27.000	31.000	23.000	24.000
		10	25.000	31.000	19.000	20.000
32		3	30.500	32.500	28.500	29.000
		6	29.000	33.000	25.000	26.000
		10	27.000	33.000	21.000	22.000
	34	3	32.500	34.500	30.500	31.000
		6	31.000	35.000	27.000	28.000
		10	29.000	35.000	23.000	24.000
36		3	34.500	36.500	32.500	33.000
		6	33.000	37.000	29.000	30.000
		10	31.000	37.000	25.000	26.000
	38	3	36.500	38.500	34.500	35.000
		7	34.500	39.000	30.000	31.000
		10	33.000	39.000	27.000	28.000
40		3	38.500	40.500	36.500	37.000
		7	36.500	41.000	32.000	33.000
		10	35.000	41.000	29.000	30.000
	42	3	40.500	42.500	38.500	39.000
		7	38.500	43.000	34.000	35.000
		10	37.000	43.000	31.000	32.000

（续）

公称直径 d		螺距	中径	大径	小径	
第一系列	第二系列	P	$d_2=D_2$	D_4	d_3	D_1
44		3	42.500	44.500	40.500	41.000
		7	40.500	45.000	36.000	37.000
		12	38.000	45.000	31.000	32.000
	46	3	44.500	46.500	42.500	43.000
		8	42.000	47.000	37.000	38.000
		12	40.000	47.000	33.000	34.000
48		3	46.500	48.500	44.500	45.000
		8	44.000	49.000	39.000	40.000
		12	42.000	49.000	35.000	36.000
	50	3	48.500	50.500	46.500	47.000
		8	46.000	51.000	41.000	42.000
		12	44.000	51.000	37.000	38.000
52		3	50.500	52.500	48.500	49.000
		8	48.000	53.000	43.000	44.000
		12	46.000	53.000	39.000	40.000
	55	3	53.500	55.500	51.500	52.000
		9	50.500	56.000	45.000	46.000
		14	48.000	57.000	39.000	41.000
60		3	58.500	60.500	56.500	57.000
		9	55.500	61.000	50.000	51.000
		14	53.000	62.000	44.000	46.000
	65	4	63.000	65.500	60.500	61.000
		10	60.000	66.000	54.000	55.000
		16	57.000	67.000	47.000	49.000
70		4	68.000	70.500	65.500	66.000
		10	65.000	71.000	59.000	60.000
		16	62.000	72.000	62.000	54.000
	75	4	73.000	75.500	70.500	71.000
		10	70.000	76.000	64.000	65.000
		16	67.000	77.000	57.000	59.000
80		4	78.000	80.500	75.500	76.000
		10	75.000	81.000	69.000	70.000
		16	72.000	82.000	62.000	64.000
	85	4	83.000	85.500	80.500	81.000
		12	79.000	86.000	72.000	73.000
		18	76.000	87.000	65.000	67.000
90		4	88.000	90.500	85.500	86.000
		12	84.000	91.000	77.000	78.000
		18	81.000	92.000	70.000	72.000
	95	4	93.000	95.500	90.500	91.000
		12	89.000	96.000	82.000	83.000
		18	86.000	97.000	75.000	77.000
100		4	98.000	100.500	95.500	96.000
		12	94.000	101.000	87.000	88.000
		20	90.000	102.000	78.000	80.000

（续）

公称直径 d		螺距	中径	大径	小径	
第一系列	第二系列	P	$d_2=D_2$	D_4	d_3	D_1
	110	4	108.000	110.500	105.500	106.000
		12	104.000	111.000	97.000	98.000
		20	100.000	112.000	88.000	90.000
120		6	117.000	121.000	113.000	114.000
		14	113.000	122.000	104.000	106.000
		22	109.000	122.000	96.000	98.000
	130	6	127.000	131.000	123.000	124.000
		14	123.000	132.000	114.000	116.000
		22	109.000	132.000	106.000	108.000
140		6	137.000	141.000	133.000	134.000
		14	133.000	142.000	124.000	126.000
		24	128.000	142.000	114.000	116.000
	150	6	147.000	151.000	143.000	144.000
		16	142.000	152.000	132.000	134.000
		24	138.000	152.000	124.000	126.000
160		6	157.000	161.000	153.000	154.000
		16	152.000	162.000	142.000	144.000
		28	146.000	162.000	130.000	132.000
	170	6	167.000	171.000	163.000	164.000
		16	162.000	172.000	152.000	154.000
		28	156.000	172.000	140.000	142.000
180		8	176.000	181.000	171.000	172.000
		18	171.000	182.000	160.000	162.000
		28	166.000	182.000	150.000	152.000
	190	8	186.000	191.000	181.000	182.000
		18	181.000	192.000	170.000	172.000
		32	174.000	192.000	156.000	158.000
200		8	196.000	201.000	191.000	192.000
		18	191.000	202.000	180.000	182.000
		32	184.000	202.000	166.000	168.000
	210	8	206.000	211.000	201.000	202.000
		20	200.000	212.000	188.000	190.000
		36	192.000	212.000	172.000	174.000
220		8	216.000	221.000	211.000	212.000
		20	210.000	222.000	193.000	200.000
		36	202.000	222.000	182.000	184.000
	230	8	226.000	231.000	221.000	222.000
		20	220.000	232.000	208.000	210.000
		36	212.000	232.000	192.000	194.000
240		8	236.000	241.000	231.000	232.000
		22	229.000	242.000	216.000	218.000
		36	222.000	242.000	202.000	204.000
	250	12	244.000	251.000	237.000	238.000
		22	239.000	252.000	226.000	228.000
		40	230.000	252.000	208.000	210.000

（续）

公称直径 d		螺距 P	中径 $d_2 = D_2$	大径 D_4	小径	
第一系列	第二系列				d_3	D_1
260		12 22 40	254.000 249.000 240.000	261.000 262.000 262.000	247.000 236.000 218.000	248.000 238.000 220.000
	270	12 24 40	264.000 258.000 250.000	271.000 272.000 272.000	257.000 244.000 228.000	258.000 246.000 230.000
280		12 24 40	274.000 268.000 260.000	281.000 282.000 282.000	267.000 254.000 238.000	268.000 256.000 240.000
	290	12 24 44	284.000 278.000 268.000	291.000 292.000 292.000	277.000 264.000 244.000	278.000 266.000 246.000
300		12 24 44	294.000 288.000 278.000	301.000 302.000 302.000	287.000 274.000 254.000	288.000 276.000 256.000

表 9-65 梯形螺纹基本偏差（GB/T 5796.4—2005） （单位：μm）

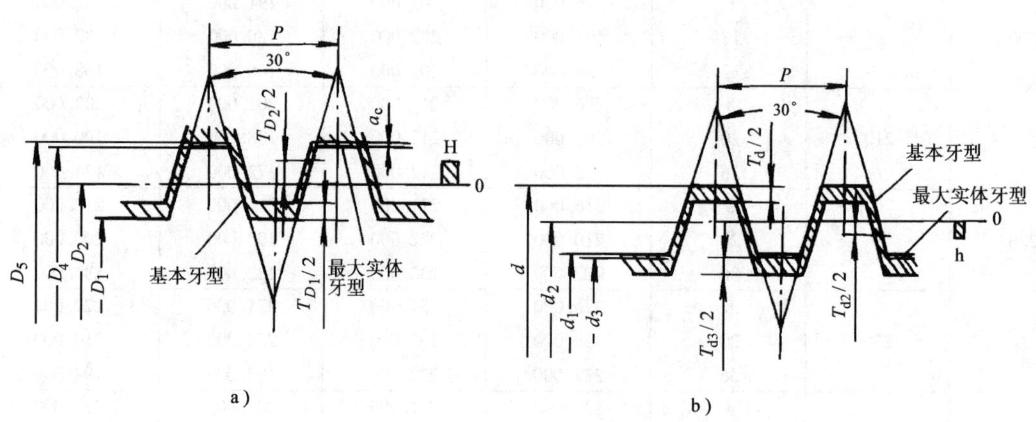

a) 内螺纹公差带 b) 大、中、小径的公差带位置为 h

（续）

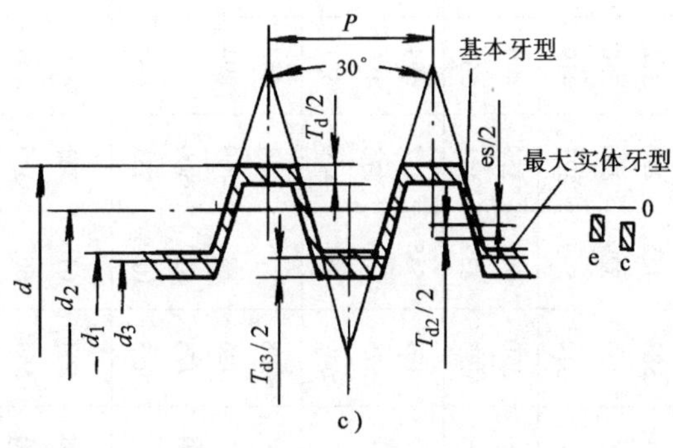

c)大、小径的公差带位置为h，中径为e、c

D_4—内螺纹大径　T_{D_1}—内螺纹小径公差　D_2—内螺纹中径　D_1—内螺纹小径　T_{D_2}—内螺纹中径公差

P—螺距　d—外螺纹大径　d_2—外螺纹中径　d_3—外螺纹小径　P—螺距　es—中径基本偏差

T_d—外螺纹大径公差　T_{d2}—外螺纹中径公差　T_{d3}—外螺纹小径公差

螺距 P /mm	内螺纹	外螺纹			
	D_1、D_2、D_4	d_2			d、d_3
	H EI	c es	e e	h es	h es
1.5	0	-140	-67	0	0
2	0	-150	-71	0	0
3	0	-170	-85	0	0
4	0	-190	-95	0	0
5	0	-212	-106	0	0
6	0	-236	-118	0	0
7	0	-250	-125	0	0
8	0	-265	-132	0	0
9	0	-280	-140	0	0
10	0	-300	-150	0	0
12	0	-335	-160	0	0
14	0	-355	-180	0	0
16	0	-375	-190	0	0
18	0	-400	-200	0	0
20	0	-425	-212	0	0
22	0	-450	-224	0	0
24	0	-475	-236	0	0
28	0	-500	-250	0	0
32	0	-530	-265	0	0
36	0	-560	-280	0	0
40	0	-600	-300	0	0
44	0	-630	-315	0	0

表 9-66 梯形螺纹中径公差

（单位：μm）

公称直径 d /mm		螺距 P /mm	内螺纹中径公差 T_{D_2}			外螺纹中径公差 T_{d_2}			外螺纹小径公差 T_{d_3}								
									中径公差带位置为 c			中径公差带位置为 e			中径公差带位置为 h		
			公差等级														
>	<		7	8	9	6	7	8	9	7	8	9	7	8	9	7	8	9
5.6	11.2	1.5	224	280	355	132	170	212	265	352	405	471	279	332	398	212	265	331
		2	250	315	400	150	190	236	300	388	445	525	309	366	446	238	295	375
		3	280	355	450	170	212	265	335	435	501	589	350	416	504	265	331	419
11.2	22.4	2	265	335	425	160	200	250	315	400	462	544	321	383	465	250	312	394
		3	300	375	475	180	224	280	355	450	520	614	365	435	529	280	350	444
		4	355	450	560	212	265	335	425	521	609	690	426	514	595	331	419	531
		5	375	475	600	224	280	355	450	562	656	775	456	550	669	350	444	562
		8	475	600	750	280	355	450	560	709	828	965	576	695	832	444	562	700
22.4	45	3	335	425	530	200	250	315	400	482	564	670	397	479	585	312	394	500
		5	400	500	630	236	300	375	475	587	681	806	481	575	700	375	469	594
		6	450	560	710	265	335	425	530	655	767	899	537	649	781	419	531	662
		7	475	600	750	280	355	450	560	694	813	950	569	688	825	444	562	700
		8	500	630	800	300	375	475	600	734	859	1015	601	726	882	469	594	750
		10	530	670	850	315	400	500	630	800	925	1087	650	775	937	500	625	788
		12	560	710	900	335	425	530	670	866	998	1223	691	823	1048	531	662	838
45	90	3	355	450	560	212	265	335	425	501	589	701	416	504	616	331	419	531
		4	400	500	630	236	300	375	475	565	659	784	470	564	689	375	469	594
		8	530	670	850	315	400	500	630	765	890	1052	632	757	919	500	625	788
		9	560	710	900	335	425	530	670	811	943	1118	671	803	978	531	662	838
		10	560	710	900	335	425	530	670	831	963	1138	681	813	988	531	662	838
		12	630	800	1000	375	475	600	750	929	1085	1273	754	910	1098	594	750	938
		14	670	850	1060	400	500	630	800	970	1142	1355	805	967	1180	625	788	1000
		16	710	900	1120	425	530	670	850	1038	1213	1438	853	1028	1253	662	838	1062
		18	750	950	1180	450	560	710	900	1100	1288	1525	900	1088	1320	700	883	1125

90	180	4	425	530	670	250	315	400	500	584	690	815	489	595	720	394	500	625
		6	500	630	800	300	375	475	600	705	830	986	587	712	868	469	594	750
		8	560	710	900	335	425	530	670	796	928	1103	663	795	970	531	662	838
		12	670	850	1060	400	500	630	800	960	1122	1335	785	947	1160	625	788	1000
		14	710	900	1120	425	530	670	850	1018	1193	1418	843	1018	1243	662	838	1062
		16	750	950	1180	450	560	710	900	1075	1263	1500	890	1078	1315	700	888	1125
		18	800	1000	1250	475	600	750	950	1150	1338	1588	950	1138	1388	750	938	1188
		20	800	1000	1250	475	600	750	950	1175	1363	1613	962	1150	1400	750	938	1188
		22	850	1060	1320	500	630	800	1000	1232	1450	1700	1011	1224	1474	788	1000	1250
		24	900	1120	1400	530	670	850	1060	1313	1538	1800	1074	1299	1561	838	1062	1325
		28	950	1180	1500	560	710	900	1120	1388	1625	1900	1138	1375	1650	888	1125	1400
180	355	8	600	750	950	355	450	560	710	828	965	1153	695	832	1020	562	700	888
		12	710	900	1120	425	530	670	850	998	1173	1398	823	998	1223	662	838	1062
		18	850	1060	1320	500	630	800	1000	1187	1400	1650	987	1200	1450	788	1000	1250
		20	900	1120	1400	530	670	850	1060	1263	1488	1750	1050	1275	1537	838	1062	1325
		22	900	1120	1400	530	670	850	1060	1288	1513	1775	1062	1287	1549	838	1062	1325
		24	950	1180	1500	560	710	900	1120	1363	1600	1875	1124	1361	1636	888	1125	1400
		32	1060	1320	1700	630	800	1000	1250	1530	1780	2092	1265	1515	1827	1000	1250	1562
		36	1120	1400	1800	670	850	1060	1320	1623	1885	2210	1343	1605	1930	1062	1325	1650
		40	1120	1400	1800	670	850	1060	1320	1663	1925	2250	1363	1625	1950	1062	1325	1650
		44	1250	1500	1900	710	900	1120	1400	1755	2030	2380	1440	1715	2065	1125	1400	1750

螺距 P/mm	1.5	2	3	4	5	6	7	8	9	10	12	14	16	18	20	22	24	28	32	36	40	44
内螺纹小径公差 T_{D_1}	190	236	315	375	450	500	560	630	670	710	800	900	1000	1120	1180	1250	1320	1500	1600	1800	1900	2000
外螺纹大径公差 T_d	150	180	236	300	335	375	425	450	500	530	600	670	710	800	850	900	950	1060	1120	1250	1320	1400

表9-67 梯形螺纹的旋合长度 （单位：mm）

公称直径 d >	公称直径 d <	螺距 P	旋合长度组 N >	旋合长度组 N <	旋合长度组 L >
5.6	11.2	1.5	5	15	15
		2	6	19	19
		3	10	28	28
11.2	22.4	2	8	24	24
		3	11	32	32
		4	15	43	43
		5	18	53	53
		8	30	85	85
22.4	45	3	12	36	36
		5	21	63	63
		6	25	75	75
22.4	45	7	30	85	85
		8	34	100	100
		10	42	125	125
		12	50	150	150
45	90	3	15	45	45
		4	19	56	56
		8	38	118	118
		9	43	132	132
		10	50	140	140
		12	60	170	170
		14	67	200	200
		16	75	236	236
		18	85	265	265

公称直径 d >	公称直径 d <	螺距 P	旋合长度组 N >	旋合长度组 N <	旋合长度组 L >
90	180	4	24	71	71
		6	36	106	106
		8	45	132	132
		12	67	200	200
		14	75	236	236
		16	90	265	265
		18	100	300	300
		20	112	335	335
		22	118	355	355
		24	132	400	400
		28	150	450	450
180	355	8	50	150	150
		12	75	224	224
		18	112	335	335
		20	125	375	375
		22	140	425	425
		24	150	450	450
180	355	32	200	600	600
		36	224	670	670
		40	250	750	750
		44	280	850	850

注：N 代表中等旋合长度，L 代表长旋合长度。

表9-68 梯形螺纹精度、公差带的选用及标注

精度		内螺纹 N	内螺纹 L	外螺纹 N	外螺纹 L	应用
中等		7H	8H	7e	8e	一般用途
粗糙		8H	9H	8c	9c	对精度要求不高时采用
标记示例	零件	Tr 40×7 — 7H Tr：螺纹种类代号；40：公称直径；7：螺距；7H：中径公差带		Tr 40×7 — 7e Tr40×7LH — 7e（LH：左旋(右旋不注)） Tr40×14(P7)-8e-L(旋合长度为 L 组的多线螺纹) Tr40×7-7e-140(旋合长度为特殊需要时的螺纹)		
	螺旋副	Tr40×7-7H/7e				

9.4.1.4 其他螺纹

其他螺纹见表9-69～表9-81。

表 9-69 55°非密封管螺纹的基本尺寸②（GB/T 7307—2001）（单位：mm）

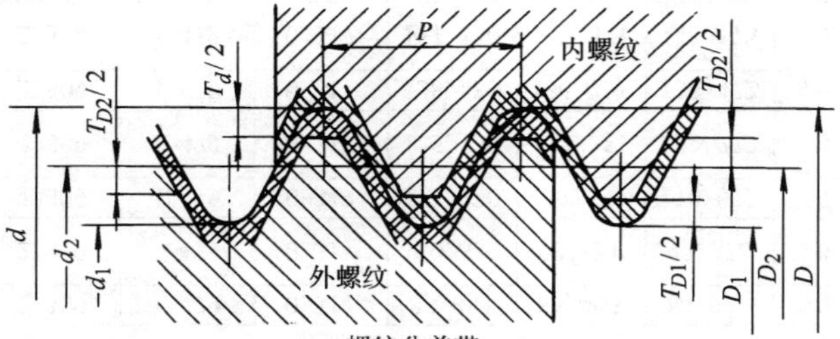

螺纹公差带

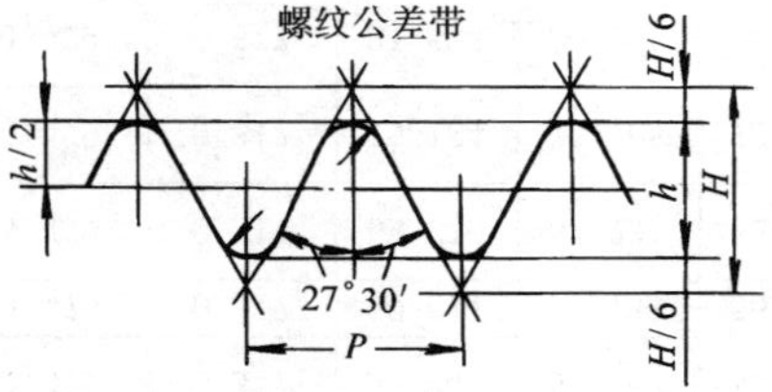

基本牙型

$P=\frac{25.4}{n}$

$H=0.960491P$

$h=0.640327P$

$r=0.137329P$

$\frac{H}{6}=0.160082P$

$D_2=d_2=d-h8=d-0.640327P$

$D_1=d_1=d-2h=d-1.280654P$

标记示例：

$1\frac{1}{2}$左旋圆柱内螺纹　G1 $\frac{1}{2}$-LH（右旋不标）

$1\frac{1}{2}$A 级右旋圆柱外螺纹　G1 $\frac{1}{2}$A

$1\frac{1}{2}$B 级右旋圆柱外螺纹　G1 $\frac{1}{2}$B

内外螺纹装配　G1 $\frac{1}{2}$G1 $\frac{1}{2}$A

尺寸代号 /in	每25.4mm内的牙数 n	螺距 P	牙高 h	圆弧半径 $r\approx$	基本直径			外螺纹					内螺纹			
					大径 $d=D$	中径 $d_2=D_2$	小径 $d_1=D_1$	大径公差 T_d		中径公差 T_{d2}①			中径公差 T_{D2}①		小径公差 D_1	
								下偏差	上偏差	下偏差 A级	下偏差 B级	上偏差	下偏差	上偏差	下偏差	上偏差
$\frac{1}{16}$	28	0.907	0.581	0.125	7.723	7.142	6.561	-0.214	0	-0.107	-0.214	0	0	+0.107	0	+0.282
$\frac{1}{8}$	28	0.907	0.581	0.125	8.728	9.147	8.566	-0.214	0	-0.107	-0.214	0	0	+0.107	0	+0.282
$\frac{1}{4}$	19	1.337	0.856	0.184	13.157	12.301	11.445	-0.250	0	-0.125	-0.250	0	0	+0.125	0	+0.445
$\frac{3}{8}$	19	1.337	0.856	0.184	16.662	15.806	14.950	-0.250	0	-0.125	-0.250	0	0	+0.125	0	+0.445

（续）

尺寸代号/in	每25.4mm内的牙数 n	螺距 P	牙高 h	圆弧半径 $r\approx$	基本直径			外螺纹					内螺纹			
					大径 $d=D$	中径 $d_2=D_2$	小径 $d_1=D_1$	大径公差 T_d		中径公差 T_{d2}①			中径公差 T_{D2}①		小径公差 D_1	
								下偏差	上偏差	下偏差		上偏差	下偏差	上偏差	下偏差	上偏差
										A级	B级					
$\frac{1}{2}$	14	1.814	1.162	0.249	20.955	19.793	18.631	−0.284	0	−0.142	−0.284	0	0	+0.142	0	+0.541
$\frac{5}{8}$	14	1.814	1.162	0.249	22.911	21.749	20.587	−0.284	0	−0.142	−0.284	0	0	+0.142	0	+0.541
$\frac{3}{4}$	14	1.814	1.162	0.249	26.441	25.279	24.117	−0.284	0	−0.142	−0.284	0	0	+0.142	0	+0.541
$\frac{7}{8}$	14	1.814	1.162	0.249	30.201	29.039	27.877	−0.284	0	−0.142	−0.284	0	0	+0.142	0	+0.541
1	11	2.309	1.479	0.317	33.249	31.770	30.291	−0.360	0	−0.180	−0.360	0	0	+0.180	0	+0.640
$1\frac{1}{8}$	11	2.309	1.479	0.317	37.897	36.418	34.939	−0.360	0	−0.180	−0.360	0	0	+0.180	0	+0.640
$1\frac{1}{4}$	11	2.309	1.479	0.317	41.910	40.431	38.952	−0.360	0	−0.180	−0.360	0	0	+0.180	0	+0.640
$1\frac{1}{2}$	11	2.309	1.479	0.317	47.803	46.324	44.845	−0.360	0	−0.180	−0.360	0	0	+0.180	0	+0.640
$1\frac{3}{4}$	11	2.309	1.479	0.317	53.746	52.267	50.788	−0.360	0	−0.180	−0.360	0	0	+0.180	0	+0.640
2	11	2.309	1.479	0.317	59.614	58.135	56.656	−0.360	0	−0.180	−0.360	0	0	+0.180	0	+0.640
$2\frac{1}{4}$	11	2.309	1.479	0.317	65.710	64.231	62.752	−0.434	0	−0.217	−0.434	0	0	+0.217	0	+0.640
$2\frac{1}{2}$	11	2.309	1.479	0.317	75.184	73.705	72.226	−0.434	0	−0.217	−0.434	0	0	+0.217	0	+0.640
$2\frac{3}{4}$	11	2.309	1.479	0.317	81.534	80.055	78.576	−0.434	0	−0.217	−0.434	0	0	+0.217	0	+0.640
3	11	2.309	1.479	0.317	87.884	86.405	84.926	−0.434	0	−0.217	−0.434	0	0	+0.217	0	+0.640
$3\frac{1}{2}$	11	2.309	1.479	0.317	100.330	98.851	97.372	−0.434	0	−0.217	−0.434	0	0	+0.217	0	+0.640
4	11	2.309	1.479	0.317	113.030	111.551	110.072	−0.434	0	−0.217	−0.434	0	0	+0.217	0	+0.640
$4\frac{1}{2}$	11	2.309	1.479	0.317	125.730	124.251	122.772	−0.434	0	−0.217	−0.434	0	0	+0.217	0	+0.640
5	11	2.309	1.479	0.317	138.430	136.951	135.472	−0.434	0	−0.217	−0.434	0	0	+0.217	0	+0.640
$5\frac{1}{2}$	11	2.309	1.479	0.317	151.130	149.651	148.172	−0.434	0	−0.217	−0.434	0	0	+0.217	0	+0.640
6	11	2.309	1.479	0.317	163.830	162.351	160.872	−0.434	0	−0.217	−0.434	0	0	+0.217	0	+0.640

① 对薄壁管件，此公差适用于平均中径，该中径是测量两个互相垂直直径的算术平均值。

② 本标准适应用于管接头、旋塞、阀门及其附件。

表 9-70 55°密封管螺纹的基本尺寸和公差（GB/T 7306.2—2000）

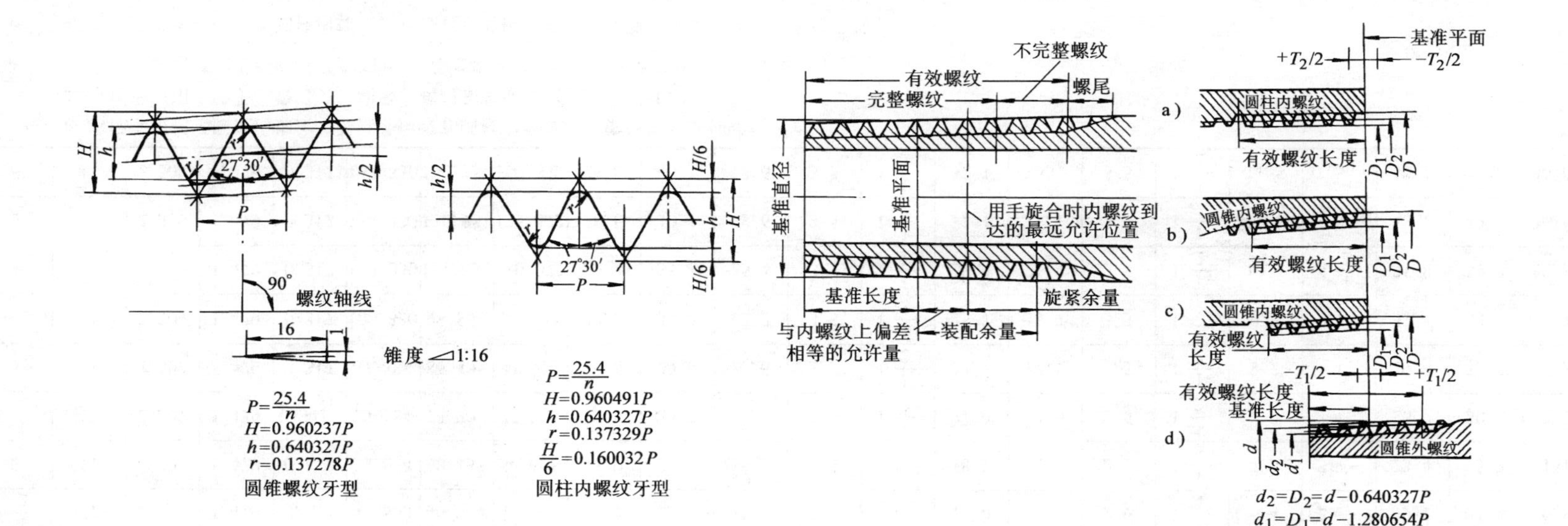

标记示例：

圆锥内螺纹 $R_C1\frac{1}{2}$ 圆锥内螺纹与圆锥外螺纹的配合 $R_C1\frac{1}{2}/R_21\frac{1}{2}$

圆柱内螺纹 $R_P1\frac{1}{2}$ 圆柱内螺纹与圆锥外螺纹的配合 $R_P1\frac{1}{2}/R_11\frac{1}{2}$

圆锥外螺纹 $R1\frac{1}{2}$ 当螺纹为左旋时，$R_C1\frac{1}{2}/R1\frac{1}{2}$-LH

尺寸代号 /in	每25.4 mm内的牙数 n	螺距 P /mm	牙高 h /mm	圆弧半径 $r\approx$ /mm	基面上的直径			基准长度 /mm	有效螺纹长度 /mm	基准长度					圆锥内螺纹基面轴向位移的极限偏差 $\pm\frac{T_2}{2}$		装配余量		有效螺纹长度不小于		
					大径 $d=D$ /mm	中径 $d_2=D_2$ /mm	小径 $d_1=D_1$ /mm			基本 /mm	极限偏差 $\pm\frac{T_1}{2}$		最大 /mm	最小 /mm			mm	圈数	mm	最大 /mm	最小 /mm
											mm	圈数			mm	圈数					
$\frac{1}{16}$	28	0.907	0.581	0.125	7.723	7.142	6.561	4.0	6.5	4.0	0.9	1	4.9	3.1	1.1	$1\frac{1}{4}$	2.2	$2\frac{3}{4}$	6.5	7.4	5.6
$\frac{1}{8}$	28	0.907	0.581	0.125	9.728	9.147	8.566	4.0	6.5	4.0	0.9	1	4.9	3.1	1.1	$1\frac{1}{4}$	2.5	$2\frac{3}{4}$	6.5	7.4	5.6

（续）

尺寸代号 /in	每25.4mm内的牙数 n	螺距 P /mm	牙高 h /mm	圆弧半径 $r\approx$ /mm	基面上的直径			基准长度 /mm	有效螺纹长度 /mm	基准长度					圆锥内螺纹基面轴向位移的极限偏差 $\pm\frac{T_2}{2}$		装配余量		有效螺纹长度不小于		
					大径 $d=D$ /mm	中径 $d_2=D_2$ /mm	小径 $d_1=D_1$ /mm			基本 /mm	极限偏差 $\pm\frac{T_1}{2}$ mm	极限偏差 $\pm\frac{T_1}{2}$ 圈数	最大 /mm	最小 /mm	mm	圈数	mm	圈数	mm	最大 /mm	最小 /mm
$\frac{1}{4}$	19	1.337	0.856	0.184	13.157	12.301	11.445	6.0	9.7	6.0	1.3	1	7.3	4.7	1.7	$1\frac{1}{4}$	3.7	$2\frac{3}{4}$	9.7	11.0	8.4
$\frac{3}{8}$	19	1.337	0.856	0.184	16.662	15.806	14.950	6.4	10.1	6.4	1.3	1	7.7	5.1	1.7	$1\frac{1}{4}$	3.7	$2\frac{3}{4}$	10.1	11.4	8.8
$\frac{1}{2}$	14	1.814	1.162	0.249	20.955	19.793	18.631	8.2	13.2	8.2	1.8	1	10.0	6.4	2.3	$1\frac{1}{4}$	5.0	$2\frac{3}{4}$	13.2	15.0	11.4
$\frac{3}{4}$	14	1.814	1.162	0.249	26.441	25.279	24.117	9.5	14.5	9.5	1.8	1	11.3	7.7	2.3	$1\frac{1}{4}$	5.0	$2\frac{3}{4}$	14.5	16.3	12.7
1	11	2.309	1.479	0.317	33.249	31.770	30.291	10.4	16.8	10.4	2.3	1	12.7	8.1	2.9	$1\frac{1}{4}$	6.4	$2\frac{3}{4}$	16.8	19.1	14.5
$1\frac{1}{4}$	11	2.309	1.479	0.317	41.910	40.431	38.952	12.7	19.1	12.7	2.3	1	15.0	10.4	2.9	$1\frac{1}{4}$	6.4	$2\frac{3}{4}$	19.1	21.4	16.8
$1\frac{1}{2}$	11	2.309	1.479	0.317	47.803	46.324	44.345	12.7	19.1	12.7	2.3	1	15.0	10.4	2.9	$1\frac{1}{4}$	6.4	$2\frac{3}{4}$	19.1	21.4	16.8
2	11	2.309	1.479	0.317	59.614	58.135	56.656	15.9	23.4	15.9	2.3	1	18.2	13.6	2.9	$1\frac{1}{4}$	7.5	$3\frac{1}{4}$	23.4	25.7	21.1
$2\frac{1}{2}$	11	2.309	1.479	0.3417	75.184	73.705	72.226	17.5	26.7	17.5	3.5	$1\frac{1}{2}$	21.0	14.0	3.5	$1\frac{1}{2}$	9.2	4	26.7	30.2	23.2
3	11	2.309	1.479	0.317	87.884	86.405	84.926	20.6	29.8	20.6	3.5	$1\frac{1}{2}$	24.1	17.1	3.5	$1\frac{1}{2}$	9.2	4	29.8	33.3	26.3
$3\frac{1}{2}$①	11	2.309	1.479	0.317	100.330	98.851	97.372	22.2	31.4	22.2	3.5	$1\frac{1}{2}$	25.7	18.7	3.5	$1\frac{1}{2}$	9.2	4	31.4	34.9	27.9
4	11	2.309	1.479	0.317	113.030	111.551	110.072	25.4	35.8	25.4	3.5	$1\frac{1}{2}$	28.9	21.9	3.5	$1\frac{1}{2}$	10.4	$4\frac{1}{2}$	35.8	39.3	32.3
5	11	2.309	1.479	0.317	138.430	136.951	135.472	28.6	40.1	28.6	3.5	$1\frac{1}{2}$	32.1	25.1	3.5	$1\frac{1}{2}$	11.5	5	40.1	43.6	36.6
6	11	2.309	1.479	0.317	163.830	162.351	160.872	28.6	40.1	28.6	3.5	$1\frac{1}{2}$	32.1	25.1	3.5	$1\frac{1}{2}$	11.5	5	40.1	43.6	36.6

注：1. 本标准包括了圆锥内螺纹与圆锥外螺纹和圆柱内螺纹与圆锥外螺纹两种联接形式。

2. 本标准适用于管子、管接头、旋塞、阀门和其他螺纹联结的附件。

3. 当内螺纹的结构无螺尾时（如图 c），有效螺纹的长度不应小于表中最小值的 80%。

4. 与圆锥外螺纹配合的圆柱内螺纹，其各直径的极限偏差均为圆锥内螺纹基面轴向位移的$\frac{1}{16}$。

① 尺寸代号为$3\frac{1}{2}$的螺纹，限用于蒸汽机车。

表 9-71 英寸制螺纹（$\alpha=55°$）

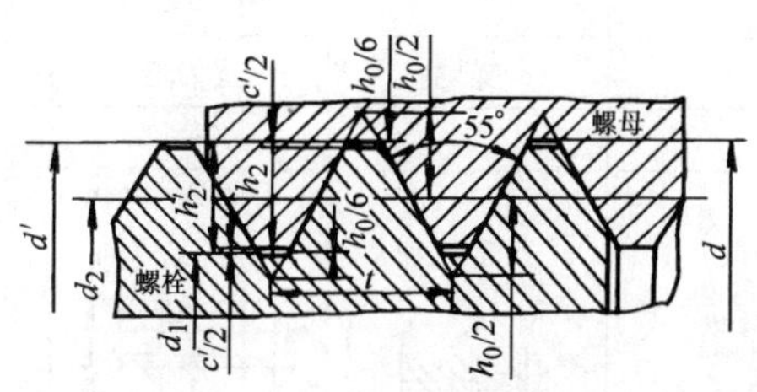

$h_0=0.96049t$

$h_2=0.6403t$

$h'_2=h_2-\left(\frac{e'}{2}+\frac{c'}{2}\right)$

$t=\frac{25.4}{n}$

标记示例：

公称直径 3/16in：3/16

公称直径 d' /in	每英寸牙数 n	螺距 t/mm	螺纹直径			间隙		工作高度 h'_2/mm
			外径 d/mm	中径 d_2/mm	内径 d_1/mm	c'/mm	e'/mm	
$\frac{3}{16}$	24	1.058	4.762	4.085	3.408	0.132	0.152	0.538
$\frac{1}{4}$	20	1.270	6.350	5.537	4.724	0.150	0.186	0.646
$\frac{5}{16}$	18	1.411	7.938	7.034	6.131	0.158	0.209	0.72
$\frac{3}{8}$	16	1.588	9.525	8.509	7.492	0.165	0.238	0.816
$(\frac{7}{16})$	14	1.814	11.112	9.951	8.789	0.182	0.271	0.936
$\frac{1}{2}$	12	2.117	12.700	11.345	9.989	0.200	0.311	1.1
$(\frac{9}{16})$	12	2.117	14.288	12.932	11.577	0.208	0.313	1.096
$\frac{5}{8}$	11	2.309	15.875	14.397	12.918	0.225	0.342	1.146
$\frac{3}{4}$	10	2.540	19.050	17.424	15.798	0.240	0.372	1.32
$\frac{7}{8}$	9	2.822	22.225	20.418	18.611	0.265	0.419	1.465
1	8	3.175	25.400	23.367	21.334	0.290	0.466	1.655
$1\frac{1}{8}$	7	3.629	28.575	26.252	23.929	0.325	0.531	1.905
$1\frac{1}{4}$	7	3.629	31.750	29.427	27.104	0.330	0.536	1.800
$(1\frac{3}{8})$	6	4.233	34.925	32.215	29.504	0.365	0.626	2.216
$1\frac{1}{2}$	6	4.233	38.100	35.390	32.679	0.370	0.631	2.211
$(1\frac{5}{8})$	5	5.080	41.275	38.022	34.770	0.425	0.750	2.666
$1\frac{3}{4}$	5	5.080	44.450	41.198	37.945	0.430	0.755	2.666
$(1\frac{7}{8})$	$4\frac{1}{2}$	5.644	47.625	44.011	40.397	0.475	0.833	2.960
2	$4\frac{1}{2}$	5.644	50.800	47.186	43.572	0.480	0.838	2.960
$2\frac{1}{4}$	4	6.350	57.150	53.084	49.019	0.530	0.941	3.330
$2\frac{1}{2}$	4	6.350	63.500	59.434	55.369	0.530	0.941	3.330
$2\frac{3}{4}$	$3\frac{1}{2}$	7.257	69.850	65.204	60.557	0.590	1.073	3.816
3	$3\frac{1}{2}$	7.257	76.200	71.554	66.907	0.590	1.073	3.816
$3\frac{1}{4}$	$3\frac{1}{4}$	7.815	82.550	77.546	72.542	0.640	1.158	4.105
$3\frac{1}{2}$	$3\frac{1}{4}$	7.815	88.900	83.896	78.892	0.640	1.158	4.105
$3\frac{3}{4}$	3	8.467	95.250	89.829	84.409	0.700	1.251	4.446
4	3	8.467	101.600	96.179	90.759	0.700	1.251	4.446

注：1. 英寸制螺纹只在制造修配机件时使用，设计新产品时不使用。

2. 括号内尺寸尽可能不采用。

3. 英寸制螺纹以外径和每英寸牙数（或螺距）表示大小。外径 = 公称直径 $-c'$。

表 9-72 圆柱形管螺纹 （单位：mm）

	外螺纹			内螺纹		
	螺尾	退刀槽	倒角	螺尾	退刀槽	倒角
螺纹形式	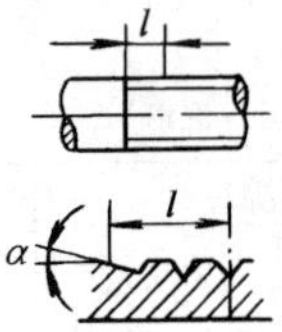 l, α	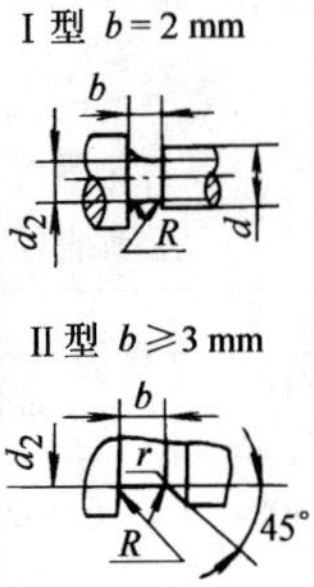 I型 $b=2$ mm b, d_2, R, d II型 $b\geqslant3$ mm b, d_2, r, R, 45°	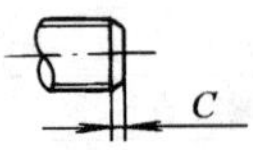 C	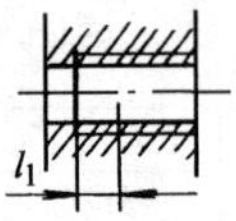 l_1	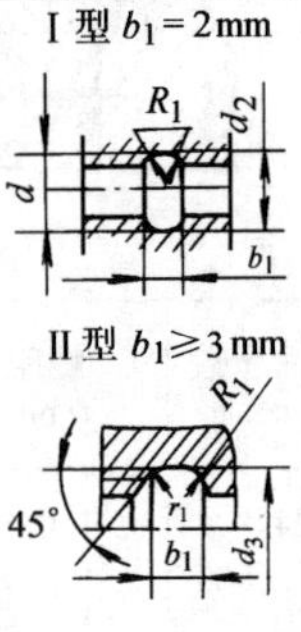 I型 $b_1=2$mm R_1, d_2, d, b_1 II型 $b_1\geqslant3$ mm R_1, 45°, r_1, b_1, d_3	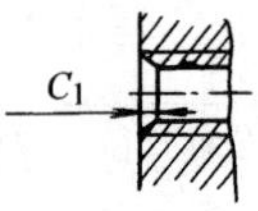 C_1

	螺纹公称直径 d/in	每英寸牙数 n	外螺纹 $l\leqslant(\alpha=25°)$	外螺纹 b	外螺纹 d_2	外螺纹 R	外螺纹 r	外螺纹 C	内螺纹 $l_1\leqslant$	内螺纹 b_1	内螺纹 d_3	内螺纹 R_1	内螺纹 r_1	内螺纹 C_1
圆柱形管螺纹	$\frac{1}{8}$	28	1.5	2	8	0.5	—	0.6	2	2	10	0.5	—	0.6
	$\frac{1}{4}$	19	2	3	11	1	0.5	1	3	3	13.5	1	0.5	1
	$\frac{3}{8}$				14						17			
	$\frac{1}{2}$	14	2.5	4	18			1.5	4	4	21.5			1.5
	$\frac{5}{8}$				20						23.5			
	$\frac{3}{4}$				23.5						27			
	$\frac{7}{8}$				27						31	1.5	1	
	1	11	3.5	5	29.5	1.5			5	6	34			
	$1\frac{1}{8}$				34						38			
	$1\frac{1}{4}$				38						42.5			
	$1\frac{3}{8}$				41						45			
	$1\frac{1}{2}$				44						48.5			
	$1\frac{3}{4}$				50						54			
	2				56						60			
	$2\frac{1}{4}$				62				6	8	66	2		
	$2\frac{1}{2}$				71						76			
	$2\frac{3}{4}$				78						82			
	3				84				8	10	88.5	3		
	$3\frac{1}{4}$				90						95			
	$3\frac{1}{2}$				96						101			
	$3\frac{3}{4}$				102						107			
	4				109						114			

表 9-73 圆锥形管螺纹 （单位：mm）

	外螺纹			内螺纹		
	螺尾	退刀槽	倒角	螺尾	退刀槽	倒角
螺纹形式	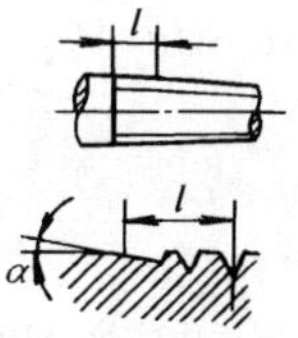 l, α	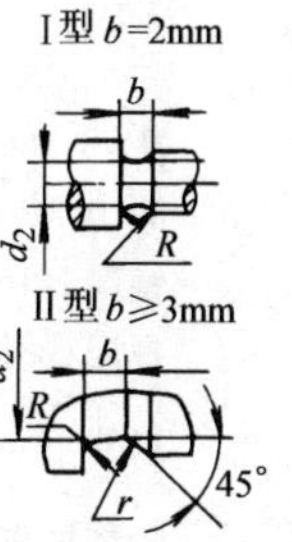 Ⅰ型 b=2mm; b, d_2, R; Ⅱ型 $b \geqslant$3mm; d_2, b, R, r, 45°	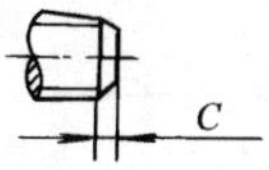 C	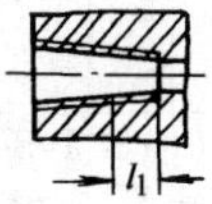 l_1	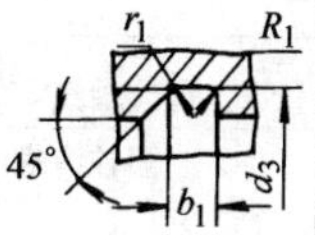 r_1, R_1, 45°, b_1, d_3	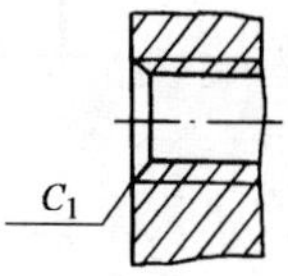 C_1

	d/in	n	外螺纹						内螺纹					
			$l \leqslant (\alpha=25°)$	b	d_2	R	r	c	$l_1 \leqslant$	b_1	d_3	R_1	r_1	C_1
	圆锥形管螺纹													
圆锥形管螺纹及牙形角60°的英制圆锥螺纹	1/8	28	1.5	2	8	0.5	—	0.6	3	3	10	1	0.5	0.6
	1/4	19	2	3	11	1	0.5	1	4	5	13.5			1
	3/8				14						17			
	1/2	14	2.5	4	18	1	0.5	1.5	5.5	7	21.5	2	1	1.5
	3/4				23.5						27			
	1	11	3	5	29.5	1.5			7	8	34			
	1 1/4				38						42.5			
	1 1/2				44						48.5			
	2				56						60			
	2 1/2				71						76			
	3				84						88.5			
	4				109						114			
	5				134.5						139.5			
	6				160						165			
	牙形角60°的英制圆锥螺纹													
	1/16	27	1.5	2	6	0.5	—	1	3	3	8.5	1	0.5	1
	1/8				8						10.5			
	1/4	18	2.5	3	11	1	0.5	1.5	4	4	14			1.5
	3/8				14						17.5			
	1/2	14	3	4	18				5.5	6	22	1.5	1	
	3/4				23						27			
	1	11 1/2	4	5	29	1.5		2	6.5	7	34			2
	1 1/4				38						42.5			
	1 1/2				44						48.5			
	2				56						60.5			

表9-74　60°密封管螺纹的基本尺寸　（单位：mm）

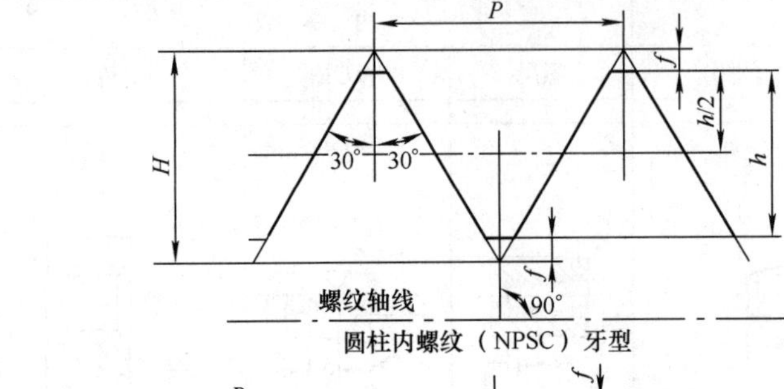

圆柱内螺纹（NPSC）牙型

H
P
h/2
h
f
30°
30°
1°47′24″
90°
90°
螺纹轴线

圆锥螺纹（NPT）牙型

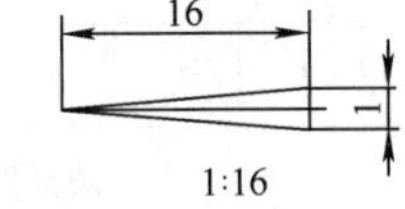

$H=0.866P$　$f=0.033P$

$h=0.8P$

锥度1∶16

标记示例：

尺寸$\frac{3}{4}$in，左旋圆柱内螺纹：NPSC3/4-LH

公称尺寸3/4，右旋圆锥内螺纹成圆锥外螺纹：NPT3/4

公称直径 /in	每英寸牙数 n	螺距 P/mm	螺纹长度		基准平面内的基本直径/mm			外螺纹小端面内的基本小径 /mm	牙型高度 h/mm
			工作长度 l_1	自管端至基面 l_2	外径 d	中径 d_2	内径 d_1		
$\frac{1}{16}$	27	0.941	6.5	4.064	7.895	7.142	6.389	6.137	0.753
$\frac{1}{8}$			7	4.572	10.272	9.519	8.766	8.481	
$\frac{1}{4}$	18	1.411	9.5	5.080	13.572	12.443	11.314	10.996	1.129
$\frac{3}{8}$			10.5	6.096	17.055	15.926	14.797	14.417	
$\frac{1}{2}$	14	1.814	13.5	8.128	21.223	19.772	18.321	17.813	1.451
$\frac{3}{4}$			14	8.611	26.568	25.117	23.666	23.127	
1	11.5	2.209	17.5	10.160	33.228	31.461	29.694	29.060	1.767
$1\frac{1}{4}$			18	10.668	41.985	40.218	38.451	37.785	
$1\frac{1}{2}$			18.5	10.668	48.054	46.287	44.520	43.853	
2			19	11.074	60.092	58.325	56.558	55.867	

表9-75　普通螺纹的管路系列（GB/T 1414—2013）　（单位：mm）

公称直径 D、d		螺距 P			
第1系列	第2系列	3	2	1.5	1
8					1
10					1
	14			1.5	
16				1.5	
	18			1.5	
20				1.5	
	22		2	1.5	
24			2		
	27		2		
30			2		
	33		2		

（续）

公称直径 D、d		螺距 P			
第1系列	第2系列	3	2	1.5	1
	39		2		
42			2		
48			2		
	56		2		
	60		2		
64			2		
	68		2		
72		3			
	76		2		
80			2		
	85		2		
90		3	2		
100		3	2		
	115	3	2		
125			2		
140		3	2		
	150		2		
160			2		
	170	3			

表 9-76 米制锥螺纹的基本尺寸（GB/T 1415—2008） （单位：mm）

公称直径 D，d	螺距 P	基准平面内的直径①			基准距离②		最小有效螺纹长度②	
		大径 D，d	中径 D_2，d_2	小径 D_1，d_1	标准型 L_1	短型 $L_{1短}$	标准型 L_1	短型 $L_{2短}$
8	1	8.000	7.350	5.917	5.500	2.500	8.000	5.500
10	1	10.000	9.350	8.917	5.500	2.500	8.000	5.500
12	1	12.000	11.350	10.917	5.500	2.500	8.000	5.500
14	1.5	14.000	13.026	12.376	7.500	3.500	11.000	8.500
16	1	16.000	15.350	14.917	5.500	2.500	8.000	5.500
	1.5	16.000	15.026	14.376	7.500	3.500	11.000	8.500
20	1.5	20.000	19.026	18.376	7.500	3.500	11.000	8.500
27	2	27.000	25.701	24.835	11.000	5.000	16.000	12.000
33	2	33.000	31.701	30.835	11.000	5.000	16.000	12.000
42	2	42.000	40.701	39.835	11.000	5.000	16.000	12.000
48	2	48.000	46.701	45.835	11.000	5.000	16.000	12.000
60	2	60.000	58.701	57.835	11.000	5.000	16.000	12.000
72	3	72.000	70.051	68.752	16.500	7.500	24.000	18.000
76	2	76.000	74.701	73.835	11.000	5.000	16.000	12.000
90	2	90.000	88.701	87.835	11.000	5.000	16.000	12.000
	3	90.000	88.051	86.752	16.500	7.500	24.000	18.000
115	2	115.000	113.701	112.835	11.000	5.000	16.000	12.000
	3	115.000	113.051	111.752	16.500	7.500	24.000	18.000
140	2	140.000	138.701	137.835	11.000	5.000	16.000	12.000
	3	140.000	138.051	136.752	16.500	7.500	24.000	18.000
170	3	170.000	168.051	166.752	16.500	7.500	24.000	18.000

① 对圆锥螺纹，不同轴向位置平面内的螺纹直径数值是不同的。要注意各直径的轴向位置。

② 基准距离有两种形式：标准型和短型。两种基准距离分别对应两种形式的最小有效螺纹长度。标准型基准距离 L_1 和标准型最小有效螺纹长度 L_2 适用于由圆锥内螺纹与圆锥外螺纹组成的“锥/锥”配合螺纹；短型基准距离 $L_{1短}$ 和短型最小有效螺纹长度 $L_{2短}$ 适用于由圆柱内螺纹与圆锥外螺纹组成的“柱/锥”配合螺纹。选择时要注意两种配合形式对应两组不同的基准距离和最小有效螺纹长度，避免选择错误。

表9-77 管接头尺寸 （单位：mm）

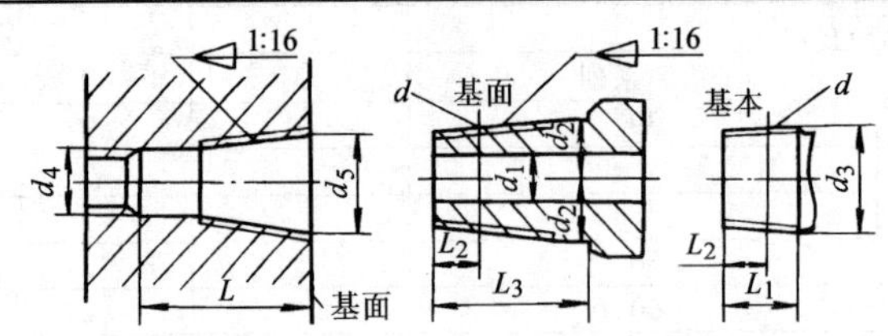

圆锥管螺纹 R_c			管子						管接头			
类别	公称 in	d mm	d_1	d_2	d_3	L_1	L_2	L_3	L	不铰孔 d'_4	加工螺纹前小端孔径 d_4	加工螺纹前大端孔径 d_5
55°圆锥管牙螺纹	$\frac{1}{8}$	9.729	6	10.3	10.0	9	4.5	14	15	8.30	8.10	8.57
	$\frac{1}{4}$	13.158	8	13.8	13.5	11	6	18	20	11.10	10.80	11.45
圆锥管牙螺纹	$\frac{3}{8}$	16.663	10	17.4	17.1	12	6	22	24	14.50	14.25	14.95
	$\frac{1}{2}$	20.956	15	21.8	21.4	15	7.5	25	29	18.20	17.90	18.63
	$\frac{3}{4}$	26.442	20	27.3	26.9	17	9.5	28	31	23.70	23.25	24.12
	1	33.250	25	34.2	33.8	19	11	32	37	29.75	29.25	30.29
	$1\frac{1}{4}$	41.912	32	43.2	42.5	22	13	35	40	38.43	37.75	38.95
	$1\frac{1}{2}$	47.805	40	48.8	48.4	23	14	38	42	44.30	43.50	44.85
	2	59.616	50	60.8	60.2	26	16	38	44	56.00	55.00	56.66
60°圆锥螺纹	$\frac{1}{8}$	10.272	6	10.52	10.42	7.0	4.572	9	15	8.60	8.30	8.76
	$\frac{1}{4}$	13.572	8	14.00	13.85	9.5	5.080	14	20	11.10	10.70	11.31
	$\frac{3}{8}$	17.055	10	17.49	17.33	10.5	6.096	14	22	14.60	14.25	14.80
	$\frac{1}{2}$	21.223	15	21.75	21.56	13.5	8.128	19	28	18.10	17.50	18.32
	$\frac{3}{4}$	26.568	20	27.09	26.91	14	8.611	19	28	23.50	22.90	23.66
	1	33.228	25	33.94	33.69	17.5	10.160	24	35	29.40	28.75	29.69
	$1\frac{1}{4}$	41.985	32	42.69	42.44	18	10.668	24	36	38.20	37.43	38.45
	$1\frac{1}{2}$	48.054	40	48.79	48.54	18.5	10.668	26	36	44.25	43.50	44.52
	2	60.092	50	60.84	60.59	19	11.074	26	37	56.30	55.50	56.56

注：由管子制成的管接头，d_1 的数值为管子内径；如 d_1 为钻孔的尺寸，则为最大直径。图中 d_4 同 d'_4。

表 9-78 螺纹收尾、肩距、退刀槽、倒角尺(GB/T 3—1997)

(单位:mm)

外螺纹

内螺纹

形式	螺距 P	粗牙螺纹直径	细牙螺纹直径	螺纹收尾≤				肩距≤					退刀槽							倒角 C
				一般		短的	长的	一般		长的		短的	一般		窄的		d_3	d_4	r 或 r_1 ≈	
		d		l	l_1	l	l_1	a	a_1	a	a_1	a	b	b_1	b	b_1				
普通螺纹	0.5	3	根据螺距查表9-52	1.25	1	0.7	1.5	1.5	3	2	4	1	1.5	2	1	1.5	d−0.8	d+0.3	0.5P	0.5
	0.6	3.5		1.5	1.2	0.75	1.8	1.8	3.2	2.4	4.8	1.2					d−1			
	0.7	4		1.75	1.4	0.9	2.1	2.1	3.5	2.8	5.6	1.4	2	3		2	d−1.1			0.6
	0.75	4.5		1.9	1.5	1	2.3	2.25	3.8	3	6	1.5					d−1.2			
	0.8	5		2	1.6	1	2.4	2.4	4	3.2	6.4	1.6					d−1.3			0.8
	1	6;7		2.5	2	1.25	3	3	5	4	8	2	2.5	4	1.5	2.5	d−1.6	d+0.5		1
	1.25	8		3.2	2.5	1.6	3.8	4	6	5	10	2.5	3	5		3	d−2			1.2
	1.5	10		3.8	3	1.9	4.5	4.5	7	6	12	3	4	6	2.5	4	d−2.3			1.5
	1.75	12		4.3	3.5	2.2	5.2	5.3	9	7	14	3.5	5	7			d−2.6			2
	2	14;16		5	4	2.5	6	6	10	8	16	4	6	8	3.5	5	d−3			
	2.5	18;20;22		6.3	5	3.2	7.5	7.5	12	10	18	5	7	10		6	d−3.6			2.5
	3	24;27		7.5	6	3.8	9	9	14	12	22	6	8	12	4.5	7	d−4.4			

（续）

形式	螺距 P	粗牙螺纹直径 d	细牙螺纹直径 d	螺纹收尾≤ 一般 l	螺纹收尾≤ 一般 l_1	螺纹收尾≤ 短的 l	螺纹收尾≤ 长的 l_1	肩距≤ 一般 a	肩距≤ 一般 a_1	肩距≤ 长的 a	肩距≤ 长的 a_1	肩距≤ 短的 a	退刀槽 一般 b	退刀槽 一般 b_1	退刀槽 窄的 b	退刀槽 窄的 b_1	退刀槽 d_3	退刀槽 d_4	退刀槽 r 或 r_1 ≈	倒角 C
普通螺纹	3.5	30;33	根据螺距查表9-50	9	7	4.5	10.5	10.5	16	14	24	7	9	14	4.5	8	d－5	d＋0.5	0.5P	3
	4	36;39		10	8	5	12	12	18	16	26	8	10	16	5.5	9	d－5.7			4
	4.5	42;45		11	9	5.5	13.5	13.5	21	18	29	9	11	18	6	10	d－6.4			
	5	48;52		12.5	10	6.3	15	15	23	20	32	10	12	20	6.5	11	d－7			5
	5.5	56;60		14	11	7	16.5	16.5	25	22	35	11	14	22	7.5	12	d－7.7			
	6	64;68		15	12	7.5	18	18	28	24	38	12		24	8	14	d－8.3			

注：1. 外螺纹倒角和退刀槽过渡角一般按45°，也可按60°或30°。当螺纹按60°或30°倒角时，倒角深度约等于螺纹深度。

2. 内螺纹倒角一般是120°锥角，也可以是90°锥角。

3. 对于普通螺纹 d 为螺纹外径；对于米制螺纹 d 为基面上螺纹外径（对内螺纹即螺孔端面的螺纹外径）。

表 9-79　紧固件六角头螺栓和六角头螺母用沉孔（GB/T 152.4—1988）　（单位：mm）

螺栓或螺钉直径 d			3	4	5	6	8	10	12	14	16	18	20	22	24	27	30	36	42	48	56	64	72	76	80	90	100
通孔直径	精装配		3.2	4.3	5.3	6.4	8.4	10.5	13	15	17	19	21	23	25	28	31	37	43	50	58	66	74	78	82	93	104
	中等装配		3.4	4.5	5.5	6.6	9	11	13.5	15.5	17.5	20	22	24	26	30	33	39	45	52	62	70	78	82	86	96	107
	粗装配		3.6	4.8	5.8	7	10	12	14.5	16.5	18.5	21	24	26	28	32	35	42	48	56	66	74	82	86	91	101	112
用于六角螺栓	D	小六角头	—	—	—	—	17	20	24	26	30	32	36	40	42	48	54	65	72	84	—	—	—	—	—	—	—
		六角头	9	11	12	15	20	24	26	30	32	36	40	42	48	54	60	72	84	96	110	120	132	—	144	162	180

表 9-80 普通螺纹的内、外螺纹余留长度、钻孔余留深度、螺栓突出螺母的末端长度、粗牙螺栓、螺钉的拧入深度和螺纹孔尺寸

（单位：mm）

螺距	螺纹直径 d		余留长度			a	粗牙螺纹钻孔直径 d_0	粗牙螺柱、螺钉的拧入深度														
	粗牙（一级二系列）	细牙（一系列）	外螺纹 $l_1=l_0$	内螺纹 $l=l_2$	钻孔 l_3			钢和青铜					铸铁					铝				
								h	H	H_1	h'	H_2	h	H	H_1	h'	H_2	h	H	H_1	h'	H_2
0.5	3	4.5	1	2	3	0.5~1.5	2.5															
0.6	3.5		1.5	2.5	4																	
0.7	4					1~2	3.3															
0.75	4.5	6,8,10			5																	
0.8	5					4.2																
1	6	8,10,12,16,20,24,30	2	3.5	6	1.5~2.5	5	8	6	8	10	12	12	10	12	14	16	22	19	22	24	28
	7																					
1.25	8	10,12	2.5	4	8		6.7	10	8	10.5	12	16	15	12	15	16	20	25	22	26	26	34
			3	4.5	9	2~3																
1.5	10	12,16,20,24,30,36,42,48,56,64,72,80					8.5	12	10	13	16	19	18	15	18	20	24	36	28	34	34	42
1.75	12		3.5	5.5	11		10.2	15	12	16	18	24	22	18	22	24	30	38	32	38	38	48
2	14	20,24,30,36,42,48,56,64,72,80,90,100,110,125,140	4	6	12	2.5~4	11.9	18	14	18	22	26	24	20	24	28	32	42	36	42	44	52
	16						14	20	16	20	24	28	26	22	26	30	34	50	42	48	50	58
2.5	18		5	7	15		15.4	22	18	24	28	34	30	25	30	35	40	55	46	52	56	65
	20						17.4	24	20	25	30	36	32	28	34	38	45	60	52	60	62	70
	22						19.5	26	22	28	32	38	36	30	35	40	45	65	58	65	68	80

（续）

螺距	螺纹直径 d 粗牙（一级二系列）	螺纹直径 d 细牙（一系列）	余留长度 外螺纹 $l_1=l_0$	余留长度 内螺纹 $l=l_2$	余留长度 钻孔 l_3	a	粗牙螺纹钻孔直径 d_0	钢和青铜 h	钢和青铜 H	钢和青铜 H_1	钢和青铜 h'	钢和青铜 H_2	铸铁 h	铸铁 H	铸铁 H_1	铸铁 h'	铸铁 H_2	铝 h	铝 H	铝 H_1	铝 h'	铝 H_2
3	24	36,42,48,56,64,72,80,90,100,110,125,140,160,180,200,220,250	6	8	18	3~5	20.9	30	24	30	36	42	42	35	40	48	55	75	65	75	78	90
	27						24	32	27	34	40	45	45	38	45	50	58	80	70	80	82	95
3.5	30		7	9	21		26.4	36	30	38	44	52	48	42	50	56	65	90	80	90	94	105
	33						29.2															
4	36	56,64,72,80,90,100,110,125,140,160,180,200,220,250,280,320,360,400	8	10	24	4~7	32	42	36	45	52	60	55	50	58	66	75	105	90	105	106	125
	39						35															
4.5	42		9	11	27		37.3	48	42	52	60	70	65	58	70	76	85	115	105	120	128	140
	45						40.5															
5	48		10	13	30	6~10	42.7	55	48	58	68	80	75	65	75	85	95	130	120	135	140	155
	52						47	h:内螺纹通孔长度;H:双头螺柱或螺钉拧入深度,也可由设计者决定,一般下表可作参考。														
5.5	56		11	16	33			双头螺柱或螺钉正常拧入深度比 H/d														
	60							钢制双头螺柱或螺钉的抗拉强度 σ_b/MPa	内螺纹抗拉强度 σ_b													
6	64	72,80,90,100,110,125,140,160,180,200,220,250,280,320,360,400,450,500,550,600	12	18	35				钢	硬铝	铸铁	硅铝合金铸件	青铜铸件									
	68								300~400	360~400	180~250	160~200	200~250									
								400~500	8~9	8~9	13~14	14~20	12~13									
								900~1100	16~20	16~20	20~25											

表 9-81 螺塞和连接螺孔尺寸 （单位：mm）

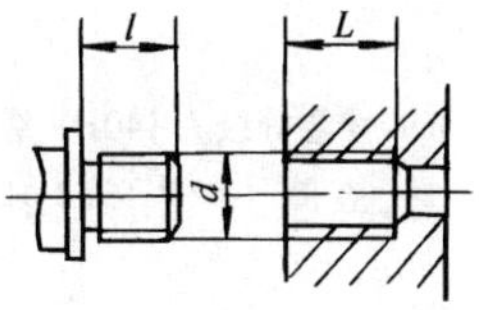

	螺纹直径 d		l	L
	公制	英制/in		
	M10×1	G 1/8	10	16
	M12×1.25	G 1/4	12	18
	M14×1.5	G 1/4	12	18
	M16×1.5	G 3/8	12	18
	M18×1.5	G 3/8	12	18
	M20×1.5	G 1/2	15	23
	M22×1.5	G 5/8	15	23
	M24×1.5	G 5/8	15	23
	M27×1.25	G 3/4	18	26
	M30×1.5	(G 7/8)	18	26
	M33×1.5	G 1	20	30
	M36×1.5	G 1 1/8	20	30
	M39×1.5	G 1 1/8	20	30
	M42×1.5	G 1 1/4	25	35
	M45×1.5	G 1 3/8	25	35
	M48×1.5	G 1 1/2	25	35
	M52×2	G 1 3/4	30	40
	M56×2	G 1 3/4	30	40
	M60×2	G 2	30	40
	M64×2	(G 2 1/4)	30	40

9.4.2 垫圈及挡圈

1. 垫圈

常用垫圈尺寸见表9-82。

2. 挡圈

常用挡圈尺寸见表9-83和表9-84。

表9-82 垫圈 （单位：mm）

平垫圈-C级(GB/T 95—2002)
大垫圈-A和C级(GB/T 96.1～96.2—2002)
小垫圈-A级(GB/T 848—2002)
平垫圈-A级(GB/T 97.1—2002)

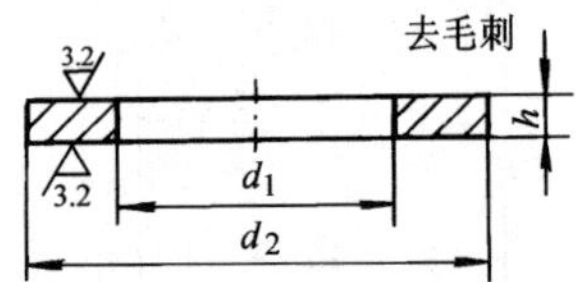

标记示例：

标准系列、公称尺寸 d=8mm、性能等级为100HV级、不经表面处理的平垫圈：

垫圈 GB/T 95—2002—8—100HV

平垫圈 倒角型-A级(GB/T 97.2—2002)

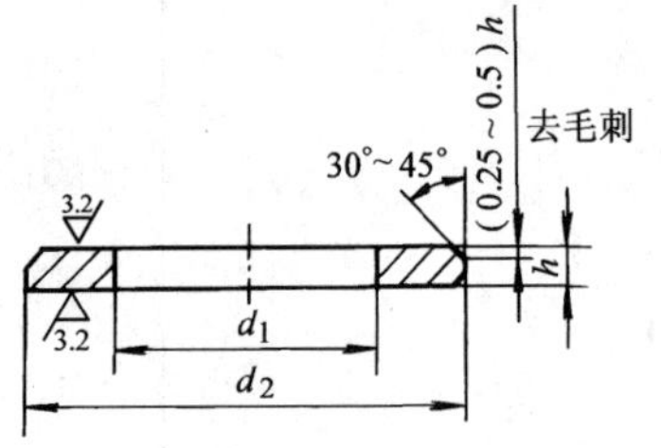

标记示例：

标准系列、公称尺寸 d=8mm、性能等级为140HV级、倒角型、不经表面处理的平垫圈：垫圈 GB/T 97.2—2002—8—140HV

公称尺寸（螺纹规格 d）	d_2	h	GB/T 95—2002（标准系列）	GB/T 97.1—2002 GB/T 97.2—2002（标准系列）	GB/T 96.1、96.2—2002（大系列）			GB/T 848—2002（小系列）		
			d_1	d_1	d_1	d_2	h	d_1	d_2	h
1.6	4	0.3	—	1.7	—	—	—	1.7	3.5	0.3
2	5		—	2.2	—	—	—	2.2	4.5	
2.5	6	0.5	—	2.7	—	—	—	2.7	5	0.5
3	7		—	3.2	3.2	9	0.8	3.2	6	
4	9	0.8	—	4.3	4.3	12	1	4.3	8	
5	10	1	5.5	5.3	5.3	15	1.2	5.3	9	1
6	12	1.6	6.6	6.4	6.4	18	1.6	6.4	11	1.6
8	16		9	8.4	8.4	24	2	8.4	15	
10	20	2	11	10.5	10.5	30	2.5	10.5	18	
12	24	2.5	13.5	13	13	37	3	13	20	2
14	28		15.5	15	15	44		15	24	2.5
16	30	3	17.5	17	17	50		17	28	
20	37		22	21	22	60	4	21	34	3

（续）

<table>
<tr><td rowspan="2">公称尺寸
（螺纹规格 d）</td><td rowspan="2">d_2</td><td rowspan="2">h</td><td>GB/T 95—2002
（标准系列）</td><td>GB/T 97. 1—2002
GB/T 97. 2—2002
（标准系列）</td><td colspan="3">GB/T 96. 1、96. 2—2002（大系列）</td><td colspan="3">GB/T 848—2002（小系列）</td></tr>
<tr><td>d_1</td><td>d_1</td><td>d_1</td><td>d_2</td><td>h</td><td>d_1</td><td>d_2</td><td>h</td></tr>
<tr><td>24</td><td>44</td><td rowspan="2">4</td><td>26</td><td>25</td><td>26</td><td>72</td><td>5</td><td>25</td><td>39</td><td rowspan="2">4</td></tr>
<tr><td>30</td><td>56</td><td>33</td><td>31</td><td>33</td><td>92</td><td>6</td><td>31</td><td>50</td></tr>
<tr><td>36</td><td>66</td><td>5</td><td>39</td><td>37</td><td>39</td><td>110</td><td>8</td><td>37</td><td>60</td><td>5</td></tr>
</table>

<table>
<tr><td rowspan="6">技术条件</td><td colspan="2">材料</td><td>钢</td><td>奥氏体不锈钢</td><td rowspan="6">表面处理</td><td>钢</td><td>奥氏体不锈钢</td></tr>
<tr><td rowspan="5">力学性能等级</td><td>GB/T 95—2002</td><td>100HV</td><td></td><td>不经处理</td><td></td></tr>
<tr><td>GB/T 96. 1 ~ 96. 2—2002</td><td>A 级:140HV
C 级:100HV</td><td>A140</td><td>①不经处理
②镀锌钝化</td><td>不经处理</td></tr>
<tr><td>GB/T 848—2002</td><td rowspan="3">140HV
200HV
300HV</td><td rowspan="3">A140
A200
A350</td><td rowspan="3">①不经处理
②镀锌钝化</td><td rowspan="3">不经处理</td></tr>
<tr><td>GB/T 97. 1—2002</td></tr>
<tr><td>GB/T 97. 2—2002</td></tr>
</table>

注：1.

标准号	GB/T 95—2002、GB/T 97. 2—2002	GB/T 96. 1 ~ 96. 2—2002	GB/T 848—2002、GB/T 97. 1—2002
d	5 ~ 36	3 ~ 36	1. 6 ~ 3. 6

2. C 级垫圈没有 3. 2 和去毛刺。
3. GB/T 848—2002 主要用于带圆柱头的螺钉，其他用于标准六角的螺栓，螺钉和螺母。
4. 精装配系列适用于 A 级垫圈；中等装配系列适用于 C 级垫圈。

表 9-83 轴用弹性挡圈（A 型）（节选自 GB/T 894—2017 中表 1） （单位：mm）

公称规格 d_1	挡圈								沟槽					其他						
	s		d_3		a max	b^a ≈	d_5 min	千件质量 ≈ /kg	d_2^b		m^c H13	t	n min	d_4	F_N /kN	F_R^d /kN	g	$F_{R_g}^d$ /kN	n_{abl}^d /(r/min)	安装工具规格[e]
	基本尺寸	极限偏差	基本尺寸	极限偏差					基本尺寸	极限偏差										
3	0.40	0 -0.05	2.7	+0.04 -0.15	1.9	0.8	1.0	0.017	2.8	0 -0.04	0.5	0.10	0.3	7.0	0.15	0.47	0.5	0.27	360 000	1.0
4	0.40		3.7		2.2	0.9	1.0	0.022	3.8	0 -0.05	0.5	0.10	0.3	8.6	0.20	0.50	0.5	0.30	211 000	
5	0.60		4.7		2.5	1.1	1.0	0.066	4.8		0.7	0.10	0.3	10.3	0.26	1.00	0.5	0.80	154 000	
6	0.70		5.6		2.7	1.3	1.2	0.084	5.7		0.8	0.15	0.5	11.7	0.46	1.45	0.5	0.90	114 000	
7	0.80		6.5	+0.06 -0.18	3.1	1.4	1.2	0.121	6.7	0 -0.06	0.9	0.15	0.5	13.5	0.54	2.60	0.5	1.40	121 000	
8	0.80		7.4		3.2	1.5	1.2	0.158	7.6		0.9	0.20	0.6	14.7	0.81	3.00	0.5	2.00	96 000	
9	1.00	0 -0.06	8.4		3.3	1.7	1.2	0.300	8.6	0 -0.11	1.1	0.20	0.6	16.0	0.92	3.50	0.5	2.40	85 000	
10	1.00		9.3	+0.10 -0.36	3.3	1.8	1.5	0.340	9.6		1.1	0.20	0.6	17.0	1.01	4.00	1.0	2.40	84 000	1.5
11	1.00		10.2		3.3	1.8	1.5	0.410	10.5		1.1	0.25	0.8	18.0	1.40	4.50	1.0	2.40	70 000	
12	1.00		11.0		3.3	1.8	1.7	0.500	11.5		1.1	0.25	0.8	19.0	1.53	5.00	1.0	2.40	75 000	
13	1.00		11.9		3.4	2.0	1.7	0.530	12.4		1.1	0.30	0.9	20.2	2.00	5.80	1.0	2.40	66 000	
14	1.00		12.9		3.5	2.1	1.7	0.640	13.4		1.1	0.30	0.9	21.4	2.15	6.35	1.0	2.40	58 000	
15	1.00		13.8		3.6	2.2	1.7	0.670	14.3		1.1	0.35	1.1	22.6	2.66	6.90	1.0	2.40	50 000	
16	1.00		14.7		3.7	2.2	1.7	0.700	15.2		1.1	0.40	1.2	23.8	3.26	7.40	1.0	2.40	45 000	
17	1.00		15.7		3.8	2.3	1.7	0.820	16.2		1.1	0.40	1.2	25.0	3.46	8.00	1.0	2.40	41 000	
18	1.20		16.5		3.9	2.4	2.0	1.11	17.0		1.30	0.50	1.5	26.2	4.58	17.0	1.5	3.75	39 000	
19	1.20		17.5		3.9	2.5	2.0	1.22	18.0		1.30	0.50	1.5	27.2	4.48	17.0	1.5	3.80	35 000	2.0
20	1.20		18.5	+0.13 -0.42	4.0	2.6	2.0	1.30	19.0	0 -0.13	1.30	0.50	1.5	28.4	5.06	17.1	1.5	3.85	32 000	
21	1.20		19.5		4.1	2.7	2.0	1.42	20.0		1.30	0.50	1.5	29.6	5.36	16.8	1.5	3.75	29 000	
22	1.20		20.5		4.2	2.8	2.0	1.50	21.0		1.30	0.50	1.5	30.8	5.65	16.9	1.5	3.80	27 000	
24	1.20		22.2	+0.21 -0.42	4.4	3.0	2.0	1.77	22.9	0 -0.21	1.30	0.55	1.7	33.2	6.75	16.1	1.5	3.65	27 000	
25	1.20		23.2		4.4	3.0	2.0	1.90	23.9		1.30	0.55	1.7	34.2	7.05	16.2	1.5	3.70	25 000	
26	1.20		24.2		4.5	3.1	2.0	1.96	24.9		1.30	0.55	1.7	35.5	7.34	16.1	1.5	3.70	24 000	
28	1.50		25.9		4.7	3.2	2.0	2.92	26.6		1.60	0.70	2.1	37.9	10.00	32.1	1.5	7.50	21 200	
29	1.50		26.9		4.8	3.4	2.0	3.20	27.6		1.60	0.70	2.1	39.1	10.37	31.8	1.5	7.45	20 000	
30	1.50		27.9		5.0	3.5	2.0	3.31	28.6		1.60	0.70	2.1	40.5	10.73	32.1	1.5	7.65	18 900	

32	1.50	0 -0.05	29.6	+0.25 -0.50	5.2	3.6	2.5	3.54	30.3	0 -0.25	1.60	0.85	2.6	43.0	13.85	31.2	2.0	5.55	16 900	2.5
34	1.50		31.5		5.4	3.8	2.5	3.80	32.3		1.60	0.85	2.6	45.4	14.72	31.3	2.0	5.60	16 100	
35	1.50		32.2		5.6	3.9	2.5	4.00	33.0		1.60	1.00	3.0	46.8	17.80	30.8	2.0	5.55	15 500	
36	1.75		33.2		5.6	4.0	2.5	5.00	34.0		1.85	1.00	3.0	47.8	18.33	49.4	2.0	9.00	14 500	
38	1.75		35.2		5.8	4.2	2.5	5.62	36.0		1.85	1.00	3.0	50.2	19.30	49.5	2.0	9.10	13 600	
40	1.75		36.5	+0.39 -0.90	6.0	4.4	2.5	6.03	37.0		1.85	1.25	3.8	52.6	25.30	51.0	2.0	9.50	14 300	
…	…	…	…	…	…	…	…	…	…	…	…	…	…	…	…	…	…	…	…	…
250	5.00	0 -0.12	238.0	+0.72 -1.70	14.2	14.0	4.0	335.0	244.0	0 -0.72	5.15	3.0	9.0	280	388.3	504.3	6.0	50.5	1 180	f
260	5.00		245.0	+0.81 -2.00	16.2	16.0	5.0	355.0	252.0	0 -0.81	5.15	4.0	12.0	294	535.8	540.6	6.0	54.6	1 320	
270	5.00		255.0		16.2	16.0	5.0	375.0	262.0		5.15	4.0	12.0	304	556.6	525.3	6.0	52.5	1 215	
280	5.00		265.0		16.2	16.0	5.0	398.0	272.0		5.15	4.0	12.0	314	576.6	508.2	6.0	50.9	1 100	
290	5.00		275.0		16.2	16.0	5.0	418.0	282.0		5.15	4.0	12.0	324	599.1	490.8	6.0	49.2	1 005	
300	5.00		285.0		16.2	16.0	5.0	440.0	292.0		5.15	4.0	12.0	334	619.1	475.0	6.0	47.5	930	

注：B 型略，详见 GB/T 894—2017。

[a] 尺寸 b 不能超过 a_{max}。

[b] 见 7.1。

[c] 见 7.2。

[d] 适用于 C67S、C75S 制造的挡圈。

[e] 挡圈安装工具按 JB/T 3411.47 的规定。

[f] 挡圈安装工具可以专门设计。

表 9-84 钢丝挡圈 （单位：mm）

孔用钢丝挡圈（GB/T 895.1—1986） 轴用钢丝挡圈（GB/T 895.2—1986）

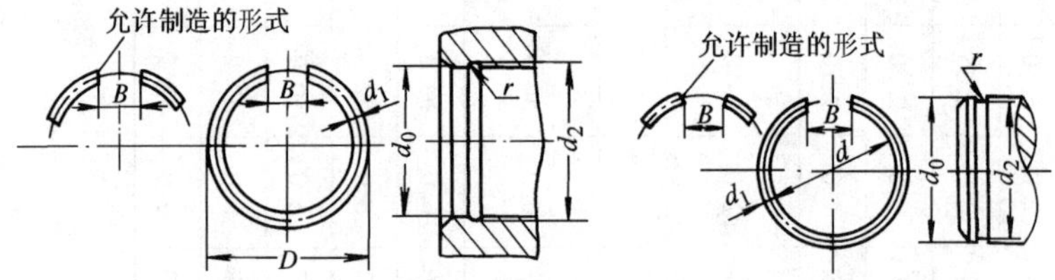

标记示例：

孔径 d_0 =40mm、材料为碳素弹簧钢丝、经低温回火及表面氧化处理的孔用钢丝挡圈：

挡圈 GB/T 895.1—1986—40

孔径、轴径 d_0	挡圈								沟槽（推荐）			
	d_1	r	GB/T 895.1—1986			GB/T 895.2—1986			GB/T 895.1—1986		GB/T 895.2—1986	
			D		$B\approx$	d		$B\approx$	d_2		d_2	
			基本尺寸	极限偏差		基本尺寸	极限偏差		基本尺寸	极限偏差	基本尺寸	极限偏差
4			—			3					3.4	
5	0.6		—		—	4	$^{0}_{-0.18}$	1			4.4	±0.037
6		0.5	—			5					5.4	
7			8.0			6			7.8	±0.045	6.2	
8	0.8		9.0	$^{+0.22}_{0}$	4	7	$^{0}_{-0.22}$	2	8.8		7.2	±0.045
10			11.0			9			10.8		9.2	
12	1.0	0.6	13.5		6	10.5			13.0	±0.05	11.0	
14			15.5	$^{+0.43}_{0}$		12.5			15.0		13.0	
16			18.0			14.0	$^{0}_{-0.47}$	3	17.6		14.4	±0.055
18	1.6	0.9	20.0	$^{+0.52}_{0}$	8	16.0			19.6	±0.065	16.4	
20			22.5			17.5	$^{0}_{-0.47}$		22.0		18.0	±0.09
22			24.5	$^{+0.52}_{0}$		19.5			24.0		20.0	
24			26.5			21.5			26.0	±0.105	22.0	
25	2.0	1.1	27.5		10	22.5	$^{0}_{-0.52}$	3	27.0		23.0	
26			28.5			23.5			28.0		24.0	±0.105
28			30.5	$^{+0.62}_{0}$		25.5			30.0		26.0	
30			32.5			27.5			32.0	±0.125	28.0	

（续）

孔径、轴径 d_0	挡圈								沟槽(推荐)			
	d_1	r	GB/T 895.1—1986			GB/T 895.2—1986			GB/T 895.1—1986		GB/T 895.2—1986	
			D		$B\approx$	d		$B\approx$	d_2		d_2	
			基本尺寸	极限偏差		基本尺寸	极限偏差		基本尺寸	极限偏差	基本尺寸	极限偏差
32	2.5	1.4	35.0	+0.62 0	12	29.0	0 -0.52	4	34.5	±0.125	29.5	±0.105
35			38.0	+1.00 0		32.0	0 -1.00		37.6		32.5	±0.125
38			41.0			35.0			40.6		37.5	
40			43.0			37.0			42.6		37.5	
42			45.0		16	39.0			44.5		39.5	
45			48.0			42.0			47.5		42.5	
48			51.0	+1.20 0		45.0			50.5	±0.150	45.5	
50	3.2	1.8	53.0			47.0			52.5		47.5	
55			59.0		20	51.0	0 -1.20		58.2		51.8	±0.15
60			64.0			56.0			63.2		56.8	
65			69.0			61.0		5	68.2		61.8	
70			74.0		25	66.0			73.2		66.8	
75			79.0			71.0			78.2		71.8	
80			84.0	+1.40 0		76.0			83.2	±0.175	76.8	
85			89.0			81.0	0 -1.40		88.2		81.8	
90			94.0			86.0			93.2		86.8	
95			99.0	+1.40 0		91.0			98.2		91.8	
100			104.0		32	96.0			103.2		96.8	
105			109.0			101.0			108.2		101.8	
110			114.0			106.0			113.2		111.8	
115			119.0			111.0			118.2		106.8	
120			124.0	+1.60 0		116.0			123.2	±0.200	116.8	
125			129.0			121.0	0 -1.60		128.2		121.8	±0.20

9.5 美制螺纹常用紧固件

9.5.1 螺栓

1. 活节螺栓

美制螺纹活节螺栓的结构及基本尺寸见表9-85，螺纹长度 L_1 见表9-86。

2. 六角头螺栓

美制螺纹六角头螺栓的结构及基本尺寸见表9-87，螺栓的根部尺寸 L_G 见表9-88。

9.5.2 螺柱

美制全螺纹螺柱的结构及基本尺寸见表9-89。

表9-85 美制螺纹活节螺栓

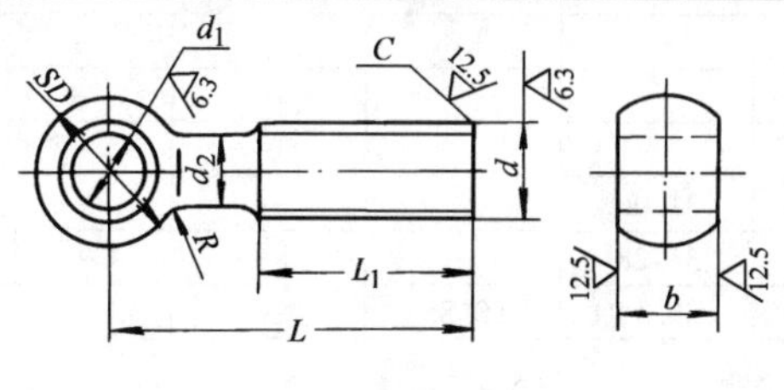

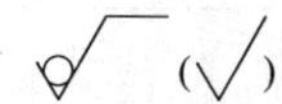

（续）

d/in	$\frac{1}{4}$	$\frac{5}{16}$	$\frac{3}{8}$	$\frac{1}{2}$	$\frac{5}{8}$	$\frac{3}{4}$	1	$1\frac{1}{4}$
粗牙 UNC(大于 1in 为 8UN)每英寸牙数	20	18	16	13	11	10	8	8
细牙 UNF 每英寸牙数	28	24	24	20	18	16	12	12
d_1/mm	$5^{+0.24}_{+0.08}$	$6^{+0.24}_{+0.08}$	$8^{+0.30}_{+0.10}$	$10^{+0.30}_{+0.10}$	$12^{+0.36}_{+0.12}$	$16^{+0.36}_{+0.12}$	$20^{+0.42}_{+0.14}$	$25^{+0.42}_{+0.14}$
D/mm	12	14	18	20	28	34	42	52
b/mm	$8^{-0.10}_{-0.30}$	$10^{-0.10}_{-0.30}$	$12^{-0.12}_{-0.36}$	$14^{-0.12}_{-0.36}$	$18^{-0.12}_{-0.36}$	$22^{-0.14}_{-0.42}$	$26^{-0.14}_{-0.42}$	$34^{-0.17}_{-0.50}$
R/mm	5	5	6	8	10	12	16	20
C/mm	1.0	1.2	1.5	2	2	2.5	2.5	3

表 9-86　美制螺纹活节螺栓螺纹长度 L_1　　（单位：mm）

d/in		1/4	5/16	3/8	1/2	5/8	3/4	1	1¼
L		L_1							
基本尺寸	极限偏差								
25	±1.5	18	—	—	—	—	—	—	—
30		22	22	—	—	—	—	—	—
35		22	22	—	—	—	—	—	—
40		22	22	26	—	—	—	—	—
45		22	22	26	—	—	—	—	—
50		22	22	26	30	—	—	—	—
55	±1.8	22	22	26	30	—	—	—	—
60		22	30	40	30	38	—	—	—
65		30	30	40	30	38	—	—	—
70		30	30	40	45	38	52	—	—
75		30	30	40	45	50	52	—	—
80		—	30	40	45	50	52	—	—
85		—	—	55	45	50	52	60	—
90		—	—	55	60	50	65	60	—
95		—	—	55	60	65	65	60	—
100		—	—	55	60	65	65	60	72
110	±2.0	—	—	—	60	65	65	70	72
120		—	—	—	60	65	80	70	80
130		—	—	—	—	65	80	75	80
140		—	—	—	—	65	80	75	85
150		—	—	—	—	65	80	80	85
160		—	—	—	—	—	80	80	85
170		—	—	—	—	—	80	80	90
180		—	—	—	—	—	—	85	90
190		—	—	—	—	—	—	—	100
200		—	—	—	—	—	—	—	100
L		每 1000 个钢螺栓的质量/kg≈							
基本尺寸	极限偏差								
25	±1.5	8.42	—	—	—	—	—	—	—
30		9.91	15.63	—	—	—	—	—	—
35		11.21	16.21	—	—	—	—	—	—
40		12.12	18.12	31.06	—	—	—	—	—
45		12.83	19.72	33.28	—	—	—	—	—
50		13.50	21.11	36.13	50.85	—	—	—	—

（续）

d/in		1/4	5/16	3/8	1/2	5/8	3/4	1	1¼
L		每1000个钢螺栓的质量/kg≈							
基本尺寸	极限偏差								
55	±1.8	14.31	23.00	39.01	54.31	—	—	—	—
60		15.45	24.12	40.96	57.92	120.92	—	—	—
65		16.83	25.79	43.92	61.33	127.03	—	—	—
70		17.92	27.12	46.13	65.71	133.92	211.7	—	—
75		—	28.93	48.87	68.43	140.85	211.5	—	—
80		—	30.51	50.03	71.85	147.20	231.4	360.8	—
85		—	—	53.75	74.70	153.75	242.1	376.3	—
90		—	—	56.01	78.93	160.32	252.3	391.8	—
95		—	—	58.35	82.47	167.01	264.0	406.8	—
100		—	—	60.42	85.75	174.05	275.1	420.9	700.3
110	±2.0	—	—	—	93.05	187.72	295.2	450.7	747.7
120		—	—	—	100.20	200.35	316.1	480.5	795.1
130		—	—	—	—	213.40	336.5	510.6	842.5
140		—	—	—	—	225.35	357.3	541.3	889.3
150		—	—	—	—	240.00	378.1	571.8	938.5
160		—	—	—	—	—	398.5	600.1	985.2
170		—	—	—	—	—	420.8	630.4	1030.5
180		—	—	—	—	—	—	662.5	1080.3
190		—	—	—	—	—	—	691.3	1127.6
200		—	—	—	—	—	—	722.4	1175.5

注:美制螺纹活节螺栓标记:

直径 $d\frac{3}{8}$in,长度 $l\frac{1}{2}$in 粗牙螺纹,每英寸16牙,2A级的美制六角头螺栓的标记示例:螺栓$\frac{3}{8}-16\times1\frac{1}{2}$UNC 2A

表 9-87 美制六角头螺栓 （单位：mm）

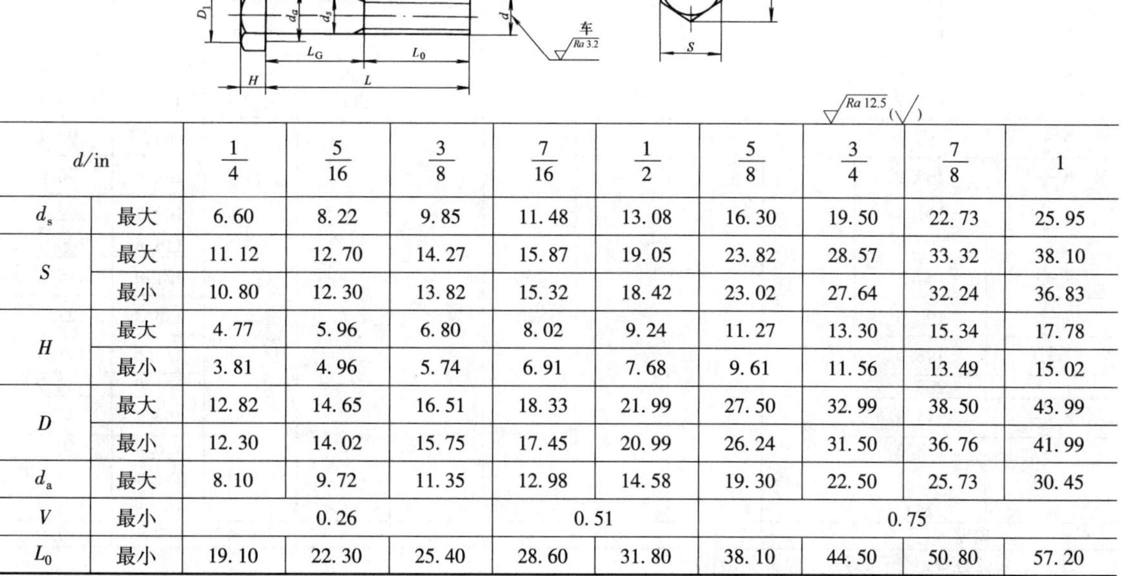

d/in		$\frac{1}{4}$	$\frac{5}{16}$	$\frac{3}{8}$	$\frac{7}{16}$	$\frac{1}{2}$	$\frac{5}{8}$	$\frac{3}{4}$	$\frac{7}{8}$	1
d_s	最大	6.60	8.22	9.85	11.48	13.08	16.30	19.50	22.73	25.95
S	最大	11.12	12.70	14.27	15.87	19.05	23.82	28.57	33.32	38.10
	最小	10.80	12.30	13.82	15.32	18.42	23.02	27.64	32.24	36.83
H	最大	4.77	5.96	6.80	8.02	9.24	11.27	13.30	15.34	17.78
	最小	3.81	4.96	5.74	6.91	7.68	9.61	11.56	13.49	15.02
D	最大	12.82	14.65	16.51	18.33	21.99	27.50	32.99	38.50	43.99
	最小	12.30	14.02	15.75	17.45	20.99	26.24	31.50	36.76	41.99
d_a	最大	8.10	9.72	11.35	12.98	14.58	19.30	22.50	25.73	30.45
V	最小	0.26			0.51		0.75			
L_0	最小	19.10	22.30	25.40	28.60	31.80	38.10	44.50	50.80	57.20

注：1. D_{1max}等于实际S，D_{1mim}为0.85S_{max}，d_{Smim}≥中径。

2. 螺栓长度大于6in，L_0尺寸按表数值加6.35mm。

3. 材料，35CrMoA（代号B7），06Cr19Ni10。

表 9-88　螺纹根部尺寸 L_G　　（单位：mm）

L		d/in								
公称尺寸		$\frac{1}{4}$	$\frac{5}{16}$	$\frac{3}{8}$	$\frac{7}{16}$	$\frac{1}{2}$	$\frac{5}{8}$	$\frac{3}{4}$	$\frac{7}{8}$	1
in	mm	L_G（包括螺尾）								
$\frac{1}{2}$	12.7		—	—						
$\frac{5}{8}$	15.4	●				—				
$\frac{3}{4}$	19.1		●		—				—	
$\frac{7}{8}$	22.3			●			—			
1	25.4	5.6			●			—		
$1\frac{1}{4}$	31.8	11.6	8.4			●				—
$1\frac{1}{2}$	38.1	18.0	14.8	11.7	8.0		●	●	●	
$1\frac{3}{4}$	44.5	24.3	21.1	18.0	14.3	11.1				
2	50.8	30.7	27.5	24.4	20.7	17.5	10.7			●
$2\frac{1}{4}$	57.2	37.0	33.8	30.7	27.0	23.8	17.0	10.6		
$2\frac{1}{2}$	63.5	43.4	40.2	37.1	33.4	30.2	23.4	17.0	10.2	
$2\frac{3}{4}$	69.9	49.2	46.0	42.9	39.2	36.0	29.2	22.8	15.5	9.1
3	76.2	55.6	52.4	49.3	45.6	42.4	35.6	29.2	21.9	15.5
$3\frac{1}{4}$	82.6	61.9	58.7	55.6	51.9	48.7	41.9	35.5	28.2	21.8
$3\frac{1}{2}$	88.9	68.3	65.1	62.0	58.3	55.1	48.3	41.9	34.6	28.2
$3\frac{3}{4}$	95.3	74.6	71.4	68.3	64.6	61.4	54.6	48.2	40.9	34.5
4	101.6	81.0	77.8	74.7	71.0	67.8	61.0	54.6	47.3	40.9
$4\frac{1}{4}$	108						69.3	60.9	53.1	46.7
$4\frac{1}{2}$	114.3						73.7	67.3	59.5	53.1
$4\frac{3}{4}$	120.7						80.0	73.6	65.8	59.4
5	127	—	—	—	—	—	86.4	80.0	72.2	65.8
$5\frac{1}{4}$	133.4						92.7	86.3	78.5	72.1
$5\frac{1}{2}$	139.7						99.1	92.7	84.9	78.5
$5\frac{3}{4}$	146.1						105.4	99.0	91.2	84.8
6	152.4						111.8	105.4	97.6	91.2
$6\frac{1}{4}$	158.8								96.5	90.2
$6\frac{1}{2}$	165.1								102.9	96.6
$6\frac{3}{4}$	171.5								109.2	102.9
7	177.8								115.6	109.3
$7\frac{1}{4}$	184.2								121.9	115.6
$7\frac{1}{2}$	190.5	—	—	—	—	—	—	—	128.3	122.0
$7\frac{3}{4}$	196.9								134.6	128.3
8	203.2								144.0	134.7
$8\frac{1}{2}$	215.9								153.7	147.4
9	228.6								166.4	160.1
$9\frac{1}{2}$	241.3								179.1	172.8
10	254								191.8	185.5
L_G 偏差		−3.2	−3.5	−4.0	−4.5	−4.9	−5.8	−6.4	−7.1	−7.9

注：1. 表内有●记号者，螺杆上全部制出螺纹。

2. 表内有虚折线上方允许制成全螺纹。

3. 美制螺纹六角头螺栓标记：

直径$\frac{3}{8}$in，长度$1\frac{1}{2}$in 粗牙螺纹，每英寸 16 牙，2A 级，美制六角螺栓的标记示例：螺栓$\frac{3}{8}-16\times1\frac{1}{2}$UNC2A。

表 9-89 美制全螺纹螺栓

（单位：mm）

d/in	1/4	5/16	3/8	7/16	1/2	9/16	5/8	3/4	7/8	1	1 1/8	1 1/4	1 3/8	1 1/2	1 5/8	1 3/4	1 7/8	2
粗牙 UNC(大于 1in 为 8UN)每英寸牙数	20	18	16	14	13	12	11	10	9	8	8	8	8	8	8	8	8	8
细牙 UNF 每英寸牙数	28	24	24	20	20	18	18	16	14	12	12	12	12	12	—	—	—	—
C	1	1	1	1.5	1.5	1.5	2	2	2.5	2.5	2.5	2.5	2.5	2.5	2.5	2.5	2.5	2.5
L 范围	25 ~ 300	30 ~ 300	35 ~ 300	40 ~ 300	45 ~ 300	50 ~ 300	60 ~ 300	60 ~ 300	70 ~ 350	70 ~ 400	80 ~ 450	80 ~ 450	90 ~ 450	90 ~ 500	120 ~ 500	140 ~ 500	160 ~ 500	180 ~ 500
100mm 长的质量/kg	0.018	0.029	0.043	0.059	0.079	0.101	0.125	0.183	0.252	0.330	0.426	0.535	0.656	0.789	0.935	1.093	1.263	1.446
材料代号的字体号	1.5		2		3.5					5								
L 系列	25,28,30,32,35,38,40,45,50,55,60,65,70,75,80,85,90,95,100,105,110,115,120,125,130,135,140,145,150,155,160,165,170,175,180,185,190,195,200,205,210,215,220,225,230,235,240,245,250,260,270,280,290,300,310,320,330,340,350,360,370,380,390,400,410,420,430,440,450,460,470,480,490,500																	

注：美制全螺纹螺柱标记：

d 为 $1\frac{1}{2}$in 粗牙螺纹每英寸 13 牙，2A 级，长度 100mm 的螺柱标记示例：螺柱$\frac{1}{2}$—13×100UNC-2A。

9.5.3　螺母

1. 六角螺母

美制六角螺母的结构及基本尺寸见表9-90。

2. 重型六角螺母

美制螺纹重型六角螺母的结构及基本尺寸见表9-91和表9-92。

3. 锁紧螺母

美制螺纹锁紧螺母的结构及尺寸见表9-93。

表9-90　美制六角螺母　　　　（单位：mm）

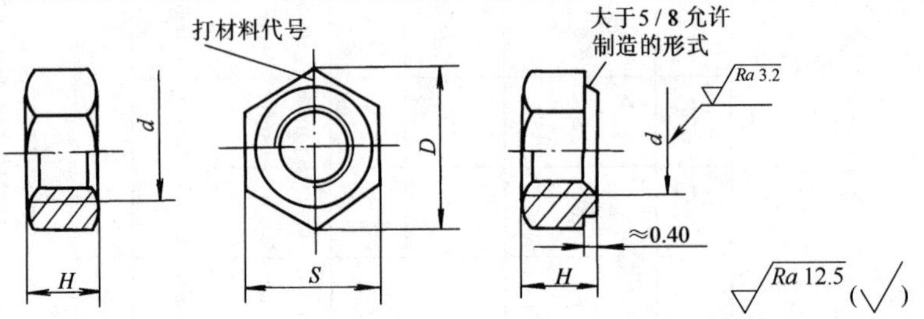

打材料代号

大于5/8允许制造的形式

$Ra\ 3.2$

d　D　H　S　H　≈0.40

$Ra\ 12.5$ (√)

规格		S		H		D		支承面端面跳动(F1R)最大		每千件钢螺母质量/kg ≈
d/in	每英寸牙数	最大	最小	最大	最小	最大	最小	保证应力/MPa <1050	保证应力/MPa ≥1050	
$\frac{1}{4}$	20 28.32	11.12	10.88	5.74	5.39	12.82	12.40	0.38	0.25	3.33
$\frac{5}{16}$	18 24.32	12.70	12.43	6.93	6.56	14.65	14.15	0.40	0.27	4.99
$\frac{3}{8}$	16 24.32	14.27	14.00	8.55	8.13	16.51	15.96	0.43	0.30	7.26
$\frac{7}{16}$	14 20.28	17.47	17.15	9.77	9.78	20.16	19.51	0.45	0.33	12.88
$\frac{1}{2}$	13 20.28	19.05	18.70	11.37	10.85	21.99	21.34	0.48	0.35	17.01
$\frac{9}{16}$	12 18.24	22.22	21.87	12.59	12.02	25.65	24.95	0.50	0.38	26.44
$\frac{5}{8}$	11 18.24	23.82	23.42	14.19	13.59	27.50	26.70	0.53	0.40	33.25
$\frac{3}{4}$	10 16.20	28.57	27.64	16.89	15.68	32.99	31.50	0.58	0.45	53.98
$\frac{7}{8}$	9 14.20	33.32	32.24	19.71	18.39	38.50	36.76	0.63	0.50	86.18
1	8 12.20	38.10	36.83	22.52	21.11	43.99	41.99	0.68	0.55	128.37
$1\frac{1}{8}$	7 12.18	42.87	41.43	25.37	23.86	49.50	47.22	0.76	0.63	182.80
$1\frac{1}{4}$	7 12.18	47.62	46.03	27.78	26.17	54.99	52.48	0.83	0.71	246.30
$1\frac{3}{8}$	6 12.18	52.37	50.65	30.63	28.91	60.50	57.74	0.91	0.78	331.13
$1\frac{1}{2}$	6 12.18	57.15	55.23	33.45	31.63	65.98	63.00	0.99	0.86	427.74

注：美制螺纹六角螺母的标记：

直径$\frac{3}{8}$in粗牙螺纹每英寸16牙，2B级，美制六角螺母的标记示例：螺母$\frac{3}{8}$—16UNC 2B。

直径$\frac{3}{8}$in细牙螺纹每英寸24牙，2B级，美制六角螺母的标记示例：螺母$\frac{3}{8}$—24UNF2B。

表 9-91 美制重型六角螺母 （单位：mm）

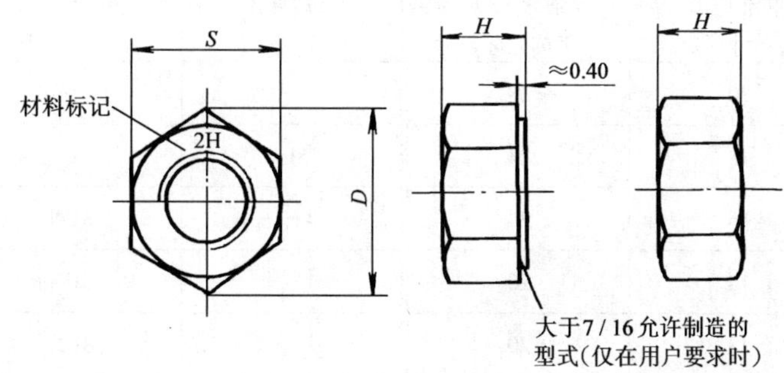

公称直径 d/in	S		D		H		支承面端面跳动（F1R）最大		每千件钢螺母质量 /kg
	最大	最小	最大	最小	最大	最小	保证应力 <1050MPa	保证应力 ≥1050MPa	
$\frac{1}{4}$	12.70	12.40	14.65	14.13	6.35	5.54	0.43	0.27	5.26
$\frac{5}{16}$	14.27	13.87	16.51	15.80	7.97	7.12	0.50	0.30	7.80
$\frac{3}{8}$	17.47	17.06	20.16	19.39	9.57	8.67	0.53	0.35	14.24
$\frac{7}{16}$	19.05	18.50	21.99	21.09	11.20	10.24	0.55	0.38	18.87
$\frac{1}{2}$	22.22	21.59	25.65	24.62	12.80	11.79	0.58	0.40	29.67
$\frac{9}{16}$	23.82	23.09	27.50	26.34	14.42	13.57	0.60	0.43	36.97
$\frac{5}{8}$	26.97	26.19	31.16	29.85	16.02	14.91	0.63	0.45	53.98
$\frac{3}{4}$	31.75	30.79	36.65	35.11	19.25	18.04	0.68	0.50	87.54
$\frac{7}{8}$	36.52	35.41	42.16	40.37	22.47	21.16	0.73	0.55	134.12
1	41.27	40.01	47.65	45.62	25.70	24.29	0.78	0.60	192.78
$1\frac{1}{8}$	46.02	44.61	53.16	50.86	28.93	27.41	0.83	0.68	268.53
$1\frac{1}{4}$	50.80	49.23	58.64	56.11	31.77	30.15	0.88	0.76	356.53
$1\frac{3}{8}$	55.57	53.83	64.16	61.37	35.00	33.28	0.96	0.83	462.67
$1\frac{1}{2}$	60.32	58.42	69.64	66.60	38.22	36.40	1.04	0.91	594.22
$1\frac{5}{8}$	65.07	63.02	75.15	71.84	41.45	39.53	1.11	0.96	734.83
$1\frac{3}{4}$	69.85	67.62	80.64	77.09	44.67	42.65	1.21	1.04	925.34
$1\frac{7}{8}$	74.62	72.24	86.15	82.35	47.90	45.78	1.29	1.11	1093.18
2	79.37	76.84	91.64	87.61	51.13	48.90	1.39	1.19	1356.26

表 9-92　美制重型六角螺母

公称直径 d/in	粗牙 UNC 每英寸牙数	细牙 UNF 每英寸牙数	公称直径 d/in	粗牙 UNC 每英寸牙数	细牙 UNF 每英寸牙数
$\frac{1}{4}$	20	28	$\frac{7}{8}$	9	14
$\frac{5}{16}$	18	24	1	8	12
$\frac{3}{8}$	16	24	$1\frac{1}{8}$	8UN	12
$\frac{7}{16}$	14	20	$1\frac{1}{4}$	8UN	12
$\frac{1}{2}$	13	20	$1\frac{3}{8}$	8UN	12
$\frac{9}{16}$	12	18	$1\frac{1}{2}$	8UN	12
$\frac{5}{8}$	11	18	$1\frac{5}{8}$~2	8UN	—
$\frac{3}{4}$	10	16			—

注：美制重型六角螺母标记：

直径$\frac{3}{8}$in 粗牙螺纹，每英寸 16 牙 2B 级，不经表面处理的美制六角重型钢制螺母的标记：螺母$\frac{3}{8}$—16UNC2B。

直径$\frac{3}{8}$in 细牙螺纹，每英寸 24 牙 2B 级表面发黑处理的美制六角重型钢制螺母的标记：螺母$\frac{3}{8}$—24UNF 2B 发黑。

表 9-93　美制螺纹锁紧螺母　　（单位：mm）

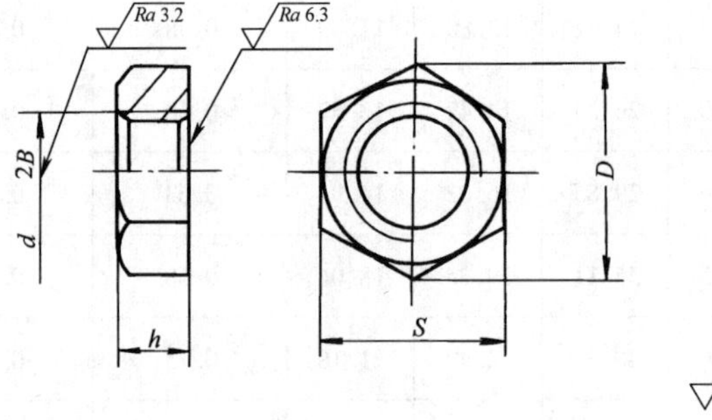

d	D	S	h	质量 /kg	d	D	S	h	质量 /kg
$1\frac{3}{16}$—18UNEF	41.6	36	10	0.037	$2\frac{1}{4}$—16UN	80.8	70	12	0.156
$1\frac{7}{16}$—18UNEF	53.1	46	10	0.071	$2\frac{3}{8}$—16UN	80.8	70	12	0.128
$1\frac{9}{16}$—18UNEF	53.1	46	10	0.057	$2\frac{1}{2}$—16UN	92	80	12	0.204
$1\frac{3}{4}$—16UN	62.4	54	10	0.090	$2\frac{5}{8}$—16UN	92	80	12	0.172
$1\frac{7}{6}$—16UN	67	58	10	0.098	3—16UN	103.9	90	15	0.221
2—16UN	71.6	62	12	0.109	$3\frac{1}{8}$—16UN	109	95	15	0.347

注：美制螺纹锁紧螺母标记：

螺纹直径 2in 每英寸 16 牙 2B 级，表面氧化处理的美制螺纹锁紧螺母的标记示例：螺母 2—16UN 2B 氧化。

第 10 章　阀门的检验和试验

10.1　阀门的检查和试验项目

各种类型阀门的检查和试验项目见表 10-1 和表 10-2。

阀门的检查和试验通常分为出厂试验和型式试验两大类。零部件的检查主要在产品生产过程中由质检部门检查。对于表 10-1 所列的 8 类阀门，出厂试验只做压力试验，即壳体试验、密封性能试验和上密封试验（需要做上密封试验的阀门）。对于表 10-2 所列阀门，出厂试验和型式试验项目见表 10-3。

对于表 10-4 所列阀门，出厂试验和型式试验项目按表 10-5 的规定。

表 10-1　各类阀门的检查和试验项目[①]

	阀　类	闸阀	截止阀	节流阀	球阀	蝶阀	隔膜阀	旋塞阀	止回阀
检查和试验项目	壳体强度	√	√	√	√	√	√	√	√
	密封性能	√	√	—	√	√	√	√	√
	上密封性能[②]	√	√	—	—	—	—	—	—
	铸件质量	√	√	√	√	√	√	√	√
	连续无故障启闭运行	√	√	—	√	√	√	√	—
	最小阀体壁厚	√	√	√	√	√	√	√	√
	内腔清洁度	√	√	√	√	√	√	√	√
	最大启闭力矩	√	√	—	√	√	√	√	—
	防静电试验	—	—	—	√	—	—	—	—
	耐火试验[③]	√	—	—	√	√	—	√	—
	零部件检查	√	√	√	√	√	√	√	√
	流量试验	√	√	√	√	√	√	√	√

① 表中“√”表示需做检查和试验，“—”表示不需做检查和试验项目。

② 有上密封性能要求的阀门需进行上密封试验。

③ 其他阀类有耐火要求也可进行耐火试验。

表 10-2　安全阀、减压阀和蒸汽疏水阀的检查和试验项目

阀类	安全阀	减压阀	蒸汽疏水阀	阀类	安全阀	减压阀	蒸汽疏水阀
检查和试验项目	壳体强度	壳体强度	壳体强度	检查和试验项目	动作重复性	流量	铸件质量
	密封性能	调压性能	动作性能		启闭压差	铸件质量	最高工作压力
	整定压力偏差	压力特性	热凝结水排量		排量	内腔清洁度	最低工作压力
	排放压力	流量特性	漏气量		铸件质量	—	最高工作背压
	开启高度	连续无故障启闭运行	排空气能力		内腔清洁度	—	最大过冷度和最小过冷度
	机械特性	密封性能	连续无故障启闭运行		—	—	内腔清洁度
					—	—	耐压试验[①]

① 耐压试验是对承受外压的疏水阀零件（如浮球式蒸汽疏水阀的球体等）的试验。

表 10-3　安全阀、减压阀和蒸汽疏水阀出厂试验及型式试验项目

安全阀			减压阀			蒸汽疏水阀		
试验项目	出厂	型式	试验项目	出厂	型式	试验项目	出厂	型式
壳体强度	√	√	壳体强度	√	√	壳体强度	√	√
密封性能	√	√	密封性能	√	√	动作性能	√	√
整定压力	√	√	调压性能	√	√	最低工作压力	—	√
排放压力	—	√	流量特性	—	√	最高工作压力	—	√
启闭压差	—	√	压力特性	—	√	最高背压	—	√
开启高度	—	√	流量	—	√	排空气能力	—	√

（续）

安全阀			减压阀			蒸汽疏水阀		
试验项目	出厂	型式	试验项目	出厂	型式	试验项目	出厂	型式
机械特性	—	√	连续运行试验	—	√	最大过冷度和最小过冷度	—	√
排量	—	√				漏气量	—	√
						热凝结水排量	—	√

注：“√”表示需做检查和试验，“—”表示不需做检查和试验项目。

表 10-4　控制阀、调压阀和安全切断阀的检查和试验项目

阀类	控制阀	调压阀	安全切断阀
检查和试验项目	壳体试验	壳体试验	壳体试验
	密封性能	膜片耐压试验	密封性
	基本误差	膜片耐天然气性能试验	阀座密封性
	回差	膜片耐低温试验	切断压力精度（实验室温度）
	死区	外密封	切断压力精度（极限温度）
	始终点偏差	稳压精度等 AC	响应时间
	额定行程偏差	压力回差	复位压差
	填料函及其他连接处密封性	静态	流量系数
	外观	关闭压力等级 SG	耐用性
	额定流量系数	关闭压力区等级 SZ	膜片耐压试验
	固有流量特性	静特性线族关闭压力区等级 SZ_{PZ}	膜片耐天然气性能试验
	耐工作振动性能	内密封	壳体最小壁厚
	噪声	流量系数	壳体连接螺栓
	动作寿命	极限温度下的适应性	铸件质量
	壳体最小壁厚	耐久性	内腔清洁度
	铸锻件质量	壳体最小壁厚	零部件检查
	内腔清洁度	壳体连接螺栓	
	零部件检查	锻件质量	
		内腔清洁度 零部件检查	

表 10-5　控制阀、调压阀和安全切断阀出厂试验和型式试验项目

控制阀			调压阀			安全切断阀		
试验项目	出厂	型式	试验项目	出厂	型式	试验项目	出厂	型式
壳体试验	√	√	壳体试验	√	√	壳体试验	√	√
密封性能	√	√	膜片耐压试验		√	密封性	√	√
基本误差	√	√	膜片耐天然气性能试验		√	阀座密封性	√	√
回差	√	√	膜片耐低温试验		√	切断压力精度（实验室温度）	√	√
死区	√	√	外密封	√	√	切断压力精度（极限温度）		√
始终点偏差	√	√	稳压精度等级 AC	√	√	响应时间		√
额定行程偏差	√	√	压力回差		√	复位压差		√

（续）

控制阀			调压阀			安全切断阀		
试验项目	出厂	型式	试验项目	出厂	型式	试验项目	出厂	型式
填料函及其连接处密封性	√	√	静态		√	流量系数 K_v		√
额定流量系数		√	关闭压力等级 SG	√	√	耐用性		√
外观	√	√	关闭压力区等级 SZ		√	膜片耐压试验		√
固有流量特性		√	静特性线族关闭压力区等级 SZ_{pz}		√	膜片耐天然气性能试验		√
耐工作振动性能		√	内密封	√	√			
动作寿命		√	流量系数		√			
噪声		√	极限温度下的适应性		√			
			耐久性		√			

阀门产品质量等级评定的试验和检查项目见表10-6～表10-8。

表10-6　阀门质量等级评定的关键项目和主要项目①②

阀类	闸阀	截止阀	节流阀	球阀	蝶阀	隔膜阀	旋塞阀	止回阀
壳体试验	△	△	△	△	△	△	△	△
密封性能试验	△	△	—	△	△	△	△	△
上密封试验③	△	△	—	—	—	—	—	—
铸件质量	△	△	△	△	△	△	△	△
连续无故障启闭运行	△	△	—	△	△	△	△	—
最小阀体壁厚	○	○	○	○	○	○	○	○
内腔清洁度	○	○	○	○	○	○	○	○
最大启闭力矩	○	○④	—	○	○	—	○	—
闸板磨损余量	○	—	—	—	—	—	—	—
非加工中法兰错位	○	—	—	○	—	—	—	—
阀体衬里材料	—	—	—	—	—	○⑤	—	—
膜片性能	—	—	—	—	—	○	—	—

① 表中△为关键项目。

② 表中○为主要项目。

③ 有上密封性能要求的阀门要进行上密封试验。

④ 高压平衡截止阀有此项要求。

⑤ 适用于有衬里的隔膜阀。

表10-7　安全阀、减压阀、蒸汽疏水阀质量等级评定的关键项目和主要项目①②

安全阀		减压阀		蒸汽疏水阀	
壳体强度	△	壳体强度	△	壳体强度	△
密封性能	△	调压性能	△	动作性能	△
开启压力偏差	△	压力特性	△	耐压试验④	△
排放压力	△	流量特性	△	热凝结水排量	△
开启高度	△	铸件质量	△	漏气量	△
机械特性	△	连续无故障启闭运行	△	排空气能力	△
动作重复性	△	密封性能	○	铸件质量	△
启闭压差	△	内腔清洁度	○	连续无故障启闭运行	△
弹簧③	△	—	—	最高工作压力	○
铸件质量	△	—	—	最低工作压力	○

（续）

安全阀		减压阀		蒸汽疏水阀	
内腔清洁度	○	—	—	最高工作背压	○
排量	○	—	—	最大过冷度	○
				内腔清洁度	○
				浇冒口残留量⑤	○
				焊补后残留量⑥	○

① 表中△为关键项目。

② 表中○为主要项目。

③ 适用于弹簧式安全阀。

④ 针对承受外压的疏水阀零件，如浮球式蒸汽疏水阀的球体等。

⑤、⑥ 适用于机械型带密闭浮子的蒸汽疏水阀。

表10-8 控制阀、调压阀、安全切断阀质量等级评定的关键项目和主要项目①②

控制阀		调压阀		安全切断阀	
壳体试验	△	壳体试验	△	壳体试验	△
密封性能	△	膜片耐压试验	△	密封性	○
基本误差	△	膜片耐天然气性能试验	○	阀座密封性	△
回差	△	膜片耐低温试验	○	切断压力精度（实验室温度）	△
死区	△	外密封	△	切断压力精度（极限温度）	○
始终点偏差	△	稳压精度等级AC	△	响应时间	△
额定行程偏差	△	压力回差	○	复位压差	△
填料函及其连接密封性	△	静态	○	流量系数K_v	○
额定流量系数	○	关闭压力等级SG	△	耐用性	○
固有流量特性	△	关闭压力区等级SZ	○	膜片耐压试验	△
动作寿命	○	内密封	○	膜片耐天然气性能试验	○
噪声	○	流量系数	○	铸件质量	△
铸件锻件质量	△	极限温度下的适应性	○	壳体连接螺栓	○
内腔清洁度	○	耐久性	○	内腔清洁度	○
		锻件质量	△		
		内腔清洁度	○		

① 表中△为关键项目。

② 表中○为主要项目。

10.2 阀门的检查

10.2.1 阀门铸件和锻件的检查

阀门铸件和锻件的检查主要包括下列内容：

1）化学成分。

2）力学性能。

3）铸件和锻件的质量，主要包括如下项目：①铸件的形状、尺寸、质量和偏差；②表面质量；③缺陷及处理；④承压件的强度；⑤无损检测质量。

各种阀门铸件和锻件的检查项目和要求按表10-9的规定。

表 10-9 阀门铸件和锻件的检查项目和要求①

材料			碳素钢铸件	碳素钢锻件	奥氏体钢铸件
检查项目	化学成分		按表 4-17 的规定，其极限分析偏差按表 10-10 的规定	按表 4-21 的规定	按表 4-45 的规定
检查项目	力学性能	试样形式和尺寸	按 GB/T 228.1 的规定	按 GB/T 2975 的规定	按 GB/T 228.1 的规定
检查项目	力学性能	试验方法	按 GB/T 228.1 的规定	拉伸试验按 GB/T 228.1 规定，硬度试验按 GB/T 231.1～3 的规定	按 GB/T 228.1 的规定
检查项目	力学性能	性能要求	按表 4-18 的规定	应符合图样或按表 4-22 的规定	按表 4-46 的规定
检查项目	质量要求	铸件、锻件的形状、尺寸、质量和偏差	按需方提供的图样或模型的要求，如图样无尺寸偏差要求，则按 GB/T 6414—2017 中第Ⅰ级的规定	—	按需方提供的图样和模型的要求，如图样无尺寸偏差要求，则按 GB/T 6414—2017 中 CT11～CT13
检查项目	质量要求	表面质量	按 JB/T 7927—2014 或 MSS SP-55的规定	表面质量应良好，无有害缺陷	按 JB/T 7927—2014 或 MSS SP-55 和订货合同进行检查，应无粘砂、氧化皮、裂纹等表面缺陷
检查项目	质量要求	铸件、锻件的缺陷及处理	当订货合同中要求铸件做磁粉检验时，则焊补后的铸件应按有关标准进行磁粉检验。如焊补的凹陷深度超过壁厚 20% 或 25mm（取小值），焊补的凹陷面积大于 65cm^2，或壳体试验中发现缺陷而进行补焊，则补焊后应进行消除应力处理或热处理。当订货合同中有射线照相检验时，焊补处应按有关标准进行该项检验	缺陷深入到锻件的极限尺寸应予报废。不超过其极限尺寸的 5% 或 1.5mm（取小值）可不必除去，当超过时，应用机加工或打磨除去，但必须保证锻件的极限尺寸。锻件允许焊补，或按订货合同。焊补面积不应超过锻件表面的 10%，深度不应超过锻件极限尺寸的 1/3 或 10mm（取小值），否则，应征得需方同意。焊补前缺陷全部除去，并用磁粉等方法无损检测。所有焊补锻件应进行消除应力处理	当订货合同中要求做射线照相检验时，则对壳体试验渗漏的铸件；焊补的凹陷深度超过壁厚的 20% 或 25mm（取小值）的铸件；焊补的凹陷面积大于 65cm^2 的铸件，焊补处应按有关标准做该项检验 若铸件用于承受应力腐蚀环境，需方应在订货合同中写明，这类铸件在焊补后应进行固溶处理
检查项目	质量要求	承压件的强度	按图样和 GB/T 13927—2008 的规定进行壳体试验	加工后按 GB/T 13927—2008 的规定进行壳体试验	加工后按 GB/T 13927—2008 的规定进行壳体试验
检查项目	质量要求	无损检测	按 ASME B16.34 中附录Ⅰ或 JB/T 6440 进行射线检测和验收 按 ASME B16.34 中附录Ⅱ或 JB/T 6439 进行磁粉检测和验收	按 ASME B16.34 中附录Ⅳ或 JB/T 6903 进行超声检测和验收 按 ASME B16.34 中附录Ⅱ或 JB/T 6439 进行磁粉检测和验收 按 ASME B16.34 中附录Ⅲ或 JB/T 6902 进行液体渗透检测和验收	按 ASME B16.34 中附录Ⅰ或 JB/T 6440 进行射线检测和验收 按 ASME B16.34 中附录Ⅲ或 JB/T 6902 进行液体渗透检测和验收

（续）

材料			高温合金钢铸件	低温钢铸件	低温阀用锻件
检查项目	化学成分		按表4-27的规定	按表4-33的规定	按表4-36的规定
	力学性能	试样形式和尺寸	按GB/T 288的规定	按GB/T 288的规定	按GB/T 2975的规定
		试验方法	按GB/T 228的规定	按GB/T 228的规定	拉伸试验按GB/T 228的规定 硬度试验按GB/T 231（系列）的规定
		性能要求	按表4-28的规定	按表4-33的规定	按表4-37的规定
	质量要求	铸件、锻件的形状、尺寸、质量和偏差	按需方提供的图样或模型的要求，如图样无尺寸偏差要求，则按GB/T 6414中第Ⅰ级的规定	按需方提供的图样和模型的要求，如图样无尺寸偏差要求，则按GB/T 6414第Ⅰ级的规定	—
		表面质量	按JB/T 7927—2014或MSS SP-55的规定	按JB/T 7927—2014或MSS SP-55的规定	表面质量应良好，无有害缺陷
		铸件、锻件的缺陷及处理	当订货合同中要求铸件做磁粉检验时，则焊补后的铸件应按有关标准进行磁粉检验。如焊补的凹陷深度超过壁厚20%或25mm（取小值），焊补后的凹陷面积大于$65mm^2$，或壳体试验中发现缺陷而进行焊补，则焊补后应进行消除应力处理或热处理。当订货合同中有射线检验时，焊补处应按有关标准（ASME B16-34或JB/T 6440）进行该项检验	按4.2.5.1中的要求进行	允许对锻件的缺陷进行修补，但用户要求锻件不允许补焊时，则不能焊补，并在焊后进行消除焊接应力处理。即将锻件加热到593℃与下转变温度之间，并按最大截面厚度最少保温0.5h/25.4mm，进行焊后热处理，完成焊后热处理的锻件应进行力学性能检验 应按ASME BPVC第Ⅸ卷对焊工或焊接操者和焊接工艺进行评定
		承压件的强度	按GB/T 13927—2008或GB/T 26480的规定进行壳体试验	按GB/T 13927—2008或JB/T 12622—2016的规定进行壳体试验	按GB/T 13927—2008或JB/T 12622—2016的规定进行壳体试验
		无损检验	按ASME B16.34中附录Ⅰ或JB/T 6440进行射线检验和验收 按ASME B16.34中附录Ⅱ或JB/T 6439进行磁粉检验和验收	按ASME B16.34中附录Ⅰ或JB/T 6440进行射线检验和验收 按ASME B16.34中附录Ⅱ或JB/T 6439进行磁粉检验和验收	按ASME B16.34中附录Ⅳ或JB/T 6903进行超声检验和验收 按ASME B16.34中附录Ⅲ或JB/T 6902进行液体渗透检验和验收

（续）

材料			奥氏体钢锻件	镍和镍合金铸件	镍和镍合金锻件
检查项目	化学成分		按表 4-57 的规定	按表 4-61 的规定	按表 4-63 的规定
	力学性能	试样形式和尺寸	按 GB/T 2975 的规定	按 GB/T 288 的规定	按 GB/T 2975 的规定
		试验方法	拉伸试验按 GB/T 228 的规定 硬度试验按 GB/T 231 的规定	按 GB/T 228 的规定	拉伸试验按 GB/T 228 的规定 硬度试验按 GB/T 231（系列）的规定
		性能要求	按表 4-58 的规定	按表 4-62 的规定	按表 4-64 的规定
	质量要求	铸件、锻件的形状、尺寸、质量和偏差	—	按需方提供的图样和模型的要求，如图样无尺寸偏差要求，则按 GB/T 6414 的 CT11 ~ CT13	—
		表面质量	表面质量应良好，无有害缺陷	按 JB/T 7927—2014 或 MSS SP-55 的规定	表面质量应良好，无有害缺陷
		铸件、锻件的缺陷及处理	缺陷深入到锻件的极限尺寸应予报废。不超过其极限尺寸的 5% 或 1.5mm（取小值）可不必去除，当超过时，应用机加工或打磨去除，但必须保证锻件的极限尺寸。锻件允许焊补，或按订货合同。焊补面积不应超过锻件表面的 10%，深度不应超过锻件极限尺寸的 1/3 或 10mm（取小值），否则，应征得需方同意。焊补前缺陷应全部除去，并用渗透等方法进无损检测。所有焊补锻件应进行消除应力处理	当订货合同中要求作射线无损检验时，则对壳体试验渗漏的铸件进行焊补，焊补的凹陷深度超过壁厚的 20% 或 25mm（取小值）的铸件，焊补凹陷面积大于 $65mm^2$ 的铸件，焊补处应按有关标准做检验 若铸件用于承受应力腐蚀 H_2S 腐蚀环境，需方应在订货合同中注明，这类铸件在焊补后应进行固溶处理	同奥氏体钢锻件
		承压件的强度	按 GB/T 13927—2008 或 GB/T 26480 的规定进行壳体试验	按 GB/T 13927—2008 或 GB/T 26480 的规定进行壳体试验	按 GB/T 13927—2008 或 GB/T 26480 的规定进行壳体试验
		无损检测	按 ASME B16.34 中附录Ⅳ或 JB/T 6903 进行超声检验和验收 按 ASME B16.34 中附录Ⅲ或 JB/T 6902 进行液体渗透检验和验收	按 ASME B16.34 中附录Ⅰ或 JB/T 6440 进行射线检验和验收 按 ASME B16.34 中附录Ⅲ或 JB/T 6902 进行液体渗透检验和验收	按 ASME B16.34 中附录Ⅳ或 JB/T 6903 进行超声检验和验收 按 ASME B16.34 中附录Ⅲ或 JB/T 6902进行液体渗透检验和验收

（续）

材料			球墨铸铁件	灰铸铁件	铜合金铸件②
检查项目	化学成分		由铸造厂提供，如果需方有特殊要求，可由双方协商确定，并在合同中规定	由铸造厂确定，如需方有特殊要求，可由双方协商，并在订货合同中规定	按表4-67、表4-68、表4-71、表4-73的规定
检查项目	力学性能	试样形式和尺寸	试块和拉伸试样按GB/T 1348的规定；冲击试样按GB/T 229的规定	按JB/T 7945的规定	拉伸试样尺寸按图10-1；试块的金属型模具尺寸按图10-2
检查项目	力学性能	试验方法	拉伸试验按GB/T 228的规定；冲击试验按GB/T 229的规定	按JB/T 7945和GB/T 9439的规定	拉伸试验按GB/T 228的规定；硬度测定按GB/T 231.1～3的规定
检查项目	力学性能	性能要求	按表4-10、表4-12、表4-14～表4-16的规定	按表4-1、表4-3、表4-4的规定	按表4-69、表4-72、表4-74的规定
检查项目	质量要求	铸件、锻件的形状、尺寸、质量和偏差	尺寸偏差应符合GB/T 6414的规定，质量偏差和机加工余量应符合相关规定	尺寸和偏差应符合需方提供的图样要求，也可按GB/T 6414的规定	尺寸和偏差应符合需方提供的图样或模样的要求
检查项目	质量要求	表面质量	铸件表面上的粘砂、浇口、冒口、多肉、夹砂、结疤、毛刺氧化皮等均应清除干净。表面粗糙度按GB/T 6060.1的规定	铸件表面的粘砂、浇口、冒口、夹砂、结疤、毛刺等均应清除干净。按GB/T 6060.1的规定	铸件的非加工表面应光洁、平整，铸字标志清晰，浇口、冒口清理后与铸件表面齐平
检查项目	质量要求	铸件、锻件的缺陷及处理	铸件不得有裂纹、冷隔等有害缺陷，不得用堵塞、锤击、钎焊、浸渍、焊接等方法消除泄漏。不影响使用性能的一般缺陷，修补后须符合产品的技术条件。铸件焊补后必须进行消除应力处理	铸件不得有裂纹、冷隔等缺陷。缺陷不得焊补。铸件不得用锤击、堵塞或浸渍等方法消除渗漏。铸件应硬度适中，易于切削加工。如供需双方有争议，可按GB/T 9439的规定测定硬度	铸件不得有裂纹、冷隔、穿透性缺陷及严重的砂眼、气孔、渣孔、缩松和氧化夹渣等缺陷。在铸件的密封面、螺纹部位和承受高温、强腐蚀等部件的缺陷，不允许修补
检查项目	质量要求	承压件的强度	按GB/T 13927的规定进行壳体试验	按GB/T 13927的规定进行壳体试验	按GB/T 13927的规定进行壳体试验

① 对于要求较高的阀门铸件和锻件，需按有关标准要求进行无损检测。

② 铜合金铸件按化学成分和力学性能的考核要求分为四类，见表10-11。

表10-10　碳素钢铸件的极限分析偏差

化学成分（质量分数,%）≤	WCA级	WCB级	WCC级
C	0.025	0.029	0.026
Mn	0.066	0.090	0.090
Si	0.122	0.122	0.122
P	0.010	0.010	0.010
S	0.017	0.017	0.017

表10-11　铜合金铸件类别及考核要求

铸件类别	考核要求
Ⅰ	化学成分、力学性能
Ⅱ	力学性能
Ⅲ	化学成分
Ⅳ	不做考核

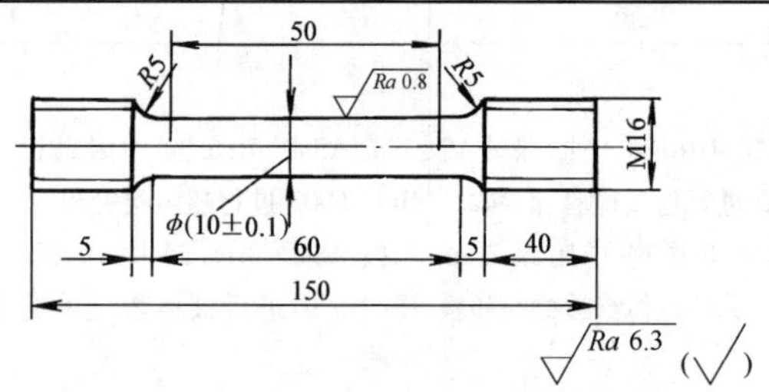

图10-1　铜合金铸件的拉伸试样

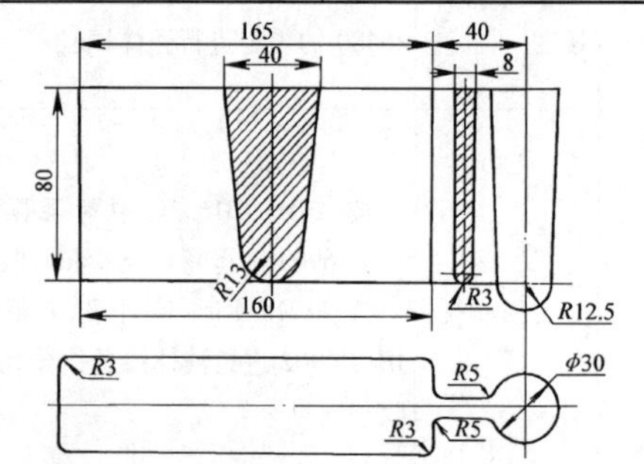

图10-2　铜合金铸件试块的金属型模具尺寸

10.2.2 阀门的主要尺寸检查

10.2.2.1 阀门结构长度的检查

阀门结构长度偏差按表 10-12 的要求进行检查。

表 10-12 阀门结构长度偏差

<table>
<tr><th>阀类</th><th>连接形式</th><th>结构长度标准</th><th colspan="2">结构长度偏差</th></tr>
<tr><td rowspan="5">闸阀</td><td rowspan="3">法兰连接</td><td>GB/T 12221—2005</td><td colspan="2">表 10-13</td></tr>
<tr><td>ASME B16. 10—2017</td><td colspan="2">≤NPS10 为±2mm，≥NPS12 为±3mm</td></tr>
<tr><td>EN 558：2017</td><td colspan="2">表 10-14</td></tr>
<tr><td rowspan="2">内螺纹连接、承插焊连接</td><td>GB/T 28776—2012</td><td colspan="2">±1.6mm</td></tr>
<tr><td>API 602—2015
EN ISO 15761：2003</td><td colspan="2">±1.6mm</td></tr>
<tr><td rowspan="8">截止阀、节流阀、止回阀</td><td rowspan="3">法兰连接</td><td>GB/T 12221—2005</td><td colspan="2">表 10-13</td></tr>
<tr><td>ASME B16. 10—2017</td><td colspan="2">≤NPS10 为±2mm，≥NPS12 为±3mm</td></tr>
<tr><td>EN 558：2017</td><td colspan="2">表 10-14</td></tr>
<tr><td rowspan="4">铁制内螺纹连接</td><td rowspan="4">GB/T 12233—2006</td><td>公称尺寸</td><td>偏差/mm</td></tr>
<tr><td>DN15～DN20</td><td>+1.0，-1.5</td></tr>
<tr><td>DN25～DN50</td><td>+1.0，-2.0</td></tr>
<tr><td>DN65</td><td>+1.5，-2.0</td></tr>
<tr><td>内螺纹连接
承插焊连接</td><td>GB/T 28777—2012
API 602—2015
EN ISO 15761：2002</td><td colspan="2">±1.6mm</td></tr>
<tr><td rowspan="5">球阀</td><td rowspan="5">法兰端
对焊端</td><td>GB/T 12221—2005</td><td colspan="2">表 10-13</td></tr>
<tr><td>GB/T 19672—2005，GB/T 20173—2013</td><td colspan="2">≤DN250 为±2.0mm，≥DN300 为±3.0mm</td></tr>
<tr><td>API 6D-2014</td><td colspan="2">≤NPS10（DN250）为±1.5mm，≥NPS12（DN300）为±3.0mm</td></tr>
<tr><td>EN 13942：2009</td><td colspan="2">≤DN250 为±2.0mm，≥DN300 为±3.0mm</td></tr>
<tr><td>GB/T 30818—2014</td><td colspan="2">≤DN250 为±2.0mm，≥DN300 为±3.0mm</td></tr>
<tr><td rowspan="2">蝶阀</td><td rowspan="2">法兰连接</td><td>GB/T 12221—2005</td><td colspan="2">表 10-13</td></tr>
<tr><td>API 609—2016</td><td colspan="2">表 10-15</td></tr>
<tr><td rowspan="2">隔膜阀</td><td rowspan="2">法兰连接
内螺纹连接</td><td>GB/T 12221—2005</td><td colspan="2">表 10-13</td></tr>
<tr><td>GB/T 12221—2005 中 N8</td><td colspan="2">表 10-13</td></tr>
<tr><td rowspan="4">旋塞阀</td><td>法兰连接</td><td>GB/T 12240—2008</td><td colspan="2">表 10-13</td></tr>
<tr><td rowspan="3">法兰端、对焊端</td><td>GB/T 19672—2005，GB/T 20173—2013</td><td colspan="2">≤DN 250 为±2.0mm，≥DN300 为±3.0mm</td></tr>
<tr><td>API 6D—2014</td><td colspan="2">≤NPS10（DN250）为±1.5mm，≥NPS12（DN300）为±3.0mm</td></tr>
<tr><td>EN 13942：2009</td><td colspan="2">≤DN250 为±2.0mm，≥DN300 为±3.0mm</td></tr>
<tr><td>安全阀</td><td>法兰端或螺纹端</td><td>JB/T 2203—2013</td><td colspan="2">见图 10-3 和表 10-16</td></tr>
<tr><td>减压阀</td><td></td><td>JB/T 2205—2013</td><td colspan="2">表 10-17</td></tr>
</table>

（续）

阀类	连接形式	结构长度标准	结构长度偏差	
蒸汽疏水阀	法兰连接	GB/T 12250—2005	结构长度 L/mm	偏差/mm
			≤250	±2
			>250~500	±3
			>500~800	±4
	内螺纹和承插焊连接		结构长度 L/mm	偏差/mm
			≤150	±1.6
			>150~300	±2
工业过程控制阀（调节阀）	法兰连接	GB/T 17213.3—2005/IEC 60534-3-1：2000	DN15~DN250 为±2mm	
		GB/T 17213.11—2005/IEC 60534-3-2：2001	DN300~DN400 为±3mm	
	对焊连接	GB/T 17213.12—2005/IEC 60534-3-3：1998	DN15~DN250 为±2mm	
			DN300~DN450 为±3mm	
调压阀	法兰连接	EN 334：2005	推荐DN25~DN250 为±2.0mm，DN300~DN400 为±3.0mm	
			可选择 DN25~DN250 为±2.0mm，DN300~DN400 为±3.0mm	
	对夹连接	EN 334：2005	D25~DN250 为±2mm，DN300~DN400 为±3mm	
			DN25~DN200 为±1.5mm，DN250~DN400 为±2.5mm	
城镇燃气调压器	法兰连接	GB 27790—2011	表10-18	
	螺纹连接			
安全切断阀	法兰连接	EN 14382：2005	DN25~DN250 为±2.0mm，DN300~DN400 为±3.00mm	
	内螺纹连接		DN25 为 $^{+1.0}_{-1.5}$mm，DN32~DN50 为 $^{+1.0}_{-2.0}$mm	
城镇燃气切断阀和放散阀	法兰连接	GB/T 12221—2005	表10-13	

表10-13　法兰连接和焊接端阀门结构长度偏差

连接形式	结构长度	极限偏差/mm
法兰连接	≤250	±2
	>250~500	±3
	>500~800	±4
	>800~1000	±5
	>1000~1600	±6
	>1600~2250	±8
	≥2250	±10

连接形式	公称尺寸	阀门类型	
		直通式	角式
		极限偏差/mm	
焊接端	≤DN250	±1.5	±0.75
	≥DN275	±3.0	±1.5

表 10-14 FTF 和 CTF 尺寸偏差

（单位：mm）

尺寸范围		尺寸偏差
>	≤	
0	250	±2
250	500	±3
500	800	±4
800	1000	±5
1000	1600	±6
1600	2250	±8

表 10-15 蝶阀结构长度最大偏差

阀类		公称尺寸	最大偏差/mm
A 类蝶阀（凸耳和对夹式）		NPS2 ~ NPS6	±1.5
		NPS8 ~ NPS24	±3.3
		NPS30 ~ NPS48	±6.4
B 类蝶阀	（A）凸耳和对夹式	NPS3 ~ NPS24	±3.3
	（B）双法兰（长系列）	NPS3 ~ NPS20	±3.3
		NPS24 ~ NPS32	±4.0
		NPS36	±5.0
	（C）双法兰（短系列）	NPS3 ~ NPS20	±3.3
		NPS24 ~ NPS32	±4.0
		NPS36 ~ NPS40	±5.0
		NPS42 ~ NPS48	±6.0

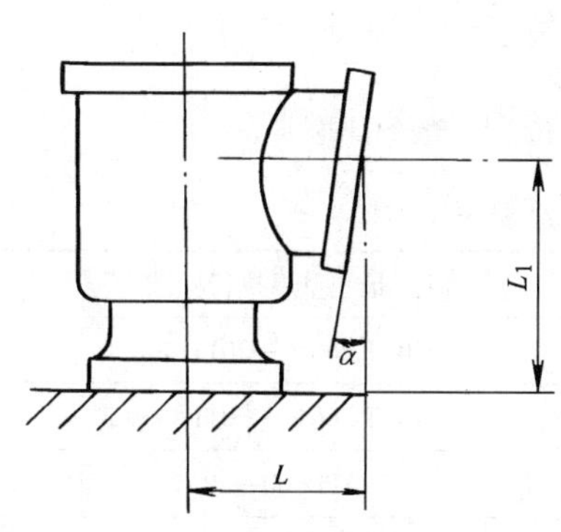

图 10-3 安全阀结构长度的垂直度偏差

表 10-16 安全阀的结构长度偏差和进出口法兰密封面垂直度偏差

（单位：mm）

公称尺寸	结构长度偏差		垂直度偏差
	ΔL	ΔL_1	α
≤DN100	±1.6	±1.6	±30′
>DN100 ~ DN250	±3.0	±3.0	±20′
>DN250	±3.0	±3.0	±15′

表 10-17 结构长度极限偏差

结构长度 L/mm	极限偏差/mm
≤200	±1.5
>200 ~ 300	±1.8
>300 ~ 400	±2.0
>400 ~ 550	±2.5
>550 ~ 650	±3.0
>650 ~ 950	±4.0

表 10-18 调压器结构长度公差

连接形式	公称尺寸	极限偏差/mm
法兰连接	DN25 ~ DN80 DN100 ~ DN250 DN300	±1.5 ±2.5 ±3.5
法兰连接（备选）	DN25 ~ DN80 DN100 ~ DN200 DN250 ~ DN300	±1.5 ±2.5 ±3.5
内螺纹连接	DN15 ~ DN25	+1.0 -1.5
	DN32 ~ DN50	+1.0 -2.0

10.2.2.2 法兰端阀门的法兰密封面平行度或垂直度的检查

法兰端阀门的法兰密封面平行度或垂直度按表 10-19的要求进行检查，表中未规定的阀类，则按有关的设计要求进行检查。

10.2.2.3 阀门壳体最小壁厚的检查

各类阀门壳体的最小壁厚按表 10-20 的规定。

表 10-19 法兰端阀门的法兰密封面平行度或垂直度

阀类	平行度或垂直度
GB/T 12232 通用阀门法兰连接铁制闸阀	按 GB/T 1184—1996 中 12 级精度
GB/T 12233 通用阀门 铁制截止阀与升降式止回阀	按 GB/T 1184—1996 中 12 级精度
GB/T 12238 法兰和对夹连接弹性密封蝶阀	按 GB/T 1184—1996 中 12 级精度
GB/T 12239 工业阀门 金属隔膜阀	按 GB/T 1184—1996 中 12 级精度
GB/T 12243 弹簧直接载荷式安全阀	进出口法兰端面垂直度按图 10-3 和表 10-16 的规定
GB/T 13932 铁制旋启式止回阀	按 GB/T 1184—1996 中 12 级精度
API 60—2014 管线和管道阀门规范	法兰中线的偏移 - 横向位移≤DN100 最大横向偏移量为 2mm
GB/T 20173 石油天然气工业 管线输送系统 管线阀门	>DN100 最大横向偏移量为 3mm；法兰面平行度 - 角位移两法兰面最大允许偏差为 2.5mm/m；螺栓孔同轴度允许偏差≤DN100 螺栓孔（图 10-4）最大允许偏差应不大于 2mm，>DN100 的阀门，螺栓孔的最大允许偏差应不大于 3mm；法兰背面螺母支承面的表面应与法兰表面平行，其夹角不超过 1°
GB/T 22654 蒸汽疏水阀 技术条件	按 GB/T 1184—1996 中 10 级精度
GB/T 26144 法兰和对夹连接钢制衬氟塑料蝶阀	按 GB/T 1184—1996 中 12 级精度
GB/T 24917 眼镜阀	按 GB/T 1184—1996 中 12 级精度
JB/T 8692 烟道蝶阀	按 GB/T 1184—1996 中 12 级精度
JB/T 11494 氧化铝疏水专用阀	按 GB/T 1184—1996 中 10 级精度
JB/T 12007 高炉 TRT 系统用快速切断蝶阀	按 GB/T 1184—1996 中 12 级精度

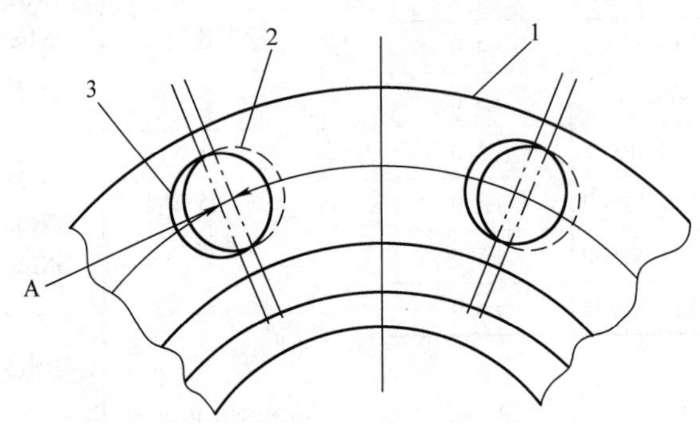

图 10-4 螺栓孔同轴度

1—法兰 2—最初法兰孔 3—对应的法兰偏移孔 A—螺栓孔同轴度

表 10-20 各类阀门壳体的最小壁厚

阀类		壳体材料	最小壁厚执行标准
闸阀	国标	铁制	GB/T 26640—2011 中表 5
		钢制	GB/T 26640—2011 中表 2
	美标 国际标	钢制	API 600—2015
		钢制	ISO 10434：2004

（续）

阀类		壳体材料	最小壁厚执行标准
截止阀和升降式止回阀	国标	铁制	GB/T 26640—2011 中表 6
		钢制	GB/T 26640—2011 中表 2
	美标	钢制	API 623—2015
	欧标	钢制	EN 13709：2010
旋启式止回阀	国标	铁制	GB/T 26640—2011 中表 7
		钢制	GB/T 26640—2011 中表 2
	美标	钢制	ASME B16. 34—2017
	欧标	钢制	EN 12516—1：2014
球阀	国标	铁制	GB/T 26640—2011 中表 8
		钢制	GB/T 26640—2011 中表 1
	美标	钢制	ASME B16. 34—2017
	欧标	钢制	EN12516-1：2014
蝶阀	国标	铁制	GB/T 26640—2011 中表 9
		钢制	GB/T 26640—2011 中表 1
	美标	钢制	ASME B16. 34—2017
	欧标	钢制	EN 12516-1：2014
隔膜阀	国标	铁制	GB/T 26640—2011 中表 10
		钢制	GB/T 26640—2011 中表 1
	欧标	钢制	EN 12516-1：2014
旋塞阀	国标	铁制	GB/T 26640—2011 中表 11
		钢制	GB/T 26640—2011 中表 3
石油天然气用钢制闸阀、截止阀和止回阀（≤DN100）	国标	钢制	GB/T 26640—2011 中表 4
	美标	钢制	ASME B16. 34—2017
	欧标	钢制	EN 12516—1：2014
安全阀	国标	钢制	GB/T 26640—2011 中表 1
减压阀	国标	钢制	GB/T 26640—2011 中表 1
蒸汽疏水阀	国标	钢制	GB/T 26640—2011 中表 1
工业过程控制阀（调节阀）	国标	铁制	GB/T 26640—2011 中表 6
		钢制	GB/T 26640—2011 中表 1
	美标	钢制	ASME B16. 34—2017
	欧标	钢制	EN 12516-1：2014
调压阀	国标	钢制	GB/T 26640—2011 中表 1
	欧标	钢制	EN 12516-1：2014
城镇燃气调压器	国标	铁制	GB/T 26640—2011 中表 6
		钢制	GB/T 26640—2011 中表 1
安全切断阀	国标	铁制	GB/T 26640—2011 中表 6
		钢制	GB/T 26640—2011 中表 1
	欧标	钢制	EN 12516-1：2014

10.2.2.4　阀门连接螺柱核算

阀门连接螺柱压力额定值核算公式如下。

1）螺柱连接阀体阀盖：

$$p_c \frac{A_g}{A_b} \leqslant K_1 S_a \leqslant 9000 \qquad (10\text{-}1)$$

式中，p_c 为压力额定值 Class 数值如 Class 600，p_c =

600；A_g 为由垫片或O形圈的有效外周边或其他密封件的有效外周边所限定的面积，环连接限定面积由环中径确定（mm^2）；A_b 为螺栓总有效面积（mm^2）；K_1 为当 S_a 用MPa表示时，K_1 取65.26；当 S_a 用psi表示时，K_1 取0.45；S_a 为38℃（100℉）时，螺栓材料的许用应力，当大于137.9MPa（20000psi）时用137.9MPa（20000psi）。

2）螺纹连接阀体阀盖：

$$p_c \frac{A_g}{A_s} \leqslant 4200 \tag{10-2}$$

式中，A_s 为螺纹抗剪总有效面积（mm^2）。

3）螺柱连接阀体：

$$p_c \frac{A_g}{A_b} \leqslant K_2 S_a \leqslant 7000 \tag{10-3}$$

式中，K_2 为当 S_a 用MPa表示时，K_2 取50.76；当 S_a 用psi表示时，K_2 取0.35。

4）螺纹连接阀体：

$$p_c \frac{A_g}{A_s} \leqslant 3300 \tag{10-4}$$

10.2.2.5　阀门其他主要尺寸检查

1. 闸阀闸板密封面磨损余量

如图10-5所示，闸板密封面磨损余量不得小于表10-21中的数值。

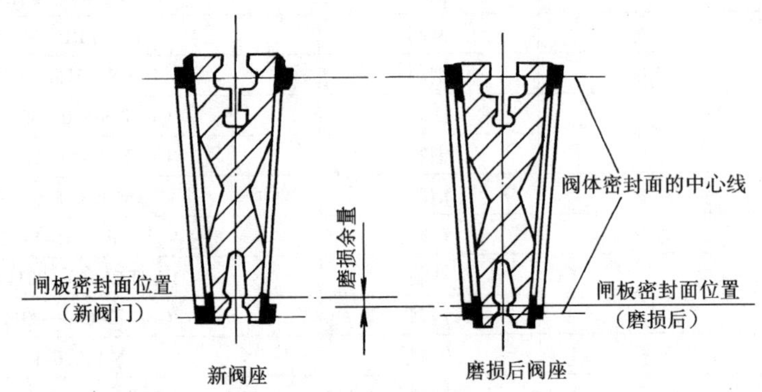

图10-5　闸板密封面磨损行程

表10-21　闸阀密封面磨损行程

公称尺寸	磨损行程 h/mm
DN≤50（NPS≤2）	2.3
65≤DN≤150（2½≤NPS≤6）	3.3
200≤DN≤300（8≤NPS≤12）	6.4
350≤DN≤450（14≤NPS≤18）	9.7
500≤DN≤600（20≤NPS≤24）	12.7
650≤DN≤700（26≤NPS≤28）	16.0
750≤DN≤900（30≤NPS≤36）	19.1
950≤DN≤1050（38≤NPS≤42）	25.4

2. 安全阀弹簧

1）弹簧自由高度的偏差按表10-22的规定。

2）弹簧内径的偏差按表10-23的规定。

3）在自由状态下弹簧工作圈间距的偏差按表10-24的规定。

表10-22　弹簧自由高度的偏差　（单位：mm）

自由高度 H_0	≤20	>20~60	>60~120	>120~200	>200~300	>300~450	>450~600	>600
偏差	±1.2	±1.5	±2.5	±3.5	±4.5	±7.0	±9.0	±1.5% H_0

表10-23　弹簧内径的偏差　（单位：mm）

内径 D_1	≤40	>40~60	>60~80	>80~100	>100~150	>150
偏差	$^{+0.6}_{0}$	$^{+0.8}_{0}$	$^{+1.0}_{0}$	$^{+1.2}_{0}$	$^{+1.5}_{0}$	$^{+1\%D_1}_{0}$

表 10-24　自由状态下弹簧工作圈间距的偏差　　（单位：mm）

工作圈间距 δ	≤4	>4~5	>5~6	>6~7	>7~8	>8~9	>9~10	>10~12	>12~15	>15
偏差	±0.4	±0.5	±0.6	±0.7	±0.8	±0.9	±1.0	±1.2	±1.5	±10%δ

4）弹簧变形量或刚度的偏差不大于20%（根据设计需要，可规定对称或不对称分布的偏差值）。

3. 其他零部件

其他零部件的尺寸检查按有关标准及设计的规定。

10.2.2.6　阀门清洁度的检查

阀门清洁度是表示阀门整体内腔的清洁程度，它以阀门内有腔表面（包括所有内件表面）所附杂质和污物的多少来衡量。它是阀门产品质量检查和等级评定的主要项目。

1. 清洁度的考核指标

清洁度的考核指标按式（10-15）计算：

$$G=S\ (\mathrm{DN}/25)^2 \qquad (10\text{-}5)$$

式中，G 为允许的杂质和污物的质量总和（g）；S 为系数，按表 10-25 选取；DN 为被检阀门的公称尺寸，当≤DN25 时按 DN25 计算。

表 10-25　各类阀门的 S 值

阀　类	材料	S
闸阀、截止阀、节流阀、柱塞阀	锻钢	0.2
	铸铁	0.2
	铸钢	0.3
调节阀、止回阀	锻钢	0.15
	铸铁	
	铸钢	0.2
球阀、蝶阀、隔膜阀、安全阀、减压阀、蒸汽疏水阀、旋塞阀	各种材料	0.15

2. 清洁度的检查方法和要求

1）被检阀门应是制造厂检查合格入库的阀门。清洁度的检查应在产品性能检测之前进行。

2）拆开阀门内腔全部零件，压配件和不宜拆卸的连接体可不拆。

3）各零件的清洗部位按表 10-26 的规定，清洗后无明显粘砂。清洗检查各零件表面之前，允许擦洗其他外部无关表面。

4）过滤前筛网应烘干，称得初始质量并做好编号和质量记录。

5）清洗后的清洗液经筛网过滤，收集杂质和污物。

6）过滤后，将筛网连同杂质、污物一起放入温度为105℃ ±5℃的干燥箱内，烘烤 1h 后自然冷却至室温再称重。

7）清洁度（杂质和污物量）的检查结果按式（10-6）计算：

$$G_1=G_2-G_3 \qquad (10\text{-}6)$$

式中：G_1 为杂质和污物量的质量（g）；G_2 为筛网和杂质、污物的总质量（g）；G_3 为筛网的初始质量（g）。

8）清洁度的检查结果按表 10-27 的格式填写。

表 10-26　阀门零件的清洗部位

零件名称	清洗部位	零件名称	清洗部位
阀体、阀盖	内表面及孔道	启闭件及内腔所有零件	表面
阀杆	在阀腔内的表面		

表 10-27　阀门清洁度检查结果

阀门型号＿＿＿＿＿＿规　格＿＿＿＿＿＿出厂编号＿＿＿＿＿＿
制造厂名＿＿＿＿＿＿清洗液＿＿＿＿＿＿过滤元件＿＿＿＿＿＿

内腔清洁度	杂质和污物的质量/g		结论
	考核指标	检查结果	

检查人员＿＿＿＿＿＿　　日期＿＿年＿＿月＿＿日

10.3　阀门的压力试验

压力试验是阀门最基本的试验。每台阀门出厂前均应进行压力试验。目前国内有关阀门压力试验的标准有 GB/T 13927—2008《工业阀门　压力试验》和 GB/T 26480—2011《阀门的检验和试验》。GB/T

13927—2008是修改采用ISO 5208：2007《工业用阀门的压力试验》[㊀]制定的，GB/T 26480—2011是修改采用API 598—2009《阀门检验和试验》制定的。GB/T 13927主要规定了闸阀、截止阀、止回阀、旋塞阀、球阀、蝶阀、隔膜阀等的压力试验，而GB/T 26480—2011适用于启闭件为非金属密封和金属密封的闸阀、截止阀、旋塞阀、球阀、止回阀和蝶阀的压力试验。其他阀类也可按产品标准规定参照这两项标准进行压力试验。目前钢制阀门一般按GB/T 26480标准进行压力试验。铁制、铜制阀门及阀门的锻件和铸件则按GB/T 13927进行压力试验。

目前下述标准所涉及的阀门及锻件和铸件按GB/T 13927进行压力试验。

1）GB/T 12232—2005《通用阀门　法兰连接铁制闸阀》。

2）GB/T 12233—2006《通用阀门　铁制截止阀与升降式止回阀》。

3）GB/T 12238—2008《法兰和对夹连接弹性密封蝶阀》。

4）GB/T 12239—2008《工业阀门　金属隔膜阀》。

5）GB/T 12240—2008《铁制旋塞阀》。

6）GB/T 12244—2006《减压阀　一般要求》。

7）GB/T 12245—2006《减压阀　性能试验方法》。

8）GB/T 12246—2006《先导式减压阀》。

9）GB/T 12225—2018《通用阀门　铜合金铸件技术条件》。

10）GB/T 12226—2005《通用阀门　灰铸铁件技术条件》。

11）GB/T 12227—2005《通用阀门　球墨铸铁件技术条件》。

12）GB/T 12228—2006《通用阀门　碳素钢锻件技术条件》。

13）GB/T 12229—2005《通用阀门　碳素钢铸件技术条件》。

14）GB/T 12230—2005《通用阀门　不锈钢铸件技术条件》。

15）GB/T 22653—2008《液化气体设备用紧急切断阀》。

下述标准所涉及的阀门按GB/T 26480—2011《阀门的检验和试验》进行压力试验。

1）GB/T 12224—2005《钢制阀门　一般要求》。

2）GB/T 12234—2019《石油、天然气工业用螺柱连接阀盖的钢制闸阀》。

3）GB/T 12235—2007《石油、石化及相关工业用钢制截止阀和升降式止回阀》。

4）GB/T 12236—2008《石油、化工及相关工业用的钢制旋启式止回阀》。

5）GB/T 12237—2007《石油、石化及相关工业用的钢制球阀》。

6）GB/T 28776—2012《石油和天然气工业用钢制闸阀、截止阀和止回阀（≤DN100）》。

7）JB/T 7746—2006《紧凑型钢制阀门》。

在GB/T 26480—2011及API 598—2009中，阀门的压力试验包括下列项目：壳体试验、上密封试验、低压密封试验、高压密封试验。

阀门的压力试验项目见表10-28。

表10-28　各类阀门的压力试验项目

试验项目	阀门类别				
	闸阀、截止阀	旋塞阀	止回阀	球阀	蝶阀
壳体试验	必须	必须	必须	必须	必须
上密封试验①	必须②	不适用	不适用	不适用	不适用
低压密封试验	必须	必须	选择③	必须	不适用
高压密封试验	任选	任选	必须	任选	必须

① 即使上密封试验合格的阀门，也不允许在阀门受压情况下拆装填料压盖或更换填料。
② 具有上密封性能要求的阀门都必须进行上密封试验。
③ 如需方同意，阀门制造厂可用低压气密封试验代替液体静压试验。

在GB/T 13927及ISO 5208中，阀门的压力试验包括壳体试验、上密封试验（ISO 5208无此试验项目）、密封试验。

尽管GB/T 13927及ISO 5208未将密封试验明确划分为低压密封试验和高压密封试验，但在一定的公称尺寸和公称压力范围内，可用气体介质进行低压密封试验，也可在整个公称尺寸和公称压力的范围内用液体介质进行高压密封试验。

GB/T 13927及ISO 5208的规定，在较小的公称尺寸（≤DN50）和公称压力（≤PN6）下，允许用

㊀ ISO 5208：2016中译名为《工业阀门——金属阀门的压力试验》。

0.5～0.7MPa 的气体介质进行壳体试验。而 GB/T 26480 及 API 598 则规定要用材料在 38℃时额定压力 1.5 倍的压力进行壳体试验。

另外，在最短试验持续时间及允许泄漏量方面，GB/T 13927 的规定与 GB/T 26480 也有明显的不同。

ISO 5208 和 API 598 是目前国际上权威性的阀门压力试验标准，许多国家都是参照这两项标准制定本国标准。下面按照压力试验的项目分类，对国内外压力试验的主要标准列表进行介绍和比较。

10.3.1 阀门的壳体试验

阀门的壳体试验是对阀体和阀盖等连接而成的整个阀门外壳进行的压力试验。其目的是检验阀体和阀盖的致密性及包括阀体与阀盖连接处在内的整个壳体的耐压能力。

每台阀门出厂前均应进行壳体试验。在壳体试验之前，不允许对阀门涂漆或使用其他防止渗漏的涂层。但允许进行无密封作用的化学防锈处理及给衬里阀门衬里。如果用户抽查库存阀门，则不再除掉已有涂层。

在试验过程中，不得对阀门施加影响试验结果的外力。试验压力在保压和检测期间应维持不变。用液体做试验时，应尽量排除阀门体腔内的气体。在达到保压时间后，壳体（包括填料函及阀体与阀盖连接处）不得发生渗漏或引起结构损伤。

壳体试验的方法和步骤：在封闭阀门进口和出口，压紧填料压盖，使启闭件处于部分开启位置；给体腔充满试验介质，并逐渐加压到试验压力（止回阀类应从进口端加压）；达到规定时间后，检查壳体（包括填料函及阀体与阀盖连接处）是否有渗漏。

壳体试验的试验温度、试验介质、试验压力、试验最短持续时间及允许渗漏率见表 10-29。

表 10-29 壳体试验

<table>
<tr><th>标准</th><th>GB/T 13927—2008</th><th>GB/T 26480—2011</th><th>ISO 5208：2015（E）</th><th>API 598—2016</th></tr>
<tr><td>试验介质温度/℃（℉）</td><td>5～40</td><td>5～50</td><td>5～40</td><td>5～38（41～100）</td></tr>
<tr><td>试验介质</td><td>液体：可用含防锈剂的水、煤油或黏度不高于水的非腐蚀性液体
气体：氮气、空气或其他惰性气体
奥氏体不锈钢的阀门进行试验时，所使用的水含氯化物量应不超过 100mg/L</td><td>水、煤油或黏度不高于水的非腐蚀性液体、氮气或空气
奥氏体不锈钢的阀门进行试验时，所使用的水含氯化物量应不超过 100mg/L</td><td>液体：水（可含有耐蚀剂）、煤油或黏度不大于水的其他适宜液体
气体：空气或其他适宜气体
壳体部件为奥氏体不锈钢的压力试验阀门，水作为试验流体要求水的氯化物含量不应超过 0.01%（质量分数）（100ppm）</td><td>空气、惰性气体、煤油、水或黏度不大于水的非腐蚀性液体
奥氏体不锈钢阀门所使用的水的氯化物含量不应超过 0.005%（质量分数）（50ppm）</td></tr>
<tr><td>试验压力</td><td>液体：试验压力至少是阀门在 20℃时允许最大工作压力的 1.5 倍（1.5CWP）
气体：试验压力至少是阀门在 20℃时允许最大工作压力的 1.1 倍（1.1CWP）</td><td><table>
<tr><th colspan="4">铁制阀门壳体试验压力</th></tr>
<tr><th>阀门材料</th><th>公称尺寸</th><th>常温下最高工作压力/MPa</th><th>壳体试验压力/MPa</th></tr>
<tr><td rowspan="2">灰铸铁</td><td>DN50～DN300</td><td>1.37（Class 125）</td><td>2.5</td></tr>
<tr><td>DN350～DN1200</td><td>1.03（Class 125）</td><td>1.9</td></tr>
<tr><td>球墨铸铁</td><td>—</td><td>1.72（Class 150）</td><td>2.6</td></tr>
<tr><td colspan="4">钢制阀门壳体试验压力为 38℃时最大允许工作压力的 1.5 倍，试验压力值应加大圆整到邻近 0.1MPa</td></tr>
</table></td><td>液体：应最小是常温工作压力的 1.5 倍
气体：应最小是常温工作压力的 1.1 倍</td><td><table>
<tr><th rowspan="2">阀门类型</th><th rowspan="2">公称压力</th><th colspan="2">试验压力</th></tr>
<tr><th>lbf/in^2</th><th>bar</th></tr>
<tr><td rowspan="2">球墨铸铁</td><td>Class150</td><td>400</td><td>26</td></tr>
<tr><td>Class300</td><td>975</td><td>66</td></tr>
<tr><td colspan="4">铸铁</td></tr>
<tr><td>DN50～DN300</td><td rowspan="2">Class125</td><td>350</td><td>25</td></tr>
<tr><td>DN350～DN1200</td><td>265</td><td>19</td></tr>
<tr><td colspan="4">铸铁</td></tr>
<tr><td>DN50～DN300</td><td rowspan="2">Class250</td><td>875</td><td>61</td></tr>
<tr><td>DN350～DN1200</td><td>525</td><td>37</td></tr>
<tr><td colspan="4">钢</td></tr>
<tr><td>法兰</td><td>Class150～Class2500</td><td colspan="2" rowspan="4">38℃时最大额定压力的 1.5 倍</td></tr>
<tr><td>对焊</td><td>Class150～Class4500</td></tr>
<tr><td rowspan="2">螺纹和承插焊</td><td>Class800</td></tr>
<tr><td>Class150～Class4500</td></tr>
</table></td></tr>
</table>

（续）

标准	GB/T 13927—2008		GB/T 26480—2011			ISO 5208：2015		API 598—2016	
	公称尺寸	最短持续时间/s	公称尺寸	最短持续时间/s		公称尺寸	最短持续时间/s	公称尺寸	最短持续时间/s
				止回阀	其他阀门				
试验最短持续时间	≤DN50	15	≤DN50	60	15	≤DN50	15	≤*DN*50	15
	DN65～DN150	60	DN65～DN150	60	60	DN65～DN150	60	DN65～DN150	60
	DN200～DN300	120	DN200～DN300	60	120	DN200～DN300	120	DN200～DN300	120
	≥DN350	300	≥DN350	120	300	≥DN350	300	≥DN350	300
判定	壳体试验时不应有结构损伤，不允许有可见渗漏，通过阀门的壳壁和任何固定的阀门连接处（中口法兰）；如果试验介质为液体，则不得有明显可见的液滴或表面潮湿。如果试验介质是空气或其他气体，应无气泡漏出		在阀门壳体和任何固定的阀体连接等处（如中口法兰），均不允许有可见渗漏，并应无结构损伤；如果试验介质为液体，则不得有可见液滴或表面潮湿；如试验介质是空气或其他气体，应无气泡漏出 壳体试验时，对于可调阀杆密封阀门，试验期间阀杆密封应能保持阀门的试验压力；对于不可调阀杆密封（如O形圈，固定的单圈等），试验期间不允许有可见的泄漏			如果试验流体是液体，目测方法检测的壳体任何外表面泄漏会导致拒收 如果试验流体是气体浸在水下的任何表面或检漏流体涂层的任何外表面有连续气泡形成都会导致拒收		不允许有目视可见的泄漏通过压力边界壁和任何固定阀体连接处	

<table>
<tr><td>标准</td><td>EN 12266-1：2012</td><td>MSS SP61—2013</td><td>API6A—2018，ISO 10423：2019</td><td>API 6D—2014
ISO 14313：2008</td><td>ISO 10434：2004</td></tr>
<tr><td>试验介质温度/℃（℉）</td><td>5～40</td><td>≤52（125）</td><td>常温</td><td>≤38（100）</td><td>5～40</td></tr>
<tr><td>试验介质</td><td>液体：水（可含有防锈剂）或黏度不大于水的其他适宜液体
气体：空气或其他适宜气体</td><td>空气、惰性气体或液体如水（可含有防锈剂）、煤油或黏度不高于水的其他液体</td><td>水或含有防腐剂的水
气体：氮气</td><td>应为清洁水，水中可含有防腐剂
对于奥氏体钢和双相不锈钢，其试验用水中氯化物含量不得超过0.003%（质量分数）</td><td>液体：水（可含有防锈剂）、煤油或黏度不大于水的其他适宜液体
气体：空气或其他适宜气体</td></tr>
<tr><td>试验压力</td><td>最低应为室温下允许压力的1.5倍</td><td>表压不低于38℃（100℉）时阀门设计压力额定值的1.5倍，向大圆整至下一个1bar（25psi）的整数倍</td><td>
<table>
<tr><td rowspan="2">额定工作压力/MPa</td><td colspan="2">法兰公称尺寸</td></tr>
<tr><td>≤346mm</td><td>≥425mm</td></tr>
<tr><td>13.8（2000psi）</td><td>27.6MPa（4000psi）</td><td>20.7MPa（3000psi）</td></tr>
<tr><td>20.7（3000psi）</td><td>41.5MPa（6000psi）</td><td>31.0MPa（4500psi）</td></tr>
<tr><td>34.5（5000psi）</td><td>51.7MPa（7500psi）</td><td>51.7MPa（7500psi）</td></tr>
<tr><td>69.0（10000psi）</td><td>103.5MPa（15000psi）</td><td>103.5MPa（15000psi）</td></tr>
<tr><td>103.5（15000psi）</td><td>155.0MPa（22500psi）</td><td>155.0MPa（22500psi）</td></tr>
<tr><td>138.0（20000psi）</td><td>207.0MPa（30000psi）</td><td>—</td></tr>
</table>
PSL3G、PSL4气体试验压力为额定压力</td><td>大于或等于材料在38℃时规定的额定压力的1.5倍</td><td>不低于阀门在38℃时相应额定压力的1.5倍</td></tr>
</table>

（续）

<table>
<tr><td>标准</td><td colspan="3">EN 12266-1：2012</td><td colspan="2">MSS SP 61—2013</td><td colspan="3">API6A—2018，ISO 10423：2019</td><td colspan="2">API 6D—2014
ISO 14313：2008</td><td colspan="2">ISO 10434：2004</td></tr>
<tr><td rowspan="13">试验最短持续时间</td><td rowspan="3">公称尺寸</td><td colspan="2">最短持续时间/s</td><td rowspan="3">公称尺寸</td><td rowspan="3">最短持续时间/s</td><td>产品规范等级</td><td colspan="2">最短持续时间/min</td><td rowspan="3">公称尺寸</td><td rowspan="3">最短持续时间/min</td><td rowspan="3">公称尺寸</td><td rowspan="3">最短持续时间/s</td></tr>
<tr><td rowspan="2">生产验收</td><td rowspan="2">型式试验</td><td rowspan="2">PSL1</td><td>第一次</td><td>3</td></tr>
<tr><td>第二次</td><td>3</td></tr>
<tr><td rowspan="2">≤DN50</td><td rowspan="2">15</td><td rowspan="2">600</td><td rowspan="2">≤DN50</td><td rowspan="2">15</td><td rowspan="2">PSL2</td><td>第一次</td><td>3</td><td rowspan="2">≤DN100</td><td rowspan="2">2</td><td rowspan="2">≤DN50</td><td rowspan="2">15</td></tr>
<tr><td>第二次</td><td>3</td></tr>
<tr><td rowspan="2">DN65～DN200</td><td rowspan="2">60</td><td rowspan="2">600</td><td rowspan="2">DN65～DN200</td><td rowspan="2">60</td><td rowspan="2">PSL3</td><td>第一次</td><td>3</td><td rowspan="2">DN150～DN250</td><td rowspan="2">5</td><td rowspan="2">DN65～DN150</td><td rowspan="2">60</td></tr>
<tr><td>第二次</td><td>15</td></tr>
<tr><td rowspan="6">≥DN250</td><td rowspan="6">180</td><td rowspan="6">600</td><td rowspan="6">≥DN250</td><td rowspan="6">180</td><td rowspan="3">PSL3G</td><td>第一次</td><td>3</td><td rowspan="3">DN300～DN450</td><td rowspan="3">15</td><td rowspan="3">DN200～DN300</td><td rowspan="3">120</td></tr>
<tr><td>第二次</td><td>15</td></tr>
<tr><td>第三次</td><td>15</td></tr>
<tr><td rowspan="3">PSL4</td><td>第一次</td><td>3</td><td rowspan="3">≥DN500</td><td rowspan="3">30</td><td rowspan="3">≥DN350</td><td rowspan="3">300</td></tr>
<tr><td>第二次</td><td>15</td></tr>
<tr><td>第三次</td><td>15</td></tr>
<tr><td>判定</td><td colspan="3">不允许壳体的任何外表面有目视可见泄漏
除非适用的阀门产品标准中另有规定，如果当试验压力为室温允许压力的1.1倍时，没有目视可见的泄漏，则在壳体试验压力下允许操作装置的机械密封有泄漏</td><td colspan="2">不允许有通过承压壁的目视可见泄漏
壳体试验期间，通过阀杆密封的泄漏不作为拒收的理由，阀杆密封应能够至少在38℃（100℉）时阀门的设计压力额定值下保压且无可见泄漏</td><td colspan="3">PSL1：在试验压力下，不应有可见的泄漏
PSL2：同PSL1
PSL3：所有的静水压试验中应采用图形记录仪记录，应标明记录装置、日期、签名，不应有可见的泄漏
PSL3G：在保压期间水槽中不应有可见的气泡，最大20MPa的气体压力降低是可以接受的，只要在保压周期的水槽内无可见气泡
PSL4：同PSL3</td><td colspan="2">静压壳体试验中不允许有任何可见泄漏，试验之后应将泄压阀回装到阀门上，公称尺寸≤DN100的阀体连接处应在泄压阀整定压力的95%时试验2min。公称尺寸≥DN150的阀体连接处应在泄压阀整定压力的95%时试验5min。试验期间，泄压阀连接处应无任何可见泄漏。当设置泄压阀时，泄压阀整定压力至规定压力并进行试验，泄压阀整定压力应按材料在38℃时规定的额定压力值的1.1～1.33倍</td><td colspan="2">在整个壳体试验持续时间内不应有可目测观察到通过壳体壁或在阀盖垫片处的渗漏</td></tr>
</table>

10.3.2　阀门的上密封试验

上密封试验是检验阀杆与阀盖密封副密封性能的试验。具有上密封性能要求的闸阀和截止阀都必须进行上密封试验。

上密封试验的方法和步骤：封闭阀门进口和出口，关闭件处于部分开启位置，体腔内完全充满试验介质，可观察到阀杆周围试验介质的泄漏情况；然后关闭上密封，试验压力不低于材料在38℃（100℉）时规定的额定压力的1.1倍。试验的最短持续时间按表10-30的规定，泄漏的检查应通过试验观测孔或检查已松开的填料周围的泄漏情况。

此项试验应在壳体试验之前或之后进行。上密封试验的试验温度、试验介质、试验压力、最短试验持续时间及允许泄漏率见表10-30。

10.3.3　阀门的密封试验

密封试验是检验启闭件和阀体密封副密封性能的试验。

密封试验之前，应除去密封面上的油渍，但允许涂一薄层黏度不大于煤油的防护剂；靠油脂密封的阀门，允许涂敷按设计规定选用的油脂。

试验过程中不应使阀门受到可能影响试验结果的外力。应以设计给定的方式关闭阀门。

密封试验应在壳体试验后进行。主要阀类密封试验的加压方法按表10-31的规定。但对于规定了介质流通方向的阀门，应按规定的流通方向加压（止回阀除外）。试验时应逐渐加压到规定的试验压力，然后检查密封副的密封性能。

API 598—2016、GB/T 26480—2011 等标准将密

表10-30　上密封试验

<table>
<tr><td>标准</td><td colspan="2">GB/T 13927—2008</td><td colspan="2">GB/T 26480—2011</td><td colspan="2">ISO 5208：2015</td><td colspan="2">API 598—2016</td></tr>
<tr><td>试验介质温度/℃（℉）</td><td colspan="2">5～40</td><td colspan="2">5～50</td><td colspan="2">5～40</td><td colspan="2">5～38（41～100）</td></tr>
<tr><td>试验介质</td><td colspan="2">液体：可用含防锈剂的水、煤油或黏度不高于水的非腐蚀性液体
奥氏体不锈钢材料的阀门进行试验时，所使用的水含氯化物的量应不超过100mg/L</td><td colspan="2">高压上密封试验其试验介质应是水、煤油黏度不高于水的非腐蚀性液体、氮气或空气
低压上密封试验其试验介质应是空气、氮气或惰性气体</td><td colspan="2">液体：水（可以含有耐蚀剂）、煤油或黏度不大于水的其他适宜液体
奥氏体不锈钢材料的阀门进行试验时，所使用的水含氯化物的量应不超过0.01%（质量分数）（100ppm）</td><td colspan="2">高压上密封试验的试验介质应为空气、惰性气体、煤油、水或黏度不高于水的非腐蚀性液体
低压上密封试验其试验介质应是空气或惰性气体
奥氏体不锈钢阀门试验时，所使用的水中氯化物含量不应超过0.005%（质量分数）（50ppm）</td></tr>
<tr><td>试验压力</td><td colspan="2">至少是阀门在20℃时的允许最大工作压力的1.1倍</td><td colspan="2">高压上密封试验其试验压力为38℃时最大允许工作压力的1.1倍
低压上密封试验其试验压力为0.4～0.7MPa</td><td colspan="2">应最小是常温工作压力的1.1倍</td><td colspan="2">高压上密封试验其试验压力为38℃时最大允许工作压力的110%
低压上密封试验其试验压力为5.5bar±1.5bar</td></tr>
<tr><td rowspan="5">试验最短持续时间</td><td>公称尺寸</td><td>最短持续时间/s</td><td>公称尺寸</td><td>最短持续时间/s</td><td>公称尺寸</td><td>最短持续时间/s</td><td>公称尺寸</td><td>最短持续时间/s</td></tr>
<tr><td>≤DN50</td><td>15</td><td>≤DN50</td><td>15</td><td>≤DN50</td><td>15</td><td rowspan="2">≤DN50</td><td rowspan="2">15</td></tr>
<tr><td>DN65～DN150</td><td>60</td><td rowspan="3">≥DN65</td><td rowspan="3">60</td><td>DN65～DN150</td><td>60</td></tr>
<tr><td>DN200～DN300</td><td>60</td><td>DN200～DN300</td><td>60</td><td rowspan="2">≥DN65</td><td rowspan="2">60</td></tr>
<tr><td>≥DN350</td><td>60</td><td>≥DN350</td><td>60</td></tr>
<tr><td>判定</td><td colspan="2">不允许有可见的泄漏</td><td colspan="2">不允许有可见的泄漏。如果试验介质为液体，则不得有明显可见的液滴和表面潮湿。如果试验介质是空气或其他气体，应无气泡漏出</td><td colspan="2">在试验持续时间内无可见泄漏</td><td colspan="2">不允许有可见的泄漏</td></tr>
</table>

（续）

<table>
<tr><td>标准</td><td colspan="5">EN 12266-1：2012</td><td colspan="3">MSS SP 61—2013</td><td>API 6A—2018
ISO 10423:2009</td><td colspan="2">API 6D—2014
ISO 14313:2008</td><td colspan="2">ISO 10434:2004</td></tr>
<tr><td>试验介质温度/℃（℉）</td><td colspan="5">5～40</td><td colspan="3">≤52（125）</td><td>常温</td><td colspan="2">≤38（100）</td><td colspan="2">5～40</td></tr>
<tr><td>试验介质</td><td colspan="5">液体：水（可以含有防锈剂）或黏度不大于水的其他适宜液体
气体：空气或其他适宜气体</td><td colspan="3">空气、惰性气体或液体。如水（可以含有防锈剂）、煤油或黏度不大于水的其他液体</td><td>试验介质为氮气</td><td colspan="2">应为清洁水和水中可含有防腐剂，经协商可用黏度小于水的轻质油
对于奥氏体和铁素体-奥氏体（双相）不锈钢阀门的阀体及阀盖的试验用水中氯化物含量不应超过0.003%（质量分数）</td><td colspan="2">对于公称尺寸≤DN100，≤Class1500的阀门和公称尺寸>DN100，公称压力≤Class600的阀门用气体试验
对于公称尺寸≤DN100、公称压力>Class1500的阀门和公称尺寸>DN100，公称压力>Class600的阀门用液体试验</td></tr>
<tr><td rowspan="4">试验压力</td><td>公称尺寸</td><td colspan="2">公称压力</td><td colspan="2">试验压力</td><td colspan="3">高压上密封试验其试验压力为38℃时材料额定值的1.1倍
低压上密封试验其试验压力</td><td rowspan="4">PSL3：额定工作压力
PSL3G：第一次额定工作压力
第二次额定工作压力的5%～10%
PSL4：第一次额定工作压力
第二次额定工作压力的5%～10%</td><td colspan="2" rowspan="4">其试验压力不低于材料在38℃时规定的额定压力值的1.1倍</td><td colspan="2" rowspan="4">液体试验压力为不低于阀门在38℃时规定的额定压力值的1.1倍
气体试验压力为0.4～0.7MPa</td></tr>
<tr><td>≤DN80</td><td colspan="2">所有压力</td><td colspan="2">室温下最小为允许压差的1.1倍(液体)</td><td>公称尺寸</td><td>公称压力</td><td>试验压力</td></tr>
<tr><td rowspan="2">DN100～DN200</td><td colspan="2" rowspan="2">≤PN40
≤Class300</td><td colspan="2" rowspan="2">应为1.1倍的室温允许压差或6bar±1bar两者较低(气体)</td><td>≤DN300</td><td>Class300</td><td rowspan="2">0.56MPa(气体)</td></tr>
<tr><td>≤DN100</td><td>各压力级</td></tr>
<tr><td rowspan="7">试验最短持续时间</td><td rowspan="3">公称尺寸</td><td colspan="4">最短持续时间/s</td><td colspan="2" rowspan="3">公称尺寸</td><td rowspan="3">试验持续时间/s</td><td rowspan="7">PSL3：保压时间15min
PSL3G：第一次60min
第二次60min
PSL4：第一次60min
第二次60min</td><td rowspan="3">公称尺寸</td><td rowspan="3">试验保压时间/min</td><td rowspan="3">公称尺寸</td><td rowspan="3">试验持续时间/s</td></tr>
<tr><td colspan="3">生产或验收</td><td rowspan="2">形式所有液气</td></tr>
<tr><td>金属座液</td><td>金属座气</td><td>软座液气</td></tr>
<tr><td>≤DN50</td><td>15</td><td>15</td><td>15</td><td>600</td><td colspan="2">≤DN50</td><td>15</td><td rowspan="2">≤DN100</td><td rowspan="2">2</td><td>≤DN50</td><td>15</td></tr>
<tr><td>DN65～DN200</td><td>30</td><td>15</td><td>15</td><td>600</td><td colspan="2">DN65～DN200</td><td>30</td><td rowspan="2">DN65～DN150</td><td rowspan="2">60</td></tr>
<tr><td>DN250～DN450</td><td>60</td><td>30</td><td>30</td><td>600</td><td colspan="2">DN250～DN450</td><td>60</td><td rowspan="2">≥DN150</td><td rowspan="2">5</td></tr>
<tr><td>≥DN500</td><td>120</td><td>30</td><td>60</td><td>600</td><td colspan="2">≥DN500</td><td>120</td><td>≥DN200</td><td>120</td></tr>
<tr><td>判定</td><td colspan="5">在规定的测试持续时间内无可见泄漏</td><td colspan="3">应保持试验压力面无可见泄漏</td><td>保压期间在水池中无可见气泡</td><td colspan="2">在上密封试验中不允许有任何可见的泄漏</td><td colspan="2">在试验持续时间内不允许有可见的上密封渗漏</td></tr>
</table>

封试验分为高压密封试验和低压密封试验，并规定蝶阀应进行高压密封试验。其他类型的阀门必须能够经受高压密封试验，但通常不进行这一试验。对于止回阀，可进行高压密封试验或低压密封试验。

ISO 5208：2015 及 GB/T 13927—2008 等标准未将密封试验明确地划分为高压试验和低压试验。试验介质由制造厂任选。但用气体作为试验介质时，应在低压下进行试验；用液体作为试验介质时，应在38℃时材料允许的额定压力下进行试验。

表10-31　密封试验的加压方法

阀类	加　压　方　法
闸阀 球阀 旋塞阀	封闭阀门两端，启闭件处于部分开启状态，给腔体充满试验介质，并逐渐加压到规定的试验压力。关闭启闭件，并按规定时间保持一端的试验压力；释放阀门一端的压力，检查该端的泄漏情况；阀门另一端也按同样方法加压
截止阀 隔膜阀	封闭阀门对阀座密封不利的一端，关闭阀门的启闭件，给阀门的内腔充满试验介质；逐渐加压到规定的试验压力，检查另一端的泄漏情况
蝶阀	封闭阀门的一端，关闭阀门的启闭件，给阀门内腔充满试验介质；逐渐加压到规定的试验压力，在规定的时间内保持试验压力不变；检查另一端的泄漏情况。重复上述步骤和动作，将阀门换方向试验
止回阀	止回阀在阀瓣关闭状态，封闭止回阀出口端，给阀门内充满试验介质逐渐加压到规定的试验压力，检查进口端的泄漏
球阀、平行式闸阀 API 6D—2014 ISO 14313： 2008	单向的：使阀门半开，阀门腔内完全充满试验介质，然后关闭阀门，向阀门一端施加试验压力。通过阀体中腔排水孔或排水管接头，检测阀座的泄漏。对于无腔体排水接头的阀门，应在阀门加压试验介质的下游端检测阀门的泄漏 双向的：使阀门半开，阀门腔内完全充满试验介质，然后关闭阀门，依次向阀门的两端施加试验压力。通过阀体中腔排水孔或排水管接头，检测每一边的阀座泄漏。对于无阀体排水接头的阀门，应从阀门的下游端检测阀门的泄漏 双隔离泄放阀（D1B-1）（双阀座双向密封）如果安装了中腔泄压阀，应拆除，使阀门半开，阀门腔内完全充满试验介质，直到试验介质通过中腔泄压阀接头溢出。对于中腔方向阀座泄漏试验，应关闭阀门，依次向每一边阀门端部施加试验压力，通过中腔泄压阀接头检测泄漏；此后，每一边阀座均应作为下游端进行试验，阀门两端排空试验介质，中腔充满试验介质，然后施加压力，通过阀门两端检测每一边阀座的泄漏
球阀、平行式闸阀 API 6D—2014 ISO 14313： 2008	双隔离泄放阀（D1B-2）一个阀座单向密封、一个阀座双向密封 双向阀座应进行双向试验 如安装有腔体泄压阀，应拆除腔体泄压阀，使阀门半开，阀门体腔内完全充满试验介质，直到试验介质通过腔体排水接头溢出。从腔体方向测试阀座泄漏，应关闭阀门，依次向每一侧端部施加试验压力，分别从上游端测试每一侧阀座，通过阀门腔体泄压阀接头检测泄漏 双向阀座应从腔体试验，同时向阀门腔体和上游端施加试验压力，在阀门的下游端检测泄漏 双截断排放阀（DBB） 使阀门部分开启，阀门及其腔体内完全充满试验介质，然后关闭阀门，打开阀体排水阀，让多余的试验介质从阀腔试验接口溢出，同时向阀门两端施加试验压力，通过阀腔接口检测阀座的密封性
平行式闸阀、 旋塞阀、球阀 API 6A—2018 ISO 10423： 2009	PSL1：双向阀应以额定工作压力施加于闸板或旋塞的每一侧，另一侧通大气，进行阀座静水压试验。试验压力最短保持为3min。在各保压周期之间，应将试验压力降为零。闸板或旋塞的每一侧，至少试验两次 PSL2：双向阀应以额定工作压力施加于闸板或旋塞的每一侧，另一侧通大气，进行阀座静水压试验。单向阀应按阀体指明方向施加试验压力；当压力施加于闸板或旋塞一侧后，压力至少保持并监视3min，试验后阀门应在全压差下开启。上述试验应重复进行；然后在闸板和旋塞一侧进行三次施压，保压和至少监视3min。双向阀在闸板和旋塞另一侧，使用上述相同程序再次试验 PSL3：与PSL2的要求相同，但该阀座的静水压试验要求第二次和第三次保压时间最少延长至15min PSL3G：双向阀在闸板或旋塞的每一侧施加气体试验压力，另一侧通大气；单向阀按阀体上指示的方向施加气体试验压力。在环境温度下，用氮气作为试验介质进行试验。试验时，使设备完全浸没于水槽。试验由两个监测保压周期组成：第一次试验压力为额定工作压力，第一次试验监测保压时间至少为15min，在第一次与第二次保压之间，试验压力应降至为零；第二次试验压力为2.0（1±10%）MPa，第二次保压时间至少为15min。在两次试验之间，阀门应全开和全关 PSL4：阀座静水压试验与PSL3的要求相同。阀座气压试验方法为：气体试验压力应分别作用于双向阀闸板和旋塞的每一侧，另一侧通大气。单向阀应按阀体上指明的方向进行试验。试验应在环境温度下进行。试验介质应为氮气。试验设备应完全浸没在水槽中。试验应由两次监视保压期组成：第一次试验压力应为额定工作压力，第一次试验保压期至少为60min，在第一次和第二次保压期间压力应降至为零；第二次试验压力为额定工作压力的5%～10%，第二次试验监测保压期应为60min；阀门在两次试验期间应完全开启和完全关闭一次。双向阀应以上述相同的程序，在闸板和旋塞的另一侧再次试验

（续）

阀类	加压方法
平行式闸阀、旋塞阀、球阀 API 6A—2018（ISO 10423：2009）	压力-温度循环试验程序如下： 1）在室温和大气压力下，开始升温至最高温度 2）施加试验压力，至少保压期1h，而后泄压 3）降温至最低温度 4）施加试验压力，至少保压期1h，而后泄压 5）升至室温 6）在室温下施加试验压力，并且在升至最高温度期间，保持压力为试验压力的50%～100% 7）在试验压力下最少保压1h 8）在保持试验压力的50%～100%时，降温至最低温度 9）在试验压力下最少保压1h 10）升温至室温，升温期间保持试验压力的50%～100% 11）泄压，再升温至最高温度 12）施加试验压力，至少保压1h，而后泄压 13）降温至最低温度 14）施加试验压力，至少保压1h，而后泄压 15）升温至室温 16）施加试验压力，至少保压1h，而后泄压 17）施加5%～10%的试验压力，至少保压1h，而后泄压
石油和天然气工业用螺栓连接阀盖的钢制闸阀 API 600—2015	对每个方向的阀座都应进行关闭密封性试验，每次试验一个方向。试验方法应包括使两个阀座之间的阀体空腔和阀盖内充满试验介质并加压，以确保任何阀座渗漏都不能逃脱检查
闸阀、球阀、旋塞阀 EN 12266.1：2012	1）使阀门半开，阀门体腔内完全充满试验介质 2）使关闭件处于关闭状态 3）加压至规定试验压力，保持该压力至规定保压时间 4）确定泄漏量 5）再做另一面，试验方法如前
截止阀	1）使阀门半开，阀门体腔内完全充满试验介质 2）使关闭件处于关闭状态 3）从关闭件的下方加压至规定的试验压力，保持该压力至规定的保压时间 4）确定泄漏
隔膜阀	1）使阀门半开，阀门体腔内完全充满试验介质 2）使隔膜处于关闭状态 3）从关闭件的下方加压至规定的试验压力，保持该压力至规定的保压时间 4）确定泄漏量
蝶阀	1）阀门处于半开，阀门体腔内完全充满试验介质 2）使蝶板处于关闭状态 3）从最不利于密封的方向加压至规定的试验压力，保持该压力至规定的保压时间，对于双蝶板蝶阀，从阀体的排污孔加压至规定的试验压力，保持该压力至规定的保压时间，从蝶板两侧检验渗漏量 4）确定渗漏量
止回阀	1）使试验介质充满阀体内腔 2）从出口端加压至规定的试验压力，保持该压力至规定的保压时间 3）确定泄漏量

API 6D—2014、ISO 14313：2008，要求买方应规定按相关标准进行的补充试验和试验的频次要求。试验应按标准的试验顺序进行，即先进行上密封试验，再进行壳体水压试验，最后进行密封试验。上密封试验和静压密封试验，可用高压气密封试验替代。对于奥氏体和铁素体-奥氏体（双相）不锈钢阀门的阀体及阀盖试验用水，其氯化物含量不应超过0.003%（质量分数）。该标准中的双阀座阀门球阀和闸阀有五种密封结构，即单向的，双向的双阀座双向阀，双阀座一个阀座双向密封、一个阀座单向密封及双截断排放阀。具体每一种阀门的加压方法见表10-31。

API 600规定，每台阀门都应按照API 598的要求进行壳体压力试验、关闭密封性试验和阀杆上密封试验。对于关闭密封试验又有如下规定：对于≤DN100而≤Class1500（≤PN260）的阀门和对于＞DN100而≤Class600（≤PN110）的阀门，用气体试验，试验气体压力在0.4～0.7MPa之间；对于≤DN100而＞Class1500（＞PN260）的阀门和对于＞DN100而＞Class600（PN110）的阀门，用液体试验，液体试验压力不低于阀门在38℃时最大许用压力额定值的1.1倍。加压方法符合表10-31的规定。

API 6A—2018、ISO 10423：2009，要求对于全孔阀所有产品规范等级都要做通规试验。对于本体静水压试验由三部分组成：①初始保压期；②压力降至零；③第二次保压期。两次保压期均不应小于3min。

对于阀座静水压试验：

PSL1：双向阀应以额定工作压力施加于闸板或旋塞的每一侧，另一侧通大气，试验压力最短保持3min。闸板或旋塞的每一侧，至少试验两次。

PSL2：双向阀应以额定工作压力施加于闸板或旋塞的每一侧，另一侧通大气，试验压力最短保持3min。闸板或旋塞的每一侧，至少试验三次。

PSL3：与PSL2的要求相同，但该阀座静水压试验要求第二次和第三次保压时间，最少延长至15min。

PSL3G：除按PSL3的要求做阀门阀座静水压力试验以外，还应进行阀座气体试验。气体试验在环境温度下，用氮气做试验介质进行该试验。试验由两个监测保压周期组成：第一次试验压力应为额定工作压力，保压时间至少为15min；第二次试验压力为2.0（1±10%）MPa，第二次保压时间至少为15min。

PSL4：与PSL3的要求相同，还应进行阀座气体试验。气体试验在环境温度下，用氮气做试验介质进行试验。试验由两个监测保压周期组成：第一次试验压力等于额定工作压力，保压时间为60min；第二次试验压力为额定工作压力的5%～10%，保压时间为60min。

各标准关于密封试验的详细要求，分别见表10-32～表10-34。

表10-32 高压密封试验

标准	GB/T 13927—2008	GB/T 26480—2011	ISO 5208：2015	API 598—2016
试验介质温度/℃（℉）	5～40	5～50	5～40	5～38（41～100）
试验介质	液体：可用含防锈剂的水、煤油或黏度不高于非腐蚀性液体 奥氏体不锈钢材料的阀门进行试验时，所使用的水含氯化物量不超过100mg/L	水、煤油或黏度不高于水的非腐蚀性液体、氮气或空气 奥氏体不锈钢阀门试验时所使用的水含氯化物量不超过100mg/L	液体：水（可以含有耐蚀剂）、煤油或黏度不大于水的其他液体或气体 奥氏体不锈钢材料的阀门进行试验时，所使用的水含氯化物量不超过0.01%（质量分数）	高压密封试验的试验介质应是空气、惰性气体、煤油、水或黏度不高于水的非腐蚀液体 奥氏体不锈钢阀门试验时，所使用的水其氯化物含量不得超过0.005%（质量分数）

标准	EN 12266-1：2012	MSS SP-61—2013	API 6A—2018 ISO 10423：2009	API 6D —2014 ISO 14313：2008	ISO 10434：2004
试验介质温度/℃（℉）	5～40	≤52（125）	常温	≤38（100）	5～40
试验介质	液体：水（可以含有防腐剂）或黏度不大于水的其他适宜液体 气体：空气或其他适宜气体	空气、惰性气体或液体，如水（可以含有缓蚀剂）、煤油或黏度不大于水的其他液体	液体：水或含防腐剂的水 气体：氮气	含有缓蚀剂和经同意含有防冻剂（乙二醇）的清洁水 对于奥氏体和铁素体—奥氏体（双相）不锈钢阀门的阀体及阀盖的试验用水中氯化物含量不应超过0.003%（质量分数）	对于公称尺寸≤DN100、公称压力≤Class1500的阀门和对于公称尺寸＞DN100，公称压力≤Class600的阀门用气体试验 对于公称尺寸≤DN100、公称压力＞Class1500的阀门和对于公称尺寸＞DN100，公称压力＞Class600的阀门用液体试验

（续）

<table>
<tr><td>标准</td><td>GB/T 13927—2008</td><td>GB/T 26480—2011</td><td>ISO 5208：2015</td><td>API 598—2016</td></tr>
<tr><td>试验压力</td><td>至少是阀门在20℃时允许最大工作压力的1.1倍
如阀门铭牌标示尺寸最大工作压差或阀门配带的操作机构不适宜进行高压密封试验时，试验压力按阀门铭牌标示的最大工作压差的1.1倍</td><td>除蝶阀和止回阀外，其他结构阀门的高压密封试验压力为38℃时最大允许工作压力的1.1倍
蝶阀试验压力为38℃时最大允许工作压差的1.1倍
铁制止回阀高压密封试验压力<table><tr><td>阀门材料</td><td>公称尺寸</td><td>常温下最高工作压力/MPa</td><td>试验压力/MPa</td></tr><tr><td rowspan="2">灰铸铁</td><td>DN50～DN300</td><td>1.4（Class125）</td><td>1.4</td></tr><tr><td>DN350～DN1200</td><td>1.0（Class125）</td><td>1.0</td></tr><tr><td>球墨铸铁</td><td>—</td><td>1.7（Class150）</td><td>1.7</td></tr></table>钢制止回阀的试验压力按38℃时最大允许工作压力</td><td>如果试验流体是气体，该密封试验压力应是常温工作压力的1.1倍或6bar±1bar
如果试验流体是液体，该密封试验压力应最小是常温工作压力的1.1倍</td><td>碳钢、合金钢、不锈钢和特殊合金钢阀门：38℃最大许用压力的110%
蝶阀：38℃时设计压差的110%
止回阀：
铸铁
Class125，NPS2～NPS12，试验压力为1.4MPa
NPS14～NPS48，试验压力为1.1MPa
Class250，NPS2～NPS12，试验压力为3.5MPa
NPS14～NPS48，试验压力为2.1MPa
球墨铸铁
Class150，试验压力为1.7MPa
Class300，试验压力为4.4MPa</td></tr>
</table>

<table>
<tr><td rowspan="6">试验最短持续时间</td><td rowspan="2">公称尺寸</td><td colspan="2">最短持续时间/s</td><td rowspan="2">公称尺寸</td><td colspan="2">最短持续时间/s</td><td rowspan="2">公称尺寸</td><td colspan="2">最短持续时间/s</td><td rowspan="2">公称尺寸</td><td colspan="2">最短持续时间/s</td></tr>
<tr><td>其他阀</td><td>止回阀</td><td>止回阀</td><td>其他阀</td><td>隔离阀</td><td>止回阀</td><td>止回阀</td><td>其他阀</td></tr>
<tr><td>≤DN50</td><td>60</td><td>15</td><td>≤DN50</td><td>60</td><td>15</td><td>≤DN50</td><td>15</td><td>60</td><td>≤DN50</td><td>60</td><td>15</td></tr>
<tr><td>DN65～DN150</td><td>60</td><td>60</td><td>DN65～DN150</td><td>60</td><td>60</td><td>DN65～DN150</td><td>60</td><td>60</td><td>DN65～DN150</td><td>60</td><td>60</td></tr>
<tr><td>DN200～DN300</td><td>60</td><td>120</td><td>DN200～DN300</td><td>60</td><td>120</td><td>DN200～DN300</td><td>120</td><td>120</td><td>DN200～DN300</td><td>120</td><td>120</td></tr>
<tr><td>≥DN350</td><td>120</td><td>120</td><td>≥DN350</td><td>120</td><td>120</td><td>≥DN350</td><td>120</td><td>120</td><td>≥DN350</td><td>120</td><td>120</td></tr>
</table>

<table>
<tr><td>标准</td><td>EN 12266-1：2012</td><td>MSS SP-61—2013</td><td>API 6A—2018
ISO 10423：2009</td><td>API 6D—2014
ISO 14313：2008</td><td>ISO 10434：2004</td></tr>
<tr><td>试验压力</td><td><table><tr><td>公称尺寸</td><td>公称压力</td><td>试验压力</td></tr><tr><td>≤DN80</td><td>所有压力</td><td rowspan="3">室温下最少为允许压差的1.1倍（液体）
气体：（0.6±0.1）MPa</td></tr><tr><td rowspan="2">DN100～DN200</td><td>≤PN40</td></tr><tr><td>≤Class300</td></tr></table></td><td>密封试验压力不小于1.1倍的38℃的额定压力。对于公称尺寸≤DN300、公称压力≤Class300或公称尺寸≤DN100、全部压力级，密封试验压力可为0.56MPa（气压）</td><td>PSL1：额定压力
PSL2：额定压力
PSL3：额定压力
PSL3G：静水压额定压力
气压：第一次额定压力
第二次2.0MPa（±10%）
PSL4：静水压额定压力
气压：第一次额定压力
第二次2.0MPa（±10%）</td><td>所有密封试验的试验压力应不低于材料在38℃时规定的额定压力值的1.1倍</td><td>液体试验压力为不低于阀门在38℃时最大许用压力额定值的1.1倍
气体试验压力为0.4～0.7MPa</td></tr>
</table>

（续）

标准	EN 12266-1：2012					MSS SP-61—2013		API 6A—2018 ISO 10423：2009	API 6D—2014 ISO 14313：2008		ISO 10434：2004	
试验最短持续时间	公称尺寸	最短持续时间/s				公称尺寸	最短持续时间/s	PSL1：每一侧2次每次3min PSL2：每一侧3次每次3min PSL3：每一侧3次 第1次3min 第2次15min 第3次15min PSL3G：液体试验同PSL3 气体试验 初始15min 第2次15min PSL4：液体试验同PSL3 气体试验 初始60min 第2次60min	公称尺寸	最短持续时间/min	公称尺寸	最短持续时间/s
		生产或验收			形式							
		金属座		软座	所有							
		液	气	液、气	液气							
	≤DN50	15	15	15	600	≤DN50	15		≤DN100	2	≤DN50	15
	DN65～DN200	30	15	15	600	DN65～DN200	30				DN65～DN150	60
	DN250～DN450	60	30	30	600	DN250～DN450	60		DN150～DN450	5	DN200～DN300	120
	≥DN500	120	30	60	600	≥DN500	120		≥DN500	10	≥DN350	120

标准	GB/T 13927—2008			GB/T 26480—2011						ISO 5208：2015			API 598—2016
判定	等级	允许最大泄漏量		项目		公称尺寸				等级	允许最大泄漏量		见表10-33
		mm^3/s	滴/min			≤DN50	DN65～DN150	DN200～DN300	≥DN350		mm^3/s	滴/s	
	A	在试验压力持续时间内无可见泄漏								A	在试验压力持续时间内无可见泄漏		
	AA	0.006DN	0.006DN	所有弹性密封阀门		0	0	0	0	AA	0.006DN	0.0001DN	
	B	0.01DN	0.01DN							B	0.01DN	0.00016DN	
	C	0.03DN	0.03DN	除止回阀外所有金属密封阀门	液体	0	12	20	$\frac{2}{25}$DN	C	0.03DN	0.0005DN	
	CC	0.08DN	0.08DN			滴/min				CC	0.08DN	0.0013DN	
	D	0.1DN	0.1DN		气体	0	24	40	$\frac{4}{25}$DN	D	0.1DN	0.0016DN	
	E	0.3DN	0.29DN			气泡/min				E	0.3DN	0.0048DN	
	EE	0.39DN	0.37DN	金属密封副止回阀	液体	$\frac{3}{25}$DN mL/min				EE	0.39DN	0.0062DN	
	F	DN	0.96DN							F	1DN	0.016DN	
	G	2DN	1.92DN		气体	$\frac{DN}{25}\times 0.042$，$m^3/h$				G	2DN	0.032DN	

（续）

<table>
<tr><td>标准</td><td colspan="3">EN 12266-1:2012</td><td>MSS SP61—2013</td><td>API 6A-2018
ISO 10423:2009</td><td>API—2014
ISO 14313:2008</td><td colspan="5">ISO 10434:2004</td></tr>
<tr><td rowspan="9">判定</td><td rowspan="2">等级</td><td colspan="2">试验介质最大允许泄漏量/(mm^3/s)</td><td rowspan="9">关闭时每一侧密封的最大允许泄漏量为：
液体：
0.4mL/(DN·h)
[10mL/(NPS·h)]
气体：
120mL/(DN·h)
[0.1ft^3/(NPS·h)]</td><td rowspan="9">PSL1：在每一保压期间，无任何可见的泄漏
PSL2：在每一保压期间，无任何可见的泄漏
PSL3：在所有的静水压试验中应采用图像记录仪
在每一保压期内，无任何可见的泄漏
PSL3G：同PSL3
气压试验：保压期间水槽中无可见气泡，最大20MPa的气体试验压力降低是可以接受的，只要在保压周期内水槽中无可见气泡</td><td rowspan="9">软密封阀门和油密封阀式旋塞阀的泄漏量不得超过ISO 5208的A级（无可见泄漏）。金属对金属密封双截断排放阀试验期间的渗漏量不应超过ISO 5208D级的2倍。金属密封的阀门的渗漏量不得超过ISO 5208D级
金属密封止回阀的泄漏率不得超过ISO 5208的G级</td><td rowspan="2">公称尺寸</td><td colspan="4">允许最大泄漏量</td></tr>
<tr><td>液体</td><td>气体</td><td colspan="2">液体</td><td colspan="2">气体</td></tr>
<tr><td>A级</td><td colspan="2">在试验持续时间内无可见泄漏</td><td>≤DN50</td><td>0</td><td>0</td><td>0</td><td>0</td></tr>
<tr><td>B级</td><td>0.01DN</td><td>0.3DN</td><td rowspan="2">DN65～DN150</td><td rowspan="2">12.5</td><td rowspan="2">0.2</td><td rowspan="2">25</td><td rowspan="2">0.4</td></tr>
<tr><td>C级</td><td>0.03DN</td><td>3DN</td></tr>
<tr><td>D级</td><td>0.1DN</td><td>30DN</td><td rowspan="2">DN200～DN300</td><td rowspan="2">20.8</td><td rowspan="2">0.4</td><td rowspan="2">42</td><td rowspan="2">0.7</td></tr>
<tr><td>E级</td><td>0.3DN</td><td>300DN</td></tr>
<tr><td>F级</td><td>DN</td><td>3000DN</td><td rowspan="2">≥DN350</td><td rowspan="2">29.2</td><td rowspan="2">0.5</td><td rowspan="2">58</td><td rowspan="2">0.9</td></tr>
<tr><td>G级</td><td>2DN</td><td>6000DN</td></tr>
</table>

表10-33　密封试验的最大允许泄漏量

公称尺寸		所有弹性密封阀门	除止回阀外的所有金属密封阀门		金属密封止回阀		
			液体试验/(滴/min)	气体试验/(气泡/min)	液体试验/(mL/min)	气体试验/(m^3/h)	气体试验/(ft^3/h)
≤DN50	≤NPS2	0	0	0	6	0.08	3
DN65	NPS2½	0	5	10	7.5	0.11	3.75
DN80	NPS3	0	6	12	9	0.13	4.5
DN100	NPS4	0	8	16	12	0.17	6
DN125	NPS5	0	10	20	15	0.21	7.5
DN150	NPS6	0	12	24	18	0.25	9
DN200	NPS8	0	16	32	24	0.34	12
DN250	NPS10	0	20	40	30	0.42	15
DN300	NPS12	0	24	48	36	0.50	18
DN350	NPS14	0	28	56	42	0.59	21
DN400	NPS16	0	32	64	48	0.67	24
DN450	NPS18	0	36	72	54	0.76	27
DN500	NPS20	0	40	80	60	0.84	30
DN600	NPS24	0	48	96	72	1.01	36
DN650	NPS26	0	52	104	78	1.09	39
DN700	NPS28	0	56	112	84	1.18	42
DN750	NPS30	0	60	120	90	1.26	45
DN800	NPS32	0	64	128	96	1.34	48
DN900	NPS36	0	72	144	108	1.51	54
DN1000	NPS40	0	80	160	120	1.68	60
DN1050	NPS42	0	84	168	126	1.76	63
DN1200	NPS48	0	96	192	144	2.02	72

表10-34 低压密封试验

<table>
<tr><td>标准</td><td colspan="3">GB/T 13927—2008</td><td colspan="3">GB/T 26480—2011</td><td colspan="3">ISO 5208:2015</td><td colspan="3">API 598—2016</td></tr>
<tr><td>试验介质温度/℃(℉)</td><td colspan="3">5～40</td><td colspan="3">5～50</td><td colspan="3">5～40</td><td colspan="3">5～38（41～100）</td></tr>
<tr><td>试验介质</td><td colspan="3">氮气、空气、或其他惰性气体</td><td colspan="3">空气、氮气或惰性气体</td><td colspan="3">空气或其他适宜气体</td><td colspan="3">空气或惰性气体</td></tr>
<tr><td>实验压力</td><td colspan="3">0.6MPa±0.1MPa</td><td colspan="3">0.4～0.7MPa</td><td colspan="3">0.6MPa±0.1MPa</td><td colspan="3">0.55MPa±0.15MPa</td></tr>
<tr><td rowspan="6">实验最短持续时间</td><td rowspan="2">公称尺寸</td><td colspan="2">最短持续时间/s</td><td rowspan="2">公称尺寸</td><td colspan="2">最短持续时间/s</td><td rowspan="2">公称尺寸</td><td colspan="2">最短持续时间/s</td><td rowspan="2">公称尺寸</td><td colspan="2">最短持续时间/s</td></tr>
<tr><td>其他阀</td><td>止回阀</td><td>止回阀</td><td>其他阀</td><td>隔离阀</td><td>止回阀</td><td>止回阀(API 594)</td><td>其他阀</td></tr>
<tr><td>≤DN50</td><td>60</td><td>15</td><td>≤DN50</td><td>60</td><td>15</td><td>≤DN50</td><td>15</td><td>60</td><td>≤DN50</td><td>60</td><td>15</td></tr>
<tr><td>DN65～DN150</td><td>60</td><td>60</td><td>DN65～DN150</td><td>60</td><td>60</td><td>DN65～DN150</td><td>60</td><td>60</td><td>DN65～DN150</td><td>60</td><td>60</td></tr>
<tr><td>DN200～DN300</td><td>60</td><td>120</td><td>DN200～DN300</td><td>60</td><td>120</td><td>DN200～DN300</td><td>120</td><td>120</td><td>DN200～DN300</td><td>120</td><td>120</td></tr>
<tr><td>≥DN350</td><td>120</td><td>120</td><td>≥DN350</td><td>120</td><td>120</td><td>≥DN350</td><td>120</td><td>120</td><td>≥DN350</td><td>120</td><td>120</td></tr>
</table>

<table>
<tr><td rowspan="12">判定</td><td rowspan="2">等级</td><td colspan="2">允许最大泄漏量</td><td rowspan="2"></td><td colspan="4">公称尺寸</td><td rowspan="2">等级</td><td colspan="2">允许最大泄漏量</td><td rowspan="12">见表10-33</td></tr>
<tr><td>mm^3/s</td><td>气泡/min</td><td>≤DN50</td><td>DN65～DN150</td><td>DN200～DN300</td><td>≥DN350</td><td>mm^3/s</td><td>气泡/s</td></tr>
<tr><td>A</td><td colspan="2">在试验压力持续时间内，无可见泄漏</td><td rowspan="2">所有弹性密封副阀门/(滴/min)</td><td rowspan="2">0</td><td rowspan="2">0</td><td rowspan="2">0</td><td rowspan="2">0</td><td>A</td><td colspan="2">在试验压力持续时间内，无可见泄漏</td></tr>
<tr><td>AA</td><td>0.18DN</td><td>0.18DN</td><td>AA</td><td>0.18DN</td><td>0.003DN</td></tr>
<tr><td>B</td><td>0.3DN</td><td>0.28DN</td><td rowspan="5">除止回阀外的所有金属密封阀门/(气泡/min)</td><td rowspan="5">0</td><td rowspan="5">24</td><td rowspan="5">40</td><td rowspan="5">$\frac{4}{25}$DN</td><td>B</td><td>0.3DN</td><td>0.0046DN</td></tr>
<tr><td>C</td><td>3DN</td><td>2.75DN</td><td>C</td><td>3DN</td><td>0.0458DN</td></tr>
<tr><td>CC</td><td>22.3DN</td><td>20.4DN</td><td>CC</td><td>22.3DN</td><td>0.3407DN</td></tr>
<tr><td>D</td><td>30DN</td><td>27.5DN</td><td>D</td><td>30DN</td><td>0.4584DN</td></tr>
<tr><td>E</td><td>300DN</td><td>275DN</td><td>E</td><td>300DN</td><td>4.5837DN</td></tr>
<tr><td>EE</td><td>470DN</td><td>428DN</td><td rowspan="3">金属密封副止回阀/(m^3/h)</td><td rowspan="3" colspan="4">$\frac{0.042}{25}$DN</td><td>EE</td><td>470DN</td><td>7.1293DN</td></tr>
<tr><td>F</td><td>3000DN</td><td>2750DN</td><td>F</td><td>3000DN</td><td>45.837DN</td></tr>
<tr><td>G</td><td>6000DN</td><td>5500DN</td><td>G</td><td>6000DN</td><td>91.673DN</td></tr>
</table>

（续）

标准	EN 12266-1：2012	MSS SP-61—2013	API 6A—2018 ISO 10423:2009	API 6D—2014 ISO 14313:2008	ISO 10434:2004
试验介质温度/℃（℉）	5~40	≤52（125）	常温	5~40	5~40
试验介质	空气或其他适宜气体	空气或惰性气体	氮气	空气或氮气	空气或气体适宜气体
试验压力	1.1倍的室温允许压差或0.6MPa±0.1MPa两者较小的一个	公称尺寸≤DN300，公称压力≤Class300公称尺寸≤DN100，全部压力级密封实验压力为0.56MPa	PSL3G：第一次：额定压力 第二次：2.0（1±10%）MPa PSL4：第一次：额定压力 第二次：2.0（1±10%）MPa	Ⅰ型：0.034~0.1MPa Ⅱ型：0.55~0.69MPa	0.4~0.7MPa
试验最短持续时间	见下表	见下表	PSL3G，初始：15min 第二次：15min PSL4，初始：60min 第二次：60min	见下表	见下表
判定	见下表	关闭时每一侧密封的最大允许泄漏量为：120mL/(DN · h)［0.1ft³/(NPS · h)］	保压期间水槽中无可见气泡，最大2.0MPa的气体试验压力降低是可以接受的，只要在保压期间内水槽中无可见气泡	软密封阀门和油密封旋塞阀，按ISO 5208A级（无可见泄漏）；金属密封阀门，按ISO 5208D级	见下表

试验最短持续时间 — EN 12266-1：2012

公称尺寸	最短持续时间/s 生产或验收 金属座 气	最短持续时间/s 生产或验收 软座 气	最短持续时间/s 型式试验 所有 气
≤DN50	15	15	600
DN65~DN200	15	15	600
DN250~DN450	30	30	600
≥DN500	30	60	600

试验最短持续时间 — MSS SP-61—2013

公称尺寸	最短持续时间/s
≤DN50	15
DN65~DN200	30
DN250~DN450	60
≥DN500	120

试验最短持续时间 — API 6D—2014 / ISO 14313:2008

公称尺寸	试验保压时间/min
DN100	2
DN150~DN450	5
≥DN500	10

试验最短持续时间 — ISO 10434:2004

公称尺寸	最短持续时间/s
≤DN50	15
DN65~DN150	60
DN200~DN300	120
≥DN350	120

判定 — EN 12266-1：2012

等级	最大允许泄漏量/（mm³/s） 气体
A	在试验压力持续时间内，无可见泄漏
B	0.3DN
C	3DN
D	30DN
E	300DN
F	3000DN
G级	6000DN

判定 — ISO 10434:2004

公称尺寸	最大允许泄漏量 mm³/s	最大允许泄漏量 气泡/s
≤DN50	0	0
DN65~DN150	25	0.4
DN200~DN300	42	0.7
≥DN350	58	0.9

10.3.4　API 6D—2014《管线和管道阀门》的补充试验要求

10.3.4.1　高压气体壳体试验

阀门应以惰性气体作为试验介质进行高压气体壳体试验。试验应用99%氮气+1%的氦气，用质量光谱仪进行测量，最小试验压力为材料在38℃时压力额定值的1.1倍，试验保压时间按表10-35的规定。

表10-35　高压气体壳体试验最短保压时间

公称尺寸		试验保压时间/min
NPS	DN	
≤18	≤450	15
≥20	≥500	30

可以把阀门浸在水中进行检漏。接收准则：

1）最大泄漏率为0.27mL/min（氮气+氦气）。

2）当阀门试验时用浸入水中的方法，没有目视可见泄漏是允许的。

10.3.4.2　高压气体密封试验

阀门应以气体为试验介质进行气体密封试验。最小试验压力为材料在38℃时压力额定值的1.1倍，试验保压时间应符合表10-35的规定。接收准则如下：

1）软密封的阀门和油密封旋塞阀的泄漏率应不超过ISO 5208A级（无可见渗漏）。

2）金属密封阀门的泄漏率不得超过ISO 5208D级的2倍。

3）金属密封止回阀的泄漏率应不得超过ISO 5208的E级。

10.3.4.3　抗静电试验

应使用不超过12V的直流电源测量关闭件和阀体之间、阀杆和阀体之间的电阻，且在压力试验前和阀体干燥的情况下进行测量，实测电阻值不应超过10Ω。

10.3.4.4　转矩/推力性能试验

操作球阀、闸阀或旋塞阀所需的最大转矩或推力，应在买方规定的压力下测量。阀门操作如下：

1）腔体在大气压力下，且通道带压，由开启到关闭。

2）腔体在大气压力下，且关闭件两侧带压，由关闭到开启。

3）腔体在大气压力下，且关闭件一侧带压，由关闭到开启。

4）腔体在大气压力下，且关闭件另一侧带压，由关闭到开启。

除密封脂是主要密封方式外，在测量阀门的转矩或推力时，阀座表面不应涂密封脂。如因组装需要，可使用润滑脂，但润滑脂的黏度不应超过SAE 10W机油黏度或等同品黏度。

转矩或推力试验应在壳体静水压试验后进行，如有规定，也可在阀座低压气密封试验之后进行。

10.3.4.5　传动链强度试验

球阀、闸阀或旋塞阀的传动链强度试验应按用户的规定测量，试验转矩应是其中较大值：①制造商预测的开启转矩/推力的2倍；②测量的开启转矩/推力的2倍。

试验转矩应施加于截断的关闭件上的时间至少1min。接收准则如下：试验不应导致传动链有任何可见的永久变形。

10.3.4.6　腔体泄压试验

每台阀门均应进行试验。带内泄压阀座的固定球阀和带导流孔闸阀的腔体泄压试验程序：

1）阀门半开，体腔充满试验介质。

2）关闭阀门，允许试验介质从阀门的每一端的试验接口溢出。

3）对阀门腔体加压，到压力上升到0.33倍的额定压力，泄压阀座释放腔体压力到阀端为合格。

10.3.4.7　管道阀门质量规范等级（QSL）规定的补充试验要求

管道阀门质量规范等级（QSL）规定的补充试验要求按表10-36的规定。

表10-36　补充压力试验要求

试验类型	质量规范等级				
	QSL-1	QSL-2	QSL-3	QSL-4	
高压壳体试验试验压力为额定压力的1.5倍	按表10-29进行试验	按表10-29进行试验	要求2次试验，第1次试验后，减少压力至0，然后重复试验	要求3次试验、每次试验后，减少压力至0	试验1和试验3保压时间应按照表10-29规定的保压时间，试验2的保压时间应为表10-29的4倍

（续）

试验类型	质量规范等级				
	QSL-1	QSL-2	QSL-3	QSL-4	
高压阀座试验试验压力为额定压力的1.1倍	按表10-32进行试验	按表10-32进行试验	要求每个阀座2次试验，第1次试验后减少压力至0，然后全开和全关循环后重复试验	要求每个阀座3次试验，每次试验后减少压力至0，全开和全关循环	试验1和试验3的保压时间按表10-32 试验2的保压时间应为表10-32的4倍
按类型Ⅱ进行低压阀座气密封试验试验压力为0.55~0.69MPa	无	按表10-34类型Ⅱ要求每个阀座进行试验	要求每个阀座两次试验，第1次试验后，减少压力至0后，然后循环全开和全关后重复每个阀座试验	要求每个阀座三次试验，在每次试验后，减少压力至0，全开和全循环	试验1和试验3保压时间应按照表10-34规定的保压时间，试验2的保压时间为表10-34所列的4倍
高压气体壳体试验，试验压力为额定压力的1.1倍	无	无	要求两次试验，第1次试验后，减少至力至0，然后重复试验	要求三次试验，在每次试验后，减少压力至0	试验1和试验3的保压时间按表10-35的规定进行 试验2的保压时间应为表10-35所列的保压时间的4倍
高压气体阀座试验，试验压力为额定压力的1.1倍	无	无	要求每个阀座两次试验，第1次试验后，减少压力至0，然后全开和全关循环后重复试验	要求每个阀座三次试验，在每次试验后减少压力至0，全开和全关循环	试验1和试验3的保压时间按表10-35的规定进行 试验2的保压时间应为表10-35所列保压时间的4倍

10.4　安全阀的试验

安全阀的试验包括壳体试验、性能试验和排量试验，如图10-6所示。

为了保证安全阀试验的科学性和准确性，试验装置的布置按图10-7~图10-14的规定。试验中使用的每一个仪表及备用表都应有编号或做其他明确标记。每一个仪表依照其类型不同应按本节中概述的下列要点进行校准。测量方应符合本节的有关规定。

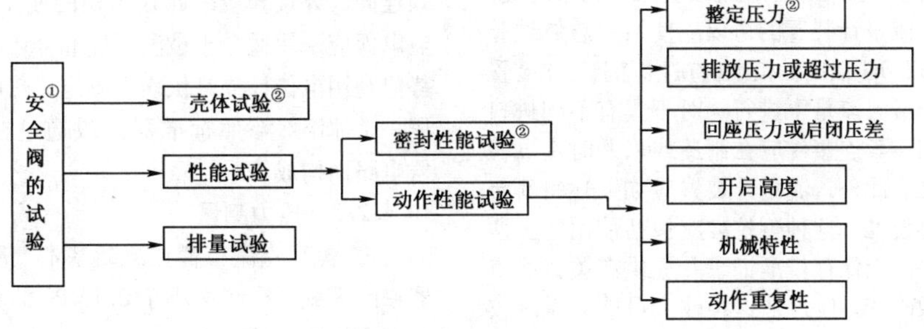

图10-6　安全阀的试验项目

① 新设计的或改变设计的产品定型时应进行所有项目的试验。

② 每台产品出厂前应进行的试验。

10.4.1　仪表校准

10.4.1.1　压力测量仪表

压力测量仪表的精度等级不应低于0.5级。压力测量系统应包括两套压力测量仪表，以便在试验中进行互校，并应按国家有关规程对压力测量仪表进行校准。国家规程未规定的压力指示或记录装置的校准方法应得到有关方面的认可。

10.4.1.2　温度测量仪表

温度测量仪表的分辨力不应低于0.5℃。温度测量系统应包括两套温度测量仪表，以便在试验中进行互校，并应按国家有关规程对温度测量仪表进行校准。国家规程未规定的温度指示或记录装置的校准方法应得到有关方面的认可。

10.4.1.3　开启高度测量仪表

开启高度测量仪表的分辨力应不低于0.02mm。应在每次试验或一系列试验的前后对其精度进行检查。

10.4.1.4　重量秤

在试验程序中用来称量冷凝液质量的重量秤，其指示部件的最小刻度值应小于或等于预期载荷的0.25%。用于试验的重量秤应在每次或一系列试验之前按国家有关规程在足够的点位上进行校准，以保证其在预期使用范围内的精度。

10.4.1.5　蒸汽热量计

蒸汽热量计应分别在其安装之时和在不超过6个月的规定周期内用蒸汽进行校准。当测量结果显示其读数有明显错误时或在重新安装后，应再进行校准。

10.4.1.6　流量计组合

对任何类型流量计（见10.4.2.4）的校准应包括流量计上游和下游侧的实际管道和所有附件，附件包括控制阀、试验容器及容器同阀门的连接件。这种校准应通过比较的方法在执行正式试验之前完成，即把流量测定值同由预先校准的流量计装置测得的值进行比较，而后者的校准系借助原始的装置或机构来完成。有关预先校准的流量计装置的协议应使最终总体试验结果的偏差在±2.0%以内。校准应在相应于对比装置的最小、中间和最大流量下进行。对于具有不同进口连接形式的阀门，其连接件应在制造或采购时由试验室人员进行校准。此外，流量计装置应如上述每5年至少进行一次再校准。这种再校准应包括使用至少两种尺寸的连接件。应保存校准记录并提供有关方面审核。若对设备做改变，应评估这种改变可能对系统校准产生的影响，当认为必要时应进行新的校准。

10.4.2　测量方法

10.4.2.1　大气压测量

大气压应使用气压表测量。在进行包含排量的计算时，若压力释放装置的额定排放压力等于或高于0.15MPa（表压），则使用试验当地的平均大气压即可满足相关规范的精度要求。在这种场合，记录的压力可以是平均大气压。

10.4.2.2　温度测量

1）根据操作条件，温度测量可以采用玻璃管式液体温度计、双金属温度计、电阻式温度计或热电偶。除玻璃管式液体温度计必须插到套管中外，所有上述温度计可以直接插入管道中，也可插到套管中。当温度低于150°时，宜将测温装置直接插入管道而不附加套管。

2）当进行任何温度测量时，应采取下列措施：①除被测介质外，测温装置同外界不应有因辐射或传导产生的较大热传递。②插入点的紧邻部位和测温装置的外露部分应隔热。③对于小直径管道，测量装置的插入深度应穿过管道中心线；当管道直径超过300mm时，应插入到介质流中至少150mm深处。④在输送可压缩流体的管道上，只要可能，测温装置应安装在进行任何流量测量时最大介质流速不超过30m/s的地方。如果不可能这样安装，则可能需要将温度读数校正到适当的静温或全温。⑤测量装置的插入位置应使其测量的温度正如在试验布置中描述的那样能代表流动介质的温度。

3）当使用玻璃管式水银温度计测量温度时，该温度计应有一个带刻度的杆。当被测温度同环境温度的差值大于5℃且水银部分露出时，应做露出杆修正，或使用露出杆式温度计。

4）当使用温度计套管时，套管应是薄壁的，其直径应尽可能小。套管外表应无腐蚀或杂物。套管内应充以适当的流体，但不宜采用水银。因为水银的蒸发压很低，会给人员健康带来严重危害。当然，如果为此目的而采用了水银，则必须采取适当的预防措施。

5）若采用热电偶，则应具有焊接的热端，且必须连同其外接导线一起在预期的使用范围进行校准。热电偶应采用适合于被测温度和介质的材料。其电动势应利用电位计或毫伏表来测定。热电偶的冷端应利用一个冰浴（参照标准器）或通过在电位计加装补偿电路而构成。

10.4.2.3　压力测量

1）测压点应布置在流动基本上平行于管壁或容器壁的区域。当测量小于0.1MPa的静压差时，可以采用液体压力计。

2）试验容器的压力应为通过图10-7所示取压口测量的静压力。

3）背压力应为通过图10-8、图10-9及图10-10所示取压口测量的静压力。

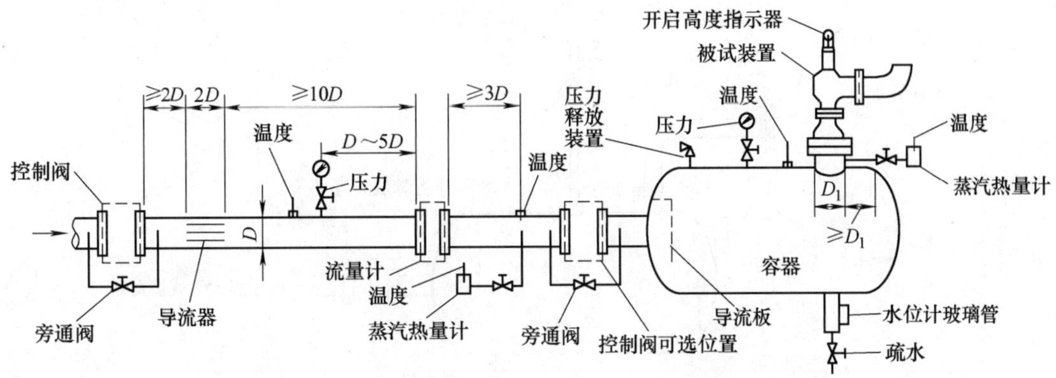

图 10-7　流量计方法：背压为大气压时推荐的试验布置

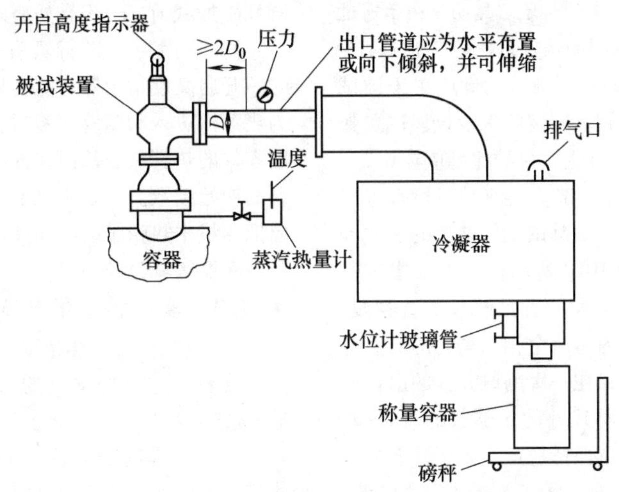

图 10-8　称量冷凝液方法：背压为大气压时推荐的试验布置

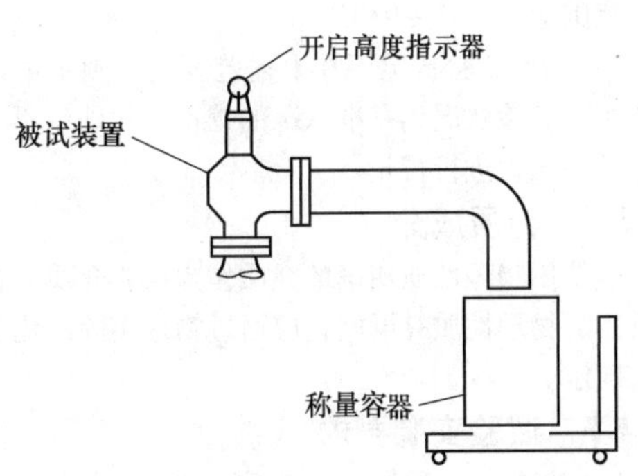

图 10-9　称量水方法：背压为大气压时推荐的试验布置

4）如果在测压点和压力计之间存在水位差或其他液位差，则应对压力读数做适当修正。

10.4.2.4　流量测量

1）测量压力释放装置排量的方法有：①亚声速推断式流量计，包括孔板、流量喷嘴和文丘里管；②声速推断式流量计，包括塞流喷嘴；③直接收集排放介质或其冷凝液的容积法或重量法。

2）测量压力释放装置排量应视情况分别采用下列方法：①背压为大气压时的蒸汽流量，采用上述1）①或1)③方法；②背压高于大气压时的蒸汽流量，采用上述1）①方法；③背压为大气压时的空气或气体流量，采用上述1）①或1）②方法；④背压高于大气压时的空气或气体流量，采用上述1）①方法；⑤背压为大气压时的液体流量，采用上述1）①或1）③方法；⑥背压高于大气压时的液体流量，采用上述1）①方法。

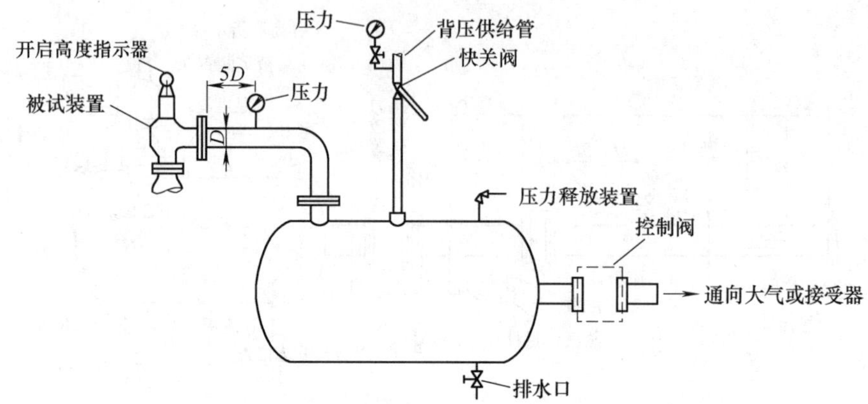

图10-10　具有附加背压时推荐的排放侧试验布置

注：本节并不排除在背压高于大气压时用声速推断式流量计测量压力释放装置排量的试验。然而，由于通过这类流量计的压降很大，这样的试验也许是不可行的。

3）一次测试元件：①一次测试元件应置于被试压力释放装置进口的上游侧。安装要求及仪表位置如图10-7所示，孔板孔径同管道内径的比率应在0.2～0.7之间。一次测试元件应在试验之前进行检查以确认其洁净和未受损伤。②一次测试元件前后的压差和流体温度应利用连接在图10-7所示位置的仪表进行测量。③在一次测试元件前面应有足够长的直管段，以保证在靠近元件的流道内有一个相当均匀的流速分布。为保证压力测量可靠，在一次测试元件的出口侧也应有与进口管道同样公称尺寸的足够长的直管段。④在排量测量过程中流动应保持稳定，差压计上显示的总脉动值（双倍振幅）不应大于被测差压的2%。当脉动值较大时，应消除脉动的起因，试图就仪表本身来减少脉动是不允许的。⑤应采取措施避免使用通常会导致不稳定状态的过湿蒸汽。当用蒸汽进行试验时，应使用节流式热量计测量蒸汽干度（见10.4.2.5）。

10.4.2.5　蒸汽干度测量

流动蒸汽的干度应采用节流式热量计进行测量。热量计的安装如图10-7和图10-8所示。其蒸汽取样管也可直接安装在容器上，只要取样管伸入到压力释放装置进口喷嘴中心线正下方的流道中，同时不低于试验容器的水平中心线。

10.4.2.6　开启高度测量

1）对于开放式或开孔阀盖式结构，如果阀杆上端在试验时可以露出，则可以把一个具有适当量程的刻度盘式指示计设置在阀门顶部以指示阀杆位移。对于封闭式阀门，其阀杆端部不能露出，应采取适当的措施以便在阀盖或罩帽的外面指示、读取或记录阀杆位移。无论何种情况，都必须注意使测量装置不会对阀杆附加载荷，也不会妨碍阀门的动作。

2）当用蒸汽进行具有附加背压力的阀门试验时，开启高度指示器可能会显示错误的读数。这是因为当蒸汽进入阀门背压腔时，蒸汽的温度可能引起阀门零件的热膨胀，从而在开启高度指示器上会产生错误的初始读数。当要求试验结果具有很高的精度时，应把测量中热膨胀引起的开启高度指示同阀门的真实开启高度区域分开。

10.4.3　实行校正的状况

1）蒸汽：其基准状况为干饱和蒸汽。试验中压力释放装置进口处蒸汽的状况应为最小干度98%，最大过热度10℃。

2）水：其基准状况为18～24℃。试验中压力释放装置进口处水的温度范围应为5～50℃。

3）空气和其他的气体：其基准状况为13～24℃。试验中压力释放装置进口处空气或其他气体的温度范围应为－18～93℃。

4）如果试验状况不在上述范围内，则不可以进行从实际试验状况到基准状况的校正。此外，不应对实际试验压力进行校正。

10.4.4　介质成分

应使用物理性质明确的介质作为试验介质。如果对流体的物理性质有疑问，应通过物理实验或化学分析来确定。

10.4.5　试验安装要求

1）被试压力释放装置应利用连接附件（法兰式、螺纹式或焊接式等，其可接受的内部断面形状如图10-13所示）直接安装在试验容器上。只要不影响试验结果的精度，也可以使用其他连接附件。

2）对于排放前背压为大气压的试验，试验布置应使介质从压力释放装置直接排向大气或冷凝器

(图 10-7、图 10-8 及图 10-9)。当使用排放管道时，管道尺寸应至少等于压力释放装置出口尺寸。排放管道的支撑应独立于压力释放装置，其支撑方式不应影响压力释放装置的动作。必须采取措施以保证压力释放装置和排放管道足够牢固，能承受由排放产生的合力。

3）对于排放前具有附加背压的试验，试验布置应提供在压力释放装置出口引入和保持背压的手段(图 10-11)。排放管道应具有至少与压力释放装置相同的公称尺寸，并应通向一个足够大的系统，以便能对背压做适当的调节。应提供一个控制式压力释放装置，以便在被试压力释放装置排放时建立并保持任何要求的背压。

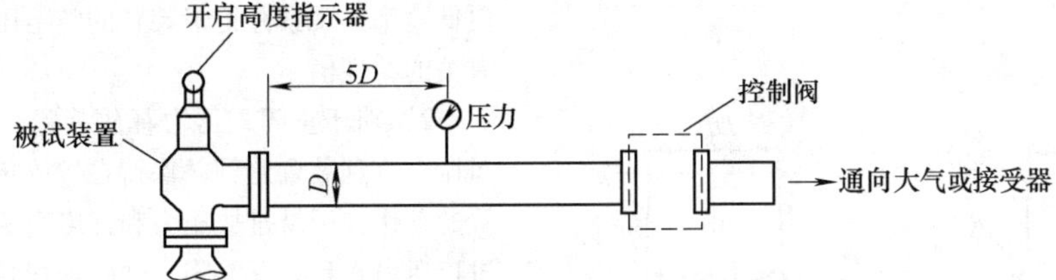

图 10-11 具有排放背压时推荐的排放侧试验布置

10.4.6 试验程序

10.4.6.1 综述

1）背压为大气压的试验，蒸汽试验程序按 10.4.6.2 的规定；气体（包括空气）试验程序按 10.4.6.3 的规定；液体试验程序按 10.4.6.4 的规定。

2）背压高于大气压的试验，蒸汽试验程序按 10.4.6.5 的规定；气体（包括空气）试验程序按 10.4.6.6 的规定；液体试验程序按 10.4.6.7 的规定。

3）爆破片阻力系数的试验程序按 10.4.6.8 的规定。

4）非重闭式压力释放装置同压力释放阀组合件的试验程序分别按 10.4.6.2 ~ 10.4.6.7 的规定（图 10-12）。

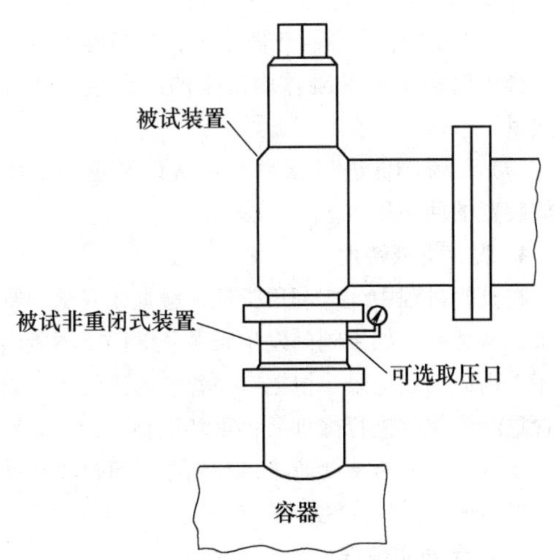

图 10-12 非重闭式压力释放装置与安全阀组合的推荐试验布置

10.4.6.2 以蒸汽为介质，背压为大气压的试验

1. 试验布置

1）流量计法：流量计及其辅助仪表的使用情况如图 10-7 所示。在压力释放装置进口和流量计一次测量元件处必须使用热量计，而在一次测量元件和试验容器上的温度计则可以省去。应采取措施收集并计量试验过程中在试验容器内积聚的冷凝液。

2）称量冷凝液法：图 10-8 所示的称量冷凝液试验方法，包括冷凝器及辅助仪表。在压力释放装置的进口使用热量计是必需的。

注：如果被试压力释放装置为开放式或开孔阀盖式结构，这一试验布置将不能测得通过压力释放装置的全部蒸汽，一部分蒸汽可能经阀杆四周及疏水孔泄漏出去。因而试验获得的排量结果将小于装置的实际排量。当试验有关方面认为必要时，应就确定上述蒸汽泄漏率的方法达成协议。

3）如果试验有关各方同意，也可以采用其他试验布置，只要最终试验结果的误差在 ±2.0% 以内。对于做设备的性能试验，压力测量的偏差不应超过测量值的 ±0.5%；对于在用设备试验及工作台上的定压试验，压力测量的偏差不应超过测量值的 ±1.0%。

2. 用流量计方法测量流量的程序

1）升高压力释放装置进口压力。当压力达到预期整定压力的 90% 以后，升压速率应不超过 0.01MPa/s，或为任何一个对精确读取压力所必要的更低速率。观察并记录装置的整定压力及其他需要或有关的特性值。

2）对于重闭式压力释放装置，继续升高装置进口压力直到装置达到并保持在排放状态，同时观察装置的动作，记录排放压力和开启高度。然后逐渐降低

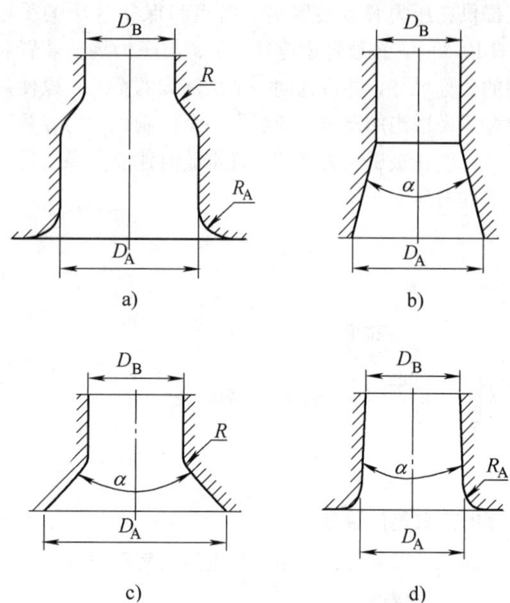

图10-13　试验容器与压力释放装置间连接附件的推荐内部断面形状

a）若 $D_B \geqslant 0.75D_A$，则 $R_A \geqslant 0.25D_A$；若 $D_B < 0.75D_A$，则 $R_A \geqslant 0.25D_B$　b）若 $\alpha \leqslant 30°$ 且 $D_B < 0.75D_A$，将所有锐边倒钝　c）若 $\alpha > 30°$ 且 $D_B < 0.75D_A$，则 $R \geqslant 0.25D_B$　d）若 $\alpha \leqslant 30°$ 且 $D_B \geqslant 0.75D_A$，则 $R_A \geqslant 0.25D_A$

进口压力，直到装置关闭，同时观察装置的动作，记录回座压力。

3）对于重闭式压力释放装置，重复1）和2），直到整定压力、排放压力和回座压力均为确定和稳定值为止（至少应重复两次）。

4）进行排量试验时，升高装置进口压力使之达到并保持在额定排放压力，直到流量测量仪表显示稳定状态。

5）关闭试验容器疏水口，并记录或标记水位计玻璃管中冷凝液的初始水位。

6）记录下列各项：①压力释放装置进口压力；②压力释放装置进口热量计的排放温度；③压力释放装置开启高度（当适用时）；④流量计进口静压力；⑤流量计压差；⑥流量计处热量计的排放温度。

7）维持稳定的排放状态，并按预定的时间间隔以同样的程序读取和记录数据。

8）利用秒表、带秒针的同步电钟或其他适当的方法记录排放延续的时段和记录数据的时刻。

9）用质量或容积测量方法确定试验容器中在排放时段内生成的冷凝液量并做记录。

10）缓慢降低进口压力并再次记录重闭式压力释放装置的回座压力。

3. 用称量冷凝液方法测量流量的程序

1）升高压力释放装置进口压力。当压力达到预期整定压力的90%以后，升压速率应不超过0.01MPa/s，或为任何一个对精确读取压力所必要的更低速率。观察并记录装置的整定压力及其他需要或有关的特性值。

2）对于重闭式压力释放装置，继续升高装置进口压力直到装置达到并保持在排放状态，同时观察装置的动作，记录排放压力和开启高度。然后逐渐降低进口压力直到装置关闭，同时观察装置的动作，记录回座压力。

3）对于重闭式压力释放装置，重复1）和2），直到整定压力、排放压力和回座压力均为确定和稳定值为止（至少应重复两次）。

4）进行排量试验时，升高装置进口压力使之达到并保持在额定排放压力，直到流量测量仪表显示稳定状态。

5）确定冷凝器热侧水位。

6）记录下列各项：①压力释放装置进口压力；②压力释放装置进口热量计排放温度；③压力释放装置开启高度（当适用时）。

7）维持稳定的排放状态，并按预定的时间间隔以同样的程序读取和记录数据。

8）记录用秒表、带秒针的同步电钟或其他适当方法测量的排放时段及记录数据的时刻。

9）再次确定冷凝器热侧水位，并精确测定和记录在排放时段中在冷凝器内产生的冷凝液量（容积或质量）。

10）缓慢降低进口压力并再次记录重闭式压力释放装置的回座压力。

4. 观察机械特性

在试验过程中，应利用听觉、触觉或视觉观察并记录机械特性。如果阀门发生频跳、颤振或不能满意回座，则应加以记录。根据有关各方的协议，可以对装置重新调整或进行修理后再重新试验。

注意：过大而持续的振荡可能导致阀门损坏并对试验现场的人员造成危险。

5. 记录补充数据

在流量计法或称量冷凝液法试验过程中，可能要求或需要记录与上述2或3中所列不同或补充的压力。

10.4.6.3 以空气或其他气体为介质，背压为大气压的试验

1. 试验布置

1）推荐的试验布置如图10-7所示。每一类流量计的使用方法列于以下分节中。压力释放装置的排放口可如图10-7所示，对于接有较长排放管的情形，见10.4.5中2）的规定。

2）使用亚声速推断式流量计时，与之有关的测量项目为：①进口静压力；②进口温度；③差压力。

3）使用声速推断式流量计时，与之有关的测量项目为：①进口全压（滞止压力）；②进口全温（滞止温度）。

2. 用亚声速推断式流量计方法测量流量的程序

1）升高压力释放装置进口压力。当压力达到预期整定压力的90%以后，升压速率应不超过0.01MPa/s或为任何一个对精确读取压力所必要的更低速率。观察并记录装置的整定压力及其他需要或有关的特性值。

2）对于重闭式压力释放装置，继续升高装置进口压力直到装置达到并保持在排放状态，同时观察装置的动作，记录排放压力和开启高度。然后逐渐降低进口压力直到装置关闭，同时观察装置的动作，记录回座压力。

3）对于重闭式压力释放装置，重复1）和2），直到整定压力、排放压力和回座压力均为确定和稳定值为止（至少应重复两次）。

4）进行排量试验时，升高装置进口压力使之达到并保持在额定排放压力，直到流量测量仪表显示稳定状态。

5）记录下列各项：①压力释放装置进口压力；②压力释放装置进口温度；③压力释放装置开启高度（当适用时）；④流量计进口静压力；⑤流量计进口温度；⑥流量计差压力。

6）缓慢降低进口压力并再次记录装置回座压力。

3. 用声速推断式流量计方法测量流量的程序

1）升高压力释放装置进口压力。当压力达到预期整定压力的90%以后，升压速率应不超过0.01MPa/s，或为任何一个对精确读取压力所必要的更低速率。观察并记录装置的整定压力及其他需要或有关的特性值。

2）对于重闭式压力释放装置，继续升高装置进口压力直到装置达到并保持在排放状态，同时观察装置的动作，记录排放压力和开启高度。然后逐渐降低进口压力直到装置关闭，同时观察装置的动作，记录回座压力。

3）对于重闭式压力释放装置，重复1）和2），直到整定压力、排放压力和回座压力均为确定和稳定值为止（但至少应重复两次）。

4）进行排量试验时，升高装置进口压力使之达到并保持在额定排放压力，直到流量测量仪表显示稳定状态。

5）记录下列各项：①压力释放装置进口压力；②压力释放装置进口温度；③压力释放装置开启高度（当适用时）；④流量计进口全压；⑤流量计进口全温。

6）缓慢降低进口压力并再次记录装置回座压力。

4. 观察机械特性

见10.4.6.2的4中所述。

5. 记录补充数据

在亚声速或声速流量计方法试验过程中，可能要求或需要记录与上述3的2或3中所列不同或补充的压力。

10.4.6.4 以液体为介质，背压为大气压的试验

1. 试验布置

1）压力源可以是一个泵或一个同高压压缩气源组合的液体储罐。应采取措施以保证系统中压力脉动减小到最低限度。采用流量计方法时如图10-7所示的推荐布置方案。采用称量水方法时推荐的排放侧布置如图10-9所示。

2）如果采用流量计法，应测量流量计差压力、装置进口压力和液体温度。

注：当用流量计方法进行试验时，如果压力释放装置的进口压力很高而流量很小，则可能要求把流量计安装在压力释放装置的下游侧。这种安装方式，只要按10.4.1.6进行了校准就可以采用。

3）如果不采用流量计方法，则应确定压力释放装置在一个时段内排放的液体容积或质量。还应读取和记录装置进口压力及液体温度。应提供将排放液体导入和引出计量容器的手段。

2. 用流量计方法测量流量的程序

1）升高压力释放装置进口压力。当压力达到预期整定压力的90%以后，升压速率应不超过0.01MPa/s，或为任何一个对精确读取压力所必要的更低速率。观察并记录装置的整定压力及其他需要或有关的特性值。

2）对于重闭式压力释放装置，继续升高装置进口压力直到装置达到并保持在排放状态，同时观察装置的动作，记录排放压力和开启高度。然后逐渐降低进口压力直到装置关闭，同时观察装置的动作，记录回座压力。

3）对于重闭式压力释放装置，重复1）和2），直到整定压力、排放压力和回座压力均为确定和稳定值为止（但至少应重复两次）。

4）进行排量试验时，升高装置进口压力使之达到并保持在额定排放压力，直到流量测量仪表显示稳定状态。

5）记录下列各项：①压力释放装置进口压力；②压力释放装置进口液体温度；③压力释放装置开启高度（当适用时）；④流量计差压力。

6）缓慢降低进口压力并再次记录重闭式压力释放装置的回座压力。

3. 用容积或重量法测量流量的程序

1）升高压力释放装置进口压力。当压力达到预期整定压力的90%以后，升压速率应不超过0.01MPa/s，或为任何一个对精确读取压力所必要的更低速率。观察并记录装置的整定压力及其他需要或有关的特性值。

2）对于重闭式压力释放装置，继续升高装置进口压力直到装置达到并保持在排放状态，同时观察装置的动作，记录排放压力和开启高度。然后逐渐降低进口压力直到装置关闭，同时观察装置的动作，记录回座压力。

3）对于重闭式压力释放装置，重复1）和2），直到整定压力、排放压力和回座压力均为确定和稳定值为止（至少应重复两次）。

4）进行排量试验时，升高装置进口压力使之达到并保持在额定排放压力，直到流量测量仪表显示稳定状态。

5）记录下列各项：①压力释放装置进口压力；②压力释放装置进口液体温度；③压力释放装置开启高度（当适用时）。

6）将排放液体导入计量容器。

7）按预定的时间间隔重复5）。

8）将装置的排放口从计量容器移开。

9）利用秒表、带秒针的同步电钟或其他适当的方法计量并记录排放延续的时段及记录数据的时刻。

注：试验时段为所测量的排放液体导入计量容器的时段。应注意在这一时段内保持装置进口压力稳定。

10）缓慢降低进口压力并再次记录重闭式压力释放装置的回座压力。

4. 观察机械特性

见10.4.6.2的4中所述。

5. 记录补充数据

在流量计法或容积法试验过程中，可能要求或需要记录与上述2或3中所列不同或补充的压力。

10.4.6.5 以蒸汽为介质，背压高于大气压的试验

1. 试验布置

1）推存的试验布置如图10-7图10-10及图10-11所示。应使用安装在阀门上游侧的流量计来测定排量。图10-7表示到试验阀门为止的推荐试验布置方案。图10-10和图10-11表示排放侧的布置。

2）图10-10表示具有附加背压时的推荐试验布置。该布置提供了在阀门达到整定压力之前对阀门施加背压的手段。应提供一个控制阀以控制在试验阀开启前、开启过程中和开启之后的背压力。管道的布置方式应使冷凝液不会积聚在管道中。在背压容器上应设置排水口。

3）图10-11表示具有排放背压时的推荐试验布置。所需的设备包括在试验阀开启后控制所产生背压大小的手段及测量在试验阀排放管中静压力的手段。

2. 试验步骤

1）大气背压试验：试验可用来确定阀门在大气背压下排放时的性能。阀门应装设如图10-7所示的大气排放管。试验程序应按10.4.6.2中2的要求。执行这部分程序并记录商定的数据。

注：当阀门向大气排放时，这部分试验的目的可能仅为确定和记录阀门的整定压力和回座压力，以及阀门在额定排放压力下的开高。在这种情况下，10.4.6.2的2中有关排量测定的部分可以省去。

2）背压试验：如果已进行大气背压的试验，则在该试验后，根据所要求背压的类型按图10-10或图10-11的要求安装排放系统。

3. 带附加背压的试验程序

1）调节阀门背压即排放管道中的压力到要求

的值。升高阀门进口压力。当压力达到预期整定压力的90%以后，升压速率应不超过0.01MPa/s，或为任何一个对精确读取压力所必要的更低速率。观察并记录阀门的整定压力及其他需要或有关的特性值。

2）继续升高阀门进口压力直到阀门达到并保持在排放状态，同时观察阀门的动作，记录排放压力、开启高度和背压力。然后逐渐降低进口压力直到阀门关闭，同时观察阀门的动作，记录回座压力和背压力。

注：在上述程序1）和2）中，应注意保持背压力为一个尽可能稳定的值。

3）重复1）和2），直到整定压力、排放压力，回座压力和背压力均为确定和稳定值为止（至少应重复两次）。

4）进行排量试验时，升高进口压力使之达到并保持在额定排放压力，直到流量测量仪表和背压力表显示稳定状态。

5）关闭试验容器疏水口，并记录或标记水位计玻璃管中冷凝液的初始水位。

6）记录下列数据：①阀进口压力；②阀进口热量计排放温度；③阀开启高度；④流量计进口静压力；⑤流量计差压力；⑥流量计处热量计排放温度；⑦背压力。

7）在运行终了时，再次记录水位计上的新水位，用质量或容积法确定冷凝水量并做记录。

8）缓慢降低进口压力并再次记录阀门回座压刀和背压力。

9）在大多数情况下，希望或要求阀门在一个给定的背压范围内进行试验。在这种情况下，为方便起见可在进行上述程序1）时选择该范围的最低或最高值作为背压值。然后给予背压某个增量或减量，并在每次改变背压值时重复程序1）~8）。

4. 带排放背压的试验程序

1）升高阀门进口压力。当压力达到预期整定压力的90%以后，升压速率应不超过0.01MPa/s，或为任何一个对精确读取压力所必要的更低速率。观察并记录阀门的整定压力及其他需要或有关的特性值。

2）继续升高阀门进口压力直到阀门达到并保持在排放状态。调整排放背压力到要求的值，同时观察阀门的动作，记录排放压刀、开启高度和背压力。然后逐渐降低进口压力直到阀门关闭，同时观察阀门的动作，记录回座压力和背压力。

3）重复1）和2），直到整定压力、排放压力、回座压力和背压力均为确定和稳定值为止（至少应重复两次）。

4）进行排量试验时，升高进口压力使之达到并保持在额定排放压力，直到流量测量仪表和背压力表显示稳定状态。

5）关闭试验容器疏水口，并记录或标记水位计上冷凝液的初始水位。

6）记录下列数据：①阀进口压力；②阀进口热量计排放温度；③阀开启高度；④流量计进口静压力；⑤流量计差压力；⑥流量计处热量计排放温度；⑦背压力。

7）在运行终了时，再次记录水位计上的新水位，用质量或容积法确定冷凝水量并做记录。

8）缓慢降低进口压力并再次记录阀门回座压力和背压力。

9）在大多数情况下，希望或要求阀门在一个给定的背压范围内进行试验。在这种情况下。为方便起见可在进行上述程序2）时选择该范围的最低或最高值作为背压值。然后给予背压某个增量或减量，并在每次改变背压值时重复程序1）~7）。

5. 观察机械特性

见10.4.6.2的4中所述。

6. 记录补充数据

在带附加背压或排放背压的试验过程中，可能要求或需要记录与上述3或4中所列不同或补充的压力。

10.4.6.6　以空气或其他气体为介质，背压高于大气压的试验

1. 试验布置

1）推荐的试验布置如图10-7、图10-10及图10-11所示应使用安装在阀门上游侧的流量计来测定排量。图10-10和图10-11表示排放侧的布置。

2）图10-10表示在阀门达到整定压力之前具有附加背压的推荐试验布置。应提供一个控制阀以控制在试验阀开启前、开启过程中和开启之后的背压力。管道的布置方式应使冷凝液不会积聚在管道中。在背压容器上应设置排水口。

3）图10-11表示具有排放背压时的推荐试验布置。所需的设备包括在试验阀开启后控制所产生背压大小的设备及测量在试验阀排放管中静压

力的设备。

2. 试验步骤

1）大气背压试验：试验可用来确定阀门在大气背压下排放量的性能。此时，阀门应装设如图10-7所示的大气排放管。试验程序应按10.4.6.3的2中要求。执行这部分程序并记录商定的数据。

注：当阀门向大气排放时，这部分试验的目的可能仅为确定和记录阀门的定压力和回座压力，以及阀门在额定排放压力下的开高。在这种情况下，10.4.6.3的2中有关排量测定的部分可以省去。

2）背压试验：如果已进行大气背压的试验，则在该试验后，根据所要求背压的类型按图10-9或图10-10的要求安装排放系统。

3. 带附加背压的试验程序

1）调节阀门背压即排放管道中的压力到要求的值。升高阀门进口压力。当压力达到预期整定压力的90%以后，升压速率应不超过0.01MPa/s，或为任何一个对精确读取压力所必要的更低速率。观察并记录阀门的整定压力及其他需要或有关的特性值。

2）继续升高阀门进口压力直到阀门达到并保持在排放状态，同时观察阀门的动作，记录排放压力、开启高度和背压力。然后逐渐降低进口压力直到阀门关闭，同时观察阀门的动作，记录回座压力和背压力。

注：在上述程序1）和2）中，应注意保持背压力为一个尽可能稳定的值。

3）重复1）和2），直到整定压力、排放压力、回座压力和背压力均为确定和稳定值为止（至少应重复两次）。

4）进行排量试验时，升高阀进口压力使之达到并保持在额定排放压力，直到流量测量仪表和背压力表显示稳定状态。

5）记录下列数据：①阀进口压力；②阀进口温度；③阀开启高度；④流量计进口静压力；⑤流量计进口温度；⑥流量计差压力；⑦背压力。

6）缓慢降低进口压力并再次记录阀门回座压力和背压力。

7）在大多数情况下，希望或要求阀门在一个给定的背压范围内进行试验。在这种情况下，为方便起见可在进行上述程序1）时选择该范围的最低或最高值作为背压值。然后给予背压某个增量或减量，并在每次改变背压值时重复程序1）~6）。

4. 带排放背压的试验程序

1）升高阀门进口压力。当压力达到预期整定压力的90%以后，升压速率应不超过0.01MPa/s，或为任何一个对精确读取压力所必要的更低速率。观察并记录阀门的整定压力及其他需要或有关的特性值。

2）继续升高阀门进口压力直到阀门达到并保持在排放状态。调整排放背压力到要求的值，同时观察阀门的动作，记录排放压力、开启高度和背压力。然后逐渐降低进口压力直到阀门关闭，同时观察阀门的动作，记录回座压力和背压力。

3）重复1）和2），直到整定压力、排放压力、回座压力和背压力均为确定和稳定值为止（至少应重复两次）。

4）进行排量试验时，升高阀进口压力使之达到并保持在额定排放压力，直到流量测量仪表和背压力表显示稳定状态。

5）记录下列数据：①阀进口压力；②阀进口温度；③阀开启高度；④流量计进口静压力；⑤流量计进口温度；⑥流量计差压力；⑦背压力。

6）缓慢降低进口压力并再次记录阀门回座压力和背压力。

7）在大多数情况下，希望或要求阀门在一个给定的背压范围内进行试验。在这种情况下，为方便起见可在进行上述程序2）时选择该范围的最低或最高值作为背压值。然后给予背压某个增量或减量，并在每次改变背压值时重复程序1）~6）。

5. 观察机械特性

见10.4.6.2的4中所述。

6. 记录补充数据

在带附加背压或排放背压的试验过程中，可能要求或需要记录与上述的3或4中所列不同或补充的压力。

10.4.6.7　以液体为介质，背压高于大气压的试验

1. 试验布置

压力源可以是一个泵或一个同高压压缩气源组合的液体储罐。应采取措施以保证系统中压力脉动减小到最低限度。图10-7表示到试验阀门为止的推荐布置方案。图10-10和图10-11分别表示带附加背压和排放背压的试验的排放侧布置。在两种情况下都应使用流量计。应适当地安装仪表以指示或记录下列数据：

1）液体温度。

2）流量计差压力。

3）阀进口压力。

4）背压力。

2. 试验步骤

1）大气背压试验：试验可用来确定阀门在大气背压下排放时的性能。此时，阀门应装设如图10-7所示的大气排放管。试验程序应按10.4.6.4 2中的要求。执行这部分程序并记录商定的数据。

注：当阀门向大气排放时，这部分试验的目的可能仅为确定和记录阀门的整定压力和回座压力，以及阀门在额定排放压力下的开高。在这种情况下，10.4.6.4的2中有关排量测量的部分可以省去。

2）背压试验：如果已进行大气背压的试验，则在该试验后，根据所要求背压的类型按图10-10或图10-11的要求安装排放系统。

3. 带附加背压的试验程序

1）调节阀门背压即排放管道中的压力到要求的值。升高阀门进口压力。当压力达到预期整定压力的90%以后，升压速率应不超过0.01MPa/s，或为任何一个对精确读取压力所必要的更低速率。观察并记录阀门的整定压力及其他需要或有关的特性值。

2）继续升高阀门进口压力直到阀门达到并保持在排放状态，同时观察阀门的动作，记录排放压力、开启高度和背压力。然后逐渐降低进口压力直到阀门关闭，同时观察阀门的动作，记录回座压力和背压力。

注：在上述程序1）和2）中，应注意保持背压力为一个尽可能稳定的值。

3）重复1）和2），直到整定压力、排放压力、回座压力和背压力均为确定和稳定值为止（至少应重复两次）。

4）进行排量试验时，升高阀进口压力使之达到并保持在额定排放压力，直到流量测量仪表和背压力表显示稳定状态。

5）记录下列数据：①阀进口压力；②阀进口液体温度；③阀开启高度；④流量计差压力；⑤背压力。

6）缓慢降低进口压力并再次记录阀门回座压力和背压力。

7）在大多数情况下，希望或要求阀门在一个给定的背压范围内进行试验。在这种情况下，为方便起见可在进行上述程序1）时选择该范围的最低或最高值作为背压值。然后给予背压某个增量或减量，并在每次改变背压值时重复程序1）~6）。

4. 带排放背压的试验程序

1）升高阀门进口压力。当压力达到预期整定压力的90%以后，升压速度应不超过0.01MPa/s或为任何一个对精确读取压力所必要的更低速率。观察并记录阀门的整定压力以及其他需要或有关的特性值。

2）继续升高阀门进口压力直到阀门达到并保持在排放状态。调整排放背压力到要求的值，同时观察阀门的动作，记录排放压力、开启高度和背压力。然后逐渐降低进口压力直到阀门关闭，同时观察阀门的动作，记录回座压力和背压力。

3）重复1）和2），直到整定压力、排放压力、回座压力和背压力均为确定和稳定值为止（至少应重复两次）。

4）进行排量试验时。升高阀进口压力使之达到并保持在额定排放压力，直到流量测量仪表和背压力表显示稳定状态。

5）记录下列数据：①阀进口压力；②阀进口液体温度；③阀开启高度；④流量计差压力；⑤背压力。

6）缓慢降低进口压力并再次记录阀门回座压力和背压力。

7）在大多数情况下，希望或要求阀门在一个给定的背压范围内进行试验。在这种情况下，为方便起见可在进行上述程序2）时选择该范围的最低或最高值作为背压值。然后给予背压某个增量或减量，并在每次改变背压值时重复程序1）~6）。

5. 使用计量容器进行带排放背压试验程序

在进行带排放背压试验时，允许使用容积法或重量法来测定阀门排量。在这种情况下，有关各方应在试验之前就试验程序达成一致。

6. 观察力学特性

见10.4.6.2的2中所述。

7. 记录补充数据

在带附加背压或排放背压的试验过程中，可能要求或需要记录与上述3或3中所列不同或补充的压力。

10.4.6.8 以空气或其他气体为介质，采用爆破片阻力系数方法的试验

1. 试验布置

1）推荐的试验布置如图10-14所示。爆破片装置与阻力系数试验台架应具有相同的公称管道尺寸。应在取压口A和B、B和C及C和D间使用差压测量装置。一次元件应为亚声速推断式流量计或声速推断式流量计。对每类流量计的使用方法列于下列分节中。

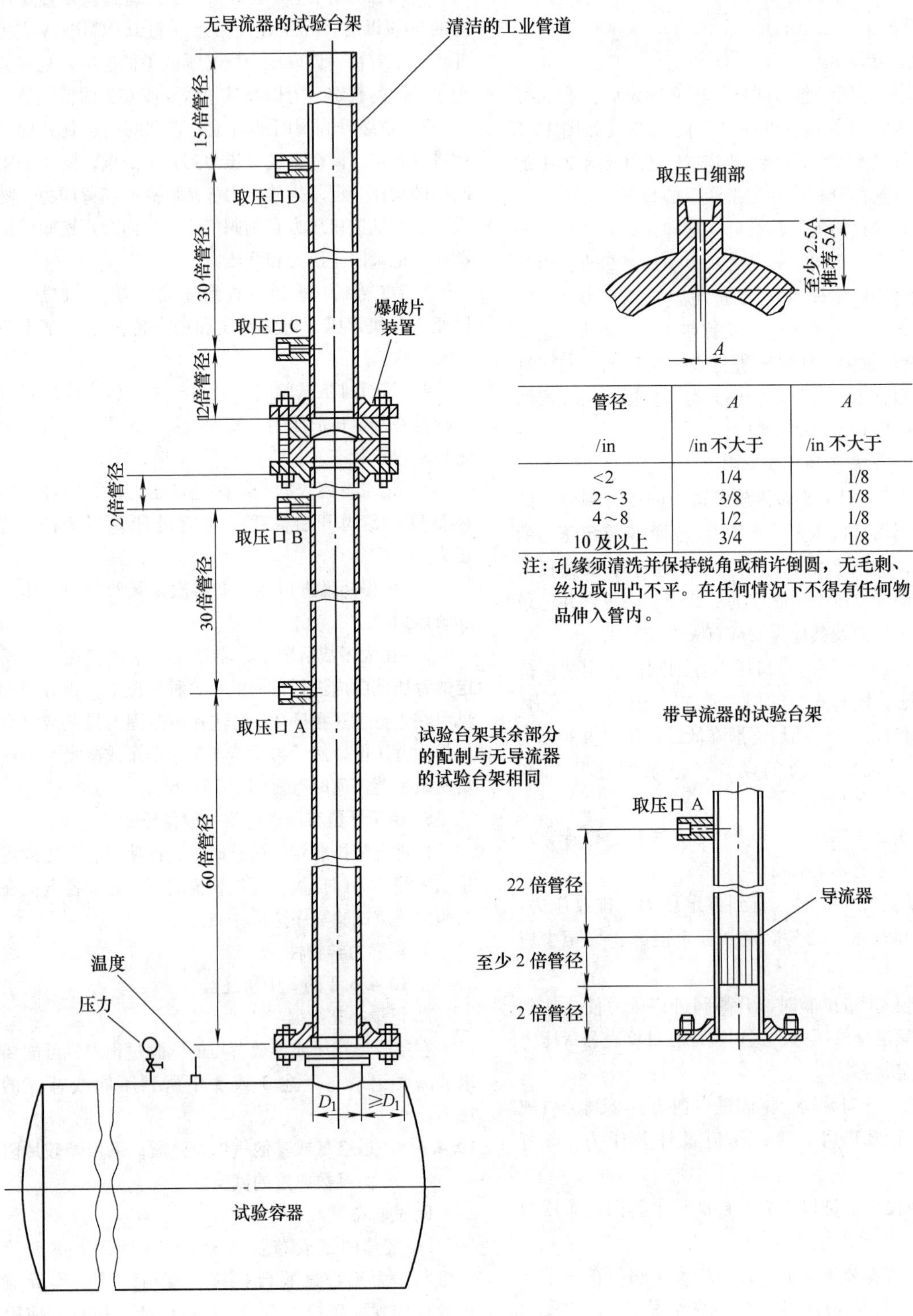

管径 /in	A /in 不大于	A /in 不大于
<2	1/4	1/8
2～3	3/8	1/8
4～8	1/2	1/8
10 及以上	3/4	1/8

注：孔缘须清洗并保持锐角或稍许倒圆，无毛刺、丝边或凹凸不平。在任何情况下不得有任何物品伸入管内。

图 10-14　爆破片阻力系数试验的推荐布置

2）使用亚声速推断式流量计时，相关的测量项目为：①进口静压力；②进口温度；③差压力。

3）使用声速推断式流量计时，与之相关的测量项目为：①进口全压（滞止压力）；②进口全温（滞止温度）。

2. 用亚声速推断式流量计方法测量阻力系数的程序

1）将爆破片安装到阻力系数试验台架上。

2）升高取压口B处的压力，直到爆破片破裂并达到要求的流量试验压力。该压力应不大于爆破片的标志破裂压力。

3）建立并保持额定排放压力直到流量仪表指示稳定状态。

4）同时记录下列测量数据（最好采用一个数据采集系统以获取这些数据）：①试验台架进口压力；②试验台架进口温度；③流量计进口静压力；④流量计进口全温；⑤流量计差压力；⑥试验台架取压口B处压力；⑦试验台架A-B间差压力；⑧试验台架B-C间差压力；⑨试验台架C-D间差压力。

3. 用声速推断式流量计方法测量阻力系数的程序

1）将爆破片安装到阻力系数试验台架上。

2）升高取压口B处的压力，直到爆破片破裂并达到要求的流量试验压力。该压力应不大于爆破片的标志破裂压力。

3）建立并保持额定排放压力直到流量仪表指示稳定状态。

4）同时记录下列测量数据（最好采用一个数据采集系统以获取这些数据）：①试验台架进口压力；②试验台架进口温度；③流量计进口全压；④流量计进口全温；⑤试验台架取压口B处压力；⑥试验台架A-B间差压力；⑦试验台架B-C间差压力；⑧试验台架C-D间差压力。

4. 记录补充数据

在亚声速或声速推断式流量计方法的试验过程中，可能要求或需要记录与10.4.6.8的2或3中所列不同或补充的压力。

10.4.7 计算结果

10.4.7.1 测量变量的修正

测量变量的数值应按仪表校准值进行修正。不允许对数据做其他的修正。

10.4.7.2 仪表读数的审核

在进行计算之前，应对仪表读数进行审核，看是否有不一致和大的波动。

10.4.7.3 公式符号的使用

依据的规范中使用的符号是在所涉及的特定工程领域已通用的符号。在少数场合，同样的字母在规范的不同部分依其应用的不同而有不同的含义。为避免混淆，在给出每一个公式时，同时给出了其符号定义表。

使用者应注意：不可认为同一个符号在别的公式里也具有同样的含义。

10.4.7.4 密度计算

密度的计算应依据压力、温度和密度的测量值。

1）对于蒸汽和其他可冷凝的流体，密度ρ应取为$1/V$。此处V为比体积。按测量的压力和温度，蒸汽的比体积由最新版的蒸汽性质表获得，其他流体的比体积由相应的资料获得。

2）当精确知道气体的物理性质时，应使用气体状态方程来计算气体的密度。

10.4.7.5 排量计算

1. 水的容积法或质量法

推荐使用表10-37来记录数据和计算结果。该方法要求收集和测量试验阀门在一个已知的时段内排放的水（或排放的蒸汽的冷凝水）的质量或容积。必须注意确保试验过程中阀门进口状况的稳定，并确保既不计入额外的水量也不漏掉阀门的任何排放量。

2. 蒸汽的流量计方法

推荐使用表10-38来记录数据和计算结果。该表通过进行流量试算来获得适当的系数，进而得出蒸汽在基准状况下的测量流量。在计算阀门的排放量时，是假定流量计处热量计的取样管位于流量计的下游侧，所以将流量计处热量计的流量扣除。如果情况不是这样，则不应扣除这部分流量。该方法在试验阀门的上游侧测定蒸汽流量时，必须注意全部测量的蒸汽均应通过阀门，否则应在计算中加以评估。除了泄漏之外，测量的蒸汽还可能因为在连接管道特别是在试验容器中的冷凝而未到达阀门。

3. 液体的流量计方法

推荐使用表10-39来记录数据和计算结果。该表通过进行流量试算来获得适当的系数，进而得出在流量计状况下通过流量计的实测排量。在计算基准状况下的排量时，假定在流量计和阀门进口之间流体的温度无变化。该方法在试验阀门的上游侧测定液体流量，必须注意全部测量的液体均应通过阀门，否则应在计算中加以评估。

4. 空气或气体的流量计方法

推荐使用表10-40来记录数据和计算结果。该表通过对以千克每小时计的测量流量进行流量试算来获得适当的系数，进而得出在某个预定的基点状况下以立方米每分钟表示的通过流量计的流量。该方法在试验阀门的上游侧测定气体流量，必须注意全部测量的气体均应通过阀门，否则应在计算中加以评估。

5. 空气或气体的声速流量计方法

推荐使用表10-41来记录数据和计算结果。该方法在试验阀门的上游侧测定气体流量，必须注意全部测量的气体均应通过阀门，否则应在计算中加以评估。

6. 燃料气的流量计方法

推荐使用表10-42来记录数据和计算结果。该表通过流量试算来获得适当的系数，进而从以千克每小时表示的流率转化而得出在预定的基点状况下以立方米每小时表示的通过流量计的流量。该方法在试验阀门的上游侧测定气体流量，必须注意全部测量的气体均应通过阀门，否则应在计算中加以评估。

7. 空气或气体的爆破片阻力系数方法

推荐使用表10-43来记录数据和计算结果。该方法测量由于在管道系统中有爆破片而产生的阻力。测量中分别结合采用上述中4或5中描述的流量计方法或声速流量计方法。该表中的测量排量取自表10-40或表10-41必须注意全部测量的气体均应通过爆破片试验装置（图10-14)，否则应在计算中加以评估。

该表通过确定所设置的各取压口间的流阻，从而计算出爆破片装置的阻力系数。

必须做两项检查来审核试验结果。

第一，审核$K_{C\text{-}D}$值对$K_{A\text{-}B}$值的偏差在3%范围内。如果不满足，则应审查试验布置是否适当，然后进行一次不安装爆破片的校准试验以验证上述判据。如果满足，则计算阻力系数$K_{B\text{-}D}=K_D-K_B$及管道长度$L_{B\text{-}D}=L_D-L_B$，并以$K_{B\text{-}D}$和$L_{B\text{-}D}$代替表10-43中第34项和第35项公式中的$K_{B\text{-}C}$和$L_{B\text{-}C}$来完成爆破片阻力系数计算。这样做的原因是：由爆破片引起的空气扰动影响着取压口C的真实压力读数。

第二，审核按表10-43中第33）项的公式计算的管道表面粗糙度在0.046～0.002mm范围内。这是商用管道的表面粗糙度范围。

10.4.8　试验汇总报告

10.4.8.1　试验汇总报告要求

1）试验汇总报告用来正式记录观察的数据和计算的结果。报告应包含足够的支撑信息以证实按规范进行的任何试验的所有目的都已达到。在5.5中描述的程序推荐用于试验结果的计算。

2）试验汇总报告应包含下列部分，同时根据协议可包含任何其他的部分：①一般资料；②试验结果汇总；③压力释放装置的描述；④检测的数据和计算的结果；⑤试验条件及修正协议；⑥试验方法和程序；⑦支撑数据；⑧背压试验结果的图示。

10.4.8.2　对试验汇总报告的概述

1. 一般资料

应包括下列各项：

1）试验目的。

2）试验地点。

3）压力释放装置制造厂名称、形式或型号，编号和完整标识。

4）压力释放装置的进口及出口连接（连接尺寸、压力级和连接形式等)。

5）试验人员、有关各方代表和试验日期。

6）试验介质（根据需要给出名称、相对分子质量、密度、比热比等)。

2. 试验结果汇总

包括表明压力释放装置在试验条件下性能的数值和特性值应列出数值、特性值和计量单位。

3. 压力释放装置的描述

根据图样和测量，说明压力释放装置的下列尺寸：

1）流道直径和进口通道直径（mm)。

2）流道直径同进口通道直径的比值。

3）密封面直径（mm）和密封面斜角（°)。

4）实际排放面积（mm^2)。

4. 检测的数据和计算的结果

应包括数据的记录和所要求的对试验结果的计算。数据应按仪表校准值及每一试验的运行条件进行修正。

测量排量可按10.4.7的程序进行计算，并根据实际情况使用标准的试验报告格式做出报告。

5. 试验条件及修正协议

在试验之前达成一致的如下所列试验条件应列入每一试验的报告：

1）压力释放装置最大进口压力。

2）压力释放装置进口温度。

3）压力释放装置的整定压力。

4）压力释放装置的背压力（排放背压及/或附加背压)。

6. 试验方法和程序

应包括对用来测量各种数值的仪表和设备及对用来观察被试装置机械特性的程序的详细说明。

7. 支撑数据

这一部分包括在试验报告中另外列出的有关补充资料，据此可对报告的结果进行独立的审核。这些资料可包括但不限于以下项目：

1）仪表校准记录。

2）详细记录表。

3）计算实例。

8. 背压试验结果的图示

当对一给定的开启压力以几种不同的背压进行一系列试验时，可以通过画出如下的曲线来给出结果：

1）横坐标：背压，以大气背压时开启压力的百分数表示；纵坐标：开启压力对大气背压时开启压力变化的百分数。

2）横坐标：背压，以大气背压时排放压力的百分数表示；纵坐标：排量，以大气背压时排量的百分数表示。

3）横坐标：背压，以大气背压时开启压力的百分数表示；纵坐标：关闭压力对大气背压时关闭压力变化的百分数。

10.4.9 在用试验及工作台上定压试验

10.4.9.1 测量仪表和测量方法

1. 仪表

当在本节中需要进行温度、压力或开高测量时，所用仪表应满足下列技术要求。

2. 温度测量

按10.4.2.2的要求。

3. 压力测量

1）测压点应位于介质流动基本上平行于管壁或容器的区域。测量低于0.1MPa的静压差时，可使用液体测压计。

2）压力释放装置进口压力应为静压力，并在图10-15和图10-16所示的取压口测得。

3）背压力应为静压力，并在图10-8、图10-10和图10-11所示的取压口测得。

4）如果在测压点和压力计间存在水位或液位差，则应对压力读数做适当的修正。

4. 开启高度测量

开启高度的测量按10.4.2.6的要求。

10.4.9.2 在用试验程序

1. 试验要求

1）安排这些试验是为了确保阀门的整定压力和运行状况已准备就绪，而不必证实阀门已整体符合规范或技术要求。按照有关各方的协议，可以采用下述中2和3中的试验方法以满足这一要求。

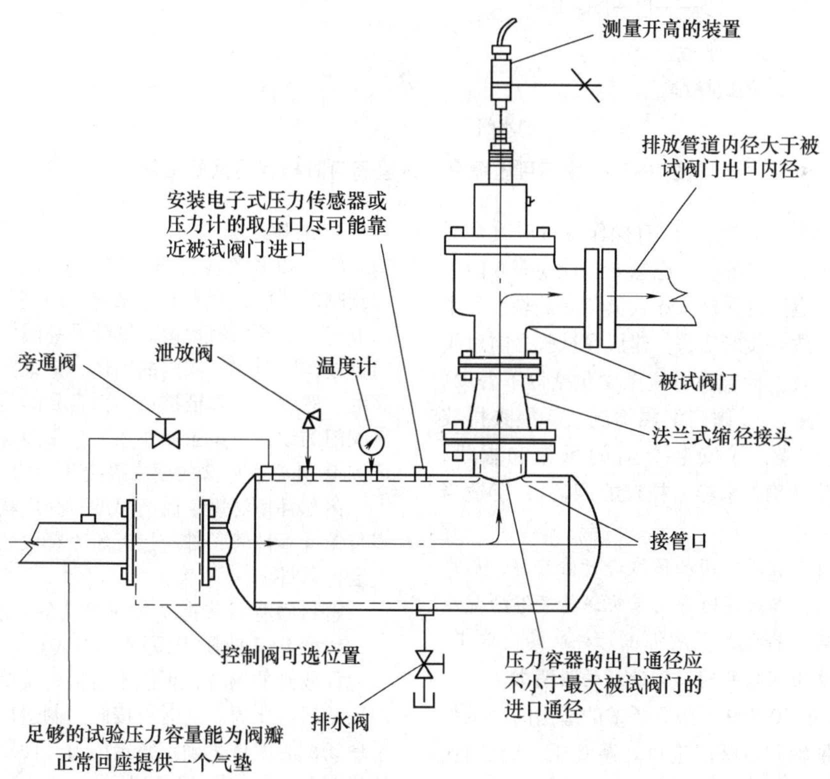

图10-15 用可压缩介质试验阀门时推荐的试验布置

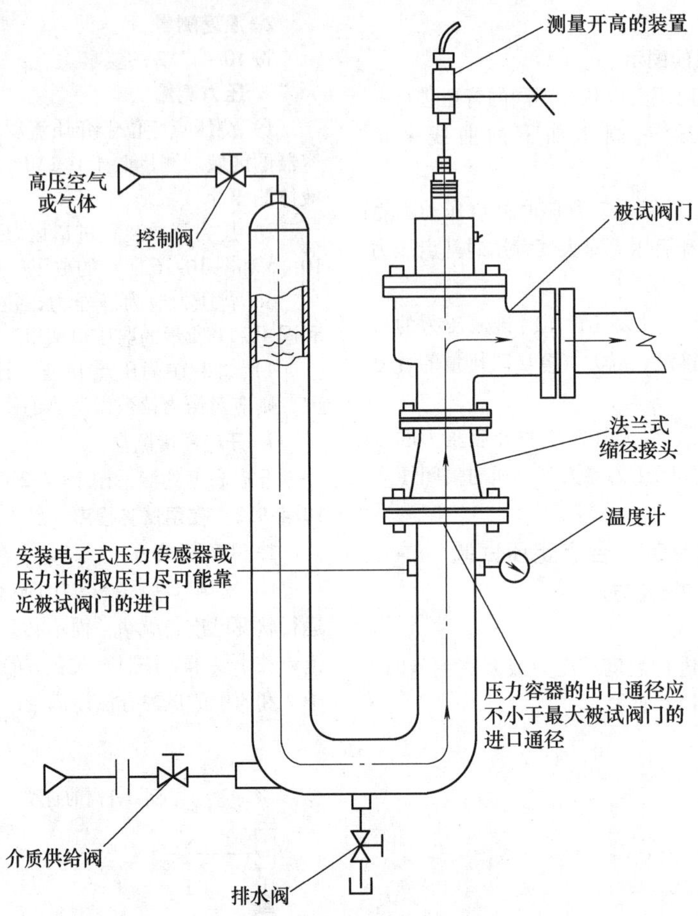

图 10-16　用不可压缩介质试验阀门时推荐的试验布置

2）作为安全预防措施，所有操作人员应就合适的试验设备规程、试验准备及应急处置计划等方面进行适当的培训。应注意保护操作人员免受试验过程中高温、噪声和排放介质的伤害。建议在试验之前对阀门作一次目视检查。检查项目应至少包括以下各项：①阀门压紧杆状况；②阀门泄漏情况；③检查排放管；④腐蚀或污染；⑤安装合适的罩帽和扳手；⑥铅封的完整性（确保未经未授权的调整）；⑦适当的阀门安装。

注：当人员在靠近阀门的区域进行检查时，应用压紧杆顶住阀门。与此同时应对系统保持足够的超压保护。检查之后试验之前，应将压紧杆从阀门取下。阀门压紧杆的使用应按照阀门制造厂的说明书。

3）应将满足 10.4.9.1 中 3 要求的适当的测压仪表安装在能够精确测量阀门进口处系统压力的位置。同各种试验装置一起使用的其他测量仪表应符合装置制造厂的要求。

2. 试验方法

（1）以系统压力进行的试验　升高阀门进口压力到阀门开启，观察并记录阀门的整定压力及其他要求或有关的阀门特性值。继续升高阀门进口压力到阀门排放，同时观察阀门的动作，记录排放压力和开启高度。然后逐渐降低进口压力直到阀门关闭，同时观察阀门的动作，记录回座压力。重复这一试验，以便可按 10.4.9.5 中 2 的要求确定阀门的动作特性。

诸如环境温度、阀门温度、介质状况、背压力和安装条件等试验条件应接近压力释放装置将承受的正常运行条件。

密封面泄漏试验按 10.4.9.4 的要求进行。

（2）用其他压力源进行的试验　在安装先导式压力释放阀的场合，可能不希望将系统压力提升到超过正常运行压力。此时可按阀门制造厂的建议使用一个现场试验附件来确定整定压力。使用现场试验附件的典型布置参如图 10-17 所示。

应重复这一方法的试验以便能按 10.4.9.5 中的要求确定阀门的整定压力。

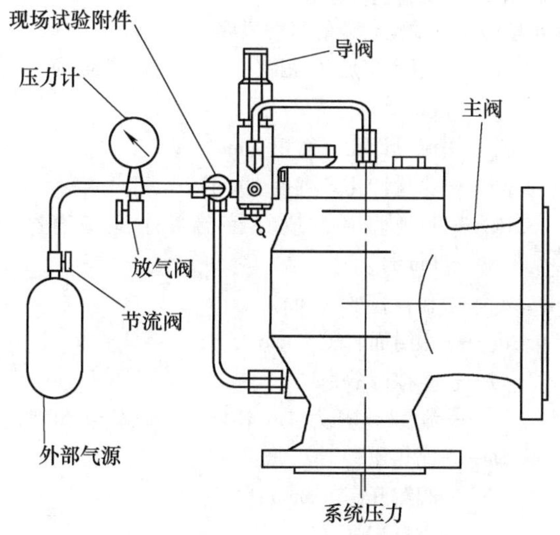

图 10-17 先导式安全阀现场试验附件

（3）使用辅助提升装置的试验 当在阀门安装现场不希望将系统压力提升到超过正常运行压力时，可按阀门制造厂的建议使用辅助提升装置。辅助提升装置在系统压力的基础上提供一个补充载荷以克服作用在阀瓣上的弹簧力。经标定的辅助提升装置安装在阀杆上，在保持系统压力为恒定值的同时对阀杆施力直至阀门开启。阀门开启的特征为听到声音，补充载荷的瞬间下降及/或系统介质的释放。在阀门开启的同时记录系统压力和补充载荷，然后释放辅助提升装置的载荷。辅助提升装置可以手工、半自动或自动操作。阀门的整定压力利用图表或通过公式计算确定。而图表或公式则是在辅助提升装置按特定的阀门设计、尺寸和试验介质条件进行标定的基础上建立的。应重复这一试验以便能按 10.4.9.5 中的要求确定阀门的整定压力。使用这一试验方法不能确定阀门的回座压力。阀门的调节圈应按其原始试验数据调整。

注意：当进口压力过分低于阀门整定压力时，使用辅助提升装置可能导致阀门损坏。

3. 在运行条件下验证排量

1）如果试验各方同意，在完成 10.4.9.2 中所述之一的试验之后，可以在运行条件下近似地来确定压力释放阀的排量。在大多数情况下，这类试验的目的在于验证运行条件下的压力释放装置具有足够的尺寸来防止超压。

在试验过程中必须采取预防措施以确保被保护系统的最大允许工作压力不会被超过到安全不允许的程度。

2）如果不需要定量的排量值，可以采用蓄能试验方法。进行这类试验时切断容器的所有出口，使输入的能量和质量流量达到最大值，而这些能量和质量流量将通过压力释放装置释放。如果装置的尺寸合适，容器的压力不应升高到超过可接受的预定值。对于带过热器或再热器的蒸汽锅炉或高温水锅炉，不应采用这一方法。

3）对于安装在蒸汽锅炉上的压力释放阀，可以确定一个估计的定量排量。在上述的蓄能试验中，除压力释放阀以外的所有蒸汽出口均被切断，而锅炉以一个足以使阀门在规定的压力下保持开启的受控速率燃烧。只要在一个较长的时段内保持稳定的蒸发条件，就可以通过计量输入锅炉的给水流量来估计出压力释放阀的排量。

4）如果有关各方同意，也可采用其他的试验方案。比如，可以在阀门出口连接一个容器以收集排放的介质，再通过一个流量测量装置排向大气。但应采取措施以确保可能产生的排放背压不会影响阀门的动作。

10.4.9.3 工作台上定压试验程序

1. 试验安装要求

1）压力释放装置应确保已安装了满足设计技术规范要求的部件是清洁的，并已处于备试状态。

2）压力释放装置应利用连接附件（法兰连接、螺纹连接、焊接连接的等）安装在试验容器上。可接受的具有最小进口压降的连接附件断面图如图 10-13所示，只要不影响试验精度也可使用其他连接附件。

3）应按所用试验程序的要求保持运行和环境条件。试验持续时间应满足在稳定工况下获得所需性能数据的需要。

2. 用可压缩介质进行的试验

1）标志用于蒸汽的阀门应以蒸汽进行试验，标志用于空气、气体或蒸汽的阀门应以空气或气体进行试验。

2）压力释放阀进口压力应为在图 10-15 所示位置的取压口测得的静压力。

注：对于蒸汽试验，蒸汽的干度可能影响到阀门的动作特性。而汽水分离不充分，试验容器保温不足及/或蒸汽疏水器运行不当都会影响蒸汽的干度。

3）升高阀进口压力到预期整定压力的 90%，然后以等于每秒 2% 整定压力的速率或以一个为精确读取压力值所需的速率升压。观察并记录整定压力和其他有关的阀门特性值，然后降低进口压力直到阀门关闭。

应重复这一试验以便能按 10.4.9.5 中的相关内

容计算阀门的整定压力。

4）如果要获得回座压力的测量值，要求在阀门进口有足够的试验介质容量。在确定该容量时，必须依据试验介质的供应速率对动作循环的时间和被试装置的通径予以考虑。

3. 用不可压缩介质进行的试验

1）标志用于液体的阀门应以水或其他适当的液体进行试验。

2）压力释放阀进口压力应为在图10-16所示位置的取压口测得的静压力。

3）同10.4.9.32中所述。

10.4.9.4 密封试验

可以使用GB/T 12243规定的方法或试验各方同意的其他方法来测定密封性。这些方法包括利用湿纸巾、肥皂液、冷棒、镜子或收集泄漏的介质等。

10.4.9.5 计算结果

1. 测量变量的修正

测量变量的值应按仪表校准值进行修正。不允许对数据做其他的修正。

2. 动作性能的计算

对试验测定的动作性能，其结果应如下计算：

1）计算整定压力为当整定压力为确定和稳定值后3次测量值的平均值。当测量的整定压力没有向上或向下的不一致倾向并且各测量值对计算整定压力的偏差在1%或0.01MPa（取两者中较大值）之内时，即认为整定压力是稳定的。

2）计算启闭压差为在上述1）中用来确定计算整定压力的3次试验的各个启闭压差的平均值。

3）计算开启高度为在上述1）中用来确定计算整定压力的3次试验的各个测量开启高度的平均值。

10.4.9.6 试验汇总报告

1. 试验汇总报告要求

1）编制试验汇总报告是为了正式记录观察到的数据和计算结果。报告应包含足够的支撑资料，以证明按相关规范进行的任何试验的所有目的均已达到。

2）推荐采用10.4.9.5所述的程序来计算试验结果。

3）试验汇总报告应包括下列部分，根据有关各方协议，也可包括任何其他部分：①一般资料；②试验结果汇总；③压力释放装置的描述；④检测的数据和计算的结果；⑤试验条件及修正协议；⑥试验方法和程序；⑦支撑数据。

2. 试验汇总报告

试验汇总报告的概述见10.4.8.2。

10.4.10 试验报告表

10.4.10.1 试验记录的符号说明

a——实际排放面积（或最小净流通面积）（mm^2）；

a_m——流量计孔口面积（mm^2）；

d——流量计孔口直径（mm）；

d_b——流道直径（或夹持器最小通道直径）（mm）；

d_0——孔板直径（mm）；

d_s——密封面直径（mm）；

f——摩擦因数；

h_w——流量计差压力（mmH_2O，$1mmH_2O=9.8Pa$）；

k——比热比；

l——阀瓣开高（mm）；

q_m——质量流量（kg/h）；

q_b——在基点状况下流量计处的体积流量（m^3/min）；

q_r——在基准进口温度条件下的阀门排量（m^3/min）；

q_V——体积流量（m^3/h）；

t——试验时段（min）；

ω——水或冷凝液的质量（kg）；

ω_{v1}——阀门的蒸汽泄漏率（kg/h）；

ω_{c1}——冷凝器的泄漏率（kg/h）；

ω_{dr}——试验容器的排水量（kg/h）；

C——排量系数（或阀门进口温度校正系数）；

C_{tap}——取压口处的声速（m/s）；

D——流量计接管内径（mm）；

D——试验台管路内径（m）；

E——管道表面粗糙度（mm）；

F_a——热膨胀系数（或热膨胀面积系数）；

G——单位面积质量流量（$kg/m^2 \cdot s$）；

G——对干燥空气的密度（M/M_a）；

$H_{LB\text{-}C}$——取压口B到C的压头长度（m）；

K——流量系数；

K_0——试用流量系数；

K_{tap}——至取压口的总阻力系数；

$K_{A\text{-}B}$——取压口A和B间的阻力系数；

$K_{B\text{-}C}$——取压口B和C间的阻力系数；

$K_{C\text{-}D}$——取压口C和D间的阻力系数；

L_{ex}——由试验对象引起的超额压头长度（m）；

$L_{A\text{-}B}$——取压口A和B间的长度（m）；

$L_{B\text{-}C}$——取压口B和C间的长度（m）；

$L_{C\text{-}D}$——取压口C和D间的长度（m）；

M——气体相对分子质量；
M_1——管道入口处马赫数；
M_a——空气相对分子质量；
M_w——相对分子质量；
M_{tap}——取压口处马赫数；
Re——雷诺数；
p——静压力[MPa(A)]；
p_1——管道入口压力；
p_b——大气压[MPa(A)]；
p_m——流量计热量计处静压力[MPa(A)]；
p_{set}——整定压力（MPa）；
p_f——额定排放压力[MPa(A)]；
p_0——背压力（MPa）；
p_B——基点压力[MPa(A)]；
p_s——流量计进口处滞止压力[MPa(A)]；
p_{tapA}——取压口 A 处压力[MPa(A)]；
p_{tapB}——取压口 B 处压力[MPa(A)]；
p_{tapC}——取压口 C 处压力[MPa(A)]；
p_{tapD}——取压口 D 处压力[MPa(A)]；
Q——在基准状况下水的容积排量（m^3/h）；
R——摩尔气体常数 [$R=8.314J/(mol \cdot K)$]；
Re_d——喉部雷诺数；
ρ——密度；
T——温度（K）；
T——流体温度（℃）；
T_1——管道入口处温度（K）；
T_B——基点温度（℃）；
T_B——基点温度（K）；
T_m——流量计处流体温度（或流量计上游温度）（℃）；
T_0——基点温度（K）；
T_v——流体温度（℃）；
T_s——流量计进口滞止温度（K）；
T_v——阀门进口温度（K）；
T_r——阀门进口基准温度（K）；
T_{cal}——热量计处流体温度（℃）；
$T_{caL,drum}$——试验容器热量计处流体温度（℃）；
$T_{caL,meter}$——流量计热量计处流体温度（℃）；
T_{tap}——取压口处温度（K）；
V——比体积（m^3/kg）；
V_{act}——进口状况下的比体积（m^3/kg）；
$V_{act,drum}$——进口状况下的比体积（m^3/kg）；
$V_{act,meter}$——流量计处流动状况下的比体积（m^3/kg）；
V_{ref}——基准状况下的比体积（m^3/kg）；
$V_{ref,drum}$——基准状况下的比体积（m^3/kg）；
$V_{ref,meter}$——流量计处基准状况下的比体积（m^3/kg）；
V_{tap}——取压口处比体积（m^3/kg）；
W——测量排量（kg/s）；
W_c——调整到基准状况的测量排量（kg/h）；
$W_{cal,drum}$——调整到基准状况的试验容器热量计流量（kg/h）；
$W_{cal,meter}$——调整到基准状况的流量计热量计流量(kg/h)；
W_{dc}——试验容器热量计流量（kg/h）；
W_h——排量（kg/h）；
W_h——调整到基准状况的测量排量（kg/h）；
W_{mc}——流量计热量计流量（kg/h）；
W_r——调整到基准状况的水的排量（kg/h）；
W_t——试用流量（kg/h）；
Y——介质膨胀系数；
Y_{tap}——取压口处膨胀系数；
Z——压缩性系数；
Z_B——基点压缩性系数；
β——β 比（$\beta=d/D$）；
$\rho_水$——水的密度（kg/m^3）；
ρ_{act}——进口状况下水的密度（kg/m^3）；
ρ_m——流量计进口处流体密度（kg/m^3）；
ρ_{ref}——基准状况下水的密度（kg/m^3）；
ρ_s——在标准大气压和基点温度下干燥空气的密度（kg/m^3）；
ρ_{std}——在标准大气压和基准温度下干燥空气的密度（kg/m^3）；
ρ_B——在基点温度和压力下的密度（kg/m^3）；
μ——黏度（或空气在 p_B 和 T_B 下的黏度）(Pa·s)；
Δp——流量计压差（mmH_2O）；
ϕ_i——理想气体声速流动函数。

10.4.10.2 试验报告表

记录数据和进行计算的试验报告按表 10-37 ~ 表 10-43的推荐格式。

表10-37　用蒸汽和水进行压力释放装置的试验报告表——水称重法

1）试验编号

2）试验日期

3）制造厂名

被试装置尺寸数据

阀　　门

4）流道直径 d_b/mm

5）密封面直径 d_s/mm

6）密封面斜角/（°）

7）阀瓣开启高度 l/mm

8）实际排放面积 a/mm²

非重闭式装置

4）夹持器最小通道直径 d_b/mm

5）最小净流通面积 a/mm²

观察的数据

9）试验时段 t/min

10）水或冷凝水的质量 W/kg

11）阀的蒸汽（或水）泄漏率 W_{vl}/(kg/h)

12）冷凝器的泄漏率 W_{cl}/(kg/h)

蒸汽

在装置进口观察的数据及计算的结果

13）整定压力 p_{set}/MPa

14）额定排放压力 p_t/MPa

15）背压力 p_0/MPa

16）热量计处流体温度 T_{cal}/℃

17）蒸汽干度（%）；或过热度/℃

18）基准状况下的比体积 V_{ref}/(m³/kg)

19）进口状况下的比体积 V_{act}/(m³/kg)

20）调整到基准状况的测量排量 W_h/（kg/h）

$$W_h = \frac{60W}{t}\sqrt{\frac{V_{act}}{V_{ref}}} + W_{vl} - W_{cl}$$

水

在装置进口观察的数据及计算的结果

21）整定压力 p_{set}/MPa

22）额定排放压力 p_f/MPa

23）背压力 p_0/MPa

24）流体温度 T/℃

25）进口状况下水的密度 ρ_{act}/(kg/m³)

26）基准状况下水的密度 ρ_{ref}/(kg/m³)

27）测量排量 W_h/(kg/h)

$$W_h = \frac{60W}{t} + W_{vl}$$

28）调整到基准状况的水的排量 W_r/(kg/h)

$$W_r = W_h\sqrt{\frac{\rho_{ref}}{\rho_{act}}}$$

29）在基准状况下水的容积排量 Q/(m³/h)

$$Q = \frac{W_r}{\rho_{ret}}$$

表 10-38 用蒸汽进行压力释放装置试验的试验报告表——流量计方法

1)试验编号

2）试验日期

3）制造厂名

被试装置尺寸数据

阀 门	非重闭式装置
4）流道直径 d_b/mm	4）夹持器最小通道直径 d_b/mm
5）密封面直径 d_s/mm	5）最小净流通面积 a/mm²
6）密封面斜角/(°)	
7）阀瓣开启高度 l/mm	
8）实际排放面积 a/mm²	

流量计有关计算

9）流量计接管内径 D/mm

10）流量计孔口直径 d/mm

11）流量计孔口直径的平方 d^2/mm²

12）β 比（$\beta = d/D$）

13）试用流量系数 K_0

14）流量计差压力 h_w/mmH_2O

15）大气压 p_b/MPa(A)

16）流量计热量计处静压力 p_m/MPa(A)

17）流量计热量计处流体温度 $T_{cal,meter}$/℃

18）蒸汽干度（%）；或过热度/℃

19）热膨胀面积系数 F_a

20）介质膨胀系数 Y

21）流量计处流动状况下的比体积 $V_{act,meter}$/(m^3/kg)

22）流量计处基准状况下的比体积 $V_{ref,meter}$/(m^3/kg)

23）试用流量 W_t/(kg/h)

$$W_t = 0.0125 d^2 K_0 F_a Y \sqrt{\frac{h_w}{V_{act,meter}}}$$

24）黏度 μ/Pa·s

25）喉部雷诺数 Re_d

$$Re_d = \frac{0.354 W_t}{d\mu}$$

26）流量系数 K

27）调整到流量计处基准状况的流量计测量流量 W_h/（kg/h）

$$W_h = \frac{W_t K}{K_0}\sqrt{\frac{V_{act,meter}}{V_{ref,meter}}}$$

在装置进口观察的数据及计算的结果

28）整定压力（非重闭式装置的爆破压力）p_{set}/MPa

29）额定排放压力 p_f/MPa（A）

30）试验容器热量计处流体温度 $T_{cal,drum}$/℃

31）蒸汽干度（%）；或过热度/℃

32）进口基准状况下的比体积 $V_{ref,drum}$/(m^3/kg)

33）进口状况下的比体积 $V_{cat,drum}$/(m^3/kg)

34）流量计热量计流量 W_{mc}/(kg/h)

35）调整到流量计处基准状况的流量计热量计流量 $W_{cal,meter}$/(kg/h)

$$W_{cal,meter} = W_{mc}\sqrt{\frac{V_{act,meter}}{V_{ref,meter}}}$$

36）试验容器热量计流量 W_{dc}/（kg/h）

37）调整到进口基准状况的试验容器热量计流量 $W_{cal\ drum}$/(kg/h)

$$W_{cal,meter} = W_{dc}\sqrt{\frac{V_{act,meter}}{V_{ref,meter}}}$$

（续）

38）试验容器排水量 W_{dr}/(kg/h)

39）调整到进口基准状况的测量排量 W_c/(kg/h)

$$W_c = W_h \sqrt{\frac{V_{act,meter}}{V_{ref,meter}}} - W_{cal,meter} - W_{cal,drum} - W_{dr}$$

表10-39 用液体进行压力释放装置试验的试验报告表——流量计方法

1）试验编号

2）试验日期

3）制造厂名

被试装置尺寸数据

阀 门	非重闭式装置
4）流道直径 d_b/mm	4）夹持器最小通道直径 d_b/mm
5）密封面直径 d_s/mm	5）最小净流通面积 a/mm²
6）密封面斜角/(°)	
7）阀瓣开启高度 l/mm	
8）实际排放面积 a/mm²	

流量计有关计算

9）流量计接管内径 D/mm

10）流量计孔口直径 d/mm

11）流量计孔口直径的平方 d^2/mm²

12）β 比（$\beta = d/D$）

13）流量计进口温度 T_m/℃

14）流量计差压力 h_w/mmH_2O

15）大气压 p_b/MPa(A)

16）流量计处静压力 p_m/MPa(A)

17）流量计处流体温度 T_m/℃

18）热膨胀面积系数 F_a

19）试用流量系数 K_0

20）流量计进口流体密度 ρ_m/(kg/m³)

21）试用流量 W_t/(kg/h)

$$W_t = 0.0125 d^2 F_a K_0 \sqrt{h_w \times \rho_m}$$

22）黏度 μ/Pa·s

23）喉部雷诺数 Re_d

$$Re_d = \frac{0.354 W_t}{d\mu}$$

24）流量系数 K

25）测量排量 W_h/(kg/h)

$$W_h = W_t K / K_0$$

在装置进口观察的数据及计算的结果

26）整定压力（非重闭式装置的爆破压力）p_{set}/MPa

27）额定排放压力 p_t/MPa

28）背压力 p_0/MPa

29）流体温度 T_v/℃

30）进口状况下的液体密度 ρ_{act}/(kg/m³)

31）基准状况下的液体密度 ρ_{ref}/(kg/m³)

32）调整到基准状况的液体排量 W_r/(kg/h)

$$W_r = W_h \sqrt{\frac{\rho_{ref}}{\rho_{act}}}$$

表10-40 用空气或其他气体进行压力释放装置试验的试验报告表——流量计方法

1）试验编号
2）试验日期
3）制造厂名
4）试验介质
5）密度（基点状况）ρ
6）比热比 k
7）相对分子质量 M_w

被试装置尺寸数据

阀 门	非重闭式装置
8）流道直径 d_b/mm	8）夹持器最小通道直径 d_b/mm
9）密封面直径 d_s/mm	9）最小净流通面积 a/mm²
10）密封面斜角/(°)	
11）阀瓣开高 l/mm	
12）实际排放面积 a/mm²	

流量计有关计算

13）流量计接管内径 D/mm
14）流量计孔口直径 d/mm
15）流量计孔口直径的平方 d^2/mm²
16）β 比（$\beta = d/D$）
17）试用流量系数 K_0
18）流量计差压力 h_w/mmH_2O
19）大气压 p_b/MPa(A)
20）流量计处静压力 p_m/MPa(A)
21）流量计处流体温度 T_m/℃
22）介质膨胀系数 Y
23）热膨胀面积系数 F_a
24）流量计进口处流体密度 ρ_m/(kg/m³)
25）试用流量 W_t/(kg/h)

$$W_t = 0.0125 d^2 K_0 Y F_a \sqrt{h_w \times \rho_m}$$

26）黏度 μ/Pa·s
27）喉部雷诺数 Re_d

$$Re_d = \frac{0.354 W_t}{d\mu}$$

28）流量系数 K
29）测量排量 W_b/（kg/h）

$$W_h = W_t K / K_0$$

30）基点压力 p_B/MPa（A）
31）基点温度 T_B/℃
32）在标准大气压［0.101 325 MPa（A）］和基点温度下干燥空气的密度 ρ_s/（kg/m³）
33）在基点状况下的密度 ρ_B/(kg/m³)

$$\rho_B = S_g p_B \rho_s / 0.101\,325$$

34）在基点状况下流量计处体积流量 q_b/(m³/min)

$$q_b = \frac{W_h}{60\rho_B}$$

在装置进口观察的数据及计算的结果

35）整定压力（非重闭式装置的爆破压力）p_{set}/MPa
36）额定排放压力 p_f/MPa
37）阀门进口温度（绝）T_v/K
38）阀门进口基准温度（绝）T_r/K

（续）

39）阀门进口温度校正系数 C

$$C = \sqrt{T_v/T_\tau}$$

40）在基准进口温度下的阀门排量 q_r/（m^3/min）

$$q_r = q_b C$$

表 10-41　用空气或其他气体进行压力释放装置试验的试验报告表——声速流量计方法

1）试验编号
2）试验日期
3）制造厂名
4）试验介质
5）密度（基点状况）ρ
6）比热比 k
7）相对分子质量 M

被试装置尺寸数据

阀　门	非重闭式装置
8）流道直径 d_b/mm	8）夹持器最小通道直径 d_b/mm
9）密封面直径 d_s/mm	9）最小净流通面积 a/mm^2
10）密封面斜角/（°）	
11）阀瓣开启高度 l/mm	
12）实际排放面积 a/mm^2	

流量计有关计算

13）流量计接管内径 D/mm
14）流量计孔口直径 d/mm
15）β 比（$\beta = d/D$）
16）在声速流动条件下流量计的流量系数 C
17）流量计孔口面积 a_m/mm^2
18）理想气体声速流动函数 ϕ_i
19）真实气体同理想气体声速流动函数的比值 ϕ/ϕ_i
20）大气压 p_b/MPa(A)
21）流量计进口滞止压力 p_s/MPa(A)
22）流量计进口滞止温度（绝）T_s/K
23）测量排量 W_h/(kg/h)

$$W_h = 3\,600 C a_m \phi_i \phi/\phi_i \frac{p_S}{\sqrt{T_S}}$$

在装置进口观察的数据及计算的结果

24）整定压力（非重闭式装置的爆破压力）p_{set}/MPa
25）额定排放压力 p_f/MPa（A）
26）阀门进口温度（绝）T_v/K
27）阀门进口基准温度（绝）（T_r）/K
28）在标准大气压［0.101 325MPa（A）］和基准温度下干燥空气的密度 ρ_{std}/(kg/m^3)
29）在基准状况下流体的密度 ρ_{ref}/(kg/m^3)

$$\rho_{ref} = S_g p_f \rho_{std}/0.101\,325$$

30）在基准状况下的阀门排量 q_r/（m^3/min）

$$q_r = \frac{W_h}{60\rho_{ret}} \sqrt{T_V/T_r}$$

表 10-42　用燃料气进行压力释放装置试验的试验报告表——流量计方法

1）试验编号
2）试验日期
3）制造厂名
4）试验介质

（续）

5）密度（基点状况）ρ

6）比热比 k

7）相对分子质量 M

被试装置尺寸数据

阀　　门	非重闭式装置
8）流道直径 d_b/mm	8）夹持器最小通道直径 d_b/mm
9）密封面直径 d_s/mm	9）最小净流通面积 a/mm^2
10）密封面斜角/(°)	
11）阀瓣开启高度 l/mm	
12）实际排放面积 a/mm^2	

流量计有关计算

13）流量计接管内径 D/mm

14）流量计孔口直径 d/mm

15）流量计孔口直径的平方 d^2/mm^2

16）β 比（$\beta=d/D$）

17）试用流量系数 K_0

18）流量计差压力 h_w/mmH_2O

19）大气压 p_b/MPa（A）

20）流量计处静压力 p_m/MPa(A)

21）流量计处流体温度（绝）T_m/K

22）介质膨胀系数 Y

23）热膨胀面积系数 F_a

24）流量计处压缩性系数 Z

25）流量计进口处流体密度 ρ_m/(kg/m^3)

$$\rho_m=\frac{3483S_gp_m}{T_mZ}$$

26）试用流量 W_t/(kg/h)

$$W_t=0.0125d^2K_0YF_a\sqrt{h_w\times\rho_m}$$

27）黏度 μ/Pa · s

28）喉部雷诺数 Re_d

$$Re_d=\frac{0.354W_t}{d\mu}$$

29）流量系数 K

30）基点压力 p_b/MPa(A)

31）基点温度（绝）T_B/K

32）基点压缩性系数 Z_B

33）在基点压力和基点温度下的密度 ρ_B/(kg/m^3)

$$\rho_B=\frac{3483S_gp_B}{T_BZ_B}$$

34）在基点状况下的体积流量 q_b/(m^3/h)

$$q_b=\frac{W_tK}{K_0\rho_B}$$

在装置进口观察的数据及计算的结果

35）整定压力（非重闭式装置的爆破压力）p_{set}/MPa

36）额定排放压力 p_f/MPa

37）阀门进口温度（绝）T_Y/K

38）阀门进口基准温度（绝）T_r/K

39）阀门进口温度校正系数 C

$$C=\sqrt{T_v/T_r}$$

40）在基准进口温度下的阀门排量 q_r/(m^3/min)

$$q_r=\frac{q_bC}{60}$$

表 10-43 用空气进行爆破片装置试验的试验报告表——阻力系数方法

1）试验编号
2）试验日期
3）制造厂名
4）比热比 k
5）相对分子质量 M_w
6）测量排量 $W/(kg/s)$
7）基点压力 p_B/MPa（A）
8）基点温度 T_0/K
9）试验台管路内径 D/m
10）取压口 A 和 B 间的管道长度 $L_{A\text{-}B}/m$
11）取压口 B 和 C 间的管道长度 $L_{B\text{-}C}/m$
12）取压口 C 和 D 间的管道长度 $L_{C\text{-}D}/m$
13）取压口 A 处压力 $p_{tapA}/MPa(A)$
14）取压口 B 处压力 $p_{tapB}/MPa(A)$
15）取压口 C 处压力 $p_{tapC}/MPa(A)$
16）取压口 D 处压力 $p_{tapD}/MPa(A)$
17）单位面积质量流量 $G/[kg/(m^2 \cdot s)]$

$$G = W/(\pi D^2/4)$$

阻力系数（L/D）计算

18）管道入口处马赫数 M_1

$$M_1 = \frac{G}{10^6 P_B}\sqrt{\frac{Y_1^{[(k+1)/(k-1)]}}{Mk/(8314T_0)}}$$

用迭代法解得

$$Y_1 = 1 + \frac{(k-1)M_1^2}{2}$$

19）管道入口处压力 $p_1/MPa(A)$

$$P_1 = P_B\left(\frac{2}{2+(k-1)M_1^2}\right)^{1/2}$$

20）管道入口处温度 T_1/K

$$T_1 = T_0(P_1/P_B)^{(k-1)/k}$$

以下 21）~26）计算管道入口至每一取压口 A、B、C 和 D 的阻力系数。对每一取压口重复 21）~26）。

21）在取压口处的温度 T_{tap}/K

$$T_{tap} = T_1\frac{-1+\sqrt{1+2(k-1)M_1^2(P_1/P_{tap})^2(1+(k-1)M_1^2/2)}}{(k-1)M_1^2(P_1/P_{tap})^2}$$

22）在取压口处的声速 $C_{tap}/(m/s)$

$$C_{tap} = \sqrt{8314kT_{tap}/M}$$

23）在取压口处的比体积 $V_{tap}/(m^3/kg)$

$$V_{tap} = 8314T_{tap}/(M10^6P_{tap})$$

24）在取压口处的马赫数 M_{tap}

$$M_{tap} = GV_{tap}/C_{tap}$$

25）在取压口处的膨胀系数 Y_{tap}

$$Y_{tap} = 1 + \frac{(k-1)(M_{tap})^2}{2}$$

26）至取压口的总阻力系数 K_{tap}

$$K_{tap} = \frac{1/M_1^2 - 1/(M_{tap})^2 - [(k+1)/2]\ln[M_{tap}^2Y_1)/(M_1^2Y_{tap})]}{k}$$

27）取压口 A 和 B 间的阻力系数 $K_{A\text{-}B}$

$$K_{A\text{-}B} = K_B - K_A$$

28）取压口 B 和 C 间的阻力系数 $K_{B\text{-}C}$

$$K_{B\text{-}C} = K_C - K_B$$

（续）

29）取压口 C 和 D 间的阻力系数 $K_{C\text{-}D}$

$$K_{C\text{-}D}=K_D-K_C$$

30）摩擦因数 f $\quad f=K_{A\text{-}B}D/(4L_{A\text{-}B})$

31）空气在 p_B 和 T_0 下的黏度 μ/Pa·s

32）雷诺数 Re $\quad Re=DG/\mu$

33）管道表面粗糙度 E/mm

$$E=3700D[10^{(-1/(4\times\sqrt{f}))}-1.256/(Re\sqrt{f})]$$

34）B 到 C 的压头长度 $H_{LB\text{-}C}$/m

$$H_{LB\text{-}C}=K_{B\text{-}C}D/(4f)$$

35）由试验对象引起的超额长度 L_{ex}/m

$$L_{ex}=H_{LB\text{-}C}-L_{B\text{-}C}$$

36）试验对象的阻力系数 L/D

$$L/D=L_{ex}/D$$

10.4.10.3 试验汇总报告表

试验汇总报告表的格式见表 10-44～表 10-47。

表 10-44 压力释放阀试验汇总报告表——蒸汽介质

一般资料

1）试验编号
2）试验日期
3）试验地点
4）制造厂名及地址
5a）阀门形式或型号
5b）阀门编号或标志号
5c）进口连接（尺寸、压力级及形式）
5d）出口连接（尺寸、压力级及形式）
5e）标示压力及允差/MPa
6）试验目的

试验结果汇总

7）前泄压力/MPa（工厂整定）
8）前泄压力/MPa（再调整）
9）整定压力/MPa（工厂调整）
10）整定压力/MPa（再调整）
11）回座压力/MPa（工厂调整）
12）回座压力/MPa（再调整）
13）启闭压差/MPa（工厂调整）
14）启闭压差/MPa（再调整）
15）背压力：附加背压及/或排放背压/MPa
16）额定排放压力（阀进口）/MPa
17）阀瓣开启高度/mm
18）测量排量/(kg/h)

阀门测量尺寸

19）流道直径/mm
20）密封面直径/mm
21）密封面斜角/(°)
22）阀进口通道直径/mm
23）阀瓣开高对流道直径比率
24）流道直径对进口通道直径比率
25）实际排放面积/mm^2
26）对试验目的及有关项目如频跳、颤振、振动等的评述和结论

试验人员（签名）________________ 试验监督员（签名）________________ 日期________

表10-45　压力释放阀试验汇总报告表——水或液体介质

一般资料
1）试验编号
2）试验日期
3）试验地点
4）制造厂名及地址
5a）阀门形式或型号
5b）阀门编号或标志号
5c）进口连接（尺寸、压力级及形式）
5d）出口连接（尺寸、压力级及形式）
5e）标示压力及允差/MPa
6）试验目的
7）试验介质
8）密度（标准的）
试验结果汇总
9）整定压力/MPa（工厂调整）
10）整定压力/MPa（再调整）
11）回座压力/MPa（工厂调整）
12）回座压力/MPa（再调整）
13）背压力：附加背压及/或排放背压/MPa
14）额定排放压力（阀进口）/MPa
15）阀瓣开启高度/mm
16）测量排量/(kg/h)
阀门测量尺寸
17）流道直径/mm
18）密封面直径/mm
19）密封面斜角/(°)
20）阀进口通道直径/mm
21）阀瓣开高对流道直径比率
22）流道直径对进口通道直径比率
23）实际排放面积/mm^2
24）对试验目的及有关项目如频跳、颤振、振动等的评述和结论
试验人员（签名）＿＿＿＿＿＿＿＿试验监督员（签名）＿＿＿＿＿＿＿＿日期＿＿＿＿

表10-46　压力释放阀试验汇总报告表——空气、气体或燃料气介质

一般资料
1）试验编号
2）试验日期
3）试验地点
4）制造厂名及地址
5a）阀门形式或型号
5b）阀门编号或标志号
5c）进口连接（尺寸、压力和形式）
5d）出口连接（尺寸、压力级和形式）
5e）标示压力及允差/MPa
6）试验目的
7）试验介质
8）密度（标准的）
9）比热比
10）相对分子质量
试验结果汇总
11）前泄压力/MPa（工厂整定）

（续）

12）前泄压力/MPa（再调整）
13）整定压力/MPa（工厂调整）
14）整定压力/MPa（再调整）
15）回座压力/MPa（工厂调整）
16）回座压力/MPa（再调整）
17）再密封压力/MPa（工厂调整）
18）再密封压力/MPa（再调整）
19）启闭压差/MPa（工厂调整）
20）启闭压差/MPa（再调整）
21）背压力：附加背压及/或排放背压/MPa
22）额定排放压力（阀进口）/MPa
23）阀瓣开启高度/mm
24）测量排量/(kg/h)
阀门测量尺寸
25）流道直径/mm
26）密封面直径/mm
27）密封面斜角/（°）
28）阀进口通道直径/mm
29）阀瓣开启高度对流道直径的比率
30）流道直径对阀进口通道直径的比率
31）实际排放面积/mm^2
32）对试验目的及有关项目如频跳、颤振、振动等的评述和结论
试验人员（签名）______ 试验监督员（签名）______ 日期______

表 10-47 爆破片装置试验汇总报告表——空气、气体或燃料气介质

一般资料
1）试验编号
2）试验日期
3）试验地点
4）制造厂名及地址
5a）爆破片形式或型号
5b）爆破片批号或标志号
5c）连接（尺寸、压力级和形式）
5d）标示爆破压力及允差/MPa
5e）最小净流通面积/mm（制造厂规定的）
6）试验目的
7）试验介质
8）密度（标准的）
9）比热比
10）相对分子质量
试验结果汇总
11）爆破压力/MPa
12）额定排放压力（爆破片装置进口）/MPa
13）测量排量/（kg/h）
14）阻力系数/（L/D）
爆破片装置测量尺寸
15）夹持器最小通道直径/mm
16）对试验目的及有关项目如振动等的评述和结论
试验人员（签名）______ 试验监督员（签名）______ 日期______

10.4.10.4 确定流量误差的示例

1. 目的

对进行最终流量试验结果的误差分析提供示例。

2. 示例

试验介质：水。流量计形式：带法兰接口的同轴锐边薄孔板。假设：流量计系数未用标准器校准。示例一组典型的试验数据：

流量计接管内径：$D=79.17\ \mathrm{mm}$；

孔板孔口直径：$d=23.75\ \mathrm{mm}$；

比率：$\beta=d/D=0.300$；

流量计前后压降：$\Delta p=9\ 850\mathrm{mmH_2O}$；

温度：$T=25$℃。

质量流量的计算公式：

$$q_m = \frac{0.0125Kd^2F_a\sqrt{\rho_水(\Delta\rho)}}{\sqrt{1-(d/D)^4}} \tag{10-7}$$

式中，q_m 为质量流量（kg/h）；K 为流量系数（量纲为一的量）；d 为孔板孔口直径（mm）；D 为流量计接管内径（mm）；F_a 为热膨胀系数（量纲为一的量）；$\rho_水$ 为水的密度（$\mathrm{kg/m^3}$）；Δp 为流量计前后压差（$\mathrm{mmH_2O}$）。

以下列出要素误差来源及每一要素的估算偏差及精确误差：

参数 K 为流量系数。当管道尺寸等于或大于 50 mm且雷诺数超过 5 000D/25（D 以 mm 为单位）时，孔板流量计流量系数的误差为 ±0.55%。同时，建议在所有其他标示误差之上加上 0.5% 以考虑安装误差。于是 K 的相对总误差确定为

$$B_K\% = 0.5\% + 0.55\% = 1.05\% \tag{10-8}$$

K 的计算值为 0.599。

绝对误差限为

$$B_K = 0.010\ 5\times0.599 = \pm0.006\ 27 \approx \pm0.007 \tag{10-9}$$

可认为流量系数的精确绝对误差为零。

参数 d 为孔板孔口直径。孔板孔口直径的估计误差为 ±0.025mm。这一绝对误差估计考虑到了测量装置的误差及可能的人员读数误差。可认为孔板孔口直径的精确绝对误差为零。

参数 D 为流量计接管内径。流量计接管内径的估计误差为 ±0.075mm。这一绝对误差估计考虑到了测量装置的误差及人员读数误差。可认为流量计接管内径的精确绝对误差为零。

参数 F_a 为热膨胀系数。

$$F_a = \int(T) \tag{10-10}$$

式中，T 为水温（℃）。

F_a 的近似值可由式（10-11）获得

$$F_a = 3.0857\times10^{-5}T + 0.9992986 \tag{10-11}$$

F_a 的绝对误差为

$$B_{F_a} = \frac{\partial F_a}{\partial T}B_T \tag{10-12}$$

$$\frac{\partial F_a}{\partial T} = \frac{\mathrm{d}F_a}{\mathrm{d}T} = 3.0857\times10^{-5} \tag{10-13}$$

水温 T 的误差 B_T 假定为 ±3℃。由此得

$$B_{F_a} = (3.085\ 7\times10^{-5})\times3 = \pm0.000\ 092\ 6 \tag{10-14}$$

基于名义温度 25℃的 F_a 为

$$F_a = (3.085\ 7\times10^{-5})\times25 + 0.999\ 298\ 6 = 1.000\ 07 \tag{10-15}$$

当水温误差为 3℃时 F_a 的相对误差为

$$F_a\text{的相对误差} = 0.000\ 092\ 6/1.000\ 07 = 0.01\% \tag{10-16}$$

可认为热膨胀系数 F_a 的绝对误差和精确绝对误差均为零。

参数 $\rho_水$ 为水的密度：

$$\rho_水 = \int(T,p) \tag{10-17}$$

式中，T 为水温（℃）；p 为压力[MPa(A)]。

对于水而言由于压力引起的 $\rho_水$ 的变化很小，可以忽略不计。

由于水温 ±3℃的误差引起的 $\rho_水$ 的变化等于：

$$B_\rho = \pm0.620\ 7 \tag{10-18}$$

式中，$\rho_水$ 的绝对误差取为 ±0.62$\mathrm{kg/m^3}$。

水密度的精确绝对误差 S_p，估计为 ±0.32$\mathrm{kg/m^3}$。

参数 Δp 为流量计前后压差（$\mathrm{mmH_2O}$）。Δp 是由记录仪测定，而记录仪用量程为 0～25 400mm 水柱的传感压力计标定。后者又用静重式测试仪标定。

记录仪的误差限按最小分度值的一半计，为 ±250$\mathrm{mmH_2O}$。

传感压力计的公差为全量程的 ±0.25%，相当于绝对误差 ±63.5 $\mathrm{mmH_2O}$。

传感压力计的标定仪（静重式测试仪）的精度为传感压力计的 2 倍，其引起的误差为 ±7.5 $\mathrm{mmH_2O}$。

按误差合成方法取上述误差平方和的平方根，得到 Δp 的绝对误差为

$$B_{\Delta p} = [(250)^2 + (63.5)^2 + (7.5)^2]^{1/2} = 258 \tag{10-19}$$

圆整到 $B_{\Delta p} = \pm260\ \mathrm{mmH_2O}$。

流量计差压的精确绝对误差估定为 ±130$\mathrm{mmH_2O}$。

表 10-48 列出了所有绝对误差、相对误差和精确误差值，还列出了每一参数的相对灵敏度系数 θ'。

表 10-48 参数误差表

参数	绝对误差 B	精确绝对误差 S	名义值（试验数据）	相对误差 B_R	精确相对误差 S_R	相对灵敏度系数 θ'
K	±0.007	0	0.599	0.007/0.599 = ±0.011 7	0	1
d	±0.025mm	0	23.75mm	0.025/23.75 = ±0.001 05	0	$2/(1-\beta^4)$ =2.0163
D	±0.075mm	0	79.17mm	0.075/79.17 = ±0.000 95	0	$(2\beta^4)/(1-\beta^4)$ =0.0163
F_a	±0	0	1.000 07	0	0	1
$\rho_{水}$	±0.62 kg/m³	±0.32kg/m³	1 000 kg/m³	0.62/1 000 = ±0.000 62	0.32/1 000 = ±0.000 32	0.5
Δp	±260mmH₂O	±130mmH₂O	9 850mmH₂O	260/9 850 = ±0.026 4	130/9 850 = ±0.013 20	0.5

各参数的误差分别按误差和精确误差导入由泰勒（Taylor）系列展开式计算的结果中。

流量的相对误差为

$$\frac{B_W}{W}=\left[\left(1\times\frac{B_K}{K}\right)^2+\left(\frac{2}{1-\beta^4}\frac{B_d}{d}\right)^2+\left(\frac{2\beta}{1-\beta^4}\frac{B_D}{D}\right)^2+\left(1\times\frac{B_{F_a}}{F_a}\right)^2+\left(0.5\frac{B_\rho}{\rho_{水}}\right)^2+\left(0.5\frac{B_{\Delta p}}{\Delta p}\right)^2\right]^{1/2} \quad (10\text{-}20)$$

流量的精确相对误差为

$$\frac{S_W}{W}=\left[\left(1\times\frac{S_K}{K}\right)^2+\left(\frac{2}{1-\beta^4}\frac{S_d}{d}\right)^2+\left(\frac{2\beta}{1-\beta^4}\frac{S_D}{D}\right)^2+\left(1\times\frac{S_{F_a}}{F_a}\right)^2+\left(0.5\frac{S_\rho}{\rho_{水}}\right)^2+\left(0.5\frac{S_{\Delta p}}{\Delta p}\right)^2\right]^{1/2} \quad (10\text{-}21)$$

将相应的值代入式为（10-20），得

$$\frac{B_W}{W}=[(0.011\,7)^2+(2.016\times0.001\,07)^2+(0.016\,3\times0.000\,96)^2+(0)+(0.5\times0.000\,64)^2+(0.5\times0.028\,36)^2]^{1/2}$$

$$\frac{B_W}{W}=[0.000\,137\,0+0.000\,004\,6+2.45\times10^{-10}+0+0.000\,010\,2+0.000\,201\,1]^{1/2}$$

$$\frac{B_W}{W}=\pm0.018\,8 \quad (10\text{-}22)$$

将相应的值代入式（10-21）得

$$\frac{S_W}{W}=\pm[(0)+(0)+(0)+(0)+(0.5\times0.000\,32)^2+(0.5\times0.012\,90)^2]^{1/2}$$

$$\frac{S_W}{W}=\pm[2.5\times10^{-8}+0.000\,041\,6]^{1/2}$$

$$\frac{S_W}{W}=\pm0.006\,5 \quad (10\text{-}23)$$

查看上述计算公式中每一参数的各别系数可以清楚地看出哪些参数对结果的误差限及精确误差限影响最大。在本例中，对误差限影响最大的是压差 Δp 和排放系数 K。对精确误差限影响最大的是压差 Δp。

由于各独立参数精确误差的估算是基于经验，其自由度可假设大于30，因而系数 t 值可取为2。所以流量的精确相对误差应为 2×0.006 5 = ±0.013。

将误差和精确误差合成可得到流量的总误差为

$$\frac{U_{RSS}}{W}=\left[\left(\frac{B_W}{W}\right)^2+\left(2\frac{S_W}{W}^2\right)\right]^{1/2} \quad (10\text{-}24)$$

$$\frac{U_{RSS}}{W}=[(0.018\,8)^2+(2\times0.006\,5)^2]^{1/2}=\pm2.28\%$$

注意：W 的误差限 ±2% 的要求并未达到。

由于对误差影响最大的是压差 Δp，所以首先要避免用传感压力计来标定记录仪。记录仪应直接用静重式测试仪来标定。

静重式测试仪的误差限为全量程的 ±0.1%。其全量程为 0 ~ 12700mmH₂O。因而其绝对误差限为 0.001×12700mmH₂O = 12.7mmH₂O。

此外，可以改变 Δp 的标定范围以减小记录仪的最小分度值，即从 500mmH₂O 减至 250mmH₂O。这样按最小分度值的一半考虑，误差限将从 250mmH₂O 减至 125mmH₂O。

使用误差合成方法计算出 Δp 的绝对误差为

$$B_{\Delta p} = [(125)^2 + (12.7)^2]^{1/2}\text{mmH}_2\text{O} = 126\text{mmH}_2\text{O} \tag{10-25}$$

圆整到 $150\text{mmH}_2\text{O}$。

修正后的相对误差为

$$(B_{\Delta p})_{\text{R}} = \frac{150}{9\,850} = 0.015\,2 \tag{10-26}$$

修正后 B_{W}/q_m 的值为

$$\frac{B_{\text{W}}}{q_m} = 0.0145 \tag{10-27}$$

合成误差为

$$\frac{U_{\text{RSS}}}{q_m} = \pm 1.959\% \tag{10-28}$$

此处质量流量 q_m 是基于公称值13 290kg/h。

为了验证对精确误差的估算进行了下列试验。

所有仪表均按规定的误差限进行标定。

用孔口直径23.75mm的孔板进行了稳态流量试验。在整个试验中温度保持25℃常量。试验过程中分别取了10组数据以确定精确误差限。试验结果如下：

数据组	质量流量 q_m/(kg/h)
1	13 340
2	13 281
3	13 232
4	13 300
5	13 240
6	13 358
7	13 293
8	13 272
9	13 327
10	13 313

样本中 q_m 的平均值 $q_{\bar{m}}$ 为

$$q_{\bar{m}} = \frac{1}{N}\sum_{k=1}^{N} q_{m\text{K}} = \frac{1}{10} \times 132\,956\text{kg/h}$$

$$= 13\,296\text{kg/h} \tag{10-29}$$

样本的标准偏差为

$$S = \left[\frac{\prod_{K=1}^{N}(q_{m\text{K}} - q_m)^2}{N-1}\right]^{1/2} = 41\text{kg/h} \tag{10-30}$$

自由度 $N-1=10-1=9$。

对于具有9个自由度的双尾型分布，在95%点位的系数 t 值为2.262。

于是精确相对误差限计算如下：

$$\frac{S}{q_{\bar{m}}} \times t = \pm \frac{41}{13\,296} \times 2.262$$

$$= \pm 0.006\,9 \tag{10-31}$$

该值约为原先估算值的一半。

考虑由试验得出的新的精确误差可得到合成误差为

$$\frac{U_{\text{RSS}}}{q_m} = \pm[(0.014\,5)^2 + (0.006\,9)^2]^{1/2}$$

$$= \pm 0.016 = \pm 1.6\% \tag{10-32}$$

注意：±2%的试验目标精度虽已达到，但可以通过标定试验来更好地确定流量计的排放系数以进一步降低误差限。

报告提要如下：

$\frac{B_{\text{W}}}{q_m} = \pm 0.014\,5$（相对误差）

$\frac{S_{\text{W}}}{q_m} = \pm 0.006\,9$（精确相对误差）

$\frac{U_{\text{RSS}}}{q_m} = \pm 1.6\%$（合成误差）

10.4.11　安全阀的壳体试验

1. 试验方法

封闭阀座密封面，在进口侧体腔施加试验压力，该压力值为安全阀38℃时材料允许的最大工作压力的1.5倍。

对于向空排放的安全阀或仅在排放时产生背压力的安全阀，不需对排放侧体腔进行试验。当安全阀承受附加背压力或安装于封闭的排放系统时，则应对排放侧体腔进行试验，试验压力为最大背压力的1.5倍。

2. 试验持续时间

试验时应将试验压力保持足够长的时间，以保证对阀门各个表面和连接处进行目视检查。试验持续时间不得少于表10-49的规定，公称尺寸大于DN600的安全阀，其试验的最短持续时间按比例增加。排放侧体腔的试验持续时间按其试验压力及出口通径决定。

3. 试验介质

通常采用纯净水作为试验介质。一般应避免用气体作为试验介质，但在下列情况下经有关各方同意后可用空气或其他合适的气体作为试验介质：

1）设计和结构上不适于充灌液体的阀门。

表 10-49 壳体试验的最短持续时间

公称尺寸	公称压力		
	≤PN40	>PN40 ~PN63	>PN63
	持续时间/min		
≤DN50	2	2	3
>DN50 ~ DN65	2	2	4
>DN65 ~ DN80	2	3	4
>DN80 ~ DN100	2	4	5
>DN100 ~ DN125	2	4	6
>DN125 ~ DN150	2	5	7
>DN150 ~ DN200	3	5	9
>DN200 ~ DN250	3	6	11
>DN250 ~ DN300	4	7	13
>DN300 ~ DN350	4	8	15
>DN350 ~ DN400	4	9	17
>DN400 ~ DN450	4	9	19
>DN450 ~ DN500	5	10	22
>DN500 ~ DN600	5	12	24

2）用于工况条件不允许有任何微小水迹的阀门。

4. 试验要求

壳体试验时不允许有渗漏及结构损伤。如试验介质为水，则不应有可见的水滴，外表不应潮湿。

5. 安全要求

（1）液体试验时的安全要求

1）阀体应留排气出路，以除去残存的空气。

2）如果阀门进行试验的部位含有易脆断的材料，在试验时阀门或其试验部位和试验介质均应保持足够高的温度，以避免碎裂。

3）试验时阀门或其部件不应承受任何形式的冲击载荷。

（2）气体试验时的安全要求

1）升压过程中不允许人员靠近。升压完成后才能靠近试验装置。

2）进行气压试验的阀门，设计时应考虑各部件材料在试验时不会产生脆断，即材料的脆变温度与试验温度间应有适当的差值。

3）应注意，当贮罐的高压气体减压到阀门的试验压力时温度会下降。

4）试验时阀门不应承受任何形式的冲击载荷。

5）防止压力超过试验压力。

10.4.12 安全阀的密封性能试验

1. 试验方法及程序

升高阀门进口压力，当压力达到整定压力的90%以后，升压速度应不超过0.01MPa/s，观察并记录阀门的整定压力。然后降低阀门进口压力，使阀门重新回到密封状态。调节阀门进口压力并使之保持在密封试验压力，检查阀门的密封性能。

2. 试验压力

安全阀的密封试验压力按表10-50的规定。

表 10-50 安全阀的密封试验压力（单位：MPa）

安全阀的适用介质		整定压力	密封试验压力
蒸汽用	蒸汽动力锅炉用	≤0.3	整定压力减0.03
		>0.3	90%整定压力
	直流锅炉、再热器和其他蒸汽设备用	≤0.4	整定压力减0.04
		>0.4	90%整定压力
空气、其他气体用及水或其他液体用		<0.3	整定压力减0.03
		≥0.3	90%整定压力

3. 试验介质

安全阀的密封试验介质按表10-51的规定。

表 10-51 安全阀的密封试验介质

安全阀适用介质	密封试验介质
蒸汽	饱和蒸汽
空气或其他气体	空气
水或其他液体	水

4. 密封性要求

1）蒸汽用安全阀密封性要求：密封试验时，用目视或听声的方法检查阀门的出口端，如未发现泄漏现象，则认为密封性合格。

2）空气或其他气体用安全阀密封性要求：采用图10-18所示的试验系统检漏。该系统除了漏气引出管外，安全阀其他部位应同外界处于完全密闭状态。漏气引出管的内径为6mm，其出口端应平行于水面并低于水面13mm。

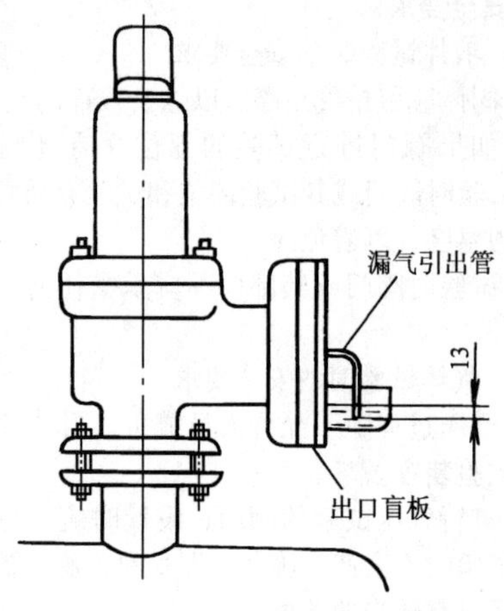

图10-18 空气或其他气体用安全阀密封性试验系统图

安全阀每分钟泄漏的气泡数小于表10-52所列的数值，则认为密封性合格。计量泄漏气泡数从第一个气泡出现时开始计时，取2min内的平均值。若从开始试验时或5min内（对于公称尺寸≤DN80的阀门）或10min内（对于公称尺寸＞DN80的阀门）无气泡出现，则认为泄漏量为零。

3）水或其他液体用安全阀密封性要求：在规定的试验持续时间2min内，其密封面没有流淌的水珠，则认为密封性合格。

10.5 减压阀的试验

减压阀的试验包括壳体试验和性能试验，如图10-19所示。

减压阀的有关性能参数符号，单位及定义按表10-53的规定。

表10-52 空气或其他气体用安全阀密封试验的泄漏率

常温下的整定压力/MPa	流道直径≤7.8mm		流道直径＞7.8mm	
	气泡数/min	cm^3/min	气泡数/min	cm^3/min
≤6.9	40	11.8	20	5.9
＞6.9～10.3	60	18.1	30	9.0
＞10.3～13.0	80	23.6	40	11.8
＞13.0～17.2	100	29.9	50	14.6
＞17.2～20.7	100	29.9	60	18.0
＞20.7～27.6	100	29.9	80	23.6
＞27.6～38.5	100	29.9	100	29.9
＞38.5～41.4	100	29.9	100	29.9

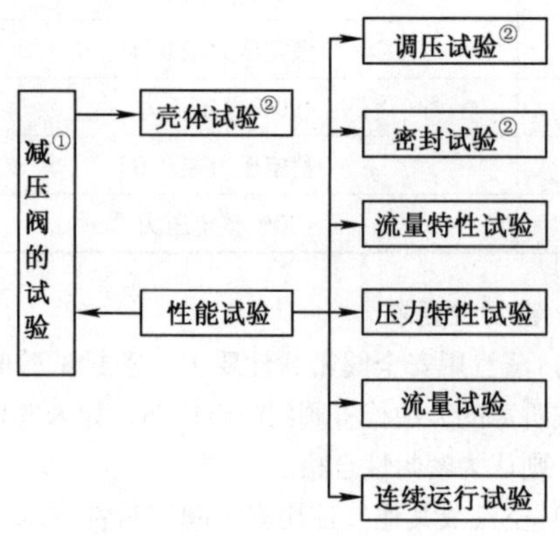

图10-19 减压阀的试验项目

① 新产品应进行所有项目的试验。

② 出厂产品应进行的试验。

10.5.1 减压阀的壳体试验

减压阀壳体试验介质用常温水。试验压力为额定压力的1.5倍。试验持续时间按表10-54的规定。其余按GB/T 13927的规定。可单件试压，也可整体试压。整体试压时，不包括易损件（膜片、波纹管）。

10.5.2 减压阀的性能试验

1. 试验的一般要求

试验目的、试验场所、试验介质、测量方法、测试手段和设备应尽量符合产品的实际工况，使其基本上反映产品的性能。在试验前，应与有关方面协商并达成协议。

监督试验人员应具备流量测量的实际经验，并在试验进行过程中始终在场。

表 10-53 减压阀性能参数的符号、单位及定义

名称		定义
进口压力 p_1/MPa		减压阀进口端的介质压力
出口压力 p_2/MPa		减压阀出口端的介质压力
最小压差 Δp/MPa		进口压力和出口压力的最小差值
工作温度 T_1/℃		减压阀进口端的介质温度
最高进口工作压力 p_{1max}/MPa		常温下为公称压力，各温度下为阀门材料允许的最大工作压力
最低进口工作压力 p_{1min}/MPa		一定流量下，为保持出口压力达到给定值所需的最低进口压力
最大流量 q_{mmax}/（kg/h） q_{Vmax}/（m^3/h）		在给定的出口压力下，当其偏差在规定范围内所能达到的流量上限
流量特性偏差值	Δp_{2qm}/MPa Δp_{2qv}/MPa	稳定流动状态下，当进口压力一定时，减压阀流量变化所引起的出口压力变化值
压力特性偏差值 Δp_{2p}/MPa		出口流量一定。进口压力改变时，出口压力的变化值

表 10-54 减压阀壳体试验持续时间

公称尺寸	最短试验持续时间/s
≤DN50	15
DN65 ~ DN150	60
DN200 ~ DN300	120
≥DN350	300

试验应按标准规定做出试验报告，并经监督试验人员签字和有关单位盖章方可生效。

试验进行中不应对阀门做任何调整。当试验条件发生变化时，可以重新进行调整，但不得更换零件。

试验管道应与被测阀门通道相同。

性能试验系统如图 10-20 所示。

2. 测试仪表

1）压力表可用液体压力计和波顿管压力计，也可采用其他测压仪表。压力测量仪表的误差应小于或等于仪表量程的 0.5%，被测压力值应在仪表量程的 30% ~70% 范围内。

2）温度计可用玻璃液体温度计或其他测温仪表（如热电偶和热电阻温度计等）。除玻璃液体温度计必须插入套管内，再装到管道中外，上述其他测温元件可插入套管内，也可直接装到管道中。温度计套管应清洁，无锈蚀，其内应充入沸点高于最高测定温度的适当液体。

3）流量计可用流量计或经校准的标准节流装置。节流装置前后应设置足够长的直管段，也可采用收集并称量排放介质或其冷凝液的直接测量方法。

连续运行试验前，仪表（包括传感器、应变仪、计数器和压力表等）应按要求进行标定。压力表精度不得低于 1.5 级。

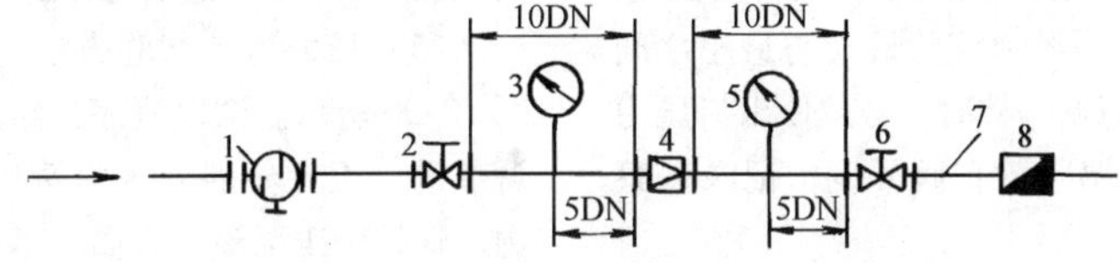

图 10-20 减压阀性能试验系统

1—过滤器 2、6—截止阀 3、5—压力表
4—被测阀 7—温度计 8—流量计

3. 试验方法

（1）密封性能试验方法

1）试验介质：常温空气，水（适用于水用减压阀），蒸汽。

2）试验压力：应为最高进口工作压力（在数值上等于公称压力）和最低进口工作压力。

3）试验程序：对于软密封结构，做静态密封试验时，减压阀关闭（调节弹簧处于自由状态）。在进

口处施加最高工作压力，出口通大气，测定并记录渗漏量，取两次测定的平均值。

气体检漏方法如图10-21所示，采用渗漏引出管测定。引出管内径为6mm，长度不大于500mm，距水槽内液面的高度不大于300mm，加压5min后记录渗漏量。

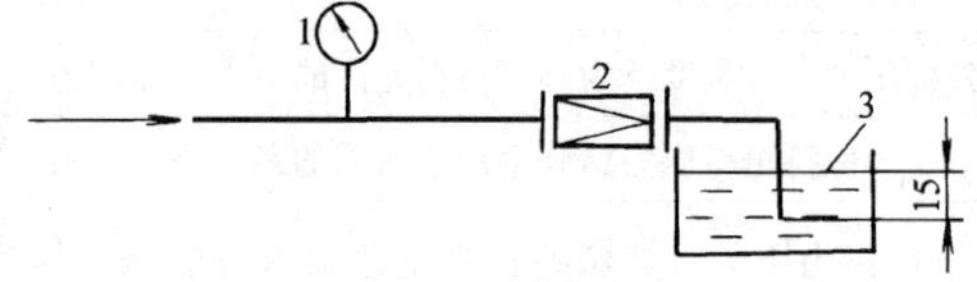

图10-21　气体检漏方法

1—压力表　2—被测阀　3—水槽

对于金属密封结构，在静态密封试验时减压阀关闭（调节弹簧处于自由状态）。在进口处施加最高工作压力，出口通大气，测定出口渗漏量，如图10-22所示。

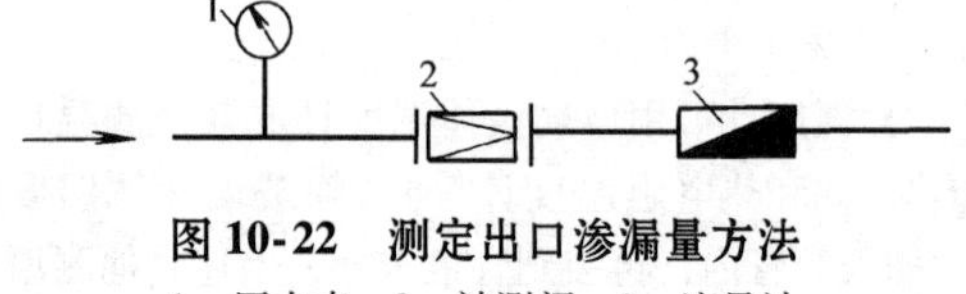

图10-22　测定出口渗漏量方法

1—压力表　2—被测阀　3—流量计

在不便计量渗漏量的情况下，允许做动密封试验。这时减压阀关闭（调节弹簧处于自由状态），进口处施加最高工作压力，同时将出口压力分别调为最高出口压力和最低出口压力。然后，关闭减压阀后的截止阀，通过出口压力表测定并记录升压值。

(2) 调压试验方法　调压试验系统如图10-20所示。试验程序：减压阀关闭（调节弹簧处于自由状态）。开启减压阀后的截止阀，将进口压力调至最高工作压力，缓慢调节减压阀的调节螺钉（或手轮），使出口压力在该压力级弹簧的最大与最小之间连续变化。反复两次，每调一档时，必须使出口压力表指针回零；否则重新调整截止阀开度，记录观察情况。

(3) 流量试验方法

1) 流通能力 C_v 值的测定。减压阀前后的压差为0.1MPa，流体密度为1g/cm^3，在最大开度时，每小时通过阀门的流量（m^3/h或t/h）为 K_v 值。流通能力 C_v 与 K_v 的关系如下：

$$C_v = 1.156K_v$$

试验系统如图10-20所示。试验介质为5～30℃的水。试验时，进口侧保持压力0.1MPa，出口侧通大气，使减压阀开度达最大。采用容器称重法或流量计测定流量，取3次实测流量值的算术平均值。

根据式（10-33）～式（10-37）可计算出 C_v 值。

液体：
$$C_v = 0.369q_V\sqrt{\rho/\Delta p} \tag{10-33}$$

气体：$p_2/p_1 > 0.5$，

$$C_v = \frac{q_V}{2890}\sqrt{\frac{\rho(273+t)}{\Delta p(p_1+p_2)}} \tag{10-34}$$

$p_2/p_1 \leqslant 0.5$

$$C_v = \frac{q_V}{2460p_1}\sqrt{\rho(273+t)} \tag{10-35}$$

蒸汽：$p_2/p_1 > 0.5$，

$$C_v = q_mK/136.7\sqrt{\Delta p(p_1+p_2)} \tag{10-36}$$

$p_2/p_1 \leqslant 0.5$

$$C_v = q_mK/119p_1 \tag{10-37}$$

式中，q_V 为体积流量（m^3/h）；ρ 为流体密度（g/cm^3）；Δp 为进、出口压力差（MPa）；p_1 为进口工作压力（MPa）；p_2 为出口工作压力（MPa）；t 为工作温度（℃）；q_m 为质量流量（kg/h）；K 为过热系数，$K=1+0.013t_s$；t_s 为过热度（℃，过热蒸汽温度减去饱和蒸汽温度）。

2) 最大流量的测定。试验系统如图10-20所示。

试验程序：给定最高进口工作压力。调节减压阀为某一出口压力。此时，减压阀后的截止阀为微流量（即出口压力回零）。然后，逐渐开大截止阀，使出口压力偏差达最大允许值。此时测得的流量即为最大流量。

(4) 流量特性试验方法　流量特性试验系统如图10-20所示。试验程序：给定最高进口工作压力。调节减压阀为某一出口压力。同时调节减压阀后的截止阀，使出口流量为该工况下最大流量的20%。然后，再逐渐开启截止阀，使出口流量达该工况下的最大流量的100%。记录此时出口压力的偏差值。

(5) 压力特性试验方法　压力特性试验系统如图10-20所示。试验程序：给定最高进口工作压力。调节进口压力分别为该弹簧压力级内最高、最低压力。保持该工况最大流量。然后，改变减压阀前截止阀的开度，使进口压力在最高工作压力的80%～105%的范围内变化，记录此时出口压力的偏差值。

(6) 连续运行试验的试验方法

1) 试验要求：用清洁的常温水作为试验介质。整机的试验次数按表10-55的规定。

完成开启和关闭一次循环即为一个试验次数。减压阀在试验时，其后的阀门开闭一次即为减压阀开闭一次。

减压阀的开度大小由试验时所调进、出口压力和

表 10-55 减压阀的整机试验次数

结构特点与要求	公称尺寸	试验次数/次
软密封结构要求密封	≤DN100/NPS4	100000
	DN125/NPS5 ~ DN200/NPS8	50000
金属密封结构有一定渗漏量	≤DN100/NPS4	10000
	DN125/NPS5 ~ DN200/NPS8	5000

出口处控制阀的启闭频率决定。这些参数按表 10-56 的规定。

在保证试验压力的情况下，试验管路与减压阀通道尺寸可以不相同，允许在直管前、后装渐缩（扩）管。

发生下列任何一种情况时，即可终止试验：a. 直通、进出口压力平衡；b. 弹簧断裂；c. 膜片破坏；d. 由于其他零件损坏，无法进行正常试验。

表 10-56 减压阀连续运行试验的进、出口压力及启闭频率规定

进口压力/MPa	出口压力/MPa	阀门启闭频率/（次/min）
6.4	0.1 ~ 1.0	10 ~ 50
2.5	0.1 ~ 0.5	
1.6	0.1 ~ 0.5	

2）试验系统如图 10-23 所示。被测阀出厂试验合格后即可进行试验。试验程序：在进口侧施加最高工作压力，打开电磁阀，微开启减压阀后的截止阀（压力表回零），调节减压阀使出口压力达到表 10-56 的要求。同时使电磁阀以表 10-56 要求的频率进行启闭，记录时间和次数。

4. 性能要求

（1）密封性能要求

1）软密封结构静态密封试验时，其最大允许渗漏量按表 10-57 的规定。

表 10-57 软密封结构静态密封试验的最大渗漏量

公称尺寸	最大渗漏量/（气泡或液滴）/min	最短试验持续时间/min
≤DN50/NPS2	5	1
DN65/NPS2 $\frac{1}{2}$ ~ DN125/NPS5	12	2
≥DN150/NPS6	20	3

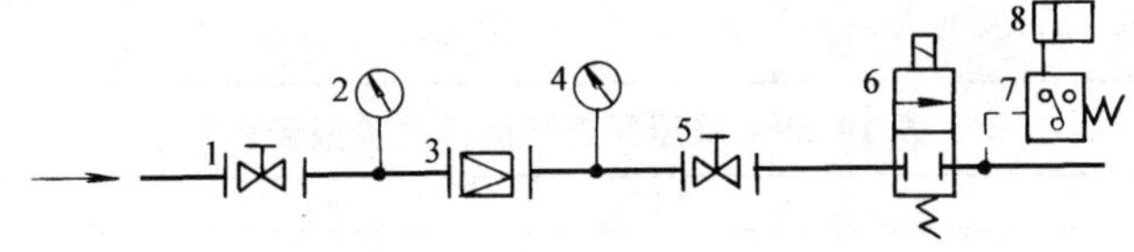

图 10-23 连续运行试验系统

1、5—截止阀 2、4—压力表 3—被测阀 6—电磁阀 7—压力继电器 8—计数器

2）金属密封结构静态密封试验时，其最大允许渗漏量为最大流量的 0.5%（最大流量按各制造厂规定）。

3）软密封结构动密封试验时，出口压力表的升值应为零。

4）金属密封结构动密封试验时，出口压力表的升值不得超过 0.2MPa/min。

（2）调压性能要求 在给定的弹簧压力级范围内，使出口压力在最大值与最小值之间连续调整，不得有卡阻和异常振动。

（3）流量特性要求 出口流量变化时，其出口压力负偏差值，对直接作用式减压阀不大于 20%；对先导式减压阀不大于 10%。

（4）压力特性要求 进口压力变化时，其出口压力偏差值：对直接作用式减压阀不大于 10%；对先导式减压阀不大于 5%。

（5）连续运行要求 整机试验次数按表 10-55 的规定。减压阀一次性试验后，其密封性能、调压性能、压力特性及流量特性仍应符合性能要求。

5. 试验报告

减压阀试验报告可参考表 10-58 和表 10-59 编制。

表10-58 减压阀性能试验报告表

一 般 资 料	
阀门制造厂名称、地址	
试验日期、试验目的	
试验装置所在地	
委托试验单位	
减 压 阀 规 范	
型号、名称或序列号	
出厂编号	
公称压力（PN/Class）	
公称尺寸	
适用介质	
工作温度 T_1/℃	
最高工作压力 $p_{1\max}$/MPa	
出口工作压力 p_2/MPa	
试验用弹簧压力级	

性 能 试 验 结 果						
项 目		单位	标准要求	实测结果		
				1号	2号	3号
壳体强度试验	试验压力	MPa				
	渗漏量	mm^3/min				
密封性能	静态	滴（泡）/min				
	动态 Δp	MPa				
调 压 性 能						
压力特性	Δp_{2p}	MPa				
流量特性	$\Delta p_{2G(Q)}$	MPa				
最大流量	$q_{m\max}$（$q_{V\max}$）	kg/h（m^3/h）				

主持试验人员： 年 月 日

参加试验人员： 年 月 日

表10-59 减压阀连续运行试验报告表

阀门编号			
进口压力 p_1/MPa			
出口压力 p_2/MPa			
寿命要求次数			
终止试验次数			
项 目		标准要求	实测结果
运动部位磨损变形情况	主阀瓣直径/mm		
	导阀直径/mm		
	气缸直径/mm		
	调节弹簧变形		
性能测试情况	密封性能		
	调压性能		
	压力特性		
	流量特性		

主持试验人员： 年 月 日

参加试验人员： 年 月 日

结论与评语

主持试验人员： 年 月 日

审 核： 年 月 日

批 准 盖 章：

年 月 日

10.6　蒸汽疏水阀的试验

蒸汽疏水阀（以下简称疏水阀）的试验包括壳体试验和性能试验，如图10-24所示。

10.6.1　蒸汽疏水阀的壳体试验

蒸汽疏水阀的壳体试验按表10-60的规定。

10.6.2　蒸汽疏水阀的性能试验

10.6.2.1　试验装置

1）蒸汽疏水阀动作试验、最低工作压力试验、最高工作背压试验和最高工作压力试验装置如图10-25所示。

2）凝结水排量试验、最大过冷度和最小过冷度

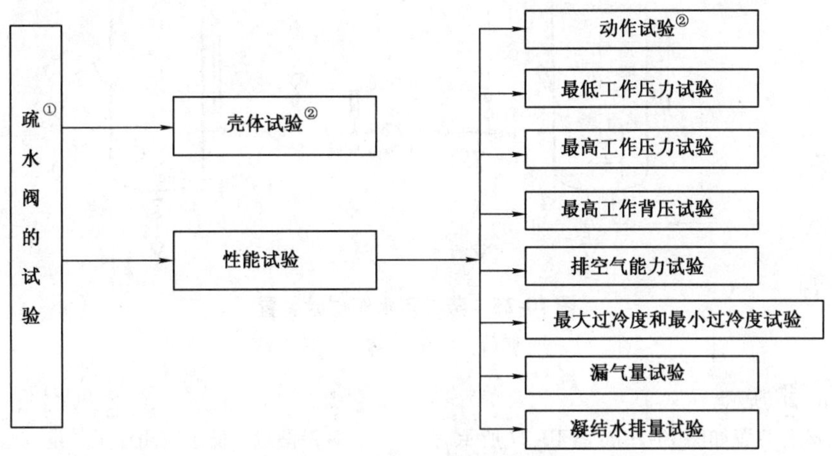

图10-24　疏水阀的试验项目

① 在下列三种情况下应进行所有项目的试验：a. 新产品试制鉴定；b. 正式生产后，如结构、材料、工艺有较大改变，可能影响性能时；c. 质量监督机构提出进行型式试验要求时。

② 每台产品出厂前应进行的试验。

表10-60　蒸汽疏水阀的壳体试验

<table>
<tr><td>标准</td><td colspan="2">GB/T 12251—2005
《蒸汽疏水阀　试验方法》</td><td colspan="3">ISO 6948：1981《自动蒸汽疏水阀
——产品试验与工作特性试验》</td></tr>
<tr><td>试验介质</td><td colspan="2">水、煤油或黏度不大于水的其他液体，介质温度为常温</td><td colspan="3">下列介质中选一种：
水（允许含有缓蚀剂），煤油或其他黏度不大于水的适用液体
蒸汽、空气或任何其他适用的气体[1]</td></tr>
<tr><td rowspan="2">试验压力</td><td colspan="2" rowspan="2">额定压力的1.5倍</td><td>公称压力
<PN40/Class300</td><td>公称尺寸
≤DN50/NPS2</td><td>液体：20℃时最高允许压力的1.5倍；或气体：0.6MPa（表压）</td></tr>
<tr><td colspan="2">其余规格</td><td>液体：20℃时最高允许压力的1.5倍</td></tr>
<tr><td>试验方法及要求</td><td colspan="2">向装配好、进出口端封闭的疏水阀内施加试验压力</td><td colspan="3">先封闭装配好的疏水阀进出口端，然后施加内压。试验前不应涂漆，也不应覆可能起密封作用而有碍渗漏的其他材料。允许进行抗化学腐蚀处理和内部衬里。试验设备不应使疏水阀承受会影响试验结果的外力</td></tr>
<tr><td rowspan="4">试验持续时间</td><td>公称尺寸</td><td>试验持续时间/s</td><td colspan="2">公称尺寸</td><td>最短试验持续时间/s</td></tr>
<tr><td>≤DN50/NPS2</td><td>>15</td><td colspan="2">≤DN50/NPS2</td><td>15</td></tr>
<tr><td rowspan="2">DN65/NPS2 $\frac{1}{2}$ ~ DN100/NPS4</td><td rowspan="2">>60</td><td colspan="2">DN65/NPS2 $\frac{1}{2}$ ~ DN200/NPS8</td><td>60</td></tr>
<tr><td colspan="2">≥DN250/NPS10</td><td>180</td></tr>
<tr><td>结果判定</td><td colspan="2">在规定的时间内，壳体不得有渗漏，内件不得有残留变形</td><td colspan="3">如果观察到有通过承压壁的渗漏则为不合格</td></tr>
</table>

① 许多法定权力机关要求对其试验程序进行专门的认可。

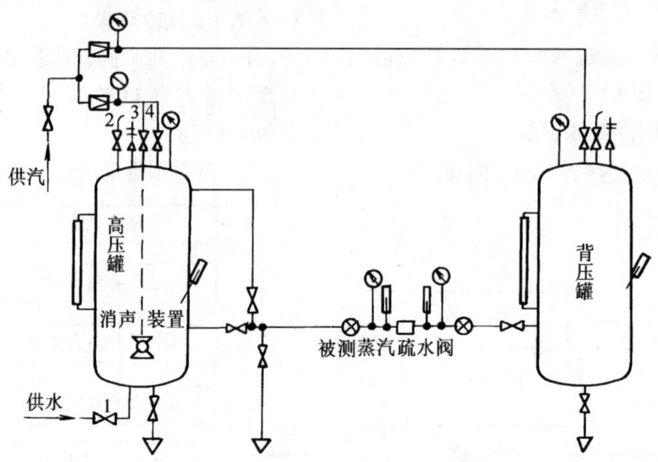

图 10-25 蒸汽疏水阀试验装置

1、4—阀门 2—排空阀 3—安全阀

试验装置如图 10-26 所示。

3）漏汽量试验装置如图 10-26 或图 10-27 所示。

4）试验装置的一般要求：①高压罐容积不小于 $2m^3$；②背压罐容积不小于 $1m^3$；③计量桶容积不小于 $0.2m^3$；④温度、压力、质量用测量仪表的精度不低于 0.5 级，计时仪表的精度不低于 ±0.2%，分辨力不大于 0.1s；⑤装置中所有热态管线和设备应保温。

10.6.2.2 动作试验

1. 试验方法

先向疏水阀通入蒸汽，再引入一定负荷率的热凝结水。至少进行三个完整的循环，本试验才算完成。

对于密封副低于密闭浮子并设有水封功能的机械型疏水阀，可用空气和水进行试验。

2. 性能要求

当疏水阀内只存在蒸汽时，疏水阀应关闭。引入凝结水时，疏水阀应开启（开启所需时间随疏水阀的形式而异）。凝结水排出后疏水阀应重新关闭。

对于圆盘式疏水阀，当进口处于完全蒸汽状态时，其阀片跳动频率不大于 3 次/min。

对于过冷度较大的疏水阀，其关阀过冷度不大于设计给定值。

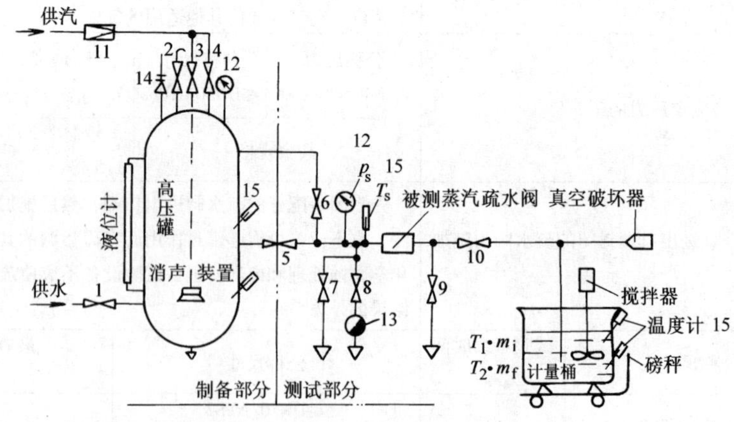

图 10-26 凝结水排量测定试验装置

1、3～10—阀门 2—排空阀 11—减压系统

12—测压点 13—蒸汽疏水阀 14—安全阀 15—测温点

m_i—初质量 m_f—终止质量

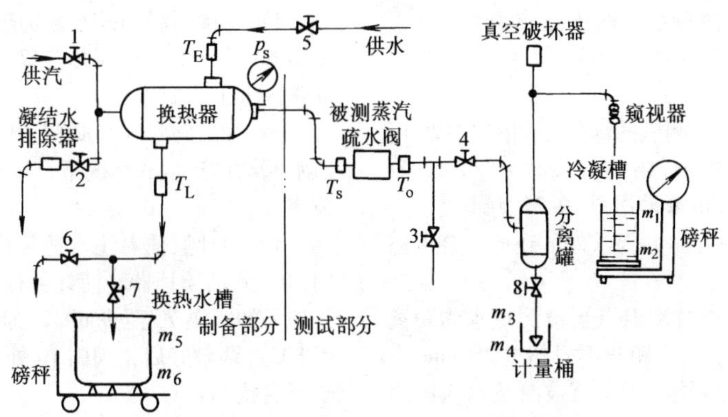

图 10-27　漏汽量测定试验装置

1～8—阀门

10.6.2.3　最低工作压力试验

1. 试验方法

按照动作试验中规定的方法进行动作试验时，逐渐降低试验压力，直到疏水阀不能正常地开启和关闭。

2. 性能要求

能保持正常动作的最低试验压力即为最低工作压力。最低工作压力应不大于设计给定值。

10.6.2.4　最高工作压力试验

1. 试验方法

按照动作试验中规定的方法进行动作试验时，逐渐升高试验压力，直到设计给定的最高工作压力。

2. 性能要求

在整个试验过程中，疏水阀应能正确地开启和关闭。

10.6.2.5　最高工作背压试验

1. 试验方法

在最高工作压力下按照动作试验中规定的方法进行动作试验时，逐渐升高疏水阀出口端压力，直至疏水阀不能正确启闭。

2. 性能要求

疏水阀尚能正确启闭的最高出口压力即为最高工作背压。最高工作背压与最高工作压力的百分比（即最高背压率）应符合下述要求：

1）机械型不低于 80%。

2）热动力型不低于 50%，其中脉冲式不低于25%。

3）热静力型不低于 30%。

10.6.2.6　排空气能力试验

1. 试验方法

将压力不大于 0.3MPa 的空气通入疏水阀，然后观察疏水阀的排空气能力。

2. 性能要求

疏水阀应能排放空气，在 5min 时间内允许疏水阀有短暂的关闭，但关闭时间不得大于 1min。

疏水阀在排除空气和其他不凝性气体时不能有气堵现象。

10.6.2.7　最大过冷度和最小过冷度试验

1. 试验方法

向疏水阀通入蒸汽使其关闭，然后引入饱和温度的凝结水。如果疏水阀不能立即开启，要等待其慢慢冷却，直至自动开启（开启时的进口凝结水温度即为开阀温度）。然后逐渐升高凝结水温度，直至疏水阀自动关阀（关闭时的进口凝结水温度即为关阀温度）。

2. 性能要求

开阀温度与相应压力下饱和温度之差的绝对值为开阀过冷度。开阀过冷度的最大值即为最大过冷度。最大过冷度不得大于设计给定值。

关阀温度与相应压力下饱和温度之差的绝对值为关阀过冷度，关阀过冷度的最大值即为最小过冷度。最小过冷度不大于设计给定值。

10.6.2.8　漏汽量试验

1. 试验条件

1）试验压力 p_s 和负荷率 RL 按表 10-61 的规定。

2）每次试验有负荷试验不得小于 5min，无负荷试验不得小于 10min。

3）每台疏水阀至少试验 3 次，试验结果取平均值。每次试验所测得的值与平均值的偏差不得大于 10%。

表 10-61　漏汽量试验的试验压力 p_s 和负荷率 RL

公称压力	p_s/MPa	RL（%）
PN16/Class150	0.8	5 ±2
PN40/Class300	1.2	6 ±2
PN63/Class400	2.0	7 ±2
>PN63/Class400	>2.0	8 ±2

4）试验过程中被测疏水阀的压力波动不得大于±1.5%，温度波动值不得大于±3℃。

2. 试验装置

试验装置分为制备、测试两部分，如图10-26所示。凡能满足试验要求的设备均可代替GB/T 12251的制备部分。测试部分也可采用图10-27的装置。

试验装置除了应满足一般要求外，还应符合下述规定：

1）被测疏水阀进口端测温点至被测疏水阀距离不得大于10倍管径，且最大距离不得超过250mm。

2）被测疏水阀进口端测压点至被测疏水阀的距离不得大于20倍管径，且最大距离不得超过300mm。

3）高压罐应设有消声装置。

4）压力测量应采用两套各自独立的系统，两者测量值的相对误差不得超过各值的2%。

5）压力测量终端显示仪表的分辨力不小于其最大量程的1%。压力测量的系统误差不大于0.7%。

6）温度测量的终端显示仪表的分辨力不小于0.1℃，系统误差不大于0.8%。

7）磅秤分辨力不小于0.2kg。

3. 试验程序

试验前全部阀门呈关闭状态。

（1）无负荷试验程序

1）开启阀门1、阀门2，向高压罐注水至预定高度时关闭阀门1。

2）开启阀门3，再启动减压系统，使高压罐内的水温缓慢上升，待罐内空气排除后关闭阀门2。

3）当高压罐内的水被加热到预定压力下的饱和温度时，调整阀门3、阀门4，使压力和温度保持稳定。

4）开启阀门5、阀门9，预热试验管线和被测疏水阀。

5）向计量桶内注入适量冷水。

6）关闭阀门5，开启阀门6和阀门8，排除凝结水，使被测疏水阀前处于完全蒸汽状态。

7）关闭阀门9，开启阀门10，同时记录计量桶内水的初始质量 m_i、试验温度 T_s、试验压力 p_s、试验开始时间 t_1。

8）当达到规定的试验时间时，关闭阀门10，开启阀门9，同时记录试验终止时间 t_2、计量桶内终止质量 m_f。

9）试验前先测试几次，以验证试验条件是否符合要求。

（2）有负荷试验程序

1）开启阀门1、阀门2，向高压罐内注水至预定高度时关闭阀门1。

2）开启阀门3，再启动减压系统，使高压罐内的水温缓慢上升，待罐内空气排除后关闭阀门2。

3）当高压罐内的水被加热至预定温度和压力时，关闭阀门3。必要时可增设循环系统或其他设施以保证罐内上下水温平衡。

4）开启阀门6和阀门10，调整阀门5，在被测疏水阀动作正常的情况下，按表10-56的规定调定负荷率。

5）向计量桶内注入适量冷水，调整阀门9和阀门10，开动搅拌器，使计量桶内的水温 T_1 低于试验条件下的室温 T_a 至少 a℃，即 $T_a-T_1=a$，a 不得小于8℃。调整好后，阀门10处于关闭状态，阀门9处于开启状态。

6）关闭阀门9，开启阀门10，同时记录试验开始时间 t_1、计量桶内水的初始温度 T_1 和初重 m_i、试验温度 T_s、试验压力 p_s 和试验室室温 T_a。

7）随时记录被测疏水阀的开阀温度 T_{OP} 和关闭温度 T_{cl}，并用仪表记录试验温度 T_s 曲线。

8）搅拌计量桶内的水，当计量桶内水温 $T_2=T_a+a$ 时，关闭阀门10，开启阀门9，同时记录试验终止时间 t_2、计量桶内水的终止温度 T_2 和终止质量 m_f。

9）试验前，先测试几次，以验证试验条件是否符合要求。

4. 漏汽量及漏汽率计算

（1）无负荷漏汽量及漏汽率计算

1）无负荷漏汽量按式（10-38）计算：

$$q_{ms}=\frac{m_f-m_i}{t_2-t_1}\times 3600 \tag{10-38}$$

式中，q_{ms} 为无负荷漏汽量（kg/h）；m_i 为计量桶内水初始质量（kg）；m_f 为计量桶内水终止质量（kg）；t_1 为试验开始时间（s）；t_2 为试验终止时间（s）。

2）无负荷漏汽率按式（10-39）计算：

$$RSN=\frac{q_{ms}}{\text{相应压力下最大热凝结水排量}}\times 100\% \tag{10-39}$$

（2）有负荷漏汽量及漏汽率计算

1）有负荷漏汽量按式（10-40）计算：

$$q_{ms}=\left[\frac{m_f h_{f2}-m_i h_{f1}-h_{fs}\ (m_f-m_i)}{h_{fb}-h_{fs}}+cm_t\ (T_2-T_1)\right]\frac{3600}{t_2-t_1} \tag{10-40}$$

式中，q_{ms} 为有负荷漏汽量（kg/h）；m_i 为计量桶内水初始质量（kg）；m_f 为计量桶内水终止质量（kg）；m_t 为计量桶内壁质量（kg）；c 为计量桶内壁材料比热容［J/（kg·℃）］；T_1 为计量桶内水初始温度（℃）；T_2 为计量桶内水终止温度（℃）；t_1 为试验开始时间（s）；t_2 为试验终止时间（s）；h_{f1} 为计量桶内水初始比焓（J/kg）；h_{f2} 为计量桶内水终止比焓（J/kg）；h_{fb} 为被测疏水阀进口条件下饱和蒸汽比焓

(J/kg)；h_{fs}为被测疏水阀进口条件下凝结水比焓(J/kg)，它对应于T_s。$\overline{T}_s$为几条T_s曲线的平均值(℃)。

按式(10-41)计算$\overline{T}_s$，T_s曲线示意图如图10-28所示。

$$\overline{T}_s = \frac{1}{n}\sum_{i=1}^{n}\frac{\int_{t_{op}}^{t_{cl}} T_{s(i)}(t)\,dt}{t_{cl}-t_{op}} \quad (10\text{-}41)$$

式中，n为试验时间内被测疏水阀动作次数；t_{op}为每次动作的开启时间(s)；t_{cl}为每次动作的关闭时间(s)；$T_{s(i)}$为第i次动作的试验温度(℃)。

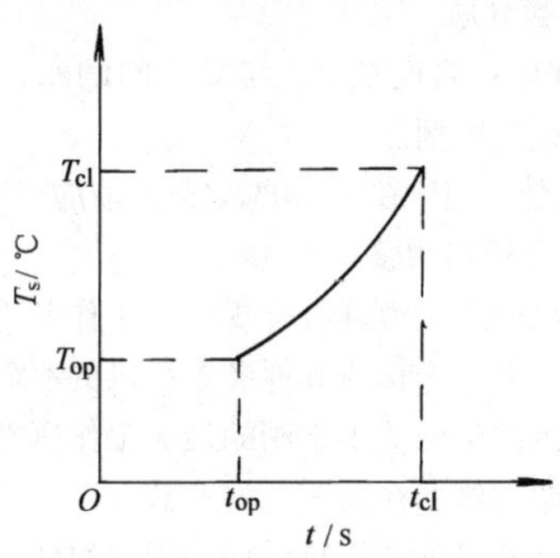

图10-28 T_s曲线示意图

T_{op}—每次动作的开阀温度(℃)

T_{cl}—每次动作的关阀温度(℃)

2）有负荷漏汽率按下式计算：

$$RSL = \frac{q_{ms}}{QH_s}\times 100\% \quad (10\text{-}42)$$

$$QH_s = \frac{m_f - m_i - q'_{ms}}{t_2 - t_1}\times 3600 \quad (10\text{-}43)$$

式中，RSL为有负荷漏汽率；QH_s为试验时间内的实际热凝结水排量(kg/h)；q'_{ms}为试验时间内蒸汽实际漏出量(kg)。

5. 性能要求

除脉冲式和孔板式疏水阀外，负荷率在(6±3)%的条件下疏水阀的有负荷漏汽率不得大于3%。

机械型和热静力型疏水阀的无负荷漏汽率不得大于0.5%。

10.6.2.9 热凝结水排量试验

1. 试验条件

1）每台疏水阀热凝结水排量的测定应在工作压力范围内有代表性地选取5个点，并在给定过冷度下进行。

2）每一压力点至少试验3次，试验结果取平均值，每次测量值与平均值的偏差不得大于10%。

3）在正式读取数据时，被测疏水阀前压力波动值不得大于±1.5%，温度波动值不得大于±3℃。

2. 试验装置

试验装置如图10-26所示。试验装置除了应满足一般要求外，还应符合下述规定：

1）被测疏水阀至进口端测温点的距离不得大于10倍的管径，最大距离不得超过250mm。

2）被测疏水阀至进口端测压点的距离不得大于20倍的管径，且最大距离不得超过300mm。

3）高压罐应有消声装置。

4）被测疏水阀进口端的温度、压力均应采用两套系统进行测量。

5）压力、温度测量的终端显示仪表的分辨力不大于其最大量程的1%，系统误差不大于7%。

6）磅秤精度不低于0.5级，分辨力不大于0.2kg。

7）高压罐水位计应用20±3℃的水的质量进行校准，校准精度不大于1.5%。

3. 试验程序

试验前全部阀门呈关闭状态。

1）开启阀门1、阀门2，向高压罐内注水至预定高度时关闭阀门1。

2）开启阀门4，再启动减压系统，使高压罐内的水温缓慢上升。待罐内空气排出后关闭阀门2。

3）当高压罐内水温和压力达到预定值时，调整阀门3和阀门4，使压力和温度保持稳定。

4）开启阀门5，阀门9，预热试验管线和被测疏水阀。监视并调节整个系统，使被测疏水阀进口端获得所要求的温度和压力，并保持稳定。

5）向计量桶内注入适量冷水。

6）当一切条件符合要求时，迅速关闭阀门9，开启阀门10。

7）记录下列数据：①被测疏水阀进口端开始和终止压力p'_s和p''_s；②被测疏水阀进口端开始和终止温度T'_c和T''_c；③被测疏水阀出口端开始和终止压力p'_b和p''_b温度；④下列两项之一：a. 高压罐开始和终止的水位Z_1和Z_2；b. 计量桶加水开始和终止的质量g_1和g_2；c. 试验持续时间t一般大于60s，大排量时不小于30s。

4. 热凝结水排量计算

热凝结水排量根据试验时选用的计量方法按式(10-39)或式(10-40)进行计算。

$$QH = \frac{\pi D^2}{4}\left[\frac{(Z_1 - Z_2)}{V}\right]\frac{3600}{t} \quad (10\text{-}44)$$

式中，QH为热凝结水排量(kg/h)；D为高压罐内径(m)；V为高压罐内水的比体积(m^3/kg)；t为试验持续时间（s）；Z_1 为高压罐开始的水位（m）；Z_2 为高压罐终止的水位（m）。

$$QH=(g_2-g_1)\frac{3600}{t} \qquad (10\text{-}45)$$

式中，g_1 为计量桶加水开始的质量（kg）；g_2 为计量桶加水终止的质量（kg）。

5. 性能要求

给定过冷度的热凝结水排量应不小于设计给定值。

10.7 工业过程控制阀（调节阀）的试验和例行试验（GB/T 17213.4—2015/IEC 60534-4：2006）

10.7.1 工业过程控制阀的检验要求

工业过程控制阀的检验项目按表10-62的规定。

表10-62 检验项目

项目	种类	附注
壳体液体静压	M	
阀座泄漏量	M	
填料	S	
额定行程①	M	
死区①	S	
流通能力	S	参考IEC 60534-2-3
流量特性		参考IEC 60534-2-4

注：M—强制性试验；S—附加试验。

① 控制阀在工厂内静态条件下的试验结果通常与工作条件下的性能是不一致的。本试验仅为制造商和买方就某一特定控制阀试验进行协商时提供指南。

10.7.2 壳体静水压试验

1）可以暂时拆除在液体静压试验压力的作用下可能损坏的零件，如波纹管、膜片等。

2）试验介质为温度在5～50℃之间的水；水中可含有水溶油或防锈剂。

3）试验压力为不低于20℃时额定压力的1.5倍。如果阀有两个额定压力（进口额定压力大于出口额定压力），有必要用一个临时的阻隔件将阀的高压部分与低压部分隔离，然后用相应的压力对每一部分进行试验。

4）最小持续时间应符合表10-63的规定。

表10-63 壳体液体静水压试验最小持续时间

公称尺寸	最小持续时间/s
≤DN50/NPS2	15
DN65/NPS2 $\frac{1}{2}$～DN200/NPS8	60
≥DN250/NPS10	180

5）判定要求为壳体上不能有任何肉眼可见的泄漏和渗漏。

10.7.3 阀座泄漏试验

1. 试验介质

1）液体：温度在5～50℃之间的水；水中可含有水溶油或防锈剂。

2）气体：温度在5～50℃之间的清洁空气或氮气。

2. 执行机构调整

执行机构应调整到符合规定的工作条件。然后施加由空气压力、弹簧或其他装置提供的所需关闭推力或力矩。当试验压差小于阀的最大工作压差时，不允许修正或调整施加在阀座上的负载。

对于试验时不带执行机构的阀体组件，试验时应利用一个装置施加净阀座负载，该负载不超过制造商规定的最大使用条件下的正常预计负载。

3. 试验程序

试验介质应施加在阀体的正常或规定入口。阀体出口可通大气或连接一个低压头损失流量测量装置，测量装置的出口通大气。应采取措施避免由于被试控制阀无意中打开而使测量装置承受的压力高于安全工作压力。

在使用液体时，控制阀应打开，阀体组件包括出口部和下游连接管道均应充满介质，然后将阀关闭。应注意消除阀体和管道内的气穴。

当泄漏量稳定后，应在足够的时间周期内测取泄漏量值以获得不超过满标度的±10%的准确度，且在标度的20%～80%。

使用规定的试验程序，各等级规定的阀座允许最大泄漏量应不超过表10-64中的值。

1）试验程序1：试验介质的压力应为300～400kPa（3～4bar）表压，如果买方规定的最大工作压差低于350kPa（3.5bar），则试验压差应取规定工作压差，其偏差应在±5%以内。

2）试验程序2：试验压差应取买方规定的控制阀前后最大工作压差，其偏差应在±5%以内。

4. 泄漏规范

泄漏等级、试验介质、试验程序和阀座最大允许泄漏量应符合表10-64的规定。

表 10-64 各泄漏等级的阀座最大允许泄漏量

泄漏等级	试验介质	试验程序	阀座最大允许泄漏量
Ⅰ	由买方和制造商商定		
Ⅱ	L或G	1	$5\times10^{-3}\times$阀额定容量①
Ⅲ	L或G	1	$10^{-3}\times$阀额定容量①
Ⅳ	L	1或2	$10^{-4}\times$阀额定容量
	G	1	$10^{-4}\times$阀额定容量①
Ⅳ-S1	L	1或2	$5\times10^{-6}\times$阀额定容量
	G	1	$5\times10^{-6}\times$阀额定容量①
Ⅴ	L	2	$1.8\times10^{-7}\Delta p^{*}D$，L/h $(1.8\times10^{-5}\Delta p^{**}D)$①
	G	1	$10.8\times10^{-6}D$，单位为m^3/h③ $11.1\times10^{-6}D$，单位为m^3/h③
Ⅵ②	G	1	$3\times10^{-3}\Delta p^{*}$泄漏率系数② $(0.3\Delta p^{**}$泄漏率系数$)$②

注：Δp^{*}的单位为kPa；Δp^{**}的单位为bar；D为阀座直径（mm）；L为液体；G为气体。

① 对于可压缩流体体积流量，是在绝对压力为101.325kPa（1013.25mbar）和15.6℃的标准状态或绝对压力为101.325kPa（1013.25mbar）和0℃的正常状态下的测定值。

② Ⅵ级的泄漏率系数如下：

阀座直径/mm	允许泄漏率系数	
	mL/min	气泡数/min
25	0.15	1
40	0.30	2
50	0.45	3
65	0.60	4
80	0.90	6
100	1.70	11
150	4.00	27
200	6.75	45
250	11.1	—
300	16.0	—
350	21.6	—
400	28.4	—

表中列出的每分钟气泡数是根据一台经校验的合格的测量装置提出的替代方案，这里是用一根外径6mm，壁厚1mm的管子（管端表面应平整光滑，无斜口和毛刺，管子轴线应与水平面垂直）浸入水中5~10mm深度。

如果阀座直径与表列值相差2mm以上，则可在假定泄漏率系数与阀座直径的平方成正比的情况下，通过插值法（内推法）取得泄漏率系数。

③ 入口压力为350kPa（3.5bar）。如果需要不同的试验压力，如在试验程序2中，如果制造商和买方双方同意，那么在试验介质为空气或氮气情况下，最大允许泄漏量（m^3/h）为$10.8\times10^{-6}\times[(p_1-101)/350]\times(p_1/552+0.2)D$，其中$p_1$为入口压力（kPa）或$11.1\times10^{-6}\times[(p_1-1.01)/3.5]\times(p_1/5.52+0.2)D$，其中$p_1$为入口压力（bar）这种换算假定为层流情况下，且仅适用于大气入口压力及试验温度在10~30℃之间。此换算不可用于实际工作条件下进行流量预测。

泄漏等级	试验介质	试验程序			公
			DN25	DN40	DN50
					阀　座　最
Ⅰ					由用户与制造商协商而定
Ⅱ	水	1	0.0869m^3/h=1.444L/min	0.2224m^3/h=3.696L/min	0.35m^3/h=0.5775L/min
	空气	1	3.9125kg/h 3.025m^3/h=50.375L/min	10.016kg/h 7.44m^3/h=128.96L/min	15.65kg/h 12.1m^3/h=201.5L/min
Ⅲ	水	1	0.0173m^3/h=0.289L/min	0.04432m^3/h=0.7392L/min	0.07m^3/h=1.156L/min
	空气	1	0.78125kg/h 0.604m^3/h=10.08L/min	2kg/h 14.96m^3/h=25.792L/min	3.125kg/h 2.4175m^3/h=40.3L/min
Ⅳ	水	1	0.0174m^3/h=0.0289L/min	0.004443m^3/h=0.074L/min	0.007m^3/h=0.1156L/min
		2	0.0054m^3/h=0.09L/min	0.013824m^3/h=0.23L/min	0.0216m^3/h=0.36L/min
	空气	1	0.0783125kg/h 0.06m^3/h=1.00625L/min	0.2kg/h 0.155m^3/h=2.576L/min	0.31325kg/h 0.24175m^3/h=4.025L/min
Ⅳ-S1	水	1	0.0000869m^3/h=0.00144L/min	0.0002224m^3/h=0.00368L/min	0.00035m^3/h=0.0058L/min
	空气	2	0.00027m^3/h=0.0045L/min	0.00069m^3/h=0.01152L/min	0.001m^3/h=0.018L/min
		1	0.0039125kg/h 0.003m^3/h=0.05L/min	0.00992kg/h 0.0078m^3/h=0.129L/min	0.01565kg/h 0.0121m^3/h=0.2L/min
Ⅴ	水	2	0.00394L/h=6.56×10^{-5}L/min	0.01L/h=0.168×10^{-3}L/min	0.01575L/h=0.2625×10^{-3}L/m
	空气	1	0.000069m^3/h=1.56×10^{-3}L/min	0.000176m^3/h=0.003L/min	0.00275m^3/h=0.004625L/min
Ⅵ	空气	1	0.096mL/min=0.096×10^{-3}L/min	0.245mL/min=0.245×10^{-3}L/min	0.3825mL/min=0.3825×10^{-3}L/min
泄漏等级	试验介质	试验程序	DN250	DN300	DN350
Ⅰ					由用户与制造
Ⅱ	水	1	8.6875m^3/h=144.375L/min	12.51m^3/h=207.9L/min	17.03m^3/h=282.98L/min
	空气	1	391.25kg/h 302.5m^3/h=5037.5L/min	563.4kg/h 435.6m^3/h=7254L/min	766.85kg/h 592.9m^3/h=9873.5L/min
Ⅲ	水	1	1.73125m^3/h=28.875L/min	2.5m^3/h=41.58L/min	3.4m^3/h=56.6L/min
	空气	1	78.125kg/h 60.44m^3/h=1007.5L/min	112.5kg/h 87.03m^3/h=1450.8L/min	153.125kg/h 118.5m^3/h=1974.7L/min
Ⅳ	水	1	0.174m^3/h=2.8875L/min	0.25m^3/h=4.158L/min	0.34m^3/h=5.66L/min
		2	0.54m^3/h=9L/min	0.778m^3/h=12.96L/min	1.06m^3/h=17.64L/min
	空气	1	7.83125kg/h 6.05m^3/h=100.63L/min	11.277kg/h 8.703m^3/h=144.9L/min	15.35kg/h 11.85m^3/h=197.225L/min
Ⅳ-S1	水	1	0.0087m^3/h=0.144L/min	0.0125m^3/h=0.207L/min	0.017m^3/h=0.282L/min
	空气	2	0.027m^3/h=0.45L/min	0.039m^3/h=0.648L/min	0.053m^3/h=0.882L/min
		1	0.39125kg/h 0.015m^3/h=5.04L/min	0.5634kg/h 0.44m^3/h=7.254L/min	0.76685kg/h 0.593m^3/h=9.9L/min
Ⅴ	水	2	0.4L/h=6.6×10^{-3}L/min	0.567L/h=9.45×10^{-3}L/min	0.772L/h=12.9×10^{-3}L/min
	空气	1	0.0069m^3/h=0.116L/min	0.0099m^3/h=0.1665L/min	0.0135m^3/h=0.227L/min
Ⅵ	空气	1	9.5625mL/min=9.5625×10^{-3}L/min	13.77mL/min=13.77×10^{-3}L/min	18.75mL/min=18.75×10^{-3}L/min

称 尺 寸				
DN65	DN80	DN100	DN150	DN200
大 允 许 泄 漏 量				
0.588m^3/h = 9.76L/min	1.237m^3/h = 14.784L/min	1.39m^3/h = 23.1L/min	3.175m^3/h = 51.975L/min	5.56m^3/h = 92.4L/min
26.4488kg/h 20.45m^3/h = 340.535L/min	40.064kg/h 30.98m^3/h = 515.84L/min	62.6kg/h 48.4m^3/h = 806L/min	140.85kg/h 108.9m^3/h = 1813.5L/min	250.4kg/h 193.6m^3/h = 3224L/min
0.117m^3/h = 1.95195L/min	0.1773m^3/h = 2.96L/min	0.277m^3/h = 4.62L/min	0.62325m^3/h = 10.395L/min	1.108m^3/h = 18.48L/min
5.28125kg/h 4.09m^3/h = 68.1L/min	8kg/h 6.1888m^3/h = 103.2L/min	12.5kg/h 9.67m^3/h = 161.2L/min	28.122kg/h 21.76m^3/h = 362.7L/min	50kg/h 38.68m^3/h = 644.8L/min
0.1174m^3/h = 0.196L/min	0.178m^3/h = 0.296L/min	0.02777m^3/h = 0.462L/min	0.63m^3/h = 1.04L/min	0.111m^3/h = 1.848L/min
0.0365m^3/h = 0.6884L/min	0.0553m^3/h = 0.922L/min	0.0864m^3/h = 1.44L/min	0.1944m^3/h = 3.24L/min	0.3456m^3/h = 5.76L/min
0.5294kg/h 0.4086m^3/h = 6.8L/min	0.80192kg/h 0.62m^3/h = 10.3L/min	1.253kg/h 0.967m^3/h = 16.1L/min	2.81925kg/h 2.176m^3/h = 36.225L/min	5.012kg/h 3.868m^3/h = 64.4L/min
0.00587m^3/h = 0.0098L/min	0.00089m^3/h = 0.15L/min	0.00139m^3/h = 0.023L/min	0.00313m^3/h = 0.052L/min	0.00556m^3/h = 0.092L/min
0.001825m^3/h = 0.031L/min	0.0028m^3/h = 0.046L/min	0.00432m^3/h = 0.072L/min	0.01m^3/h = 0.162L/min	0.00173m^3/h = 0.288L/min
0.0264485kg/h 0.021m^3/h = 0.34L/min	0.04kg/L 0.031m^3/h = 0.516L/min	0.0626kg/h 0.0484m^3/h = 0.806L/min	0.141kg/h 0.11m^3/h = 1.8135L/min	0.2504kg/h 0.1936m^3/h = 3.224L/min
0.266L/h = 0.444 × 10^{-3}L/min	0.041L/h = 0.672 × 10^{-3}L/min	0.063L/h = 1.05 × 10^{-3}L/min	0.14175L/h = 2.3625 × 10^{-3}L/min	0.252L/h = 4.2 × 10^{-3}L/min
0.000465m^3/h = 0.0078L/min	0.00071m^3/h = 0.0119L/min	0.0011m^3/h = 0.0185L/min	0.0025m^3/h = 0.042L/min	0.0044m^3/h = 0.074L/min
0.65mL/min = 0.65 × 10^{-3}L/min	0.98mL/min = 0.98 × 10^{-3}L/min	1.53mL/min = 1.53 × 10^{-3}L/min	3.4425mL/min = 3.4425 × 10^{-3}L/min	6.12mL/min = 6.12 × 10^{-3}L/min
DN400	DN450	DN500	DN550	DN600
商协商而定				
22.24m^3/h = 369.6L/min	28.15m^3/h = 467.78L/min	34.75m^3/h = 577.5L/min	42.05m^3/h = 698.78L/min	50.04m^3/h = 831.6L/min
1001.6kg/h 774.4m^3/h = 12896L/min	1267.65kg/h 980.1m^3/h = 16321.5L/min	1565kg/h 1210m^3/h = 20150L/min	1893.65kg/h 1464.1m^3/h = 24381.5L/min	2253.6kg/h 1742.4m^3/h = 29016L/min
4.432m^3/h = 73.92L/min	5.61m^3/h = 93.56L/min	6.925m^3/h = 115.5L/min	8.38m^3/h = 139.76L/min	9.972m^3/h = 166.32L/min
200kg/h 154.72m^3/h = 2579.2L/min	253.125kg/h 195.82m^3/h = 3264.3L/min	312.5kg/h 241.75m^3/h = 4030L/min	378.125kg/h 292.52m^3/h = 4876.3L/min	450kg/h 348.12m^3/h = 5803.2L/min
0.445m^3/h = 7.392L/min	0.563m^3/h = 9.36L/min	0.695m^3/h = 11.55L/min	0.84m^3/h = 13.98L/min	0.9998m^3/h = 16.632L/min
1.3824m^3/h = 23.04L/min	1.75m^3/h = 29.16L/min	2.16m^3/h = 36L/min	2.62m^3/h = 43.56L/min	3.11m^3/h = 51.84L/min
20.048kg/h 15.472m^3/h = 257.6L/min	25.37325kg/h 19.6m^3/h = 326.0L/min	31.325kg/h 24.2m^3/h = 402.5L/min	37.9kg/h 29.25m^3/h = 487.03L/min	45.108kg/h 34.812m^3/h = 579.6L/min
0.02224m^3/h = 0.368L/min	0.02815m^3/h = 0.466L/min	0.035m^3/h = 0.575L/min	0.042m^3/h = 0.696L/min	0.05m^3/h = 0.828L/min
0.06912m^3/h = 1.152L/min	0.0875m^3/h = 1.458L/min	0.108m^3/h = 1.8L/min	0.1307m^3/h = 2.178L/min	0.156m^3/h = 2.6L/min
1.0016kg/h 0.7744m^3/h = 12.896L/min	1.26765kg/h 0.98m^3/h = 16.33L/min	1.565kg/h 1.21m^3/h = 20.15L/min	1.89365kg/h 1.47m^3/h = 24.39L/min	2.2536kg/h 1.743m^3/h = 29.02L/min
1.008L/h = 16.8 × 10^{-3}L/min	1.276L/h = 21.3 × 10^{-3}L/min	1.58L/h = 26.25 × 10^{-3}L/min	1.91L/h = 31.8 × 10^{-3}L/min	2.27L/h = 37.8 × 10^{-3}L/min
0.0176m^3/h = 0.296L/min	0.0223m^3/h = 0.375L/min	0.0275m^3/h = 0.4625L/min	0.0333m^3/h = 0.56L/min	0.0396m^3/h = 0.666L/min
24.48mL/min = 24.48 × 10^{-3}L/min	30.99mL/min = 30.99 × 10^{-3}L/min	38.25mL/min = 38.25 × 10^{-3}L/min	46.3mL/min = 46.3 × 10^{-3}L/min	55.08mL/min = 55.08 × 10^{-3}L/min

10.7.4 填料

填料试验可与阀座泄漏试验同时进行。

(1) 试验介质 温度为5 ~50℃的清洁空气或氮气。

(2) 试验压力 阀内气体的压力应为300 ~400kPa (3 ~4bar) 表压，如果买方规定的最大工作压力低于350kPa (3.5bar)，则试验压力应取规定工作压力，其偏差应在±5%以内。

(3) 填料压紧 填料应按制造商推荐的程序压紧，在完成额定行程试验和死区试验前不得进行调整。

(4) 试验程序

1) 施加试验介质压力。

2) 使阀执行完至少两次全行程。

3) 检查阀执行完行程前后填料的压紧程度。

(5) 验收标准 使用检验泄漏用的液体或把控制阀浸泡在水中，填料应无肉眼可见的泄漏。

10.7.5 控制阀额定行程

在控制阀（带执行机构）没有内部压力并且填料压紧时进行。

1. 带定位器的控制阀

带有定位器的阀，在施加一个量程的0% ~3%的输入信号时，应开始开启（或关闭），而在施加一个量程的97% ~100%的信号时，则应完全打开（或关闭）。

对分程信号，用6%代替3%，用94%代替97%。

注：对于数字定位器，这些值可以通过编程任意选择。

2. 不带定位器的弹簧执行机构控制阀

1) 随信号增大而阀门开启的控制阀，在弹簧范围的上限值时，应达到行程的100%，而在弹簧范围的下限值时，则应完全关闭。

2) 随信号增大而阀门关闭的控制阀，在弹簧范围的下限值时，应达到行程的100%，而在弹簧范围的上限值时，则应完全关闭。

注：由于存在回差、死区和制造误差（弹簧、膜片面积等），规定的弹簧范围和实际值之间可能会有差别。需要检验弹簧范围以确保安装了正确的弹簧。随执行机构压力增大而打开的控制阀的弹簧范围下限值和随执行机构压力减小而打开的控制阀的弹簧范围上限值会影响阀的切断能力，故宜对其进行检查。

3. 不带定位器的双作用执行机构控制阀

试验进行时不带定位器。当向两个气室中的一个提供了规定的气压后，控制阀应该达到100%的行程，并且当向另一个气室提供了规定的气压后，应达到全关。试验期间，执行机构不充压的气室应向大气排气。

10.7.6 死区

死区试验在控制阀（带控制机构）没有内部压力且填料压紧时进行。

1. 试验装置

(1) 人工记录试验装置 阀杆（或阀轴）的运动可由一个刻度盘指示。气动信号用一个压力计（mmH_2O或mmHg）或者一个灵敏的测试压力表测量。电信号用一个有足够范围和灵敏度的测试仪测量。

(2) 自动记录试验装置 阀杆（或阀轴）的运动和操作信号由一个能够测量整个行程范围和操作信号范围的模拟式X-Y记录仪连续地记录下来。此记录仪与一个位移-电压转换器和一个压力或电流-电压转换器配合使用。试验中也可使用具备这些特征的控制阀诊断仪表。

2. 试验程序

(1) 弹簧执行机构控制阀的试验程序 从控制阀执行机构行程的端点（0%或100%）开始改变操作信号，直至阀杆（或阀轴）移动到额定行程的25%，保持这个点的信号并记录它的值（A）。然后信号缓慢地反向变化，直至阀杆（或阀轴）开始反向运动。记录下反向运动开始时的操作信号值（B）。以同样的方法记录额定行程50%和75%时的值。

每个参考点的死区x就是使阀杆（或阀轴）产生反向运动所施加的操作信号的变化量。死区x以操作信号全量程的百分数表示，见式（10-46）：

$$x=\frac{|A-B|}{a-b}\times 100\% \qquad (10\text{-}46)$$

式中，x为死区；A为行程终点记录的信号；B为产生反向运动所需的信号；a为信号范围上限值；b为信号范围下限值。

如果试验和数据记录符合试验中死区部分的要求，死区计算所需要的数据可根据制造商的选择从回差和死区的复合试验中获得，如图10-29所示。

(2) 带双作用执行机构控制阀的试验程序 除了信号施加给定位器以外，带双作用执行机构控制阀的试验程序同弹簧执行机构控制阀的试验程序。不带定位器的执行机构的试验由制造商和买方协商决定。在这种情况下，应记录两个气室的压差。

3. 验收标准

死区误差推荐值见表10-65。

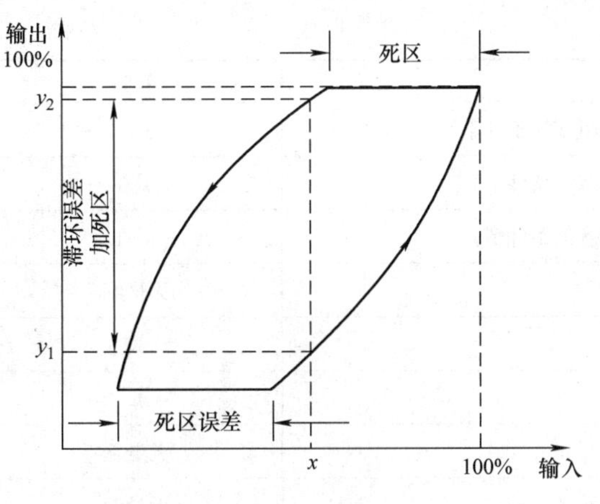

图 10-29 回差

表 10-65 死区的最大推荐值

阀类型	死区的最大推荐值（占满量程输入信号的分数,%）
带执行机构，无定位器的控制阀	6.0①
带定位器但经人为脱离的控制阀	15.0②
带执行机构，有定位器的控制阀	1.0③

① 当死区值超过6%时，阀宜带定位器。

② 若进行补充检验（如全行程时间，时滞）或其他等效的动态分析，死区值允许超过15%。但摩擦力过大可能会影响控制阀的动态性能。

③ 经制造商和买方协商同意，可以用定位器静态性能检验来替代带定位器的控制阀和执行机构的死区试验。

10.7.7 工业过程控制阀流通能力试验程序（GB/T 17213.9—2005/IEC 60534-2-3：1997）

（1）试验程序中使用的符号　见表 10-66。

（2）试验系统　基本的流量试验系统如图 10-30 所示。

表 10-66 试验程序中使用的符号

符号	说　明	单位
C	流量系数（K_v、C_v）	各不相同见 GB/T 17213.1
C_R	额定行程时的流量系数	各不相同见 GB/T 17213.1
d	控制阀公称尺寸（DN）	无量纲
F_d	控制阀类型修正系数	无量纲
F_F	液体临界压力比系数	无量纲
F_L	无附接管件控制阀的液体压力恢复系数	无量纲
F_{LP}	带附接管件控制阀的液体压力恢复系数和管道几何形状系数的复合系数	无量纲
F_P	管道几何形状系数	无量纲
F_R	雷诺数系数	无量纲
F_z	比热比系数	无量纲
M	流体相对分子质量	kg/kmoL
N	数字常数（表 10-69）	各不相同①
p_c	绝对热力学临界压力	kPa 或 bar②
p_v	入口温度下液体的蒸汽的绝对压力	kPa 或 bar
p_1	上游取压口测得的入口绝对静压力	kPa 或 bar
p_2	下游取压口测得的出口绝对静压力	kPa 或 bar
Δp	上、下游取压口的压力差（p_1-p_2）	kPa 或 bar
Δp_{max}	最大压差	kPa 或 bar
Δp_{max}（L）	无附接管件的最大有效压差 Δp	kPa 或 bar
$\Delta p_{max(LP)}$	带附接管件的最大有效压差 Δp	kPa 或 bar
Q③	体积流量	m^3/h③
Q_{max}	最大体积流量（阻塞流条件下）	m^3/h
$Q_{max(L)}$	不可压缩流体的最大体积流量（无附接管件阻塞流条件下）	m^3/h

（续）

符号	说　明	单位
$Q_{\max(LP)}$	不可压缩流体的最大体积流量（带附接管件阻塞流条件下）	m^3/h
$Q_{\max(T)}$	可压缩流体的最大体积流量（无附接管件阻塞流条件下）	m^3/h
$Q_{\max(TP)}$	可压缩流体的最大体积流量（带附接管件阻塞流条件下）	m^3/h
Re_v	控制阀雷诺数	无量纲
T_1	入口绝对温度	K
t_s	标准条件下的参比温度	℃
x	压差与入口绝对压力之比（$\Delta p/p_1$）	无量纲
x_r	无附接管件控制阀在阻塞流条件下的压差比系数	无量纲
x_{TP}	带附接管件控制阀在阻塞流条件下的压差比系数	无量纲
Y	膨胀系数	无量纲
Z	压缩系数（对表征理想气体性能的气体 $Z=1$）	无量纲
r	比热比	无量纲
ν	运动黏度	m^3/s④
ζ	控制阀带有渐缩管、渐扩管，或其他管件时的速度头损失系数	无量纲
ρ_1/ρ_0	相对密度（水在15.5℃时，$\rho_1/\rho_0=1$）	无量纲

① 为确定常数的单位，应使用表10-69给出的单位对相的公式进行量纲分析。

② $1bar=10^2kPa=10^5Pa$。

③ 可对压缩流体，用符号 Q（也经常用 q_V 表示的）表示的体积流量（m^3/h）是指绝对压力为101.325kPa（1.01325bar），温度为0℃或15℃（表10-70）的标准条件下的值。

④ $1cSt=10^{-6}m^2/s$。

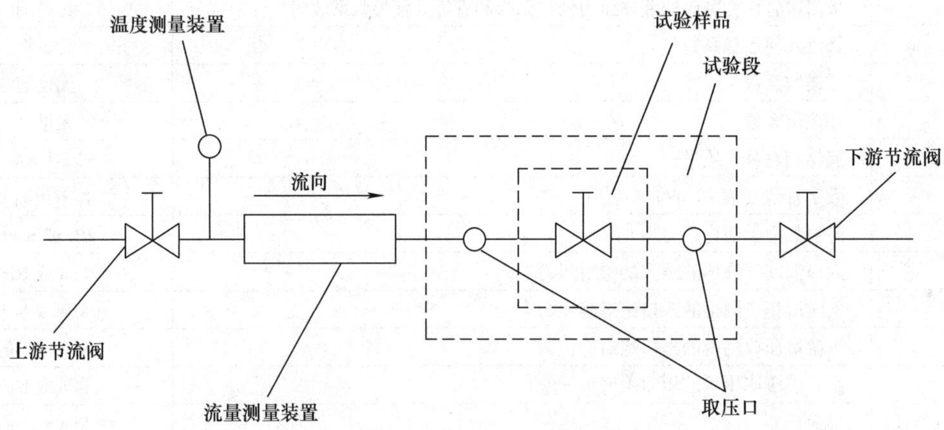

图10-30 基本的流量试验系统

1）试验样品是要求取得试验数据的任何阀或阀同渐缩管、渐扩管或其他管件的组合体（图10-31）。

虽然最好采用实际尺寸的样品或模型，但本部分也允许采用缩小尺寸的试验样品进行模拟试验。为使模拟试验能取得令人满意的结果，要注意几个因素之间的关系，如完全充满管道的流体在流动时的雷诺数，当可压缩性为重要因素时的马赫数及几何相似性等。

2）试验段应由表10-67所示的两个直管段组成。连接试验样品的上、下游管段应与试验样品接头的公称尺寸一致。

对于公称尺寸在DN250/NPS10以下（包括DN250/NPS10），压力等级在PN100/Class600以下（包括PN100/Class600）的阀，管道内径与试验样品端部实际内径的偏差应在±2%以内。对于大于DN250/NPS10的阀，或压力等级大于PN100/Class600的阀，试验样品入口和出口处的内径应与连接管道的内径相匹配。

表10-67　试验段管道要求

l_1	l_2	l_3	l_4
管道公称尺寸的2倍	管道公称尺寸的6倍	最短为管道公称尺寸的18倍	最短为管道公称尺寸的1倍

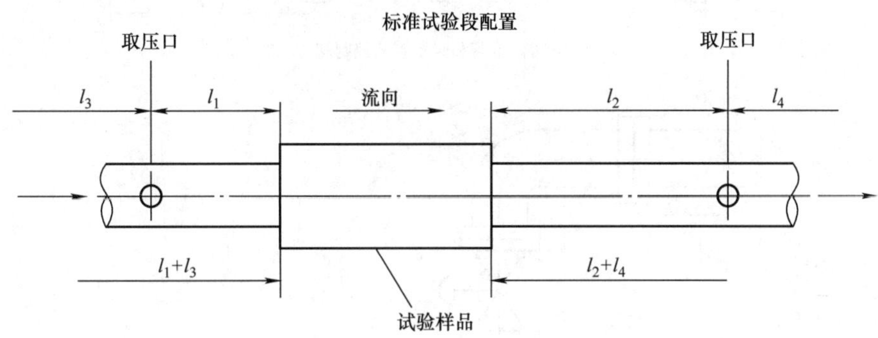

注：1. 若认为有益，可使用整流导叶。如果使用了整流导叶，则长度l_3可缩短到不小于管道公称尺寸的8倍。

2. 取压口的位置是在试验样品的上游和下游。试验样品不仅可以是一个控制阀，也可以是控制阀与附接管件的任意组合（图10-31）。

3. 如果上游流体扰动是由位于不同平面上的两个串联的弯头造成的，除非使用整流导叶，否则l_3的长度应大于管道公称尺寸的18倍。

管道内壁应无铁锈、氧化皮或其他可能引起流体过度扰动的障碍物。

3）节流阀。上游节流阀用来控制试验段的入口压力，下游节流阀用于试验期间的控制。这两个阀一起用来控制试验段取压口前后的压差，并使下游压力保持一个特定值。对这两个阀的形式无任何限定，只是上游阀宜经过选择且其安装位置要适当，使之不影响流量测量的精确度。下游节流阀的公称尺寸可大于试验样品的公称尺寸，以保证阻塞流发生在试验样品内。当用液体进行试验时，应避免在上游阀处出现汽化。

4）流量的测量。流量测量仪表可位于试验段的上游也可位于试验段的下游。它可以是任何符合规定精确度的装置，并需要经常进行校准，以保持其精确度。流量测量仪表应用来测定时间平均流量，其精确度应为实际值的±2%范围以内。

5）取压口。应根据表10-67的规定在试验段管道上设置取压口，其结构如图10-32所示。当管道内流动形态不一致时，为达到所需要的测量精确度可能需要设置多个取压口。

取压口b的直径至少应为3mm，但不能超过12mm或管道公称尺寸的1/10（取其小者）。上、下游取压口的直径应一致。

取压口应为圆形，其边缘应光滑，呈锐角或微带圆角，无毛刺，不形成线状边缘或其他不规则形状。

只要能达到上述要求，可以采用任何适当的方法进行物理连接，但管道内不允许有任何管件突出。

① 不可压缩流体。取压口中心线应处于水平位置，应与管道中心线成直角相交，以减少取压口处空气逗留和污物聚集的可能性。

② 可压缩流体。取压口中心线应处于水平位置或垂直于管道上方，并应与管道中心线成直角相交，以减少灰尘滞留的可能性。

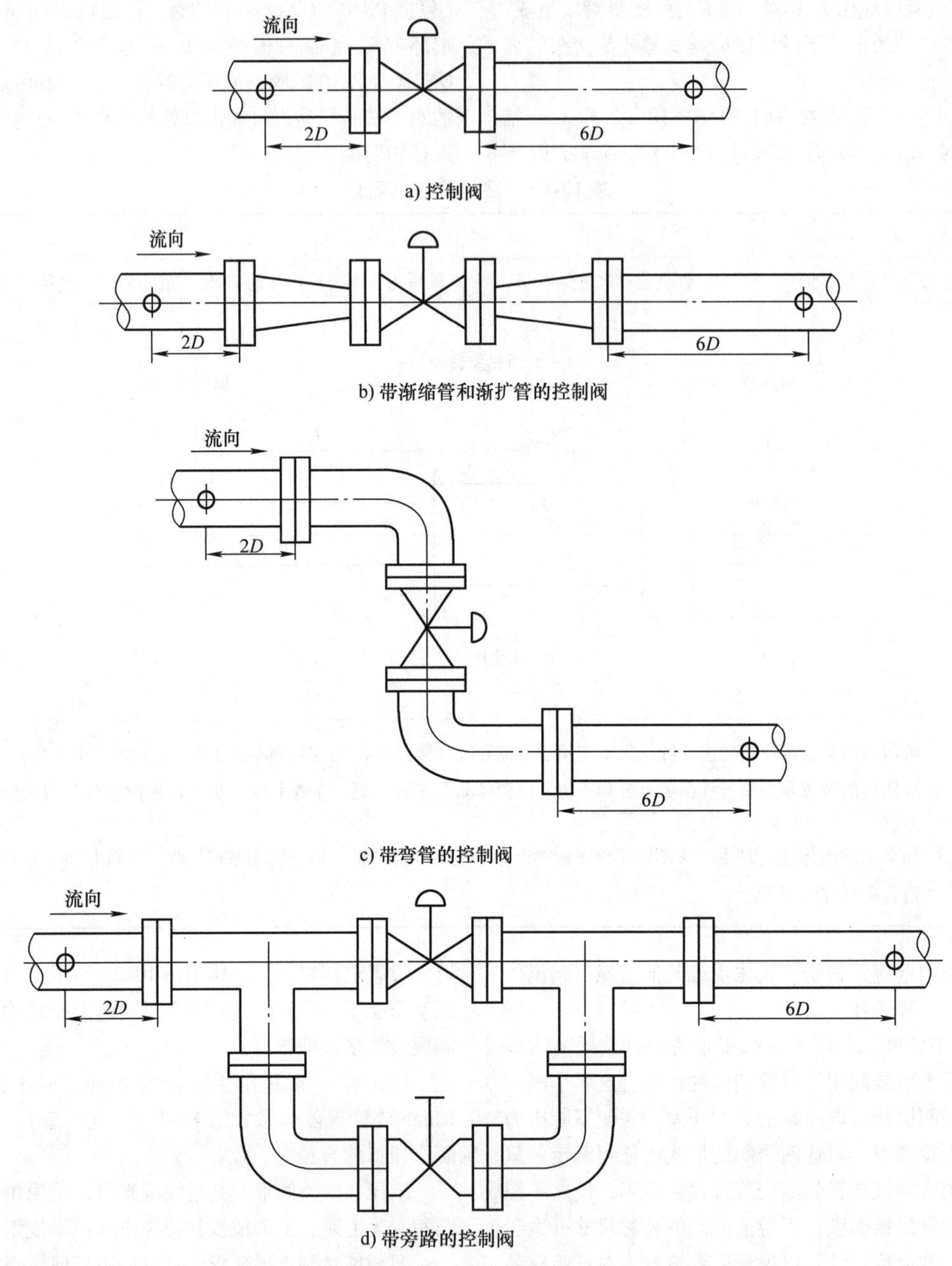

图10-31　标明取压口适当位置的各种试验样品

6）压力测量。所有压力和压差测量的精确度都应达到读数的±2%。压力测量装置需要经常进行校准，以保持规定的精确度。

7）温度测量。流体入口温度测量的精确度应达到±1℃。测温探头必须经过选择，并设置在对流量测量和压力测量的影响为最小的位置上。

8）控制阀行程。在任何一个特定流量试验的过程中，阀的行程偏差都应控制在额定行程的±0.5%以内。

9）试验样品安装。试验管道轴线与试验样品入口和出口的轴线的同轴度公差为：

管道公称尺寸	同轴度公差/mm
DN15/NPS $\frac{1}{2}$ ~ DN25/NPS1	0.8
DN32/NPS1$\frac{1}{4}$ ~ DN150/NPS6	1.6
DN200/NPS8 及以上	管道公称尺寸的0.01

试验样品应进行定位，以避免流体形态在取压口处产生速度头。如当进行角行程阀试验时，阀轴应与取压口平行。

每个垫片内径应进行尺寸测量和定位，以免凸出于管道之内。

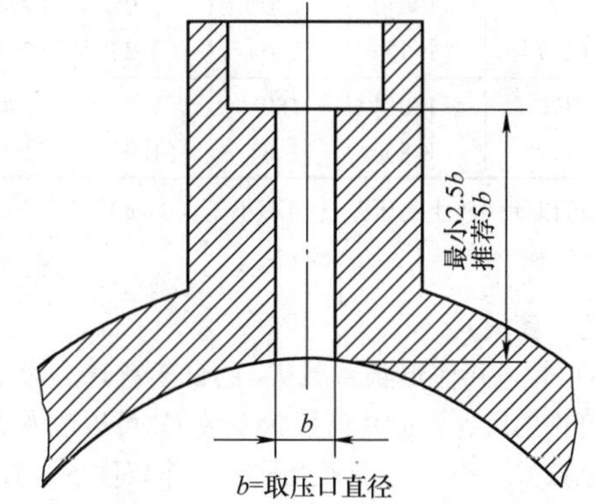

管道公称尺寸	b/mm≤	b/mm≥
≤DN50/NPS2	6	3
>DN50/NPS2～DN80/NPS3	9	3
DN100/NPS4～DN200/NPS8	13	3
≥DN250/NPS10	19	3

图 10-32　推荐的取压口连接

（3）试验精确度　若采用所述试验程序，对于 C/d^2 小于或等于 N_{25}（常数）的阀，全口径流量系数值的偏差应在 ±5% 以内。

（4）试验流体

1）不可压缩流体。试验程序使用的基本流体为 5～40℃的水。只要试验结果不会受到不利的影响，可以使用防腐剂来防止或延迟腐蚀和防止有机物生长。

2）可压缩流体。本试验程序使用的基本流体是空气或其他可压缩流体。饱和蒸汽不能作为试验流体。试验过程中应防止内部结冰。

（5）不可压缩流体的试验程序　下列内容对各种试验的操作方法做了具体说明。对这些试验所获数据的评估见以下（6）。

1）流量系数 C 的试验程序。确定流量系数 C 要求采用以下试验程序。试验数据应按以下（6）中 3）所述的程序评估。

① 按照管道要求安装无附接管件的试验样品。

② 流量试验应在湍流、无空化区域内三个间隔较大的压差点（但不低于 0.1bar）上进行流量测量。建议压差是：a）恰好在空化点以下（刚开始空化）或试验设备可获得的最大值，取其中较小值（见 GB/T 17213.14）；b）约为 a）压差的 50%；c）约为 a）压差的 10%。

在阀选定行程下，通过试验段两端的取压口测量压力。

对于流通能力很小的阀，在推荐的压差下可能会产生非湍流。在这种情况下应取较大的压差，以保证产生湍流，推荐的阀最小雷诺数 Re_v 应为 10^5［见式（10-59）］。

应记录与上述指定压差的偏差，并说明偏差原因。

③ 为了保持液体充满试验段下游部分，并防止液体汽化，入口压力应保持等于或大于表 10-68 所列最小值。此最低入口压力取决于试验样品的液体压力恢复系数 F_L。如果 F_L 为未知数，就应该保守地估计一个最低入口压力。

④ 应通过流量试验确定：a）100% 额定行程时的额定流量系数 C_R；b）5%、10%、20%、30%、40%、50%、60%、70%、80%、90% 和 100% 额定行程时的固有流量特性（任选）。

注：为更完整地确定固有流量特性，还可以在小于额定行程 5% 的行程下进行流量试验。

表 10-68　与 F_L 及 Δp 有关的最低入口绝对试验压力

F_L	最低入口绝对试验压力/kPa（bar）								
	Δp/kPa（bar）								
	35 （0.35）	40 （0.4）	45 （0.45）	50 （0.5）	55 （0.55）	60 （0.60）	65 （0.65）	70 （0.7）	75 （0.75）
0.5	280 （2.8）	320 （3.2）	360 （3.6）	400 （4.0）	440 （4.4）	480 （4.8）	520 （5.2）	560 （5.6）	600 （6.0）
0.6	190 （1.9）	220 （2.2）	250 （2.5）	270 （2.7）	300 （3.0）	330 （3.3）	360 （3.6）	380 （3.8）	410 （4.1）
0.7	150 （1.5）	160 （1.6）	180 （1.8）	200 （2.0）	220 （2.2）	240 （2.4）	260 （2.6）	280 （2.8）	300 （3.0）

（续）

F_L	最低入口绝对试验压力/kPa（bar）								
	Δp/kPa（bar）								
	35 (0.35)	40 (0.4)	45 (0.45)	50 (0.5)	55 (0.55)	60 (0.60)	65 (0.65)	70 (0.7)	75 (0.75)
0.8	150 (1.5)	160 (1.6)	160 (1.6)	170 (1.7)	170 (1.7)	190 (1.9)	200 (2.0)	220 (2.2)	230 (2.3)
0.9	150 (1.5)	160 (1.6)	160 (1.6)	170 (1.7)	170 (1.7)	180 (1.8)	180 (1.8)	190 (1.9)	190 (1.9)

注：1. 对于大口径控制阀流源达到极限时，只要能保持湍流状态，可以使用较小的压差（但不小于0.1bar）。

2. 对于压力未列出的，可以用下式计算上游压力：$p_{1.\min}=2\Delta p/F_L^2$。

⑤ 记录下列数据：a）控制阀行程；b）入口压力p_1；c）上、下游取压口的压差（p_1-p_2）；d）流体入口温度T_1；e）体积流量Q；f）大气压力；g）试验样品的结构描述（如阀类型、公称尺寸、公称压力、流向）。

2）液体压力恢复系数F_L和液体压力恢复系数与管道几何形状系数的复合系数F_{LP}的试验程序。计算系数F_L（指定的无附接管件试验样品）和F_{LP}（指定的带附接管件试验样品）时，需要用到最大流量Q_{max}（称之为阻塞流）。在入口条件不变的情况下，当增大压差不能使流量增大时就证明是阻塞流。确定Q_{max}应用下列试验程序。数据评估程序见（6）中4）对F_L和相应的C的试验程序在相同的阀行程上进行。因此，在以任何一种阀行程对这两个系数进行试验时，阀应锁定在某一固定位置上。

① 应当使用（2）中2）所述的试验段，试验样品应锁定在要求位置上。

② 下游节流阀应处于全开位置。应在预先选定的入口压力下测量流量并记录入口压力和出口压力。该试验可确定此试验系统中试验样品的最大压差（p_1-p_2）。在相同的入口压力下，将压差降低到第一次试验确定压差的90%，进行第二次试验。如果第二次试验的流量与第一次试验的流量相差不超过2%，则可以将第一次试验测得流量作为Q_{max}。

否则，就在一个较高的入口压力下重复整个试验过程。如果在试验系统的最高入口压力下不能达到Q_{max}，可采用以下程序。计算一个F_L代替在可达到的最高入口压力值和压差值下得到的流量。在报告中注明被试验控制阀的F_L远大于预先计算值。

③ 记录下列数据：a）控制阀行程；b）入口压力p_1；c）上、下游取压口的压差（p_1-p_2）；d）流体入口温度T_1；e）体积流量Q；f）大气压力；g）试验样品的结构描述（如阀类型、公称尺寸、公称压力、流向）。

3）管道几何形状系数F_P的试验程序。对于带附接管件的阀，管道几何形状系数F_P可以改变阀的流量系数C。系数F_P是在相同的工作条件下试验时，带附接管件阀的C与无附接管件阀的额定C之比。为了获得此系数，用要求的阀和附接管件的组合来代替阀。将这个组合作为试验样品按照（5）中1）进行流量试验，以确定试验段的管道公称通径。如DN100/NPS4阀安装在附接渐缩管和渐扩管的DN150/NPS6的管线上，应按DN150/NPS6管线来确定取压口的位置。数据评估程序见（6）中5）。

4）液体临界压力比系数F_F的试验程序。液体临界压力比系数F_F只是流体与其温度的一个特性，它是阻塞流条件下明显的“缩流断面”压力与入口温度下液体的蒸汽压力之比。

F_F的数值是通过对已知F_L和C的试验样品进行试验来确定的。无附接管件阀的安装应符合表的要求。应采用上述获取Q_{max}的试验程序并使用所关注的流体作为试验流体。

数据评估程序见（6）中6）。

5）不可压缩流体的雷诺数系数F_R的试验程序。为了得到雷诺数系数F_R的值，应通过试验阀产生非湍流条件。这个条件要求低压差，高黏度的流体，小的C值，或这些条件的组合。除C值很小的阀之外，当进行符合上述1）所列程序的流量试验时，湍流总是存在的，并且在这些条件下的F_R将为1.0。

用安装在标准试验段且无附接管件的阀进行流量试验确定F_R的值。除了下述情况以外，这些试验应遵循确定C的试验程序：a）只要试验流体在试验阀内不产生汽化现象，试验压差可以是任意适当值；b）如果试验流体不是20℃±14℃的淡水，那么表10-68列出的最低入口试验压力值可能不适用；c）试验流体应为黏度比水高很多的牛顿流体，除非仪表能够精确测量非常低的压差。

在每个选定阀行程下通过改变阀的压差，进行足够次数的试验，以覆盖从湍流到层流的整个条件范围。

数据评估程序见（6）中7）。

6）控制阀类型修正系数 F_d 的试验程序。控制阀类型修正系数 F_d 考虑的是阀内件几何形状对雷诺数的影响。它被定义为单流路水力直径与节流孔直径之比，其中节流孔的面积等于给定行程下所有相同流路面积的总和。

控制阀类型修正系数 F_d 应在所需行程下测量。它的值仅能按上述5）所列程序在完全层流的条件下进行测量。

完全层流被定义为 $\sqrt{Re_v}/F_R$ 保持恒定，允差范围为 ±5% 的条件（典型特征是 Re_v 值低于50）。

数据评估程序见（6）中8）。

（6）不可压缩流体的数据评估程序

1）非阻塞流的不可压缩流体的基本流量方程式为

$$Q = N_1 F_R F_P C \sqrt{\frac{\Delta p}{\rho_1/\rho_0}} \tag{10-47}$$

对于无附接管件的阀，$F_P = 1$，并且在湍流条件下 $F_R = 1$。

2）阻塞流。对于阻塞流应考虑两种情况：

① 无附接管件。当控制阀无附接管件时：

$$Q_{\max(L)} = N_1 F_L C \sqrt{\frac{p_1 - F_F p_v}{\rho_1/\rho_0}} \tag{10-48}$$

注：对无附接管件的阀，在阻塞流条件下足以产生流动的最大压差为

$$\Delta p_{\max(L)} = F_L^2 (p_1 - F_F p_v) \tag{10-49}$$

② 带附接管件。当控制阀带附接管件时：

$$Q_{\max(LP)} = N_1 F_P C \sqrt{\left(\frac{F_{LP}}{F_P}\right)^2 \left(\frac{p_1 - F_F p_v}{\rho_1/\rho_0}\right)} \tag{10-50}$$

式（10-50）的通用式为

$$Q_{\max(LP)} = N_1 F_{LP} C \sqrt{\left(\frac{p_1 - F_F p_v}{\rho_1/\rho_0}\right)} \tag{10-51}$$

注：对于带附接管件的控制阀，阻塞流条件下足以产生流动的最大压差为

$$\Delta p_{\max(LP)} = \left(\frac{F_{LP}}{F_P}\right)^2 (p_1 - F_F p_v) \tag{10-52}$$

3）流量系数 C 的计算。流量系数 C 可按 K_v 或 C_v 来计算，N_1 的合适值见表10-69，它取决于所选系数和压力的测量单位。

用（5）中1）得到的数据，代入式（10-53）计算各次流量试验的 C：

$$C = \frac{Q}{N_1}\sqrt{\frac{\rho_1/\rho_0}{\Delta p}} \tag{10-53}$$

对于规定温度范围内的水，$\rho_1/\rho_0 = 1$。

每次流量试验得到的三个值中，最大值不应比最小值大4%以上。如果差值超过此允差，应重复进行流量试验。如果差值较大是由于空化引起的，则应在较高的入口压力下重复试验。

每一行程的流量系数应该是三个试验值的算术平均值，圆整到不多于三位有效数字。

4）液体压力恢复系数 F_L 和液体压力恢复系数和管道几何系数的复合系数 F_{LP} 的计算。系数 F_L 和 F_{LP} 可用（5）中2）所获数据和下式计算。

① 无附接管件时：

$$F_L = \frac{Q_{\max(L)}}{N_1 C}\sqrt{\frac{\rho_1/\rho_0}{p_1 - F_F p_v}} \tag{10-54}$$

对于规定温度范围内的水，$\rho_1/\rho_0 = 1$ 并且 $F_F = 0.96$。

② 带附接管件：

$$F_{LP} = \frac{Q_{\max(LP)}}{N_1 C}\sqrt{\frac{\rho_1/\rho_0}{p_1 - F_F p_v}} \tag{10-55}$$

对于规定温度范围内的水，$\rho_1/\rho_0 = 1$ 并且 $F_F = 0.96$。

5）管道几何形状系数 F_P 的计算。用（5）中3）获得的试验数据的平均值，按下式计算：

$$F_P = \frac{\text{带附接管件阀的 } C}{C_R} = \frac{\frac{Q}{N_1}\sqrt{\frac{\rho_1/\rho_0}{\Delta p}}}{C_R} \tag{10-56}$$

对于规定温度范围内的水，$\rho_1/\rho_0 = 1$。

6）液体临界压力比系数 F_F 的计算：

$$F_F = \frac{1}{p_v}\left[p_1 - (\rho_1/\rho_0)\left(\frac{Q_{\max}}{N_1 F_L C}\right)^2\right] \tag{10-57}$$

这里 p_v 是入口温度下流体蒸汽的压力。试验样品的 CF_L 采用（5）中2）的标准方法确定。

7）雷诺数系数 F_R 的计算。用（5）中5）所述程序和式（10-58）得出的试验数据来获得近似 C 值。这个 C 相当于 CF_R，用近似 C 除以控制阀在同一行程上按（5）中1）规定的试验条件进行试验得到的 C，获得 F_R。

$$CF_R = \frac{Q}{N_1}\sqrt{\frac{\rho_1/\rho_0}{\Delta p}} \tag{10-58}$$

尽管可采用任何一种试验者认为合适的方式使这些数据相互关联，但是被证实能提供令人满意的相互关系的方法都要用到控制阀雷诺数，控制阀雷诺数由

式（10-59）计算：

$$Re_v = \frac{N_4 F_d Q}{\nu \sqrt{CF_L}} \quad (10\text{-}59)$$

8）控制阀类型修正系数 F_d 的计算。用（5）中5）获得的试验数据，按式（10-60）计算 F_d：

$$F_d = \frac{N_{26}\nu F_R^2 F_L^2 (C/d^2)^2 \sqrt{CF_L}}{Q\left(\frac{F_L^2 C^2}{N_2 D^4}+1\right)^{1/4}} \quad (10\text{-}60)$$

仅推荐在额定行程下计算 F_d。减小行程会发生明显错误。

对于在额定行程时 $C/d^2 \leqslant 0.016N_{18}$ 的缩径阀内件，F_d 计算如下：

$$F_d = \frac{N_{31}\nu F_R^2 F_L^2 \sqrt{CF_L}}{Q\left[1+N_{32}\left(\frac{C}{d^2}\right)^{\frac{2}{3}}\right]} \quad (10\text{-}61)$$

试验应在 Re_v 小于100或 F_R 小于0.26时进行。F_d 应由三次试验的最小值的平均值确定。

（7）可压缩流体的试验程序　本部分对各种试验的操作方法做了具体的说明。对这些试验所获得数据的评估方法见（8）。

1）流量系数 C 的试验程序。确定流量系数 C 需要以下试验程序。试验数据应采用（8）中1）的程序进行评估。

① 按照表10-67的管道要求安装无附接管件的试验样品。

② 流量试验应包括三种压差下的流量测量。为了接近流动条件，可以假设其为不可压缩的，压差比（$x=\Delta p/p_1$）应当小于或等于0.02。另一种程序见下述2）中的⑤。

③ 应通过流量试验确定：a）100%额定行程时的额定流量系数 C；b）5%、10%、20%、30%、40%、50%、60%、70%、80%、90%和100%额定行程时的固有流量特性（任选）。

注：为更完整地确定固有流量特性，还可以在小于额定行程5%的行程下进行流量试验。

④ 记录下列数据：a）控制阀行程；b）入口压力 p_1；c）上、下游取压口的压差（p_1-p_2）；d）流体入口温度 T_1；e）体积流量 Q；f）大气压力；g）试验样品的结构描述（如阀类型、公称尺寸、公称压力、流向）。

2）压差比系数 x_T 和 x_{TP} 的试验程序。对于 $F_\gamma=1$（$\gamma=1.4$）的流体，x_T 和 x_{TP} 这两个量是压差与入口绝对压力之比（$\Delta p/p_1$）。但当使用 $F_\gamma \neq 1$ 的试验气体时，根据式（10-69）和式（10-70）仍能求得这两个值。在计算 x_T（对给定的无附接管件的试验样品）和 x_{TP}（对给定的带附接管件的试验样品）时，还需要最大体积流量 Q_{max}（称之为阻塞流）。在固定的入口条件下，如果压差增大而流量不再增加，这就证明是阻塞流。x_T 和 x_{TP} 的值应当分别用（8）中2）和3）所述的程序进行计算。

确定 Q_{max} 应当采用下列试验程序：

① 用（2）中2）规定的试验段，试验样品的行程为100%额定行程。

② 与试验样品前后的压差一样，只要符合阻塞流的要求（在下述③中规定），可以采用任何一种足以产生阻塞流的上游压力。

③ 下游节流阀应处于全开位置，在预先选定的入口压力下测量流量，并记录入口压力和出口压力。本试验确定试验系统中试验样品的最大压差（p_1-p_2）。在相同的入口压力下，将压差降低到第一次试验确定压差的90%，进行第二次试验。如果第二次试验的流量与第一次试验的流量相差不超过0.5%，那么就可将第一次试验测得的流量作为最大流量。否则，要在较高的入口压力下重复此试验。

尽管测量流量绝对值的误差应不超过±2%，但是为了达到预期的精确度，x_T 的试验重复性应优于±0.5%。这一系列试验应在使用相同的仪表并且不改变试验装置的条件下连续进行。

④ 记录下列数据：a）控制阀行程；b）入口压力 p_1；c）出口压力 p_2；d）流体入口温度 T_1；e）体积流量 Q；f）大气压力；g）试验样品的结构描述（如阀类型、公称尺寸、公称压力、流向）。

⑤ 压差比系数 x_T 和 x_{TP} 及流量系数 C 的替代试验程序。如果试验室无法用上述程序确定 x_T 值，可采用此替代试验程序。

用（2）中2）规定的试验段，试验样品的行程为100%额定行程。

在预先选定的某个入口压力下，对最少五个间隔恰当的 x 值（压差与入口绝对压力之比）测量流量（Q）、流体入口温度（T_1）和下游压力。

根据这些数据点，用式（10-62）计算 YC 之积的值：

$$YC = \frac{Q}{N_9 p_1}\sqrt{\frac{MT_1}{x}} \quad (10\text{-}62)$$

式中，Y 是膨胀系数，由式（10-63）确定：

$$Y = 1 - \frac{x}{3F_\gamma x_T} \quad (10\text{-}63)$$

其中，$F_\gamma=\gamma/1.4$。

试验点应始终绘在以（YC）对 x 的直角坐标上，

使线性曲线同数据重合。如果有任何一点与曲线的偏差大于5%，就要用附加数据来确认样品是否确有异常特征。

样品的 C_0 值从 $x=0$，$Y=1$ 的曲线处获取。

至少应有一个试验点 $(YC)_1$ 满足 $(YC)_1 \geqslant 0.97(YC)_0$ 的要求，其中 $(YC)_0$ 对应于 $x \approx 0$。

至少应有一个试验点 $(YC)_n$ 满足 $(YC)_n \leqslant 0.83(YC)_0$ 的要求。

样品的 x_T 应从 $YC=0.667(YC)_0$ 的曲线处获取。

如果采用此法，应加以说明。

3）管道几何形状系数 F_P 的试验程序。管道几何形状系数 F_P 修正带附接管件阀的流量系数 C。系数 F_P 是在相同工作条件下试验时，带附接管件阀的 C 与无附接管件阀的额定 C 之比。

为了获得此系数，用要求的阀和附接管件的组合作为试验样品，按照上述1）进行流量试验，以确定试验段的管道直径。如DN100/NPS4的阀装在附接渐缩管和渐扩管的DN150/NPS6的管线上，应按DN150管线来确定取压口的位置。

数据评估见（8）中4）。

4）雷诺数系数 F_R 的试验程序。为了确定雷诺数系数 F_R 的值，应通过试验阀产生非湍流。在使用可压缩流体时，如果 C_R 值用 C_v 表示时小于0.5，用 K_v 表示时小于0.43，只能非常典型地产生这种条件。

当使用上述2）列出的程序时，对于特定的控制阀，即使 $x \geqslant x_T$，但测得的气体流量数值依然在增加，即不存在阻塞流，则认为存在非湍流条件。

为了获得这种非湍流，试验样品入口压力应小于：

$$p_{1\max}=\frac{0.035}{F_d\sqrt{CF_L}} \tag{10-64}$$

单位为bar，但不会低于2bar（绝对压力）。

确定 F_R 的值要用无附接管件的阀安装在标准试验段进行流量试验。在每个选定阀行程下通过改变入口压力进行足够次数的试验，以覆盖从湍流到层流的整个范围。

数据评估程序见（8）中5）。

5）控制阀类型修正系数 F_d 的试验程序。控制阀类型修正系数 F_d 主要考虑阀内件几何形状对雷诺数的影响。它被定义为特定流路的水力直径与总流路面积等效圆直径之比。

控制阀类型修正系数 F_d 应在所需行程下测量。其值仅能在采用（5）中5）所述试验程序达到完全层流的条件下测量。

完全层流被定义为 $\sqrt{Re_v}/F_R$ 保持恒定，允差范围在±5%的条件（通常 Re_v 值低于50）。

数据评估程序见（8）中6）。

6）小流量阀内件的试验程序。流量系数 C 小于0.05（C_v）或0.043（K_v）的阀内件被定为小流量阀内件。要保证小流量阀内件的流量系数是在完全湍流状态下的流量系数，入口压力 p_1 应该不小于式（10-65）给出的值：

$$p_1=\frac{N_{21}}{F_d\sqrt{CF_L}} \tag{10-65}$$

这里出口压力小于 $0.3p_1$。应使用5.2的试验段，试验样品的额定行程为100%。保持入口压力不变，改变出口压力获得三个不同的流量。

数据评估程序见（8）中7）。

（8）可压缩流体的数据评估程序　可压缩流体的基本流量方程式为

$$Q=N_9F_PCp_1Y\sqrt{\frac{x}{MT_1Z}} \tag{10-66}$$

式中，

$$Y=1-\frac{x}{3F_\gamma x_T} \tag{10-67}$$

其中，$F_\gamma=\gamma/1.4$。

对无附接管件阀的流量试验，$F_P=1$。

对于处理不同于空气的气体的控制阀，x 的极限值（即 $F_\gamma x_T$）应当在 $F_\gamma x_T$ 项中修正。在任何一种计算方程式或者与 Y 的关系式中，尽管实际压差比比较大，x 的值仍应保持在这个极限以内。实际上，Y 值的范围可以从压差很小时的将近1到阻塞流时的0.667（$x=F_\gamma x_T$）。

1）流量系数 C 的计算。流量系数 C 可用 C_v 或 K_v 来计算。N_9 相应值见表10-69，此值取决于所选系数和入口压力的测量单位。

用（7）中1）获得的数据，并假设 $Y=1$，以下式计算各个试验点的流量系数：

$$C=\frac{Q}{N_9p_1}\sqrt{\frac{MT_1}{x}} \tag{10-68}$$

对于空气，$M=28.97$kg/kmol。

在每个试验点取得的三个值中，最大值不应比最小值大4%。如果差值超过允许偏差则该点试验应重复进行。

各行程的流量系数应是三个试验值的算术平均值，圆整到不多于三位有效数字。

2）压差比系数 x_T 的计算用（7）中2）获得的数据计算 x_T。

当 $x=F_\gamma x_T$ 时，则 $Q=Q_{\max(T)}$ 且 $Y=0.667$。

$$x_T=\left[\frac{Q_{\max(T)}}{0.667N_9Cp_1}\right]^2\left[\frac{MT_1Z}{F_\gamma}\right] \qquad (10\text{-}69)$$

如果用空气作为试验介质，则 $F_\gamma=1$，$M=28.97\text{kg/kmol}$ 且 $Z=1$。

3）压差比系数 x_{TP} 的计算用（7）中 2）获得的数据计算 x_{TP}。

当 $x=F_\gamma X_{TP}$ 时，则 $Q=Q_{\max(TP)}$ 且 $Y=0.667$。

$$X_{TP}=\left[\frac{Q_{\max(TP)}}{0.667N_9F_PCp_1}\right]^2\left[\frac{MT_1Z}{F_\gamma}\right] \qquad (10\text{-}70)$$

如果用空气作为试验介质，则 $F_\gamma=1$，$M=28.97\text{kg/kmol}$ 且 $Z=1$。

4）管道几何形状系数 F_P 的计算用（7）中 3）获得的平均值计算 F_P。

$$F_P=\frac{\text{带附接管件阀的 }C}{C_R}=\frac{\dfrac{Q}{N_9p_1}\sqrt{\dfrac{MT_1Z}{x}}}{C_R} \qquad (10\text{-}71)$$

如果用空气作为试验介质，则 $M=28.97\ \text{kg/kmol}$。

5）可压缩流体的雷诺数系数 F_R 的计算用（7）中 4）所述程序获得的试验数据，用式（10-72）获得近似的 C。这个 C 近似等同于 CF_R，用近似的 C 除以在同一行程上的标准试验条件下确定的试验控制阀的 C 的试验值，获得 F_R。

$$CF_R=\frac{Q}{N_{22}}\sqrt{\frac{MT_1}{\Delta p(p_1+p_2)}} \qquad (10\text{-}72)$$

尽管数据与使用的任何一种试验方法都有关联，但是与采用控制阀雷诺数相关的试验方法被证实是令人满意的，控制阀雷诺数由式（10-59）计算，这里 F_d 由（8）中 6）计算。

6）控制阀类型修正系数 F_d 的计算用（7）中 1）获得的数据，用适用的式（10-60）或式（10-61）计算 F_d 值。

7）小流量阀内件的流量系数 C 的计算用（7）中 6）获得的数据，用式（10-73）计算 C 并对结果进行平均：

$$C=\frac{Q}{N_{22}}\sqrt{\frac{MT_1}{0.75p_1}} \qquad (10\text{-}73)$$

数字常数 N 见表 10-69。

表 10-69 数字常数 N

常数	流量系数		公式单位					
	K_v	C_v	Q	p、Δp、p_v	ρ	T	d	ν
N_1	1.00×10^{-1}	8.65×10^{-2}	m³/h	kPa	kg/m³	—	—	—
	1.00	8.65×10^{-1}	m³/h	bar	kg/m³			
N_4	7.07×10^{-2}	7.60×10^{-2}	m³/h	—	—	—	—	m²/s
N_9 ($t_s=0℃$)	2.46×10^{1}	2.12×10^{1}	m³/h	kPa	—	K	—	—
	2.46×10^{3}	2.12×10^{3}	m³/h	bar		K		
N_9 ($t_s=15℃$)	2.60×10^{1}	2.25×10^{1}	m³/h	kPa	—	K	—	—
	2.60×10^{3}	2.25×10^{3}	m³/h	bar		K		
N_{21}	1.30×10^{-3}	1.4×10^{-3}	—	kPa	—	—	—	—
	1.30×10^{-1}	1.4×10^{-1}		bar				
N_{22} ($t_s=0℃$)	1.73×10^{1}	1.50×10^{1}	m³/h	kPa	—	K	—	—
	1.73×10^{3}	1.50×10^{3}	m³/h	bar		K		
N_{22} ($t_s=15℃$)	1.84×10^{1}	1.59×10^{1}	m³/h	kPa	—	K	—	—
	1.84×10^{3}	1.59×10^{3}	m³h	bar		K		
N_{25}	4.02×10^{-2}	4.65×10^{-2}	—	—	—	—	mm	—
N_{26}	1.28×10^{7}	9.00×10^{6}	m³/h	—	—	—	—	m²/s
N_{31}	2.10×10^{4}	1.90×10^{4}	m³/h	—	—	—	—	m²/s
N_{32}	1.40×10^{2}	1.27×10^{2}	—	—	—	—	mm	—

注：表中的数字常数和表中实际公制单位同时使用就能得出规定单位的流量系数。

10.7.8 工业过程控制阀流通能力固有流量特性和可调比

1. 符号

符号见表 10-70。

表 10-70 符号

符号	描述	单位
Φ	相对流量系数	无量纲
C	流量系数（K_v、C_v）	见 GB/T 17213.1
C_R	额定行程下的流量系数（K_v、C_v）	见 GB/T 17213.1
d	公称尺寸	mm
h	相对行程	无量纲

2. 典型固有流量特性

制造商应以图或表的形式对各种规格、型式和阀内件结构的控制阀的典型固有流量特性及 n、m 和 ϕ_0 的值做出规定。

对于理想固有直线流量特性，其直线的公称斜率为 m，数字式为

$$m=\frac{\phi-\phi_0}{h}$$

对于理想固有等百分比流量特性，其直线的公称斜率为 n，数学式为

$$n=\ln\left[1/\phi_0\right]$$

用表格规定典型固有流量特性时，应说明下列行程位置的特定流量系数：额定行程的 5%、10%、20%，随后以额定行程的每 10% 递增，直至 100%（包括 100%）（图 10-33 和图 10-34）。

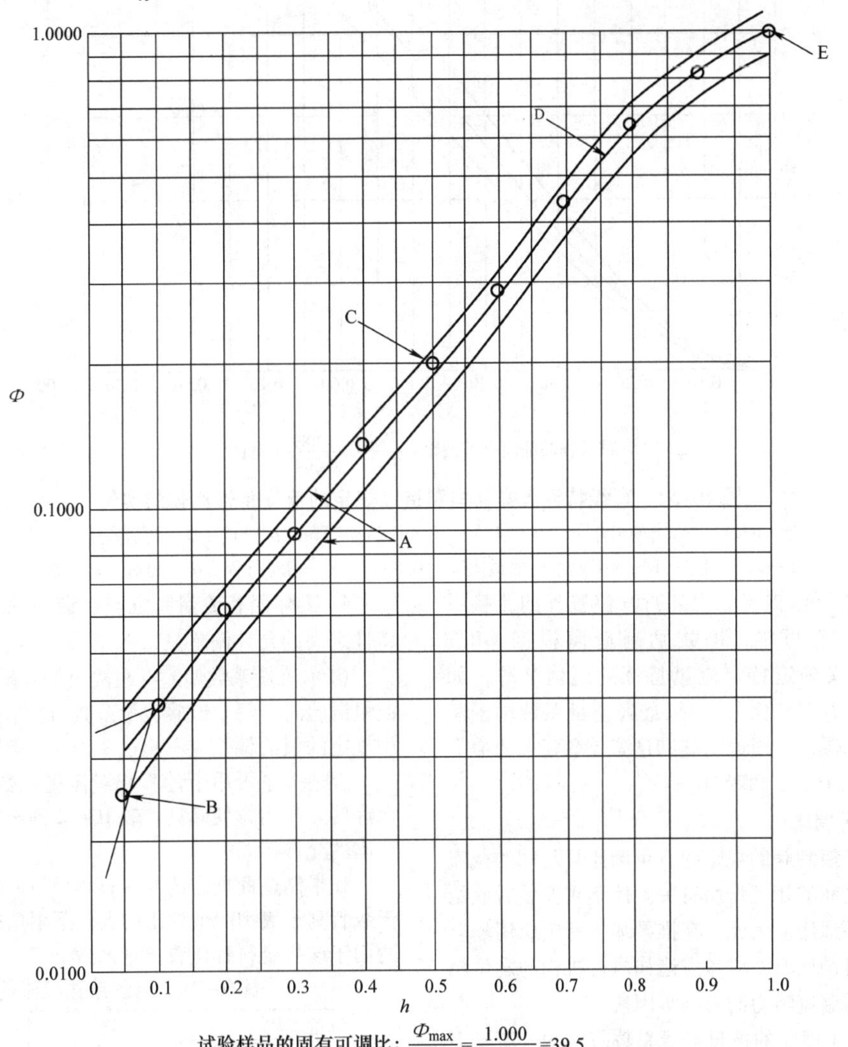

试验样品的固有可调比：$\frac{\Phi_{max}}{\Phi_{min}}=\frac{1.000}{0.0253}=39.5$

图 10-33 等百分比特性阀样品与制造商规定的流量特性比较的实例

A—允差带 B—允差带和斜率要求内的最小 Φ（0.0253） C—样品控制阀的试验点 D—制造商规定的流量特性 E—斜率要求内的最大 Φ（1.0） h—相对行程 Φ—相对流量系数

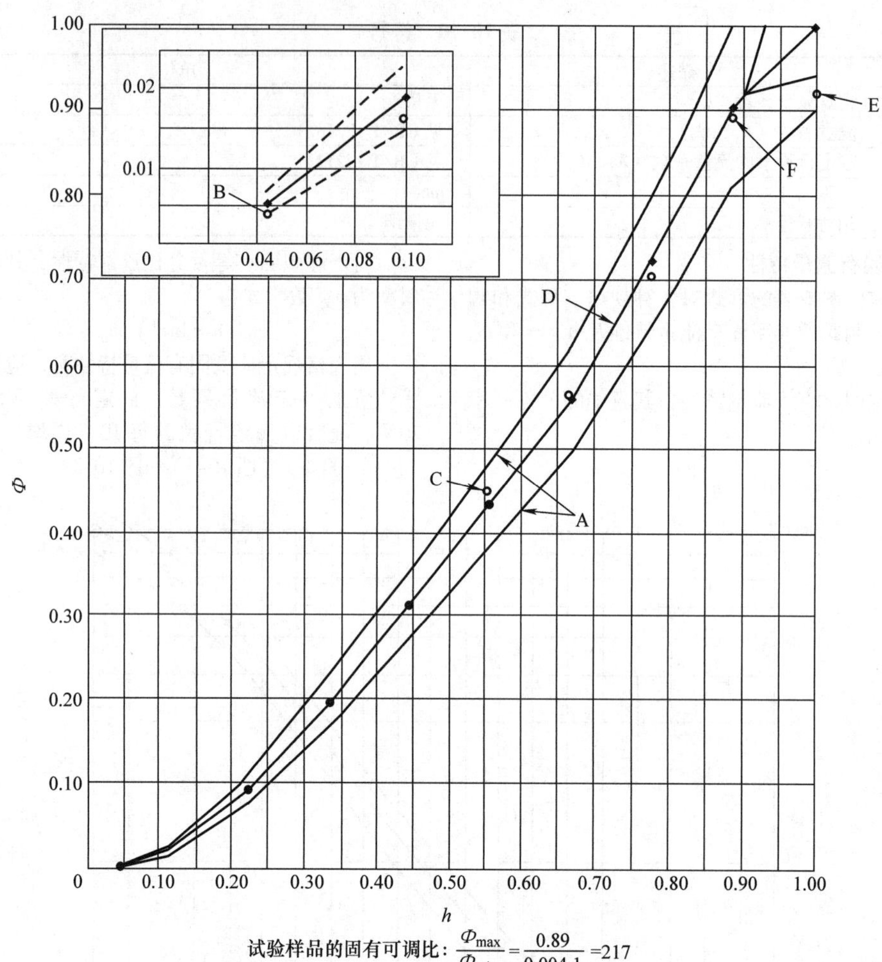

试验样品的固有可调比：$\dfrac{\Phi_{max}}{\Phi_{min}}=\dfrac{0.89}{0.0041}=217$

图 10-34　直线特性阀样品与制造商规定的流量特性比较的实例

A—允差带　B—允差带内的最小 Φ（0.0041）　C—样品控制阀的试验点　D—制造商规定的流量特性　E—较大偏差　F—斜率要求内的最大 Φ（0.89）　h—相对行程　Φ—相对流量系数

制造商也可以提出除上述行程位置外的流量系数。此外，如有可能，也鼓励制造商根据 GB/T 17213.1 的定义确定特定流量特性的通俗名称，如“线性”和“等百分比”。如果最大流量系数小于额定流量系数，制造商应说明能满足第 7 章要求的最大流量系数（图 10-33 和图 10-34）。

3. 固有可调比

一个特定控制阀的规定固有可调比只与阀的截流件和节流孔之间的相互作用有关。控制阀安装后此给定值可能会不适用。因此，在推导某一特定应用场合阀安装后的可调比时，应考虑诸如执行机构的定位精度、附接管道湍流阻力的影响等因素。

在表 10-71 规定的极限流量系数范围内，流量系数偏差和斜率偏差均适用于确定固有可调比。在此范围外（表 10-71），只能采用斜率偏差确定固有可调比。

4. 实际固有流量特性与制造商规定的固有流量特性之间的允许偏差

（1）流量系数偏差　在按照 IEC 60534-2-3 进行流量试验时，每个试验流量系数与制造商在流量特性中规定的值的偏差应不超过 $\pm 10\ (1/\Phi)^{0.2}\%$。

上述关系可用于计算相对流量系数 0～1.0 时的允许偏差。为方便起见，表 10-72 列出了按此关系计算出的允许偏差。

如果制造商规定的同一行程位置时的流量系数低于或者高于表 10-71 列出的上、下限值时，此偏差不适用于该指定行程位置流量系数。

表 10-71　流量系数极限值

流量系数	下限	上限
K_v	4.3	$(4.0\times10^{-2})\ d^2$
C_v	5	$(4.7\times10^{-2})\ d^2$

注：d = 阀的尺寸，单位为毫米（mm）（计算时其数值相当于 DN）。

表 10-72 允许偏差

额定流量系数（%）	相对流量系数 Φ	允许偏差（%）（±）	Φ 的范围	
			下限	上限
5	0.05	18.2	0.0409	0.0591
10	0.1	15.8	0.0842	0.116
20	0.2	13.8	0.172	0.227
30	0.3	12.7	0.262	0.338
40	0.4	12.0	0.352	0.448
50	0.5	11.5	0.443	0.557
60	0.6	11.1	0.533	0.667
70	0.7	10.7	0.625	0.775
80	0.8	10.4	0.717	0.883
90	0.9	10.2	0.808	0.992
100	1.0	10.0	0.900	1.10

（2）斜率偏差 当利用试验数据画出控制阀在规定行程增量上的固有流量特性时，其斜率应无较大的偏差。

根据定义可以看出，当连接两个相邻试验点的直线的斜率偏离制造商规定的相同行程位置的流量系数之间画出的直线的斜率超过 1 ~ 2 倍或 0.5 ~ 1 倍时，就会发生较大的偏差（图 10-33 和图 10-34）。

表 10-71 给出的流量系数极限值不适用于斜率偏差要求。

10.7.9 检验和例行试验报告

检验和例行试验报告见表 10-73。

表 10-73 检验和例行试验报告

制造商：________________　　制造商产品编号：________________

用户：________________　　订货单编号：________________

日期：________________　　检验地点：________________

目测检查：

阀体 □ 合格 □________　　螺栓/螺母 □ 合格 □________

执行机构 □ 合格 □________　　附件 □ 合格 □________

配管 □ 合格 □________　　标志 □ 合格 □________

铭牌 □ 合格 □________

尺寸检查：

端面距 □ 合格 □________　　阀体连接 □ 合格 □________

电气连接 □ 合格 □________　　气动连接 □ 合格 □________

外形尺寸 □ 合格 □________

液体静压试验：

壳体试验 □ 合格 □________　　填料试验 □ 合格 □________

阀座泄漏量试验：

泄漏等级________ 试验介质________ 试验程序________

实测泄漏量________ □ 合格 □________

阀额定行程 □ 合格 □

（续）

附加试验（只在制造商和用户协商同意下进行）：

流通能力 □ 合格 □________ 流量特性 □ 合格 □________

回差 □ 合格 □________ 全行程时间 □ 合格 □________

死区 □ 合格 □________

文件：

合格证书 □

试验证书 □ 类

检验证书 □ 类

制造商签字：　　　　　　用户/检验员签字：

10.8　自力式气体调压阀的检验和例行试验（EN 334：2005）

10.8.1　自力式气体调压阀检验要求

自力式气体调压阀分型式检验、抽样检验和出厂检验、检验项目见表10-74。

表10-74　检验项目

序号	项目名称		型式检验	抽样检验	出厂检验	不合格分类
1	外观		△①	△	△	B
2	承压件液压壳体②		△	△	△	A
3	膜片成品检验	膜片耐压试验	△	—	—	A
4		膜片耐天然气性能试验	△	—	—	B
5		膜片耐低温试验	△	—	—	B
6	外密封		△	△	△	A
7	静特性	稳压精度等级 AC	△	△	△	B
8		压力回差	△	—	—	B
9		静态	△	—	—	B
10		关闭压力等级 SG	△	△	△	A
11		关闭压力区等级 SZ	△	—	—	B
12		静特性线族关闭压力区等级 SZ_{P2}	△	—	—	B
13		内密封	△	△	△	A
14	流量系数 K_g		△	—	—	B
15	极限温度下的适应性		△	—	—	B
16	耐久性		△	—	—	B

① 带“△”为需要做检验的项目。

② 承压件液压壳体允许在零部件检验中进行。

10.8.2　试验方法

1. 一般规定

（1）实验室温度　实验室的温度应为5～30℃，试验过程中室温波动应小于±5℃。

（2）试验介质

1）承压壳体试验介质：温度高于5℃的清洁水（水中可以加入防锈剂）；对于壳体材料为奥氏体和铁素体-奥氏体双相不锈钢的调压阀试验用水其氯化物含量不得超过30μg/g（30×10^{-6}）。

2）其他试验介质：清洁的、露点低于－20℃的空气，调压阀进口介质温度不应高于30℃，其出口不应低于5℃（极限温度下的适应性试验除外）。

（3）试验设备

1）静特性的型式试验和流量系数试验用的试验系统原理应符合图10-35所示之任一系统原理图。调压阀的阀前管道公称尺寸（DN/NPS）不应小于调压阀的公称尺寸（DN/NPS）；调压阀的阀后管道的公称尺寸（DN/NPS）不应小于调压阀出口的公称尺寸

（DN/NPS）。当管道内压力大于 0.05MPa 时，介质流速不应大于50m/s；当管道内压力小于 0.05MPa 时，介质流速不应大于 25m/s，关闭压力试验时，调压阀下游管道长度按图 10-35 规定的最小值选取。下游应无附加的容积。

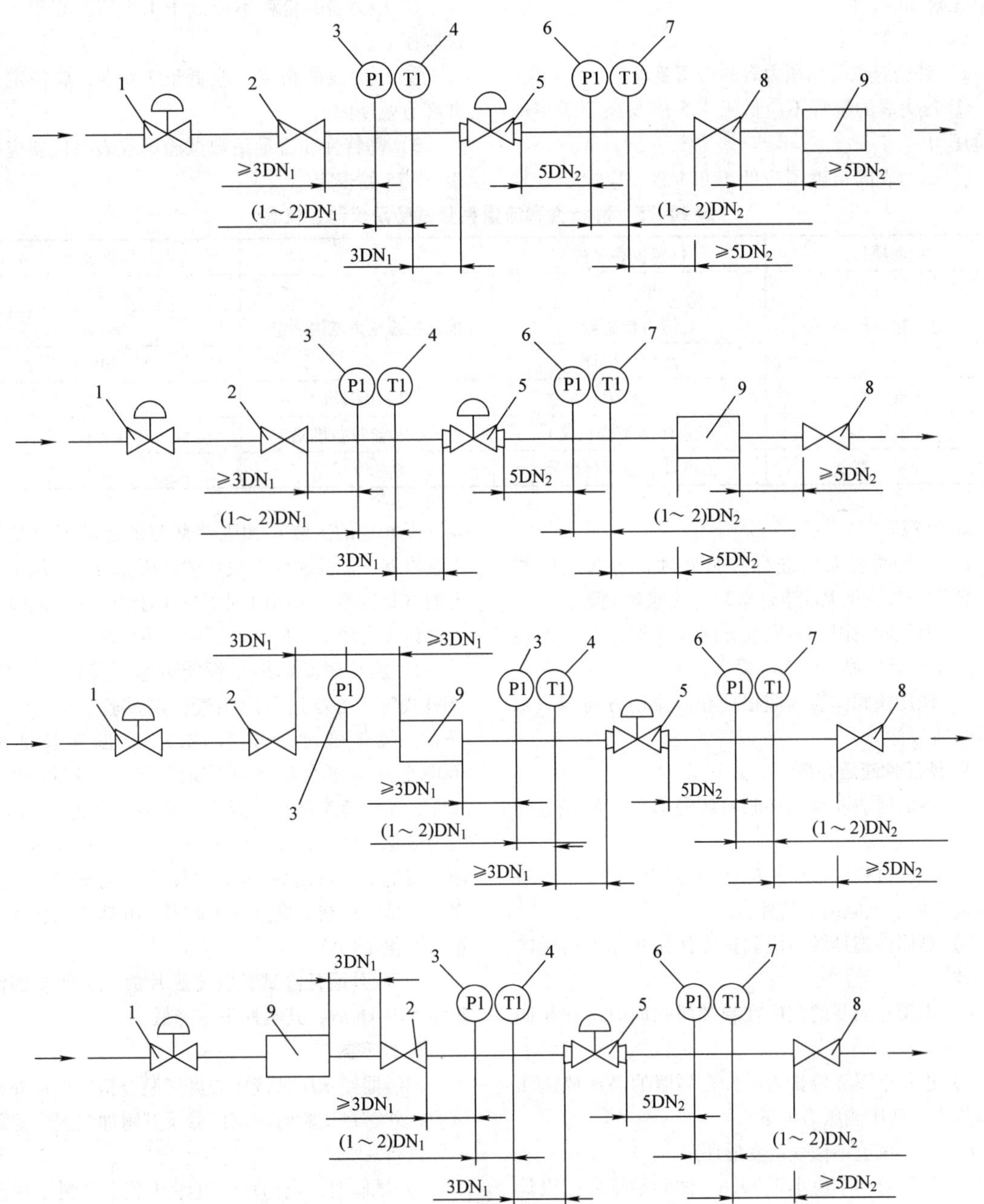

图 10-35 四种不同形式的试验系统原理示意

1—调压阀 2—进口截断阀 3—进口压力表 4—进口温度计 5—被试调压阀 6—出口压力表 7—出口温度计 8—流量调节阀 9—流量计

注：DN_1 = 与所试调压阀相接的上游管道的公称尺寸；DN_2 = 与所试调压阀相接的下游管道的公称尺寸。

2）静特性的抽样试验和出厂试验用的试验系统原理可参考图10-35所示之任一系统原理图，调压阀的下游管道长度不应大于图10-35规定的最小值，下游应无附加的容积。

（4）测量精度

1）外密封试验用压力表的选用要求：

① 压力表的量程不应低于1.5倍及高于3倍的试验压力。

② 压力表的精度不应低于0.4级，应检定合格并在有效期内。

2）承压件液压壳体和膜片耐压试验用压力表的选用应符合下列要求：

① 压力表的量程不应低于1.5倍及高于3倍的试验压力。

② 压力表的精度不应低于1.6级，应检定合格并在有效期内。

3）静特性和流量系数试验用仪表、仪器应符合表10-75的规定。

表10-75　静特性和流量系数试验用仪器、仪表

检测项目	仪器仪表名称	规格	精度要求
进、出口压力	压力表	根据试验压力范围确定	0.4级
	压力传感器		0.1级
	水柱压力计		10Pa
大气压力	大气压力计	81～107kPa	10Pa
流量	流量计（带修正仪）	根据试验流量范围确定	1.5%
介质温度	温度计、温度传感器	0～50℃	0.5℃

2. 外观

1）调压阀表面应进行防腐处理，防腐层应均匀、色泽一致，且无起皮、龟裂、气泡等缺陷。

2）调压阀与附加装置及导阀（指挥器）间的连接应平滑，无压瘪、碰伤等损伤。

3）调压阀阀体表面应根据介质流动方向标识永久性箭头、标牌。

3. 承压件液压强度

1）试验时应向承压件腔室缓慢增压至所规定的各腔室的试验压力。

2）试验过程中试验件应能向各方向变形，不应受到可能影响试验结果的外力。

3）紧固件施加的力应和正常使用状态下所受的力一致。

4）由膜片隔开的腔应在膜片两侧同时施加相同压力。

5）进行金属隔墙试验时，在隔墙的高压侧施压试验压力，低压侧压力为零。

6）出厂试验不做残留变形评定。

7）保压时间不应小于3min，试验结果应按设计压力p的1.5倍进行液压壳体试验，试验期间应无渗漏；卸载后，试验件上任意两点间的残留变形不大于0.2%乘以该两点间距离或0.1mm。

4. 膜片成品检测

1）膜片耐压试验。膜片应和膜盘（或相应的工装）组合在一起并在试验工装内进行试验。试验工装应使膜片处于最大有效面积的位置，且膜片露出膜盘（或相应的工装）和工装部分的运动不应受试验工装限制。试验时应向膜片的高压侧缓慢增压至所规定的试验压力，保压时间不应小于10min，试验压力为设计压力的1.5倍，保压期间不应漏气。

2）膜片耐城镇燃气性能试验。膜片应按GB/T 1690规定的方法进行耐燃气性能试验，试验结果应符合：拉伸强度最小7.0MPa；扯断伸长度最小300%；压缩永久变形（常温）20%；回弹性最小30%；屈挠龟裂最小2万次；热空气老化70℃×72h强度变化-15%；脆性温度最大-30℃；标准室温下液体浸泡72h取出后5min内体积变化±15%，重量变化±15%；在干燥空气中放置24h体积变化±10%重量变化±10%。

3）膜片耐低温试验。将膜片放入-20℃的低温箱中保温1h后，其柔性不应降低。

5. 外密封

调压器经承压件液压强度试验合格后进行外密封试验，外密封试验时，调压器及其附加装置应组装为一体进行。

1）试验时，应向承压件承压腔室缓慢增压至所规定的各腔室的试验压力（对膜片应采取保护措施）。

2）对于试验时处于关闭状态的调压器，应同时向壳体进、出口充气增压。

3）试验过程中，试验件应能向各方向变形，不应承受可能影响试验结果的外力。

4）紧固件施加的力应和正常使用状态下所受的

力一致。

5）用检漏液或浸入水中检查时，将试验件缓慢增压至所规定的试验压力进行保压，试验压力在试验持续时间内应保持不变。型式试验中保压时间不小于15min，出厂检验中保压时间不小于1min。试验结果应无可见泄漏。

6）用压降法时，将试验件缓慢增压至所规定的试验压力进行保压，保压期间进行两次测量。两次测量间隔应保证当总泄漏量为表10-76所示值时，测压仪表能读出压降。并按式（10-74）和式（10-75）计算各承压腔的泄漏量，总泄漏量应符合表10-76的要求。

$$Q_i=\frac{(273+15)}{(273+t_1)}\times\frac{\Delta pV}{(p_a+p_n)t} \quad (10\text{-}74)$$

$$\Delta p=(p_1+p_a)-(p_2+p'_a)\times\frac{273+t_1}{273+t_2} \quad (10\text{-}75)$$

式中，Q_i 为一个承压腔的计算泄漏量（m^3/h）；t 为两次测量的间隔时间（h）；p_n 为基准压力（Pa）；V 为承压腔体容积（m^3）；Δp 为修正后的压力降（Pa）；p_1、p_2 为第一次、第二次测量时承压腔内试验介质的压力（Pa）；p_a、p'_a 为第一次、第二次测量时大气的压力（Pa）；t_1、t_2 为第一次、第二次测量时承压腔内试验介质的温度（℃）。

表10-76　最大泄漏量

（单位：m^3/h）

公称尺寸	换算为基准状态的最大泄漏量	
	外密封	内密封
DN15/NPS $\frac{1}{2}$ ~ DN25/NPS1	4×10^{-5}	1.5×10^{-5}
DN40/NPS1 $\frac{1}{2}$ ~ DN80/NPS3	6×10^{-5}	2.5×10^{-5}
DN100/NPS4 ~ DN150/NPS6	1×10^{-4}	4×10^{-5}
DN200/NPS8 ~ DN250/NPS10	1.5×10^{-4}	6×10^{-5}
DN300/NPS12	2×10^{-4}	1×10^{-4}

6. 静特性

带有内装安全装置的调压阀，应与安全装置一起进行试验；调压阀在制造单位规定的所有安装状态下的性能应符合EN 334：2005的规定。静特性的型式检验按：①进行抽样检验；②进行出厂检验；③进行型式检验。

（1）静特性的型式检验

1）静特性的型式检验所需参数如下：

① 由制造单位明示进口压力范围 Δp_1 和出口压力范围 Δp_2 内的性能指标：稳压精度AC；关闭压力等级SG；每一个出口压力下的静特性线族的关闭压力区等级 SZ_{p2}；每一进口压力和出口压力下的SZ和 Q_{min}、Q_{max}，

$$应满足\frac{Q_{min}}{Q_{max}}\leqslant\frac{SZ}{100}和\frac{Q_{max,p_{1max}}}{Q_{max,p_{1min}}}\leqslant\frac{SZ_{p2}}{100}$$

AC、SG和SZ（SZ_{p_2}）应分别符合EN 334：2005中表10、表11和表12的要求。

② 在调压器进口压力范围 Δp_1 内取3点，在出口压力范围 Δp_2 内取3点进行静性测定。每一出口压力在三个进口压力下做测定，即做出一族3条静特性线。初设出口压力 p_{2c} 和进口压力 p_1 的取值应符合下列要求：

a. 初设出口压力 p_{2c} 分别为：p_{2min}、p_{2max} 和 $p_{2int}=p_{2min}+\frac{p_{2max}-p_{2min}}{3}$。

b. 进口压力 p_1 的取值分别为：p_{1min}、p_{1max} 和 $p_{1av}=p_{1min}+\frac{p_{1max}-p_{1min}}{2}$。

c. 当按上述规定确定的进口压力 p_{1min} 小于该族的 $p_{2c}+\Delta p$ 时应选：$p_{1min}=p_{2c}+\Delta p$。Δp 为调压器尚能保证稳压精度等级的最小进、出口压差，由制造单位明示。

2）静特性型式检验试验步骤如下：

① 首先在进口压力等于 p_{1av}、流量为（1.15 ~ 1.2）$Q_{min,p_{1av}}$ 的工况下，将调压器出口压力调整至初设出口压力 p_{2int}（EN 334：2005中图3所示初始点）；或采用制造单位明示的初始状态设定方法。

② 完成初设后进行如下操作，测定一条静特性线：

a. 利用流量调节阀改变流量，先逐步增加至最大试验流量 Q_L，然后逐步降低至零，最后再增加至初始点。按下述方法确定 Q_L：

Q_L——一条特性线的最大试验流量；

Q_R——试验台能提供的最大流量。

试验台应满足：

$Q_R>Q_{max,p_{1min}}$

若对某条特性线，$Q_{max,p_1}\geqslant Q_R$，则应试验至 $Q_L=Q_R$；

若对某条特性线，$Q_{max,p_1}<Q_R$，则应试验至 $Q_R\geqslant Q_L\geqslant Q_{max,p_1}$。

b. 在 $Q=0$ 至 Q_L 间至少分布11个测量点，分别为：初始点、5个流量增加点、4个流量降低点、1个零流量点，如图10-36所示。4个流量降低点中，流量最小的一点应小于制造单位明示的相应的 Q_{min,p_1}。

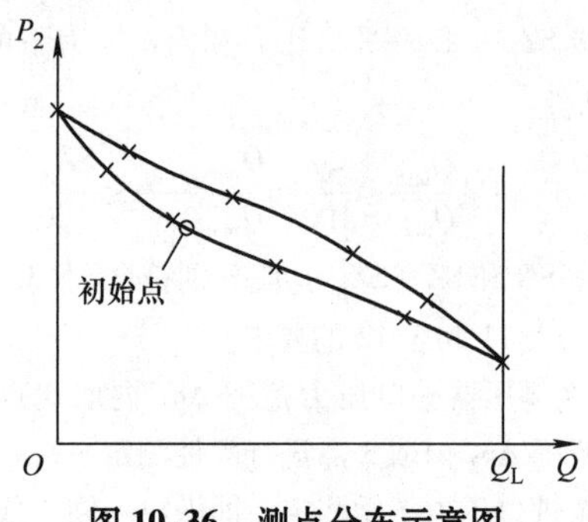

图10-36　测点分布示意图

c. 流量调节阀的操作应缓慢。

d. $Q=0$ 时的调压器出口压力应在调压器关闭后5min和30min时分别测量两次。

e. 试验过程中应注意发现不稳定区（若存在）。

③ 将进口压力分别调整至 p_{1min} 及 p_{1max}，重复b）的操作，如此可得 p_{2int} 下的一族静特性线。

④ 在进口压力为 p_{1max} 时，当流量回至初始点后，利用流量调节阀再次将流量缓慢地降低至零，并在调压器关闭5min后测量两次出口压力，两次测量间隔时间应保证当泄漏量为EN 334：2005中表16所示值时测压仪表能判读压力变化。

⑤ 再在各自的 p_{1av} 及流量为（1.15～1.2）$Q_{min,p_{1av}}$ 的工况下，将调压器出口压力调整至初设出口压力 p_{2max} 及 p_{2min}；或按制造单位声明的初始状态设定方法操作。重复②、③和④的操作；如此重复操作可得上述初设出口压力 p_{2c} 和进口压力 p_1 下的三族静特性线。

三族静特性线的进口和出口压力：

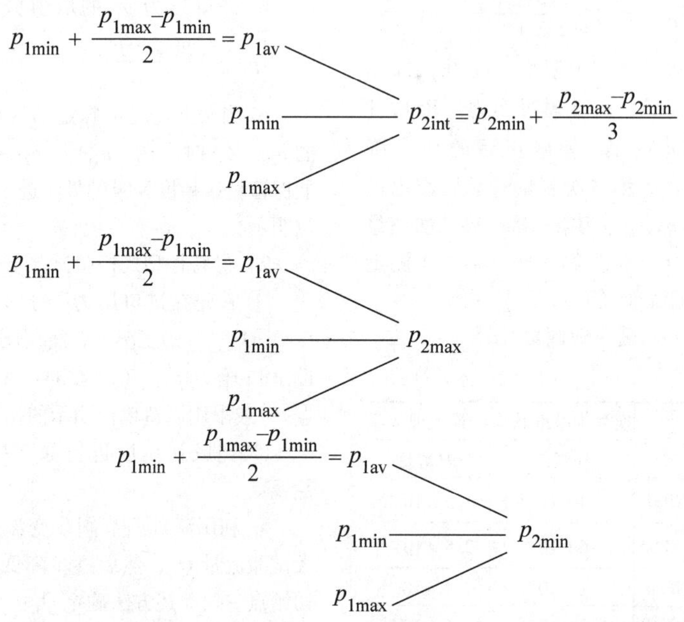

⑥ 在各族静特性线的测试过程中不应变更调压器的调整状态。

⑦ 实际试验所得的流量 Q_m 应按式（10-76）换算至调压器在进口温度为15℃的情况下试验得到的流量 Q：

$$Q=Q_m\sqrt{\frac{d(273+t_1)}{273+15}} \tag{10-76}$$

式中，Q 为流量（m^3/h）；Q_m 为调压器进口温度为 t_1 时试验测得的流量（m^3/h）；d 为试验介质的相对密度，对于空气 $d=1$；t_1 为调压器前试验介质温度（℃）。

⑧ 第二次测得的关闭压力 p'_{2b} 应做温度修正，按式（10-77）计算可得到修正后的关闭压力 p_{b2}，与第一次测得的关闭压力 p_{b1} 做比较。

$$p_{b2}=\frac{t_{21}+273}{t_{22}+273}(p'_{b2}+p_a)-p_a \tag{10-77}$$

式中，p_{b2} 为第二次测量测得的关闭压力经温度修正后的压力（MPa）；p'_{b2} 为第二次测量测得的关闭压力（MPa）；t_{21} 为第一次测量测得的调压器出口温度（℃）；t_{22} 为第二次测量测得的调压器出口温度（℃）；p_a 为大气压力（MPa）。

关闭压力 p_b 取 p_{b1} 和 p_{b2} 中的最大值。

3）结果判定。对每个 p_{2c} 分别将其静特性线族画在 $Q-p_2$ 坐标图上（图10-37），并按如下方法对每族静特性线进行判定：

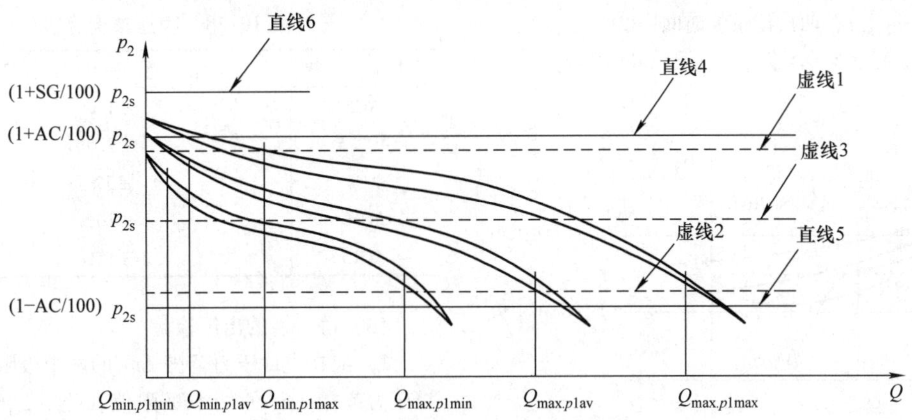

图 10-37　静特性参数判定示意图

① 在各图上以各静特性线的 Q_{max}（或 Q_L）和 Q_{min} 做垂直线分别与相应的静特性线相交得交点，以交点间静特性线上的最高点和最低点分别做虚线 1 和虚线 2，并以虚线 1 和虚线 2 纵坐标的中间值做虚线 3。

② 以虚线 3 的纵坐标为 p_{2s}，再作三条平行线：直线 4、直线 5 和直线 6，其纵坐标分别为 $\left(1+\dfrac{AC}{100}\right)p_{2s}$、$\left(1-\dfrac{AC}{100}\right)p_{2s}$ 和 $\left(1+\dfrac{SG}{100}\right)p_{2s}$；

③ 各 Q_{max}（或 Q_L）和 Q_{min} 间的静特性线段均应在直线 4 和直线 5 包含的范围内。

④ 各关闭压力 p_b 均不应大于（$1+SG/100$）p_{2s}。

⑤ Q_{max}（或 Q_L）和 Q_{min} 之间压力回差 Δp_h 的最大值应符合式（10-78）的要求：

即

$$\Delta p_h \leqslant \frac{AC}{100}\times p_{2s} \tag{10-78}$$

式中，Δp_h 为压力回差（MPa）；AC 为稳压精度等级；p_{2s} 为设定压力（MPa）。

⑥ 在各 Q_{max}（或 Q_L）和 Q_{min} 内的静特性线段上，调压器应处于静态工作状态。出口压力因调节元件的微颤引起的振荡幅值应小于或等于 $\dfrac{20\%AC\ p_{2s}}{100}$ 或 0.1kPa 两值中的较大值。

⑦ 静特性线族关闭压力区等级 SZ_{p2} 应符合表 10-77的规定。

⑧ 用上述 2）④中两次测得的出口压力计算泄漏量，应不大于表 10-76 所列值。

4）当试验台能提供的最大流量不能满足调压器系列中所有公称尺寸的调压器的试验要求时，在符合下列规定条件下，可按制造单位提供的替代方法进行试验。

① 调压器系列中试验台未能满足试验要求的部分调压器不应按替代方法进行试验。

② 对特定公称尺寸（DN/NPS）调压器，将替代方法的结果与在 10.8.2 中 1.（3）规定的试验台上做全部工况下的试验结果进行对比，证实所用替代方法是可靠的。

③ 替代方法仅限用于同一调压器系列中的较大公称尺寸（DN/NPS）的调压器上。

表 10-77　调压阀静特性线族关闭压力区等级

关闭压力区等级	$Q_{min,p1max}/Q_{max,p1min}$ 极限值
$SZ_{p2}2.5$	2.5%
$SZ_{p2}5$	5%
$SZ_{p2}10$	10%
$SZ_{p2}20$	20%

（2）静特性的抽样检验

1）应在进口压力范围 Δp_1 的两个极限值下对出口压力范围 Δp_2 的两个极限值做此项试验，当 $p_{1min} < p_{2max}+\Delta p$ 时，应选 $p_{1min}=p_{2max}+\Delta p$。

2）试验步骤如下（图 10-38，图 10-38 中仅画出了①～⑥的步骤）：

① 在 $Q=0$ 的情况下，使 $p_1=p_{1min}$，然后增加流量至 $Q>Q_{min,P1min}$，将调压器出口压力调至 p_{2max}。

② 降低流量至调压器关闭，降低的时间不应小于调压器的响应时间；在关闭后两次记录关闭压力 p_b（p_{1min}，p_{2max}），两次记录的时间间隔不应小于 30s（第一次记录时间为调压器关闭 5s 后）。

③ 增加流量至 $Q>Q_{min,P1min}$，记录此时的 p_2。

④ 调整进口压力至 p_{1max}，增加流量至 $Q>Q_{min,P1max}$，记录此时的 p_2。

⑤ 降低流量至调压器关闭，降低的时间不应小于调压器的响应时间；在关闭后两次记录关闭压力

p_b（p_{1max}，p_{2max}），两次记录的时间同②。

⑥ 增加流量至 $Q>Q_{min,p_{1max}}$ 记录此时的 p_2。

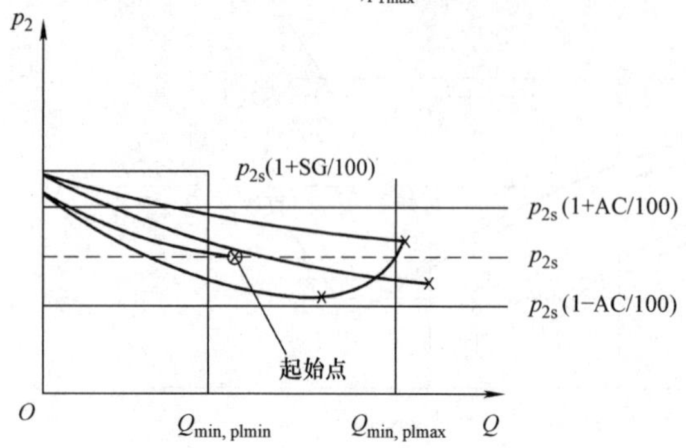

图 10-38　静特性抽样检验示意图

⑦ 降低流量至调压器关闭，降低的时间不应小于调压器的响应时间；在关闭 2min 后测量两次出口压力，两次测量间隔时间应保证当泄漏量为表 10-76 所示值时测压仪表能判读压力变化。

⑧ 使 $p_1=p_{1min}$，在 $Q>Q_{min,p_{1min}}$ 情况下，将调压器调至 p_{2min}。

⑨ 缓慢降低流量至调压器关闭，降低的时间不应小于调压器的响应时间；在关闭后两次记录关闭压力 p_b（p_{1min}，p_{2min}），两次记录的时间同②。

⑩ 增加流量至 $Q>Q_{min,p_{1min}}$，记录此时的 p_2。

⑪ 调整进口压力至 p_{1max}，增加流量至 $Q>Q_{min,p_{1max}}$，记录此时的 p_2。

⑫ 降低流量至调压器关闭，降低的时间不应小于调压器的响应时间；在关闭后两次记录关闭压力 p_b（p_{1max}，p_{2min}），两次记录的时间同②。

⑬ 增加流量至 $Q>Q_{min,p_{1max}}$，记录此时的 p_2。

⑭ 降低流量至调压器关闭，降低的时间不应小于调压器的响应时间；在关闭 2min 后测量两次出口压力，两次测量间隔时间应保证当泄漏量为表 10-76 所示值时测压仪表能判读压力变化。

3）关闭压力（见 2）中②、③、⑨、⑫）等于上述经温度修正后两次读数的最大值，由此算得的 SG 应符合表 10-79 的要求。而由 p_{2max}［2）中①］及其后的两次流量增加所得的出口压力值［见 2）中③、⑥］以及 p_{2min}［见 2）中⑧］及其后的两次流量增加所得的出口压力值［见 2）中⑩、⑬］得出的稳压精度等级 AC 应符合表 10-76 的要求。

4）用 2）⑦和⑭中两次测得的出口压力分别计算泄漏量，应符合表 10-78 的要求。

5）当试验台不能提供所需流量时，可使用经验可靠的替代试验方法。

表 10-78　稳压精度等级

稳压精度等级	最大允许相对正、负偏差
AC1	±1%
AC2.5	±2.5%
AC5	±5%
AC10	±10%
AC15	±15%

（3）静特性的出厂检验

1）应在进口压力范围 Δp_1 的两个极限值下对出口压力范围 Δp_2 的两个极限值（当 $p_{2min}>0.6p_{2max}$ 时，可仅按 p_{2s} 进行试验）做此项试验。当 $p_{1min}<p_{2max}+\Delta p$ 时，应选 $p_{1min}=p_{2max}+\Delta p$。

2）试验步骤如下（仅描述一个出口压力下的试验步骤）：

① 在 $Q=0$ 的情况下，使 $p_1=p_{1min}$，然后增加流量至 $Q>Q_{min,p_{1min}}$，将调压器调至所需出口压力（或按厂家的其他设定方法）。

② 调整进口压力至 p_{1max}，增加流量至 $Q>Q_{min,p_{1max}}$，记录此时的 p_2，应在稳压精度范围内。

③ 降低流量至调压器关闭，降低的时间不应小于调压器的响应时间，在关闭 2min 后测量两次出口压力，两次测量间隔时间应保证当泄漏量为表 10-76 所示值时测压仪表能判读压力变化。

3）关闭压力［见 2）③］等于上述经温度修正后两次读取的最大值，由此算得的 SG 应符合表 10-79的要求。

4）用 2）③中两次测得的出口压力计算泄漏量，应符合表 10-76 的要求。

5）当试验台不能提供所需流量时，可使用经验证可靠的替代试验方法。

表 10-79　关闭压力等级

关闭压力等级	最大允许相对增量
SG2.5	2.5%
SG5	5%
SG10	10%
SG15	15%
SG20	20%
SG25	25%

7. 流量系数 C_g

（1）试验步骤

1）将调压器处于全开状态，把试验台上的流量调节阀开至最大，使出口压力尽量低。

2）逐渐增加调压器进口压力，测量各参数做出图10-39所示曲线图，图中亚临界流动状态对应的是曲线图上的非线性段；临界流动状态对应的是曲线上的线性段，非线性段和线性段的交界点即为临界点。试验时，在亚临界流动状态和临界流动状态下，均应至少有三个测试工况。

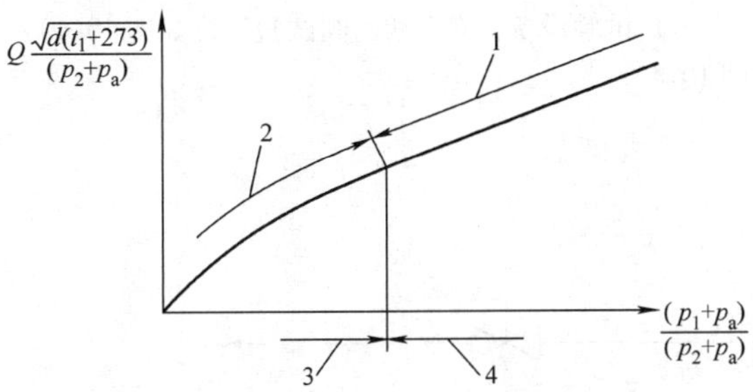

图10-39　调节元件位置固定时调压器的流动状态

1—线性段　2—非线性段

3—亚临界流动状态　4—临界流动状态

3）根据临界流动状态下的试验数据确定流量系数。各测试工况下的流量系数 C_{gi} 按式（10-79）计算得

$$C_{gi}=\frac{Q\sqrt{d(t_1+273)}}{69.7(p_1+p_a)}=\frac{Q\frac{\sqrt{d(t_1+273)}}{(p_2+p_a)}}{69.7\frac{(p_1+p_a)}{(p_2+p_a)}} \tag{10-79}$$

式中，C_{gi} 为测试工况下的流量系数；Q 为通过调压器的流量（m^3/h）；d 为试验介质的相对密度，对于空气 $d=1$；t_1 为调压器前试验介质温度（℃）；p_1 为进口压力（MPa）；p_2 为出口压力（MPa）；p_a 为大气压力（MPa）。

流量系数等于临界流动状态时各测试工况下流量系数的平均值，即式（10-80）：

$$C_g=\sum_{i=1}^{n}\frac{C_{gi}}{n} \tag{10-80}$$

式中，C_g 为流量系数；C_{gi} 为测试工况下的流量系数；n 为临界流动状态下的测试工况数。

4）根据亚临界流动状态下的试验数据确定形状系数。各测试工况下的形状系数按式（10-81）计算得

$$K_{1j}=\frac{\left\{\arcsin\left[\frac{Q\sqrt{d\times(t_1+273)}}{69.7C_g(p_1+p_a)}\right]\right\}_{deg}}{\sqrt{\frac{p_1-p_2}{p_1+p_a}}} \tag{10-81}$$

式中，K_{1j} 为测试工况下的形状系数；Q 为通过调压器的流量（m^3/h）；d 为试验介质的相对密度，对于空气 $d=1$；t_1 为调压器前试验介质温度（℃）；C_g 为流量系数；p_1 为进口压力（MPa）；p_2 为出口压力（MPa）；p_a 为大气压力（MPa）。

形状系数 K_1 为亚临界流动状态时各测试工况下形状系数的平均值，即式（10-82）：

$$K_1=\sum_{j=1}^{m}\frac{K_{1j}}{m} \tag{10-82}$$

式中，K_1 为形状系数；K_{1j} 为测试工况下的形状系数；m 为亚临界流动状态下的测试工况数。

（2）试验结果评定　所得流量系数 C_g 应不低于制造单位标称值的90%。

（3）试验方法　当试验台能提供的最大流量不能满足试验要求时，可用EN 334中2005附录C的试验方法或其他经验证可靠的替代方法。

（4）计算　按EN334中：2005中附录D计算在不同调压器开度和进、出口压力下的流量。

8. 极限温度下的适应性

1）在极限温度下，按5. 所述方法进行外密封试验，应符合表10-76的要求。

2）将调压阀安装在恒温室内，根据6.（3）的试验方法检查调压阀在极限温度（检查前试验介质应具有相应的温度）、进口压力分别在最大及最小值、出口压力在最小值时的关闭压力等级，应符合工作温度范围为 -20～60℃时，-10℃和60℃下关闭压力应符合 $p_b\leqslant p_{2s}\left(1+\frac{SG}{100}\right)$；工作温度范围为 -20～60℃时 -10℃和60℃下关于压力应符合上式，-20℃下关闭压力应符合 $p_b\leqslant p_{2s}\left(1+\frac{2SG}{100}\right)$。

3）零流量下使调压阀运动件运动检查全行程范围内的运动灵活性，应能灵活启动。

9. 耐久性

调压阀在室温条件下，进行30000次的行程大于50%全行程（不包括关闭和全开位置）和频率大于5次/min的启闭动作后，依次进行如下试验。

1）按5. 所示方法进行外密封检查。

2）分别在调压器进口压力范围 Δp_1 内取2点和出口压力范围 Δp_2 内取2点按6。所示方法进行静特性试验。初设出口压力 p_{2c} 和进口压力 p_1 的取值应符合下列要求：

① 初设出口压力 p_{2c} 分别为：p_{2min} 和 p_{2max}。

② 进口压力 p_1 的取值分别为：p_{1min} 和 p_{1max}。

③ 当按上述规定确定的进口压力 p_{1min} 小于该族

的 $p_{2c}+\Delta p$ 时，$p_{1\min}$应按 $p_{2c}+\Delta p$ 选用。Δp 为调压器尚能保证稳压精度等级的最小进出口压差，由制造单位明示。

10.9　安全切断阀检验和例行试验（EN 14382：2005）

10.9.1　一般规定

1）试验环境温度控制在 5～35℃，试验过程中温度波动应小于 ±5℃。

2）试验介质：

① 壳体试验用介质：温度为 5～40℃ 的清洁水（可加入防锈剂）；对于奥氏体和铁素体-奥氏体双相不锈钢的壳体试验用水其氯化物含量不得超过 30μg/g（30×10^{-6}）。

② 密封试验用介质：氮气或干燥空气。

3）试验设备，安全切断阀试验系统如图 10-40～图 10-43。

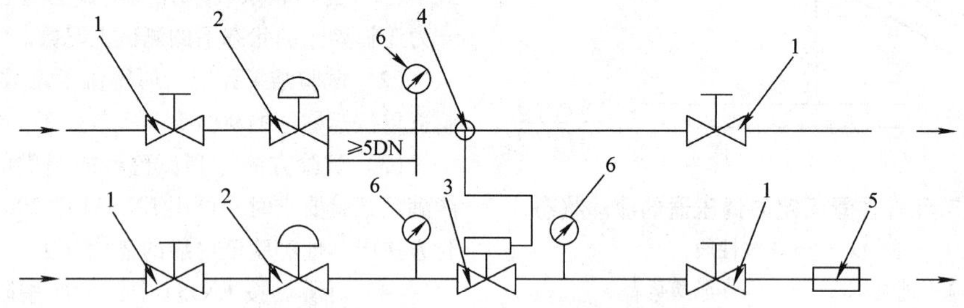

图 10-40　切断特性试验系统原理图

1—截断阀门　2—调压稳压器　3—被测安全切断阀　4—安全切断阀控制器取压点　5—流量计　6—压力表

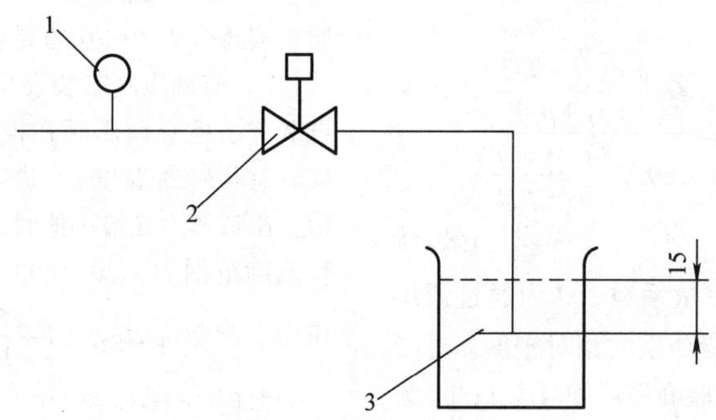

图 10-41　阀座密封性测试系统

1—压力表　2—被测安全切断阀　3—水池

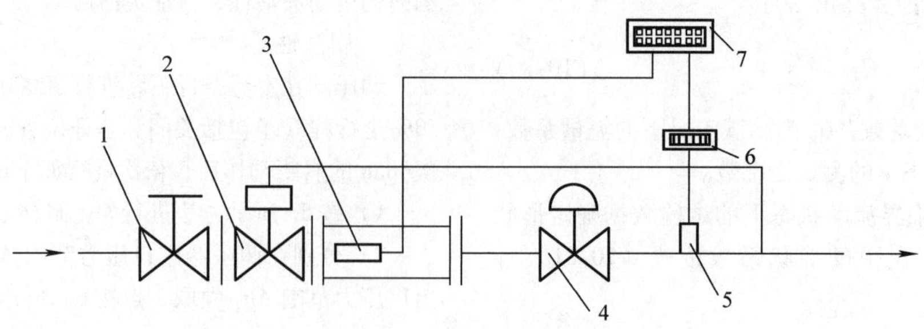

图 10-42　响应时间测试系统

1—开关阀门　2—被测安全切断阀　3—位置传感器　4—调压阀　5—压力传感器　6—控制器　7—计时器

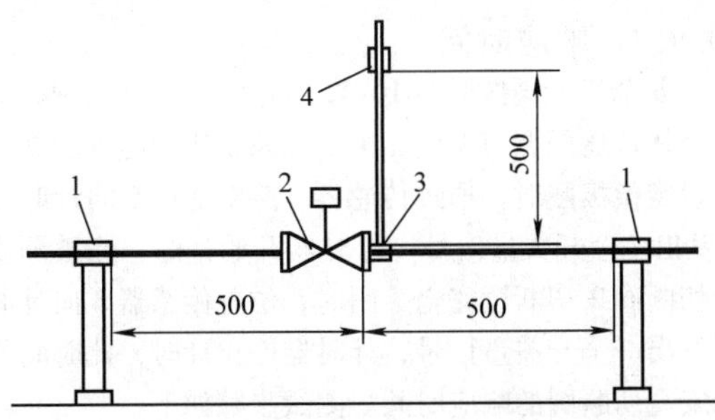

图 10-43 复位稳定性试验系统

1—刚性箍位 2—被测安全切断阀
3—冲击吸收板 4—冲击重块

4）测量仪器选用：①密封试验用压力表的选用要求：a. 压力表的量程宜为试验压力的 2 倍；b. 压力表的精度不应低于 0.4 级。②承压件壳体试验和膜片耐压试验用压力表的选用要求：a. 压力表的量程宜为试验压力的 2 倍；b. 压力表的精度不应低于 1.5 级。③切断特性和流量系数试验用仪器，仪表应符合表 10-80 的规定。

10.9.2 外观检查和结构检查

（1）外观检查

1）安全切断阀表面应进行防腐处理，防腐层应均匀、色泽一致，无起皮龟裂、气泡等缺陷。

表 10-80 切断特性和流量系数试验用仪器、仪表

检测项目	仪表名称	规格	精度或成分值
进、出口压力	压力表	根据试验压力范围确定	0.4 级/1.5 级
	压力传感器		0.1 级
	水柱压力计		10Pa
大气压力	大气压力计	86 ~ 106kPa	10Pa
流量	流量计（带修正仪）	根据试验流量范围确定	1.5 级
介质温度	温度计、温度传感器	0 ~ 100℃、 - 50 ~ 0℃	0.5℃
切断响应时间	计时器	—	0.015
	压力传感器	根据试验压力范围确定	0.1 级

2）安全切断阀与控制器（指挥器）之间的连接应平滑，无压瘪、碰伤等损伤。

3）安全切断阀的阀体表面应根据介质流动方向标识永久性箭头，公称尺寸（DN/NPS），公称压力级（PN/Class）数值、阀体材料、铸造炉号。

（2）结构

1）安全切断阀的复位必须采用人工复位的方式，并对切断压力设定装置进行保护。

2）安全切断阀应有切断状态指示器。

10.9.3 承压件壳体

试验时应向承压件腔室缓慢增压至额定压力的 1.5 倍且不低于 $p+0.2$MPa，保压时间不应小于 3min 试验结果应无破裂、渗漏。

10.9.4 密封性

安全切断阀及其控制器（指挥器）组装一体后进行密封试验。

1）试验时应向各承压件腔室缓慢增压至所规定的试验压力（对膜片应采取保护措施）。

2）试验压力在试验持续时间内应保持不变。

3）将试件浸入水中，或用检漏液进行检查。型式试验持续时间不应小于 15min；出厂试验持续时间不应小于 1min，承压件和所有连接处应按额定压力的 1.1 倍，且不低于 0.2MPa 进行密封试验，应无可见泄漏。

10.9.5 阀座密封性

安全切断阀应保持切断状态，上游部分分别缓缓通入 10kPa 和 1.1 倍最大进口压力的试验介质，按照图 10-41 测试持续时间不应小于 1min 应符合表 10-81 的规定。

表 10-81 阀座泄漏量

公称尺寸	标准工况空气泄漏量/ [（cm^3/h）（气泡数/min）]
DN25 （NPS1）	15（2）
DN50（NPS2）~ DN80（NPS3）	25（3）
DN100（NPS4）~ DN150（NPS6）	40（5）
DN200（NPS8）~ DN250（NPS10）	60（7）
DN300（NPS12）~ DN600（NPS24）	100（11）

10.9.6　切断压力精度

1. 实验室温度条件下测试

（1）超压切断压力精度

1）安全切断阀安装在图10-40所示系统上，阀体处于大气压状态。

2）调节切断压力至设定范围下限。

3）安全切断阀保持打开状态，从0.8倍的切断压力开始逐渐增加系统内压力，增加的速度不大于每秒1.5%倍的切断压力，直至切断发生。

4）重复上述步骤五次，设定值为六次读数的算术平均值。

5）使用阀体处于最大进口压力状态重复步骤2）~4）。

6）安全切断阀切断压力设定值为步骤4）、5）的平均值。

7）测试结果处理：如果步骤3）~5）中的切断压力在$p_{ts}\left(1-\frac{AG}{100}\right)\sim p_{ts}\left(1+\frac{AG}{100}\right)$之内，切断压力合格。

8）调节切断压力至设定范围的上限，重复步骤1）~7）。

9）出厂检验只进行步骤1）~7）。

（2）欠压切断压力精度　测试步骤与超压切断相同，只是步骤3）的起始压力为1.2倍的切断压力；然后逐渐降压。

2. 极限温度条件测试

（1）超压切断测试　测试在恒温室（箱）内进行，测试介质为干燥空气，切断压力保持常温测试条件下设定的极限值状态。测试步骤如下：

1）安全切断阀处于打开状态，阀体承压10~30kPa。

2）调节室内温度（或箱内温度）至极限温度（-20℃或者-10℃、60℃），当切断各部分温度一致后（允许有±2℃的误差）开始测试。

3）从0.8倍选择的切断压力开始，逐渐增加系统内压力增加的速度不大于每秒钟1.5%倍选择的切断压力，直至切断发生。

4）检查阀座密封性。

5）检测结果处理：如果阀座密封性符合表10-81的要求，同时3）步骤读取的切断压力在$p_{ts}\left(1-\frac{2AG}{100}\right)\sim p_{ts}\left(1+\frac{2AG}{100}\right)$，极限温度测试合格。

（2）欠压切断测试　测试步骤与超压切断相同，只是步骤3）的起始压力为1.2倍的切断压力，然后逐渐降压。

10.9.7　响应时间

安全切断阀按照图10-42所示安装在系统中，即可使用调压阀调节系统压力。当系统压力达到切断压力设定值极限时，通过传感器3，控制器6向计时器7发出一个开关量信号，计时器开始计时；当被测安全切断阀2切断至完全关闭时，位置传感器3向计时器发出一个开关量信号，计时器停止计时，此时间即为安全切断阀的响应时间。测试步骤如下：

（1）超压切断

1）调节调压阀4出口压力为切断压力设定值的0.5倍左右，然后缓慢增加压力，增压速度不大于每秒1.5%倍切断压力设定值；系统内压力增至切断压力下限时开始计时，同时急速（时间在0.2s之内）增压直至安全切断阀切断。

2）记录计时器显示的时间值。

3）进行三次独立测试，每次数值均小于2s，取算术平均值作为响应时间测试值。

（2）欠压切断

1）调节调压阀4出口压力为切断压力设定值的1.5倍左右，然后缓慢降低压力，降压速度不大于每秒1.5%倍切断压力设定值，系统内压力降至切断压力上限时开始计时，同时急速（时间在0.2s之内）降压直至安全切断阀切断。

2）记录计时器显示的时间值。

3）进行三次独立测试，每次数值均小于2s，取算术平均值作为响应时间测试值。

10.9.8　复位压差

（1）超压切断　按照图10-43安装安全切断阀，使安全切断阀处于切断状态，阀体处于最大工作压力，将监测压力调整在超过设定切断压力值，然后将系统压力降至产品标识的复位压差值，此时安全切断阀能被复位。对于公称尺寸小于等于DN150（NPS6）的切断阀按照表10-82参数进行冲击试验10次，且每次应使重块在要求高度自由落下，如果安全切断阀不切断为合格。

表10-82　冲击实验载荷

公称尺寸	冲击载荷质量 M/kg	
	工作压力≤1.6MPa	工作压力>1.6MPa
≤DN50（NPS2）	0.2	0.3
DN65（NPS2½）~DN150（NPS6）	0.4	0.6

（2）欠压切断　按照图10-43安装安全切断阀，使安全切断阀处于切断状态，阀体处于最大工作压

力，将监测压力调整在低于设定切断压力值，然后将系统压力升高到产品标识的复位压差值，此时安全切断阀能被复位。对于公称尺寸小于等于 DN150（NPS6）的切断阀按照表 10-82 参数进行冲击试验 10 次，且每次应使重块在要求高度自由落下，如果安全切断阀不切断为合格。

10.9.9　流量系数 K_V

被测试安全切断阀需提供以下参数：使用气质、安装条件、切断阀类型、阀座内径。

按照图 10-10 安装安全切断阀，选取三种不同压差进行流量测试，取三次的算术平均值作为切断阀的流量系数，流量系数可按 GB/T 17213.2 规定的公式计算或按公式（10-83）计算：

$$K_v = \frac{Q}{4.96}\sqrt{\frac{dT_1}{\Delta p p_1}} \qquad (10\text{-}83)$$

式中，K_v 为安全切断阀流量系数；Q 为体积流量（m^3/h）（15℃，101325kPa）；Δp 为切断阀进出口压差（kPa）；T_1 为切断阀进口处温度（K）；p_1 为切断阀进口绝对压力（kPa）；d 为相对密度，如空气为 1。

10.9.10　耐用性

1）设定安全切断阀的切断压力为切断压力范围的中间值。

2）在实验室温度下进行 100 次切断动作。

3）按 10.9.5 和 10.9.6 的试验方法检查阀座的密封性、实验室温度下的切断压力精度，应符合表 10-81 或 10.9.6 的规定。

4）在最低极限温度条件下进行 50 次的切断动作。

5）待温度恢复到实验室温度时，按 10.9.5 和 10.9.6 的试验方法检查阀座密封性、实验室温度的切断压力精度，应符合表 10-81 和 10.9.6 的规定。

10.9.11　膜片成品检验

1. 膜片耐压试验

膜片应和托盘（或相应的工装）组合在一起后在试验工装内进行试验。试验工装应使膜片处于最大有效面积的位置，且膜片运动不应受试验工装的限制。试验应向膜片的高压侧缓慢增压至所规定的试验压力，保压时间不应小于 10min；试验结果应符合试验压力为设计压力的 1.15 倍，保压期间不应漏气。

2. 膜片耐天然气性能试验

膜片耐天然气浸泡性能试验应符合表 10-83 的规定。

表 10-83　膜片耐天然气性能

燃气种类	测试项目		指标（%）
天然气	23℃ ±2℃室温下在 70%（体积分数）异辛烷与 30%（体积分数）甲苯混合液中浸泡 72h 取出后 5min 内	体积变化（最大）	±30
		质量变化（最大）	±20
	在干燥空气中放置 24h	体积变化（最大）	±15
		质量变化（最大）	±10

10.10　特种阀门的试验

10.10.1　真空阀门的试验

10.10.1.1　真空阀门的性能试验方法

真空阀门的性能试验主要是测量真空阀门的漏气速率、温升的测试、开、闭时间的测试、平均无故障次数的测试、最小可调量及最大可调量的测试、烘烤温度的测试、绝缘强度的测试、动作要求。漏气速率的测试方法为氦质谱检漏法。在满足阀门性能要求的前提下可采用其他检漏方法（如关闭检漏法）。以下介绍的试验方法（JB/T 6446—2004）适用于各种高、低压真空阀门性能试验。

1. 漏气速率的测试

测试装置如图 10-44 所示，由氦质谱检漏仪、检漏台及真空辅助系统组成（真空辅助系统按 GB/T 3164—2007 的规定绘制）。

在真空阀门漏率测试之前，首先按图 10-44 所示

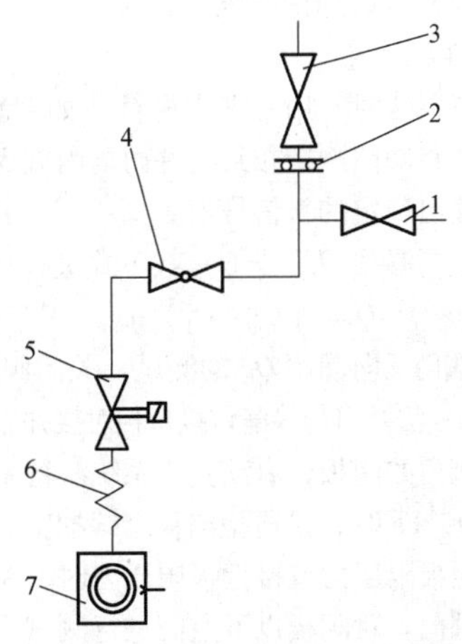

图 10-44　真空阀门漏率测试装置

1—真空阀门（此处接检漏仪）　2—检漏台及其接口　3—被测阀门　4—球阀　5—电磁阀　6—波纹管管路　7—真空泵

装置，在检漏台接口处接标准漏孔，测得氦质谱检漏仪的灵敏度 $q_{\min}$。

(1) 阀门总体漏率 Q_m 的测试　将真空阀门由阀板直接封隔或开启的闭口与检漏台接口相对接，阀门的另一法兰口用盲板封隔。

开启真空阀的阀板，启动真空系统，待真空阀体内压力降到 5×10^{-1}Pa 时，接通检漏仪继续抽空。当测试装置压力降至极限压力或接近极限压力时，关闭通向真空系统的阀门。记录检漏仪输出信号值 U_1。

使用喷吹时，用氦气喷枪在阀门需要检漏的位置处以一定速度喷吹氦气，记录各漏孔氦信号值，并计算其和 U_n。

使用氦罩法时，用一密质材料（如塑料薄膜等）制成的钟罩将阀门严密扣封，并向罩内充入氦气。记录检漏仪输出稳定的氦信号值 U_n。

阀门总体漏率 Q_m（$=Q$）按下式进行计算：

$$Q=(U_n-U_1)\ q_{\min}$$

式中，Q 为漏率（Pa·L/s）；U_n 为检漏仪输出稳定的氦信号值（mV）；U_1 为检漏仪输出信号值（mV）；$q_{\min}$为仪器的灵敏度（Pa·L/(s·mV)）。

(2) 阀门正向漏率 Q_r 的测试　将阀门由阀板直接封隔或开启的阀口与检漏台接口相对接，阀门的另一法兰口与大气相通。关闭真空阀的阀板，启动真空系统。待系统内压力降到 5×10^{-1}Pa 时，接通检漏仪继续抽空。当测试装置压力降至极限压力或接近极限压力时，关闭通向真空系统的阀门，对阀板以下空间进行测试，记录检漏仪输出信号 U_1。

使用喷吹法时，将氦气喷枪伸入真空阀体内，向阀板表面及密封口周围喷氦，记录各漏孔氦信号值，并计算其和 U_n。

使用氦罩法时，用一密质材料（如塑料薄膜等）制成的钟罩将阀门严密扣封，并向罩内充入氦气。记录检漏仪输出稳定的氦信号值 U_n。

阀门正向漏率 Q_r（$=Q$）按下式进行计算：

$$Q=(U_n-U_1)\ q_{\min}$$

(3) 阀门反向漏率 Q_b 的测试　关闭阀门的阀板，将阀门的另一法兰口与检漏台接口相对接并连通。

关闭阀门的阀板，启动真空系统。待系统内压力降到 5×10^{-1}Pa 时，接通检漏仪继续抽空。当测试装置压力降至极限压力或接近极限压力时，关闭通向真空系统的阀门。对阀板以下空间进行测试，记录检漏仪输出信号值 U_1。

使用喷吹法时，用氦气喷枪从外部向阀门阀板表面及密封口周围和阀门外表面喷氦，记录各漏孔氦气信号值，并计算其和 U_n。

使用氦罩法时，用一密质材料（如塑料薄膜等）制成的钟罩将阀门严密扣封，并向罩内充入氦气。记录检漏仪输出稳定的氦信号值 U_n。

阀门反向漏率 Q_b（$=Q$）按下式计算：

$$Q=(U_n-U_1)q_{\min}$$

高真空微调阀、超高真空挡板阀、超高真空插板阀使用氦罩法测试。

阀门漏率的具体测试内容见表 10-84。

表 10-84　阀门漏率测试内容

阀门类型	总体漏率	正向漏率	反向漏率
电磁真空带充气阀	△	△	
电磁高真空挡板阀	△	△	
电磁高真空充气阀		△	
高真空微调阀	△	△	
高真空隔膜阀	△	△	
高真空蝶阀			△
高真空挡板阀	△	△	
高真空插板阀			△
真空球阀	△	△	
超高真空挡板阀	△	△	
超高真空插板阀			△

注：△—表示进行测试。

2. 温升的测试

用电阻法测试，依据 JB/T 7352—2010《工业过程控制系统用电磁阀》规定的方法进行。

3. 开、闭时间的测试

真空阀的开、闭时间，用秒表直接测得。

4. 平均无故障次数的测试

阀门经平均无故障次数试验台进行测试，由控制系统操作进行平均无故障次数试验的自动作业。用记数器测试，记录阀门的开、闭次数。

按平均无故障次数指标的 1/2 倍、3/4 倍进行预测，每次预测后，均需测试阀门的其他性能，以判断阀门性能的变化，最后则按平均无故障次数指标测试。也可根据测试工作的需要，按平均无故障次数指标的 1/2 倍、3/4 倍进行预测后，继续安排 7/8 倍、15/16 倍等进行预测，但相邻两次之间开、闭次数之差不得小于平均无故障次数指标的 10%。

5. 最小可调量及最大可调量的测试

将高真空微调阀安装在流量装置系统上，在高真空状态下，以逆时针方向微量旋转手轮，阀门应能按表 10-85 要求的最小微调量打开，并能在规定的量程中平稳调节。

继续旋转手轮，使阀门处于全开状态，此时测得的气体流量即为最大可调量。

表 10-85　高真空微调阀基本参数

公称尺寸	漏率 /(Pa·L/s)	最小可调量 /(Pa·L/s)	最大可调量 /(Pa·L/s)
DN0.8	$\leqslant 1.3\times10^{-6}$	1.3×10^{-2}	4×10^{3}
DN2	$\leqslant 1.3\times10^{-6}$	1.3×10^{-1}	2.67×10^{4}

6. 烘烤温度的测试

打开阀门并使阀门体腔内处于真空状态，当腔内真空度达到 10^{-3}Pa 时，使阀体部件（传动装置除外）逐渐加热到规定的温度，并在此条件下，持续 2h 进行烘烤试验。然后除去热源，在真空状态下使阀门自然冷却至室温。对烘烤后的阀门，进行漏率试验。

7. 绝缘强度的测试

根据 JB/T 7352—2010 规定的方法进行。

8. 动作要求

1）手动阀门应转动手柄（手轮）使之开、闭三次，不得借助辅助工具。

2）气动阀门在电源电压为 AC220（1±10%）V 情况下，以 0.6MPa 压力的压缩空气将阀门启、闭不少于三次，这时电磁换向阀应能正常换向，气缸及各连接部位无明显漏气现象，阀门的启闭信号装置应能正确的输出启、闭信号。然后将气源压力降至 0.4MPa 重复以上试验，动作均应符合规定。如附有手动装置时，应在手动状态下重复试验。

3）电动、电磁阀门在电源压力为 AC220（1±10%）V 情况下，将阀门启闭不少于三次，如附有手动装置时，应在手动状态下重复试验。

10.10.1.2　关闭检漏法

1. 关闭检漏法试验装置

试验用真空系统是由机械泵、扩散泵、真空阀、管道、辅助容器、盲板、试验罩、流量装置、针阀、真空计和压力表等组成，如图 10-45 所示。

1）选用的扩散泵内径必须大于或等于被试阀门的公称尺寸，建议按表 10-86 选用。

2）机械泵的规格根据高真空油扩散泵确定。

3）测量通导能力用的试验罩和流量装置按相关规定确定，其试验罩内径应与被试阀门内径相同。

4）用于试验罩、被试阀门、油扩散泵之间连接的管道，其结构型式和尺寸按各种阀门形式自行设计、但不得影响阀门的性能试验。

5）辅助容器的容积规定如下：

公称尺寸小于或等于 DN100/NPS4 的阀门，其辅助容器的容积应大于 1L。

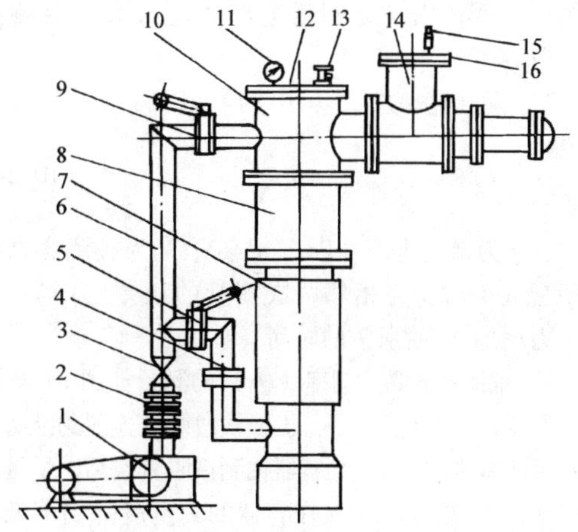

图 10-45　关闭检漏法试验装置

1—前级泵　2—波纹管　3—电磁带充气阀　4—前级管路　5—管道阀　6—旁抽管路　7—扩散泵　8—阀门Ⅰ　9—旁抽阀　10—辅助容器　11—压力表　12—盲板　13—针形阀　14—被试阀门　15—真空计规管　16—盲板

表 10-86　扩散泵的选用

被试阀门的公称尺寸	选用的高真空油扩散泵的性能参数		
	进气口内径 /mm	抽气速率不低于/(L/s)	极限真空 /Pa
≤DN100/NPS4	100	300	6.7×10^{-5}
DN150/NPS6 ~ DN300/NPS12	300	3000	6.7×10^{-5}
DN400/NPS16 ~ DN800/NPS32	800	25000	6.7×10^{-5}
DN1000/NPS40 ~ DN1600/NPS64	1600	100000	6.7×10^{-5}

公称尺寸在 DN150 以上的蝶阀，其辅助容积取阀体体积的 1~3 倍。

公称尺寸 DN150 以上的其他各种阀门，其容积能满足阀门漏气试验需要，可不另加辅助容器，如需要则自行考虑。

6）管道、盲板和辅助容器的内表面均应镀铬或镍，以防锈蚀和减少放气。

7）阀门试验用的仪表有电离真空计、热偶真空计（或电阻真空计）、压力表和秒表等。所用真空计必须经过国家规定的校准单位进行校准。

2. 关闭检漏法测量漏气速率

1）用关闭检漏法测得的漏气速率，实际上是阀门的漏气速率和放气速率之和，故试验时应对试验装置进行充分的真空除气。阀门漏气速率分为：①阀门开启漏气速率，阀瓣开启时在辅助容器上测量的漏气速率；②阀门正向漏气速率，阀瓣关闭，阀体内（即阀瓣上部）通入大气后测量的漏气速率。

2）漏气速率按式（10-84）计算：

$$Q = V\frac{\Delta p}{\Delta t} \qquad (10\text{-}84)$$

式中，Q 为漏气速率（$Pa \cdot m^3/s$）；V 为被测容器的容积（m^3）；Δp 为相邻两次测量的压差（Pa）；Δt 为压力增加 Δp 时所需的时间（s）；

3）辅助容器漏气速率（Q_0）的测量如图10-46所示，测量方法及步骤如下：①必须做好试验前的准备工作并保证清洁；②将辅助容器抽到极限真空后，继续抽气4h以上，关闭阀门Ⅰ，在容器的真空度降到不低于13.3Pa时，选取 Δp，记录 Δt，真空度读数取两位有效数字即可，将多次测量结果用式（10-85）计算：

$$Q_0 = V_0\frac{\Delta p}{\Delta t} \qquad (10\text{-}85)$$

式中，Q_0 为辅助容器的漏气速率（$Pa \cdot m^3/s$）；V_0 为辅助容器的容积与阀门Ⅰ的阀瓣上部容积之和（m^3）。

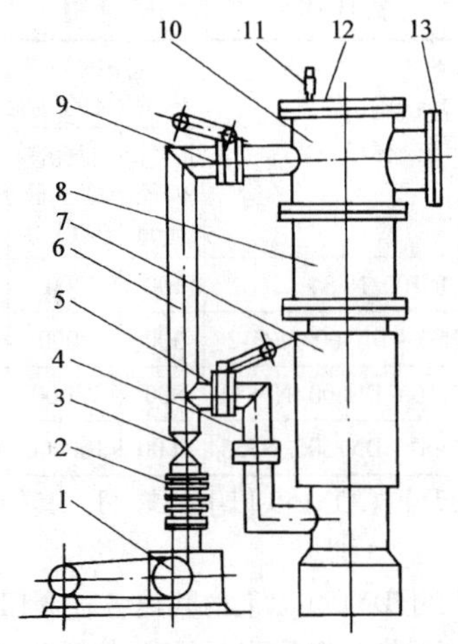

图10-46　辅助容器漏气速率试验装置

1—前级泵　2—波纹管　3—电磁带充气阀　4—前级管路　5—管道阀　6—旁抽管路　7—扩散泵　8—阀门Ⅰ　9—旁抽阀　10—辅助容器　11—真空计规管　12、13—盲板

取 Q_0 的最小值作为辅助容器的漏气速率。

4）阀门开启漏气速率（$Q_{开}$）的测量如图10-47所示，测量方法及步骤如下：

① 拆掉盲板，装上被试阀门，在装阀时，要严格注意清洁度要求。

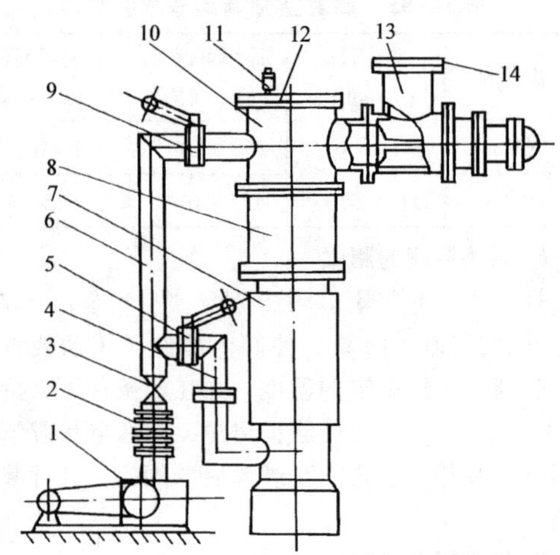

图10-47　阀门开启漏气速率试验装置

1—前级泵　2—波纹管　3—电磁带充气阀　4—前级管路　5—管道阀　6—旁抽管路　7—扩散泵　8—阀门Ⅰ　9—旁抽阀　10—辅助容器　11—真空计规管　12、14—盲板　13—被试阀门

② 将辅助容器抽到极限真空后，继续抽气4h以上，关闭阀门Ⅰ，在容器的真空度降到不低于13.3Pa时，选取 Δp，记录 Δt，真空度读数取两位有效数字即可，将多次测量结果按式（10-85）计算出 Q_0（取最小值）。

③ 阀门开启漏气速率按式（10-86）计算：

$$Q_{开} = Q' - Q_0 \qquad (10\text{-}86)$$

式中，$Q_{开}$ 为阀门开启漏气速率（$Pa \cdot m^3/s$）；Q' 为阀门及辅助容器两者漏气率之和，（$Pa \cdot m^3/s$）。

Q' 按式（10-87）计算：

$$Q' = V_{开}\frac{\Delta p}{\Delta t} \qquad (10\text{-}87)$$

式中，$V_{开}$ 为被试阀门容积 $V_{阀}$ 与 V_0 之和（m^3）。

$$V_{开} = V_{阀} + V_0 \qquad (10\text{-}88)$$

5）阀门正向漏气速率（$Q_{正}$）的测量方法及步骤如下：① 阀门漏气速率测试完后，关闭被试阀门，向被试阀阀体内通入大气；②打开阀门Ⅰ，抽到极限真空后，继续抽气4h以上，关闭阀门Ⅰ，在容器的真空度降到不低于13.3Pa时，选取 Δp，记录 Δt，真空度读数取两位有效数字即可，将多次测量结果按式（10-85）计算出 Q_0（取最小值）；③阀门正向漏气速率按式（10-89）计算：

$$Q_{正} = Q'_{正} - Q_0 \qquad (10\text{-}89)$$

式中，$Q_{正}$ 为阀门正向漏气速率（Pa · m³/s）；$Q'_{正}$ 为阀门正向漏气速率与辅助容器漏气速率之和(Pa · m³/s)。

$Q'_{正}$按式（10-90）计算：

$$Q'_{正} = V'_0 \frac{\Delta p}{\Delta t} \tag{10-90}$$

式中，V'_0 为被试阀阀瓣下部容积 $V_{下}$ 与 V_0 之和（m³）。

$$V'_0 = V_{下} + V_0 \tag{10-91}$$

6）阀门反向漏气速率（$Q_{反}$）的测量如图 10-45 所示，测量方法及步骤如下：①在被试阀门上装上一个真空计规管，在辅助容器上装上针阀和压力表；②打开阀门I，抽到极限真空后，继续抽气4h以上，关闭阀门I及被试阀门，用针阀向辅助容器内通入一定压力的气体后（按设计规定），选取 Δp，记录 Δt，真空度读数取两位有效数字，将多次测量结果用式（10-91）计算，取 $Q_{反}$ 的最大值作为阀门的反向漏气速率。

$$Q_{反} = V_{上} \frac{\Delta p}{\Delta t}$$

式中，$Q_{反}$ 为阀门的反向漏气速率（Pa · m³/s）；$V_{上}$ 为被试阀门阀瓣上部的容积（m³）。

7）为了减少测试误差，上述3）、4）、5）中所取的初始值和压差应一致。

3. 阀门通导能力的测量

1）阀门通导能力的测量装置如图 10-48 和图 10-49所示。试验装置均按照有关的规定制作和测试。首先按图 10-48 测定被选作阀门性能试验用的油扩散泵的抽气速率 $S_{泵}$。

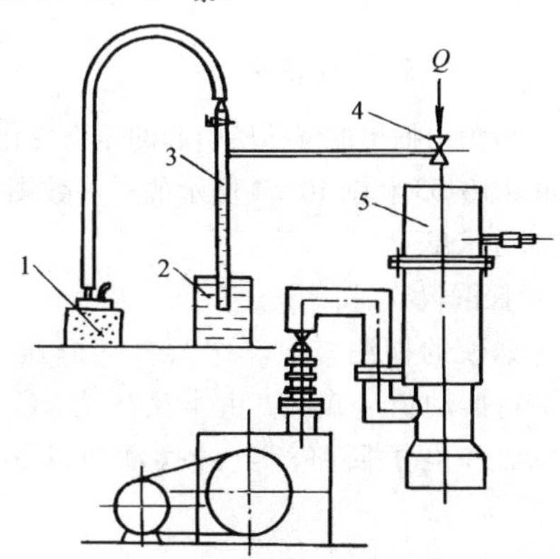

图 10-48　阀门导通能力测量装置（一）

1—干燥剂　2—石油　3—滴管
4—针阀　5—试验罩

2）阀门通导能力的测量。

① 当阀门的公称尺寸和上述油扩散泵的进气口内径相同时，按图 10-49 的装置测出系统的有效抽气速率 $S_{有}$。

由公式：
$$\frac{1}{S_{有}} = \frac{1}{S_{泵}} + \frac{1}{U_1} \tag{10-92}$$

导出：
$$U_1 = \frac{S_{泵} S_{有}}{S_{泵} - S_{有}} \tag{10-93}$$

式中，U_1 为阀门的通导能力（m³/s）；$S_{有}$ 为系统的有效抽气速率（m³/s）；$S_{泵}$ 为油扩散泵的有效抽气速率（m³/s）。

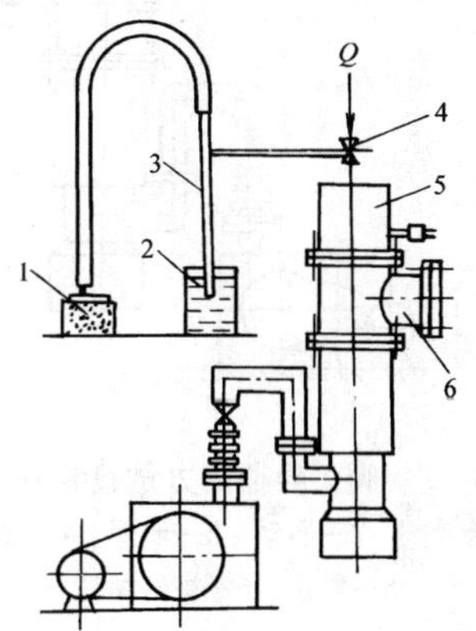

图 10-49　阀门导通能力测量装置（二）

1—干燥剂　2—石油　3—滴管　4—针阀
5—试验罩　6—被试阀门

将已测出的 $S_{泵}$、$S_{有}$ 值代入式（10-93），即可求得阀门的通导能力。

② 当阀门的公称尺寸和上述油扩散泵进气口内径不同或因连接困难时，采用图 10-50 和图 10-51 的装置（管道可做成直管、锥管或过渡法兰等）。分别测出图 10-50 系统和图 10-51 系统的有效抽速 $S'_{有}$、$S''_{有}$，按式（10-94）计算被试阀门的通导能力：

$$U_2 = S'_{有} S''_{有} / (S'_{有} - S''_{有}) \tag{10-94}$$

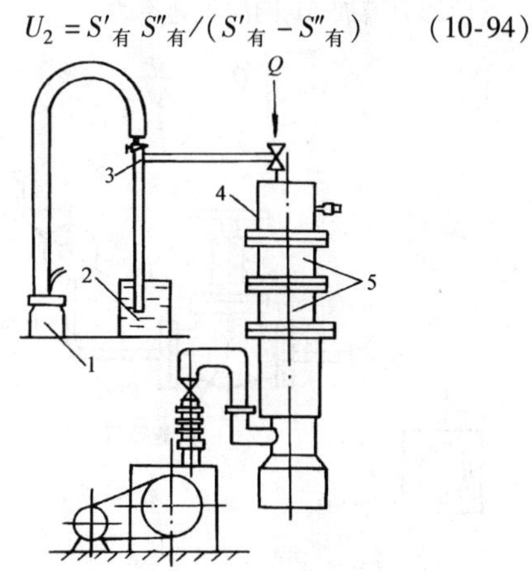

图 10-50　阀门导通能力试验装置（三）

1—干燥剂　2—石油　3—滴管
4—试验罩　5—管道

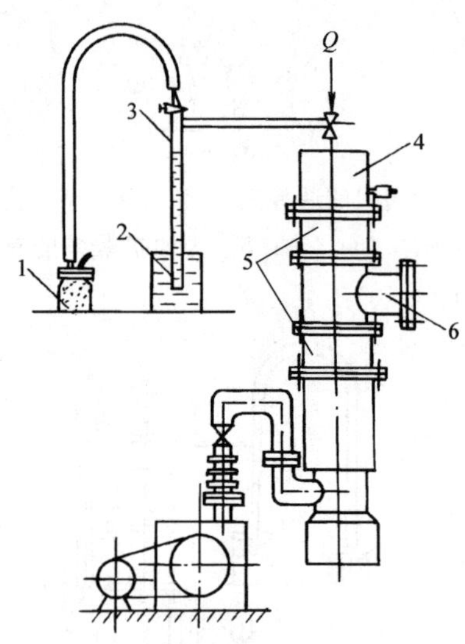

图10-51　阀门导通能力试验装置（四）

1—干燥剂　2—石油　3—滴管　4—试验罩
5—管道　6—被试阀门

10.10.1.3　真空密封试验

真空试验通常在阀门常温强度、密封试验合格后进行。为了保证试验的准确性，被测阀门应具有很高的清洁度和加工精细的密封面。

图10-52是用静态升压法进行阀门真空密封试验的示意图。试验时，先把被测阀门在开启状态下抽至规定的真空度，再关闭被测阀门并使真空泵停泵放气，开始检测，直至测出在规定时间内的增压 Δp 为止，然后计算阀门的漏气速率。

使压力增加 Δp 的漏气速率为

$$Q=V\frac{\Delta p}{\Delta t} \tag{10-95}$$

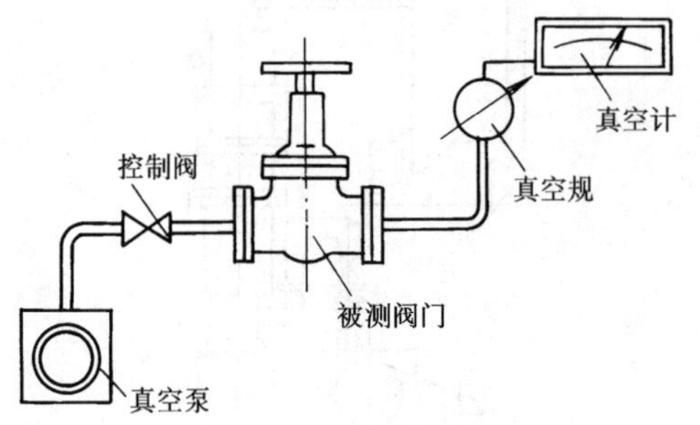

图10-52　阀门的真空密封试验

式中，Δp 为测得的压力增加值（Pa）；Δt 为规定的试验压力持续时间（s）；V 为阀门被测部分的容积（m^3）；Q 为漏气速率（$Pa\cdot m^3/s$）。

所有材料在真空中都有放气的现象。试验中测得的 Δp 是气体渗漏和材料放气两种因素的结果。因此，计算出的漏气速率 Q 实际上是真正的漏气速率 Q_f 与材料放气率 Q_d 之和。放气率 Q_d 与阀门材料、处在真空中的时间和阀门内腔表面的状态等因素有关。静态升压法的灵敏度往往受材料放气率 Q_d 计算准确性的影响。

10.10.1.4　检漏试验

1. 检漏试验的程序

检漏试验的程序如图10-53所示。

2. 检漏试验的种类

1）盖斯勒管检漏。喷吹丙酮等气体，根据放电颜色的变化判断有无漏气，气体的放电颜色见表10-87。

2）热阻真空计、电离真空计、质谱仪检漏。

a. 探头检漏法、气罩检漏法（检漏试验中用得较多）。喷吹丙酮、乙醇、丁烷、氦等气体，根据指示压力的变化，判断有无漏气。这是因为真空计对于空气和上述气体有着不同的灵敏度系数的缘故。

b. 升压检漏法。在关闭抽气阀后，测量真空容器［容积 $V(m^3)$］的压力 $p(Pa)$ 随时间 $t(s)$ 的变化情况。

设漏量为 $Q(Pa\cdot m^3/s)$ 时，则

$$p(t)=\frac{Q}{V}t+p_0(t) \tag{10-96}$$

式中，$p_0(t)$为由抽出的气体所引起的压力变化。

在如图10-53和图10-54所示的双对数图中，由45°斜线部分求出 Q。

3）氦探漏仪检漏。

a. 探漏仪的探测极限。作为氦气分压力测量的压力平均摆动值［Δp］，由本底压力 p_b 产生的摆动值 αp_b 和电子回路产生的摆动值［Δp_e］组成，即

$$[\Delta p]=\alpha p_b+[\Delta p_e] \tag{10-97}$$

设最小的探测压力 Δp 为2［Δp］，连接口的抽速为 S 时，则最小的探漏量 ΔQ 为市场上出售的探漏仪的探测极限，如图10-54和图10-55所示。

b. 探漏仪与试件的连接见表10-88。

图 10-53 检漏试验程序

a）真空法 b）加压法

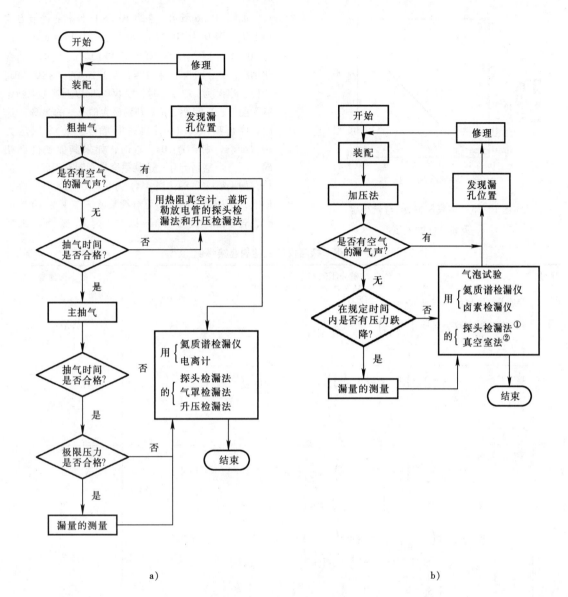

① 用氦或卤素气体测量泄漏在空气中的气体的方法。

② 把充入氦或卤素气体的试验物放入真空容器中，然后测漏气的方法。

表 10-87 气体的放电颜色

气体	空气	丙酮、乙醇、丁烷	喷出气体（水）
放电颜色	紫红色	蓝白色	蓝白色

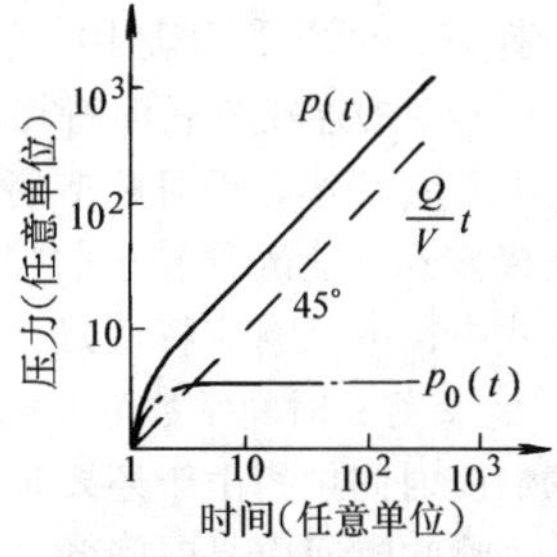

图 10-54 压力与时间的关系

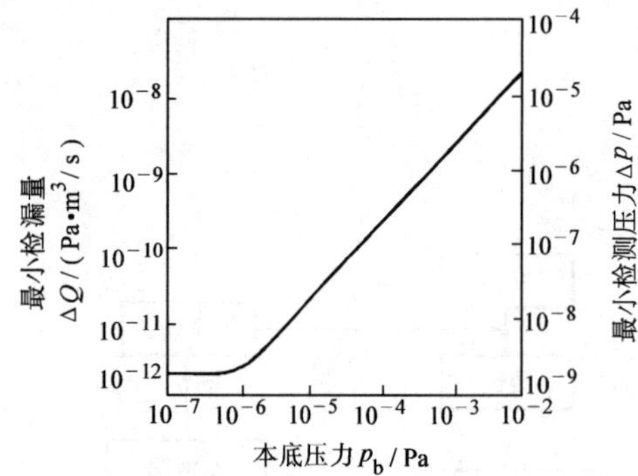

图 10-55　本底压力 p_b 与最小检漏量 ΔQ 的关系

如图 10-56 所示，在表 10-88 序号 1 的连接方式情况下，当 Q 为 10^{-9}Pa；m^3/s、S 为 $10^{-3}m^3/s$、p_b 为 10^{-4}Pa 时对应 V 为 $10^{-3}m^3$ 和 $10^{-2}m^3$ 时的压力变化情况。τ 分别为 1s 和 10s。由于 Δp 为 2×10^{-7}Pa，所以，当 V 为 $10^{-3}m^3$ 时，喷吹 0.2s 以上就可以断定有无漏气，1.6s 后，p 上升到最大值 p_{max} 的 80%。这时，停止喷吹 2.1s 后再进行喷吹。若 S 规定为 $10^{-4}m^3/s$，则 τ 为 10s。这时，如果其他条件都相同，压力会急剧上升，这就很容易判断有无漏气。但是，如果喷吹 0.8s，当 $p(t)$ 为 8×10^{-7}Pa 时就停止喷吹，则应过 20s 以后可继续喷吹。在 V 为 $10^{-2}m^3$ 时，若不能连续喷吹 22s 以上，则无法判断有无漏气。为使 $p(t)$ 达到最大值 p_{max} 的 80%，必须喷吹 16s。这时，如果停止喷吹，则需过 20s 后才能喷吹。

表 10-88　探漏仪与试件的连接举例

序号	氦分压的响应	最小探漏量
1	喷吹开始后 $p(t)=\dfrac{Q}{S}\left[1-\exp\left(-\dfrac{t}{\tau}\right)\right]$ 喷吹停止后 $p(t)=p_0\exp\left(-\dfrac{t}{\tau}\right)$ $\tau=\dfrac{V}{S}$	ΔQ
2	喷吹开始后 $p(t)=\dfrac{Q}{S+S_p}\left[1-\exp\left(-\dfrac{t}{\tau}\right)\right]$ 喷吹停止后 $p(t)=p_0\exp\left(-\dfrac{t}{\tau}\right)$ $\tau=\dfrac{V}{S+S_p}$	$\dfrac{S+S_p}{S}\Delta Q$
3	喷吹开始后 $p(t)=\dfrac{Q}{S+S_R}\left[\left\{1-\exp\left(-\dfrac{t}{\tau}\right)\right\}-\dfrac{\tau'}{\tau'-\tau}\left\{\exp\left(-\dfrac{t}{\tau'}\right)-\exp\left(-\dfrac{t}{\tau}\right)\right\}\right]$　$(\tau\neq\tau')$ $p(t)=\dfrac{Q}{S+S_R}\left[1-\left(1+\dfrac{t}{\tau'}\right)\exp\left(-\dfrac{1}{\tau}\right)\right]$　$(\tau=\tau')$ 喷吹停止后 $p(t)p_0\left[\exp\left(-\dfrac{t}{\tau}\right)+\dfrac{\tau'}{\tau'-\tau}\left\{\exp\left(-\dfrac{t}{\tau}\right)-\exp\left(-\dfrac{t}{\tau}\right)\right\}\right]$　$(\tau\neq\tau')$ $p(t)=p_0\left(1+\dfrac{t}{\tau}\right)\exp\left(-\dfrac{t}{\tau}\right)$　$(\tau\neq\tau')$ $\tau=\dfrac{V'}{S+S_R}$　$\tau'=\dfrac{V}{S_p}$	$\dfrac{S+S_R}{S}\Delta Q$

注：Q—漏量；V—试件的容积；S—探漏仪的抽速；S_p—主泵的抽速；S_R—旋转真空泵的抽速；V'—连接管的容积。

因此，用表 10-88 序号 1 的连接方式就难于对较大装置进行探漏，可以采用表 10-88 序号 2 和 3 的连接方式。序号 2 的连接方式的特点是，改变 S_p 可缩小 τ，亦可使 p_b 变小，而且响应特性也好。但要注意，该连接方式不能改善最小的探漏量。在序号 3 的连接方式中，不仅响应特性好，而且最小探漏量也比序号 1、2 好；时间常数为 1～10s，比较实用。在实际的响应时间中，由于还要加上漏气所致的时滞，因此，喷吹时间应是时间常数的几倍较为适合。

4）微量漏气的探测。

a. 若漏气量为 $10^{-9}Pa\cdot m^3/s$，则大气中的水气将在漏气部分产生凝结，因此，往往不能进行探测。这时，如果把试件经 100～150℃ 烘烤后再探漏，就能发现漏气情况。

b. 把气罩盖在试件上，充入氦气。这时，如关闭抽气阀 t(s)，然后测量氦分压力的增量 p，则可用积分法扩大微小漏量的测量范围。

$$Q=\frac{pV}{t} \tag{10-98}$$

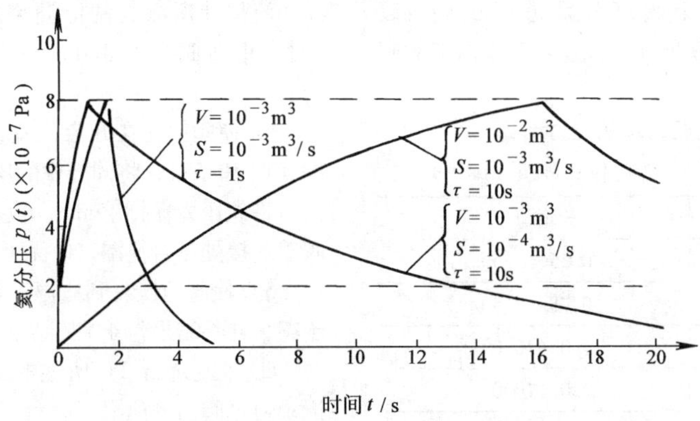

图 10-56　氦分压 p 与时间 t 的关系

10.10.2　低温阀门的试验

为了保证低温阀能在低温下安全可靠地运行，在低温阀的设计和制造方面有一些特殊的考虑和要求。同样，低温阀的试验与普通阀门也有所不同。目前，国内尚无低温阀试验标准。下面根据国外有关标准及文献，介绍低温阀的试验要求、试验方法及试验装置等。

10.10.2.1　BS 6364：1984（R1998）有关低温阀试验的内容

低温阀不仅应符合该标准的规定，同时还要符合相应的产品标准的规定。BS 6364：1984（R1998）的适用范围是：①公称尺寸≥DN15/NPS $\frac{1}{2}$，其尺寸最大值由相应的产品标准确定。②温度范围是 -50 ~ -196℃。

试验项目包括：①壳体试验；②壳体密封试验；③阀座密封试验；④低温试验。

1. 壳体试验

低温阀壳体试验的方法和要求与普通阀门相同。但要注意两点：①对于不锈钢阀门，水压试验所用水的氯化物含量（质量分数）不应超过 3×10^5；②水压试验后，阀门的每个零部件应彻底洗净并清除油渍。

2. 壳体密封试验

水压或气压壳体试验后，在阀体和阀盖的连接处，阀门的填料处擦上肥皂或浸入水中，用干燥的无油空气或氮气进行壳体的密封试验。其余与普通阀门相同。

3. 阀座密封试验

用干燥的无油空气或惰性气体进行试验，其余与普通阀门相同。

4. 低温试验

船用阀门应做低温试验。对于所有其他用途的阀门，只是在用户提出要求的时候才进行低温试验。低温试验的温度为 -196℃。试验方法、试验步骤及试验要求如下。

（1）试验前的准备

1）清除阀门零件的油渍，将它们擦干，并在干净、没有灰尘和油渍的环境下将阀门安装好。

2）将螺栓拧紧到预定的力矩值或拉力值，并记录下该值。

3）用合适的热电偶与阀门连接，从而能在整个试验过程中监控阀体、阀盖的温度。

（2）试验

1）图 10-57 是低温试验装置。将阀门安装在试验容器内并连接好。要确保阀门填料处在容器顶部没有汽化气体的位置。

2）在室温下用氦气以最大阀座试验压力进行初始的系统验证试验，以确保阀门是在合适的状态下，然后开始进行试验。

3）将阀门浸入液氮中进行冷却，液体的水平面至少遮盖住阀体与阀盖的连接部位。在整个冷却过程中一直向阀门提供氦气。在冷却过程中，用安装在适当位置上的热电偶对阀体和阀盖的温度进行监控。

4）当阀体和阀盖的温度达到 -196℃时，进行下述程序：

① 阀门在试验温度下至少浸 1h，直至所有部位的温度都已达到稳定。用热电偶测定温度以确信阀门的温度达到均匀。

② 在试验温度下重复 2）所述的初始验证试验。

③ 打开、关闭阀门 20 次，至少应测定第一次和最后一次操作时的开启力和关闭力。

④ 在阀门的进口侧进行阀座压力试验。能够双

向密封的阀门，对两个阀座分别进行试验。以表 10-89所给的增量值逐步升压，直到升至额定的阀座试验压力。

表 10-89　低温试验的压力增量

（单位：MPa（bar））

公称压力	增量
PN20/Class150	0.35（3.5）
PN50/Class300	0.75（7.5）
PN63/Class400	1.0（10.0）
PN100/Class600	2.0（20.0）

在阀座额定值已由制造厂给定的情况下，将制造厂所定的值作为额定的阀座试验压力。

在各压力级下测定并记录泄漏率。

流量计所测得的泄漏率不得超过 200mm^3/sDN（对于止回阀）及 100mm^3/sDN（对于所有其他阀门）。

⑤ 使阀门处在开启位置，关闭阀门出口侧的针阀（图 10-57），将阀腔中的压力升至阀座试验压力。

将该压力保持 15min，检查阀门填料处及阀体与阀盖连接处是否泄漏，应无可见泄漏。

5）使阀门恢复到室温，然后进行下列①和②的步骤，并将结果与 4）的结果比较。

① 重复进行 2）所述的氦气验证试验。测定并记录通过阀门的泄漏。

② 测定并记录阀门的开启力矩和关闭力矩。

6）试验完成后，在清洁、无尘的环境中将阀门拆开，以便检验所有零件的磨损和损坏情况。

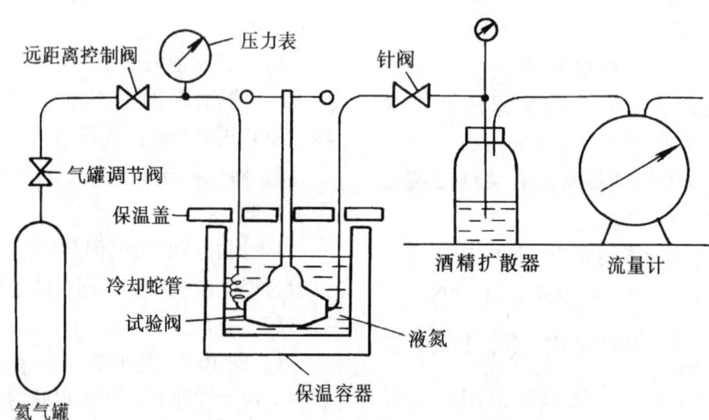

图 10-57　低温试验的典型装置

10.10.2.2　日本平田阀门公司的低温阀试验要求

由于用水进行壳体和密封试验时，在填料中会残存水分，在使用时会因结冰而造成阀门操作困难，致使阀杆和填料损坏，所以一般用氮气进行试验。其试验方法与一般阀门相同，试验顺序为壳体试验—上密封试验—阀座密封试验。

低温试验的目的是，通过使用温度下的密封及操作试验，检查低温下阀门的泄漏及操作情况。低温试验在产品常温试验合格后进行，试验前阀内不准有水分和油脂。低温密封性能试验的方法有两种，一种是浸渍法（即外部冷却法），另一种是保冷法（即内部冷却法）。浸渍法是将阀门浸在装有液氮的保冷箱中冷却，当温度降到工作温度后用氮气进行密封性能试验。保冷法是将阀门安放在保冷箱中，通入低温介质降温，当温度达到规定值时，将低温介质放掉，然后通入规定压力的氮气进行试验。另外，对于大型阀门，也可不用保温箱，只要在阀门外表覆盖保冷材料即可。

1. 壳体试验

将阀门固定在试验台上，出口侧装盲板。阀门在开启状态下用氮气按表 10-90 规定的压力进行试验，并涂肥皂液。要求在阀体和阀盖的表面、连接部位及法兰处无泄漏，各部位不准有异常的状态。

表 10-90　低温阀的壳体试验压力及持续时间

阀门的压力级	压力（氮气）/MPa（bar）	持续时间/min
Class150	2.1（21）	≥5
Class300	4.8（48）	≥5
Class600	11.2（112）	≥5
Class900	15.0（150）［空气 16.7（167）］	≥5

2. 上密封试验

有上密封结构的阀门应进行上密封试验。试验时，阀门全开，阀杆达到上密封，将填料压盖放松，填料处于自由状态，涂肥皂液以检查有无气泡溢出。

3. 阀座密封试验

将阀门关闭，并将出口侧盲板拆除，用氮气按表10-91的压力进行试验，不得有泄漏。

以上试验均要求阀门不得有泄漏。但止回阀允许有不超过0.39DNmL/min（10NPSmL/min）的泄漏率。

4. 低温试验

低温试验的允许泄漏率按表10-92的规定。

表10-91　低温阀阀座密封试验压力及持续时间

阀门的压力级	试验压力(氮气)/MPa(bar)	持续时间/min
Class150 Class300 Class600 Class900	1.0（10）	≥5

表10-92　低温试验的允许泄漏率

阀门的种类	容许的泄漏量/(mL/min)
闸阀 截止阀	≤0.2DN（5NPS）
止回阀	≤2DN（50NPS）

（1）浸渍法低温试验程序

1）试验前的准备：①试验阀常温下的壳体试验和密封试验应合格；②试验阀内不准有水分和油脂；③试验装置上的低温槽用不锈钢制造，其尺寸由试验阀的尺寸决定，但阀盖中法兰的上部也能达到浸渍；④阀门的固定装置采用不锈钢等具有低温强度的材料制造；⑤试验装置的配管如图10-58所示。

2）试验方法。截止阀、闸阀（有泄压孔）、止回阀的试验方法如图10-58所示：①将试验阀关闭。②将阀门1、2关闭，阀门3、4打开。③用真空泵抽去试验阀内的空气，抽空时间见表10-93。④将空气排干净后，阀门3、4关闭，阀门1、5全开。⑤用1.0MPa（10bar）的氮气加压。⑥将液氮慢慢加入低温槽中，直至试验阀的阀盖完全被浸渍。此外，当低温槽中有残液时，灌量要少一些。⑦浸渍后，液氮开始沸腾，经20min以后再进行泄漏检查。⑧阀门5关闭，阀门2打开，将试验阀出口侧的压力卸掉（但止回阀是将进口侧的压力卸掉）。⑨试验阀入口侧用氮气加压至规定的压力（但止回阀是在出口侧加压）。⑩用量筒测量试验阀出口侧1min的泄漏量（但止回阀是在进口侧测量泄漏量）。⑪测定完后，关闭阀门1，打开阀门5、2，将内部压力泄放后，从低温槽中取出试验阀，试验结束。

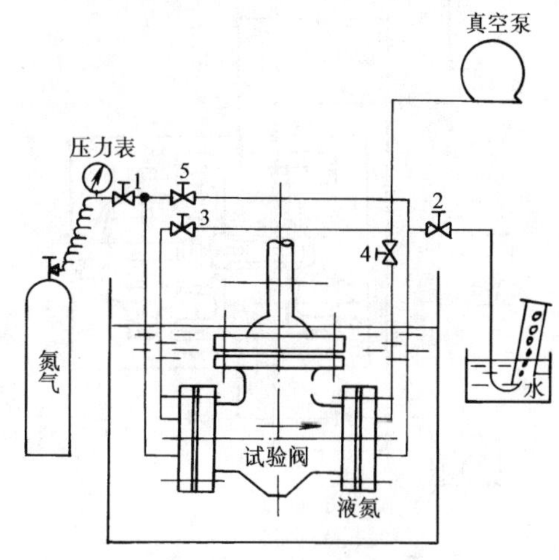

图10-58　浸渍法低温试验装配管图

1、2、3、4、5—阀门

注：止回阀进出口的配管正相反。

表10-93　浸渍法低温试验的抽空时间

公称尺寸	所需时间/min
≤NPS2（DN50）	≥20
NPS2～NPS6（DN50～DN150）	≥30
≥NPS8（DN200）	≥60

（2）保冷法低温试验程序

1）试验前的准备：①试验阀常温下的壳体试验和密封试验应合格；②试验阀内不准有水分和油脂；③试验阀的固定装置采用不锈钢等具有低温强度的材料制造；④试验阀安装在试验台上后，出口侧装盲板；⑤在试验阀的进口侧和出口侧接与温度测定器相连接的导线；⑥为了达到良好的保冷效果，在试验阀外表包有绝热材料，以防冷气外散；⑦试验装置的配管如图10-59所示。

2）试验方法：①打开试验阀；②将阀门1、5打开，将液氮通到阀门的内部；然后，将阀门2、4慢慢开启，气体放出，试验阀冷却；③试验阀冷却后，如果由阀门2喷出液氮，即将阀门2关闭；④与试验阀相连接的温度测定器的指示在进口侧和出口侧都在-162℃以下时，将试验阀关闭；⑤试验阀关闭后，等到从阀门4中喷出液氮时，将阀门4、1关闭，停止通液氮；⑥打开阀门2、6，用氮气清洗试验阀的出口侧；⑦关闭阀门2、5，将乙烯软管与阀门6连

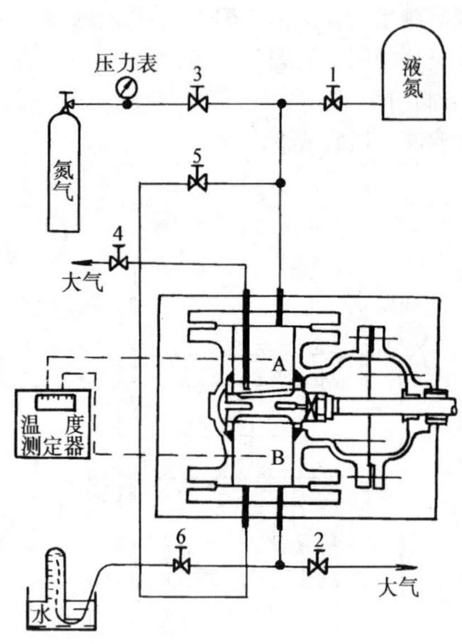

图 10-59 保冷法低温试验装置配管图

1、2、3、4、5、6—阀门

注：A、B 点的温度差要在 20℃以内。

接，开启阀门 3，用氮气在试验阀的进口侧加压到规定的压力；⑧用量筒在试验阀出口侧测定 1min 的泄漏量；⑨泄漏量测定完后，将阀门 3 关闭，开启试验阀，打开阀门 4、2，试验阀内的压力泄放后，将试验阀从试验台上卸下，试验结束。

3）再冷却。在测定泄漏量时，下列情况必须再冷却：① 试验阀的温度在 -162℃以上时；② 试验阀进口侧和出口侧的温差在 20℃以上时。

10.10.2.3 JB/T 12622—2016《液化天然气用阀门性能试验》

1. 试验要求

1）阀门的低温性能试验必须在常温性能试验合格后进行。

2）阀门的低温性能试验可以采用外部冷却法，也可以采用其他方法来检测阀门的低温性能。

2. 低温试验安全要求

1）低温性能试验装置应全面考虑 HSE（健康、安全和环境）预防措施，确保试验装置牢固，确保测试人员安全。

2）低温试验属于危险工作环境，试验人员应具备安全意识和设备操作能力，同时应经过相关的专业培训。

3）操作人员应有保护措施，配备必要的防冻劳动保护用品。

3. 试验装置

（1）试验装置示意图 阀门低温性能试验装置示意图及组成如图 10-60 所示。

（2）低温试验槽 冷却介质应盛放在低温试验槽中，试验容器应能够承受试验阀门的重量。

（3）试验盲板 试验阀门的两端应用带法兰的盲板封住，盲板上应设有带小孔的不锈钢管，可以连通增压的氦气介质。

（4）热电偶 阀体内部、阀体中法兰和端法兰部位、冷却介质中应有测量温度的热电偶。如果试验阀门的公称尺寸较小，可以只在阀体中法兰部位和阀

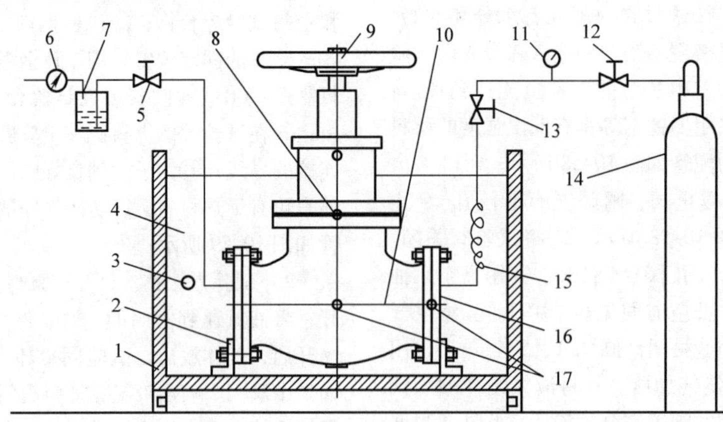

图 10-60 阀门低温性能试验装置示意图

1—低温试验槽 2—支架 3—冷却介质内热电偶 4—冷却介质 5—下游隔离阀 6—流量计 7—酒精计泡器 8—阀体中法兰处热电偶 9—试验阀门 10—阀门内部热电偶 11—压力表 12—压力调节阀 13—上游隔离阀 14—氦气瓶 15—蛇形管 16—法兰盲板 17—阀体或法兰盲板处热电偶（可选）

体内部各放一个热电偶。

（5）压力表　最大气体的工作压力应为仪表量程最大值的1/3～2/3。试验所用压力表的误差应不大于仪表量程的3%。

（6）流量计　低温阀门阀座的泄漏量应通过流量计来测量，泄漏量应在常温状态下测量，且流量计应在检定有效期内。

4. 冷却介质

1）低温试验的冷却介质为液氮。

2）低温试验气体应为氦气，纯度不低于97%。

5. 试验程序

（1）阀腔内气体置换　在阀门开始冷却前，用0.2MPa的氦气介质连续流过阀腔，置换阀腔内的空气。

（2）阀门的冷却　按照图10-60所示，将阀门安装在低温试验槽中，并连接好所有的接头。阀杆应垂直放置，止回阀应水平放置。阀门固定好后，开始向试验槽内注入液氮。

应测量阀体和低温试验槽中液氮的温度，当阀门的温度降低到-196℃时，开始进行低温试验，用热电偶测量阀门的温度，阀体的温度变化应在±5℃。

6. 低压密封试验和启闭动作试验

1）在试验温度下，浸泡阀门直到温度稳定，阀门应处于全开位置。当打开下游隔离阀时，看见有气体溢出；然后关闭下游隔离阀，将阀腔内压力稳定在0.2MPa；再启闭阀门5次。

2）完成最后一次动作，在压力稳定后，测量阀座的泄漏量。

7. 高压密封试验

1）高压气体密封试验应注意试验的危险性。应从较低压力开始试验，并按测试压力增量值逐渐增加压力，直至达到阀门最大允许工作压力。

2）在试验温度下，逐渐增加测试压力。测试压力增量值按表10-94的规定，每增压一次，应确保试验压力的稳定。公称尺寸不大于DN400/NPS16的阀门，每次稳压时间不少于3min；公称尺寸大于DN400/NPS16的阀门，每次稳压时间不少于5min。测量并记录每次稳压后的阀座泄漏量。如果泄漏量超过规定值，则停止试验。

3）阀门在最大允许工作压力下，按阀门标志的流向进行阀门密封试验。对于两侧阀座都能密封的阀门应分别对每侧阀座进行试验，测量并记录每侧阀座泄漏量。

表10-94　阀座密封测试压力增量值

公称压力	测试压力增量值/MPa	压力等级
PN16	0.4	Class150
PN20	0.5	Class150
PN25	0.5	Class300
PN40	1.0	Class300
PN63	1.25	Class400
PN100	2.0	Class600
PN150	3.0	Class900
PN250	5.0	Class1500

8. 止回阀试验步骤

1）试验装置如图10-60所示，试验装置应能使气源和测量系统反向。

2）在逆向流的条件下进行密封性能等试验。逐渐增加试验压力，压力增量按表10-94的规定，直至达到阀门最大允许工作压力，测量并记录阀座泄漏量。

9. 逸散性试验

1）高压密封试验完成后，阀门应开关三次，然后半开阀门，将压力升至最大允许工作压力、保压15min，将阀门保持在低温试验槽中，测量阀杆填料部位及阀体和阀盖连接部位的泄漏量。

2）逸散性试验方法应按GB/T 26481《阀门的逸散性试验》的规定进行。

10. 低温循环寿命试验

（1）第1阶段低压循环动作试验　开启试验阀门和低温装置下游端的阀门，然后将压力稳定至0.2MPa，使阀腔内充满介质，两端阀座没有压差时，开关阀门200次。开启和关闭阀门的操作速度可由买卖双方商定。

（2）第2阶段阀门最大允许工作压力下的循环动作试验　在第1阶段阀门最后一次开关动作结束后，关闭试验阀门，打开低温装置下游端的隔离阀并泄放试验阀门下游端的压力，将上游端的压力升至最大允许工作压力；然后测量阀座的泄漏量。如果泄漏量满足要求，在最大允许工作压力下，开关阀门2次，记录第2次阀座的泄漏量。

11. 泄漏率要求

1）闸阀、截止阀、球阀和蝶阀阀座的泄漏率不应超过100mm^3/sDN。

2）止回阀的泄漏率阀座不应超过200mm^3/sDN。

3）阀门逸散性泄漏量应符合GB/T 26481—2011中B级的要求。

10.11 阀门的其他试验

10.11.1 阀门的寿命试验

阀门寿命试验规程所定义的阀门寿命为：阀门在模拟工况条件下进行循环操作直至失去规定的性能时阀门启闭的总次数。

阀门寿命是阀门产品质量的综合反映。通过寿命试验，可以发现阀门产品的内在质量问题，如强度、设计、密封、加工、材料及装配等方面的问题。有些问题采用一般的出厂试验和零部件检查通常是难以发现的。目前，在质量评定、创优等方面，阀门寿命已作为一项考核指标。现已制定了闸阀、截止阀、旋塞阀、球阀、蝶阀及阀门电动装置的寿命试验规程。

10.11.1.1 闸阀、截止阀、旋塞阀、球阀和蝶阀的寿命试验

1. 寿命试验的要求

1）试验除符合寿命试验规程外，还应符合阀门产品标准的有关规定。

2）试验介质为清洁的常温水，水中允许加入防锈剂。

3）试验开度按表10-95的规定。

表10-95 各类阀门的试验开度

闸阀	截止阀	球阀	旋塞阀	蝶阀
≥阀体密封面宽度的1.5倍	≥公称尺寸的1/4	全开	全开	全开

4）在关紧过程和开动过程中，启闭件前后压差应不小于0.9倍的额定压力（有旁通的主阀，启闭件前后压差应不小于0.9倍的设计压力截止阀无此项规定；在关紧位置，启闭件前后压差应不小于额定压力，且不大于1.1倍的额定压力。

5）启闭件到达试验开度时，阀腔内压力应不小于额定压力，且不大于1.1倍的额定压力。

6）试验时应尽量排除被测阀阀腔内的空气（可以在阀盖顶部设排气螺孔）。

7）被测阀由驱动装置带动阀杆运动，应对阀杆操作力矩（或轴向力）进行测定。驱动装置每次调整后其关紧力矩的重复偏差不得超过±10%。

8）被测阀在试验装置上的安装位置应使阀杆垂直于水平面。

9）主要测试仪表、仪器、传感器精度不得低于1%，压力表精度不得低于1.5级。

2. 寿命试验的检查部位和项目

1）试验检查应包括下列主要部位和零件：①密封副；②阀杆及阀杆螺母；③填料函部位；④中法兰的密封部位；⑤其他零部件。

2）操作力矩（或轴向力）：①初始操作力矩（或轴向力）；②到达各次检测次数时的操作力矩（或轴向力）。

3. 寿命试验的方法和检测

1）试验时，介质从被测阀的进口端引入，在出口端检测。被测阀经密封性试验合格后即可进行寿命试验。试验系统如图10-61所示。

2）试验中的检测次数与试验次数的对应关系，推荐采用表10-96的数值。但允许根据具体情况作适当变更。当试验进行到各检测次数时，参照表10-97的要求进行检测，并记录结果。其中，操作力矩（或轴向力）应为每次检测前三次试验结果的平均值。

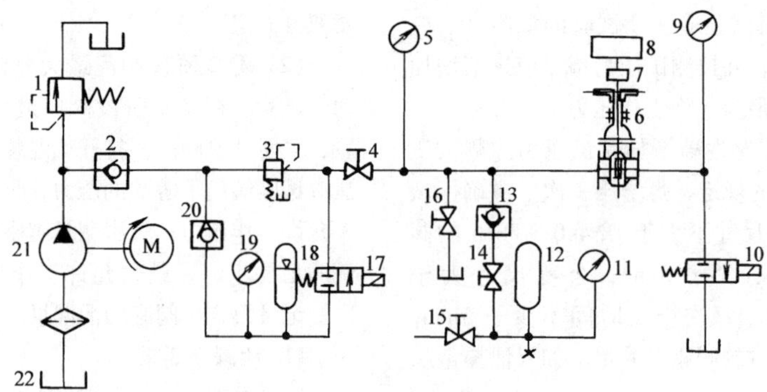

图10-61 阀门寿命试验系统

1—卸压阀 2、13、20—止回阀 3—减压阀 4、14、15、16—截止阀 5、9、11、19—压力表 6—被测阀 7—传感器 8—驱动装置 10、17—两通阀 12—贮气缸 18—蓄能器 21—泵 22—贮水槽

表 10-96　检测次数与试验次数的对应关系

检测次数	1	2	3	4	5	6	7	8	9	10	11
试验次数	初始	50	100	150	200	250	300	350	400	450	500
检测次数	12	13	14	15	16	17	18	19	20	21	22
试验次数	550	600	650	700	800	900	1000	1100	1200	1300	1400
检测次数	23	24	25	26	27	28	29	30	31	32	33
试验次数	1500	1600	1700	1800	1900	2000	2200	2400	2600	2800	3000
检测次数	34	35	36	37	38	39	40	41	42		
试验次数	3300	3600	4000	4400	4800	5200	5600	6000	6500		

注：试验次数大于6500时每隔500次检验一次。

表 10-97　阀门静压寿命试验记录（参考）

<table>
<tr><td colspan="2">检测次数</td><td colspan="3">1</td><td colspan="3">2</td><td colspan="3">…</td><td colspan="3">42</td></tr>
<tr><td colspan="2">试验次数</td><td colspan="3">初始</td><td colspan="3">50</td><td colspan="3"></td><td colspan="3">6500</td></tr>
<tr><td colspan="2">渗漏量</td><td colspan="3"></td><td colspan="3"></td><td colspan="3"></td><td colspan="3"></td></tr>
<tr><td rowspan="2">操作力矩/N·m
（或轴向力/N）</td><td>试验值</td><td></td><td></td><td></td><td></td><td></td><td></td><td></td><td></td><td></td><td></td><td></td><td></td></tr>
<tr><td>平均值</td><td colspan="3"></td><td colspan="3"></td><td colspan="3"></td><td colspan="3"></td></tr>
<tr><td colspan="2">关闭过程中启
闭件前后压差/MPa
（截止阀无此检测项目）</td><td colspan="3"></td><td colspan="3"></td><td colspan="3"></td><td colspan="3"></td></tr>
<tr><td colspan="2">开动过程中启闭
件前后压差/MPa
（截止阀无此检测项目）</td><td colspan="3"></td><td colspan="3"></td><td colspan="3"></td><td colspan="3"></td></tr>
<tr><td colspan="2">关紧位置压差/MPa</td><td colspan="3"></td><td colspan="3"></td><td colspan="3"></td><td colspan="3"></td></tr>
<tr><td colspan="2">始通至试验开度压差/MPa</td><td colspan="3"></td><td colspan="3"></td><td colspan="3"></td><td colspan="3"></td></tr>
<tr><td colspan="2">密封面情况</td><td colspan="3"></td><td colspan="3"></td><td colspan="3"></td><td colspan="3"></td></tr>
<tr><td colspan="2">填料情况</td><td colspan="3"></td><td colspan="3"></td><td colspan="3"></td><td colspan="3"></td></tr>
<tr><td colspan="2">垫片情况</td><td colspan="3"></td><td colspan="3"></td><td colspan="3"></td><td colspan="3"></td></tr>
<tr><td colspan="2">阀杆情况</td><td colspan="3"></td><td colspan="3"></td><td colspan="3"></td><td colspan="3"></td></tr>
<tr><td colspan="2">阀杆螺母情况</td><td colspan="3"></td><td colspan="3"></td><td colspan="3"></td><td colspan="3"></td></tr>
<tr><td colspan="2">其他</td><td colspan="3"></td><td colspan="3"></td><td colspan="3"></td><td colspan="3"></td></tr>
<tr><td colspan="2">备注</td><td colspan="3"></td><td colspan="3"></td><td colspan="3"></td><td colspan="3"></td></tr>
</table>

3）试验中，如发现密封副渗漏，允许关紧，经密封试验合格后，可继续进行试验。

4）试验中，如发现填料函部位及中法兰密封部位渗漏，允许压紧，直至密封性合格。若填料被压紧后仍不能密封，允许增加填料圈数，但不得更换。压紧和增加填料圈数时的试验次数，应在试验报告中注明。

5）试验前和试验结束后，应检测密封面、阀杆及阀杆螺母等主要零件的损坏情况，并记录在试验报告上，试验报告格式见表 10-98。

表10-98 阀门静压试验报告（参考） №：________

产品型号、规格__________制造单位__________送试日期______年______月______日

产品编号__________委托试验单位__________联系人__________

<table>
<tr><td colspan="3" rowspan="2">试验结果</td><td colspan="4">阀门编号</td></tr>
<tr><td></td><td></td><td></td><td></td></tr>
<tr><td rowspan="26">试验记录</td><td>终止试验次数</td><td></td><td></td><td></td><td></td><td></td></tr>
<tr><td rowspan="2">渗漏量</td><td>最初</td><td></td><td></td><td></td><td></td></tr>
<tr><td>最终</td><td></td><td></td><td></td><td></td></tr>
<tr><td rowspan="2">阀杆操作力矩/N·m
（或轴向力/N）</td><td>最初</td><td></td><td></td><td></td><td></td></tr>
<tr><td>最终</td><td></td><td></td><td></td><td></td></tr>
<tr><td rowspan="2">关紧过程中启闭件前后压差/MPa
（截止阀无此检测项目）</td><td>最初</td><td></td><td></td><td></td><td></td></tr>
<tr><td>最终</td><td></td><td></td><td></td><td></td></tr>
<tr><td rowspan="2">开动过程中启闭件前后压差/MPa
（截止阀无此检测项目）</td><td>最初</td><td></td><td></td><td></td><td></td></tr>
<tr><td>最终</td><td></td><td></td><td></td><td></td></tr>
<tr><td rowspan="2">关紧位置启闭件前后压差/MPa</td><td>最初</td><td></td><td></td><td></td><td></td></tr>
<tr><td>最终</td><td></td><td></td><td></td><td></td></tr>
<tr><td rowspan="2">密封面情况</td><td>最初</td><td></td><td></td><td></td><td></td></tr>
<tr><td>最终</td><td></td><td></td><td></td><td></td></tr>
<tr><td rowspan="2">填料情况</td><td>最初</td><td></td><td></td><td></td><td></td></tr>
<tr><td>最终</td><td></td><td></td><td></td><td></td></tr>
<tr><td rowspan="2">垫片情况</td><td>最初</td><td></td><td></td><td></td><td></td></tr>
<tr><td>最终</td><td></td><td></td><td></td><td></td></tr>
<tr><td rowspan="2">阀杆螺母情况</td><td>最初</td><td></td><td></td><td></td><td></td></tr>
<tr><td>最终</td><td></td><td></td><td></td><td></td></tr>
<tr><td rowspan="2">阀杆情况</td><td>最初</td><td></td><td></td><td></td><td></td></tr>
<tr><td>最终</td><td></td><td></td><td></td><td></td></tr>
<tr><td>其他零部件情况</td><td></td><td></td><td></td><td></td><td></td></tr>
<tr><td>寿命次数</td><td></td><td></td><td></td><td></td><td></td></tr>
<tr><td>备注</td><td></td><td></td><td></td><td></td><td></td></tr>
</table>

试验日期__________年__________月______日至__________年______月______日

试 验 员____________

填　　表__________校对__________审查__________________年______月______日

试验单位______（公章）

4. 阀门寿命次数的确定

1）完成关闭和开启一个循环为一个试验次数。

2）发生下列任何一种情况时应终止试验：①密封副损坏，经关紧后仍达不到有关标准要求；②阀杆、阀杆螺母损坏，无法进行正常试验；③中法兰密封部位损坏，经压紧后仍不能保证密封；④填料函损坏，经压紧和增加填料圈数后仍不能保证密封；⑤其他零部件损坏，无法进行正常试验。

3）寿命次数为试验终止前一次检测所对应的试验次数。

5. 质量分级标准规定的某些阀类寿命指标

质量分级标准规定的闸阀、截止阀、球阀、隔膜阀、蝶阀、平板闸阀、高压平衡截止阀的静压寿命指标见表10-99。

表 10-99 质量分等标准规定的某些阀类的静压寿命指标

阀类	密封面配对材料	公称尺寸	公称压力 PN	静压寿命次数		
				合格品	一等品	优等品
闸阀	金属-金属	≤DN150/NPS6	中压②	—	3000	6000
			低压①	—	2000	3000
		DN200/NPS8 ~ DN400/NPS16	中压②	—	2500	4000
			低压①	—	1500	2500
		DN450/NPS18 ~ DN600/NPS24	中压②	—	2000	3000
			低压①	—	1000	1500
截止阀	金属-金属	≤DN150/NPS6	中压②	—	3000	6000
			低压①	—	2000	3000
		≥DN200/NPS8	中压②	—	2500	4000
			低压①	—	1500	2500
球阀	非金属-金属	≤DN100/NPS4	—	—	10000	20000
		≥DN125/NPS5	—	—	6000	10000
隔膜阀	非金属-非金属	—	—	—	3500	4500
蝶阀	金属-金属	≤DN150/NPS6	—	—	3000	6000
		DN200/NPS8 ~ DN400/NPS6	—	—	2500	4000
		DN450/NPS18 ~ DN600/NPS24	—	—	2000	3000
		DN700/NPS30 ~ DN900/NPS36	—	—	1000	2000
	非金属	≤DN150/NPS6	—	—	30000	45000
		DN200/NPS8 ~ DN400/NPS16	—	—	25000	40000
		DN450/NPS18 ~ DN600/NPS24	—	—	20000	35000
		DN700/NPS30 ~ DN900/NPS36	—	—	15000	30000
平板闸阀 钢制	金属-金属	DN50/NPS2 ~ DN600/NPS24	—	—	3000	6000
平板闸阀 铁制	非金属-金属	DN50/NPS2 ~ DN800/NPS32	—	—	2500	3000
高压平衡截止阀	—	≤DN150/NPS6	—	—	3000	6000
	—	≥DN200/NPS8	—	—	3000	5000

① 公称压力≤PN16/Class150。

② 公称压力＞PN16/Class150，≤PN63/Class400。

6. 有关静压寿命试验的名词术语解释

（1）寿命　阀门在模拟工况条件下进行循环操作，直至失去规定的性能时阀门启闭的总次数。

（2）始断位置　在阀门关闭过程中，当启闭件密封面的 A 点到达阀体密封面的 B 点时所处的位置，如图 10-62 ~ 图 10-65 所示。

（3）关紧位置　启闭件与阀体密封面接触，达到密封要求时所处的位置。

（4）关紧过程　启闭件从始断位置到达关紧位置的关闭过程。

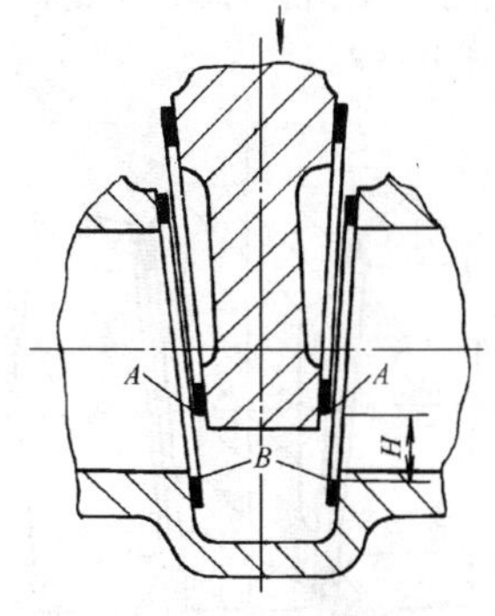

图 10-62　闸阀

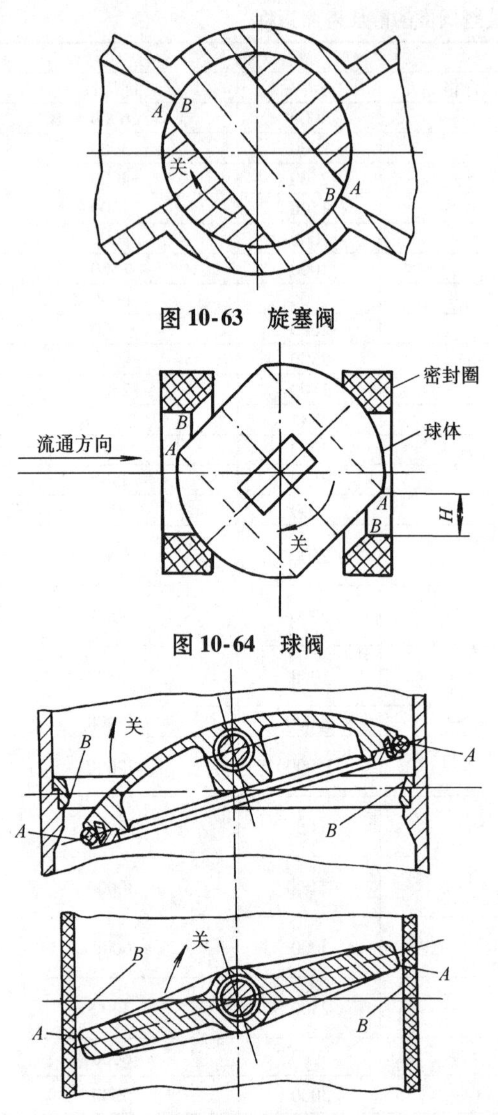

图 10-63　旋塞阀

图 10-64　球阀

图 10-65　蝶阀

（5）始通位置　在阀门开启过程中，当启闭件密封面的 *A* 点到达阀体密封面的 *B* 点时所处的位置，如图 10-66 ~ 图 10-69。

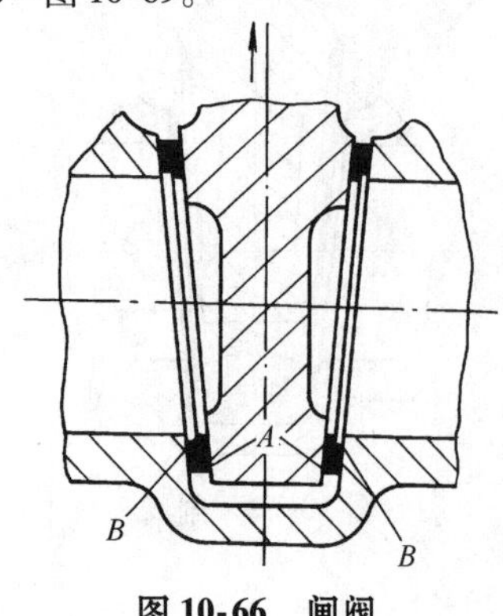

图 10-66　闸阀

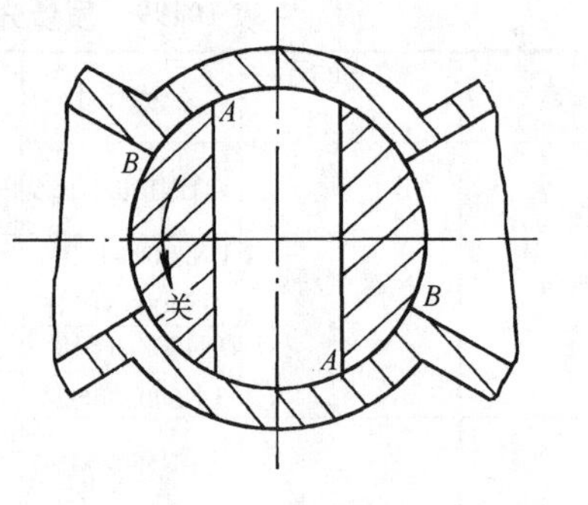

图 10-67　旋塞阀

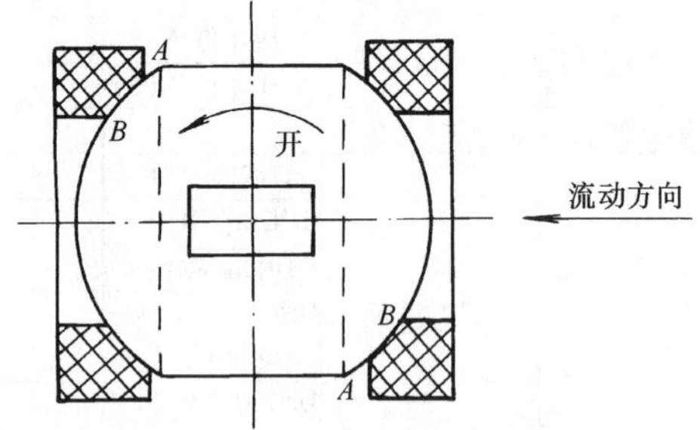

图 10-68　球阀

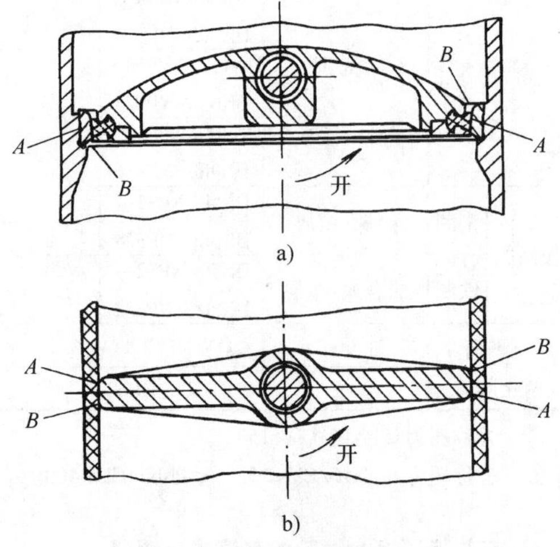

图 10-69　蝶阀

a）法兰连接偏心蝶阀　b）对夹连接中线蝶阀

（6）开动过程　启闭件从关紧位置到达始通位置的开启过程。

（7）试验开度　阀门被打开时 *B* 点到 *A* 点的距离 *H*。

10.11.1.2　阀门电动装置的寿命试验

寿命试验规程所定义的驱动装置寿命为：驱动装置在模拟阀门启闭过程中力矩的变化进行循环操作，直至失去规定的性能时驱动装置的开关总次数。

1. 寿命试验的要求

1）电动装置寿命试验时，以运行转矩运转，以最大控制转矩关闭。所谓最大控制转矩，即为当转矩限制机构调到满刻度时，逐渐增加电动装置的输出转矩，直到转矩限制开关动作时的输出转矩值。运行转矩是电动装置设计的一个参考值。它等于电动装置最大控制转矩的1/3。如以推力表示，即以1/3的最大推力运行，以最大推力关闭。负载特性如图10-70所示。

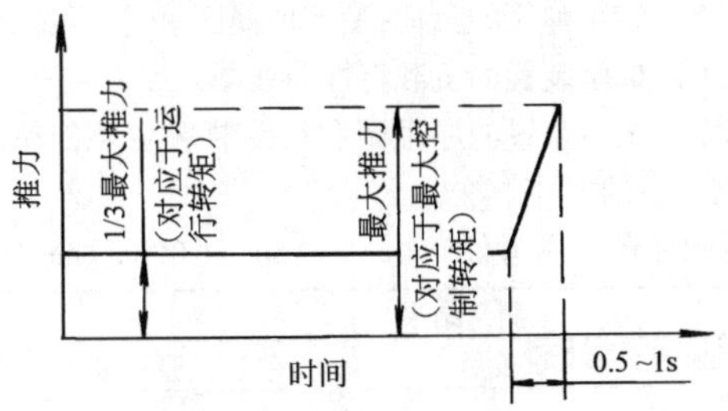

图10-70 负载特性

2）电动装置一开一关为运转一次。每运转一次的时间为40s。即开10s，停10s，关10s，停10s。操作时间特性如图10-71所示。

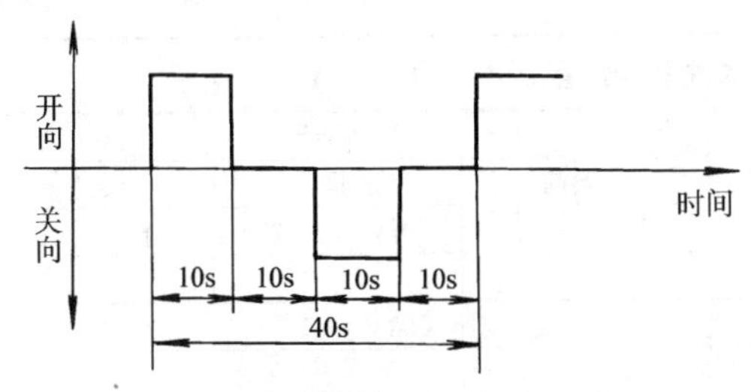

图10-71 操作时间特性

3）电动装置在寿命试验中，开启终端位置由位置限制开关控制；关闭终端位置由转矩限制开关控制。

4）主要测试仪器仪表（如转矩传感器、压力传感器、记录仪、示波器等）应按有关要求进行标定。

2. 寿命试验的测试项目

（1）传动件磨损量的测定

1）电动机轴齿轮的磨损量。

2）蜗杆轴齿轮的磨损量。

3）蜗杆的磨损量。

4）蜗轮的磨损量。

5）阀杆螺母的磨损量。

6）蜗轮轴轴承的磨损量。

（2）电动装置基本性能的测定

1）整机运行效率的变化。

2）输出转矩的变化。

3）位置控制的精度。

4）转矩弹簧自由高度和负荷-变形特性的变化。

5）转矩限制开关和位置限制开关接点电阻的变化。

3. 寿命试验的方法

1）将被测电动装置安装在试验台上，按图10-70的要求调好负载，按图10-71的要求用时间继电器控制开和关，自动连续运转1万次。并用计数器记录试验的次数。试验中，电动装置不应有任何故障或机械损伤。

2）电动机轴齿轮、蜗杆轴齿轮、蜗杆、蜗轮、阀杆螺母和蜗轮轴轴承的磨损量按表10-100规定的被测部位测量其试验前和试验后的尺寸，并计算其磨损量，其值不应超过表10-100的规定。

表10-100 电动装置零件的测量部位及磨损量指标

零件名称	测量部位	磨损量指标
电动机轴齿轮	公法线长度	≤0.1mm
蜗杆轴齿轮	公法线长度	≤0.1mm
蜗杆	齿厚	≤0.1mm
蜗轮	侧向齿隙	小于1/10齿厚
阀杆螺母	侧向齿隙	小于1/10螺距
蜗轮轴轴承1	轴承宽度	≤0.2mm
蜗轮轴轴承2		

3）整机运行效率的变化按下述方法测定：

① 将电动装置安装在转矩试验台上，在电动机和电动机轴齿轮之间加转矩传感器，分别测出试验前和试验后电动装置在开向和关向的输入转矩和输出转矩。

② 按式（10-99）计算运行效率：

$$运行效率 = \frac{电动装置的输出转矩}{电动机轴转矩 \times 传动化} \times 100\% \tag{10-99}$$

③ 试验前和试验后运行效率的误差不应超过表10-101的规定。

④ 电动装置输出转矩的变化应在开向和关向3个不同的转矩开关位置分别测出试验前和试验后的输出转矩值。每个转矩调整点测3次，其最大误差不应超过表10-101的规定。

表10-101 电动装置各测量项目的测量参数及最大允许误差

测量项目	测量参数	误差
运行效率	输入和输出转矩	≤10%
输出转矩	转矩	≤10%
位置控制精度	阀杆开启位置的变化	≤0.2mm
转矩弹簧	自由高度	≤0.2mm
	负荷-变形特性	≤5%
接点的电阻	电阻	≤2mΩ

4）位置控制精度是通过测量试验前和试验后阀杆开启位置的变化与阀杆螺母磨损量之差来达到，其

值不应超过表10-102的规定。

5）测定试验前、后转矩弹簧组自由高度的变化及负荷-变形特性的变化。按式（10-100）计算出的误差不应超过表10-101的规定。

$$误差=\frac{试验前负荷-试验后负荷}{试验前负荷}\times 100\% \quad (10\text{-}100)$$

6）测量试验前、后转矩限制开关和位置限制开关接点的电阻，其误差不应超过表10-101的规定。

4. 寿命试验报告

试验报告应包括以下内容：

1）电动装置的结构示意图。

2）电动装置（包括电动机）的主要技术参数。

3）按表10-102整理各主要传动件的磨损量。

4）按表10-103整理电动装置试验前、后性能的变化。

5）转矩弹簧的负荷-变形曲线图。

6）试验装置的负载特性曲线图。

7）试验装置的原理图和被测装置主要传动件试验前、后的照片。

表10-102　主要传动件磨损量的测量（参考件）　（单位：mm）

零件名称	测量部位	测量结果		
		试验前	试验后	磨损量
电动机轴齿轮	公法线长度			
蜗杆轴齿轮	公法线长度			
蜗杆	齿厚			
蜗轮	侧向齿隙			
阀杆螺母	侧向齿隙			
蜗轮轴轴承1	轴承宽度			
蜗轮轴轴承2				

表10-103　电动装置基本性能的测量

测量项目	测量参数			测量结果					
				试验前		试验后		误差	
				开	关	开	关	开	关
运行效率	输入和输出转矩/N·m								
输出转矩	转矩/N·m	转矩开关调整位置	1						
			2						
			3						
位置控制精度	阀杆开启位置的变化/mm								
转矩弹簧	自由高度/mm								
	负荷-变形特性								
接点电阻	电阻/mΩ								

10.11.2　阀门的流量试验

阀门的流通能力和压力损失是阀门的选择、使用和设计的重要参数。通过试验测出阀门在不同开度下的介质流通量和介质通过阀门后的压力损失，即可得到阀门的流量系数和流阻系数。

作为截断装置使用的阀门，其目的就是将一部分回路截断。因此，阀门必须保证极好的密封性。当装有这类阀门的回路正常工作时，阀门应该呈全开启状态，并尽可能使其产生最小的压力损失。所以，这类阀门的流量试验主要是测定其在全开启状态下的流阻系数。各种阀门的流阻系数各不相同，就是同种阀门，由于结构及流道各不相同，其流阻系数也有显著的差别。通过试验可找出影响阀门流阻系数的各种因素，从而指导人们改进结构设计，降低阀门的流体阻力，使其消耗尽可能少的能量。

用于调节流量或压力的阀门，在使用中它会产生很大的压力损失，且压力损失的大小是随阀门启闭位置的变化而变化的。这类阀门的流量试验主要是测定其在不同开度下的流量系数，并通过试验进行改进，提高阀门的调节性能。

有些阀门既可作为截断阀使用，又可作为调节阀使用。蝶阀就是最典型的例子。

目前国内针对调节阀有两个主要通用国家标准，一个是GB/T 30832—2014《阀门流量系数和流阻系数试验方法》，一个是GB/T 17213.9—2005《工业过程控制阀　第2-3部分：流通能力试验程序》，它是按着IEC 60534-3—1997《工业过程控制阀》第2-3部分流通能力试验程序》制定的。另外，还有一个只适用于气动调节阀的GB/T 4213—2008《气动调节阀》。

典型的阀门流量试验装置如图10-72所示。

10.11.2.1 试验装置的要求

1. 试验管道直管长度

阀门前后管道的通径应与阀门通径相同，如图10-73所示和见表10-104及表10-105。

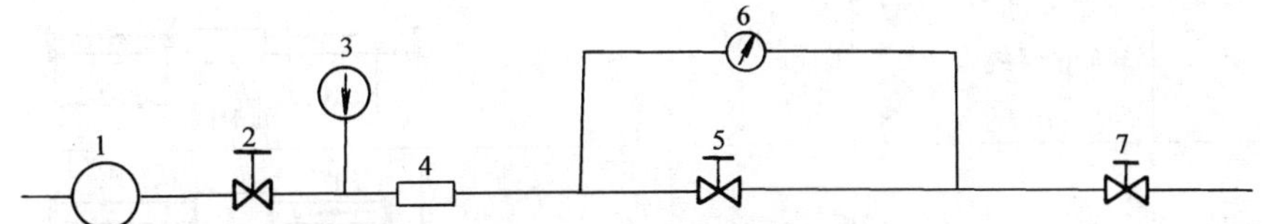

图10-72 流量试验装置简图

1—可控介质源 2—节流阀 3—温度计 4—流量计
5—试验阀 6—压差测量装置 7—调节阀

表10-104 各标准对试验管道长度的规定

标准号	标准名称	A（或E）≥	B	C	G（或F）≥
IEC 60534-1	工业过程控制阀 第1部分：术语和总则	E值20D	1～2D	4～6D	F值10D
IEC 60534-2-3	工业过程控制阀 第2-3部分：流通能力	—	2D	6D	—
GB/T 4213—2008	气动调节阀	E值20D	2D	6D	F值7D
ISO/TC 23/SC18 No110	灌溉阀的内部压力损失——试验方法	A值10D	5D	10D	G值5D
NF E 29-312	工业阀门——阀门的流量系数和流阻系数——不可压缩流体的定义、计算、实际确定	A值10D	5D	10D	G值15D
JIS B2005-2-3—2004	工业过程控制阀 第2-3部分：阀的流通能力试验方法	E值20D	2D	6D	F值10D

注：D为管道公称尺寸。

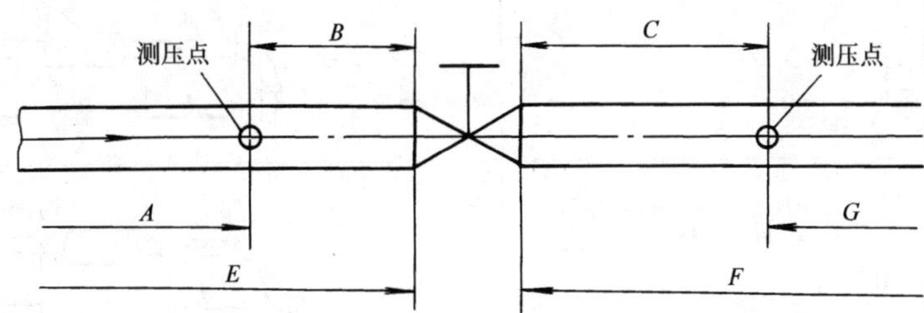

图10-73 流阻试验简图

表10-105　图10-73中尺寸A的规定

湍流源	管道布置	A≥	典型装置结构图
普通的	布置成一个推动轮叶的系统	8DN	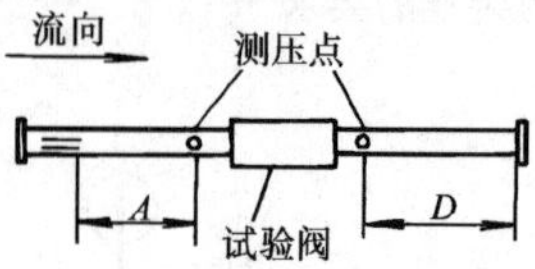
收缩和扩张型的	一般的	12DN	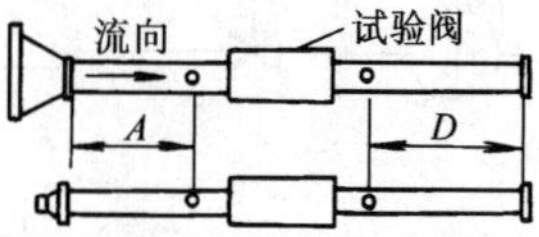
用阀门控制进口		15DN	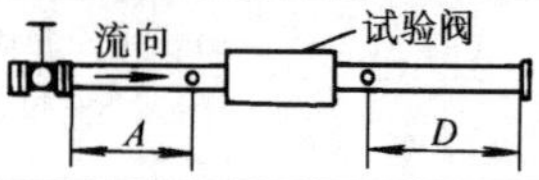
L形管道或弯曲管道大曲率半径的弯头	接头在不同平面内	24DN 15DN	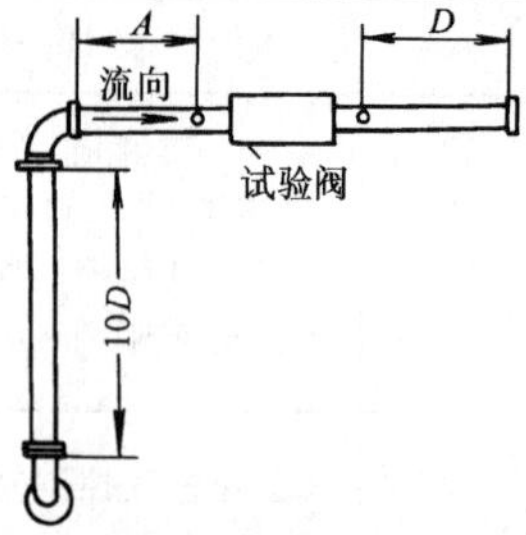
L形管道或弯曲管道大曲率半径的弯头	接头在不同平面内	30DN 22DN	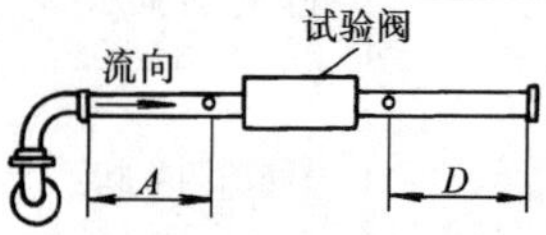
圆桶或储罐管线上的分流器呈Y形、L形或T形交叉	接头在同一平面内	13DN	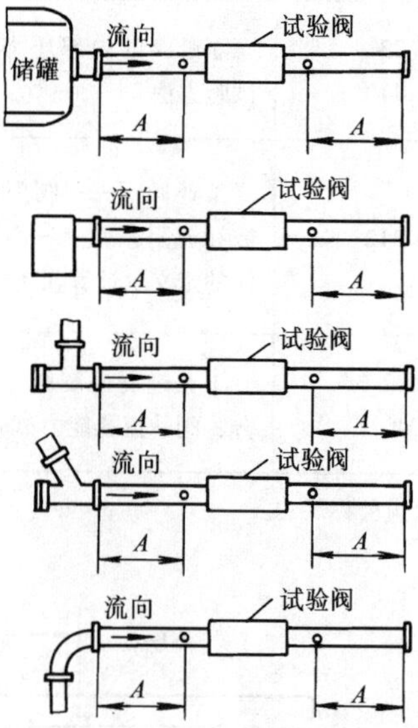
L形管道或弯曲管道	接头在同一平面内	18DN	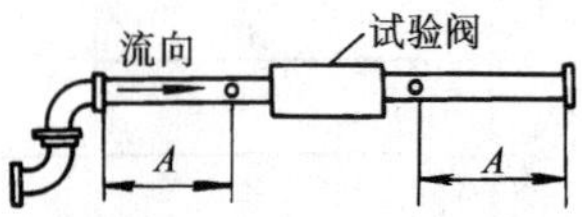

（续）

湍流源	管道布置	A≥	典型装置结构图
大曲率半径的弯头	接头在同一平面内	18DN	
T形或Y形短管	接头在同一平面内	10DN	

注：DN为管道公称尺寸。

2. 取压孔

取压孔如图10-74所示。其尺寸见表10-106、表10-107。阀门前后取压孔径应相同。取压孔应位于水平位置，以避免空气和灰尘聚积；其中心线应与管道中心线垂直相交，孔的边缘不应凸出管内壁，且锐利和无毛刺。

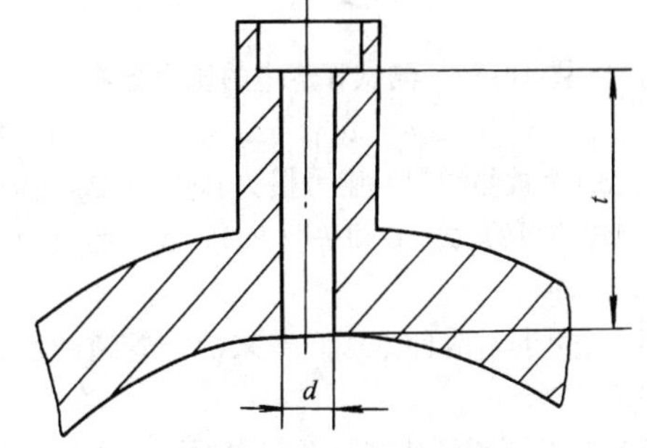

图10-74 取压孔示意图

3. 测量精度

试验装置的测量精度的允许偏差见表10-108。

10.11.2.2 阀门压力损失的测定

被测阀门的压力损失 Δp 等于压差测量装置测得的总压力损失 Δp_1 减去管道的压力损失 Δp_2，如图10-75所示。

表10-106 取压孔尺寸

标准号	标准名称	d	l
GB/T 4213	气动调节阀	$0.1D$，但最小为3mm，最大为12mm	$2.5\sim5d$
NFE 29-312	工业阀门 阀门的流量系数和流阻系数 不可压缩流体的定义、计算、实际确定	$0.1D$，但最小为2mm，最大为9mm	$\geqslant2d$
ISO/TC23/SC18No110	灌溉阀的内部压力损失 试验方法	$\geqslant0.1D$，但最小为1mm，最大为6mm	—
JIS B2005-2-3：2004	工业过程控制阀 第2-3部分 阀门流通能力试验方法	$0.1D$，但最小为1mm，最大为12mm	最小 $2.5d$ 推荐 $5d$

注：D 为管道公称尺寸。

表10-107 对取压孔径 d 的规定 （单位：in（mm））

公称尺寸	d 值≤	d 值≥
<NPS2（DN50）	1/4（6）	1/8（3）
NPS2～NPS3（DN50～DN80）	3/8（9）	1/8（3）
NPS4～NPS8（DN100～DN200）	1/2（13）	1/8（3）
>NPS10（DN250）	3/4（19）	1/8（3）

表 10-108 测量精度的允许偏差

标准号	标准名称	流量	压差	温度
IEC534-1	工业过程调节阀 第一部分：总则	实际流量的 ±2%	实际压差的 ±2%	±2℃
NFE 29—312	工业阀门 阀门的流量系数和流阻系数 不可压缩流体的定义、计算、实际确定	—	—	—
GB/T 4213—2008	气动调节阀	实际流量的 ±2% 重复性≤0.5%	实际压差的 ±2%	±1℃
ISO/TC23/SC18No110	灌溉阀的内部压力损失 试验方法	±2%	±2%	±2℃
JIS B2005-2-3—2004	工业过程控制阀第 2、3 部分阀门流通能力试验方法	±2%	±2%	±1℃

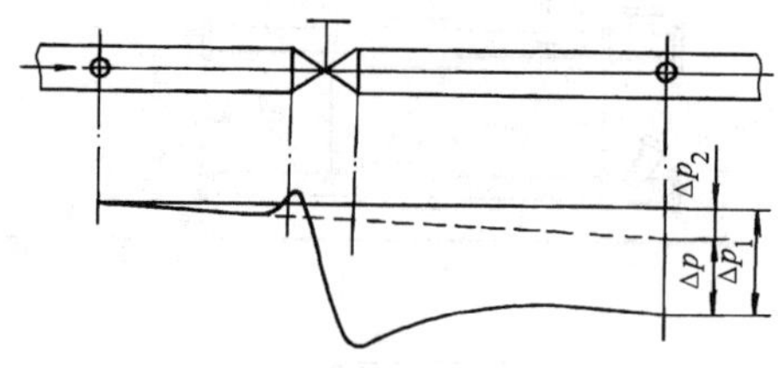

图 10-75 测试管道中的压力分布

$$\Delta p = \Delta p_1 - \Delta p_2 \tag{10-101}$$

式中，Δp 为被测阀门的压力损失（Pa）；Δp_1 为压差测量装置测得的总压力损失（Pa）；Δp_2 为管道的压力损失（Pa）。

可采用下列两种方法之一来确定管道的压力损失 Δp_2。

1）将被测阀门从试验系统中拆下，用不会产生明显压力损失的接管将管道直接相连（或将管道直接相连），单独测定管道的压力损失。

2）用公认的摩擦损失公式计算管道的压力损失，如达西（Darcy）公式：

$$\Delta p_2 = \mu \frac{L}{d}\left(\frac{\rho v^2}{2}\right) \tag{10-102}$$

式中，Δp_2 为压力损失（Pa）；μ 为管道的摩擦因数；L 为取压管间总长度（m）；d 为管道内径（m）；ρ 为流体的密度（kg/m³）；v 为管道内流体的平均流速（m/s）。

应注意的是：用于调节流量或压力等的阀门，由于阀门本身所产生的压力损失很大，因而管道所产生的压力损失可忽略不计，即将图 10-75 中 Δp_1 作为被测阀门的压力损失，且有关调节阀的标准均将 Δp_1 定义为阀门的压力损失。

10.11.3 阀门的火灾型式试验

人们通常要求安装在某些易着火地方的阀门在遭到火烧后，短期内仍应具有密封性，以避免发生更大的事故。为满足这一特定要求，需对阀门的结构进行合理设计，并通过试验来检测和评定这类阀门是否能够达到要求。下面具体地论述阀门的耐火试验。

10.11.3.1 试验工况

1）对于可以双向安装的对称阀门，且只需在一个安装方向上进行试验。对于可以双向安装的非对称阀门，则应在两个安装方向上分别进行试验。如果阀门只能单向安装，则阀门按规定的安装方向进行试验。

2）如果被试阀门在正常情况下配有变速箱，则在阀门耐火试验时也应配有变速箱。

3）在试验过程中，阀门和变速箱不应采用任何形式的隔离材料进行保护。除非该保护是部件设计的组成部分。

4）如果被试阀门设有压力泄放装置（该装置是阀门设计的一部分），并且在耐火试验过程中该装置动作，那么试验应该继续进行，而且通过该压力泄放装置的任何泄漏应认为是外漏。如果阀门的中腔会存集液体，为了防止试验阀可能产生破裂而在试验阀上连接压力泄放装置，那么如该压力泄放装置动作，则应停止试验。

10.11.3.2 试验方法

1. 原理

对于处在关闭位置、充满水的承压阀门进行耐火试验，是将阀门放在其周围环境温度为 750～1000℃ 的火焰中烧 30min，测定这段时间里通过阀门漏向大气的介质量。经耐火试验再冷却后，对阀门进行液压试验，以评定阀门壳体及阀座的保压能力。

2. 试验系统

试验系统如图 10-76 所示。试验设备不应使阀门承受会影响试验结果的外加应力。

如果与试验阀直接相连的进口侧管道的公称尺寸大于 DN25/NPS1 或大于试验阀公称尺寸的 1/2，则至少距试验阀 150mm 的管道都应处在火区内。试验阀出口侧管道的公称尺寸应在 DN15/NPS $\frac{1}{2}$～DN25/NPS1 之

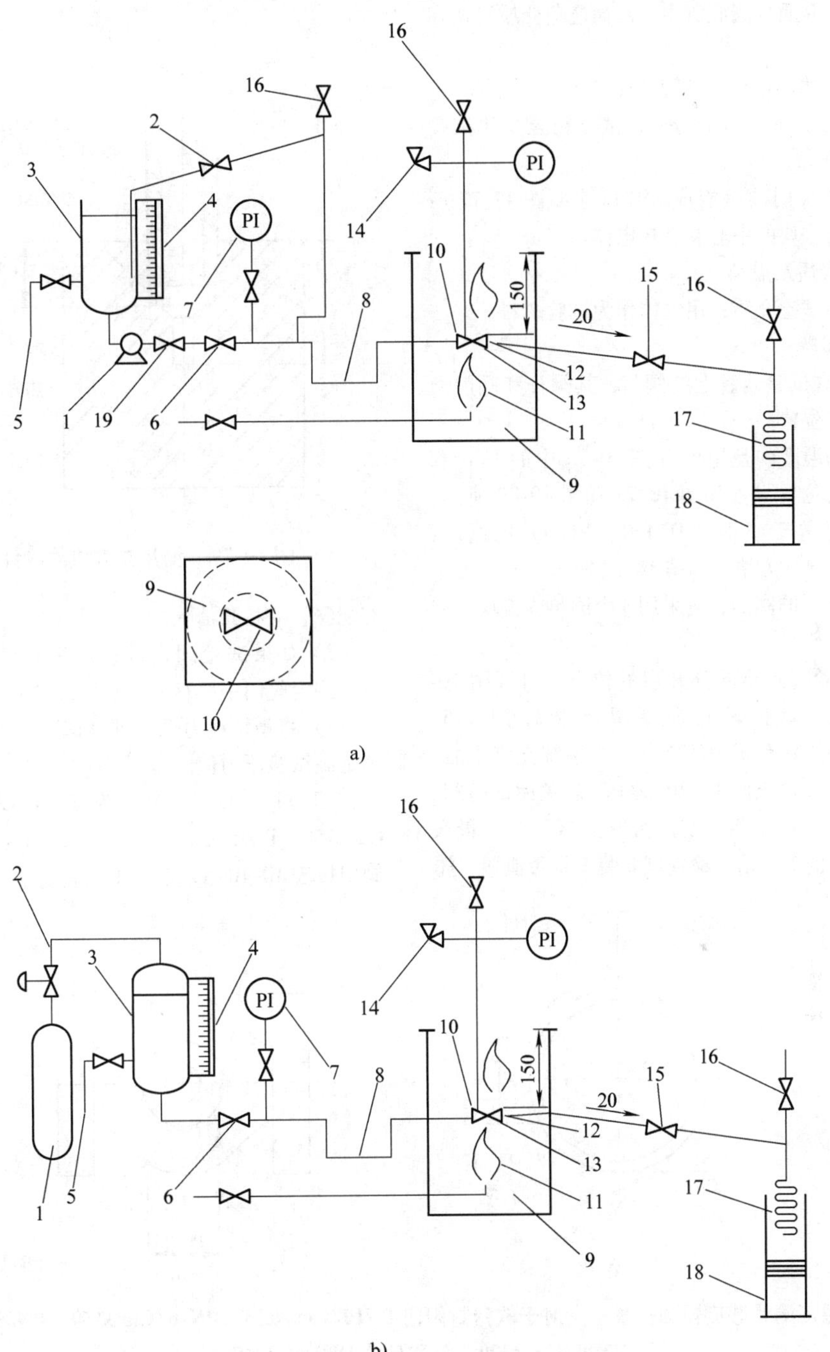

图 10-76 耐火试验系统

a）泵作为压力源 b）压缩气体作为压力源

1—压力源 2—压力调节器及释放 3—贮水罐 4—校准的水位计 5—供水阀 6、15—截止阀 7—压力计 8—管线：用于安装蒸汽疏水阀 9—试验箱 10—试验阀，水平安装，阀杆处于水平方向 11—燃料气体供应及火焰 12—热计量立方体 13—火焰及阀体热电偶 14—压力计及安全阀 16—放空阀 17—冷凝管 18—容器 19—单向阀 20—倾斜管

注：清除空间：150mm。

间，这样便于介质从阀腔流出，从而避免介质滞留在阀腔内。

装阀门的试验箱与试验阀的任何部位均应留有水平间隙。其最小间隙为150mm，试验箱至少比试验阀顶部高150mm。

测热立方块用碳钢制成，其尺寸如图10-77所示，在每个立方块的中心装有热电偶。

3. 试验介质及燃料

用水作为试验介质；用气体作为试验燃料。

4. 试验步骤

1）安装在试验装置上的阀门，其阀杆和阀门通道应处在水平位置。

测定火焰温度的热电偶（图10-76中的13）和测热立方块的位置设置如图10-78和图10-79所示。对于公称尺寸等于或小于DN150（NPS6）的阀门，应采用2个测热立方块，如图10-78所示。对于大于DN150（NPS6）的阀门，应采用3个测热立方块，如图10-79所示。

2）将试验阀调至部分开启的位置，打开图10-76中供水阀5、截止阀6、放空阀16和截止阀15。给系统充水并排除系统中的空气。当系统充满水后，关闭截止阀15、放空阀16和供水阀5。关闭试验阀、开启截止阀15。用水将系统压力升至20℃时的最大允许工作压力的1.5倍。检查试验装置是否泄漏，如有泄漏，应将其消除。

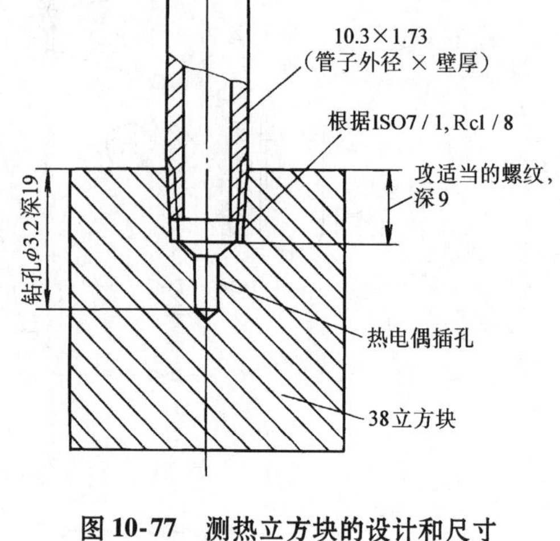

图10-77　测热立方块的设计和尺寸

3）如果试验阀是进口侧密封的，当阀门关闭后，测定阀门中腔存集的水量，并记录下该值。

4）将系统压力调整到高试验压力。按下述方法确定高试验压力值。

① 对于压力等级为PN10/Class125、PN16/Class150、PN25/Class250、PN40/Class300的软阀座阀门按表10-109或表10-110确定。

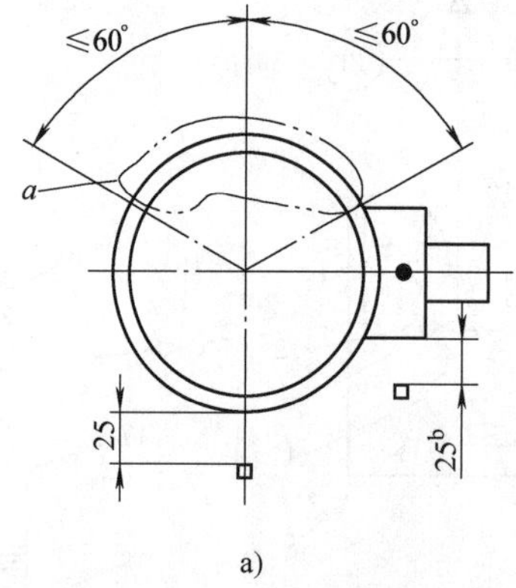

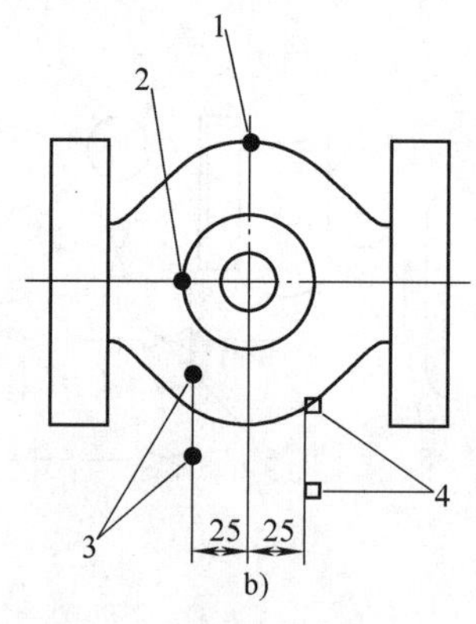

图10-78　温度测量感应器的位置——对于软密封阀门PN10/Class125、PN16/Class150、PN25/Class250和PN40/Class300，公称尺寸DN100（NPS4）

a）阀体热电偶安装于此处，安装时，阀体和阀盖的热电偶低于阀体/阀盖，距离为1/2壁厚或13mm，选择两者中的较小者　b）与阀杆密封的直线距离

1—阀体热电偶　2—阀盖热电偶　3—火焰热电偶　4—火焰热计量块

② 对于表10-109或表10-110范围以外的所有其他类型阀门，最高测试压力为20℃时阀座最大允许工作压力的75%。

在火烧过程和降温阶段保持该试验压力。允许最高为测试压力50%的瞬时压力降低，但该压力要在2min内恢复，且累积降低时间不超过2min。

记录水位计5的读数，再将容器20排空。

在试验过程中调整试验系统（试验阀除外），以

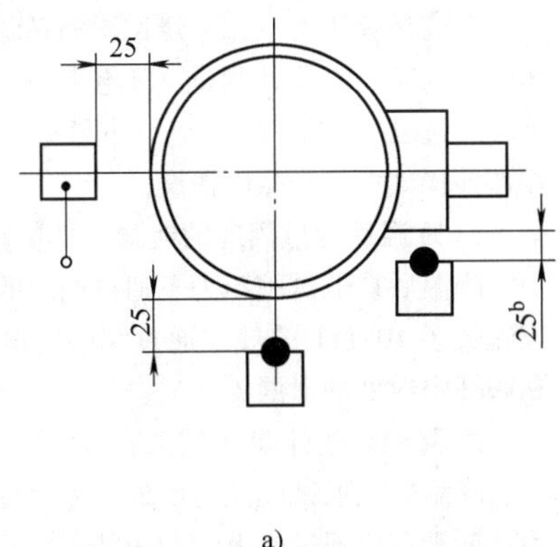

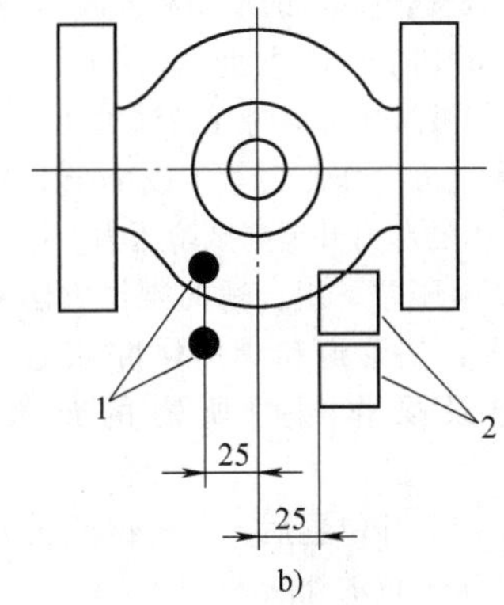

图 10-79 温度测量感应器的位置——所有其他阀门［对于软密封阀门 PN10/Class125、PN16/Class150、PN25/Class250 和 PN40/Class300，公称尺寸 > DN100（NPS4）和所有大于 PN40/Class300 的阀门］

a）额外增加的用于 DN200（NPS8）以上的热计量方块 b）与阀杆密封的直线距离

1—火焰热电偶 2—38mm 热计量方块

保持所需的温度和压力。

5）通燃料气，点燃火焰，在全部 30min 的火烧过程中监视火焰的温度。检查两个测量火焰温度的热电偶 15 的平均温度是否在点燃火焰后 2min 内达到 760℃。在随后的燃烧期中将平均温度保持在 760～980℃之间。而且热电偶不出现低于 705℃的读数。

6）检查测热立方块 14 的平均温度是否在点燃火焰后 15min 内达到 650℃。在随后的燃烧期内，测热立方块的平均温度应不低于 650℃，且不出现低于 565℃的读数。

表 10-109 阀门耐火试验压力

公称压力	高试验压力①/MPa	低试验压力①/MPa
PN10/Class125	0.8	0.2
PN16/Class150	1.2	0.2
PN20/Class150	1.5	0.2
PN25/Class250	1.9	0.2
PN40/Class300	3.0	0.2
PN50/Class300	3.8	0.2

① 所有试验压力的偏差均为 ±10%。

表 10-110 阀门耐火试验压力

公称压力		高试验压力①		低试验压力①	
		MPa	lbf/in²	MPa	lbf/in²
PN16	Class150	1.20	174	0.20	29
—	Class150	1.45	210	0.20	29
PN25	Class250	1.88	272	0.20	29
PN40	Class300	3.00	435	0.20	29
—	Class300	3.72	-540	0.20	29

① 所有试验压力的偏差均为 ±10%。

7）在火烧过程中每 2min 记录一次仪表 8、14、15、16 的读数。

8）试验结束时（30min）关闭燃料气。

9）立即测定容器 20 所收集的水量，以确定在火烧过程中通过阀座的总泄漏量。如果试验阀是上游密封型的，则扣除上游阀座密封和下游阀座密封之间所存集的水量。

继续收集容器 20 中的水，用以确定试验阀的外漏量，并记录外漏量。如果阀门本身配有压力泄放装置，则应记录通过它的泄漏量，并将其算为外漏。

10）可采用强制冷却的方法，也可采用自然冷却的方法，将阀门冷却到 100℃或更低一些。记录将阀门的外表面冷却到 100℃所需时间。

注意：对处在高温下的阀门，如果采用强制冷却的方法，从安全的角度考虑，应征求制造厂的意见。

当阀门的外表面已冷却到 100℃时，记录水位计 5 的读数，并确定容器 20 中的水量。

记录外泄漏量。如果阀门本身配有压力泄放装置，则应记录通过它的泄漏量，并将其算为外漏。

在进行下述步骤之前，允许阀门的内部冷却到 100℃以下。

11）对于在 20℃时的最大允许工作压力等于或小于 11MPa 的阀门，将水压减小到低试验压力。低试验压力按下述方法确定。

① 按表 10-109（ISO 10497）或表 10-110（BS EN ISO 10497）确定。

② 对于表 10-109 或表 10-110 范围以外的所有其他类型阀门，最高试验压力为 20℃时阀座最大允许工作压力的 75%。

在5min内测定通过阀座的泄漏和外漏。

12）对于20℃时的最大允许工作压力大于11MPa的阀门，将液体压力保持在高试验压力下。对于20℃时的最大允许工作压力等于或小于11MPa的阀门，将试验阀内的压力升至高试验压力。

13）在高试验压差下用合适的操作方法将试验阀开到全开位置，使管道和阀门体腔相通。关闭截断阀17，记录操作阀门所需的最大操作力。

14）阀门处在全开位置后，在高试验压力下测定并记录阀门在5min内的外漏。

10.11.3.3　性能要求

1. 在火烧试验期间通过阀座的泄漏（高试验压力）

在高试验压力下，火烧试验期间通过阀座的平均泄漏量不应超过表10-111的规定。通过阀座的泄漏不包括阀盖和阀杆密封处的泄漏。

2. 在火烧试验和降温过程中的外漏（高试验压力）

在高试验压力下，火烧试验和降温过程中处在关闭位置的阀门平均外漏量（不包括通过阀座的泄漏）不应超过表10-111的规定。外漏不包括管道与阀门端部连接处可能产生的泄漏。

3. 降温后通过阀座的泄漏（低试验压力）

降温后在低试验压力下通过阀座的平均泄漏量不应超过表10-111的规定通过阀座的泄漏不包括阀盖和阀杆密封处的泄漏。

4. 降温后的外漏（低试验压力）

降温后在低试验压力下处在关闭位置的阀门的平均渗漏量不应超过表10-111的规定。

5. 可操作性

耐火试验后，阀门应能在高试验压力差下从关闭位置开到全开启位置。

6. 在全开启位置下的外漏

在高试验压力下，处在全开位置的阀门平均外漏量不应超过表10-111的规定。外漏不包括管道与阀门端部连接处可能产生的泄漏。

表10-111　最大泄漏量

公称尺寸		最大泄漏量/（mL/min）					
		阀座泄漏量			外部泄漏		
		燃烧期		冷却以后	在燃烧期和冷却期		操作后测试
		低压测试	高压测试	低压测试	高压测试	低压测试	高压测试
DN8	NPS1/4	32	128	13	8	32	8
DN10	NPS3/8	40	160	16	10	40	10
DN15	NPS1/2	60	240	24	15	60	15
DN20	NPS3/4	80	320	32	20	80	20
DN25	NPS1	100	400	40	25	100	25
DN32	NPS1 1/4	128	512	51	32	128	32
DN40	NPS1 1/2	160	640	64	40	160	40
DN50	NPS2	200	800	80	50	200	50
DN65	NPS2 1/2	260	1040	104	65	260	65
DN80	NPS3	320	1280	128	80	320	80
DN100	NPS4	400	1600	160	100	400	100
DN125	NPS5	500	2000	200	125	500	125
DN150	NPS6	600	2400	240	150	600	150
DN200	NPS8	800	3200	320	200	800	200
DN＞200	＞NPS8	800	3200	320	200	800	200

10.11.3.4　阀门的评定

1. 根据典型的通径和压力级对阀门进行评定

阀门的评定不必对相同设计的每个通径和PN级或压力级的阀门都进行试验，符合下述规定的，且与试验合格的阀门相同的基本设计，并采用相同的非金属材料（指阀座关闭密封件、阀座与阀体的密封、阀杆的密封及阀体的连接和密封）的阀门，可按试验合格处理。

1）可用一台试验合格的阀门来证明公称尺寸不超过试验阀2倍的阀门合格。DN200（NPS8）的试验合格的阀门可证明所有大于DN200（NPS8）的阀门合格。

2）可用一台试验合格的阀门来证明PN级或压力级不超过试验阀两倍的阀门合格。

3）当密封装置、阀座密封和阀杆有关元件的结构及尺寸都相同时，缩口的试验阀门可用于评定尺寸较小的全口径阀门，在这种情况下的允许平均泄漏量适用于那些全口径阀门。

4）满足所有其他的评定准则，当阀门端部与试验阀门不同时，如果符合以下条件就可评定这些阀门：

① 它们的质量大于试验阀的质量。

② 它们的质量不小于试验阀质量的90%。

2. 根据通径对阀门进行评定

表10-111列出了耐火试验合格的阀门能够证明的其他公称尺寸的合格阀门。

对于给定的公称尺寸，用PN级阀门可以证明Class级和螺纹端阀门合格，反之亦然。

3. 根据压力级对阀门进行评定

表10-112～表10-114，列出了耐火试验合格的阀门能够证明的其他PN级和Class级的合格阀门。

表10-112 根据通径可证明合格的其他阀门

PN级阀门，螺纹端阀门除外		Class级和螺纹端阀门	
试验阀公称尺寸	可证明合格的其他尺寸的阀门	试验阀公称尺寸	可证明合格的其他尺寸的阀门
DN50	DN50以下及DN65、DN80、DN100	NPS2	NPS2以下及NPS2 $\frac{1}{2}$、NPS3、NPS4
DN65	DN65、DN80、DN100、DN125	NPS2 $\frac{1}{2}$	NPS2 $\frac{1}{2}$、NPS3、NPS4、NPS5
DN80	DN80、DN100、DN125、DN150	NPS3	NPS3、NPS4、NPS5、NPS6
DN100	DN100、DN125、DN150、DN200	NPS4	NPS4、NPS5、NPS6、NPS8
DN125	DN125、DN150、DN200、DN250	NPS5	NPS5、NPS6、NPS8、NPS10
DN150	DN150、DN200、DN250、DN300	NPS6	NPS6、NPS8、NPS10、NPS12
DN200	DN200及以上	NPS8	NPS8及以上

表10-113 通过PN级可证明合格的其他阀门

试验阀的公称压力PN	可证明合格的其他阀门	
	PN	Class（压力级）
10	10，16	150
16	16，25	150
25	25，40	150，300
40	40，63，100	300，400，600
63	63，100	300，400，600
100	100，150	600，800，900
150	150，260	900，1500
260	260，420	1500，2500
420	420	2500

表10-114 通过Class压力级可证明合格的其他阀门

试验阀压力级	可证明合格的其他阀门压力级	
Class150	Class150、Class300	PN10、PN16、PN25、PN40
Class300	Class300、Class400、Class600	PN40、PN63、PN100
Class400	Class400、Class600、Class800	PN63、PN100
Class600	Class600、Class800、Class900	PN100、PN150
Class800	Class800、Class900、Class1500	PN100、PN150、PN260
Class900	Class900、Class1500	PN150、PN260
Class1500	Class1500、Class2500	PN260、PN420
Class2500	Class2500	PN420

10.11.4 阀门的防静电试验

球阀由于阀座材料是绝缘体，有集聚静电的危险。静电能引起火花，而火花又可能造成爆炸。防静电球阀就是能使球体、阀杆和阀体之间导电，从而把静电引出。

如用户要求球阀能够防静电，则应在订货合同中提出。对于≤DN50/NPS2的球阀，应保证阀体和阀杆之间能够导电。对于>DN50/NPS2的球阀，则要保证球体、阀杆和阀体之间能够导电。其结构应满足下列要求：

1）安装后能防止外界物质侵入和不受周围介质的腐蚀。

2）取一台经压力试验并至少开关过五次的新的干燥的球阀作典型试验，在电源电压不超过12V时，阀杆、阀杆、球体的防静电电路应有小于10Ω电阻的导电性。

10.11.5 阀门的逸散性试验（GB/T 26481—2011、ISO 15848-2：2015）

阀门的逸散性试验是用于介质将会产生挥发性污染气体或危险性气体的切断阀和控制阀，对其阀杆

（或轴封）和阀体连接处的外漏评定的试验程序。

10.11.5.1　术语和定义

1）壳体密封（body seals）。除了阀杆密封外的所有压力边界范围内的密封。

2）浓度（concentration）。在试验阀门泄漏源上被测量出的试验介质体积和气体混合物体积的比率。

注：浓度单位以ppm表示，其是一个量纲为一的量（百万体积含量或体积分数为1×10^{-6}）（$1ppm=1mL/m^3=1cm^3/m^3$）

3）逸散性（fugitive emission）。任何物理形态的任意化学品或化学品的混合物，其从工业场所的设备中发生的非预期的或隐蔽的泄漏形象。

4）泄漏量（leakage）。在规定试验条件下，通过被测阀门的阀杆密封处或阀体密封处所逸出的试验介质量，其表现为浓度或泄漏率。

5）泄漏率（leak rate）。试验介质的质量流率，表述为毫克每秒米阀杆周长［mg/(s·m)］。

6）局部泄漏量（local leakage）。在泄漏源处采用探针所测出的试验介质泄漏量。

7）阀杆密封（stem seal）。阀轴密封（shaft seal）。为防止阀门内部介质泄漏到大气中所安装在阀杆/阀轴周围的零件。

8）泄漏定义浓度（leak definition concentration）。在显示发生泄漏的某泄漏源表面处的局部氦气浓度。

9）校准气体（calibration gas）浓度约等于泄漏定义浓度的气体。

10）不可察觉逸散（no-detectable emission）在可能的泄漏源处氦气的浓度（已按现场环境氦气浓度进行校正过的）小于校准气体中仪器可读性规定的值，这表示未发生泄漏。

11）校准精度（calibration precision）。测量值和同一已知值之间的一致程度，即为仪表读数与已知浓度的平均差值与已知浓度的相对百分率。

12）响应时间（response time）。从取样系统输入的氦气浓度改变开始到从仪器读出器显示的达到相应的最终值的90%时的时间间隔。

10.11.5.2　试验

（1）试验阀门的准备

1）试验阀门的抽样的百分比应按制造厂与买方明确的协议规定，但每批样品不少于1台，并从阀门产品中按每一类型、每一公称压力和每一公称尺寸来分的批次中随机选择。

2）试验阀门的条件。试验阀门应是全部装配结束，且试验阀门按GB/T 13927《工业阀门　压力试验》或其他适用标准及买方的规定进行检验和试验合格，试验阀门也可为涂漆前状态。

试验阀门内腔应干燥、无润滑剂，阀门和试验设备应干净和不含水分、油、灰尘等。

试验阀门的端部密封、试验系统的各设备和管路连接处应密封可靠，在试验过程中不允许有影响检验结果的泄漏发生。

制造厂应保证试验前阀门的填料是干燥的。

3）阀杆密封的调整。阀杆密封的预紧应按阀门制造厂的说明书所规定的最初预紧要求进行调整。

（2）试验条件

1）试验介质为体积含量不低于97%的氦气。

2）试验压力为0.6MPa，或按订货合同的规定。

3）试验温度为室温。

4）泄漏量的测量应使用吸气法的泄漏测量方法，试验介质为氦气，按10.11.5.3的规定进行。测量单位采用百万分体积含量。

（3）试验程序和试验结果的评定

1）阀杆密封泄漏量的测量：①使阀门处于半开时加压到规定的试验压力（0.6MPa），按相关规定的吸气法测量阀杆密封处的泄漏量。②然后全开和全关带试验压力的阀门5次。③以上机械循环后再半开阀门，并按上①测量阀杆密封处的泄漏量。④如仪表的读数超过表10-115规定的相应要求的性能等级的百万分体积含量量值，则认为试验不通过，该批阀门将被拒收。

表10-115　阀杆密封处的密封等级

等级	量值/10^{-6}(ppm)	备　注
A	≤50	典型结构为波纹管密封或具有相同阀杆密封的部分回转阀门
B	≤100	典型结构为PTFE填料或橡胶密封
C	≤200	典型结构为柔性石墨填料

2）阀体密封泄漏量的测量：①使阀门处于半开时加压到规定的试验压力（0.6MPa），试验压力稳定后，按10.11.5.3规定的吸气法测量阀体密封处的渗漏量。②如仪表的读数超过50×10^{-6}，则认为试验不通过，该批阀门将被拒收。

10.11.5.3　吸气法的泄漏测量方法

（1）原理　采用便携式仪器来探测阀门的泄漏，仪器探测器的类型不做规定，但选择探测器和其灵敏度时应能够满足最高等级密封要求。该方法只对泄漏作出定位和分级，不能用于某一泄漏源的质量逸散速率的直接测量。

探测器探针（吸气）方法，如图10-80、图10-81所示，可以测量从阀杆密封系统（产石试验）和阀体密封处的局部逸散。

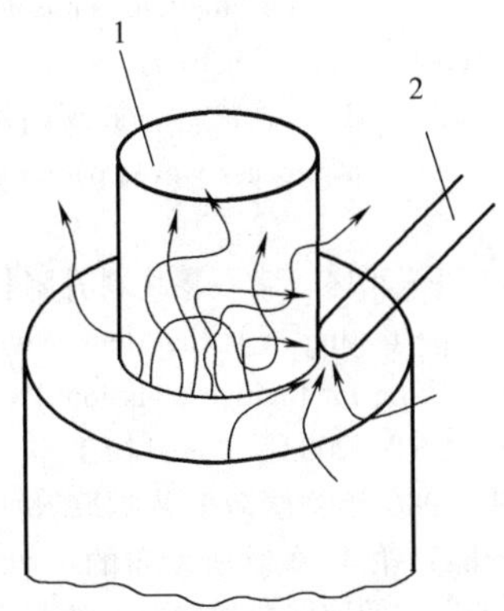

图10-80 局部测量法吸气

1—阀杆 2—探测器

测量浓度单位为百万分体积含量。

一些氦质谱仪能测量局部体积漏率，其单位为mbar/L·s或atm/cm^3·s。

（2）设备

1）监测仪器：①氦气仪器的探测器类型可包括但不限于质谱分析式、红外吸收式和分子筛选式。②仪器的线性响应范围和测量范围都覆盖相应规范规定的泄漏定义浓度范围。使用稀释探针组件可能会使氦气浓度满足该范围，但应满足氦气取样探针孔径规范的规定。③在进行不可察觉逸散测量时，仪器仪表的分辨率应在规定的泄漏定义浓度范围的±2.5%内可读。④仪器应配备有电动泵以保证探测仪能以恒定流量进行采样，探针流量速率范围应为0.5L/min至1.5L/min。⑤仪器应配备有取样用探针或探针延伸器，探针或探针延伸器的外径不超过1/4in，其端部只有一个允许样品进入的孔口。

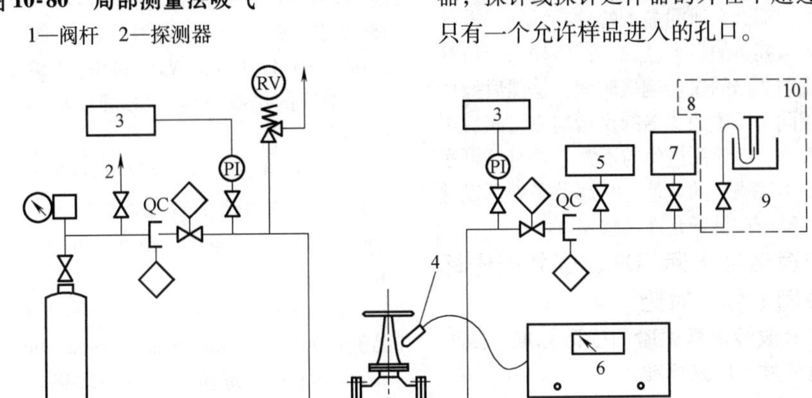

图10-81 用吸气法的局部测量法

1—氦气源 2—放泄阀 3—压力记录仪 4—探针 5—气体流量计 6—质量分光计 7—转子流量计 8—软管 9—测量容器 10—安全区域（外面的） QC—快速接头

2）监测仪器性能标准：①试验用仪器的泵、稀释探针（如有）、取样探针和探针过滤器，在响应时间测定中都应连接在测试系统中。②校准精度应小于或等于10%的校准气体量值。

3）监测仪器性能评定要求。校准精度试验应在仪器投入使用前完成，并且其后每隔3个月或在下次使用时已超过3个月未使用，则都应再进行校准精度试验。

4）校准气体。监测仪器按适用规范上规定的氦气的百万分体积含量进行定期校准，监测仪器进行性能评定所需的校准气体是校零气体（空气、含氦气不超过10×10^{-6}）和空气混合物的校准气体，该空气混合物应约等于相应规范规定的泄漏定义浓度。如采用瓶装校准气体混合物，则制造厂应进行分析和鉴定，确认其误差在±2%以内，并且在其保存期限结束前应再进行分析或更换。或者操作人员按公认的气体标样生产程序生产满足误差在±2%以内的校准气体。生产的标样在使用时应每日更换，除非标样能被证明在贮存期间精确度不发生变化。

（3）试验要求

1）温度的影响。组分的温度越高，则饱和水蒸汽压强也越高。因此，温度可能影响浓度的测量。所以，无论外界气候环境条件怎样，在测浓度的地方应该保持温度的稳定。

2）气候的影响。用吸气法的泄漏量测量对于大气气态的改变是异常敏感的，以下情况下将有明显表现：①在户外测量；②在低海拔处的测量。

室内泄漏测量处空气环境应是平静的，而且在整个测量过程中应将通道保持关闭。

3）安全。在试验和测量的时候，高温条件下的高压氦气或相关真空环境都要求操作者按安全规则操作。

（4）逸散的测量

1）校准程序。应按制造厂的使用说明书对氦分析仪进行组装、启动。在适当的预热时间和仪器自动校零程序后，将校准气体导入仪器取样探针，调节仪器仪表读数值符合校准气体值。

2）测量。按制造厂的使用说明书启动氦质谱仪和电加热器：①校准。②本底噪声测量：每次测量前，探测源周围的环境氦浓度可用探针在距离探测源1~2m的任意地方测出。当附近有泄漏干扰测量时，环境浓度可在靠近探测源的地方测出，但离探测源绝不能小于25cm。③探针应尽可能靠近可能的泄漏点，即：a. 阀杆和填料的分界面；b. 阀体密封处外边缘。④将探针沿着分界面周围移动，同时注意观察仪表读数。⑤如果观察到仪表读数有增加，那么在泄漏显示的分界面处缓慢移动取样，直到读到渗漏量的最大读数。⑥将探头吸口移开该最大读数位置约2倍的仪器响应时间。⑦然后操作者将探头保持在该同一位置约2倍的仪器响应时间后再读出和记录该最大值。⑧该测量值与不管是否有不可察觉的逸散所确定的本底噪声的差值。⑨逸散源处可发觉的逸散值扣除本底噪声应低于允许逸散等级。

10.11.6　阀门逸散性国际标准、国外先进标准及国家标准对比

10.11.6.1　阀门逸散性泄漏试验的国际标准、国外先进标准和国家标准

1）（ISO 15848-1：2015《工业阀门　逸散性排放的测量、试验和鉴定程序　第1部分　阀门型式试验　系统的分类及鉴定程序》Industrial valve—Measurement，test and qualification procedures for fugitive emissions—Part1：classification system and qualification procedures for type testing of valves）。

2）ISO 15848-2：2015《工业阀门　逸散性排放的测量、试验和鉴定程序　第2部分　阀门产品的接受测试》（Industrial valve—Measurement，text and qualification procedures for fugitive emissions—Part2：Production acceptance test of valves）。

3）API 622—2011《逸散性排放阀门填料的型式试验》（Type testing of process valves packing for fugitive emissions）。

4）API 624—2014《常石墨块料升降杆阀门的型式试验》（Type testing of rising stem valves equipped with graphite packing for fugitive emissions）

5）TA—LUFT—2002　TA—LUFT空气质量的技术指导手册是1986年德国政府依据联邦大气浓度管制法（BIMSchg）第48条款所发布的一般行政法规。此法规被用于官方的取缔排放管制及监督上，它详细地描述降低排放量测试的一些技术情况，空气质量的技术指导手册。其中关于阀门的章节为：Para5.2.6.4引用了VDI 2440，VDI 2440—2000《矿物炼油厂的排放控制》（Emission control mineral oil refinies）。

6）Shell mesc spe 77/300—2010《工业阀门的型式试验程序和技术规范》（Procedure and technical specification for type acceptance testing（TAT）of industrial valves）。

7）Shell mesc spe 77/312—2010《逸散性排放产品测试》（Fugitive emission production testing（Amendments/Supp—Lements to ISO 15848-2））。

8）GB/T 26481—2011《阀门的逸散性试验》（Valve test for fugitive emissions）。

10.11.6.2　阀门逸散性排放国际标准、国外先进标准和国家标准的测试对象、试验型式、试验介质、测试设备、检测方法对比（表10-116）

表10-116　国内外标准测试对象、试验型式、试验介质、试验设备、检测方法对比

标准	测试对象	试验型式	试验介质	测试设备	检测方法
ISO 15848-1	阀门的填料和垫片	型式试验	甲烷或氦气	甲烷测试仪或氦质谱仪	真空法或冲硫法
ISO 15848-2	阀门的填料和垫片	产品试验	氦气	氦质谱仪	吸枪法
API 622	填料	型式试验	甲烷	甲烷测试仪	吸枪法
API 624	填料	型式试验	甲烷	甲烷测试仪	吸枪法
TA-LUFT	阀门的填料和垫片	型式试验/产品试验	氦气	氦质谱仪	真空法
Shell mesc spe 77/300	阀门的填料和垫片	型式试验	氦气	氦质谱仪	吸枪法
Shell mesc spe 77/312	阀门的填料和垫片	产品试验	氦气	氦质谱仪	吸枪法
GB/T 26481	阀门的填料和垫片	产品试验	氦气	氦质谱仪	吸枪法

注：1. 型式试验（prototype testing）用于型式批准。

2. 产品试验（productiog testing）用于生产。

10.11.6.3　阀门逸散性排放的国际标准、国外先进标准和国家标准的试验压力和试验温度（表10-117）

10.11.6.4　怎样评估逸散性排放阀门的性能

1）密封等级（Tightness Class）—泄漏率分为A、B、C 3级。

① ISO 15848-1 密封等级见表10-118。

表10-117　国内外标准的试验压力和试验温度

标准	室温和低温试验压力	高温试验压力	试验温度（LCC阀体）
ISO 15848-1	相应压力级室温的工作压力	相应压力级高温的工作压力	-46℃、RT、400℃
ISO 15848-2	0.6MPa	不需要	RT
API 622	4.2MPa	260℃时4.2MPa	RT.260℃
API 624	4.14MPa	260℃时4.14MPa	RT.260℃
TA LUFT	相应压力级室温的工作压力	相应压力级高温的工作压力	工作温度
Shell mesc spe 77/300	相应压力级室温的工作压力	相应压力级高温的工作压力	-46℃、-20℃、RT、200℃、400℃
Shell mesc spe 77/312	相应压力级室温的工作压力	不需要	RT
GB/T 26481	0.6MPa	不需要	RT

注：RT—室温。

表10-118　ISO 15848-1 密封等级

密封等级	阀杆部位泄漏率/（mg/s·m）	阀体阀盖泄漏/10^{-6}
A	≤10^{-6}（=1.76×10^{-8}cm³/s/mm　dia）	≤50
B	≤10^{-4}（=1.76×10^{-6}cm³/s/mm　dia）	≤50
C	≤10^{-2}（=1.76×10^{-5}cm³/s/mm　dis）	≤50

注：dia—直径。

② ISO 15848-2 密封等级见表10-119。

表10-119　ISO 15848-2 密封等级

（单位：10^{-6}）

密封等级	阀杆部位泄漏率	阀体阀盖泄漏
A	≤50	≤50
B	≤100	≤50
C	≤200	≤50

③ Shell mesc spe 77/300、shell spe 77/312 密封等级见表10-120。

表10-120　Shell mesc spe 77/300、77/312 密封等级

密封等级	阀杆部位泄漏率/（mg/s·m）	阀体阀盖部位泄漏率/（mg/s·m）
A	≤10^{-5}（=1.76×10^{-7}cm³/s/mm　dia）	≤10^{-6}（=1.76×10^{-8}cm³/s/mm　dia）
B	≤10^{-4}（=1.76×10^{-6}cm³/s/mm　dia）	≤10^{-5}（=1.76×10^{-7}）cm³/s/mm　dia）

④ GB/T 26481 密封等级见表10-121。

表10-121　GB/T 26481 密封等级

（单位：10^{-6}）

密封等级	阀杆部位泄漏	阀体阀盖泄漏
A	≤50	≤50
B	≤100	≤50
C	≤200	≤50

⑤ TA—LUFT 泄漏率：

≤250℃时，泄漏率为10^{-4}mbar/s/m 圆周；

≥250℃时，泄漏率为10^{-2}mbar/s/m 圆周。

⑥ API 622 泄漏率，泄漏率为500×10^{-6}。

⑦ API 624 泄漏率，泄漏率为100×10^{-6}。

2）耐久等级（Endurance class）。

① ISO 15848-1、ISO 15848-2 开关阀的耐久等级（机械循环）。见表10-122。

表10-122　IOS 15848 开关阀的耐久等级（机械循环）

耐久等级	机械循环次数	热循环次数
C01	500	2（除室温外）
C02	1500	1
C03	2500	1

② Shell mesc spe 77/300 开关阀的耐久等级（机械循环）见表10-123。

表10-123　Shell mesc spe 77/300 开关阀的耐久等级（机械循环）

耐久等级	机械循环次数	热循环次数
开关阀（LCB阀体材料）	共200次（先常温100次开关后再在热循环下开关100次）	4次（室温～200℃；200℃～400℃；400℃～-50℃；-50℃～室温）

③ API 622 机械循环次数见表10-124。

表10-124　API 622 机械循环次数

机械循环次数	热循环次数
1510	5次（室温～260℃～室温重复5次）

④ API 624 机械循环次数见表10-125。

表10-125　API 624 机械循环次数

机械循环次数	热循环次数
310	3次（室温～260℃）

3）温度等级（Temprature class）。

① ISO 15848：规定5个温度等级见表10-126。

表10-126　ISO 15848温度等级

t-196℃	t-46℃	tRT	t 200℃	t 400℃
-196℃~室温	-46℃~室温	-29℃~40℃	室温~200℃	室温~400℃

注：假如要覆盖-46~200℃，需做两个温度等级测试。
t-46℃：覆盖-46℃~室温；
t 200℃：覆盖室温~200℃。

② Shell mesc spe 77/300温度等级（以LCB材料为例）见表10-127。

表10-127　Shell mesc spe 77/300温度等级（以LCB材料为例）

1	2	3	4	5
-50℃	-20℃	室温	200℃	400℃

4）阀门逸散泄漏检漏方法。

① 真空检漏法（仅用于氦气）如图10-82所示。

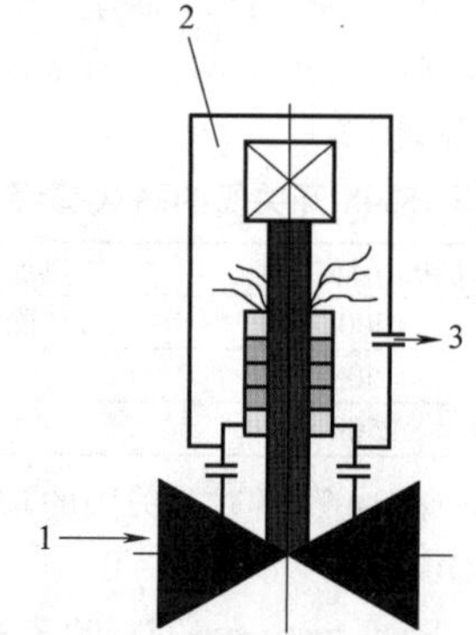

图10-82　真空检漏法（仅用于氦气）

1—氦气　2—真空腔
3—氦检测器

② 冲流检漏法（氦气和甲烷）如图10-83所示。

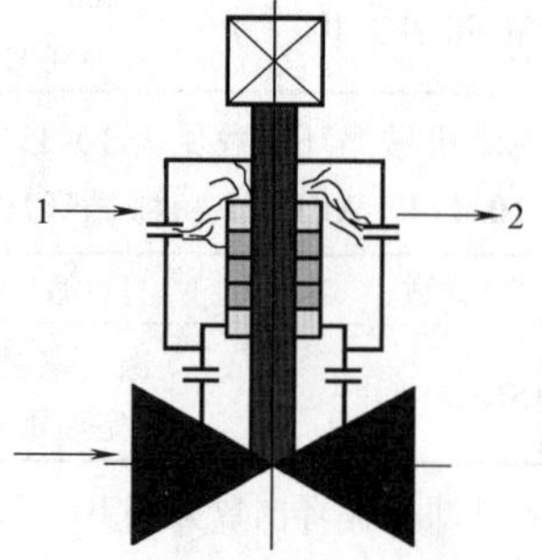

图10-83　冲流检漏法（氦气和甲烷）

1—冲气　2—检测器

③ 吸枪检法（氦气和甲烷）如图10-84所示。

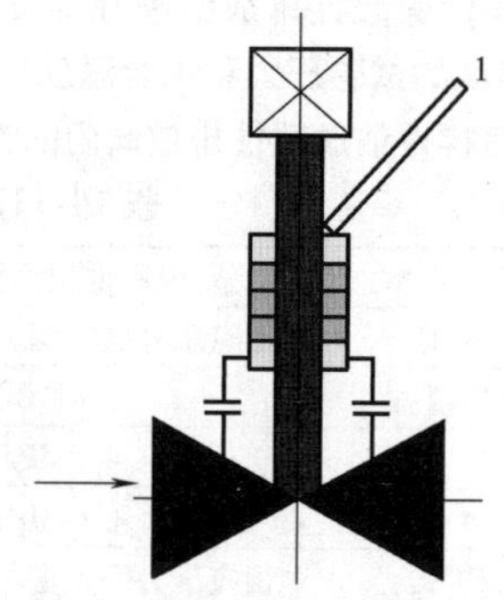

图10-84　吸枪检漏法（氦气和甲烷）

1—取样探针

10.12　阀门产品抽样和等级评定

10.12.1　阀门产品抽样的方法

采取随机抽取的方法从生产厂质检部门检查合格的库存的或供给用户未经使用过的阀门中抽样。每一型号每一规格阀门供抽样的最少台数和抽样台数按表10-128的规定。

连续无故障启闭运行（即寿命）试验应从已抽样阀门中任选一台。

对整个系列进行质量考核时，抽检部分根据情况可以从该系列中抽2或3个典型规格进行测试。供抽样的台数和抽样台数按表10-128的规定。

表10-128　阀门供抽样的台数及抽样台数

公称尺寸	供抽样的最少台数	抽样台数
<DN50/NPS2	安全阀、减压阀、蒸汽疏水阀20	3
	其他阀30	
DN50/NPS2~DN200/NPS8	20	
DN250/NPS10~DN350/NPS14	15	
DN400/NPS16~DN600/NPS24	10	2
>DN600/NPS24	5	

注：到用户抽样时，供抽样的台数不受该表的限制，抽样台数仍按该表的规定。

10.12.2　阀门产品等级的评定方法

合格品、一等品、优等品的关键项目（表10-6~表10-8）检测结果必须全部达到阀门质量分等标准中相应等级的质量指标。

合格品的主要项目（表10-6~表10-8）检测结果若有一台阀门中的一项低于合格品规定的指标时，允许从供抽样的台数中再次抽取规定的抽样台数，但再次检测的关键项目和主要项目必须全部达到合格品规定的质量指标，否则判为不合格品。

一等品的主要项目（表10-6～表10-8）检测结果允许有一台阀门中的一项低于一等品规定的质量指标，但该项不得低于合格品规定的质量指标。

优等品的主要项目（表10-6～表10-8）检测结果必须全部达到优等品规定的质量指标。

内腔清洁度（杂质含量）按被抽样产品检测结果的平均值评定等级。

配件及外购件必须保证该阀门达到相应等级的质量指标。

对整个系列产品进行质量等级评定时，应按上述评定方法分别对所抽产品进行质量等级评定，该系列产品的质量等级应以质量等级最低的规格为准。

附　　录

附录A　常用计量单位换算表

量的名称	单位制	单位名称	单位符号	换算关系
长度	公制	微米	μm	$1\mu m = 10^{-6}m$
		毫米	mm	$1mm = 10^{-3}m$
		厘米	cm	$1cm = 10^{-2}m$
		分米	dm	$1dm = 10^{-1}m$
		米	m	基本单位
	英制	英寸	in	1in = 25.4mm = 1/12ft
		英尺	ft	1ft = 0.3048m = 12in
面积	公制	平方毫米	mm^2	$1mm^2 = 10^{-6}m^2$
		平方厘米	cm^2	$1cm^2 = 10^{-4}m^2$
		平方分米	dm^2	$1dm^2 = 10^{-2}m^2$
		平方米	m^2	基本单位
	英制	平方英寸	in^2	$1in^2 = 6.4516 \times 10^{-4}m^2$
		平方英尺	ft^2	$1ft^2 = 0.09290304m^2 = 144in^2$
体积	公制	立方毫米	mm^3	$1mm^3 = 10^{-9}m^3$
		立方厘米	cm^3	$1cm^3 = 10^{-6}m^3$
		立方分米	dm^3	$1dm^3 = 10^{-3}m^3$
		立方米	m^3	基本单位
		毫升	mL	$1mL = 10^{-3}L = 10^{-6}m^3$
		厘升	cL	$1cL = 10^{-2}L = 10^{-5}m^3$
		分升	dL	$1dL = 10^{-1}L = 10^{-4}m^3$
		升	L	基本单位 $1L = 10^{-3}m^3$
	英、美制	立方英寸	in^3	$1in^3 = 16.387064 \times 10^{-6}m^3$
		立方英尺	ft^3	$1ft^3 = 0.02831685m^3 = 1728in^3$
		加仑（英）	gal（UK）	$1gal(UK) = 4.546092 \times 10^{-3}m^3$
		加仑（美）	gal（US）	$1gal(US) = 3.785412 \times 10^{-3}m^3 = 231in^3$
质量	公制	毫克	mg	$1mg = 10^{-6}kg$
		厘克	cg	$1cg = 10^{-5}kg$
		分克	dg	$1dg = 10^{-4}kg$
		克	g	$1g = 10^{-3}kg$
		千克（公斤）	kg	基本单位
	英美制	盎司	oz	1oz = 1/16lb = 0.028349523kg
		磅	lb	1lb = 0.45359237kg = 16oz
		吨（英）	ton	1ton = 1016.047kg = 2240lb
		吨（美）	s. t	1s. t = 907.1847kg = 2000lb

（续）

量的名称	单位制	单位名称	单位符号	换算关系
密度	公制	克每立方厘米	g/cm^3	$1g/cm^3=10^3kg/m^3$
		千克（公斤）每立方米	kg/m^3	基本单位；$1kg/m^3=0.06243lb/ft^3$
		吨每立方米	t/m^3	$1t/m^3=10^3kg/m^3$
	英制	磅每立方英尺	lb/ft^3	$1lb/ft^3=16.01846kg/m^3$
速度	公制	厘米每秒	cm/s	0.01m/s
		米　每秒	m/s	基本单位
	英制	英尺每秒	ft/s	0.3048m/s
加速度	公制	厘米每秒平方	cm/s^2	$10^{-2}m/s^2$
		米每秒平方	m/s^2	基本单位
	英制	英尺每秒平方	ft/s^2	$0.3048m/s^2$
角速度	公制	弧度每秒	rad/s	基本单位
角加速度	公制	弧度每二次方秒	rad/s^2	
频率	公制	赫［兹］	Hz	1/s
力、重力	公制	克力	gf	$9.80665\times10^{-3}N$
		千克（公斤）力	kgf	9.80665N
		吨力	tf	9806.65N
		牛［顿］	N	基本单位
		达因	dyn	$10^{-5}N$；$1.02\times10^{-6}kgf$
	英制	磅力	lbf	4.448222N；0.4536kgf
力矩	公制	牛［顿］米	N·m	基本单位
功、能	公制	焦耳	J	基本单位
		1国际蒸汽表卡	cal_{IT}	4.1868J
		1热化学卡	calth	4.1840J
		瓦特秒	W·s	1J
		瓦特小时	W·h	367.1kgf·m；3600J
		千瓦特小时	kW·h	$367.1\times10^3kgf\cdot m$；$3600\times10^3J$
	英制	磅力英尺	磅力·英尺 lbf·ft	0.1383kgf·m；1.35582J
功率	公制	瓦［特］	W	基本单位
		千瓦［特］	kW	1000W；102kgf·m/s；1.36PS
	英制	马力［英］	HP	745.7W；76kgf·m/s；1.014PS
转动惯量	公制	克二次方厘米	$g\cdot cm^2$	
		千克（公斤）二次方米	$kg\cdot m^2$	$\frac{T}{K}=\frac{t}{°C}+273.15$
热力学温度	公制	开［尔文］	K	1K=1°C
摄氏温度	公制	摄氏度	°C	$\frac{t}{°C}=\frac{5}{9}\left(\frac{\theta}{°F}-32\right)$
华氏温度	英制	华氏度	°F	$\frac{\theta}{°F}=\frac{9}{5}\frac{t}{°C}+32$
体积流量	公制	立方米每秒	m^3/s	基本单位
		立方米每分	m^3/min	$1/60m^3/s$
		立方米每小时	m^3/h	$1/3600m^3s$
		升每秒	L/s	$10^{-3}m^3/s$
		升每分	L/min	$10^{-3}/60m^3/s$
		升每小时	L/h	$10^{-3}/3600m^3/s$

（续）

量的名称	单位制	单位名称	单位符号	换算关系
质量流量	公制	千克（公斤）每秒	kg/s	基本单位
		千克（公斤）每分	kg/min	1kg/min =（1/60）kg/s
		千克（公斤）每小时	kg/h	1kg/h =（1/3600）kg/s
		吨每秒	t/s	$1t/s = 10^3 kg/s$
		吨每分	t/min	$1t/min = (10^3/60) kg/s$
		吨每小时	t/h	$1t/h = (10^3/3600) kg/s$
压力、正应力压强、切应力	公制	帕［斯卡］	Pa	$1Pa = 1N/m^2$
		兆帕［斯卡］	MPa	$1MPa = 1N/mm^2$
		工程大气压	at	$1at = 1kgf/cm^2 = 9.80665 \times 10^4 Pa$
		千克(公斤)力每二次方厘米	kgf/cm^2	
		标准大气压	atm	1atm = 101325Pa
		巴	bar	$1bar = 10^5 Pa$
		毫米汞柱	mmHg	1mmHg = 133.322Pa
		毫米水柱	mmH_2O	$1mmH_2O = 9.80665Pa$
	英制	磅力每平二次英尺	lbf/ft^2	$1lbf/ft^2 = 4.8826kgf/m^2$
		磅力每平二次英寸	lbf/in^2	$1lbf/in = 0.07031kgf/cm^2 = 6894.76Pa = 0.00689476MPa$
（动力）黏度	公制	帕［斯卡］秒	Pa · s	
		厘泊	cp	$1cp = 10^{-3} Pa \cdot s$
		千克(公斤)力秒每二次方米	$kgf \cdot s/m^2$	$1kgf \cdot s/m^2 = 9.80665Pa \cdot s$
		泊	P	$1P = 0.1Pa \cdot s$
运动黏度	公制	二次方米每秒	m^2/s	
		厘沲	cSt	$1cSt = 1mm^2/s = 10^{-6} m^2/s$
热量	公制	焦耳	J	1cal = 4.1868J $1kcal = 4.1868 \times 10^3 J$; 1Btu = 1055.06J = 1.05506kJ
	其他	卡	cal	
		千卡	kcal	
	英制	英热单位	Btu	
比热容	公制	焦耳每千克(公斤)开[尔文]	J/kg · K	$1kcal/kg \cdot K = 4.1868 \times 10^3 J/kg \cdot K$
	其他	千卡每千克（公斤）摄氏度	kcal/kg · °C	
热容	公制	焦耳每开［尔文］（焦耳每摄氏度）	J/K（J/°C）	
传热系数	公制	瓦特每二次方米开［尔文］ 卡每平方厘米秒摄氏度	$W/m^2 \cdot K$ $cal/cm^2 \cdot s \cdot K$	$1cal/cm^2 \cdot s \cdot K = 4.1868 \times 10^4 W/m^2 \cdot K$
热导率	公制	瓦特每米开［尔文］ 卡每厘米秒 · 摄氏度	$W/m \cdot K$ $cal/cm \cdot s \cdot K$	$1cal/cm \cdot s \cdot K = 4.1868 \times 10^2 W/m \cdot K$

注：T、t、θ分别表示热力学温度、摄氏温度和华氏温度。

附录 B 与管道连接形式的测量基准

使用条件	连接形式										
	螺纹连接		法兰连接					焊接			
	管螺纹	活接头	全面座	平面座		凹凸法兰	榫槽连接	梯形槽连接	承插焊	对接焊	焊
				大	小						
温度、压力											
高温高压	×	×	×	×	△	○	●	●	●	●	×
中温中压	△	○	×	○	●	●	●	○	○	○	○
常温高压	●	●	×	△	○	●	○	○	○	×	×
低压	●	●	●	●	●	△	○	×	○	×	○
低温	△	×	×	●	●	○	○	×	○	○	○
温度、压力变动	×	×	×	×	△	○	○	●	●	●	○
气体	○	○	○	○	●	●	●	●	○	●	○
爆炸性	△	△	×	×	×	○	●	●	●	●	○
液体	●	●	●	●	●	○	○	●	○	○	●
浸透性	△	△	×	×	△	○	●	●	●	●	●
其他											
放射能	×	×	×	×	×	×	×	×	●	●	×
口径											
<25mm	●	●	○	○	○	×	×	×	●	×	●
<50mm	●	○	●	●	●	△	△	○	●	○	●
<100mm	●	×	●	●	●	○	○	●	△	●	×
>100mm	×	×	●	●	●	●	●	●	×	●	×
与管路连接的难易性	×	●	●	●	●	○	△	○	×	×	×
经济性	●	△	●	●	●	○	○	△	○	○	○

注：1. ●—适合；○—良好；△—可以；×—不适。

2. 本表也适用于阀盖的连接形式。

附录 C 司太立耐热耐磨硬质合金的物理-力学性能

名称	物理性能				力学性能			
	相对密度	熔点/°C	比热容/[J/(kg·°C)]	热膨胀系数(50～600°C)/[μm/(m·°C)]	弹性模量/MPa	抗拉强度/MPa	抗压强度/MPa	硬度[①]（常温）
№1	8.48	1265	393.5592	13.8	253500	780	1610	54HRC（G）
№6	8.42	1290	422.8668	14.9	210000	940	1730	44HRC（G）
№12	8.47	1285	410.3064	14.4	204000	990	1810	47HRC（G）
№21	8.30	1350	422.8668	14.9		820		33HRC（D） [45HRC]
№25	9.13	1410	385.1856	14.8	240000	1030		20HRC [41HRC]
№32	8.68	1300		14.1		790	2040	42HRC（G）
№711	8.06	1265		13.6		540	1590	40HRC（G）
№1016	9.00	1265		12.0		630	1680	57HRC（G）
O 合金	8.79	1270	389.3724	13.0		440		61HRC（G）
№40	7.80	1038				210		57HRC（G）
№41	8.14	1066				380		51HRC（G）
哈氏合金 C	8.94	1290	385.1856	13.7	180000	750		96HRB（D） [35HRC]
№90	7.35	1310	460.548	14.9		630		47HRC（D） 56HRC（G）
№93	7.77	1178	460.548	12.8		630		57HRC（D） 62HRC（G）

注：力学性能是试验的结果。

① G—气焊；D—由包覆电弧焊接造成的余量厚度；[ ] 内的硬度表示加工硬化后的硬度。

附录 D 司太立耐热耐磨硬质合金的化学成分和用途

类别	名称	化学成分（质量分数,%）							硬度③ HRC	制品种类、用途、特性④										主要用途
		Co	Cr	W	C	Fe	Ni	其他		铸棒	电弧棒	管垫圈棒	粉末	金属间磨损	冲击	水点腐蚀	腐蚀	冷间磨损	热间磨损	
钴基合金	司太立®№1	其余	30	12	2.5	3①	—	—	G54 D46	○	○		○	●	×	●	●	●	●	密封环、各种刀具类，粉碎机，轴类，搅拌器螺旋桨叶片、套管
	司太立®№6	其余	28	4	1	3①	—	—	G44 D37	○	○	○	○	●	●	●	●	○	○	内燃机排气阀，高温高压阀，套筒，修边冲模，回转器刀具，钢材制导向槽
	司太立®№12	其余	29	8	1.35	3①	—	—	G47 D40	○	○	○	○	●	○	●	●	●	●	内燃机排气阀和阀座，推出模板，轴套，熔融玻璃切断和成形，喷嘴等
	司太立®№21	其余	27	—	0.25	2①	2.5	Mo：5	T25 D33	○	○	○	○	●	●	●	●	○	○	在 Co 系列中耐冲击性能最强，也可以进行加工硬化，耐蚀性优异，用于各种高温高压阀、锻模热冲模、热剪切机、阀门研磨棒
	海因斯合金®№25	其余	20	15	0.1	3①	10	Mn：1.5	T20		○	○		●	●	○	●	○	○	加工硬化性优异，耐冲击性好，适用于热剪切机、顶尖、锻模
	司太立®№32	其余	26	12	1.8	—	22	—	G44	○				●	●	●	●	●	○	发动机阀等
	司太立（M320）®№1016	其余	32	17	2.5	3①	—	—	G58	○			○	●	×	●	●	●	●	船用发动机阀，石油化工用阀门密封座
	O 合金	其余	30	14	2.2	3①	—	Mo：5	G61	○				●	×	●	●	●	●	在 Co 基中硬度最高，适用于陶瓷、水泥工业螺旋输送机，各种刀具、拉深模等
镍钴合金	司太立®№711②	Co+Ni 其余	27	W+Mo 10	2.7	23	—	—	G40	○										各种刀具、挖掘钻、挤压螺旋、链锯及阀门类

镍基合金	海因斯合金®№40	—	15	—	0.75	4	其余	Si：4 B：3.5	G57	○			○	○	×	●	●	●	●	除盐酸外，在腐蚀性气体中耐蚀性优异，适用于泵的柱塞阀门的柱塞、钢丝卷扬绞车
镍基合金	海因斯合金®№41	—	12	—	0.35	3	其余	Si：3.5 B：2.5	G51	○			○	○	△	●	●	○	○	除盐酸外，在腐蚀性气体中耐磨性优异，适用于刮刀、叶片、拉丝模等
镍基合金	哈斯特洛伊耐蚀高镍合金® C	—	16	4.5	0.1	5	其余	Mo：17	DH_RB96 （H_RC37）		○	○		○	●	○	●	△	○	可以利用加工硬化。高炉料斗的座面，锻模底座修边冲模、热剪切机等
铁合金	海因斯®№90	—	26	—	2.5	其余	—	Mn：1 Si：1.5	D47		○	○		△	○	○	△	●	○	高炉料斗，各种粉碎机零件，各种输送机零件、铲斗类
铁合金	海因斯（MA101）®№93	6	17	—	3	其余	—	Mo：16 其他：2	G62	○	○			○	×	●	○	●	○	砖成形模具，铸型型芯、刮刀、煤炭输送机等
铁合金	海因斯®№94	—	31	—	3.5	其余	—	Mn：1 Mo：1 Si：0.7	D61 S50		○	○		△	△	●	△	●	○	土木建筑机械、采石机械、泥浆泵壳体、矿石粉碎机滚轮
WC系	MC501	WC + 哈斯特洛伊耐蚀高镍合金							H_RA G91	○				●	×	○	●	●	●	腐蚀严重且磨损剧烈的螺旋类，如挖掘钻等
WC系	MC502	WC + 司太立							H_RA G91	○				●	×	●	●	●	●	同上。导辊、煤脱水用离心分离机、挖掘机及铲斗

注：作为喷镀专用的自溶性粉末合金，有海因斯司太立耐热耐磨硬质合合№157、№158。

① 最大。

② 正在申请专利。

③ G—气体焊接；D—包覆电弧焊接；T—TIG 焊接；S—隐弧焊。

④ ●—非常优异；○—好；△—可以使用；×—不适。

附录 E　司太立耐热耐磨硬质合金№1、№6 的耐蚀性

气体	浓度（%）	温度[①]/°C	18—8 不锈钢[②]	司太立[②]	
				№1	№6
醋酸	5	R	A	A	A
		B	A	A	A
	50	R	A	A	A
		B	A	A	A
	80	R	A	A	A
		B	D	A	A
硝酸	10	R	A	A	A
		B	C	A	A
	60	R	A	A	A
		B	E	E	E
	65	B	E	E	E
磷酸	10	R	B	A	A
		B	B	A	A
	38	B	D	B	A
	85	R	B	A	A
		66	B	A	A
		B	E	E	E
硫酸	10	R	C	A	A
		B	E	D	E
	50	R	D	A	A
		B	E	D	E
	90	R	A	A	A
	95	B	D	E	E
铬酸	10	R	B	A	A
		B	C	E	E
盐酸	2	R	B	B	A
		66		D	C
	10	R	E	D	D
		B	E	D	D
	37	R	E	C	E
		B	E	E	E
氯化亚铁	5	R	C	A	B
	10	R	D	B	B
		B	E	E	E
氯化亚铜	10	R	E	A	B
		B	E	E	E
氢氧化钠	10	R	A	A	A
		B	D	C	D
氯气	干	R	C	A	A
	湿	R	D	A	A

注：海因斯司太立№12 的耐蚀性与№6 大致相同。

① R—室温；B—沸点。

② A—0.1mm/a 以下；B—1.07mm/a 以下；C—3.05mm/a 以下；D—10.67mm/a 以下；E—10.67mm/a 以上。

附录 F　阀门涂漆工艺规程

为确保阀门的涂漆质量和外观要求，涂漆应严格遵守涂漆工艺规程。

F.1　表面处理

1）所有阀门的表面都应严格按油漆生产商所要

求的底材表面进行处理，或客户规定的油漆涂装表面处理要求。

2）进行表面处理前应用适当的清洗剂清除污渍和油脂。

3）表面处理须在高于露点温度3℃以上，相对湿度在80%以下进行。

4）按不同的要求进行喷砂或抛丸处理，处理后的表面应无氧化皮，铁锈和污垢，并用压缩空气吹挡表面。

5）表面处理后的阀门产品必须在3h内喷涂完成，超过3h必须再进行表面处理。

F.2　油漆涂装

涂装的基本要求

1）涂装条件应符合产品说明书的规定。

2）严格按组分配比进行休积比或重量比。

3）主剂和固化剂需分别使用动力搅拌机混合均匀。在主剂加入固化剂后，需使用动力搅拌机搅拌，此时根据需要按配比加入稀释剂混合后使用，稀释剂必须选用相对应的型号规格，不匹配的稀释剂不能随意使用。

4）根据所选用的涂漆设备的不同，如刷子、辊子、手工喷涂、静电喷涂，涂层厚度的不同，选用不同的涂漆次数，一般要涂三次。

5）若选用漆刷涂漆，涂刷方向应取先上下后左右进行涂刷，涂刷蘸漆不能过多，刷漆距离不能拉得太大以免漆膜过薄；若选用喷涂时，应使喷腔来回移动，每次覆盖上次移动的一半，以保证各部位的漆膜厚度均匀。

6）因阀门的启闭限位装置而造成的阀门局部遮盖，在涂漆时应随时启闭阀门进行涂漆（如球阀、旋塞阀的限位块位置等）。

7）阀门三个法兰的背面及阀门底部必须涂装均匀；端法兰孔需用毛笔蘸环氧富锌防锈漆涂刷。

8）涂刷的底漆需用砂布或砂纸将底漆修理光滑平整。

9）油漆混合后可使用的时间，随油漆的种类的不同，有不同的规定。是时间和温度的双重控制值，温度越高时间越短。

10）应严格按油漆的可再涂装时间及干燥时间执行。

F.3　常用油漆的涂装规范

1. Carboguard891 油漆（卡宝佳得891）

（1）简介

1）类型：交联环氧涂料。

2）特性：高固含量，原膜型水性涂料。

① 漆膜外观及边缘保护优异。

② 符合FDA21CFR175.300准则，可用于与食物相接触的地方。

③ AWWAC210—92用于钢水管的内部涂装。

④ 4.5m^3 或更大的饮用水贮罐。

3）颜色：白色（S800）；纯白色（1898）；灰白（0794）；蓝色（4196），也可获得其他颜色。

4）面漆要求：非浸泡环境下，面可涂丙烯酸醇酸，环氧或聚氨酯。

5）平膜厚度：单层膜厚为100～250μm；单层涂装不能超过300μm。

6）混合后的理论固含量：体积的百分数：75%±2%。

7）耐高温性能：持续121℃；间歇149℃；大于93℃会有轻微的退色。

8）限制：暴露在阳光下环氧系会失去光泽、退色、最后粉化，最好不暴露在阳光下。

（2）底材和表面处理　通常要求底材表面必须清洁干燥，尽量清除底材表面尘埃、油渍、污渍等残留物，以免影响漆膜的附着力。底材表面粗糙度为38～75μm。

（3）涂装条件

条件 / 状态	涂装材料/℃	表面温度/℃	大气温度/℃	湿度（%）
正常	16～29	18～29	16～32	0～80
最低	10	10	10	0
最高	32	52	43	80

（4）固化时间

表面温度/℃（相对湿度50%）	复涂时间/h	面涂或涂其他面漆时间/h	浸泡环境最终固化/d	最大复涂时间/d
10	12	24	20	60
16	8	16	10	30
24	4	8	5	30
32	2	4	3	15

注：以上数据是在膜厚100～150μm时测得，如漆膜厚、通风不足、湿度大、温度低时需要延长固化时间。

2. Sigmakalon7402（环氧富锌底漆7402）

（1）简介

1）类型：胺固化环氧底漆。

2）特性：①优良的防腐性，可用于不同油漆配套体系中作为底漆。②快干性，可以在较短时间后覆涂。

3）颜色：灰色、平光。

4）密度：约2.2kg/L。

5）固体含量：约55%（体积分数）。

6）推荐干膜厚度：25～50μm。

7）表面干燥时间：20℃时15min。

8）覆涂间隔：最小：6h，最大：数月。

9）完全固化：7d。

10）闪点：基料为29℃，固化剂为26℃。

（2）底材　结构钢：喷砂处理达到ISO相关标准的Sa2.5级，底材温度应高于5℃，且至少高于露点3℃，表面粗糙度 Rz 达40～70μm。

（3）覆涂时间间隔

项目	温　度　/℃			
底材温度	10	20	30	40
最小间隔时间/h	8	6	4	3
最大间隔时间	没有锌盐和污物时，可达数月			

注：1. 干膜厚度是35～50μm时。

2. 因富锌底漆表面会生成锌盐，最好在覆涂前避免暴露于空气中过长时间。

3. 在清洁的室外环境中，最大间隔期为14天，但在海洋环境条件下间隔期要相应缩短。

4. 当要求较长的覆涂间隔期时，推荐在两天内用SIGMARITE封闭漆进行封闭在覆涂前，表面上可以看见的污物必须用高压水扫砂或机械工具清除。

（4）固化时间

底材温度/℃	表干时间/min	干硬时间/h	完全固化时间/d
10	40	4	20
15	30	2	10
20	15	2	7
30	10	1	5

注：施工及固化过程中必须有足够的通风。

3. Sigmakalon 7427（式码卡龙7427油漆）

（1）简介

1）类型：双组分厚浆型，可覆涂云母氧化铁聚酰胺环氧漆。

2）特性：①环氧厚浆型中涂层或画漆，用于暴露于大陆和海洋性大气中的钢铁和混凝土结构的重防腐层系统。即使经过长时间室外暴露也能用双组分油漆和传统油漆覆涂。②对老化的环氧层有良好的黏附性。③低温至－10℃也能固化。④抗水和防弱化学物质溅污。⑤耐高温可达200℃。

3）密度：约1.4kg/L。

4）固体含量：约63%（体积分数）。

5）闪点：基料为26℃，固化剂为24.5℃。

6）推荐干膜厚度：100μm。

7）表面干燥时间：2h。

8）覆涂间隔：最小为3h；最大为无限制。

9）完全固化：4d。

（2）底材　钢材表面，喷砂处理至ISO Sa2.5级，底材温度至少高于露点3℃，只要底材无水或冰，施工和固化温度允许低达－10℃。

（3）覆涂时间间隔

底材温度/℃	－5	5	10	20	30	40
最小间隔时间/h	36	10	4	3	2	2
最大间隔时间/d	没有时间限制					

注：CM云铁环氧漆不能用焦油环氧漆覆涂。

对氧化橡胶漆、Sigma丙烯酸面漆、聚氨胺Sigmadur HB面漆、Sigmadur光泽面漆、醇酸树脂漆。

底材温度/℃	0	5	10	20	30	40
最小间隔时间/h	48	24	16	12	8	8
最大间隔时间/d	无时间限制，如覆涂光泽面漆应增加底漆					

（4）固化时间

底材温度/℃	干硬/h	完全固化/d
－10	24～48	20
－5	24～30	14
0	18～24	10
5	18	8
10	12	6
15	8	5
20	6	4
30	4	3
40	3	2

注：施工与固化时需足够的通风量。

4. Sigmakalon 7528（可覆涂聚氨脂面漆7528）

（1）简介

1）类型：双组分脂肪族可漆聚氨脂面漆。

2）特性：①优良的耐气候性，优异的保色性及保光性能，不易粉化、不易泛黄。②即使经过长期大气暴露后仍可覆涂，坚韧，不易磨损。③能抵抗矿物油及植物油、煤油和脂肪族石油产品的溅污，能抗轻度化学品的溅污。④低温至－5℃也能固化。

3）密度：约1.4kg/L。

4）颜色与光泽：白和黑，其他颜色按需要调配，有光泽。

5）固体含量：约56%（体积分数）。

6）闪点：基料为28℃，固化剂为38℃。

7）推荐干膜厚度：50～60μm。

8）表面干燥时间：1h。

9）覆涂间隔：最小为12h；最大为无限制。

10）完全固化：7d。

（2）推荐底材　前涂层（环氧或聚氨脂）应干燥，除去所有污渍，并需有足够的表面粗糙度。底材要无水或冰，施工和固化温度允许低至－5℃。底材温度至少高于露点3℃，施工及固化时的最大相对湿度85%。

（3）混合体积比　基料：固化剂＝88∶12，基料与固化剂混合温度需高于15℃，否则应添加稀释剂以达到施工所需黏度。

（4）推荐稀释剂　稀释剂91～88（闪点28℃）。稀释剂体积：10%～12%。

（5）喷嘴孔径及喷出压力　喷嘴孔径1～1.5mm。喷出压力为0.3～0.4MPa。

（6）覆涂间隔时间表

底材温度/℃	－5	0	10	20	30	40
最小间隔时间/h	48	32	16	9	6	4
最大间隔时间	没有时间限制					

注：表面应干燥，并清除所有污渍。

（7）固化时间

底材温度/℃	干硬时间/h	完全固化/d
－5	48	20
0	24	16
10	12	10
20	6	7
30	5	5
40	3	3

注：施工与固化时需足够的通风量；如果刚喷涂完毕或固化期间发生结露，油漆表面可能会失去光泽或影响漆膜质量。

5. H06-4（702）**环氧富锌防锈漆**（Q/GHTD66）

（1）简介

1）类型：由锌粉、环氧树脂和聚酰氨固化剂等配制而成的双组分厚膜型环氧富锌防锈漆。

2）特性：①漆膜中含有大量的锌粉，具有阴极保护作用。②具有优异的防锈性能和耐久性。③具有优异的附着力和耐冲击性能。④具有优异的耐磨性。⑤具有广泛的耐油性和耐溶剂性能。⑥能与大部分高性能防锈漆和面漆配套使用；干性快。

3）用途：用于港口机械、重型机械、石油开采和矿井设备、船舶水线以上船壳和甲板，桥梁、埋地管道、煤气柜外壁等钢铁结构的重防腐蚀涂装体系做防锈漆之用，是环氧型中间层漆和环氧面漆的最佳底漆。

4）颜色：灰色无光泽。

（2）施工参数

1）密度：约2.3g/cm³（混合比）。

2）配比：甲∶乙＝91∶9（质量比）。

3）干膜厚度：80μm。

4）湿膜厚度：160μm。

5）理论用量：380g/m²。

6）闪点：甲组分（基料）为24℃；乙组分（固化剂）为27℃。

7）干燥时间：25℃；表面干燥≤30min；实干≤24h；完全固化7d。

8）熟化时间：（25℃）30min。

9）混合后适用期。

气温/℃	5	20	30
适用期/h	24	8	6

注：气温高于30℃以上时，甲乙组分混合后使用期随着气温的升高而缩短。

（3）复涂时间间隔

底材温度/℃	10	25	30
最短时间间隔/h	48	24	16
最长时间间隔	3个月		

注：1. 富锌底漆表面会形成锌盐（即碱式碳酸锌，俗称白锈），故在覆涂后道漆之前不应长时间暴露，如需较长的涂装间隔时间，建议尽快涂装842环氧云铁防锈漆作为封闭涂料，以减少二次除锈的工作量。

2. 在清洁的室内环境中放置数月或清洁的室外环境中放置14天，漆膜表面不会形成锌盐，但在工业大气和海洋气候环境中，则会很快产生锌盐，涂装后道漆的间隔时间应尽量缩短。

3. 在有锌盐的富锌底漆表面，应采用喷砂或动力工具除锈法进行二次除锈处理，并除去所有的油污和杂质。

（4）表面处理

1）有氧化皮钢材：喷砂处理至ISO Sa2.5级，表面粗糙度30～75μm或采用酸洗处理至除尽全部氧化皮、铁锈、并进行彻底的中和、水洗和钝化。

2）除锈前须除尽表面的油污、焊接飞溅、并打磨焊缝和间角。

3）不推荐用于手工除锈的钢铁表面，但除锈良好，达到 St3 级的小面积修补除外。

4）涂有富锌底漆的漆膜表面，如漆膜表面受到机械损伤，已损坏到富锌底漆并出现局部锈蚀的部位，应采用局部喷砂除锈至 ISO Sa2.5 级。或采用弹性砂轮片打磨至 St3 级，才能进行富锌底漆的局部修补，如旧漆膜完好无损，只是漆膜粉化或受机械损伤，只要将漆膜以砂纸打毛，并除尽旧漆膜表面的油污和杂物，直接涂装中间层漆或面漆即可。如旧漆膜使用年限长久，已全面失效，则应喷砂处理至 ISO Sa2.5 级，才能进行富锌底漆的涂装。

（5）底材温度

1）底材温度须高于露点以上 3℃。

2）底材温度低于 5℃时，环氧和固化剂的固化反应停止，不宜在室外进行施工。

（6）涂装方法

1）无气喷涂：稀释剂为 103 稀释剂；稀释量为 0～10%（以油漆质量计）；喷嘴直径为约 0.4～0.5mm；喷出压力为 15.0～17.0MPa。

2）空气喷涂：稀释剂为 103 稀释剂；稀释量为 0～10%（以油漆质量计）；喷嘴直径为 2.0～3.0mm；喷出压力为 0.3～0.6MPa。

3）滚涂/刷涂：稀释剂为 103 稀释剂；稀释量为 0～5%（以油漆质量计）。

（7）通风量　1kg 油漆或稀释剂。

1）油漆：达到爆炸极限下限（LEL）的 10% 为 $84m^3$；达到安全卫生要求（TLV）为 $562m^3$。

2）稀释剂：达到 LEL 的 10% 为 $210m^3$；达到 TLV 为 $3500m^3$。

（8）漆膜厚度及使用量（理论用量）

干膜厚度/μm	50	70	80
理论用量/（g/m^2）	230	322	368

（9）固化时间

底材温度/℃	表面干燥/min	完全固化/d
10	≤50	>20
15	≤40	15
25	≤30	7
30	≤15	5

注：1. 气温在 5～10℃之间能进行 H06-4 环氧富锌防锈漆的施工，但是固化速度很慢。

2. 气温低于 5℃时，因环氧树脂与固化剂的固化反应停止，不宜进行室外施工。

3. 在 H06-4 环氧富锌防锈漆的施工和固化期间需要充分的通风换气。

4. 为防止因溶剂的挥发而产生针孔，应使用 H53-H42 环氧封闭。

6. 842 环氧云铁防锈漆（Q/GHTD081）

（1）简介

1）类型：以环氧树脂、聚酰胺树脂、灰色云母氧化铁、增稠剂组成的双组分防锈漆。

2）特性：①在富锌底漆和钢铁的喷锌层上具有优良的附着力和封闭性能。②在适当处理的镀锌钢材上具有良好的附着力；在喷砂钢铁及铝合金上有良好的附着力。③对工业和化学大气环境有较好的耐候性。④与后道漆膜具有良好的层间附着力，既能与环氧型、聚胺脂型和氯化橡胶型等涂料配套，也能与醇酸、酚醛等传统型漆进行配套。⑤漆膜在长时间内能保持优良的抗冲性和柔韧性，且具有良好的耐磨性。

3）用途：可作为环氧富锌底漆、无机锌底漆等高性能防锈漆的中间层漆和封闭涂层，以增强整个涂层的层间附着力；可以作为钢材喷锌层或镀锌钢材表面的封闭涂层漆；也可以用铝合金表面做底漆之用；也可直接涂装在经喷砂处理的钢铁表面作防锈之用。

4）颜色及外观：灰色、无光泽。

（2）施工参数

1）密度：约 $1.36g/cm^3$（混合后）。

2）配比：甲组分∶乙组分=6.9∶1（质量比）。

3）干膜厚度：30～100μm。

4）湿膜厚度：66～220μm。

5）理论用量：90～$300g/m^2$。

6）闪点：甲组分（基料）为 27℃；乙组分（固化剂）为 27℃。

7）干燥时间：25℃；表面干燥≤2h；实干≤24h；完全固化为 7d。

8）熟化时间：（20℃）30min。

9）适用期：（20℃）8h。

（3）复涂间隔时间

底材温度/℃	5	20	30
最短时间间隔/h	48	24	16
最长时间间隔	3 个月		

注：1. 建议涂装道数：无气喷涂一道，刷涂和滚涂 2～3 道，干膜厚度 30～120μm。

2. 前道配套用漆：702 环氧富锌底漆，703 环氧铁红底漆，704 无机硅酸锌底漆，H06-4（702）环氧富锌防锈漆。

3. 后道配套用漆：环氧面漆、氯化橡胶面漆、聚胺脂面漆、环氧沥青防锈漆、醇酸面漆、酚醛面漆等。

（4）表面处理

1）涂有锌粉底漆的钢铁：除净所有的油污、杂物和锌盐。

2）镀锌钢材：以弹性砂轮片除净所有的油污、

杂物和锌盐；如用于水下部位则必须采用清扫喷砂进行表面处理。

3）未经暴过的喷锌钢材：除尽所有的油污、杂物和锌盐后以清扫级喷砂或以钢丝刷打毛。

4）钢铁：喷砂处理至ISO Sa2.5级。

5）涂有车间底漆的钢材：采用清扫喷砂或动力工具二次除锈，除锈质量达到St3级。

6）铝合金：船底部位采用清扫喷砂打毛，水线以上或陆上部位用砂纸打毛。

7）可与配套的旧漆膜：除净所有的油污、杂物后将旧漆膜打毛。

（5）底材温度　底材温度必须高于露点以上3℃。

（6）涂装方法

1）无气喷涂：稀释剂为103稀释剂；稀释量为0～5%（油漆质量计）；喷嘴直径为0.4～0.5mm；喷出压力为20.0～25.0MPa。

2）空气喷涂：稀释剂为103稀释剂；稀释量为0～10%（油漆质量计）；喷嘴直径为2.0～3.0mm；空气压力为0.3～0.4MPa。

3）滚涂/刷涂：稀释剂为103稀释剂；稀释量为0～5%（油漆质量计）。

（7）通风量　1kg油漆或稀释剂。

1）油漆：达到爆炸极限下限（LEL）的10%为68m^3；达到安全卫生要求（TLV）为1138m^3。

2）稀释剂：达到LEL的10%为210m^3；达到TLV为3500m^3。

（8）固化时间

底材温度/℃	表面干燥/h	实干/h	完全固化/d
5	4	60	—
10	3	48	15
15	2.5	36	10
20	2	24	7
30	1	16	5

7. 各色环氧面漆（Q/GHTD85）

（1）简介

1）类型：由环氧树脂、聚酰胺树脂为固化剂，钛白粉等着色颜料、体质颜料、助剂和溶剂等组成的双组分环氧面漆。

2）特性：①固体含量高，可制成厚膜型环氧面漆。②漆膜坚韧具有优异的附着力、柔韧性、耐磨性和抗冲击性等物理性能。③具有优异的耐碱性，优良的耐水性和耐盐水性能、耐油性和抗化学药品性能、优良的耐久性和防腐蚀性能。④耐气候性略差、经长时间暴晒后，表面将会发生轻微粉化，影响外观，但对保护作用影响不大。

3）用途：用于环氧富锌底漆及环氧云铁防锈漆上作为保护钢铁结构的高性能涂料的配套面漆，与沿海盐雾气体接触的钢铁结构，钢筋混凝土表面和钢结构厂房等处作高性能保护涂料。

4）颜色及外观：

产品编号	产品代号	颜色及外观
09-17	841-1	米黄色、有光泽
09-18	847	浅绿色、有光泽
09-19	848	桔黄色、有光泽
09-20	850	绿色、有光泽
09-21	1021	淡黄色、有光泽
09-22	2004	桔黄色、有光泽
09-23	6002	中绿色、有光泽
09-24	6019	淡绿色、有光泽
09-25	6027	淡湖绿、有光泽
09-26	7035	淡灰、有光泽
09-27	9010	白色、有光泽
09-29	—	海蓝、有光泽
09-30	—	大红、有光泽
09-31	—	铁红、有光泽
09-32	—	黄色、有光泽

（2）施工参数

产品编号	密度/(g/cm^3)	干膜厚度/μm	湿膜厚度/μm	理论用量/(g/m^2)
09-17	1.41	100	171	240
09-18	1.40	100	157	220
09-19	1.40	100	164	229
09-20	1.33	100	169	225
09-21	1.51	100	152	229
09-22	1.52	100	152	231
09-23	1.48	100	157	231
09-24	1.47	100	150	221
09-25	1.47	100	150	221
09-26	1.44	100	154	222
09-27	1.54	100	165	254
09-29	1.31	100	168	220
09-30	1.29	100	170	219
09-31	1.35	100	189	255
09-32	1.39	100	163	227

1）配比：甲组分∶乙组分=18∶5（质量比）。

2）闪点：甲组分为27℃；乙组分为27℃。

3）干燥时间（25℃）：表面干燥≤12h；实干≤24h；完全固化为7d。

（3）复涂间隔时间

底材温度/℃	5	20	30
最短间隔时间/h	48	24	20
最长间隔时间/d	14	7	5

1）熟化时间：20℃时，30min。

2）适用期：20℃时，8h。

（4）底材温度

1）底材温度须高于露点以上3℃。

2）底材温度低于5℃时，环氧与固化剂的反应停止，不宜进行室外施工。

（5）涂装方法

1）无气喷漆：稀释剂为103稀释剂；稀释量为0～5%（以油漆质量计）；喷嘴直径为0.4～0.5mm；喷出压力为15.0～30.0MPa。

2）空气喷漆：稀释剂为103稀释剂；稀释量为0～10%（以油漆质量计）；喷嘴直径为2.0～2.5mm；空气压力为0.3～0.5MPa。

3）滚涂/刷涂：稀释剂为103稀释剂；稀释量为0～10%（以油漆质量计）。

4）建议涂装道数：1道或2道、干膜厚度100μm，在混凝土表面无底漆时干膜厚度以250μm左右为宜。

5）前道配套用漆：H06-4环氧富锌底漆，842环氧云铁底漆。

6）表面处理：上道漆的漆膜干燥并清除漆膜上所有污渍。

（6）通风量　1kg油漆或稀释剂（每1min内最小通风量m^3/min）。

1）油漆：

产品编号	达到爆炸极限下限（LEL）的10%/m^3	达到安全卫生要求（TLV）/m^3
09-17	53	883
09-18	46	766
09-19	50	828
09-20	47	786
09-21	41	684
09-22	41	684
09-23	44	741
09-24	41	689
09-25	41	691
09-26	44	740
09-27	47	787
09-29	55	924
09-30	49	817
09-31	63	1047
09-32	50	828

2）稀释剂：达到爆炸极限的下限（LEL）的10%为210m^3；达到安全卫生要求（TLV）为3500m^3。

8. Intergard400油漆

（1）简介

1）类型：是一种双组分厚浆型环氧树脂漆，含有云母氧化铁颜料，以增强耐腐蚀性能，提高老化后的复涂性能。

2）特性：在低于5℃的温度条件下无法充分固化，为了获得最佳性能，固化时的环境温度应高于10℃。

表面温度必须至少高于露点温度3℃。

暴露在大气环境中会发生粉化和退色，但对防腐蚀性能没影响。

含有大量云母氯化铁的产品往往形成颜色较深的漆膜。因此，有些颜色需要涂覆两层才能使颜色均匀。

3）用途：常用作现场最后涂覆之前的“运输保护层”，为了缩短涂覆间隔，务必避免涂覆过厚，而且由于含有云母氧化铁颜料，较粗糙的表面纹理中可能存在杂质，这些杂质也应彻底清理掉。这种防腐蚀原浆型底漆、中间漆或面漆，可以在高性能涂料配套方案中提供极强的防护作用，适合腐蚀性的环境，如海上设施、化工厂、石化厂、电站等。

4）颜色及外观：天然氧化铁色、银灰色、淡灰色、哑光。

（2）施工参数

1）密度：1.56～1.68kg/L。

2）干膜厚度：100～150μm。

3）湿膜厚度：167～250μm。

4）理论用量：在干膜厚125μm条件下，5.2m^2/L。

5）闪点：基料（A组分）为25℃；固化剂（B组分）为31℃；混合后为25℃。

（3）干燥时间及覆涂时间间隔

底材温度/℃	表面干燥时间/h	实干/h	覆涂最小间隔/h	覆涂最大间隔
10	6	24	24	无限制
15	4	16	20	无限制
25	2	8	12	无限制
40	1	5	8	无限制

（4）涂装方法

1）无气喷涂：喷嘴直径为0.48～1.63mm；喷嘴处油漆压力不低于17.6MPa。

2）空气喷涂：推荐使用喷枪。

3）刷涂：仅限于小范围，典型厚度50～75μm。

4）滚涂：仅限于小范围，典型厚度50～75μm。

9. Interthan 990 油漆

（1）简介

1）类型：聚胺脂漆，是一种双组分丙烯聚胺脂涂料，长期覆涂性极佳。

2）特性：①本产品必须用推荐的International稀释剂稀释，如果使用其他稀释剂，尤其是含乙醇的稀释剂，会严重影响涂层的固化。②底材温度低于5℃时，不能涂覆。③在封闭的空间内使用Interthan 990时，必须确保良好的通风。④涂覆过程中或刚刚涂装完表面就发生水汽凝结，会使表面失去光泽。膜质变差。⑤风化或老化后重涂时，务必彻底清理原有涂层，去除表面污渍，如油渍、盐晶、道路烟尘等，然后再重涂Interthane990油漆。

3）用途：可用于新结构的涂覆和原有结构的维修保养，适合多种环境，包括海上设施、化工和石化厂、桥梁、纸浆厂与造纸厂、发电厂等。

4）颜色和光泽：可制成多种颜色，光泽高光。

（2）施工参数

1）体积固体粉含量：57%±3%。

2）干膜厚度：50～75μm。

3）湿膜厚度：88～132μm。

4）理论涂布率：在上述固体粉和干膜厚50μm的条件下，11.4m²/L。

5）闪点：基料（A组分）为34℃；固化剂（B组分）为49℃；混合后为35℃。

6）密度：1.2kg/L。

7）溶剂含量：390g/L。

（3）表面处理：所有待涂覆的表面均应清洁、干燥、无污染。涂漆之前所有表面均应根据ISO8504：1992标准进行判定和处理。

（4）干燥时间和覆涂间隔时间

底材温度/℃	表面干燥时间/h	实干/h	涂覆最小间隔/h	涂覆最大间隔
5	5	24	24	无限制
15	2.5	10	10	无限制
25	1.5	6	6	无限制
40	1	3	3	无限制

（5）涂装方法

1）无气喷涂：喷嘴直径为0.33～0.45mm；喷嘴处油漆压力不低于15.5MPa。

2）空气喷涂：推荐使用喷枪。

3）刷涂：典型厚度40～50μm。

4）滚涂：典型厚度40～50μm。

10. E06-1（704）无机硅酸锌防锈底漆

（1）简介

1）类型：由烷基硅酸脂、锌粉、颜料、助剂和醇类溶剂等组成的双组分防锈底漆。

2）特性：①锌粉具有阴极保护作用，防锈性能优异。②干燥快、只需1h即能搬运、码放。③具有优异的耐热性、漆膜可经受400℃的高温，并且具有优良的低温固化性能。④具有优良的耐油性及中性有机溶剂的性能 。⑤具有优异的耐冲击性能，优良的耐磨性和中等的柔韧性。能与大部分油漆体系配套。

3）用途：主要应用于海上平台、码头钢柱、矿井钢铁支架、桥梁、大型钢铁结构做高性能防锈漆用。

4）颜色及外观：灰色无光泽。

（2）施工参数

1）密度：约1.85g/cm³（混合后）。

2）配比：甲：乙＝3:1（质量比）。

3）干膜厚度：70μm。

4）湿膜厚度：170μm。

5）闪点：甲组分—13℃、乙组分—13℃。

6）干燥时间：25℃情况下，表面干燥为≤1h，实干为≤24h。

（3）覆涂间隔：最短涂装间隔在8h以上，涂漆前以布蘸107稀释剂擦拭E06-1（704）漆膜表面以确定是确完全固化，如有锌粉溶解在布上，表示漆膜尚未完全固化，还不能进行二道漆的涂装，须继续干燥，在相对湿度低于72%时，可在漆膜上晒水，以促进漆膜固化；干燥至布上无色（不容解）为止，表示漆膜固化，方可进行下道漆的涂装，最长涂装间隔时间无限制，但在复涂前必须清除锌盐。

（4）底材表面处理及底材施工温度

1）钢材喷砂处理至Sa2.5级，表面粗糙度30～70μm。

2）底材温度可在 -20~50℃的气温下进行施工。

3）底材温度过高时（≥40℃）必须用喷枪进行施工，但底材温度不得超过60℃。

4）底材温度须高于露点温度3℃以上。

（5）涂装方法

1）无气喷涂：稀释剂为107稀释剂；稀释量为0~10%（以油漆质量计）；喷嘴直径为0.4~0.5mm；喷出压力为15.0MPa。

2）空气喷涂：稀释剂为107稀释剂；稀释量为0~5%（以油漆质量计）。

3）通风量：1kg油漆或稀释剂（m^3/min）。油漆：达到爆炸极限下限（TEL）的10% 53m^3。达到安全卫生要求（TLV）3815m^3。稀释剂：达到爆炸极限下限（LEL）的10%　210m^3；达到安全卫生要求（TLV）14000m^3。

11. 通用油漆喷涂厚度

对于阀门非加工面的涂漆厚度建议第一层涂环氧富锌防锈漆30μm，第二层涂环氧云铁防锈漆20μm，第三层涂环氧面漆干膜厚度25μm。

F.4　涂装注意事项

1）油漆混合后，超过可使用时间的油漆禁止使用。

2）喷漆用的压缩空气必须经过除油除水；在高于露点温度3℃以上，相对湿度在80%以下方可进行涂装施工。

3）涂装工具使用完毕后，应用稀释剂及时清洗干净，以避免固化后不易清理。

4）严格遵守国家相关规定的安全注意事项。

F.5　检验

1）表面检验：所有表面必须无灰尘和氯化物。

2）目测检查：油漆涂层要连续平整、统一色泽、不起泡、无小孔、无刮痕或任何不规则。

3）油漆涂层厚度检测：湿膜厚度检测时，每批阀门需做三组厚度测量，每组测量含阀上四个点的数值，四个点读数的平均值须与所述油漆涂层厚度的最小值一致，且每个读数不得小于最小厚度的75%；干膜厚度检测需用无损检测仪，测量仪需每8h校准一次。

4）附着力检测：先用刀片在油漆涂层上划两个15mm的刀口，两个刀口须穿过油漆到钢材表面，且呈约30度的X形状，在用刀片刮起交叉处的油漆涂层直到钢材表面，如果剥掉交叉处的油漆超过X临界线（X临界线应为2mm，除非需方另有说明）或剥落的薄片易碎，都视为测试失败。涂层表面呈蜂巢状致使油漆涂层附着力下降视为不合格。

5）阀门产品油漆质量检验抽样按相关标准检查。

6）涂漆检验人员应每天填好“油漆检验记录表”。

天气条件计算数据，如相对湿度、露点温度等见表F-1。

表F-1　相对湿度/露点温度（℃）

实际温度/℃	干湿温差/℃														
	0	0.5	1.0	1.5	2.0	2.5	3.0	3.5	4.0	4.5	5.0	5.5	6.0	6.5	7.0
-5.5	95/-6	83/-8	72/-10	61/-12	50/-14	40/-17	29/-21	19/-26	8/-34	—	—	—	—	—	—
-5.0	95/-6	84/-7	73/-9	63/-11	52/-13	42/-16	31/-19	21/-24	11/-31	—	—	—	—	—	—
-4.5	96/-5	85/-7	74/-8	64/-10	53/-13	43/-15	33/-18	23/-22	13/-28	4/-41	—	—	—	—	—
-4.0	96/-5	86/-6	75/-8	65/-10	55/-12	45/-14	35/-17	25/-21	16/-26	6/-36	—	—	—	—	—
-3.5	97/-4	86/-5	76/-7	66/-9	56/-11	47/-13	37/-16	28/-20	18/-24	9/-32	—	—	—	—	—
-3.0	97/-3	87/-5	77/-6	67/-8	58/-10	48/-12	39/-15	30/-18	20/-23	11/-29	—	—	—	—	—
-2.5	98/-3	88/-4	78/-6	68/-8	59/-9	50/-12	41/-14	32/-17	23/-21	14/-27	3/-37	—	—	—	—
-2.0	98/-2	88/-4	79/-5	70/-7	60/-9	51/-11	42/-13	33/-16	25/-20	16/-24	5/-32	—	—	—	—
-1.5	99/-2	89/-3	80/-5	71/-6	62/-8	53/-10	44/-12	35/-15	27/-18	18/-23	8/-29	—	—	—	—
-1.0	99/-1	90/-3	81/-4	72/-6	63/-7	54/-9	46/-11	37/-14	29/-17	21/-21	10/-26	—	—	—	—
-0.5	100/-1	90/-2	81/-3	73/-5	64/-7	56/-8	47/-10	39/-13	31/-16	23/-19	13/-24	—	—	—	—

（续）

实际温度/℃	干湿温差/℃														
	0	0.5	1.0	1.5	2.0	2.5	3.0	3.5	4.0	4.5	5.0	5.5	6.0	6.5	7.0
0	100/0	91/-1	82/-3	74/-4	65/-6	57/-8	49/-10	41/-12	33/-15	25/-18	17/-22	—	—	—	—
0.5	100/0	91/-1	83/-3	75/-4	66/-5	58/-7	50/-8	42/-11	34/-13	27/-18	19/-20	—	—	—	—
1.0	100/1	91/0	83/-2	75/-3	68/-4	60/-6	52/-8	44/-10	36/-12	29/-15	21/-19	—	—	—	—
1.5	100/1	92/0	83/-1	75/-2	69/-4	61/-5	53/-7	45/-9	38/-11	31/-14	23/-17	—	—	—	—
2.0	100/2	92/1	84/-1	76/-2	68/-3	62/-5	54/-6	47/-8	40/-10	32/-13	25/-16	—	—	—	—
2.5	100/2	92/1	84/0	76/-1	68/-3	61/-4	54/-6	47/-7	40/-9	33/-12	27/-15	—	—	—	—
3.0	100/3	92/2	84/1	77/-1	69/-2	62/-4	54/-5	48/-7	41/-9	34/-11	28/-14	22/-17	—	—	—
3.5	100/3	92/2	85/1	77/0	70/-2	62/-3	55/-5	48/-6	41/-8	35/-10	29/-13	24/-16	—	—	—
4.0	100/4	92/3	85/2	78/0	70/-1	63/-2	56/-4	49/-6	42/-8	36/-9	30/-12	26/-15	—	—	—
4.5	100/4	93/3	85/2	78/1	71/0	64/-2	57/-3	50/-5	44/-7	37/-9	31/-11	26/-14	—	—	—
5.0	100/5	93/4	86/3	79/2	72/0	65/-1	58/-3	51/-4	45/-6	38/-8	32/-10	27/-13	21/-16	—	—
5.5	100/5	93/4	86/3	79/2	72/1	65/-1	59/-2	52/-4	46/-5	40/-7	33/-9	27/-12	22/-15	16/-18	—
6.0	100/6	93/5	86/4	79/3	73/1	66/0	60/-1	53/-3	47/-5	41/-6	35/-8	29/-11	23/-14	17/-17	—
6.5	100/6	93/5	86/4	80/3	73/2	67/1	60/-1	54/-2	48/-4	42/-5	36/-8	30/-10	24/-15	18/-16	—
7.0	100/7	93/6	87/5	80/4	74/3	67/1	61/0	55/-1	49/-3	43/-5	37/-7	31/-9	26/-11	20/-14	14/-18
7.5	100/7	93/6	87/5	81/4	74/3	68/2	62/1	56/-1	50/-2	44/-4	38/-6	33/-8	27/-10	22/-13	16/-17
8.0	100/8	94/7	87/6	81/5	75/4	69/3	63/1	57/0	51/-2	45/-3	40/-5	34/-7	29/-9	23/-12	18/-15
8.5	100/8	94/7	87/6	81/5	75/4	69/3	63/2	58/1	52/-1	46/-2	41/-4	35/-6	30/-8	25/-11	19/-14
9.0	100/9	94/8	88/7	82/6	76/5	70/4	64/3	58/1	53/0	47/-2	42/-3	36/-5	31/-7	26/-10	21/-12
9.5	100/9	94/9	88/8	82/7	76/5	70/4	65/3	59/2	54/1	48/-1	43/-3	38/-4	32/-6	27/-8	22/-11
10.0	100/10	94/9	88/8	82/7	77/6	71/5	65/4	60/3	54/1	49/0	44/-2	39/-3	34/-5	28/-7	24/-10
10.5	100/10	94/10	88/9	83/8	77/7	71/5	66/4	61/3	55/2	50/0	45/-1	40/-3	35/-4	30/-6	25/-9
11.0	100/11	94/10	88/9	83/8	77/7	72/6	66/5	61/4	56/3	51/1	46/0	41/-2	36/-4	31/-5	26/-8
11.5	100/11	94/11	89/10	83/9	78/8	72/7	67/6	62/4	57/3	52/2	47/0	42/-1	37/-3	32/-5	28/-7
12.0	100/12	94/11	89/10	83/9	78/8	73/7	68/6	63/5	57/4	53/3	48/1	43/0	38/-2	34/-4	29/-6
12.5	100/12	94/12	89/11	84/10	78/9	73/8	68/7	63/6	58/4	53/3	49/2	44/0	39/-1	35/-3	30/-5
13.0	100/13	95/12	89/11	84/10	79/9	74/8	69/7	64/6	59/5	54/4	49/3	45/1	40/0	36/-2	31/-4
13.5	100/13	95/13	89/12	84/11	79/10	74/9	69/8	64/7	60/6	55/5	50/3	46/2	41/1	37/-1	32/-3

（续）

实际温度/℃	干湿温差/℃														
	0	0.5	1.0	1.5	2.0	2.5	3.0	3.5	4.0	4.5	5.0	5.5	6.0	6.5	7.0
14.0	100/14	95/13	90/12	84/11	79/10	74/9	70/8	65/7	60/6	56/5	51/4	46/3	42/1	38/0	33/-2
14.5	100/14	95/14	90/13	85/12	80/11	75/10	70/9	65/8	61/7	56/6	52/5	47/3	43/2	39/1	35/-1
15.0	100/15	95/14	90/13	85/12	80/12	75/11	71/10	66/9	61/8	57/6	52/5	48/4	44/3	40/1	35/0
15.5	100/15	95/15	90/14	85/13	80/12	76/11	71/10	66/9	62/8	58/7	52/6	49/5	45/3	41/2	37/1
16.0	100/16	95/15	90/14	85/13	81/13	76/12	71/11	67/10	62/9	58/8	54/7	50/5	46/4	41/3	37/1
16.5	100/16	95/16	90/15	86/14	81/13	76/12	72/11	67/10	63/9	59/9	55/7	50/6	46/5	42/4	39/2
17.0	100/17	95/16	90/15	86/15	81/14	77/13	72/12	68/11	64/10	59/9	55/8	51/7	47/6	43/4	39/3
17.5	100/17	95/17	91/16	86/15	81/14	77/13	73/12	68/12	64/11	60/10	56/9	52/7	48/6	44/5	40/4
18.0	100/18	95/17	91/16	86/16	82/15	77/14	73/13	69/12	65/11	60/10	56/9	52/8	49/7	45/6	41/5
18.5	100/18	95/18	91/17	86/16	82/15	78/14	73/14	69/13	65/12	61/11	57/10	53/9	49/8	46/6	42/5
19.0	100/19	95/18	91/17	86/17	82/16	78/15	74/14	70/13	65/12	61/11	58/10	54/9	50/8	46/7	43/6
19.5	100/19	95/19	91/18	87/17	82/16	78/16	74/15	70/14	66/13	62/12	58/11	54/10	51/9	47/8	43/7
20.0	100/20	96/19	91/18	87/18	83/17	78/16	74/15	70/14	66/13	62/13	59/12	55/11	51/10	48/9	44/7
20.5	100/20	96/20	91/19	87/18	83/17	79/17	75/16	71/15	67/14	63/13	59/12	56/11	52/10	48/9	45/8
21.0	100/21	96/20	91/19	87/19	83/18	79/17	75/16	71/16	67/15	63/14	60/13	56/12	52/11	49/10	45/9
21.5	100/21	96/21	91/20	87/19	83/18	79/18	75/17	71/16	68/15	64/14	60/13	57/12	53/11	50/10	45/9
22.0	100/22	96/21	92/21	87/20	83/19	79/18	76/17	72/17	69/16	64/15	61/14	57/13	54/12	50/11	47/10
22.5	100/22	96/22	92/21	88/20	84/20	80/19	76/18	72/17	69/16	65/15	61/15	58/14	54/13	51/12	47/11
23.0	100/23	96/22	92/22	88/21	84/20	80/19	76/19	72/18	69/17	65/16	62/16	58/14	55/13	51/12	48/11
23.5	100/23	96/23	92/22	88/21	84/21	80/20	76/19	73/18	69/17	65/17	62/16	59/15	55/14	52/13	49/11
24.0	100/24	96/23	92/23	88/22	84/21	80/20	77/20	73/19	69/18	66/17	62/16	59/15	56/15	52/14	49/13
24.5	100/24	96/24	92/23	88/22	84/22	81/21	77/20	73/19	70/19	66/18	63/17	60/16	56/15	53/14	50/13
25.0	100/25	96/24	92/24	88/23	84/22	81/21	77/21	74/20	70/19	67/18	63/17	60/17	57/16	54/15	50/14

（续）

实际温度/℃	干湿温差/℃														
	0	0.5	1.0	1.5	2.0	2.5	3.0	3.5	4.0	4.5	5.0	5.5	6.0	6.5	7.0
25.5	100/25	96/25	92/24	88/23	85/23	81/22	77/21	74/20	70/20	67/19	64/18	60/17	57/16	54/15	51/15
26.0	100/25	96/25	92/25	88/24	85/23	81/22	78/22	74/21	71/20	67/19	64/19	61/18	58/17	55/16	51/15
26.5	100/26	96/26	92/25	89/24	85/24	81/23	78/22	74/22	71/21	68/20	64/19	61/18	58/18	55/17	52/16
27.0	100/27	96/26	92/25	89/25	85/24	82/24	78/23	75/22	71/21	68/21	65/20	62/19	58/18	56/17	52/16
27.5	100/27	96/27	92/26	89/25	85/25	82/24	78/23	75/23	72/22	68/21	66/20	62/20	59/19	56/18	53/17
28.0	100/28	96/27	93/27	89/26	85/25	82/25	79/24	75/23	72/22	69/22	66/21	62/20	59/19	56/18	53/18
28.5	100/28	96/28	93/27	89/26	85/25	82/25	79/24	75/24	72/23	69/22	66/21	63/21	60/20	57/19	54/18
29.0	100/29	96/28	93/28	89/27	86/26	82/26	79/25	76/24	72/23	69/23	66/22	63/21	60/20	57/20	54/19
29.5	100/29	96/29	93/28	89/27	86/27	82/26	79/25	76/25	73/24	70/23	66/23	63/22	61/21	58/20	55/19
30.0	100/30	96/29	93/29	89/28	86/27	83/27	79/25	76/25	73/25	70/24	67/23	64/22	61/22	58/21	56/20
30.5	100/30	96/30	93/29	90/29	86/28	83/27	79/25	76/25	73/25	70/24	67/24	64/23	61/22	58/21	56/21
31.0	100/31	96/30	93/30	90/29	86/28	83/28	80/27	77/26	73/26	70/25	67/24	64/23	62/23	59/22	56/21
31.5	100/31	96/31	93/30	90/30	86/29	83/28	80/28	77/27	74/26	71/25	68/25	65/24	62/23	59/23	56/22
32.0	100/32	97/31	93/31	90/30	86/29	83/29	80/28	77/27	74/27	71/26	68/25	65/25	62/24	60/23	57/23
32.5	100/32	97/32	93/31	90/31	86/30	84/30	80/29	77/28	74/27	71/26	68/25	67/25	63/24	60/24	57/23
33.0	100/33	97/32	93/32	90/31	86/30	84/30	80/29	77/28	74/27	72/27	68/26	67/26	63/25	61/24	58/23
34.0	100/34	97/33	93/33	90/32	87/31	84/31	81/30	78/29	75/29	72/29	69/27	67/27	64/26	61/25	58/25
35.0	100/35	97/34	93/34	90/33	87/32	84/32	81/31	78/31	75/30	72/30	70/29	67/29	64/27	61/26	58/25
36.0	100/36	97/35	94/35	90/34	87/33	84/33	81/32	78/32	76/31	73/30	70/30	67/29	65/29	62/29	60/27
37.0	100/37	97/36	94/35	91/35	87/35	85/34	82/33	79/33	76/32	73/31	70/31	68/30	65/29	63/29	60/28
38.0	100/38	97/37	94/37	91/36	88/36	86/35	82/34	79/34	76/33	74/32	71/32	68/31	66/30	63/30	61/29
39.0	100/39	97/38	94/38	91/37	88/37	86/36	82/35	79/35	77/34	74/33	71/33	69/32	66/31	64/31	61/30
40.0	100/40	97/39	94/39	91/38	88/38	86/37	82/36	80/36	77/35	74/34	71/34	69/33	67/32	64/33	62/30

附录G 热喷涂 抗拉结合强度的测定（摘自GB/T 8642—2002）

G.1 术语和定义

抗拉结合强度 R_H tensile adhesive strength R_H

拉力试验所获得的强度，由最大载荷 F_m 与断裂面横截面积 S 之商计算。即

$$R_H = \frac{F_m}{S}$$

式中，R_H 为抗拉结合强度，单位为牛每平方毫米

(N/mm^2)；F_m 为最大载荷，单位为牛（N）；S 为断裂面横截面积，单位为平方毫米（mm^2）。

G.2 设备

使用符合 GB/T 16825，并能满足静态加载条件，准确度不低于 ±1% 的任何型号的拉力试验机。夹具系统应保证试样在夹持和加载时保持同心，如图 G-1 所示。

G.3 试样

1. 形状

为了在试验中测定抗拉强度，规定了 A 和 B 两种形式及 ϕ25mm 和 ϕ40mm 两种尺寸的试样，根据试样抗拉结合强度的大小和试验机的能力选择不同的试样尺寸。

试样 A（图 G-2）由基体块和加载块组成，在基体块的前端喷涂涂层，加载块应与平整的涂层表面粘接。

试样 B（图 G-3）由两个加载块和一个基体材料圆片所组成，在圆片的一面带有热喷涂涂层，然后将圆片与两个加载块粘接在一起。

2. 制备

在制备试样时，要避免产生任何弯曲载荷，柱形结合组件应插入适当的夹具内组装，试样应与涂层端面垂直。在试验低强度基体材料时，必须相应地改变螺纹长度和直径，必要时可以使用具有内螺纹的套筒来与基体块连接。

基体块由规定的基体材料制成，其平面端带有规定的涂层。喷涂时要保证喷涂材料不沉积于试样的侧面上。加载块由其他高强度金属制成。

试样制备方法应与实际工件的制备方法一样，喷涂条件应与实际工件的喷涂条件一样，然后涂层要经过处理为后续的粘接准备条件。应保证涂层表面与试样轴的垂直度。

将一个加载块与基体块上的喷涂涂层粘接（试样 A），或将两个加载块与一个带有涂层的圆片从两面粘接在一起（试样 B）。

粘接程序及粘接后试样如何放置直至粘结剂完全固化的整个过程，都要遵从粘结剂生产厂的规范。为使粘结剂固化，试样组件的各部应在夹持装置中保持垂直，并进行垂直加载。制备试样的具体情况应是试验报告的组成部分。

3. 试样数量

通常试验在三个试样上进行。

G.4 程序

将装有夹持件的试样插入拉力试验机的夹钳中，以恒速平稳地进行加载，直到发生断裂，加载速度不超过 1000N/s ± 100N/s。

试验是在环境温度下进行。系列试验的试验条件应保持一样。

G.5 评价

测量基体块的直径，测量精确到 0.1mm。由此，计算出喷涂涂层粘接表面的试样横截面积。

只有喷涂涂层与基体金属结合面发生断裂，或喷涂涂层本身发生断裂的基体块才可用于计算。当断裂出现在粘结剂层时，该试样不应用于计算平均抗拉结合强度。

在热喷涂加工的常规监督中断裂也可位于粘结剂层，只要数据已满足最低结合强度要求即为合格。

应计算抗拉结合强度 R_H 的统计平均值。

G.6 试验报告

1）检查机构，检查员，日期。

2）基体材料。

3）预热。

4）基体材料的表面预处理（喷砂参数、表面粗糙度）。

5）喷涂涂层材料。

6）喷涂方法和工艺参数。

7）涂层厚度，单位为毫米（mm，精确到 0.01mm）。

8）涂层的喷涂后处理。

9）粘结剂的表征和涂覆程序。

10）试样的形状和直径，单位为毫米（mm，精确到 0.1mm）。

11）喷涂过程中试样的数量、安排和定位。

12）每个试样的抗拉结合强度 R_H，单位为牛每平方毫米（N/mm^2），以及平均强度值的评价。

13）断裂部位（如在粘接面区及喷涂涂层中，在涂层与基体的结合面处，或通过整个连接系统的其他部位）。

14）特殊细节。

G.7 试样制备和试验中可能出现的问题

1）粘结剂或喷涂物质污染了试样侧面。

2）基体块和加载块发生了角位移和/或位置位移。

3）试验机，加载速度，以及试验机中试样固定端的动态偏差。

4）喷涂涂层的厚度不均匀。

5）不当的喷涂后处理损伤了涂层。

6）未遵守制造厂关于粘结剂的说明（润湿、贮存、固化及固化载荷）。

7）其他问题。

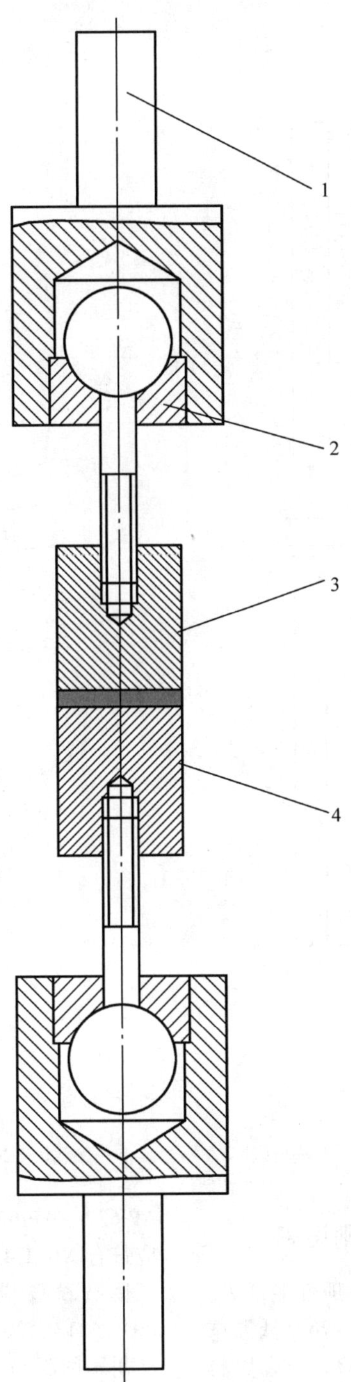

图 G-1　试样 A 的安装示意图

1—夹持件　2—接头　3—加载块　4—基体块

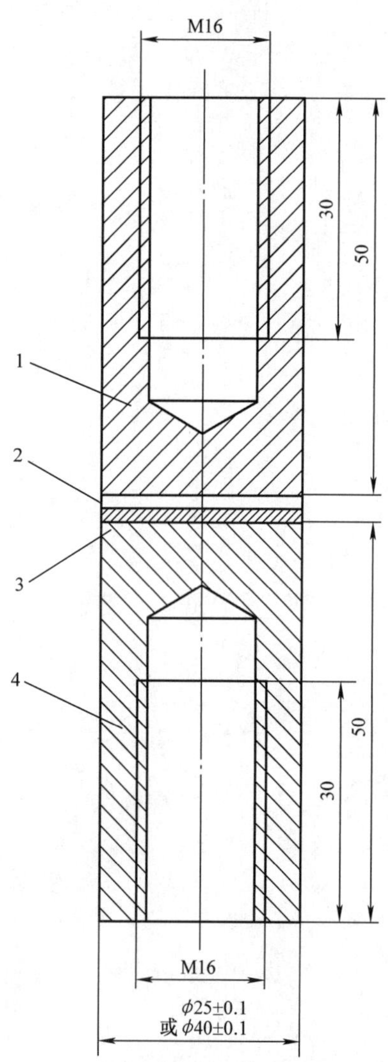

图 G-2 试样 A 示意图

1—加载块 2—粘结剂层 3—喷涂涂层 4—基体块

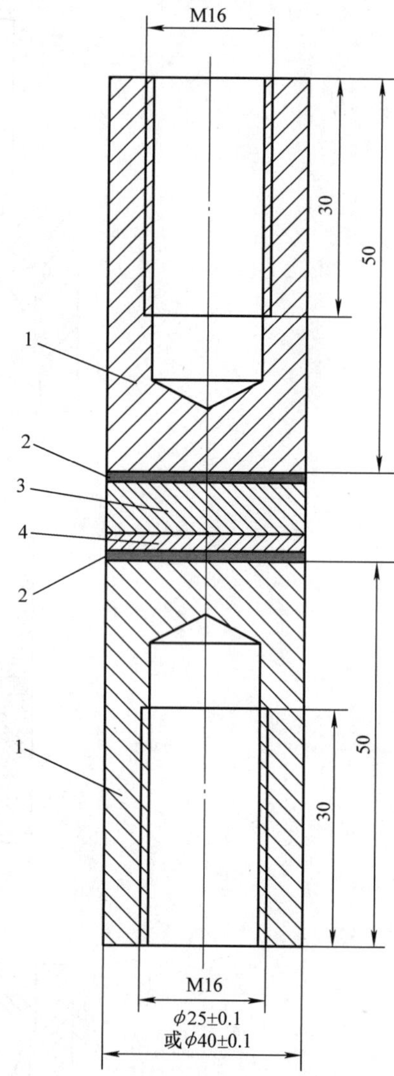

图 G-3 试样 B 示意图

1—加载块 2—粘结剂层 3—基体片 4—喷涂涂层

附录 H 调节阀性能检测设备

调节阀除压力试验外，还要作各项性能试验。如流通能力试验、火灾型式试验、-196℃低温试验、逸散性泄漏试验、高温高压试验、非金属材料失压爆裂试验等。这些性能试验都要符合相关标准要求。如流通能力试验应符合 GB/T 17213.9—2005/IEC 60534-2-3：2015 和 GB/T 30832—2014 要求。火灾型式试验应符合 GB/T 26479—2011、API6FA、API6FD、API607 的要求。-196℃低温试验应符合 GB/T 24925—2019 的要求。逸散性泄漏试验应符合 GB/T 26481—2011、API622、API624、API641 的要求。高温高压试验应符合 NB/T 47044—2015 的要求。非金属材料失压爆裂试验应符合 GB/T 20173—2013、API6D、ISO 14313：2009、EN13942：2009 的要求。目前苏州思创西玛控制系统有限公司已研制出符合上述标准要求的各项性能试验的测试设备。

1. 调节阀流通能力测试系统

流通能力测试系统如图 H-1 和图 H-2 所示。其试验系统、连接管道、取压孔和连管、测量仪表要求、试验样品、试验段、节流阀和流量的测量完全符合 GB/T 17213.9—2005/IEC60534-2-3：2015 和 GB/T 30382—2014 的要求。

图 H-1　流通能力测试系统

图 H-2　DN600 流通能力试验系统

其试验程序、试验流体（不可压缩流体、可压缩流体）、流量系数的计算、试验的精度等完全符合标准要求。

2. 火灾型式试验系统

火灾型式试验装置如图 H-3 所示。

火灾型式试验的试验准则对于弹性密封部分回转阀门按 GB/T 26479—2011 的规定；对于多回转的阀门按 API spec 6FA—2011 的规定；止回阀按 API6FD—2013 的规定。

火灾型式试验的试验方法、安全防护、试验要求、试验装置（试验系统、试验装置、连接管道、仪表和计量器具）试验操作程序。对于弹性密封部分回转阀门按 GB/T 26479—2011 的规定；对于多回转的阀门按 API spec 6FA—2011 的规定；对于止回阀按 API spec 6FD—2013 的规定。

火灾型式试验的阀门性能要求。试验后阀门的评定（评定方式、材料的评定、公称尺寸的评定、公称压力的评定），对于弹性密封部分回转阀门按GB/T 26479—2011 的规定；对于多回转的阀门按 API spec 6FA—2011 的规定；对于止回阀按 API spec 6FD 的规定。

试验结束后，试验符合标准要求，应开据试验报告。

火灾型式试验的燃烧效果如图 H-4 所示。

火灾型式试验系统的冷凝效果如图 H-5 所示。

图 H-3 火灾型式试验装置

图 H-4　火灾型式试验的燃烧效果

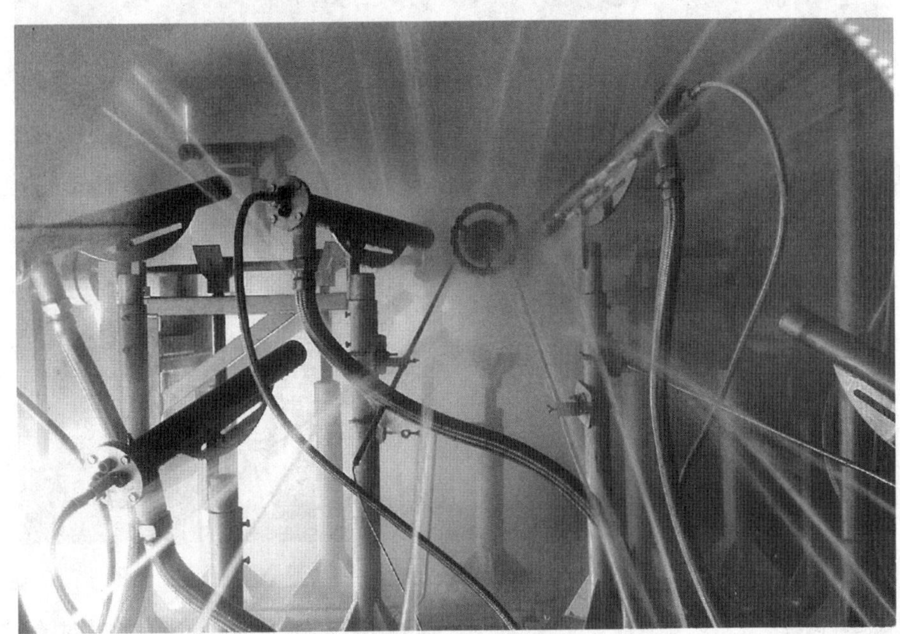

图 H-5　火灾型式试验系统的冷凝效果

3. 低温试验装置

阀门的低温试验装置如图 H-6 所示。

阀门低温性能试验的试验要求、低温试验安全要求、试验装置（试验装置示意图、低温试验槽、试验盲板、热电阻、压力表、流量计）、试验程序（阀腔内的气体置换、阀门的冷却）、低压密封试验和启闭动作试验、高压密封试验、逸散性试验、低温循环试验（第一阶段低压循环动作试验、第二阶段阀门最大允许工作压力下的循环动作试验）。泄漏率要求应符合 GB/T 24925—2019 和 JB/T 12622—2016 的要求。

阀门的低温试验结果应符合 GB/T 24925—2019 的规定。

图 H-6 阀门低温试验装置

4. 逸散性泄漏试验

逸散性是指任何物理形态的任意化学品或化学的混合物，其从工业场所的设备中发生的非预期的或隐蔽的泄漏现象。

阀门逸散性试验是指，阀门在特定的设备中将发生的非预期的或隐蔽的泄漏通过模拟设备变成预期的或不隐蔽的泄漏。

逸散性试验有对阀门的型式试验和出厂试验。ISO 15848-1：2015、API 622—2011、API 624—2011、API 641—2016 是逸散试验的型式试验；ISO 15848-2：2015、GB/T 26481—2011 是逸散性试验的出厂试验。

逸散性试验装置如图 H-7 所示。

逸散性试验的原理：

采用便携式仪器来探测阀门的泄漏，仪器探测器的类型不作规定，但选择探测器和其灵敏度时应能够满足最高密封等级要求。本方法只对泄漏做出定位和分级，不能用于某一泄漏原的质量逸散速率的直接测量。

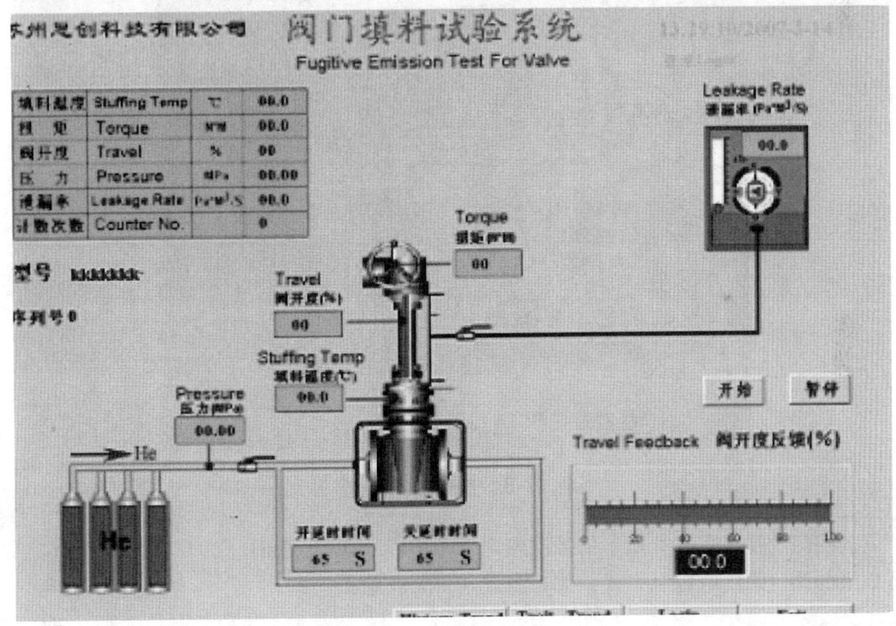

图 H-7　逸散性试验装置

探测器探针（吸气）方法可以测量从阀杆密封系统和阀体密封处的局部逸散。

测量浓度单位为百万分体积含量（1ppm = 1mL/m^3 = 1cm^3/m^3）。

一些氦质谱仪能测量局部体积漏率，其单位为毫巴每升每秒或相当的大气压每立方厘米每秒。

为了避免在局部和整体的测量之间的任何相关性，用吸气法测量的单位为百万分体积含量（1ppm = 1mL/m^3 = 1cm^3/m^3）。

阀门逸散性试验：试验阀门的准备（试验阀门的抽样、试验阀门的条件、阀杆密封的调整）、试验条件（试验介质、泄漏量的测量、试验压力、试验温度）、试验程序和试验结果的评定（阀杆密封泄漏量的测量、阀体密封泄漏量的测量）按 GB/T 26481—2011 的规定。

目前国内最先进的逸散性试验做到在阀门高温及

局部高温、低温及真空负压状态下的泄漏及泄漏量的测试。阀门在高温及局部高温、低温及真空负压状态下阀杆做升降及旋转升降多种试验后的泄漏量的测量。

5. 阀门高温高压试验

超临界和超超临界电站阀门的工作压力可达29.97MPa、工作温度可达610℃，其设计压力为公称压力Class4500。在这种状态下阀门的性能（壳体强度和密封性能）需要高温高压阀门试验台测试才能判断。

阀门型式试验主要是对阀门在高温（400～900℃）及高压（10.0～40.0MPa）状态下的自由开关阀门次数，阀门泄漏及开关转矩等参数的测试和评价。

其测试系统主要以阀体、阀盖等机械结合部位和密封部位在一定温度和压力下的泄漏及阀门进、出口压力、阀门开关计数、开关转矩检测为主。通过这些参数的自动采集，然后由计算机进行数据处理，最后做出阀门型式试验结论报告。

阀门升温装置如图H-8所示。

图H-8 阀门升温装置

NPS 8以下的阀门放在如图H-8所示的控制箱内测试；NPS 8以上的阀门采用电缠绕方式，放在高温测试平台上做试验。

阀门增加系统如图H-9所示。

由于阀门在高温、高压试验过程中，需要对阀门经常检测阀门的工作温度、工作压力及启、闭转矩，还要对阀门的开、关次数进行计数，因此，要用仪器。

阀门的检测仪表如图H-10所示。

6. 阀门的转矩、填料寿命及阀门寿命试验系统

阀门的静压寿命试验应符合JB/T 8859—2017、JB/T 8861—2017、JB/T 8863—2017标准的规定。

转矩寿命试验目前有4种，即30000Nm的、12000Nm的、5000Nm的、2000Nm的。主要满足阀门转矩及寿命试验用。系统自带25MPa水压装置，可进行阀门带压状态下的开启和关闭。

阀门转矩寿命试验装置如图H-11和图H-12所示。

同时配合气压系统可做寿命泄漏试验和阀门填料寿命试验等。

图 H-9　阀门增压系统

图 H-10　低泄漏测试仪表

系统应用液压马达来完成系列试验，液压马达可90°翻转，可完成垂直和水平的阀门寿命试验。系统还可配合阀门高、低温测试系统完成阀门在高温及低温高压的危险场合的阀门开启或关闭动作。

近期我公司正在研制阀门填料试验系统，该系统满足填料温度300℃、低温 -30℃及常温寿命试验要求，设计转矩 20000Nm，测试用氦气、测试压力30MPa。

7. O形圈材料抗失压爆裂试验

什么是爆炸性减压（RGD或AED）。

图 H-11 球阀转矩寿命试验装置

图 H-12 阀门转矩寿命试验装置

所有的弹性材料都有一定的渗透性，当渗入密封件内的气体压力被释放时，进入密封件内气体的膨胀并试图向低压方向逸散。如果突然泄压，密封件内的气体不能足够快的释放，在密封件的多个部位出现气孔或撕裂，甚至象气球那样爆破。直接造成密封泄漏或失效。这种现象称爆炸性减压。在石油天然气和气体工业中，密封件的爆炸性减压是密封失效的主要原因。

什么是 NORSOK？

NORSOK 被认为是最严苛的石油行业标准之一，它的要求都是业内公认的行业最高标准。现已被挪威国家石油公司、康菲、埃克森美孚、BP、壳牌等知名公司所广泛采用。M－710 是 NORSOK 针对橡胶材料的测试标准，包括检测抗爆减压以及在硫化氢中的老化性能。

系统要求按挪威标准温度进行控制和按 TOTO 标准温度进行控制的两套系统进行设计和制作。本系统包含有气体增加控制台、恒温电加热烘箱和恒温水加热烘箱、PID 温度控制器、可控硅调压调功器、温度和压力采集仪表、上位组态软件及其他辅助设备构成。

高速气体减压试验是型式试验。试验介质：CO_2：10%；CH_4：90%。试验温度：100℃ ±2℃；试验压力：$150bar^{+10bar}_{-5bar}$；样品类型，325 O 形圈，断面直径 5.33mm（CSD），内径：37.47mm（ID）。

O 形圈抗爆试验系统如图 H-13 和图 H-14 所示。

图 H-13　O 形圈抗爆试验系统（一）

图 H-14　O 形圈抗爆试验系统（二）

参 考 文 献

［1］陆培文，等．阀门设计计算手册［M］．2 版．北京：中国标准出版社，2009.
［2］陆培文，等．阀门选用手册［M］．3 版．北京：机械工业出版社，2016.
［3］中井多喜雄．蒸汽疏水阀［M］．李坤英译．北京：机械工业出版社，1989.
［4］孙晓霞．实用阀门技术问题［M］．3 版．北京：中国质检出版社，中国标准出版社，2016.
［5］陆培文，等．国内外阀门新结构［M］．北京：中国标准出版社，1997.
［6］冠国清．阀门电动装置选用手册［M］．天津：天津科学技术出版社，1997.
［7］林慧国，林钢，吴静雯．袖珍世界钢号手册［M］．4 版．北京：机械工业出版社，2009.
［8］成大光．机械设计手册［M］．北京：化学工业出版社，2005.
［9］陆培文．工业过程控制阀设计选型与应用技术［M］．北京：中国质检出版社，中国标准出版社，2016.
［10］陆培文，等．调节阀实用技术［M］．北京：机械工业出版社，2017.
［11］陆培文．核动力装置阀门［M］．北京：机械工业出版社，2011.
［12］陆培文．阀门试验与检验［M］．北京：中国标准出版社，2010.
［13］陆培文．阀门设计入门与精通［M］．北京：机械工业出版社，2009.
［14］宁道俊．阀门焊接手册［M］．北京：机械工业出版社，2014.
［15］陆培文，等．国外先进阀门设计基础与结构长度标准解析［M］．北京：中国质检出版社，中国标准出版社，2016.
［16］陆培文，等．国外先进阀门连接法兰标准解析［M］．北京：中国质检出版社，中国标准出版社，2016.
［17］宁丹枫，等．国外先进阀门材料标准解析［M］．北京：中国质检出版社，中国标准出版社，2016.
［18］陆培文，等．国外先进阀门产品标准解析［M］．北京：中国质检出版社，中国标准出版社，2016.
［19］陆培文，等．国外先进阀门试验与检验标准解析［M］．北京：中国质检出版社，中国标准出版社，2016.